HANDBUCH
DER
LEBENSMITTEL-CHEMIE

BEGRÜNDET VON

A. BÖMER A. JUCKENACK J. TILLMANS

HERAUSGEGEBEN VON

A. JUCKENACK BERLIN
E. BAMES BERLIN
B. BLEYER MÜNCHEN
J. GROSSFELD BERLIN

ACHTER BAND

WASSER UND LUFT

ERSTER TEIL
TECHNOLOGIE DES WASSERS

Springer-Verlag
Berlin Heidelberg GmbH
1939

WASSER UND LUFT

ERSTER TEIL
TECHNOLOGIE DES WASSERS

BEARBEITET VON

FR. SIERP · A. SPLITTGERBER
H. HOLTHÖFER

SCHRIFTLEITUNG:
B. BLEYER UND **W. DIEMAIR**

MIT 421 ABBILDUNGEN

Springer-Verlag
Berlin Heidelberg GmbH
1939

ISBN 978-3-642-98220-0 ISBN 978-3-642-99031-1 (eBook)
DOI 10.1007/978-3-642-99031-1

Ursprünglich erschienen bei Julius Springer in Berlin 1939.
Softcover reprint of the hardcover 1st edition 1939

Vorbemerkung.

Die letzten Jahre der schnellen Entwicklung des gewerblichen und industriellen Lebens haben auch der Bewirtschaftung des Wassers neue und große Aufgaben gestellt und diese werden sich in den nächsten Jahren noch erheblich steigern.

Die Berufskreise, die sich derzeit und später mit den oftmals schwierigen Fragen zu beschäftigen haben, die mit der Versorgung der Verbraucher von Trink- und Brauchwasser und mit zweckmäßigen Aufbereitungsverfahren der Abwässer zusammenhängen, benötigen hierfür ein ausreichendes Schrifttum.

Diesem Zwecke sind die beiden Halbbände VIII/1 und VIII/2 des Handbuches der Lebensmittelchemie gewidmet.

Bei dem Umfang des Stoffes war es erforderlich, diese Unterteilung vorzunehmen. Dabei war der Gesichtspunkt maßgebend, daß die Technologie des Trink- und Brauchwassers und der Abwässer für sich und die Untersuchung und Beurteilung auch für sich in je einem Teilband zusammengestellt werden.

Dementsprechend enthält Halbband VIII/1 als Hauptbeitrag die Technologie des Trink- und Brauchwassers und der häuslichen, städtischen und gewerblichen Abwässer, sowie die Technologie des Kesselspeisewassers nebst einem Abriß der derzeit geltenden, einschlägigen deutschen Bestimmungen des Wasserrechtes.

In Halbband VIII/2 sind die Verfahren zur Untersuchung des Trink-, Brauch- und Abwassers in Anlehnung an die „Einheitsverfahren" der Fachgruppe Wasserchemie des Vereins Deutscher Chemiker aufgenommen. Ferner sind in diesem Band die Mineralwässer, Heilwässer und Peloide (Heilschlamm, Heilmoor u. ä.) behandelt. In Verbindung mit der Beschreibung der Untersuchungsverfahren enthält Halbband VIII/2 an den jeweiligen Stellen auch hinreichende Unterlagen für die Beurteilung der Untersuchungsergebnisse sowie die einschlägigen gesetzlichen Bestimmungen, z. B. die Tafelwasser-Verordnung. Als Anhang ist diesem Halbband aus Zweckmäßigkeitsgründen auch ein Beitrag über die Untersuchung der Luft beigegeben.

Um die getrennte Benützung der beiden Bände zu erleichtern, wurde auch das Sachverzeichnis gesondert gehalten und die Seitenzählung in jedem Halbband getrennt vorgenommen.

Die Herausgeber.

Inhaltsverzeichnis.

Trink- und Brauchwasser.

Von

DR. F. SIERP-Essen.

Mit 155 Abbildungen.

A. Der Kreislauf des Wassers.

Das Wasser ist der unentbehrlichste Rohstoff für alles Leben. Der Mensch kann längere Zeit ohne feste Nahrungsstoffe, jedoch nicht länger als 3 Tage ohne Wasser leben. Es stellt also das lebenswichtigste Nahrungsmittel dar. Das Wasser ist vielgestaltig in seinen Erscheinungsformen, in seiner Zusammensetzung und seiner Verwertung. Zugleich bildet es eine unerschöpfliche Energiequelle und ein wichtiges Rückgrat des Verkehrs. Das Wasser ist Grundbedingung für das organische Leben und stellt gleichzeitig das auf der Erdoberfläche verbreitetste Dispersionsmittel dar. Die vielseitigen Interessen, die vielen Einzelaufgaben, denen das Wasser gerecht werden muß, und die oft gegensätzlich sind, oft miteinander verbunden oder verflochten werden können, bedingen, daß der Streit um das Wasser ebenso alt ist wie die Wassernutzung selbst.

Das auf der Erde vorhandene Wasser ist in einem ständigen Kreislauf begriffen. Aus den Meeren, Flüssen, Seen, Bächen, auf dem feuchten Erdboden verdunstet es fortgesetzt und steigt als Wasserdampf in die Atmosphäre, in deren höheren Schichten es die Wolken bildet, die durch die Winde wieder in das Land hineingetrieben werden. Die Verdunstung regelt das Gleichgewicht des Zu- und Abganges. Treibende Kraft ist die Wärme der Sonne, deren Energie den Kreislauf des Wassers im Gange hält. Der Grad der Verdunstung hängt von dem jeweiligen Feuchtigkeitsgrad der Luft ab. Es spielt also die relative Feuchtigkeit bzw. das Sättigungsdefizit eine große Rolle. Mit steigender Temperatur nimmt die Verdunstung zu. Auch die Luftbewegung hat einen starken Einfluß auf die Verdunstung. Man mißt die Verdunstung durch die Verdunstungsmenge, die den Unterschied zwischen der ursprünglichen und der zurückbleibenden Wassermenge darstellt. Bei Seen, Talsperren usw. kann die Messung dieser Verdunstungsmenge von großer Wichtigkeit sein. Die Messung kann erfolgen mit Hilfe der Verdunstungsmesser. Bei dem Verdunstungsmesser von R. WILD steht die Verdunstungsschale auf einer Briefwaage, an deren Zeiger die verdunstete Menge abgelesen werden kann. KASSNERs Atmograph siehe Abb. 1 (Hersteller: Fa. R. Fuess, Berlin-Steglitz) zeichnet die Verdunstung selbsttätig auf. Die auf einer Fläche verdunstete Wassermenge wird in Verdunstungshöhen angegeben. Als jährliche Verdunstungshöhen wurden z. B. gemessen

in nördlichen Gegenden (St. Petersburg)	330 mm
in Wüsten (Sahara)	2400 mm
bei der Lennetalsperre (NN + 340 m) . .	629— 855 mm
,, ,, Bevertalsperre (NN + 270 m) . .	749—1025 mm
,, ,, Solinger Talsperre.	430— 550 mm
,, ,, Remscheider Talsperre.	850 mm

Die Rückbildung des Wasserdampfes in den tropfbar flüssigen Zustand durch Kondensation erfolgt dann, wenn feuchte Luft unter ihren Taupunkt abgekühlt wird.

Je nach der Art der Abkühlung kommt das Wasser in der Form von meteorologischen Niederschlägen im festen Aggregatzustand als Rauhreif, Eisregen, Glatteis, Hagel, Schnee oder im flüssigen Zustand als Regen, Nebel oder Tau auf die Erdoberfläche zurück. Ein Teil verdunstet sofort wieder, ein Teil bildet in Form der Bäche, Flüsse und Seen das Oberflächenwasser, das sich zum Meere ergießt, von dem aus es dann den Kreislauf von neuem beginnt. Ein dritter Teil dringt in die Erdoberfläche ein, sinkt tiefer bis auf eine undurchlässige Ton-, Letten- oder Gesteinsschicht und bildet dann das Grundwasser. Als unterirdisches Wasser füllt es als Schichtwasser die feinporigen Hohlräume des Bodens oder Gesteins aus, oder wir finden es als Kluftwasser, das in Kalken, krystallinen Gesteinen usw. vorkommt oder als Spaltenwasser wieder, das die Hohlräume der Trümmergesteine erfüllt und sich auf den Bruchflächen ansammelt. In Form von Quellen kommt ein Teil dieses Wassers wieder an die Oberfläche, wo es sich mit den Bächen und Flüssen vereinigt und auch seinerseits den Kreislauf des Wassers schließt.

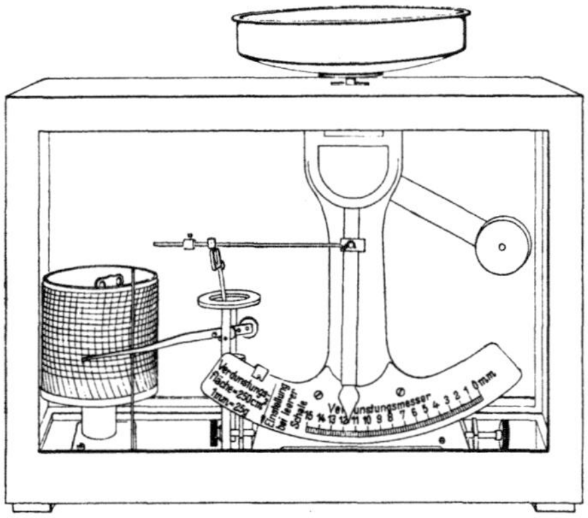

Abb. 1. Selbstschreibende Verdunstungswaage nach KASSNER-FUESS (KASSNERs Atmograph). Durch eine selbsttätige Auffüllvorrichtung wird die obere Schale stets bis zum Rande gefüllt gehalten, damit die vorbeistreichende Luft die Wasseroberfläche immer unter den gleichen Bedingungen trifft. Ein Schwimmer verschließt bei vollgefüllter Schale einen Vorratsbehälter und läßt aus ihm bei sinkendem Wasserspiegel Wasser nachfließen bis die Schale wieder randvoll ist.

Bei den im Innern der Erde bei hohen Temperaturen sich abspielenden chemischen Umsetzungsvorgängen wird Wasser abgeschieden, das als Wasserdampf bis zur Erdoberfläche vordringt und hier zum Teil in der Form der heißen Quellen zutage tritt. Es bildet dann das juvenile Wasser. Das auf der Erdoberfläche eingesickerte Wasser kann weder durch seine Schwere, noch durch seine Spannung die kritische Temperaturphase in der festen Erdrinde überwinden, so daß es nicht bis zur Zone des Magmas vordringen kann. Das Wasser der Tiefsee dagegen, das unter einem Druck bis zu 1000 Atmosphären steht, wird durch die kritische Temperaturphase hindurchgepreßt und leitet dann chemische Vorgänge ein, die im Gebirge zur Änderung des Volumens und Spez. Gewichtes und dadurch zu Krustenbewegungen und Vulkanausbrüchen führen. Durch Bildung von Geysiren und Thermalquellen vermehrt es indirekt die Menge des juvenilen Wassers[1].

Das Maß für die auf die Erde niederfallenden Wassermengen ist die jährliche Niederschlagsmenge, gemessen an der Niederschlagshöhe. Die mittlere jährliche Niederschlagshöhe auf der Erde wird mit 910 mm, die für das gesamte Festland allein mit 844 mm angegeben. Die Niederschlagshöhen sind an den einzelnen Orten sehr verschieden und wechseln stark mit den Jahreszeiten. Für Deutschland wird die mittlere Niederschlagshöhe auf 690 mm geschätzt. Sie wird gemessen durch die Bestimmung der Regenhöhe mittels eines Regenmessers oder Ombrometers. Bekannt sind der HELLMANNsche Regenmesser und die automatischen Regenmesser der Fa. R. Fuess, Berlin-Steglitz (s. Abb. 2).

Aufzeichnungen des Regenschreibers können mit verschiedenen Fehlern behaftet sein, die auszumerzen sind. Über die durch Uhrwerks-, Trommel-

[1] AREND: Zeitschr. geol. Ges. 1934, **86**, 430.

achsen und Abheberungsfehler entstehenden Schwierigkeiten sei auf den Beitrag von R. KAMPE (vgl. Band 8, 2 dieses Handbuches) hingewiesen.

Die Regenhöhe ist auf der Erdoberfläche großen Schwankungen unterworfen. Sie schwankt für Deutschland in den einzelnen Landesteilen zwischen 500—1200 mm und beträgt im Mittel 690 mm = 690000 cbm je qkm pro Jahr. Die Gesamtniederschlagsmenge beträgt in Deutschland (ohne Österreich) bei 470000 qkm rd. 325 Milliarden cbm. Auf dem Wege durch Deutschland verdunsten hiervon aus den offenen Gewässern etwa 50% und gehen so ungenutzt in die Atmosphäre zurück. 8% der Niederschlagsmenge werden von der Vegetation für Wachstumszwecke in Wald, Wiese und Feld verbraucht. Der verbleibende Rest von 135 Milliarden cbm versickert zum Teil im Erdboden und bildet die verschiedenen Formen des Grundwassers oder fließt als Oberflächenwasser in Form der Bäche, Flüsse und Ströme wieder dem Weltmeer zu. Der gesamte Abfluß beträgt 85 Milliarden cbm.

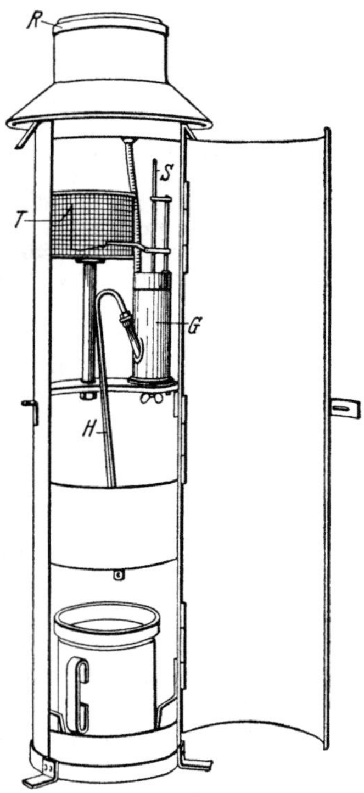

Abb. 2. Regenschreiber nach HEILMANN-FUESS (Gebrauchsmodell des Preuß. Meteorol. Institutes). Der innerhalb des Ringes R aufgefangene Regen läuft in das Gefäß G, das sich nach vollständiger Füllung durch den Heber H entleert. Die Niveaubewegungen des aufgefangenen Wassers werden durch einen Schwimmer S auf das Schreibgerät T übertragen.

Das genaue Mengenverhältnis zwischen Grundwasser und Oberflächenwasser ist nicht festzustellen, da diese dauernd ineinander übergehen. Die Nutzbarmachung des Wassers für die gesamte Wasserversorgung in Wasserleitungen, dessen Verbrauch in Deutschland (ohne Österreich) auf etwa 2,5 Milliarden cbm geschätzt werden kann, beträgt demnach rund 0,8% der gesamten Niederschlagsmenge. Hiervon entfallen auf

Quellwasser	etwa	9% =	225 Millionen cbm
Grundwasser	etwa	77% =	1925 Millionen cbm
Oberflächenwasser . . .	etwa	14% =	350 Millionen cbm.

Das als Trink- oder Brauchwasser benutzte Wasser gelangt, soweit es nicht verdunstet, als Abwasser in die Flüsse und mit diesen in die Meere und schließt so auch seinerseits den Kreislauf.

B. Physikalische und chemische Eigenschaften des Wassers.

Chemisch reines Wasser besizt die Formel H_2O und besteht aus 2 Raumteilen Wasserstoff und 1 Raumteil Sauerstoff. 100 Gewichtsteile chemisch reinen Wassers setzen sich demnach aus 88,89 Gewichtsteilen Saurestoff und 11,11 Gewichtsteilen Wasserstoff zusammen. Bei $+4^0$ C hat das Wasser sein kleinstes Volumen und damit seine größte Dichte. Im absoluten Maßsystem (Gramm-Zentimeter-Sekunden-System) ist die Einheit der Masse das Gramm, d. i. die Masse von 1 ccm Wasser, das unter normalem atmosphärischen Druck steht und dessen Temperatur $+ 4^0$ C beträgt. 1 Liter Wasser wiegt daher bei $+ 4^0$ C und normalem Druck 1 kg. Bei allen anderen Temperaturen ist sein Gewicht kleiner. Bei 100^0 C beträgt die Ausdehnung des Wassers etwa 4% des Volumens bei $+ 4^0$ C.

Das in der Natur vorkommende Wasser weicht wegen der in ihm enthaltenen Beimengungen nicht unwesentlich von den vorstehenden Zahlen ab. Das Meerwasser ist etwa 1,03mal so schwer wie chemisch reines Wasser. Daher kommt es, daß wir in den oberen Sandschichten der Dünen fast immer „süßes“ (nicht salzhaltiges) Wasser antreffen, obgleich dieses durch den Boden hindurch mit dem Meerwasser in kommunizierender Verbindung steht.

Wasser ist ein schlechter Wärmeleiter. Diese Eigenschaft des Wassers in Verbindung mit der ihm zukommenden Veränderung des Volumens bei steigender oder fallender Temperatur spielt bei der Entnahme von Wasser aus Seen oder Talsperren eine nicht unwichtige Rolle.

Die Viscosität des Wassers ist recht erheblich und stark von der Temperatur abhängig. Sie ist bei 0° C etwa 8mal größer als bei 100° C. Deshalb hat unter anderem die Temperatur einen Einfluß auf die Filtrationsgeschwindigkeit der natürlichen Wässer.

Wasser ist praktisch so gut wie nicht zusammendrückbar. Aus diesem Grunde kann man Rohrnetze, aus denen die Luft durch Wasser vollständig verdrängt ist, durch Einpressen verhältnismäßig kleiner Wassermengen mittels einer hydraulischen Pumpe auf ihre Dichtigkeit prüfen.

Unter 0° C (Gefrierpunkt) abgekühlt geht Wasser unter normalem atmosphärischen Druck in den festen Zustand über, d. h. es bildet Eis oder Schnee. Die sog. Erstarrungswärme, d. i. die Wärmemenge, welche beim Übergang von 1 kg reinem Wasser von 0° C in Eis von 0° C frei wird, beträgt 79,42 Calorien, entsprechend 1,43 Calorien je Mol. Beim Gefrieren dehnt sich das Wasser um etwa $^1/_{11}$ seines Volumens aus (D_0 des Eises = 0,9168). Dies hat zur Folge, daß beim Gefrieren von eingeschlossenem Wasser Drucke von mehreren 100 Atmosphären auftreten können. Diese Tatsache muß beim Bau von Wasserversorgungsanlagen in sehr vielen Fällen berücksichtigt werden, z. B. beim Verlegen der Rohre, beim Bau der Wasserbehälter usw. Salzhaltiges Wasser hat einen niedrigeren Gefrierpunkt als reines Wasser. So gefriert eine 8%ige Kochsalzlösung erst bei —4,8° C. Die spezifische Wärme von Eis beträgt bei 0° C 0,505 Calorien.

Auf 100° C erwärmt, geht Wasser unter normalem atmosphärischen Druck völlig in den gasförmigen Zustand, d. h. in Wasserdampf über. Die Verdampfungswärme des Wassers, d. h. die Wärmemenge, die nötig ist, um 1 kg Wasser von 100° C bei normalem Druck in Dampf von 100° C überzuführen, beträgt 536,5 Calorien, entsprechend 9,72 Calorien je Mol. Dieselbe Wärmemenge wird frei, wenn Dampf bei 100° C in Wasser übergeführt wird. Die Verdampfungstemperatur des Wassers (= Siedetemperatur = Kondensationstemperatur des Wassers steigt und fällt mit dem Druck. Diese Tatsache erklärt auch die Möglichkeit, daß im Innern der Erde Wasser von sehr hoher Temperatur vorhanden sein kann, ohne zu verdampfen. Es wird durch den hohen Druck, welchem das Wasser in der Tiefe ausgesetzt ist, am Verdampfen verhindert.

Bei völliger Gasfreiheit und im Vakuum bis 182° C läßt sich das Sieden des Wassers, d. i. der freiwillige Übergang aus dem flüssigen in den gasförmigen Zustand verhindern. Bei weiterer Temperaturerhöhung verläuft aber die Verdampfung explosionsartig. Derartige Siedeverzögerungen treten auch beim Kochen des Wassers auf und sind unter der Bezeichnung „Stoßen“ des Wassers bekannt. Durch Einbringen kantiger oder eckiger Körper in das Siedegefäß kann man sie verhindern, indem man für eine Erleichterung der Dampfbildung sorgt (Siedesteine). Bei der Kompression kondensiert sich der Wasserdampf auch nicht freiwillig, sondern nur wenn Inhomogenitätsstellen im Gefäß vorhanden sind. Als solche benutzt man eckige, kantige oder rauhe Oberflächen. Für Wasserdampf gelten wie für andere Gase die Gasgesetze, die die Beziehungen zwischen Druck, Volumen, Dichte und Temperatur betreffen. Wasserdampf ist aber kein ideales Gas.

Bei der Verdampfung, wie auch bei der Verdunstung von Wasser werden bedeutende Wärmemengen verbraucht oder gebunden, jedoch ist die Wärmeabsorption nicht bei allen Temperaturen gleich. In der nachfolgenden Tabelle ist die beim Verdampfen gebundene Verdampfungswärme, die gleich der Kondensationswärme ist, für verschiedene Temperaturen angegeben.

Reinstes Wasser leitet den elektrischen Strom sehr schlecht. Bei gewöhnlicher Temperatur beträgt das spezifische Leitvermögen $0{,}038 \cdot 10^{-6} \cdot \frac{1}{\Omega \cdot cm}$. Diese geringe Leitfähigkeit beruht auf der Aufspaltung eines kleinen Anteils der vorhandenen Wassermoleküle in elektrisch geladene Molekülbestandteile. Bei 18^0 C sind etwa 10^{-7} Mole Wasserstoffionen und ebenso viele Hydroxylionen in 1 Liter reinen Wassers vorhanden. Die Leitfähigkeit des Wassers wird durch die Zugabe von Salzen, Säuren oder Basen sehr stark erhöht. Da diese Stoffe den elektrischen Strom gut leiten, kann man die Leitfähigkeit des Wassers zur Bestimmung seines Salzgehaltes benutzen.

Bei einer Temperatur von °C	Beträgt die Verdampfungs- oder Kondensationswärme Calorien
0	607
10	600
20	593
30	586
40	579
50	572
60	565
70	558
80	551
90	544
100	537

Schweres Wasser.

In vielen Fällen weichen bei sonst chemisch reinem Wasser die vorstehend aufgeführten Konstanten von der Norm ab. Erst in neuerer Zeit ist man hinter die Ursache dieser Tatsache gekommen. Wasserstoff gehört zu den isotopen Elementen. Neben dem gewöhnlichen Wasserstoff, dem Protium mit dem Atomgewicht 1 gibt es noch einen zweiten Wasserstoff, das Deuterium, mit dem Atomgewicht 2. UREY und seine beiden Mitarbeiter BRICKWEDE und MURPHEY hatten schon 1932 spektroskopisch die Existenz dieses Wasserstoffisotops nachgewiesen, als sie bei einer Temperatur unter — 250^0 C flüssigen Wasserstoff langsam verdampfen ließen. Eine Aufnahme des Linienspektrums des gewöhnlichen Wasserstoffes und der Restprobe des noch nicht verdampften Wasserstoffes ergab eine Verschiebung der Balmerlinien. Sie schlossen hieraus auf die Anwesenheit des Isotops und errechneten aus der Intensität einen Gehalt von 0,02%. Sie stellten dann die Behauptung auf, daß das Deuterium ein Wasser mit dem Molekulargewicht 20 bilden müsse. LEWIS hat dann, wie BONHOEFFER[1] berichtet, nach den von UREY angegebenen Methoden der Elektrolyse und Destillation dieses schwere Wasser in fast reinem Zustand dargestellt. Zum Unterschiede von Wasserstoff mit der Masse 1, den man als Protium = H^1 und das aus ihm bestehende Wasser als Protiumoxyd = H^1H^1O bezeichnete, nannte man jenen neuentdeckten Wasserstoff mit der Masse 2 Deuterium = H^2 und das aus ihm hergestellte Wasser Deuteriumoxyd = H^2H^2O oder D_2O. Dazwischen muß es noch eine Verbindung Protium-Deuteriumoxyd HDO mit dem Molekulargewicht 19 geben. Schließlich ist noch auf die Wasserarten zu verweisen, die durch die 3 Sauerstoffisotopen bedingt sind. Das gewöhnliche, natürliche Wasser enthält stets geringe Mengen Deuteriumoxyd; der Gehalt wird zu etwa 0,02% angegeben, d. h. auf 5000 Gewichtsteile Wasser kommt 1 Teil D_2O. Dieses „schwere Wasser" Deuteriumoxyd ist 11% schwerer als das gewöhnliche Wasser. Es hat eine Dichte von 1,1071, der Siedepunkt ist + $101{,}42^0$ C, der Gefrierpunkt + $3{,}8^0$ C. Die größte Dichte besitzt D_2O bei + $11{,}6^0$ C, die Konstante der Oberflächenspannung beträgt 67,8. Aus 100 Liter Wasser werden etwa 2 ccm gewonnen. Im Gletschereis, in Elektrolytlaugen und in wasserhaltigen Destillationsrückständen ist das schwere Wasser oft stärker angereichert.

Da die H^2-Atome sich bei manchen Reaktionen reaktionsträger verhalten als die H^1-Atome, ist bedingt, daß schweres Wasser in biologischer Beziehung andere Eigenschaften äußert als gewöhnliches Wasser. Zahlreich sind die Versuche, die den Einfluß des schweren Wassers auf physiologische Prozesse feststellen. Besonders wurde unter anderem der Einfluß des schweren Wassers auf enzymatische Prozesse studiert. Dabei ergab sich, daß die meisten

[1] BONHOEFFER: Zeitschr. angew. Chem. 1933, **46**, 776.

enzymatischen Prozesse im schweren Wasser langsamer verlaufen als in gewöhnlichem Wasser. Einzelne Prozesse, wie die Rohrzuckerinversion, die Hydrolyse von Methyl- und Äthylacetat, verlaufen in schwerem Wasser schneller. Auf den Stoffwechselprozeß der Ratten und Mäuse hatte schweres Wasser, wenn es bis zu 30% im Körper angereichert wurde, eine verlangsamende Wirkung. Kaulquappen und kleine Fische gehen in schwerem Wasser ein. Bei größeren Fischen findet nach Untersuchungen von HEVESY und HOFER ein Austausch zwischen dem gewöhnlichen Wasser und schweren Wasser im Fischkörper statt. Tabaksamen keimen darin nicht. Bei Desinfektionsversuchen mit schwerem Wasser hat LOCKEMANN [1] das Verhalten von Silbernitrat, Säuren, Alkohol, Phenol und Kupfernitrat gegen Colikeime und Bact. pyocyaneus geprüft. Bei zunehmendem Gehalt bis 0,54% D_2O wurden Bakterien gegenüber Silbernitrat widerstandsfähiger. Über 1% war keine Schutzwirkung mehr festzustellen. Selbst bei 10% D_2O-Gehalt hat Silbernitrat die gleiche Wirkung wie bei gewöhnlichem Wasser. STUMPER [2] hat Untersuchungen über die Anreicherung von schwerem Wasser im Dampfkessel gemacht. Aus seinen Versuchen schließt er, daß dort trotz der ungeheuren Verdampfungsziffern keine Anreicherung des schweren Wassers stattfindet, weil die Unterschiede des Dampfdruckes der beiden Wasserarten gering sind. Des weiteren sind Versuche über die physiologische Wirkung auf den menschlichen Körper und die Aufenthaltszeit im Körper durchgeführt worden. Die ersten Anteile verließen 20 Minuten nach der Aufnahme und die letzten nach 14 Tagen den Körper. Mannigfache Versuche mit „schwerem Wasser" sind noch im Fluß.

C. Wasserverbrauch.

Bei dem Kreislauf des Wassers im Haushalte der Natur ändert sich dessen Zusammensetzung ständig. Das hat zur Folge, daß das in der Natur zur Verfügung stehende Wasser stets, je nach seinem Ursprung, einen mehr oder minder großen Gehalt an gelösten und ungelösten bzw. kolloiden Stoffen zeigt, die sowohl mineralischer wie organischer Natur sein können. Letztere sind oft auf die Anwesenheit von Lebewesen, wie Planktonorganismen, Bakterien oder deren Stoffwechselprodukte zurückzuführen. Der Gehalt an fremden Stoffen entscheidet auch die Frage, ob ein Wasser als Trinkwasser oder nur als Brauchwasser verwandt werden kann. Während von einem Trinkwasser in allererster Linie verlangt werden muß, daß es hygienisch einwandfrei ist, ist bei einem Brauchwasser in den meisten Fällen allein seine chemische Zusammensetzung für die Frage der Verwendbarkeit maßgebend.

Ziel und Streben der Wasserversorgung muß nun sein, für Haushalt, Gewerbe, Industrie, öffentliche Zwecke und Feuerschutz rechtzeitig den erforderlichen Wasserbedarf sicherzustellen und stets für eine ausreichende Versorgung der Bevölkerung mit einem einwandfreien Wasser zu wirtschaftlich tragbaren Preisen zu sorgen, d. h. das der Bevölkerung übergebene Wasser muß den weitestgehenden Ansprüchen in hygienischer, chemischer, biologischer und physikalischer Beziehung entsprechen. Wieweit auch den oft sehr hohen Ansprüchen in ästhetischer Hinsicht entsprochen werden kann, hängt ganz von den örtlichen Verhältnissen ab.

Die Bereitstellung eines in ästhetischer Hinsicht einwandfreien Wassers kann bei der Wasserversorgung aus einem Flusse, der auch Abwasser aufnehmen muß, schwierig sein. Um ästhetischen Ansprüchen zu genügen, sollte man sich den Grundsatz zu eigen machen, besser ein teures und unter schwierigen Verhältnissen geschaffenes, aber völlig einwandfreies Trinkwasser zu schaffen, als ein unappetitliches, etwa durch Abwasser verschmutztes Flußwasser durch eine „Wasserfabrik" zu einem Trinkwasser aufzubereiten. An einem Flusse, der zur Trinkwasserversorgung dienen muß, kann die Frage der Abwasserreinigung nicht sorgfältig genug behandelt werden. Hygienisch gut geleitete Wasserwerke müssen in ihren Dispositionen den Bedürfnissen ihrer Versorgungsgebiete voraus sein und dürfen sich nicht von diesen treiben lassen.

Bei einer Wasserversorgung entscheidet aber nicht die Frage der Wasserzusammensetzung allein, sondern auch die Wassermenge ist ausschlaggebend. In der nachfolgenden, zum Teil dem Handbuch der Wasserversorgung von GROSS entnommenen Aufstellung ist der Wasserverbrauch für einzelne Zwecke angegeben.

[1] LOCKEMANN: Kongreßber. Leipzig 1935. Ref. Zentralbl. Bakteriol. 1935, **117**, 300.
[2] STUMPER: Vom Wasser, Bd. 10, S. 207. 1935.

1. Für häusliche Zwecke.

Zum Trinken, Kochen und Reinigen je Kopf und Tag	20—30	Liter
Für Wäsche je Kopf und Tag	10—15	,,
Für ein Wannenbad	150—500	,,
Für ein Sitzbad	30—50	,,
Für ein Brausebad	20—30	,,
Für eine einmalige Klosettspülung	5—8	,,
Gartensprengung an trockenen Tagen je Quadratmeter täglich	1,5	,,
Für ein Pferd oder Stück Großvieh täglich	50	,,
Für ein Stück Kleinvieh (Kalb, Ziege, Schaf, Schwein)	10	,,
Für einmalige Reinigung eines Wagens	200	,,

2. Für öffentliche Zwecke.

In Schulen für jeden Schüler und Tag	2	,,
In Kasernen für jeden Mann und Tag	30	,,
In Kasernen für jedes Pferd und Tag	40	,,
In Schlachthäusern für jede Schlachtung	300—2000	,,
In Markthallen für jeden Markttag und 1 qm Fläche	2,5	,,
Auf Bahnhöfen zum Speisen einer Lokomotive	6—8	cbm
Zur Straßensprengung für 1 qm Fläche	1,5	Liter

3. Für gewerbliche Zwecke.

Dampfmaschinen ohne Kondensation für die PS-Stunde	15—30	,,
Dampfmaschinen mit Kondensation für die PS-Stunde	300—500	,,
Gasmotoren für die PS-Stunde zur Kühlung	25—40	,,
Dieselmotoren für die PS-Stunde zur Kühlung	20—30	,,
Generator-Gasmotoren für die PS-Stunde zur Kühlung	10—20	,,
Wäschereien je 100 kg Wäsche	1—2	cbm
Brauereien je 1 Liter gebrautes Bier	5—20	Liter
Gerbereien für eine große Haut	2—3	cbm
Gerbereien für eine kleine Haut	0,5—1,5	,,
Molkereien für 1 Liter behandelte Milch	3—6	Liter
Zellstofffabriken für 1 t Zellstoff aus Buchenholz	bis 400	cbm
Papierfabriken für 1 kg hergestelltes Papier je nach Art	200—1000	Liter
Zuckerfabriken je 1000 kg verarbeitete Rüben	10—20	cbm
Holzverzuckerung je 1 t verarbeitetes Holz je nach dem Verfahren	500—700	,,

Das Verhältnis des für häusliche und industrielle Zwecke verwandten Wassers ist in den einzelnen Städten sehr großen Schwankungen unterworfen. Berücksichtigt man, daß die Industrie sich eigene Wasserversorgungen schafft, die in den Statistiken der zentralen Wasserversorgungen nicht miterfaßt werden, so ergeben sich für die Verteilung des Gesamtwasserverbrauches in Deutschland nach LEHR[1] und HAASE[2] etwa die folgenden Zahlen, in die auch der Eigenverbrauch der Wasserwerke und die Wasserverluste enthalten sind, die von den Wasserwerken mit gefördert werden müssen.

	LEHR	HAASE
Industrie und Gewerbe	81%	70%
Haushalt	10%	20%
Eigenverbrauch und Wasserverluste	9%	10%

Die Frage, ob der für die vielen Zwecke benötigte Wasserbedarf durch zentrale oder Einzelwasserversorgung gedeckt werden soll, kann immer nur nach eingehender Prüfung der örtlichen Verhältnisse entschieden werden. In einer vom Bundesrat am 16. Juni 1906 erlassenen „Anleitung für die Errichtung, den Betrieb und die Überwachung öffentlicher Wasserversorgungsanlagen, welche nicht ausschließlich technischen Zwecken dienen“, sind Richtlinien für die Errichtung von zentralen und Einzelwasserversorgungen enthalten. Da bei einer Einzelwasserversorgung die Infektionsgefahr für die Allgemeinheit viel geringer ist als bei einer zentralen, so müssen die hygienischen Anforderungen an letztere naturgemäß viel größer sein. Auf den Ausbau der hygienischen Sicherungen hat daher in den letzten Jahrzehnten gesteigerter

[1] LEHR: Das Trink- und Gebrauchswasser. Leipzig 1936.
[2] HAASE: Chemische Ind. 1937, **10**, 249.

Wert gelegt werden müssen, weil die zentralen Wasserversorgungen wegen der geringeren Anlagekosten und auch wegen des geringeren Wasserpreises die Einzelwasserversorgungen immer mehr verdrängen.

Die Größe des Wasserbedarfes ist in den einzelnen Ländern sehr verschieden. Wenn auch die klimatischen Verhältnisse einen weitgehenden Einfluß haben, so spielen doch die Lebensgewohnheiten und der Kulturstand der Bevölkerung, die Beschaffenheit der wirtschaftlichen Betriebe, die Möglichkeit und Art der Abwasserabführung, der Umfang der öffentlichen Betriebe wie Straßenreinigung, öffentliche Parks usw. eine große Rolle. In Amerika mit seinen stark gesteigerten hygienischen Anforderungen beträgt der Wasserverbrauch je Kopf und Tag bis zu 1000 Liter. In Deutschland ist er bedeutend niedriger. Den größten Wasserverbrauch hat hier das rheinisch-westfälische Industriegebiet, das etwa $^1/_3$ des durch Wasserleitungen gedeckten Wasserbedarfs von ganz Deutschland hat[1]. Infolge der hochentwickelten Industrie steigt hier die von den Wasserwerken zur Verfügung zu stellende Wassermenge bis auf 600 Liter/Kopf/Tag.

Die allgemein brauchbarste und übersichtlichste Vergleichsgrundlage für den Wasserverbrauch in den verschiedensten Städten bilden „die Dauerlinien des Wasserverbrauches“. Hierunter versteht man das Schaubild einer Kurve, deren Ordinate den Wasserverbrauch und deren Abszisse die Zeit, hier die 365 Tage des Jahres, darstellt. Man kann die Darstellung auch als ein nach der Größe und Häufigkeit zusammengezogenes Jahresbelastungsdiagramm ansehen.

In den europäischen Ländern, darunter auch in Deutschland, rechnet man auf Grund der zahlreichen in der letzten Zeit gesammelten Statistiken zur Zeit mit folgenden Verbraucherzahlen:

Großstädte über 100000 Einwohner	140—250 Liter täglich
Mittlere Städte über 50000 Einwohner	120—200 „ „
Kleinere Städte über 10000 Einwohner	100—140 „ „
Kleinere Städte bis 10000 Einwohner	80—100 „ „
Dörfer mit vorwiegend Landbevölkerung	40— 60 „ „

Der Wasserverbrauch ist großen Schwankungen unterworfen. Diese treten nicht nur im Laufe eines Tages und einer Woche, sondern auch ganz besonders während der verschiedenen Jahreszeiten auf. Der höchste Wasserverbrauch kann nach den Ermittlungen unbedenklich zu 150% des durchschnittlichen Tagesverbrauches angenommen werden, d. h. die Wasserwerke für Orte über 100000 Einwohner müssen sich auf eine Lieferungsmöglichkeit von etwa 210—375 Liter je Kopf und Tag einstellen, oder bei Städten über 10000 Einwohner auf 150—210 Liter je Kopf und Tag.

Bei vorstehenden Zahlen ist der Wasserverbrauch der besonderen industriellen und städtischen Betriebe nicht berücksichtigt. Da diese Betriebe örtlich sehr verschieden sind, müssen sie je nach der Art und Größe gesondert in Rechnung gesetzt werden.

Mit Rücksicht auf die erheblichen Schwankungen des Wasserbedarfes am Tage muß die Leistungsmöglichkeit eines Wasserwerkes so groß bemessen sein, daß es nicht nur den Maximalstundenverbrauch einschließlich Inhalt seines Rohrnetzes, sondern auch mindestens ein Zehntel des mittleren Tagesverbrauches in der Stunde mit Sicherheit liefern kann. Bei Einzelsiedelungen ist der Wasserverbrauch im Sommer erheblich größer, da für Gartensprengungen bis zu 100 Liter je qm gärtnerischen Siedelungsgeländes verbraucht werden.

Auch das Feuerlöschwesen ist beim Bau einer Wasserversorgungsanlage zu berücksichtigen. Es ist zu prüfen, ob die Größe der Leistungsfähigkeit die kritische Grenze, die sog. Brandreserve, besitzt. Für ländliche Betriebe und kleinere Städte dürfte nach wie vor die handgezogene Motorspritze mit 6 Schlauchleitungen das richtige sein, deren obere Leistungsfähigkeit bei 800 Liter/Minute = 108 cbm/Stunde und deren unterer Gesamtbedarf bei 400 Liter/Minute liegen soll. Im letzteren Falle geht man von der Tatsache aus, daß diese Leistungsfähigkeit auch noch nach Beendigung der Hauptgefahr vorhanden sein muß. Wo das Wasser künstlich gehoben werden muß, wird man häufig aus wirtschaftlichen Gründen überlegen müssen, ob man bei Ausbruch eines Schadenfeuers vorübergehend den Pumpendruck steigern kann und muß, oder ob man sich ausschließlich auf Spritzen stützen soll.

---

[1] BRUNS: Gas- u. Wasserfach 1932, **75**, 561.

Beim Bau eines Wasserwerkes muß besonders bei aufstrebenden Städten auch die Bevölkerungszunahme berücksichtigt werden. Diese läßt sich mit Hilfe der Formel

$$E = G\left(1 + \frac{p}{100}\right)^n$$

berechnen. Hierbei bedeutet E die Bevölkerungszunahme nach n Jahren, G den derzeitigen Bevölkerungsstand und p den bisher beobachteten Bevölkerungszuwachs in Prozenten.

Will man beim Entwurf von Wasserversorgungsanlagen vom Niederschlagsgebiet ausgehen, so sind nach BRIX und HEYD [1] für den Jahresbedarf eines Großstädters 275 qm Niederschlagsgebiet erforderlich.

D. Wassergewinnung.

Der auf der Erde vorhandene größte Wasservorrat, das Meerwasser, scheidet wegen seines Salzgehaltes für eine direkte Verwendung für menschliche Genußzwecke von vornherein aus. Auch der Versuch, es für menschliche Zwecke in Notfällen durch Destillation, z. B. auf Schiffen, brauchbar zu machen, hat zu keinem völlig befriedigenden Ergebnis geführt.

Nach den gesetzlichen Vorschriften müssen Seeschiffe auch heute noch Vorrichtungen haben, mit denen sie in Notfällen aus dem Seewasser Trinkwasser machen können. Das in dampfbeheizten Anlagen hergestellte Destillat ist zwar salzlos, aber wegen seiner Geschmacklosigkeit (Blasengeschmack) zum Genuß ohne weitere Behandlung nicht geeignet. Um die Verkrustung der Heizschlangen zu verhindern, empfiehlt BLAUM [2] bei der Destillation Temperaturen unter 128° C anzuwenden. Er beschreibt eine Anlage für eine Produktion von 15 t täglich [3]. Das in ihr erhaltene Wasser ist steril, hat 2—3 mg/Liter Chlor und kann nach Durchgang durch ein A-Kohlefilter, um den Blasengeschmack zu beseitigen, und nach kurzer Belüftung genossen werden. STEINGIESSER schlägt in dem britischen Patent 454993 vor, das Seewasser ausfrieren zu lassen und durch Elektroosmose weiter zu behandeln.

Für Badezwecke findet Meerwasser dagegen eine sehr ausgedehnte Anwendung. Das Wasser der verschiedenen Meere ist durch einen hohen Gehalt an Kochsalz, Bittersalz und Chlormagnesium ausgezeichnet, wodurch es seinen deutlich bitteren salzigen Geschmack annimmt. Im Gegensatz zum „Salzwasser“ nennt man das nicht salzhaltige Wasser der Flüsse, Quellen usw. „Süßwasser“.

Der Salzgehalt des Meerwassers nimmt nach der Küste hin, selbst nach den Küsten kleinerer Inseln hin, stets ab, dagegen wächst der Salzgehalt in den meisten Fällen mit zunehmender Tiefe. Die Ostsee hat einen geringeren Salzgehalt als der Ozean, da sie reichlich Zufluß von Süßwasser erhält. Im Gegensatz dazu hat das Mittelmeer infolge der größeren Verdunstung einen höheren Salzgehalt. Dasselbe gilt für das Rote Meer. Die Flüsse führen dem Meere die Salze in folgenden Verhältnissen zu: Carbonate : Sulfate : Chloride wie 80 : 13 : 7. Das Salz der Meere hat dagegen fast konstant folgende Zusammensetzung: Carbonate 0,21, Sulfate 10,34 und Chloride 89,45. Der relative Bromgehalt beträgt auf 100 g Chlor bezogen im Durchschnitt 340 mg Brom. Meerwasser erscheint bei der bakteriologischen Prüfung mit den gewöhnlichen Nährböden als sehr keimarm, weil viele seiner Keime auf den gewöhnlichen Nährböden nicht wachsen. Es empfiehlt sich also unter Umständen ein größerer Salzzusatz zur Nährgelatine, zum Nähragar oder zur Nährbouillon (z. B. 3% für die Züchtung der Leuchtbakterien) und Züchtung bei niederen Temperaturen. Verunreinigungen des Meerwassers sind wegen der großen Verdünnung gewöhnlich nur in nächster Nähe der Verunreinigungsstelle, etwa in Flußmündungen oder Häfen, nachzuweisen. Pathogene Keime sind gelegentlich im Meerwasser nachgewiesen worden. Sie scheinen sich im Meerwasser besser zu halten als im Süßwasser.

Aus den übrigen zur Verfügung stehenden Wasservorräten kann die Gewinnung erfolgen

I. aus Regenwasser,

II. aus Fassungen von Quellen (Quellwasser),

III. durch Grundwasserversorgungen (Grundwasser),

IV. aus Oberflächenwässern, z. B. Bach- und Flußläufen, Seen und Talsperren.

---

[1] BRIX u. HEYD: Die Bemessung des Wasserverbrauches beim Entwurf von Wasserversorgungsanlagen. Gesundheitstechn. 1934, **26**, 9.

[2] BLAUM: Techn. Blätter zur Deutsch. Bergwerksztg. 1937, **42**, 362.

[3] BLAUM: Rundschau Deutscher Technik 1938, **18**, 4.

Hiervon kommt das Regenwasser, da es meist nur in geringen Mengen und auch nicht ständig zur Verfügung steht, nur zur Versorgung einzelner Häuser, und für ganz besondere Zwecke, z. B. für Wäschereien, niemals aber für zentrale Wasserversorgungen großer Gebiete in Betracht. Die für Wasserversorgungszwecke in den Quellen zur Verfügung stehenden Wassermengen sind nicht sehr groß, so daß nur eine beschränkte Anzahl von Wasserwerken (9%) mit Quellwasser versorgt werden kann. In Deutschland bevorzugt man für Trink- und Brauchwasserzwecke, obwohl Oberflächenwasser billiger ist, im allgemeinen Grundwasser, weil es meistens eine größere Keimfreiheit, geringere Verschmutzung und eine gleichmäßigere Zusammensetzung und Temperatur hat. Selbst dort, wo Grundwasser nicht in genügender Menge zur Verfügung steht, versucht man durch künstliche Anreicherung, sich die Vorteile des Grundwassers zunutze zu machen. So kommt es, daß 77% der Wasserwerke in Deutschland natürliches oder künstliches Grundwasser liefern, während nur 12% Oberflächenwasser haben.

Die großen Grundwasservorkommen sind, wie v. SEYDLITZ[1] zeigt, in Deutschland auf die diluvialen Gebiete im Norden (Hamburg—Wesermünde—Berlin—Königsberg) und im Süden (München) beschränkt und um so ergiebiger, je mehr sie in den breiten alten Urstromtälern (z. B. Breslau—Magdeburg) liegen. Ihnen gleichartig sind die Aufschüttungen der Sand- und Schotteralluvionen der breiten Ströme, die aus dem Gebirge kommen, aber noch zwischen dem Schollenland liegen (Dresden—Wiesbaden—Düsseldorf—Mannheim—Karlsruhe) oder das stark verzweigte Gewässernetz von Leipzig, das wohl einem Urstromsammelgebiet entspricht. Je tiefer die Flüsse im Oberlauf in das Bergland eingreifen, um so geringer werden die Aufschüttungen (Nürnberg—Würzburg) und die Ergiebigkeit des Grundwassers, so daß es für wachsende Städte nicht mehr ausreicht. In letzterem Falle muß man zu kombinierten Anlagen (Jena—Wien—Prag—Würzburg—Nürnberg) oder zu Grundwasseranreicherungen greifen, wie man sie in Wiesbaden oder an der Ruhr durchführt. In letzterem Falle war die Wasseranreicherung in den engen und wenig wasserreichen Flußgebieten des rheinisch-westfälischen Industriegebietes (Ruhr-Emscher) durch Flußwasser die einzige Lösung, da auch die Entnahme von Oberflächenwasser (Berlin—Müggelsee, Konstanz—Bodensee), die früher häufig herangezogen wurde, nicht in Frage kam.

In Amerika bestehen infolge des außergewöhnlich hohen Wasserverbrauches gerade umgekehrte Verhältnisse. Dort findet man Grundwasserversorgungen nur in kleinen Städten. In großen Städten bevorzugt man Oberflächenwasser, obwohl es viel stärker verschmutzt ist, da es meist in unbegrenzter Menge zur Verfügung steht. Man muß es einem umständlichen Reinigungsprozeß unterziehen und hinterher entkeimen.

I. Regenwasser.

Die Sammlung von Regenwasser ist oft die einfachste und in vielen Fällen auch die einzige Art der Wasserversorgung für kleinste Einzelwasserversorgungen. Die Menge des gesammelten Regenwassers hängt von der Größe der Auffangflächen ab. Da die Häufigkeit und Stärke der Regenfälle in der Abwassertechnik z. B., bei der Berechnung der Kanäle und Kläranlagen eine sehr große Rolle spielt, hat die Abwasserfachgruppe der Gesellschaft für Bauwesen folgende Formelzeichen und Begriffsbezeichnungen geprägt[2]:

1. Durch Formelzeichen bezeichnete Begriffe.

Bezeichnung	Formelzeichen	Gebräuchliche Maßeinheiten	Erläuterungen
Einzugsgebiet. .	F	ha, qkm	Das durch eine Wasser- oder Entwässerungsscheide begrenzte Niederschlagsgebiet, das zu einem bestimmten Punkte einer Abwasserleitung gehört
Einzelfläche . .	F_i	ha, qkm	Teilfläche des Einzugsgebietes; $i = 1, 2, 3 \ldots$
Regenhöhe . . .	N	mm	
Regendauer . .	T	Min., Sek.	
Regenstärke . .	i	mm/Min.	Das ist die in der Zeiteinheit auftretende Regenhöhe; $i = N/T$
Regenspende . .	r	Liter/Sek./ha Liter/Sek./qkm cbm/Sek./qkm	Als Regenspende wird die Regenmenge je Flächeneinheit bezeichnet

[1] v. SEYDLITZ: Gas- u. Wasserfach 1932, **75**, 1013.
[2] Gesundh.-Ing. 1936, **59**, 228.

Bezeichnung	Formelzeichen	Gebräuchliche Maßeinheiten	Erläuterungen
Regenmenge . .	R	cbm/Sek. Liter/Sek.	Die Regenmenge wird aus der Regenspende für ein bestimmtes Einzugsgebiet ermittelt $R = \Sigma r F_i$
Regenfülle . . .	N'	cbm	$N' = \Sigma N F_i$ wird für ein bestimmtes Einzugsgebiet F errechnet; bisher vielfach als Regenmasse bezeichnet
Regenhäufigkeit.	n	$\frac{1}{\text{Jahr}}$	n = Anzahl der Regenfälle bestimmter Regendauer innerhalb eines Jahres, die eine bestimmte Regenstärke erreichen oder übertreffen

2. Sonstige Bezeichnungen.

Bezeichnung	Erläuterungen
Regen { Schwachregen	Regen von der Stärke i und der Dauer T mit $C <$ 9,0 mm/Min.
Regen { Starkregen . .	„ „ „ „ „ „ „ „ „ „ $C \geq$ 9,0 mm/Min.
Regen { Platzregen . .	„ „ „ „ „ „ „ „ „ „ $C \geqq$ 13,5 mm/Min.
Regen { Wolkenbruch	„ „ „ „ „ „ „ „ „ „ $C \geqq$ 18,0 mm/Min. in der Gleichung $i = \frac{C}{(T/\text{min} + 18)^{0,765}}$ (Vgl. REINHOLD: Gesundh.-Ing. 1935, 58, 369)
Berechnungsregen . .	Regen bestimmter Häufigkeit, Stärke und Dauer, der der Berechnung zugrunde gelegt werden soll
Regenhöhenganglinie .	Die vom Schreibregenmesser aufgezeichnete Linie, welche die Regenhöhe in Abhängigkeit von der Zeit darstellt
Regenreihe	Zusammenstellung von zusammengehörigen Werten von Regendauern und Regenstärken oder Regenspenden bei gleicher Regenhäufigkeit. Ort und Zeitraum, aus deren Beobachtungen die Regenreihe gewonnen ist, sind anzugeben, z. B.: „Regenreihe Stuttgart 1920—1935“
Regenstärkelinie . . .	Zeichnerische Darstellung des Zusammenhanges zwischen Regenstärke und Regendauer. Auch hier sind Ort und Beobachtungszeitraum anzugeben

Da es in den meisten Fällen an genügend großen Auffangflächen fehlt, kommt Regenwasser nur für kleinere Wasserversorgungsanlagen, wie z. B. auf Inseln oder an der Küste z. B. bei einzelnen holländischen Wasserwerken, in Frage, wo sich das Regenwasser infolge seines geringeren spezifischen Gewichtes über dem, die Poren ausfüllenden salzhaltigen Meerwasser ansammelt. Es bildet hier das sog. „Dünenwasser“, das auf vielen Inseln die einzige Quelle für die Wasserversorgung darstellt (Abb. 3). Bei der Wasserentnahme aus dem Dünenwasser-führenden Bereich muß man dafür sorgen, daß die Inanspruchnahme nur so groß ist, daß das Meerwasser nicht in größeren Mengen in das Wassergewinnungsgelände eindringen kann. Das Süßwasser „schwimmt“, weil es spezifisch leichter ist als Salzwasser, auf letzterem, und zwar liegt die Grenzlinie zwischen beiden um so höher, je niedriger der Grundwasserstand h_i ist. Das Meerwasser hat ein spezifisches Gewicht von 1,027, demnach ist $h = 1{,}027\ (h - h_i)$, woraus

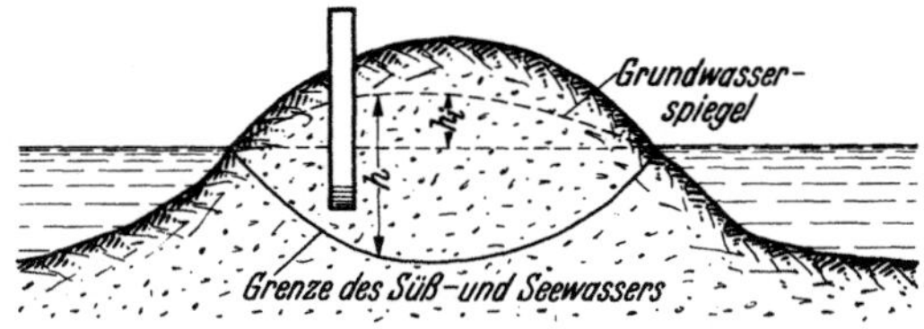

Abb. 3. Bildung von Dünenwasser.

sich $h = 38\,h_i$ berechnet. In Borkum beträgt nach Herzberg[1] die Grundwasserhöhe über Mittelwasser h_i im Mittel 1,4 m, deshalb ist $h = 38 \cdot 1{,}4 = 53$ m unter Mittelwasser. Da sich Diffusionen besonders bei stärkeren Absenkungen nicht vermeiden lassen, kann bei starker Entnahme im Sommer eine gewisse

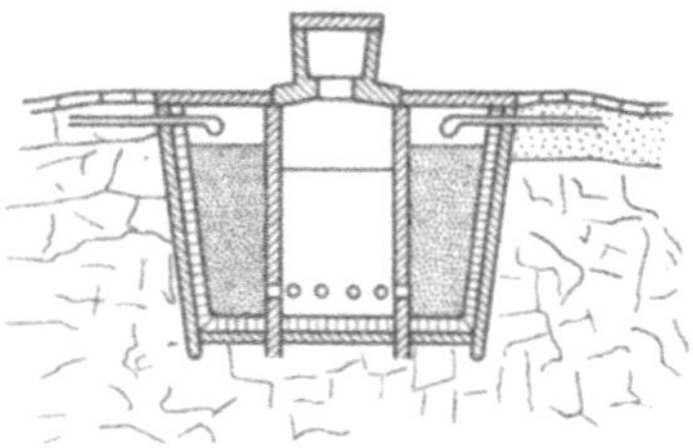

Abb. 4. Alte venetianische Zisterne.

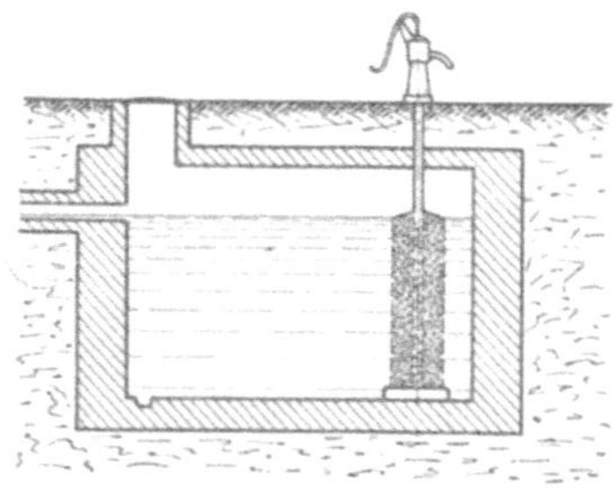

Abb. 5. Amerikanische Zisterne.

Versalzung eintreten. In Los Angelos ist sogar infolge zu starker Absenkung des Dünenwassers Salzwasser in das Trinkwasser gekommen.

Die Sammlung des Regenwassers in kleineren Mengen, wie sie z. B. für Waschzwecke im Haushalt benötigt werden, erfolgt in Tonnen. In hochgelegenen Gegenden mit stark durchlässigem Untergrund (Kalkgebirgen) oder an der See und in der heißen Zone, wo der Untergrund mitunter so durchlässig ist, daß sich Bäche nicht bilden können oder die wassertragende Schicht sehr tief liegt, erfolgt die Gewinnung in den unter dem Namen Zisternen bekannten Sammelbehältern. Man kann in ihnen etwa 70% der Niederschläge auffangen und sammeln. Das Zisternenwasser ist möglichst vor Licht und Wärme zu schützen. In den Abb. 4—6 sind drei verschiedene Arten von Zisternen abgebildet. Die auch in Deutschland noch an verschiedenen Stellen benutzte venetianische Zisterne macht von der Filterung durch Sand Gebrauch, während die amerikanische Zisterne bereits modernere, leicht zu reinigende Wasserfilter in Form von Filterrohren oder Filtersteinen benutzt und so einen größeren Speicherraum zur Verfügung hat.

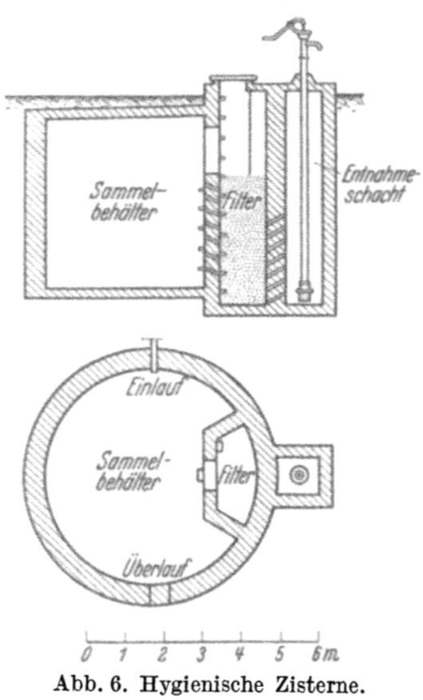

Abb. 6. Hygienische Zisterne.

Da die alten offenen Zisternen vom hygienischen Standpunkte aus betrachtet manchen Fehler aufweisen, so beschreibt Milivoj Petrik[2] verschiedene in der Schule für das öffentliche Gesundheitswesen in Zagreb ausgearbeitete geschlossene Zisternen, von denen eine in Abb. 6 dargestellt ist. Das Wasser sammelt sich in dem mit Ein- und Überlauf versehenen Sammelbehälter, der gleichzeitig als Absetzbecken dient. Aus diesem gelangt es in ein Langsamfilter, das waagerecht durchflossen wird. Neben dem Filter ist der ebenfalls völlig geschlossene Entnahmeschacht. Als Auffangflächen kommen besonders ausgewählte, vorbereitete und geschützte Bodenflächen, die frei von Wohnungen, Verkehrswegen und Staub sind, in Frage. Dachflächen liefern kein gutes Zisternenwasser und sind auch fast immer zu klein.

In Deutschland finden wir die Verwendung von Regenwasser noch in größerem Maßstabe auf der Insel Helgoland. Das Regenwasser wird auf den Dächern abgefangen und dann in mit Blei ausgeschlagene hölzerne Hochbehälter oder in Zisternen geleitet und von da aus durch Bleileitungen im Hause verteilt.

Bei seinem Wege durch die Luft und über die Auffangfläche nimmt das Regenwasser alle in der Luft enthaltenen Schmutzstoffe auf. Man findet daher im Regenwasser Asche, Staub, Ruß, Salpetersäure, Schwefelsäure, Ammoniak, Phenole und Mikroorganismen, Vogelkot, Vogelkadaver, Federn in einer Menge, die je nach der Gegend und nach der Regen-

---

[1] Herzberg: Journ. Gas- u. Wasservers. 1901, 815.
[2] Milivoj Petrik: Ref. Wasser u. Abwasser 1937, **35**, 67.

dauer wechselt. Da die unreinen Stoffe aus der Luft ausgewaschen werden, so nimmt der Gehalt des Regenwassers an diesen Stoffen mit der Dauer des Regens ab. Ist der Gehalt an organischen Stoffen und an Mikroorganismen groß, so kann Regenwasser beim Stehen besonders bei höherer Temperatur in Fäulnis übergehen.

Infolge der Berührung und Verschmutzung durch alle möglichen Stoffe ist der Kaliumpermanganatverbrauch meist sehr hoch. Er schwankt zwischen 30—50 mg/Liter. Auch der hohe Glühverlust zeigt den hohen Gehalt an organischen Verschmutzungen an.

Der Gasgehalt des Regenwassers ist je nach Temperatur und Barometerstand schwankend. Theoretisch berechnen sich auf Grund des HENRY-DALTONschen Gesetzes folgende Werte für die vom Wasser aufgenommene Luft:

	Absorptions-koeffizient	Teildruck (Atmosphären)	1 Liter Wasser nimmt bei Berührung mit Luft auf ccm	Prozentuale Zusammensetzung der Luft im Wasser
Sauerstoff	0,02348	0,7901	10,249	34,96
Stickstoff	0,0489	0,2096	18,551	63,29
Kohlensäure . . .	1,713	0,003	0,0514	1,75

REICHARDT[1] fand in einem im Januar bei $+ 4^0$ C aufgesammelten Regenwasser 32,4 ccm/Liter Gase. Ihre Zusammensetzung, verglichen mit einer entsprechenden, im Juni entnommenen Probe war folgende:

	Januar	Juni
Sauerstoff	31,8%	27,0%
Stickstoff	61,5%	64,2%
Kohlensäure	6,7%	8,8%

Regenwasser enthält meist kleine Mengen Wasserstoffsuperoxyd. Bei Gewittern kann dieser Gehalt an Wasserstoffsuperoxyd stärker ansteigen. Der Ammoniakgehalt schwankt zwischen 1—10 mg/Liter, der Salpetersäuregehalt von 2—36 mg/Liter und der Chlorgehalt zwischen 0—5 mg/Liter. Bei Dünenwasser kann der Salzgehalt infolge des Einflusses des Meerwassers auf 20—300 mg/Liter steigen. Er beträgt im Mittel 50 mg/Liter. Schwefelsäure, von der Verwendung der Steinkohlen als Brennstoff herrührend, wurde bis 20 mg/Liter, in der Nähe chemischer Fabriken, die Schwefelsäure verarbeiten, in noch viel höheren Beträgen (bis 500 mg/Liter) gefunden. Nach SENDTNER enthielt in München frisch gefallener Schnee am ersten Tage 7 mg Gesamtschwefelsäure, am folgenden Tage 17,6 mg, nach 10 Tagen 62,2 mg/Liter und nach 16 Tagen bereits 91,8 mg/Liter. Der Gehalt des Regenwassers an Kohlensäure ist, wie HÖLL[2] am Helgoländer Wasser zeigte, stark wechselnd (1—25 mg/Liter). Dieser Gehalt an freier Kohlensäure und sein Verhältnis zur gebundenen Kohlensäure ist ausschlaggebend für die Bleiaufnahme. Erst wenn die freie Kohlensäure die Werte für gebundene Kohlensäure bei weitem übersteigt, geht viel Blei in Lösung. Beträgt die freie Kohlensäure weniger als die Hälfte der gebundenen, so werden nur unbedeutende Mengen Blei gelöst. Da der Sauerstoffgehalt infolge der hohen Zehrung in Zisternenwassern gering ist, so wird die Bleiaufnahme stark gehemmt. Regenwasser hat fast gar keine Härtebildner. Es eignet sich daher vorzüglich zum Waschen und zum Reinigen von Wäsche, zum Kochen von Fleisch und Gemüse, zur Bereitung von heißen Getränken. Infolge des Fehlens von Carbonathärte greift es jedoch leicht Metalle oder kalkhaltige Baustoffe an, besonders dann, wenn es aus dem Rauch verbrannter Steinkohle Schwefelsäure oder Kohlensäure in etwas größerer Menge aufgenommen hat. Ungekocht oder ungereinigt sollte Regenwasser nicht zum Trinken benutzt werden, da es bei einer Sammlung stets mehr oder weniger verunreinigt wird.

II. Quellwasser.

Als Quellen (Bronnen, Brunnen, Born) bezeichnet man die zutage tretenden und dann oberirdisch abfließenden Austritte unterirdischen Wassers. Sie sind also die Anschnittpunkte unterirdischer Wasserbahnen. Quellen kommen im allgemeinen in unserem Klima nur bis 3000 m über dem Meeresspiegel vor. Je nach ihrer Herkunft unterscheidet man vadose, d. h. durch Infiltration oder Kondensation von Tagwasser entstehende Quellen und

[1] REICHARDT: Arch. Pharm. **206**, 193.
[2] HÖLL: Arch. Hygiene 1935, **113**, 283.

juvenile, durch die Wirkung vulkanischer Tätigkeit aus der Tiefe aufsteigende Quellen, deren Wasser zum ersten Male zutage tritt.

1. Verschiedene Arten von Quellen.

Es gibt eine ganze Reihe verschiedener Quellenarten. Man kann einmal nach dem Untergrund unterscheiden zwischen

a) Schuttquellen, und zwar 1. reine Schuttquellen (aus Schutt auf Schutt), 2. Schuttgrundquellen (aus Schutt auf Felsen), (s. Abb. 7),

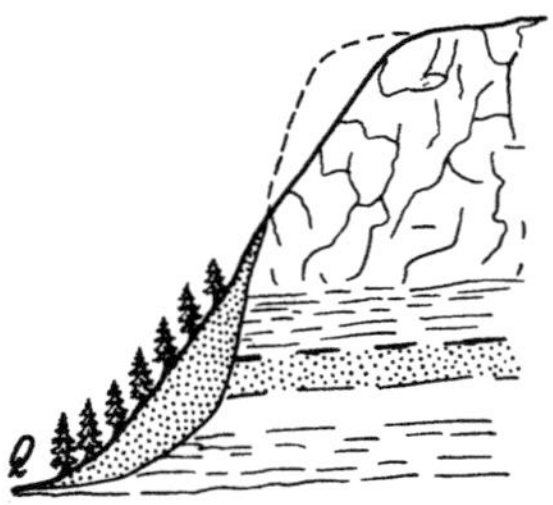

Abb. 7. Schuttquelle.

b) Feldquellen, und zwar 1. Schichtquellen, 2. Spaltquellen.

Ferner kann man nach der Art der Quellen zwischen absteigenden und aufsteigenden Quellen unterscheiden, je nachdem ob sich das Wasser vom Nährgebiete zum Quellenorte von oben nach unten oder umgekehrt bewegt. In letzterem Falle beruht die Quelle auf hydrostatischem Druck oder auf Gasauftrieb.

Am verbreitetsten sind die Schichtquellen, die dadurch entstehen, daß eine durchlässige, wasserführende und eine undurchlässige Schicht an ihrer Grenzfläche durch Erosion oder Denudation angeschnitten ist, und so die Grenzfläche zum Schnitt mit der Oberfläche gelangt. Die Schichten können geneigt oder horizontal sein (s. Abb. 8).

Eine Abart der Schichtquellen sind die sog. Überlauf- oder Überfallquellen, die entstehen, wenn eine muldenförmig ausgebildete, undurchlässige Schicht von einer wenig durchlässigen Schicht überlagert wird. Die Über-

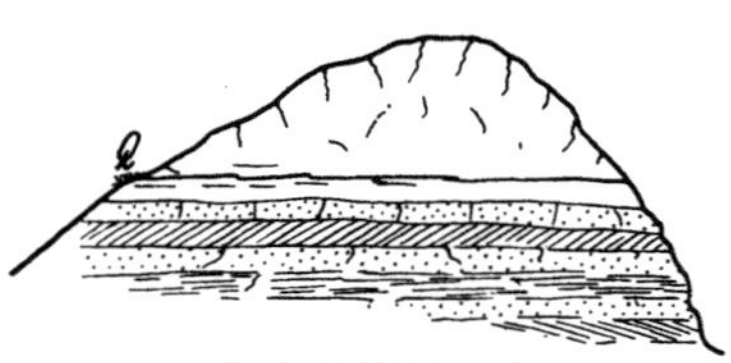

Abb. 8. Schichtquelle.

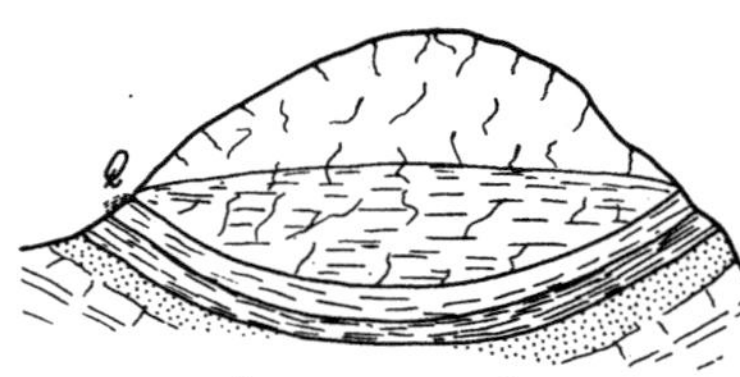

Abb. 9. Überlauf- oder Überfallquelle.

lagerungsschicht wirkt wie ein Stau im Grundwasserstrom und zwingt dadurch einen Teil des Wassers zum Austritt (s. Abb. 9).

Verwerfungs- oder Spaltquellen entstehen, wenn bei einer Verwerfung eine grundwasserführende Schicht gegen eine undurchlässige stößt. Das Wasser wird angestaut und sucht sich einen Austritt an der Verwerfung.

Befindet sich das Wasser zwischen zwei undurchlässigen Schichten in gespanntem Zustande, so nennt man das Wasser artesisch oder auch Druckwasser. Wird in das Wasser von der Oberfläche ein Rohr hineingetrieben, so tritt es unter Überdruck aus. Zu jedem Druckwasser gehört ein Nährgebiet, aus dem sich der Wasservorrat ergänzt, ein Druckgebiet, in dem es unter Spannung steht, und ein Abflußgebiet, in dem das Druckwasser als Quelle an die Oberfläche kommt (s. Abb. 10). Der Druck der Quelle ist abhängig von der Höhenlage des Wasserspiegels im Nährgebiet, von der Höhenlage des Abflusses und von dem Reibungsverlust des Wassers. Zur Verhütung der gemeinschädlichen Vergeudung von artesischem Wasser durch nutzloses Abfließenlassen muß gefordert werden, daß alle artesischen Brunnen und Bohrlöcher mit selbsttätigem Abschluß versehen werden.

Intermittierende, auch zeitweilige oder aussetzende Quellen genannt, sind solche, die nur in regelmäßigen oder unregelmäßigen Zeitabschnitten Wasser liefern. Sie sind im Volksmunde unter dem Namen „Frühlings-, Mai- oder Hungerquellen" bekannt. Diese Quellen gehören zu den merkwürdigsten, wissenschaftlich noch sehr wenig erforschten Quellen. Man findet sie ausschließlich in klüftigem Gebirge. Zur Zeit nimmt man an, daß es sich um Hohlräume mit siphonartigem Abfluß handelt (s. Abb. 11). Letzterer tritt immer dann in Tätigkeit, wenn der Stand des Wassers in den Hohlräumen die höchste Höhe des Abflußschenkels erreicht hat, so daß das Wasser jetzt abhebern kann.

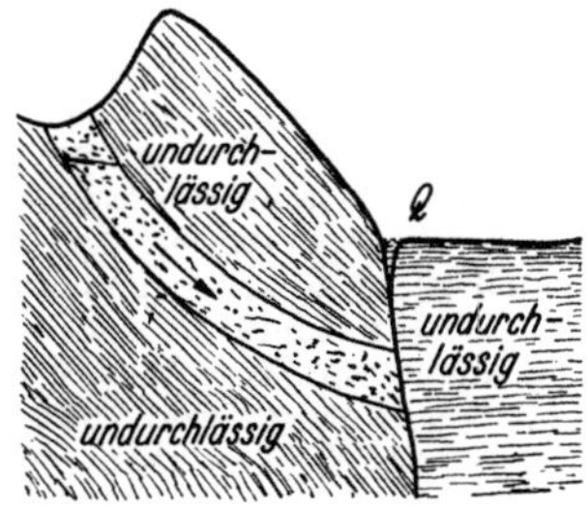

Abb. 10. Natürlich aufsteigende oder artesische Spaltquelle.

Sobald der Hohlraum A durch unterirdischen Zufluß höher aufgefüllt ist als die Decke des Abflußkanals bei B, tritt Heberwirkung ein und die Quelle Q liefert solange Wasser, bis der Hohlraum A leer gelaufen ist. In der Zeit, bis der Hohlraum A sich wieder bis zu der genannten Höhe füllt, liefert die Quelle kein Wasser.

Diese Quellen sind vom Aufbau des Gebirges abhängig. Für ihre Ergiebigkeit spielt der Verlauf und die Größe der unterirdischen Wasserwege eine große Rolle. Von Einfluß sind ferner nach PRINZ[1] die Schneeschmelzen und Niederschläge, Temperatur und Luftdruck, doch dürften auch oft Oberflächenzuflüsse maßgebend sein.

Eine ausführliche Beschreibung der Quellen findet sich in dem Beitrag von R. KAMPE, Band VIII/2, dieses Handbuches.

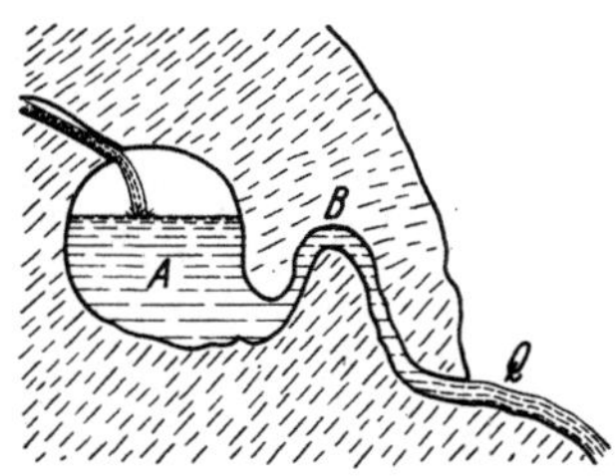

Abb. 11. Intermittierende Quelle.

2. Beurteilung von Quellen.

Je nachdem die Quelle ihr Entstehen einem gut filtrierten Grundwasser oder einem unterirdischen Wasserlauf, der unter Umständen noch mit Oberflächenwasser in Verbindung stehen kann, verdankt, kann das Quellwasser hygienisch einwandfrei oder bedenklich sein. Zur Prüfung der Frage, ob eine Quelle hygienisch einwandfreies Wasser liefert, sind häufigere, d. h. sich über einen längeren Zeitabschnitt erstreckende Probenahmen und chemische, physikalische, bakteriologische und biologische Untersuchungen unter wechselnden Bedingungen erforderlich. Sonst besteht die Gefahr, daß Verunreinigungen der Quellen, die in erheblichen Grenzen schwanken können und vielfach nur eine vorübergehende Erscheinung darstellen, der Untersuchung entgehen. Bei nicht genügender Untersuchung sind die chemischen und bakteriologischen Befunde nur dann verwendbar, wenn sie ein schlechtes, zur Ablehnung der Quelle führendes Ergebnis liefern. Wichtig ist bei diesen Quelluntersuchungen die Ortsbesichtigung und die genaue Kenntnis des Quelleneinzugsgebietes. Wenn möglich, sollte zu diesen Untersuchungen auch ein Hygieniker und ein Geologe zugezogen werden. Die gemeinsame Untersuchung muß in einer Feststellung des Nährgebietes einer Quelle und in der Untersuchung ihres gesamten Verhaltens und aller Beziehungen zur Oberfläche einerseits und zur Lagerung der Gesteine andererseits bestehen. Sie muß ferner feststellen, ob sich in dem gesamten Einzugsgebiete Infektionsgelegenheiten befinden, ob diese von der Quelle isoliert werden können oder nicht und ob deren Infiltrationsweg eine zur Reinigung genügende Länge oder Tiefe besitzt oder nicht. Bei der Beurteilung dieser letzteren Frage kann man annehmen, daß bei feinsandigen bis tonigen Böden, in denen die Wasserbewegung sehr langsam ist, eine vertikale Filtration von 20 m oder eine horizontale Filtration von 200 m genügt, um die durch Dungstoffe oder ähnliche Verunreinigungen bewirkten Verschmutzungen zu beseitigen.

Wenn man eine Quelle findet, die für eine praktische Verwendung geeignet erscheint, so ist es wünschenswert zu wissen, ob es sich

---

[1] PRINZ: Intermittierende Quellen. Zeitschr. deutsch. geol. Ges. 1933, 85, H. 7.

a) nur um ein unbedeutendes, versickertes, ungereinigtes Tagwasser handelt, gespeist von einem nahen Bach, oder um

b) Talbodengrundwasser oder um

c) tiefes Bergquellwasser.

Im Falle a zeigt das Wasser stark schwankende Temperaturen, schwankenden Ertrag, der parallel zu den Niederschlägen verläuft, und schwankende chemische Zusammensetzung. Im Falle b zeigt das Wasser konstantere Temperaturen und gleichbleibende chemische Zusammensetzung. Im Falle c zeigt das Wasser konstante, meist sehr niedrig liegende Temperaturen. Die chemische Zusammensetzung schwankt zwar stärker als bei b, jedoch nicht so stark und anders wie bei a.

Auf Grund ihrer Versuche, die ergaben, daß eine mit 2,5 Millionen Colikeimen je Kubikzentimeter versetzte Wasserprobe bei völligem Luftabschluß nach 22 Tagen colifrei war, schließen LEHMANN und REICHLE [1], daß es möglich ist, verschmutztes Wasser in Spaltgebirgen zu reinigen, um es dann mittels Tiefbrunnen unterhalb der Quellenhorizonte für die Gewinnung einwandfreien Wassers nutzbar zu machen.

3. Die Messung der Ergiebigkeit von Quellen.

Nur wenige Quellen sind in ihrer Ergiebigkeit unveränderlich. Die meisten schwanken so stark, daß das Maximum ihrer Ergiebigkeit oft ein Vielfaches des Minimums beträgt. Man muß daher, um eine hinreichende Sicherheit über den Quellenertrag zu erhalten, häufigere Messungen über einen längeren Zeitraum durchführen. Dies gilt ganz besonders in den Fällen, wo eine Quelle zur Wasserversorgung benutzt werden soll.

In diesen Fällen sind die Messungen auch über eine längere Trockenperiode auszudehnen. Auch nach längerer Trockenperiode sollte der Quellenertrag noch größer sein als der Bedarf, der der Wasserversorgung zugrunde gelegt wird. Veränderungen in der Ergiebigkeit und Nachhaltigkeit der Quellen nach der Fassung können verschiedene Ursachen haben. Durch einsickerndes Niederschlagswasser können mit dem Grundwasser tonige Bestandteile in die Brunnengänge eingeführt werden, die den Auslauf der Quelle verstopfen. Chemische Vorgänge, z. B. Ausscheidungen von kohlensaurem Kalk, können Verstopfungen verursachen, aber auch durch Auflösungen und Umbildungen kann die Durchlässigkeit der Gesteine verändert werden. Ein dauernder allgemeiner Nachlaß in der Wasserlieferung kann nach TROSSBACH [2] durch Anlagen von Straßen- oder Stolleneinschnitten hervorgerufen werden. Bei den von der Oberfläche abhängigen Quellen spielt die Art und Bepflanzung und die Art der Oberflächenbehandlung eine große Rolle. Durch Anpflanzungen, besonders Aufforstungen, können die Ergiebigkeiten der aus diesem Gebiete gespeisten Quellen stark zurückgehen.

Die einfachste Art der Messung ist die, daß man die Wassermenge des Quellenabflusses durch ein Gerinne in ein seinem Inhalte nach bekanntes Gefäß einführt und die Zeit bis zur Füllung mit der Stoppuhr mißt. Das Ergebnis kann nur dann zuverlässig sein, wenn der Wasserausfluß gleichmäßig ist. Der Wasserspiegel der Quelle darf sich hierbei nicht ändern. Ist diese direkte Messung nicht möglich, so benutzt man einen der Quelle möglichst nahe gelegenen Teil des Bachlaufes mit tunlichst sich gleichbleibender Breite und Tiefe, ermittelt durch genaue Messungen das genaue Querprofil und bestimmt dann die Geschwindigkeit, mit der das Wasser die Strecke durchfließt.

Aufbau des Sammelgebietes	Minutenliter pro ha Sammelfläche (normales Minimum)
Molasse	1
Moräne bei 100 cm Niederschlag	4
„ „ 150 cm „	5—6
Deckenschotter bei 100—120 cm Niederschlag	6
Kalkfels	2—5
Niederterrasse oder kiesiger Talgrund	8—10

Man kann aber auch die sonst in der Hydrometrie angewandten Verfahren, wie Wasserwehr, Wasserzoll, Überfallwehr [3] benutzen.

[1] LEHMANN u. REICHLE: Gas- u. Wasserfach 1933, **76**, 41. [2] TROSSBACH: Techn. Gemeindebl. 1935, **38**, 10. — Wasserkr. u. Wasserwirtsch. 1934, **29**, 237.

[3] Siehe von PRINZ und KAMPE: Hydrologie. Berlin: Julius Springer 1923 und 1934. — GROSS: Handbuch der Wasserversorgung. München: R. Oldenbourg 1928.

A. Heim[1] berechnet den Quellenertrag pro Sammelgebietsfläche auf Grund vieler Erfahrungen, die er in der Schweiz gesammelt hat, nach dem Gestein (siehe Tabelle auf S. 16). Er gibt daher als Quellenertrag pro ha Sammelgebiet an:

Mindestertrag	1— 6 Liter/Minute
Mittelertrag	3— 8 Liter/Minute
Höchstertrag.	5—30 Liter/Minute

4. Fassung von Quellen.

Vor der endgültigen Anlage einer Quellfassung müssen die Entstehung der Quelle, das Niederschlagsgebiet und die geologische Beschaffenheit des Einzugsgebietes genau bekannt sein. Nachdem die Quelle in einer provisorischen Fassung längere Zeit, mindestens 1 Jahr, auch auf ihre Temperatur beobachtet worden ist, und in dieser Zeit die chemische und biologische Beschaffenheit gleich geblieben und die Ergiebigkeit auch nach längeren Trockenperioden nicht zurückgegangen und besonders nach Schneeschmelzen und erheblichen Niederschlägen keine Trübung und Verschlechterung in bakteriologischer Hinsicht aufgetreten ist, kann die endgültige Fassung hergestellt werden. Die Quelle muß so gefaßt werden, daß das gefaßte bzw. das abgeleitete Wasser ungetrübt bleibt. Von dem herzustellenden Reinwasserbehälter ist das Tagwasser möglichst fern zu halten. Die Quelle ist auch vor anderen Verunreinigungen und vor Frost und Hitze zu schützen. Ebenso muß die Quellstube gut ventiliert und ihre Entleerung zwecks Reinigung möglich sein.

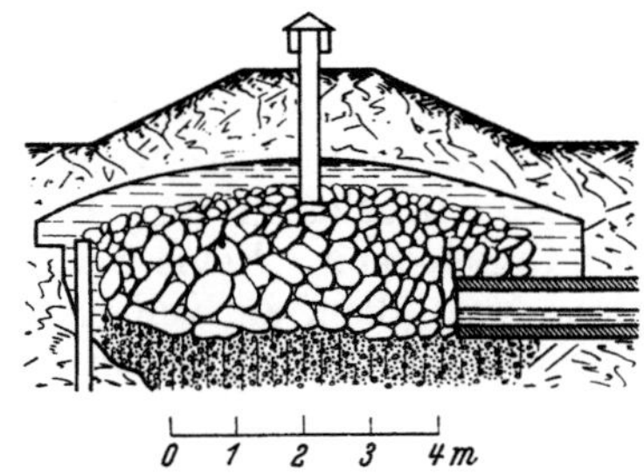

Abb. 12. Brunnenfassung für eine Spaltquelle.

Die an und für sich billigen Holzfassungen sind nicht zu empfehlen, weil dabei erfahrungsgemäß viele pflanzliche und auch tierische Verunreinigungen des Wassers (durch Wasserasseln, Flohkrebse, Schnecken und Würmer) unvermeidbar sind. Eine einfache und billige Fassung zeigt Abb. 12 für eine Spaltquelle als Beispiel einer Quellfassung in der Ebene. Die Baugrube ist hier mit einer Spundwand umgeben und der innere, die Quelle umfassende Raum mit großen Steinen ausgefüllt. Das Lüftungsrohr ist mit einer Kappe versehen.

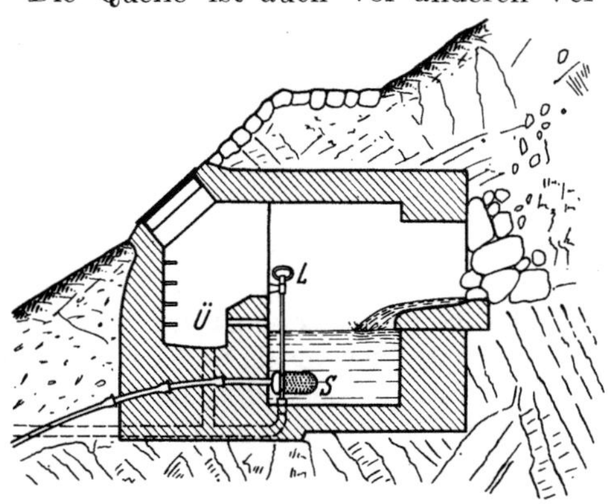

Abb. 13. Brunnenstube einfachster Form mit Einsteigeschacht.

Bei den am Fuße von steilen Abhängen entspringenden Quellen laufen die atmosphärischen Niederschläge meist oberflächlich an den Felswänden ab. Die geringe, durch Spalten filtrierte Wassermenge gelangt dann genügend geklärt zur Grundwasserquelle. In einem solchen Falle genügt meist ein kleiner Stollen, oder eine unmittelbar in die Böschung eingelassene Brunnenstube einfachster Form, wie sie in Abb. 13 dargestellt ist. *Ü* ist der Überlauf, *S* ist ein Filterrohr, das Schmutzstoffe vom Rohrnetz fernhält, *L* ist die durch einen Schieber oder ein Ventil verschlossene Entleerung. In allen anderen Fällen wird die Quelle bis auf die wasserundurchlässige Schicht nachgegraben und in mindestens 3 bis 4 m Tiefe durch geschlitzte oder gelochte Rohre gefaßt. Um bei der Fassung absteigender Schichtquellen den größtmöglichen Ertrag zu erzielen, muß man den Fassungsgraben so lange vertiefen, als noch Wasser von unten quillt. Wenn möglich, soll man mit der Fassung bis auf die undurchlässige Schicht, also den Wasserstauer, heruntergehen.

[1] Zitiert nach Keilhack: Lehrbuch der Grundwasser- und Quellenkunde. 3. Aufl., S. 417. Berlin: Gebr. Borntraeger 1935.

Das gefaßte Quellwasser wird durch ein Sammelrohr der wasserdicht mit Zementmörtel gemauerten Brunnenstube zugeführt, die vorteilhaft aus zwei Kammern besteht. Die erste dient als Sandfang, hat einen durch Schieber verschließbaren Leerlauf und einen Überlauf, der das Wasser in die zweite Kammer und von da in das Rohrnetz leitet. Die Quellfassung und die Kammern sind gegen äußere Verunreinigungen gut abzudichten. Um etwaige noch vorhandene Unreinigkeiten aus dem Rohrnetz fernzuhalten, entnimmt man das Wasser durch Filterrohre, wie sie von den Filtersteinfabriken in sehr guten Ausführungen geliefert werden.

5. Zusammensetzung des Quellwassers.

Quellwasser ist Grundwasser im weitesten Sinne. Hieraus folgt, daß seine chemische Zusammensetzung durch die Gesteinsarten bedingt wird, die das Wasser durchflossen hat. Die chemische Zusammensetzung schwankt oft mit der Ergiebigkeit. Reine Mineralquellen mit hohem Gehalt an Salzen und Gasen, vor allem an Kohlensäure, scheiden für die Trinkwasserversorgung aus. Ob sie als Heilquellen in Frage kommen, muß eine besondere Untersuchung ergeben (s. unter Mineralwasser Bd. VIII/2).

Für zentrale Wasserversorgungsanlagen großer Gebiete mit einem großen Wasserverbrauch und zunehmender Bevölkerungszahl, besonders in den Städten mit vorwärtsstrebender Industrie, bilden Quellen meist keine geeignete Grundlage. Die größte zentrale Wasserversorgung aus Quellen hat die Stadt Wien, die ihr Wasser aus Quellen am Fuße ansehnlicher Gebirgsstöcke der nördlichen Kalkalpen bezieht. Das Gestein läßt das von der Oberfläche versickernde Wasser durch ein Spalten-, Höhlen- und Beckensystem schnell bis zur undurchlässigen Schieferschicht durchfließen. Die Folge davon ist, daß sich Verunreinigungen sehr schnell bemerkbar machen.

Ein ausgedehnter Quellenschutz, durch Entfernung von Gasthöfen, Hotels, Schutzhütten, Absperrungen, Verlegung von Touristenwegen, ist daher in solchen Fällen unbedingt erforderlich.

6. Der Wert einer Quelle.

Ist man gezwungen, den Wert einer Quelle abzuschätzen, so kann dies unter Berücksichtigung verschiedener Gesichtspunkte geschehen. Der Wert einer Quelle ist unter sonst gleichen Umständen um so größer, je näher sie dem Versorgungsgebiet und je höher sie über diesem liegt. Außerdem ist naturgemäß in wasserarmen Gegenden das Quellwasser wertvoller als in wasserreichen. Schließlich ist der Preis einer Quelle auch von der Beschaffenheit des Wassers abhängig. Zur Berechnung kann man allgemein setzen

$$W = n \cdot 1000 - \frac{b}{2} + 2\,h^2,$$

wenn

W den Wert der Quelle in Reichsmark für ein Sekundenliter geringster Wasserführung,
n einen Koeffizienten, der bei guter Wasserbeschaffenheit in wasserreichen Gegenden $= 1$, in wasserarmen $= 2$ und bei weniger guter Beschaffenheit in wasserreichen Gegenden $= 1/2$ und in wasserarmen $= 1$ zu setzen ist,
b die Länge des Zuleitungsweges von der Quelle bis zum Versorgungsgebiet in Meter und
h die Höhe der Quelle über dem Versorgungsgebiet in Meter bedeutet. Liegt die Quelle tiefer als das Versorgungsgebiet, oder muß ihr Wasser künstlich gehoben werden, so ist h negativ und gleich der notwendigen Förderhöhe.

Hummel[1] empfiehlt, den Wert aus den Wasserständen, Abflußmengen, besonders den Abflußdauermengen zu berechnen, wobei er die Ansicht vertritt, daß unter Umständen die ersten Mengen höher zu bewerten sind als später für Ergänzungen benötigte Mengen.

[1] Hummel: Deutsch. Wasserwirtsch. 1934, **29**, 256.

III. Grundwasser.

Unter Grundwasser versteht man allgemein jenes unterirdische Wasser, das sich in der Erdkruste, also unter der Erdoberfläche über einer wasserundurchlässigen Schicht, z. B. Lehm oder Ton, ansammelt. Diese „wassertragende" undurchlässige Erdschicht ist Grundbedingung für die Bildung des Grundwassers. Man bezeichnet sie als den Grundwasserstauer, wohingegen man die wasserhaltende Erdschicht als Grundwasserträger bezeichnet. Als geeignetes Material für den Grundwasserträger wirken alle durchlässigen Bodenarten, besonders die alluvialen und diluvialen Sande und Kiese, die namentlich in der norddeutschen Tiefebene in großer Mächtigkeit und Ausdehnung anzutreffen sind. Die Oberfläche des flüssigen Wassers unter der Erdoberfläche bezeichnet man als Grundwasserspiegel. Die Linie, welche die jeweils höchsten Punkte eines Grundwasserspiegels miteinander verbindet, heißt Grundwasserscheide. Von ihr fließen genau wie bei oberirdischen Wasserscheiden die Grundwasser nach zwei verschiedenen, senkrecht zur Wasserscheide stehenden Richtungen ab. Liegen mehrere Grundwasserträger übereinander getrennt durch dazwischen gelagerte Grundwasserstauer, so spricht man von Wasserstockwerken. Eine mit Wasser gefüllte, bestimmte Schicht, in welcher durch Brunnen oder durch Bohrungen Wasser erschlossen werden kann, nennt man Grundwasserhorizont.

Wasser tritt im Boden in verschiedenen Formen auf, und zwar als

1. freies, tropfbar flüssiges Wasser (das eigentliche Grundwasser),
2. kapillar festgehaltenes, flüssiges Wasser (die Bodenfeuchtigkeit),
3. freier, mit der Grundluft vermischter Wasserdampf,
4. hygroskopisch gebundener adsorbierter Wasserdampf.

Diese vier Arten spielen bei der Entstehung des Grundwassers eine Rolle.

Je nachdem sich das Grundwasser in der Erdkruste fortbewegt oder stillesteht, unterscheidet man strömendes Grundwasser (Grundwasserstrom) mit einem geneigten und ruhendes Grundwasser mit einem waagerechten Spiegel (Grundwasserbecken). Nur strömendes Grundwasser ist für die Trinkwasserversorgung geeignet, mit Ausnahme von sehr kleinen Wasserversorgungen, bei denen der Wasservorrat des stehenden Grundwassers ausreicht. Vorkommen, Menge und Beschaffenheit des Grundwassers stehen in enger Beziehung zur Beschaffenheit des Bodens und zur Oberflächengestaltung der Landschaft. Zur Beurteilung des Grundwasservorrats ist genaue Kenntnis der Schichten des Untergrundes, ihres Aufbaues und ihrer Lagerung nötig. Wichtig ist das Verhältnis der wasserdurchlässigen zu den wasseraufnahmefähigen Schichten.

Man unterscheidet:

1. Plastische Schichten, die kein Wasser durchlassen (Grundwasserstauer), wie Tone, Letten, Mergel, Braunkohlen,

2. poröse Gesteine (wasserdurchlässige Schichten) wie Sandsteine, Konglomerate und Tuffe,

3. lockere, poröse Schichten mit größter Wasserkapazität (wasserhaltende Schicht, Grundwasserträger), wie Sande, Kiese, Schotter.

Im rechtlichen Sinne bezeichnet man als Grundwasser solches Wasser, das noch nicht zutage getreten ist.

Je nach den Zusammenhängen des Grundwassers mit den in der Nähe befindlichen Oberflächenwässern unterscheidet man:

1. Echtes oder natürliches Grundwasser. Es ist in keiner Weise durch Oberflächenwasser beeinflußt.

2. Uferfiltriertes Grundwasser. Dieses erhält seinen Wasservorrat zum Teil aus echtem Grundwasser, zum Teil aber auch durch Uferfiltration aus dem in der Nähe befindlichen Oberflächenwasser.

3. Künstliches Grundwasser. Hier werden durch die wasserdurchlässigen Schichten zu den wassertragenden Schichten Oberflächenwässer eingelassen, die dadurch einem Filtrationsprozeß unterworfen werden.

In Deutschland haben von den mit Grundwasser versorgten Wasserwerken

1. echtes oder natürliches Grundwasser	52%
2. uferfiltriertes Grundwasser	26%
3. künstliches Grundwasser	22%

1. Entstehung des Grundwassers.

Für die Bildung des Grundwassers kommen außer den atmosphärischen Niederschlägen und den Sickerwässern der Oberflächenwässer in geringer Menge noch die im Boden auftretenden Dampfkondensationen in Betracht. Juveniles Wasser, d. h. solches Wasser, das zum ersten Male in den Kreislauf des Wassers eintritt und aus großen Tiefen durch Entgasung durchwässerter, glühender, flüssiger Massen frei wird, dürfte sich nur wenig an der Bildung des Grundwassers beteiligen. Es haben sich zwei Theorien der Grundwasserbildung entwickelt, die Versickerungs- oder Infiltrationstheorie und ihr entgegengesetzt, die Kondensationstheorie.

a) Versickerungstheorie. Die Gesamtheit des Grundwassers wird durch atmosphärische Niederschläge erzeugt, die auf die Erde niederfallen und zum Teil in den Boden eindringend die Speisung und Erneuerung des Grundwassers bedingen. Im Jahr fallen auf die Festlandmassen 122500 cbkm Regen, die sich auf 145000000 qkm verteilen. Das entspricht einer Regenhöhe von 850 mm. Diese Wassermenge führt nur zum Teil zur Bildung von Grundwasser, da ein Teil sofort durch Verdunstung in die Atmosphäre zurückgeht, und ein zweiter Teil sofort in die offenen Wasserläufe geführt wird. Wald verhindert die Infiltration und fördert die Verdunstung und entzieht gleichzeitig dem Boden größere Wassermengen zu seinem Aufbau.

b) Kondensationstheorie. Da Niederschläge oft nur sehr gering in den Boden eindringen, nimmt die Kondensationstheorie an, daß die Ergänzung des Grundwassers durch die Verdichtung des in der unterirdischen Atmosphäre gelösten Wasserdampfes vor sich geht. Sie geht von der Tatsache aus, daß die atmosphärische Luft nur ganz bestimmte, mit zunehmender Temperatur wachsende Mengen von Wasser in Gestalt von Wasserdampf enthalten kann, und daß nach erfolgter Sättigung bei Herabminderung der Temperatur eine Ausscheidung des überschüssigen Wasserdampfes als Wasser erfolgt (s. Tabelle). Die Theorie geht hier von der Tatsache aus, daß die Atmosphäre nicht an der Erdoberfläche endigt, sondern sich unter ihr fortsetzt und alle Hohlräume des Bodens und der Gesteine erfüllt.

Temperatur °C	—10°	—5°	0°	5°	10°	15°	20°	25°
Höchster Wasserdampfgehalt, g/cbm	2,3	3,4	4,9	6,8	9,4	12,7	17,1	22,8
Bei einer Abkühlung um 5° werden ausgeschieden g/cbm Wasser	1,1	1,5	1,9	2,6	3,3	4,4	5,7	

Die Abkühlung gesättigter Luft von 25° auf 10° führt also zur Ausscheidung von 13,4 g Wasser aus 1 cbm, oder zur Bildung von 1 Liter Wasser müssen 75 cbm diesen Abkühlungsvorgang durchmachen.

MEZGER ergänzt diese Angaben dahin, daß weder Versickerung noch Kondensation allein die Bildung des Grundwassers veranlassen, sondern daß auch Luftströmungen im Boden in Frage kommen, und daß der Dampfdruck oder besser gesagt die Spannungsunterschiede des atmosphärischen Wasserdampfes von Einfluß seien.

Beide Theorien schließen sich gegenseitig nicht aus. Es ist vielmehr anzunehmen, daß ein Teil des Grundwassers durch Versickerung, ein Teil durch Kondensation im Boden entsteht. Die bei dem Abkühlungsvorgang im Sinne der Kondensationstheorie sich abspielenden Vorgänge benutzt nach RITTER[1] ein französisches Patent, um an wasserarmen

[1] RITTER: Gesundh.-Ing. 1936, **59**, 70.

Stellen künstlich Wasser zu erzeugen. Die Feuchtigkeit der Luft wird in besonderen Apparaten an kalten Wänden, deren Innenwände aufgerauht und mit scharfen Unterbrechungen versehen sind, unter Ausnutzung der Temperaturunterschiede niedergeschlagen. Die Apparate sollen sich in den Tropen bewährt haben.

Nach den Feststellungen von ABWESER[1] sind auf Bildung und Schwankung des Grundwassers von Einfluß: Niederschlag, Abfluß, Verdunstung, Versickerung, Lufttemperatur, Luftdruck, Luftfeuchtigkeit, Capillarverhältnisse, Grundluft, Dampfdruck, Sättigungsdefizit, Bodentemperatur, Bodenfeuchtigkeit, Bodenstruktur, Windstärke, Windrichtung, Sonnenbestrahlung usw. Von allen diesen Einflüssen auf die Grundwasserbildung spielen aber nur die Niederschläge und die Verdunstung eine entscheidende Rolle. Bemerkenswert ist nun, daß ohne jede irgendwie sichtbare Änderung des Wasserhaushaltes der grundwasserfreien Bodenschichten stets Schwankungen von durchaus gesetzmäßigem Charakter auftreten, die man sehr gut beobachten kann, wenn man die Beobachtungsabstände verkleinert. Die von Niederschlag und Verdunstung beeinflußten Ganglinien scheinen eine Massenerscheinung, die gesetzmäßigen Wellen dagegen eine Krafterscheinung zu sein.

Ist es zur Bildung tropfbaren Wassers gekommen, so muß man für die weitere Bewegung des Grundwassers folgende Vorgänge unterscheiden:

1. Einsickern des Niederschlagswassers in nicht mit Wasser übersättigten Boden.
2. Durchsickern des Wassers durch wasserübersättigte Bodenschichten bei wasserbedeckter Oberfläche.
3. Absickern von Wasser aus wasserübersättigten Bodenschichten bei wasserfreier Oberfläche.

Für meßbares Steigen des Grundwasserspiegels kommen nur die unter 2 und 3 angegebenen Vorgänge in Frage.

Das von den Niederschlägen stammende Wasser wird nun auf vorstehend beschriebenen Wegen allmählich in den Untergrund geführt. Wie MEZGER[2] nachweisen konnte, erfolgt diese Überführung dort, wo das Grundwasser auf die Bodenluft stößt, oft so langsam, daß man kaum eine Beeinflussung des Grundwasserspiegels feststellen kann. Wird das Abziehen der Grundluft gehindert, so kann der Wasserstand bedeutend steigen oder fallen, ohne daß sich die Grundwassersansammlung vermehrt oder vermindert hätte. Eintretende Schwankungen des Grundwasserstandes können ausschließlich durch Spannungsänderung der im Boden eingeschlossenen Grundluft hervorgerufen werden. Diese Spannungen stehen andererseits wieder in engem Zusammenhange mit den wechselnden Luft- und Wassergehalten der feinporigen Oberschicht. Die Spannungen der Grundluft werden erklärlicherweise durch Temperaturschwankungen stark beeinflußt. Feinporige Böden wirken stark grundwasserbildend, wenn sie über einem grobporigen Untergrund stehen, in den das Sickerwasser übertreten kann. Wo ein natürlicher grobporiger Untergrund fehlt, kann er in seiner Wirkung auf die Grundwasserbildung durch die Tiefdrainierung in einem gewissen Grade ersetzt werden[3]. Nur bei grobkörnigem Boden mit nicht capillaren Hohlräumen, bei dem die Grundluft ungehindert aus- und eintritt, ist eine schnelle Versickerung festzustellen. Gelangt ein Oberflächenwasser durch Infiltration in das Grundwasser, so ist seine Menge abhängig vom Durchlässigkeitswert des Flußbettes, von der Größe des Gefälles zwischen Oberflächenwasser und Grundwasser, vom Porenvolumen und dem dadurch bedingten Durchlässigkeitswert des Bodens.

Das im Boden angesammelte Grundwasser hat oft nicht unbeträchtliche Verluste aufzuweisen. Diese sind nach KEILHACK auf folgende Ursachen zurückzuführen:

1. Abfluß der Quellen. Diese Wassermengen sind entweder gleichbleibend oder stehen in Abhängigkeit von den Jahreszeiten (meteorologische Einflüsse).
2. Grundwasserströme treffen auf offen fließendes Wasser und vereinigen sich mit diesem. In Bergbaugebieten kann durch Bodensenkungen ein sehr fühlbarer Verlust an Grundwasser auftreten.
3. Wasserverbrauch der Vegetation. Wenn das Grundwasser in so geringer Tiefe unter der Oberfläche steht, daß die Wurzeln der Gewächse entweder direkt in das Grundwasser hineinragen oder sich ihm so weit nähern, daß sie capillar aufsteigendes Grundwasser erreichen können, entziehen sie während der Periode des Wachstums dem Boden ununterbrochen Grundwassermengen, die zum Teil zum Aufbau des Pflanzenkörpers Verwendung finden, zum Teil aber auch durch Verdunstung aus dem Organismus der Pflanze in die Atmosphäre zurückgelangen. Besonders groß ist der Verlust in den Niederungsgebieten, die mit dichter Grasvegetation bedeckt sind, also in den Mooren und Wiesen.

[1] ABWESER: Zeitschr. Österr. Ver. Gas-Wasserfachmänner 1935, **75**, 163. Ref. Gas- u. Wasserfach 1936, **79**, 61.
[2] MEZGER: Gesundh.-Ing. 1922, **45**, 217; 1931, **52**, 820. — Wasser u. Gas 1927, **17**, 725.
[3] MEZGER: Gesundh.-Ing. 1931, **54**, 445.

4. Verdunstung der Oberfläche des Grundwassers in durchlässigen Bildungen.

5. Chemische Prozesse im Boden, z. B. Krystallisation bzw. Hydrolyse bedingen eine Wasseraufnahme.

6. Die Hauptabgabe entsteht durch Entzug für häusliche und gewerbliche Zwecke. Die im Deutschen Reich dem Boden entzogenen Grundwassermengen können zu 6 bis 8 Millionen cbm täglich geschätzt werden. Diese Menge entspricht auf die Fläche des Deutschen Reiches verteilt im Jahr einer Wasserschicht von 4—5,5 mm und beträgt also nicht ganz 1% der jährlichen Niederschlagsmenge. Durch landwirtschaftliche Meliorationsarbeiten, Drainage, Entwässern von Sümpfen und Mooren werden oft große Grundwassermengen dem Boden entzogen, bzw. es tritt eine Änderung der Grundwasserbildungsbedingungen ein.

Die Temperaturen haben auf den Grundwasservorrat einen weitgehenden Einfluß. Das Gefrieren des Bodens hat eine rasche Abnahme der Quellenergiebigkeit zur Folge. Die Zunahme der Wassermenge beim Auftauen hat nichts mit der Schneeschmelze zu tun, sie hängt lediglich von der Wiederverflüssigung des zuvor erstarrten Wassers im Boden ab. Frost- und Tauwetter beeinflussen weniger den Gesamtertrag der Grundwasserversorgung als deren zeitliche Ergiebigkeit.

Dünenwasser ist, wie S. 11 gezeigt wurde, aus Regenwasser entstandenes Grundwasser, das infolge seines geringeren spezifischen Gewichtes auf dem schweren salzigen Meerwasser schwimmt. Bei seiner Gewinnung ist darauf zu achten, daß der labile Gleichgewichtszustand zwischen dem süßen Dünenwasser und dem Salzwasser nicht gestört wird. Große Absenkungen müssen vermieden werden. Aus diesem Grunde und wegen des feinen Sandes, in dem sich das Dünenwasser meistens bewegt, werden bei seiner Verwendung ausgedehnte und oft kostspielige Fassungen nötig.

2. Aufsuchen des Grundwassers.

Die geologisch-hydrologischen Verfahren benutzen die Kenntnis der geologischen Beschaffenheit der zu untersuchenden Gegenden, wobei von der Annahme ausgegangen wird, daß in zwei Drittel Deutschlands die Grundwasserverhältnisse in sehr enger Beziehung zu den Formen der Oberfläche stehen. Sie verlangen eine möglichst weitgehende Kartierung und Registrierung aller bisher durchgeführten Bohrungen. Bei der Aufsuchung von Grundwasser sind in erster Linie die Talböden der heutigen Gewässer, in zweiter Linie etwaige verlassene oder Trockentäler und erst, wenn beide fehlen, die vorhandenen Hochflächen in Betracht zu ziehen.

Die geophysikalischen Verfahren zur Aufsuchung von Grundwasser bauen sich auf der Fernwirkung gewisser physikalischer Eigenschaften des Untergrundes auf.

a) Indirekte geophysikalische Verfahren. Hierhin gehören alle für tektonische Untersuchungen anwendbaren geophysikalischen Verfahren. Diese Fälle sind theoretisch oft möglich, können aber kaum bei der Wassersuche durchgeführt werden, weil ihre Anwendung zu hohe Kosten verursacht. Man kann in derartigen Fällen Strukturkarten auf Grund von Schweremessungen anwenden. Hierher gehören ferner seismische und elektrische Messungen z. B. der Leitfähigkeit, ferner magnetische Verfahren.

b) Direkte Aufsuchung von Grundwasser durch geophysikalische Verfahren. In diesen Fällen wird ein Unterschied im physikalischen Verhalten zwischen dem wasserführenden Gestein und seiner Umgebung zur Aufsuchung des Wassers benutzt.

1. Benutzung von Dichtedifferenzen. Hier ergeben sich folgende Unterschiede:

a) Poröse Gesteine sind im wassergefüllten Zustand dichter als im wasserfreien Zustand.

b) Feste kompakte Gesteine werden durch die Verwitterung, die sie zu Wasserträgern machen kann, weniger dicht, als sie im unverwitterten Zustand sind.

c) Lockere, porenreiche Gesteine, die als Wasserspeichergesteine in Frage kommen, sind weniger dicht als die festen porenarmen Gesteine, die oft ihre Unterlage bilden. Auf Grund dieser Unterschiede konnte Holst durch Drehwaagenmessungen die Gestalt der

Felsschale unter den Talalluvionen bestimmen. Mit der Drehwaage wird der horizontale Gradient der Schwerkraft gemessen, d. i. die Richtung und Stärke des horizontalen Schwergefälles.

2. Benutzung von Unterschieden im elastischen Verhalten der Gesteine. Die sog. Schallhärte ist für die Geschwindigkeit elastischer Wellen im Gestein maßgebend. Die Geschwindigkeit ist proportional $\sqrt{E}$, wobei E der Elastizitätsmodul ist. Dieses Gesetz wird bei den seismischen Verfahren benutzt. Es werden künstliche Erschütterungen hervorgerufen und deren Fortpflanzungsgeschwindigkeit durch geeignete Apparate gemessen. Lockere Gesteine haben eine geringe Schallhärte; in ihnen pflanzen sich elastische Wellen relativ langsam fort. Feste Gesteine, insbesondere Kalke und krystalline Gesteine haben eine hohe Schallhärte.

3. Benutzung der elektrischen Eigenschaften der Gesteine. Diese Verfahren machen in erster Linie von der Leitfähigkeit der Gesteine Gebrauch. Die elektrische Leitfähigkeit eines Gesteins hängt einmal von dessen Mineralzusammensetzung, dann aber auch von seiner Wasserführung ab. Die größte Mehrzahl der Gesteine wirkt wie Isolatoren. Wenn sie trotzdem den Strom leiten, hängt das mit ihrem Wassergehalt zusammen, der in ihren Hohlräumen, in Poren, Spalten, Klüften enthalten ist. Dies bedingt, daß das Porenvolumen maßgebend ist für den spezifischen Widerstand.

Für die praktische Feststellung von Untergrundwasser durch elektrische Verfahren muß vorher bekannt sein, ob es sich um Grund- oder Kluftwasser handelt. In Kluftwassergebieten mit geringer Überdeckung arbeitet die Methode am besten, welche auf der Messung der radioaktiven Strahlen, die in den Spalten besonders stark angereichert sind, beruht. Für tiefer liegende Klüfte eignen sich die elektrischen Verfahren besser. Bei der Bestimmung von Grundwasser eignen sich in erster Linie die sog. Widerstandsverfahren nach Wenner-Gish, Rooney, Eve-Keys, Haalk-Ebert und Nunier-Königsberger. Untersuchungen mit drahtlosen Wellen haben sich in unserem Klima wegen der Feuchtigkeit der Erdoberfläche nicht bewährt. Bender [1] empfiehlt weiter die Anwendung der Drehwaage zum Auffinden der Urstromtäler, erdmagnetische Schürfung und Feststellung der Rückstrahlung elektrodynamischer Wellen infolge eines Dielektrikums.

c) Wünschelrute. Rutengänger, die sich immer wieder bei der Erforschung von Wassergewinnungsgelände vordrängen, können niemals genauere Untersuchungen oder Pumpversuche ersetzen. Alleiniges Verlassen auf die Wünschelrute hat oft zu Fehlbohrungen geführt, die erhebliche Kosten verursachten. Wenn auch die Tatsache des Rutenausschlages bei gewissen, empfindlichen Personen nicht bestritten werden kann, so ist die wissenschaftliche Erklärung des Zustandekommens des Rutenausschlages noch offen.

Während die einen Anhänger der Wünschelrute als Ursache für die Erscheinungen des Rutenausschlages geopathische Reize, eine „Bodenkrankheit“, die an bestimmten Orten das Nervensystem des geopathisch veranlagten Menschen erregen, annehmen, führen andere Anhänger die Ausschläge der Wünschelrute auf harte, vermutlich vom Erdinnern ausgehende Strahlungen zurück. So glaubt Dobler [2] als Ursache für die Einwirkung von „Erdstrahlen“ auf die Wünschelrute eine über Quellen erhöhte Gammastrahlung der Erdrinde nachgewiesen zu haben. Trénel [3] hat jedoch bei der Nachprüfung der Doblerschen Versuche festgestellt, daß sich nicht erhöhte Gammastrahlung, sondern lediglich größere Erdfeuchtigkeit über Quellen befindet, welche zu den Täuschungen Anlaß gab. Wieder andere suchen die Erklärung in Änderungen des elektrischen Feldes. Dieser Annahme widerspricht die Tatsache, daß Bodenisolierungen (z. B. durch Gummiplatten) oder auch Gummihandschuhe des Rutengängers auf den Rutenausschlag keinen Einfluß haben. Benedick [4] gibt sogar an, daß nach Eintauchen der Hände in Öl die Rute bei jedermann ausschlage. Fritsch [5] sieht die Wünschelrute nur als Anzeigevorrichtung — als Indicator — der Änderungen der Muskelspannungen an. Da die Rute als Hebel aufgefaßt werden müsse, seien einzig und allein die mechanischen Eigenschaften der Rute

[1] Bender: Schweiz. Ver. Gas-Wasserfachmänner 1936, **16**, 214.
[2] Dobler: Lösung des Problems der Wünschelrute. Feuchtwangen: Frankenverlag 1934. [3] Trénel: Zeitschr. angew. Chem. 1935, **48**, 174. [4] Benedick: Gas- u. Wasserfach 1934, **77**, 247. [5] Fritsch: Gas- u. Wasserfach 1934, **77**, 910.

von Wichtigkeit. Er nimmt das Vorhandensein eines sechsten Sinnes an, über den nur wenige Menschen verfügen. Solange diese Fragen noch nicht geklärt sind, muß man mit Rücksicht auf die vielen Fehlbohrungen, die auf Grund der Anwendung der Wünschelrute durchgeführt worden sind, die Warnungen vor Rutengängern für berechtigt halten. Man denke nur an die großen Fehlbohrungen im deutschen Ölgebiet, wo auf Grund der Feststellungen der Rutengänger etwa RM 15000000 nutzlos verbohrt wurden.

Man hat immer wieder versucht, sich den subjektiven Einflüssen der Rutengänger durch physikalische Apparate zu entziehen. Man hat versucht, das Problem mit Hilfe der Radiotechnik oder mit elektrischen Methoden zu lösen. Wagner[1] beschreibt das geophysische Meßgerät von Stehle-Futterknecht, das sich als „wissenschaftliche Wünschelrute" von den Fehlern der Wünschelrute freizumachen sucht. Dieses Meßgerät benutzt Änderungen der Ionisation in einer besonderen Meßkammer. Die Ausschläge werden durch einen Funkenschreiber auf ein laufendes Band als Kurve aufgebracht. Es ist nichts in der Literatur über die Brauchbarkeit dieses Apparates veröffentlicht worden. Das Reichsgesundheitsamt kommt bei einer Nachprüfung der verschiedenen Apparate zu dem Ergebnis: Die angeblich zum Nachweis der Erdstrahlen geeigneten Apparate (sog. objektive Wünschelruten) haben sich, soweit sie vom Reichsgesundheitsamt untersucht worden sind, entgegen den Behauptungen der Herstellerfirmen und des Schrifttums hierfür sämtlich als unbrauchbar erwiesen.

Zu den Problemen der Auffindung von Wasserquellen durch Rutengänger, der Wasseradern und ihrer Wirkungen hat das Reichsgesundheitsamt eindeutig eine ablehnende Stellung eingenommen[2].

3. Verfolgung unterirdisch fließenden Wassers.

In vielen Fällen wird es von Wert sein, unterirdische Zusammenhänge zwischen verschwindenden Oberflächenwässern, unterirdischen Gerinnen und auftretenden Quellen oder zwischen den beiden letzteren allein festzustellen oder einen in Fällen der Verunreinigung von Quellen oder Grundwasser auftauchenden Verdacht über die Herkunft der Verunreinigung durch einen Versuch auf seine Richtigkeit zu prüfen.

In diesen Fällen kann man verschiedene Verfahren anwenden. Man kann dem verschwindenden Wasser eine gewisse Menge eines löslichen, leicht erkennbaren und auch beliebig dosierbaren Stoffes beifügen, der sich in ihm verteilt und dann an den Austrittsstellen des Wassers den Zusammenhang erkennen läßt. Die zuzusetzenden Stoffe müssen 1. leicht löslich, 2. unzersetzlich während ihrer unterirdischen Wanderung, 3. leicht wiedererkennbar, 4. billig, 5. widerstandsfähig gegenüber adsorbierenden Stoffen, 6. unschädlich für Menschen, Tiere und Pflanzen, 7. nicht abfiltrierbar sein.

Es eignen sich:

a) Stoffe, die chemisch und spektroskopisch leicht nachzuweisen sind: Kochsalz, Chlorcalcium und Chlorlithium;

b) Stoffe, die durch den Geruch wahrnehmbar sind: Schieferöl, Saprol und Petroleum;

c) von den Farbstoffen kommen zur Zeit nur Fluorescein und Uranin in Frage;

d) feste Körper, die entweder unmittelbar oder unter dem Mikroskop oder auf biologischem Wege nachzuweisen sind, wie leicht nachzuweisende Bakterien, z. B. Bact. prodigiosus, Hefezellen.

Während man je nach den örtlichen Verhältnissen Kochsalzlösung in Konzentrationen von 0,25% anwendet, kommt man bei Anwendung von Chlorlithium mit sehr viel kleineren Mengen aus (1 kg auf 100000 cbm), da dieses noch in Mengen von 1,4 mg im Kubikmeter spektroskopisch nachweisbar ist. Die unter b genannten Stoffe kommen nur dort in Frage, wo keine Beeinträchtigung von Brunnen und Quellen in Betracht kommt.

Von den Farbstoffen hat Uranin eine etwa 10mal größere Färbekraft als Fluorescein; es ist noch in einer Verdünnung $1 : 10^8$ nachweisbar, d. h. für 100 cbm Wasser genügt 1 g Uranin. Wegen der geringeren Adsorbierbarkeit ist dem Natriumsalz vor dem Kaliumsalz der Vorzug zu geben.

Bei Böden mit hohem Adsorptionsvermögen sind leicht lösliche Salze, wie Kochsalz oder Chlorcalcium vorzuziehen, weil sie durch das Gestein, das sie durchfließen, so gut wie gar nicht zurückgehalten werden. Ihr Nachweis ist aber besonders für einen Nichtfachmann schwieriger, und man gibt daher den leicht wiederzuerkennenden Farbstoffen mit hoher Fluorescenz den Vorzug. Sprecher[3] empfiehlt, bei Farbversuchen einmal genügend Farbstoff zu verwenden und dann auch den Farbstoff nicht in gelöster Form anzuwenden,

---

[1] Wagner: Umschau 1934, 38, 365. [2] Chem.-Ztg. 1936, Nr. 78, 797.

[3] Sprecher: Monatsbull. Schweiz. Ver. Gas-Wasserfachmänner 1935, 156.

sondern in fester Form. Nur dort, wo man die ganze Farbstoffmenge auf einmal, d. h. also sehr schnell, ins Wasser bringen müsse, sei der gelöste Farbstoff angebracht.

Die Bewegung des Grundwassers im Boden richtet sich nach den Gesetzen der Filtration. Sie ist abhängig von dem Gefälle und der Bodenbeschaffenheit, wobei das Porenvolumen eine große Rolle spielt. Eine Zusammenstellung des Porenvolumens einer größeren Zahl von lockeren Gesteinen gibt WINTGENS[1]:

Grober Flußsand	25—14%	Feiner, grauer Lehm	34%
Sandkörner, gleich groß	37%	Grober, dunkelfarbiger Lehm	31%
Sandkörner, ungleich groß	29%	Brauner Ton	44%
Sehr grober Sand mit Kies	38%	Schwarzer, humöser Ton	37%
Grenzwerte für Sand	40—28%	Schwarze Gartenerde	28%
Mittelkies, Durchmesser 7 mm	37%	Ton	50%
Feinkies, Durchmesser 4 mm	36%	Boden mit 30% Ton bei 3 Atm. Druck	23%
Grobsand, Durchmesser 2 mm	36%	Schwerer Ton	50%
Mittelsand, Durchmesser 1 mm	40%	Sehr toniger Boden	46%
Feinsand, Durchmesser $^1/_3$ mm	42%	Humusarmer, toniger Boden	48%
Weißer, ausgeglühter Sand	24—23%	Humusarmer, sandiger Boden	50%

Die Durchlässigkeit der Filterschicht ist von ausschlaggebender Bedeutung für die Geschwindigkeit und Ergiebigkeit des Grundwassers. Das Grundwasser bewegt sich im Boden so langsam, daß es häufig weniger als 1 m und selten mehr als 5 m in 24 Stunden zurücklegt. Die Geschwindigkeit der Bewegung wird am einfachsten in der Weise gemessen, daß man in einer bestimmten Entfernung zwei Bohrlöcher in der Richtung des Grundwassergefälles niederbringt, eines der oben angegebenen Mittel, z. B. Kochsalzlösung, in das obere Bohrloch gibt und die Zeit bestimmt, wann der zugesetzte Stoff im anderen Bohrloch erscheint.

4. Bestimmung der Ergiebigkeit des Grundwassers.

Die Bestimmung der Ergiebigkeit kann rechnerisch durch die Filtergesetze von DARCY und SMRECKER erfolgen. Das DARCYsche Grundgesetz, ergänzt durch den THIEMschen Faktor, welcher der verschiedenen Beschaffenheit des Bodens Rechnung trägt, lautet $Q = \varepsilon i f$, worin Q die Ergiebigkeit des Grundwasserstroms, i sein natürliches Gefälle und f die senkrecht zur Strömungsrichtung gemessene Durchflußfläche ist. Unter ε versteht man den Durchlässigkeitswert des Untergrundes, der diejenige Wassermenge angibt, welche durch die Fläche 1 bei dem Gefälle 1 in einer Sekunde fließt. ε kann unmittelbar aus der Bodenprobe ermittelt werden, indem man mit ihr ein künstliches Filter aufbaut und einen Filterversuch macht. Ferner läßt es sich aus der spezifischen Ergiebigkeit (Fördermenge dividiert durch Absenkung) eines Brunnens und dem Vergleich mit gleichartigen Brunnen in anderen Bodenschichten ermitteln, sowie durch Anwendung von Salzen oder Färbeversuchen. Da alle diese Verfahren nur annähernde Werte liefern, so schlägt THIEM vor, den Durchlässigkeitswert durch einen Pumpversuch zu bestimmen, wobei die Absenkung des Grundwassers in zwei verschieden weit vom Entnahmebrunnen entfernten Beobachtungsrohren gemessen wird. Aus den sich hierbei im Grundwasser bildenden Absenkungstrichtern kann man Absenkungskurven herleiten, die auf rechnerischem Wege die Gesamtergiebigkeit der wasserführenden Schichten ergeben.

Gegen das DARCYsche Gesetz hat man eingewendet, daß es sich auf Formeln stützt, die zur Voraussetzung Parallelität des Grundwasserspiegels mit der undurchlässigen Sohle, also Parallelität der Wasserfäden, sowie gleichmäßige Durchlässigkeit des Bodens haben. Nachteilig ist ferner, daß es oft unmöglich ist, innerhalb der kurzen Beobachtungszeit, die ein Hauptvorzug des zweiten Verfahrens ist, das tatsächliche Grundwassergefälle hinreichend genau zu ermitteln. Letzteres gilt namentlich für gespannte Spiegel, die infolge

---

[1] WINTGENS: Beitrag zu der Hydrologie von Nordholland. Diss. Freiburg 1911, S. 68.

ihrer großen Empfindlichkeit nicht selten um eine Gleichgewichtslage pendeln. Im letzteren Falle und bei Grundwasserspiegeln, die in der Nähe von oberirdischen Wasserläufen mit durchlässiger Bodenschicht liegen, werden zur Vermeidung von Irrtümern Versuchsreihen zur Erzielung einwandfreier Ergebnisse empfohlen. EIGENBRODT[1] sucht die stets vorhandenen Ungleichmäßigkeiten in den Bodenverhältnissen dadurch auszuschalten, daß er den Durchflußquerschnitt in möglichst viele Teile zerlegt. Er benutzt ein logarithmisches Netz für die zum Teil graphisch durchzuführenden Rechnungen. Durch entsprechende Wahl der Koordinatensysteme kann die Entzerrung der Absenkungskurve zur Geraden für die Auswertung nutzbar gemacht werden.

Das DARCYsche Gesetz gilt nach KÖRNER[2], der die physikalischen Gesetze für die Durchsickerung eines Wassers durch einen Untergrund nachprüfte, dann, wenn in den einzelnen Kapillaren das HAGEN-POISSEUILLEsche Gesetz der Proportionalität zwischen mittlerer Geschwindigkeit und Druckgefälle gewahrt ist. Die dem DARCYschen Gesetz folgende Strömung im Boden läßt sich auch als Potentialströmung auffassen. Bei reiner Sickerströmung kommen als maßgebende Kräfte nur die Sickerkraft und Reibung in Frage. Das DARCYsche Gesetz, ergänzt durch den THIEMschen Faktor ε, gibt bei geringen Grundwassergefällen und geringer Grundwassergeschwindigkeit genügende Resultate.

Wesentlich genauere Werte ergibt das SMRECKERsche Gesetz. SMRECKER stellt für die spezifische Durchflußmenge (= Durchflußmenge Q dividiert durch Durchflußquerschnitt F) folgende Formel auf:

$$\frac{Q}{F} = \frac{K}{2\pi H X}.$$

In dieser bedeutet K die Menge der Entnahme aus einem Versuchsbrunnen, H die mittlere Mächtigkeit des Grundwasserstromes und X den sog. Wirkungsradius. Hierbei soll man die Beobachtungsrohre nicht in zu großer Nähe der Versuchsbrunnen anordnen.

Bei der Aufschließung eines Grundwasserstromes haben sich in der Praxis zur Feststellung der Ergiebigkeit Probebrunnen mit länger beobachtetem Pumpenbetrieb am besten bewährt. Kann man den Pumpenbetrieb mit der gesamten Bedarfsmenge durchführen, so fällt jede Berechnung fort.

Die gewöhnliche Bestimmung der Brunnenergiebigkeit durch einen Pumpversuch unter Beobachtung der Fördermenge und Absenkung des Wasserspiegels kann auch umgekehrt durchgeführt werden, indem man durch die Brunnen eine bestimmte Wassermenge zur Versickerung bringt und dabei den Anstieg des Wasserspiegels beobachtet. Diese an und für sich sehr einfache Methode beruht auf der Annahme, daß der Brunnenwiderstand, der sich dem fließenden Wasser entgegenstellt, in beiden Richtungen gleich ist. Sie ist nur anwendbar, wenn genügend Wasser zur Einfuhr in den Brunnen zur Verfügung steht. Läßt man eine bestimmte Wassermenge in den Brunnen fließen, so wird der Wasserspiegel bis zu einer Höhe ansteigen, die zur Überwindung des Brunnen- und Bodenwiderstandes beim Eindringen des Wassers im Boden nötig ist[3].

5. Gewinnung von Grundwasser.

Die Gewinnung des Grundwassers kann erfolgen:

1. durch Sickergalerien (Sickerrohranlagen), 2. durch Schacht- oder Kesselbrunnen, 3. durch Rohrbrunnen, 4. durch Großleistungsbrunnen.

Aus hygienischen Gründen soll Grundwasser möglichst aus mindestens 3—4 m tiefen Bodenschichten unter dem niedrigsten Grundwasserspiegel entnommen werden. Bei Sickergalerien werden auf die Sohle der Kieslagen gelochte oder geschlitzte Drainrohre aus Gußeisen, glasiertem Ton oder Beton gelegt. Die Schlitze haben Weiten von 10 × 70 mm. Diese Drainrohre kommen in den verschiedensten Formen in den Handel. Die Art des zu fördernden Wassers bedingt auch das anzuwendende Material. Bei stark aggressiven Wässern hat man neuerdings Rohre mit Gummiüberzug angewandt. Die Rohre und Sammelleitungen werden mit einer mindestens 40 cm starken Schicht von erst gröberem, dann allmählich feiner werdendem Kies umhüllt.

[1] EIGENBRODT: Gesundh.-Ing. 1932, 55, 391.
[2] KÖRNER: Mitt. Preuß. Versuchsanst. Wasser- u. Schiffbau, H. 14. Berlin 1933.
[3] OAKEY: Well capacity tested by measuring rate water introduced. Eng. News-Rec. 1934, 629.

Während Schachtbrunnen meist flach sind und daher in neuerer Zeit Flachbrunnen genannt werden, sind die Rohrbrunnen als Tiefbrunnen ausgebildet. Die Größe der Schachtbrunnen richtet sich nach der zu entnehmenden Wassermenge, die lichte Weite soll aber nicht kleiner als 1,5 m sein. Sie können aus Mauerwerk, Zementringen, Eisenbeton oder Eisen bestehen. Eiserne Schachtbrunnen werden aus gußeisernen, zuweilen innen mit eisernen Rippen versehenen Ringen bis zu 4 m Weite zusammengesetzt. Die unteren Ringe sind mit Schlitzen versehen, die meistens sehr eng aneinander stehen und eine Weite von 8 × 100 mm haben. Um das Eindringen von Oberflächenwasser zu verhindern, muß die Abdichtung des oberen Brunnenteiles unter der Erdoberfläche sehr gut sein.

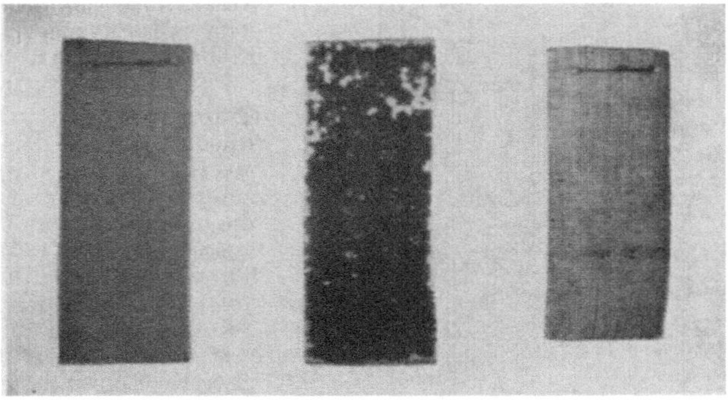

Neu | Inkrustiert nach rund 10 Betriebsjahren | Inkrustierung durch Salzsäure entfernt

Abb. 14. Brunnenfiltergewebe neu, inkrustiert und gereinigt. (Nach WIEGAND: Gas- u. Wasserfach 1936, **79**, 198.)

Rohrbrunnen werden sowohl als selbständige Brunnen, wie auch in Verbindung mit Schachtbrunnen ausgeführt. Da bei ihnen die Verunreinigungsmöglichkeit sehr gering ist, so gelten sie in hygienischer Beziehung als die einwandfreiesten. Auch lassen sie sich bei sandigem und kiesigem Untergrund verhältnismäßig leicht bis zu 100 m Tiefe niederbringen. Man unterscheidet bei einem Rohrbrunnen das Brunnenfilter, das Aufsatzrohr, das Saugrohr, die Absperr- und Reguliervorrichtung.

Die Baugrube oder das Bohrloch wird durch ein gelochtes Mantelrohr versteift. In diesem, wenn möglich mit einem Kiesmantel umgebenen Mantelrohr, steht dann das eigentliche Brunnenrohr mit dem am unteren Ende sitzenden Brunnenfilter. Letztere werden hergestellt aus verzinktem Schmiedeeisen, aus emailliertem Schmiedeeisen, aus Gußeisen mit und ohne Emailleüberzug, aus Kupfer, aus Steinzeug und, wenn auch selten, aus Holz. Selbst das für Rohrbrunnenfilter geeignetste Material, Kupfer, hält oft nicht der Korrosion durch aggressives Wasser stand. Die aus dem Filter gelösten und im Wasser nachweisbaren Kupfermengen sind so gering, daß sie gesundheitsunschädlich sind. Der Hauptvorteil der Steinzeugfilter besteht in ihrer unbedingten Sicherheit gegen chemische und elektrolytische Zerstörungen. Nachteilig sind ihr höherer Preis und die Bruchgefahr bei größeren Brunnentiefen. Von einem guten, brauchbaren Brunnenfilter werden große Wassereintrittsflächen, unverletzbare Wassereintrittsöffnungen, geringster Wassereintrittswiderstand, denkbar geringste Wasserspiegelabsenkung, lange Verwendungsdauer und Betriebssicherheit verlangt. Man unterscheidet 1. Brunnenfilter mit Gewebebezug, 2. Brunnenfilter ohne Gewebebezug, 3. Brunnenfilter ohne Gewebebezug, aber mit Kiesumschüttung. — Gewebefilter waren bei den älteren Rohrbrunnen üblich. Sie haben den Nachteil, daß sie sich leicht durch chemische Einwirkung (Eisen- und Manganabscheidung) oder durch feinen Sand zusetzen und daher von Zeit zu Zeit gereinigt werden müssen.

Für Brunnenfiltergewebe benutzt man Kupfergewebe mit 0,5—1 mm Maschenweite. Abb. 14 zeigt ein durch Ansätze von schwarzem Schwefelkupfer stark inkrustiertes Brunnenfiltergewebe. Bei dem 0,5-mm-Sieb sind 67% und bei dem 1-mm-Sieb sind 38% des ursprünglichen Kupfers in Kupfersulfid übergeführt. Durch Behandeln mit Salzsäure ist das rechte Sieb gereinigt worden.

Als hauptsächliche Vertreter der Brunnenfilter kommen in Frage:

Das Tellerfilter nach Dr. THIEM, Leipzig.

Der Ringfilterbrunnen nach Dr. THIEM, Leipzig.

Das Patent-Garde-Ringfilter der Fa. Wasserversorgungs-A.G., Grünberg in Schlesien.

Das Glockenfilter nach Mestel.

Das Taschenfilter Bauart Hempel-Daedlow.

Der Kiesschüttungsbrunnen System Smrecker.

Alle gußeisernen Filter haben den Vorzug, daß sie in großen Längen — bis zu 3 m — geliefert werden können und damit durch die geringere Zahl von Verbindungsmuffen nur wenig Filterfläche verlieren. In den meisten Fällen wird die Gußhaut und der übliche Anstrich, der auf Wunsch noch durch einen Sonderanstrich ergänzt wird, die Angriffe durch Korrosion verhindern. Völlig sicher, namentlich gegen hochagressive Wässer, ist man jedoch nicht. Zweckmäßig sind daher Dauerversuche, um das Verhalten bei dem in Betracht kommenden Wasser festzustellen.

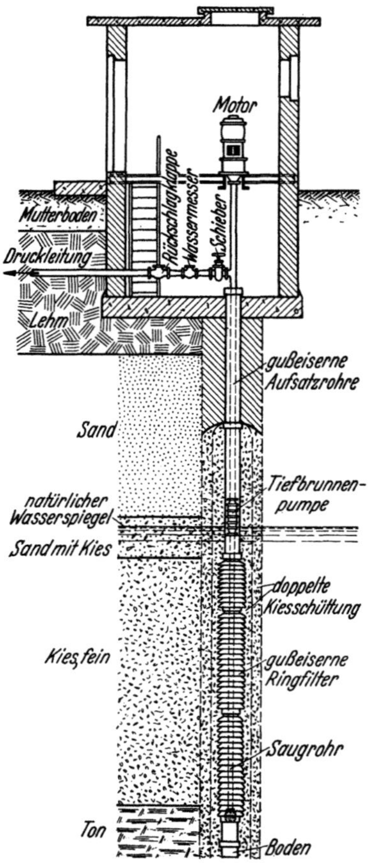

Abb. 15. Gußeiserner Ringfilterbrunnen nach Thiem mit eingehängter Kreiselpumpe und hochsitzendem Elektromotor mit Betriebsgebäude.

Die ältesten Erfahrungen liegen bei den eisernen Rohrbrunnen vor, z. B. den Tiehmschen Rohrbrunnen, bei denen der gußeiserne Filterkorb aus ringförmigen Rippen besteht und mit einem verzinkten Kupferdrahtgewebe umspannt ist. Neuerdings wird er ohne Gewebe als Ringfilterbrunnen ausgeführt, wie er in Abb. 15 in der Form der Thiemschen Ringfilterbrunnen mit Kreiselpumpe gezeigt ist. Bei diesen in lichten Weiten von 150, 200 und 300 mm für 25—30 m Bohrlochtiefe hergestellten Brunnenfiltern legen sich um ein gußeisernes Rohr mit großen viereckigen Öffnungen abgedrehte Ringe, deren Abschrägungen so gewählt sind, daß der den Filterkorb umgebende Sand nicht in das Brunneninnere gelangen kann. Gußeiserne Ringfilterbrunnen haben selbst bei stark aggressiven Grundwässern eine große Widerstandsfähigkeit (Hersteller der Ringfilterbrunnen ist die Mitteldeutsche Stahlwerke A.G. Lauchhammerwerk, Gröditz).

Die ähnlichen Jalousiefilter bestehen aus einzelnen, übereinander stehenden Ringen aus Metall oder aus Steingut, an denen das Material der wasserführenden Schichten anliegt. Das Grundwasser muß durch ringförmige Räume zwischen den einzelnen Körpern in die Höhe steigen, darf aber keine Bodenteilchen mitreißen. Um dies zu erreichen, darf die Wassergeschwindigkeit im Brunnenrohr nur gering sein. Die Taschenfilter haben den Vorzug, daß die Kiesfüllung über Tage um das Rohr herum in die Taschen in verschiedenen Abmessungen geschüttet werden kann.

Schmiedeeisen wird für die verschiedensten Formen der einfachen Loch-, Schlitz-, Schlitzbrücken-, Garde-, Ringschichten- u. dgl. Filter benutzt. Soll es aggressive Wässer fördern, so sind hochwertige Legierungen, d. h. nichtrostende Stahlarten, z. B. Chrommanganstahl und ähnliches, vorzuziehen. Emaillierte Filter haben sich ebenso wie Rohre dieser Art nicht eingeführt, denn sie müssen außerordentlich sorgfältig auf dem Transport und beim Einbau behandelt werden, damit der Emailleüberzug nicht beschädigt wird und abspringt. Unbedingt korrosionssicher sind sie daher nicht. Filterrohre aus rostfreiem Stahl sind zur Zeit noch sehr teuer.

Neuerdings werden korrosionsbeständige Überzüge von verschiedenen Firmen geliefert. Der Überzug muß geruch- und geschmacklos, allseitig fest haftend, elastisch und säurefest sein. Seit 1933 sind „gummierte“ Filter unter dem Namen Kellerfilter und aus geschlitzten, eisernen, gummierten Filterrohren bestehende Filter praktisch bekannt geworden und in verschiedenen Wasserwerken, z. B. Frankfurt a. M., Wiesbaden, Offenbach, Kassel, München eingebaut worden. Für Mineralquellen, chemische Fabriken, Brauereien hat man gummierte Eisenrohre mit Erfolg verwendet. Daher verdienen sie unbedingt Beachtung, wenngleich sie teurer sind.

Als nichtmetallische Baustoffe sind zu nennen:

Eternit der Eternit-Gesellschaft in Berlin-Rudow. Für stark angriffslustige Wässer ist Vorsicht am Platze, da die Rohre durch freie Kohlensäure angegriffen werden können, denn Eternit ist eine Asbest-Zementmischung. Sie läßt sich leicht zu den bekannten Rohr-, Stab- bzw. Trichterfiltern verarbeiten (s. Abb. 16).

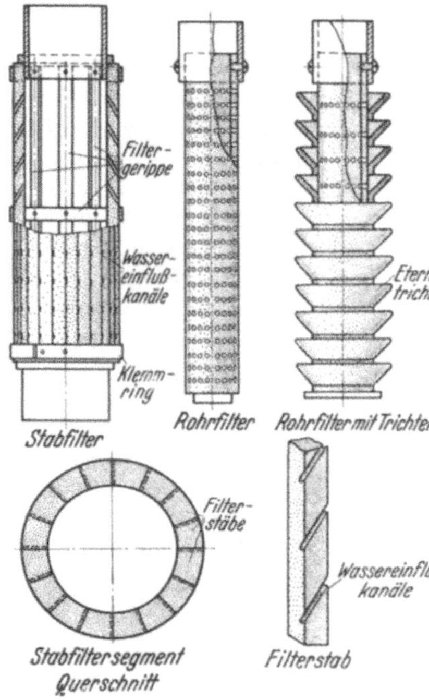

Abb. 16. Schmidts Eternit-Brunnenfilter.

Holz in Form des Holzstabfilters. Eichenholzstäbe werden an ihrer Längsseite in gewissen Abständen eingefräst, so daß beim Zusammensetzen zu einem Zylinder ein Schlitzfilter entsteht. Die Filter müssen durch Metallringe zusammengehalten werden. Wenn mit wechselndem Wasserstand zu rechnen ist, sind sie nicht am Platze, da bei Luftzutritt das Holz fault und dann hygienisch keine Gewähr mehr geleistet werden kann.

In größerer Zahl haben sich die keramischen Erzeugnisse eingebürgert. Steinzeugfilter vom einfachen Lochfilter bis zum Glocken- und Gardefilter in den verschiedensten Arten mit horizontalen und vertikalen Rillen und Wulsten. Alle diese Filter werden normal in Stücken von 1 m Länge geliefert und in muffenähnlichen Stößen zu größeren Längen durch plastische Vergußmasse verbunden. Sie sind — erstklassiges Steinzeug vorausgesetzt — völlig korrosionssicher und auch für Brunnen mittlerer Tiefe durchaus standsicher. Bekannt sind die Hahnschen Patentsteinzeugfilter, die bei groben Sanden oder Kiesen als Glockenfilter ausgebildet und mit Kiesschüttung umgeben werden.

Als letztes und neuestes keramisches Filter sei das Porzellanfilter der Firma Rosenthal, Bauart Jaeckel, erwähnt. Es wird in zwei Arten ausgeführt, als reines Schlitzfilter und als Rippenschlitzfilter. Die Verbindung der Filterrohre untereinander erfolgt durch aufzementierte Metallschellen an beiden Filterrohrenden, die nach Einlegen eines Gummiringes in den Stoß mit Bolzen zusammengehalten werden. Durch diese Verbindung wird die nötige Elastizität zusammengesetzter größerer Filterlagen erreicht. Als besondere Vorzüge werden neben der Korrosionsbeständigkeit die hohe Festigkeit des Werkstoffes und die Möglichkeit günstiger Anordnung der Filteröffnungen angeführt. Das Rippenfilter hat bis 30% freie Eintrittsfläche. Zweifellos hat auch diese Bauart eine Zukunft, wenn sie noch billiger wird (s. Abb. 17).

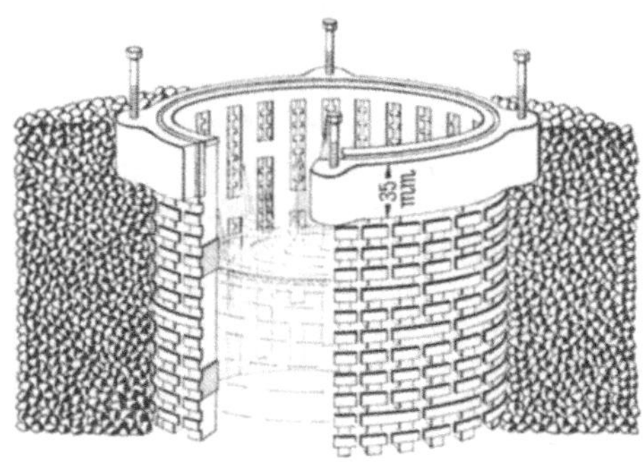

Abb. 17. Porzellan-Rippenfilter, Bauart Jaeckel der Porzellanfabrik Ph. Rosenthal & Co., A.G. Selb (bayer. Ostmark).

Als eigenartige Bauart verdient das „Kugel-Schotter-Mantelfilter" der Wasserversorgungs-A. G. Grünberg in Schlesien hervorgehoben zu werden. Seine Form ist völlig abweichend von den bisher bekannten Steinzeugfiltern und ahmt, wie schon die Bezeichnung sagt, den Kies der Umgebung nach, d. h. es bildet gewissermaßen einen künstlichen Schottermantel, der zugleich die Stützkonstruktion für die umgebende Kiesschüttung ist. Die Stadt Breslau hat einige solcher Versuchsbrunnen ausgeführt, angeblich mit gutem Erfolg. Das Filter selbst ist teuer, soll sich allerdings durch den kiessparenden Einbau wieder auf annehmbaren Preis verbilligen.

Es liegt nahe, auch Glas als Baustoff zu verwenden. Tatsächlich sind auch Glasfilter schon ausgeführt worden, aber sie boten bei schwieriger Herstellung keine besonderen Vorteile, so daß sie sich bislang nicht in größerem Maße eingeführt haben.

Bei den HERMANN-Filterrohren wird längslaufender Profildraht mit 0,1—0,3 mm Spaltweite zusammengesetzt. Sie eignen sich für Kiesschüttungsbrunnen. Bei feinen Sanden können sie ohne Kiesschüttungen angewandt werden.

Sehr wichtig ist für die Beurteilung eines Filters der „freie Eintrittsquerschnitt". Da die Angaben der Firmen sich meist nicht unmittelbar vergleichen lassen, empfiehlt es sich, beim Vergleich verschiedener Erzeugnisse nach einheitlichen Gesichtspunkten den freien Querschnitt zu errechnen.

Bei Verwendung von Rohrbrunnen in zu dichtem Boden kann der Filterwiderstand zu hoch werden. Dies ist oft auf die capillare Beschaffenheit des Bodens zurückzuführen. Übersteigt dieser Filterwiderstand in den Rohrbrunnen $^1/_2$ bis sogar 1 m Wassersäule, so ergibt sich eine unnötige Erhöhung der Pumpkosten. In diesen Fällen empfiehlt es sich, den Boden zur Behebung der Widerstände vor Anlage der Rohrbrunnen in der Umgebung durch Umschüttung mit Sand verschiedener Korngröße aufzulockern.

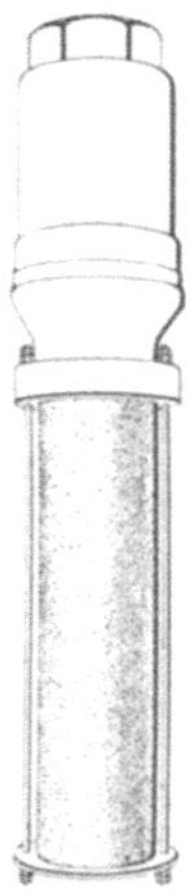

Abb. 18. Filter-Steinsaugkorb der Filterstein-fabrik W. Schuster in Eisenberg (Rheinpfalz).

Großbrunnen sind in ihrem Aufbau den Rohrbrunnen sehr ähnlich.

Bei artesischen Brunnen ist es besonders wichtig, die Auslaufmenge stets so niedrig zu halten, daß weder Sand noch Ton mit dem Wasser aus dem Boden ausgespült werden, da andernfalls im Laufe der Zeit große Hohlräume im Boden entstehen, die nicht nur den Brunnen selbst, sondern auch in der Nähe befindliche Gebäude zum Einsturz bringen können (Brunnenunglück in Schneidemühl).

Durch stoßweise Entnahme großer Wassermengen muß der Brunnen vor der eigentlichen Inbetriebnahme gut entsandet werden. Der beste Schutz gegen Versandungen wird durch einen genügend großen Durchmesser des Brunnenfilters oder des Rohres erreicht, weil ja der Sand erst dann in Bewegung gerät, wenn die Geschwindigkeit des durch das Filter fließenden Wassers den in einem gewissen Verhältnis zur Korngröße des Sandes stehenden Betrag überschreitet. In vielen Fällen kann der in Abb. 18 dargestellte Filtersteinsaugkorb helfen.

Stark eisen-, mangan- und kalkhaltige Wässer führen häufig zu festen, zusammenbackenden, zementartigen Ausscheidungen (Kalk-, Eisen- und Manganablagerungen). Diese Ausscheidungen lassen sich oft durch vorsichtige Spülung mit verdünnter Salzsäure, die mindestens 24 Stunden einwirken muß, entfernen. In letzterem Falle müssen aber die Brunnenfilter aus säurebeständigem Material hergestellt sein. Die bei der Reinigung von Brunnen oder Brunnenrohren durch Säuren durch die dabei entwickelten Gase wie Schwefelwasserstoff, Kohlensäure, Arsenwasserstoff und andere Gase sowie durch Säurespritzer entstehenden Gefahren können durch Verwendung arsenfreier Säure, Aufsetzung von gut ziehenden Entlüftungsrohren, Benutzung von Atemschutzgeräten, Anseilen mit Gurt u. dgl. vermieden werden[1]. Siehe Unfallverhütungsvorschriften Abschnitt I § 36 und die Vorschriften über den Schutz gegen gefährliche Gase und Dämpfe.

Hat sich während des Betriebes auf der Brunnensohle Sand abgelagert, so kann man diesen durch Stauchbohrer entfernen oder durch Pumpen ausspülen. Eine Verstopfung des Brunnenfilters läßt sich oft durch eine stoßweise durchgeführte Wasserspülung beseitigen. Die Stoßwirkung läßt sich noch durch einen in das Aufsatzrohr eingeführten Kolben unterstützen. Die Auf- und Abwärtsbewegungen des Kolbens verursachen ein plötzliches Heben und Senken des Wasserstandes, so daß wirksame Stöße im Brunnen und in der Umgebung des Brunnens auftreten. Dieses unter der Bezeichnung „Stöpseln des Brunnens" bekannte Reinigungsverfahren kann noch verstärkt werden, wenn man einen Doppelkolben anwendet, der mit seinen Kolbenscheiben einen kleinen Raum bildet, wodurch

[1] NAUMANN: Gas- u. Wasserfach 1936, **79**, 623.

eine in diesen Raum eingeführte Kraft (Wasser, Dampf oder Druckluft) nur auf eine kleine Fläche, dafür aber um so stärker wirken kann.

In vielen Fällen hält eine derartige Brunnenreinigung nur kurze Zeit an. Dann ist es aber besser, die meist falsch angelegten Brunnen durch gute neue zu ersetzen, als sie immer wieder zu reinigen.

Jeder Brunnen kann nur eine bestimmte Wassermenge liefern. Werden größere Wassermengen gebraucht, so muß eine Reihe von Brunnen erstellt werden, die dann zu Brunnenreihen zusammengeschlossen werden. Ist die erforderliche Grundwassermenge gleich Q Liter/Sekunde, die notwendige Zahl der Brunnen gleich a und liefert ein Brunnen q Liter Wasser in der Sekunde, so gilt die Gleichung: $Q = a \cdot q$.

Die Brunnen müssen am besten so gelegt werden, daß ihre Verbindungslinie stets senkrecht zur

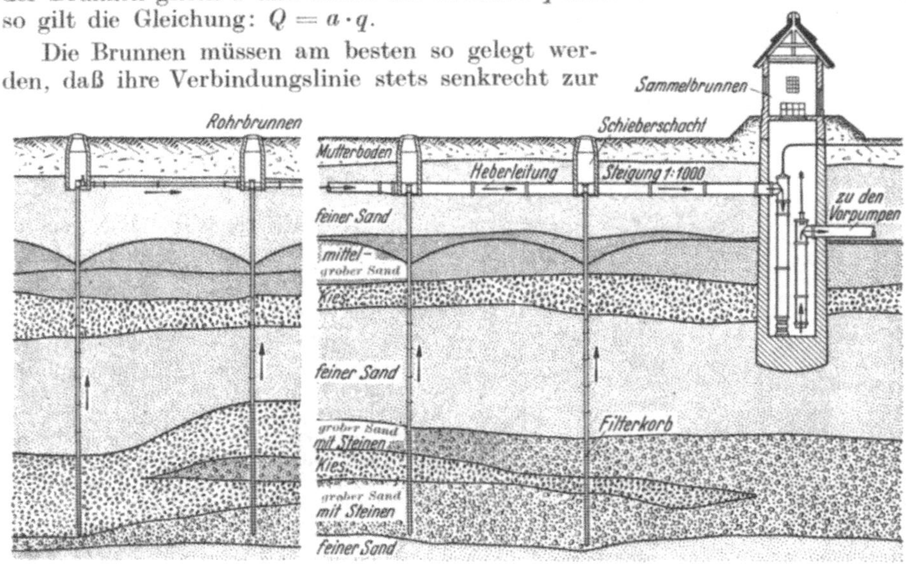

Abb. 19. Wassergewinnungsanlage, bestehend aus einer Rohrbrunnengalerie und einem Sammelbrunnen.

Strömungsrichtung des Grundwassers verläuft. Nur in Notfällen sollte man von dieser Regel abweichen. In den meisten Fällen wählt man Filterdurchmesser von 200—300 mm. Bei sehr grobem Untergrund, z. B. Kies, verwendet man zuweilen auch größere Durchmesser bis zu 500 mm oder Rohrdurchmesser bis zu 1000 mm. Die Brunnenentfernungen schwanken je nach dem Durchmesser der Brunnen und den Untergrundverhältnissen zwischen 10 und 50 m. Bei großen Durchmessern der Rohrbrunnen und bei Kesselbrunnen können die Brunnenentfernungen auch bis zu 100 m betragen.

Der Sammelbrunnen bildet bei langen Brunnenreihen ein nützliches Verbindungsglied zwischen Fassung und Fördermaschinen. Bei genügender Größe und Tiefe kann er auch als Sandfang dienen und schützt so die Fördermaschinen vor zu schnellem Verschleiß. Er wirkt auch als Ausgleich und schützt die Fassungsbrunnen vor den schädlichen Pumpenstößen. Bei kleinen und bei großen Fassungen bei Verwendung von Zentrifugalpumpen und wenn das Wasser aus Bodenschichten mit grobem Korn entnommen wird, kann man auf den Sammelbrunnen verzichten. In Abb. 19 ist eine Wassergewinnungsanlage bestehend aus einer Rohrbrunnengalerie und einem Sammelbrunnen dargestellt.

6. Uferfiltriertes und echtes Grundwasser.

In dicht bevölkerten Gebieten, wie z. B. in sehr großen Städten und besonders in den Industriezentren des rheinisch-westfälischen Industriegebietes, reicht bei dem sehr großen Wasserbedarf der Vorrat des Grundwassers nicht aus. Um den fehlenden Vorrat zu ergänzen, ist man dazu übergegangen, durch eine künstliche Auffüllung mit Oberflächenwasser seine Menge zu vergrößern. Diese Anreicherung des Grundwasserstromes kann nun durch eine intermittierende Bodenberieselung, durch eine Uferfiltration vom nächsten Vorfluter, durch unterirdische Wasserspeicherung, Untergrundinfiltration oder durch besondere Anreicherungs- oder Infiltrationsbecken erfolgen, die durch eine durchlässige Kies- und Sandschicht mit dem Grundwasser in Verbindung gebracht werden. Die Kies- und Sandschichten wirken wie ein Filter und fangen alle gröberen Schwebestoffe ab. Bei dem Wege durch die Bodenschichten wird dann das Wasser gereinigt und bekommt allmählich gleichzeitig unter dem Einfluß der Verdünnung ähnliche Zusammensetzung wie das Grundwasser selbst.

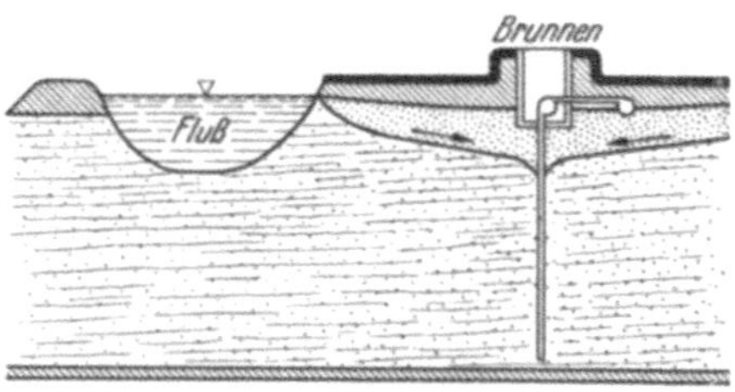

Abb. 20. Grundwasseranreicherung durch Uferfiltration.

a) Intermittierende Bodenberieselung. Es werden abwechselnd Erdflächen überstaut, so daß in der Zwischenzeit eine sehr intensive Belüftung des Bodens und des Wassers erfolgt.

Statt auf die Oberfläche kann man das Oberflächenwasser auch durch Drainierung in den Untergrund geben. Das in den Untergrund zu gebende Wasser soll möglichst nicht mehr als 5 mg/Liter Schwebestoffe haben, da sonst zu frühzeitig ein Verstopfen der Capillaren erfolgt. Nach den in Frankfurt-Stadtwald durchgeführten Versuchen hat das in Schnell- und Langsamfiltern vorgereinigte und durch Sickerrohre in den Boden eingeführte Mainwasser nach der Zurücklegung einer unterirdischen Strecke im Boden von

20 m in 45 Tagen praktisch völlige Keimfreiheit erreicht,
75 m in 140 Tagen die Temperatur des Grundwassers angenommen,
100 m in 190 Tagen seinen ursprünglich schlechten Geruch und Geschmack verloren.

b) Uferfiltration. Diese Art der Wasseranreicherung ist besonders dort zu empfehlen, wo die filtrierenden Bodenschichten nicht zu feinporig sind, so daß sie eine rasche Bewegung des Wassers gestatten. Sickergalerien oder Brunnenreihen liegen in einer Entfernung von 50—150 m parallel zum Fluß (s. Abb. 20). Die geförderte Wassermenge hängt von der Höhe des Wasserstandes im Flußbett und von dem Vermischungsgrad mit dem Grundwasser ab. Die Größe der Infiltration ist abhängig von dem Maße der Bettdurchlässigkeit des Vorfluters und der Größe des Gefälles zwischen Oberflächenwasser und dem Grundwasser. Durch die sich allmählich auf den Ufern absetzenden Schlammstoffe nimmt die Infiltration allmählich ab, bis ein reinigendes Hochwasser die Ufer wieder sauber spült und die Poren für weitere Infiltrationen freilegt.

Bleiben Hochwässer längere Zeit aus, so hat man sich bei Verstopfungen durch Aufharken des Untergrundes mit Eggen geholfen. Von diesem Mittel sollte man aber nur in äußersten Notfällen Gebrauch machen. Oft kann man durch Spülwellen aus oberhalb liegenden Wasserhaltungen Erleichterungen schaffen. Durch die Hochwässer und durch das Aufharken wird auch stets die schützende Filterschicht beschädigt, so daß hinterher die Keimzahl im Wasser erst ansteigt.

c) Infiltration von oben. Diese Art der Anreicherung verlangt verhältnismäßig reines oder gut vorgereinigtes Flußwasser, weil ein an Schwebestoffen reiches Wasser die feinen Poren des Filters bzw. des Bodens bald zusetzen würde. Die Entfernung der organischen Verunreinigungen im Wasser, die immer als Träger für die Lebensbedingungen der Algen und Protozoen anzusehen sind, ist unerläßlich, da sonst mit erneutem Organismenwachstum in den Vorratsbehältern oder in den Rohrleitungen zu rechnen ist. Die zur Infiltration von oben benutzten besonderen Anreicherungs- oder Filterbecken (s. Abb. 21) sollen nach König und Bruns[1] mindestens 50 m von den Brunnenreihen und den Sammelgalerien entfernt liegen. Die Höhenlage der Filter muß so gewählt werden, daß die Sohle 1,5—2 m unter dem Flußwasserspiegel und $^1/_2$ m über dem mittleren abgesenkten Grundwasserspiegel liegt.

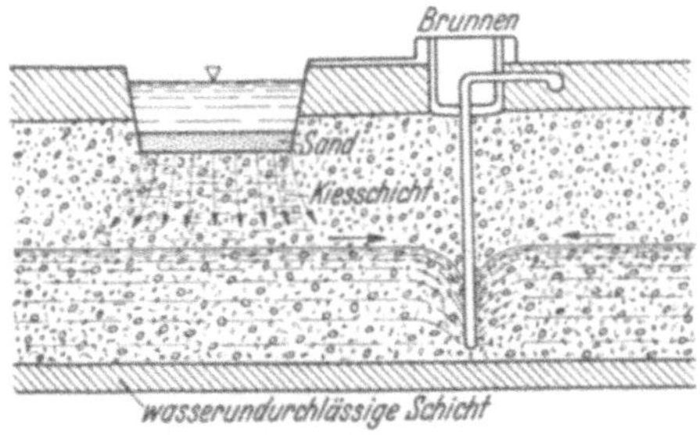

Abb. 21. Grundwasseranreicherung durch Infiltration von oben, von einem Anreicherungsbecken ausgehend.

Im rheinisch-westfälischen Industriegebiet wird das Grundwasser durch Seitenfiltration und Infiltration von oben künstlich angereichert (s. Abb. 22). Durch einen Stau wird der Wasserspiegel so weit gehoben, daß das Flußwasser mit freiem Gefälle zu den Filter- oder Anreicherungsbecken fließen kann. Diese Anreicherungsbecken reichen mit ihrer Sohle in den Kies. Sie sind meist 250—350 m lang, haben eine Sohlenbreite von 20 m und sind mit einer 0,5—1 m starken Sandschicht von 2 mm Korngröße versehen. Diese Sandschicht hat die Aufgabe, die aus dem Flußwasser stammenden grobdispersen Stoffe zurückzuhalten und so das Flußwasser für die biologische Reinigung im Grundkies vorzubereiten. Das Wasser wandert durch die Kiesschicht, wird hierbei gereinigt, gelangt schließlich ins Grundwasser und von da durch die Sickerrohre in das Wasserwerk. Die Filterbecken werden, wie die künstlichen Sandfilter, mit einer Geschwindigkeit bis zu 100 mm in der Stunde betrieben. Ist der Fluß, aus dem das Wasser entnommen wird, stark durch Schwebestoffe verschmutzt — der Gehalt daran soll nicht höher als 50 mg/Liter sein —, so wird ein Absetzbecken vorgeschaltet. Bei Hochwässern ist der Keimgehalt gewöhnlich höher, da das Wasser durch sonst nicht durchflossene Bodenschichten und Spalten strömt. Holthusen[2] berichtet über fünfjährige Erfahrung in der Grundwasseranreicherung: Zunächst zeigte das geförderte Wasser gleichmäßige chemische Beschaffenheit, später steigerte sich der Eisen- und Mangangehalt auf das Doppelte bis Dreifache. Auch die aggressive Kohlensäure nahm so zu, daß eine Entsäuerungsanlage gebaut werden mußte.

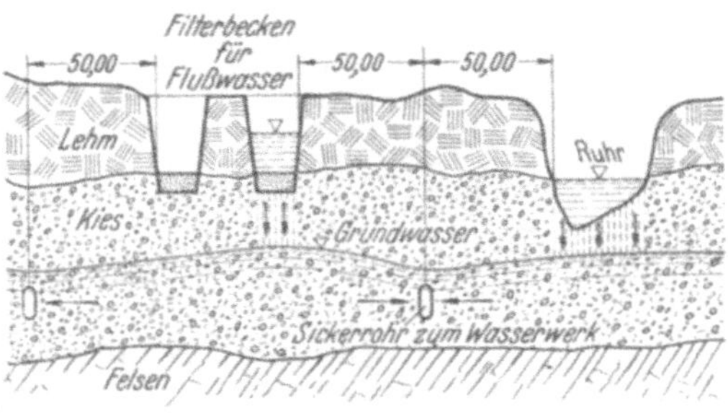

Abb. 22. Grundwasseranreicherung durch Uferfiltration und Infiltration durch Anreicherungsbecken an der Ruhr.

d) Unterirdische Wasserspeicherung. Eine andere Methode der Anreicherung von Grundwasser ist von Denner[3] vorgeschlagen worden. Um die in großen Mengen zur Verfügung stehenden Hochwässer zurückzuhalten, empfiehlt er eine künstliche Anreicherung des Grundwassers durch unterirdische Aufspeicherung von Hochwässern in geologisch geeigneten Bodenschichten. Diese Aufspeicherung soll möglichst das ganze Flußgebiet von der Quelle bis zur Mündung umfassen. Durch diese Anreicherung des Grundwassers lassen sich die Absenkungsschäden mildern und zum Teil sogar vermeiden. Ein besonders günstiges Feld für unterirdische Wasserspeicherung sind die Braunkohlenbergbau-

[1] König u. Bruns: Gesundh.-Ing. 1930, **53**, 662.
[2] Holthusen: Zeitschr. Ver. Deutsch. Ing. 1933, 1013.
[3] Denner: Zeitschr. Deutsch. geol. Ges. 1933, **85**, 511. — Gas- u. Wasserfach 1934, **77**, 413.

gebiete, in denen die meist ungenutzt abfließenden Wassermengen durch Aufspeicherung der Wasserversorgung zugeführt werden können. Die Aufspeicherung kann dann aber auch durch Infiltration der Hochwässer in das Grundwasser durch Auffanggräben, Stauweiher, Benutzung von Stollen im Schiefergebirge, Stauseen, die im ganzen Flußgebiet verteilt werden müssen, geschehen.

7. Unterschiede zwischen echtem und uferfiltriertem Grundwasser.

Nach Spitta und Reichle[1] sind die Unterschiede zwischen uferfiltriertem Grundwasser und echtem Grundwasser folgende:

1. Uferfiltriertes Grundwasser.	2. Echtes Grundwasser.
1. Der Grundwasserspiegel fällt vom Fluß nach dem Brunnen ab.	Der Grundwasserspiegel fällt zum Fluß hin.
2. Er steigt und fällt mit dem Flußwasserspiegel.	Er schwankt wenig und zeigt im Jahre einen höchsten und einen tiefsten Stand mit Übergang.
3. Trotz gleicher Entnahme wechselt die Absenkung. Sie ist am größten, wenn das Flußbett bei langem Niederwasser am stärksten verschlammt ist, am kleinsten nach einem die Verschlammung fortspülenden Hochwasser.	Das Maß der durchschnittlichen Absenkung ist praktisch gleichbleibend.
4. Die höchste und niedrigste Temperatur liegt je nach dem Aufenthalt des Wassers im Boden eine Reihe von Graden (etwa 10°, unter Umständen noch mehr) auseinander.	Die Temperatur schwankt nicht oder nur wenig (1—2°) und entspricht der mittleren Bodentemperatur.
5. Je nach der Entfernung der Brunnen vom Fluß ist die Temperatur des Wassers der einzelnen Brunnen verschieden.	Die Temperatur ist in allen Brunnen praktisch dieselbe.
6. Die Keimzahlen sind bisweilen hohe und schwankende (Hochwasser).	Die Keimzahlen sind relativ gering und gleichmäßig.
7. Die chemische Beschaffenheit wechselt mit dem Flußwasser in einem der Aufenthaltsdauer und Vermischung des Wassers im Boden entsprechend gemilderten Grade.	Die chemische Beschaffenheit wechselt nicht oder nur wenig bei allmählichem Übergang.

8. Zusammensetzung des Grundwassers.

In hygienischer Beziehung ist Grundwasser weit günstiger zu beurteilen als Oberflächenwasser. Es ist meist bakterienarm und hat eine fast immer gleichmäßige, kühle Temperatur. Gewisse Nachteile des Grundwassers, wie hoher Eisen-, Mangan-, Schwefelwasserstoff- und Kohlensäuregehalt lassen sich meist leicht beseitigen. Man sollte daher stets dort, wo Grundwasser in genügender Menge zur Verfügung steht, dieses zur Trinkwasserversorgung benutzen. Die Zusammensetzung des Grundwassers richtet sich nach den Schichten, die es durchflossen hat. Durch den Zersetzungsprozeß der in den oberen Bodenschichten enthaltenen Organismen verliert das Wasser bald seinen Sauerstoffgehalt und nimmt dafür reichlich Kohlensäure, organische Stoffe, in moorigen Böden z. B. huminsaure Verbindungen, ferner Ammonsalze, Chloride usw. auf. Wässer aus moorigen Böden haben meistens gelbe Farbe und „moorigen" Geruch.

Die Kohlensäure spielt eine große Rolle. Bei der Wanderung des Grundwassers durch den Boden wirkt das Wasser auf die Silicate des Bodens, besonders auf Feldspate, ein. Diese verwittern allmählich, wobei die Kohlensäure die basischen Bestandteile, vornehmlich Calcium-, Magnesium- und Eisenverbindungen, löst, während Kieselsäure und Ton

[1] Spitta u. Reichle: Wasserversorgung. Handbuch der Hygiene von M. Rubner. Leipzig: S. Hirzel 1924.

zurückbleiben. Ein Teil der Kieselsäure und der Sulfate geht gleichzeitig in Lösung. Man findet daher Kieselsäure in den meisten Grundwässern und oft auch in Oberflächenwässern, und zwar sowohl als kolloide Kieselsäure wie auch als Calciumsilicat, gelöst in Mengen von durchschnittlich 9—15 mg/Liter, in weichen Wässern sogar von 40—50 mg/Liter. Bei einem Gehalt von mehr als 50 mg/Liter spricht der Balneologe von Kieselbrunnen. Bei der Verwendung des Wassers als Kesselspeisewasser wirkt die Kieselsäure störend. Ein hoher Gehalt an Kieselsäure ruft bei Menschen mit empfindlicher Haut Reizungen hervor. In der Textilindustrie, besonders in der Kunstseideherstellung, macht sie die Faser spröde und hart und stört bei den Färbeprozessen[1].

Das Grundwasser der norddeutschen Tiefebene zeigt oft trotz hygienisch einwandfrei angelegter Rohrbrunnen neben hohem Eisengehalt einen hohen Gehalt an Schwefelwasserstoff und auch an Ammoniak. Diese Stoffe sind durch Reduktionsvorgänge in den sauerstofffreien Bodenschichten aus Sulfaten und Nitraten entstanden und haben keinerlei gesundheitliche Bedeutung.

Die Vereisenung des Grundwassers der norddeutschen Tiefebene ist darauf zurückzuführen, daß die dort lagernden Eisenerze durch faulende organische Stoffe zu Ferrooxyd reduziert werden. Die im Grundwasser enthaltene Kohlensäure löst das Eisen nun als Ferrobicarbonat.

In den oberen Teilen des Bodens reichert sich das Wasser mit den von der landwirtschaftlichen Düngung stammenden aufgeschlossenen Stoffen an, bestehend aus den Abbauprodukten der in Zersetzung befindlichen abgestorbenen Organismen und Humusstoffen, die dann die organische Substanz im Wasser bilden.

Lüning und Brohm[2] berichten über ein „Alkali-alkalisches" Grundwasser, bei dem die Gesamthärte anscheinend geringer war als die Carbonathärte allein. Dies war auf einen Gehalt an Alkalicarbonat zurückzuführen, der aus abgestorbenen Meerespflanzen stammte.

Die Fassungen des Grundwassers müssen sorgfältig vor Beeinflussungen von außen geschützt werden. Ein hoher Gehalt des Grundwassers an Stickstoffverbindungen, Chloriden, Phosphaten und organischen Stoffen, wie er bei Flachbrunnen beobachtet werden kann, ist oft ein Beweis dafür, daß das Grundwasser durch menschliche oder tierische Abgänge verunreinigt wird. Durch Abwasser und andere Wässer, die Abfallstoffe, wie Müll usw., ausgelaugt haben, gelangen Säuren und andere Verunreinigungen in den Boden, lösen hier Kalk und Eisen usw. auf und verändern so die chemische Beschaffenheit des Wassers. Insbesondere wird die Härte stark erhöht. Das verunreinigte Wasser bewegt sich genau in der Richtung des Spiegelgefälles weiter.

Wichtig ist die Kenntnis der Grundwasserbewegung in bezug auf die Stadtkanalisation. Im Grundwasser oder in seinem Aufstau liegende Kanäle erfordern besonders gute Herstellung und Verwendung besten Materials. Austritt von Schmutzwasser aus im Grundwasser liegenden undichten Kanälen kann zu schweren hygienischen Schäden führen. Andererseits erfordert eine solche Kanalisation bei Eintritt von Grundwasser in den Kanal erheblich gesteigerte Pumpkosten.

In Deutschland sind nur wenige Grundwässer, die mehr als 20° DH Carbonathärte haben. Werden höhere Härtegrade festgestellt, so liegt nach Lüning und Heinsen[3] der Verdacht vor, daß das Grundwasser durch Abwasser, Jauche usw. verunreinigt ist.

Die Zusammensetzung des Grundwassers ist für alle im Grundwasser errichteten Bauten, wie Grundpfeiler, Kanäle usw., von größter Wichtigkeit. An den in Frage kommenden Stellen, wie z. B. Brückenpfeilern, Widerlagern usw., sollte daher das Grundwasser dauernd auf schädigende Stoffe untersucht werden.

Bei der starken Entwicklung des Autoverkehrs und der damit verbundenen stärkeren Verbreitung von Tankstellen mehren sich die Klagen über Undichtigkeiten von Tankanlagen und Eindringen von Treibstoffen in Wasserwerksanlagen. Hier kann nur radikale Absperrung der Tankanlagen gegen das Trinkwassergewinnungsgelände helfen.

Auch Müll- und Ascheanschüttungen auf dem Gelände, aus dessen Untergrund Grundwasser entnommen wird, können nach Haupt[4] von sehr schädlichem Einfluß auf das Grundwasser sein. Er berichtet über den Einfluß, den Sickerwasser aus einer Sandgrube, die

[1] Entkieselung mit Zinksalzen siehe Reimers: Vom Wasser 1933, **7**, 175.
[2] Lüning u. Brohm: Alkali-alkalisches Grundwasser aus Kreideformation. **Z.** 1933, **66**, 365.
[3] Lüning u. Heinsen: **Z.** 1934, **67**, 627.
[4] Haupt: Gas- u. Wasserfach 1935, **78**, 526.

jahrelang mit Asche und Schlacke aus Haus- und Fabrikfeuerungen und gelegentlich auch mit Müll und Bauschutt gefüllt worden war, auf das Grundwasser hatte. Wie durch zwei Bohrlöcher deutlich gezeigt werden konnte, wurde das Grundwasser gründlich versalzen. Wenn diese Aufschüttungen hygienisch auch unbedenklich sind, können sie doch in chemischer Beziehung sehr schädlich sein und sehr üble Folgeerscheinungen hervorrufen. In gleicher Weise beschreibt HAUPT[1] durch den Kalksumpf von Siedlungsbauten alkalisch gewordenes Brunnenwasser.

IV. Oberflächenwasser.

Dort, wo Grundwasser nicht in genügender Menge zur Verfügung steht, ist man gezwungen, auf Oberflächenwasser zurückzugreifen. In hygienischer Beziehung weist Oberflächenwasser wegen der viel größeren Infektionsgefahr große Nachteile dem Grundwasser gegenüber auf. Es ist meistens viel stärker verschmutzt als Grundwasser. Bei den mancherlei Nachteilen hat es den Vorteil, daß es selbst in wasserarmen Zeiten in unbegrenzter Menge zur Verfügung steht. Dies ist auch der tiefere Grund, weshalb man in Amerika mit seinem großen Wasserbedarf Oberflächenwasser vorzieht.

Die Gewinnung des Oberflächenwassers kann erfolgen

1. aus den oberirdischen Wasserläufen, den Flüssen und Bächen. 50% der deutschen Wasserwerke mit Oberflächenwasserversorgung entnehmen ihr Wasser den Flüssen und Bächen.

2. aus Seen und Teichen. 15% der deutschen Oberflächenwasserwerke entnehmen das Wasser den Seen.

3. aus Talsperren. 35% der deutschen Oberflächenwasserwerke entnehmen ihr Wasser aus Talsperren.

1. Flußwasser.

Das aus Bächen oder Flüssen stammende Wasser ist in den meisten Fällen mehr oder weniger stark verunreinigt, so daß es ohne vorherige Reinigung nicht zu Trinkzwecken benutzt werden kann. Für industrielle Zwecke wird Flußwasser nach Reinigung in Absetzbecken und Filtration durch Schnellfilter sehr viel für die gewöhnliche, hauptsächlich zu Kühlzwecken dienende Betriebswasserversorgung verwandt.

Die Beschaffenheit eines Bach- oder Flußwassers wird durch die Zuflüsse weitgehend beeinflußt, die der Wasserlauf von Quellen oder von den Abschwemmungen aus Wäldern, Wiesen, Feldern, aus Städten und Fabriken erhält. Die Zusammensetzung eines Flußwassers hängt von der Wasserführung der Flüsse ab, die ihrerseits wieder durch die Größe und Art des Niederschlagsgebietes, die Bodenart, Temperatur, Jahreszeit und Wasserwirtschaft beeinflußt wird. Kommt Flußwasser aus einem Gebiet, dessen Boden aus Urgestein besteht, z. B. Graniten, Gneisen oder Quarziten, so ist es im allgemeinen viel ärmer an gelösten Bestandteilen als Flußwasser, das aus kalk- oder dolomitreichen Gebieten kommt. Hochwässer haben in der Weise einen starken Einfluß auf die Zusammensetzung von Flußwasser, daß bei Hochwasser der Gehalt an gelösten Stoffen viel geringer ist als bei Niedrigwasser. Dafür enthält Hochwasser aber infolge von Abspülungen größere Mengen Schwebestoffe.

Zuflüsse von häuslichen und industriellen Abwässern können oft die Brauchbarkeit eines Oberflächenwassers zu Trink- und Brauchwasserzwecken ausschließen. Die in einen zur Wasserversorgung benutzten Fluß abgelassenen Mengen an Abwasser dürfen nur so groß sein, daß die in dem fließenden Wasser sich abspielenden biologischen Selbstreinigungsvorgänge genügen, um die Schmutzstoffe bis zur Entnahmestelle so weit abzubauen, daß das Wasser in chemischer

[1] HAUPT: Gesundh.-Ing. 1937, **60**, 236.

und hygienischer Hinsicht wieder brauchbar wird. Die Entnahmestellen für Oberflächenwasser sind möglichst weit oberhalb von Städten oder Fabriken, besonders aber weit oberhalb der Einmündung von Abwasserkanälen zu legen, so daß sie vor Rückstau sicher sind. Ferner soll das Wasser an der Entnahmestelle tief und die Fließgeschwindigkeit groß sein, so daß sich keine Schlammablagerungen bilden können. Periodisch abgelassene Abwässer, wie z. B. die Abwässer von Zuckerfabriken, können einen sehr weitgehenden Einfluß auf die Zusammensetzung eines Flußwassers haben. Man muß daher Flußwasseruntersuchungen zu verschiedenen Zeiten durchführen, wenn man über seine Zusammensetzung ein einwandfreies Bild erhalten will. Die von der Lichtbestrahlung, von der Temperatur und der Wassergeschwindigkeit in starkem Maße abhängigen Zersetzungsvorgänge beeinflussen ebenfalls die Zusammensetzung eines Wassers.

In gleicher Weise wie die gelösten Stoffe spielen die ungelösten Stoffe, nämlich die Sink- und Schwebestoffe, eine große Rolle. Die groben, spezifisch schweren Stoffe, wie Geschiebe, Geröll, Kies, setzen sich viel früher ab als Sand nnd Schlamm. Letzterer kann sich dauernd nur dort halten, wo die Wasserbewegung gering ist.

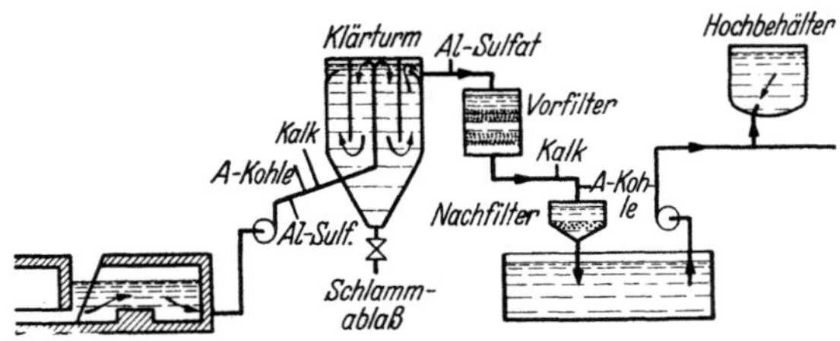

Abb. 23. Flußwasserkläranlage. Einbau einer chemischen Flockungsanlage in eine bestehende mechanische Filteranlage.

Ein großer Nachteil des Flußwassers in hygienischer Hinsicht ist auch seine schwankende Temperatur. Flußwasser ist im Sommer zu warm und im Winter zu kalt.

Eine starke Beeinträchtigung erleidet Flußwasser oft durch die verschiedenen Aufgaben, die in den meisten Fällen ein Fluß zu erfüllen hat. Nimmt man als Schulbeispiel den Ruhrfluß, so stellen wir folgende Hauptaufgaben fest:

a) Die Ruhr ist der Wasserspender für das gesamte Ruhrkohlengebiet.

b) Die Ruhr dient der Abführung der Abwässer von 2 Millionen Menschen und einer hochentwickelten Industrie. Als hauptsächliche Abwasserlieferanten kommen Kohlen- und Eisenindustrie, Papier-, Cellulose- und Holzverkohlungsindustrie, Brauereien, Gerbereien und Textilfabriken in Frage.

c) Die Ruhr wird zur Erzeugung von Kraft in den zahlreichen an ihr liegenden Kraftwerken benutzt.

d) Eine wichtige Aufgabe der Ruhr ist es, der dicht beieinander wohnenden Bevölkerung als Volkserholungsstätte zu dienen. Der Fluß wird von der Bevölkerung besonders in den warmen Sommermonaten gern zum Baden, Wassersport und die Ufer zum Lagern benutzt.

e) Durch Erhaltung und Pflege der gesamten Fischerei trägt der Ruhrfluß einen Teil der Volksernährung.

Es besteht zunächst ein Gegensatz zwischen den verschiedenen Verwendungsarten; da aber alle Aufgaben lebenswichtigen Notwendigkeiten dienen, so muß die eine auf die andere Rücksicht nehmen. Die Trinkwasserversorgung muß in ihren Einrichtungen berücksichtigen, daß ständig Abwässer und damit Krankheitskeime in den Fluß gelangen. Die Abwassertechnik hat auf die Erfordernisse der Trinkwasserversorgung durch einen sehr weitgehenden Ausbau der Kläranlagen oder sonstwie Rücksicht zu nehmen. Ob dies in genügender Weise geschieht, dafür ist oft die Fischerei ein sehr wertvoller und empfindlicher Gradmesser. Andererseits ist klar, daß diese verschiedenen Verwendungszwecke eines Flusses allmählich die Zusammensetzung seines Wassers stark beeinflussen müssen.

Die Aufbereitung von Flußwasser besonders für technische Zwecke kann in Flußwasserkläranlagen erfolgen. Wieweit man die Reinigung treiben muß, richtet sich nach dem Verwendungszweck des Wassers einerseits und dem Verschmutzungsgrad andererseits.

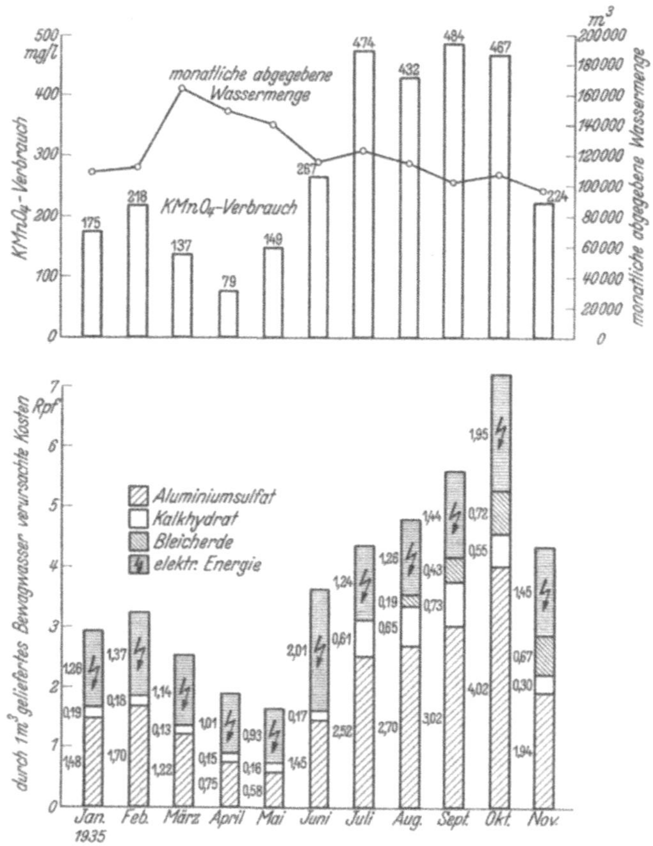

Abb. 24. Zusammenhang der Aufbereitungskosten des Muldewassers mit dem Permanganatverbrauch (Verschmutzungsgrad) bei Reinigung in einer Flußwasserkläranlage.

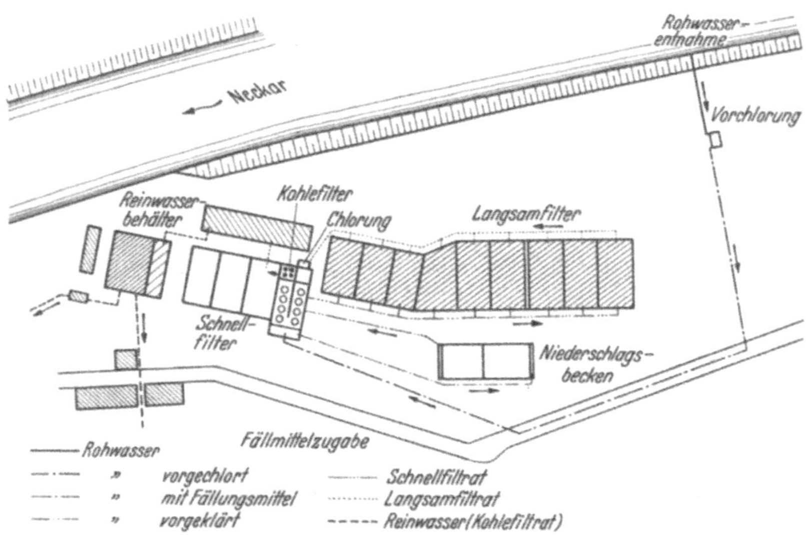

Abb. 25. Flußwasserkläranlage der Stadt Stuttgart.

In einigen Fällen der Verwendung als Brauchwasser kann man sich mit Feinsieben begnügen. Da diese aber nur ungelöste Stoffe bis zu einer beschränkten Größe herausfangen, muß man in den meisten Fällen die Reinigung weiter treiben. Als Beispiel sei erwähnt, daß sich in Stoffen, die mit Muldewasser gewaschen worden waren, beim Verbraucher Chlorphenole zeigten, und daß deshalb die vorhandene Flußwasserkläranlage umgebaut werden mußte. Abb. 23 zeigt das Schema einer Flußwasserkläranlage nach dem Einbau einer chemischen Flockungsanlage. Über die Wirkung dieser Flußwasserkläranlage, die das stark verschmutzte Flußwasser nach der Chemikalienzugabe ohne Absetzbecken sofort filtriert, berichten SPLITTGERBER und DEMMERING sen.[1]. Die Aufbereitungskosten schwanken zwischen 2—7 Rpf./cbm und sind sehr von dem Verschmutzungsgrad abhängig, wie die in Abb. 24 gezeigte graphische Darstellung deutlich zeigt. Auch die Stadt Stuttgart entnimmt einen Teil ihres Wasserbedarfes dem Neckar. Dieses Wasser wird, da es auch zu Trinkwasser benutzt wird, in einer Flußwasserkläranlage (s. Abb. 25) einem sehr umständlichen Reinigungsvorgang unterworfen. Die Reinigung erfolgt nach dem A(dler) D(iachlor)M(utonit)-Verfahren (s. S. 78). Nach einer Vorchlorung mit 0,6—0,8 mg/Liter Chlor werden die ungelösten und kolloiden Stoffe durch Zusatz von 20—30mg/Liter Aluminiumsulfat ausgefällt. Das dann bei einer Nachchlorung zur Zerstörung der Stoffe, die den schlechten Geschmack erzeugen, zugesetzte Chlor (1,5—2,0 mg/Liter) wird nach einer genügenden Einwirkungszeit wieder durch eine Nachbehandlung in Kohlefiltern (Mutatoren) entfernt.

LUNDIE benutzt als Gradmesser für die Reinheit eines Flußwassers seinen biochemischen Sauerstoffbedarf. Er bezeichnet als

1. sehr rein	ein Flußwasser mit einem 5tägigen biochem. O_2-Bedarf	unter 1 mg/Liter
2. rein	,, ,, ,, ,, ,, ,, ,,	von 1 — 2 mg/Liter
3. fast rein	,, ,, ,, ,, ,, ,, ,,	,, 2 — 2,7 mg/Liter
4. mäßig rein	,, ,, ,, ,, ,, ,, ,,	,, 2,7— 3,1 mg/Liter
5. zweifelhaft	,, ,, ,, ,, ,, ,, ,,	,, 3,1— 5,0 mg/Liter
6. schlecht	,, ,, ,, ,, ,, ,, ,,	,, 5,0—10,0 mg/Liter

2. Seenwasser.

In sehr vielen Fällen hat man *Seenwasser* zur Wasserversorgung herangezogen, weil die Seen leichter einen bestimmten Wasservorrat sicherstellen. Durch den längeren Aufenthalt des Wassers in den Seen macht das Wasser einen besseren Absetzvorgang durch und unterliegt unter dem Einfluß des Sauerstoffgehalts und der besseren Lichtwirkung einer größeren Selbstreinigung, so daß Seen meist besseres Wasser liefern als die Flüsse. Zur Wasserentnahme sollten aber nur durchflossene Seen benutzt werden, da in nicht durchflossenen Seen durch die Verdunstung die Gefahr der Salzanreicherung besteht. Große und tiefe Seen liefern im allgemeinen besseres Wasser als kleine Seen mit geringer Wassertiefe, denn die im See sich abspielenden Selbstreinigungsvorgänge (s. unter Talsperren) werden um so größer sein, je länger die Aufenthaltszeit des Wassers im See ist. In großen und tiefen Seen werden die mechanischen Absetzvorgänge besonders stark gefördert, dagegen vollziehen sich die biologischen Vorgänge der Selbstreinigung unter dem Einfluß tierischer und pflanzlicher Organismen besonders stark in flachen Seen. In diesen können sich unter dem Einfluß des Lichtes pflanzliche Organismen besonders gut entwickeln. Die große Oberfläche sorgt für eine gute Sauerstoffaufnahme, die eine Grundbedingung zur Bildung eines gut wirkenden Planktons ist. Entscheidend für die Sauerstoffaufnahme ist die *relative Oberfläche*. Diese ist $= \frac{\text{qm Oberfläche}}{\text{cbm Wasserinhalt}}$. In tiefen Seen dagegen ist die relative Oberfläche meistens gering, so daß die *Sauerstoffaufnahme* hinter dem *Sauerstoffbedarf* zurückbleiben kann. Hat das Wasser infolge Aufnahme von Schmutzwässern einen größeren Sauerstoffverbrauch, so gestaltet sich die *Sauerstoffbilanz* sehr ungünstig. Bei der Diffusion von der Oberfläche nach unten wird der Sauerstoff verbraucht, und somit werden den aeroben Organismen die Lebensbedingungen abgeschnitten.

[1] SPLITTGERBER u. DEMMERING sen.: Vom Wasser 1935, **10**, 78.

In solchen Fällen kommt es dann in größeren Tiefen zu anaeroben Verhältnissen, verbunden mit Fäulnis und allen ihren Begleiterscheinungen, wie Schwefelwasserstoffbildung.

Ob ein Seenwasser direkt ohne weitere Reinigung zu Trinkwasserzwecken benutzt werden kann, hängt ganz von den örtlichen Verhältnissen ab, denn die Reinheit eines Seenwassers wird außer von der Größe des Sees auch noch von den Strömungen im See und vor allem von seinen übrigen Zuflüssen beeinflußt.

Solche zur Trinkwasserversorgung benutzte Seen sollte man vor dem Zufluß von Abwässern weitgehend schützen. Muß ein See an mehreren Stellen Abwasser aufnehmen, so besteht bei geeigneten Windrichtungen die große Gefahr, daß Abwasser in die Entnahmestellen gedrückt wird. Letzterer Fall ist früher in sehr unangenehmer Weise des öfteren in amerikanischen Städten besonders auch bei der Wassergewinnung der Stadt Chikago aus dem Michigansee beobachtet worden.

Um ein Seenwasser mit möglichst niedriger, gleichmäßiger Temperatur zu erhalten, wird man die Entnahmestelle möglichst tief legen. Bei Seen mit flachen Ufern muß

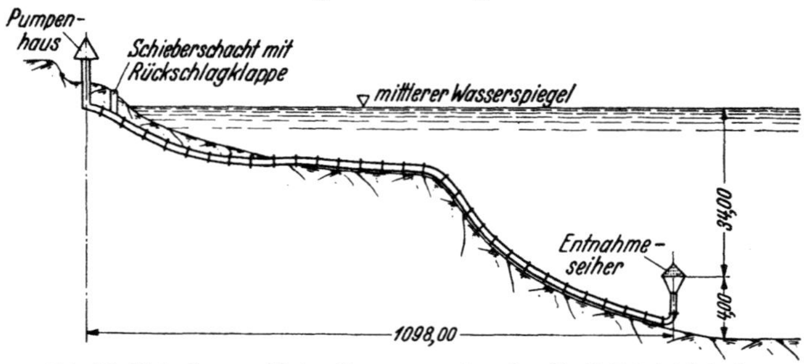

Abb. 26. Entnahmeprofil des Seewasserwerkes der Stadt Friedrichshafen.

sie weit vom Uferrand abliegen. Die Öffnung des Entnahmerohres muß sich wegen der am Grunde liegenden Ablagerungen von Schlamm und Pflanzenresten einige Meter über dem Seeboden befinden. Abb. 26 zeigt das Schema einer Entnahmeeinrichtung aus einem See. Durch Siebe und Gitter um die Entnahmestelle werden gröbere Fremdstoffe ferngehalten.

3. Talsperrenwasser.

In länger dauernden Trockenperioden reichen oft die im Grund- und oft auch die im Oberflächenwasser zur Verfügung stehenden Wassermengen zur Deckung des Wasserbedarfs nicht aus. Um sich für diese Fälle einen genügenden Wasservorrat zu besorgen, hat man sich ihn durch Aufstau reiner Gebirgsbäche oder Flüsse in Talsperren geschaffen.

Vor der Anlage einer Talsperre sind folgende wichtige Arbeiten auszuführen. Zunächst muß ein genauer Wirtschaftsplan aufgestellt werden über die Wassermengen, die der Sperre zufließen und von ihr abgegeben werden können. Des weiteren ist die günstigste Stelle für das Absperrbauwerk zu bestimmen, die meistens an der engsten Stelle des Tales liegt. Dann sind genaue geologische Untersuchungen des Untergrundes nicht nur an der Sperrsohle, sondern im ganzen Niederschlagsgebiet vor dem Bau der Sperre anzustellen. FLIEGEL[1] weist darauf hin, daß es ein von vornherein vollständig wasserabschließendes Gebirge nicht gibt. Es sollte daher in allen Fällen eine künstliche Verdichtung des Untergrundes bei Talsperrenmauern und -dämmen, auch wenn die Baugrundvoraussage noch so günstig ausfällt, vorgesehen werden. Um festzustellen, welche Dichtungsart man anwenden soll, wird man zunächst die Porosität durch Einpressen von Wasser in der ersten Verdichtungszone, etwa 3—8 m unter der Baugrubensohle feststellen. Der Porositätskoeffizient bezeichnet dabei die Menge Wasser, die je Minute und je Meter Bohrung unter einem bestimmten Druck vom Gestein verschluckt wird. Es wird also nicht das Porenvolumen im mineralogischen Sinne, sondern die Auswirkung der gesamten Hohlräume verschiedenster Art wie Poren, Klüfte, Risse usw. festgestellt. Ist die Porosität festgestellt, so verdichtet man die

[1] FLIEGEL: Deutsche Wasserwirtschaft 1936, **31**, 261.

erste Zone mittels Zementmilch unter hohem Druck. Bei größerem Zementverbrauch stellt man weiter in einer zweiten tieferen Zone die Porosität fest und preßt auch diese nach Bedarf aus. Zum Schluß wird in der obersten Zone der Baugrube bis 3 m unter Oberfläche Zementmilch unter geringem Druck eingepreßt. Bei solcher Vorbereitung des Baugrundes von Talsperren werden fast keine Wasserverluste eintreten.

Man unterscheidet je nach den Aufgaben, die sie zu erfüllen haben, drei Arten von Talsperren:

1. Talsperren, die lediglich als Hochwasserschutz dienen, wie z. B. die Talsperre von Ottmachau mit 140 Millionen cbm Inhalt.

2. Talsperren, die als Wasserspeicher dienen und die Aufgabe haben, in trockenen Zeiten den Wasservorrat im Fluß zu ergänzen. Solche nur indirekt der Wasserversorgung dienenden Talsperren hat der Ruhrtalsperrenverein für das Niederschlagsgebiet der Ruhr gebaut. Dieser hat für das Niederschlagsgebiet der Ruhr die gesetzliche Aufgabe, Wasser in Talsperren aufzuspeichern, aus denen dann das der Ruhr durch die Wasserwerke entzogene Wasser in Zeiten der Wasserknappheit ergänzt wird. Er hat bis jetzt 13 Talsperren mit 340 Millionen cbm Inhalt gebaut. Bei solchen Talsperren, die nur den Wasservorrat im Fluß ergänzen sollen, braucht man auf die hygienischen Verhältnisse des Talsperrengrundstückes nicht so großen Wert zu legen wie bei Talsperren, die direkt der Wasserversorgung dienen.

3. Talsperren, die nur für Zwecke der Wasserversorgung gebaut werden. In diesem Falle soll das Einzugsgebiet möglichst unbewohnt und bewaldet sein. Das Gelände sollte in einem genügend großen Umkreis abgezäunt sein, damit es nicht von Unbefugten betreten und benutzt wird. Der Boden in der Umgebung der Talsperre soll nicht gedüngt werden. Weidevieh, vor allem Pferde, Kühe und Schweine, sollen das Gelände der Talsperre in einem größeren Umkreise nicht betreten, dagegen sollen grasende Schafe ungefährlich sein. Auf den zur Trinkwasserversorgung dienenden Talsperren ist das Baden und Kahnfahren nicht zu dulden.

Geschiebe und Schlamm sollte aus solchen Talsperren durch Vorreinigungsbecken ferngehalten werden, wie auch getrübte Hochwässer durch Vorklärbecken zu reinigen sind. Die Anlage von Vorklärbecken an jedem Zulauf einer Talsperre ist in vielen Fällen zweckmäßig, da sie oft Gelegenheit geben, das Wasser durch Überfälle gut zu belüften. Vor der Inbetriebnahme der Talsperre sollte der Boden und die Beckenflächen von Moos, Humus, Pflanzenwuchs, Bäumen und Wurzelwerk gesäubert werden. Wenn eine nicht gerodete Talsperre gefüllt wird, nimmt das Wasser eine erhebliche, auf die Vegetation zurückzuführende Färbung an, die unter dem Einfluß des Sonnenlichtes allmählich verschwindet. Die dazu nötige Zeit hängt von den örtlichen Verhältnissen ab. Sie beträgt im Durchschnitt etwa 6 Jahre. Diese Vorgänge sind darauf zurückzuführen, daß das Wasser die Stoffe auslaugt und Zersetzungsvorgänge eintreten, durch die die Stoffe nur langsam abgebaut werden. Als biologisches Zersetzungsprodukt tritt hierbei Kohlensäure auf, die oft zu großen Schädigungen führt.

Die erste Trinkwassertalsperre in Deutschland, die Eschbachtalsperre, wurde 1891 für die Wasserversorgung der Stadt Remscheid gebaut. In neuester Zeit versorgt die im Harz liegende Soesetalsperre die Stadt Hildesheim und auf eine Entfernung von 250 km die Stadt Bremen mit Trinkwasser.

Unter Zugrundelegung des Reinheitsgrades des Wassers kann man die Talsperren in drei Gruppen einteilen:

1. Talsperren mit völlig unbesiedeltem Niederschlagsgebiet;

2. Talsperren, bei denen das Niederschlagsgebiet zwar bewohnt ist, die Zuflüsse jedoch ausreichend gereinigt werden;

3. Talsperren, deren Wasser als verunreinigt anzusehen ist und das einer weitergehenden Reinigung etwa durch Filtration und einer Desinfektion bedarf.

Gehören zum engeren Niederschlagsgebiet der Trinkwassertalsperre Grundstücke, in denen sich eine größere Anzahl von Menschen regelmäßig aufhält, wie größere Landwirtschaften, Schulen, Heime, Hotels, Kuranstalten, Sommerfrischen usw., so ist die Anlage einer besonderen Kläranlage mit biologischer Reinigung durch Bodenberieselung in genügender Entfernung von der Talsperre zu empfehlen, wenn es nicht gelingt, das Abwasser durch einen dichten Kanal an der Sperre vorbeizuführen und dem Unterwasser zuzuleiten oder solche Anwesen ganz aus dem Niederschlagsgebiet zu entfernen.

Im Einzugsgebiet der Talsperre wohnende Typhus- und Paratyphus- sowie Cholera-Bacillenträger sind umzusiedeln. Bei Auftreten von Epidemien muß eine enge Zusammenarbeit von Werksleitung und Gesundheitsbehörde einsetzen.

Mit Rücksicht auf die in Seen sich abspielenden biologischen Vorgänge dürfen die in einen Stausee bzw. eine Talsperre eingebrachten Verunreinigungen nur so groß sein, daß die Reinigungskraft des Sees auf keinen Fall überschritten wird. Deshalb muß man sich vor der Anlage einer Trinkwassertalsperre außer über die Fragen der Wasserwirtschaft, des Hochwassereinflusses, der geologischen Verhältnisse auch noch sehr genau über die Art und Menge der zu erwartenden Verunreinigungen und über die Qualität und Menge des Wassers unterrichten.

Das gesamte Einzugsgebiet der Talsperre wird am besten aufgeforstet, wobei man sich bei der Auswahl der Bäume nach der Höhenlage und auch nach der Bodenbeschaffenheit richten muß.

In der Nähe der einer Talsperre zufließenden Wasserläufe und an den Staubecken selbst müssen Laubhölzer vermieden werden, um abfallendes Laub von dem Wasser fernzuhalten und Beeinträchtigungen des letzteren zu verhüten. Nach den Untersuchungen von HAUPT[1] ruft besonders Eichenlaub infolge seines Gehaltes an Farbstoffen und Gerbstoffen leicht unangenehme Veränderungen des Wassers hervor. An der Seidenbachtalsperre der Stadt Chemnitz hat man zur Verhinderung des Hineinwehens von Laub in das Becken Schutzzäune aus Fichten errichtet. Nadelholz ist zur Anpflanzung besser geeignet als Laubholz.

Wenig angenehm ist das Auftreten von Moor im Talsperrengebiet. Moorige Zuflüsse zur Talsperre sollte man vorher durch Verrieseln beseitigen. Wo sich größere Moore befinden, sollte mit Rücksicht auf die in ihnen enthaltenen Schwefelverbindungen des Eisens und Mangans keine Sperre angelegt werden.

Talsperren sind natürliche Klärbecken, in denen eine Sauerstoffaufnahme aus der Luft und aus Sauerstoff erzeugenden Algen und Pflanzen erfolgt. Unter dem Einfluß des Lichtes können sich durch die starke Tätigkeit von Mikroorganismen, wie Flagellaten und anderen Bakterienfressern die erwünschten biochemischen Selbstreinigungsvorgänge abspielen. Hierbei ist nach KOLKWITZ neben der Sedimentation feiner und feinster Schwebestoffe auch die Spaltung und Aufzehrung organischer Verbindungen durch Mikroorganismen und die Vernichtung saprophytischer Keime durch die sich entwickelnde Flora und Fauna von Bedeutung. Diese Organismen treten periodisch auf. Da die Talsperren als künstliche Seen aufzufassen sind, haben sie denselben Planktonwechsel wie die natürlichen Seen[2]. Besonders in nicht gerodeten Talsperren, in denen man die Humusschicht belassen hat, beobachtet man zu gewissen Zeiten die Entwicklung bestimmter Organismen, besonders aus der Gruppe der Desmidiaceen, Kieselalgen, Flagellaten, die imstande sind, dem Wasser jeweils einen ganz charakteristischen, üblen Geruch und Geschmack zu verleihen und oft auch stark verstopfend auf die Filter zu wirken (s. S. 72). Diese periodisch auftretende Vermehrung der Algen bezeichnet man auch als „Algenblüte“.

Bei der Selbstreinigung des Wassers im Fluß bzw. in den Talsperren kommt auch den Fischen eine entscheidende Rolle als letztes Glied in der Kette der biologischen Vorgänge zu. Da das Fischfleisch in der Ernährung eine große Rolle spielt, so hat man auch empfohlen, durch besonderen Besatz und Aussetzen von Fischnährtieren, wie Bachflohkrebsen und Schneckenarten die Fischerei zu fördern. Als Fischbesatz wird Hecht und Schleie angegeben[3], doch sind an anderen Stellen auch gute Erfahrungen mit Regenbogenforellen gemacht worden. Der Karpfen eignet sich vom wirtschaftlichen Standpunkte aus gesehen als Besatzfisch für Talsperren nicht so gut, da er sich nur schlecht fangen läßt.

---

[1] HAUPT: Vom Wasser 1933, **7**, 138. [2] RUSHTON: The Surveyor 1932, **82**, 549.
[3] LARISCH: Fischerei-Ztg. 1935, **38**, 806.

Diese Ausnutzung der Talsperren durch intensive Fischwirtschaft kommt besonders bei den als Hochwasserschutz und als Wasserspeicher dienenden Talsperren in Frage. In diesen Fällen sollte sie aber auch so intensiv betrieben werden, daß sie einem Berufsfischer den Lebensunterhalt sichert. Bei reinen Trinkwassertalsperren wird man die Fischerei mit Rücksicht auf die damit im Zusammenhang stehenden hygienischen Bedenken möglichst einschränken.

Talsperrenwasser ist durch die beschriebene Selbstreinigung meistens gut vorgereinigt, so daß man, wenn man es durch ein Schnellfilter gehen läßt, meistens schon ein brauchbares, gleichmäßiges Wasser erhält, das man gegebenenfalls noch durch eine Chlorung keimfrei machen wird. Nachteilig ist bei flachen Talsperren oft die besonders im Sommer sehr unerwünschte Temperaturerhöhung. Aus größerer Tiefe entnommen, hat auch Talsperrenwasser eine gleichmäßige, mittlere Temperatur. Die Entnahme sollte nicht nur mit Rücksicht auf die Temperatur, sondern auch mit Rücksicht auf die Tatsache, daß sich in den oberen Schichten ein viel stärkeres Algenwachstum entwickelt, in größeren Tiefen erfolgen. Da nun in vielen Talsperren der Wasserspiegel stark schwankt, hat man für die Entnahme schwenkbare Entnahmerohre, die mit Filtersteinköpfen versehen sind, oder Entnahmestollen geschaffen (s. Abb. 27). Talsperrenwasser ist meistens sehr weich und enthält als Folge der sich in ihm abspielenden Zersetzungsvorgänge der organischen Stoffe viel freie Kohlensäure. Bei Vorhandensein von Mooren im Staubecken tritt oft Eisen und Mangan in unliebsamen Mengen auf.

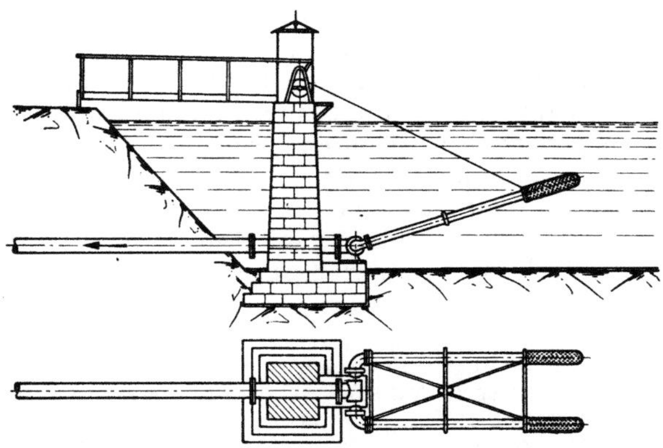

Abb. 27. Schwenkrohr zur Wasserentnahme aus Talsperren.

Zum Abschluß der Talsperren ist beim Bau der Talsperrenmauer Bruchsteinmauerwerk, wo es wirtschaftlich tragbar ist, Betonmauerwerk vorzuziehen, da letzteres durch Kalkauslaugungen stark leiden kann und besonders leicht Altersschäden zeigt. Der Verformung der Mauern durch Belastung, Schwinden, Quellen, Temperaturänderung usw. ist schon beim Bau erhöhte Aufmerksamkeit zu schenken. In massiven Steinmauern können Temperaturschwankungen auftreten, die größer sind als die zulässigen Materialbeanspruchungen. Die einfachste und genaueste Art der Temperaturmessung geschieht in diesem Falle durch eingebaute elektrische Widerstandsthermometer. Bei Bruchsteinmauerwerk sind die Temperaturschwankungen am geringsten, da das Verhältnis der Masse des Mörtels gegenüber der Masse des Steins gering ist[1].

Auf der Weltkraftkonferenz 1933 tagte zum ersten Male der internationale Talsperrenkongreß. Er beschäftigte sich bei den Schwergewichtsmauern mit den Altersschäden des Betons, besonders durch die Kalkauswaschungen und mit der Notwendigkeit und dem Wert der dichtenden Schutzanstriche. Für Erddämme mit einem inneren Mauerkern wurde die Eignung von Böden und die Wasserdurchsickerung behandelt.

Die Stauzeit einer Talsperre — das ist die Zeit, in der eine Talsperre aus den Zuläufen gefüllt wird — wird ausgedrückt in Tagen oder aber durch das Verhältnis des Stauvermögens der Sperre zu der zufließenden Jahreswassermenge. Stauverhältniszahl 1 heißt demnach: die Talsperre kann den Jahreszulauf fassen.

Die Zusammensetzung eines Talsperrenwassers hängt von den Zuflüssen zur Talsperre und von den durch Selbstreinigung und Sedimentation bedingten Verbesserungen ab, die das Wasser in der Sperre erfährt. Infolge der erhöhten Gefahr der Beeinflussung von außen sollte sowohl das Wasser in der Talsperre, wie auch der Ablauf selbst einer ständigen chemischen, bakteriologischen und biologischen Untersuchung unterzogen werden.

[1] LIESEGANG: Siemens-Zeitschr. 1932, Nov.-Heft, 398.

4. Zusammensetzung des Oberflächenwassers.

Das Wasser der Bäche und Flüsse, welche den Gletschern, überhaupt dem ewigen Eise entströmen, hat, wenn diese nicht auf Kalklagern ruhen, ebenso wie das sich in mäßigeren Gebirgshöhen ansammelnde und über kalkfreie Gesteine, wie Granit und Gneis, fließende Wasser wenig gelöste Stoffe. Der Abdampfrückstand liegt dann etwa bei 50 mg/Liter. Die aus kalkhaltigem Gestein kommenden Quellen haben einen höheren Gehalt an Calciumbicarbonat. Durch Entweichen eines Teiles der Kohlensäure fällt ein Teil als Calciumcarbonat aus. Durch Zuflüsse verschiedener Art kann der Abdampfrückstand im Wasser der Bäche und Flüsse ansteigen, von etwa 50 mg/Liter bis auf 300 mg/Liter. Im allgemeinen weisen nur solche Flüsse, die Abgänge aus häuslichen und industriellen Betrieben aufnehmen müssen, einen höheren Gehalt an gelösten und auch ungelösten Stoffen auf. Die Wasserführung, bedingt durch Schneeschmelzen, Hochwasser usw., hat auf den Gehalt an Gesamtfremdstoffen einen ausschlaggebenden Einfluß.

Da Oberflächenwasser jeder Verschmutzung schutzlos preisgegeben ist, so ist das aus Bächen, Flüssen, Seen und auch Talsperren stammende Oberflächenwasser sowohl in chemischer wie auch bakteriologischer Hinsicht meistens viel stärker verschmutzt als das vielfach bakterienarme Grundwasser. Oberflächenwasser enthält stets eine mehr oder weniger große Menge von Bakterien. Je mehr das Wasser mit organischen Schmutzstoffen beladen ist, um so größer ist im allgemeinen der Keimgehalt. Ein Ausnahme bilden Wässer, die aus Braunkohlengruben stammen.

Unter der Keimzahl versteht man die Anzahl der auf einem bestimmten Nährboden entwicklungsfähigen Bakterien in 1 ccm Wasser. Diese Keime sind allerdings nicht alle Krankheitserreger. Sie sind vielmehr meistens harmlose Wasserbakterien, die sich von den toten Schmutzstoffen des Wassers ernähren. Es können unter ihnen aber auch Krankheitserreger vorhanden sein. Als solche kommen hauptsächlich die Erreger des Unterleibstyphus, des Typhus, der Cholera und der Ruhr in Frage. Die Krankheitserreger kommen sicherlich nur gelegentlich, aber nicht immer in das Wasser. Nun brauchen die pathogenen Bakterien zu ihrer Entwicklung im menschlichen Organismus eine gewisse Zeit, die sog. Inkubationszeit, welche beim Typhus und Paratyphus 1—2 Wochen beträgt, d. h. erst 1—2 Wochen nach der Ansteckung durch die krankheitserregenden Bakterien tritt die Krankheit auf. Wenn demnach auftretende Krankheiten auf die Untersuchung des Wassers hinlenken, ist es gewöhnlich zu spät.

Eine besondere Bewertung unter den in einem Wasser vorhandenen Bakterien gebührt dem Bacterium coli. Es bevölkert den menschlichen und tierischen Darm. Bacterium coli soll in einem Trinkwasser nicht vorhanden sein. Es ist dem Typhuserreger vielfach ähnlich und ist derselben Herkunft aus dem Darm. Wo also Coliverschmutzung in einem Wasser vorhanden ist, zeigt diese oft einen offenen Weg vom Darm zum Wasser an. Wenn der Weg vom Darm zum Wasser offen ist, so können auch die Krankheitserreger, vor allem Typhus- und Ruhrbacillen, bei vorhandenen Krankheiten dieser Art ins Wasser gelangen.

Über die Bedeutung des Keimgehaltes und seine Bestimmung (Keimzahlbestimmung) finden sich nähere Ausführungen in dem Beitrag von O. Spitta, Band VIII/2 dieses Handbuches, auf die hier verwiesen werden muß.

Das Oberflächenwasser darf also unbehandelt als Trinkwasser nicht verwendet werden. In diesem Zustande ist es immer verdächtig.

Im übrigen ist die gesundheitliche Bedenklichkeit eines Oberflächenwassers nicht sein einziger Fehler. Meist hat es einen nicht zusagenden Geruch oder Geschmack. Oft ist es gefärbt; es ist bisweilen trübe und hat eine nicht zusagende Temperatur, weil es sich darin völlig der Außenluft anpaßt. Die uns am meisten für Trinkwasser zusagende Temperatur beträgt etwa 7—12° C. Im Winter ist also das Oberflächenwasser oft zu kalt, im Sommer zu warm: Seine Temperatur beträgt bei Frost etwa 0°, in den heißen Monaten oft 25—30° C. Aus der Luft werden Ruß, Staub, Gase, Stickstoffverbindungen, Bakterien, Phenole usw. aufgenommen (Einfluß der Industrie).

Bei den in Frage kommenden Verunreinigungen unserer Oberflächenwässer unterscheidet STREETER[1] zwischen leichteren Verunreinigungen, die nicht die öffentliche Gesundheit gefährden, aber

a) den Wert des Wassers für landwirtschaftliche oder andere Verwendungszwecke beeinflussen,

b) das Fischleben gefährden, z. B. Säureabwässer,

c) üblen Geruch und Geschmack in öffentlichen Wasserversorgungsanlagen erzeugen, und solchen Verschmutzungen, die die öffentliche Gesundheit gefährden. Hier kommen in Frage:

a) starke Verschmutzungen durch häusliche oder giftige industrielle Abwässer, welche die Wassergewinnung unmöglich machen,

b) Stoffe, die starkes Algenwachstum hervorrufen,

c) Verunreinigung der Freibadestellen.

Von gelösten Stoffen kommen in erster Linie Eisen-, Kalk- und Manganverbindungen in Frage. Ein zu hoher wie auch ein zu niedriger Kalkgehalt kann ein Wasser für Genußzwecke unbrauchbar bzw. minderwertig machen. Ein Wasser mit einem zu hohen Kalk- oder Eisengehalt ist in den meisten Fällen nicht nur für Trinkwasser sondern auch für gewerbliche Zwecke unbrauchbar. Außer dem mehr oder minder großen Gehalt an gelösten Stoffen zeigt das Oberflächenwasser, abgesehen von der großen Planktonmenge, meist größere Mengen an kolloiden Verunreinigungen. Diese können anorganischer und organischer Natur sein. An anorganischen Kolloiden treten besonders nach starken Regenfällen und ganz besonders bei Hochwässern die bei der Trinkwasserversorgung so lästigen, auf Abspülung zurückzuführenden Tonsuspensionen auf, die dem Wasser die unansehnliche gelbbraune Färbung verleihen. Die im Oberflächenwasser oft in sehr großer Menge enthaltenen organischen Kolloide verdanken ihr Entstehen zum Teil der Lebenstätigkeit der Bakterien oder des Planktons, zum Teil müssen sie aber auch auf die oft sehr großen Zuflüsse von Abwässern zurückgeführt werden.

Diese Kolloide werden von den Flüssen in die Seen bzw. die stark salzhaltigen Meere gespült, werden dort durch die starken Elektrolyte ausgeflockt und bilden gemeinsam mit dem ebenfalls unter dem Einfluß der Elektrolyte abgetöteten Plankton den an der Küste als Düngemittel sehr begehrten Schlick.

Moorwässer enthalten als hauptsächlichste Verschmutzung kolloide Huminverbindungen, die dem Wasser eine gelbliche Farbe verleihen. Außer diesen Verunreinigungen gibt es im Oberflächenwasser noch sehr viele Verschmutzungen, die zum Teil örtlich bedingt, zum Teil klimatischen Ursprunges sind. So wichtig auch die Quantitätsfrage bei der Wasserversorgung ist, so sollte die Qualitätsfrage doch die ausschlaggebendere Rolle spielen, insbesondere die Appetitlichkeit, d. h. das Äußere des Wassers muß auch zum Genuß anregen.

Dem Grundwasser gegenüber hat Oberflächenwasser den Vorteil, daß es meist keine oder nur geringe Mengen aggressiver Kohlensäure enthält. Obschon dies in geschmacklicher Hinsicht unangenehm ist, wirkt es doch insofern günstig, als damit die Angriffslust gegenüber Rohrmaterial ausgeschaltet ist. Entsäuerungs-, Enteisenungs- und Entmanganungsanlagen sind meist unnötig. Die Wasserversorgung mit Grund- und Quellwasser ist trotzdem im allgemeinen zu bevorzugen, obwohl Oberflächenwasser oft in bezug auf seine Wirtschaftlichkeit den Grund- und Quellwässern überlegen ist. Da man das Oberflächenwasser selbst meist in nächster Nähe der Städte in genügender Menge hat, beim Grundwasser aber oft sehr lange und kostspielige Leitungen gebaut werden müssen, wird bei den zur Zeit bekannten zahlreichen Reinigungsverfahren die Behandlung des Oberflächenwassers zwecks Umwandlung in Trinkwasser oft wesentlich billiger. Da man aber auch auf die Appetitlichkeit eines Wassers größten Wert legen soll, sollte man dort, wo nur geringe Preisunterschiede in Frage kommen, reinem Quell- und Grundwasser den Vorzug geben.

[1] STREETER: Sewage Works J. 1934, 6, 721. — Publ. Health Rep. 1934, 981.

E. Trinkwasser.

Besondere gesetzliche oder behördliche Vorschriften, welche Anforderungen an ein zur Wasserversorgung von Mensch und Tier bestimmtes Wasser zu stellen sind, liegen zur Zeit noch nicht vor. Nachdem schon vor einiger Zeit der Verein der Deutschen Gas- und Wasserfachmänner Leitsätze aufgestellt hatte, sind in neuerer Zeit Entwürfe für Reichsleitsätze von der Landesanstalt für Wasser-, Boden- und Lufthygiene[1] veröffentlicht worden.

Nach diesen Leitsätzen wird verlangt, daß der Staat, dem die Sorge für die Gesundheit der Bevölkerung obliegt, als eine seiner wichtigsten Aufgaben die Überwachung der Versorgung mit gutem Wasser, insbesondere die Abwendung der gesundheitlichen Gefahren, die unter Umständen mit dem Gebrauch des Wassers für Trink- und Wirtschaftszwecke verbunden sind, betrachten müsse. Durch Erlaß des Ministers der geistlichen, Unterrichts- und Medizinalangelegenheiten vom 11. Februar 1905 waren bereits für Preußen „die Grundsätze für Anlage und Betrieb von Grund- (Quell-) wasserwerken", welche durch eine Kommission von Ministerialkommissaren, Vertretern des deutschen Vereins der Gas- und Wasserfachmänner und der kgl. Versuchs- und Prüfungsanstalt für Wasserversorgung und Abwasserbeseitigung aufgestellt waren, den Regierungspräsidenten als Anhaltspunkte empfohlen worden. Dieselben sind auch bei den vorgenommenen Kontrollen der öffentlichen Wasserwerke benutzt worden. Die „Anleitung für die Einrichtung, den Betrieb und die Überwachung öffentlicher Wasserversorgungsanlagen, die nicht ausschließlich technischen Zwecken dienen", vom 16. Juni 1906 umfaßt in ihrem ersten Teile die Einrichtung von Wasserwerken und zwar die Wahl des Wassers, die Bildung von Schutzbezirken, die Einrichtung und Planung, die Bauausführung und Abnahme. Im zweiten Teile wird der Betrieb und im dritten Teile die Überwachung behandelt.

Nach den jetzt geltenden Ansichten, die durch die vorgenannten Leitsätze noch erweitert und genauer gefaßt werden sollen, muß man von einem Trinkwasser verlangen, daß es folgende Eigenschaften besitzt:

1. Trinkwasser darf dauernd keinen Anlaß zu Bedenken geben, muß also dauernd keimfrei, insbesondere frei von Krankheitserregern jeder Art sein. Da, wie S. 44 ausgeführt, bei der bakteriologischen Untersuchung der Nachweis von spezifischen Krankheitserregern wenig Erfolg verspricht, wird man sich in den meisten Fällen darauf beschränken müssen,

a) die Gesamtkeimzahl in einer bestimmten Wassermenge festzustellen,

b) den Nachweis des Bacterium coli durchzuführen.

Derartige bakteriologische Untersuchungen sollen nicht einmalig, sondern öfter, am besten in regelmäßigen kurzen Abständen, besonders nach starken Niederschlägen und Schneeschmelzen vorgenommen werden.

2. Trinkwasser muß frei sein von allen Stoffen, die irgendwie gesundheitsschädlich wirken können, wie vor allem von Arsen-, Blei-, Kupfer- und Zinkverbindungen sowie ferner von Fluorverbindungen.

Auch in natürlich vorkommenden Wässern findet man häufig Spuren von Arsen, die aber keine gesundheitliche Bedeutung haben. Mengen von 0,15 mg/Liter Arsen, unter Umständen auch etwas mehr, sind selbst bei ständigem Gebrauch noch erträglich. Erheblich größere Mengen können bei ständigem Gebrauch eine chronische Arsenvergiftung (Reichensteiner Krankheit) hervorrufen. Sie sind meistens auf eine Verunreinigung des Wassers durch gewisse gewerbliche Abwässer, z. B. aus Gerbereien, Hüttenbetrieben zurückzuführen. Kommen nachteilige Beeinflussungen durch Abwässer nicht in Frage, so ist der Arsengehalt durch die chemische Zusammensetzung der durchflossenen Bodenschichten bedingt. Wässer mit mehr als 0,7 mg/Liter Arsengehalt gelten als Arsenwässer. STOOFF[2] hat Versuche zur Entfernung von Arsen aus Trinkwässern durchgeführt. Die Entarsenierung kann erfolgen durch Zugabe von Ferrichlorid unter gleichzeitiger starker Belüftung, um das Arsenit in Arseniat überzuführen, das dann als Ferriarseniat leicht ausfällt und dann durch Absetzenlassen und nachfolgende Filtration entfernt werden kann. Auch bei der Filterung über Magnomasse wird eine große Menge Arsen zurückgehalten.

Blei findet man, abgesehen von den seltenen Fällen, wo bleihaltiges Wasser aus dem Untergrunde, z. B. an vereinzelten Stellen im Erzgebirge und im Harz, gewonnen wird —

[1] BÜRGER: Veröff. Med.verwaltung 1932, 38, 1. [2] STOOFF: Chem.-Ztg. 1937, 61, 643.

solches Wasser sollte man nicht zum Genuß verwenden —, in Leitungswässern, die längere Zeit, z. B. über Nacht, in Bleileitungen ohne inneren Schutzbelag, besonders aber in neueren Rohren gestanden haben. Blei ist ein Gift, das sich bei länger andauernder Aufnahme, selbst in geringen Mengen, im Körper ansammeln kann und oft zu schweren Erkrankungen führt. Es sei hier an die an verschiedenen Orten, z. B. in letzter Zeit in Leipzig aufgetretenen Fälle von Bleivergiftungen erinnert. Nach einem Gutachten der Preußischen wissenschaftlichen Deputation für das Medizinalwesen vom 19. Juni 1912 ist ein Bleigehalt bis zu 0,3 mg/Liter im Wasser noch nicht geeignet, chronische Bleivergiftung bei Menschen herbeizuführen. In gleicher Weise halten die hygienischen Leitsätze des Preußischen Gesundheitsrates vom Jahre 1932 einen Gehalt von 0,3 mg/Liter Blei nach 24stündigem Stehen in der Bleileitung für unbedenklich. Diese Menge ist als höchste Grenze anzusehen. Schon aus gesundheitlichen Gründen ist anzuraten, Wasser, das in Bleileitungen namentlich in neuen — also ohne inneren Belag — längere Zeit gestanden hat, vorher weglaufen zu lassen. Von fließendem Wasser werden nur hygienisch belanglose Bleimengen gelöst. WEYRAUCH und MÜLLER[1] haben das Leitungswasser von 21 deutschen Städten, wo der Verdacht auf Blei nicht bestand und keinerlei Bleierkrankungen vorgekommen waren, untersucht. Der Bleigehalt bewegte sich bei der Entnahme frühmorgens zwischen 0,01 und 0,52 mg/Liter und bei der Entnahme mittags zwischen 0,01 und 0,07 mg/Liter. Sie schließen hieraus, daß die in den Knochen der Menschen enthaltenen Bleimengen auf die in Trinkwässern gar nicht so selten enthaltenen Bleispuren zurückzuführen seien. Da die Frage, ob die fortgesetzte Aufnahme solcher kleinster Bleimengen, die nicht zu einer offensichtlichen Bleierkrankung führen, in allen Fällen für die Gesundheit gleichgültig ist, noch völlig ungeklärt sei, so treten sie für einen Ersatz der Bleirohre durch Mannesmann-Stahlrohre ein (über Bleilöslichkeit s. auch S. 144f.).

Führen Bäche oder Flüsse aus dem Bergbau stammende Bleiverbindungen mit, so können diese zu schweren Schädigungen in der Landwirtschaft führen. Zu den unter der Bezeichnung „Bleiflüsse" bekannten Gewässern gehören z. B. in Deutschland die Ocker, die Innerste und neuerdings der Bönkhauser Bach[2]. Letzterer erhält Zuflüsse aus einem Gebirge, in dem früher Bergbau auf Blei betrieben wurde. Der Bleigehalt beträgt unter 0,1—0,2 mg/Liter. Höhere Bleigehalte hat der bei Gewitterregen mitgeführte Schlamm. Der mit solchem Schlamm überschwemmte Boden enthält bis 0,3% Blei. Das Blei reichert sich auch auf den Pflanzen der mit solchem Wasser gewässerten Wiesen an. So wurden in 500 g Gras über 200 mg Blei gefunden. Wenn auch durch diese Bleiflüsse Menschen nicht in direkte Gefahr kommen, so wirken sie sich in landwirtschaftlicher Beziehung sehr stark aus. Hühner sind nicht zu halten. Rindvieh ist sehr stark den Bleierkrankungen unterworfen.

Kupfer tritt in gleicher Weise wie Blei bei aggressiven Wässern nach längerem Stehen in kupfernen Rohren auf, besonders in neuen Rohren und in Leitungen, die öfter leer laufen. Die hierbei vom Wasser aufgenommenen Mengen sind aber meistens sehr gering, gewöhnlich unter 5 mg/Liter Cu. Kupfermengen von 1—2 mg/Liter können dem Wasser einen unangenehmen bitteren Geschmack verleihen. Empfindliche Personen reagieren auch auf kleinere Mengen (bis herab zu 0,2 mg/Liter). Nach R. B. LEHMANN[3] sind Mengen unter 10 mg/Liter Cu im Wasser gesundheitlich belanglos. Ein höherer Gehalt macht sich schon äußerlich durch einen grünblauen Ansatz an der Wasserabflußstelle an den Zapfhähnen, sowie an den Waschbecken und auch durch Grünfärbung des Seifenschaumes bemerkbar. Hat ein Wasser kupferauflösende Eigenschaften, sollte man stets das im Rohr längere Zeit gestandene Wasser ablaufen lassen. Geringe Kupfergehalte werden bei der chemischen Fällung mit Aluminiumsulfat mit ausgeschieden.

Zink findet man gewöhnlich in Wässern, die in verzinkten Rohren gestanden haben. Meist beträgt der Zinkgehalt unter 10 mg/Liter. Wässer mit hohem Zinkgehalt färben beim Kochen die Bohnen grün. Erst Mengen über 8 mg/Liter Zn sind bei längerer Aufnahme schädlich. Man sollte daher das Wasser, das längere Zeit in verzinkten Rohren oder Zinkrohren gestanden hat, in gleicher Weise wie bei Blei- und Kupferrohren abfließen lassen.

Fluorverbindungen in Mengen von 0,8—0,9 mg/Liter im Wasser rufen nach den in Amerika durchgeführten Untersuchungen[4] die fleckigen Zahnschmelzerkrankungen hervor, die sich besonders im Kindesalter sehr schädlich auswirken. Durch Filtrieren über eine 150 mm hohe Schicht von aktiviertem Alaun mit einer Höchstgeschwindigkeit von 2,83 m je Stunde konnten FINK und LINDSAY[5] den Fluorgehalt von 5 mg/Liter auf weniger als 1 mg/Liter herunterdrücken. Eine höhere Alkalität hemmt die Fluorabscheidung.

---

[1] WEYRAUCH u. MÜLLER: Zeitschr. Hygiene 1935, **117**, 192.
[2] WIEMANN: Deutsch. tierärztl. Wochenschr. 1934, 765.
[3] LEHMANN: Med. Klin. 1918, **14**, 447.
[4] SMITH: Amer. Journ. publ. Health 1935, **25**, 434.
[5] FINK u. LINDSAY: Jnd. Engin. Chem. 1937, **28**, 947.

3. Ein zur Trinkwasserversorgung dienendes Wasser soll appetitlich und zum Genuß anregend sein, d. h. es muß klar, farblos, ohne fremdartigen Geruch und Geschmack, sowie von gleichmäßig kühler Temperatur, am besten zwischen 7—12° C sein. Wässer mit Temperaturen unter 5° C und über 15° C müssen zum Trinken als ungeeignet bezeichnet werden. Zu kaltes Wasser ist gesundheitsschädlich, da es Magen- und Darmerkrankungen verursachen kann. Zu warmes Wasser schmeckt fade und wirkt im Sommer nicht erfrischend. Bei Wässern mit etwas höherem Salzgehalt ist die Temperatur besonders ausschlaggebend. Für wärmere Gegenden hat man neuerdings Vakuumkühlanlagen[1] zur Trinkwasserkühlung benutzt. Eine auf der Dampfstrahlwirkung aufgebaute Anlage hat bei einer Wassermenge von 2500 Liter/Stunde eine Kühlleistung von 30000 kcal/Stunde, wobei das Wasser von 20° auf 6° abgekühlt wird.

4. Trinkwasser muß frei sein von allen ungelösten Stoffen, wie vor allen Dingen von ekelerregenden Pflanzen und tierischen Lebewesen, dann aber auch von allen Stoffen, die ihm einen fremdartigen und salzigen Geschmack verleihen. Hohe Chlor- und Sulfatgehalte in einem Trinkwasser wirken oft störend und beeinträchtigen durch ihren Salzgeschmack die Appetitlichkeit, die Genießbarkeit und auch die Verwendbarkeit zur Herstellung warmer Getränke, insbesondere von Kaffee und Tee. Man hat immer wieder versucht, Grenzzahlen für Wasser, das für Trink- und Wirtschaftszwecke Verwendung finden soll, festzulegen. Dies ist aber wegen der verschiedenartigen Verwendungszwecke nicht angängig. Es kommt in jedem Falle auf die Verhältnisse in ihrer Gesamtheit an. Immerhin sind einige Anhaltspunkte wertvoll. Zur Zeit gilt hierfür folgendes:

Eisen und Mangan	nicht über	0,1 mg/Liter	Magnesium . . .	nicht über	100 mg/Liter
Sulfate (SO_3) . .	„ „	250 mg/Liter	Gesamtrückstand .	„ „	1000 mg/Liter
Chloride (Cl) . . .	„ „	250 mg/Liter			

Bei der Beurteilung der Höhe des Salzgehaltes in einem Trinkwasser ist nicht allein das Anion, sondern in erster Linie wohl das Kation ausschlaggebend. Während man früher allgemein einen Chlorgehalt von 250 mg/Liter bei Chloriden als äußerste Geschmacksgrenze angab, mußte man in gleicher Weise wie bei Sulfaten feststellen, daß das ausschlaggebende das Kation ist. Zur Zeit gelten als Grenzwerte:

Magnesiumchlorid .	160 mg/Liter	Calciumsulfat . . .	500 mg/Liter
Magnesiumsulfat . .	250 mg/Liter	Kochsalz (NaCl) . .	400 mg/Liter
Calciumchlorid . .	500 mg/Liter	Natriumsulfat . . .	400 mg/Liter

Ist ein höherer Sulfatgehalt auf Gips zurückzuführen, so ist er hygienisch unbedenklich. Hohe Mengen an Magnesiumsulfat dagegen können zu Gesundheitsstörungen Veranlassung geben. In einzelnen Fällen hat man Schwefelsäure als Oxydationsprodukt schwefelhaltiger Eiweißkörper nachgewiesen. Solches Wasser ist für Genußzwecke abzulehnen.

Übler Geruch kann von Schwefelwasserstoff oder von faulenden Stoffen herrühren. In diesem Falle ist das Wasser verdächtig und näher auf seine Verwendbarkeit zu untersuchen. Trübungen im Wasser machen das Wasser unappetitlich und lassen auf ungenügende Filtration schließen. Die verschiedenen Färbungen des Wassers lassen in den meisten Fällen Rückschlüsse auf die in Frage kommenden Verunreinigungen zu.

Schwefelwasserstoff sollte im Trinkwasser nicht enthalten sein. Abgesehen vom Geruch, der das Wasser unappetitlich macht, wirkt es schon in geringen Mengen giftig und deutet auf Zersetzungsprodukte schwefelhaltiger Abfallstoffe hin. Dagegen ist Schwefelwasserstoff in eisenführenden Wässern in den meisten Fällen ungefährlich, da er bei der Enteisenung mitentfernt wird.

5. Die Oxydierbarkeit des Wassers soll bei reinen Grund- und Quellwässern 4 mg/Liter Kaliumpermanganatverbrauch nicht übersteigen. Bei weniger guten,

---

[1] Heat Engin. 1933, 8, Nr. 14.

aber gefahrlos zu genießenden Wässern und bei filtrierten Oberflächenwässern erreicht sie nach HOLLUTA in vielen Fällen 13 mg/Liter. Nur bei durch Huminsubstanzen gelb gefärbten Wässern kann die Oxydierbarkeit gefahrlos noch höher steigen. Bei hoher Oxydierbarkeit und entsprechender Chlorzahl sollten die bakteriologischen Prüfungen des Wassers besonders sorgfältig durchgeführt werden.

6. Trinkwasser muß aber auch zu allen übrigen Gebrauchszwecken im Haushalt, besonders zum Kochen und Waschen, geeignet sein. Es soll nicht zu hart sein und keine Eisen- und Manganverbindungen enthalten (Fe- und Mn-Gehalt soll unter 0,1 mg/Liter sein), da diese auf Wäschestücken Flecken erzeugen.

7. Trinkwasser muß stets in genügender Menge verfügbar sein. Außerdem muß es **lagerfähig** sein, d. h. es darf bei längerem Aufenthalt z. B. in Hoch- oder Vorratsbehältern weder Trübungen noch Ausscheidungen zeigen.

F. Brauchwasser.

Während man bei der Trinkwasserversorgung in erster Linie auf die hygienischen Verhältnisse Rücksicht nehmen muß, ist, abgesehen von der Verwendung des Wassers in der Nahrungsmittelindustrie, wo auch stets gesundheitlich einwandfreies Wasser verwendet werden muß, beim Brauchwasser in den meisten Fällen die chemische Zusammensetzung maßgebend. Der erforderliche Reinheitsgrad der Brauchwässer richtet sich nach dem Verwendungszweck, für den sie bestimmt sind. In den meisten Fällen wird man das am Ort zur Verfügung stehende Leitungswasser benutzen, wenn es in genügender Menge zu wirtschaftlichen Preisen erhältlich ist, und wird es am Verwendungsort dem jeweiligen Zwecke entsprechend weiter behandeln. In den Fällen, wo keine besonderen Ansprüche an das Wasser gestellt werden, wie z. B. bei der Verwendung des Wassers als Kühlwasser, wo es lediglich auf eine tiefe Temperatur des Wassers ankommt, würde Trinkwasser bei den großen Mengen, die gebraucht werden, zu teuer werden. Man wird in solchen Fällen auf billigeres, wenn auch in hygienischer Beziehung bedenklicheres Wasser, z. B. Flußwasser, zurückgreifen. Als Mindestforderung an die Güte eines Brauchwassers muß man auf jeden Fall verlangen, daß es

1. frei von Verunreinigungen fester Natur ist, da diese Verkrustungen und Verstopfungen und höheren Verschleiß an den Maschinen bedingen,

2. nicht sauer oder alkalisch ist, sondern möglichst neutral reagiert,

3. in genügender Menge zur Verfügung steht. Dies gilt besonders für Großbetriebe und solche Betriebe, die in der Entwicklung begriffen sind.

I. Betriebe, die hygienisch einwandfreies Wasser verlangen.

1. Wasser für Bäckereien.

In Bäckereien wird Wasser zum Teiganmachen und zum Reinigen der Geräte und Maschinen benutzt. Das Wasser muß hygienisch einwandfrei, geruch- und geschmacklos sein. Es muß eisen- und manganfrei sein, da diese Stoffe Färbungen des Brotes hervorrufen. Vor allem muß das Wasser frei sein von fäulnisfähigen, organischen und allen anderen unappetitlich wirkenden Bestandteilen, Bakterien, insbesondere Fäulniserregern und anderen Mikroorganismen, wie wilden Hefen und Schimmelpilzen.

2. Wasser für Badeanstalten.

Man muß unterscheiden zwischen Bädern in freien Gewässern, d. h. solchen in Flüssen, Kanälen, Teichen, Seen, Talsperren usw., künstlichen Beckenbädern im Freien, wie sie zum Teil unter Ausnutzung des Grundwasserstromes errichtet sind und den Hallenschwimmbädern. In dem Preuß. Min.-Erlaß vom 11. Juni 1910[1] betreffs Anleitung zur Förderung des öffentlichen Badewesens wird für das Baden im Freien verlangt, daß das Wasser auch in Zeiten großer Trockenheit in ausreichender Menge zur Verfügung steht und daß es zu keinen gesundheitlichen Bedenken Anlaß gibt. Das Badewasser darf durch Zuflüsse nicht verunreinigt sein. Flußbäder und sonstige Bade- und Schwimmanstalten sind möglichst oberhalb des Ortes anzulegen. Bei Wasserläufen mit Schiffsverkehr sind periodische, bakteriologische Untersuchungen durchzuführen. Zum Fernhalten von fremden Gegenständen und gröberen Verunreinigungen soll das Badewasser durch ein bis nahe auf den Grund reichendes Gitter abgegrenzt sein.

Badewasser darf zu gesundheitlichen Bedenken keinen Anlaß geben. Für das Füllwasser der geschlossenen Badeanstalten bzw. der Hallenbäder läßt sich diese Bedingung in den meisten Fällen durch dauernde Umwälzung, Filterung, Entkeimung und Zufluß von Reinwasser leicht erfüllen. Ob Leitungs- oder Grundwasser genommen wird, müssen die örtlichen Verhältnisse entscheiden. Da beide Wässer meist eine Temperatur von 8—12° C haben, wird für die Um- und Nachfüllung eines Schwimmbeckens eine Erwärmung notwendig. Die erforderliche Temperatur beträgt 20—22° C. Bei Sommerbädern wendet man gern die Erwärmung in flachen Teichen oder Rinnen durch Luft oder Sonne an. Bei Hallenschwimmbädern ist das nicht möglich; hier muß die Erwärmung in die Warmwasser- und Dampfversorgung des Bades einbezogen werden.

Die Körperreinigung vor Benutzung des Schwimmbeckens sollte ohne Badeanzug, möglichst mit Sitz- und Fußbad unter Benutzung von Seife erfolgen. Durch die Badenden selbst wird aber ein Gefahrenmoment hineingetragen. Abgesehen davon, daß durch den Badevorgang Stoffe vom Körper des Badenden in das Wasser gelangen, erhöht das Baden auch den Harndrang. Nach MAHLA[2], der die Verunreinigung der Hallenschwimmbäder durch Urin mittels Nitratbestimmung nachzuweisen versuchte, kann man damit rechnen, daß durchschnittlich 60 ccm Harn je Besucher in das Badewasser gelangen. Von den Harnbestandteilen, wie Harnsäure, Kreatinin konnte dieser Verfasser im Badewasser nichts nachweisen. Mit Hilfe der GRIESSschen Reaktion (mit p-Diazobenzolsulfosäure) gelang es ihm jedoch, den Harn im Badewasser in einer Verdünnung von 1 : 5000 nachzuweisen. Neben Indican und Hippursäure, charakteristischen Bestandteilen des Harnes, geben auch Phenole dieselbe Farbreaktion.

Sehr schädlich können sich aber in erster Linie die Erreger übertragbarer Krankheiten, die durch das Baden in verseuchten Wässern gelegentlich übertragen werden können, auswirken. Durch Schwimmbadewasser können nach BEGER[3] und BRUNS und TAENZLER[4] unter Umständen folgende Krankheiten übertragen werden: Darmkrankheiten, Geschlechtskrankheiten, Krankheiten der äußeren Haut und der Schleimhäute (Ohren-, Nasen- sowie Augenkrankheiten). Zu den möglicherweise übertragbaren Darmkrankheiten gehören solche, die auf verschlucktes Badewasser zurückzuführen sind, wie Typhus, Paratyphus, Ruhr und Cholera.

Übermäßige Befürchtungen sind aber in bezug auf die gefährlichen Krankheiten unbegründet, da sichergestellte Fälle nicht nachgewiesen sind. Nur die Übertragung der Schwimmbadconjunctivitis (infektiöse Augenbindehauterkrankung) durch Badewasser ist bis jetzt einwandfrei nachgewiesen, so z. B. in Köln, Freiburg i. Br., Neukölln, Dresden, Magdeburg und Gelsenkirchen. Einen recht brauchbaren Maßstab für die Beurteilung, ob ein Wasser in seuchenhygienischer Beziehung zum Baden geeignet ist, stellt der Gehalt des Wassers an Colibakterien dar, die in menschlichen und tierischen Darmausscheidungen in sehr großen Mengen vorkommen. Allgemein gilt bei Hallenbädern ein Wasser, das in 1 ccm mehr als 100 oder sogar 1000 Colikeime aufweist, als weitgehend mit Fäkalstoffen verschmutzt und in seuchenhygienischer Hinsicht als zum Baden äußerst bedenklich. Weiterhin soll ein

[1] Min.Bl. med. Angelegenh. 1910, **10**, Nr. 15, 287.
[2] MAHLA: Arch. Hygiene u. Bakteriol. 1933, **110**, 231.
[3] BEGER: Kleine Mitt. Landesanst. Wasser-, Boden- u. Lufthygiene 1935, **11**, 1.
[4] BRUNS u. TAENZLER: Vom Wasser 1936, **11**, 96.

Badewasser durch tierische Schmarotzer oder deren Eier, besonders durch Eier von Eingeweidewürmern, Platt- und Rundwürmern, nicht verunreinigt sein. Zur Verhütung der Übertragung von Krankheiten in Hallenschwimmbädern bleibt natürlich immer die einwandfreie Rückreinigung und Desinfektion des Beckenwassers durch die bekannten Verfahren wie Chlor-, Chloramin-, Ozon- oder das Elektrokatadynverfahren wichtig. Deshalb muß es regelmäßig durch bakteriologische, hygienische und möglichst auch chemische Untersuchungen geprüft werden. Letztere müssen sich neben den allgemeinen Untersuchungen besonders auch auf die Feststellung von Eiweißabbauprodukten erstrecken. Die chemische und bakteriologische Untersuchung auf Keimgehalt und Bact. coli wird wertvoll unterstützt durch die mikroskopische Untersuchung der Schwebestoffe, für die jetzt die Bezeichnungen

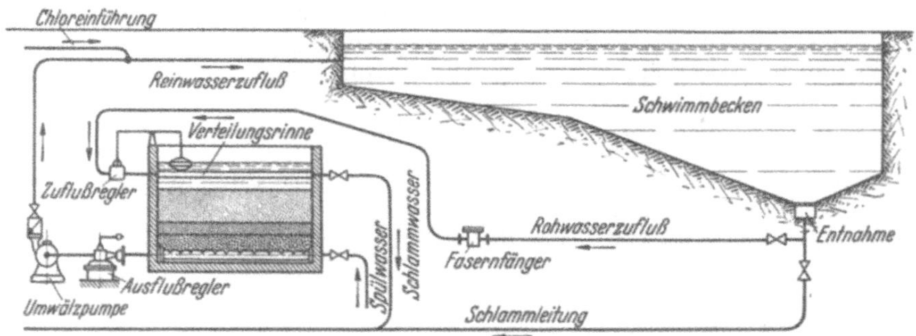

Abb. 28. Schema einer Reinigungsanlage für Badewasser mit offenem Filter. (Bamag-Meguin A.-G., Berlin.)

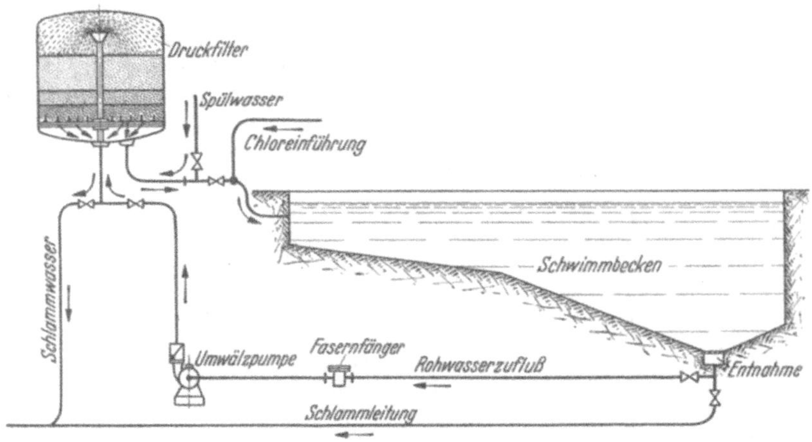

Abb. 29. Schema einer Anlage mit geschlossenen Filtern. (Bamag-Meguin A.-G., Berlin.)

„Balneobis", das sind die Lebewesen der Badewässer, und „Balneotripton", das sind die unbelebten Schwebestoffe der Badewässer gebraucht werden (s. WILHELMI[1]).

In Hallenschwimmbädern kann eine Wiederbenutzung des Wassers aus Kostenersparnisgründen erfolgen, wenn dieses des öfteren gereinigt und von schädlichen Stoffen befreit wird. In Abb. 28 und 29 sind zwei Schwimmbecken von Badeanstalten, deren Wasser in dauerndem Kreislauf gereinigt wird, dargestellt. Die Reinigungs- und Umwälzanlage besteht im wesentlichen aus den Faserfängern, der Umwälzpumpe, den Filtern und der Entkeimung, die meist durch Chlorgas bewirkt wird. Als Filter kommen offene und geschlossene Filter in Frage. Geschlossene Filter haben gegenüber den offenen Filtern oft den Vorteil, daß sie bezüglich der Unterbringung und Anordnung unabhängig von den gegebenen Höhenverhältnissen sind. Auf jeden Badegast kann man im Durchschnitt eine Frischwassermenge von 1,3 cbm rechnen, eine Menge, die sich bei fortlaufender Reinigung des Beckenwassers erheblich verringern kann (0,25 cbm). Ein Teil des Wassers muß laufend durch Frischwasser ersetzt werden. Wie häufig die Reinigung durch Umwälzung und Erneuerung stattzufinden hat, richtet sich nach den örtlichen Verhältnissen, vor allem

[1] WILHELMI: Kleine Mitt. Landesanst. Wasser-, Boden- u. Lufthygiene 1936, 12, 178.

auch nach der Besucherzahl. Die Umwälzung soll alle 24 Stunden mindestens einmal erfolgen. Bei starkem Besuch sogar alle 8—12 Stunden. Die Filteranlagen sind hierfür zu berechnen. Wasser von Hallenschwimmbädern ist trotz gewisser Nachteile der Chlorung in hygienischer Beziehung einwandfreier als Wasser in offenen Badeanstalten. Eine Badewasserreinigungsanlage nach dem Chloraminverfahren ist S. 197 dargestellt. Flußbadeanstalten dürfen nicht in der Nähe des Einlaufs einer Kanalisation in einen Vorfluter und niemals unterhalb einer Abwassereinleitungsstelle errichtet werden[1]. Bei Flüssen mit Flußbadeanstalten muß auf die weitestgehende Reinigung abgelassener Abwässer der größte Wert gelegt werden.

Badewasser soll durch Öl, Staub und Ruß nicht störend verunreinigt, sondern möglichst klar und geruchlos, sowie nicht zu hart und arm an Eisen- und Manganverbindungen sein. Durch Humusstoffe gelb gefärbtes Wasser wird besonders in weißen Wannen unangenehm empfunden.

3. Wasser für Brauereien.

Abgesehen von der Dampferzeugung werden in der Brauerei große Wassermengen für folgende Zwecke gebraucht:

a) In der Mälzerei zum Weichen der Gerste; b) zur Bereitung der Bierwürze; c) zum Wässern der Hefe; d) zum Reinigen der Fässer, Flaschen, Apparate und Gebäude; e) zur Eisbereitung und zum Kühlen.

Das Wasser spielt bei der Herstellung des Bieres eine ausschlaggebende Rolle. Da Bier ein Lebensmittel ist, darf nur hygienisch einwandfreies Wasser verwandt werden. Aber auch aus praktischen Gründen muß ein möglichst bakterienfreies Wasser im Braubetriebe Verwendung finden. Die in einem verseuchten Wasser enthaltenen Bakterien und Hefen bringen die Gefahr der Entwicklung wilder Hefen mit sich, die zu schweren Betriebsstörungen führen können. Um dies zu verhindern, hat man in vielen Brauereien die Chlorbehandlung des Wassers mit Hilfe der bekannten Chlorungsapparate (s. Desinfektion) mit gutem Erfolg durchgeführt.

Für Wasch- und Spülzwecke zum Reinigen der Gär- und Lagergefäße, der Schläuche, Fässer und Flaschen ist es vorteilhaft, das Wasser schwach zu überchloren, damit es antiseptisch wirkt. Man arbeitet mit einem geringen Überschuß, der colorimetrisch genau kontrolliert wird und unter Umständen durch a-Kohlefilter wieder entfernt wird. Während man bei gewöhnlichem Trinkwasser mit einem geschmacklich nicht feststellbaren Chlorüberschuß von 0,1 mg/Liter freiem Chlor rechnet, ist im Brauereibetrieb ein größerer Chlorüberschuß von Vorteil, weil die Brauereischädlinge gegen Chlor widerstandsfähiger als die bei der Trinkwassersterilisation in erster Linie abzutötenden pathogenen Keime sind. So benötigen Sarcinen einen Überschuß von mindestens 0,2 mg/Liter Chlor, Stäbchen-Bakterien einen solchen von 0,2—0,3 mg/Liter und Schimmelpilze einen solchen von etwa 0,3 mg/Liter. Bei ordnungsmäßiger Chlorung werden die Brauereischädlinge, in erster Linie Sarcinen, Stäbchen-Bakterien, Kokken und wilde Hefen ohne nachteilige Folgen zuverlässig abgetötet. Auch bei der Flaschenspülung und Hefewäsche hat sich schwach gechlortes Wasser mit bestem Erfolg bewährt[2].

Das Elektrokatadynverfahren soll sich, abgesehen von Einzelfällen, in denen nach NAUMANN[3] Schädigungen der Hefe vorgekommen sind, zur Vorbehandlung von Brauereiwasser gleichfalls bewährt haben (s. S. 205). Für die Entkeimung durch Filtration hat sich unter anderem auch das Seitz-Filter bewährt (s. S. 118).

Brauereiwasser muß klar, farb- und geruchlos sein. In der Mälzerei ist zum Weichen der Gerste weiches Wasser erwünscht. Aber auch den harten Carbonatwässern wird zum Weichen der Gerste in manchen Brauereien der Vorzug gegeben, weil sie in der Lage sind, aus den Spelzen unedle Geschmacks- und Farbstoffe herauszulösen. Ferner soll das zum Weichen gebrauchte Wasser möglichst arm an Kochsalz und frei von störenden Organismen, gelösten Stoffen, vor allem Ammoniak, Eisen und Mangan sein. Schon ein

---

[1] KLUT: Veröffentl. deutsch. Ges. Volksbäder 1932, **10**. — Arch. Pharm. 1934, 272, 451. — KLUGE u. ZIMMERMANN: Gesundh.-Ing. 1934, **57**, 333.

[2] ORNSTEIN: Zentralbl. Bakteriol. 1935, **91**, 498. [3] NAUMANN: Vom Wasser 1932, **6**, 127.

geringer Gehalt an den beiden letztgenannten Stoffen ruft leicht Dunkelfärbung der Hefe und des Malzes hervor.

Das im Weich- und Brauprozeß verwendete Wasser bestimmt in erster Linie die Farbe, den Geruch und Geschmack des Bieres. Es trägt zum sog. „Charakter" (Typ) des Bieres erheblich bei. Man kann nicht mit jedem beliebigen Wasser jede beliebige Bierart herstellen. Eine ausschlaggebende Rolle spielt der Gipsgehalt. Ein hoher Gipsgehalt trägt beim Würzekochen zur besseren Koagulierung der Eiweißstoffe und im Hopfenkessel zur feingrießigen Bruchbildung bei. Er soll auch die zu weitgehende Auslaugung besonders unangenehm scharf-bitterer Geschmackstoffe aus dem Hopfen verhindern. Größere Gipsmengen lassen die Erzeugung dunkler Biere überhaupt nicht zu. Wird die Härte des Wassers vorwiegend durch Gips bedingt, so wird die Bildung heller Biere begünstigt. Dunkle Biere dagegen verlangen ausgesprochen carbonatharte Wässer. Man unterscheidet in der Hauptsache drei Biertypen:

a) Dortmunder Bier verlangt hartes Wasser mit starkem Gipsüberschuß, aber nicht zu wenig Bicarbonaten und ziemlich viel Kochsalz.

b) Münchener Bier verlangt Wasser mit hoher Carbonat- und geringer Gipshärte, also viel Calcium- und Magnesiumbicarbonat. Der Abdampfrückstand soll möglichst zwischen 350—850 mg/Liter liegen.

c) Pilsener Bier verlangt Wasser mit wenig gelösten Stoffen. Abdampfrückstand nicht über 280 mg/Liter. Für edle helle Biere vom Pilsener Typ sind carbonatreiche Wässer unbrauchbar, da infolge des Rückganges der Acidität die Farbe vertieft wird, die Hopfenbitterstoffe rauh und unedel in die Erscheinung treten, die enzymatischen Prozesse verlangsamt und die Klärung und Ausscheidungsvorgänge erschwert werden. Carbonatwässer müssen erst enthärtet werden.

	Münchener g/hl	Pilsener g/hl	Dortmunder g/hl	Wiener g/hl
Gesamtrückstand .	28,40	5,12	111,0	94,78
Kalk	10,60	0,98	36,7	22,75
Magnesia	3,00	0,12	3,8	11,27
Sulfat (SO_3)	0,75	0,43	24,08	18,03
Salpetersäure . . .	Spuren	Spuren	Spuren	Spuren
Chlor	0,2	0,5	10,7	3,9
Gesamthärte DH° .	14,80	1,57	41,30	38,55
Bleibende Härte DH°	0,60	0,30	24,50	7,65
Carbonathärte DH°	14,20	1,27	16,80	30,9

Eine Zusammenstellung der Analysen der bekanntesten Brauwässer bringt Lüers[1], wobei die Ergebnisse in g/hl angegeben sind (siehe obige Tabelle).

Versuche von Neumann[2] ergaben folgende Wirkung der Bestandteile des Brauwassers:

	Extraktgehalt	Reduzierter Zucker	Protein	Färbevermögen
Calciumcarbonat . . .	ansehnlich erniedrigt	ansehnlich erniedrigt	erhöht	färbt
Calciumsulfat	erhöht	erniedrigt	„neutral"	„neutral"
Calciumnitrat	ansehnlich erhöht	erhöht	erhöht	paralysiert die Wirkung der Carbonate des Ca und Mg
Magnesiumcarbonat. .	verhält sich „neutral"	erniedrigt	erniedrigt	färbt merklich

Der Grund für die Beeinflussung der Biertypen durch das Wasser ist in der Veränderung des p_H-Wertes zu suchen, der sich beim Maischen und Gärungsprozeß einstellt. Die Acidität der Maische und der Würze wird durch primäre Alkaliphosphate bedingt,

[1] Lüers: Angew. Chem. 1937, **50**, 184.
[2] Neumann: Ber. Versuchsanst. Brauind. Böhmen 1898, H. 1.

während sie beim Bier durch die beim Gärprozeß sich bildende freie Milchsäure bedingt wird. Die in den natürlichen Wässern auftretenden Ionen können teils indifferent, teils aciditätsfördernd oder — verringernd auf das im wesentlichen aus primären und sekundären Phosphaten bestehende Puffersystem das Malzes und der Maische einwirken. Zu den aciditätsverringernden Salzen des Wassers zählen nach LÜERS[1] die Bicarbonate des Calciums, Magnesiums und des Natriums, deren Schädlichkeit in der angegebenen Reihenfolge zunimmt. Auch Natriummetasilikat wirkt ähnlich wie Natriumbicarbonat, zeigt daneben aber noch qualitätsverschlechternde Sonderwirkungen. Zu den aciditätsfördernden Salzen zählen die Nitrate, Chloride und Sulfate des Calciums und Magnesiums, von denen dem Gips die Hauptrolle zukommt. Die aciditätsfördernde Wirkung des Gipses beruht auf dem Umsatz mit sekundärem Alkaliphosphat. Es scheidet sich Tricalciumphosphat ab und bildet sich primäres Alkaliphosphat. Einige Formeln zur Veranschaulichung des Einflusses des Wassers in der Brauerei:

a) Aciditätsvermindernde Salze: die Bicarbonate des Na, Ca, Mg. Sie wirken auf das natürliche Puffergemisch des Malzauszuges, in dem die primären Phosphate überwiegen sollen; z. B.

$$4\,\mathbf{KH_2PO_4} + 3\,CaCO_3 \rightarrow Ca_3(PO_4)_2 \downarrow + 2\,\mathbf{K_2HPO_4} + 3\,CO_2 + 3\,H_2O.$$

b) Aciditätsfördernde Salze: die Sulfate, Nitrate und Chloride des Ca, Mg; z. B.

$$4\,\mathbf{K_2HPO_4} + 3\,CaSO_4 \rightarrow Ca_3(PO_4)_2 \downarrow + 2\,\mathbf{KH_2PO_4} + 3\,K_2SO_4.$$

Eine zu starke Herabsetzung der Acidität durch die Bestandteile des Wassers schadet deshalb, weil dann die Wirkung der Enzyme und die Verzuckerung herabgesetzt wird, wodurch die Ausbeute verschlechtert wird. Auch die Farbe der Würze und der Läuterungsprozeß leiden. Wenn das Brauwasser weich, alkalihaltig ist, liefern Malze, deren Gerste auch in alkalihaltigem Weichwasser geweicht worden war, verhältnismäßig hellere Würzen als solche Malze, zu denen harte gipshaltige Weichwässer verwandt wurden. Entsprechend den erheblichen Verzögerungen der Verzuckerung zeigen sich ebenso große Unterschiede im Abläutern. Münchener Wasser braucht rund die dreifache Abläuterungszeit als das Dortmunder Wasser. Natürliche carbonatfreie Wässer liefern Würzen von der Farbe der Würzen aus destilliertem Wasser von gleichem Säuregehalt und mit gleicher Extraktausbeute. Werden Carbonatwässer neutralisiert, so läuft die Würze hell, schnell und „feurig“ bei größerer Ausbeute. Die Hefe scheidet etwas Oxalsäure aus, die der Gärung nachteilig ist. Deshalb ist ein Gehalt an Carbonathärte zur Bindung der Oxalsäure erwünscht. In dem Maße, wie die Acidität im Brauprozeß durch das Wasser herabgesetzt wird, nimmt die Neigung zur Bildung dunklerer Biere zu. Hoher Gipsgehalt gleicht die starke Aciditätsherabsetzung durch carbonathaltige Wässer aus, da Gips mit sekundären Alkaliphosphaten primäre Phosphate gibt. Gipszusatz kann daher nur bei carbonatreichen Wässern angebracht sein. Magnesiumsalze, insbesondere Magnesiumchlorid, sind im Brauwasser nicht erwünscht, weil sie „durchschmecken“, auch ungünstig auf den Darm wirken und starke Hopfengaben unmöglich machen. Magnesiumcarbonat setzt sich mit dem primären Kaliumphosphat der Würze zu sekundärem Magnesiumphosphat um und erniedrigt die Acidität der Würze. Brauwasser sollte nicht mehr Magnesiumbicarbonat enthalten als 40 mg MgO/Liter entspricht. HELLWIG[2] empfiehlt daher, das für Brauereizwecke verwandte Wasser in Elektroosmoseapparaten zur Beseitigung von Magnesiumverbindungen und Carbonaten vorzubehandeln. (Weiteres über Elektroosmoseverfahren siehe S. 175). Dadurch wurde bei einem Verbrauch von 2 kWh/hl der MgO-Gehalt von 125 mg/Liter auf 12,5 mg/Liter reduziert und die mit diesen Wässern hergestellten Sude gaben ein schmackhafteres und bekömmlicheres Bier. WERNER und KLAUS[3] empfehlen dagegen zur Entfernung der Magnesiumsalze ein Verfahren, das darin besteht, daß man das Magnesiumbicarbonat durch eine Enthärtung mit Kalkwasser in Verbindung mit Marmor als Kontaktmasse unschädlich macht, weil die Umsetzung mit Kalkwasser allein zu langsam und unvollständig vor sich geht. Außer diesen Verfahren empfehlen FINK[4] und GOUDEY[5] das Kalküberschußverfahren, wobei Kalkwasser im Überschuß bis p_H 10,5—11,0 zugesetzt wird. Nach Entfernung des Magnesiumoxydschlammes wird das überschüssige Kalkwasser durch Einleiten von Kohlensäure entfernt. Bei dem Split-Treatment der Brauereiwässer enthärtet man in Stufen. Man gibt eine berechnete Kalkwassermenge zu einem bestimmten Bruchteil der Gesamtmenge des Wassers (etwa 60—75%), das hierdurch überenthärtet wird. Dieses vom ausgeschiedenen Schlamm befreite, stark alkalische Wasser wird mit dem Rest des Wassers versetzt, wobei dessen Kohlensäure und Bicarbonate den Alkaliüberschuß ausgleichen.

In neuerer Zeit wird die „Kontaktentcarbonisierung“ besonders für Brauwasser empfohlen. Das Gemisch von Roh- und Kalkwasser wird durch Filter, die mit Kontakt-

---

[1] LÜERS: Chem.-Ztg. 1936, **60**, 612. [2] HELLWIG: Wärme 1933, **56**, 283. [3] WERNER u. KLAUS: Wochenschr. Brauerei 1934, **51**, 225. [4] FINK: Chem.-Ztg. 1935, **59**, 549. [5] GOUDEY: Journ. Amer. Water Works Assoc. 1933, **25**, 1203.

masse (anscheinend Magnomasse) gefüllt sind, geleitet. Durch die Kontaktmasse wird die Enthärtung so stark beschleunigt, daß die Einwirkungszeit auf $^1/_6$—$^1/_8$ herabgesetzt wird. Der abgeschiedene Schlamm wird in Absetzbecken und Filtern abgefangen.

LAMMERS[1] empfiehlt zur Herstellung eines für Brauereien geeigneten Wassers die Überkalkung mit anschließender p_H-Korrektion durch Milchsäure oder Phosphorsäure und Filtration über Kornkohlefilter. Solche Maßnahmen unterliegen da und dort gesetzlichen Regelungen. Im Deutschen Reich sind Brauwasserkorrekturen durch das Biersteuergesetz erheblich eingeschränkt.

Kochsalz ist praktisch ohne Einfluß auf die Acidität; es macht die Biere „rund", „voll", „süßlich", rötlichschimmernd. Selbst Wasser mit 500 mg/Liter Kochsalz soll noch wohlschmeckende Biere ergeben. Schwefelwasserstoff vergiftet die Hefe. Eisen und Mangan sind auch im Brauprozeß schädlich. Die Hefe und die Würze wird leicht mißfarbig. Von Stickstoffverbindungen sind Nitrate verhältnismäßig harmlos. Größere Mengen verzögern die Keimung. Nitrite und Ammoniumverbindungen sind hygienisch bedenklich. Bei ihrem Vorkommen ist eine eingehende bakteriologische und biologische Untersuchung am Platze. Nitrite verzögern beim Maischen die Verzuckerung. Für den Gehalt an organischen Stoffen können Grenzzahlen nicht angegeben werden. Wichtiger als ihre Menge ist ihre Art und ihr Herkommen. Besonders in kolloider Form können sie den Geschmack des Bieres beeinträchtigen.

4. Wasser für Brennereien und Likörfabriken.

Für diese Gewerbe ist ein hygienisch und biologisch völlig einwandfreies Wasser zur Erhaltung des Betriebes eine Grundbedingung. Bei schlechten Wässern kann es in den Betrieben, besonders wenn diese vorwiegend auf Hefegewinnung eingestellt sind, zur Entwicklung der sehr schädlichen, wilden Hefen kommen. Bei der Hefefabrikation spielt vor allen Dingen der Abbau der Eiweißstoffe eine große Rolle. Dieser Vorgang wird durch Kalksalze, besonders durch Gips günstig beeinflußt. Auch zum Waschen der Hefe ist ein nicht zu geringer Kalkgehalt des Wassers erwünscht. Da in Brennereien die Sauberkeit eine der Hauptbedingungen für ein gutes Erzeugnis ist, so ist klar, daß an die Reinheit und Bakterienfreiheit des Wassers große Anforderungen gestellt werden. Mikroorganismen, besonders Fäulniserreger und organische Stoffe im Wasser sind für die Entwicklung der Hefe nachteilig. In chemischer Beziehung muß das Wasser praktisch eisen- und manganfrei sein, ferner sehr weich und mineralstoffarm. Eisen- und Manganverbindungen sind auf alle Fälle schädlich, da sie mit Eiweißstoffen Reaktionsprodukte geben, die sich an der Luft schwarz färben und dadurch der Hefe einen bläulichen bis schwarzen Schein bzw. Belag geben. Harte und salzreiche Wässer geben bei der Branntwein- und Likörherstellung beim Vermischen mit Alkohol Trübungen, die sich nur langsam klären. Am besten ist es für solche Mischungen, namentlich beim Weinbrand, nur destilliertes Wasser zu benutzen, das aber frei vom sog. Blasengeruch und -geschmack sein muß. Wässer mit schlechtem Geruch und Geschmack dürfen nicht verwendet werden, da diese zu leicht den guten Geschmack der Liköre bzw. Essenzen beeinträchtigen können. Blasengeruch und -geschmack des destillierten Wassers läßt sich durch längeres Stehenlassen an der Luft oder durch kürzeres Durchleiten von Luft und Filterung über aktive Kohle beseitigen. Trinkwasser mit dem sog. Jodoform- oder Apothekengeschmack, der auf phenolhaltiges Abwasser zurückzuführen ist, kann nicht verwendet werden.

Über das in der Holzverzuckerungsindustrie angewandte Brauchwasser siehe S. 61.

---

[1] LAMMERS: Ind. Engin. Chem. 1934, **26**, 1133.

5. Wasser für die Eisherstellung (Kunsteis).

Bei der Herstellung von Kunsteis ist die Forderung nach einem hygienisch einwandfreien Wasser schon aus der Vorsicht heraus geboten, weil Eis zum unmittelbaren Kühlen von Lebensmitteln benutzt wird und sich die im Eis befindlichen Krankheitskeime lange Zeit hindurch lebensfähig halten. Um farbloses, klares Eis, sog. Krystalleis, zu erhalten, soll das verwendete Wasser möglichst arm an ungelösten und gelösten organischen Stoffen sein. Der Gehalt an mineralischen Stoffen muß gering sein, da diese sich im Kern des Eisblocks anreichern und dann Trübungen im Eis und geringe Bruchfestigkeit erzeugen.

Am besten ist es daher, die letzten Reste des zu gefrierenden Wassers abzulassen. Harte Wässer sind ungünstig zu beurteilen, denn die Kalk- und Magnesiasalze verhindern die Herstellung eines erstklassigen Eises. Die Anwesenheit größerer Mengen von Magnesiumsalzen bewirkt oft grünliches Aussehen des Eises und die Bildung weißer Flocken und trüber, gefärbter Streifen, einerlei, ob es als Chlorid oder als Sulfat vorliegt. Ähnlich verhält sich auch das Calciumchlorid und Calciumsulfat. Wässer, die einen höheren Eisen- oder

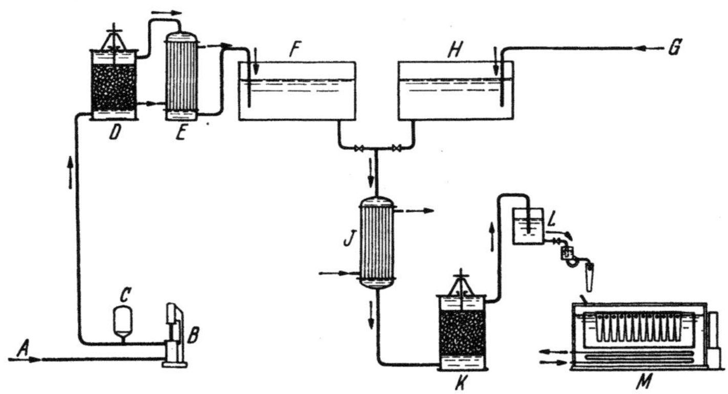

Abb. 30. Schema für den Einbau eines Aktiv-Kohlefilters in die Brauchwasser- bzw. Kondensatwasserleitung einer Eisfabrik.

A Kondensat (vorentölt); *B* Pumpe; *C* Windkessel; *D* Hydraffinfilter zur Entölung des Kondensats; *E* Kühler; *F* Hochbehälter; *G* Destillat; *J* Kühler; *K* Hydraffinfilter zur Schönung und Nachentölung; *L* Wasserverteiler; *M* Eiszellen.

Mangangehalt als 0,2 g/Liter haben, müssen vorher enteisent bzw. entmangant werden, da schon ein geringer Gehalt an Eisen- und Manganverbindungen durch Gelb- bis Gelbbraunfärbung des Eises stört. Freie Kohlensäure im Wasser macht das Eis durch Gasbläschen leicht trübe und brüchig[1]. Natriumchlorid und Natriumsulfat geben zwar keine festen Ablagerungen, sie können aber das Eis durch Bildung weißer Stellen unansehnlich machen und auch den Gefrierprozeß, wenn sie in größeren Mengen zugegen sind, verzögern. Größere Mengen Natriumbicarbonat, wie sie bei der Enthärtung in das Wasser gelangen können, haben auf die Bruchfestigkeit des Eises einen ungünstigen Einfluß. Da kein wesentlicher Unterschied hinsichtlich des Einflusses auf die Qualität des Eises zwischen den Chloriden und Sulfaten des Calciums und den entsprechenden Natriumverbindungen besteht, hat es wenig Zweck, ein an Mineralhärte reiches Wasser durch Sodazusatz zu enthärten. Falls enthärtet werden soll, kommt in erster Linie eine Entfernung der Carbonathärte durch Kalk in Frage. Nach Dr. EULE sind Natriumcarbonat etwa $^5/_4$mal, die Chloride etwa $^3/_4$mal so nachteilig als die Sulfate. Multipliziert man den Gehalt eines Wassers an Chloriden mit $^3/_4$ und denjenigen an Natriumbicarbonat mit $^5/_4$ und addiert die gefundenen Werte zu der im Wasser vorhandenen Sulfatmenge, so erhält man eine zahlenmäßige Angabe für die Wirkung der leichtlöslichen Salze. Ist diese Zahl geringer als 170 mg/Liter, so kann erstklassiges Eis hergestellt werden, wenn gleichzeitig Luft durchgeblasen wird oder das Wasser vorher entgast worden und eine Gefriertemperatur von -9^0 innegehalten ist. Bei einem Gehalte von 170—250 mg/Liter kann ebenfalls noch erstklassiges Eis erzeugt werden, wenn man bei weniger niedriger Temperatur arbeitet oder das Luftdurchblasen intensiver gestaltet. Bei Zahlenwerten von 250—340 mg/Liter müssen die sonst gebräuchlichen Luftmengen stark erhöht und scharfe Gefriertemperaturen ver-

[1] STEFFENS: Das Wasser in der Eisfabrikation. Vom Wasser 1929, **3**, 118.

mieden werden. Bei Mengen über 680 mg/Liter ist die Fabrikation eines handelsüblichen Eises nach den bisherigen Methoden nicht möglich.

Zur Verhinderung von Algenbildung in Eisanlagen hat man eine schwache Chlorung, unter Umständen unterstützt durch eine sehr schwache Kupferung empfohlen[1]. In Amerika reinigen die meisten Eisfabriken das Wasser durch eine Fällung mit Aluminiumsulfat und Filtration durch Filterpressen vor[2].

Da in vielen Eisfabriken Kondensat oder Destillat zur Eisfabrikation benutzt wird, empfiehlt Müller[3], diese Wässer vor der Eisherstellung durch ein Filter mit aktiver Kohle zu entölen und durch ein zweites zu schönen. Abb. 30 zeigt das Schema für den Einbau von a-Kohlefiltern in Eisfabriken. Auch durch Elektroosmose gereinigtes Wasser kann zur Eisherstellung benutzt werden (s. S. 175). Über die Anwendung des Elektrokatadynverfahrens in der Eisfabrikation siehe S. 205.

6. Wasser für Konservenfabriken.

Von Konservenfabriken wird in erster Linie ein in hygienischer Beziehung einwandfreies Wasser verlangt. Um Färbungen der Lebensmittel zu vermeiden, soll es aber auch eisen- und manganfrei sein. Weiches Wasser ist vorzuziehen, da in ihm Fleisch und Hülsenfrüchte leichter garkochen. Ein häufig zum schnellen Weichmachen bei harten Wässern üblicher Zusatz von Natriumbicarbonat ist wegen teilweiser Vernichtung der Vitamine zu vermeiden. Ein Nitratgehalt kann, wenn Reduktionen möglich sind, Verfärbungen des Fleisches hervorrufen.

7. Wasser für landwirtschaftliche Betriebe.

In der Landwirtschaft wird Wasser für Viehtränke, Reinigung der Ställe, Geräte und Arbeitsräume, zur Fischzucht und für die Berieselung der Wiesen und Weiden benutzt.

An ein Wasser zur Viehtränke brauchen im allgemeinen nicht so hohe Anforderungen wie an Trinkwasser für Menschen gestellt zu werden. Besonders Rindvieh säuft ein schwach jauchehaltiges Wasser nicht nur gern, sondern auch ohne erkennbaren Schaden. Man darf aber aus dieser Tatsache nicht schließen, daß die Beschaffenheit eines Tränkwassers für das Vieh gleichgültig sei. Ein Wasser mit fauligen Stoffen muß naturgemäß den Verdauungsvorgang beeinträchtigen und kann nach vielfachen Beobachtungen ebenso wie ein Wasser mit hohem Gasgehalt anscheinend Kolik bei den Pferden hervorrufen. Auf die Beschaffenheit der Milch wirken faulige Tränkwässer indirekt nachteilig, indem sie die Tröge und wie jedes andere verdorbene Futtermittel die Stalluft mit allerlei Mikrophyten verunreinigen, die dann beim Melken in die Milch gelangen und dieser eine fehlerhafte Beschaffenheit erteilen. Die zum Melken und Milchtransport benutzten Gefäße dürfen nur mit hygienisch einwandfreiem Wasser, also praktisch reinstem Trinkwasser behandelt werden. Das gleiche gilt für alle anderen, mit Nahrungsmitteln in Berührung kommenden Geräte (s. Molkereiwasser).

Wässer mit Farbstoffen können unter Umständen einen Übergang des Farbstoffes in Fleisch, Knochen und Milch bewirken, während saure Wässer eine Alkalientziehung aus dem Blute und den Organen zur Folge haben können.

Auch manche Tierkrankheiten können durch Wasser übertragen werden, wie Milzbrand, und tierische Parasiten. In Vorflutern, die Gerbereiabwässer aufnehmen müssen, ist die Gefahr der Milzbrandübertragung besonders dann groß, wenn in den in Frage kommenden Gerbereien vorwiegend ausländische Häute verarbeitet werden.

Salzreiche Wässer, welche durch einen Gehalt an Chloriden und Sulfaten des Natriums, Calciums und Magnesiums Durchfall bewirken, tragen auch nicht selten zum Abortus bei. Ein Wasser mit 3—4 g Salz/Liter (Chloride) wird vom Vieh noch immer genommen, doch hört ein Wasser mit über 5 g Salz/Liter auf, durststillend zu wirken.

---

[1] Ornstein: Gesundh.-Ing. 1933, **56**, 343. [2] Scott: Connect. Health Bull. 1933, **47**, 11.
[3] Müller: Die Kälte-Industrie 1932, **29**, H. 9.

Man hat gefunden, daß selbst Salz- und Meerwasser mit 0,9% Salz von Kühen und Pferden vorübergehend geraume Zeit vertragen wurde, wenn man von anfänglichen Störungen bis zur Gewöhnung absieht.

Besondere Anforderungen werden nach SALING[1] an das Tränkwasser in Gestüten gestellt. In den Aufzuchtstätten unseres wertvollsten und leistungsfähigsten Haustieres muß durch die Fernhaltung aller schädigenden Einflüsse für die Heranbildung lebenskräftiger Generationen gesorgt werden. Deshalb soll das Wasser frei von Schwebestoffen und Organismen aller Art sein, vor allem müssen Krankheitserreger fehlen. Stärkere Trübungen können den Appetit der Pferde ungünstig beeinflussen. Gärende und faulende Stoffe vermögen bei der großen Neigung der Pferde zu Magen- und Darmleiden unter Umständen schwere Katarrhe und Koliken auszulösen. Gewisse Amöben und Infusorien stehen im Verdacht einer nicht unwesentlichen Beteiligung bei der Entstehung ruhrartiger Durchfälle.

Sodann können bei Verunreinigungen des Wassers Eier und Jugendstadien verschiedener Plattwürmer und parasitärer Nematoden, darunter des bekannten Pferdespulwurms, der in Massenanhäufung im Dünn- und Dickdarm Veranlassung zu gefährlichen Obstipationskoliken gibt, sowie des Strongylus armatus, dessen Larven die in Intervallen wiederkehrende embolisch-thrombotische Kolik der Pferde verursachen, im Wasser angetroffen werden. Für Pferde sind weiter Gärungs- und Fäulniserreger ganz allgemein, ferner Staphylo- und Streptokokken (z. B. bei Druse) als Eitererreger, die Bacillen der Coli-Typhusgruppe und schließlich der Milzbranderreger, der mitunter auf verseuchten Weiden oder im Grundwasser gefunden wird, von Bedeutung (Abwässer von Gerbereien).

Das Temperaturoptimum liegt wie beim Trinkwasser zwischen 7 und 11° C. Zu warmes Wasser wird wegen seines faden Geschmackes verschmäht. Sehr niedrige Temperaturgrade veranlassen während oder nach der Arbeit der Pferde durch zu schroffe Abkühlung der inneren Organe beim Hinabströmen der großen, gierig getrunkenen Wassermengen zuweilen schlagartig Tod oder lebenbedrohende Erkrankungen der Lunge oder des Verdauungs- bzw. Urogenitalapparates. Infolge reflektorischer Reize und Zirkulationsstörungen werden als Folge zu kalten Trunks auch plötzlicher Abortus, Lumbago, Hämoglobinurie und Rheumatismus beobachtet.

Ein genügender Kalkgehalt (etwa 20° DH und darüber) ist bei der Tierzucht zum Aufbau eines guten Knochengerüstes unerläßlich. Bei mangelnder Kalkzufuhr können bei Fohlen und Läuferschweinen Mißbildungen rachitischer Art auftreten.

Man wird daher an ein für Viehtränke und sonst im landwirtschaftlichen Betriebe benutztes Wasser ähnliche Anforderungen stellen müssen, wie an ein für menschlichen Gebrauch bestimmtes Trinkwasser. Wieweit man unter Umständen von dieser weitgehenden Forderung abgehen kann, müssen die jeweils örtlichen Verhältnisse entscheiden.

Außer für Viehtränke und Fischzucht (s. unter Fischwasser S. 67) kommen die fließenden Gewässer in landwirtschaftlicher Hinsicht auch noch für Berieselung der Wiesen und Weiden in Frage. Diese Nutzung stellt an ein Wasser ganz andere Anforderungen wie die Viehtränke. Schädlich können in diesem Falle nur die Salzgehalte werden. Während man zur Viehtränke in der Not noch Wasser mit 3—4 g Salz pro Liter verwenden kann, dagegen faulige Wässer stark schädlich wirken können, sind umgekehrt bei Rieselwässern höhere Salzgehalte von 1 g Salz und mehr den Pflanzen schon schädlich. Dagegen kann man mit Rücksicht auf den Gehalt an Dungstoffen sogar alle möglichen Abwässer und Abwässer enthaltenden Vorfluter benutzen. Die meisten fauligen Wässer, wie z. B. städtische Abwässer oder gewerbliche Abwässer von Schlachthöfen, Brauereien, Brennereien, Zucker- und Stärkefabriken, haben neben stickstoffhaltigen organischen Stoffen mehr oder weniger Phosphorsäure und Kali und wirken daher als Dungstoffe sehr vorteilhaft.

8. Wasser für Molkereien.

In Molkereien wird das Wasser zu verschiedenen Zwecken benutzt, so daß man drei Verwendungsgruppen unterscheiden kann:

1. Das eigentliche Gebrauchswasser. Hierunter versteht man dasjenige Wasser, das mit der Milch und den Molkereiprodukten direkt in Berührung kommt, wie das zum Waschen der Butter und das bei der Käserei verwandte Wasser, ferner das Spülwasser der Gefäße und Apparate.

---

[1] SALING: Kleine Mitt. Landesanst. Wasser-, Boden- u. Lufthygiene 1925, 1, 107.

2. Das übrige Betriebswasser der Molkerei, das zum Reinigen der Gegenstände und der Räume, die nicht mit der Milch in unmittelbare Berührung kommen, gebraucht wird.

3. Kühl- und Kesselspeisewasser.

Für das eigentliche Gebrauchswasser ist hinsichtlich gewisser Bestandteile des Wassers die Grenze noch viel enger zu ziehen als bei Trinkwasser. Dies gilt ganz besonders für den Keimgehalt. Nach § 7, Abs. 3 des Reichsmilchgesetzes dürfen alle Gerätschaften, Apparate, Transportgefäße usw., die in einer Molkerei mit Milch in Berührung kommen, nur mit Wasser gereinigt werden, das hygienisch völlig einwandfrei ist. Bakteriologisch nicht einwandfreies Wasser kann zu schweren Schädigungen führen.

MAYER[1] zeigt, daß vom hygienischen Standpunkte aus an und für sich unschädliche Mikroorganismen betriebstechnisch von schädlichem Einfluß sein können. Die hauptsächlich in Frage kommenden molkereitechnisch schädlichen Mikroorganismen und die durch sie hervorgerufenen Fehler sind:

Ursachen	Fehler
Bacterium lactis viscosum ADAMETZ	Milch: fadenziehend, schleimig
Bacterium fluorescens und Vertreter des Heubacillus	ohne sauer zu werden gerinnend
Actinomyces odorifer, Bacterium fluorescens, Bacterium proteus vulgare, Bacillus mycoides	muffiger, erdiger Geschmack
Bacterium lactis viscosum ADAMETZ	Rahm: fadenziehend, schleimig
Bacterium fluorescens und Vertreter des Heubacillus	nicht säuernd, schwer zu buttern, seifig, bitter schmeckend
Actinomyces odorifer	Butter: Rübengeschmack
Bacterium fluorescens	Altgeschmack
Bacterium liquefaciens, auch Hefen- und Schimmelpilze	bitterer, ranziger Geschmack
Crenothrix polyspora, Leptothrix ochracea	tintiger Geschmack (sog. Metallgeschmack) und geringe Haltbarkeit
Bacterium coli	Käse: gebläht
Bacterium fluorescens	grünliche Färbung bei älterer, überreifer Ware (Hartkäse, Limburger u. dgl.)
Bacterium cyanofuscum	sog. Blaukrankheit (Gouda und Edamer)
Crenothrix polyspora, Leptothrix ochracea	blaue bis schwarze Flecken und Punkte
Clonothrix fusca und Siderocapsa-Arten	mehr ins Braune gehende Flecken und Punkte

Da diese Mikroorganismen in der Hauptsache durch das Wasser übertragen werden, ist auf ihre Beseitigung aus dem Betriebswasser die größte Sorgfalt anzuwenden. In diesem Zusammenhang muß auch auf die leichte Verbreitung von Typhus hingewiesen werden, die bei Verwendung nicht einwandfreien Wassers auch noch in letzter Zeit vorgekommen ist[2]. Dauernde bakteriologische Untersuchung des in Molkereien benutzten Wassers ist daher dringend notwendig. Auch auf die bautechnische Prüfung der gesamten Wasserversorgung sollte vor allen Dingen bei Einzelanlagen, insbesondere bei Eigenwasserversorgungen, großer Wert gelegt werden. Eisen- und Manganbakterien rufen punktförmige Flecken auf den Molkereiprodukten hervor. Auch auf einen Gehalt des Wassers an peptonisierenden und fäulniserregenden Mikroorganismen muß man achten.

Das zum Waschen der Butter und zum Reinigen der Gefäße benutzte Wasser soll klar, farb-, geruch- und geschmacklos, eisen- und manganfrei, möglichst salzarm, besonders arm an Kalk- und Magnesiumsalzen sein. Durch letztere kann die Butter leicht einen seifenartigen und bitteren Geschmack erhalten. Wasser mit zu hohem Kalkgehalt zerstört die bei der Rahmbereitung entstehenden aromatischen Stoffe. Größere Mengen Kaliumsalze machen aus der Butter eine schlecht schmeckende, seifenartige Masse.

---

[1] MAYER: Gesundh.-Ing. 1932, 55, 445.

[2] WILLFÜHR, PLENSKE u. BRUNS: Veröffentl. Med.verw. 1934, 35, H. 2.

Das Wasser soll arm an Gasen, besonders Sauerstoff und Kohlensäure sein. Hoher Sauerstoffgehalt bewirkt Oxydationen und damit Geschmacksverschlechterung (Ranzigwerden, Abbau der Eiweißstoffe). In gleicher Weise ist ein Gehalt an aggressiver Kohlensäure schädlich, weil sie infolge ihrer metall- und betonlösenden Eigenschaften aus Rohrleitungen, Betongefäßen usw. Eisen und Kalk herauslöst, die dann schaden. Schon geringe Mengen Kupfersalze wirken bei den Oxydationen stark aktivierend, ebenso Eisen- und Mangansalze, auch treten durch ihre Gegenwart Tintengeschmack und -färbung (blau bis schwarz durch Bildung von FeS) sowie Rostflecke auf Butter, Käse und Quark auf. Um die bei Anwendung eisenhaltigen Wassers beim Kneten der Butter bestehende Gefahr, daß die Butter den metallischen Geschmack annimmt, zu beseitigen, empfiehlt MEURER[1] den Einbau besonderer Enteisenungsfilter.

Das von verschiedenen Seiten empfohlene VALIOsche Reinigungsverfahren für Butterspülwasser, bestehend in einer außergewöhnlich starken Veränderung des p_H-Wertes durch Zugabe von Natronlauge bis p_H 11 oder durch Zugabe von Salzsäure bis p_H 2, lehnt MEYER[2] auf Grund seiner experimentellen Prüfung ab. Die Bakterien nehmen wohl an Zahl ab, dagegen bleiben aber die peptonisierenden, säure- und gasbildenden und auch die fettspaltenden Organismen am Leben. DEMETER und HAASE[3] haben mit Hilfe einer Elektrokatadynapparatur Waschwasser mit 30, 200, 600 und 1200 γ/Liter Katadynsilber versetzt. Die Gesamtkeimzahl nahm auch hierdurch ab, doch war die Wirkung auf Proteolyten und Hefen nicht eindeutig. Bei größeren Silbermengen war eine Qualitätsverminderung der Butter festzustellen (s. S. 206).

9. Wasser für Stärkefabriken.

Das Betriebswasser muß den allgemeinen Anforderungen an ein gesundheitlich einwandfreies Wasser entsprechen und soll keine Zersetzungsprodukte von Blättern, Gräsern, Algen (Diatomeen), oder anderen pflanzlichen Bestandteilen enthalten. Gelangen diese in die Stärke, so können sie die Stärke braun färben oder weiße Stippen erzeugen. Auch die in eisenhaltigen Betriebswässern oft enthaltenen Fadenbakterien, wie Crenothrix, Cladothrix, müssen sorgfältig entfernt werden, da diese Bakterien durch Eisenabscheidung Fleckenbildungen auf der Stärke hervorrufen. Harte Wässer erhöhen den Aschegehalt der Stärke. Ein hoher Magnesiumgehalt des Wassers stört bei der Herstellung von Stärkesirup durch Trübungen (s. auch unter Nr. 10).

10. Wasser für Kartoffelmehl- und -stärkefabriken.

Diese verlangen ein Wasser, das folgenden Anforderungen entspricht:

1. Es darf keine Schwebestoffe enthalten, muß also frei von organischen Ausscheidungen, von Pflanzenresten (Schlammflocken), Eisenhydroxyd und Algen sein. Diese Stoffe gehen mit durch die Siebe und erzeugen in der Fertigware Stippen.

2. Das Wasser muß frei sein von Gärungserregern, hefeartigen Organismen oder Spaltpilzen. Hefen verhindern das Absetzen der Stärke und tragen zur Bildung der fließenden Stärke bei. Spaltpilze erzeugen in der Stärke organische Säuren (Milch- oder Buttersäure), die auch durch sorgfältigstes Waschen nicht mehr zu beseitigen sind. Sie geben der Stärke den unangenehmen Geruch nach Buttersäure oder einen dumpfen, fauligen Geruch. Je wärmer die Jahreszeit, um so gefährlicher ist das Auftreten der Spaltpilze.

3. Das Wasser darf kein Ammoniak und keine salpetrige Säure enthalten, da diese Stoffe, ebenso wie ein höherer Gehalt an leicht zersetzlicher organischer

---

[1] MEURER: Molkerei-Ztg. 1927, **41**, 1609. [2] MEYER: Österr. milchwirtsch. Ztg. **1932**, 329.
[3] DEMETER u. HAASE: Milchwirtsch. Lit.-Ber. 1933, **79**, 779.

Substanz (nachweisbar durch eine höhere Oxydierbarkeit als 10 mg/Liter Kaliumpermanganatverbrauch) auf die Gegenwart faulender organischer Substanzen und fäulniserregender Bakterien schließen lassen.

4. Das Wasser muß frei von Eisenverbindungen sein, da es sonst zu Rot- oder Gelbfärbungen kommt. Harte Wässer führen zur Erhöhung des Aschegehaltes.

11. Wasser für Zuckerfabriken (Holzverzuckerung).

Das Betriebswasser für Zuckerfabriken muß gesundheitlich einwandfrei, geruch- und geschmacklos, möglichst weich und salzarm sein. Salzreiches Wasser wirkt bei der Diffusion der Rübenschnitzel durch Verminderung der Ausbeute nachteilig.

Bei Untersuchungen über den Einfluß von Kaliendlaugen, die besonders bei den Zuckerfabriken Mitteldeutschlands eine sehr große Rolle spielen, hat SPENGLER[1] festgestellt, daß durch salzhaltige Betriebswässer die Reinheit der Säfte durch eine Vermehrung des Aschegehaltes herabgesetzt wird. Mit steigendem Salzgehalt nahm auch der Aschegehalt der ausgelaugten Schnitzel zu. Auch die Farbe der Säfte wurde durch kaliendlaugenhaltiges Wasser ungünstig beeinflußt. In extremen Fällen nimmt der Zucker klebrige Beschaffenheit an. Hoher Gehalt an Chlormagnesium, Gips und Nitraten stört beim Kochen und Krystallisieren der Zuckerlösung. Der Zucker wird durch den Einschluß von Salzen aschehaltiger und dadurch minderwertiger. Nitrate gelten als Melassebildner, da sie die sechsfache Menge Zucker am Krystallisieren hindern. Stark sulfat- und chlorhaltige Wässer geben beim Saftkochen eine starke Braunfärbung. Füllmasse und Zucker werden ganz dunkel. Bei den in Zuckerraffinerien verwendeten Wässern stört ein hoher Sulfatgehalt, weil Strontiumsulfat noch schwerer löslich ist als Gips. Faulende Stoffe im Wasser können schon im Diffuseur Zersetzungen hervorrufen.

Das Rübenwaschwasser kann nach guter mechanischer Reinigung und genügender Chlorung wieder verwendet werden. Dieser Kreislauf ist in vielen Betrieben eingeführt und hat sich bei dem großen Wasserverbrauch der Zuckerfabriken zur Wasserersparnis gut bewährt. Mit Rücksicht auf Abwasserfragen kann aber auch eine Rücknahme der Diffusions- und Preßwässer mit Vorteil angewandt werden. Hierbei muß man nach WESCHKE[2] drei Punkte beachten:

1. Die Rücknahmewässer müssen mindestens 60° C, besser 75° C heiß gehalten werden.

2. Die Entpülpung muß die denkbar beste sein.

3. Das Wasser muß auf dem kürzesten Wege zurückgeführt werden, damit keine Zersetzungen auftreten. Zur Verbesserung empfiehlt sich ein geringer Chlorzusatz.

Bei genügend schneller Arbeit und genügend hoher Temperatur treten keine Anfressungen an Eisenteilen auf. (Weiteres siehe Abschnitt: Gewerbliche Abwässer).

Holzverzuckerungs-Industrie. Bei der Holzverzuckerung wird Holz als Rohstoff mit Hilfe von Säure aufgeschlossen und hierbei die im Holz enthaltene Cellulose in Kohlenhydrate übergeführt. Diese können als Zucker gewonnen werden, oder werden, wie es in den meisten Fällen geschieht, nach Vergärung, auf Futterhefe verarbeitet. Es gibt zur Zeit zwei verschiedene Verfahren: Das Bergius- und das Scholler-Tornesch-Verfahren. Bei einer jährlichen Leistung von je 10000 t Zucker werden bei dem Bergius-Verfahren etwa 24000 cbm Wasser pro Tag und bei dem Scholler-Tornesch-Verfahren etwa 17000 cbm Wasser pro Tag benötigt. Die Härte des Wassers ist bei beiden Verfahren unwesentlich, doch muß seine Temperatur bei etwa 11° C liegen. Das zu den Verfahren angewandte Wasser muß bakteriologisch einwandfrei, klar und geruchlos sein. Eisen und aggressive Kohlensäure sind zu beseitigen. Ammoniak, Nitrite und organische Substanz dürfen nur in Spuren, Nitrate und Chloride nur in geringen Mengen vorhanden sein.

---

[1] SPENGLER u. KESSLER: Zeitschr. Ver. Deutsch. Zuckerind. 1932, 82, 969.

[2] WESCHKE: Deutsch. Zuckerind. 1933, 58, 183.

II. Betriebe, deren Wasser nicht hygienisch einwandfrei zu sein braucht.

12. Wasser für Beton- und Zementbauten.

Vor Anlage von Betonbauwerken, die im Grundwasser stehen, muß das Grundwasser und auch das Erdreich selbst auf schädliche Stoffe untersucht werden. Von fließendem Wasser wird Beton stärker angegriffen als vom ruhenden Grundwasser. Wichtig sind aber auch andererseits für die dauernde Festigkeit des Betons dessen Art und Herstellung. Bei schädlichem Grundwasser spielt die Dichtigkeit und damit die Wasserdurchlässigkeit des Betons eine ebenso große Rolle wie seine Festigkeit.

Gußbeton ist in bezug auf die Festigkeit dem Stampf- und Weichbeton unterlegen. Bezüglich der Dichtigkeit liegt er zwischen beiden. Bei durchlässigem Beton steigt das Wasser capillar in den Poren auch über den Wasserspiegel, das Wasser verdunstet an der Außenfläche, es kommt zu Konzentrationen, bei denen sonst unschädliche Stoffe schädlich wirken, so daß zumeist an diesen Stellen zuerst Anfressungen auftreten. Dasselbe ist bei schwankendem Wasserspiegel der Fall. Recht ungünstig gestalten sich die Verhältnisse bei einseitigem Wasserdruck oder bei Überdruck. Dann ist die Durchströmung stärker und die Menge der schädlichen Stoffe, mit denen der Beton in Berührung kommt, wird größer.

Die Zusammensetzung des Betons spielt insofern eine große Rolle, als die Gefahr der Zerstörung von Betonbauten in aggressivem Wasser um so geringer wird, je weniger Kalk er enthält. In solchen Fällen sollte man Zement mit geringem Kalkgehalt verwenden, z. B. Hochofenzement, oder man muß zum Zement hydraulische Zuschläge geben, um den Kalküberschuß z. B. durch Traßzusatz in unlösliche Verbindungen, z. B. Silikate, überzuführen. Noch besser ist die Verwendung von Tonerdezement. Bei stark aggressivem Wasser sollte überhaupt kein Beton, sondern Klinkermauerwerk mit Mörtel aus säurefestem Zement oder Steinzeugrohre verwendet werden.

Die Grundbedingungen, die man an ein Betonanmischwasser und damit auch an ein Grundwasser, in dem Betonbauten stehen, stellen muß, sind folgende: Das Wasser darf nicht sauer reagieren. Es darf keine aggressive Kohlensäure, keine Sulfide, keinen hohen Gehalt an Sulfaten (bedenklich sind schon 200 bis 300 mg/Liter SO_3) enthalten; desgleichen sind Magnesiumverbindungen, selbst geringe Mengen von Ammonsalzen, freies Chlor, Gerbsäuren, Fette und Öle, auch Teeröle und Zucker schädlich. Bei sulfathaltigem Wasser bilden sich Calciumsulfaluminate, die unter Bildung des sog. „Zementbacillus" Wasser aufnehmen und durch Volumenvergrößerung eine Sprengwirkung auf den Beton ausüben. Als Betonschutzmittel gegen stark sulfathaltige Grundwässer empfiehlt JORDT[1] den Zusatz von 0,5—1,0% feingemahlenem Bariumcarbonat (Witherit). Dieses soll das schädliche Sulfation als Bariumsulfat binden. — Weiche und mineralstoffarme Wässer wirken oft durch ihre stark lösenden Eigenschaften schädlich. Sulfitlaugen enthaltende Abwässer können an Zement- und Betonbauten starke Schädigungen hervorrufen.

13. Wasser für Bettfedernfabriken.

Hartes und mineralstoffreiches Wasser macht die Federn beim Waschen leicht spröde und unelastisch; sie verlieren ihre Weichheit. Stark schädigend wirken besonders beim Waschen weißer Federn Wässer mit selbst geringem Gehalt an Eisen und Mangan und an organischen Stoffen (Humusstoffen), da diese auf den Federn unerwünschte Färbungen erzeugen. Durch Waschen mit chlormagnesiumhaltigem Wasser wird die Ansaugfähigkeit der Federn für Wasser stark vergrößert.

---

[1] JORDT: Tonind.-Ztg. 1936, **60**, 443.

14. Wasser für Eisenbahnwasserwerke.

Der Wasserbedarf auf Bahnhöfen ist ein sehr mannigfaltiger. Seine Größe ist in erster Linie durch den Verbrauch an Lokomotivspeisewasser bedingt. Für Lokomotiven von Güterzügen rechnet man je nach Zuggewicht, Maschinenart und Heizfläche bis zu 1,5 cbm, von Personen- und Schnellzügen etwa 1 cbm für 10 km Fahrt. Als Wasser für Lokomotiven sollte nur Wasser verwendet werden, das dem neuesten Stande der Wasserreinigungstechnik entspricht[1]. Bei einer Aufarbeitung des Wassers, etwa durch Enthärtung, soll eisenhaltiges Wasser mit enteisent werden, da der Eisengehalt des Wassers durch Verschlammung der Rohre, Wasserkräne, Hydranten und Pumpen lästig wirken kann. Für die Rohrnetze innerhalb der Gleisanlagen sieht man im allgemeinen mit Rücksicht auf die Erschütterungen und Raddrücke Stahlrohre vor. Die Leistungsfähigkeit der Wasserkräne für Schnellzüge sollte mindestens 5 cbm, diejenige für Güterzüge mindestens 2 cbm in der Minute betragen. An das für Speisewagen und für Schlafwagen benutzte Wasser muß man natürlich höhere Anforderungen wie an das Kesselspeisewasser, am besten dieselben wie an Trinkwasser, stellen. In USA. muß das für solche Zwecke verwendete Wasser zweimal im Jahre auf seine Reinheit geprüft werden[2].

15. Wasser für die Photoindustrie und Filmfabriken.

Gebraucht wird ein von gelatineverflüssigenden Organismen freies Wasser, da sonst große Mengen Film zerstört werden. Es soll eisen- und manganfrei sein, da die Nitrocellulose schon durch Spuren dieser Metalle getrübt und angefärbt wird. Einwandfreie hoch gereifte Emulsionen lassen sich in eisen- und humushaltigen Wässern nicht herstellen. Am besten ist weiches und chloridarmes Wasser.

16. Wasser für Gerbereien.

Der Wasserbedarf in Gerbereien ist recht groß. Am besten eignet sich ein nicht zu hartes, besonders wenig Calciumcarbonat enthaltendes Wasser. Hartes Wasser erfordert zum Anschärfen der Weiche mehr Schwefelnatrium. Desgleichen darf beim Brochieren für das Glacéleder kein hartes Wasser benutzt werden, weil solches Wasser auf der Narbe und auch im Innern solcher Leder Kalk in Form von Gips niederschlägt, der einerseits das Färben erschwert und andererseits dem Leder einen rauhen Griff verleiht. Andererseits ist aber zu weiches, mineralstoffarmes Wasser wegen zu starker Auslaugung der Häute nicht zu empfehlen. Bei der Beize ist die Carbonathärte bis zu 8^0 DH nicht störend.

Das Wasser darf nicht durch Kleinlebewesen, vor allem nicht durch Fäulniserreger, Hefearten (Brennereiabwasser) und auch nicht durch organische Stoffe verschmutzt sein. Fauliges Wasser bewirkt vollständige Blindheit der Narbe. Bei stärkerer Verschmutzung entstehen beim Reinigen und Einweichen der Häute von der Fleischseite her leicht Löcher im Leder. Es bilden sich in diesem Falle zunächst Vertiefungen in länglicher Form, die bis auf die blanke Narbe durchdringen. Sie haben zunächst nur die Größe einer Linse bis zu einer Bohne, fressen aber allmählich immer weiter und verbreiten sich allmählich fortschreitend über das ganze Fell, so daß dasselbe zuletzt das Aussehen eines von Ungeziefer zerfressenen Fetzens hat. Schädlich wirkende Mikroorganismen, auf die man auf alle Fälle achten muß, sind Bacterium fluorescens liquifaciens, Bacillus mesentericus, Bacillus megaterium, Bacterium radiatum mez., anaerobe Bakterien, Proteusarten usw. Besonders schädlich können die Abwässer aus Stärkefabriken werden, da diese das Bacillus megaterium enthalten, das die Kleienbeize schädigt. Durch Zusatz von Chlor oder Chloramin kann man die Entwicklung schädlicher Bakterien schnell hemmen.

---

[1] Siehe SPLITTGERBER: Kesselspeisewasser. In diesem Handbuch, Bd. VIII.
[2] KNOWLES: Journ. Amer. Water Works Assoc. 1934, 735.

Ein hoher Bicarbonatgehalt und freie Kohlensäure wirken schwellend auf die Häute ein. Beim Waschen fällen Bicarbonate den an den Häuten enthaltenen Kalk aus, wodurch die Narbe beim Gerben rauh wird und beim Färben mißfarbene Flecken erhält. Weiterhin werden durch bicarbonathaltige Wässer die Gerbstoffe nicht genügend ausgenutzt. Hoher Chlorgehalt macht das Leder dünn und flach. Beim Gerben mit chlorhaltigem bzw. an Chloriden reichem Wasser erhält man weniger Gewicht, die Häute gerben schwer und man muß mehr Säure zugeben, um sie gar zu bekommen. Hoher Chlormagnesiumgehalt bewirkt, daß das Leder leicht Feuchtigkeit anzieht und daher weich bleibt und nicht fest wird. Eisen- und Manganverbindungen beeinträchtigen die helle Farbe des Leders. In der Färberei, wo es auf eine möglichst helle Farbe des Leders ankommt, soll ein eisen- und manganfreies Wasser verwandt werden. Für einen gleichmäßigen Verlauf der Gerbung soll das Betriebswasser möglichst gleichmäßige Temperatur haben (12—22° C).

Bei der Herstellung von Leim ist zu berücksichtigen, daß die Erschöpfung der dazu verwendeten Gerbereiabfälle mit weichem Wasser weit vollständiger ist als mit hartem Wasser. Harte Wässer liefern bei der Leimung mit Harzseife unlösliches Calcium- und Magnesiumresinat und bedingen somit einen Verlust an Harzseife. Ein mit hartem Wasser gekochter Leim löst sich nach dem Trocknen nicht klar auf.

17. Wasser für die Glas- und Tonwarenindustrie.

In Glasbläsereien werden die hölzernen Blasformen im Wasser aufbewahrt. Ist dieses hart, so scheiden sich beim Blasen infolge der Verdampfung des Wassers verhältnismäßig viele Salze aus, die die Oberfläche der Form rauh machen und dem Drehen der Pfeife erhöhten Widerstand entgegensetzen, der durch größeren Kraftaufwand des Bläsers überwunden werden muß. Hohe Carbonathärte verursacht durch Ausscheidungen auf dem Glase leicht Trübungen.

Für die Herstellung von Tonwaren, z. B. Steinzeug, Ziegel, eignen sich weiche, mineralstoffarme Wässer am besten. Wässer mit hohem Gehalt an Calcium- und Magnesiumchlorid machen die Waren infolge ihrer wasseranziehenden Eigenschaften feucht und fleckig. Aus unglasierten Tonwaren wittern die Sulfate und Chloride des Wassers leicht aus. Bei der Steingutfabrikation reichern sich beim Verdunsten des Wassers infolge der Capillarität des Tones die Härtebildner an der Oberfläche an, so daß die Glasur nicht in die Poren eindringen kann und sich rauhe Stellen und blinde Flecken bilden.

18. Wasser für Gummi- und Kautschukfabriken.

Gummi- und Kautschukfabriken verlangen ein Wasser mit möglichst niedrigem Chlorgehalt, da hoher Chlorgehalt besonders, wenn er auf Magnesiumchlorid zurückzuführen ist, die Vulkanisation nachteilig beeinflußt.

19. Kühlwasser.

Wasser für Kühlzwecke, wie es viele Betriebe z. B. für Oberflächenkondensatoren, Kühlung von Walzenstraßen usw. brauchen, muß so beschaffen sein, daß es die Kühlflächen nicht angreift und auch an diesen keine Ansätze bildet, die als Isolierschichten wirken. Es muß daher frei sein von aggressiver Kohlensäure und anderen freien Säuren und Salzen, die durch Hydrolyse freie Säuren bilden, ebenso von belagbildenden Lebewesen wie Pilzen und Algen. Es soll praktisch ölfrei sein, da Ölschichten den Wärmedurchgang stark stören. Auch andere ungelöste Stoffe, die leicht Ansätze bilden, wie Detritus, dürfen im Wasser nicht enthalten sein. Der Gehalt an anorganischen Bestandteilen, besonders an Härtebildnern und an gelösten organischen Stoffen, muß möglichst niedrig sein.

20. Wasser für Warmwasseranlagen u. dgl.

Metallkorrosionen an Leitungsrohren, Dampfkesselhauben, Turbinenschaufeln, Pumpen und Pumpenflügeln, Rechen und Armaturen sind in den meisten Fällen auf das Wasser zurückzuführen. Alle sauren, lufthaltigen Wässer wirken metallangreifend, ebenso alle Wässer mit aggressiver Kohlensäure. Je weicher, mineralstoffärmer und carbonatärmer ein Wasser ist, desto stärker ist der Metallangriff durch Kohlensäure, der bei steigendem Druck noch zunimmt. Bei weichen Wässern unterstützt ein hoher Luftsauerstoffgehalt ebenfalls den Metallangriff. Sulfide (Schwefelwasserstoff) sind schon in Mengen von 1 mg/Liter schädlich. Bei Gegenwart von Luft fördern Chloride, Nitrate, Sulfate, namentlich des Magnesiums mit wachsender Salzmenge im Wasser den Metallangriff. In kaltem Wasser bildet sich bei genügender Carbonathärte und Abwesenheit aggressiver Kohlensäure bei Gegenwart von Luftsauerstoff bald eine Schutzschicht, die den weiteren Angriff verhindert. Warmes Wasser greift schon bei einem Gehalt von einigen Milligramm/Liter Luftsauerstoff an. Verstärkt wird der Angriff noch durch Mineralstoffarmut des Wassers sowie durch einen selbst sehr geringen Gehalt an Ölen und Fetten (einige Milligramm/Liter). Ferner greifen Chloride, namentlich des Magnesiums, schon bei mäßiger Wärme die meisten Metalle stark an. Am besten verwendet man für Warmwasseranlagen blankes Kupfer.

Bei Warmwasser, das eine Mittelstellung zwischen Kalt- und Kesselwasser einnimmt, bewirkt die Erhöhung der Temperatur des Wassers eine Veränderung der Löslichkeit der Salze und Gase, insbesondere eine Verschiebung der Dissoziations- und Gleichgewichtsverhältnisse der Kohlensäure und ihrer Salze, ferner eine Erhöhung des Wasserdampfdruckes und der Reaktionsgeschwindigkeit (verstärkter Angriff auf den eisernen Rohrwerkstoff). Die Steinbildung in den Warmwasserapparaten läßt sich nach SCHILLING[1] dadurch vermeiden, daß das Wasser nicht zu hoch erhitzt wird (zum Baden und Waschen nicht über 50—60° C) und das erhitzte Wasser bald verbraucht wird (für Kochzwecke Durchlauferhitzer). Weiche Wässer können ohne Gefahr höher erhitzt werden als härtere. Hoch erhitzte härtere Wässer müssen schnell verbraucht werden, damit sie nicht beim Abkühlen im weiteren Kreislauf angriffslustig werden. Beschleunigte Kreislaufbewegung durch Umwälzpumpe ist hier zweckmäßig.

21. Wasser für Papierfabriken.

Der Wasserbedarf in Papierfabriken ist sehr groß. Deshalb sollte in diesen Betrieben auf die Rückgewinnung des Wassers größter Wert gelegt werden. Je nach der Art des herzustellenden Papiers und je nach dem Maß der Wiederverwendung des gebrauchten Wassers beträgt der Wasserverbrauch nach HAUPT[2] für

1 kg ungebleichten Zellstoff	200 Liter
1 kg gebleichten Zellstoff	500—550 Liter
1 kg Schrenzpapier	350—400 Liter
1 kg Druckpapier	500 Liter
1 kg Feinpapier	900—1000 Liter

Im allgemeinen soll das Betriebswasser klar, farblos, weich, mineralstoffarm und möglichst eisen- und manganfrei sein. Für manche Papiersorten, z. B. Packpapier, Zeitungspapier, wird kein ganz reines, aber weiches Wasser mit möglichst geringem Eisen- und Mangangehalt verlangt, das arm an gelösten und ungelösten organischen Stoffen ist. Für die Herstellung von Zeitungspapier genügt ein Flußwasser, das durch einfache Sandfiltration mit oder ohne Zusatz von Flockungsmitteln gereinigt worden ist. Moorwässer machen Feinpapiere mißfarbig, wie überhaupt solche organische Stoffe bei der Herstellung von weißen Qualitätspapieren durch Fleckenbildung stark stören können. Faulende organische Stoffe können unter Umständen zu Pilzbildungen im Papier Veranlassung geben. Kalk- und Magnesiasalze zersetzen die Harzseifen. Beim Leimen der Papiermasse macht nach NEUGEBAUER[3] je 1° Carbonathärte 50 g schwefelsaures Aluminium ($Al_2(SO_4)_3 \cdot 18\,H_2O$) in 1 cbm Wasser unwirksam. Chlormagnesiumreiche Wässer beeinflussen die Festigkeitseigenschaften des Papiers und verursachen bei der Leimung, Beizung und Färbung technische und wirtschaftliche Nachteile, vor allem wird durch sie die Vergilbbarkeit der Papiere erhöht. Chlormagnesium stört auch durch seine wasseranziehenden Eigenschaften.

[1] SCHILLING: Gesundh.-Ing. 1936, **59**, 397. [2] HAUPT: Papierfabrikant 1931, **29**, 273.
[3] NEUGEBAUER: Zeitschr. angew. Chem. 1912, **25**, 2155.

In Papierfabriken mit ihrem außergewöhnlich hohen Wasserverbrauch lassen sich durch Wiederverwendung des Wassers mit und ohne Zwischenreinigung große Ersparnisse erzielen. Die aus dem Abwasser der Papierfabriken zu entfernenden Schwebestoffe werden durch Zugabe von Aluminiumsulfat und Kalkmilch gut und vollständig niedergeschlagen. Diese Stoffe können in die Papierfabrikation zurückwandern, desgleichen auch das auf diese Weise gereinigte, sehr klare Wasser. Dadurch, daß man stets einen Teil des Wassers, etwa 10—20%, durch Frischwasser ersetzt, vermeidet man eine zu starke Anreicherung von gelösten Stoffen. Ob man das im Kreislauf befindliche Wasser durch eine Zwischenchlorung vor der Entwicklung von Mikroorganismen schützen muß, entscheiden die örtlichen Verhältnisse. In vielen Fällen dürfte dies aber nicht notwendig sein. Zur Bekämpfung schleimiger Ablagerungen in den Wasserbehältern und Rohren von Papierfabriken eignet sich Chloramin besser zur Chlorung, weil Chlor auch bei verhältnismäßig großem Zusatz zu schnell adsorbiert wird.

Bei den Zellstoffabriken sind im allgemeinen ähnliche, aber nicht so weitgehende Anforderungen an das Wasser zu stellen.

22. Wasser für Textilfabriken, Wäschereien, Bleichereien und Färbereien.

Das Webstoffgewerbe benötigt ein klares, möglichst farbloses, weiches, mineralstoffarmes, eisen-, mangan- und nitritfreies Wasser. Wasser mit hohem Gehalt an organischen Stoffen, z. B. Moorwasser ist wegen Mißfärbung der Stoffe unbrauchbar.

Während für die Seidenindustrie ein nahezu eisen- und manganfreies Wasser verlangt wird, schadet bei der Flachsfaserbehandlung ein geringer Eisen- und Mangangehalt nicht. Für die Tuchherstellung ist ein höherer Gehalt an Aluminiumsalzen störend. Bei der Herstellung einzelner Stoffarten, wie z. B. bei der Fertigstellung von Plüschen und zum Teil auch von Seidenwaren ist hartes Wasser im Gegensatz zu dem sonst allgemein üblichen weichen Wasser vorteilhafter.

Im Wäschereibetrieb ist das Wasser neben der Seife der wichtigste Betriebsstoff. Die Wäschereien benötigen sehr weiches, eisen- und manganfreies Wasser. Die Härtebildner vernichten unnötig eine große Menge Seife. Die Kalk- und Magnesiaseifen hüllen fast alle kolloiden und grobdispersen Verunreinigungen des Wassers ein und schlagen sie auf der Faser nieder. Dieser Niederschlag ist so klebrig, daß er sich nur sehr schwer abspülen läßt. Der kittartig festsitzende Niederschlag gibt den Fasern ein mißfarbenes Aussehen. Ein reines Weiß kann nicht mehr erzielt werden, ebenso leidet der natürliche Glanz. Soll die Faser noch gefärbt werden, so verhindert der Niederschlag der Kalkseife das Eindringen des Farbstoffes in das Faserinnere, so daß keine leuchtenden Färbungen entstehen können. Die sich bildenden Kalkseifenklümpchen reichern sich allmählich an und machen die Faser schließlich brüchig. Sie verursachen Stumpfwerden der Wäsche, ranzigen Geruch beim Lagern infolge Zersetzung der fettsauren Erdalkalien, Vergilben und Vergrauen, harten Griff, Minderung der Faserfestigkeit und Verlust der Saugfähigkeit des Gewebes, was gerade für Leibwäsche vom hygienischen Standpunkte erschwerend ins Gewicht fällt[1]. 1° DH/Liter vernichtet etwa 160 mg gute Kernseife. Durch 1 cbm Wasser von 17° DH werden 3 kg Seife mit 60% Fettgehalt unwirksam. Die nach NEUMANN[2] sich unter dem Einfluß der Härte bildende Kalk- und Magnesiaseife führt zu einer Abnahme der Wasseraufnahmefähigkeit der Faser und bewirkt andererseits eine Herabsetzung der Zerreißfestigkeit. Mit salzigem, chlormagnesiumreichem Wasser gewaschene Kleider trocknen schwer und ziehen leicht Feuchtigkeit an.

Eisen- und manganhaltige Wässer sind für Wäschereizwecke völlig unbrauchbar, da sich blütenweiße Wäsche mit solchen Wässern nicht erzielen läßt. Hier stören schon sehr geringe Eisenmengen (über 0,1 mg/Liter) und in noch stärkerem Maße Mangan (über 0,05 mg/Liter). Hinzukommt, daß Bleichmittel oft den Schaden verstärken, da sich schwarze Flecken von Braunstein bilden und der sog. Sauerstofffraß begünstigt wird. Auch auf die Abwesenheit sog. eisenhaltiger Algen, der Eisenbakterien, ist zu achten.

Für das Waschen und Färben mit basischen und substantiven Farbstoffen ist weiches Wasser vorzuziehen, wohingegen, wie NIEHAUS[3] festgestellt hat, für andere Farbstoffe, wie Alizarinfarben, härteres Wasser von etwa 8° DH an, aber ohne Gipshärte, vorteilhafter ist, weil in diesem Falle der Kalk zur Bindung der Farbstoffe gebraucht wird. Schwermetalle, unter anderem auch Aluminiumsalze, bilden mit den Farbstoffen Lacke, die unreine Töne ergeben und Farbstoffverluste zur Folge haben. Gewisse Farbstoffe (Amidofarbstoffe)

[1] BRAUNGARD: Vom Wasser 1928, **2**, 164. [2] NEUMANN: Zeitschr. ges. Krankenhauswesen 1928, **24**, 400. Ref. Gesundh.-Ing. 1928, **51**, 765. [3] NIEHAUS: Beitrag zur Wasserfrage in Textilfabriken. Krefeld: Robert Reichling & Co. 1927.

sind in sauren Bädern besonders empfindlich gegen Nitrite, die schon in Mengen von 1 mg/Liter schädlich wirken; infolge Diazotierung rufen sie bei Wolle und Seide Gelb- bis Braunfärbung hervor.

23. Fischwasser.

In Deutschland geht man zur Sicherung der Nahrungsfreiheit immer mehr dazu über, die zur Verfügung stehenden Gewässer zur Erzeugung von Fischfleisch zu benutzen. Die Grundforderungen, die man diesbezüglich an ein gutes Fischwasser stellen muß, sind folgende:

Das Wasser muß den Fischen und allen produktionsbiologisch wichtigen Organismen möglichst gute Lebensbedingungen bieten, im besonderen muß es die Nährstoffe, die für eine fischereiliche Nutzung der Gewässer benötigt werden, in möglichst optimaler Menge enthalten, was durch Zuflüsse oder durch Zersetzungsvorgänge im Gewässer selbst hervorgerufen werden kann. Die Beschaffenheit des Wassers muß also so sein, daß die natürlichen Wechselbeziehungen des organischen Lebens in einem Gewässer in ernährungsphysiologischer Beziehung zum Zwecke einer optimalen Produktion an Fischfleisch gewährleistet sind. Die natürliche Ernährung ist am billigsten. Da es sich um Organismen handelt, deren Leben an Sauerstoff gebunden ist, ist eine der Hauptbedingungen, daß das Wasser stets eine genügende Menge Sauerstoff enthält. Das Wasser muß auch frei von Giftstoffen sein. Die Reaktion soll möglichst in der Nähe des Neutralpunktes liegen. Neben dem Sauerstoffgehalt spielt bei Fischgewässern die Temperatur und schließlich auch die Zusammensetzung des Wassers eine große Rolle. Während zu den Salmoniden zählende Fische hauptsächlich Wasser mit niedrigen Temperaturen lieben, bevorzugen Karpfen wärmeres Wasser. In neuerer Zeit hat man festgestellt, daß die Regenbogenforelle in Teichen Temperaturen bis zu 25° C verträgt. Die an Forellen reichen Bäche und kleinen Flußläufe des Südharzes haben im Sommer nicht selten Temperaturen bis zu 25° C. In diesen Fällen ist besonders zu berücksichtigen, ob die Gewässer bei den hohen Temperaturen noch genügend Sauerstoff haben. Forellen verlangen einen Sauerstoffgehalt des Wassers über 5 mg/Liter, wohingegen Karpfen mit viel weniger Sauerstoff (etwa 2 mg/Liter) auskommen können. Noch unempfindlicher sind Rotaugen, Barsche und Karauschen, denen gelegentlich sogar noch ein Sauerstoffgehalt bis zu 1 mg/Liter herunter genügt. Einen großen Einfluß auf den Sauerstoffgehalt eines Fischwassers hat der in diesem sich bildende Pflanzenwuchs, da er am Tage im Sonnenlichte ein starker Sauerstofferzeuger, in der Nacht aber ein starker Sauerstoffverbraucher ist. Übermäßigem Pflanzenwuchs muß man deshalb vorbeugen, weil er oft zusammen mit den Algen und Bakterien, besonders bei heller Sonnenbestrahlung, eine starke Sauerstoffübersättigung bewirkt, die bis zu 40 mg/Liter O_2 gehen kann. Nimmt dann in den Abendstunden die Lichtwirkung ab, so hört die Sauerstofferzeugung auf und der rückläufige Prozeß der Sauerstoffzehrung geht vor sich und braucht oft den gesamten am Tage erzeugten Sauerstoff restlos auf. Bei zu starkem Pflanzenwuchs kann es unter Umständen zu völligem Sauerstoffschwund kommen, was dann ein Fischsterben in den Morgenstunden zur Folge hat. Verwertbar ist nur der gelöste Sauerstoff.

Die Menge der bei der Atmung der Pflanzen und Tiere und als Abbauprodukt bei der biologischen Selbstreinigung der Gewässer auftretende Kohlensäure wird in den meisten Fällen nicht so groß, daß sie zu Schädigungen führen könnte. Mengen bis zu 150 mg/Liter werden noch gut vertragen.

Sehr schädlich können städtische und industrielle Abwässer werden. Während frische häusliche Abwässer in sehr geringen Mengen nicht schaden, sind faulige Kanalwässer, vor allem Abflüsse aus Düngerstellen und Jauchegruben sehr schädlich, wenn ihre Menge so groß ist, daß dadurch Sauerstoffschwund auftreten kann. Letzterer ist auf chemische Zersetzungen, dann aber auch auf Oxydationen der gebildeten Zersetzungsprodukte, wie Schwefelwasserstoff und anderer Fäulnisprodukte, zurückzuführen. In mit häuslichem oder mit stark organisch verschmutztem industriellem Abwasser verunreinigten Flüssen kommt es sehr leicht zu besonders starker Entwicklung von Bakterien und anderen Mikroorganismen, die ihrerseits wieder große Anforderungen an den Sauerstoffvorrat des Flusses stellen. Wirken nun häusliche Abwässer und organisch verschmutzte Abwässer gewerblicher Betriebe, wie Brennereien, Zellstoffabriken usw. hauptsächlich durch den Sauerstoffschwund als sekundäre Folge der biologischen Zersetzungsvorgänge, so können dagegen andere industrielle Abwässer durch ihren Gehalt an chemischen Stoffen giftig wirken. Sehr schädlich wirken saure und stark alkalische Abwässer. Wird durch den Zufluß saurer Abwässer der p_H-Wert kleiner als 5,5 oder durch alkalische Abwässer höher als 9,0, so besteht auch für weniger empfindliche Fische die Gefahr, daß sie eingehen. Als besonders schädlich sind in dieser Hinsicht die aus den Beizereianlagen kommenden Abfallbeizen und die aus Textilbetrieben stammenden stark alkalischen Abwässer anzusehen. In gleicher Weise müssen alle Salze, die wie Säuren oder Alkalien den p_H-Wert ändern, sich schädlich auswirken.

Schwefelwasserstoff hat neben der auf chemischer Wirkung durch die schnelle Oxydation beruhenden Sauerstoffzehrung auch noch giftige Eigenschaften, die schon bei einem Gehalte von 1,3 mg/Liter ein Fischsterben hervorrufen können.

Freies Ammoniak wirkt schon in verhältnismäßig kleinen Mengen von 1,5 bis 2,0 mg/Liter schädlich. Bei den Ammonsalzen liegen die Grenzen erheblich höher, so beim kohlensauren Ammonium bei 170—180 mg/Liter und beim Chlorammonium, das den p_H-Wert des Wassers weniger beeinflußt als das kohlensaure Ammonium, bei etwa 400 mg/Liter. Eisensalze wirken einmal durch die Veränderung des p_H-Wertes infolge Hydrolyse der Salze, dann aber auch durch das sich bei der Hydrolyse und Oxydation ausscheidende Ferrihydroxyd, dessen Bildung an den Sauerstoffvorrat eines Flusses sehr große Anforderungen stellt und eine weitgehende Verminderung der pflanzlichen und tierischen Nahrung, die es beim Absetzen mit niederreißt, bedingt. Nach HOFER soll der Eisenoxydschlamm den Fischen dadurch schädlich sein, daß er sich in den Kiemen festsetzt und den Atmungsvorgang unmöglich macht.

Stoff	Konzentration	
	Verhältnis	mg/Liter
Schwefelsäure	1 : 20000	50
Salzsäure	1 : 20000	50
Salpetersäure	1 : 10000	100
Schweflige Säure	1 : 2000000	0,5
Calciumhydroxyd	1 : 50000	20
Chlorkalk	1 : 2000000	0,5
Chlornatrium	1 : 100	10000
Chlorkalium	1 : 200	5000
Chlorcalcium	1 : 300	3333
Chlormagnesium	1 : 1000	1000
Freies Chlor	1 : 8—9000000 (bei 4—5° C)	0,125—0,111
Ammoniak	1 : 800000	1,25
Freie Kohlensäure	1 : 45000	22,2
Phenol	1 : 10000000	0,1
Cyankalium	1 : 500000	2
Kupfervitriol	1 : 10000000	0,1
Karbolineum	1 : 100000	10
Naphthalin	1 : 700000	1,43
Oxalsäure	1 : 50000	20
Essigsäure	1 : 20000	50
Milchsäure	1 : 10—20000	50—100
Gerbsäure	1 : 500	2000
Buttersäure	1 : 10000	100
Rübensaponin	1 : 500000	2
Aluminiumsulfat	1 : 1000	1000

Kokereiabwässer wirken durch den Gehalt an giftigen Stoffen, wie Cyan-, Rhodan-, Schwefel- und Phenolverbindungen, direkt giftig. Selbst in sehr großen Verdünnungen können sie der Fischerei noch deshalb sehr schädlich werden, weil die Fische das in den Kokereiabwässern enthaltene Phenol zu speichern vermögen. Sie nehmen einen sehr üblen Phenolgeschmack an, der beim Kochen stark in die Erscheinung tritt und den Absatz der Fische unmöglich macht. Besonders schädlich wirkt auch das aus Kokereien oder Hochofenanlagen stammende Naphthalin, das ein starkes Nervengift für die Fische darstellt.

Eine Zusammenstellung über die Wirkung der verschiedenen Stoffe auf die Fische hat zuerst WEIGELT[1] gebracht. Die Ergebnisse der in der letzten Zeit durchgeführten Untersuchungen hat HELFER[2] gegeben. In der vorstehenden Tabelle hat er nach den Ergebnissen verschiedener Forscher, die für die Fischerei schädlichen Konzentrationen bestimmter Stoffe, berechnet nach den Verdünnungsgraden und nach den pro Liter gelösten Mengen, angegeben.

Bezüglich der **Mineral-**, **Heil-** und **Tafelwässer** sei auf die Beiträge von R. KAMPE (Hydrologie) und R. FRESENIUS (Analytik) (vgl. Band VIII/2, dieses Handbuches) verwiesen.

G. Aufbereitung von Rohwasser für Trink- und Brauchwasserzwecke.

Das in der Natur zur Verfügung stehende Wasser ist in den seltensten Fällen so rein, daß es direkt für Trink- und alle Brauchwasserzwecke verwendet werden kann. Dies gilt in ganz besonderem Maße für Oberflächenwasser, das ja einer Verschmutzung besonders leicht ausgesetzt ist. Die Verschmutzungen können teils gelöster, teils ungelöster Art sein. Durch einen mehr oder minder großen Gehalt an diesen Stoffen, vor allem aber auch an kolloiden Stoffen werden die

[1] WEIGELT: Arch. Hygiene 1885, **35**. — Vorschriften für Fischgewässer. Berlin 1900.
[2] HELFER: Wasser und Abwasser 1936, **34**, 126.

physikalischen und auch die physiologischen Eigenschaften des Wassers stark beeinflußt. Stoffe, die das Wasser färben, machen das Wasser unappetitlich, während Geschmacksstoffe und vor allem auch alle Schwebestoffe das Wasser völlig ungenießbar machen können. Alle diese schädlichen Stoffe müssen daher vor dem Gebrauch durch einen mehr oder minder weitgehenden Reinigungsprozeß entfernt werden.

I. Färbung und Trübung des Wassers.

Wasser hat für Rot ein stärkeres Absorptionsvermögen als für Blau. Die im Wasser suspendierten Stoffe bedingen eine Reflexion des in das Wasser fallenden Lichtes. Nach der Zerstreuungs- oder Diffusionstheorie von RAYLEIGH und TYNDALL ist die Farbe eines Wassers um so reiner blau, je kleiner die im Wasser suspendierten Teilchen sind und je weniger davon enthalten sind. Dies trifft besonders für destilliertes Wasser zu, das in dicker Schicht rein blau erscheint. Mit steigendem Gehalt an Trübungen neigt die Farbe mehr zu Grün hin. Selbst ein äußerlich rein erscheinendes Wasser kann einen mehr grünlichblauen Farbton besitzen.

Auch sonst ungefärbte gelöste Stoffe können einen Einfluß auf den Farbton eines Wassers haben. Ein Kalkgehalt des Wassers bedingt, daß die blaue Farbe stärker absorbiert wird. Bei einem Kalkgehalt des Wassers tritt daher eine mehr grüne Farbe des Wassers auf. In gleicher Weise führen größere Mengen organischer Stoffe zu einer stärkeren Absorption des Blaues. Die Farbe der Gewässer mit größerem Gehalt an organischen Stoffen wandelt sich daher von blau über grünlichgelb, gelb, gelbbraun und braun bis fast schwarz. Die tiefgrünen Seen kommen daher nur auf reinem Kalkboden vor, während die tiefblauen Seen im allgemeinen nicht auf Kalkboden liegen und auch keine größeren Zuflüsse aus Kalkgebieten oder aus moorigen oder sumpfigen Gegenden erhalten. Die in Oberbayern vereinzelt auftretenden gelbgrünen Seen liegen zwar auch im Kalkgebiet, grenzen aber an moorige Gebiete an, aus denen ihnen mit den Zuflüssen eine Menge trübender organischer Stoffe zugeführt werden. Deshalb ist auch ihre Sichttiefe geringer als diejenige klarer Gewässer. Gelbe, braune und schwarze Seen enthalten meist eine Menge verwesender Pflanzen. DIENERT[1] nimmt als Ursache für die Farbe des Wassers fluorescierende Stoffe an. Gegen diese Annahme ist vorgebracht worden, daß die im Meerwasser vorhandenen Mengen organischer Stoffe es unmöglich machen, daß z. B. das Mittelmeerwasser rein blau aussieht, besonders dann, wenn die organische Substanz in Form von Huminstoffen vorhanden ist. Diese werden aber in dem Maße, wie sie sich aus den organischen Stoffen bilden, durch die in Spuren vorhandenen Eisensalze ausgefällt, eine Reaktion, die durch das Licht stark gefördert wird. So ist es erklärlich, weshalb die schöne blaue Farbe hauptsächlich in den südlicheren Gegenden mit intensiverer Belichtung auftritt.

Mit zunehmendem Gehalt an suspendierten Stoffen wird das Wasser in dickerer Schicht allmählich undurchsichtig und trübe und nimmt die Farbe der suspendierten Stoffe an. Dies beobachtet man z. B. am besten bei den Tonsuspensionen, die die Flüsse und Bäche bei Hochwasser mitführen. Oft bedingen auch Bakterien und Algen durch ihre eigene Färbung die Farbe eines Wassers. So berichtet MANN[2] über die Rotfärbung eines Sees durch Schwefelbakterien. Daß auch anorganische kolloide Stoffe die Farbtönung eines Sees stark beeinflussen können, geht aus der eigentümlichen Rotfärbung des Kolloidsees bei Witzenhausen hervor. In einem Basaltbruch unterhalb der Kuppe des Bilsteins hat sich durch unerwartet aus der Tiefe kommendes Quellwasser ein eigentümlich rot gefärbter See gebildet. WEDEKIND und STRAUBE[3] haben den See und das Wasser näher untersucht. Die Tiefe des Sees beträgt 7 m. Das Wasser zeigt alle Eigenschaften einer kolloiden Lösung. Es geht glatt durch gewöhnliches Filtrierpapier, zeigt trotz der sehr starken Verdünnung Tyndallphänomen und Wanderung der kolloiden Teilchen zur Anode im elektrischen Potentialgefälle. Elektrolyte wirken selbst beim Kochen nicht fällend. Das feste Hydrogel wurde durch Eindampfen gewonnen und bildet sich auch beim Ausfrieren in der Natur. Nach der Filtration durch ein DE HAENsches Membranfilter erhielt man eine klare, wasserhelle Flüssigkeit, die beim Eindampfen einen aus

---

[1] Zitiert bei FISCHER: Das Wasser, S. 18. Leipzig: Otto Spamer 1914.

[2] MANN: Fischerei-Ztg. 1935, **38**, 267.

[3] WEDEKIND u. STRAUBE: Zeitschr. angew. Chem. 1922, **55**, 253. — Kolloid-Zeitschr. 1935, **70**, 39.

Natriumchlorid und Natriumsulfat bestehenden Rückstand von 118 mg/Liter gab. Die kolloiden Anteile des Wassers betrugen 1%. Sie enthielten 12% Eisen, 32,66% Aluminium und 55,34% Kieselsäure. Konzentrationsschwankungen haben auf die Farbbildung des Wassers einen großen Einfluß: Mit stärkerer Verdunstung und dadurch größerer Konzentration geht die rote Farbe zurück. Ähnliche Seen bilden sich in den Trichtern von Eisenkiesgruben durch Auslaugung und Oxydation.

Bei der Beobachtung der Farben eines Gewässers, z. B. in Seen, Flüssen usw., spielen die Witterungsverhältnisse eine große Rolle. Bei hellem Sonnenlichte treten die einzelnen Farbtöne viel stärker hervor als bei bedecktem Himmel. Bei Angaben von Farbtönen, die im Freien bestimmt worden sind, sollte stets die Witterung zur Zeit der Beobachtung mit angegeben werden.

Die im Wasser auftretenden Trübungen rühren in den meisten Fällen von Kolloiden, feindisperser oder Schwebestoffen grobdisperser Natur, aber auch von Lebewesen, wie Bakterien, Algen usw., her. In erster Linie kommen die von den Flüssen besonders nach Regengüssen und Schneeschmelzen heruntergeführten Abschwemmungen, Tonsuspensionen, Schlick, feiner Sand, Lehm, ungelöstes Eisenhydroxyd, Carbonate, fein verteilte organische Substanz, Faserbestandteile von vermoderten Pflanzen, Blätter, Mikroorganismen, Pilzfäden, Bakterien und Algen in Frage. Eine am Zapfhahn auftretende milchigweiße Trübung des Wassers kann durch fein verteilte eingepreßte Luft veranlaßt sein. Doch hat diese Trübung keine Bedeutung, denn sie verschwindet sehr schnell.

Die Bestimmung des Trübungsgrades soll ungefähre Anhaltspunkte für den Gehalt des Wassers an trübenden Stoffen ergeben. Bei Beobachtung der Wasserprobe im farblosen Glase erfolgt die Angabe durch die Bezeichnung als klar, schwach opalescierend, opalescierend, schwach trübe, trübe und stark trübe.

Ein Wasser, das irgendwie gefärbt oder durch Fremdstoffe getrübt ist, wirkt unappetitlich und ist zum Genuß nicht geeignet. Der Widerwillen gegen ein solches Wasser wird noch größer, wenn die Ursache der Färbung unbekannt ist oder gar gesundheitliche Bedenken bestehen. Ein ursprünglich klares Wasser kann durch nachträgliche Ausscheidungen von Carbonaten und Eisenverbindungen, wie Eisenhydroxyd, seine Klarheit und Färbung verändern. Bei der Wasseruntersuchung kommt die Färbung des Wassers, die es in dicker Schicht zeigt, meist nicht in Betracht. Treten dagegen Färbungen in dünner Schicht auf, so sind sie zu beachten und zu bestimmen. In erster Linie sind es die gelben bis braunen und die grünlichen bis braunen Farbtöne, auf die man achten muß, da sie Anhaltspunkte für einen Gehalt an bestimmten organischen Stoffen geben können. Die Beseitigung von störenden Färbungen geschieht am besten mit Hilfe von Fällungsmitteln oder durch Filtration über hochaktive Stoffe, wie aktive Kohle u. dgl.

II. Geruch und Geschmack.

Ein gutes Trinkwasser und der größte Teil des Brauchwassers, vor allem z. B. das zur Herstellung von Lebensmitteln benutzte Brauchwasser, muß geruch- und geschmacklos sein. Ein geringer Salzgehalt und auch ein geringer Kohlensäuregehalt geben dem Wasser einen erfrischenden Geschmack. Im Gegensatz hierzu gibt es aber eine große Reihe von Stoffen anorganischer und organischer Natur, die selbst bei Anwesenheit sehr geringer Mengen schon imstande sind, dem Wasser einen schlechten Geruch und Geschmack zu verleihen. Die in meßbaren Mengen vorkommenden den Geschmack beeinflussenden Stoffe, wie Schwefelwasserstoff, Eisen, Mangan, Kupfer und Phenol kann man durch eine direkte quantitative Bestimmung erfassen. Andere Stoffe, z. B. solche, die dem Wasser einen erdigen, torfigen oder modrigen Geschmack verleihen, kann man oft nur an einem erhöhten Kaliumpermanganatverbrauch erkennen. Nach dem Weber-Fechnerschen Gesetz werden gleiche Unterschiede in der Intensität der Geruchsempfindung durch gleiche Bruchteile der Geruchssubstanz verursacht. Fair und

WELLS[1] haben hierauf ein Meßverfahren für die Geruchsstärke aufgebaut. Die untere Empfindungsgrenze, ausgedrückt in Gramm Geruchssubstanz im Kubikmeter Luft, wird als Geruchsgrenze bezeichnet. Da aber in den meisten Fällen die Natur der Geruchsstoffe unbekannt ist, so bezieht man die Geruchsintensität auf den unteren Schwellenwert, der durch Verdünnen des Wassers oder der Luft, in denen der Geruchsstoff enthalten ist, erhalten wird. Man erhält so einen arithmetischen Ausdruck durch Herstellung von Verdünnungsreihen.

1. Schmeckbarkeit und ihre Ursachen.

a) Einfluß des Salzgehaltes. Über die Übelstände bei einem zu hohen Salzgehalt des Wassers ist bereits auf S. 48 berichtet worden. Dort sind auch die Grenzzahlen für die Geschmacksbelästigungen angegeben. Hat ein gefördertes Trinkwasser einen zu hohen Salzgehalt, so hilft in den meisten Fällen nur das Radikalmittel: Erschließen einer neuen Wasserquelle.

b) Einfluß des Schwefelwasserstoffs. Der besonders oft bei eisenhaltigen Grundwässern auftretende Schwefelwasserstoff verleiht dem Wasser einen üblen Geruch nach faulenden Eiern und einen schlechten, faden Geschmack. Er kann sowohl durch biogene, also durch Mikroorganismen hervorgerufene Vorgänge, als auch auf rein chemischem Wege gebildet werden. Bei der durch anaerobe Bakterien hervorgerufenen Fäulnis der Eiweißstoffe wird aus dem organisch gebundenen Schwefel hauptsächlich Schwefelwasserstoff gebildet. Außerdem erzeugen die sulfatreduzierenden Bakterien (z. B. Microspira desulfuricans, die im Süßwasser lebt, und Microspira aestuarii, die Brackwasser bevorzugt) Schwefelwasserstoff durch Reduktion von Sulfaten, Sulfiten und Thiosulfaten.

Als Beispiel für die in der Natur viel seltener vorkommende chemische Bildung seien die Schwefelquellen genannt, bei denen Schwefelwasserstoff aus Sulfaten beim Hindurchdrücken des Wassers durch Kohle oder bituminöse Schichten entsteht. Die genannten organischen Stoffe verbrauchen den Sauerstoff des Sulfats zu ihrer Oxydation. Besonders stark schwefelwasserstoffhaltiger Schlamm kommt in Teichen mit Characeenbesatz vor. Der Schwefelwasserstoffgehalt der Teiche und Seen nimmt im allgemeinen mit der Tiefe zu. Die Schädlichkeitsgrenze des Schwefelwasserstoffs für im Wasser lebende Organismen liegt nach STROEDE[2] bei etwa 1 mg/Liter für Forellen und bei 12 mg/Liter für Karpfen und Schleien.

Schwefelwasserstoff kann ebenso wie ein unerwünschter, übermäßiger Kohlensäuregehalt durch eine gute Belüftung, durch Verregnung, Zerstäubung, Versprengung, Einblasen oder Einschlagen von Luft, Rieseln über Kaskaden oder Tropfkörper, ferner durch Anwendung von Überfallwehren oder Mischrinnen, also durch alle Verfahren, bei denen er oxydiert wird, beseitigt werden. Zur Belüftung des Wassers zwecks Entfernung von Schwefelwasserstoff hat man Belüftungsbecken mit Druckluft angewandt, in ähnlicher Form, wie sie beim Schlammbelebungsverfahren angewandt werden. Der Boden der Becken ist mit Filterplatten besetzt, durch welche die zugeführte Druckluft in feine Blasen verteilt wird. Man setzt auf 1 cbm Wasser etwa 0,5 cbm Luft zu, d. h. bei einer Leistungsfähigkeit von 1000 cbm/Tag müssen 0,3—0,4 cbm/Minute Luft zugesetzt werden.

Der Vorteil dieser Belüftungsbecken soll darin bestehen, daß sie billiger arbeiten, da das Wasser nicht gehoben oder gar verspritzt, zerstäubt oder verrieselt zu werden braucht. der Schwefelwasserstoffgehalt wird auf diese Weise restlos entfernt und gleichzeitig auch Die im Überschuß vorhandene Kohlensäure zu mindestens 75% beseitigt. Leichter Geruch nach Öl kann durch eine solche Belüftung oft auch mitentfernt werden. In vielen Fällen wird man die Belüftung zur Beseitigung üblen Geruchs, hervorgerufen durch Schwefelwasserstoff, mit der bei der Enteisenung oder Entmanganung nötigen Belüftung verbinden. Die in diesen Fällen angewandten Belüftungsarten durch Verspritzen, Verregnen oder Verrieseln reichen in den meisten Fällen aus. Hierbei wird etwa vorhandenes Eisen gleich mit oxydiert und ausgefällt. Liegt der Schwefelwasserstoff nicht als Gas, sondern gebunden als Sulfid vor, so kann er durch eine schwache Chlorung beseitigt werden.

[1] FAIR u. WELLS: Journ. Amer. Water Works Assoc. 1934, **26**, 1670.
[2] STROEDE: Zeitschr. Fischerei 1933, **31**, 345.

c) Verschiedene Metallsalze. Eisen findet sich sehr häufig im Wasser. Es verleiht dem Wasser schon bei einem Gehalt von 1—2 mg/Liter einen sehr unangenehmen, tintenartigen Geschmack. Da es auch bei der Verwendung als Waschwasser und in den meisten Fällen bei Brauchwasser stört, muß es meist bis auf einen Gehalt unter 0,1 mg/Liter beseitigt werden (s. Enteisenung). Dasselbe gilt für einen etwaigen Mangangehalt, der bis auf eine Menge unter 0,05 mg/Liter zu entfernen ist (s. Entmanganung). Aus Kupferrohren kann Wasser, wenn es aggressiv ist, Kupfersalze aufnehmen. Wird der Kupfergehalt im Wasser größer, steigt er z. B. über 1—2 mg/Liter, so verleiht er dem Wasser einen unangenehmen, bitteren Geschmack. Cowles[1] hat festgestellt, daß Wasserleitungsrohre aus galvanisiertem Eisen, aus Messing, Kupfer oder Blei ohne Einwirkung von elektrischem Strom keine Geschmacksverschlechterungen geben.

Besonders nachteilig macht sich ein derartiger Gehalt an Metallsalzen bei der Zubereitung von Kaffee und anderen warmen Getränken bemerkbar. Ferner geben andere, stark salzhaltige Wässer, z. B. die Abläufe der Carnallitwerke, eine starke Beeinflussung des Kaffeegeschmackes. Harte Wässer eignen sich nicht zum Bereiten von Kaffee, da besonders Kalk- und Magnesiasalze stark störend sind. Eisen- und manganhaltige Wässer übertragen ihren an sich schon unangenehmen, tintenartigen Geschmack in verstärktem Maße auf den Kaffee. Hinzukommt noch, daß Eisen zusammen mit den Gerbstoffen den Kaffee dunkler färbt. Nicht ohne Einfluß ist auch die Reaktion des Wassers auf die Zubereitung des Kaffees. Von Wasser, das längere Zeit in Bleirohren gestanden hat, nimmt Kaffee ebenfalls einen unangenehmen Geschmack an, selbst wenn kein Blei im Wasser nachzuweisen ist.

d) Humusstoffe. Aus moorigem Untergrund stammendes Wasser hat meistens einen modrigen, erdigen oder torfigen Geschmack und eine gelbe Farbe. Diese Übelstände lassen sich am besten bei der Aufarbeitung des Wassers durch chemische Fällung beseitigen. In Königsberg hat Hurdelbrink[2] die Humusstoffe, welche Geschmacksbelästigungen bedingten, zunächst durch Zugabe von 1—2 g/cbm Kaliumpermanganat zerstört und dann durch Eisensulfat und Kalk ausgefällt.

e) Kleinlebewesen. Im Oberflächenwasser, bei Grundwasser, das längere Zeit in Hochbehältern aufgespeichert wurde und besonders bei Talsperrenwasser können oft Kleinlebewesen bzw. ihre Ausscheidungsprodukte die Ursache von unangenehmen Geruchs- und Geschmacksbelästigungen sein. Desgleichen beobachtet man häufig, daß das Wasser nach dem Durchgang durch ein Langsamfilter diese charakteristischen Geschmacks- und Geruchsstörungen aufweist. Sie werden meistens durch eine ganz besondere Art von Organismen, vornehmlich Algen, hervorgerufen, die periodisch aufzutreten pflegen. So kann erzeugt werden:

1. unangenehmer fischig-traniger Geruch durch Uroglena volvox (Strahlenauge),
2. tangartiger Geruch durch Dinobryon sertularia (Trichterbäumchen),
3. fischig-aromatischer Geruch durch Asterionella formosa (Sternalge) oder durch Cyclotella,
4. gurkenartiger Geruch durch Synura uvella (Strahlenkugel),
5. erdiger Geruch durch Actinomyceten, Rivularia und Cyanophyceen, die sich gern in überlasteten Sandfiltern finden,
6. unangenehmer dumpfiger Geruch durch Ceratium hirundella in frisch angelegten, schlecht gerodeten Seen oder Talsperren,
7. Schweinestallgeruch durch Anabaena,
8. grasiger Geruch durch die Blaualgenblüte Aphanizomenon und Anabaena.

Algen gedeihen besonders bei Gegenwart von freier Kohlensäure in reinem durchsichtigen Wasser und bei Sonnenschein. Durch künstliche Trübung des Wassers und Entfernung der Kohlensäure wird daher ihr Wachstum gehemmt.

---

[1] Cowles: American City 1934, **49**, 59. [2] Hurdelbrink: Chem.-Ztg. 1933, **52**, 533.

Treten diese Geruchs- und Geschmacksbelästigungen sehr stark auf, so sind sie in manchen Fällen durch eine schwache Trübung oder Färbung rein äußerlich zu erkennen. THUMA fand als Ursache schlechten Geschmacks Blaualgen und in Zersetzung befindliche Pflanzenteile.

Zur Bekämpfung ist eine ganze Reihe verschiedener Mittel mit mehr oder weniger großem Erfolg angewandt worden. Man hat außer Kaliumpermanganat vornehmlich Kupfersulfat zum Abtöten der Algen angewandt. Das im Handel befindliche Kupfersulfat hat 25,4% Cu. Kupfersulfat hat den Nachteil, daß es bereits in Mengen von 2 mg/Liter an dem Wasser einen adstringierenden Geschmack verleiht. Für die Fischerei, z. B. in Talsperren, hat es sich bereits in Mengen von 1 mg/Liter, besonders bei den empfindlichen Fischen, als schädlich erwiesen. Während MARQUIS[1] mit Mengen von 0,3—1,6 mg/Liter im Ausflockungsbecken auskam, mußten von anderen in vielen Fällen, um überhaupt Erfolg zu haben, bis zu 15 mg/Liter angewandt werden. HUSBAND[2] hatte überhaupt keinen Erfolg mit Kupfersulfat; er wandte daher Kaliumpermanganat in Mengen von 0,5 g/cbm an. Durch die Kupferung wird auch die Selbstreinigung durch Abtöten der Algen gestört. Das Ergebnis ist dann hinterher ein Anstieg der Keimzahlen und Auftreten von Bact. coli. Um die Schwierigkeiten bei der Anwendung von Kupfersulfat zu umgehen, sieht eine Patentanmeldung der Stadtberger Hütte Kl. 85b, St. 58546 die Verwendung von Zementkupfer zur Abtötung von Algen und Kleinlebewesen vor. Die Zugabe von Kupfersulfat kann besonders in den Fällen ohne Bedenken erfolgen, wo das Wasser mit Aluminiumsulfat aufgearbeitet wird, denn die sich bildenden Aluminiumhydroxydflocken fällen auch das zugesetzte Kupfer wieder mit aus bzw. bedingen, daß das Kupfer in den Filtern zurückgehalten wird[3]. Die Zugabe des Kupfersulfates in Krystallform erfolgte bisher in der Weise, daß man das Kupfersulfat in Leinensäckchen mittels eines Bootes durch das Wasser zog. Die Menge wurde so eingerichtet, daß sich etwa 1,2 mg/Liter an der Oberfläche löste. In anderen Fällen hat man Kupfersulfatlösung auf der Oberfläche zerstäubt. ARNOLD[4] beschreibt ein Verfahren von GOUDEY, bei dem trockenes Kupfersulfat in Pulverform auf der Oberfläche zerstäubt wird. Die Korngröße des Pulvers richtet sich nach der Tiefe des Sees. In neuerer Zeit ist an vielen Stellen die schon früher empfohlene Anwendung von Chlor, das in Mengen von 0,3—2 mg/Liter Wasser zugesetzt wird, mit Erfolg durchgeführt worden. Ist ein Erdgeschmack durch Actinomyceten bedingt, so empfiehlt ADAMS[5], diesen durch Adsorption an Lehm, Fullererde, Kieselgur, Kaolin oder a-Kohle zu beseitigen.

f) Einfluß häuslicher und industrieller Abwässer. Bei Oberflächenwässern, die Abwasser häuslicher oder industrieller Natur aufnehmen müssen, können sehr unangenehme Geschmacksbelästigungen auftreten. Ganz abgesehen davon, daß diese Wässer durch ihren Gehalt an organischen und anderen Dungstoffen die Bildung von Algen begünstigen, können sie auch oft genug dem Wasser besondere typische Geschmacksverschlechterungen verleihen.

Öl aus häuslichen oder gewerblichen Abwässern verleiht dem Wasser einen unangenehmen, lange nachwirkenden Geschmack nach Maschinenöl (s. Entölung). Am unangenehmsten sind in dieser Beziehung die Abwässer aus Kokereien, Gasanstalten, Braunkohlenschwelereien, Nebenproduktengewinnungsanlagen, Holzverkohlungsindustrien, Teerdestillationsanlagen. Sie alle enthalten Phenole bzw. phenolartige Stoffe; ähnliche Stoffe enthalten auch die atmosphärischen Niederschläge aus der Nähe vorgenannter Industrien, die Abspülungen von Teerstraßen und die Zersetzungsprodukte von Flußschlamm. Ist die in einen Vorfluter gelangende Menge an diesen Stoffen klein, so werden sie zu normalen Zeiten durch Adsorptionsvorgänge und die im Vorfluter herrschende Selbstreinigung abgebaut. Anders ist es jedoch bei Frost, wo diese sich bei der Selbstreinigung des Wassers abspielenden biologischen Vorgänge durch die tiefe Temperatur stillgelegt sind und bei Hochwasser, wo die Wassergeschwindigkeit oft so groß ist, daß nicht genügend Zeit für den Abbau zur Verfügung steht und wo die filtrierenden Filterschichten fortgespült sind. Trotz dieser Tatsachen würde das Phenol infolge der starken Verdünnung gar nicht in die Erscheinung treten, denn ein Wasser mit einem Phenolgehalt von 1 : 1 Million hat gar keinen Geschmack. Anders wird es aber, wenn dieses Wasser gechlort wird, was jetzt bei Oberflächenwasser verbrauchenden Wasserwerken allgemein aus hygienischen Gründen eingeführt ist. Chlorwasser in Verdünnung 1:1 Million ist ebenfalls geschmacklos. Es bildet aber mit dem Phenol Chlorphenole, die selbst in den größten Verdünnungen dem Wasser einen sehr üblen Geschmack, den sog. Jodoform- oder Apothekengeschmack,

[1] MARQUIS: Journ. Amer. Water Works Assoc. 1932, **24**, 728.
[2] HUSBAND: The Surveyor 1933, S. 555.
[3] BROCKMANN: Journ. Amer. Water Works Assoc. 1934, **26**, 524.
[4] ARNOLD: Journ. Amer. Water Works Assoc. 1936, **28**, 1469.
[5] ADAMS: Water and Water Engng. 1931, **33**, 572.

verleihen. Empfindliche Personen reagieren noch auf Verdünnungen von 1 : 500 Millionen. Dieser Umstand hat in erster Linie zum Einbau von Entphenolungsanlagen, über die im Kapitel Abwasser berichtet wird, an den Anfallstellen selbst geführt. Im alkalischen Bereich ist der Geschmack und Geruch weniger stark als im sauren, deshalb kann beim Ansäuern eines geruchlos gemachten alkalischen Wassers der Geruch zurückkehren.

2. Beseitigung von Geruchs- und Geschmacksbelästigungen.

Über die Anwendung der Belüftung bei Geruchs- und Geschmacksbelästigungen durch Schwefelwasserstoff, Eisen und Mangan ist bereits auf S. 71, über die Abtötung der Algen durch Kupfer, Kaliumpermanganat und Chlor auf S. 73 berichtet worden. Es gibt aber außerdem noch eine Reihe weiterer Hilfsmittel zur Bekämpfung von Geruchs- und Geschmacksbelästigungen, besonders bei den durch häusliche oder industrielle Abwässer hervorgerufenen Schwierigkeiten. Die älteren Verfahren bestehen in einer Oxydation dieser organischen Stoffe und vor allem auch des Phenols durch etwas größere Chlormengen.

Das überschüssig zugesetzte Chlor wird durch Natriumthiosulfat, Natriumsulfit oder Schweflige Säure entfernt. Wegen der Schwierigkeit der richtigen Dosierung hat man diese Verfahren aber bald wieder verlassen. Auch die Oxydation dieser Stoffe mit Hilfe von Kaliumpermanganat hat sich nicht einführen können. Um bei phenolhaltigen Wässern die Bildung des schlecht schmeckenden Chlorphenols überhaupt zu verhindern, hat man den Ersatz des freien Chlors durch Chloramine, unter Verwendung von Chlor und Ammoniak an vielen Stellen mit gutem Erfolg durchgeführt.

a) Aktive Kohle. Am besten bewährt hat sich die Anwendung von aktiver Kohle, auch einfach als a-Kohle bezeichnet, die durch ihre große Adsorptionskraft imstande ist, die meisten Geruchs- und Geschmacksstoffe, insbesondere Phenol bzw. Chlorphenol aus dem Wasser herauszunehmen. Die große Adsorptionsfähigkeit der Aktivkohlen beruht darauf, daß diese eine große innere Oberfläche haben, die sich auf unendlich viele ultramikroskopisch feine Poren und Capillaren verteilt.

Diese a-Kohlen wirken daher teils durch Oberflächenanziehung, teils durch capillare Verdichtung. 1 g a-Kohle hat 600—1000 qm Oberfläche. Die Adsorptionsleistung aktiver Kohlen läßt sich durch die bekannte Formel

$$K = a \cdot c^b$$

ermitteln, worin K die Menge des von 1 g a-Kohle adsorbierten Stoffes in Gramm, c die Restkonzentration dieses Stoffes in der Flüssigkeit, a und b Konstanten sind. Für verschiedene Konzentrationen ergibt sich — gleiche Temperatur und Gleichgewichtszustand vorausgesetzt — die bekannte Kurve der Adsorptionsisotherme, die anfangs steil und allmählich flacher verläuft. a-Kohlen zeigen selektive Adsorptionswirkungen. Die a-Kohle kann in verschiedener Form angewandt werden und zwar in der Form der körnigen oder geformten Kohle oder als Pulverkohle.

Geformte oder körnige Kohle. Bei den zur Wasserreinigung angewandten a-Kohlesorten unterscheidet man solche, die durch besondere Formung hergestellt sind und solche, die aus stückigem Rohmaterial gewonnen werden. Die Formkohlen sind besonders harte Kohlen von recht gleichmäßigem Korn und haben nur einen geringen Verschleiß. Der Widerstand beim Durchgang des Wassers ist verhältnismäßig gering. Das Schüttgewicht der Formkohle ist je nach Herstellungsweise 350—500 kg/cbm. Stückkohlen werden ohne Formung aus stückigem Material hergestellt, für das in erster Linie Holzkohle in Frage kommt. Es sind verhältnismäßig weiche Kohlen von scharfem Korn, die viel leichter als Formkohlen dem Verschleiß unterliegen. Infolge ihrer mehr oder weniger sperrigen und ungleichen Struktur bieten sie dem durchströmenden Wasser einen größeren Widerstand. Das Schüttgewicht liegt zwischen 200 bis 250 kg/cbm. Die Kornkohlen werden für die Zwecke der Wasserreinigung im allgemeinen in Körnungen von 1,5—3 mm angewandt.

Bei Filtern mit Kornkohlen müssen Kohlekorn, Schichthöhe und Wassergeschwindigkeit so aufeinander abgestimmt werden, daß einerseits die erforderliche Einwirkungszeit und damit der gewünschte Reinigungseffekt erzielt werden kann und andererseits der Strömungswiderstand der Kohleschicht im Rahmen des zur Verfügung stehenden Druckgefälles bleibt. Die Anwendung der körnigen Kohle kann in offenen und geschlossenen Filtern erfolgen. Während man für die geschlossenen eisernen Filter, die auch für Druck-

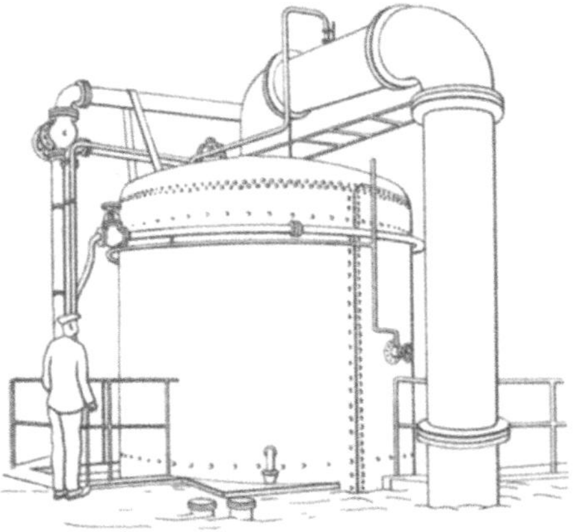

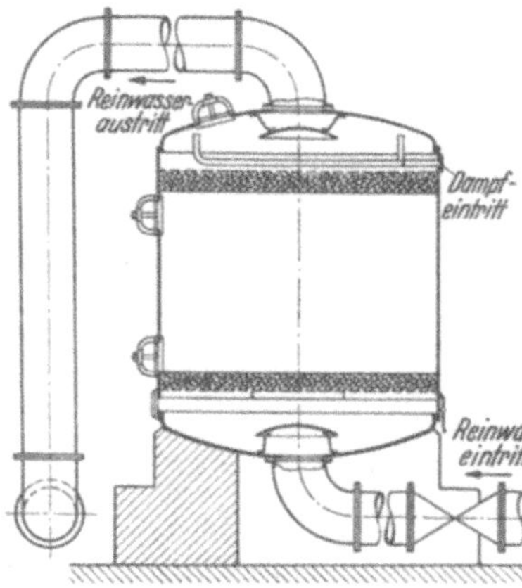

Abb. 31 u. 32. Bild und Schnitt durch das von der Kommanditgesellschaft Kary in Bremen gelieferte aktive Kohlefilter.

filter in Frage kommen, in der Regel Schütthöhen von 1,5—3 m wählt, geht man bei den offenen Filtern bei entsprechend größerer Oberfläche auf eine Schütthöhe von 0,5 m herunter.

Damit die Adsorptionskraft der a-Kohle nicht unnötig durch andere Stoffe geschwächt wird, muß man das Wasser durch billigere Verfahren weitgehend vorreinigen und durch sie alle gröberen und feineren Schwebestoffe entfernen. Das erste nur zur Geschmacksverbesserung dienende Filter wurde vom Ruhrverband in Essen durch die Kary-Gesellschaft in Bremen auf dem Wasserwerk der Stadt Hamm errichtet. Es hatte bei einer Füllung von 20 cbm = 5 t gekörnter a-Kohle eine tägliche Leistungsfähigkeit von 25000 cbm. Es hat sich sehr gut bewährt (s. Abb. 31 und 32). Die erschöpfte Kohle kann zunächst durch Rückspülung mit Wasser und mehrere Male durch eine Ausdämpfung (etwa 30 Minuten) mit Dampf von 160° C regeneriert werden, ehe die Füllung durch eine neue ersetzt werden muß.

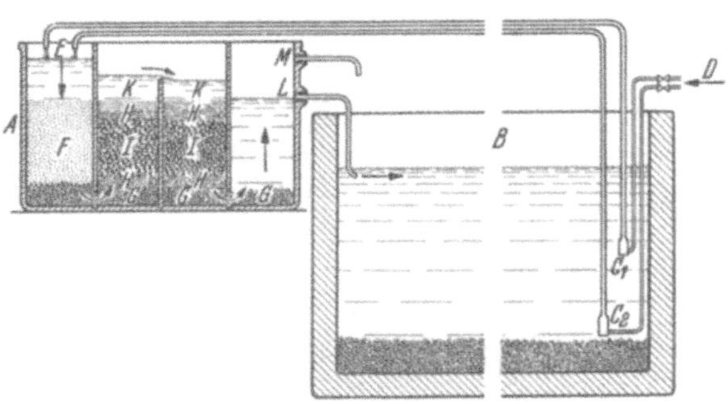

Abb. 33. Hydraffin-Mehrkammerfilter (mechanische und adsorptive Wasserreinigung) für den Betrieb der großen Schaubecken für Korallenfische und Seerosen (je 4000 Liter fassend). *A* Hydraffinfilter; *B* Aquarienbecken; *C* Filterpumpe 1 und 2, *D* Druckluft zu *C*; *E* unfiltriertes Wasser; *F* Sandvorfilter; *G* Grobkies; *H* Glaswolle; *I* Hydraffin-Aquarienkohle; *K* Quarzkiesschicht; *L* Reinwasserablauf; *M* Überlauf.

Kleinere a-Kohlefilter, die hinter Sandfilter geschaltet sind, haben sich nach den Untersuchungen von Kramer sehr gut in der Aquarienhaltung, besonders in der Seetierhaltung bewährt. Während früher das Salzwasser eines Aquariums durch die Ausscheidungsstoffe der Fische sehr bald verbraucht war, so daß es durch neues Wasser ersetzt werden mußte, kann man bei einer Filterung des Wassers über a-Kohle das Salzwasser mehrere Jahre benutzen. Dies stellt für große Aquarien und zoologische Gärten und Handlungen eine große Erleichterung dar. Abb. 33 zeigt ein Hydraffin-Mehrkammerfilter für den Betrieb der großen Schaubecken für Korallenfische und Seerosen, wie es sich an verschiedenen Stellen bewährt hat.

Pulverkohle. In der letzten Zeit hat man die gekörnte a-Kohle mehr und mehr verlassen und dafür mehr die Pulverkohlen angewandt und mit ihnen die besten Erfolge erzielt. Die pulverförmigen Aktivkohlen sind feinpulverige Kohlen, wie sie schon an verschiedenen Stellen in der Industrie zur Entfärbung von Flüssigkeiten, z. B. Zuckersäften, benutzt werden. Im allgemeinen hat sich gezeigt, daß diejenige Pulverkohle den höchsten Wirkungsgrad hat, die am feinsten gemahlen ist. Mit Rücksicht auf den Filtrationsvorgang empfiehlt es sich aber in sehr vielen Fällen, nicht zu fein gemahlene Kohle zu verwenden.

Von den bekanntesten a-Kohlesorten der Carbo-Norit-Union hat sich die Pulverkohlensorte Hydraffin K_4 besonders gut für die Entfärbung von Wasser und Hydraffin E_8 besonders für die geschmackliche Verbesserung des Wassers bewährt. Die zuzugebenden Mengen richten sich nach der Art und Wirkungsstärke des zu beseitigenden Stoffes und des Wassers. Sie schwanken zwischen 0,5—30 g/cbm. HANSEN[1] empfiehlt sogar in besonderen Fällen die Zugabe von a-Kohle bis auf 180 g/cbm zu steigern.

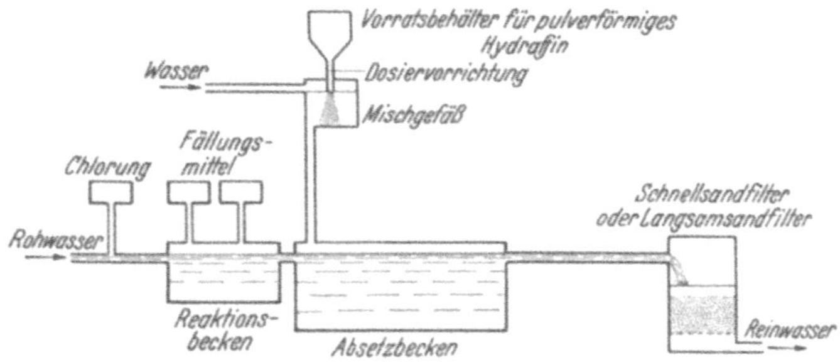

Abb. 34. Schema einer Dosiervorrichtung für die Zugabe von pulverförmiger a-Kohle (Ges. Ing. 1935, 58, 150).

Es haben sich zwei verschiedene Verfahren der Anwendung der Pulverkohle entwickelt. Bei dem einen Verfahren, dem sog. Misch- oder Einrührverfahren, wird die Pulverkohle dem Wasser in einem mit Rührwerk versehenen Behälter oder in einer Mischstrecke zugegeben, und nachdem sie so längere Zeit (mindestens aber $^1/_2$ Stunde) mit dem Wasser in Berührung gewesen ist, zunächst durch Absetzenlassen und dann noch durch Langsam- oder Schnellfilter restlos wieder entfernt. Pulverkohle läßt sich sehr gut in Verbindung mit den chemischen Fällungsverfahren verwenden. Abb. 34 zeigt das Schema einer Verwendung von a-Kohle in Verbindung mit chemischer Fällung, wobei die a-Kohle hinter dem Flockungsbecken zugegeben wird. Soweit die zugesetzte a-Kohle sich nicht im Absetzbecken absetzt, gelangt sie in das Sandfilter und setzt sich hier auf der Sandschicht ab. Bei Verwendung eines Schnellfilters wird die Kohle bei dem Rückspülen des Schnellfilters fortgespült. Bei Langsamfiltern muß sie von Zeit zu Zeit durch Abtragung der obersten Sandschicht von einigen Zentimetern beseitigt werden.

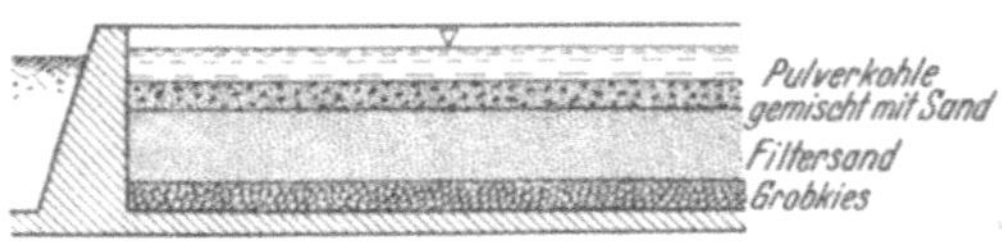

Abb. 35a. Anwendung von Pulverkohle gemischt mit Sand (Mischverfahren).

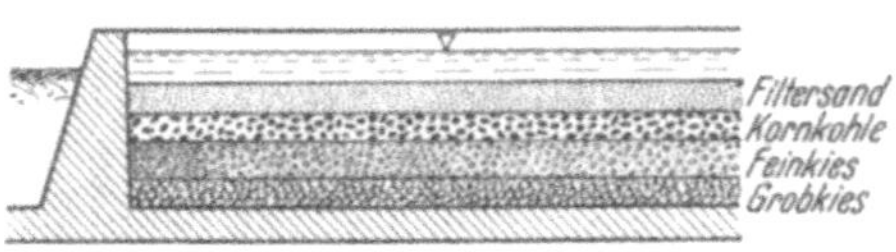

Abb. 35b. Anwendung von Kornkohle (Schichtenfiltrierverfahren).

In Fällen, wo es notwendig ist, mit größeren Mengen Pulverkohle zu arbeiten, z. B. 20 g/cbm, wächst durch die verhältnismäßig große Kohlenmenge der Widerstand des Sandfilters so stark, daß bald eine merklich geringere Filterleistung eintritt. In diesem Falle wendet man im Gegensatz zu der als Mischverfahren bezeichneten Anwendung die a-Kohle nach der Art des Schichtenfiltrierverfahrens an (s. Abb. 35a und b). Bei diesem Verfahren wird die a-Kohle in Schichten von je 6 kg a-Kohle pro qm, 40 cm unter der Sandoberfläche in ein biologisch wirkendes Sandfilter eingebracht. Diese Schicht ist etwa 3 cm dick. Die Zumischung kann auch in der Weise geschehen, daß man eine bestimmte Kohlenmenge mit Wasser im Verhältnis 1 : 10 verrührt und auf das Sandfilter bringt. Dann wird entweder durch Rühren oder durch Druckluft die Sandschicht aufgelockert und gleichzeitig Wasser unten abgezogen.

[1] HANSEN: Eng. News Rec. 1937, 118, 801.

Es hat sich als zweckmäßig erwiesen, die Kohle in einer Schicht von 15—20 cm in dem oberen Teil der Schicht unterzubringen. Weiterhin hat man empfohlen, die Pulverkohle trocken in die obere Sandschicht der vorhandenen Sandfilter mit Harken einzurühren. Bei der Anwendung der a-Kohle in der Zuckerindustrie hat man folgende Vorteile der beiden Verfahren herausgefunden:

Vorteile des Mischverfahrens.

1. Weil die Kontaktzeit zwischen Kohle und Flüssigkeit eine sehr lange ist, kann man mit einer großen Filtergeschwindigkeit rechnen, so daß man nur kleine Filteroberflächen braucht.
2. Das Filtrat hat eine einheitliche Zusammensetzung.
3. Vorfiltration zur Entfernung der Schwebestoffe ist nicht nötig.

Vorteile der Filtration über eine Kohleschicht.

1. Bedeutende Ersparnis aktiver Kohle, so daß meistens Wiederbelebung überflüssig ist, bessere Ausnutzung der a-Kohlen.
2. Man braucht keine Mischvorrichtung für Kohle und Wasser.
3. Erhöhung des Filterwiderstandes.

Wenn auch im Durchschnitt eine Kohleschicht mehr als die gleiche Menge a-Kohle, wie man sie in Form der Pulverkohle beim Mischverfahren zugeben muß, adsorbiert, und man daher in Langsamfiltern mit genügend langen Kontaktzeiten stets mit dem Schichtenverfahren arbeiten wird, wird man doch andererseits bei Filtern mit hoher Filtergeschwindigkeit, z. B. bei Schnellfiltern, das Mischverfahren anwenden. Da huminhaltige Wässer eine lange Berührungszeit mit a-Kohle verlangen, haben sich zur Entfärbung derartiger Wässer Langsamfilter mit a-Kohleschichten besser bewährt als Schnellfilter. Im Gegensatz zu Schnellfiltern, in denen die Filtergeschwindigkeit 3—5 m/Stunde beträgt, ist sie bei den Langsamfiltern nur 0,1 bis 0,2 m/Stunde. Durch derartige Filter kann die Färbung des Rohwassers in befriedigendem Ausmaß heruntergebracht werden. Die a-Kohle unterliegt in Langsamfiltern einer biologischen Selbstreinigung. Über die Frage, ob die a-Kohle vor den Ausflockungsbecken, zusammen mit den Chemikalien oder erst nach Beendigung der chemischen Aufbereitung zugegeben werden soll, hat man an verschiedenen Stellen gearbeitet, ohne zu einer einwandfreien Klärung zu kommen. Wenn auch DUGGER[1] empfiehlt, die Kohle vor der Filtration zuzugeben, stehen doch die meisten auf dem Standpunkt, daß es richtiger ist, die Kohle nach der chemischen Behandlung, also dem möglichst reinen Wasser, zuzusetzen. GIBBONS[2] unterstützt die Wirkung der a-Kohle durch Zugabe von 1—20 g/cbm Kaliumpermanganat. HESS[3] gibt die Pulverkohle direkt in den See, aus dem das Wasser entnommen wird.

Da SARTORIUS[4] bei der Entfernung von färbenden Humusstoffen mit der a-Kohle bei sehr hohen Humingehalten zu geringe Erfolge hatte, schlägt er die Anwendung des Eisen-Magnoverfahrens vor. Das Wasser wird bei diesem „Eisen-Magno-Verfahren" durch Lufteinblasen stark mit Sauerstoff gesättigt. Dann wird es durch ein mit sehr leicht oxydierbaren Eisenspänen, am besten aus Gußeisen oder körnigem Eisensulfid gefülltes Filter geschickt, wodurch eine künstliche Vereisenung hervorgerufen wird. Schmiedeeisen- und Stahlspäne sind nicht so gut hierzu geeignet als Gußeisenspäne. Das gelöste Eisensalz kann dann auf die Kalksalze einwirken, wodurch freies Eisenhydroxyd gebildet wird. Um diesen Vorgang stärker zu unterstützen, wird das Wasser über ein mit leicht alkalischer Magnomasse gefülltes Filter geleitet. Nachdem die Hauptmenge des Eisens wieder herausgefangen ist, wird das so vorbehandelte Wasser noch durch ein Filter geleitet, das mit wenig Eisenspänen gemischte Magnomasse und reine Magnomasse oder eine Mischung von Magnomasse und Kies enthält.

Die Ergebnisse der Anwendung der a-Kohlen als Schönungsmittel zur Beseitigung von Geruch und Geschmack, ganz gleich ob dieser durch Algen oder chemische Stoffe erzeugt wird, werden allgemein als sehr gut bezeichnet. SPALDING[5] hat darüber hinaus festgestellt, daß mit a-Kohle vorbehandeltes Wasser ein geringeres Chlorbindungsvermögen hat, da die a-Kohle eine Menge organischer Stoffe adsorbiert. Er benutzt die a-Kohle dazu, um den in frisch gestrichenen Leitungen auftretenden teerigen Geschmack zu beseitigen. Ein besonderer Vorzug der a-Kohle ist ihre Fähigkeit, die zur Fäulnis führenden

---

[1] DUGGER: Water Works and Sewerage 1931, **78**, 378. [2] GIBBONS: Ind. Engin. Chem. 1932, **24**, 977. [3] HESS: Public Works 1932, **63**, 13. [4] SARTORIUS: Ges. Ing. 1936, **59**, 614. [5] SPALDING: Journ. Amer. Water Works Assoc. 1932, **24**, 1394.

Zersetzungen der organischen Stoffe durch Beseitigung anaerober Bakterien zu unterbinden. Beim Zusatz von 1 g a-Kohle zu 1 cbm Wasser fiel ein Schlamm an, der vollkommen beständig war und auch geruchlos blieb. Auch im Winter arbeitet a-Kohle stets gut und entfernt fortwährend alle auftretenden Geruchs- und Geschmacksstoffe.

Wird die a-Kohle in eisernen Filtern, wie z. B. den geschlossenen Filtern, angewandt, so treten zwischen den a-Kohleteilchen und den Metallteilen der Anlage erhebliche Potentialdifferenzen auf, wobei sich die a-Kohle kathodisch verhält und damit den Angriff auf das Metall bzw. die Metallauflösung bedingt. Die Stärke des Angriffs hängt mit der Adsorptionsleistung der Kohlen zusammen. Bei nur schwach aktiven Kohlen treten kaum Potentialdifferenzen auf.

Bewertung der aktiven Kohlen. Zur Prüfung der Aktivkohlen auf ihre Brauchbarkeit für die geschmackliche Verbesserung des Wassers haben sich die sonst zur Untersuchung von Aktivkohlen angewandten Verfahren als wenig geeignet erwiesen und zwar zum größten Teil deshalb, weil die Untersuchungsverfahren mit Lösungen oder Stoffen arbeiten, die in der Praxis der Trinkwasserreinigung nicht vorkommen, oder weil die Untersuchungen bei viel zu hohen Konzentrationen vorgenommen werden. Hinzukommt, daß man die Mehrzahl der von der a-Kohle aus dem Wasser adsorbierten Stoffe überhaupt nicht kennt. Am zweckmäßigsten hat sich die Prüfung an einer verdünnten Chlorphenol- oder Phenollösung erwiesen.

Auch für die Brauchbarkeit einer Aktivkohle zur Entfärbung von Wasser kann man keine allgemeinen Richtlinien aufstellen. Über die Prüfung und Bewertung von aktiven Kohlen zur Wasserreinigung berichten Jaenicke[1] und Jirak[2]. Während ersterer die Adsorptionsmethode bevorzugt, zieht der letztere auch die Elementaranalyse, Aschegehalt und außerdem die Entfärbungsversuche mit n/10 Jod-Jodkaliumlösung heran. Will man also die a-Kohlen bewerten, so ist es notwendig, mehrere Untersuchungsmethoden anzuwenden. Die Adsorptionsleistung wird man praktischerweise unter verschiedenen Umständen feststellen und zwar nach Konzentration, Korngröße, Temperatur und Kontaktdauer. Eine schnell durchzuführende Untersuchung ist die Entfärbung einer Farbstofflösung. Die Aufstellung von Adsorptionskurven ist erwünscht. Als Ordinate setze man die Entfärbung und als Abszisse die gebrauchten Kohlenmengen an. An Stelle der Farblösung kann man die Adsorption von Javamelasselösung 150 g/Liter prüfen. Bei der Adsorption von n/10-Jodjodkaliumlösung läßt sich die adsorbierte Jodmenge titrimetrisch am leichtesten erfassen.

b) Überchlorung und ADM-Verfahren. Andere Wege als die direkte Adsorption der Geschmacksstoffe an a-Kohle geht das ADM-Verfahren [A(dler)-D(iachlor)M(utonit)-Verfahren] von Adler, das in Deutschland zuerst auf dem Wasserwerk in Stuttgart von Link[3] (s. Abb. 25) und später in Ludwigshafen und verschiedenen anderen Wasserwerken angewandt wurde. Es sieht eine Überchlorung des Wassers zur Oxydation der Phenole und übrigen geschmacksbildenden Stoffe vor. Während bei dem direkten Verfahren die Entfernung der Geruchs- und Geschmacksstoffe, wie organische Stoffe, Phenol, Chlorphenol auf einer Adsorptionsleistung beruht, stellt dies Verfahren einen chemischen Prozeß dar. Die zu dieser Oxydation benötigte Chlormenge hängt von der Art und Menge der chlorbindenden Stoffe, sowie von der Temperatur des Wassers und von der Einwirkungszeit ab.

Die Menge des zuzusetzenden Chlors bestimmt Link mit Hilfe des Chlordiagramms durch Bestimmung der Chlorzahl nach bestimmten Einwirkungszeiten. Sie schwankt je nach dem Verschmutzungsgrad des Wassers zwischen 1 und 7 mg/Liter. Nach einer genügend langen Kontaktzeit, nach der noch etwa 0,5 mg/Liter Restchlor im Wasser vorhanden ist, wird dieses durch ein Filter aus gekörnter aktiver Kohle beseitigt. Auch die Entfernung des überschüssig zugesetzten Chlors, die Entchlorung mit a-Kohle stellt einen chemischen Prozeß dar, bei dem das freie Chlor an der feuchten a-Kohle zu Chlorionen (Salzsäure) reduziert wird; deshalb nennt Adler diesen Vorgang Mutonierung.

$$C + 2\,Cl_2 + 2\,H_2O = CO_2 + 4\,HCl.$$

[1] Jaenicke: Vom Wasser 1931, **5**, 83. [2] Jirak: Angew. Chem. 1933, **46**, 513.
[3] Link: Zeitschr. Ver. Deutsch. Ing. 1931, **75**, 170.

Neben dem chemischen Prozeß der Oxydation läuft dann gleichzeitig auch die Adsorption von Stoffen an die a-Kohle. Bei dem Durchströmen des Wassers durch die Kohleschicht nimmt die Konzentration des Chlors gemäß der Gleichung ab:

$$\log \frac{Ca}{C} = K \cdot 1,$$

worin Ca die Anfangskonzentration und C die Konzentration nach Durchlaufen der Schicht 1 und K Konstanten sind. Demnach sinkt die Konzentration in gleichen Schichthöhen im gleichen Anteile ihres Wertes. Die Entchlorungsleistung wird nach PICK[1] durch die sog. „Halbwertslänge" bestimmt, d. h. durch die Schichthöhe der aktiven Kohle in Zentimeter, innerhalb deren bei einer Filtrationsgeschwindigkeit von 1 cm/Sekunde, bezogen auf den gesamten Querschnitt, die Anfangskonzentration an Chlor auf die Hälfte ihres Wertes sinkt. Die Entchlorungsleistung ist abhängig von der Wassergeschwindigkeit und von der Schichthöhe. Nach der Formel von PICK

$$l = \frac{h_1 \sqrt{v}}{-0{,}301} \log \frac{Ca}{C}$$

kann man die Halbwertslänge einer a-Kohle bei jeder Geschwindigkeit berechnen. Hierin bedeutet l die Schichthöhe der Kohle in Zentimeter, v die Geschwindigkeit in cm/Sekunde, Ca die Konzentration des freien Chlors vor und C diejenige hinter dem Kohlefilter und h_1 die Halbwertslänge der Kohle in Zentimeter. Die Formel von PICK zeigt, daß die Schichthöhe der Quadratwurzel der Wassergeschwindigkeit proportional ist, d. h. bei Herabsetzung der Schichthöhe auf die Hälfte muß die Wassergeschwindigkeit auf ein Viertel herabgesetzt werden. Gleichzeitig ergibt sich aber aus der Formel, daß es vorteilhaft ist, mit großen Schichthöhen zu arbeiten. Die Halbwertslänge ist auch von der Korngröße abhängig. Je kleiner das Korn, um so geringer die Halbwertslänge. Deshalb muß man bei der Bestimmung der Halbwertslänge die Korngröße genau angeben. Für die Beurteilung ist die Zunahme der Halbwertslänge mit der Betriebszeit sehr wichtig. Kohlen mit rascher Zunahme sind unbrauchbar.

Die Entchlorungsleistung der a-Kohlen läßt zuerst stark und dann langsam nach. Man bezeichnet dies als die Ermüdung der Kohlen. In der Praxis hat es sich gezeigt, daß die Ermüdung, abgesehen von dem Abfall in den ersten Tagen, nur sehr langsam vor sich geht und daß es möglich ist, jahrelang mit derselben Aktivkohle eine hinreichende Entchlorung zu erreichen. Es genügt in den meisten Fällen, wenn die Entchlorungsleistung bis auf 0,02 mg/Liter gebracht wird. Das auf diese Weise behandelte Wasser zeigt keinerlei Geruchs- und Geschmacksbelästigungen mehr. Während ADLER für die Füllung seiner Dechloratoren eine a-Kohle mit einer Korngröße von 4—7 mm anwendet, hat sich in der letzten Zeit mehr eine a-Kohle von 1,5—2,5 mm eingeführt. Durch die Überchlorung sollen nicht nur Phenole, sondern auch alle übrigen geschmackabgebenden Stoffe, wie z. B. Huminstoffe aus Moorwasser, entfernt werden. Zur Wiederbelebung behandelt das DRP. 557155 der Lurgi-Gesellschaft für Wärmetechnik die erschöpfte Kohle vor der Dampfbehandlung mit alkalischen Lösungen (verdünnte Natronlauge oder Sodalösung), wodurch die bei der Entchlorung gebildete Salzsäure entfernt wird.

An Stelle der meist in geschlossenen Filtern ähnlicher Bauart, wie sie zur direkten Geschmacksverbesserung angewandt werden (s. Abb. 31 u. 32, S. 75), in den sog. Dechloratoren untergebrachten körnigen Kohle kann man aber auch Pulverkohle für die Entchlorung benutzen. In diesem Falle ist es besser, eine Schicht von Pulverkohle und Sand zu verwenden und die Überchlorung in Form der Vorchlorung des Rohwassers durchzuführen.

Zur Entchlorung haben sich Filter mit körniger a-Kohle unter anderem in Stuttgart, Ludwigshafen, Aussig, Budapest und Piesnnes in Lothringen bestens bewährt[2].

c) Ersatz der a-Kohle durch andere Stoffe. An Stelle der a-Kohle hat ADLER[3] neuerdings einen beliebig geformten und auch beim längsten Lagern in ruhendem oder strömendem Wasser an Härte und Festigkeit nicht einbüßenden Kontaktkörper benutzt, der chemisch eine Doppelverbindung der allgemeinen Formel $m\,CaO \cdot n\,CaSO_3$ darstellt, und der unter dem Namen „Katarsit" von der Firma Montan- und Industrialwerke J. D. Stark in Prag in den Handel gebracht wird. Das Verhältnis $CaO : CaSO_3$ kann je nachdem, ob dieser Kontaktkörper mehr für Zwecke der Alkalisierung oder der Entchlorung gebraucht wird, entsprechend geändert werden. Da die Entchlorung stets selbsttätig eintritt,

[1] PICK: Vom Wasser 1929, 3, 71. [2] PICK u. GRUSCHKA: Gas- u. Wasserfach 1936, 79, 365. [3] ADLER: Gesundh.-Ing. 1935, 58, 272.

wird auch die Oberfläche des Kontaktkörpers stets erneuert. Es bildet sich hierbei Calciumsulfat ($CaSO_4$), das in Lösung geht. Während bei der Entchlorung mit a-Kohle deren Wirkung logarithmisch abnimmt,

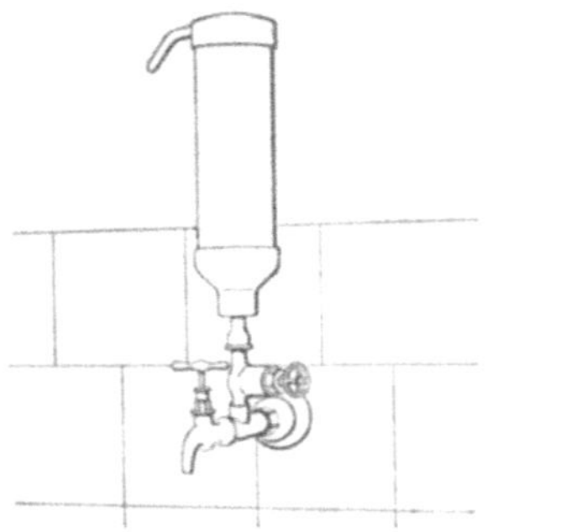

Abb. 36. a-Kohle-Hausfilter (Lurgi-Gesellschaft in Frankfurt a. M.).

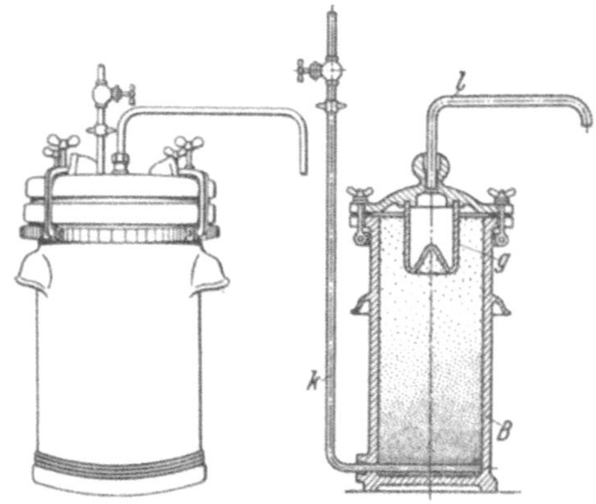

Abb. 37. Hausfilter der Norit-Gesellschaft Amsterdam.

nimmt sie beim Katarsit proportional dem Gehalt der bei der Chlorbindung als $CaCl_2$ und der Oxydation des $CaSO_3$ zu $CaSO_4$ sich bildenden Produkte ab.

Bach[1] empfiehlt an Stelle von a-Kohle die Entchlorung durch Filter aus Magnesiummetall oder Magnesiumlegierungen. Magnesiummetall wird in Deutschland von der I. G. Farbenindustrie A.G. aus Carnallit hergestellt. Bei 1,5 g/cbm Restchlor werden 0,51 g Magnesiummetall gebraucht. Bei 100000 Einwohnern und 250 Liter/Kopf/Tag = 25000 cbm täglich werden rund 13 kg Magnesium gebraucht. 10 kg Chlor entsprechen 3,43 kg Magnesiummetall. Die Kosten für 13 kg Mg-Drehspäne betragen zur Zeit etwa RM 42.—, so daß sich die Kosten für 1 cbm auf 0,17 Pf. berechnen. Die Härte wird nur unwesentlich um 0,12° DH erhöht.

Berl[2] leitet die chlorhaltigen Wässer über Lignin in Form von reinem Lignin oder Sägespänefiltern. Das gebildete Ligninchlorid wird dann über a-Kohle abfiltriert. Nach dem DRP. 610110 der I. G. Farbenindustrie soll die Entchlorung mit Hilfe von Schlacken durchgeführt werden.

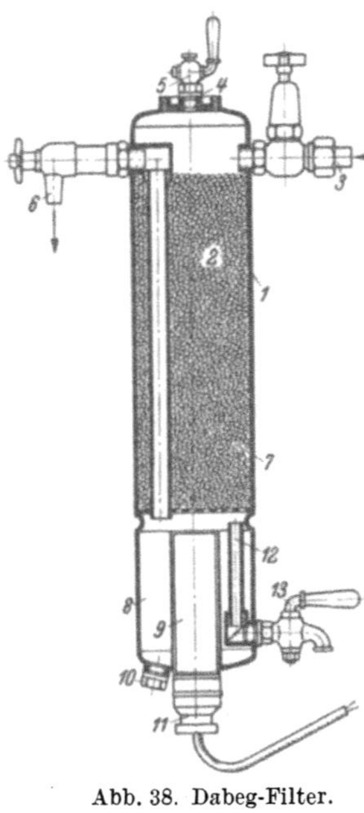

Abb. 38. Dabeg-Filter.

d) Kleinfilter. In den Gegenden, wo das Verhältnis vom häuslichen, besonders für Genußzwecke gebrauchten Wasser zum industriellen Wasser sehr klein ist, werden die Kosten für eine a-Kohlebehandlung für das gesamte Wasser leicht zu teuer. Im rheinisch-westfälischen Industriegebiet, wo es Wasserwerke gibt, die auf 10% Trinkwasser 90% Industriewasser fördern, haben sich von verschiedenen Seiten hergestellte kleine Hausfilter eingeführt. So bringt unter anderem die Lurgi-Gesellschaft in Frankfurt a. M. kleine an Zapfhähne anzuschließende Hausfilter, die mit aktiver Kohle gefüllt sind, in den Handel (s. Abb. 36).

Die Filter sind mit doppeltem Wegehahn versehen, so daß das zum Spülen usw. benutzte Wasser nicht durch die Kohlefüllung gehen muß. Da sich die metallenen Filter wegen der Korrosionen nicht bewährt haben, baut man diese Kleinfilter fast ausschließlich aus

[1] Bach: Gesundh.-Ing. 1933, **56**, 545. [2] Berl: DRP. 556258, 1926.

Porzellan oder Steingut, wie es bei dem in Abb. 37 gezeigten Filter der Norit-Gesellschaft, Amsterdam, bereits geschieht. Das von der Fa. Dabeg, Wien, herausgebrachte Kleinfilter ist in seinem unteren Teil mit einer elektrischen Heizung versehen, die an die Lichtleitung angeschlossen werden kann. Mit der Heizung kann der Inhalt des Filters erwärmt und schließlich sogar Dampf erzeugt werden, womit man nicht nur eine Regeneration der Kohle, sondern auch eine Sterilisation des ganzen Filters durchführen kann (s. Abb. 38).

WOLFF[1] berichtet über ein Kleinfilter für die Tropen, das mit aktiver Kohle (Supra- oder Noritkohle) gefüllt ist. Die Betriebsdauer dieser Filter beträgt bei 35° C 14 Tage bei einer täglichen Leistung von 24 Liter Wasser, welches praktisch steril ist.

III. Entfernung der ungelösten Stoffe, insbesondere der Schwebestoffe.

1. Art der Schwebestoffe.

Die meisten zur Bereitung von Trinkwasser dienenden Oberflächenwässer sind durch die in ihnen enthaltenen groben und feinen Schwebestoffe mehr oder weniger stark verunreinigt. Abgesehen von den Mikroorganismen, die sich häufig in einem Oberflächenwasser entwickeln können, wie Bakterien, Pilzfäden, Algen und Protozoen, die wir als die belebten Schwebestoffe bezeichnen, finden wir auch in großen Mengen unbelebte Schwebestoffe, meist kolloider Natur, von allen in Betracht kommenden Größenordnungen. Als feindisperse Stoffe finden wir im Wasser Schwefeleisen, Huminstoffe, organische Farbstoffe und eiweißähnliche Stoffe. Zu den grobdispersen Stoffen muß man die Ausflockungen von Eisenhydroxyd, Tonsuspensionen und organischen Detritus zählen. Letzterer ist oft die Ursache eines stark erhöhten Chlorverbrauches und auch die Ursache von auftretenden Geruchs- und Geschmacksbelästigungen.

Die Gesamtheit der durch Absieben mit einem Planktonnetz zurückhaltbaren Stoffe hat KOLKWITZ[2] als „Seston" bezeichnet. Nach Abzug des Planktons bleiben die unbelebten Stoffe zurück, die von WILHELMI als „Tripton" bezeichnet werden. Sie können wie die Saprobier zur Beurteilung herangezogen werden. Nach HELFER[3] kommen die in Abb. 39 bezeichneten Sink- und Schwebestoffe in Frage.

In den Wasserwerksbetrieben kommt es oft vor, daß sich die allgemein vorkommenden Kleinlebewesen, vor allem verschiedene Insekten, Kleinkrebse und Wasserasseln, stärker als sonst entwickeln. So kommt es häufig zu einer Massenentwicklung von Mücken, worunter die Zuckmücke Chironomus am häufigsten in durch organische Abwässer verschmutzten Rohwässern vorkommt. Um die Entwicklung dieser tierischen Schmarotzer in Leitungen und Behältern zu verhindern, ist eine häufige Besichtigung und Reinigung der Behälter nötig. Da Chlor nicht immer genügend gewirkt hat, empfiehlt BÖTTCHER[4] zur Abtötung von Wasserasseln das Aufstreuen oder Eingießen eines Aufgusses von Insektenpulver. Dieses enthält Pyrethrine, die als starke Nervenmuskelgifte heftige Giftwirkungen hervorrufen. Zur Bekämpfung von Massenentwicklungen von Mücken hat sich Ammoniakgas, wenn es in regelmäßigen Zeitabständen angewandt wird oder die Anwendung flüssiger Spritzmittel, wie Flit, Pereatfluid u. a. bewährt.

Im Oberflächenwasser ist die Menge der groben und feinen Schmutzstoffe meistens größer als im Grundwasser, da dieses schon einen Filtrationsprozeß durchgemacht hat. In einem Fluß ist der Gehalt um so größer, je mehr Schmutzstoffe durch Regenwasser oder durch Einleiten von Abwässern zugeführt werden. In letzterem Falle spielt die Geschwindigkeit des Flusses eine ausschlaggebende Rolle. Je größer sie ist, um so weniger können die Schwebestoffe sich absetzen.

---

[1] WOLFF: Nederl. Tijdschr. Geneeskunde 1925, **69**. Ref. Wasser u. Abwasser 1927, **1**, 231.

[2] KOLKWITZ: Ber. Deutsch. botan. Ges. 1912, **30**, 334.

[3] HELFER: Kleine Mitt. Landesanst. Wasser-, Boden- u. Lufthygiene 1935, **11**, 138. 5 farbige Wandtafeln von Prof. Dr. HELFER erschienen im Verlag der Weidmannschen Buchhandlung in Berlin 1937. Sie stellen ein gutes Hilfsmittel zur biologischen Beurteilung des Verschmutzungsgrades von Gewässern dar.

[4] BÖTTCHER: Gas- u. Wasserfach 1935, **78**, 165.

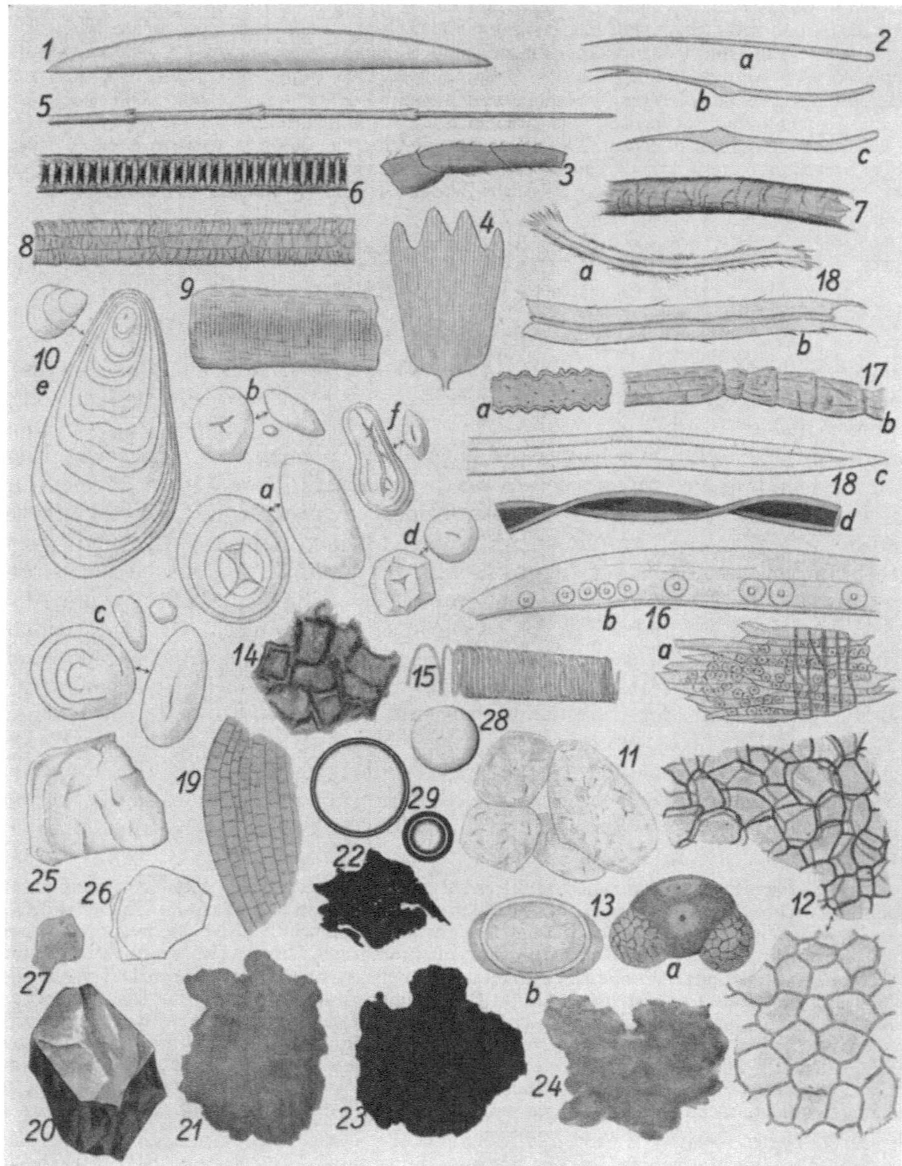

Abb. 39. Unbelebte Sink- und Schwebestoffe nach HELFER[1]. 1 Spongienhaare, 2 Wurmborsten, 3 Insektenreste, 4 Schmetterlingsschuppen, 5 Entenfederstrahl, 6 Rattenhaare, 7 Wollfasern, 8 Menschenhaare, 9 Fleischmuskelfasern, 10 verschiedene Stärkekörner, wie z. B. Kartoffelstärke, 11 Roggenstärke, 12 Korkzellen, 13 Kiefernpollen, 14 Kaffeesatz, 15 Spiralgefäße, 16 Nadelholz, 17 Strohzellstoff, 18 Papierfasern, 19 Blattreste, 20 Steinkohle, 21 Braunkohle 22 Ruß, 23 Schwefeleisen, 24 Eisenhydroxyd, 25 Sandkorn, 26 Glassplitter, 27 Waschblau, 28 und 29 Öltropfen.

2. Mechanische Wasserreinigung.

Manchen industriellen Betrieben genügt für ihre Zwecke Wasser, das nur mechanisch gereinigt zu werden braucht. In diesen Fällen genügt es meistens, die gröberen Sink- und Schwebestoffe aus dem Wasser zu entfernen. Die einfachsten

[1] Siehe Fußnote 3 auf S. 81.

Einrichtungen sind die am Zulauf eingebauten Rechen aus Flacheisen mit je nach den Bedürfnissen und der Art der abzufangenden Schwebestoffe verschieden großen Zwischenräumen. Die Rechen fangen die im Wasser enthaltenen groben Sperrstoffe ab. In Zeiten, in denen größere Mengen von

Abb. 40. Grobrechenanlage mit mechanischer Abstreifvorrichtung, Leistung 54000 cbm/h der Bamag-Meguin, Berlin.

Schwimmstoffen im Wasser enthalten sind, wie z. B. im Herbst zur Zeit des Laubfalles, verstopfen sich die Rechen leicht und müssen öfter gereinigt werden. Da bei den mit Handbetrieb eingerichteten Rechen die Reinigung schwieriger ist und die Gefahr groß ist, daß die Stoffe durchgedrückt werden, hat man Grobrechen mit kammartigen Reinigungsvorrichtungen ausgestattet, die durch eine kleine Winde betrieben werden. Abb. 40 zeigt einen derartigen Grobrechen mit einer mechanischen Abstreifvorrichtung für 54000 cbm/Stunde der Fa. Bamag-Meguin, Berlin.

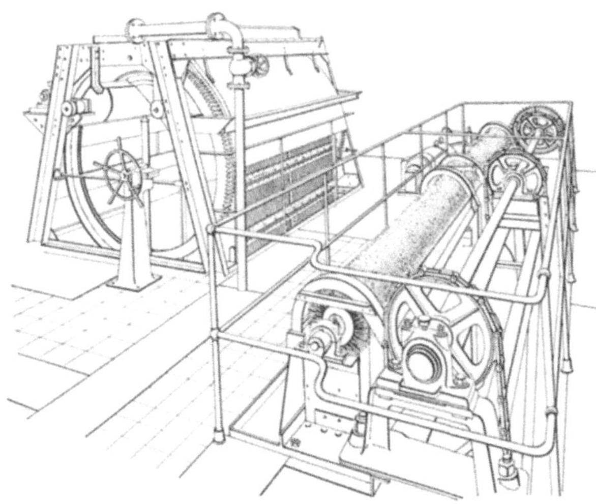

Abb. 41. Siebbandanlage mit vorgeschaltetem Feinrechen und Abbürstvorrichtung.

Werden die Anforderungen an das Wasser größer, so verwendet man statt der Grobrechen Schlitzrechen mit engen Spalten. Diese haben schmalere feinere Querschnitte, so daß sie wesentlich größere Mengen Verunreinigungen zurückhalten, sich aber auch viel schneller verstopfen. Die fortlaufende Reinigung erfolgt durch elektromotorisch angetriebene Abstreifvorrichtungen. Die Reinigungsvorrichtung besteht aus zwei auf endlosen Bändern gelagerten Rollen, zwischen denen Bürsten gespannt sind, die den ganzen Rechen bestreichen. Die endlosen Bänder schaffen die von dem Feinrechen zurückgehaltenen Verunreinigungen nach oben, wo sie durch eine dort befindliche Abstreifbürste entfernt und in einen besonderen Schlammkanal abgeleitet werden.

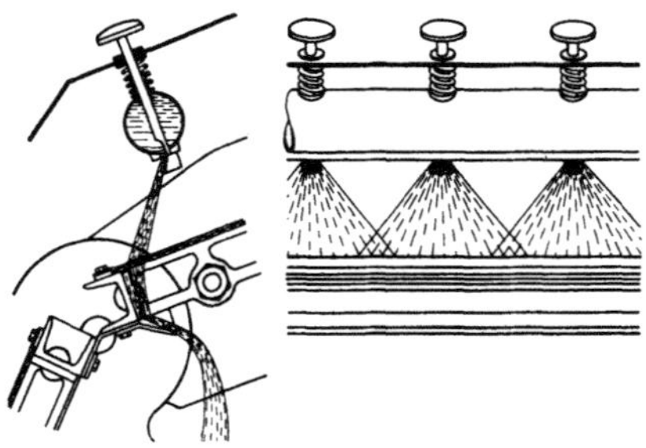

Abb. 42. Abspritzvorrichtung für Siebbandanlagen.

Sollen noch kleinere Schwebestoffe entfernt werden, so treten an die Stelle der Rechen die Siebe, die mit Bronzedrahtgewebe bespannt sind. Ein solches Siebband besteht aus rechteckigen, mit feinem Drahtgewebe bespannten Rahmen, die gelenkig zu einem endlosen Band zusammengefügt sind. Die Maschenweite des zur Bespannung verwendeten Metallgewebes wird den Anforderungen angepaßt, die jeweils an die Reinheit des aufbereiteten Wassers gestellt werden.

Meistens wird Phosphorbronzedrahtgaze mit 25—50 Maschen auf 1 Zoll Länge verwendet. Alle Schwebestoffe, die größer sind als die Lichtweite der Maschen, werden zurückgehalten. Die zurückgehaltenen Schwebestoffe werden dann meist außerhalb des Wassers durch Spritzwasser entfernt, so daß laufend reine Siebe zur Verfügung stehen. Bei den Siebbändern mit innerer Beaufschlagung tritt das ungereinigte Wasser in das Innere der durch das Siebband gebildeten Schleife. Zur Schonung kann man den Siebbändern einen Feinrechen mit mechanischer Abbürstvorrichtung vorschalten, wie er in Abb. 41 zu sehen ist.

Der einwandfreie Betrieb einer Siebbandanlage hängt von der Möglichkeit der restlosen Entfernung der auf der Gaze haftenden Schmutzteile ab. Um eine sichere Wirkung zu erzielen, muß ein über die ganze Bandbreite reichender Wasserschleier geschaffen werden. Spritzvorrichtungen durch kleine Löcher oder Schlitze erfüllen ihren Zweck nicht genügend. Besser sind durch Stifte verstellbare Spritzdüsen, wie sie von verschiedenen Firmen, z. B. von der Fa. Bamag-Meguin, Berin hergestellt werden. Sie lassen sich sehr gut regulieren. Eine Abspritzvorrichtung dieser Art ist in Abb. 42 dargestellt. Bei auftretenden Verschmutzungen der Düse gestattet der bewegliche Stift im Innern der Düse eine schnelle und sichere Reinigung.

An Stelle der Siebbandanlagen hat man auch Siebtrommeln gebaut, die direkt in die Druckleitungen eingebaut werden können. Abb. 43 zeigt das Schema einer in eine Druckleitung eingebauten Siebtrommel.

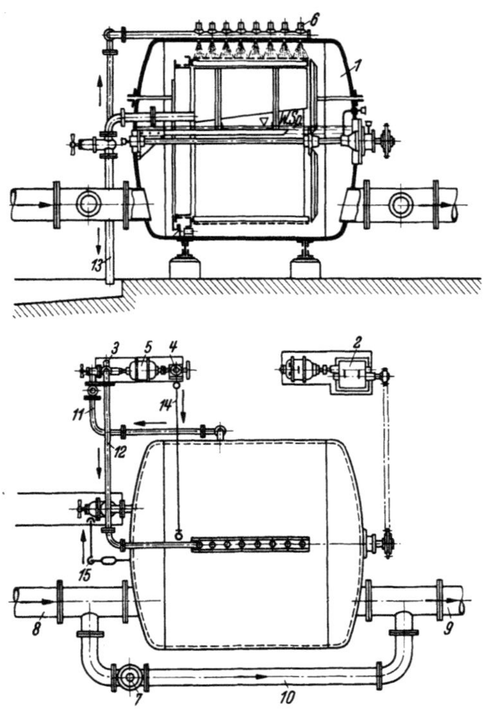

Abb. 43. Schema einer Siebtrommel für Druckleitung DRP.

1 Siebtrommel; 2 Übersetzungsgetriebe mit Motor; 3 Spülpumpe; 4 Kompressor; 5. Motor; 6 Abspritzvorrichtung; 7 Sicherheitsventil; 8 Rohwasserleitung; 9 Reinwasserleitung; 10 Umgangsleitung; 11 Spülwassersaugleitung; 12 Spülwasserdruckleitung; 13 Schlammleitung mit automatischer Regulierung; 14 Preßluftzuleitung; 15 Preßluftableitung mit automatischem Ventil.

3. Entfernung der Schwebestoffe durch Absetzbecken mit und ohne Chemikalien.

Die Entfernung der in einem Wasser enthaltenen Schwebestoffe von geringerer Größe, welche durch Rechen oder Siebe nicht mehr zurückgehalten werden, geschieht entweder durch Absetzenlassen in Absetzbecken mit oder ohne Zugabe von Chemikalien oder durch Filtration. In vielen Fällen wird man auch beides anwenden, indem man die groben Schwebestoffe in Absetzbecken und die feinen leichten Schwebestoffe durch Filtration entfernt. Bei grobdispersen, spezifisch schweren Schwebestoffen, besonders Sand, kann man oft mit einfachen Absetzbecken ohne Anwendung chemischer Fällungsmittel auskommen. Das Absetzen eines Stoffes im Wasser hängt von seinem Spez. Gewicht und von der Oberflächenkraft seiner Teilchen ab.

Als Absetzbecken für die von den Flüssen aus dem Gebirge herangeführten Verschmutzungen dienen oft die großen Seen, wie z. B. der Genfer See für die Rhone und der Bodensee für den Rhein. Sind natürliche Seen nicht vorhanden, so kann man durch künstliche Seen, z. B. durch Talsperren oder sogar durch direkte Absetzbecken den gleichen Zweck erreichen. In derartigen Becken gibt man dem Wasser bei einer Tiefe von 2—5 m eine Durchflußgeschwindigkeit von 2—10 mm/Sekunde. Durch Einbau von Stabrechen oder Leitschienen am Einlauf erreicht man meistens eine bessere gleichmäßigere Durchströmung der Becken. Der Betrieb kann kontinuierlich oder intermittierend erfolgen. Die Aufenthaltszeit soll je nach dem geforderten Reinheitsgrad 4—24 Stunden betragen. Bei größeren Aufenthaltsbecken, wie z. B. bei denen in Königsberg, die einen Vorrat von 7 Tagen fassen oder bei denen in London, die sogar einen solchen von 2 Monaten fassen, soll nebenbei die Wasserentnahme für Zeiten, in denen der Fluß besonders stark verschmutzt ist, sichergestellt werden. Die Prüfung der Wirkung solcher Absetzbecken erfolgt durch Bestimmung der Trübung und der Bakterienzahl. Bei guter Wirkung werden 60—70% der gesamten Schwebestoffe beseitigt.

Reicht die Absetzwirkung allein nicht aus, so muß man Chemikalien zu Hilfe nehmen. Man setzt sie zu, um durch Umladung der Kolloide das Flockungsoptimum zu erreichen, oder man erzeugt in dem Wasser künstlich Gele, an die man die meist negativ geladenen kolloiden Schwebestoffe durch ihre positive Ladung bindet. Wenn ein Tonteilchen mit einer winzigen Flocke von Aluminiumhydroxyd zusammenkommt, neutralisieren sich ihre Ladungen gegenseitig. Ein solches Teilchen kann rasch an Umfang zunehmen, denn es nimmt weitere Aluminiumflocken, die schon andere Tonteilchen aufgenommen haben, auf, bis schließlich eine große, leicht absinkende Flocke entstanden ist. Es ist eine außergewöhnlich große Anzahl von Vorschlägen für die Anwendung der verschiedensten Chemikalien gemacht worden. In den meisten Fällen bedient man sich neben Kalk aber der Aluminium- und Eisensalze, meist in der Form ihrer schwefelsauren Salze.

a) Ausfällung durch Kalk. Im Oberflächenwasser beobachtet man von Zeit zu Zeit, besonders nach Regenfällen, bei steigendem Hochwasser und während der Schneeschmelze im Frühjahr gelbliche bis gelbbraune Tonsuspensionen. Zu ihrer Beseitigung empfiehlt Smit, so viel Kalk zuzusetzen, daß stets ein Überschuß von 50 mg/Liter vorhanden ist. Mom brauchte bei der Trinkwasseraufbereitung von Tjiliwong-Flußwasser 75—100 mg/Liter CaO. Die hierbei verbleibende alkalische Reaktion wirkte jedoch stark geschmackverschlechternd. Um diesen Überschuß zu entfernen, hat Houston die Entkalkung durch Kohlensäure durch nachträgliches Einleiten von Koksofengasen durchgeführt (s. auch S. 174).

Die Anwendung von Kalk soll bei der Wasserreinigung gleichzeitig verschiedene Aufgaben erfüllen, nämlich:

1. die Ausflockung fördern oder verbessern,
2. das Wasser enthärten (die vorübergehende Härte wird als Calciumcarbonat niedergeschlagen),
3. das Wasser enteisenen (die das Eisen in Lösung haltende Kohlensäure wird gleichfalls als Calciumcarbonat niedergeschlagen),
4. das Wasser entsäuern (s. 3.),
5. durch Beseitigung der Kohlensäure das Pflanzenwachstum verhindern.

Die Anwendung kann in der Form des gebrannten und gelöschten Kalkes geschehen. Gelöschter Kalk wird in der Weise hergestellt, daß man zu 3 Teilen gebranntem Kalk

1 Teil Wasser gibt, wodurch der Kalk in ein feines Pulver zerfällt. Bei der Löschung muß man mit hohen Temperaturen arbeiten und darf deshalb nicht mehr Wasser als nötig zusetzen. Bei Temperaturen zwischen 80—90° ist der Kalk in 5 Minuten abgelöscht. In kleinen Anlagen, in denen nicht mehr als 200 kg/Tag gebraucht werden, benutzt man gelöschten Kalk. Größere Anlagen arbeiten billiger, wenn sie gebrannten Kalk kaufen. Damit der Kalk besser wirken kann, sollte er durch Rührwerke mindestens 15 Minuten lang gut in der Schwebe gehalten werden. Bei der Reinigung moorigen Wassers mit Kalk bildet sich der Niederschlag von huminsauren Kalksalzen erst bei höherer Kalkkonzentration. SCHAAFSMA[1] erzielte erst bei Gaben von 1000 mg/Liter eine gute Fällung; die Neutralisation des Überschusses machte dann aber große Schwierigkeiten. Das Wasser war nach der Filterung sehr hart und enthielt noch viele organische Stoffe.

Zur Bekämpfung der bei zu hohen Kalkzugaben auftretenden Geschmacksverschlechterung gab VENTRE[2] Chlor zu und erreichte hierdurch gleichzeitig eine Verkürzung der Absetzzeit.

Die Kalkzugabe hat verschiedene Vorteile:

1. Alle Tonsuspensionen werden vollkommen ausgeflockt. Wird nachträglich der Kalküberschuß durch eingeleitete Kohlensäure entfernt, so scheiden sich die letzten Reste der Tonsuspensionen aus.

2. Der Kalk wirkt gegenüber der sonst üblichen Aluminiumsulfatfällung, die keinerlei bactericide Wirkung hat, sehr stark sterilisierend.

b) Ausfällung durch Aluminium- und Eisensalze. Während die Eisensalze früher fast ausschließlich angewandt wurden, sind sie seit einiger Zeit mehr oder weniger in den Hintergrund gedrängt worden. Erst jetzt beginnen sie wieder, an Bedeutung zu gewinnen. Das ist darauf zurückzuführen, daß durch die Gewinnung der Eisensalze aus Beizereiabwässern größere Mengen zur Verfügung stehen und daher ihr Preis ganz erheblich gesunken ist. Von den meist in Form der Sulfate angewendeten Salzen wird dem Wasser durch eine besondere Dosierungseinrichtung eine bestimmte Menge, die sich nach dem jeweiligen Verschmutzungsgrad richtet, zugegeben. Eine gründliche Durchmischung mit den zugesetzten Chemikalien ist notwendig, um das Wasser für das nachfolgende Absetzenlassen bzw. für die Filtration vorzubereiten.

Das zugesetzte Aluminium- oder Eisensulfat setzt sich mit den im Wasser enthaltenen Bicarbonaten des Kalks und des Magnesiums zu Gips bzw. Magnesiumsulfat und Aluminiumhydroxyd bzw. Eisenhydroxydul um, das sich unter dem Einfluß des in Lösung befindlichen Sauerstoffs zu leicht flockendem Eisenhydroxyd umsetzt. Während Eisensalze im Bereich der p_H-Werte von 3—13 ausflocken, ist Aluminiumhydroxyd bei p_H-Werten von 5—9 unlöslich. In großen Sammelbecken läßt man jetzt dem sich bildenden Aluminiumhydroxydsol bzw. Eisenhydroxydsol Zeit, in den Gelzustand überzugehen und unterstützt diesen Vorgang bei weichen, carbonatarmen Wässern durch Zugabe von Kalk oder Soda. Als positiv geladene Kolloide ziehen diese Sole jetzt die negativ geladenen Schmutzkolloide an und flocken diese aus. Auf ihrer Oberfläche werden neben den feinsten Schwebestoffen, wie Tonpartikelchen, Farbstoffen, auch Algen und Bakterien und sogar Gase adsorbiert. Nach dem Absetzenlassen wird das Wasser noch über Langsam- oder Schnellfilter geleitet, um die letzten feinen Flocken restlos zurückzuhalten.

Aluminiumsalze. Das in der Wasserreinigungstechnik benutzte Aluminiumsulfat soll möglichst frei von Eisen, Mangan und Arsen sein. Es soll mindestens 15% Al_2O_3 enthalten. Die Bildung gut adsorbierender Aluminiumhydroxydflocken hängt sehr stark vom p_H-Wert ab. Während bei p_H-Wert 4,0 das gebildete Aluminiumhydroxyd noch 47% Sulfate enthält, nimmt dieser Sulfatgehalt mit steigendem p_H-Wert ab. Bei p_H-Werten 8,6—9,4 bestehen die Flocken aus reinem Aluminiumhydroxyd. Je nach der Art des Wassers muß man daher die Ausflockung durch Zugabe von Soda, Kalkmilch oder Natronlauge unterstützen. HATFIELD gibt als isoelektrischen Punkt für die Ausflockung des Aluminiumhydroxyds einen p_H-Wert von 6,1—6,3 an. Bei einem p_H-Wert von 5,8—7,5 fand er kein Aluminium im filtrierten Wasser. Bei Über- und Unterschreitungen ließ sich Aluminium im Filtrat nachweisen. CATLET[3] findet

[1] SCHAAFSMA: Sonderdr. Mitt. Volksgesundh.-Amt Niederl.-Indien 1935, 2. Folge.
[2] VENTRE: Journ. Amer. Water Works Assoc. 1932, **24**, 733.
[3] CATLET: Journ. Amer. Water Works Assoc. 1924, **11**, 887.

das Fällungsoptimum bei einem p_H-Wert von 5,5. Bei stark gefärbten Wässern gibt er so viel Aluminiumsulfat zu, daß der p_H-Wert 4,5 beträgt. Im Gegensatz dazu gibt er aber zu trübem, jedoch farblosem Wasser nur so viel Aluminiumsulfat zu, bis der p_H-Wert 6,5—7,5 beträgt.

Daniels hat weitgehende Untersuchungen über den Einfluß der Wasserstoffionenkonzentration gemacht, um festzustellen, bei welchem p_H-Wert die Wiederauflösung des Aluminiums als Sulfat bzw. als Aluminat erfolgt. Wendet man hierbei Natriumcarbonat an, so erfolgt bei einem p_H-Wert über 6,8 bereits eine Wiederauflösung, bei Anwendung von Calciumoxyd liegt die Auflösungsgrenze bei p_H 7,3. Buswell und Edwards[1] haben die Frage des „Restaluminiums“ im gefilterten Wasser geprüft und berichten hierbei über die Untersuchungsmethoden und die Zusammenhänge der Fällung mit dem p_H-Wert. Die Hämatoxylinprobe lehnen sie wegen zu starker Abhängigkeit vom p_H-Wert ab. Die gewöhnlichen quantitativen Bestimmungsmethoden für Aluminium lassen sich wegen der geringen in Frage kommenden Mengen meist nicht anwenden. Am besten hat sich die Sulfatbestimmung bewährt. Naumann[2] hat die von Hatfield verbesserte Hämatoxylinprobe zur quantitativen Bestimmung von Aluminium ausgebaut.

Bei Untersuchungen hat Baylis auch die Anwendungsmöglichkeit der verschiedenen Indicatoren geprüft. Phenolphthalein und Methylrot erwiesen sich als unbrauchbar. Für Phenolphthalein lag die Grenze zwischen farblos und gefärbt bei p_H 8,3, also einem Wert, bei dem die Bildung von Aluminaten bereits sehr weit vorgeschritten war. Bei Methylrot dagegen lag der Farbwechsel noch in der Zone der nicht vollkommenen Ausflockung, so daß nicht alles Aluminiumsulfat ausgenutzt werden würde. Die besten Ergebnisse wurden mit Bromthymolblau als Indicator erzielt. Dieses wechselt seine Farbe von blau über grün nach gelb, die größte Fällung wurde bei einem p_H-Wert von 7,0 erreicht, bei dem Bromthymolblau eine blaugrüne Farbe zeigt. Hält man diese Wasserstoffionenkonzentration ein, so ist der Abfluß frei von Aluminaten.

In Erkenntnis der Tatsache des großen Einflusses des p_H-Wertes bei der chemischen Fällung sind zur Ersparnis an chemischen Fällungsmitteln die verschiedensten Vorschläge gemacht worden. Baylis[3] gibt entweder vor oder mit dem Aluminiumsulfat Schwefelsäure zu, um die negative Ladung der kolloiden Schmutzstoffe abzusättigen, die dann durch einfache Adsorption an das ausgeflockte Aluminiumhydroxyd niedergeschlagen werden. Auf diese Weise werden die Kosten für die Wasserreinigung um 25% herabgesetzt. Bei der Untersuchung des Don Riverwassers fand Pirnie[4] es vorteilhaft, das Wasser nach dem Aluminiumsulfatzusatz zu belüften. Dadurch wird die bei dem Umsatz des Aluminiumsulfates mit den Bicarbonaten gebildete freie Kohlensäure, die den p_H-Wert herabsetzt, entfernt, was eine große Ersparnis an der später zuzusetzenden Soda bringt. Während das Rohwasser einen p_H-Wert von 7,35 hatte, war der p_H-Wert nach dem Alaunzusatz (ohne Belüftung) 6,60, nach Alaunzusatz mit nachfolgender Belüftung 7,2. Egger[5] empfiehlt zur Entfernung der bei dem soeben geschilderten Prozeß gebildeten Kohlensäure den Einbau eines Rührwerkes, wodurch gleichzeitig die Ausflockung beschleunigt werde.

Auch die Temperatur hat einen starken Einfluß auf die Ausfällung durch Aluminiumsulfat. Wie Link[6] auf den Stuttgarter Wasserversorgungsanlagen feststellen konnte, geht die Ausfällung durch Zusatz von Aluminiumsulfat um so langsamer vor sich, je kälter das Wasser ist. Der Unterschied ist ganz bedeutend. So dauert z. B. die Ausfällung bei 2° C (Wassertemperatur) 2 Stunden und bei 16° C (Wassertemperatur) und dem gleichen Zusatze von Aluminiumsulfat nicht ganz 1 Stunde.

Aluminate. An Stelle von Aluminiumsulfat wird neuerdings die Anwendung von Aluminaten allein oder in Verbindung mit Aluminiumsulfat empfohlen. Besonders Natriumaluminat hat sich bei der stufenweise erfolgenden Behandlung zum Entfärben gut bewährt. Ammoniakalaun, der viel leichter ist, hat den Nachteil, daß er auch etwa dreimal so teuer ist. Aluminate werden entweder allein oder in Verbindung mit Aluminiumsulfat angewandt. So versetzen Ripple, Turre und Cristman[7] das Rohwasser mit geringen Mengen Aluminiumsulfat, lassen es einige Zeit absetzen und geben dann eine Lösung von Natrium-

[1] Buswell u. Edwards: Chem. metallurg. Engin. 1932, **26**. [2] Naumann: Chem.-Ztg. 1933, **57**, 315. [3] Baylis: Eng. News-Rec. 1923, **95**, 883. [4] Pirnie: Eng. News-Rec. 1926, **97**, 883. [5] Egger: Wasser u. Gas 1926, **16**, 889. [6] Link: Deutsch. Wasserwirtsch. 1935, **30**, 203. [7] Ripple, Turre u. Cristman: Ind. Engin. chem. 1928, **20**, 748.

aluminat zu. Statt der bei dem betreffenden Wasser bisher gewöhnlich angewandten Menge von 8,6 g Aluminiumsulfat werden nach dem genannten Verfahren nur 2,1 g Natriumaluminat für die gleiche Menge Wasser verbraucht. Dieselben guten Resultate erzielte POWELL[1], der durch Anwendung von Aluminiumsulfat und Natriumaluminat eine Ersparnis an Chemikalien von 0,4 Rpf./cbm, eine Verminderung der freien Kohlensäure, einen gleichmäßigeren p_H-Wert und eine bessere Entfärbung erzielte.

Unter der Bezeichnung „aktiver Alaun" wird neuerdings ein aus aktiver Kohle und Alaun (Blackalaun) bestehendes Mittel zur Wasserreinigung empfohlen.

Das DRP. 619190 beschreibt ein Verfahren zur Herstellung eines Mittels, das kolloid lösliches Aluminiumhydroxyd enthält. Lösungen von Aluminiumsulfat werden bei höherer Temperatur mit peptisierbarem Aluminiumhydroxyd versetzt, in Mengen, die größer sind als zur Bildung des $^2/_3$-basischen Aluminiumsulfates erforderlich ist. Diese Lösungen werden im Vakuum eingedampft. Der erhaltene Stoff soll laufend Aluminiumhydroxyd an das zu reinigende Wasser abgeben.

Ein großer Vorteil der Aluminiumsalze ist der, daß sie keine unangenehm auffallenden Nachflockungen ergeben. Ist das Wasser vorher zur Algenbekämpfung mit Kupfersalzen behandelt worden, so werden diese mit ausgeflockt. Bei Zugabe von 25 mg/Liter Cu werden bei p_H 5,6 50% Kupfer, bei p_H 6,0—6,2 rund 90% Kupfer und bei p_H 6,3 alles Kupfer mit ausgefällt.

Man hat von einzelnen Seiten vor der Anwendung von Aluminiumsalzen in der Trinkwasserreinigung mit der Begründung gewarnt, daß sie Krebs verursachen könnten. Die zahlreichen Untersuchungen von STENDEL, MASSATSCH, BLUMENTHAL, BASTANIER, FISCHLER, SCHWAIBOLD und LEHMANN und vor allen Dingen die Feststellungen des Reichsgesundheitsamtes haben ergeben, daß Gesundheitsschädigungen bzw. Krebsentstehung durch Aluminium und seine Verbindungen nicht in Frage kommen[2].

Eisensalze. Eisensalze waren wegen der oft unangenehmen Nebenerscheinungen, wie Nachflockungen von rotbraunem Eisenhydroxyd, fast ganz aus der Wasseraufbereitungstechnik verschwunden. Nachdem man aber am Aluminiumsulfat und durch die Fortschritte der Kolloidchemie gelernt hatte, die ganze Flockungstechnik zu beherrschen, finden sie jetzt wieder allmählich mehr und mehr Eingang. Dies ist um so erwünschter, als Aluminiumsulfat zum Teil aus dem Ausland bezogen werden muß, während Eisensalze in außergewöhnlich großen Mengen in den Abwässern der Beizereien zu billigsten Preisen zur Verfügung stehen. Durch ihre Verwendung würden gleichzeitig unsere Vorfluter von diesen lästigen Abfallprodukten befreit werden. Eisensalze flocken in einem größeren p_H-Bereich aus als Aluminiumsalze. Die erforderliche Reaktionszeit ist gewöhnlich kürzer als bei Aluminiumsalzen. Als Eisensalze werden verwandt: Ferrosulfat ($FeSO_4 \cdot 7\,H_2O$), Ferrisulfat [$Fe_2(SO_4)_3$], Eisensulfatchlorid ($FeSO_4Cl$) und vor allem auch Eisenchlorid ($FeCl_3$) in verschiedenen Handelsformen.

Ferrosulfat kommt in Form kleinkörniger Krystalle, die sich sehr leicht auflösen, in den Handel. Es hat den Vorzug, daß es sehr billig ist. Es ist anzunehmen, daß mit dem Ausbau der Enteisenungsanlagen in Beizereien der Preis noch stark gesenkt werden wird. Bei seiner Ausflockung bildet sich Eisenhydroxydul, das unter dem Einfluß des im Wasser enthaltenen Sauerstoffs sich schnell zu dem guten Flockenbildner, dem Eisenhydroxyd, umwandelt. Ferrisulfat wird durch Oxydation des Ferrosulfates in schwefelsaurer Lösung hergestellt. Es enthält etwa 62% wirksames $Fe_2(SO_4)_3$. Eisensulfatchlorid wird in den meisten Fällen frisch an der Verwendungsstelle durch Chlorieren einer Ferrosulfatlösung mittels einer vorhandenen Chlorapparatur hergestellt, wobei man auf 7,8 T. Eisensulfat 1 T. Chlor gibt. Eisenchlorid kommt in verschiedenen Formen in den Handel und zwar:

[1] POWELL: Eng. News-Rec. 1927, **98**, 871. [2] ZELLNER: Chem.-Ztg. 1933, **57**, 193.

1. Eisenchloridlösung mit 39—45 Gew.-% $FeCl_3$,
2. krystallisiertes Eisenchlorid $FeCl_3 \cdot 6\,H_2O$ mit 60% $FeCl_3$,
3. wasserfreies Eisenchlorid mit 98% $FeCl_3$.

Eisenchlorid zieht sehr leicht Feuchtigkeit an, daher ist Trockendosierung schwierig. Seine Lösungen sind stark aggressiv, deshalb müssen säurefeste Behälter benutzt werden. Eisenchlorid erzeugt auf der Haut und besonders an den Augen starke Ätzungen. Daher ist bei seiner Anwendung größte Vorsicht geboten.

Bei Verwendung von Eisenchlorid ist der Verbrauch etwa 50% geringer als bei Aluminium. Zur Entfärbung und Klärung von hartem Wasser soll nach BEAUX Eisensulfat mit Kalkzusatz besser geeignet sein, während bei weichem Wasser Eisensulfatchlorid vorteilhafter ist. BARTOW und seine Mitarbeiter[1] haben die Flockenbildung bei Anwendung eisenhaltiger Fällungsmittel untersucht und hierbei besonders den Einfluß des Anions geprüft. Im sauren Bereich fällen Eisensulfate besser aus als Eisenchloride. Eine Steigerung des SO_4-Iongehaltes hat keinen Einfluß. Zwischen p_H-Werten von 6,5—8,5 flocken Eisensalze langsam oder gar nicht aus. Zur Beseitigung von Geschmacksbelästigungen, die auf die Anwesenheit huminartiger Stoffe zurückzuführen sind, gibt HURDELBRINK[2] zunächst 1—2 mg/Liter Kaliumpermanganat zu, ehe er die weitere Ausfällung der Schwebestoffe durch Eisensulfat vornimmt. Zur Erzielung einer besseren Ausflockung sieht das amerikanische Patent 1928400 von O. URBAIN die Zugabe polycyclischer Verbindungen, wie Naphthalinsulfonat oder Diphenat, vor. Hierdurch soll den Kolloiden die größte kataphoretische Geschwindigkeit verliehen werden, so daß sie besser mit Aluminiumsalzen oder Eisenchlorid ausfallen.

c) Verwendung von Bleicherden. In der letzten Zeit ist von verschiedenen Forschern die Verwendung von Bleicherden zur Fällung empfohlen worden, da sie billig sind und gemeinsam mit Aluminiumsulfat eine gute Fällung ergeben. Die Praxis hat gezeigt, daß Bleicherde allein nicht zur Fällung ausreicht, es müssen gleichzeitig Aluminium- oder Eisensalze zugegeben werden. Bleicherde hat besonders Tonsuspensionen gegenüber eine große Adsorptionskraft und sinkt schnell zu Boden[3].

SMIT[4] hat Versuche zur Fällung der Tonsuspensionen mit dialysierter und nichtdialysierter Kieselsäure ohne und mit Elektrolyten mit gutem Erfolg durchgeführt.

Im Gegensatz zur Trinkwasserversorgung sind diese Tonsuspensionen bei der künstlichen Anlage von Austernbänken sehr erwünscht, wenn nicht sogar erforderlich. Die Austern sondern einen Schleim ab, mit dem sie die Tonsuspensionen zu Tonklumpen einhüllen. Auf diesen Brocken siedeln sich Bakterien an, die als Nahrung für die Austern dienen.

d) Zusatzmenge und Mischvorrichtungen. Auf Grund seiner Untersuchungen über die Wirkungen verschiedener Einflüsse auf die Vorgänge bei der Ausflockung hat SMITH[5] für die Art der Behandlung folgende 6 Leitsätze aufgestellt:

1. Für jedes Wasser ist eine bestimmte Mindestmenge des Fällungsmittels erforderlich, um die Flockenbildung hervorzurufen. Wird diese Mindestmenge unterschritten, so kann auch die intensivste mechanische Behandlung, z. B. durch Rührwerke, die Flockenbildung nicht erzeugen.

2. Für jedes Wasser ist eine bestimmte Menge Fällungsmittel erforderlich, um das Flockungsoptimum herbeizuführen. Größere oder kleinere Mengen verringern die Wirkung.

3. Das Flockungsoptimum ist bei niedriger Wassertemperatur schärfer abgegrenzt als bei höheren Temperaturen. Am schärfsten ist die Abgrenzung vermutlich dann, wenn das Wasser seine größte Dichte hat.

4. Die Wirkung der Fällungsmittel kann wesentlich erhöht werden, wenn man kurz vor der Zugabe der Fällungsmittel die Wasserstoffionenkonzentration durch Zugabe von Säuren oder Basen ändert.

5. Bei ungenügender Durchmischung des Wassers mit den Fällungsmitteln sind die Verluste an letzteren oft sehr groß.

6. Die vollkommene mechanische Behandlung muß folgende Punkte berücksichtigen:

a) sofortige und gründliche Durchmischung des Wassers mit dem Fällungsmittel. Die Durchmischung mit Luft allein führt oft nicht zum Ziel.

---

[1] BARTOW, BLACK u. SANSBURY: Proceed. Amer. Soc. civil Eng. 1933, **59**, 1529.
[2] HURDELBRINK: Chem.-Ztg. 1934, **58**, 533. Ref. Gesundh.-Ing. 1934, **57**, 363.
[3] SLOCUM: Journ. Amer. Water Works Assoc. 1934, **26**, 645.
[4] SMIT: Journ. Amer. Chem. Soc. 1920, **42**, 400.
[5] SMITH: Journ. Amer. Water Works Assoc. 1933, **25**, 254.

b) Die Flocken müssen genügend lange im Wasser in der Schwebe gehalten werden, damit sie mit einer möglichst großen Wassermenge in Berührung kommen.

c) Vom abgesetzten Schlamm ist ein bestimmter Teil in die Flockungsbecken zurückzuleiten.

Die Zugabe des Fällungsmittels, z. B. des Eisen- oder Aluminiumsulfates, erfolgt in 2—5%iger wäßriger Lösung. Die Zusatzmenge richtet sich nach der Beschaffenheit des Rohwassers, seiner Temperatur und der Einwirkungsdauer. Sie schwankt zwischen 10—50 g/cbm. Um die zur Ausfällung nötige Menge an Chemikalien schnell bestimmen zu können, hat SPALDING[1] einen Apparat konstruiert, der aus sechs Bechergläsern besteht, die alle mit einem Rührwerk versehen sind. Das Wasser wird mit verschiedenen Konzentrationen des Fällungsmittels versetzt und kann verschieden stark gerührt werden. Aus den verbleibenden Trübungen werden Rückschlüsse auf die zuzusetzende Menge gezogen. Die Bestimmung des Koagulierungsmittels mit Hilfe dieses Apparates brachte allein auf dem Wasserwerk Oklahoma eine Ersparnis von RM 20000 jährlich.

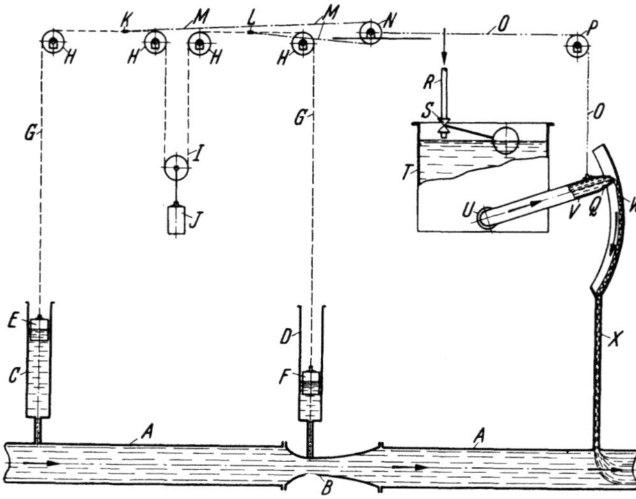

Abb. 44. Von der Zuflußmenge gesteuerte Alaun-Kalkdosierungsvorrichtung nach ARMSTRONG.

Ein besseres Hilfsmittel für die richtige Bemessung des Zusatzes an Chemikalien bietet die Bestimmung des p_H-Wertes; sie hat daher in Wasserwerkslaboratorien immer mehr Fuß gefaßt. (Vgl. Abschnitt „Entsäuerung".)

Auf ihre Wichtigkeit wird in den Betriebsberichten über Fällungsmethoden immer wieder hingewiesen, unter anderen von HAUPT[2] an Hand der Untersuchungen von L. B. MILLER[3] sowie von ALLING[4], der bei ständiger Kontrolle des p_H-Wertes stets die höchste Klarheit, einen geeigneten Säuregrad, gleichmäßige Resultate und dabei höchste Ersparnis an Chemikalien erzielt hat. Auf verschiedenen Wasserwerken wird der p_H-Wert ständig durch eingebaute anzeigende und registrierende Potentiometer kontrolliert, die dem Arbeiter an der Chemikalienzusatzvorrichtung einerseits anzeigen, ob die richtige Menge an Aluminiumsulfat bzw. an Kalk zugesetzt wird und andererseits, ob das endgültig abfließende Wasser den richtigen p_H-Wert hat. Zur dauernden Kontrolle und zum Registrieren des p_H-Wertes hat sich in Wasserwerksbetrieben der mit einer Antimonelektrode arbeitende Apparat zur Bestimmung der Wasserstoffionenkonzentration der Firma F. Lautenschläger in München bereits an verschiedenen Stellen bestens bewährt.

Bei Zugabe zu großer Mengen an Fällungsmittel werden zu große Flocken gebildet, die eine zu lockere Beschaffenheit besitzen und daher leicht zerfallen, so daß sie dann durch die verhältnismäßig großen Filterporen des Kieses der Schnellfilter hindurchgehen. Bei richtiger Fällung besitzen die Flocken eine gewisse Zähigkeit.

Auf vielen Wasserwerken hatte man die zuzusetzende Alaunmenge bisher nach der Trübung berechnet. ARMSTRONG[5] stellte jedoch fest, daß diese keinen

[1] SPALDING: Eng. News-Rec. 1926, **96**, 944. [2] HAUPT: Z. 1927, **54**, 22. [3] MILLER: Publ. Health Rep. 1925, **40 G**, 28. [4] ALLING: Amer. Dyestuff Reporter 1927, **16**, 761. Ref. Wasser u. Abwasser 1927, **24**, 297. [5] ARMSTRONG: Journ. Amer. Water Works Assoc. 1928, **19**, 306.

Maßstab dafür abgibt, da sich trübes Wasser oft leichter reinigen läßt als weniger trübes. In gleicher Weise haben BULL und DARBY[1] um so bessere Reinigungserfolge erzielt, je größer der Gehalt des Wassers an suspendierten Stoffen war. Um ihre Menge zu steigern, gaben sie sogar noch künstlich Schlamm zu.

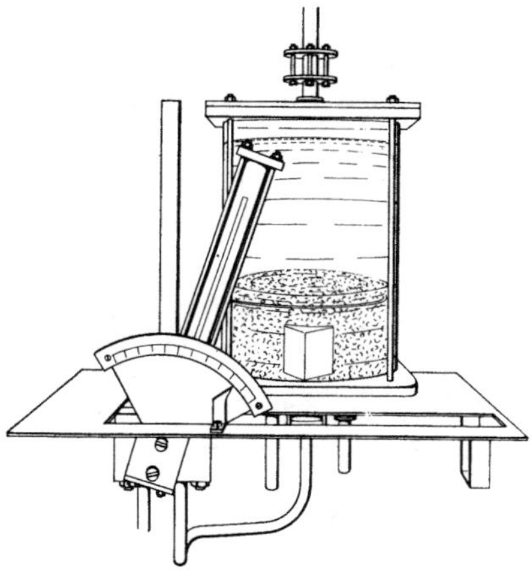

Abb. 45. Dosiervorrichtung für kleinste Mengen zuzusetzender Fällungsmittel der Fa. Bamag-Meguin, Berlin.

Gründliche Durchmischung des Wassers mit dem zugesetzten Ausflockungsmittel setzt die Reinigungskosten infolge Ersparnis an Chemikalien herab, und das Wasser wird für die weitere Behandlung in Absetzbecken und auf Filtern geeigneter. Die Mischung muß so lange durchgeführt werden, bis die Ausflockung beendet ist.

Zur gleichmäßigen Verteilung des Ausflockungsmittels hat man vielfach von den bekannten Mischvorrichtungen, wie vor allem von der Mischrinne, Gebrauch gemacht. JENKS[2] empfiehlt, das Aluminiumsulfat in Wasser zu einer 45%igen, sirupartigen Flüssigkeit zu lösen und dann durch eine in Blei hergestellte Spritzvorrichtung mit Spritzdüsen aus rostfreiem Stahl in dem Wasser zu verspritzen. Über eine sehr praktische Alaun-Kalkdosierungseinrichtung, die ARMSTRONG auf dem neuen, modern eingerichteten Wasserwerk in Baltimore eingerichtet hat, berichtet HAUPT[3]. Die in Abb. 44 dargestellte Vorrichtung gestattet, durch Ausnutzung des in einer eingebauten Venturimeßstelle erzeugten Druckes die zuzugebende Chemikalienmenge genau zu dosieren.

Das Wasser, dem die Lösung zugesetzt wird, fließt durch Rohr *A*, in das eine Staustelle *B* eingebaut ist. Diese dient dazu, einen sich mit der Strömungsmenge ändernden Druckunterschied zu erzeugen. Vor der Stauscheibe *B* ist ein Schwimmerbehälter *C* aufgesetzt, während ein zweiter Schwimmerbehälter *D* auf der engsten Stelle des Venturirohres bei *B* aufgesetzt ist. Die Wasserstände in den Behältern *C* und *D* sind von der Strömungsmenge in Rohr *A* abhängig. Die in den Behältern *C* und *D* vorhandenen Schwimmer regeln durch Seilübertragung jetzt den Zufluß der Lösung aus den Behältern *T* durch die Düse *Q*.

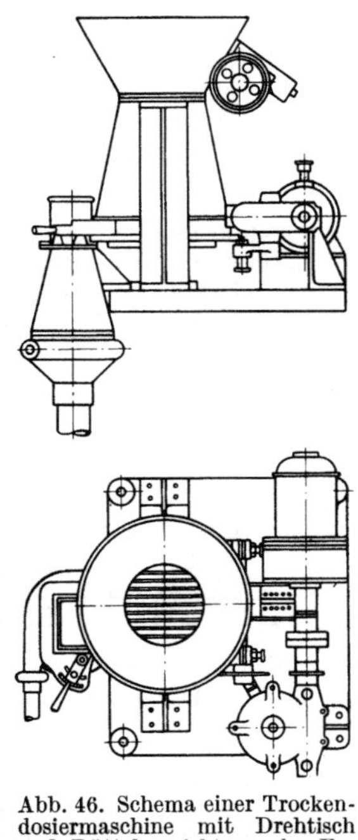

Abb. 46. Schema einer Trockendosiermaschine mit Drehtisch und Rüttelvorrichtung der Fa. Bamag-Meguin A.G., Berlin.

Auf der gleichen Grundlage arbeitende, voll automatische, d. h. nach dem Wasserzufluß sich selbsttätig einstellende Dosierungsvorrichtungen werden in Deutschland von verschiedenen Firmen, unter anderen von der Fa. Bamag-Meguin, Berlin, gebaut. Für kleinere Mengen werden gewöhnlich Naßdosierungen angewandt, die gestatten, die in einem Lösebottich hergestellte Lösung in gleichmäßigem Strome dem Wasser zuzusetzen. Hierbei können zur Einstellung Überfallwehre, kalibrierte Öffnungen, kalibrierte Dosierhähne, Rotamesser usw. angewandt werden. In einem Zwischenbehälter wird zur Einhaltung gleichen Druckes durch einen Schwimmer der Wasserspiegel konstant gehalten, wobei der Zufluß der Fällungsmittellösung aus dem Vorratsbehälter durch ein geeignetes Ventil, das vom Schwimmer aus getätigt wird, gesteuert wird. Abb. 45 zeigt eine Dosiervorrichtung der Fa. Bamag-Meguin für kleinste Mengen zuzusetzender Fällungsmittel.

Sind größere Wassermengen zu verarbeiten, so wendet man besser Trockendosiervorrichtungen an. Die Fällungsmittel werden aus den für mehrere Monate berechneten Vorratsbehältern in die mit Schüttel- oder Klopfvorrichtung zum gleichmäßigen Nachrutschen

[1] BULL u. DARBY: Journ. Amer. Water Works Assoc. 1928, **19**, 284.
[2] JENKS: Eng. News-Rec. 1927, **98**, 97. [3] HAUPT: Mitt. Ver. Großkesselbes. Nr. 22.

versehenen Dosiervorrichtungen abgelassen, die ihrerseits durch einen Wasseranschluß die abgemessene Menge Fällungsmittel dem zu reinigenden Wasser zuführen. Die in Abb. 46 gezeigte Dosiervorrichtung ist eine mit Drehtisch ausgerüstete Maschine, bei der sich die Tischplatte ständig um eine vertikale Mittelachse dreht. Von dem auf der Tischplatte gebildeten Schüttkegel wird bei der Drehbewegung durch ein einstellbares Messer ständig eine bestimmte Menge abgeteilt und in den Spültrichter befördert, wo das gleichzeitig zufließende Wasser das Fällungsmittel auflöst und in das zu reinigende Wasser befördert.

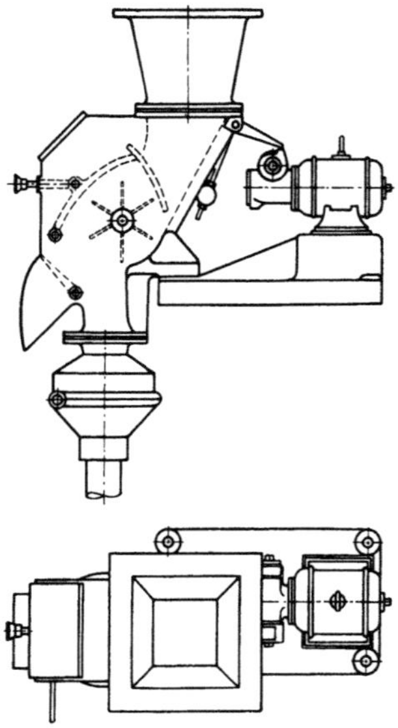

Abb. 47. Schema einer Trockendosiermaschine mit horizontalem Zellenrad und Klopfvorrichtung.

Die in Abb. 47 gezeigte Dosierungsvorrichtung hat unterhalb des Vorratstrichters eine um eine horizontale Welle drehbare, mit Fächern versehene Transportvorrichtung. Die Verbindung zwischen Vorratsbehälter und Förderwelle ist absperrbar und kann für jede beliebige Schlitzweite eingestellt werden. Soll die Trockendosierungsvorrichtung automatisch nach der Wassermenge arbeiten, so erfolgt die Anpassung des Betriebes durch geeignete elektrische Schaltung.

In neuerer Zeit hat sich die ununterbrochen arbeitende „C. P.“-Bandwaage zur Zugabe der trockenen Fällungschemikalien bewährt, da sie nicht wie die bisherigen Zuteilungsvorrichtungen nach dem Volumen, sondern nach dem Gewicht die Chemikalien zugibt. Die Wiegeeinrichtung besteht aus einem endlosen Bande und einem Wiegebalken, der durch ein Hebelgestänge mit einer Rolle unter dem Bande sowie mit einem Schieber in der Auslauföffnung des Zuteilgehäuses in Verbindung steht. In diesem Gehäuse befindet sich außerdem ein Rührwerk, das für eine gute Auflockerung und gleichmäßige Zuteilung auf das Band sorgt. Wie aus der Abb. 48 ersichtlich, ist der horizontale Waagebalken mit einem Laufgewicht versehen, mit dem die minütlich oder stündlich zuzugebende Gewichtsmenge genau eingestellt werden kann. Durch eine vor der Auslauföffnung angebrachte Pendelklappe kann bei Unterbrechung der Materialzufuhr eine Signalvorrichtung in Betrieb gesetzt oder der Antriebsmotor automatisch ausgeschaltet werden. Das Material gelangt aus einem Vorratsbehälter oder durch besondere Zuteilorgane, wie Schnecke, Becherwerk u. dgl., in das Zuteilgehäuse der Waage, in welchem es durch ein Rührwerk, das von unten durch die Getriebetrommel betätigt wird, gut aufgelockert wird. Es fällt dann auf das endlose Band und wird durch die seitliche Öffnung im Zuteilungsgehäuse mitgenommen. Gelangt zuviel Material auf das Wiegeband, so senkt sich das Band. Diese Senkung wird durch Hebelübertragung auf den Schieber in der Auslauföffnung übertragen, der bei Senkung des Bandes mehr geschlossen wird. Gelangt dagegen zu wenig Material auf das Band, so hebt sich die Rolle unter dem Band und der Schieber wird weiter geöffnet. Mit Hilfe eines geeigneten Zählwerkes kann die zugeteilte Materialmenge ständig kontrolliert werden.

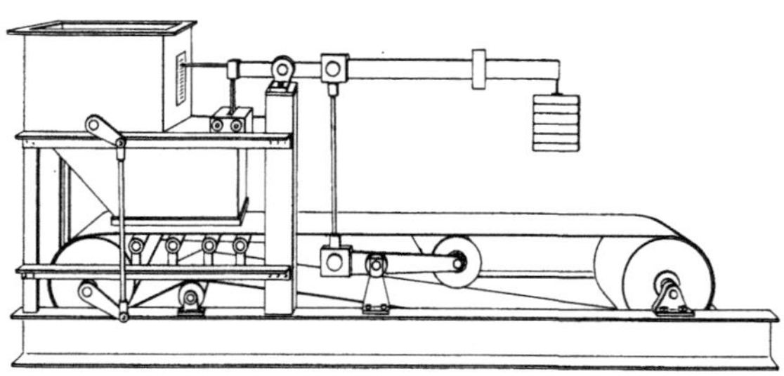

Abb. 48. C. P.-Bandwaage zur ununterbrochenen Zugabe von Fällungschemikalien. (Fa. C. Peters, Hamburg 1, Waldhof.)

Die Mischung von Wasser und Fällungsmittel wird durch ein Becken geschickt, in dem durch den Einbau zahlreicher Leitwände ein kleiner Durchflußquerschnitt und ein langer Durchflußweg vorhanden ist oder in dem das Wasser durch Tauch- oder Stellwände gezwungen wird, beim Durchfluß auf- und abzusteigen. Ferner nutzt man den „hydraulischen Sprung“ aus, der nichts anderes ist als ein Kanalgerinne mit großem Gefälle und abgetreppter Sohle (s. Abb. 49). Der Wassersprung oder die Deckwalze, die beim Übergang des Wassers vom strömenden zum fließenden Zustand entsteht, bildet ein wirksames Mittel, um das Rohwasser mit den Chemikalien zu mischen. Der Mischvorgang ist äußerst schnell und gleichmäßig, und das Wasser wird gut belüftet. Auch den spiraligen Durchfluß durch ein zylindrisches, kreisrundes Becken, in das das Wasser oben seitlich eintritt und in der Mitte der Sohle wieder austritt, kann man als Mischvorrichtung benutzen.

So beschreibt MENKE ein spiralförmig angeordnetes Mischbecken, bei dem das Fällungsmittel in stufenweise übereinander angeordneten Zulaufrohren, die je nach der Zulaufmenge in Betrieb gehen, zugesetzt wird. Eine gute Umwälzung erreicht man auch durch vorsichtiges Einblasen fein verteilter Luft. So erzeugt KAMMANN (DRP. 590170) durch Zuführung von Druckluft eine spiralförmige Umwälzung, wenn er mit Schwermetallhydroxyden ausfällt.

In Abb. 50 ist eine Zumischvorrichtung gezeigt, bei der das aus dem Vorratsbehälter nach Durchgang durch die Dosierungsmaschine zufließende Fällungsmittel durch einen im Zulaufkanal zum Flockungsbecken eingebauten Flügelmischer, den sog. Turbo-Mischer, erfolgt.

Die Mischzeit soll nicht zu kurz sein. Bei Ausflockungen mit Aluminiumsulfat soll das Wasser mindestens 5 Minuten innigst gemischt und dann noch 30 bis 60 Minuten in langsamer Bewegung gehalten werden. Je inniger die Mischung mit dem Fällungsmittel und je länger die Einwirkungszeit ist, um so besser ist die Ausflockung. Besser wird die Mischzeit auf 15 Minuten bemessen, damit sich große Flocken bilden, die sich leicht absetzen und damit alle Kolloide ausgeflockt werden. Hierbei soll die Wassergeschwindigkeit im Aufenthaltsbecken höchstens 15—18 cm/Sekunde betragen.

Abb. 49. Hydraulischer Sprung zur innigen Mischung von Rohwasser mit Fällungsmitteln. Leistung 500 cbm/h.

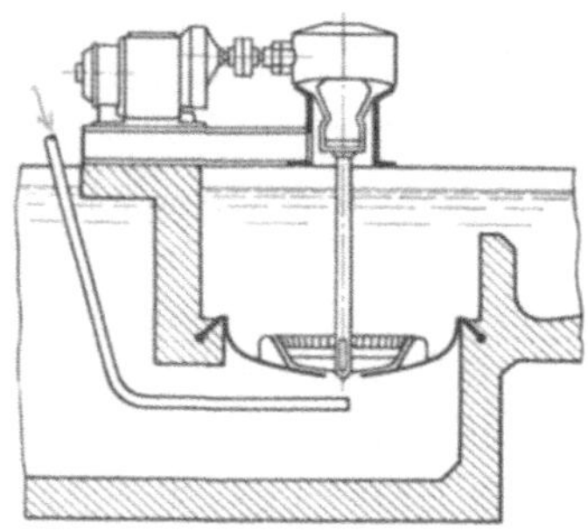

Abb. 50. Schema einer Zumischvorrichtung mit Hilfe eines Flügelmischers (Turbomischer).

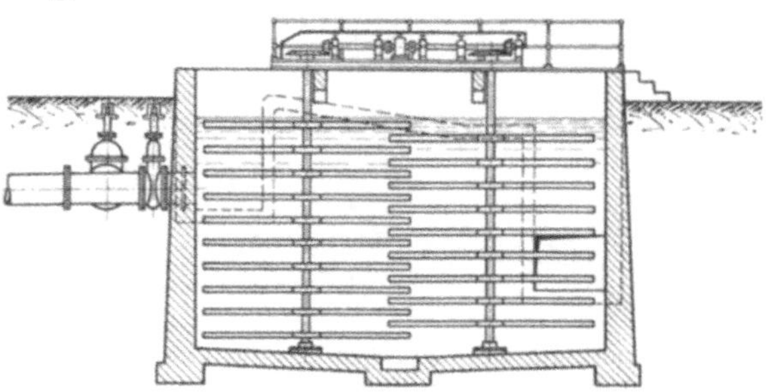

Abb. 51. Koagulationsbeschleuniger mit stehendem zweifachem Rührwerk der Fa. Bamag-Meguin, Berlin.

Nach der gründlichen Durchmischung leitet man das Wasser in die Reaktionsbecken, auch Koagulationsbecken genannt. Diese sind mit Rührwerken versehen. Die in die Flockungsbecken eingebauten Rührwerke werden stehend und liegend gebaut.

Während man in Deutschland mehr stehende Rührwerke, wie sie in Abb. 51 dargestellt sind, findet, werden in Amerika mehr liegende Rührwerke bevorzugt (s. Abb. 52).

SMITH[1] stattet diese Rührwerke mit versetzten Paddeln aus. Der Einbau der Koagulationsbeschleuniger erfolgt zwischen der eigentlichen Mischeinrichtung (Wassersprung, Mischrinne usw.) und dem Absetzbecken. Durch die gleichmäßige langsame Bewegung bilden sich gut zusammenballende Flocken, die sich leicht absetzen. Der Chemikalienverbrauch wird 25–30% geringer. ELRIDGE[2] hat die im Reaktionsbecken eingebauten Paddelräder durch Motor mit veränderlicher Drehzahl angetrieben. Der Motor machte 1,2, 1,8, 2,4 und 3,7 Umdrehungen in der Minute. Die Schnellmischung verkürzte er auf 4 Minuten, gab dann 40 Minuten lang die Mischung zu und ließ dann 65 Minuten absetzen. Der Kraftbedarf zum Antrieb der Paddelräder betrug für 1000 cbm 2,4 kWh.

Abb. 52. Reaktionsbecken mit eingebauten Rührwerken (Flocculator).

Nach den Untersuchungen von HAUPT[3] sollen durch 10 Minuten dauerndes, zunächst schwaches, später stärker werdendes Rühren, die vorher feinen, nur langsam sich absetzenden Flocken in grobe, schnell absetzbare Flocken umgewandelt werden. Durch solche Behandlung konnte die Absetzzeit um 25% verringert und der Reinigungsgrad um 100% erhöht werden.

Aus den Reaktionsbecken fließt das Wasser in Absetzbecken oder Niederschlagsbecken, in denen sich der Schlamm mit den ausgeflockten Stoffen vom Wasser trennt. In neuerer Zeit verbindet man beide Becken in der Weise miteinander, daß man in die erste Hälfte

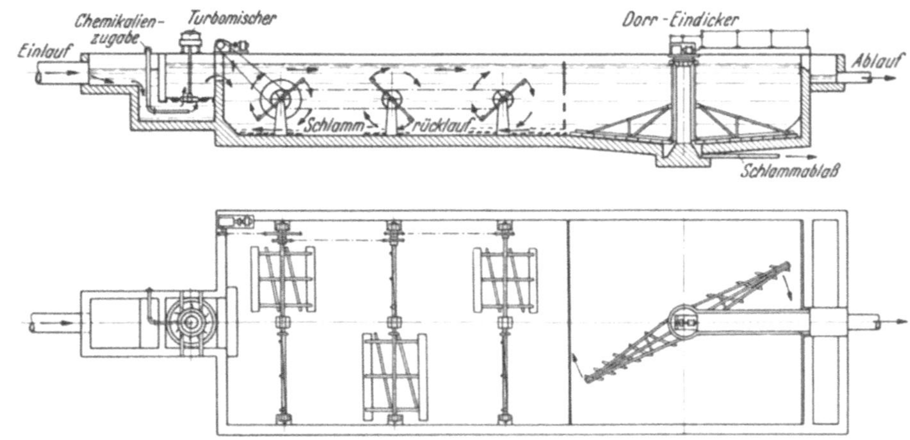

Abb. 53. Vollständige Anlage zur chemischen Fällung (Vorbehandlung), bestehend aus der Chemikalienzugabe, Turbomischer (Dorrco-Mischer), einem Reaktionsbecken mit eingebauten Rührwerken (Flocculators) und einem Absetzbecken (Dorr-Eindicker).

der Absetzbecken zur besseren Ausflockung sich langsam drehende Rührwerke (siehe Abb. 53) einbaut und die zweite Hälfte als Absetzbecken ausbaut.

Zur Ersparnis an Chemikalien wird die Sedimentation auch in zwei Stufen durchgeführt. In der ersten Stufe werden die grobdispersen Schwebestoffe durch einfaches Absetzen abgefangen und in der zweiten Stufe mit Hilfe von Chemikalien die hochdispersen Kolloide. Während die groben Flocken sich bald absetzen, brauchen die feinen längere Zeit, so daß in den seltensten Fällen ein Oberflächenwasser durch mechanische und chemische Klärung in Absetzbecken genügend rein für Trinkwasserzwecke wird. Deshalb werden die restlichen feinen

---

[1] SMITH: Brit. Patent 407807 vom 16. März 1932. [2] ELRIDGE: The Surveyor 1936, Nr. 2328, 268. [3] HAUPT: Wasser u. Gas 1932, 22, 566.

Flocken auf Schnellfiltern abgefangen. Die Filter bedürfen oft einer mehr oder minder langen Einarbeitungszeit, doch kann man diese abkürzen, wenn man durch gesteigerten Zusatz von Fällungsmitteln zunächst auf den Schnellfiltern eine dichte Filterhaut von Aluminium- oder Eisenhydroxyd erzeugt, dann den verstärkten Fällungsmittelzusatz einstellt

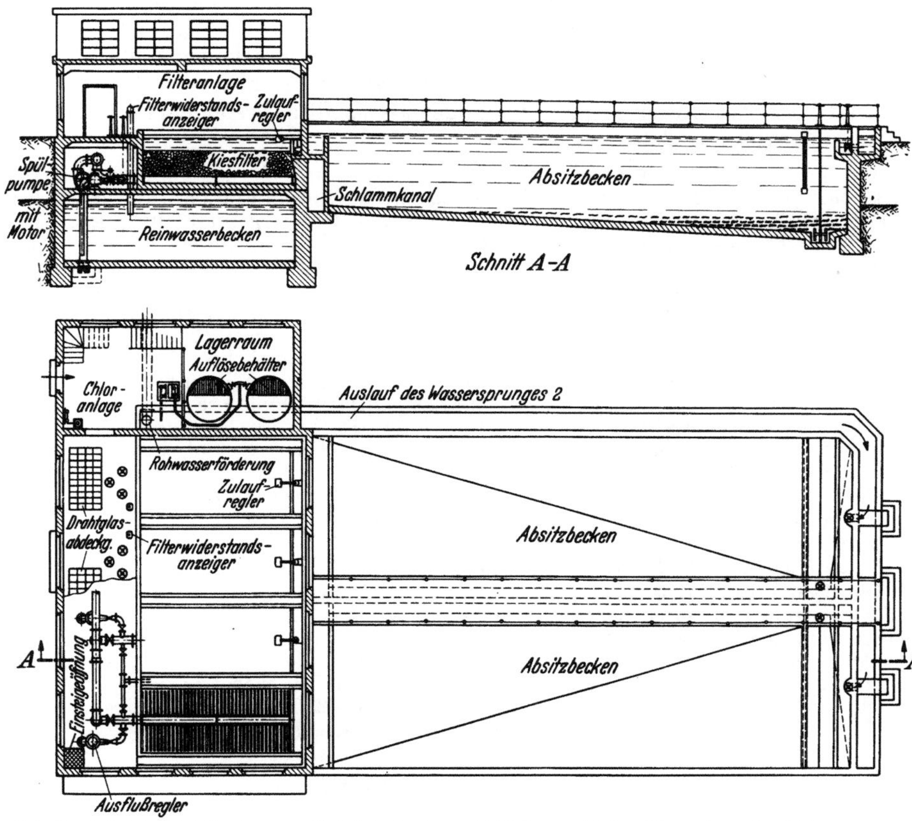

Abb. 54. Schema einer Rohwasseraufbereitungsanlage mit Fällungsmitteln, Mischanlage durch Wassersprung, Absetzbecken, Schnellfilteranlage und Reinwasserbecken.

und ohne diesen weiter filtriert. Abb. 54 zeigt eine vollständige, aus Fällungsanlage, Mischvorrichtung durch Wassersprung, Absetzbecken und Filter bestehende Reinigungsanlage.

IV. Reinigung durch Filtration.

Die Filtration hat den Zweck, die feinen Schwebestoffe, sowie die im Wasser enthaltenen pflanzlichen und tierischen Organismen aus dem Wasser zu entfernen. Die sonst in der chemischen Industrie gebräuchlichen Filter in Form von Filternutschen, Filterpressen, Vakuum- oder Zellenfiltern, werden bei der Trink- und Brauchwasserreinigung nur in seltenen Fällen angewandt. Wegen der meist nur geringen Leistungsfähigkeit, berechnet auf die zur Verfügung stehende Filterfläche, kommen diese Filterarten bei den großen zu verarbeitenden Mengen nicht in Betracht. Die meist großen Anschaffungs- und Betriebskosten machen diese Filter in der Wasserreinigungspraxis unwirtschaftlich. Ferner fehlt diesen Filtern der durch die biologischen Rasen bewirkte Abbau gelöster Stoffe. Baumwolltücher, die eine ausgesprochene Adsorptionswirkung äußern können, unterliegen ebenso wie reine Wollfilter- und Leinentücher durch die sich in ihnen festsetzenden und leicht in Fäulnis übergehenden Stoffe sehr dem Verschleiß.

Man macht daher in der Wasserfiltrationstechnik mehr von der Filtration durch Filtermassen, wie poröse Steine, Sand- und Kiesfilter Gebrauch. Der am meisten gebrauchte Filterstoff ist Sand, weil er das beste und billigste Material darstellt. Von den übrigen in der Wasserfiltrationstechnik vorkommenden Stoffen, wie Kieselgur, Porzellanerde, Asbest usw., wird höchstens in Kleinfiltern bei der Reinigung kleiner Wassermengen Gebrauch gemacht. Je nach der Korngröße des Filtermaterials unterscheidet man zwischen Grob- und Feinfiltern. Grobfilter dienen gewöhnlich als Vorfilter besonders in den Fällen, wo sie ein Absetzbecken ersetzen sollen.

Bei den Sandfiltern unterscheidet man

a) eine natürliche Bodenfiltration. Bei der natürlichen Bodenfiltration wird Oberflächenwasser durch Sand- und Kiesschichten des gewachsenen Bodens geleitet. Bei dieser haben wir es mit einer waagerechten Filtration zu tun. Man erhält hierbei ein filtriertes Oberflächenwasser, also ein künstliches Grundwasser, d. h. ein mit Grundwasser durchsetztes, filtriertes Oberflächenwasser.

b) Künstliche Sandfiltration. Bei dieser werden die in den natürlichen Sandfiltern sich abspielenden Vorgänge der natürlichen Bodenfiltration künstlich nachgeahmt. Im Gegensatz zu der natürlichen Sandfiltration ist bei der künstlichen Sandfiltration die Filtrationsrichtung eine senkrechte. Während bei den natürlichen Filtern die Schmutzstoffe im Bodenfilter bleiben und hier durch Mikroorganismen allmählich abgebaut werden, sammeln sich die Schwebestoffe auf der Oberfläche des künstlichen Filters an, werden hier festgehalten und bilden eine schützende Decke, welche selbst als Filter wirkt und die Schwebestoffe besser als der Sand zurückhält.

Die Filtrationswirkung eines natürlichen oder künstlichen Filters ist abhängig von

1. der Beschaffenheit der Boden- bzw. Sandschicht,
2. der Höhe der Filterschicht,
3. der Schnelligkeit der Wasserbewegung.

Die Boden- bzw. Sandschicht soll eine bestimmte Gleichmäßigkeit besitzen. Der Gleichmäßigkeitsgrad wird durch den prozentualen Anteil der verschiedenen Korngrößen des Bodens bzw. der Sandschicht festgestellt, der in Kurven aufgetragen wird, die sich einer Idealkurve möglichst nähern sollen. Weiter hat Dunbar die Begriffe des Gesamtporenvolumens, der Wasserkapazität und Luftkapazität eingeführt, wobei er von der Ansicht ausgeht, daß ein Boden mit einer Luftkapazität von 20—25% und einer Wasserkapazität von 15—20% sich für die Bodenfiltration besonders gut eignet.

A. Natürliche Bodenfiltration.

Von der natürlichen Bodenfiltration machen alle mit uferfiltriertem oder künstlichem Grundwasser arbeitenden Wasserwerke Gebrauch. Die stärkste Anwendung findet sie im rheinisch-westfälischen Industriegebiet.

Hier wird das Ruhrwasser, das in Anreicherungsbecken vorgereinigt ist, durch den im Flußbett gewachsenen Kies geleitet und es entsteht so ein künstliches Grundwasser. Bei der Uferfiltration wird das Flußbett, das sich mit einer Schlammfilterhaut bedeckt, als Infiltrationsfläche gebraucht (s. S. 33). Der Filtrationserfolg ist von der Verschmutzung des Vorfluters und von der Häufigkeit der Hochwässer abhängig. Die im Flußbett sich bildende Filterhautschicht setzt sich durch die in ihr abgelagerten Schlammstoffe allmählich zu und muß von Zeit zu Zeit beseitigt werden. Künstliches Aufreißen mit Eggen kann immer nur ein kurz wirkender Notbehelf sein. Besser wirken Hochwässer, die den gesamten Schlamm abführen. Bei ihrem Ausbleiben setzt die Reinigung zu lange aus. Man hat versucht, durch Spülwellen, die nach Ablassen des eigenen Staues aus dem möglichst nahe oberhalb liegenden Stau kamen, eine Reinigung der Flußufer herbeizuführen. Diese Spülwellen haben einen guten Erfolg, wenn das über dem dichtenden Schlamm stehende Wasser möglichst weitgehend abgelassen ist und die Spülwellen selbst genügend groß und stoßartig kommen, so daß sie auch eine genügende Spülwirkung äußern können. Werden diese beiden Bedingungen nicht erfüllt, so steht der Erfolg meistens in keinem Verhältnis zu den für diesen künstlichen Spülvorgang aufgewandten Kosten.

Um sich unabhängig von der Filterfläche des Ufers zu machen, hat man die künstliche Grundwasseranreicherung durch Anlage von Infiltrationsbecken, Sickerbecken, Anreicherungsbecken oder durch Bodenberieselung dort eingeführt, wo keine deckende Lehmschicht vorhanden ist. Diese Becken werden in der Nähe des Flusses angelegt und reichen mit ihrem Boden bis in den natürlichen gewachsenen Filtrationsboden, z. B. in die Kiesschicht. Zum Schutze der die Reinigung bewirkenden Kiesschicht geht das Wasser erst durch eine 1 m starke Sandfilterschicht, welche die Hauptmenge der Schwebestoffe zurückhält. Würden letztere in die Filterschicht hineingelangen, so könnten sie hier große Schwierigkeiten, vor allem Verschlammungen, Geschmacksbelästigungen usw. bereiten. Führt der Vorfluter sehr große Schlammengen, so empfiehlt sich eine weitgehende Vorbehandlung des Rohwassers mit Chemikalien oder eine Vorfiltration. Das durch natürliche Bodenfiltration gewonnene Wasser gleicht in seiner Zusammensetzung sehr dem Flußwasser, aus dem es stammt. Auf den Keimgehalt ist besonders zu achten, der besonders nach Hochwässern, wenn die schützende Filterhaut fortgespült ist, ansteigt. In diesen Fällen muß eine besonders sorgfältige Desinfektion betrieben werden.

B. Künstliche Sandfiltration.

Die Wirkung der künstlichen und natürlichen Sandfiltration beruht in erster Linie auf einer Adsorption der Stoffe auf der Oberfläche des Filtermaterials. Daneben laufen biologische Vorgänge, die einen Abbau dieser adsorbierten und der im Wasser gelösten organischen Stoffe bewirken. Es spielen sich im Filter demnach folgende Hauptvorgänge ab:

1. Mechanische Absiebung der Suspensionen. Durch dieses Absieben setzen sich die Poren immer mehr und mehr zu. Es bildet sich auf dem Filtermaterial eine dichte zusammenhängende Filterhaut, welche die Bakterien zurückhält. Wird diese Filterhaut und die unmittelbar unter der Sandoberfläche, dem Auge rein äußerlich verschmutzt erscheinende Sandschicht entfernt, so dringen leicht Bakterien durch das Filter. Die Leistung des Filters, besonders in bakteriologischer Beziehung, wird so lange mangelhaft sein, bis die Verdichtung der oberen Schicht wieder hergestellt ist. Dieser Fall wird stets beim Reinigen der Filter auftreten. Es vergehen immer mehrere Tage, bis die Nachwirkungen vorüber sind.

2. Die sich um das Filtermaterial durch Ablagerung von feinsten, organischen und anorganischen Schwebestoffen bildende gallertartige Filterhaut stellt eine klebrige, oft auch tonige Masse dar. In ihr entwickeln sich Bakterien, Fadenbakterien, Algen und Protozoen, die dann die für die Reinigung des Wassers notwendigen biologischen und biochemischen Reaktionen durchführen. Hierbei werden nicht nur die adsorbierten, sondern auch die gelösten Stoffe abgebaut. Wenn auch die Kenntnisse über die bei der Filterung vor sich gehenden biologischen und biochemischen Vorgänge noch sehr gering sind, so nimmt man doch zur Zeit an, daß der Filtersand eine Ruhestelle oder einen Stützpunkt für eine ganze Anzahl verschiedener Lebewesen bildet, die recht eifrige Bakterienfresser sind. Die Bakterien können aber auch aus Nahrungsmangel oder unter dem Einfluß der Oxydationsvorgänge absterben. Eine ganze Reihe organischer und anorganischer Stoffe wird oxydiert. So wird freies Ammoniak in Nitrat übergeführt, Eiweißstoffe werden unter Bildung von freiem Ammoniak, das später in Nitrat übergeht, abgebaut. Es findet in den Sandfiltern ein starker Sauerstoffverbrauch statt. Auch das besonders in Langsamfiltern beobachtete Verschwinden von Geruch und Geschmack kann auf Oxydationsvorgänge zurückgeführt werden. Durch Ausschaltung des atmosphärischen Sauerstoffs im Wasser oder durch Zuführung von giftigen Stoffen, wie z. B. gewissen Desinfektionsmitteln, Kupfersulfat oder verschiedenen organischen Giften werden die Mikroorganismen abgetötet und damit auch die Wirksamkeit der Filter aufgehoben.

Die Filtergeschwindigkeit wird bestimmt durch die Strecke, um welche die auf der Oberfläche des Filters stehende Wasserschicht in der Zeiteinheit absinkt. Die Durchwanderungsgeschwindigkeit ist demnach z. B. bei 33% Porenvolumen dreimal so groß als die Filtrationsgeschwindigkeit.

Korngröße des Filtersandes. Für die Filtration ist in erster Linie die Korngröße des Sandes von Bedeutung, ferner spielen das Porenvolumen, die Capillarität des Sandes, sowie der Widerstand, welchen der Sand der Bewegung des Wassers entgegensetzt, eine Rolle. Die Korngröße wird durch Siebe von bekannten Maschenweiten bestimmt. In Deutschland gibt man die Korngröße nach dem Durchmesser an, in Amerika hat man nach den alten Vorschlägen von Hazen von 1892 den Begriff der „wirksamen Korngröße“ und den „Gleichförmigkeitsgrad“ eingeführt. Unter der wirksamen Korngröße einer Sandprobe ist diejenige Siebweite (z. B. 0,5 mm Durchmesser) verstanden, welche dem Gewicht nach 10% des Sandes durchfallen läßt und 90% zurückhält. Diese Auslegung geht von der Ansicht aus, daß 10% eines feinen Sandes in einem Filterbett die gleiche Wirkung haben wie 90% eines groben Sandes. Unter „Gleichförmigkeitsgrad" versteht man das Verhältnis der wirksamen Korngröße zur mittleren Korngröße; letztere entspricht der Siebweite, die 40% des Sandes zurückhält und 60% durchfallen läßt.

Ein Sand liefert nun ein um so keimfreieres Filtrat, je feinkörniger er ist. Es bildet sich auf Filtern mit feinem Sand viel schneller eine Haut als auf Filtern mit grobem Sand, in den die Schmutzteilchen viel tiefer eindringen. Zur Erzielung einer gleichen Wirkung braucht daher bei einem feinen Sande die Filterschicht nicht so hoch zu sein wie bei einem groben Sande. Die Filtrationsgeschwindigkeit läßt bei sehr feinen Sanden aber ziemlich schnell nach. Grober Sand läßt sich auch viel leichter reinigen. Für ein an sich klares Wasser (z. B. Seenwasser) ist feiner Sand, für trüberes Wasser gröberer Sand besser. Die Filtrationsschichten müssen dann aber dicker sein.

Wie die Korngröße ist auch die Gleichförmigkeit eines Sandes von Wichtigkeit; je gleichmäßiger ein Sand ist, um so gleichmäßiger ist auch das Filtrat. Nach KÖNIG[1] läßt sich eine gute Wirkung erzielen, wenn die wirksame Korngröße zwischen 0,17 und 0,43 mm, der Gleichförmigkeitsgrad zwischen 1,4 und 4,7 liegt; er empfiehlt, über diese Grenzen nicht hinauszugehen. Im allgemeinen hat sich eine wirksame Korngröße von 0,35 mm bewährt.

Beim Betrieb von künstlichen Sandfiltern ist zu berücksichtigen, daß der Sand von Zeit zu Zeit gewaschen werden muß, wobei feinere Anteile des Sandes mit fortgespült werden. Es muß daher nach mehrmaliger Wäsche feinkörniger Sand zugegeben werden.

Da die wirksame Korngröße und auch der Gleichförmigkeitsgrad, die beide in Deutschland wenig angewandt werden, nur ein unvollständiges Bild von der physikalischen Beschaffenheit des Sandes geben, so schlagen WICHERS und JACOBS[2] vor, als Maßstab für die Filtrationsfähigkeit eines Sandes folgendes einzuführen:

1. die Oberfläche S der Sandkörner pro Raumeinheit des dicht (wie im Filter) gelagerten Sandes (also Quadratzentimeter/Kubikzentimeter) und

2. den gesamten Hohlraum V zwischen den Sandkörnern pro 1000 Körner des dicht (wie im Filter) gelagerten Sandes (also Kubikzentimeter pro 1000 Körner).

Sie begründen diesen Vorschlag damit, daß bei der Filtration die biologische Wirkung der Organismen von der Größe der Oberfläche, auf der sie sich entwickeln können, abhängt. Außerdem spielen Oberflächenspannungen bei der Filterung eine Rolle. Die Wirkung der Rückspülung ist in großem Maße von der Oberfläche der Sandkörner abhängig. Je kleiner die einzelnen Hohlräume zwischen den Sandkörnern sind, um so inniger kommt das durchsickernde Wasser mit den Organismen in Berührung. Je kleiner also V ist, um so besser ist die Filterwirkung, aber um so schlechter die Wirkung der Filterspülung. Das Porenvolumen und die Größe des Wasseraufsaugungsvermögens können nach den bei Bodenproben üblichen Verfahren bestimmt werden.

BACH[3], der die schon von DUNBAR beobachtete Abhängigkeit der Leistungsfähigkeit eines Filters von dem richtigen Verhältnis des Poreninhaltes und des Wasserhaltungs- und Wasseraufnahmevermögens von Sand zum Kies im Filtergut bestätigt, hat einen Apparat zusammengestellt, mit dem er feststellt:

1. den Poreninhalt. Je gleichmäßiger der Durchmesser des Kornes ist, desto größer ist der Poreninhalt.

2. das Wasseraufnahmevermögen; das ist jene Wassermenge, die ein bereits gefülltes Filter nach Leerlauf abermals aufzunehmen vermag.

3. das Wasserhaltungsvermögen; dieses entspricht der Wasserkapazität nach DUNBAR. Er bezeichnet damit diejenige Wassermenge, die nach Leerlauf eines Filters in diesem zurückbleibt und gleich ist dem Poreninhalt vermindert um das Wasseraufnahmevermögen.

---

[1] KÖNIG: Verunreinigung der Gewässer, Bd. 1, S. 114. Berlin: Julius Springer 1898.
[2] WICHERS u. JACOBS: Journ. Amer. Water Works Assoc. **1932**, **705**.
[3] BACH: Gesundh.-Ing. **1923**, **46**, 300.

Der zur Bestimmung des Poreninhaltes, des Wasserhaltungs- und des Wasseraufnahmevermögens von Sand und ähnlichen Materialien dienende Apparat nach BACH ist in Abb. 55 dargestellt.

Die etwa 1 Liter fassende Glaskugel A ist oben offen, am unteren Ende mit einem Stückchen Gaze zur Zurückhaltung des Sandes überbunden. An dieses untere Ende wird vermittels eines Stückchens Kautschukschlauches das Ansatzstück H Glas an Glas befestigt. Dieses mit den eingeschliffenen Glashähnen h_1 und h_2 versehene Ansatzstück ist ebenfalls vermittels eines Kautschukschlauches mit dem Trichterrohr F verbunden. Das untere Ende des Ansatzstückes an der Trichterrohrseite ist bürettenartig mit Quetschhahn und Ablaufspitze zur Einstellung des Nullpunktes im Trichterrohre ausgebildet. Dieses ist in seinem zylindrischen Teile so in 100 ccm eingeteilt, daß der Nullpunkt der Teilung sich oben befindet und die Menge des abgelassenen Wassers nach unten abgelesen wird. Unter das nach abwärts gerichtete Ende des Ansatzstückes H wird ein Meßkolben gestellt, der je nach dem Wasseraufnahmevermögen des Sandes 200 oder mehr ccm faßt. Die obere Öffnung der Kugel ist mit einer Einfüllmarke versehen, die sich bei dem zusammengestellten Apparate in derselben Höhe wie der Nullpunkt der Teilung auf dem Trichterrohre befinden soll.

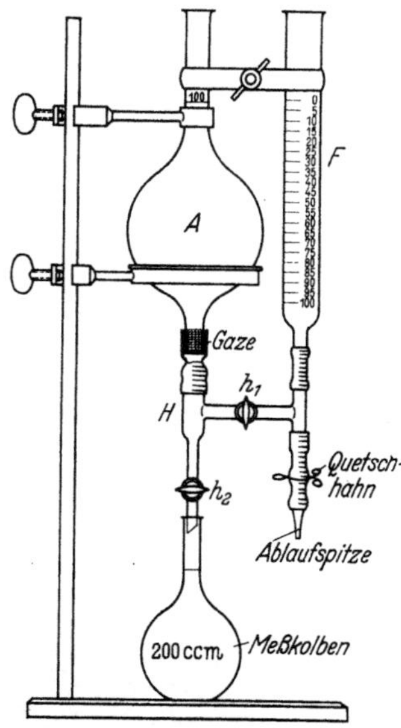

Abb. 55. Apparat zur Bestimmung des Poreninhalts, des Wasserverhaltungs- und des Wasseraufnahmevermögens von Sand und ähnlichen Materialien nach H. BACH (Ges. Ing. 1923, **46**, 300).

Unter Benutzung der in der Orginalarbeit angegebenen verschiedenen Formeln lassen sich mit dem Apparate bestimmen: Der Poreninhalt, das Wasseraufnahmevermögen, das spezifische Gewicht und die Sackungsfähigkeit des Sandes.

Im Gegensatz zu BACH bestimmen EINSTEIN und MÜHSAM[1] die Kanalweite von Filtern durch die Bestimmung des Druckes P, der zur Überwindung der Capillarkraft notwendig ist, um das in den Kanälen des Filters enthaltene Wasser auszutreiben: $P = \frac{2s}{r}$, worin s die Capillarkonstante und r den Radius bedeuten. RUOSS[2] schlägt vor, bei Filtersteinen die Porenweite und die Porenzahl aus der Viscositätskonstante einer Flüssigkeit zu bestimmen. — Das größtmögliche Porenvolumen beträgt 0,474%.

Infolge der Verschlammung des Filters wird das Wasserhaltungsvermögen zunächst vergrößert, dann, wenn die Poren durch nicht wasserhaltige Stoffe ausgefüllt sind, verkleinert.

Die Porenweite bedingt die Widerstände, die ein Wasser im Filter zu überwinden hat; mit ihrer Verringerung durch Verschlammung nimmt der Filterwiderstand zu. Zu seiner Messung, durch die man den Zeitpunkt der notwendigen Spülungen festlegen kann, hat man besondere Meßgeräte konstruiert.

1. Langsam- und Schnellfilter.

Die Langsamfilter, die früher fast ausschließlich gebraucht wurden, werden in neuerer Zeit mehr und mehr durch die Schnellfilter verdrängt. Die Gründe hierfür sind mannigfacher Art. Die Langsamfilter benötigen große Flächen, ihre Anlage-, Unterhaltungs- und Betriebskosten sind gewöhnlich verhältnismäßig hoch. Die Anpassungsfähigkeit der Filterleistung an den Wasserbedarf ist mangelhaft. Schnellfilter verlangen wegen der größeren Geschwindigkeiten und kürzeren Laufzeiten eine bessere Überwachung. Langsamfilter haben dagegen eine bessere biologische Wirkung als Schnellfilter. Nach BRUNS[3] beträgt der bakteriologische Effekt bei Langsamfiltern etwa 1000—10000:1, während er bei Schnellfiltern oft nur 10—20:1 beträgt. Dies ist darauf zurückzuführen, daß bei den Schnellfiltern der ad- und absorbierende biologische Rasen, der die Porengröße erheblich herabsetzt und starke biologische Eigenschaften äußert, nur gering ist. Demgegenüber haben aber infolge der meistens vorhergegangenen chemischen Behandlung des Wassers die Schnellfilter eine größere Wirkung auf die darin enthaltenen Farbstoffe. Die Belastung ist bei Schnellfiltern erheblich größer als bei Langsamfiltern. Die Filtergeschwindigkeit soll bei

[1] EINSTEIN u. MÜHSAM: Gas- u. Wasserfach 1922, **48**, 49.
[2] RUOSS: Chem.-Ztg. 1926, **50**, 83. [3] BRUNS: Vom Wasser 1927, **1**, 61.

Langsamfiltern nicht über 100 mm/Stunde gesteigert werden; dies entspricht einer täglichen Leistungsfähigkeit von 2,4 cbm für 1 qm Filterfläche. Bei Schnellfiltern kann sie auf 5—10 m/Stunde gesteigert werden, d. h. die Belastung kann bei den Schnellfiltern bis auf 120—150 cbm/qm gesteigert werden. Wenn auch Schnellfilter sich bei den heutigen, zur Intensivwirtschaft zwingenden Verhältnissen immer mehr einbürgern, haben sie doch die Langsamfilter nicht ganz verdrängen können. So mußte SAVILLE[1] in Hartford mit Rücksicht auf die Bevölkerung, die einen Widerwillen gegen ein mit Chemikalien behandeltes Wasser hat, Langsamfilter anlegen.

EGGER hat vergleichende Versuche über die Wirksamkeit von Langsam- und Schnellfiltern gemacht und festgestellt, daß sie im allgemeinen gleich ist, daß aber der Geschmack bei Schnellfiltern stark verbessert werde. Der schlechte Geschmack bei den Langsamfiltern kann, abgesehen von Algen, oft auf Sauerstoffmangel zurückgeführt werden, der zur Folge hat, daß die biologischen Verhältnisse gestört werden. Der Sauerstoffbedarf ist in den Oberschichten am stärksten, weil hier die größte Menge organischer Stoffe abgeschieden wird und sich ein besonders intensives biologisches Leben entwickelt.

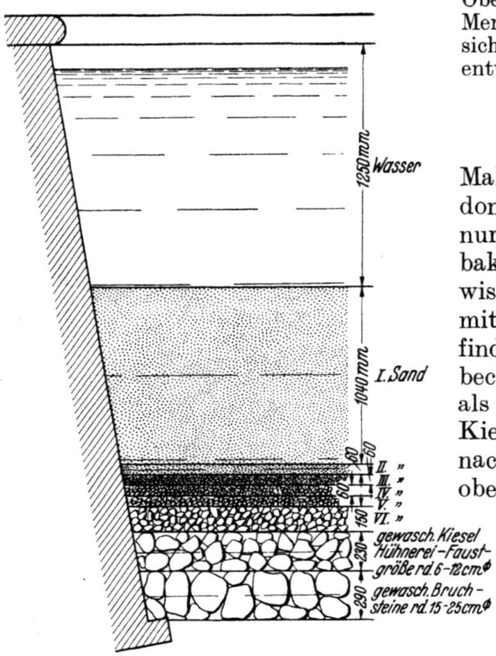

Abb. 56. Schematische Darstellung des Aufbaues eines Langsamfilters (Bremer Wasserwerk).

2. Langsamfilter.

Langsamfilter wurden 1839 zum ersten Male von JAMES SIMPSON auf dem Londoner Wasserwerk verwendet. Er wollte nur das Wasser schönen, da er von den bakteriologischen Verhältnissen noch nichts wissen konnte. Langsamfilter sind große, mit Sohlendrainage und einer darüber befindlichen Sandfilterschicht versehene Filterbecken. Um die Sohlendrainage liegt eine als Stützschicht für den Sand dienende Kiesschicht, deren Korngröße von oben nach unten zunimmt. Das Wasser fließt oben ein, geht durch den Sand und fließt durch die Sohlendrainage ab. Die Filterkammern müssen vollständig dicht hergestellt werden, um Wasserverluste und das Übertreten des Wassers von einer Kammer in die andere zu vermeiden. Ihre Sohle erhält 2—3% Gefälle, um ein vollständiges Ablaufen zu ermöglichen.

Unter Filterfläche versteht man die Größe der meist waagerechten Oberfläche des Filtermaterials. Die Größe der einzelnen Filterflächen bzw. Filterkammern richtet sich ganz nach den örtlichen Verhältnissen, bei Kleinanlagen haben sie eine Filterfläche bis zu 1000 qm, bei mittleren Anlagen eine solche von 1000—2500 qm und bei Großanlagen von 3000—5000 qm. Wo keine örtlichen Beschränkungen auferlegt sind, wählt man die rechteckige oder quadratische Form. Möglichst sollte man 3 Filter der gleichen Fläche vorrätig haben. Zu 4 in Betrieb befindlichen Filtern gehören im allgemeinen 2 Reservefilter und zu 8 und mehr Betriebsfiltern gehören 3 Reservefilter. Filtergeschwindigkeit ist die Ergiebigkeit des Filters in der Zeiteinheit dividiert durch die Fläche. Die Filtergeschwindigkeit ist stets kleiner als die tatsächliche Wassergeschwindigkeit, mit der das Wasser durch die Poren läuft, weil der wirkliche Durchflußquerschnitt (Porenquerschnitt) wesentlich kleiner ist als die Filterfläche. Unter Laufzeit versteht man die Dauer der Tätigkeit eines Filters, von dessen Inbetriebnahme bis zu dem Augenblick, wo das Filter wegen zu starker Verschmutzung ausgeschaltet und gereinigt werden muß.

Als Filtermaterial verwendet man Sand von möglichst gleichmäßiger Korngröße, die sich zwischen 0,5—1 mm bewegen soll. Die Schichthöhe der eigentlichen, filtrierenden Feinsandschicht soll etwa 70—120 cm betragen.

[1] SAVILLE: Eng. News-Rec. 1922, **89**, 390; 1924, **93**, 508.

Die unter dieser Schicht liegende gröbere Sandschicht dient als Stütze; sie ist in der Regel 40—60 cm stark. Die Gesamtsandfilterhöhe beträgt 150 cm und mehr. In Abb. 56 ist der Aufbau eines Langsamfilters mit den verschiedenen Stützschichten schematisch dargestellt.

Für eine gleichmäßige Druckverteilung ist es nötig, daß das filtrierte Wasser in den Reinwasserkanälen, die in der untersten gröbsten Kiesschicht liegen, keinen zu großen Widerstand erfährt und zu viel an Geschwindigkeit verliert. Aus dem Grunde muß man zu enge Reinwasserkanäle vermeiden und muß

1. die Anzahl der Reinwasserkanäle und den Querschnitt derselben tunlichst groß machen,
2. die Länge der Reinwasserkanäle so gering als möglich machen,
3. den Querschnitt des Hauptsammelkanals nach dem Abflußende zu im Verhältnis zu den eintretenden Zweigkanälen allmählich größer werden lassen.

Die Geschwindigkeit in den Reinwasserkanälen soll mindestens 10—15 cm/Sekunde betragen. Der Hauptsammelkanal liegt zweckmäßig in der Mitte (s. Abb. 57). Die Zweigkanäle sollen nicht mehr als 3—6 m auseinanderliegen. Sie sollen eine reichliche Anzahl von Öffnungen für den Eintritt des Wassers haben. Ist die Korngröße in der untersten Kiesschicht klein, so kann man die Entfernung kleiner, ist der Durchmesser der Steine groß, so kann man sie größer wählen.

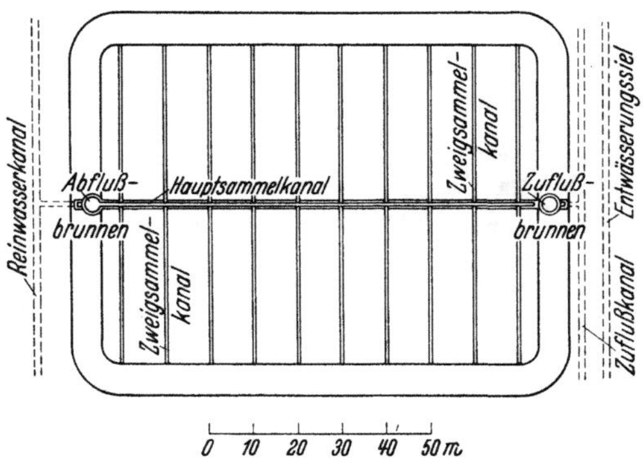

Abb. 57. Grundriß eines Hamburger Filters.

Ob man offene oder überdeckte Filter anwendet, hängt in erster Linie von den örtlichen klimatischen Verhältnissen ab. Genügend hohe, d. h. eine gute Luftzirkulation sicherstellende Überdeckungen haben verschiedene Vorteile. In sehr kalten Gegenden können Eisbildungen dem Mauerwerk und den biologischen Vorgängen in den Langsamfiltern schädlich werden. Überdeckte Filter werden durch Temperaturen wenig oder gar nicht beeinflußt; sie geben also im Winter größere Betriebssicherheit. Sie haben längere Laufzeiten als offene Filter, weil sie gegen Staub und Algenwachstum geschützt sind. In den meisten Fällen genügen einfache Holzüberdachungen mit Oberlichtern und Ventilationseinrichtungen. In Deutschland sind wegen der niederen Temperaturen im Winter allgemein Überdachungen eingeführt. Sie haben sich hier auch gut bewährt. Die an einzelnen Stellen angewandten Überdachungen mit billiger weißer Pappe auf Holzverschalung haben sich nicht bewährt, da sie auf die Eisbildung keinen Einfluß haben.

Neben den Überdachungen der Filter haben sich die Überwölbungen, die meistens aus Ziegelmauerwerk hergestellt werden und auf die dann eine Erdaufschüttung gebracht wird, bewährt, zumal sie einen besseren Temperaturschutz gewähren.

Bei der Inbetriebnahme eines Filters ist folgendes zu beachten:

a) Das angewandte Material muß gut gewaschen werden. Es darf keine tonigen Bestandteile und vor allen Dingen keine organischen Schmutzstoffe enthalten, damit sich keine unangenehmen Zersetzungsvorgänge im Filter abspielen können, die die Ursache übler Geschmacksbelästigungen sind.

b) Die erste Füllung erfolgt langsam von unten mit filtriertem Wasser, um die im Filter vorhandene Luft zu verdrängen. Nur so erreicht man, daß man den Querschnitt möglichst weitgehend ausnutzt. Das erste Filtrat wird unter Umgehung der Reinwasserleitung so lange beseitigt, bis der Keimgehalt unter 100 Keime/ccm liegt. Dieser Zustand tritt bei offenen Filtern oft schon nach 12—18 Stunden, bei bedeckten Filtern wegen des Fehlens des Sonnenlichtes oft erst nach $1^1/_2$—2 Tagen ein. Es bildet sich auf der Oberfläche der Sandschicht der biologische Rasen im Licht schneller.

Der Stand des Wassers soll möglichst auf gleicher Höhe gehalten werden. Die Tiefe des Wassers auf den Filtern soll möglichst so bemessen sein, daß sie

1. stets größer ist als der größte zulässige Filterüberdruck,

2. bei offenen Filtern eine Beschädigung der Sandoberfläche durch Eisbildung im Winter nicht zuläßt.

Aus diesen Gründen sollte die Wassertiefe auf offenen Filtern nicht unter 1 m sein, während sie bei überdachten Filtern etwas geringer sein kann. Der Druckhöhenverlust, das ist der Druckunterschied, der sich durch die Zwischenschaltung des Filters in den kommunizierenden Wasserständen einstellt und daher auch Filter- oder Arbeitsdruck genannt wird, beträgt anfangs nur wenige Zentimeter und wächst während der Laufzeit infolge der schnellen Filterverstopfung. Er soll nicht über 1 m steigen. Um eine gleichmäßige Filtergeschwindigkeit und gleichmäßige Leistung des Filters zu erzielen, bedarf es beim Ansteigen des Filterdruckes einer Regulierung, die bei kleineren Anlagen durch Auf- und Zudrehen eines in die Abflußleitung eingebauten Schiebers erfolgt. Da die Einstellung mit der Hand sehr ungleichmäßig ist, hat man selbsttätige Reguliervorrichtungen gebaut, z. B. den automatischen Filterregler von LINDLEY, der von GÖTZE verbessert zuerst im Wasserwerk von Bremen zur Anwendung kam. Bei ihm wird ein Teleskoprohr durch Schwimmer stets in solcher Lage zum Wasserspiegel gehalten, daß in sein Inneres immer die gleiche Wassermenge fließt. Steigt der Filterdruck, so folgt das Teleskoprohr selbsttätig dem sinkenden Wasserspiegel, ohne daß sich die Abflußmenge verändert. Diese Regler können auch nach dem Venturiprinzip gebaut sein, wie sie z. B. SATTLER und BRÜCHE[1] für die Schnellfilteranlage auf dem Wasserwerk der Stadt Königsberg in Hardershof beschreiben. Abb. 58 zeigt einen Schnitt durch einen derartigen Leistungsregler.

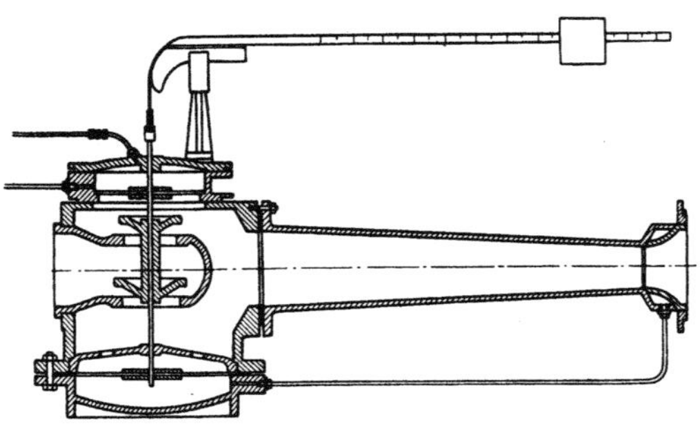

Abb. 58. Leistungsregler der Fa. Bamag-Meguin, Berlin.

Die Langsamfilter eignen sich besonders gut zur Reinigung von verhältnismäßig reinem Rohwasser, wie es z. B. aus großen Seen oder Talsperren gewonnen wird. Ist das Rohwasser stark verschmutzt, so muß es zweckmäßig vorgereinigt werden, da sonst die Laufzeit der Filter zu kurz und die Filtergeschwindigkeit zu gering wird. Als Vorreinigung kommt vor allen Dingen die Behandlung in Absetzbecken mit oder ohne Zustaz von Fällungsmitteln in Frage. Man kann aber auch die doppelte Filtration anwenden, indem zwei Langsamfilter hintereinander geschaltet werden. An anderer Stelle hat man vor die Langsamfilter ein Schnellfilter geschaltet, wodurch die Laufzeit der Langsamfilter oft bis auf das Fünffache verlängert wurde. Wegen der starken Verschmutzung der Langsamfilter müssen größere Reservefilterflächen vorgesehen werden. Da diese oft einen großen Aufwand an Bau- und Betriebskosten verursachen, so muß in jedem Falle geprüft werden, welche Art der Filterung die wirtschaftlichere ist.

Reinigung der Filter. Die Filter setzen sich von den oberen Schichten ausgehend zu. Sie haben sich totgelaufen, wie der Fachausdruck sagt und müssen deshalb von Zeit zu Zeit gereinigt werden. Die Laufzeit der Filter hängt von der Beschaffenheit des Rohwassers, von der Jahreszeit, der angenommenen normalen Filtrationsgeschwindigkeit, dem zulässigen größten Filtrationsüberdruck und der benutzten Korngröße ab. Die Filtrationsgeschwindigkeit schwankt auf den einzelnen Wasserwerken sehr. Sie sollte 100—125 mm in der Stunde (d. i. 2,4—3,0 cbm/qm/24 Stunden) nicht überschreiten. Der Betrieb der Filter

[1] BRÜCHE u. SATTLER: Gas- u. Wasserfach 1931, 74, 102.

bedarf einer dauernden Überwachung, nicht nur in betrieblicher, sondern auch in chemischer, physikalischer und bakteriologischer Beziehung.

Die Reinigung erfolgt in der Weise, daß man zunächst die obere 2—4 cm starke, verschmutzte Schleimschicht mit flachen Schaufeln abhebt und beseitigt. Da aber auch die darunter liegende, etwa 2 cm dicke Schicht noch stark verschmutzt ist, so wird diese Sandschicht ebenfalls mit Hilfe von Schaufeln abgeschält und im Filter in kleinen Haufen zusammengetragen. Dann wird dieses wieder in Betrieb genommen. Nach kurzer Betriebszeit werden dann die nächsten 2—4 cm der stark verschmutzten Sandschichten abgehoben und die obere 10—15 cm tiefe Sandschicht durch Aufharken gelockert und das Filter einige Tage gut durchlüftet. Diese Betriebsweise erfolgt aus dem Grunde, weil bei neu mit Sand gefüllten Filtern die filtrierende Filterhaut gänzlich fehlt und sie sich deshalb langsamer einarbeiten als solche, bei denen nur die obere Schicht entfernt wurde. Erst wenn die Filtersandschicht nur noch die Hälfte ihrer ursprünglichen Dicke, mindestens aber eine Höhe von 50 cm besitzt, muß der gesamte Sand einer intensiven Wäsche unterzogen bzw. ergänzt werden. Der gesamte Sand wird bis auf den Stützkies herausgenommen und gewaschen. Das Filter wird zum Teil mit neuem Sand gefüllt und obenauf eine Schicht des alten, gewaschenen Sandes gegeben, damit sich schnell eine gut adsorbierende Schicht bildet.

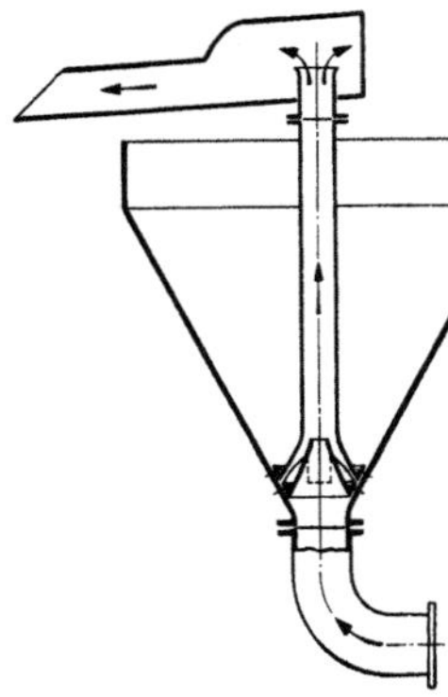

Abb. 59. Schnitt durch den Kasten einer Sandstrahlwäsche.

Zur Reinigung des verschmutzten Filtersandes wendet man verschiedene Maschinen an. Am längsten bekannt ist die KÖRTINGsche Sandstrahlwäsche, die aus einer Reihe trichterförmiger Kästen besteht. Im ersten Kasten wird der schmutzige Sand durch einen Wasserstrahl zu einer schlammartigen Masse angerührt. Diese sinkt im Kasten ab und wird von dort durch einen Wasserstrahlelevator in den nächstfolgenden Kasten gehoben. Durch Abspülen wird jetzt der auf der Oberfläche des Sandes sitzende Schlamm abgetrennt. Das

Abb. 60. Sandstrahlwäsche zum Waschen des Sandes, bestehend aus sieben hintereinander geschalteten Strahlwäschen.

schmutzige Spülwasser fließt über den Rand der Kästen ab, während der spezifisch schwerere Sand nach unten sinkt. Durch Hintereinanderschalten mehrerer Kästen hat man es in der Hand, wieweit man die Reinigung treiben will. Bei den Hamburger Filteranlagen wird der Sand durch Wasserstrahlgebläse 7mal gehoben und dabei gründlich gewaschen. Dieses Verfahren erfordert zwar mindestens dreimal soviel Wasser wie die Drehtrommeln und Wasser von 1—1,5 atü Druck, braucht aber keine Kraft für die Drehung der Trommel. In Abb. 59 und 60 ist eine Sandstrahlwäsche dargestellt.

In letzter Zeit sind die Strahlwäschen vielfach durch Waschtrommeln verdrängt worden, in denen der Sand durch Rührwerke stark durcheinander gewirbelt und mit dem Waschwasser vermengt wird. Bei der in Abb. 61 und 62 dargestellten Excelsior-Filterwaschmaschine wird der Schmutz, der am Sand und Kies haftet, auf dem Wege *a* aufgeweicht. Auf dem Wege *b* wird er abgespült und fließt mit dem Waschwasser ab. Die Waschmaschine besteht aus einem Wasserbehälter mit aufgelagerter Welle, die in der Minute etwa 5 Umdrehungen macht. Im Teile *a* sind Stahlstäbe (Schwerter) auf der Welle angebracht. Im zweiten Teile befinden sich Schöpfräder, welche den gereinigten Sand aus den Behältern über die Zwischenwände hinweg in den nächsten Behälter heben. Der Sand wird im Gegenstrom gewaschen. Zum Waschen benutzt man reines gefiltertes Wasser, um den Sand nicht von vornherein wieder durch schmutziges Rohwasser zu verunreinigen. Durch die langsame Umdrehung wird der Sand weitgehendst geschont, auch kann man den Unterlagekies durch besondere Einrichtungen an der Waschmaschine gleichzeitig ausscheiden. Zum Schlusse wird der Sand aus der Waschmaschine aus dem reinen, fließenden Wasser in schwach tropfendem Zustande ausgeschöpft, während das Schmutzwasser die Maschine am anderen Ende verläßt. In Abb. 63 ist eine automatisch arbeitende Filtersandwäsche der Excelsior-Maschinenbaugesellschaft dargestellt. Die Maschinen müssen genügend groß gewählt werden, so daß sie mindestens den beim Abschlämmen eines Filterbeckens innerhalb eines Tages entstehenden Anfall in einer Zeit von 8 Stunden bewältigen können. Es ist zweckmäßig, die Filter im Sommer zu reinigen, damit man im Winter genügend Fläche zur Verfügung hat.

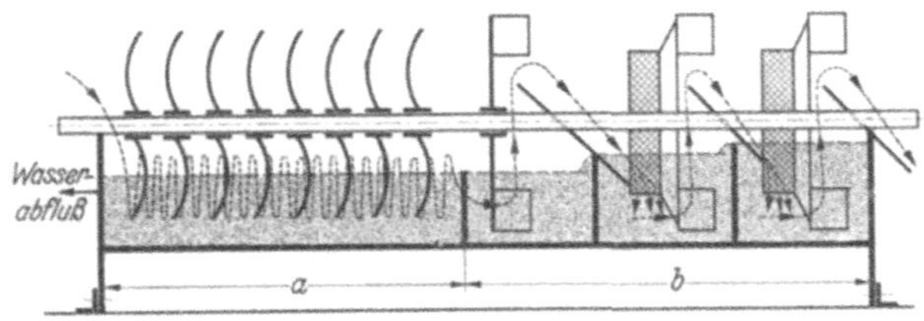

Abb. 61. Schematischer Längsschnitt durch eine Excelsior-Filtersand-Waschmaschine.

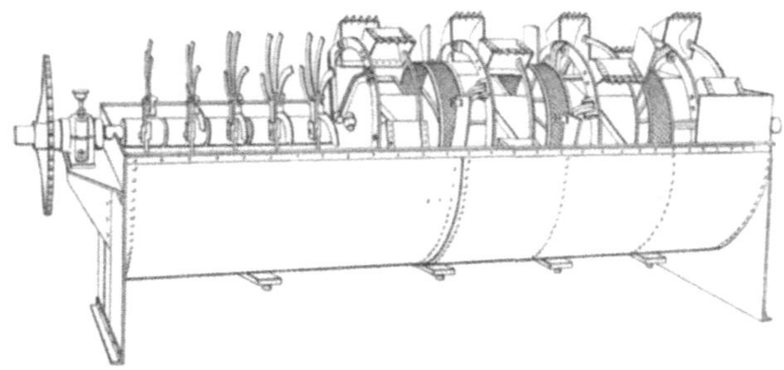

Excelsior - Filtersand - Waschmaschine für mittelstark verschmutzten Filtersand. Type C.

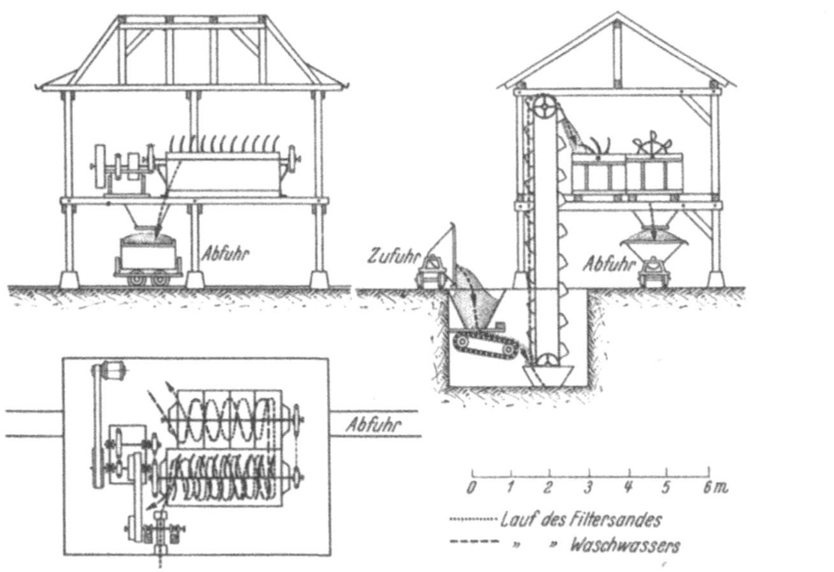

Abb. 63. Aufbau einer automatisch arbeitenden Excelsior-Filtersand-Waschmaschine für eine Leistung von 4 cbm/Stunde für einen sehr stark mit Tonschlamm, Eisen od. dgl. verunreinigten Filtersand.

Der Filterkies oder Filtersand wird erfahrungsgemäß am besten beim Austragen aus den Filterkammern gleich auf die Waschmaschine gegeben und der Sand dann im gewaschenen Zustande gelagert. Der Schmutz wäscht sich leichter ab und der Sand erhält durch die Lagerung eine gute natürliche Belüftung.

Auch zur Reinigung des Filtersandes aus Schnellfiltern haben sich diese Filtertrommeln bewährt. Bei einem Teil der Schnellfilter treten nach einigen Jahren durch Zusammenbacken des Sandes tote Winkel und dergleichen Störungen auf, die am besten durch Waschen in einer Filtersandwäsche beseitigt werden.

Der Kraftverbrauch einer Trommelreinigung, z. B. der Excelsiormaschinen, ist für eine Leistung von 5 cbm in der Stunde ohne Sortierapparat etwa 2 PS, mit Sortierapparat 4 PS. Der Wasserverbrauch für 1 cbm Sand oder Kies beträgt 1—3 cbm Wasser. Dagegen ist der Wasserverbrauch in der Sandstrahlwäsche sehr groß und kann bis auf 18—24 cbm steigen. Er beträgt im Mittel bei 10 m Druckhöhe 20 cbm.

Das von den Sandfängen kommende Wasser ist durch die abgewaschenen Stoffe stark verschmutzt. Es muß durch Sandfänge oder Klärteiche zunächst vom Sand befreit werden, ehe man es in die städtische Kanalisation abläßt. Auf keinen Fall sollte man es in die Flüsse abstoßen. Die Klärteiche müssen so angelegt sein, daß sie die eigene Wasserfassung nicht gefährden. Bei einem hohen Gehalt des Rohwassers an Eisen und Mangan macht sich eine allmählich immer stärker werdende Dunkelfärbung des Sandes bemerkbar, die auch durch Waschen nicht entfernt werden kann. Diese Färbung ist um so schwärzer, je größer der Mangangehalt des Rohwassers ist. Die eintretenden Verstopfungen können durch Behandlung des Sandes mit Säure und gründliches Nachspülen entfernt werden.

Man hat auch versucht, durch Zugabe von Chemikalien die Waschwirkung zu unterstützen. GUY[1] läßt den Sand in einer 2%igen Natronlauge unter Druck stehen und hatte gute Erfolge. Dagegen hatte SWEARINGEN[2] mit Kupfersulfat, Chlorkalk und verschieden starken Natronlaugen (15, 10 und 5%) keinen guten Reinigungserfolg, wohl aber mit 5%iger Salz- und Schwefelsäure, die beide organische Substanzen, Eisen und Mangan gut entfernen.

Bei dem Betrieb der Langsamfilter treten häufig Verstopfungen auf, die mit der gewöhnlichen Filterwirkung nichts zu tun haben. Sie beruhen meistens auf Algenwachstum und lassen sich vielfach leicht durch Zugabe von Kupfersulfat bekämpfen. In neuerer Zeit hat man empfohlen, die Algenbekämpfung in den Filtern durch eine vorherige Behandlung des Wassers mit Chlor vorzunehmen. Ein besonderes Verfahren wendet LOVEJOY[3] an. Er hatte festgestellt, daß die Algen sich hauptsächlich dann zeigten, wenn das Rohwasser sehr klar war. Sobald sich das Flußwasser trübte, schwanden die Algen, weil bei der Trübung das Licht nicht genügend in das Wasser gelangte, wodurch die Lebensbedingungen für die Fortpflanzung der Algen gestört wurden. Auf Grund dieser Beobachtung hat er dann, falls nötig, das Rohwasser durch Aufrühren des Schlammes im Fluß mit Baggern künstlich getrübt. Das Algenwachstum ging daraufhin vollständig zurück.

Verbesserungen an Langsamfiltern, Stufenfilterung. Um die Wirkung der Langsamfilter zu erhöhen, kann man sie vor ihrer Inbetriebnahme mit einer Lösung von 20 kg pro Quadratmeter Aluminiumsulfatlösung beladen, die durch eine schwache Sodalösung in die Tiefe gespült wird. Hierdurch wird die Oberfläche des Filtersandes mit einer Aluminiumhydroxydschicht überzogen, die den im Wasser enthaltenen Kolloiden gegenüber eine sehr gute Adsorptionswirkung äußert. Derartige Filter sind in Lawrence über 10 Jahre in Betrieb und haben in dieser Zeit eine durchschnittliche Abnahme von 90% der organischen Substanz bewirkt. Da aber durch die Soda der biologische Rasen beeinträchtigt wurde, zeigte sich eine geringere Abnahme der Keime. Die Sandwäsche war nicht so häufig nötig wie früher. Über die Zumischung von gepulverter Aktivkohle ist bereits S. 76 berichtet worden. Diese Filter mit einer 3—10 cm hohen Schicht von aktiver Kohle haben sich sehr gut zur Entfärbung von huminhaltigen Wässern unter gleichzeitiger Verminderung der organischen Substanz und auch zur Geschmacks- und Geruchsverbesserung des Wassers bewährt. Die Kosten für die a-Kohle werden mit 0,5—0,7 Rpf./cbm angegeben.

---

[1] GUY: Proc. 6th Annual Meeting Kentucky Tenessee. Amer. Water Works Assoc. 1931, **30**. Ref. Chem. Abstracts 1935, **29**, 4492.

[2] SWEARINGEN: Proc. 6th Annual Meeting Kentucky Section. Amer. Water Works Assoc. 1931, **35**. Ref. Chem. Abstracts 1935, **29**, 4492.

[3] LOVEJOY: Eng. News-Rec. 1928, **101**, 505.

3. Schnellfilter.

Im Gegensatz zu den Langsamfiltern, die als Oberflächenfilter anzusehen sind und daher großen Platzbedarf haben, sind die Schnellfilter Raumfilter. Sie unterscheiden sich grundsätzlich von den Langsamfiltern dadurch, daß man bei ihnen auf die Bildung und Erhaltung einer dichten filtrierenden Schleimschicht keinen Wert legt. Man begnügt sich vielmehr mit einer sich um das einzelne Filterkorn bildenden dünnen Filterhaut, deren Erzeugung man in vielen Fällen noch durch die Zugabe von Fällungsmitteln unterstützt. Die Filter werden im Gegensatz zu den Langsamfiltern, in denen man von den im Filter sich abspielenden biologischen Vorgängen stark Gebrauch macht, nur kurze Zeit betrieben. Sie setzen sich bei der starken Belastung auch viel schneller zu. Ihre Reinigung erfolgt im Filter durch eine gründliche Durchspülung des Filtersandes mit gefiltertem Wasser. Die einzelnen Filterarten unterscheiden sich hauptsächlich durch die verschiedenen Arten der Rückspülung.

Die Schnellfilter sind zunächst aus den Bedürfnissen einzelner Industrien mit außergewöhnlich großem Wasserbedarf entstanden (Papier-, Zuckerfabriken, Färbereien, Brauereien), die eine schnelle Klärung einfachen Flußwassers nötig hatten. Schnellfilter haben sich besonders bei schlammigen, durch Ton getrübten oder durch Huminstoffe gefärbten Wässern, besonders in kälterem Klima bewährt. Ihre Hauptvorzüge gegenüber den Langsamfiltern sind:

1. Schnellfilter beanspruchen nur $^1/_{35}$—$^1/_{50}$ der für Langsamfilter benötigten Grundfläche.

2. Die Reinigung erfolgt, ohne daß der Arbeiter mit dem Sand in Berührung kommt. Bei Langsamfiltern muß der Arbeiter die Filterfläche betreten.

3. Läßt die Filterwirkung nach, z. B. durch Verstopfen der Filterkanäle, so lassen sich Schnellfilter durch die eingebauten Spülvorrichtungen sehr schnell und leicht reinigen. Aus diesem Grunde vertragen Schnellfilter eine viel höhere Belastung und es sind nur verhältnismäßig geringe Reserven erforderlich.

4. In Fällen der Not, z. B. bei Epidemien, ist eine Sterilisation der gesamten Filter möglich.

Das Filtermaterial ist im allgemeinen im Durchmesser größer und gleichmäßiger als bei Langsamfiltern. Der Druck, der in den Langsamfiltern zwischen 0,5—1,0 m schwankt, kann in Schnellfiltern bis zu 4 m betragen. Man unterscheidet offene und geschlossene Schnellfilter. Die offenen Filter werden zuweilen auch Saugfilter und die geschlossenen Druckfilter genannt. Sie lassen sich auch recht gut in eine Druckleitung einschalten. Die offenen Filter arbeiten gewöhnlich mit einem gleichbleibenden Wasserspiegel über den Sandflächen und einem in den Ablauf eingebauten Geschwindigkeitsleistungsregler. Die geschlossenen Filter hingegen werden in eine unter Druck stehende Leitung eingebaut, durch welche eine konstante Wassermenge fließt. Bei den ersteren werden Behälter mit kreisrunder oder rechteckiger Grundfläche verwandt; bei den letzteren dagegen findet man fast ausschließlich kreisrunde, zylindrische aus Schmiedeeisen oder Stahlblech hergestellte Kessel von stehender oder liegender Form. Die Frage, ob man offene oder geschlossene Filter wählen soll, hängt von den einzelnen Betriebsverhältnissen ab.

a) Offene Schnellfilter. Es gibt eine große Anzahl verschiedener Bauweisen, die nicht alle einzeln hier besprochen werden können. Während der allgemeine Aufbau gleich ist, bestehen die Unterschiede zwischen den einzelnen Arten in ihrer Bauweise der Bodenspülung und der Art der Durchwirbelung des Sandes bei der Rückspülung. Offene Schnellfilter werden bei kleineren Wasserdurchsätzen in Form von offenen Kesseln mit runder Grundfläche, bei größeren Ausmaßen aber fast ausschließlich mit rechteckiger Grundfläche gebaut. Während man die kleineren Filter in Schmiedeeisen ausführt, hat sich für die größeren Beton als Baustoff bewährt.

Bei den älteren Filtern, z. B. den Howatson-Filtern, erfolgte die Durchwirbelung des Filtersandes bei der Rückspülung mit Hilfe eines Rührwerkes, das bei der Spülung den Sand harkenförmig aufwirbelte. Bei dem WARREN-Filter und dem JEWELLschen Filter erfolgte die Durchwirbelung der Sandschicht in gleicher Weise durch Rückspülung. Sie unterscheiden sich untereinander hauptsächlich durch verschiedene Bauweise der Rührwerke und die Art der Wasserzu- und -ableitung. Die Durchwirbelung der Sandschicht durch Rührwerke wird aber in neuerer Zeit immer mehr durch Druckluftspülung verdrängt, da der Randeffekt der Rührarme zu stark ist und es zu leicht vorkommt, daß die einzelnen Rührarme brechen. So erfolgt bei den meisten offenen Schnellfiltern neuerer Konstruktion, z. B. den Reisert- bzw. Wabag-Filtern, die Durchwirbelung der Sandschicht bei der Rückspülung durch Druckluft, die durch besondere am Filterboden sitzende Siebköpfe eingepreßt wird.

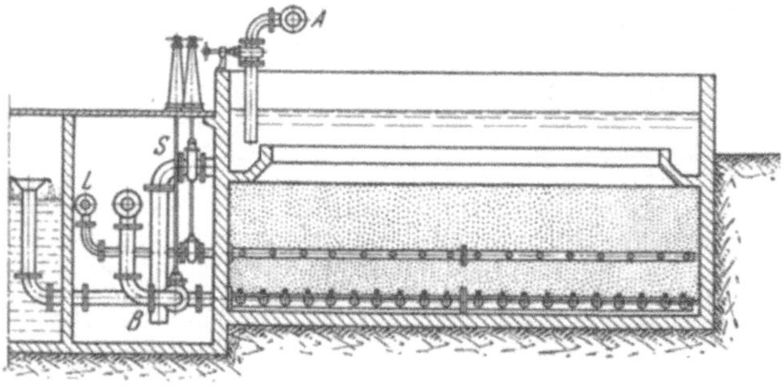

Abb. 64. Offenes Schnellfilter mit Düsenboden, Bauart Reisert u. Co. G.m.b.H., Köln-Braunfels.

Wichtig für den Bau offener Schnellfilter ist vor allen Dingen die Ausgestaltung des **Filterbodens**. Der Boden, auf dem das Sandfilter ruht, muß derart beschaffen sein, daß eine gleichmäßige Beanspruchung der Filterfläche, sowohl bei der Filtration als auch bei der Spülung gewährleistet ist.

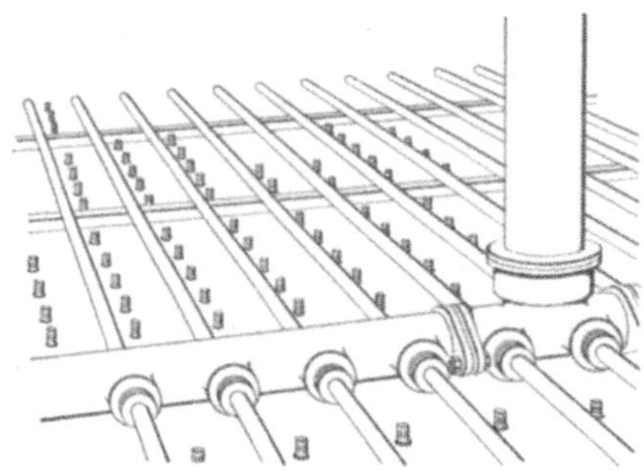
Abb. 65. Luftverteilungssystem oberhalb eines in Magerbeton eingebetteten Wasserverteilungssystems. Filter mit Wasser-Luft-Spülung. System Bamag-Meguin, Berlin.

In Abb. 64 ist ein offenes Schnellfilter mit Düsenboden der Bauweise REISERT dargestellt. Ist infolge zunehmender Verschlammung des Filters eine Reinigung des Filters nötig, so wird zunächst der Zufluß des Rohwassers A abgestellt. Dann wird die Spülleitung B geöffnet und das Spülwasser durch die Düsen gleichmäßig unter dem Filtermaterial verteilt. Gleichzeitig wird die Luftzuführung L vom Gebläse oder Ejektor kurze Zeit geöffnet, so daß auch Luft zur Unterstützung der Spülwirkung in das Filtermaterial eintritt und dieses in der ganzen Höhen- und Flächenschichtung in starker Wallung hält. Der Entschlammungsschieber S wird geöffnet, so daß der vom Spülwasser mitgenommene Schlamm mit in den Abflußkanal fortgespült wird. Tritt kein Schlamm mehr aus, sondern nur noch klares Spülwasser, so ist die Spülung beendet. L und B werden geschlossen und das Filter ist wieder betriebsfertig. Die Leistung eines offenen Filters ist konstant, da bei zunehmender Verschlammung der Wasserspiegel im Filter steigt und damit den Widerstand ausgleicht. Beim Anschluß mehrerer Filter an eine gemeinsame Rohwasserzuleitung übernehmen die eben gespülten Filter infolge des geringeren Widerstandes eine größere Leistung, so daß es sich empfiehlt, Geschwindigkeitsregler einzubauen.

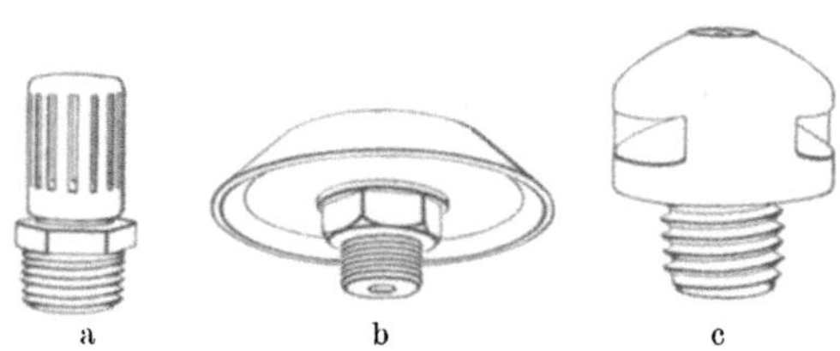

Abb. 66. Verschiedene Filterdüsen der Fa. Bamag-Meguin, Berlin.

Die verschiedenen Bauarten der Filter unterscheiden sich hauptsächlich durch die verschiedenen Arten der Luft- und Wasserzuführung und hauptsächlich durch die verschiedenen Arten von **Düsenköpfen**. Abb. 65 zeigt ein Luftverteilungssystem eines Filters mit Luft-Wasserspülung der Fa. Bamag-Meguin, das oberhalb des in Magerbeton eingebauten Wasserverteilungssystems eingebaut ist. Die Düsenköpfe müssen dem jeweiligen Zwecke und der Wasserbeschaffenheit angepaßt sein. Die Wirkung der Düse liegt in der Abmessung der Düse selbst und nicht allein in der verschiedenen Ausbildung der nur als Strahlbrecher wirkenden Haube.

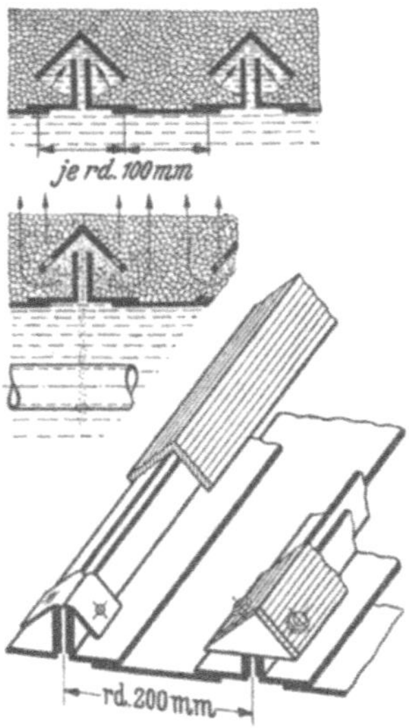

Abb. 67. Filterboden nach KOLIBAY.

Abb. 66 zeigt verschiedene Filterdüsen der Fa. Bamag-Meguin, Berlin. Der in *a* gezeigte Düsenkopf mit kalibrierter Bohrung und aufgepreßter geschlitzter Kupferhaube verteilt das Wasser nach allen Seiten gleichmäßig. Form *b* hat einen ringförmigen Schlitz, der einen allseitig gleichmäßigen Wasseraustritt erzwingt. Bei stark aggressiven Wässern kann man die in *c* dargestellte Düse aus keramischem Material verwenden. Bei großen Anlagen sind die Siebköpfe oder Düsen auf in Beton eingebettete Rohrreihen, bei kleineren Anlagen auf einem durchgehenden Boden aufgeschraubt. Mitunter sind die Böden in Rillen aufgelöst, die mit gelochten Bronzeplatten abgedeckt sind oder deren Sohle aus gelochten Rohren gebildet ist. In Deutschland hat man früher Siebböden aus zwei gelochten Blechen, zwischen denen ein feinmaschiges Messingsieb lag, gehabt. Diese haben sich nicht bewährt, da die Siebe zu schnell zerstört wurden. Die Düsen werden aus Messing, Kupfer, Porzellan oder in neuester Zeit auch aus Preßstoffen hergestellt. An Stelle der verschiedenen Düsenköpfe hat man neuerdings vorgeschlagen, die Filterböden an Stellen der Sammel- und Verteilungsvorrichtungen mit porösen Filterplatten, wie sie in der industriellen Filtertechnik und zur Zuführung von Luft beim Belebtschlammverfahren ausgedehnte Anwendung finden, auszulegen. KOLIBAY[1] beschreibt eine besondere Art von Filterböden, bei denen weder ein Siebboden, noch ein Düsenkopf vorhanden ist. Ein durchgehender Schlitz ist von Winkeleisen überdacht, so daß sich das Filtermaterial entsprechend dem Böschungswinkel einstellt (s. Abb. 67).

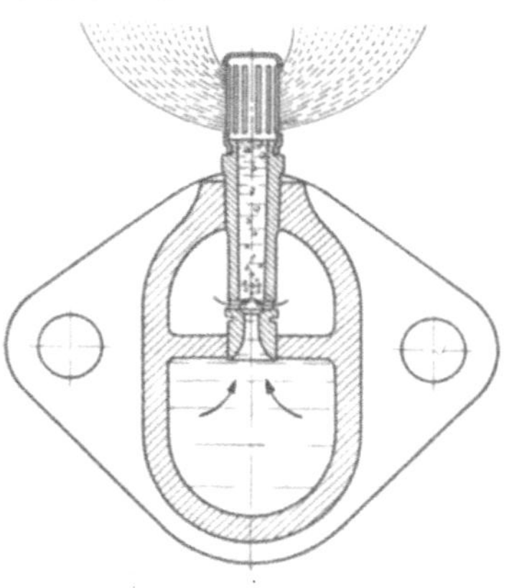
Abb. 68. Schnitt durch das Verteilerrohr des Verbundrohrbodens mit eingebauter selbstansaugender Düse.

Steht im Reinwassernetz ein unverhältnismäßig hoher Wasserdruck zur Verfügung, so werden die Filter zur Spülung an das Wassernetz angeschlossen und man benutzt Luft ansaugende Düsen, wie sie in Abb. 68 dargestellt sind. Der überschüssige Netzdruck wird in den Düsen zur Förderung der Spülluft verwandt. Der Boden des Filters ist ein Doppelrohrboden. Die untere Hälfte des Rohrsystems dient der Zuführung des Spülwassers, das durch den engsten Düsenquerschnitt durchgepreßt wird. Jede Düse arbeitet als Strahlapparat und saugt aus der oberen Hälfte des Verteilungssystems durch kleine seitliche Bohrungen eine bestimmte Luftmenge an, die äußerst fein verteilt mit dem Wasser durch die geschlitzte Kupferhaube in das Sandbett gelangt. Der Vorteil ist, daß die von der Düse angesaugte Luftmenge in einem bestimmten, genau festgelegten Verhältnis zur durchtretenden Wassermenge steht. Es kann nie zuviel Luft in das Filter eingeblasen werden.

Bei seiner Wasser-Starkstromrückspülung verzichtet REISERT auf die Luftzuführung in das Filtermaterial gänzlich, dafür wird eine größere Wassermenge plötzlich durch das Filter gedrückt. In Abb. 69 ist eine Filteranlage in Betonausführung, bestehend aus 3 Filterkammern, dargestellt. Diese Anlage zeigt im senkrechten Querschnitt das linke Element im Zustand des Auswaschens, das mittlere während des Betriebes. Das Filtermaterial liegt auf einem geschlitzten metallischen Boden. Unter dem Boden ist eine Reinwasserkammer von 1—1,5 m

[1] KOLIBAY: Zeitschr. Ver. Deutsch. Ing. 1933, 77, 485.

Höhe. Der obere Teil der Reinwasserkammer wird durch eine Betonglocke abgeschlossen, durch die bei der Filterwäsche Preßluft eingeblasen wird. Diese Preßluft drückt das gesamte Wasser der Reinwasserkammer in Mengen von 1—1,5 cbm/qm innerhalb 30 Sekunden vollständig gleichmäßig verteilt durch das Filterbett.

In Abb. 70 ist das Filter von der Stirnseite aus zu sehen. Ist das Filter in Betrieb, so fließt das Rohwasser aus dem für alle Filterkammern gemeinsamen und an deren Stirnseite

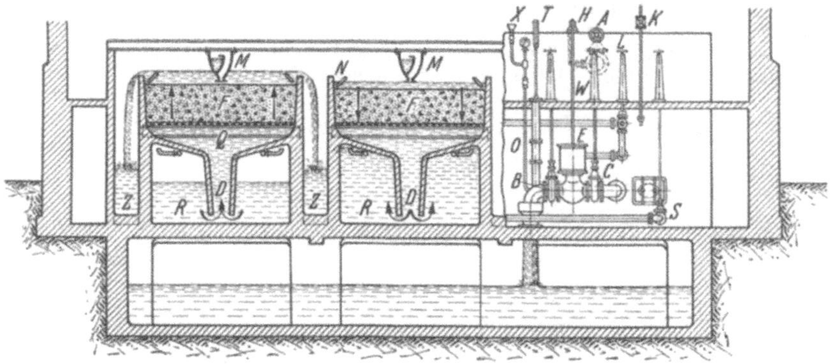

Abb. 69. REISERTsches Schnellfilter mit durch Preßluft betriebener Wasser-Starkstrom-Rückspülung, in senkrechtem Querschnitt. Das linke Element im Zustande des Auswaschens, das mittlere während des Betriebes und das rechte in Ansicht von der Stirnseite.

befindlichen Rohwasserzuführungskanal durch den geöffneten Absperrschieber A und die Drosselklappe I in die Verteilungsrinne M, von hier über und durch das auf dem Filterboden Q ruhende Filtermaterial F in den Raum R, wo sich Wasser zum Auswaschen des Filters sammelt.

Die Menge des aus B austretenden filtrierten Wassers wird durch den patentierten Geschwindigkeitsregler E in der Weise geregelt, daß die durch ihn eingestellte Geschwindigkeit unter allen Umständen, unabhängig vom Filterdruck, gewahrt bleibt.

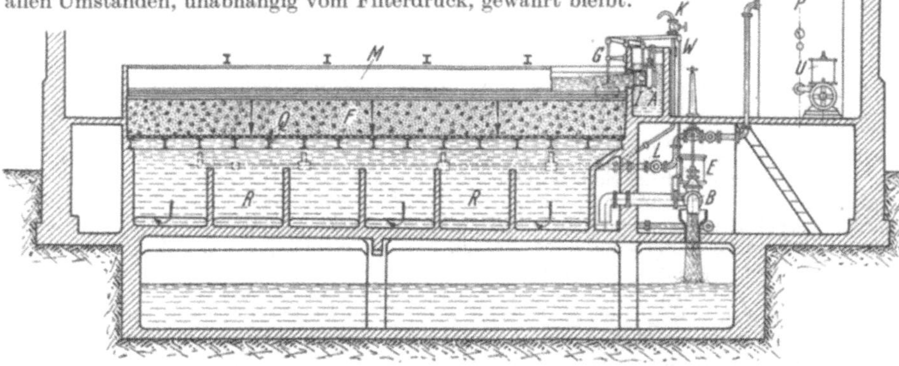

Abb. 70. REISERTsches Schnellfilter wie Abb. 69 in senkrechtem Längsschnitt. Filterkammer und Windkessel, der für eine ganze Anzahl von Filterkammern genügt, nebst Kompressor.

Ist die Zeit zum Auswaschen gekommen, was man an dem Verschlammungsanzeiger X ablesen kann, so öffnet man nach Schließung des Rohwasserschiebers A und des Reinwasserschiebers C die Luftleitung L. Die Preßluft verdrängt das unter dem Filter im Raum R angesammelte Reinwasser so stark durch den Schacht D nach oben und durch das Filtermaterial F, daß zuerst das ganze Filtermaterial sich hebt. Dieses fällt nach und nach durch das allmählich langsamer nachströmende Waschwasser zurück, während letzteres mit dem mitgerissenen Schlamm in die Schächte Z und von da durch eine Öffnung unten in den Hauptschlammkanal abfließt. Nach dem Auswaschen wird das Luftventil geschlossen und der Rohwasserzu- und Reinwasserabfluß wieder geöffnet. — Die Dauer der Spülung richtet sich nach dem Verschmutzungsgrad. Die Verdrängungsluft entweicht langsam während der Filtration durch das Entlüftungsventilchen *K*. An deren Stelle sammelt sich neues Waschwasser im Raum *R* an. — Der Schwimmer *G* regelt den Rohwasserzulauf entsprechend dem durch den Regler *E* genau eingestellten Reinwasserabfluß und der durch den Schieber *B* eingestellten Filtergeschwindigkeit. Der Windkessel füllt sich selbsttätig durch eine mittels eines Elektromotors angetriebene Luftpumpe *U*, die sich, nachdem der erforderliche Druck erreicht ist, selbst wieder abstellt.

Im Gegensatz zu den auf S. 115 beschriebenen Schnellfiltern, bei denen mit zunehmender Verschlammung der Filterdruck ansteigt, müssen infolge Ansteigens des Wasserspiegels in diese Filter Geschwindigkeitsregler eingebaut werden, die den Wasserdurchfluß unabhängig vom Filterdruck regeln, so daß die Wassergeschwindigkeit vom Anfang an nach dem Auswaschen des Filters bis zu dessen Verschlammung immer gleich groß ist. Die Wirkungsweise des in Abb. 71 dargestellten Geschwindigkeitsreglers ist folgende:

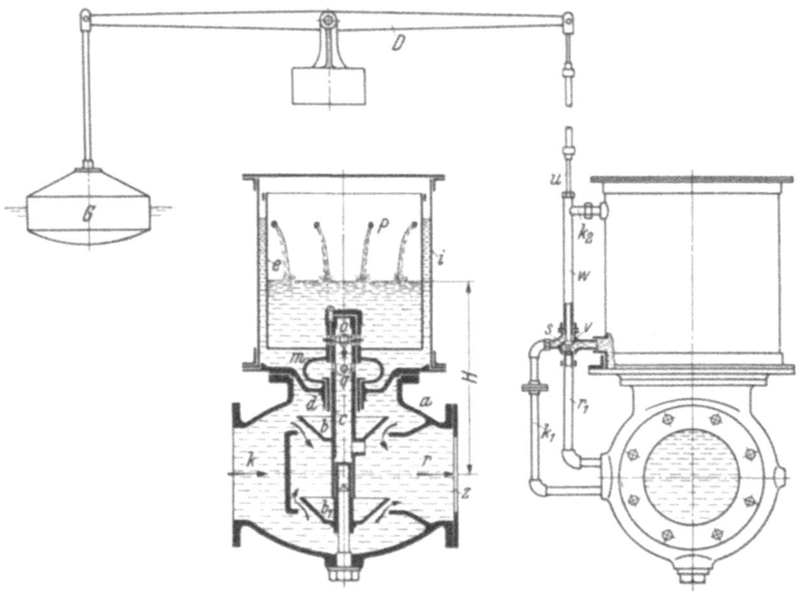

Abb. 71. Geschwindigkeitsregler zur Einstellung des Wasserdurchflusses durch ein Schnellfilter unabhängig vom Filterdruck. System Reisert & Co., Köln-Braunfels.

Das von dem Filter kommende Wasser tritt in der Pfeilrichtung in den Raum *k* ein. Durch das Eigengewicht des Schwimmers *e* und des Ventilkegels ist der Regler geschlossen, denn im Schwimmergehäuse *i* befindet sich im Anfang noch kein Wasser. Ist der Raum *k* aber von Druckwasser angefüllt, so tritt es durch das Rohr k_1, das Ventil *s* und das Rohr *w* in den Schwimmerbehälter *i* und hebt allmählich den Schwimmer an, so daß sich das Reglerventil zu öffnen beginnt. Das Wasser tritt jetzt in den Raum *r* und steigt infolge der Schieber- bzw. Scheibendrosselung durch die hohle Ventilspindel *c* in das Innere des Schwimmers *e* auf, wodurch dieser belastet wird. Bald ist das Wasser in dem Gefäß *i* so hoch gestiegen, daß es die Öffnungen *p* erreicht und durch sie in das Innere des Schwimmers fließt. In der Höhe dieser Öffnungen verharrt der Wasserspiegel in dem Gefäße *i*, während er in dem Schwimmer nur so weit steigen kann, als es der Druck im Raum *r* zuläßt. Dieser Druck in *r* stellt sich so ein, daß das Gesamtgewicht des Schwimmers und der Auftrieb sich das Gleichgewicht halten. Die Folge ist somit, daß der Druck im Raum *r* noch größer oder kleiner sein kann, als es der Wassersäule *H* von der waagerechten Mittellinie des Reglerventils bis zum Wasserspiegel im Schwimmer entspricht.

Das Filtermaterial besteht aus Quarzsand mit abgerundeten Körnern von 0,35—1 mm mittleren Korndurchmesser. Er muß so beschaffen sein, daß er einerseits keine Flocken durchgehen läßt, daß er aber andererseits die Flocken nur derartig festhält, daß sie sich leicht abspülen lassen. Zu feiner Filtersand hält Flocken zwar recht gut zurück, läßt sich aber schlechter reinigen, da sich auf der Oberfläche leicht eine feste und dichte Filterhaut bildet. Bei Filterspülungen führen diese Häute zur Bildung von Schlammnestern. Der Spülvorgang selbst erfordert eine möglichst gleichmäßige Körnung und Beschaffenheit des Sandes, denn während der Spülung findet eine gleichmäßige Sortierung in der Weise statt, daß sich der feinere Sand in den oberen Schichten ansammelt. Sind die Unterschiede in der Körnung zu groß, so besteht die Gefahr, daß sich das Filter infolge der zu feinen oberen Schichten bald totlaufen wird und die tieferen Schichten nicht genügend zur Filterwirkung ausgenutzt werden. Auf etwas groberem Filtersand wird mehr Schlamm zurückgehalten, trotzdem haben diese Filter längere Laufzeiten und lassen sich leichter reinigen. Grober Sand aus leichtem Korn ist geeigneter als feiner Sand, weil er sich bei der Filterspülung leichter abreibt und infolgedessen einen bedeutend geringeren Spülwasserverbrauch hat. Sand über 0,45 mm Durchmesser bezeichnet man nach ELLENS[1] als groben Sand.

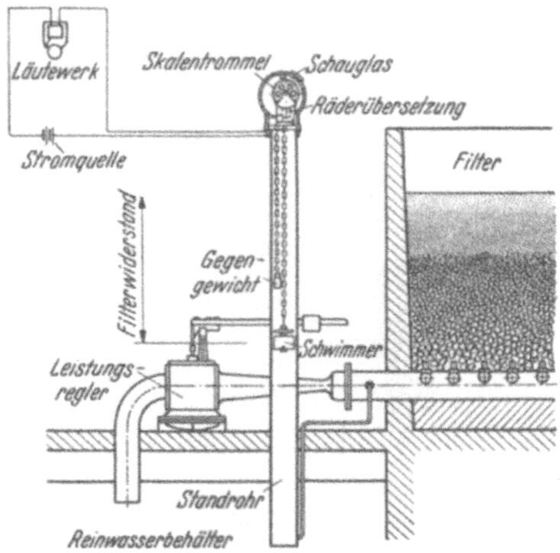

Abb. 72. Einbauanordnung eines Filterwiderstandsanzeigers mit Signalvorrichtung der Fa. Bamag-Meguin, Berlin.

Dient das Schnellfilter nur zur Enteisenung oder als Schönungsfilter, so sind gleichmäßige Korngrößen von 1,0—2,0 mm empfehlenswert. Der Gleichförmigkeitsgrad soll etwa 1,3—1,7 betragen. Die Höhe der Sandschicht schwankt zwischen 0,6—1 m. Die Filtergeschwindigkeit bewegt sich je nach der Beschaffenheit des Rohwassers und dem geforderten größeren oder geringeren Reinheitsgrad zwischen 2—7 m/Stunde. Der zulässige Filterwiderstand ist durch die örtlichen und Betriebsverhältnisse bedingt.

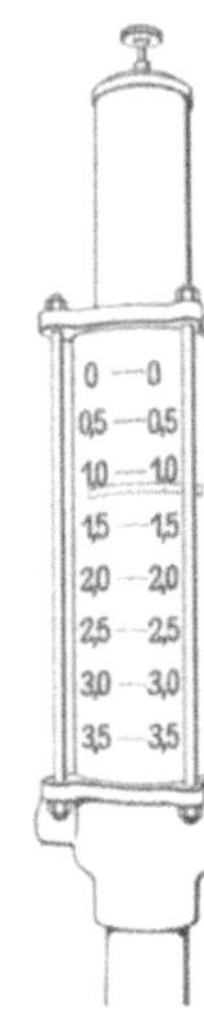

Abb. 73. Filterwiderstandsanzeiger mit senkrechter Skala.

Wegen der erhöhten Geschwindigkeiten müssen die Schnellfilter mit Einrichtungen, wie z. B. Filterwiderstandsanzeigern, versehen werden, welche die Konstanthaltung der Filterleistung unabhängig vom Druckunterschied regeln. Von Hand bediente Schieber kommen nur in seltenen Fällen vor. Die Mehrzahl der bis jetzt gebauten Leistungsregler arbeitet nach dem Schwimmerprinzip. Die zu- und ablaufenden Mengen können dadurch konstant gehalten werden, daß man den Wasserspiegel über der Sandfläche mittels eines Schwimmerventils auf gleicher Höhe hält und in die Abflußleitung einen künstlichen Widerstand in Form eines Regulierschiebers oder eines selbsttätigen Wasserregulierventils einbaut. Eine dauernde Kontrolle des Filterwiderstandes ermöglicht die gleichmäßige Arbeitsweise des Filters. In Abb. 72 ist eine schematische Darstellung eines Filterwiderstandsanzeigers für offene Schnellfilter mit Signalvorrichtung dargestellt. In einem offenen Standrohr, das unten mit der Reinwasserleitung kurz vor dem Ausflußregler verbunden ist, befindet sich ein durch Gegengewicht im Gleichgewicht gehaltener Schwimmer, dessen Bewegungen durch eine Räderübersetzung auf eine Skalentrommel und von dort auf eine Signalvorrichtung übertragen werden können.

In Abb. 73 ist ebenfalls die einfache Ausführung eines Filterwiderstandsanzeigers für offene Schnellfilter, bei denen der Wasserspiegel des Rohwassers dauernd auf gleicher Höhe gehalten wird, dargestellt. In einem offenen Standrohr, das unten mit der Reinwasserleitung kurz vor dem Ausflußregler verbunden ist, befindet sich ein röhrenförmiger Schwimmer. Dieser ist an einer zylindrischen Schraubenfeder aufgehängt, und seine Länge entspricht dem höchst zulässigen Widerstand im

[1] ELLENS: Eng. News-Rec. 1933, 110, 742.

Filter. Wird der höchste für das Filter zulässige Widerstand erreicht, so betätigt ein am Schwimmer befindlicher, verstellbarer Anschlag einen Kontakt, der mittels einer Alarmvorrichtung den Filterwärter darauf hinweist, daß das betreffende Filter gespült werden muß. In den meisten Fällen sind selbsttätig wirkende, mit Meßvorrichtung verbundene

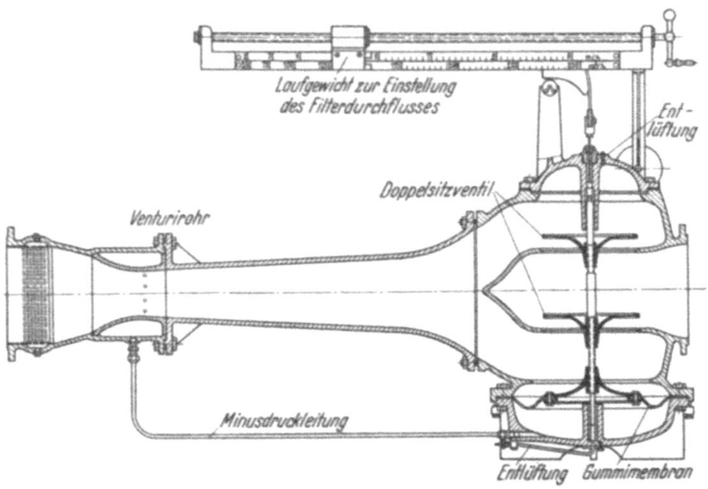

Abb. 74. Schnitt durch einen mit Laufgewicht einstellbaren Siemens-Durchflußregler.

Leistungsregler vorhanden, z. B. die schon vorher erwähnten Filterregler von LINDLEY und GÖTZE, die Venturiabflußregler oder die Abflußregler der Firma Hans Reisert, Köln-Braunfels. Regelt man nur den Zufluß zum Filter, so wird mit zunehmender Verstopfung der Wasserspiegel über dem Filter ansteigen und hierdurch das Gesamtgefälle in dem Maße, wie die Widerstände zu nehmen, vermehrt. Der Rohwassereinlauf muß in diesem Falle so hoch liegen, daß er von dem steigenden Wasserspiegel nicht beeinflußt wird, bis zahlenmäßig der maximale Filterdruck erreicht ist.

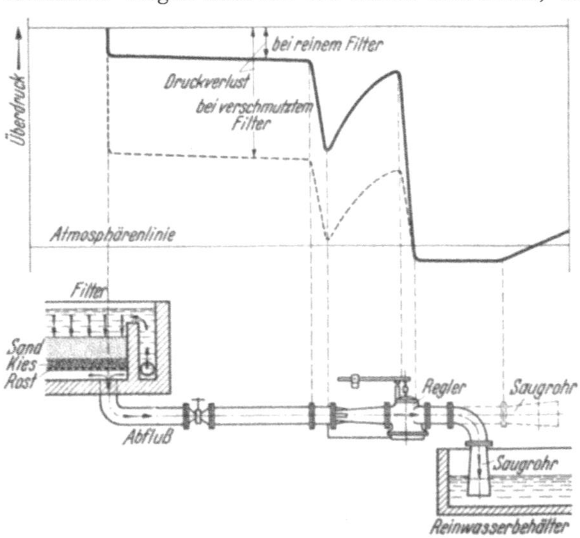

Abb. 75. Druckverlauf in einer mit Siemens-Regler ausgerüsteten Filteranlage.

Sehr bewährt hat sich der von Siemens herausgebrachte Durchflußregler, wie er in Abb. 74 dargestellt ist. Er besteht aus einem Drosselgerät in Form eines Venturirohres oder Venturieinsatzes und einem Doppelsitzventil ähnlicher Bauart, wie er in Abb. 58 dargestellt ist. Unterhalb der Ventilteller ist an der Spindel eine Gummimembran befestigt, die das vom Wasser durchflossene Ventilinnere gegen die Membrankammer abschließt. Diese ist durch eine Druckübertragungsleitung mit der Einschnürung des Drosselgerätes verbunden und erhält den Minusdruck des Drosselgerätes, während über der Membran der fast unverminderte Plusdruck wirksam ist. Am anderen Ende der Ventilspindel greift ein Waagebalken ein, der zur Einstellung des gewünschten Filterdurchflusses durch ein verschiebbares Gewicht belastet ist. Abb. 75 zeigt den Druckverlauf in einer mit Siemens-Durchflußregler ausgerüsteten Filteranlage. An Stelle der Einstellung von Hand durch einfaches Verschieben des Laufgewichtes kann bei größeren Filtern eine Schraubenspindel mit Handkurbel treten, oder eine elektrische oder hydraulische Verstellvorrichtung. Eine an einer Schraubenspindel laufende mit Handrad bediente Einstellvorrichtung ist in Abb. 76 dargestellt.

QUINTES[1] weist darauf hin, daß die meisten Regler, besonders mit gewöhnlichen Ventilen, zu schnell öffnen und daher den Ausgleich durch den Speicher zu wenig wirken lassen, so daß das Filter gezwungen wird, kleineren Bedarfsschwankungen zu folgen, wodurch dann wieder die Filterarbeit beeinträchtigt wird. Er verlangt von einem Regler, daß er so arbeitet, daß in den üblichen Mittellagen große Änderungen des Reinwasserstandes nur kleine Änderungen

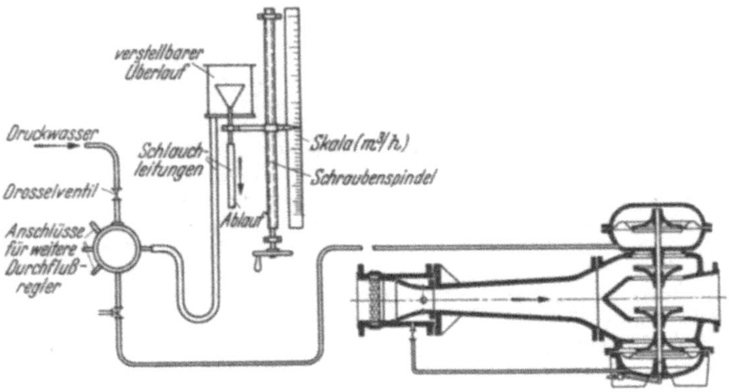

Abb. 76. Durchflußregler mit hydraulischer Verstelleinrichtung.

des Filterdurchflusses hervorrufen, daß aber gegen den Höchst- und Mindestwasserstand hin Mengenänderungen in verstärktem Maße erfolgen. Hierfür beschreibt QUINTES[1] einen Filterdurchflußregler, der in Abhängigkeit vom Wasserstand im Reinwasserbehälter vom Venturirohr gesteuert wird, von folgender Zusammenstellung (siehe Abb. 77):

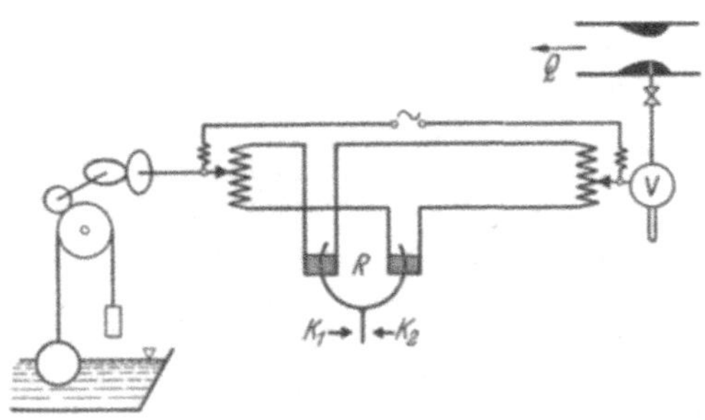

Abb. 77. Filterdurchflußregler nach dem Wasserstand im Reinwasserbehälter nach QUINTES.

1. Wasserstandsferngeber mit elektrischem Widerstandsfernsender und Ovalradgetriebe zur Erfassung des Wasserstandes.
2. Venturimengenmeßanlage, bestehend aus Venturirohr, Absperrvorrichtung, Verbindungsleitung und elektrischem Geberapparat.
3. Ein elektrisches Regelgerät, das zwischen dem Ferngeber des Venturiapparates und dem des Wasserstandsfernsenders geschaltet ist und zur Erregung der Steuerkontakte dient.
4. Ein elektrisch gesteuertes Ventil, welches sich in Abhängigkeit der von dem elektrischen Regelgerät gegebenen Kontakte öffnet oder schließt.

b) Geschlossene Schnellfilter. Die geschlossenen Filter sind in sich geschlossene Kessel, die die Anwendung eines höheren Druckes und damit eine größere Filtergeschwindigkeit gestatten. Die im Handel befindlichen Systeme unterscheiden sich durch die Art der Wasser- oder Luftzuführung bei der Spülung. Bei einigen Filtern erfolgt die Reinigung nur durch Wasserspülung, mit und ohne Unterstützung eines Rührwerkes, bei anderen wird die Wirkung der Wasserspülung durch eingeblasene Luft, die den Sand tüchtig durcheinanderwirbelt, unterstützt. Bei anderen wird während der Wasser-

[1] QUINTES: Gas- u. Wasserfach 1936, 79, 281.

spülung der Sand durch eine Sandstrahlwäsche vollständig umgewälzt. Als Richtlinien für ein gutes Schnellfilter führt Bollmann[1] an:

1. Zuverlässige Filterwirkung,
2. gründlicher Reinigungs- und Waschprozeß,
3. geringe Reinigungskosten bezüglich Bedienung, erforderlicher Waschwassermenge und etwa erforderlichen Arbeitsaufwandes für treibende Kraft (Druckwasser, Luft, Motor).

Druckfilter werden fast immer rund ausgeführt. Man unterscheidet stehende und liegende Druckfilter mit einer oder mehreren Filterkammern. Je nach der Art der Reinigung unterscheidet man bei den geschlossenen in ähnlicher Weise wie bei den offenen Schnellfiltern nach Kolibay[2] folgende verschiedene Arten der Reinigung:

1. Wasserrückspülung, bei der gleichzeitig ein Rührwerk betrieben wird. Diese ist besonders für Kleinanlagen geeignet. Bei größeren Anlagen werden die Zinken der Rührwerke zu groß und führen daher leicht Brüche herbei.
2. Sandstrahlwäsche. Durch diese wird eine sehr gute Spülung hervorgerufen. Der von Kolibay wegen der großen Geschwindigkeit befürchtete große Verschleiß tritt, wie Bollmann[3] nachweist, bei richtiger Konstruktion nicht auf.
3. Luft- und Wasserrückspülung. Die Filter müssen mit einem guten Filterboden versehen sein, wenn die Spülung mit Luft und Wasser gleichzeitig erfolgen soll. Wichtig ist hierbei die Ausbildung der Düsenböden, die verhindern müssen, daß sich Krater und Luftkanäle im Filterbett bilden. Die Luft darf daher nicht direkt in das Filterbett eingeleitet werden, sondern muß durch eine vorgelagerte Schotterschicht gleichmäßig verteilt werden.
4. Wasserstarkstromrückspülung. Das Sandbett wird durch eine größere Wassermenge gleichmäßig gehoben, wodurch der Sand eine Auf- und Abwärtsbewegung macht. Bei der Starkstromspülung soll zur Vermeidung von größeren Wasserverlusten das Öffnen und Schließen der Leitung innerhalb 1—2 Sekunden möglich sein, sie wirkt erst richtig, wenn die ganze Spülwassermenge auf das Filter gelassen wird und die volle Spülgeschwindigkeit erreicht ist. Diese Filter verbrauchen große Spülwassermengen, etwa 1,5—3 cbm/qm, das Feinsandmaterial kommt oben zur Ablagerung, wodurch eine schnelle Bildung der Filterhaut nach der Spülung erreicht wird.

Welcher Art der Rückspülung man den Vorzug geben soll, richtet sich ganz nach den örtlichen Verhältnissen. Die Menge des Spülwassers richtet sich nach der Art des Filters und nach dem Verschmutzungsgrad des Sandes. So gibt Kirchner[4] für die Breslauer Filter (offene Reisert- bzw. Wabag-Filter) bei

3 m Filtergeschwindigkeit eine Spülwassermenge von 0,3%,
5 m Filtergeschwindigkeit eine Spülwassermenge von 0,46%,
6 m Filtergeschwindigkeit eine Spülwassermenge von 0,78% an.

Die Geschwindigkeit des aufsteigenden Wassers und die Dauer des Waschens stehen im Zusammenhang mit der Viscosität der sandhaltigen Spülflüssigkeit, der Korngröße des Sandes, der Ausdehnung des Sandfilters und der jeweiligen Filterbelastung. Beträgt die Spüldauer 8 Minuten, so entfallen 1 Minute auf Luftspülung, 6 Minuten auf Luft- und Wasserspülung und 1 Minute auf Reinwasserspülung. Die Wassertemperatur ist von Einfluß auf die Spülung.

Stehende Druckfilter mit Rührwerk werden für alle möglichen Betriebsdrucke gebaut. Bei kleineren Filtern ist das Rührwerk häufig nur für Handbetrieb eingerichtet. Bei größerem Durchmesser kommt fast immer elektrischer Antrieb in Frage. Ein mehrkammeriges Filter mit Rührwerk nach Wurl ist in Abb. 78 dargestellt. Die Betriebsweise geht aus den drei verschiedenen Abbildungen hervor.

An Stelle der verhältnismäßig teueren Rührwerke verwendet man stehende Druckfilter mit Luft-Wasserspülung; in Abb. 79 ist ein solches dargestellt. Der Sand ruht auf einem mit Verteilerdüsen versehenen Boden. Da bei den mit Druckluft arbeitenden Verfahren die Gefahr besteht, daß bei Bedienungs-

---

[1] Bollmann: Vom Wasser 1928, **2**, 77. [2] Kolibay: Gesundh.-Ing. 1933, **56**, 353.
[3] Bollmann: Gas- u. Wasserfach 1934, **77**, 545.
[4] Kirchner: Gas- u. Wasserfach 1933, **76**, 749.

fehlern nach der Spülung eine ungleichmäßige Verteilung des Sandes auftritt, so begnügt man sich nach den neueren Erfahrungen gern mit reiner verstärkter Wasserspülung.

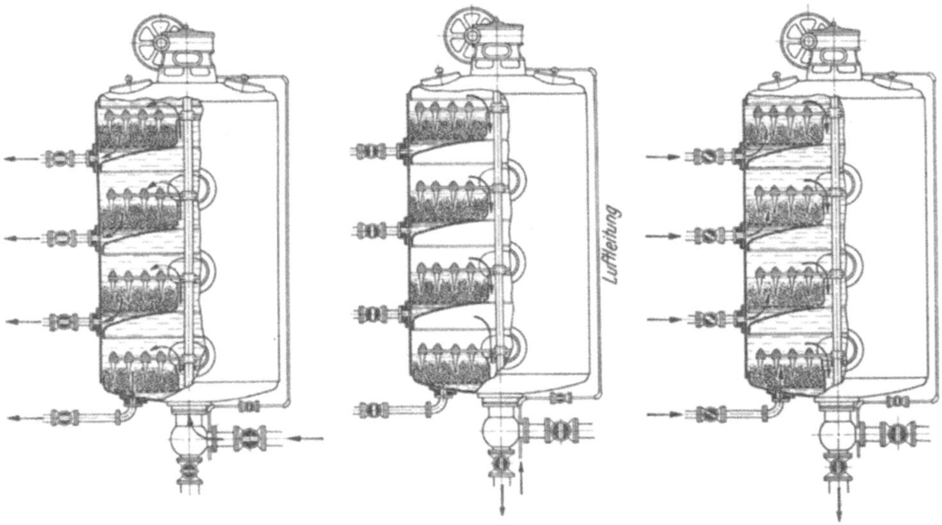

Abb. 78. Mehrkammerige Schnellfilteranlage nach WURL. Betriebsvorschrift zum Bedienen der Filteranlage. Zum Betrieb der Filter sind die Absperrorgane nach Abb. 78a einzustellen. Zum Rückspülen sind zunächst sämtliche Ventile nach Abb. 78b umzuschalten, bis alles Wasser ausgelaufen ist. Alsdann sind die Ventile in Stellung nach Abb. 78c zu bringen, das Rührwerk in Tätigkeit zu setzen und so lange zu spülen, bis das austretende Wasser klar ist.

Ein dem offenen Filter entsprechendes geschlossenes Filter ist in Abb. 79 dargestellt. Mit zunehmender Verschlammung steigt der Widerstand des Filters, und es muß nach einiger Zeit gereinigt werden. Hierzu wird der Rohwasserzufluß abgestellt, und es wird in umgekehrter Richtung, also von unten nach oben, Wasser durch das Filtermaterial geleitet und dadurch der oben abgesetzte Schlamm gehoben und fortgespült. Durch gleichzeitige Zuführung von Luft unter das Filtermaterial wird dieses aufgelockert und so die Spülwirkung wesentlich unterstützt.

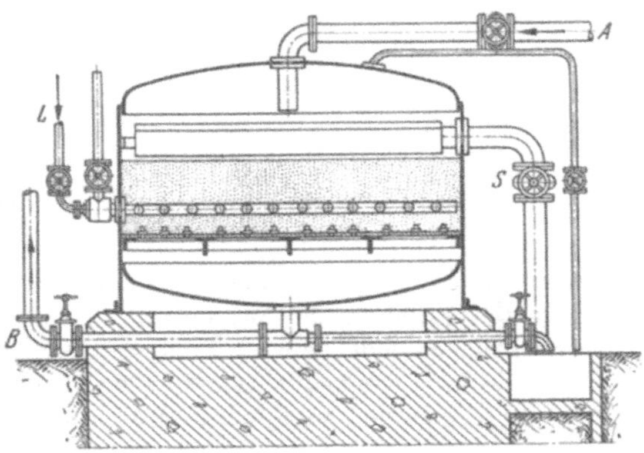

Abb. 79. Stehendes, geschlossenes Schnellfilter mit Düsenboden der Fa. Reisert G.m.b.H., Köln-Braunfels.

Bei einer anderen Form von Druckfiltern wird der in den Filtern enthaltene Filtersand durch eine Umwälzspülung einer sehr starken Wäsche unterzogen. Bei der Rückspülung dieser Filter geht das ganze Sandmaterial durch den zentral angeordneten Waschapparat, wobei bei der starken Reibung der Sandkörner auch festsitzende Verschmutzungen beseitigt werden.

Um die Strahlwäsche wirkungsvoller zu gestalten, hat BOLLMANN den Boden trichterförmig ausgebaut und den Filtermänteln eine zylindrische Form gegeben. Abb. 80 zeigt ein Dreikammerfilter mit Strahlwaschvorrichtung. Die zu filtrierende Flüssigkeit gelangt von außen in einen Kranz senkrecht stehender geschlitzter Rohre, welche auf den Ringkanälen *H* aufsitzen, durchdringt darauf den Filtersand in horizontaler Richtung, sammelt sich in den senkrechten geschlitzten Rohren *G*, welche kranzartig auf einem Lenkkörper stehen und fließt durch den Lenkkörper unten am konischen Boden ab. Die Reinigung erfolgt nur mit der Strahlwäsche, die aus der an der tiefsten Stelle des Filters sitzenden Strahldüse mit dem darüber angeordneten Strahlrohr besteht.

Da die Höhe der Sandschicht bei vielen Filterprozessen eine große Rolle spielt, wurde das in Abb. 81 veranschaulichte Filter konstruiert. Hier sind die Siebe, durch welche die zu filtrierende Flüssigkeit in das Filter gelangt, fallen gelassen. Die zu reinigende Flüssigkeit gelangt direkt auf den Filtersand. Die Filtration

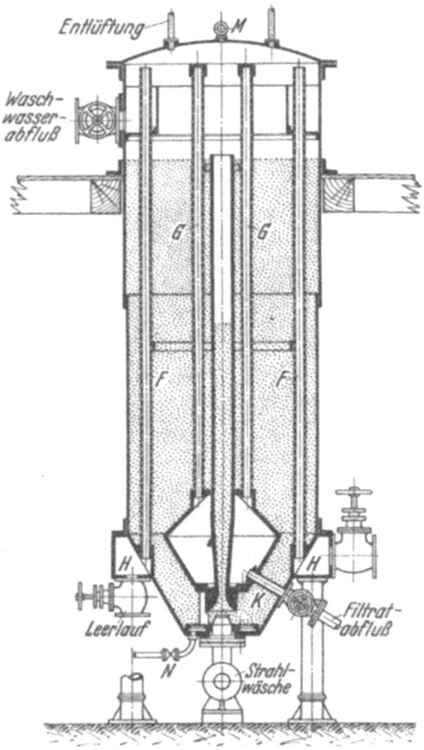

Abb. 80.

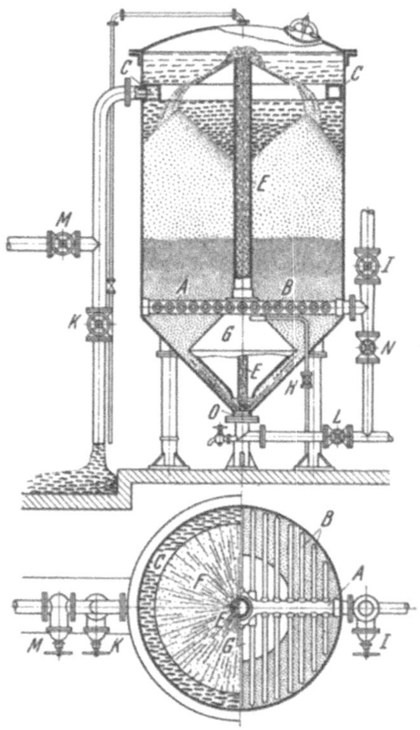

Abb. 81. Bollmann-Schnellfilter mit Siebrohreinsatz während der Strahlwäsche.

erfolgt nicht mehr horizontal, sondern vertikal von oben nach unten. Die Höhe der Sandschicht kann variiert werden, da man mit Hilfe der Waschvorrichtungen jede beliebig hohe Sandschicht zu reinigen vermag. Der Vorteil dieser hohen Sandschichten ist der, daß man große Filtergeschwindigkeiten von 10 m/Stunde[1] und mehr anwenden kann.

Zur Ableitung des Filtrates besitzt das Filter ein rostartiges Siebrohrsystem. Dieses wurde gewählt, um den durch die Strahlwäsche in Kreislauf versetzten Filtersand nicht aufzuhalten. Der Filtersand läuft vielmehr bei der Strahlwäsche zwischen den einzelnen Siebrohren gleichmäßig nach unten hindurch. Unter dem Siebrohrsystem befindet sich ein doppelkegelförmiger Lenkkörper *G*. Durch diesen wird die Sandmasse gezwungen, bei der Strahlwäsche ihren Weg so zu nehmen, daß alle Sandkörner gleichmäßig teilnehmen, ohne daß dabei Sand in den Ecken des Filters sitzen bleibt. — Würde der Lenkkörper fehlen, so würde der Sand an den Wandungen stehenbleiben. Während der Strahlwäsche reißt der aus der Düse in das Strahlrohr hinaufspritzende Wasserstrahl den Filtersand kontinuierlich mit nach oben. Dabei reiben sich die Sandkörner aneinander.

[1] Bollmann: Vom Wasser, 1928, 2, 77.

Der Schmutz wird losgelöst. Aus der Mündung des Strahlrohres tritt oben ein Gemisch von Wasser, Sand und Schmutz heraus und fließt über einen Spülschirm *F* herüber. Der Schmutz, welcher leichter abschwemmbar ist als der Sand, läuft mit dem Waschwasser über die Ränder der oberen Abnahmerinne zur Kanalisation ab. Die Sandkörner setzen sich in der Traufe des Spülschirmes auf dem Filtersand ab, werden von neuem Sand bedeckt, gelangen allmählich nach unten und nehmen an dem weiteren Kreislauf teil.

Bei den mehrstufigen, stehenden Druckfiltern sind meistens zwei, nötigenfalls drei Filtereinheiten übereinander in ein und demselben Kessel angeordnet. Die Größe der einzelnen Kammern und die Art des in den Kammern enthaltenen Sandes richtet sich ganz nach dem besonderen Zwecke, dem das Filter dienen soll. Derartige Filter werden neuerdings gern angewandt, wenn sie gleichzeitig zur Enteisenung und Entmanganung dienen sollen (s. S. 135, Enteisenung).

Liegende Druckfilter erhalten fast ausschließlich reine Wasserspülung. Nur in besonderen Fällen wird Druckluft zur Unterstützung der Spülung mit herangezogen. Im allgemeinen geht man bei liegenden Filtern über einen Durchmesser von 2400 mm nicht hinaus. Durch eine Vergrößerung des Durchmessers ist eine wesentliche Vergrößerung der Filterfläche, die in einer Einheit unterzubringen ist, nicht zu erreichen. Andererseits läßt aber die Rücksicht auf bequeme Zugänglichkeit und sachgemäße Anordnung des Rohrbodens kleinere Durchmesser als 2200 mm nicht zu. Man muß sich daher mit der Länge der Filter nach den Wassermengen richten, wobei man meistens über 8 m Länge nicht hinausgeht. Häufig werden die liegenden Filter durch Zwischenwände in zwei oder mehr Spülkammern unterteilt.

Auch bei den Druckfiltern muß stets für eine genügende Reserve gesorgt werden. Bei größeren Anlagen wird man stets statt der Handschieber hydraulisch betriebene Schieber nehmen, die folgende Vorteile haben:

1. zur Bedienung selbst der größten Schieber ist nur ein Mann erforderlich; 2. die Öffnungs- und Schließzeiten der Schieber sind sehr kurz; es ist also sehr schnell der volle Betriebsdruck zur Spülung zur Verfügung; 3. Ersparnis an Spülwasser; 4. Ersparnis an Bedienungszeit; 5. Erhöhung der Betriebssicherheit.

Bei der Filterung von Wasser, das zunächst mit chemischen Fällungsmitteln behandelt worden ist, bilden sich oft durch Spülung mit Wasser nur schwer zu beseitigende Verstopfungen. Diese müssen dann durch eine Behandlung des Filters mit Lauge oder Säure beseitigt werden. Bei Anwendung von Aluminiumsalzen wendet man eine Laugenbehandlung, bei Anwendung von Eisen- oder Kalksalzen eine Säurebehandlung an.

Für die Luftspülung hat man meistens Turbogebläse in Gebrauch, da diese bei dem verhältnismäßig geringen Druck den geringsten Stromverbrauch haben.

4. Ersatz des Sandes durch andere Stoffe.

An Stelle des Sandes sind eine ganze Reihe anderer Filterstoffe, wie Kohle Koks, Eisenschwamm, Polarite, Asbest, Kieselgur empfohlen worden. Sie haben sich jedoch alle gegenüber dem billigen, leicht zu reinigenden Sand nicht behaupten können und finden daher, wenn überhaupt noch, fast nur zur Reinigung kleiner Wassermengen (Haushalt) Anwendung. Sehr stark eingeführt hat sich aber die Anwendung von a-Kohle, die aber nicht einen Ersatz des Sandes, sondern eine Ergänzung des Sandes darstellt. Die a-Kohle wird weniger zum eigentlichen Reinigen als zum Schönen des Wassers, vor allem zur Beseitigung von Geruchs- und Geschmacksbelästigungen benutzt. Über ihre Anwendung ist daher an anderer Stelle berichtet worden.

a) Anthrazit. In letzter Zeit ist von FARRELL[1], ELLENS[2] und HOOVER[3] an Stelle des Sandes körnig gemahlene Anthrazitkohle vorgeschlagen worden. Besonders in kleineren

[1] FARRELL: Journ. Amer. Water Works Assoc. 1933, **25**, 718. [2] ELLENS: Eng. News-Rec. 1933, **110**, 742. [3] HOOVER: Water Works and Sewerage 1933, **80**, 394.

Druckfiltern haben sich Kohlen gut bewährt und sind dazu billiger. Unter der Bezeichnung „Anthrafilt“ verwendet man in Amerika einen gewaschenen und gesiebten Anthrazit mit einem Gleichmäßigkeitsgrad von 1,21. Er soll längere Laufzeiten als Sand ergeben. In Deutschland sind mit derartigen Anthrazitkohlen noch keine Versuche gemacht worden.

b) Anschwemmfilter. Die in der chemischen Industrie sehr viel zur Filtration benutzten Filterpressen haben sich trotz mehrfacher Versuche nicht

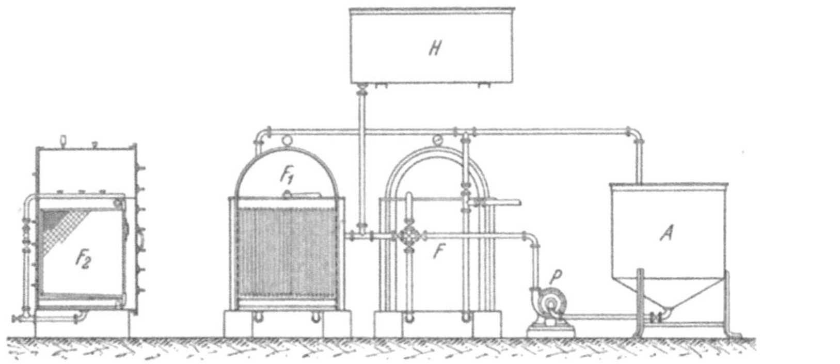

Abb. 82. Schematische Darstellung einer Batterie Seitzscher Anschwemmfilter. *F* Filter, Rückansicht; F_1 Filter, Vorderansicht (geöffnet); F_2 Filter, Seitenansicht (im Schnitt); *P* Kreiselpumpe; *A* Anrührgefäß; *H* Hochdruck-Speisebehälter (etwa 4—5 m oberhalb des Filters angeordnet).

in die Wasserreinigungspraxis im großen einführen können, weil sie für die zur Verfügung stehende Fläche eine zu geringe Leistungsfähigkeit haben.

Abb. 83. Fahrbares Seitzsches Anschwemmfilter. Die in der Flüssigkeit suspendierte äußerst fein aufgespaltene und gereinigte Asbestfaser wird auf dem engporigen Drahtgewebe *1* angeschwemmt. Die im Anschwemmverfahren rein mechanisch gebildete Filterschicht *4* wird, wenn sie erschöpft ist, mit einem Handgriff *5* abgezogen.

Für kleinere Wasserversorgungsanlagen, vor allem für besondere gewerbliche Betriebe, finden sie in neuerer Zeit ausgedehntere Anwendung in den Klärscheiben- und Anschwemmfiltern, wie sie z. B. die Seitz-Werke in Kreuznach als besondere Klär- und Entkeimungsfilter in den Handel bringen. Diese Filter lehnen sich in ihrer Bauweise stark an die in der Industrie bekannten Filterpressen an. Das Wasser wird durch besondere Filterschichten geleitet, die je nach dem Verwendungszweck ein für alle Trübungen abgestuftes Filtriervermögen haben. Die Schichten können so dicht geliefert werden, daß sie gleichzeitig eine Entkeimung bewirken (EK-Schicht). Die Leistungsfähigkeit geht natürlich mit der Feinheit der Schicht zurück. Jede Schicht des EK-Filters hat eine Leistung von 50 Liter stündlich, so daß bei einem Filter mit einer Höchstzahl von 110 Schichten 5500 Liter Wasser stündlich gereinigt werden können. Da die gebrauchte Filterschicht jedesmal entfernt werden muß, sind diese Filter nur für kleine Mengen brauchbar. An Stellen, wo sehr reines Wasser erforderlich ist, wie bei manchen gewerblichen Betrieben mit geringem Wasserverbrauch, haben sich diese Scheiben gut bewährt. Um das Verfahren auch für größere Wassermengen brauchbar zu machen, stellt die Firma neuerdings Filter her, in denen die Filtermasse im Anschwemmverfahren auf Filterrahmen stets neu hergestellt wird. Ist die Filtermasse nach Gebrauch erschöpft, so wird sie einfach abgezogen und eine neue Schicht aufgeschwemmt.

Abb. 82 zeigt eine schematische Darstellung einer Batterie Seitzscher Anschwemmfilter mit einer verfügbaren Filterfläche von 72 qm. Bei diesen Filtern wird äußerst fein aufgespaltene und gereinigte Asbestfaser in einem Teil des zu reinigenden Wassers suspendiert und dann auf engporigem Drahtgewebe im Innern des Filters angeschwemmt. Die Asbestfaser hält durch ihre Adsorptionskraft die kleinsten Teilchen zurück. Sind die Filterschichten erschöpft, so werden sie einfach von der engporigen Unterlage abgezogen, wie dies aus Abb. 83 deutlich hervorgeht.

In gleicher Weise wie die Fa. Seitz machen die Berkefeld-Filterwerke von den Einrichtungen der Filterpresse Gebrauch. An Stelle der Filterrahmen bzw. Anschwemmfilter benutzen sie Filterkerzen.

Abb. 84 zeigt ein derartiges Rahmenfilter, das durch Zwischenschalten weiterer Rahmen beliebig vergrößert werden kann. Ein Rahmen hat eine durchschnittliche Leistung von 250 Liter/Stunde bei 2 Atm. Druck. Die Filterzylinder stehen in den Rahmen in einer Reihe und können nach dem Herausschrauben leicht gereinigt werden. Die Rahmenfilter werden aus emailliertem Gußeisen oder aus korrosionsbeständigen Leichtmetalllegierungen hergestellt. Ein großer Vorteil ist, daß sie sich sehr leicht sterilisieren lassen.

c) Membran- und Ultrafilter. Die vorbeschriebenen Seitz- und Berkefeld-Filter kommen wegen ihres geringen Porenvolumens in ihrer Wirkung den in der Filtrationstechnik schon seit längerer Zeit bekannten Membran- oder Ultrafiltern sehr nahe. Die nach den Patenten von Zsigmondy hergestellten Ultrafilter müssen, um Bakterien zurückhalten zu können, einen kleineren Porendurchmesser als 1,0 μ haben. Er schwankt zwischen 1,0—0,1 μ. Demgegenüber haben Ultrafeinfilter einen Porendurchmesser von weniger als 5 $\mu\mu$. Sie sind eiweißdicht. Sie werden auf ihre Eiweißdurchlässigkeit mit Kongorot geprüft. Cellafilter sind Ultrafilter aus reiner Cellulose mit Porengrößen ähnlich denen der Ultrafeinfilter bis zum Ultrafilter.

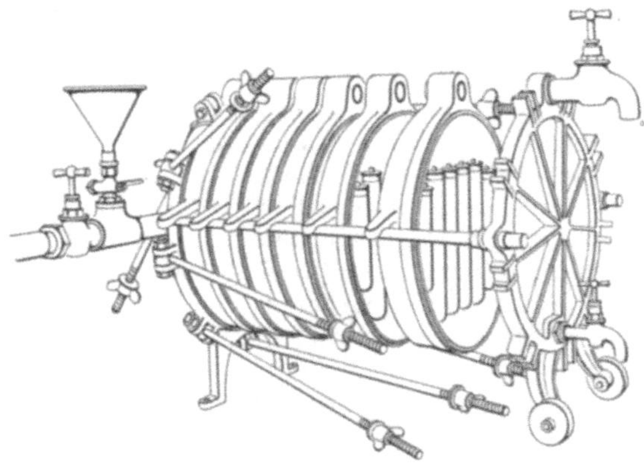

Abb. 84. Geöffnetes Rahmenfilter der Berkefeld-Filter A.G. Celle i. H. Diese Rahmenfilter lassen sich durch weiteren Einbau einzelner Rahmen beliebig vergrößern.

Durch Stabilisationseinlagen müssen sie gegen mechanische Beanspruchung widerstandsfähig gemacht werden. Sie finden nicht nur zur Wasserentkeimung, sondern auch in der Industrie für verschiedene Zwecke Anwendung. Für technische Großfiltrationen verwendet man Schalen aus Phosphorbronze, in die die Filter zwischen Sieben mit Gummimuffen wasser- und luftdicht eingeschlossen werden. Solche Filter werden bis zu Durchmessern von 520 mm hergestellt. Die Poren der Ultrafilter sind so klein, daß andere Verunreinigungen gar nicht in sie hineindringen können. Diese lagern sich auf ihnen ab und werden durch einfaches Abwischen mit einer Bürste beseitigt. Die Filter der E.S.G., Dresden, haben zu diesem Zweck Gummibürsten, die durch Drehen einer Kurbel oder eines Handrades von außen betätigt werden, während das Spülwasser durch ein besonderes Ventil abgelassen wird. Hoffmann[1] hat die von Zsigmondy und später von Bechold für die Wasserfiltration empfohlenen Membranfilter für Wasser aus Heidesandboden mit hohem Gehalt an huminartigen Stoffen für Versuchszwecke mit guten Erfolgen angewandt. Ihre Anwendung dürfte wegen des großen Filterwiderstandes auf Kleinfilter beschränkt bleiben und wohl kaum für die Lieferung größerer Wassermengen in Frage kommen. Die keimsicheren Ultrafilter verlangen einen Wasserüberdruck von 5—6 m. Derartige Ultrafilter werden auch nach

[1] Hoffmann: Zeitschr. angew. Chem. 1932, 45, 143.

Art der Filterpressen mit einer Reihe parallel geschalteter Membranen gebaut, ähnlich den vorher beschriebenen Berkefeld- bzw. Seitz-Filtern.

5. Wirkung der Filter.

Die Wirkung der Filter ist in erster Linie in einer Verminderung der grob- und feindispersen Stoffe zu sehen. Aus der Tatsache aber, daß auch eine Verminderung der Oxydierbarkeit, eine Umwandlung des Ammoniaks und Stickstoffs, der Nitrite und Nitrate stattfindet, muß man auch auf starke biologische Vorgänge im Filter schließen. Durch eine gute Kontrolle der Abnahme dieser Stoffe kann man außer der Leistungsprüfung auf Grund der Druckzunahme auch feststellen, wann das Filter gespült werden muß. Als Bestimmungsmethoden kommen in Frage: Messung der Färbung und des Trübungsgrades, der Oxydierbarkeit, des Ammoniakgehaltes und die Bestimmung der Nitrate und Nitrite. Die Bestimmung der Carbonat- und Mineralhärte kann oft von Wichtigkeit sein, weil durch die Zugabe der schwefelsauren Fällungsmittel die Carbonathärte in Mineralhärte verwandelt wird. Die Hauptwirkung der Filter besteht in einer starken Abnahme der Keime, die bei Langsamfiltern infolge der langen Kontaktzeit mit der biologischen Haut größer ist als bei Schnellfiltern. Eine dauernde Kontrolle der Keimzahlen, besonders zu Anfang und Ende der Laufzeiten, zur Regelung der Filtergeschwindigkeiten ist unbedingt erforderlich. Zur Kontrolle, ob größere Organismen außer Bakterien durch das Filter gegangen sind, kann man nach Minder die Zählung des Planktons in der 1-ccm-Planktonkammer nach Kolkwitz bei 50—100facher Vergrößerung durchführen.

Sollte eine bakteriologische Untersuchung ergeben, daß eine Entkeimung der Sandfilter notwendig ist, so geschieht diese am einfachsten und wirksamsten durch eine starke Chlorung des Rückspülwassers. Man läßt das mit 30—40 g/cbm Chlor versetzte Rückspülwasser kurze Zeit auf dem Filtersand stehen.

6. Kleinfilter.

Der größte Vorzug der zentralen Wasserversorgung gegenüber dem Kleinbetrieb ist der, daß bei der Größe des Objektes umfangreiche, wirtschaftlich durchaus tragbare Vorarbeiten für die Gewinnung eines einwandfreien Wassers möglich sind, ferner daß große Sicherheit für sachgemäße Ausführung und die Möglichkeit einer dauernden sachgemäßen Überwachung gegeben ist, so daß Störungen von Reinigungsanlagen im Großbetrieb leicht erkannt und verhindert werden können. Alle diese Vorzüge fehlen bei Kleinbetrieben. In vielen Fällen, z. B. bei industriellen Anlagen, ist die Menge des zu Trinkwasserzwecken benutzten Wassers nur ein kleiner Bruchteil der gesamten geförderten Wassermenge. So ungern man besonders in industriellen Betrieben aus hygienischen Gründen Doppelleitungen für Trink- und Betriebswasser hat, kann es aus wirtschaftlichen Gründen untragbar sein, das gesamte Fabrikationswasser zu reinigen. Man muß dann das Trinkwasser für sich reinigen. Bei einzeln liegenden Häusern, Gütern, Anstalten lohnt sich der Ausbau einer größeren Reinigungsanlage nicht. Man behilft sich in allen solchen Fällen mit Kleinfiltern, von denen im Laufe der Zeit eine ganze Reihe verschiedenster Konstruktionen in den Handel gebracht worden sind. Kleinfilter haben vielfach noch einen Doppelweghahn, so daß es möglich ist, nur das zu Trink- und Genußzwecken bestimmte Wasser durch das Filter zu lassen.

Kleinfilter verlangen eine sehr sorgfältige Pflege, da sie sonst leicht mehr schaden als nützen können. Sie sollten daher nur als Notbehelf angesehen werden. Wegen der Gefahr der unsachgemäßen Behandlung hat man sich bei diesen Filtern von dem bei großen Filtern angewandten Sand freigemacht und verwendet meistens geformte Filtersteine aus verschiedenem Material. Bei unsachgemäßer Behandlung, schlechter Reinigung und ungenügender Kontrolle besteht die Möglichkeit, daß der in die Poren eindringende Schlamm bald einen Nährboden für Bakterien darstellt und dann die Bakterien durch das Filter hindurchwachsen, was zur Folge hat, daß solche Filter ein keimreicheres Filtrat gegenüber dem Rohwasser geben. Die Keimdichtigkeit eines Hausfilters hängt nach König ab von:

1. der Beschaffenheit der Filtermasse; sie muß möglichst gleichmäßig und die Poren dürfen nicht zu groß sein;

2. dem Wasserdruck in der Leitung; dieser soll nicht über 1—2 Atmosphären betragen und keinesfalls ruck- oder stoßweise erfolgen, da hierdurch das Durchwachsen der Keime durch das Filter gefördert wird;

3. dem Grade der Verschmutzung des Rohwassers; je mehr Schwebestoffe im Wasser enthalten sind, um so schneller hört die Keimfreiheit des Filters auf;

4. der Temperatur des Wassers, da höhere Temperaturen das Durchwachsen der Keime begünstigen.

Je keimdichter ein Filter ist, um so geringer ist die Ergiebigkeit des Filters. Außer der Keimdichtigkeit verlangt man von ihm, daß die Reinigung, Sterilisation, Materialerneuerung leicht und bequem durchzuführen ist.

Die ältesten Kleinfilter waren mit erbsengroßen Kohlestückchen, plastischer Retortenkohle, feingesiebter Kohle oder Kokspulver gefüllte Behälter. Bessere Adsorption zeigten die mit Tier- oder Knochenkohle gefüllten Filter, wie sie z. B. Bühring in seinen Kleinfiltern angewandt hat. Da diese Filter aber sowohl in bakteriologischer Beziehung wie auch in der Entfernung von Schwebestoffen nur sehr wenig leisteten, hat man sie fast ganz verlassen. Bei der Beseitigung von Geschmacksbelästigungen haben sich dagegen Kleinfilter, die mit aktiver Kohle mit hoher Adsorptionsleistung gefüllt sind, bewährt (s. S. 80). Auch die mit schwammigem Eisenhammerschlag gefüllten Eisenschwammfilter von Bischoff, die eine 90 cm dicke Schicht von Eisenschwamm und Kies und eine 60 cm dicke Sandschicht hatten, sind bald wieder verschwunden, da sie sich zu schnell durch Erdalkalicarbonate und Schlamm verstopften, ohne die gewünschte Keimfreiheit zu ergeben. Spencer wandte als Filtermasse „Magnetic Carbide“ an, ein magnetisches Eisenoxyd (Fe_3O_4) in Verbindung mit Kohlenstoff, das durch Glühen von Roteisenstein mit granulierter Holzkohle bis zur schwachen Rotglut während 12—16 Stunden gewonnen wird. Man ging bei diesen Filtermassen von dem Gedanken aus, daß der Sauerstoff des Eisenoxyds zur Oxydation der organischen Stoffe benutzt werden sollte. Dies scheint jedoch nicht der Fall zu sein. Bessere Reinigungserfolge erzielte man mit Filtern, die als Filtermasse einen sehr feinfaserigen Asbest in Form von Brei, gepreßten Platten allein oder in Mischung mit anderem Material besaßen. Solche Asbestfilter werden in der Technik auch zum Klären von Flüssigkeiten, wie Bier, Öl, Wein usw. benutzt. Bekannt sind außer den Seitz-Filtern die Asbestfilter von Piefke, die Mikromembranfilter von Friedrich Breyer und die Daltonfilter mit präpariertem Asbest. Die Asbestfilter halten Bakterien wohl am besten zurück. Sie verstopfen sich aber meist sehr schnell, was eine zeitraubende, oft vorzunehmende Reinigung und Sterilisation des Apparates zur Folge hat. Die mit pappscheibenartigen Filtern arbeitenden Seitz-Filter haben den Vorteil, daß sich die Filterscheiben sehr leicht auswechseln lassen. Nachdem sie von Bakterien durchwachsen sind, werden die Filterscheiben beseitigt und durch neue ersetzt.

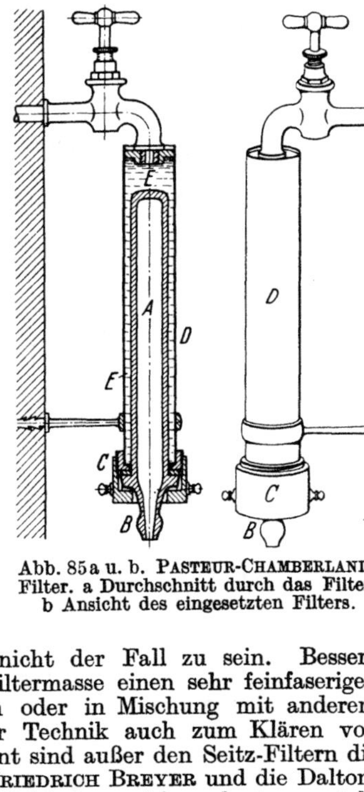

Abb. 85a u. b. Pasteur-Chamberland-Filter. a Durchschnitt durch das Filter. b Ansicht des eingesetzten Filters.

Die zur Zeit noch am meisten im Handel befindlichen Kleinfilter haben als Filtermaterial Kerzen aus Ton, Porzellanerde oder Kieselgur. Das Pasteur-Chamberland-Filter hat einen kleinen hartgebrannten Zylinder aus weißem Kaolinton, der in einen etwas weiteren Metallzylinder eingesetzt ist und mittels Überwurfmutter abgedichtet ist. In Abb. 85 ist *A* ein Porzellanzylinder, durch welchen das Wasser von außen nach innen filtriert. Bei *B* läuft das gefilterte Wasser ab. Durch die Schraubenmutter *C* wird der Porzellanzylinder im Metallmantel *D* festgehalten.

Bei $1^1/_2$—$2^1/_2$ atü Druck liefert eine Kerze stündlich 2—3 Liter filtriertes Wasser. Die Reinigung erfolgt durch Kochen und Ausglühen der getrockneten Kerzen.

Der Hauptvertreter der mit Filterkerzen arbeitenden Kleinfilter ist das Berkefeld-Filter, das nach denselben Grundsätzen wie das CHAMBERLAND-Filter aus gebrannter Infusorienerde hergestellt ist. Diese Filter benutzen Filterzylinder, wie sie in Abb. 86 in drei verschiedenen Ausführungsformen dargestellt sind. Die zwecks besserer Reinigung und zum dichteren Verschluß angebrachten Haltevorrichtungen müssen aus korrosionssicherem Metall hergestellt werden, da sie sonst zu schnell verderben. Der in Abb. 86c dargestellte Filterzylinder läßt sich leicht auseinandernehmen und durch eine Bürste reinigen. Je nach der zu filtrierenden Wassermenge kann man eine oder mehrere Filterkerzen in einem Filter vereinigen. Abb. 87 zeigt ein derartiges mit 9 Filterkerzen arbeitendes Filter. Das Filter hat den großen Vorzug, daß es sich leicht auseinandernehmen und daher gut reinigen und auch sterilisieren läßt. Zum Sterilisieren des ganzen Filters benutzt man eine Eau de Javelle-Lösung, während man die Filterkerzen durch $^3/_4$stündiges Auskochen sterilisiert.

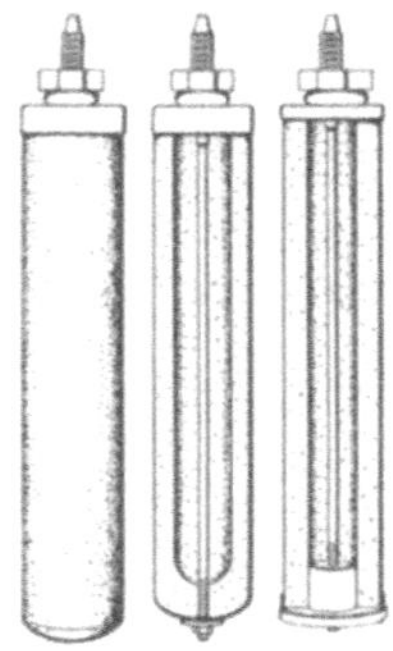

Abb. 86. Verschiedene Ausführungsarten von Filterzylindern für die Berkefeld-Filtertöpfe. a die gebräuchliche Form in Metallkopfstück eingekittet. b gleichfalls in Metallkopfstück eingekittet, durch einen der Länge nach durchgezogenen Metallstab versteift. c Zylinder mit Metallkopfstück und innenliegender Zugstange, nicht eingekittet, sondern durch Gummidichtungen bakteriensicher abgedichtet, daher besonders für saure (kohlensäurehaltige) Wässer und Flüssigkeiten geeignet.

Die Filter können in der Regel einige Tage lang keimfreies Wasser liefern. Läßt die Ergiebigkeit nach, so kann sie zunächst durch Abbürsten der Kerzen bis fast auf die Anfangsleistung wieder gehoben werden. Die Sterilisation der Kerzen geschieht durch langsames Erhitzen im Wasserbade. Die Berkefeld-Filter gehören in bezug auf Keimfreiheit und Ergiebigkeit mit zu den besten Kleinfiltern. Bei täglichem Sterilisieren kann man mit ziemlicher Sicherheit auf ein fortdauernd keimfreies Filtrat

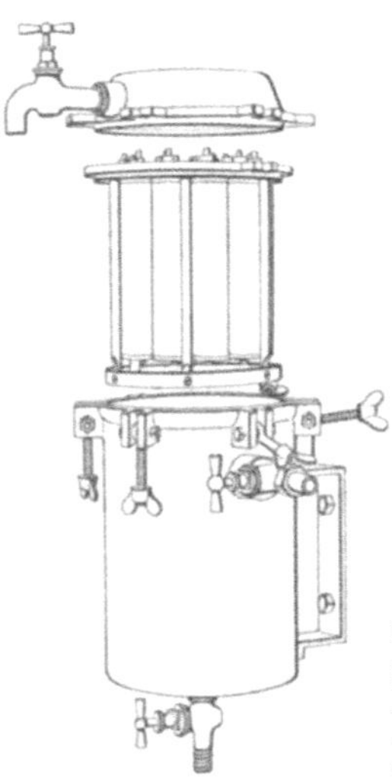

Abb. 87. Auseinandergenommener Berkefeld-Filtertopf mit 9 Filterkerzen.

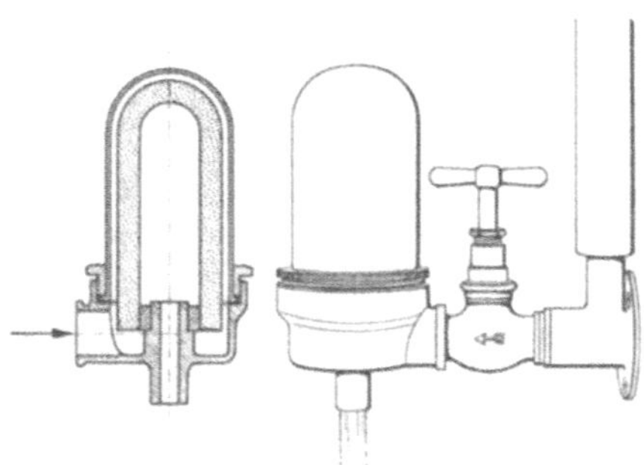

Abb. 88. Porolithfilter.

rechnen. P. SCHMIDT hat den Mechanismus der Bakterienfiltration an Berkefeld-Filtern studiert. Er findet, daß die wirksame Porengröße wahrscheinlich etwa 0,5 μ beträgt. Dünnschliffe von mit Bakterien verstopften Berkefeld-Filtern zeigten, daß die Verstopfung nur ganz an der Oberfläche der Filterkerze stattfindet, so daß eine vollständige Reinigung auf mechanischem Wege durch Rückspülung möglich ist. Staphylokokken und diesen an Größe nahestehende Organismen passieren das Filter nie, dagegen gingen eine Anzahl kleinerer Bakterien in einem bestimmten Prozentsatz durch das Filter.

In gleicher Weise wie die Berkefeld-Filter werden mit Porolith-Filterkerzen gefüllte Kleinfilter zum Anschluß an die Wasserhähne oder als Durchgangsfilter in den Handel gebracht. Die Porolithmasse kann in verschiedenen Dichtegraden geliefert werden, hervorgerufen durch die verschiedenen Körnungen. Die Körnung richtet sich nach dem Rohwasser und der gewünschten Leistung. In Abb. 88 ist ein derartiges, an den Wasserhahn angeschlossenes Filter dargestellt. Abb. 89 zeigt den Schnitt durch ein Porolithfilter zum Einbau in das Leitungsnetz als Durchgangsfilter. Derartige Durchgangsfilter können auch zur Erzielung größerer Leistungen zu einer Filterbatterie zusammengeschlossen werden, wie dies in Abb. 90 dargestellt ist. Die Reinigung erfolgt durch Abspülen, Abbürsten, Abschmirgeln oder durch chemische Behandlung durch Einlegen in Salzsäure oder Chromschwefelsäure.

Zu den Kleinfiltern gehören auch die in neuerer Zeit auf den Markt gebrachten sog. Ultrafilter „Amikron". Sie werden an die Wasserleitungshähne angeschraubt und haben in ihrem Innern ähnlich wie die vorgeschilderten Berkefeld- und Daltonfilter eine Filterschicht aus feindispersem Material. Um die Wirkung der bei Kleinanlagen gebrauchten Filterkerzen, die aus Kieselgur, Asbest, Porzellanerde oder Chamottesteinen bestehen, zu erhöhen, hat man empfohlen, in die Filtermasse aktive Kohle einzumischen. Nach BECHOLD

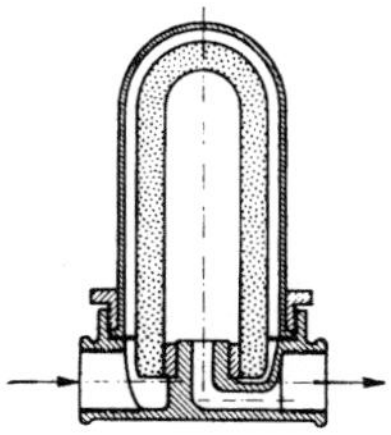

Abb. 89.
Porolithfilter zum Einbau in das Leitungsnetz.

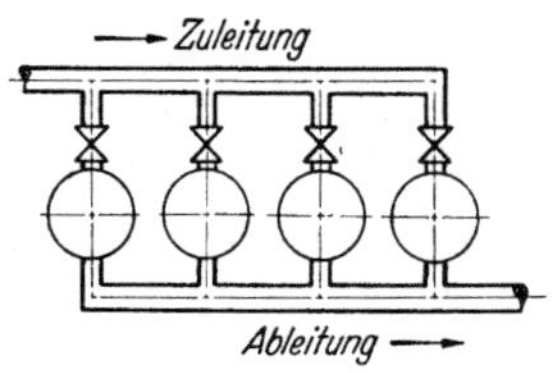

Abb. 90.
Schema einer Filterbatterie von Porolithfiltern.

wurde hierdurch die Sterilität der Filter sehr stark erhöht. Um Filter für Keime undurchlässig zu machen, hat BECHOLD ein Imprägnierungsverfahren eingeführt, durch das die Filtergeschwindigkeit nur unwesentlich beeinflußt wird. Am besten haben sich hierfür Filter aus Porzellanerde oder Kieselgur bewährt.

V. Entölung.

1. Ursachen und Wirkungen der Ölverschmutzungen.

Bei Grundwasser sind Ölverschmutzungen sehr selten beobachtet worden. Sie sind möglich, wenn in der Nähe undichte Öltanks vorhanden sind. So berichtet THOMAS[1] über Verunreinigung von Wassergewinnungsanlagen durch Benzin, das aus in der Nähe liegenden, undichten Tanks stammte und durch Versickerung in das Erdreich allmählich in das Grundwasser gelangte. Er empfiehlt, die verunreinigten Schichten abzusperren und eventuell die Filter tiefer zu legen. Dies soll besonders in den Fällen geschehen, wo zwei wasserführende Schichten vorhanden sind und nur die eine Schicht verschmutzt ist.

Viel häufiger sind Ölverschmutzungen bei unseren Oberflächenwässern und den aus ihnen versorgten Wassergewinnungsanlagen. Es gibt eine Reihe verschiedener Ursachen für das Auftreten dieser Ölverschmutzungen. Die industriellen Betriebe stoßen mit ihren großen Mengen Kühl- und Kondenswasser laufend Öl in kleinen Mengen in die Vorfluter ab. Der ständig zunehmende Autoverkehr bedingt, daß große Mengen Öl aus den Garagen, dann aber auch von den Straßen zum Teil mit den Niederschlagswässern in die Flüsse und Bäche gelangen. Die oft geringen Ölmengen, die von den Automobilen auf den Verkehrsstraßen abgestoßen werden, genügen schon, um auch die Ölverschmutzungen in früher ganz reine, unberührte Bäche zu tragen. CHARPENTER und KLINGER[2] haben auf einer Landstraße Versuche mit einer Wassermenge, die 1 cm Regenhöhe entsprach, durchgeführt. 1 Liter Wasser wurde aufgefangen und 300 ccm

---

[1] THOMAS: Gesundh.-Ing. 1932, 55, 8.
[2] CHARPENTER u. KLINGER: Journ. Pens. Water Works Assoc. 1933, 5, 43.

abdestilliert. Diese zeigten deutlich Ölgeruch und -geschmack. Nach dem Versetzen mit Chlor zeigte dieses Wasser sogar den typischen Chlorphenolgeschmack.

Bei größeren Flüssen und Seen, auf denen Dampf- und Motorschiffe fahren, ist die Verschmutzung durch das von den Schiffen mit dem Bilgewasser abgestoßene Öl und Fett oft sehr stark. Diese Verschmutzungen können so stark werden, daß die Flüsse für die Trink- und Brauchwasserversorgung, vor allem auch als Volkserholungsstätten ausschalten. Sehr unangenehm macht sich die Ölverschmutzung in den großen Häfen bemerkbar, wo sie bei stärkerer Ansammlung eine direkte Brandgefahr bedeutet. Hier kommen als Ölverschmutzungsquellen in erster Linie die an den Häfen liegenden Ölraffinerien, die Schiffe mit Ölfeuerung, das Ballastwasser aus den Öltanks der Tankschiffe sowie die Kondenswässer der Schiffswerften und industriellen Betriebe in Betracht. Um das von den Tankschiffen stammende, aus den Öltanks hochgepumpte Ballastwasser vor dem Ablassen in den Hafen vom Öl zu befreien, empfiehlt GARLAND[1] den Einbau von Stromlinienölabscheidern. Ölumschlagplätze sollten grundsätzlich nur unterhalb größerer Ortschaften an leicht abschließbaren Stichkanälen oder Hafenbecken angelegt werden.

Im Stettiner Hafen werden die Tankschiffe und die Öl aufnehmenden Schiffe von einem schwimmenden Rohrring umgeben. Dieser Rohrring besteht aus Rohren größeren Durchmessers und hat den Zweck, die Verunreinigung des Hafens und die Brandgefahr zu verringern, wenn durch einen Rohrbruch oder durch Undichtigkeiten der Benzin- oder Petroleumleitung oder aus einem anderen Grunde öliger Brennstoff über Bord fließt. Das Öl kann sich nur innerhalb des Rohrringes ausbreiten. Vor dem Auslaufen des Schiffes aus dem Rohrring wird das auf der Oberfläche treibende Öl durch einen besonderen Apparat der Stettiner Feuerwehr, der aus einer leicht beweglichen Absaugvorrichtung besteht, entfernt. Auf zwei Schwimmern ruht ein Saugtrichter, der an die Motorpumpe des Feuerlöschbootes angeschlossen wird. Dieser Saugtrichter ist so konstruiert, daß er nur ganz knapp die Oberfläche berührt und so das auf der Oberfläche schwimmende Öl bzw. den Brennstoff absaugt, von wo er in besondere Fässer gedrückt wird.

Die Abwässer verschiedener gewerblicher Betriebe, wie Wollwäschereien, Seifensiedereien, Fetthärtungsanlagen, Fettreinigungs- bzw. -spaltanlagen, Schlachthöfe, Margarinefabriken enthalten stets mehr oder weniger Fett und Öl, das bei nicht genügender Klärung der Abwässer in den Vorfluter gelangt.

Das auf der Oberfläche der Flüsse treibende Öl breitet sich in hauchdünnen in allen Regenbogenfarben schillernden Schichten aus, sperrt das Wasser von der so notwendigen Sauerstoffzufuhr ab und unterbindet die Selbstreinigungsvorgänge. Die hauchdünne Ölschicht bedingt, daß der von den Straßen, Städten und Industriebetrieben auf die Oberfläche des Wassers fallende Staub, Ruß usw. nicht untersinken kann. Er wird dann durch den Wind an ruhigen Stellen in Form eines üblen, auf der Oberfläche schwimmenden Schaumes, besonders in den Buhnen zusammengetrieben. Er macht das Baden in solchen Flüssen unmöglich, da dieser Schaum sich auf dem Körper der Badenden festsetzt und meist nur durch Abreiben mit einem Fettlösungsmittel, wie Benzin Benzol beseitigt werden kann.

Auch für die Fischerei sind diese Ölhäute sehr schädlich. An den Laichstellen verkleben sie die Eier und verhindern die Befruchtung und Durchlüftung der Eier, so daß diese nicht zur Entwicklung kommen. Gelangt junge Fischbrut in solche Ölhäute, so geht sie zugrunde. Auch die Wasservögel sind durch diese Ölplage gefährdet. Am meisten leiden die Lummen, die auf Helgoland noch die einzige Kolonie in Deutschland haben. Wenn das Öl in die Nachbarschaft der Vogelkolonie treibt, kann man bald an einem Tage 30—40 tote Lummen sehen. Das Öl verklebt die Federn und Flügel, so daß die Tiere nicht mehr in der Lage sind, sich ihre Nahrung zu suchen; sie müssen elendig verhungern. Sie sind auch nicht mehr gegen das Eindringen der Kälte genügend geschützt. Bei einem Versuch, die Tiere durch alle möglichen Lösungsmittel zu reinigen, gingen die Tiere ein, weil Öl in die Eingeweide gelangt war und hier Entzündungen hervorgerufen hatte.

Das mit dem Rohwasser herangeführte Öl macht sich ganz besonders unangenehm in den Filtern der Trinkwasserwerke bemerkbar. Das Öl sammelt sich in den Filtern an und verstopft sie allmählich. Durch das Überziehen der

---

[1] GARLAND: Journ. Soc. chem. Ind. 1927, **46**, 1161. Ref. Wasser u. Abwasser 1928, **25**, 27.

Filter mit einer dichten Haut wird die freie Sauerstoffzufuhr gehindert und die biologische Wirkung bald sehr empfindlich gestört, wenn nicht gänzlich stillgelegt. Beim Reinigen der Filter durch Spülen kann die Spülwirkung des Wassers nicht genügend zur Geltung kommen, da das Öl die Schmutzstoffe vor dem Abspülen schützt. Die Untersuchungen von KAMMANN haben ergeben, daß tierische und pflanzliche Fette und Öle weniger schädlich sind, da diese von den biologischen Häuten angegriffen und abgebaut werden. Im Gegensatz hierzu werden die mineralischen Öle viel länger schädlich wirken, da sie beim biologischen Abbau nicht angegriffen werden.

Ölhaltige Wässer können nicht als Kesselspeisewasser benutzt werden und sind besonders für die Textil-, Färberei- und Nahrungsmittelindustrie schädlich. Schon recht geringe Mengen — 4 mg/Liter — von Ölen und Fetten im Speisewasser sind Dampfkesseln schädlich. Nach POLLIT-CREUTZFELDT[1] erzeugt ein Ölgehalt auf dem Wasser eine Haut, die die Verdampfung hindert. Nach SPLITTGERBER[2] wirken geringe Mengen Fett und Öl im Kesselspeisewasser sehr schädlich und können verstärktes Auftreten von Überhitzungserscheinungen und das gefürchtete Überschäumen hervorrufen. Nach englischer Untersuchung leitet Öl und Fett die Wärme tausendmal schlechter als Stahl. Auch ballen sich die Ölteilchen mit anderen stets in Dampfkesseln vorhandenen Schwebestoffen zu kleinen Kügelchen von kittartiger Beschaffenheit zusammen, die zu ungefähr 20% aus mineralischem Kesselschlamm und zu 80% aus Öl bestehen und im Dampfkessel Wärmestauung mit all ihren unangenehmen Folgeerscheinungen verursachen.

2. Nachweis von Ölverschmutzungen.

Zum qualitativen Nachweis einer Ölverschmutzung gibt man ein kleines Stückchen Campher auf das zu untersuchende Wasser. Auf öl- und fetthaltigem Wasser bleibt es ruhig liegen, auf fettfreiem Wasser führt es lebhafte Bewegungen über die ganze Oberfläche aus. Diese Methode zeigt schon Mengen von 0,1 mg/Liter an.

Um geringste Spuren von Öl, die chemisch nicht nachzuweisen sind, in einem Bach oder Fluß festzustellen, empfiehlt SINZIG das Einwerfen von kleinen Steinen an ruhigen Stellen: Das Auftreten dunkelgrüner Färbungen zeigt Ölverschmutzung an. Man kann diese feinen, in allen Regenbogenfarben schillernden Häute sehr gut von den ähnlich schillernden Häuten, die man oft auf Tümpeln und anderen stehenden Gewässern, oft auch in Buhnenfeldern findet und die aus Metallsulfidverbindungen vornehmlich Eisensulfid bestehen, unterscheiden. Während Ölhäute nach der Zerstörung wieder schlierenförmig zusammenfließen, haben die letzteren zackige und eckige Bruchstellen.

Quantitativ wird der Ölgehalt in einem Wasser durch die Ausschüttelmethode oder noch besser durch die Fällungsmethode mit Aluminiumhydroxyd ermittelt. Eine genügend große Wassermenge wird zuerst mit Aluminiumsulfat und dann mit Ammoniak versetzt. Das sich ausscheidende Aluminiumhydroxyd adsorbiert das Öl. Dieses wird abfiltriert, getrocknet und mit Äther im SOXHLET-Apparat extrahiert. Näheres siehe Band VIII/2: Untersuchungsmethoden.

3. Beseitigung der Ölverschmutzungen.

Man muß unterscheiden zwischen 1. schwimmendem Fett, das sich leicht auf der Oberfläche beim Stehen des Wassers absetzt; 2. suspendiertem Fett; dieses ist im Wasser fein verteilt, oft sogar durch die Wirkung von Seifen kolloid gelöst; 3. absinkendem Fett, d. h. durch Staub, Ruß und andere Stoffe so stark beschwertes Fett, daß es zu Boden sinkt.

Da es meist sehr schwierig ist, die hauchdünnen Häute von der Oberfläche des Wassers zu beseitigen und das Verhüten einer Ölverschmutzung meist viel einfacher, vor allem auch billiger ist, so empfiehlt es sich, das Öl direkt an den

[1] POLLIT-CREUTZFELDT: Die Ursachen und die Bekämpfung der Korrosionen. Braunschweig: F. Vieweg & Sohn 1926.

[2] SPLITTGERBER: Vom Wasser 1928, 2, 122.

Anfallstellen zu erfassen, d. h. ehe es überhaupt in den Vorfluter gelangt. Zur Entfernung des Öles und Fettes aus Oberflächenwasser werden verschiedene Verfahren angegeben.

a) Entölung auf mechanischem Wege. Die einfachste Art der Entölung, die aber leider nicht stets ausreichenden Reinigungserfolg aufweist, weil sie nur das aufschwimmende Fett oder Öl erfaßt, sind Absetzbecken verschiedener Konstruktion. In diesen Becken wird das Wasser bei möglichst langsamer Strömungsgeschwindigkeit in Zickzackwege geführt und so eine Trennung in eine unten stehende Wasserschicht und eine oben stehende Ölschicht bewirkt. Um die Entölung zu steigern, arbeiten diese Becken oftmals unter Druck.

Im Absetzbecken kann nur das leicht aufschwimmende Öl erfaßt werden. Um auch das emulgierte und niedersinkende Fett und Öl abzuscheiden, hat man einen Teil der Becken mit Belüftungen versehen. Diese Belüftungen wirken ähnlich wie Flotationsanlagen. Die natürlichen im Wasser enthaltenen oder dem Wasser in Form von Kohlenstaub usw. künstlich zugesetzten Schwebestoffe werden durch die Durchlüftung besonders innig mit dem Wasser gemischt und nehmen hierbei das Öl auf. Durch die Druckluft werden sie dann an der Oberfläche in Form eines Schaumes abgeschieden. Letztere Entöler haben den Vorteil, daß sie im Gegensatz zu den einfachen Absetzbecken, die nur bei geringer Wasserströmungsgeschwindigkeit gut arbeiten, in den meisten Fällen auch das emulgierte Öl und Fett entfernen. Da diese mit Belüftung arbeitenden Verfahren hauptsächlich bei Abwässern betrieben werden, so werden sie dort ausführlich besprochen.

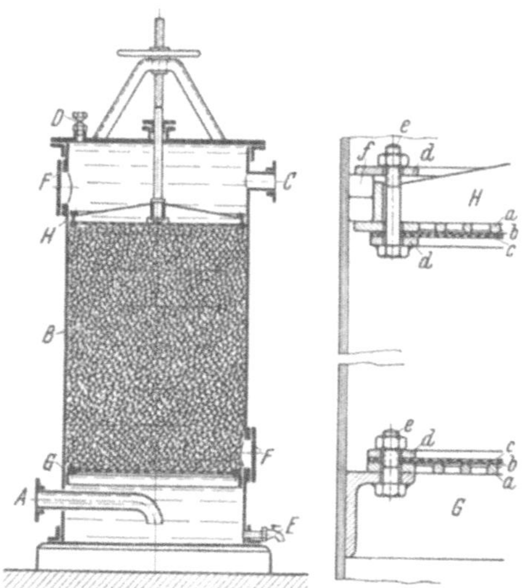

Abb. 91. Aktivkohlefilter zur Kondensaterhöhung.

Man kann auch das emulgierte und sich absetzende Öl dadurch abfangen, daß man die letzten Kammern der Absetzbecken mit Filterstoffen, wie Putz-, Holzwolle, Koks ausfüllt. Das Öl wird auf der Oberfläche dieser Stoffe adsorptiv festgehalten. Holzwollfilter haben den Nachteil, daß sie an das durchfließende Wasser organische Stoffe abgeben, wodurch das Wasser für manche Zwecke unbrauchbar wird. Bei Koksfiltern spielt die Art und Größe des angewandten Kokses eine große Rolle. Da ihre Anwendung nicht immer befriedigte, so hat man den Koks zunächst durch Holzkohle, später aber durch aktive Kohle ersetzt.

In neuester Zeit findet die aktive Kohle immer mehr Anwendung zur Ölabscheidung. Das DRP. 601421 der Carbo-Norit-Union sieht ein Verfahren zur Entfernung von öligen Bestandteilen aus Kondenswasser unter praktisch vollkommener Erhaltung seines Wärmeinhaltes vor, das darin besteht, daß man das Wasser mit stückiger, z. B. geformter Aktivkohle behandelt. Einfache Vorrichtungen dazu beschreiben JAENICKE[1], BAILLEUL[2] und MÜLLER[3]. Sie wenden für eine Kondenswassermenge von 500 cbm/24 Stunden ein Filter von 1300 mm Durchmesser und 1 m Höhe der Kohleschicht = 300 kg an (Hydraffin K 87 Spezial). Diese Kohlenmenge kann sich bei den im Filter herrschenden Geschwindigkeiten mit 45 kg Öl aufladen, so daß sich die Kosten auf etwa 1—2 Pf./cbm stellen. MÜLLER beschreibt ein Aktivkohlefilter, das mit großem Erfolg in einer Eisfabrik angewandt wird (s. S. 57, Abb. 30). Das im Betrieb anfallende Kondenswasser mit einem Ölgehalt von 3,5 mg/Liter wird durch eine 1 m hohe Aktivkohleschicht geleitet, wobei das zur Eisbereitung gern angewandte Kondenswasser am besten seine Temperatur von 50—80° behält. Die a-Kohle holt nicht nur die groben Ölspuren, sondern auch das emulgierte und gelöste Öl aus dem

[1] JAENICKE: Chem.-Ztg. 1932, **56**, 630. [2] BAILLEUL: Zbl. Zuckerind. 1932, **40**.
[3] MÜLLER: Die Kälte-Industrie 1932, **29**, H. 29.

Wasser heraus. Sie belädt sich bis zu 15%, in besonderen Fällen bis 20%, ihres Eigengewichtes mit Öl, ehe der Durchbruch erfolgt. Der Ruhrverband in Essen hat solche mit aktiver Kohle gefüllte Filter auf Motorbooten zum Schutze von Seen und Flüssen zur Entölung von Bilgewasser benutzt. Am besten bewährt hat sich folgende Einrichtung. Das sich im unteren Teil des Schiffes ansammelnde ölhaltige Wasser wird anstatt wie bisher von Zeit zu Zeit nach außen abgelassen zu werden, in einen hochstehenden (unter den Sitzplätzen angeordneten Hochbehälter) gepumpt. Von hier fließt das Wasser im gleichmäßigen, langsamen Strom durch ein mit aktiver Kohle gefülltes Filter in den See ab. Das schon vorher auf der Oberfläche sich abscheidende Öl wird zur Schonung der aktiven Kohle abgeschöpft. Das so behandelte Wasser ist ölfrei. Bei genügend langsamem Durchfluß, der ja bei Zwischenschaltung eines Behälters stets da ist, ladet sich die a-Kohle nur langsam schichtweise auf, so daß sie sogar bis zu 40—50% ihres Gewichtes an Öl aufnehmen kann. Das in Abb. 91 gezeigte Aktivkohlefilter zur Kondensatentölung kann auch für Bilgewasser benutzt werden.

Sheppard T. Powell empfiehlt eine besondere aus Terrystoff oder einem anderen dichten Gewebe bestehende Filterhaut. Bei den Lagoudafiltern oder Fettextrakteuren sind abwechselnd zwei Filter, die mit Terrystoff umkleidete Drahtgewebespulen als Filtermaterial tragen, in Gebrauch. Ein Filtertuch wird stets wie bei den Schulte-Körtingschen Ölfiltern durch Waschen mit Seife und Benzin vom Fett befreit, während das andere in Gebrauch ist.

In anderen Fällen macht man von der besseren Adsorption des Öles bzw. Fettes an Reibflächen Gebrauch. Das vorher in sehr vielen feinen und feinsten Tröpfchen im Wasser verteilte Öl wird auf den Reibflächen in tropfbar flüssige Form gebracht. Im DRP. 393043 von Spengler wird empfohlen, den heißen ölhaltigen Dampf gegen Prallflächen zu leiten, die heizbar sind. Hierbei scheidet sich das Öl in tropfbar flüssiger Form ab und kann abgezapft werden.

b) Entölung auf chemischem Wege. Die Verfahren zur Entölung auf chemischem Wege machen von der Adsorptionsfähigkeit verschiedener Gele, vornehmlich Aluminiumhydroxyd, Eisenhydroxyd, Magnesiumhydroxyd usw. Gebrauch. In dem zu entölenden Wasser werden durch Zugabe der entsprechenden Sulfate und Soda oder Natronlauge die erforderlichen Gele erzeugt, die, nachdem sie das Öl adsorbiert haben, durch Absetzbecken oder nachgeschaltete Filter von dem entölten Wasser wieder getrennt werden. Um die bei dieser Art der chemischen Entölung auftretende Anreicherung an Neutralsalzen zu verhindern, verwendet man äquivalente Mengen von Aluminiumsulfat und Natriumaluminat. Hierdurch wird die Anreicherung nur halb so groß als bei Verwendung von Aluminiumsulfat und Natriumhydroxyd. Durch Einleiten von Kohlendioxyd aus den Rauchgasen bei Einhaltung eines p_H-Wertes von 6,4—7,6 läßt sich durch Aluminiumsulfat allein auch in salzfreiem Wasser eine Entölung erzielen, die keine Neutralsalze hinterläßt. Wichtig ist bei diesen Verfahren das genaue Einhalten aller bei der chemischen Fällung notwendigen Vorsichtsmaßnahmen, besonders eine genaue Dosierung der Fällungsmittel und genaue Einhaltung eines bestimmten p_H-Wertes. Die Firma W. Siemon, Wien, stellt geschlossene Apparate her, in denen sie die im Wasser enthaltenen, kolloiden Schmierölbestandteile (Paraffin) durch Zusatz einiger Milligramme Kalkhydroxyd, das in Form von Kalkwasser zugesetzt wird, ausfällt.

c) Entölung auf elektrolytischem Wege. Bei den elektrolytischen Entölern wird das zu entölende Wasser an Eisenelektroden vorbeigeführt. Der elektrische Strom zerstört die Ölemulsionen. Die sich zusammenballenden Öltropfen werden von dem sich unter dem Einfluß des elektrischen Stromes bildenden basischen Eisensalz bzw. Eisenhydroxyd adsorbiert und mit ausgeflockt. Der sich bildende Niederschlag wird dann auf Kiesfiltern abfiltriert. Es ist dies also im Grunde genommen auch eine chemische Entölung. Die elektrolytischen Entöler sollen nach Angaben in der Literatur ein Wasser mit einem Restgehalt von weniger als 1 g/cbm Öl liefern. Der Stromverbrauch wird mit 0,2 kWh/cbm angegeben.

d) Kombinierte Verfahren. Es gibt noch eine ganze Reihe verschiedener Verfahren, auf die hier nicht im einzelnen eingegangen werden kann. Bewährt haben sich noch die kombinierten Verfahren, wie z. B. das von Splittgerber angegebene, das eine Vorentölung des Abdampfes durch Oberflächenattraktion und eine Nachentölung durch chemische Fällung mittels Aluminiumsulfat und Alkalihydroxyd und darauf folgende Filtration vorsieht bzw. das schon vorbeschriebene Verfahren des Absetzens, der Flotation und der Adsorption.

VI. Enteisenung und Entmanganung.

1. Enteisenung.

a) Ursachen des Eisengehaltes. Viele Grundwässer, besonders die der Alluvial- und Diluvialschichten der norddeutschen Tiefebene enthalten kleine Mengen von Ferroeisen in Lösung. Dieser Eisengehalt im Grundwasser und auch im Mineralwasser kann mannigfachen Ursprungs sein. Unter den gesteinsbildenden Mineralien ist eine ganze Reihe von Silicaten reich an Eisenoxydul- und Eisenoxydverbindungen (Augit, Hornblende, Granit, Glimmer). Ferner finden sich in zahlreichen Gesteinen, besonders solchen eruptiver Herkunft in feinen Beimengungen Partikelchen von Eisenerzen (Schwefelkies, Magneteisenerz, Titaneisen). Eisenverbindungen, zumeist in Form von Limonit (= Brauneisenstein), finden sich in feinster Verteilung in den weitaus meisten kalkigen und tonigen Sedimentgesteinen. Die meisten eisenhaltigen Mineralien sind in hohem Maße der Verwitterung ausgesetzt. Durch die im Grundwasser enthaltene Kohlensäure, stammend aus den biologischen Vorgängen, oder durch Schwefelsäure, herrührend von der Oxydation der Pyrite, wird Ferrobicarbonat bzw. Ferrosulfat gebildet. Selbst in den jüngsten Schichten unserer Erdrinde, in den diluvialen und alluvialen Schichten finden derartige Auflösungen von Eisensalzen statt. Im eigentlichen Grundwasser ist das Eisen in den meisten Fällen als Ferrobicarbonat gelöst. Bei Grubenwässern dagegen liegt das Eisen oft als Ferrosulfat vor. Bei Wässern, die aus Mooren oder Braunkohlengebieten stammen kommt es oft in organischer Bindung, meist als huminsaures Eisen vor. Je nach den durchflossenen Bodenschichten und der Aufnahmefähigkeit des Wassers ist der Eisengehalt verschieden.

Frisch gezapft sind solche eisenhaltige Wässer klar. Sie sind völlig sauerstofffrei, denn nur bei Sauerstofffreiheit ist das Ferrosalz im Wasser löslich. Sobald das Wasser jedoch mit Luft in Berührung kommt, verändert sich das eisenhaltige Wasser, in dem das Eisen als Ferrobicarbonat enthalten ist, in folgender Weise:

$$2\,Fe(HCO_3)_2 + {}^1/_2\,O_2 + H_2O = 2\,Fe(OH)_3 + 4\,CO_2.$$

Das Ferroeisen bildet also unlösliches braunes Eisenoxydhydrat und freie Kohlensäure. Ein eisenhaltiges Wasser wird deshalb nach einigem Stehen an der Luft zunächst leicht milchig trübe, allmählich immer trüber und schließlich scheiden sich braune Flocken, die sog. Rostflocken aus, die sich bei ruhigem Stehen des Wassers unter Klärung des Wassers allmählich zu Boden setzen und hier einen schmutzig aussehenden Schlamm bilden. Durch diese sich nachträglich bildenden Ausscheidungen von Eisenhydroxyd wirkt das Wasser unappetitlich. Schon ein Gehalt von 0,3 mg/Liter Eisen bewirkt solche Trübungen. Von diesen Mengen an hat das Wasser schon einen eigenartigen, metallischen und in größeren Mengen (über 1 mg/Liter) sogar intensiven unangenehmen Tintengeschmack. Eisenhaltiges Wasser ist zwar in gesundheitlicher Beziehung unbedenklich, muß aber als genußwidrig abgelehnt werden. Mit solchem Wasser bereitete Speisen werden unansehnlich und schmecken und riechen schlecht.

Solche eisenhaltigen Wässer können besonders in den Fällen, wo der Eisengehalt 1,0 mg/Liter überschreitet, zu recht beträchtlichen Störungen Anlaß geben. Die in Leitungsrohren und Sammelbecken sich absetzenden Flocken führen zu Verstopfungen und machen eine häufigere Reinigung notwendig. In den eisenhaltigen Wässern kann es leicht zur Entwicklung besonderer Mikroorganismen, der sog. eisenspeichernden Bakterien, kommen. Von den in Frage kommenden Eisenbakterien: Leptothrix, Gallionella, Crenothrix, Chlamydothrix und Spirophyllum tritt Chlamydothrix am häufigsten auf. Alle sind fadenförmig und von ziemlich festen Scheiden umhüllt. Sie nehmen das Ferrobicarbonat aus dem Wasser auf, verwandeln es in Ferrieisen und lagern dieses als Eisenhydroxyd in ihren Scheiden ab. So entstehen schleimige, braun gefärbte Massen, die unter dem Mikroskop als ein Gewirr von Fäden zu erkennen sind. Diese schleimigen Massen wirken dadurch so unangenehm, daß sie durch die ständig mit dem Wasserstrom abtreibenden, abgestorbenen Teile das Wasser stark trüben, dann aber auch besonders dadurch, daß sie infolge ihrer üppigen Entwicklung die Rohrleitungen immer mehr und mehr verstopfen, so daß sie schließlich kein oder nur sehr wenig Wasser durchlassen. Bei Quellen werden die Umgebung und die Ablaufrinnen durch die starke Entwicklung von Eisenbakterien schleimig rotbraun gefärbt. Bei Mineralwässern kann der Eisengehalt und das dadurch bedingte Auftreten von Eisenbakterien große Schwierigkeiten bereiten. Solches Wasser läßt sich nur schlecht aufbewahren. Es muß daher vorher enteisent werden. Spülungen können wohl vorübergehend eine gewisse Erleichterung bringen. Eine radikale Bekämpfung ist aber nur dann möglich, wenn man das Eisen aus dem Wasser entfernt. Dann sterben die eisenspeichernden Bakterien allmählich von selbst ab, da sie an Eisenmangel zugrunde gehen. Desinfektionsmittel, wie Chlor allein oder in Verbindung mit Ammoniak, Schweflige Säure, Kupfersulfat, haben zu keinen befriedigenden Ergebnissen geführt, da es in den meisten Fällen nach Aufhören der Desinfektionswirkung zu einer stärkeren Neuentwicklung kommt. Chlor tötet bei Anwendung von 1 mg/Liter und mindestens 4stündiger Einwirkungszeit wohl ab. Es besteht aber die Gefahr des Auftretens schlechten Geschmackes. In Endsträngen des Leitungsnetzes können Wucherungen von Eisenbakterien am besten durch häufigere Spülungen kurz gehalten werden. Kleine Rohre können durch Preßluft gereinigt werden.

Bei Brauchwasser kann ein Eisengehalt seine Verwendbarkeit völlig ausschließen, z. B. in Wäschereien, Färbereien, Bleichereien, Gerbereien, Leim-, Stärke- und Papierfabriken. Schon bei geringen Eisengehalten können bei der Wäsche große Schäden auftreten. Legt man in das anscheinend klare Wasser die Wäsche ein, gibt dann Seife und Soda zu, so gehen die Eisenausscheidungen sehr schnell vor sich. Diese setzen sich leicht in der Wäsche auf den Fasern fest und bewirken hier allmählich eine immer mehr zunehmende Gelbfärbung der Wäsche, die schlecht zu beseitigen ist. In der Nahrungsmittelindustrie, z. B. in Brauereien, Molkereien, ist das Eisen ein großer Störenfried, der minderwertige Fabrikate erzeugt und auf diese Weise großen wirtschaftlichen Schaden hervorruft.

b) Theorie der Enteisenung. Eisenhaltiges Wasser sollte vor der Verwendung stets enteisent werden. Es kann dann, wenn es sonst einwandfrei und gut ist, für Trinkzwecke sowie häusliche und industrielle Zwecke verwandt werden. Die Ausscheidung läßt sich in den meisten Fällen leicht und schnell durchführen. Um die vom chemischen und technischen Standpunkte aus am meisten interessierende Frage, ob das Eisen in leicht ausscheidbarer Form vorliegt, schnell zu beantworten, schüttelt man in einer 1—2-Literflasche eine Wasserprobe mit Luft. Tritt nach kurzer Zeit eine Trübung auf, so entsteht ein leicht ausscheidbarer und gut abfiltrierbarer Niederschlag.

Die Enteisenung geschieht in offenen oder geschlossenen Anlagen in den meisten Fällen dadurch, daß man das Ferrosalz durch eine Oxydation mit Hilfe von Sauerstoff (der Luft) in Ferrisalz überführt. Zur Oxydation von 1 mg Eisen werden 0,143 mg Sauerstoff gebraucht. Die für die Oxydation der oft geringen Eisenmengen benötigte Menge Sauerstoff ist daher sehr klein, so daß oft die von Schnüffelventilen, in Windkesseln bei der Entnahme in Kesselbrunnen, beim Durchspülen der Filter mit sauerstoffhaltigem Wasser aufgenommene Luft genügt. Das in starker Verdünnung unsichtbare Ferrisalz bleibt zunächst als Eisenhydroxydsol kolloid gelöst. Sind größere Eisenmengen zugegen, so wird das Wasser zwar gelb gefärbt, erscheint aber noch völlig klar. Allmählich koaguliert das Eisenhydroxydsol und fällt schließlich in Form rotbrauner Flocken aus. Diese Ausscheidung wird einmal durch Kontaktwirkung, z. B. mit frisch ausgeflocktem Eisenhydroxyd oder anderem Kontaktmaterial mit rauher, scharfkantiger Oberfläche und durch überschüssigen Sauerstoff sowie durch die Carbonate des Calciums und Magnesiums und durch eine alkalische Reaktion des Wassers (p_H höher als 7,07) beschleunigt. Sie wird gehemmt durch saure oder neutrale Reaktion des Wassers (p_H niedriger als 7,07), insbesondere oft durch Kohlensäure und die Bicarbonate der Alkalien (Natrium) sowie andere Salze, z. B. die Chloride der Kaliindustrieabwässer oder die Sulfate der Braunkohlenindustrie infolge Doppelsalzbildung. Ein zu geringer Gehalt an Carbonathärte erschwert ebenfalls die Enteisenung, namentlich dann, wenn ein hoher Gehalt an freier Kohlensäure vorliegt. Infolge ihres aggressiven Charakters kann dann mit einer Wiedervereisenung im Rohrnetz gerechnet werden, die einer schlechten Enteisenung gleichkommt und dazu noch den Nachteil hat, daß das Rohrmaterial zerstört wird.

Enthält das zu enteisende Wasser organische Stoffe, z. B. Huminstoffe, so können diese als Schutzkolloide wirken, was zur Folge hat, daß bei der Belüftung das Eisen schlecht ausflockt. Liegen organische Stoffe in größerer Menge vor, so müssen sie auch dann, wenn sie nicht als Schutzkolloide wirken, durch eine chemische Fällung mit Aluminiumsulfat oder Eisenchlorid, eventuell unter Hinzufügen von Kalk, beseitigt werden. Die als Schutzkolloide wirkenden organischen Stoffe fallen selbst nicht mit aus und verhindern die Ausfällung des Eisens. Sie müssen durch Zugabe von Oxydationsmitteln, wie Kaliumpermanganat, Chlor oder Chlorkalk zerstört werden. Um dies zu erreichen, ist es nach den Untersuchungen von NOLL erforderlich, daß sich Eisen und Huminstoffe in einem bestimmten Gleichgewicht befinden. Besonders bei Gegenwart von Mangansalzen sind diese kolloiden Lösungen sehr beständig. In diesem Falle benötigt man eine große Menge Kaliumpermanganat. So mußte LÜHRIG in einem Falle bis zu 3 mg/Liter Permanganat zum Rohwasser hinzugeben.

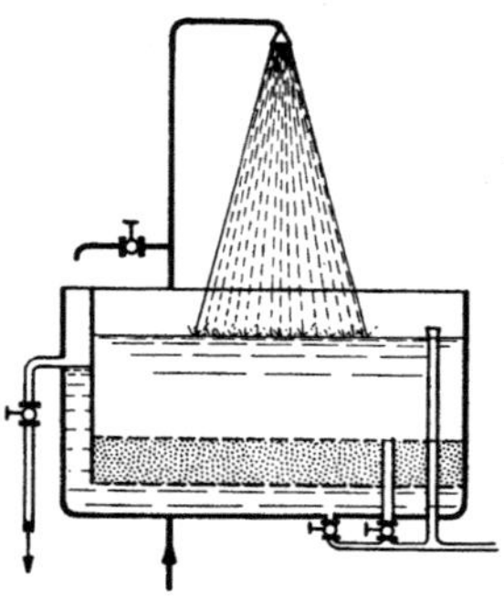

Abb. 92. Offene Enteisenungsanlage nach OESTEN.

Nach Bildung kolloider Manganoxyde auf dem Filter, das zum Abfangen des ausgeschiedenen Eisenhydroxyds benutzt wird, kann man die Zugabe von Kaliumpermanganat verringern. Bei einem sehr weichen Wasser (1,7° DH) mit 2 mg/Liter Eisen, das stark gefärbt war, brauchte MCCREA[1] zur Beseitigung der färbenden Huminstoffe mindestens 4,25 mg/Liter Kaliumpermanganat. Dann mußte das Wasser nacheinander mit 20 mg/Liter Kalk, 50 mg/Liter Eisenchlorid und 35 mg/Liter Alaun behandelt werden. Die günstigste Wirkung erzielte er bei höheren p_H-Werten (8,8—9,8). Bei diesen Werten liegt der isoelektrische Punkt für $MnO(OH)_2$. Auf die Wichtigkeit der Innehaltung bestimmter p_H-Werte bei der Eisenfällung unter Zuhilfenahme von Kaliumpermanganat hat auch HECKMANN[2] hingewiesen. Zur Ersparnis von Kaliumpermanganat hat man vorgeschlagen, Braunsteinpulver in die Filterschichten einzulagern.

c) Enteisenungsanlagen. Die zur Enteisenung benutzten Verfahren unterscheiden sich 1. durch die Art der Belüftung; 2. durch die Art der Überführung des Eisenhydroxydsols in die Gelform; 3. durch die Filtration. Man unterscheidet offene und geschlossene Enteisenungsanlagen, je nachdem die Oxydation in der freien Luft oder im geschlossenen Druckkessel erfolgt. Die Wahl des Systems richtet sich 1. nach der Beschaffenheit des Wassers, d. h. nach der Höhe des Eisengehaltes und danach, ob sich das Eisen leicht oder schwer abscheiden läßt; 2. nach den örtlichen Verhältnissen.

Während man früher fast ausschließlich offene Enteisenungsanlagen bevorzugte, werden in der letzten Zeit viel mehr geschlossene Enteisenungsanlagen errichtet, weil sie weniger Platz beanspruchen, sich sehr leicht reinigen lassen und durch ihre geschlossene Bauweise auch hygienisch einwandfreier sind. Ein großer Vorteil der offenen Anlagen gegenüber den geschlossenen Anlagen ist der, daß bei den offenen Anlagen beim Durchstreichen der Luft gleichzeitig die in Freiheit gesetzte Kohlensäure und auch vorhandener Schwefelwasserstoff mit entfernt wird, während bei den geschlossenen Anlagen die Kohlensäure infolge des höheren Druckes mehr oder weniger gelöst bleibt. Bei weichen, eisenarmen Wässern ist häufig eine Überlegenheit der geschlossenen Verfahren durch die in erhöhtem Maße auftretende Kontaktwirkung festzustellen, auch läßt sich die Luftzufuhr durch Schnüffel- und Abblaseventile nach Belieben regulieren. Bei harten Wässern kann die Kohlensäure in offenen Anlagen zu weit entfernt werden, so daß Kalksalze mit ausfallen, die die Oberfläche des Kontaktmaterials störend beeinflussen. Bei größerem Kohlensäuregehalt schaltet man deshalb zweckmäßig vor die Enteisenung eine Entsäuerungsanlage (Verregnung oder noch besser Zugabe von Kalkwasser). Hierdurch erreicht man

[1] MCCREA: Journ. Amer. Water Works Assoc. 1933, **25**, 931.
[2] HECKMANN: Vom Wasser 1934, **8**, 32. — Chem.-Ztg. 1934, **52**, 533.

1. eine Verminderung der Kohlensäure, wodurch eine Wiedervereisenung verhindert wird und

2. eine Erhöhung des Carbonatgehaltes, wodurch eine Neutralisation und damit eine bessere Ausflockung erzielt wird.

In Amerika hat man vielfach das durch letztere Vorbehandlung in den kolloiden Zustand übergeführte Eisen durch nachfolgende Ausfällung mit Aluminiumsulfat oder Eisenchlorid vollständig ausgeschieden.

1. Offene Enteisenungsanlagen. Es ist eine ganze Reihe verschiedener Verfahren von offenen Enteisenungsanlagen bekannt, wobei die Art der Belüftung und der Filtration außerordentlich mannigfaltig ist.

a) System OESTEN. Die Belüftung erfolgt dadurch, daß man das Wasser aus Brausen als feinen Regen etwa 2—2,5 m hoch durch die Luft fallen läßt und zwar gewöhnlich auf den Wasserspiegel eines Filters oder Reaktionsbeckens, dessen Wasserhöhe je nach der leichteren oder schwereren Ausfällbarkeit des Eisens zwischen 0,5—2 m schwankt. Die Belüftungs- und Kontaktzeit ist bei diesen Verfahren ziemlich kurz. Die Sauerstoffaufnahme betrug nach der Messung bei verschiedenen Höhen:

Sauerstoffgehalt je 1 Liter Wasser	unmittelbar bei Austritt aus der Brause	2,25 ccm/Liter
	nach Fallhöhe von 10 cm	3,10 ccm/Liter
	,, ,, ,, 25 cm	3,50 ccm/Liter
	,, ,, ,, 50 cm	4,01 ccm/Liter
	,, ,, ,, 100 cm	6,08 ccm/Liter
	,, ,, ,, 200 cm	7,38 ccm/Liter
	Sättigung	7,69 ccm/Liter

Die Sättigung war demnach sehr weitgehend erfolgt. Damit das Wasser genügend Zeit zur Ausflockung hat, darf die Filtration durch das 30 cm hohe Kiesfilter erst 1 Stunde nach der Belüftung erfolgen. Die Filtergeschwindigkeit soll etwa 1000 mm in der Stunde betragen. Die Filter sind mit Überlauf und besonderem Schlammablaß versehen. Die Leistung ist je nach Eisengehalt etwa 1 cbm/Stunde auf 1 qm Filterfläche. An Stelle der einstufigen Belüftung hat man durch Zwischenschaltung von dünnen Schichten von Koks oder Kies mehrstufige Belüfter geschaffen, denen man größere Wirksamkeit nachrühmt. Auch andere Filter hat man zwischengeschaltet.

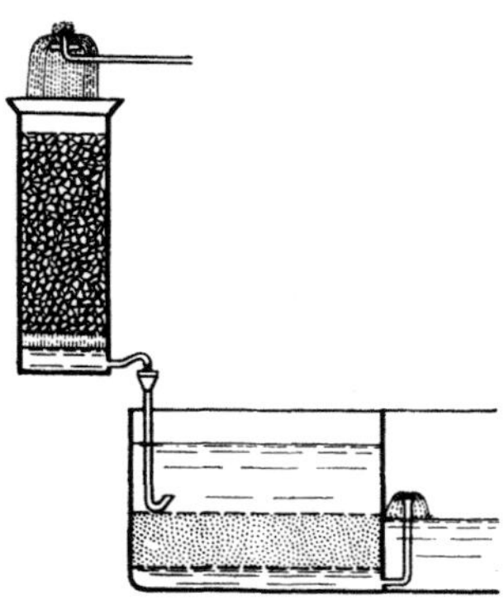

Abb. 93. Offene Enteisenungsanlage nach PIEFKE.

b) System PIEFKE. Die Belüftung erfolgt dadurch, daß das Wasser durch Brausen, Siebbleche, gelochte Rinnen oder Rohre, möglichst in Fäden oder Rinnen aufgelöst, von oben nach unten durch 2—5 m hohe Rieseler aus faustdickem Koks, Ziegelsteinen oder Ziegelsteinbrocken, Klinkern, Glasbausteinen oder über besondere Betonbauten, seltener über Holzhorden geleitet wird.

Auf der Oberfläche der als Kontaktsubstanz wirkenden Stoffe bildet sich eine Schicht von ausgeflocktem Eisenhydroxyd, das ebenfalls als Kontaktsubstanz wirkt und dafür sorgt, daß das noch vorhandene Eisenhydroxydsol in das Gel übergeführt wird. Die älteste Art der Rieselung erfolgte über Holzhorden. Bei ihrer mangelhaften Spülbarkeit bilden sich manchmal Eisenschlammnester, die dann die Sauerstoffzufuhr verhindern und dadurch Anlaß zur Bildung des sog. weißen Eisenpilzes geben. Holzspäne begünstigen sehr stark die Bakterienentwickelungen. Versuche, die Holzspäne durch Tränken mit Zinnsalzen zu schützen, führten zu keinem Ergebnis, im Gegenteil, das Wasser wurde schwarz, die Späne faulten und die Bakterien vermehrten sich ins Unendliche. Besser sind die mit Koks oder Kies gefüllten Rieseler. Bei den Berliner städtischen Wasserwerken hat man Ziegelsteine angewandt, wodurch die Leistung um 50% gegenüber den mit Koks gefüllten Rieselern gesteigert wurde. Für die Reinigung hat man eine Reinigungsmaschine für Rieselersteine (Ziegelsteine) mit gutem Erfolg betrieben (Hersteller ist die Firma Paul Rohland, Berlin SO)[1]. Die Steine wandern an 4 Bürstenwalzen vorbei und werden gleichzeitig durch Spritzdüsen abgespritzt, wodurch die auf den Steinen abgesetzten Eisen- und Kalkverbindungen

[1] HAEBER: Gas- u. Wasserfach 1933, **76**, 113.

entfernt werden. Die Maschine reinigt in der Stunde 1000—1200 Steine und verbraucht hierbei 10—15 cbm Wasser.

Von den Rieselern fließt das Wasser in Absetzbecken und von dort über gewöhnliche Sandfilter in den Reinwasserbehälter. Die Leistung solcher Rieseler beträgt etwa 3—4 cbm Wasser auf 1 qm der horizontalen Rieselerfläche in der Stunde.

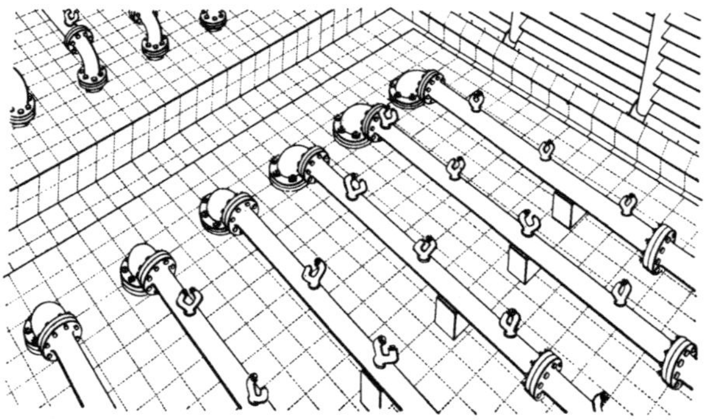

Abb. 94. Rieseler mit eingebauten Amsterdamer Düsen zur Belüftung und Entsäuerung des Grundwassers (Bollmann-Filter A.G., Hamburg).

Nach den Untersuchungen von Dunbar eignet sich das Oestensche Verfahren hauptsächlich für Wasser mit niedrigem Eisengehalt (bis etwa 2 mg/Liter), dagegen soll sich das Verfahren von Piefke auch bei höherem Eisengehalt bewähren.

Das vorstehend beschriebene Verfahren ist vielfach abgeändert worden. So findet man Kombinationen zusammen mit dem Verfahren von Oesten, bei denen das Wasser in mehreren Stufen im Regenfall zunächst auf Koksrieseler und nachdem es nach Durchgang durch diese wieder eine längere Strecke durch die Luft gefallen ist, auf Rieselkörper oder direkt auf das Reaktionsbecken fällt.

c) Spritzdüsen. Mit Hilfe von fein gelochten Düsen oder durch Aufspritzen des Wassers auf Prallteller wird eine feinste Versprühung und gleichzeitig eine Stoßwirkung erzeugt, durch die bei schwer ausscheidbarem Eisen häufig eine gute Enteisenung erzielt wird.

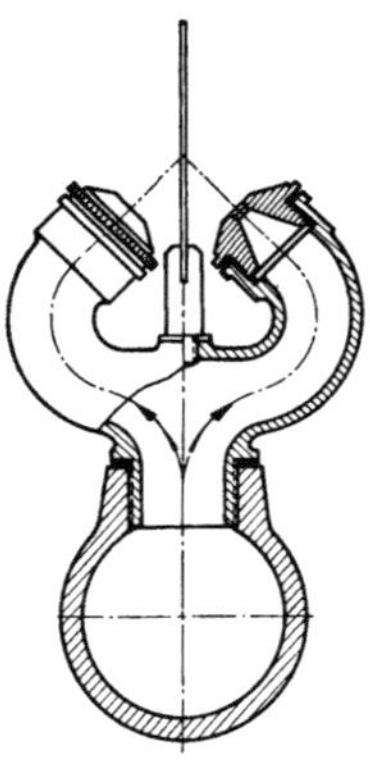

Abb. 95. Zweistrahlspritzdüse mit Prallblech (Fa. Bamag - Meguin, Berlin).

Abb. 96. Verdüsungskammer einer offenen Enteisenungsanlage mit eingebauten Zweistrahlspritzdüsen mit Prallblech für eine Leistung von 1700 cbm/h (Bamag-Meguin, Berlin).

Bei den Amsterdamer Düsen erfolgt die Zerstäubung durch zwei im rechten Winkel sich treffende Wasserstrahlen nach Art der alten Gasschmetterlingsbrenner. Abb. 94 zeigt einen für das Wasserwerk der Stadt Weimar von der Bollmann-Filter-Gesellschaft errichteten mit Amsterdamer Düsen ausgestatteten Rieseler. In neuester Zeit werden diese Amsterdamer Düsen nicht mehr aus Metall, sondern aus Kunstharz hergestellt, wodurch sie in der Herstellung und im Betriebe billiger werden, zumal sie keinerlei Korrosionen unterliegen.

Bereits geringe Ungenauigkeiten bei der Herstellung der Düsenbohrungen oder der Montage oder auch geringe Ansätze an den Düsen genügen, die austretenden Strahlen abzulenken und hierdurch den Zerstäubungseffekt zu vermindern. Es ist daher eine Reihe verschiedener Formen dieser Düsen auf den Markt gebracht worden. Die in Abb. 95 gezeigte Düse mit Prallblech der Fa. Bamag-Meguin sucht

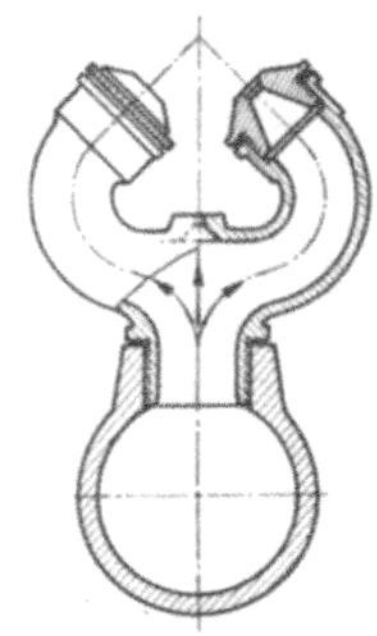

Abb. 97. Dreistrahlspritzdüse (Fa. Bamag-Meguin, Berlin).

Abb. 98. Versprühungsanlage mit Falldüsen und Abflußboden im Wasserwerk Tolkewitz. (Nach VOLLMAR.)

diese Schwierigkeiten durch ein im Schnittpunkt der Strahlen angebrachtes Prallblech zu verhindern. Der Einbau derartiger Zweistrahldüsen in die Verdüsungskammer einer offenen Enteisenungsanlage für eine Leistung von 1700 cbm/Stunde ist in Abb. 96 gezeigt. Um besonders große Spritzhöhen mit geringem Vordruck zu erreichen, hat dieselbe Firma die in Abb. 97 gezeigte Dreistrahldüse in den Handel gebracht. An Stelle des Prallbleches ist ein Schlitz, durch den ein Wasserstrahl zwischen den beiden Düsenhörnern senkrecht nach oben austritt und durch seine Energie die Spritzhöhe vergrößert. Die Gesamtleistung einer Düse wird durch die dritte Öffnung vergrößert. Die Fallstrahldüsen (s. Abb. 98), die sog. Flatterdüsen, bestehen aus einer Düse mit darunter angeordnetem Pralleller besonderer Form. Diese Düsen gestatten das Verspritzen einer geringeren Wassermenge als bei den erstgenannten Düsen, weil die Wasserstrahlen nicht senkrecht nach oben sondern nach unten aus den Düsen austreten und deshalb bei gleicher Bauhöhe nur die Fallhöhe zur Verfügung haben. Abb. 99 zeigt das Schema einer Enteisenungsanlage, bei der das zu enteisende Wasser durch Fallstrahldüsen auf dem aus Holzhorden

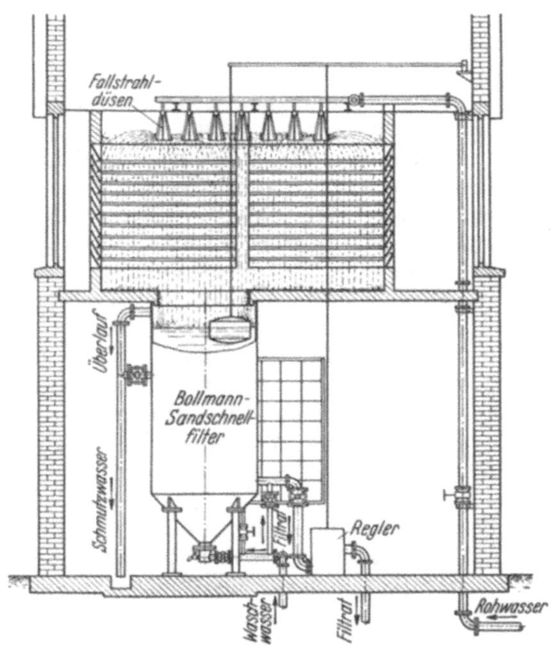

Abb. 99. Schema einer offenen Enteisenungsanlage, bei der das zu enteisende Wasser mit Fallstrahldüsen auf dem Rieseler verteilt und das ausgeschiedene Eisen auf offenen BOLLMANN-Sandschnellfiltern abgefangen wird.

oder Steinen bestehenden Rieseler verteilt wird. Das durch die Belüftung oxydierte und durch Kontaktwirkung auf dem Rieseler ausgeschiedene Eisen wird dann auf einem offenen oder wenn das Filter neben dem Rieseler angeordnet werden muß, auch in geschlossenem Schnellfilter abgefangen.

Das aus Spritzdüsen austretende Wasser wird etwa 2,60 m hoch gespritzt und fällt zunächst auf einen darunterliegenden Prellboden auf. Das so zerstäubte und belüftete Wasser läuft dann über den leicht geneigten Prellboden in die Reaktions- und Absetzbecken. Diese sollen so groß bemessen sein, daß sich das Wasser 2 Stunden in ihnen aufhalten kann, so daß eine gute Ausflockung des Eisens und der Farbstoffe erreicht wird. Dann muß das Wasser noch durch Filter geleitet werden. Bewährt haben sich als Filter gut gewaschener, geglühter und gesiebter Quarzkies von 0,75—1 mm Korngröße in 70 cm hoher Schicht.

Um die durch die starke Sauerstoffanreicherung und durch das Licht begünstigte Algenbildung hintanzuhalten, hat man auf dem Wasserwerk Allenstein in den Zerstäubungskammern Fenster mit grüner Verglasung angebracht.

d) Einblasen von Luft. Durch Einblasen fein verteilter Luft auf der Sohle von Wasserbehältern kann man eine gute Enteisenung erreichen. Es muß dafür gesorgt werden, daß die Luft in Form möglichst feiner Bläschen über die ganze Wassergrundfläche verteilt wird. Dies geschieht am besten durch den Einbau von Belüftungskästen in die Sohle des Lüftungsbeckens. Die Luft wird durch poröse Steine gedrückt und so in sehr feine Bläschen mit großer Oberfläche aufgelöst. Solche Filtersteine werden heute in sehr guten Ausführungen durch die Firmen Schumacher in Stuttgart, Schuler in Isny, Meißener Filtersteinwerke usw. geliefert. Da es zur vollständigen Ausflockung einer Reaktionszeit von 1—2 Stunden bedarf, so schaltet man hinter die Belüftungsbecken Reaktionsbecken, die man neuerdings mit Rührwerken ausstattet, um das Wasser in gleichmäßiger Bewegung zu erhalten. Durch diese ruhige, gleichmäßige Bewegung wird der ausgeschiedene feine Eisenhydroxydschlamm allmählich zu größeren Flocken zusammengeballt und kann noch seine Kontaktwirkungen ausüben.

e) Abscheidung des ausgeschiedenen Eisenhydroxyds. Das nach dem einen oder anderen Verfahren ausgeschiedene Eisenhydroxyd muß entfernt werden. Am besten geschieht dies dadurch, daß man das belüftete Wasser zunächst in Absetzbecken mit trichterförmiger Sohle für die Schlammableitung gibt. Der sich in den Absetzbecken der Enteisenungsanlagen absetzende Eisenhydroxydschlamm wird am besten getrocknet und kann dann in den städtischen Gasanstalten als Gasreinigungsmasse verwandt werden. Da der Schlamm kostenlos anfällt, kann damit eine erhebliche Verbilligung der Gasreinigung erzielt werden[1]. Das nach dem Durchgang durch diese Absetzbecken noch in Form feiner Flocken vorhandene Eisenhydroxyd muß durch Filter zurückgehalten werden. Von den früher fast ausschließlich angewandten Langsamfiltern, die mit einer Geschwindigkeit von 0,1—0,2 m/Stunde betrieben wurden, ist man immer mehr abgekommen. An ihre Stelle treten offene Schnellfilter, die wirtschaftlicher sind, weil sie sich durch Rückspülung leicht reinigen lassen. In ihnen kann die Geschwindigkeit bis auf 10 m/Stunde gesteigert werden.

Da die Schnellfilter auch durch Kontaktwirkung die Enteisenung fördern, so kann unter Umständen die Reaktionszeit noch mehr abgekürzt werden. Die zweckmäßigste Korngröße des Filtermaterials schwankt zwischen 0,5 und 1,5 mm. Bei Wässern, bei denen das Eisen leicht und grobflockig ausfällt, darf sie nicht über 2 mm steigen. Sie muß im Einzelfall durch Versuche festgestellt werden. Die Wirkung der Filtermasse wird durch das auf der Filtermasse abgeschiedene Eisenhydroxyd verstärkt. Etwa noch nicht koaguliertes Sol wird in die Gelform übergeführt. Das Kontaktmaterial muß rauhe, scharfkantige Oberflächen haben. Bei der Wahl der Filter muß man nach v. FREILITSCH[2] unterscheiden, ob das Eisen auf der Filteroberfläche durch Absiebung oder durch Kontaktwirkung

[1] SCHWEDER: Gas- u. Wasserfach 1936, **79**, 485.
[2] v. FREILITSCH: Gas- u. Wasserfach 1921, **64**, 576.

in der Filterschicht abgeschieden werden soll. Im ersteren Falle der Absiebung auf Stau- oder Langsamfiltern muß das Eisen vollkommen in die Oxydform übergeführt sein, was durch die Anwendung hoher Rieseler erreicht wird.

2. Geschlossene Enteisenungsanlagen. Bei der geschlossenen Enteisenung erfolgt die Belüftung, Koagulation und auch die Filtration in geschlossenen, mit Kies geeigneter Körnung gefüllten, schmiedeeisernen Kesseln, die mit Spülvorrichtungen versehen sind. Früher erfolgte die Belüftung durch Schnüffelventile, die an den Saugrohren angebracht waren. Da diese aber oft eine ungenügende Belüftung ergaben, erfolgt letztere jetzt meistens durch Kompressoren. Beim System Aegir der Fa. Leon Garzweiler, Berlin-Friedenau, wird die zur Oxydation erforderliche Luft durch einen an der Pumpe angebrachten Apparat in genau bestimmter Menge (etwa 0,5—0,8% Luft der gepumpten Wassermenge) angesaugt und dem Wasser zugemischt. Um eine gute Durchmischung zu erreichen, sind

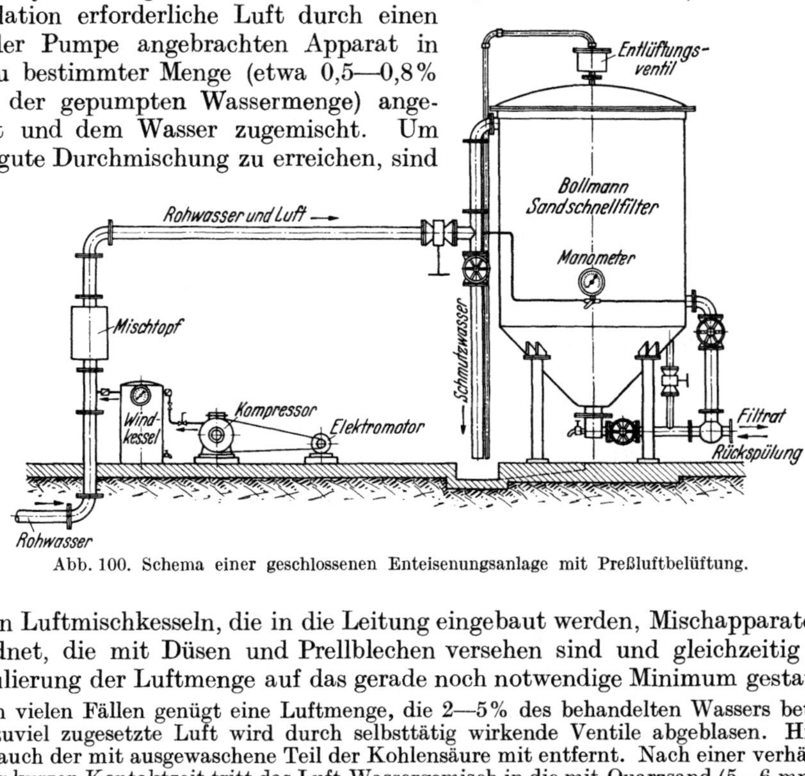

Abb. 100. Schema einer geschlossenen Enteisenungsanlage mit Preßluftbelüftung.

in den Luftmischkesseln, die in die Leitung eingebaut werden, Mischapparate angeordnet, die mit Düsen und Prellblechen versehen sind und gleichzeitig eine Regulierung der Luftmenge auf das gerade noch notwendige Minimum gestatten.

In vielen Fällen genügt eine Luftmenge, die 2—5% des behandelten Wassers beträgt. Die zuviel zugesetzte Luft wird durch selbsttätig wirkende Ventile abgeblasen. Hierbei wird auch der mit ausgewaschene Teil der Kohlensäure mit entfernt. Nach einer verhältnismäßig kurzen Kontaktzeit tritt das Luft-Wassergemisch in die mit Quarzsand (5—6 mm ⌀), Quarzkies, Lavakoks oder mit Porzellankoks (Abfallmasse der Porzellanfabriken) gefüllten Kontakträume. In diesen Räumen kann unter Umständen eine weitere Belüftung durchgeführt werden. Abb. 100 zeigt das Schema einer geschlossenen Enteisenungsanlage mit Preßluftbelüftung der Bollmann-Filter-Gesellschaft, Hamburg. Beim Durchgang durch die Kontakträume scheidet sich das Eisen wie bei offenen Rieselern in Flockenform aus und wird dann auf dem als Kontaktkörper dienenden, aus Quarzsand von 0,8—1 mm ⌀ bzw. Quarzkies von 2—3 mm ⌀ bestehenden Filter abfiltriert.

Die Filtergeschwindigkeiten können je nach Filterart, Eisengehalt und Flockenart 10—15 m/Stunde betragen. Die sich abscheidenden Eisenhydroxydflocken setzen das Filter bald zu, so daß es von Zeit zu Zeit durch eine Rückspülung gereinigt werden muß. Die Filter sind ähnlich den früher beschriebenen Schnellfiltern eingerichtet. Die Filterbetriebszeiten und der Spülwasserbedarf ist von der Höhe des Eisengehaltes und der dadurch bedingten Häufigkeit der Spülungen abhängig. Bei guten Filtern sollte er 1% der geförderten Wassermenge nicht überschreiten. Hierbei muß man aber berücksichtigen, daß die Kiesschicht in den geschlossenen Enteisenern höher ist als bei gewöhnlichen Schnellfiltern. Auch muß die Geschwindigkeit höher gewählt werden als bei gewöhnlichen Schnellfiltern, um die Eisenausscheidung günstig zu beeinflussen.

Bei Wässern mit geringem Eisengehalt wendet man Einphasenenteisener an. Bei Wässern mit hohem Eisengehalt würden nur äußerst kurze Betriebsperioden möglich sein, so daß die Gefahr besteht, daß die Wirkung der Enteisener nicht ausreicht. Man nimmt daher in diesen Fällen Zweiphasenenteisener. Bei diesen ist die Füllung des Filters in zwei Schichten geteilt, von denen die eine aus grobkörnigem, porösem anorganischem Material bestehende Schicht als Voroxydator und Katalysator dient, während die andere Schicht als Schnellfilter dient (s. Abb. 101).

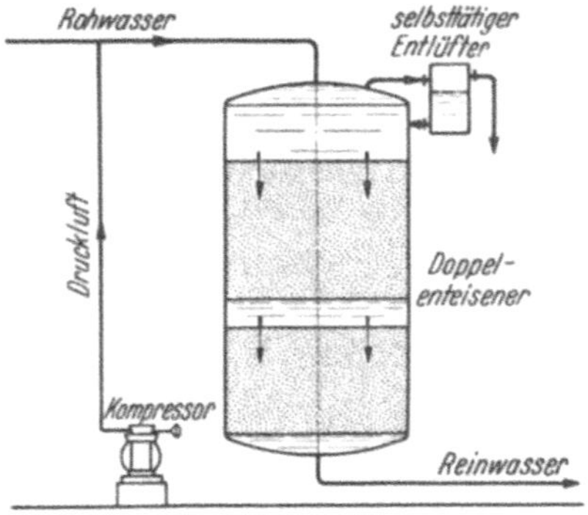

Abb. 101. Zweiphasen-Enteisener (Permutit-Gesellschaft).

Bei dem in Abb. 102 gezeigten Zweiphasenenteisener durchfließt das Wasser den Kontaktraum, der mit ziemlich grobkörnigem, scharfkantigem Material gefüllt ist, in der Richtung von unten nach oben. Hierbei wird überschüssige Luft durch das an der höchsten Stelle des Apparates angeordnete Entlüftungsventil abgelassen. Aus dem Kontaktraum wird das Wasser durch ein zentrales Rohr nach dem Filterraum geführt. Der größte Teil des Eisens, etwa 80%, schlägt sich auf der Kontaktmasse nieder. Die Spülung erfolgt in gleicher Weise wie bei den sonstigen Filtern. Bei sehr hohem Eisengehalt kann man auch derart in zwei Stufen arbeiten, daß man zunächst durch eine offene Enteisenungsanlage mit Langsamfiltern die Hauptmenge des Eisens entfernt und den dann noch verbleibenden kleineren Eisenanteil in geschlossenen Filtern zurückhält.

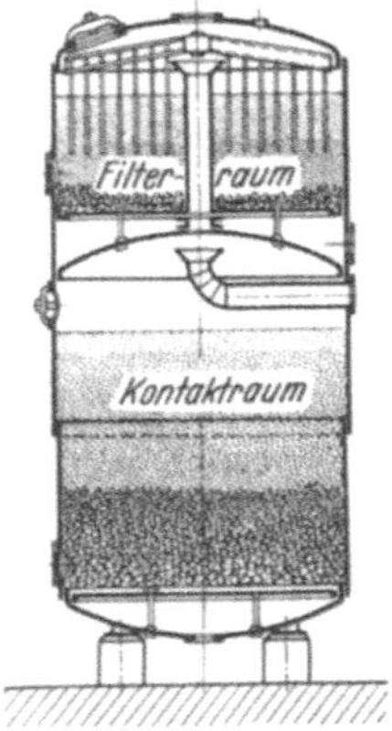

Abb. 102. Zweiphasen-Enteisener mit unten liegendem Kontaktraum (Bemag-Meguin, Berlin).

Bei weichen Wässern mit hohem Kohlensäure- und oft auch Eisengehalt oder in den Fällen, in denen Eisen an Schwefelsäure gebunden ist, muß man die Hydrolyse der Eisensalze durch vorherige Zugabe von Kalk oder anderen Stoffen unterstützen. Bei den Enteisenungsanlagen der Rheinisch-Westfälischen Wasserreinigungs-Gesellschaft, Duisburg, benutzt man zu diesem Zweck als Kontaktmasse eine aus Dolomit hergestellte Masse, die Magnomasse, die die freie Säure bindet und hierdurch die Eisenabscheidung begünstigt (s. Entsäuerung). An anderen Stellen hat man Marmorfilter, in denen gleichzeitig die Belüftung durchgeführt wurde, angewandt.

Die Vorteile der geschlossenen Enteisenungsanlagen sind der schon vorher erwähnte geringe Platzbedarf, geringe Betriebskosten, einfacher Betrieb, Schutz gegen Verunreinigung von außen und Möglichkeit des Einbaues in jede Druckleitung. Nachteilig sind die ungleichmäßige und oft auch ungenügende Wirkung, wenn die Kohlensäure nicht genügend entfernt wird und oft zu wenig Sauerstoff in das Wasser kommt, sowie die Unzugänglichkeit der einzelnen Teile. Bekannt sind die geschlossenen Enteisenungsanlagen der Firmen Bamag-Meguin A. G., Berlin NW 87, Reuchlinstr. 10—17, Halvor-Breda A. G., Berlin-Charlottenburg 2, Kantstr. 158, Bollmann-Filter-Gesellschaft, Hamburg 1, Chilehaus C, Hans Reisert & Co., Komm.-Ges., Köln-Braunfels, Permutit A. G., Berlin NW 6, Luisenstr. 30, Maschinenfabrik W. Wurl, Berlin-Weißensee, Roelkestr. 70–73. Eisenhaltiges Wasser soll auf mindestens 0,1 mg/Liter Eisen gereinigt werden. In jedem Falle muß das enteisente Wasser so beschaffen sein, daß es bei mehrtägigem ruhigem Stehen an der Luft keinen Schleier oder gar eine Trübung bekommt.

Bei geschlossenen Enteisenungsanlagen ist öfter die sog. Vereisenung bzw. Wiedervereisenung des Wassers beobachtet worden, besonders dann, wenn bei falschem Betriebe das belüftete und enteisente Wasser noch zu viel aggressive Kohlensäure enthielt. Diese greift dann später die eisernen Rohrleitungen wieder an und löst Eisen aus den Leitungen wieder auf, womit das Wasser abermals alle unangenehmen Eigenschaften eisenhaltigen Wassers bekommt.

3. Kleinenteisener. Bei Einzelwasserversorgungen, die ihr Wasser oft aus dem Grundwasser entnehmen, ist ein mehr oder minder hoher Eisengehalt sehr häufig. Für diese Zwecke hat man kleine Enteisener gebaut, die meistens nach dem System von PIEFKE oder OESTEN arbeiten. Eine ältere, nach dem OESTENschen Prinzip arbeitende Anlage ist die von Dr. KURTH in Bremen. Sie ist im Erdboden frostsicher untergebracht und besteht aus zwei miteinander gekuppelten gleich großen Pumpen, deren eine genau soviel Wasser aus dem Brunnen in den Enteisenungsbehälter hebt, wie die andere zum Gebrauch dem Reinwasserbehälter entnimmt. Die Enteisenungswirkung ist gut (s. Abb. 103).

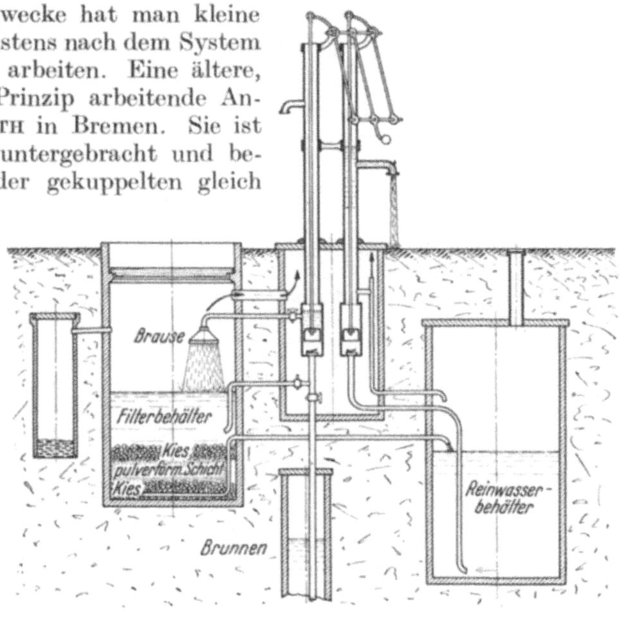

Abb. 103. Schema einer älteren Enteisenungsvorrichtung für Einzelwasserversorgungen nach KURTH.

BRAUNGARD[1] schlägt vor, bei Kleinenteisenungsanlagen für Wässer mit geringem Eisengehalt Filter mit aktiver Kohle zu verwenden. Diese haben den Vorteil, daß sie gleichzeitig Geruchs- und Geschmacksbelästigungen beseitigen. Bei höherem Eisengehalt empfiehlt er, die Kleinfilter mit Sand aus einer Enteisenungsanlage von einem Großwasserwerk zu füllen, da dieser schon genügend Kontaktwirkung habe. Auch mit Sandfiltern kombinierte a-Kohlefilter haben sich als Kleinenteisener bewährt. Die Berkefeld-Filter G.m.b.H. stellt ein besonders für Haus- und Einzelwasserversorgungen geeignetes Filtergerät her, dessen

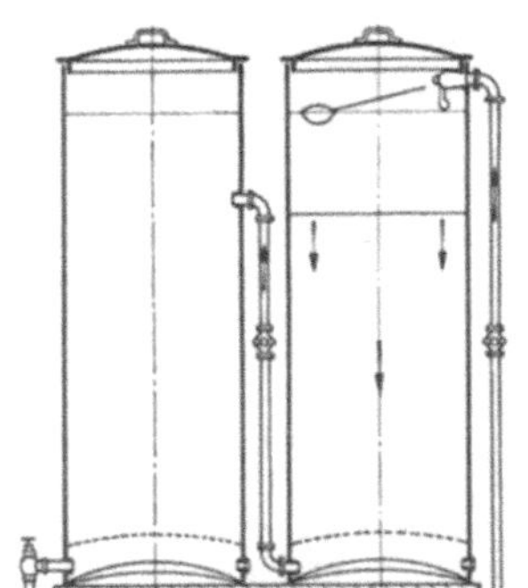

Abb. 104. Offene Enteisenungsanlage mit Vorratsgefäß. (Berkefeld-Filter G.m.b.H. Celle.)

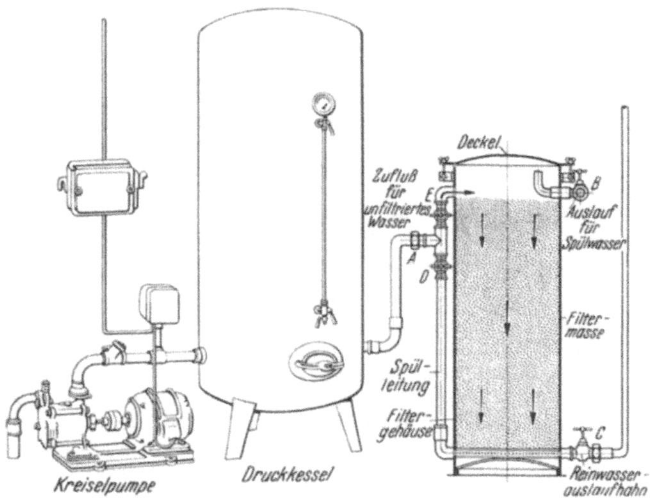

Abb. 105. Geschlossener Kleinenteisener „Rapid" der Berkefeld-Filter G.m.b.H. Celle.

aus Magnomasse bestehende alkalihaltige Filtermasse das im Wasser enthaltene Eisen ausflockt und dann auch zurückhält. Gleichzeitig werden die im Wasser enthaltenen

[1] BRAUNGARD: Monatshefte für Siedlungs- und Straßenbau, 1933, H. 3.

Kohlensäuremengen gebunden, wobei besonders die aggressive Kohlensäure entfernt wird. Abb. 104 zeigt den Kleinenteisener „Rapid“ der Berkefeld-Filter G. m. b. H. in Celle, bestehend aus der eigentlichen Enteisenungsanlage mit der Kontaktmasse und einem Reinwasserbehälter, aus dem das Wasser entweder direkt entnommen oder in eine Reinwasserleitung überführt wird. Die Leistung beträgt etwa 60—80 Liter stündlich. Diese Anlage eignet sich für Bauernhöfe, Siedlungshäuser, Bahnhöfe, Bahnwärterhäuser, Zollstationen und Landhäuser. Für etwas größere Wassermengen hat man geschlossene Enteisenungsfilter, wie sie in Abb. 105 dargestellt sind. Diese können an eine automatisch arbeitende Druckkesselanlage angeschlossen werden. Auch die von der Permutit-A. G., Berlin NW 6, hergestellten Kleinenteisener haben sich an verschiedenen Stellen bewährt.

2. Entmanganung.

a) Ursachen des Mangangehaltes. Mangan kommt als Bicarbonat, als Sulfat oder in organischer Bindung meistens als Begleiter des Eisens vor. Die Hauptquelle des Manganvorkommens sind manganhaltige Brauneisenerzkörner, die im Boden meist in Form von Nestern oder Schichten enthalten sind und sich nicht ändern, solange sie sich unter Wasser befinden. Besonders in den diluvialen und alluvialen Auskleidungen unserer Flußtäler sind solche manganhaltigen Eisenverbindungen enthalten. Findet in einem solchen Tal eine Wasserentnahme in großem Umfang statt und wird dadurch der Grundwasserspiegel stark gesenkt, so geraten derartige manganhaltige Eisenerze mit der Luft in Berührung und werden zu freier Schwefelsäure und zu Eisenvitriol oxydiert, also zu löslichen Verbindungen, wobei gleichzeitig die unlösliche Manganverbindung in lösliches Mangansulfat umgesetzt wird. Steigt dann der Grundwasserspiegel, etwa beim Aufhören des Pumpbetriebes an oder versickert von der Oberfläche her Überschwemmungswasser, so werden die oxydierten löslichen Verbindungen ausgelaugt, und es kann alsdann der Fall eintreten, daß das Wasser plötzlich große Mengen Eisen und Mangan aufweist.

Ein steter Begleiter der mit jedem Hochwasser in Überschwemmungsgebieten abgesetzten Eisenverbindungen ist das Mangan, das sich in dem Schlick und Sand unserer Flußtäler auch jetzt noch nachweisen läßt.

Die Hauptursache des Vorhandenseins von Mangen im Schlamm und damit auch im Wasser von Talsperren und Speicherbecken ist auf die Zersetzung von organischen Pflanzenstoffen, wie Laub, Fruchtschalen und Pflanzensamen auf dem Grunde der Becken zurückzuführen. Bei der Zersetzung dieser Stoffe bildet sich Kohlensäure, die das Mangan in Lösung bringt. Die Wirkung ist besonders stark, wenn gleichzeitig Schwefelwasserstoff zugegen ist. Das Mangan reichert sich bis zum Herbst allmählich im Becken an und bildet eine stete Quelle für die Manganzuführung in das im Becken enthaltene Wasser. Es wird nur langsam oxydiert und ausgefällt. Die meisten natürlichen Wässer, die Mangan enthalten, haben einen zu niedrigen p_H-Wert, um eine rasche Oxydation des Mangans zu gestatten. Dies ist auch der Grund, weshalb im Speicherbecken bzw. in der Talsperre nur wenig Mangan ausgeschieden wird. Wenn aber das Wasser mit alkalischen Betonflächen oder in Rohrleitungen mit Manganbakterien in Berührung kommt, wird das Mangan ausgeschieden. Solches Wasser sieht dann oft leicht schwarz gefärbt aus. Man kann durch Fortspülen des Schlammes vom Boden der Speicher- oder Staubecken bzw. Talsperren durch die Grundablässe oft Hilfe schaffen. So berichtet Frik[1] über eine Wasserversorgung für eine Spinnerei, die ihr Wasser aus einem See entnahm. Das an und für sich manganarme Bachwasser nahm im See aus dem am Boden liegenden und auf vorstehend beschriebene Weise mit Mangan angereicherten Schlamm Eisen und Mangan auf, so daß das Wasser durch Fällung mit Aluminiumsulfat unter Zusatz von Kaliumpermanganat und Chlorung gereinigt werden mußte. Durch Spülen des Teichbodens, wobei die unteren Wasserschichten den am Boden liegenden Schlamm durch den Grundablaß fortspülen, wurde die Manganquelle stark verringert.

Aus dem gleichen Grunde, wie vorstehend angegeben, findet sich auch Mangan in den oberflächlichen Schichten der Niederungen, die pflanzliche und tierische Überreste enthalten und hier schwarze Schlickschichten bilden. Sind unter solchen Schichten Sande und Kiese, in denen das Grundwasser sich mit stark wechselndem Wasserspiegel bewegt, so findet man auch in diesen Schichten Mangangehalte, die sich dauernd anreichern.

b) Wirkung des Mangangehaltes. Ein Mangangehalt ist in gleicher Weise wie ein Eisengehalt im Wasser in hygienischer Beziehung unbedenklich. Er stört aber sehr stark, wenn er die Größenordnung von 0,1 mg/Liter übersteigt. Sehr störend wirkt der Mangangehalt bei Verwendung eines Wassers als Brauchwasser in Bleichereien, Färbereien, Wäschereien, Papier- und Filmfabriken, Stärke-

[1] Frik: Journ. Amer. Water Works Assoc. 1932, **24**, 425.

fabriken und ähnlichen Betrieben. Die durch Mangan hervorgerufenen Schäden sind oft viel schwerwiegender und nachteiliger als die von einem Eisengehalt stammenden Schäden. Ähnlich den Eisenbakterien gibt es eine Reihe besonderer Manganbakterien, die durch Wucherungen, Ablagerungen und Knollenbildungen starke Verstopfungen der Rohrleitungen und eine Herabminderung des Genußwertes des Wassers hervorrufen können. Es sei in diesem Zusammenhang an die großen Schwierigkeiten, die das Breslauer Wasserwerk im Jahre 1906 und später auch das Dresdener Wasserwerk durch das Auftreten von Manganbakterien vor dem Einbau einer Entmanganungsanlage in sein Leitungsnetz hatte, hingewiesen.

Diese Manganbakterien nehmen Mangansalze aus dem Wasser auf und lagern das oxydierte Mangansalz in Form von schwarzem Braunstein in ihren Scheiden ab. Infolgedessen trübt sich das Wasser nicht braun wie beim Eisen, sondern schwarz. Mangan verleiht der Wäsche gelbe Flecken oder einen gelben Stich. Mangansalze setzen, selbst wenn sie in geringen Mengen im Wasser enthalten sind, einen schwachen Schaum ab, der das Wasser ungenießbar macht, Flecken auf Wäsche und Papier erzeugt, in den Brauereien die Behälter verunreinigt und die Gärwirkung der Hefe beeinträchtigt.

c) Beseitigung des Mangans. Das Mangan läßt sich in ähnlicher Weise wie Eisen durch Belüften und Filtration entfernen. Die Ausscheidung geht langsamer als beim Eisen. Auch hierbei unterscheidet der Wasserfachmann

1. leicht ausfällbares Mangan, besonders wenn es als Bicarbonat vorliegt und

2. schwer ausfällbares Mangan, z. B. in solchen Fällen, in denen es als Sulfat in sonst weichen Wässern vorliegt.

Durch praktische Versuche muß man prüfen, wie das Mangan ausfällt. Die Entmanganung kann geschehen:

1. durch chemisch-mechanische Verfahren,
2. durch biologische Verfahren,
3. durch eine Kombination der beiden unter 1 und 2 angegebenen Verfahren.

1. Chemisch-mechanische Verfahren. a) Belüftung. In Analogie zu der Enteisenung hat man als erstes Verfahren die Belüftung angewandt. 1914 zeigte aber TILLMANS, daß die Eigenschaften von Eisen- und Mangansalzen sehr verschieden sind. Der wesentliche Unterschied im Verhalten von Eisen- und Mangansalzen bei der Belüftung beruht darin, daß Eisensalze schon in neutraler oder sogar schwach kohlensaurer Lösung bei der Lüftung oxydiert werden. Mangansalze werden bei leicht saurer oder neutraler Reaktion, wie sie im Trinkwasser vorliegt, überhaupt nicht oxydiert. Man kann ein saures manganhaltiges Trinkwasser so lange belüften, wie man will, es tritt keine Abscheidung von Mangan auf. Man hat dann bald festgestellt, daß das hintergeschaltete Enteisenungsfilter erst dann entmangant, wenn es eingearbeitet ist, d. h. wenn sich genügend Braunstein, das Oxydationserzeugnis der Manganosalze, gebildet hat. Diese Einarbeitung eines solchen Manganfilters geht sehr langsam vor sich und dauert Wochen und Monate. Erst wenn das Filter anfängt schwarz zu werden, erfolgt eine dauernde und gleichmäßige Entmanganung.

Die Entmanganung selbst verläuft in zwei Phasen. Die erste Phase ist die Aufnahme des zweiwertigen Mangans, das im Wasser gelöst ist, durch den Braunstein des Filters. Die zweite Phase ist dann die Oxydation des aufgenommenen zweiwertigen Mangans. Dabei bilden sich weitere Mengen von Braunstein. Der Überschuß braucht also nur weggespült zu werden, so daß ohne weitere Zusätze ein kontinuierlicher Betrieb der Entmanganung gewährleistet ist. TILLMANS' Versuche ergaben eindeutig, daß es sich bei der Aufnahme des zweiwertigen Mangans durch den Braunstein des Filters um einen Adsorptionsvorgang handelt. Solche Adsorptionsreaktionen folgen nicht stöchiometrischen Verhältnissen, sondern der sog. Adsorptionsisotherme gemäß der Gleichung

$$\frac{x}{m} = c \cdot a \frac{1}{b},$$

worin bedeutet:

x = die adsorbierte Menge, m = die Adsorbensmenge,
c = die Endkonzentration an Mangan nach der Adsorption und
a und b Konstanten.

Wichtig ist nun die Frage: in welcher Form wird das Mangan adsorbiert? Die vorliegenden Möglichkeiten sind: Manganobicarbonat, Manganocarbonat, Manganosulfat, Manganohydroxyd und Manganoion. TILLMANS' Versuche drängten zu dem Schlusse, daß das Mangan in Form von Manganoion und nicht in Form der Salze vom Braunstein aufgenommen wird. Man unterscheidet zweierlei Arten der Adsorption. Bei der reinen Oberflächenwirkung hat die Bindung physikalischen Charakter und wird durch die Oberflächenspannung bewirkt, z. B. die Bindung von Argon an Kohle. Die zweite Art der Adsorption ist die, bei der gleichzeitig chemische Verwandtschaft zwischen den reagierenden Stoffen eine Rolle spielt. Eine derartige Adsorption ist z. B. die Beseitigung von Kalk und Magnesium aus Wasser durch Permutit. TILLMANS' Versuche ergaben, daß die Manganadsorption zur zweiten Gruppe der Adsorptionsvorgänge zählt. Wahrscheinlich spielt eine gewisse Salzbildung zwischen den basischen Manganoverbindungen und den als Säure wirkenden Verbindungen des 4wertigen Mangans eine Rolle. Es war nun noch die Feststellung wichtig, wie die Manganadsorption von der Wasserstoffionenkonzentration abhängig ist. Dies ist wegen der freien Kohlensäure der Wässer praktisch von Bedeutung. Es zeigte sich, daß die pro Einheit Braunstein adsorbierte Manganmenge für gleiche Mangano-Endkonzentration dem p_H-Wert proportional ist. Es ergab sich weiter, daß die Adsorption proportional der Braunsteinoberfläche verläuft. Die Adsorptionswirkung eines Mittels ist immer um so größer, je größer die Oberfläche ist, d. h. je feiner es verteilt ist. Wie geschieht nun bei der Phase 2 des Vorganges die Umwandlung des adsorbierten zweiwertigen Mangans in Braunstein? Es gibt verschiedene Erklärungen, von denen die folgende die richtigere zu sein scheint. Zunächst ist festzustellen, daß das vom Braunstein adsorbierte zweiwertige Mangan auf chemischem Wege durch Sauerstoff, der im Wasser gelöst ist, zu Braunstein oxydiert werden kann. Diese Oxydation verläuft aber ziemlich langsam. Die Oxydation kann zweitens aber auch durch die manganverarbeitenden Mikroorganismen erfolgen.

b) Filtration über braunsteinhaltiges Material. Nachdem man die Rolle des Braunsteins in den Entmanganungsfiltern erkannt hatte, kam man sehr schnell auf den Gedanken, diesen bei der Belüftung auf dem Kiesfilter sich bildenden Überzug künstlich zur schnelleren Einarbeitung herzustellen. Das als Luftsauerstoffüberträger wirkende, frisch gefällte Mangandioxyd hat eine um so intensivere katalytische Wirkung, je frischer es ist. Die Entmanganung wird durch eine möglichst feine Verteilung der Hydroxyde im Sande gefördert. Um diese Abscheidung möglichst bald zu erreichen, hat man empfohlen, die Filter durch Behandeln mit Kaliumpermanganatlösung einzuarbeiten. Nach Bildung kolloider Manganoxyde auf dem Filter kann man die Zugabe von Kaliumpermanganat verringern. An Stelle des teuren Permanganats kann man Braunsteinpulver in die Filterschicht einschlämmen. Man kann aber auch direkt über stückigen, mineralischen Braunstein (Pappel-Verfahren) filtrieren.

LÜHRIG hat die natürlichen und künstlichen schwarzen Sande untersucht und festgestellt, daß man als tadellosen Ersatz für die sich zur Entmanganung sehr gut eignenden Sande auch solche benutzen kann, die durch Behandeln weißer Sande mit Kaliumpermanganat hergestellt werden. Bei diesen Versuchen stellte er gleichzeitig fest, daß man die störende freie Kohlensäure durch Kalk beseitigen müsse. Dies deckt sich mit den schon früher von OLSZEWSKI gemachten Erfahrungen, daß eine Bindung der freien Kohlensäure durch Kalkwasser bis zu einem p_H-Wert von 7,4—7,5 die Manganabscheidung begünstigt. RICHTER und KAATZ fanden bei den Vorarbeiten für die Entmanganungsanlage für das Leipziger Wasserwerk, daß die 40 mg/Liter betragende freie Kohlensäure mindestens bis auf 1—2 mg/Liter entfernt werden müßte. Bei zu hohem Kalküberschuß bilden sich leicht Kalkablagerungen in den Filtern.

Da manganhaltiges Wasser sein Mangan nur in alkalischer Lösung abgibt, muß man schwach saure Wässer, also auch alle kohlensäurehaltigen Wässer vorher weitestgehend entsäuern. Dies kann dadurch geschehen, daß man das Wasser erst durch eine Kohlensäure bindende Schicht, die Marmor oder Magnomasse (s. S. 150 und 154) enthält, leitet. In den mit Magnomasse arbeitenden Entmanganungs- und Enteisenungsfiltern wird das Wasser durch die Magnomasse so weit neutralisiert bzw. schwach alkalisiert, daß in der ersten Stufe das Eisen und in der zweiten Stufe, auf dem mit Braunstein durchsetzten Sandfilter, das Mangan zurückgehalten wird. Bei den auf dem Wasserwerk Wurlheide benutzten Filtern erfolgt die Entsäuerung durch mit Druckluft belüftete 3,8 m hohe Marmorfilter. Die Durchflußgeschwindigkeit beträgt hier etwa 250 m/Stunde. Schwefelwasserstoff und noch freie Kohlensäure können durch das selbsttätige Entlüftungsventil entweichen. Die Enteisenung und Entmanganung erfolgt in einem zweistufigen Filter. Nach der Oxydation durch Luft wird das Eisen auf Sandfiltern und in der zweiten Stufe das Mangan auf braunsteinhaltigem Sandfilter abgeschieden. Hier beträgt die Geschwindigkeit je 10 m/Stunde (s. Abb. 106).

Letztere beiden Filter werden als geschlossene Filter gebaut und können daher in die Druckrohrleitung eingebaut werden. Sie müssen in regelmäßigen Abständen durch Rückspülung von ausgeschiedenem Eisen und Mangan befreit werden. Nach längerer Betriebszeit müssen diese Kontaktfilter einer stärkeren Reinigung unterzogen werden. Dies kann durch Waschen mit schwefelsäurehaltigem Wasser geschehen. Der Gehalt an Schwefelsäure darf nicht zu hoch sein, da sonst die Kontaktwirkung zerstört wird.

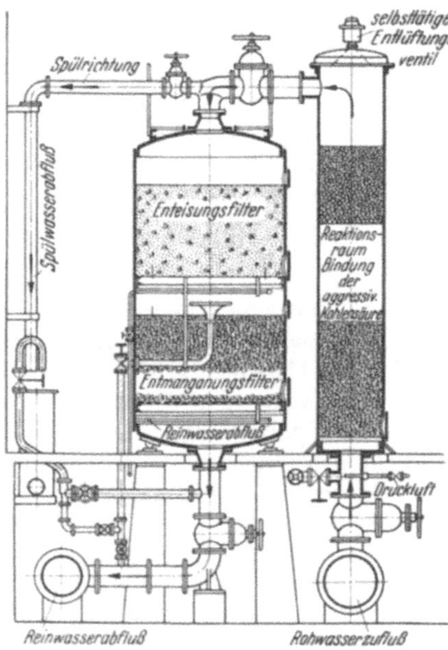

Abb. 106. Kombiniertes Enteisenungs- und Entmanganungsfilter mit vorgeschaltetem Reaktionsraum für die Bindung der aggressiven Kohlensäure.

PFEIFFER wendet in den Entmanganungsfiltern des Leipziger Wasserwerks Quarzsand von 1 mm Korngröße in 1 m hoher Schicht an. Darauf ist 0,5 m hoch gut eingearbeiteter Mangankies. Er empfiehlt, für die Füllung mindestens 20% eingearbeiteten Mangankies anzuwenden, um die Einarbeitungszeiten abzukürzen. Man kann die Entsäuerung auch durch Zugabe von Kalkwasser durchführen. PFEIFFER führte die Entsäuerung bis zur Neutralisation, eventuell bis 2,5 mg/Liter Kalküberschuß durch. Es ist daher praktisch, eine Entmanganungsanlage hinter eine Entsäuerungsanlage zu setzen. Die Filtergeschwindigkeit, die zunächst 10 m/Stunde betrug, konnte später auf 22 m/Stunde gesteigert werden, wodurch der Filterwiderstand auf 5 m Wassersäule anstieg.

Bei den vorstehend beschriebenen Verfahren beruht die Ausscheidung des Mangans auf der Oxydation durch Luft in alkalischer Lösung, wobei die Kalkausscheidungen bereits rein mechanisch einen hohen Prozentsatz des Mangans mit niederreißen können. Der Rest wird dann auf Filtern abgefangen.

Eine Entmanganung bis auf 0,05 mg/Liter Mangan ist möglich, wenn folgende Punkte beobachtet werden:

1. Es sind mindestens 20% bereits eingearbeiteter Kies aus einem anderen Filter einzufüllen, um die Einarbeitungszeit möglichst abzukürzen;
2. die Filtergeschwindigkeit soll zunächst gering, etwa 5 m/Stunde, sein; später kann sie bis auf 20 m/Stunde gesteigert werden;
3. das Wasser muß weitgehend entsäuert werden und sollte praktisch neutral sein;
4. bei der Spülung dürfen die wirksamen Manganschichten nicht zu weitgehend entfernt werden.

Die beim Durchfließen der Braunsteinrieseler oft beobachtete Abnahme der Oxydierbarkeit ist nach den Untersuchungen von THIELE außer auf die Oxydation der organischen Stoffe auch auf eine Oxydation von Ammoniak und Nitrit und auf die Entfernung der Mangano- und Ferroverbindungen zurückzuführen.

2. Chemische Fällungsmittel. Schwer ausfällbares Mangan, besonders solches, das durch Schutzkolloide geschützt ist, kann durch Fällung mit Aluminiumsulfat ausgeschieden werden. Hierzu sind in ähnlicher Weise wie bei der Enteisenung Reaktionsbecken erforderlich. Auch ist oft eine nachträgliche Alkalisierung des Wassers durch Kalkzusatz nicht zu umgehen. Die Ausscheidung des Mangans mit Hilfe chemischer Mittel, wie Kalkwasser usw. kann von organischen Stoffen stark beeinflußt werden. ADAMS empfiehlt in besonders schwierigen Fällen die Zerstörung der als Schutzkolloide wirkenden organischen Stoffe durch Kaliumpermanganat (10—20 g/cbm). Zahlreiche organische Säuren, wie Apfel-, Wein- und Citronensäure wirken dadurch störend, daß sie einen hohen Chemikalienzusatz erfordern und meistens schlechte Flockenbildung bewirken. Stören diese Stoffe, so kann man sie durch eine Vorchlorung, bei größeren Mengen durch eine Überchlorung vorher zerstören. Auch Kombinationen von Chlor und Kaliumpermanganat sind mit Erfolg angewandt worden. In den Fällen, wo Aluminiumsulfat versagte, erreichte man gute Resultate bei der Anwendung von Natriumaluminat, das man den übrigen Fällungsmitteln zugab.

Bei dem durch organische Schutzkolloide vor der Ausfällung geschützten Mangan haben sich besonders in den Fällen, wo man die Schutzkolloide durch eine Überchlorung entfernt, zur Entchlorung aktive Kohlefilter bewährt. In den Aktivkohlefiltern hat das Wasser bei 3 m Schichthöhe der a-Kohle eine Geschwindigkeit von 38—44 m. Die Filtermasse muß von Zeit zu Zeit mit Natriumcarbonatlösung gespült werden. Auch bei dem Kalküberschußverfahren wird Mangan durch Adsorption an das ausfallende Calciumcarbonat mit ausgefällt (s. S. 173).

3. Manganpermutit. Behandelt man nach dem Verfahren von RIEDEL DRP. 211118 und 220609 und von GANS einen beliebigen Permutit, wie er normal zur Enthärtung des Wassers benutzt wird, mit Manganchlorürlösung, so entsteht durch doppelten Umtausch neben Natriumchlorid ein Manganpermutit. Dieser Austausch wird nach ADAMS durch organische Stoffe nicht gestört. Wird nun der Manganpermutit nacheinander mit 1-, 2- und 3%iger Kaliumpermanganatlösung gewaschen, so wird ein sehr sauerstoffreiches tiefbraunes Oxydationsprodukt des Mangans auf dem Permutit niedergeschlagen. Dieser Niederschlag hat stark oxydierende Wirkung und ist der für die Entmanganung wirksame Teil. Ist sein Sauerstoffvorrat verbraucht, so muß er durch eine neue Behandlung mit einer verdünnten Kaliumpermanganatlösung regeneriert werden. Mangan wird durch Permutit so lange restlos ausgeschieden, als der Mangangehalt im Permutit 2% nicht überschreitet.

Künstliche Filter, die in ihrer Entmanganungswirkung nachgelassen haben, können nicht nur nach dem Verfahren der Permutit-Aktiengesellschaft durch Auswaschen mit Kaliumpermanganat, sondern auch nach dem Verfahren von TILLMANS und HEUBLEIN durch Alkalischmachen mit Luftzufuhr regeneriert werden. Die Regeneration vollzieht sich in 1—2 Stunden. Auf je 2 g ausgeschiedenes Manganoxydul sind bei der Regeneration bis zu 3 g Permanganat erforderlich. Das Verfahren hat den Vorzug, daß mit großer Geschwindigkeit filtriert werden kann.

Sehr gut eignet sich zur Entmanganung ein Permutit, der ungefähr 8,5% fein verteilten Braunstein enthält. Das vom Braunstein aufgenommene Manganhydroxyd wird schon durch den im Wasser vorhandenen Sauerstoff zu Braunstein oxydiert.

4. Biologische Verfahren. Die biologischen Verfahren machen von der Tätigkeit der manganspeichernden Bakterien Gebrauch. Als manganspeichernde Bakterien kommen hauptsächlich in Frage: Clonothrix fusca, Crenothrix manganifera und polyspora, Leptothrix ochracea, Antophysa vegetans und Siderocapsa. Man nimmt an, daß die Tätigkeit der Manganbakterien, z. B. Clonothrix fusca, darin besteht, daß sie ihren eigenen Eisengehalt gegen Mangan auszutauschen vermögen und daß dann das Eisen durch Adsorption im Filter festgehalten wird. Nach einer anderen Auffassung soll die Eigenschaft der biologischen Entmanganung durch die Bakterien darauf zurückzuführen sein, daß diese den für ihren Aufbau nötigen Kohlenstoff aus den Bicarbonaten des Eisens und Mangans holen und daß sie bei diesem Abbau Eisen und Mangan in ihrem Innern ablagern. Sind die Zellen stark mit Braunstein imprägniert, so sterben sie ab. Nach ihrem Absterben kann das in ihnen abgelagerte Mangandioxydhydrat die weitere Entmanganung bewirken. Bei dem zuerst bei dem Dresdener Wasserwerk von VOLLMAR angewandten Verfahren wird das Wasser unter Druck durch eine mit Manganbakterien versetzte, in zwei übereinander angeordneten Kammern gelagerte Kiesschicht von 3 mm Korngröße und 1,4 m Höhe geleitet. Während bei den mechanischen bzw. chemischen Verfahren die Entmanganung hauptsächlich in der oberen Schicht erfolgt, findet sie in den biologischen Filtern im ganzen Körper statt.

Die biologische Entmanganung erfolgt auch bei verhältnismäßig geringem Sauerstoff gehalt (bis zu 2 mg/Liter) und erheblichem Kohlensäuregehalt (bis 25 mg/Liter aggressive Kohlensäure) fast restlos bis auf etwa 0,05 mg/Liter Mangan. Jedes Quadratmeter Kiesfläche von 1,4 m Höhe vermag durchschnittlich etwa 600 cbm Wasser in 24 Stunden zu entmanganen.

Daß es sich um einen an die Lebenstätigkeit der Bakterien gebundenen Vorgang handelt, geht aus der Tatsache hervor, daß Desinfektionsmittel, vor allem Chlor und Sublimat, den Entmanganungsvorgang stören. Läßt man gechlortes und noch freies Chlor enthaltendes Wasser auf die biologischen Entmanganungsfilter, so hört ihre Entmanganungswirkung auf. Hierbei spielt der Gehalt an freiem Chlor eine große Rolle. Während OLSZEWSKI erst nach 3 Monaten wieder ein normales Arbeiten feststellte, berichtet WEBER, daß sich die Wirkung schon wieder nach verhältnismäßig kurzer Zeit einstellte und daß sie auch kaum beeinträchtigt wurde, wenn jede Woche nur einmal schwach chlorhaltiges Wasser über die Filter geleitet wurde. Diese Ergebnisse werden noch durch die Untersuchungen von RÜHR, der auf der Oberfläche verschiedenster Stoffe, wie Kohle, Calciumcarbonat und frischem Sand eine Schicht Manganbakterien bildete, bestätigt. In den meisten Fällen wird die chemisch-mechanische Wirkung und der biologische Vorgang nebeneinander stattfinden. Der angesammelte Bakterienschlamm muß von Zeit zu Zeit durch Rückspülung mittels Wasserstrahlapparaturen entfernt werden.

VII. Entsäuerung und Entgasung.

Von den im Wasser gelösten Gasen sind es in erster Linie der aus der Luft aufgenommene Sauerstoff und die aus der Bodenluft und zwar aus den im Boden sich abspielenden Zersetzungsvorgängen stammende Kohlensäure, die in einer Wasserversorgungsanlage stark störend wirken können. Außer diesen beiden Gasen kommt als nachteilig im Grundwasser oft noch Schwefelwasserstoff (S. 71) vor, der durch Verrieseln leicht beseitigt werden kann. In ganz besonderen Fällen kann aus Pyriten gebildete Schweflige Säure und Schwefelsäure vorkommen. Man muß unterscheiden zwischen dem im Wasser gelösten und dem in Blasenform vorhandenen Gas. Die gelöste Gasmenge hängt vom Absorptionskoeffizienten, von der Temperatur des Wassers und vom Partialdruck der Gase über der Flüssigkeit ab.

A. Entsäuerung.

Kohlensäure verleiht zwar dem Wasser einen angenehmen Geschmack. Da sie aber zusammen mit Sauerstoff dem Wasser die nachteilige Eigenschaft verleiht, die Werkstoffe der Leitungen, Fassungen, Sammelbehälter, Leitungsrohre, Wassermesser und Ventile anzugreifen, so ist sie sehr unerwünscht. Diese Rosterscheinungen kosten oft den Wasserwerken große Summen. Viele größere städtische Wasserwerke und Großbetriebe der wasserverbrauchenden Industrie haben daher schon aus wirtschaftlichen Gründen die Entsäuerung durchgeführt. Es gibt aber immer noch hier und da kleinere und leider auch größere Wasserwerke, die meist aus falscher Sparsamkeit ohne jede Schutzmaßnahme stark aggressive Wässer in das Rohrnetz schicken. Die Folge sind dann starke Rohranfressungen, Rohrverwachsungen und Rohrbrüche. Auch aus hygienischen Gründen sollten Wasserwerke mit höherem Gehalt an aggressiver Kohlensäure Entsäuerungsanlagen bauen. Diese Wässer lösen aus den Werkstoffen der Leitungen Blei, Kupfer und Zink als Bicarbonate auf, von denen besonders das Blei durch seine giftigen Eigenschaften sehr gefährlich werden kann, wie dies die in letzter Zeit noch in Leipzig, Teplitz-Schönau, Frankfurt und Clausthal-Zellerfeld aufgetretenen Bleivergiftungen deutlich gezeigt haben.

Bei 1,2 mg täglicher Bleiaufnahme tritt je nach der individuellen Konstitution nach 1 Jahr oder früher chronische Bleivergiftung auf. Die typischen Anzeichen einer Bleivergiftung sind grauschwarzer Saum am Zahnfleisch, graugelbe Hautfarbe, Darmkoliken, Arthralgien und Muskelschwächen besonders der Extensoren der Hände. Bei Bleivergiftungen täuschen die Beschwerden im Bauchraum oft das Bild chirurgisch zu behandelnder Erkrankungen vor. Es treten schwere Störungen der Verdauungsorgane auf, die an Darmverschluß, an Blinddarmentzündung, an Magengeschwüre, Gallenblasenentzündung, selbst an Bauchspeicheldrüsenentzündung denken lassen. Auffällig ist bei den meisten Erkrankten die starke Abmagerung. In den meisten Fällen ist unternormaler Blutdruck vorhanden. Wegweisend ist für die Diagnose der fehlende Organbefund, der negative Ausfall der röntgenologischen Untersuchung bei hochgradigen Beschwerden, verbunden mit dem Allgemeineindruck eines Schwerkranken und der Nachweis von Blei in den Ausscheidungen. Die für Trinkwasser noch zulässige Grenze an Blei wird von den verschiedenen Beurteilern etwas schwankend angegeben. Sie schwankt von 0,5—0,3 mg/Liter Blei.

Wichtig ist der Nachweis von Blei im Leitungswasser. Nach den Untersuchungen von HÖLL[1] ist die Bleiaufnahme nur bei Gegenwart von Luftsauerstoff möglich. Die Untersuchungen von KLUT[2] haben ergeben, daß die Bleiauflösungen durch sauerstoffhaltiges Wasser am stärksten bei Neuanlagen sind und in solchen Fällen eine Abnahme zeigen, in denen sich infolge der chemischen Zusammensetzung des Wassers mit der Zeit ein Schutzbelag bildet. Hieraus ergibt sich für die Praxis die Forderung, Wasser, das in neuen Bleileitungen längere Zeit gestanden hat, so lange ausfließen zu lassen, bis sich der ganze Wasservorrat erneuert hat. Während mit steigendem Kohlensäuregehalt die Bleiaufnahme eines Wassers begünstigt wird, wird sie durch steigende Gehalte an Carbonaten des Calciums und Magnesiums vermindert. Bestimmend für die Bleiaufnahme ist das Verhältnis von gebundener zu freier Kohlensäure. Wenn der Gehalt des Wassers an freier Kohlensäure etwa die Hälfte des Gehaltes an gebundener Kohlensäure erreicht, wirkt das Wasser stets bleiauflösend. Unterschreitet der Gehalt an freier Kohlensäure $^1/_5$ des Gehaltes an gebundener Kohlensäure, so tritt keine Bleiauflösung mehr ein. Wasser mit p_H-Werten unter 7,0 haben fast stets bleiauflösende Eigenschaften.

Auch die Reinheit des Bleies spielt eine Rolle. Je reiner das Blei ist, um so weniger wird es angegriffen. Durch elektrolytische Vorgänge kann die Bleiauflösung unter Umständen wesentlich gefördert werden. Legiertes oder unreines Blei z. B. mit einem Gehalt an Kupfer, Zink oder Zinn wird weit mehr vom Wasser aufgelöst als reines Blei. Bei Bleirohren treten aus diesem Grunde die Anfressungen zuerst an den Lötstellen auf. Der stärkste Angriff auf Blei vollzieht sich, wenn Bleirohre mit Zinn nicht genügend ausgekleidet sind oder aber, wenn der innere Zinnmantel rissig geworden ist. Chlorgehalte unter 500 mg/Liter gebundenes Chlor haben keinen Einfluß auf die Bleiaufnahme, höhere Gehalte fördern die Bleiaufnahme. Desgleichen sind Nitrite und Nitrate bis 100 mg/Liter für die Bleiaufnahme bedeutungslos. Bei Rundfunkantennenerdung an Bleirohren ist keine Gefahr für verstärkte Bleiaufnahme. In gleicher Weise hat ZINK[3] auch die Frage der Bleiaufnahme von Wasser geprüft. Kohlensäure löst Blei verhältnismäßig leicht als Hydrocarbonat auf. Die Bleisalze der anderen im Wasser vorkommenden Anionen zeigen gegenüber der Carbonat- und Hydrocarbonatverbindung eine erhebliche höhere Löslichkeit. Das Bleisulfat besitzt gegenüber dem Bleichlorid und Bleinitrat eine wesentlich geringere Löslichkeit. ZINK schließt aus seinen Untersuchungen, daß im Anfang jedes Wasser imstande ist, Blei mehr oder weniger aufzulösen. Mit der Zeit bilden sich an der Innenseite der Rohre Ablagerungen, die dann das Rohr vor weiteren Angriffen durch das Wasser schützen. Bei Wasser mit geringem Salzgehalt besteht die Gefahr, daß das Wasser bleihaltig wird.

---

[1] HÖLL: Gesundh.-Ing. 1935, 58, 323. [2] KLUT: Med. Klinik 1918, Nr. 17 u. 18.
[3] ZINK: Zeitschr. analyt. Chem. 1933, **91**, 246.

Ein einfaches Mittel, Wasser von seinem Bleigehalt zu befreien, hat man in der a-Kohle. Auf 10 Liter Wasser mit einem mittleren Bleigehalt genügt ein Eßlöffel Kohle, am besten Hydraffinkohle. Man schüttelt gut durch und filtriert durch einen Wattebausch oder ein Papierfilter. Auch Watte, Papierfilter und die Berkefeld-Filterkerzen halten das im Wasser kolloid gelöste Blei zurück. Da ihre Wirkung aber beschränkt ist, muß man sie häufiger mit Essigwasser auskochen. Als geeignetstes und zugleich billigstes Filtermaterial hat sich gebrannter Magnesit[1] in gekörntem Zustand bzw. Magnomasse (gebrannter Dolomit) erwiesen. In Bottichen oder Bassins mit Siebboden aufgeschichtet vermag man mit $^1/_2$ kg mehrere Kubikmeter Wasser durch langsames Durchfließenlassen von seinem Bleigehalt zu befreien.

Die bleilösende Eigenschaft eines Wassers wird bestimmt, indem man in einer Flasche in das zu prüfende Wasser zwei dünne Bleibleche gibt und nach einer genügenden Einwirkungszeit die Menge des aufgenommenen Bleies feststellt. In der Praxis bestimmt man die blei- und eisenlösende Wirkung dadurch, daß man das Wasser in einem engen Rohrstrang über Nacht unter Druck stehen läßt und am anderen Morgen in dem zuerst ablaufenden Wasser den Blei- bzw. Eisengehalt ermittelt.

Die im Wasser enthaltene Gesamtkohlensäure setzt sich zusammen aus

gebundener Kohlensäure < ganz gebundene, z. B. $CaCO_3$ / halb gebundene, z. B. Hälfte der Kohlensäure in $Ca(HCO_3)_2$

freier Kohlensäure . . . < unschädliche oder zugehörige / aggressive Kohlensäure

Nach den Untersuchungen von TILLMANS und seinen Mitarbeitern gehört zu einer bestimmten Menge in Lösung befindlichen Calciumbicarbonates eine bestimmte Menge freier Kohlensäure, um das Erdalkalibicarbonat in Lösung zu halten. TILLMANS nennt diese Kohlensäure die zugehörige. Diese an und für sich freie Kohlensäure hat keine metallangreifenden Eigenschaften. Dagegen hat der die zugehörige Kohlensäure überschreitende Anteil der freien Kohlensäure metallangreifende Eigenschaften und heißt daher „aggressive" Kohlensäure. TILLMANS und HEUBLEIN haben eine Kurve für das Gleichgewicht zwischen freier und gebundener Kohlensäure in Calciumbicarbonatlösungen aufgestellt. Würde man aus einem Calciumbicarbonat und freie Kohlensäure enthaltenden Wasser die gesamte freie Kohlensäure entfernen, dann würde das vorhandene Calciumbicarbonat zum Teil allmählich in Calciumcarbonat und freie Kohlensäure nach der Gleichung zerfallen:

$$Ca(HCO_3)_2 = CaCO_3 + CO_2 + H_2O.$$

Der Zerfall würde so lange fortgehen, bis wieder eine bestimmte Menge freier Kohlensäure entstanden ist, von der die Menge des noch unverändert gebliebenen doppeltkohlensauren Kalkes abhängig ist. Erst wenn Calciumbicarbonat und zugehörige Kohlensäure sich in einem ganz bestimmten „Kalk-Kohlensäuregleichgewicht" befinden, scheidet das Wasser einerseits kein Calciumcarbonat aus und hat andererseits keine aggressiven Eigenschaften.

Bei der Anwendung der Kurve auf das Calciumbicarbonat allein stößt man auf die Schwierigkeit der Trennung des Calciumbicarbonates von dem Magnesiumbicarbonat. Magnesiumbicarbonat und Natriumbicarbonat benötigen keine zugehörige Kohlensäure. Aus dieser Tatsache heraus hat EMUNDS mit Hilfe der TILLMANSschen Formel und des Marmorlöseversuches von HEYER versucht, eine Trennung des Calciumbicarbonats vom Magnesiumbicarbonat durchzuführen. Das Verfahren ist in der Praxis nur durchführbar, wenn andere Salze im Wasser nicht oder nur in geringer Menge vorhanden sind. Das Kalk-Kohlensäuregleichgewicht wird auch durch andere Bicarbonate und Erdalkalisalze, wie Calciumsulfat und Magnesiumchlorid, stark gestört.

Der Gehalt an aggressiver Kohlensäure spielt bei der Korrosion des Eisens und der Angriffsfähigkeit auf Beton bzw. kohlensauren Kalk eine ausschlaggebende Rolle. Zur

[1] HÖLL: Deutsch. tierärztl. Wochenschr. 1935, **42**, 339.

Aufklärung dieser Vorgänge bei der Korrosion der Leitungsrohre haben die Arbeiten von TILLMANS und seinen Mitarbeitern weitgehend beigetragen. In diesen Arbeiten, bei denen die Zustände sowohl in ruhenden als auch in bewegten Flüssigkeiten untersucht wurden, kommt TILLMANS u. a. zu folgenden Ergebnissen:

1. Der p_H-Wert hat in sauerstoffhaltigem Wasser im Gegensatz zu sauerstofffreiem keinen Einfluß auf die Rostgeschwindigkeit;

2. der Sauerstoff entfaltet bei kleinen Gehalten eine rostfördernde, bei hohen Gehalten eine rostschützende Eigenschaft durch Passivierung des Eisens, die vom p_H-Wert abhängig ist, in der Art, daß sie bei alkalischer Reaktion leichter eintritt als bei saurer;

3. in natürlichen Wässern mit Calciumbicarbonatgehalt ist das Kalkkohlensäuregleichgewicht von ausschlaggebender Bedeutung für das Rosten. Sauerstoffhaltige Wässer mit gelöster kalkaggressiver Kohlensäure fördern das Rosten; hingegen bilden solche, die im Kalk-Kohlensäuregleichgewicht sind, bald eine Schutzschicht an den Rohrwandungen. Zur Bildung dieser Schicht ist Sauerstoff unbedingt erforderlich, der auch später nach ihrer Ausbildung nicht mehr korrodierend wirken kann. Bei Abwesenheit von Sauerstoff treten keine Kalkausscheidungen auf. Auch bei warmem Wasser kommt es zur Bildung der Kalk-Rostschutzschicht, wenn das Wasser bei dem herrschenden Wärmegrad sich im Kalk-Kohlensäuregleichgewicht befindet.

TILLMANS sieht die Hauptaufgabe der Entsäuerungsanlagen nicht so sehr in der Heraufsetzung des p_H-Wertes als vielmehr in der Einstellung des Kalk-Kohlensäuregleichgewichtes, das die Grundbedingung für die Bildung der Rostschutzschicht sei. Es kann daher falsch sein, bei weichen Wässern mit dem Soda- oder Ätznatronverfahren zu entsäuern, da wegen des Calciumcarbonatmangels keine Schutzschicht gebildet wird. Ist der p_H-Wert und die Carbonathärte bekannt, so läßt sich die Frage, ob ein Wasser entsäuert werden muß, leicht beantworten. Dies muß geschehen, wenn

bei	einer	Carbonathärte	von	0—3° DH	der	p_H-Wert	kleiner	ist	als	8,0
„	„	„	„	3—4°	„	„	„	„	„	„ 7,9
„	„	„	„	4—5°	„	„	„	„	„	„ 7,8
„	„	„	„	5—6°	„	„	„	„	„	„ 7,7
„	„	„	„	6—7°	„	„	„	„	„	„ 7,6
„	„	„	„	über 7°	„	„	„	„	„	„ 7,5—7,4

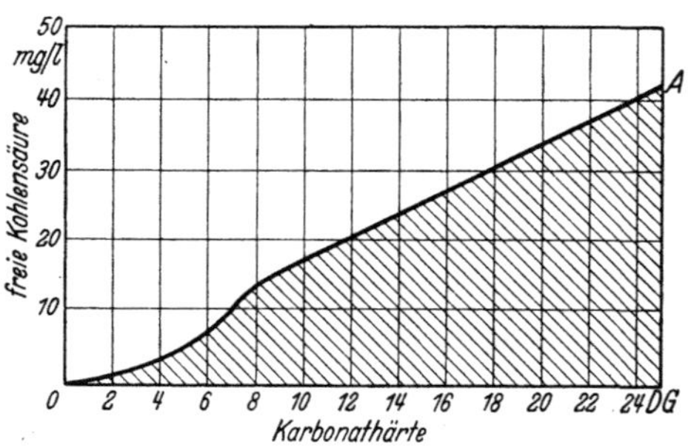

Abb. 107.

Aus dem beistehenden Diagramm (Abb. 107), das für den praktischen Wasserwerksbetrieb bestimmt ist, kann man ebenfalls schnell ablesen, ob ein Wasser aggressiv ist und daher eine Entsäuerungsanlage nötig ist.

Liegt der Gehalt an freier Kohlensäure auf der Kurve oder innerhalb des schraffierten Teiles, so löst das Wasser weder Eisen noch kohlensauren Kalk noch Beton. Im anderen Fall muß das Wasser entsäuert werden.

KREPP hat das gegenseitige Verhältnis der Kohlensäure und des p_H-Wertes im Meerwasser bei verschiedenem Salzgehalt untersucht und dabei festgestellt, daß Meerwasser mit vollem Salzgehalt am besten gepuffert ist. Bei Steigerung des Salzgehaltes wird auch die Pufferwirkung gesteigert. Er schließt daraus, daß Meerwasser mit hoher Salinität in vieler Hinsicht eine günstigere Umgebung zur Entwicklung des Lebens darstelle als solches mit geringerem Salzgehalt.

Wichtig für die Beurteilung der Aggressivität eines Wassers ist sein Gehalt an gelöstem Sauerstoff. Aggressives Wasser führt bei hohem Sauerstoffgehalt zur Rostknollenbildung, bei mittlerem Gehalt leicht zu Trübungen, bei geringerem Gehalt zu klarer Eisenlösung, die erst später beim Stehen des Wassers mit Ausscheiden der Kohlensäure Ausflockungen von Eisenhydroxyd zeigt. Bei einem p_H-Wert von 7,6—8,0 ist die Sauerstoffwirkung und damit die Lösung des Eisens so unbedeutend, daß sie im Betrieb vernachlässigt werden kann. Mit kleiner werdendem p_H-Wert macht sich der Einfluß des Sauerstoffs durch seinen Angriff auf Rohrwandungen, Trübung des Wassers, Anfressungen von Armaturen und Wassermessern und durch Schädigungen der Wäsche bemerkbar. Sauerstoff fördert in sauren und besonders in carbonatarmen Wässern neben Eisen- auch die Bleilösung.

Der Kohlensäure- und Sauerstoffgehalt spielt nicht nur bei den Trink- und Brauchwasserversorgungsanlagen, sondern auch vor allem bei der Kesselspeisewasserbereitung eine große Rolle (s. Abschnitt Kesselspeisewasser). Der hohe Gehalt an aggressiver Kohlensäure stört in einem Trink- oder Brauchwasser nicht unmittelbar, wie dies z. B. ein Eisengehalt tut.

Bei der Untersuchung der Geeignetheit von Zinküberzügen in Leitungsrohren stellte BAYLIS[1] fest, daß sich bei einem p_H-Wert von 6,5 der sich bildende Zinkhydroxydüberzug in reichlichen Mengen löste, während er bei p_H 7,5 unlöslich war. Er empfiehlt daher, in den Röhren eine Schutzschicht von Calciumcarbonat zu bilden. Zu diesem Zweck sei es unbedingt erforderlich, daß mindestens 25 mg $CaCO_3$/Liter vorhanden seien, damit das Gleichgewicht $Ca(HCO_3)_2 : CaCO_3$ gestört werde und sich überschüssiges Calciumcarbonat absetze.

FROBOESE[2] und HAASE haben die Frage des Angriffs von Wasser auf kupferne Leitungsrohre geprüft. Während HAASE die Bildung einer Schutzschicht von Kupferoxydul annimmt, glaubt FROBOESE aus seinen Versuchen und der Tatsache, daß Kupferoxydul nicht unlöslich sei, schließen zu können, daß die sich bildende Schutzschicht aus Kupferoxyd bestehe, zumal dieses viel beständiger sei. Ein Gehalt von 7—8 mg/Liter Sauerstoff genügt, um bei genügendem Kohlensäuregehalt reichliche Mengen Kupfer zu lösen, doch sind diese meist nicht so erheblich, daß sie zu Gesundheitsstörungen führen könnten. Ein Kalkgehalt wirkt durch Schutzschichtbildung der Kupferauflösung entgegen. Bei Schmeckversuchen wurde die Grenze der durch Geschmack feststellbaren Kupfermengen zu 1,5 mg/Liter, bei empfindlichen Personen aber schon bei 0,2 mg/Liter gefunden.

Es ist oft nicht die Kohlensäure allein, die dem Wasser aggressive Eigenschaften verleiht. Es können außerdem noch andere Säuren, wie Kieselsäure, Huminsäuren und Fettsäuren, in Frage kommen. Letztere können sich besonders bei Kesselspeisewasser durch Zersetzung von im Wasser enthaltenen Schmierölen bilden. Auch Schwefelwasserstoff, Sulfide und gewisse Salze verleihen dem Wasser aggressive Eigenschaften. Vor Anlage einer Entsäuerungsanlage muß man die Beschaffenheit des Wassers genau feststellen. Es spielen hier die Gesamthärte, außer dem Kohlensäuregehalt, der Eisen- und Mangangehalt, ferner die örtlichen Verhältnisse eine große Rolle. Oft wird man kombinierte Verfahren anwenden, z. B. Versickerung mit Marmorfilter od. dgl.

Je nachdem ob bei dem zur Behandlung angewandten Verfahren nur die sauren Bestandteile, wie Kohlensäure, Schweflige Säure, oder auch andere Gase, wie Sauerstoff, Schwefelwasserstoff entfernt werden, unterscheidet man

1. Entsäuerungsanlagen; 2. Entgasungsanlagen.

In den meisten Fällen ist eine strenge Trennung, welche Bestandteile entfernt werden, nicht möglich.

Es gibt eine ganze Reihe verschiedener Entsäuerungsverfahren:

1. Mechanische Entsäuerungsverfahren: a) Rieselverfahren bzw. Belüftung; b) thermische Entsäuerung; c) Vakuumentsäuerung.

2. Chemische Entsäuerung: a) Marmorfilter; b) Magnesitverfahren; c) Magnoverfahren; d) Magnesiummetall; e) Kalkhydratverfahren (Bücher-Verfahren); f) Sodaverfahren.

1. Mechanische Entsäuerungsverfahren.

Die mechanischen Verfahren beruhen auf dem physikalischen Vorgang der Auswaschung der freien Kohlensäure durch die Luft. Nach dem HENRY-DALTONschen Gesetz stellt sich zwischen dem Gasgehalt des Wassers und der Luft ein Gleichgewichtszustand ein, der durch die Partialdrucke der Gase in den beiden Phasen bestimmt ist. Durch Niedrighalten des Partialdruckes der Kohlensäure in der Waschluft, d. h. also durch kräftige Zufuhr von Frischluft, läßt sich theoretisch die ganze Kohlensäure auswaschen. Die Praxis zeigt aber, daß man durch Belüftungsanlagen diesen Erfolg nicht ganz erreichen kann.

[1] BAYLIS: Ind. Eng. Chem. 1927, **19**, 777.
[2] FROBOESE: Gas- u. Wasserfach 1934, **77**, 225.

a) Rieselverfahren. Das Prinzip dieses Verfahrens besteht in der Zerteilung des Wassers in feine Tropfen. Dabei entweicht die Kohlensäure in die Luft. Dieses Verfahren beansprucht große Grundflächen und wird in der verschiedensten Weise ausgeführt. Ursprünglich baute man große Körper aus Koksstücken, Ziegelbrocken, Holzhorden, Kesselrostschlacke oder ähnlichem Material und ließ das Wasser darüberlaufen. Das Verfahren ist auch in der Weise ausgeführt worden, daß man das Wasser in einen Kasten mit durchlöchertem Boden eintreten und in freiem Regenfall aus dem Kasten auslaufen ließ. Die einfachste Form ist die Regnung des Wassers durch Siebe, Brausen oder gelochte Bleche. Bei der Verregnung ist weniger die Fallhöhe, die mindestens 2—3 m betragen soll, als die Größe der Tropfen maßgebend, d. h. in je feinere Tropfen das Wasser aufgelöst wird, um so besser ist die Wirkung. Sie gibt im allgemeinen bessere Ergebnisse als die Verrieselung selbst. Auf 1 qm Fläche können in günstigen Fällen 6—10 Liter in der Sekunde verregnet werden. BRÜCHE[1] wendet Kreiselkraft-Hochleistungsdüsen (sog. SCHLICKsche Düsen) an, die bei einem Düsendruck von 3 m in der Stunde 7,5 cbm Wasser verdüsen. Neuerdings bevorzugt man Streudüsen, von denen immer ein Paar gegeneinander spritzt, wodurch eine feine Zerstäubung des Wassers erzielt wird, wie sie S. 132 beschrieben ist. Auch Prellteller werden angewandt, auf die das Wasser auffällt, um dann in den freien Raum zu verspritzen. Nach DRP. 393043 verspritzt man das Wasser zur stärkeren Entgasung, Entsäuerung und Enteisenung auf Prallflächen, die heizbar sind. Bei diesem Verfahren ist es sehr wesentlich, daß die Kohlensäure durch gründliche Luftbewegung aus dem die Wassertropfen umgebenden Raume entfernt wird. Ist dieses nicht der Fall, so reichert sich die Kohlensäure, die ja schwerer ist als Luft, auf dem Boden in der Nähe der Rieselungsanlage an. Da nun die Löslichkeit der Kohlensäure vom Partialdruck abhängig ist, so muß der gesteigerte Partialdruck der Kohlensäure dahin wirken, daß die Entgasung schlecht wird. Um dies zu verhindern, hat man bei Rieselungsanlagen Schraubenbelüfter eingebaut, die durch eine stärkere Luftbewegung die Kohlensäure wegbringen. Oft versieht man auch die Fenster des Rieselgebäudes mit Jalousien, um dadurch Luftbewegung zu erzeugen. Auch der Regenfall oder die Zerstäubung selbst saugt frische Luft an.

Den Gehalt der Luft an Kohlensäure in nicht bewohnten Räumen, wie sie hier in Frage kommen, kann man mit etwa 0,3—0,4‰ annehmen. Danach müßte auch 0,3 bis 0,4‰ der bei Sättigung unter Atmosphärendruck enthaltenen Kohlensäuremenge im Wasser vorhanden sein. 1 Liter Wasser löst bei 1 Atmosphäre Kohlensäuredruck rund 2000 mg Kohlensäure im Liter; 0,3—0,4‰ davon sind 0,6—0,8 mg/Liter. Danach wäre zu erwarten, daß man mit der Rieselung auf 0,6—0,8 mg/Liter Restkohlensäure herunterkommt. Das ist aber niemals der Fall. Nach den allgemeinen Erfahrungen gelingt es praktisch auch mit der besten Rieselungsanlage nicht, unter 5—7 mg Restkohlensäure herunterzukommen. Das ist also etwa 10mal mehr, als der Kohlensäurepartialdruck der Luft es verlangt. Die Ursache liegt auf der Hand. Es gelingt eben nicht, den Partialdruck auf der vorher angegebenen Höhe zu halten. Der Partialdruck der Kohlensäure steigt vielmehr, und zwar so weit, daß man höchstens auf 5—7 mg/Liter herunterkommen kann. Die umgebende Luft wird also nicht 0,3—0,4‰, sondern etwa 3—4‰ Kohlensäure aufweisen.

Das Rieselungsverfahren ist anwendbar bei allen Wässern, welche etwa 5—7 mg zugehörige Kohlensäure im Liter enthalten. Das ist der Fall bei Wässern mit 60—70 mg gebundener Kohlensäure im Liter. Wenn die Wässer wesentlich weicher werden, so genügt die Rieselung allein nicht, um das Wasser unaggressiv zu machen. In solchen Fällen wird man am besten, um die Aggressivität zu beseitigen, noch ein Marmor- oder Magnesit- oder Magnofilter hinterschalten, das dann natürlich wesentlich kleiner sein kann, als wenn es allein zur Entsäuerung dienen müßte. Das Rieselverfahren empfiehlt sich ferner in all den Fällen, in denen wesentlich härtere Wässer vorliegen und aggressive Kohlensäure anwesend ist. Es ist dann aber zweckmäßig, die Rieselung nicht so weit zu treiben, daß der Betrag der zugehörigen Kohlensäure wesentlich unterschritten wird, sonst können erhebliche Mengen von kohlensaurem Kalk aus dem Wasser ausfallen. Die Ausfällungen machen sich durch Trübungen, weiße Schichten auf dem Wasser der Hochbehälter, weiße

[1] BRÜCHE: Gas- u. Wasserfach 1938, 81, 282.

Rohransätze usw. unangenehm bemerkbar. Man muß dann eben die Rieselung so leiten, daß man etwa die zugehörige Kohlensäure zurückbehält. Wässer, welche große Mengen von freier Kohlensäure enthalten und dabei weich sind, kann man ebenfalls erst mittels des Rieselverfahrens behandeln, um den größten Teil der Kohlensäure zu entfernen. Erst dann empfiehlt es sich, zur Nachbehandlung der Wässer eines der anderen Verfahren anzuwenden.

Die Rieselung des Wassers ist in einfacher Weise durchführbar, wenn genügend Gefälle zur Verfügung steht. Im anderen Falle bedeutet es einen Nachteil, daß gepumpt werden muß.

b) Entsäuerung durch Belüftung. Die sog. geschlossene Belüftung durch Einblasen von Luft zum Auswaschen der Kohlensäure ist bisher wenig angewandt worden, weil sie das Wasser stark mit Sauerstoff anreichert, die anzuwendende Luftmenge verhältnismäßig groß und das Verfahren sehr teuer ist. Es handelt sich hierbei um den umgekehrten Vorgang, wie bei der Verrieselung. Während bei der offenen Belüftung das Wasser in einer verhältnismäßig großen Luftmenge, die beliebig erneuert werden kann, verteilt wird, kann man beim Einpressen von Luft nur eine ziemlich beschränkte Menge von ihr in Gestalt feiner Luftblasen mit dem Wasser vermengen. Der sich in den Luftblasen einstellende verhältnismäßig hohe Partialdruck der Kohlensäure verhindert eine weitgehende Kohlensäureabgabe des Wassers. Die Luftverteilungseinrichtungen, z. B. Filtersteine oder mit porösem Gummi bedeckte gelochte Rohre, haben jedoch gerade in der letzten Zeit große Fortschritte gemacht, so daß man damit rechnen kann, daß diese Verfahren mehr angewandt werden, zumal sie den Vorteil haben, daß das Wasser nicht künstlich gehoben zu werden braucht. Diese Verfahren kommen überall dort in Frage, wo es an Gefälle oder an Platz zur Rieselung, Verregnung oder Zerstäubung fehlt.

Die mechanischen Verfahren müssen versagen, wenn die saure Natur des Wassers nicht auf der Anwesenheit von Kohlensäure beruht, sondern durch freie Mineralsäure oder schwefelsaures Eisen (Ferrosulfat) bedingt ist. Beides kann der Fall sein bei Oberflächenwässern, die durch industrielle Abwässer verschmutzt sind, letzteres bei Grundwässern aus Kohleformationen und bei Moorwässern. Auch bei schwankendem Grundwasserstand in moorigem Boden kann Ferrosulfat in Lösung gehen.

c) Thermische Entsäuerung. Bei der thermischen Entsäuerung und Entgasung wird das Wasser auf Siedetemperatur erwärmt und dann nach den Verfahren der Rieselentgaser, Entspannungsentgaser, Aufkochentgaser, Kondensatorentgaser und Entlüfter, die mit Überdruck oder mit Unterdruck betrieben werden können, entsäuert und entgast. Forderungen, die man an derartige thermische Entsäuerung stellen muß, sind: Erwärmung des Wassers auf Siedetemperatur, feine Verteilung des Wassers, ausreichende Querschnitte der Dampfführung im Entgaser, ausreichende Luftabscheidung aus dem Entgaser, ausreichende Zeit zur Gasabscheidung und geräuschloses Arbeiten. Die thermische Entgasung wird bei Trinkwasser nirgends angewandt. Sie kommt nur bei Brauchwasser und besonders bei Kesselspeisewasser (s. Abhandlung über Kesselspeisewasser) in Frage.

d) Vakuumrieselungsverfahren. Alt ist schon die Vakuumentgasung und Entsäuerung, bei der das Wasser in einem unter Vakuum stehenden Behälter verregnet wird. Im Gegensatz zu den Rieselverfahren, bei denen beim Auswaschen der Kohlensäure ein größerer Teil Sauerstoff aufgenommen wird, geht bei diesem Verfahren neben dem Kohlensäuregehalt auch der für die Rohrschutzschichtbildung wichtige Sauerstoff zurück bzw. kann nur entsprechend seinem Partialdruck gelöst werden. Das Vakuumrieselungsverfahren ist theoretisch durchaus einleuchtend, praktisch jedoch nicht viel zur Anwendung gelangt. Es beansprucht wenig Grundfläche, aber gewöhnlich recht hohe Räume und hohe Betriebskosten. Nach STEINMANN muß man unterscheiden zwischen

Vakuum-Gegenstromentgasungsverfahren und Vakuum-Gleichstromentgasungsverfahren. Wegen der Gefahr der Wiedervereisenung sollte bei der Vakuumentgasung der Sauerstoffgehalt nicht unter 3 mg/Liter gebracht werden.

Die Deutschen Sanitätswerke, Bremen-Sebaldsbrück, stellen einen Entgasungs- und Entsäuerungsapparat her, bei dem die Entsäuerung durch Evakuierung erreicht wird. Das Rohwasser wird mittels eines durch eine Luftpumpe evakuierten Entgasungskessels durch eine besondere Leitung in die Verteiler und Wirbelrohre angesaugt. Die Wirbelrohre haben einen abwechselnd enger und weiter werdenden wellenförmigen Längsschnitt. In dem Verteiler wird dem Wasser durch Filter gut vorgereinigte und durch Luftmesser genau dosierte Wasch- und Oxydationsluft zugesetzt und dann in den Wirbelrohren stark durcheinander gewirbelt. Im Entgaserkessel werden die überschüssige Luft, die gelösten Gase und die freie Kohlensäure unter hohem Vakuum von dem Wasser getrennt und vermittels der Luftpumpe abgesaugt. Dieses Verfahren kann für kleinere Wassermengen, z. B. bei industriellen Versorgungsanlagen, für Kesselspeisewasseraufbereitung usw. in Frage kommen Für öffentliche Versorgungsanlagen ist es bedeutungslos.

2. Chemische Entsäuerung.

Bei den chemischen Verfahren zur Bindung der Kohlensäure leitet man das Wasser entweder durch Filter, die mit Marmor, Magnesit, Magnomasse oder Magnesiumspänen gefüllt sind oder man setzt Natronlauge, Soda oder Kalkwasser zu. Während bei der Belüftung oft Sauerstoff aufgenommen wird erhöht sich bei den chemischen Verfahren leicht die Härte. Man wird sie also in erster Linie dort anwenden, wo dies nicht störend wirkt, wie z. B. oftmals bei Trinkwasser. Bei Brauchwässern, z. B. für Wäschereien und Textilfabriken und besonders Kesselspeisewasser, kann die Zunahme an Härte aber eine ausschlaggebende Rolle spielen.

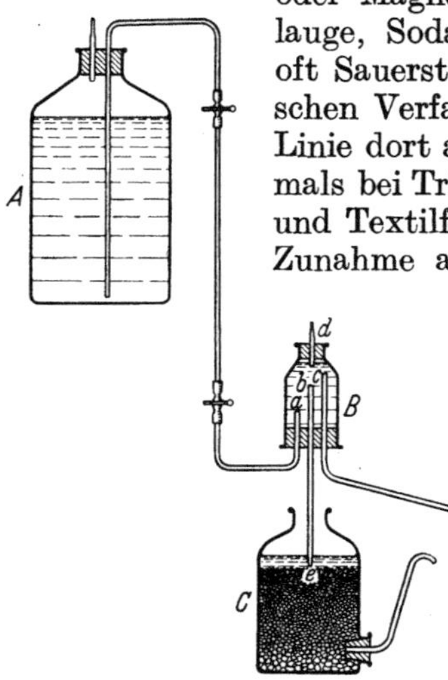

Abb. 108. Versuchsanordnung zur Prüfung der Entsäuerungsgeschwindigkeit nach TILLMANS.

a) Marmorfilterverfahren. Es besteht in einer Filtration des natürlichen Wassers über feinen Marmorkies. Das von TILLMANS ausgearbeitete Verfahren ist zuerst in Frankfurt a. M. durch SCHEELHAASE in die Praxis eingeführt worden. Bei der Filtration über Marmorkies wird derjenige Teil der Kohlensäure, welcher kalkaggressiv ist, unter Bildung von Calciumbicarbonat gebunden im Sinne folgender Gleichung:

$$CaCO_3 + CO_2 + H_2O \rightleftharpoons Ca(HCO_3)_2.$$

Das Wasser nimmt also Calciumbicarbonat auf und wird dadurch härter.

Das Marmorverfahren ist nur für weiche Wässer geeignet. Je mehr Carbonathärte die Wässer aufweisen, um so mehr wird die Abgabe der aggressiven Kohlensäure verlangsamt. Für die Frage, wie groß das Marmorfilter zu bemessen ist, ist die Vorberechnung jener Verlangsamung äußerst wichtig. TILLMANS[1], HIRSCH und ESCHENBRENNER haben in ausführlichen Versuchen die Geschwindigkeit der Entsäuerung kohlensäurehaltiger Wässer beim Marmorrieselungsverfahren bei verschiedenen Gehalten an gebundener Kohlensäure ermittelt. Aus den Resultaten kann man ungefähr entnehmen, mit welcher Geschwindigkeit die Entsäuerung bei einem bestimmten Wasser vor sich geht, ferner wie sie abhängig vom Marmormaterial verschiedener Körnchengröße ist.

In Fällen, in denen nach beendigtem Abbinden der aggressiven Kohlensäure mehr als 50—60 mg gebundener Kohlensäure vorhanden sind, ist das Marmorverfahren nicht mehr brauchbar. Die Entsäuerungsgeschwindigkeit ist dann so gering geworden, daß die aggressive Kohlensäure, praktisch gesprochen, nicht mehr gebunden wird. Selbst wenn man das Filter außerordentlich groß bauen würde, so würde man trotzdem nicht zu erreichen vermögen, daß alle aggressive Kohlensäure gebunden würde. Zur Prüfung der Entsäuerungsgeschwindigkeit eines Wassers benutzten TILLMANS und seine Mitarbeiter die folgende Versuchsanordnung (s. Abb. 108).

[1] TILLMANS: Vom Wasser 1932, 6, 59.

Die Versuchsanordnung kann auch dazu benutzt werden, Marmorsorten auf ihre Verwendbarkeit zur Entsäuerung zu prüfen. Bei Wässern von der ungefähren Beschaffenheit des Frankfurter Stadtwaldwassers (10 mg gebundene, 30 mg freie Kohlensäure im Liter) fand SCHEELHAASE, daß eine Geschwindigkeit des Wassers von 40 m in 24 Stunden, über dem Filter gemessen, nicht überschritten werden darf. Für die Berechnung der notwendigen Filterfläche dient die Gleichung: Notwendige Filterfläche in Quadratmeter = täglich zu entsäuernde Wassermenge in Kubikmeter geteilt durch 40.

Bei dem Bau von Marmorfiltern muß man darauf achten, daß das Filter keine glatten Wände besitzt. Ist dieses der Fall, so läuft oft das Wasser an den glatten Wänden herunter und passiert infolgedessen nur in ungenügendem Maße die mittleren Schichten des Marmorfilters. Dadurch kann die Entsäuerung nur ungenügend werden. Die richtige Bemessung der Schichthöhe ist wichtig, um eine innige Berührung und ausreichende Berührungszeit des kohlensäurehaltigen Wassers zu erreichen. Bei richtigen Größenverhältnissen ist der Druckverlust gering und beträgt etwa 20 cm Wassersäule. Je nach dem gewünschten Entsäuerungsgrad soll die Berührungszeit etwa 40—60 Minuten, mindestens aber 30 Minuten betragen.

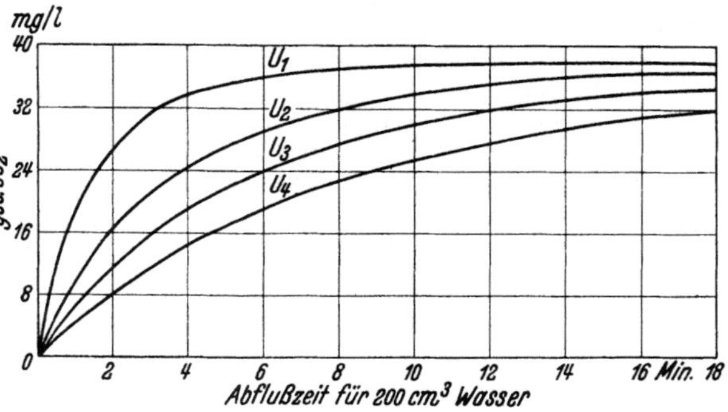

Abb. 109. Entsäuerungskurve für verschiedene Marmorkörnungen nach TILLMANS.

Ein weiterer wichtiger Punkt ist die Körnchengröße des Marmors und die Art der Wasserführung durch das Filter. Über den Einfluß der Korngröße bei verschiedenen Gehalten an gebundener Kohlensäure gibt die obige Kurve von TILLMANS Auskunft (s. Abb. 109).

In dieser Kurve entspricht

U_1	einem	Marmor	mit	der	Korngröße	0,5—1 mm
U_2	,,	,,	,,	,,	,,	1 —2 mm
U_3	,,	,,	,,	,,	,,	2 —3 mm
U_4	,,	,,	,,	,,	,,	3 —4 mm

Die in Abb. 110 wiedergegebene Kurve stellt die Entsäuerung für verschiedene Gehalte an freier und gebundener Kohlensäure unter Anwendung eines Marmors mit der Korngröße 1—2 mm dar. Bei Anwendung im großen filtriert man am besten von unten nach oben. Durch die Kohlensäure des Wassers löst sich der Marmor allmählich auf. Die Marmorstückchen, die bei größeren Filtern im Anfang mindestens 5 mm Korngröße haben, werden immer kleiner und werden bei der Filtration von unten nach oben vom Wasserstrom schließlich mitgenommen. Daß sie nicht in das Leitungsnetz gelangen, kann man durch Vorschaltung eines kleinen Sandfilters verhindern. Wenn umgekehrt, von oben nach unten filtriert wird, so nimmt der Wasserstrom die immer kleiner werdenden Marmorstückchen mit und führt sie immer fester in das Innere des Filters. Schließlich kann sich dieses verstopfen und Risse bekommen, so daß die ganze Entsäuerung ungenügend wird. Bei der Filtration von oben nach unten muß man immer eine Rückspülung vorsehen, um diese Mißstände zu verhüten.

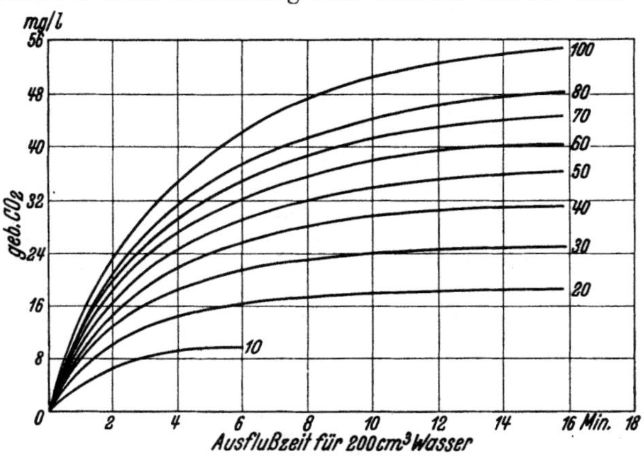

Abb. 110. Entsäuerungskurven für verschiedene Kohlensäuregehalte (bezogen auf 1 kg Marmor U_2).

Marmor, der zu hart, also schwer angreifbar ist, erweist sich als ungeeignetes Filtermaterial für Entsäuerungsanlagen. Weiter muß er arsen- und eisenfrei sein. Bei einem Eisengehalt des Marmors bildet sich Eisenhydroxyd, das sehr schnell seine Oberfläche bedeckt und ihn unbrauchbar macht. Dasselbe ist bei eisenhaltigen Wässern der Fall, da die Enteisenungswirkung der Marmorfilter sehr groß ist. Solche Wässer müssen daher vorher enteisent werden.

Die Reaktionsgeschwindigkeit zwischen Marmor und Kohlensäure ist stark von der Temperatur abhängig. Bei 20° ist die Wirkung dreifach stärker als bei 6°.

Daraus folgt, daß ein Filter, das bei der in einzelnen Fällen vorkommenden höchsten Wassertemperatur ausreichend entsäuert, bei den tieferen Temperaturen eine vollständig ungenügende Leistung zeigen kann. Die Filter müssen also unter Berücksichtigung der tiefsten Temperaturen gebaut werden.

Durch Suspensionen getrübte Wässer führen ebenfalls schnell zur Verschlammung. Humussaure Wässer ergeben bisweilen Ausfällungen von Humaten, wodurch ebenfalls Verschlammung der Filter und Nachlassen der Säurebindung auftritt. Solche Filter müssen häufiger gespült werden.

Für die genaue Berechnung der Filtergröße unter Berücksichtigung der verschiedenen Einflüsse, wie Gehalt an freier und gebundener Kohlensäure, Temperatur, und Korngröße des anzuwendenden Marmormaterials hat TILLMANS[1] für ein Filter mit einer 0,60 m hohen wirksamen Schicht Angaben gemacht.

Die Vorteile des Marmorfilters sind folgende: Es besteht ein einfacher Filtrationsbetrieb durch Stoffe, wie sie auch in Bodenschichten, in denen Grundwasser steht, überall vorkommen können. Man bringt also nichts Fremdartiges mit dem Wasser in Berührung, sondern nur eine natürliche Bodensubstanz. Wenn man das Filter groß genug baut, so gestaltet sich der Betrieb selbsttätig und bedarf keiner Wartung. Man muß aber darauf achten, daß nicht durch eine Kraterbildung Kurzschluß eintritt. (Dauernde Kontrolle des Gehaltes an Kohlensäure.) Das ablaufende Wasser ist automatisch von der aggressiven Kohlensäure befreit. Dabei ist es auch gleichgültig, ob das Wasser in Menge und Beschaffenheit Schwankungen unterliegt. Wenn das Filter nur groß genug ist, so kann es auch bis zu einem gewissen Grade die möglichen Schwankungen in dem Gehalt an aggressiver Kohlensäure und in den zu entsäuernden Wassermengen einwandfrei bewältigen.

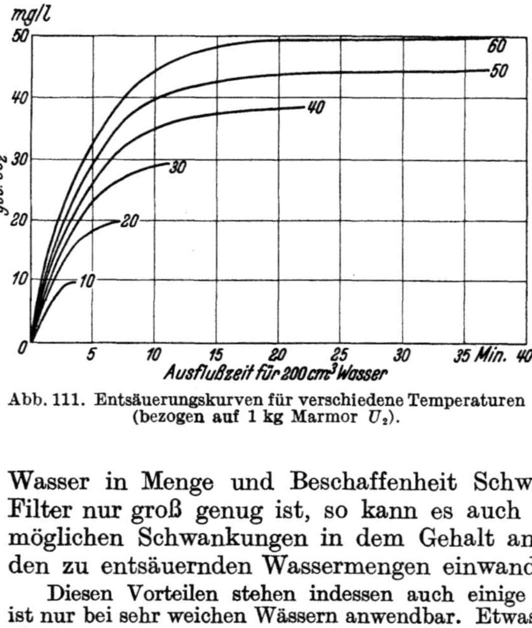

Abb. 111. Entsäuerungskurven für verschiedene Temperaturen (bezogen auf 1 kg Marmor U_2).

Diesen Vorteilen stehen indessen auch einige Nachteile gegenüber. Das Verfahren ist nur bei sehr weichen Wässern anwendbar. Etwas härtere Wässer können durch Marmor überhaupt nicht entsäuert werden, denn oberhalb 7,0—7,5° DH wird die Kohlensäurebindung so langsam, daß sie eine sehr lange, praktisch kaum zu verwirklichende und unwirtschaftliche Berührungsdauer erfordern würde. Ist das Wasser nicht ganz weich, so kann die aggressive Kohlensäure durch Marmor niemals vollständig entfernt werden. Gewöhnlich bleiben 1—3 mg, bisweilen auch mehr „rostschutzverhindernde" bzw. marmorlösende oder kalkaggressive Kohlensäure zurück. Die Anwendung des Marmorverfahrens erstreckt sich daher auf weiche Wässer, bei denen die Summe aus gebundener und freier Kohlensäure zwischen 20—60 mg/Liter liegt, mit anderen Worten, bei denen nach der Marmorbehandlung eine Carbonathärte von mindestens 2,5 und höchstens 7,5° DH erzielt wird. Das Marmorfilterverfahren kommt nach den Angaben von STEINMANN bei Wässern über 6° DH und nach den Untersuchungen von HAUPT in den Fällen, in denen die Summe der Gehalte an ursprünglicher und an neu entstehender Carbonathärte 11° DH übersteigt, nicht in Betracht, weil bei höheren Härtegraden die Eisenlösungskurve unter der Kalklösungskurve liegt. Man kann die Wirkung der Marmorfilter durch eine gleichzeitige Belüftung noch steigern. Entsäuerungsanlagen mit Belüftung und Marmorfilter für kleine Mengen bis zu etwa 2 Liter/Sekunde beschreibt FRIEDEL. Die Filtergeschwindigkeit beträgt 1,25 cm/Sekunde. Bei 1 qm Filteroberfläche wurden 30 cbm/Tag entsäuert,

[1] TILLMANS: Vom Wasser 1932, 6, 59.

wobei der Kohlensäuregehalt von 42 mg auf 5 mg herunterging, während gleichzeitig die Härte von 0,8° DH auf 5,2° DH stieg.

Da 1 Mol Marmor 1 Mol Kohlensäure bindet, so steigert sich die Härte für je 10 mg beseitigter Kohlensäure um 1,27° deutscher Härte. Das kann sowohl ein Vorteil wie ein Nachteil sein. Sind die Wässer sehr weich, so ist eine Steigerung der Härte auf mindestens 3° immer sehr zweckmäßig. Wie früher auseinandergesetzt wurde, soll die Wirkung der Entsäuerungsanlage möglichst auch darin bestehen, daß das entsäuerte Wasser, z. B. auf dem Eisen, eine Schutzschicht aus kohlensaurem Kalk und Eisenoxyd ausbildet, die nun die Rohre vor weiterem Angriff des Wassers schützt. Um diese Schutzschicht zu erzeugen, muß eine gewisse Menge kohlensaurer Kalk im Wasser vorhanden sein. Sind zu geringe Mengen kohlensaurer Kalk im Wasser vorhanden, so kann die Schutzschicht nicht entstehen. Wenn aber das Wasser schon einige Härtegrade besitzt, so ist es natürlich zweckmäßig, die Härte möglichst wenig zu steigern. Unter diesen Umständen kann die immerhin beträchtliche Härtesteigerung durch das Marmorverfahren ein Nachteil sein. Bei einem Preis von RM 3,30 für 100 kg gekörnten Marmor betragen die Betriebskosten für Marmor bei einem errechneten Gebrauch von 23 g Marmor für 10 g abzubindende Kohlensäure je Kubikmeter $= \frac{330 \cdot 23}{100\,000} =$ rund 0,08 Rpf.

b) Magnesitverfahren. Da Marmorfilter höchstens bis zum Kalk-Kohlensäuregleichgewicht entsäuern und sich nur für weiche Wässer eignen, haben in neuerer Zeit TILLMANS und LÜRMANN die Anwendung von geglühtem Magnesit zur Entsäuerung empfohlen. Die von TILLMANS, HIRSCH und LÜRMANN im Jahre 1929 eingereichte deutsche Patentanmeldung beschreibt ein Verfahren, dadurch gekennzeichnet, daß gewöhnlicher gebrannter Magnesit so lange mit freie Kohlensäure und Calciumbicarbonat enthaltenden Wässern behandelt wird, bis sich das behandelte Wasser im Kalk-Kohlensäuregleichgewicht befindet.

Es soll zu dem Verfahren ein gebrannter Magnesit verwandt werden, der noch etwa 20—30% Kohlensäure enthält und nicht über 800—1000° geglüht ist. Filtriert man über geglühten Magnesit, so wird das Wasser zunächst alkalisch. Die alkalische Reaktion geht aber immer mehr zurück und macht schließlich einer solchen Einstellung von freier und gebundener Kohlensäure Platz, daß gerade die zugehörige Kohlensäure übrigbleibt, daß sich also im Wasser die freie und gebundene Kohlensäure im Gleichgewicht befindet. Solange das Wasser alkalisch bleibt, wird kohlensaurer Kalk aus dem Wasser abgeschieden. Dieser bedeckt nach und nach immer mehr das Filter, so daß die Neutralisierungsfläche mit Magnesit immer kleiner wird. Würde aber die Abschichtung des Calciumcarbonates ein bestimmtes Maß überschreiten, so müßte erneut aggressive Kohlensäure auftreten. Damit würde aber die Magnesitfläche wieder vergrößert und die aggressive Kohlensäure wieder verschwinden. So pendelt zwischen den Extremen, Auftreten von aggressiver Kohlensäure in kleinen Mengen und Angriff der zugehörigen Kohlensäure, die Entsäuerung hin und her, d. h. es ist im Wasser praktisch immer das Gleichgewicht hergestellt. Das Verfahren besteht ebenfalls in einer einfachen Filtration, ähnlich wie bei dem Marmorverfahren, wobei aber die Filtrationsgeschwindigkeit größer sein kann. Wodurch es sich aber wesentlich vom Marmorverfahren unterscheidet, ist der Umstand, daß man ebenso wie mit Kalkwasser eine Entsäuerung bei jedem beliebigen Wasser erzielen kann. Während das Marmorverfahren, wie erwähnt, nur bei ganz weichen Wässern anwendbar ist und bei etwas härteren Wässern vollständig versagt, ist dies beim Magnesitverfahren nicht der Fall. Mit Hilfe des Magnesitverfahrens kann man jedes Wasser, gleichgültig, welchen Härtegrad es besitzt, entsäuern. Während 1 Mol Marmor nur 1 Mol Kohlensäure bindet, bindet 1 Mol geglühter Magnesit 2 Mol Kohlensäure. Die Verhärtung des entsäuerten Wassers ist, weil bei Anwendung von Magnesit für 1 Mol Kohlensäure nur ein halbes Mol Magnesium in Lösung geht, nur halb so groß wie bei dem Marmorfilter.

Über den Betrieb derartiger Magnesitfilter ist in der Literatur wenig bekannt. LOUVE und KOOYMANS[1] haben das Verfahren nachgeprüft und bestätigen die von TILLMANS angegebenen Ergebnisse. Letzterer weist aber darauf hin, daß Magnesit nicht bei zu hoher Temperatur geglüht werden darf, da sonst sein Gehalt an Carbonat zu gering wird. Magnesit mit einem Kohlensäuregehalt unter 0,4% ist unbrauchbar. Da bei diesem Verfahren Magnesiumbicarbonat in Lösung geht und ein Magnesiumgehalt bei manchen Brauchwässern unerwünscht ist, muß man abwarten, wie sich dieser höhere Magnesiumgehalt bei solchen Brauchwässern auswirken wird.

[1] LOUVE u. KOOYMANS: Water 1934, 18, 1. Ref. Chem. Abstracts 1935, **29**, 3434.

c) Magnoverfahren. Im Gegensatz zu dem vorgenannten Verfahren wendet das Magnoverfahren als Grundstoff Dolomit, eine Doppelverbindung von Calcium-Magnesiumcarbonat an. Durch vorsichtiges Glühen bei etwa 450° C wird nur das Magnesiumcarbonat in Magnesiumoxyd übergeführt. Das unter dem Namen Magnomasse eingeführte Filtermaterial besteht aus einer molaren Verbindung der Zusammensetzung $CaCO_3 \cdot MgO$. Die Abspaltung der Kohlensäure beginnt beim Magnesiumcarbonat schon bei 230° C unter Bildung basischer Carbonate und ist bei 500° C nahezu vollständig. Dagegen beginnt die Zersetzung des Calciumcarbonates erst bei etwa 800° C. Der Brennprozeß wird daher so geleitet, daß das Calciumcarbonat unversehrt bleibt und die Masse daneben Magnesiumcarbonat und Magnesiumoxyd enthält.

Die Magnomasse versucht die Vorteile des Marmorverfahrens mit denen des Magnesitverfahrens in sich zu vereinigen. Die Wirkung des Verfahrens ist aus folgenden Gleichungen ersichtlich:

$$CaCO_3 + MgO + 2\,H_2O + 3\,CO_2 = Ca(HCO_3)_2 + Mg(HCO_3)_2.$$

Durch das in Lösung gehende Calciumbicarbonat und Einstellung auf das Kalk-Kohlensäuregleichgewicht sind die Voraussetzungen für die Bildung der notwendigen Kalkschutzschicht gegeben.

Die Magnomasse wird in der gleichen Weise wie die Füllung der Marmor- oder Magnesitfilter als Filtermasse von ausgesuchter Korngröße in Filtern bekannter Bauweise angewandt. Je nach dem Wassercharakter schwankt die Menge Magnomasse, welche erforderlich ist, um 1 cbm Wasser in der Stunde bei gleichmäßigem Wasserdurchfluß zu reinigen. Ungefähre Grenzwerte für die benötigte Menge sind folgende:

1. Für weiche kohlensäure- und eisenarme Rohwässer 200 kg pro cbm stündlich zu fördernde Wassermenge.
2. Für weiche bis mittelharte, kohlensäurereiche aber eisenarme Rohwässer 225 kg pro Kubikmeter stündlich zu fördernde Wassermenge.
3. Für weiche und mittelharte kohlensäure- und eisenreiche Rohwässer 250 kg pro Kubikmeter stündlich zu fördernde Wassermenge.

Das Schüttgewicht schwankt je nach Korngröße (0,5—3 mm) zwischen 1150 bis 1250 kg/cbm. Der Verbrauch an Magnomasse beträgt pro 1 g Kohlensäure und 1 cbm zu entsäuerndes Wasser 1,3 g (einschließlich aller Verluste). Um ein Rohwasser mit einem Kohlensäuregehalt von 20 mg/Liter restlos zu entsäuern, wären demnach $20 \cdot 1{,}3 = 26$ g/cbm erforderlich. Durch die Behandlung mit der Magnomasse steigt der Härtegehalt. Bei ganz frischer Magnomasse steigt zunächst die Magnesiahärte an. Später beträgt die Erhöhung der Härte für 1 mg/Liter abzubindende Kohlensäure 0,1° Carbonathärte.

Die Wirkungsweise ist auch in den Veränderungen zu erkennen, die die Filtermasse während des Betriebes erleidet. Die Ergebnisse derartiger Untersuchungen finden sich in Zahlentafel 1. Aus den Anteilen der Oxyde des Kalks und der Magnesia, sowie der Kohlensäure ist das Molverhältnis Kalk : Kohlensäure : Magnesia und daraus unter der Annahme, daß die Kohlensäure zunächst an Kalk, dann an Magnesia gebunden ist, der Anteil an den beiden Carbonaten und freier Magnesia berechnet worden.

Die Filtergeschwindigkeit richtet sich nach der Rohwasserbeschaffenheit und kann in geeigneten Fällen auf 20 m/Stunde gesteigert werden. Bei dieser Filtergeschwindigkeit beträgt bei einer Filterschicht von 3 m und einer Korngröße von 1—2 mm der Filterwiderstand 0,67 m Wassersäule.

NAUMANN[1] kommt auf Grund seiner Prüfung des Verfahrens zu dem Ergebnis, daß das Verfahren der Wasserzusammensetzung einen ziemlich weiten Spielraum läßt, d. h. daß es in sehr vielen Fällen mit gutem Erfolg angewendet werden kann. Auf Grund des Verbrauchs an Filtermasse errechnet NAUMANN folgende Betriebskosten für Magnomasse bei einem Preis von RM 160,—/t Magnomasse und für den Fall, daß 10 g freie Kohlensäure gebunden werden: $\frac{1600 \cdot 1{,}3 \cdot 10}{100\,000}$ = rund 0,2 Rpf./cbm.

Durch eine Filterung über die Magnomasse wird nicht nur eine Entsäuerung des Wassers sondern auch eine Entmanganung erreicht. Während nach den Untersuchungen von KAATZ und RICHTER[2] die Enteisenung vollständig war,

[1] NAUMANN: Gesundh.-Ing. 1936, **59**, 16.
[2] KAATZ u. RICHTER: Gas- u. Wasserfach 1936, **79**, 575.

Zahlentafel 1. Zusammensetzung von Magnofiltermassen[1].

	Ungebraucht		Gebraucht nach einem Jahr		
	%	%	%	%	%
MgO (gesamt)	12,10	12,22	4,84	7,18	3,71
CaO	34,50	34,14	33,82	33,82	33,60
geb. CO_2 . .	36,50	38,20	37,40	38,70	38,20
Al_2O_3	10,56	7,16	12,02	18,81	16,25
Fe_2O_3	0,58	0,48	2,78	0,50	0,61
HCl-Unlösliches . . .	1,08	1,88	4,52	0,66	3,04
Rest	4,68	5,92	4,62	0,33	4,59
	100,00	100,00	100,00	100,00	100,00
Molverhältnis $CaO : CO_2 : MgO$ . . .	1:1,348:0,488	1:1,426:0,491	1:1,409:0,199	1:1,459:0,295	1:1,449:0,154
	%	%	%	%	%
$CaCO_3$ . . .	61,59	60,96	60,33	60,33	59,98
$MgCO_3$ . . .	18,06	21,88	10,13	15,33	7,78
MgO	3,47	1,60	0	0	0
geb. CO_2 (außer $MgCO_3$ und $CaCO_3$)	0	0	5,57	4,33	7,78

ist die Entmanganung von der Alkalität des Wassers abhängig. Bei Wässern mit einer Carbonathärte über 12° DH soll nach Angaben dieser beiden Forscher das Verfahren weniger geeignet sein.

d) Anwendung von metallischem Magnesium. An Stelle von Magnesit verwendet Bach in seinem im Jahre 1933 zum deutschen Patent angemeldeten Verfahren Magnesiummetall oder Metallegierungen mit großer Oberfläche, z. B. Drehspäne von Magnesiummetallabfällen zur Bindung der freien Kohlensäure als Magnesiumbicarbonat. 1 kg Magnesiummetallspäne sollen 107 cbm Wasser mit 70 mg/Liter freier Kohlensäure in 24 Stunden entsäuern. Durch die Einwirkung von Wasser auf Magnesiummetall entsteht Magnesiumhydroxyd, das leicht Kohlensäure bindet. Angaben über den Bau solcher mit Magnesiumspänen gefüllten Filter sind bisher nicht gemacht.

e) Kalkhydratverfahren. Dieses Verfahren ist wohl das älteste zur Bindung der Kohlensäure. Es ist schon seit vielen Jahren in der einen oder anderen Form angewandt worden und besteht darin, die Kohlensäure durch Calciumhydroxyd in Calciumcarbonat bzw. in Calciumbicarbonat überzuführen.

Während beim Marmorfilter die Gleichung

$$CaCO_3 + CO_2 + H_2O = Ca(HCO_3)_2$$

galt, gilt beim Kalkhydratverfahren je nachdem, ob man ein oder zwei Teile Calciumoxyd zugibt, die Gleichung

$$CaO + 2\,CO_2 + H_2O = Ca(HCO_3)_2$$
$$Ca(HCO_3)_2 + CaO = 2\,CaCO_3 + H_2O.$$

Die erste Stufe, bei der die freie Säure verschwindet, ist die der Entsäuerung, die in der zweiten Stufe in die Alkalisierung und Enthärtung übergeht. Man kann durch entsprechende Zugabe von Kalk jeden gewünschten Grad der Entsäuerung und Alkalisierung erreichen, im Gegensatz zum Marmorverfahren, bei dem durch die Wechselwirkung zwischen der freien Kohlensäure und dem im Überschuß vorhandenen festen Marmor im besten Falle ein stabiler Endzustand, das Kalk-Kohlensäuregleichgewicht, erreicht wird, der nicht überschritten wird. Der Vorteil des Verfahrens besteht demnach darin, daß man die aggressive Kohlensäure ganz, und wenn man es für zweckmäßig hält, auch die zugehörige Kohlensäure beseitigen oder sogar noch einen gewissen Kalküberschuß dem Wasser einverleiben kann. Das hat zur Folge, daß man das Ausfallen des kohlensauren Kalkes und damit die Schutzschichtbildung beschleunigen kann. Wenn man nicht nur die aggressive Kohlensäure, sondern auch einen Teil der zugehörigen oder die ganze zugehörige Kohlensäure wegnimmt,

[1] Naumann: Gesundh.-Ing. 1936, **59**, 16.

muß natürlich die Schutzschichtbildung schneller und in erheblicherem Umfange stattfinden. Wenn man gar das Wasser noch alkalisch macht, so wird das ganze Calciumbicarbonat ohne weiteres in kohlensauren Kalk übergeführt; es muß die Ausscheidung von kohlensaurem Kalk noch schneller vor sich gehen.

Das Ausfällen von kohlensaurem Kalk findet wegen der Neigung des Calciumbicarbonats zur Übersättigung immer um so träger statt, je geringer der Gehalt an Calciumbicarbonat ist. Wenn man also sehr weiche Wässer, die nur sehr wenig Calciumbicarbonat enthalten, alkalisch macht, so müssen auch immer geringe Mengen von Kalk aus dem Wasser in Form einer Schutzschicht herauskommen. Hierin liegt wohl der wichtigste Vorteil des Kalkverfahrens. Bei etwas härteren Wässern indessen ist das, was bei den sehr weichen Wässern ein Vorteil ist, ein Nachteil. Diese Wässer dürfen nicht alkalisch gemacht werden. Solchen Wässern darf auch unter Umständen die zugehörige Kohlensäure nur teilweise entzogen werden, denn sonst scheidet sich der kohlensaure Kalk in solchen Mengen ab, daß hierdurch Schwierigkeiten im Betrieb entstehen können. Einen weiteren Vorteil des Verfahrens sieht BÜCHER darin, daß es durch geeignete Dosierung möglich sei, die in Rohren gebildete, zu starke Schutzschicht durch ein Wasser mit höherem Kohlensäuregehalt herauszulösen.

Durch den Kalkzusatz kann man eine übersättigte Lösung erzielen, wodurch die Grundbedingungen zur Bildung der Schutzschicht, die in einer langsamen Krystallisation des Calciumcarbonates an den Rohrwandungen besteht, gegeben sind. Bei kalkarmen Wässern kann man mit dem Kalkzusatz sogar so weit gehen, daß das Bicarbonat ganz oder teilweise in Monocarbonat verwandelt wird. Das Kalkverfahren führt also in all diesen Fällen stets zum erstrebten Ziele der Rohrschutzschichtbildung, sofern die Summe des ursprünglichen und des neu gebildeten Calciumcarbonates bei vollständiger Entsäuerung eine Überschreitung der Löslichkeitsgrenze vom Calciumcarbonat, d. i. 13 mg/Liter, ergibt. Das Kalkverfahren ist daher immer dann mit Erfolg anwendbar, wenn sich nach der Entsäuerung eine Calciumcarbonathärte von 2° DH ergibt. Bei Wässern mit geringerer Carbonathärte und sehr wenig Kohlensäure ist daher eine Schutzschichtbildung nicht zu erwarten. Wegen der Fähigkeit der Bildung der Rohrschutzschicht nennt man die Kalkdosierungsanlagen in den Betrieben auch wohl die „Rohrschutzanlagen".

Ein Nachteil des Kalkverfahrens ist, daß der Kalkzusatz dosiert werden muß. Jede, auch die beste Dosierung, kann versagen. Die einmal eingestellte Dosierung muß bei Schwankungen in der Wasserzusammensetzung und der Wassermenge versagen. Der Kalkzusatz muß also laufend überwacht werden. Das ist in großen Wasserwerken oder bei größeren Anlagen möglich, die über einen Chemiker oder wenigstens einen angelernten Laboranten und ein, wenn auch einfaches, Laboratorium verfügen. Wo dieses fehlt, sucht man die Kontrolle der Rohrschutzanlagen durch die Bestimmung des p_H-Wertes mit Hilfe eines einfachen von einem angelernten Arbeiter gut zu bedienenden Komparators zu ersetzen.

Es werden wie beim Magnesitverfahren auf 1 Mol Ätzkalk 2 Mole Kohlensäure gebunden, oder mit anderen Worten, es geht für 1 Mol Kohlensäure auch nur ein halbes Mol Kalk in Lösung. Die Erhöhung der Härte beträgt gegenüber dem Marmorverfahren mit 1,27° DH für 10 mg/Liter nur 0,64° DH für 10 mg/Liter Kohlensäure.

Die Zugabe des Calciumhydroxyds kann in Form von abgesättigtem Kalkwasser oder feingepulvertem Kalkhydratpulver erfolgen. Die Kalksättigungs- und Dosierungsvorrichtungen für das Kalkwasser sind technisch gut durchgebildet. In neuerer Zeit hat sich BÜCHER um das Kalkhydratverfahren verdient gemacht, so daß das Verfahren jetzt vielfach nach ihm benannt wird. BÜCHER verwendet anstatt des sonst üblichen Sackkalkes ein eigens für diesen Zweck aus bestem Rohstoff hergestelltes, staubförmiges, reines Kalkhydratpulver mit einem Gehalt von 97—98% Calciumhydroxyd. Der verwandte Kalkstein muß völlig arsenfrei sein. Seine Bereitung erfolgt unter Verwendung gasgeheizter Kalköfen und mechanischer Lösch- und Siebvorrichtungen, die so eingerichtet sind, daß dauernd ein gleichmäßiges Pulver gewonnen wird. Bei dem BÜCHER-Verfahren wird nur so viel gesättigtes Kalkwasser zugesetzt, daß einmal die im Wasser vorhandene kalkangreifende Kohlensäure in Bicarbonat übergeführt wird und andererseits so viel Calciumcarbonat entsteht, als das Wasser in Lösung zu halten vermag. Eine Ausfällung von Calciumcarbonat wird also zunächst vermieden. Diese soll erst an der Innenwand der Rohrleitungen bei Gegenwart von Luftsauerstoff in Form von fein krystallisiertem Calciumcarbonat erfolgen und so einen künstlichen Rohrschutzbelag bilden, der die Rohrleitungen gegen Korrosionen schützt. Je nach der Beschaffenheit des Wassers dauert die Schutzschichtbildung kürzere oder längere Zeit, doch dürfte sie bei nicht zu langer Rohrleitung in spätestens 6 Monaten beendet sein. Eine Besonderheit des BÜCHER-Verfahrens ist noch, daß das Wasser bisweilen, insbesondere bei sehr weichen Wässern, absichtlich alkalisch gemacht wird. Dieses Alkalischmachen des Wassers ist schon vor BÜCHER von den Amerikanern angewandt worden. BAYLIS[1] hat das Wasser bei der Kalkneutralisation bis auf einen p_H-Wert von 8,5—9 gebracht. Dieses Alkalischmachen sollte das Rosten des Eisens weiter einschränken.

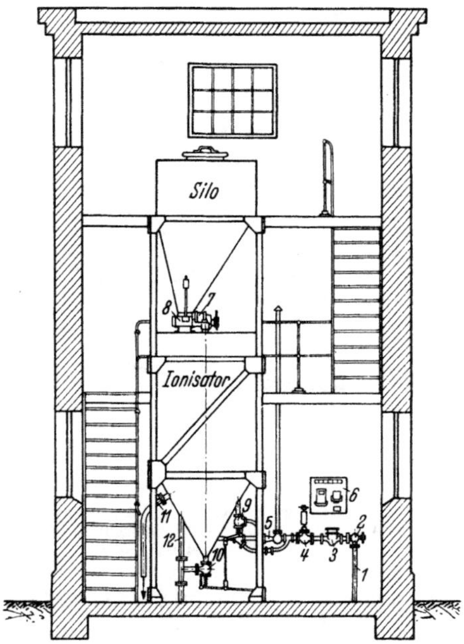

Abb. 112. Rohrschutzanlage System BÜCHER (Bamag-Meguin Berlin). *1* Druckwasser; *2* Regulierventil; *3* Schaltwassermesser; *4* Leistungsanzeiger; *5* Luftdruckapparat; *6* elektrische Schaltuhr; *7* Vorlegemotor; *8* Kalkzusatzvorrichtung mit Klopfwerk; *9* Spülventil; *10* Schlammventil; *11* Kalkwasserleitung zur Einführungsstelle; *12* Überlauf.

Eine BÜCHER-Dosierungsvorrichtung (siehe Abb. 112) besteht aus einem Silo, in dem das Kalkpulver zum Schutze gegen Luftfeuchtigkeit und Luftkohlensäure unter Luftabschluß aufbewahrt wird, und der den Bedarf an Kalkhydratpulver für mehrere Wochen aufnehmen kann. Aus ihm werden mittels einer Schnecke stets gleiche Pulvermengen entnommen, die durch einen Elevator in den oberen Teil des Auflösungsgefäßes geführt werden. Hier kommt das Pulver mit einem Wasser-Luftgemisch zusammen und wird durch geeignete Vorrichtungen so lange in der Schwebe gehalten, bis es aufgelöst ist. Zu dem Zwecke wird das Lösungswasser über einen Strahlapparat in den unteren Teil des Sättigers eingeführt, nachdem es im Strahlapparat eine entsprechende Menge Luft mitgerissen hat. Die Luft steigt in dem zentralen Einsatzrohr aufwärts und sorgt für eine gründliche Durchmischung des in dem oberen Lösegefäß befindlichen Kalkbades. Die Einstellung der Menge zuzusetzender Kalkhydratlösung erfolgt durch ein Nadelventil. Die eingestellte Menge kann an einem Leistungsanzeiger abgelesen werden. Im unteren Teile findet dann die eigentliche Enthärtung statt. Etwa sich ausscheidende Calciumcarbonatflocken schlagen sich auf dem trichterförmigen Boden nieder. Die im konischen Teil sich absetzenden Ausscheidungen werden durch eine Spülvorrichtung, die aus einem ringförmigen Schlammrohr mit einer Anzahl von Verteilerrohren besteht, beseitigt. Die Betätigung der Spül- und Schlammventile erfolgt automatisch nach Zusatz einer bestimmten Kalkmenge. Die fertige Kalkhydratlösung fällt in die im Innern des Kalkgefäßes hergestellte Rinne und wird von dort durch eine Rohrleitung und eine Mischdüse dem zu behandelnden Wasser zugeführt. Das in dreifachen Papiersäcken mit 40 kg Inhalt versandte Kalkmehl stäubt bei der Verarbeitung sehr stark, was zu erheblichen Belästigungen der Arbeiter führt. Intensiver Husten- und Niesreiz, sowie starke Einwirkungen auf die Augenschleimhäute machen bald das Arbeiten im Raum unmöglich. Um dies zu verhindern, empfehlen LEHMANN und HELLER, den von der Firma Emil Starke, Leipzig-Bölitz-Ehrenberg, in den Handel gebrachten Entsackungsapparat zu benutzen. Die Anlage arbeitet nach dem Durchschleusungsprinzip in der Weise, daß die Öffnung und Entleerung der Säcke nur bei geschlossenem Schleusenkasten durch eine mechanische Aufschneidemaschine erfolgen kann. In Abb. 113 ist das Obergeschoß einer Entsäuerungsanlage mit der im Hintergrunde sichtbaren Entsackungsmaschine und im Vordergrund die obere Abdeckung des Kalksättigers zu sehen. Um ein gleichmäßiges Nachlaufen des Kalkes aus dem Silo zu gewährleisten, ist am unteren Teil des Silos ein Klopfapparat angebracht. In neuester Zeit verwendet man für diesen Zweck

[1] BAYLIS: Journ. Amer. Water Works Assoc. 1922, 4, 410.

elektrisch betriebene Vibratoren, die an Stelle der Klopfapparate angebracht werden (s. Abb. 114).

Der Kalkvorratsbehälter faßt 10 Tonnen, so daß sein Inhalt nach DAUR bei einem Gehalt von 16—19 mg/Liter aggressiver Kohlensäure für 800000 cbm ausreicht.

Die Baukosten betragen nach DAUR für die gesamte Anlage einschließlich elektrischer Einrichtungen für eine Anlage, die 270 cbm in der Stunde = 6500 cbm/Tag liefern muß, RM 65000,—. Die Gesamtbetriebskosten betragen

für Verzinsung und Tilgung . . . . 0,325 Rpf./cbm
für Unterhaltung, Kalkhydrat, Stromverbrauch und Bedienung . . . . 0,360 Rpf./cbm,

so daß eine Gesamtbelastung von 0,685 Rpf./cbm Wasser entsteht.

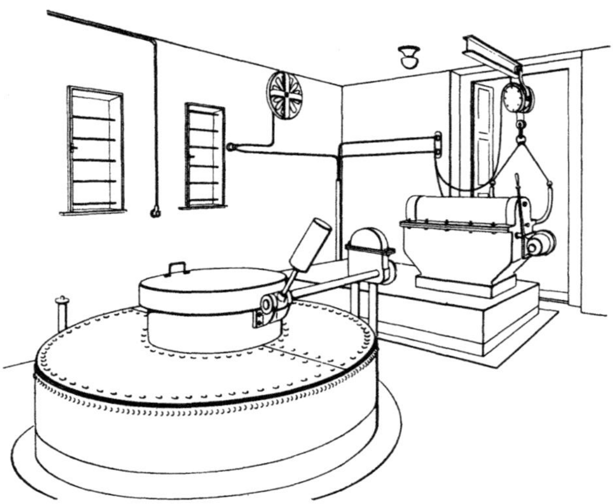

Abb. 113. Obergeschoß einer Entsäuerungsanlage (nach BÜCHER. Im Hintergrund die Entsackungsmaschine. Im Vordergrund obere Abdeckung des Kalksättigers.

Über Kalkhydratsättiger mit und ohne Rührwerk haben HAUPT und STEFFENS[1] ausführlichere Untersuchungen durchgeführt (s. Originalliteratur).

f) Entsäuerung mit Soda oder Natronlauge. Das Verfahren, das in der Zuführung einer bestimmten Menge im Wasser gelöster Soda oder Natronlauge besteht, ist nur dort anwendbar, wo reichliche Mengen Kalk im Wasser vorhanden sind. Soda und Natronlauge erhöhen die Härte eines Wassers nicht. Das Verfahren ist daher dort anwendbar, wo der ursprüngliche Gehalt an Calciumbicarbonat zur Schutzschichtbildung ausreicht, also mindestens 2^0 DH entspricht. Dieses Verfahren muß dann ein völliger Fehlschlag sein, wenn es sich um sehr weiche Wässer handelt, die kaum Kalk enthalten. In diesen Fällen kann es gar nicht zur Bildung einer Schutzschicht kommen. Das Verfahren hat sich daher gar nicht in die Wasserwerkspraxis eingeführt. Hinzukommt, daß die Handhabung der Chemikalien weniger angenehm ist und diese leicht dem Wasser einen laugenhaften Geschmack verleihen.

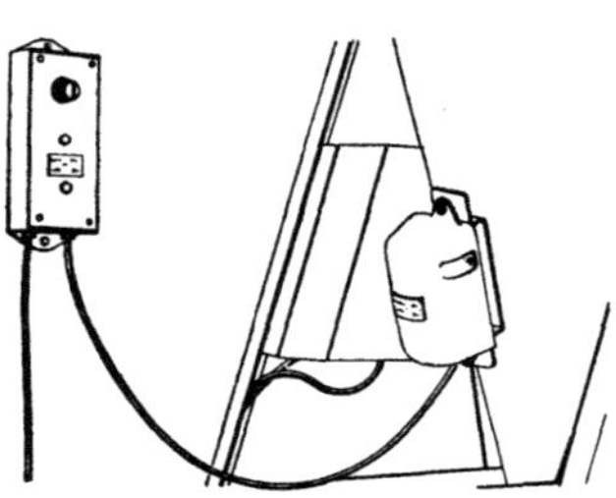

Abb. 114. Vibrator zur Verhinderung des Festbackens von Kalk in den Vorratsilos. (Modell der Syntron Company, Pittsburgh, Pa.)

Die Frage, ob eine Entsäuerungsanlage vor oder hinter eine Enteisenungsanlage zu schalten ist, muß örtlich durch Laboratoriumsversuche geprüft werden. Wenn man theoretischen Erwägungen folgend in den meisten Fällen annehmen darf, daß ein vorheriger Kalkzusatz die Enteisenung des Wassers begünstigt, hat sich doch in einzelnen Fällen gezeigt, daß einwandfrei arbeitende, geschlossene Enteisenungsanlagen in ihrer Wirkung stark nachließen, wenn man eine Entsäuerungsanlage vorschaltete. Namentlich in den Fällen, in denen eine Umschaltung nicht möglich ist, sollte man nach gründlichen Laboratoriumsversuchen auch Versuche im halbtechnischen Maßstabe durchführen.

[1] STEFFENS: Vom Wasser 1931, 5, 11.

3. Schutzschichtbildung in den Leitungsrohren.

Um eine Wiedervereisenung des Wassers in den Leitungsrohren zu verhindern, ist es eine Hauptaufgabe der Entsäuerungsanlagen, in dem Rohrnetz eine feine Schutzschicht zu bilden, die das Material der Rohre vor weiteren Angriffen schützt. Die chemischen Entsäuerungsverfahren müssen so betrieben werden, daß sich eine solche Schutzschicht in den Rohren von selbst bildet und dann auch vor allem bestehen bleibt. Bei richtiger Dosierung und guter Kontrolle läßt sich diese Schutzschichtbildung bei den verschiedenen Kalkverfahren sehr leicht erreichen. Schwieriger ist dies aber oft bei weichen Wässern. Das DRP. 615571 von Bourgognion und Philips beschreibt ein Verfahren zur Bildung einer aus Calcium und Magnesiumcarbonat bestehenden Schutzschicht auf den Wandungen von Rohren, Behältern u. dgl., die zur Aufbewahrung und Förderung von weichem Wasser dienen. Es besteht darin, daß das weiche Wasser zeitweise mit Kohlendioxyd versetzt und über Calcium- oder Magnesiumcarbonat oder diese enthaltende Stoffe geführt wird, bevor es mit den zu bekleidenden Wandungen in Berührung gebracht wird (s. S. 153 und 156).

Um die Rohre vor Angriffen zu schützen, behandelt Haase[1] das weiche Oberflächenwasser einer Talsperre nacheinander mit 30 mg/Liter Aluminiumsulfat, 10—12 mg/Liter Soda und 10—12 mg/Liter Kalk.

Die an einzelnen Rohrleitungen beobachteten Anfressungen können aber auch auf den Einfluß vagabundierender Ströme zurückzuführen sein. Solche Schäden treten dort auf, wo sich durch elektrische Leitungen, z. B. Straßenbahnen, Kraftstromanlagen usw., Stromkreise abzweigen können und elektrische Felder bilden können. Schäden durch vagabundierende Ströme können nach Eisenstecken und Gerold[2] auf dreierlei Arten vermieden werden:

1. Durch eine mit Isolierschichten vollkommen bedeckte Oberfläche des gesamten Rohrnetzes einschließlich Schieber u. dgl.
2. Durch Einbau von Isolierstücken, Isoliermuffen od. dgl., die den Strom in der Rohrleitung so weit abschwächen, daß er unschädlich wird.
3. Durch Anbringen von metallischen Verbindungen zu den elektrischen Rückleitungen von Bahnen u. dgl.

Während die unter 1 angegebene Schutzmaßnahme bei alten Rohrsystemen meistens schwer durchzuführen ist, lassen sich die unter 2 und 3 angegebenen Maßnahmen auch bei alten Rohrleitungen durchführen, sie verlangen aber eine dauernde Überwachung. Dies gilt besonders für die unter 3 angegebenen Maßnahmen, da unter Umständen Schäden durch Verstärkung des Rohrstromes und hiermit mögliche Verlegung der Korrosionsgefahr an andere Stellen des zu schützenden Netzes oder an benachbarte Rohrleitungen und Kabelmäntel auftreten können. Man muß von Fall zu Fall prüfen, ob Ableitungen möglich sind oder nicht.

B. Entgasung.

Während bei den Entsäuerungsverfahren in erster Linie die Kohlensäure aus dem Wasser entfernt wird, werden bei der Entgasung neben der Kohlensäure vornehmlich andere Gase, wie Sauerstoff, Schwefelwasserstoff usw. entfernt. Bei Trinkwasserwerken sind Entgasungseinrichtungen verhältnismäßig selten, viel wichtiger sind sie beim Kesselspeisewasser (s. dort). Da aber der Sauerstoffgehalt der Kohlensäure bei ihrer schädlichen Zerstörungsarbeit an dem Rohrmaterial hilft, so muß er in bestimmten Fällen entfernt werden. Da er auch bei Brauchwasser, z. B. bei Warmwasseranlagen, in Frage kommen kann, so sollen hier die grundsätzlichen Fragen, besonders die Vorgänge, die bei der Einwirkung von Sauerstoff auf Eisen vor sich gehen, erörtert werden. Die Rostbildung verläuft, wie heute allgemein anerkannt ist, als elektrochemischer Vorgang.

Drei Phasen sind bei dem Angriff von sauerstoffhaltigem Wasser auf Metall zu unterscheiden.

---

[1] Haase: Gesundh.-Ing. 1936, **59**, 41.
[2] Eisenstecken u. Gerold: Gas- u. Wasserfach 1933, **76**, 934.

1. Phase. Wenn Eisen mit Wasser in Berührung ist, hat es das Bestreben, Ferroionen in Lösung zu schicken; die Ferroionen nehmen eine weitere Ladung auf und gehen in Ferriionen über.

2. Phase. Das Ferriion vereinigt sich mit Hydroxylionen zu schwer löslichem Eisenoxydhydrat.

3. Phase. Dieses scheidet sich in praktisch unlöslicher Form ab.

Für den ersten Vorgang ist der Lösungsdruck des Eisens in Berührung mit Wasser maßgebend. Bei den verschiedenen Metallen ist dieses Lösungsbestreben sehr verschieden. Es ist abhängig von dem elektrischen Potential, das sich zwischen Metall und Lösung ergibt. Das Potential wiederum hängt zunächst von einer Konstanten ab, in der die Natur des betreffenden Metalls zum Ausdruck kommt und dann von der Konzentration der Ionen. Für das Potential zwischen dem Metall und der Lösung gilt die Nernstsche Gleichung:

$$E = E_0 + \frac{RT}{nF} \cdot ln C.$$

In dieser Formel bedeuten:
R die Gaskonstante,
T die absolute Temperatur,
F das elektrochemische Äquivalent = 96540 Coulomb,
C die Konzentration der Ionen des Metalls in der Lösung,
E_0 ist das charakteristische Potential für das betreffende Metall; es heißt das Normalpotential.

Die zweite Phase der Rostbildung, die Umsetzung von Ferroion in Ferriion kann nur durch ein oxydierendes Mittel bewirkt werden; sie ist zumeist an die Gegenwart von Sauerstoff gebunden. Phase 2 übt dadurch eine Rückwirkung auf Phase 1 aus, daß sie die Konzentration der Ferroionen ändert, die für das Lösungsbestreben des Eisens von Bedeutung ist.

Die dritte Phase endlich, die Abscheidung des unlöslichen Eisenoxydhydrates, übt ebenfalls eine Rückwirkung auf den Lösungsvorgang aus, indem auf dem auf der Eisenoberfläche angesetzten Rost die Oberfläche des Eisens verändert wird. Weiterhin ist mit der Möglichkeit zu rechnen, daß durch den angesetzten Rost Veranlassung zur Ausbildung von Lokalelementen gegeben ist.

Man muß einen Unterschied machen zwischen den im Wasser gelösten und den in Blasenform enthaltenen Gasen. Die Gewichtsmenge des gelösten Gases hängt ab vom Absorptionskoeffizienten, von der Temperatur des Wassers und vom Partialdruck über der Flüssigkeit. Entgaser können nun im Überdruck oder im Unterdruck betrieben werden. Die Entgasung, die zum Teil in Verbindung mit der Beseitigung der Kohlensäure durchgeführt wird, kann geschehen: 1. auf mechanischem Wege; 2. auf thermischem Wege; 3. auf chemischem Wege; 4. durch elektrische Verfahren.

1. Entgasung auf mechanischem Wege.

Diese Verfahren bestehen in einer Verrieselung des Wassers in einer sauerstofffreien Atmosphäre oder in einer Vakuumverrieselung (s. S. 149). Ferner gehören hierhin die Entspannungsentgaser.

2. Entgasung auf thermischem Wege.

Der Gasgehalt nimmt mit steigender Temperatur ab. Zur völligen Entgasung muß das Wasser bis auf 100° mit Dampf, der im Überschuß zugegen sein muß, mit oder ohne Anwendung eines Vakuums erwärmt werden. Dieses Verfahren kommt hauptsächlich dort in Frage, wo größere Wärmemengen, unter Umständen Abfallwärme, vorhanden sind, wo der Sauerstoffgehalt sehr hoch ist und wo kleinere Wassermengen behandelt werden müssen. In chemischen Betrieben, wo sauerstofffreies Wasser benötigt wird, kann es in Frage kommen.

3. Entgasung auf chemischem Wege.

Bei diesen Verfahren wird der im Wasser enthaltene Sauerstoff durch chemische Bindung an andere Stoffe entfernt. Da die zur chemischen Aufbereitung benötigten Kosten durch den hohen Chemikalienverbrauch sehr hoch werden, so wird dieses Verfahren hauptsächlich dort angewandt, wo kleinere Wassermengen behandelt werden müssen. Muß es wegen der restlosen Entfernung des Sauerstoffs bei größeren Wassermengen angewandt werden, so geht meistens eine mechanische oder thermische Entgasung voraus, die schon die Hauptmenge des Sauerstoffs entfernt.

a) Entgasung in Filtern, die mit Eisenfeilspänen gefüllt sind. Der sich in dem Filter abspielende Rostprozeß verbraucht das Eisen. Ein Nachfilter zum Abfangen des Eisenhydroxyds ist notwendig. Um einem entsäuerten Wasser den Sauerstoff wieder zu entziehen, empfiehlt Taubert die „Rostexfilter", die eine Mangan-Stahlwollefüllung haben und den Sauerstoffgehalt unter 0,5 mg/Liter herunterdrücken können. Die den jeweiligen Sauerstoffverhältnissen in ihrer Zusammensetzung angepaßte Manganstahlwolle wird in besondere Druckbehälter eingefüllt, wie sie in Abb. 115 dargestellt sind.

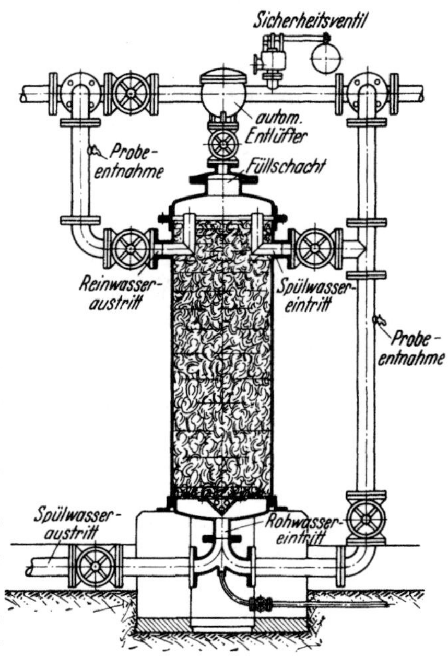

Abb. 115. Rostexfilter (Patent Hülsmeyer).

Die Filtermasse wird von der Einströmungsseite des Wassers her nach und nach in Rostschlamm verwandelt. Die aufgebrauchte Manganstahlwolle muß daher von Zeit zu Zeit (etwa alle 4—8 Wochen) nachgefüllt werden. Die Korrosionsgase erzeugen auf den Stahlfäden unendlich viele kleine Rostwarzen, ähnlich den sonst in den Leitungen sich bildenden Rostansätzen. Das sich bei diesem Vorgang bildende Eisenhydroxyd hat auf 112 Teile Eisen 48 Teile Sauerstoff verbraucht, d. h. mit anderen Worten, der Sauerstoff in 1000 cbm Wasser verwandelt bei einem Gehalt von 1 mg/Liter etwa $2^1/_2$ kg Eisen in Rost. Eine mit 1000 kg Manganstahlwolle gefüllte Rostexfilteranlage kann dann stündlich 100 cbm Wasser während 200 Betriebstagen von Sauerstoff befreien. Bei einem Preis von RM 40,— für 100 kg Stahlwolle ergeben sich täglich RM 2,— Betriebskosten oder 0,08 RM/100 cbm. Auch um die Wiederaufnahme von Sauerstoff in das Wasser, besonders bei stillstehenden Heizungskesseln zu verhindern, hat man mit dieser Manganstahlwolle gefüllte „Atmungsfilter" eingeschaltet. Eine Verbindung eines derartigen Filters mit einer Rostexanlage ist in Abb. 116 dargestellt.

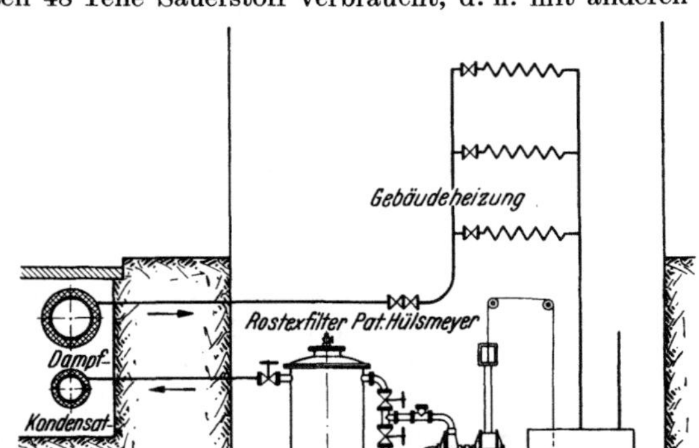

Abb. 116. Einbau eines Rostexfilters in die Station eines Fernheizanschlusses, wo das Kondensat in dem Keller eines Gebäudes gesammelt und durch eine von einem Schwimmer gesteuerte Pumpe in die Kondensleitung der Straße nach dem Heizwerk zurückgespeist wird.

b) In letzter Zeit wird viel mehr von der Sauerstoffbindung durch Zugabe sauerstoffverbrauchender Chemikalien Gebrauch gemacht. Als solche kommen in Frage:

Einleiten von Schwefeldioxyd, das im Wasser Schweflige Säure bildet. Durch Zugabe von Natronlauge wird diese in Natriumsulfit übergeführt, das dann durch den vorhandenen Sauerstoff zu Natriumsulfat oxydiert wird. Dieses

Verfahren wird besonders in Verbindung mit der thermischen Entgasung, bei der dann das überschüssig zugesetzte Schwefeldioxyd wiedergewonnen wird, angewandt. Das am meisten angewandte Mittel ist Natriumsulfit (Na_2SO_3), das in Form einer wäßrigen Lösung zugegeben und dann wie vorher angegeben, zu Natriumsulfat oxydiert wird. Die Oxydationsgeschwindigkeit des Natriumsulfits wird nach den Untersuchungen von SEYB und WESLEY[1] stark durch die Temperatur beeinflußt. Die theoretisch erforderliche Sulfitmenge ist bei 50^0 in $5^1/_2$ Stunden zu 27%, bei 85^0 in $^1/_2$ Stunde zu 80% oxydiert. Bei 100% Überschuß wird sämtlicher Sauerstoff innerhalb einer Stunde weggenommen.

4. Entgasung auf elektrolytischem Wege.

Elektrolytische Verfahren, wie z. B. das CUMBERLAND-Verfahren, sind bei den kompliziert gebauten modernen Kesseln nicht mit Erfolg anwendbar und haben daher mehr historisches Interesse.

Man muß nun nicht nur einem Wasser den Sauerstoff entziehen, sondern auch vor allem verhindern, daß das Wasser wieder Sauerstoff aufnimmt. Bei Reinwasserbehältern erreicht man dies dadurch, daß man ein Dampfpolster auf die Wasseroberfläche legt. Saugpumpen nehmen an den Schnüffelventilen fast immer Luft und damit Sauerstoff auf. Es empfiehlt sich, diese durch Druckpumpen zu ersetzen.

VIII. Enthärtung.

1. Allgemeines.

Wasser löst auf seinem Wege durch die Bodenformationen mit Hilfe der Kohlensäure und der aus Pyriten gebildeten Schwefligen Säure und Schwefelsäure sowie seines Lösungsvermögens mehr oder weniger große Mengen Kalk- und Magnesiasalze auf. Diese verleihen dem Wasser die sog. Härte. In den meisten Fällen liegen diese Salze als Calcium- oder Magnesiumbicarbonat vor; sie können aber auch als Sulfate, z. B. in den sog. Gipswässern oder als Silikate vorliegen. In letzterem Falle ist ihre Anwesenheit auf die Auflösung verwitternder Gesteine zurückzuführen. Bei Oberflächenwässern, die salzhaltige Abwässer, wie z. B. die der Kaliindustrie, aufnehmen müssen, besteht die Härte aus Calcium- und Magnesiumchlorid oder den entsprechenden Sulfaten.

Die in einem Wasser enthaltene Menge an Kalk- und Magnesiasalzen wird in Härtegraden angegeben. Man unterscheidet deutsche, französische und englische Härtegrade, je nachdem man der Berechnung die Menge Calciumoxyd oder Calciumcarbonat zugrunde legt. Ein deutscher Härtegrad = 1^0 DH entspricht 10 mg/Liter Calciumoxyd bzw. 17,9 mg/Liter Calciumcarbonat. $1{,}4^0$ DH = 10 mg/Liter Magnesiumoxyd (MgO). 1 engl. Härtegrad entspricht 1 grain Calciumcarbonat in 1 Gallone oder 10 mg Calciumcarbonat in 0,7 Liter Wasser. 1 engl. Härtegrad entspricht $0{,}8^0$ DH. 1 franz. Härtegrad entspricht 10 mg/Liter Calciumcarbonat. Zur Umrechnung der verschiedenen Härtegrade dienen die nachfolgenden Zahlen:

1 deutscher Härtegrad	= 1,25	engl. Härtegrade	= 1,79	franz. Härtegrade
1 franz. Härtegrad	= 0,56	deutsche Härtegrade	= 0,7	engl. Härtegrade
1 engl. Härtegrad	= 1,43	franz. Härtegrade	= 0,8	deutsche Härtegrade

Die durch Bicarbonate bedingte Härte bezeichnet man als vorübergehende (temporäre) oder besser als Carbonathärte. Die auf die Anwesenheit von Chloriden, Sulfaten oder Silicaten des Calciums oder Magnesiums zurückzu-

---

[1] SEYB u. WESLEY: Arch. Wärmewirtsch. 1933, 14, 45.

führende Härte ist die bleibende (permanente) oder besser Mineralhärte. Die Summe der Carbonat- und Mineralhärte bildet die Gesamthärte eines Wassers. Je nach der Härte bezeichnet man ein Wasser als weich oder hart. In der Praxis haben sich allmählich folgende Bezeichnungen für nachfolgende Härtegrade herausgebildet:

Gesamthärtegrade (° DH)	Benennung
0— 4	sehr weich
4— 8	weich
8—12	mittelhart
12—18	ziemlich hart
18—30	hart
über 30	sehr hart

Wasser mit anscheinend höherer Carbonat- als Gesamthärte enthält meistens Alkalibicarbonate, die oft von absterbenden Pflanzen herrühren. In solchen Fällen weist das Wasser meistens gleichzeitig einen hohen Gehalt an organischen Stoffen auf.

Die im Wasser enthaltenen Calcium- und Magnesiumverbindungen liegen zum Teil als Bicarbonate vor und werden durch sehr geringe Mengen unschädlicher, d. h. nicht aggressiver, der sog. zugehörigen Kohlensäure in Lösung gehalten (s. S. 145). Calciumsulfat und Magnesiumchlorid beeinflussen stark das Kalk-Kohlensäuregleichgewicht. LÜNING und HEINSEN[1] haben eingehende Untersuchungen darüber angestellt, wieweit man eine hohe Carbonathärte als Anzeiger einer Grundwasserverschmutzung ansehen kann. Sie kommen hierbei zu folgenden, für die Praxis sehr wichtigen Ergebnissen:

1. Viele organische Stoffe und namentlich solche, die bei der Verschmutzung des Grundwassers durch Jauche, Abwasser usw. eine Rolle spielen, wirken auf Calciumcarbonat lösend ein und bewirken somit eine Erhöhung der Carbonathärte.

2. Die lösende Wirkung beruht meistens auf der Wirkung der betreffenden organischen Stoffe und ihrer schwach sauren Zersetzungserzeugnisse, deren Kalksalze sich ähnlich wie Calciumbicarbonat verhalten und somit die Alkalität bzw. die Carbonathärte erhöhen.

3. Gewisse organische Stoffe in kolloider Lösung, z. B. Eiweiß- und namentlich Humusstoffe, sind nicht nur imstande, Calciumbicarbonat vor der Ausfällung zu schützen, sondern auch Calciumcarbonat kolloid in Lösung zu bringen, wodurch ebenfalls eine wesentliche höhere Carbonathärte gebildet wird.

4. Organische Stoffe, die mit Abwässern, Jauche usw. in den Untergrund gelangen, werden durch Oxydation so verändert, daß sie eine stärker lösende Wirkung auf Calciumcarbonat ausüben als ohne diese Beeinflussung.

5. Hydrotrop wirkende Stoffe, z. B. hippursaures Natrium, wirken in den Schmutzwässern in den in Frage kommenden Mengen lösend auf Calciumcarbonat ein.

6. Von den anorganischen Neutralsalzen, die mit dem Schmutzwasser in den Untergrund gelangen, haben Chloride, Sulfate, Nitrate des Kaliums und Natriums keine praktisch ins Gewicht fallende lösende Wirkung auf Calciumcarbonat. Die entsprechenden Ammonsalze können dagegen unter praktisch in Betracht kommenden Umständen eine wesentliche Erhöhung der Carbonathärte bedingen.

7. Grundwässer, die eine gegenüber den Wässern derselben Bodenart in der Umgebung erhöhte Carbonathärte aufweisen, sind der Verschmutzung durch organische Stoffe, besonders auch durch menschliche und tierische Abfallstoffe verdächtig. Grundwässer mit einer natürlichen Carbonathärte über 20° DH kommen in Deutschland selten vor. Grundwässer mit mehr als 25° DH sind daher, abgesehen von Sonderfällen, in denen das Wasser aus Kalkformationen stammt, als verschmutzt anzusehen.

COTTA und LEIK haben umfassende Untersuchungen über die Löslichkeit von Calciumcarbonat und Magnesiumcarbonat in kohlensäurefreien Wässern bei 0° und 100° angestellt. Die Löslichkeit ist abhängig von der Menge des betreffenden Carbonats und schwankt zwischen 0,7—0,8 Millival. Durch Natriumchlorid und -sulfat wird die Löslichkeit erhöht, durch Alkalien herabgesetzt. Magnesiumcarbonat löst sich in Mengen von 1,5 Millival, wovon 1 Millival als Magnesiumcarbonat und 0,5 Millival als Magnesiumbicarbonat vorliegen. Beim Kochen zerfällt Magnesiumcarbonat in Magnesiumhydroxyd und entweichende Kohlensäure. Neutrale Salze und Alkalien beschleunigen die Aufspaltung des Magnesiumcarbonats. Diese Kalk- und Magnesiumverbindungen flocken sofort aus, sobald man die ganze oder einen Teil der zugehörigen Kohlensäure durch Erwärmen, Entgasen oder Bindung an Chemikalien entfernt. STUMPER[2] hat Versuche über die Zersetzung von Calcium-

[1] LÜNING u. HEINSEN: Z. 1934, **67**, 627. [2] STUMPER: Vom Wasser 1934, 8, 203.

bicarbonatlösungen im Luftstrom ohne Zusatz und bei Gegenwart von Calciumcarbonat durchgeführt. Aus übersättigten Calciumbicarbonatlösungen fällt, selbst wenn die Zersetzung des Bicarbonats durch einen Luftstrom begünstigt wird, das Calciumcarbonat erst nach einer längeren Induktionszeit aus. Durch Zugabe von Calciumcarbonat zu übersättigten Lösungen mit höherer Bicarbonatkonzentration als 5 Millival/Liter kann die Induktionsperiode abgekürzt bzw. zum Verschwinden gebracht werden. Bei der Untersuchung des Einflusses von Fremdstoffen auf die Bicarbonatzersetzung ergab sich eine beschleunigte Wirkung bei Koks, aktiver Kohle, Graphit und Fasertonerde. Weniger wirksam waren Eisen-, Aluminium- und Kupferspäne. Zink und Zinksulfat hemmen die Bicarbonatzersetzung. Ferner verzögern Nickel-, Kobalt- und Zinnsalze die Carbonatausscheidung, während Zusätze von Magnesium-, Mangan-, Eisen-, Blei- und Cadmiumsalzen beschleunigend wirken.

Damit es zur Calciumcarbonatausscheidung kommt, müssen verschiedene Bedingungen erfüllt werden:

1. Der Gehalt an freier Kohlensäure muß den Gleichgewichtswert an zugehöriger Kohlensäure unterschreiten bzw. der Kohlensäure-Partialdruck der Gasphase muß unter dem diesem Werte entsprechenden Partialdruck liegen.

2. Das Ionenprodukt $(Ca^{\cdot\cdot})(CO_3'')$ muß das Löslichkeitsprodukt $(Ca^{\cdot\cdot})(CO_3'') = K$ überschreiten.

3. Die Übersättigung von Calciumcarbonat muß aufgehoben werden.

Der Hauptregulator für die Calciumcarbonatausscheidung aus reinen Calciumbicarbonatlösungen sind der Kohlensäurepartialdruck und die Bildungsgeschwindigkeit der festen Phase:

$$\frac{CaCO_3}{\text{gelöst}} \rightarrow \frac{CaCO_3}{\text{übersättigt}} \rightarrow \frac{CaCO_3}{\text{Keim der festen Phase}} \rightarrow \frac{CaCO_3}{\text{kolloid amorph}} \rightarrow \frac{CaCO_3}{\text{krystallin}}$$

Eine andere Art der Kalkabscheidung, die z. B. bei unterirdischen Wässern, heißen Quellen und bei der Bildung der Meeressedimente eine große Rolle spielt, kann aber im Gegensatz zum eben geschilderten abiogenen Wege auch auf biogenem Wege erfolgen und zwar durch Pflanzen und Tiere der Binnengewässer oder Meere.

Die Härte ist bei Grundwasser meistens höher als bei Oberflächenwasser. So fand COLLINS, daß bei 234 Wasserwerken mit Oberflächenwasser die mittlere Härte 8,5° DH betrug, während die mittlere Härte bei Grundwässern 20,5° DH ausmachte. Bei Bächen überwiegt in den meisten Fällen die Carbonathärte. Durch Zuflüsse von Abwässern, besonders gewerblichen Abwässern, die z. B. aus Beizbetrieben stammen und einen hohen Gehalt an freier und gebundener Säure und an Eisen besitzen, wird allmählich die Carbonathärte des Flußwassers in Mineralhärte umgewandelt. Hierdurch wird natürlich die Aufarbeitung des Wassers für die verschiedenen Verwendungszwecke erheblich erschwert. Die Anwesenheit der die Härte bedingenden Salze ist bei den angegebenen Mengen meistens hygienisch unbedenklich. Harte Wässer schmecken meistens besser als weiche, die nicht soviel kohlensauren Kalk enthalten, ohne das Wohlbefinden irgendwie zu stören. Nach BERGHEIM[1] begünstigt hartes Wasser die Verdauung durch den Speichel mehr als weiches Wasser. Die Ansicht, daß die Härte eines Wassers allein die Bildung eines Kropfes bedinge, muß endgültig fallen gelassen werden. Die Härte eines Wassers spielt die größte Rolle bei der Verwendung als Kesselspeisewasser. Die Härte eines Wassers kann aber auch bei Trink- und Brauchwasser oft so schwerwiegende Nachteile mit sich bringen, daß man an ihre Entfernung denken muß.

Bei Trinkwasser können die nachträglichen Ausscheidungen, die beim Stehen sehr harter Wässer durch Entweichen von Kohlensäure auftreten, das Wasser oft unappetitlich machen. Bei Verwendung im Haushalt und Betrieb können harte Wässer leicht Schaden an den Warmwasserapparaten und größere Kosten für die Warmwasserversorgung hervorrufen. Im Haushalt gibt ein hoher Härtegrad des Wassers Anlaß zur Bildung des lästigen Kesselsteins in den Töpfen.

Die unangenehmen Wirkungen zu harten Wassers machen sich vor allem bei der Bereitung der Speisen bemerkbar. Am auffallendsten treten sie hervor beim Kochen von Hülsenfrüchten, die nach allgemeiner Erfahrung darin nicht weich werden. Dies beruht

[1] BERGHEIM: Journ. Amer. Chem. Soc. 1913, 461.

auf einer Verbindung des Kalkes und der Magnesia mit einem in den Hülsenfrüchten enthaltenen Eiweißkörper, dem Legumin, das übrigens auch in anderen Vegetabilien, z. B. Mais, Hafer, vorhanden ist. Dadurch entstehen unverdauliche, hornartige Massen. Versuche von RUBNER beweisen, daß die Zubereitung der Erbsen in einem harten Wasser sich schon bei einem Härtegrad von 21° für die Hand bemerkbar macht, noch mehr für die Zunge; Erbsen in 60° hartem Wasser gekocht schmecken grießig und sandig. Die Verdaulichkeit ist sehr stark herabgesetzt; nach Versuchen von RICHTER werden von den mit 68° hartem Wasser gekochten Erbsen nur 83,4% des Eiweißes und 58,9% des Fettes gegen 89,8% des Eiweißes und 87,6% des Fettes der in weichem Wasser gekochten ausgenützt. Außerdem war aber die ganze Verdauung gestört; der Stuhl war dünn, feste Erbsenbröckelchen waren darin nachweisbar, und es zeigten sich starke Blähungen und Koliken. RUBNER hält es für zweifellos, daß schon unterhalb der untersuchten Härtegrade nachteilige Einflüsse durch hartes Wasser möglich sind. Hartes Wasser ist somit imstande, die Verdauung bestimmter Lebensmittel wesentlich zu schädigen. Gleiche Feststellungen wurden auch beim Vieh gemacht.

Um den Nachteilen beim Kochen abzuhelfen, ist man vielfach in Gegenden, die hartes Wasser haben, genötigt, den Speisen Soda oder Natriumbicarbonat (Speisesoda) zuzusetzen.

Weniger scheint das Fleisch unter dem harten Wasser zu leiden. Dagegen sind bei der Benutzung zum Kochen von Tee und Kaffee Unzuträglichkeiten gefunden worden. Auch diese Erfahrung ist allgemein; besonders ist es aufgefallen, wenn eine Stadt plötzlich statt des weichen Wassers hartes erhielt. Die Löslichkeit der Inhaltsstoffe von Kaffee und Tee ist in härterem Wasser vermindert und es gehen weniger angenehm schmeckende Stoffe in das Wasser über. Kaffee und Tee sind aber von besonderer volkshygienischer Bedeutung; sie sind wichtige Bundesgenossen im Kampfe gegen den Alkoholismus und werden geradezu als geschmackverbessernde Mittel dem Wasser zugesetzt, wo es von schlechter Beschaffenheit ist. Teeaufguß mit 10° hartem Wasser war nach LESDSTSCHENKE aromatischer und feiner im Geschmack als solcher mit destilliertem Wasser. 15° hartes Wasser gibt aber bereits eine nur schlecht trinkbare und 30° hartes Wasser gibt bereits eine widerlich trübe, nach Gras schmeckende und riechende ungenießbare Flüssigkeit. Bei gipsharten Wässern sind diese Einflüsse nicht so stark. Selbst ein 30° hartes Wasser gibt in diesem Fall einen noch trinkbaren, wenn auch weniger guten Aufguß. Der Coffeingehalt geht bei kalkhaltigen Wässern von 10—30° von 0,1 bis auf 0,034 g in 1 Liter Flüssigkeit, hergestellt aus 4 g Tee, herunter.

In gleicher Weise eignen sich harte Wässer auch nicht zur Herstellung von Kaffee. Doch können in diesem Falle noch viele andere Gründe für einen schlechten Geschmack des Kaffees vorhanden sein. Moorwässer geben schlecht schmeckenden Kaffee. Nachteilig sind Wässer mit Eisen- und Mangangehalt, z. B. bestimmte Grundwässer der norddeutschen Tiefebene. Ihr an sich schlechter Tintengeschmack tritt beim Kaffee durch die in ihm enthaltene Gerbsäure in verstärktem Maße hervor. Nicht ohne Einfluß ist die Reaktion eines Wassers, gemessen an der Wasserstoffionenkonzentration. Kaffee nimmt vom Wasser, das eine Zeitlang in Bleirohren gestanden hat, selbst dann, wenn kein Blei nachweisbar in das Wasser übergegangen ist, einen schlechten Geschmack an.

Die Frage, ob bei einer Enthärtung des gesamten Trinkwassers durch den Kalkentzug dem Körper zu wenig Kalk zugeführt wird, ist bereits von verschiedenen Seiten geprüft worden. Kalk ist ein wesentlicher Bestandteil des Körpers; die Knochen enthalten rund 36%, die Zähne noch mehr; Calciumsalze befinden sich in jedem Gewebe, in jeder Körperzelle; sie sind lebenswichtig. Beim Stoffwechsel zerfällt ständig ein Teil der Körperbestandteile; dabei werden Calciumverbindungen durch Kot und Urin ausgeschieden und müssen durch neue ersetzt werden. Daher hat der Mensch einen täglichen Bedarf an „Kalk". Beim jugendlichen Körper ist das Bedürfnis noch größer, da er zum Aufbau besonders viel hiervon braucht. Experimentelle Untersuchungen haben ergeben, daß, wenn man Tauben mit gewaschenen Weizenkörnern und destilliertem Wasser fütterte, die Knochen der Tiere brüchig wurden; dasselbe war bei Hunden der Fall, wenn man ihnen eine abnorm kalkarme Nahrung gab. Dagegen ist es sicher, daß gewisse Knochenerkrankungen beim Menschen, wie Rachitis und Osteomalacie nicht mit einem Kalkmangel in der verabreichten Nahrung zusammenhängen, da sie auch bei kalkreicher Nahrung auftreten.

Nun besitzt aber auch die feste Nahrung einen beträchtlichen Kalkgehalt; weniger das Fleisch, mehr die Vegetabilien, ganz besonders viel die Milch, und es fragt sich, ob die in diesen Lebensmitteln enthaltenen Kalkmengen nicht vollkommen und sogar reichlich genügen, um den Kalkbedarf zu decken. FRANKLAND z. B. erklärte, daß aus diesem Grunde die Salze des Wassers ganz entbehrlich seien. SENATOR äußert sich dahin, daß selbst die allerschlechteste Nahrung genug und selbst mehr Kalk enthält, als der erwachsene Mensch braucht, da das normale Kalkbedürfnis des Körpers nur ein sehr geringes sei. Auch GÄRTNER hält die Ansicht, daß der Kalkgehalt eines Wassers für den Knochenaufbau notwendig sei, für irrig; er hat bei seinen reichen Erfahrungen niemals eine Schädigung der Gesundheit beobachtet, die in der chemischen Beschaffenheit des Wassers begründet war.

Umgekehrt führt BUNGE Klage über die wachsende Abnahme des Kalkes in der menschlichen Nahrung, wobei er es allerdings für zweifelhaft ansieht, ob anorganische Kalksalze (d. h. gerade solche, wie sie im Wasser vorhanden sind) für den Nahrungskalk eintreten können. Von zahnärztlicher Seite, besonders von RÖSE, wurde die Zahnverderbnis mit zu weichem Wasser in Verbindung gebracht; besonders das kalkarme Oberflächen-, vor allem auch Talsperrenwasser, sollte ihre Verschlechterung bedingen. Allerdings ist dabei die oft sehr verschiedene Ernährung nicht genügend beachtet, und Untersuchungen WITZELs in Thüringen u. a. haben keinen Zusammenhang zwischen Wasserhärte und Zahnverderbnis ergeben. Der erwachsene Mann hat täglich etwa 1,0—1,5 g $CaCO_3$ nötig. Diese Menge ist in der Kost der Erwachsenen vorhanden. In besonderen Fällen, wie z. B. bei stillenden Frauen und bei der heranwachsenden Jugend, kann das Mehrbedürfnis durch Zugabe von Milch ausgeglichen werden. Durch $^1/_2$ Liter Milch ist der gesamte Kalkbedarf reichlich gedeckt.

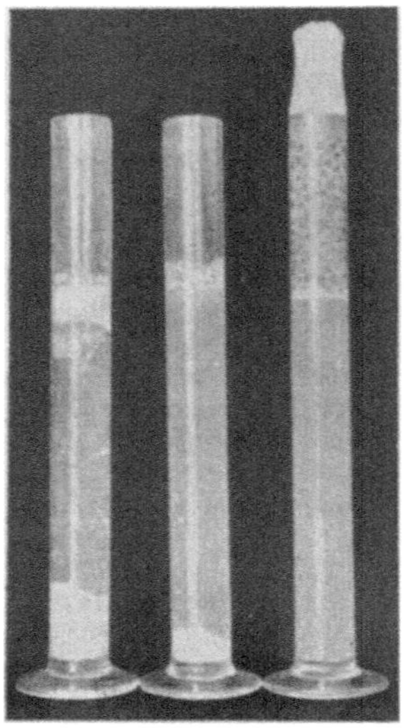

Abb. 117. Seifenzerstörung durch hartes Wasser. Links: Wasser von 40° Härte, Flocken kein Schaum; mitte: Wasser von 20° Härte; rechts: weiches Wasser, keine Flocken, Schaum.

Der Hauptnachteil einer hohen Härte für Brauchwasser und zwar sowohl für häusliche wie auch für industrielle Zwecke, wie Wäschereien, Textilfabriken usw. ist die große Erhöhung des Seifenverbrauches. Die im Wasser enthaltenen Kalk- und Magnesiasalze müssen zunächst als fettsaures Calcium bzw. Magnesium ausgefällt werden, ehe es zu der für den Waschprozeß so wichtigen Schaumbildung kommt (s. Abb. 117). Die gebildeten Kalk- und Magnesiaseifen verstopfen beim Waschen die Poren der Haut. Sie setzen sich in den Fasern der gewaschenen Stoffe, namentlich der Wolle fest, die dadurch einen höheren Aschegehalt bekommen und hierdurch ihre Geschmeidigkeit und Zerreißfestigkeit verlieren und allmählich übelriechend werden. Der

Abb. 118. Asche aus neuem, 50 mal mit hartem und 50mal mit weichem Wasser gewaschenen Gewebe (von links nach rechts gesehen).

Aschegehalt kann nach FENDLER und FRANKE von 0,06—0,3% auf 7,3—14,6% steigen. Dieser hohe Aschegehalt ist auf die warmhaltende Wirkung der Kleider von Einfluß (s. Abb. 118).

1 cbm Wasser braucht für 1° DH nutzlos 160 g gute Kernseife. Textilindustrien, Färbereien und Wäschereien, die großen Hotels, die Krankenhäuser, die Badeanstalten, Kurhäuser, Kasernen und ähnliche Betriebe sollten mit Rücksicht auf die Seifenersparnis und zur Schonung der Wäsche nur mit enthärtetem Wasser arbeiten.

2. Zentrale Enthärtungsanlagen.

Die großen Schwierigkeiten, die die Härte eines Wassers bei seiner Verwendung im Haushalt oder als Brauchwasser mit sich bringt, haben besonders in den letzten Jahren die Frage aufgeworfen, ob es nicht wirtschaftlicher ist, das gesamte Wasser der städtischen Leitung zu enthärten, als eine große Anzahl kleinerer Anlagen zu bauen bzw. es dem Verbraucher zu überlassen, ob er sein Wasser enthärten will oder nicht. Während man in Deutschland und den übrigen europäischen Staaten nur sehr zögernd an diese Frage herangeht, hat sich in Amerika die Ansicht, daß es vorteilhaft ist, hartes Wasser zu enthärten, ehe es zur allgemeinen Versorgung in das Leitungsnetz gegeben wird, durch den Ausbau von Hunderten von zentralen Enthärtungsanlagen durchgesetzt. Als Grund für den Ausbau führt WALKER[1] unter anderem an, daß man mit Kalk im Werte von 1,25 Rpf. ebensoviel Wasser enthärten kann wie mit Seife im Werte von 8—12 RM. WHIPPLE, BUSWELL, SNYDER und FOULK schätzen die für 1° DH von 1 cbm nicht ausnutzbare Seifenmenge sogar zu 350 g Seife. Wenn auch in Deutschland infolge schwierigerer wirtschaftlicher Verhältnisse der pro Kopf benötigte Seifenverbrauch viel geringer als in Amerika ist, so muß doch ein großer Teil der zur Seifenherstellung benötigten Fette aus dem Auslande bezogen werden. Aus diesem Grunde wäre gerade für deutsche Wasserwerke mit hoher Härte die Grundbedingung für gemeinsame Enthärtungsanlagen gegeben. HUDSON[2] hat den jährlichen Seifenverbrauch je Kopf der Bevölkerung bei 4 Städten mit verschieden harten Wässern, nämlich 2,5, 3,9, 16,5, 30,8° DH festgestellt. Bei dem Wasser mit 2,5° DH betrug der Seifenverbrauch pro Kopf etwa 13,3 kg. HUDSON stellt nun diesen Seifenverbrauch in ein Verhältnis zur Härte und kommt hier zu dem überraschenden Ergebnis, daß eine Proportionalität zwischen Härte und Seifenverbrauch nicht bestehe:

Härte des Wassers	2,5°	3,8°	16,5°	30,8°
Verhältnis der Härte	1,0 :	1,56 :	6,6 :	12,3
Verhältnis des Seifenverbrauches	1,0 :	1,2 :	1,4 :	1,6
Jährlicher Seifenverbrauch kg/Kopf	13,3	14,6	18,1	20,8

Bei einer Prüfung der Wirtschaftlichkeit von Enthärtungsanlagen bei der öffentlichen Wasserversorgung kommen BEARD und WHITE zu dem Ergebnis, daß für alle Städte, die mehr als 6° DH haben, eine Enthärtungsanlage angebracht sei. Das Reinwasser soll am besten eine Härte bis zu 2,5° DH haben. Eine Enthärtung ist dann als wirtschaftlich anzusehen, wenn die dadurch innerhalb eines Jahres bedingten Ersparnisse an Seife mindestens 10% der Investierungskosten betragen. Von 25 kalifornischen Anlagen traf dies nur bei 2 Anlagen mit je 9° und 12° DH zu, nämlich für San Franzisko, wo die Seifenersparnis 19,4% und San José, wo sie 24,7% ausmachte.

Um die Schwierigkeiten zu umgehen, die in der Textilindustrie durch die Härtebildner auftreten — Bildung von Kalkseifen, die sich in der Ware festsetzen und Fleckenbildung, Vergilben und schließlich sogar üblen Geruch verursachen — ist man schon dazu übergegangen, die Seifen durch andere Stoffe, vornehmlich Fettalkoholsulfonate zu ersetzen. Bei diesen Stoffen tritt eine Kalkseifenbildung nicht ein.

Durch den Einbau von Enthärtungsanlagen wird die Lebensdauer der Wäsche um 25—100% höher. Auch das an vielen Stellen gebräuchliche Ansammeln von Regenwasser in Regentonnen oder Zisternen, was besonders in Städten mit hartem Wasser üblich ist, fällt fort. Zum Enthärten von Wasser im Haushalt selbst sind eine Reihe von Stoffen, sog. „Regenwasserbildner“,

[1] WALKER: Journ. Amer. Water Works Assoc. 1934, **26**, 77.
[2] HUDSON: Water Works Engin., 10. Jan. 1934.

auf den Markt gebracht worden. Diese enthalten in der Hauptsache Soda mit und ohne Zusatz anderer Stoffe, wie Natriumphosphat, Wasserglas, Borax, Seife, Peroxyde usw.

Verfahren für zentrale Enthärtungsanlagen.

Im Jahre 1933 waren in USA. bereits in über 100 der größeren Städte zentrale Enthärtungsanlagen errichtet worden. Die zur Enthärtung von Kesselspeisewasser angewandten Verfahren können sinngemäß auch für die Enthärtung zentraler Wasserversorgungsanlagen angewandt werden. Von diesen Verfahren kommen in Frage: a) Kalkverfahren; b) Kalk-Sodaverfahren; c) Permutitverfahren; d) Kunstharzverfahren; e) Kalküberschußverfahren; f) elektroosmotische Verfahren.

a) Kalkverfahren. Bei dem schon sehr lange unter dem Namen CLARK-Verfahren bekannten ältesten Enthärtungsverfahren wird durch Zugabe von Kalkmilch zunächst die freie, vor allem aggressive, dann die zugehörige und schließlich die halbgebundene Kohlensäure gebunden nach den Gleichungen:

$$CO_2 + Ca(OH)_2 = CaCO_3 + H_2O$$
$$Ca(HCO_3)_2 + Ca(OH)_2 = 2\,CaCO_3 + 2\,H_2O$$
$$Mg(HCO_3)_2 + Ca(OH)_2 = MgCO_3 + CaCO_3 + 2\,H_2O.$$

Verwendet man statt Kalkmilch Magnesiumoxyd, so finden entsprechende Umsetzungen statt. Für die Ausscheidung des Kalkes und der Magnesia sind also äquivalente Mengen des Fällungsmittels erforderlich. Ist die benötigte Kalkmenge klein, d. h. unter 200 kg im Tag, so verwendet man am besten gelöschten Kalk. Bei Mengen von über 200 kg/Tag benutzt man gebrannten Kalk. Bewährt haben sich besondere Kalkdosierungsvorrichtungen, wie sie von den bekannten Firmen, z. B. Fa. Bamag-Meguin, Berlin, Permutit-Gesellschaft, Balcke, Bochum, usw. geliefert werden. Beim Löschen des gebrannten Kalkes muß man darauf achten, daß man mit genügend hoher Temperatur arbeitet. Bei einer Löschtemperatur von 80—90° C kann der Kalk innerhalb 5 Minuten abgelöscht sein. Nimmt man sofort zuviel Wasser, so wird diese Temperatur nicht erreicht und es dauert viel längere Zeit, oft Wochen, bis der Kalk gelöscht ist. Unter Kalkmilch versteht man betriebstechnisch eine Mischung von 1 kg gelöschtem Kalk und 3—5 Liter Wasser. Kalkwasser ist eine kalt gesättigte Lösung von gelöschtem Kalk [$Ca(OH)_2$] und enthält im Liter 1250 mg $Ca(OH)_2$.

Die Reaktionsgeschwindigkeit von Calciumhydroxyd läßt sich durch die Intensität der Mischung und durch Zugabe von geeigneten Kontaktsubstanzen noch erheblich steigern. Durch Zusatz von Quarzsand erreichten LIST und LEICK[1] eine Reaktionsbeschleunigung um das Dreifache, und zwar war die Enthärtung um so weitgehender, je höher die Carbonathärte war. Läßt sich bei der Wahl geeigneter Katalysatoren schon in der Kälte die Reaktionszeit von 2—3 Stunden auf 7—10 Minuten verkürzen, so tritt bei höheren Temperaturen eine noch viel größere Verkürzung der Reaktionszeit ein. Viele in Betrieb befindliche Enthärter sind daher neuerdings unterteilt in Kontaktraum, Absetzraum und Filter. Wenn mit Kalk enthärtetes Wasser vor der Filtration nach dem Absetzbecken durch Kohlensäure auf den p_H-Wert 8,4—8,6 gebracht wird, gibt es nur geringe oder gar keine Inkrustationen des Filtersandes. Calciumcarbonat wird bei einem p_H-Wert von 9,2 bis 9,5 am wenigsten gelöst, weshalb die Betriebsleiter der Trinkwasserwerke empfehlen, diesen p_H-Wert einzuhalten. Dieses setzt genügend große Absetzbecken voraus, weil sonst bei diesem p_H-Wert der Filtersand zu rasch durch Inkrustation verdorben wird.

Durch die Zugabe von Kalk wird aber in der Hauptsache nur die Carbonathärte ausgeschieden. Das Kalkverfahren eignet sich daher in der Hauptsache für solche Wässer, deren Härte überwiegend aus Carbonathärte besteht.

b) Kalk-Sodaverfahren. Nach diesem Verfahren arbeiten zur Zeit in USA. die meisten zentralen Enthärtungsanlagen. Durch Zugabe von Kalkwasser wird zunächst die freie, aggressive und die zugehörige Kohlensäure gebunden.

---

[1] LIST u. LEICK: Wärme 1933, **56**, 752.

Das Kalkwasser sättigt auch die Bicarbonate ab und läßt das Calciumbicarbonat als Calciumcarbonat, das Magnesiumbicarbonat zum Teil als Magnesiumhydroxyd ausfallen. Nach einer kurzen Einwirkungszeit wird Soda zugesetzt. Diese bedingt einmal, daß die Carbonathärte ganz verschwindet; dann greift sie aber auch die Mineralhärte an und fällt überschüssig zugesetztes Kalkwasser aus. Für die ausgeschiedenen Mineralhärtebildner geht ein entsprechender Anteil an Natronsalzen in Lösung. Die sich bei dem Verfahren abspielenden Vorgänge sind aus den nachfolgenden Gleichungen ersichtlich:

$$CO_2 + Ca(OH)_2 = CaCO_3\downarrow + H_2O$$
$$Ca(HCO_3)_2 + Ca(OH)_2 = 2\,CaCO_3\downarrow + 2\,H_2O$$
$$CaSO_4 + Na_2CO_3 = CaCO_3\downarrow + Na_2SO_4$$
$$Mg(HCO_3)_2 + Ca(OH)_2 = MgCO_3\downarrow + CaCO_3\downarrow + 2\,H_2O$$
$$MgCO_3 + Ca(OH)_2 = Mg(OH)_2 + CaCO_3\downarrow$$
$$MgSO_4 + Na_2CO_3 = MgCO_3\downarrow + Na_2SO_4$$

Die Temperatur hat auf die Reaktionsgeschwindigkeit einen großen Einfluß. Die Einwirkungszeit beträgt

in der Kälte . . .	6—8	Stunden
bei 50°	4	,,
,, 70°	3	,,
,, 90°	2	,,

Als Soda wird calcinierte Soda, die in einer 5—10%igen Lösung zugegeben wird, angewandt. Die Enthärtung braucht nur bis zum Rest einer Härte von etwa 2—3° DH durchgeführt zu werden. Besonders bei höheren Gehalten an Mineralhärte, z. B. bedingt durch Gips, muß man berücksichtigen, daß ein höherer Gehalt an Natriumsulfat und -nitrat im Trinkwasser oftmals nachteilige Nebenwirkungen (Durchfall, bitteren Geschmack usw.) erzeugen kann.

Statt Kalkhydrat und Soda oder statt Magnesia und Soda kann man auch Natriumhydroxyd anwenden. Hierdurch kann nicht nur die vorübergehende, sondern auch die bleibende Härte entfernt werden, indem sich zunächst wieder Natriumcarbonat bildet, das sich dann weiter umsetzt:

$$Ca(HCO_3)_2 + 2\,NaOH = CaCO_3\downarrow + Na_2CO_3 + 2\,H_2O$$
$$CaSO_4 + Na_2CO_3 = CaCO_3\downarrow + Na_2SO_4.$$

Ein gut enthärtetes Wasser soll nach STAFFELDT[1] folgende Werte nicht überschreiten:

Gesamthärte	nicht über	3,0° DH
Phenolphthaleinalkalität . . .	,, ,,	1,1 Millival
Methylorangealkalität	,, ,,	2,0 Millival

Diese Werte gelten besonders für das in Cellulose- und Textilfabriken, in Wäschereien und Färbereien benötigte Wasser. STAFFELDT[1] hat ein Nomogramm konstruiert, aus dem man gleich ablesen kann, ob die richtige Zugabe an Kalk oder Soda erfolgt ist. Er geht hierbei von der Phenolphthalein- und von der Methylorangealkalität aus. Die Anwendung ist einfach. Man verbindet zunächst die Skala H mit der Skala m mittels eines Bindfadens und sieht zu, wo der Bindfaden die Schnittlinie o—o schneidet (s. Abb. 119).

Die Enthärtungsreaktion geht beim Kalk-Sodaverfahren an sich schnell, aber die Koagulation der ausfallenden Härtebildner geht langsam vor sich. Um die Ausflockung zu beschleunigen, empfiehlt HECKMANN[2] den Zusatz von flockungsfördernden Metallsalzen oder Ausnutzung der Kontaktwirkung bereits ausgeschiedener Härtebildner durch Schlammrückführung oder -umwälzung. HECKMANN erreichte eine weit geringere Resthärte, wenn er das mit den Enthärtungschemikalien versetzte Wasser durch ein Rohr leitete, das mit Spänen zweier Metalle gefüllt ist, zwischen denen eine größere Potentialdifferenz besteht. Besonders gut eignet sich ein Gemisch von Messing- und Rotgußspänen mit Spänen einer bestimmten Aluminiumlegierung. Diese als Kurzschlußgeräte bezeichneten Apparate können mit großer Filtergeschwindigkeit betrieben werden. Durch die Behandlung wird auch die Kieselsäure und der Gehalt der als Schutzkolloide wirkenden organischen Stoffe stark herabgesetzt.

---

[1] STAFFELDT: Gas- u. Wasserfach 1935, **78**, 623.

[2] HECKMANN: Wärme 1926, **56**, 861.

Ist das Wasser trübe, so ist das Kalk-Sodaverfahren vorzuziehen, da durch den Kalk gleichzeitig eine Keimtötung bewirkt wird.

Der bei der Enthärtung von Trinkwasser nach dem Kalkverfahren und nach dem Kalk-Soda- oder Ätznatronverfahren anfallende Kalk kann auf verschiedene Weise beseitigt bzw. verwandt werden. Der Schlamm kann:

1. in die Flüsse geleitet werden, womit man in den Fällen, in denen der Fluß säurehaltige Abwässer aufnehmen muß, sein Säurebindungsvermögen erhöhen kann. Das Ablassen in den Vorfluter sollte nur als Notbehelf benutzt werden. Auf keinen Fall darf es stoßweise erfolgen, da sich dann leicht Schlammbänke bilden, die besonders in trockenen Jahren zu großen Schwierigkeiten Veranlassung geben. Besser ist es, den Schlamm in mechanischen Absetzanlagen mit Trichter oder Eindicker, die gestatten, den sich am Boden absetzenden

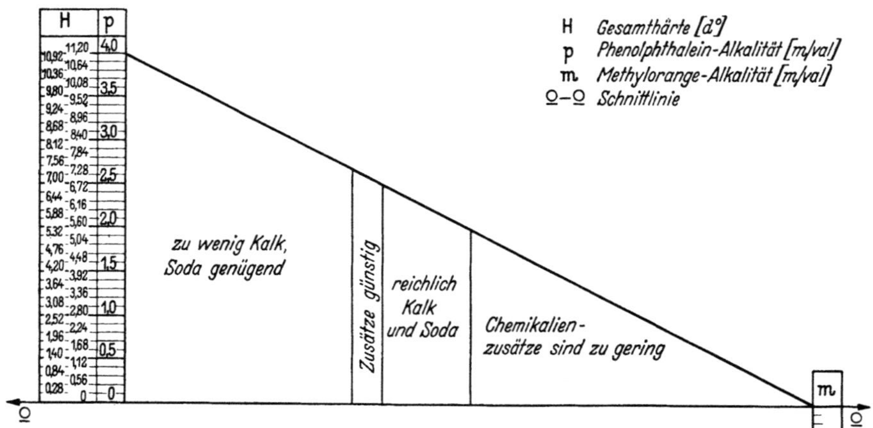

Abb. 119. Nomogramm nach STAFFELDT zur Feststellung des richtigen Chemikalienzusatzes bei der Enthärtung.

Schlamm laufend mit etwa 85% Wassergehalt auf Trockenbeeten zu sammeln absetzen zu lassen;

2. gelagert und dann bei Hochwasser in den Fluß abgeführt werden. In diesem Falle ist die Gefahr unerwünschter Schlammbildung beseitigt;

3. zur Auffüllung von Mulden oder Steinbrüchen benutzt werden;

4. in die städtische Kanalisation geleitet werden. Da er ein gutes Neutralisationsmittel und auch Ausflockungsmittel ist, so kann er zu Schädigungen im Absetz- oder Faulraum nicht führen. Dieses Verfahren scheint in bezug auf die Beseitigung das einfachste und billigste zu sein;

5. getrocknet und zur Bodenkalkung in der Landwirtschaft benutzt werden. Diese Anwendung ist im Interesse der Ausnutzung der wirtschaftlichen Werte in den Abfallstoffen als die beste zu bezeichnen;

6. getrocknet und wieder zu Kalk gebrannt werden. Dies ist jedoch meist nur bei größeren Werken mit sehr carbonatarmen Wässern möglich.

c) Zeolith- bzw. Permutitverfahren. Bei diesem Verfahren beruht die Beseitigung der in natürlichen Wässern gelösten Kalk- und Magnesiasalze, deren Gegenwart die Härte des Wassers bewirkt, auf der Fähigkeit gewisser Kieselsäureverbindungen, der sog. Permutite, die gelösten Salze gegen die für technische Verwendungszwecke weniger unangenehmen Natriumsalze auszutauschen. Die Permutite selbst gehen hierbei so lange in Calcium- bzw. Magnesiumverbindungen über, bis ihre Wirkung schließlich erschöpft ist. Der Vorgang ist jedoch umkehrbar; bringt man ein verbrauchtes Präparat mit einer Kochsalzlösung in Berührung, so wird Natriumpermutit zurückgebildet. Die verbrauchten Permutitpräparate können nach dieser Aufbereitung immer wieder von neuem zur Wasserenthärtung benutzt werden.

Beim Zeolithverfahren (Permutitverfahren) werden demnach die Härtebildner ohne chemische Zusatzmittel und ohne Bildung eines Rückstandes aus dem Wasser entfernt. Die Enthärtungsvorgänge bestehen in einem chemischen

Basenaustausch des Rohwassers, bei dem der Kalk- bzw. Magnesiumgehalt der Härtebildner gegen den Natriumgehalt der Zeolithe ausgetauscht wird. Die Zeolithe nehmen restlos die Calcium- und Magnesiumionen aus dem Wasser heraus unter Bildung von Calcium- und Magnesiumzeolith. Eine entsprechende Menge Natriumsalz geht dafür in Lösung. In Deutschland sind diese Basenaustauscher allgemein unter dem Namen Permutite bekannt. Den Vorgang der Enthärtung bezeichnet man daher auch als Permutierung. Die Enthärtung durch Zeolithe ist vorzuziehen, wenn das Wasser in der Hauptsache Mineralhärte besitzt und sehr klar ist. Die früher im Handel befindlichen natürlichen oder durch einen Schmelzprozeß künstlich aus Tonerdesilikaten mit Alkalicarbonat unter Zusatz von viel Quarz hergestellten Zeolithe sind heute durch die viel wirksameren Grünsande und durch die künstlich hergestellten Zeolithe der Gel-Art verdrängt.

Grünsand = natürliche Zeolithe (Glaukonite) kommt zur Zeit aus USA., wo er im Staate New Jersey gewonnen wird. Ehe er zur Enthärtung benutzt werden kann, muß er durch Waschen von seinen Verunreinigungen gründlich befreit und dann gehärtet werden. Nach dieser Vorbereitung können mit 1 cbm Grünsand 3600—3900 g CaO beseitigt werden, ehe er regeneriert werden muß.

Die künstlichen Zeolithe der Gel-Art werden aus Lösungen von Natriumsilikat und Natriumaluminat oder aus Natriumsilikat und Aluminiumsulfat hergestellt und kommen als Permutite in den Handel. Die dabei sich ausscheidenden Gallerten werden getrocknet, zerkleinert und dann zur Entfernung der löslichen Salze gewaschen. Die einzelnen Körner sind weiß, sehr porös und hart und nach geeigneter Aussiebung gebrauchsfertig. Mit 1 cbm Zeolith der Gel-Art können etwa 11000—15000 g CaO aus dem Wasser entfernt werden, ehe er regeneriert werden muß.

Diese Basenaustauscher (besonders die zu den künstlichen Zeolithen gehörenden Neopermutit oder Invertit u. dgl.) sind meist sehr widerstandsfähig gegen Kohlensäure und sehr reaktionsfähig. Für Wasser mit stark schwankendem Kalkgehalt ist das Zeolithverfahren sehr geeignet, da die Sicherheit für eine weitgehende Enthärtung sehr groß ist. Infolge ihrer glatten Beschaffenheit sind die Zeolithe gegen Verschmutzungen sehr unempfindlich. Etwa in ihnen abgelagerte Stoffe lassen sich durch Rückspülen leicht entfernen.

Die Wirksamkeit der Zeolithe ist geringer, wenn das zu enthärtende Wasser sehr hart ist und große Mengen von Natriumsalzen und eine übermäßig hohe Magnesiahärte hat. Im Gegensatz zu den verschiedenen Kalkverfahren fällt bei diesem Verfahren kein zu beseitigender Schlamm an, so daß der Betrieb einfacher ist. Selbst wenn die Kosten für Kochsalz und Spülwasser diejenigen für Kalk und Soda übersteigen, ist für kleine Anlagen aus den erwähnten Gründen unter Umständen das Zeolithverfahren vorzuziehen. Bei großen Anlagen trifft dies aber oft nicht zu. Enthält ein Rohwasser so viel Eisen, daß Belüftung und Sandfiltration zur Enteisenung nicht ausreichen, so darf es nicht durch Zeolithe enthärtet werden. In diesem Falle wendet man besser das Kalk-Soda- oder Kalküberschußverfahren an, weil Eisen und Mangan gleichzeitig bei der Enthärtung mit ausgeschieden werden. Man kann sich aber auch so helfen, daß man einen Hauptteil der Härtebildner und das Eisen zunächst entfernt und den Rest der Härte mit einem Zeolithfilter herausnimmt.

Ist die Wirkung der Zeolithe erschöpft, so müssen sie durch Waschen mit einer bis zu 35° warmen Kochsalzlösung regeneriert werden. Bei dieser Waschung wird durch Basenaustausch der vorher aufgenommene Kalk ersetzt; Calciumion geht in Lösung. Für je 100 g aus dem Wasser entferntes CaO werden 500—600 g Kochsalz benötigt. Neuerdings werden Zeolithanlagen gebaut, die selbsttätig jeweils nach zweistündigem Betrieb regeneriert werden. Wenn die Filter häufiger regeneriert werden, können größere Wassermengen in entsprechend kleinen Filtern enthärtet werden, da ein und dieselbe Menge Permutit stets eine gleichbleibende Menge Kalk bzw. Magnesia aufnimmt.

Der Betrieb einer Zeolithanlage spielt sich demnach in folgenden Phasen ab:

1. Enthärtung. Das Wasser fließt durch das Zeolithfilter von oben nach unten.

2. Rückspülung. Spülwasser strömt durch das Zeolithfilter von unten nach oben und entfernt hierbei die auf dem Zeolith abgelagerten Stoffe. Gleichzeitig werden die einzelnen Zeolithkörner hydraulisch geordnet, so daß das feinere Material oben liegt. Dies ist wichtig, um das Wasser bei der Enthärtung möglichst gleichmäßig über das Filtermaterial zu verteilen.

3. Regeneration. In das Filter wird Kochsalzlösung eingeführt.

4. Ausspülung der Kochsalzlösung. Durch frisches Wasser wird die Kochsalzlösung aus dem Filter verdrängt und entweder in den Kanal gespült oder zum Teil wiedergewonnen.

Die Wasch- und Spülwassermenge schwankt bei Zeolithenthärtungsanlagen zwischen 5—25% und ist um so größer, je härter das Wasser ist. Künstliche Zeolithe erfordern weniger Waschwasser als der natürliche Grünsand. Hohe Zeolithfilter benötigen weniger Waschwasser als niedrige. Grünsand benutzt man bei eisenhaltigem Wasser, während man bei geringem Eisengehalt künstliche Zeolithe vorzieht.

Da es zweckmäßig ist, städtisches Wasser mit etwa 2—3° DH abzugeben, Zeolithe aber bis 0° DH enthärten, sind für die Anwendung dieses Verfahrens für zentrale Wasserversorgungen verschiedene Vorschläge gemacht worden. So kann man einen Teil des Wassers bis auf 0° DH enthärten und ihn dann mit einem entsprechenden Teil Rohwasser mischen. Wasser, das freie Kohlensäure enthält, jedoch kein Eisen und keinen Sauerstoff, muß man nach der Enthärtung stets belüften, um den Kohlensäuregehalt und den Gehalt an restlichem Calciumbicarbonat ins Gleichgewicht zu bringen. Geschieht dies nicht, so tritt Wiedervereisenung im Rohrnetz ein. Man kann aber auch die verbleibende aggressive Kohlensäure durch eine nachträgliche Kalkung oder Zugabe von Natronlauge unschädlich machen. Die bei der Kalkwasserbehandlung erreichbare Ausbildung des Schutzbelages in den Leitungsrohren kann auch im Anschluß an die Permutitbehandlung durch einen Zusatz von Soda und Wasserglas erreicht werden.

Für häusliche Zwecke hat man mit Permutit gefüllte Kleinfilter in den Handel gebracht. Als Ersatz für die Zeolithe sind eine ganze Reihe anderer Permutite, so z. B. H-Permutit, der Wasserstoff als Austauschkation enthält und aus Glaukonit und aus $Al_2O_3 \cdot SiO_2$-Gel hergestellt werden kann, im Handel. Webbolit ist ebenfalls ein künstlicher Zeolith, der neuerdings in USA. sehr starke Anwendung findet. Nach dem DRP. 641216 der Permutit A. G. (1934) wird Glaukonit einer in beliebiger Reihenfolge durchgeführten Behandlung mit alkalisch reagierenden Lösungen, z. B. Lösungen von Ätznatron, Soda oder insbesondere von Alkalisilikaten, vorzugsweise Natriumsilikatlösung und mit Lösungen sauer wirkender Stoffe, z. B. Lösungen von freien, zweckmäßig verdünnten Säuren oder infolge von Hydrolyse sauer reagierenden Salzen, wie Aluminium- und Eisensalzen, bei gewöhnlicher oder erhöhter Temperatur unterzogen. Das DRP. 642419 beschreibt ein Verfahren zum Enthärten, Entsäuern, Enteisenen, Entmanganen von Gebrauchs- und Trinkwasser mittels aus aktiviertem Aluminium hergestellten Tonerdehydrats, dadurch gekennzeichnet, daß man ein aus aktiviertem Aluminium hergestelltes Aluminiumhydroxyd verwendet, das einer Vorbehandlung mit Lösungen von Phosphorsäure, Kieselsäure, Oxalsäure oder deren Salzen unterzogen ist.

d) Wasserenthärtung durch Kunstharze. Neuere Untersuchungen auf dem Gebiete der Kunstharze haben ergeben, daß gewisse Kunstharzarten, die aus Phenolen und Gerbstoffen hergestellt werden, in gleicher Weise wie die Permutite basenaustauschende Eigenschaften aufweisen und daher zur Wasserenthärtung benutzt werden können. Einige dieser synthetischen Harze besitzen die Fähigkeit, hartem Wasser ebensoviel Calcium und Magnesium zu entziehen wie die gleiche Menge eines hochwertigen Permutits.

Bei entsprechender Auswahl der Ausgangsstoffe soll es außerdem möglich sein, Kunstharze herzustellen, die imstande sind, bestimmte Basen bei der Ausscheidung aus wäßrigen Lösungen zu bevorzugen. So vermag z. B. ein aus Formaldehyd und einem Catechin hergestelltes Kunstharz Blei aus essigsaurer Lösung zu entfernen, während durch dasselbe Kunstharz Thallium aus salpetersaurer Lösung nicht beseitigt wird.

Die untersuchten synthetischen Harze werden durch Kondensation von bestimmten phenolartigen Stoffen und von Gerbstoffen mit Formaldehyd erhalten. Die meisten von ihnen sind in Wasser unlöslich. Sie werden von verdünnten Säuren und alkalischen Lösungen kaum angegriffen. Durch Verwendung bestimmter Kunstharze können fast sämtliche Kationen aus den Lösungen ihrer Salze ausgeschieden werden. Auch die Regenerierbarkeit ist bei den Kunstharzen vorhanden; durch Behandlung mit verdünnten Säuren oder mit gewissen Salzen kann die „entsalzende“ Wirkung dieser Kunstharze wieder hergestellt werden.

Es ist weiter gefunden worden, daß Kunstharze, die aus aromatischen Basen und zwar besonders unter Verwendung von Anilin und Metaphenylendiamin hergestellt wurden, in Wasser unlöslich sind und die Eigenschaft besitzen, Anionen bzw. Säurereste aus Lösungen von Säuren, wie auch aus solchen ihrer Salze auszuscheiden. Durch aufeinanderfolgende Behandlung des Wassers mit verschiedenen Kunstharzen ist es also möglich, schrittweise dem Wasser nahezu sämtliche gelösten Salze zu entziehen. Wird z. B. Wasser zuerst mit einem Tanninharz und darauf mit einem Anilinharz behandelt, so kann der Salzgehalt von 0,33 auf 0,01 pro Mille herabgesetzt werden. Auch Seewasser soll auf diese Weise „entsalzt“ werden können. Es bestünde also die Aussicht, daß sich nach diesem Verfahren, gegebenenfalls unter Anwendung weiterer Filtrierungen, größere Mengen Seewasser in brauchbares Trinkwasser umwandeln ließen. Dies hätte den Vorteil,

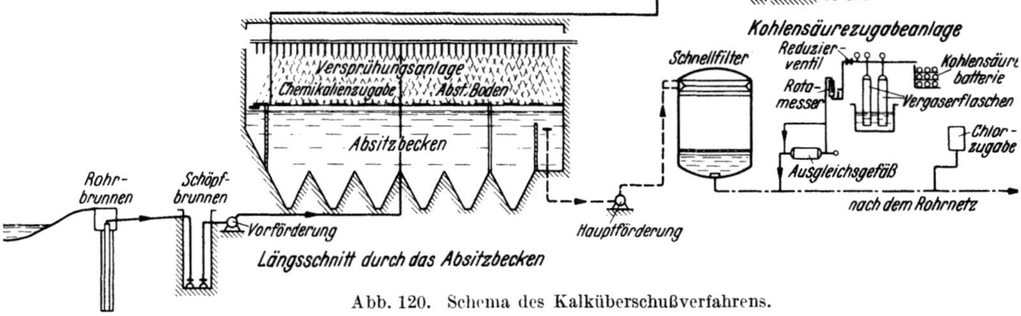

Abb. 120. Schema des Kalküberschußverfahrens.

daß Schiffe auf die Mitnahme von Trinkwasser, das bei längeren Reisen stets abgestanden ist und nicht mehr als frisch bezeichnet werden kann, verzichten könnten. Außerdem würden selbst kleinste Fischerdörfer, die heute noch keine Wasserleitung besitzen, nicht mehr auf die althergebrachten Pumpen und Brunnen angewiesen sein, sondern sich derartige Anlagen in jedem Haus aufstellen können. Ein abschließendes Urteil kann aber noch nicht gegeben werden, da sich die Angelegenheit zur Zeit noch im Versuchsstadium befindet. Weitere Forschungsarbeiten werden erforderlich sein, um die Brauchbarkeit dieses Verfahrens speziell zur Trinkwasserbehandlung zu erweisen.

e) Kalküberschußverfahren. Für Wässer mit hoher Magnesiahärte ist, weil Magnesiumsalze oft besonders schädlich sein können, z. B. bei Brauwässern, von verschiedenen Seiten das in Abb. 120 schematisch dargestellte Kalküberschußverfahren empfohlen worden. Ein hoher Kohlensäuregehalt wird zunächst durch eine Verrieselung, Belüftung oder dgl. erheblich herabgesetzt. Dabei fällt das Wasser auf einen Abflußboden und fließt über ein Überfallwehr nach dem unter dem Versprühungsboden liegenden Absetzbecken und hat hier eine einstündige Aufenthaltszeit. Am Abfluß vom Versprühungsboden in das Absetzbecken wird dem Wasser überschüssige Kalkmilch (20—25 mg/Liter Kalküberschuß) durch ein Düsensystem zugegeben. Die Mischung muß in anderen Fällen durch Mischvorrichtungen, wie Rührwerke, Propeller, Wasserstrahlmischer usw. unterstützt werden. Da Kalkwasser wegen der zuzusetzenden großen Mengen ausscheidet, muß die Zugabe des Kalkes in Form von Kalkmilch erfolgen. Die Dosierung der Kalkmilch erfolgt, da jede bekannte Meßvorrichtung infolge Verstopfung versagt, mit Hilfe von Kolbenpumpen, deren Drehzahl durch Repulsionsmotoren verändert werden kann. Da die Zugabe der überschüssigen Kalkmilch dem Wasser einen zu hohen p_H-Wert und auch einen faden Geschmack verleiht, so muß dieser Überschuß nach der Ausflockung des Eisens, des Mangans und des

Magnesiums durch eine nachträgliche Carbonisierung wieder beseitigt werden. Diese Zugabe der Kohlensäure kann aus Gasflaschen, die am besten in besonderen Verdampfungsapparaturen stehen oder jeder anderen Kohlensäurequelle erfolgen. So verwendet BLOMQUIST[1] die durch Verbrennen von Öl erhaltene Kohlensäure. CADY[2] gibt die Kohlensäure in besonderen „Carbonisierungskammern" zu. Die erste Anlage nach diesem Verfahren ist in Deutschland in Dresden von VOLLMAR[3] gebaut worden. Da sich in den Absetzbecken nur die Hälfte des Kalkes absetzte, so schaltete er zwischen Absetzbecken und Carbonisierung zur Abscheidung des restlichen Kalkes noch Schnellfilter, wozu er vorhandene und durch die Überkalkung frei gewordene Entmanganungsfilter benutzte. Die Zugabe der Kohlensäure erfolgt durch SCHLICKsche Porzellandüsen. Innerhalb 10 Sekunden ist die Abbindung der Kohlensäure erfolgt, so daß 15 m nach der Kohlensäurezugabe alle Kohlensäure gebunden ist. Die Kohlensäurezugabe wird so reguliert, daß noch ein p_H-Wert von etwa 8,5 übrigbleibt. Bei diesen Gehalten kann es noch in den Rohren zur Schutzschichtbildung, jedoch nicht zu Inkrustationen, kommen.

Der in den Absetzbecken anfallende Calciumcarbonatschlamm kann zur Wiederverwendung in ölgefeuerten Kalkbrennöfen zu Calciumoxyd gebrannt und dann wieder verwandt werden. Der Überschußkalk kann zu landwirtschaftlichen Zwecken benutzt werden. GOUDEY hat das Kalk-Sodaverfahren mit dem Kalküberschußverfahren verglichen. Mit ersterem erreichte er eine Enthärtung bis auf 2,5° DH, mit letzterem bei demselben Wasser bis auf 1,0° DH. Das Kalküberschußverfahren ist für alle Wässer über 4° DH anwendbar. Für weiches Talsperrenwasser kommt das Verfahren jedoch nicht in Frage.

Um die Wirkung des Verfahrens zu steigern, kann, besonders wenn Geschmacks- und Geruchsbelästigungen zu beseitigen sind, noch a-Kohle (in Mengen von 1—2 g/cbm Feinkohle) zugegeben werden, oder man kann Zusätze von Alaun, Eisenchlorid oder Aluminat machen.

Die Wirkung des Kalküberschußverfahrens geht nach den von VOLLMAR auf dem Wasserwerk Tolkewitz gemachten Erfahrungen aus der nachfolgenden Aufstellung hervor.

1. Rohwasser im Schöpfbrunnen.

Färbgrad mg/Liter Pt	$KMnO_4$ mg/Liter	Mn mg/Liter	p_H	Gesamthärte ° DH	Carbonathärte ° DH	Freie CO_2 mg/Liter
~ 32	~ 30	~ 0,80	7,0	10,0	5—6	30

2. Wasser nach dem Absetzbecken.

Mangan (Mn)		p_H	Ausgefälltes $CaCO_3$ in der Schwebe mg/Liter
vierwertig mg/Liter	zweiwertig mg/Liter		
0,50	0,10	10,5	100

3. Reinwasser.

Färbgrad mg/Liter Pt	$KMnO_4$ mg/Liter	Mn mg/Liter	Vor der Kohlensäurezugabe		Nach der Kohlensäurezugabe		
			p_H	Phenolphthalein-alkalität	p_H	Gesamthärte ° DH	Carbonathärte ° DH
unter 6	~ 8	0	10	2,1	7,8	7,2	2,8

[1] BLOMQUIST: Journ. Amer. Water Works Assoc. 1933, 25, 711.
[2] CADY: Journ. Amer. Water Works Assoc. 1933, 25, 1193.
[3] VOLLMAR: Gas- u. Wasserfach 1934, 77, 773.

4. Zugaben.

CaO mg/Liter	Ev. Schlamm Liter/cbm	CO_2 mg/Liter	Ev. aktive Kohle mg/Liter	Chlor mg/Liter
80	$1{,}5^{05}$ Bé.	28—34	2	0,06—0,12

Durch eine Überhärtung kann man auch außergewöhnlich hohe Kieselsäuregehalte beseitigen. Hierbei spielen Temperatur und Zeit eine Rolle.

f) Elektroosmotische Verfahren. In vielen Fällen kann es erwünscht sein, außer den Härtebildnern auch andere Salze aus dem Wasser zu entfernen (z. B. bei Brauchwasser für Eisfabriken, Brauereien usw.). Die früher angewandte Destillation des Wassers wird wegen der hohen Wärmekosten nicht mehr angewandt. In neuerer Zeit haben sich die Verfahren, die mit Hilfe der Elektroosmose arbeiten, eingeführt. Ihr Vorteil beruht darin, daß man ein Wasser jeden Reinheitsgrades herstellen kann, man braucht nur die Durchflußzeit entsprechend einzustellen. Groß ist die Patentliteratur, die sich auf diesem Gebiete angesammelt hat.

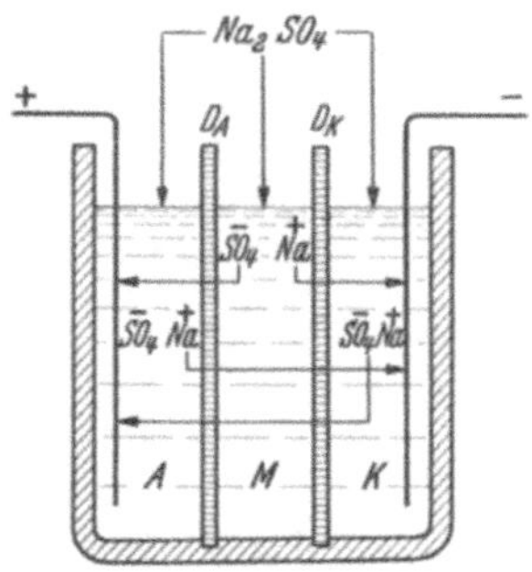

Abb. 121. Vorgang bei der Elektroosmotischen Wasserreinigung bei der Spülung der Elektrodenräume (*A* Anode; *K* Kathode; *M* Mittelraum; D_A und D_K sind Diaphragmen).

Das elektroosmotische Wasserreinigungsverfahren beruht darauf, daß man das zu reinigende Wasser in einen Dreizellenapparat der Wirkung des Gleichstromes unterwirft. Durch als Diaphragmen dienende Zwischenwände ist die Apparatur in einen Anoden-, einen Mittel- und einen Kathodenraum geteilt. Die Diaphragmen lassen die sauren und gelösten Stoffe als Ionen durchtreten. Abb. 121 zeigt das Prinzip der elektroosmotischen Wasserreinigung bei Spülung der Elektrodenräume. Der elektrische Strom bringt die Anionen aus dem Mittel- und Kathodenraum in den Anodenraum und andererseits die Kationen aus dem Anoden- und Mittelraum in den Kathodenraum. Jenseits der Diaphragmen werden die Ionen entladen. Durch Spülung der Anoden- und Kathodenräume werden die aus dem Mittelraum fortgeführten Salze mit fortgespült.

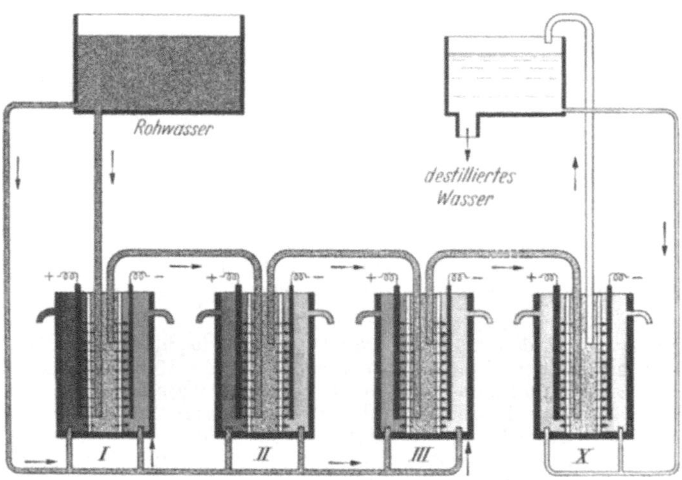

Abb. 122. Schematische Darstellung der elektroosmotischen Wasserreinigung.

Dadurch, daß man mehrere gleiche Apparate hintereinanderschaltet und das Wasser aus dem Mittelraum stets von einem Apparat zum anderen leitet, während man die Wässer aus dem Anoden- und Kathodenraum als Spülwasser fortleitet, kann man schließlich zu einem so stark entsalzten Wasser gelangen, daß es praktisch destilliertem Wasser gleichwertig ist. Abb. 122 zeigt die schematische Darstellung einer elektroosmotischen Wasserreinigungsanlage mit mehreren hintereinander geschalteten Zellen. Eine nach dem Prinzip der Filterpressen gebaute Apparatur ist in Abb. 123 dargestellt.

Diese Apparate setzen sich zusammen aus einem Gestell mit zwei festen Endplatten und einer beweglichen Mittelplatte sowie den osmotischen Systemen, die aus Anoden-, Mittel- und Kathodenraum gebildet sind. Der Mittelraum wird beiderseits von je einem Diaphragma begrenzt. Durch Handräder und Preßspindeln werden die Systeme zwischen Mittelplatte und rechter Endplatte so eingespannt, daß sie gegeneinander und nach außen wasserdicht sind. Für die Spülung der Elektrodenräume mit Rohwasser bzw. gereinigtem Wasser ist an der Rückseite der Apparatur eine offene zweiteilige Rinne angebracht. Durch Nieder- und Hochschrauben von Schraubdüsen läßt sich das für jede Zelle erforderliche Spülwasser genau einstellen. Spülwasser und Verunreinigungen fließen dann aus Ablaufdüsen in die auf der Vorderseite angebrachten Sammelrinnen aus Hartgummi.

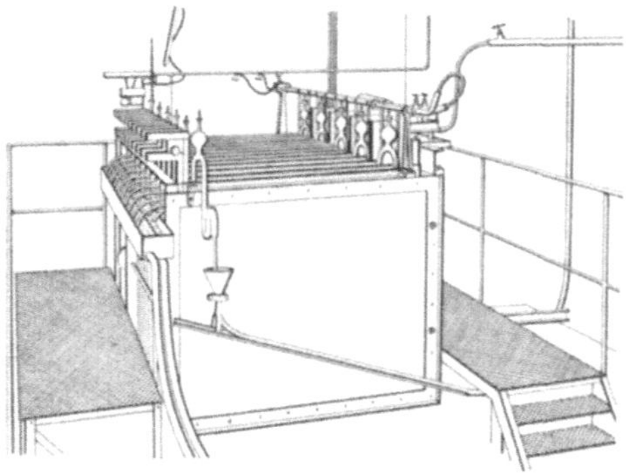

Abb. 123. Filterpressenapparat zur elektroosmotischen Wasserreinigung. (System Siemens & Halske, Berlin).

Man kann aber auch die Spülung aus dem Mittelraum vornehmen, wie Abb. 124 zeigt. In diesem Falle werden die Mittelräume für sich und die Kathoden- und Anodenräume hintereinander geschaltet. Das Wasser steht im Mittelraum etwas höher. Dadurch, daß immer etwas Wasser aus dem Mittelraum in die Elektrodenräume tritt, erfolgt die Spülung mit reinerem Wasser. Die Elektrodenräume sind mit Überläufen versehen, an denen das mit den Verunreinigungen angereicherte Wasser abtropft.

Apparate nach der letztbeschriebenen Schaltungsweise werden in neuerer Zeit als Kaskadenapparaturen gebaut (s. Abb. 125). Durch Hintereinanderschalten einer beliebigen Anzahl Kaskaden kann eine beliebige Herabsetzung der Salzkonzentration erreicht werden. So beschreibt Gerth eine achtstufige Apparatur, die aus vor Korrosion geschützten Betonwänden bzw. einzelnen Betonwannen besteht und mit Elektroden und Diaphragmen versehen

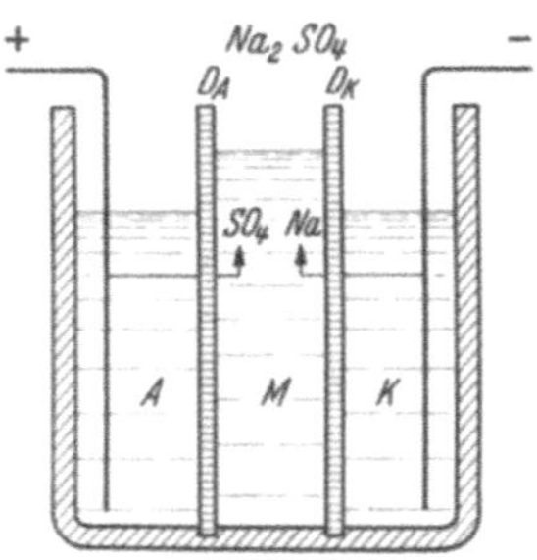

Abb. 124.

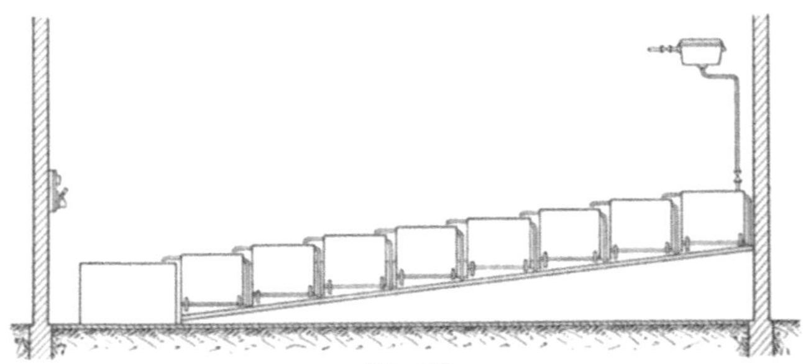

Abb. 125.

Abb. 124. Vorgang bei der elektrischen Wasserreinigung bei der Spülung des Mittelraumes. (*A* Anode; *K* Kathode; *M* Mittelraum.)

Abb. 125. Schematische Darstellung einer Kaskadenapparatur.

ist, die nacheinander von dem zu reinigenden Wasser durchspült werden. Das Elektrodenspülwasser wird an der Stirnseite der Wannen vereinigt. Die 16 keramischen Diaphragmen jeder Wanne bilden 8 Mittelräume für das zu reinigende Wasser und 9 Elektrodenräume. Auf diese Weise wird eine Ersparnis an Elektroden, bessere Raumausnutzung und Verminderung des Spülwassers bis auf die Hälfte erzielt. Eine solche Kaskade leistet etwa 400 Liter/Stunde bei mittelhartem Rohwasser. Die in einer Brauerei in einem vierwöchigen Dauerbetrieb erzielten Durchschnittswerte waren folgende:

Analyse des Rohwassers			Analyse des elektroosmotisch gereinigten Wassers			Energieverbrauch
Gesamtsalzgehalt mg/Liter	MgO mg/Liter	Härte ° DH	Gesamtsalzgehalt mg/Liter	MgO mg/Liter	Härte ° DH	je cbm
1676	125	59,8	653	11,2	17,3	etwa 20 kWh

Der Stromverbrauch richtet sich nach dem Salzgehalt des Wassers und nach dem gewünschten Reinheitsgrad. Er beträgt für 100 Liter Wasser etwa 1,5 bis 4,5 kWh. Er läßt sich bei bestimmten Wässern durch Wiederverwendung des Kathodenwassers noch verringern. Man kann Gleichstrom von 22—60 Volt verwenden. Wechselstrom muß zunächst durch einen Gleichrichter umgeformt werden. Den Stromverbrauch gibt GERTH für die Kaskadenapparatur für normales Leitungswasser bei einer Verminderung der Härte auf 2° DH zu etwa 20 kWh/cbm an. Die Siemens-Elektroosmose-Gesellschaft baut zur Zeit vier Größen und zwar für 200, 90, 8 und 4 Liter stündliche Leistungsfähigkeit. Je nach den Verwendungszwecken, für die das entsalzte Wasser gebraucht werden soll, richtet sich die Größe der Apparatur. Diese ist z. B. bei der Eisfabrikation, in Brauereien oder bei der Reinigung von Kesselspeisewasser ganz verschieden. So beschreibt JAEKEL einen Kleintyp der Elektroosmose-Gesellschaft, der für die Entsalzung kleinster Wassermengen von etwa 30—40 Liter/Tag, z. B. in Apotheken und in Laboratorien, viel verwandt wird. Bei Anwendung von Gleichstrom von 60—110 Volt beträgt hier der Stromverbrauch nur 50—100 Watt/Stunde.

Als Anodenmaterial hat sich nur Magnetit bewährt, während für die Kathoden Eisen, Zink oder Zinn verwandt werden kann. Als Material für Diaphragmen benutzt man Vulkanfiber oder Chromgelatine. Ein Nachteil ist hierbei, daß die Diaphragmen eine verschiedene Durchlässigkeit für positive und negative Ionen haben. Die Schaltung der Magnetitanoden und Eisenblechkathoden hängt von den Einzelanforderungen ab.

BARTOW und JEBENS haben mit ihrer aus Deutschland bezogenen Apparatur Versuche gemacht, bei denen der Abdampfrückstand von 750 mg/Liter auf 15 mg/Liter herunterging. Diese restlichen Bestandteile ließen sich nur schwer entfernen; es zeigte sich jedoch, daß das Wasser wie „destilliertes“ Wasser benutzt werden konnte. Gleichzeitig wiesen die Autoren darauf hin, daß das Kathodenwasser in gewerblichen Betrieben an Stelle von Kalkwasser, das Anodenwasser als Waschwasser zum Bleichen und Sterilisieren benutzt werden kann. ATEN hat die elektroosmotische Wasserreinigung zur Herstellung von „destilliertem“ Wasser mit der Destillation mittels Elektrowärme verglichen und kommt hierbei zu folgenden Vergleichszahlen für den Kraftverbrauch bei gewöhnlichem Leitungswasser.

1. Die elektroosmotische Behandlung verbraucht 0,1 kWh und 0,5 Liter Spülwasser je Liter Wasser.

2. Die Destillation mit Elektrowärme verbraucht dagegen 0,7 kWh und 6 Liter Kühlwasser je Liter Wasser.

In der letzten Zeit sind weitere, die Elektroosmose betreffende Patente herausgekommen, so unter anderem DRP. 498048 und 579023. DRP. 531155 sieht als Zusatzpatent zum DRP. 498048 vor, daß das aus einem bzw. mehreren Mittelräumen in die Elektrodenräume eintretende Wasser in zwei Teilströme aufgespalten wird, derart, daß der eine ausschließlich durch den Kathodenraum, der andere nur durch den Anodenraum der Apparatur geführt wird.

Die Elektroosmose A.G. in Berlin schlägt in DRP. 394360 und 395752 (Verfahren zur vollständigen oder teilweisen Beseitigung von Salzen aus Wässern auf elektrolytischem Wege) vor, die reinen Carbonatwässer nach Zusatz einer äquivalenten Menge Schwefelsäure im Mittelraum eines Dreizellenapparates durch die Wirkung des elektrischen Stromes zu reinigen, indem man das sulfathaltige Wasser im Anodenraum der elektroosmotischen Behandlung unterwirft. Sind auch andere Kalksalze zugegen, so wird das Wasser zunächst dem Anodenraum zugeführt und darauf zwecks Absetzung der Carbonatflocken in ein Absetzgefäß geleitet und schließlich im Mittelraum eines Dreizellenapparates elektroosmotisch behandelt. In letzterem Falle kann der Zusatz von Kalkwasser unterbleiben, da das sich an den Elektroden bildende Calciumhydroxyd auf die Carbonate ausflockend wirkt.

g) Enthärtung durch andere chemische Fällungsmittel. Bei kleinen Anlagen zur Enthärtung kleiner Wassermengen hat man besonders in gewerblichen Betrieben mit geringem Wasserverbrauch von der enthärtenden Wirkung der Phosphate und anderer Salze Gebrauch gemacht. Da Soda nicht schnell genug enthärtet, empfiehlt FOULON[1] einen Zusatz von Wasserglas und Erwärmung auf etwa 30°, da dann die Enthärtung in 1—2 Minuten vollendet sei. Von den

[1] FOULON: Gas- u. Wasserfach 1936, **79**, 231.

Phosphaten kommt in erster Linie Trinatriumphosphat in Frage. Unter der Bezeichnung Calgon oder Calgon A ist ein Hexametaphosphat im Handel[1], dessen Wirkung darauf beruht, daß es mit dem Kalk Verbindungen bildet, die dann nicht mehr auf die Seife wirken können. Ähnliche Eigenschaften hat das Natriumpyrophosphat, das dazu noch den Vorteil der größeren Billigkeit hat. Ein Nachteil dieser meistens im Haushalt und in Kleinbetrieben gebrauchten Mittel ist der, daß sie zum größten Teil im Wasser verbleiben, sich beim Kochen durch Hydrolyse spalten und dann teilweise ihre Wirksamkeit einbüßen.

Zum Schutze von Warmwasseranlagen vor Korrosionen hat sich das K-C-S-(Phosphat-) Verfahren bewährt, das in dem Zusatze einer Lösung von Phosphaten und normalem Sulfit in einem bestimmten Verhältnis zum Kalkwasser besteht. Das in Blöcken von je 1 kg in den Handel gebrachte Korrosionsschutzmittel wird in zylindrischen Gefäßen gelöst. Die Lösung reagiert schwach alkalisch. Durch ein Venturirohr und ein Ventil erfolgt die genaue Zugabe des Schutzmittels. Das mit den Reagenzien versetzte Kaltwasser gelangt in den Boiler, wo es in der üblichen Weise durch die Heizschlangen erwärmt und den einzelnen Stellen zugeleitet wird. In den Rohren bildet sich eine schützende Kalk-Phosphat-Rostschutzschicht. Da der Sulfitgehalt in der Hauptsache auf den Sauerstoffgehalt des Wassers einwirkt, kommt das Verfahren in erster Linie nur dort in Frage, wo der Sauerstoffgehalt stört.

h) Elektrolytische Enthärtung. Als letztes Verfahren ist die elektrolytische Wasserbehandlung[2] zu erwähnen, die vor etwa 6 Jahren in Dänemark eingeführt worden ist. Dort sollen bereits über 100 Anlagen mit gutem Erfolg nach diesem Verfahren arbeiten. Im Innern des Speichers werden Aluminiumanoden angebracht, während die Kathode mit dem Speichermantel verbunden ist. Durch Gleichstrom von 6—10 Volt soll bei einem Stromverbrauch von nur 9 Watt in 15—20 Minuten ein chemisch-physikalischer Gleichgewichtszustand erreicht werden, der der höchsten Wassertemperatur entspricht. Hierbei erfolgt eine Verminderung der Carbonathärte und gegebenenfalls auch der bleibenden Härte. Erfahrungen über Anlagen in Deutschland sind bisher noch nicht bekannt geworden; das Verfahren soll aber bereits in einigen Fällen im Inland zur Anwendung gekommen sein.

H. Die Verfahren der Desinfektion und Sterilisation des Wassers.

Bei den auf die verschiedene Weise vorbehandelten Trink- und Brauchwässern verbleibt je nach dem Ursprung und der Behandlungsweise eine mehr oder weniger große Anzahl von Keimen im Wasser. Bei schlecht oder überhaupt nicht behandeltem Wasser, wie z. B. bei Brunnen, können durch das Wasser sogar tierische Parasiten verbreitet werden. Besonders sind es die Eier der parasitischen Würmer und die Keime, welche den menschlichen und tierischen Darm bewohnen und mit den Darmausscheidungen in die Wasserläufe gelangen. Bei Oberflächenwässern, die häusliche Abwässer oder Abwässer aus Schlächtereien, Abdeckereien usw. aufnehmen müssen, ist die Gefahr, daß bei ihrer Verwendung als Trinkwasser mit den tierischen Parasiten und Mikroorganismen auch pathogene Keime mit aufgenommen werden können, sehr groß. Die pathogenen Keime von Cholera, Typhus, Paratyphus, Milzbrand usw. können sich einige Tage im Wasser lebensfähig erhalten und deshalb mit dem Wasser übertragen werden. Auf die Menge, die Vermehrungsfähigkeit und die Erhaltung

[1] ROSENDAHL: Gas- u. Wasserfach 1936, **79**, 510.
[2] NAUMANN: Kleine Mitt. Landesanst. Wasser-, Boden- u. Lufthygiene 1937, **13**, 42.

der Lebensfähigkeit der im Wasser vorhandenen Bakterien hat die Beschaffenheit des Wassers, d. h. der Gehalt an geeigneten Nährstoffen, der Zustand der Selbstreinigung, der Sauerstoffgehalt, die Temperatur des Wassers und der Einwirkung von Licht und Luft je nach der Art der Keime mehr oder minder großen Einfluß. In der wärmeren Jahreszeit werden Epidemien, die auf Trinkwasser zurückzuführen sind, häufiger beobachtet. Die Ursache dafür ist noch nicht restlos geklärt. Von vielen Seiten wird angenommen, daß die größere Empfindlichkeit des Menschen für Magen- und Darmstörungen der Grund für das verstärkte Auftreten dieser Infektionskrankheiten ist.

Bei der Filtration von Wasser wird eine große Menge von Keimen zurückgehalten. Bei Langsamfiltern ist der Rückgang der Keimzahl gegenüber dem Rohwasser größer als bei Schnellfiltern. Bei ersteren ist das Wasser mit dem auf der Oberfläche der Sandkörner sich entwickelnden biologischen Rasen viel länger und intensiver in Berührung, so daß dieser seine adsorbierenden Eigenschaften äußern kann und die in ihm lebenden Protozoen ihre Wirkung viel stärker entfalten als bei den Schnellfiltern mit großen Filtrationsgeschwindigkeiten. Durch Verkleinerung der Durchflußgeschwindigkeit hat man es meistens in der Hand, die Wirkung der Filter in bezug auf Keimzahlverringerung zu steigern.

Bei uferfiltriertem Grundwasser steigt bei Hochwasser infolge Beseitigung der schützenden Filterhaut und des Durchgangs des Wassers durch sonst nicht durchflossene Bodenschichten die Keimzahl stark an. Auch im Winter, wenn durch die tiefe Temperatur des Vorfluters die Selbstreinigung und die biologische Wirkung der Filterschicht stark zurückgeht, beobachtet man oft ein Ansteigen der Keimzahl.

Alle zum Genuß bestimmten Wässer, bei denen nur irgendwie die Gefahr der Übertragung pathogener Keime besteht, sollten einer Desinfektion oder Sterilisation unterworfen werden. Solche Wässer sollten vor ihrer Abgabe an den Verbraucher stets bis auf einen niedrigen Keimgehalt, möglichst unter 10 Keime je Kubikzentimeter, mindestens aber unter 100 Keime je Kubikzentimeter entkeimt werden. Eine Dauerkontrolle der Gesamtkeimzahl ist bei jeder zentralen Wasserversorgung notwendig. Wenn auch mit steigender Keimzahl nicht unbedingt ein Vorhandensein von pathogenen Keimen verbunden sein muß, so zeigt doch die Zunahme der Keimzahl, daß ein verstärkter Einfluß von schädlichen Stoffen vorhanden ist und daß man der Desinfektion erhöhte Aufmerksamkeit schenken muß. Nur bei einer exakt durchgeführten Dauerkontrolle der Keimzahl läßt sich der Nachweis, ob eine auftretende Epidemie wirklich auf den Einfluß des Wassers zurückzuführen ist, erbringen. Andererseits muß bei allen, auch nicht unmittelbar durch Trinkwasser bedingten Epidemien der Trinkwassersterilisation ganz besondere Aufmerksamkeit geschenkt werden. Die schlagartig mit einer großen Krankenzahl auftretenden Epidemien lassen daran denken, daß das Trinkwasser auch an der Verbreitung der Epidemie beteiligt ist. Es sei in diesem Zusammenhange an die durch Trinkwasser verbreiteten Epidemien, z. B. die Choleraepidemie in Hamburg und Typhusepidemie in Gelsenkirchen, Hannover und Lyon, erinnert. Andererseits steht aber auch fest, daß durch die planmäßige Desinfektion des Trinkwassers die Anzahl der ansteckenden Krankheiten, z. B. Typhus und Paratyphus, erheblich zurückgegangen ist.

Die Entkeimung des Wassers kann auf verschiedene Art durchgeführt werden. Die anzuwendende Art der Desinfektion richtet sich ganz nach den örtlichen Verhältnissen.

1. Abkochen.

Erhitzt man Wasser kurze Zeit, etwa 10 Minuten lang auf 75°, so werden die in ihm enthaltenen Keime zum größten Teil abgetötet. Durch das Kochen werden dem Wasser die für den Wohlgeschmack des Wassers wichtigen Gase, vor allem die Kohlensäure und die Erdalkaliverbindungen, also die Calcium- und Magnesiumsalze, entzogen. Der Geschmack des Wassers wird dadurch schal und fade. Das abgekochte Wasser ist zwar keimfrei, aber nicht bactericid, so daß es leicht wieder Bakterien aufnimmt. Für zentrale Wasserversorgungsanlagen kommt dieses Verfahren wegen der Gefahr der Neuimpfung aus dem Leitungsnetz und wegen der hohen Bau- und Betriebskosten nicht in Frage. Wohl eignet sich dieses Verfahren zur Entkeimung kleiner Wassermengen bei Einzelwasserversorgung und im Haushalt selbst. Bei zentralen Versorgungsanlagen kann dieses Verfahren in den Fällen, wo eine Verseuchung des Wassers oder der Rohrleitung (z. B. bei Rohrbrüchen) vermutet wird oder durch starkes Anwachsen der Keimzahlen nachgewiesen ist, den Abnehmern empfohlen werden. Durch eine wirksame rechtzeitige Warnung, möglichst mit Hilfe der Presse und des Rundfunks, vor dem Genuß ungekochten Wassers kann unter Umständen viel Unheil verhütet werden.

Die von einigen Firmen in den Handel gebrachten Apparate zur Sterilisation durch Abkochen, wie z. B. der von der Firma Siemens, bei dem das zum Kochen erhitzte Wasser sich gleich an dem ankommenden Wasser wieder abkühlt oder der von Grove, ein durch Gas geheizter Schnellwärmer mit Rippenheizkörpern und Kühlschlange haben sich nicht einführen können, da in den meisten Fällen die Anschaffungs- und Betriebskosten viel zu hoch sind. Sie dürften auch wohl nur in besonderen Fällen in Frage kommen, wie z. B. bei einzeln liegenden Landhäusern, Heimen und Gutshöfen. In erster Linie ist das Verfahren für militärische Zwecke für die Truppen im Felde in Form der fahrbaren Trinkwasserbereiter angewandt worden. Es sind recht brauchbare Apparate konstruiert worden. Das Wasser wird durch Pumpen in einen mit Quersiederohren ausgestatteten Kessel gehoben. Durch ein zwischengeschaltetes Bimssteinfilter wird das Wasser vorher von größeren und feineren Schwebestoffen befreit. Das im Kessel auf Siedetemperatur erhitzte Wasser wird in einem besonderen Kastenkühler abgekühlt. Zur Beseitigung des Kochgeschmacks wird dem Wasser durch Belüfter und Sprühregendusche wieder Luft zugeführt. Ein Nachfilter entfernt die ausgeschiedenen Härtebildner. Das trinkfertige Wasser ist nur um 2° wärmer als das Rohwasser. Die Leistungsfähigkeit beträgt etwa 500 Liter in der Stunde.

2. Ultraviolette Strahlen.

Sonnenlicht tötet Bakterien. Die keimtötende Kraft des Sonnenlichtes beruht im wesentlichen auf seinem Gehalt an ultravioletten Strahlen. Deshalb versuchten schon 1877 die Engländer Downes und Blunt, Bakterien mit ultravioletten Strahlen abzutöten. In die Praxis wurde dieses Verfahren erst durch die grundlegenden Arbeiten von Courmont, Nogier, Braumöller, Thévenot eingeführt. Für die Abtötung der Bakterien kommen Strahlen in Betracht, die eine Wellenlänge von 200—300 mμ haben. Strahlen von dieser Wellenlänge können Quarz noch ohne erheblichen Verlust durchdringen. Ihre bakterientötende Kraft beruht auf der Zerstörung des Protoplasmas. Von dieser Protoplasmazerstörung werden nicht nur die Bakterien selbst, sondern auch ihre Dauerformen, die Sporen, im Bruchteil einer Sekunde vernichtet. Nachteilig ist, daß die ultravioletten Strahlen durch Kolloide, durch trübende und färbende Stoffe stark absorbiert werden.

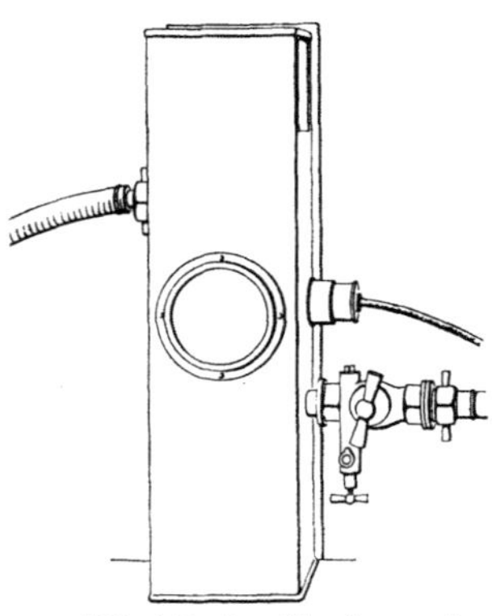

Abb. 126. Durchlaufapparat „Uster".

Man erzeugt die ultravioletten Strahlen in evakuierten, mit Quecksilberdampf gefüllten Quarzlampen, von denen eine ganze Reihe verschiedener Konstruktionen bekannt ist. Leitet man durch Quecksilberdampf, der in einer evakuierten Röhre eingeschlossen ist, hochgespannte Ströme, so leuchtet der Quecksilberdampf und sendet gleichzeitig ultraviolette Strahlen aus, die wohl Quarz durchdringen, von Glas aber zurückgehalten werden.

Einer der ältesten Apparate ist der Sterilisationsapparat der Westinghouse-Cooper-Hewitt Co. mit einer Quarzlampe von Hewitt-Cooper (Quarzhülle der Silika-Gesellschaft). In diesem Gerät ist die Lampe nicht in das Wasser eingetaucht, sondern unmittelbar über der Wasseroberfläche angeordnet. Das Wasser wird dann in ganz dünner Schicht durch eingebaute Leitwände mehrmals an den Strahlen vorbeigeführt. Der Apparat wurde für

Leistungen von 600—1200 Liter in der Stunde gebaut und hatte einen Stromverbrauch bei 110 Volt Gleichstrom und 3,5 Amp. von 600 Wattstunden für 1 cbm Wasser.

COURMONT und NOGIER hatten festgestellt, daß die Reichweite der Strahlen im Wasser bei vollständig klarem Wasser nur etwa 30 cm war. Trübungen wirken stark störend und bedingen einen viel größeren Kraftaufwand. Vorbedingung für das Verfahren ist demnach, daß das Wasser möglichst klar, d. h. gut vorgereinigt ist.

Um die Reichweite der Strahlen besser auszunutzen, hat man untergetauchte Lampen gebaut, bei denen das Wasser in naher Berührung mit der Quelle der Strahlen ist und die gesamte Strahlung nach allen Seiten ausgenutzt wird; gleichzeitig wird durch das Untertauchen die Lampe gekühlt. Bei der Lampe von Siemens & Halske brennt eine Quarzlampe, mit evakuiertem Quarzmantel axial angebracht, als Unterwasserbrenner in einem zylindrischen Gefäß, in welches das Wasser tangential einströmt und in mehrfachen Rotierungen dem Strahlungsbereich der Lampe ausgesetzt wird.

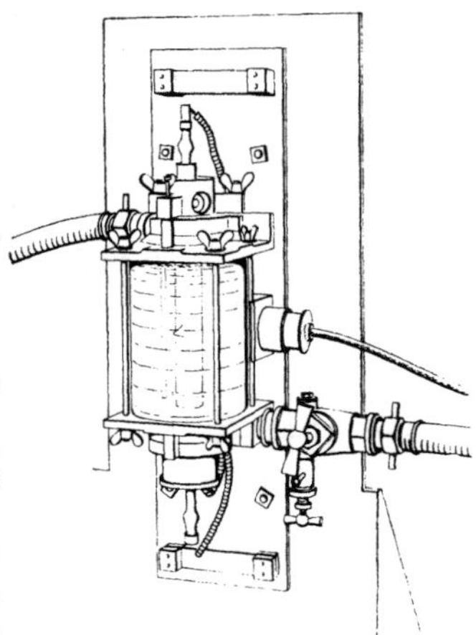

Abb. 127. Durchlaufapparat „Uster" nach Abnahme des Gehäuses.

Für die eingetauchte Lampe werden folgende Vorteile geltend gemacht: Die quantitative Ausnutzung der Strahlen, die sofortige Erreichung des stationären Zustandes, die lange Lebensdauer der Lampen infolge der Kühlung. Für die in der Luft brennenden Lampen wird hervorgehoben: die große Erhöhung der Ausbeute an ultravioletten Strahlen durch die Steigerung der Temperatur und der Wegfall der Reinigung der Lampe von angesetztem Kesselstein.

Die Quarzlampengesellschaft in Hanau hat in neuerer Zeit einen Entkeimungsapparat „Uster" mit einem selbsttätig zündenden, gestreckten Quarzbrenner, der einen Hochdrucklichtbogen von 200 mm Länge und eine Helligkeit von 3000 HK hat, herausgebracht. Der in Abb. 126 dargestellte Apparat ist mit dem Quarzbrenner der Firma (s. Abb. 128) versehen, der nur eine ganz geringe, kaum merkbare Quecksilbermenge, im übrigen aber ein Gas enthält. Der Brenner von gestreckter Form hat eine Länge von 320 mm.

Die Lampe beansprucht 4,7 Amp. und 140 Volt. Der Stromverbrauch beträgt 600 Watt in der Stunde. Der Brenner hängt in einem wasserdicht eingebauten Quarzzylinder von 50 mm Durchmesser, der von einem größeren, 100 mm im lichten messenden Glaszylinder umschlossen ist. In den Ringraum zwischen Glaszylinder und Quarzzylinder strömt das zu entkeimende Wasser so ein, daß es spiralförmig um den die Lampe umschließenden Quarzzylinder herumgewirbelt wird, wie dies aus der Abb. 127, welche die Durchlaufapparatur nach Abnahme des Gehäuses darstellt, deutlich zu erkennen ist.

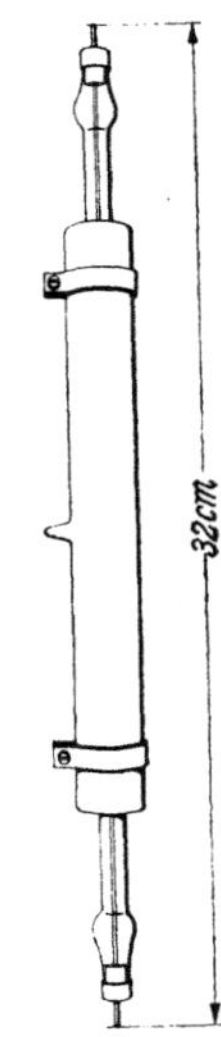

Abb. 128. Quarzbrenner S 700 des Durchlaufapparates „Uster".

Bei einem Inhalt des Ringraumes von 0,82 Liter und einer Durchflußmenge von 1000 Liter in der Stunde hat das Wasser eine Kontaktzeit von etwa 3 Sekunden. VAGEDES[1] hat bei seinen Versuchen mit diesem Durchlaufgerät gute Erfolge gehabt. Der Apparat ist nur 38 cm hoch und kann an die Druckleitung angeschlossen werden. Er empfiehlt ihn auf Grund der bei der Preußischen Landesanstalt für Wasser-, Boden- und Lufthygiene durchgeführten Versuche für kleinere Wasserversorgungen für Siedlungen, Lager, Schiffe auf abwasserenthaltenden Strömen (wie z. B. auf dem Rhein).

Irgendwelche gesundheitschädlichen Wirkungen beim Genuß eines mit ultravioletten Strahlen behandelten Wassers sind weder bei Menschen noch bei Tieren beobachtet worden und konnten auch bei lang andauernden Tierversuchen nicht festgestellt werden. Geruch, Geschmack, Temperatur und chemische

[1] VAGEDES: Gas- u. Wasserfach 1935, 78, 80.

Beschaffenheit des Wassers ändern sich in keiner Weise. Versuche, die ultravioletten Strahlen für die Sterilisierung von Bier, Wein und Milch anzuwenden, führten zu keinem befriedigenden Ergebnis. Dies hängt damit zusammen, daß die Strahlen in gefärbte und trübe Flüssigkeiten nur einige Millimeter eindringen und daher nicht wirken können.

Das Verfahren ist zwar sehr interessant. Es kommt aber vorläufig nur für kleine Wassermengen in Frage, z. B. bei Hausanlagen, bei denen die Kosten keine so ausschlaggebende Rolle spielen. Bei größeren Anlagen, vor allem zentralen Wasserwerken, werden die Kosten, die zu rund 1—2 Rpf. je Kubikmeter Wasser angegeben werden, zu hoch, so daß es in wirtschaftlicher Beziehung den Vergleich mit anderen, viel billigeren Wassersterilisierungsverfahren nicht aushalten kann.

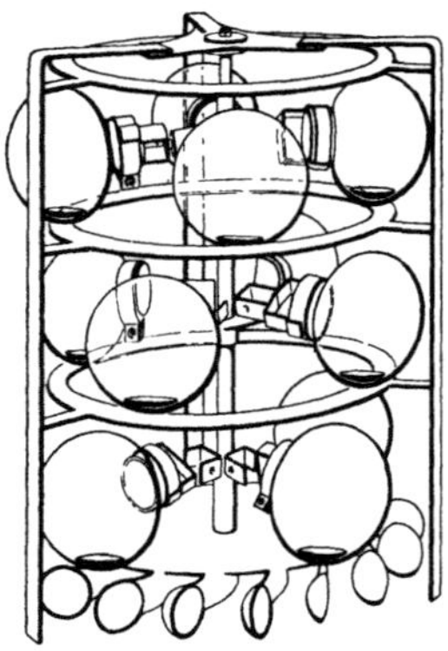

Abb. 129. Tonisatoranlage mit Wasserturbinenantrieb im geschlossenen „Roller".

Unter der Bezeichnung „Tonisatoren" werden in letzter Zeit evakuierte und dann mit einem Tropfen Quecksilber und Neongas gefüllte Glaskugeln zum Zwecke der Wasserreinigung in den Handel gebracht. Diese beim Schütteln im Dunkeln schwach aufleuchtenden Glaskugeln sollen auf die Rost- und Kesselsteinbildung einen weitgehenden Einfluß haben. Das Urteil über diese Apparate ist sehr verschieden. Der sich auf den „Bojen" genannten Glaskugeln bald ansetzende Belag verhindert alsbald den Durchtritt der von dem bewegten Quecksilber ausgesandten Strahlen, so daß diese ihre abtötende Wirkung auf die sich ansetzenden Eisenbakterien usw. nicht ausüben können. Um das Ansetzen von Rost auf den Bojen zu verhindern, werden die Bojen in ein Gestell eingebaut, das durch eine Turbinenanlage, die durch den eigenen Wasserstrom angetrieben wird, an Reinigungsbürsten vorbeibewegt wird. Eine Tonisatorboje soll bei gleichmäßigem Durchlauf in der Stunde etwa 50—100 Liter behandeln können. Die von SPLITTGERBER[1] und AMMER durchgeführten Untersuchungen haben die von anderen Seiten den Tonisatoranlagen nachgerühmten Eigenschaften, wie Verhinderung von Kesselstein nicht bestätigt.

3. Zugabe von Säuren oder Laugen.

Ändert man den p_H-Wert eines Wassers so stark, daß die Lebensbedingungen der in dem Wasser enthaltenen Bakterien gestört werden, so gehen diese zugrunde. Der p_H-Wert eines Wassers kann einmal durch Zugabe von Säure stark gesenkt werden; doch besteht dann die Gefahr, daß das Wasser aggressive Eigenschaften annimmt und daß die Rohrleitungen zerstört werden. Von diesem Verfahren hat man nur in ganz besonderen Fällen zur Sterilisation des Rohrnetzes Gebrauch gemacht.

Solange das Chlorverfahren noch nicht genügend eingeführt war, hat man in Städten, in denen man annahm, daß eine in der Stadt auftretende Epidemie auf das Wasser zurückzuführen sei, die Desinfektion der Rohrleitungen auch wohl in der Weise durchgeführt, daß man eine stark verdünnte Säure in das Leitungsnetz gab. FLÜGGE und BISCHOF verwandten bei einer in Beuthen aufgetretenen Typhusepidemie eine $2^0/_{00}$ige Schwefelsäure. Das saure Wasser bleibt mehrere Stunden in der Leitung stehen. An den Hähnen wird die Stärke der Schwefelsäure kontrolliert. Dieses Verfahren ist auch bei der Typhusepidemie 1901 in Gelsenkirchen angewandt worden.

Besser ist eine Erhöhung des p_H-Wertes, was leicht durch Zugabe billiger Kalkmilch erreicht wird. Um durch einen Kalkzusatz eine genügende Entkeimung zu erreichen, muß man diesen so groß bemessen, daß ein p_H-Wert von mindestens 9,0 erreicht wird.

[1] SPLITTGERBER u. AMMER: Vom Wasser 1936, **11**, 266.

Um eine genügende Sterilisation zu erreichen, muß auch eine genügend lange Einwirkungsdauer gegeben werden. Um den Zusatz an Kalk nicht unnötig zu erhöhen, muß man dem Wasser in großen Absetzbecken eine mindestens 12stündige Aufenthaltszeit geben. Der Vorteil liegt darin, daß gleichzeitig eine Entfärbung und Abnahme der organischen Substanz stattfindet. Es empfiehlt sich, zur Entfernung des schlechten, faden Geschmacks den überschüssig zugesetzten Kalk durch eine Carbonisierung zu entfernen. Das von SMIT besonders für die Tropen und von anderer Seite zur Reinigung von sehr weichem Talsperrenwasser empfohlene Verfahren hat wenig Anwendung gefunden, so daß über seine Wirksamkeit auch nur sehr wenige Literaturangaben vorhanden sind. Unter der Bezeichnung „Petuniaverfahren" ist ein häufig zur Reinigung und Desinfektion von Schwimmbeckenwasser angewandtes Verfahren bekannt, das in der Zugabe von Kalk bis zu einem p_H-Werte von mindestens 9 besteht.

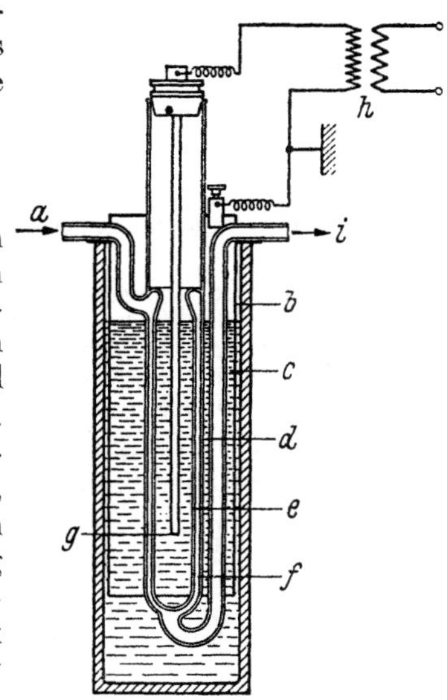

Abb. 130. Anordnung der Ozonröhre im Kühlwasserbehälter und elektrische Verbindung von Röhre und Kühlwassergehäuse mit Transformator. *a* Trockenlufteintritt; *b* Kühlwasserbehälter; *c* Kühlwasser; *d* äußere Ozonröhre; *e* innere Ozonröhre,; *f* Entladungsraum; *g* Innenelektrode; *h* Transformator; *i* Ozonaustritt.

4. Ozonverfahren.

Die keimtötende Wirkung des dreiatomigen Sauerstoffs, des Ozons, beruht auf seiner bekannten Eigenschaft, in Berührung mit oxydierbaren Substanzen atomaren Sauerstoff abzuspalten, der ein außerordentlich stark wirkendes Oxydationsmittel ist. Die desinfizierende Wirkung ist eine sehr gute. Gegenüber den übrigen angewandten Oxydationsmitteln, wie Kaliumpermanganat, Hypochloriten, gasförmigem Chlor und flüssigem Brom hat Ozon den großen Vorteil, daß bei seiner Anwendung keine störenden Salze oder andere Stoffe zurückbleiben, die unangenehmen Geruch und Geschmack erzeugen können. Als im Jahre 1840 SCHÖNBEIN die Entdeckung des Ozons bekanntgab, berichtete er auch gleich über seine geruchlosmachende, oxydierende und sterilisierende Wirkung; dies veranlaßte WERNER SIEMENS, einen technisch brauchbaren Ozonerzeuger (Ozonglasröhre 1857) herzustellen und ihn für die Trinkwasserreinigung zu verwerten. Die Herstellung des Ozons geschieht in der bekannten Weise in den Apparaten nach dem SIEMENS-OTTO- oder SIEMENS-DE FRIESE-System der Firma Siemens & Halske, Berlin oder nach dem System OTTO-ABRAHAM-MARMIER. Die Apparate unterscheiden sich durch die Konstruktion der Ozonbatterien oder durch die Art der Sterilisationstürme.

Die Herstellung des Ozons geschieht in der Weise, daß man einen Luftstrom zwischen zwei Elektroden, die sich entladen, hindurchleitet.

Eine Ozonanlage besteht im wesentlichen aus Lufttrockeneinrichtung, Ozonerzeuger, Hochfrequenzgenerator, Transformator, Verdichter (Kompressor) oder Vermischer (Emulseur) und der Ozonverteilungseinrichtung im Sterilisationsturm.

Die Lufttrockeneinrichtung ist notwendig, um zu erreichen, daß der Ozonerzeuger ständig betriebssicher und mit möglichst hoher Ausbeute arbeitet. Die Trocknung erfolgt mittels einer Tiefkühlanlage, in der die Luft ausgefroren wird.

Die Ozonerzeugung erfolgt durch die dunkle elektrische Entladung von hochgespannten Strömen zwischen Metallplatten, die durch Glas voneinander getrennt sind. Bei den Ozonröhren handelt es sich um zwei miteinander verschmolzene zylindrische Glasröhren, die zwischen ihren Wandungen einen konzentrischen Luftraum, den Entladungsraum, einschließen. Die Ozonröhre steht in einem Kühlwasserbehälter. Abb. 130 zeigt die schematische Anordnung einer Ozonröhre mit Kühlwasserbehälter.

Wie in Abb. 131 dargestellt, können in einem Kasten mehrere solcher Röhrenapparate untergebracht sein.

Ein derartiges Ozongerät liefert bei Zuführung scharf getrockneter Luft 600 g Ozon in der Stunde, bzw. aus 1 cbm Luft 3—4 g Ozon. Da für 1 cbm eines gut vorgereinigten Wassers etwa 1 bis 1,5 g Ozon gebraucht werden, können mit einem derartigen Gerät bis zu 600 cbm je Stunde sterilisiert werden.

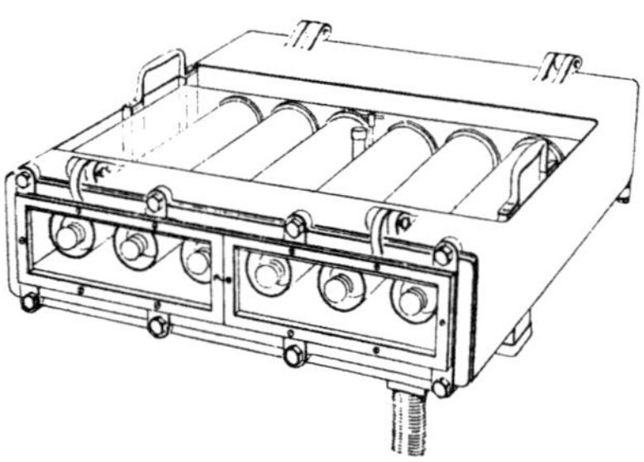

Abb. 131. Röhrenozonapparat.

Zum Betrieb der Ozongeräte ist einphasiger Wechselstrom von 10000 Hz erforderlich. In größeren Wasserwerken werden mehrere Ozongeräte zu einer Ozonbatterie zusammengeschlossen. Abb. 132 zeigt die schematische Darstellung des Vorganges der Ozonerzeugung[1]. Die Zumischung des Ozons kann in Sterilisationstürmen oder durch andere Mischvorrichtungen, wie z. B. durch Düsen, wie sie bei Wasserstrahlpumpen Verwendung finden, erfolgen. Eine derartige verhältnismäßig einfache Zumischvorrichtung beschreibt RANKIN[2] (Abb. 133). Das aus der Mischanlage angesaugte Ozon wird durch einen Wasserstrahl mittels einer Spritzdüse im Wasser fein verteilt. Eine auf diesem Prinzip der Wasserstrahlsaugpumpe beruhende Zumischvorrichtung hat auch SIEMENS bei der Ozonapparatur zur rascheren Alterung von Spirituosen empfohlen.

Ein nur in Langsamfiltern vorgereinigtes Wasser braucht 4—5 g Ozon/cbm zur Sterilisation bei 15 Minuten Kontaktzeit. Bei einem mit chemischer Fällung

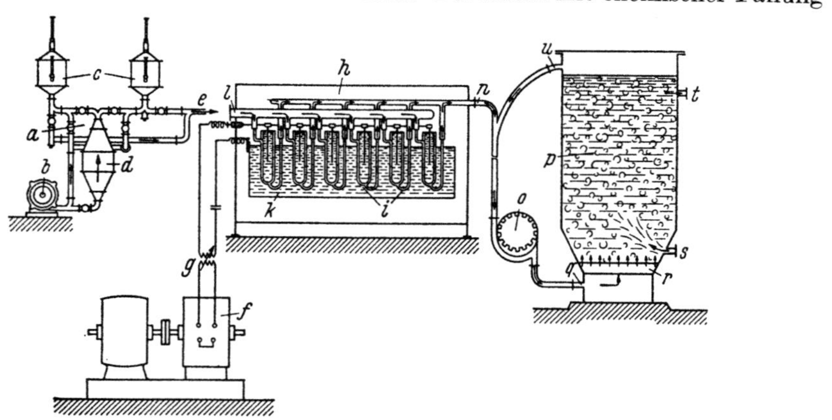

Abb. 132. Schematische Darstellung des Vorganges bei der Ozonerzeugung. *a* Lufttrockeneinrichtung; *b* Frischlufteintritt; *c* Behälter zur Aufnahme der Trockenmasse; *d* Heizelement; *e* Trockenluftaustritt; *f* Stromerzeuger; *g* Resonanztransformator; *h* Ozongerät; *i* Ozonröhren; *k* Kühlwasserbehälter; *l* Luftsammelrohr; *m* Ozonsammelrohr; *n* Ozonaustritt; *o* Ozonverdichter; *p* Sterilisationsturm; *q* Ozoneintritt in den Turm; *r* Ozonverteilungsplatte; *s* Wassereintritt; *t* Ozonwasseraustritt; *u* Ozonableitung.

und Schnellfiltern gereinigten Wasser kommt man mit 1,5—2 g/cbm Ozon und 10 Minuten Kontaktzeit aus. Zur Sicherstellung einer guten Wirkung ist es notwendig, daß das Wasser beim Verlassen der Reaktionstürme noch deutlich Ozonreaktion zeigt. Überschüssig zugesetztes Ozon muß wieder entfernt werden, da es sonst zu Schwierigkeiten im Netz führen kann. Es kann durch Rieseln über Kaskaden entfernt werden. Ein Überschuß an Ozon beeinflußt den Geruch

[1] BERGMANN u. HOLZWARTH: Siemens-Zeitschr. 1934, 14, 421.
[2] RANKIN: The Surveyor 1936, 89, 289.

und Geschmack des Wassers nicht, da das Ozon nach kurzer Zeit von selbst in gewöhnlichen Sauerstoff übergeht und somit allmählich aus dem Wasser verschwindet, vielmehr wird im Gegenteil schlechter Geruch und Farbe entfernt (von 25 auf 2 mg/Liter Pt).

Zahlreiche Untersuchungen haben ergeben, daß die abtötende Wirkung des Ozons auf die Bakterien eine vorzügliche ist. Voraussetzung für das gute Arbeiten des Ozonverfahrens ist aber, daß das Wasser nicht zu große Mengen toter organischer Substanz oder Eisensalze enthält. In diesen Fällen wird ein zu großer Teil des Ozons zur Oxydation der organischen Stoffe oder des Ferroions verbraucht, so daß seine Wirkung unsicher wird. In Abb. 134 ist eine schematische Darstellung eines Ozonwasserwerkes, bestehend aus chemischer Fällung mit Absetzbecken, Schnellfilter, Ozonanlage, Entlüftungskaskade und Reinwasserbehälter gezeigt.

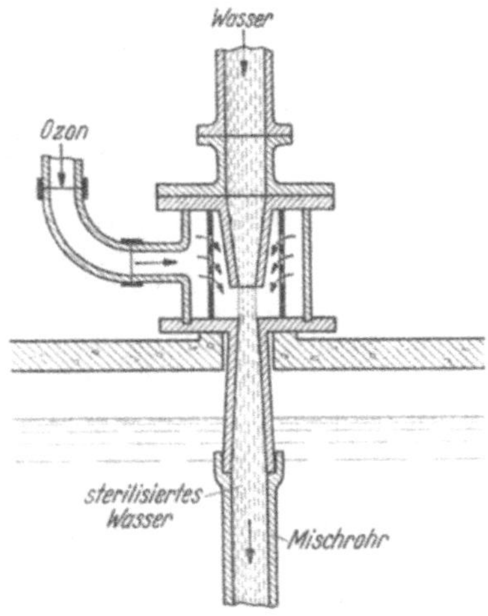

Abb. 133. Zumischvorrichtung für Ozon.

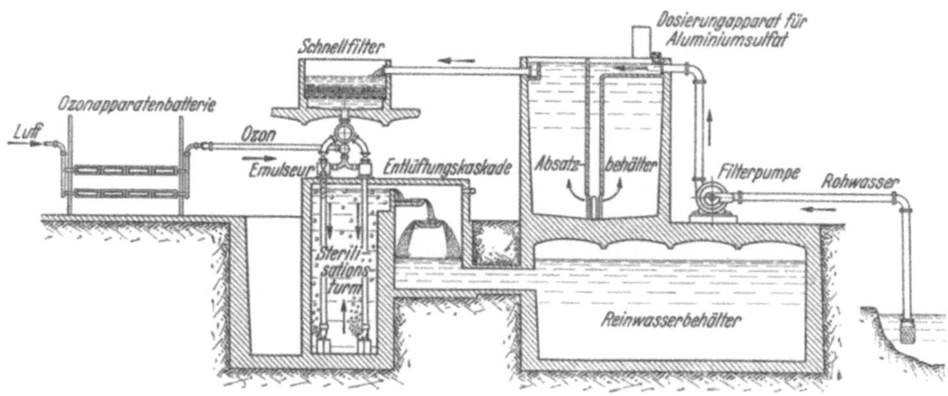

Abb. 134. Schematische Darstellung eines Ozonwasserwerkes.

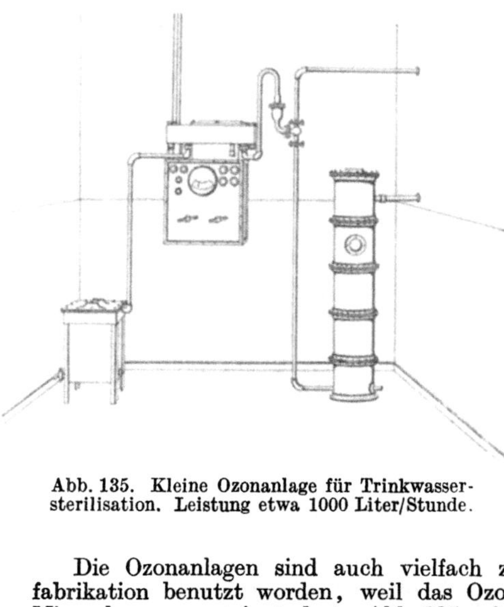

Abb. 135. Kleine Ozonanlage für Trinkwassersterilisation. Leistung etwa 1000 Liter/Stunde.

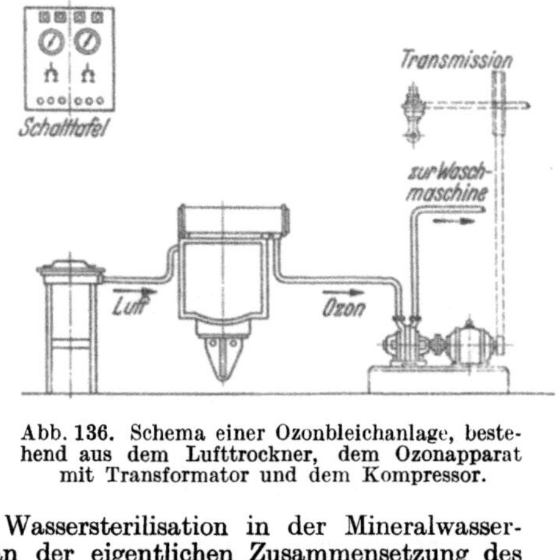

Abb. 136. Schema einer Ozonbleichanlage, bestehend aus dem Lufttrockner, dem Ozonapparat mit Transformator und dem Kompressor.

Die Ozonanlagen sind auch vielfach zur Wassersterilisation in der Mineralwasserfabrikation benutzt worden, weil das Ozon an der eigentlichen Zusammensetzung des Mineralwassers wenig ändert. Abb. 135 zeigt eine kleine Ozonanlage, wie sie für kleinere

Trinkwassermengen und auch zur Wassersterilisation in Mineralwasserfabriken benutzt wird.

Da Ozon neben der keimtötenden Wirkung auch noch eine bleichende Wirkung hat, so hat man Ozonierungsanlagen gerne für das Waschwasser von Bleichereien und Wäschereien eingebaut. In diesem Falle kann die das Ozon ansaugende Pumpe direkt mit der Waschmaschine gekuppelt werden. Eine derartige, aus Lufttrockner, Ozonapparat mit Transformator und Kompressor bestehende Ozonbleichanlage ist in Abb. 136 dargestellt.

Die Ozonierung von Trinkwasser im großen wurde zum ersten Male im Jahre 1911 für das Wasserwerk der Stadt Petersburg, das sein Wasser aus der Newa entnimmt und durch Aluminiumsulfat (30 g/cbm) und Schnellfilter vorreinigt, eingerichtet. Die Gestehungskosten für die Sterilisierung von 1 cbm Wasser betrugen im Jahre 1913 in Petersburg etwa 1,8 Rpf. Kurze Zeit nach Petersburg haben die Städte Paderborn, Chemnitz, Wiesbaden, Paris, Nizza und Florenz das Verfahren eingeführt. Die meisten Anwender haben das Verfahren aber wegen der hohen Kosten wieder verlassen und zum Teil durch das billigere Chlorverfahren ersetzt. In Frankreich dagegen nimmt die Anwendung des Ozonverfahrens stark zu. So werden in der Stadt Paris täglich 300000 cbm, in Nancy 100000 cbm und in der Stadt Toulouse das ganze Talsperrenwasser mit Hilfe des Ozonverfahrens entkeimt. Wegen des Stromverbrauchs eignet es sich am besten für solche Länder, in denen Strom zu billigen Preisen zu haben ist. Da es außerdem noch eine sorgfältige Überwachung erfordert, hat es sich trotz aller Vorzüge bisher nicht recht einbürgern können.

5. Verschiedene Oxydationsmittel.

Ebenso wie Ozon können auch alle anderen Oxydationsmittel mit gleicher Desinfektionskraft benutzt werden. Als solche kommen in Frage: Kaliumpermanganat, Wasserstoffperoxyd, die Halogene Chlor, Brom, Jod sowie die Hypochlorite. Bei Kaliumpermanganat stört die intensive Färbung, die der geringste Überschuß dem Wasser verleiht. Es findet daher nur in ganz besonderen Fällen bei Einzelwasserversorgungen Anwendung.

Wasserstoffperoxyd ist von verschiedenen Seiten zur Desinfektion von Wasser empfohlen worden. Bei guter Wirksamkeit und wirtschaftlicher Anwendungsmöglichkeit würde es ebenso wie Ozon und ultraviolettes Licht ein ideales Desinfektionsmittel darstellen, da es keinerlei schädliche Stoffe hinterläßt und auch keine Geruchs- und Geschmacksbelästigungen gibt. Bei Anwendung in einer Verdünnung 1 : 1000 erzeugt Wasserstoffperoxyd erst nach einer 24stündigen Einwirkungszeit völlige Keimfreiheit. Derartige Mengen können aber bei den derzeitigen Preisen für Wasserstoffperoxyd in einer zentralen Wasserversorgung nicht angewandt werden.

Auch andere Peroxyde, wie Natriumperoxyd, Calcium- und Magnesiumperoxyd, die zur Herstellung keimfreier und sauerstoffhaltiger künstlicher Mineralwässer empfohlen worden sind, haben sich nicht einführen können.

Nach den Untersuchungen von BECKWIRTH und MOSER[1] ist der Einfluß von Chlor, Brom und Jod auf Bodenbakterien annähernd gleich. Bei Sporenbildnern hatte Brom die stärkste Wirkung. Nach dem DRP. 104437 (P. ALTMANN) wird dem Wasser zur Desinfektion freies Brom zugesetzt, dessen Überschuß nach kurzer Einwirkungsdauer durch Ammoniak oder ein Gemisch von schwefligsaurem und kohlensaurem Natron entfernt wird. Man kann das Brom auch in Form einer Brom-Bromkalilösung (je 20 g/Liter) zusetzen.

Über die Anwendung von Brom zur Desinfektion von Badewasser hat neuerdings AMELUNG[2] berichtet. In einem Schwimmbecken von 327 cbm Inhalt bei 162 qm Oberfläche gab er täglich 20 cbm Frischwasser aus Grundwasser zu. Die mittlere tägliche Besucherzahl betrug 400. Die Wassertemperatur wurde auf 20—22° gehalten. AMELUNG stellte sich durch Auflösen von 1 kg Brom in 30 Liter Wasser (d. h. auf 1 Liter Badewasser = 3 mg Br) Bromwasser her, das er in gleichmäßigem Strom zufließen ließ. Die im Wasser enthaltenen organischen Stoffe verbrauchen einen Teil des Broms zur Oxydation. Später konnte er die Brommenge von 7 kg auf 3 kg in der Woche verringern. Bei Bromüberschuß von 0,2 mg/Liter blieb das Wasser steril.

Alle diese Desinfektionsmittel sind aber in den letzten Jahren durch das viel billigere Chlor und seine Verbindungen verdrängt worden.

---

1 BECKWIRTH u. MOSER: Journ. Amer. Water Works Assoc. 1933, **25**, 367.

2 AMELUNG: Technisches Gemeindeblatt 1936, **39**, 56.

6. Hypochlorite.

Von den verschiedenen Anwendungsformen fand das Chlor zuerst im Jahre 1893 aus Anlaß der Choleraepidemie in Hamburg auf Empfehlung von TRAUBE in Form des Chlorkalkes Anwendung. Später wurde es als Natriumhypochlorit, Magnesiumhypochlorit und Elektrolytchlorlauge und schließlich als gasförmiges Chlor angewandt.

a) Chlorkalk. Der wirksame Bestandteil im Chlorkalk des Handels ist der unterchlorigsaure-chlorwasserstoffsaure Kalk $Ca{<}^{OCl}_{Cl}$. Bei der Lösung in Wasser wird durch Hydrolyse und die im Wasser enthaltene Kohlensäure die wirksame, d. h. sauerstoffabspaltende unterchlorige Säure gebildet. Dieser Zersetzungsvorgang geht nur langsam vor sich; daher ist die Wirkung des Chlorkalkes entsprechend langsam. Die unterchlorige Säure HOCl ist ein starkes Oxydationsmittel, das seinen Sauerstoff an leicht oxydierbare Stoffe, in diesem Falle die Bakterien, leicht abspaltet. Dieser nascierende Sauerstoff hat wie der beim Ozonzerfall abgespaltene Sauerstoff eine gute Wirkung. Das im letzten Krieg in Frankreich unter der Bezeichnung „Verdunisation“ oder auch Bunau-Varilla-Verfahren angewandte Desinfektionsverfahren beruht ebenfalls auf der Anwendung von Chlorkalk bzw. dem aus diesem durch Umsetzen mit Natriumsulfat hergestellten Eau de Javelle; Javellesche Lauge ist eine Lösung von Natriumhypochlorit.

Die Anwendung des Chlorkalkes hat verschiedene Nachteile. Er ist schwer löslich, daher schwierig dosierbar und besitzt einen geringen Gehalt an wirksamem Chlor (25—35%). Bei der Lagerung nimmt er leicht Wasser auf, wird feucht und verliert schnell an Wirksamkeit. Er kann daher im allgemeinen nicht in größeren Mengen vorrätig gehalten werden. Ein weiterer Nachteil besteht in den Schlammbildungen, die sich bei der Auflösung des Chlorkalks und nach der Zugabe zum Wasser bilden können. Bei einem größeren Gehalt an Schwebestoffen besteht die Gefahr, daß die in den Suspensionen eingebetteten Bakterien nicht genügend erfaßt werden.

Um die Wirkung des Chlorkalks zu steigern, sieht das Ferrochlorverfahren von Duyk, System HOWATSON, die gleichzeitige Anwendung von Chlorkalk und Ferrichloridlösung vor. Das durch Absetzbecken gut vorgereinigte Rohwasser wird mit Chlorkalklösung und gleichzeitig mit Ferrichloridlösung versetzt. Nach kurzer Zeit wird die Mischung entweder direkt oder unter Zwischenschalten eines Absetzbeckens auf Schnellfiltern gereinigt. Die Wirkung beruht auf folgenden Vorgängen:

$$6\,CaOCl_2 + 2\,FeCl_3 + 6\,H_2O = 6\,CaCl_2 + 2\,Fe(OH)_3 + 6\,ClOH$$
$$6\,ClOH = 6\,HCl + 3\,O_2.$$

Das sich bei diesem Vorgang bildende Eisenhydroxyd und der sich nebenbei aus Chlorkalk und der Kohlensäure des Wassers bildende kohlensaure Kalk reißen beim Absetzen die übrigen noch im Wasser enthaltenen Schwebestoffe und Kolloide zu Boden. THUMM und SCHIELE, die das Verfahren in Middelkerke in Belgien in Gebrauch sahen, beurteilen das Verfahren recht günstig.

Um das in Badeanstalten bei stärkerer Anwendung von Chlorkalk zu starken Belästigungen der Badenden führende Auftreten des Chlorgeruches zu verringern, hat die Chlorator-Gesellschaft m. b. H., Berlin, ein Verfahren ausgearbeitet, das auf der Anwendung von unterchloriger Säure in Gegenwart von Calciumcarbonat (Kreide, Marmor) beruht. Die Apparatur ist eine normale Chlorgasapparatur mit einem Turmrieseler. Der Absorptionsturm ist bis zum Rande mit Marmorabfällen gefüllt und wird von oben mit einer bestimmten Menge Wasser beschickt, während das Chlor in der Mitte des Turmes zugeleitet wird. Bei der Auflösung des Chlors im Wasser bildet sich zunächst Chlorwasser, das sich in unterchlorige Säure und Salzsäure umsetzt. Das Calciumcarbonat bindet die aus dem Chlor gebildete Salzsäure vollständig, und es bleibt nur die geruchlose unterchlorige Säure über. Enthält das Betriebswasser viel Eisen, so muß der Turm einmal am Tag durch Rückspülung von dem ausgeschiedenen Eisenhydroxyd befreit werden.

b) Caporit. Infolge der Nachteile des Chlorkalks wendet man fast nur noch den zuerst von der Chemischen Fabrik Griesheim-Elektron in den Handel gebrachten, höherprozentigen Caporit oder die leichter dosierbaren Natrium- oder Magnesiumhypochlorite an. Caporit, jetzt von der I. G. Farbenindustrie unter der Bezeichnung „Perchloron“ vertrieben, ist ein reines Calciumhypochlorit $\mathrm{Ca}{<}^{\mathrm{OCl}}_{\mathrm{OCl}}$ mit 75% aktivem Chlor. Es ist lagerbeständig, da es kein Calciumchlorid enthält und keine Feuchtigkeit und keine Kohlensäure aus der Luft anzieht. Es gibt allein oder zusammen mit Kaliumpermanganat eine sehr gute keimtötende Wirkung.

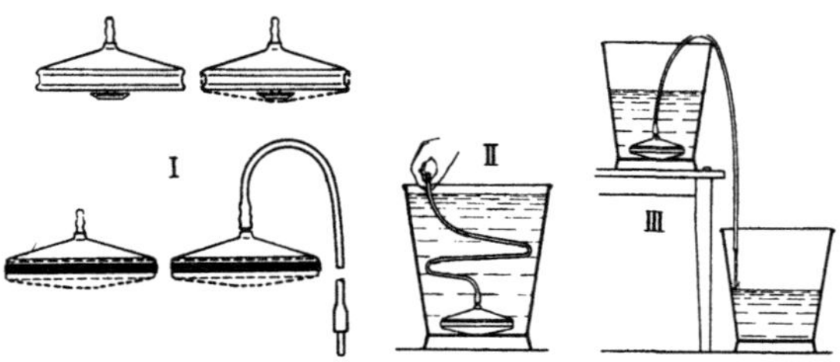

Abb. 137. Carbisterolfilter. *I* oben links das Filtertuch wird durch einen Gummiring festgeklemmt; rechts der Ablaufschlauch wird aufgedeckt. *II* Das Filter wird nach Entfernung des Glasstöpsels in das zu filtrierende Wasser gesenkt. *III* Das Wasser läuft klar in das tieferstehende Auffanggefäß.

Zur Erzeugung eines in chemischer und bakteriologischer Hinsicht einwandfreien Trinkwassers in kleineren Mengen für Sport, Reise, Expeditionen, Plantagen, Siedlungen und Haushaltungen, aber auch zur Herstellung etwas größerer Mengen für Pensionen, Schiffe auf hoher See, Hotels usw. hat die Carbo-Norit-Union, Frankfurt a. M., unter dem Namen „Carbisterol“ ein Filterverfahren ausgearbeitet, das die Verwendung des Caporits zusammen mit aktiver Kohle in Tablettenform vorsieht. Das Wasser wird zunächst mit dem in Pastillenform dosierten Caporit versetzt. Nach $^1/_4$stündiger Einwirkungszeit, während der man das Wasser einige Male umrühren soll, gibt man die aktive Kohle (Hydraffin) hinzu. Nach weiterer $^1/_4$stündiger Einwirkungszeit erfolgt die Filtration durch eine als Tauchfilter ausgebildete Filtriervorrichtung. Das Filter besteht aus einem gut vernickelten Messingtrichter, über dessen offene Filterfläche ein mit einem Gummiring zu befestigendes zweckentsprechend ausgebildetes Filtertuch gespannt wird. An dem Ablaufstutzen des Trichters ist ein mit Glashahn versehener Gummischlauch angeschlossen. Es handelt sich um ein Überchlorungsverfahren, bei dem das überschüssig zugesetzte Chlor durch aktive Kohle entfernt wird. Während das kleine Filter (s. Abb. 137) nur für sehr kleine Wassermengen Anwendung finden kann, gestattet das in Abb. 138 dargestellte Hochleistungsgerät innerhalb $^1/_2$—1 Stunde 80—200 Liter Fluß-, Teich-, Sumpf- oder sonstiges Oberflächenwasser mit Sicherheit keimfrei zu machen. Durch die zugegebene a-Kohle werden auch alle Geschmacksstoffe mit entfernt.

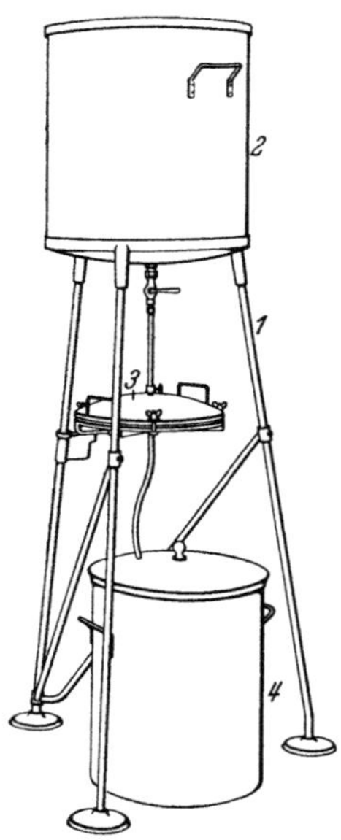

Abb. 138. Transportables Carbisterolfilter für eine Stundenleistung von 200 Liter. 1 Zusammenlegbares Traggestell; 2 Rohwasserbehälter; 3 Spezialfilter; 4 Reinwasserbehälter.

Einen mit Caporit betriebenen Entkeimer und Entfärber für Einzelwasserversorgungen stellt die Firma Bieske A.-G. in Königsberg her. Im oberen Teil des Entkeimers befindet sich der Rohwasser- und Caporitbehälter mit Wasserstandsgläsern, Hähnen, Beobachtungsfenstern und Mischbechern. In den Mischbechern wird das Rohwasser durch kreisende Bewegung mit der zutropfenden Caporitlösung (10 g-Liter Wasser) versetzt. Im unteren Teil des Entkeimers ist zunächst ein Wasserraum, der als Reaktionsraum dient. Das darunterliegende Filter besteht aus einer 7 cm starken Feinsandschicht. Dann folgt eine 28 cm starke Schicht mit gekörnter a-Kohle zur Entchlorung und Schönung und schließlich eine 4 cm starke Schicht von Quarzkies mit 4 mm Korngröße. Um Keimanreicherungen in der Quarzkiesschicht zu verhindern, wird diese mit Katadynmasse untermischt.

Olszewski hatte bei der Desinfektion von Badewasser mit Hilfe von Caporit bei einer Konzentration von 1 : 360000 = rund 3 g/cbm sehr gute Erfolge. Bei höheren Konzentrationen klagten empfindliche Personen über Chlorgeruch und -geschmack.

Gross und Henrikson[1] haben vergleichende Untersuchungen über die Anwendung von Chlorkalk und Caporit zur Entkeimung von Butterwaschwasser gemacht. Eine ausreichende Entkeimung wird mit 3—5 g Caporit oder 6—10 g Chlorkalk je Kubikmeter erzielt (bei zweistündiger Einwirkungszeit). Durch die chlorhaltigen Chemikalien wurden keinerlei schädigende Wirkungen in bezug auf Geruch, Geschmack oder Haltbarkeit der Butter festgestellt.

[1] Gross u. Hendrikson: Mitt. milchwirtsch. Kabin. Univ. Iarter (Estland) 1933, 45. Ref. Milchwirtsch. Lit.-Ber. 1933, 113 bzw. Wasser u. Abwasser 1933, **31**, 252.

c) **Magnesiumhypochlorit.** Die dem Caporit entsprechende Magnesiumverbindung, das Magnesiumhypochlorit, mit 32% wirksamem Chlor kommt unter der Bezeichnung „Magnocid" ebenfalls für Desinfektionszwecke in den Handel. Es hat aber bisher nur wenig Anwendung gefunden. Bei der Überleitung chlorhaltigen Wassers über Magnomasse bildet sich ebenfalls Magnesiumhypochlorit.

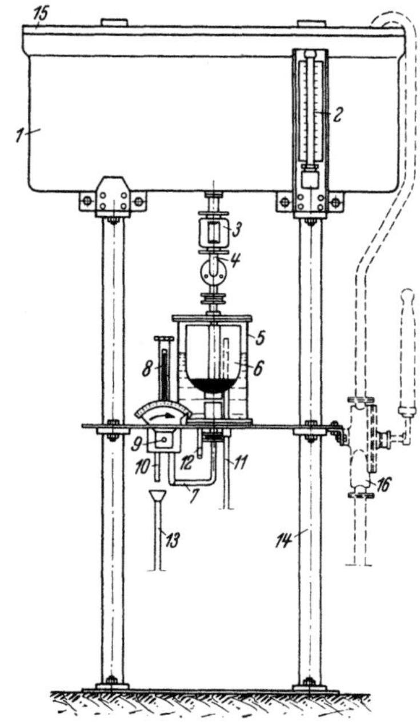

Abb. 139. Dosierungsvorrichtung für Hypochloritlauge.

d) **Natriumhypochlorit.** Leitet man Chlor in kalte Natronlauge ein, so bildet sich neben Natriumchlorid Natriumhypochlorit. Eine auf diese Weise hergestellte 15% wirksames Chlor enthaltende Lösung von Natriumhypochlorit ist unter der Bezeichnung „Bleichlauge" im Handel. Unter der Bezeichnung „Elektrolytchlor" ist eine auf elektrolytischem Wege hergestellte Natriumhypochloritlauge im Handel (s. auch unter Elektrolytlauge). Zur Desinfektion von Trinkwasser ist sie nur in wenigen Fällen angewandt worden, dafür aber häufiger zur Behandlung von Badewasser in öffentlichen Badeanstalten.

Bruns und Pabst[1] verwenden Bleichlauge für die Desinfektion des Trinkwassers der Stadt Hohenlimburg. Zur Dosierung benutzen sie die Dosierungsvorrichtung der Fa. Bamag-Meguin A.-G. (s. Abb. 139). Diese besteht aus einem Lösungsbehälter 1, in dem die Hypochloritlauge 50—100fach verdünnt wird. Durch eine Hartgummileitung wird die Lösung zum Reglergefäß geleitet, das die Aufgabe hat, die Zuführung gleicher Mengen durch Innehaltung eines gleichen Flüssigkeitsspiegels stets sicherzustellen. Aus dem Regler gelangt die Flüssigkeit zum Capillarmesser, von dem sie dann genau dosiert dem Wasser zugeleitet wird. Die zugesetzte Menge betrug 2,5—3,0 g wirksames Chlor auf eine stündliche Wassermenge von 15 cbm. Das entspricht einem Verhältnis von 1 Teil wirksamem Chlor zu 5—6 Millionen Teilen Wasser. Besonders bei kleinen Trinkwasserwerken dürften diese Anlagen sehr wertvolle Dienste leisten. In Abb. 140 ist eine sehr einfache Zugabevorrichtung für kleinere Mengen Hypochloritlauge zum Badewasser dargestellt, wie man sie sich leicht jederzeit in Fällen plötzlich auftretender Epidemien selbst einrichten kann. Die Lauge wird in den Ablauf vom Filter und damit in den Zulauf zum Schwimmbecken gegeben. In Abb. 141 ist dann noch eine ebenfalls sehr einfache behelfsmäßige Vorrichtung zur Kontrolle des genügenden Chlorzusatzes dargestellt.

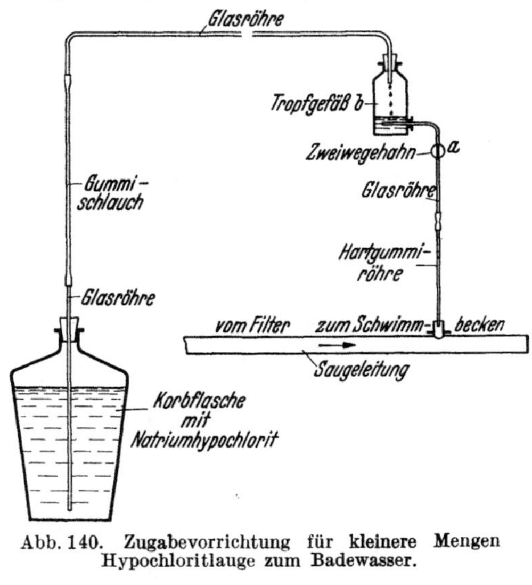

Abb. 140. Zugabevorrichtung für kleinere Mengen Hypochloritlauge zum Badewasser.

e) **Elektrolytlauge.** Um den teueren Transport der gering konzentrierten Lösungen zu vermeiden, stellt man sich die Hypochloritlauge an Ort und Stelle auf elektrolytischem Wege her. Dies erfolgt durch elektrolytische Zerlegung von Kochsalzlösung in Elektrolyseuren, wie sie die Firmen Siemens-Halske,

[1] Bruns u. Papst: Gas- u. Wasserfach 1935, 78, 37.

Siemens-Schuckert und die Firma A. Stahl, Aue in Sachsen liefern. Bei der nach dem DRP. 306193 der Deutschen Solvay-Werke hergestellten Hypochloritlauge soll das gesamte aktive Chlor in Form von freier unterchloriger Säure vorliegen. Das DRP. 615619 der Siemens-Schuckert-Werke beschreibt eine Vorrichtung zum periodischen Umschalten der Polarität der Elektroden bei den Apparaten zur elektrischen Behandlung von bakterienhaltigen Flüssigkeiten. GRAMANN empfiehlt, in den Apparaten der Firma Stahl, Aue, statt des Kochsalzes Magnesiumchloridlösung, die zu billigem Preise in den Endlaugen der Kaliindustrie zur Verfügung steht, zu verwenden. Man erhält so eine Magnesiumhypochloritlauge.

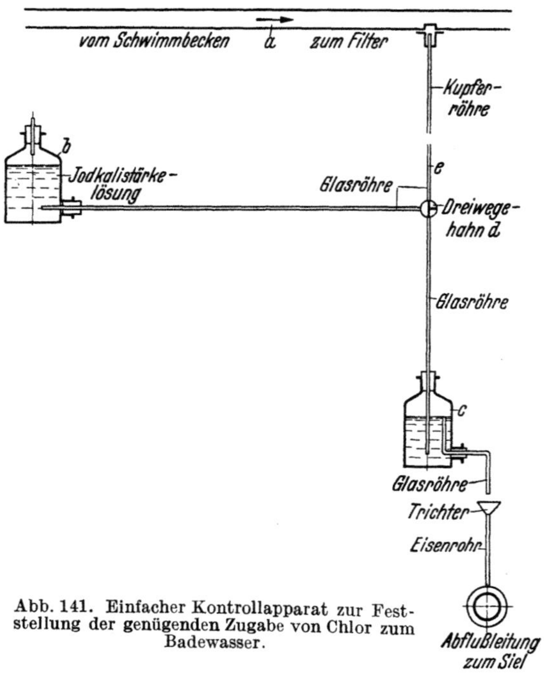

Abb. 141. Einfacher Kontrollapparat zur Feststellung der genügenden Zugabe von Chlor zum Badewasser.

Mit gutem Erfolg ist elektrolytisch hergestellte Hypochloritlauge zur Desinfektion auf Lazarettschiffen angewandt worden. Diesen steht im Meerwasser ein billiges Ausgangsmaterial zur Verfügung. Als auf Lazarettschiffen, wie SHENTON[1] berichtet, die Infektionen einen großen Umfang annahmen, bewies sich die reichliche Anwendung von Elektrolytlauge als wirksames Vorbeugungsmittel. Es wurden die Gänge, Böden usw. mehrmals täglich mit Seewasser aufgewischt, durch das längere oder kürzere Zeit der elektrische Strom gegangen war. Ein kleines Becken lieferte in 30 Minuten eine Lösung mit 2,0—2,5% wirksamem Chlor. Auch das bei der elektroosmotischen Wasserreinigung im Anodenraum gewonnene Spülwasser enthält Hypochlorit und kann zu Desinfektionszwecken benutzt werden.

7. Chlorgas.

Das billigste, einfachste und fast überall zur Desinfektion und Sterilisation des Trinkwassers anwendbare Verfahren ist das Chlorgasverfahren. Dieses Verfahren mit Chlorgas, das ursprünglich deutsches Geistesprodukt ist, mußte erst auf dem Umwege über USA. den Befähigungsnachweis erbringen, ehe es gegen ganz erhebliche Widerstände ankämpfend in Deutschland Fuß fassen konnte. Während schon lange Zeit fast jede Stadt in USA. ihr Trinkwasser chlorte, ist die Trinkwasserchlorung in Deutschland erst in den letzten Jahrzehnten zum unentbehrlichen Rüstzeug der Wasserhygiene geworden.

Im Jahre 1892 wurde die Abwasserchlorung in Deutschland anläßlich der Typhusepidemie in Hamburg zur Desinfektion der Abwässer und Ausscheidungen am Krankenbett angewandt. In den Jahren 1908—1912 fand dann die Chlorung für Trinkwasserzwecke in Amerika allgemein Einführung. Trotz der günstigen Berichte von IMHOFF und SAVILLE über die Anwendung im Ausland fand in Deutschland die Trinkwasserchlorung nur langsam Eingang. 1910 erfolgte die Einführung der direkten Chlorung durch DARNALL, die dann weiterhin durch die Trockenperiode des Sommers 1911 sehr gefördert wurde. Einen neuen Anstoß gab die im Jahre 1912 entwickelte indirekte Chlorung durch ORNSTEIN. Nachdem im Jahre 1920 die erste Anlage für Trinkwasser auf dem Wasserwerk der Stadt Altona und die erste Großanlage nach diesem System in Mülheim für Abwasser errichtet worden war, folgte im Jahre 1921 die Stadt Leipzig mit einer Großanlage für ihre gesamten Abwässer.

[1] SHENTON: Ref. Wasser u. Abwasser 1931, **29**, 184.

Von diesem Zeitpunkt an hat die Chlorbehandlung von Trink- und Abwasser eine sehr ausgedehnte Anwendung erfahren.

Chlor kann durch direkten Wasserstoffentzug und Bildung von atomarem „aktivem“ Sauerstoff aus Wasser wirken. Bei weniger stabilen Stoffen, die dem Chlorangriff ausgesetzt sind, überwiegt der unmittelbare Wasserstoffentzug (Dehydrierung); bei ungesättigten Verbindungen kann die Wirkung in einer Anlagerung des Chlors beruhen; bei relativ stabilen Verbindungen überwiegt die mittelbare Oxydation durch den nascierenden Sauerstoff.

Die desinfizierende und sterilisierende Wirkung des Chlors auf verschiedene Bakterienarten erklärt DIENERT[1] durch die Einwirkung des Chlors auf die Lipoproteine des Bakterienkörpers und durch Chlorierung und Oxydation von Bestandteilen des Bakterienprotoplasmas. Nach SCHMELKES[2] verläuft die Abnahme des Oxydationspotentials direkt proportional der Bakterienabnahme. Nach IMBEAUX[3] nehmen die Sterilisationswirkung und das Oxydationspotential von Chlor und Chloramin mit steigendem p_H-Wert zwischen 6—9 ab. Den Einfluß des p_H-Wertes hat MALLMANN[4] durch Feststellung der Keimzahlen bei gleicher Chlorzugabe (0,3 mg/Liter) nach 30 Minuten langer Einwirkungszeit mit folgenden Ergebnissen festgestellt:

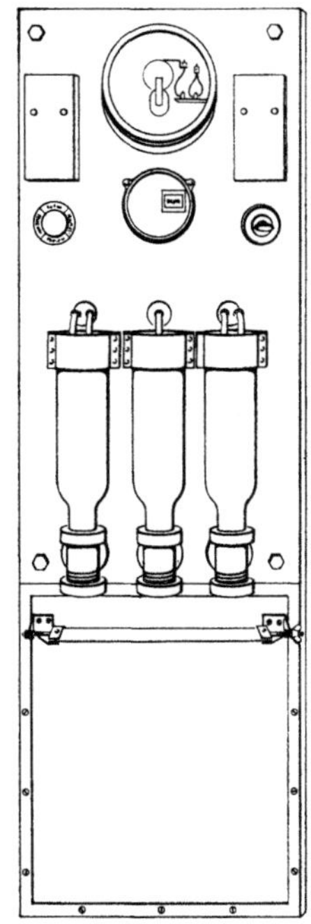

Abb. 142. Automatischer Chlornachweisapparat nach OLSZEWSKI-SPERLING.

bei p_H-Wert 6,8 völlige Abtötung
„ „ 7,2 lebten noch 12% der Bakterien
„ „ 7,6 „ „ 25% „ „
„ „ 8,0 „ „ 45% „ „
von „ 11,0 ab übt die Alkalität die keimtötende Wirkung aus.

Die bei der Einwirkung von Chlor auf die im Wasser enthaltenen Stoffe sich abspielenden Vorgänge werden durch direktes Sonnenlicht sowie durch Wärme stark beeinflußt. Auch der Verteilungszustand der im Wasser enthaltenen Stoffe ist von erheblichem Einfluß auf die Schnelligkeit des Angriffs.

Die zur Entkeimung eines Wassers zuzusetzenden Chlormengen sind sehr klein und richten sich nach der chemischen Zusammensetzung eines Wassers und nach seinem Bakteriengehalt. Jedes Wasser hat ein bestimmtes *Chlorbindungsvermögen*, worunter man die Chlormenge versteht, die von dem betreffenden Wasser innerhalb einer bestimmten Zeit verbraucht wird. FROBOESE bestimmt das Chlorbindungsvermögen, indem er einen Chlorüberschuß in der Wärme einwirken läßt. BRUNS dagegen bestimmt den Chlorbedarf durch Zugabe eines schwachen Chlorüberschusses bei gewöhnlicher Temperatur und kommt dadurch den in der Praxis benötigten Chlormengen etwas näher. Bei gewöhnlichen Wässern beträgt die zur Entkeimung notwendige Chlormenge etwa 0,1—0,3 mg/Liter. Hat das Wasser aber ein hohes Chlorbindungsvermögen, wie dies bei Wässern mit hohem Gehalt an organischen Stoffen oder an Kalk- und Magnesiahärte oder mit höherem Keimgehalt der Fall ist, so sind natürlich größere Chlormengen erforderlich. Die Praxis hat ergeben, daß man zur Erzielung einer einwandfreien Wirkung so viel Chlor zugeben muß, daß in dem das Wasserwerk verlassenden Wasser noch eine gewissse Menge freien Chlors vorhanden ist. Dieser Chlorüberschuß soll bei Trinkwasser etwa 0,05—0,1 mg/Liter, bei Badewasser 0,1—0,3 mg/Liter und bei Abwasser 0,2—0,5 mg/Liter betragen.

Die Entkeimung durch Chlor bedarf daher einer sorgfältigen Überwachung. Die Prüfung auf Vorhandensein eines genügenden Chlorüberschusses kann durch verschiedene Reagenzien geschehen: 1. Jodzinkstärkelösung; 2. Benzidin nach OLSZEWSKI; 3. Orthotolidin-

[1] DIENERT: Ref. Wasser u. Abwasser 1928, **25**, 84.
[2] SCHMELKES: Amer. Journ. publ. Health 1933, **23**, 269.
[3] IMBEAUX: Rev. d'Hyg. 1933, **55**, 696.
[4] MALLMANN: Journ. Amer. Water Works Assoc. 1932, **24**, 1054.

lösung nach ELLEN-HAUSSER; 4. Dimethylparaphenylendiamin nach KOLTHOFF; 5. α-Naphthoflavon.

Von diesen Mitteln zeigt das erste durch eine Blaufärbung noch eine Chlormenge, die über 0,1 mg/Liter liegt, an. Mit Orthotolidinlösung bzw. mit Benzidin gibt freies Chlor eine Reaktion noch bis herab zu 0,02 mg/Liter; mit Orthotolidin ist die Färbung je nach der Chlormenge grünlichgelb bis orangegelb, mit Benzidin bläulich.

OLSZEWSKI und SPERLING[1] haben einen Apparat zur automatischen Feststellung, ob genügend Chlor zugesetzt ist, konstruiert, der auf mehreren Wasserwerken in Tätigkeit ist. (Hersteller K. G. Bloch, Dresden-A.) In bestimmten Zeitabschnitten wird von dem zu untersuchenden Wasser selbsttätig eine bestimmte Menge in drei Glasbehälter abgezapft. In das linke Glas fließt automatisch Jodzinkstärkelösung, in das rechte Benzidinlösung. Ein Klingelzeichen macht den Wärter auf die Beobachtung aufmerksam. Ist die Chlorzugabe richtig erfolgt, so muß das linke, wie das in der Mitte befindliche Glas farblos bleiben, während das rechte Blaufärbung zeigt (s. Abb. 142). Auf den Wasserwerken von

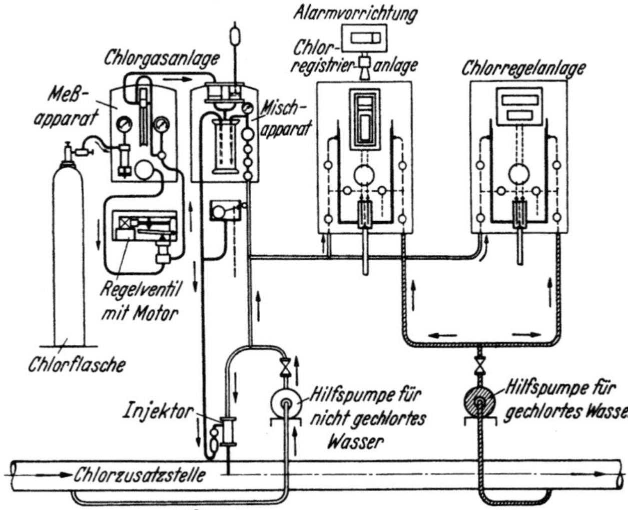

Abb. 143. Chlorüberschußregelungsanlage der Chlorator Gesellschaft Berlin. (Nach KROKE.) *a* Chloranlage üblicher Ausführung mit Steuerventil, Motor und Einführungsanlage für die Chlorlösung. *b* Chlorüberschußregistrieranlage, wie oben beschrieben. *c* Chlorüberschußregelungsanlage. Die Chlorüberschußregelungsanlage ist analog der Registrieranlage eingerichtet und enthält lediglich an Stelle des Registrierinstrumentes einen Regler mit Kontakten, welcher alle 30 Sek. den Fallbügel herunterdrückt und beim Abweichen von dem eingestellten Sollwert, z. B. 0,1—0,13 g/cbm die Kontakte für Öffnen und Schließen des vom Motor gesteuerten Chlorventils bestätigt.

Los Angeles wird der Chlorzusatz in gleicher Weise alle 3 Minuten durch Orthotolidin auf freies Chlor geprüft. Durch eine Photozelle wird je nach Ausfall der Reaktion dann der Chlorzusatz selbsttätig vermehrt oder vermindert. Auf diese Weise sollen Chlorüberdosierungen vermieden werden[2].

In neuester Zeit sind von der Chlorator-Gesellschaft, Berlin, Chlorüberschußregistrieranlagen in den Handel gebracht worden. Das Verfahren benützt die Potentialdifferenz zwischen zwei Elektroden aus verschiedenen Metallen, die zu einem Element vereinigt sind. Der einen Elektrode wird Wasser in ungechlortem Zustande, also aus dem zu behandelnden Wasser vor der Chlorzusatzstelle entnommen, zugeführt, während der anderen Elektrode das in geeigneter Entfernung hinter der Chlorzusatzstelle entnommene Wasser zugeleitet wird. Die hierbei auftretende Potentialdifferenz ist dann unabhängig von dem Elektrolytgehalt des Wassers und richtet sich nur nach dem Chlorüberschuß. Die an den Elektroden entstehende Potentialdifferenz wird auf ein selbstschreibendes Registriergerät übertragen.

Diese Chlorüberschußregistrieranlage ist neuerdings auch zur automatischen Chlorüberschußregelung ausgebildet worden. Diese Apparatur der Chlorator Gesellschaft, Berlin, regelt selbsttätig den Chlorzusatz nach dem gewünschten und durch bakteriologische Untersuchungen festgelegten Chlorüberschuß (s. Abb. 143).

[1] OLSZEWSKI: Vom Wasser 1926, 1, 17. [2] Eng. News-Rec. 1936, 117, 93.

Anwendung des Chlorgasverfahrens.

Das Chlor kommt als flüssiges oder gasförmiges Chlor in Stahlflaschen, Stahltrommeln oder für Abwasserzwecke auch in Kesselwagen unter einem Druck von 4—9 atü in den Handel. Unter der Bezeichnung „Aquapurol" kommt ein in Ampullen eingeschlossenes Chlorwasser in den Handel, das zur Wasserentkeimung einer bestimmten Wassermenge zugesetzt wird. Es kommt aber nur für besondere Zwecke, wie Kriegszeiten, vereinzelt liegende Wasserversorgungen für Einzelhäuser u. dgl. für kleine Wassermengen in Frage. Zur Zumischung des aus den Stahlflaschen entnommenen Chlors zum Wasser ist eine große Anzahl von Geräten gebaut worden. Im wesentlichen haben sich zwei Verfahren bewährt:

1. Das indirekte Verfahren nach ORNSTEIN, wie es in den Apparaten der Chlorator-Gesellschaft, Berlin, und neuerdings auch der Fa. Bamag-Meguin angewandt wird. Es wird zunächst ein konzentriertes Chlorwasser mit 1—5 g Chlor im Liter hergestellt, das dann dem zu behandelnden Wasser entweder in der Saugleitung oder mit Hilfe eines Strahleninjektors zugesetzt wird;

2. Das direkte Verfahren, das in den Apparaten der Firma Bamag-Meguin, Berlin NW 87, Leon Gartzweiler, Berlin-Friedenau und Paul Martiny & Co., Dresden zur Anwendung kommt. Eine vorher dosierte Chlormenge wird entweder direkt oder mit Hilfe von Druckwasser in dem zu behandelnden Wasser, in den Sammelbrunnen oder in der Saugleitung zerstäubt.

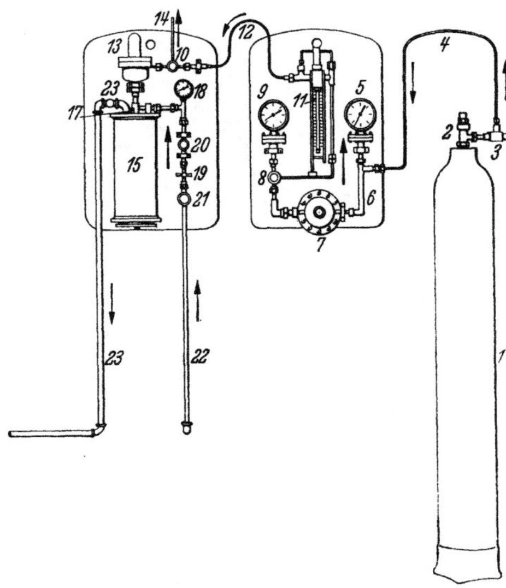

Abb. 144. Chlorapparat nach ORNSTEIN. *1* Chlorflasche; *2* Flaschenventil; *3* Anschlußventil; *4* Gaszuleitung; *5* Hochdruckmanometer; *6* Filter; *7* Reduzierventil; *8* Einstellventil; *9* Niederdruckmanometer; *10* Abblaseventil; *11* Chlormengenmesser; *12* Verbindungsleitung; *13* Rückschlagventil; *14* Abblaseleitung; *15* Mischglas; *17* Strahldüse; *18* Wassermanometer; *19* Wassereinstellventil; *20* Wasserreduzierventil; *21* Schmutzfänger; *22* Wasserzuleitung; *23* Chlorlösungsleitung.

a) Chlorapparat der Chlorator-Gesellschaft nach Dr. ORNSTEIN. Das ORNSTEINsche Verfahren arbeitet in der Weise, daß das in einer Stahlflasche komprimierte und verflüssigte Chlor beim Öffnen des Ventils zunächst mittels eines Reduzierventils auf einen niedrigen, gleichbleibenden Druck gebracht wird. Dann wird Chlorgas durch einen Meßapparat besonderer Bauart auf die gewünschte Menge eingestellt. Die so abgemessene Chlorgasmenge wird in zweckentsprechender und durchaus zuverlässiger Arbeitsweise in einer fließenden, geringen Wassermenge gelöst und diese Chlorlösung dem Wasser unmittelbar und kontinuierlich zugeführt. Infolge des gleichen spezifischen Gewichtes mischt sich die Chlorlösung sofort und gleichmäßig mit dem Wasser. Bei diesem Verfahren wird also das Chlor nicht unmittelbar in Gasform, sondern in einer kleinen Wassermenge gelöst dem Hauptwasserstrom zugeführt; hierdurch wird eine sehr schnelle und unbedingt gleichmäßige Verteilung des Chlors erreicht. In Abb. 144 ist eine derartige Apparatur dargestellt, wie sie zur indirekten Chlorung nach ORNSTEIN von der Chlorator-Gesellschaft, Berlin S 14, Alexandrinenstr. 48, geliefert wird. In diesem Gerät erfolgt die Zugabe des Chlors in einem Mischgefäß. In alten Geräten erfolgte die Zugabe des Chlors in sog. Mischtürmen (3—5 m hoch) aus Chamottesteinen, die mit Raschigringen oder Chamottesteinen gefüllt waren. Das von oben zugeführte Wasser traf beim Herunterrieseln auf das zugeführte Chlor, löste es auf und führte es dann dem Wasser zu. Diese Lösungstürme beanspruchten viel Platz, und es traten sehr häufig Undichtigkeiten auf, die zu Schwierigkeiten in der Umgebung führten. Man hat daher von der weiteren Verwendung der Mischtürme Abstand genommen. Die Zuteilung der notwendigen Chlormenge erfolgt durch Chlormengenmesser, die nach dem Prinzip der Differenzdruckmesser oder als Rotamesser mit silbernem Einstellkegel gebaut sind. In den Wintermonaten sollen die Apparaturen in einem geheizten Raume

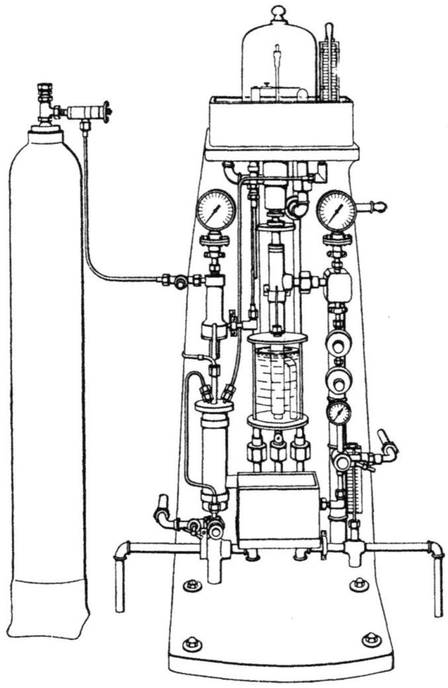

Abb. 145. Chlorator-Vakuumapparatur.

stehen, um eine geordnete Zuführung des Chlors zu sichern und die Bildung von Chlorhydratkrystallen zu verhindern. Bei Apparaturen, die nicht dauernd im Betriebe sind, müssen im Winter die Mischgläser entleert werden, da diese bei Frost sehr leicht springen. In die Zuleitung des Chlors von den Flaschen baut man Manometer ein, die den Inhalt der Flaschen feststellen gestatten und dann, wenn sie mit elektrischen Kontakten versehen sind, auch eine Benachrichtigung der Wärter ermöglichen, wenn der Vorrat an Chlor in den Flaschen zu Ende geht.

b) Chlorator-Vakuumapparatur. Bei der im vorstehenden beschriebenen Apparatur, stand die Chlorzuführung unter Überdruck. In USA. werden von der Firma Wallace and Thiernan, welche die ORNSTEINschen Patente für Amerika erworben hat, Apparate gebaut, bei denen das Chlor stets unter einem kleinen Unterdruck steht. Dies hat den Vorteil, daß bei Undichtigkeit der Leitungen die Chlormengen stets abgesaugt werden. In neuerer Zeit ist von der Chlorator-Gesellschaft eine gleiche Vakuumapparatur aus demselben Bestreben heraus entwickelt worden, bei der die Möglichkeit des Austretens von Chlor aus der hierfür erforderlichen Dosierungs- und Zuführungseinrichtung infolge undichter Verbindungsstellen tunlichst vermieden und ausgeschlossen wird. In der Apparatur steht das Chlor von seinem Eintritt in die Apparatur an unter geringem Unterdruck von 1 bis 3 cm Wassersäule. Dadurch wird bei Undichtigkeiten in der Anlage das Austreten des Chlors in den Raum unmöglich. Die Leistung dieser Apparatur kann je nach der Einstellung und dem Maße der Düsen bzw. Capillaren zwischen 5—8 kg/Stunde variiert werden. Die Zuführung des Wassers erfolgt durch eine Stahldüse, die durch Unterdruck das unter der Glasglocke vergaste Chlor ansaugt. In Abb. 145 ist eine Vakuumapparatur der Chlorator-Gesellschaft dargestellt.

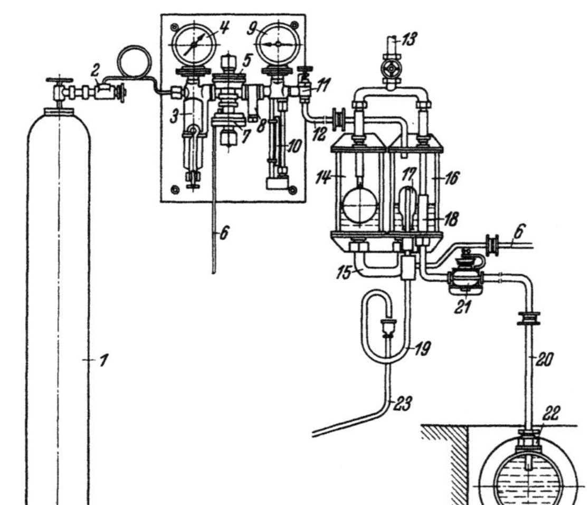

Abb. 146. Schema einer Chlorgasanlage der Fa. Bamag-Meguin, Berlin (indirektes Verfahren). *1* Chlorflasche; *2* Chlorflaschenventil; *3* Chlorfilter; *4* Hochdruckmanometer; *5* Chlordruckregler; *6* Entlüftungsleitungen; *7* Überdruckventil; *8* Säureauffanggefäß; *9* Niederdruckmanometer; *10* Chlormeßapparat; *11* Chlorregulierventil; *12* Chlorgasleitung; *13* Druckwasserleitung; *14* Schwimmergefäß; *15* Mischwasserleitung; *16* Mischgefäß; *17* Durchschlagsicherung; *18* Strahlapparat; *19* Geruchverschluß; *20* Chlorwasserleitung; *21* Steinzeughahn; *22* Chloreinführungsverschraubung; *23* Überlaufleitung.

c) Chlorgasanlage System Bamag (Firma Bamag-Meguin, Berlin). In Abb. 146 ist das Schema einer Chlorgasanlage System Bamag wiedergegeben. Die Anlage verwendet ebenfalls flüssiges Chlor in Stahlflaschen, das nach der Verdampfung durch ein Filter (*3*) und den Druckregler (*5*) in den Chlorlöseapparat geleitet wird. Der durch Druckwasser (*13*) betriebene Wasserstrahlapparat (*18*) saugt das Chlorgas an und vermischt es kräftig mit einer kleinen Wassermenge zu einem konzentrierten Chlorwasser. Das Chlorwasser strömt unmittelbar durch eine Hartgummileitung (*20*) der Stelle zu, wo es dem zu entkeimenden Wasser zugefügt wird. Der Chlordruckregler (*5*) hat die Aufgabe, dem Chlorgas bei dem Durchgang durch den Meßapparat einen ständig gleichbleibenden Druck zu geben, damit auf diese Weise das den Apparat durchströmende Chlorgas in dem Meßapparat (*10*) genau gemessen werden kann. Da aber der Druck des Chlors in der Flasche durch die Einflüsse der Temperatur und durch die Entnahme ständigen Schwankungen unterliegt, so muß der Druck des Chlorgases im Meßapparat durch eine selbsttätig arbeitende Reguliervorrichtung auf einer stets gleichbleibenden Höhe gehalten werden. Die Festsetzung der zuzusetzenden Chlormenge geschieht durch den Düsenmesser, der auf dem Prinzip der Messung der Druckdifferenz aufgebaut ist. Die Herstellung des Chlorwassers geschieht in dem Chlorlöseapparat, der aus einem Schwimmgefäß (*14*), einem Mischgefäß (*16*) und einem Strahlapparat (*18*) besteht. Im Schwimmgefäß regelt ein Schwimmregulierventil den Wasserstand auf eine stets gleichbleibende Höhe. Der Strahlapparat wird mit Druckwasser betrieben. Er saugt das von der Chlordosierungsvorrichtung kommende Chlor zusammen mit Wasser, das vom Schwimmgefäß zufließt, an, vermischt beide intensiv miteinander und drückt das so erhaltene Chlor-Wassergemisch durch eine Hartgummirohrleitung (*20*) in das zu chlorende Wasser.

d) Direkte Chlorgasanlage System Bamag-Meguin. Das in ähnlicher Weise wie bei der Chloranlage der Chlorator-Gesellschaft dosierte Chlor wird dem Wasser durch eine Verteilerdüse direkt zugeführt. Als Verteilerdüsen haben sich, wie aus der Abb. 147 hervorgeht, den Filterkerzen ähnliche Filtersteine bewährt, zumal diese vom Chlor gar nicht angegriffen werden.

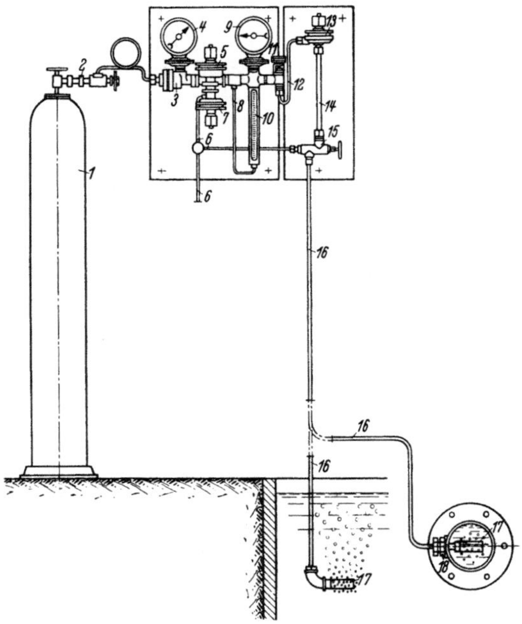

Abb. 147. Chlorgasentkeimungsanlage der Fa. Bamag-Meguin Berlin (direktes Verfahren). *1* Chlorflasche; *2* Chlorflaschenventil; *3* Chlorfilter; *4* Hochdruckmanometer; *5* Chlordruckregler; *6* Entlüftungsventil; *7* Überdruckventil; *8* Verbindungsleitung; *9* Niederdruckmanometer; *10* Chlormeßapparat; *11* Chlorregulierventil; *12* Verbindungsleitung; *13* Rückschlagventil; *14* Kontrollrohr; *15* Dreiwegeventil; *16* Einführungsleitung; *17* Verteildüse; *18* Einführungsverschraubung.

Chlorungsanlagen, die längere Zeit außer Betrieb stehen, sei es als Reserveanlagen oder für zeitweiligen Betrieb, werden sehr leicht undicht und weisen Zerstörungen einzelner Bauteile auf, besonders dann, wenn vom Mischgefäß aus Feuchtigkeit in die Geräte dringen kann. Um diese Mängel zu vermeiden, empfiehlt es sich, die Geräte nach der Benutzung mit gasförmigem Stickstoff durchzublasen und so alle Chlorreste zu entfernen. Der Stickstoff wird einer kleinen 5-Liter-Stahlflasche mit Druckminderer entnommen, welche entweder bei Abschalten der Anlage an Stelle der Chlorflasche angesetzt wird oder fest durch ein Absperrventil mit Zweiwegehahn mit dem Gerät verbunden ist. Diese Maßnahme hat sich gut bewährt.

Vorchlorung, Überchlorung, Vor- und Nachteile der Chlorung.

Um an der Chlormenge zu sparen und die Entwicklung schädlicher Organismen in Filtern und Absetzbecken zu verhindern, hat man die Teilung der zuzusetzenden Chlormenge empfohlen. Bei der Vorchlorung wird der größere Teil des zuzusetzenden Chlors dem Rohwasser zugesetzt, und zwar in Mengen, die kleiner als das Chlorbindungsvermögen sind. Der Rest, der in den meisten Fällen sehr gering sein kann, wird dann nach vollständiger Reinigung vor dem Einlassen in das Leitungsnetz zugegeben.

Die Überchlorung ist seit langem bekannt. Sie besteht darin, daß man dem Wasser eine so reichliche Menge Chlor zusetzt, daß alle Keime nach kurzer Zeit abgetötet werden. Nach einer bestimmten Einwirkungszeit wird dann das überschüssig zugesetzte Chlor durch Natriumthiosulfat und Schweflige Säure beseitigt. Diese Rücknahme krankte stets daran, daß man nie wußte, wieviel von dem zugesetzten Chlor verbraucht war und wieviel man von dem Entchlorungsmittel zusetzen mußte. In USA. ist lange Zeit das überschüssig zugesetzte Chlor durch Natriumthiosulfat, das auch die Bezeichnung Antichlor trägt, unschädlich gemacht worden. Durch Prüfung auf Chlor vor und nach dem Antichlorzusatz kann man sich leicht von der genügenden Zugabe und Wirksamkeit überzeugen.

Einfacher ist die Beseitigung des Chlorüberschusses mit Hilfe von a-Kohle, wie dies bei dem nach dem Chlorüberschußverfahren arbeitenden ADM-Verfahren, bei dem auch eine weitgehende Wirkung erreicht wird, der Fall ist (s. S. 78).

Durch die Chlorung wird erreicht, daß die Bakterienmenge so stark zurückgeht, daß sie unter 10 Keimen/ccm, mindestens aber unter 100 Keimen/ccm bleibt. Bact. coli soll vollständig vernichtet werden, so daß bei Prüfung selbst von 100 ccm nur negative Resultate erzielt werden. Bei richtiger Dosierung werden auch Gase, die Geruch erzeugen, wie Schwefelwasserstoff u. dgl., beseitigt.

Nachteilig ist bei der Desinfektion durch Chlor, daß bei zu großen Chlorgaben und bei bestimmten, z. B. den durch phenolhaltige Abwässer verschmutzten Oberflächenwässern, ein übler Geschmack des Wassers, in letzterem Falle der bereits auf S. 73 erwähnte sehr unangenehme „Jodoformgeschmack" auftritt, der sich besonders stark beim Erwärmen des Wassers und bei warmen Speisen, z. B. bei der Zubereitung von Tee, Kaffee, Suppen und beim Badewasser bemerkbar macht (s. S. 165, wo auch die Mittel und Wege zur Beseitigung angegeben sind).

Bei der Prüfung gechlorter Badewässer auf den zunehmenden Verschmutzungsgrad fand REMY[1], daß es unter anderem wertvoll sein kann, den Gehalt an Eisen oder Kupfer zu bestimmen, je nachdem, welche Art von Zuleitungen für das gechlorte Wasser verwandt werden. Ein erhöhter Gehalt an diesen Metallen weist auf eine beginnende bzw. fortgeschrittene, auf die Chlorung zurückzuführende Zerstörung im Leitungsnetz hin.

Zur Reinhaltung von Kühleinrichtungen der Kondensatoren von biologischem Wachstum, wie es z. B. durch die stark schleimigen Ablagerungen von Sphaerotilus natans hervortritt, hat sich eine Chlorung des Kühlwassers in Mengen von 0,4—0,8 mg/Liter Chlor bewährt. Um an Chlor zu sparen, hat man für die gleichen Zwecke die unterbrochene Chlorung in Zeitabständen von $1\frac{1}{2}$ Stunden mit einer Chlorungsdauer von 4 Minuten mit Chlormengen von 2—4 mg/Liter mit bestem Erfolg eingeführt.

8. Chloramine.

Die bei unvorsichtiger oder zu starker Chlorung bei Trink- und Brauchwässern sehr leicht auftretenden Geruchs- und Geschmacksbelästigungen können durch Zugabe von Ammoniak oder Ammonsalzen verhindert werden. Durch eine solche gleichzeitige Zugabe von Chlor und Ammoniak zum Trink- und Brauchwasser werden Chloramine gebildet, doch dürfen auf keinen Fall Chlor und Ammoniak vorher gemischt werden. Der p_H-Wert des Wassers hat einen entscheidenden Einfluß auf die Art der gebildeten Amine. Bei p_H-Werten zwischen 5,0—8,4 werden Mono- und Dichloramin gebildet, wobei bei p_H-Werten unter 7,0 das Dichloramin vorherrschend ist.

Ammoniak kann in wäßriger Lösung, als Gas oder in Form von Ammonsalzen (Ammonsulfat) zugegeben werden. Gewöhnlich wird Ammoniak zuerst zugegeben und dann, nachdem es mit dem Wasser gut vermischt ist, das Chlor zugefügt. Nur in den Fällen, wo eine kurze

[1] REMY: Arch. Hygiene 1936, **115**, 181.

Kontaktzeit zur Verfügung steht, setzt man zuerst das Chlor und dann das Ammoniak bald darauf zu. Das Verhältnis von Ammoniak zu Chlor wird von den verschiedenen Autoren verschieden angegeben. Es schwankt zwischen 2—10 Teilen Chlor zu einem Teil Ammoniak. KOSCHKIN ermittelt die richtige Ammoniakzusatzmenge, indem er in mehrere 1-Liter-Kolben mit gleichem Chlorgehalt steigende Ammoniakmengen zugibt und dann den Bakterienabbau prüft. Wird bei einem Wasser der Chlorzusatz gesteigert, so muß auch mehr Ammoniak zugegeben werden, besonders in den Fällen, wo es sich darum handelt, Chlorphenolgeruch und -geschmack zu verhindern.

Die gebildeten Chloramine oxydieren nicht so stark wie Chlor und haben daher nicht sofort eine gleich stark bakterientötende Wirkung. Bei längerer Einwirkungszeit haben sie aber eine nachhaltigere, stärker bactericide Wirkung. Chloramine können daher besonders dort angewandt werden, wo die Möglichkeit besteht, eine längere Einwirkungszeit, mindestens 2 Stunden, anzuwenden.

Das Chlorbindungsvermögen eines Wassers steigt unter der Wirkung natürlichen Lichtes. Der Anstieg geht parallel mit der Belichtungsstärke. Auch in vorher mit Ammoniak

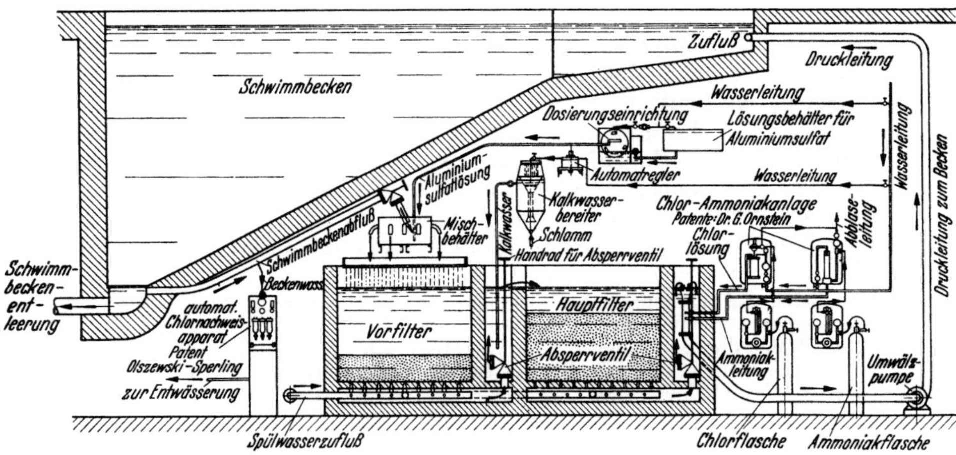

Abb. 148. Schema einer Badewasseraufbereitungsanlage nach dem Chloraminverfahren.

versetztem Wasser steigt das Chlorbindungsvermögen mit zunehmender Belichtungsstärke. Dasselbe gilt in bezug auf den Einfluß der Temperatur; doch sind die Schwankungen des Chlorbindungsvermögens von ammoniakalischem Wasser unter dem Einfluß der Temperatur und des Lichtes geringer als die von nicht derart vorbehandeltem Wasser.

Die Verhinderung des Phenolgeruchs und -geschmacks durch Vorbehandlung mit Ammoniak ist nach Untersuchungen von KOSCHKIN[1] an den p_H-Wert des Wassers gebunden. Bei einem niedrigen p_H-Wert läßt sich das Auftreten des Phenolgeschmacks nicht verhindern. Die Vorbehandlung mit Ammoniak beugt dem „Apothekengeruch und -geschmack" nur dann vor, wenn der p_H-Wert des Wassers über 7,0 liegt. Eine Erhöhung des p_H-Wertes über 8,2 hat eine merkliche Verringerung der bactericiden Wirkung selbst bei einer Kontaktdauer von 2 Stunden zur Folge. HULBERT[2] setzte nach der Vorchlorung dem Wasser Ammonsulfat zu. Dies hatte zur Folge, daß der Chlorbedarf abnorm hohe Werte annahm. Das war darauf zurückzuführen, daß das Ammonsalz durch die in den Filterbecken sich abspielenden Nitrifikationsvorgänge in Nitrit übergeführt wurde, welches einen sehr großen Chlorbedarf hatte. In diesen Fällen gab auch die Orthotolidinprobe sehr wechselnde Ergebnisse.

Das Chloraminverfahren eignet sich sehr gut für Badewasser, bei dem das Wasser umgewälzt wird und im Laufe der Umwälzung eine Reinigung durch Filtration nebst

---

[1] KOSCHKIN: Zeitschr. Hygiene 1935, **117**, 182.
[2] HULBERT: Eng. News-Rec. 1933, **111**, 315.

Entkeimung erfolgt. Zugleich wird der in den Badehallen stets unangenehm empfundene Chlorgeruch vermieden.

Das in Abb. 148 wiedergegebene Schema zeigt eine nach dem Chloraminverfahren arbeitende Badewasseraufbereitungsanlage, bestehend in einer chemischen Fällung mit Aluminiumsulfat (Dosierungsvorrichtung), Vorfilter, Kalkzugabe (mit Kalkwasserbereiter), Hauptfilter, Chlorammoniakanlage, Umwälzvorrichtung und Chlorkontrollapparat nach OLSZEWSKI-SPERLING.

Auch bei der Algenbekämpfung ist das Chloraminverfahren mit Erfolg angewandt worden. Bei der Hochchlorung hat man zur Entfernung des Chlorüberschusses ebenfalls Ammoniak zugegeben.

Außer den auf diese Weise im Wasser sich bildenden Chloraminen sind noch organische Chloramine im Handel, z. B. das seit dem Jahre 1921 von der Firma Chemische Fabrik von Heyden in Radebeul bei Dresden unter der Bezeichnung „Clorina" bzw. „Mianin" in den Handel gebrachte Chloramin-Heyden. Es handelt sich um p-Toluolsulfonchloramidnatrium mit einem Gehalt von 25% aktivem Chlor. Dieses Chloramin ist nach den Untersuchungen von SÜPFLE ebenso wie der Chlorkalk ein durch Oxydation wirkendes aber haltbares Chlorpräparat. Es läßt sich viel leichter dosieren als Chlorkalk. Es besitzt ferner keine Reizwirkung auf die Haut und Schleimhäute und zeigt auch in verhältnismäßig geringer Konzentration große Desinfektionswirkung. Bei Trinkwässern braucht man zur Desinfektion etwa 5 mg/Liter, bei Oberflächenwässern 20 mg/Liter bei einer Einwirkungszeit von 30 Minuten. Die Wirkung kann durch Zugabe von Säure, etwa 0,2 ccm/Liter Essigsäure bzw. Wein- oder Citronensäure, verstärkt werden. Salzkonzentrationen bis 500mg/Liter haben keinen Einfluß darauf. Bei 2000 mg/Liter Kochsalz nimmt die Wirksamkeit stark ab.

Bei Vergleichsversuchen über die Wirkungsgeschwindigkeit von Chlor und Chloramin-Heyden fanden BEARD und KENDALL[1], daß bei Wässern mit an sich hohem Gehalt an organischen Stoffen durch weiteren Zusatz von organischen Stoffen die Wirkung des Chloramins stärker beeinflußt wird als die des Chlors. Bei niedrigem Gehalt an organischen Stoffen ist das Gegenteil der Fall.

9. Katadynverfahren.

Es ist seit langem bekannt, daß gewisse Salze, besonders die Silbersalze, die Quecksilbersalze und die Kupfersalze eine bactericide Wirkung besitzen.

In altindischen, aus der Zeit um 2000 v. Chr. stammenden Schriften ist schon empfohlen, Wasser in Kupfergefäßen aufzubewahren. Besonders ist die bactericide Wirkung des Silbers so groß, daß die winzigen Mengen von Silberionen, die sich bei der Berührung von metallischem Silber mit wäßrigen Flüssigkeiten bilden, schon ausreichen, Bakterien abzutöten. Von den Macedoniern ist bekannt, daß sie ihre Wunden mit blanken Silberplatten bedeckten. Das Trinkwasser für Alexander den Großen wurde bei seinen Feldzügen in silbernen Gefäßen transportiert. Der Schweizer Botaniker NÄGELI beobachtete bei seinen Versuchen, daß Wasser, das mit blankem Kupfer oder Silber in Berührung gekommen war, auf das Wachstum von Pflanzen, besonders von Algen eine hemmende Wirkung ausübte. Er bezeichnete diese Einflüsse als oligodynamische Wirkung. HODER[2] zeigte, daß in kupfernen Apparaten gewonnenes, destilliertes Wasser ebenfalls solche oligodynamische Wirkungen aufweise und daher für bakteriologische Arbeiten nicht zu verwenden sei und auch zur Herstellung von physiologischer Kochsalzlösung nicht benutzt werden dürfe. Zu diesem Zwecke soll destilliertes Wasser in Glasgefäßen hergestellt werden.

Über die oligodynamische Wirkung ist sehr viel gearbeitet worden. Durch die Arbeiten von FREUNDLICH und SÖLLNER, sowie von ECK und JUNG ist erwiesen, daß die Wirkung auf der Gegenwart sehr kleiner Mengen der betreffenden Metallionen beruht. Die unterste Grenze für die praktisch in Betracht kommende Wirkung des Silbers gegenüber Bacterium coli liegt bei 40 $\gamma = 0{,}040$ mg/Liter. Dies entspricht einem Gehalt von $2{,}4 \cdot 10^{17}$ Silberionen im Liter.

[1] BEARD u. KENDALL: Journ. Amer. Water Works Assoc. 1935, **27**, 876.
[2] HODER: Zeitschr. Immunitätsforsch. 1932, **74**, 455.

Angeregt durch diese Arbeiten hat man verschiedentlich versucht, von der keimtötenden Wirkung der Metalle auch für die Trink- und Brauchwasserbehandlung Gebrauch zu machen. Nach dem engl. Patent 157260 vom 10. Januar 1921 werden Flüssigkeiten zur Abtötung von Mikroorganismen mit einem Häutchen aus Silber oder mit einem „Silberspiegel" in Berührung gebracht. In vielen Fällen wird eine Schicht von Sandkörnern oder ähnlichen in Betracht kommenden Materialien, die einen Überzug von Silber erhalten haben, als zweckmäßig empfohlen. Zur Versilberung wird unter anderem eine Silberlösung vorgeschlagen, aus der das Silber mit Zucker oder Formaldehyd mit oder ohne Zusatz von Ammoniak oder Alkali niedergeschlagen wird. Es kann z. B. versilberter Sand in Schnellfiltern entweder allein oder in Verbindung mit gewöhnlichem Filtersand für die Filtration und Entkeimung von Trinkwasser verwendet werden. An Stelle von Silber kann auch Kupfer gebraucht werden.

Nach dem amerikanischen Patent 1642089 vom 13. September 1927 werden Filtersteine, Filtersand u. dgl. mit einer Silbersalzlösung (z. B. Silbernitrat im Verhältnis 1 : 5) oder einer solchen von kolloidem Silber zusammengebracht und sodann dem Licht ausgesetzt. Bei Verwendung von Silbernitrat schlägt sich durch die photochemische Wirkung metallisches Silber mit braunschwarzer Farbe auf dem Filtermaterial nieder.

In dem engl. Patent 279085 empfiehlt G. A. Krause, München, zur Erhöhung der oligodynamischen Wirkung bei der Sterilisation von Wasser und anderen Flüssigkeiten, diese mit gleichmäßig oder ungleichmäßig gestalteten Formstücken, die aus oligodynamisch wirkenden Metallen, z. B. Silber oder Kupfer, bestehen oder mit diesen überzogen sind, zusammenzubringen.

Im Jahre 1928 brachte G. A. Krause, München, ein Gerät heraus, das die oligodynamischen Kräfte des Silbers zur Sterilisation von Wasser ausnützt. Er überzog bestimmte Stoffe, die als Kontaktträger dienten, wie Tonkugeln, Kies, Sand, Raschigringe u. dgl. nach einem besonderen Verfahren mit einem sehr dünnen Überzug von Silber, der dann die oligodynamische Wirkung äußerte. Ein nach dem Verfahren von Krause hergestellter Sand enthält etwa 1,5 g Silber in 1 kg Sand[1]. Die so vorbereiteten „Katadyn"-Kontaktkörper füllte Krause in die Gefäße, in denen das zu sterilisierende Wasser zum Gebrauch aufbewahrt werden sollte. Während der Berührungszeit nimmt das Wasser ionenförmig gelöste Silbermengen auf. Das Wasser nimmt baktericide Eigenschaften an und bewahrt diese Eigenschaften so lange und in dem Maße, als sich Silber in genügender Menge in Lösung befindet. Die Abtötungszeit der im Wasser befindlichen Bakterien richtet sich nach Art und Zahl der Keime und nach der Wasserbeschaffenheit. Sie schwankt zwischen 30 Minuten und mehreren Stunden. Der Prozeß wird nicht beeinflußt durch die Härte oder den p_H-Wert des Wassers, jedoch stark durch organische Substanzen, besonders kolloider Natur, da diese imstande sind, Silberionen zu adsorbieren und dadurch unwirksam zu machen. An Stelle des von Krause angewandten Verfahrens haben Uglow und seine Mitarbeiter reinen, heißen Sand in eine ammoniakalische Silberoxydlösung eingetragen. Durch Reduktion mit Formalin erhielten sie dann Überzüge von metallischem Silber. Sie konnten mit solchem Silbersand die gleichen Wirkungen wie mit dem Katadynverfahren erzielen.

Die in Lösung gehenden Silbermengen sind so gering, daß sie nach den heutigen Erfahrungen als vollständig ungiftig anzusehen sind. Sie machen nur einen kleinen Bruchteil der Mengen aus, die sonst als Silber- oder Kupfergehalt eines Trinkwassers als zulässig und unbedenklich bezeichnet werden. Das Trinkwasser erleidet durch das in Lösung gehende Silber weder eine Geschmacks-, noch Geruchs-, noch Farbveränderung. Es ist möglich, durch Einhaltung eines bestimmten Verhältnisses zwischen Volumen und Oberfläche die Löslichkeit des Katadynsilbers so zu regeln, daß man das Wasser mit 0,01—100 γ/Liter (d. i. 0,00001—0,1 mg/Liter) Silber beladen kann.

Um derartig geringe Silbermengen nachzuweisen, bedarf es sehr empfindlicher Reaktionen. Nach F. Feigl[2] kann mittels p-Dimethylaminobenzylidenrhodanin noch ein Silbergehalt von 1 : 5000000, d. i. 0,2 mg/Liter, festgestellt werden.

Überschichtet man 3—5 ccm Silberlösung mit Äther, dem man eine 0,03%ige acetonische Lösung des genannten Reagens zufügt, und schüttelt durch, so entsteht an der Trennungsfläche Äther/Wasser ein rötliches Häutchen des Silberrhodaninsalzes.

Nach den Erfahrungen von Olszewski läßt sich unter Anwendung von 5 ccm Silberlösung, 2 ccm Äther und 0,5 ccm der 0,03%igen acetonischen Reagenslösung ein Gehalt von 0,7 mg/Liter Ag noch sehr deutlich nachweisen. Die Grenze der Empfindlichkeit fanden Olszewski und seine Mitarbeiter in Übereinstimmung mit Egg bei 0,5 mg/Liter Ag.

---

[1] Chemiker-Kalender, S. 45. Berlin: Julius Springer 1928.
[2] Feigl: Zeitschr. analyt. Chem. 1923, **74**, 380.

EGG[1] empfiehlt zur Bestimmung des Silbers in natürlichen Wässern und neben Kupfer ein Mikroverfahren.

Das Wasser wird zur Trockne eingedampft, der Rückstand einige Male mit konzentrierter Salpetersäure abgeraucht, mit Ammoniak aufgenommen und in ein PREGLsches Mikroelektrolysiergefäß filtriert. Die Abscheidung erfolgt an einer Platin-Netzelektrode bei 1—1,2 Volt. Die Gewichtszunahme der Elektrode wird auf einer Mikrowaage bestimmt. Der Elektrodenniederschlag wird sodann in Salpetersäure gelöst, die Lösung in einer Platinschale zur Trockne eingedampft, dreimal mit je 0,5—1 ccm heißem Wasser aufgenommen und in ein Reagensglas übergespült. Man fügt einen Überschuß von n/1000 KJ-Lösung hinzu, überschichtet mit 2 ccm Äther, versetzt mit 0,1—0,3 ccm acetonischer Rhodaninlösung und titriert mit n/1000-$AgNO_3$ tropfenweise zurück, indem man nach jedem Tropfen umschüttelt und beobachtet, ob an der Grenzfläche Wasser/Äther ein rötliches Häutchen entsteht.

Sind in dem zu untersuchenden Wasser keine anderen Metalle als Silber anwesend, so kommt auch der Nachweis mit Natriumsulfid (wie ihn WINKLER für Blei angibt[2]) in Betracht.

EGG[3] gibt an, daß es ihr zusammen mit A. JUNG gelungen sei, durch quantitative Verdünnung bei Versuchen mit Bacterium coli den exakten Nachweis dafür zu erbringen, daß die Wirkung auf B. coli der Menge der vorhandenen Kupfer- und Silberionen parallel geht. Damit sei die oligodynamische Wirkungsweise, die schon durch frühere Versuche — z. B. für Silber von ACÉL[4] und DOERR[5] — wahrscheinlich gemacht war, erwiesen.

Abb. 149. Mit Katadynringen gefüllte Katadynflasche liefert etwa 1 Million Liter keimfreien Wassers.

In der Zwischenzeit sind verschiedene Anwendungsformen des Katadynverfahrens bekannt geworden. Am bekanntesten sind die Katadynsterilisatoren in Flaschenform (s. Abb. 149). Eine 2-Liter-Flasche ist mit 575 Raschigringen als Kontaktkörper, die mit Metall überzogen sind, gefüllt und für kleinere Wassermengen bestimmt. Die Flasche nimmt 1,8 Liter Wasser auf, die mit 18,7 g auf den Raschigringen verteiltem Silber in Berührung kommen. Für die Anwendung im großen wurden große Katadynsterilisatoren in Form großer, runder Kessel, die mit silberhaltigem Sand gefüllt waren, gebaut, die wie große Filter benutzt werden. Das Verfahren ist von verschiedenen Stellen nachgeprüft worden. Als erster hat OLSZEWSKI[6] über die Möglichkeit der Anwendung des Verfahrens für die Praxis der Trink- und Badewasserreinigung im Jahre 1929 berichtet. Er fand dabei, daß die keimtötende Wirkung kleiner Silbermengen äußerst beachtlich ist, so daß das Verfahren wohl anwendbar sei. Die Länge der Berührungszeit spielt bei der praktischen Anwendung eine ausschlaggebende Rolle. Je länger die Berührungszeit mit dem Katadynsilber ist, um so kürzer kann die Nachwirkung gehalten werden.

VIESOHN[7] führte seine Versuche über die Anwendbarkeit des Katadyn-Kontaktverfahrens an einem reinen Quellwasser aus, dem er Aufschwemmungen von Bacterium coli zusetzte. Diese Versuche haben ergeben, daß die Wirkung des Silberions selbst bei Anwendung nur äußerst geringer Mengen von etwa 20 γ/Liter und darunter sowohl bei Verwendung von Katadynsilbersand, wie auch bei Verwendung von Elektrokatadynaktivatoren, nach einer mehr oder weniger langen Reaktionszeit eine außerordentlich große und sichere ist. Bei diesen geringen Silbermengen wurden im Durchschnitt etwa 96% aller Colikeime bei Reaktionszeiten von weniger als 20 Stunden, bei einer Wassertemperatur von 10° C und bei $p_H = 6{,}6$ des Wassers abgetötet. Durch die Angaben, daß in der Praxis nicht unter 50 γ/Liter gesilbert werden soll, wird eine weitere Sicherheit gegeben. Außer der Einwirkungszeit spielt die Temperatur und die Reaktion des Wassers eine Rolle in der Weise, daß bei höherer Temperatur und bei neutraler oder gar alkalischer Reaktion die Wirkung der Silberionen stark beschleunigt wird. Dahingegen muß bei niederer Temperatur und bei saurem Charakter des Wassers die erforderliche Zeit der Nachwirkung verlängert werden.

In trüben Wässern erwies sich die Keimabtötung als ungenügend. Für große Trinkwasserwerke dürfte das Katadynverfahren wegen der langen Kontakt-

---

[1] EGG: Schweiz. med. Wochenschr. 1929, **59**, 84.

[2] TILLMANS: Die chemische Untersuchung von Wasser und Abwasser. Halle a. d. S.: Wilh. Knapp 1915, S. 98.

[3] Zitiert bei KRAUSE: Neue Wege zur Wassersterilisierung (Katadyn). München: J. F. Bergmann 1928.

[4] ACÉL: Biochem. Zeitschr. 1920, **112**, 23.

[5] DOERR: Biochem. Zeitschr. 1920, **106**, 110; **107**, 207; 1921, **113**, 58; 1923, **131**, 351.

[6] OLSZEWSKI: Vom Wasser **3**, 91. [7] VIESOHN: Gesundh.-Ing. 1933, Nr. 27.

zeiten, welche die großen Wassermengen benötigen, nicht in Frage kommen. Es müßten zu große Mengen des silberhaltigen Sandes vorhanden sein. Nimmt man nach GIBBARD[1] für metallisches Silber eine durchschnittliche Löslichkeit von 17 γ/Liter an, so würden 1 cbm Katadynringe (3000 RM.) für die Desinfektion von 540000 cbm Wasser ausreichen. Die Desinfektion von 1 cbm würde dann 0,55 Rpf. betragen. Bei der langen Kontaktzeit sind die Kosten zu groß. Bei Badewasser, wo meist nur kleinere Wassermengen zu behandeln sind, ist das Verfahren an verschiedenen Stellen in Anwendung. Für ein Schwimmbecken von 500 cbm mit einer täglichen Umwälzung von 1000 cbm würden die Gesamtkosten etwa 5,50 RM./Tag betragen.

GUTSCHMIDT[2] stellte fest, daß die Resistenz der verschiedenen Colistämme gegenüber der oligodynamischen Wirkung verschieden ist. Die Art des angewandten Katadynverfahrens hat auf die Einwirkungszeit einen entscheidenden Einfluß. CASSAGRANDI und SEPPILLI[3] fanden, daß Choleravibrionen besonders empfindlich gegen die Einwirkungen des Katadynverfahrens sind. Auch bei Anwendung von Ruhr- und Typhusbacillen konnte in kürzerer oder längerer Zeit restlose Abtötung erzielt werden; erheblich resistenter erwies sich das im Darm vorkommende Bacterium faecalis alcaligenes. Sie führen die Wirkung darauf zurück, daß die im Wasser oligodynamisch gelösten Metallionen die Bakterien ihrer elektrischen Ladung berauben. OTTENSOOSER[4] hat 18 typische Colistämme, sowohl frische aus Stuhl gezüchtete als auch ältere aus Urin, Wasser oder Blut isolierte auf ihre Silberempfindlichkeit geprüft und dabei festgestellt, daß diese bei fast allen Stämmen annähernd gleich war. Bei allen Stämmen hörte nach einstündiger Einwirkungszeit die Lactosegärung auf. Die bactericide Nachwirkung des mit Katadyn behandelten Wassers war bei diesen Versuchen gering.

Nach den Untersuchungen von HERRMANN[5] hat silberhaltiges Wasser auf Sporen von verschiedenen Bakterien, z. B. Bacillus mesentericus, Bacillus subtilis, Bacillus putrificus so gut wie gar keinen Einfluß. Hefepilze verhielten sich je nach dem Nährsubstrat verschieden, vom gänzlichen Abtöten bis zur vorübergehenden Schwächung. Schimmelpilzsporen, die in silberfreiem Wasser schon nach dem ersten Tage auskeimten, zeigten in Wasser mit rund 100 γ/Liter Silber kein Wachstum. In einer Reihe von Lösungen oder Suspensionen organischer oder anorganischer Kolloide wurde die Silberwirkung auf Colikeime schlagartig aufgehoben, wenn das Silberion gebunden wurde.

VIESOHN bestätigt die auch schon von KRAUSE gemachten Beobachtungen, daß Silber die Abtötung der sog. Wasserkeime nicht so schnell bewirkt wie die der Colikeime. In ganz reinem Zustande soll Silber unwirksam sein.

J. BÜHRMANN[5] hat eingehende Untersuchungen über die Einwirkung von oligodynamischem Silberwasser auf die Eigenbeweglichkeit verschiedener Bakterien angestellt und gefunden, daß die Eigenbeweglichkeit gehemmt wird. Durch Einleiten von Silberdämpfen konnte sie doppelt destilliertem Wasser oligodynamische Eigenschaften verleihen. Bei Untersuchungen der Frage der Inaktivierung und Reaktivierung von metallischem Silber fand sie, daß die bactericide Wirkung aufgehoben wird:

1. durch Entfernen der löslichen Silbersalze von der Oberfläche der Kontaktkörper, z. B. durch Kochen oder Einlegen in eine Natriumthiosulfatlösung mit nachfolgendem Spülen,
2. durch Überführen der löslichen in unlösliche Silbersalze.

Unwirksam gewordene Silberüberzüge erhalten ihre keimtötenden Eigenschaften durch Behandlung mit Oxydationsmitteln wieder. Am stärksten wirkt Kaliumpermanganat, dann folgen mit abnehmender Wirksamkeit Wasserstoffperoxyd, Chlorwasser, Eau de Javelle und feuchter Ozonstrom; es bilden sich Silberoxyd bzw. -chlorid; bei durch Schwefelwasserstoff inaktiviertem Silber bildet sich schwefelsaures Silber. Die elektrische Polarisierung von Silberblechen bewirkt eine Aktivierung an der Anode und eine Inaktivierung an der Kathode durch Reduktion der löslichen Silbersalze zu metallischem Silber.

---

[1] GIBBARD: Zentralbl. ges. Hygiene 1934, **30**, 600.
[2] GUTSCHMIDT: Zeitschr. Hygiene 1934, **116**, 421.
[3] CASSAGRANDI u. SEPPILLI: Ref. Wasser u. Abwasser 1935, **33**, 47.
[4] OTTENSOOSER: Arch. Hygiene 1935, **113**, 258.
[5] HERRMANN: Schweiz. Ver. Gas- u. Wasserfachm. 1935, **15**, 262.
[6] J. BÜHRMANN: Zeitschr. Hygiene 1933, **115**, 241.

An Stelle der Silberüberzüge haben UGLOW und GAN[1] durch Oxydationsmittel wie Ozon oder n/10-Kaliumpermanganatlösung Silber in Silberoxyd übergeführt. Durch Reduktion von ammoniakalischer Silberlösung mit Formalin wird zunächst metallisches Silber gebildet (heller Sand), das dann durch Kaliumpermanganat wieder in Silberoxyd übergeführt wird (schwarzer Sand). Es bildet sich eine Verbindung von Silber und Mangan; sie enthält 36,7% Silber und 1,82% Mangan.

Nach OTTENSOOSER hängt die oligodynamische Aktivität des Silberoxyds nicht unbeträchtlich von der Art der Herstellung ab. Minderwertig sind aus Silbernitratlösung mit überschüssiger Lauge gefällte Präparate, besonders

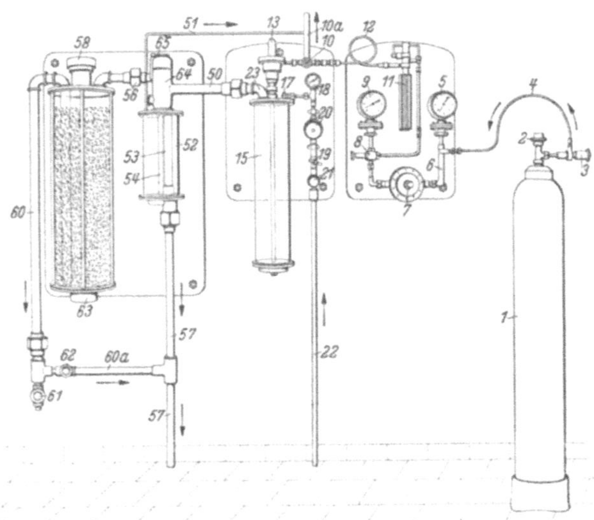

Abb. 150. Chlorkupferungsanlage der Chlorator-Gesellschaft Berlin. *1* Chlorflasche; *2* Flaschenventil; *3* Anschlußventil; *4* Gaszuleitung; *5* Hochdruckmanometer; *6* Filter; *7* Reduzierventil; *8* Einstellventil; *9* Niederdruckmanometer; *10* Abblaseventil; *10a* Abblaseleitung; *11* Chlormengenmesser; *12* Verbindungsleitung; *13* Rückschlagventil; *15* Mischglas; *17* Strahldüse; *18* Wassermanometer; *19* Wassereinstellventil; *20* Wasserreduzierventil; *21* Schmutzfänger; *22* Wasserzuleitung; *50* Chlorlösungsleitung; *51* Entlüftungsleitung; *52* Verteilermeßvorrichtung; *53* Meßskala für die Verteilung der Chlorlösung; *54* Meßrohr; *56* Chlorlösungszuleitung für *59*; *57* Chlorlösungsabfluß; *58* Fülltrichter; *59* Lösungsglas für Metalle (Silber, Kupfer usw.); *60a* Abfluß für Chlormetallchloridlösung; *61* und *62* Entnahmeventile; *64* Verteilerventil für die Chlorlösung; *65* Ventilzeiger.

dann, wenn das Fällungsmittel nicht genügend ausgewaschen war. Trotz seiner geringen Löslichkeit hat auch Silberchlorid eine sehr große Desinfektionskraft. Es muß aber in feinst verteilter Form zur Anwendung kommen, um oligodynamische Wirkungen zu äußern.

Außer Silber hat man auch andere Metalle heranzuziehen versucht. Das gewöhnliche, im Handel befindliche Feingold ist oligodynamisch unwirksam. Es kann aber durch Behandeln mit Chlorwasser aktiviert werden, wobei sich die Metalloberfläche sichtlich verändert. Mit Wasserstoffperoxyd tritt bei Gold keine Aktivierung ein, mit Kaliumpermanganat ist die Aktivierung nur gering, im Gegensatz zum Silber, das sehr stark aktiviert wird.

Außer Silber kommen vor allen Dingen noch Kupfer und Kupferpräparate in Frage, die auch oligodynamische Wirkung besitzen können. VAN DER LEEDEN[2] hat Versuche mit dem beim Zementierungsverfahren aus Abfallbeizen gewonnenen Kupfer gemacht. Von einer Anwendung dieser Stoffe in der Großpraxis ist jedoch nichts bekannt geworden. Von der Wirkung der Kupfersalze macht man beim Wassersterilisationsverfahren nach dem Magno-K.V.-Entkeimungssystem Gebrauch. Das Verfahren besteht darin, daß man dem Wasser eine gewisse Menge Kupfervitriol aus einer Dosierungsvorrichtung zusetzt und

[1] UGLOW u. GAN: Zeitschr. Hygiene, Infekt.-Krankh. 1935, **117**, 488.
[2] VAN DER LEEDEN: Vom Wasser 1933, **7**, 90.

nach einiger Zeit der Einwirkung das Kupfervitriol durch Magnomasse wieder ausscheidet. Der Zusatz an Kupfervitriol beträgt etwa 10 mg/Liter. Nach 10 Minuten Einwirkungszeit wird durch Magnomasse filtriert. Die Magnomasse belädt sich mit Kupfer. Das so beladene Magnofilter äußert dann selbsttätig entkeimende Wirkung. Eine Einführung des Verfahrens im Großbetrieb ist noch nicht bekannt geworden. Wegen der durch den Zusatz des Kupfervitriols bedingten Gefahren dürfte das Verfahren auch auf stärkere Widerstände stoßen.

Um die Wirkung des metallischen Kupfers bzw. Silbers mit der stark sterilisierenden Wirkung des Chlors zu verbinden, ist das Chlorkupferungs- bzw. Chlorsilberungsverfahren vorgeschlagen worden. Das Verfahren der kombinierten Chlorung und Kupferung wird in der Weise durchgeführt, daß man, statt den von der Chlordosierungsapparatur kommenden Chlorwasserstrom unmittelbar dem Wasser oder Abwasser zuzuführen, diesen mittels einer Verteilungsvorrichtung in zwei Teilströme von einstellbarer Stärke aufteilt. Ein Teilstrom wird unmittelbar dem zu behandelnden Wasser zugeleitet, während der andere durch ein Kupferabfälle enthaltendes Gefäß geht. In diesem löst das Chlor eine entsprechende Menge Kupfer zu Kupferchlorid, welches dann ebenfalls dem Wasserstrom zufließt.

Durch diese kombinierte Behandlung konnte die zur Desinfektion erforderliche Chlormenge im Dresdener Güntzbad[1], die früher 40—90 g Chlor je Stunde betrug, auf 25—35 g Chlor je Stunde gesenkt werden. Der Chlorzusatz wird so geregelt, daß in dem Wasser, das in die Becken gepumpt wird, 0,15—0,3 mg/Liter Chlor nachzuweisen ist. Bei dieser geringen Chlorzugabe wird erreicht, daß das Wasser fast nicht mehr nach Chlor riecht und schmeckt, und daß trotzdem das Wasser sowohl gemäß bakteriologischer Untersuchung als auch nach dem äußeren Aussehen vollkommen einwandfrei ist.

Anstatt den Silber- oder Kupferzusatz durch Behandeln von metallischem Silber oder Kupfer mit Chlorwasser vorzunehmen, kann man auch getrennt abgemessene Mengen Silber- oder Kupfersalzlösung dem Chlorwasser oder auch direkt dem chlorierten Badewasser bzw. Schwimmbeckenwasser zugeben. An Stelle von Chlorwasser kann in allen Fällen auch Hypochloritlauge benutzt werden. OLSZEWSKI[2] beschreibt eine mit Hypochloritlauge und Kupfersalzlösung nach dem Chloratorverfahren arbeitende Anlage.

10. Elektrokatadynverfahren.

a) Allgemeines. So bestechend das Katadynverfahren auf den ersten Blick zu sein scheint, haben doch die mit dem Verfahren verbundenen großen Kontaktzeiten und die davon abhängigen großen Anschaffungs- und Betriebskosten seine Anwendung stark eingeschränkt. Das Bedürfnis, größere Wassermengen in wirtschaftlicher Weise oligodynamisch zu behandeln und der Wunsch, für bestimmte Gebrauchswasserzwecke in weiten Grenzen beliebige und genau zu bemessende Silberungsgrade zu erzielen, führte zum Elektro-Katadynverfahren. Dieses besteht darin, daß mit Hilfe eines schwachen Gleichstromes Silberionen aus geformten, massiven, je nach dem Zweck mehr oder weniger starken Silberelektroden in das Wasser gesandt werden. Das wesentliche einer Elektro-Katadynanlage ist der sog. „Aktivator", in dem sich die Elektroden befinden, deren Polarität in bestimmten Zeitabschnitten automatisch gewechselt wird, um die Sperrschichten zu vermeiden, die sonst an den Anoden durch Polarisation auftreten. Diese Elektro-Katadynanlagen arbeiten mit Gleichstrom von maximal 1,6 Volt, bei welcher Spannung eine Wasserzersetzung noch nicht eintritt. Als Stromquelle kann demnach ein 2 Volt-Akkumulator dienen. Der Energieverbrauch ist sehr gering, desgleichen der Silberverbrauch. Wie bei dem Katadynverfahren ist auch bei dem Elektro-Katadynverfahren die Beschaffenheit des Wassers von maßgebendem Einfluß auf die Größe und Leistung der Anlage. Im übrigen sind folgende Punkte von Wichtigkeit:

1. Die elektrische Leitfähigkeit. Da die Leitfähigkeit von dem Gehalt an gelösten Salzen und freien Säuren und von der Temperatur abhängig ist, so ergibt sich unter

---

[1] OLSZEWSKI: Das Bad 1930, Nr. 6. [2] OLSZEWSKI: Vom Wasser 1929, 3, 114.

Berücksichtigung der oberen Spannungsgrenze und der Konstruktion der Aktivatoren für jedes Wasser eine bestimmte Stromaufnahmefähigkeit, ausgedrückt in Ampere/Quadratmeter Anodenfläche. Diese für die Dimensionierung der Apparate maßgebende Größe beträgt z. B. für ein Leitungswasser von 10° DH 1 A/qm Anodenfläche;

2. die erzielbare Stromausbeute;

3. der p_H-Wert. Neutrale und besonders alkalische Reaktion des Wassers beschleunigt die Wirkung, während sie bei saurer Reaktion verzögert wird;

4. die Wassertemperatur. Bei tiefen Temperaturen tritt eine Verlangsamung der Entkeimung ein, die dann durch eine stärkere Aktivierung ausgeglichen werden muß;

5. ferner müssen die durch Adsorption auftretenden Verluste an Silberionen berücksichtigt werden. Rohrleitungen, Behälter oder Beckenwände und im Wasser enthaltene Schwebestoffe nehmen durch Adsorption einen Bruchteil der Silberionen auf, der durch einen Sicherheitszuschlag zum Aktivierungsgrad ausgeglichen werden kann. Hierdurch kann man das Elektrokatadynverfahren auch bei Wasser, das nicht völlig schwebestofffrei ist, anwenden, im Gegensatz zu dem Katadynkontaktverfahren.

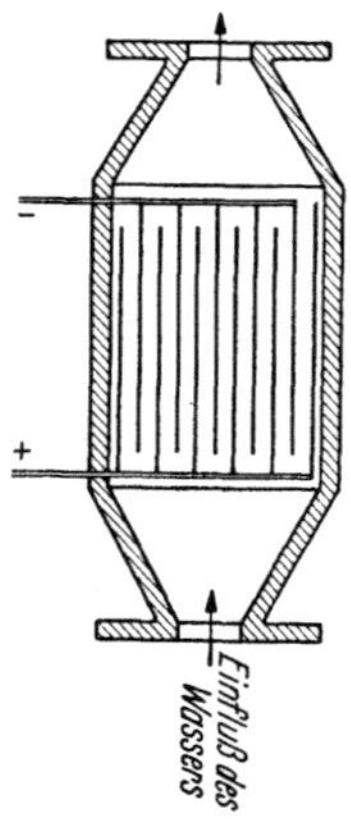

Abb. 151. Durchflußaktivator.

Die Apparate für das Elektrokatadynverfahren sind verhältnismäßig einfach. Sie bestehen in der Hauptsache aus einem Durchflußaktivator, in dem eine mehr oder weniger große Anzahl Silberelektroden eingebaut ist (Abb. 151).

In bestimmten Zeitabständen müssen die Elektroden umgepolt werden, um zu verhindern, daß durch Polarisation Sperrschichten gebildet werden, welche den Silberübergang hemmen. Während diese Umpolung früher von Hand geschah, kann sie jetzt automatisch durch Umpoluhren erfolgen. Das DRP. 615619 der Firma Siemens-Schuckert-Werke beschreibt derartige periodische Umschalter der Polarität der Elektroden, die durch Kippschalter oder durch mittels Schwimmer gesteuerte Ventile bedient werden. Die Apparate verlangen wenig Aufsicht. Der Stromverbrauch ist gering. Die Kosten hierfür sollen nur 0,01—0,02 Rpf./cbm Wasser betragen. Höher sind die Kosten für Silber, die mit 0,5 Rpf./cbm angegeben werden.

Die für einzelne Verwendungszwecke erforderlichen Aktivierungsgrade (Silberungsgrad) betragen unter Berücksichtigung etwa auftretender Adsorptionsverluste, ausgedrückt in γ-Katadynsilber für 1 Liter Wasser für

Trinkwasser	50—150 γ/Liter
Badewasser	150—200 γ/Liter
Wasser für Eisbereitung	400 γ/Liter
Mineralwasser	25—100 γ/Liter
Wasch- und Spülwasser für industrielle Zwecke, Brauereien, Molkereien, Margarinefabriken, je nach dem Verwendungszweck	50—600 γ/Liter

Wegen der einfachen Bedienungsweise dürfte das Verfahren hauptsächlich für Kleinbetriebe, vornehmlich Einzelwasserversorgungen, Kasernen, Hotels, Erholungsheime, ferner für industrielle Betriebe mit geringem Gesamtbedarf an Wasser geeignet sein.

b) Elektrokatadynverfahren und Mineralwasserindustrie. Mit Rücksicht auf die Tatsache, daß auch bei an sich bakteriologisch einwandfreien Mineralwässern in den abgefüllten Flaschen hohe Keimzahlen vorkommen können, was meistens auf eine Verwendung ungeeigneten Spülwassers zurückzuführen ist, hat FRESENIUS[1] die Anwendung der beiden Katadynverfahren in der Mineralwasserindustrie geprüft. Er fand, daß Mineralwasser je nach seiner Beschaffenheit wechselnde Mengen von Silberionen beim Durchströmen aufnimmt. Die wesentliche Schwierigkeit besteht aber bei der Katadynkontaktbehandlung von Mineralwasser darin, daß alle Wässer, die an der Luft zersetzliche Hydrocarbonate, insbesondere Ferrohydrocarbonat enthalten, falls nicht jede Berührung mit Luft sorgfältig vermieden wird, allmählich zu einer Verschlammung der Apparatur und damit zu einer Verminderung der Menge der in Lösung gehenden

[1] FRESENIUS: Z. 1932, **64**, 42.

Silberionen führen. Das Elektrokatadynverfahren ist daher, soweit dies ohne geschmackliche Veränderung der Mineralwässer möglich ist, vorzuziehen. Bei einer Beladung mit Silbermengen von 50—100 γ/Liter trat im allgemeinen noch keine Geschmacksveränderung auf.

Das einfache Katadynkontaktverfahren reicht für Mineralwasser in bakteriologischer Beziehung nicht aus. Mit dem Elektrokatadynverfahren wird jedoch bei verhältnismäßig niedriger Beladung des Wassers mit Silber eine weitgehende Abtötung bzw. Schwächung der im durchfließenden Wasser enthaltenen Keime erreicht. Bei der Spülung der Flaschen mit nach dem Elektrokatadynverfahren behandeltem Wasser kann man annehmen, daß sich ein Teil der Silberionen an den Flaschenwänden niederschlägt und dadurch noch eine Nachwirkung ausübt. Auch bei der Desinfektion der gebrauchten Trinkbecher hat

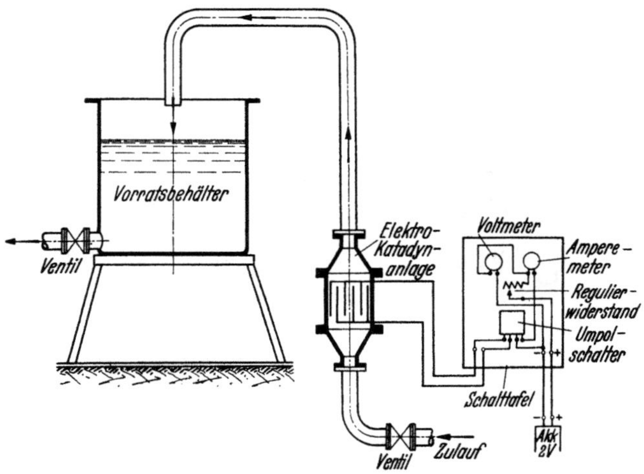

Abb. 152. Schematische Darstellung einer Elektrokatadynanlage für Brauereien Molkereien, Eisfabriken, Schlachthöfe usw. (Deutsche Katadyn-Gesellschaft, München).

das mit dem Elektrokatadynverfahren behandelte Wasser befriedigende Ergebnisse ergeben. Gerade die hygienisch einwandfreie Behandlung der Trinkgefäße ist eine wichtige Angelegenheit im Betriebe der Mineralbrunnen.

c) Elektrokatadynverfahren und Speiseeisfabriken, Brauereien usw. KRAUSE beschreibt eine Reihe von Elektrokatadynanlagen, die für verschiedene Verwendungszwecke gebaut worden sind. Das nach der „Katadynisierung" in einer Eisfabrik in Dresden benutzte Gefrierwasser wurde zur Herstellung von aktivem, keimtötendem Eis benutzt. Nach den Angaben von KARSTEN[1] hat sich das Elektrokatadynverfahren bei der Eiserzeugung in der Dresdener Kristalleisfabrik und Kühlhallen A.G. sehr gut bewährt. Ein mit 6000 Colikeimen pro ccm versetztes Eisschmelzwasser war nach der Elektrokatadynbehandlung innerhalb 6 Stunden keimfrei. Daraus hergestelltes Eis hält sich nicht nur keimfrei, sondern soll auch seine keimtötende Wirkung auf Lebensmittel, die in direkte Verbindung mit dem Eis oder Schmelzwasser kommen, ausüben. Die Anlage in Dresden arbeitete bei einer Leistung von 10—20 cbm/Stunde mit einer Stromstärke von 2,5 bis 3 Ampere bei 1—1,5 Volt (s. Abb. 152). Der Silberungsgrad betrug 400 γ/Liter.

Bei einer täglichen Erzeugung von 200 t Krystalleis erforderte die Entkeimung des Krystalleises nach dem Elektrokatadynverfahren einen Kostenaufwand für das verbrauchte Silber von 3,5 Rpf./t.

Für Brauereiwasser wurde das Elektrokatadynverfahren bei einer Münchener Großbrauerei zur Herstellung von bactericidem Spülwasser angewandt, um die in den Brauereien auftretenden Bierschädlinge (wie wilde Hefen, Sarcinen, Milch-

[1] KARSTEN: Deutsch. Wasserwirtsch. 1935, **30**, 14.

säurebakterien) zu bekämpfen. Die für eine Leistung von 3,5—4 cbm/Stunde gebaute Anlage wird mit einem Silberungsgrad von 400—600 γ/Liter betrieben. Die Jungbierleitungen und Schläuche, die vor der Desinfektion 500—1000 Hefekeime/ccm enthielten, sind nach der Spülung mit Katadynwasser keimfrei. Bei den mit einer Spannung von 1—1,5 Volt und einer Stromstärke von 0,9 bis 1,2 Ampere betriebenen Aktivatoren hat das Wasser eine Stromaufnahmefähigkeit von 0,35 Ampere/qm Anodenfläche.

d) Elektrokatadynverfahren und Molkereien. DEMETER und HAASE[1] berichten über die Anwendung des Verfahrens in einer Molkerei zur Vorbehandlung des zum Butterwaschen verwandten Wassers, über die Gesamtabnahme der Keimzahl und gleichzeitig darüber, daß das nach dem Elektrokatadynverfahren behandelte Wasser keine Wirkung auf die proteolytischen Keime und Hefezellen hatte. Die mit einem stärker gesilberten Waschwasser hergestellte Butter zeigte eine Qualitätsverminderung gegenüber unbehandelter Butter. Zu den Versuchen wurde Wasser mit 30, 200, 600 und 1200 γ Silber/Liter verwendet. Dabei zeigte die

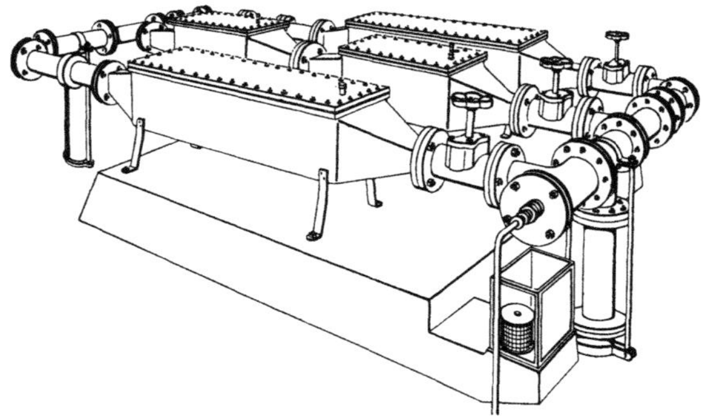

Abb. 153. Elektrokatadynaktivator der Deutschen Katadyn-Gesellschaft München.

Mikroflora innerhalb der ersten 14 Tage eine deutliche Verminderung der Gesamtkeimzahl. Fast gar keine Wirkung wurde bei Schimmelpilzen festgestellt. Im Laufe der weiteren Lagerung (bei 4—5° C) war eine deutliche Schädigung der Säurebildner festzustellen. Die Gesamtkeimzahl nahm während der Lagerung bei der Katadynbutter stärker zu als bei der unbehandelten Kontrollbutter.

e) Elektrokatadynverfahren und Badewasser. Bei der Sterilisation handelt es sich in der Regel um Wasser mit einer hohen Temperatur (über 17° C). Auch verschiebt sich der p_H-Wert eines solchen, in einem offenen Becken stehenden Wassers durch Entweichen der Kohlensäure mehr nach 7,0 oder sogar darüber hinaus. Diese beiden Faktoren, hohe Temperatur und höherer p_H-Wert, sind aber für das Elektrokatadynverfahren günstig. VIESOHN machte Versuche am Frankfurter Schwimmbecken mit 1600 cbm Inhalt.

Die Elektrokatadynapparatur bestand aus einer Anzahl druckfester Durchflußapparate aus Eisen, die mit einer Spezialisoliermasse ausgekleidet waren. In den Apparaten waren besonders geformte Elektroden aus Silberblech, die in Abständen von $^1/_2$ Stunde automatisch umgepolt wurden. Bei einer Spannung von 4—4,5 Volt betrug die Stromstärke 2 Amp. In den ersten Tagen der Füllung des Beckens mußte das Wasser zur Sättigung der Beckenwände mit Silber mit etwa 200—400 γ Silber je Liter aufgeladen werden. War das Wasser bactericid geworden, so genügte von da an alle 2 Tage eine Elektrokatadynbehandlung mit nur 50 γ/Liter Badewasser. Die Wirkung auf Bakterien war als gut anzusprechen. Algen, die auch durch Kupfer und Chlor nicht zu beseitigen waren, wurden auch durch die Elektrokatadynbehandlung nicht beeinflußt. Abb. 153 zeigt die von der deutschen Katadyngesellschaft für diese Versuchszwecke zur Verfügung gestellte Elektrokatadynapparatur.

[1] DEMETER u. HAASE: Milchwirtsch. Ber. 1933, **79**, 779. Ref. Wasser u. Abwasser 1934, **32**, 108.

Weiteres über die Wirkung der Silberung bei Badewasser siehe unter Kumasina-Verfahren.

f) Elektrokatadynverfahren in der Lebensmittelindustrie. Zur Sterilisierung von Apfel- und Süßmosten, Spritessig und Weinessig hat sich der in Abb. 154 dargestellte Apparat bei einer Stundenleistung von 200 bis 300 Liter gut bewährt. Der durch einen Akkumulator gespeiste Apparat gibt an Essig etwa 200 γ Silber/Liter ab. Die Durchlaufgeschwindigkeit beträgt bei einem Liter 11,8 Sekunden = 305 Liter/Stunde.

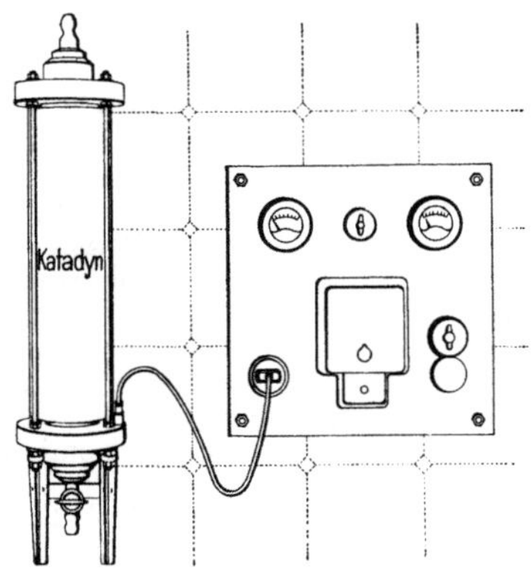

Abb. 154. Elektrokatadynapparatur für kleinere Wassermengen, für Essigfabriken, Süßmostereien usw.

Die durchgeführten Versuche ergaben, daß eine Aktivierung von 250 γ Silber im Liter genügt, um Essigbakterien und Essigälchen abzutöten. Dabei waren Essigälchen weniger empfindlich als Essigbakterien. Geruch und Geschmack von Spritessig werden nicht beeinflußt. Bei höherer Aktivierung tritt eine leichte Trübung des Essigs ein.

Um bei Mosten eine sichere Haltbarkeit der Säfte über viele Monate und unter ungünstigen Lagerungsbedingungen zu erzielen, mußte eine Aktivierung mit 5000 γ Ag/Liter durchgeführt werden. Bei einer Aktivierung mit 7500 γ Ag/Liter trat deutlich metallischer Geschmack auf, der aber bei genügend langer Lagerung wieder verschwand, so daß eine Überaktivierung unbedenklich ist, wenn die Lagerung lange genug andauert. Bei der Lagerung der Säfte scheidet sich das zur Aktivierung zugesetzte Silber wieder aus.

Auch bei den mit porösen Filtersteinen besetzten Kleinfiltern hat sich eine Füllung mit Katadynsand zur Reinhaltung der Filter von Bakterien und zur Verhinderung des Durchwachsens der Bakterien durch die Filtersteine bewährt.

Eine mit einer Batterie als Kraftquelle ausgerüstete sehr einfache Apparatur zur Sterilisierung von Trinkwasser und kleinen, z. B. zur Mund- und Zahnpflege benutzten Wassermengen ist in der Abb. 155 gezeigt. Dieser Elektrokatadynsterilisator besteht aus zwei Katadynsilberelektroden und einem Mittelteil mit Handgriff, in dem die stromliefernden Taschenlampenbatterien untergebracht sind. Sämtliche Teile sind in einem kleinen Bakelitgehäuse untergebracht. Die Batterie muß von Zeit zu Zeit — etwa alle 3—4 Monate — erneuert werden. Eine ähnliche Apparatur bringen KRUSE und FISCHER[1] unter der Bezeichnung Cuma-Taucher in den Handel.

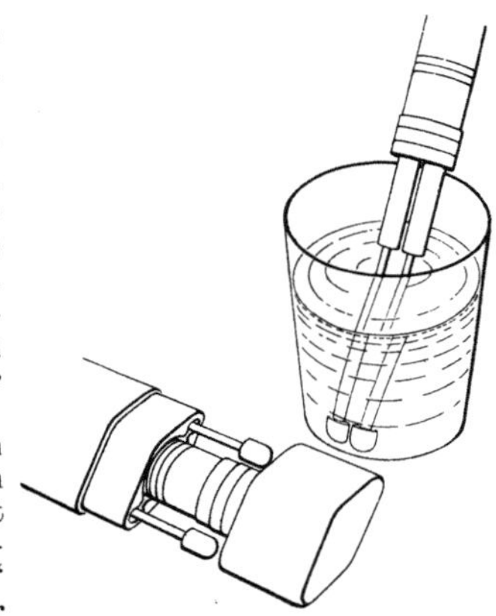

Abb. 155. Elektrokatadynsterilisator der Deutschen Katadyn-Gesellschaft München.

g) Kumasina-Verfahren. KRUSE u. FISCHER[2] benutzen bei der Elektrolyse Anoden aus Silber und lassen einen schwach gespannten Strom hindurchgehen. Sie stellen mit Hilfe dieser von ihnen „Cuma-Aktivator" genannten Apparatur eine aktive silberhaltige Flüssigkeit, „Silbermolke" genannt, her. Diese enthält 1 ‰ aktives Silber in haltbarer kolloider Lösung, die dann in entsprechend großer Verdünnung angewandt wird. 1 Liter Trinkwasser wird angeblich durch Zusatz eines Tropfens dieser Flüssigkeit entkeimt; gegen Sporen war der Zusatz unwirksam.

Da nach den bei der Preußischen Landesanstalt für Wasser-, Boden- und Lufthygiene durchgeführten Versuchen selbst bei einem Silbergehalt von 80 bis 100 mg/cbm noch Keimzahlen von 19000—126000 und Bacterium coli noch in 10 ccm festgestellt wurden, warnt die genannte Anstalt vor der Anwendung der Silberung nach dem Kumasina-Verfahren zur Sterilisation von Badewasser. Bei diesen am Stadtbad in Leipzig, das nach dem Verfahren von KRUSE arbeitet, durchgeführten Versuchen wurde festgestellt, daß die Sichttiefe nur 2 m betrug, was mit Rücksicht auf die Verhütung von Unglücksfällen (durch Ertrinken)

[1] KRUSE u. FISCHER: Gesundh.-Ing. 1937, **60**, 10.
[2] KRUSE u. FISCHER: Arch. Hygiene 1934, **113**, 46.

als zu niedrig bezeichnet werden muß. Nach kurzem Aufenthalt in dem trüben, wenig appetitlichen Badewasser traten bei einem Badenden starke Hautreizungen mit ausgesprochenem Urticaria-(Nesselfieber)Ausschlag auf.

Buch-Literatur.

BAILLEUL, HERBERT und REISEMANN: Aktive Kohlen und ihre Verwendung in der chemischen Industrie. Stuttgart: Ferdinand Enke 1934. — BUNTE: Das Wasser. Braunschweig: F. Vieweg & Sohn 1918. — FISCHER: Das Wasser. Chemische Technologie in Einzeldarstellungen. Leipzig: Otto Spamer 1914. — GROSS: Handbuch der Wasserversorgung. Berlin: R. Oldenbourg 1928. — HÖFER: Grundwasser und Quellen, eine Hydrologie des Untergrundes. Braunschweig 1920. — HOLLUTA: Die Chemie und chemische Technologie des Wassers. Stuttgart: Ferdinand Enke 1937. — KEILHACK: Lehrbuch der Grundwasser- und Quellenkunde, 3. Aufl. Berlin: Gebrüder Borntraeger 1935. — Kleine Mitteilungen der Landesanstalt für Wasser-, Boden- und Lufthygiene. Verschiedene Jahrgänge. Berlin-Dahlem. — KLUT: Trink- und Brauchwasser. Berlin: Urban & Schwarzenberg 1924. — OLSZEWSKI: Chemische Technologie des Wassers. Sammlung Göschen Nr. 909. Berlin: Walter de Gruyter 1925. — SIERP: Wasser und Abwasser. In LIESEGANG: Kolloidchemische Technologie, 2. Aufl. Leipzig: Theodor Steinkopff. — SIERP: Trink- und Brauchwasser. In LEBLANC: Ergebnisse der angewandten physikalischen Chemie. Leipzig: Akademische Verlagsgesellschaft 1935. — TILLMANS: Wasserreinigung und Abwasserbeseitigung. Halle: Wilhelm Knapp 1912. — VOLLBRECHT u. STERNBERG: Trink- und Nutzwasser in der deutschen Wirtschaft. Berlin: Hobbing 1930. — Vom Wasser: Jahrbücher der Fachgruppe für Wasserchemie. Verschiedene Jahrgänge. Berlin: Verlag Chemie G. m. b. H. — Wasser und Abwasser. Referatezeitschrift. Verschiedene Jahrgänge. Berlin: Carl Heymann.

Häusliches und städtisches Abwasser.

Von

Dr. F. Sierp-Essen.

Mit 180 Abbildungen.

A. Allgemeines.

I. Entwicklung der Abwasserreinigung.

Bei dem Kreislauf des Wassers in der Natur fällt das als Trink- und Brauchwasser in den Haushaltungen und gewerblichen Betrieben benutzte Wasser, nachdem es sich mit den verschiedensten Abfall- und Unratstoffen beladen hat, zu fast 100% als Abwasser wieder an. Unter „Abwasser" allgemein versteht man daher alles im Haushalt, im Wirtschafts- und im Gewerbebetriebe erzeugte Schmutzwasser. Man findet auch eine ganze Reihe anderer Bezeichnungen für diesen gleichen Abfallstoff, z. B. Andauchtwasser, Sielwasser und Schleusenwasser, wie das in Städten mit geschlossenen Leitungen abgeführte Abwasser gern im Volksmund bezeichnet wird.

Je nach dem Ursprung des Abwassers unterscheidet man zwischen 1. häuslichem Abwasser, 2. städtischem Abwasser, 3. gewerblichem Abwasser.

Das **häusliche Abwasser** entsteht im Haushalt des Menschen. Es ist das im Haushalt als Trink- und Brauchwasser benutzte Wasser, vermehrt um diejenigen unnützen und belästigenden Stoffe, deren sich der Mensch aus Reinlichkeits- und Gesundheitsgründen entledigt. Als solche Stoffe kommen in erster Linie in Frage: Die menschlichen Unratstoffe, wie Kot, Harn, Küchenspülicht, Küchenabfälle, z. B. Gemüsereste, Korke, Kaffeesatz usw., ferner Wasch- und Badewässer, Scheuerwässer, Seifenlaugen der Wäsche, Abflüsse von Abortgruben oder Klosetts mit Wasserspülungen, nicht selten auch mehr oder weniger größere Mengen von feinen Müllbestandteilen und die Abflüsse aus Stallungen.

Städtisches Abwasser ist das in Straßenrinnen oder Kanalisationen gesammelte häusliche Abwasser, vermehrt um das Regenwasser bzw. Schneeschmelzwasser, das eine große Menge Unratstoffe von den Straßen spült, Wasser der Straßenreinigung mit einem Gehalt an mehr oder weniger feinem Sand, an Öl, von Autos und Maschinen und an Teer von Straßenteerungen, ferner die Abwässer aus städtischen Betrieben, wie Schlachthöfen, Fuhrparks und Müllverwertungsanlagen und schließlich die Abwässer aus den gewerblichen Betrieben. Städtisches Abwasser kann demnach, je nachdem welche Abwasserart vorherrscht, eine ganz andere Zusammensetzung haben als rein häusliches Abwasser.

Gewerbliche Abwässer sind die je nach der Art des Gewerbebetriebes ganz verschieden zusammengesetzten, mit den Abfallstoffen des Betriebes beladenen Abwässer. Die Zusammensetzung und die Behandlung der gewerblichen Abwässer ähnelt oft dem städtischen Abwasser, ist aber in den meisten Fällen eine gänzlich andere als bei häuslichem Abwasser. Sie werden daher in einem besonderen Abschnitt (s. „gewerbliches und industrielles Abwasser") behandelt.

Aufgabe der Abwassertechnik ist es, die bei dem Kreislauf des Wassers in der Natur aufgenommenen Schmutzstoffe aus dem Abwasser so weit wieder zu entfernen, daß sie in dem örtlichen Kreislauf des Wassers nicht mehr hinderlich sind oder gar in diesem Kreislauf schädlich wirken können.

Bis zur Einführung der Spülklosetts war es allgemein üblich, die in den Häusern anfallenden Abwässer in besonderen Gruben zu sammeln und sie dann auf dem Lande als Dungstoffe zu verwenden. Nur ein verhältnismäßig kleiner Teil der Abfallstoffe gelangte, an verschiedenen Stellen verteilt, direkt in den Vorfluter, ohne hier infolge besserer Verteilung Schädigungen hervorzurufen. Dieser Zustand änderte sich aber in den Städten grundsätzlich mit der Einführung zentraler Wasserversorgungen und der Spülklosetts, bei denen das Wasser in größeren Mengen zum schnellen Abtransport der menschlichen Auswurfstoffe benutzt wird. Die jetzt anfallenden großen Wassermengen können aus hygienischen und ästhetischen Bedenken nicht wie bisher in den Vorfluter gelassen werden, ohne daß durch die mit der Einführung der Spülklosetts und durch die damit verbundene Abführung der Abwässer in Kanalisationen bedingte, an einer Stelle erfolgende Einführung große Schäden im Vorfluter hervorgerufen werden. Die verstärkte Verwendung der Flüsse als Wasserspender für unterhalb liegende Städte und Ortschaften, als Volkserholungsstätte, für Badezwecke und die Rücksicht auf die Schiffahrt, den Wassersport und die Fischerei bedingt fernerhin eine größere Reinhaltung unserer heimischen Gewässer. Der verstärkte Anfall an Abwasser hatte daher weiter zur Folge, daß systematisch Ortsentwässerungen geschaffen wurden, deren Anfänge schon in das graue Altertum zurückgehen und die die Aufgabe haben, die menschlichen und tierischen Abfallstoffe möglichst schnell aus dem Bereich der Siedlungen zu entfernen, um die in ihnen steckenden Gefahren für die Gesundheit der Menschen zu beseitigen. Schon die alten Griechen und Römer haben beachtenswerte Werke der Entwässerungstechnik geschaffen. In Athen waren unterirdische Sammler vorhanden, die die Abwässer der Paläste, Tempel und größeren Privathäuser ableiteten. Bekannt ist der Hauptsammelkanal des alten Roms, die Cloaca maxima, dessen Anfänge aus der etruskischen Zeit stammen und der in der Blütezeit des römischen Kaiserreiches derartig großzügig ausgebaut worden ist, daß er noch bis Ende des 19. Jahrhunderts im Rahmen der modernen Stadtentwässerung Roms seine Dienste geleistet hat. Viele Jahrhunderte lang war dann das Verständnis für die öffentliche Hygiene verloren gegangen, bis die großen Choleraepidemien von 1831 in der Schweiz und 1892 in Hamburg wieder gebieterisch zusammen mit den Erkenntnissen der modernen Bakteriologie das Interesse an den notwendigen hygienischen und technischen Maßnahmen zur Verhütung solcher Seuchen weckten. Als eine der ersten deutschen Städte besaß die Stadt Bunzlau Ende des 16. Jahrhunderts eine gute Kanalisation und leitete ihre Abwässer zur Ausnutzung der in ihnen steckenden Dungwerte aufs Land.

Durchgreifende Bemühungen, die in den menschlichen Siedlungen in den Abwässern anfallenden Schmutzstoffe möglichst unschädlich zu beseitigen, setzten in der Mitte des 19. Jahrhunderts ein. Besonders in den dicht besiedelten Industriegebieten, die oft noch dazu an Flüssen mit sehr geringer Wasserführung lagen, entwickelten sich oft die unglaublichsten Zustände in bezug auf die Reinhaltung der Wohnbereiche, der Flüsse sowie der Trinkwasserstellen. Durch die Einführung des Spülklosetts in die Ortsentwässerung wurden die Abfallstoffe sehr stark durch Wasser verdünnt, so daß sie nicht mehr wie früher auf dem Lande verwertet oder an vielen verschiedenen Stellen verteilt und in kleineren Mengen dem Flusse zugeführt wurden. Die stark vermehrte Anschwemmung der menschlichen Entleerungen und Unratstoffe durch die Kanäle in die Flüsse an einzelnen Stellen führte zu starken örtlichen Verunreinigungen der Flüsse. Ausgehend von England, wo die ersten Gesetze zur Verhinderung der Verunreinigung öffentlicher Gewässer erlassen wurden, und wo im Jahre 1875 eine „königliche Kommission zum Studium von geeigneten Verfahren für die Abwasserreinigung" eingesetzt wurde, die in einer Reihe von Berichten die Grundlage für die Entwicklung der neuzeitlichen Abwasserreinigungstechnik gelegt hat, waren es vor allem die Länder Deutschland, Amerika und Holland, in denen die Verfahren der modernen Abwasserreinigung ausgearbeitet wurden.

In Deutschland haben sich die Gelehrten Virchow (1868), Pettenkofer in München (1870) und als wahrer Pionier der Abwasserreinigung der Leiter des Hamburger Hygienischen Institutes W. Dunbar und der Vater der Lebensmittelchemie J. König mit ihren Schülern größte Verdienste um die Entwicklung der Abwasserchemie und -technik erworben. Durch die Begründung der Versuchs- und Prüfungsanstalt für Wasserversorgung und Abwasserreinigung, die heute gemäß ihrem erweiterten Aufgabenkreis die Bezeichnung „Landesanstalt für Wasser-, Boden und Lufthygiene" in Berlin-Dahlem führt, wurde eine zentrale Stelle geschaffen, die durch zahlreiche Veröffentlichungen auf diesen Gebieten und besonders durch Ausbildung zahlreicher guter Sachverständiger dazu beitrug, die deutsche Abwasserchemie und -reinigungstechnik mit an die vorderste Stelle zu bringen. Der sich immer mehr entwickelnden Industrie wurde sie in ihren Abwässernöten eine sehr getreue Helferin. In den dicht besiedelten Industriezentren führten die ungewöhnlich schnellen Entwicklungen bald zu unglaublichen Verhältnissen. Dies gab Veranlassung zur Bildung von Abwasser-Genossenschaften, denen auf Grund von Sondergesetzen die Abwasserbeseitigung und die Reinhaltung der Flüsse übertragen wurde. Durch die bahnbrechenden Arbeiten dieser Verbände ist die Abwasserchemie und -technik in weitestem Maße gefördert worden. Die bekanntesten sind die Emschergenossenschaft (1900), der Ruhrverband (1913), Wupperverband (1930), Niersverband (1930), die Muldengenossenschaft und der Lippeverband (s. S. 467). In Mitteldeutschland, wo die Flüsse stark unter dem Einfluß der stark vorwärts strebenden Kaliindustrie leiden, sorgen die „Flußuntersuchungsämter" dafür, daß die Flüsse nicht über Gebühr beansprucht werden.

In gleicher Weise wie in Deutschland und England wurde in den Vereinigten Staaten schon früh die Bedeutung der Abwasserreinigung für die Volkshygiene erkannt. Im Jahre 1887 gründete das Gesundheitsamt des Staates Massachusetts eine Versuchsanstalt für Abwasserreinigung in Lawrence, die durch ihre bahnbrechenden Untersuchungen und Versuche auf die Entwicklung der amerikanischen und damit der gesamten Abwasserreinigungstechnik sehr befruchtend wirkte. In Holland wurde im Jahre 1920 das „Reichsinstitut für Abwasserreinigung" geschaffen, das unter der Leitung von KESSENER die Abwasserreinigungstechnik durch manches neu ausgearbeitete Reinigungsverfahren sehr wertvoll bereichert hat.

II. Aufgaben und Ziele der Abwasserreinigung.

Die Aufgaben und Ziele der Abwasserreinigungstechnik sind sehr mannigfaltig. Sie richten sich in allererster Linie nach den örtlichen Verhältnissen. Auf dem flachen Lande mit seiner dünnen Besiedlung kennt man keine Abwassermißstände und keine Abwasserreinigungssorgen. Infolge restloser landwirtschaftlicher Verwertung der geringen, in Klärgruben gesammelten Abwassermengen auf den großen zur Verfügung stehenden Flächen werden sogar alle in dem Abwasser noch vorhandenen Werte ausgenutzt. Schwieriger werden die Abwasserfragen dort, wo sich größere Menschenmengen zusammenballen, deren Abwassermengen dann noch unter Umständen durch die Abwässer einer stark entwickelten Industrie vermehrt werden. In diesen Fällen reichen die in der Nähe für eine landwirtschaftliche Nutzung verwendbaren Flächen in den seltensten Fällen zur Reinigung aus. Hinzu kommt, daß die Flüsse, die diese Abwassermengen aufnehmen müssen, meist kein genügend großes Selbstreinigungsvermögen haben, um alle zugeführten Stoffe abzubauen.

1. Da aber die Abwässer infolge ihres möglichen Gehaltes an pathogenen Keimen eine ständige Gefahr für die Bewohner darstellen, so ist die erste Aufgabe der Abwasserreinigungstechnik, die anfallenden Abwässer möglichst schnell und unschädlich aus dem Bereiche der menschlichen Siedlungen zu entfernen.

Würde das in Schwemmkanälen gesammelte und weiterbeförderte Abwasser außerhalb der Stadt keine Abflußmöglichkeit haben, so würde das von den Abwässern durchflossene Gelände vor der Stadt bald in einen übelriechenden Sumpf verwandelt werden. Es muß daher für das Abwasser eine weitere Abflußmöglichkeit, sog. „Vorflut", geschaffen werden. Dort wo keine Vorflut vorhanden ist, kann man keine Schwemmkanäle anlegen, bzw. man muß das Siel so weit vortreiben bis ein geeigneter „Vorfluter" erreicht wird. Gegebenenfalls muß das Abwasser, um die Vorflut zu gewinnen, mit Pumpen gehoben werden. Hierzu benutzt man automatisch betriebene Pumpwerke, die mit mehreren Pumpen besetzt sind und die selbsttätig bei gegebenen Wasserständen in den Pumpensümpfen anspringen (s. S. 235). Als Vorfluter kommen in erster Linie die Flüsse, Ströme, unter Umständen aber auch Seen, Teiche und sonstige größere Wasseransammlungen in Frage. Wenig durchflossene Schiffahrtskanäle sollten wegen der durch die Aufnahme des Abwassers bedingten Verschlechterung des Wassers und der Gefahren für die Schiffahrt nicht oder nur in ganz besonderen Ausnahmefällen und dann auch nur nach vollständiger biologischer Reinigung mit nachgeschalteter Desinfektion als Vorfluter benutzt werden. Aus vorstehenden Erwägungen geht ohne weiteres hervor, daß man schon bei der Entwicklung der Stadt auf die Abwasserableitung und -beseitigung Rücksicht nehmen muß. Mit dem Bebauungsplan muß auch zugleich der Entwässerungsplan aufgestellt werden. Der gemeinsamen Wasserversorgung soll auch stets gleichzeitig das Entwässerungsnetz folgen.

2. Die in den Abwässern enthaltenen Werte sollen, soweit dies eben möglich ist, wiedergewonnen und der Wirtschaft wieder zugeführt werden. Dies gilt in erster Linie für die Ausnutzung der in den Abwässern enthaltenen Dungstoffe, die weitgehendst landwirtschaftlich ausgenutzt werden sollen, wodurch gleichzeitig der Wasservorrat des Flusses geschont werden kann.

3. Bei der Lösung der verschiedenen Aufgaben der Abwasserreinigungstechnik muß eine richtige Ausnutzung und Erhaltung der Selbstreinigungskraft der Gewässer erfolgen, wobei auf die Erhaltung des Reinheitsgrades des Flusses, der seine Verwendungsmöglichkeit zum Hausgebrauch, als Volkserholungsstätte zum Baden, Wassersport usw., für Zwecke der Industrie, der Landwirtschaft und der Fischerei stets sicherstellt, allergrößter Wert gelegt werden muß. Dort wo die Selbstreinigungskraft unter Berücksichtigung der vorstehenden Aufgaben nicht ausreicht, muß die Abwasserreinigungstechnik durch Ausbau von Kläranlagen helfend eingreifen. Bei jedem Flusse, der für unterhalb liegende Städte oder Ortschaften als Trinkwasserspender dienen muß oder als Volkserholungsstätte zum Baden, Wassersport, oder zur Fischerei benutzt wird — was heute fast überall der Fall sein wird —, muß man mit der Einleitung von Abwasser ganz besonders vorsichtig sein. In diesen Fällen sind an die Abwasserreinigung die allerhöchsten Anforderungen zu stellen. Jede Verschmutzung unserer Gewässer im kleinen wie im großen sollte als ein Verstoß gegen die guten Sitten angesehen werden [1].

III. Menge und Beschaffenheit der anfallenden Abwässer.

Die Menge des häuslichen Abwassers je Tag und Kopf des an die Kanalisation angeschlossenen Einwohners ist großen Schwankungen unterworfen. Sie entspricht im wesentlichen dem Reinwasserbedarf (s. S. 7 f.). Sie schwankt im großen Durchschnitt in den deutschen und englischen Städten zwischen 100 bis 250 Liter/Kopf und Tag. In Städten, wo die Abwasserkanäle viel Grundwasser aufnehmen müssen, ist die Abwassermenge besonders nach längeren Regenperioden entsprechend größer. In Amerika mit seinen stark gesteigerten hygienischen Ansprüchen ist die Abwassermenge im Durchschnitt 3—4mal größer und steigt sogar bis auf 1000 Liter/Kopf und Tag.

Da die Menge der für einen Einwohner anfallenden Schmutzmenge nicht sehr stark schwankt, so wirkt die Wassermenge nur als Verdünnungsmittel. Die in einem Abwasser enthaltenen Schmutzstoffe kann man nach ihrem Einfluß auf den Vorfluter von physikalischen und chemischen oder auch von biologischen Gesichtspunkten betrachten. Bei der Beurteilung nach ihrer physikalischen Natur unterscheidet man zwischen den festen oder ungelösten Schmutzstoffen, die man je nach der Größe in eigentliche dispersoide Stoffe, das sind alle treibenden, größeren ungelösten und wegen ihrer spezifischen Schwere absetzbaren Stoffe, in die molekular dispersoiden Stoffe, wie Humusstoffe, organische Farbstoffe, eiweißähnliche Stoffe, Eisenverbindungen, wie vor allem Eisenhydroxyd und Eisensulfid, und schließlich in chemisch gelöste Stoffe, wie Salze, z. B. Kochsalz, Ammonchlorid usw. unterteilt. Am bekanntesten sind die Unterteilungen der ungelösten Stoffe. Je nachdem die im Wasser enthaltenen Stoffe beim Stehen des Abwassers durch ihre Schwerkraft innerhalb einer bestimmten Zeit zu Boden sinken, werden sie als „absetzbare Schwebestoffe“, oder falls sie dies nicht tun, als „nicht absetzbare Schwebestoffe“ bezeichnet. Zu den absetzbaren Schwebestoffen gehören Detritus, Sand, Ton, Kaffeesatz, Strohteilchen, Gemüsereste, Fäkalien, Papier- und Faserstoffe, Haare, Fleischreste und ähnliche Stoffe. Die nicht absetzbaren Schwebestoffe haben schon zum Teil kolloiden Charakter, so daß man sie in grobdisperse, wenn sie bei der Filterung durch grobes Filtrierpapier zurückgehalten werden und in feindisperse, wenn sie durch das Filter hindurchgehen, wie Seifen, Lehm, Eiweißstoffe, unterteilen kann. Den Gegensatz zu den ungelösten Schwebestoffen bilden die gelösten Stoffe, das sind vor allem die Salze, ferner Zucker und andere Kohlehydrate, einige Eiweißstoffe usw. Strenge Grenzen zwischen den einzelnen Stoffen kann man nicht ziehen. Die einzelnen Arten gehen je nach der Zerreibung in der Kanalisation mehr oder weniger ineinander über.

---

[1] SCHULZE-FORSTER: Volksgesundheit 1938, **3**, 106.

Will man die Stoffe nach ihrer chemischen Natur bewerten, so hat sich die Einteilung in mineralische und organische Stoffe bewährt. Hierbei versteht man unter mineralischen Stoffen ganz allgemein die bei der Veraschung zurückbleibenden Stoffe. Die chemische Unterscheidung ergänzt die physikalische in der Weise, daß man die absetzbaren Stoffe in mineralische und organische absetzbare Stoffe trennt und in gleicher Weise auch mit den nicht absetzbaren und gelösten Stoffen verfährt.

Die chemische Unterteilung hängt sehr eng mit der biologischen Unterscheidung der im Abwasser enthaltenen Stoffe zusammen. Abwasser ist der biologischen Zersetzung sehr gut zugänglich, und zwar sowohl der aeroben wie auch der anaeroben. Läßt man Abwasser in einer verschlossenen Flasche stehen, so geht es alsbald in stinkende Fäulnis über, wobei in erster Linie bei dieser anaeroben Zersetzung, kenntlich an dem freiwerdenden Schwefelwasserstoff, die im Abwasser enthaltenen schwefelhaltigen Eiweißverbindungen zersetzt werden. Durch Bildung von Schwefeleisen tritt alsbald Dunkelfärbung und schließlich Schwarzfärbung auf. Nebenher werden die in den Schwebestoffen enthaltenen Faserstoffe durch Cellulosegärung zersetzt. Da in der Hauptsache die organischen Stoffe der Zersetzung unterliegen, und diese auch wieder nur unter besonderen Bedingungen zersetzt werden, unterteilt man die im Abwasser enthaltenen Stoffe auch in fäulnisfähige und nicht fäulnisfähige Stoffe, je nachdem, ob sie bei der anaeroben bzw. aeroben Zersetzung zersetzt werden oder nicht. Von den ungelösten Stoffen sind fäulnisunfähige Stoffe: Sand, Kohle, Glasscherben, Metallstücke, Holzstücke und Kork, während von den gelösten Stoffen die mineralischen Salze, wie Kochsalz, Sulfate usw. fäulnisunfähig sind. Letztere können aber in ähnlicher Weise wie Nitrate bei der anaeroben Zersetzung gewissen Reduktionen unterliegen, wobei es sogar bis zur Bildung von Schwefelwasserstoff kommen kann. Bei der aeroben Zersetzung können Nitrate und Sulfate den für die sich abspielenden Oxydationsvorgänge nötigen Sauerstoff liefern.

Fäulnisfähig sind in genügender Verdünnung fast alle organischen Stoffe, mit Ausnahme der hochmolekularen Kohlenwasserstoffe, wie Paraffin- und Mineralöle sowie der Teersubstanzen. Leicht fäulnisfähig sind die in den Abwässern enthaltenen Reststoffe und Abgänge der menschlichen und tierischen Ernährung, so auch Kot und Harn, Tierleichen, Fleisch, Eier, Eiweißstoffe, Kohlenhydrate, Cellulose und Fett. Schwerer fäulnisfähig sind Horn, Faserstoffe und Haare. Während im faulenden Schlamm die zuerst aufgeführten Stoffe nach kurzer Zeit nicht mehr festzustellen sind, sind die schwerer fäulnisfähigen Stoffe noch lange Zeit an ihrer Struktur deutlich erkennbar. Statt der Fäulnis kann auch eine Vergärung des Abwassers eintreten. Dies ist besonders bei genügendem Sauerstoffvorrat und bei kohlenhydrathaltigen Abwässern der Fall. Je nach dem biologischen Zustande, in dem sich das Abwasser befindet, bezeichnet man den Charakter des Abwassers.

Tabelle 1a.

	Mineralisch	Organisch	Gesamt	Sauerstoffbedarf nach 5 Tagen g/cbm
1. Gesamtschwebestoffe	150	350	500	200
Davon a) absetzbare	100	250	350	120
b) nicht absetzbare. . . .	50	100	150	80
2. Gelöste Stoffe	320	180	500	160
Zusammen	470	530	1000	360

Frisches Abwasser ist zersetzungsfähiges, aber noch unzersetztes, also weder in Fäulnis noch in Gärung übergegangenes, weder sauer nach organischen Säuren, z. B. Buttersäure, oder jauchig nach Schwefelwasserstoff riechendes Abwasser von meist graugelber Farbe mit kohlartigem, sehr schwach an Fäkalien erinnerndem, etwas süßlichem Geruch.

Fauliges Abwasser ist in anaerobe Zersetzung — in Fäulnis — übergegangenes, entweder faulig riechendes und daher Schwefelwasserstoff enthaltendes, meistens schwarzgraues Abwasser. Gärendes Abwasser ist in meist aerober Zersetzung — in Gärung — befindliches, nach organischen Säuren [Milchsäure (aerob), Buttersäure (anaerob) usw.] riechendes Abwasser von etwa graugelblicher Farbe. Die Bestimmung der Fäulnisfähigkeit eines Abwasser kann unter Umständen Aufschluß darüber geben, ob sich ein Wasser zur biologischen Weiterbehandlung eignet oder nicht. Organisch verschmutztes Abwasser fault in den meisten Fällen direkt oder nach genügender Verdünnung oder Impfung. Solches Abwasser ist in den meisten Fällen dann auch zur biologischen Weiterbehandlung und zur Selbstreinigung im Fluß geeignet. Bei zu einseitiger Zusammensetzung kann durch Zugabe von Nährsalzen, wie Ammonsalze, Nitrate und Phosphate, der Abbau stark gefördert werden. Sollte es sich nicht mehr weiter behandeln lassen, so sind in den meisten Fällen Giftstoffe oder eine bereits eingetretene Säuerung, die durch Alkalisierung mit Kalk oder Ammonsalzen, wie $(NH_4)_2CO_3$, beseitigt werden kann, die Ursache.

Das von einem Menschen abgestoßene Abwasser enthält im Durchschnitt nach den Feststellungen von Imhoff, Prüss, Sierp, Langbein rund 150 g Trockensubstanz. Bei einem Abwasseranfall von 150 Liter/Kopf und Tag hat das mittlere Abwasser einer deutschen Stadt ohne gewerbliche Verschmutzung nach Sierp im 24-Stundenmittel in mg/l oder g/cbm etwa vorstehende Zusammensetzung (s. Tabelle 1, S. 213).

Bei einer Abwassermenge von 150 Liter/Kopf und Tag ergibt sich hieraus eine Trockensubstanzmenge in Gramm je Einwohner:

Tabelle 1 b.

	Mineralisch	Organisch	Gesamt	Sauerstoffbedarf nach 5 Tagen g/K/T
1. Gesamtschwebestoffe	22,5	52,5	75	30
Davon a) absetzbare	15	37,5	52,5	18
b) nicht absetzbare. . . .	7,5	15	23,5	12
2. Gelöste Stoffe	48	27	75	24
Zusammen	70,5	79,5	150	54

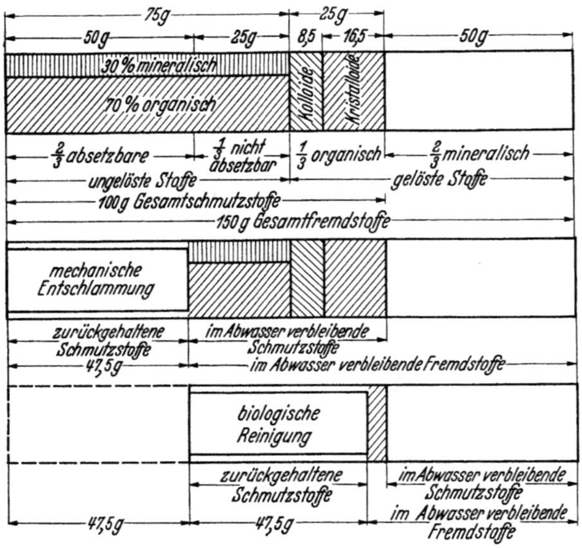

Abb. 1. Darstellung der durchschnittlichen Verschmutzung von städtischem Abwasser ohne Großgewerbe und Reinigungseffekt der Klärverfahren nach Prüss.

Dies sind keine endgültigen Zahlen, denn die auf den Einwohner berechneten Schmutzmengen sind je nach den Lebensgewohnheiten und dem Wohlstand der Bevölkerung verschieden. So ist es erklärlich, daß Langbein, der ebenfalls eine Gesamttrockensubstanz von 150 g je Kopf und Tag angibt, für gelöste Stoffe 80 g und für ungelöste Stoffe 70 g angibt. Eine gute Übersicht über die in städtischen Abwässern enthaltenen Schmutzstoffe gibt Prüss, wie sie in den Tabellen 2 und Abb. 1 wiedergegeben ist.

Die aus den Mitgliedern Donaldson, Enslow, Greely, Mahlie, Rudolfs und Phelps bestehende Kommission der amerikanischen Abwasserfachleute gibt auf Grund einer kritischen Durchsicht der Literatur des Jahres 1933 in einer Arbeit von Adeney folgende Abwasserzusammensetzung für amerikanische Verhältnisse an, die infolge der ganz anderen Lebensbedingungen in USA. von den deutschen Zahlen weit abweicht:

Durch Absetzen entfernbare Schwebestoffe	200 mg/Liter
Nicht absetzbare und kolloide Schwebestoffe . . .	450 mg/Liter
Gelöste organische Stoffe	170 mg/Liter
Stickstoffhaltige Stoffe	180 mg/Liter

Den Hauptbestandteil der häuslichen Abwässer bilden die menschlichen Abfallstoffe, deren Menge sowohl von örtlichen, d. h. klimatischen Verhältnissen, als auch von den sozialen Verhältnissen der Bevölkerung abhängig sind. Die Menge und die Zusammensetzung der menschlichen Auswurfstoffe schwanken je nach dem Alter und dem Geschlecht, ferner je nach der Art der

Tabelle 2. Durchschnittliche Verschmutzung von städtischem Abwasser ohne Großgewerbe und Reinigungseffekt der Klärverfahren. (Nach PRÜSS.)

Ins Abwasser gelangende Stoffe je Einwohner und Tag			Anteil in % von den gesamten: Fremdstoffen	Anteil in % von den gesamten: Schmutzstoffen	Gewicht der Trockensubstanz in g	Verschmutzung des Abwassers in mg/Liter bei täglichem Wasserverbrauch je Einwohner von 100 Liter	150 Liter	Wirkung der Reinigungsverfahren
Gesamte Fremdstoffe	insgesamt	100%	100	—	150	1500	1000	Durch mechanische Entschlammung werden 32% Fremdstoffe zurückgehalten, durch biologische Reinigung 31%, zusammen 63%
	organisch	51,6%	51,6	—	77,5	775	516	
	mineralisch	48,4%	48,4	—	72,5	725	484	
Gesamte ungelöste Stoffe	insgesamt	100%	50	75	75	750	500	Durch mechanische Entschlammung sind 65% der gesamten ungelösten Stoffe herauszufangen
	organisch	70%	35	52,5	52,5	525	350	
	mineralisch	30%	15	22,5	22,5	225	150	
Absetzbare ungelöste Stoffe $^2/_3$ von Z 2	insgesamt	100%	33,3	50	50	500	333	Durch mechanische Entschlammung sind 95% der absetzbaren ungelösten Stoffe herauszufangen
	organisch	70%	23,3	35	35	350	233	
	mineralisch	30%	10	15	15	150	100	
Nicht absetzbare ungelöste Stoffe $^1/_3$ von Z 2	insgesamt	100%	16,7	25	25	250	167	Durch biologische Reinigung werden 100% der nicht absetzbaren ungelösten Stoffe herausgeholt
	organisch	70%	11,7	17,5	17,5	175	117	
	mineralisch	30%	5	7,5	7,5	75	50	
Gesamte gelöste Stoffe	insgesamt	100%	50	—	75	750	500	Durch biologische Reinigung sind 28% zu beseitigen, die mineralischen Stoffe werden dabei nicht beeinflußt
	organisch	33%	16,7	25	25	250	167	
	mineralisch	67%	33,3	—	50	500	333	
Anteil der Kolloide an den gelösten organischen Stoffen		35% bis 50%	5,66 bis 8,33	8,5 bis 12,5	8,5 bis 12,5	85 bis 125	57 bis 83	Durch biologische Reinigung werden 95—99% der Kolloide beseitigt
Anteil der Krystalloide an den gelösten organischen Stoffen		50% bis 65%	8,33 bis 11	12,5 bis 16,5	12,5 bis 16,5	125 bis 165	83 bis 110	Durch biologische Reinigung werden bis zu 75% der organischen gelösten Stoffe beseitigt
Gesamte Schmutzstoffe	insgesamt	100%	66,6	100	100	1000	666	Durch mechanische Entschlammung werden 47,5% der Schmutzstoffe zurückgehalten, durch biologische Reinigung 47,5% beseitigt, zusammen 95%
	organisch	77,5%	51,6	77,5	77,5	775	516	
	mineralisch	22,5%	15	22,5	22,5	225	150	

Verpflegung in weiten Grenzen. Die Zahlenwerte[1] werden in der Literatur ganz verschieden dargestellt, je nachdem sie von einem Abwassersachverständigen, einem Agrikulturchemiker oder einem Hygieniker oder von einem Physiologen angegeben werden. Als mittlere Werte werden für den Tagesanfall angegeben für

a) Harn: 1500 ccm (Mann) bzw. 1350 ccm (Frau) mit 60 g Trockensubstanz.

b) Kotstoffe, die außer den nicht abgebauten Nahrungsstoffen, wie Faserstoffe u. dgl. hauptsächlich aus Bakterienleibern bestehen, in Mengen, die einer Trockensubstanz von rund 50 g entsprechen.

M. Rubner[2] gibt für den Tag und Kopf einer „gemischten" Bevölkerung die durchschnittliche Kot- und Harnmenge wie folgt an:

Tabelle 3.

Werte in g	Gesamtmenge	Mineralisch	Organisch	
			gesamt	Stickstoff
Kot trocken	45,5	23,7	21,8	1,74
Davon a) unlöslich	—	—	19,0	1,33
b) löslich	—	—	2,8	0,41
Harn trocken	47,6	30,5	17,1	1,6
Kot und Harn zusammen a) gesamt	93,1	54,2	38,9	3,34
b) unlöslich	—	—	19,0	1,33
c) löslich	—	—	19,9	2,01

Die Trockensubstanz des Harns setzt sich nach Neuberg wie folgt zusammen:

Tabelle 4.

Anorganische Bestandteile insgesamt etwa 25 g		Organische Bestandteile insgesamt etwa 35 g	
Kochsalz (NaCl)	etwa 15,0	Harnstoff	etwa 30,0
Phosphorsäure (P_2O_5)	„ 2,5	Harnsäure	„ 0,7
Schwefelsäure (H_2SO_4)	„ 2,5	Kreatinin	„ 1,5
Kali (K_2O)	„ 3,3	Hippursäure	„ 0,7
Ammoniak (NH_3)	„ 0,7	Weitere organische Stoffe	„ 2,1
Calcium (CaO)	„ 0,3		
Magnesium (MgO)	„ 0,5		
Übrige Bestandteile	„ 0,2		

Daß die mit den häuslichen Abwässern abgestoßenen Schmutzstoffmengen starken Schwankungen in anderen Ländern, z. B. USA., unterliegen, zeigt die von Letheby[3] gemachte Zusammenstellung (s. Tabelle 5).

Außer den in Tabelle 1 angegebenen Schmutzmengen führt städtisches Abwasser noch grobes Rechengut verschiedenster Herkunft, wie Lumpen, Stroh- und Holzteilchen, Gemüsereste und groben Sand mit, der seine Hauptursache in Straßenabspülungen hat. Die Menge dieser Stoffe hängt von der Geländegestaltung und von der Durchbildung der Kanalisation ab. Ihre Menge schwankt in weiten Grenzen zwischen 1—2 g für gröbstes Rechengut und rund 5 g Sand (beides auf Trockensubstanz je Kopf und Tag berechnet).

Der besonders bei Regenwetter in die Kanalisation gespülte Straßenkehricht setzt sich zusammen aus den unter dem Einfluß der Räder und Hufe abgeriebenen und abgesprungenen Teilen der Pflasterung, Betonierung,

[1] Kleine Mitt. Landesanst. Wasser-, Boden- u. Lufthygiene 1930, **6**, 251.
[2] Rubner: Arch. Hygiene 1903, **46**, 22.
[3] Fuller: Solving Sewage Problems New York: McGraw-Hill Book Company, 1926, 54.

bzw. übrigen Straßenbaumaterialien, ferner aus den durch den menschlichen Verkehr in die Straßen getragenen Schmutzstoffen und Abfällen sowie aus den Auswurfstoffen der Zugtiere und tierischen Straßenpassanten, einschließlich der Reste, die von der Müllabfuhr übrig bleiben. Mit dem stark zunehmenden Automobilverkehr wird die Verschmutzung durch Tropföle von den Motoren und bei den Teerstraßen die Aufnahme von Teerbestandteilen immer größer.

Tabelle 5. Mittlerer Gehalt häuslichen Abwassers an den hauptsächlichen Schmutzstoffen in Gramm pro Kopf und Tag nach LETHEBY.

		Gesamt g/Kopf und Tag	Aus Fäkalien und Harn	Aus anderen Abfallstoffen
Organischer Stickstoff	gesamt . .	15,1	10,1	5,0
	gelöst. . .	13,2	0,1	4,1
	ungelöst .	1,9	10,0	0,9
Gelöste Stoffe. . . .	gesamt . .	136,0	43,0	93,0
	mineralisch	98,5	10,0	88,5
	organisch .	37,5	33,0	4,5
Schwebestoffe	gesamt . .	93,0	19,0	74,0
	mineralisch	53,5	3,0	50,5
	organisch .	39,5	16,0	23,5
Gesamtstoffe	gesamt . .	229,0	62,0	167,0
	mineralisch	152,0	13,0	139,0
	organisch .	77,0	49,0	28,0
Phosphorsäure. . . .	gesamt . .	4,3	2,4	1,9
	gelöst. . .	2,1	1,4	0,7
	ungelöst .	2,2	1,0	1,2
Kali	gesamt . .	3,3	1,9	1,4
	gelöst. . .	2,9	1,5	1,4
	ungelöst .	0,4	0,4	—

An Markttagen fällt bei der Reinigung der Märkte der Marktkehricht an, der am besten durch Zusammenfegen gesammelt und kompostiert wird und nicht, wie es heute noch an vielen Stellen geschieht, in die Kanalisation abgelassen wird. Er besteht hauptsächlich aus Papier-, Gemüse-, Obst-, Blumenabfällen, nebst Resten von Fleisch-, Fisch- und Räucherwaren u. dgl. Durch Kompostierung mit oder ohne Zugabe von Kalk läßt sich ein landwirtschaftlich oder in den Stadtgärtnereien gut verwertbarer Dungstoff herstellen. Größere Mengen verdorbenen Fleisches, Fische oder verdorbene Konserven dürfen auf keinen Fall in die Kanalisation abgelassen werden, sondern müssen in den Abdeckereien aufgearbeitet werden.

Von Einfluß auf die Zusammensetzung des Abwassers ist auch die ursprüngliche Zusammensetzung des in der Stadt benutzten Trink- und Brauchwassers, doch erstreckt sich dieser Einfluß in der Hauptsache auf die gelösten mineralischen Stoffe (s. Trinkwasser S. 46 und 261). Die Zusammensetzung des Trinkwassers und die stark schwankende Wassermenge bedingen die wesentlichen Unterschiede in der Zusammensetzung der Abwässer wie aus der Tabelle 7, die auf Grund der Feststellungen von BACH und anderen Forschern zusammengestellt ist, hervorgeht.

Bei steigendem Wasserverbrauch wird das Abwasser dünner, wohingegen die nicht absetzbaren und die gelösten Stoffe durch die vom Verdünnungswasser mitgebrachten Stoffe im Verhältnis zu den absetzbaren Stoffen vermehrt werden. Je nach dem Gehalt an den verschiedenen Stoffen spricht man von dickem, mittelstarkem oder dünnem Abwasser. Nach einer Zusammenstellung von THUMM[1] in Tabelle 6 kommen etwa folgende Konzentrationen für diese Bezeichnungen in Frage, wobei natürlich alle Übergänge möglich sind.

Tabelle 6.

Konzentration der Abwässer	Schwebestoffe mg/Liter	Im filtrierten Wasser				
		Gesamtabdampfrückstand	Chlor	Ammoniak	organ. Stickstoff	Kaliumpermanganat
Gering (dünnes Abwasser)	bis 500	bis 500	bis 100	bis 30	bis 10	bis 200
Mittel (starkes Abwasser)	bis 1000	bis 1000	bis 150	bis 50	bis 30	bis 300
Hoch (dickes Abwasser)	über 1000	über 1000	über 150	über 50	über 30	über 300

Tabelle 7. Zusammensetzung verschiedener

	Berlin	München	Leipzig	Breslau
Absetzbare Stoffe, ccm/Liter	6,7	1,34	4,43	8,9
Desgl. gravimetrisch, mg/Liter	265	—	199	382
Hiervon mineralisch (Glührückstand), mg/Liter	75	—	73	—
„ organisch (Glühverlust), mg/Liter	190	146	126	—
Gelöste Stoffe, Gesamtabdampfrückstand	1014	—	1089	1163
„ „ mineralisch	703	—	682	858
„ „ organisch	311	—	407	305
p_H-Wert	—	7,1—7,6	7,43	—
Oxydierbarkeit ($KMnO_4$ nach KUBEL-TIEMANN)	425	76	266	385
Gebundes Chlor (Chloride)	199	52	194	228
Schwefel als Sulfate (SO_4)	—	—	203	149
Schwefel als Sulfide (H_2S)	—	—	0,8	—
Gesamtstickstoff	87	22,8	64,5	107
Ammoniakstickstoff	—	—	42,6	75
Organischer Stickstoff	—	—	21,9	32

Man hat auch versucht, die Konzentration mit der Wassermenge in Verbindung zu bringen, wie dies z. B. TEMPLE und SIERP getan haben:

Tabelle 8.

	Dickes Abwasser	Mittelstarkes Abwasser	Dünnes Abwasser
	Liter/Kopf im Tag		
Indien	28— 68	68—135	über 135
England	18—113	113—180	„ 180
Amerika	180—315	315—450	„ 450
Deutschland	bis 100	100—250	„ 250

Muß die das Abwasser abführende Kanalisation sehr viel Grundwasser oder reine Pumpenwässer, z. B. aus Poldern oder Grubenwässern, aufnehmen, so entsteht durch diese nachträgliche künstliche Verdünnung aus dickem Abwasser auch dünnes Abwasser.

Die Zusammensetzung sowohl wie auch das Verhältnis der einzelnen im Abwasser enthaltenen Stoffe richtet sich auch nach den Zuflüssen gewerblicher Abwässer. Diese bewirken, daß viele Städte einen oft viel höheren scheinbaren Wasserverbrauch haben. Je nach ihrer Menge können die gewerblichen Abwässer die Eigenschaften des häuslichen Abwassers grundsätzlich ändern. Stark organisch verschmutzte Abwässer, wie Brennerei-, Brauerei-, Stärkefabrikabwässer usw. erhöhen im allgemeinen die Konzentration des Abwassers, beeinflussen aber in den meisten Fällen weniger seine weitere Aufbereitungsmöglichkeit, wenn ihre Menge ein in jedem Falle begrenztes Mindestverhältnis zum häuslichen Abwasser nicht übersteigt. Von stark schädigendem Einfluß können dagegen gewerbliche Abwässer sein, die giftige Stoffe oder stark saure oder stark alkalische Stoffe enthalten. Abgesehen von starken Ausflockungen beeinflussen diese Stoffe den p_H-Wert des Abwassers und damit die biologische Weiterbehandlung, so daß ihre Reinigung oft unmöglich wird (s. gewerbliche Abwasser, S. 477). Beim Zufließen von Abwässern der letzteren Art ändert sich der p_H-Wert der häuslichen Abwässer, der normal zwischen 7,0—7,6 schwankt, nach der sauren oder alkalischen Seite.

Einwohnergleichwert. Muß ein städtisches Abwasser organisch verschmutzte gewerbliche Abwässer aufnehmen und ist etwa zur Berechnung der dafür zu zahlenden Kanalisationsgebühren oder der Anteile an der Kläranlage ein Vergleichsmaßstab zum häuslichen Abwasser nötig, so bedient man sich

[1] THUMM u. RUBNER, GRUBER u. FISCHER: Handbuch der Hygiene, S. 167. Leipzig 1911.

Abwässer deutscher Städte.

Dresden	Magdeburg	Frankfurt	Essen-Nord	Bochum	Wanne-Nord	Ober-hausen	Nürnberg	Stuttgart
5,6	9,0	—	7,2	6,7	2,6	4,3	4,0	—
142	281	341	412	401	194	238	156	687
43	76	133	153	130	50	64	58	365
99	205	208	259	271	144	174	98	322
822	1400	756	—	—	—	—	609	1210
606	1150	541	—	—	—	—	455	880
216	250	215	—	—	—	—	154	330
—	—	7,17	—	—	—	—	7,42	—
336	368	148	232	237	222	348	259	—
—	280	137	344	724	156	288	—	—
—	300	—	107	191	303	171	—	—
—	6	—	1	6	1	8	—	—
—	85	23	39	34	38	48	42	—
25	50	20	20	23	23	32	23	—
—	35	3	19	11	15	16	19	—

hierzu am besten des biochemischen Sauerstoffbedarfs. Die an Hand dieser Bestimmungsmethode angegebene Verschmutzung wird dann in „Einwohnergleichwerten" angegeben. Man setzt hierbei das gewerbliche Abwasser nach seinem Gehalte an organischen Stoffen oder besser nach seinem Sauerstoffbedarf zu einer gleichwertigen Menge städtischen Abwassers in Beziehung. Die Einheit ist der biochemische Sauerstoffbedarf des häuslichen Abwassers. Die auf einen Einwohner entfallende Abwassermenge hat einen biochemischen Sauerstoffbedarf im Mittel von rund 55 g/Tag. Auf Grund eigener und amerikanischer Feststellungen geben Imhoff u. a. folgende Einwohnergleichwerte an:

Tabelle 9.

Das Abwasser von 1 t Papier (Papierfabrik)	= 170	Einwohnern
„ „ „ 1 t Holzschliff (Holzschleiferei)	= 75	„
„ „ „ 1 t Zellstoff (Sulfitzellstoff)	= 3000	„
„ „ „ 1 t Küchenabfällen	= 530	„
„ „ „ 1 t Obst- und Gemüsekonserven	= 170	„
„ „ „ 1 t Milch (Molkereien)	= 240	„
„ „ „ 1 t schmutzige Wäsche (Wäscherei)	= 740	„
„ „ „ 1 Ochsen (Schlachthaus)	= 70	„
„ „ „ 1 Schwein (Schlachthof)	= 30	„
„ „ „ 1000 l Mais (Stärkefabrik)	= 500	„

Das bedeutet, daß z. B. ein Schlachthof, der an einem Tag 10 Ochsen und 10 Schweine schlachtet, ein gleichwertiges Abwasser hat wie 1000 Einwohner bzw. daß für diese Abwassermenge dieselben Mittel und Kosten aufzuwenden sind, wie für das Abwasser von 1000 Einwohnern.

Die an einem Tage auf den Einwohner angegebene Wassermenge fällt nun nicht in gleichmäßigem Strome an. Sie verändert sich je nach den besonderen Verhältnissen, wie auch der Verschmutzungsgrad am Tage dauernd stärkeren Schwankungen unterworfen ist. Man unterscheidet besonders in größeren Städten verschiedene Hauptverschmutzungszeiten, die aber nicht mit den Hauptwassermengen zusammenfallen, wie aus der Abb. 2, die dem Taschenbuch der Stadtentwässerung von Imhoff entnommen wurde, ersichtlich ist.

Je nachdem, wie weit die Kanalisation diese Hauptverschmutzungszeiten ausgleicht, hat man oft bis zu 3 Hauptverschmutzungswellen auf der Kläranlage, von denen die eine je nach der Entfernung der Kläranlage von der Stadt in den Morgenstunden, etwa zwischen 8—10 Uhr, ankommt und die Waschwässer von der Morgentoilette und sehr viele feste Kotstoffe umfaßt; die zweite Welle kommt in den frühen Mittagsstunden an und die dritte in den späten Nachmittags- bzw. Abendstunden. Diese beiden Wellen bringen hauptsächlich die Spülwässer der Küchen. Auch an den einzelnen Wochentagen kann die Verschmutzung sehr verschieden sein. So ist es in vielen Gegenden allgemein in den Haushaltungen üblich, den Waschtag am Montag oder Dienstag abzuhalten. Die Folge ist, daß das Abwasser an diesem Tag sehr viel grau gefärbtes Waschwasser mit hohem Gehalt an kolloider Verschmutzung enthält. Desgleichen nimmt am Ende der Woche, vor allem am Sonnabend, die Verschmutzung wieder zu.

Wenn auch der Wasserverbrauch im Sommer oft größer ist als im Winter, so ist deshalb der Abwasseranfall nicht immer größer. Besonders in Villengegenden bzw. in Gartenstädten wird im Sommer ein Teil des Abwassers zum Rieseln der Gärten bzw. als Dung für die Gartenfrüchte benutzt, das dann aber gar nicht zur Kläranlage gelangt.

In den Nachtstunden geht die Verschmutzung fast vollständig und die Wassermenge sehr stark zurück. Der stark schwankende Wasseranfall bedingt, daß man aus der innerhalb 24 Stunden anfallenden Gesamtwassermenge nicht einfach das Stundenmittel errechnen kann. Allgemein rechnet man mit $^1/_{18}$ als Mittel der Tagesstunden, was natürlich weit über dem Tagesdurchschnitt liegt. Die größte Stundenabwassermenge, mit der man beim Bau einer Kläranlage rechnen muß, ist etwa $^1/_{14}$ des gesamten Tagesanfalls.

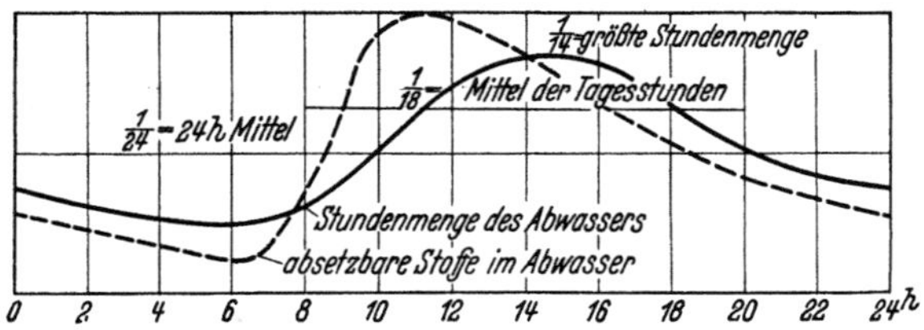

Abb. 2. Zusammenhang zwischen Abwassermenge und Abwasserverschmutzung.

R e g e n w a s s e r. Wenn der Regen einsetzt, kommt bald ein besonders stark verschmutztes Abwasser durch den Kanal zur Kläranlage. Der Regen wäscht die auf den Straßen liegenden Schmutzstoffe, einschließlich großer Mengen Öl, das von dem gesteigerten Automobilverkehr herrührt, ab. Durch die stark vermehrte Wassermenge werden auch die bei geringerer Wasserführung im Kanal sich ansammelnden Ablagerungen mit fortgespült. Dies hat zur Folge, daß besonders die zuerst ankommenden Regenwassermengen außergewöhnlich stark verschmutzt sind. Diese Wassermengen sollten dann auch unbedingt in die Kläranlage aufgenommen werden. Unter Umständen müssen für diese Wassermengen besondere R e g e n w a s s e r b e c k e n eingeschaltet werden. Nach einiger Zeit zeigt dann das Regenwasser weniger Verunreinigung. Es ist allgemein üblich, die Kläranlage so groß zu bauen, daß sie das Abwasser bis zur 6fachen Verdünnung durch Regenwasser aufnehmen kann.

IV. Änderungen der Abfallstoffe durch chemische, mechanische und biologische Einflüsse.

Schon bald, nachdem das Wasser die Abfallstoffe aufgenommen hat, fangen diese an, durchgreifende Wandlungen durchzumachen. Auf dem mehr oder weniger langen Weg durch die Kanalisation werden die Stoffe je nach ihrer Art und nach der Länge und der Art der Kanalisation mehr oder weniger durch Zerreiben verkleinert. Je mehr Ecken, Absätze oder sonstige scharfkantige Stellen in der Kanalisation sind, an denen das Abwasser stark durchgewirbelt wird, um so größer ist die Zerkleinerungswirkung. Muß das Abwasser wegen mangelnden Gefälles gehoben werden, so tragen die Abwasserpumpen erheblich zum Zerschlagen und Zerkleinern der Abfallstoffe bei. Besonders die leicht zerfallenden Stoffe, wie Fäkalien usw. werden oft bis zur kolloiden Verteilung zerrieben. Bei dem Übergang eines Teiles der ursprünglich festen Substanz in eine kolloide Aufschwemmung wird sogar ein Teil aus dem Innern der festen Stoffe herausgelöst. Durch die Zerkleinerung der Stoffe im Abwasser erlangen die Stoffe eine stark vergrößerte Oberfläche. Hierdurch wird die Möglichkeit des Angriffes auf diese sonst schwer angreifbaren Stoffe durch chemisch wirkende Stoffe und durch Bakterien erheblich gefördert. Neben der Zerkleinerung wirken die Sedimentation oder die Flotation. Diese sind in erster Linie von dem spezifischen Gewicht und der Art der zerkleinerten Stoffe, von dem Grade der Zerkleinerung, von der Geschwindigkeit des Wassers, die die Schleppkraft des Wassers bedingt, und von der Bauart der Kanäle, wobei tote Ecken, Senkungen usw. eine große Rolle spielen, abhängig. Auch die Schwankungen in der Wasserführung können von erheblichem Einfluß sein. Bei Stauungen kann es zu erheblichen Ablagerungen in der Kanalisation kommen.

Die Einflüsse physikalisch-chemischer Art machen sich in einer Änderung der Leitfähigkeit geltend, verursacht durch stärkere Zuflüsse elektrolythaltiger Abwässer, die aber meist gewerblicher Natur sind. Durch den Zufluß von alkalischen Abwässern, wie Seifenlaugen und Waschwässern wird der p_H-Wert stark nach der alkalischen Seite verschoben.

Die stärksten Änderungen kommen aber durch die biologischen Einflüsse, die auf der Tätigkeit der im Abwasser enthaltenen Bakterien beruhen. Die Bakterien sind aber in ihrem Verhalten vom Sauerstoffgehalt des Abwassers selbst und dann aber auch von der Sauerstoffzufuhr zum Abwasser abhängig. Ein Abwasser, das einen langen Weg in einer Kanalisation zurücklegen muß, wie es bei den meisten Großstädten im Flachlande der Fall ist, verbraucht schnell seinen geringen Sauerstoffvorrat und wird infolge der langen Absperrung vom Sauerstoff der Luft bald faul. Diese Zersetzungsvorgänge, die teils Oxydations-, teils Reduktionsvorgänge darstellen, können aerober oder auch anaerober Natur sein. Während sich die aeroben Vorgänge nur an der Oberfläche der Flüssigkeit abspielen, treten die Reduktionserscheinungen besonders bei Abwasserableitungen von großer Tiefe mehr im Innern auf. Bei starkem Gefälle mit seinen guten Durchwirbelungen und flachem Durchflußquerschnitt können bei gut gelüfteten Kanalisationen die aeroben Vorgänge in den Vordergrund vor den sonst leicht Platz greifenden anaeroben Vorgängen gedrückt werden. Von den im Abwasser in Betracht kommenden anaeroben Vorgängen sind als wichtigste zu nennen:

1. Die gelösten Anteile der organischen Bestandteile werden zuerst durch die Bakterien angegriffen. Als Hauptrepräsentanten dieser Gruppe kommen die Kohlenhydrate, wie Zucker- und Stärkeverbindungen, in Frage, die ausgezeichnete Nährstoffe für die Bakterien darstellen und daher schnell abgebaut werden. Cellulose und andere höher molekulare Kohlenhydrate werden durch eine Schnellgärung unter Bildung von Kohlensäure, Wasserstoff und später Methan zersetzt. Vom chemischen Standpunkte aus ist die Zersetzung der Cellulose zunächst auf einen hydrolytischen Vorgang zurückzuführen, der dann durch die Gegenwart von verschiedenen, in Symbiose lebenden Bakterien in eine Gärung übergeht.

2. Überführung des Harnstoffs in Ammoniumcarbonat durch das Bacterium micrococcus Urei. $CO(NH_2)_2 + 2\,H_2O = (NH_4)_2CO_3$.

3. Der Abbau der Eiweißstoffe zu einfacheren Spaltprodukten unter Reduktion der freiwerdenden Schwefelverbindungen geht bis zur Bildung von Schwefelwasserstoff und Umwandlung des Stickstoffs zu Ammoniak. Die zum Teil als Kolloide vorhandenen Eiweißstoffe werden zunächst durch eine Verflüssigung in gelöste Stoffe übergeführt, wobei die hochmolekularen Eiweißstoffe in einfachere Verbindungen bzw. in die verschiedenen Abbaustufen wie Albumosen, Peptone, Aminosäuren und schließlich in Ammoniak und Kohlensäure übergeführt werden.

4. Die Fettsäuren und fettsauren Salze werden unter Bildung von Methan und Kohlensäure nach folgender Gleichung gespalten:

$$(CH_3COO)_2Ca + H_2O = CaCO_3 + 2\,CH_4 + CO_2,$$

wohingegen die mineralischen Fette fast gar nicht zersetzt werden.

5. Auch anorganische Salze, wie Sulfate, werden unter Reduktion zu Schwefelwasserstoff bzw. Sulfiden, bzw. die Nitrate zu Nitriten, Stickstoff und Ammoniak unter Ausnutzung ihres Sauerstoffs als Energiequelle abgebaut.

Durch diese biologische Einwirkung wird oft die durch die mechanische Beeinflussung in der Kanalisation hervorgerufene Zerkleinerung noch weiter verstärkt bzw. zu Ende geführt, zum Teil werden die Stoffe verflüssigt, wobei sich das Abwasser mit kolloiden oder gar gelösten Stoffen anreichert, zum Teil werden die Stoffe in Gase, wie Methan, Kohlensäure, Wasserstoff und Schwefelwasserstoff übergeführt.

Bei der weiteren Zersetzung der Abfallstoffe durch Kleinlebewesen treten **biochemische Umwandlungen** auf, die bei der aeroben Tätigkeit der Bakterien mittels einer biochemischen Verbrennung aus sauerstoffarmen Verbindungen sauerstoffreichere Verbindungen bilden, wobei als Endprodukt Kohlensäure, Nitrate und Sulfate entstehen. Bei dieser Mineralisation der Stoffe bleiben sauerstoffreiche Verbindungen im Abwasser, wohingegen bei der anaeroben Behandlung sauerstoffarme Verbindungen in das Wasser gelangen, auf die sich der sauerstoffhaltige Fluß beim Aufnehmen dieser Stoffe erst umstellen muß. Sowohl bei der aeroben wie bei der anaeroben Behandlung des Wassers entstehen aus labileren allmählich stabilere Verbindungen. Die Bakterien entnehmen in beiden Fällen ihre Lebensenergie exothermen Reaktionen, und zwar bei den anaeroben Vorgängen der Spaltung hochmolekularer Verbindungen in einfachere. Hierbei wird ein Teil der gewonnenen Energie für endotherme Reaktionen, z. B. Reduktion des Schwefels zu Schwefelwasserstoff verbraucht. Aerob wird die Energie durch nasse Verbrennung der sauerstoffarmen, insbesondere der organischen Stoffe, gewonnen. In beiden Fällen entsteht als Endprodukt Kohlensäure, und zwar anaerob als Spaltungsprodukt, aerob als Oxydationsprodukt.

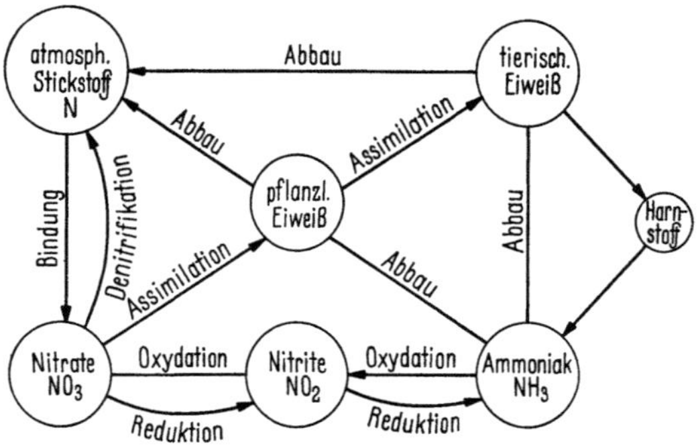

Abb. 3. Kreislauf des Stickstoffs nach FULLER.

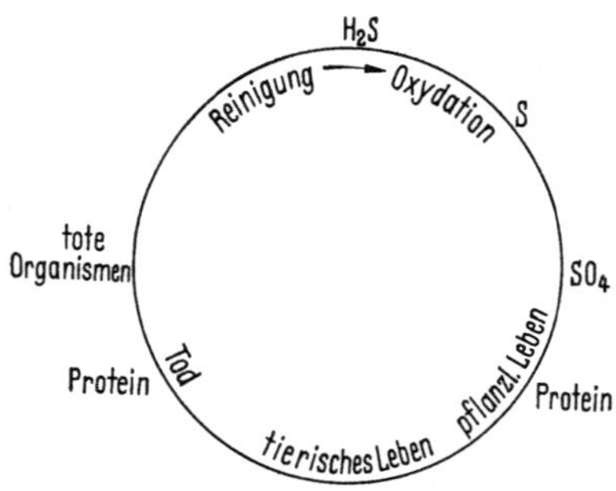

Abb. 4. Kreislauf des Schwefels.

Außer den Bakterien, die durch Hydrolyse, Reduktion oder Oxydation die Schmutzstoffe abbauen, enthält das Abwasser auch zum Teil aus der Lebenstätigkeit der Zellen stammende Fermente und Enzyme, die sich am Abbau beteiligen und die Schmutzstoffe teils durch Hydrolyse, Proteolyse usw. abbauen. Der Abbau der verschiedenen Stoffe durch Enzyme und Fermente geht neben dem der Bakterien einher.

Bei dem Auf- und Abbau der Stickstoffverbindungen beteiligen sich verschiedene Vorgänge, wie dies aus der graphischen Darstellung des Stickstoffkreislaufs (Abb. 3) ersichtlich ist. Die in der Pflanze durch Aufnahme der Nitrate oder Nitrite aus dem atmosphärischen Stickstoff gebildeten Eiweißstoffe werden von den tierischen Lebewesen im Ernährungsprozeß in tierisches Eiweiß umgewandelt, das dann im Stoffwechsel über Harnstoff, Ammoniak, Nitrate in atmosphärischen Stickstoff zurückverwandelt werden kann.

In gleicher Weise, wie für den Stickstoff dargestellt, gibt es beim Abbau der Eiweißstoffe auch einen Kreislauf des Schwefels. Der Schwefel der toten organischen Substanz wird durch Reduktion in Schwefelwasserstoff übergeführt, der wiederum aber durch Oxydationsvorgänge in Schwefel, Sulfate übergeführt wird, die zum Aufbau des pflanzlichen Eiweißes und dann zum tierischen Eiweiß benutzt werden. Auf diese Weise ist es möglich, daß Schwefel im Abwasser sowohl in organischer Bindung wie auch als Sulfat oder Schwefelwasserstoff enthalten ist.

Die die Zerkleinerung der Stoffe im Abwasser hervorrufenden, mechanischen, chemischen und biologischen Veränderungen werden durch verschiedene Faktoren beeinflußt. Als solche kommen u. a. in Frage: die Temperatur und damit der Einfluß der Jahreszeiten, ferner der Einfluß warmer bzw. heißer gewerblicher Abwässer, die Art und Menge der Abfallstoffe (Konzentration des Abwassers), Schwankungen in der Abwassermenge und in der Abwasserkonzentration (Verschmutzungswellen), Häufigkeit und Intensität der Niederschläge u. ä.

B. Abwasserableitung.

Durch eine gute Ortsentwässerung müssen die Abwässer möglichst bald und vollkommen aus dem Bereich der menschlichen Siedlungen entfernt werden. Dies geschieht am besten dadurch, daß man sämtliche häuslichen und soweit sie nicht schädlich sind, auch die gewerblichen Abwässer einschließlich aller Regenwässer durch ein unterirdisches Rohrnetz sammelt und abführt. Man spricht in diesem Falle von einer Vollkanalisation oder einer Schwemmkanalisation. Bei dem Trennverfahren werden die Schmutzwässer für sich und die Regenwässer für sich in zwei getrennten Leitungen abgeführt. Bei dem Mischverfahren werden dagegen beide Abwasserarten in einem Rohrnetz gesammelt und zusammen abgeführt.

I. Trennverfahren.

Die Trennkanalisation hat im allgemeinen nur für kleinere bis mittelgroße Städte wirtschaftliche Berechtigung. Das Trennverfahren wird in dem Falle billiger, wenn der größte Teil des Regenwassers oberirdisch in den Rinnsteinen abfließen kann; das Straßengefälle muß hierbei mindestens 1:200 sein. In diesen Fällen ist es mitunter wirtschaftlicher, kleiner bemessene Kanäle zu bauen, als die einmaligen erheblichen Kosten für den Bau der großen und tiefen Mischkanäle aufzuwenden. Die Schmutzwasserkanäle müssen so tief angeordnet werden, daß alle Häuser entwässern können, dagegen können die Regenwasserkanäle flach unter der Straßenoberdecke angeordnet werden.

Die Nachteile des Trennverfahrens liegen einmal in den hohen Baukosten für die doppelte Führung aller Kanäle, die doppelten Hausanschlüsse, für die größere Anzahl der Einsteigeschächte und die kompliziertere Überwachung und Reinigung des ganzen Kanalsystems. Die doppelten Kanäle ergeben beim Zusammenführen von zwei oder mehr Straßenleitungen oft sehr komplizierte Bauwerke. Auch ist die Verlegung von zwei Schachtdeckeln in einer Straße für den Straßenverkehr ungünstig. Beim Regenwetter werden die von den Straßen abgespülten Schmutzstoffe, ferner Öle, Fette und Teere mit dem Regenwasser ohne jegliche Reinigung direkt in den Fluß gespült und können dort zu sehr schweren Schädigungen führen. Der Hauptvorteil des Trennverfahrens ist die klare Scheidung der beiden Abwässer, wodurch man ein gleichmäßigeres Abwasser zu behandeln bekommt. WEIDLICH[1] geht mit seiner Ansicht zu weit, wenn er verlangt, daß das Trennsystem überall dort angewandt werden sollte, wo das Abwasser geklärt werden muß, da der Bau der Kläranlagen beim Trennsystem einfacher, der Betrieb gleichmäßiger und zuverlässiger, die Baukosten für die Kläranlagen geringer, auch die Betriebskosten kleiner und der Reinigungserfolg besser sei. Diese Angaben werden nur in wenigen Fällen zutreffen, da die Erfahrungen an den verschiedensten Stellen gezeigt haben, daß die Reinhaltung eines Vorfluters bei Trennkanalisation oft viel schwieriger ist als bei Mischkanalisation. Will man verhindern, daß die mit den Regenwasserkanälen den Vorflutern oft zugeführten Schmutzwässer in den Vorfluter gelangen, so müssen besondere Regenwasserbecken errichtet werden, die die vorgeschilderten Vorteile schon wieder aufheben. Bei schlecht ausgebautem Straßennetz und wenig Gefälle müssen oft Sandfänge in die Regenwasserkanäle eingebaut werden, um Verstopfungen zu verhindern. Beim Trennsystem muß für das mit abzuführende Regen- und Grundwasser ein Zuschlag von 100% gemacht werden.

II. Mischverfahren.

Bei der Mischkanalisation erfolgt die Abführung der Regen- und Schmutzwässer in einer gemeinsamen Leitung. Neben der Übersichtlichkeit im Bau und der Einfachheit im Betrieb hat dieses System noch den Vorteil, daß es den Straßenkörper weniger beansprucht. WARD empfiehlt, das Mischsystem besonders für Städte mit konzentriertem Abwasser anzuwenden, da durch das Mischsystem eine gewisse Verdünnung erreicht werde, die die spätere

[1] WEIDLICH: Zeitschr. f. Gesundheitstechnik 1934, **26**, 184.

biologische Reinigung wesentlich erleichtere. Um nicht die Kanalisationen wahllos groß machen zu müssen, werden Mischkanalisationen mit **Regen-** bzw. **Notauslässen** versehen, die den Zweck haben, die Reinigungsanlagen vor Überlastung zu schützen. Nach einer allgemeinen Regel müssen diese so gebaut werden, daß sie erst bei einer fünffachen Verdünnung des Abwassers in Tätigkeit treten, d. h. der Kanal muß die sechsfache Wassermenge, ohne daß der Notauslaß in Tätigkeit tritt, abführen. Bei dünnem Abwasser, z. B. in den Fällen, wo der Abwasseranfall größer ist als 200 Liter/Kopf und Tag, kann die für Regenauslässe geforderte Verdünnung entsprechend geringer sein. Die Abführung der Mehrwassermenge an den Notauslässen kann durch **Überfallschwellen** oder **Trennwände** erfolgen. Unangenehm wirkt das Abtreiben der durch den Regen verstärkt aufgewirbelten Schlammstoffe.

Abb. 5. Schwimmstoffablenkrost für Notauslässe.

Da nach verschiedenen Untersuchungen das Abwasser in den obersten Schichten am reinsten ist, eignet sich am besten zur Ableitung der Mehrwassermenge das Überfallwehr, das gleichlaufend mit der Strömungsrichtung in genügender Länge eingebaut wird. Die Aufwirbelung der Schmutzstoffe ist bei geneigt oder winkelig zur Strömung stehenden Überfallschwellen stärker als bei Streichwehren. Heyd empfiehlt deshalb, an den Überfallschwellen Tauchwände anzuordnen. Der in Abb. 5 dargestellte Schwimmstoff-Ablenkrost für Notauslässe soll verhindern, daß grobere Schwimmstoffe in die Notauslässe abgespült werden. Es handelt sich um eine durch Ketten über Rollen mit Schwimmern verbundene Siebkonstruktion, die bei gleicher Eintauchtiefe den Schwankungen des Kanalwasserspiegels folgt. (Weitere Maßnahmen siehe S. 225 u. f.)

In manchen Fällen kann die gleichzeitige Anwendung beider Systeme in einer Stadt vorteilhaft sein, so kann man unter Umständen für hochliegende Gebiete mit guten Gefällsverhältnissen das Mischsystem wählen, während man in den tiefliegenden, langgestreckten Bebauungszonen, in denen das Abwasser gepumpt werden muß, das Trennsystem anwenden kann.

III. Offene oder geschlossene Kanäle?

Schon aus rein hygienischen Gründen, um zu verhindern, daß Menschen mit den Abfallstoffen in Berührung kommen, sollte die Abführung des Abwassers innerhalb des bebauten Geländes nur in geschlossenen Kanälen, die mit einer genügenden Anzahl von **Lüftungsschächten** versehen sind, erfolgen. Außerhalb der Bebauungszone dagegen kann das Abwasser in durch Zäune weitgehendst geschützten offenen Kanälen weitergeführt werden. Der Ausbau offener Kanäle ist besonders bei Verwendung fabrikmäßig hergestellter Betonplatten für Wände und Sohlen billiger. Die Reinhaltung offener Kanäle ist viel einfacher. In offenen Kanälen erfolgt eine viel reichlichere Sauerstoffzufuhr. Hierdurch wird das Abwasser frisch erhalten. Durch diese Frischerhaltung werden in der Umgebung störende Geruchsbelästigungen vermieden. Regenauslässe sind bei offenen Sammlern überflüssig. Offene Kanäle müssen durch dichte Zäune abgeschlossen werden, um zu verhindern, daß die Einwohner, vor allem aber spielende Kinder usw. mit dem Abwasser in Berührung kommen. An gefährdeten Stellen müssen außerdem Warnungstafeln angebracht werden, die auf die Gefahren, die das Berühren oder gar das Benutzen des Wassers mit sich bringen, hinweisen.

Notwendiges Gefälle. Die Kanäle sollen nicht so starkes Gefälle haben, daß die Rohrsohlen infolge zu hoher Geschwindigkeit durch den mitgerissenen Sand ausgeschliffen werden. Das Gefälle darf aber andererseits auch nicht zu gering sein, weil sonst infolge zu geringer Fließgeschwindigkeit sich leicht Fäulniserscheinungen zeigen oder durch Schlammablagerungen eine dauernde Verschmutzung der Kanäle eintritt und hierdurch die Selbstreinigung in den Kanälen verhindert wird. TROSSBACH[1] hat als Gedächtnisregel für Straßenkanäle folgenden Satz aufgestellt: Dem Größtgefälle entspricht der Rohrdurchmesser in Zentimeter und dem Kleinstgefälle entspricht der Rohrdurchmesser in Millimeter, d. h. bei einem Rohrdurchmesser von 40 cm ist das Größtgefälle 1:40 und das Kleinstgefälle 1:400. Beim Eiprofil 105/70 ist das Größtgefälle 1:70 und das Kleinstgefälle 1:700.

Rückhaltebecken. Bei der Bemessung der Kanäle soll man nicht nur die Abflußgeschwindigkeit, sondern auch die Speicherfähigkeit der Kanäle berücksichtigen. Eine starke Entlastung der Kanäle erfolgt ferner durch die von der Abflußgeschwindigkeit und der Regendauer abhängigen Verzögerung. Die von ENGELBERT[2] erstmalig in Bonn versuchte Sanierung ausgedehnter Gebiete eines Kanalnetzes durch den Einbau von Rückhaltebecken haben zu einem guten Erfolge geführt. Der Einbau von Rückhaltebecken ermöglicht es, leistungsschwache Kanalisationen wirksam zu ergänzen. Diese Rückhaltebecken gestatten ferner den Anschluß weiterer Entwässerungsgebiete an Kanalisationen, die bereits an der Grenze ihrer Leistungsmöglichkeit sind. Die von ENGELBERT errichteten Rückhaltebecken haben einen Einzelfassungsraum von 45—470 cbm. Die durch die Rückhaltebecken bewirkten Aufstauungen haben zu keinen nennenswerten Schlammablagerungen geführt. Um den gleichen Zweck zu erreichen, macht LENZ[3] den Vorschlag, die Abflußverzögerung zur Erzielung von Einsparungen bei der Dimensionierung der Sammelkanäle durch Einbau besonderer Verzögerungsschächte zu vergrößern. Die Ausgestaltung der Verzögerungsschächte soll so sein, daß schwache, anhaltende Regenfälle ungehindert abfließen können und nur die Belastungsspitzen der Regengüsse von kurzer Dauer zurückgehalten werden. Die Kanäle der Teilgebiete sollen sich langsam füllen und gleichmäßig entleeren. Solche Verzögerungsschächte, deren Zweck die gleichmäßige Belastung des Kanalnetzes und Entlastung der Kanäle, Regenauslässe, Pumpwerke und Kläranlage ist, werden besonders dort von Vorteil sein, wo z. B. in älteren Stadtteilen die Kanäle infolge unerwarteter Vergrößerung der Außengebiete unzureichend und für neue Stadtentwässerungen die Kanäle verhältnismäßig groß gemacht sind.

IV. Rohrmaterial.

Für die Kanalisationsrohre sollten nur die allerbesten Baustoffe und die sorgfältigste Bauausführung in Frage kommen, da Reparaturen und Erneuerungen beschädigter Anlagen des Kanalisationsnetzes immer mit sehr großen Kosten verbunden sind. Die Frage, ob Steinzeugrohre oder Beton angewandt werden sollen, hängt von den verschiedenen Anforderungen ab, welche an die Rohre in bezug auf Druckfestigkeit, Widerstand gegen Schleifwirkung des Sandes, gegen chemische Einflüsse und an die Wasserdichtigkeit gestellt werden müssen. Steinzeugrohre haben den Vorteil, daß sie bei der unerlaubten Einführung schädigender Abwässer nicht leiden. Sie führen die Abwässer infolge ihrer glatten Wandungen am raschesten ab und sind bei richtiger Bauausführung vollkommen dicht gegen Eindringen von Grundwasser. Sie sind widerstandsfähig gegen Säuren, die oft in gewerblichen Abwässern vorkommen und jedes andere Material zerstören. Demgegenüber ist der Hauptvorteil der Betonrohre ihr billiger Preis.

[1] TROSSBACH: Techn. Gemeindebl. 1936, **39**, 107.
[2] ENGELBERT: Techn. Gemeindebl. 1936, **39**, 99.
[3] LENZ: Zeitschr. Gesundheitstechn. u. Städtehygiene 1935, **27**, 267.

Bei normalen Gefällsverhältnissen und für gewöhnliche häusliche Abwässer kann das Betonrohr, besonders in der Form der Schleuderbetonrohre, die eine sehr dichte Zementinnenhaut besitzen, angewandt werden. Die Betonrohre sind nach BAUER[1] einzuteilen in

A. Schwerbetonrohre }
B. Eisenbetonrohre } mit Kies oder Splittzuschlag.
C. Porige Betonrohre }
D. Asbestzementrohre mit Asbestzuschlag.

Die Zuschläge müssen bezüglich Stoff, Kornform und Korngröße den höchsten Anforderungen genügen. Die Korngröße soll nicht über $^1/_3$ der Wanddicke des Rohres betragen. Lehmbeimischungen sind sehr schädlich. Normales frisches häusliches Abwasser mit einem p_H-Wert von 7,2—7,8 greift auch gewöhnliche Betonrohre nicht an. Gewerbliche Abwässer, die imstande sind, den p_H-Wert zu erniedrigen, so daß sie Zerstörungen an Bauwerken, Pumpen, Maschinen hervorrufen können, sollten der Kanalisation möglichst vollständig ferngehalten werden, mindestens aber sollten sie vor der Einleitung durch eine Neutralisation der in ihnen enthaltenen Säuren an der Entstehungsstelle unschädlich gemacht werden, damit der alkalische Charakter der Abwässer erhalten bleibt. Schwefelsaure Beizereiabwässer haben auch nach der Neutralisation durch ihren Gehalt an leicht hydrolysierbaren Eisensalzen in Form von Sulfaten, die die Gefahr der Bildung des Zementbacillus mit sich bringen, einen starken Einfluß auf Beton. Auf die Verwendung möglichst dichter und kalkarmer Baustoffe und guter schützender Überzüge aus Asphalt und Teer sollte man in diesen Fällen größten Wert legen. Sehr wertvoll ist hierbei, daß sich durch das Abwasser sehr bald von selbst eine gut schützende, schleimige Schicht, die sog. „Sielhaut“ auf dem Beton entwickelt. Faulige Abwässer mit einem Gehalt an Schwefelwasserstoff können durch die bei der Oxydation entstehenden Säuren (Schwefelsäure, Schweflige Säure) schädlich wirken.

Muß der Kanal in moorigen Böden, die meist aggressive Eigenschaften haben oder in Grundwasser verlegt werden, so ist bei der Anwendung von Betonrohren größte Vorsicht am Platze. Moorböden haben oft einen mehr oder weniger hohen Gehalt an Humussäure oder sogar freier Schwefelsäure. Im Grundwasser ist dagegen der Gehalt an aggressiver Kohlensäure oft so hoch, daß sie imstande ist, in ihm verlegte Betonrohre stark anzugreifen und in kurzer Zeit zu zerstören. Bei Kanalbauten in Kiel wurden im Grundwasser neben einem hohen Gehalt an Magnesia und ungelösten Humusstoffen bis zu 790 mg/Liter gebundene Schwefelsäure gefunden. Beim Bau des Abwassersammlers für die Gerberstadt Backnang[2] mußte auf den hohen, aus den Gerbereiabwässern stammenden Sulfidgehalt Rücksicht genommen werden, da dieser unter dem Einfluß des Sauerstoffs zur Bildung von Sulfaten führte.

Bei zu hohem Gehalt an aggressiven und sandigen Stoffen reichen auch oft die in großer Zahl auf den Markt gebrachten Betonschutzanstriche nicht immer aus. (Über den Einfluß der gewerblichen Abwässer auf die Kanalisation s. auch S. 472). In den Fällen, wo irgend eine Gefahr für den Beton besteht, sollte man besser ohne Rücksicht auf den Preis Steinzeugrohre anwenden. Ein hoher Sandgehalt zerstört besonders bei starkem Gefälle die Siebhaut.

Während die Steinzeugrohre nur in Längen bis zu 1 m hergestellt werden können, werden Betonrohre, wie vor allem die sehr festen armierten Eisenbetonrohre und die sehr dichten Schleuderrohre in Längen bis zu 5 m hergestellt. Letztere brauchen demnach nur den fünften Teil der Muffendichtungen wie die Steinzeugrohre, wodurch ihr ohnehin größerer preislicher Vorteil gegenüber den Steinzeugrohren steigt.

Welches Rohrmaterial im Bergsenkungsgebiet das Richtige ist, kann immer nur örtlich entschieden werden. Die Meinungen hierüber gehen weit auseinander. Die Leitungen werden durch Senkung, Pressung, Zerrung in senkrechter und seitlicher Richtung verlagert. Das hat entweder den Bruch der Rohre, mindestens aber eine Zerstörung der Muffendichtungen und meistens damit der Muffe selbst zur Folge. SEEGERT empfiehlt deshalb, in solchen Gebieten möglichst kurze Rohr zu verwenden, weil sich die Zerrung oder Senkung auf zahlreiche Muffen verteilt. Der Nachteil, in einem solchen Falle mehr Muffen dichten zu müssen, wird dadurch aufgehoben, daß die Muffen weniger stark klaffen und abreißen. Er hält das einfache Rohr in diesen Fällen für am geeignetsten, da es sich bei Zubruchgehen am leichtesten und billigsten auswechseln läßt.

Kanalisationsbauten sollten nur durch bestgeschulte Kräfte ausgeführt werden. Unkenntnis oder Nachlässigkeit im Kanalisationsbau haben schon oft zu Zusammenbrüchen großer Kanäle, zu Straßeneinstürzen[3], zum Bruch der

---

[1] BAUER: Ges. Ing. 1938, **61**, 244. [2] WIMMER: Städtereinigung 1936, **28**, 59.
[3] WEGENSTEIN: Straße u. Verkehr, Solothurn 1937.

Grundstückskanalisation, ja selbst zum Bruch von Wasserzuleitungen geführt. Die Hinterfüllung der Rohre muß mit größter Sorgfalt ausgeführt werden. Bei aggressiven Bodenwässern kommt Umstampfen mit kohlensaurem Kalk oder sehr guter (dreifacher) Bitumenanstrich in Frage. Bei Überschüttungen von mehr als 4 m, besonders dann, wenn die Rohre im Grundwasser liegen, ist Einbetonierung erfoderlich. Auch auf peinlichst saubere Ausführungen der Muffendichtungen, um Undichtigkeiten und Einwachsen von Baumwurzeln zu verhindern, muß größter Wert gelegt werden. Das Abdichten der Steinzeugrohre erfolgt durch die Muffendichtungen mittels Teerstricken und Vergießen mit Röhrenkitt, einer asphaltartigen Masse, oder mit geteerten Hanfstricken, Weißstrick und Bleiwolle, die kräftig verstemmt wird. In der Norm für Muffendichtungen bei Grundstücksentwässerungen DIN 1896 U und zwar in der Umstellnorm vom 25. November 1935 tritt an die Stelle von Blei Aluminium, das innen durch Teer und Hanfstrick und außen durch Bitumen gegen Angriffe geschützt werden muß.

Guß- oder schmiedeeiserne Rohre kommen für Kanalisationszwecke nur für kurze Strecken und auch dann nur in besonderen Fällen in Betracht, z. B. wenn bei steilem Gefälle sich zeitweise bei Regen ein starker Wasserdruck in den Kanälen geltend macht, ferner bei schwierigen Unterführungen von Flüssen, Eisenbahnen (Dückern) usw.

Temperatureinflüsse. Um unnötige Dehnungen im Kanalnetz zu verhindern, dürfen keine zu warmen Abwässer in die Kanalisation abgelassen werden. Dies gilt besonders für gewerbliche Abwässer. Die meisten Stadtverwaltungen schreiben daher vor, daß das in das Kanalnetz aufzunehmende Wasser keine höhere Temperatur als 30° haben darf. Durch eine höhere Temperatur würde auch die Zersetzung des Abwassers zu stark gefördert werden (s. S. 221).

Bei Kanälen, die, wenn gar nicht anders möglich, an oder durch Wassergewinnungsgelände geführt werden müssen, muß auf Dichtigkeit ganz besonderer Wert gelegt werden, um zu verhindern, daß auch die geringsten Mengen Abwasser in das Trinkwassergewinnungsgelände gelangen. Solche Kanäle sind häufiger auf ihre Dichtigkeit durch hydrostatische Dichtigkeitsprüfungen, wie sie z. B. Marquardt[1] ausführlich beschreibt oder durch Farbstoffprüfungen mit Hilfe von Uranin oder durch Zugabe von färbenden Bakterien, z. B. Prodigiosusbakterien durch besondere Beobachtungsrohre, die entlang der Kanalisation geführt werden, zu untersuchen.

Angriffe auf das Rohrmaterial. Über den Angriff häuslicher Abwässer auf metallische Werkstoffe haben verschiedene Forscher, wie Raven, Grün, Stooff, Kröhnke, Ginter und neuerdings Haase[2] Versuche angestellt. Letzterer kommt hierbei zu dem Ergebnis, daß städtische, d. h. vornehmlich häusliche Abwässer, vom werkstoffzerstörenden Standpunkte aus betrachtet einen wechselnd hohen Gehalt an Sauerstoff, an Kohlensäure, an Härtebildnern, an Chloriden, anorganischen Stoffen, an Ammoniak, an Schwefelverbindungen und außerdem in der Regel auch an ungelösten Stoffen organischen oder anorganischen Ursprungs besitzen. Elektrochemische Messungen des Sauerstoffgehaltes ergaben verhältnismäßig niedere Werte (1,3—0 mg/Liter). Da der Kohlensäuregehalt in angefaultem Abwasser höher ist als in frischem Abwasser, kann nur durch weitgehende Frischerhaltung der Metallangriff verhindert werden.

---

[1] Marquardt: Gesundh.-Ing. 1935, **58**, 62.
[2] Haase: Gesundh.-Ing. 1937, **60**, 71.

Die im Abwasser sich bildende Sielhaut kann wegen des meist hohen Chlorgehaltes der Abwässer nicht genügend als Schutzschicht dienen, so daß ihr keine zu große Bedeutung hinsichtlich des metallischen Werkstoffschutzes zukommt. Ammoniak- und Stickstoffverbindungen wirken besonders auf Kupfer und seine Legierungen stark auflösend ein. Erst wenn durch den Abbau der organischen Stickstoffverbindungen und die Überführung des Ammoniaks selbst in Nitratverbindungen kein Ammoniak mehr erzeugt wird, hört dieser Angriff auf Kupfer und seine Legierungen auf. In korrosionschemischer Beziehung stehen die Wirkungen der Sulfate, abgesehen vom Magnesiumsulfat, hinter den Chloriden. Die anorganischen und organischen Sulfide sind wie der freie Schwefelwasserstoff zu bewerten. Schwefelwasserstoff wirkt auf Eisen besonders auf Gußeisen sehr schädlich ein, indem der Schwefelwasserstoff das Eisen unmittelbar unter Bildung von Schwefeleisen und Wasserstoff zersetzt. Das entstandene Schwefeleisen bildet mit dem unveränderten Eisen sog. Lokalelemente, die eine rasche Auflösung und Zersetzung des Eisens verursachen. In gleicher Weise können metallsalzhaltige Abwässer (z. B. Kupfersulfat) auf eisernes Rohrmaterial infolge der Einordnung in die elektrische Spannungsreihe durch Abscheiden metallischen Kupfers, das durch die Wirbelungen oder den Sand fortgespült wird und infolge Auflösung von Eisensalzen sehr schädlich wirken. Ungelöste Stoffe wirken oft durch ihre Scheuerwirkungen auf rein mechanischem Wege zerstörend.

Bei Bleirohren sind oft Zernagungen durch Ratten die Ursachen großer Schäden gewesen.

Schutzmaßnahmen gegen Korrosionen. Als Schutzmaßnahmen gegen Korrosionen kommen in Frage:

1. Metallische Überzüge, wie Verzinkung, Verzinnung, Verbleiung, Verchromung bei metallischen Leitungsrohren.

2. Nichtmetallische Überzüge, wie Schutzanstriche durch Zement, Teer, Asbest, Bitumen usw. und Umhüllungen mit getränkten Jutestreifen.

3. Schutzmaßnahmen gegen elektrische und elektrochemische Angriffe.

Die Untersuchungen der zum Schutze von Metall und Beton benutzten Schutzanstriche müssen sich erstrecken auf Konsistenz, Streichfähigkeit, Ergiebigkeit, Spritzfähigkeit, Deckkraft, Bindefähigkeit, Elastizitätsprüfung, Temperaturbeständigkeit bei tiefen und bei warmen Temperaturen (bis 100°), mechanische Widerstandsfähigkeit (Haftfestigkeit und Abrieb), Einwirkung der Sonnenstrahlung und atmosphärischer Einflüsse, Einwirkung von feuchten Gasen und zwar von Schwefelwasserstoff, Schwefeldioxyd, Ammoniak, Salz- und Schwefelsäure in Konzentrationen bis 20%, und Einwirkung von verdünnten Salzlösungen, besonders auch von 5%iger Sodalösung.

V. Lüftung und Reinigung der Kanäle.

Zur Instandhaltung, Lüftung und Reinigung der Kanäle muß das Kanalnetz in gewissen Abständen mit Einsteigeschächten und Lüftungsschächten versehen werden. Diese in Abständen von meistens 50 m eingebauten Schächte sollen eine gute Durchlüftung herbeiführen, um das Abwasser frisch zu halten und die Ansammlung explosibler Gase zu verhindern. Gleichzeitig gestatten sie eine genaue Kontrolle der Kanäle und werden auch zum Spülen der Kanäle, um diese von den abgelagerten Schlammassen zu reinigen, benutzt. Solche Spülschächte sind besonders beim Trennverfahren und bei Kanälen mit geringem Gefälle wichtig. Die Reinigung bei der Spülung wird durch besondere Bürsten, die durch den Kanal gezogen werden, unterstützt. Besondere Reinigungswagen, die unter dem Namen „Iltis“ oder „Molch“ bekannt sind, treibt man durch das angestaute Wasser vorwärts, wobei durch ein flottes gleichmäßiges Aufrühren der abgelagerten Schlammstoffe die Reinigung sichergestellt wird. Auf die Erhaltung der Sielhaut muß man hierbei besonders achten, weil sie die Rauhigkeit der Kanalwände mildert und gegen den zerstörenden Einfluß etwaiger ätzender Stoffe schützt.

Eine sehr einfache und praktische Einrichtung zum Reinigen kleinerer Kanalprofile empfiehlt RAWN[1]. Ein aufgeblasener, je nach der Kanalgröße 15—70 cm großer Gummiball, ein sog. Strandball, wird in eine Segeltuchhülle gesteckt und an einem genügend langen Schleppseil in das Kanalnetz abgelassen. Das gestaute Wasser drückt den Ball durch den Kanal. Er bietet hierbei so viel Widerstand, um unter sich einen scharfen Strahl zu erzeugen, der allen Schmutz fortspült. Bei Dückern haben sich, der Größe des Dückers entsprechende Holzkugeln bewährt.

Größere Kanäle sind begehbar und müssen nicht nur mit Rücksicht auf das Abwasser, sondern auch besonders mit Rücksicht auf die darin arbeitenden Kanalarbeiter stets mit einer sehr guten Durchlüftung versehen werden. In einem richtig angelegten und gut unterhaltenen Kanalnetz sollte die Belüftung so gut sein, daß stinkende Gase sich weder entwickeln, noch ansammeln können. Da die vom abgelagerten Schlamm sich entwickelnden Gase durch das in ihnen enthaltene Methan explosiv sind, so muß jeder Kanal, auch der bestbelüftete, vor jeder Begehung tüchtig gelüftet werden und auf seinen Gehalt an explosiblen Gasen geprüft werden. Hierzu dienen Speziallampen, wie sie auch im Bergbau zum Anzeigen der schlagenden Wetter benutzt werden, sowie besondere Anzeigegeräte, z. B. der von SEVERIN oder die von anderen Spezialfirmen wie den Draegerwerken in Lübeck in den Handel gebrachten Apparate.

Kanalgase. Außer den aus der Luft stammenden Gasen Sauerstoff und Stickstoff kann die Kanalluft durch die im Kanal sich abspielenden Zersetzungsvorgänge in geringen Mengen Kohlensäure, Methan, ferner Benzin, Benzol, Acetylen, eventuell auch niedere Fettsäuren, wie Buttersäure, weiterhin Schwefelwasserstoff und Ammoniak, vermengt mit Spuren von Aminosäuren, Mercaptan, Indol, Skatol und Thyrosin, enthalten. Wenn diese Stoffe infolge schlechter Lüftung sich anreichern, können sie zu Explosionen oder Unfällen bzw. Erkrankungen der Kanalarbeiter Anlaß geben. BATTA und LECLERE[2] haben eine Reihenfolge aufgestellt, in der die Giftigkeit der sauren Gase abnimmt und zwar H_2SO_4—HF—SO_2—CO—CO_2. Bei längerem Arbeiten in schlecht gelüfteten Kanälen kann es zu Kopfschmerzen und Bindehautentzündungen kommen. Außer diesen chronischen Erkrankungen kann es bei stärkerer Anreicherung zu akuten, meist zum Tode führenden Vergiftungen kommen. Die Todesursachen sind neben Sauerstoffmangel in den meisten Fällen ein zu hoher Kohlensäure- oder Schwefelwasserstoffgehalt. Bei Sauerstoffschwund und bei Schwefelwasserstoffgehalt kommt es infolge Schwefelwasserstoffhämoglobinbildung zu Erstickungen. Bei Schwefelwasserstoff und Sauerstoffschwund zwingt der rasche Verlauf der Erstickung ohne besondere Voranzeichen zu besonderer Vorsicht.

(Über das Auftreten von Schwefelwasserstoff bei Zufluß gewerblicher Abwässer s. S. 476). Nach K. B. LEHMANN wird Schwefelwasserstoff schon in Mengen von 0,008% sehr unangenehm empfunden. 0,14% ruft bei empfindlichen Menschen schon eine Reizung der Schleimhäute, insbesondere die der Augen- und Nasenschleimhäute und der Atemwege hervor. In größerer Menge und bei längerer Einatmung (0,5—0,7‰ etwa eine halbe bis eine Stunde lang) verursacht er Bronchialkatarrh und Lungenaffektionen mit Ödembildung. Schwefelwasserstoff gehört zu den gasförmigen Giften, die schon ehe sie Reizwirkungen ausüben schwere resorptive Giftwirkungen entfalten können. Schwefelwasserstoff, der in der Technik allgemein als Katalysatorgift bekannt ist, führt auch in der Zelle zur Bindung des als Katalysator dienenden Eisens (Bildung von Schwefeleisen), damit zu Lähmungen des Oxydationsfermentes und schließlich zur inneren Erstickung. Die Wirkung des Schwefelwasserstoffs gleicht sehr der Wirkung der Blausäure[3] Dabei ist nach LIESEGANG[4] die Bildung von Sulfhämoglobin im Blute Lebender selten, gewöhnlich erst nach dem Eintritt des Todes nachweisbar. Die Empfindlichkeit gegen dieses Gift ist individuell verschieden. Bei wiederholter Einatmung ist vielfach zunehmende Empfindlichkeit festgestellt worden, andererseits soll auch Gewöhnung an Schwefelwasserstoff beobachtet worden sein. Eine Übersicht über die Giftwirkung verschiedener Konzentrationen gibt Tabelle 10.

Der sich infolge Sauerstoffmangels durch anaerobe Zersetzung des Abwassers im Kanal bildende Schwefelwasserstoff kann aber auch für das Gefüge von Betonkanälen von allergrößtem Schaden werden. Der sich im Scheitel des Kanals über der Wasseroberfläche

[1] RAWN: Water Works and Sewerage 1935, **82**, 359.
[2] BATTA u. LECLERE: Bull. soc. chem. Romania 1933, **15**, 13.
[3] KLAUER: Münch. med. Wochenschr. 1936, **83**, 1590.
[4] LIESEGANG: Kleine Mitt. Landesanst. Wasser-, Boden- u. Lufthygiene 1930, **6**, 216.

Tabelle 10.

	H_2S-Gehalt der Luft	
	mg/l	Liter ‰
6 Stunden eingeatmet ohne wesentliche Symptome	0,12—0,18	0,08—0,12
Mehrere Stunden eingeatmet minimal wirkend	0,10—0,15	0,07—0,10
½—1 Stunde eingeatmet ohne Folgen erträglich	0,24—0,36	0,16—0,24
½—1 „ „ lebensgefährlich.	0,50—0,70	0,33—0,46
½—1 „ „ sofort oder später tödlich	0,60—0,84	0,39—0,56
Plötzlich tötend	1,2 und mehr	0,8 und mehr

ansammelnde Schwefelwasserstoff dringt in den Beton ein und wird dann später durch die Luft zu Schwefelsäure oxydiert, die dann ihre zerstörende Wirkung auf den Beton schon sehr bald zu zeigen beginnt.

Um die durch Schwefelwasserstoff hervorgerufenen Geruchsbelästigungen, die sich bei stärkerem Auftreten auch in den umliegenden Häusern bemerkbar machen und dann zu schweren Ersatzansprüchen führen können, zu beseitigen, sind eine Reihe Vorschläge gemacht worden. WILSON[1] empfiehlt zur Beseitigung von Geruch in Kanälen und Kläranlagen die Zugabe von Chlor, Thiosulfaten, Kaliumpermanganat, Chlorkalk. In einigen Fällen, wo es durch Aufnahme von angefaultem Schlachthofabwasser in die Kanalisation oder durch Aufnahme von Wasser mit hohem Sulfidgehalt, z. B. aus Gerbereien, zur Bildung von Schwefelwasserstoff in der Kanalluft kam, hat er gute Erfolge durch Einblasen chlorgas- oder ozonhaltiger Luft gehabt. RIKER[2] gibt Eisensalze in Form von Eisenchlorid ($FeCl_3$) zu, wobei er einen nachteiligen Einfluß auf die Weiterbehandlung des Abwassers nicht feststellen konnte. Der von verschiedenen Seiten empfohlene Einbau von mit Kupfersulfatkrystallen gefüllten Filter scheint sich nicht bewährt zu haben. In Fällen, wo man keine Gewißheit über die Einwandfreiheit der Kanalluft hat, sollte man durch genügend langes Absaugen mit dem GERLACHschen Kanalentgaser[3] oder durch Lufteinblasen mit Hilfe von Ventilatoren vor dem Betreten für gute Luft sorgen.

Mit Rücksicht auf die im Kanal arbeitenden Arbeiter und die Erhaltung des Kanalnetzes selbst muß auch das Ablassen von explosiblen Flüssigkeiten und Gasen, wie Alkohol, Benzin, Benzol, Äther u. dgl., Acetylen, Methan, Kohlenoxyd, unbedingt verhindert werden. Die zu dem Zwecke in Garagen, Autowerkstätten usw. eingebauten Leichtstoffabscheider müssen von der Stadt bedient und scharf bewacht werden. Industrielle Werke dürfen, wenn eine andere Ableitung gar nicht möglich ist, derartige Stoffe nur in stark verdünntem

Tabelle 11. Ergebnis der Rundfrage über Unfälle in Kanälen nach DAU.

	Benzin	Methan	Leuchtgas	Schwefelwasserstoff	Acetylen	Verschiedenes
Gesamtzahl	78	11	15	4	4	16
Zerknallungen und Brände	74	9	15	1	4	10
Erkrankungen	4	2	—	3	—	6
Ohne Personenschäden . .	47	3	7	—	1	4
Leichtverletzte	19	3	4	—	—	6
Schwerverletzte	7	4	2	—	3	2
Tote	5	1	2	3	—	4

Zustand und nur nachts ablassen, wenn keine Arbeiter im Kanal beschäftigt sind und die Sicherheit besteht, daß ihr Einfluß bis zum Morgen wieder beseitigt ist. NICHTERLEIN und MOTZ[4] berichten über den Kampf der Stadtverwaltung Berlin gegen den Einlauf von Flüssigkeiten, die feuergefährliche oder zerknallfähige Gase entwickeln, in das Entwässerungsnetz der Stadt Berlin.

[1] WILSON: Journ. Roy. Sanit. Inst. 1935, **55**, 335.
[2] RIKER: Water Works and Sewerage 1935, **82**, 172.
[3] GERLACH: Gesundh.-Ing. 1929, **52**, 118.
[4] NICHTERLEIN u. MOTZ: Gesundh.-Ing. 1935, **58**, 179.

DAU hat durch eine Rundfrage bei 57 größeren Städten über 100000 Einwohner festgestellt, daß 61% aller Unfälle in Kanälen auf die Dämpfe von Mineralölen, vornehmlich Benzin aus Kraftwagenhallen, zurückzuführen sind. Erst in weiterem Abstande folgen die Unfälle durch Methan und durch Leuchtgas.

Mit Rücksicht auf den hohen Prozentsatz an Unfällen durch Benzin ist der Einbau zuverlässig arbeitender Benzinabscheider in Garagen, Autowerkstätten und ihre ständige Kontrolle und gewissenhafter Betrieb, vor allem regelmäßige Entleerung durch die Stadt zu fordern.

Tabelle 12.

1	2	3	4
Abscheider von einer Leistungsfähigkeit Liter/Sek.	Zahl der Wagenunterstände	Bei einer geschl. größten zulässigen Regenauffangfläche in qm	Wasserzapfstellen
0,5	2	50	1
1,0	5	100	2
1,5	8	150	3
2,0	12	200	4
3,0	25	300	7
4,0	40	400	10
5,0	60	500	15
6,0	100	600	20

Benzinabscheider. Die zum Zurückhalten von Leichtflüssigkeiten, wie Benzin, Benzol usw. einzubauenden Abscheider sollen den im Normblatt DIN 1999 enthaltenen Bestimmungen entsprechen. Die Größe der zu verwendenden Abscheider richtet sich nach der Menge des anfallenden Abwassers bzw. der anfallenden Leichtflüssigkeit, die sich wieder nach der Anzahl der Wagenunterstände richtet. Im allgemeinen werden folgende Größen angewandt (s. Tabelle 12).

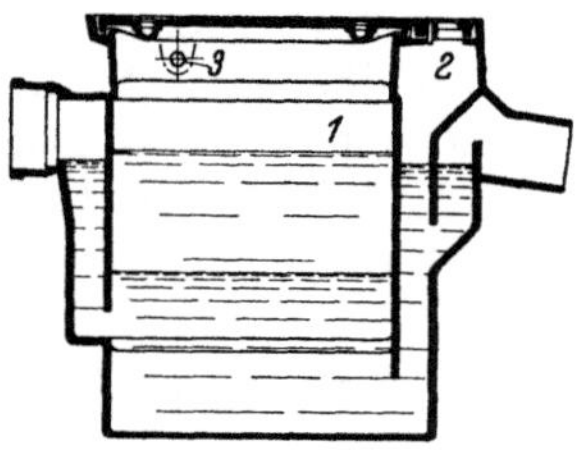

Abb. 6. Benzinabscheider „Servator" der Passavantwerke G.m.b.H. Michelbach.

Man unterscheidet Benzinabscheider mit und ohne selbsttätigen Abschluß. Der in Abb. 6 dargestellte Benzinabscheider „Servator" der Passavant-Werke, G. m. b. H., Michelbach (Nassau), hat eine große Abscheidekammer 1. Um die Absaugegefahr zu beseitigen, ist bei 2 ein Entlüftungsschacht angebracht. Bei Inneneinbau wird der Benzinabscheider noch mit einem besonderen Entlüftungsanschluß bei 2 versehen.

Um bei zu weitgehender Anreicherung mit Leichtflüssigkeit ein Übertreten in den Kanal zu verhindern, ist der in Abb. 7 dargestellte Benzinabscheider „Curator" derselben Firma mit einem selbsttätigen Abschluß versehen. Neben der Abscheidekammer hat der Apparat eine besondere Schwimmerkammer, in der nach Ansammlung der höchst zulässigen Menge Leichtflüssigkeit in der Abscheidekammer der weitere Durchfluß durch einen Schwimmer geschlossen wird. Solche mit selbsttätigem Abschluß versehene Benzinabscheider sind in allen den Fällen anzuordnen, wo bei oberirdischer Lagerung von Leichtflüssigkeiten mit dem Abfluß so großer Mengen Leichtflüssigkeit gerechnet werden muß, daß das Speichervermögen des Abscheiders nicht ausreicht. Klosettabwässer dürfen nicht durch die Abscheider durchgeleitet werden. Vor die Abscheider sind genügend große Sandfänge anzuordnen, deren Schlammraum für jeden auf dem Grundstück gepflegten Wagen mindestens 20 Liter, insgesamt aber wenigstens etwa 40 Liter haben muß. Ist besonders starke Verschmutzung der Wagen zu erwarten, so sind die angegebenen Zahlen zu verdoppeln. Abb. 8 zeigt die Anordnung eines Sandfangs mit einem Großbenzinabscheider.

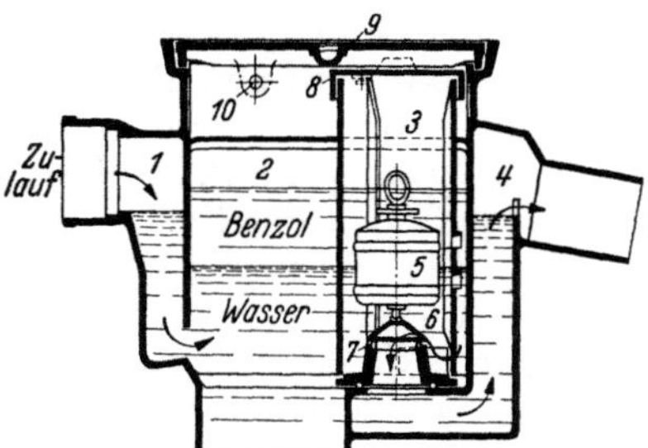

Abb. 7. Benzinabscheider „Curator" der Passavantwerke G. m. b. H. Michelbach. 1 Einlaufkammer, 2 Abscheidekammer, 3 Schwimmerkammer, 4 Auslauf, 5 Schwimmer, 6 Ventilteller, 7 Ventilsitz, 8 Schwimmerkammerdeckel, 9 Abdeckung, 10 Entlüftungsstutzen.

Einfluß der Straßeneinläufe und Hausentwässerungen. Die der Aufnahme und Abführung der Niederschlagswässer dienenden Straßeneinläufe[1]

[1] MAY: Gesundh.-Ing. 1934, 57, 373.

haben nebenbei ebenfalls die Aufgabe, den Kanälen frische Luft zuzuführen, um so die Kanalluft zu verbessern und bei Regenfällen die Luft austreten zu lassen. Um diese Aufgabe restlos zu erfüllen, sollten nur noch geruchverschlußlose Straßeneinläufe eingebaut werden. Eine gute Belüftung ist auch dann gewährleistet, wenn die Frischluft, die durch die Straßeneinläufe eingesaugt wird, durch die über die Dächer geführten, ohne Wasserverschluß errichteten Fallleitungen der Hausentwässerungen wieder abziehen kann.

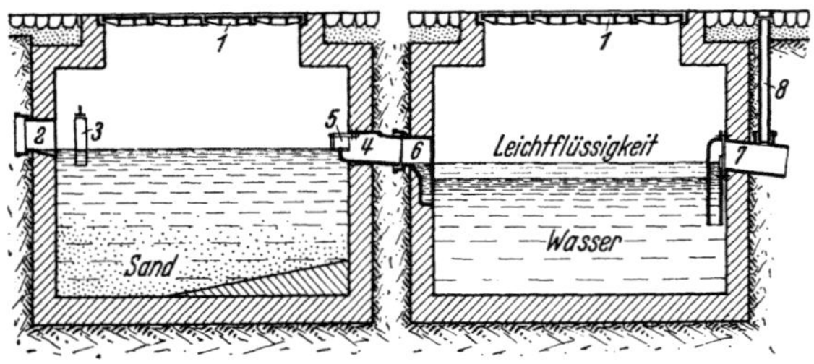

Abb. 8. Großbenzinabscheider mit Sandfang, System Passavant der Passavantwerke Michelbacher Hütte Michelbach (Nassau). 1 Abdeckung, 2 Sandfangeinlauf, 3 Prellplatte mit Träger, 4 Sandfangauslauf, 5 Schutzgitter, 6 Benzinscheidereinlauf, 7 Benzinscheiderauslauf, 8 Absaugeschutz.

Auf die genaue Innehaltung der Unfallverhütungsvorschriften können die Kanalarbeiter nicht häufig genug hingewiesen werden, da immer wieder auf nachlässige Beachtung der Vorschriften zurückzuführende Unglücksfälle, wie Todesfälle, Explosionen vorkommen.

Bei reichlicher Spülung und guter Belüftung kann durch die Kanalluft eine gesundheitliche Schädigung nicht auftreten. In besonders schwierigen Fällen und vor allem vor Begehungen der Kanäle, muß die Luft genügend geprüft und wenn nötig noch Frischluft durch auf die Einsteigeschächte aufgesetzte Ventilatoren eingepreßt oder eingesaugt werden.

VI. Einleitung in den Vorfluter (Fluß, See, Meer).

Das nicht verdunstete oder im Boden versickerte Abwasser muß in einen Fluß oder sonstigen Vorfluter abgelassen werden, damit es von dort wieder ins Meer gelangt, von wo dann der Kreislauf des Wassers durch Verdunsten von neuem beginnt. Bei der Einleitung in einen Fluß oder einen See muß das Abwasser je nach der Menge, dem Verschmutzungsgrad des Abwassers und vor allem nach Art und Zustand des Vorfluters einen mehr oder weniger weitgehenden Reinigungsvorgang durchmachen. In allen Fällen sollten aber bei allen Abwässern und allen Vorflutern, ganz welcher Art, schon aus ästhetischen Gründen zum mindesten die grobsinnlich wahrnehmbaren groben Verunreinigungen vor dem Ablassen aus dem Abwasser entfernt werden. Wichtig ist auch noch der Zustand, in dem das Abwasser in den Vorfluter abgelassen wird. Der Abbau der durch das Abwasser dem Vorfluter zugeführten Schmutzstoffe ist viel leichter, wenn diese in frischem Zustande in den Vorfluter gelangen. Fauliges Abwasser ist giftig für Fische und zehrt beim Einleiten plötzlich viel mehr Sauerstoff auf als frisches Abwasser.

Den nachteiligen Einfluß, den angefaultes Abwasser oft auf den Vorfluter hat, kann man durch eine vorherige Vermischung mit reinem, sauerstoffhaltigen Vorflutwasser mildern.

1. Einleitung in einen Fluß.

Wichtig ist die örtliche Verteilung der Einleitungsstellen. Daß eine Abwassereinleitungsstelle niemals kurz oberhalb der Entnahmestelle eines Trinkwasserwerkes angebracht sein darf, ist selbstverständlich. In all diesen Fällen muß man die Abwassereinleitungsstellen soweit unterhalb dieser Stellen anlegen, daß eine Beeinflussung durch Rückstau nicht stattfinden kann.

Wird das Abwasser am Flußufer über oder unter dem Wasserspiegel eingeleitet, so ist die Vermischung mit dem Flußwasser in den meisten Fällen sehr schlecht. Das Abwasser hält sich dann sehr lange am Ufer, sein Einfluß ist noch sehr lange festzustellen. Das Abwasser fließt zunächst unvermischt am Ufer entlang, es verschmutzt und verschlammt das Ufer. Hierdurch können leicht Geruchsbelästigungen entstehen. Der Pflanzenbewuchs am Ufer und die Laichablage der Fische leidet. Man muß also für eine gründliche Vermischung des Abwassers mit dem Flußwasser sorgen.

Die in der Kaliindustrie übliche Einleitung durch gelochte Rohre, die das Abwasser quer auf die Oberfläche des Flusses aufspritzen, wird für häusliches Abwasser nicht angewandt, da es in diesen Fällen durch Schwebestoffe und Abwasserpilzbildungen schnell zu Verstopfungen kommen würde. Am geeignetsten ist die Einleitung der Abwässer durch Rohrleitungen bis in die Mitte des Flußlaufs, oder bei großen Strömen (Rhein, Elbe, Oder usw.) 80—150 m vom Ufer entfernt. Die Rohre lassen das Wasser an der Flußsohle austreten, wo es sich infolge seiner durch den Überdruck aufwärts gerichteten Strömungsrichtung bald mit dem Flußwasser mischt. Da die auf der Oberfläche schwimmenden Stoffe, wie Öle, Fette, Korke, Holzstückchen, Schaum usw. bei der Einleitung in einen Fluß oder See am meisten stören, empfiehlt MACARTNEY[1] sogar, die Abwässer in einer Entfernung von 230—275 m einzuleiten. Es empfiehlt sich, die gute Vermischung der Abwässer unter verschiedenen Verhältnissen durch Färbversuche oder Salzverdünnungsversuche von Zeit zu Zeit zu prüfen.

Ebenso wichtig wie die richtige örtliche Verteilung der Abwässer im Vorfluter ist auch das richtige zeitliche Ablassen der Abwässer und die zeitliche Verteilung der Abwasserzuflüsse auf die wechselnde Wasserführung des Flusses. Abwasserstöße, die den Vorfluter außergewöhnlich stark belasten können, können in besonderen Fällen durch zwischengeschaltete Rückhaltebecken ausgeglichen werden, wenn die Abwassermenge nicht zu groß ist und sich die Aufspeicherung nicht auf einen zu langen Zeitraum erstreckt. Solche Rückstaubecken kommen vor allem auch bei gewerblichen Abwässern, z. B. den stark säurehaltigen Beizereiabwässern in Frage, wenn durch länger dauerndes Ablassen der Beizen das vorhandene Säurebindungsvermögen besser ausgenutzt werden kann.

Eine Speicherung der Abwässer gestattet, diese dann nur zu Zeiten der Hochwässer mit genügender Verdünnung abzulassen. Die von der Jahreszeit abhängige Wasserführung eines Vorfluters wird auch in der Weise den Betrieb einer Reinigungsanlage vorschreiben können, daß bei niedriger Wasserführung im Sommer volle biologische Reinigung verlangt werden muß, während man bei sehr starker Wasserführung im Winter sich mit der mechanischen Reinigung begnügen kann.

2. Einleitung in Seen.

Während bei der Einleitung der Abwässer in einen Fluß je nach der Strömung in kürzerer oder längerer Zeit eine gute Vermischung erreicht wird, macht die Vermischung bei Einleitung in einen See größere Schwierigkeiten, und müssen daher bei der Einleitung städtischer Abwässer in einen See verschiedene Punkte beobachtet werden. Da die Ortsabwässer infolge ihres größeren Gehaltes an gelösten und ungelösten Stoffen oft ein größeres spezifisches Gewicht haben als das Seenwasser, so besteht die Gefahr, daß das Abwasser hauptsächlich in die tieferen Regionen des Sees abfließt und sich dort allmählich anhäuft. Hier wird es wegen der Zersetzung zu einer Abnahme des Sauerstoffes und damit zu Fäulniserscheinungen kommen.

O. ACKLIN[2] schlägt in seinem Entwurf für die schweizerischen Richtlinien bei der Übergabe von gewerblichen-industriellen Abwässern in eine stehende Vorflut vor, die er auch bei häuslichem Abwasser in entsprechendem Sinne anwendet, daß das Abwasser mindestens 4 m, höchstens aber 5 m unter dem Niederwasserspiegel so ausmünden soll,

[1] MACARTNEY: Surveyor 1936, **89**, 703.
[2] ACKLIN: Techn. Hygiene, Solothurn 1934, **4**, 28.

daß die Mündung bei Druckwasser nach oben gerichtet ist und sich mindestens 1,5 m über dem Seegrund befindet. Das Mündungsrohr ist dabei so mit einer Deckplatte zu versehen, daß das Abwasser unter dieser seitlich radial austritt. Der Durchmesser der runden Deckplatte muß das Dreifache des Mündungsdurchmessers betragen, siehe Abb. 9a. Bei gewöhnlichem Druck (kleines Spiegelgefälle) empfiehlt er ein Konstruktionsschema, wie es in Abb. 9b dargestellt ist. Die Entfernungsstelle vom Ufer und vom Seegrund muß so gewählt werden, daß der kegelförmige Verteilungsraum (störungsloser Diffusionsraum) von der Abwassermündung bis zum Ufer für das maximal pro Zeiteinheit und ausschließlich in dieser Richtung zum Abfluß in Rechnung gesetzte Abwasser stets eine solche Verdünnung erfährt, daß das Uferwasser also die elliptische Grundflächenzone des Abwasserkegelstumpfes, die Seenorm, gemessen am Glühverlust weder wesentlich (Verdoppelung) noch während längerer Zeit (mehrere Tage) überschreiten darf. Der Abwasserkegelstumpf mit elliptischer Grundfläche ist horizontal liegend angenommen, die Spitze an der Mündung, die Grundfläche am Ufer. Die Seenorm beträgt zur Zeit für den Züricher See 40 mg/Liter.

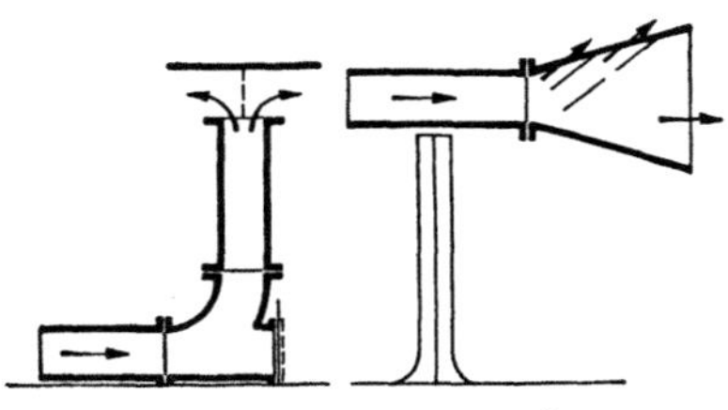

Abb. 9. Einleitungsrohr für Abwasser in Seen für stärkeren und gewöhnlichen Druck nach ACKLIN.

Von großem Einfluß auf die Einleitung der Abwässer in einen See ist der Wind, der wirkungsvolle Strömungen, die je nach Windrichtung und Stärke verschieden sind, erzeugt. Diese durch den Wind hervorgerufenen Strömungen können das Abwasser oft in ruhige Buchten oder auch an entfernter liegende Stellen treiben, wo ihre Einwirkung oft eine sehr lange und intensive sein kann. Die Einleitung der Abwässer in größerer Tiefe erscheint besonders auch vom fischereilichen Standpunkte aus betrachtet nicht wünschenswert. WILLERS[1] ist bezüglich der möglichst guten Verteilung der Abwässer im See der Ansicht, daß die heute noch vielfach bestehende, sehr unhygienische Art der Einleitung aus Rinnsteinen und Abortanlagen durch zahlreiche kleine Abläufe an verschiedenen Stellen des Ufers in den Ortschaften für die Fischerei am günstigsten ist. In solchen Fällen kann das Abwasser bei gleichmäßiger Verteilung und guter Verdünnung sogar düngende Wirkungen ausüben.

Bei der Anlage des Ableitungsrohres in den Seen muß man auch auf die Eisverhältnisse Rücksicht nehmen. Durch die Bildung von Eisdecken wird das verunreinigte Abwasser von der Luft abgeschlossen und, da die Windwirkung auch fehlt, die gute Vermischung verhindert. Die Folge ist dann meistens starker Sauerstoffschwund und Fischsterben. Wenn eben möglich, sollte man die Einleitungsstelle der Abwässer noch in den Fluß in einiger Entfernung von der Mündung des Flusses in den See, also flußaufwärts verlegen, wo noch eine genügende Vermischung eher sichergestellt werden kann als im See selbst.

Bei der Beurteilung einer Abwasserwirkung in einem See muß man nach WILLERS ein klares Bild über die Morphologie des Beckens haben. Durch Bodensenkungen können Fäulnislöcher und Verschmutzungsflecken am Seeboden entstehen. Besonders schädlich wirken in dieser Beziehung organisch verschmutzte, industrielle Abwässer aus Molkereien, Gerbereien, Brennereien usw. Die Abwasserverschmutzung in Seen kann wie eine schleichende Krankheit von Jahr zu Jahr zunehmen, ohne daß man es sofort merkt. Für die Wirkung der Abwässer auf einen See lassen sich verschiedene Stadien feststellen, je nach der Menge der für den gesamten Stoffhaushalt des Wassers in Seebecken zur Verfügung stehenden Menge an Nährstoffen. Beim Übergang vom oligotrophen Zustande zum eutrophen Zustande eines Sees kann es zu einer Selbstverschmutzung kommen, wobei die Entwicklung der verschiedenen Wasserblüten eine Rolle spielt. Bei der Einleitung in einen See sind demnach ähnliche Bedingungen zu erfüllen, wie sie bei der biologischen Abwasserreinigung durch Abwasserfischteiche, Stauseen usw. zu berücksichtigen sind.

---

[1] WILLERS: Fischerei-Zeitung 1934, 37, 880.

3. Einleitung ins Meer.

Bei der Einleitung der häuslichen Abwässer von Seebädern oder Städten in das Meer müssen ebenfalls besondere Vorsichtsmaßregeln berücksichtigt werden. Nach den Feststellungen, die bei verschiedenen Städten bei der Einleitung der Abwässer in Flußläufe, die in die Nordsee münden, gemacht worden sind, spielt Ebbe und Flut infolge des Aufstauens oder schnelleren Abfließens eine wichtige Rolle. An der Ostsee bewirkt nach BÄRENFÄNGER[1] der Wind ein Anstauen und langsameres Abfließen.

Für die beim Abbau der Schmutzstoffe sich abspielenden biologischen Verhältnisse ist der Salzgehalt des Meerwassers von Bedeutung. Durch den hohen Gehalt an Elektrolyten wird es beim Vermischen von häuslichem Abwasser mit dem Meerwasser zu einer verstärkten Ausflockung von Kolloiden und anderen gelösten Stoffen kommen. Die Folge wird eine verstärkte Schlickbildung sein. Wie BÄRENFÄNGER nachweisen konnte, ist der in Flußwasser sehr intensive Abbau von Phenolen aus gewerblichen Abwässern in Seewasser durch den höheren Salzgehalt gehemmt. Um die Schwierigkeiten, die in der Kieler Bucht durch die Abwässer entstanden sind, zu mildern, leitet die Stadt Kiel ihre gesamten häuslichen Abwässer nicht in die Förde ein, sondern pumpt sie nach Unterdückerung des Kaiser-Wilhelm-Kanals auf eine Anhöhe, von wo aus sie mit freiem Gefälle bei Bülk der Ostsee zufließen.

4. Normblätter über Entwässerungswesen.

Es sind von den verschiedenen Normenausschüssen bereits eine ganze Reihe wichtiger Normblätter über das Entwässerungswesen fertiggestellt[2], so z. B.

DIN E 1230 betr. Kanalisationssteinzeugwaren.
DIN E 1231 desgl. (Prüfverfahren).
DIN E 1980 Technische Vorschriften für Be- und Entwässerungsanlagen.
DIN E 1986 Bau und Betrieb von Grundstücksentwässerungen (technische Vorschriften).
DIN E 1987 desgl. (Grundsätze für rechtliche und verwaltungstechnische Vorschriften).
DIN E 4050 Richtlinien für Bestandspläne öffentlicher Entwässerungsanlagen.
DIN E 4051 Kanalklinker.
DIN E 4052 Straßenabläufe aus Beton.
DIN E 4053 desgl. aus Steinzeugrohr.

Eine Reihe weiterer Normenblätter sind in Vorbereitung.

VII. Abwasserpumpwerke.

Ist keine natürliche Vorflut vorhanden, so muß diese durch Heben des Abwassers in einem Abwasserpumpwerk künstlich geschaffen werden. Diese Abwasserpumpwerke müssen eine Reihe von Bedingungen erfüllen, um ihren Zweck der einwandfreien Weiterleitung des Abwassers erfüllen zu können. Neben unbedingter Betriebssicherheit, die durch genügende Reserven angestrebt werden muß, muß größte Wirtschaftlichkeit erreicht werden. Handarbeit ist, soweit die Berührung des Bedienungspersonals mit Abwasser in Frage kommt, wegen der Möglichkeit gesundheitlicher Störungen auszuschalten. Für Abwasserpumpwerke mit geringer Förderhöhe haben sich Kreiselpumpen bewährt.

Für die Wahl des Aufbaues einer Anlage ist neben der Beschaffenheit der Abwässer die anfallende Abwassermenge, die zu überwindende Hubhöhe und die verfügbare Antriebsart ausschlaggebend. Um Verstopfungen zu verhindern, sind durch Einbau von Rechen vor den Sammelbecken der Pumpwerke alle störenden festen Stoffe, wie Hölzer, Zweige, Konservenbüchsen, faserige Stoffe, Lumpen, Därme u. dgl. zu entfernen oder durch Zertrümmern so zu zerkleinern, daß sie nicht mehr stören können. In Abb. 10a—c sind die gebräuchlichen Grundformen für Abwasserpumpwerke dargestellt. Abb. 10a zeigt die wesentlichen Merkmale einer vom Sammelschacht getrennten Pumpenkammer mit waagerechtem Maschinensatz. Diese im Aufbau einfachste und in den Anschaffungskosten

[1] BÄRENFÄNGER: Vom Wasser 1934, 8, 55.
[2] Zu beziehen vom Beuth-Verlag, Berlin.

für den maschinellen Teil billigste Anordnung bietet den Vorteil guter Reinigungsmöglichkeit und leichter Montage der Pumpen. Neben verhältnismäßig höheren Baukosten bringt jedoch diese Ausführung den Nachteil mit sich, daß im Falle des Verzichtes auf eine Entlüftungsvorrichtung die Inbetriebsetzung der Pumpen erst bei aufgestautem Wasserspiegel erfolgen kann. Diese Nachteile vermeidet zwar das in Abb. 10b dargestellte Pumpwerk, bei dem die Pumpe selbst im Sammelbecken liegt. Der elektrische Teil ist in einem besonderen Raum über dem Sammelbecken dem Einfluß der Gase, der Feuchtigkeit und der Überflutungsgefahr entzogen. Ein solches Pumpwerk ergibt zwar niedere Kosten, gestattet aber auch schlecht eine Reinigung der Pumpen bei vorkommenden Verstopfungen. Als beste Lösung dürfte das in Abb. 10c dargestellte Schema zu betrachten sein, bei dem alle Bedingungen erfüllt sind, wie z. B.

Trennung des Pumpenraumes vom Sammelschacht,
Zugänglichkeit des gesamten maschinellen Teiles,
Sicherung der elektrischen Ausrüstung vor Feuchtigkeits- und Dunsteinwirkungen,
Betriebsbereitschaft der Pumpen bei allen Wasserständen,
Entleerungsmöglichkeit des Sammelschachtes bis zur Sohle.

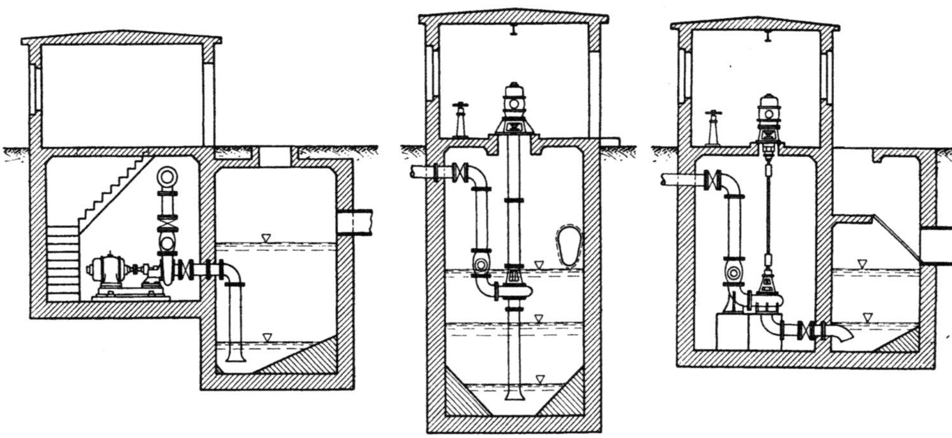

a b c

Abb. 10a, b u. c. Die gebräuchlichsten Grundformen der Abwasserpumpwerke (Kleinschanzlin-Bestenbostel-Bremen).

Um Saugkörbe mit Fußventilen wegen ihrer Unzuverlässigkeit zu vermeiden, sind die Pumpen so tief gestellt, daß das zu fördernde Abwasser ihnen zufließt, wodurch gleichzeitig ein Ansaugen vermieden wird.

In vielen Fällen errichtet man für Trockenwetterzufluß und für die bei Regenwetter in stark vermehrtem Maße anfallenden Wassermengen getrennte Pumpen, die dann durch Schwimmerschaltapparate[1] ein- oder ausgeschaltet werden. Wenn eben möglich, ist die einwandfreie Stromzufuhr mit mehrfacher Sicherheit durch Anschluß an verschiedene Netze sicherzustellen.

C. Einfluß häuslicher Abwasser auf den Vorfluter.

I. Allgemeine Schäden.

Durch die Einleitung ungereinigter oder nicht genügend gereinigter Abwässer können im Vorfluter mehr oder weniger große Schäden hygienischer, ästhetischer und vor allem wirtschaftlicher Art entstehen. Eine strenge Grenze, welche von diesen die schädlichere ist, läßt sich nicht ziehen, da in vielen Fällen die Arten der einzelnen Schädigungen ineinander übergehen. Die hygienischen und ästhetischen Schwierigkeiten sind in den meisten Fällen eng miteinander verbunden. Abwasser enthält eine mehr oder weniger große Anzahl von Keimen, unter denen die Krankheitserreger, wie Cholera, Typhus und Paratyphus vom hygienischen Standpunkte aus am bedenklichsten sind.

[1] BEYENBURG: Wasserkr. u. Wasserwirtsch. 1927, Heft 14.

Wird Abwasser in einen Fluß abgelassen, der unterhalb zur Trinkwasserversorgung oder zu Badezwecken dient, so ist stets die Gefahr der Übertragung von ansteckenden Krankheiten gegeben. Wenn auch die Haltbarkeit der pathogenen Keime im Wasser nicht groß ist, so beweisen doch die verschiedenen, auf Abwassereinflüsse zurückzuführenden größeren Epidemien, wie die Choleraepidemie (1892 in Hamburg), die Typhusepidemien in Gelsenkirchen, Hannover usw. welchen verheerenden Einfluß solche Abwässereinflüsse haben können. HETTCHE und DANEEL[1] wiesen im Abwasser der Stadt Königsberg durch Verimpfen auf Mäuse öfter das Vorhandensein von Schweinerotlaufbacillen nach. Diese waren in den Vorstadtabwässern häufiger enthalten, da hier die Tierhaltung viel größer ist. Diese Beobachtung stimmt mit der Tatsache überein, daß mit Schmutzwasser arbeitende Frauen häufiger eine roseartige Erkrankung an den Händen, Erysipeloid genannt, erleiden, die durch Schweinerotlaufbazillen hervorgerufen wird.

Wenn man auch die durch den Gehalt an pathogenen Keimen bedingten hygienischen Bedenken durch eine intensive Chlorung beseitigen kann, so kommen in den Fällen der Benutzung des Flußwassers zu Trink- und Brauchwasserzwecken auch noch sehr starke ästhetische Bedenken hinzu. Trinkwasser soll zum Trinken anreizen (s. S. 48). Dies ist aber nicht möglich, wenn der zur Trinkwasserversorgung benutzte Fluß Abwasser aufnehmen muß, und der Verbraucher mit Rücksicht auf die Tatsache, daß mit dem Abwasser nicht genügend abgebaute menschliche und tierische Abfallstoffe in das Trinkwasser gelangt sein können, einen gewissen Ekel vor dem Genuß empfinden muß. Das für die Benutzung des Flusses für Trinkwasser gesagte, gilt auch für die Erhaltung unserer Flüsse als Volkserholungsstätte bei der Benutzung zum Baden, zum Wassersport usw. Die Einleitung ungereinigter oder nur teilweise gereinigter Abwässer mit einem mehr oder weniger größeren Gehalt an schädlichen bzw. ekelerregenden Stoffen machen seine Verwendung für diese und ähnliche Zwecke auch noch aus anderen Gründen unmöglich.

Bei einem zu geringen Mischungsverhältnis oder schlechter Strömung kommt es im Fluß zu Fäulniserscheinungen und Schlammablagerungen, die eine ständige Gefahr für die Bevölkerung bedeuten. Durch die Zersetzungserscheinungen im Vorfluter und die Schlammablagerungen können sehr üble Geruchsbelästigungen entstehen, die den Aufenthalt am Ufer verleiden, die Benutzung des Vorfluters als Badewasser beeinträchtigen und unter Umständen sogar das Wohnen am Vorfluter unmöglich machen. Sehr unangenehm wirken in dieser Beziehung öl-, fett- und teerhaltige Abwässer, die schon in kleinen Mengen auf der Oberfläche große, in allen Farben schillernde, sehr unschön wirkende Flecken bilden, die weithin sichtbar sind und das Baden und den Wassersport unmöglich machen.

Auf den Einfluß durch Abwasser verunreinigten Trinkwassers führt man auch die sog. „Wasserkrankheit“ zurück. Diese durch ein bis jetzt unbekanntes Agens hervorgerufene, meist verhältnismäßig leicht verlaufende Krankheit äußert sich in Darm- und Magenerkrankungen, Brechruhren. Sie tritt meist explosionsartig und epidemieähnlich auf, um nach einigen Tagen abzuklingen. Nach HORNUNG[2] kann bei einem Teil der Erkrankten nach 14 Tagen Typhus einsetzen. Er gibt als Ursache Paracolibacillen an. Den Typhusepidemien in Hamburg gingen ebenfalls Krankheiten mit ähnlichen Erscheinungen, die sog. „Elbdiarrhöen“ voraus. Die mit den Abwässern herangeführten Kotballen, Papierfetzen und sonstigen ekelerregenden Stoffe wirken sehr unästhetisch und sollten daher auch in den Fällen, wo das Abwasser in einen sehr großen Vorfluter abgelassen werden kann, durch Siebe oder Siebbleche mit allen anderen auf diese Weise leicht entfernbaren Stoffen aus dem Abwasser herausgeholt werden.

II. Wirtschaftliche Schäden.

Vom wirtschaftlichen Gesichtspunkte aus gesehen leiden die Fischerei und die unterhalb liegenden Werke, die ihr Brauchwasser aus dem Fluß entnehmen, stark unter den Abwassereinleitungen.

---

[1] HETTCHE u. DANEEL: Zeitschr. Hygiene 1935, **116**, 41.
[2] HORNUNG: Münch. med. Wochenschr. 1936, **83**, 1264.

1. Einfluß auf die Fischerei.

Ganz abgesehen von den übrigen Schädigungen, die der Fischerei durch andere Eingriffe, wie unsachgemäße Ausführung von Triebwerken und Wasserkraftanlagen, Flußkorrektionen, Unterbrechung der Fischwanderungen durch Fehlen von Fischpässen, Zerstören der Laichgelegenheiten usw. bereits in großem Maße zugefügt werden, können Abwässer große Schäden in der Fischerei hervorrufen. Deutschland könnte nach den Ausführungen von SCHILLINGER[1] seinen Bedarf an Fischfleisch selbst decken, wenn unsere heimischen Flüsse nicht durch Abwässer brachgelegt würden, sondern vollständig für Fischereizwecke zur Verfügung ständen. Die in den Vorfluter eingeleiteten Abwässer rufen selbst bei größeren Verdünnungen Trübungen hervor, die die verschiedenen Fischarten, besonders aber die Edelfische zur Abwanderung zwingen. Wenn sie hierzu keine Gelegenheit haben, sterben sie ab.

Die in dem Abwasser enthaltenen, dem Vorfluter zugeführten, organischen Stoffe brauchen unter dem Einfluß der Bakterien und Protozoen den im Wasser enthaltenen Sauerstoff auf. Bei ungenügender Reinigung und nicht ausreichender Verdünnung kommt es besonders in den Fällen, wo wegen zu geringer Strömung kein genügender Ersatz des Sauerstoffs aus der Oberfläche stattfinden kann, zu starker Sauerstoffabnahme, die dann entweder zur Abwanderung der wertvollen Fische, wie Forellen, Lachse, Zander (unter 5 mg/Liter Sauerstoff), bei weiterem Sauerstoffschwund aber zu den katastrophalen Fischsterben führt, die schon häufig die Ursachen hoher Ersatzforderungen und langwieriger Prozesse waren.

Die Ansprüche an den Sauerstoffgehalt des Vorfluters sind bei den verschiedenen Fischen verschieden. Die empfindlicheren Fischarten, wie Forellen und Lachse, haben ein sehr hohes Sauerstoffbedürfnis von etwa 10—12 mg/Liter Sauerstoff gegenüber Karpfen, die sich mit 6 mg/Liter begnügen können. Die Grenze der Lebensmöglichkeit liegt jedoch bei bedeutend niederen Sauerstoffgehalten und zwar bei Forellen und anderen Salmoniden bei etwa 2,5 mg/Liter und bei Karpfen bei etwa 1,0 mg/Liter. Da die Fische diese geringen Sauerstoffgehalte aber nur kurze Zeit vertragen, sollte man es in ersterem Falle in den Gewässern, Teichen, Seen usw. nicht unter 5 mg/Liter bei Forellen bzw. 2 mg/Liter bei Karpfen kommen lassen. Die Fähigkeit der Fische der richtigen Ausnutzung des Sauerstoffgehaltes des Wassers hängt innig mit der Temperatur und dem Ernährungszustand der Fische zusammen. Das Sauerstoffbedürfnis ist bei gutem Ernährungszustand größer als bei schlechtem. Im Hungerzustand kommen Forellen und Karpfen mit der halben Sauerstoffmenge als in normalem Ernährungszustand aus. So ist berechnet, daß für die genannten Fische für je 1 kg Körpergewicht und für 24 Stunden gebraucht werden

von der Forelle	bei	10° C	etwa	100 ccm Sauerstoff
„ „ „	„	15° C	„	220 ccm „
„ dem Karpfen	„	10° C	„	10—20 ccm „
„ „ „	„	15° C	„	70—80 ccm „

Aeschen und Felchen zeigen diese Empfindlichkeit in noch viel höherem Grade als die Forellen. Anspruchsloser sind außer Karpfen die Karauschen, Schleien. Je nach der Reinheit kann man die fließenden Gewässer nach den in ihnen vorkommenden Fischarten einteilen in 1. die Forellen-, 2. die Aeschen-, 3. die Barben-, 4. die Blei-, 5. die Brachwasserregionen.

Ein typisches Beispiel für die Beeinflussung eines Gewässers durch häusliche Abwässer ist die Isar, die in früheren Jahren mit all den genannten Fischarten auf dem Wege vom Wettersteingebirge bis weit unterhalb der Stadt Landshut reich bevölkert war, bis die Abwässer der Stadt München die Isar unterhalb der Einleitung fast fischleer machten. Nachdem nunmehr die Abwässer der Stadt München in den bekannten Abwasserfischteichen vor dem Ablassen in die Isar vollständig gereinigt werden, beginnt diese auch wieder sich stärker zu bevölkern.

Die am Boden sich ablagernden Schlammassen stellen eine dauernde Gefahr für die Fischerei dar, da sie einmal ebenfalls Anforderungen an den Sauerstoffhaushalt stellen, dann aber — und das ist des öfteren bei Gewitterbildungen der Fall — beim Auftreiben die in ihnen enthaltenen giftigen Gase, wie vor allem Schwefelwasserstoff an das Wasser abgeben, die dann ebenfalls zu Fischsterben führen können. Andererseits verhindert aber der am Boden liegende Schlamm auch die ordnungsmäßige Entwicklung von Wasserpflanzen und der auf dem

[1] SCHILLINGER: Gesundh.-Ing. 1929, 52, 725.

Boden und den Wasserpflanzen lebenden, niederen Tiere, so daß auch auf diese Weise den Fischen die Lebensbedingungen entzogen werden. Die Laichplätze der Fische werden durch Schlammablagerungen verdorben und der Fang der Fische erschwert, unter Umständen sogar in Frage gestellt. Die Edelfische laichen am Boden. Eine Überdeckung der Eier mit Schlamm mit den Sauerstoff verbrauchenden organischen Stoffen kann zum Ersticken und zu ihrer Vernichtung durch Pilze führen. Dauernd verschlammte Flußsohlen zwingen die Kieslaicher zur Abwanderung. Man darf sich hierbei auch nicht dadurch täuschen lassen, daß sich Fische in den meisten Fällen gerade an den Einleitungsstellen oft in recht großer Zahl aufhalten. Der Fisch benutzt manche Stoffe aus den beim Ablauf meistens noch frischen Abwässern als Nahrungsstoffe, dafür ist aber dann die ganze unterhalb liegende Strecke oft fischleer.

Durch ungelöste Stoffe, wie sie in Form der Sägespäne von der holzverarbeitenden Industrie oder in Form von Asche aus den Feuerungsanlagen oder Kohle oder in Form von Faserstoffen, vor allem den Pflanzenfasern von der Papier- und Zellstoffindustrie in großen Mengen abgestoßen werden, kann es zu Fischbeschädigungen kommen, die dann meistens sehr üble Kiemen- oder Fischschuppenerkrankungen (Pilzbildungen) zur Folge haben.

Nicht nur die Fortpflanzung und das Leben der Fische ist durch die Einleitung der Abwässer bedroht, sondern auch ihre Verwendung zu menschlichen Genußzwecken oft in Frage gestellt. Fische, die unterhalb von Abwassereinleitungsstellen gefangen wurden, zeigten oft infolge der Schlammablagerungen einen unangenehmen, modrigen Geschmack, oder falls das städtische Abwasser auch phenolhaltige Abwässer, etwa aus der Gasfabrik aufnehmen mußte, einen widerlichen Jodoformgeschmack, was die Fische ungenießbar bzw. unverkäuflich macht, so daß sie für Ernährungszwecke ausfallen (über den Einfluß gewerblicher Abwässer auf die Fischerei, s. dort S. 485).

2. Einfluß auf die landwirtschaftliche Verwendung.

Die Einleitung häuslicher Abwässer in einen Vorfluter kann seine Weiterverwendung als Brauchwasser durch unterhalb liegende Werke unmöglich machen. Bei der landwirtschaftlichen Verwertung kann die Einleitung häuslicher Abwasser bei der Benutzung des Wassers als Viehtränke schädlich wirken; so sind Fälle bekannt, daß es unterhalb von Abwassereinleitungsstellen durch Übertragung des Bacillus Bang bei Rindvieh zu fehlerhaftem Abortus gekommen ist. Bei der Benutzung zu Rieselzwecken stört häusliches Abwasser nicht, im Gegenteil, es bringt den Rieselwiesen größere Mengen Dungstoffe zu. Diese im häuslichen Abwasser enthaltenen Dungstoffe sind es auch, die bei der Einleitung des Abwassers in stehende Gewässer (Teiche, Mühlenstaue, Seen u. dgl.) unter Umständen die Verkrautung der Gewässer stark fördern (s. Brauchwasser für landwirtschaftliche Zwecke, S. 57).

3. Einfluß auf die industrielle Verwendung.

Da für die meisten industriellen Werke ein sehr reines Gebrauchswasser erforderlich ist, so können sich für die unterhalb von Abwassereinleitungen liegenden Werke, die ihr Brauchwasser dem Fluß entnehmen müssen, oft große Schwierigkeiten und eine erhebliche Steigerung der Reinigungskosten ihres Betriebswassers ergeben. Für die am Fluß liegenden Trinkwasserwerke ist durch den viel höheren Gehalt an Schwebestoffen, gelösten Schmutzstoffen des Flußwassers die Gewinnung des reinen Trinkwassers durch Infiltration sehr stark erschwert. Die Anreicherungsbecken müssen infolge der starken Schlammbildungen viel häufiger gereinigt werden. Bei Hochwasser und bei Frost kommt es durch den stark verminderten Abbau zu sehr unangenehmen Geschmacksbelästigungen. Bei gewerblichen Betrieben kann es sogar vorkommen, daß durch die Verunreinigung des Flußwassers durch Abwasserstoffe die Kosten der Wasserreinigung, besonders bei sehr starker Verschmutzung des Vorfluters oft so stark erhöht werden, daß der Betrieb selbst unwirtschaftlich wird. Unterhalb von organisch verschmutzten Abwassereinleitungen kann es zu starken Pilzentwicklungen kommen, die eine Verwendung des Wassers zu Kesselspeisezwecken, in Textil-, Papier- und Stärkefabriken usw. unmöglich machen. In manchen Fällen stören neben dem hohen Gehalt an organischen Stoffen auch die durch diesen Gehalt bedingte Erhöhung an aeroben und anaeroben Keimen im Wasser (Gärungsindustrie, Stärkefabriken u. ä.).

Die durch die Abwassereinleitung bedingten Mehrkosten müssen billigerweise von dem Abwassererzeuger getragen werden und werden ihm auch im gerichtlichen Streitfalle auf Grund des § 16 des W.G. stets auferlegt werden. Die Rücksicht auf die Unterlieger allein verlangt daher schon in den meisten Fällen die Abwässer vor ihrer Einleitung in den Fluß mehr oder weniger weit zu reinigen. Wie weit diese Reinigung zu gehen hat, richtet sich ganz nach den örtlichen Verhältnissen, nach der Abwassermenge, Abwasserart, Größe und Art des Vorfluters bzw. nach dem Zustand seines Selbstreinigungsvermögens und nach der Strecke, auf der dieses Selbstreinigungsvermögen ausgenutzt werden kann. Wenn auch der Fluß ein großes Selbstreinigungsvermögen hat, so sollte doch die Rücksicht auf den Unterlieger und das Allgemeinbenutzungsrecht stets streng darauf achten lassen, daß der Fluß wohl als Vorfluter gebraucht, aber nicht als Kläranlage mißbraucht wird.

III. Die Selbstreinigung der Gewässer.

1. Physikalische, chemische und biologische Einflüsse.

Die einfachste, nur in sehr wenigen Fällen allein anwendbare Art der Abwasserbeseitigung ist die der Verdünnung. Hierbei wird das Abwasser mit einer genügend großen Menge Vorflutwasser verdünnt, das dann durch die ihm innewohnende Kraft der Selbstreinigung diese Schmutzstoffe verdaut. Um dieses möglichst vollständig zu erreichen, muß man möglichst das ganze zur Verfügung stehende Vorflutwasser für diesen Abbau durch eine gute Vermischung heranziehen.

Bei seinen im Jahre 1868 durchgeführten Untersuchungen über den Abbau der organischen Stoffe im Wasser nahm E. FRANKLAND noch an, daß der von der Oberfläche zugeführte Luftsauerstoff direkt die gelösten organischen Stoffe oxydiere. Wie die aber an diese Versuche anschließenden Versuche anderer Forscher zeigen, spielen sich bei der natürlichen Selbstreinigung neben den physikalischen Vorgängen der Sedimentation, bei der die ungelösten und ein Teil der kolloiden Stoffe durch Absetzen und Adsorption an absetzende Stoffe ausgeschieden werden, rein chemische und vorwiegend biologische bzw. biochemische Vorgänge ab. Bei der auf rein physikalischen Vorgängen beruhenden Sedimentation der Schwebestoffe kommt es bei den zu den Schlammbankbildungen führenden Ablagerungen im Strom in großem Maße auf die Strömungsgeschwindigkeit und auf die Tiefe des Vorfluters an. Die allmählich niedersinkenden ungelösten Stoffe reißen auch eine große Menge der mit dem Abwasser zugeführten Bakterien zu Boden. Nach SPITTA beträgt die Zahl der dem Wasser auf diese Weise durch Niedergehen dieser Schwebestoffe entzogenen Bakterien bis zur Hälfte der gesamten im Wasser vorhandenen Menge. Demnach sind diese Schwebestoffe als Träger für krankmachende Keime vom gesundheitlichen Standpunkte von besonderer Wichtigkeit, und ihre Ausscheidung bedeutet eine Minderung hygienischer Übelstände, die aber leicht durch andere Übelstände, wie Schlammbankbildungen ausgeglichen werden. Die im Wasser enthaltenen pathogenen Keime gehen bald zugrunde. Hierbei spielt nach den Untersuchungen von SMIT die Art der vorhandenen Bakterien eine sehr große Rolle. Bei einem Vergleich der Lebensdauer von Streptokokken und Typhusbakterien stellte er fest, daß bei Abwesenheit von Streptokokken auch stets die Typhusbakterien verschwunden waren.

Die rein chemischen Vorgänge bestehen in einer Hydrolyse und Oxydation der zugeführten Stoffe, als deren Endprodukt Ammoniak, Kohlensäure, Methan, Wasserstoff, Nitrate, Sulfate oder Phosphate entstehen.

Der biologische Abbau erfolgt unter dem Einfluß der Bakterien, Protozoen, Pilze, Würmer, Larven, die alle in wechselnden Mengen das Plankton des Flusses bilden. Diese Organismen brauchen die zugeführten organischen Schmutzstoffe des Abwassers als Nahrungsstoffe. Die hochmolekularen Stoffe werden dabei in niedermolekulare Formen, die dann aber beständiger sind, übergeführt. Anschließend an die Untersuchungen über die Umsetzungen der Stoffe im Boden durch Mikroorganismen zeigte DUNBAR als erster, daß es auch im Wasser biologische Vorgänge sind, die den Abbau der organischen Substanz durchführen. Bei einem an Tropfkörpern durchgeführten Versuch zeigte er, daß infolge der Tatsache, daß die Reinigung in Tropfkörpern viel schneller verlaufe als unter natürlichen Verhältnissen, die Schmutzstoffe zunächst adsorbiert und dann erst allmählich abgebaut und oxydiert werden. Daraus muß man schließen, daß als wichtiger Faktor der Selbstreinigung die Zeit eine Rolle spielt. Nach SPITTA[1] fällt die Aufgabe der Selbstreinigung in erster Linie den Bakterien zu. Das Plankton beteiligt sich nur mittelbar an der Selbstreinigung. Die Bakterien sind am wirksamsten, wenn sie sich vermehren. Die Vermehrung hängt aber, wenn sie nicht durch äußere Einflüsse gestört wird, von der Menge der verfügbaren Nahrung ab, d. h. von der Menge der zugeführten organischen Schmutzstoffe. Durch die Organismen des Planktons, vor allem aber bei der Bakterienvermehrung wird der im Wasser enthaltene Sauerstoff verbraucht. Diese Abnahme des Sauerstoffs hat dann aber sekundär zur Folge, daß die Bakterienvermehrung zum Stillstand kommt. Durch die im Plankton enthaltenen bakterienfressenden Planktonorganismen wird die Zahl der Bakterien stark verringert, so daß für die übrig bleibenden wieder günstigere Verhältnisse geschaffen werden, und sie dadurch zur Bakterienvermehrung und zu stärkerem Abbau der organischen Stoffe angeregt werden. Der Vorgang der Selbstreinigung der Flüsse, der sich bakteriologisch so auswirkt, daß sich unterhalb der Verschmutzungsquelle zunächst ein stärkeres Ansteigen der Bakterienanzahl neben einer Abnahme des Sauerstoffgehaltes bemerkbar macht (Zunahme des Sauerstoffdefizits), während die Bakterienmenge in abnehmender Verschmutzung zurückgeht, ist ein ziemlich komplizierter Vorgang. Ist die größere Menge der organischen Substanz abgebaut, so beginnen die nitrifizierenden Bakterien, die gegen eine größere Menge organischer Substanzen empfindlich sind, ihr Werk. Die Nitrifikation verläuft in zwei deutlich erkennbaren Stufen. Erst wenn der Ammoniakgehalt weitgehend verbraucht ist, tritt Nitrit im Wasser auf. Bei der Umwandlung des Stickstoffs in der stickstoffhaltigen organischen Substanz kann es zu Stickstoffverlusten kommen, die bei der natürlichen Reinigung der Abwässer auf Rieselfeldern unter Umständen eine Rolle spielen können. Die Stickstoffverluste schwanken nach den verschiedenen Untersuchungen von HEUKELEKIAN, BACH und SIERP, CHAMBERLIN, ARDERN und VIEHL zwischen 6,4—32%.

Bei dem weiteren Abbau spielen chemische Oxydationen und Adsorptionsvorgänge, der durch den biologischen Abbau abgebauten Stoffe eine große Rolle. Im Wasser vorhandene, gute Flocken bildende Salze, wie Eisen- oder Aluminiumverbindungen, können hierbei die natürlichen Vorgänge stark unterstützen. Bei den künstlichen biologischen Verfahren werden die Stoffe nur zu einem Teile abgebaut und zwar so weit als es nötig ist, um ihnen die erforderliche Adsorptionskraft zu geben. Sie werden dann mit dem Überschußschlamm bzw. beim Tropfkörperverfahren mit dem abgespülten biologischen Rasen entfernt.

Auf Grund ihrer Versuche kommen SIERP[2] und VIEHL[3] zu dem Ergebnis, daß die Ausflockung bzw. Adsorption der Kolloide an die Gegenwart der Protozoen gebunden ist und daß hierbei in erster Linie die Ziliaten beteiligt seien. Diese regenerieren die Schlammteilchen dauernd von den auf ihrer Oberfläche lebenden Bakterien, stellen dadurch deren Adsorptionskraft wieder her und beschleunigen dadurch den Adsorptionsvorgang. Durch kurzes Erwärmen auf 60° werden die Protozoen abgetötet, während die Bakterienwelt nur wenig geschädigt wird. Auch durch Filtration kann man nach VIEHL die Bakterien von den Protozoen trennen. In einem so vorbereiteten Abwasser werden wohl die gelösten Stoffe abgebaut, während zum Abbau der ungelösten organischen Stoffe, zur Ausflockung der Kolloide und zur Beseitigung der Bakterien die Protozoen erforderlich waren. Für den normalen Verlauf sind sehr viele verschiedene Bakterienarten, aber sehr wenig Protozoenarten erforderlich. Nach SPITTA beteiligt sich das Plankton zwar mittelbar an der Selbstreinigung der Gewässer (Sauerstoffentwicklung bei Belichtung), ist aber für sie nicht von unmittelbarer Bedeutung. Langsam fließende oder stehende Gewässer sind meist planktonreicher als rasch strömende. Die Bakterien veratmen die organischen Verunreinigungen, soweit sie überhaupt zersetzlich sind, unter Sauerstoffverbrauch und Kohlensäureausscheidung. Es gibt also bei diesen physiologischen Vorgängen einen respiratorischen Quotienten $= \frac{\text{Kohlensäure}}{\text{Sauerstoff}}$.

LIEBMANN[4] hat Untersuchungen über das Auftreten, Verhalten und die Bedeutung der Protozoen bei der Selbstreinigung stehenden Abwassers durchgeführt und hierbei festgestellt, daß die Selbstreinigung in flachen Wasserschichten bedeutend schneller vor sich geht als in einer hohen Wassersäule. Aus der Art der verschiedenen auftretenden Protozoen

[1] SPITTA: Gesundh.-Ing. 1936, **59**, 363.
[2] SIERP: Zeitschr. angew. Chemie 1926, **39**, 1521.
[3] VIEHL: Zeitschr. Hyg., Infekt.-Krankh. 1927, **119**, 383.
[4] LIEBMANN: Zeitschr. Hyg., Inf.-Krankh. 1936, **118**, 29.

kann man Rückschlüsse auf den Reinigungszustand des Wassers machen (s. Abschnitt KOLKWITZ, Biologische Wasseruntersuchung). Die Protozoen sind gegen ihre eigenen Stoffwechselprodukte empfindlich. So stellte LIEBMANN unter anderem auch fest, daß in einem sauerstofffreien Wasser die für die Reinigung wichtigen Ciliaten 24 Stunden leben können, wenn der Schwefelwasserstoffgehalt nicht höher als 18 mg/Liter wird.

Außer den Bakterien, Protozoen, der Sedimentation, spielen auch noch Licht und Temperatur als Förderer aller biologischen Vorgänge, die chemische Zusammensetzung des Wassers, der Konkurrenzkampf der Bakterien untereinander und die Bakteriophagen eine entscheidende Rolle. Bei der Fülle der verschiedenen Einflüsse wird es schwierig sein, diesen Vorgang richtig rechnerisch zu erfassen. Durch diesen Vorgang der biologischen Selbstreinigung im Fluß werden in gleicher Weise, wie dies bei den später zu beschreibenden Abwasserfischteichen der Fall ist, infolge der Tätigkeit pflanzlicher und tierischer Kleinlebewesen im sauerstoffhaltigen Vorfluter die mit dem Abwasser zugeführten organischen Schmutzstoffe, soweit sie nicht vergast oder mineralisiert werden, in lebende organische Substanz übergeführt, die den höheren Lebewesen im Wasser bis zu den Fischen als Nahrung dienen. Läßt man Abwasser an der Luft stehen, so findet in diesem Abwasser allmählich auch ein Abbau der Stoffe statt. Es kommt von selbst zu einer starken Bakterien- und Protozoenentwicklung, die das Abwasser unter Abscheidung schlammartiger Stoffe allmählich reinigt.

Schon aus dem bisher Gesagten geht hervor, daß das Selbstreinigungsvermögen eines Flusses abhängig ist von der Wasserführung, da diese die nötige Verdünnung der Abwässer durchführt, von der verfügbaren Sauerstoffmenge, die ihrerseits wieder von der Wassermenge abhängig ist, von den vorhandenen Möglichkeiten zur Wiederbelüftung, d. h. von der Sauerstoffaufnahme, von den geographischen und biologischen Verhältnissen und schließlich von der für die Reinigung verfügbaren Zeit.

2. Aufgaben des Sauerstoffs.

Bei diesen Selbstreinigungsvorgängen wird dem Vorfluter durch die Lebenstätigkeit der Mikroorganismen dauernd Sauerstoff entzogen, der, wenn die Selbstreinigung nicht zurückgehen soll; dauernd ersetzt werden muß. Dies kann geschehen durch Diffusion von der Oberfläche aus der Luft, durch die Sauerstofferzeugung der Grünalgen und der übrigen Wasserpflanzen, die bei der Assimilisation im Licht Kohlensäure aufnehmen und dafür Sauerstoff ausscheiden. Als erster hat SPITTA die für den Sauerstoffabbau nötige Sauerstoffmenge durch Bestimmung des „Sauerstoffgehaltes“ und der „Sauerstoffzehrung“ festgestellt und zum Maßstab des Verschmutzungsgrades benutzt. Die Größe der Sauerstoffzehrung ist deshalb ein besserer Maßstab für die Verunreinigung eines Wassers als die Keimzahl, weil sie an die Stelle der Keime ihre allein in Betracht kommende Wirkung setzt.

Ein keimfreies bzw. entkeimtes Wasser zeigt ebensowenig eine Sauerstoffzehrung wie ein von Nährstoffen freies destilliertes Wasser. Keimzahl und Zehrung brauchen nicht miteinander gleich zu verlaufen. VIEHL fand beim Belüften von sterilem Abwasser unter sterilen Bedingungen innerhalb 24 Stunden nur eine Abnahme von 2,2% des Kaliumpermanganatverbrauches und 1,8% des biochemischen Sauerstoffbedarfs (BSB.). Diese Tatsache zeigt weiterhin, daß ein mit Giftstoffen versetztes Abwasser so lange nicht abgebaut werden kann, als der Einfluß dieser Giftstoffe durch Ausfällung oder genügende Verdünnung beseitigt ist und durch eine Beimpfung die Zersetzung neu eingeleitet ist. Durch Bestimmung des Sauerstoffgehaltes sofort und nach einer bestimmten Zeit, d. h. die Sauerstoffzehrung nach 24 oder 48 Stunden, schaffte SPITTA einen sehr gut brauchbaren Maßstab der Verschmutzung. In Anlehnung an diese Bestimmung ist dann besonders in Amerika die Bestimmung des biochemischen Sauerstoffbedarfs entwickelt worden. Diese Bestimmungsart dient dazu festzustellen, wie stark ein gegebenes Abwasser einen Vorfluter beanspruchen wird. Die Bestimmung des Sauerstoffgehaltes erfolgt allgemein nach dem WINKLERschen Sauerstoffbestimmungsverfahren und seinen verschiedenen Modifikationen. Der durch diese Verfahren bestimmte Sauerstoffgehalt zeigt oft einen Sauerstoffüberschuß (z. B. bei Übersättigung durch zu starkes Pflanzenwachstum), oft aber auch einen Sauerstoffmangel (Sauerstoffdefizit bzw. -fehlbetrag) an, wie er bei starker Inanspruchnahme durch biologische oder chemische Oxydation vorliegt. Der Sauerstoffmangel ist die Sauerstoffmenge (g/cbm), die an dem der Wassertemperatur entsprechenden Sättigungswert fehlt. Hierbei muß der jeweilige Barometerstand berücksichtigt werden. Aus der Tabelle 10 ist der jeder Temperatur entsprechende theoretische Sauerstoffgehalt ersichtlich.

Tabelle 13. Sättigungswert für Sauerstoff bei verschiedenen Wassertemperaturen.

Wasser-temperatur °C	Sättigungswert für O_2 mg/Liter	Wasser-temperatur °C	Sättigungswert für O_2 mg/Liter	Wasser-temperatur °C	Sättigungswert für O_2 mg/Liter
0	14,56	11	10,99	21	8,90
1	14,16	12	10,75	22	8,73
2	13,78	13	10,50	23	8,58
3	13,42	14	10,28	24	8,42
4	13,06	15	10,06	25	8,26
5	12,73	16	9,85	26	8,10
6	12,41	17	9,65	27	7,95
7	12,11	18	9,45	28	7,80
8	11,81	19	9,26	29	7,66
9	11,52	20	9,09	30	7,52
10	11,25				

Wenn auch die chemische Wasserzusammensetzung eine gewisse Rolle spielt, so ist dieser Einfluß auf den Sauerstoffgehalt doch nur in den seltensten Fällen von so großem Einfluß, daß er berücksichtigt werden müßte. Durch Bestimmung des Sauerstoffgehaltes nach einer bestimmten Zeit (nach 24 bzw. 48 Stunden) wird die Sauerstoffmenge ermittelt, die das Abwasser in einer bestimmten Zeit aufzehrt (Sauerstoffzehrung oder Sauerstoffbedarf).

3. Sauerstoffbedarf.

Der Sauerstoffbedarf ist eine in Gewichtseinheiten meßbare Eigenschaft des Wassers wie sein Gehalt an irgendwelchen Stoffen, nur mit dem Unterschiede, daß eine Zeitangabe erforderlich ist. Der Sauerstoffbedarf kann nun rein chemischer oder biologischer bzw. biochemischer Natur sein.

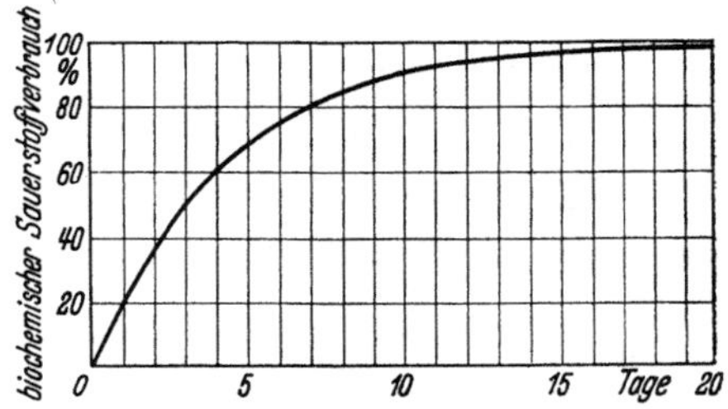

Abb. 11. Biochemischer Sauerstoffverbrauch von Abwasser nach verschiedenen Tagen (20 Tage).

Der unmittelbare oder chemische Sauerstoffbedarf umfaßt die Sauerstoffmenge, die ohne Mitwirkung von Lebewesen, also auch vom entkeimten bzw. sterilen Wasser aufgezehrt wird. Der meist nach kurzer Zeit (1—$1^1/_2$ Stunde) gedeckte Sauerstoff dient zur direkten chemischen Oxydation, z. B. von Schwefelwasserstoff, Überführung von Ferro- in Ferrisalze u. dgl. Der chemische Sauerstoffbedarf muß vor der Bestimmung des biochemischen Sauerstoffbedarfs abgedeckt sein.

Der biochemische Sauerstoffbedarf (BSB oder englisch B.O.D. = biochemical oxygen demand) umfaßt die Sauerstoffmenge (g/cbm), die durch verschmutzte Abwässer bei der biologischen Selbstreinigung in einer bestimmten normierten Zeit und bei bestimmter Temperatur aufgezehrt wird. Man arbeitet gewöhnlich mit dem 5tägigen Sauerstoffbedarf bei einer Temperatur von 20° C.

Für die Beurteilung des Einflusses eines Abwassers auf den Vorfluter sind beide, d. h. sowohl der chemische wie der biochemische Sauerstoffbedarf, entscheidend. Die biochemischen Vorgänge zur Bestimmung des Sauerstoffbedarfs sind, bei 20° C durchgeführt, meistens erst nach 20 Tagen vollendet. Da aber wie aus Abb. 11 hervorgeht, etwa $^2/_3$ des Sauerstoffs schon nach 5 Tagen verbraucht sind, pflegt man allgemein den Sauerstoffbedarf nur nach 5 Tagen zu bestimmen. Man kann dann auf 20 Tage umrechnen. Bei der Angabe der Ergebnisse muß aber stets die Anzahl der Tage, auf die sich die Zahl bezieht, angegeben werden. Die Bestimmung des biochemischen Sauerstoffs erfolgt entweder nach der Verdünnungsmethode, die der Spittaschen Sauerstoffzehrung entspricht, oder nach der direkten Methode von Sierp und Fränsemeier. Die früher außerdem noch angewandte Nitratmethode gab zu wechselnde Ergebnisse, so daß sie wieder aufgegeben worden ist.

Neuerdings ist in Amerika ein Apparat konstruiert worden, das sog. „Odeometer", bei dem man den stündlichen Sauerstoffbedarf in g/cbm/Std. (die Nordellzahl) aus der Laufgeschwindigkeit einer Luftblase in einer waagerechten Röhre sofort ablesen kann. Das Gerät ist in erster Linie zur Kontrolle von Belebtschlammanlagen für das Gemisch von Abwasser und Schlamm bestimmt.

Bei der Beurteilung, welche Abfallstoffe man einem Vorfluter zuführen darf, spielt die bisherige Beanspruchung des Vorfluters durch andere Abwässer eine große Rolle, d. h. die Aufnahmemöglichkeit hängt davon ab, wie weit die Selbstreinigungskraft des Vorfluters schon vorher in Anspruch genommen worden ist. In vielen Fällen erfolgt ein stufenweiser Abbau, der sich besonders bei vorheriger Beanspruchung in der Weise bemerkbar macht, daß für den weiteren Abbau der zuerst zugeführten und bereits weitgehend abgebauten Stoffe eine weitere verstärkte Abbauperiode mit der Zuleitung der neuen Abwässer einsetzt. Wenn auch dieser zweite Abbau der aus der oberhalb liegenden Schmutzquelle stammenden Stoffe sich sehr langsam vollzieht, so addieren sich die beiden Vorgänge doch, was man bei der Menge der einzuleitenden Abwässer berücksichtigen muß. LUNDIE[1] teilt die Flüsse je nach ihrem eigenen Bedarf an 5tägigem biochemischen Sauerstoffbedarf in verschiedene Klassen ein:

1.	Bei sehr reinen	Flüssen	ist	der	BSB	unter 1	mg/Liter
2.	„ reinen	„	„	„	„	1 — 2	mg/Liter
3.	„ fast reinen	„	„	„	„	2 — 2,7	mg/Liter
4.	„ mäßig reinen	„	„	„	„	2,7— 3,1	mg/Liter
5.	„ zweifelhaften	„	„	„	„	3,1— 5,0	mg/Liter
6.	„ schlechten	„	„	„	„	5,0—10,0	mg/Liter

Die von der britischen königl. Kommission aufgestellten Grenzwerte für das Ablassen von Abwasser in einen Fluß besagen, daß durch eingeleitete Abwässer der biochemische Sauerstoffbedarf des Flußwassers (5 Tage) 4 mg/Liter bei einer Sommertemperatur von 18,3° C bei Trockenwetter nicht übersteigen darf. Diese Werte reichen bei Vorflutern mit guter Sauerstoffaufnahme aus. Bei stehenden Gewässern, wie Seen, Teichen, sollte man nur den halben Wert BSB = 2 mg/Liter einsetzen. Nach STREETER soll dort, wo die öffentliche Gesundheit nicht direkt in Frage kommt, der Sauerstoffgehalt nicht unter 3—4 mg/Liter gehen. In den Vereinigten Staaten wird als Grenzwert für die Verdünnung bei Einleitung in einen Vorfluter eine Mindestwasserführung von 93,4 Liter/Sek. für je 1000 Einwohner verlangt. Wenn stets Sauerstoff im Wasser in genügender Menge vorhanden ist, werden die Stoffe durch die Natur selbst abgebaut. Es ist daher notwendig, daß der Sauerstoffhaushalt in Ordnung ist, d. h. der Sauerstoffverbrauch durch die Lebensvorgänge muß in einem Gleichgewichte stehen mit der Sauerstoffaufnahme. Durch übermäßige Zufuhr von Bakteriennährstoffen kann dieser Sauerstoffgleichgewichtszustand so empfindlich gestört werden, daß anaerobe Fäulnisvorgänge Platz greifen können. Mit steigender Temperatur steigt das Maß der Zehrung, so daß sie besonders im Sommer bedenklich werden kann. Solange noch genügend Sauerstoff vorhanden ist, ist die Größe der Sauerstoffspannung von geringem Einfluß.

4. Der Sauerstoffverbrauch.

a) Allgemeiner Verbrauch. Wichtig ist in vielen Fällen zu wissen, welche Ansprüche ein Abwasser an den Sauerstoffhaushalt eines Vorfluters stellt. Der Sauerstoffverbrauch stellt die Sauerstoffmenge einer bestimmten Flußstrecke dar, die eine bestimmte Abwassermenge gemäß ihrer Zusammensetzung zu ihrem Abbau nötig hat. Geht man hierbei nach IMHOFF von der von einem Einwohner gelieferten durchschnittlichen Abwassermenge und der von diesem Abwasser benötigten Sauerstoffmenge aus, so ist der Sauerstoffbedarf von einem Einwohner bei 20° in 5 Tagen nach den von SIERP (s. S. 213) angegebenen Zahlen für deutsche Verhältnisse für die

absetzbaren Schwebestoffe	18 g/Kopf und Tag
nicht absetzbaren Schwebestoffe . .	12 g/Kopf und Tag
gelösten Stoffe	24 g/Kopf und Tag

Nach amerikanischen Feststellungen steigt der Sauerstoffverbrauch beim Mischverfahren bis auf 77 g/Kopf und Tag. Die Anforderung, die nun dieser Sauerstoffbedarf an den Sauerstoffhaushalt eines Flusses stellt, hängt ganz davon ab, in welcher Zeit der Abbau vollendet ist. Je länger die Abbauzeit

[1] LUNDIE: Sewage Works Journ. 1934, 6, 1196.

und je größer die Geschwindigkeit im Vorfluter ist, um so mehr verteilt sich die Belastung auf eine größere Flußstrecke und um so geringer ist die Belastung für die einzelne Strecke.

Nach amerikanischen Feststellungen an großen Flüssen deckt sich die Abbauzeit mit der bei der Bestimmung des Sauerstoffbedarfs festgestellten Zeit. Die Abbauzeit wird sehr stark beeinflußt durch die Temperatur. Der Einfluß der Zeit und der Temperatur ist von Phelps, Pearse, Mohlman, Streeter, Theriault u. a. eingehend untersucht worden. Streeter[1] hat über die Abbauvorgänge in Vorflutern und über die Beeinflussung des Sauerstoffbedarfs durch die Zeit und die Temperatur folgende Gleichung aufgestellt:

$$X_t = L\,(1 - 10^{kt}).$$

In dieser Gleichung ist

X = der in der Zeit t abgebaute Sauerstoffbedarf,
L = ursprünglich voller Sauerstoffbedarf,
k = ein von der Temperatur abhängiger Beiwert.

Dieser Beiwert für k ist z. B. für

0°	5°	10°	15°	20°	25°	30°
0,040	0,050	0,063	0,079	0,100	0,126	0,158

Nach der Gleichung wird bei gleicher Temperatur in jedem gleichen Zeitabschnitt ein fester Bruchteil der jeweils noch übrigen Schmutzstoffe abgebaut.

In Abb. 12 sind nach Streeter die Werte X_t für $L = 1$ als Ordinaten über der Abbauzeit für verschiedene Temperaturen aufgetragen, so daß man aus ihr die nötigen Abbauzeiten in Bruchteilen der für den vollen Abbau nötigen Zeit ablesen kann.

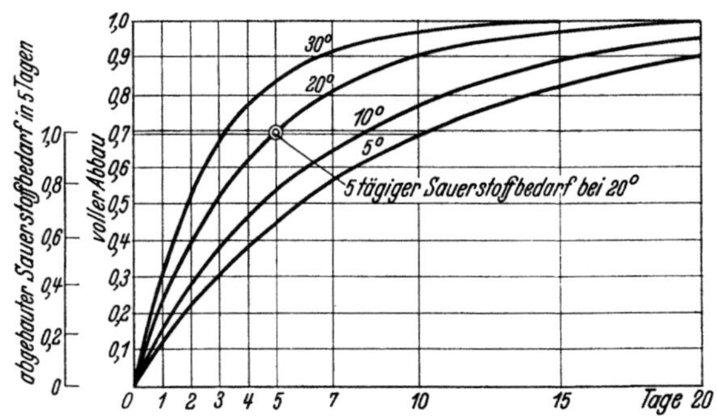

Abb. 12. Biochemischer Sauerstoffbedarf bei verschiedenen Temperaturen nach Streeter.

Von dem vollen ursprünglichen Sauerstoffbedarf sind nach **20** Tagen abgebaut bei

5°	10°	20°
90%	95%	100%

Von dem ursprünglich vollen Sauerstoffbedarf sind in **5** Tagen abgebaut bei

5°	10°	20°	30°
44%	53%	69%	84%

Einen Abbau von 90% erreicht man nach Imhoff[2]

bei	5°	10°	20°	30°
in	20	16	10	7 Tagen

Nach den neueren Untersuchungen wird der von der Temperatur und der Zeit abhängige Wert auch in Einwohnerwerten (s. S. 219 u. 484) angegeben. Die Sauerstoffaufnahme muß nicht nur ausreichen, um den Sauerstoffbedarf zu decken, sie muß auch noch einen gewissen Überschuß am Ende eines Zeitabschnittes, der durch eine bestimmte Flußstrecke ausgedrückt werden kann, ergeben. Dieser Sauerstoffüberschuß, d. h. die Differenz zwischen dem Sauerstoffgehalt und dem biochemischen Sauerstoffbedarf, kann in einer bestimmten Einwohnerzahl ausgedrückt werden. Er ist nach Spurr[3] der beste Maßstab für den Zustand eines Flusses. Die an großen und tiefen Flüssen gemachten Beobachtungen zeigen, daß die Reinigungsvorgänge bei kleinen und seichten Gewässern viel schneller vor sich gehen. Da die Schmutzstoffe viel mehr Gelegenheit haben, sich an schwimmende oder auf dem Boden wachsende Pflanzen aller Art anzuheften, werden sie viel schneller abgebaut. Dasselbe ist ja auch bei den künstlichen Reinigungsverfahren der Fall. Beim Belebtschlammverfahren, wo sich die Schmutzstoffe an kleinste im Wasser schwebende belebte Schlammteile ansetzen können, ist der Abbau schon in 4—10 Stunden vollendet. Bei den Tropfkörpern werden die Stoffe beim Rieseln über dünnste Schichten belebter Häute schon in 1 Stunde aus dem Wasser ausgeschieden.

b) Einfluß der Schlammstoffe. Außer den gelösten Stoffen spielen noch bei der Beeinflussung der Vorfluter die Schlammstoffe eine große Rolle. Dort wo die Fließgeschwindigkeit ausreicht, werden sie in der Schwebe gehalten und unterliegen hierbei in gleicher Weise dem Abbau wie die gelösten Stoffe. An

---

[1] Streeter: Sewage Works Journ. 1935, 7, 251.
[2] Imhoff: Taschenbuch der Stadtentwässerung 1936. München: Verlag R. Oldenbourg.
[3] Spurr: Trans. chem. Engin. 1931.

ruhigen Stellen, wie Buhnenfeldern, tiefen Kolken usw. oder wenn die Strömung geringer wird, setzen sie sich zu Boden und bilden hier den Schlamm. Nur in der oberen Schicht des abgesetzten Schlammes geht noch ein aerober Abbau vor sich und stellt daher nur die Oberfläche des Schlammes Anspruch an den Sauerstoffvorrat des darüber fließenden Wassers. Der größere Teil des abgelagerten Schlammes wird auf anaerobem Wege abgebaut, wobei, solange er ruhig liegen bleibt und nicht von selbst auftreibt, keine Anforderungen an den Sauerstoffhaushalt gestellt werden. SCHIEMENZ[1] unterscheidet 12 verschiedene Arten von Schlamm und zwar

a) Schlamm aus eigener Erzeugung des Flusses. Hierin gehören 1. Detritus, 2. Chitin, 3. Kalk-, 4. Algen-, 5. Melosiren-, 6. Diatomeen-, 7. Eisenschlamm, 8. Blätterschlamm = Celluloseschlamm;

b) zugeführter Schlamm wie 9. Schlick, 10. Torf, 11. Abwasserschlamm, 12. Sand.

Der am Boden lagernde Abwasserschlamm enthält infolge der sich in ihm abspielenden anaeroben Vorgänge das für Fische giftige Gas Schwefelwasserstoff und ist daher als Weideplatz für Fische nutzlos. Wird die Menge des sich am Boden ablagernden Schlammes zu groß, so besteht besonders im Sommer beim Ansteigen der Temperatur und bei stark wechselndem Barometerstand die große Gefahr, daß die im Schlamm sich stärker entwickelnden Gasblasen den Schlamm auftreiben. In diesem Falle kann er erneut plötzlich starke Anforderungen an den Sauerstoffhaushalt der Flüsse stellen. Dasselbe ist der Fall, wenn bei Hochwasser durch die verstärkte Fließgeschwindigkeit der Schlamm aufgewühlt und fortgespült wird.

Doch reicht in diesen letzteren Fällen die stark vergrößerte Wasser- und damit auch Sauerstoffmenge aus, einen Schaden zu verhüten. Durch die Reinigung der Flußstrecke stellen Hochwässer stets eine Entlastung des Vorfluters dar. Bei dem durch die Faulgase, besonders im Sommer bei der Wärme auftreibenden Schlamm läßt sich eine Berechnung über den plötzlichen Sauerstoffverbrauch wegen Mangels an jeglichen Unterlagen nicht feststellen. Erschwerend kommt noch hinzu, daß die diese Übelstände hervorrufende Sommerhitze mit der geringsten Wasserführung zusammenfällt, so daß die große Gefahr besteht, daß es zu einem völligen Sauerstoffschwund mit all seinen üblen Nebenerscheinungen (Fischsterben, Geruchsbelästigungen usw.) kommt. Man muß daher auf rechtzeitige Entfernung des Schlammes durch Baggern oder mit Hilfe der Spülung achten. Die Spülung der zu entschlammenden Flußstrecken erfolgt am besten kurz vor der heißen Jahreszeit. Die Spülung erfolgt in der Weise, daß alle beteiligten Wehre nach einem vorher genau festgelegten Plane, bei dem die Fließzeiten berücksichtigt worden sind, bedient werden. In den oberhalb liegenden Stauen wird eine größere Wassermenge angestaut, damit diese die zur Spülung nötigen Wassermengen zur Verfügung stellen können. In der zu spülenden Flußstrecke wird der Wasserspiegel weitestgehend gesenkt, damit die Spülwelle eine große Wirkung äußern kann. Die unterhalb liegende Flußstrecke wird abgesenkt, damit ein gutes Abfließen der Wasserwelle sichergestellt ist. In Wassergewinnungsstrecken hat man mit Hilfe solcher Spülungen sich oft helfen können, wenn es darauf ankam, die Flußsohle für die Versickerung von Flußwasser im Grundwasser durchlässig zu halten.

Der im Winter im Fluß abgesetzte Schlamm bleibt bei der kälteren Temperatur unzersetzt am Boden liegen. Mit steigender Temperatur wird aber auch der Abbau größer, dadurch wird die Abbauzeit kürzer, der Sauerstoffverbrauch aber entsprechend höher. Biologische Untersuchungen über die Wirkung des durch Hochwasser aufgewirbelten in der Hauptsache aus Sphaerotilusablagerungen bestehenden Schlammes der Flüsse unterhalb der Zuflüsse gewerblicher Anlagen hat KOLKWITZ[2] gemacht.

c) Einfluß der Pilzbildungen. Außer den Bakterien und den übrigen sich am Abbau beteiligenden Organismen können aber auch die, sich sekundär entwickelnden Pilze, wie sie hauptsächlich unterhalb der Einleitung stark organisch verschmutzter industrieller Abwässer, wie Sulfitablaugen, Brennerei-, Zuckerfabrikabwässer usw., auftreten, einen starken Sauerstoffverbrauch haben. Die

[1] SCHIEMENZ: Fischerei-Ztg. 1936, **39**, 721.
[2] KOLKWITZ: Kleine Mitt. Landesanst. Wasser-, Boden- u. Lufthygiene 1938, **14**, 24.

ständig durch das fließende Wasser abgetrennten und fortgeführten Pilzflocken können sich in Fischernetzen störend festsetzen und dadurch den Fischfang stark erschweren. Als Abwasserpilze werden fälschlich auch die zu den Bakterien zählenden Sphaerotilus, Beggiatoa, Leptomitus bezeichnet. Hinzu kommt der echte Abwasserpilz Fusarium. Über den am meisten in Frage kommenden sogenannten Abwasserpilz (Sphaerotilus natans) hat NAUMANN[1] die folgende Berechnung aufgestellt.

Der „büschelige" Aufwuchs von Sphaerotilus natans kommt nur bei jeder starken Verschmutzung in strömendem, verhältnismäßig sauerstoffreichem Wasser zur Entwicklung. Losgerissener Aufwuchs, der in ruhiges Wasser gerät, kann sich dagegen nicht entwickeln. Er fällt recht bald der Fäulnis anheim und führt dann zu einer sekundären Verschmutzung. Er wird schwarz und zeigt durch diese Farbe an, daß die Selbstverunreinigung ihren Höhepunkt erreicht hat.

Als Grundlage einer schematischen Berechnung über Selbstreinigungs- und Selbstverunreinigungskapazität bei Sphaerotilus natans dienen folgende Annahmen über die Quantität des Aufwuchses:

Volumen der Sphaerotilusmasse pro ha . . .	100000 Liter
Dasselbe feucht gewogen	25000 kg
Trockensubstanz pro ha	1000 kg
Davon organische Substanz	600 kg
Asche	400 kg

Der Sauerstoffverbrauch fällt in der Natur weit größer aus als der den man unter experimentellen Bedingungen für möglichst reines Sphaerotilusmaterial ermitteln kann, weil der Aufwuchs meistens Detritus und sekundären Aufwuchs und eine oft reichlich entwickelte Tierwelt enthält. Wenn 1 Liter Sphaerotilus bei 22° C in der Stunde 10 bis 20 ccm Sauerstoff verbraucht, so ergibt dies einen Sauerstoffverbrauch pro Hektar und Stunde von 1000—2000 Liter, also für 24 Stunden von 24000—48000 Liter, also pro Hektar und Stunde 1,4—2,8 kg bzw. in 24 Stunden 35—70 kg Sauerstoff. Das macht pro Kilogramm Trockensubstanz und Stunde einen Sauerstoffverbrauch von 1,4—2,8 g bei 22° C.

Will man die Reinigungskapazität aus dem Sauerstoffverbrauch ermitteln, wobei man berücksichtigen muß, daß man oft den Sauerstoffverbrauch unter ganz extremen Bedingungen bestimmen muß, so kann, falls 1 ha in der Stunde 1,4—2,8 kg Sauerstoff verarbeiten kann, der Fluß 5000—10000 Liter Wasser pro Stunde bewältigen. Dies entspricht einer Menge von 120000—240000 Liter in 24 Stunden, also einer Einwohnerzahl von 800—1600. Der biochemische Sauerstoffbedarf des leicht beweglichen Sphaerotilusschlammes läßt sich mit dem gewöhnlichen absetzbaren Abwasserschlamm vergleichen und auf etwa $^1/_3$ der Gesamtsubstanz (Trockengewicht) veranschlagen. 1 ha des abgeschwommenen Sphaerotilusaufwuchses würde in 5 Tagen etwa 300 kg biochemischen Sauerstoffbedarf — also 60 kg pro Tag — ausmachen. Man muß daher bei Berechnung der Abwasserzuflüsse in einem Fluß auch die Sphaerotilusaufwuchsverhältnisse mit berücksichtigen. Bei den stromabwärtstreibenden, losgerissenen und sich dann absetzenden Aufwuchs muß man noch dauernd mit einem Sauerstoffverbrauch von etwa 10—25 ccm/Std./Liter Sphaerotilusmasse rechnen. Die leicht beweglichen Sphaerotilusschlammbänke gehören in fischereilicher und hygienischer Beziehung zu den gefährlichsten Verunreinigungsquellen.

5. Sauerstoffaufnahme.

a) Verschiedene Sauerstoffquellen. Der zum Abbau der durch Abwasser zugeführten Schmutzstoffe nötige Sauerstoff wird zunächst dem im Wasser enthaltenen Sauerstoff entnommen. Gleichzeitig erfolgt aber eine Sauerstoffaufnahme durch die Oberfläche aus der Luft und durch Eigenerzeugung aus den im Wasser enthaltenen Algen und Wasserpflanzen unter Mitwirkung des Sonnenlichtes. In Sommertagen ist die Erzeugung aus letzteren durch Assimilation bei der hellen Bestrahlung so stark, daß es sogar zu starken Übersättigungen kommen kann. In der Nacht tritt dann durch den starken Sauerstoffverbrauch der Pflanzen bei der Atmung eine ebenso starke Abnahme des Sauerstoffs ein, so daß es bei sehr starkem Pflanzen- oder Algenwachstum sogar in den frühen Morgenstunden zum völligen Sauerstoffschwund kommen kann. In zu dicht mit Pflanzen oder Algen besetzten Teichen hat dieser Wechsel in der Produktion

[1] NAUMANN: Arch. Hydrobiol. 1934, **26**, 472.

durch Assimilation am Tage und durch Atmung in der Nacht schon häufig Fischsterben in Teichen verursacht.

b) Sauerstoffaufnahme aus der Oberfläche. Die Sauerstoffaufnahme aus der Oberfläche ist abhängig:

1. Vom Sauerstoffgehalt. Aus der Luft nimmt Wasser nur bis zum Sättigungswert, der seinerseits von der Temperatur abhängig ist, Sauerstoff auf (s. Tabelle 10).

2. Vom Salzgehalte: Wasser mit hohem Salzgehalte nimmt weniger Sauerstoff auf als Reinwasser, jedoch sind diese Unterschiede so gering, daß man sie praktisch vernachlässigen kann; dagegen dürfte der physiologische Einfluß der Salze auf den Stoffabbau von größerer Bedeutung sein.

3. Von der Temperatur: Bei niedrigerer Temperatur werden größere Sauerstoffmengen aufgenommen als bei höherer, dagegen spielen sich die biologischen Vorgänge bei höherer Temperatur viel schneller als bei niedrigerer ab.

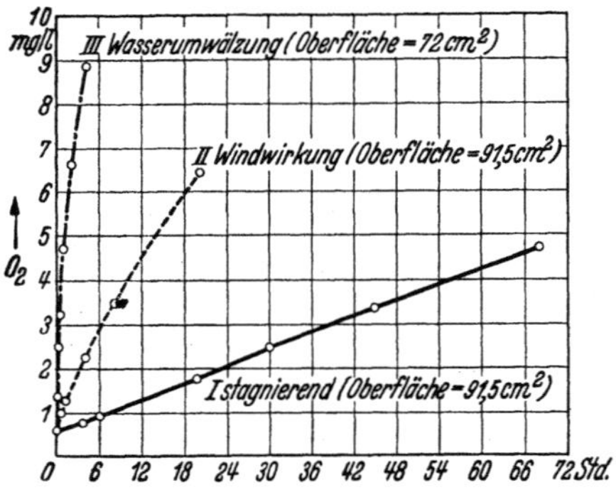

Abb. 13. Sauerstoffaufnahme aus der Oberfläche nach SIERP und FRÄNSEMEIER.

4. Vom Barometerstand: Plötzliche Schwankungen des Barometerstandes, wie sie bei Gewittern usw. auftreten, haben schon oft den Sauerstoffgehalt des Vorfluters so weit herabgesetzt, daß Fischsterben auftreten konnte.

5. Vom Partialdruck: Wenn auch das Verhältnis von Sauerstoff zum Stickstoff in der Luft als ziemlich konstant angenommen werden kann, so vermag doch der Dampfdruck des Wassers eine, wenn auch unbedeutende Rolle zu spielen.

Die Geschwindigkeit der Sauerstoffaufnahme dagegen ist für eine bestimmte Wassermenge abhängig:

1. Von der Oberfläche (je größer dieselbe ist, um so größer ist die Geschwindigkeit der Sauerstoffaufnahme).
2. Von der Bewegung, die im Wasser vorhanden ist.
3. Von dem Sauerstoffdefizit.

Es ist von verschiedenen Seiten der Versuch gemacht worden, die Aufnahmegeschwindigkeit, das ist die für die Flächeneinheit (Quadratmeter) in der Zeiteinheit (24 Stunden) aufgenommene Sauerstoffmenge, festzulegen. SIERP und FRÄNSEMEIER[1] haben in 10 Liter-Standzylindern die Sauerstoffaufnahme gemessen. Die Sauerstoffaufnahmegeschwindigkeit ist aus der graphischen Auftragung (Abb. 13) ersichtlich. Während bei vollständiger Umwälzung des Wassers die Sauerstoffsättigung bereits nach vier und bei mäßig bewegter Oberfläche nach etwa 33 Stunden erfolgt, zeigt sich bei ruhender Oberfläche eine Absättigung erst nach etwa 137 Stunden. Berechnet man nun aus den gefundenen Werten und der zur Verfügung stehenden Sauerstoffmenge die je Quadratmeter in 24 Stunden aufgenommene Sauerstoffmenge, so ergeben sich folgende Sauerstoffmengen:

1. bei ruhender Oberfläche 1,4 g,
2. bei mäßig bewegter Oberfläche 5,4 g,
3. bei stark bewegter Oberfläche und vollständiger Umwälzung des Wassers 50 g.

Das Sauerstoffdefizit ergibt sich aus der Differenz zwischen dem theoretischen Sauerstoffsoll und dem wirklichen Sauerstoffgehalt. Je größer das

[1] SIERP u. FRÄNSEMEIER: Techn. Gemeindebl. 1931, **34**, 233.

Sauerstoffdefizit ist, um so größer ist die Geschwindigkeit der Sauerstoffaufnahme und der Gesamtbetrag des aufgenommenen Sauerstoffs.

In Amerika sind unter Führung von PHELPS sehr weitgehende Untersuchungen über diese Frage durchgeführt worden. STREETER[1] hat planmäßige Versuche über die Wiederbelüftung an künstlichen Gerinnen mit verschiedenen Oberflächen, z. B. 35 m lang, 15 cm tief und 5 cm breit, durchgeführt. In dem durch ein Filter mit Eisenspänen praktisch sauerstoffrei gemachten Wasser oder durch Zugabe von Natriumsulfit (Na_2SO_3) entsauerstofftem Wasser wurde nach Entfernung des überschüssig zugesetzten Na_2SO_3 durch Chlor die Sauerstoffaufnahme festgestellt. Diese Versuche ergaben, daß die Sauerstoffaufnahme zunimmt:

1. Je größer der Sauerstoffmangel ist (Sauerstoffdefizit in Prozenten der vollen Sättigung).

2. Mit wachsender Temperatur des Wassers. Dabei nimmt das Wasser nur wenig, aber durch die verstärkten biologischen Vorgänge immerhin etwas mehr Sauerstoff auf, wenn man den Wert in mg/Liter ausdrückt. Wesentlich stärker steigt dagegen die Aufnahme, wenn man sie in Prozenten des Sauerstoffmangels ausdrückt. Das ist erklärlich, da der Sättigungsgehalt bei warmem Wasser geringer ist als bei kaltem Wasser.

3. Bei gleicher Wassertiefe mit wachsender Wassergeschwindigkeit. In diesen Fällen wird die ganze Wassermenge viel lebhafter umgewälzt und immer neue Teile kommen an die Oberfläche.

Bei gleicher Fließgeschwindigkeit scheint die Sauerstoffaufnahme eines tiefen Gerinnes mindestens gleich, vielleicht sogar etwas größer zu sein als die eines flachen Gerinnes.

In Abb. 14 ist die Sauerstoffaufnahme eines Wasserlaufs von 7,5 cm Breite und 10 cm Tiefe bei verschiedenen Fließgeschwindigkeiten (Temperatur 15° C) aufgeführt. Die Sauerstoffaufnahme nimmt geradlinig zu. Für die Sauerstoffaufnahme hat STREETER die folgende Gleichung aufgestellt:

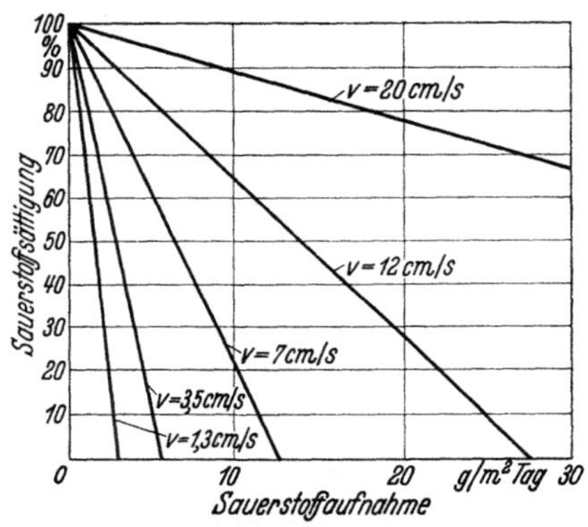

Abb. 14. Sauerstoffaufnahme eines Wasserlaufes von 7,5 cm Breite und 10 cm Tiefe bei verschiedenen Fließgeschwindigkeiten und einer Temperatur von 15° C nach STREETER.

Der Sauerstoffmangel zur Zeit t (D_t) ist

$$D_t = D_a \cdot 10^{-k_2 t},$$

worin D_a = ursprünglicher Sauerstoffmangel,
k_2 = Wiederbelüftungsbeiwert, für den bei amerikanischen Flüssen Werte von 0,12 bis 0,27, meistens 0,21—0,24 gefunden worden sind. Er ist abhängig von der Geschwindigkeit, der Tiefe, dem Gefälle, der Rauhigkeit und der Wassermenge.

Die Sauerstoffaufnahme (Wiederbelüftung) in der Zeiteinheit (r_t) in g/cbm ist nach IMHOFF[2]

$$r_t = 2{,}3\, k_2\, D_t.$$

Beispiel: $D_t = 4$ g/cbm; $k_2 = 0{,}2$ (für Zeiteinheit = Tag);
$r_t = 2{,}3 \cdot 0{,}2 \cdot 4 = 1{,}84$ g/cbm/Tag.

Die Sauerstoffaufnahme (r_t) in kg/Tag ist

$$r_t = 2{,}3\, k_2 D_t \cdot \frac{86400}{1000} \cdot Q_t,$$

wobei Q = Wasserführung des Flusses in cbm/Sek.,
t = Fließzeit in Tagen zwischen zwei gegebenen Punkten ist.

Beispiel: $D_t = 4$ g/cbm; $k_2 = 0{,}2$; $Q = 30$ cbm/Sek.; $t = 2$ Tage;

$$r_t = 2{,}3 \cdot 0{,}2 \cdot 4 \cdot 30 \cdot \frac{86400}{1000} \cdot 2 = 9450 \text{ kg/Tag}.$$

WEBER[3] zieht ebenfalls den biochemischen Sauerstoffbedarf für die Berechnung der Selbstreinigungskraft der Flüsse an. Wenn die Wasserführung des Vorfluters und die eingeleitete Schmutzwassermenge bekannt sind, läßt sich der BSB schrittweise berechnen. Für den gesamten BSB an der Stelle m gibt er folgende Formel an:

$$B_m^Q + q = B_m^Q + {}_m^q 1 + \left(1 - \frac{1}{Nm}\right) + B_m^q \cdot \frac{1}{Nm}.$$

Hierbei bedeuten Qm die Eigenwassermenge des Vorfluters an der Stelle m in cbm/Sek.; qm die Schmutzwassermenge, die an der Stelle m eingeleitet wird in cbm/Sek. B_m^q der BSB,

[1] STREETER, WRIGHT u. REHR: Sewage Works Journ. 1936, 8, 282.
[2] IMHOFF: Taschenbuch der Stadtentwässerung 1936.
[3] WEBER: Gesundh.-Ing. 1936, **56**, 532.

der an der Stelle *m* neu hinzugekommenen Schmutzwassermenge *qm* in mg/Liter. *N*, *n* Verdünnungsverhältnisse.

Der BSB der gesamten, im Wasserlauf an der Stelle *m* vorhandenen Wassermenge läßt sich danach angeben aus der gesamten im Wasserlauf vorhandenen Wassermenge an der Stelle *m*—1, wenn man ihn mit seinem Produkt aus der Eigenwassermenge an der Stelle *m* vermindert und dazu das Produkt aus dem BSB der an der Stelle *m* neu hinzukommenden Schmutzwassermengen und dem Verdünnungsverhältnis der Schmutzwassermenge an der Stelle *m* hinzuzählt. — Wenn auch die von WEBER aufgestellten Rechenvorschriften und zeichnerischen Verfahren keine Allgemeingültigkeit haben, können sie doch bei allgemeinen Voruntersuchungen Anhaltspunkte über die Selbstreinigung der Gewässer geben.

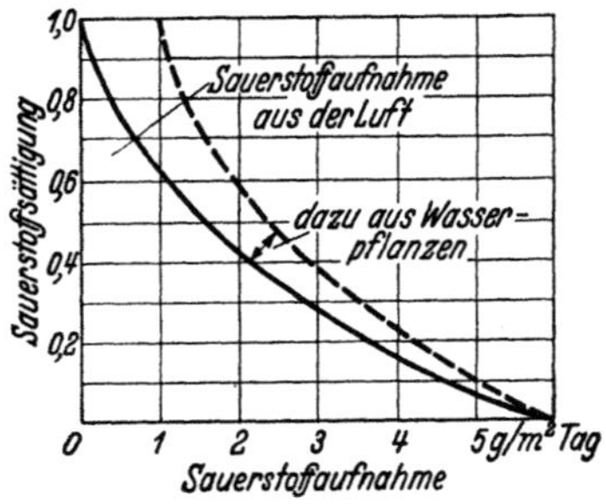

Abb. 15. Sauerstoffaufnahme aus der Luft und den Wasserpflanzen.

Weniger genau ist die Berechnung der Sauerstoffaufnahme aus der Oberfläche, die abhängig ist von dem Sauerstoffmangel. In Abb. 15 ist die Abhängigkeit der Sauerstoffaufnahme aus der Wasserfläche für ein ruhig fließendes Wasser vom Sättigungsgrade dargestellt. Dazu ist die Sauerstoffaufnahme aus Wasserpflanzen bis zum Betrage von 1 g/qm/Tag eingetragen.

Diese Zahlen sind sehr stark von der Art der Bewegung des Wassers abhängig; bei stärkerer Bewegung steigen die Zahlen gleich sehr stark an. Nach IMHOFF steigen diese Zahlen bei ruhigem Wasser bis 3 g/qm im Tag und bei ruhig fließendem Wasser bis auf das Doppelte und bei rasch fließenden Gewässern auf das Vierfache, d. i. 12 g/qm/Tag. Er gibt für die Sauerstoffaufnahme ohne die Mitwirkung der Wasserpflanzen an

Tabelle 14.

Sättigung		1,0	0,6	0,4	0,2	0
1. Abwasserfischteiche	g/qm	0	0,5	1,0	2,0	3
2. Ruhig fließendes Gewässer oder großer Stausee . . .	g/qm	0	1,0	2,0	4,0	6
3. Rasch fließendes Gewässer	g/qm	0	2,0	4,0	8,0	12

Bei rasch fließenden Gewässern mit geringer Tiefe, z. B. bei Stromschnellen und Felsbarren, an Abstürzen, an denen eine starke Durchwirbelung stattfindet, steigt die aus der Wasserfläche aufgenommene Menge bis auf 50 g/qm im Tag.

Die Menge und die Geschwindigkeit der Sauerstoffaufnahme sind demnach für die in einem Vorfluter herrschenden Zustände bei der Aufnahme von Abwasser maßgebend. Ist die Verdünnung des Abwassers im Vorfluter genügend groß, so wird selbst bei höherer Temperatur mit schnellerem biologischen Abbaue und daher größerem Sauerstoffschwunde der vorhandene Sauerstoff stets ausreichen, so daß es nie zu anaeroben Zuständen im Vorfluter kommen kann. Anders ist es jedoch, wenn die im Vorfluter zur Verfügung stehende Menge Verdünnungswasser zu gering ist; es kann dann der Zustand eintreten, daß der vorhandene Sauerstoff nicht mehr voll zum biologischen Abbau der im Wasser enthaltenen Stoffe ausreicht. In diesem Fall ist dann die Geschwindigkeit der Sauerstoffaufnahme aus der Oberfläche maßgebend für die Entscheidung der Frage, ob es in dem Vorfluter zu anaeroben Vorgängen, d. h. Fäulniserscheinungen, kommen kann oder nicht. Da mit erhöhter Temperatur die Sauerstoffaufnahme zurückgeht, während sich die biologischen Vorgänge stärker entwickeln, spielt nebenbei die Temperatur eine ausschlaggebende Rolle.

Auf vorstehenden Tatsachen beruht die Bestimmung der Fäulnisfähigkeit von WELDERT-SPITTA, die unter Ausschluß der Sauerstoffaufnahme den Zeitpunkt feststellt, bei dem ein Wasser-Abwassergemisch von dem aeroben in den anaeroben Zustand übergeht. Diese Methode wird sowohl mit dem Abwasser allein wie auch mit Verdünnungen mit Reinwasser in der Weise durchgeführt, daß man eine bestimmte Menge Methylenblau-Lösung zugibt.

Man stellt dann den Umschlagpunkt des aeroben in den anaeroben Zustand und damit den Beginn der Fäulnis durch die Entfärbung der Methylenblaulösung fest. Der mit dem Beginne der Fäulnis sich bildende Schwefelwasserstoff entfärbt Methylenblau.

Diese Methode der Bestimmung der Konzentration eines Abwassers und der Beeinflussung eines Vorfluters durch eine gegebene Abwassermenge ist verhältnismäßig roh und daher mehr qualitativ; sie hat ferner den Nachteil, daß sie in allen Fällen, wo das Abwasser giftige Stoffe und oberflächenaktive Stoffe, die Methylenblau absorbieren können, enthält, nicht angewandt werden kann. Trotzdem ist das Verfahren deshalb von größter Bedeutung, weil sich aus ihm die weiteren Methoden zur Bestimmung des biochemischen Sauerstoffbedarfs entwickelt haben (weiteres s. S. 261).

c) Relative Haltbarkeit. Unter Anwendung der vorbeschriebenen Bestimmung der Fäulnisfähigkeit nach WELDERT-SPITTA hat man in Amerika das Verfahren der relativen Haltbarkeit in der Weise benutzt, daß man die Entfärbungszeit in ein bestimmtes Verhältnis zu dem möglichen biologischen Abbau setzte. Man geht hierbei von dem Gedanken aus, daß der vorhandene Abbau kein gleichmäßiger ist, sondern daß der Hauptabbau in der ersten Zeit erfolgt und dann allmählich nachläßt. Man hat hieraus eine Zahlenreihe entwickelt, die die Fäulnisfähigkeit in Prozenten angibt. Durch Multiplikation des Verdünnungsfaktors des anfänglichen Sauerstoffs und durch Division des auf diese Weise erhaltenen Sauerstoffwertes erhält man den Gesamtbedarf.

Diese Methode ist jedoch sehr ungenau, da einerseits das Methylenblau toxische Wirkungen ausübt und andererseits die relative Haltbarkeitskurve die bei dem biologischen Abbau auftretenden Stufen unberücksichtigt läßt. Diese Methode war zuerst in die amerikanischen Standardmethoden zur Untersuchung von Wasser und Abwasser aufgenommen, ist aber später wieder gestrichen worden; sie kann außerdem nach MOHLMAN nur in biologisch gereinigtem Abwasser durchgeführt werden. Bei Anwesenheit von ungelösten und kolloiden Stoffen wird das Methylenblau niedergeschlagen; bei Abwasser, das Bakteriengifte enthält, wird eine hohe relative Haltbarkeit vorgetäuscht.

6. Einfluß des Mischungsverhältnisses im Vorfluter.

Um sich von den Berechnungen und genauen Feststellungen unabhängig zu machen, hat man versucht, das Verdünnungsverhältnis als Maßstab heranzuziehen. Dieser Maßstab ist aber allein sehr roh, da er alle die wichtigen Faktoren, wie bisherige Inanspruchnahme des Vorfluters, Art des Vorfluters, Fließgeschwindigkeit, Sauerstoffgehalt, Art der Einleitung der Abwässer außer acht läßt.

MAHR[1] hat den Versuch gemacht, das Verdünnungsverhältnis für das Abwasser verschiedener Städte festzustellen. Er hat vier Gruppen aufgestellt:

Die erste Gruppe enthält die Städte, deren Abwasser nicht oder nur durch Siebe gereinigt werden muß, ehe es in einen Vorfluter abgelassen wird. Solche Fälle sind nur bei sehr guter Verdünnung möglich, also bei Städten an sehr großen Vorflutern. Er nimmt unter mittleren Verhältnissen an fließenden Gewässern eine Verdünnung von 1 : 200 für ausreichend an, wenn die groben Stoffe durch Siebe zurückgehalten werden und die Ansprüche an den Vorfluter auf einer weiteren Strecke gering sind. In England[2] verlangt man in diesem Falle eine Verdünnung 1:500.

Die zweite Gruppe umfaßt die Städte, die ihr Abwasser in Absetzbecken entschlammen und dann in fließendes Gewässer einleiten. Hier sollte als unterste Grenze nicht unter ein Verdünnungsverhältnis von 1 : 20 gegangen werden. Dieses Verhältnis steigt aber sofort stark an, wenn der Vorfluter bereits oberhalb durch Abwasser in Anspruch genommen ist. Bei Verdünnungen zwischen 1: 300 bzw. 1: 50 muß in England[2] außer der mechanischen Reinigung auch noch eine chemische Fällung zwischengeschaltet werden.

Die dritte Gruppe enthält die Städte, deren Abwasser biologisch gereinigt wird, ehe es in den Vorfluter gelangt. Bei normaler Reinigung durch Tropfkörper hält er eine Verdünnung 1 : 3 bei Niederwasser für ausreichend. Bei besonders guten biologischen Anlagen kann oft ein geringeres Verdünnungsverhältnis ausreichen (z. B. bei Schlammbelebung 1 : 0,5). In England muß bei Verdünnungen unter 1: 20 eine biologische Anlage zwischengeschaltet werden, wobei der Ablauf höchstens 20 mg/c BSB haben darf.

---

[1] MAHR: Gesundh.-Ing. 1933, **56**, 499.
[2] HEILMANN: Gesundh.-Ing. 1938, **61**, 664.

Die vierte Gruppe umfaßt die Städte, die ihr Abwasser in ganz oder nahezu stehende Gewässer einbringen. In diesen Fällen sollten alle Städte ihr Abwasser schon aus ästhetischen Gründen mindestens entschlammen und die Einleitung weit genug vom Ufer vornehmen. Bei den Städten, die in große Seen einleiten, läßt sich die zur Reinigung nötige Fläche nur schwer angeben. Wenn die Fläche auch gering zu sein scheint, muß man doch noch zu der Grobreinigungsfläche eine weit größere Fläche für Feinreinigung angeben. In diese Feinreinigungszone müssen sich die Fische und andere höhere Lebewesen jederzeit unbeschädigt zurückziehen können, um jederzeit Vorstöße in die stärker verschmutzte Zone mit besonders reicher Nahrung zu machen. Der Fluß erscheint zunächst biologisch weniger günstig als der Teich, dafür ist er aber meist leicht wieder zu belüften.

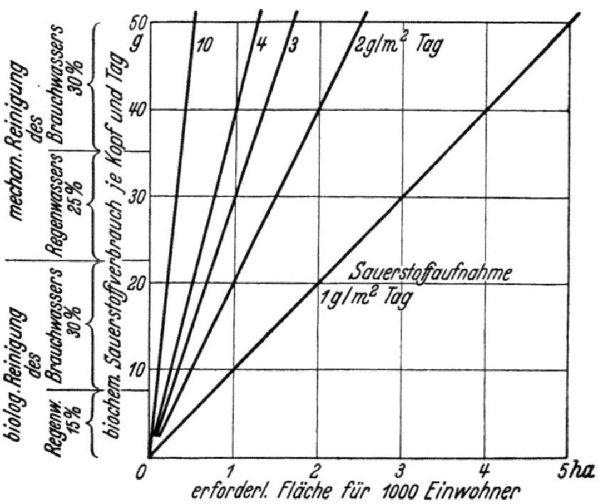

Abb. 16. Die für je 1000 Einwohner erforderliche Fläche für die Selbstreinigung bei verschiedenen Sauerstoffaufnahmen je Quadratmeter und Tag nach MAHR.

Die für die Selbstreinigung von je 1000 Einwohnern benötigte Fläche bei verschiedenen Sauerstoffaufnahmen von 1—10 g/qm im Tag geht aus der von MAHR angegebenen Abb. 16 hervor. Gleichzeitig ist der Einfluß der Vorreinigung zu ersehen.

WEBER[1] gibt unter Verteilung der Schmutzwassermenge auf 24 Stunden folgende Verhältniszahlen an (s. Einwohnergleichwert S. 219) und S. 484.

Tabelle 15.

Häusliches Abwasser	0,06 Liter/Sek.	für	50	Einwohner
Textilindustrie	1,22 Liter/Sek.	,,	50	Arbeiter
Eisenindustrie.	0,02 Liter/Sek.	,,	50	,,
Berg- und Hüttenindustrie	0,05 Liter/Sek.	,,	50	,,
Leder-, Zellstoff-, Papierfabrik . . .	13,06 Liter/Sek.	,,	50	,,
Chemische Betriebe	8,18 Liter/Sek.	,,	50	,,

Ausgehend von der Überlegung, daß für den Abbau des in einen Fluß eingeleiteten Abwassers die an der Oberfläche bzw. durch Wasserpflanzen aufgenommene Sauerstoffmenge von sehr viel größerer Bedeutung ist als die vor der Abwassereinleitung im Fluß vorhandene Sauerstoffmenge, hat KEHR[2] für die Darstellung des Reinigungsverlaufes in einem Gewässer das zeichnerische Verfahren der **Sauerstofflinie** vorgeschlagen, die den Verlauf des Sauerstoffhaushaltes im Fluß während der Abwasserverarbeitung angibt. Aus der im Fluß an der Einleitungsstelle vorhandenen Sauerstoffmenge, aus dem Sauerstoffverbrauch des Abwassers und aus der durch die jeweilig vorhandene Sauerstoffsättigung bedingten Sauerstoffaufnahme wird die Linie des Sauerstoffgehaltes oder der Sauerstoffsättigung, die **Sauerstofflinie**, gebildet. Auf einer Kurventafel wird „die Sauerstoffverbrauchslinie" und „die Sauerstoffaufnahmelinie" und aus diesen dann die Sauerstofflinie aufgetragen.

Ein Fluß wird durch die gleiche Menge organischer Substanz in weit abgebautem Zustand weniger belastet als in halb abgebautem Zustand. Diese Erkenntnis spielt bei der Entscheidung der Frage der Teilreinigung eine wichtige Rolle, da man bisher auf dem Standpunkte stand, daß es für einen Fluß gleichgültig sei, ob man die ganze Wassermenge mittelmäßig reinige oder die Hälfte etwa sorgfältig und den Rest weniger gut. Nach den Feststellungen von MAHR ist es besser, die ganze Menge weniger vollständig zu reinigen.

[1] WEBER: Gesundh.-Ing. 1936, **59**, 532. [2] KEHR: Gesundh.-Ing. 1935, **58**, 256.

D. Verwertung von Abwässern.

Die in den städtischen und gewerblichen Abwässern enthaltenen Werte sollten soweit wie möglich wiedergewonnen und der Wirtschaft wieder zugeführt werden. In den meisten Fällen wird es aber richtiger sein, durch besondere Vorrichtungen dafür zu sorgen, daß wertvolle Stoffe gar nicht in das Abwasser gelangen, weil die Wiedergewinnung in der oft großen Verdünnung sehr schwierig ist[1]. Ein Beispiel ist das Abwasserfett. Für eine Gewinnung und Verwertung kommen in erster Linie die in den gewerblichen Abwässern enthaltenen Fettstoffe in Frage. Die Wiedergewinnung erfolgt am besten an den Anfallstellen, wo sie noch in konzentrierter Form vorliegen und noch nicht mit Fäkalstoffen in Berührung gekommen sind. (Über Fettabscheider, s. gewerbliche Abwässer S. 475.) Wie die öl- und fetthaltigen Stoffe lassen sich in gleicher Weise oder mit ihnen die Benzine, Benzol, Schmieröle aus Garagen wiedergewinnen. Im städtischen Abwasser ist Fett in einer Menge, die zwischen 5—10 g je Kopf des angeschlossenen Einwohners und Tag schwankt, enthalten. Von diesem Fett wird auf einzelnen Kläranlagen das sich von selbst in Form eines Schaumes abscheidende Fett gewonnen und zur Seifenherstellung, zur Bereitung von Schmiermitteln usw. verwandt. Die auf diese Weise wiedergewinnbare Menge entspricht aber nur etwa 5—10% der im Abwasser enthaltenen Gesamtfettmenge. Das übrige Fett ist in den Schwebestoffen enthalten, aus denen man es gewinnen kann. Doch ist seine Gewinnung, wie Sierp[2] zeigen konnte, in den seltensten Fällen wirtschaftlich. Da die Fettstoffe bei der Schlammausfaulung in erster Linie das Gas liefern, ist es wirtschaftlicher, das Gas bei der Faulung zu gewinnen und zu verwerten.

Die Verwertung häuslicher und städtischer Abwässer kann sehr mannigfaltig sein. Ein sehr klares Bild über die vielen Möglichkeiten der Verwertung der in den Abwässern enthaltenen Wertstoffe gibt das von der Stadt München über den Kreislauf der organischen Stoffe gebrachte Bild (Abb. 17). Danach kann man aus den städtischen Abwässern in Fischteichen und Vorflutern auf dem Wege der Umwandlung über Bakterien, Protozoen, Fischfleisch und Entenfleisch erzeugen. Durch die Ausnutzung der im Abwasser enthaltenen Dungstoffe, wie Kali, Phosphorsäure, Stickstoff, Bodenbakterien, Humusstoffe, Reiz- und Wuchsstoffe, durch Verrieseln oder Verregnen oder Benutzung des in Kläranlagen abgefangenen Schlammes kann man die heimische Produktion an eiweißreichen Futterstoffen, Heu, an Getreide und an Fleisch sehr stark fördern. Bei der Anwendung des Abwassers zur landwirtschaftlichen Verwertung muß man außer dem Dungwert auch noch den Anfeuchtungswert berücksichtigen. Denn außer der Zufuhr von dungwertigen Stoffen dient das Abwasser auch noch zur Deckung des Wasserbedarfs der Pflanzen, besonders in trockenen Jahren, wenn die natürlichen Niederschläge nicht ausreichen.

Die Verfahren zur Behandlung häuslicher und gewerblicher Abwässer kann man nach Sierp in produktive und unproduktive Verfahren einteilen, je nach dem ob die in dem Abwasser enthaltenen Werte verwendet werden oder nicht. Von den biologischen Verfahren gehören Rieselfelder, Beregnungsanlagen und Fischteiche zu den produktiven Verfahren, während alle übrigen Verfahren, wie Schlammbelebungsanlagen, Tropfkörper, Tauchkörper zu den unproduktiven Verfahren zu rechnen sind, da sie nur Kosten verursachen.

Neben der Verwendung des Abwassers selbst kann auch der aus den Abwässern in Kläranlagen abgefangene Schlamm zahlreiche Verwendung finden, als Dungstoff, als Brennmaterial, besonders in den Fällen, wo es infolge Zuflusses stark organisch verschmutzter gewerblicher Abwässer z. B. Kohlenwaschwässern einen hohen Anteil an brennbaren Stoffen aufweist. Auf die mannigfache Verwendung des bei der Ausfaulung anfallenden Gases wird später ausführlicher zurückgekommen (s. S. 344). Um die Frage, in welcher Art der in Kläranlagen abgefangene Schlamm für Dungzwecke benutzt werden soll, wird immer noch gestritten. Wenn auch die Frage, ob trockener oder nasser Schlamm verwandt werden soll, von den örtlichen Verhältnissen abhängig sein wird, wird man doch aus den verschiedensten Gründen besser den ausgefaulten Schlamm anwenden als den Frischschlamm. Nimmt man an, daß in Deutschland 40000000 Menschen an ein Entwässerungsnetz angeschlossen sind, so fallen im Tag 40000 cbm Frischschlamm bzw. 8000 cbm Faulschlamm an, das sind im Jahr 15 Millionen cbm Frischschlamm bzw. 3 Millionen cbm

[1] Ungewitter: Verwertung des Wertlosen. Berlin: Limpert 1938.
[2] Sierp: Vom Wasser 1936, **11**, 9.

Faulschlamm. Mit dieser Schlammmenge kann man bei einer Schichtdicke von 1 cm eine Fläche von 150000 ha mit Frischschlamm bzw. 30000 ha mit Faulschlamm bedecken. Die Verwendung des Schlammes zusammen mit anderen Abfallstoffen, wie Müll, Torfmull wird in vielen Fällen mit großem Vorteil angewandt.

In Amerika, dem Land des großen Wasserverbrauchs, geht man in der Wiederverwendung des Abwassers sogar so weit, daß man es nach weitestgehender mechanischer. biologischer und chemischer Reinigung wieder in den Untergrund zur Auffüllung des Grundwassers gibt, aus dem dann das Trink- und Brauchwasser entnommen wird. Wenn auch bei uns in Deutschland, besonders an den Flüssen, die zur Trink- und Brauchwasserversorgung und gleichzeitig zur Abwasserableitung dienen, zum Teil ähnliche Vorgänge sich

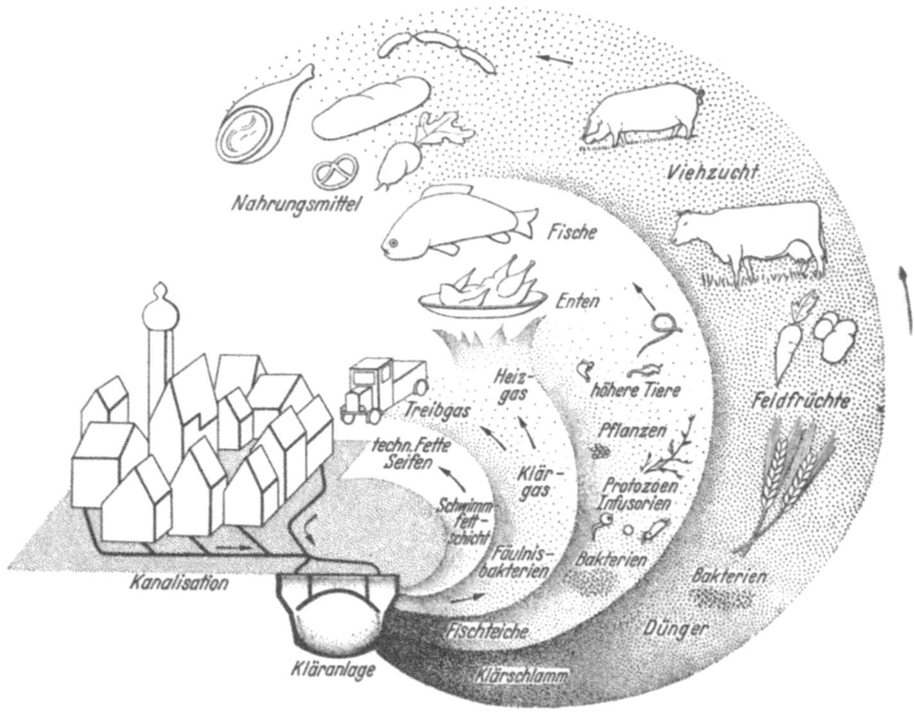

Abb. 17. Darstellung des Kreislaufes der organischen Stoffe und der Ausnutzung der im Abwasser enthaltenen Werte nach Stecher.

abspielen, sollte dies ein Hinweis darauf sein, mit Rücksicht auf die Volksgesundheit in diesen Fällen besonders weitgehende Reinigung der Abwässer zu verlangen. Aus diesen Gründen erklärt sich auch die Forderung, den gesamten Wasserschatz eines Landes als Gemeingut zu erklären, was weiter zur Folge hätte, daß ein Teil der Kosten für die Abwasserreinigung leistungsschwacher Gemeinden, besonders an Vorflutern vorbeschriebener Art, mit von der Allgemeinheit übernommen werden muß.

In Herrington[1] wird das Abwasser von 4600 Einwohnern durch eine Belebtschlammanlage gereinigt, um als Kesselspeisewasser benutzt zu werden. Die durch die Reinigung entstehenden Kosten werden durch den Verkauf als Kesselspeisewasser völlig gedeckt.

E. Vorarbeiten für die Abwasserreinigung.

Bevor man an die Bearbeitung der Frage, welche Abwasserreinigung in jedem Falle erforderlich ist, herangeht, muß man zunächst die Fragen klären:

1. ob das Abwasser gereinigt werden muß, 2. wo das Abwasser gereinigt werden muß, 3. wann das Abwasser gereinigt werden muß, 4. wie weit das Abwasser gereinigt werden muß.

[1] Engin. News-Rec. 1933, **111**, 521.

Die Beantwortung dieser vier wichtigen Fragen hängt von verschiedenen Umständen, wie Menge und Art des Abwassers, Größe und Zustand des Vorfluters und zu welchen weiteren Zwecken der Vorfluter auf der nächsten, zur Selbstreinigung zur Verfügung stehenden Strecke noch gebraucht wird. In erster Linie entscheiden neben der Art und Menge also die örtlichen Verhältnisse.

Soweit es eben möglich ist, sollte man vor der Beantwortung der Fragen möglichst weitgehend die Beschaffenheit des zu behandelnden Abwassers kennen. Diese Forderung ist leider nicht in allen Fällen zu erfüllen, und nur zu oft sind die Entwürfe für Kläranlagen aufgestellt und mitunter auch Anlagen gebaut worden, weil die Aufsichtsbehörden die Genehmigung für den Ausbau der Schwemmkanalisation von der gleichzeitigen Errichtung einer Kläranlage für das zu erwartende Abwasser abhängig machte. Es sind verschiedene Fälle bekannt, wo die errichtete Kläranlage nach Fertigstellung nicht benutzt werden konnte, weil man bei dem Bau der Kläranlage auf die Eigenart des Abwassers, besonders auf bestimmte gewerbliche Zuflüsse keine Rücksicht genommen hatte bzw. sogar nicht nehmen konnte, da die Betriebe zu der Zeit des Entwurfs bzw. des Baues ganz andere Abwässer lieferten. Es genügt daher nicht die Annahme einer normalen, von der Kopfzahl der an die Schwemmkanalisation angeschlossenen Einwohner und der Abwassermenge (Wasserverbrauch der Einwohnerschaft plus Abflußbruchteil für Niederschläge) abhängenden Wasserzusammensetzung, sondern man muß auch die örtlichen, durch Lebensgewohnheiten, durch die industriellen und gewerblichen Betriebe bedingten Änderungen weitestgehend berücksichtigen. Die Messungen haben sich zu erstrecken·

1. auf physikalische Feststellungen — 2. chemische Feststellungen — 3. biologische Untersuchungen.

I. Physikalische Feststellungen.

1. Feststellung der Abwassermenge.

Die Feststellungen der Abwassermenge sind oft sehr schwer, da die Kanalisation beim Entwurf der Kläranlage in den seltensten Fällen vollständig ausgebaut ist und meistens auch durch weiteren Ausbau der Stadt dauernd vergrößert werden wird. Trotzdem sollte versucht werden, aus dem Wasserverbrauch und den an anderen Stellen gemachten Erfahrungen möglichst genaue Feststellungen über die anfallende Abwassermenge und ihre zeitlichen Schwankungen zu treffen. Wichtig ist es zu wissen, wie die größte Tages- bzw. Stundenmenge usw. ist, um einmal Unterlagen für die Gesamtmenge der anfallenden Schmutzstoffe zu treffen und die Frage zu entscheiden, wie weit die Reinigung mit Rücksicht auf den Vorfluter durchgeführt werden muß. Besonders mit Rücksicht auf die Feststellung der Gesamtschmutzmenge sollte mit den Feststellungen über die Abwasserzusammensetzung stets eine Wassermengenmessung verbunden sein.

Die Messung der Abwassermenge kann hierbei nach den verschiedenen in der Wasserwirtschaft und -meßtechnik angewandten Verfahren, z. B. durch Überfallwehre, Schwimmermessungen, Venturirohre usw., geschehen. Bei Flügelmessungen stören oft die im Abwasser enthaltenen groben Verunreinigungen, wie Papier, Lumpen usw., die sich auf den Flügeln festsetzen und dann falsche Ergebnisse bringen. Auch das chemische Verfahren der Salzverdünnung kann nach KIRSCHMER[1] mit Erfolg, besonders in den Fällen angewendet werden, wo andere Meßverfahren (Flügel, Überfallwehre) mehr oder weniger versagen, also hauptsächlich dann, wenn die Strömung sehr unruhig, mehr sprudelnd ist, wenn der Querschnitt nicht einwandfrei aufgemessen werden kann oder wenn kleinere Wassermengen zu messen sind.

[1] KIRSCHMER: Wasserkr. u. Wasserwirtsch. 1937, **32**, 13.

Störend ist beim Abwasser hierbei der an sich schon hohe Salzgehalt des Abwassers selbst. Für die Abwassermessung mit Hilfe von Venturirohren haben sich besonders in den Fällen, wo das Abwasser sauerstoff- und säurefrei ist, Venturirohre aus Gußeisen[1], die sich bald mit einer schützenden Sielhaut überziehen, bewährt, doch müssen die Rohre stets genug mit Abwasser gefüllt sein. Steht eine genügend lange, gleichmäßige Meßstrecke zur Verfügung, so sind Schwimmermessungen in den meisten Fällen am einfachsten und bequemsten durchzuführen.

2. Abwassertemperatur.

Von großem Einfluß ist die Abwassertemperatur mit ihren zeitlichen Schwankungen. In den meisten Städten wird durch polizeiliche Verordnung verfügt, daß das abzulassende Abwasser keine höhere Temperatur als 30° haben soll. Diese Verordnung ist nicht nur mit Rücksicht auf das Bauwerk (Dehnungen, Muffendichtungen usw.) erforderlich, sondern auch mit Rücksicht auf die im Abwasser sich abspielenden biologischen Vorgänge. Die Temperatur des Abwassers folgt, ausgehend von der Anfangstemperatur des im Haushalt gebrauchten Trinkwassers, stark der Außentemperatur, besonders bei der Weiterleitung in offenen Kanälen. Beim Durchgang durch den Haushalt nimmt es etwas Wärme auf, was zur Folge hat, daß das Abwasser auch im Winter nie kältere Temperaturen als etwa 4—6° hat, mit Ausnahme der Tage, wo durch Schneeschmelzen soviel kaltes Fremdwasser hinzukommt, daß die Temperatur im Abwasser auch auf 0° sinkt. Beim Zufließen wärmerer Wassermengen, die die Temperatur stark erhöhen (über 30°) werden sich die im Abwasser vollziehenden biologischen Vorgänge viel stärker abspielen als bei niederer Temperatur, d. h. das Abwasser wird viel schneller faul und ruft dann in der Nachbarschaft und auf der Kläranlage alle damit verbundenen Unannehmlichkeiten hervor. Auch auf die Reinigungsvorgänge in der Kläranlage hat die Temperatur sehr starken Einfluß. Warmes Abwasser schwimmt auf dem kälteren. Kälteres Abwasser kann daher oft unerwünschte Strömungen, die den Absetzvorgang der Schwebestoffe stören, hervorrufen.

3. Spezifisches Gewicht und Leitfähigkeit.

Die Bestimmung des spezifischen Gewichtes gibt Anhaltspunkte über den Gesamtgehalt an gelösten Schmutzstoffen und die Bestimmung der elektrischen Leitfähigkeit gibt schnell Auskunft über den Gesamtsalzgehalt, selbst solcher Wässer, die mehr oder weniger stark mit organischen Stoffen verunreinigt sind. Die gewöhnlich im Abwasser vorkommenden organischen Bestandteile sind nicht dissoziiert und leiten daher den elektrischen Strom nicht, so daß sie bei der Bestimmung der Leitfähigkeit nicht mit erfaßt werden.

Der Widerstand, den reinstes Wasser dem Durchgang des elektrischen Stromes entgegensetzt, ist außerordentlich groß. Er vermindert sich aber mit steigendem Gehalt des Wassers an Elektrolyten, wie Salze, Säuren und Basen. Der elektrische Widerstand wird mittels der von KOHLRAUSCH angegebenen Wechselstrom-Telefonmethode unter Verwendung der WEATSTONschen Brückenschaltung bestimmt. Für Wasser- und Abwasseruntersuchungen hat sich das mit Tauchelektroden versehene, tragbare Gerät von PLEISSNER bewährt. Aus der Leitfähigkeit kann man in vielen Fällen den Abdampfrückstand berechnen. Diese Bestimmungen sind besonders dort angebracht, wo aus gewerblichen Betrieben (Bergbau, chemische Fabriken, Kaliindustrie) stark schwankende Zuflüsse mit stark wechselndem Salzgehalt in die Kanalisation gelangen, die dann ihrerseits sehr unerwünschte Strömungen in den Absetzbecken hervorrufen können. Besonders bei Flüssen, deren Abdampfrückstand bekannt ist, läßt sich der Salzgehalt sehr genau feststellen und durch Versalzungen hervorgerufene Veränderungen des Wassers schnell erkennen. Für die laufende Kontrolle der salzigen Zuflüsse aus gewerblichen Abwässern wie die der Kaliindustrie, Grubenwasser usw. haben sich nicht nur in Kläranlagen, sondern auch bei Flußverunreinigungen selbst registrierende Apparate bewährt.

[1] KEEFER: Engin. News-Rec. 1934, **112**, 46.

4. Aussehen, Farbe, Geruch und Trübung.

Das ebenfalls an Ort und Stelle festzustellende Äußere, wie Aussehen, Trübung, Farbe und Geruch gibt oft sehr wichtige Anhaltspunkte über den Zustand des Abwassers, über bestimmte Zuflüsse häuslicher oder gewerblicher Art. Rein häusliches Abwasser ist eine graugetrübte Flüssigkeit und hat in frischem Zustand kohlartigen Geruch mit leichtem phenolartigen Unterton. Geht häusliches Abwasser in Fäulnis über, so wird es infolge Bildung von Schwefelwasserstoff bzw. Schwefeleisen schwarz und bekommt einen widerlich jauchigen Geruch nach Schwefelwasserstoff, Indol und Skatol. Die faulige Beschaffenheit eines Abwassers ist nicht immer am Geruch erkennbar, besonders dann nicht, wenn andere stark riechende Stoffe vorhanden sind, die den Geruch übertönen. In diesen Fällen gibt die Bleipapierprobe bessere Ergebnisse. Die Bestimmung des Trübungsgrades gibt oft wertvolle Aufschlüsse über die Konzentration des Abwassers. Sie kann besonders bei der Kontrolle von Reinigungsanlagen wertvolle Unterlagen über den Reinigungserfolg geben.

Weist das Abwasser eine andere als die normale schmutziggraue Farbe auf, so lassen diese Verfärbungen auf andere Zuflüsse schließen. Montags, am Waschtag der Hausfrau, haben die Abwässer allgemein das Aussehen und den Geruch von abgelassenen Waschlaugen. Rotgefärbte Abwässer können auf Sulfitablaugen oder falls feine Fettgerinnsel dazwischen sind, auf den Zufluß von Schlachthofabwässern oder Gerbereiabwässern hinweisen, schmutzigrot bis braunrot gefärbte, stark ausgeflockte Abwässer lassen dagegen auf den Zufluß von eisenhaltigen Abwässern (Beizereiabwässer, Grubenwässer) schließen. Schwarz gefärbte Abwässer mit feinen Schwebestoffen weisen auf Abwasser von Kohlenwäschen hin. Gelb gefärbte Abwässer können oft die sehr schädlichen chromsalzhaltigen Abwässer aus Gerbereien oder aus Verchromungsanstalten anzeigen. Stark in ihren Farbtönen wechselnd sind die Zuflüsse aus Textilfabriken, Färbereien und dgl. Teerflöckchen zeigen Zuflüsse aus Gasanstalten, Kokereien, Nebenproduktengewinnungsanlagen und dgl. an. Man kann die Zahl noch beliebig vergrößern, doch mögen diese geringen Angaben schon genügen, auf die Wichtigkeit hinzuweisen, daß man auf die verschiedenen, äußeren Merkmale weitestgehend achten muß. Die Bestimmung des Trübungsgrades im unfiltrierten und filtrierten Abwasser zeigt den Gehalt des Abwassers an kolloiden Stoffen an.

Auch die Bestimmung des Geruchs kann einem, abgesehen von den Fällen der Feststellung des Schwefelwasserstoffs bei faulem Abwasser, wertvolle Fingerzeige geben. Unerlaubte Zuflüsse von Benzin und Phenolen lassen sich oft sehr leicht entweder direkt oder beim Erwärmen des Abwassers feststellen.

5. Klärfähigkeit.

Durch die Bestimmung der Absetzbarkeit bzw. Klärfähigkeit wird die Menge der im Wasser enthaltenen ungelösten und durch einfaches Absetzenlassen ausscheidbaren Stoffe festgestellt. Für die Beurteilung eines Abwassers ist es von Bedeutung zu wissen, ob die in ihm enthaltenen ungelösten Stoffe schnell absinken, ob sie einen voluminösen Bodensatz bilden oder ob sie sich in feiner bis kolloider Verteilung befinden, so daß sie sich schlecht absetzen, usw. Die ungelösten Stoffe lassen sich in Schwimm-, Schwebe- und Sinkstoffe teilen.

Die Bestimmung kann volumetrisch durch Bestimmung der Klärfähigkeit mit verschiedenen Sorten von Absetzgläsern erfolgen. Die mit verschiedenen Sorten von Absetzgläsern ermittelten Werte sind, da die Formen der Gläser ganz verschieden sind, kaum untereinander vergleichbar. Es ist daher am besten, stets gleiche Absetzgläser anzuwenden und die verwendeten Absetzgläser bei den Befunden anzugeben. Bekannt sind die Absetzgläser nach Imhoff, Eckerlin, Schulze-Forster und die Spillnerschen Absetzgläser.

Bei dem Verfahren von Dost werden die gröberen Schwebestoffe durch Siebe verschiedener Maschenweite zurückgehalten, während die feineren suspendierten Stoffe in einem besonderen Absetzglas bestimmt werden, bei dem die Schlammstoffe unten in einem Zentrifugenglas gesammelt werden. Die Bestimmung der Sinkstoffe in Absetzgläsern sollte bei allen Proben durch zweistündiges Absetzen erfolgen. Bei der gravimetrischen Bestimmung der durch Filtration in Gooch-Tiegeln gewonnenen und bei 105° getrockneten, ungelösten

Stoffe können neben den „absetzbaren Stoffen“ d. h. den innerhalb einer bestimmten Zeit zu Boden sinkenden Stoffen, auch die „nicht absetzbaren Stoffe“ bestimmt werden. Zu letzteren gehören die wegen ihres spezifischen Gewichtes in Schwebe bleibenden, gröberen, dispersen Stoffe und vor allem die Kolloide.

Die Bestimmung der Absetzbarkeit schafft Unterlagen über die Menge und in den meisten Fällen auch über die Art des anfallenden Schlammes. Sind letztere Unterlagen von besonderer Wichtigkeit, wie z. B. bei Vorarbeiten von Kläranlagen, so sollte sich die Bestimmung nicht auf die Absetzgläser beschränken, sondern es sollten in Absetzflaschen, Zylindern, Fässern u. dgl. größere Schlammengen gesammelt werden, die dann zu weiteren Feststellungen, z. B. Bestimmung der Fäulnisfähigkeit, benutzt werden können. Will man die Größe der Absetzbecken berechnen, muß man sich darüber klar sein, welcher Reinigungsgrad bzw. welcher Kläreffekt in der zu errichtenden Kläranlage erreicht werden soll. Bei häuslichem Abwasser rechnet man im allgemeinen damit, daß ein Abwasser als „mechanisch gut gereinigt“ bezeichnet werden muß, wenn 95—98% der absetzbaren Stoffe zurückgehalten werden. Da aber bei hohem Gehalt an Schwebestoffen bei einer 95%igen Reinigung noch eine große Menge Schlammstoffe im Abwasser bleiben kann, die den Vorfluter oder die biologische Reinigung stark belasten, so schlägt HUSMANN[1] vor, nicht die Prozente der Reinigung, sondern die im Abwasser verbleibende Schlammenge festzulegen. Er schlägt vor, daß nach 2 Stunden Absetzzeit höchstens 0,1—0,2 ccm Schlamm im Liter im Tagesmittel vorhanden sein dürfen. Man tut daher gut, für jede zu projektierende Kläranlage eine Absetzkurve des zu behandelnden Abwassers aufzustellen. Letztere ist besonders dann von Vorteil, wenn das Abwasser gewerbliche Abwässer aufnehmen muß.

6. Reaktion und Wasserstoffionenkonzentration.

Am meisten an Bedeutung hat in den letzten Jahren die Bestimmung der Reaktion bzw. der Wasserstoffionenkonzentration gewonnen. Sie ist zu einem unentbehrlichen Rüstzeug der Abwasserchemiker geworden. Aus der Bestimmung der Reaktion lassen sich sehr wertvolle Schlüsse auf den Zustand des Abwassers (angefaultes Wasser ist leicht sauer) und auf bestimmte Zuflüsse von gewerblichem Abwasser, sei es saurer oder alkalischer Natur, ziehen. Geringe Verschiebungen im p_H-Wert zeigen oft, daß das Wasser von entscheidendem Einfluß auf die biologischen Reinigungsverfahren und auch auf den Vorfluter sein wird. Da der für die Lebenstätigkeit der Mikroorganismen günstigste p_H-Wert zwischen 7,0—7,6 liegt, müssen alle stärkeren Abweichungen hiervon die Tätigkeit der Mikroorganismen bei den biologischen Verfahren schädigen (verdächtig sind alle p_H-Werte unter 5,5 und über 8,5).

Ist keine größere Genauigkeit gefordert, so erfolgt die Bestimmung durch Indikatoren oder Indikatorfolien (besonders bei trüben Wässern). Bekannt ist der Universalindikator von MERCK (Meßbereich p_H 4,0—9,0), der englische Universalindikator B.D.H. (British Drung Houses) (Meßbereich p_H-Wert 3—9) und neuerdings der R.V.-Indikator (Meßbereich p_H 1—13)[2]. Da der letztere mit Vergleichsfarben arbeitet, konnte die Meßgenauigkeit, die bei den beiden ersten + — 0,5 beträgt, auf p_H 0,2 Differenz erhöht werden. Die Eigenfarbe des Wassers stört stark und wird am besten im Komparator ausgeschaltet, wie dies bei dem R.V.-Apparat und auch bei dem Verfahren von MICHAELIS mit Dauerreihen im Komperator nach WALPOLE geschieht. Auf diese Weise lassen sich auch ziemlich gefärbte Abwässer, eventuell nach genügender Verdünnung, bestimmen.

Genauere Messungen erfolgen auf elektrometrischem Wege mit Hilfe der Elektroionometer oder der Potentiometer. Letztere Methoden sind so durchgebildet, daß sie jetzt auch selbsttätig registrierend gebaut werden. Für Wasseruntersuchungen benutzt man allgemein die Chinhydronelektroden, die in den verschiedensten Formen in den Handel kommt. Bei p_H-Werten über 8,0 muß die Wasserstoffelektrode angewandt werden, weil hier die Chinhydronelektrode falsche Werte ergibt. Große Aussichten scheint auch die Glaselektrode zu haben. Der zur Zeit bekannte registrierende p_H-Wert-Apparat von LAUTENSCHLÄGER-München arbeitet mit einer Antimonelektrode, die durch Bürsten sauber gehalten wird, während der von der Fa. Bergmann und P. Altmann, Berlin-Luisenstr., in den Handel gebrachte registrierende p_H-Wertmesser bereits die Glaselektrode benutzt.

[1] HUSMANN: Schweiz. Zeitschr. Straßenwesen 1935, S. 121.
[2] Lieferant Fa. W. Feddeler, Essen.

II. Chemische Feststellungen.

1. Abdampfrückstand und Glühverlust.

Die Bestimmung des Abdampfrückstandes im filtrierten Abwasser gibt Aufschluß über den Gehalt eines Abwassers an gelösten Stoffen und zwar sowohl anorganischer Natur (Salze), wie organischer Natur (Glühverlust). Bei der Bestimmung des Abdampfrückstandes können bestimmte Merkmale, wie Art des Geruches beim Veraschen, Färbung des Rückstandes bzw. der Asche (Eisen) sehr wertvolle Fingerzeige ergeben. Durch Feststellung des Glühverlustes, den man auch als den organischen Anteil bezeichnet, obwohl er auch andere Stoffe, wie Hydratwasser, Carbonate, umfaßt, kann man eine Trennung von den anorganischen, d. h. mehr mineralischen Stoffen vornehmen. Auch hier lassen äußere Beobachtungen oft Rückschlüsse über den Gehalt des Abwassers an bestimmten Stoffen, wie dies beim Abdampfrückstand ebenfalls möglich ist, zu. In vielen Fällen wird man in der Asche des Filterrückstandes oder des Abdampfrückstandes nach Auflösen mit Salzsäure usw. wertvolle Fingerzeige erhalten können (Nachweis von als Bakteriengift wirkenden Kupfer-, Nickel- usw. Verbindungen).

2. Gebundenes Chlor, Chloride.

Abwasser enthält stets eine mehr oder weniger große Menge Kochsalz, dessen Menge man durch die Bestimmung des gebundenen Chlors feststellt. Wenn auch das gebundene Chlor weder beim Durchgang durch eine mechanische oder biologische Kläranlage, noch im Boden oder im Vorfluter eine Abnahme erleidet, so sollte die Bestimmung der Chloride doch bei keiner Untersuchung fehlen, da sie oft wertvolle Fingerzeige über die Konzentration des Abwassers und über eingetretene Verdünnungen geben kann. In vielen Fällen kann man die Frage, ob bei einer Untersuchung überhaupt korrespondierende Proben vorliegen, am schnellsten aus dem Chloridgehalt beantworten. Die Bestimmung des Chloridgehaltes kann aber auch für sich nötig sein, da ein übermäßiger Chloridgehalt in gesundheitlicher, landwirtschaftlicher, fischereilicher und gewerblicher Beziehung oft von Bedeutung sein kann.

3. Oxydierbarkeit und Chlorzahl.

Die Bestimmung der Oxydierbarkeit oder des Kaliumpermanganatverbrauchs, die in Deutschland in den meisten Fällen nach den Methoden von Kubel-Thiemann im filtrierten (grobporige Kreppfilter) oder besser im abgestandenen Wasser durchgeführt wird, gibt in gleicher Weise wie die Bestimmung der Chlorzahl in kurzer Zeit sehr wichtige Anhaltspunkte über den Gehalt eines Wassers an leicht oxydierbaren Stoffen und damit über die Konzentration eines Abwassers. Der Kaliumpermanganatverbrauch gibt nur einen annähernden Aufschluß über die Menge der vorhandenen organischen Stoffe, da das Kaliumpermanganat die einzelnen organischen Verbindungen ganz verschieden und zwar teils stärker, teils schwächer, in einigen Fällen sogar so gut wie gar nicht angreift (z. B. Buttersäure, Harnstoff, Eiweißzerfallsprodukte). Bei der Bestimmung des Kaliumpermanganatverbrauchs werden sowohl fäulnisfähige wie fäulnisunfähige Stoffe erfaßt. Aus diesem Grunde geben daher die absoluten Werte, mögen sie nun hoch oder niedrig sein, keinen Aufschluß über die Natur der ermittelten Stoffe und ihren Einfluß auf den Vorfluter. Als Vergleichswerte lassen sie sich aber sehr gut verwenden. Trotz des empirischen Charakters der Bestimmung und der vielen Nachteile, die sie hat, hat sie sich in der Abwasseruntersuchung stets behaupten können.

Da eine ganze Reihe organischer Stoffe bei der Bestimmung des Kaliumpermanganatverbrauchs nicht erfaßt wird, kann man diese Stoffe durch die Bestimmung der Chlorzahl nach FROBOESE oder BRUNS erfassen, wodurch man sehr gute ergänzende Aufschlüsse über die Menge und bis zu einem gewissen Grade auch über die Natur der in einem Abwasser enthaltenen organischen Stoffe erhält. Die Bestimmung der Chlorzahl bzw. des Chlorbindungsvermögens gibt auch gleich Anhaltspunkte für die Ermittlung des erforderlichen Chlorzusatzes bei der Chlorung von Fluß- und Abwasser.

4. Bestimmung des Sauerstoffgehaltes und des biochemischen Sauerstoffbedarfs.

Die Bestimmung des Gehaltes eines Abwassers an gelöstem Sauerstoff dient zur Feststellung des Zustandes eines Abwassers (ob frisch, ob schal oder angefault). Ein Abwasser mit einem höheren Sauerstoffgehalt kann nicht faul sein, da Schwefelwasserstoff bei höheren Sauerstoffgehalten stets schnell oxydiert wird. Fauliges Abwasser ist sauerstoffrei. Wenn auch die Bestimmung des Sauerstoffgehaltes im Abwasser manche Fehlermöglichkeit bietet, hat sich diese Bestimmungsmethode doch besonders bei der Untersuchung biologischer Anlagen und ganz besonders bei Vorflutuntersuchungen bewährt. Eine größere Bedeutung hat diese Untersuchungsmethode bei der Bestimmung der Sauerstoffzehrung (s. dort) und des biochemischen Sauerstoffbedarfs gewonnen, die viel bessere Anhaltspunkte für die Zusammenhänge zwischen Verschmutzungsgrad und Vorflutbeeinflussung, wie auch bei der Kontrolle der biologischen Reinigungsanlagen gibt als die Bestimmung der Oxydierbarkeit. Mit dem biochemischen Sauerstoffbedarf bezeichnet man die Menge Sauerstoff, die bei dem Abbau der organischen Stoffe eines Wassers oder Abwassers unter aeroben Bedingungen durch biologische Vorgänge verbraucht wird. Wenn also auch die eigentlichen Untersuchungen chemischer Natur sind, so sind doch die Vorgänge rein biologischer Art, so daß diese Untersuchungsmethode mehr zu den biologischen zu zählen ist. Das Verfahren gibt nicht nur Einblicke in die Menge, sondern auch in die Natur der vorhandenen Schmutzstoffe und läßt gewisse Rückschlüsse über den Einfluß des Abwassers auf einen gegebenen Vorfluter zu.

5. Stickstoffverbindungen.

Der Gehalt an Stickstoffverbindungen und zwar sowohl an freiem und gebundenem (salinen) Ammoniak, an organischem Stickstoff, an Nitraten und Nitriten und auch das Verhältnis der verschiedenen Stickstoffverbindungen untereinander läßt wertvolle Rückschlüsse über den Verschmutzungsgrad des Abwassers und auch über den verschiedenen Reinheitsgrad bei den einzelnen Reinigungsverfahren zu. Frisches häusliches oder normales städtisches Abwasser hat verhältnismäßig viel organischen Stickstoff, wenig Ammoniakstickstoff und ist frei von Nitrat- und Nitritstickstoff. In fauligen Abwässern hat der Gehalt an organischem Stickstoff durch den Abbau abgenommen. Der Ammoniakstickstoff hat etwas zugenommen, Nitrate und Nitrite fehlen. Durch die biologische Reinigung wird das Abwasser fäulnisunfähig; es enthält Nitrat- und Nitritstickstoff und ist arm an organischem und Ammoniakstickstoff.

6. Schwefelverbindungen.

Die Bestimmung der verschiedenen Schwefelverbindungen, die wenn sie nicht in Eiweißverbindungen vorliegen, als Sulfide und zwar in der Form des freien gelösten Schwefelwasserstoffs und der gelösten und ungelösten Sulfide (z. B. FeS in kolloider Form erzeugt die Schwarzfärbung des Abwassers) und als Sulfate vorliegen, hat oftmals nur örtliche Bedeutung. Sulfide und vor allem Schwefelwasserstoff zeigen oft bei ihrer Bestimmung nach Art und Menge durch ihr gegenseitiges Verhältnis den Zustand des Abwassers an. Die durch Abwasser verursachten Geruchsbelästigungen sind nach Bach ausschließlich auf Schwefelverbindungen aus den Eiweißstoffen oder Sulfaten zurückzuführen.

Übersteigt der Sulfatgehalt oft wesentlich den Gehalt des ursprünglichen Trink- und Brauchwassers, so ist dieses in den meisten Fällen ein Zeichen, daß gewerbliche Abwässer (Beizerei- oder Grubenwässer) im Abwasser enthalten sind. Nach den Untersuchungen von Nahlie[1] stieg der Schwefelwasserstoffgehalt eines Abwassers durch Aufenthalt in Absetzbecken eines Emscherbrunnens von 4,5 mg/Liter auf 8—9 mg/Liter und zwar in der Hauptsache durch Zufluß von Faulraumwasser, das selbst 50—60 mg/Liter Schwefelwasserstoff enthielt. Nach einer Belüftungszeit von 150 Minuten im Belebungsbecken ging der Schwefelwasserstoffgehalt auf 1 mg/Liter bei einer Luftzufuhr von 2 cbm Luft/cbm Abwasser herunter. Der Überschußschlamm hatte 9 mg/Liter Sulfide. Bei Frischwasser und niederer Temperatur ist nur wenig Schwefelwasserstoffbildung vorhanden. Schon bei Temperaturen von 30° C steigt die Bildung stark an. Sulfate vermehren die Möglichkeit der Schwefelwasserstoffbildung stark, wohingegen Traubenzucker, Natriumbicarbonat und Eisenchlorid nach den Untersuchungen von Baumgartner[2] nicht beschleunigend wirken.

III. Biologische Untersuchungen.

1. Fäulnisfähigkeit.

Eng zusammen mit der Bestimmung der Schwefelverbindungen steht die Bestimmung der Fäulnisfähigkeit, die angibt, ob und nach wieviel Stunden bzw. Tagen das Abwasser unter Entwicklung von Schwefelwasserstoff in stinkende Fäulnis übergeht. Die Bestimmung der Fäulnisfähigkeit (s. S. 250) gibt uns bei fäulnisfähigem Abwasser abschließend Aufschluß über den Reinheitsgrad und über die Natur eines biologisch gereinigten Abwassers und ist in vielen Fällen für die Beantwortung der Frage, ob eine biologische Anlage zufriedenstellend arbeitet oder nicht, von entscheidender Bedeutung.

Zweckmäßig wird die Fäulnisfähigkeit sowohl im filtrierten oder abgesetzten als auch im unfiltrierten Abwasser bestimmt, um festzustellen, welche Dispersionsphase der Abwasserschmutzstoffe der Träger der Fäulnisstoffe ist bzw. den größeren Einfluß hat. Durch Ausführung der Bestimmung bei erhöhter Temperatur im Brutschrank kann die sonst benötigte Zeit erheblich abgekürzt werden (Hamburger Test). Die Bestimmung der Fäulnisfähigkeit fällt bei fäulnisfähigem Abwasser negativ oder zu spät aus, wenn

1. das Abwasser stark saure (p_H-Wert unter 6—6,5) oder stark alkalische Reaktion (p_H-Wert über 8,5) hat,
2. wenn die Proben steril sind,
3. wenn die Proben Stoffe enthalten, die den gebildeten Schwefelwasserstoff binden oder vermöge ihrer chemischen Zusammensetzung die Schwefelwasserstoffentwicklung verhindern. So wird nach Meinck[3] die faulige Zersetzung bei Anwesenheit größerer Mengen Nitratsauerstoff so lange zurückgehalten bis der Nitratsauerstoff verbraucht ist. Abwässer gewerblicher Art (z. B. solche von Spinnstoffabriken) können durch die Eigenart ihrer Betriebsabwässer Schwefelwasserstoff enthalten, ohne fäulnisfähig zu sein.

Bei zu stark verdünnten Abwässern kann die Schwefelwasserstoffreaktion ebenfalls ausbleiben. In diesem Falle geben die Verfärbungen (schwarz) wertvolle Aufschlüsse; unter Umständen müssen die Abwässer nach der Neutralisation mit nicht sterilem Abwasser geimpft werden.

2. Biologische Vorflutuntersuchungen.

Zu den biologischen Methoden, die Aufschlüsse über die bisherige Inanspruchnahme des das Abwasser aufnehmenden Vorfluters geben sollen, sind außer der Bestimmung der Sauerstoffzehrung (s. S. 242), des biochemischen Sauerstoffbedarfs (s. S. 260), auch vor allem die biologische Abwasser- und Flußwasseranalyse zu rechnen, wie sie von Kolkwitz und Marsson an Hand des Saprobiensystems entwickelt worden ist und die bei der Beurteilung der

[1] Nahlie: Sewage Works Journ. 1935, 7, 91.
[2] Baumgartner: Sewage Works Journ. 1934, 6, 399.
[3] Meinck: Kleine Mitt. Landesanst. Wasser-, Boden- u. Lufthygiene 1932, 8, 33.

einzelnen Stufen der biologischen Reinigungsverfahren, bei der Selbstreinigung der Gewässer, bei Auftreten von Fischsterben und ähnlichen Fällen in ausgedehntem Maße mit größten Erfolgen angewandt wird. Aus den im Vorfluter vorgefundenen Leitorganismen kann man schließen, ob ein Vorfluter rein, weniger rein oder stark verschmutzt ist. Der Vorteil der biologischen Untersuchung gegenüber der chemischen Untersuchung ist der, daß man die schädigenden Einflüsse von Abwasserwellen im Vorfluter auch noch einige Zeit hinterher, also wenn die schädigende Abwasserwelle längst vorbeigeflossen ist, feststellen kann, auch dann noch, wenn für die chemische Untersuchung schon kein geeignetes Material mehr vorhanden ist.

IV. Wieweit muß ein Abwasser gereinigt werden?

Die Verschiedenheit der Abwasserzusammensetzung, der Menge und der Einfluß der örtlichen Verhältnisse bedingt, daß jeder Fall der Abwasserbehandlung nach örtlichen Gesichtspunkten für sich behandelt werden muß. Man kann daher in den allerseltensten Fällen die an einem bestimmten Ort bewährte Art der Reinigung ohne weiteres auf andere Verhältnisse übertragen. Von entscheidendem Einfluß für die Beantwortung der Frage, wieweit ein Abwasser gereinigt werden muß, ist der Vorfluter. Hat der Vorfluter auf seiner oberen Strecke schon größere Abwassermengen abbauen müssen, so daß er nicht mehr leistungsfähig ist, so können ihm nur verhältnismäßig geringe Abwassermengen oder besser vorgereinigte Abwässer zugeleitet werden.

Neben der Art des Vorfluters spielt die Wasserführung eine ausschlaggebende Rolle. Das Abwasser muß die seinem Verschmutzungsgrad entsprechende Verdünnung erfahren, da es sonst nicht ohne Schwierigkeiten im Vorfluter abgebaut wird. (Geruchsbelästigung, Schlammbänke usw.) (s. S. 251). IMHOFF[1] teilt die Gewässer in vier verschiedene Reinheitsgrade, die je nach ihrem Verwendungszweck innegehalten werden müssen. Er unterscheidet folgende Reinheitsgrade der Vorfluter: 1 gut für Wasserversorgung; 2 für Badeplätze geeignet; 3 für Fischwasser geeignet; 4 schlechter Vorfluter, nur für grobe technische Zwecke und zur landwirtschaftlichen Bewässerung brauchbar.

Während man bei einem Vorfluter nach Grad 4 oft mit einer mechanischen Reinigung auskommt, wird man bei ungenügender Verdünnung (s. S. 251) bereits bei Grad 3 biologische Verfahren anwenden müssen. Die Reinigungswirkung der verschiedenen Reinigungsverfahren gibt er dabei, gemessen am biochemischen Sauerstoffbedarf, wie folgt an:

Siebe	5—10%	Abnahme der Gesamtverschmutzung,
Chlorung allein	15—30%	,, ,, ,,
Absetzbecken	33—40%	,, ,, ,,
Chemische Klärung . . .	60—75%	,, ,, ,,
Tropfkörper	60—90%	,, ,, ,,
Belebtschlammverfahren .	85—95%	,, ,, ,,

Bei dem Entwurf muß nach dem Entscheid, daß eine Verwertung der Abwässer durch landwirtschaftliche Ausnutzung örtlich nicht anwendbar ist, auch der Zustand der Selbstreinigung berücksichtigt werden. Es ist grundsätzlich falsch, ein Abwasser nur ungenügend zu reinigen, wie es aber auch aus wirtschaftlichen Gründen falsch sein kann, ein Abwasser weiter zu reinigen, als dem biologischen Selbstreinigungsvermögen des Vorfluters entspricht. Hierbei ist selbstverständlich, daß man das Selbstreinigungsvermögen nicht restlos ausnutzen darf und daß die hygienischen Belange des Vorfluters als Volkserholungsstätte, wie Badeplatz, Wassersport usw. in keiner Weise beeinträchtigt werden dürfen, wie auch bei dem Entscheid über den Entwurf der Kläranlage nicht die technisch geschicktere und billigere Lösung, sondern die öffentliche Gesundheitspflege ausschlaggebend sein sollte. Nur wenn jeder Oberlieger auf den Unterlieger genügend Rücksicht nimmt, wird man erträgliche Verhältnisse

[1] IMHOFF: Städtereinigung 1936, 28, 153.

für alle Benutzer schaffen können. Im allgemeinen haften die Abwasserableiter nach § 13 des Wassergesetzes für ihre Ableitungen. Ein Einschreiten der Wasserpolizeibehörde ist aber gegen die Einleiter von unzureichend gereinigtem Abwasser auch dann zulässig, wenn die durch wasserrechtliche Verleihung genehmigte Kläranlage eine ausreichende Reinigung nicht ermöglicht. Maßgebend ist nicht die benutzte Kläreinrichtung, sondern der in der Verleihung vorgeschriebene Reinigungsgrad. Auch § 24 des Wassergesetzes ist zur Haftung der Unternehmer dann anzuwenden, wenn § 13 des Wassergesetzes nicht ausreicht.

Auch die Bevölkerung, die durch die Steuern die Kosten der städtischen Kläranlage trägt, muß für die Kläranlagen mehr als dies bisher geschehen ist interessiert werden. Es genügt nicht, die Einwohner nur durch die Abwassergebühren in bestimmten Zeitabständen an die öffentlichen Maßnahmen zu erinnern. Man muß durch gelegentliche Veröffentlichungen in den Tageszeitungen, durch Beschreibungen und Anzeigen zum Besuch der Kläranlagen einladen und durch öffentliche Führungen das Interesse der Bevölkerung wecken. Hierzu ist es aber notwendig, die Anlage durch geschmackvolle Bauten, Baumgruppen, Blumenbeete, gepflegte Rasenflächen und Wege, durch Sauberkeit anziehend zu machen. Durch einen guten Vogelschutz, durch Aufhängen von Nisthöhlen und Anpflanzen von Vogelschutzpflanzen sorgt man für Freihaltung von Insekten, Fliegen usw. und für Erhaltung des Baumbestandes.

V. Wann muß ein Abwasser gereinigt werden?

Bei der Entscheidung der Frage, wann die Abwasserreinigung durchgeführt werden soll, müssen neben hygienischen und rein ästhetischen Gründen auch die bauliche Entwicklung der Stadt und der Vorfluter ausschlaggebend sein. Bei geschickter Ausnutzung der bekannten Klärverfahren kann der Ausbau auch stufenweise erfolgen, wodurch gleichzeitig eine geeignete Verteilung der Kosten erreicht wird. Die Abwasserreinigung selbst muß so weitgehend sein, wie der jeweilige Vorfluter es verlangt. Bach beantwortet daher die Frage, wann ein Abwasser gereinigt werden muß, mit der Antwort „wann immer und so weitgehend die Rücksicht auf den Vorfluter es erfordert“.

Die Frage, wo man eine Kläranlage errichten muß, richtet sich nach den örtlichen Verhältnissen. Wie man aber grundsätzlich die Trinkwasserversorgung, z. B. in den Fällen, wo Uferfiltration in Frage kommt, oberhalb der Stadt ausbaut, wird man die Kläranlage möglichst flußabwärts legen, um eine gegenseitige Beeinflussung auszuschalten. Auch auf öffentliche Badeplätze muß weitgehend Rücksicht genommen werden. Da die heutigen Klärverfahren so ausgebildet sind, daß sie vollständig geruchsfrei und ohne Belästigung der Nachbarschaft arbeiten, ist man nicht mehr gezwungen, weiter zu gehen als dies die Bebauung unter Berücksichtigung der nächsten Entwicklung erfordert. Jedenfalls soll man das Abwasser reinigen, bevor man es in den größeren Vorfluter einleitet. Dabei soll das Abwasser möglichst frisch sein, denn ein fauliges Abwasser erzeugt starke Geruchsbelästigungen, die wieder zur Folge haben, daß man die Reinigungsanlage nur in größerer Entfernung von der bebauten Fläche errichten darf.

F. Notauslässe, Regenüberfälle und Regenwasserbecken.

1. Bis zu welcher Verdünnung durch Regenwasser soll das Abwasser in die Kanalisation und Kläranlage aufgenommen werden?

Die für die Abführung der Abwässer zu errichtende Kanalisation kann nun nicht wahllos groß gebaut werden. Bei Niederschlägen geht je nach der Art des Bodens, der Bebauung und der Gestaltung des Geländes nur ein Bruchteil in die Kanalisation. Auf flachen und stark durchlässigen Sandböden können größere Regenmassen vollständig versickern. Abschüssige Flächen liefern reichlicheren Regenabfluß als solche, die weniger Gefälle aufweisen. Von gepflasterten Straßen, sowie von Häusern gelangt fast das ganze Regenwasser in die

Kanalisation. Die Abflußwerte bei verschiedener Bebauung können nach IMHOFF[1] rechnerisch sehr gut ermittelt werden. Um auch die bei Naturkatastrophen abzuführenden Wassermengen möglichst weitgehend aufnehmen zu können, muß die Kanalisation zur Entlastung an geeigneten Stellen Not- oder Regenauslässe, die die größeren Wassermengen direkt zum Vorfluter leiten, haben. Diese Regenauslässe sollen auch die Kläranlagen vor Überlastungen schützen. Um zu kontrollieren, wie häufig die Regenüberfälle in Tätigkeit treten, kann man diese mit registrierenden Schwimmerinstrumenten versehen. In besonderen Fällen hat man sie mit Signalvorrichtungen versehen, z. B. in den Fällen, in denen man bei kleinen Vorflutern zur besseren Verdünnung des aus den Notauslässen abfließenden Schmutzwassers aus oberen Stauhaltungen Verdünnungswasser zugeben muß. Es ist daher auch bei dem Entwurf der Kläranlage zu prüfen, bis zu welchem Verdünnungsgrad durch Niederschlagswasser die Kläranlage die Abwässer aufnehmen muß.

In England wird, ausgehend von dem Gedanken, daß das Mischwasser bei Regen im Durchschnitt ebenso verschmutzt ist wie der Trockenwetterabfluß, die volle (meist biologische) Reinigung bis zur 3fachen und die Beckenbehandlung (das ist die mechanische Reinigung) bis zur 6fachen Menge des Trockenwetterabflusses grundsätzlich verlangt. Es ist daher in England Vorschrift, daß die zu errichtende Kläranlage in den Absetzbecken den Trockenwetterzufluß bis zu 6 Stunden und in den Regenwasserbecken den Zufluß von weiteren 12 Stunden aufnimmt. Sie muß also insgesamt den Zufluß von 18 Stunden fassen können.

In Deutschland und auch in Amerika und vielen anderen Staaten hat sich die Praxis durchgesetzt, die Kläranlage so groß zu bauen, daß sie mindestens den 6fachen Trockenwetterzufluß (1 + 5) aufnehmen kann. Hierbei geht man von den Erwägungen aus, daß die Hauptmenge des von den Straßen bei Regen abgespülten und des in den Kanälen lagernden Schmutzes durch die ersten, als Spülwellen wirkenden Wassermengen mit fortgeführt und dadurch in die Kläranlage aufgenommen werden. Sehr verhängnisvoll wirken bei stärkeren Regenfällen die in vielen deutschen Städten noch vorhandenen Hauskläranlagen und Überlaufgruben, die nur selten gegen Regen abgeschlossen sind. Durch die stark vermehrte Wassermenge wird bei Regen in ihnen der Schlamm aufgewühlt und in den Abfluß gespült, wodurch oft in kurzer Zeit die Grube entleert wird. Hierauf kann man die Tatsache zurückführen, daß bei Sturzregen oft große Mengen von Schlamm und frischen Kotstoffen bei den Regenüberläufen und im Gewässer beobachtet werden.

Bei offenen Abwassersammlern geschieht die Einstellung des sechsfachen Trockenwetterzuflusses zur Kläranlage ebenfalls durch Regenüberfälle, die kurz vor den Kläranlagen errichtet werden. Die über die sechsfache Menge hinausgehende Wassermenge geht über eine Überfallschwelle durch eine Umleitung an der Kläranlage vorbei, entweder direkt zum Vorfluter oder besser zu einem Regenwasserbecken.

Die durch die Notauslässe oder Regenüberfälle abgehenden, oft sehr großen Wassermengen können besonders bei kleinen Vorflutern sehr schädlich sein. Es sind eine Reihe von Untersuchungen über den nachteiligen Einfluß der Notauslässe auf den Vorfluter veröffentlicht worden, so noch in neuester Zeit von BÖTTCHER, NÖTHLICH[2], die über den Einfluß der Berliner Notauslässe auf den Sauerstoffgehalt der Spree und Havel in den Jahren 1934 und 1935 berichtet haben. Mit Rücksicht auf den starken Einfluß der Regenauslässe auf den Vorfluter sollten diese nicht in die Umleitungen des Vorfluters, z. B. in die Obergräben von Kraftwerken und nicht in den durch den Betrieb zeitweise wasserleer oder wasserarm gewordenen eigentlichen Vorfluter einmünden, sondern besser stets in die fließende Welle, d. h. also unterhalb der Umleitungen eingeleitet werden. Um zu verhindern, daß die durch Regen herangeführten Schlammassen zu Belästigungen führen, muß die Überfallschwelle hoch genug fest angeordnet sein, daß sie erst von einer bestimmten Wasserführung an zu laufen beginnen können.

Um die über die Überfallschwellen abgehenden Wassermengen nicht ungereinigt und zu plötzlich in den Vorfluter abzulassen, empfiehlt es sich, für die durch die Notauslässe abgelassenen und die über die Überfallschwellen gehenden Wassermengen, besonders aber vor die Kläranlagen Regenwasserbecken, auch „Regenwasserkläranlagen" oder Regenrückhaltebecken zu schalten.

[1] IMHOFF: Taschenbuch der Stadtentwässerung. München u. Berlin: Oldenburg 1936.
[2] NÖTHLICH: Gesundh.-Ing. 1937, **61**, 179.

2. Verschiedene Arten von Regenwasserklärbecken.

In den Regenwasserkläranlagen wird das Regenwasser durch Verminderung der Fließgeschwindigkeit und längeren Aufenthalt vom Schlamm, der dann in die eigentliche Kläranlage übergeführt und mit dem übrigen Schlamm verarbeitet wird, befreit. Einfach lassen sich die Regenwasserkläranlagen dort bauen, wo Gefälle zur Verfügung steht. Eine der ältesten und besten Konstruktionen in dieser Beziehung ist die Regenwasserkläranlage System Mannes, wie sie in Abb. 18 dargestellt ist.

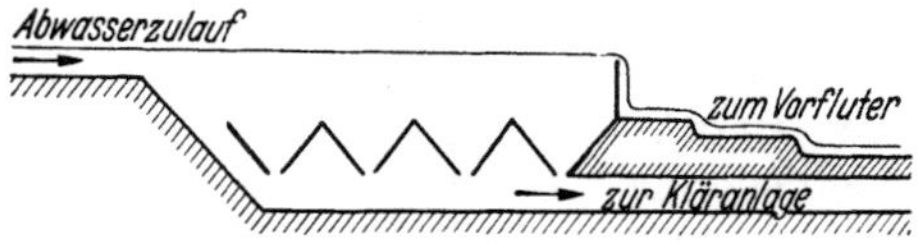

Abb. 18. Regenwasserkläranlage System Mannes.

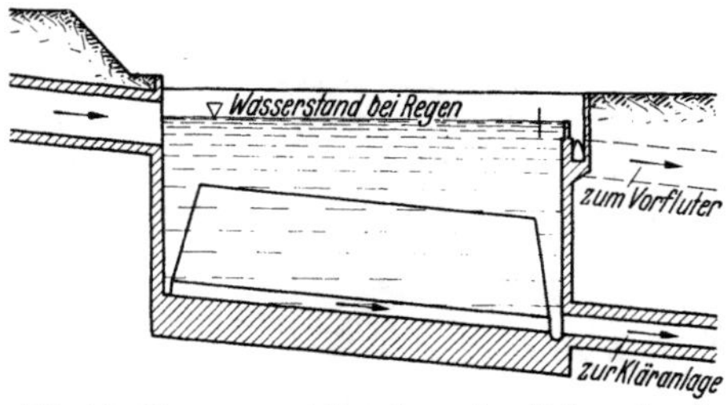

Abb. 19. Regenwasserkläranlage des Ruhrverbandes auf der Kläranlage Velbert.

Das Regenwasser wird in dem Klärbecken angestaut, bis es über dem Überfall am Ablauf überfließt. Beim Aufenthalt in diesen Absetzbecken scheidet das Regenwasser den mitgeführten Schlamm am Boden ab, der sich dann in den Trichtern ansammelt. Während die Hauptmenge des geklärten Regenwassers durch den Überfall direkt in den Vorfluter geht, werden die in den Trichtern abgesetzten Schlammstoffe durch den Grundablaß laufend zur Kläranlage abgeführt. Nach Aufhören des Regens läßt man den gesamten Inhalt des Absetzbeckens durch den Grundablaß langsam in gleichmäßigem Strome mit in die Kläranlage ab.

Statt die Sohle in eine Reihe einzelner Trichter aufzulösen, kann man sie auch in Rinnen auflösen, die den Vorteil haben, daß sie sich sehr gut sauber spülen lassen, weil sie leichter zugänglich sind.

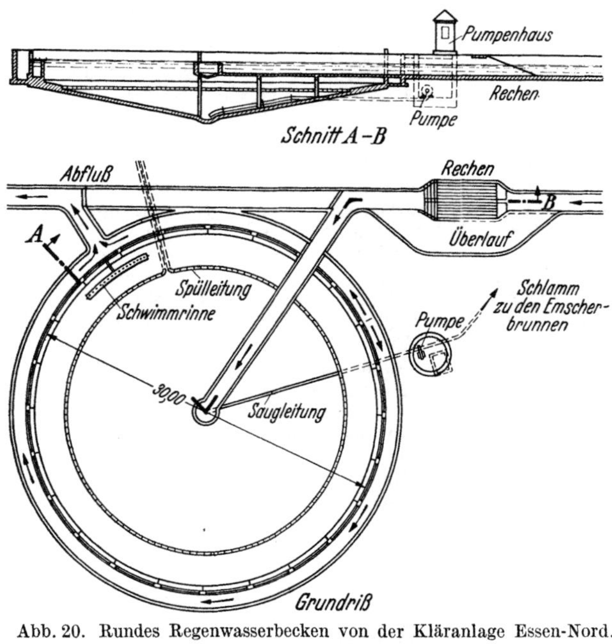

Abb. 20. Rundes Regenwasserbecken von der Kläranlage Essen-Nord.

Die Regenkläranlage der Kläranlage Velbert, deren Anordnung aus Abb. 19 ersichtlich ist, besteht ebenfalls aus einem größeren Absetzbecken, dessen Sohle aber durch keilförmige Längseinbauten in Rillen aufgelöst ist. Der in diesen Rillen sich absetzende Schlamm wird ständig durch die am Boden eingebaute Zulaufrinne zur Kläranlage abgeleitet. Die beiden gezeigten Regenwasserkläranlagen treten selbsttätig in Tätigkeit, wenn größere Wassermengen, als die Zulaufrinne fassen kann, zur Kläranlage kommen. Der abgesetzte Schlamm wird ständig zur Kläranlage geleitet.

Steht kein Gefälle zur Verfügung, so baut man Absetzbecken mit etwa 1,5—2,5stündigem Aufenthalt. Diese Becken haben den Nachteil, daß sie nach Ablauf des Regens jedesmal leer gepumpt werden müssen. Kleinere Regenstöße kann man in den vorhandenen Absetz- bzw. Trockenwetterbecken bei Regenwetter abfangen, indem man ihre Leistungen dadurch erhöht, daß man den

Wasserspiegel dadurch ansteigen läßt, daß man am Abfluß zwei Überfälle anordnet, von denen der höhere nur bei Regenwetter in Tätigkeit tritt. In dem zweiten höheren Überfall sind für den Durchgang des normalen Abflusses Absperrschieber, die die Durchflußregulierung durch das Becken gestatten. Wird die Abwassermenge größer als diese Schieber durchlassen, so steigt das Wasser im Absetzbecken so lange an, bis der zweite Überfall in Tätigkeit tritt. Der Raum zwischen den beiden Überfällen wirkt dann als Rückhaltebecken. Tiefliegende Regenklärbecken haben sich in verschiedenen Formen bewährt. Neben runden Becken mit zentralem Zufluß, wie es in Abb. 20 dargestellt ist, findet man auch langgestreckte Becken mit trichterartig ausgebildeter, abgeschrägter Sohle. An Stelle der Absetzbecken kann man aber auch dort, wo geeignetes Gelände zur Verfügung steht, das überschießende Wasser in Auflandungsteiche oder besondere Regenwasserteiche, in denen der Schlamm abgesetzt wird und das überstehende Wasser allmählich versickert, leiten.

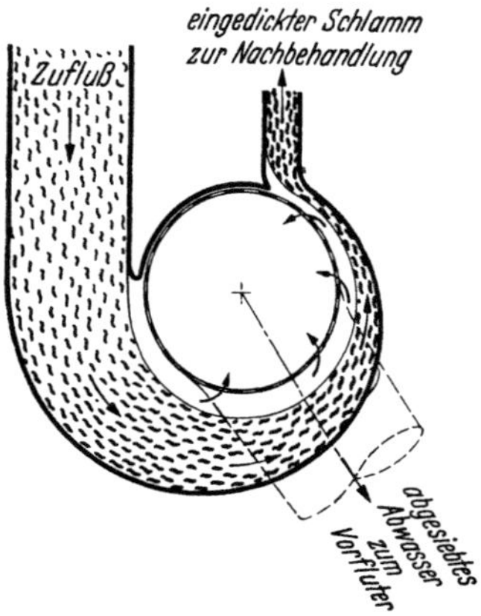

Abb. 21. Zentrisieb nach SEEGERT.

3. Reinigung des Regenwassers durch Siebe oder Roste.

In gleicher Weise wie bei dem auf S. 224 angegebenen Ablenkrost soll das Zentrisieb von SEEGERT das durch den Regenüberfall zum Vorfluter abgeleitete Regenwasser von den Schwebestoffen befreien.

Überschreitet der Abwasserzufluß die Aufnahmefähigkeit der Kläranlage, so schaltet eine vom Wehr aus durch Schwimmervorrichtung gesteuerte Schaltung das Zentrisieb ein. Es besteht aus einem Trommelsieb, das zentrisch um eine senkrecht gelagerte Welle angeordnet ist und sich mit einer Geschwindigkeit dreht, die größer ist als die des Abwassers. Hierdurch werden die auf dem Sieb zunächst abgesetzten Stoffe wieder abgeschleudert. Das in der Mitte zentrisch angeordnete Sieb hat einen Durchmesser von 2 m, die senkrecht angeordneten Schlitze haben eine Weite von 5×70 mm. Das zufließende Wasser wird durch die schnelle Drehung des Siebes in Wirbelung versetzt, wobei die Schmutzstoffe der Zentrifugalkraft folgend nach der das Sieb umschließenden Wand geschleudert werden. Hier sammeln sie sich und gelangen in die Mündung eines Schlammsammelrohrs, das mit der Kläranlage in Verbindung steht. Zur Offenhaltung der Siebe ist nach MÜLLER[1] eine Mindest-Umlaufgeschwindigkeit von etwa 2,4 m/Sek. erforderlich, wenn die Eintrittsgeschwindigkeit aus dem Kanal 2,0 m/Sek. beträgt. Der Antrieb des Siebes erfolgt durch einen 5 PS-Motor. Durch das Sieb sollen 90% aller Schwebestoffe über 1 mm entfernt werden.

Der in den Regenwasserkläranlagen abgefangene und in die Kläranlage abgeleitete Schlamm vermehrt den in der Kläranlage anfallenden Schlamm um 30—50%. Sind daher an eine Kläranlage Regenwasserkläranlagen angeschlossen, so müssen die Faulräume und Trockenplätze entsprechend größer gemacht werden.

G. Vorreinigung.

I. Wann ist eine Vorreinigung nötig?

Durch die Vorreinigung sollen alle die Stoffe aus dem Abwasser entfernt werden, die bei der weiteren Behandlung des Abwassers in der Kläranlage störend wirken. Als solche kommen in Frage alle groben Stoffe, wie gröbere Küchenabfälle, Obstreste, Holzteile, Äste, Korke, Lumpen, Töpfe, Konservendosen, Tierleichen, alle sperrigen Stoffe, die zum Teil unbefugterweise in den

[1] MÜLLER: Städtereinigung 1936, 28, 323. — SEEGERT: Gesundh.-Ing. 1934, 57, 68.

Kanal gegeben werden und die leicht in den Rohrleitungen oder in den Pumpen zu Verstopfungen und damit zu schweren Betriebsstörungen führen. Das Entfernen dieser Stoffe erfolgt durch Rechen oder Siebe. Schon mit Rücksicht auf das Flußbett und den gesamten Vorfluter sollten vor jeder direkten Abwasserableitung in einen Vorfluter diese im Bach- oder Flußbett sehr unschön wirkenden Stoffe aus dem Abwasser entfernt werden. Neben diesen gröberen Sperrstoffen kommen besonders bei Regen von den Straßen Sand, Detritus, Straßenabschliff, Asche und ähnliche mineralische Stoffe, die in den Absetzbecken infolge ihres höheren spezifischen Gewichtes zu schwer entfernbaren Ablagerungen und in den Faulräumen oft zu unerwünschten Trichterbildungen führen. Auch für die Rohrleitungen und Pumpen sind diese letzteren meist sehr scharfkantigen Stoffe durch höheren Verschleiß sehr schädlich. Diese der biologischen Zersetzung nicht zugänglichen Stoffe werden am besten vorher durch Sandfänge entfernt. Aus den Garagen, industriellen Betrieben und von den Straßen bringen die zur Kläranlage kommenden Abwässer mehr oder weniger große Mengen Öl bzw. Fett mit, die mit

Abb. 22a. Bild eines handbedienten Grobrechens der Kläranlage Essen-Rellinghausen.

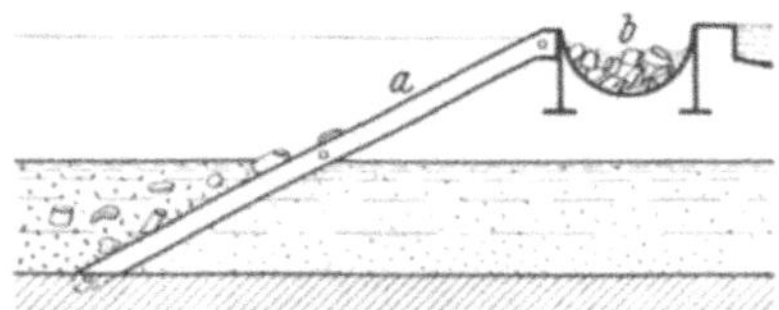

Abb. 22b. Schnitt durch einen Grobrechen der Kläranlage Essen-Rellinghausen.

Rücksicht auf die Weiterbehandlung des Abwassers und auf den Vorfluter entfernt werden müssen. Die Entfernung dieser Öl- und Fettbestandteile geschieht durch Ölfänger.

II. Grobrechen.

1. Grobrechen ohne und mit maschinellem Antrieb.

Die einfachste und zugleich auch billigste Vorrichtung zum Entfernen der groben Schwimmstoffe vor Absetzbecken sind die meistens am Zulauf zu den Kläranlagen angeordneten Grobrechen, wie sie in Abb. 22 dargestellt sind. Die feststehenden Grobrechen bestehen aus parallel nebeneinanderstehenden Profilstäben, Rund- oder Flacheisen, deren lichte Weite zwischen 20—100 mm schwankt. Je nach Art der zu entfernenden Schwebestoffe und nach der Aufgabe des Rechens ist der Abstand der parallel zueinanderstehenden eisernen Stäbe verschieden. Als Vorreinigung vor Absetzanlagen wird ein Abstand der einzelnen Stäbe von 40—60 mm empfohlen.

Dort, wo frischer Schlamm mit Kratzern oder Pumpen befördert werden muß, gibt man den Rechen 20 mm Stababstand oder man schaltet zwei Rechen hintereinander, von denen der erstere 60—80 mm und der zweite 20 mm Stabweite hat. Diese Stäbe werden mit einer Neigung von mindestens 1 (Höhe) zu 3 (Länge) nach der Strömungsrichtung des Abwassers in die Abwasserrinnen eingebaut. Durch die Schrägstellung dieser Rechen soll erreicht werden, daß der Wasserstrom die abgefangenen Sperrstücke nach oben schiebt, so daß Verstopfungen leicher vermieden werden. Die Wassergeschwindigkeit soll durch die Rechen nicht verringert werden (nicht unter 0,6 m/Sek.), da sich sonst vor oder hinter dem Rechen Sandablagerungen bilden. Bei stark wechselnden Wassermengen kann man einen Sicherheitsumlauf an diesen Grobrechen anordnen, der dann aber eine größere Stabweite von etwa 100 mm erfordert (s. Abb. 22a). Das sich auf den Rechenstäben sammelnde Rechengut wird von Hand durch Harken usw. entfernt. Bei größeren Kläranlagen geschieht dies durch maschinelle Abstreifvorrichtungen. Bei einigen Rechenkonstruktionen werden die Rechen zur Entfernung der auf ihnen angesammelten Schmutzstoffe aus dem Wasser herausgehoben. Solche Rechen sind der Frankfurter Kipprechen, der Schneppendahlsche Flügelrechen, der Allensteiner Rechen. Bei dem GEIGERschen Grobrechen mit hochziehbarer Schwelle werden die auf dem Rechen angesammelten Schmutzstoffe durch das Hochziehen der Schwelle entfernt, die derart über die Rechenstäbe geschoben wird, daß alle Stäbe durch sie hindurchgeführt werden (Frankfurt, Gleiwitz, Mainz, Bingen, München).

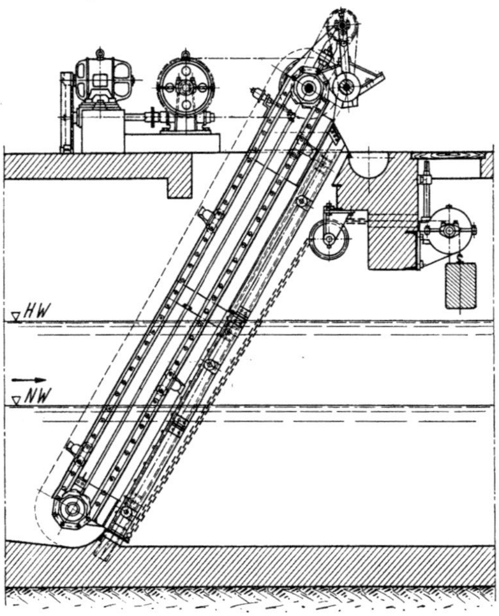

Abb. 23. Hochziehbarer Schlitzrechen mit Aufzugsgetriebe System Breuerwerke.

Mit den störenden Sperrstoffen sammeln sich aber auch oft manche andere Stoffe, wie Papier, Fäkalien, Fleischteilchen usw. auf dem Rechen. Diese sollten besonders in den Fällen, wo die in der mechanischen Reinigung abgefangenen Schlammstoffe ausgefault werden, mit durchgelassen und dann nach Abfangen in der mechanischen Reinigung mit dem übrigen Schlamm ausgefault werden. Will man aber auch diese Stoffe mit Rücksicht auf den Vorfluter entfernen, so wendet man Feinrechen oder Siebe ab. Die Menge des anfallenden Rechengutes beträgt bei den von Hand bedienten Grobrechen etwa 2—3 Liter je Kopf und Jahr.

Die von Hand betriebenen Rechen machen immer mehr den maschinellen Rechen und Absiebanlagen Platz. Diese Rechen werden entweder wie die Grobrechen mit feststehenden Schlitzrechen oder in der Form der beweglichen Bandrechen mit mechanischen Abstreif- oder Abbürstvorrichtungen gebaut. Auf der Kläranlage Leipzig[1] ist ein maschineller Rechen Bauart Unruh und Liebig errichtet. Bei diesem bewegt sich zwischen feststehenden Rechenstäben mit 20 mm Zwischenraum eine maschinell angetriebene Abstreifvorrichtung. Das Rechengut wird durch einen selbsttätigen Abstreifer auf ein quer vor dem Rechen liegendes Förderband geschoben. Der Rechen ist mit einer Schaltuhr gekuppelt, die den Rechen in beliebigen Zeitabständen von 1—30 Minuten in Betrieb setzen kann.

Bei dem von der Bamag-Meguin auf der Kläranlage Berlin-Waßmannsdorf errichteten Rechen wird der Rechenkamm beim Aufwärtsgang zwanglsäufig auf den Rechenstäben entlang geführt und kehrt am oberen Ende des Rechens nach Vorbeigehen an einer Abstreifvorrichtung seine Bewegung um, wobei sich der Kamm genügend hoch von den Rechenstäben abhebt. Die zwangsläufige Bewegung wird durch die Führung eines Zahnradritzels in einer kreissegmentförmigen Bahn bewegt. Bei dem Grobrechen nach Bauart Passavant ist die Harke elastisch aufgehängt. Ihre Bewegung wird durch umlaufende Kettenzüge erreicht. Beim Abwärtsgang bewegt sich die Harke im Abstand von 50—80 cm vor dem Rost.

In Abb. 23 ist ein Schlitzrechen, der durch eine Abbürstvorrichtung gereinigt wird und in Abb. 24 ein Rechen mit Spindelantrieb, System Geiger, dargestellt. Im ersteren Fall

[1] HEILMANN: Vom Wasser 1936, 11, 39.

haben die Schlitze Weiten von 1—10 mm, so daß ein Durchdrücken gröberer Stoffe nicht mehr stattfindet. Die Siebbürsten selbst werden nach jedem Arbeitsgang durch die Walzenbürste sorgfältig gesäubert, die ihrerseits wieder durch den Abstreifkamm vor Verschmutzung und Verfilzung bewahrt wird. Als Vorreinigung vor Absetzbecken mit Schlammkratzern, Saugköpfen usw. und in den Fällen, wo das Abwasser beim Ablassen in einen großen Vorfluter nur von den gröberen, unästhetisch wirkenden Stoffen befreit werden soll, werden Feinrechen oder Siebe mit Schlitzweite von 0,8—2 mm angewandt. Die mit Abstreifmaschinen versehenen Feinrechen können ziemlich steil stehen. Die Abstreifmaschinen sind in vielen Fällen so eingerichtet, daß sie automatisch mit Unterbrechungen betrieben werden. Diese Unterbrechungen können zeitlich durch Schaltuhren eingestellt werden oder auch von dem sich am Rechen ansammelnden Rechengut und dem dadurch bedingten Rückstau durch Schwimmer eingeschaltet werden (s. Abb. 30).

Abb. 24. Rechen mit Spindelantrieb System Dipl.-Ing. GEIGER Karlsruhe. (Kläranlage Buchenhofen bei Wuppertal und Essen-Rellinghausen.)

Es gibt eine große Anzahl verschiedener Konstruktionen. Bekannt sind der aus einem endlosen Gitterband bestehende Brunotte-Rechen (Hamburg, Berlin, Krefeld, Hanau) der Maschinenfabrik Wolff A.-G. in Magdeburg-Buckau und der Uhlefelder-Rechen (Frankfurt, Wuppertal-Elberfeld, Stralsund), d. i. ein Radrechen mit fünf einzelnen Rechentafeln, der gleichförmig dem Wasserstrom entgegenrotiert. Die einzelnen Flügel, deren Siebe gleichzeitig durch eine mit Gummischeiben und nachfolgender Bürste versehene Abstreifvorrichtung gereinigt werden, werden aus dem Wasser gehoben und dort nach vorn an die Spitze der Platte abgestreift. Die Abstreifvorrichtung wirft die Stoffe auf eine darunterliegende Auffangplatte. Diese wird durch die Bewegung des Rechens umgekippt und entleert den Inhalt auf ein Transportband, das die Stoffe aus dem Raum befördert. Der Rechen macht je nach Aufgabe $2^1/_2$ bis 5 Umdrehungen in der Minute; er hat einen Kraftbedarf von 1,5—2 PS. Man kann auch den Uhlefelder Rechen in zwei nebeneinander liegende Kanalzuleitungen als einflügelige Rechen, die dann von Hand bedient werden können, errichten, wie dies z. B. in Frankfurt a. Oder geschehen ist.

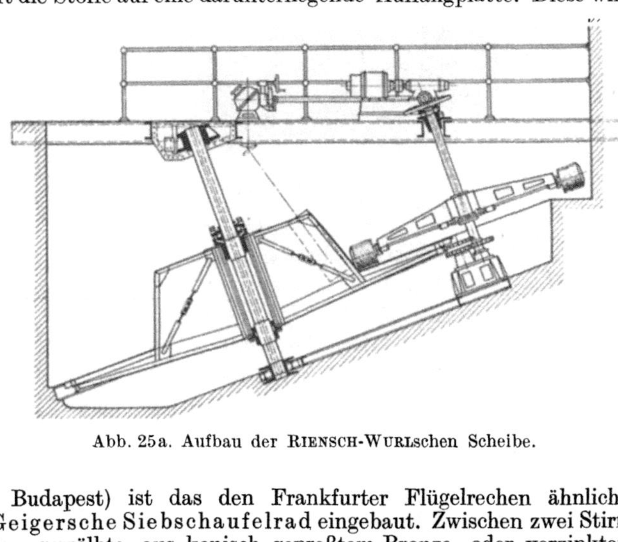

Abb. 25a. Aufbau der RIENSCH-WURLschen Scheibe.

In verschiedenen Städten (Karlsruhe, Gleiwitz, Straßburg, Bingen, Forst, Budapest) ist das den Frankfurter Flügelrechen ähnliche, kontinuierlich umlaufende Geigersche Siebschaufelrad eingebaut. Zwischen zwei Stirnscheiben sind 5 schaufelartige, gewölbte, aus konisch gepreßtem Bronze- oder verzinktem Eisendraht bestehende Siebflächen eingebaut, deren konkave Seite dem Abwasserfluß zugekehrt ist. Die abgesiebten Stoffe werden durch bewegliche, in den einzelnen Feldern angeordnete Abstreifer über Wasser nach einem in der horizontalen hohen Radwelle einmontierten Transportband abgestrichen. Sehr bewährt hat sich u. a. auch die Riensche Siebscheibe der Maschinenfabrik Wurl in Berlin-Weißensee, die in etwa 50 deutschen Städten, u. a. in Dresden, Berlin, Duisburg, Bremen usw. und in vielen amerikanischen Städten mit bestem Erfolg angewandt wird. Bei der in Abb. 25a im Schema und in Abb. 25b im Bild dargestellten Siebscheibe wird ständig $^4/_5$ der Siebfläche ausgenutzt. Die in einem Winkel von $22^1/_2{}^0$ zur Senkrechten geneigte Siebfläche wird ständig gedreht, so daß immer reine Siebstellen dem Wasser entgegenstehen. Durch die sich um ihre eigene Achse drehenden Bürsten aus Schweineborsten oder Piasava werden die auf den Messing-Siebblechen mit Maschenweiten von 20 × 30 mm abgesetzten Stoffe ständig in die mit Transportschnecken versehenen Rinnen oder auf Laufbänder abgestreift. Der Durchmesser der Separatorscheiben schwankt zwischen 5—8 m. Statt der Siebbleche haben die in Amerika von der Sanitary Corporation errichteten Separatorscheiben Siebe aus parallel nebeneinander angeordneten Drahtstäben. Der Kraftbedarf der RIENSCH-WURLschen Scheibe ist sehr gering. Er beträgt bei einem Durchmesser von

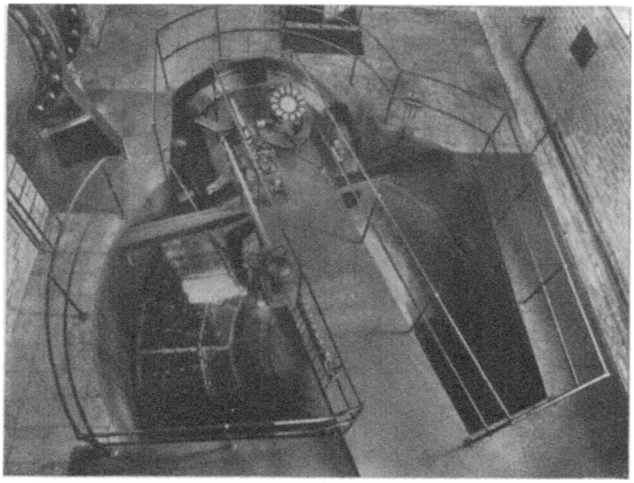

Abb. 25b. Bild der RIENSCH-WURLschen Siebscheibe (Kläranlage Duisburg).

8,0 m etwa 3—4 PS.
4,5 m etwa $^1/_4$—$^3/_4$ PS.
1,5 m etwa $^1/_4$—$^1/_2$ PS.

Von Zeit zu Zeit müssen die Siebscheiben von den sich durch die Sieblöcher drückenden, an der Unterseite haftenden Stoffen, wie Haare, Faserstoffen, Wollresten usw. befreit werden.

Abb. 26. GEIGERsches Trommelsieb (Kläranlage Essen-Rellinghausen).

An Stelle der Abstreif- oder Abbürstvorrichtungen benutzt man bei neueren Konstruktionen Spritzwasser zur Rechenreinigung, was zur Folge hat, daß das Rechengut, das bei den Rechen mit Abstreifvorrichtungen etwa 85—88% Wasser hat, durch das Abspritzen aus dem Spülwasser mit einem etwas höheren Wassergehalt anfällt. Bei Anwendung von Spritzwasser können statt der Rechen oder sonst üblichen Schlitze feinere Drahtgewebe zum Absieben benutzt werden, wodurch der Wirkungsgrad der Anlagen erheblich gesteigert wird.

Die verschiedenen mit Druckwasser arbeitenden Siebtrommeln, z. B. System Geiger, der Firma Breuer-Werke A.-G., Frankfurt, Dr. Geiger, Karlsruhe, Bamag-Meguin, Berlin arbeiten entweder mit Innen- oder Außenspülung, je nach der Fließrichtung des Abwassers. Bei den WINDSCHILDschen Siebtrommeln, die aus einer konischen Trommel aus gelochtem Blech mit waagerechter Triebachse bestehen, erfolgt die Reinigung der Siebe durch am höchsten Punkt der Trommel zugeführte Druckluft, die ständig die Poren der Siebe offen bläst. Der ausgeblasene Schmutz fällt in einen Sammelbehälter (Kläranlage Osnabrück).

2. Spülsiebe.

Um sich von den Abstreif- bzw. Abbürstvorrichtungen und dem Spül- bzw. Spritzwasser unabhängig zu machen, hat man besonders in Amerika die Spülsiebe gebaut. Diese von außen nach innen durchflossenen feinmaschigen Siebe (Maschenweite etwa 0,8 bis höchstens 2 mm) befinden sich während des Betriebes in sehr schneller Umdrehung. Durch die schnelle Umdrehung wird erreicht, daß ein Teil des Wassers als Spülstrom wirkt. $^3/_4$ der Wassermenge geht, wie aus der in Abb. 27 dargestellten Schemazeichnung hervorgeht, gereinigt durch das Sieb in den Ablauf. $^1/_4$ der Wassermenge wird zum Abspülen der auf der Außenseite abgesetzten Schmutzstoffe benutzt. Diese Spülwassermenge muß dann erst in Absetzbecken von den abgespülten Schwebestoffen gereinigt werden, ehe sie mit der Hauptmenge vereinigt wird.

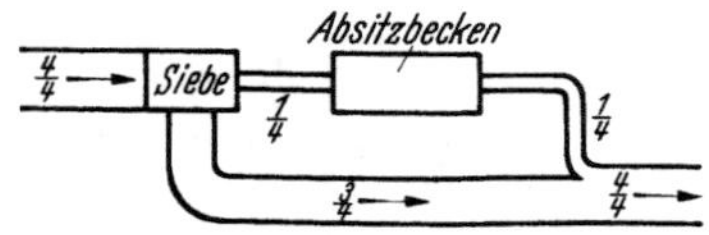

Abb. 27. Wasserführung bei Spülsieben nach HURD.

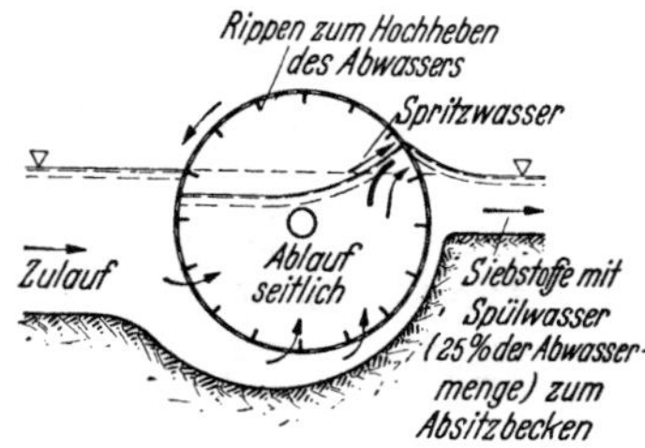

Abb. 28. Schnitt durch ein Spülsieb nach HURD.

Die von HURD erfundenen in Abb. 28 dargestellten Siebe sind z. B. auf der Kläranlage Indianapolis eingebaut, wo jedesmal 3 Siebe hintereinander angeordnet sind. Die beiden ersteren dienen zum Abfangen der gröberen Schwebestoffe, das letzte, das eine feinere Maschenweite hat, zum Abfangen der feinen Stoffe. Durch diese Schaltung konnte die eigentliche Spülwassermenge bis auf 5% der gesamten Abwassermenge verringert werden. Das Spülwasser wird in LINK-BELT-Becken geleitet, in denen sich die abgespülten Schwebestoffe niederschlagen.

Um die immerhin lästige Nachreinigung in Absetzbecken beim HURDschen Spülsieb zu umgehen, werden bei dem DORR-Spülsieb die abgespülten Schwebestoffe in einem direkt an der Siebtrommel liegenden Absetzbecken abgesetzt und von dort durch einen Greifbagger ständig entfernt. Dieses Spülsieb ist auf der Oberfläche mit Sieben, die 1 mm Maschenweite haben, bedeckt. Diese Spülsiebe haben einen Durchmesser bis zu 5 m und machen in der Minute 7 Umdrehungen, die kleineren Siebe, z. B. in Ridgewood, mit 1 m Durchmesser machen 18 Umdrehungen. Im großen und ganzen genügt 1,5 m/Sek. Umdrehungsgeschwindigkeit.

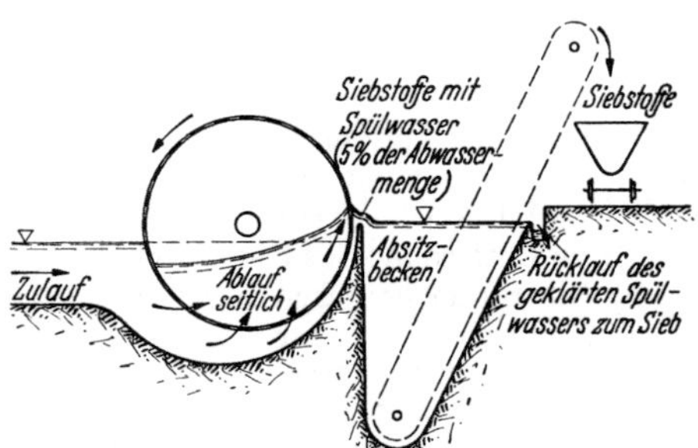

Abb. 29. Schnitt durch ein Spülsieb nach DORR.

Das Dorrsieb ist in Deutschland zum ersten Male auf der Kläranlage Duisburg neben einer Separatorscheibe von RIENSCH-WURL aufgestellt worden. Der Betrieb hat dabei ergeben, daß sich auf der RIENSCH-WURLschen Scheibe mehr die papierartigen Stoffe absetzen, während die mehr mineralischen Stoffe durchgingen. Die Siebrückstände von der Dorrtrommel hatten höheren Gehalt an Trockensubstanz, dafür hatte aber die Trockensubstanz der RIENSCHschen Scheibe einen niederen Gehalt an mineralischen Stoffen.

Um an Kraft zu sparen, hat man Rechen, Siebtrommeln und Spülsiebe mit automatischen Schaltanlagen versehen, die sich beim Ansteigen des Wasserspiegels auf der Zulaufseite bei Erreichung eines bestimmten Druckes wie aus dem in Abb. 30 dargestellten Schema ersichtlich ist selbsttätig einschalten.

Spülsiebe haben den großen Nachteil, daß man sie wegen des hohen Kraftbedarfs (etwa 6mal so hoch als langsam laufende Siebe) nur dort anwenden kann, wo der Strom zu billigen Preisen zur Verfügung steht. Um die Stromkosten herunterzusetzen, hat die Firma Breuer-Werke A.-G., Abtlg. Geiger, Frankfurt, ein der Dorrtrommel sehr ähnliches Sieb konstruiert und zwar mit geringerer Umlaufgeschwindigkeit, bei dem die Reinigung im Scheitelpunkt der Trommel durch Ausblasen mittels Preßluft bewirkt wird, ähnlich wie dies bei der WINDSCHILDschen Siebtrommel geschieht.

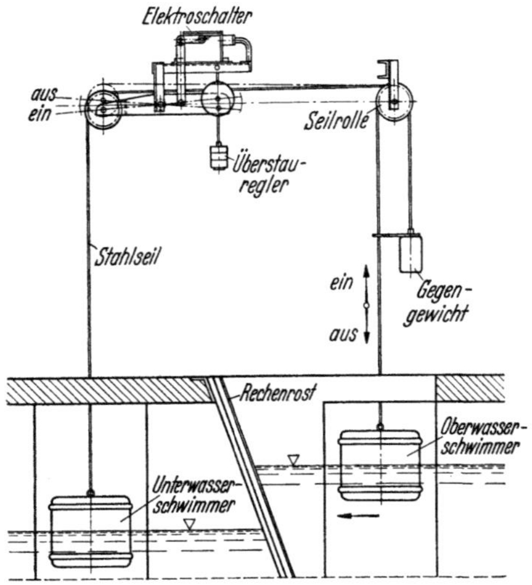

Abb. 30. Differenz-Schwimmerschaltung zum Selbsteinschalten von Rechen und Siebtrommeln (System PASSAVANT.) Erreicht die Differenz zwischen Ober- und Unterwasserspiegel das Maß von 8 cm, so beginnt die selbsttätige Differenz-Schwimmerschaltung die Motore der Rechen bezw. Siebtrommeln selbsttätig in Bewegung zu setzen. Das Abschalten erfolgt ebenfalls selbsttätig, sobald die eingestellte Differenz unterschritten wird, d. h. wenn die Rechen und Siebe sauber sind.

3. Wirkung der Siebe.

Die bisher beschriebenen Anlagen nennt man auch „Absiebanlagen“, „Abfischanlagen“. Das durch solche Anlagen behandelte Wasser ist „gesiebt“. Es hinterbleiben „Siebrückstände“, bzw. „Siebschlamm“. Sehr unangenehm macht sich besonders bei Maschenweiten unter 2 mm, das im Abwasser enthaltene Öl oder Fett bemerkbar, das leicht ein Verkleben der Abstreifbürsten oder ein Verstopfen der Poren hervorruft. Um dies zu verhindern, kann man entweder dauernd oder zeitweise auf die Bürsten kleine Mengen Fettlösungsmittel, z. B. Benzol oder Petroleum geben, oder die Siebe von Zeit zu Zeit durch Petroleum reinigen. Auf der Kläranlage Jamaika tritt bei der RIENSCH-WURLschen Scheibe das Abspritzen mit Petroleum automatisch in Tätigkeit, wenn die Bürsten auf die Scheibe kommen.

Je nach der Bauweise fangen Abwassersiebe zwischen 15 bis höchstens 35% der ungelösten Stoffe aus dem Abwasser heraus. Den Hauptwert der Absiebvorrichtungen sieht BACH[1] in folgenden Leistungen:

a) die Entfernung der Unratstoffe erfolgt rasch, bevor sie in Fäulnis übergegangen sind.

b) Die Stoffe brauchen nicht besonders aus tiefen Becken heraufgeholt werden.

c) Es werden in erster Linie die am meisten ekelerregenden Stoffe herausgefangen, so daß das gesiebte Abwasser schon, grobsinnlich betrachtet, ein ganz anderes Aussehen aufweist als das Rohwasser.

d) durch die Absiebung wird das Abwasser gleichmäßiger und damit zur Weiterbehandlung geeigneter.

e) Die Absiebanlagen erfordern nur geringe Geländeflächen.

Bei sehr großen Vorflutern mit reichlicher Wasserführung können unter Umständen z. B. bei kleinen Abwassermengen hochwertige Absiebanlagen für die Reinigung des Abwassers ausreichen. Vielfach werden sie den Absetzanlagen zur Entlastung vorgeschaltet. Bei dem Belebtschlammverfahren (s. dort) haben sich die Absiebanlagen zur Entfernung der besonders im Sommer auftretenden Chironomiden bewährt.

4. Menge und Zusammensetzung der Siebrückstände.

Die Menge und Zusammensetzung der Siebrückstände hängt unter anderem von der Art des Entwässerungsnetzes, ob Trenn- oder Mischverfahren, dem Gefälle und der Länge der Kanalisation und dem damit zusammenhängenden

[1] BACH: Straße und Verkehr. Solothurn 1937.

Zertrümmerungsgrade der Schwebestoffe, von der Jahreszeit und den Gewohnheiten der Bevölkerung, die Kanalisation zum Abtransport aller im Haushalt nicht mehr benötigten Stoffe zu benutzen, dann aber auch stark davon ab, ob es offene oder geschlossene Kanäle sind. Offene Kanäle müssen viel mehr grobere Stoffe aufnehmen als geschlossene Kanäle. Bei den verschiedenen Rechen kann man ungefähr mit folgenden Mengen rechnen:

1. Grobrechen mit	20—70 mm	Stabweite:	1,3 Liter je Kopf und Jahr
2. Feinrechen mit	5—10 mm	„	5—15 „ „ „ „ „
3. Siebe mit	1— 3 mm	Schlitzweite:	10—30 „ „ „ „ „

5. Ersatz der Rechen und Siebanlagen.

In neuester Zeit will man ausgehend von Amerika die Rechen- und Absiebanlagen dadurch umgehen, daß man alle Stoffe, die das Abwasser mit sich bringt, in besonderen Maschinen, so weit zerkleinert, daß es gar keiner Grobrechen zur Aussortierung der Sperrstoffe mehr bedarf.

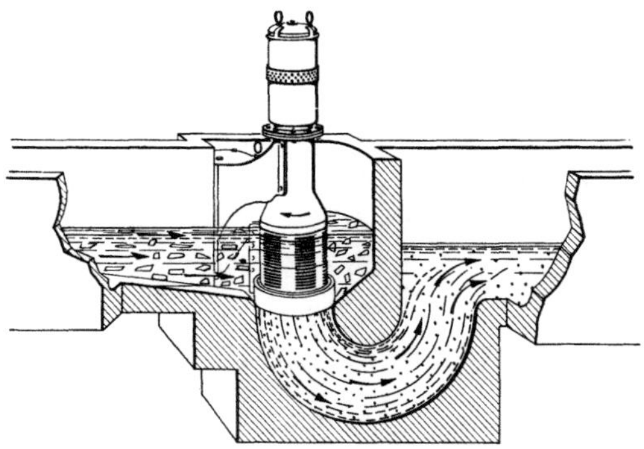

Abb. 31. Zertrümmerungsmaschine.

Nach IMHOFF[1] unterscheidet man zur Zeit 4 verschiedene Bauarten von Zertrümmerungsmaschinen, und zwar 1. Schlagwerke, 2. Schneidewalzen, 3. Zerkleinerungspumpen, 4. Sieb- und Quetschtrommeln.

1. Schlagwerke. Die in Amerika viel benutzten Schlagwerke bestehen aus Schlaghämmern, die auf einer schnell laufenden waagerechten Welle sitzen. Das Rechengut wird mit Abstreifern aus dem Wasser gehoben und in das Schlagwerk geworfen. Die zerschlagenen Stoffe fallen in das Abwasser zurück. Die Motorstärke ist 25 PS bei einer Stundenleistung von 0,8 t Rechengut.

2. Schneidewalzen. Schneidewalzen besitzen einstellbare Messer, die in die Lücken von Stabrechen eingreifen, die von beiden Seiten gegen die Walze gepreßt werden. Die Motorstärke beträgt etwa 10 PS bei einer Stundenleistung von 1,8 t Rechengut.

3. Zerkleinerungspumpen. Die in England bevorzugten Zerkleinerungspumpen haben senkrechte Kreisel, deren Schaufeln mit Schneiden versehen sind. Die Pumpe entnimmt das Abwasser vor einem Stabrechen und drückt es in die Rinne hinter den Rechen. Die Pumpen passen sich mit ihrer Leistung der zufließenden Abwassermenge an und sind auf den größten Wasserdurchfluß bemessen. In Zeiten geringen Zuflusses läuft der Überschuß des Wassers rückwärts durch den Rechen dem Saugrohr der Pumpe wieder zu. Dies bewirkt, daß ein Teil des Wassers die Pumpe mehrmals durchläuft, und die Stoffe noch weiter zerkleinert werden.

4. Sieb- und Quetschtrommeln. Diese kommen unter der Bezeichnung „Comminutoren" hauptsächlich in Amerika in Anwendung. Eine senkrechte Trommel ist mit waagerechten Schlitzen von gewöhnlich 7 mm Breite versehen und wird von einem darüber stehenden Motor mit einer Randgeschwindigkeit von etwa 0,8 m/Sek. gedreht. Das von außen zulaufende und von innen nach unten abfließende Wasser bewirkt, daß die Stoffe in den Schlitzen hängen bleiben, so daß sie dann bei Drehung der Trommel mittels eines feststehenden Messers durch die Schlitze gedrückt und zerkleinert werden. Die Motorgröße beträgt 1—7 PS. Das Abwasser braucht bei diesen Zertrümmerungsmaschinen ein Gefälle von 5—30 cm.

In Abb. 31 ist eine solche „Zertrümmerungsmaschine", sog. „Comminutor" dargestellt. Diese, wie Kreiselpumpen arbeitenden Maschinen haben Schaufeln, deren Messer nachstellbar sind. Man hat jetzt überhaupt nicht mehr nötig, die groben Stoffe mit Rücksicht auf Pumpen oder Maschinen zu entfernen. In Deutschland sind diese Maschinen noch nicht eingeführt. Eine in früheren Jahren von der deutschen Maschinenfabrik W. Wurl in Berlin für eine Pumpstation der Berliner Stadtentwässerung gebaute Zertrümmerungsmaschine ist zwar längere Zeit betrieben worden, ohne daß über sie ausführlicher berichtet worden ist und ohne Nachahmung bzw. Anwendung an anderen Stellen gefunden zu haben.

[1] IMHOFF: Gesundh.-Ing. 1937, **60**, 599.

6. Beseitigung des Rechengutes und Siebschlammes.

Für die Beseitigung der leicht in Fäulnis übergehenden Sieb- und Rechenrückstände kommen folgende Verfahren in Frage: 1. Vergraben, 2. vor oder nach Kompostierung Abgabe an die Landwirtschaft, 3. Ausfaulen, 4. Verbrennen. Beim Vergraben und Verbrennen werden die in den Stoffen enthaltenen Dungstoffe nicht verwertet. Man wendet daher diese Verfahren dort an, wo einmal keine landwirtschaftliche Verwertung für die Stoffe möglich ist und andererseits eine möglichst schnelle Beseitigung geboten ist, was z. B. beim Auftreten von Epidemien der Fall sein kann. Die einfachste und bei kleineren Anlagen am meisten angewandte Art der Beseitigung des Rechengutes ist die Abgabe mit oder ohne Kompostierung an Landwirte.

Abb. 32. Verbrennungsofen für Rechengut (Kläranlage Essen-Rellinghausen).

Die Kompostierung unter Zugabe von Kalk und eventuell auch Torf ist schon mit Rücksicht auf die bei der offenen Lagerung auftretenden Geruchs- und Fliegenbelästigungen sehr erwünscht. Da bei größeren Anlagen die Abnahme der kompostierten Rückstände nicht immer sichergestellt ist, so ist es zweckmäßig, sie nicht zu tief zu vergraben und sie mit Erde und Sand von den Sandfängen zu bedecken, um Geruchs- und Fliegenplagen zu bekämpfen. In Krefeld hat man große Behälter zwischen gerammten Spundbohlen geschaffen, in denen die Rückstände einer intensiven Gärung unterzogen werden, bis sie schließlich der Vererdung verfallen, so daß sie als Dünger abgegeben werden können. Bei größeren Rechenanlagen hat diese Behandlung jedoch zu starken Mißständen geführt, denn es verbreitete sich in der Nähe leicht ein unangenehmer buttersäureähnlicher Geruch. Auf Grund der an verschiedenen Stellen in Deutschland und Amerika durchgeführten Versuche ist nachgewiesen, daß man das Rechengut und den Siebschlamm sehr gut durch Ausfaulung unschädlich machen kann. Das auf der Kläranlage Magdeburg[1] auf zwei Riensch-Wurlschen Siebscheiben abgefangene Rechengut wird in 3000 cbm großen, künstlich geheizten Faulbehältern durch anaerobe Fäulnis zersetzt. Der Inhalt des Faulraumes wird wegen der Schwere des Rechengutes durch Schraubenschaufler, die eine obere und eine untere Schraube besitzen, umgewälzt. Hierdurch wird nicht nur eine Umwälzung des gesamten Schlammes, sondern durch die obere Schraube auch eine gute Verteilung des neuankommenden Schlammes auf den ganzen Querschnitt erreicht. Die Stoffe werden unter Bildung eines methanhaltigen Gases zersetzt, was 2—3 Monate in Anspruch nimmt. Es hinterbleibt ein gut trocknender Schlamm, der nach der Trocknung auf Trockenbeeten als Düngemittel an die Landwirtschaft abgegeben werden kann. Ausgedehnte Faulversuche mit Rechengut hat auch Lesenyei[2] gemacht. Hierbei fand er, wie schon Reichle und seine Mitarbeiter früher festgestellt hatten, daß Zugabe von verrottetem Laub bei der Einarbeitung neuer Faulanlagen gute Dienste leiste. Mit der thermophilen Faulung hatte er wenig Erfolg. Will man groberes Rechengut ausfaulen, muß man es zunächst von den nicht faulenden Stoffen befreien und dann durch Zerkleinerungsmaschinen geben.

M. Appleton[3] berichtet von Versuchen, die auf der Kläranlage Beach anfallenden Siebrückstände durch Verbrennen zu beseitigen. M. Blew benutzt auf der Kläranlage Philadelphia einen etagenförmigen Ofen zum Verbrennen, in dem das Rechengut zunächst

---

[1] Nadermann u. Strümpfel: Gesundh.-Ing. 1932, **55**, 384.
[2] Lesenyei: Gesundh.-Ing. 1936, **59**, 454.
[3] Appleton: Engin. News-Rec. Sept. 1927, **100**, 29.

in den oberen Etagen von den nach oben streichenden heißen Gasen getrocknet wird. Auf der Kläranlage Essen-Rellinghausen wird in ähnlicher Weise das gesamte Rechengut mit dem von dem Ölfänger abgeführten Ölschlamm gemischt und in einem besonderen Verbrennungsofen (s. Abb. 32) verbrannt. Nach kurzer Lagerung sind die Stoffe so weit trocken, daß nur wenig Zusatzbrennstoffe (auf 1000 kg Rechengut 60 kg Koks) zur Verbrennung erforderlich sind. Der Ofen ist ebenfalls so eingerichtet, daß die heißen Verbrennungsgase dazu benutzt werden können, das Verbrennungsgut weiter vorzutrocknen, daß es leichter verbrennt. Es hinterbleibt etwa 3,5% des eingebrachten Rechengutes an fester Schlacke, die zu Geländeauffüllungen benutzt wird. Auf der Kläranlage Stahnsdorf wird das Rechengut durch einen unterirdischen Kanal direkt dem Verbrennungsofen zugeführt.

Auf der Kläranlage Duisburg wurden Versuche durchgeführt, bei denen das Rechengut zunächst durch eine Zentrifuge bis auf einen Wassergehalt von 50% entwässert wurde. Diese stark entwässerten Siebrückstände wurden dann mit den Rückständen aus den Ölfängern gemischt und in einem Müllverbrennungsofen mit dem städtischen Müll verbrannt. Der prozentuale Anteil der Siebrückstände darf nicht zu groß sein, da es sonst zu unangenehmen schwarzen, in der Nachbarschaft lästigen Rauchentwicklungen kommt.

III. Sandfänge.

Sandfänge haben den Zweck, die besonders bei Regen mitgeführten mineralischen Stoffe höheren spezifischen Gewichtes, wie Sand, Straßenabschliff, Detritus, Asche, Eisenteilchen, wie Stecknadeln usw., abzufangen. Die Frage, ob überhaupt ein Sandfang vor eine Kläranlage zu schalten ist, richtet sich ganz nach der Art und Aufgabe der Kläranlage. Bei kleinen Anlagen und bei Trennverfahren, bei denen das Regenwasser abgetrennt ist und die von den Straßen abgespülten Sandmassen nicht in die Kanalisation gelangen, kann man im allgemeinen auf den Sandfang verzichten. Bei größeren Anlagen, beim Mischverfahren und vor Pumpen ist dagegen in den meisten Fällen ein Sandfang nötig. Der Sandfang muß so beschaffen sein, daß er den Sand in ausreichender Menge abfängt, weil er sonst in den Schlammfaulräumen eine sehr feste, schwer zu beseitigende Masse bildet, die zur Verstopfung der Schlammleitungen führt und die Trichterbildung in den Faulräumen beim Schlammablassen stark fördert.

Die Abscheidung der spezifisch schwereren Sandstoffe erreicht man in den meisten Fällen durch eine Verringerung der Fließgeschwindigkeit des Wassers bis auf etwa 0,3 m/Sek. Bei dieser Wassergeschwindigkeit setzt sich ein ziemlich reiner Sand, der als Decke auf Schlammtrockenplätzen oder zu Geländeauffüllungen benutzt werden kann, ab. Bei geringerer Geschwindigkeit setzt sich außer dem Sand auch noch Schlamm ab, der dann den Sand stark verschmutzt.

1. Essener Sandfang.

Bei einem Sandfang kommt es einmal darauf an, die Fließgeschwindigkeit des Abwassers, die normal im Kanal etwa 80—100 cm/Sek. beträgt, durch eine Erweiterung des Querschnittes des Absetzgerinnes zu verringern. Dies geschieht, wie die in Abb. 33 dargestellte Essener Bauart zeigt, in vertieften Rinnen mit flacher Sohle. Er hat die Bezeichnung Essener Sandfang, weil er von den in Essen wohnenden wasserwirtschaftlichen Verbänden wie Emschergenossenschaft, Ruhrverband zuerst auf den Kläranlagen der Stadt Essen angewandt wurde. Er besteht aus zwei oder drei parallel nebeneinander angeordneten, abwechselnd ein- und ausschaltbaren langen Flachbecken. Die Sohle ist mit einer verschließbaren Sickerung versehen, die während des Abwasserdurchflusses geschlossen ist. Ist ein Becken bis zur Hälfte etwa mit Sand gefüllt, so wird der Abwasserstrom auf das nächste Becken geschaltet. Wenn der Durchfluß abgestellt ist, wird die Sickerleitung geöffnet und der abgesetzte Sand kann schnell trocknen. Für den Querschnitt eines solchen Sandfanges gilt nach IMHOFF die Formel:

$$\text{Querschnitt (qm)} = \frac{\text{Geschwindigkeit (0,3 m/Sek.)}}{\text{Wassermenge (cbm/Sek.)}}$$

Die Länge ist in ihrer unteren Grenze dadurch bestimmt, daß die Sinkstoffe innerhalb des Sandfangs den Boden erreichen müssen, während die obere Grenze sich aus der Sandmenge, die man aufsammeln will, ergibt. Da aber der Sand in der Hauptsache bei Regenwetter anfällt, empfiehlt es sich, ihn so lang zu machen, daß der Sand von mehreren Tagen (14 Tage) in einer Kammer Platz hat. Je länger der Sandfang ist, desto sicherer ist seine Wirkung.

ACKLIN[1] zieht zur Beurteilung der Wirkung des Sandfanges auch die Korngröße heran, wobei er von dem Gedanken ausgeht, daß die kleinste Sinkgeschwindigkeit von Sand von etwa 5 mm Korngröße etwa die gleiche ist wie die größte Sinkgeschwindigkeit der Abwasserschlammstoffe. Nach E. MEYER-PETER kann man die Beziehungen zwischen Ablagerungsstrecke, Fließgeschwindigkeit eines Sandkörnchens und Fallgeschwindigkeit in fließendem Wasser der Berechnung der Länge des Sandfanges in der folgenden Formel zugrunde legen. Bei einer Fließgeschwindigkeit von Vm m/Sek. ist die Ablagerungsstrecke L (Länge des Sandfanges)

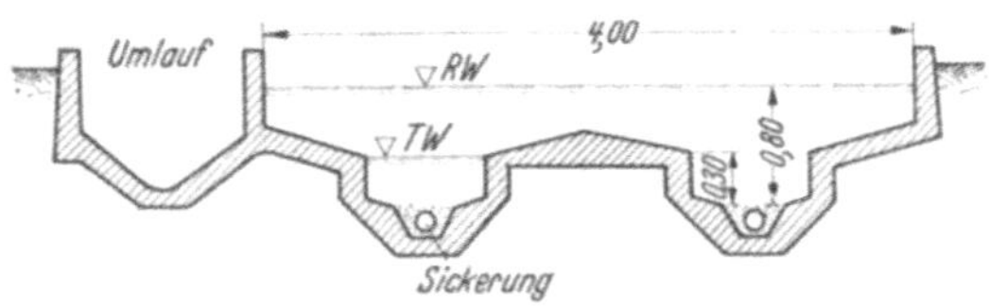

Abb. 33. Schema eines Sandfanges.

$$L = H \frac{Vm}{Wm} \text{ Meter},$$

wobei H die Wassertiefe in Zentimeter und Wm die Fallgeschwindigkeit der Teilchen im fließenden Wasser in cm/Sek. bedeuten. Bei einer mittleren Fließgeschwindigkeit

Abb. 34. Bild eines Sandfanges mit automatisch sich einschaltenden Kammern der Kläranlage Hattingen.

von 0,3 m/Sek. (Vm) und einer kleinsten Sinkgeschwindigkeit von 8,0 cm/Sek. (Wm) für eine Korngröße von 1,0 (nach BLUNK) ergibt sich bei einer Wassertiefe von 200 cm

$$L = 200 \frac{0{,}3}{8} = \text{rd. } 7{,}5 \text{ m}.$$

In England[2] war es bisher üblich, den Sandfang so groß zu bauen, daß er $^1/_{50}$—$^1/_{100}$ des Trockenwetterzuflusses faßte.

Die Wassergeschwindigkeit soll auch bei wechselnden Wasserständen, vor allem aber bei Regen, wenn die Hauptmenge des Sandes ankommt, gleichbleiben. Bei geringen Schwankungen im Wasserdurchfluß kann man mit einer Sandkammer auskommen, weil mit steigendem Wasserspiegel auch der Querschnitt größer wird. Hierbei ist es aber nötig, daß man die Wände schräg macht, so daß sich der Querschnitt nach oben erweitert. Bei mehreren Kammern kann man die Zwischenwand niedrig halten, so daß sich bei stark steigenden Wassermengen die beiden nebeneinander liegenden Kammern selbsttätig einschalten, wie dies aus Abb. 33 und 34 ersichtlich ist.

[1] ACKLIN: Gesundh.-Ing. 1934, 57, 666. [2] JOHNSON: The Surveyor 1935, 133.

Macht man den Querschnitt des Sandfangs so groß, daß die Fließgeschwindigkeit auch bei größtem Zufluß nicht größer als 0,3 m/Sek. ist, so kann bei geringerem Zufluß der abgesetzte Sand mehr oder weniger große Mengen Schlamm enthalten. Um diesen Schlamm zu entfernen, kann man nach IMHOFF folgende Mittel anwenden:

1. Man bläst vor dem Ausräumen eine Zeitlang Druckluft von der Sohle am besten durch Filterplatten ein, bis das darüber hinwegfließende Wasser den leichteren Schlamm weggespült hat und reiner Sand zurückbleibt (Kläranlage Essen-Rellinghausen I). Durch eine eingebaute Belüftung konnte ALTEMUS den Gehalt an organischen Stoffen von 43% auf 8% herunterdrücken.

2. Der ausgeräumte schlammige Sand wird nach dem Ausräumen in einer Sandwäsche gewaschen, wobei als Spülwasser Abwasser benutzt werden kann, das in den Zulauf zurückgeleitet wird.

3. Der schlammige Sand wird durch einen Spülsandfang geschickt.

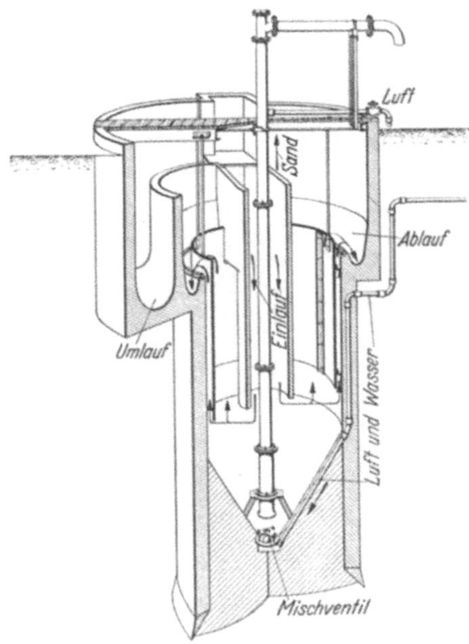

Abb. 35a. Schnitt durch einen Bamag-Meguin, Spülsandfang nach BLUNK, mit Tauchzylindern zur Erzielung einer gleichbleibenden Wassergeschwindigkeit bei wechselndem Zufluß, einer Spülvorrichtung zum Auswaschen des Sandes und einem Drucklufttheberohr zur Sandentfernung.

Der am Boden abgesetzte, durch die Sickerleitung entwässerte und stichfest gewordene Sand wird dann von Hand oder bei größeren Anlagen mittels maschineller Vorrichtungen (Greifbagger oder Becherwerke) entfernt. Auf der Kläranlage Jamestown[1] verzichtet man auf die Sohlendrainage und schwemmt den abgesetzten Sand mittels Druckstrahl auf Trockenbeete. In größeren Anlagen kann auch der Sand durch Mammutpumpen oder Greifbagger unter Wasser ausgeräumt werden. In diesen Fällen kann man auf den Einbau der Sohlendrainage verzichten. Bei Mammutpumpen macht man die Wände möglichst steil. Bei Greifbaggern muß die Sohle flach sein, wobei man darauf achten muß, daß die waagerechte Sohle nicht durch Trichter unterbrochen wird, in denen sich Schlamm absetzen kann. Auf manchen Kläranlagen wird der in solchen Sandfängen abgefangene Sand zur Entfernung der noch in ihm enthaltenen organischen Schlammstoffe noch besonders gewaschen, ehe man ihn verwertet. In dem von STEUERNAGEL für Köln konstruierten Sandfang werden die abgesetzten Stoffe durch Vakuumkessel aus dem Sandfang abgesaugt.

2. Spülsandfang nach BLUNK.

Ganz andere Wege geht BLUNK bei seinem Tiefsandfang, der bei kleiner Grundfläche eine besonders scharfe Trennung des Sandes von organischem Schlamm erreicht. Der z. B. auf der Kläranlage Bonn[2] von der Firma Bamag-Meguin errichtete Tiefsandfang besteht aus einem 8,50 m tiefen Brunnen mit einem Durchmesser von 3 m, der in eine trichterförmige Sohle ausläuft. An der Trichterspitze ist eine mit der Wasserleitung verbundene Spüldüse angeordnet, über der das Rohr für die Mammutpumpe steht (s. Abb. 35a). Um die Wassergeschwindigkeit bei den verschiedenen anfallenden Wassermengen — Trockenwetter und Regenwetter — selbsttätig zu regeln, ist im oberen Teil

[1] BERGMANN: Sewage Works Journ. 1933, 5, 864.
[2] ENGELBERT: Städtereinigung 1935, 27, Heft 3/4.

ein verstellbarer Tauchzylinder eingebaut. Rings um den Sandfang ist ein Umlauf angeordnet. Die Wirkung des Sandfanges ist nach ENGELBERT[1] folgende:

Die ankommenden Wassermengen werden durch den Einlauf senkrecht in den Sandfang eingeführt. Hierbei sondern sich alle leicht schwimmenden Stoffe, wie Holzstücke, Korke, Glasflaschen, Blechd sen usw. ab und können durch eine Siebschaufel leicht fortgenommen werden und aus dem weiteren Klärvorgang ausgeschieden werden. Die durch die verhältnismäßig kleine Fläche der Vorkammer abwärts strömenden Wassermengen steigen in der breiten Sandfangfläche wieder hoch und dabei sinken infolge der stark herabgesetzten Fließgeschwindigkeit die mitgeführten Sandteile ab. Oben fließen die vom Sand befreiten Wassermengen über eine rings um den Sandfang angeordnete Überfallschwelle in eine Rinne und gelangen von dort in das Absetzbecken. Der eingebaute Tauchzylinder, dessen Überfallkante höher liegt als der Wasserspiegel, läßt erst dann Wasser überströmen, wenn der Wasserspiegel infolge größerer Wassermengen, z. B. bei Regenwetter ansteigt. Der Tauchzylinder regelt auf diese Weise die Geschwindigkeit des aufsteigenden Wassers im Sandfang. Bei stark schwankenden Wasserspiegeln werden mehrere derartiger Tauchkörper mit nach der Mitte zunehmenden Überfallhöhen eingebaut, die sich nach der Höhe mit zunehmenden Wasserspiegeln einschalten. Bei dieser Fließweise können nur diejenigen Stoffe, deren Fallgeschwindigkeit größer ist als die entgegengesetzte Wasserbewegung zu Boden sinken, während alle leichteren Stoffe, vor allem die organischen Stoffe, mit dem Wasser fortgeschleppt werden (Gegenstromkl.ssierung). Der im Schlentrichter abgelagerte Sand wird durch einen Wasserstrahl in Bewegung gehalten und daher zur weiteren Klassierung noch durchgespült, bevor er durch Mammutpumpen in die Transportgefäße bzw. auf den Lagerplatz gepumpt wird. Ein weiterer Vorteil dieses Sandfanges ist der, daß die Arbeiter nicht mit dem Abwasser oder Sand in Berührung kommen. Abb. 35b zeigt das Bild eines von der Bamag-Meguin, Berlin, ausgeführten Spülsandfanges.

Abb. 35b. Bild eines Bamag-Spülsandfanges.

3. DORR-Sandfang.

Bei den hauptsächlich in Amerika und in Deutschland auf den Kläranlagen Berlin und Leipzig angewandten DORR-Sandfängern verschiedener Bauart erfolgt die Abscheidung des Sandes meistens in quadratischen Absetzbecken mit flacher Sohle und einem Kratzer, der den an der Sohle des Beckens ausgeschiedenen schlammhaltigen Sand einem neben den Becken liegenden Troge zuführt. Hier wird er dann durch ein besonderes auf einer schrägen Fläche angeordnetes Schiebewerk aus der Flüssigkeit nach oben befördert und hierbei ebenfalls im Gegenstrom von leichteren Stoffen, wie Schlamm, Papier usw. gereinigt und gleichzeitig nach Korngrößen getrennt.

4. Menge und Verwendung des anfallenden Sandes.

Die anfallende Sandmenge richtet sich ganz nach den örtlichen Verhältnissen. Sie wird mit 5—12 Liter je Kopf und Jahr angegeben. Da der Sand in der Hauptsache von den Straßenabspülungen herrührt, richtet sich die Menge des anfallenden Sandes ganz nach der Art der Straßenbefestigung und dann auch nach der Art und Menge der Niederschläge. Kleinere Regen und Niederschläge bringen wenig Sand, Sturzregen dagegen können besonders nach längerer Trockenzeit oft sehr erhebliche Sandmengen zur Kläranlage bringen.

[1] Siehe Fußnote 2 auf S. 69.

Der anfallende Sand wird in den meisten Fällen zu Geländeauffüllungen oder wenn er rein genug ist, d. h. wenig Schlamm enthält, auch als Filterdecke auf den Schlammtrockenplätzen benutzt. In sandarmen Gegenden hat man den Sand in einer besonderen Wäsche gewaschen und dann sogar zu Bauzwecken benutzt. Letzteres kann aber wegen der übrigen Beimischungen, wie Metallteilchen, Kaffeesatz usw. nur bei untergeordneten Bauten geschehen. Sandfänge werden möglichst hinter Grobrechen, aber vor Siebanlagen angeordnet.

IV. Öl- und Fettfänger.

1. Menge und Art der anfallenden Öle und Fette.

Das im Abwasser enthaltene Öl und Fett stammt zum Teil aus den menschlichen Haushalten, aus den Auswurfstoffen, den Spül- und Waschwässern, den Kondenswässern der Fabriken u. dgl. Abwassertechnisch unterscheidet man je nach dem Zustande, in dem die Öle bzw. Fette anfallen:

1. Freie Fettstoffe, die sich bei ruhigem Stehen von selbst an der Oberfläche ausscheiden,
2. Fettstoffe und Seifen in sehr feiner (kolloider) Verteilung (Emulsion), die dauernd in der Schwebe bleiben,
3. Schweröle und teerähnliche Stoffe, die schwerer als Wasser sind und sich nach unten abscheiden,
4. Fettstoffe, die an größere Schlammteile gebunden sind und sich daher bei ruhigem Stehen mit dem Schlamm nach unten absetzen.

Nach ihrer Spaltbarkeit unterscheidet man allgemein auch bei den mit den Abwässern abgestoßenen Fetten zwischen verseifbaren und unverseifbaren Ölen und Fetten.

1. Mineralische Fette und Öle sind ausschließlich unverseifbar. Hierhin gehören die meisten aus den gewerblichen Betrieben stammenden Fette, ferner Motorenöle aus Garagen, Werkstätten, Bohröle usw. Weiterhin muß man auch dazu die aus Öl- und Teerdestillationen stammenden Teeröle und die Teerverschmutzungen aus Generatoranlagen zählen. Die Kondenswässer enthalten oft große Mengen mineralischer Fette, die sich beim Ablassen der Kondenswässer in den Vorfluter sehr unangenehm bemerkbar machen. Durch die ständig sich entwickelnde Automobilindustrie einerseits und durch den Ausbau der Teerstraßen andererseits werden besonders bei Regenfällen sehr große Mengen Öl, Fett und auch teerige Bestandteile mit dem Abwasser herangeführt.

2. Pflanzliche und tierische Fette sind dagegen verseifbar. Sie stammen meistens aus Betrieben des Nahrungsmittelgewerbes, wie Metzgereien, Großküchen, Margarinefabriken und Molkereien. Zu diesen Fetten muß man aber auch die Wollfette sowie das in den Fäkalien enthaltene Fett rechnen, das zum Teil aus unverdautem Fett, zum Teil aber auch aus Fett der Bakterienleiber besteht.

Die Gesamtmenge des im städtischen Abwasser enthaltenen Fettes schwankt nach den verschiedenen Angaben zwischen 5—10 g je Kopf und Tag des an die Kläranlage angeschlossenen Einwohners.

Tabelle 16.

In Kassel wurden gewonnen 2,4 kg je Kopf und Jahr d. i. . .	6,6 g/Kopf/Tag
Nach HEILMANN fallen an.	4,4 g/Kopf/Tag
„ KROLL fallen für Neukölln an	6,9 g/Kopf/Tag
„ „ „ „ Schöneberg (Angestellte und Beamte) an	8,9 g/Kopf/Tag
„ „ „ „ das Radialsystem Berlins (Arbeiter) an	7,5 g/Kopf/Tag
„ „ „ „ Köpenick (Wäschereien) an	14,0 g/Kopf/Tag
„ „ „ im Durchschnitt an.	8,3 g/Kopf/Tag
„ SIERP schwankt die anfallende Menge zwischen . .	5—10,0 g/Kopf/Tag

Nur in den Fällen, wo gewerbliche Betriebe größere Mengen Fett in die Kanalisation geben, was z. B. bei Schlachthäusern, Wollwäschereien, Margarinefabriken und Molkereien der Fall ist, kann die je Einwohner anfallende Fettmenge größer sein, wie dies in obiger Aufstellung auch für Köpenick zutrifft.

Das im rein häuslichen Abwasser enthaltene Fett besteht aus dem Fett des Spülwassers der Haushaltungen, aus den Seifenwässern des Haushalts und der Waschanlagen, ferner enthält es aus den Fäkalien das Fett, das den Körper unverdaut oder umgesetzt wieder verläßt. Das aus städtischem Abwasser gewonnene Fett ist zu etwa 85—95% verseifbares Fett. Sind größere Gewerbebetriebe angeschlossen, so steigt der Gehalt an unverseifbarem Fett infolge Aufnahme mineralischen Fettes. Das aus Abwasser gewonnene Rohfett hat bei etwa 95% verseifbarem Anteil eine Säurezahl von 140—150, eine Verseifungszahl von 190—200 und eine Jodzahl von 55—60. Für das verseifbare Fett ergibt sich eine Säurezahl von 200—205, Verseifungszahl von 205—215 und eine Jodzahl von 45—50. Diese Fettmengen sind aber zum größten Teil in den Schlammstoffen enthalten. Sie lassen sich daher nur schwer abfangen.

2. Schädlichkeit der Öle und Fette.

Bei häuslichem und städtischem Abwasser handelt es sich in der Hauptsache um pflanzliche und tierische Fette und Öle. Ihre Schädlichkeit für die Weiterbehandlung des Abwassers ist zwar geringer, doch sollte ihre Wiedergewinnung trotzdem im Interesse unserer heimischen Rohstoffversorgung angestrebt werden. Dies geschieht am besten an den Stellen, wo das Fett in konzentrierterer Form vorliegt und noch nicht durch Fäkalstoffe verunreinigt ist (s. gewerbliche Abwässer, S. 473). Das auf diese Weise gewonnene Fett ist verhältnismäßig wenig verschmutzt und kann daher technisch sehr gut verwendet werden (Seifenherstellung).

Man kann der Frage der Gewinnung des Fettes nicht nähertreten, ohne auch die Frage der Schädlichkeit der öl- und fetthaltigen Abwässer in der Kanalisation und Kläranlage und im Vorfluter zu behandeln. Beide Fettarten können im Vorfluter große Schäden hervorrufen. Ölflecken bilden auf der Oberfläche weithin schillernde, sehr unästhetisch wirkende Ölhäute. Schon sehr kleine Ölmengen können sehr große Flächen bedecken und dann das Wasser von der nötigen Sauerstoffzufuhr absperren und so die Selbstreinigungskraft empfindlich stören. Hinzu kommt noch, daß diese Ölhäute allen auf die Oberfläche niederfallenden Staub, Ruß usw. festhalten, die Benetzbarkeit verringern und dann allmählich sehr häßliche Schwimmdecken bilden, die der Wind vor sich hertreibt und die besonders in Strandbädern sehr lästig sind. Trinkwasserwerke, die an Vorflutern liegen, die durch ölhaltige Abwässer verschmutzt sind, leiden stark darunter, da sie die Filter verstopfen und den Geruch und Geschmack des Wassers beeinträchtigen. CAUGHEY[1] hat solche durch Ölverschmutzungen hervorgerufenen Geruchs- und Geschmacksverschlechterungen durch Zugabe von Ammonsulfat in wässeriger Lösung zusammen mit dem Aluminiumsulfat und Chlor beseitigt (Wirkung des Ammoniumhypochlorits).

Während nun pflanzliche und tierische Fette im Vorfluter allmählich einem biologischen Abbauprozeß unterliegen, sind mineralische Fette fast unzersetzlich. Der Fluß kann sie durch die natürliche Selbstreinigungskraft nicht abbauen. Er stößt sie allmählich an Uferböschungen ab, wobei die Uferpflanzen und Böschungen stark verschmutzt und die Laichplätze für Fische geschädigt werden, so daß die Entwicklung der Fischbrut unterdrückt wird. Da auch die Ufertiere geschädigt werden, so wirkt sich die Ölverschmutzung sehr nachteilig auf die Fischnahrung und auf die Vogelwelt aus. Bei den schon sprichwörtlich gewordenen Ölverschmutzungen der Häfen besteht zudem Brandgefahr. Die Beispiele über die Ölschäden in Vorflutern könnten noch beliebig vermehrt werden.

Beim Ablassen öl- und fetthaltiger Abwässer in die städtische Entwässerung kann es durch Verklebung zu Verstopfungen kommen, die man durch Behandeln mit starker Natronlauge beseitigen kann. Die Hauptschwierigkeiten treten aber auf der Kläranlage auf. Bei biologischen Anlagen stören Öl und Fett, da sie die freie Luftzufuhr zu den biologischen Häuten stören. Bei dem Rieselfeldverfahren stören die Fette, Öle und Seifen dadurch, daß sie sich allmählich im Boden anreichern und hier die stark störende Ortsteinschicht bilden. Mineralisches Fett stört, wie später gezeigt wird, den Faulprozeß des Schlammes in den Faulräumen. Man hat daher mit Rücksicht auf die Schwierigkeiten durch Öl bei deutschen und amerikanischen Anlagen Ölfänger vor den biologischen Anlagen eingebaut. Diese Ölfänger haben sich bei Faulräumen, besonders in den Fällen bewährt, wo das zur Kläranlage kommende Fett hauptsächlich mineralischer Natur ist.

Um den Anfall dieser in den Abwässern schädlichen Stoffe möglichst zu verhindern, muß auf möglichst gute Bedienung der in den Garagen und industriellen Betrieben einzubauenden Fettfänger allergrößter Wert gelegt werden. Am besten übernimmt die Stadt

[1] CAUGHEY: Journ. amer. Water Works Assoc. 1933, 683. Ref. Wasser u. Abwasser 1934, 32, 44.

die Reinigung im eigenen Betrieb oder überträgt die Gewinnung und Weiterbehandlung des Fettes einer besonderen Gesellschaft, wie dies im Westen Deutschlands durch die Rheinschill A. G. bereits in ausgedehntem Maße geschieht. Diese Gesellschaft baut an den in Frage kommenden Stellen Fettfänger ein, die sie in regelmäßigem Betriebe entleert. Das Fett wird dann gründlich gereinigt und zur Herstellung von Seifen oder für ähnliche Zwecke verwandt. Die in Deutschland auf diese Weise zu gewinnende Fettmenge wird auf 50000 t im Jahr geschätzt. Auch auf die Entölung der Kondenswässer sollte mit Rücksicht auf unsere heimischen Ölvorräte viel größerer Wert als bisher gelegt werden.

3. Gewinnung des Öls bei der mechanischen Reinigung.

Bisher hat man sich in vielen Fällen darauf beschränkt, das auf den Absetzbecken sich ansammelnde Fett zu gewinnen. Auf verschiedenen Kläranlagen, z. B. Nürnberg, wurde das Fett durch einen auf der Oberfläche schwimmenden beweglichen Balken in einer Ecke zusammengetrieben und dann abgeschöpft. Die gewonnene Masse wurde nach Fettgehalt verkauft. Da nach dem Kriege die bisherigen Käufer das Fett nicht mehr abnahmen, benutzte man das Fett als Bindemittel für den Schwimmschlamm aus den Faulräumen und verfeuerte diese Masse als Briketts im eigenen Betrieb. In gleicher Weise wird heute das im Ölfänger abgefangene Fett auf vielen Kläranlagen mit dem Rechengut gemischt und verfeuert. Auf der Kläranlage in Stuttgart wurden in den Jahren 1917—1922 jährlich 40 t Fett gewonnen. Als dann aber im Jahre 1923 die ausländische Fetteinfuhr wieder einsetzte, lohnte sich die Gewinnung nicht mehr. Bei verschiedenen, mit Bodenkratzern versehenen Absetzbecken hat man die das Fett auf der Oberfläche zusammenschiebende Vorrichtung entweder am Kratzer selbst angebracht oder der Kratzer selbst dient zum Zusammenschieben des Fettes auf der Oberfläche, wie dies z. B. bei den langgestreckten Absetzbecken mit Kratzer (z. B. Leipziger Becken) der Fall ist. BLUNK (DRP. 586573) benutzt zum Abschöpfen des Fettes eine schwenkbare Kipprinne, die er an dem Wagen zur Bedienung des Kratzers im Absetzbecken angebracht hat.

Bei Rundbecken kann man das Fett durch automatisch von dem Kratzer geöffnete besondere Ölfangschächte am Rande der Becken mit einem kleinen Teilstrom des Abwassers abführen (DORR-Becken). Bei der Kremer-Kläranlage (s. dort) erfolgt die Ausscheidung der fett- und ölhaltigen Stoffe in dem zentralen Schwimmstoffänger, aus dem es dann leicht abgeschöpft werden kann. Bei allen ähnlichen Anlagen wird das an der Oberfläche sich ansammelnde Öl oder Fett durch Tauchbretter abgefangen, bis die Schicht eine genügende Dicke hat und dann in einen besonderen Schacht abgeschöpft oder abgezogen wird.

Für die Frage der restlosen Wiedergewinnung des Fettes[1] aus städtischem Abwasser ist nicht nur die Zusammensetzung, sondern vor allem aber die Menge des im Abwasser enthaltenen Fettes ausschlaggebend. Eine unmittelbare Gewinnung aus Abwasser kommt, wenn man von dem in Öl- und Fettfängern abgefangenen Fettschaum absieht, wegen der großen Wassermenge nicht in Frage. Man muß sich daher auf den die größere Fettmenge enthaltenden Abwasserschlamm beschränken. Um aber auch den Teil des Fettes, die im Wasser enthalten sind und zwar die kolloiden Seifen zu gewinnen, muß man diese durch eine chemische Fällung niederschlagen, so daß sie dann mit dem Schlamm aufgearbeitet werden können. Im allgemeinen kann man damit rechnen, daß je Kopf des angeschlossenen Einwohners 1 Liter Frischschlamm mit 5% Trockenmasse = 50 g Trockenmasse anfällt. Der Fettgehalt in der Trockenmasse ist außergewöhnlich starken Schwankungen unterworfen. Er hängt von verschiedenen Umständen ab. Während die Berichte aus Amerika von Fettgehalten bis zu 45% der Trockenmasse berichten, sind die höchsten Fettgehalte im Schlamm auf deutschen Kläranlagen bei 18—20%, nur wenn stark fetthaltige Abwasser aus gewerblichen Anlagen in die Kanalisation gelangen, steigt der Fettgehalt des Schlammes hierüber hinaus. Im Schwimmschlamm, der aber nur einen Bruchteil des gesamten Schlammes darstellt, kann der Fettgehalt bis auf 60—80% steigen. Sind an die Kläranlage in der Hauptsache Stadtteile mit ärmerer Bevölkerung angeschlossen, so sinkt der Fettgehalt in der Trockenmasse sehr stark und erreicht Werte, die bei 7—8% liegen, ein Zeichen, daß die Ernährungsweise einen großen Einfluß auf den Fettgehalt hat. Welchen starken Einfluß die Ernährungsweise der angeschlossenen Einwohner hat, konnte man sehr deutlich in Kriegszeiten beobachten, wo die

[1] SIERP: Vom Wasser 1936, 11, 9.

Einwohner infolge der Fettknappheit zu einer wirtschaftlicheren Ausnutzung ihrer Fettvorräte gezwungen waren. In dieser Zeit, wo jeder darauf achtete, daß kein Fett unnötig mit dem Spülwasser abgestoßen wurde, ging allgemein der Fettgehalt im Abwasserschlamm noch weit unter die vorgenannte Grenze von 7—8% im Frischschlamm herunter.

Außer der Lebensweise der an die Anlage angeschlossenen Bewohner üben auch die Jahreszeiten infolge der wechselnden Lebensmittelversorgung einen großen Einfluß aus. Im Sommer, wenn mehr Gemüse gegessen wird, ist der Fettgehalt im Klärschlamm geringer als im Winter, wenn mehr fetthaltige Speisen verzehrt werden. Auch die Zusammensetzung der Fäkalien selbst ist je nach der Art der eingeführten Nahrung verschieden. Die Fäkalien werden zum größten Teil durch Verdauungssäfte und deren Überreste gebildet. Auch der hungernde Mensch entleert Kot, zwar wenig, aber eigentümlicherweise Kot mit einem sehr hohen Fettgehalt (bis zu 30%). Bei normaler Verdauung wird die Kotmenge vermehrt, wodurch auch der Fettgehalt heruntergeht. Sehr nachteilig für die Gewinnung des Fettes aus Abwasserschlamm ist die Tatsache, daß gerade zu Notzeiten, z. B. im Krieg, und zwar dann, wenn für das Fett aus häuslichem Abwasser größeres Interesse besteht, auch die Menge des Fettes im Schlamm stark sinkt. Auf der Kläranlage München werden täglich 12 Zentner Rohfett aus dem Schwimmschlamm gewonnen, das sind bei rund 600000 Einwohnern rund 1 g Rohfett je Einwohner. Bei einem Gehalt von 25% Reinfett entspricht dies 0,25 g Reinfett oder rund 5% der Gesamtfettmenge.

Eine Kläranlage von 100000 Einwohnern kann demnach bei 10% Fettgehalt des Schlammes mit mindestens 500 kg Rohfett im Tag bzw. mit 182,25 t im Jahr rechnen. Bei einem Preis von RM 30.— für 100 kg würde dies einem Erlös von RM 150.— im Tag entsprechen. Dieser Betrag wird aber auch wohl zum größten Teil durch die Gewinnungskosten aufgebraucht. Bei einem Gehalt an Fett von

15% entspricht dies 750 kg Rohfett bzw. 273,75 t im Jahr,
20% entspricht dies 1000 kg Rohfett bzw. 365,0 t im Jahr.

Diese an und für sich großen Mengen an Rohfett werden nach wie vor stets ein Anreiz sein, dieses Fett wiederzugewinnen, um es der Wirtschaft wieder zuzuführen. Prüft man aber die Gewinnungsmöglichkeiten dieser Fette genauer und andererseits den Einfluß, den diese Herausnahme des Fettes auf die weitere Behandlung des Schlammes ausübt, so wird die Entscheidung, ob es wertvoller ist, das Fett herauszuholen oder nicht, sehr schwierig (weiteres s. S. 313 u. f.).

4. Belüftete Ölfänger.

Bei den bisher beschriebenen Verfahren werden nur die schwimmenden Öle und Fette abgefangen. Um auch den im Wasser in emulgierter Form enthaltenen beträchtlichen Anteil an Öl und Fett abzuscheiden, benutzt man belüftete Ölfänger, wie er in Abb. 36a im Schnitt und in Abb. 36b im Bild und wie er auf verschiedenen Kläranlagen z. B. auf der Kläranlage Menden betrieben wird, dargestellt ist.

Das Abwasser gelangt durch die Zulaufrinne *a* zunächst in einen Raum *b*, in dem sich das Wasser beruhigt und in dem es das schwimmende Öl und Fett abscheidet. Gleichzeitig werden auch alle leichten Stoffe, wie Korken, Stroh- und Holzteilchen usw. mit abgeschieden. Unter einer Tauchwand gelangt dann das Abwasser in trichterförmige Becken *c*, deren Boden mit Luftzuführungsvorrichtungen durch Filterplatten versehen sind. In diesen Räumen wird das Abwasser stark belüftet, wodurch erreicht wird, daß nicht nur das emulgierte, sondern auch das zu Boden sinkende Fett in Form eines haltbaren Schaumes an die Oberfläche befördert wird. Der Schaum gelangt durch ein aus Dreiecksstäben gebildetes Gitter, die den Schaum wohl herein-, aber nicht wieder herauslassen in einen Beruhigungsraum *d*, von dessen Oberfläche der Schaum von Zeit zu Zeit zusammen mit dem schwimmenden Fett aus Raum *b* abgeschöpft oder in einen Fettsammelschacht abgelassen wird.

Der durch diese Teer- und Ölfänger abgeschiedene Schaum enthält noch 50—60% Wasser und in seiner Trockensubstanz 70—90% ätherlösliches Fett. Der stark wasserhaltige Schaum kann in den Fettsammelschächten noch weiter entwässert werden. Der dann noch verbleibende Ölschaum hat noch etwa 30% Wasser. Er kann je nach seinem Gehalt an pflanzlichen und tierischen Fetten in Fettaufbereitungsanlagen zu Seifenfett verarbeitet werden. Auf der Kläranlage Menden, wo infolge der vielen industriellen Betriebe das Fett hauptsächlich aus mineralischem Fett besteht, wird das Fett in dem vorstehend beschriebenen Ölfänger gesammelt und dann in einer Zentrifuge und durch Waschen mit Säure gereinigt und dann in den Betrieben wieder verwandt. Auf kleineren Kläranlagen wird es, weil es sich nicht lohnt, die geringen anfallenden Mengen zu verarbeiten, mit dem Rechengut gemischt und mit diesem zusammen verbrannt. Auf größeren Kläranlagen lohnt sich aber in den meisten Fällen die Gewinnung. Besonders in fettarmen Zeiten hat man diese, wenn auch stark verschmutzten Fette stets gut absetzen können. Wenn das abgefangene Fett vorwiegend pflanzliches oder tierisches, d. h. also verseifbares Fett ist, so besteht, falls gar keine andere wirtschaftlichere Verwendung vorhanden ist, die Möglichkeit, dieses Fett

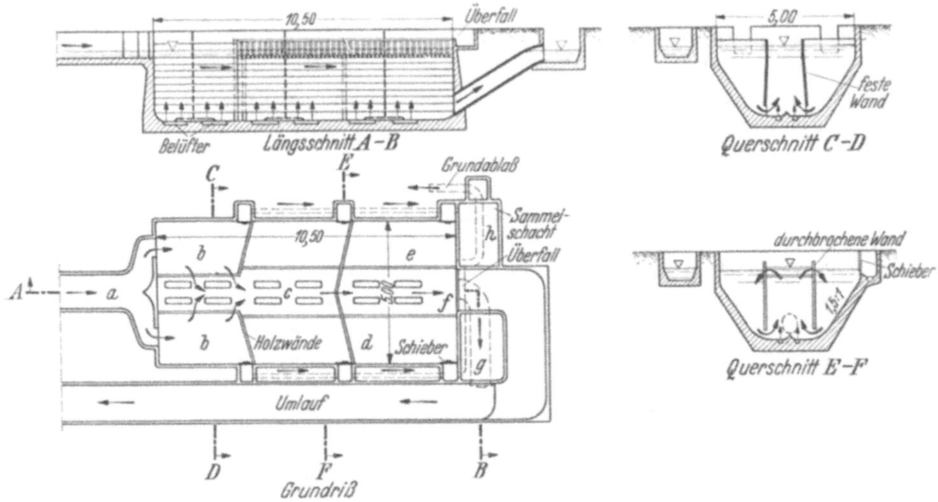

Abb. 36a. Schema eines belüfteten Ölfängers (Kläranlage Menden, Essen-Rellinghausen).

in die Faulräume zu geben, um es dort mit ausfaulen zu lassen. Aus je 1 kg Fett wird in einem gut eingearbeiteten Faulraum 1 cbm Gas erzeugt.

Die belüfteten Fettfänger haben noch den weiteren Vorteil, daß das Abwasser gleichzeitig mit Sauerstoff angereichert und dadurch wieder aufgefrischt wird.

Abb. 36b. Bild des Mendener Ölfängers.

Schwefelwasserstoff und andere Gase werden ausgetrieben, die Ausflockung bestimmter Stoffe wird erleichtert, so daß sich durch diese Vorbehandlung das Abwasser besser weiter behandeln läßt.

Der Luftbedarf ist infolge der geringen Aufenthaltszeiten gering, etwa 0,1 cbm Luft auf 1 cbm durchfließendes Abwasser. Die Belüftungszeit beträgt etwa 2—5 Minuten. Bei einer Belüftungszeit zwischen 10—30 Minuten schied ROE[1] auf 1000 cbm Abwasser 52 Liter Öl

[1] ROE: Public Works 1933, **64**, 15.

und Fett ab. Die Fettabnahme betrug in diesem Falle sogar 44—63%. Ist das Wasser stark angefault und daher schwefelwasserstoffhaltig, so kann man bei Abdeckung des Fettfängers und Überleiten der im Kreislauf benutzten, durchgeblasenen Luft über Rasenerzreiniger den im Abwasser enthaltenen Schwefel nach einem Verfahren von SIERP und IMHOFF (DRP. 519616) gewinnen.

Die durch die eine oder andere Art der Fettfänger abfangbare Fettmenge ist nur ein Bruchteil (etwa 5%) des gesamten im Abwasser enthaltenen Fettes. Die Hauptmenge des Fettes sitzt in den Schlammstoffen. Die bei größeren Kläranlagen sich addierenden Mengen werden immer wieder Veranlassung zur Erörterung der Frage der Möglichkeit der Gewinnung geben. Für eine Extraktion des Fettes aus dem Abwasserschlamm kommt nur der Frischschlamm in Frage, da dieser auf Trockensubstanz bezogen die größere Menge Fett hat, und im Faulschlamm die verseifbaren Fette größtenteils abgebaut sind. Da bei der Ausfaulung das Fett in Gas übergeführt wird, so ist nach SIERP[1] bei bestehenden Kläranlagen, die das bei der Faulung des Fettes anfallende Gas zu einem Preise von 5—10 Pfg. verwerten, die Gewinnung von Gas und Verwendung als Treibstoff meistens einfacher, wirtschaftlicher und abwassertechnisch richtiger, als die sehr komplizierte Gewinnung von Fett aus dem stark wasserhaltigen sehr unästhetischen Frischschlamm.

5. Sollen Öl- und Fettfänger vor oder hinter Sandfänge geschaltet werden?

Die Frage, ob die Öl- und Fettfänger vor oder hinter den Sandfängen einzubauen sind, richtet sich ganz nach den örtlichen Verhältnissen. Ausschlaggebend kann für die Entscheidung dieser Frage die Tatsache sein, ob der in den Sandfängen abgefangene Sand weiter verwertet werden soll oder nicht. Schaltet man im ersteren Falle den Ölfänger vor den Sandfang, so ist mit dem Öl- und Fettfänger gleichzeitig eine Sandwäsche verbunden. Der auf der Oberfläche des Sandes sich absetzende Schlamm wird durch die starke Umwälzung abgerieben und mit fortgespült. Der in den Sandfängern dann abgefangene Sand ist viel reiner, so daß er dann besser für andere Zwecke, z. B. als Filterschicht auf den Trockenbeeten benutzt werden kann.

6. Einfluß der Schiffahrt auf die Ölverschmutzung.

Auf den Vorflutern, auf Kanälen und Seen mit Motorbootsverkehr, in den Häfen wirkt das von den Schiffen mit den Bilgewässern beim Lenzen abgestoßene Öl oder das stark ölhaltige Ballastwasser der Schiffe sehr schädlich. Sehr geringe Ölmengen bedecken große Flächen und sperren diese von der Sauerstoffzufuhr ab. In der sehr dünnen Schicht ist es nur sehr schwer zu entfernen, zumal die Ölschichten durch den Wind hin- und hergetrieben werden. Die dünnen Ölhäute auf der Oberfläche umgeben den aus den Schornsteinen bzw. der Luft niedersinkenden Ruß, Staub und Ascheteilchen mit einer Ölschicht, wodurch ihre Benetzbarkeit sehr stark heruntergesetzt wird. Die Stoffe können infolgedessen nicht mehr zu Boden sinken und bleiben als sehr häßliche Schaumschicht auf der Oberfläche des Wassers und belästigen die Badenden sehr stark. Vor Wehren und an ruhigen Stellen kann man diese Stoffe durch Ablenkbalken, die das Öl zu Abschöpfstellen leiten, oft gut abfangen. Besser ist es aber, auf den Schiffen das Ablassen des Öles durch den Einbau von a-Kohlefiltern, die vor oder hinter die Lenz-Pumpen geschaltet werden und die das ölhaltige Wasser vom Öl befreien, zu verhindern. Auch für das ölhaltige Kondenswasser der Dampfschiffe sollten solche a-Kohlefilter im Interesse der Reinhaltung unserer heimischen Gewässer eingebaut werden. In den Häfen müssen die Schiffe beim Laden des

[1] SIERP: Vom Wasser 1936, **11**, 9.

Öles von einem geschlossenen Rohrring umgeben sein. Der Ring fängt alles Öl, Benzin usw. ab, das dann durch ein besonderes Gerät aus dem Ring herausgepumpt wird[1].

H. Mechanische Abwasserreinigung durch Absetzbecken.

I. Theorie des Absetzvorganges.

Die im Abwasser nach der Vorreinigung noch enthaltenen Schwebestoffe lassen sich je nach ihrer Sinkgeschwindigkeit trennen in absetzbare und nicht absetzbare Stoffe (s. S. 212). Die absetzbaren Schwebestoffe werden am besten in Absetzbecken abgefangen. Sie bilden dann im unzersetzten Zustand den Frischschlamm. Die auf der rein physikalischen Wirkung der Sedimentation beruhenden Verfahren bestehen in einer starken Verminderung der Fließgeschwindigkeit, bei der die Schleppkraft des Wassers nicht mehr ausreicht, so daß die Teilchen zu Boden fallen können. Je nach der Konstruktion können die Absetzräume waagerecht oder in aufsteigender Richtung durchflossen werden.

Die geschichtliche Entwicklung dieser Absetzbecken ging über die Faulbecken (Fosses—Muras), in denen das Abwasser infolge des Luftabschlusses während der langen Aufenthaltszeit gleichzeitig einen Faulprozeß durchmachte. Diese später von Cameron in England unter der Bezeichnung „septic tanks“ eingeführten Faulbecken finden dort noch heute vereinzelt Anwendung. In Deutschland werden sie auch heute noch in 32 Städten als Vorreinigung vor biologischen Reinigungsanlagen, sonst aber nur noch bei Hauskläranlagen benutzt. Die Faulbecken müssen so groß gemacht werden, daß auch das Abwasser wirklich in ihnen ausfault. Bei zu kurzer Aufenthaltszeit sind die Abflüsse vom Faulbecken noch nicht ganz ausgefault und können leicht starke Geruchsbelästigungen hervorrufen. Derartige Faulbecken kommen hauptsächlich bei allein liegenden Gehöften, Landheimen, Erholungsheimen u. dgl. in Frage.

Bei der Weiterentwicklung der mechanischen Reinigung hat man immer mehr die Vorteile des Frischerhaltens der Abwässer erkannt. Nachdem fernerhin durch zahlreiche Arbeiten festgestellt wurde, daß biologische Kläranlagen das noch nicht angefaulte, d. h. das „frische Abwasser“ besser verarbeiten, ist man sehr bald immer mehr zur „Frischwasserklärung“ übergegangen, so daß man zur Zeit sagen kann, daß es Grundsatz jeder mechanischen Reinigung ist, das Abwasser während des Klärvorganges möglichst frisch zu erhalten.

Durch die Arbeiten von Bock, Schwarz, Steuernagel, Schönefelder, Imhoff wurde die Aufklärung über die Absetzvorgänge stark gefördert. Die Verlangsamung der Bewegung, die fast dem Stillstand des Wassers nahekommt, so daß der Vorgang im Absetzbecken mit dem im Absetzglas verglichen werden kann, wird durch eine entsprechende Erweiterung des Querschnittes erreicht. Bei der hierbei so stark herabgesetzten Fließgeschwindigkeit reicht die Schleppkraft für die absetzbaren Stoffe nicht mehr aus, so daß sie langsam zu Boden fallen, während alle anderen Stoffe, die ein geringeres spezifisches Gewicht als Wasser haben, sich an der Oberfläche abscheiden. Dieser cheinbar sehr einfache Absetzvorgang ist in Wirklichkeit sehr verwickelt. Außer der Art der Schwebestoffe, beurteilt nach ihrer spezifischen Schwere, hat auch die äußere Beschaffenheit, ob körnig oder flockig, d. h. ob ihre Oberfläche glatt, krümelig, rauh oder schleimig ist, ob die Schwebestoffe leicht zum Zusammenballen neigen oder sich gegenseitig umhüllen, einen großen Einfluß. In vielen Fällen wird die Oberfläche durch ihr Wasseraufnahmevermögen, durch ihre Hydratation, bedingt. Körper mit geringem Hydratationsvermögen haben im Wasser meistens geringe Oberfläche und großes spezifisches Gewicht, dagegen haben Körper mit schleimiger Oberfläche ein sehr großes Hydratationsvermögen,

[1] Gesundh.-Ing. 1932, 55, 553.

so daß ihr spezifisches Gewicht immer mehr dem des Wassers nahekommt. Andererseits haben aber letztere meistens ein größeres Adsorptionsvermögen, so daß sie leichter zu Flockenbildungen neigen. Von großem Einfluß kann auch ihre Neigung zum biologischen Zerfall sein, bei dem durch Gasentwicklung starke Verschiebungen im spezifischen Gewicht der Körper vorkommen können. Beim Absetzvorgang sind ferner von Einfluß: die Temperatur des ankommenden Wassers, die oft Strömungen im Absetzbecken hervorrufen kann und dadurch die Absetzvorgänge im Becken stört, ferner die Temperatur der Luft, Besonnung, Barometerstand u. dgl.

In der Hauptsache unterscheidet man zwischen körnigem Schlamm, dessen einzelne Schwebestoffe unabhängig voneinander mit ständig gleichbleibender Geschwindigkeit zu Boden sinken, im Gegensatz zu Flockenschlamm, dessen Teilchen sich unterwegs zu immer größeren Flocken zusammenballen und ihre Sinkgeschwindigkeit ständig vergrößern. Zu den körnigen Schlämmen gehören unter anderem feiner Sand, Kohlenschlamm, Erzschlamm und aufgeschwemmte Zuckerrübenerde. Reine Flockenschlämme sind die stark wasserhaltigen Schlämme, wie ausgefälltes Eisenhydroxyd, Aluminiumhydroxyd, Papierbrei, belebter Schlamm und ausgeflockte Eiweißstoffe. Zwischen beiden Arten gibt es alle Übergänge, z. B. Kaolinschlamm. Abwasserschlamm aus reinem städtischen Abwasser steht zwischen beiden Schlammarten, und zwar etwas mehr auf Seite des Flockenschlammes. Industrielle Abwässer können oft den Charakter der Schwebestoffe auch in dieser Hinsicht sehr stark verändern.

Für rein körnigen Schlamm gilt nach den von HAZEN und SCHULZ (Prag) aufgestellten Gesetzen in erster Linie die Oberfläche des Absetzbeckens, während die Tiefe des Beckens ganz gleichgültig ist. Die für ein Absetzbecken notwendige Oberfläche ergibt sich aus der Formel

$$\text{Oberfläche (qm)} = \frac{\text{Wassermenge (cbm/Std.)}}{\text{kleinste Sinkgeschwindigkeit (m/Std.)}}.$$

Unter kleinster Sinkgeschwindigkeit versteht man die in Absetzgläsern nach IMHOFF festgestellte Geschwindigkeit, mit der die letzten Schwebestoffe den Boden des Absetzglases erreichen

$$\begin{array}{c}\text{kleinste Sinkgeschwindigkeit}\\ \text{der in einer Stunde absetzbaren Schwebestoffe}\end{array}\left\{\begin{array}{l} = \dfrac{\text{Standglashöhe (0,4 m)}}{\text{Absetzzeit (1 Stunde)}}\\[2ex] = \dfrac{400}{60\cdot 60} = 0{,}111\ \text{mm/Sek.}\end{array}\right.$$

Die Absetzbecken mit aufsteigender Wasserbewegung werden für körnigen Schlamm ebenfalls aus der Oberfläche berechnet, wobei die Aufwärtsbewegung nicht größer sein darf als die kleinste Sinkgeschwindigkeit für körnigen Schlamm (0,1 mm/Sek.). Da die Tiefe demnach keine Rolle spielt, sind für körnigen Schlamm flache Absetzbecken am geeignetsten. Bei körnigem Schlamm kann man nach IMHOFF die Wasseroberfläche mit 0,5 cbm/qm/Std. belasten, d. i. bei gleichmäßigem Zufluß Tag und Nacht 12 cbm/qm in 24 Stunden. Für 2 m tiefe Becken gibt das 2 Stunden Durchflußzeit.

Bei Flockenschlamm ist nicht die Oberfläche, sondern die Tiefe des Beckens maßgebend. Die senkrecht aufwärts gerichtete Wasserbewegung kann dadurch besonders günstig wirken, daß der niedersinkende Schlamm für den entgegenkommenden Schlamm als Filter wirkt. Die zunächst kleinen Flocken ballen sich zusammen. Die Wassergeschwindigkeit kann 0,5—1 mm/Sek. betragen. Im übrigen gelten für die Beziehungen zwischen den Durchflußzeiten des Abwassers durch ein Becken, den Beckenmassen und der Fließgeschwindigkeit folgende Gleichungen, für die die näheren Begründungen bei IMHOFF[1] gegeben sind:

Die richtige Berechnung der Absetzbecken erfolgt am besten aus der Durchflußzeit nach der Formel

$$\text{Durchflußzeit (Stunden)} = \frac{\text{Absetzraum (cbm)}}{\text{Wassermenge (cbm/Std.)}}.$$

Aus obigen Zahlen könnte man Becken jeglicher Konstruktion berechnen. Da aber außer quadratischen und runden auch hauptsächlich langgestreckte Becken viel angewandt werden, muß man auch die Länge der Becken festlegen. Diese berechnet man nach der Formel:

$$\text{Länge des Beckens (mm)} = \frac{\text{Durchflußzeit (Sekunden)}}{\text{Fließgeschwindigkeit (mm/Sek.)}}.$$

[1] IMHOFF: Taschenbuch der Stadtentwässerung, 7. Aufl. 1937.

Die Geschwindigkeit mm/Sek. ergibt sich aus der $\frac{\text{Länge (mm)}}{\text{Zeit (Sek.)}}$. Die zum Absetzen der Stoffe nötige Durchflußzeit wird durch die Bestimmung der Klärfähigkeit in Absetzgläsern nach IMHOFF oder SPILLNER bestimmt und aus den nach bestimmten Zeiten (1 oder 2 Stunden) abgesetzten Schlammengen die Absetzkurve aufgetragen. Aus der in Abb. 37 dargestellten Kurve ist dann ersichtlich, welche Mindestzeit zur guten Klärung nötig ist. Aus der Kurve ergibt sich, daß die Hauptmenge des Schlammes schon sehr bald absetzt.

Bei Flockenschlamm kann beim Stehen des Schlammes durch ein Zusammenballen des Schlammes oft eine nachträgliche Abnahme des Schlammes vorgetäuscht werden. In diesen Fällen muß man eine der gleichen Zeit entsprechende Sackungskurve aufstellen und danach die erhaltenen Werte berichtigen. Noch besser ist es, bei der Bestimmung der absetzbaren Stoffe die Tiefe des Versuchsglases so zu wählen, daß sie der Tiefe des Absetzbeckens entspricht. Um genauere Resultate zu haben, nimmt man in diesem Falle aber ein zylindrisches und nicht ein konisches Absetzglas.

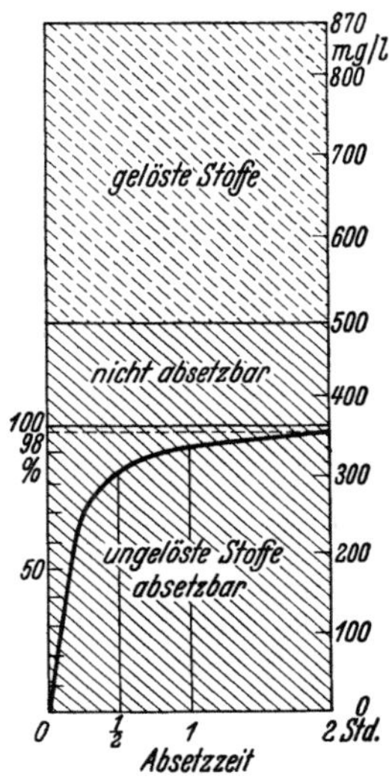

Abb. 37.
Absetzkurve für Frischschlamm.

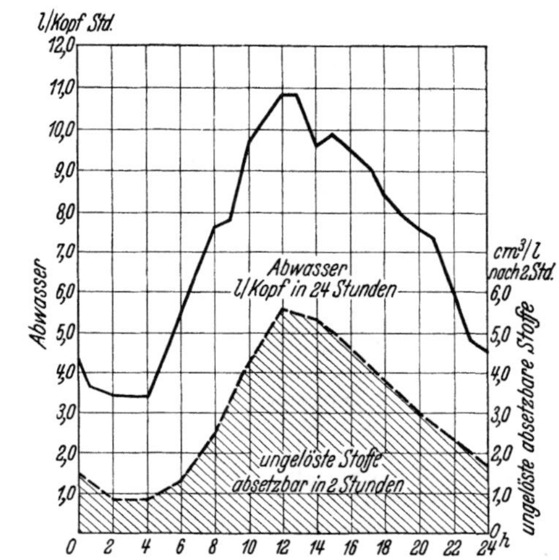

Abb. 38. Darstellung der Tagesschwankungen in den Abwassermengen und den absetzbaren Stoffen einer mittleren Stadt nach FRIES (24stündige Messung).

Stellt man für die am Tage anfallende Abwassermenge in stündlichen Durchschnittsproben durch Bestimmung der absetzbaren Stoffe die im Tage anfallende Schlammenge fest, so zeigt es sich, daß mit der am Tage schwankenden Abwassermenge auch, wie aus Abb. 38 hervorgeht, die Menge der im Abwasser enthaltenen Schmutzstoffe schwankt, wobei bei den größeren Abwassermengen auch die stärkere Verschmutzung beobachtet wird (s. auch Abb. 2).

Die rein rechnerischen Unterlagen genügen auch aus folgenden Gründen für die praktische Entwurfsgrundlage nicht allein, weil

1. es nicht möglich ist, das Wasser so gleichmäßig durch die Absetzbecken zu leiten, daß die theoretisch berechnete Durchflußzeit innegehalten wird.

2. durch die immer mehr zunehmende Abscheidung und Ansammlung des Schlammes wird der zur Verfügung stehende Raum immer kleiner und damit die Durchflußzeit geringer.

3. Die Wassermenge ist im Laufe des Tages erheblichen Schwankungen unterworfen.

Um eine möglichst gute Ausscheidung der Schwebestoffe zu erzielen, soll man die Absetzbecken nicht zu kurz und nicht zu tief machen. Aus Erfahrungstatsachen haben sich zwei Hauptbauweisen entwickelt und zwar langgestreckte, flache Becken mit einer Tiefe von höchstens 2,0—2,5 m, deren Sohle nach dem Abwasserzulauf hin sich allmählich vertieft und am Zulauf einen Sammelraum besitzt, aus dem der abgesetzte Schlamm entfernt wird und runde Flachbecken mit etwa der gleichen Tiefe, bei denen das Abwasser in der Mitte zugeführt wird und das Klärprodukt kranzförmig am Rande abgenommen wird. Bei diesen Becken vermindert sich die Fließgeschwindigkeit zum Ablauf hin immer mehr und mehr. Die Tiefe nimmt in den meisten Fällen bei den runden Becken ebenfalls zum Ablauf hin ab. Der sich absetzende Schlamm wird zu einem in der Mitte liegenden Schlammsammelraum befördert.

Bei abwassertechnisch richtig gebauten Absetzbecken kann man damit rechnen, daß die absetzbaren Schwebestoffe zum allergrößten Teil innerhalb 2 Stunden abgesetzt sind. Für häusliches Abwasser wird daher diese Zeit als die „technische Grenze" des Absetzvorganges angesehen. Es hat wenig Zweck, für die Absetzbecken für häusliches Abwasser größere oder kleinere Absetzzeiten als 1,5—2 Stunden zu wählen. Macht man die Becken kleiner, bleibt zu viel Schlamm im geklärten Abwasser und belastet dann unnötig das nachfolgende biologische Verfahren (Tropf- oder Füllkörper) oder den Vorfluter. Bei größeren Aufenthaltszeiten als nötig wird keine wesentlich größere Reinigung erzielt, und es besteht besonders im Sommer die Gefahr, daß das Abwasser faulig wird und daß dann auftreibende Schlammflocken den Abfluß verschlechtern, ganz abgesehen von den unnötig höheren Baukosten.

Um die Frage zu prüfen, ob es bei runden Flachbecken mit Schlammausräumung, bei denen der Schlamm von der flachen Sohle mit Hilfe von Kratzern einem zentral angeordneten Schlammsumpf zugeschoben wird, möglich ist, daß das Abwasser beim Herüberstreichen über den am Boden liegenden Schlamm „infiziert" oder „leicht angefault" wird, gibt Husmann[1] ein Rechnungsbeispiel für ein rundes Flachbecken mit zentraler Wasserzuführung und mechanischer Schlammausräumung, dem das Abwasser einer Stadt von 50000 Einwohnern zugeführt wird und zeigt an ihm, mit welchen Schlammhöhen auf der flachen Beckensohle im Verlauf von 24 Stunden zu rechnen ist. Bei einem Wasserverbrauch von 150 Liter/Kopf und Tag in 18 Stunden ergibt sich ein stündlicher Abwasseranfall von 415 cbm. Bei $1^1/_2$ Stunden Klärzeit muß das Becken 625 cbm Inhalt haben. Das ergibt bei einer mittleren Wassertiefe von 2 m ein Becken von 20 m Durchmesser mit einer Sohlenfläche von 315 qm. Bei einer Schlammenge von 1 Liter/Kopf und Tag ist mit 50 cbm Schlammanfall zu rechnen. Wenn der Schlamm am Tage nur einmal ausgeräumt wird, ergibt dies am Ende des Tages eine 16 cm betragende Schlammhöhe bzw. stündlich rund 1 cm Höhe. Bei industriellen Abwässern kann die Art der Abwässer diese Grenze mehr oder weniger verschieben. Bei häuslichem Absasser wird man z. B. bei sehr großen Vorflutern oder bei bestimmten biologischen Anlagen diese Grenze heruntersetzen können. Für die Frage der Infektion dürfte aber außer der Schlammhöhe noch die Art des Schlammes und der Zustand des Wassers maßgebend sein. In England wendet man mit Rücksicht auf starke Regenfälle und Abwasserstöße aus gewerblichen Betrieben oft Absetzzeiten an, die ein mehrfaches der oben genannten Zeiten ausmachen (12—24 Stunden). Imhoff gibt als Gründe für den größeren Ausbau der Absetzbecken in England folgende Sonderfälle an:

1. Wenn der städtische Schlamm durch den Einfluß besonderen gewerblichen Schlammes nicht fäulnisfähig ist. Dann hat es keinen Sinn, den Schlamm in kurzen Zwischenräumen aus den Becken herauszunehmen und es ist vorteilhafter, ihn dort länger liegen zu lassen, damit er wasserärmer wird. Man hat dann in den Absetzbecken große Lagerräume für den Schlamm.

2. Wenn Gewerbebetriebe giftige, saure oder in anderer Beziehung schädliche Flüssigkeiten stoßweise ablassen. Dann ist es vorteilhaft, die verschiedenen Abwasserarten über möglichst viele Stunden des Tages hinweg zu mischen und die Stöße auszugleichen und unschädlich zu machen. Das gelingt um so besser, je länger die Durchflußzeit der Absetzbecken ist.

3. Wenn bei Regenwetter besonders große Abwassermassen mit in den Absetzbecken behandelt werden sollen, also mehr als das Doppelte des Trockenwetterabflusses.

Er empfiehlt daher, bei so großen Beckenabmessungen nur die Vorbecken, die den Hauptschlamm abfangen, für ständige Schlammausräumung einzurichten, z. B. durch zweistöckige oder mit Schlammkratzern versehene Anlagen. Für die nachfolgenden eigentlichen großen Absetzbecken aber möglichst einfache Bauweisen anzuwenden, da diese nur selten ausgeräumt werden müssen.

Für die gute Ausnutzbarkeit des Querschnittes der Absetzbecken ist eine gleichmäßige Verteilung des ankommenden Abwassers über den gesamten Beckenquerschnitt eine Hauptbedingung. Richtiger Einlauf zur Mäßigung der Geschwindigkeit, damit die richtige Absetzgeschwindigkeit erreicht wird, geringe Überfallhöhen, um Geschwindigkeitsvermehrungen, Wirbelbildungen und Wandströmungen zu vermeiden, sind wichtig und müssen schon beim Entwurf beachtet werden. Der Einbau richtiger Ein- und Ausläufe verlangt nur geringe Mehrkosten. Plötzliche Geschwindigkeitsänderungen erzeugen Querströmungen

[1] Husmann: Vom Wasser 1933, 7, 233.

und Wirbelbildungen, die sich besonders auf den leichten Flockenschlamm nachteilig auswirken. Bei lang gestreckten Becken kann man die gute Verteilung des Abwassers am Zulauf durch dreieckig in Abständen von 20—30 cm eingekerbte Überfallrinnen oder durch Stabrechen erreichen. Für Rundbecken wendet die Bamag-Meguin zur gleichmäßigen Verteilung des Abwassers über die ganze Beckentiefe einen um den ganzen Zulauf angeordneten Beruhigungsrechen an, dessen Stabweite sich nach der Zuflußmenge richtet (s. Abb. 39). Am Ablauf von Längs- und Rundbecken haben sich ebenfalls zur gleichmäßigen Einstellung des Ablaufes eingekerbte Überfälle bewährt. Diese eingekerbten Zu- bzw. Ablaufrinnen haben den Vorteil, daß sie sich leicht einstellen bzw. nachstellen lassen. Soll ein Absetzbecken auch als Rückhaltebecken dienen, so richtet man am Ablauf einen doppelten Überfall mit verschiedenen Höhen ein. Die festen Überfälle haben nach Blunk bei veränderlichem Zufluß den Nachteil, daß sie sich dem veränderten Wasserspiegelgefälle des Zuflußkanals nicht anpassen können, und daß dadurch die gleichmäßige Belastung

Abb. 39. Verteilungsgitter am zentralen Zulauf eines Rundbeckens von der Kläranlage Weißenfels a. d. S.

der einzelnen Becken unter Umständen in Frage gestellt wird. Um sich von diesen Schwierigkeiten, die sich besonders beim Pumpen des Abwassers in der Kläranlage stark in den Kosten bemerkbar machen, unabhängig zu machen, schlägt er den Einbau höhenbeweglicher Überfälle vor. Die an diese Überfälle zu stellenden Bedingungen sind

1. Anpassungsfähigkeit an die veränderliche Zuflußmenge,
2. Ausnutzung des für Höchstbelastungen zur Verfügung stehenden Klärraumes,
3. Anpassungsfähigkeit an die veränderlichen Wasserspiegelhöhen des Vorfluters.

Für höhenbewegliche Überfälle wendet er daher schwimmende Teleskoprohre an, die sich dem veränderlichen Zufluß anpassen. Der zur Verfügung stehende Raum kann durch Regenwasser gut ausgenutzt werden. Zur Verhinderung des Ansaugens von Luft und des damit verbundenen Leistungsabfalles und zum Ausgleich der verschiedenen Höchstleistungen der Rohre, die durch das Wasserspiegelgefälle der Abflußrinne hervorgerufen werden, werden höhenverstellbare Reglerkegel oder kegelartige Gebilde in die Achse der Rohre oberhalb des Rohreinlaufs eingebaut.

Da trotz guter Vorreinigung durch Ölfänger auch in den Absetzbecken am Ablauf vor dem Überfallbrett sich Öl ansammelt, werden flache Tauchbretter eingebaut, die Eintauchtiefen von 20—30 cm haben. Bei Abwasser mit fäulnisfähigem Schlamm muß der in den Becken abgesetzte Schlamm immer möglichst bald und oft entfernt werden, ehe er durch Fäulnisgase wieder auftreibt, das darüber fließende Wasser faulig macht und dann selbst mit dem Abfluß wieder fortfließt.

Es gibt eine große Anzahl verschiedener Arten von Absetzbecken, die alle in mehr oder weniger guter Art ihre Aufgabe zum Entfernen der absetzbaren Schwebestoffe erfüllen.

II. Auflandungsteiche.

Ein besonders einfaches Verfahren, Wasser von den ungelösten, besonders den absetzbaren Stoffen zu befreien, ist das Auflandungsverfahren. Die Auflandung wird besonders gern bei schlammhaltigem Flußwasser angewandt, besonders bei Abwasser mit vorwiegend mineralischem Schlamm und dort, wo

Abb. 40. Bild eines Auflandungsteiches.

man offene Bachläufe zur Ableitung von Abwasser benutzt. Für rein häusliches, also organisch verschmutztes Abwasser, das bei größerer Stautiefe schnell in stinkende Fäulnis übergeht, sind Auflandungsteiche nicht anwendbar. Die Auflandungsteiche würden eine durchflossene Faulkammer darstellen, in denen der abgesetzte Schlamm bei der Fäulnis auftreiben und fortgespült werden würde. Das Verfahren der Auflandung kann besonders dann angewandt werden, wenn das Abwasser wenig Schwebestoffe und geringe organische Verschmutzung hat, so daß es während des Aufstauens nicht in übelriechende Fäulnis übergehen kann und wenn der sich absetzende Schlamm vorwiegend mineralischer Art ist, so daß er nicht faulen und nicht auftreiben kann. In besonderen Fällen kann man sich durch zwei abwechselnd betriebene Teiche helfen. Wenn in dem durchflossenen Teich der Schlamm aufzutreiben beginnt, wird er für einige Wochen ausgeschaltet, bis die Gasbildung wieder nachgelassen hat.

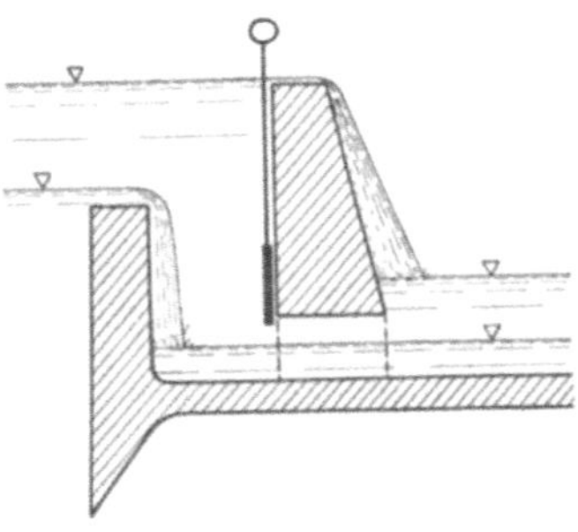

Abb. 41. Schema eines Regenüberfalls.

Auflandungsteiche sind einfache, natürliche Erdbecken, die in Flußniederungen oder Bachtälern durch ein Stauwerk errichtet werden können. Auflandungsteiche lassen sich besonders gut in Industriegebieten mit großen Senkungsgebieten errichten. Das Senkungsgebiet oder die Niederung wird eingedämmt und das so gebildete Erdbecken von dem zu reinigenden Fluß- oder Abwasser durchflossen. Der Schlamm bleibt dort liegen, wo er sich gerade absetzt. Die Folge ist, daß das Erdbecken sich allmählich zuschlammt (s. Abb. 40). Beim Bau wird die ganze Fläche mit einer guten Sohlensickerung versehen. Diese bleibt während der ganzen, oft mehrere Jahre dauernden Auflandung geschlossen und wird erst dann geöffnet, wenn die Auflandung beendet ist, d. h. der Teich vollgeschlammt ist. Der Schlamm kann dann gut durchtrocknen. Auflandungsteiche sollen stets so groß gemacht werden, daß sie den Schlamm von vielen Jahren zurückhalten können. Infolge ihrer Größe haben sie oft Durchflußzeiten von mehreren Tagen. Durch einen doppelten Überfall am Ablauf mit zwei verschiedenen Höhen (s. Abb. 41) kann man die Auflandungsteiche wegen ihrer großen Abmessungen leicht zur Aufnahme des gesamten Regenwasserzuflusses einrichten. Der zwischen den beiden Wasserspiegeln liegende, meist beträchtliche Raum wird dann bei Regenwetter als Rückhaltebecken benutzt. Nach Ablauf des Regens fließt das

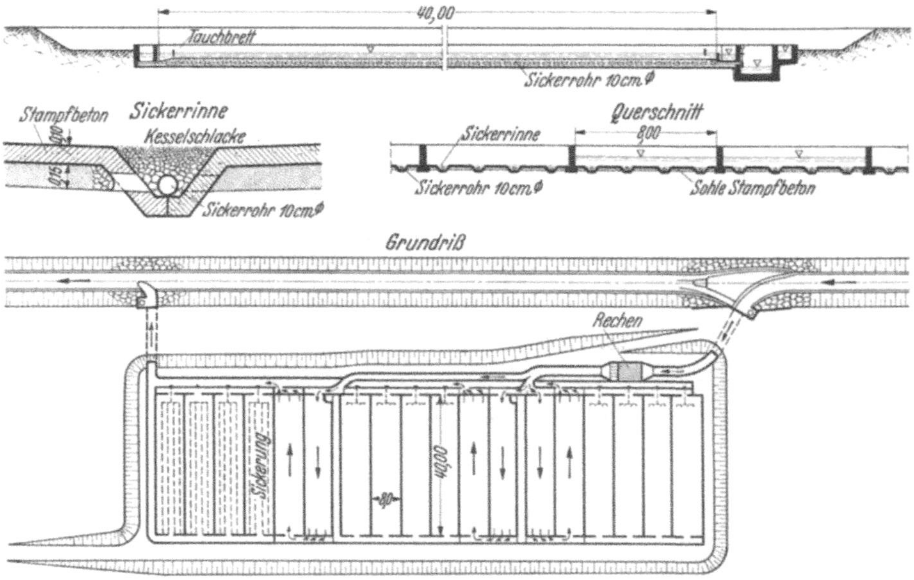

Abb. 42. Grundriß und Längenschnitt durch ein Sickerbecken.

zurückgehaltene Wasser gut geklärt langsam ab. Außer zum Zurückhalten von vorwiegend mineralischem Schlamm kann man die Auflandungsteiche auch gut zur Rückgewinnung von Betriebswasser in gewerblichen Anlagen (Zuckerfabriken, Kohlenwäschen) usw. benutzen.

Abb. 43. Aufbau eines Sickerbeckens.

III. Sickerbecken.

Zu den einfachsten und billigsten Absetzbecken gehören die Sickerbecken. In Fällen, wo die endgültige Art und Zusammensetzung des anfallenden Abwassers noch nicht einwandfrei feststeht oder das anfallende Abwasser durch Giftstoffe aus gewerblichen Abwässern so stark beeinflußt ist, daß der abgesetzte Schlamm nicht mehr fault oder das Abwasser von sich aus bereits einen vorwiegend mineralischen Schlamm enthält, oder mit Rücksicht auf den Vorfluter schnell eine Reinigung geschaffen werden muß, können Sickerbecken angewandt werden. Diese etwa 30—40 cm tiefen Becken entsprechen in ihrem Aufbau dem zum Trocknen des Schlammes benutzten Schlammtrockenplätzen, für die sie auch später beim Ausbau der Kläranlage verwandt werden können. Der Grundriß und Längsschnitt ist aus Abb. 42 und der Aufbau ist aus Abb. 43 ersichtlich. Die 20—40 m langen und 10—20 m breiten Sickerbecken besitzen an der tiefsten Stelle der Sohle aus Tonrohren hergestellte Sickerleitungen, die durch eine Umpackung mit grobem Kies oder Kesselschlacke gut durchlässig gehalten werden. Auf diesem vorsichtig geschichteten Unterbau von Schlacke oder Kies liegt eine etwa 10 cm starke, als Filterdecke wirkende Schicht von feinem Sand oder Koksgruß oder Asche, die häufiger erneuert werden muß. Es werden stets mehrere Becken, meistens 6 Stück, nebeneinander so errichtet, daß stets zwei Becken hintereinander geschaltet werden können, während die anderen Becken zum Trocknen und Ausräumen wasserfrei sind (s. Abb. 44). Da das zweite Becken meist weniger zu leisten hat, so nimmt man aus betriebstechnischen Gründen gern das letzte in der Reihe liegende Becken als Nachklärbecken, das bei guter Vorreinigung des ersten Beckens nur selten ausgeschaltet zu werden braucht. Hinter den Zulauf und vor dem Ablauf müssen Tauchbretter angebracht werden, die ölige und fetthaltige Stoffe, sowie auftreibenden Schlamm zurückhalten. Ist ein Sickerbecken vollgeschlammt, so wird es ausgeschaltet und die Sickerleitung, die während des Betriebes durch Sickerverschlüsse verschlossen war, geöffnet. Das über dem Schlamm stehende Wasser filtriert jetzt durch die Sickerschicht ab. Der zurückbleibende Schlamm trocknet dann je nach seinem Gehalt an mineralischen Stoffen, nach seiner Drainierfähigkeit, nach der Temperatur und nach der Witterung mehr oder weniger schnell. Zum Verschließen der Sickerstränge benutzte man bisher, abgesehen von den sehr einfachen Holzpflöcken, besondere Schieber. Sehr einfach zu bedienende und gut wirkende Verschlüsse sind die vom Ruhrverband auf seinen verschiedenen Sickerbeckenanlagen benutzten und in Abb. 45 dargestellten Sickerverschlüsse.

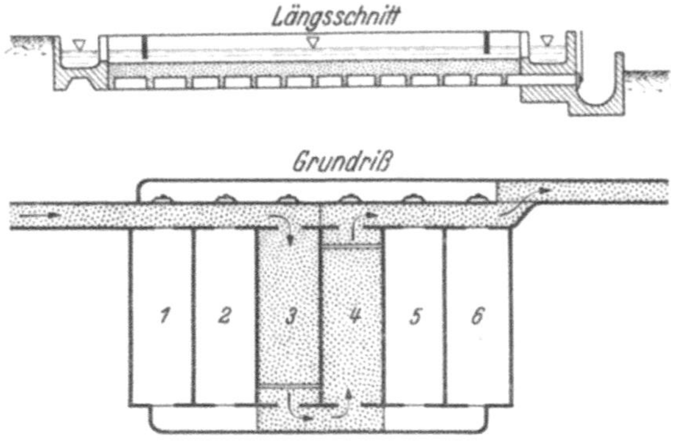

Abb. 44. Durchflußschema eines Sickerbeckens.

Abb. 45. Verschlüsse für Sickerrohre (links geschlossen, rechts geöffnet).

Die Stautiefe der Sickerbecken richtet sich ganz nach der Art des aus dem Abwasser zu entfernenden Schlammes. Je höher der Gehalt des Schlammes an mineralischen oder körnig-sandigen Stoffen ist, um so besser drainiert er und um so höher kann die Stautiefe der Sickerbecken sein. Bei rein häuslichem Abwasser mit vorwiegend organisch verschmutztem Schlamm darf die Stautiefe höchstens 20—30 cm sein, wohingegen der Schlamm nur etwa bis zur Hälfte der Höhe aufgestaut werden darf. Bei zu großer Stauhöhe wird der Schlamm sonst beim Ausschalten nicht austrocknen. Würde man die Stautiefe in den Sickerbecken größer machen, so würde die Sauerstoffaufnahme aus der Luft zu gering sein und das Abwasser und der sich absetzende bzw. trocknende Schlamm sehr schnell in stinkende Fäulnis übergehen. Bei mehr mineralischem, d. h. nicht faulendem Schlamm, wie er vor allem bei gewerblichem Abwasser, wie Kohlenwaschwasser, Rübenwaschwasser usw. vorkommt, kann die Wassertiefe bis auf 2 m gesteigert werden, da man selbst bei dieser hohen Stautiefe noch immer eine gute Versickerung des Wassers nach dem Ausschalten der Becken hat. Bei den nur 0,2—0,4 m tiefen, flachen Sickerbecken muß man stets feststellen, ob die zulässige Grenzgeschwindigkeit nicht überschritten wird.

$$\text{Geschwindigkeit (mm/Sek.)} = \frac{\text{Länge (mm)}}{\text{Zeit (Sekunden)}}.$$

Hat der Schlamm eine bestimmte Höhe erreicht, so wird das Becken ausgeschaltet und die Sickerung, die während des Absetzvorganges verschlossen war, wird geöffnet. Das Wasser sickert dann teils ab oder es verdunstet auf der großen Oberfläche des im Becken verbleibenden Schlammes. Das Sickerbecken wirkt jetzt wie ein Schlammtrockenplatz. Beim Ausräumen des getrockneten Schlammes treten bei häuslichem Abwasser, besonders im Sommer, leicht starke Geruchsbelästigungen und auch Fliegenplage auf. Nach der Ausräumung des Schlammes wird die Sohle erneut zum Ersatz der beim Ausräumen mit beseitigten Sand- oder Ascheschicht mit einer neuen Koks-, Sand- oder Ascheschicht bedeckt, worauf dann die Becken wieder betriebsfertig sind. Bei stark mineralischem Schlamm, der sich leicht von der Schlackenschicht abhebt, so daß wenig von der Filterschicht mitgerissen wird, genügt oft ein einfaches Aufharken, so daß das vorhandene Filter mehrere Male benutzt werden kann.

Sickerbecken für häusliches Abwasser sollten stets nur als Notbehelf oder als vorläufige Kläranlage zugelassen werden, da die Schlammbehandlung sehr unhygienisch ist und in den seltensten Fällen geruchlos und fliegenfrei erfolgen kann. Ihre Betriebsdauer ist bei häuslichem Abwasser wegen der leichten Fäulnisfähigkeit sehr gering, auch sonst können sie zu starken hygienischen Bedenken Anlaß geben. In den Fällen, wo die Kanalisation einer Stadt noch im Ausbau begriffen ist, können sie zur Abstellung der ersten Schwierigkeiten als Absetzbecken benutzt werden, um später nach dem endgültigen Ausbau der Kläranlage als Schlammtrockenplätze Verwendung zu finden.

Nachteilig für Sickerbecken ist weiterhin, daß sie bei Regenwetter kein starkes Anwachsen der Wassermenge vertragen. Bei der geringen Tiefe wird sehr bald die zulässige Wassergeschwindigkeit überschritten, so daß keine Absetzwirkung mehr vorhanden ist und es dann zu Ausspülungen kommt. Man kann sich in diesen Fällen dadurch helfen, daß man eine genügend große Anzahl von Sickerbecken errichtet, die sich durch zweckentsprechende Überfallbauwerke beim Ansteigen der Wassermenge selbsttätig nacheinander einschalten, wie dies z. B. auf der Ölbachhauptkläranlage des Ruhrverbandes geschieht. Weiterhin hat man es in der Hand, die Wassertiefe veränderlich einzurichten, so daß der Wasserspiegel bei stärkerem Zufluß ansteigen kann. Zu dem Zweck werden am Beckenende zwei Überfälle ähnlich dem in Abb. 41 gezeigten Regenüberfallwehr hintereinander angebracht. Der zweite und höhere Überfall hat eine verstellbare Durchflußöffnung, durch die das Abwasser bei gewöhnlicher Wasserführung durchfließt. Steigt die Wassermenge an, so daß diese Durchlässe das Wasser nicht mehr fassen können, so staut sich die Wassermenge bis zur Höhe des zweiten Überfalles an und gibt dadurch dem Wasser eine längere Aufenthaltszeit.

Nach Imhoff[1] hat die Stadt Dortmund einige Sickerbecken mit so starken Entwässerungsrohren versehen, daß die Sickerbecken als Grobfilter benutzt werden können. Das Abwasser durchfließt das erste Becken als Absetzbecken und dann das zweite als Grobfilter. Dadurch wird eine Sicherheit gegen das Übertreiben von Schlamm oder Pilzflocken erreicht.

IV. Flache Absetzbecken mit handbedienter Schlammausräumung oder Schlammablässen.

1. Absetzbecken nach Steuernagel.

Im Jahre 1900 errichtete Steuernagel in Köln ein einfaches, rechteckiges, mit Handgeräten zu entschlammendes Absetzbecken, in dem er die bekannten sehr wertvollen Versuche zur wissenschaftlichen Klärung der Absetzvorgänge

[1] Imhoff: Fortschritte der Abwasserreinigung. Berlin: Carl Heymann 1926.

machte. Die STEUERNAGELschen Versuche ergaben, daß die größte Tiefe eines Beckens zweckmäßig am Einlauf angeordnet werden muß und daß die größte Länge des Beckens etwa 45 m betragen sollte bei 4 mm/Sek. Durchflußgeschwindigkeit. Er erreichte dabei eine Ausscheidung der suspendierten Stoffe von 72%. Bei einer Durchflußgeschwindigkeit von 4 mm/Sek. wurden aus 100 cbm 4 cbm Schlamm mit 95% Wasser ausgeschieden. Der Schlamm kann einige Tage unter Wasser liegen bleiben, bis er anfängt, Gase zu bilden und aufzutreiben. Das Becken muß dann entleert und gereinigt werden.

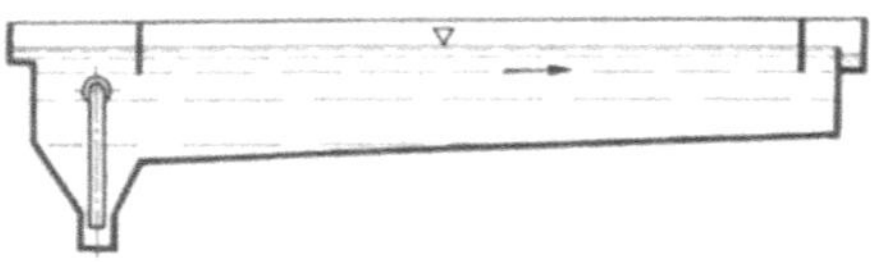

Abb. 46. STEUERNAGEL-Becken.

Diese Absetzbecken haben, wie Abb. 46 zeigt, an der Zulaufseite einen Sammelraum zur Aufnahme des Schlammes, der sich auf der zum Ablauf ansteigenden Sohle abgesetzt hat und mit Handgeräten dorthin befördert wird. Abb. 47 zeigt das Ausräumen eines flachen Absetzbeckens durch Hand, aus dem man das über dem Schlamm stehende Wasser nach dem Abschalten abgelassen bzw. abgepumpt hatte. Aus dem Schlammsammelraum wird dann der Schlamm durch ein Saugrohr vom tiefsten Punkt entfernt. Diese Entleerung der Klärbecken muß alle 6—10 Tage, bei warmer Witterung und stark verschmutztem

Abb. 47. Ausräumen eines flachen Absetzbeckens von Hand.

oder schon angefaultem Abwasser öfter, meist täglich, erfolgen. Diese häufige Entleerung verlangt wegen des Ausfalles an Klärraum eine größere Anzahl von Klärbecken.

Außer den Verteilungsgittern und den Tauchwänden am Zu- und Ablauf zum Zurückhalten der auf der Oberfläche schwimmenden Stoffe haben sich besondere Einbauten zum Ableiten des Wasserstromes nicht bewährt. Vor allem sind die auch heute noch in manchen Kläranlagen anzutreffenden Einbauten von Zwischenwänden, um dem Wasser eine schlangenförmige Wasserführung zu geben, von Nachteil, da durch sie unerwünschte Strömungen und Wirbelbildungen erzeugt werden. Im Gegenteil man erreicht die beste Absetzwirkung nur in Becken mit einheitlichen, an keiner Stelle behinderten Querschnitten.

Den billigen Bau- und Betriebskosten der handbetriebenen flachen Absetzbecken steht neben den großen hygienischen Bedenken für die ausräumenden Arbeiter der Nachteil gegenüber, daß die flachen Becken einen großen Platzbedarf haben und daß Fäulniserscheinungen durch die Anhäufung des Schlammes in Becken besonders in wärmeren Jahreszeiten schwer zu vermeiden sind.

2. Absetzbecken nach SCHÖNFELDER.

Um sich von dem lästigen Ausräumen durch Hand mit Rücksicht auf die für die Arbeiter bestehenden Gefahren unabhängig zu machen und den Schlamm ohne Betriebsunterbrechungen unter Wasser abziehen zu können, löste SCHÖNFELDER auf der Kläranlage Elberfeld die Sohle der Flachbecken in mehrere

Trichter auf, deren Tiefe entsprechend dem Schlammanfall zum Auslauf hin abnimmt, so daß auch bei diesen Becken die tiefsten Trichter am Einlauf liegen. In der Spitze der Trichter befindet sich, wie Abb. 48 zeigt, der Saugkorb einer Schlammpumpe, der den sich ansammelnden Schlamm durch besondere Rohre entweder selbsttätig durch den Wasserüberdruck nach außen abläßt oder durch eine Pumpe absaugt und auf die Schlammfelder befördert. Dieses Verfahren wird heute noch auf der Kläranlage Elberfeld angewandt.

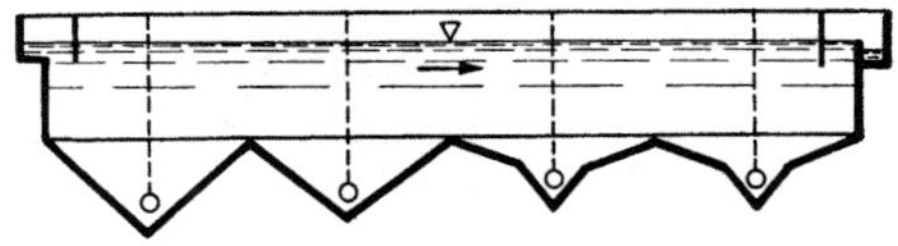

Abb. 48. Absetzbecken nach SCHÖNFELDER.

3. Dortmund- und MAIRICH-Brunnen.

Besonders in den Fällen, wo der Grundwasserstand ein hoher ist, hat man dem Absetzbecken gern die Form von Brunnen gegeben, in denen dann das Abwasser mit aufsteigender Wasserbewegung geklärt wird. In ihrem Aufbau sehr ähnlich ist der von KNIEBÜHLER 1898 für die Abwässer der Stadt Dortmund errichtete Dortmundbrunnen mit dem von MAIRICH für Neustadt und Stargard errichteten MAIRICH-Brunnen.

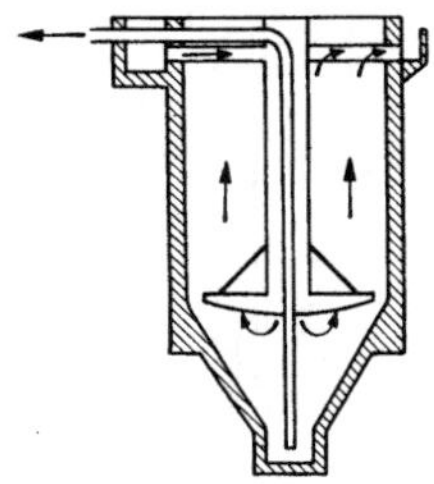

Abb. 49. Dortmundbrunnen nach KNIEBÜHLER.

Bei beiden Brunnen wird das Abwasser durch einen Mittelschacht bis etwa in $^2/_3$ der Brunnentiefe nach unten geführt und steigt von dort senkrecht nach oben, nachdem durch eine Ablenkplatte bzw. eine trichterförmige Erweiterung des Einlaufrohres für eine bessere Ausnutzung des Querschnittes gesorgt ist. Der Ablauf des Wassers erfolgt beim Dortmundbrunnen durch die am oberen Rande angeordneten Ablaufrinnen, die beim MAIRICH-Brunnen unter Wasser um die Mitte des Zulaufschachtes angeordnet sind. Beide Brunnen unterscheiden sich im wesentlichen nur durch die Art des Schlammablasses, der beim MAIRICH-Brunnen durch ein in der Spitze des Sohlentrichters eingebautes mit Kugelverschluß versehenes Ablaßrohr durch eigenen Wasserdruck erfolgen kann. Zur Verhinderung des Ansetzens sind einige MAIRICH-Brunnen mit Rührwerken ausgerüstet, die den an der Sohle sich absetzenden Schlamm aufrühren können, um ihn besser durch das am Boden befindliche Ablaßrohr ablassen zu können.

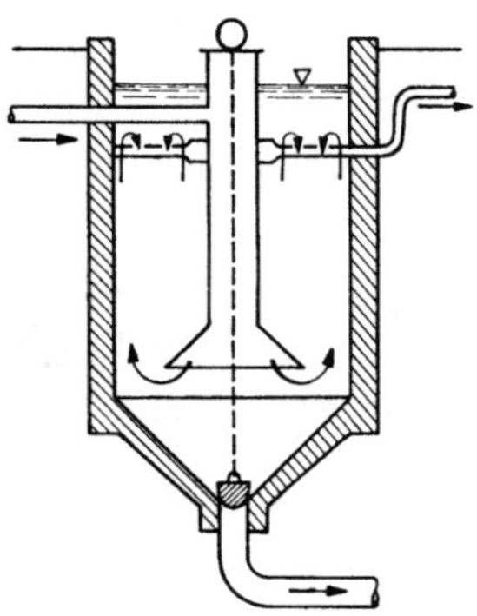

Abb. 50. MAIRICH-Brunnen.

4. Trichterbecken.

Die mit aufsteigender Wasserbewegung arbeitenden Brunnen haben ihre Bedeutung für die Klärung häuslicher Abwässer verloren. In der abgeänderten Form der Trichterbecken eignen sie sich aber ganz besonders gut wegen des durch den niedersinkenden Schlamm erzeugten Schlammfilters für Flockenschlamm und finden daher zur Nachreinigung bei biologischen Anlagen, z. B. zum Abfangen von Flockenschlamm bei Belebtschlammanlagen auch heute noch an vielen Stellen Anwendung. Die in Abb. 51 dargestellte, etwas abgeänderte Form der Dortmundbrunnen bewährt sich heute auf verschiedenen Kläranlagen (z. B. Essen-Rellinghausen) zum Abfangen des Belebtschlammes.

Als Absetzraum kommt für die Berechnung in Trichterbecken nur der bis zur Unterkante des Tauchzylinders reichende Beckeninhalt in Frage. Der Inhalt des Trichters kann nur als Schlammsammelraum gerechnet werden. Die Wassergeschwindigkeit soll 4—7 mm/Sek. nicht überschreiten, da sonst der in entgegengesetzter Richtung absinkende Schlamm wieder mit fortgerissen wird. Bei Aufenthaltszeiten von $1^1/_2$—2 Stunden ist diese

Bedingung wohl in den meisten Fällen erfüllt, wenn Wirbelbildungen im Absetzraum vermieden werden. Eine Hauptbedingung für das gute Arbeiten der Trichterbecken ist aber, daß der Schlamm so häufig abgelassen wird, daß er nicht bis in den Absetzraum ansteigen kann. Am besten ist es, wenn man ihn laufend durch das an der Spitze des Trichters befindliche Ablaßrohr abläßt. Die Wände des Trichters müssen so steil geneigt sein, daß der sich auf den Wänden absetzende Schlamm auch absinkt, und der absinkende Schlamm den tiefsten Punkt des Trichters ohne Ablagerungen erreicht.

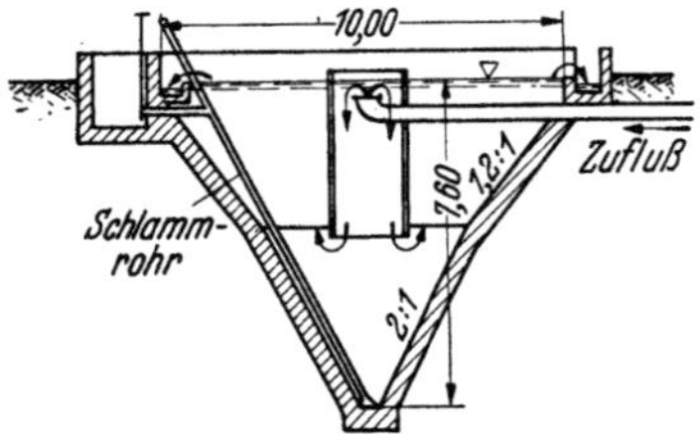

Abb. 51. Abgeänderter Dortmundbrunnen als Nachklärbecken für Belebtschlamm von der Kläranlage Essen-Rellinghausen.

Eine in Deutschland viel angewendete Form der Trichterbecken (59 Städte) ist der in Abb. 52 dargestellte Kremer Klärtrichter. Die Trichterspitze bildet durch ein angesetztes senkrechtes Rohr einen Schlammzylinder. In diesem Schlammzylinder kann der abgesetzte Schlamm weitgehend entwässern, ehe er in den neben den Trichtern liegenden Faulraum abgelassen wird.

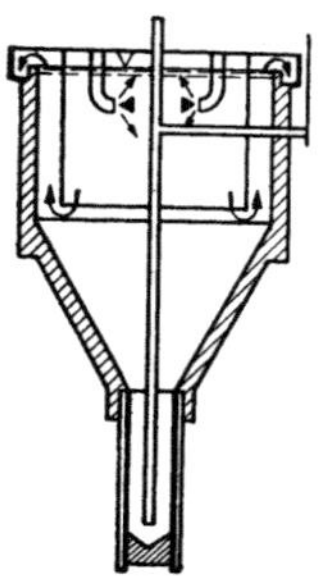

Abb. 52. Kremer Klärtrichter.

5. Klärtürme und Klärkessel.

Die bisher beschriebenen Absetzbecken und -trichter mußten in die Erde hineingebaut werden und verursachen daher mehr oder minder hohe Kosten für Gründungsarbeiten. Im Gegensatz dazu können Klärtürme über Flur gebaut werden. Bekannt ist der ROTHE-RÖCKENERsche Turm, der, wie Abb. 53 zeigt, in seiner Klärwirkung auf einem ähnlichen Klärprinzip beruht wie der Dortmundbrunnen.

In einen oben geschlossenen und unten offenen schmiedeeisernen Kessel von 7—8 m Höhe wird das Abwasser durch ein in der obersten Spitze erzeugtes Vakuum gehoben. Der Durchmesser hängt von der zu reinigenden Wassermenge ab. Bei der langsamen Aufwärtsbewegung des Wassers sinken die Schwebestoffe zu Boden und bilden hier wie beim Dortmund- bzw. MAIRICH-Brunnen ein schwebendes Schlammfilter, durch das das aufsteigende Wasser filtrieren muß. Der Schlamm wird am untersten Punkte des Kessels gesammelt, von wo er von Zeit zu Zeit abgelassen wird. Das durch den Unterdruck in den Kessel gehobene Wasser fließt dann, nachdem es beim Aufstieg seinen Schlamm abgegeben hat, über die Mündung des im oberen Kesselteile ausmündenden Ablaufrohres durch Heberwirkung wieder ab. Zur guten Verteilung des Abwassers auf den Querschnitt wird das Abwasser dem Brunnen durch ein in der Mitte des Brunnens bis nahe über dem Boden einmündendes Rohr zugeleitet. Diese Verteilung wird noch durch einen trichterförmigen Stromverteiler unterstützt. Die Geschwindigkeit im Turm schwankt zwischen 2 bis 9 mm/Sek., je nachdem ob der Absetzvorgang durch Chemikalien unterstützt wird oder nicht. Trotz eines verhältnismäßig günstigen Reinigungseffektes hat das Verfahren den Nachteil, daß die in dem Klärturm unter dem Einfluß der Luftverdünnung, besonders bei faulendem Schlamm sich entwickelnden Gasblasen die nach unten strebenden Sinkstoffe wieder emporreißen und dadurch oft ein rasches und vollständiges Klären verhindern.

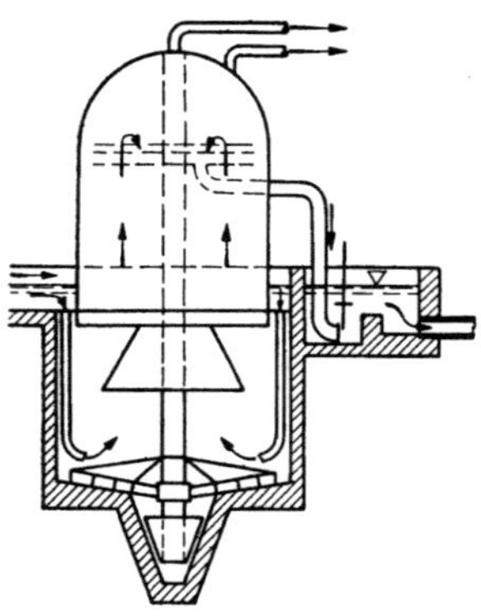

Abb. 53. ROTHE-RÖCKENER-Turm.

Der ROTHE-RÖCKENER-Turm und der auf einem ähnlichen Prinzip aufgebaute MERTENS-Kessel finden hauptsächlich bei Flockenschlamm Anwendung, wie er unter anderem auch bei der chemischen Reinigung von Abwasser anfällt. Während der erstere hauptsächlich bei dem DEGENERschen Kohlebreiverfahren, bei dem das Abwasser zunächst mit einem Braunkohlenbrei versetzt wird (s. chemische Verfahren), angewandt wird, findet man den MERTENS-Kessel viel bei industriellen Abwässern, z. B. zur Abscheidung von Heferesten aus Brauerei-, Brennereiabwasser. Die auf demselben Grundsatz wie der ROTHE-RÖCKENER-Turm beruhenden Klärzylinder von der Firma M. Friedrich & Co. in Leipzig mit der auf dem Schlachthof Hannover eingerichteten Heberglockeneinrichtung scheinen keine weitere Anwendung in der Abwassertechnik gefunden zu haben.

V. Absetzbecken mit mechanischer Schlammausräumung.

1. Neustädter Becken.

Die bei der Schlammausräumung von Hand auftretenden Schwierigkeiten veranlaßten Steuer schon 1910 zur Konstruktion der Neustädter Becken, wie sie in Abb. 54 dargestellt sind und wie sie sich in zahlreichen deutschen Anlagen bewährt haben (Stuttgart, Oppau, Mergentheim, Neustadt, Leuna). Auch für

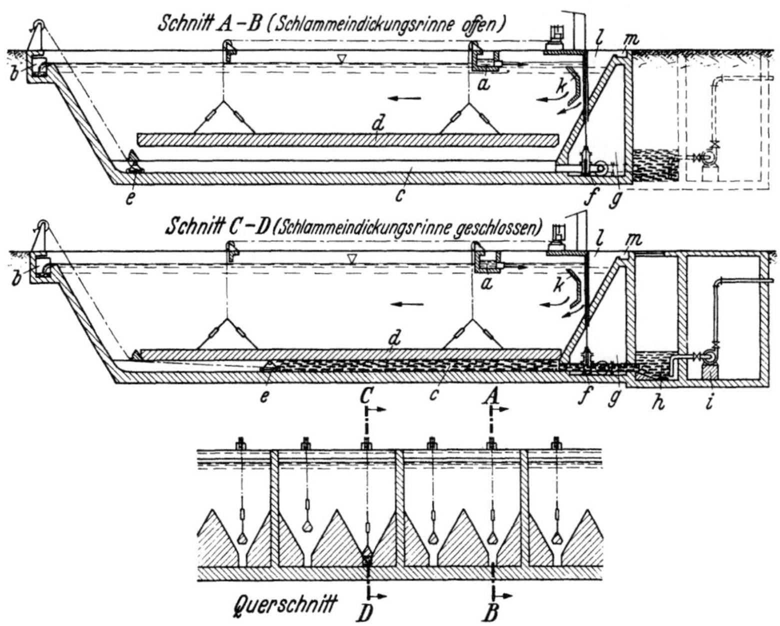

Abb. 54. Schematische Darstellung eines Neustädter Beckens. *a* Zulauf, *b* Ablauf, *c* Schlammeindickungsrinne, *d* (Eisenbeton-)Verschlußbalken, *e* Schlammausräumer, *f* Schnellschlußschieber, *g* Rohrgang, *h* Schlammsumpf, *i* Schlammpumpe, *k* Leitfläche, *l* Schwimmstoffe, *m* Schwimmstoffrinne.

industrielle Abwässer findet das Verfahren für die verschiedensten Abwasserarten Anwendung.

In den langgestreckten Flachbecken ist die Sohle in Trichter aufgelöst, die sich über die ganze Länge des Beckens erstrecken und als Schlammsammelrinnen dienen. An der Einlaufseite münden die Rinnen in einem geschlossenen Rohre aus. Haben sich die Rinnen mit Schlamm gefüllt, so werden sie durch die an Seilzügen im Becken hängenden Balken verschlossen. Da die Balken der Rinnenform sehr genau angepaßt sind und sie fest anliegen, bilden sie jetzt mit der Trichterspitze eine geschlossene Leitung, die in das geschlossene Schlammablaßrohr einmündet. Wird der Schieber an diesem Ablaßrohr jetzt geöffnet, so drückt das am anderen Ende in die geschlossene Leitung eintretende Wasser den Schlamm aus dem Rohr in die Schlammsammelleitung bzw. in den Schlammdruckkessel. Durch einen fahrbaren Schlammausräumer wird der Schlamm restlos aus dem Becken herausbefördert. Abb. 55 zeigt ein leeres Neustädter Becken.

2. Runde Absetzbecken mit Schlammausräumern.

Im Gegensatz zu den mit der Schlammsammelrinne arbeitenden Neustädter Becken haben sehr viele verschiedene Bauarten von Absetzbecken Kratzer, die den Schlamm am Boden zu einem bestimmten Punkt befördern, von dem aus er dann entfernt wird. Man unterscheidet

1. Schaberkratzer, die um eine senkrechte Mittelachse in runden oder quadratischen Becken verfahrbar eingerichtet sind.

2. Schildausräumer für vorwiegend rechteckige, meistens langgestreckte Becken, die in zwei entgegengesetzten Richtungen verfahren werden.

3. An endlosen Bändern umlaufende Kratzer in rechteckigen langgestreckten Absetzbecken.

a) Der Fiedler-Kratzer. Dieser besteht aus einem, eine Spirale bildenden Blechschaber, der sich in einem kreisrunden Becken um seine senkrechte Mittelachse dreht und hierbei den am Boden abgesetzten Schlamm zur Mitte zu einer Vertiefung hinschiebt, von wo er unter Wasser abgelassen oder abgepumpt werden kann. Die früher besonders im Ausland (England, Amerika) viel angewandten Kratzer scheinen erneut in letzter Zeit wieder in Anwendung zu kommen. Eine Abart des Fiedler-Kratzers ist das vom Niersverband auf der Gruppenkläranlage I in Neersen errichtete Kreisbecken mit Parabelkratzerbrücke. Der Antrieb der Kratzer erfolgt durch einen zweiseitigen Außenantrieb mittels Triebstock und beweglicher Antriebvorrichtung (s. Abb. 56).

Abb. 55. Blick in ein leeres Neustädter Becken.

Bei einer Abart der Fiedler-Kratzer wird das Spiralblech durch eine am Boden schleifende Kette ersetzt, die den Schlamm ebenfalls zur Vertiefung in der Mitte des Beckens schiebt.

b) Dorr-Becken. Aus dem Fiedler-Kratzer hat sich allmählich das Dorr-Becken entwickelt, das nicht nur in der Abwassertechnik, sondern auch in der chemischen Industrie zur Trennung von Stoffen aus Flüssigkeiten in Form der sog. Dorr-Klassierer eine vielseitige Anwendung gefunden hat.

Von den früher kreisrunden Becken, die von einer Seite zur anderen durchflossen wurden, ist man zu der viereckigen Beckenform übergegangen, weil bei dieser Anordnung der im Becken kreisende Schaber den ganzen Inhalt des Beckens in eine kreisrunde Bewegung versetzte und so einen sehr unregelmäßigen Durchfluß ergab. Um die bei den runden und viereckigen, von einer Seite zur anderen Seite durchflossenen Becken durch die drehende Bewegung der Kratzer hervorgerufenen Schwierigkeiten zu umgehen, geht Dorr in neuerer Zeit wieder zu runden Becken und dazu über, die Zuleitung zum Becken in die Mitte und den Abfluß an den Rand zu verlegen. Bei dem zentralen Durchfluß kann selbst eine schwache Drehung des Beckeninhaltes nicht schaden. In der Mitte des Beckens sind die um die Mittelachse drehbaren vier Kratzerarme angeordnet, an denen die Schlammschaber sitzen, die den Schlamm von den Außenrändern zur Mitte des Beckens in eine Vertiefung schieben. Der Antrieb erfolgt durch ein auf dem Außenrande des Beckens auf einer Schiene laufendes Getriebe, das am äußersten Ende der Bedienungsbrücke angebracht ist. Durch die an den vier Armen angebrachten Schaber wird der Schlamm in kürzester Zeit (1 bis 1,5 Stunden) vom äußersten Rande von Schaber zu Schaber in radialer Richtung in gleichbleibender Schichtstärke fortbewegt.

Die Fahrgeschwindigkeit des Ausräumers beträgt etwa 7 cm/Sek. am Außenrande, so daß der Kratzer in einer halben Stunde eine Umdrehung macht. Durch ein am äußeren Rande des Kratzers angebrachtes, ineinanderschiebbares Kratzerstück ist es auch bei viereckiger Bauweise möglich geworden, die äußeren Ecken auszuräumen. An der Bedienungsbrücke ist eine Tauchwand angebracht, die die auf der Oberfläche sich ansammelnde

Abb. 56. Kreisbecken mit Parabelkratzerbrücke, System Niersverband.

Schwimmschicht zusammentreiben und an einen besonders konstruierten Öl- und Fettfänger abgeben soll. Diese Konstruktion ist jedoch noch nicht so vollkommen, daß das Fett nicht in den meisten Fällen durch Hand entfernt werden müßte.

Die in der Mitte angeordnete Schlammsammelrinne kann nur kleine Mengen Schlamm aufnehmen, was zur Folge hat, daß der Schlamm dauernd fortgepumpt werden muß und

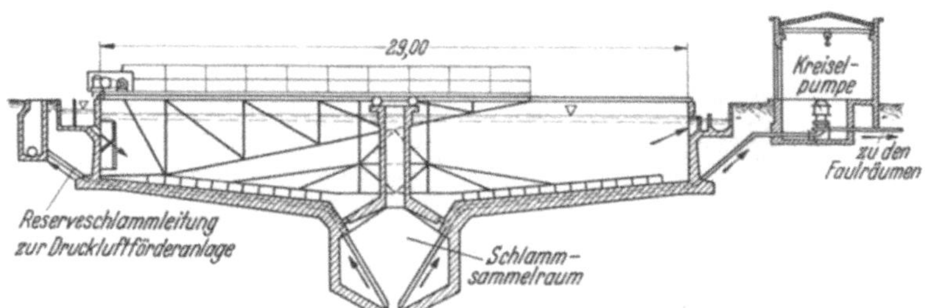

Abb. 57. Schnitt durch das Dorr-Klärbecken mit Schlammsammelraum der Kläranlage Essen-Rellinghausen.

man besonders bei fortlaufendem Betrieb verschieden stark konzentrierten Schlamm mit stark wechselndem Wassergehalt pumpt. Bei nicht ständigem Pumpen besteht besonders in der warmen Jahreszeit die Gefahr, daß der Schlamm am Boden faulig wird und auftreibt, und daß die Belastung bei zu großen Schlammansammlungen für den Ausräumer zu groß wird. In solchen Fällen müßte die glatte Schiene am Randantrieb durch einen Zahnradantrieb ersetzt werden. Um die beim dauernden Pumpen auftretenden starken Konzentrationsschwankungen im Wassergehalt des Schlammes zu verhindern, besitzt das Dorr-Becken auf der Kläranlage Essen-Rellinghausen in der Mitte statt der Sammelrinne einen größeren Schlammsammelraum (s. Abb. 57). In diesem Schlammsammelraum wird der Schlamm gesammelt und dickt hierbei etwas ein, so daß man einmal nicht dauernd zu pumpen braucht und andererseits stets einen wasserarmen, gleichmäßigen Schlamm pumpt.

Besonders bei der Fäulnis leicht zugänglichem und leicht auftreibendem Schlamm, wie z. B. Schlamm aus biologischen Anlagen, Überschußschlamm beim Belebtschlammverfahren, hat sich dieser Schlammsammelraum besonders bewährt. In Abb. 58 ist das Dorr-Becken der Kläranlage in Essen-Rellinghausen im Betrieb zu sehen.

Abb. 58. Dorr-Klärbecken in Betrieb (Kläranlage Essen-Rellinghausen).

c) Absetzbecken der Kläranlage Essen-Nord und der Bamag-Meguin. Auf der Kläranlage Essen-Nord hat Prüss das im Jahre 1911 erbaute, radial von innen nach außen durchflossene Regenwasserbecken (s. Abb. 20, S. 265) umgebaut

Abb. 59. Rundes Klärbecken mit Schlammausräumung unter Wasser einer städtischen Kläranlage im entleerten Zustande. Schwimmschlammbeseitigung mit Hilfe einer an der Drehbrücke befindlichen Rinne. System Bamag-Meguin-Berlin.

und hierbei mit Schlammausräumer und Schlammsammelraum ausgestattet, so daß das Becken jetzt auch zur ständigen Entschlammung des Trockenwetterzuflusses brauchbar ist. Mit Rücksicht auf die Bodensenkungen des rheinisch-westfälischen Industriegebietes, die zur Folge haben, daß man mit ungleichmäßigen Senkungen des ganzen Bauwerkes rechnen muß, werden die Schlammausräumer an einem Schwimmkörper mit Randantrieb befestigt. Bei diesem Ausräumer sind die Schaber an einem beweglichen, aus dem Wasser heraushebbaren Gestänge befestigt.

Ähnliche Rundbecken mit Schlammausräumern, die an einer Tragbrücke mit Randantrieb befestigt sind, baut die Bamag-Meguin. In Abb. 59 ist ein rundes Klärbecken in entleertem Zustand mit den Schlammausräumern dargestellt. Im Gegensatz zu den DORR-Becken, die von einer Seite zur anderen Seite durchflossen werden, ist hier zentraler Durchfluß, d. h. hier erfolgt der Zufluß von der Mitte aus und wird hier durch den Verteilungsrechen gleichmäßig auf den ganzen Querschnitt verteilt. Der Abfluß erfolgt am Rand.

Bei der zentralen Wasserzuführung verlangsamt sich die Wassergeschwindigkeit zum Rande immer mehr. Es setzen sich erst die groberen und später die feinen Schwebestoffe

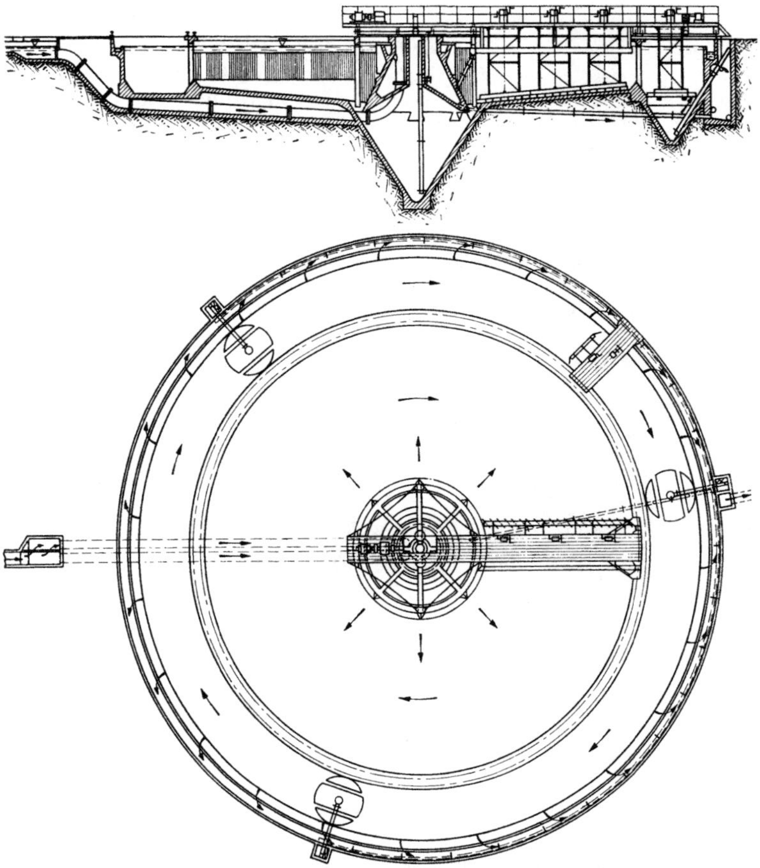

Abb. 60. Grundriß und Aufriß eines radial durchflossenen Absetzbeckens mit Feinklärzone. Ausräumung des Grobschlammes durch kreisende Kratzer nach einem mittleren Eindickerraum.

ab. Um die bei radialem Durchfluß bestehende Verlangsamung besser auszunutzen, hat PRÜSS das in Abb. 60 dargestellte runde Absetzbecken mit kreisendem Schwimmkörper am äußeren Rande mit einer Nachklärzone, der sog. Feinklärzone, ausgestattet. In dieser Feinklärzone sollen sich alle die feineren Schwebestoffe abscheiden, die sich in der mittleren und daher gröberen Klärzone nicht abgeschieden haben. Die Ausräumung des Schlammes aus dieser Feinklärzone erfolgt durch besondere Schildausräumer.

3. Langgestreckte Becken mit Schildausräumern.

Ausgehend von den STEUERNAGELschen Versuchen zur Klärung der Absetzvorgänge in langgestreckten Absetzbecken wurde eine ganze Anzahl verschiedener Becken konstruiert, bei denen der am Boden abgesetzte Schlamm durch Kratzer zu dem am tiefsten Punkt befindlichen Schlammsammelraum befördert wird, von dem er dann durch Pumpen oder Wasserüberdruck zu den Faulräumen oder Schlammtrockenplätzen usw. weiter befördert wird.

a) Gothaer Becken. In dem langgestreckten Becken ist ein über dem Boden gleitender Schildausräumer, der von einer Brücke über dem Wasserspiegel getragen wird und durch Hand auf den an den Längsseiten des Beckens liegenden Schienen betrieben wird. Beim Rücklauf wird der Schild des Ausräumers durch einen besonderen Hebel gehoben, damit er beim Rücktransport nicht den in der Zwischenzeit abgesetzten Schlamm aufwirbelt.

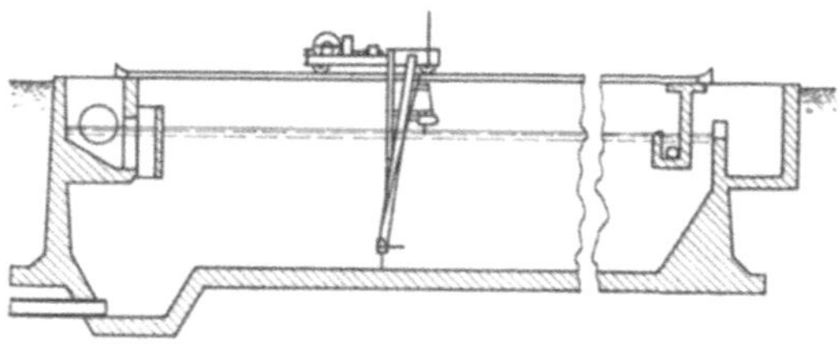

Abb. 61. Flaches Absetzbecken mit Schildausräumer, Bauart HARDING.

b) Schildausräumer Bauart HARDING. Ein dem Gothaer Kratzer sehr ähnlicher Schildausräumer ist bei dem in Abb. 61 dargestellten Absetzbecken mit Schildausräumer Bauart HARDING angewandt.

Dieses Becken ist auf verschiedenen amerikanischen Anlagen in Gebrauch. Einen in der Konstruktion sehr ähnlichen Schildausräumer baut die Michelbacher Hütte. Der am unteren Ende des Schildausräumers befindliche Schaber kann in einem Gelenk umgelegt werden, so daß er beim Rückwärtsschieben den in der Zwischenzeit abgesetzten Schlamm

Abb. 62. Langgestrecktes Absetzbecken mit Schildausräumer der Leipziger Kläranlage, System MIEDER.

nicht aufwühlt. An dem Ausräumer ist in Höhe des Wasserspiegels ein verstellbares Tauchbrett zum Abstreifen des auf der Oberfläche des Absetzbeckens sich abscheidenden Schwimmschlammes.

c) Leipziger Becken. Bei dem von MIEDER auf der Kläranlage Leipzig eingeführten langgestreckten Absetzbecken ist der Schlammausräumer, wie aus Abb. 62 hervorgeht, ein an einer über Wasser verfahrbaren Brücke aufgehängter Schildkratzer, der beim Rückfahren aus dem Wasser herausgehoben werden kann. Um die Leerfahrt beim Rücklauf in die Ausgangsstellung auszunutzen, wird der zurückfahrende Schild dazu gebraucht, um die auf der Oberfläche abgesetzte öl- und fetthaltige Schwimmschicht zu der am Einlauf befindlichen Fettsammelrinne zu schieben. Die Leipziger Becken haben sich außer in Leipzig auch in Nürnberg und an verschiedenen anderen Stellen bewährt.

d) Absetzbecken der Aquapura G. m. b. H. Ähnliche Bauart hat auch die Frischwasserkläranlage der Aquapura G. m. b. H., Berlin-Charlottenburg, die bei gewerblichen Anlagen zur möglichst schnellen Trennung des stark fäulnisfähigen Schlammes, wie Rübenteilchen, Blätter usw., zwecks Wiederverwendung des Wassers zum Waschen der Rüben an verschiedenen Stellen in Zuckerfabriken angewandt wird.

Der Schwimmschlamm, der bei den Rübenwaschwässern in der Hauptsache aus Blattteilchen und Würzelchen, die durch den Saponinschaum der Rüben schwimmend gehalten

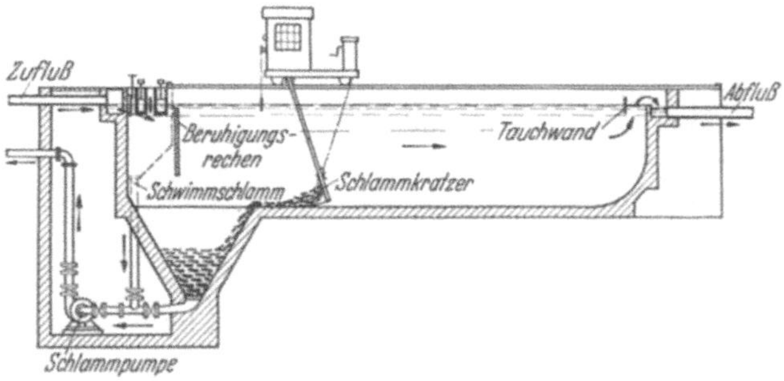

Abb. 63a. Flaches Absetzbecken der Aquapura A. G. Berlin mit Schildausräumer (Schnitt).

werden, besteht, wird durch eine besondere, vom Fahrgestell aus zu bedienende Abstreifbohle beim Ausräumen des Beckens gleich mit zu dem an der Zulaufseite befindlichen Sammelschacht mit Spezialschiebern für Schwimmschlamm befördert. In Abb. 63a ist eine Aquapuraanlage im Schnitt und in Abb. 63b eine solche Anlage im Betrieb dargestellt.

Abb. 63b. Absetzbecken der Aquapura A. G. in Betrieb.

4. Absetzbecken mit Bandkratzern.

a) Link-Belt-Becken. In einem langgestreckten Absetzbecken laufen zwei endlose Kettenbänder, die in regelmäßigen Zwischenabständen durch zahlreiche, als Schaber wirkende eiserne T-Träger verbunden sind. Beim Umlauf der Kettenbänder nehmen die an ihnen befindlichen Schaber den am Boden liegenden Schlamm mit zu dem am Zulauf liegenden Schlammsammelraum. Während bei dem in Abb. 64a im Schnitt und in Abb. 64b im Bild dargestellten Link-Belt-Becken der Bandkratzer unter Wasser zurückläuft, erfolgt bei dem vom Ruhrverband konstruierten

b) Bandkratzer der Kläranlage Werden der Rücklauf des Kratzers über Wasser (s. Abb. 65). Dies hat den großen Vorteil, daß im Absetzraum selbst durch die rücklaufenden Kettenbänder keine Unruhe erzeugt wird, und daher keine Störung des Absetzvorganges eintritt.

5. Absetzbecken mit verfahrbarer Schlammpumpe.

Bei den bisherigen Becken wurde der Schlamm durch Kratzer oder Schildausräumer zu einem Schlammsammelraum befördert. Man kann aber auch die Sohle der langgestreckten Absetzbecken in einzelne Rinnen auflösen und den sich am tiefsten Punkt der Rinne absetzenden Schlamm durch eine über Wasser verfahrbare Schlammpumpe entfernen (Essen-Frohnhausen, Königsberg).

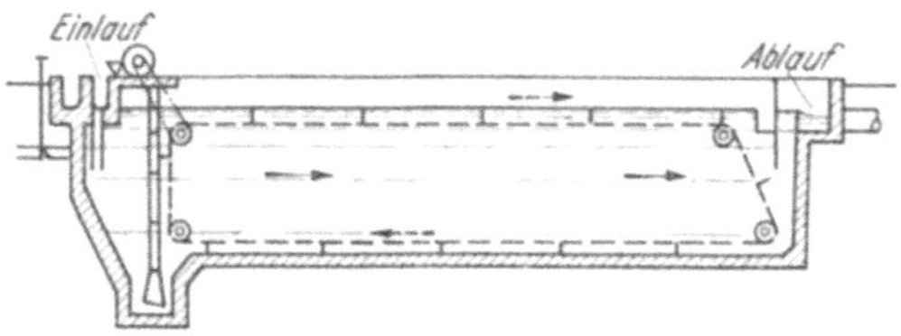

Abb. 64a. Schnitt durch ein Link-Belt-Becken mit Kratzerband unter Wasser.

Abb. 64b. Ansicht eines leeren Link-Belt-Beckens.

Die Pumpe ist auf einem auf den Rändern des Absetzbeckens laufenden Fahrgestell untergebracht. Das Saugrohr geht bis zum Boden, wo es den Schlamm

Abb. 65. Langgestrecktes Absetzbecken mit über Wasser zurücklaufendem Kratzerband (Kläranlage Werden).

aus der Mittelrinne des in einen Trichter aufgelösten Beckenbodens entnimmt. Bei leicht zusammenbackendem, z. B. mehr mineralisiertem Schlamm wird das Ende des Saugrohres mit einem Saugkörper versehen. Für besondere Fälle sind diese Saugkörper noch mit besonderen Spritzvorrichtungen versehen, die den am Boden liegenden Schlamm erst aufflockern sollen, damit er sich leichter absaugen läßt.

In gleicher Weise wie die langgestreckten Becken hat man auch Rundbecken mit Saugrohren, die mit ihren besonders konstruierten Saugköpfen den ganzen Beckenboden bestreichen. Bewährte Konstruktionen sind der FRÜHLINGsche und der PRÜSSsche Saugkopf.

VI. Zweistöckige Absetzanlagen.

1. Zweistöckige Absetzanlagen und getrennte Schlammfaulung.

Aus den im vorigen Jahrhundert allgemein gebräuchlichen, durchflossenen Faulräumen entwickelten sich, ausgehend von dem Wunsche, den Absetzvorgang von dem Faulvorgang zu trennen, die zweistöckigen Absetzanlagen, bei denen in dem einen Teil das Abwasser durch den normalen Absetzvorgang von den Schwebestoffen befreit wird, während in dem anderen Teil die Ausfaulung der abgefangenen Stoffe durchgeführt wird. Diese zweistöckigen Anlagen unterscheiden sich in der Hauptsache dadurch von den bisher beschriebenen Absetzanlagen, bei denen die Weiterbehandlung des Schlammes, also die Ausfaulung, in besonderen vom Absetzbecken getrennten Faulräumen durchgeführt werden muß, daß der Schlamm direkt ohne Hilfe von Pumpen u. dgl. in den Faulraum gelangt und dort ausfault. Die Richtlinien der Deutschen Gesellschaft für Bauwesen geben für die beiden Anlagen folgende Begriffsbestimmungen:

1. Zweistöckige Kläranlagen sind solche, bei welchen der Klärraum so gestaltet ist, daß der während des Klärbetriebes sich abscheidende Frischschlamm ständig auf entsprechend geneigten Rutschflächen und durch offene Verbindungsschlitze von selbst in den darunter liegenden Schlammzersetzungsraum gelangt. Dieser muß so bemessen, eingerichtet und eingearbeitet sein, daß der täglich anfallende Frischschlamm fortlaufend so in den Zersetzungsvorgang einbezogen wird, daß dessen gleichmäßiger Verlauf nicht gestört wird und Rückwirkungen auf den Absetzvorgang nicht erfolgen können.

2. Unter getrennter Schlammfaulung versteht man Anlagen, bei welchen der Klärraum keinen unmittelbaren Zusammenhang mit dem Schlammraum besitzt, der seinerseits ebenfalls einen selbständigen Behälter darstellt. Der im Klärraum anfallende Frischschlamm wird dabei einmal täglich oder in kürzeren Zeiträumen abgelassen, zunächst in einem besonderen Behälter eingedickt oder unmittelbar in den Faulbehälter übergeführt.

Beide Verfahren haben ihre Vor- und Nachteile. Zweistöckige Anlagen bedingen eine Entwicklung des Gesamtbauwerkes in die Tiefe, was in den Fällen, wo der vorhandene Platz sehr gering ist, von Vorteil sein kann, wenn die Untergrundverhältnisse und der Grundwasserstand ein Bauen in die Tiefe zulassen. Getrennte Schlammbehälter können auf Gelände gesetzt werden, ihre Grundrißform kann unbeschränkt gestaltet und deshalb den übrigen Bauten gut angepaßt werden. Bei zweistöckigen Anlagen hat die Verbindung von Klär- und Schlammraum den Nachteil, daß eine eventuell später notwendig werdende Erweiterung des Schlammfaulraumes nur durch Herstellung einer getrennten Anlage möglich ist. Die völlige Abtrennung des Schlammbehälters gibt völlige Freiheit in der Auswahl des Klärverfahrens, wohingegen die Überführung des Schlammes in den Faulraum besondere maschinelle und bauliche Einrichtungen erfordert.

Auch im Betrieb haben beide Verfahren mancherlei Vor- und Nachteile. Die vollständige Unabhängigkeit von Maschinen macht die zweistöckigen Anlagen besonders für kleinere Kläranlagen und in warmen Gegenden geeignet. Sie bedürfen nicht so viel Aufsicht und können daher in Notzeiten, z. B. im Kriege, wenn Mangel an Personal vorhanden ist, leichter betrieben werden. Ein Nachteil der zweistöckigen Anlage ist der, daß im kalten Grundwasser leicht eine Abkühlung eintritt und daß durch aus dem Faulraum austretendes Abwasser, z. B. im Winter bei Schneeschmelzen, die Möglichkeit besteht, daß Zersetzungsprodukte aus dem Faulraum in das Abwasser gelangen.

Infolge des gleichmäßigen Zuflusses des Schlammes im Faulraum erfolgt die notwendige Impfung bei zweistöckigen Anlagen dauernd selbsttätig, während beim stoßweisen Ablassen der getrennten Behälter oft durch Umwälzung des Faulrauminhaltes nachgeholfen werden muß. In zweistöckigen Anlagen läßt sich die Zersetzung nicht durch künstlich zugeführte Wärme beschleunigen, da die zugeführte Wärme durch das darüber fließende Abwasser stets abgeleitet wird. Bei getrennten Faulbehältern kann dagegen eine gleichmäßige Erwärmung des Schlammes durchgeführt und die zugeführte Wärme besser ausgenutzt werden.

Die besonderen Vorteile der selbsttätigen Schlammabscheidung bei zweistöckigen Anlagen können mit den Vorteilen der getrennten Schlammfaulung verbunden werden, durch eine Kombination beider Verfahren in der Weise, daß man den Schlammraum unter der zweistöckigen Anlage nur so groß bemißt, daß der Frischschlamm sich nur während eines Teiles der zur vollständigen Ausfaulung nötigen Zeit in ihm aufhält und zwar so lange, bis er mit dem vorhandenen Faulschlamm gut eingeimpft ist, worauf dann die endgültige Zersetzung des Schlammes in getrennten Faulbehältern durchgeführt wird.

2. TRAVIS-Becken.

Nachdem CLARK im Jahre 1899 zum ersten Male den Vorschlag gemacht hatte, den Raum für den Absetzvorgang von dem Zersetzungsvorgang zu trennen, baute TRAVIS im Jahre 1903 auf der Kläranlage Hampton in England die erste zweistöckige Kläranlage. In dem ersten TRAVIS-Becken erfolgte, wie in Abb. 66 dargestellt ist, die Trennung des Absetzraumes von dem Faulraum in dem flachen Becken durch Einbau sehr dünner Wände.

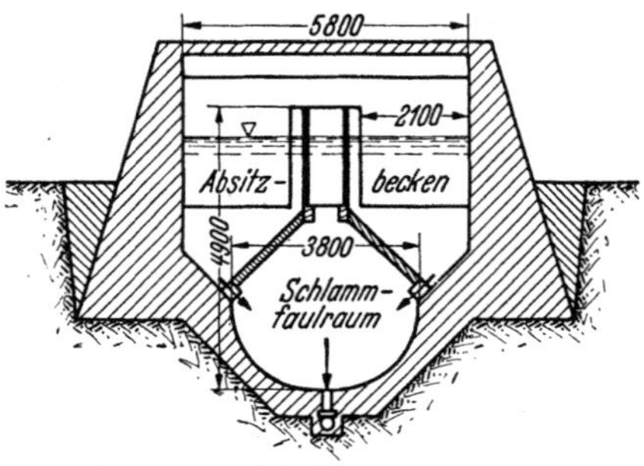

Abb. 66. Absetzbecken System TRAVIS der Kläranlage Hampton.

TRAVIS verband mit dieser Trennung noch nicht die Forderung der völligen Frischerhaltung des Abwassers, denn zur besseren Zersetzung des Schlammes schrieb er vor, daß ein Fünftel der gesamten Abwassermenge durch den Faulraum gehen solle. Ferner schrieb TRAVIS vor, den Schlammraum alle 14 Tage auszuräumen, wie dies früher bei den durchflossenen Faulräumen üblich war. Bei den später von der Städtehygiene und Wasserbaugesellschaft in Wiesbaden gebauten TRAVIS-Becken (Zürich, Höchst) ist die zweistöckige Anlage mit einem besonderen Faulraum gekuppelt. Auch die auf der Münchener Kläranlage benutzten zweistöckigen Absetzanlagen, die sog. Dywidag-Brunnen, sind eigentlich TRAVIS-Becken. Schon bei der Münchener Anlage wurde in gleicher Weise wie bei der Erfurter Anlage die Menge des durch den Faulraum geleiteten Abwassers sehr stark eingeschränkt. Dies geschah hauptsächlich aus dem Grunde, weil das durch den Faulraum geleitete Abwasser stark schwefelwasserstoffhaltig war und daher zu starken Geruchsbelästigungen Veranlassung gab.

3. Emscherbrunnen.

Um den Übertritt von Gasen und von Abwasser aus den Faulräumen in den Absetzraum zu verhindern, schlug IMHOFF 1906 in dem Emscherbrunnen-Patent

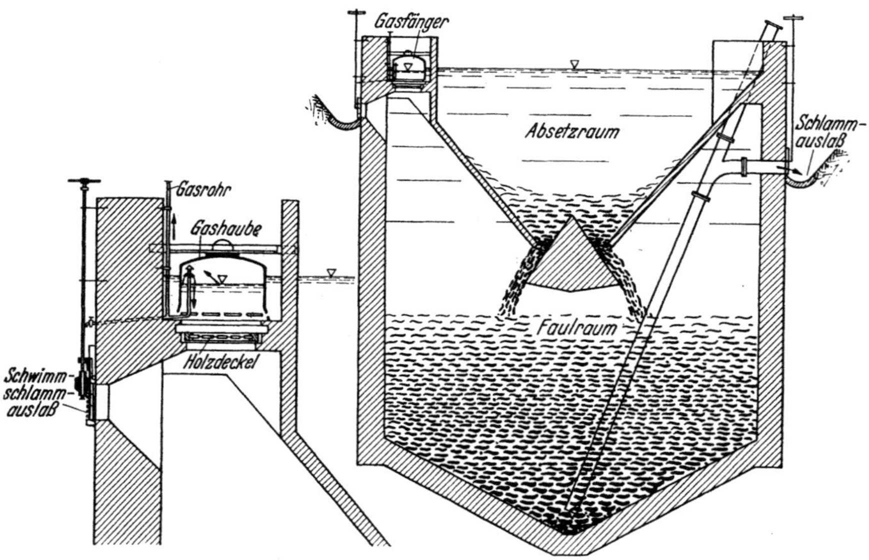

Abb. 67. Schnitt durch einen Emscherbrunnen mit Gasauffanghaube (links).

DRP. 187723 vor, die Schlitze der Trennwände zu überkragen, um hierdurch jeden Gas- und damit auch Schlammübertritt in den Absetzraum möglichst zu verhindern.

Wie aus der Abb. 67 hervorgeht, erfolgt bei den Emscherbrunnen die Trennung der absetzbaren Schwebestoffe vom Abwasser in dem über dem Faulraum liegenden

Absetzraum. Die Schwebestoffe sammeln sich als Schlamm auf den Schrägflächen und rutschen, wenn sie eine bestimmte Dicke erreicht haben, durch den Schlitz in den Faulraum. Bei den zweistöckigen Klärbrunnen von KUSCH (DRP. Nr. 663951) ist die vom Einlauf zum Auslauf sich verbreiternde Klärrinne so eingerichtet, daß der Querschnitt der Klärrinne allmählich und trapezförmig nach der Auslaufseite hin vergrößert ist, wobei der Schlammschlitz ebenfalls nach der Auslaufseite hin abfällt. Der Schlamm bleibt 3 bis 5 Monate im Faulraum und wird in dieser Zeit ausgefault. Das bei der Ausfaulung entstehende Gas wird durch die auf den Seitenschächten angebrachten Gashauben gewonnen. Um die bei dem Faulprozeß anfallenden Gase besser gewinnen zu können, hat man in neuerer Zeit die bei Emscherbrunnen sonst übliche runde Bauweise trotz der leichteren Bauweise verlassen und die viereckige Bauweise gewählt, zumal diese eine bessere Raumausnutzung gestattet. Um den zur Verfügung stehenden Platz besser auszunutzen, hat man Emscherbrunnen mit ausgekragten Absetzbecken gebaut. Statt der meistens üblichen Durchflußart von einer Seite zur anderen Seite hat man bei Einzelkläranlagen auch wohl den radialen Wasserdurchfluß gewählt. Emscherbrunnen werden vielfach zu mehreren hintereinander, in den sog. **Emscherbrunnenreihen**, gebaut. Durch ein geeignetes Umleitungssystem hat man es in der Hand, die einzelnen Brunnen solcher Emscherbrunnenreihen abwechselnd als Zu- oder als Ablaufbrunnen zu betreiben. Durch eine häufigere Umschaltung wird eine gleichmäßigere Belastung der Fauläume erreicht.

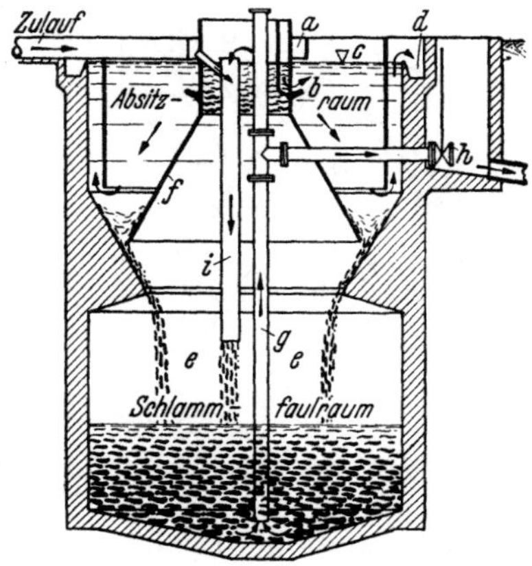

Abb. 68. Schnitt durch einen zweistöckigen Kremer Klärbrunnen.

4. Kremer Klärbrunnen.

Eine Kombination des Emscherbrunnens mit zentraler Wasserzuführung und deshalb radialem Durchfluß mit dem Kremer Fettfänger stellt der in Abb. 68 dargestellte Kremer Klärbrunnen dar. Durch diese Kombination erfolgt eine weitgehende Abscheidung der Fettstoffe, die abgeschöpft und verwertet werden können. Durch ein in den Faulraum eingebautes senkrechtes Schlammeinspülrohr *i* soll die sich im oberen Teile des Faulraumes bildende Schwimmschicht in den unteren Faulraum eingespült werden und hierdurch nicht nur die Schwimmschicht beseitigt werden, sondern auch eine schnellere Einarbeitung und bessere Ausfaulung erzielt werden. Auf der Kläranlage Hindenburg hat das Absetzbecken 560 cbm und der Faulraum 1860 cbm Inhalt.

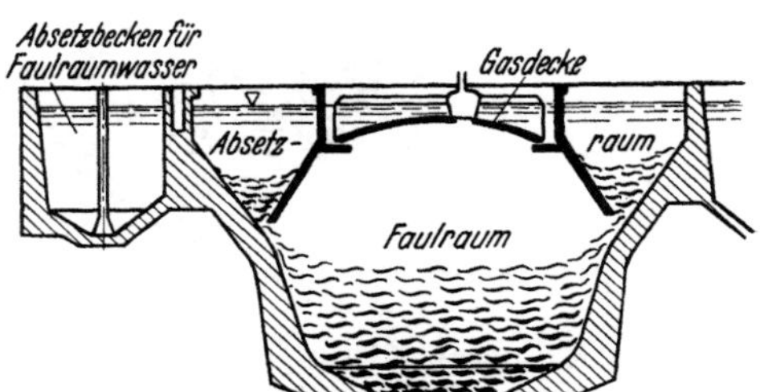

Abb. 69. Querschnitt durch ein zweistöckiges Absetzbecken der Kläranlage München. System Dywidag.

5. Dywidagbrunnen.

Der sich von den TRAVIS-Becken und Emscherbrunnen ableitende Dywidagbrunnen wird auf den Kläranlagen München, Elmshorn, Nürnberg-Zerzabelsdorf, Gräfenhainichen, Hamburg-Langenhorn, Leißnitz usw. angewandt. Auf der Kläranlage München ist der tiefe, von einer geringen Wassermenge durchflossene Faulraum zwischen zwei Absetzbecken angeordnet. Durch diese Anordnung sollte eine große Oberfläche des Faulraumes erzielt werden, um die sich bildenden Schwimmschichten besser in der Hand zu haben. In der Zwischenzeit hat man gelernt, die Schwimmdecken auf einfachere Art zu bekämpfen. Das zum Durchfluß der Faulräume benutzte Abwasser wird in besonderen neben der Anlage liegenden Absetzbecken (s. Abb. 69) nochmals nachgeklärt.

6. Frankebrunnen und Erfurter Trichter.

Der Frankebrunnen und der Erfurter Trichter von Strassburger stellen einen Versuch dar, die vollständige Trennung des Absetzraumes vom Faulraum durchzuführen, um hierdurch jeglichen Übertritt von Faulraumwasser in den Absetzraum zu verhindern. Beim Frankebrunnen (s. Abb. 70) gelangt der im Absetzraum abgetrennte Schlamm zunächst in einen unter

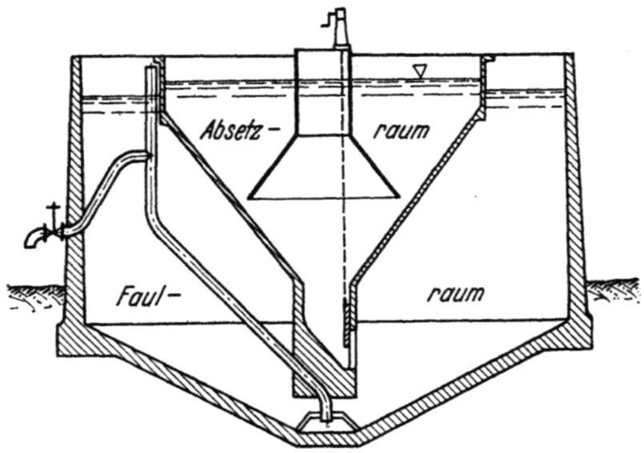

Abb. 70. Querschnitt durch einen Frankenbrunnen.

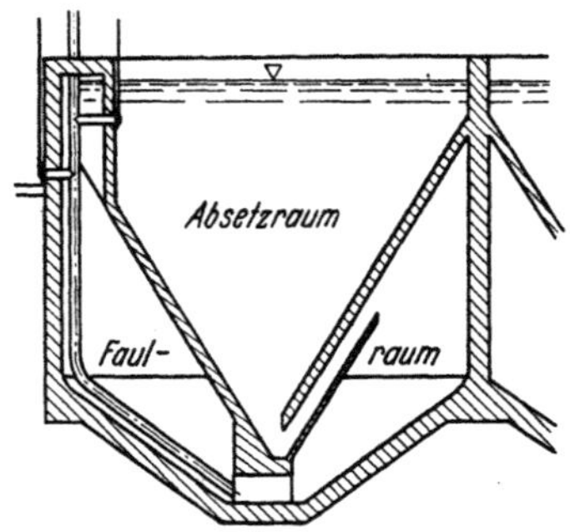

Abb. 71. Querschnitt durch einen Erfurter Trichter nach Strassburger.

dem Absetzraum liegenden Schlammstapelraum, der für sich gegen den eigentlichen Faulraum durch einen Schieber verschlossen ist. Aus dem Schlammstapelraum wird er dann von Zeit zu Zeit in den Faulraum abgelassen (Belgard, Cosel, Gladbach-Rheydt, Goldberg, Lübben, Rössel). Beim Erfurter Trichter (s. Abb. 71) erfolgt die Überführung des Schlammes aus dem Absetzraum durch

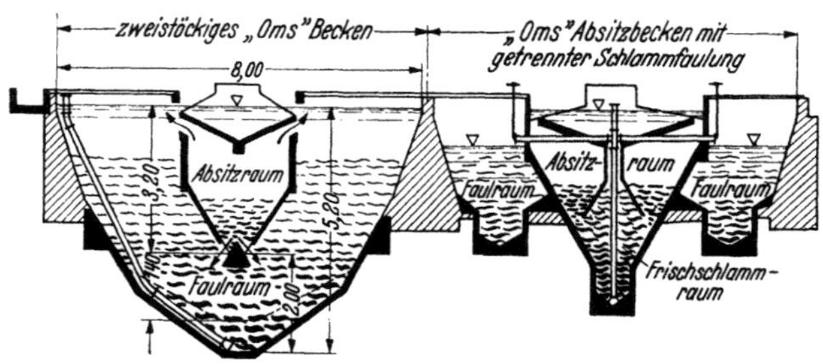

Abb. 72. Zweistöckiger OMS-Brunnen und OMS-Brunnen mit getrennter Schlammfaulung.

einen kleineren Schlammsammelraum, aus dem er durch hydraulischen Überdruck in dem Maße wie ausgefaulter Schlamm abgelassen wird in den Faulraum gelangt. Außer in Erfurt, wo zwei Emscherbrunnen umgebaut worden sind, wird der Erfurter Trichter noch auf der Kläranlage Eisenberg und Zittau angewandt.

7. OMS-Brunnen.

Beim OMS-Brunnen wird auf die Vorteile, die eine große der Luft ausgesetzte Oberfläche der Sauerstoffzufuhr bietet, und die damit die Frischerhaltung des Abwassers fördert, verzichtet. Der Absetzraum wird mit einer Decke versehen und vollständig unter den Wasserspiegel versenkt. Durch diese Überbauten und Versenkung ist der Absetzraum unzugänglich und der Aufsicht völlig entzogen. Die zwischen dem Absetzraum und der Abschlußdecke entstehenden Schlitze sollen den sich abscheidenden Schwimmstoffen den Durchtritt in den Faulraum ermöglichen (s. Abb. 72). Das beim OMS-Brunnen angewandte Verfahren findet unter anderem in Schwerin, Bad Oeynhausen, Glauchau, Ebersbach, Friedrichsroda, Siegburg, Singen und in einer Reihe kleinerer Städte Anwendung.

VII. Klärbecken mit gesondertem Schlammfaulraum (getrennte Schlammfaulung).

Die Verfahren der getrennten Schlammfaulung stellen die Kombination der verschiedenen Absetzverfahren mit den verschiedenen Kombinationen der

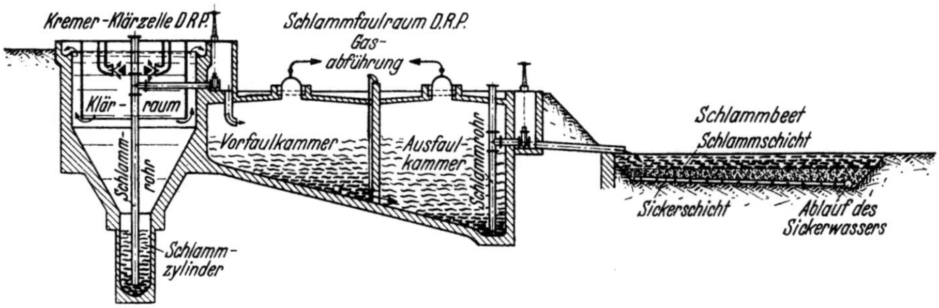

Abb. 73. Kremer Klärzelle mit gesondertem Faulraum.

Schlammfaulräume dar. Bei den nachfolgenden Anlagen sind die Faulräume mit den Absetzanlagen gekuppelt.

1. Kremer Klärverfahren.

Die Frischwasserklärung erfolgt zunächst in einer Kremer Klärzelle, bei der in dem zentralen Schwimmstoffänger zunächst die Ausscheidung der fett- und

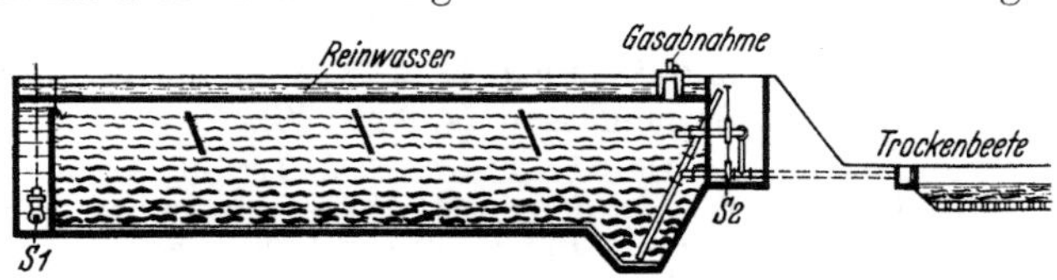

Abb. 74. Längsschnitt durch einen Faulraum, System Neustädter Becken.

ölhaltigen Stoffe erfolgt. Der in dem Trichter abgesetzte Schlamm wird, wie aus der Abb. 73 ersichtlich ist, in ein- bis zweitägigen Zwischenräumen durch Wasserüberdruck in den neben der Klärzelle liegenden zweistufigen Faulraum übergeleitet.

Der Faulraum ist durch eine mittlere Trennwand in eine Vorfaul- und eine Nachfaulkammer eingeteilt. Das bei der Faulung entwickelte Gas kann durch die in der Abschlußdecke vorhandenen Gasglocken abgefangen und verwertet werden. Aus dem Faulraum wird der Schlamm auf die Trockenbeete abgelassen.

2. Neustädter Becken.

Der in den auf S. 297 beschriebenen Neustädter Becken abgefangene Schlamm gelangt durch den Wasserüberdruck von Zeit zu Zeit durch absperrbare Rohre in die zwischen zwei Absetzbecken oder hinter den Absetzbecken liegenden Faulraum, dessen Spiegelhöhe so tief liegt, daß ausreichendes Gefälle vorhanden ist. Durch die Anordnung des Ein- und Auslaufs wird erreicht, daß der Schlamm das in ersterem Falle lang gestreckte, in zweitem Falle oft quadratische Becken nur in der Längsrichtung durchfließen kann. Durch die Anordnung des Faulraumes zwischen zwei Absetzbecken wird erreicht, daß die Faulräume (s. Abb. 74) von dem sie umgebenden Abwasser warm gehalten werden. Das sich bei der Schlammzersetzung bildende Gas wird durch die den ganzen Faulraum überdeckende Gasdecke aufgefangen und kann dann wie bei jedem anderen Verfahren verwertet werden.

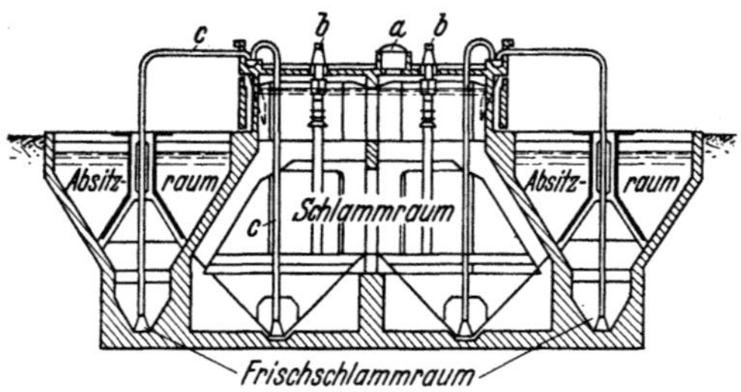

Abb. 75. Querschnitt durch den Absetzraum und Faulraum der Kläranlage Essen-Fronhausen der Emschergenossenschaft in Essen.

3. Kläranlage Essen-Frohnhausen.

In gleicher Weise wie der zwischen den Absetzbecken liegende Faulraum beim Neustädter Becken ist der von Prüss auf der Kläranlage Essen-Frohnhausen errichtete Faulraum zwischen den beiden Absetzbecken, die aus einem Trichterbecken mit verfahrbarer Pumpe bestehen, angeordnet (s. Abb. 75). Da aber in diesem Falle der Schlamm durch die Pumpe gehoben wird, so kann man den mittleren Faulraum auch in die Höhe bauen. Auch in diesem Falle sorgen die um den Faulraum liegenden Absetzbecken für eine Warmhaltung der Faulräume, so daß bei guter Sohlenisolation das kalte Grundwasser keine Wirkung auf den Faulprozeß ausüben kann.

Weiteres über getrennte Schlammfaulung siehe S. 325.

VIII. Wirkung der Absetzanlagen.

Die Wirkung der Absetzanlagen erstreckt sich in erster Linie auf die absetzbaren Schwebestoffe und wird durch die Bestimmung der absetzbaren Schwebestoffe gemessen. Dies geschieht gewöhnlich volumetrisch durch die Bestimmung des Schlammgehaltes in Spitzgläsern von 40 cm Höhe und 1 Liter Inhalt nach 1- bzw. 2stündigem ruhigen Stehenlassen (s. Abb. 76).

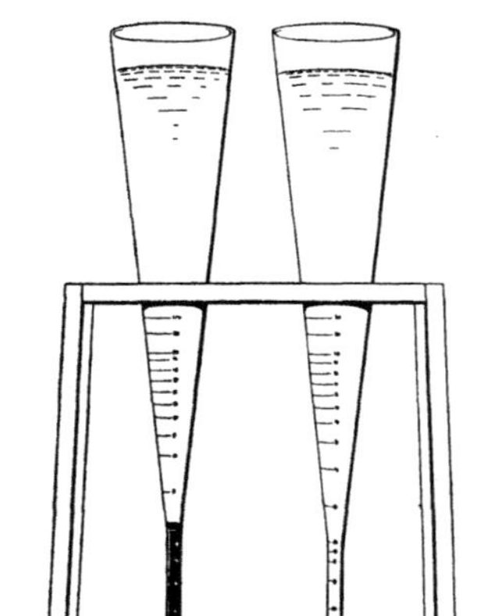

Abb. 76. Spitzgläser zur Bestimmung der absetzbaren Stoffe nach Imhoff.

Die absetzbaren Schwebestoffe sammeln sich in dieser Zeit, in der durch ruckweises Drehen das Ansetzen von Schwebestoffen auf den Schrägflächen verhindert werden muß, in der Spitze, die in Kubikzentimeter eingeteilt ist. Brentano hat die Messungen der absetzbaren Schwebestoffe neben den 40 cm tiefen spitzen Absetzzylindern auch in 2 m tiefen Standzylindern, entsprechend der mittleren Tiefe der Absetzbecken, durchgeführt. Hierbei stieg die Kurve der Absetzlinie in den tieferen Zylindern zunächst schneller an, wohingegen sich die Kurven der beiden verschieden hohen Absetzgläser sich später decken. Wichtig ist die richtige Probenahme und die Berücksichtigung der Durchflußzeit. Je nach der Fragestellung sollte man stets Durchschnittsproben entnehmen, die sich über einen längeren Zeitpunkt erstrecken (mindestens 1 Stunde). Bei Stichproben ist man zu stark von der Zufälligkeit weniger oder stark verschmutzter Abwasserwellen abhängig. Stichproben kann man dann zur Beurteilung heranziehen, wenn man eine größere Anzahl sich über einen längeren Zeitraum erstreckender Proben entnommen hat.

Zur Entnahme von Durchschnittsproben haben sich automatische Probenehmer am besten bewährt. Durchschnittsproben können dort, wo keine gröberen Sperrstoffe in Frage kommen, sehr gut durch eine Vorrichtung mit Hilfe von Saugflaschen entnommen werden. Das Abwasser wird in eine genügend große Flasche (etwa 10 Liter) mit doppelt durchbohrtem Korken eingesaugt. Mit Hilfe von Quetschhähnen kann die innerhalb der Probenahmezeit zu entnehmende Probenahmemenge genau festgelegt werden. Zum Absaugen wird eine etwa höher gestellte mit Hebervorrichtung versehene Flasche benutzt. Der

Nachteil dieser Probenahmevorrichtung ist der, daß sie nicht selbsttätig auf Schwankungen in der Zuflußmenge reagiert. Um diese Schwankungen zu erfassen, hat man Schöpfräder, die von der fließenden Abwasserwelle getrieben werden, errichtet. Bei stärkerem Zufluß haben die Räder größere Drehzahlen, wodurch die Anzahl der geschöpften Proben vermehrt wird. Derartige Schöpfräder sind auf den meisten Kläranlagen in den Zulauf und Ablauf der einzelnen zu untersuchenden Stellen fest eingebaut und sichern so eine gute Probenahme, da sie auch gröbere Schwebestoffe zu erfassen vermögen. Um sich noch mehr von den Schwankungen in der Wassermenge, bedingt durch die Wassergeschwindigkeit und Wasserhöhe unabhängig zu machen, ersetzt SIERP die an den Schöpfrädern enthaltenen Kippgefäße, die stets nur die gleiche Menge Abwasser schöpfen können, durch Röhrenschöpfer, die sich durch Ventile unter Wasser schließen und sich daher nach der Höhe der Wassersäule füllen. (Hersteller des Schöpfapparates Fa. W. Feddeler, Essen.)

Die am Ablauf unter gleichen Bedingungen zu entnehmende Probe muß unter Berücksichtigung der Durchflußzeit entsprechend später genommen werden. Zur Berechnung der Durchflußzeit muß man vorher die Wassermenge bestimmen und die Größe des für die Klärung zur Verfügung stehenden Raumes kennen. Nur gut miteinander korrespondierende Proben geben ein gutes Bild über die Klärwirkung. Durch die Bestimmung des Chlorgehaltes empfiehlt es sich festzustellen, ob korrespondierende Proben vorliegen. Dies ist besonders in den Fällen wichtig, wo die rein rechnerische Bestimmung der Durchflußzeit offensichtlich keine richtigen Werte ergibt.

Außer den vorher angegebenen spitzen Absetzgläsern gibt es eine ganze Reihe verschiedener Formen, in denen allen der am Boden abgesetzte Schlamm volumetrisch gemessen wird. Die prozentuale Abscheidung der absetzbaren Stoffe berechnet man aus der Formel

$$100 \cdot \frac{a - b}{a},$$

wobei a = Bodensatz des Rohwassers, b = Bodensatz des gereinigten Ablaufs, beide abgelesen nach zweistündigem Stehen, ist. Aus einem Liter häuslichen Abwassers werden je nach den örtlichen Verhältnissen und nach der Witterung etwa 3—9 ccm/Liter Schlamm im Rohwasser abgesetzt. Steigt die Menge stark über diese Menge heraus, so müssen in den meisten Fällen besondere Zuflüsse angeschlossen sein. Bei Zufluß gewerblicher Abwässer (z. B. Eisenbeizerei-, Papierfabrikabwässer usw.) kann die Schlammenge sehr stark, oft über 100 ccm/Liter ansteigen.

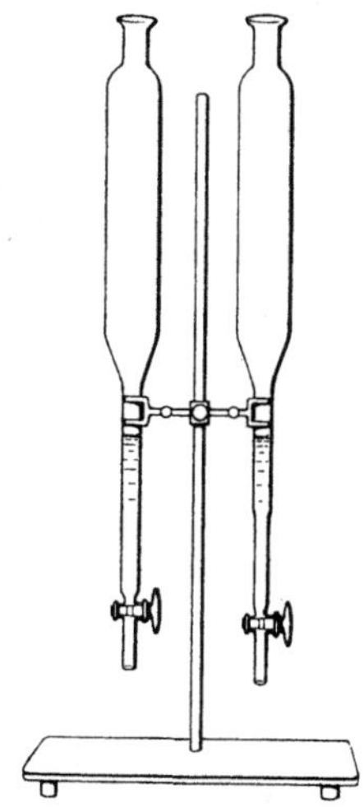

Abb. 77. Absetzgläser nach SPILLNER für Zu- und Ablauf.

Die Leistung der Kläranlage wurde bisher stets in Prozenten der Abnahme der absetzbaren Stoffe angegeben, wobei man die Forderung zu stellen pflegte, daß eine gute Absetzanlage mindestens 90% der absetzbaren Schwebestoffe entfernen müsse. Diese Berechnung kann besonders bei Anwesenheit von gewerblichen Abwässern zu starken Trugschlüssen führen, denn bei 100 ccm/Liter Schlamm im Zulauf ist schon bei 10 ccm/Liter Restschlamm der im Ablauf geforderte Reinheitsgrad von 90% erreicht. Das abfließende Abwasser müßte aber noch als stark verschmutzt bezeichnet werden. Aus diesem Grunde ist man in letzterer Zeit mehr dazu übergegangen, die Restmenge Schlamm vorzuschreiben, die noch im Abwasser sein darf. IMHOFF schlägt vor, die Wirkung eines Absetzbeckens als ausreichend zu bezeichnen, wenn der Abfluß im Standglas nach zweistündigem Stehen nicht mehr als 0,5 ccm/Liter absetzt, wohingegen HUSMANN verlangt, daß im Ablauf einer mechanischen Kläranlage nach 2 Stunden Absetzzeit maximal nur noch 0,1—0,2 ccm Schlamm im Tagesmittel vorhanden sein dürfen.

In Verbindung mit der Bestimmung der Gesamtschwebestoffe kann die Wirkung der Kläranlage auch durch eine gravimetrische Bestimmung der Schwebestoffe erfolgen. In SPILLNERschen Absetzgläsern (s. Abb. 77), die an der Spitze einen Hahnablaß haben, wird zunächst das Volumen nach zweistündiger Absetzzeit bestimmt und dann der im unteren Teile abgesetzte Schlamm im GOOCH- oder VOLLERS-Tiegel gravimetrisch bestimmt. Durch Bestimmung des Abdampfrückstandes im filtrierten und unfiltrierten Wasser erhält man ebenfalls die Gesamtmenge der Schwebestoffe. Man kann auch die Schwebestoffe direkt durch Filtration im GOOCH- oder VOLLERS-Tiegel bestimmen. Die prozentuale Abnahme der absetzbaren Schwebestoffe erhält man indirekt durch Berechnung nach der Formel $100 \cdot \frac{c - e}{c - d}$, wobei c = Gesamtstoffe im Rohwasser, d = im abgesetzten Rohwasser und e = im abgesetzten Kläranlagenabfluß ist.

Filterblätter nach SIERP können besonders in Streitfällen das Bild über die Wirkung einer Kläranlage oft sehr schön ergänzen, zumal diese nach Konservierung durch Zaponlack zu den Akten genommen werden können und später noch gut als Beweismaterial dienen können.

IX. Weiterbehandlung des Schlammes.

Der in Absetzbecken abgefangene frische häusliche Schlamm ist grau oder gelblich, mit leicht erkennbaren Kotstückchen, Papier- und Gemüseresten Holzstückchen von Streichhölzern usw. durchsetzt. Er riecht stark fäkalisch und ist infolge seiner schleimigen Beschaffenheit durch den hohen Gehalt an wasserbindenden Kolloiden sehr wasserhaltig (95%) und schwer entwässerbar. Das Schlammwasser ist stark grau getrübt und hat ebenfalls einen sehr starken Fäkalgeruch. Beim Stehenlassen geht der Frischschlamm infolge Abbau der Kohlenhydrate sehr schnell in saure Gärung über. Hierbei sinkt der p_H-Wert des Frischschlammes von 7,2—7,4 bis auf einen p_H-Wert von 5,0 herunter. Durch die gleichzeitige Zersetzung schwefelhaltiger Eiweißstoffe kommt es zur Entwicklung von Schwefelwasserstoff, der den Geruch des Abwasserschlammes unerträglich macht. Bei dieser Zersetzung werden die wasserbindenden Kolloide zerstört, sodaß jetzt der Schlamm einen Teil seines Wassergehaltes abgeben kann. Allmählich geht der Säuregehalt zurück. Unter Ansteigen des p_H-Wertes bis auf 7,2—7,6 geht die saure Gärung allmählich in die alkalische Zersetzung über, bei der hauptsächlich die Fettstoffe und der Rest der übrig gebliebenen Eiweißstoffe und Kohlenhydrate abgebaut werden. Außer am p_H-Wert und am Geruch kann man unausgefaulten Schlamm auf den Trockenbeeten auch daran erkennen, daß sich gelbe Fliegen (eristalis tenax) auf ihm ansetzen. Auf gutem ausgefaulten Schlamm findet man diese Fliegen nie. Nach der vollständigen Ausfaulung ist häuslicher Schlamm alkalisch (p_H-Wert bei 7,2—7,6), hat eine schwarze Farbe und gummi- bzw. teerartigen Geruch. Er gibt im Gegensatz zum Frischschlamm sein Wasser leicht ab, so daß er bei gutem trockenen Wetter in einer 20—40 cm hohen Schicht auf den Trockenplätzen gut trocknet. Gut ausgefaulter Schlamm ist in einem weißen Emailgefäß sehr leicht an den weißen Wasserlinien zu erkennen, die sich beim Ausgießen des Schlammes bilden, weil der gut ausgefaulte Schlamm sein Wasser schnell abgibt.

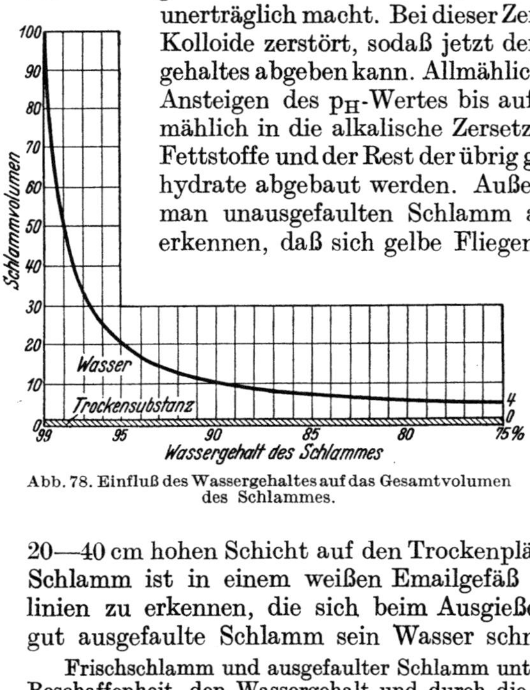

Abb. 78. Einfluß des Wassergehaltes auf das Gesamtvolumen des Schlammes.

Frischschlamm und ausgefaulter Schlamm unterscheiden sich auch sehr stark durch die Beschaffenheit, den Wassergehalt und durch die Menge. Rein häuslicher Frischschlamm hat bei einem Wassergehalt von 95% in seiner Trockensubstanz etwa 65—75% organische (im Mittel rund 70%) und 25—35% mineralische Bestandteile (im Mittel rund 30%). Durch den Abbau der organischen Stoffe sinkt der Anteil an organischen, während der Anteil an mineralischen Stoffen ansteigt, weshalb man auch von einer Mineralisierung bzw. Verdung des Schlammes spricht. Der ausgefaulte Schlamm hat dagegen je nach der Art der Ausfaulung etwa 80% Wasser und in der Trockensubstanz noch 50% organische und 50% mineralische Bestandteile. Bei einem Gehalt an Schlamm aus biologischen Kläranlagen und bei stark umgewälzten Faulräumen kann der Wassergehalt des ausgefaulten Schlammes höher sein, ohne daß hierdurch die Drainierfähigkeit beeinflußt wird. Welchen Einfluß der Wassergehalt des Schlammes auf das von ihm eingenommene Volumen hat, geht aus der graphischen Auftragung (s. Abb. 78) hervor. Das Volumen eines Schlammes von 95% verhält sich demnach zu dem eines Schlammes von 90% wie 2 : 1. Schlamm mit 90% Wassergehalt nimmt demnach nur noch die Hälfte des früheren Raumes ein. Sinkt der Wassergehalt bis auf 80%, wie dies bei Ausfaulanlagen erreichbar ist, so entspricht die Volumverminderung einem Verhältnis von 20 : 5, d. h. der Schlamm hat nur noch $^1/_4$ seines früheren Volumens inne.

Die Menge des anfallenden Schlammes ergibt sich aus folgenden Berechnungen. Bei einer Abwassermenge von 150 Liter/Kopf und Tag kann man mit einem Schlammanfall von 6—7 ccm/Liter rechnen, das entspricht einer Frischschlammenge von 0,9—1,05 Liter, im Durchschnitt also rund 1 Liter Frischschlamm je Kopf und Tag. Bei einer Stadt von 100000 Einwohnern muß man mit rund 100 cbm/Tag bzw. mit 36500 cbm Frischschlamm im Jahr rechnen. Durch die Ausfaulung geht durch die Verflüssigung und Vergasung der organischen Substanz der Schlamm an Menge und Volumen stark zurück. Es hinterbleiben noch rund 0,2 Liter/Kopf und Tag, das ist bei 100000 Einwohnern 20 cbm Faulschlamm im Tag bzw. 7300 cbm im Jahr.

Der in den Absetzbecken anfallende Frischschlamm wirkt sehr unästhetisch und stellt durch seinen hohen Gehalt an schädlichen Keimen eine ständige Gefahr für die Bewohner und Arbeiter der Anlage dar. Er sollte daher möglichst bald und gefahrlos beseitigt werden. Es sind eine ganze Reihe verschiedener Verfahren hierfür entwickelt worden. Es kommen in Frage:

1. Verschiffen ins Meer.
2. Entwässern auf Sickerbeeten, in Filterpressen, auf Saugzellenfiltern oder in Zentrifugen.
3. Vergraben auf Gelände oder Verteilen auf Geländeflächen im flüssigen oder entwässerten Zustand.
4. Kompostieren mit und ohne Zusatz von Torf oder Müll.
5. Unterbringung in Schlammteichen.
6. Verbrennen.
7. Ausfaulen mit Gewinnung von Gas und Dünger.

Bei dem Entscheid über das zu wählende Verfahren sollte die Möglichkeit der wirtschaftlichen Verwertung der im Abwasserschlamm enthaltenen Werte zunächst geprüft werden. Erst wenn eine Verwertung nicht möglich ist, was z. B. bei einem Gehalt an giftigen Stoffen aus gewerblichen Anlagen der Fall sein kann, sollte eine Vernichtung in Frage kommen. Außer den im Abwasserschlamm enthaltenen Dungstoffen, deren wirtschaftliche Ausnutzung durch die unter 3 und 4 angegebenen Verfahren gegeben und bei dem unter 7 angegebenen Verfahren möglich ist, lassen sich bei dem letzteren Verfahren noch wertvolle Gase gewinnen. Von der besonders in Notzeiten stets empfohlenen Gewinnung von Fett aus Abwasserschlamm ist in den meisten Fällen wegen der Unwirtschaftlichkeit und der schlechten Beschaffenheit des Fettes Abstand genommen. Wenn überhaupt, kommt nach den Untersuchungen von SIERP[1] eine Wiedergewinnung nur aus Frischschlamm in Frage, da im ausgefaulten Schlamm das wertvollere Fett zerstört ist. Vergleicht man die aus Frischschlamm und Faulschlamm zu erzielenden Fettmengen miteinander, so erhält man die in der folgenden Zahlentafel aufgetragenen Mengen.

Tabelle 17.

	Frischschlamm	Faulschlamm
Gesamtanfall je Kopf und Tag . .	1 Liter	0,2 Liter
Wassergehalt	95%	80%
Trockenmenge/Kopf/Tag	50 g	40 g
Fettgehalt der Trockensubstanz . .	10—15%	3—4,5%

Hieraus ergeben sich für eine Stadt von 100000 Einwohnern:

Tabelle 18.

		Frischschlamm		Faulschlamm	
Täglicher Anfall an Schlamm . . .	cbm	100		20	
Trockenmenge	t	5		4	
Fettgehalt	%	10	15	3	4,5
Fettanfall	kg	500	750	120	180
Jahresanfall	t	182,5	273,7	43,8	65,7
Verseifbarer Anteil	%	90	90	40	40
Demnach verwertbar	t	164,2	246,4	17,4	26,4

[1] SIERP: Vom Wasser 1936, 11, 9.

Bei einem Gesamtanfall von 1 Liter Frischschlamm je Kopf und Tag stehen im Frischschlamm je Tag 50 g Trockensubstanz mit 10—20% Fett zur Verfügung. Demgegenüber fallen an Faulschlamm nur 0,2 Liter je Kopf und Tag an, jedoch mit 80% Wassergehalt, so daß im Faulschlamm 40 g Trockensubstanz mit 3—4,5% Fettgehalt zur Verfügung stehen. Auf eine Stadt von 100000 Einwohnern berechnet sich hieraus, daß der Fettanfall je Tag bei Frischschlamm bei 10% 500 kg bzw. bei 15% 750 kg beträgt, während er im Faulschlamm nur 120 bzw. 180 kg ausmacht. Für den Faulschlamm werden die Verhältnisse noch ungünstiger, wenn man den Anteil an Unverseifbarem berücksichtigt. Im Fett des Frischschlammes beträgt der verseifbare und deshalb verwertbare Anteil rund 90%, so daß rund 164 t Reinfett anfallen. Bei einem Fettgehalt von 15% steigt diese Menge bereits auf 246 t/Jahr. Demgegenüber hat das Fett aus Faulschlamm nur 40% Verseifbares. Der Anfall an brauchbarem Fett im Faulschlamm beträgt daher nur 17,4 t bzw. 26,4 t/Jahr, d. h. rund 10% des Anfalls im Frischschlamm.

Aus diesen Zahlen geht klar hervor, daß es keinen Zweck hat, das Fett aus Faulschlamm zu gewinnen, sondern daß für eine Gewinnung von Fett nur Frischschlamm in Frage kommt,

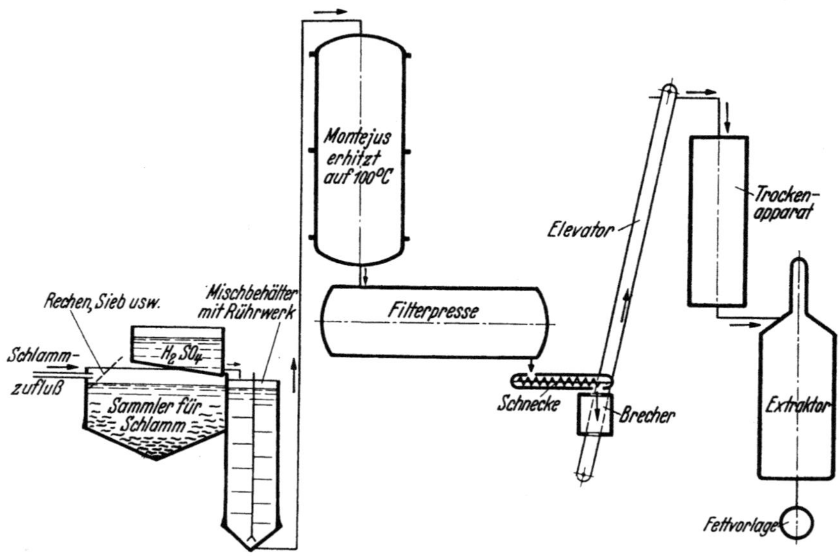

Abb. 79. Schema der Fettgewinnungsanlage auf der Kläranlage Kassel.

was aber mit Rücksicht auf die zu behandelnde Menge und aus hygienischen Bedenken nicht möglich ist. Bei nassem Schlamm müßten bei 100000 Einwohnern täglich rund 100 cbm extrahiert werden, während es bei Faulschlamm nur rund 20 cbm wären.

Die in Deutschland im Klärschlamm auf zentralen Kläranlagen anfallenden Fettmengen werden zu 50000 t im Jahr angegeben, eine Menge, die eine wertvolle Bereicherung der deutschen Wirtschaft darstellen könnte. Auf der Kläranlage Kassel wurde längere Zeit eine Fettgewinnungsanlage, die von der Maschinenbau AG., vorm. Beck und Henkel, Kassel, errichtet wurde, betrieben. In ihr wurde der in Absetzbecken eingedickte Schlamm (s. Abb. 79) in einem Mischbehälter mit Rührwerk mit Schwefelsäure angesäuert und in Montejus auf 100° erhitzt, um eine möglichst weitgehende Spaltung der Fettsäure durchzuführen. Der so vorbehandelte Schlamm wurde dann in Filterpressen entwässert. Er gab infolge des niedrigen p_H-Wertes viel leichter Wasser ab als gewöhnlicher Schlamm. Der gewonnene Preßkuchen wurde dann zunächst getrocknet und der trockene Schlamm dann mit Benzol extrahiert. Das gewonnene Fett wird durch Destillation gereinigt. In Kassel rechnete man bei einer Einwohnerzahl von 100000 jährlich mit 15000 cbm Schlamm mit 1600 t Trockensubstanz. Aus dem Schlamm wurden 15% Fett extrahiert = 240 t Fett im Jahr = 2,4 kg Fett je Kopf der Bevölkerung = 6,6 g Fett je Kopf und Tag. Die Anlagekosten werden mit RM 200000.— für die Kasseler Anlage mit 100000 Einwohnern angegeben. Die nach diesem Verfahren auf der Kläranlage Kassel errichtete Fettgewinnungsanlage war nur etwa 3 Jahre in Betrieb, wurde dann aber wegen der hohen Kosten der Trocknung stillgelegt, zumal auch die Ausbeute an Reinfett beträchtlich hinter den Erwartungen zurückblieb.

H. GROSSE-BOHLE[1] versuchte, das Fett dadurch aus dem Abwasserschlamm zu gewinnen, daß er Dampf in den Schlamm einleitete. Es schied sich oben ein Schaum mit

[1] GROSSE-BOHLE: DRP. 167700.

etwa 40% Fett aus, der abgeschöpft und weiterverarbeitet werden konnte. Auf diese Weise wurde nur ein Teil des Fettes, nicht aber die Seifen erfaßt.

Die in Frankfurt durchgeführten Versuche, das Fett durch heißes Pressen unter Zusatz von Schwefelsäure und schwefelsaurer Tonerde (4,3 kg auf 1 cbm Schlamm) zu gewinnen, scheiterten an den zu hohen Kosten. Desgleichen haben auch die Versuche, das Fett aus dem Schlamm durch Destillation bei 315° zu gewinnen bzw. nach Ansäuern mit Schwefelsäure mit überhitztem Wasserdampf überzutreiben, wegen der hohen Kosten zu keinem Ergebnis geführt.

In Frankfurt sind weiterhin Versuche zur Extraktion des nassen Schlammes mit Benzin durchgeführt worden, doch sind die Versuche seinerzeit nicht über die Anfänge hinausgekommen.

In der Zwischenzeit sind von verschiedenen Stellen Extraktionsapparate für nassen Schlamm ausgearbeitet und in gewerblichen Betrieben mit Erfolg benutzt worden. Die Fortschritte, die der Ausbau derartiger Apparate zur Naßextraktion gemacht hat, sind so groß, daß man heute unbedenklich an die Extraktion des nassen Schlammes herangehen kann. Wichtig ist, daß bei der Naßextraktion auf die Wiedergewinnung des im nassen Schlamm zurückgehaltenen Lösungsmittels größter Wert gelegt wird, da sonst die Unkosten durch den Verlust an Lösungsmitteln zu groß werden.

1. Verschiffen ins Meer.

Mit Ausnahme von Hamburg, wo man die Siebrückstände von dem Brunotterechen auf Schiffen in großer Entfernung von der Küste aufs Meer befördert und dort versenkt, ist das Verschiffen von Abwasserschlamm in Deutschland nicht angewandt worden. Wohl hat man vorgeschlagen, ausgefaulten Schlamm durch die Schleppkraft des Wassers in das Meer zu spülen. Dieser Vorschlag ist wegen der starken Verschlammung der Flüsse und der bei nicht vollständiger Ausfaulung bestehenden Gefahren und hygienischen Bedenken von den meisten Abwasserfachleuten abgelehnt worden. In Amerika und ganz besonders in England ist dieses Verfahren aber sehr viel in Gebrauch. In London, Manchester, Glasgow wird der in Absetzbecken gewonnene Frischschlamm in Tankschiffen regelmäßig bis aufs Meer gefahren und dort in genügender Entfernung von der Küste versenkt. Bei nicht genügender Entfernung besteht die Gefahr, daß die Flut die Schmutzstoffe wieder an Land spült und dort die Badestrände belästigt. London befördert täglich mit 4 Dampfern rund 6000 cbm Frischschlamm ins Meer, die in einer Mindestentfernung von 100 km versenkt werden Durch die hohen Baukosten für die Dampfer wird das Verfahren sehr teuer.

2. Entwässern auf Sickerbecken, in Filterpressen, Saugfiltern, Zentrifugen.

a) Sickerbecken. Wie bereits auf S. 291 angegeben, kann man den auf Sickerbecken als Absetzbecken abgefangenen Frischschlamm gut auf diesen trocknen, wenn man die Sickerbecken mit einer guten Sickerschicht (Sand — Asche) versieht und streng darauf achtet, daß die Schlammschicht nicht zu hoch wird (möglichst nicht über 15 cm). Infolge seiner schleimigen Beschaffenheit gibt der Frischschlamm das Wasser nur schwer ab. Da auch der stichfeste Frischschlamm noch sehr unangenehme Eigenschaften, wie starken Geruch, starkes Klebevermögen, hat, die seinen Weitertransport stark erschweren, wendet man die Trocknung auf Sickerbecken, auch für den in anderen Absetzbecken gewonnenen Frischschlamm nur noch in seltenen Fällen als Zwischenlösung an. Im Gegensatz dazu haben sich Sickerbecken zum Entwässern von Faulschlamm (s. dort) sehr gut bewährt.

b) Filterpressen. Man hat sich immer wieder bemüht, das Verfahren der Trocknung von Schlamm auf Land durch ein Verfahren zu ersetzen, das eine schnelle Trocknung gestattet. Die in verschiedenen Orten durchgeführten Versuche, den Schlamm durch Filtration zu trocknen, haben nicht befriedigt. Bei der Anwendung von Filterpressen machen die Kolloide des Schlammes ein Entwässern fast unmöglich, da sich die Filtertücher zu schnell zusetzen.

Preßt man den Schlamm heiß oder setzt ihm Chemikalien, wie Eisenchlorid, zu, so sind die Ergebnisse bedeutend besser. Doch scheitert in diesen Fällen dann das Verfahren an den Kosten. Außer Kalk, der in Mengen von 6—10 kg auf 1 cbm zugesetzt wird, kann man auch Eisensalze, Aluminiumsalze u. dgl. zugeben. Bei stark fetthaltigen Wässern muß die Kalkzugabe vergrößert werden. Der Schlamm wird in Filterpressen, das sind Druckfilter, bei denen die Filtertücher zwischen eine Reihe von Eisenrahmen gespannt sind, 1—2 Stunden einem Druck von 6—8 atü ausgesetzt. Dabei wird der Wassergehalt von 95% auf 85% herabgesetzt. Bei dem in England öfter angewandten **„Proteusverfahren"**[1] wird der Schlamm, z. B. Frisch- oder Belebtschlamm, mit 3 Tln. bereits getrocknetem Schlamm gemischt und 75 Minuten lang mit Dampf erhitzt, dann über Nacht stehen gelassen und schließlich in Filterpressen getrocknet. Der Wassergehalt, der in der Mischung 95% betragen hat, geht durch die Erhitzung auf 89% herunter. Bei 7 atü gepreßt entsteht ein 4 cm starker Filterkuchen, der 10—12% Wasser hat.

Das von den Filterpressen ablaufende Preßwasser ist durch Abwasserkolloide sehr stark kolloid getrübt und setzt beim Stehen eine Menge Schlamm ab. Es wird daher am besten wieder in den Zulauf geleitet. Der in der Presse zurückbleibende Filterkuchen hat nur noch $^1/_7$ seines früheren Volumens. Bei sehr fettreichem Schlamm, z. B. wenn das Abwasser große Mengen Wollwaschwasser enthält, können die Filterpreßkuchen zur Fettextraktion verwandt werden. Für Filterpressen und auch Saugfilter eignet sich am besten der in Anlagen mit chemischer Fällung anfallende Schlamm. In Deutschland sind Filterpressen nur in Chemnitz in Anwendung. In England und neuerdings auch in Amerika werden sie besonders in den Fällen, wo der Schlamm durch gewerbliche Abwässer schon eine bessere Zusammensetzung zum Filtern besitzt, angewandt.

c) Saugfilter. Während Filterpressen nur einen intermittierenden Betrieb gestatten, können Saugfilter im Dauerbetriebe betrieben werden. Bei den Saugfiltern ist das Filtertuch auf einer sich langsam umdrehenden Trommel aufgespannt, die entweder in den Schlamm eintaucht oder auf die der Schlamm aufgebracht wird.

Die von Prockat und Paul[2] durchgeführten Versuche haben ergeben, daß für die Entwässerung von Schlamm der Anteil des festen Korns der Trockensubstanz des Schlammes ausschlaggebend ist. Die Filterung wird nicht durch das Filtermittel (Filtertuch), sondern durch eine Schicht auf dem Filtertuche abgelagerter feinster Teile erzielt. Die Entwässerung ist abhängig vom Wassergehalt bzw. von der Art der im Schlamm enthaltenen Stoffe, von der Umlaufzahl und vom Unterdruck im Filter.

Nach Flyun[3] muß Abwasserschlamm, der durch Saugfilter entwässert werden soll, drei Voraussetzungen erfüllen:

1. Er muß filtrierfähig sein.
2. Er muß genügend ungelöste Stoffe enthalten, damit sich in kurzer Zeit ein Kuchen von genügender Dicke bildet, der sich auch leicht und vollständig vom Filter ablöst.
3. Er muß ungelöste Stoffe enthalten, die ihrem Charakter nach bei dem Überdruck das Hindurchtreten der Flüssigkeit durch den Kuchen nach innen gestatten.

Von den vier Grundformen der Saugzellenfilter, dem Außen-, Innen-, Plan- und Scheibenfilter, wurde bisher in der Abwassertechnik nur das Außenfilter, neuerdings aber auch das Scheibenfilter mit Erfolg angewandt.

Es sind eine ganze Reihe brauchbarer Filter auf dem Markt. Bekannt sind unter anderem die Saugfilter der Firmen:

Maschinenfabrik Buckau R. Wolf AG, Magdeburg.
Maschinenfabrik Imperial G. m. b. H., Meißen (Sa.).
Maschinenfabrik Fr. Gröppel, Bochum.
Maschinenfabrik Sangerhausen A. G. in Sangerhausen.

Am meisten angewandt wird das Außenfilter mit möglichst großer Eintauchtiefe, um eine möglichst große Ansaugfläche zu erhalten, und mit Rührvorrichtung, um eine Entmischung in dem Zulauftrog zu vermeiden. Als Filtertuch hat sich Flanelltuch am besten bewährt. Bei dem in Abb. 80 dargestellten Trommelsaugfilter der Fa. Maschinenfabrik Sangerhausen in Sangerhausen hängt die Filtertrommel in einem hochgebauten Trog. Während bei anderen Konstruktionen das Innere in verschiedene Zellen aufgeteilt ist, die einzeln unter Saugwirkung gesetzt werden, kann bei diesem zellenlosen Saugfilter das ganze Trommelinnere unter Vakuum gesetzt werden, mit Ausnahme der kleinen Druckluftzone zum Abblasen des Filterkuchens. Der Schlamm wird in der Ansaugzone angesaugt und dann in der Trockenzone getrocknet. Der Vakuumraum dieser beiden Zonen ist gegen die Druckluftzone, die den Schlammkuchen vom Filtertuch abblasen soll, gut abgedichtet. Der

[1] Rudolfs: Engin. News-Rec. 1936, **117**, 819.
[2] Prockat u. Paul: Chem. Fabrik 1934, **7**, 168.
[3] Flyun: Sewage Works Journ. 1933, **5**, 957.

auf dem Filtertuch in einer Stärke von etwa 1 cm angesaugte endlose Filterkuchen wird durch Schabemesser oder Walzen oder bei den moderneren Imperialfiltern durch Schnürenabnahme abgeschält. Er fällt dann auf ein Transportband.

Als alleinige Trocknungsvorrichtung kann man Saugfilter und Filterpressen nur bei ausgefaultem Schlamm benutzen, da der gewonnene Filterkuchen geruchlos ist und gut vererdet. Bei Frischschlamm, belebtem oder chemisch ausgefälltem Schlamm erhält man einen Kuchen, der sehr stark stinkt und deshalb noch durch irgendeinen Nachtrocknungsprozeß, eventuell durch das Heißgärverfahren weiterbehandelt werden muß. In Amerika wird der auf diese Weise gewonnene Schlammkuchen von Belebtschlamm in Heißlufttrocknern zu Pulver getrocknet und dann entweder als streufähiger Dünger (Milwaukee) verkauft oder mit Müll oder Kohlenstaub gemischt in einem Ofen verbrannt. Es gibt auch Öfen, die den gefilterten Schlamm nach einem geringen Zusatz von Heizöl direkt verbrennen.

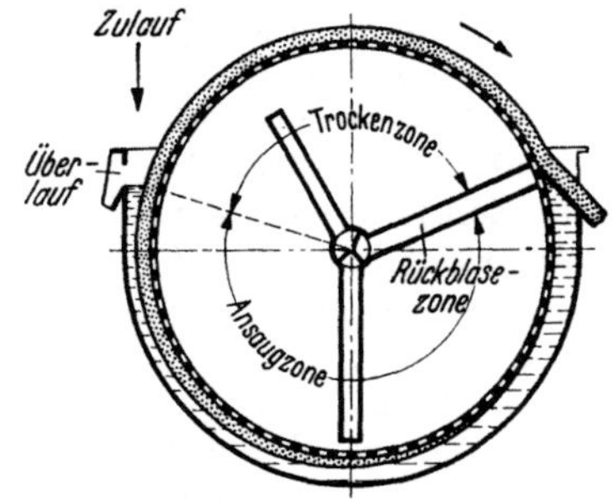

Abb. 80. Zellenloses Trommelfilter Bauart GERLACH mit Beschickung von unten (Maschinenfabrik Sangerhausen A. G. in Sangerhausen).

Die Leistung der Saugfilter hängt sehr stark von der Art des zu filtrierenden Schlammes ab. Der von der Filtertrommel abgenommene Filterkuchen hat bei belebtem Schlamm noch 80% Wasser, bei gemischtem städtischen Schlamm 75%, bei Frischschlamm mit gewerblichen Abwässern bis zu 65%, bei ausgefaultem Schlamm 75%.

Die Filterleistung wird in Kilogramm Trockensubstanz des Schlammes auf 1 qm Filterfläche in der Stunde angegeben. Sie beträgt bei

Frischschlamm, belebtem Schlamm oder Tropfkörperschlamm .	5— 10 kg
chemisch gefälltem Schlamm	30 kg
dem Gemisch von belebtem und Frischschlamm	10— 45 kg
gewaschenem, ausgefaulten Schlamm	50—100 kg

Die Wasserabscheidung kann künstlich durch Zugabe von Eisenchlorid gefördert werden. 5—15% des im Schlamm enthaltenen Trockenrückstandes sind nach IMHOFF die günstigsten Zusatzmengen an Eisenchlorid. MACLAREN[1] gibt das Eisenchlorid in einer 40—42%igen Lösung zu. Das DRP. 640199 von GÜNTER will zur besseren Entwässerung des Abwasserschlammes durch Koagulierungsmittel den Schlamm vor der Zugabe der koagulierend wirkenden Stoffe mit Wasser auswaschen. KEEFER und KRATZ[2] konnten bei ihren auf der Kläranlage Baltimore durchgeführten Versuchen zur Entwässerung von Schlamm bei Frischschlamm eine Filterleistung von 4,9 kg/qm Filterfläche in der Stunde erzielen. Die Leistung stieg stark an, und es konnte an Ausfällungsmitteln stark gespart werden, wenn sie den Schlamm vorher durch Waschen mit Wasser von den Ammonverbindungen befreiten. Im halb angefaulten Zustand läßt sich Schlamm leichter entwässern als Frischschlamm. Noch bessere Ergebnisse werden mit halb ausgefaultem Schlamm der Nachklärbecken, der mit Ausfaulschlamm der Vorklärbecken gemischt wird, erzielt. DONALDSON[3] hat bei seinen Versuchen in Hagerstown zur Schlammentwässerung mit Saugfiltern dem mit Kalk vorbehandelten Schlamm noch Papierbrei zugesetzt und dadurch sehr gute Erfolge erzielt.

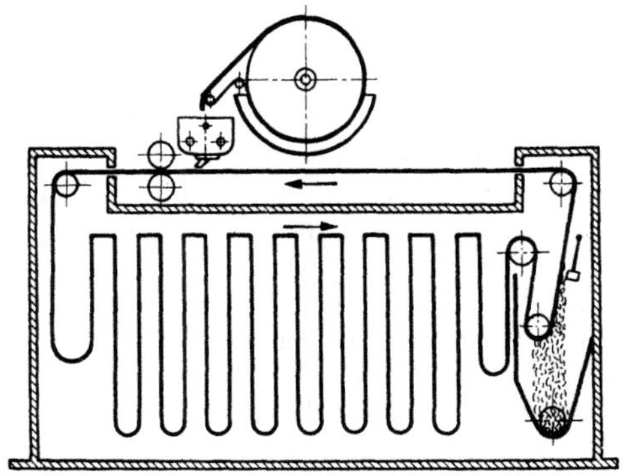
Abb. 81. Schema eines Zellenfilters in Verbindung mit einem Laufbandtrockner der Fa. Maschinenfabrik Imperial G. m. b. H. in Meißen.

WOODBURY[4] konnte bei 8% Zusatz von Eisenchlorid (auf Trockensubstanz berechnet) zu Faulschlamm, wodurch ein p_H-Wert von 6,3—6,5 erreicht wurde, im Dauerbetrieb nicht mehr als 22 kg/qm/Std. als Dauerbelastung erzielen. Der erhaltene Filterkuchen

[1] MACLAREN: Eng. Contract Rec. 1936, **50**, 927.
[2] KEEFER u. KRATZ: Sewage Works Journ. 1935, **6**, 963.
[3] DONALDSON: Water Works and Sewerage 1934, **81**, 139.
[4] WOODBURY: Amer. City 1935, **43**.

hatte 75% Wassergehalt. Steigerte er die Belastung, so wurde der Kuchen schmierig und schwer weiter zu behandeln. Um eine bessere Abscheidung des Wassers auf den Vakuumfiltern zu erzielen, gibt man den Frischschlamm in ein rundes Becken, das ähnlich den Dorr-Eindickern mit einem sich über den ganzen Inhalt erstreckenden Rührwerk versehen ist. Durch langsames Rühren (90 U/Min.) wird die Wasserabscheidung gefördert[1].

Soll der auf den Filtern abgesaugte Schlamm weiter getrocknet werden, wie es z. B. in Milwaukee zur Herstellung des Milorganite aus belebtem Schlamm geschieht (s. oben), so können statt der jetzt allein angewandten Heißlufttrocknung in Drehtrommeln auch die Laufbandtrockner Bauart Imperial (s. Abb. 81) mit bestem Erfolg angewandt werden.

d) Zentrifugen. Schlammschleudern trennen Wasser und Schlamm durch die Zentrifugalkraft nach dem spezifischen Gewicht. Die Entwässerung von häuslichem oder bei der chemischen Fällung erhaltenem Schlamm, von Siebgut bzw. Schlamm von Feinrechen, ist auf verschiedenen Kläranlagen, wie Frankfurt a. M., Harburg, Hannover mit Zentrifugen nach der Bauart Schäfer-ter Mer durchgeführt worden. Während man früher von Hand bediente und deshalb diskontinuierlich arbeitende Zentrifugen hatte, sind die modernen Zentrifugen vollständig automatisch eingerichtet, so daß die Arbeiter mit den Rückständen gar nicht in Berührung kommen.

Auf der Frankfurter Kläranlage[2] z. B. wird der in Absetzbecken abgefangene und infolge der Lagerung schwach angefaulte Frischschlamm in einer ter Mer-Zentrifuge entwässert. Der in möglichst frischem Zustande dem Klärbecken entnommene Frischschlamm wird einem 30 cbm fassenden Rührgefäß zugeführt. Aus diesem Rührgefäß entnimmt die Zentrifuge selbsttätig den Schlamm, indem nach völliger Entleerung der Zentrifuge durch eine Ölsteuerung selbsttätig das Einlaßventil geöffnet wird. Nachdem die Trommel der Zentrifuge bis zum Rande mit Schlamm gefüllt ist, wird durch einen in die Flüssigkeit eintauchenden Schwimmer durch die Ölsteuerung das Einlaufventil wieder geschlossen, womit gleichzeitig die eigentliche Schleuderperiode beginnt. Nach etwa 1—2 Minuten hat sich das Wasser vom Schlamm getrennt und der Schlamm an der Trommel niedergeschlagen. Durch ein langsam in die Trommel eingeführtes Schälrohr wird jetzt zuerst das Wasser aus der Zentrifuge herausgeschält. Sobald das Wasser anfängt, sehr trübe zu werden, ist die Wasserschälung beendet. Ein über die ganze Trommelbreite reichendes Schälmesser schält dann den Schlamm heraus. Die Betätigung des Schälrohres, wie auch des Schälmessers erfolgen vollständig selbständig. Ebenso wie der Beginn des Schälens selbsttätig ausgelöst wird, gehen auch die beiden Schälvorrichtungen selbsttätig wieder in ihre Grundstellung zurück. Dann öffnet sich von neuem das Einlaufventil, worauf das Arbeitsspiel von neuem beginnt. In Frankfurt werden bei 500000 an die Kläranlage angeschlossenen Einwohnern täglich 300 cbm Frischschlamm mit 92—93% Wasser zentrifugiert.

Die Leistung einer solchen Zentrifuge mit einem lichten Trommeldurchmesser von 2 m beträgt etwa 10 cbm/Std. Rohschlamm. Die Zentrifugen haben bis zu 2000 Umdrehungen in der Minute. Der in der Zentrifuge gewonnene Schlamm hat noch 70—75% Wasser, er ist auf etwa $^1/_4$ seines ursprünglichen Volumens zurückgegangen. Der Kraftbedarf beträgt etwa 20 PS für 10 cbm/Std. Leistung. Der Platzbedarf ist gering. Dem Vorteil, den Schlamm sehr schnell in hygienisch einwandfreier und verhältnismäßig einfacher Weise zu entwässern, stehen außer den hohen Kosten, die von Reichle und Thiesing mit RM. 3,42/cbm angegeben werden, auch die Tatsache nachteilig gegenüber, daß das aus den Zentrifugen abfließende Wasser noch stark verschmutzt ist und noch sehr viel Trockensubstanz enthält. Das Ablaufwasser wird daher in den Zulauf zur Kläranlage geleitet. Eine Unterstützung der Entwässerung durch Zugabe von Chemikalien, Einstellen eines bestimmten p_H-Wertes, wie dies bei den Saugfiltern erwünscht ist, ist bei Zentrifugen nicht nötig. Desgleichen kann eine sorgfältige Wartung entbehrt werden.

Leicht angefaulter Schlamm läßt sich nicht so leicht zentrifugieren. Gut eignet sich belebter Schlamm. Der geschleuderte Schlamm kann direkt oder in Mischung mit Torf und Kalk als Düngemittel verwandt werden. Auf der Kläranlage Frankfurt wird der durch Zentrifugen entwässerte Frischschlamm durch Ausbreiten in dünner Schicht weiter entwässert, indem das sich an der Oberfläche abscheidende Wasser abgehebert wird. Nach

[1] Lowe u. Bossomley: The surveyor 1938, **93**, 597. — Keefer u. Kratz: Sewage Works Journ. 1937, **9**, 743. [2] Buddeberg: Gesundh.-Ing. 1934, **57**, 532.

kurzer Lagerung im Freien ist der Schlamm stichfest und wird dann lagenweise in Schichten aufgepackt, die einen guten Luftdurchzug gestatten. Der Haufen gerät bald in eine „Heißgärung", bei der das im Schlamm enthaltene Wasser verdampft. Es hinterbleibt ein verrotteter, stark organischer Schlamm, der durch Mahlen in einer Mühle sich leicht in einen streufähigen Dünger verwandeln läßt. Er kommt dann unter der Bezeichnung „Elka"-Dünger in den Handel; er zeichnet sich durch einen hohen Gehalt an organischer Substanz, d. h. an Humusstoffen aus.

3. Vergraben des Schlammes.

Eine der ältesten und am längsten gebrauchte Art der Trocknung des Schlammes ist das Aufbringen des Schlammes auf Land. Eine in England viel angewandte Methode besteht darin, den Schlamm in flüssigem Zustande in frisch aufgeworfene Gräben zu bringen. Dabei soll das Wasser von dem aufgelockerten Erdreich schnell aufgesogen werden. Ist dann der Schlamm genügend weit eingetrocknet, daß er aufgeworfene Erde tragen kann, werden die Gräben zugeworfen, wodurch gleich dazwischen neue Gräben zur Aufnahme des neuen Schlammes entstehen.

Die Art der Schlammbeseitigung durch Vergraben oder Beerdigen ist nur auf gut durchlässigem, körnigem Boden, am besten ist Sandboden, möglich. Der Boden muß der Luft genügend Durchtritt verschaffen, damit der Vererdungsvorgang des Schlammes unter dem Einfluß der Mikroorganismen des Bodens vor sich gehen kann. Boden mit ungenügender Luftzirkulation ist für diese Schlammbehandlung ungeeignet. In Lehmböden z. B. war Frischschlamm noch nach 20 Jahren nicht vererdet, so daß er noch seine aggressiven Eigenschaften besaß und beim Aufdecken starken Geruch verbreitete. Diese Schwierigkeiten sind bei ausgefaultem Schlamm, der schon einen Zersetzungsvorgang durchgemacht hat, nicht zu erwarten. Doch auch bei diesem ist wegen des besseren Wasserabzuges durchlässiger Sandboden am besten.

Nach dem Aufbringen auf Land versickert ein Teil des Wassers, während ein anderer Teil verdunstet. Infolge der schleimigen Zusammensetzung des Frischschlammes geht die Entwässerung nur sehr langsam vor sich. Bis der Schlamm vollkommen trocken ist, vergehen oft Monate. Die Folge davon ist, daß das Verfahren einen sehr großen Platzbedarf hat. Um letzteren herunterzusetzen, hat man eine Vorbehandlung des Schlammes in Zentrifugen oder auf Saugfiltern empfohlen.

Beim Lagern auf der Erde geht der Schlamm besonders in warmen Tagen sehr bald in stinkende Fäulnis über. Die Folge davon ist, daß sich ganz besonders im Sommer in der Nähe sehr üble Geruchsbelästigungen bemerkbar machen. Bei ungünstiger Windrichtung kann dann leicht die ganze Stadt darunter leiden, zumal die Mittel zur Geruchsbekämpfung, wie Bedecken mit Torf, mit Teer oder Öl meist nur eine vorübergehende Linderung bringen, weil die Gerüche beim Untergraben wieder in die Erscheinung treten. Sind Stoffe als Desinfektionsmittel wie Chlorkalk zugesetzt, so wird die weitere Vererdung gestört.

Das Verfahren der Verteilung in dünner Schicht auf Land zur landwirtschaftlichen Nutzung ist dagegen in Gegenden, wo genügend große Ländereien mit gutem sandigem Boden zur Verfügung stehen, sehr geeignet. Stehen sehr große Flächen zur Verfügung, daß der Schlamm in sehr dünner Schicht aufgebracht werden kann, kann man auch weniger durchlässigen Boden anwenden. Die aufgebrachte Schicht darf aber nur so dick sein, daß die Verdunstung zum schnellen Trocknen ausreicht. Bei der landwirtschaftlichen Nutzung sollte so viel Fläche vorhanden sein, daß jede überstaute Fläche zur Ausnutzung der landwirtschaftlichen Dungstoffe nur alle 3 Jahre einmal in Benutzung kommt. Das besonders in England sehr viel benutzte Verfahren wird in Deutschland auf den Kläranlagen Eschweiler, Marienburg, Stolp und Hanau angewandt.

Die Fäkalabfuhr von Abortgruben oder Septic tanks und das Vergraben auf Land ist auch heute noch in den Städten von Niederländisch-Indien allgemein üblich. Nach den von Mom und Schaafsma dort durchgeführten ausgedehnten bakteriologischen Bodenuntersuchungen gibt dieses System zu erheblichen Verunreinigungen des Bodens Veranlassung. Der Boden enthält sehr viele Colibakterien. Überall, wo Fäkalstoffe in den Boden versenkt werden, waren bis in Tiefen von 10 m spezifische Fäkalmikroben nachweisbar. Die Fäkalbakterien bleiben sehr lange am Leben und verunreinigen dadurch sehr ernsthaft den Boden.

4. Kompostieren mit Torf, Müll usw.

Die gute Ausnutzung der im Schlamm enthaltenen Dungstoffe scheiterte oft daran, daß die durch die Zersetzungsvorgänge entstehenden Bodenbakterien, die für den Ackerboden und das Pflanzenwachstum überaus wichtig sind, infolge zu starker Säurebildung im Boden abstarben. Um dieses zu verhindern und die im Schlamm steckenden Dungstoffe besser auszunutzen, hat man den Schlamm unter Zugabe von Kalk oder Calciumcarbonat mit Torf gemischt, zur Bindung der bei der Säuerung sich bildenden Säure, und hat ihn dann in geschlossenen Komposthaufen sich selbst überlassen. Nach kurzer Zeit (3—5 Monate) ist der Schlamm verrottet und stellt dann ein vorzügliches Düngemittel für Garten und Ländereien dar, das unter verschiedenen Bezeichnungen, wie Biohum, Huminal, Humusit usw. in den Handel kommt, je nachdem ob ihm noch außer Torf andere Dungstoffe, wie Kalk, Kali, Phosphordüngesalze, Stickstoffsalze zugemischt worden sind. Zur Zumischung des Torfes wird der aus einer Sammelgrube mittels Förderschnecke entnommene Schlamm in einer Mischmaschine mit dem vorher mit Kalk u. dgl. versetzten Torf gemischt. Die mit Schlamm überzogenen Torfstückchen ergeben ein gutes Arbeitsfeld für die Bodenbakterien. Der Preis dieser Düngemittel ist in der Hauptsache vom Torfpreis abhängig.

In den DRP. 641224 und 539638 schlägt DICKMANN vor, Abwasser über Torf zu filtrieren, wobei dann der Schlamm im Torf zurückbleibt, oder das Abwasser bzw. den Schlamm direkt mit faserigen Massen, z. B. Torf, zu mischen und diese Mischungen dann in aus Drahtgeflechten gebildeten Blocks, die im Innern Rohreinbauten haben, um durch Kaminwirkung eine gute Durchlüftung sicherzustellen, einzuschlämmen. Die Mischung wird 2—3 m aufgehöht. Am besten soll sich für diese Zwecke gut durchgefrorener Torf bewähren. Diese über Gelände stehenden Blocks entsprechen den bisher geschilderten Komposthaufen. Sie lassen sich in beliebiger Menge errichten, wobei stets die aus Drahtgeflecht bestehenden Außenwände sofort nach der Aufschlämmung wieder benutzt werden können. Nach kurzer Zeit ist die durch eine Art Heißgärung vollzogene Vererdung durchgeführt und der zurückbleibende Stoff stellt ein sehr gutes Düngemittel dar.

Ein sehr gutes Aufsaugvermögen für das im Schlamm noch in großer Menge enthaltene Wasser hat städtischer Müll. Hinzu kommt, daß besonders im Feinmüll eine Reihe von wertvollen Stoffen, wie Kali und Phosphorsäure enthalten sind, die die dem Faulschlamm fehlenden Dungstoffe sehr wertvoll ergänzen. Um Ödländereien ertragreicher zu gestalten, hat man daher empfohlen, den in den Städten anfallenden Müll in Grobmüll und Feinmüll zu trennen. Der Grobmüll wird verbrannt und die Schlacke kann dann zum Auffüllen von Gelände oder zur Herstellung von Pflastersteinen für Wegebauten benutzt werden; der Feinmüll wird mit dem Schlamm aus den Absetzbecken gründlich gemischt. Er bildet dann nach kurzer Lagerung oder Kompostierung ein vorzügliches Düngemittel, das als trockenes Pulver in 1—2 cm hoher Schicht leicht auf dem Lande verteilt werden kann.

Bei dem BECCARI-Verfahren wird Schlamm mit Müll oder ähnlichen Abfallstoffen gemischt und dann in besonderen, mit Lüftung versehenen Räumen unter häufiger Anfeuchtung durch Abwasser vererdet, in ähnlicher Weise, wie dies bei dem vorgeschilderten Verfahren von DICKMANN, bei dem der Schlamm mit faserigen Massen, z. B. Torf, gemischt wurde, geschieht. Während der Vererdung gibt BECCARI bei dem in Florenz angewandten Verfahren im Gegensatz zu DICKMANN noch ständig kleine Mengen Abwasser auf die in Zersetzung befindliche Masse.

In vielen Fällen hat man den Müll direkt zum Rohschlamm gegeben und unterwirft die Mischung einem Faulprozeß. Das Mischungsverhältnis beträgt, auf organische Substanz in der Trockensubstanz berechnet, 1 : 1. Zur faulenden Masse können täglich 5% obiger Mischung auf organische Substanz berechnet zugegeben werden[1]. In gleicher Weise wird in warmen Ländern bei dem „Indore Prozeß“ eine Mischung von Müll und frischen Fäkalien (Nachtgeschirrinhalt) einer 3 Wochen dauernden thermophilen Zersetzung unter-

[1] KEEFER u. KRATZ: Sewage Works Journ. 1934, 6, 14.

worfen. Nach dieser Zeit ist die Zersetzung beendet und der Schlamm wird als Dünger benutzt. Müll, der allein nicht fault, fault aber in Mischung mit Frischschlamm nach Impfung mit Faulschlamm sehr gut. Bei einer mittleren Temperatur von 28° C ist die gesamte Ausfaulung in 30—40 Tagen beendet. Die bei dieser Zersetzung gebildete Gasmenge beträgt nach KEEFER und KRATZ 600—700 ccm je Gramm organische Substanz. Das Gas enthält neben Methan 5% Wasserstoff und 30—35% Kohlensäure. Der ausgefaulte Schlamm ist geruchlos.

5. Schlammteiche.

Die Schlammteiche sind entweder natürliche Geländevertiefungen oder ähnlich den Auflandungsteichen mit Sickersohle oder Sickerkaminen versehene Erdbecken, in denen der Schlamm sich selbst überlassen bleibt. Sie sind gleichzeitig getrennte Schlammfaulräume und auch gleichzeitig Schlammtrockenplätze. Der Unterschied gegenüber getrennten Faulräumen ist der, daß der Schlamm nicht im nassen Zustand, sondern trocken aus den Schlammteichen abgelassen wird. Gegenüber den Abwasser- bzw. Auflandungsteichen unterscheiden sie sich, daß sie nicht durchflossen werden. Der Zufluß ist frischer, zähflüssiger Schlamm, während das bei der Zersetzung sich abscheidende Schlammwasser abfließt. Das von den Schlammteichen abfließende Schlammwasser stellt noch an den Vorfluter große Anforderungen.

Ein großer Nachteil der Schlammteiche sind die oft unerträglichen Geruchs- und Fliegenbelästigungen, die von dem meist in saurer Gärung befindlichen Schlamm ausgehen und in den meisten Fällen beim Pumpen des Schlammes in die Teiche in verstärktem Maße auftreten. Um die Geruchsbelästigungen möglichst einzuschränken, muß man die Schlammdruckrohre möglichst unter der sich auf den Schlammteichen bildenden Schwimmdecke einmünden lassen. Ein großer Nachteil ist auch der große Platzbedarf. Wo auf diesen keine Rücksicht genommen werden braucht und genügend Flächen zur Verfügung stehen, auf denen der Schlamm endgültig liegen bleiben kann, ist das Verfahren sehr zu empfehlen. In dieser Form können sie besonders in den Wintermonaten zur Aushilfe dienen. Sie haben außerdem den Vorteil, daß, wenn der Schlamm in ihnen fest wird, man in ihnen durch allmähliches Aufhöhen der Erddämme und der über die ganze Fläche verteilten Sickerkamine immer mehr Schlamm aufbringen kann. Ganz besonders gut eignen sich Schlammteiche für mehr oder weniger stark mineralisierten Schlamm, den man oft mehrere Meter aufschichten kann. Bei rein häuslichem Schlamm sollte die Schichthöhe 1 m auf keinen Fall übersteigen, da sonst die Gefahr besteht, daß er noch nach Jahren in dem gleichen Zustand im Teich liegt, ohne seine nachteiligen Eigenschaften zu verlieren bzw. ohne zu entwässern.

Schlammteiche sind lange Jahre mit gutem Erfolg für den in langgestreckten Absetzbecken anfallenden Frischschlamm auf der Kläranlage Leipzig benutzt worden. Die guten Erfolge sind zum Teil darauf zurückzuführen, daß der ankommende Schlamm schon durch Schlamm aus Hauskläranlagen stark vorgefault war, so daß der Schlamm die zur Belästigungen führenden Eigenschaften schon größtenteils verloren hatte und er in den Teichen gut weiterfaulte. Außerdem wird das Verfahren noch in Beuthen, Remscheid, Gladbach-Rheydt und Wuppertal angewandt. Zur Anlage von Schlammteichen eignen sich besonders gut in unbesiedelten Gegenden liegende alte Kiesgruben, Steinbrüche, Senkungsgebiete u. dgl.

6. Schlammverbrennung.

Nach jahrelangen Versuchen, von denen auch ein Teil in Deutschland durchgeführt wurde, hat sich jetzt in den zwei großen Kläranlagen Nordamerikas Chikago und Calumet für 300000 Einwohner und in Dearborn für 200000 Einwohner die Schlammverbrennung bewährt. Die Schlammverbrennung ist besonders von hygienischer Seite stark unterstützt worden, da durch die Verbrennung auch alle in ihm enthaltenen pathogenen Keime vernichtet werden und das gesamte unangenehme Material verschwindet. In Deutschland war ein Vorläufer dieser Schlammverbrennung das DEGENERsche Kohlebreiverfahren (s. S. 361), das in den Jahren 1898—1914 in 8 deutschen Städten angewandt wurde und bei dem der mit Braunkohle gemischte Schlamm verbrannt wurde. In Frankfurt hat man einige Jahre lang den durch Zentrifugen entwässerten frischen Schlamm der städtischen Absetzbecken in der Müllverbrennungsanlage mit verbrannt. Der Schlamm wurde vorher in HAASschen Trockentrommeln von 2 m Durchmesser und 21 m Länge durch die von der Müllverbrennung kommenden Feuerungsgase vorgetrocknet. Die von HÖNIG in Brünn und von ROCH in Chemnitz durchgeführten Versuche der trockenen Destillation des Klärschlammes zwecks Gewinnung brennbarer Gase und eines verwertbaren Kokses haben nur teilweise befriedigt, so daß sie für gewöhnlichen häuslichen Schlamm nicht weiter durchgeführt wurden, zumal TRAUTMANN-Leipzig bei gründlicher Nachprüfung der technischen und wirtschaftlichen Möglichkeiten zeigen konnte, daß man bei der trockenen Destillation des Klärschlammes brennende Gase nicht auf wirtschaftliche Weise gewinnen kann. Dieses Verfahren kann aber in den Städten in Frage kommen, wo der Klärschlamm einen außergewöhnlich hohen Gehalt an organischen, brennbaren Stoffen von körniger oder faseriger Struktur, z. B. Schlamm aus Steinkohlenwäschen, Faserstoffe usw. enthält.

Bei der Emschergenossenschaft ist auf Grund der in den Jahren 1926—1929 von PRÜSS[1] durchgeführten Versuche geplant, den auf der großen Emscherkläranlage in Essen-Karnap anfallenden Schlamm zu verbrennen. Hier fallen jährlich 250000 t stichfester Schlamm, der hauptsächlich aus einer Mischung von Abfallkohle mit häuslichem Schlamm besteht, an, der in einer besonderen Anlage unter Ausnutzung seines Wärmegehaltes verbrannt werden soll. Der Schlamm hat bei 50% Wasser und 45% Aschegehalt in der Trockensubstanz den hohen Heizwert von 5000 kcal. Auf der im Bau befindlichen Anlage Chikago[2] mit 2,25 Millionen cbm/Tag Abwasser soll der durch Eisensalze gefällte Schlamm verbrannt werden. Schlamm, der verbrannt werden soll, muß vor der Verbrennung möglichst weit entwässert werden. Dies kann in Zentrifugen oder durch Saugfilter, wie sie auf S. 316 beschrieben sind, geschehen. Auf der Kläranlage Chikago wird der anfallende Schlamm in einer Staubfeuerung verbrannt. Der vom Saugfilter mit 80% Wasser ankommende Schlamm wird mit so viel völlig getrocknetem Schlammstaub gemischt, daß sein Wassergehalt 45% beträgt. Die auf diese Weise gebildete pulvrige Masse wird nach IMHOFF[3] zerkleinert und in einem Heizturm durch überhitzten Dampf von 540° weiter getrocknet. Das anfallende Schlammpulver kann als Düngemittel verwandt werden. Die fehlende Staubmenge muß dann aber in der Feuerung durch Kohlenstaub ersetzt werden. Das getrocknete Schlammpulver wird in die Staubfeuerung geblasen. Es wird Kohlenstaub nur nach Bedarf zugesetzt. Die Temperatur der Feuerung ist 1350°. Die Feuerungsgase werden mit 750° durch den Dampfüberhitzer gesaugt und nach Durchgang durch ein Elektrofilter ins Freie gelassen.

Auf der Kläranlage Dearborn wird das Abwasser durch chemische Fällung mit Eisenchlorid, Kalk und Papierbrei geklärt und der Schlamm auf Magnetitfiltern abgefangen. Der mit Faulschlamm aus Emscherbrunnen gemischte Schlamm wird auf Saugfiltern vor- und auf Land nachgetrocknet. Die Verbrennung erfolgt in einem NICHOLS-Ofen, der die Wärme im Gegenstrom gut ausnutzt. In den Ofen von 4 m Durchmesser und 5 m Höhe wird der Schlamm oben eingefüllt. Er durchwandert 6 Stockwerke und fällt unten als Asche heraus. Auf den Stockwerksboden wird er durch Rührarme langsam vorwärts geschoben. Die Hauptverbrennungszone ist in den beiden mittleren Stockwerken, während in den oberen Stockwerken der Schlamm angewärmt bzw. nachgetrocknet wird. An drei Stellen befinden sich Ölbrenner zum Anheizen. Die eintretende Verbrennungsluft wird durch einen Röhrenvorwärmer vorgewärmt. Die Ofentemperatur ist 900°, während die Gase den Ofen mit 600° verlassen. In USA. wendet man auch den Multi-Hearth-Verbrennungsofen an. Dieser hat verschiedene Stockwerke, in denen der Schlamm durch ein Rührwerk vom oberen Stockwerk zum unteren den heißen Verbrennungsgasen entgegengeführt wird.

In der Calumetanlage wird der von den Nachklärbecken und aus der Vorreinigung kommende Schlamm mit Eisenchlorid gemischt und auf Vakuumfiltern von 5 m Länge und 3,5 m Durchmesser bei einer Filterbelastung von 13,46 kg Trockenmasse je Quadratmeter und Stunde abgesaugt. Der Rohschlamm wird hierbei von 97% auf 80% entwässert. Durch Zumischen von bereits getrocknetem Schlamm in der Förderschnecke wird der Wassergehalt auf 40—50% gesenkt. Der Schlamm wird dann in den Trockner, eine Art Mahltrockenanlage gebracht. Der Schlamm läuft zuerst durch den Trocken-

[1] PRÜSS: Gesundh.-Ing. 1929, **52**, 615. [2] MOHLMAN: Sewage Works Journ. 1936, **7**, 845.
[3] IMHOFF: Gesundh.-Ing. 1936, **59**, 583.

schacht und wird dann von der Mühle von innen nach außen befördert; dabei wird der Schlamm getrocknet und in den Windsichter geleitet. Die mit 540 bis 620° C in den Vortrockenschacht eintretenden Trocknergase kühlen sich im Schacht und in der Mühle bis auf 110—120° C ab. Der getrocknete Schlamm fällt in einem Sichter mit 10% Feuchtigkeitsgehalt an. Er kann als ein gut haltbares und versandfähiges Düngemittel verwandt werden. Ein Teil wird dem ankommenden Schlamm zugemischt, während der Rest in der Brennkammer verfeuert werden kann. Die Feuerung arbeitet, wenn größere Trockenschlammmengen aus dem Kreislauf abgezogen werden, mit Kohlenstaub als Zusatzbrennstoff. Der Vorwärmer, der die Abgase von 750—800° C auf 180—185° C

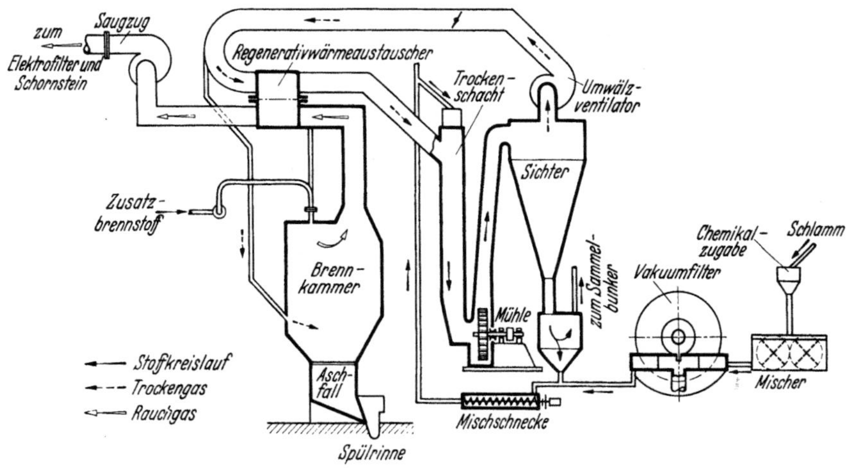

Abb. 82. Schema einer Schlammtrocknungs- und Verbrennungsanlage.

abkühlt, erhitzt die Trockenergase von 110—120° C auf 540—620° C. Eine nach vorstehender Beschreibung gebaute Anlage ist in Abb. 82 dargestellt[1].

MOHLMAN[2] sieht die Vorzüge der Verbrennung darin, daß
1. das Schlammausfaulen erspart wird,
2. die Schlammbeseitigung einen kleinen Raum einnimmt,
3. die Schlammbeseitigung vollkommen und hygienisch einwandfrei ist,
4. die erforderliche Kraftanlage (Heizstoff, Schlamm und Schweröl) den Betrieb der Belebtschlammanlage verbilligt.

Nach STILSON[3] darf der zu verbrennende Schlamm einen oberen Feuchtigkeitsgehalt von 65% Wasser haben. Ist er höher, so werden die Kosten für die Zuschlagstoffe zu hoch. In Dearborn gelangt Schlamm mit 66% Wassergehalt zur Verbrennung. Bei zu niederer Verbrennungstemperatur und zu geringer Luftzufuhr tritt Qualmentwicklung auf. Auch sollte auf die Innehaltung bestimmter Temperaturen geachtet werden. Als untere Grenze gibt STILSON 675° C an, um Geruchsbelästigungen in der Nachbarschaft zu verhindern. Über 810° zu gehen ist zwecklos.

7. Schlammfaulung.

Läßt man den in Absetzbecken gewonnenen Schlamm unter Wasser liegen, so geht der Schlamm sehr bald in eine saure Gärung über. Der p_H-Wert des Frischschlammes sinkt hierbei sehr bald von 7,0 auf 6,0, schließlich unter 5,0. Es entwickelt sich hierbei ein infolge seines Gehaltes an Schwefelwasserstoff stark

[1] GUNZ: Feuerungstechnik 1937, Heft 11, 326.
[2] MOHLMAN: Sewage Works Journ. 1935, 7, 979.
[3] STILSON: Sewage Works Journ. 1935, 7, 60.

riechendes Gas, das hauptsächlich aus Kohlensäure und Wasserstoff besteht. Diese die Stoffe nur sehr langsam zersetzende saure Gärung ist wegen der üblen Begleiterscheinungen, wie starke Geruchsbelästigungen, zu geringer und zu langsamer Abbau sowie schlecht trocknender Schlamm sehr unerwünscht. Der bei der sauren Gärung anfallende Schlamm ist gelblich grau, oft grünlich gefärbt und besitzt ähnliche Zähflüssigkeit wie der Frischschlamm. Er gibt infolge seiner schleimigen Beschaffenheit die Gase schlecht ab und ist daher oft stark schaumig.

Tabelle 19. Veränderung des Frischschlammes beim Ausfaulen.

	Frischschlamm	Faulschlamm
Gesamtanfall/Kopf und Tag.	1 Liter	0,2 Liter
Wasser	95%	80,0%
Trockensubstanz	5%	20 %
Gesamttrockensubstanz	50 g	40 g
Wassergehalt	950 g	160 g
In der Trockensubstanz:		
Mineralisches	35%	45 %
Organisches	65%	55 %
Stickstoff	3%	1,5%
Fett	10—15%	3—4,5%

Überläßt man den in saurer Gärung befindlichen Schlamm sich selbst, so steigt bald der p_H-Wert wieder an, bis er den für die Zersetzung der organischen Stoffe günstigsten p_H-Wert von 7,2—7,6 erreicht hat. Die saure Gärung hat der alkalischen Methangärung Platz gemacht. Es entweicht jetzt ein geruchloses, d. h. schwefelwasserstofffreies

Abb. 83. Offener Faulraum in einem verlassenen Steinbruch.

Gas, das in der Hauptsache aus Methan, Kohlensäure und etwas Stickstoff besteht. Nur bei der alkalischen Methangärung tritt der erwünschte Abbau der im Schlamm enthaltenen wasserbindenden Kolloide ein, der notwendig ist, damit der Schlamm sein Wasser abgeben kann, um dadurch das Gesamtvolumen des Schlammes herabzusetzen. Eine der Hauptaufgaben der Abwassertechnik ist es daher, den Faulprozeß in den Faulräumen so zu leiten, daß stets eine gute alkalische Methangärung vorhanden ist. Durch den gleichzeitigen Abbau der organischen Stoffe wird eine weitere Verminderung der Gesamtstoffe erzielt. Vergleicht man die Zusammensetzung des Frischschlammes mit dem Faulschlamm, so zeigt es sich (s. Tab. 19), daß die Faulung eine starke Veränderung hervorgerufen hat.

Auch rein äußerlich haben Frisch- und Faulschlamm große Unterschiede:

Frischschlamm ist graubraun gefärbt, stark schleimig und hat fäkalischen Geruch. Trotz des geringen Gehaltes von 5% Trockensubstanz ist er zähflüssig, läßt sich schwer pumpen und gibt nur schwer sein Wasser ab. Das aus der Trockensubstanz extrahierte Fett ist bis zu 90% verseifbar.

Faulschlamm dagegen ist schwarzgrau gefärbt, hat teerigen Geruch. Bei einem Trockensubstanzgehalt von 20% ist er leichtflüssig und läßt sich leicht pumpen. Er besitzt eine sehr

Abb. 84. Offener Faulraum der Kläranlage Witten.

gute Drainierfähigkeit. Das aus der Trockensubstanz extrahierte Fett ist nur noch zu 40 bis 50% verseifbar.

Die Zersetzung des Schlammes erfolgt bei den zweistöckigen Anlagen in den unter oder neben den Absetzbecken liegenden Faulräumen. Bei allen anderen Zersetzungsarten wird der Schlamm in besondere getrennte Faulräume gepumpt.

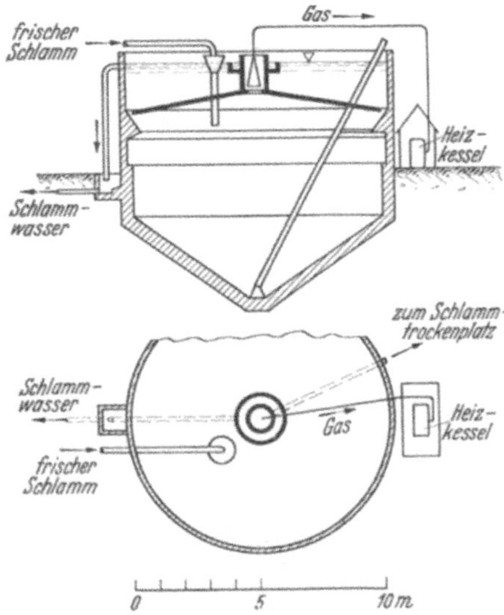

Abb. 85. Getrennter Faulraum mit Gasfangdecke durch eine untergetauchte Glocke und Heizung durch heißes Wasser.

a) Getrennte Faulräume.

Die selbständigen Faulräume haben gegenüber den Faulräumen der zweistöckigen Absetzanlagen den großen Vorteil, daß man sie über Flur bauen und daher überall unterbringen kann. Um die Faulräume besonders im Winter gegen Wärmeverluste zu schützen, müssen sie mit einem guten Wärmeschutz versehen werden, was am besten durch Luftummantelung oder durch angeschütteten Boden geschieht. Getrennte Faulräume lassen sich besser heizen als zweistöckige Anlagen. Die einfachste Art der selbständigen Faulräume sind einfache, aus Erddämmen gebildete Becken, in die der in Absetzbecken gewonnene Schlamm hineingepumpt wurde. Auf der Kläranlage Birmingham werden die im Jahre 1910 eingerichteten Faulbecken laufend durchbetrieben. Die auf der Oberfläche sich bildende Schwimmdecke wird als Wärmeschutz belassen. Später als man den Wert der bei der Faulung entwickelten Gase erkannte, wurden die Faulbecken zwecks Gewinnung der Gase mit schwimmenden Gasdecken abgedeckt.

Auf der Kläranlage Werden ist der in Abb. 83 dargestellte offene natürliche Faulraum vom Ruhrverband in einem alten verlassenen Steinbruch errichtet. Es bildet sich von selbst eine Schwimmdecke, die den Faulraum im Winter gegen zu starke Abkühlung schützt und Geruchsbelästigungen verhindert. Die Spalten im Gebirge des Steinbruchs stellen eine natürliche Sickerung dar. Bei einem Gesamtfassungsvermögen von 4000 cbm entspricht dies 400 Liter/Kopf Faulraum.

In ähnlicher Weise wird vom Ruhrverband auf der Kläranlage Witten ein 6000 cbm fassendes offenes, mit Beton ausgekleidetes Erdbecken mit 45 m Durchmesser und 8 m

Tiefe als Faulraum verwendet. In diesem Falle sind aber mit Rücksicht auf das Gestein die Sohle und Böschungen mit Beton befestigt. Durch einen eingebauten DORR-Kratzer, dessen Antrieb über dem Schlammspiegel liegt (s. Abb. 84), wird der Sohlenschlamm dem in der Mitte liegenden Schlammablaßrohr zugeschoben.

Neben dem Vorzug einfacher Bauart haben diese offenen Faulräume den Vorzug niedriger Baukosten. Grundbedingung für ordentlichen Betrieb ist aber eine genügende Größe. LOWE[1] schlägt für solche, offene Faulbehälter Faulrauminhalte von 140—200 Liter/Kopf und Tag vor. Infolge ihrer Größe ist es in den meisten Fällen sehr einfach, gute alkalische Verhältnisse zu halten, wodurch eine gute Zersetzung sichergestellt ist. Der

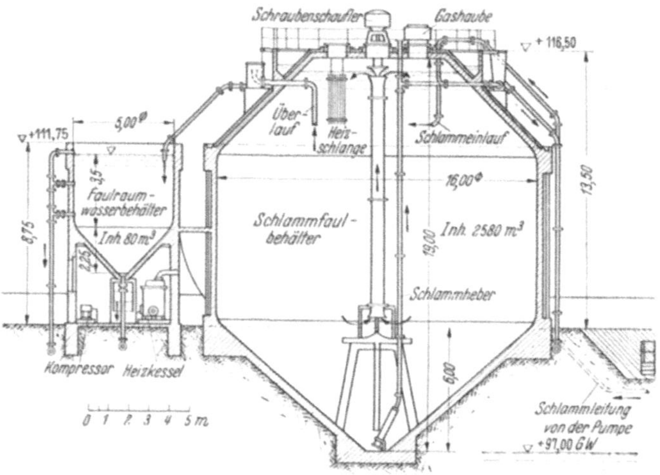

a

b

Abb. 86a und b. Schnitt und Bild eines Schlammfaulraumes der Bamag-Meguin A. G. Berlin, mit Schlammumwälzung durch Schraubenschaufler. (Techn. Gemeindebl. 1937, 40.)

frische Schlamm wird mehrmals am Tage (im Winter zweimal, im Sommer 3—4mal) durch ein unter der Schwimmdecke einmündendes Rohr eingeführt.

Ein in Beton ausgeführter selbständiger Faulraum ist in Abb. 85 dargestellt. Der unter anderem auf der Kläranlage Essen-Rellinghausen errichtete Faulbehälter ist ein einfacher Betonbehälter mit konischem Boden. Der Schlamm wird mit natürlichem Wasserüberdruck durch das Schlammablaßrohr abgelassen. Durch eine untergetauchte Glocke wird das bei der Schlammzersetzung gebildete Gas abgefangen. Die Heizung des Faulraumes erfolgt durch Einleiten von heißem Wasser am Boden, das in einem besonderen Heizkessel mit dem im Faulraum entwickelten Gase erwärmt wird. Da durch das heiße Wasser der Schlamm in unerwünschter Weise verdünnt wird, erfolgt jetzt in den meisten Fällen die Erwärmung des Faulrauminhaltes durch Heizschlangen (s. später).

Bei der Kremer Kläranlage ist der getrennte Faulraum (s. Abb. 73) direkt neben dem Absetztrichter angeordnet. Durch eine eingebaute Trennwand kann die Ausfaulung in zwei Stufen durchgeführt werden. Auch die auf S. 309 beschriebenen Neustädter Becken haben

[1] LOWE: The Surveyor 1933, Nr. 2183, 478.

getrennte Faulräume, die wie die anderen Faulräume mit Heizung und Gasauffangeinrichtungen versehen werden können. Durch ihre Lagerung zwischen den Absetzbecken sollen sie von dem umgebenden Abwasser warm gehalten werden.

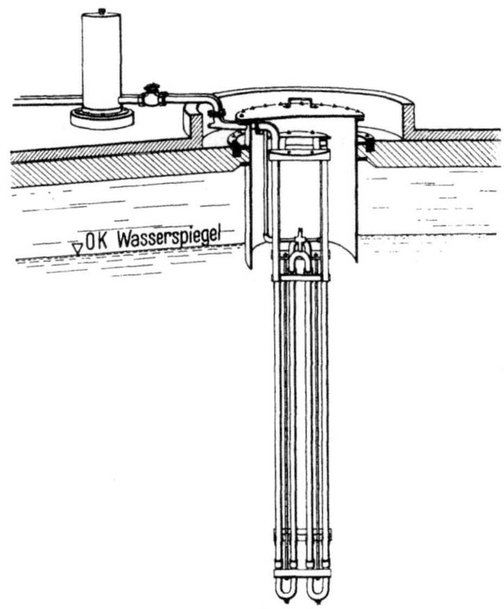

Abb. 87. Herausziehbare Heizschlange für einen Faulbehälter mit Vorrichtung zur Vermeidung von Gasverlusten beim Herausziehen.

Eine besonders in Amerika viel angewandte Form ist der geschlossene Faulraum, Bauart DORR, der mit Kratzern für den Bodenschlamm versehen ist. Dieser Faulraum hat eine fast flache Sohle. Das mit Schabern versehene, ständig langsam laufende Rührwerk hat neben der Umwälzung auch die Aufgabe, den Schlamm beim Ablassen zum Ablaßrohr hinzuschieben. Für mit Rührflügeln versehene Faulräume wird eine Größe von 30 Liter/Kopf und Tag vorgeschlagen[1]. Bei dieser Größe kann man ohne künstliche Heizung mit 8—14 Liter Gas, mit Heizung mit 25 Liter je Kopf und Tag rechnen. Die Baukosten betragen in diesem Falle RM 30—40 je Kubikmeter bei flacher Bauweise und RM 20—30 je Kubikmeter bei runder Bauweise. Zum Gasfang wird der Faulbehälter mit einer feststehenden Gasdecke versehen. Eine an der äußeren Wand im unteren Teil angebrachte Heizung soll eine zu starke Abkühlung des Schlammes im Winter verhindern.

Im Gegensatz zu den vorgenannten, mit horizontaler Umwälzung versehenen Faulräumen hat der von PRÜSS entworfene und von der Emschergenossenschaft und der Bamag-Meguin auf verschiedenen Kläranlagen errichtete Faulbehälter eine vertikale Umwälzung des Schlammes. Durch einen im Innern eingebauten Schraubenschaufler wird der in guter Zersetzung befindliche Schlamm nach oben befördert, wo er mit dem ankommenden Schlamm

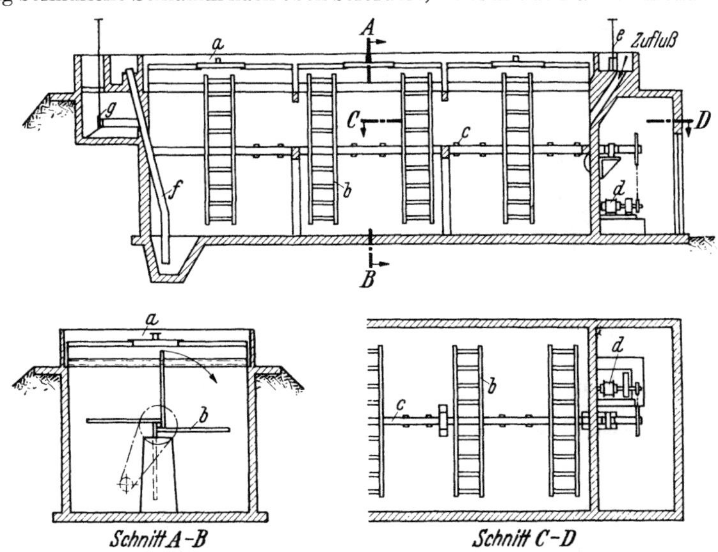

Abb. 88. Schema eines liegenden Faulraumes nach KESSENER mit Umwälzung durch Paddelräder. *a* Deckenöffnung, *b* Paddel, *c* Welle, *d* Motor, *e* Einlaufschieber, *f* Schlammablaßrohr, *g* Schlammrohrschieber.

innigst gemischt wird (s. Abb. 86a und b). Die größeren Faulbehälter hat man zur besseren Umwälzung des Schlammes mit 2 Schraubenschauflern ausgerüstet. Die Beheizung erfolgt durch in den Faulraum eingehängte Rohre, die den Vorteil haben, daß sie bei auftretenden Schäden ohne Gasverlust leicht herausgehoben und nachgesehen werden können (s. Abb. 87).

[1] Techn. Gemeindebl. 1936, **39**, 287.

Um stets einen gut ausgefaulten Schlamm abzuziehen, reichen die Rohre der Schlammschaufler nicht bis zum Boden, sondern enden mehrere Meter oberhalb. In der unteren Schicht trennt sich der ältere ausgefaulte Schlamm von der in lebhafter Zersetzung befindlichen Schicht. Die Faulraumgröße soll 20 Liter/Kopf betragen. Diese Größe steigt bei Zufluß gewerblicher Abwässer auf 30 Liter/Kopf, bei Zufluß von Tropfkörperschlamm

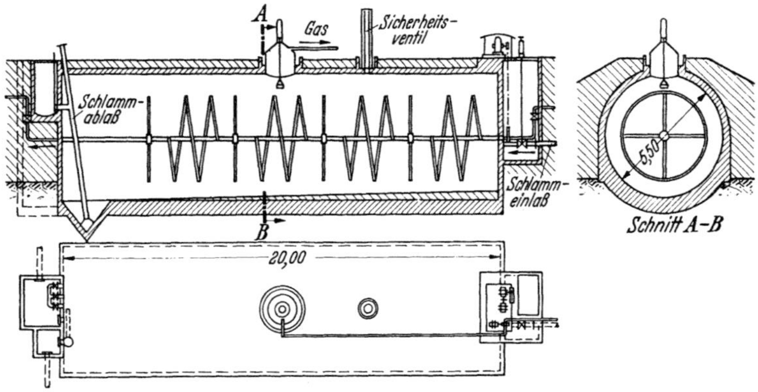

Abb. 89. Liegender Faulraum der Kläranlage Hattingen.

auf 60 Liter/Kopf und bei Zufuhr von Überschußschlamm aus Belebtschlammanlagen bis auf 90 Liter/Kopf[1].

In Holland hat KESSENER sehr einfache, liegende, viereckige Faulräume an verschiedenen Stellen in Betrieb. Die Oberfläche ist zur Gasgewinnung mit schwimmenden Blechhauben bedeckt. Die Umwälzung des Schlammes und Zerstörung einer etwa gebildeten Schwimmdecke erfolgt durch in der Längsachse angeordnete liegende Rührwerke (s. Abb. 88).

Einen ähnlichen liegenden Faulraum hat der Ruhrverband auf der Kläranlage Hattingen errichtet. Der Faulraum besteht aus einem Wellblechmantel, der mit Eisenbeton umkleidet und zum Schutze gegen Wärmeverluste mit Erde angeschüttet ist. Der Wellblechmantel hat den Zweck, den Faulbehälter gas- und luftdicht zu machen, damit er gleichzeitig als Vakuumkessel zum Ansaugen des Schlammes aus den Emscherbrunnen benutzt werden kann. In gleicher Weise wie bei KESSENER ist im Innern (s. Abb. 89) ein Rührwerk zum Durchmischen des Schlammes und zum Zerstören der Schwimmdecke. Das Rührwerk selbst ist aber als Heizspirale ausgebildet. Bei der Kreislaufheizung gelangt das vom Motor kommende Kühlwasser durch die Rührwerkswelle in die Heizspirale, die durch einen außerhalb des Behälters untergebrachten Motor von Zeit zu Zeit durch den Schlamm bewegt wird. Bei beweglichen Heizrohren ist die Wärmeübertragung günstiger als bei feststehenden Heizkörpern. Die Wärmeübertragungszahl ist nach FRIES bei beweglichen Heizkörpern etwa 200 W.E./qm/Std., während sie bei feststehenden Heizrohren nur etwa $^1/_4$, nämlich 50—60 W.E./qm/Std. ausmacht.

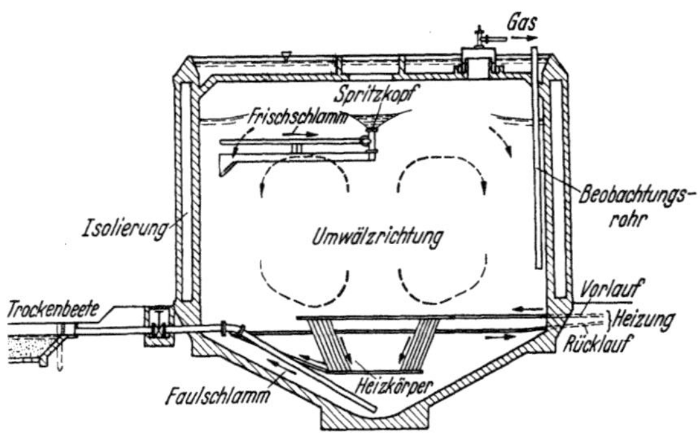

Abb. 90. Neustädter Schlammfaulraum mit Warmwasserheizung.

Bei dem Neustädter Schlammfaulraum soll die Umwälzung des Schlammes und damit auch die Impfung des ankommenden Frischschlammes durch eine im unteren Teil angeordnete Warmwasserheizung (s. Abb. 90) erfolgen. Die Zuführung des Frischschlammes erfolgt durch zentrales Einspritzen in die Umwälzvorrichtung, wodurch die Bildung der Schwimmdecke verhindert wird. Im unteren Teile des Faulraumes sind stehende Heizschlangen nahe der Mitte angebracht. Durch die starke Schlammerwärmung wird eine dauernde thermische Umwälzung von unten nach oben und nach außen erzielt. Der Faulraum ist durch eine mit Wasser gedichtete Gasdecke zum Abfangen der Gase abgeschlossen.

[1] Techn. Gemeindebl. 1937, **40**, 33.

b) Beeinflussung der Schlammzersetzung.

Die Schlammzersetzung ist von den verschiedensten Einflüssen abhängig, und zwar unter anderen:

1. Von der Art des Schlammes und zwar vom Wassergehalt, von der Zusammensetzung und vom Gehalt an gewerblichem Abwasser. Gewerbliche Abwässer haben je nach ihrer Art entweder einen günstigen oder einen ungünstigen Einfluß (Giftstoffe). 2. Von der Einarbeitung und der Art der Zumischung des gut ausgefaulten Schlammes. 3. Von der Temperatur. 4. Vom p_H-Wert.

1. Art des Schlammes. Häuslicher Schlamm, der keinerlei Zuflüsse giftiger (Konservierungsmittel) oder sonst schädlicher gewerblicher Abwässer enthält, ist stets fäulnisfähig. Um die Fäulnisfähigkeit eines Abwasserschlammes festzustellen, wird der zu untersuchende Frischschlamm zur Entfernung grober Bestandteile, wie Holzstückchen usw., durch ein grobmaschiges Sieb gegeben und dann im Verhältnis 1 : 1 mit einem in guter Zersetzung befindlichen Faulschlamm innigst gemischt. Von dieser Mischung werden 600 g in einen Einliterkolben eingewogen. Der mit einem Gassammelrohr und Niveaugefäß versehene Kolben (s. Abb. 91) wird längere Zeit bei Zimmertemperatur beobachtet. Die Zusammensetzung des Frisch- und Faulschlammes in bezug auf Wassergehalt und Gehalt an organischen Stoffen wird festgestellt. Gut faulender Schlamm soll innerhalb 14 Tagen aus 1 g eingebrachter organischer Substanz des Frischschlammes mindestens 200 ccm Gas entwickelt haben. Zum Vergleich beobachtet man in einem zweiten Apparat die Gasentwicklung aus 300 g des zur Impfung benutzten Faulschlammes, der mit 300 g Wasser verdünnt wurde. Häuslicher Frischschlamm hat einen Wassergehalt von 94—96%, im Durchschnitt rund 95%. Der mineralische Anteil in der Trockensubstanz liegt bei 25—35% und beträgt im Mittel rund 30%, so daß an organischen Bestandteilen rund 70% enthalten sind.

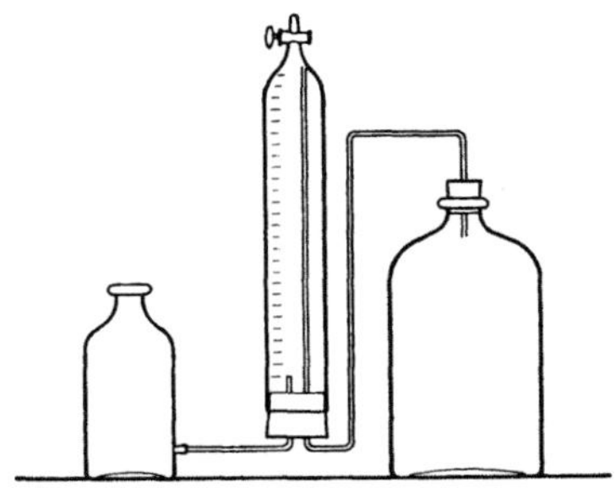

Abb. 91. Apparat zur Bestimmung der Fäulnisfähigkeit vom Abwasserschlamm.

FAIR und MOORE[1] haben Frischschlamm zum Zwecke der feineren Zerteilung mehrmals durch einen Zertrümmerer (comminutor) (s. S. 273) geschickt, so daß eine gleichmäßige dicke Suppe entstand und dann mit anderem Faulschlamm ausgefault. Ein wesentlicher Unterschied gegenüber unbehandeltem Frischschlamm in der Faulung war nicht festzustellen.

Sind an die Kanalisation gewerbliche Abwässer angeschlossen, so können diese die Zusammensetzung des Schlammes wesentlich ändern und je nach ihrer Art einen fördernden oder hemmenden Einfluß auf die Zersetzung haben. Stark organisch verschmutzte gewerbliche Abwässer aus Brauereien, Brennereien, Schlachthöfen, Stärkefabriken erhöhen den Gehalt des Schlammes an organischen Stoffen, so daß dieser je Gramm Trockensubstanz eine höhere Gasentwicklung aufweist. Giftige, organisch verschmutzte Abwässer, wie teerhaltige Phenolabwässer, wirken durch ihren Gehalt an Giftstoffen nachteilig, wie auch Mineralfette[2] die Gasbildung schädigen können. Dasselbe gilt für alle anderen gewerblichen Abwässer, die z. B. durch hohen Gehalt an Säuren oder Alkalien den p_H-Wert so stark verändern, daß die den Schlamm abbauenden Mikroorganismen nicht mehr leben können. Dies gilt z. B. für Eisenbeizereiabwässer, Abwässer mit einem Gehalt an wirksamen metallischen Bakteriengiften, wie Kupfer-, Zink- und Nickelsalze aus Metallbeizereien.

Zum Abbau der organischen Substanz ist ein bestimmter Wassergehalt des Schlammes erforderlich, schon um auch die bei der Faulung gebildeten Zersetzungsprodukte stets aus der Nähe der Mikroorganismen zu entfernen. Reichern sich die Zersetzungsprodukte im Schlammwasser an, so geht die Zersetzung allmählich zurück. Nur so kann man es sich erklären, daß ein gut ausgefaulter Schlamm mit etwa 80% Wasser und guter Mineralisation nach dem Vermischen mit Wasser nochmals anfängt zu gären und Gas zu bilden.

---

[1] FAIR u. MOORE: Sewage Works Journ. 1935, 7, 417.
[2] SIERP: Vom Wasser 1936, 11, 9.

Genaue Grenzen des Mindestwasserverhältnisses sind schwer anzugeben. Damit die Fäulnisvorgänge günstig verlaufen, ist ein Mindestwassergehalt von 90% erforderlich. Bei einem Gehalt von 80% und darunter verläuft die Zersetzung nur noch sehr langsam. Unterhalb 70% hört die Zersetzung fast ganz auf. Wenn Goudey bei seinen Versuchen zur Umgehung des Faulverfahrens mit dem auf den Saugfiltern abgefangenen Schlamm mit 70% Wasser noch einen günstigen Abbau hatte, so muß man berücksichtigen, daß es sich um einen mehr aeroben Vererdungsprozeß handelt (s. Beccari-Verfahren, Elkadünger usw.).

2. Einfluß der Einarbeitungszeit und der guten Vermischung. Zur Überwindung der in der ersten Zeit der Inbetriebnahme der Faulräume auftretenden sauren Gärung muß jeder Schlamm bzw. Faulraum zunächst eine Einarbeitungszeit durchmachen. Diese Zeit ist stark von der Wärme abhängig, d. h. im Sommer setzt sich die Methangärung viel schneller durch als im Winter. Die Einarbeitungs- oder Reifezeit dauert bei frischem Abwasser und frischem Schlamm bei einer Temperatur von 15^0 etwa 5 Monate. Bei höherer Temperatur ist sie entsprechend kürzer. Bringt das Abwasser aus Grubenüberläufen oder Senkungen in der Kanalisation schon stark angefaulten Schlamm mit, so impft dieser den ankommenden Schlamm so, daß oft gar keine Einarbeitungszeit nötig ist.

Es gibt verschiedene Hilfsmittel, die Einarbeitungszeit auch künstlich erheblich herabzusetzen bzw. die Zeit der sauren Gärung zu überwinden. Man bringt bei der Inbetriebnahme des Faulraumes an die Sohle eine bestimmte Menge eines in guter Methangärung befindlichen Faulschlammes und belastet dann den Faulraum nur so stark, daß die alkalische Gärung stets die Oberhand behält. In den meisten Fällen wird man 1 Tl. guten Faulschlamm mit 1 Tl. Frischschlamm mischen. Nach 14 Tagen gibt man dann 2 Tle. Frischschlamm hinzu. Wenn diese sich eingearbeitet haben, weitere 4 Tle. usw. bis der Faulraum eingearbeitet ist. Ist in einem Faulraum saure Gärung aufgetreten, so erweist sich guter Faulschlamm (p_H-Wert 7,2—7,6) stets als bestes Mittel, den p_H-Wert des Faulraumes in Ordnung, d. h. auf die geeignete Höhe zu bringen. Faulschlamm ist das beste und zugleich mildeste Mittel zur Neutralisation, da auch eine Überdosierung niemals vorkommen kann. Fair und Moore[1] haben, um die Wichtigkeit des Impfens auf den Frischschlamm bei verschiedenen Temperaturen zu zeigen, Ausfaulversuche durchgeführt. Unter der Ausfaulzeit verstehen sie die Anzahl Tage, in denen 90% der möglichen Gasentwicklung festgestellt werden. Das Ausfaulen des gleichen Schlammes dauerte bei weniger gutem Impfen 282 Tage bei 15^0 und 80 Tage bei 60^0. Bei gut geimpftem Schlamm betrug die Ausfaulzeit 67,8 Tage bei 15^0 und 12,6 Tage bei 60^0.

Steht Faulschlamm nicht zur Verfügung, muß man andere Hilfsmittel anwenden zur Einstellung des p_H-Wertes im Faulraum, um damit die Zersetzung in die richtigen Bahnen zu lenken. Reichle und Sander[2] benutzen ungewaschenes Fallaub (Mischlaub) in verrottetem Zustand zur Alkalisierung von infolge saurer Gärung schlecht arbeitenden Faulräumen, das sie in Mengen von 1—2% des Rauminhaltes zugeben. Auch zur Begünstigung schwerer zersetzlicher gewerblicher Abwässer (Sulfitablaugen, Molkereiabwässer u. dgl.) wurde die Zugabe von verrottetem Laub mit Erfolg angewandt. Diese Stoffe bestehen vorwiegend aus Cellulose und ihren Begleitstoffen und rufen daher bei Abwesenheit von Sauerstoff vorwiegend Methangärung hervor. An Stelle von verrottetem Laub empfiehlt Griffen[3] die Zugabe von Catechublättern oder Blättern der Wasserhyazinthe. Haywood[4] empfiehlt die Zugabe von aktiver Kohle, in Mengen von 4 g/cbm, um schlecht ausgefaulten Schlamm geruchlos zu machen und den p_H-Wert in Ordnung zu bringen.

Die Beseitigung der sauren Gärung kann unter Umständen auch durch eine Neutralisation mit einem Alkali geschehen. Am meisten wird zur Neutralisation wegen der Billigkeit Kalkmilch angewandt, die in Form einer dünnen Kalkmilch beim Umpumpen des Schlammes vorsichtig zugesetzt wird. Die genaue Dosierung und Kontrolle bei der Zugabe ist unbedingt erforderlich, damit der für eine gute Zersetzung erforderliche p_H-Wert von 8,0 nicht überschritten wird. Im anderen Falle besteht die Gefahr, daß die Lebenstätigkeit der Methanbildner geschädigt wird. Aus der von Rudolfs aufgestellten Zahlentafel (s. Abb. 92) kann man die Menge der je Kubikmeter zuzusetzenden Kalkmilch in Gramm gelöschten Kalk ablesen. Bei einem p_H-Wert des Schlammes von 6,5 und 5% Trockensubstanz mit 3,75% organischer Substanz müssen 108 g gelöschter Kalk je Kubikmeter Schlamminhalt zugegeben werden. An Stelle von Kalkmilch hat man die Zugabe von gepulvertem Calciumcarbonat empfohlen, aber in den seltensten Fällen die gewünschte Wirkung erzielt, da es schwer war, bei nicht genügend feiner Körnung eine ausreichende Vermischung zu erzielen.

---

[1] Fair u. Moore: Sewage Works Journ. 1937, **9**, 3.
[2] Reichle u. Sander: Gesundh.-Ing. 1935, **58**, 558.
[3] Griffen: The Surveyor 1933, **84**, 338. [4] Haywood: Sewage Works Journ. 1937, **9**, 785.

CLELAND[1] hat neben Kalk die Anwendung von Anthrazit zur Einstellung des p_H-Wertes von saurem Schlamm versucht.

Im Winter hat sich als bestes Hilfsmittel neben der guten Impfung die Heizung bewährt, da bei höherer Temperatur die Methangärung früher einsetzt. Bei sehr guter Faulung sorgt die Gasentwicklung für eine gute Durchmischung des ankommenden Frischschlammes mit dem durch die Gasblasen hochgetriebenen Faulschlamm. Bei schlechter Gasentwicklung muß man die Impfung des Frischschlammes mit dem Faulschlamm durch Umpumpen oder Schraubenschaufler vornehmen. Die Kontrolle der Wasserstoffionenkonzentration und damit des p_H-Wertes erfolgt am besten an Ort und Stelle. Scheidet der Schlamm bald klares Schlammwasser ab, so kann man in dem abgeschiedenen Schlammwasser sehr rohe Bestimmungen des p_H-Wertes mit den bekannten Farbindicatoren, wie sie uns im B.D.H.-Indicator (Firma Schwanefeldt & Co., Berlin-Lankwitz, Corneliusstr. 13) und im Merckschen Indicator (E. Merck-Darmstadt) zur Verfügung stehen, machen. Besser ist der R.V.-Indicator der Firma W. Feddeler-Essen, da dieser unabhängiger von dem guten Farberkennungsvermögen des Untersuchers ist. Für trübe Wässer, wie sie im Schlammwasser zu untersuchen sind, und für Schlämme selbst hat sich der WULFFsche Folienindicator der Firma Lautenschläger, München, Lindwurmstr. 39/31, bewährt. Für wissenschaftliche Untersuchungen wird man auch hier die elektrometrischen Methoden nicht umgehen können. Da die Schlämme meistens kohlensäurehaltig sind, müssen beim Arbeiten mit Folienindicatoren geeignete Vorsichtsmaßnahmen angewandt werden.

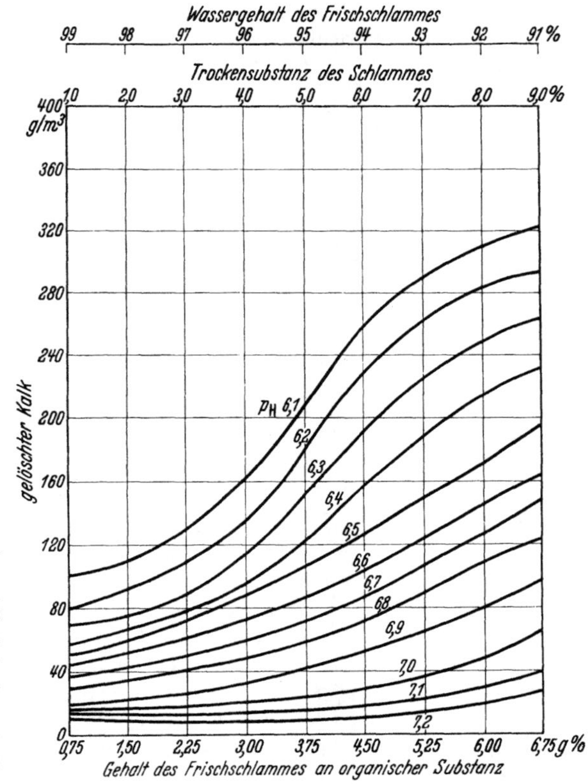

Abb. 92. Tafel zur Bestimmung der Kalkmilchzugabe bei verschiedenen p_H-Werten und verschiedenen Wassergehalten.

Wichtig für ein gutes Arbeiten der Faulräume ist, daß der frische Schlamm nur in solchen Mengen in den in guter Methangärung befindlichen Faulraum gelangt, daß die Methangärung stets die Überhand über die zunächst der sauren Gärung anheimfallenden Frischschlammassen behält. Aus den an verschiedenen Stellen durchgeführten Versuchen ergibt sich, daß man ohne jede Kalkung auskommen kann, wenn man täglich etwa 2% Frischschlamm zu 98% Faulschlamm, beides auf Trockensubstanz berechnet, zugibt. Aus diesen Erwägungen ergibt sich ohne weiteres, daß man bei zweistöckigen Anlagen und auch bei getrennten Faulräumen stets dafür sorgen muß, daß eine genügende Menge Faulschlamm beim Ablassen in den Faulräumen verbleibt. Zur Messung der Höhe des Schlammspiegels im Faulraum hat man verschiedene Mittel, und zwar:

1. Das Meßblech, ein einfaches viereckiges, dünnes Blech, das an seinen vier Ecken aufgehängt ist. Beim Ablassen in den Faulraum zeigt es die Schlammhöhe durch den Widerstand an, den man beim langsamen Absinkenlassen in der Schnur verspürt.

2. Auf verschiedenen Kläranlagen wird die Schlammhöhe in der Weise gemessen, daß man mit einer Pumpe, deren Schlauch maßstäblich eingeteilt ist, beim vorsichtigen Niedersenken des Schlauches so lange pumpt, bis die Pumpe Schlamm wirft.

[1] CLELAND: Sewage Works Journ. 1934, 6, 110.

3. Vielfach werden die Schlammheber nach BLUNK oder FRIES zur Messung der Schlammhöhe in den Faulräumen benutzt, besonders dann, wenn die gezogenen Proben gleich zur Untersuchung benutzt werden sollen. Bei beiden Schlammhebern wird ein offener Behälter in den Schlamm niedergelassen, der sich dann in bestimmten, am Leitseil abzulesenden Tiefen entweder durch Federwirkung (BLUNK) oder durch Wasser- oder Luftdruck (FRIES) schließt (s. Abb. 93a und b).

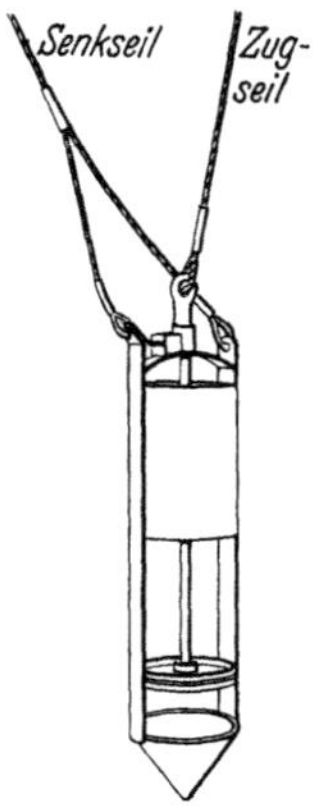

Abb. 93a. Schlammheber nach BLUNK.

Der von H. BLUNK[1] konstruierte Apparat zur Entnahme von Schlammproben aus verschiedenen Tiefen, besteht aus einem in einem entsprechenden Gestänge angebrachten Metallzylinder, dessen beide Böden als doppelte Stempel ausgebildet sind. Der Stempel wird vor dem Hinablassen des unten mit Blei beschwerten Schöpfers nach unten geschoben, so daß der obere Zylinderboden die Lage des unteren einnimmt. In der gewünschten Tiefe wird dann durch Zug am Seil der Stempel nach oben gezogen und die Probe dadurch in den völlig sich schließenden Zylinder befördert. Ein an der Führungsstange angebrachter Schnäpper verhindert das Zurückgleiten des Stempels. Der von FRIES[2] nicht nur für Schlamm, sondern auch für die Entnahme von Wasserproben konstruierte Probenehmer besteht gleichfalls aus einem unten beschwerten Metallzylinder, der mit Hilfe eines zweiten Zylinders, in den durch ein entsprechend angeordnetes Rohrsystem Druckluft eingeblasen werden kann, geöffnet oder geschlossen wird. Der Hilfszylinder besitzt einen mit dem Entnahmezylinder starr verbundenen Kolben, so daß je nachdem der Kolben von oben oder unten Druckluft zugeführt erhält, sich der Kolben öffnet oder schließt. Die Steuerung erfolgt durch einen Mehrweghahn, der an dem als Senkleine dienenden Druckschlauch angebracht ist. An Stelle von Druckluft kann auch Wasser als Druckmittel benutzt werden.

Aus den Erwägungen, daß der ankommende Frischschlamm stets mit einer genügend großen Menge Faulschlamm in innige Berührung gebracht werden muß, ergibt sich, daß man stets für eine innige Schlammmischung sorgen muß. Bei Faulräumen mit guter Zersetzung und daher reichlicher Gasentwicklung kann man annehmen, daß die ständig aufsteigenden Gasblasen eine gute Durchmischung hervorrufen. Anders ist es aber bei frisch in der Einarbeitung befindlichen, bei überlasteten, bei zu kalten Faulräumen und bei solchen Frischschlämmen, bei denen sich infolge eines Gehaltes an schädlichen Stoffen die Zersetzung nur langsam über den ganzen Faulrauminhalt fortpflanzt. In diesen Fällen muß man die Mischung künstlich unterstützen, man muß den Frischschlamm besser mit Faulschlamm impfen. Dies kann dadurch geschehen, daß man den Faulrauminhalt durch außerhalb des Faulraumes stehende Pumpen umpumpt. Besser erfolgt die Mischung durch Einblasen von Gasen, durch eingebaute Rührwerke oder durch in den Faulraum eingebaute Schraubenschaufler. Die einzublasenden Gase müssen möglichst indifferenter Natur sein, da beim Einblasen von Luft außer Explosionsgefahr auch die Gefahr besteht, daß der anaerobe Faulprozeß zu stark beeinflußt wird. Am besten eignet sich das beim Faulprozeß selbst gebildete Gas. Ein Nachteil der mit Umwälzung betriebenen Faulräume ist der, daß der Schlamm beim Ablassen meist einen etwas höheren Wassergehalt besitzt als nicht künstlich umgewälzter Schlamm. Um dies zu verhindern, hat man bei Faulräumen mit Schraubenschauflern im unteren Teil des Faulraumes eine ruhende Zone geschaffen, die vom Schaufler nicht mehr erfaßt wird, so daß der sich dort absetzende Schlamm gut entwässern kann (s. S. 326).

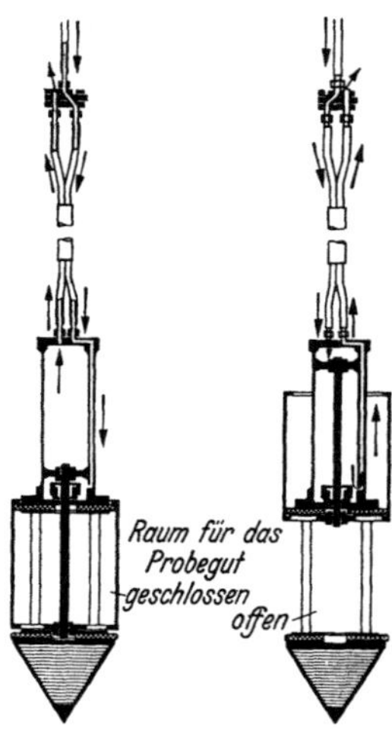

Abb. 93b. Schlammheber nach FRIES.

[1] Lieferant Fa. Feddeler in Essen; Preis etwa RM 90.—.
[2] Lieferant Fa. Oswald Schulze in Gladbeck i. W.; Preis etwa RM 110.—.

Aus der Tatsache, daß bei der sauren Gärung stets in mehr oder weniger großen Mengen Schwefelwasserstoff entsteht, muß man schließen, daß sich bei dieser sauren Gärung auch die Schwefelbakterien, die aus dem Schwefel des Eiweißes bzw. durch Reduktion der Sulfate Schwefelwasserstoff bilden, besonders stark entwickeln. Um die Wirkung der Schwefelbakterien und gleichzeitig die Entwicklung der offensichtlich mit dem Frischschlamm ankommenden säurebildenden Bakterien herabzusetzen und damit die Bildung des Schwefelwasserstoffs überhaupt zu verhindern, schlagen FAIR und CARLSON[1] vor, das Abwasser vor dem Absetzbecken mit etwa 10—15 g/cbm zu chloren. Auf alle Fälle soll die Chlormenge noch so groß sein, daß am Ablauf des Absetzbeckens noch 0,5 g/cbm Chlor im Abwasser enthalten ist. Bei der im Absetzbecken abgesetzten Schlammenge sind dann die Mikroorganismen größtenteils abgetötet, so daß sich die Methangärung gut durchsetzen kann. Auf keinen Fall darf der in den Faulraum gepumpte Schlamm freies Chlor enthalten, da dieses sonst auch die Methanbakterien abtöten und so das Gegenteil bewirken würde.

3. Faulraumwasser. Beim Faulprozeß findet in erster Linie ein Abbau der wasserbindenden Kolloide statt. Das hat zur Folge, daß der vorher schleimige und das Wasser zäh festhaltende Frischschlamm schon bald das Wasser gut abgeben kann. Dieses Wasser muß von Zeit zu Zeit aus dem Faulraum abgelassen werden, was bei den mit Gasgewinnung arbeitenden Faulräumen mit dem Überpumpen des Frischschlammes, der das sich oben abscheidende Faulraumwasser verdrängt, geschieht. Der Faulraum sollte zu dem Zwecke an der Oberfläche eine ruhige Zone haben, aus der man das Faulraumwasser, auch wohl Überlaufwasser genannt, abscheiden kann. Bei zweistöckigen Anlagen findet ein dauernder Austausch durch die Schlitze statt.

Das abgelassene Faulraumwasser wird entweder in den Zulauf zur mechanischen oder bei geringem Schlammgehalt in den Zulauf der biologischen Anlage abgelassen. Wenn der Gehalt an ungelösten Stoffen 0,5% übersteigt, empfiehlt FISCHER[2] die Beseitigung durch Ablassen auf Trockenbeete. Auf einzelnen Anlagen wird das Faulraumwasser durch Versetzen mit Chemikalien vorgeklärt, ehe es in die Absetzbecken oder in den Zulauf zur biologischen Anlage abgelassen wird. In den Fällen, wo das Faulraumwasser saure Reaktion hat oder eine saure Reaktion im Absetzbecken hervorruft, hat sich eine Chlorung des Faulraumwassers als sehr vorteilhaft erwiesen. Der Charakter des Faulraumwassers wird durch verschiedene Faktoren bestimmt und zwar durch den Charakter der schon ausgefaulten Abwasserstoffe, durch die Art der noch auszufaulenden Schlammstoffe, durch die Faulzeit, den Feuchtigkeitsgehalt des zum Faulraum gepumpten Schlammes, durch das Maß der Umwälzung bzw. Umrührung, durch die Temperatur im Faulraum, die Faulraumkonstruktion und das Maß der Strömungen im Faulraum. FISCHER unterscheidet drei Gruppen von Faulraumwasser, je nachdem ob das Faulraumwasser

1. einem Faulraum entstammt, der nur Frischschlamm aufnehmen muß. In diesem Falle beträgt der Gehalt an ungelösten Stoffen etwa 0,25%. Die Menge des überfließenden Faulraumwassers ist sehr groß. Das Verhältnis der im verdrängten Faulraumwasser vorhandenen ungelösten Stoffe zu den im Frischschlamm enthaltenen Stoffen schwankt zwischen 2—64%;

2. einem Faulraum entstammt, der neben Frischschlamm auch noch Schlamm von Tropfkörpern aufnehmen muß. In diesem Falle steigt der Gehalt an ungelösten Stoffen im Faulraumwasser;

3. einem Faulraum entstammt, der neben Frischschlamm auch noch belebten Schlamm aufnehmen muß. Der Gehalt an ungelösten Stoffen ist hier am größten. Desgleichen sind die Schwankungen im Gehalte an ungelösten Stoffen und an absetzbaren Stoffen am größten.

4. Schwimmdecke. In den ohne Umwälzung arbeitenden Faulräumen bildet sich durch alle leicht aufschwimmenden Stoffe, wie Fettstoffe, durch Korke, Faserstoffe, Holzteilchen, sowie durch die von Gasen an die Oberfläche gerissenen Stoffe, wie z. B. auch die im Innern gasenden Fäkalien, eine Schwimmdecke, in der die Zersetzungsvorgänge infolge des geringen Wassergehaltes sehr gering sind, so daß sie immer mehr und mehr anwachsen können. In offenen Faulräumen ist eine mäßige Schwimmdecke sehr erwünscht, weil sie Geruchsbelästigungen verhindert und einen Wärmeschutz bildet. Dicke Schwimmdecken sind besonders in geschlossenen Faulräumen sehr schädlich, da sie nur mit großer Mühe und hohen Kosten entfernt werden können.

[1] FAIR u. CARLSON: Engin. News Rec. 1927, **99**, 1030.
[2] FISCHER: Wasser u. Abwasser 1935, **33**, 56.

Durch gewerbliche Abwässer, die schwer zersetzliche Stoffe, wie Haare, Faserstoffe u. dgl., enthalten, wird die Bildung besonders dicker, zäh ineinander hängender und daher oft schwer zu beseitigender Schwimmdecken gefördert. Es ist daher besser, solche Stoffe an den Anfallstellen in den Betrieben zurückzuhalten. Der Schwimmdeckenschlamm zersetzt sich nur sehr langsam und nimmt nutzbaren Faulraum weg. Muß der Schwimmschlamm im halbzersetzten Zustand abgelassen werden, so leidet die Gasausbeute.

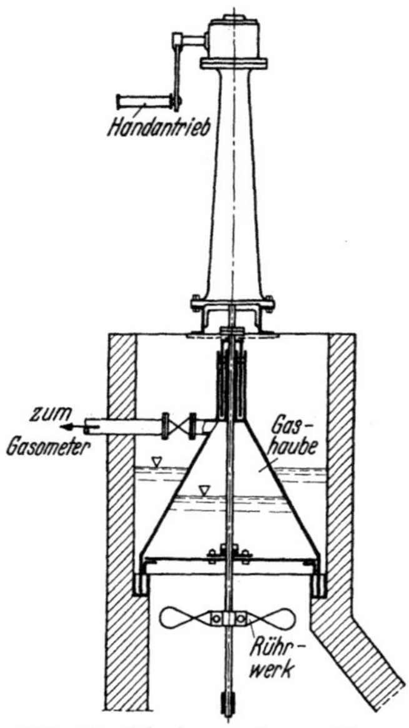

Abb. 94. Schwimmdeckenzerstörer.

Es sind eine Reihe Vorschläge zum Zerstören der Schwimmdecke gemacht worden. Bei gleichzeitiger Gasgewinnung haben sich die porösen Holzdecken, die die Schwimmdecke unter Wasser halten, gut bewährt. Schwimmdeckenzerstörer sind in verschiedenster Form gebaut worden, als Rührwerke (s. Abb. 94) haben sie sich an verschiedenen Stellen und in verschiedener Form, als waagerecht oder senkrecht wirkende Rührwerke, bewährt. BUSWELL entfernt die Schwimmdecken dadurch, daß er gut faulenden Schlamm auf die Schwimmdecken pumpt und sie durch ständiges Aufpumpen von Faulraumwasser gut feucht hält. Andere zerstören die besonders in den Gasauffanghauben sich bildenden Schwimmdecken durch eine Spritzvorrichtung, die an der Peripherie eingebaut wird und die Schwimmdecke nicht nur unter Wasser setzt, sondern auch durch die kreisende Bewegung zerstört. Nach dem DRP. 620320 von HERMANN soll die Schwimmdecke in Faulräumen mit ständiger Unterwasserhaltung der Schwimmdecke durch Ausfaulen unter Wasser dadurch erfolgen, daß diese an Ort und Stelle ihrer Entstehung mittels eines durch sie hindurch geleiteten Stromes von frischem Wasser oder frischem Abwasser zur Ausfaulung gebracht wird.

Besser als Leitungswasser haben sich Spritzvorrichtungen mit Faulraumwasser bewährt, da dieses gleich die alkalische Methangärung besser überträgt und gleichzeitig Wärmeverluste bei geheizten Faulräumen vermeidet. Auf der Kläranlage Nürnberg[1] wird der frische Schlamm mit einer schnell laufenden Verteilerscheibe auf der Oberfläche verteilt. Hierdurch wird die Bildung der Schwimmdecke durch das ständige Feuchthalten verhindert. Beim Umpumpen des Schlammes sollte man auch darauf achten, daß die Schwimmdecke selbst nebenbei noch mechanisch zerstört wird, wenn die Umwälzbewegung für die Zerstörung nicht ausreicht. Auf die Zerstörung der Schwimmdecke bei den mit Schauflern oder mit Rührwerken arbeitenden Faulräumen ist bereits hingewiesen worden. Durch die Zerstörung der Schwimmdecke wird oft die Gasmenge um 20% vermehrt.

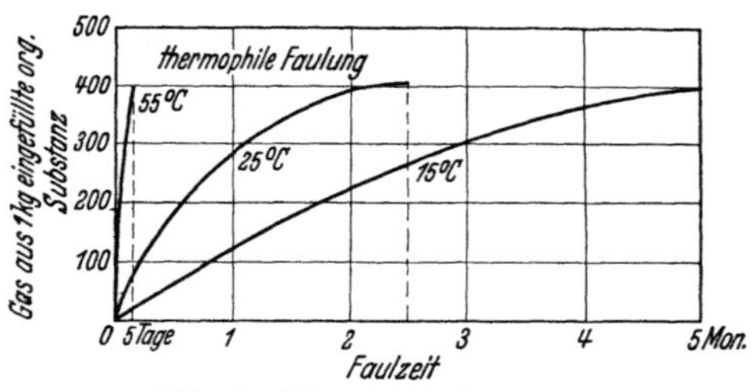

Abb. 95. Abhängigkeit der Faulzeit von der Temperatur nach IMHOFF.

5. Einfluß der Temperatur. a) Faulzeit. Neben dem p_H-Wert hat die Temperatur einen sehr weitgehenden Einfluß auf die Schlammausfaulung und zwar nicht nur auf die Faulzeit, sondern auch auf den Ausfaulungsgrad. Unter $+ 6^0$ C hört die Schlammzersetzung auf. Mit steigender Temperatur geht sie viel schneller vor sich. Wie aus der in Abb. 95 wiedergegebenen Darstellung der Abhängigkeit der Faulzeit von der Temperatur hervorgeht, ist ein normaler Schlamm bei einer Temperatur von 15^0 in etwa 5 Monaten ausgefault. Steigert man die Temperatur im Faulraum auf 25^0, so ist die Faulzeit nur noch $2^1/_2$ Monate. Die Faulbakterien haben ihr Optimum bei etwa 28^0 (s. die Gaskurve von SIERP, Abb. 100). Steigert man die Temperatur noch weiter, so geht die Schlammzersetzung nicht besser und die Gasentwicklung sogar zunächst zurück. Erst bei höheren Temperaturen setzt dann wieder eine durch andere Mikroorganismen mit einem anderen Optimum bewirkte Zersetzung,

[1] v. HANFFSTENGL: Gesundh.-Ing. 1935, 58, 233.

stärkere Gasentwicklung und schnellere Zersetzung ein, die nur einer Faulzeit von wenigen Tagen bedarf. Im Gegensatz zur mesophilen Zersetzung mit dem Optimum bei 28° hat die thermophile Zersetzung ihr Optimum bei 55°.

Auf Grund der von den verschiedenen Forschern gebrachten Zahlen geben FAIR und MOORE[1] und IMHOFF sogar 4 verschiedene Zonen an (s. Tabelle 20).

In der Praxis hat es keinen Zweck, über 28° C zu gehen. Im 1. und 3. Bereich folgt der Abbau chemischen Gesetzen, im 2. Bereich werden keine bestimmten Gesetze befolgt. Da bei den Temperaturen 28, 33 und 37 gleiche Gasmengen erhalten wurden und die gleiche Ausfaulzeit nötig war, nimmt HEUKELEKIAN[2] nur zwei Hauptzonen der mesophilen und thermophilen Zersetzung an. Er fand ferner, daß bei thermophiler Zersetzung eine bestimmte Anpassungszeit erforderlich ist. Die anfangs zu beobachtende Verzögerung der Abbauvorgänge war um so größer, je größer der Unterschied in der Temperatur zwischen der ursprünglichen und der neuen Temperatur ist. Um diese Inkubationszeit möglichst einzuschränken, empfiehlt RUDOLFS[3], nur frischen Schlamm zur thermophilen Zersetzung zu verwenden. Die Aufrechterhaltung der hohen Temperatur erfordert bei der thermophilen Zersetzung sehr viel Zuschußwärme. Ein sehr großer Nachteil der thermophilen Zersetzung ist, daß der zersetzte Schlamm auch bei längerer Dauer der thermophilen Zersetzung einen sehr unangenehmen, an Indol und Skatol erinnernden Geruch hat, der seine Weiterbehandlung erschwert. Aus diesen Gründen hat sich die thermophile Zersetzung noch nicht durchsetzen können, trotz der stark verringerten Faulzeit. Durch gewerbliche Abwässer zugeführte Giftstoffe haben auf die thermophile Zersetzung einen viel stärkeren Einfluß als auf die mesophile Faulung.

Tabelle 20.
Einfluß der Temperatur auf die Faulung.

	FAIR und MOORE	IMHOFF
1. Thermophile Zone . . .	über 42°	über 55°
2. Zwischenzone	28—42°	33—37°
3. Nicht thermophile (mesophile) Zone	10—28°	23—25°
4. Cryophile (kalte) Zone) .	unter 10°	6—16°

In der von IMHOFF zusammengestellten Abb. 96 sind die Faulzeiten dargestellt, die im reifen Faulraum bei verschiedenen Temperaturen nötig sind, um den Schlamm zu zersetzen. Die eingetragenen Faulzeiten beziehen sich auf die technischen Faulgrenzen, die dann erreicht sind, wenn der Schlamm geruchlos ist und auf Trockenbeeten leicht trocknet. Mit der Faulzeit hat die Temperatur einen bestimmten Einfluß auf die Faulraumgröße.

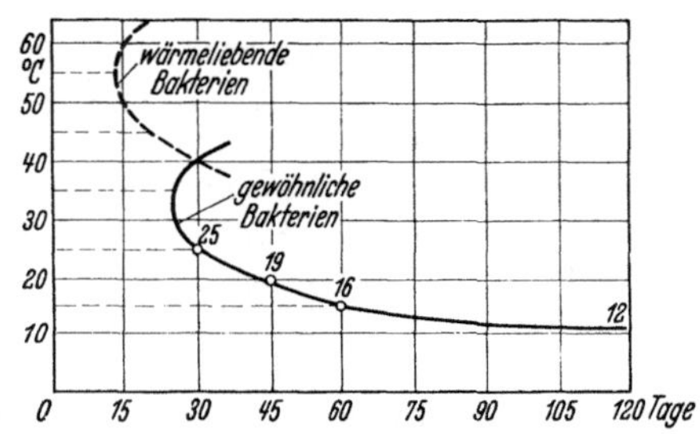

Abb. 96. Erforderliche Faulzeiten bei verschiedenen Temperaturen.

b) Faulraumgröße. Als Grundzahl für die Faulraumgröße hat sich bei zweistöckigen Anlagen 30 Liter pro Kopf für rein häusliches Abwasser bewährt. Diese Grundzahl bezieht sich auf eine mittlere Jahrestemperatur von 16° C. Ist diese Temperatur höher oder tiefer, so muß die Faulraumgröße entsprechend der in Abb. 95 und 96 gebrachten Darstellung geändert werden, z. B. braucht man zur Ausfaulung von Frischschlamm nach inniger Mischung mit gutem Faulschlamm

120	Tage	bei	12° C
60	,,	,,	16° C
45	,,	,,	20° C
30	,,	,,	28° C

Die Grundzahl beträgt nach IMHOFF in getrennten, gut geheizten Faulräumen mit Schwimmdeckenzerstörer 15 Liter. Die Grundzahlen müssen auf das 1,5fache vergrößert werden, wenn der Faulraum den Schlamm aus großen Regenwasserbecken oder den Schlamm aus Nachklärbecken von Tropfkörpern aufnehmen muß oder es sich um eine kleine Anlage unter 5000 Einwohner

[1] FAIR u. MOORE: Sewage Works Journ. 1934, 6, 3.
[2] HEUKELEKIAN: Sewage Works Journ. 1933, 5, 757.
[3] RUDOLFS u. MILES: Sewage Works Journ. 1935, 7, 422.

handelt. Bei Aufnahme des Überschußschlammes aus Belebtschlammanlagen beträgt die Grundzahl 90 Liter, ebenso bei chemischen Fällungsanlagen.

Für die getrennten Schlammfaulräume, Bauart Bamag Meguin A.-G., Berlin, in denen der Schlamm durch Schraubenschaufler ständig gemischt wird, wird die Grundzahl mit 20 Liter je Kopf und Tag angegeben. Wird die biologische Nachreinigung durch Tropfkörper bewirkt, so steigt die Grundzahl auf 45 Liter/Kopf, bei der Reinigung durch das Belebtschlammverfahren steigt die Grundzahl auf 60 Liter/Kopf an.

Bei der Berechnung der Faulraumgröße muß man die örtlichen Witterungsverhältnisse mit berücksichtigen. In Gegenden mit langdauerndem Winter tritt oft eine Unterbrechung des Schlammablassens ein. In diesem Falle muß man besonders in den Fällen, wo keine überdachten Trockenplätze zur Verfügung stehen, die den Schlamm zu jeder Zeit aufnehmen können, für jeden Unterbrechungsmonat eine besondere Vergrößerung von 15 Liter für den Einwohner einsetzen.

c) Heizung der Faulräume. Nachdem man den großen Einfluß der Temperatur auf die Schlammzersetzung und die dadurch bedingten betriebstechnischen Erleichterungen, wie Raumeinsparungsmöglichkeiten, erkannt hatte, hat man sehr bald die Faulräume mit künstlichen Heizungen ausgerüstet. Bei zweistöckigen Anlagen, wie Emscherbrunnen, wird die Temperatur des Faulraumes nicht nur durch das darüber fließende Abwasser, sondern auch — wenn keine besondere Bodenisolierung eingebaut ist — sehr stark durch das Grundwasser beeinflußt. In all den Fällen, und das ist wohl bei allen alten Emscherbrunnen der Fall, wo keine Wärmeisolierung weder gegen das Grundwasser noch gegen das Abwasser selbst vorhanden ist, hat daher eine künstliche Heizung der unter dem Absetzraum liegenden Faulräume keinen Zweck, da das darüber fließende Wasser die zugeführte Wärme wieder fortführen würde. Bei nicht genügender Isolierung gilt dasselbe für die zwischen den Absetzbecken liegenden Faulräume. Sehr gut hat sich dagegen bei getrennten Faulräumen die künstliche Heizung bewährt. Die mittlere Temperatur des Abwassers liegt nach Imhoff in Städten ohne Industrie meist bei 12°. Gewerbliches Abwasser läßt oft die mittlere Jahrestemperatur stark ansteigen. Neben der mittleren Jahrestemperatur hat auch die Dauer des Winters großen Einfluß.

Unter den Heizverfahren gibt es besonders zwei Verfahren, die im Laufe der Jahre entwickelt wurden, nämlich die Spülheizung und die Kreislaufheizung. Bei der zum ersten Male auf der Kläranlage Essen-Rellinghausen angewandten Spülheizung wird heißes Wasser unmittelbar in den Schlamm in der Nähe der Faulraumsohle eingeleitet. Es steigt dann allmählich nach oben und gibt dabei seine Wärme an den durchfließenden Schlamm ab. Schließlich fließt es zusammen mit dem Faulraumwasser ab. Das zwar sehr einfache und im Betrieb leicht anwendbare Verfahren hat den großen Nachteil, daß es leicht den Wassergehalt des Schlammes und zugleich auch die Menge des Faulraumwassers erhöht. Um die Gefahr der Schlammverdünnung zu verringern, benutzt Whitehead auf der Kläranlage Birmingham das eigene Faulraumwasser zur Spülheizung. Die Erwärmung des Faulraumwassers erfolgt durch das im eigenen Betrieb erzeugte Gas.

Bei der Kreislaufheizung dagegen wird die Wärme durch besonders eingebaute Heizkörper übertragen. Das in einem besonderen Heizofen angewärmte Wasser fließt durch die im Faulraum untergebrachten Heizkörper und dann zum Heizofen zurück. Diese Art der Heizung ist besonders dann angebracht, wenn man als Wärmequelle das Kühlwasser der Motoren im Kreislauf benutzt. Sehr verschieden ist die Anbringung der Heizkörper, für die man nach den Untersuchungen von Sierp[1] am besten verzinkte Eisenrohre benutzt. In den Faulräumen der Kläranlage Halle sind die Heizrohre auf dem Boden auf Holzpflöcken verlegt. Bei den Dorr-Faulräumen werden die Heizschlangen an den Wänden entlang im unteren Teile des Faulraumes untergebracht. In

[1] Sierp: Techn. Gemeindebl. 1931, **34**, 109.

vielen Fällen werden die Heizkörper in die Faulräume eingehängt, um sie gegebenenfalls leichter herausnehmen zu können. Man muß darauf achten, daß die Temperatur des zulaufenden Wassers nicht über 60° steigt, da sonst die Gefahr besteht, daß die Rohre verkrusten und hierbei die Kruste eine bestimmte Dicke erreicht, so daß sie keine Wärme mehr durchlassen kann.

Um die Verkrustungsgefahr zu vermeiden, die besonders dann besteht, wenn man das meist 80—90° heiße Kühlwasser der Motoren benutzt, hat man besonders bei thermophilen Faulräumen bewegliche Heizkörper eingebaut (s. Abb. 97). Der Vorteil der beweglichen Heizkörper liegt außerdem in einer besseren Wärmeübertragung. Während von FRIES bei den am Boden des Faulraumes befindlichen Heizkörpern der Kläranlage Halle eine Wärmedurchgangszahl von 50 bis 60 W.E./qm/Std. errechnet wurde, ergaben sich bei beweglichen Heizkörpern Durchgangszahlen von mindestens 200 W.E.-qm/Std. (s. auch die Abb. 87—89).

Um den Einbau von Heizkörpern im Faulraum zu vermeiden, ist von PRÜSS und BLUNK vorgeschlagen worden, den Frischschlamm vor dem Einlassen in den Faulraum in besonderen Erwärmungsanlagen (s. Abb. 86) auf eine genügend hohe Temperatur zu bringen, die dann durch Schraubenschaufler auf den Faulraum übertragen wird (Kläranlagen Berlin-Stahnsdorf, Gelsenkirchen-Nord).

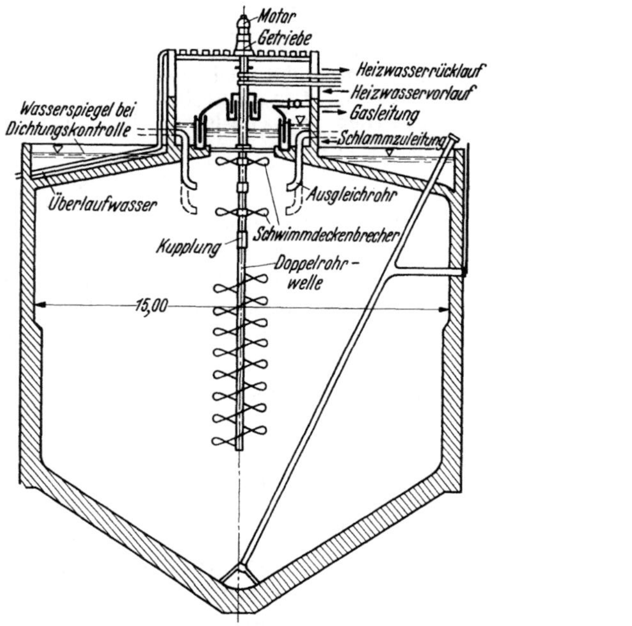

Abb. 97. Faulraum mit beweglichen und herausnehmbaren Heizkörpern.

Die mit Heizung versehenen Faulräume müssen einen sehr guten Wärmeschutz haben, da sonst von der zugeführten Wärme zuviel nutzlos verlorengeht. Außer Korkplatten u. dgl., Isolierschichten und doppelten Wänden mit einer isolierenden Luftschicht dazwischen werden dicke Erdanschüttungen benutzt. RUDOLFS und MILES[1] fanden, daß der Schlamm in einem durch Erdwall geschützten Faulraum mehrere Grade wärmer war als die höheren und ungeschützten Stellen. Jede Schicht war von annähernd gleichartiger Temperatur. Es ergab sich auch eine Abhängigkeit der Temperatur des Schlammes von der des Erdwalles. Bei Abkühlung des Faulraumes wurde die gleiche Abfallkurve wie bei Laboratoriumsversuchen erhalten. Im Erdboden verteilte sich die Wärme nur horizontal.

c) Zweistufenausfaulung.

Auf vielen Kläranlagen, auf denen durch weiteren Ausbau der Kanalisation die vorhandenen Faulräume zu klein wurden, hat man sich so geholfen, daß man hinter die zweistöckige Anlage noch einen getrennten Nachfaulbehälter setzte, in dem dann der in der ersten Stufe nur angefaulte Schlamm restlos ausfaulte. Da die Hauptwasserabgabe und damit die Hauptvolumenverminderung in der ersten Stufe, also im ersten Faulraum der zweistöckigen Anlage erfolgt, so konnten die Rauminhalte für diese Nachfaulbehälter kleiner bemessen werden. Während man die zweistöckigen Anlagen nicht heizen kann, können die Nachfaulbehälter gut beheizt werden, so daß man in ihnen immer gute Zersetzungsbedingungen durch guten alkalischen Schlamm, der unter Umständen wieder zum Impfen des Schlammes in der zweistöckigen Anlage benutzt werden kann, hat. Für alte Emscherbrunnen, deren Faulräume zu klein geworden sind, ist eine Ergänzung durch geheizte Nachfaulräume das Gegebene.

[1] RUDOLFS u. MILES: Sewage Works Journ. 1933, 5, 17, 844.

Auch bei Anlagen mit getrennten Schlammfaulräumen hat sich nach den grundlegenden Arbeiten von BUSWELL die zweistufige Ausfaulung bewährt. Über die Größe der verschiedenen Faulräume gehen die Ansichten auseinander. IMHOFF gibt an, daß bei den jetzt üblichen hohen Temperaturen die Schlammbewegung durch die Gase so stark sei, daß es bei einstufiger Anordnung oft schwer sei, klares Schlammwasser abzulassen. Lasse man aber kein Überlaufwasser ab, gehe nutzbarer Rauminhalt verloren. Die Faulzeit werde zu kurz und durch das Ablassen des schlechten Faulraumwassers gefährde man die nachfolgende biologische Anlage bzw. den Vorfluter und habe große Verluste an der Gasmenge. In diesem Falle helfe am besten die zweistufige Anlage. Die erste, klein bemessene Stufe, wo die meisten Gase entwickelt werden, wird mit Gasdecke, Heizung und Schwimmdeckenzerstörer ausgerüstet. Überlaufwasser wird nicht abgelassen. In der zweiten Stufe ist Heizung und Schwimmdeckenzerstörer nicht mehr nötig. Da nur noch wenig Gas gebildet werde, könne auch die Gasdecke gespart werden. Im zweiten Raum kommt der Schlamm zur Ruhe. Dort kann er sich vom Schlammwasser trennen, das dann abgelassen werden kann. Der zweite Raum dient auch zum Ausgleich der Schwankungen im Trocknungsbetrieb. Soll er auch als Stapelraum für den Winter dienen, muß er besonders groß gemacht werden.

d) Schäumen der Faulräume.

Das bei Faulräumen so lästige Schäumen kann verschiedene Ursachen haben. Als einige der möglichen Ursachen gibt SCHLENZ[1] folgende an:

1. Übermäßige Belastung mit frischem Schlamm im Verhältnis zu den im Faulraum vorhandenen Faulstoffen.
2. Außergewöhnlich stark vermehrte Tätigkeit der gasbildenden Bakterien, die eine zu starke Gasbildung und damit das Kochen bzw. Schäumen des Schlammes verursachen.
3. Gehalt des Frischschlammes bzw. Abwassers an ungünstigen Organismen.
4. Charakter des Abwassers. Nach Feststellungen verschiedener Forscher soll besonders beim Zufluß gewerblicher Abwässer mit hohem Gehalt an Kohlehydraten, wie vor allem bei Stärkefabrikabwasser, Brauereiabwasser und Konservenfabrikabwasser besonders leicht Schäumen auftreten.
5. Abweichungen vom normalen p_H-Wert.
6. Starke Viscosität des Schlammes oder des Schlammwassers sowie die mechanische Tätigkeit des Gases bei dem Versuch, durch die Schlammdecke von hoher Oberflächenspannung zu entweichen.
7. Beschränkte Fläche der Gasschlote.
8. Einfluß der Temperatur. Schäumen soll auch bei zu niederer Temperatur eintreten können.
9. Einfluß von schlecht ausgefaultem Impfschlamm.
10. Ungünstiger Einfluß der Fette, die durch die Alkalität des Wassers verseift werden.

Solange man die wirkliche Ursache des Schäumens nicht kennt, wird es immer schwer sein, Abhilfe zu schaffen. Folgende Maßnahmen zur Vorbeugung bzw. zur Beseitigung des Schäumens können angewandt werden:

1. Sorgfältige Erhaltung des Gleichgewichtes zwischen frischen und faulenden Schlammstoffen. Hierzu ist es empfehlenswert, den ausgefaulten Schlamm häufig und in kleinen Mengen abzuziehen und z. B. bei Emscherbrunnen den Schlammspiegel stets hoch — in der Nähe der Schlote — zu halten.
2. Von HATFIELD wird bei stark schäumenden Faulräumen Leerung des gesamten Faulraumes und erneute Inbetriebnahme empfohlen, da der schäumende Schlamm „vergiftetes Material“ darstelle.
3. Anwendung von Kalk. Über die Wirksamkeit dieser Maßnahme sind die Ansichten sehr geteilt; teilweise wird das Schäumen hierdurch vermehrt, teils vermindert. Bei großen Faulräumen erfordern die notwendigen Kalkzugaben viel zu hohe Kosten.
4. Chlorung des Abwassers. Das Schäumen wurde beseitigt, wenn dem Zufluß zur Kläranlage 24 Stunden lang 3—4 mg/Liter Chlor zugegeben wurde.
5. Aufbrechen der Schwimmschlammdecke durch mechanisches Rühren. Diese Maßnahme hat nur vorübergehenden Erfolg.

---

[1] SCHLENZ: Sewage Works Journ. 1936, 8, 609.

6. Entfernen des Schwimmschlammes aus den Gasschächten. Hierdurch wird zwar augenblickliche Erleichterung erreicht, aber keine dauernde Beseitigung des Schäumens.

7. Zerstören der Schwimmdecke durch Spritzen wird oft angewendet. Besser noch Abziehen des Faulraumwassers aus dem klaren Teil des Faulraumes und Aufbringen auf die Schwimmdecke; durch die langsame Zirkulation wird die Viscosität der Schwimmdecke verringert und das Gas kann leichter entweichen.

8. Unterwasserhalten des Schwimmschlammes. Hierdurch wird ebenfalls die Viscosität verringert, so daß das Gas leichter entweichen und die ungelösten Stoffe zu Boden sinken können.

9. Heizen des Faulrauminhaltes bei Inbetriebnahme als Vorbeugungsmaßnahme zur Vermeidung späteren Schäumens.

10. Zugabe von pulverförmiger Aktivkohle in den Faulraum zusammen mit dem anfallenden Frischschlamm in Mengen von 3—4 g/cbm zum Rohwasser.

e) Gasgewinnung aus Faulschlamm.

1. Anaerober Abbau. Bei der anaeroben Zersetzung des Frischschlammes erfolgt ein Abbau der organischen Substanz. Diese wird durch die Tätigkeit anaerober Bakterien zunächst verflüssigt und dann vergast. Hierbei entsteht ein hauptsächlich aus Methan, Kohlensäure und Stickstoff bestehendes Gas. Bei der der alkalischen Methangärung vorausgehenden sauren Gärung wird auch noch nebenbei Wasserstoff erzeugt. Nach den Arbeiten von GROENEWEGE, der sich auf ältere Arbeiten POPOFFs, HOPPE-SEYLERs, OMELIANSKIs und insbesondere SÖHNGENs stützt, ist das reichliche Vorkommen des Methans in den Zersetzungsgasen des Klärschlammes auf zwei verschiedene bakterielle Vorgänge zurückzuführen und zwar:

a) Die im Abwasserschlamm enthaltenen Alkohole und Fettsäuren bzw. fettsauren Salze werden gespalten nach den Grundgleichungen

$$2\,C_2H_5OH = CO_2 + 3\,CH_4$$
Äthylalkohol

$$C_4H_9OH + H_2O = CO_2 + 3\,CH_4$$
Buthylalkohol

$$CH_3COOH = CO_2 + CH_4$$
Essigsäure

b) Der sich bei der sauren Gärung bildende Wasserstoff setzt sich mit der Kohlensäure ebenfalls unter Methanbildung um

$$CO_2 + 4\,H_2 = CH_4 + 2\,H_2O.$$

Die von SPILLNER, BACH und SIERP durchgeführten Versuche zeigen die leichte Abbaufähigkeit der in den normalen Nahrungsstoffen enthaltenen Grundstoffe, wie Eiweiß, Fett und Kohlenhydrate. In neuester Zeit zeigte SIERP[1], daß sich in erster Linie das Fett an der Gasbildung beteiligt. Künstlich zum Schlamm zugesetzte Fettstoffe pflanzlicher oder tiericher Art wurden in kurzer Zeit zu mindestens 95% abgebaut, wobei aus 1 g Fett 1112 bis 1285 ccm Gas entwickelt wurden. Da Frischschlamm aber neben den aus Triglyceriden bestehenden Fetten auch noch mineralische Fette enthält, so besteht das im Faulschlamm gefundene Fett hauptsächlich aus mineralischem Fett, weil dieses dem bakteriellen Abbau nicht unterliegt. Nach den Untersuchungen von LIESKE[2] können auch brennbare Gase bei völligem Sauerstoffabschluß, was bei der anaeroben Schlammfaulung der Fall ist, durch Bakterien umgesetzt werden. Es wurden Bakterien gefunden, die Kohlenoxyd mit Wasserstoff zu Methan und Wasser reduzieren. Auf dieser Tatsache beruht der Vorschlag, städtisches Leuchtgas mit hohem Gehalt an giftigem Kohlenoxyd durch Durchleiten durch faulenden Schlamm zu entgiften, was ohne wesentliche Verminderung der Heizkraft des Gases möglich ist. Es wurde von LIESKE ferner festgestellt, daß Bakterien Kohlensäure mit Wasser in Kohlenoxyd und Wasserstoff überführen können und daß das auf dem Wege entstandene Gasgemisch weiter in Methan und Wasser umgewandelt werden kann. Als Zwischenprodukt bei der biologischen Umsetzung der Kohlensäure mit Wasserstoff zu Methan entsteht Essigsäure.

BUSWELL[3] hat Versuche mit 91 reinen organischen Substanzen, die er mit Hilfe von Faulschlammbakterien der anaeroben Zersetzung unterworfen hat, durchgeführt. Er kommt hierbei zu dem Schluß, daß diese Zersetzung ein anaerober Oxydations-Reduktionsvorgang

[1] SIERP: Vom Wasser 1936, **11**, 9. [2] LIESKE: Chem.-Ztg. 1936, **60**, 806. [3] BUSWELL: Chem.-Ztg. 1936, **60**, 806.

ist, bei dem Wasser eine wichtige Rolle spielt und bei dem es sich um eine Bakterienkatalyse handelt. Anscheinend sind Kohlensäure, Methan und Wasserstoff primäre Produkte. Dadurch, daß der Wasserstoff sich noch mit der Kohlensäure umsetzt, wird weiteres Methan gebildet. Durch Alphaoxydation entstehende organische Säuren können als Zwischenprodukte angesehen werden.

2. Gewinnung und Speicherung des Gases. Um die bei der Schlammzersetzung sich bildenden Gase zu gewinnen, müssen die Faulräume durch Gasdecken, unter denen das Gas gesammelt wird, abgedeckt werden. Bei Emscherbrunnen wird das Gas durch die schrägen Zwischenwände zu den Entlüftungsschächten geleitet, die mit Gasauffanghauben versehen werden müssen. Nach den zuerst auf den Kläranlagen Essen-Nord und Essen-Rellinghausen durchgeführten Versuchen boten die unter den engen Gashauben sich bildenden Schwimmdecken die größten Schwierigkeiten. Die zur Beseitigung zunächst eingebauten Rechen haben sich nicht bewährt. Am besten ist es, die Schwimmdecken durch einen porösen Gasdeckel, wie er in Abb. 67 dargestellt ist, so unter Wasser zu halten, daß sie dann nicht mehr auf die Gashauben verstopfend wirken können. Besser ist es, sie durch ein Rührwerk zu zerstören.

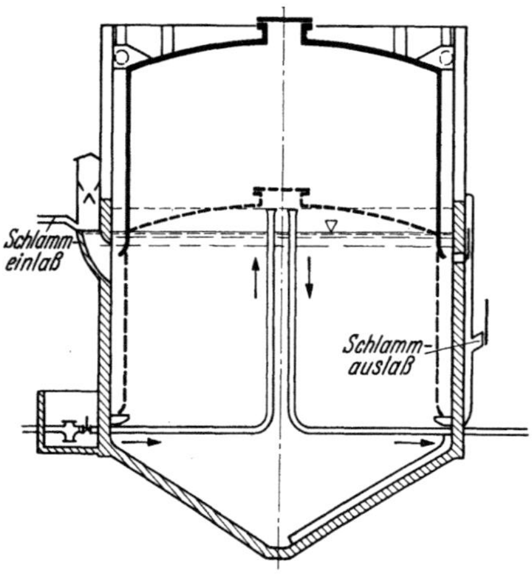

Abb. 98. Faulraum mit Gasspeicher durch eine schwimmende Gasglocke auf der Kläranlage Essen-Rellinghausen.

In getrennten Faulräumen muß die ganze Oberfläche mit einer dichten Gasdecke überspannt werden. Es gibt hierfür verschiedene Ausführungsformen und zwar ortsfeste Decken unter oder über dem Schlammspiegel und schwimmende Abdeckungen. Bei den über dem Schlammspiegel angeordneten festen Gasdecken bedingt der im Faulraum schwankende Flüssigkeitsspiegel die Möglichkeit des Lufteintritts- und damit zusammenhängend die Explosionsgefahr. Auf besonders gute Abdichtungen durch dichte Asphaltanstriche oder Metallabdichtung muß besonders bei Betondecken, bei denen sich leicht feine Haarrisse bilden, geachtet werden. Einfacher liegen die Verhältnisse bei den unter der Schlammoberfläche liegenden Gasabfanghauben, bei denen die Explosionsgefahr sehr gering ist und nebenbei die außerhalb sich bildende Schwimmdecke oft einen erwünschten Wärmeschutz darstellt. In den letzten Jahren hat man vielfach von den auf dem Schlammspiegel schwimmenden Gasdecken Gebrauch gemacht. Bei diesen schwimmenden Gasdecken steht das Gas unter der Decke stets unter einem Überdruck, so daß Luft von außen nicht eindringen kann. Auf der Kläranlage Essen-Rellinghausen ist die schwimmende Gasdecke als Gasglocke ausgebildet, so daß der Faulraum gleichzeitig als Gassammelraum dienen kann (s. Abb. 98).

3. Zusammensetzung der Gase. Das Gas besteht in der Hauptsache aus Methan und Kohlensäure neben kleinen Mengen Stickstoff. Vereinzelt findet man noch Wasserstoff und Schwefelwasserstoff. Der in einzelnen Analysenangaben vorhandene Sauerstoff dürfte entweder auf fehlerhafter Gasprobenahme (Sperrwasser) oder auf Analysenfehlern beruhen. Letzteres dürfte auch auf das an einzelnen Stellen gefundene Kohlenoxyd zutreffen, für dessen Vorhandensein bei den sich abspielenden anaeroben Prozessen, besonders bei der leichten Umsetzbarkeit des Kohlenoxyds durch Faulbakterien wenig Wahrscheinlichkeit vorhanden ist.

Die Zusammensetzung ist starken Schwankungen unterworfen, je nachdem ob das Gas aus zweistöckigen oder getrennten Faulräumen gewonnen wird. Bei zweistöckigen Anlagen, die zu Brunnenreihen zusammengeschlossen sind, haben die Zulaufbrunnen geringeren Kohlensäuregehalt als die Ablaufbrunnen. Durchflossene Faulräume und zweistöckige Absetzbecken haben meist geringeren Kohlensäuregehalt als getrennte Faulräume. In allen diesen Fällen hängt wohl der geringe Kohlensäuregehalt damit zusammen, daß in den ersteren ein stärkeres Auswaschen der Kohlensäure aus dem Gase stattfinden kann. Der

Kohlensäuregehalt schwankt zwischen 5—35% und beträgt im Mittel 25%. Nur in Ausnahmefällen (bei saurer Gärung und sehr altem Schlamm) werden höhere Werte gefunden.

Mit dem Kohlensäuregehalt schwankt im umgekehrten Verhältnis gleichlaufend der Methangehalt, der gleichzeitig auch den Heizwert des Gases bedingt. Der Methangehalt schwankt in Grenzen von 65—95% und beträgt im Mittel 75%.

Der Stickstoffgehalt ist im allgemeinen sehr niedrig im Gas; er schwankt zwischen 0—6%. Nur in außergewöhnlichen Fällen, wo der zu vergasende Frischschlamm stark mit Luft in Berührung gekommen ist, d. h. also auch beim Ausfaulen von Belebtschlamm kann er höher sein (bis 20%). Doch geht dieser Gehalt bald zurück.

Wasserstoff tritt im Faulgas in der Hauptsache während der sauren Gärung auf. Das hat zur Folge, daß man Wasserstoff hauptsächlich in der Einarbeitungszeit der Fauläume feststellt. Bei außergewöhnlich hohem Gehalt des Schlammes an leicht abbaubaren Kohlenhydraten tritt ebenfalls leicht saure Gärung ein, die den Wasserstoffgehalt bis auf 50% steigern kann. Nach Beendigung der sauren Gärung ist auch meist der Wasserstoff im Faulgas verschwunden. Auch das von altem faulenden Schlamm entwickelte Gas ist in den meisten Fällen wasserstoffrei. Will man ein wasserstoffreies Gas herstellen, so genügt es, das wasserstoffhaltige Gas durch einen in guter Zersetzung befindlichen Faulraum zu leiten. Der Wasserstoff wird mit Kohlensäure durch den reifen Schlamm in Methan umgesetzt. Zum Durchleiten eignen sich am besten die an der Ablaufseite liegenden Emscherbrunnen, da diese sehr guten reifen Schlamm haben.

Schwefelwasserstoff, der seinen Ursprung in der Zersetzung der Eiweißstoffe hat oder durch Reduktion von Sulfaten gebildet wird, tritt ebenfalls wie Wasserstoff hauptsächlich während der sauren Gärung auf. Der Gehalt an Schwefelwasserstoff ist besonders für manche Verwendungszwecke sehr unangenehm (Giftigkeit, Schwierigkeiten im Rohrnetz, in den Zählern, Motoren usw.). Bei einem in guter alkalischer Gärung befindlichen, sachgemäß betriebenen Faulraum sollte es eigentlich nicht zur Entwicklung von Schwefelwasserstoff im Faulgas kommen. Unsachgemäße Behandlung, wie zu starkes Schlammablassen, das saure Gärung erzeugt, Zugabe von zuviel Frischwasser bei durchspülten Brunnen, kann jedoch leicht das Auftreten von Schwefelwasserstoff im Faulraumgas hervorrufen. In besonders schweren Fällen kann der Gehalt an Schwefelwasserstoff bis auf 0,25% ansteigen. Bei einem Gehalt von 0,07—0,1% Schwefelwasserstoff treten nach HASELTINE[1] weder im Leitungsnetz noch an den Kolben der Motoren Korrosionserscheinungen auf. Über die Reinigung des Gases von dem Schwefelwasserstoff siehe S. 343.

Als Mittelwerte für die Zusammensetzung der Faulraumgase kommen demnach in Frage:

Methan	65—95%
Kohlensäure	5—35%
Stickstoff	0— 6%
Wasserstoff	0— 8%
Schwefelwasserstoff	0— 0,25%

1 Liter Faulgas wiegt nach PRÜSS je nach dem Kohlensäuregehalt 0,94—1,14 g, im Durchschnitt kann man mit 1 g/Liter Gas rechnen. Das Faulgas ist meist mehr oder weniger wasserhaltig. Der Wassergehalt scheidet sich besonders im Winter bald im Leitungsnetz ab. Er muß dann durch an den Tiefpunkten der Leitung angeordnete Wassersammeltöpfe entfernt werden.

4. Heizwert des Faulgases. Der Heizwert des Gases wird durch seinen Gehalt an Methan bedingt und aus diesem nach den in der Heiztechnik bekannten Formeln berechnet oder mit Hilfe von Heizwert-Calorimetern bestimmt. Er wird gewöhnlich als oberer Heizwert je Kubikmeter angegeben. Er schwankt entsprechend dem Methangehalt zwischen 6000—8500 W.E. Sein Geldwert ist infolge des hohen Heizwertes mindestens städtischem Leuchtgas gleichzusetzen, zumal städtisches Leuchtgas zur Zeit selten einen höheren Heizwert als 4500 W.E. besitzt.

Nach KEPPNER[2] betragen die im Faulraum in dem Zeitabschnitt 1931—1935 auf der Kläranlage München gewonnenen Gascalorien 17,85—19,88 Billionen, d. i. durchschnittlich 78,3 kcal/Kopf und Tag. Aus dem aus der Kläranlage abgelassenen Faulschlamm ist noch eine Restgasmenge, die ein Fünftel obigen Heizwertes ausmacht, erzeugbar. Für die Erzeugung dieser 78,3 kcal entsprechend 11,86 Liter Gas/Kopf und Tag sind 18,5 g organische Substanz erforderlich. 1 g organische Substanz liefert demnach rund 640 ccm Gas.

[1] HASELTINE: Sewage Works Journ. 1933, **5**, 482.
[2] KEPPNER: Gesundh.-Ing. 1936, **59**, 166.

Im Gegensatz zu dem hohen Heizwert steht die geringe Entzündungsgeschwindigkeit des Methans, die besonders bei der Benutzung des Gases als Brennstoff im Haushalt und Laboratorien bei den gewöhnlichen Brennern stört. Überschreitet die Austrittsgeschwindigkeit aus dem Brenner eine bestimmte Grenze, so reißt die Flamme ab. Aus diesem Grunde muß man mit der Aufnahme des Gases in das städtische Gasnetz sehr vorsichtig sein, da man von dem Gasabnehmer nicht erwarten kann, daß er dauernd die Düsen seiner Brenner ändert (s. S. 344). Um bei Bunsenbrennern das Abreißen der Flamme zu verhindern, kann man sich so helfen, daß man über den Brenner ein Stückchen Drahtnetz stülpt. Dieses Drahtnetz hält die Flamme zusammen und gibt durch die Vorwärmung des Gases dem Gas-Luftgemisch eine schnellere Entzündungsgeschwindigkeit.

5. Gasmenge. Die auf den einzelnen Kläranlagen anfallenden Gasmengen werden in den meisten Fällen in Liter je Kopf des angeschlossenen Einwohners angegeben. Sie sind großen Schwankungen unterworfen, da sie von einer Reihe äußerer Einflüsse abhängig sind und zwar 1. von der Menge der im Abwasser enthaltenen organischen Substanz. Auf 1 kg zersetzte organische Substanz werden bei normaler Temperatur nach KEEFER und KRATZ[1] 500 Liter, nach KEPPNER 580—640 Liter, nach SCHARFE[2] auf der Kläranlage Erfurt 392 Liter, nach BACH 800 Liter und nach SIERP 725 Liter Gas entwickelt. Hierbei hängt die gewinnbare Gasmenge nicht nur von der Temperatur im Faulraum, sondern auch von der Art der organischen Substanz und von der Faulzeit ab.

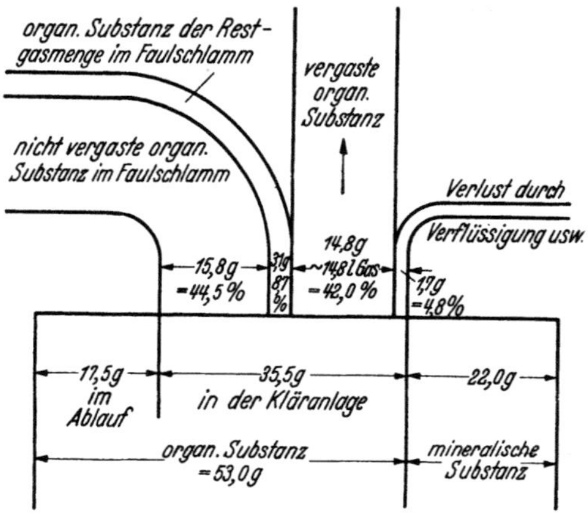

Abb. 99. Schema des Schlammabbaues bei der Schlammfaulung nach KEPPNER.

BUSWELL[3] und seine Mitarbeiter haben versucht, die Frage zu klären, ob bei der Schlammfaulung die entwickelte Gasmenge größer sein kann als die eingebrachte bzw. zersetzte organische Substanz. Unter gleichzeitiger Bestimmung des Kohlenstoffs fanden sie, daß jedes Gramm zersetzte organische Substanz bei der Stufenausfaulung in Tank I 1,33 g Gas ergibt. Diese Menge steigt sogar auf 1,44 g, wenn man die im Schlamm zurückgehaltene Kohlensäure dazu rechnet. Zieht man die durch Ammonsalze als $(NH_4)HCO_3$ bedingten Verluste ab, verbleiben noch 1,35 g Gas/1 g abgebaute organische Substanz. In erster Linie werden Seifen und Fette abgebaut (61%). Diese können mit ihrem hohen Molekulargewicht sogar bis 1,55 g Gas je 1 g erzeugen. Nach SIERP werden aus 1 g Fett 1285 ccm Gas entwickelt. Nach einem von KEPPNER aufgestellten Sarkeydiagramm, der von einer organischen Substanzmenge von 53 g je angeschlossenem Einwohner ausgeht, wird eine von einem Einwohner mit dem Frischschlamm täglich in die Kläranlage eingebrachte organische Substanzmenge wie folgt verbraucht (s. Abb. 99).

Von dieser aus dem Frischschlamm erzeugten Gasmenge werden erhalten:

1. in der Kläranlage	72%	=	14,8 Liter/Kopf und Tag
2. im Faulschlamm enthaltene Restgasmenge	15%	=	3,1 Liter/Kopf und Tag
3. durch Auswaschen der Kohlensäure im Faulraum, chemische Bindung der Ammonverbindungen . . .	13%	=	2,7 Liter/Kopf und Tag
			20,6 Liter/Kopf und Tag

Diese von KEPPNER bei einer Temperatur von + 26° C erhaltene Gasmenge wird in den seltensten Fällen auf den Kläranlagen erreicht. Auf den Kläranlagen, in denen nur der Frischschlamm aus der mechanischen Reinigung ausgefault wird, schwankt die erreichbare Gasmenge zwischen 8—12 Litern je Kopf und Tag. Ist an die mechanische Reinigung auch eine biologische Reinigung angeschlossen, bei der der anfallende Überschußschlamm mit ausgefault wird, so kann die Gasmenge auf das Doppelte, d. i. 20—25 Liter je Kopf und Tag steigen. Da die Gasmenge sehr stark von der organischen Substanz abhängig

[1] KEEFER u. KRATZ: Engin. News-Rec. 1929, **102**, 103.
[2] SCHARFE: Städtereinigung 1935, **27**, 360.
[3] LARSON, BORUFF u. BUSWELL: Sewage Works Journ. 1934, **6**, 24.

ist, müssen alle Zuflüsse, die den Gehalt des Frischschlammes an organischer Substanz erhöhen, wie dies häufig bei gewerblichem Abwasser der Fall sein kann, auch die Gasmenge erhöhen. Brauerei-, Brennerei-, Kartoffelflocken-, Stärkefabrik-, Schlachthofabwässer usw. bringen oft große Mengen organischer, leicht vergärbarer Stoffe und erhöhen so je nach Menge und Temperatur oft die Gasmenge auf ein Vielfaches. So wurde in Decatur die Gasmenge durch die Zuflüsse einer Stärkefabrik auf 50 Liter je Kopf und Tag erhöht. In der Kitchener Kläranlage stieg die Gasmenge durch den Anschluß verschiedener Gerbereien, Färbereien, Leimfabriken und zweier Schlachthäuser nach STORRIE[1] auf 85 Liter/Kopf und Tag.

2. In sehr starker Weise wird die Gasmenge durch die Temperatur beeinflußt. Der Zersetzungsvorgang ist ein biologischer. Unter + 6° C wird kein Gas erzeugt. Wie aus der in Abb. 100 gezeigten Gaskurve von SIERP hervorgeht, haben die Zersetzungsvorgänge verschiedene Optima, die bei etwa 25—30°, bei 45° bzw. 55° C liegen. Die bei diesen Temperaturen, die durch ganz verschiedene Zersetzungsvorgänge hervorgerufen werden, erzeugten Gasmengen aus 1 kg organischer Substanz betragen

bei 28° = 725 Liter (mesophile Zersetzung)
„ 45° = 877 „ } thermophile
„ 55° = 860 „ } Zersetzung

3. Auch der Zersetzungszustand des zur Impfung benutzten Schlammes ist von Einfluß auf die Gasmenge. Saurer und zu stark alkalischer Schlamm ergibt geringere Gasmengen je Gramm zugeführte organische Substanz.

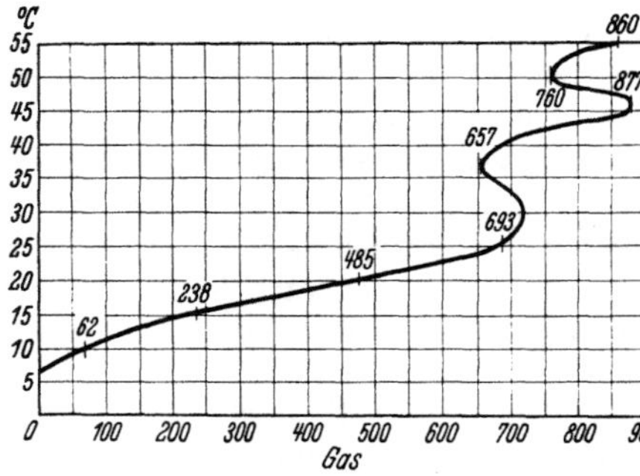

Abb. 100. Abhängigkeit der Gasmenge von der Temperatur nach SIERP.

6. Reinigen des Faulgases. Für viele Verwendungszwecke ist es erforderlich, das anfallende Gas zu reinigen. Soll das Gas im Haushalt oder in gewerblichen Betrieben verwandt werden, so betrifft die Reinigung in erster Linie die Entfernung des im Gase enthaltenen Schwefelwasserstoffs. Diese geschieht am einfachsten dadurch, daß man das Gas durch einen mit Raseneisenerz, Luxmasse, LAMMINGscher Masse und dergleichen gefülltes Filter, wie es auch in der Gastechnik zum Entschwefeln des städtischen Leuchtgases benutzt wird, leitet. Als Gasreinigungsmasse wird auf der Kläranlage Erfurt Lautamasse verwendet, die alle 3 Monate durch Einblasen von Druckluft unter Wasserzusatz aufgefrischt wird. Nach dem Durchgang durch ein derartiges Filter ist das Gas praktisch schwefelfrei. Das Filtermaterial selbst muß von Zeit zu Zeit durch Lagerung an der Luft oder durch Einblasen von Luft in das Filter regeneriert werden. Da die Masse bis zu 50% ihres Gewichtes mit Schwefel aufgeladen werden kann, so kann eine große Menge Gas mit einer verhältnismäßig kleinen Menge Filtermasse entschwefelt werden. Mit Rücksicht auf die Giftigkeit des Schwefelwasserstoffs einerseits und der sich bei der Verbrennung bildenden schwefligen Säure bzw. Schwefelsäure andererseits sollte bei allen Verwendungszwecken der Schwefelwasserstoff entfernt werden. Da man aber mit dem Schwefelwasserstoff auch in den meisten Fällen seine Riechbarkeit entfernt, so ersetzt man diesen Nachteil dadurch, daß man das Gas durch Überleiten über Mercaptan wieder riechbar macht. Auf der Kläranlage Erfurt wird das Gas in einem Tropfapparat mit sichtbarem Tropfenfall riechbar gemacht. Die hierzu verwendete Flüssigkeit besteht aus einem Gemisch von 1 Teil Mercaptan und 9 Teilen Alkohol. Auf je 100 cbm Gas werden 4 ccm Flüssigkeit verbraucht.

Der hohe Kohlensäuregehalt stört bei manchen Verwendungszwecken und stellt oft eine starke Belastung dar. Um diesen zu entfernen, wäscht man die Kohlensäure unter Druck mit Wasser aus. Es gelingt auf diese Weise, die Kohlensäure bis auf 1—2% leicht zu entfernen. Soll auch der letzte Rest entfernt werden, so kann dies leicht durch Waschen

[1] STORRIE: Sewage Works Journ. 1935, 5, 116.

mit Kalkmilch oder einem gleichen alkalischen Medium geschehen. Die durch Druckwasser ausgewaschene Kohlensäure läßt sich leicht gewinnen und wie jede andere Kohlensäure auf Flaschen pressen, gegen deren Verwendung — wenn man von ästhetischen Bedenken absieht — besonders für industrielle Zwecke keine hygienischen Bedenken bestehen. Das von Kohlensäure mehr oder weniger befreite Gas hat je nach der Intensität der Reinigung etwa folgende Zusammensetzung:

Methan	90—98%
Kohlensäure	0— 2%
Stickstoff	0— 8%

7. Verschiedene Verwendungszwecke des Faulgases. LANGBEIN[1] schätzt den in Deutschland möglichen und gewinnbaren Gesamtgasanfall auf 360000 cbm im Tag. Zur Zeit werden nach einer Rückfrage von RYSSEL[2] bei 74 Städten in Deutschland 20 Millionen cbm Gas im Jahr gewonnen und verwertet. Auf weit abliegenden Kläranlagen, wo keinerlei andere Verwendungsmöglichkeit gegeben ist, benutzt man das Faulgas gern im eigenen Betriebe besonders zum Heizen und Kochen in Klärwärterwohnungen.

a) Einleiten in das städtische Gasversorgungsnetz. Durch Einleiten in das städtische Gasversorgungsnetz kann man unter Ausnutzung des hohen Heizwertes des Faulgases den etwa 4000—4500 W.E. betragenden Heizwert des städtischen Gases beträchtlich steigern, je nach dem Zumischungsverhältnis bis um 1000 W.E. Wichtig ist die Art der Einleitung in das städtische Netz. Faulgas hat infolge seiner anderen Zusammensetzung (vorwiegend Methan) einen viel größeren Luftbedarf als städtisches Leuchtgas. Bei abwechselnder Verabreichung von Leuchtgas oder Faulgas müßten daher die Abnehmer ständig ihre Luftdüsen anders einstellen. Schon aus diesem Grunde darf das Faulgas auf keinen Fall in eine Erdleitung eingeführt werden.

Auch wegen der geringen Entzündungsgeschwindigkeit darf das Gas nicht in die städtische Leitung direkt, vor allem nicht in Endstränge eingeleitet werden. Wegen der schwankenden Abnahme des städtischen Gases und dem gleichmäßigen Anfall an Faulgas besteht stets die Gefahr, daß der Abnehmer zeitweise reines Faulgas erhält, was stets eine Umstellung der Brennerdüsen verlangen würde, wenn es nicht zum Abreißen bzw. Verlöschen der Flamme kommen soll. Um eine gute Durchmischung zu erzielen, ist es am besten, das Faulgas direkt in den Gassammelbehälter, d. i. in den städtischen Gasometer einzuleiten, in dem es stets eine genügende Menge städtischen Gases zur Vermischung vorfindet. Die Vermischung des Faulgases mit dem bereits vorhandenen städtischen Leuchtgas stellt in vielen Fällen die wirtschaftlichste Verwendungsart dar, besonders in den Fällen, wo die Stadt einen hohen Herstellungspreis für das eigene Gas hat. Die für das Gas erzielten Kosten decken in den meisten Fällen einen großen Teil der Betriebskosten der Kläranlage. Die auf der Kläranlage Pößneck erzeugte Faulgasmenge betrug 17,4% der vom Gaswerk erzeugten Gasmenge. Bei einem Preise von 7 Pf./cbm trägt die Gasmenge alle Betriebskosten und einen Teil des Kapitaldienstes der Kläranlage. WALDMANN[3] hat das auf der Kläranlage Pößneck gewonnene Faulgas in die Vertikalkammeröfen des Gaswerkes zu Ende der Garungszeiten geleitet, um es so besser dem städtischen Gas zuzumischen. Es findet eine teilweise Umsetzung des Methans und eine Reduktion der Kohlensäure zu Kohlenoxyd statt. Aus 1 cbm Faulgas werden 2,4 cbm Spaltgas. In ähnlicher Weise haben WILLINK und VENTER[4] ein Faulgas, das 30% Kohlensäure und 70% Methan enthielt, durch mit Koks gefüllte und elektrisch erhitzte Porzellanrohre geleitet. Bei einer Erhitzung auf 1000° hat das Gas hinterher 34% Kohlenoxyd, 30,2% Methan, 34% Wasserstoff und 1,2% Kohlensäure.

b) Verwendung des Gases zum Heizen der Faulräume. Auf einer größeren Anzahl von Kläranlagen wird das Gas besonders dort, wo die Faulräume zu klein geworden sind und keine wertvollere Verwendung des Heizgases möglich ist, zum Heizen der Faulräume benutzt. Das Gas wird in besonderen Öfen zum Erhitzen von Wasser benutzt, das dann entweder direkt (Spülheizung) in den Faulraum eingeleitet wird oder indirekt (Kreislaufheizung) seine Wärme durch Wärmeschlangen an den Schlamm abgibt (s. S. 336).

---

[1] LANGBEIN: Gesundh.-Ing. 1936, **59**, 269. [2] RYSSEL: Städtereinigung 1938, **30**, 99. [3] WALDMANN: Deutsch. Licht- u. Wasserztg. 1934, **28**, 61. [4] WILLINK u. VENTER: Het Gas 1936, **56**, 207.

c) Verwendung des Gases in Explosionsmotoren. Dieses zuerst 1914 in Brisbane (Australien), dann 1921 in Birmingham, bald darauf aber in sehr vielen Kläranlagen benutzte Verfahren macht die Kläranlagen von der Zufuhr fremder Kraft unabhängiger. In Deutschland werden die von den Humboldt-Deutzer Motoren-Werken für Steinkohlengas gebauten Gasmotoren nach entsprechender Einstellung bzw. Vergrößerung der Mischventile zur Zuführung des größeren Luftbedarfs zum Betriebe mit Faulgas benutzt. Die zur Erzeugung einer PS benötigte Gasmenge richtet sich

a) nach der Größe der Motoren. Große Motoren verbrauchen für die erzeugte PS weniger Brennstoff als die kleinen;

b) nach der Zusammensetzung und der Temperatur des Gases und damit nach seinem Heizwert. Hierbei ist es nicht erforderlich, zur Erhöhung des Heizwertes die Kohlensäure zu entfernen.

c) Ausschlaggebend ist ferner die Belastung der Motoren.

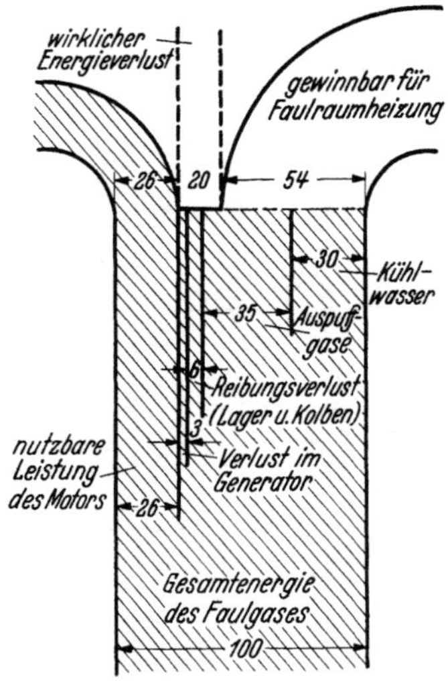

Abb. 101. Energiekurve bei der Ausnutzung des Faulgases.

Aus diesen Gründen ist es erklärlich, daß die Angaben über den Verbrauch der zur Erzeugung von 1 PS notwendigen Faulgasmenge schwanken und zwischen 300 und 500 Litern Faulgas angegeben werden. Bei sehr hohem Kohlensäuregehalte (35%) brauchten Donaldson und Liebmann[1] sogar 750 Liter Gas für 1 kWh. Das Gas wird am besten einem Gasometer entnommen, um von den Schwankungen in der Erzeugung und der Zusammensetzung unabhängiger zu sein. Das Kühlwasser der Motoren kann in der gleichen Weise wie unter 2 angegeben in einer Kreislaufheizung zum Heizen der Faulräume benutzt werden. Die in dem Motor verbrannten Gase verlassen mit einer Temperatur von 350—450° den Motor. Da das im Motor benutzte Gas etwa 1 : 8—10 mit Luft verdünnt ist, stellen diese Abgase einen großen Wärmevorrat dar, der dann in gleicher Weise wie das Kühlwasser in einem Wärmeaustauscher benutzt werden kann. Um Störungen zu vermeiden, wird die Gasmaschine mit Sicherheitseinrichtungen (Thermostaten) versehen, die selbsttätig den Betrieb unterbrechen, wenn eine Höchsttemperatur im Motorenzylinder überschritten wird. Für diesen Zweck hat sich auch die selbsttätige Drosselung der Gaszuleitung durch ein von dem Thermostaten gesteuertes Absperrventil bewährt. Aus Abb. 101 geht die verschiedene Energieausnutzung in einer Faulgaskraftanlage hervor.

Außer den in Deutschland vorwiegend benutzten liegenden Motoren haben sich auch besonders im Ausland (England) die stehenden Gasmotoren für die Ausnutzung von Faulgas bewährt.

Reicht die in der Kläranlage erzeugte Gasmenge zum vollständigen Betrieb nicht aus, so hat man es in der Hand, das Faulgas durch Zumischen von Benzin oder Benzol zu strecken. Dies geschieht am einfachsten nach dem DRP. 540015 von Sierp, Fränsemeier und Brinkhaus dadurch, daß man das Faulgas durch diese Flüssigkeiten hindurchleitet und es dabei je nach Bedarf karburiert. Bei Verwendung von Schwerölen zur Karburierung müssen diese wegen der geringeren Verdampfung erwärmt werden. Diese Zumischung von Benzin bzw. ähnlichen Brennstoffen ist besser als das abwechselnde Betreiben des Motors mit Gas oder Brennstoff, da beim Wechseln des Brennstoffs stets das Mischventil gegen den Vergaser für die flüssigen Brennstoffe ausgetauscht werden muß.

d) Verwendung des gereinigten und komprimierten Faulgases zum Antrieb von Fahrzeugen. Auch zum Antrieb von Automobilen hat sich das durch eine Wasserwäsche von dem größten Teil der Kohlensäure befreite und dann komprimierte Faulgas an zahlreichen Stellen bewährt. Wie aus dem in Abb. 102 dargestellten Schema der Gastankstelle für das Faulgas der Kläranlage München hervorgeht, wird das Faulgas zunächst in einem Rasenerzfilter von dem Schwefelwasserstoff gereinigt und dann durch Waschen mit Wasser bei 15 atü von der

[1] Donaldson u. Liebmann: Sewage Works Journ. 1938, **10**, 301.

Kohlensäure befreit. Nach HEILMANN[1] ergeben 1500 cbm Faulgas rund 1000 cbm gereinigtes Gas. Die Kohlensäure muß entfernt werden, da sonst durch Ventilvereisungen Verstopfungen auftreten. Das kohlensäurefreie Gas hat einen Heizwert von 8000—9000 W.E. und wird in den bekannten Stahlflaschen auf 150 Atmosphären komprimiert, nachdem es vorher in einem mit Chlorcalcium gefüllten Gastrockner von den letzten Feuchtigkeitsresten befreit worden ist.

Um möglichst wenig Verluste an Nutzlast zu haben, wendet man Leichtstahlflaschen an. In Frankreich wendet man nach BEINHAUER[2] Chromnickelstahlflaschen an. Auf der Kläranlage München[3] wird das Gas in Stahlflaschen gefüllt. Bei den Wagen mit fest eingebauten Stahlflaschen haben die Stahlflaschen einen Inhalt von 110 Liter mit einem Gewicht von 144 kg und eine Gasfüllung von 22 cbm Gas. Die auswechselbaren Flaschen haben 53 Liter Inhalt, 62 kg Gewicht und eine Gasfüllung von 10,6 cbm bei 200 atü. 0,9 cbm Gas entsprechen 1 Liter Benzol. Nach LANGBEIN[4] benötigt ein Auto mit einem 40 PS-Motor für 100 km rund 18 cbm Methangas. Nach HEILMANN kostet 1 cbm gereinigtes und verdichtetes Klärgas frei Tankstelle 19 Pf. In verschiedenen Städten (zuerst in Stuttgart und Essen) ist der städtische Fuhrparkbetrieb auf derartiges Faulgas umgestellt. Die Wagen haben einen verhältnismäßig geringen Aktionsradius, so daß sie stets zur Füllung zur Kläranlage zurückkommen müssen. MEZGER und PAYER[5] beschreiben eine besondere Meßtechnik bei der Flaschenversorgung, wobei sie die bei der Abmessung der Mengen wichtigen Temperaturschwankungen durch Bi-Metall-Thermometermessungen zur Bestimmung des Mengeninhaltes der Flaschen ausnutzen. Über die Einrichtung derartiger Tankstellen für Stadtgas und Methan vgl. das im Verlag Oldenbourg, München, 1936 erschienene kleine Buch von HENKE (Preis RM 2.—).

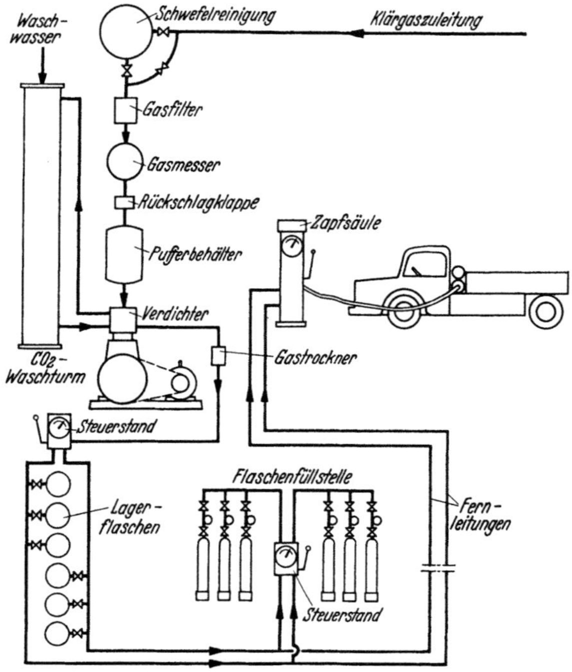

Abb. 102. Schema einer Tankstelle für Faulgas.

e) Verschiedene andere Verwendungszwecke für Faulgase. Auf einigen Anlagen wird das Gas zum Verbrennen des Rechengutes benutzt. — Gereinigtes, d. h. von Kohlensäure, Wasserstoff und Schwefelwasserstoff befreites Gas, das in der Hauptsache aus Methan besteht, wird in den bergbaulichen Versuchsstrecken zur Bestimmung der Sprengstoffe benutzt. — Auch zu Löt- und Schweißzwecken kann das Methan aus Faulgasen benutzt werden. — HEILMANN empfiehlt die Herstellung von Ruß auf den Kläranlagen, auf denen keine andere Verwendungsmöglichkeit vorhanden ist. — Zur chemischen Umsetzung, wie zur Darstellung von Formalin, Hexamethylentetramin und den Halogensubstitutionsprodukten, wie Methylchlorid, das dann das Ausgangsprodukt für viele Stoffe bilden konnte, ist das Faulgas wohl vorgeschlagen, aber bis jetzt nicht verwandt worden.

f) Leitungsdruck. Der durch die Eintauchtiefe der Gasabfanghauben, die an der Abfangstelle etwa 30 cm eintauchen, erzeugte Gasdruck reicht in den allermeisten Fällen aus, das Faulgas an die gewünschte Verwendungsstelle zu leiten. Im städtischen Gasnetz herrscht selbst bei den Fernzündungen nur ein Druck von 200 mm. Sind unbedingt höhere Drucke als 300 mm nötig, so muß das Gas durch Gebläse weiterbefördert werden.

[1] HEILMANN: Gesundh.-Ing. 1935, 58, 784. [2] BEINHAUER: Gesundh.-Ing. 1933, **56**, 205.
[3] SPAETH: Gesundh.-Ing. 1937, **60**, 523. [4] LANGBEIN: Gesundh.-Ing. 1936, **59**, 269.
[5] MEZGER u. PAYER: Gas- u. Wasserfach 1936, **79**, 113.

f) Trocknung und Verwertung des ausgefaulten Schlammes.

1. Wann ist der Schlamm genügend ausgefault? Man hat immer wieder nach Merkmalen gesucht, die anzeigen, wann der Schlamm genügend ausgefault ist. Durch den Faulprozeß werden die im Frischschlamm enthaltenen wasserbindenden Kolloide zerstört, so daß der ausgefaulte Schlamm ganz andere Eigenschaften hat als Frischschlamm. Der von den Faulräumen kommende ausgefaulte Schlamm enthält etwa 80% Wasser und stellt eine leichtflüssige, schwarze, gummiartig riechende Masse dar. Durch den hohen Gasgehalt, den dieser Schlamm noch besitzt, hat man die Möglichkeit, einen großen Teil des restlichen Wassers abzuscheiden. Läßt man ausgefaulten Schlamm aus einem weißemaillierten Schöpfer ablaufen, so zeigt der verbleibende Rest bald feine, schlierenartige Rillen, zwischen denen das Wasser abläuft.

Nach Zerstörung der wasserbindenden Kolloide gibt Faulschlamm sein Wasser viel leichter ab als Frischschlamm. Man hat daher diese Erhöhung der Sickerfähigkeit (Drainierfähigkeit) als Maßstab der Ausfaulung benutzt. Bei gut ausgefaultem Schlamm treibt der hohe Gasgehalt den eigentlichen Schlammgehalt sehr bald an die Oberfläche und trennt ihn so von dem eigentlichen Wasser. Das unter dem eigentlichen Schlamm stehende Wasser kann dann leicht abgezogen werden.

Diese Trennungsmöglichkeit in Wasser und Schlamm wird in großem Maßstabe bei den Trockenbeeten ausgenutzt. Die Menge des auf diese Weise abgeschiedenen Wassers selbst ist nach BACH nicht immer maßgebend für den Ausfaulungsgrad des Schlammes. Das im Schlamm enthaltene Wasser kann man unterteilen in „Schwemmwasser", das ist das Wasser, in dem der Schlamm schwimmt und in das „Haftwasser", das ist das schlammeigene Wasser, das an die Schlammteilchen gebunden ist. Der Anteil des Haftwassers ist im Faulschlamm viel geringer als im Frischschlamm.

Die Bestimmung des Schwemmwassers erfolgt durch die Bestimmung der Drainierfähigkeit des Schlammes nach BACH. In ein $1^1/_2$-Liter-Gefäß, dessen Boden mit einem Drahtnetz abgesperrt ist, auf dem eine dünne Sandschicht ruht, wird 1 Liter Schlamm eingefüllt und bei verschlossenem Boden so lange stehen gelassen, bis sich der Schlamm durch den Gasgehalt vom Schwemmwasser getrennt hat. Letzteres wird sodann durch das Bodenventil abgelassen und in einem Meßzylinder aufgefangen und gemessen. Zur Bestimmung der Drainierfähigkeit eignen sich auch sehr gut Rohre mit Jenenser Glasfiltern.

Während Frischschlamm etwa 95% Wasser enthält, hat ausgefaulter Schlamm nur noch 80%. Bei der weiteren Entwässerung unter Ausnutzung der Drainierfähigkeit geht der Wassergehalt dann bis auf 65% herunter. Hoher Gehalt an gewerblichem Abwasser, wie z. B. Wollwaschwasser, kann die Drainierfähigkeit dieses Faulschlammes oft sehr nachteilig beeinflussen. Zu stark umgewälzter und dadurch zu fein verteilter Schlamm gibt ebenfalls das Wasser nur langsam ab. Man kann durch Zugabe von Chemikalien, die die wasserbindenden Kolloide beeinflussen, die Drainierfähigkeit stark verbessern. Solche Chemikalien, wie Aluminium- oder Eisensalze, sind aber nach RUDOLFS und HEUKELEKIAN[1] nur wirksam, wenn der Schlamm frei entgast. Wird ausgefaulter Schlamm zu lange gespeichert, so läßt er sich hinterher auch schlechter entwässern. Bei Versuchen, den Ausfaulungsgrad durch die Filterzeit bzw. die Drainierfähigkeit des Schlammes zu bestimmen, stellten RUDOLFS und HEULEKEKIAN fest, daß die Drainierfähigkeit bis zur Erreichung der Spitze des höchsten Gasgehaltes zunimmt und damit schlecht zur Bestimmung des Ausfaulungsgrades benutzt werden kann.

Bei der Zersetzung der wasserbindenden Kolloide werden organische Stoffe unter Bildung von Gasen entfernt. Dies hat eine Verschiebung des Verhältnisses des mineralischen zum organischen Anteil der Trockensubstanz zur Folge. Diese Verschiebung im Verhältnis des mineralischen zum organischen Anteil benutzt BACH[2], um mit dem „Mineralisationsmodul" den Ausfaulungsgrad eines Schlammes zu bestimmen. Ermittelt man im Ausgangsschlamm und im ausgefaulten Schlamm den Gehalt der Trockensubstanz an mineralischen und organischen Stoffen und setzt den mineralischen Anteil = 1, dann ergibt sich nach BACH aus der Verminderung des organischen Anteils der „Mineralisationsmodul", dessen Größe als Ausfaulungserfolg anzusehen ist. Ist z. B.

[1] RUDOLFS u. HEUKELEKIAN: Sewage Works Journ. 1934, **6**, 1073.
[2] BACH: Gesundh.-Ing. 1925, **48**, 643.

in der Trockensubstanz des Frischschlammes das Verhältnis Mineralisches zu Organischem $= 1:2{,}8$ und im Faulschlamm das Verhältnis $= 1:1{,}2$, so ist der Mineralisationsmodul $\frac{2{,}8}{1{,}2} = 2{,}33$. In der Praxis ist die Bestimmung des Mineralisationsmoduls wenig angewandt worden.

Da bei dem Abbau der organischen Stoffe von den im Schlamm enthaltenen Fetten die pflanzlichen und tierischen, d. h. also die verseifbaren Fette sehr weitgehend, die mineralischen Fette aber gar nicht abgebaut werden, schlägt SIERP[1] vor, den Ausfaulungsgrad durch die Bestimmung der Verseifungszahl des extrahierten Fettes zu bestimmen. Das aus dem Frischschlamm extrahierte Fett besteht zu 90% aus verseifbarem Fett und zu 10% aus unverseifbarem Fett, d. h. mineralischem Fett. Im gut ausgefaulten Faulschlamm ist dagegen ein Fett enthalten, das zu 50% aus verseifbaren und zu 50% aus unverseifbaren Fetten besteht, weil 80% des verseifbaren Fettes abgebaut sind.

Die Weiterbehandlung des ausgefaulten Schlammes kann nun in gleicher Weise wie es für Frischschlamm auf S. 312 angegeben ist, geschehen. Um die in dem ausgefaulten Schlamm steckenden Dungwerte auszunutzen, empfiehlt es sich, ihn entweder direkt oder nach Trocknung auf Feldern zu verwenden. Bei der Verwendung als Düngemittel hat Faulschlamm gegenüber dem Frischschlamm verschiedene Vorteile. Bei Verwendung von Frischschlamm stören Fliegen und Geruchsbelästigungen. Frischschlamm hat einen großen Wassergehalt, der die Wegweite des Frischschlammes stark einschränkt. Ferner stören seine sperrige Beschaffenheit, die Möglichkeit der Verbreitung von Unkrautsamen und vor allem ästhetische und hygienische Bedenken in bezug auf die Übertragung pathogener Keime. Beim ausgefaulten Schlamm fehlen alle diese Nachteile. Er stellt trotz des Ausfaulens und des damit verbundenen Abbaues verschiedener Stoffe noch ein wertvolles Düngemittel dar, besonders dann, wenn man durch eine kurze Belüftung (Liegenlassen an der Luft) dafür sorgt, daß der in dem Schlamm als Eisensulfid enthaltene Schwefelwasserstoff oxydiert wird.

Nach den Untersuchungen von SIERP[2] und VIEHL[3] werden die Unkrautsamen bei Erreichung der technischen Faulgrenze (nach etwa 8—10 Wochen) durch den Faulprozeß größtenteils zerstört bzw. keimungsunfähig. Nicht angegriffen werden Tomatensamen und alle größeren dickschaligeren Körner, die aber im Faulschlamm weniger vorkommen. Ausgefaulter Schlamm eignet sich besonders zur Düngung von Rasenflächen (Golfplätzen) und Blumenbeeten in Gärtnereien. Wird Abwasserschlamm auf Feldern benutzt, deren Gemüse roh gegessen wird (Salat, Möhren usw.) so sollte dies mit ganz besonderer Vorsicht geschehen, da nach TANNER[4] Anhaltspunkte dafür vorhanden sind, daß auch im ausgefaulten Schlamm noch pathogene Keime vorhanden sein können, ein Befund, der von anderen Seiten bisher nicht bestätigt wurde.

Bei Beurteilung des Schlammes als Düngemittel muß man nicht nur seinen Gehalt an Stickstoff, Kali und Phosphorsäuresalzen in Rechnung setzen, sondern auch vor allem seinen hohen Gehalt an organischen (Humus-)Stoffen, an wertvollen Bodenbakterien und seine wasserbindende Kraft. BACH nimmt ferner an, daß in den menschlichen Auswurfstoffen für die Pflanze in gleicher Weise wie Hormone wirkende Triebstoffe, die das Wachstum der Pflanze günstig beeinflussen, enthalten sind. Ein Nachweis, daß solche den Auxinen nahestehende Wuchsstoffe im Schlamm enthalten sind, ist aber bisher noch nicht gelungen. Besonders auf wertlosen Sandböden in Schichten von 5—10 cm aufgebracht, hat sich der Schlamm durch seinen Gehalt an den zuletzt genannten Humusstoffen besonders bewährt. Zur Verringerung des Wassergehaltes kann man den Schlamm entweder direkt oder nach einer Vortrocknung auf Trockenbeeten, Zentrifugen und Saugfiltern mit wasseranziehenden Mitteln, wie Torf oder Feinmüll mischen. Man erhöht durch diese stark organischen Stoffe gleichzeitig den Gehalt an Humussubstanz. Feinmüll hat außerdem einen höheren Gehalt an Kalisalzen und Phosphaten, der sehr erwünscht ist. Auch Zumischung von Steinmehlen ist von verschiedenen Seiten zur besseren Vererdung des Schlammes vorgeschlagen worden.

Durch den hohen Gehalt an wertvollen Bodenbakterien hat man es in der Hand, sterilen Sandboden allmählich zu einem vollwertigen Ackerboden umzugestalten. Der Gehalt der Trockensubstanz an Stickstoffsalzen beträgt etwa 1,5%. Durch Zugabe des

[1] SIERP: Vom Wasser 1936, **11**, 9. [2] SIERP: Techn. Gemeindebl. 1924, **27**, 16.
[3] VIEHL: Gesundh.-Ing. 1936, **59**, 38. [4] TANNER: Sewage Works Journ. 1935, **7**, 611.

sehr stickstoffreichen Schlammes aus der biologischen Reinigung und zwar der Schlammbelebung oder von Tropfkörpern vor der Ausfaulung kann man den Gehalt an Stickstoff etwa auf $2^1/_2$—3% steigern. Der Gehalt an Kali- und Phosphorsäuren ist sehr gering. Er schwankt zwischen 0,5—1%. Durch Zugabe künstlicher Düngemittel hat man es in der Hand, diese Mängel zu beseitigen. Solche mit Torf, Feinmüll und künstlichen Düngesalzen versetzten Faulschlämme sind unter den verschiedensten Namen, wie Huminal, Humusit, Biohum usw. im Handel (s. S. 320).

Am einfachsten ist es, den leichtflüssigen, ausgefaulten Schlamm auf Land zu pumpen (Berlin, Hannover, München, Essen-Rellinghausen). Auf der Kläranlage Hagen ist der ausgefaulte Schlamm auf einer 90 Morgen großen Fläche lange Zeit in der Weise verwertet

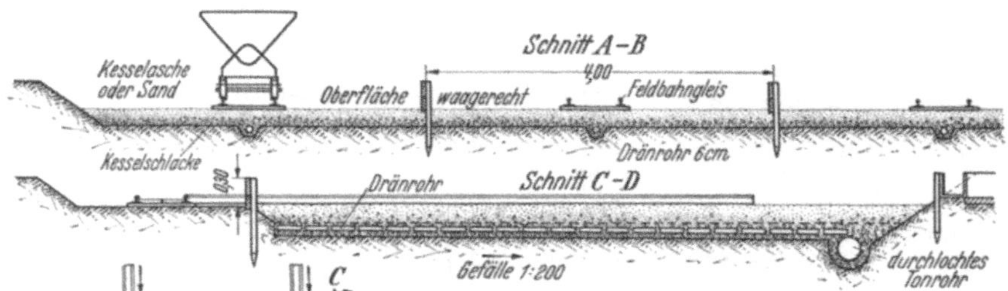

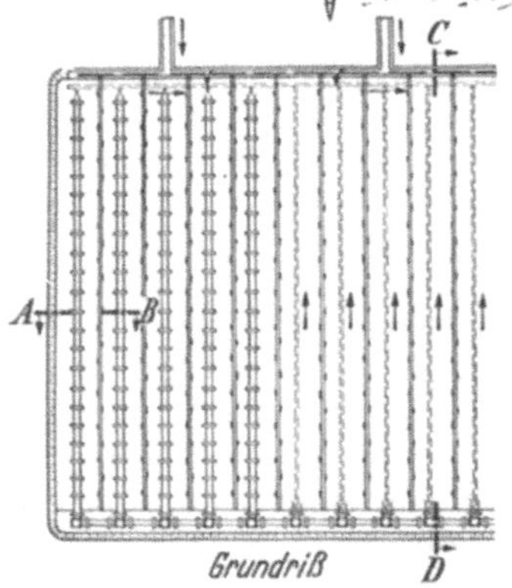

Abb. 103. Grundriß und Querschnitt eines Schlammtrockenplatzes.

worden, daß man die zu düngenden Landflächen mittels Pflug mit einem kleinen Wall umgab und den Schlamm in diese eingedeichten Flächen pumpte. Nach der Trocknung wurde der Schlamm untergepflügt. Jede Fläche wurde alle 3 Jahre einmal mit Schlamm behandelt. Dieses Verfahren hat sich auch in München bewährt.

2. Trocknung auf Sickerbecken bzw. Schlammtrockenplätzen. Für die Weiterbehandlung des ausgefaulten Schlammes eignen sich am besten die nach der Art der Sickerbecken gebauten, drainierten Trockenplätze (s. S. 291 und 315). Der Schlamm wird in einer Schicht von 30—40 cm auf Schlammtrockenplätze, wie sie in Abb. 103 dargestellt sind, aufgelassen. Es sind eine Reihe verschiedener Beete nebeneinander angeordnet. Wie bei Sickerbeeten besitzen die Trockenplätze über den Drainrohren eine etwa 25 cm starke Schicht aus gröberem Kies oder Schlacke oder Kleinschlag, die allmählich nach oben ein feineres Korn annimmt und oben durch eine 5—10 cm dicke Schicht mit Flußsand oder Asche, die häufig erneuert werden muß, abgedeckt ist. Als Sand kann man für diese Filterschicht sehr gut den gereinigten Sand aus den Sandfängen benutzen. Diese Sandschicht wird mit dem trockenen Schlamm allmählich abgehoben und muß häufiger erneuert werden. Nach dem Ablassen des ausgefaulten Schlammes auf die Trockenplätze bleibt die Sohlendrainage zunächst geschlossen, bis der Schlamm durch den hohen Gasgehalt aufgetrieben ist und sich so vom untenstehenden Wasser getrennt hat. Dieses Aufsteigen ist nach etwa 24 Stunden beendet. Es wird dann die Sohlendrainage geöffnet, so daß jetzt das unter dem Schlamm stehende Wasser abfließen kann. Je höher der Gasgehalt ist, um so besser sickert das Wasser ab. Hierbei sackt der Schlamm stark in sich zusammen.

Je nach den Witterungsverhältnissen trocknet dann der Schlamm sehr schnell. Er bekommt Risse von der Oberfläche aus, die auch ein Eindringen der Luft in das Innere des Schlammes gestatten und die Verdunstung von der Oberfläche aus begünstigen (s. Abb. 104). Je besser der Schlamm ausgefault ist, um so stärker ist die Rißbildung und um so leichter trocknet er. Man kann aus der Art der Rißbildung Rückschlüsse über den

Ausfaulungsgrad ziehen. Wenig große Risse zeigen gut ausgefaulten Schlamm an, der bei dem Aufschwimmen auf seinem eigenen Wasser sein Gefüge nicht viel zu verändern brauchte und nur sein Wasser durch Luft ersetzte. Zeigt dagegen der Schlamm zahlreiche Risse von mäßiger Breite, so zeigt dies einen ausgefaulten Schlamm, der infolge eines Gehaltes an belebtem Schlamm oder an chemisch gefälltem Schlamm sehr wasserreich war. Bei diesem Schlamm muß bereits ein größerer Teil des Wassers verdunsten, was je nach den Witterungsverhältnissen verschiedene Zeit dauert. Dasselbe ist der Fall bei Schlamm, der nur wenige, dafür aber sehr breite Risse zeigt. Solcher Schlamm ist wenig ausgefault und muß hauptsächlich durch Verdunsten trocknen.

Abb. 104. Gut ausgefaulter, getrockneter rissiger Schlamm auf offenen Schlammtrockenplätzen.

Nicht völlig ausgefaulter Schlamm hat meistens auch noch einen unangenehmen Geruch, der sich dann besonders auf den Trockenplätzen mit der großen Oberfläche bemerkbar macht. Ein weiteres Zeichen für schlechte Ausfaulung ist das Auftreten der großen gelben Fäkalfliege (Eristalis tenax), die man auf gut ausgefaultem Schlamm niemals findet.

Nach Abgabe des Wassers, was je nach der Art des Schlammes und nach den Witterungsverhältnissen in einigen Tagen bis wenigen Wochen erfolgt, geht der Schlamm in den „stichfesten Zustand" über. Er stellt dann eine erdige stark poröse Masse dar, die infolge der vielen Hohlräume schnell weiter verwittert. Besonders durchgefrorener Faulschlamm stellt eine gute vererdete, krümelige, leicht weiter zu behandelnde Masse dar.

Abb. 105. Glasüberdeckter Schlammtrockenplatz.

Bei einer Schlammenge von 0,2 Liter je Kopf und Tag benötigt man je nach den örtlichen Verhältnissen 0,03—0,05 qm auf den Einwohner, bzw. für 33—20 Einwohner je 1 qm Trockenplatz. IMHOFF rechnet sogar mit einer neunmaligen Füllung der Trockenplätze im Jahr. Ist sehr viel gewerbliches, besonders stark eisenhaltiges Abwasser angeschlossen, so erhöhen sich die Flächen entsprechend. Je kleiner der Faulraum ist, um so größer muß entsprechend der schlechteren Ausfaulung der Trockenplatz sein. Auch die Witterungsverhältnisse spielen eine große Rolle. Bei langen Winterzeiten kann der Trockenplatz nicht so ausgenutzt werden und muß daher entsprechend größer sein. Wird der Schlamm aus der Belebtschlammanlage mit ausgefault, so müssen die Schlammtrockenplätze dreimal so groß wie gewöhnlich sein.

Bei Regenwetter geht die Trocknung auf den offenen Trockenplätzen entsprechend langsam vor sich. Um sich von diesen durch Regen und den durch die Kälteperioden im Winter bedingten Nachteilen unabhängig zu machen, hat man in Amerika die Trockenplätze mit Glas überdeckt (s. Abb. 105). Solche Trockenplätze müssen wegen der ständig vom Schlamm abgegebenen Gase gut gelüftet werden. Statt neunmal können diese Plätze bis zu 15mal beschickt werden, d. h. abgedeckte Trockenbeete leisten etwa das 1,5fache wie offene Trockenbeete. Bei 0,2 Liter Schlammanfall ergibt sich je Einwohner nach der Gleichung $\frac{3{,}0 \cdot 1000}{0{,}2 \cdot 365}$ eine Fläche von 0,023 qm. Nach JONES[1] kann man damit rechnen, daß man bei Ausnutzung bis zur Grenze ihrer Wirksamkeit auf 1 qm Sandbeetfläche mit Glasüberdachung bei gut ausgefaultem Schlamm rund 365 kg trockene Schlammstoffe erzeugen kann.

EDWARDS[2] hat Versuche mit geheizten Schlammtrockenplätzen durchgeführt. Der Platz war 25 m lang und 7,5 m breit. Die Heizrohre hatten 19 mm ⌀. Der 94% Wasser

[1] JONES: Sewage Works Journ. 1934, **6**, 1109.
[2] EDWARDS: The Surveyor 1933, Nr. 2172, 204.

enthaltende Schlamm wurde in Schichten von 40 cm aufgebracht. Nach 6—12 Tagen hatte der Schlamm noch 50—60% Wasser und war dann stichfest. Die Temperatur stieg von 10 auf 82° innerhalb 17 Tagen. Der Schlamm hatte am Schluß Temperaturen von 22 bis 24° C. Die zum Heizen benötigte Dampfmenge soll gering sein. Auf 1 qm Trockenplätzen konnte der Schlamm von 27 Personen behandelt werden. Das Verfahren kommt wohl nur dort in Frage, wo billige Abfallwärme in der Nähe der Kläranlage zur Verfügung steht.

Der auf Trockenplätzen getrocknete Schlamm hat noch etwa 50—55% Wasser. Die anfallende Menge beträgt etwa 0,12—0,15 Liter/Kopf und Tag bzw. rund 50 Liter je Kopf und Jahr, bei Tropfkörperanlagen steigt sie auf rund 75 Liter/Kopf und Jahr und bei Schlammbelebungsanlagen auf rund 90 Liter pro Kopf und Jahr.

Der getrocknete Schlamm wird dann direkt oder in Mischungen mit anderen Dungstoffen, wie Düngesalzen, Torf, Feinmüll usw. zu Dungzwecken verwandt. Da er einen viel geringeren Wassergehalt als flüssiger Faulschlamm hat, verträgt er viel größere Wegweiten. Wo keine Verwendungsmöglichkeiten als Dungmittel für Gärtnereien oder Parks gegeben sind, was in dicht besiedelten Industriegebieten, wo die Landwirtschaft gegenüber der Industrie stark zurücktritt, der Fall ist, kann er zu Geländeauffüllungen benutzt werden (s. S. 321).

Die Räumung der Trockenplätze erfolgt bei kleineren Anlagen durch Hand. In der Mitte der Trockenplätze liegen Schienen, die einen bequemen Transport des abgehobenen Schlammes in Loren ermöglichen. Bei größeren Anlagen, z. B. Berlin, München, Stuttgart usw. führt man die Räumung der Trockenplätze maschinell durch Schlammverlademaschinen mit Kabelkranen oder Schlammbaggern durch, die den Schlamm gleich in die Loren befördern. Schwierig ist hierbei immer noch der gleichmäßige Abhub des Schlammes unter Schonung der oberen Sand- bzw. Ascheschicht.

Das immerhin sehr teure Abfahren des getrockneten Schlammes kann man auf den großen, mit Sickerkaminen, die auf einem Drainrohrsystem aufsitzen, versehenen Felder bei gut drainierendem Schlamm umgehen. Diese Sickerkamine, wie sie auf der Kläranlage Langendreer, Velbert und Karnap angewendet werden, werden mit einer filtrierenden Sandschicht umgeben. Hierdurch kann auf den getrockneten Schlamm stets weiter aufgepumpt werden bis die Sandschicht 2—3 m stark ist. In den Fällen aber, wo der gepumpte Schlamm immer liegen bleiben soll und man den neuen Schlamm immer auf den alten, getrockneten Schlamm aufpumpt, muß man die für das Jahr vorgesehene Fläche auf das dreifache Maß vergrößern.

3. Verwendung des ausgefaulten Schlammes zu Mischdünger. Zahlreich sind die Vorschläge, den ausgefaulten Schlamm zur schnelleren Trocknung zwecks Verwendung als Dungstoff mit Wasser aufsaugenden Stoffen zu mischen. Nach dem DRP. 560593 von Kaiser und Sauer soll dem noch flüssigen, jedoch im wesentlichen bereits ausgegorenen Schlamm ein großer Überschuß an trocknem Torfmull beigemengt werden, um die Mischung für den Versand genügend zu trocknen und den Torf gleichzeitig durch den alkalisch reagierenden Schlamm zu entsäuern. Bei dem sog. Biohum-Verfahren wird der Torf unter Zugabe von Kalk entsäuert und schwach vorentwässert. Auf 3—4 Ballen Torf (1—1,32 cbm) wird 1,2 cbm Schlamm zugemischt. Statt den Torf mit Kalk zu entsäuern, schlägt Sauer[1] vor, den ausgefaulten, wäßrigen Klärschlamm mit hochwertigem Moostorf in bestimmtem Verhältnis unter Zugabe von 1% kohlensaurem Kalk mittels Motorschnecke zu mischen und dann erst 12—24 Stunden zu lagern. In Deutschland sind nach Sauer 26 Anlagen zur Herstellung des Biohums erstellt. Das britische Patent 410487 vom 13. 10. 1933 empfiehlt folgende Mischungsverhältnisse: 50% flüssiger Faulschlamm, 15% Kreide, 5% Kalk, 30% Müllabfuhr. Auch zum Kompostieren kann der Faulschlamm in gleicher Weise wie dies auf S. 320 für Frischschlamm angegeben ist in Mischung mit den verschiedensten Stoffen benützt werden.

[1] Sauer: Städtereinigung 1936, 28, 498.

Nach dem britischen Patent 408193 vom 27. Juni 1932 wird Schlamm mit überheiztem Wasserdampf von 200° C behandelt, um die bei der Düngung störenden Fette zu verseifen. Um den Schlamm auch als Kopfdünger benutzen zu können, wird er mit Calciumhypochlorit behandelt.

Die Verwertung des Faulschlammes als Dungstoff sollte so weit wie eben möglich durchgeführt werden. Wo noch Widerstände vorhanden sind, sollte man diese durch Aufklärung durch Zeitungen oder noch besser durch allgemein zugängliche Versuchsdüngungen beseitigen. Daniels gibt für die schlechte Absatzfähigkeit des Schlammes folgende Gründe an: Abgabe von schlecht ausgefaultem und daher stark riechendem Schlamm, ästhestische Einwände, Unkenntnis über den Wert des Humusgehaltes und klumpige Beschaffenheit des Schlammes. Er beschreibt eine Maschine, die den Schlamm auf 1—2 mm Korngröße zerkleinert, da der Schlamm sich in diesem Zustand besser zur Bodenverbesserung für Rasenplätze, Gärten usw. eignet. Der Absatz kann weiter durch Vermischen mit Handelsdünger gesteigert werden, z. B. mit phosphorsauren Salzen, Ammonsalzen und Kalisalzen (Huminal).

4. Entwässerung durch Zentrifugen, Vakuumfilter usw. In gleicher Weise wie beim Frischschlamm, (s. S. 315), hat man besonders in Amerika die Entwässerung des Faulschlammes durch Zentrifugen, Zellen- oder Vakuumfilter durchgeführt. Faulschlamm, der mit Hilfe von Vakuumfiltern entwässert werden soll, muß die auch für Frischschlamm auf S. 316 angegebenen Eigenschaften für eine gute Kuchenbildung auf dem Filtertuch besitzen. Beim Vergleich mit Schlammtrockenplätzen stellt Flyun fest, daß die Trocknung auf Trockenbeeten nur wenig billiger ist als auf Vakuumfiltern, daß letztere bei Anwendung entsprechend billiger Chemikalien sogar billiger gestaltet werden könne.

Um die Entwässerung wirksamer zu gestalten, setzt man dem Schlamm Fällungsmittel, wie Eisen- oder Aluminiumsalze zu. Am besten scheint sich Eisenchlorid ($FeCl_3$), das bei einer Temperatur von 25—30° zugesetzt wird, zu bewähren. Nach dem britischen Patent 437469 vom 30. Oktober 1935 von Genter[1] stören bei der chemischen Behandlung des Schlammes zwecks Entwässerung auf Vakuumfiltern die bei der Fäulnis im Schlamm sich bildenden Ammoniumverbindungen. Um diese Ammoniumverbindungen, z. B. Amine, zu entfernen, unterwirft er und auch Keefer und Kratz[2] den ausgefaulten Schlamm einer Wäsche mit Auslaufwasser. Den mit etwa der 8fachen Wassermenge gewaschenen Schlamm läßt man dann 24 Stunden absetzen. So vorbehandelter Schlamm braucht dann bedeutend geringere Mengen an Fällungsmitteln. Keefer und Kratz geben statt der gewöhnlich gebrauchten Menge von 5,25 kg/100 kg Schlamm einen Eisenchloridverbrauch von 1,09 kg je 100 kg (auf Trockensubstanz gerechnet) an. Bei gewaschenem ausgefaultem Schlamm kann die Leistung der Saugfilter für 1 qm Filterfläche in der Stunde auf 50—100 kg (auf Trockensubstanz berechnet) gesteigert werden. Nach neueren Versuchen von Keefer und Kratz[3], bei denen bei 39° ausgefaulter Schlamm mit der doppelten Menge Leitungswasser gewaschen wurde, wurden die Amino-Ammoniak-Stickstoffverbindungen, die vor allem die Chemikalien binden, am vorteilhaftesten verringert. Eine Absetzzeit von 2 Stunden ergab günstige Ergebnisse. Mohlman und Edwards[4] fördern die Entwässerung des Schlammes vor der Zugabe von Eisenchlorid sehr wesentlich dadurch, daß sie eine kleine Menge Natriumbichromat (1% oder weniger) oder auch so viel Kalk zugeben, daß der p_H-Wert auf über 9,0 steigt. Auch eine starke Vorbelüftung der mit und ohne Zusatz von Fällungsmitteln behandelten Schlämme zur besseren Ausnutzung der Vakuumfiltration ist empfohlen worden.

5. Künstliche Trocknung des Schlammes. Die künstliche Trocknung des Schlammes kann in Drehtrommeln (Atlastrockner) und Trockentrommeln mit direkter oder indirekter Heizung erfolgen. Da der Wärmeverbrauch sehr hoch ist, wird sie in Deutschland gar nicht und im Ausland nur selten angewandt. Um die bei der Trocknung mit den entweichenden Gasen auftretenden Geruchsbelästigungen zu vermeiden, hat man empfohlen, die Gase unter die Feuerung zu leiten.

6. Verbrennen des Schlammes. Die Verbrennung kann bei ausgefaultem Schlamm wegen des hohen Aschegehaltes nur in sehr wenigen Fällen durchgeführt werden. Auf der Kläranlage Philadelphia konnte Blew den auf den Trockenbeeten aufgehäuften Schlamm infolge des hohen Gehaltes an Faser-

[1] Genter: Ind. engin. Chem. 1935, **27**, 218. [2] Keefer u. Kratz: Eng. News Rec. 1935, **114**, 289. [3] Keefer u. Kratz: Sewage Works Journ. 1937, **9**, 6. [4] Eddy: Sewage Works Journ. 1934, **6**, 262.

stoffen (Papier) direkt verbrennen. Zur Verbrennung verwendet man etagenförmige Öfen, in denen in den oberen Etagen der Schlamm zunächst getrocknet und in den unteren Etagen verbrannt wird.

7. Abspülen des Schlammes in den Vorfluter oder Versenken ins Meer. Da der stark ausgefaulte Schlamm nur noch geringe Anforderungen an die Selbstreinigungskraft des Wassers stellt, so ist empfohlen worden, den stark mineralisierten Schlamm mit dem Vorfluter ins Meer zu spülen. Abgesehen davon, daß dieses Verfahren nur bei großen Vorflutern mit genügender Geschwindigkeit, so daß die Schleppkraft ausreicht, um den Schlamm ins Meer zu spülen, durchgeführt werden kann, ergeben sich doch zahlreiche Bedenken. Selbst wenn man von hygienischen und fischereilichen Bedenken absieht, so stellt auch dieser Schlamm noch hohe Anforderungen an den Sauerstoffhaushalt des Flusses und damit an die Selbstreinigung. An allen etwas ruhigeren Stellen, vor allem in Buhnenfeldern, Badeanstalten usw. würde der Schlamm sehr lästige Ablagerungen bilden. Aus diesen und weiteren Gründen ist eine derartige Beseitigung des Schlammes nicht zu empfehlen. Man kann aber den ausgefaulten Schlamm in gleicher Weise, wie es S. 315 für Frischschlamm angegeben ist, durch Tankschiffe in genügender Entfernung von der Küste aufs Meer hinausfahren und dort versenken.

J. Beseitigung der nicht absetzbaren und der kolloiden Stoffe aus dem Abwasser.

Bei der mechanischen Reinigung verbleibt im Abwasser noch ein kleiner Rest der absetzbaren Stoffe, die nichtabsetzbaren Stoffe, die kolloiden Stoffe und schließlich auch die gelösten Stoffe. Die drei ersten Stoffarten bedingen, daß das Abwasser auch nach der mechanischen Reinigung seine mehr oder weniger starke Trübung und oft auch Färbung noch besitzt. Die Entfernung dieser Stoffe aus dem Abwasser ist in sehr vielen Fällen nicht nur mit Rücksicht auf den Vorfluter, sondern auch mit Rücksicht auf die Tatsache erforderlich, daß durch die Entfernung der Trübstoffe ein klarer Ablauf erzielt wird, der in ästhetischer Beziehung von großem Vorteil und Einfluß ist. Die Entfernung der Trübstoffe kann auf verschiedenem Weg geschehen, und zwar:

Durch die chemische Fällung; durch die elektrische Behandlung; durch Abwasserfeinsiebe; durch Abwasserfilter.

I. Chemische Fällung.

1. Geschichte und Entwicklung der chemischen Fällung.

Die Verfahren der chemischen Fällung von Abwasser gehören zu den ältesten Verfahren zur künstlichen Reinigung von Abwässern. Schon im Jahre 1762 erhielt DE BOISSIEU[1] ein Patent zur Reinigung von Abwasser mit Kalk. 1872 wurde in Birmingham und 1874 in Bradford das Abwasser durch Zugabe von Kalk gereinigt. Der Jahresbericht der Englischen Flußverunreinigungs-Kommission vom Jahre 1870[2], der unter anderem eine Darstellung der geschichtlichen Entwicklung der chemischen Fällung enthält, stellt die chemische Fällung als das beste Verfahren hin. Das Abwasser wird mit Flockungsmitteln versetzt

---

[1] REYNOLDS: Sewage Works Journ. 1933, **5**, 595. — Engin. News-Rec. 1933, **110**, 479. — Public Works 1933, **63**, 27.

[2] FOWLER: The fifth report of the royal commission in sewage disposal 1909. — Wasser u. Abwasser 1909, 505.

und in Absetzbecken von dem ausgefällten Schlamm befreit. Das Verfahren hatte zunächst in England und Amerika eine große Verbreitung gefunden. Es erlebte in den Jahren 1880—1890 seinen Höhepunkt. In dieser Zeit wurden in England nicht weniger als 200 Anlagen mit chemischer Fällung eingerichtet. Durch die bei dem Verfahren vorhandenen Schwierigkeiten verlor es jedoch verhältnismäßig schnell an Interesse. Man benutzte die vorhandenen Anlagen meistens ohne Zugabe von Fällungsmitteln als einfache Absetzanlagen für die absetzbaren Stoffe weiter. Vom Jahre 1890 ab wurde das Verfahren fast vollständig verdrängt durch die in der Zwischenzeit entwickelten Methoden der biologischen Reinigung. In Deutschland haben nur wenige Anlagen die chemische Fällung angewandt, unter anderem die Kläranlage Leipzig[1], die noch bis kurz vor dem Kriege ihre Abwässer durch Zugabe von Eisensulfat und Kalk gereinigt hat.

In den Jahren 1897—1901 führten auf der Kläranlage Frankfurt Lepsius, Popp und Freund[2] Versuche mit verschiedenen Fällungsmitteln durch. Die Versuche bestätigten die schon vorher bekannte Tatsache, daß die chemische Klärung nur suspendierte und kolloide, nicht aber gelöste Stoffe erfaßt. Die meisten Verfahren zur chemischen Fällung beruhen auf der Anwendung von leicht ausflockbaren Chemikalien, die eine andere Ladung besitzen als die negativ geladenen, grobdispersen, nicht absetzbaren Stoffe und die hochdispersen Abwasserkolloide. Durch Adsorption an die dem Abwasser zugesetzten ausgeflockten Kolloide werden die nicht absetzbaren und kolloiden Stoffe ausgeschieden und in gewöhnlichen Absetzbecken beseitigt.

Als erstes Fällungsmittel für Abwasser wird im Schrifttum Kalkmilch genannt, später kommen Aluminium- und Eisensalze allein oder in Verbindung mit Kalkmilch hinzu. Im Laufe der Jahre ist dann eine große Anzahl von anderen Stoffen, wie Torf, kolloider Ton und Gemische von Stoffen, die Kombinationen vorstehender Stoffe in Verbindung mit anderen leicht adsorbierenden Stoffen betreffen, herausgekommen. König[3] beschreibt in seinem Buche „Die Verunreinigung der Gewässer“ im Jahre 1899 bereits 75 verschiedene Fällungsmittel. Die Verschiedenartigkeit der benutzten Mittel ist erstaunlich. Es sei nur an das ABC-Verfahren, das als Fällungsmittel Aluminium, Blut und Lehm verwandte, erinnert. Weitere Fällungsmittel waren gebrannte und ungebrannte Magnesia, Pottasche, Holzkohle u. a.

Der dauernden Einführung der chemischen Fällungsverfahren, die durch den in kürzester Zeit sichtbaren Reinigungseffekt immer wieder zu neuen Versuchen und zur Einführung neuer Fällungsmittel anreizten, standen verschiedene Schwierigkeiten im Wege. Eine der Hauptschwierigkeiten ist die große Menge anfallenden Schlammes. An Stelle der bei der mechanischen Reinigung gewonnenen Schlammenge von etwa 5 bis 9 ccm/Liter fallen hier oft 50—100 ccm/Liter, oft sogar noch größere Schlammengen an. Die Behandlung und Beseitigung dieser großen Schlammengen machte sehr große Schwierigkeiten. Während gewöhnlicher Frischschlamm etwa 95% Wassergehalt hat, weist der bei der chemischen Fällung anfallende Schlamm einen Wassergehalt von 98—99% auf. Bei der chemischen Fällung werden nicht nur die absetzbaren, sondern auch die nicht absetzbaren und die kolloiden Stoffe entfernt. Das Wasser sieht zwar sehr klar aus, enthält aber noch alle gelösten Stoffe, ist daher noch fäulnisfähig und kann je nach seinem Gehalt an gelösten Stoffen noch sehr große Anforderungen an den Vorfluter stellen.

Der Preis für die Fällungsmittel war oft sehr hoch; er stand oft in keinem Verhältnis zum erzielten Reinigungserfolg. Andererseits standen die zur Fällung benutzten Chemikalien nicht in genügender Menge zur Verfügung, so daß ihre Beschaffung oft große Schwierigkeiten machte.

In neuerer Zeit sind eine ganze Reihe Neuerungen eingeführt worden, die zum Teil aus der Trinkwasserreinigung übernommen sind und durch die die Verfahren zur chemischen Fällung wieder an Bedeutung gewonnen haben. An verschiedenen Stellen, besonders in Amerika, sind diese Verfahren erneut in den Betrieb eingeführt worden. Die Neuerungen nutzen in erster Linie die Fortschritte der gesamten Abwassertechnik und der Kolloidchemie in der Erkenntnis der Flockungsvorgänge bei der Koagulation, Anwendung der

[1] Mieder: Techn. Gemeindebl. 1925, 28, 191.
[2] Tillmans: Wasser u. Abwasser 1909, 305.
[3] König: Die Verunreinigung der Gewässer, S. 353. Berlin: Julius Springer 1899.

Flockungsoptima bei richtig eingestelltem p_H-Wert usw. aus. Die Zugabe von Fällungsmitteln erfolgt durch Zuteilungsvorrichtungen, die sich selbsttätig der wechselnden Wassermenge anpassen. Man kann die Ausflockung durch besondere Misch- und Bewegungsvorrichtungen unterstützen. Aus den Absetzbecken, in denen der Schlamm schnell vom Wasser getrennt wird, wird der Schlamm laufend durch Ausräumer entfernt, so daß er stets frisch anfällt. Man hat eine Reihe Geräte geschaffen, die den p_H-Wert schnell ermitteln, ihn aufzeichnen und weitermelden. Zur Behandlung der anfallenden großen Schlammenge wurden Vakuumfilter angewandt und weitgehende Versuche mit der Ausfaulung mit günstigem Erfolg durchgeführt. Andere Versuche betrafen die Ausarbeitung von Verfahren zur Wiedergewinnung der Fällungsmittel. Hierdurch wurden so weitgehende Verbesserungen erzielt, daß die Verfahren Aussicht haben, in dem einen oder anderen Falle wieder angewandt zu werden. Durch Gewinnung der Fällungsm ttel aus industriellen, sonst wertlosen Abfallstoffen wurden die Preise für die Fällungsmittel erheblich gesenkt. Weiter wurden Fällungsmittel eingeführt, die auch die gelösten Stoffe so beeinflussen, daß auch sie kolloiden Charakter annehmen und mit ausgeflockt werden.

Die chemischen und elektrischen Fällungsverfahren haben gegenüber den biologischen Verfahren den einen Vorteil, daß sie unabhängig sind von Temperatureinflüssen, z. B. Frost, und ihre Wirkung sofort augenfällig in die Erscheinung tritt.

Der Bericht der Abwasserfachgruppe der American Public Health Association[1], der unter Beifügung eines erschöpfenden Quellenverzeichnisses, die geschichtliche Entwicklung der chemischen Abwasserbehandlung, eine Beschreibung der verschiedenen Verfahren, Fällungsmittel, Angaben über die Beseitigung des Schlammes und Kosten der Verfahren bringt, kommt unter anderem zu folgenden Schlußfolgerungen:

1. Die chemische Abwasserbehandlung ist ein Zwischending zwischen den mechanischen und den biologischen Reinigungsverfahren.

2. Sie ist besonders vorteilhaft, wenn eine Abwasserreinigung nur während einiger Monate im Jahre oder nur in besonderen Fällen erforderlich ist. Auch in den Nachtstunden kann sie einfach abgestellt werden.

3. Bei überlasteten Tropfkörpern und Belebtschlammanlagen stellt sie eine gute Entlastung dar und kann deren Erweiterung um Jahre hinausschieben.

4. Sie ist unempfindlicher gegen Störungen durch gewerbliche Abwässer.

5. Eisensalze (Eisenchloride und Eisensulfate) haben sich am besten bewährt.

Weitere Vorteile der chemischen Fällungsverfahren sind geringe Baukosten, geringer Platzbedarf, Geruchsfreiheit, Einstellbarkeit und Anpassungsfähigkeit in kürzester Zeit. Als Nachteile stehen dem gegenüber außer dem großen Schlammanfall der teure Betrieb.

Von größerem Interesse sind die besonders in letzter Zeit durchgeführten und bereits in den Großbetrieb eingeführten Versuche, die chemische Fällung durch Zugabe besonderer Stoffe, wie Torf, Papierfasern usw. zu unterstützen, ferner die besonders in Deutschland und Amerika durchgeführten Versuche, die biologische Reinigung durch Vor- oder Nachschaltung einer chemischen Fällung so zu ergänzen, daß die Wiedergewinnung des Abwassers als Betriebswasser durchgeführt werden kann.

2. Wesen der chemischen Fällung.

Während man früher annahm, daß durch die Fällungsmittel lediglich eine Beschwerung der in dem Abwasser enthaltenen ungelösten Stoffe durch die spezifisch schwereren Fällungsmittel hervorgerufen werde, haben die neueren Forschungen der Kolloidchemie in das Gebiet der chemischen Fällung weitgehende Klärung hineingetragen[2]. Die Kolloide eines normalen Abwassers sind elektro-negativ. Nimmt man als Beispiel einer Fällung die Adsorption an Aluminiumhydroxyd, so zeigt es sich, daß Aluminiumhydroxyd $[Al(OH)_3]$

[1] Sewage Works Journ. 1935, 7, 997.

[2] Buswell: The chemistry of water and sewage treatment. New York 1928.

amphoter ist, d. h. es kann nach zwei Richtungen reagieren, da es sowohl nach der basischen als auch nach der sauren Seite ionisiert

$$Al(OH)_3 \lessgtr \begin{matrix} Al(OH_2)O^- + H^+ \\ Al(OH_2)^+ \quad + OH^-. \end{matrix}$$

Nach dem Massenwirkungsgesetz wird eine Zunahme an Wasserstoffionen die Konzentration der basischen Ionen verstärken bis schließlich das Aluminiumion vollständig in Lösung geht. Würde man im Gegensatz hierzu das Hydroxylion genügend verstärken, so geht allmählich Aluminium [$Al(OH)_2O^-$] als Aluminat in Lösung. Hieraus geht ohne weiteres hervor, daß dem p_H-Wert eine ausschlaggebende Rolle bei der chemischen Fällung zukommen muß. Da Abwasserkolloide elektronegativ geladen sind, so gehen sie mit dem positiv geladenen $Al(OH)_2^+$ leicht Verbindungen ein, die sich bei dem richtigen p_H-Wert im Gelzustand befinden und daher leicht ausgeflockt werden. Gleichzeitig wirken die im Wasser enthaltenen positiv geladenen Ionen auf die im Abwasser enthaltenen negativ geladenen Sole ausflockend ein.

Ähnlich liegen die Verhältnisse bei den übrigen Fällungsmitteln. Hierbei zeigt es sich, daß dreiwertige Ionen wirksamer sind als zweiwertige und diese wieder wirksamer als einwertige.

Die im Abwasser enthaltenen, basischen Verbindungen, vor allen Dingen Ammoniumcarbonat [$(NH_4)_2CO_3$], Harnstoff usw. gehen ebenfalls mit den zugesetzten Fällungsmitteln Verbindungen ein, wobei es zur Bildung von Ausflockungen kommt.

$$Al_2(SO_4)_3 + 6\,NH_4OH = 2\,Al(OH)_3 + 3\,(NH_4)_2SO_4.$$
$$Al_2(SO_4)_3 + 3\,(NH_4)_2CO_3 + 3\,H_2O = 2\,Al(OH)_3 + 3\,(NH_4)_2SO_4 + 3\,CO_2.$$

Die im Abwasser, sei es als Emulsoide oder Suspensoide, enthaltenen Kolloide werden durch die Aluminiumhydroxydflocken aus dem Solzustand in den Gelzustand übergeführt, wobei die bedeutend größeren Aluminiumhydroxydflocken das kleine Abwassergel an sich ziehen.

Ausfällungen der Abwasserkolloide werden durch die Änderungen des p_H-Wertes stark beeinflußt. Dies beruht zum Teil darauf, daß verschiedene Fällungsmittel und auch die Abwasserkolloide zu den reversiblen Kolloiden gehören, d. h. im stark sauren oder alkalischen Bereich können die ausgeflockten Abwasserkolloide wieder in den Solzustand übergehen. STREANDER und BLEW[1] erhielten die besten Ausflockungen bei den isoelektrischen Punkten.

In vielen Abwässern, besonders in manchen gewerblichen Abwässern, sind Stoffe enthalten, die auf die im Abwasser enthaltenen Kolloide als Schutzkolloide wirken. Da Schutzkolloide den Übergang des Kolloides aus dem Sol- in den Gelzustand verhindern, wodurch ihre Ausflockung unmöglich gemacht wird, so müssen sie auf irgendeine Weise unschädlich gemacht werden. Dies kann z. B. durch Änderung ihrer chemischen Struktur geschehen, wodurch sie meistens auch ihren Charakter als Schutzkolloid verlieren. In der Trinkwasserreinigung durch chemische Fällung sind solche Schutzkolloide, z. B. für Eisen, in der Form der Huminstoffe bekannt, die zunächst durch Kaliumpermanganat zerstört werden müssen, ehe die zugesetzten Fällungsmittel wirken können. Die in den Sulfitablaugen enthaltenen Verbindungen können ebenfalls bei der chemischen Fällung als Schutzkolloide auftreten. MOHLMAN[2] unterscheidet folgende 5 Hauptgruppen der moderneren Fällungsverfahren:

1. Ferrihydroyd + Zeolithe (GUGGENHEIM-Verfahren).
2. Ferrihydroxyd + Schwebestoffe (LAUGHLIN-, LEWIS-TRAVERS-, PUTNAM-Verfahren).
3. Ferric-Aluminiumoxyd und Chlor (Diamondalkali-Verfahren von STEVENSON oder STREANDER oder Scot Darcy).
4. Calciumcarbonat und Magnesiumhydroxyd (LANDRETH-, MILLER-KELLER-Verfahren).
5. Papiermilchfiltration-Trommelfilter (WRIGHT-Verfahren).

Der Zusatz an Fällungsmitteln muß sich im wesentlichen nach der Abwassermenge, weniger nach der Verschmutzung richten. Von Einfluß ist ferner die Alkalität des Wassers, die halbstündlich bis stündlich zu bestimmen ist. Kalk wird zur Zeit weniger als Fällungsmittel, sondern in der Hauptsache zur Berichtigung der Alkalität zugegeben. Schon aus wirtschaftlichen Gründen wird man die Menge der zuzusetzenden Fällungsmittel möglichst gering halten.

---

[1] STREANDER u. BLEW: Public Works 1935, **66**, 17.
[2] MOHLMAN: The Surveyor 1934, **85**, 451.

3. Verschiedene Fällungsmittel.

a) Eisensalze.

Von den in früheren Zeiten fast ausschließlich angewandten, leicht ausflockenden, in der Hauptsache dreiwertigen Metallsalzen, wie Eisensulfat, Aluminiumsulfat, Aluminiumferrid und Magnesiumsalzen mit und ohne Kalkzusatz haben sich in neuerer Zeit in der Abwassertechnik fast ausschließlich Eisensalze gehalten im Gegensatz zur chemischen Fällung in der Trinkwassertechnik, wo Aluminiumsalze bevorzugt werden.

An verschiedenen Stellen in USA. wurde Eisenchlorid durch Auflösen von Eisen in Chlorwasser hergestellt. Auf der Kläranlage Dearborn war ein Turm, der mit Eisenabfällen aus dem städtischen Müll, wie Blechdosen, Draht usw. gefüllt war. Über diese Abfälle rieselte eine Chlorlösung. Dieses Verfahren ist aber wieder wegen verschiedener Betriebsschwierigkeiten aufgegeben worden, da der im Turm sich ansammelnde Schlamm bald zu Verstopfungen führte. Eisensalze fallen in großen Mengen zu billigem Preise in den Abwässern der Beizereien der eisenverarbeitenden Industrie an. Diese Beizen enthalten je nach der angewandten Säure Eisensulfat ($FeSO_4$) oder Eisenchlorid ($FeCl_2$). Aus Schwefelsäure enthaltenden Abfallbeizen läßt sich mit Hilfe verschiedener Verfahren (s. gewerbliche Abwässer S. 640) das Eisensulfat leicht gewinnen. Die einfachste Verwendungsart ist, sie mit den Spülwässern in gleichmäßigem Strome in die Kanalisation abzulassen, in der sie dann nach Neutralisation durch die alkalischen häuslichen Abwässer ihre ausflockende Wirkung äußern. In Amerika hält man auch heute noch die Herstellung der Eisensalze aus Alteisen oder alten Konservenbüchsen und Chlor noch für das wirtschaftlichste[1]. In der Form des wasserhaltigen Eisensulfats $FeSO_4 \cdot 7\,H_2O$ ist Eisensulfat auf der Kläranlage Leipzig viele Jahre lang angewandt worden. Mit Rücksicht auf die seinerzeit außergewöhnlich hohen Kosten und die sehr große Schlammenge hat man dieses Verfahren in der Nachkriegszeit verlassen, zumal es nicht immer möglich war, die großen Eisensulfatmengen zu beschaffen. Durch den Ausbau von Aufarbeitungsanlagen für Eisenbeizereien wird es aber in Zukunft möglich sein, Eisensulfat zu billigem Preise und in genügender Menge zur Verfügung zu stellen, so daß die Kosten für die Fällung mit Eisensulfat ganz erheblich heruntergesetzt werden können. Während vor 10 Jahren die Tonne Eisensulfat rund RM 180 bis 200.— kostete, kann man bei weiterem Ausbau der Aufarbeitungsanlagen für Beizereiabwässer damit rechnen, daß der Preis etwa RM 20.— je Tonne Eisensulfat betragen wird. In gleicher Weise gewinnt man Eisenchlorid aus den salzsäurehaltigen Eisenbeizen. Da diese aber meistens viel weniger konzentriert sind und daher die Gewinnung des Salzes viel schwieriger ist, verwendet man sie am besten direkt in Form der verbrauchten Beizen.

Besser als Eisensulfat mit zweiwertigem Eisen haben sich bei der chemischen Fällung die dreiwertigen Eisensalze, Ferrichlorid bzw. Ferrisulfat bewiesen. Die Gewinnung des letzteren ist aber verhältnismäßig teuer. Bei der Anwendung des dreiwertigen Eisens scheidet sich unter der Wirkung der Hydrolyse und des Säurebindungsvermögens der Abwässer dreiwertiges Eisenhydroxyd ($FeOH_3$) ab, das ein viel größeres Absorptionsvermögen als das stark voluminöse, schlecht absetzbare Eisenhydroxydul hat. Um das bei der Anwendung von Ferrosulfat sich bildende Eisenhydroxydul in das leicht absetzbare Ferrihydroxyd überzuführen, haben Dallyn[2] und Streander[3] empfohlen, das Abwasser nach der Ausfällung des Ferrosulfats mit Kalk so lange zu belüften, bis alles Eisenhydroxydul in Eisenhxdroxyd übergeführt ist. Bei aufmerksamer Bedienung gibt dieses Verfahren sehr gute Erfolge. Der Luftverbrauch soll das 1,5fache der Abwassermenge betragen. Bei Benutzung von Kalk und Ferrieisen erzielten Rudolfs und Gehm die besten Ergebnisse, wenn sie den Kalk vor dem Eisen zugaben. In dem DRP. 523991 der Chemischen Fabrik Buckau wird ein Verfahren und Vorrichtung zur Reinigung von Abwasser empfohlen, bei dem Eisen oder Eisenoxyd mit oder ohne Belüftung verwandt wird.

Zur Herstellung der Ferrisalze geht man gewöhnlich ebenfalls von den vorgenannten Ferrosalzen aus.

---

[1] Imhoff: Chem. Fabrik 1935, 8, 363.
[2] Dallyn: DRP. 566134, Kl. 85c vom 28. Dezember 1927.
[3] Streander: Public Works 1933, 64, 28.

Die für die Herstellung des Ferrisulfates und Ferrichlorids aufzuwendenden hohen Kosten umgeht man in neuerer Zeit durch Verwendung von Eisensulfatchlorid. Zu seiner Herstellung wird die Lösung des verhältnismäßig billigen Eisensulfates aus einer normalen Chlorapparatur mit Chlor versetzt. Die zur Bildung des Eisensulfatchlorids erforderliche Chlormenge beträgt 1 Tl. Chlor auf 7,8 Tle. Eisensulfat. In Deutschland werden Eisensulfatchlorid und die Apparate zu seiner Herstellung von der Chlorator-Gesellschaft, Berlin, hergestellt. Eisensulfatchlorid hat den Vorteil einer weitgehenden Unabhängigkeit vom p_H-Wert. Es gibt bei p_H-Werten zwischen 6,0—8,0 gute Fällungsergebnisse[1]. Hendon[2] hat die in Abb. 106 dargestellte Kurve über den Einfluß des p_H-Wertes auf die zuzugebende Menge Eisensulfatchlorid aufgestellt.

Rudolfs und Gehm[3] haben den Einfluß des p_H-Wertes bei der Fällung mit Eisensalzen geprüft in dem Bereich von p_H 2,0—11,5. Die günstigste Abwasserklärung wurde bei Eisengehalten von 0—15 mg/Liter Fe bei p_H-Werten 2,5—3,5 und 9,5—10,5 erzielt. Im sauren Bereich ist die Beseitigung der Schwebestoffe größer als im alkalischen Bereich.

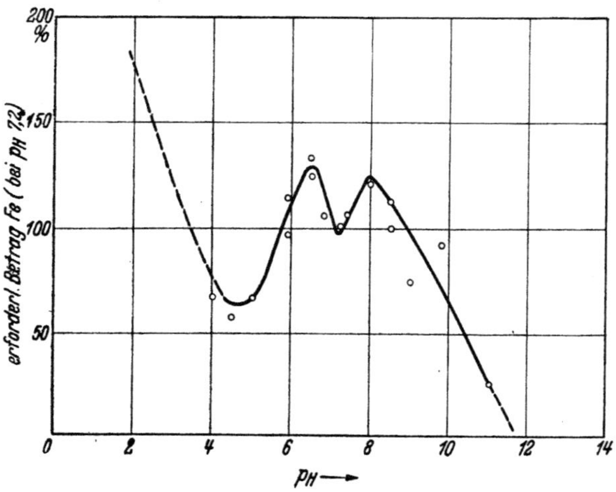

Abb. 106. Verhältnis zwischen dem p_H-Wert eines Abwassers und dem für eine gute Ausflockung erforderlichen Betrag an gechlortem Eisensulfat nach Hendon.

Die Messung der Trübung und des p_H-Wertes sind die einfachsten Mittel zur schnellen Prüfung des Reinigungsvorganges und zur Anpassung des Chemikalienzusatzes an die jeweilige Abwasserverschmutzung, zumal die Beziehungen zwischen Trübung, Schwebestoffen, biochemischem Sauerstoffbedarf bei den verschiedenen p_H-Werten parallel nebeneinanderlaufen. Zur schnellen Feststellung der Zusatzmenge dient ein 6-Becherapparat mit Rührvorrichtung.

Über die neueren, in Amerika angewandten Verfahren, bei denen das mit dem Schlamm ausgeschiedene Fällungsmittel, wie Eisen- oder Aluminiumsalz, durch Herauslösen mit Schwefelsäure als Eisensulfat wiedergewonnen und stets im Kreislauf verwandt wird, soll später noch berichtet werden. Es braucht in diesem Falle nur die billige Schwefelsäure gekauft werden[4]. Wurde Eisenchlorid als Fällungsmittel angewandt, so löst man das Eisen mit gasförmigem Chlor aus dem Schlamm und benutzt die erhaltene Lösung erneut zum Fällen (Stevenson-Verfahren).

In dem DRP. 641793 beschreibt Jung[5] das „Eisenkohlensäureverfahren". Nach der Patentbeschreibung handelt es sich um ein Verfahren zur Kreislaufverwendung von Eisen bei der chemischen Reinigung von Abwasser durch Eisenverbindungen unter Zuhilfenahme von Kohlensäure als Lösungsmittel, dadurch gekennzeichnet, daß der bei der Reinigung von Abwasser mit Eisenverbindungen anfallende Ferrihydroxyd haltende Schlamm einige Zeit lang, gegebenenfalls unter Umrühren und nach Impfung mit stark sauerstoffzehrenden Schlämmen sich selbst überlassen wird. Der bei dem Verfahren anfallende Schlamm wird der Einwirkung von Kohlensäure oder kohlensäurehaltigem Abwasser ausgesetzt und, nachdem sich das zu reinigende Abwasser mit dem so entstehenden gelösten Eisenbicarbonat angereichert hat, zur Ausfällung des Eisens und der Schmutzstoffe belüftet. Als Eisenquelle werden Eisenspäne benutzt, während man für die Kohlensäure Abgase (Rauchgase) verwenden kann. Der Bedarf an Rauchgasen, bezogen auf die Abwassermenge, ist 1,5 cbm/cbm und der Luftbedarf ebenfalls 1,5 cbm/cbm Abwasser. Das Abwasser wird wenig oder gar nicht angesäuert, da die Kohlensäure durch die Luft wieder ausgetrieben wird. Während Jung noch für den Eisengehalt Mengen bis zu

[1] Hedgepeth u. Olsen: Journ. Amer. Water Works Assoc. 1928. — Enslos: Municipal News and Water Works 1929. — Decker u. Menke: Municipal News and Water Works 1929.
[2] Hendon: Trans. Inst. chem. Engin. 1937, **15**.
[3] Rudolfs u. Gehm: Sewage Works Journ. 1936, **8**, 195 u. 1938, **10**, 450.
[4] Smith: Water Works and Sewerage 1932, **79**, 420. — Irvin: Water Works and Sewerage 1932, **79**, 245.
[5] Jung: Städtereinigung 1934, **26**, 353.

50 mg/Liter angibt, genügen nach SCHMITZ-LENDERS bereits 15 mg/Liter Fe. Die ganze Behandlung erfordert nur $^1/_2$—$^3/_4$ Stunde Zeit. Das Eisenkohlensäureverfahren ist zum ersten Male im Großbetrieb nach SCHMITZ-LENDERS[1] auf der Gruppenkläranlage des Niersverbandes nach dem in Abb. 107 dargestellten Schema als Vorreinigung vor dem Belebtschlammverfahren angewandt. In der Eisenkohlensäureanlage wird das Abwasser 10 Minuten lang mit Kohlensäure angereichert und dann über Eisenspäne geleitet, die zur Vermeidung von Passivierungserscheinungen ständig bewegt werden müssen (Drehtrommel). Zur Unterstützung der Flockenbildung bei der Ausscheidung der Eisenflocken wird in der zweiten Hälfte Belebtschlamm aus den Nachklärbecken zugefügt. Der Vorteil des Verfahrens liegt unter anderem darin, daß das Abwasser keine chemische Veränderung, wie Versalzung, Verhärtung, Veränderung des p_H-Wertes usw. mit sich bringt und sich der Zusatz des Eisens bei schwankender Wassermenge leichter dosieren läßt. Bei Anwendung für industrielle Abwässer hat das Verfahren den Vorteil, daß es auch den im Wasser enthaltenen Schwefelwasserstoff bindet (z. B. Gerberei-, Schlachthof-, Färbereiabwässer).

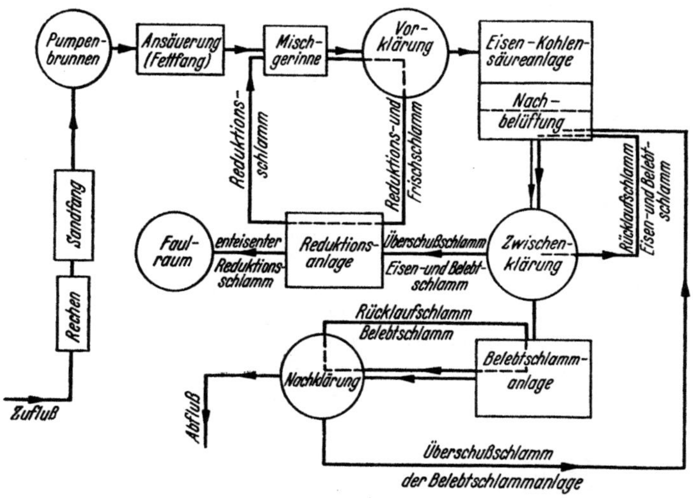

Abb. 107. Schema des Eisen-Kohlensäureverfahrens als Vorreinigung vor dem Belebtschlammverfahren nach JUNG.

b) Aluminiumverbindungen.

Aluminiumsalze, die in der Trinkwasserreinigung eine viel größere Anwendung finden als Eisensalze, werden in der Abwassertechnik nur noch dort verwandt, wo sie gleichzeitig als Abfallprodukt anfallen und keine weiteren Kosten verursachen. In neuerer Zeit hat PFUNDT[2] erneut Studien über Ausfällungen in Abwässern mit vorwiegend gelösten organischen Stoffen durchgeführt. Er kommt hierbei zu dem Ergebnis, daß die Ausfällung der Abwasserkolloide durch Aluminiumsulfat bei Mengen von 100—450 mg/Liter keine konstanten Werte ergibt. Von der Ausflockung werden auch nur 60% der im Abwasser enthaltenen Kolloide erfaßt.

Die Versuche, die Wirkung des Aluminiumuslfates durch Zugabe von 1 g Torf auf 250 mg/Liter Aluminiumsulfat zu steigern, ergaben nur eine Verbesserung der Ausfällung der Kolloide bis auf 75%. Mehr Zusatz des einen oder anderen Stoffes ergab keine besseren Ergebnisse. Die aus dem Torf isolierten Humusverbindungen dagegen ergaben in Verbindung mit Aluminiumsulfat eine Ausflockung von 95% der vorhandenen Kolloide. Um große, leicht absetzbare Flocken zu erzeugen, schlägt PENSCHUCK in dem DRP. 577830 vor, als Fällungsmittel eine dünne (3—5‰) Aluminiumsulfatlösung während des Fließens so zuzusetzen, daß keine Wirbelbildungen erfolgen.

In neuester Zeit hat BESSE[3] allgemeine Untersuchungen über die kolloiden Eigenschaften der Tone, ihre Eignung zur Abwasserreinigung, ihre Plastizität, ihr Bindevermögen, den Einfluß der Alkalien, die ähnlich wie Kalk eine Peptisation der Abwasserkolloide

[1] SCHMITZ-LENDERS: Städtereinigung 1937, **29**, 263.
[2] PFUNDT: Diss. T. H. München 1924. [3] BESSE: Cuir techn. 1929, **22**, 294.

begünstigen, angestellt. In ähnlicher Weise hat Uhlmann[1] Tonerde in Verbindung mit Kalk zur Reinigung von Abwasser zur produktiven Abwasserreinigung empfohlen. Er versetzt die Abwässer, nachdem er saure Abwässer vorher mit Kalk neutralisiert hat, mit Tonerde und fällt durch Zugabe von Kalk aus. Den ausgefällten Schlamm verwendet er als Düngemittel. Er empfiehlt dieses Verfahren besonders für solche Abwässer, die Stoffe enthalten, die sonst einen guten Nährboden für Bakterien darstellen und daher im Vorfluter besonders unerwünscht sind. Als besonders für diesen Zweck geeignete Abwässer führte er die Abwässer aus Wollwäschereien, Konservenfabriken, Schlächtereien an. Diese Abwässer enthalten sehr viel Eiweiß, das durch die Tonerde vollständig niedergeschlagen wird und im Schlamm dann als wertvolles Düngemittel verwandt wird.

Bleicherden, die an verschiedenen Stellen mit und ohne Zugabe von Aluminiumsulfat für die Reinigung von Trinkwasser empfohlen worden sind, haben bis jetzt wegen der großen Mengen, die gebraucht werden, und der dadurch bedingten hohen Kosten keinen Eingang in die Abwassertechnik gefunden.

c) Calcium- und Magnesiumsalze.

Magnesiumsalze ergeben bei der Ausflockung mit Kalk ebenfalls einen sehr adsorptiven Flockenschlamm von Magnesiumhydroxyd. Magnesiumsalze stehen in großen Mengen in den Abwässern der Kaliindustrie in konzentrierter Lösung zur Verfügung. Es ist daher verständlich, daß man immer wieder versucht hat, diese Abfallstoffe nutzbringend auch in der Abwassertechnik zu verwenden.

Auf der Kläranlage in Baden-Baden ist lange Zeit das Abwasser von etwa 25000 Einwohnern durch Zugabe von Magnesiumsulfatlösung und Kalk unter Anwendung des Rothe-Röckener-Turmes gereinigt worden. Neuerdings hat Bettels[2] erneut die Anwendung von Kaliablaugen zur Reinigung stark organisch verschmutzter Abwässer, z. B. von Schlachthäusern, empfohlen (s. dort). In Amerika ist ein ähnliches Verfahren von Miller-Keller[3] in Kirnhorst sieben Jahre lang in Betrieb gewesen. Ein Verfahren zur Reinigung von fett- und seifehaltigen Abwässern unter Verwendung von Calciumsulfat und Calciumhydroxyd empfiehlt Vreese (Patentanmeldung V. 31983).

d) Anwendung von Kaliumpermanganat.

In stark organisch verschmutzten Abwässern, z. B. Schlachthof-, Leimfabriken-, Gerberei-, Molkerei-, Wollwäscherei- und Brennereiabwässern, liegen die organischen Stoffe der Hauptmenge nach in gelöster Form vor und werden daher von den Adsorptionsmitteln nicht erfaßt. Nitsche[4] empfiehlt daher, diese organischen Stoffe zunächst durch Behandeln mit einem Oxydationsmittel, z. B. Kaliumpermanganat, Chlor, Chlorkalk, zu zerstören und die in Kolloidform übergeführten Zersetzungsprodukte dann durch Zugabe von Aluminiumsulfat auszufällen. Er gibt bei einem Verbrauch von 0,1 g/Liter Kaliumpermanganat eine Menge von 1000 mg/Liter Aluminiumsulfat zu. Das Verfahren dürfte an den hohen Kosten für Aluminiumsulfat und Kaliumpermanganat, die zur Zeit mit RM 82.— je 100 kg in Rechnung zu setzen sind, scheitern. Bei einer täglichen Abwassermenge von 100 cbm, was dem Anfall einer kleineren Brennerei entspricht, werden darnach allein für Kaliumpermanganat Kosten in Höhe von rund RM 8.20 entstehen, wozu noch die Kosten für 100 kg Aluminiumsulfat = RM 30.—, für den Betrieb (insbesondere für die Schlammbehandlung usw.) und für die Amortisation der Klärbecken, in denen der Schlamm abgefangen wird, kommen.

---

[1] Uhlmann: Gesundh.-Ing. 1930, **53**, 645.
[2] Bettels: Kleine Mitt. Landesanst. Wasser-, Boden- u. Lufthygiene 1931, **7**, 44.
[3] Mohlmann: Engin. News-Rec. 1933, 676. [4] Nitsche: Gesundh.-Ing. 1933, **56**, 21.

e) Anwendung von organischen Fällungsmitteln.

Die Ausnutzung der guten Adsorptionswirkung der Kohle in ihren sämtlichen Zersetzungsstadien, beginnend beim Torf bis zum Anthracit, ist seit langem bekannt. Bei dem DEGENERschen Kohlebreiverfahren wird das Abwasser mit Braunkohlenbrei versetzt (auf 1 cbm etwa 1—2 kg). Die Mischung wird dann mit Aluminium- oder Eisensulfat ausgefällt. Dieses Verfahren hat um die Jahrhundertwende eine sehr starke Verbreitung gefunden.

SALOMON[1] berichtet in der Festschrift für das Preußische Medizinal-Gesundheitswesen, daß am 1. Januar 1907 neun Anlagen nach diesem Verfahren für 611000 Einwohner vorhanden gewesen seien. Nimmt man den Fällungsvorgang nach dem DEGENERschen Kohlebreiverfahren in einem ROTHE-RÖCKENER-Turm vor, so bildet sich von dem niedersinkenden, ausgeflockten Schlamm ein Schlammfilter, durch den das aufsteigende Wasser filtriert wird. Hierdurch wird die günstige Wirkung des Reinigungsprozesses ganz erheblich gesteigert. Eine sehr große Anlage nach diesem Verfahren hat unter anderem sehr lange in Potsdam mit befriedigendem Ergebnis gearbeitet. Der bei dem Verfahren anfallende Schlamm wurde auf Zellenfiltern abfiltriert, in Brikettform gepreßt und dann verfeuert. Wegen der hohen Transportkosten für den Kohlebrei sind aber diese Anlagen in Potsdam und Tegel stillgelegt worden, man reinigt das Abwasser zur Zeit auf Rieselfeldern bzw. in einer modernen Schlammbelebungsanlage. Im Jahre 1913 hatte dann ROHLAND[2] empfohlen, an Stelle des DEGENERschen Braunkohlenverfahrens das Tonreinigungsverfahren anzuwenden.

Ganz andere Wege gingen HOYERMANN und WELLENSIECK[3], die aus dem Braunkohle- oder Torfbrei erst durch Alkali die Humusstoffe extrahieren. Das Abwasser wird bei diesem Huminverfahren zuerst mit diesen Humusstoffen und dann mit Kalk versetzt. Dieses Verfahren ist lange Jahre mit mehr oder minder großem Erfolg bei Zuckerfabriken in Mitteldeutschland viel angewandt worden. Es ist fast vollständig durch das Gärfaulverfahren von NOLTE verdrängt worden.

Zur Entfärbung von Färbereiabwässern sind Filter aus Koksasche, Braunkohlenasche, Knochenasche und aktiver Kohle empfohlen worden. Hierhin gehören auch die zur Reinigung von Farbabwässern in Textilfabriken viel angewandten PREIBISCH-Filter, die als Adsorptionsmittel eine Schlacke einer besonderen, in Sachsen und Böhmen gewonnenen Braunkohle benutzen. OTTEMEYER[4] empfiehlt neuerdings Filter aus Torf und Holzmehl. Er führte seine Versuche mit 0,001%iger Anilinlösung durch. Sie zeigten, daß neutrale und saure Reaktion des Torfes besser ist als alkalische. Am besten werden basische Farbstoffe, weniger gut saure Farbstoffe adsorbiert. Torf hat eine größere Adsorptionskraft als Holzmehl, während die Kombination beider wieder besser wirkt als ein Fällungsmittel allein. Für 200 cbm mit rund 50 cbm Farblösung je Tag werden am Material 25 kg Torf und 2,5 kg Holzmehl gebraucht.

ROUBECK und ROHLAND haben das Huminverfahren noch erweitert, indem sie die Humusstoffe ganz oder zum Teil durch Ton besonderer Zusammensetzung ersetzen. ROUBECK[5] erzielte mit einem Gemisch von 90% Ton und 10% Humus befriedigende Ergebnisse. Demgegenüber benutzt ROHLAND wegen des Reichtums an Kolloiden den hochplastischen Ton von Strigau in Schlesien.

Über die Anwendung des unter dem Namen Colazidverfahren bekannten Abwasserreinigungsverfahren, das eine Schlammkohle verwendet, berichtet MAIER[6], der auf der Kläranlage Stuttgart systematische Versuche über die Anwendbarkeit des Verfahrens durchgeführt hat. Die Schlammkohle wird in Mengen von 0,7—1 kg/cbm zugesetzt. Der abgefilterte Schlamm wird zu Kuchen gepreßt. Die Kosten des Colazidverfahrens stellt MAIER mit 3,5 Pf./cbm den Kosten für die mechanische Reinigung mit 0,7 Pf./cbm und 2,7 Pf./cbm für vollständige biologische Reinigung gegenüber.

f) Aktive Kohle.

Ein gutes Adsorptionsmittel für Kolloide ist auch die aktive Kohle, die in der Trinkwasserreinigung sowohl in Form von Filtern mit gekörnter Kohle als auch als Zuschlagstoff zu Fällungsmittel in Form der Pulverkohle besonders zum Entfernen bestimmter Farb- und Geruchsstoffe ausgedehnte Anwendung

[1] SALOMON: Siehe Wasser u. Abwasser 1907, **1**, 179.
[2] ROHLAND: Das Wasser 1913, Nr. 6, 164.
[3] HOYERMANN u. WELLENSIECK: DRP. 226430.
[4] OTTEMEYER: Gesundh.-Ing. 1930, **53**, 185.
[5] ROUBECK: Zeitschr. Zuckerind. Böhmens 1913, **37**, 128.
[6] MAIER: Gesundh.-Ing. 1914, **37**, 769.

findet. In der Abwassertechnik hat sie bisher nur wenig Fuß gefaßt, was wohl in erster Linie auf den zur Zeit noch hohen Preis der Kohle zurückzuführen ist. Auf der Kläranlage Garden City gibt ROGERS[1] zur Bekämpfung von Geruchsbelästigungen aktive Kohle zu und stellte hierbei einen sehr günstigen Einfluß auf die Schlammfaulung fest. Bei einer Menge von 5—6 g/cbm, die in dem Hauptsammler oder besser dem Faulschlamm in den Faulräumen zugesetzt wird, trat eine vermehrte Gasausbeute, Verminderung der Schwimmschlammbildung und Beseitigung der Gerüche auf. Als weitere Vorteile des Kohlenzusatzes wurden bei anderen Anlagen[2] beobachtet: hoher Gehalt des Schlammes an ungelösten Stoffen, bessere Klärung des Faulraumwassers, um 25% geringerer Gasverbrauch beim Betrieb der Gasmotore.

Von RUDOLFS und TUBNICK[3] durchgeführte Laboratoriumsversuche und mehrmonatige Erfahrungen in den beiden Tropfkörperanlagen in Princetown und Ostrochester haben folgende Ergebnisse gezeitigt.

1. Die aktive Kohle erhöht den p_H-Wert und vermindert den Säuregehalt durch Adsorption von CO_2 und Fettsäuren.
2. Sie verbessert nicht die Flockenbildung der Schwebestoffe, auch nicht bei Zugabe von Eisenchloriden. Sie vermindert jedoch die Entkeimungswirkung des Chlors.
3. Sie verbessert nicht den Wirkungsgrad der Belebtschlammanlagen.
4. Sie beschleunigt das Schlammausfaulen von Schlamm minderen Wertes, von geimpftem Schlamm bei niedrigerer Temperatur. Die Gaserzeugung wird erhöht.
5. Der Sauerstoffbedarf des ungereinigten Abwassers wird nicht vermindert, jedoch der des mit Chemikalien gereinigten Wassers.
6. Die Bildung von Schwimmdecken in Absetzbecken wird wesentlich vermindert. Ebenso geht die Geruchsbildung zurück. Mit aktiver Kohle gereinigtes, abgestandenes Abwasser neigt jedoch zur Bildung von Schwefelwasserstoff.
7. Aktive Kohle fördert die Trennung zwischen Abwasserschlamm und Schlammwasser (Einfluß auf das Schäumen s. dort.)

Nicht alle Arten aktiver Kohle erzielen die gleiche Verminderung des Säuregehaltes und der organischen Fettsäuren.

Die Versuche wurden durch Beigabe von 5—5000 mg aktiver Kohle in Pulverform/Liter durchgeführt.

In Valparaiso ist das „Putnamverfahren" in Betrieb. Nach einem Zusatz von aktiver Kohle werden dem Abwasser Eisensalze und Kalkmilch zugesetzt. Der Ablauf der Fällungsbecken wird vor dem Absetzbecken in einer besonderen Rinne stark belüftet und entkeimt. Die Rückstände werden als Düngemittel direkt verwandt.

Für besondere industrielle Abwässer, z. B. Phenolabwässer[4], wird aktive Kohle mit gutem Erfolg zur Extraktion von Phenol benutzt. Das auf der aktiven Kohle niedergeschlagene Phenol wird mit Lösungsmitteln, z. B. Benzol, abgelöst. Abfall-a-Kohle wird mit Erfolg zur Behandlung von Färbereiabwässern benutzt. In Verbindung und als Ergänzung für andere Verfahren, sowohl chemische wie auch biologische, findet die a-Kohle bereits weitergehende Verwendung. So empfiehlt LLOYD[5], sie im Anschluß an die Fällung mit Aluminiumsulfat zu verwenden, um gewisse Geruchsstoffe zu beseitigen. GOUDEY[6] schaltet bei seinem Reinigungsverfahren, das den Zweck hat, den Kreislauf Trinkwasser-Abwasser-Trinkwasser zu schließen, die a-Kohle als wichtigen Faktor einmal zur Entchlorung überschüssig zugesetzten Chlors und andererseits zur Adsorption schwer zu beseitigender Kolloide ein.

g) Laughlinverfahren.

Ein unter der Bezeichnung „Laughlinverfahren" in verschiedenen Städten Amerikas angewandtes Verfahren benutzt zur Fällung Eisenchlorid ($FeCl_3$) und Kalk und gibt dazu einen Papierbrei, um den anfallenden Schlamm leichter filtrierbar zu machen. Dieses Verfahren wurde zum erstenmal auf der Kläranlage Dearborn[7] durchgeführt. Das in der Stadt in großen Mengen im Müll

---

[1] ROGERS: Sewage Works Journ. 1935, **7**, 691. [2] Public Works 1935, **66**, 12.
[3] RUDOLFS u. TUBNICK: Sewage Works Journ. 1935, **7**, 852.
[4] SIERP: Das Gas- u. Wasserfach 1931, 1933. [5] LLOYD: The Surveyor 1933, **83**, 578.
[6] GOUDEY: Engin. News-Rec. 1931, **106**, 443.
[7] OWEN: Water Works and Sewerage 1933, **80**. 18. — MILLER: Sewage Works Journ. 1933, **5**, 447.

anfallende Papier wird gesammelt und in einem Rührwerk zu einem Papierbrei eingeweicht. Das durch den Grob- und Feinrechen und Sandfang gereinigte Wasser wird mit Kalk und dem Papierbrei versetzt und nachträglich mit Eisenchlorid ausgefällt. Das gesamte Gemisch wird gut durcheinander gemischt. Nach einer ausreichenden Kontaktzeit wird das ausgeflockte Wasser dann nach Absetzenlassen in Absetzbecken durch besondere Filter („Magnetitfilter") geschickt. Ein Schema der Anordnung des Verfahrens zeigt Abb. 108.

Das Magnetitfilter, das in dem Rand des runden Absetzbeckens angeordnet ist, enthält neben Sand noch Magnetit. Über dem Filter ist ein Magnet angeordnet. Soll das Filter gereinigt werden, so wird es von unten mit Spülwasser beschickt; gleichzeitig wandert der Magnet über das Filter und hebt die ganze Filterschicht hoch, so daß sie nach dem Vorbeiwandern des Magneten, d.h. wenn die Wirkung des Magnetismus aufhört, durch die Spülwasserschicht hindurchfällt. Die Filter sollen sich sehr bewähren.

Der bei dem Verfahren im Absetzbecken anfallende Schlamm wird auf Vakuumfilter abgesaugt und getrocknet und entweder als Dünger verbraucht oder verbrannt und zwecks Wiedergewinnung des Fällungsmittels mit Säure behandelt.

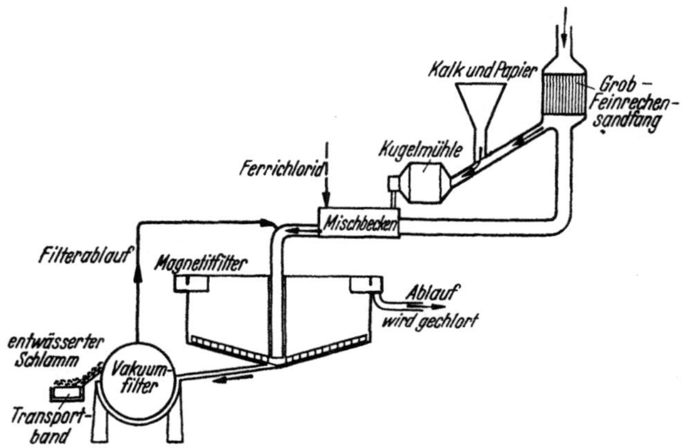

Abb. 108. Schema des Laughlinverfahrens.

Hurwitz und Zack[1] berichten über die Ergebnisse des vorgeschilderten Laughlinverfahrens von der Anlage auf Coney-Island. Bei Anwendung folgender Mengen Fällungsmittel für je 1000 cbm Abwasser:

Papier	Kalk	Eisenchlorid	Chlor
46 kg	108 kg	19,3 kg	7,5 kg

wird der biochemische Sauerstoffbedarf durchschnittlich um 69% erniedrigt. Diese Abnahme wird durch die Chlorung noch auf 79% gesteigert. Der mittlere biochemische Sauerstoffbedarf des Ablaufs war nur 28 mg/Liter.

h) Z-Verfahren.

Bei dem „Z-Verfahren" von Zigerli wird Abwasser mit Asbestfaserflocken in feinstverteilter Form gemischt und die Mischung belüftet. Beim Absetzen wird die Mischung als schwebender Filter benutzt. Der in Absaugbecken abgefangene und getrocknete Schlamm wird verbrannt und die aus der Asche abgeschlemmte Asbestfaser zu neuer Fällung benutzt. Zum Schluß wird das gereinigte Abwasser über Schlacken- oder Sandfilter geleitet, um die feinsten Flocken zurückzuhalten. Der Asbest nimmt 320—350% seines Gewichtes an Schmutzstoffen auf.

i) Schwimmaufbereitung.

Die besonders bei gewerblichen Abwässern in neuester Zeit viel angewandten Verfahren der Schwimmaufbereitung machen von den bei der Flotation sich abspielenden Vorgängen Gebrauch. Das D.R.P. 662868 der Maschinenfabrik Buckau-Wolf A.G. in Magdeburg (1938) beschreibt ein Verfahren zum Klären von Industrie- und Stadtabwässern, mittels Schwimmaufbereitung, insbesondere nach dem Schaumschwimmverfahren, dadurch gekennzeichnet, daß den Abwässern Abfallstoffe der Holzschliff-, Zellstoff- oder Papierindustrie, z. B.

[1] Hurwitz u. Zack: Water Works and Sewerage 1933, 80, 117.

Faserschleimstoffe der Braunschliffabrikation und gegebenenfalls auch andere Flockungsmittel zugegeben werden.

In Amerika wird die Anwendung von Chemikalien zur Abwasserreinigung in letzter Zeit wieder viel stärker betrieben, um sich auf diese Weise unabhängig von den immer komplizierter werdenden biologischen Verfahren zu machen. RUDOLFS[1] ist der Ansicht, daß die chemische Fällung in vielen Fällen einen vollwertigen Ersatz für biologische Reinigung darstellen könne. Er ergänzt hierbei die chemische Fällung durch eine nachträgliche Filtration über Sandfilter. Der bei der Ausfällung gewonnene Schlamm wird auf Vakuumfiltern entwässert und in Trockentrommeln getrocknet. Der getrocknete Schlamm wird verbrannt und die gewonnene Wärme zum Trocknen neuen Schlammes benutzt. Aus der Asche wird durch Behandeln mit Schwefelsäure das Fällungsmittel wiedergewonnen, das dann auch wieder in den Betrieb zurückwandert. Da Säure viel billiger als das Fällungsmittel ist, will man den Betrieb auf diese Weise wirtschaftlicher gestalten.

4. Stufenreinigung und chemische Fällung in Verbindung mit biologischen Verfahren.

Eine weitere Verbesserung kann man bei der chemischen Fällung noch durch eine Wiederverwendung des ausgeflockten Schlammes durchführen. Der ausgeflockte Schlamm hat meist noch gute Adsorptionskräfte für Schwebestoffe. Diese können bei einer stufenweisen Benutzung des in seiner Flockenstruktur möglichst geschonten Schlammes voll verwertet werden, wenn man ihn in einer vorgeschalteten Stufe nochmals ausnutzt. Man kann auf diese Weise an Fällungsmittel sparen.

Weiterhin hat man die chemische Fällung zur Ergänzung und Unterstützung biologischer Verfahren angewandt. Hierbei kann die chemische Fällung sowohl die erste Stufe und die biologische Reinigung die zweite Stufe oder auch umgekehrt darstellen. In der Vorreinigung kommt chemische Fällung dort in Frage, wo das Fällungsmittel einen günstigen Einfluß auf das angewandte biologische Verfahren hat. Dies ist z. B. bei der Anwendung von Eisensalzen zur chemischen Fällung in der ersten Stufe der Fall, wenn man als zweite Stufe Schlammbelebung anwendet, die durch geringe Eisenmengen gefördert wird.

Auch für die Nachreinigung hinter biologischen Anlagen, z. B. Tropfkörpern, Schlammbelebung, ist chemische Fällung für die nach der biologischen Reinigung im Wasser verbleibenden Stoffe besonderer kolloider Natur angewandt worden (s. GOUDEY).

Das Bestreben, das Verfahren der chemischen Fällung den biologischen Verfahren ebenbürtig zu machen, hat bereits zur weiteren Ausbildung des Verfahrens geführt, die aber bereits den Rahmen der Wirtschaftlichkeit überschreiten dürfte. So ist von SMITH[2] vom Guggenheimlaboratorium in New-York[3] ein Verfahren ausgearbeitet worden, nach dem zunächst die Abwässer in bekannter Weise mit Eisenchlorid und Kalk gereinigt werden. Der abgeschiedene Schlamm wird durch Filtration entwässert, getrocknet und verbrannt. Aus der Asche wird durch Behandeln mit Schwefelsäure wieder Ferrisulfat hergestellt, das dann zu neuen Fällungen benutzt wird. Die durch chemische Fällung gereinigten Abwässer werden dann über Zeolithfilter geleitet, in denen die Ammoniakverbindungen festgehalten werden sollen. Die Regeneration der Zeolithfilter erfolgt dann in gewohnter Weise durch 20%ige Kochsalzlösung, aus der dann in Abtreibeapparaten das Ammoniak gewonnen wird. Das Schema einer solchen unter der Bezeichnung „Guggenheimverfahren" bekannten Anlage ist aus Abb. 109 ersichtlich.

---

[1] RUDOLFS: Public Works 1932, **63**, 23.

[2] SMITH: Water Works and Sewerage 1932, **79**, 420. — STEVENSON: Sewage Works Journ. 1933, **5**, 359. — FULLER: Water Works and Sewerage 1933, **80**, 37.

[3] GLEASON u. LOONAM: Sewage Works Journ. 1933, **5**, 61. — Water Works and Sewerage 1933, **80**, 50. — RUDOLFS: Discussion ... Sewage Works Journ. 1933, **5**, 267.

Bei den augenblicklichen Stickstoffpreisen dürfte der auf diese umständliche Weise gewonnene Stickstoff kaum mit dem augenblicklich auf dem Markt befindlichen konkurrieren können.

Es ist noch eine ganze Reihe verschiedener Anlagen im Schrifttum beschrieben und ihre Wirksamkeit in bezug auf die Abnahme der Schwebestoffe und des biochemischen Sauerstoffbedarfs angegeben. Auf keinen Fall können diese Verfahren einen vollständigen Ersatz für die hochwertigen biologischen Verfahren darstellen. An größeren Vorflutern kann eine Kostengegenüberstellung den Ausschlag geben.

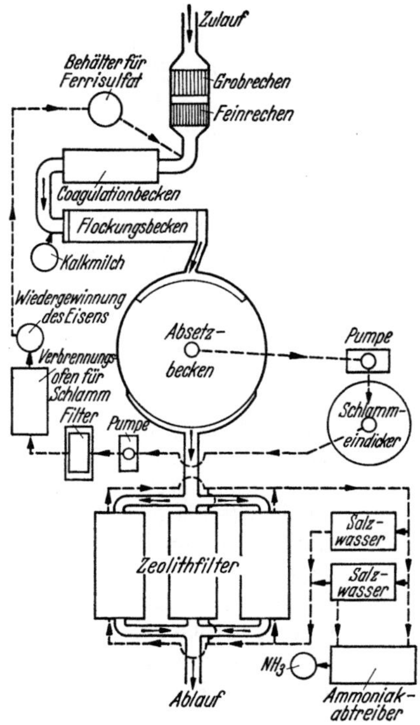

Abb. 109. Das Guggenheimverfahren.

5. Dosierungsvorrichtungen für Chemikalien.

Die Menge der zuzugebenden Chemikalien richtet sich in erster Linie nach der Wassermenge und nach dem Verschmutzungsgrad des Abwassers. Durch Reihenuntersuchungen wird man jedoch bald die nötigen Unterlagen für die Menge der zuzusetzenden Chemikalien schaffen, so daß man von den bekannten automatischen Dosierungsvorrichtungen, wie sie in der chemischen Industrie und vor allem auch in der Trinkwasserreinigung seit langem bekannt sind und daher von den bekannten Firmen schon in sehr guten Ausführungen geliefert werden, Gebrauch machen kann. Am einfachsten sind die mit Lösungen arbeitenden Dosierungsapparate. Weitere Angaben siehe im Abschnitt Trinkwasser und in dem in der Fußnote angegebenen Schrifttum[1].

In vielen Fällen gibt man besonders bei großen Wassermengen und bei großem Chemikalienbedarf die zur Fällung benötigten Chemikalien in Pulverform zu. Hierzu kann man die automatischen Wagen benutzen. Eine Zumeßeinrichtung für pulverförmige Chemikalien (Bauart Permutit) ist von Splittgerber und Demmering[2] für die Reinigung von Flußwasser beschrieben worden. Bei dieser Zumeßeinrichtung werden die in Säcken angelieferten Chemikalien in eine Kippschale übergeführt, die sich mittels eines Flaschenzuges in einen umfangreichen Sammeltrichter entleert. Stetes Nachrutschen des Pulvers in den Trichter ohne Anbacken an den Wandungen wird durch einen während des Betriebes sich selbsttätig einschaltenden Schlaghammer bewerkstelligt. Aus dem Trichter fällt das Pulver in einen mit Rührwerk versehenen offenen Behälter.

6. Absetzbecken für chemische Fällung.

Bei der Ausfällung der Abwässer mit Hilfe von Chemikalien muß man darauf achten, daß der gebildete Schlamm in möglichst innige Berührung mit dem zu reinigenden Wasser kommt. Er muß aber andererseits eine gute Flockenstruktur haben, damit er sich leicht vom Wasser trennt. Die Zumischung der

---

[1] Sewage treatment without bacterial action. Public Works 1932, **63**, 23. — Wicklein: DRP. 557290, 1929. — Chemical feed devices and filters. Water Works and Sewerage 1933, **80**, 11. — Automatically proportioning ferric chloride to sludge. Sewage Works Journ. 1932, **4**, 1089. — A pump for handling ferric-chloride. Public Works 1932, **63**, 43.

[2] Splittgerber u. Demmering: Vom Wasser 1935, **10**, 90.

durch eine automatische Dosierungsvorrichtung zugegebenen Chemikalien erfolgt am besten in besonderen Mischbehältern. In diesen ähnlich den der Trinkwasserreinigung (s. dort) gebauten mit Schnellrührern (Schraubenmischern) versehenen „Mischbecken" wird das Abwasser nach der Zugabe je nach der Konzentration etwa 5—15 Minuten lang innig mit den Zusätzen durchgemischt. Daran anschließend kommt die Mischung in die sog. „Flockungsbecken", in denen das Abwasser etwa 30 Minuten lang bei leichter Bewegung in inniger Mischung mit dem Flockenschlamm bleibt. Die zur Ausflockung erforderliche Zeit hängt von der Höhe der Eisenzugabe und der Art des Abwassers ab. Bei günstiger chemischer Dosierung, guter Mischung und langsamer Flockung kann die Koagulation in 15—30 Minuten beendet sein. Diese Ausflockung kann durch vorsichtiges Lufteinblasen, horizontale oder vertikale Rührwerke unterstützt werden. Am besten haben sich langsam drehende, horizontale Paddel, die mit allmählich abnehmender Drehzahl betrieben werden, bewährt[1] (s. Flokkulator, S. 94). Das britische Patent 403703 von BROWN beschreibt in den Abwasserkanal eingebaute Paddel, die durch den Wasserstrom betrieben werden. Nach einer halben Stunde Mischzeit haben sich große, leicht absetzende Flocken gebildet, die in Absetzbecken mit zweistündiger Aufenthaltszeit abgefangen werden.

Für das Abfangen des feinen, bei der chemischen Fällung anfallenden Flockenschlammes kommen in erster Linie Tiefbecken mit aufwärts gerichteter Wasserbewegung nach Art der Dortmundbrunnen in Frage. Gewöhnlicher, meist körniger Schlamm, dessen einzelne Schwebestoffe unabhängig voneinander mit ständig gleichbleibender Geschwindigkeit zu Boden sinken, unterscheidet sich grundsätzlich von dem flockigen, bei der chemischen Fällung anfallenden Schlamm, dessen Teilchen sich durch Vereinigung mehrerer Flocken allmählich zu einer großen Flocke zusammenballen und infolgedessen ihre Sinkgeschwindigkeit ständig vergrößern. Für Flockenschlamm sind bei gleicher Oberfläche tiefe Becken viel günstiger als flache. Bei der senkrecht aufwärts gerichteten Wasserbewegung bildet sich ein schwebendes Filter, durch das das Abwasser allmählich nach oben steigt. Die aufsteigende Wasserbewegung kann dann größer sein (etwa 0,5—1 mm/Sek.), weil die Sinkstoffe sich zu größeren Flocken zusammenballen, die rascher absinken. Bei flockigem Schlamm rechnet man meistens mit einer Durchflußzeit von im Mittel 1,5—2 Stunden, wenn die Becken richtig gebaut und betrieben werden, nur in seltenen Fällen werden längere Aufenthaltszeiten bis zu 6 Stunden angegeben. In Amerika wendet man sehr viel flache, 3—4 m tiefe, in neuerer Zeit zentral durchflossene Absetzbecken, die sog. Dorrbecken (s. S. 300) an, die bei $2^1/_2$stündiger Durchflußzeit gute Ergebnisse ergeben. In vielen Fällen schaltet man zum Abfangen der letzten, feinsten, leicht mit abgehenden Flocken hinter das Absetzbecken noch ein Magnetit- oder Schnellfilter, das oft erheblich zur Schönung des Abflusses beitragen kann (s. S. 113 u. 375). Über die Weiterbehandlung des abgefangenen Schlammes s. S. 372.

II. Elektrische Reinigung.

1. Allgemeines.

Die elektrische Behandlung der Abwässer ist im Grunde genommen auch eine chemische Fällung, bei der die kolloiden Stoffe durch Kolloide, die durch den elektrischen Strom künstlich in der Lösung erzeugt werden, ausgefällt werden. Es bestehen demnach bei der elektrischen Behandlung die gleichen

[1] HOSKINSON: Amer. Water Works Assoc. 1936, 1522.

Verhältnisse wie bei der chemischen Fällung. An Stelle der Kosten für die Fällungsmittel treten die Kosten für den elektrischen Strom und für die Elektroden.

Leitet man elektrischen Strom durch Abwasser, so werden einerseits die Kolloide auf- oder umgeladen, so daß sie zusammenflocken und ausfallen können; andererseits bildet sich an der positiven Elektrode Chlor, das auf das Metall (Eisen) der Elektroden einwirkt und zunächst Eisenchlorid bildet, das dann selbst als Fällungsmittel für Abwasserkolloide auftritt. Schon im Jahre 1890 hat WEBSTER sein elektrolytisches Abwasserreinigungsverfahren entwickelt. Sehr bald folgten FERMI (1891) und HERMITE (1893), KOSCHMIEDER (1903), HARRIS, LANDRETH (1912) und in neuester Zeit SCHMITZ-LENDERS und JUNG (1932) mit ihren Verfahren der elektrischen Reinigung von Abwasser.

WEBSTER wandte Eisenplatten als Elektroden an und ließ durch diese den elektrischen Strom auf das Chloride enthaltende Abwasser einwirken. Er nahm zunächst eine reine Oxydation durch den an der positiven Elektrode gebildeten Sauerstoff bzw. das Chlor an. Schon bald erkannte er jedoch, daß die Reinigungswirkung in erster Linie dem an der Elektrode sich bildenden Eisenchlorid zukommt und daß nebenbei das an der positiven Elektrode sich bildende Chlor oder der Sauerstoff oxydierend auf die im Wasser gelösten Stoffe wirkt. WEBSTER erzielte bei dem in Salfort und Croßneth mit Londoner Spüljauche durchgeführten Versuchen ohne Filtration eine Reinigung von rund 70% der organischen Stoffe. Die von ihm betriebene Anlage bestand aus einem Kanal von rund 27 m Länge, 1,45 m Tiefe und 0,31 m Breite. Der Kanal war in 28 Zellen eingeteilt, von denen jede 13 Eisenplatten von 1,22 m Länge, 0,81 m Breite und 12,7 mm Dicke enthielt. Die Eisenplatten standen parallel mit den Seiten des Kanals in einem Abstand von 1,5 cm. Der durch einen Dynamo erzeugte elektrische Strom hatte eine Spannung von 50 Volt und eine Stromstärke von 50 Ampere. Hiervon waren für die Reinigung im Mittel eine Stromstärke von 33,5 Ampere und eine Spannung von 41 Volt erforderlich. Dies entspricht bei einer Abwassermenge von 5000 cbm, entsprechend einer Bevölkerung von 50000 Einwohnern ungefähr 37 PS = 27,2 kWh. Der Verbrauch an Eisen betrug für 1000 cbm Abwasser 42,9 kg. Entsprechend diesem großen Eisenverbrauch schlug er vor, so viel Elektroden aus Gußeisen in Form gußeiserner Platten gewöhnlicher Art einzubauen, daß sie für 5—10 Jahre ausreichen.

FERMI prüfte, welche Elektroden am wirksamsten seien. Da es sich bei dem elektrischen Verfahren in erster Linie um eine chemische Ausfällung durch das an den Elektroden gebildete Hydroxyd handelt, so mußte er durch seine Reihenversuche feststellen, daß Eisenelektroden bedeutend wirksamer sind als solche von Kupfer, Platin, Kohle. Je stärker der Strom, je größer die Oberfläche der Elektrode und je länger die Einwirkung des elektrischen Stromes dauert, desto vollkommener geht im allgemeinen die Reinigung des Wassers vor sich.

HERMITE dachte bei dem von ihm ausgearbeiteten Verfahren mit fast gleichen Anordnungen in erster Linie an die Bildung von Hypochloriten. Aus diesem Grunde gab er zu dem Abwasser, wenn es nicht salzhaltig genug war, künstlich Elektrolyte in Form von Kochsalz (40 kg) oder Chlormagnesium (5 kg/cbm) zu. Die Elektrolyse wurde bis zu einem Gehalt von etwa 3 g freiem Chlor je Liter getrieben. Diese etwa 0,3%ige Chlorlösung wurde dann zu der 5—6fachen Menge anderen Abwassers hinzugegeben. Im Gegensatz zu dem WEBSTERschen Verfahren wandte HERMITE eine Anode an, die von Chlor nicht angegriffen wurde.

In Amerika hat man sich auf Grund der vorgenannten Versuche lange Zeit sehr intensiv mit dem elektrischen Verfahren beschäftigt. Es sind unter dem Namen der direkten Oxydationsmethode besonders zwei Verfahren, das HARRIS- oder elektromagnetische und das LANDRETH-Verfahren entwickelt worden. HARRIS unterstützt die durch die Elektrolyse eingeleitete Fällung durch Zugabe von Kalk. Zwischen die Elektrodenpaare hat er Elektromagneten eingebaut. Die in Santa Monica in Kalifornien eingerichtete Kläranlage nach dem HARRIS-elektromagnetischen Verfahren bestand aus zwei hölzernen Bottichen von 10 m Länge, 0,6 m Breite und 6 m Tiefe. Jeder Bottich hatte 10 Paar von Elektroden und 10 Elektromagnete, von denen jeder 120 kg wog. Die Elektroden waren außerdem mit Dampfrohren verbunden, die die Aufgabe hatten, die Elektroden reinzuhalten. Das mechanisch vorgereinigte Wasser wurde nach dem Durchgang durch die elektrische Anlage noch auf Sandfiltern nachgereinigt.

Da es bei den bisher angewandten Verfahren leicht zu Ansätzen auf den Elektroden kam, empfahl KOSCHMIEDER[1] den Einbau von gelochten, unter den Elektroden angeordneten

[1] KÖNIG: Deutsch. Vierteljahrsschr. öffentl. Gesundh.pflege 1910, 42.

Rohren, durch die Luft in das Becken eingeblasen wurde. Auf diese Weise wurden die Ansätze von den Elektroden entfernt und die Kurzschlüsse durch am Boden liegende Teilchen verhindert. Die von anderer Seite empfohlenen Klopfvorrichtungen haben sich nicht bewährt.

Landreth[1] erkannte ebenfalls, daß die Hauptschwierigkeiten beim elektrischen Verfahren das Zuwachsen der Elektrodenplatten und der hierdurch erhöhte Stromverbrauch und die Kurzschlußgefahr seien. Um dies zu verhindern, ersetzt er die von anderen Seiten empfohlenen Klopfvorrichtungen durch ein zwischen den Elektroden eingebautes Rührwerk, das die Aufgabe hat, die auf den Elektroden sich bildenden Ansammlungen dauernd abzuspülen, um so reine Elektrodenoberflächen zu haben, damit stets neue Wasserteilchen an die Elektroden herangeführt werden können. Eine Versuchsanlage nach dem Verfahren von Landreth wurde von Travis[2] in einer Größe von $0{,}6 \times 1{,}2 \times 2{,}4$ m gebaut. Sie besaß 5 Reihen von Elektroden von 25 cm Breite und 25 cm Länge in Abständen von 1 cm. Zwischen den Elektroden bewegten sich Schaufelräder. Die erste Reihe der Elektroden bestand aus Kohleplatten, die übrigen aus Eisen. Um einen gleichmäßigen Durchfluß des Beckens zu erzielen, wurden als Elektroden die schon 1903 von Koschmieder[3] empfohlenen, gelochten Platten angewandt. Die Platten waren versetzt, d. h. in einem Becken waren die Löcher unten, im nächsten Becken oben an der Elektrode. Travis wandte Wechselstrom an und stellte fest, daß durch die Zerlegung des im Wasser enthaltenen NaCl sich nicht nur NaOH, sondern auch HCl und HOCl, die alle keimtötende Wirkung haben, bilden. Um die Bildung der Säure abzuschwächen, setzte er Kalkmilch zu. Bakteriologische Untersuchungen ergaben, daß die Keimzahl von 1—3,6 Millionen auf rund 500 herunterging. Bei einem Kostenpreis von 1,2 Pf. je kWh betrugen die Reinigungskosten 4,3 Pf/cbm.

In neuester Zeit sind erneut Versuche beim Niersverband durch Schmitz-Lenders und Jung[4] und außerdem noch von Paulovits und Molnar[5] durchgeführt worden. Sie führen im Gegensatz zu Koschmieder, der gelochte Rohre benutzte, die Luft durch Filterplatten ein, die sie wie bei dem Hurdschen Schlammbelebungsverfahren an einer Seite des Beckens einbauen, um eine Wasserumwälzung zu erzielen. Zum Bau einer großen Anlage ist es wegen der hohen Kosten nicht gekommen.

Über den Wert der elektrolytischen Reinigung von Abwässern ist es in den Jahren 1920—1922 zu einer Auseinandersetzung im amerikanischen Schrifttum gekommen. Während Landreth sich heftig für sein Verfahren einsetzte, wurden die elektrischen Verfahren von Baker[6], dem Herausgeber des Engineering News-Record, abgelehnt. Evans[7] berichtet in diesem Streit, daß von den sieben elektrolytischen Anlagen im Jahre 1920 nur noch eine im Betrieb sei und daß diese auch nur während 8 Stunden am Tag betrieben werde. Die übrigen Anlagen wurden nach ganz kurzer Zeit, teils weil keine genügende Reinigung erzielt wurde, teils weil die Kosten zu hoch waren, stillgelegt. Evans begründet den geringen Reinigungserfolg in erster Linie mit dem schlechten Betrieb. Er weist unter anderem auch auf einen Bericht des amerikanischen Gesundheitsamtes hin, der die Prüfung der elektrolytischen Anlagen zum Ziele hatte. In diesem Bericht kommt das Gesundheitsamt zu dem Ergebnis, daß sich bei geschicktem Betrieb und guter Durchbildung wohl eine bessere Wirkung erzielen lasse, daß man aber die gleiche Wirkung viel leichter und billiger durch andere bekannte biologische Verfahren erzielen könne. Als Zusammenfassung seiner Untersuchungen derselben Fragen kommt Craig[8] zu dem Schluß, daß die elektrolytischen Verfahren nicht konkurrenzfähig mit den bekannten biologischen Verfahren sind. Fuller[9] stellt in einer ausführlichen Abhandlung die von den Anhängern und Gegnern des elektrolytischen Verfahrens vorgebrachten Einwände gegenüber. Die Gegner des elektrolytischen Verfahrens sagen, daß es nicht mehr leistet als chemische Fällung durch Kalk ohne Elektrizität, der Betrieb ist zu teuer, das Abwasser wird nur zum Teil von den organischen Stoffen befreit, so daß es nachher noch fäulnisfähig ist. Diesem stellen die Anhänger des elektrolytischen Verfahrens gegenüber, daß bei der Metallauflösung durch elektrischen Strom die bei der Salzfällung, namentlich bei Überdosierung auftretende Säuerung nicht stattfindet, daß der Verbrauch an Eisen wesentlich niedriger als bei der Fällung mit Eisenchlorid sei[10], daß die Anlagekosten geringer seien als bei biologischen Anlagen, daß keine Belästigung der Nase und der Augen auftritt,

Tabelle 21.

	Tropfkörper	Elektrisches Verfahren
Baukosten . . .	700000 $	400000 $
Betriebskosten . .	13000—15000 $	40000 $
Abfluß	fäulnisunfähig	fäulnisfähig

[1] Landreth: Engin. News-Rec. 1914, **70**, 429.
[2] Travis: Engin. News-Rec. 1914, **70**, 292.
[3] König: Deutsch. Vierteljahrsschr. öffentl. Gesundh.pflege 1910, **42**.
[4] Schmitz-Lenders u. Jung: Gesundh. Ing. 1932, **55**, 638.
[5] Paulovits u. Molnar: Hung. 1933, **105**, 815.
[6] Baker: Engin. News-Rec. 1920, **84**, 164.
[7] Evans: Engin. News-Rec. 1920, **84**, 135.
[8] Craig: Engin. News-Rec. 1920, **85**, 25.
[9] Fuller: Engin. News-Rec. 1922, **89**, 658.
[10] Jung: Vom Wasser 1934, **8**, 67.

und daß das Verfahren einen Schlamm liefert, der leicht trocknet. Weiter weisen sie auf die Unabhängigkeit des Verfahrens von Witterungs- und Temperatureinflüssen hin. FULLER stellt nun das Tropfkörperverfahren dem elektrolytischen Verfahren gegenüber (s. Tabelle 21).

Versuche von HINKLEY[1] und CRAIG, ob vorgefaultes oder frisches Abwasser besser zu elektrolysieren sei, ergaben, daß es besser ist, frisches Abwasser zu elektrolysieren. CRAIG weist unter anderen darauf hin, daß es notwendig sei, das Wasser vorher durch Feinrechen und Absetzbecken möglichst weitgehend von Stoffen, die zu Kurzschlüssen an den Elektroden führen könnten, zu befreien. Zu starke Anfressungen der Platten führen ebenfalls leicht zu Kurzschlüssen.

2. Strom- und Metallverbrauch.

Soll sich die elektrische Reinigung in wirtschaftlichen Grenzen bewegen, so darf der Stromverbrauch nicht höher sein, als was man an elektrischer Energie aus dem Gas bei der Schlammverwertung gewinnen kann. Für den Stromverbrauch ist entscheidend die Stromstärke, die nach dem FARADAYschen Gesetz bei 1 Ampere in 1 Stunde rund 1 g zweiwertiges Eisen freimacht. Der Stromverbrauch beträgt bei normalem häuslichen Abwasser bei einer Einwirkung von 15 Minuten im Mittel 0,15 kWh/cbm. Für mittleres städtisches Abwasser geben die meisten einen Eisenverbrauch von 50 g Eisen je Kubikmeter an. Diese Menge würde einer Stromstärke von 50 Ampere/Std. entsprechen. Auf Grund seiner Untersuchungen kommt JUNG zu dem Ergebnis, daß die Strommenge möglichst niedrig gehalten werden kann, wenn man dafür sorgt, daß die Spannung, mit der die aufzuwendende Stromstärke durch das mit Abwasser gefüllte Elektrodensystem getrieben werden muß, möglichst niedrig gehalten wird. Bei einer Spannung von 1 Volt brauchte der Stromverbrauch für 1 cbm zu reinigendes Abwasser demnach nur 0,05 kWh/cbm betragen. Es hat keinen Zweck, 2 Volt zu überschreiten, da mit höherer Spannung der Stromverbrauch wächst, ohne daß ein höherer Erfolg erzielt wird. Nun ist aber die Höhe der aufzuwendenden Spannung abhängig von dem Widerstand des Abwassers, von der Behandlungszeit, von der Größe der Oberflächen und der Entfernung der Elektroden voneinander. Der Widerstand des Abwassers ist bei jedem Abwasser verschieden und richtet sich nach der Leitfähigkeit des Wassers, die durch Salz- oder Säurezusatz erhöht werden könnte, was aber als unwirtschaftlich abgelehnt werden muß. JUNG gibt daher die dreifache Menge = 0,15 kWh/cbm als Mindestverbrauch an. Der Stromverbrauch betrug in Santa Monica nach den Angaben von COLLIER[2] für 1000 cbm Abwasser 60 kWh. Der ausgeflockte Schlamm ist flockig und läßt sich gut absetzen und ausfaulen. Eine wesentliche Verbesserung führte JUNG ein, als er empfahl, zur Erzeugung des Stromes das Gas zu benutzen, das bei der Ausfaulung des bei der elektrischen und mechanischen Reinigung anfallenden Schlammes gebildet wird. Für die Benutzung des Faulgases als Kraftquelle ergibt sich folgende Rechnung:

Bei einem Gasanfall von 15 Liter/Kopf und 150 Liter Abwasser/Kopf und Tag ergibt sich je Kubikmeter Abwasser eine Gasmenge von 100 Liter. Bei einem Heizwert von 5500 Cal./cbm entspricht dies einer Energiemenge von $0{,}100 \cdot 1{,}6 = 0{,}16$ kWh. Da man nach obiger Rechnung aber nur 0,15 kWh/cbm braucht, so müßte die zur Verfügung stehende Gasmenge ausreichen. Die angegebenen 15 Liter Gas stellen eine Durchschnittszahl dar. Es wird also im Sommer mehr Energie zur Verfügung stehen als im Winter, wo bedeutend weniger Gas erzeugt wird. Andererseits ist es aber meistens so, daß die Flüsse im Winter mehr Wasser aufweisen und daher oft die weitgehende Reinigung nicht nötig ist, während im Sommer größerer Wert auf eine vollständige Reinigung gelegt wird.

Für die Wirtschaftlichkeit des Verfahrens ist weiter von Bedeutung, daß die Kosten für den Metallverbrauch auf ein Mindestmaß beschränkt bleiben

[1] HINKLEY: Engin. News-Rec. 1912, **67**, 532.
[2] COLLIER: Engin. News-Rec. 1912, **66**, 55.

und daß die Gesamtanlagekosten niedrig sind. Um letzteres zu erreichen, soll die Behandlungszeit nicht mehr als $^1/_4$—$^1/_2$ Stunde betragen. Die Kosten für den Metallverbrauch sind durch die Art und den Einbau der Elektroden bedingt. Als günstiger Elektrodenabstand wird allgemein 1—1,5 cm angegeben. Bei diesen Entfernungen wird der schädliche Widerstand des Abwassers stark herabgesetzt. Die Elektroden bestehen aus Gußeisen von mindestens 5 mm Dicke. Um eine gute Durchströmung und möglichst große Oberfläche zu erreichen, empfiehlt es sich, gelochte Platten anzuwenden. Kupfer-, Zink- und Nickeleisenelektroden haben sich nicht bewährt, da der ausgeflockte Schlamm von diesen Metallen etwas aufnimmt und er dann infolge der Giftwirkung der Metalle nicht mehr fäulnisfähig ist. Er liefert dann nicht mehr das zur Erzeugung der Elektrizität nötige Gas. In neuester Zeit hat man auch daran gedacht, Abfalleisen zu Elektroden zu benutzen. Man hat das in großen Mengen in den Walzwerken anfallende Schroteisen zu Platten gewalzt. Diese hatten aber den Nachteil, daß sie nach kürzerem oder längerem Gebrauch auseinanderfielen und dann Kurzschluß ergaben. Um dies zu verhindern, sieht ein neues DRGM. vor, den aus Schrotabfällen durch Walzen hergestellten Elektrodenplatten durch einen kurzen Glühprozeß ein festeres Gefüge und damit besseren Halt zu geben.

An Stelle von Eisenelektroden lassen sich sehr gut Kohleelektroden anwenden, besonders dann, wenn man als Anode Eisen und als Kathode Kohle benutzt.

Die von Butterfield durchgeführten Versuche, die Leitfähigkeit des elektrischen Stromes durch Zugabe von Kalk oder Calciumchlorid zu erhöhen, ergaben keine besseren Wirkungen. Im Gegensatz hierzu empfiehlt das britische Patent 405038 vom Jahre 1934 von Campbell die Zugabe von stärkehaltigem Material, teerhaltigen Stoffen oder auch von Fäkalien.

Das DRP. 626518 von Kaiser (1936) sieht vor, daß den Elektroden mehrere Reihen von durch Zwischenräume getrennten Einbauten aus nichtleitendem Material, wie Stäben, Leisten, Stangen und Röhren vorgelagert sind, derart, daß die Zwischenräume der einen Reihe gegen die der benachbarten versetzt und Einbauteile in ihrer Gesamtheit oder nur teilweise so gegeneinander verschiebbar sind, daß sie als Durchlässe oder Zwischenräume zwischen den Einbauteilen mehr oder weniger geöffnet oder ganz geschlossen werden können.

3. Einfluß des p_H-Wertes und der Temperatur.

Der p_H-Wert eines Abwassers ändert sich bei der elektrolytischen Behandlung so gut wie gar nicht. Dagegen hat der p_H-Wert des ankommenden Wassers einen entscheidenden Einfluß auf die Wirkung des elektrolytischen Verfahrens. Bei p_H-Werten unter 7,0, also bei sauren Abwässern, leidet die Ausflockung eines Abwassers stark unter der Tatsache, daß dann das Eisen nicht so gut ausflocken kann und daher keine völlige Reinigung des Abwassers erzielt wird. Wässer mit einem p_H-Wert über 7,0 eignen sich bedeutend besser. Auf diese Erkenntnis sind auch die Angaben des direkten Oxydationsverfahrens zurückzuführen, die vorschreiben, daß man das Abwasser vor der elektrischen Behandlung mit Kalk versetzen soll. Hieraus erklärt sich auch die Tatsache, daß sich alle die Wässer, die selbst einen hohen p_H-Wert haben, der etwa zwischen 8—9 liegt, besser zur elektrischen Reinigung eignen.

Wieweit die Temperatur einen Einfluß auf die elektrische Reinigung ausübt, ist früher nicht näher untersucht worden. Von Sierp durchgeführte Versuche zeigten, daß durch die elektrische Behandlung die Temperatur des Wassers ansteigt. Dies ist auf die Tatsache zurückzuführen, daß ein Teil der zugeführten elektrischen Energie in Wärme umgesetzt wird. Bei einem Versuch, Strohpappenabwasser durch das elektrische Verfahren zu reinigen, wurde festgestellt, daß die Temperatur je nach der Einwirkungszeit, Stromstärke und Stromspannung von 10° sogar bis auf 25° gesteigert wurde. Bei einem Versuch mit gleichem Abwasser wurde ein Abwasser auf 47° erwärmt, während ein zweites Abwasser ohne vorherige Erwärmung direkt behandelt wurde. Das nicht erwärmte Abwasser hatte bei Beginn der Behandlung eine Temperatur von 9° und stieg innerhalb 60 Minuten auf 27°. Das auf 47° erwärmte Abwasser stieg in 60 Minuten auf eine Temperatur von 50°. Der Einfluß der Temperatur zeigt sich nun in der Weise, daß das nicht erwärmte Wasser im Anfang eine Spannung von 32 Volt bei 7 Ampere Stromstärke aufwies gegenüber einer Spannung von 33 Volt und 4,3 Ampere Stromstärke am Ende des Versuchs nach 60 Minuten. Demgegenüber hatte das auf 47° erwärmte Wasser am Anfang eine Stromstärke von 9 Ampere und eine Stromspannung von 1 Volt. Am Ende des Versuchs betrug die Spannung

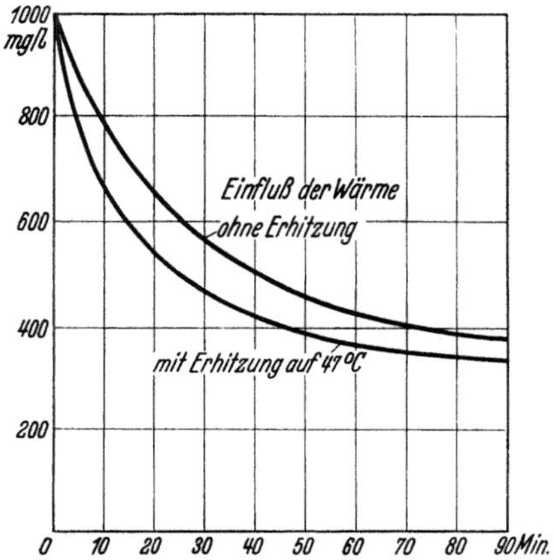

Abb. 110. Einfluß der Temperatur auf die chemische Fällung nach SIERP.

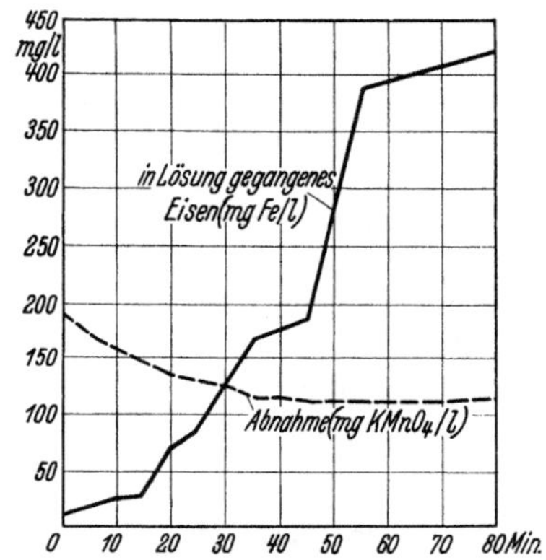

Abb. 111. Zusammenhang zwischen Eisenverbrauch und Reinigungswirkung.

29 Volt und die Stromstärke 5 Ampere. Die Reinigungskurven, gemessen an der Oxydierbarkeit, liegen verhältnismäßig nah zusammen (s. Abb. 110 u. 111).

4. Versuchsanlagen.

Um zu prüfen, ob ein Wasser der elektrischen Reinigung zugängig ist, hat JUNG eine Laboratoriumsversuchsanlage konstruiert, die aus einem gläsernen Behälter von etwa 15—20 Liter Inhalt besteht, in den Bleche in Parallel- oder Hintereinanderschaltung eingesetzt sind. Eine unter den Platten angebrachte Luftzuführung sorgt für eine gute Durchmischung des Durchflusses.

Mit dieser Versuchsanlage kann zunächst geprüft werden, ob sich ein Abwasser für die elektrische Reinigung eignet und welche Strommengen aufzuwenden sind.

5. Das chemische und elektrische Verfahren in Verbindung mit anderen Verfahren.

Da die beiden Verfahren in erster Linie kolloide Stoffe aus dem Abwasser entfernen, können sie in erster Linie als Vorreinigung vor biologischen Verfahren, besonders zur Entlastung für überlastete biologische Verfahren, wie Tropfkörper, Schlammbelebung usw. in Frage kommen. Die Verbindung des elektrischen Verfahrens mit biologischen Verfahren ist in dem DRP. von JUNG und OTTO (1932) enthalten, nach dem das Abwasser zunächst elektrolytisch und dann nach einem der bekannten biologischen Verfahren, wie Tropfkörper, Belebtschlammverfahren vollkommen gereinigt wird. HUSMANN empfiehlt die elektrische Vorbehandlung vor Tropfkörpern bei der Reinigung von Stärkefabrikabwässern.

Durch die Wiederverwendung des ausgeflockten Schlammes durch Rückpumpen in den Zulauf zur mechanischen Reinigung bzw. zur chemischen Behandlung können die Kosten für Chemikalien und Schlammbehandlung verringert werden. Eine fortgesetzte Wiederverwendung des Schlammes verursacht aber Störungen infolge Verminderung der Ferriionen.

6. Wirkungsgrad der elektrischen Verfahren.

Die elektrischen Verfahren beruhen vorwiegend auf einer chemischen Fällung. Es werden also in erster Linie die absetzbaren und nicht absetzbaren, also die grob- und hochdispersen kolloiden Stoffe entfernt. Die elektrische Behandlung kommt daher praktisch bei allen solchen Wässern in Frage, die auch bei der chemischen Fällung befriedigende Ergebnisse liefern. Über den Angriff der gelösten Stoffe ist noch wenig bekannt. Nicht angegriffen werden von den rein gelösten Stoffen Harnstoff und Ammonsalze. Die im elektrisch gereinigten Wasser verbleibenden, gelösten Stoffe sind die Ursache, daß das gereinigte Abwasser noch Fäulniserscheinungen zeigt. Die Abnahme des $KMnO_4$-Verbrauches beträgt im günstigsten Falle 45—50%, die Abnahme des biochemischen Sauerstoffbedarfs etwa 60%. Die Nitrite nehmen im Abwasser ab, dafür aber Nitrate zu. Der Bakteriengehalt wird um 99% und mehr verringert. Die Kolikeime werden abgetötet. Die Fäulnisfähigkeit mit Methylenblau gemessen (relative Haltbarkeit) nimmt je nach der Länge der Behandlungszeit durch die mehr oder weniger starke Sterilisierung anscheinend um 95—99% ab.

III. Beseitigung des bei der chemischen Fällung oder bei der elektrischen Behandlung des Abwassers anfallenden Schlammes.

1. Menge des Schlammes.

Bei der mechanischen Reinigung scheiden sich bei einem normalen häuslichen Abwasser etwa 5—6 ccm Schlamm/Liter aus. Durch die chemische Fällung wird diese Schlammenge je nach der Art des angewandten Fällungsmittels ganz bedeutend vermehrt. Diese Tatsache ist einmal durch die Flocken des Fällungsmittels und die gleichzeitig ausgeschiedenen Kolloide bedingt, andererseits dadurch, daß der Wassergehalt des Schlammes, der bei der mechanischen Reinigung etwa 95% beträgt, auf etwa 98—99% ansteigt. Dasselbe gilt von dem bei der elektrischen Reinigung gewonnenen Schlamm. Nach Stevenson[1], der das Abwasser der Kläranlage Palo Alto durch Zugabe von 1 g Eisenchlorid ($FeCl_3$) für eine Gallone Abwasser reinigt, beträgt die Menge des bei dieser chemischen Fällung anfallenden Schlammes nur etwa $^2/_3$ der bei der Schlammbelebung bei derselben Abwassermenge anfallenden Menge Überschußschlammes. Dafür beträgt aber der Reinigungseffekt auch nur $^1/_3$ des der Schlammbelebung.

2. Filterung des Schlammes.

Der durch chemische Fällung oder elektrische Reinigung abgeschiedene Schlamm hat eine grobflockige Struktur ähnlich wie belebter Schlamm und läßt sich daher auch in gleicher Weise wie dieser behandeln. Man hat empfohlen, die Entwässerung des ausgefällten Schlammes durch Filterung vorzunehmen. Zur Filterung des ausgeflockten Schlammes eignen sich am besten Vakuumfilter, die mit Wolltuch bespannt sind. Auf diesen Vakuumfiltern erhält man

[1] Stevenson: Western Constr. News 1932, 7, 526.

einen Schlammkuchen, der dann entweder in Formen gepreßt, brikettiert oder direkt in großen Trockentrommeln (Heißtrocknern) getrocknet und weiter verarbeitet werden kann. Der in Briketts gepreßte Schlamm kann an der Luft getrocknet als Brennmaterial oder zur Auffüllung von Gelände benutzt werden. In vielen Fällen wird er auch direkt oder nach Vermischung mit anderen Dungstoffen als Düngemittel verwandt. RUDOLFS verbrennt den auf besonderen Kiesfiltern abgefangenen Schlamm in einem besonderen Verbrennungsofen bei einer Temperatur von 660°. Aus der Asche läßt sich dann leicht durch Behandeln mit Säure das Fällungsmittel wiedergewinnen.

3. Ausfaulung des Schlammes.

Die bisher geschilderten Verfahren gehen, abgesehen von dem Fall der Verwertung als Dungstoff, auf eine Vernichtung des gewonnenen Schlammes hinaus. Will man die in dem Schlamm steckenden Werte ausnutzen, so kann man den Schlamm in gleicher Weise, wie dies bei dem belebten Schlamm an zahlreichen Stellen durchgeführt wird, ausfaulen lassen.

Die Fällungsmittel können einen ganz verschiedenen Einfluß auf die weitere Ausfaulung des Schlammes haben. Erzeugen die Fällungsmittel einen sauren Schlamm, so muß dieser erst durch eine nachträgliche Kalkung so weit neutralisiert werden, daß er die für die biologische Ausfaulung günstigsten biologischen Verhältnisse aufweist. Auch das Kation kann einen entscheidenden Einfluß auf die Faulung haben. RUDOLFS, SETTER, BAUMGARTNER, SPENCER und SCOULLER[1] haben weitgehende Versuche über den Einfluß der Ausflockungsmittel auf die Schlammfaulung durchgeführt. Sie fanden, daß Aluminiumsalze die Fäulnis verzögern und weniger Gas ergeben. Aluminate regeln die Reaktion besser als Kalk. Bei Anwendung von Natriumaluminat und Eisenchlorid können Geruchsbelästigungen im Schlamm auftreten, wohingegen bei Anwendung von Alaun oder Eisenalaun keine Geruchsbelästigungen beobachtet worden sind. Die Schlammfaulung wird durch Zusatz von 5 mg Eisenchlorid je Kilogramm Schlamm nicht beeinflußt.

JUNG hat als erster geprüft, ob der bei der elektrischen Reinigung abgeschiedene Schlamm in seiner Fäulnisfähigkeit beeinträchtigt wird. Er konnte nachweisen, daß dies nicht der Fall ist. Der durch chemische Fällung erhaltene Schlamm ließ sich gut ausfaulen, wobei das anfallende Faulgas normale Menge und Zusammensetzung aufwies, so daß es gut zur Stromerzeugung benutzt werden kann. Nach den verschiedenen Untersuchungen von JUNG, RUDOLFS u. a. kann man den bei der chemischen und elektrischen Fällung anfallenden Schlamm in geheizten Faulräumen ebenso gut ausfaulen und dadurch bis auf einen geringen Bruchteil verringern, wie dies bei Frischschlamm der Fall ist. Die Faulräume müssen etwa dreimal so groß gemacht werden wie bei dem reinen Absetzverfahren.

IV. Feinsiebe und Kolloidore.

Um die bei der mechanischen Abwasserreinigung nach dem Absetzenlassen im Abwasser verbleibenden, nicht absetzbaren und groberen kolloiden Stoffe aus dem Abwasser zu entfernen, hat man seit langer Zeit den Einbau von Sieben im Ablauf des Absetzbeckens oder in den Ablaufrinnen empfohlen. Diese Siebe mit einer Maschenweite bis zu 2 mm sollen alle Stoffe, die größer als die Maschenweite sind, zurückhalten. Wegen der unzweckmäßigen Anordnung, zumal sie in den meisten Fällen zu klein waren, verschlammten die Siebe zu schnell, so daß sie bei nicht sehr sorgfältiger Pflege sehr schnell aufhörten, das Abwasser zu reinigen. Die häufige Reinigung der Siebe verursachte große Betriebskosten. In neuerer Zeit hat KUSCH an der Abflußseite der Kremer-Klärbecken Feinsiebe mit einer Maschenweite unter 2 mm eingebaut. Diese Siebe haben nicht nur die Aufgabe, die Stoffe zurückzuhalten, die größer als die Siebmaschenweite sind, sondern sie sollen vor allem die feineren Schwebestoffe ausscheiden.

[1] RUDOLFS, BAUMGARTNER u. SETTER: Sewage Works Journ. 1932, **4**, 628. — RUDOLFS u. SETTER: Sewage Works Journ. 1931, **3**, 352. — SETTER: Sewage Works Journ. 1930, **2**, 504. — SCOULLER u. SPENCER: Sewage Works Journ. 1932, **5**, 187. — SCOULLER: The Surveyor 1932, **82**, 476.

die nicht durch Absetzenlassen aus dem Abwasser zu entfernen sind. Um dies zu erreichen, werden die Siebe, wie aus Abb. 112 hervorgeht, an der Abflußseite über den ganzen Durchflußquerschnitt des Klärbeckens angeordnet und der Wasserströmung schräg entgegengeneigt eingebaut.

Die Siebfläche ist so groß bemessen, daß eine Durchgangsgeschwindigkeit von nur wenigen Millimetern entsteht. Es sind zwei Siebe hintereinander eingebaut, von denen das erste Sieb eine Maschenweite von 0,7 mm und das zweite Sieb eine Maschenweite von 0,26 mm hat. Die aus Phosphorbronze hergestellten Siebe wirken in der Weise, daß die Maschendrähte sich mit einer schleimigen Schicht überziehen, welche durch Adsorptionswirkungen die feineren Schwebestoffe und die Kolloide festhalten. Die auf den gegen die Wasserströmung schräg liegenden Siebflächen sich bildende Schleimschicht wächst allmählich an bis sie eine Stärke von wenigen Millimetern erreicht hat und dann von selbst von Zeit zu Zeit abfällt. Die von den Sieben abfallende Schlammschicht gelangt dann in die Schlammtrichter, aus denen sie mit dem Frischschlamm beseitigt wird. Voraussetzung für das gute Arbeiten der Feinsiebe ist, daß die gröberen Schwebestoffe, die schnell die feinen Maschen verkleben, vorher durch Absetzenlassen entfernt worden sind. Solche Feinsiebe sind auf den Kläranlagen Eberswalde, Hettstadt und Paderborn[1] seit längerer Zeit mit gutem Erfolg in Betrieb. Nach den Untersuchungen von WELDERT und SANDER[2] werden je 1000 cbm Abwasser im Mittel 700 Liter nasser Schlamm (95% Wasser) von den Sieben ausgeschieden, das bedeutet, daß von den noch im Abwasser nach der mechanischen Reinigung verbleibenden, nicht gelösten Stoffen durch die Feinsiebe 35—50% entfernt werden.

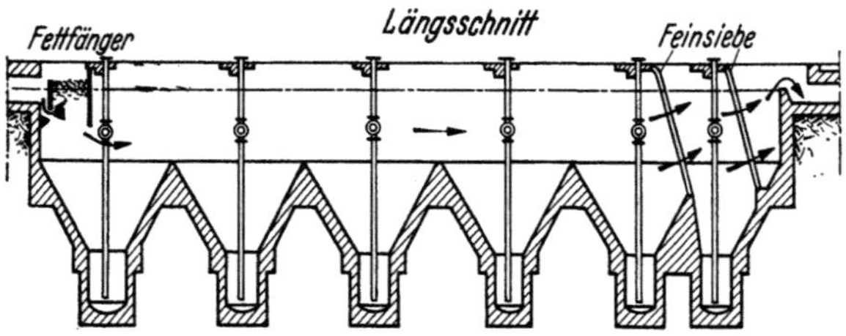

Abb. 112. Kremer-Klärbecken mit eingebauten Feinsieben.

Um auch die schwebenden, gallert- und leimartigen Substanzen und eiweißähnlichen Körperchen, deren spezifisches Gewicht nahezu gleich demjenigen der sie umgebenden Flüssigkeit ist, auszufällen, hat TRAVIS Gatter aus Hartholz, sog. Kolloidore, in die Frischwasserräume eingebaut. An den Flächen und Kanten dieser Holzgatter schlagen sich die schwebenden Stoffe in Gestalt von Klümpchen nieder. Wenn diese Klümpchen durch Hinzutreten weiterer Klümpchen eine bestimmte Größe erreicht haben und die Kohäsion die Adhäsion überwindet, lösen sie sich vom Gatter los und fallen mit dem Frischschlamm aus (s. Abb. 113).

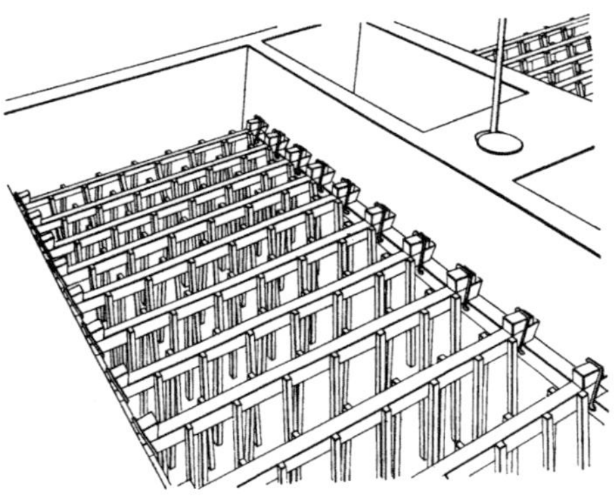

Abb. 113. Kolloidore zur Abscheidung der feinsten Schwebestoffe in den Absetzraum der TRAVIS-Becken eingebaut.

Nach dem Vorbild von TRAVIS sind auf den Kläranlagen Blankenburg, Höchst a. M. und verschiedenen anderen in den Durchflußraum der Absetzbecken Stabgitter oder Kolloidore, Bauart „Dera“, eingebaut, die nach WEIDLICH[3] den Zweck haben, neben einer gleichmäßigen Verteilung des Durchflusses, das Abwasser von den feinen Schwebeteilchen zu befreien und mit Hilfe der feinen Haut, die sich auf ihnen bildet, eine Art biologische Reinigung vorzunehmen. Letztere Ansicht, daß es sich um eine biologische Teilreinigung handelt, dürfte nur in ganz beschränktem Maße zutreffen. Es handelt sich in diesem Falle wie bei den Feinsieben und wie auch TRAVIS angibt, um eine Adsorption der feinen kolloiden Stoffe, an die sich auf der Oberfläche der Stäbe bildenden Schleimschichten, die infolge der senkrechten Stellung der Stabgitter von Zeit zu Zeit, wenn sie eine bestimmte Dicke erreicht haben, abfallen und mit dem Frischschlamm beseitigt werden müssen. Um ein

[1] KUSCH: Techn. Gemeindebl. 1936, **39**. [2] WELDERT u. SANDER: Gesundh.-Ing. 1933, **56**. [3] WEIDLICH: Techn. Gemeindebl. 1930, **33**.

häufigeres Abfallen der dickeren, schlechter adsorbierenden Schichten zu erreichen, ist empfohlen worden, die Stabgitter mit Klopfvorrichtungen zu versehen, die die Gitter von Zeit zu Zeit plötzlich in leichte Schwingungen versetzen und ein häufigeres Abfallen der Häute bedingen. Nach Angaben von WEMPE[1] wird nach den auf der Kläranlage Höchst a. M. gemachten Beobachtungen die Klärwirkung gegenüber dem einfachen Klärbetrieb um 10% gesteigert, bezogen auf die durch Absetzwirkung abscheidbaren Stoffe.

V. Abwasserfilter.

In ähnlicher Weise wie bei der Trinkwasserreinigung hat man auch in der Abwasserreinigung seit langer Zeit versucht, die im Abwasser enthaltenen feindispersen Stoffe durch mechanisch wirkende Filter aus dem Abwasser zu entfernen. In den weitaus meisten Fällen sind die zu diesem Zwecke durchgeführten Versuche erfolglos geblieben, da sich die Filter infolge der starken Verschmutzung der Abwässer zu schnell zusetzten, und die Bau- und Betriebskosten bei den benötigten großen Filterflächen zu groß wurden. Die Versuche mit der Abwasserfiltration gewannen erst wieder größere Bedeutung als man lernte, durch die chemische Fällung die Hauptmenge der nach der mechanischen Reinigung im Abwasser verbleibenden absetzbaren und kolloiden Stoffe durch chemische Fällungsmittel aus dem Abwasser zu entfernen. Die Filter wurden dann lediglich zum Abfangen der nach dem Absetzen nach der chemischen Fällung im Abwasser verbleibenden feinsten Flocken benötigt.

Auf der Suche nach einem Reinigungsverfahren, das in seiner Wirkung zwischen der mechanischen Reinigung, die die Hauptmenge der Schwebestoffe aus dem Abwasser entfernt, im übrigen aber das Abwasser unverändert läßt, und der biologischen Reinigung, die das Abwasser durchgreifend reinigt und fäulnisunfähig macht, liegt, hat BACH[2] bei der Emschergenossenschaft in den Jahren 1911—1914 Versuche mit der Schnellfiltration durch Sand gemacht. Langsamfilter schieden von vornherein aus, weil ihre Wirkung hauptsächlich eine biologische ist. Die Versuche ergaben, daß sich Abwasser durch Schnellfiltration in Sandfiltern reinigen läßt, und zwar mit und ohne vorherige Klärung durch Fällung mit Chemikalien. Der springende Punkt bei der Filtration des Abwassers ist die Reinigung des Sandes von dem zurückgehaltenen Schmutz im ständigen Betrieb durch die sog. Rückspülung des Filters. Von der rechnerisch richtigen Lösung der Filterrückspülung bzw. der Sandreinigung hängt in hohem Maße der Erfolg und die Wirtschaftlichkeit der Sandfiltration ab. Da der Filtersand durch die schleimigen Stoffe verklebt und verstopft wird, sind häufige Rückspülungen erforderlich. Um die abgesetzten Stoffe besser aus dem Sand zu entfernen, muß der Sand bei der Rückspülung, wie bei den Schnellfiltern derTrinkwasserreinigung (s. dort) durch mechanische Mittel, wie Rührwerke oder Druckluft aufgelockert oder durch eine Starkstrahlwäsche umgewirbelt und die einzelnen Körner durch gegenseitiges Verreiben gewaschen werden. Abwasserfilter beanspruchen sehr große Flächen. BACH erzielte zwar vollständige Freiheit von Schwebestoffen, aber keine Fäulnisunfähigkeit.

Da das zur Kläranlage Wuppertal-Buchenhofen kommende Wuppertaler Abwasser aus gewerblichen Betrieben (Textilfabriken, Webereien, Wäschereien, Bleichereien, Färbereien, Kunstseidenfabriken) zahlreiche Zuflüsse von Fällungsmitteln erhält, die einerseits bereits eine chemische Fällung durchführen, aber andererseits eine biologische Reinigung sehr erschweren, hat MAHR[3] Versuche mit Abwasserfiltern als Zwischenreinigung gemacht. Er kommt hierbei zu folgenden Ergebnissen: Der Sand in Abwasserfiltern muß erheblich gröber sein als in den üblichen Schnellfiltern für Reinwasser. Wenn man mit der Filtergeschwindigkeit auf etwa 2 m/Std. heruntergeht, kann man bei höchstens 1,25 m Gefälle, 0,70 m Filtertiefe und einer Korngröße von 1—2 mm eine Leistung von 2 cbm/qm/Std. erreichen. Bei Anwendung eines Sandes mit einer Korngröße von 2—3 mm steigt die

[1] WEMPE: Techn. Gemeindebl. 1926, **29**. [2] BACH: Jahresbericht der Emschergenossenschaft 1919/20. [3] MAHR u. LERNER: Gesundh.-Ing. 1936, **59**, 8.

Leistung fast auf 3 cbm/qm/Std. Aus Abb. 114 ist zu ersehen, wieviel Wasser bei verschiedenen Filtersanden und Filtergeschwindigkeiten mit einem bestimmten Druckgefälle jeweils verarbeitet worden sind.

Nach 16 Betriebsstunden muß das Filter gespült werden. Es wird kurze Zeit mit Luft und längere Zeit (bis 20 Minuten) mit Wasser gespült. Der Spülwasserverbrauch betrug im Durchschnitt 1,5—2 cbm pro Quadratmeter und schwankte zwischen 1—6% der gefilterten Abwassermenge. Selbst im warmen Sommer haben sich keine nennenswerten Schäden, wie fauliger Abfluß, übler Geruch usw. gezeigt. Um alle toten Ecken im Filter zu vermeiden, und einen guten Durchfluß sicherzustellen, hat Mahr seinen Abwasserfiltern einen besonderen Blockboden mit Verteilerkugeln gegeben (Abb. 115).

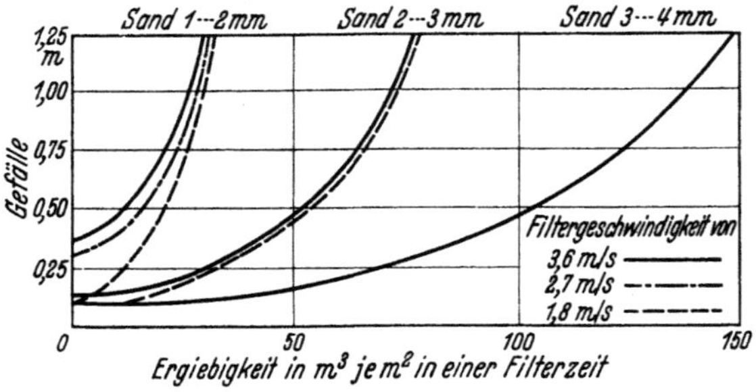

Abb. 114. Ergiebigkeit des Abwasserfilters mit verschiedenen Korngrößen des Sandes nach Mahr.

Das D.R.G.M. 1305336, Klasse 85c, vom 1. Juni 1934, beschreibt aus Beton bzw. Eisenbeton hergestellte Wasserverteilungsrinnen für Filter, bestehend aus auswechselbaren Längs- und Querrinnen, durch die die Abwässer tropfenförmig auf die ganze Fläche verteilt werden.

Bei den Versuchen zur Reinigung von städtischem Abwasser mit hohem Gehalt an Gerbereiabwasser durch das Belebtschlammverfahren hat Kammann auf der Anlage Elmshorn den Abfluß des biologisch sehr gut gereinigten Abwassers zum Abfangen der letzten abtreibenden Flocken und vor allem zur Entfernung der Milzbrandkeime noch über Sandfilter gegeben und dabei recht gute Erfolge erzielt.

Bei der chemischen Fällung werden Filter sehr viel nicht nur zur Filterung des chemisch vorbehandelten Abwassers, sondern auch zum Entwässern des durch Fällungsmittel niedergeschlagenen Schlammes benutzt. Will man hierzu die bekannten Saugzellenfilter anwenden, so setzt man nach dem in Dearborn angewandten Verfahren Faserstoffe in Form von Papierbrei bei der chemischen Fällung zu. Diese Faserstoffe sollen auf der umlaufenden Filtertrommel eine besondere Filterschicht für das zu filternde Abwasser bilden. Die Leistung dieses Filters wird mit 11 cbm/qm/Std. angegeben. Der Papierbrei kann gewaschen und wiedergewonnen werden.

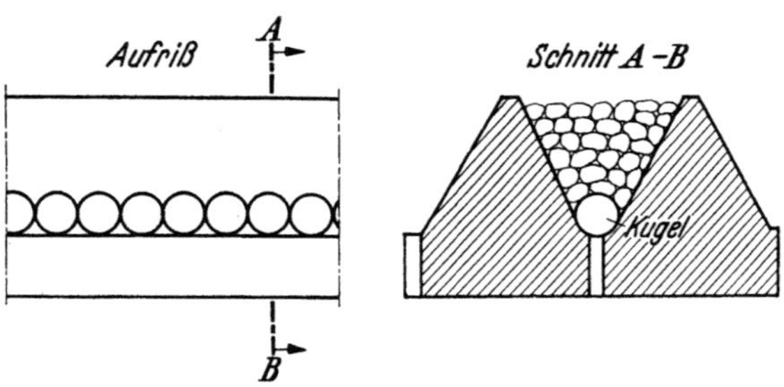

Abb. 115. Blockboden für ein Abwasserfilter nach Mahr.

Auf der Kläranlage von Niagarafalls wird ein Kohlenmattenfilter angewandt. Auf den drei Riensch-Wurlschen Siebscheiben von 6,7 m ⌀ wird eine $2^1/_2$—5 cm dicke Schicht Anthrazitkohle aufgebracht. Die Bürsten werden so hoch angehoben, daß sie die Kohleschicht bestehen lassen und nur den auf der Kohleschicht abgesetzten Schlamm abstreifen. Ein geringer Teil der Kohle wird mit abgestreift. Dieser kleine Anteil dient zur Unterstützung bei der nachfolgenden Verbrennung des Schlammes. Steigt bei Regenwetter die Wassermenge stark an, so werden die Bürsten gesenkt und die Kohlenfilterschicht weggebürstet, so daß dann das Sieb mit 0,8 mm Schlitzweite allein weiter wirkt. Das Kohlenmattenfilter hat sich als Vorreinigung vor Tropfkörpern gut bewährt.

In der Patentanmeldung B 160216 von 1933 meldet Brintzinger Abwasserreinigungsfilter mit stückigen Katalysatoren aus Eisen-, Magnesium- oder Lanthanhydroxyd an. In dem B.P. 477932 (1938) wendet Brintzinger Filter, die mit granuliertem, gebranntem Pyrit gefüllt und durch die Luft oder Gas geleitet wird, an. Magneteisenstein ist der Filterkörper des in letzter Zeit für chemisch gefälltes Abwasser häufig (auf den Kläranlagen Dearborn, Coney-Island, Chicago, Perth Amboy u. a.) benutzten Magnetit- oder Laughlinfilters (s. S. 363). Dieses Filter wird als Kranz an dem ringförmigen Abfluß eines Absetzbeckens eingehängt, so daß das Filter von unten nach oben durchflossen wird, oder auch als selbständiges Filter, bestehend aus sechs langgestreckten Einheiten von 3,65 m Breite und 62 m Länge mit einer Gesamtfilterfläche von rund 1300 qm (Kläranlage Denver) gebaut. Das Filter besteht aus Magnetitsand, d. i. eine Mischung von Sand mit Magneteisenstein von 0,5—1,5 mm Korngröße. Der Magnetitsand widersteht infolge seines größeren spezifischen Gewichtes besser dem Wasserauftrieb. Die elektromagnetische Eigenschaft des Eisenerzes wird von dem mit Elektromagneten arbeitenden Spülwagen zum Anheben der Filterkörner bei der Spülung ausgenutzt. Die Filterschicht beträgt 6—10 cm, im Mittel 7,5 cm. Die Rückspülung kann alle 20 Minuten, wiederholt werden, d. h. in dieser Zeit hat der im Kreis umlaufende Spülwagen seinen Umlauf beendet. Die Spülung richtet sich selbsttätig nach der fortschreitenden Verschlammung, indem der Wagen immer nur dann anläuft, wenn ein bestimmter Filterdruck von 15 cm erreicht ist. Zur Rückspülung werden etwa 5% des Wasserdurchflusses verwendet. Die Leistung des Filters wird mit 5—10 cbm/qm/Std. angegeben. Die Filtergeschwindigkeit beträgt 1,5—8 m/Std.[1]. Der Druckhöhenverlust beträgt 7—8 cm. Nach RUDOLFS[2] leistet ein kleines Absetzbecken mit Filter mehr als das Doppelte eines ebenso großen Absetzbeckens ohne Filter.

Auch die an verschiedenen Stellen angewandten Torffilter haben sich bei richtiger Anordnung, am richtigen Platze angewandt, bewährt. Bei der Filtration über Torf werden nach ACKLIN[3] außer den absetzbaren, den nicht absetzbaren und den kolloiden Stoffen, zum Teil auch gelöste Stoffe zurückgehalten, ein Zeichen, daß sich dann auch biologische Vorgänge im Filter abspielen müssen. Nicht jeder Torf ist zur Herstellung eines Torffilters geeignet. DIECKMANN empfiehlt gut durchgefrorenen Torf besonderer Lagerstätten. Je besser das Abwasser mechanisch vorgereinigt ist, um so wirtschaftlicher gestaltet sich die Reinigung mit Torf. Für eine Abwassermenge von 600 Einwohnern mit je 150 Liter/Kopf und Tag wird bis zur endgültigen Erschöpfung des Torfes eine Filterfläche von 9,4 qm angegeben. Der Torf ruht auf einer Schotterstützschicht. Der Torf muß öfter erneuert werden. Für die Reinigung von 1 cbm vorgeklärtem Abwasser wird 1 kg Torf gebraucht. Das ausgeräumte Filtermaterial kann als Düngemittel verwandt werden.

K. Beseitigung der gelösten Stoffe und der Fäulnisfähigkeit durch biologische Verfahren.

I. Allgemeines.

Durch die mechanischen Absetzverfahren wird bei richtiger Anlage und sorgfältigem Betrieb eine sehr weitgehende Entschlammung des Abwassers erreicht. Durch die chemischen Fällungsverfahren wird die Reinigung noch verstärkt, indem auch die nicht absetzbaren Stoffe und der größte Teil der kolloiden Stoffe mit entfernt wird. So gereinigtes Abwasser verläßt zwar in klarem Zustand die Kläranlage. Die Wässer haben aber noch einen hohen Gehalt an organischen und daher fäulnisfähigen Stoffen und stellen daher noch sehr große Anforderungen an die Selbstreinigungskraft des Vorfluters. Bei einer genügenden Verdünnung, die so groß sein muß, daß der im Vorfluter enthaltene Sauerstoff ausreicht, um die im Abwasser enthaltenen Schmutzstoffe ohne wesentliche Abnahme des Sauerstoffs im Vorfluter abzubauen, z. B. in dem Falle, wenn die Sauerstoffaufnahme aus der Oberfläche und den Wasserpflanzen auf der Abbaustrecke dem biochemischen Sauerstoffbedarf des Abwassers entspricht, kann man so gereinigte Abwässer direkt in den Vorfluter leiten. Grundbedingung ist, daß die Abbaustrecke für die Abwässer ausreicht, um eine Schädigung der unterhalb liegenden Städte, Dörfer, gewerbliche Betriebe u. a. zu verhindern. Die Fälle, in denen man nur mechanisch gereinigtes Abwasser direkt in den Vorfluter ablassen kann, treffen nur dort zu, wo kleine Abwassermengen anfallen ein großer, auf seinem bisherigen Laufe wenig beanspruchter Vorfluter zur Verfügung steht, und die zur Verfügung stehende Selbstreinigungsstrecke bis zur nächsten Benutzungsstelle genügend groß ist. In allen anderen Fällen, besonders dann, wenn größere Abwassermengen in einen kleinen Vorfluter abgelassen werden müssen, muß das Abwasser noch weiter gereinigt werden, d. h. es müssen aus dem Abwasser noch so viel von den restlichen gelösten Schmutzstoffen entfernt

[1] ZACK: Sewage Works Journ. 1936, 8, 94. [2] RUDOLFS, BRENDLEN u. CARPENTER: Sewage Works Journ. 1935, 7, 628. [3] ACKLIN: Techn. Hyg. 1934, 3, 45.

werden, daß sie im Vorfluter nicht mehr schädlich sein können, bzw. bis der Vorfluter durch die von der Oberflächenbewegung abhängige Aufnahme an Sauerstoff imstande ist, diese Stoffe abzubauen. In jedem Fluß muß ein biologisches Gleichgewicht bestehen, d. h. das Verhältnis zwischen der Anzahl der Bakterien, den Schmutzstoffen und dem Plankton muß ausgeglichen sein. Bei wechselnder Verschmutzung ändern sich die Zahlen der Bakterien und damit das Plankton entsprechend. Bei Zugabe von Schmutzwasser wird die Zahl der Bakterien trotz der Verdünnung noch so lange anwachsen bis das biologische Gleichgewicht wieder hergestellt ist, wobei man berücksichtigen muß, daß die Bakterien viel rascher wachsen als die Protozoen. Führt man einem Vorfluter zu viel gelöste Stoffe zu und stört hierdurch das biologische Gleichgewicht völlig, so kann es im Vorfluter durch Fäulniserscheinungen zu starken Klagen über Geruchsbelästigungen, Schädigung der Fischerei, verminderte Nutzbarkeit des Vorflutwassers usw. kommen.

Die Beseitigung der Fäulnisfähigkeit eines Abwassers geschieht durch den Abbau der nach der mechanischen bzw. chemischen Behandlung im Abwasser verbleibenden gelösten Stoffe mit Hilfe der biologischen Verfahren. Bei diesen Verfahren werden die in der Natur, sei es im Fluß oder im Boden, beim Abbau der Stoffe sich abspielenden Vorgänge künstlich nachgeahmt. Es sind daher bei der natürlichen Selbstreinigung und bei den künstlichen Verfahren der biologischen Reinigung dieselben Kräfte, die die Reinigung bewirken. Die Verfahren heißen „biologische Verfahren“, weil bei dem Abbau der Stoffe die Kleinlebewesen, hauptsächlich Bakterien und Protozoen sowie deren Enzyme eine sehr große Rolle spielen. Diese Tatsache hat aber weiter zur Folge, daß es bei allen Verfahren darauf ankommt, daß das Abwasser innigst mit Sauerstoff in Berührung kommt. Je besser man die Vorgänge in der Natur nachahmen wird, um so größer wird der Erfolg des angewandten Verfahrens sein. Bei dem Abbau der organischen Stoffe durch die biologischen Verfahren finden außer rein biologischen Vorgängen auch noch chemische und physikalische Umsetzungen statt.

Nach der DUNBARschen „Adsorptionstheorie“, die später durch die Ergebnisse anderer Forscher ergänzt wurde, sind bei den künstlichen biologischen Verfahren, soweit es sich um den Abbau der organischen Stoffe des Abwassers handelt, zwei Hauptvorgänge zu unterscheiden, und zwar:

a) Die Ausscheidung der organischen (gelösten, kolloiden sowie in Schwebe befindlichen Stoffe) durch Bindung an Bakterienschleime.

b) Die Aufarbeitung (Verzehrung) der in den Bereich ihrer Wirkung gebrachten Stoffe durch die Bakterien.

Der mit der Adsorption bezeichnete erste Vorgang der Niederschlagung der Stoffe auf den Bakterienschleimen ist ein physikochemischer bzw. kolloidchemischer Vorgang, als dessen Hauptfaktoren die außerordentlich große Oberfläche der Bakterienschleime und der — den ausgeflockten Stoffen entgegengesetzte — Ladungssinn der Bakterienleiber anzusehen sind.

Die adsorbierten Stoffe werden durch die von den Bakterien ausgeschiedenen oder im Wasser enthaltenen Enzyme in Lösung gebracht und gelangen durch die Zellhaut mitsamt dem im Wasser gelösten Sauerstoff in das Zellinnere. Hier werden sie jetzt mit Hilfe des Sauerstoffs unter dem Einfluß der Zellfermente abgebaut, wobei die Kohlenstoffverbindungen bis zu Kohlensäure, die Stickstoffverbindungen bis zur Salpetersäure und die Schwefelverbindungen bis zur Schwefelsäure (Sulfaten) und der Wasserstoff zum Wasser biochemisch oxydiert, also in mineralische Verbindungen übergeführt werden. Die Produkte dieses Oxydationsprozesses, aus dem die Bakterien ihre Lebensenergie schöpfen, erscheinen teils in flüssiger Form, teils als Gase. Sie diffundieren durch die Zellwände in das umgebende Wasser und werden dann mit den Abläufen abgestoßen.

Bei den biologischen Prozessen werden die Schmutzstoffe, wie vorher geschildert, in der Hauptsache durch Bakterien abgebaut. Die sich an der Reinigung beteiligenden, an Zahl geringen Protozoen haben in der Hauptsache die Aufgabe, die Bakterienzahl auf das richtige Maß zu beschränken. Die von den Bakterien lebenden Protozoen dienen im Fluß dann den Fischen als wertvolle Nahrung. Die bei dem Abbau auftretenden Abbauprodukte werden dann durch chemische Vorgänge weiter abgebaut oder, soweit sie ungelöster Art geworden sind, durch physikalische Vorgänge der Sedimentation aus dem Abwasser entfernt. Da die den Abbau bedingenden Organismen strenge Aerobier sind, so ist die Selbstreinigung und damit auch die biologische Reinigung an ein Mindestmaß von Sauerstoff gebunden. Eine der Hauptaufgaben bei der biologischen Abwasserreinigung gilt daher der reichlichen Sauerstoffzufuhr, damit der aerobe Zustand gewahrt und die bakterielle Oxydierung der organischen Stoffe gewährleistet bleibt.

Da es sich um biologische Prozesse handelt, hat die Temperatur einen starken Einfluß auf den Verlauf der Prozesse. VIEHL stellte fest, daß die Oxydation des anorganischen Stickstoffs zwischen 2 und 25° C nach der VAN'T HOFFschen Regel verläuft, die besagt, daß die Geschwindigkeit der Reaktion durch eine Temperaturerhöhung von 10° um das 2—3fache gesteigert wird. Dieser Vorgang muß demnach mehr ein rein chemischer Vorgang sein, wohingegen der aerobe Abbau der organischen Stoffe rein biologischer Natur ist, bei dem sich in bakteriologischer Hinsicht eine weitgehende Anpassung der Bakterienflora an die Temperatur vollzieht. Der Einfluß der Temperatur auf den aeroben Abbau mancher gewerblicher Abwässer ist nach VIEHL vermutlich wesentlich größer als bei häuslichem Abwasser. Der Einfluß der jahreszeitlichen Temperaturschwankungen zeigt, daß die durch den Wechsel der Temperatur in den verschiedenen Jahreszeiten hervorgerufenen Unterschiede in der Wirkung der biologischen Anlagen geringer sind als sich aus den Temperaturunterschieden ergibt.

Man kann nun die biologischen Verfahren, je nachdem, ob sie in der Luft oder im Wasser arbeiten, einteilen. Bei den in der Luft arbeitenden Verfahren wird das Abwasser auf einer Unterlage in dünner Schicht dem Sauerstoff der Luft ausgesetzt. Bei allen diesen Verfahren befinden sich die Tragkörper, auf denen die den Abbau bewirkenden Lebewesen sitzen, in der freien Luft, aus der die Organismen dauernd den Sauerstoff zum Leben entnehmen. Sie werden mit Unterbrechungen mit dem Abwasser in Berührung gebracht. Bei den im Wasser arbeitenden Verfahren werden die natürlichen Verhältnisse der Selbstreinigung im Fluß am stärksten nachgeahmt. Man kann aber die Verfahren auch in natürliche und künstliche Verfahren unterteilen, je nachdem, ob man bei den Verfahren natürliche Anlagen benutzt oder sich die zum Abbau der Stoffe notwendigen Anlagen erst durch künstlichen Aufbau schafft. Auf Grund dieser Tatsachen unterscheidet man folgende verschiedene Verfahren:

I. Reinigung in der Luft.

a) Natürliche Verfahren: 1. Rieselfelder; 2. Beregnung; 3. Bodenfilter.

b) Künstliche Verfahren: 1. Füllkörper; 2. Tropfkörper; 3. Teller- und Reichle-Körper; 4. belüftete Tropfkörper (Hochleistungstropfkörper); 5. Aerofiltration und Biofiltration.

II. Reinigung im Wasser.

a) Natürliche Verfahren: 1. Fluß; 2. See; 3. Abwasserteiche und Stauseen; 4. Fischteich.

b) Künstliche Verfahren: 1. Schlammbelebung. a) Druckluft; b) Oberflächenbelüftung; c) Kombination beider Verfahren. 2. Tauchkörper.

III. Reinigung teils im Wasser, teils in der Luft.

1. Drehbare Tauchkörper; 2. Aerofilter von STROGANOFF.

Bei den in der Luft arbeitenden Verfahren ist ein Spiegelgefälle entsprechend der gesamten Höhe des Körpers erforderlich. Im Gegensatz dazu benötigen die im Wasser arbeitenden Verfahren kein Spiegelgefälle und in den meisten Fällen auch kein besonderes Traggerüst für die die Reinigung durchführenden Organismen. Diese bewegen sich in

Form der Schlammflocken frei durch das Abwasser. Die natürlichen Verfahren kommen dort in Frage, wo besonders günstige örtliche Verhältnisse vorliegen. Man könnte die Verfahren, je nachdem, ob die in dem Abwasser noch enthaltenen Werte wirtschaftlich ausgenutzt werden oder nicht, auch in produzierende und konsumierende Verfahren einteilen. Zu den produzierenden Verfahren, die die Stoffe irgendwie ausnutzen und in wertvolle Stoffe umwandeln, gehören die Rieselfelder, unter Umständen Bodenfilter, Fluß, See und Fischteiche. Alle anderen Verfahren sind konsumierende, da sie zur Vernichtung der Stoffe nur Kosten verursachen und die in ihnen steckenden Werte größtenteils verloren gehen. Man sollte dort, wo es irgendwie möglich ist, im Interesse unserer Volkswirtschaft die produzierenden Verfahren vorziehen und stets das Verfahren anwenden, das neben der besten Reinigung die weitgehendste Ausnutzung der in den Abwässern enthaltenen Werte sicherstellt.

II. Die verschiedenen biologischen Verfahren.

1. Rieselfelder.

a) Allgemeines.

Die wirtschaftlichste Art der Ausnutzung der im Abwasser enthaltenen Dungstoffe stellt die landwirtschaftliche Verwertung durch Rieselfelder, Beregnungsanlagen, Abwasserfischteiche, unter Umständen auch Bodenfilter und Untergrundberieselung dar. Bei allen diesen Verfahren werden die Abwässer auf natürlichem Wege durch die im Boden bzw. Wasser enthaltenen Kräfte nicht nur wirksam biologisch gereinigt, sondern die in den Abwässern enthaltenen Werte werden landwirtschaftlich ausgenutzt und hierdurch Werte geschaffen, die der Allgemeinheit wieder zugute kommen. Diese Reinigung auf Land stellt — vom volkswirtschaftlichen Standpunkte gesehen — dort, wo geeignete Verhältnisse vorliegen, die beste Reinigungsart dar. Das Abwasser wird durch einen mechanischen Filtrationsprozeß von allen ungelösten Stoffen befreit. Die im Boden lebenden Mikroorganismen bauen dann diese adsorbierten Stoffe und auch die gelösten Stoffe ab. Dem Boden selbst werden damit wertvolle Dungstoffe zugeführt, die die wachsende Pflanze zu ihrem Aufbau nötig hat. Das abfließende Wasser ist klar und rein und nahezu frei von gelösten organischen Stoffen, so daß es unbedenklich allen öffentlichen Gewässern zugeführt werden kann.

Dieser große Gehalt des Abwassers an Nährstoffen sollte alle Gemeinden veranlassen, von sich aus vor der Anlage anderer biologischer Kläranlagen zu prüfen, ob örtlich nicht die Möglichkeit der landwirtschaftlichen Verwertung der städtischen Abwässer gegeben ist. In den meisten Fällen haben sich auch die Gemeinden bereit erklärt, ihre Abwässer an die Landwirtschaft abzugeben, wenn ihre gesundheitlichen Belange gewahrt wurden, d. h. wenn durch die dauernde Abnahme und Verwertung auf Rieselfeldern die Reinigung sichergestellt wurde. Hierbei konnte die Stadt keine Gewähr für die Lieferung einer bestimmten, eine Mindestmenge überschreitenden, der Verwertung zuzuführenden Abwassermenge übernehmen. Durch die verschiedenen Erlasse des R.u.Pr.M.f.E.u.L. ist festgelegt worden, daß vor Anlage einer anderen Kläranlage die Möglichkeit der landwirtschaftlichen Ausnutzung der städtischen Abwässer zu prüfen ist. Folgende Erlasse kommen in Frage:

Erlaß des R.u.Pr.M.f.E.u.L. VI/1 1182, R.u.Pr.M.f.E.u.L. IV d 285/35, R.u.Pr.M.d.I. vom 5. Februar 1935.

Erlaß des R.u.Pr.M.f.E.u.L. und R.u.Pr.M.d.I. VI 15 184/IV d 2997 vom 21. September 1935.

Erlaß des R.u.Pr. Wirtschaftsministers IV 13 002/36 III 3340/36 R.u.Pr.Wi.M. — VI 6227 R.u.Pr.M.f.E.u.L. betr. Verwertung gewerblicher Abwässer.

In den Fällen, in denen Städte z. Zt. nur eine mechanische Reinigungsanlage haben, der Vorfluter aber eine weitergehende Reinigung erfordert, sollte auch in den Fällen, wo die von den Städten für die biologische Reinigung sonst aufzubringenden Kosten wohl für eine künstliche, nicht aber für den Ausbau einer natürlichen Reinigung ausreichen, zunächst geprüft werden, ob unter Bereitstellung öffentlicher Mittel nicht doch eine landwirtschaftliche Verwertung der Abwässer möglich ist. Wo die Einrichtung einer landwirtschaftlichen Verwertung mit einfachen Kosten möglich ist, sollte man auch für die Abläufe der vorhandenen biologischen Kläranlagen die Weiterverwendung des Abwassers einführen (s. SIERP [1]). Auf der Kläranlage Nowawes wird das in Absetzbecken und 28 Tropfkörpern gereinigte Abwasser auf Rieselfeldern und Rieselwiesen weiter ausgenutzt, das biologisch gereinigte Abwasser wird von den Pflanzen sehr gut verwertet, so daß das Rieselgras fünfmal im Jahr gemäht werden kann. Auch der Abfluß von Belebtschlammanlagen kann, wie SIERP nachgewiesen hat, sehr gut auf Rieselfeldern weiter verwandt werden, wobei man noch den Vorteil hat, daß die im Schlamm vorhandenen Dungstoffe zu Zeiten besonderen Düngerbedarfs in gesteigertem Maße zur Verfügung stehen und sie besser auf den besonderen zur Verfügung stehenden Flächen besser verteilt werden können. Noch aus einem anderen Grunde ist zur Sicherung hygienischer Verhältnisse die Verbindung einer Kläranlage mit der landwirtschaftlichen Verwertung erwünscht. In sehr regenreichen, d. h. ausgesprochen nassen Jahren, wird der landwirtschaftliche Betrieb der Rieselfelder durch länger andauerndes Regenwetter sehr erschwert, weil dann die Felder das Abwasser nicht mehr gebrauchen können, zumal ihnen zu diesen Zeiten durch die Abspülungen noch mehr Schmutzstoffe als gewöhnlich zugeführt werden (s. weiter unter Vorreinigung).

Werden den Rieselfeldern in langen Kanälen angefaulte Abwässer zugeführt, so besteht bei zu naher Verlegung der Rieselfelder an die Siedlungen, ganz abgesehen davon, daß sie deren Ausdehnungen hemmen können, die Gefahr der Geruchsbelästigungen. Bei überlasteten Rieselfeldern pflegt sich hierzu auch noch eine Fliegen- und Rattenplage zuzugesellen. Als weiterer Nachteil der Rieselfelder wird besonders von medizinischer Seite auf die Gefahr als Bandwurmverbreiter hingewiesen. Die Verbreitung normaler Spulwürmer bei mit Abwasser kopfgedüngtem Gemüse ist allgemein bekannt. Das auf den Rieselweiden gehende Vieh soll sich nach kurzer Zeit als finnig erweisen. Es wird daher vorgeschlagen, aus allen Rieselweiden Wiesen zu machen und das gewonnene Heu zu verfüttern. In der Trockenheit geht der Bandwurm innerhalb von 12 Tagen zugrunde. In anderen Fällen müßte man den Genuß rohen Rindfleisches in Städten mit Rieselweiden verbieten.

b) Düngewert der Abwässer.

Man muß unterscheiden zwischen dem eigentlichen Düngewert, das sind die auf chemischem Wege ermittelten Gehalte des Abwassers an Pflanzennährstoffen, wie Kali, Stickstoff und Phosphorsäure und dem landwirtschaftlichen Wert. Letzterer umfaßt neben dem Düngewert auch den Wasserwert bzw. Anfeuchtungswert, den Wert der Wuchs- oder Reizstoffe im Abwasser, den Humuswert und den wertvollen Gehalt an Bodenbakterien. Ein bestimmtes Abwasser hat für jede Bodenart, für jede Pflanze und bei verschieden meteorologischen Verhältnissen immer einen verschiedenen landwirtschaftlichen Wert. Bei der Berechnung des Geldwertes landwirtschaftlich nutzbaren Abwassers ist zu beachten, daß die Düngewerte theoretische Werte darstellen und stets nur ein Teil ausnutzbar ist. Geldliche Schätzungen des Dungwertes sind immerhin vorsichtig aufzunehmen. Eine einwandfreie Berechnung des Wasser- und Humuswertes ist nicht möglich.

1. Düngewerte. In 1 cbm Abwasser rechnet man ganz allgemein mit

80 g Stickstoff,
20 g Phosphorsäure (P_2O_5),
60 g Kali (K_2O).

Bei einem Trockenwetteranfall von 100 Litern/Kopf und Tag, entsprechend einem Abwasseranfall von 36,5 cbm je Kopf und Jahr, fallen demnach pro Jahr und Kopf an:

2,9 kg Stickstoff,
0,73 kg Phosphorsäure,
2,19 kg Kali.

Unter Zugrundelegung der heutigen Kunstdüngerpreise und des ausnutzbaren Düngewertes der Abwässer berechnet KREUZ hieraus einen theoretischen Wert von 5 Pf./cbm. Nach ZUNKER kann man in Deutschland bei 2 Milliarden erfaßbaren Kubikmetern Abwasser mit 160000 t Stickstoff rechnen.

2. Wasser- oder Anfeuchtungswert. Der Wert des Wassers zur Anfeuchtung des Bodens richtet sich ganz nach den örtlichen Verhältnissen. Er ist abhängig vom Klima, vom Boden und von der Jahreszeit. In trockenen Jahren ist dieser Anfeuchtungswert

[1] SIERP: Neuzeitliche Rieselfeldwirtschaft. Techn. Gemeindebl. 1929, **32**, 61.

natürlich viel größer, so daß die Widerstände gegen die Abnahme des Abwassers auf Seiten der Landwirtschaft in trockenen Zeiten sehr gering sind. In sandigem Boden mit sehr schneller Versickerung des Wassers ist dieser Wert ebenfalls viel höher einzusetzen als auf gutem humösen Boden, der das Wasser sehr lange festhält.

3. Wuchsstoffe. Nach BACH[1] ist anzunehmen, daß im Abwasser außer den chemisch feststellbaren Dungstoffen, den sog. Kernnährstoffen, auch noch von der Pflanze besonders auswertbare und begehrte Nebenstoffe, sog. Reizstoffe, die ähnlich den Sexualhormonen als wachstumsfördernde Hormone wie Vitamine auf die Pflanze wirken, enthalten sind. Sie können das Wachstum der Pflanze fördern und ihre Fruchtreife beschleunigen. Die von einzelnen Seiten versuchte Heranziehung oligodynamischer Kräfte für die unterstützende Wirkung der Abwässer bei der Düngewirkung hat keinen Boden fassen können, da wirkliche Unterlagen für das Vorhandensein oligodynamischer Kräfte weder im Abwasser noch im Schlamm erbracht noch zu erwarten sind.

4. Humuswert. Von nicht zu unterschätzendem Wert ist die Möglichkeit der Humusbildung im Boden durch die im Abwasser enthaltenen organischen Stoffe, die aus Kohlenstoffverbindungen bestehen und später im Boden stark adsorptiv wirken. Besonders in sandigen und lehmigen Böden wirkt sich die Zuführung humusartiger Stoffe sehr wertvoll aus, da diese Stoffe die wasserbindende Kraft des Bodens sehr stark erhöhen, so daß sie auch Düngerlösungen besser speichern können. Bei schweren Lehmböden wirkt ein Humusgehalt auflockernd und fördernd auf die Krümelstruktur, die eine bessere Durchlüftung des Bodens gewährleistet. Der Humus wirkt ferner reaktionsändernd und stellt eine wertvolle Nahrungsquelle für die Bodenbakterien dar, die den Humus unter Bildung der für den Pflanzenaufbau wichtigen Kohlensäure zersetzen. Auch die mit dem Abwasser zugeführten Bakterien können sich im Boden gut auswirken. Durch verstärkten Abbau der Humus- und übrigen Dungstoffe erwärmen sie den Boden und erzeugen so eine gute Bodengare.

Während nun KREUZ den theoretischen Wert je Kubikmeter Abwasser aus dem Düngewert (5 Pf.) und dem Anfeuchtungswert (2 Pf.) mit 7 Pf./cbm angibt, errechnet ZUNKER[2] den Produktionswert von 1 cbm mit 15 Pf. Dieser soll bei Futterrüben sogar bis RM 3,05 betragen.

c) Zuleitung des Rieselwassers.

Die Anlage des Rieselfeldes muß so sein, daß das Abwasser auch an die entferntesten und höchstgelegenen Stellen gelangen kann. Die Zuführung erfolgt von den Hauptdruckleitungen aus in Zweigleitungen und offenen Verteilungsgräben. Das Hauptdruckrohr wird bis zur höchsten Stelle des Rieselfeldes geführt und endigt hier als oben offenes Standrohr, das durch einen Überlauf mit einem Auffangbecken verbunden ist, das gleich einem Sicherheitsventil die Druckrohrleitungen bei zu starkem Zufluß oder geschlossenen Anlaßschiebern vor Überlastung oder Zersprengungen schützt.

Aus wirtschaftlichen Gründen wird man die Leistung der Pumpwerke und Druckrohre höchstens auf das Doppelte des größten Trockenwetterstundenzuflusses bemessen; das bedeutet, daß bei Regenwetter nur ein Teil der in der Mischkanalisation herangeführten Regenwassermenge zu den Rieselfeldern gepumpt werden kann. Auf der im Kreise Delitzsch nach neuesten Gesichtspunkten errichteten Rieselfeldanlage werden 60—80000 cbm Abwasser der Stadt Leipzig auf einer Rieselfläche von 8000 Morgen verteilt und zu dem Zweck in einer 13 km langen Druckrohrleitung um 38 m künstlich gehoben.

Die Zweigleitungen werden in ähnlicher Weise hergestellt wie das Hauptdruckrohr. Die Weite der Rohre soll bei einem Mindestdurchmesser von 20 cm so bemessen sein, daß auch beim stärksten Durchfluß eine Geschwindigkeit von 1 m nicht überschritten wird. Bei günstiger Geländegestaltung, z. B. wenn die Stadt auf hochgelegenem Gelände liegt und die Rieselflächen sich auf den anschließenden Hängen anlegen lassen, können die Zweigleitungen und unter Umständen — d. h. wenn genügend Flächen zur Verfügung stehen — sogar die Hauptleitungen (Dülmen) durch offene Gräben ersetzt werden. Geschlossene Kanäle bevorzugt man besonders in den Fällen, wo das Abwasser schon angefault aus der Stadt ankommt. In heißen Sommertagen kann es sonst in der Nähe der Gräben und Rieselfelder zu sehr starken Geruchsbelästigungen kommen. Die Verteilergräben erhalten 0,5 m Tiefe und 0,3 m breite Sohlen und ein- und einhalbfache Böschungen. Das Längsgefälle der Gräben soll bei nicht befestigten Gräben nicht steiler als 1 : 150—200 sein, um Sohle und Böschungen vor dem Abspülen zu schützen. Die Geschwindigkeit des Wassers soll 0,4—0,8 m nicht überschreiten; bei größeren Geschwindigkeiten (1 m) sind die Gefälle durch gepflasterte oder betonierte stufenförmige Gefällabstürze zu mildern. Auf die Felder

[1] BACH: Städtereinigung 1935, **27**, 723. [2] ZUNKER: Städtereinigung 1936, **28**, 197.

wird das Abwasser durch hölzerne, mit Karbolineum gestrichene oder aus Beton hergestellte Kastenrinnen und Schütze geleitet.

Die Zuleitungsgräben sind stets gut sauber zu halten, um auch die durch das Abwasser bedingten starken Pilzbildungen möglichst niedrig zu halten.

d) Vorbehandlung des Abwassers.

Die Frage, ob die zu den Rieselfeldern gesandten Abwässer vorher gereinigt werden müssen oder nicht, ist zur Zeit noch offen. Wenn es auch in landwirtschaftlichen, die Verrieselung fördernden Kreisen viel Stimmen gibt, die jede Vorreinigung verwerfen, sollte man schon aus gesundheitlichen und betrieblichen Gründen grundsätzlich eine Vorbehandlung des Abwassers durch Sandfang, Rechen, Ölfänger und Absetzbecken fordern, zumal das Abwasser durch eine mechanische Vorreinigung nur einen unbedeutenden Teil seiner Dungstoffe verliert. Die Stickstoff-, Kali- und Phosphorsäureverbindungen sind in dem Abwasser zum weitaus größten Teil in gelöstem Zustande.

Nach den Richtlinien des Deutschen Gemeindetages für die landwirtschaftliche Verwertung der gemeindlichen Abwässer[1] ist das Maß der Vorbehandlung im Einzelfalle zu bestimmen und richtet sich nach

a) Beschaffenheit des Abwassers;
b) jährliche Abwassermenge je Flächeneinheit;
c) Art der Wasserverteilung im Verwertungsgebiet;
d) Bodenbeschaffenheit und
e) Entfernung des Verwertungsgebietes. Dabei können kurze Zuleitungen stärkere Vorreinigungen erfordern als lange Zuleitungen.

Sand sollte aus dem Abwasser entfernt werden, da er einen großen Verschleiß der Pumpen bedingt, sich an allen möglichen unerwünschten Stellen niederschlägt und dann zu Verstopfungen bzw. Falschstauungen Veranlassung gibt. Öl und Fett werden im Boden besonders, wenn es sich um mineralisches Öl oder Fett handelt, nur sehr schwer abgebaut. Es reichert sich allmählich im Boden an und bildet dann den sehr unerwünschten Ortstein, der die obere Bodenschicht vom Grundwasser und der guten Durchlüftung absperrt. Die absetzbaren Schwebestoffe setzen sich infolge ihrer großen Absetzgeschwindigkeit gleich in den ersten Teilen des Rieselfeldes ab, so daß eine sehr ungleiche Verteilung der Dungstoffe erfolgen würde. Richtiger ist es daher, den groben Abwasserschlamm vor der Verrieselung aus dem Abwasser auszuscheiden. Den im ganzen Jahre gleichmäßig anfallenden Schlamm kann man aufspeichern und an solchen Punkten und zu den Zeiten verwenden, wenn er im Hinblick auf die Aufnahmefähigkeit der Kulturen am besten ausgenutzt wird. Am besten ist es, wenn man ihn mit Rücksicht darauf, daß ästhetische und hygienische Belästigungen der Bevölkerung vermieden werden müssen, in einem Faulraum einer biologischen Zersetzung unterwirft. Hierbei werden die bei der Verwendung als Dungstoff unerwünschten Stoffe, wie Fette und Seifenstoffe, Cellulose und Unkrautsamen zerstört. Die im Abwasser enthaltenen Papier- und Cellulosefasern werden von der aeroben Zersetzung nur schwer erfaßt. Bei einer stärkeren Belastung des Bodens mit solchen Stoffen kann es zu einer unerwünschten Verfilzung des Bodens kommen. Der Unterschied zwischen der Abwasserdüngung und der Schlammdüngung besteht auch in den Mengenverhältnissen. Während bei der Abwasserverdüngung 990 Liter verrieselt werden, fallen aus dieser Abwassermenge nur 10 Liter Schlamm an.

Auch vom rein abwassertechnischen Standpunkte aus sollte man nach Prüss[2] die Abwasserentschlammung vor den Rieselfeldern beibehalten, da die Kläranlagen auch der Regenwasserbehandlung dienen müssen. Da es nun wirtschaftlich nicht möglich ist, die großen Regenwassermengen bis zur 5- oder sogar 10fachen Trockenwettermenge auf die Rieselfelder zu leiten, oder sogar zu pumpen, muß schon allein mit Rücksicht auf die Rieselfelder und Pumpen die Entschlammung des Regenwassers beibehalten werden. Als Höchstmenge der den Rieselfeldern zuzuführenden Mischwassermengen nimmt man allgemein die doppelte Trockenwettermenge an. Von kleinen Anlagen und ganz besonderen Einzelfällen abgesehen, wird man fast stets die für die Regenwasserentschlammung ohnehin notwendigen Klärbecken gleichzeitig zur Vorentschlammung auch der normalen städtischen Abwassermenge beibehalten.

[1] Gesundh.-Ing. 1937, **60**, 457. [2] Prüss: Die Bautechnik 1937.

e) Verschiedene Arten der Verrieselung.

1. Oberflächen- oder Hangberieselung. Bei der Oberflächenberieselung ist eine Versickerung des Abwassers nicht beabsichtigt. Am einfachsten ist die Verteilung über Grünlandhänge, die eine feste Grasnarbe und ein Oberflächengefälle von mehr als 1,5—2% haben. Die Bodenbeschaffenheit des Untergrundes ist bei dieser Art der Verrieselung von untergeordneter Bedeutung. Die Verteilung geschieht in der Weise, daß das Abwasser am obersten Ende der zu berieselnden Fläche in ganzer Länge über den Rand des Verteilungsgrabens tritt. Es rieselt in dünner Schicht über die Oberfläche bis auf eine Entfernung von 10—20 m und setzt hierbei seine Dungstoffe ab. Die Breite der Rieselflächen schwankt je nach der Bodenbeschaffenheit und nach dem Gefälle der Fläche. Am anderen Ende der Fläche fängt man das Wasser in einem Abfanggraben wieder auf und leitet es in gleicher Weise auf die nächste Fläche. Der Reinigungsvorgang wird so häufig wiederholt wie das Gelände es gestattet. Je häufiger das Wasser über die Rieselflächen geleitet werden kann, um so besser ist der Reinigungsvorgang. Bei der Aptierung des Geländes zur Hangberieselung sind die Ent- und Bewässerungsgräben der Oberflächengestaltung anzupassen. Bodenplanierungen sind möglichst zu vermeiden. Eine Drainierung solcher Hangrieselflächen ist im allgemeinen nicht nötig.

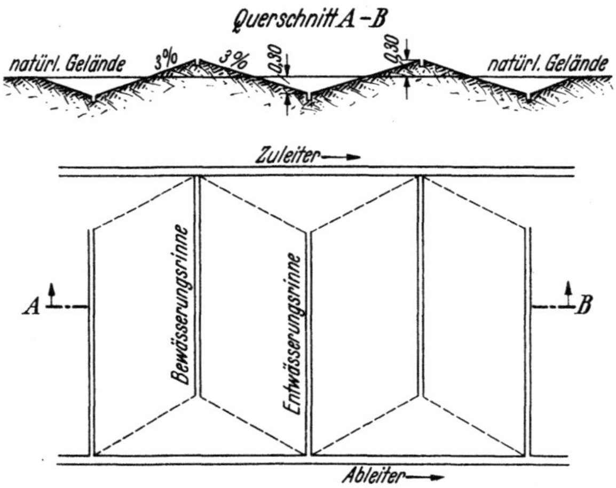

Abb. 116. Künstlicher Hang- und Rückenbau.

Um eine gleichmäßige Verteilung über eine Fläche von 4 Morgen sicherzustellen, braucht man nach Prüss eine Mindestwassermenge von 30 Liter/Sek. Zur guten Verteilung soll man daher den ganzen Tagesanfall aus einer Stadt einem verhältnismäßig kleinen Teil der ganzen Rieselfläche zuführen. Auf diese Weise wird jede Fläche praktisch 3—4mal im Jahre mit Abwasser beschickt, wobei je nach der Beschaffenheit des Untergrundes jedesmal eine Wassergabe von 100—150 mm auf 1—2 Tage verteilt zugeleitet wird.

Die Oberflächen- oder Hangberieselung verursacht am wenigsten Arbeit und macht die geringsten Kosten bei der gleichmäßigen Verteilung. Die kleinen Verteilungsgräben und Auffanggräben können von den Landwirten selbst mit einem geeigneten Pflug gezogen werden. Bei reiner Oberflächenberieselung sollten außer Weiden und Wiesen nur solche Nutzpflanzungen gewählt werden, die nicht dem menschlichen Genusse in rohem Zustande dienen (kein Salat u. dgl.).

2. Künstlicher Hang- oder Rückenbau. Fehlen die natürlichen Hänge, so kann man sich diese durch den in Abb. 116 dargestellten künstlichen Hang- oder Rückenbau herstellen. Von dem Zuleiter gehen Verteiler- oder Bewässerungsrinnen mit einem Längsgefälle von 3‰, die in voller Länge vom Abwasser überströmt werden. Das Abwasser fließt dann in dünner Schicht über die bis 3% geneigte, gleichmäßig angelegte Oberfläche der einzelnen Tafeln zu dem zwischen zwei Verteilerrinnen angeordneten Entwässerungs- oder Auffanggraben. Die Länge der einzelnen Tafeln soll nicht über 50 m sein. Da der Umbau des vorhandenen Geländes in solche Kunstwiesen große Kosten verursacht, schlägt Prüss die Aufteilung des Geländes in einzelne, etwa 1,5 Morgen große Tafeln vor, in denen das Wasser durch besondere Zulaufgräben eingestaut und nach einiger Zeit wieder abgelassen wird. Die Tafeln sind durch Drainungen,

die im Abstand von 15 m verlegt sind und während des Staues geschlossen sind, künstlich zu entwässern.

3. Stau- oder Sickerberieselung. Während bei den verschiedenen Arten der Oberflächenberieselung auch schwere Böden benutzt werden können, sollen für Stauberieselung nur leichte, gut durchlässige Böden verwandt werden. Bei dieser Berieselungsart wird das Abwasser auf den mit Erddämmen umzogenen 0,25—1 ha großen Flächen aufgestaut. Das Wasser versickert im Boden und fließt unter Zurücklassung seiner Dungstoffe durch die im Boden in einem Abstand von 5—10 m verlegten Drainrohre (Saugdrains) ab. Der Durchmesser der Drainrohre soll nicht unter 5 cm betragen. Die etwas größeren Sammeldrains werden in Richtung des Hauptgefälles verlegt, während die Saugdrains quer zu diesen verlegt werden. Die Drainrohre werden in einer Mindesttiefe von 1,25 m und die Sammeldrains in einer Tiefe von 1,35 m verlegt. Der Grundwasserstand muß so tief sein, daß er die Drainagen nicht erreicht.

Abb. 117. Furchenberieselung.

Die Stauberieselung kleiner Flächen erfordert viel Gelände für Wege, Dämme und Gräben, erschwert den landwirtschaftlichen Betrieb und führt leicht zu Geruchsbelästigungen. Um diese Nachteile zu umgehen, wendet man besser die Stauberieselung größerer Flächen von 10—50 Morgen an. Das Gelände wird durch 50 cm hohe Dämme in große Stauabteilungen aufgeteilt. Das Abwasser wird in einer Höhe von 20 bis 30 cm hoch aufgestaut und im Sommer etwa 3—6 Tage, im Winter einige Wochen darauf stehen gelassen.

4. Beet- oder Furchenberieselung. Soll Ackergelände, besonders das für Hackfrüchte benutzte Gelände, mit Abwasser berieselt werden, so eignet sich gut die Beet- oder Furchenberieselung, die auch bei den vorstehend beschriebenen Stauberieselungen auf großen Flächen zur Unterstützung verwandt werden kann. Parallel zum Hang werden, wie in Abb. 117 gezeigt, zwischen den 1 m breiten Beeten 20—25 cm breite und tiefe Furchen gezogen. Bei den 50 m breiten Tafeln erfolgt die Wasserzuführung zu den Furchen von beiden Längsseiten aus. Diese Bauweise hat sich auch besonders gut beim Anbau von Gemüse bewährt. Auch während der Wachstumsperiode werden die Furchen von Zeit zu Zeit mit Abwasser gefüllt. Bei diesem, besonders bei Hackfrüchten angewandten Verfahren kommt dann das Wasser mit den Dungstoffen zu den Wurzeln, die dann das Wasser mit den Dungstoffen besonders gut verwerten.

5. Wilde Verrieselung. Bei kleinen Gemeinden findet man oft eine Stauberieselung auf undrainiertem Gelände ohne weitere Aptierung. Soll das Verfahren an den gleichen Stellen längere Zeit angewandt werden, so sind durchlässiger Boden, tiefer Grundwasserstand und erhebliche Flächen erforderlich.

6. Rieselgeräte. Um sich von dem Ausbau der Rieselgräben, besonders auf Wiesen frei zu machen, hat die Firma Lanninger ein Rieselgerät entwickelt, das zum ersten Male auf der Kläranlage Delitzsch, der großen Verrieselungsanlage der Leipziger Abwässer ausprobiert wurde. Ein 12 m langer Rieselschlitten hat zwei 6 m lange, gelenkig miteinander verbundene Rohre, die mit Ausgußeinrichtungen im Abstande von je 50 cm Entfernung versehen sind. Die Ausflußöffnungen, die mit Schnellverschlüssen und verstellbaren Verteiler-

schaufeln versehen sind, ähneln denen, die an jedem Jauchefaß zu finden sind. Die Berieselungsrohre liegen entweder auf Schlitten oder gummibereiften Wagen. Der durch Zugtiere über den Acker oder die zu düngende Weide bewegte Rieselschlitten ist durch einen beweglichen Schlauch und eine Rohrleitung an eine Niederdruckpumpe angeschlossen, die das Abwasser aus den Zuleitergräben entnimmt. Zu den an und für sich billigen Anschaffungskosten für das Gerät kommen weitere Ausgaben für das Gespann und Betriebsmittel für die Antriebspumpe (meist Rohölmotor).

7. Untergrundberieselung. Diese besonders bei vor- bzw. ausgefaultem Abwasser angewandte Reinigungsart wird fast ausschließlich bei kleinen Kläranlagen von Einzelhäusern, Krankenhäusern und Erholungsheimen zur nachfolgenden Behandlung angewandt (s. Hausklärgruben).

f) Geländearten, Geländebedarf und Geländebeschaffung.

Am geeignetsten für die Verrieselung ist guter, sandiger Boden, da dieser das Abwasser gut aufnimmt. Durch das große Porenvolumen hat der Boden eine gute Durchlüftung, so daß bei ihm die oxydierende Wirkung am allerbesten ist. Aber auch magere Lehmböden sind für Rieselzwecke noch gut verwendbar. Fetter, undurchlässiger Lehm- und Tonboden kann bei Stauberieselung nicht angewandt werden, er eignet sich aber noch für Oberflächenberieselung.

Mit Rücksicht auf die Tatsache, daß die Wassermengen ganz oder teilweise in das Grundwasser abfließen können, sind Rieselfelder weit genug von den Ortschaften entfernt anzulegen, so daß für den durch das Dorf oder die Stadt ziehenden Grundwasserstrom keine Gefahr der Beeinträchtigung besteht. Auf diese Weise werden von vornherein Beschwerden der Einwohner wegen Verschlechterung der Brunnen vermieden. Zu dem Zwecke ist vor Anlage der Rieselfelder eine genaue Klärung der Untergrund- und Grundwasserverhältnisse auf dem für die Verrieselung vorgesehenen Gelände erforderlich. Die Lage der undurchlässigen Schichten und die Grundwasserströmung sind durch besondere Bohrlöcher und Beobachtung der Wasserspiegelhöhen festzustellen. Die Grundwasserströmungen, die stets senkrecht zu den Gundwasserhöhenschichten verlaufen, ergeben die richtige Stelle für die Anlage des Rieselfeldes. Das Rieselfeld selbst soll mindestens 200 m Abstand von dem nächsten Brunnen haben. Liegt die undurchlässige Schicht, auf der das Rieselwasser abströmt, sehr hoch, so daß die Gefahr der Versumpfung angrenzender Gebiete besteht, so kann man durch einen bis auf diese Schicht eingeschnittenen Entwässerungsgraben längs des unteren Randes der Rieselfelder die Gefahr der Versumpfung beheben.

Nach den Feststellungen von Langbein [1] verdunsten auf den Berliner Rieselfeldern von 1000 Litern Abwasser rund 330 Liter, in das Grundwasser gehen 220 Liter, während 450 Liter durch die Drainleitungen zum Vorfluter abgeführt werden.

Die für die Verrieselung nötige Fläche hängt von der Menge und der Verunreinigung und damit von der Art der Vorreinigung des Abwassers, sowie von der Durchlässigkeit der Bodenschichten und deren Mächtigkeit ab. Im allgemeinen berechnet man die Größe der Rieselfelder nach der Anzahl der an die Kanalisation angeschlossenen Einwohner. Hierbei muß man die Forderung stellen, daß neben einer vollkommenen Reinigung auch eine weitgehende Ausnutzung der Dungstoffe erreicht wird. Wenn die landwirtschaftliche Verwertung der Abwässer allein in Frage kommt, werden sehr große Flächen gebraucht, da die Aufnahmefähigkeit der Felder für die im Abwasser enthaltenen Dungstoffe begrenzt ist. Bei einer jährlichen Abwassergabe von 250 mm, die etwa $^1/_3$ der Regenhöhe entspricht, werden 2500 cbm je Hektar oder 7 cbm/ha und Tag und damit bei 150 Liter Abwasser/Kopf und Tag das Abwasser von rund 50 Einwohnern auf 1 ha Land zu verrieseln sein. Größer kann die Belastung bei Rieselwiesen und Weiden sein, die das Abwasser von etwa 100 Einwohnern/ha, entsprechend 15 cbm/ha und Tag aufnehmen können. Wenn man auch bei stark sandigem Boden eine geringe Steigerung dieser Menge vornehmen kann, sollte diese doch mit Rücksicht auf die starken Überlastungen mit Dungstoffen und mit zum Teil schlechten Wirkungen der Verrieselung die Wassermenge nicht wesentlich steigern. Eine zu starke Beschickung der Rieselfelder bedeutet eine Verschwendung der mit dem Abwasser zugeführten Dungstoffe und führt leicht zu schweren Schädigungen, wie Versumpfungen, Bildung von sauren Gräsern usw.

---

[1] Langbein: Zeitschr. Ver. Deutsch. Ing. 1934, 78, 763.

Hat die Stadt genügend eigene Flächen, so ist die Verpachtung der gerieselten Flächen an kleine Landwirte oder an Siedler dem eigenen Betriebe vorzuziehen. Da man durch die Notwendigkeit der besseren landwirtschaftlichen Ausnutzung der Abwässer, verbunden mit einer vollkommenen Reinigung, gezwungen ist, das Abwasser weiträumiger zu verteilen, wodurch gleich die Kosten für den Landerwerb wegen der weiträumigen Verteilung und die dadurch bedingten Entfernungen stark anwachsen, ist man dazu übergegangen, durch einen genossenschaftlichen Zusammenschluß der in Frage kommenden Landwirte die erforderlichen Flächen sicherzustellen. Hierdurch erübrigt sich der immerhin sehr teure Ankauf der nötigen Flächen durch die Städte oder Gemeinden, wie dies in vielen Fällen bisher üblich war. In den zwischen der Stadt und der Genossenschaft zu treffenden Abmachungen ist vorzusehen, daß die Stadt allgemein das mechanisch vorgereinigte Abwasser bis an die Genossenschaftsgrenze zu liefern hat. In den Fällen aber, wo die Stadt bzw. die Gemeinde durch den Anschluß an die Genossenschaft die Kosten für eine biologische Kläranlage spart, sollte ein entsprechender Betrag in der Höhe der durch den Nichtbau der Kläranlage ersparten Beträge der Genossenschaft für die Ausführung und Unterhaltung der Genossenschaftsanlagen geleistet werden. Da man den Gemeinden mit Rücksicht auf einen sparsamen Haushalt nur eines zumuten kann, entweder ausreichende Behandlung der Abwässer vor Ableitung in den Vorfluter oder die landwirtschaftliche Verwertung, ergibt sich hieraus, wie dies auch aus dem Erlaß des R.u.Pr.M.f.E.u.L. vom 5. Februar 1935, 1 a, hervorgeht, daß man den Gemeinden nicht zumuten darf, daß sie für die landwirtschaftliche Verwertung der Abwässer höhere Kosten aufwenden, als sie sonst für eine ausreichende Klärung der Abwässer aufwenden würden. Die für den Kapitaldienst, den Betrieb und die Unterhaltung einer biologischen Reinigungsanlage je Einwohner aufzuwendenden Kosten betragen etwa RM 1,25/Kopf und Jahr. Kann nun eine an einem kleinen Vorfluter liegende Stadt, die ihre Abwässer mit Rücksicht auf die Größe des Vorfluters biologisch reinigen müßte, durch die Abgabe des mechanisch gereinigten Abwassers an die Landwirtschaft die biologische Reinigungsstufe sparen, so sollte sie diese Ersparnis zur Unterhaltung der Leitung des Abwassers bis zu den Rieselfeldern und zum Betrieb der Rieselfelder beisteuern. Bei einer Belastung der Rieselfelder mit dem Abwasser von 50 Einwohnern je Hektar kann eine Stadt demnach für den Weitertransport und Verteilung des Abwassers über die Landflächen je Hektar einen Zuschuß von RM 61.50 leisten. Mit Rücksicht auf die Tatsache, daß durch die landwirtschaftliche Verwertung eine Produktionssteigerung erreicht wird, sollten die landwirtschaftlichen Rieselgenossenschaften durch allgemeine Mittel, wie Meliorationsbeihilfen und durch die Gemeinden durch Gewährung verbilligter Tarife bei der Abgabe von Strom usw. unterstützt werden. Zwischen Stadt und Genossenschaft ist ein langfristiger Vertrag zu schließen (Entwurf s. Brix-Imhoff-Weldert[1]). Die beteiligten Grundbesitzer werden sich in der Regel zu einem Wasser- und Bodenverband gemäß dem Gesetz über Wasser- und Bodenverbände vom 10. Februar 1937 — RGBl. I, S. 187, Ziffer 319/37 — zusammenschließen.

g) Betrieb der Rieselfelder.

Die Organisation des Bewässerungsbetriebes hat unter Berücksichtigung der landwirtschaftlichen Notwendigkeiten der beteiligten Betriebe zu erfolgen. Der Bewässerungsbetrieb muß unter ausschließlicher Verantwortung der Abwasserverwerter erfolgen, wobei zu berücksichtigen ist, daß diese nicht nur das Recht, sondern auch die Pflicht haben, das anfallende Abwasser ständig abzunehmen. Aus diesem Grunde ist es zum ordnungsmäßigen Betrieb der Rieselfelder erforderlich, frühzeitig einen Rieselplan festzulegen, damit das Abwasser der Stadt an jedem Tage des Jahres ohne Rücksicht auf Niederschläge abgenommen und auch gereinigt wird.

Um das Abwasser ständig abnehmen zu können, empfiehlt es sich, die verschiedenen Rieselarten nebeneinander anzuwenden. Für die Wintermonate sollten stets genügend Stauflächen vorhanden sein, auf die das Abwasser bei Frost aufgeleitet werden kann. Nach der Zusammensetzung eignen sich die Abwässer am besten für solche Pflanzen, die einen hohen Stickstoffbedarf haben, z. B. für italienisches Raygras, Luzerne, Knaulgras, Futterrüben, Futtermöhren, Raps, Gemüse, Hackfrüchte, weniger für Kartoffeln und Halmfrüchte, Hafer, Gerste und am wenigsten für Brotgetreide. Grünlandflächen ergeben die dankbarste Verwertung, wobei die Weiden eine überragende Stellung einnehmen. Das auf Rieselfeldern gewachsene Heu weist einen höheren Eiweißgehalt auf als gewöhnliches Heu, wobei weiter zu berücksichtigen ist, daß Rieselflächen einen 2—3fach größeren Ertrag aufweisen als gewöhnliche Flächen. Man rechnet mit einem Eiweißertrag von 20 dz/ha.

[1] Brix-Imhoff-Weldert: Stadtentwässerung, Bd. 2, S. 352. Jena: Gustav Fischer 1934.

Da Obstbäume für eine gute Düngung sehr dankbar sind und hohen Wasserbedarf haben, sollte ihr Anbau auf den Rieselfeldern sehr gefördert werden. Große Erträge bringen auch Korbweiden, die ebenfalls einen großen Wasserbedarf haben.

In vielen Fällen tritt trotz des an verschiedenen Stellen oft hohen Kalkgehaltes der Abwässer eine gewisse Auswaschung des Bodens, bzw. durch die hohen Wassergaben und die biologischen Vorgänge eine Säuerung des Bodens auf, die sehr leicht durch eine Vordüngung mit Kalk mit 5 bis 6 t/ha behoben werden kann.

Die den einzelnen Flächen zu gebenden Abwasserhöhen richten sich nach den Bodenverhältnissen und den zu ziehenden Früchten. ZUNKER[1] gibt folgende Werte an:

für Wiesen	800 mm
,, Weiden	450 mm
,, Futterrüben	500 mm
,, Zuckerrüben	300 mm
,, Getreide	100 mm

Während man Grünland dauernd berieseln kann, sollte man Ackerflächen nur alle paar Jahre — je nach Bodenart bis zu Zwischenräumen von 8 Jahren — berieseln, um auf diese Weise überrieselte und rieselmüde Flächen zu vermeiden. Man hüte sich vor einer zu starken Belastung der Rieselfelder, die zur Zeit auf sehr vielen Rieselfeldern beobachtet wird und einen Teil der negativen Einstellung gegen Rieselfelder bedingt. Nach LANGBEIN werden den Berliner Rieselfeldern in Größe von rund 29000 ha Fläche jährlich 40000 t Pflanzennährstoffe (Phosphorsäure, Kali und Stickstoff) zugeführt in rund 200 Millionen Kubikmeter Abwasser. Die Rieselfelder sind zur Verarbeitung möglichst großer Wassermengen eingerichtet. Sie sind eng drainiert und in kleine Feldstücke aufgeteilt. Da sie mit besonders wasserbedürftigen Pflanzen bestanden sind, so können sie eine 4—8malige Überstauung vertragen. Hierbei wird ihnen eine Stickstoffmenge zugeführt, die größer ist als die Pflanzen vertragen können. Statt der auf Rieselfeldern normalen Wasserhöhe bis zu 1000 mm/Jahr werden die Berliner Rieselfelder mit 2200 mm/Jahr Abwasser und 500 mm/Jahr mit natürlichem Niederschlag, insgesamt also mit 2700 mm/Jahr bewässert. Statt der jetzigen Wassermenge von 60 cbm/ha im Tag würde man mit 15 cbm/ha im Tag auskommen. Ist die Belastung zu groß, so werden die Abwässer nicht genügend gereinigt. Die Folge ist, daß die Abläufe noch eine mehr oder weniger große Menge nicht abgebauter Schmutzstoffe und damit auch unausgenutzter Dungstoffe enthalten, die dann eine Verunkrautung der Abflußgräben hervorrufen und unter Umständen auch eine Beeinflussung der Vorfluter zur Folge haben können. Man kann sich in solchen Fällen dadurch helfen, daß man solches Abwasser entweder auf weiteren Flächen nochmals zur Rieselung benutzt oder in Abwasserfischteichen einer weiteren Reinigung unterzieht.

h) Einfluß gewerblicher Abwässer.

Gewerbliche Abwässer können je nach ihrer Zusammensetzung günstig oder schädigend wirken. In den Fällen, in denen sich das Abwasser durch seinen Gehalt an zersetzlichen, organischen Stoffen auf den Rieselfeldern gut abbauen läßt, bedingen solche gewerblichen Abwässer, dadurch, daß sie die Konzentration der Abwässer stark erhöhen, einen oft stark gesteigerten Flächenbedarf. Das Rieselfeldverfahren kann für viele gewerbliche Abwässer direkt oder in Mischung mit häuslichen oder städtischen Abwässern als Reinigungsverfahren benutzt werden. Schädlich wirken alle Abwässer, die Stoffe enthalten, die den Bakterien schädlich sind. Saure oder alkalische Abwässer wirken sich stets schädlich aus, da sie einmal sterilisierend und andererseits auslaugend wirken können. In gleicher Weise wirken alle Abwässer, die Metallgifte, z. B. aus Beizereiabwässern (Kupfer, Nickel usw.), Chromgerbereien usw. enthalten, schädlich. Bei organisch verschmutzten Abwässern spielt in vielen Fällen die Konzentration eine große Rolle. So können z. B. phenolhaltige Abwässer in großer Verdünnung sehr gut auf Rieselfeldern gereinigt werden, während sie in konzentriertem Zustande ebenfalls giftig wirken (s. gewerbliche Abwässer).

2. Bodenfiltration.

Bei der Bodenfiltration werden verhältnismäßig kleine Flächen nach dem Verfahren der Stauberieselung mit so großen Mengen vorgereinigten Abwassers

[1] ZUNKER: Städtereinigung 1936, 28, 197.

berieselt, daß man auf die landwirtschaftliche Nutzung der Flächen verzichten muß. Am besten verwendet man sandige, mit Sickeranlage versehene Geländeflächen, die abwechselnd mit Abwasser überstaut werden und dann wieder zum Lüften eine Zeitlang, in der die abgefilterten Stoffe abgebaut werden, leer stehen. Bodenfilter bedürfen einer gewissen Einarbeitungszeit. In Ermangelung geeigneter natürlicher Flächen kann man sich Staufilterflächen auch künstlich durch Anschüttungen von Sand, Schlacken, Kies, Koks oder Kohle und ähnlichem Material selbst herstellen. Hierbei spielt zur Erzielung einer guten biologischen Wirkung die Korngröße des Materials eine ausschlaggebende Rolle. Die groberen Filterstoffe kommen nach unten, die feinkörnigen nach oben. Der abgehobene Mutterboden wird für die Dämme verwandt.

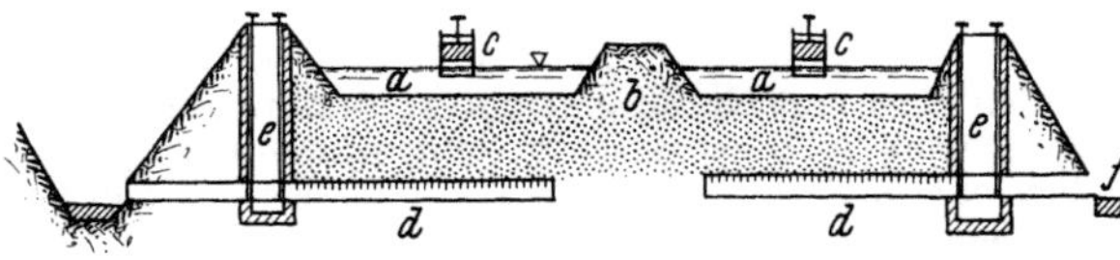

Abb. 118. Staufilteranlage für Bodenfiltration. *a* Staufilter, *b* Damm, *c* Schutz, *d* Drainage, *e* Schieberschacht, *f* Abflußgraben.

Die zur Verfügung stehende Fläche wird durch Dämme in einzelne, ebene Stauabschnitte geteilt. Die Abwasserzuführung erfolgt wie bei den Rieselfeldern durch Gräben, die mit Schützen zum Einleiten in einzelne Stauabschnitte versehen sind. Das Abwasser wird auf diesen mit Dämmen umgebenen Flächen (s. Abb. 118) gestaut, sickert durch die Bodenschichten und fließt durch die Drainagen ab. Die Belastung hängt von der Art des Abwassers, den jeweiligen Bodenverhältnissen und von der Stärke der Filterschicht ab. Sie schwankt zwischen 1000—5000 Einwohner je Hektar, d. i. bei 150 Liter/Kopf und Tag 150—750 cbm/ha und Tag. Die Beschickung erfolgt in Ruhepausen, die abhängig sind von dem Betrieb, der Bodenbeschaffenheit, der Wirkung der Drainage, der Temperatur usw. Legt man eine Aufstauhöhe von 50 cm zugrunde, so können je Hektar 500 cbm aufgeleitet werden. Da aber die Stauflächen nach der Versickerung eine Ruhepause nötig haben, sollte jede Fläche nur alle 4 Tage überstaut werden. Die Drainage liegt in einer Tiefe von 1,50 m und muß so angelegt werden, daß sie das durchgesickerte Wasser nicht nur schnell abführt, sondern wenn möglich auch die Durchlüftung des Bodens unterstützt.

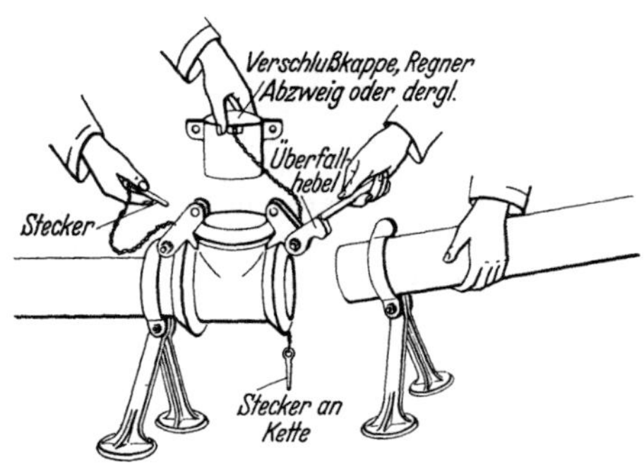

Abb. 119. Zusammensetzung der Patent-Lanninger-Doppeldachkupplung.

3. Abwasserverregnung.

Die Abwasserverregnung stellt eine sehr gute und auch wohl die bequemste Art der Abwasserverteilung und eine sehr wertvolle Ergänzung der Abwasserverrieselung dar. Bei diesem Verfahren braucht man keine großen Umbauten an dem zu beregnenden Gelände vorzunehmen. Die Zuführung des Abwassers zu den Stellen erfolgt entweder in offenen Gräben, aus denen es dann durch ein Saugrohr mittels einer Pumpe entnommen und durch frei verlegte Leitungen zu den Verregnungsanlagen gedrückt wird. Ist eine zentrale Pumpenanlage vorhanden, so erfolgt die Verteilung durch ein unterirdisch d. h. frostsicher verlegtes Rohrnetz, von dem aus das Abwasser von Hauptzapfstellen durch Schlauchleitungen entnommen wird. Für bewegliche Anlagen finden vorwiegend feuerverzinkte Bandstahl- oder gezogene Stahlrohre Verwendung. Neuerdings bürgern sich Kupplungsrohre aus Leichtmetall und Aluminiumrohre wegen ihres geringen Gewichtes und daher leichten Handhabung immer mehr ein. Die Rohrschnellkupplungen werden aus Temperguß oder Silumin hergestellt. Bewährt hat sich die Doppeldach-Muffenkupplung der Firma Lanninger-Regner A.G., Frankfurt am Main-Rödelheim, die auch als Dreiwegestück ausgebildet wird, so daß man beliebig eine Verschlußkappe, einen Regner oder eine Düse einschalten kann (s. Abb. 119).

Die Kniehebelkupplung der Firma Perrot-Regnerbau, Calw/Württ. ist infolge ihrer besonderen Konstruktion druck- und saugfest.

Die Vorrichtungen für die Verregnung sind heute schon so vervollkommnet, daß man mit Hilfe der Anlagen nicht nur stark gesteigerte Ernteerträge schaffen kann, sondern auch imstande ist, Mißernten durch Regenmangel zu verhindern. Das verregnete Wasser erfährt bei der feinen Verteilung in der Luft eine sehr gute Sauerstoffaufnahme. Es wird gerade wegen der feinen Verteilung von der Pflanze sehr gut aufgenommen, so daß man gerade bei der Abwasserverregnung eine besonders gute Ausnutzung der Dungstoffe bzw. Wachstumsstoffe erreicht.

Wie bei Rieselfeldern kommen für die Verregnung in erster Linie die Gemeinden mit landwirtschaftlicher Umgebung, sowie alle auf dem Lande gelegenen Anstalten, Erholungsheime usw. in Frage. Sollte das zur Verfügung stehende eigene Gelände nicht ausreichen, so wird das Abwasser in gleicher Weise wie bei den Rieselfeldern unter vertraglichen Vereinbarungen auf Grund gesetzlicher Bestimmungen an die angrenzenden landwirtschaftlichen Betriebe abgegeben. Die Gebiete mit unzureichender Niederschlagsmenge und besonders mit ungleichmäßiger und unzulässiger Verteilung der Jahresniederschläge sind in Deutschland überwiegend. Kurze Trockenzeiten von nur 2—3 Wochen können bereits eine sehr erhebliche Verminderung der Ernte bedingen, besonders dann, wenn die Trockenheit gerade mit der Zeit des Hauptwasserbedarfs der Fruchtart zusammentrifft. Sie lassen sich mit Hilfe von Beregnungsanlagen gut überwinden. Gegenüber der Abwasserverrieselung hat die Abwasserverregnung den Vorteil, daß eine Aptierung des Geländes (Geländeplanierungen, Ent- und Bewässerungsgräben, Dämme usw.) nicht erforderlich ist. Man braucht die Äcker nicht erst wie bei der Stauberieselung umbauen.

Wie bei Rieselfeldern soll auch besonders bei genossenschaftlicher Verwertung der Abwässer frühzeitig ein Beregnungsplan aufgestellt werden, zumal eine gute Nahrungsaufnahme vor allem eine ausreichende Wasserzufuhr zur richtigen Zeit voraussetzt. GUSOVIUS[1] schlägt auf Grund der an den Abwasserverregnungsanlagen der Heil- und Pflegeanstalten Tapiau und Allenberg gemachten Erfahrungen vor, von Oktober bis Januar die Sturzäcker zu bewässern, dann folgt von Februar bis April die Bewässerung oder Beregnung der Weiden, doch können schon im April Wintersaaten und im Mai Feldfutter und Sommersaaten beregnet werden. Im Juni und Juli werden dann Klee, dann Wiese, Weide, Kartoffel und Mais bewässert, denen sich im August und September die Beregnung von Stoppelklee anschließt. Gärtnerische Kulturen werden am besten in den Monaten Mai bis Juli beregnet. Bei Frost ist eine Verregnung nicht möglich. Man kann dann aber die vorhandenen Pumpen und Verteilerrohre dazu benutzen, um das Abwasser nach dem Verfahren der Stauberieselung gleichmäßig über die Ackerflächen zu verteilen.

Bei der Abwasserberegnung genügt im allgemeinen eine jährliche mittlere Regenhöhe von nur 300 mm, doch muß sich die zu verregnende Abwasserhöhe auch nach der Frucht richten, d. h. daß man z. B. bei Halmfrüchten 100 bis 120 mm, bei Hackfrüchten 200—300 mm und bei ganzjährigen Früchten und Grünland 300—400 mm geben muß, unter Berücksichtigung der Tatsache, daß der Wasserbedarf z. B. bei Hafer 630 mm/Jahr, bei Kartoffeln 600 mm/Jahr, bei Weiden und Wiesen 700—800 mm im Jahr beträgt.

Häufigere Wassergaben von 20 mm sind am zweckmäßigsten. Bei Roggen trat bei Gaben über 40 mm eine Ertragsverminderung auf. Bei einer Trockenwetterabwassermenge von 150 Liter/Kopf und Tag sollen rund 2750 cbm/ha und Jahr entsprechend 272,5 mm verregnet werden, d. h. man kommt bei der Verregnung mit dem Abwasser von nur 50—60 Personen je Hektar landwirtschaftlich genutzte Fläche aus.

Bei der Abwasserverregnung ist der Anfeuchtungswert sehr erheblich. Aus diesem Grunde hat sich in der Praxis ergeben, daß die Ausnutzung des Abwassers am größten ist, wenn die Wassergabe auf diejenige Menge, welche zur Anfeuchtung erforderlich ist (bis 300 mm) und auf die Vegetationsperiode beschränkt wird. KREUZ schlägt daher vor, die Beregnung auf die Trockenperioden zu beschränken und das bei Regenwetter anfallende Abwasser durch Verrieselung zu verwerten. Die Beregnung soll auf die Sommermonate beschränkt werden, während die Berieselung hauptsächlich im Winter zu betreiben ist. Hierfür sind für die Sommermonate genügende Flächen bereitzustellen. Das im Abwasser enthaltene gebundene Chlor wirkt auf Tomaten, Spinat und Salat schädigend, in gleicher Weise eignen sich Erdbeeren nicht für eine Beregnung. Die Kalkauswaschung des Bodens, die zum Teil 20% beträgt, muß gut beobachtet werden durch Untersuchungen des Bodens auf den Kalkgehalt oder durch Beobachtung der Unkrautflora.

[1] GUSOVIUS: Berliner Börsen-Ztg. vom 10. Juli 1935. Ref. Wasser u. Abwasser 1935, **33**, 270.

Um Verstopfungen an den Regnern zu vermeiden, empfiehlt es sich, mechanisch vorgereinigtes Abwasser zu verwenden und zur Vorsicht auch noch die Einläufe in die Saugrohre durch mehrere in die Zuleitungsgräben gestellte Siebtafeln zu sichern. Diese müssen von Zeit zu Zeit durch die Bedienungsmannschaften von den angesetzten Schmutzstoffen, vor allem auch von Abwasserpilzen, gereinigt werden.

Es sind heute eine ganze Reihe verschiedener Beregnungssysteme auf dem Markt, und zwar:

a) Düsenflügelanlagen.

1. Krause-Regner der Gebr. Körting AG, Hannover-Linden.
2. Einheitsanlage der Lanninger-Regner AG, Frankfurt-Rödelheim.
3. Phoenix-Landregen der Hydor G. m. b. H., Berlin-Mariendorf.
4. Perrot-Universalregner der Regnerbau Calw-Württ.

Abb. 120. Schmutzwasserweitstrahlregner der Fa. Lanninger AG, Frankfurt-Rödelheim.

b) Einzelregneranlagen.

1. Phoenix-Weitstrahlregner der Hydor G. m. b. H. in Berlin-Mariendorf.
2. Großquadratregner der Lanninger Regner AG, Frankfurt.
3. Siemens Regenkanone der Siemens-Schuckert-Werke, Berlin-Siemensstadt.
4. Hüdig-Regner von Gustav Hüdig, Berlin.
5. Perrot-Großoberflächenregner vom Regnerbau in Calw/Württ.

Am besten eignen sich für eine weiträumige Verteilung die ursprünglich für die Reinwasserberegnung entwickelten Weitstrahlregner, von denen man in der Hauptsache 3 Typen

Abb. 121. Großfeldregneranlage mit vier Weitstrahlregnern in Betrieb (Lanninger-Regner-AG, Frankfurt-Rödelheim.)

anwendet. Die Weitstrahlregner sind kreisende Stahlrohre, die bei großen Anlagen ortsfest aufgestellt werden und an unterirdisch fest und frostsicher verlegte Druckrohre angeschlossen werden. Die Wurfweite derartiger Regner beträgt bei den in Abb. 120 dargestellten Abwasserweitstrahlregnern der Firma Lanninger bei einem Durchmesser des Mundstücks von 32 mm bei 3 atü Betriebsdruck 72 m und bei 4 atü Betriebsdruck 90 m. Bei 3 atü Druck beträgt die beregnete Fläche 4072 qm und gibt eine Regengabe von 20 mm in 72 Minuten, wobei in der Stunde 68 cbm Abwasser verbraucht werden. Bei 4 atü Druck werden 6362 qm beregnet, wobei eine Regengabe von 20 mm in 95 Minuten bei 80 cbm Wasserverbrauch in der Stunde gegeben wird.

In den meisten Fällen wendet man halbbewegliche Anlagen an, bei denen die Regner mit fliegenden Rohrleitungen aus Aluminium an feste Druckrohre angeschlossen werden. Eine derartige Anlage ist in Abb. 121 dargestellt. Bei kleineren Anlagen ist auch die Pumpenstation fahrbar. Am meisten findet man Hochdruckkreiselpumpen mit Rohölantriebmotor, die auf einem Wagen aufmontiert sind. Bei Wasserleistungen über 60—70 cbm/Stunde sollte man möglichst ortsfeste Anlagen bauen, da bei beweglichen Anlagen die Hauptzuleitungen zu unhandlich werden.

Leider stehen den großen Vorzügen der Abwasserverregnung die oft recht hohen Kosten gegenüber. Die Kosten sind weniger in den hohen Anlagekosten der Rohrleitungen und der Regengeräte begründet, denen ja in bezug auf die Rieselfeldanlagen die Ersparnisse in dem Umbau der Flächen gegenüberstehen, sondern bestehen in der Hauptsache in den hohen Ausgaben für Löhne und Betriebsstoffe. Die Anlagekosten schwanken nach KÖNIG für

1. bewegliche	Anlagen	zwischen	150— 300 RM/ha
2. halbbewegliche	,,	,,	450— 650 RM/ha
3. ortsfeste	,,	,,	900—1000 RM/ha

ROTHE[1] hält die Baukosten nicht höher als die Baukosten, die für eine mechanisch-biologische Kläranlage aufzuwenden sind, wohingegen sie nur 20% der Kosten für Rieselfeldanlagen ausmachen sollen. Der Druck des Abwassers an der Düse der Weitstrahlregner beträgt je nach Wurfweite und nach Art des Regnergerätes 3—6 Atm. Dieser hohe Druck bedingt einen hohen Energiebedarf der Pumpen, so daß man allein die Verteilerkosten durch Verregner bzw. Betriebskosten, je nach dem Strompreis auf etwa 5—10 Pf./cbm Abwasser rechnen kann. Da diesen Kosten ein guter Mehrertrag gegenübersteht, so kann man nach SCHNEIDER bei einer guten Wasserausnutzung einen Überschuß von 56,4 Pf./cbm erzielen.

Auch für gewerbliche Abwässer mit vorwiegend organischer Verschmutzung z. B. für Brennerei- und Brauereiabwasser ist die Verregnung von verschiedenen Seiten empfohlen worden. So erzielte NOLTE bei der Verregnung von Zuckerfabrikabwasser gute Erfolge.

4. Abwasserteiche.

Die natürlichste Nachahmung der Selbstreinigung im Fluß findet man bei den Abwasserteichen, den Stauseen und, falls damit eine Erzeugung von Fischfleisch verbunden ist, in den Abwasserfischteichen. Unter „Abwasserteichen“[2] werden natürliche oder künstliche Teiche verstanden, deren Zweck es ist, zugeleitetes Schmutzwasser mit Hilfe der Selbstreinigung zu verarbeiten. Abwasserteiche sollen nebenher aber auch kürzere Abwasserschwankungen ausgleichen und dadurch den Vorfluter entlasten. Daß sie ausgleichend wirken, geht aus den Untersuchungen von MAHR[3] hervor, der fand, daß bei einem Teich von 1 Tag Durchflußzeit der Chloridgehalt im Zulauf um $\pm$ 50%, im Ablauf aber nur um $\pm$ 10% schwankte.

Abwasserteiche sind im kleinen das, was Stauseen im großen sind. Sie können als Ersatz für biologische Reinigung für mechanisch gut vorgereinigtes, dünnes, häusliches Abwasser dann in Frage kommen, wenn die nötigen Geländeflächen zu billigen Preisen zu haben sind. Damit es nicht zur Bildung von Fäulnisherden kommen kann, soll das Abwasser gut vorgereinigt sein und die Tiefe der Abwasserteiche nicht zu groß gewählt werden. Wichtig ist auch der Zufluß von genügenden Mengen sauerstoffhaltigen Verdünnungswassers. Das Kennzeichen des unbedingten positiven Sauerstoffhaushaltes unterscheidet den Abwasserteich vom durchflossenen Faulraum.

Die Durchflußzeit durch den Abwasserteich soll wenigstens 24 Stunden, besser aber mehrere Tage betragen. Bei Durchflußzeiten über 10 Tage können die Teiche auch zur Fischzucht benutzt werden, da bei beginnender zu starker Abnahme an Sauerstoff stets genügend Fläche mit gutem Sauerstoffgehalt vorhanden ist, wohin sich die Fische bei auftretendem Sauerstoffschwund an der Zulaufseite zurückziehen können.

Um den durch Verschlammung bedingten Sauerstoffverbrauch und die Bildung von leicht auftreibenden Fladen möglichst niedrig zu halten, muß das Abwasser sehr gut mechanisch vorgereinigt sein. Nötigenfalls muß noch ein Vorbecken, in dem Schlamm abgefangen werden kann, vorgeschaltet werden. Da durch die biologischen Vorgänge aber trotzdem eine mehr oder weniger große Menge Schlamm gebildet wird, sollten die Abwasserteiche so eingerichtet werden, daß sie von Hochwässern oder von sehr starken Regengüssen durchflossen und ausgespült und so von Zeit zu Zeit gereinigt werden. Wenn die Spülung fehlt und man den Teich nicht auflanden kann, muß man frühzeitig daran

[1] ROTHE: Gesundh.-Ing. 1934, **57**, 593. [2] IMHOFF: Gesundh.-Ing. 1937, **60**, 163.
[3] MAHR: Vom Wasser 1936, **11**, 198.

denken, in längeren Zwischenräumen Baggerungen auszuführen. Um die Fliegen- und Mückenplage zu verhindern, sind die Ufer des Sees von Unkraut und Gras frei zu halten, damit die Fische, besonders die Ellritzen überall hinkommen können.

Um zu erreichen, daß der Teich möglichst gleichmäßig in allen Teilen durchflossen wird, wird der Zufluß möglichst auf mehrere Stellen verteilt. Will man das Hochwasser dem Teich fernhalten und das durch Hochwasser mitgeführte Geschiebe ablenken, so ist, wenn kein Absetzbecken für das Geschiebe vorhanden ist, eine Umleitung erwünscht. Durch diese Umleitung hat man in Zeiten außergewöhnlichen Niedrigwassers die Möglichkeit, den gefürchteten Sauerstoffschwund mit seinen schädlichen Folgen durch Ableiten eines Teiles des Abwassers zu vermeiden.

Abwasserteiche haben eine Abbauleistung von 15—20 g Sauerstoff/qm je Tag. Da diese großen Leistungen weder durch den Sauerstoffgehalt des Zuflusses, noch durch die Sauerstoffaufnahme aus der Oberfläche gedeckt werden können, so muß man annehmen, daß sich an dem Abbau auch noch andere Kräfte beteiligen. MAHR führt dies auf das Absetzen eines Teiles der organischen Stoffe als Schlamm zurück. Wie weit sich auch noch andere biologische Prozesse an diesen schon an der Grenze des anaeroben Abbaues liegenden Vorgängen, z. B. Reduktion sauerstoffhaltiger Verbindungen, beteiligen, ist zur Zeit noch nicht geklärt.

Über einen derartigen Abwasserteich für die mechanisch gereinigten Abwässer einer landwirtschaftlichen Schule in Texas berichten GIESEKE und ZELLER[1]. Bei einer täglichen Abwassermenge von 1135 cbm mit einem biochemischen Sauerstoffbedarf von 375 mg/Liter, der bis auf 25 mg/Liter abgebaut werden sollte und einer Sauerstoffaufnahme von 78,5 kg/ha wurde ein See mit einer Oberfläche von 4,047 ha errichtet. Da der See nicht wirkte, wurde er auf 5,666 ha erweitert, so daß seine Wasserfüllung 90000 cbm ausmachte. Auch jetzt befriedigte die Wirkung noch nicht. Erst als bei einer Neufüllung der See zunächst mit Regenwasser gefüllt wurde, nahm er alles Abwasser auf, und es konnte später auch noch ein Schlachthaus mit 60—100 Stück Großvieh angeschlossen werden. Man sieht hieraus den wertvollen Einfluß des sauerstoffhaltigen Verdünnungswassers, das die biologischen Vorgänge gleich in die richtigen Bahnen lenkt. Die Abwasserzuleitung zum Teich erfolgt durch ein auf die Sohle verlegtes Steinzeugrohr, das auf der Oberfläche mit Löchern von 25 mm Durchmesser versehen ist. Der Abfluß des Teiches wird durch Streudüsen versprüht, bevor er in den Bach abgelassen wird, um in ihm den fehlenden Sauerstoffgehalt zu ersetzen.

Auch für anorganisch verschmutzte Abwässer hat man derartige Abwasserteiche, z. B. bei Kohlengruben, für solche Fälle geschaffen, in denen das gereinigte Abwasser wieder im Kreislauf verwandt werden soll. HENRY[2] hat auf der von ihm in Micheroux (Belgien) geleiteten Kohlengrube Hasard, die ihre Betriebswasserversorgung ganz auf den Wasserkreislauf eingestellt hat, einen Abwasserteich geschaffen, der eine doppelte Aufgabe hat, nämlich das verbrauchte Abwasser zu kühlen und zu reinigen. Der Kreislauf der sehr großen Kühlwassermengen wirkt sich auf das eigentliche Schmutzwasser als eine Verdünnung 1 : 80 aus. Die Durchflußzeit durch den Teich beträgt 2,4 Tage. Das Abwasser der Kohlenwäsche wird in einem besonderen Klärtrichter nach dem HENRY-Verfahren (s. dort) mit Hilfe von chemischen Fällungsmitteln und Kartoffelstärke in einer zweistündigen Klärzeit vorgereinigt. Außerdem erhält der Teich 800 cbm häusliches Wasser, die doppelte Menge Grubenwasser und 63000 cbm Kühlwasser, ferner das anfallende Regenwasser. Der Inhalt des Teiches beträgt 150000 cbm.

5. Stauseen.

Um den auf Selbstreinigungsvorgängen beruhenden Abbau der einem Fluß durch Abwässer zugeführten Schmutzstoffe zu unterstützen, hat man Stauseen gebaut. Zum ersten Male wurden diese vom Ruhrverband durch die Anlage des Hengstey-, Harkort- und Baldeneysees errichtet. Später sind eine ganze Reihe weiterer Seen an anderen Stellen gebaut worden. Über die Bedeutung der Stauseen für die Reinhaltung der Ruhr haben SIERP und BRUNS[3] Untersuchungen angestellt und hierüber wie folgt berichtet: Als Ersatz für biologische Kläranlagen wird die für die Selbstreinigung zur Verfügung stehende Flußstrecke und damit die Wasserfläche in den Stauseen vergrößert und dadurch die Laufzeit verlängert. Die Wirkung der Ruhrseen äußert sich in folgender Weise:

---

[1] GIESEKE u. ZELLER: Engin. News-Rec. 1936, **117**, 674.
[2] IMHOFF: Gesundh.-Ing. 1937, **60**, 163. — HENRY: Gesundh.-Ing. 1935, **58**, 235.
[3] SIERP u. BRUNS: Gesundh.-Ing. 1934, **57**, 199.

a) Mechanische Wirkung. Der Ruhrfluß bringt aus dem oberen Gebiet sehr viel feinen Flußschlamm mit, der in erster Linie feinste Lehm- und Tonteilchen, sowie andere nicht organische Stoffe enthält und in den Filterbecken der Wasserwerke durch Verstopfen sehr lästig wirkt. Der Hauptnebenfluß der Ruhr, die Lenne, führt durch die große Menge an ihr liegender kleinerer und größerer Beizereianlagen eine so große Menge gelösten und ungelösten Eisens mit herunter, daß sie fast stets rotbraun gefärbt erscheint. Durch die verringerte Fließgeschwindigkeit wirken diese Seen für die ungelösten Stoffe als Absetzbecken.

2. Chemisch-mechanische Wirkung. Die Eisensalze entziehen dem Wasser der Ruhr infolge ihrer Oxydation eine bestimmte Menge Sauerstoff. Gleichzeitig wird durch Hydrolyse freie Säure gebildet, die in Gemeinschaft mit dem Sauerstoffschwund die Entwicklung des biologischen Lebens verhindert. Durch die gegenseitige Einwirkung der verschiedenen Wässer kommt es in der Ruhr stets zu neuen Ausflockungen. Das im Wasser in saurer

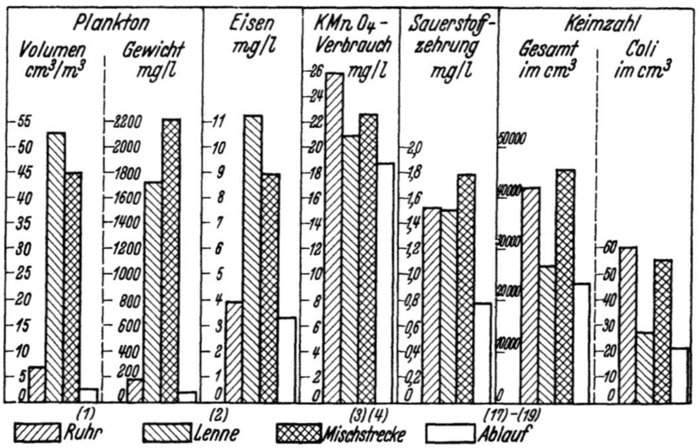

Abb. 122. Wirkung der Stauseen, gemessen an den Durchschnittszahlen der verschiedenen Untersuchungen des Hengsteysees nach SIERP und BRUNS.

Lösung befindliche Eisen (Eisenbeizen!) wird durch die alkalisch wirkenden Abwässer ausgeflockt und scheidet hierbei gleichzeitig eine große Menge vorher kolloid gelöster, hochdispers verteilter Abwasserkolloide und Bakterien aus. Die allmählich wachsenden Flocken setzen sich im See ab.

3. Biologische Wirkung. Durch die vergrößerte Fläche wird dem Wasser eine bedeutend größere Aufenthaltszeit gegeben, so daß sich die in jedem Fluß abspielenden Selbstreinigungsvorgänge unter dem Einfluß des Lichtes und dem aus der Luft und den Wasserpflanzen aufgenommenen Sauerstoff kräftiger auswirken können. Die Seen können, wenn sie genügend groß gebaut werden, bis zu einem gewissen Grad einen Ersatz für die sonst nötigen, in Bau und Betrieb aber sehr teuren biologischen Anlagen darstellen. Die biologischen Vorgänge erstrecken sich auf den Abbau der organischen Schmutzstoffe, aber auch auf den Abbau von Bakterien. Bei der biologischen Entwicklung spielen die Fische eine wichtige Rolle.

Die Wirkung des Hengsteysees ist aus der graphischen Auftragung (s. Abb. 122) ersichtlich.

Wie beim Fluß werden in den Stauseen die organischen Schmutzstoffe durch die Tätigkeit der Bakterien allmählich abgebaut und in mineralische, nicht mehr fäulnisfähige Verbindungen übergeführt. Diese Abbauvorgänge sind von der Sauerstoffaufnahme aus der Oberfläche abhängig, die ihrerseits wieder von der Temperatur stark beeinflußt wird. Setzt man den Sauerstoffbedarf bei der Normaltemperatur von 20° gleich 100%, so ist er bei 10° nur 80% und bei 30° 120%. STREETER[1] und MAHR[2] haben versucht, die Sauerstoffaufnahme aus dem biochemischen Sauerstoffbedarf und dem Sauerstoffbezug aus der Oberfläche rechnerisch zu erfassen. Den Sauerstoffbezug aus der Oberfläche berechnet MAHR wie folgt: B sei die mittlere Breite, T die mittlere Tiefe des Sees, v die Geschwindigkeit des durchfließenden Wassers. Wenn Q die dem See zufließende Reinwassermenge und q die Abwassermenge ist, dann ist

$$Q + q = B \cdot T \cdot v.$$

Daraus gewinnt man die vom Seewasser in einer Sekunde zurückgelegte Oberfläche:

$$B \cdot v = \frac{Q + q}{T}.$$

[1] STREETER: Sewage Works Journ. 1935, 7, 534.
[2] MAHR: Gesundh.-Ing. 1935, 58, 711.

Ist a (g/qm Tag) die Sauerstoffaufnahme der Flächeneinheit, so nimmt die Seefläche in der Sekunde

$$\frac{a(Q+q)}{T} \text{ g Sauerstoff}$$

auf. Für a wird man im allgemeinen höchstens 3—4 g/qm Tag ansetzen können, bei kleinen, ruhigen, windgeschützten Seen muß man noch darunter bleiben.

Bezeichnet man weiter die Aufenthaltszeit des Wassers im See mit Z (gemessen in Tagen) und mit b (g/cbm) die Sauerstoffmenge, die der See einmal aus dem Zulauf gewinnen kann, so erhält der See je Sekunde folgende Sauerstoffmenge S

$$S = Q \cdot b + \frac{a(Q+q)}{T} \cdot Z.$$

Man kann die Formel vereinfachen, indem man das Verdünnungsverhältnis n einführt. Unter zehnfacher Verdünnung versteht man eine Lösung 1 + 9 Tle. In gleicher Weise führt man zweckmäßig auch hier für n-fache Verdünnung die Beziehung ein:

$$\frac{q}{Q+q} = \frac{1}{n} \text{ oder } \frac{q}{Q} = \frac{1}{n-1}.$$

Setzt man das in die Hauptgleichung ein, so ergibt sich als Sauerstoffaufnahme S des Sees je Sekunde

$$S = Q\left(b + \frac{1}{n-1} \cdot Z \frac{a}{T}\right).$$

Der erste Teil der Klammer stellt den Sauerstoffgewinn aus dem Zulauf, der zweite den aus der Oberfläche dar. Bei Seen ist, wie sich nachher zeigen wird, wie man aber auch schon aus der Gleichung sehen kann, der Sauerstoffersatz aus dem Zulauf gewöhnlich größer als aus der Oberfläche.

Rechenbeispiel: Ein Stausee hat einen Reinwasserzufluß $Q = 5$ cbm/Sek. und einen Abwasserzufluß $q = 1$ cbm/Sek. Die mittlere Wassertiefe des Sees sei 2,50 m. Die Sauerstoffaufnahme aus der Oberfläche sei $a = 4$ g/qm · Tag, die Entnahme aus dem Zulauf $b = 4$ g/cbm.

Der See sei verhältnismäßig klein und habe nur eine Durchflußzeit von einem halben Tag. Dann sind je Zeiteinheit an Sauerstoff verfügbar

$$5\left(4 + \frac{6}{5} \cdot \frac{1}{2} \cdot \frac{4}{2{,}5}\right) = 5\,(4 + 0{,}96) = \text{rd. } 25 \text{ g/s.}$$

Das Abwasser sei gut entschlammt und habe noch einen vollen (20tägigen) biochemischen Sauerstoffbedarf von 300 g/cbm. In der Zeiteinheit wird nun aus dem Abwasser folgender Sauerstoffbedarf zugeführt.

$$\left(0{,}30 + \frac{1}{2} \cdot 0{,}14\right) \cdot 300 \cdot 1 = 111 \text{ g/s.}$$

Wenn daneben auch das Flußwasser noch einen biochemischen Sauerstoffbedarf z. B von 10 g/cbm hat, erhöht sich der Wert um $(0{,}30 + 0{,}07) \cdot 10 \cdot 5 = 19$ g/Sek. auf 130 g/Sek So viel Sauerstoff kann der See bei weitem nicht schaffen, er würde also trotz der kurzen Durchflußzeit faulig werden.

Wird aber das Abwasser nicht nur entschlammt, sondern auch gefiltert, so wird der Bedarf wesentlich geringer, nämlich nur noch $^1/_2 \cdot 0{,}14 \cdot 300 \cdot 1 = 21$ g/Sek. Das ist noch zulässig, wenn gleichzeitig auch der Bedarf des Flußwassers geringer wird als oben angenommen, z. B. weil der biochemische Sauerstoffbedarf im ganzen geringer ist oder man mit Schlamm nicht zu rechnen braucht.

Eine große Rolle bei der biologischen Reinigung spielt neben der Sauerstoffaufnahme auch ein guter Fischbestand. Als Besatzfische kommen in Frage Aalbrut, Karpfen, Schleien, Weißfische.

Eine wichtige Frage spielt die Beseitigung des sich in den Seen ansammelnden Schlammes. Die einfachste Art ist es, ihn bei Hochwässern in das Meer abzuspülen. Da er sich aber am Boden festlagert und bei Hochwässern nicht mehr aufgewühlt und abgespült wird, muß man ihn durch Baggern beseitigen und daher schon beim Bau für die Trocknung und Lagerung geeignete Flächen bereit halten.

Das durch den Aufstau der Flüsse in den Stauseen gewonnene Gefälle kann zur Erzeugung von Wasserkraft benutzt werden, wodurch oft die Anlage erst ermöglicht und eine Verzinsung des Anlagekapitals erreicht wird. Gleichzeitig können gut angelegte Teiche zur Verschönerung des Landschaftsbildes beitragen.

6. Abwasserfischteiche.

Die bei der Selbstreinigung sich abspielenden Vorgänge werden beim Abwasserfischteichverfahren bewußt zur Produktion von Fischfleisch benutzt. Die mit dem Abwasser in den Fluß gelangenden Schmutzstoffe werden, wie in der graphischen Darstellung Abb. 123 gezeigt, im Abwasserfischteich zunächst durch Bakterien und Pflanzen abgebaut. Die Bakterien dienen dann den Protozoen und anderen Mikroorganismen als Nahrungsstoffe. Letztere, wie auch die pflanzlichen Stoffe werden dann von Fischen und Enten gefressen. Dadurch, daß diese wieder den Menschen zur Nahrung dienen, ist dann der Kreislauf geschlossen. Dadurch, daß eine Fleischwerdung der anderen folgt, wird tote organische Substanz in lebende Masse übergeführt und stellt zum Schluß ein wertvolles Fisch- oder Entenfleisch dar.

Abwasserfischteiche eignen sich bei geeigneten örtlichen Verhältnissen außer zur Behandlung städtischer Abwässer vor allem auch zur Reinigung von Einzelsiedlungen, wie Krankenhäuser, Sanatorien, Irrenanstalten, Zuchthäuser, Kasernen, Truppenübungsplätze, Klöster und Villenkolonien dann aber auch für organisch verschmutzte gewerbliche Abwässer, wie solche von Brauereien, Brennereien, Metzgereien, Molkereien, Preßhefe- und Stärkefabriken, Nährmittelwerken usw., wobei in den letzten Fällen wegen der hohen Konzentration eine größere Menge Verdünnungswasser und entsprechend größere Flächen zur Verfügung stehen müssen.

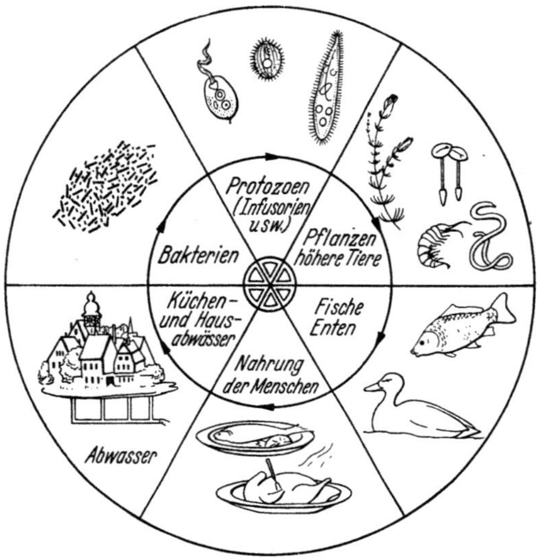

Abb. 123. Kreislauf der organischen Substanz.

Während man früher wohl Fischteiche zur Kontrolle des Reinheitsgrades des Drainwassers hinter Rieselfelder schaltete (Blankenburg-Malchow, Dortmund, Münster), war es zum ersten Male Hofer, der auf Grund seiner in Straßburg durchgeführten Versuche die Fischteiche allein zur biologischen Reinigung von Abwasser heranzog, verbunden mit einer systematischen Aufzucht von Fischen. Ausgehend von den Selbstreinigungsvorgängen im Fluß und von der Tatsache, daß häusliches bzw. städtisches Abwasser arm an Sauerstoff ist, erkannte er, daß es in erster Linie auf die Zuführung genügender Sauerstoffmengen ankommt. Dieses erreichte er einmal durch die Vermischung mit einer genügenden Menge reinen, sauerstoffhaltigen Verdünnungswassers, dann aber auch durch eine längere Aufenthaltszeit und starke Vergrößerung der Oberfläche in den Teichen. Im Gegensatz zu den natürlichen Fischteichen, in denen man ohne künstliche Düngung mit Erträgen von im Mittel 2 Zentnern, in besonders guten Fällen mit 4 Zentnern Fischfleischzuwachs rechnet, erfolgt bei den Abwasserfischteichen eine sehr reichliche Teichdüngung, die die Produktion an Fischnährtieren steigert und damit die Erzeugung an Fischfleisch bis auf 10 Zentner/ha und darüber steigen läßt. Während man bisher in landwirtschaftlichen Kreisen der Ansicht war, daß die Anlage von Fischteichen nur dann Zweck hat, wenn man minderwertiges Wiesen- oder Weidengelände, auf dem nur saure Gräser ohne jeglichen Futterwert wachsen, in Fischteiche umwandelt, hat man heute erkannt, daß Abwasserfischteiche oft ertragreicher sein können als gute Weiden bzw. Wiesen.

Vorbedingung für die Anwendung des Fischteichverfahrens ist eine gute mechanische Vorreinigung, die mindestens 70%, besser aber 90% aller absetzbaren Stoffe aus dem Abwasser vorher entfernt. Bei schlechter Vorreinigung kommt es in den Teichen zu starken Schlammablagerungen, deren Beseitigung oft große Schwierigkeiten und große Kosten verursacht, ganz abgesehen davon, daß sie beim Abfischen sehr störend wirken. Über die Wechselwirkungen des Schlammes mit dem darüber stehenden Wasser berichten die Arbeiten von Schulze-Forster[1] und Bandt[2].

[1] Schulze-Forster: Gesundh.-Ing. 1937, **60**, 207.
[2] Bandt: Gesundh.-Ing. 1933, **56**, 150.

Spätestens in jedem dritten Jahr müssen die Teiche entschlammt werden. Auch empfiehlt sich ein öfteres Trockenlegen der Teiche im Winter, damit der am Boden liegende Schlamm gut durchfriert. Besonders wichtig ist, daß das Abwasser in frischem, d. h. nicht angefaultem Zustande in die Teiche gelangt. Fauliges Abwasser wirkt durch seinen Schwefelwasserstoffgehalt auf Fische giftig und hat außerdem ein stark gesteigertes, plötzliches Sauerstoffbedürfnis. Hinzu kommt, daß durch den teilweisen Abbau der Stoffe wichtige Nahrungsstoffe dem Plankton verlorengehen, wodurch auch zwangsläufig die Produktion an Fischfleisch zurückgeht. Durch Überwachung durch ein gut geschultes Personal muß unbedingt verhindert werden, daß sich jemals im Abwasserfischteich faulige Verhältnisse entwickeln können. Wenn auch ausgesprochene Gifte, die das Leben der Fische gefährden können, in rein häuslichem Abwasser nicht enthalten sein sollten, können solche aber schon bei mittleren Städten leicht durch industrielle Anlagen, wie z. B. durch das Gaswerk, in das Abwasser gelangen. Gaswerke bringen den Fischen schädliche Cyanverbindungen und Phenole, deren kritische Konzentrationen nach SCHILLINGER[1] für edlere Fische bei 5 mg/Liter liegen und daher wie alle anderen direkten Fischgifte dem Abwasser ferngehalten werden müssen. Ein Phenolgehalt des Abwassers reichert sich in den Fischen an, so daß diese danach schmecken und deshalb für die menschliche Ernährung ausfallen. Gefährlich können auch bei ungenügender Verdünnung besonders stark organisch verschmutzte Abwässer, wie Schlachthof-, Brennerei- und Sulfitzellstoffabwasser sein, da diese einen außergewöhnlich hohen Sauerstoffverbrauch haben und daher leicht zu völligem Sauerstoffschwund und damit zu Fischsterben Veranlassung geben können.

Abb. 124. Versprühungsvorrichtung für das Abwasser in die Fischteiche der Münchener Kläranlage.

Das Abwasserfischteichverfahren kann nur dort einwandfrei und mit gutem Erfolg angewandt werden, wo genügende Mengen guten sauerstoffreichen Verdünnungswassers vorhanden sind. Die Frischwasserzufuhr erfolgt am besten aus einem Fluß, Bach, Schiffahrtskanal oder See. Quell- oder Grundwasser ist in den meisten Fällen zu kalt und zu sauerstoffarm. Das zur Verdünnung benutzte Wasser soll möglichst den unter Brauchwasser für Fischereiwässer angegebenen Bedingungen entsprechen. Wo nicht genügend Verdünnungswasser zur Verfügung steht, empfiehlt IMHOFF, den mit Sauerstoff angereicherten Ablauf der Fischteiche durch Rückpumpen in den Zulauf als Verdünnungswasser zu benutzen. Durch Aufspritzenlassen des Verdünnungswassers auf die Oberfläche kann man unter Umständen dessen Sauerstoffgehalt etwas erhöhen. Zur besseren Anreicherung mit Sauerstoff erfolgt bei den Abwasserfischteichen in München die Zuführung des Abwassers durch Versprühen mittels besonderer Sprühvorrichtungen (s. Abb. 124).

Die Menge des Verdünnungswassers ist abhängig von der Zusammensetzung und Konzentration der geklärten Abwässer. Im allgemeinen rechnet man bei gut vorgereinigtem Abwasser mit der 3—5fachen Menge Verdünnungswasser, nur bei hohem Gehalt an organisch verschmutzten gewerblichen Abwässern muß die Menge an Reinwasser entsprechend größer sein (unter Umständen das 10—20fache). Die Belastung der Abwasserfischteiche hängt von der Art und dem Zustand des Abwassers und der Art und Menge des Verdünnungswassers ab. Sie kann ganz verschieden sein. Im allgemeinen rechnet man damit, daß man auf 1 ha Fischteichfläche das Abwasser von 2000 Einwohnern reinigen kann, wobei man mit einem Ertrag von 10 Zentnern Fischfleisch rechnet.

Sowohl die Zuführung des Abwassers als auch des Reinwassers in die Teiche erfolgt, wenn keine vorherige Vermischung in einer Mischrinne möglich ist, am besten durch kleine Überfälle an verschiedenen Stellen der Zulaufseite, wobei man das Abwasser oder Abwasser-

[1] SCHILLINGER: Gesundh.-Ing. 1929, **52**, 725.

Reinwassergemisch noch auf Prallteller fallen läßt, um eine möglichst starke Sauerstoffanreicherung zu erreichen. Die Sauerstoffzufuhr im Teich erfolgt aus der Oberfläche, die bei Wellenschlag besonders groß ist und aus der im Teich enthaltenen Vegetation (Assimilation). Auf der Kläranlage Hattingen wird das von der mechanischen Reinigung kommende

Abb. 125. Zumischrinne des Abwassers zum Zulauf. Kläranlage Hattingen.

Abwasser in einer sich über die ganze Zulaufseite erstreckenden Überfallrinne in sehr dünnen Strahlen dem sauerstoffreichen Verdünnungswasser zugemischt (s. Abb. 125). In der Kläranlage Holsterhausen wird das von einer Lungenheilstätte kommende Abwasser (100 cbm/Tag von 400 Personen) in einem Emscherbrunnen sehr gut vorgereinigt. Der Ablauf geht dann

Abb. 126. Abwassereinfluß auf Pralltellern in den Abwasserfischteich der Kläranlage Holsterhausen.

über vier stufenweise angeordnete Kaskaden mit einer Gesamthöhe von 25 m in einen Bach, in dem das Abwasser mindestens sechsfach verdünnt wird. Durch drei hochliegende Einläufe und Prallteller wird das Abwasser an der Zulaufseite auf den ganzen Querschnitt gut verteilt und gleichzeitig gut belüftet (s. Abb. 126).

Wichtig für die gute Reinigungswirkung der Abwasserfischteiche und für das Gedeihen der Fische ist auch die Aufenthaltszeit des Abwassers im Teich. In der größten Abwasserfischteichanlage der Stadt München beträgt diese rund 2 Tage. Die Fließgeschwindigkeit soll so bemessen sein, daß ein Abschwemmen von Plankton ausgeschlossen ist.

In einem gut betriebenen Fischteich muß stets ein guter Sauerstoffgehalt vorhanden sein. Dieser wird am besten laufend durch Sauerstoffbestimmungen nach der bewährten WINKLERschen Methode kontrolliert. Bei Vegetationsperioden, z. B. besonders starken

Algenentwicklungen, nach welchen durch Verrottung eine besonders starke Sauerstoffzehrung eintritt, ferner bei starken atmosphärischen Luftdruckschwankungen, z. B. bei plötzlicher Abnahme des Luftdrucks vor und bei Gewittern, muß ein eventueller Sauerstoffschwund durch reichlichere Bemessung der Reinwassermenge oder Verringerung der Abwassermenge für eine Erhaltung eines guten Sauerstoffbestandes gesorgt werden. Bei Besatz mit Karpfen und Schleien sollte der Sauerstoffgehalt nicht unter 3 mg/Liter, bei Besatz mit Forellen nicht unter 6—7 mg/Liter gehen. Bei starkem Pflanzenwachstum in den Teichen beobachtet man bei Tage bei der starken Sonnenbestrahlung oft sehr starke Sauerstoffübersättigungen, Ansteigen des p_H-Wertes, während es in der Nacht dann durch die Atmung der Pflanzen besonders in den frühen Morgenstunden leicht zu einem starken Sauerstoffschwund und damit zu Fischsterben kommen kann. Übermäßiger Pflanzenwuchs sollte daher in Fischteichen nicht geduldet werden. Zu starker Schilfbewuchs führt bald zu einer Verlandung der Teiche. Er wird am besten durch Schilfsensen oder bei großen Teichen durch motorisierte oder von Hand betriebene Schilfmähmaschinen kurz gehalten.

Für die biologische Reinigung und für das Gedeihen der Fische liegt der günstigste p_H-Wert des Wassers zwischen 7,2—8,0. Bei starker Kohlensäurebildung und vor allem Nitritbildung kann der p_H-Wert stark sinken. Er muß dann frühzeitig durch eine Kalkgabe reguliert werden. SCHIEMENZ[1], der über das Erkennen und erste Hilfe bei Sauerwasser in säuregefährdeten Teichen berichtet, gibt an, daß Karpfen am empfindlichsten sind. Bei einer eintretenden Versäuerung sterben zuerst die Karpfen, dann die Schleien, von p_H 4,9 an die Hechte und von p_H 4,8 an die Forellen. Im Laugengebiet liegen die Grenzen der Lebensmöglichkeit für

Karpfen und Schleien . .	bei p_H-Wert	10,8
Hechte	,, ,,	10,2
Barsche und Bachforellen .	,, ,,	9,2

Wenn auch die Fruchtbarkeit mit höherem Kalkgehalt wächst, so erzielte SCHIEMENZ doch die besten fischereilichen Werte bei einem Säurebindungsvermögen von 20—35 ccm.

Als Besatzfische für Abwasserfischteiche kommen in erster Linie Karpfen und Schleien in Frage. Bei genügender Vermischung mit sehr reinem sauerstoffreichen Verdünnungswasser können unter Umständen auch Regenbogenforellen eingesetzt werden. Der Besatz mit Regenbogenforellen kommt aber wohl nur dort in Frage, wo als Verdünnungswasser Gebirgsbachwasser zur Verfügung steht. Es empfiehlt sich, vorher das Gutachten eines Fischereisachverständigen einzuholen. Bei richtiger Anlage und richtigem Betrieb kann man mit einem Ertrag von 10 bis 12 Zentnern Fischfleisch je Hektar Teichfläche im Jahr rechnen. Aus diesem Anwachs kann man auch die Besatzzahl berechnen. Bei kleineren Anlagen ohne eigene Brutanstalt bzw. Aufzucht werden im Frühjahr je Hektar rund 550 Stück zweisömmrige Karpfen mit einem Stückgewicht von $^1/_2$—1 Pfund eingesetzt. Bei einem Stückverlust von 5—10% kann man im Herbst dann 500 Stück mit einem Durchschnittsgewicht von 2,8 Pfund abfischen, was einem Ertrag von 10 Zentnern/ha entspricht. Die Frage, ob man ein- oder zweisömmrige Karpfen einsetzen soll, richtet sich unter anderem nach den besseren Absatzmöglichkeiten. Bei einsömmrigen Karpfen, die einen Stückzuwachs von mindestens $^1/_2$ Pfund haben müssen, ergibt sich die Besatzzahl aus der Berechnung

$$\text{für 1 ha} = \frac{1000}{0{,}5} = 2000 \text{ Stück} + 20\% \text{ Verlustzuschlag} = 2400 \text{ Stück/ha.}$$

Will man sich die Besatzfische selbst ziehen, was aber nur bei ganz großen Abwasserfischteichanlagen Zweck hat, so erfolgt dieses, wie aus der schematischen Darstellung (Abb. 127) hervorgeht, in besonderen Brutteichen, wobei bei einem dreijährigen Betriebe die Größe der Teiche in den ersten drei Jahren sich wie 1 : 8 : 16 verhält. Da der Karpfen im Winter keine Nahrung gebraucht, genügen für die Hälter- oder Winterteiche kleine Flächen. Mit Rücksicht auf Frostgefahr müssen sie aber tiefer gemacht werden (3 m).

Dem Karpfenbesatz setzt man zeckmäßig je Hektar noch 100—200 Stück zweisömmrige Schleien (12—18 cm) zu. Um einen besseren Zuwachs zu bekommen, empfiehlt es sich, dem Abwasserfischteich im Sommer gegen Ende Mai eine Wasserdüngung mit Phosphat, etwa 4 Zentner Superphosphat je Hektar, zu geben.

[1] SCHIEMENZ: Fischerei-Ztg. 1937, **40**, 197, 245.

Da sich die Fische in Abwasserfischteichen von Kleintieren und nicht, wie vielfach angenommen wird, von Schlamm oder gar Kotstoffen ernähren, sind Speisekarpfen aus Abwasserfischteichen den in Naturteichen gezogenen Karpfen gleichwertig.

Die Anlage der Teiche erfolgt nach denselben Regeln wie sie für gewöhnliche Fischteiche gelten. Damit der fruchtbare, gewachsene Boden nicht verloren geht, sind Ausschachtungen auf dem Gelände möglichst zu vermeiden. Den Boden für die notwendigen Dämme erhält man bei der Anlage der notwendigen Abzugsgräben. Alle Teiche müssen ablaßbar sein. Die Wassertiefe in den Teichen beträgt im Durchschnitt 1 m. — Sie ist am Zulauf etwas geringer als am Ablauf. Der Abfluß der Abwasserfischteiche erfolgt durch die „Mönche" genannten besonderen Vorrichtungen, die ein Abwandern der Fische unmöglich machen. Diese Mönche gestatten auch ein gutes Ablassen der Teiche. Am besten haben sich Mönche aus Holz oder Beton bewährt. Damit das Teichwasser gut zu den Mönchen hin abläuft, muß der Boden mit genügenden Entwässerungsgräben ausgestattet sein. Die grätenförmig angelegten Entwässerungsgräben endigen in einem in der Mitte liegenden Entwässerungsgraben, dessen Abschluß der Mönch bildet.

Als Teichform haben sich sowohl runde wie auch eckige Teiche bewährt. Letztere werden besonders bei Großanlagen wegen der besseren Raumverteilung in Frage kommen. Auch die langgestreckte Form hat sich bei richtiger Zu- und Ableitung des Wassers bewährt. Die Größe der einzelnen Teiche kann je nach den örtlichen Verhältnissen zwischen $^1/_3$—10 ha schwanken. In großen Teichen entwickelt sich ein größerer Wellenschlag, der eine bessere Sauerstoffzufuhr zur Folge hat, dagegen stärkere Unterhaltungen der Böschungen erfordert.

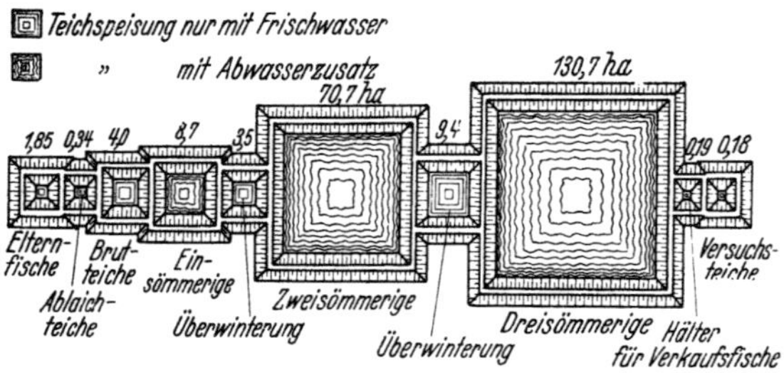

Abb. 127. Schematische Darstellung der Flächeneinteilung der Abwasserfischteichanlage zur Reinigung der Abwässer von 4—600000 Einwohnern bei dreijährigem Umtriebe der Fischzucht (nach Schillinger).

Die größte Abwasserfischteichanlage hat die Stadt München, die das Abwasser von 750000 Einwohnern zunächst in einer mechanischen Kläranlage von mindestens 80% der absetzbaren Stoffe befreit. Das so vorgereinigte Wasser wird durch eine 9 km lange Druckrohrleitung in die 233 ha große Fischteichanlage gedrückt, in der das Abwasser mit Isarwasser verdünnt wird. Weitere Abwasserfischteichanlagen befinden sich in Zerzabelshof, Amberg, Grafenwöhr, Falkenberg, Gräfenhainichen, Velbert, Holsterhausen, Hattingen.

Mahr[1] berichtet über einen in einem verlassenen Baggerloch angelegten Abwasserfischteich. Das ihm zugeleitete Abwasser wird zunächst in einem Vorteich ausgefault. Maxenne hat auf der Kläranlage Moskau das Abwasser durch mehrstufige Teiche geleitet, von denen die letzten als Abwasserfischteiche ohne Verdünnungswasser benutzt werden. Das mechanisch gut gereinigte Abwasser wird durch sechs Teiche geleitet, die durch 2—2,5 m breite und 1—1,3 m hohe Dämme getrennt sind. Die Teiche haben eine Wassertiefe von 60 bis 80 cm. Da in den ersten Teichen zu starke Sauerstoffschwankungen enthalten sind, wird erst vom dritten Teich an Fischzucht betrieben, wobei als Besatz Karauschen und Karpfen verwandt werden. Auf 1 ha Teichfläche kann bei normaler Ausnutzung 124 cbm Abwasser/Tag zugeleitet werden. Die Produktion betrug 300—400 kg/ha. Eine Vermehrung und Überwinterung in den Teichen ist nicht möglich, deshalb muß der Besatz aus anderen Teichwirtschaften bezogen werden.

Werden Fischteichanlagen als Nachreinigung hinter Tropfkörperanlagen geschaltet, so soll der Tropfkörperabfluß durch eine gute Nachreinigung möglichst weitgehend von den von Tropfkörpern abgespülten Stoffen befreit werden. Bei guter Wirkung der Tropfkörper, d. h. wenn die Tropfkörper nicht zu stark belastet sind, können die Abflüsse ohne Verdünnungswasser in die Fischteiche abgelassen werden. Die Fischteiche hinter Tropfkörpern haben in einigen Fällen den Zweck, als Maßstab für den Reinigungserfolg der Tropfkörper zu dienen.

Den Fischteichen hinter nicht überlasteten Rieselfeldern können die Rieselfeldabflüsse stets unbehandelt und unverdünnt zugeführt werden. Rieselfeldabflüsse sind frei von schädlich auf die Teichbehandlung wirkenden Auswaschstoffen. Da sie außer Grundwasser auch noch die auf die Rieselfelder niedergehenden Regenmengen aufnehmen, sind sie meistens auch

[1] Mahr: Städtereinigung 1934, **26**, 351.

dünner als die Tropfkörperabflüsse. Die in Verbindung mit Rieselfeldern errichteten Fischteichanlagen sollen eine weitergehende Reinigung und eine weitere Nutzbarmachung der zwar fäulnisunfähigen, zu gewissen Zeiten aber noch schädliche Stoffe enthaltenden Rieselfeldabflüsse durchführen.

KISSKALT und ILZHÖFER[1] haben die Reinigungswirkung des Abwasserfischteichverfahrens an der Münchener Anlage eingehend untersucht, und zwar

a) durch Bestimmung der Bakterien: 1. Gesamt, 2. Coli;

b) Trübungsmessungen;

c) Gehalt an faulenden und fäulnisfähigen Stoffen: 1. Geruch, 2. Fäulnisfähigkeit, 3. Kaliumpermanganatverbrauch, 4. Sauerstoffzehrung, 5. Ammoniak;

d) Gehalt an freiem Sauerstoff;

e) Chlorgehalt (gebunden);

f) Produkte der Reinigung, z. B. gebildete Kohlensäure, Alkalität, Nitrate, Nitrite, besondere Lebewesen.

Beim Vergleich ihrer Ergebnisse mit den aus der Literatur bekannten Ergebnissen bringen sie folgende Aufstellung:

Tabelle 22. Mittlere Veränderung im Teichabfluß von Abwasserfischteichen.

In % vom Mischwasser hinsichtlich	LEVY-FESER in Straßburg 1911/12/13	KAMMANN-KEIM in Bergedorf 1919	STRELL in Amberg 1921	SCHILLINGER in Grafenwöhr 1922/23	KISSKALT-ILZHÖFER in München 1936
Trübungsgrad					—87
Alkalität, ccm 1 N.-HCl/Liter					—20
p_H					+ 2
Chloride, mg Cl/Liter	—52,5	+ 5			—27
Ammoniumverbindungen, mg NH_3/Liter		—91	—10	—90,5	—76
Nitrate, mg N_2O_5/Liter		—29			—18
Gesamtstickstoff, mg N/Liter			—23	—67	—28
Organischer Stickstoff, mg N/Liter	—59,5				—21
Kaliumpermanganatverbrauch, mg/Liter	—65	—32,5	—10	—49,5	—43
Gelöster Sauerstoff, mg O_2/Liter		stets vorhanden	+ 70		+ 50
Sauerstoffzehrung, mg O_2/Liter				—93	—53
Keimzahl in 1 ccm	—72	—99	—99,7	—99,9	—99,6
Colibakterien in 1 ccm Wasser					—99,7
Fäulnisfähigkeit, Methylenblaureduktion bei 37° C im Teichabfluß		Nach 6 Stunden = 0	Nach 3 Stunden Spur; nach 48 Stunden +	Nach 6 Stunden = 0	Nach 48 Stunden = 0

Das Gesamtergebnis ihrer umfangreichen Zusammenstellung fassen sie dahin zusammen, daß man durch Fischteiche Abwasser in derselben Weise reinigen kann wie durch die besten biologischen Reinigungsmethoden. Die volle Reinigung läßt sich bei Abwasserfischteichen nur während der Sommermonate erzielen, ein Umstand, der dort, wo in den Sommermonaten eine Reinhaltung der Flüsse besonders erwünscht ist, sehr zustatten kommt. Die Fischteiche sind daher auch nur dort anwendbar, wo die Flüsse im Winter über einen so großen Wasservorrat verfügen, daß die mechanische Reinigung des Abwassers ausreicht.

Zur Bekämpfung der sich auf der Oberfläche der Teiche bildenden Wasserlinse, auch Entengrütze (Lemna minor) genannt, die die Oberfläche von der notwendigen Sauerstoffzufuhr absperrt, hat man früher den Besatz mit Enten betrieben und wertvolles Entenfleisch gewonnen. Da aber die Ente Wirtstier für manche Fischerkrankungen ist, so beseitigt man neuerdings das Wachstum mehr auf mechanischem Wege.

[1] KISSKALT u. ILZHÖFER: Arch. Hygiene, Bakteriol. 1937, **118**, Heft 1.

7. Füllkörper.

Bei dem Füllkörperverfahren werden die bei der Bodenfiltration stattfindenden biologischen Vorgänge nachgeahmt. Das durch eine gute mechanische Anlage vorgereinigte, d. h. von den absetzbaren Stoffen befreite Abwasser wird in Becken geleitet, die mit klein geschlagenem Brockenmaterial gefüllt sind. Das Abwasser bleibt eine Zeitlang, die sich nach der Reife des Füllkörpers und nach dem Verschmutzungsgrad des Abwassers richtet, in dem Becken mit dem Brockenmaterial in Berührung und wird dann abgelassen. Hierbei saugen sich die Hohlräume und der Brockeninhalt voll frischer Luft, die jetzt den auf den Brocken angesiedelten Bakterien den nötigen Sauerstoff liefert, damit diese jetzt die während des Vollstehens aufgenommenen Stoffe oxydieren bzw. mineralisieren können. Die zur Oxydation nötige Zeit ist verschieden und richtet sich ebenfalls in der Hauptsache nach dem Verschmutzungsgrade des Abwassers. Nach einer genügend langen Belüftungszeit wird der Körper neu mit Abwasser gefüllt und in gleicher Weise behandelt. Das vom Körper nach einer genügenden Kontaktzeit abfließende Wasser hat die Hauptmenge der Schmutzstoffe abgegeben und ist daher fäulnisunfähig.

Jeder Füllkörper macht erst eine Reifezeit durch. Auf der Oberfläche der Brocken, die am besten aus einem Material mit sehr poröser Oberfläche, wie z. B. Koks, Bimsstein, Schlacke, Ziegelsteinbrocken, Lavaschlacke usw. bestehen, bildet sich allmählich ein schleimiger Belag, der in seinem Innern die Mikroorganismen beherbergt, die die adsorbierten Stoffe abbauen. Er wird deshalb auch biologischer Rasen genannt. Erst wenn dieser biologische Rasen eine genügende Stärke erreicht hat, ist er reif für die Reinigung der Abwässer geworden. Wesentlich für eine schnelle Reifung der Füllkörper, d. h. für eine baldige Ansiedlung, Entwicklung und Erhaltung der die Reinigung bewirkenden Bakterien ist auch eine gute Luftzufuhr. Während des Leerstehens der Körper werden die organischen Stoffe bis zu Kohlensäure abgebaut. Aus den Stickstoffverbindungen (Eiweiß, Ammoniak) entstehen Nitrite und Nitrate, während aus den Schwefelverbindungen Sulfate gebildet werden. Solange genügend Sauerstoff vorhanden ist, herrschen die aeroben Zersetzungsvorgänge vor. Geht der Sauerstoffgehalt zurück, so werden erst die vorher gebildeten Nitrate und Nitrite ihren Sauerstoffgehalt zur Verfügung stellen, ehe sich die Vorgänge auf anaerobe Zustände umstellen, wobei es dann zur Entwicklung von übelriechenden Fäulnisgasen kommt. Aus dem vorstehenden Grunde schließt man aus der Anwesenheit von Nitraten und Nitriten im Ablauf biologischer Körper auf genügende Sauerstoffzufuhr, verbunden mit guten aeroben Verhältnissen.

Die der Ruhepause nach der vollständigen Oxydation der adsorbierten Stoffe folgende Füllzeit darf nicht zu lang bemessen werden, da sonst die aeroben Bakterien zu lange von dem Sauerstoff der Luft abgesperrt sind und dadurch die Gefahr besteht, daß sich anaerobe Zustände entwickeln. Die während der Belüftung oxydierten bzw. abgebauten Stoffe werden bei der Füllzeit gegen die Schmutzstoffe des neu ankommenden Wassers ausgetauscht. Bei mittelstarkem Abwasser rechnet man mit Füllzeiten von 2 Stunden und Lüftungszeiten von 4—6 Stunden, so daß ein Füllkörper in 24 Stunden 3—4 Beschickungen erhalten kann, d. h. bei einem Porenvolumen von 35% wird auf 1 cbm Raum rund 1 cbm Abwasser gereinigt.

Das Porenvolumen richtet sich nach dem angewandten Brockenmaterial. Man verwendet hierfür hauptsächlich feste Stoffe, die eine möglichst rauhe, poröse Oberfläche haben und sehr wetterbeständig sind. Von Kohlensäure, salpetrige Säure usw. leicht angreifbare Stoffe, wie Kesselschlacke, haben sich nicht bewährt. Dagegen finden Koks, hartgebrannte Klinker, Klinker-Steinschlag Anwendung. Am besten ist die im Rheinland anfallende Lavaschlacke bzw. der Tuffstein. Die Füllstücke haben bei einstufigen Füllkörpern eine Korngröße von 5—30 mm, bei zweistufigen Füllkörpern hat die erste Stufe 10—30 mm, dagegen die zweite Stufe unter 10 mm Korngröße, herunter bis zu 1 mm.

Bei dem dauernden Betrieb der Füllkörper reichern sich in ihm allmählich verschiedene Abbauprodukte an. Der Körper verschlammt. Diese Stoffe füllen das Porenvolumen aus, so daß die aufnehmbare Menge an Abwasser immer kleiner wird. Der Schlamm besteht aus den mineralisierten, adsorbierten Stoffen, zu denen sich auch die abgestorbenen Bakterienleiber und sonstigen Kleinlebewesen usw. gesellen. Bei jeder Entleerung wird zwar ein Teil dieser Abbauprodukte mit ausgespült, doch bleibt immer noch ein Teil zurück, der die Poren allmählich verstopft und daher von Zeit zu Zeit durch eine Waschung entfernt werden muß. Da der Schlamm meistens fest auf den Brocken haftet, gestaltet sich die Waschung meist sehr schwierig, da die Brocken zu diesem Zwecke aus den Füllkörpern herausgenommen werden müssen. Die Waschung erfolgt in hölzernen Rinnen oder in den eigens für diesen Zweck gebauten Waschmaschinen. Bei dem Waschvorgang geht auch durch Abrieb ein Teil des Füllmaterials, der ergänzt werden muß, verloren. Um die häufige Wäsche zu umgehen, hat man mehrstufige Füllkörper gebaut, bei denen die Hauptmenge der Stoffe in der öfter gespülten, aber kleineren ersten Stufe zurückgehalten werden sollte. Das bei der Wäsche anfallende Waschwasser wird am besten in den Zulauf zur mechanischen Reinigung geleitet. Da der Ablauf der Füllkörper selbst auch eine bestimmte Menge Schlamm enthält, muß dieser mehr organische (Humus) Schlamm in einem besonderen Absetzbecken abgefangen werden. Er wird dann am besten zusammen mit dem Schlamm der Vorreinigung ausgefault.

Da die Füllkörper nur intermittierend betrieben werden können und häufiger gereinigt werden müssen, so ist ihr Betrieb sehr erschwert. Dies hat dazu geführt, daß die Füllkörper fast allgemein verlassen worden sind und anderen biologischen Verfahren, die einen durchlaufenden Betrieb gestatten, Platz gemacht haben, zumal auch die Abläufe von Füllkörpern in bakteriologischer Hinsicht hinter den übrigen biologischen Verfahren stehen. Füllkörper haben daher als erste Entwicklungsstufe verschiedener anderer biologischer Verfahren mehr historisches Interesse.

8. Tropfkörper.

a) Wesen der Tropfkörper.

Tropfkörper haben sich in dem Bestreben, sich von dem umständlichen Betrieb der Füllkörper frei zu machen, aus den letzteren entwickelt. Sie bestehen wie diese aus einer Anhäufung künstlich aufgeschichteter Brocken, wie Koks, Schlacke, Klinker und Schotter, über welche dann das mechanisch gut vorgereinigte Abwasser mittels geeigneter Verteilungsvorrichtungen ständig mit gleichmäßigen Ruhepausen verteilt wird. Das in feine Strahlen aufgelöste Abwasser verteilt sich gleichmäßig über die Oberfläche der Brocken und erfährt hierbei eine gute Belüftung. Es tropft dann von einem Brocken zum anderen durch den Körper durch und sammelt sich am Boden, wo es durch die Sohlenentwässerung fortlaufend in gleichmäßigem Strome abfließen kann.

Die Wirkung der Tropfkörper beruht auf ähnlichen biologischen Vorgängen, wie sie beim Füllkörper stattfinden. Beim Überfließen der Brocken bildet sich allmählich auf der porösen Oberfläche der Brocken ein schleimiger Überzug, der „biologische Rasen". Dieser Rasen enthält neben ausgepflockten Kolloiden und Bakterien eine sehr reichhaltige Mikroorganismenwelt. Das Abwasser gibt an diesen biologischen Rasen, der wie ein Schwamm wirkt, seine kolloiden und gelösten Schmutzstoffe ab. Gleichzeitig bauen die in dem biologischen Rasen enthaltenen Bakterien und Mikroorganismen auch die gelösten Stoffe in ähnlicher Weise, wie beim Füllkörper angegeben ist, ab. Ebenso wie die Füllkörper müssen auch die Tropfkörper eine bestimmte Reifezeit durchmachen, in denen sich der biologische Rasen bis zu einer Dicke von 1—2 mm und damit zu seiner höchsten Leistungsmöglichkeit entwickelt. Während des Durchfließens des Abwassers durch den Tropfkörper reißt das Abwasser Luft mit in den Tropfkörper, zum Teil steigt aber die Luft von der Sohlenentwässerung aus durch den Tropfkörper empor und sorgt so dafür, daß an allen Stellen gute biologische aerobe Verhältnisse herrschen. Um die Zuführung der Luft zu fördern, ist von verschiedenen Seiten der Einbau besonderer Luftkanäle am Boden der Tropfkörper vorgeschlagen worden.

An dem Abbau der dem Tropfkörper zugeführten Abwassermengen beteiligen sich eine ganze Reihe verschiedenster Organismen. In den oberen Schichten findet man neben den bekannten Abwasserpilzen Sphaerotilus, Leptomitus und Beggiatoaarten große Massen von Bakterien, ferner sind Protozoen in mannigfacher Form und Anzahl vertreten, vorherrschend sind Amöben, spärlicher findet man Ziliaten, vor allem solche vom Vortizellentyp. Von den Insekten fällt am stärksten die Abwasserfliege „Psychoda" auf, deren Larven sich im Tropfkörper oft in ungeheuren Mengen entwickeln. Weiterhin findet man Milben, Spinnen, zahlreiche Würmer und Schnecken. Über die Besiedlung der Tropfkörper sind Untersuchungen von KOLKWITZ[1], FRYE[2] und BECKER, MARSSON[3] und neuerdings von BEGER[4] durchgeführt worden. Nach den Veröffentlichungen von RUDOLFS[5] wird die Oberfläche der Körperschicht hauptsächlich von Algen gebildet, während im Körperinneren die Algen verschwinden und mehr Pilze anzutreffen sind. Daneben entwickelt sich auf dieser Schleimschicht ein sehr reges Leben, in der Hauptsache von Protozoen, Nematoden, Ringwürmern und Gliederfüßlern. Namentlich die Infusorien sollen einen wesentlichen Anteil an der Reinigung haben, da sie dafür sorgen, die übermäßige Entwicklung von Bakterien zu hemmen.

Durch bis jetzt noch nicht bekannte Bedingungen, die aber unter Umständen mit Vegetationsänderungen zusammenhängen können, wird der biologische Rasen jedesmal zweimal im Jahre erneuert. Im Herbst und im Frühjahr löst sich der schleimige Belag zu einem großen Teil von den Brocken ab und wird mit dem Ablauf abgestoßen. Mit dieser Häutungsperiode ist eine kurze Verschlechterung der Reinigung verbunden, zumal auch die Infusorien kurz nach der Häutung verschwinden und dadurch die Bakterienzahlen stark ansteigen. Das Ansteigen der Bakterien bedingt seinerseits wieder eine verstärkte Nitrifikation.

Beim Abbau der zugeführten Schmutzstoffe erfolgt in gleicher Weise wie beim Füllkörper eine Oxydation des Kohlenstoffs bis zur Kohlensäure, der stickstoffhaltigen Verbindungen zu Nitriten und Nitraten und der Schwefelverbindungen zu Sulfaten. Von den Stickstoffverbindungen werden zuerst die organischen Stickstoffverbindungen (Eiweißstoffe) abgebaut. Ein Gehalt an Nitriten und Nitraten im Ablauf zeigt, daß der Tropfkörper gute Arbeit leistet. Wenn der biologische Rasen eine bestimmte Dicke erreicht hat, werden laufend die verbrauchten Teile abgestoßen, die dann als Humusschlamm im Ablauf erscheinen und in einem besonderen Nachklärbecken abgefangen werden müssen.

b) Aufbau der Tropfkörper.

Tropfkörper werden entweder kreisrund in Form eines abgestumpften Kegels oder rechteckig mit nach oben sich leicht verjüngendem Aufbau errichtet. Die Kreisform hat den Vorteil, daß sie sich sehr leicht gleichmäßig durch Drehsprenger beschicken läßt und daß die Kreisform die gleichmäßige Belüftung besser begünstigt als die rechteckigen, oft sehr großen Tropfkörper. Dagegen nutzen rechteckige Tropfkörper die vorhandene Grundfläche besser aus als runde Tropfkörper und sind daher besonders für große Anlagen geeignet.

Die 1 : 30 bis 1 : 50 geneigte Sohle besteht meistens aus festem Beton. Auf der Sohle liegen die Entwässerungseinrichtungen, die entweder als Ziegelsteinrost aus Backsteinen, Betonbalken, aus Lochplatten, in vielen Fällen aber auch aus Kalotten aufgebaut werden. Diese Drainung muß weitläufig genug gebaut werden, da sie neben der Sammlung und Ableitung des Abwassers auch noch die Aufgabe hat, dem Tropfkörper im Innern genügend Luft zuzuführen. Die Sohlensickerungen müssen auf alle Fälle so groß gebaut sein, daß Verstopfungen möglichst vermieden werden. Sehr praktisch ist es, sie so einzurichten, daß sie bequem von außen gesäubert werden können.

Man kann die Tropfkörper mit einem aus Mauerwerk oder Beton mit reichlichen Öffnungen für die Luftzirkulation bestehenden Umbau umgeben. Da diese aber oft sehr stark den Frostwirkungen unterliegen, hat man sie in den meisten Fällen weggelassen und die Umbauten aus gröberen Stücken des Aufbaumaterials aufgeführt. In manchen Fällen hat man die Tropfkörper mit vollständig geschlossenen Seitenwänden versehen und dann Lüftungskamine eingebaut bzw. die Lüftung durch die untere Sickerungsanlage allein durch-

[1] KOLKWITZ: Kleine Mitt. Landesanst. Wasser-, Boden- u. Lufthygiene 1910, **13**, 1.
[2] FRYE u. BECKER: Sewage Works Journ. 1929, **1**, 286.
[3] MARSSON: Kleine Mitt. Landesanst. Wasser-, Boden-, u. Lufthygiene 1904, **4**, 125.
[4] BEGER: Gesundh.-Ing. Beih. 15. R. Oldenbourg 1935.
[5] RUDOLFS: Engin. News-Rec. 1923, **90**, 779.

geführt. Wenn diese Tropfkörper versenkt in den Boden gesetzt (s. Abb. 128) werden, so haben diese Tropfkörper mit Rücksicht auf die große Rolle, die der Sauerstoff und damit eine gute Belüftung bei der Reinigung spielt, doch gegenüber den nicht so weitgehend abgeschlossenen Tropfkörpern manchen Nachteil.

Zum Aufbau der Tropfkörper kann man dasselbe Material verwenden wie bei Füllkörpern. Während man früher fast ausschließlich, Koks, Schlacken aller Art, Klinker und groben Quarz verwandte, hat man heute erkannt, daß es neben der Rauheit der Oberfläche auch auf die Wetterbeständigkeit (Frost) und vor allem auch auf die Widerstandsfähigkeit gegen die Einflüsse durch die biologischen Prozesse und gegen Auswaschungen durch das oft kohlensäurehaltige Wasser ankommt. In neuerer Zeit verwendet man daher zum Aufbau der Tropfkörper viel dauerhafte Naturgesteine, z. B. Muschelkalk (Kläranlage Stuttgart), rauhe Lavaschlacke aus der Eifel oder rheinischen Tuffstein, Nagelflick in St. Gallen. Bei einem Vergleich verschiedener Materialien fanden LEVINE und LUEBBERS[1], daß RASCHIG-Ringe mit einem Durchmesser von 2,5 cm die besten Wirkungen mit der höchsten Nitratbildung ergaben. Sie verwandten bei diesen Versuchen Abwässer, die sie durch Zugabe von Schafdung, Magermilchpulver u. a. zu häuslichem Abwasser künstlich anreicherten.

Die Korngröße der Brocken ist etwas grober als bei Füllkörpern. Während man in Amerika bei einer Körperhöhe von 3 m eine mittlere Korngröße von 25—50 mm wählt, nimmt man in England bei Körperhöhen von 1,80 m eine mittlere Korngröße von 20 bis 30 mm. Die Größe der Tropfkörper wird durch die sich in ihm abspielenden biologischen Prozesse bedingt. Da für die Adsorptions-, Reduktions- und Oxydationsvorgänge genügende Zeit und Fläche zur Verfügung stehen muß, ergibt sich, daß eine bestimmte Höhe der Tropfkörper nicht unterschritten werden darf und dürfte die in England angewandte Höhe von 1,80 m auch die geringste überhaupt zulässige Niedrigsthöhe darstellen. In Deutschland wendet man walnuß- bis faustgroße Stücke, d. i. eine Korngröße von 30 bis 100 mm, an. Bei gröberem Korn ist die Gefahr der Verschlammung geringer, außerdem hat man bessere Durchlüftung. Bei künstlich belüfteten Tropfkörpern (s. später) empfehlen PRÜSS[2] und BLUNK und SCHÜTZ[3] folgenden Aufbau mit verschiedenen Korngrößen: Die untere 50 cm starke Schicht hat eine Korngröße von 80—150 mm, darüber liegt die größere 3 m dicke Schicht mit 20—40 mm Korngröße, oben auf ist eine 50 cm dicke Deckschicht aus etwas groberem Material von 40—80 mm, die zur Verteilung des Abwassers dient.

Abb. 128. In den Boden eingelassener Tropfkörper der Kläranlage Neviges.

Um das Abwasser in möglichst dünner Schicht gleichmäßig zu verteilen, haben BEGER und REICHLE in der Landesanstalt für Wasser-, Boden- und Lufthygiene den Teller- bzw. REICHLE-Körper errichtet. Das Wasser fließt bei dem Tellerkörper über eine Anzahl übereinander angeordneter, besonders geformter, mit Rillen versehener Teller von 20 cm Durchmesser, die von der Mitte aus beflossen werden. Das Wasser fließt kaskadenartig über die in 21 Schichten übereinander angeordneten Teller. Die Belastung des Tellerkörpers beträgt 1—2 cbm/cbm Körpermaterial.

Ausgehend von den Versuchen von GROSSE-BOHLE, der die Abwasserreinigung in einer langen Rinne untersuchte, hat REICHLE durch Aufeinanderstellen von 61 kreuzweise übereinander geschichteten Schalen, von denen jede durch Querwände in schmale lange Rinnen eingeteilt ist, den REICHLE-Tropfkörper geschaffen.

BEGER hat an diesen beiden Tropfkörpern umfangreiche Untersuchungen über den Betrieb und das sich auf den Körpern abspielende biologische Leben gemacht. Besonders der REICHLE-Körper eignete sich gut dazu. Durch Anbringen von Abnahmegefäßen an

[1] LEVINE u. LUEBBERS: Sewage Works Journ. 1936, 8, 701.
[2] PRÜSS u. BLUNK: Techn. Gemeindebl. 1933, 36, 97.
[3] SCHÜTZ: Techn. Gemeindebl. 1935, 38, 184.

den verschiedenen Etagen konnte er die Reinigungswirkung in den einzelnen Stufen untersuchen. Diese Plattenkörper, bei denen das Abwasser auf einem möglichst langen Weg in dünner Schicht der Belüftung ausgesetzt wird, ähneln sehr dem Dibdinschen Plattenkörper, bei dem Schieferplatten in einem Abstand von 5 cm übereinandergeschichtet werden und nacheinander überflossen werden.

Die Höhe der Tropfkörper schwankt zwischen 2—3 m. Entscheidend ist oft das zur Verfügung stehende Gelände. Mit Rücksicht auf eine gute Durchlüftung sollte man die Tropfkörper aber nicht zu hoch machen. Bei hohen Körpern muß man mit Rücksicht auf eine gute Durchlüftung groberes Korn wählen.

Auf Grund neuerer Untersuchungen und Nachprüfungen, die von der Gesundheitsbehörde im Staate New Jersey[1] vorgenommen wurden, um die Bedingungen für eine möglichst große Wirkung der Tropfkörper festzustellen, wurden in Amerika neue Richtlinien für den Bau und Betrieb der Tropfkörper aufgestellt. Diese Richtlinien zeigen, daß die Tropfkörper etwa doppelt so stark belastet werden können, als dies bisher üblich war, wenn sie zweckmäßig angeordnet und betrieben werden. Diese Richtlinien besagen weiterhin, daß das Abwasser durch ein Absetzverfahren wirksam vorgereinigt werden muß, ehe es auf die Tropfkörper gelangt. Die geringste, wirksame Höhe des Tropfkörpermaterials an irgendeinem Punkt des Körpers soll nicht weniger als 1,80 m sein; die größte Höhe soll nicht mehr als 2,75 m sein. Unter wirksamer Höhe ist der Abstand der Oberfläche des Materials von der Oberkante der Sammelröhren zu verstehen. Unter wirksamer Materialmenge ist die Menge zu verstehen, welche sich aus der wirksamen Tiefe ergibt. Das Körpermaterial soll eine Korngröße von 25—50 mm besitzen und frei sein von feinerem Korn. Das zerkleinerte Steinmaterial muß die Natriumsulfatprobe bestehen, die vom Amerikanischen Verein der Staatsstraßenbeamten vorgeschrieben ist. Es ist zweckmäßig, durch Teilung des Körpers Einrichtungen zu treffen, die eine vollständige Waschung des Materials ermöglichen. Auch muß für eine vollständige gute Lüftung durch die Sammelrohre gesorgt werden. Wenn der 5tägige biochemische Sauerstoffbedarf des rohen Abwassers 325 mg/Liter überschreitet, ist das Tropfkörperverfahren nur zu empfehlen, wenn das rohe Abwasser durch ein zusätzliches Verfahren, also etwa durch chemische Fällung, vorgereinigt wird oder wenn das Abwasser bis auf diesen Wert durch Frischwasser oder Ablauf verdünnt werden kann. Die tägliche Abwassermenge soll 1,9 cbm je 1 cbm Tropfkörpermaterial nicht überschreiten.

c) Verteilungsvorrichtungen für das Abwasser.

Für einen guten Reinigungserfolg der Tropfkörper ist die gleichmäßige Verteilung des Abwassers über die Brocken des Körpers von größter Wichtigkeit. Die Verteilungsvorrichtung soll möglichst unabhängig von Frost, Wind und sonstigen Einflüssen sein. Sie muß sich schwankenden Wassermengen anpassen können. Da es an den Verteilungsvorrichtungen leicht zur Bildung von Ansätzen, z. B. durch Abwasserpilze, kommt, müssen sie leicht zu reinigen sein. Bei ungleichmäßiger Verteilung können leicht im Innern brach liegende Nester entstehen, während andere Teile des Tropfkörpers überlastet werden. Bei einer guten, gleichmäßigen Verteilung können gröbere Brocken angewandt werden, wohingegen man bei einer gröberen Verteilung feineres Korn anwenden muß, um die gleiche Reinigung zu erzielen. Bestimmend für die Wahl der Verteilungsart ist neben der Grundrißform auch das zur Verfügung stehende Gefälle. Die Verteilungsvorrichtungen arbeiten entweder durchlaufend oder stoßweise mit Unterbrechungen. Je nach der Art unterscheidet man

1. feste Verteilungsvorrichtungen,
2. bewegliche Verteilungsvorrichtungen.

Bewegliche Verteilungsvorrichtungen verteilen das Abwasser gleichmäßiger als die festen. Letztere haben dagegen den Vorzug, daß sie billiger und oft auch im Betrieb sicherer sind als die beweglichen.

α) Feste Verteilungsvorrichtungen.

Dunbarsche Deckschicht. Eine der ältesten und billigsten, wenn auch nicht zweckmäßigsten Verteilungsvorrichtungen ist die Dunbarsche Deckschicht. Bei ihr erfolgt die Verteilung des Abwassers über den Tropfkörper durch eine auf der Oberfläche aufgetragene, etwa 20 cm starke Deckschicht von feinkörnigem Material aus sorgfältig ausgesiebtem groben

[1] Engin. News-Rec. 1935, Nr. 22, 753. Ref. Wasser u. Abwasser 1936, **34**, 59.

Sand, Schlacke oder Koksgruß von etwa 1—3 mm Korngröße. Zwischen dem groberen Material und der Deckschicht sind Schutzschichten in der Weise angebracht, daß das Körpermaterial sich allmählich nach oben bis zur Deckschicht verjüngt. Das ist notwendig, weil sonst die Deckschicht allmählich in den Tropfkörper hineingespült wird. Meistens wendet man zwei Stützschichten von je 10 cm an, von denen die obere 3—10 mm Korngröße und die untere 10—30 mm Korngröße hat. Durch Hochziehen der Deckschichten an den Rändern bekommt die Deckschicht schalenförmige Gestalt. Die Verteilung des Abwassers über die Deckschicht erfolgt mittels hölzerner Verteilungsrinnen. Bei der Beschickung wird das Abwasser einige Zentimeter auf der Deckschicht angestaut. Das Abwasser rieselt gleichmäßig nach unten.

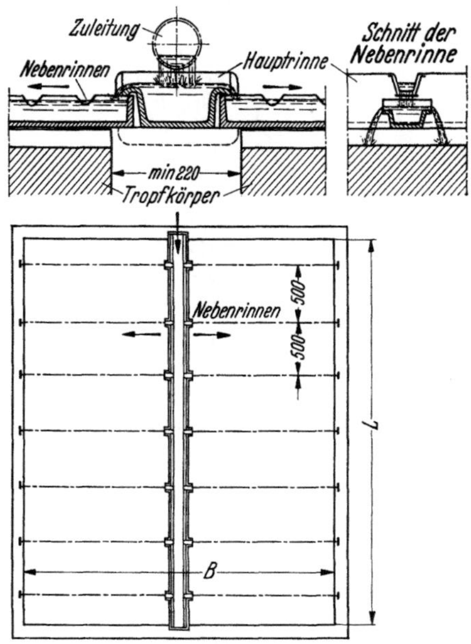

Abb. 129. Lageplan und Schnitt durch Verteilungsrinnen für Tropfkörper System GEIGER.

Da die Deckschicht infolge ihres feineren Korns allmählich verschlammt, so läßt ihre Durchlässigkeit bald nach, und sie muß daher regelmäßig durch Aufharken wieder durchlässig gemacht werden. Da auch dieses Hilfsmittel nur kurze Zeit wirkt, muß man sie von Zeit zu Zeit abheben und die ganze Schicht durch Waschen von dem abgesetzten Schlamm befreien. Da dieses Waschen meist kostspielig ist, hat man die Verteilung durch Deckschichten trotz verschiedener Vorteile, wie Billigkeit der Herstellung und geringere Geruchsbelästigungen, denn das Abwasser braucht nicht durch die Luft geschleudert zu werden, geringere Fliegenbelästigungen, da sich die Fliegen wegen der dichteren Abdeckung schlechter entwickeln können, in den meisten Fällen wieder verlassen, zumal bei stark wechselnder Wassermenge, wie Regenfälle, leicht Schwierigkeiten auftreten können. Man findet sie mit Erfolg angewandt eigentlich nur noch bei kleineren Anlagen und bei solchen Anlagen, die kein Gefälle zur Verfügung haben. Deckschichten benötigen einen Gefälleverbrauch von 0,15—0,30 m zwischen dem Wasserspiegel der Vorreinigung und der Tropfkörperoberfläche.

Gelochte Rinnen und Rohre. Sehr einfache Verteilungsvorrichtungen sind auch gelochte Rinnen oder Rohre, die so über die Oberfläche der Tropfkörper verlegt werden, daß das Abwasser über die ganze Oberfläche verteilt werden kann. Die hauptsächlich für kleinere Anlagen angewandte Verteilungsvorrichtung kann entweder aus Holz, Beton oder Steinzeug bestehen. In Abb. 129 sind aus besonders geformten Schalen hergestellte Verteilungsrinnen dargestellt. Die von der mittleren Hauptverteilungsrinne abgehenden Nebenrinnen werden im Abstand von 50—60 cm angeordnet. Bei der Verteilung durch Rinnen wird das Abwasser gewöhnlich stoßweise auf den Tropfkörper gebracht, wozu man sich der später zu besprechenden Beschickungsvorrichtungen bedient.

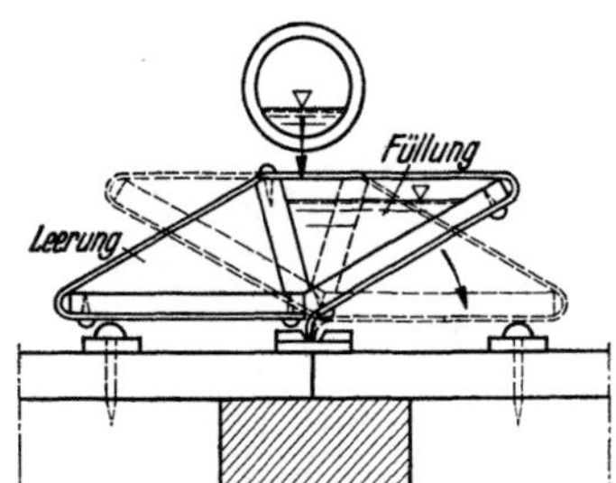

Abb. 130. Querschnitt einer Doppelkipprinne für Tropfkörper zur Beschickung von Tropfkörpern.

Kipprinnen. Bei sehr kleinen Tropfkörpern, z. B. Versuchstropfkörpern oder Tropfkörpern hinter Hauskläranlagen, hat sich als Verteilungsvorrichtung auch die Kipprinne bewährt. Die über der Mitte des Tropfkörpers angeordnete, in den meisten Fällen aus Holz oder Blech hergestellte Einrichtung besteht aus einem dreieckigen Trog, der in der Längsrichtung in zwei gleiche Hälften geteilt ist (s. Abb. 130). Die Kipprinne wird mit dem unteren Zapfen auf einer Achse derartig drehbar aufgestellt, daß in der Ruhelage die eine Hälfte unter den Zulauf zu liegen kommt und dann voll läuft. Hat sich die Hälfte gefüllt, so kippt von einer bestimmten Füllung an die Rinne um. Der Inhalt ergießt sich über die Oberfläche des Tropfkörpers, und die andere Hälfte ist jetzt unter der Zuleitung und füllt sich. Das Spiel wiederholt sich so dauernd. Will man die Wassermengen messen, die auf den Tropfkörper gelangt sind, so kann man die Kipprinnen mit Zählwerken versehen und die Wassermenge aus dem Inhalt der Hälften und der Anzahl der Kippungen berechnen. Um die Verteilung des Abwassers auf dem Tropfkörper zu unterstützen, läßt man das Abwasser auf eine Unterlage spitz zulaufender Holzlatten fallen.

Streudüsen und Sprengröhren. Streudüsen, von denen eine sehr große Anzahl verschiedener Konstruktionen auf dem Markt sind, werden besonders gern bei rechteckig gebauten Tropfkörpern angewandt. Bei den einfacheren Sprengrohren ist der Querschnitt enger und die Öffnungen kleiner als bei den einfachen Verteilungsrohren. Dadurch, daß das Abwasser unter Druck aus ihnen austritt, wird es besser über die Oberfläche versprengt und dadurch weiter und feiner verteilt. Die Streudüsen sitzen auf Rohren, die in Form eines Rohrnetzes in der oberen Schicht der Tropfkörper oder auch wohl auf der Oberfläche verlegt sind. In manchen Fällen ist auch das Verteilungsrohrnetz auf der Sohle angebracht, und die Düsen sind durch ein senkrechtes Steigerohr mit diesem verbunden. Diese Art hat aber sehr viele Nachteile, da man bei Verstopfungen oder Reparaturen nicht an das Rohrnetz heran kann, so daß man jetzt nur noch im oberen Teil verlegte Rohre findet.

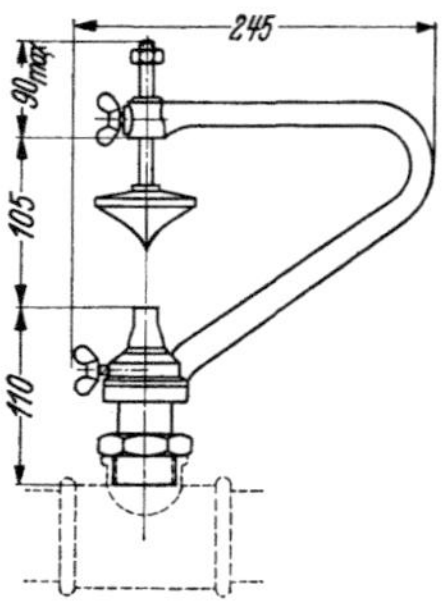

Abb. 131. Streudüse für quadratische Bestreuung System GEIGER der Breuer-Werke in Frankfurt-Höchst.

Die Düsen werden auf diesem Rohrnetz je nach dem vorhandenen Druck und nach der Bauart der Streudüsen in regelmäßigen Reihen oder versetzt in Abständen von 3—5 m angeordnet. Während die früher angewandten und zum Teil aus der Trinkwasserreinigung entnommenen Streudüsen nur eine kreisförmige Fläche (s. dort) bestreichen konnten, baut man heute Düsen, die durch ihre besondere Konstruktion imstande sind, jede gewünschte Fläche zu bestreichen. In Abb. 131 ist eine derartige Streudüse (Bauart Geiger der Breuer-Werke) dargestellt. Aus Abb. 132, die eine Streudüsenanlage in Tätigkeit zeigt, ist ersichtlich, daß diese Düsen quadratische Flächen bestreichen können, wodurch erreicht wird, daß rechteckige Tropfkörper voll ausgenutzt werden. Dies wird durch die besondere

Abb. 132. Streudüsenanlage in Tätigkeit.

Form des über der Austrittsöffnung angebrachten, in seiner Höhe verstellbaren und dadurch die Wurfweite verändernden Prellkegel erreicht. Bei anderen Streudüsen wird die Änderung der Wurfweite durch Leitkanäle im Düsenkopf, die den Wasserstrahl in eine kreisende Bewegung versetzen, erreicht. Bei der Beschickung durch Streudüsen wird das Abwasser schirmartig durch die Luft geworfen und in Tropfen aufgelöst auf den Tropfkörper verteilt. Damit das Abwasser nicht nur an eine Stelle gelangt, hat man besonders in amerikanischen Anlagen Streudüsen angewandt, bei denen mit periodisch wechselndem Druck des Wassers auch die Wasserstreuung regelmäßig zu- und abnimmt. Hierdurch wird eine gleichmäßigere Verteilung über die ganze Oberfläche erreicht. Wegen der geringen Austrittsöffnungen setzen sich Streudüsen leicht zu, zumal sich an den Austrittsöffnungen leicht Abwasserpilze bilden. Die Streudüsen müssen daher so eingerichtet sein, daß sie sich leicht öffnen und reinigen lassen.

Um Streudüsen anwenden zu können, muß man ein erhebliches Gefälle zwischen der Vorreinigung und der Oberfläche der Tropfkörper zur Verfügung haben. Ein Mindestdruck von 1,2—2 m ist erforderlich. Rechnet man hierzu noch die Körperhöhe von 2 m, so erfordern Tropfkörper mit Streudüsen ein Gefälle von 3,5—4 m.

β) Bewegliche Verteilungseinrichtungen.

Drehsprenger. Die fast ausschließlich bei kreisförmigen Tropfkörpern angewandten Drehsprenger sind im Mittelpunkt des Tropfkörpers über dem Steigerohr der Abwasserzuleitung drehbar angeordnet. Wie aus Abb. 133 ersichtlich ist, sind an diese Achse je nach

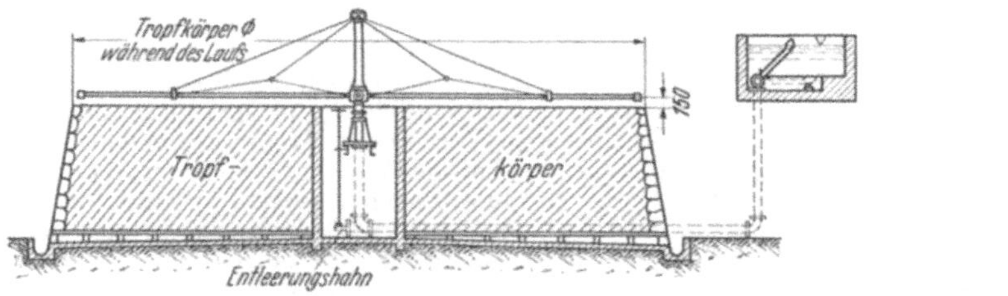

Abb. 133. Drehsprenger mit Beschickungsvorrichtung System GEIGER der Breuer-Werke Frankfurt-Höchst.

der Größe der Körper 2, 3 oder auch 4 Rohrarme angebracht, die an der der Drehrichtung entgegengesetzten Seite gelocht sind und sich in waagerechter Ebene über die Tropfkörperoberfläche bewegen. Aus diesen Öffnungen tritt das Abwasser mit einem Druck aus und treibt jetzt den Drehsprenger nach dem Prinzip des SEEGERschen Wasserrades mit Hilfe des Rückstoßes vorwärts. Dadurch, daß die Abstände der einzelnen Öffnungen nach dem Rande zu abnehmen, wird eine gleichmäßige Verteilung des Abwassers erreicht. Um eine

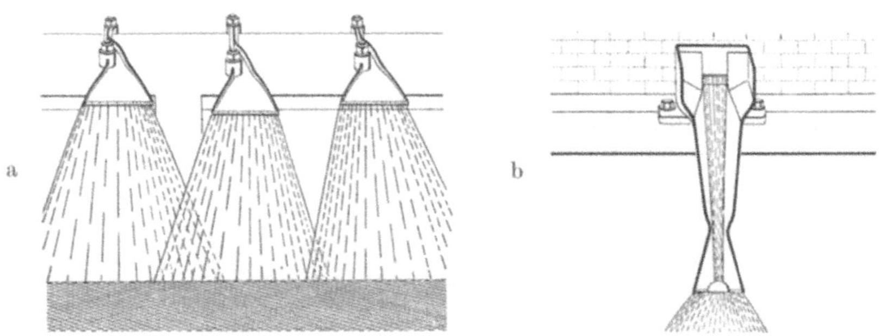

Abb. 134a und b. Ansatzstücke an Drehsprenger zur gleichmäßigeren Verteilung des Abwassers über die Tropfkörperoberfläche.

noch bessere Verteilung des Abwassers zu erzielen, sind bei den von verschiedenen Firmen, z. B. von der Firma Jones & Atwood, Stouckbridge in England, erbauten Drehsprengern die Rohröffnungen noch mit den in Abb. 134 dargestellten Austrittsvorrichtungen versehen, die das Abwasser schleierartig gleichmäßig über die Oberfläche verteilen.

Um ein Überspritzen, besonders bei Wind, zu verhindern, sind die Dreharme etwas kleiner als der Radius.

Die Dreh- oder Sprengarme werden zur guten Ausnutzung des Druckes 25—30 cm über der Tropfkörperoberfläche angeordnet. Bei dieser Höhe werden im allgemeinen Vereisungen der Tropfkörper bei nicht zu lange anhaltendem Frost vermieden. Bei schwach angefaultem Abwasser sind bei dieser Fallhöhe die Geruchsbelästigungen noch nicht sehr stark. Bei Tropfkörpern mit sehr großen Durchmessern hat man zur Unterstützung der Dreharme am äußeren Rand Rollen angebracht, die dann auf Schienen, die am Rande der Tropfkörper angebracht sind, laufen. Um die Reibung zu überwinden, muß aber in diesen Fällen die Drehung durch elektrischen Antrieb unterstützt werden.

Drehsprenger beanspruchen ein Gefälle von 0,50—0,80 m. Da sie auch bei Frost gut arbeiten, bedürfen sie nur geringer Wartung und Unterhaltung. Die Wartung muß in erster Linie darauf achten, daß die sich durch Abwasserpilze leicht zusetzenden Öffnungen durch die am äußeren Rande befindlichen Verschlüsse ständig sauber gehalten werden. Will man Drehsprenger für eckige Tropfkörper anwenden, so kann man die Ecken mit Streudüsen besetzen, wie dies in sehr geschickter Weise auf der Kläranlage Stuttgart geschieht.

Fahr- oder Wandersprenger. Fahr- oder Wandersprenger werden vorwiegend bei rechteckigen, langgestreckten Tropfkörpern angewandt. Diese laufen auf Schienen, welche auf den Seitenwänden des Zulaufkanals bzw. auf dem Rande des Tropfkörpers befestigt sind. Sie werden entweder elektrisch durch besonderen Antrieb oder in den meisten Fällen durch die Wasserkraft selbst nach der Art des oberschlägigen Wasserrades angetrieben. Zu dem Zweck wird das dem offenen Zuleitungskanal durch einen Heber entnommene Wasser gleichmäßig über die über den ganzen Querschnitt des Tropfkörpers sich erstreckenden Wasserräder durch eine Mittelrinne, wie es im Schema in Abb. 135 dargestellt ist, geleitet. Das sich drehende Wasserrad treibt dann den Wassersprenger vorwärts. Am Ende des Tropfkörpers erfolgt durch eine sehr einfache Vorrichtung eine Umschaltung der Drehungsrichtung der Wasserräder, und der Wassersprenger läuft in umgekehrter Richtung über den Körper. Zur besseren Verteilung des Abwassers hat man die Wandersprenger in ähnlicher Weise wie die Drehsprenger noch mit besonderen Verteilungsrinnen versehen, wie dies aus Abb. 136 ersichtlich ist. Bei diesem Wandersprenger erfolgt die Fortbewegung durch elektrische Kraft, die einer Gleitschiene entnommen wird. Wandersprenger können sowohl für viereckige als auch für runde Tropfkörper angewandt werden. Auf vielen Anlagen sind die Wandersprenger so eingerichtet, daß beim Herunterfahren die eine Hälfte der Körper und beim Zurückfahren die andere Hälfte der Tropfkörper besprengt wird (s. Abb. 137). Hierdurch wird eine völlig gleichmäßige Beschickung erreicht.

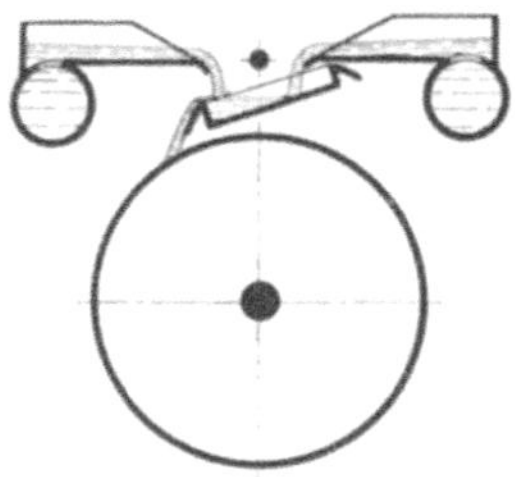

Abb. 135. Schema eines Wandersprengers, bei dem die Beschickung durch eine umsteuerbare Kipprinne erfolgt. System Jones und Attwood, Stourbridge.

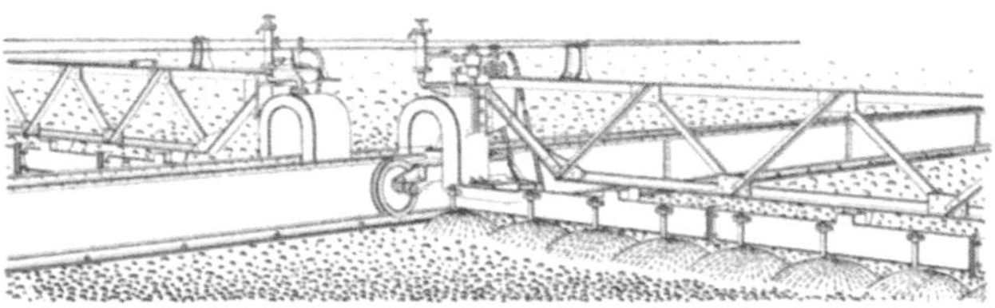

Abb. 136. Wandersprenger mit elektrischem Antrieb nach Hartley.

Abb. 137. Wandersprenger mit wechselnd gestellter Schaufelung zur Streifenberieselung, System Geiger, von 15 m Länge und 0,60 m ∅ für eine Leistung von 12 Liter/Sek.

Bei Regenwetter wird die ganze Länge des Armes zum Sprengen benutzt. Das für Wandersprenger erforderliche Gefälle beträgt 0,50—0,70 m. In Gegenden mit kaltem Klima und starkem Schneefall sind Wandersprenger weniger betriebssicher, da sie leicht einfrieren (besonders die Zuleitungsrinne) und bei vereisten Laufschienen leicht stecken bleiben.

Rotierende Verteilerscheiben. In neuester Zeit erfolgt die Verteilung des Abwassers mit gutem Erfolg durch Verteilerscheiben. Bei diesen Verteilerscheiben, die vorwiegend bei kleinen Anlagen sich bewährt haben, fällt das Abwasser auf eine durch einen Motor angetriebene, schnell rotierende waagerechte Scheibe, die das Abwasser dann in einem gleichmäßigen, außerordentlich feinem Wasserschleier über die Oberfläche des Tropfkörpers verteilt (s. auch Abb. 21, S. 531 in Abschnitt „Gewerbliches Abwasser").

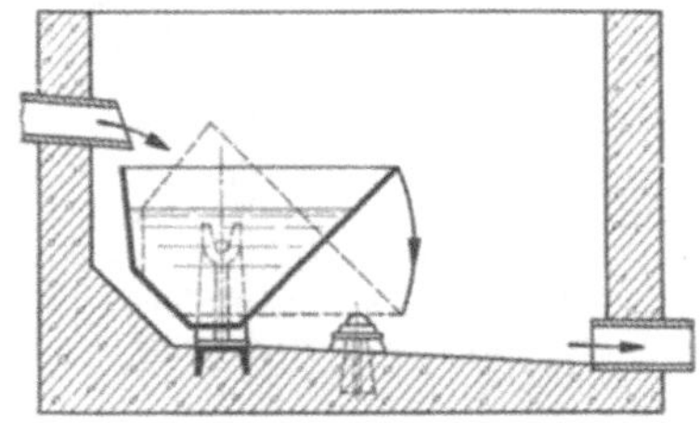

Abb. 138. Kippmulde zur unterbrochenen Beschickung von Tropfkörpern.

d) Beschickungsvorrichtungen.

Mit wenigen Ausnahmen, z. B. bei den Wandersprengern, Kipprinnen, bei denen von selbst auf die Zeit der Bewässerung eine Zeit der Ruhe und Belüftung folgt, wird den Verteilungsvorrichtungen das Abwasser durch besondere Beschickungsvorrichtungen stoßweise zugeführt, wodurch ebenfalls erreicht wird, daß nach einer Berieselungsperiode wieder eine Zeit der Ruhe folgt. Je schwächer der Zufluß und je konzentrierter das Abwasser ist, um so größer ist die Ruhepause. Diese zwischen 3 bis 10 Minuten dauernden Ruhepausen richten sich außer nach der Zulaufmenge nach dem Fassungsvermögen der Beschickungsvorrichtungen. Bei den künstlich belüfteten Tropfkörpern (Hochleistungstropfkörpern s. dort) fallen die Beschickungsvorrichtungen fort, da diese laufend betrieben werden.

a

b

Abb. 139 a und b. Selbsttätige Beschickungsvorrichtung mit Schwenkrohr, System Geiger. a Schwenkrohr vor der Entleerung; b Schwenkrohr nach erfolgter Entleerung.

Kippmulden. Die einfachsten Beschickungsvorrichtungen sind die Kippmulden oder Kipprinnen. Die in Abb. 138 dargestellte Kippmulde ist quer zur Längsachse drehbar mit zwei Zapfen unter der Zuflußleitung aufgehängt. Durch ihre Form wird das Gewicht in der Mulde, wenn sie eine bestimmte Füllung erreicht hat, so verlagert, daß sie nach vorn kippt und dann ihren gesamten Inhalt auf einmal entleert. Nach der Entleerung kehrt die Mulde sofort selbsttätig wieder in ihre Anfangsstellung zurück. Diese Kippmulden haben sich wegen ihres verhältnismäßig geringen Fassungsvermögens besonders bei kleineren Anlagen bewährt. Bei Anwendung von Kipprinnen, wie sie auf S. 407 beschrieben sind, sind die Zwischenzeiten entsprechend kleiner. Zur Messung der Wassermenge können sie mit einem Zählwerk ausgerüstet werden.

Schwenkrohre. Sehr bewährt haben sich besonders für mittelgroße Anlagen die von Geiger eingeführten Schwenkrohre. Vor dem Zulauf zum Tropfkörper ist eine Beschickungskammer, deren Inhalt der jeweilig auf den Tropfkörper zu gebenden Wassermenge entspricht. Der Ablauf ist durch ein Schwenkrohr abgeschlossen, das sich beim Füllen der Beschickungskammer durch seinen eigenen Auftrieb mit hebt, bis es zu einer durch einen verstellbaren Bolzen zu einer beliebig einstellbaren Füllhöhe gelangt ist. Beim weiteren Ansteigen des Wassers (s. Abb. 139) fließt jetzt das Wasser in das Schwenkrohr ab. Da das Schwenkrohr jetzt mit Wasser gefüllt ist, sinkt es jetzt durch das eigene Gewicht ab, bis es den tiefsten Stand erreicht hat. Beim Niedersinken öffnet sich der Verschluß, so daß der Durchlaß zu den Tropfkörpern frei ist. Das Schwenkrohr läuft dann vollständig leer und kann dann beim weiteren Zulauf von Abwasser wieder bei der nächsten Fällung mit ansteigen.

Beschickungsvorrichtung für größere Wassermengen, Bauart GEIGER. Außer den bisher beschriebenen Beschickungsvorrichtungen sind noch eine große Anzahl anderer Konstruktionen auf dem Markt. Für größere Wassermengen hat sich besonders die folgende, in Abb. 140 dargestellte Beschickungsvorrichtung, System GEIGER, bewährt. Die nach der Größe der Wassermenge verschieden große Beschickungskammer füllt sich zunächst bis zur vorgesehenen Stauhöhe. Dann fließt das Abwasser durch die Überlaufrohre in das Wasserballastgefäß, welches in dieser Stellung durch ein Kugelventil im Boden der Schale geschlossen ist. Das Gewicht der leeren Schale ist kleiner als das des Zylinderschützes,

Abb. 140. Selbsttätige Beschickungsvorrichtung für große Wassermengen, System GEIGER.

das Gewicht der Schale mit Wasser ist aber größer als das des Zylinderschützes einschließlich der Reibungswiderstände. Ist die Schale gefüllt, so sinkt sie durch ihr Übergewicht und öffnet dabei plötzlich den Zylinderschütz, wodurch dann die Beschickungskammer leerlaufen kann. Durch das Hochgehen des Zylinderschützes werden die kleinen Heberrohre in Tätigkeit gesetzt, und es fließt kein Abwasser mehr in die Schale. Mit dem Sinken des Wasserstandes in der Beschickungskammer sinkt auch der Schwimmer und setzt sich nach Entleerung auf die Scheibe am unteren Ende der Stange auf. Das Gewicht des Schwimmers überwindet jetzt den Widerstand, der über der Ventilkugel liegenden Wassersäule, so daß sich das Ventil in der Schale öffnet und sich auch die Schale entleert. Durch das Entleeren wird sie aber wieder leichter als der Zylinderschütz, so daß sich dieser wieder senken und damit schließen kann. Da sich dabei aber auch das Ventil in der Schale wieder schließt, so kann nach dem Leerlaufen der Beschickungskammer das Spiel von neuem beginnen.

Beschickung durch Pumpen. Während man bei Streudüsen schon allein wegen des schwankenden Druckes, der ein allgemeines Beschicken der Oberfläche gestattet, nie von der Zwischenschaltung einer Beschickungsvorrichtung abgehen wird, wird man bei Tropfkörpern mit anderen Verteilern, besonders in den Fällen, wo das Wasser sowieso durch Pumpen gehoben werden muß, auf die Beschickungsvorrichtungen verzichten, da man ja das vorgeschaltete Pumpwerk mit selbsttätigen Unterbrechungen versehen kann. Man wird sich in diesem Falle meistens auf ein in genügender Höhe angeordnetes Zwischengefäß beschränken.

Verteilungsvorrichtungen. Bei sehr großen Tropfkörperanlagen hat man die großen Flächen besonders bei Anwendung von Streudüsen in einzelne Felder aufgeteilt, die alle nacheinander von derselben Beschickungsvorrichtung bedient werden. Jede Fläche hat aber ein besonderes Zuleitungsrohr. Der Zufluß zu diesen Zuleitungsrohren wird durch fächerartige Verschlüsse geregelt, die automatisch durch die Ablaßvorrichtung betrieben werden bzw. mit den unter c beschriebenen Anlagen gekuppelt sind.

e) Geruchs- und Fliegenbekämpfung.

Ein Nachteil der offenen Tropfkörper ist das Auftreten größerer Fliegen- und Mückenplagen, deren Larven sich im Tropfkörper in großer Menge entwickeln und am Abbau der Stoffe teilnehmen. Besonders lästig wirkt die kleine Tropfkörperfliege (Psychoda), die bei geeigneten Windrichtungen leicht in die Nachbarhäuser eindringt. Größere Untersuchungen über die Entwicklung und Bekämpfung der Tropfkörperfliege (Psychoda alternata) hat unter anderen FAIR[1] angestellt. Es ist eine ganze Reihe von Maßnahmen gegen die Entwicklung der für die Reinigungswirkung wertvollen Fliegenlarven empfohlen worden, wie z. B.:

1. Bepflanzung der Tropfkörper mit Efeu oder anderen rankenden Gewächsen. Die Fliege hält sich dann mehr auf der Unterseite der Blätter auf und schwärmt nicht so stark als Wolke über den Körpern. Wenn der Bewuchs zu dicht wird, stört er aber den freien Luftaustausch. Eine Umhüllung des Tropfkörpers mit einem luftdurchlässigen Geflecht, z. B. Schilfrohr, hinter dem sich Spinnen in großer Menge ansiedeln, hat ebenfalls bei der Bekämpfung der Fliegen gute Dienste geleistet.
2. Starker Ausbau des Vogelschutzes. Schwalben und Bachstelzen vertilgen große Mengen der Fliegen. Wenn auch eine sehr reichliche Vogelwelt eine kleine Linderung bringt, kann sie doch gegen die Massenentwicklung der Fliegenschwärme meistens nicht an.
3. Besatz mit dem Wasserspringschwanz (Achorutes viaticus) hat sich in sehr vielen Fällen ganz gut bewährt. Diese Tiere bohren die Eier der Tropfkörperfliege an, so daß diese nicht mehr zur Weiterentwicklung kommen können.
4. Um ein Überhandnehmen der Fliegen zu bekämpfen, hat man dem Abwasser eine größere Menge freies Chlor (bis 200 mg/Liter), am besten in der Form von Chlorwasser, zugesetzt. Chlorkalk darf wegen der Ausscheidungen und Schlammbildungen im Körper nicht verwandt werden. Da hierbei nur die lebenden Fliegen, nicht aber die Larven abgetötet werden, so muß dieser Vorgang einige Male hintereinander vorgenommen werden. Das hat aber zur Folge, daß das Chlor auch die übrige Organismenwelt abtötet, so daß die Reinigungswirkung für eine Zeit zurückgeht.
5. Eine ganze Reihe chemischer Mittel, wie Paraffinöl, Kreosot, Ortho-Dichlorbenzol, Abkochungen von Pyrethrumblüten, Pereatfluid usw. ist mit mehr oder weniger großem Erfolg angewandt worden. Alle Mittel werden in wäßriger Aufschwemmung auf die Oberfläche der Tropfkörper bzw. an die Mauer, wo die Fliegen sitzen, aufgespritzt. Es besteht aber immer die Gefahr, daß auch das übrige biologische Leben abgetötet wird.
6. Da bei warmem Wetter die Fliegen in großen Mengen an den Außenwandungen sitzen, kann man sie in großen Mengen durch Bestreichen mit einer hellbrennenden Lötlampe durch Abflämmen beseitigen.
7. In Amerika hat man die Tropfkörper mit so dichten Umhüllungen umgeben, daß man sie nach Schließen der Sohlenentwässerung unter Wasser setzen kann. Bei eintägigem Unterwassersetzen werden die Fliegen und ihre Larven durch Sauerstoffentzug abgetötet.

Geruchsbelästigungen treten besonders bei angefaultem Abwasser und in der wärmeren Jahreszeit beim Aufspritzen des Abwassers auf die Oberfläche der Tropfkörper auf. Besonders freistehende Tropfkörper bieten durch ihre große Verdunstungsoberfläche die größte Möglichkeit zu Geruchsbelästigungen, zumal durch die besten Verteilungsvorrichtungen eine sehr innige Berührung mit der Luft geschaffen wird, so daß die üblen Gase gut in die Luft entweichen können. Diese lassen sich aber durch eine leichte Chlorung, die den gebildeten Schwefelwasserstoff zersetzt, beseitigen.

f) Leistung der Tropfkörper.

Die Reinigungswirkung der Tropfkörper hängt von der Konzentration des Abwassers, der Art des Tropfkörpers, d. i. von seiner Höhen- und Breitenausdehnung, der Außentemperatur, den richtig gewählten Beschickungs- und Ruhezeiten, von der Anwesenheit etwaiger Gifte im Abwasser u. dgl. ab. Im

[1] FAIR: Sewage Works Journ. 1934, **6**, 966.

allgemeinen rechnet man mit einer Abwassermenge von 1 cbm Abwasser auf 1 cbm Tropfkörpermaterial, d. h. bei 2 m hohen Tropfkörpern kann man die Oberfläche je Quadratmeter mit 2 cbm Abwasser beschicken. Nach PÖNNINGER[1] soll bei 2 m hohen Tropfkörpern die Belastung nur 0,4 cbm Abwasser/cbm Tropfkörpermaterial betragen. Auf diese Belastung muß man bei dickem Abwasser heruntergehen. THUMM[2] empfiehlt bei dickem Abwasser eine Belastung von $^1/_2$ cbm Abwasser auf 1 cbm Körpermaterial. Bei normalem häuslichen bzw. städtischen Abwasser kann man aber sogar in vielen Fällen noch darüber hinausgehen (in Stuttgart 1,5 cbm und in Soest 1,2 cbm Abwasser/cbm Material). Bei hohen Gehalten an stark organisch verschmutzten, gewerblichen Abwässern geht die Belastung ebenfalls entsprechend der Konzentration zurück.

Im Winter bei Frost geht mit der bei diesen Temperaturen stark geschwächten Lebenstätigkeit der Bakterien auch die Reinigungswirkung der Tropfkörper zurück, und zwar um etwa 20—30%. Hinzu kommt, daß die Vereisung den Betrieb stark erschwert. Man kann sich in etwa durch eine stärkere Belastung der nicht vereisten Teile mit dem warmen Abwasser helfen, wobei man aber eine etwas geringere Leistungsfähigkeit in Kauf nehmen muß. Dies kann man in vielen Fällen mit Rücksicht auf die stärkere Wasserführung unserer Flüsse im Winter auch unbedenklich tun. In bestimmten Zeiten können sich oft auf der Oberfläche starke, grünlich graue, biologische Rasen oder Moose entwickeln, die zu Pfützenbildungen und damit zu Verstopfungen führen. Der biologische Rasen, der durch zu starkes Anwachsen der Filterhaut gebildet werden kann, läßt sich in den meisten Fällen durch eine längere Ruhezeit leicht beseitigen. Die Moose müssen mit der Hand oder mit dem Besen entfernt werden.

Die Abbauwirkung der Tropfkörper beruht auf folgenden Vorgängen:

1. Ausflockung und Adsorption der kolloid im Abwasser dispergierten Stoffe in der schwammigen Schicht des biologischen Rasens. Bei diesen im obersten Teile des Tropfkörpers sich abspielenden Vorgängen werden die festgehaltenen Stoffe gleich durch die im biologischen Rasen vorhandenen Lebewesen abgebaut.

2. Abbau der organischen Substanz. Dieser hauptsächlich im oberen Teile stattfindende Abbau umfaßt die gelösten organischen Verbindungen und muß vollendet sein, damit

3. im unteren Teile die Nitrifikation stattfinden kann.

Bei dem Abbau der organischen Substanz durch Bakterien, die nur gelöste Stoffe aufnehmen können, erfolgt die Verflüssigung durch die von ihnen ausgeschiedenen Fermente. Von kohlenhydratspaltenden Fermenten wurden nachgewiesen Diastase, Maltase, Lactase, Inulase, von eiweißspaltenden Fermenten wurden gefunden Peptase und Tryptase und außerdem auch Lipasen. Die Abbauprodukte der organischen Stoffe bestehen aus einfachen Kohlenwasserstoffen, Ammoniak, Kohlenstoff, Kohlensäure und wenig Schwefelwasserstoff. Da die letzteren beiden Bakteriengifte darstellen, müssen sie durch eine gute Luftzuführung stets schnell genug aus dem Körper entfernt werden.

Eine wichtige Rolle spielt die Nitrifikation, deren Tätigkeit mit der Fäulnisunfähigkeit der entstehenden Verbindungen, sowie mit der Eigenschaft, daß Nitrate als Sauerstoffüberträger wirken, zusammenhängt. Die Sauerstoffabgabe der Nitrate hat zum Teil biologische, zum Teil chemische Ursachen. Bei der Reduktion von Nitraten und Nitriten kann es zur Bildung von elementarem Stickstoff kommen.

Bei gut arbeitenden Tropfkörpern soll der Ablauf fäulnisunfähig sein. Dies tritt in den meisten Fällen ein, wenn der biochemische Sauerstoffbedarf (5 Tage) des mechanisch gut vorgereinigten Abwassers um 75—85% und die Oxydierbarkeit auch um 75% heruntergegangen ist. Eine sehr angenehme Wirkung ist die starke Abnahme der Bakterien. Im Sommer findet ein stärkerer Abbau der Eiweißverbindungen und des Ammoniaks statt, dazu auch eine stärkere Bildung von Nitriten und Nitraten. Pflanzliche und tierische Fette werden nach den Untersuchungen von KAMMANN in Tropfkörpern abgebaut, mineralische Fette dagegen nicht. Der Abbau von Stearinsäure und ihren Salzen ist nach den Untersuchungen von JENKINS[3] an die Anwesenheit der Dungsalze Phosphorsäure, Kali und Stickstoff gebunden. Die Baukosten betragen bei 2 m hohen Tropfkörpern 8,39 RM je Einwohner bei 0,18 qm Geländebedarf, bei 4 m „ „ 6,09 „ „ „ „ 0,09 „ „

[1] PÖNNINGER: Gesundh.-Ing. 1938, **61**, 207. [2] THUMM: In RUBNERS Handbuch der Hygiene, 1911. [3] JENKINS: Journ. Soc. chem. Ind. 1936, **55**, 315.

g) Nachreinigung.

Bei dem laufenden Betrieb der Tropfkörper werden ständig mit dem Ablauf die nicht abgebauten Stoffe und ein Teil des verbrauchten Filterrasens, wie tote Lebewesen und abgerissene Pilzfäden mit abgespült und sind in dem Abfluß als feine Schlammflocken enthalten. Dieser aus Abbauprodukten des biologischen Rasens, aus flockigen Abschwemmungen von zahlreichen Mikroorganismen, aus mitgerissenen Würmern, Schnecken, Käfern und kleinen durch Verwitterung abgesprengten Teilen des Tropfkörpermaterials bestehende Schlamm setzt sich sehr leicht ab und muß daher in besonderen Nachklärbecken mit $^1/_2$—$^3/_4$stündigem Aufenthalt abgefangen werden. Der abgefangene, vorwiegend aus organischen Stoffen bestehende Schlamm wird am besten zusammen mit dem Schlamm der Vorreinigung ausgefault. In bestimmten Zeiten ist die Schlammbildung im Ablauf größer, z. B. dann, wenn im Herbst und Frühjahr, jedenfalls bei größeren Generationswechseln, ein stärkeres Absterben der biologischen Rasen auftritt.

h) Verbindungen mit anderen Verfahren.

In Verbindung mit anderen Verfahren ist das Tropfkörperverfahren in ausgedehntem Maße angewandt worden.

Chemische Fällung als Vorreinigung wird gern bei überlasteten Tropfkörpern angewandt, desgleichen elektrische Fällung bei den durch organische Kolloide verschmutzten gewerblichen Abwässern. In Verbindung mit Belebtschlammanlagen hat man Tropfkörper sowohl vor (in USA. oft angewandt) wie hinter Belebtschlammanlagen (Holzwickede, Soest) geschaltet. Als biologische Nachreinigung hinter Tropfkörpern hat man Rieselfelder, Bodenfilter und Fischteiche (Aachen, Bergedorf, Bielefeld, Gleiwitz) benutzt. Diese Nachreinigung ist besonders dort zu empfehlen, wo die Gefahr besteht, daß die bei der Tropfkörperreinigung im Abwasser verbleibenden Stoffe ein starkes Zuwachsen des Ablaufgrabens hervorrufen. Die Belastung der Rieselfelder kann natürlich viel größer sein als bei nicht vorbehandeltem Wasser.

i) Belüftete geschlossene Tropfkörper (Hochleistungstropfkörper).

Versuche, die Wirkung der Tropfkörper durch Einblasen von Luft zu verbessern, sind schon sehr oft gemacht worden. Bei den ersten Versuchen hat man Druckluft an der Sohle eingeblasen, ohne eine sehr wesentliche Steigerung bei den sehr geringen Körperhöhen, die an und für sich schon einen guten Luftdurchzug haben, zu erreichen und ohne die lästigen Fliegen und Geruchsbelästigungen zu beseitigen. Auch eine Vorbelüftung des Zuflusses zum Tropfkörper, um gleich gute aerobe Verhältnisse zu schaffen, führte nur bei angefaultem Abwasser eine geringe Verbesserung herbei. Wesentliche Verbesserungen schufen die von BUNK[1] und PRÜSS[2] eingeführten geschlossenen und belüfteten, hohen Tropfkörper.

Bei dem in Abb. 141a im Schnitt und 141b im Bild dargestellten Tropfkörper beträgt die Höhe des Brockenmaterials 4 m, wobei die untere, 50 cm große Schicht eine grobere Korngröße hat als die 3 m hohe Hauptschicht, die eine Korngröße von 20—40 mm besitzt. Die obersten 50 cm haben dann wieder ein etwas groberes Korn von 40—50 mm. Die Wasserverteilung erfolgt in bekannter Weise durch einen Drehsprenger. Im Gegensatz zu den offenen Anlagen wird der Tropfkörper aber nicht mehr stoßweise beschickt. Ausgehend von dem Gesichtspunkt, daß je gleichmäßiger die Verteilung des Abwassers während des Tages ist, desto wirtschaftlicher können die Körper belastet werden, weil dann alle Teile des Körpers Hochleistungen vollbringen, wird dem geschlossenen und belüfteten Tropf-

---

[1] BLUNK: Gesundh.-Ing. 1937, **60**, 256. — Techn. Gemeindebl. 1937, **40**, 73.
[2] PRÜSS: Der Bauingenieur 1938, **19**, 365.

körper das Abwasser dauernd in gleichmäßigem Strome zugeführt. Nur in den Fällen, wo das Abwasser sehr stoßweise zur Kläranlage kommt, soll ein Ausgleichsraum zwischengeschaltet werden. Oben ist der völlig umhüllte Tropfkörper durch eine dichte Haube abgedeckt. Diese Umhüllung schützt gegen äußere Witterungseinflüsse und verhindert, daß die für das biologische Gleichgewicht wichtigen Fliegen ausschwärmen können und verhindert gleichzeitig die Verbreitung übler Gerüche.

Bei einem völlig geschlossenen Tropfkörper ist eine künstliche Belüftung erforderlich. Sie erfolgt durch einen in die Spitze der Abdeckung eingebauten Ventilator, der einen geringen Stromverbrauch hat. Die zugeführte Luft soll nicht nur gute aerobe Verhältnisse schaffen, sie soll auch die beim biologischen Abbauvorgang gebildete Kohlensäure aus dem Körper auswaschen, zumal Bach[1] nachweisen konnte, daß die Anreicherung der Kohlensäure im Körper von bestimmten Konzentrationen an schädlich wirkt. Pönninger[2] hat durch Analysen der Abluft Feststellungen über den mengenmäßigen und zeitlichen Verbrauch an Sauerstoff gemacht. Der Sauerstoffverbrauch ist abhängig vom Verschmutzungsgrad des Abwassers, von der aufgebrachten Wassermenge und von der zugeführten Luftmenge. Bei einem Vergleich der künstlichen mit der natürlichen Belüftung ergibt sich, daß die Leistung des Tropfkörpers durch die künstliche Belüftung deshalb gesteigert wird, weil die Verschlammung verhindert wird. Belüftete Tropfkörper können laufend durch beschickt werden, gebrauchen also keine Beschickungsvorrichtungen. Es hat sich nun herausgestellt, daß es nicht gleichgültig ist, ob die Luft durch den Körper hindurchgesaugt oder von oben nach unten durchgedrückt wird. Während man früher die erstere Arbeitsweise benutzte und weniger Erfolg erzielte, drückt man jetzt die Luft von oben nach unten durch, weil es sich gezeigt hat, daß es

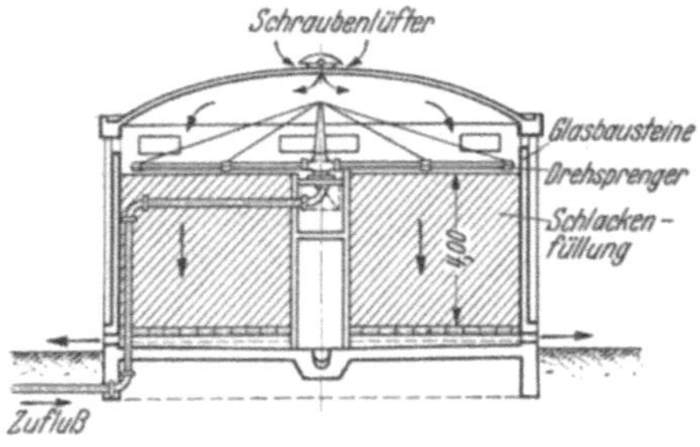

Abb. 141a. Schnitt durch einen geschlossenen und belüfteten Hochleistungstropfkörper.

Abb. 141b. Bild eines Hochleistungstropfkörpers zur biologischen Reinigung von städtischem und organisch verschmutztem gewerblichen Abwasser; gleichmäßige Verteilung durch Drehsprenger. System Bamag-Meguin, Berlin.

1. besser ist, die beim Verspritzen des Abwassers frei werdenden Gase nicht direkt ins Freie zu leiten. Der in ihnen enthaltene Schwefelwasserstoff wird besser durch eine Oxydation im Innern des Körpers unschädlich gemacht.

2. Durch das Hineinblasen der Luft von oben nach unten durch den Tropfkörper erübrigt sich das Abfangen und Vernichten der lebenden Fliegen. Sie verbleiben bis zur Eiablage im Körper und gehen dann im Körper zugrunde, wo sie mit den anderen Stoffen verarbeitet oder mit dem Wasser ausgespült werden.

Die Belastungsmöglichkeit solcher geschlossenen und belüfteten Tropfkörper ist stark gesteigert. Bei einer Belastung von 5 cbm Abwasser auf 1 cbm Tropfkörpermaterial beträgt der Luftverbrauch je Kubikmeter Abwasser 30 cbm Luft. Da die im Innern durch die biologischen Vorgänge erzeugte Wärme erhalten bleibt, so haben die geschlossenen und belüfteten Tropfkörper auch im Winter eine sehr gute Wirkung, ohne daß es notwendig ist, die eingeblasene Luft zu erwärmen.

Die Reinigungswirkung ist von der Belastung abhängig, wobei jeder gewünschte Reinigungsgrad erreicht werden kann. Die geschlossenen und belüfteten Tropfkörper passen sich den örtlichen Verhältnissen an. Die Abnahme des biochemischen Sauerstoffbedarfs beträgt 85—95%, die des Permanganatverbrauchs 75—85%. Über die Vorgänge bei der biologischen Abwasserreinigung und die damit erzielbaren Reinigungswirkungen

[1] Bach: Gesundh.-Ing. 1933, **56**, 189.
[2] Pönninger: Gesundh.-Ing. 1938, **61**, 207 u. 260.

bei Hochleistungstropfkörpern haben HUSMANN und LANZ[1] umfangreiche Untersuchungen durchgeführt. Sie kommen hierbei unter anderem zu folgenden Ergebnissen:

1. Eine Gefahr des Einfrierens besteht auch im Winter nicht, da sich die Wassertemperatur auch im Winter nicht wesentlich verändert, zumal die Temperatur der durchgeblasenen Luft in allen Fällen ansteigt.
2. Die spezifische Leitfähigkeit und die p_H-Werte verändern sich nicht.
3. Der Schlammgehalt nimmt im Körper mit zunehmender Körpertiefe als Folge der biologischen Umsetzungen zu.
4. Die Gesamtmenge des Stickstoffs nimmt infolge Bildung elementaren Stickstoffs ab. Der Ammoniakgehalt steigt infolge Abbaues des organischen Stickstoffs zunächst an, um dann durch die Bildung von Nitraten und Nitriten im unteren Teile des Tropfkörpers wieder abzunehmen. Die im Abwasser vorhandenen Nitrate und Nitrite werden im oberen Teile des Tropfkörpers als Sauerstoffspender zum Abbau der organischen Substanz gebraucht.
5. Der Abbau der organischen Substanz, gemessen am Kaliumpermanganatverbrauch und am biochemischen Sauerstoffbedarf, ist in den oberen Schichten am stärksten.
6. Die Sauerstoffsättigung nimmt vom Zulauf zum Ablauf hin in den einzelnen Schichten langsam zu, wobei in der Schichttiefe von 0,50—1,00 m in Übereinstimmung mit den Ergebnissen aus den Nitrit- und Nitratbestimmungen eine Verzögerung in der Aufnahme festzustellen ist.
7. Der aus den Tropfkörpern mit den Abläufen abgespülte Schlamm eignet sich sehr gut direkt zu Dungzwecken und ist außerdem der Zersetzung durch Ausfaulung unter Methangasbildung zugänglich.

Geschlossene belüftete Tropfkörper haben gegenüber offenen Tropfkörpern einen geringeren Geländebedarf und geringere Baukosten. Bei einer Belastung von 2 cbm Abwasser auf 1 cbm Tropfkörpermaterial betragen bei einem Tropfkörper von 4 m Höhe und 18 m Durchmesser die Baukosten nach PÖNNINGER[2] 1,88 RM bei 0,02 qm Geländebedarf je Einwohner.

k) Aerofilter.

Um die Wirkung der Tropfkörper zu steigern, hat STROGANOFF seine „Aerofilter“ genannten, geschlossenen und belüfteten Tropfkörper eingeführt. Die von STROGANOFF und BASIAKINE 1925 errichteten Tropfkörper waren 3,5 m hoch und dicht geschlossen. Dem von oben herabrieselnden Wasser wurde Preßluft von unten nach oben entgegengeleitet. Der von den Körpern abgespülte belebte Schlamm wurde dem zu reinigenden Abwasser zum Teil wieder zugesetzt, um eine verstärkte Wirkung durch die vom Wasser ausgespülten, noch wirksamen Bakterien zu erzielen. Bei einer Höhe von 3,50 m erzielte STROGANOFF eine Belastung von 4 cbm Abwasser je Kubikmeter Tropfkörpermaterial. Bei einer Nachprüfung des Verfahrens fand SIERP, daß die Menge des zurückgepumpten Schlammes allmählich zu einer Verschlammung des Tropfkörpers führte.

l) Aerofiltration nach HALVERSON und Biofiltration nach JENKS.

HALVERSON fand, daß die Mikroorganismen in den Tropfkörpern besser gedeihen und schneller wachsen, wenn die Körper dauernd beschickt werden, d. h. wenn die den Abbau bewirkenden Bakterien und Mikroorganismen dauernd und nicht stoßweise gefüttert werden. Er hält es daher für besser, die Körper dauernd mit einer gleichmäßigen kleinen Menge zu beschicken, als periodisch den Körper mit größeren Mengen zu belasten und dann wieder auszusetzen. Er konnte Versuchskörper von 2,4 m Höhe mit Korngrößen von $^3/_4$—3″ des Materials mit 9,6 cbm/qm belasten (rund 4 : 1). Als nach 3 Wochen der Körper verstopft war, wurde er mit 24 cbm/qm (10 : 1) belastet. Nach einem Monat war die Verstopfung beseitigt und die Reinigungswirkung gesteigert. Der fünftägige biochemische Sauerstoff ging um 90% zurück. Beim Zurückgehen mit

[1] LANZ: Diss. Zürich E. T. H. 1937. — Techn. Gemeindebl. 1938, **41**, 105.
[2] PÖNNINGER: Gesundh.-Ing. 1938, **61**, 207.

der Belastung auf 9,6 cbm/qm trat die Verstopfung erneut ein, und die Reinigungswirkung ging zurück. Erst eine im Sommer durchgeführte Steigerung auf 18 cbm/qm brachte wieder eine Besserung. Halverson schließt hieraus, daß ein Tropfkörper, der ständig mit regenähnlichen Abwasserstrahlen beschickt wird, bei genügend hoher Beschickung eine spülende Wirkung hat, so daß der Belag als Schlamm ausgespült wird, während es bei geringerer Belastung zu Verstopfungen infolge Festsetzens der Häute kommt.

Halverson ist der Ansicht, daß die Luftbewegung im Tropfkörper am besten ist, wenn zwischen der Temperatur des Abwassers und der Außenwelt ein möglichst großer Unterschied besteht. Notwendig wird eine künstliche Belüftung, wenn die Temperatur des Abwassers gleich der der Außenluft ist, wie dies im Frühjahr und Herbst oft der Fall ist. Im Winter hält er eine künstliche Lüftung für schädlich, da der Körper durch die kalte Luft abgekühlt werde, eine Annahme, die nach den bei Hochleistungstropfkörpern gemachten Erfahrungen nicht zutrifft.

Der Luftbedarf ist sehr gering. Während bei normaler Belastung in den meisten Fällen der eigene Luftzug genügt, muß bei stärkerer Belastung künstliche Belüftung erfolgen. Der zur Oxydation der auf der Oberfläche abgesetzten organischen Stoffe benötigte Sauerstoffbetrag ist sehr gering. Nach verschiedenen Angaben beträgt das Minimum an Druckluft rund 300 Liter Luft in der Minute je Quadratmeter Oberfläche. Wird die Belastung der Körper mit Abwasser gesteigert, etwa auf 10 cbm/qm im Tag, so muß auch die zuzugebende Druckluftmenge gesteigert werden.

Unter „Biofiltration“ versteht Jenks[1] eine stufenweise Behandlung des Abwassers auf zwei niedrigen Tropfkörpern mit verschiedener Körnung. Der Ablauf jedes Tropfkörpers wird durch ein Absetzbecken geschickt und vom Schlamm befreit. Gleichzeitig erfolgt eine dauernde Vermischung des Zulaufs mit dem Rücklauf von den Tropfkörpern, so daß das Abwasser mehrere Male durch den Tropfkörper geleitet wird. Um eine gute Durchlüftung zu erzielen, macht Jenks seine Tropfkörper nur 1 m tief.

Infolge des dauernden Rückpumpens hat das Abwasser in den Körpern und Absetzbecken Aufenthaltszeiten bis zu 8 Stunden. Jenks empfiehlt, bei einer Belastung von 11 cbm/qm im Tag ein sechsmaliges Rückpumpen des Abwassers, dazu ein Einwirkungsbecken (Absetzbecken) von 4—6 Stunden Aufenthaltszeit des Zulaufs. Bei konzentrierteren Abwässern wird bis zu 10mal umgepumpt.

Mohlman[2] beschreibt ebenfalls Versuche, bei denen er Tropfkörper mit hoher Belastung betrieb. Bei einem 6 m breiten und 2,5 m hohen Tropfkörper aus Kalkstein von 5—8,5 cm Korngröße, auf dem das Abwasser durch einen Drehsprenger verteilt wurde, erreichte er eine Belastung von 21,5—24 cbm/qm, entsprechend einer Belastung von etwa 10 cbm Abwasser je Kubikmeter Tropfkörpermaterial. Die Abnahme des 5tägigen biochemischen Sauerstoffbedarfs betrug rund 75%. Fliegen machten sich nicht bemerkbar, da sie bei der ständigen und hohen Belastung unter der Oberfläche blieben.

9. Tauchkörper.

Tauchkörper sind belüftete Füllkörper, die die Aufgabe hatten, die Nachteile, die Tropfkörper durch Fliegen- und Geruchsbelästigungen und die, die Füllkörper durch Verschlammen und Anfaulen des Abwassers haben, zu beseitigen. Die Vorläufer dieser Tauchkörper sind die von Travis in die Absetzräume eingehängten Kolloidore, die die im Abwasser enthaltenen Kolloide durch reine Adsorptionswirkung festhalten sollen. Die von Buswell und Bach zuerst errichteten Tauchkörper gingen von dem Gedanken aus, die Stoffe an geeignetes Material zu adsorbieren, wie es ähnlich bei den in die Absetzräume eingehängten Kolloidoren geschieht und dann an der Luft oder im Wasser durch eine Belüftung abzubauen. Es gibt feste und bewegliche Tauchkörper. Die festen Tauchkörper sind im wesentlichen Füllkörper, die von unten durch besondere Einrichtungen mit Preßluft belüftet werden. Auch das von Bach für die Reinigung gewerblicher Abwässer (s. bei phenolhaltigen Kokereiabwässern, Brennereiabwässern) errichtete Emscherfilter ist ein derartiger, belüfteter Füllkörper. In diesen Tauchkörpern ist im Gegen-

[1] Jenks: Sewage Works Journ. 1936, 8, 401. — Engin. News-Rec. 1936, **116**, 721.
[2] Mohlman: Sewage Works Journ. 1936, 8, 904. — The Surveyor, 1937, **91**, 35.

satz zu den Füllkörpern ein dauernder Zu- und Abfluß, wobei während des Durchlaufs ständig Luft in das Abwasser eingeleitet wird.

Die Luftzuführung erfolgt entweder durch ein an der Sohle eingebautes Leitungsnetz oder kann auch zur Luftersparnis durch ein Pendelrohr, wie dies in Abb. 142 schematisch dargestellt ist, erfolgen. Als Füllmaterial kann man alle die Stoffe anwenden, die auch für Tropf- und Füllkörper in Frage kommen. Da aber Tauchkörper meistens sehr stark verschlammen, hat man Füllstoffe vorgeschlagen, die im Wasser bei einer Spülung leicht aufschwimmen und bei einer gleichzeitigen Belüftung sich leicht durcheinanderwirbeln lassen. Als solches Material kommt unter anderem Kork in Frage. Der bei normalem Betrieb durch ein Gitter fest gelagerte Kork schwimmt bei der Spülung nach Entfernung des Gitters auf und wird stark durcheinandergewirbelt, wobei er die auf der Oberfläche abgesetzten Schlammstoffe abgibt. Schimrigk hat, von den gleichen Gesichtspunkten ausgehend, um gleichzeitig eine größere Oberfläche für die Adsorption zu schaffen, besondere Haftkörper geschaffen. Er hat dünne Holzbänder und Abfälle von Hobelspänen, zu kleinen Ringen verbunden.

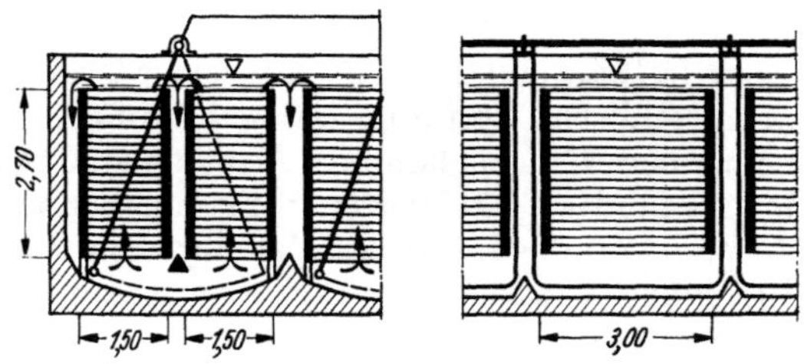

Abb. 142. Tauchkörper mit Pendelrohrbelüftung.

Um ein besseres Abspülen der einzelnen Seiten von den als Tauchkörper eingebauten Lattenrosten zu erzielen, waren auf der Kläranlage Hattingen bewegliche Holzroste eingebaut worden, wie sie in Abb. 143 dargestellt sind. Die Belüftung erfolgte durch Pendelrohr. Dadurch, daß die Holzroste in der Mitte durch einen Hebel umgelegt werden konnten, bestand die Möglichkeit, die einzelnen Seiten abwechselnd zu belüften und dadurch von angesetztem Schlamm zu befreien.

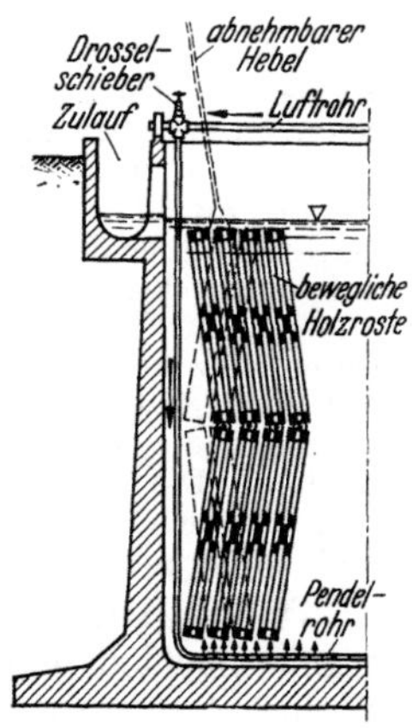

Abb. 143. Tauchkörper mit beweglichen Holzrosten und Pendelrohrbelüftung.

Auch bewegliche Tauchkörper, bei denen die Belüftung der Brocken außerhalb des Abwassers erfolgt, sind geschaffen worden. Auf der Kläranlage Langendreer war längere Zeit eine Tauchwalze in Betrieb. Diese sich durch das Abwasser drehende Walze war mit dem am besten aus leichtem Reisig oder Kork bestehenden Material gefüllt. Beim Durchgang durch das Wasser nahm sie durch Adsorption die Schmutzstoffe auf, die dann bei dem längeren Weg durch die Luft oxydiert werden sollten.

Will man in einer Tauchkörperanlage eine völlige biologische Reinigung erzielen, so benötigt man ziemlich große Aufenthaltszeiten, die den in einer Schlammbelebungsanlage nötigen mindestens gleich sind. Da aber bei den Tauchkörpern durch die Füllstoffe viel Platz verlorengeht, so ist der Raumbedarf oft noch größer. Da die Luft nicht nur die für die Oxydation nötige Sauerstoffmenge bringen soll, sondern auch eine Spülwirkung haben muß, ist der Luftbedarf verhältnismäßig sehr groß. Diese Umstände und die Tatsache, daß Tauchkörper verhältnismäßig leicht verschlammen, haben dazu geführt, daß sie zur Reinigung von städtischem Abwasser nur noch selten angewandt werden.

Bei gewerblichem Abwasser (s. dort) finden sie nach wie vor gute Verwendung. Sie haben sich unter anderem auch besonders gut zum Entfernen des Fettes von Abwasser, besonders bei den stark schäumenden Wollwaschwässern bewährt. Auch als Vorreinigung vor anderen biologischen Verfahren können sie bei solchen Abwässern, die stoßweise giftige gewerbliche Abwässer aufnehmen müssen, mit guten Erfolgen angewandt werden, da die sich in ihnen abspielenden Reinigungsvorgänge weniger biologischer Natur sind, und da sie gegen Schwankungen in der Zusammensetzung des Abwassers gegen derartige Giftstöße und plötzliche Überlastungen weniger empfindlich sind als die eigentlichen biologischen Verfahren; sie halten in vielen Fällen die Hauptmenge der Giftstoffe zurück.

10. Das Belebtschlammverfahren.

a) Entwicklung des Verfahrens.

Bei dem Belebtschlammverfahren, auch Schlammbelebungsverfahren genannt, ahmt man die sich im Fluß abspielenden Vorgänge der biologischen Selbstreinigung am stärksten nach. Durch Einblasen von Luft in das Abwasser stellt man sich künstlich das im Fluß die Reinigung des Abwassers bewirkende Plankton her und läßt es dann in konzentrierter Form auf das Abwasser unter guten aeroben Verhältnissen einwirken. Sättigt man Abwasser unter ständiger Bewegung des Wassers mit Sauerstoff, so bildet sich bald ein aus ausgeflockten Kolloiden, Bakterienkolonien und Protozoen bestehender flockiger Schlamm, der durch seine adsorptiven Eigenschaften die im Abwasser enthaltenen Schmutzstoffe festhält und durch die auf seiner Oberfläche angesiedelten Mikroorganismen in mineralische Stoffe umwandelt. Infolge seines Gehaltes an Mikroorganismen nennt man den Schlamm in Deutschland belebten Schlamm, während man ihn im Ausland als aktivierten Schlamm bezeichnet. Im Gegensatz zu den Tropfkörpern, wo die Häute auf den Brocken festsitzen, bewegen sich hierbei die die Reinigung bewirkenden Häute in Form der Flocken frei durch das Wasser.

Die Versuche, Abwasser durch Einblasen von Luft zu reinigen, sind schon alt. Im Jahre 1912 gelang es zunächst Clark in Boston und dann Fowler und seinen Mitarbeitern Ardern und Lockett das eigentliche Schlammbelebungsverfahren in seiner heutigen Form zu entwickeln. Das in Amerika und England in den verschiedensten Formen angewandte Verfahren hat allmählich auch auf verschiedenen Anlagen in Deutschland, Holland, Schweden usw. Eingang gefunden und sich gut bewährt.

Will man das Wesen des Schlammbelebungsverfahrens richtig erfassen, um so die richtigen Unterlagen für den Bau einer Schlammbelebungsanlage zu schaffen, so muß man versuchen, sich von den bei dem Vorgang sich abspielenden Vorgängen ein richtiges Bild zu machen. Die Lebewesen sind dieselben, die auch in Flüssen und Seen die Selbstreinigung besorgen, nur ist in der Natur eine große Belüftungsoberfläche und ein großer Wasserraum nötig, weil die Lebewesen dort nur in geringer Zahl vorhanden sind, bzw. eine kleine Anzahl auf eine große Wassermenge verteilt ist. Bei dem Schlammbelebungsverfahren aber werden diese Lebewesen in den Belebungsbecken in ungeheurer Anzahl auf einen kleinen Raum zusammengedrängt und in innige Berührung mit dem zu reinigenden Wasser gebracht. Durch Zufuhr von Luft wird dafür gesorgt, daß die Lebewesen trotz ihrer Anhäufung stets genügend Sauerstoff vorfinden. Durch künstliche Bewegung des Wassers wird erreicht, daß die flockigen Massen sich nicht zu Boden setzen können, wo sie, wie z. B. in einem langsam fließenden Fluß, infolge Sauerstoffmangels absterben müßten. Die lebenden Flocken werden vielmehr ständig in der Schwebe gehalten und zugleich auch mit dem Abwasser ständig gemischt, also mit immer neuen Abwassermengen und damit mit neuen Nahrungsstoffen in Berührung gebracht.

Die Entwicklung des Verfahrens hat dazu geführt, daß eine große Menge von verschiedenen Theorien über das Verfahren aufgestellt worden sind. Während nun die einen rein chemische und physikalisch-chemische Vorgänge annehmen, steht der größte Teil der Fachleute heute doch wohl auf dem richtigeren Standpunkte, daß es sich bei der Schlammbelebung um ein Zusammenwirken von chemischen, physikalischen und vor allem auch biologischen Vorgängen handelt.

Der wichtigste Vorgang bei diesem Verfahren ist die Ausflockung der Schwebestoffe und kolloiden Stoffe des Abwassers. Dieser Vorgang ist in seiner Wirkung ähnlich der bekannten chemischen Ausfällung mit schwefelsaurer Tonerde oder Eisensalzen und Kalk.

Der Flockenschlamm ist eine schwammartige Masse oder ein offenes Netzwerk, das bei dem Reinigungsvorgang die kolloiden Stoffe und Bakterien einschließt und festhält. Der schwammartige Aufbau der Flocken bietet für die Adsorption eine sehr große Oberfläche; die Flocken sind daher imstande, kolloide und ge'öste Stoffe, Gase und Farbstoffe zu adsorbieren, in ähnlicher Weise, wie dies der auf den Brocken der Tropfkörper sitzende biologische Rasen tut.

Über die Mitwirkung der Bakterien und anderer Lebewesen nimmt man zur Zeit an, daß die Bakterien aerober und anaerober Natur, die auf und in dem zellähnlichen Anteil der Flocken enthalten sind, sich von den sehr fein verteilten Stoffen ernähren und dadurch die Flocken von den aufgenommenen Stoffen wieder befreien und ihre Fähigkeit zur Adsorption in solchem Maße wiederherstellen, daß, wenn der Flockenschlamm aufs neue in das zufließende Abwasser gebracht wird, dieser wieder seine aufsaugende Tätigkeit ausüben kann, bis die aufgenommenen Stoffe wieder von den Lebewesen beseitigt werden müssen. Eine der Hauptbedingungen dieses Verfahrens ist, daß in dem Abwasser genügend gelöster Sauerstoff enthalten ist, um die aeroben Bedingungen aufrechtzuerhalten. Die Tätigkeit der Lebewesen, die die kolloiden und gelösten Stoffe verzehren, besteht in einem Oxydationsvorgang, den man als „nasse Verbrennung“ bezeichnen kann. Der Vorgang führt unter günstigen

Bedingungen zur Nitrifikation, wobei erhebliche Mengen von Nitraten und Nitriten gebildet werden. Die Nitrifikation ist entgegen den Meinungen, die manchmal ausgesprochen worden sind, nicht nötig, um die Aktivität des Schlammes aufrecht zu erhalten. BAILY hat versucht, die in dem belebten Schlamm sich abspielenden elektrischen Vorgänge durch Vergleich mit Suspensionen von feinen Pulvern von bekannter Ladung und mit Hilfe der Kataphorese zu bestimmen. Da die Kolloide in normalen Abwässern mit p_H 7,4 elektronegativ sind, und die Bakterien ebenfalls elektronegative Ladung haben, so werden sie durch die elektropositiv geladenen Schlammkolloide ausgeflockt. In ähnlicher Weise sind SIERP [1], WELDERT [2] und HERB [3] der Ansicht, daß die in dem Abwasser enthaltenen Stoffe, ähnlich wie es in der DUNBARschen Adsorptionstheorie für Tropfkörper auseinandergesetzt ist, zunächst ausgeflockt, auf der Oberfläche der Flocken adsorbiert und dann durch bakterielle oder fermentative Vorgänge umgewandelt bzw. abgebaut werden. Wieweit Enzyme und Fermente des Abwassers eine Rolle spielen, ist noch nicht einwandfrei geklärt. PFUND [4] wies im belebten Schlamm kohlenhydratspaltende und proteolytische Fermente nach, auch Urease, Oxydase, Peroxydase und Katalase sind nachgewiesen worden. BUSWELL, SHIVE und NEAVE und LONG [5] machen sich ebenfalls die DUNBARsche Adsorptionstheorie zunutze und entwickeln hieraus ihre Theorie der Biopräcipitation (s. Abb. 144). Auch sie gehen von dem Gedanken aus, daß der Ausflockungsprozeß an die Gegenwart von Mikroorganismen gebunden ist. Physikalische und chemische Bedingungen beeinflussen die Tätigkeit der Organismen und damit die Wirksamkeit des Ausflockungsprozesses. Bei der Ausflockung der Kolloide durch Biopräcipitation wird ein Teil der Kolloide von den Mikroorganismen als Nahrung aufgenommen werden.

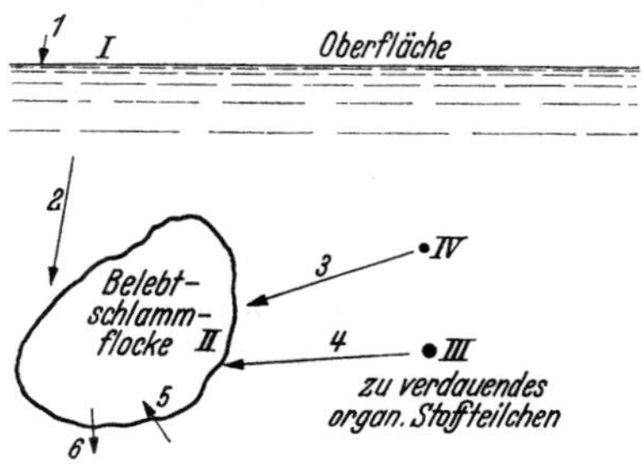

Abb. 144. Theorie der Biopräcipitation nach BUSWELL. 1. Sauerstoff durchdringt schnell die Oberflächenhaut der Flüssigkeit. 2. Die Luft geht nur langsam zu den organischen Stoffen. 3. u. 4. Der Diffusionsvorgang des gelösten Moleküls und des kolloiden Teilchens ist ebenfalls ein langsamer. 5. Die Aufnahme durch die Organismen der Schlammflocke selbst ist verhältnismäßig schnell. 6. Die Nebenprodukte der biologischen Lebensvorgänge müssen herausdiffundieren können, da sie sonst vergiftend wirken. Der Vergiftungsvorgang kann oft sehr kurz sein.

THERIAULT und MCNAMEE [6] haben eine biozeolithische Theorie des Verfahrens aufgebaut. Auf Grund ihrer Versuche, bei denen sie feuchten und bei 100° getrockneten belebten Schlamm anwandten, nehmen sie mit Rücksicht auf die Tatsache, daß die Reinigung in 30 Minuten vollendet ist, an, daß zunächst die Ausscheidung der Schmutzstoffe durch Basenaustausch mit einem Aluminiumsilicatkomplex (Schlammzeolithen) erfolgt. Als Zusammensetzung des Schlammes geben sie an: 30% Zeolithe, 35% Bakterienzellen, 20% adsorbierte Stoffe, 10% Huminverbindungen und 5% Hydratwasser. Die Reinigung der Zeolithe erfolgt durch Bakterien.

HARRIS, COCKBURN und ANDERSON [7] haben schon bald Untersuchungen über die Arten der in dem belebten Schlamm vorkommenden Bakteriengruppen durchgeführt und hierbei festgestellt, daß vorwiegend Bakterien der Streptokokken- und der Coligruppe vorkommen. Von den Bakterien der Coligruppe kommen bei dem Druckluftverfahren 62% auf Bact. aerogenes und 38% auf Bact. proteus. Bei mechanischer Umwälzung (Oberflächenverfahren) tritt Bact. proteus mehr in den Vordergrund. Die Zahl der vorhandenen Bakterien hängt stark von der Jahreszeit und der Beschaffenheit des Abwassers ab. Der biochemische Abbau soll jedoch mehr auf Enzymwirkung als auf Bakterienwirkung zurückzuführen sein. Schnelle Ausflockung ist nicht allein Adsorptionserscheinung. Der Nachweis der Bakteriophagen im Abwasser und ihre Wirksamkeit auf das Bakterienleben durch BECKWIRTH und ROSE [8] bedingte bei der augenblicklichen Entwicklung der bakteriologischen Frage, daß man auch gleichzeitig die Frage prüfte, ob und welchen Einfluß die Bakteriophagen bei dem Schlammbelebungsprozeß haben.

BUTTERFIELD [9] isolierte durch Auswaschen von belebtem Schlamm mit Verdünnungswasser unter Zusatz von 10% Nährbouillon ein vorläufig als eine Varietät von Zoogloea ramigera beschriebenes stäbchenförmiges Bakterium, das in peptonhaltiger Nährbouillon

[1] SIERP: Zeitschr. angew. Chem. 1926, **39**, 1521.
[2] WELDERT: Gesundh.-Ing. 1926, **49**, 785. [3] HERB: Arch. Hygine 1928, **100**, 112.
[4] PFUND: Studien über Ausflockungen in Abwässern mit vorwiegend gelösten organischen Stoffen. Diss. T. H. München 1925.
[5] BUSWELL, SHIVE u. NEAVE: Circ. 3 of the State Water Works Survey Division. Urbana 1928. — BUSWELL u. LONG: Engin. News-Rec. 1923, **90**, 119.
[6] THERIAULT u. MCNAMEE: Ind. Engin. Chem. 1936, **28**, 78.
[7] HARRIS, COCKBURN u. ANDERSON: The Surveyor 1926, **30/31**, 53—55.
[8] BECKWIRTH u. ROSE: Journ. Bact. 1930, **20**, 151.
[9] BUTTERFIELD: Public Works, 1935, **66**, 15.

oder sterilem Abwasser unter Bildung einer dem Belebtschlamm ähnlichen Flockung wächst und bei 3stündiger Belüftung 41—84% der vorhandenen organischen Substanz entfernt.

Zur Klärung der Frage, welche Wirkung den Bakterien und welche den Protozoen zukommt, hat Wagner[1] spezielle Giftstoffe für Bakterien und Protozoen zugesetzt, wie z. B. Cyankali, salzsaures Chinin und Antiformin. Beim Abtöten der Protozoen nahm das Bakterienwachstum überhand, wodurch gleichzeitig die Wirkung der Anlage zurückging. Die Protozoen müssen daher vor ihrer Abtötung die Zahl der Bakterien verringert haben. Dies und die Tatsache, daß beim Abtöten der Bakterien allein der Prozeß zum Erliegen kommt, stimmt mit allen Erfahrungen auf dem Gebiete der Selbstreinigung der Flüsse (Stokvis), der langsamen Sandfiltration (Kiskalt) und der Abwasserreinigung durch Tropfkörper überein. Es ist demnach auch beim Belebtschlammverfahren ein Gleichgewichtszustand zwischen Bakterien und Protozoen nötig.

b) Vorreinigung.

Die Frage, wieweit das Abwasser vorgereinigt sein muß, um durch das Belebtschlammverfahren gereinigt werden zu können, ist lange Zeit stark umstritten gewesen. Böttcher[2] hält, wie einige englische und amerikanische Sachverständige, eine Vorreinigung für überflüssig. In Milwaukee und Indianapolis verwendet man nur Siebe und gibt als Grund hierfür an, daß man möglichst viel feinen Schlamm mit in die Lüftungsbecken bringen soll, um ihn in belebten Schlamm zu verwandeln. Die weitere Entwicklung des Schlammbelebungsverfahrens hat aber dazu geführt, daß heute kein Zweifel darüber besteht, daß, je besser die Vorreinigung ist, um so besser die Wirkung der Anlage ist. Durch eine gute Vorreinigung wird der Aktivierungsprozeß ganz wesentlich begünstigt und das Verfahren kann durch Luftersparnis und Verringerung der Schlammschwierigkeiten wirtschaftlicher gestaltet werden.

Während man in fast allen Fällen zur Vorreinigung Frischwasserkläranlagen anwendet, hat man in ganz vereinzelten Fällen eine Vorfaulung des Abwassers empfohlen. Die bei dieser Art Vorbehandlung auftretenden Geruchsbelästigungen und die Tatsache, daß bei dem Umstellen der anaeroben Zustände auf aerobe Verhältnisse viel Zeit und Luft benötigt wird, lassen dieses Verfahren als nicht beachtenswert erscheinen, zumal durch die Fäulnisvorgänge eine weitgehende Zerstörung der den belebten Schlamm bildenden Kolloide stattfindet. Bei faulig auf der Kläranlage ankommendem Abwasser sollte man stets durch eine Vorbelüftung in der Vorreinigung dafür sorgen, daß gute aerobe Verhältnisse in dem Abwasser herrschen. Diese Vorbelüftung kann nach den Vorschlägen von Sierp praktisch mit der Entölung bzw. Entschwefelung des Abwassers verbunden werden.

Der in fauligem Abwasser enthaltene Schwefelwasserstoff kann in Verbindung mit größeren Mengen organischer Stoffe leicht Veranlassung zur vermehrten Bildung von Sphaerotilusfäden in dem belebten Schlamm geben, die ihrerseits Blähschlamm erzeugen. Außer durch eine Vorbelüftung hat man eine Vorchlorung zur Entschwefelung empfohlen. In Deutschland wendet man schon allein mit Rücksicht auf die Menge des sich bildenden Überschußschlammes gute Vorreinigungen an. Die Menge des Überschußschlammes ist wegen des hohen Wassergehaltes ohne Vorreinigung 7—8 Liter/Kopf/Tag, aber bei guter Vorreinigung nur noch 2,5—3 Liter/Kopf und Tag.

Hiernach kann kein Zweifel darüber sein, daß eine Schlammbelebungsanlage am besten mit einer weitgehenden Vorreinigung verbunden wird. Nach den bisherigen Feststellungen äußern Fette und Öle einen nachteiligen Einfluß auf die Schlammbelebung. Deshalb ist es unbedingt nötig, den Schlammbelebungsanlagen eine gute Entfettungs- und Entölungsanlage vorzuschalten. Das aus den Garagen und den industriellen Betrieben stammende mineralische und daher biologisch nicht abbaubare Öl und Fett verstopft die Filterplatten oder legt sich auf die Oberfläche der Schlammflocken. Auf diese Weise wird die Adsorptionsfähigkeit der Oberfläche gestört und diese von der nötigen Luftzufuhr abgesperrt. Sehr bewährt hat sich der mit Druckluft arbeitende Ölfänger, da dieser neben den verschiedenen Öl- und Fettarten gleichzeitig etwa vorhandenen Schwefelwasserstoff entfernt (s. unter Ölfänger).

c) Verschiedene Verfahren.

Es ist im Laufe der Entwicklung des Belebtschlammverfahrens in den letzten Jahren eine ganze Anzahl verschiedener Arten des Belebtschlammverfahrens zur Durchführung gekommen. Je nach der Art, wie die Luft in das

[1] Wagner: Zum biologischen Prinzip des Schlammbelebungsverfahrens. Festschrift 25 Jahre T. H. Danzig 1929. [2] Böttcher: Gesundh.-Ing. 1937, **60**, 219.

Abwasser gebracht wird, unterscheidet man zwischen α) Oberflächenbelüftung, β) Druckluftverfahren, γ) kombinierten Verfahren.

Welches Verfahren für den einzelnen Fall richtig ist, muß die örtliche Prüfung ergeben und läßt sich oft nur durch eine Versuchsanlage feststellen. Zur Zeit ist der Stand der, daß man in England den Oberflächenverfahren den Vorzug gibt, weil hier das Verfahren zur Durchlüftung fast vollständig durch Patente eingeengt ist. In Amerika dagegen sind größtenteils Anlagen, die nach dem Druckluftverfahren arbeiten. Erst in letzter Zeit sind einige Anlagen nach dem Oberflächenverfahren, z. B. nach KESSENER oder dem Simplexverfahren, eingerichtet worden. In Deutschland wurden die ersten Anlagen nach einem besonderen, kombinierten Verfahren errichtet. In letzter Zeit sind jedoch verschiedene Anlagen gebaut worden, für die das Druckluftverfahren und neue Verfahren der Oberflächenbelüftung ausgearbeitet sind.

α) Oberflächenbelüftung.

Aus den mit Oberflächenbelüftung arbeitenden Verfahren, die die notwendige Luft aus der Oberfläche nehmen, haben sich zwei grundsätzlich verschiedene Verfahren entwickelt. Bei dem einen Verfahren wird Luft in das Wasser eingeschlagen und dabei das Wasser stark umgewälzt und dafür gesorgt, daß stets andere Wasserteilchen an die Oberfläche und hier mit Sauerstoff in innige Berührung kommen. Bei dem zweiten Verfahren wird das Wasser durch geeignete Apparate am Boden entnommen und dann durch die Luft geschleudert. Das Wasser wird hierbei in Schleier- oder Tropfenform aufgelöst, wodurch eine große Oberfläche geschaffen wird, durch die dann ebenfalls die Aufnahme der Luft erfolgt. In beiden Fällen kommt es darauf an, eine möglichst große Oberfläche zu schaffen und durch ständiges Aufbrechen des Oberflächenfilms dafür zu sorgen, daß möglichst viel Wasser in innige Berührung mit der Luft kommt.

Abb. 145 a. Grundriß des Oberflächenbelüftungsverfahrens nach HAWORTH.

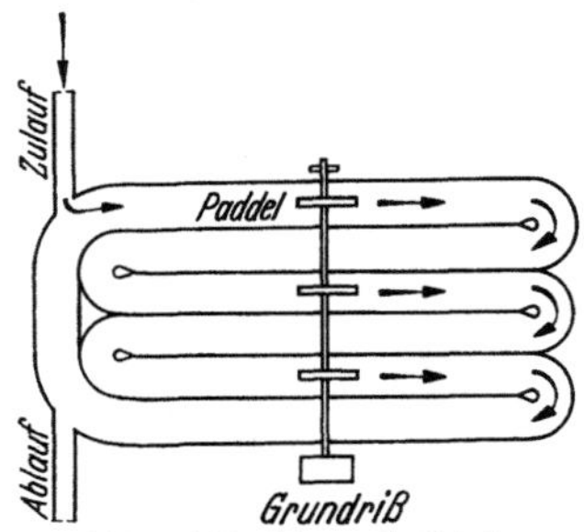

Abb. 145b. Längsschnitt des HAWORTH-Verfahrens.

Man kann diese Vorgänge mit den bei der Selbstreinigung im Flusse bei der Sauerstoffaufnahme aus der Oberfläche sich abspielenden Vorgängen vergleichen. Während die vollkommen ruhige Oberfläche, z. B. eines Sees, nur geringe Sauerstoffmengen aufnehmen kann, wird ein bewegter Fluß, der bei dem Fließen über Steine der Luft eine große Oberfläche darbietet, eine viel größere Sauerstoffmenge aufnehmen, zumal in diesem Falle noch die innige Durchmischung der gesamten Flüssigkeit stattfindet.

Verfahren, die die Luft nur aus der Oberfläche nehmen und bei denen Luft in das Wasser hineingeschlagen wird.

1. HAWORTH-Verfahren. Bei dem HAWORTH-Verfahren wird das Abwasser durch langgestreckte, schlangenförmig hin- und hergeführte Wasserrinnen von 1—1,50 m Tiefe und 1 m Breite geleitet (s. Abb. 145a u. b).

Das mit dem belebten Schlamm gemischte Abwasser bewegt sich in diesen Rinnen mit einer Geschwindigkeit von 0,50 m/Sek. vorwärts. Zum Vorwärtsbewegen des Wassers dienen Schlagräder, die gleichzeitig Luft in das Wasser hineinschlagen.

Die Paddelräder haben einen Durchmesser von 3 m und machen in der Minute 15 Umdrehungen.

Die Bauart zeichnet sich durch besondere Einfachheit aus. Durch besondere Einbauten oder Formgestaltung der Rinnen wird erreicht, daß das Wasser sich schraubenförmig durch die Rinnen bewegt, und so stets neue Teile des Wassers an die Oberfläche kommen. Da die Belüftung in der Hauptsache aus der Oberfläche erfolgt, und die Menge der durch Paddel eingeschlagenen Luft verhältnismäßig gering ist, muß eine entsprechend lange Durchflußzeit angewandt werden. Sie beträgt bei mittlerem Abwasser etwa 15 Stunden. Der Platzbedarf ist sehr groß. Das von HAWORTH mit dem Namen „Bio-Aeration“ bezeichnete

Verfahren ist in Abb. 145c im Bild dargestellt. Das Abwasser wird den Weg durch die Rinnen infolge der besonderen Anordnung mehrere Male durchlaufen müssen. Dies hat den großen

Abb. 145c. Bild des Haworth-Verfahrens mit den bedeckten Paddelrädern im Hintergrunde.

Vorteil, daß schon das ankommende Wasser stets mit einer mehr oder weniger großen Menge bereits vorgereinigten Wassers mit gutem Sauerstoffgehalt verdünnt wird.

2. Hartley-*Rinnen.* Hartley geht von ähnlichen Gesichtspunkten aus wie Haworth und leitet das Wasser ebenfalls durch lange Rinnen, in denen es sich schraubenförmig fortbewegt. Dieses in Birmingham eingerichtete, von Hartley mit „Spiroflow-Process" bezeichnete Verfahren (s. Abb. 146a)

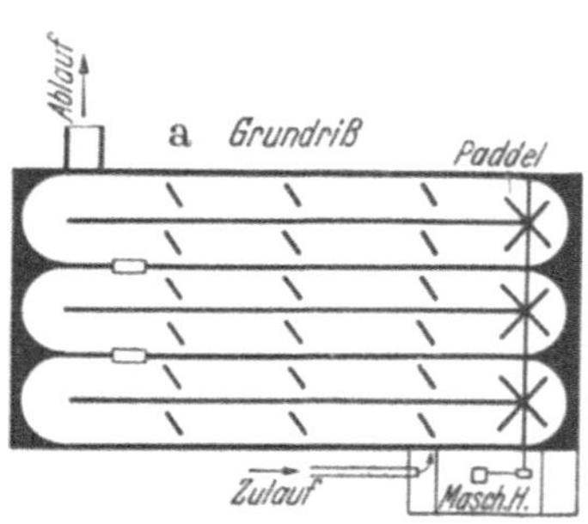

Abb. 146a. Grundriß des Hartley-Verfahrens.

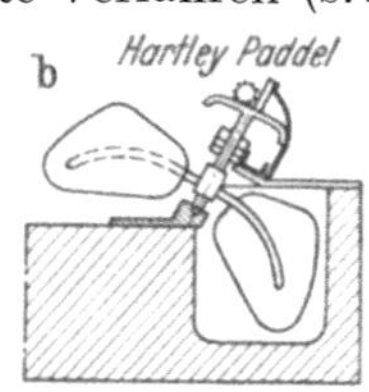

Abb. 146b. Hartley-Schaufelräder.

unterscheidet sich von dem in Sheffield durch Haworth eingerichteten Verfahren dadurch, daß die Bewegung des Wassers in den langen Rinnen durch schräg hängende Schaufelräder, die an den Enden der Rinnen angebracht sind, erfolgt

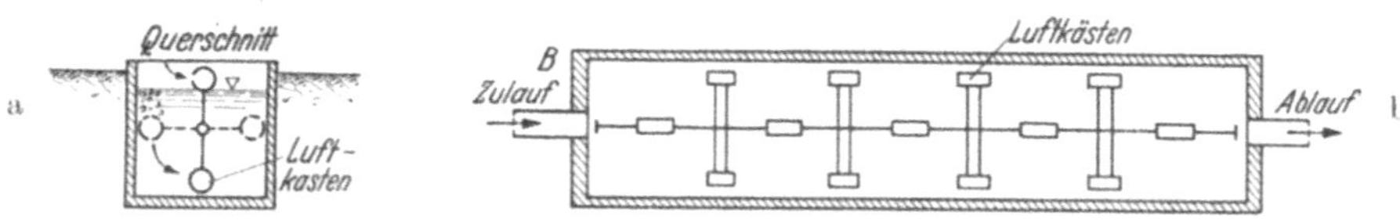

Abb. 147a und b. Querschnitt und Längsschnitt des Belüftungsverfahrens nach Kusch.

(s. Abb. 146b). In die Rinne eingebaute Schrägplatten wälzen das Wasser schraubenförmig um, so daß immer neue Wasserteile an die Oberfläche kommen.

3. System Kusch. Um das Einführen von Luft durch die die Umwälzung des Wassers bewirkenden Schlagräder noch zu verstärken, hat Kusch vorgeschlagen, an die äußersten Enden der Arme Schöpfgefäße, deren oberer Boden siebartig durchlöchert ist, anzubringen (Abb. 147a und b). Dreht sich die Welle, so werden die mit Luft gefüllten Kästen unter Wasser gepreßt und geben bei dem Durchgang durch das Wasser die Luft durch die Löcher der Kästen ab. Gleichzeitig wird das Wasser durchgewirbelt. Eine Nachprüfung ergab, daß die Belüftung noch nicht intensiv genug ist. Das Verfahren wird daher nicht weiter angewandt.

4. *System Erfurt.* STRASSBURGER geht von ähnlichen Gesichtspunkten aus wie HAWORTH und HARTLEY. STRASSBURGER[1] hat die Belebtschlammanlage für die Stadt Erfurt nach folgendem System gebaut: Das Belüftungsbecken hat eine Länge von 80 m und eine Breite von 31 m. Es ist durch Trennwände in 6 Doppelrinnen aufgeteilt, deren Sohle aus zwei nebeneinanderliegenden Halbkreisen besteht.

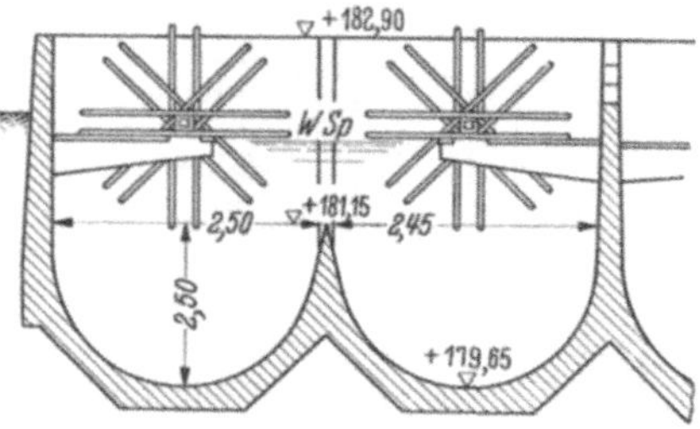

Abb. 148. Oberflächenbelüftung nach STRASSBURGER, System Erfurt.

Die Breite einer Doppelrinne ist 5 m bei einer Tiefe von 2,35 m unter dem Wasserspiegel. Das vorgereinigte Abwasser wird den beiden Rinnen zugeführt und durchfließt diese in Schlangenlinie. Der Rauminhalt der Belüftungsbecken beträgt 4350 cbm für eine 6stündige Aufenthaltszeit bei 150 Liter/Sek. Zufluß.

Die Belüftung erfolgt durch 54 in das Doppelgerinne versetzt angeordnete Paddelräder, deren Drehachsen dicht über dem Wasserspiegel parallel zur Gerinneachse liegen und so dem Wasser eine spiralförmige Bewegung geben (s. Abb. 148). Die Paddelräder bestehen aus 40 Lärchenholzplatten von 2 m Länge und 5—6 cm Querschnitt, die auf einer hölzernen Wellenschale befestigt sind. Bei der Durchbildung der Rinnen legt STRASSBURGER Wert darauf, daß nirgends tote und strömungsfreie Ecken entstehen, die Gelegenheit zu unerwünschter Schlammablagerung geben. Zu- und Abflüsse von den Belüftungsrinnen münden an der Beckensohle aus.

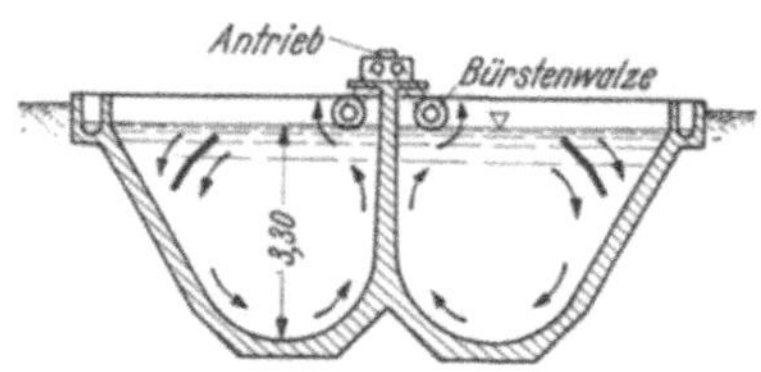

Abb. 149a. Oberflächenbelüftung durch Bürsten nach KESSENER.

5. KESSENER-*Verfahren.* Im Gegensatz zu den bisher beschriebenen Verfahren verzichtet KESSENER auf das Einschlagen von Luft durch Paddel. Bei dem in Abb. 149a dargestellten KESSENER-Verfahren wird das Wasser in den quadratisch mit abgerundeter Sohle gebauten Längsbecken durch Bürsten, die nur 0,4 cm tief in das Abwasser eintauchen und sich in der Minute etwa 70mal drehen, bewegt. Durch die Bürstenwalze wird das Wasser so stark umgewälzt, daß stets neue Wasserteilchen an die Oberfläche kommen und sich hier gut mit Luft sättigen. Der große Vorteil dieses Verfahrens liegt in dem außergewöhnlich geringen Kraftverbrauch.

Abb. 149b. KESSENER-Verfahren in Betrieb.

[1] STRASSBURGER: Gas- u. Wasserfach 1932, **75**, 101.

Für dickes Schlachthofabwasser gibt Kessener bei 32 cbm im Tag Abwasserzufluß und einem Lüftungsbecken von 96 cbm Beckeninhalt einen Kraftverbrauch von 605 W bei 57 bis 85 Umdrehungen an. In Holland ist das Verfahren für häusliches Abwasser und für verschiedene größere Schlachthäuser mit großem Erfolg angewandt worden. Den Rücklaufschlamm befördert Kessener mit Hilfe von holländischen Schöpfrädern, die direkt mit der Bürstenwalze gekuppelt sind und sich ebenfalls durch geringen Kraftverbrauch auszeichnen. Abb. 149b zeigt das Verfahren in Betrieb. Die von Mieder, Leiner, Link-Belt (Straightlineverfahren) ausgearbeiteten Verfahren stellen nur unwesentliche Änderungen des Kessener-Verfahrens dar.

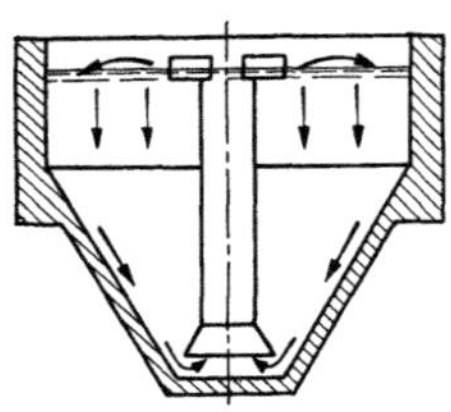

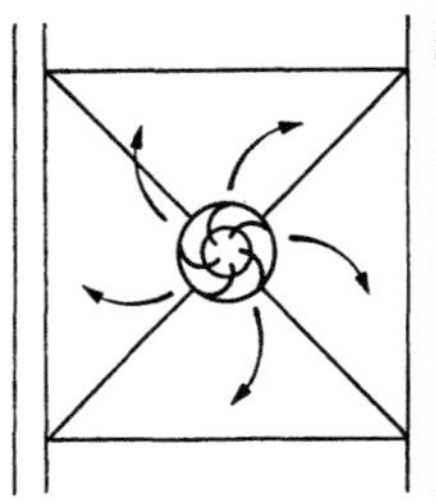

Abb. 150. Oberflächenbelüftung durch Wurfkreisel nach Bolton. Simplexverfahren.

Verfahren, bei denen das Wasser umgewälzt wird in der Weise, daß stets neue Wasserteilchen an die Oberfläche gebracht werden.

Bei den im nachfolgenden beschriebenen Verfahren wird das mit dem belebten Schlamm gemischte Abwasser zur Mischung mit der Luft stets vom Boden des Belebungsbeckens entnommen und mit Hilfe mechanischer Schleudervorrichtungen, wie Schraubenschaufler an die Oberfläche gebracht oder durch die Luft geschleudert. Durch diese Bewegung wird in den meisten Fällen ebenfalls eine kreisende Bewegung des Inhaltes der Becken hervorgerufen und so eine gute Mischung des Beckens erzielt.

1. Das älteste Verfahren ist der Bolton-*Kreisel* oder das *Simplexverfahren.* Bei dem Simplexverfahren (s. Abb. 150) von Josua Bolton, dem Betriebsleiter der Kläranlage von Burry werden Trichterbecken angewandt, in denen das Wasser durch einen Wurfkreisel, der im oberen Ende des Wasserführungsrohres eingebaut ist, dicht über dem Wasserspiegel durch die Luft geworfen wird.

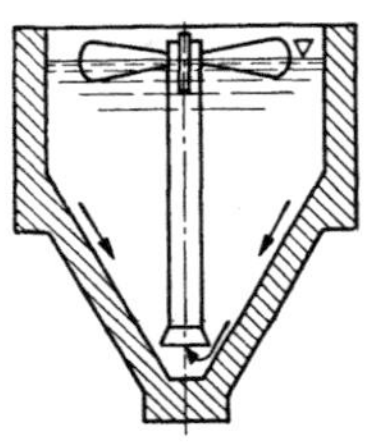

Abb. 151. Hartley-Brunnen.

Der Wurfkreisel steht durch ein Rohr mit dem tiefsten Punkt der trichterförmigen Sohle in Berührung und bringt dadurch den schneller zu Boden sinkenden Schlamm immer wieder an die Wasseroberfläche. Das Steigrohr dreht sich mit dem Kreisel und erzeugt dadurch eine langsame kreisende Bewegung im Brunnen. Der Beckeninhalt wird dabei alle 20 Minuten einmal umgepumpt. Die Durchflußzeit ist etwa 15 Stunden. Das Verfahren ist patentiert und wird von der Firma Ames Crosta Co., 12, Victoria Street, Nottingham, vertrieben. Das Verfahren ist in England in verschiedenen Anlagen eingebaut.

2. Bei dem Hartley-*Brunnen,* der neben dem Bolton-Brunnen in Birmigham zum Versuch eingebaut ist, befinden sich an einer senkrechten Achse Schaufeln und Rührarme, die dem Wasser eine kreisende Bewegung geben, zugleich aber auch dafür sorgen, daß die unteren und oberen Wasserschichten des Brunnens ständig ausgetauscht werden (Abb. 151).

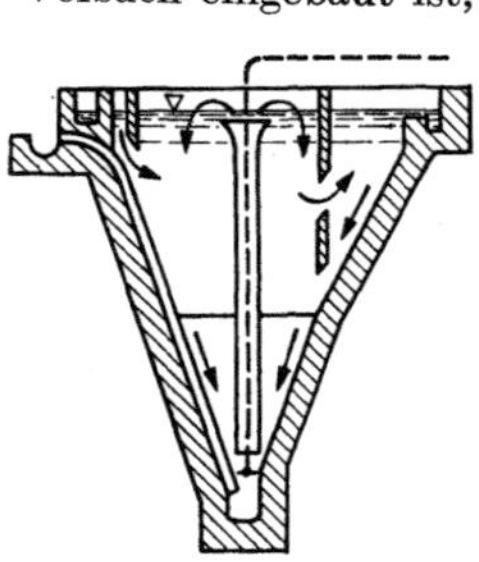

Abb. 152. Frank-Imhoffsches Verfahren nach DRP. 418319.

3. *Franksches Verfahren.* Eines der ältesten Schlammbelebungsverfahren ist das System Frank mit selbsttätigem Schlammrücklauf. Es ist 1915 von Leslie Frank vorgeschlagen und angewandt worden. Zum Umwälzen des Inhaltes des Belebungsbeckens und zum Schleudern des Wassers durch die Luft wird eine in einem trichterartigen Becken eingebaute Mammutpumpe benutzt. Bei diesem Verfahren wird durch eine in der Sohle spitz endende Mammutpumpe in gleicher Weise wie bei dem Simplexverfahren der sich schneller zu Boden setzende Schlamm stets von neuem an die Oberfläche gehoben und hier durch die Luft geschleudert. Die Berührungszeit der Luft in der Mammutpumpe mit dem Wasser und Schlamm ist so gering, daß eine nennenswerte Sauerstoffaufnahme aus der Luft an dieser Stelle wohl kaum auftreten dürfte. Das Wesen des Frankschen Verfahrens ist in dem Imhoffschen Verfahren (DRP. 418319) dadurch verbessert worden, daß Lüftungsbecken und Nachklärbecken nebeneinander oder untereinander angeordnet sind, so daß der Schlamm aus dem Nachklärbecken selbsttätig in die Belebungsbecken zurückfließen kann (s. Abb. 152). Für große Anlagen kommt dieses Verfahren kaum in Frage.

4. Gleiche Wege geht das *Verfahren nach dem DRP. 465209 der Franke-Werke A.-G.*, Bremen, das ebenfalls eine Mammutpumpe zum Umwälzen benutzt. Um aber eine bessere Verteilung des umgewälzten Schlammes zu erzielen, hat das Verfahren am oberen Ende des über den Wasserspiegel hinausragenden Steigrohres mehrere waagerechte Abflußrohre für das durch das Steigerohr geförderte Gemisch von Abwasser und belebtem Schlamm angebracht. Jedes dieser waagerechten Abflußrohre endet über einem besonderen, durch Trennwände abgegrenzten Beckenteil, während die zwischen den Beckenteilen liegenden Trennwände an ihrer Unterkante mit durch Rückschlagklappen verschlossenen Öffnungen versehen sind (s. Abb. 153).

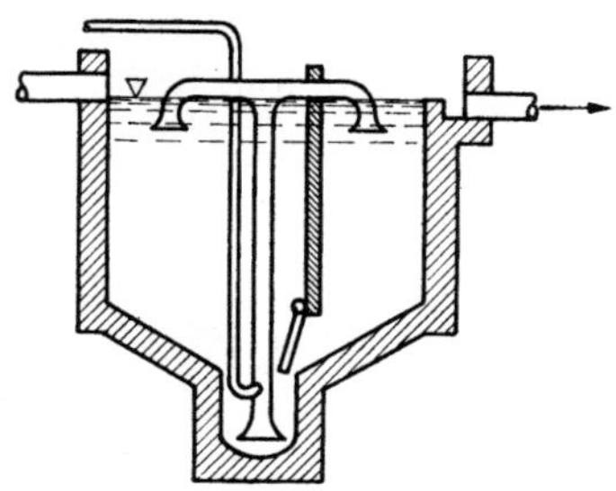

Abb. 153. Verfahren der Franke-Werke nach dem DRP. 465209.

5. *System* KUSCH. Im Gegensatz zu FRANK verwendet KUSCH Mammutpumpen, bei denen die Luft nur ungefähr 1 m unterhalb der Oberfläche in die Steigrohrleitung eingeleitet wird (s. Abb. 154a u. b). Dieses durch DRP. 504992 vom 30. Juli 1929 geschützte Verfahren ist in Deutschland in Templin auf einer Kläranlage für 10000 Einwohner angewandt worden.

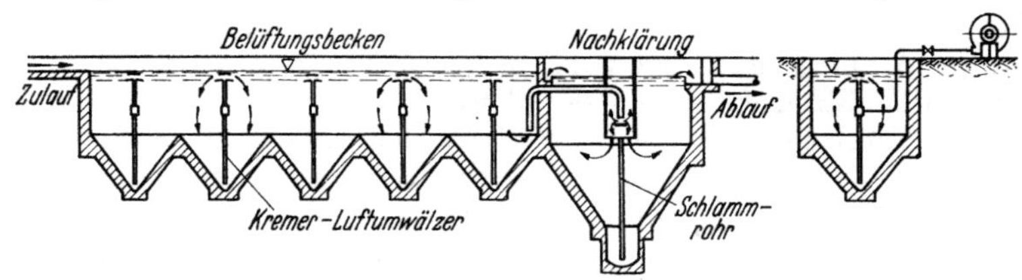

Abb. 154a und b. a Kremer-Belüftungsbecken. Längsschnitt. b Kremer-Belüftungsbecken. Querschnitt.

Die Anordnung der Belüftungsbecken ist aus Abb. 154a und b ersichtlich. Die Sohle der Belüftungsbecken ist in Trichter aufgelöst. Über der Mitte eines jeden Trichters ist ein Kremer-Luftumwälzer (s. Abb. 154c) eingebaut. In dem weiten senkrechten Rohr wird durch eine Düse etwa 90 cm unter dem Wasserspiegel Luft fein verteilt zugeführt. Durch die Zuführung der Luft und durch das Ansaugen des Wassers von der Trichtersohle wird eine energische Umwälzung des Beckeninhaltes erreicht. Gegenüber dem FRANKschen Verfahren wird für die Zufuhr der Druckluft 1 m unter dem Wasserspiegel bei einer Beckentiefe von 3,4 m nur ein Überdruck von 0,1 Atm. benötigt, so daß kleine Gebläse angewandt werden können. Hierdurch ist der Kraftverbrauch der Anlage bedeutend geringer als bei dem FRANKschen Verfahren. Dagegen ist die für die Mengeneinheit zuzusetzende Luftmenge etwa doppelt so groß wie bei dem FRANKschen Verfahren. Nach KUSCH beträgt der Kraftbedarf für Templin 6,6 kW = 9 PS = 0,9 PS/1000 Einwohner. Den Hauptvorteil außer geringem Kraftbedarf sieht KUSCH in der Verwendung einfacher Gebläse ohne Wasserkühlung (Ventilatoren) und ohne Staubfilter.

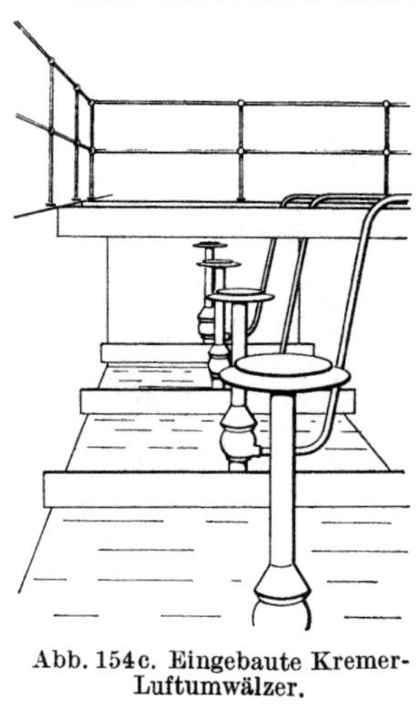

Abb. 154c. Eingebaute Kremer-Luftumwälzer.

β) Druckluftverfahren.

Im Gegensatz zu den Verfahren mit Oberflächenbelüftung, bei denen die Aufnahme der Luft aus der Oberfläche erfolgt, wird bei den Druckluftverfahren feinverteilte Luft durch das Abwasser hindurchgeleitet. Hierbei gibt die durch das Wasser streichende Luft je nach dem angewandten Verfahren einen mehr oder minder großen Teil ihres Sauerstoffs an das zu behandelnde Wasser ab. Es ist eine ganze Reihe von verschiedenen Verfahren entwickelt worden. Bei den Druckluftverfahren hat die eingeführte Preßluft unter anderem folgende Aufgaben:

1. Die Luft muß dem Wasser den für die Lebewesen notwendigen Sauerstoff zuführen.

2. Die Schlammflocken müssen in der Schwebe gehalten werden, damit sie sich nicht am Boden zusammenballen und in Fäulnis übergehen können.

3. Die einzelnen Flocken des belebten Schlammes und die gelösten oder kolloiden Schmutzteilchen müssen durch eine genügend schnelle Umwälzung miteinander in möglichst innige Berührung gebracht werden, damit die Flocken ihre adsorptive Tätigkeit ausüben können. Es muß also neben der Sauerstoffzufuhr auch für ein gewisses Maß der Bewegung der Wasser- und Schlammteilchen gesorgt werden.

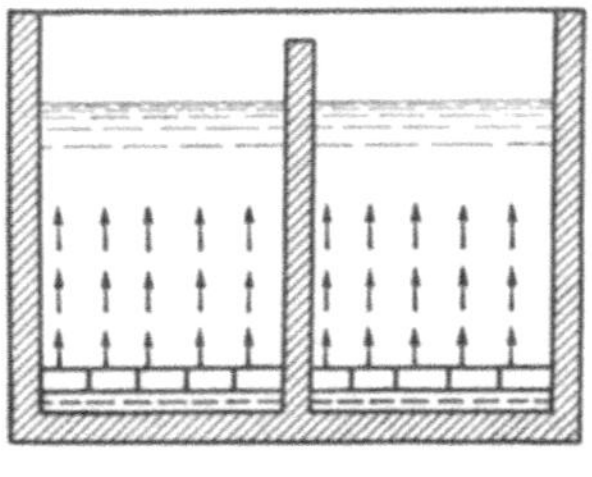

Abb. 155. Einfachste Ausführung des Druckluftverfahrens, bei dem die ganze Sohle des Beckens mit Filterplatten ausgelegt ist.

Für die eigentliche Aufgabe der Zuführung von Sauerstoff für den Lebensvorgang der Lebewesen wird meistens nur ein Teil der zugeführten Luftmenge, oft nur 5—10%, verbraucht.

1. Bei den ursprünglichen Druckluftverfahren, von FOWLER und seinen Mitarbeitern ARDERN und LOCKETT im Jahre 1914 ausgearbeitet, wird die Druckluft durch Filterplatten an der Sohle in die Belüftungsbecken geblasen. Bei den ersten Anlagen war die ganze Sohle der Becken mit Filterplatten ausgelegt (s. Abb. 155). Diese Becken hatten einen außergewöhnlich großen Luftverbrauch.

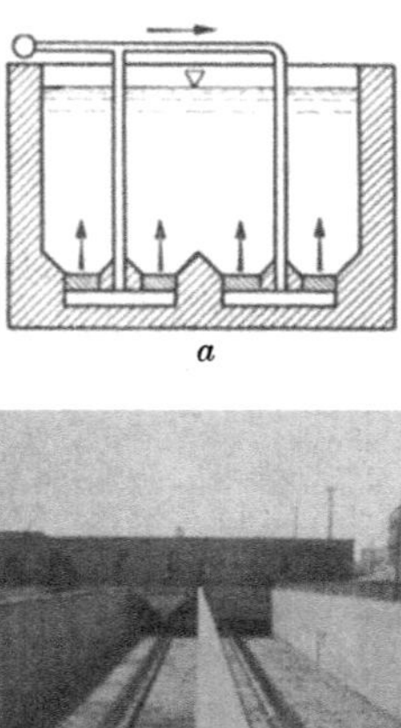

a

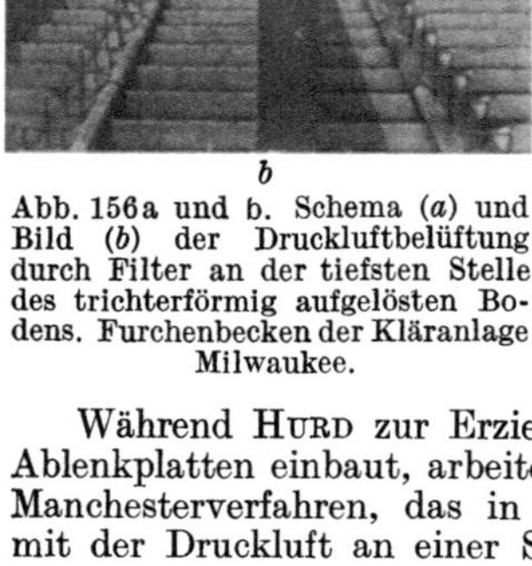

b

Abb. 156a und b. Schema (*a*) und Bild (*b*) der Druckluftbelüftung durch Filter an der tiefsten Stelle des trichterförmig aufgelösten Bodens. Furchenbecken der Kläranlage Milwaukee.

2. Später hat man durch Einsparungen an der Sohle durch dachförmige Erhebungen zwischen den Platten eine starke Verringerung der Anzahl der Filterplatten und damit auch der Luftzufuhr erreicht. Diese sog. Furchenbecken sind in der großen Anlage von Milwaukee (s. Abb. 156a und b) ausgeführt worden. Die ganze Sohle ist in schmale Furchen aufgelöst, in deren Vertiefungen die Filterplatten eingelegt sind. Obwohl die Vorreinigung nur aus Sieben besteht, hat die Anlage bei einem Wasser-Luftverhältnis von 1 : 11 stets eine gute Wirkung.

3. HURD-*Becken.* Das HURD- oder Manchesterbecken ist ein Druckluftverfahren mit gleichzeitiger Wasserumwälzung. Bei dem Verfahren nach HURD wird die Druckluft nur an einer Seite des meist 50 m langen Langbeckens eingeleitet. Wie aus der Abb. 157 ersichtlich ist, wird das Abwasser durch die Einleitung an einer Seite in kreisende Bewegung um die Längsachse des Beckens versetzt. Das Abwasser bewegt sich also spiralförmig langsam vorwärts. Das Verfahren ist in großem Maßstabe für die Stadt Indianapolis für 300000 Einwohner in Betrieb.

Während HURD zur Erzielung einer besseren Umwälzung an der Wasser-Luftgrenze Ablenkplatten einbaut, arbeitet das zu gleicher Zeit mit der Wasserumwälzung arbeitende Manchesterverfahren, das in den Lüftungsbecken von Withington eingebaut ist, auch mit der Druckluft an einer Seite des Längsbeckens, jedoch ohne Abweisplatten.

Um eine gute Ausnutzung der Luft zu erreichen, muß man besonders darauf achten, daß tote Räume vermieden werden. Bei der Wasserumwälzung kann es in der Mitte der Umwälzbecken leicht zu toten Räumen kommen, die zur Bildung einer sauerstofffreien Zone Veranlassung geben, was weiter zur Folge hat, daß sich anaerobe Vorgänge entwickeln, die dann zu großen Schwierigkeiten führen können.

Außer den bis jetzt beschriebenen und zum Teil in Großbetrieben durchgeführten Verfahren ist eine ganze Reihe weiterer Verfahren ausgearbeitet worden, die auf ähnlichen Gedanken beruhen.

4. Auf den Kläranlagen Essen-Rellinghausen II wurde die Belüftung durch ein am ausgewölbten Boden sich hin und her bewegendes gelochtes Eisenrohr eingeblasen (s. Abb. 158). Die luftzuführenden Löcher sind an der dem Boden zugekehrten Seite des Rohres angebracht. Dies hat den Zweck, den am Boden sich niederlegenden Schlamm stets von neuem aufzublasen und wieder der Umwälzung zuzuführen. Gleichzeitig wird die Luft beim Aufprallen auf den Boden in sehr viele feine Blasen aufgelöst, wodurch eine gute Ausnutzung der Luft erreicht wird.

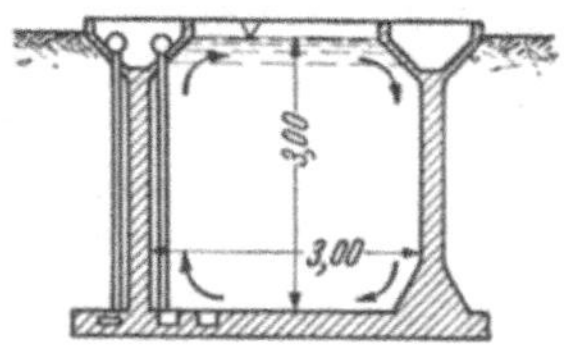

Abb. 157. Wasserumwälzung mit Druckluft nach HURD.

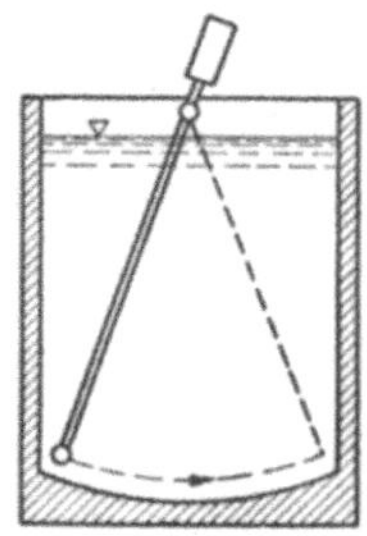

Abb. 158. Belüftungsbecken mit Pendelrohr.

γ) Kombinierte Verfahren.

Um die hohen Kosten, die bei den Druckluftverfahren durch die Kosten für die Preßluft bedingt werden, herabzumindern, hat man kombinierte Verfahren ausgebildet. Es gibt verschiedene kombinierte Verfahren, sowohl mechanische Verfahren unter sich, als auch Kombinationen von Oberflächenbelüftungs- mit Druckluftverfahren.

1. Rührwerk mit Zusatzluft (s. Abb. 159). Dieses Verfahren ist aus dem Druckluftverfahren nach HURD von IMHOFF, SIERP und FRIES entwickelt worden. Durch Rührwerke wird der teuren Luft die Arbeit des Mischens des Schlammes mit dem Abwasser abgenommen. Gleichzeitig wird durch die Filterplatten nur soviel Luft eingeblasen, daß die aeroben Verhältnisse sichergestellt sind. Das Verfahren ist zum ersten Male in Essen-Rellinghausen im Großen für eine täglich zu reinigende Wassermenge von 40000 cbm angewandt worden. In vier 50 m langen Längsbecken von 3 m Tiefe und 6 m Breite sind je zwei unter Wasser liegende Rührwerke in der Längsachse eingebaut.

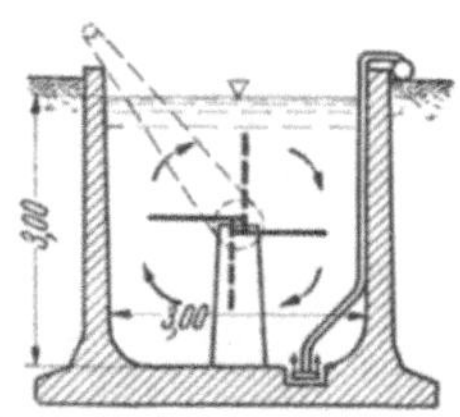

Abb. 159a. Belüftungsbecken mit Rührwerk und Zusatzluft. Schnitt.

Das Rührwerk macht 7 Umdrehungen in der Minute. Zur leichteren Überwindung des Gegendruckes hat man auf der Kläranlage Iserlohn die Flügel der Paddel schraubenförmig versetzt. Druckluft wird auf einer Längsseite eingeblasen und zwar so, daß die Richtung der aufsteigenden Luftblasen der Bewegungsrichtung des Rührwerks entgegengesetzt ist. Durch diese Anordnung wird erreicht, daß die feinen Luftblasen einen viel längeren Weg durch das Wasser machen müssen als bei reiner Druckluftbelüftung. Infolge der verlängerten Kontaktzeit geht jetzt mehr Sauerstoff in das Wasser über. Während bei den früher beschriebenen Druckluftverfahren etwa die 6 bis 12fache Luftmenge benötigt wurde, genügt jetzt die ein- bis zweifache Luftmenge. Der Kraftverbrauch für Rührwerk und Zusatzluft zusammen ist geringer als bei anderen Verfahren. Die Durchflußzeit ist bei mittlerem Abwasser 6 Stunden, bei dünnem Abwasser beträgt sie nur etwa 3—4 Stunden. Dieses Verfahren hat gegenüber den bisher bekannten Verfahren noch den großen Vorteil, daß es verhältnismäßig große Betriebssicherheit bietet. Gesetzt den Fall, daß das Rührwerk stillgelegt werden müßte, so kann durch eine Steigerung der Luftmenge das Becken sofort als HURD-Becken arbeiten. Setzt im anderen Fall einmal die Luftzufuhr aus, so kann das Rührwerk allein betrieben werden, und die Anlage arbeitet nur mit Oberflächenbelüftung. Bei gedrosseltem Zulauf kann in diesem Falle die Anlage

Abb. 159b. Belüftungsbecken mit Rührwerk und Zusatzluft. Bild.

so lange im Dauerbetrieb unterhalten werden, bis die Zusatzluft wieder zur Verfügung steht. Es wird also nie bei einer Unterbrechung zu einer vollständigen Sauerstoffarmut in dem Schlamm kommen. Das Verfahren kommt hauptsächlich für dünne Abwässer in Frage, da bei dicken Abwässern für die Sauerstoffzufuhr soviel Luft gebraucht wird, daß die zuzusetzende Luftmenge allein gleichzeitig für die Umwälzung ausreicht. In Amerika ist das Verfahren unter der Bezeichnung „Dorrco Aerator" bekannt. Vergleichende Untersuchungen ergaben in USA. bei gleicher Wassermenge

Druckluftverfahren . . 0,8—1,5 cbft Luft/gall. Abwasser und 20—30 PS
Rührwerk + Zusatzluft . . 0,3 cbft Luft/gall. Abwasser und 15—18 PS.

2. System Kessener. Oberflächenbelüftung durch Bürstenwalze und ein unter Wasser eingebautes Rührwerk (s. Abb. 160). Während Kessener bei häuslichen, dünnen Abwässern nur mit der Oberflächenbelüftung durch die Bürstenwalze allein auskommt, baut er bei konzentrierten Abwässern dazu unter Wasser liegende Rührwerke ein, die ein Absetzen des Schlammes verhindern sollen. Das Rührwerk läuft in entgegengesetzter Richtung wie die Bürstenwalze. In besonders schwierigen Fällen kann an Stelle oder als Zusatz außerdem noch Druckluft an der Sohle eingeleitet werden, die dann ähnlich wie bei den vorher beschriebenen Verfahren der Umdrehungsrichtung des Rührwerks entgegenströmt. Der Kraftbedarf für die Bürstenwalzen beträgt 2 PS bei einer Umwälzungszahl von etwa 60 in der Minute. Die Eintauchtiefe beträgt 5 cm. Die Einstellung erfolgt automatisch von der Ablaufseite her. Das unter Wasser befindliche Rührwerk macht 5—6 Umdrehungen in der Minute und hat einen Kraftverbrauch von 5—6 PS.

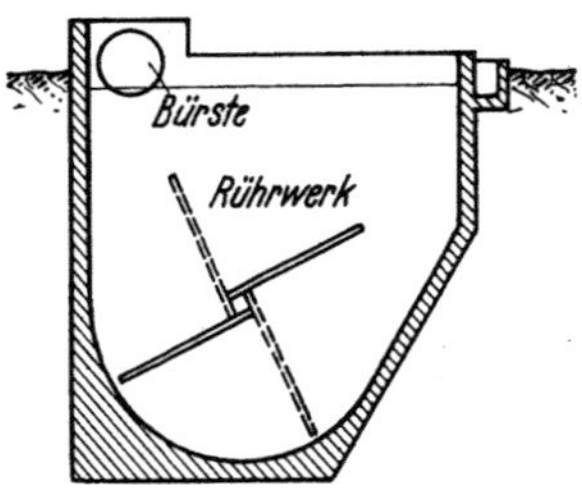

Abb. 160. Rührwerk mit Oberflächenbelüftung durch Bürsten nach Kessener.

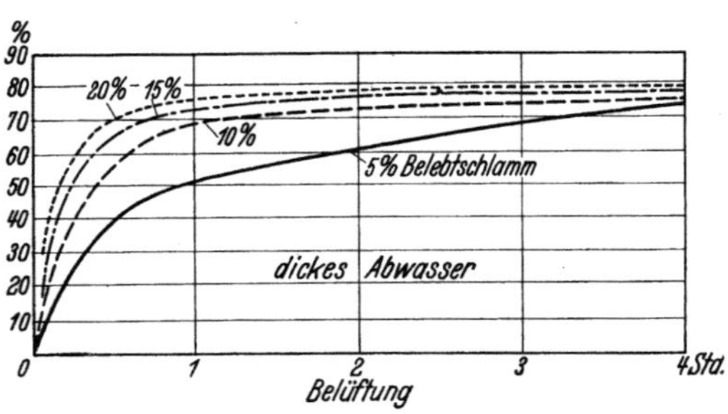

Abb. 161. Reinigungskurve für belebten Schlamm mit verschiedenen Mengen belebten Schlamm. Nach Sierp.

d) Teilreinigung mit belebtem Schlamm.

Die im Anfang noch sehr hohen Kosten des Belebtschlammverfahrens führten sehr bald dazu, daß man Verfahren suchte, die die Bau- und Betriebskosten erheblich heruntersetzten. Dieses Bestreben zur Herabsetzung der Bau- und Betriebskosten wurde durch die Erkenntnis, daß es sich bei dem Belebtschlammverfahren um eine Vereinigung chemisch-physikalischer und biologischer Vorgänge handelte, stark unterstützt. Schon sehr früh kamen Verfahren auf, die auf eine Teil- oder Stufenreinigung des Verfahrens hinauslaufen. Wenn man die Reinigungskurve von biologischen Anlagen verfolgt (s. Abb. 161), so sieht man stets, daß die Hauptreinigung in der ersten Zeit erfolgt. Dies wird bestätigt durch die Beobachtungen, daß die Reinigung eines Abwassers in einem langgestreckten Belebungsbecken in dem ersten Teil oft schon nach 1 Stunde fast beendet ist.

Ausgehend von dem Gedanken, daß sich der Reinheitsgrad des für ein Abwasser anzuwendenden Verfahrens nach dem Vorfluter richtet, kam man sehr bald auf den Gedanken, bei großen Vorflutern nur eine teilweise biologische Reinigung anzuwenden. Das Belebtschlammverfahren bietet hierzu zwei verschiedene Möglichkeiten:

1. Schlammbelebung mit verkürzter Belüftungsart und Wiederbelebung des überlasteten Schlammes in besonderen Räumen.

2. Volle biologische Reinigung mit belebtem Schlamm für die Hälfte des Abwassers. Der Ablauf wird dann mit der anderen Hälfte des Abwassers dem ungereinigten Ablauf gemischt.

Diese beiden Verfahren, bei denen man nach GASCOIGNE[1] mit etwa 65% Abnahme des biochemischen Sauerstoffbedarfs rechnen kann, sind bereits in verschiedenen Anlagen durchgeführt. Bei der biologischen Reinigung sind zwei Hauptphasen zu unterscheiden:

1. Reinigung und Fäulnisunfähigmachung des Abwassers durch Ausflockung der organischen wahren Kolloide, Zerstörung und Zersetzung der leicht oxydablen Stoffe sowie Fermentierung und Abbau der leicht angreifbaren organischen Stoffe.

2. Die langsam verlaufende Assimilation der eigentlichen ungelösten Stoffe, der langsam abbaufähigen Stoffe.

Mit dem ersten Vorgang ist die eigentliche Reinigung beendet. Der zweite Abschnitt umfaßt die Nitrifikation und Reaktivierung des Schlammes. Bricht man zwischen diesen Vorgängen jetzt den Schlammbelebungsprozeß ab, so fällt die für die gute Wirksamkeit des Schlammes nötige Nitrifikation und Reaktivierung des Schlammes aus. Aus diesem Grunde würde das Belebtschlammverfahren mit verkürzter Belüftung den Nachteil haben, daß man sehr bald einen stark überlasteten Schlamm erhält, der schnell seine gute Adsorptionskraft verliert. Man ist daher gezwungen, einen derartigen Schlamm in besonderen Wiederbelebungsbecken noch längere Zeit zu belüften, um die Nitrifikation und Reaktivierung durchzuführen. Bei dieser Wiederbelebung des überlasteten Schlammes in besonderen Räumen fehlt die sonst vorhandene große Wassermenge, die den Sauerstoff löst und den Organismen zugänglich macht. Die Folge davon ist, daß die Wiederbelebung längere Zeit braucht. Es ergibt sich hieraus der Nachteil, daß die Wiederbelebung des Schlammes sehr viel Luft und sehr große Räume erfordert, so daß es oft in bezug auf die Bau- und Betriebskosten auf dasselbe hinausläuft, ob man eine volle oder teilweise biologische Reinigung durchführt.

Bei der anderen Art der Teilreinigung wird die Hälfte des Abwassers einer vollen biologischen Reinigung unterzogen. Die andere ungereinigte Hälfte des Abwassers wird dann mit dem biologisch gereinigten Abfluß gemischt. Dieses Verfahren ist grundsätzlich verschieden von dem ersten Verfahren. In der zweiten nicht gereinigten Hälfte des Abwassers bleiben die der Fäulnis sehr leicht zugänglichen, nicht absetzbaren Schwebestoffe, die meist sehr schnell ausflocken und leicht Schlammbildungen hervorrufen, ferner die größere Menge der gelösten organischen Stoffe. Alle in der nicht gereinigten Hälfte des Abwassers verbleibenden Stoffe stellen an den Sauerstoffvorrat eines Flusses sehr goße Anforderungen. Außerdem ist die Gesamtmenge der dem Vorfluter zugeführten Stoffe viel größer als bei dem zuerst beschriebenen Verfahren.

e) Stufenreinigung.

Bessere Aussichten als die Teilreinigung nach den beiden vorgenannten Verfahren verspricht nach den bisherigen Beobachtungen die Stufenreinigung. Durch verschiedene Kombinationen ein und desselben wie auch verschiedener biologischer Verfahren sind die verschiedensten Möglichkeiten der Stufenreinigung gegeben, von denen folgende bekannt bzw. bereits angewandt sind:

a) Vorreinigung Tropfkörper, Nachreinigung Fischteiche (Bergedorf und Kaiserslautern).

b) Vorreinigung belebter Schlamm, Nachreinigung Tropfkörper (Birmingham und Decatur).

c) Vorreinigung belebter Schlamm, Nachreinigung belebter Schlamm (Essen-Rellinghausen II, Berlin-Stahnsdorf, Calumet).

d) Vorreinigung Tauchkörper, Nachreinigung belebter Schlamm (Iserlohn, Danzig, Leipzig-Wahren und Leipzig-Möckern).

e) Vorreinigung Tauchkörper, Nachreinigung Tropfkörper (Entphenolungsanlage Langendreer).

f) Vorreinigung Schlammbelebung, Nachreinigung Schnellfilter (Elmshorn).

g) Vorreinigung Schlammbelebung, Nachreinigung chemische Fällung.

h) Vorreinigung Tropfkörper, Nachreinigung belebter Schlamm (Soest, Zeche Schwerin, Holzwickede).

i) Vorbelüftung ohne Schlamm, Nachreinigung mit belebtem Schlamm (Steal in Texas).

k) Vorreinigung chemische Fällung, Nachreinigung belebter Schlamm.

1. Zweistufige Schlammbelebung. Wie bereits bei der Teilreinigung gezeigt wurde, erfolgt die Hauptreinigung bei der Schlammbelebung in der ersten Zeit der Einwirkung. Bricht man an dem Scheitelpunkt der Reinigungskurve von Schlammbelebungsanlagen das Reinigungsverfahren ab und belüftet das Abwasser in einem zweiten Becken von neuem, so bildet sich aus den im Abwasser verbliebenen Schmutzresten weiterer belebter Schlamm. Man hat auf diese Weise die Möglichkeit, nicht nur den Gesamteffekt der Anlage

[1] GASCOIGNE: Engin. News-Rec. 1928, **101**, 91. Ref. Wasser u. Abwasser 1928/29, **25**, 23.

zu steigern, man kann auch die Reinigung in einer bedeutend kürzeren Zeit durchführen. In Abb. 162 ist die Kombination einer zweistufigen Schlammbelebungsanlage wiedergegeben. Der Schlamm in der zweiten Stufe ist der beste, da er stets dünnes, bereits weitgehend gereinigtes Wasser zu verarbeiten hat. Der in der zweiten Stufe anfallende Überschußschlamm hat noch eine große Menge bisher nichtausgenutzter biologischer und adsorptiver Eigenschaften. Um diese letzteren für die biologische Reinigung auszunutzen, wird der Überschußschlamm aus der zweiten Stufe in die erste Stufe gepumpt. Da die erste Stufe meistens nur kurze, etwa 1—$1^1/_2$ Stunden Belüftungsdauer hat, so fällt in dieser Stufe die eigentliche Regenerationszeit des Schlammes aus. Da aber die Belastung, die der Schlamm in der ersten Stufe zu tragen hat, besonders groß ist, so ergibt sich, daß der Schlamm in der ersten Stufe sehr stark überlastet und daher bald krank wird. Nach der Ausnutzung seiner adsorptiven Eigenschaften wird aus der ersten Stufe ein stark überlasteter, kranker Schlamm als Überschußschlamm aus der ganzen Anlage entfernt.

2. Schlammbelebung und Tropfkörper. Die Teilreinigung mit der Schlammbelebung in der ersten Stufe, mit der Wiederbelebung des überlasteten belebten Schlammes und Nachreinigung des teilweise gereinigten Wassers in einer Tropfkörperanlage hat zur Folge, daß so viele Stoffe aus dem Wasser herausgeholt werden, daß die Tropfkörper, die bisher mit 1 cbm Abwasser auf 1 cbm Tropfkörpermaterial belastet wurden, jetzt erheblich mehr belastet werden können, und zwar bis auf etwa 3 cbm auf 1 cbm Tropfkörpermaterial. Bei dem geringen Platzbedarf, den eine Schlammbelebungsanlage nötig hat, wird man bei stark überlasteten Tropfkörpern, besonders bei Platzmangel, noch sehr leicht eine Schlammbelebungsanlage mit Teilreinigung und Wiederbelüftung vorschalten können. Auf der Kläranlage Soest wird das umgekehrte Verfahren angewandt. In diesem Falle sind die belüfteten Hochleistungstropfkörper der Schlammbelebungsanlage vorgeschaltet.

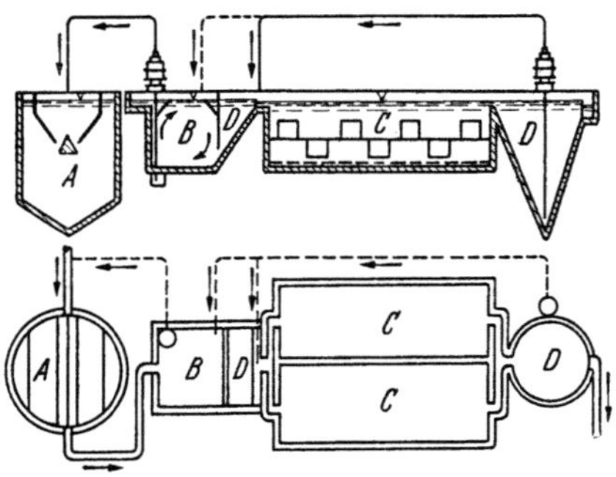

Abb. 162. Schema einer zweistufigen Schlammbelebungsanlage.

3. Schlammbelebung und Schnellfilter. Die Kombination: volle biologische Reinigung in einer Schlammbelebungsanlage mit genügend langer Belüftungszeit und Nachreinigung in Schnellfiltern ist in Elmshorn durchgeführt worden, um die bei der Schlammbelebung nicht abgetöteten Milzbrandkeime abzufangen.

4. Schlammbelebung und chemische Fällung. Man kann die Schlammbelebung vor oder hinter die chemische Fällung schalten. Eine Kombination des Schlammbelebungsverfahrens mit chemischen Fällungsmitteln sieht das DRP. 504993 vom 28. August 1926 von Sierp und Fränsemeier vor. In der ersten Stufe wird das Abwasser durch eine Teilreinigung mit belebtem Schlamm behandelt und hierbei die grobdispersen Kolloide herausgefangen. In der sich daran anschließenden zweiten Reinigungsstufe werden dann die bei der kurzen Vorreinigung im Wasser noch verbleibenden fein dispersen Kolloide durch Zugabe bekannter Fällungsmittel unter gleichzeitiger Belüftung in den grobdispersen Zustand übergeführt. Die auf diese Weise ausgeflockten Kolloide sind ganz besonders zur Bildung von belebtem Schlamm geeignet, so daß er später in der ersten Stufe für den schnell verbrauchten belebten Schlamm zur Adsorption der grobdispersen Stoffe gebraucht werden kann. Der wirtschaftliche Vorteil dieses Verfahrens gegenüber den vorher genannten Verfahren liegt darin, daß einerseits in der ersten Stufe die Schlammbelebung stark abgekürzt werden kann, ohne daß der Schlamm regeneriert werden muß und die gelösten Stoffe für die chemische Fällung vorbereitet werden. Andererseits wird in der zweiten Stufe gegenüber der normalen chemischen Fällung eine große Verringerung des Verbrauchs an Chemikalien erreicht.

Statt der chemischen Fällung kann auch das Eisen-Kohlensäureverfahren vor oder hinter die Schlammbelebung geschaltet werden, wie dies bei der Gruppenkläranlage des Niersverbandes in Neersen geschieht.

5. Schlammbelebung und Rieselfelder bzw. Beregnungsanlage. Zu den Stufenreinigungen muß man auch fernerhin die Vorreinigung durch Schlammbelebungsanlagen vor Rieselfeldern und Beregnungsanlagen, wie z. B. Hahn[1] und Sierp[2] empfehlen, rechnen. In diesen Fällen hat man durch die Vorschaltung einer Schlammbelebungsanlage vor Rieselfeldern und Beregnungsanlagen die Dosierung der in dem Abwasser enthaltenen Dungstoffe viel besser in der Hand, zumal man die Möglichkeit besitzt, im Abwasser die Dungstoffe als solche auszunutzen oder sie für die Zeit des Hauptdungstoffbedarfs aufzuspeichern. In Zeiten großer Trockenheit, wo die Dungstoffe unerwünscht sind, aber das Wasser als Wachstums-

[1] Hahn: Techn. Gemeindebl. 1929, **32**, 1. [2] Sierp: Techn. Gemeindebl. 1929, **32**, 61.

faktor ausgenutzt werden soll, wird mit dem gereinigten Abfluß gerieselt. Bei der Vorschaltung einer Schlammbelebungsanlage vor eine Beregungsanlage werden die bei Beregnungsanlagen bisher beobachteten häufigen Verstopfungen verhindert.

f) Magdeburger P-Verfahren.

Die von Sierp und Fränsemeier, Bach, Kalabina und Rogowskaja durchgeführten Versuche hatten gezeigt, daß bei einem Dauergebrauch des

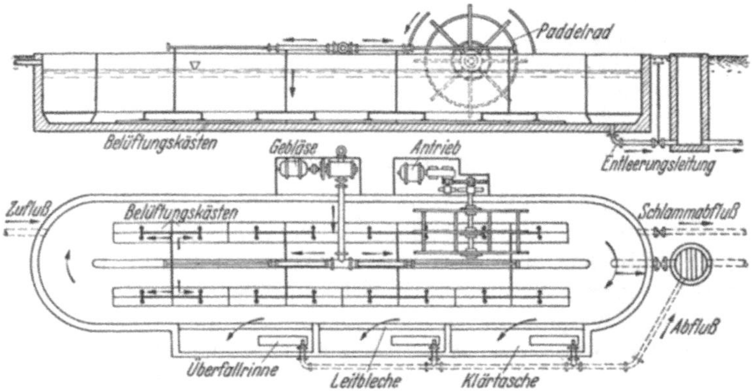

Abb. 163. Schnitt durch eine biologische Anlage nach dem Magdeburger P-Verfahren.

belebten Schlammes Ermüdungserscheinungen auftreten, die besonders bei gewerblichen Abwässern, z. B. phenolhaltigen Abwässern, einen weiteren Abbau der Schmutzstoffe unterbinden. Diese Ermüdungserscheinungen sind nach den Untersuchungen von Sierp und Fränsemeier[1] auf einen Mangel an Nährsalzen, und zwar besonders an Ammoniak- und Phosphorverbindungen, zurückzuführen.

Abb. 164. Bild einer Anlage nach dem Magdeburger P-Verfahren zur Reinigung des Abwassers einer Margarinefabrik.

Bei Versuchen, diese Ermüdungserscheinungen durch künstliche Zugabe von Ammonsalzen und Phosphorverbindungen zu unterbinden, stellten Nolte und seine Mitarbeiter fest, daß man bei Zugabe von diesen Nährsalzen einen Schlamm erhält, mit dem man auch ohne Zugabe von häuslichem Abwasser sehr viele gewerbliche Abwässer mittels des Schlammbelebungsverfahrens reinigen kann. Durch diese Versuche konnte Nolte ferner nachweisen, daß sich Zuckerfabrikabwasser nach vorangegangener Gärung, nach der Neutralisation der freien Säure und nach Zugabe von Ammoniak und Phosphatverbindungen mit belebtem Schlamm allein gut reinigen läßt.

Auf Grund dieser Versuche gelang es ihm, viele andere organische Stoffe in isolierter Form mittels des Belebtschlammes abzubauen, wenn er neben einer Stickstoffdüngung auch eine

[1] Sierp: Vom Wasser 1934, 8, 85.

Phosphatdüngung gab. Das auf der Zugabe von Stickstoff- und Phosphatdüngung beruhende Magdeburger P-Verfahren der Aquapura von NOLTE und seinen Mitarbeitern behandelt die Abwässer nach Zugabe der nötigen Dungstoffe in langgestreckten Becken, in denen die Umwälzung nach HAWORTH mittels Paddelrädern erfolgt, unter gleichzeitiger Luftzuführung durch Filterplatten, wie in Abb. 163 dargestellt. Als Nachklärbecken dienen in die Längswände eingebaute Seitentaschen, aus denen der Schlamm dauernd wieder in den Kreislauf zurückläuft, während das geklärte Wasser aus den Seitentaschen abgenommen wird.

Außer Schwel- und Generatorwässern bis zu einem Gehalt von 370 mg/Liter Phenol-Kresol wurde auch Abwasser mit einem hohen Gehalt an Buttersäure, Milchsäure, Essigsäure, Zucker, Milchzucker, Melasse und Stärke vollständig abgebaut. 1 cbm Raum der Belebungsanlage baut in 24 Stunden 0,5—0,6 kg Phenol ab.

Eine nach dem Magdeburger P-Verfahren arbeitende Schlammbelebungsanlage für eine Margarinefabrik ist aus Abb. 164 ersichtlich. Das in dem Wasser enthaltene Fett bedingt ein stärkeres Schäumen, während aus den als Nachklärbecken dienenden Seitentaschen ein klarer Abfluß erzielt wird.

g) Luftverteilung.

Bei den mit Druckluft arbeitenden Verfahren ist die Hauptaufgabe, eine gute Verteilung der Luft in dem zu reinigenden Wasser durchzuführen. Je feiner die Luftblase, d. h. je feiner ihr Dispersitätsgrad ist, um so größer ist ihr Wirkungsgrad. Je kleiner die Blasengröße, um so größer ist die pro Einheit erzeugte Oberfläche und damit um so leichter die Sauerstoffaufnahme aus der Luft in dem Wasser. Der Dispersitätsgrad ist abhängig von der Blasengröße und Blasendichte, wobei letztere als Blasenzahl pro Volumeneinheit definiert ist.

Von großem Einfluß ist auch die Einwirkungsdauer. Die Einwirkungsdauer ist abhängig von der Blasengröße und dem Blasenweg. Nach der Überwindung des Porenwiderstandes in den Filterplatten hat die Blase große kinetische Energie, die entsprechend dem Reibungsverlust abnimmt. Die Bewegung erfolgt durch den Auftrieb, der infolge der steigenden Expansion die Geschwindigkeit um so mehr erhöht, je mehr die Flüssigkeitshöhe abnimmt. Beim Aufstieg platten sich die Blasen infolge der Drehung ab und bilden Linsenform. Die bisherige Annahme, daß sich Blasen beim Aufstieg vereinigen, trifft nicht zu. Im Gegenteil, die einzelnen Blasen stoßen sich gegenseitig ab. Nur wenn mehrere Blasen auf einem Hindernis zusammenstoßen, laufen sie zusammen. Der Dispersitätsgrad (Größe und Dichte der Blasen) und die Einwirkungsdauer (Weg und Geschwindigkeit) sind abhängig von der Porenweite und Porenzahl der Filterplatten, durch die die Luft eingeblasen wird. Von weiterem Einfluß ist auch die Natur der Flüssigkeit. Je konzentrierter das Abwasser ist, um so zähflüssiger ist es und um so mehr Widerstand stellt es der aufsteigenden Luftblase entgegen. Die Aufstiegsgeschwindigkeit ist um so geringer, je kleiner die angewandte Porenweite ist. Die rotierende und schraubende Bewegung steigt mit steigender Porenweite. Von weiterem Einfluß ist der beim Austritt aus dem verbreitenden Medium herrschende Überdruck, da die Blase dann je nach dem Überdruck beim Aufsteigen bis zu einem konstanten Wert, dessen Endwert bei 5—6 mm Durchmesser liegt, wächst.

Zur Luftverteilung sind nun eine ganze Reihe verschiedener Luftverteiler empfohlen worden. Am besten bewährt haben sich zur Luftverteilung Filterplatten, die für große Anlagen wohl auch ausschließlich in Frage kommen. Es sind sowohl keramische Platten als auch nach besonderen Bindeverfahren hergestellte Filterplatten im Handel. Die keramischen Platten haben gegenüber den letzteren den großen Nachteil, daß durch den Brennprozeß im Filtermaterial Schmelzkonzentren auftreten können, die ein gleichmäßiges Durchlassen der Luft auf der ganzen Oberfläche der Filterplatten verhindern.

Sehr gut bewähren sich die von der Firma Schumacher in Stuttgart in den Handel gebrachten Filterplatten mit gleichmäßig gesiebtem Korn, die sog. Brandolplatten. Diese Platten werden in der Weise hergestellt, daß durch Absieben der Filtermassen für jede Platte eine unbedingt gleichmäßige Körnung erhalten wird. Die Bindung erfolgt durch Kunstharz (Bakelit) bei 200° statt bei 1200° bei der Fabrikation hochwertiger keramischer Filtersteine. Man bekommt eine sehr gleichmäßige Auflösung der Luft. Ganz besonders bewährt haben sich in letzter Zeit die von derselben Firma hergestellten, doppelten Filterplatten. Diese Platten haben zwei verschiedene Körnungen. Die untere grobe Körnung dient als Luftfilter, während die obere Körnung die Aufgabe hat, die Luft in die geeignete Größe aufzulösen.

In Amerika ist außer den seit langer Zeit bekannten Filtrosplatten in letzter Zeit eine andere Platte, die poröse Nortonplatte, in den Handel gebracht worden. Die Platte besteht aus elektrisch gebrannten Aluminiumkörnern, die durch Aluminiumglas zusammengehalten werden. Die Carborundum Co. stellt ebenfalls eine aus Aluminiumoxyd bestehende Filterplatte, die poröse „Aloxite"-Platte, her.

Zur Prüfung der Filterplatten auf einheitliche Beschaffenheit, gleiche Poreneinheit, gleiche Durchlässigkeit hat FRIES[1] den in Abb. 165 wiedergegebenen Prüfstand gebaut. Mit Hilfe dieses Prüfstandes kann man den Druckverlust messen, den die einzelnen Platten haben und gleichzeitig Platten gleichmäßiger Durchlässigkeit im Vergleich zu einer festen Normalplatte heraussuchen, so daß es dann nicht mehr vorkommen kann, daß ganze Strecken von Belebungsbecken infolge ungleichmäßiger Platten ohne Luftzuführung sind. In Essen-Rellinghausen beträgt der Druckverlust bei einer Tiefe der Becken von 3 m und einer Luftmenge von 4,3 Liter/s/qm nur 0,4 m Wassersäule, was sich auf den Kraftverbrauch sehr günstig auswirkt.

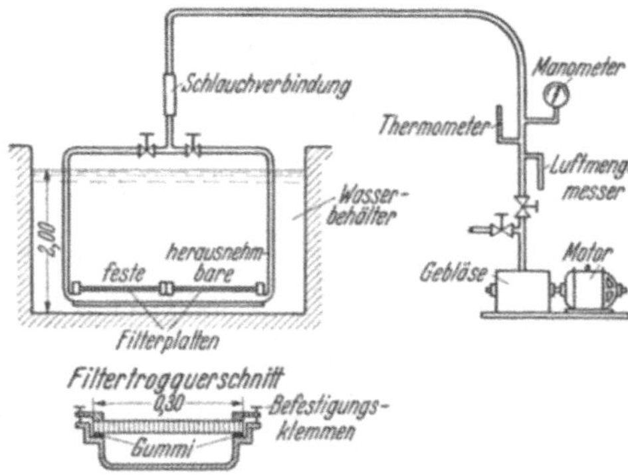

Abb. 165. Prüfstand zur Untersuchung der Gleichmäßigkeit von Filterplatten vor dem Einbau in die Filterkästen.

Die Filterplatten werden entweder direkt in den Boden in vorgesehene Rillen oder in den meisten Fällen in Filterkästen eingebaut, von denen jeder für sich eine eigene Luftzuführung hat. Man hat Filterkästen von verschiedenem Material. Abb. 166 zeigt Belüftungskästen mit Filterplatten verschiedener Fabriken. KUFFERATH[2] empfiehlt, für Belüftungskästen Luftzuführungsrohre aus verzinktem Eisen zu verwenden und durch aufgespritzten Inertolüberzug zu sichern.

Bei längerem Betriebe treten auf der Innenseite der Belüftungskästen Verstopfungen der Platten durch Ruß, Öl, Rohrinkrustationen, durch Eisenoxyd, Kalk, organische Stoffe auf, die bis zu 3 mm in das Innere der Platte eindringen. Da Reinigen mit Salzsäure und Sandstrahlgebläse nicht befriedigt hat, ist Abbrennen mit Stichflammen angewandt worden. Im Anschluß daran wurde die Oberfläche mit dem Carborundumblock kurze Zeit behandelt, um abgebrannte Stellen zu beseitigen. Während der ganzen Behandlung wurde Luft durch die Platten geblasen. Nach dieser Behandlung waren die Filter wieder einwandfrei. Diese Reinigungsart läßt sich bei Brandolfilterplatten wegen der Empfindlichkeit gegen hohe Temperaturen nicht durchführen.

Abb. 166. Verschiedene Belüftungskästen mit Filterplatten. Links ein englischer, in der Mitte ein deutscher (Brandol) und rechts ein mit amerikanischen Filterplatten gefüllter Belüftungskasten.

h) Lufterzeugung, Luftreinigung, Luftmessung.

Die dem Belebungsbecken zugeführte Luft muß in erster Linie staub- und ölfrei sein, da sich sonst die Filterplatten zu schnell verstopfen. Ölfrei muß die Luft aber auch aus dem Grunde sein, weil das besonders bei Kompressoren durch die Luft zugeführte und die Platten allmählich durchdringende Öl sich auf der Oberfläche der biologischen Flocken niederschlagen würde und diese dann von der so notwendigen Sauerstoffzufuhr abschließen würde. Kompressoren haben sich, da diese in den seltensten Fällen vollständig ölfreie Luft erzeugen und auch Entölungsfilter in vielen Fällen nicht genügend entölt haben, nicht bewährt. In den meisten Fällen bevorzugt man daher Turbo-

[1] IMHOFF, FRIES, SIERP: Techn. Gemeindebl. 1927, **30**, 65.
[2] KUFFERATH: Zeitschr. angew. Chem. 1929, **42**, 65.

oder Kapselgebläse zur Preßlufterzeugung, da diese nicht nur ölfreie Luft ergeben, sondern sich auch den Betriebsschwankungen leichter anpassen.

Auf der Kläranlage Leipzig erfolgt die Reinigung der Luft unter Zwischenschaltung einer 1 cbm großen Schalldämpfungsgrube durch Siebluftfilter der Firma Bartels, Berlin. An anderen Stellen hat man Luftwäscher, bei denen die zu reinigende Luft durch herabrieselndes Wasser hochsteigt, angewandt. Diese waschen garantiegemäß 99% allen Staubes und aller anderen Schwebestoffe aus der Luft. Sie leiden bei der kalten Jahreszeit sehr durch Frost.

i) Luftmenge.

Die den Belebungsbecken zuzusetzende Luftmenge richtet sich nach der Lüftungszeit, nach der Temperatur, nach dem gewünschten Reinheitsgrad, vor allen Dingen nach der Zusammensetzung des Wassers, nach der Art des angewandten Verfahrens, nach dem biologischen Zustand des belebten Schlammes und nach der Menge des zurückgepumpten Schlammes.

Zur Luftmengenmessung sind von verschiedenen Firmen die verschiedenartigsten Meßgeräte in den Handel gebracht worden. Die meisten Meßgeräte beruhen auf der Messung eines Differenzdruckes, der durch Stau- oder Venturirohr erzeugt wird. Sie unterscheiden sich nur durch die verschiedene Übertragung auf ein geeignetes Schreibgerät, das die durchgegangene Luftmenge aufträgt. Bekannt sind die Meßgeräte der Firma R. Fuess, Berlin-Steglitz, Askania-Werke A.-G., Berlin-Friedenau, Steinle & Hartung, Quedlinburg, Hartmann & Braun, Frankfurt, I. C. Eckhardt A.-G., Stuttgart-Cannstadt, Halvax & Langen, Benzheim und Siemens & Halske, Berlin-Siemensstadt.

Verschiedene in den Handel gebrachte Luftmengenmesser haben auch elektrische Schreibgeräte, die eine Fernübertragung ermöglichen.

Belüftungszeit: Da es sich bei dem Schlammbelebungsverfahren um die Kombination eines physikalisch-chemisch-biologischen Prozesses handelt, so ist es einleuchtend, daß bei einem gegebenenen Abwasser eine Mindesteinwirkungszeit der Luft nicht unterschritten werden darf.

Außerdem werden die biologischen Vorgänge die Belüftung beeinflussen. Jedes Lebewesen kann innerhalb einer bestimmten Zeit nur eine bestimmte Menge Nahrung aufnehmen. Bei einer durch die Anzahl der Flocken gegebenen Menge von Organismen können diese nur bestimmte Mengen Schmutzstoffe aus dem Abwasser innerhalb einer bestimmten Zeit verdauen. Diese Tatsache hat zur Folge, daß in Schlammbelebungsanlagen eine Mindestmenge von Schlamm vorhanden sein muß, um innerhalb einer gegebenen Zeit die Reinigung durchzuführen. Eine Steigerung der Mindestschlammmenge kann wohl bis zu einem gewissen Grade eine schnellere Wirkung hervorrufen, doch hat diese Steigerung der Schlammenge auch ihre Grenzen, da der mehr zugesetzte Schlamm wieder von der Aufnahmefähigkeit des Wassers an Sauerstoff abhängig ist.

Die Sauerstoffaufnahmegeschwindigkeit eines Wassers ist abhängig:

1. Von dem Sauerstoffgehalt des Wassers (dem Sauerstoffdefizit).
2. Von der Größe der Belüftungsoberfläche des Wassers.
3. Von der Temperatur.
4. Von dem Salzgehalt des Wassers.
5. Von der Feuchtigkeit der Luft.
6. Von der Bewegung des Wassers (bei Oberflächenbelüftung).

Tabelle 23.

Prozente der Sättigung	Temperatur ± 0°	5°	10°	15°	20°	25°	30°
	Zeit in Minuten						
10	0,3	0,3	0,3	0,2	0,2	0,2	0,1
20	0,7	0,6	0,5	0,5	0,4	0,4	0,4
30	1,2	0,9	0,8	0,7	0,6	0,6	0,6
40	1,5	1,3	1,2	1,1	1,0	0,9	0,8
50	2,0	1,8	1,6	1,4	1,3	1,2	1,1
60	2,7	2,4	2,1	1,9	1,7	1,6	1,4
70	3,6	3,1	2,8	2,5	2,3	2,1	2,0
80	4,7	4,2	3,7	3,4	3,0	2,8	2,6
90-	6,7	5,9	5,2	4,8	4,4	4,0	3,6
99	13,4	11,8	10,4	9,6	8,8	8,0	7,2

Je geringer der Sauerstoffgehalt eines Wassers, um so größer ist sein Bestreben, aus der umgebenden Luft Sauerstoff aufzunehmen. ADENEY hat in einem kleinen Rohr Belüftungsversuche durchgeführt, um festzustellen, welche Belüftungszeiten nötig sind, um Wasser mit verschiedenem Sättigungsgrad mit Sauerstoff zu sättigen. Die Ergebnisse sind in der vorstehenden Tabelle 23 enthalten.

Es hängt von dem Verfahren ab, wie innig es die Mischung des Abwassers mit dem Belebtschlammgemisch und der zugeführten Luft durchführt. Je größer und je inniger diese Mischung mit der Luft ist, um so größer wird die Sauerstoffaufnahme sein und um so schneller die Nitrifikationsperiode und auch die Regeneration beendet sein. Nach GRAND, HORROWITZ und MOHLMAN ist die Sauerstoffaufnahme in der Belüftungszeit gleich und proportional der angewandten Schlammenge. Es hat daher keinen Zweck, die Menge des Rücklaufschlammes wahllos zu steigern (s. S. 441). Die chemische Zusammensetzung des Schlammes spielt eine große Rolle. Auf die Trockensubstanz berechnet soll die Sauerstoffaufnahme 7 mg Sauerstoff pro 1 g/Std. betragen.

Bei früheren Angaben wurde stets die zuzugebende Luft in ein bestimmtes Verhältnis zu der zu reinigenden Abwassermenge gesetzt. Dieses Verhältnis Abwasser : Luft beträgt z. B. bei den Kläranlagen:

Tabelle 24.

Rührwerk mit Zusatzluft		Manchester- oder HURD-Becken		KUSCH	
Essen-Rellinghausen	1:1	Indianapolis	1 : 5	Templin	1 : 12
Nauheim	1:1	Manchester-Davyhulme	1 : 8	Ravenstein	1 : 12
		Milwaukee	1 : 11		
		Bergedorf	1 : 8—10		

Der Vergleich von Luft- und Wassermenge ist berechtigt, wenn die Luft nur biologisch ausgenutzt wird, nicht dagegen, wenn sie auch mechanische Arbeit zu leisten hat. Es hat demnach das Verfahren einen ausschlaggebenden Einfluß auf die zuzusetzende Menge.

Neuerdings wird von einzelnen Fachleuten die pro Quadratmeter Oberfläche der Lüftungsbecken zuzuführende Luftmenge angegeben. Nach Untersuchungen von STANLEY und FUGATE soll die pro Quadratmeter Oberfläche zuzusetzende Luftmenge 6 Liter/Min. nicht unterschreiten und nicht mehr als 7,6 Liter betragen.

Während bei der Selbstreinigung in einem Fluß das Licht durch das Phytoplankton einen entscheidenden Einfluß hat, hat es bei der Schlammbelebung keinen Einfluß, da im Belebtschlamm das Phytoplankton fehlt.

k) Einfluß der Wasserzusammensetzung.

Die Tatsache, daß bei dem Belebtschlammverfahren in erster Linie die Aufnahmefähigkeit von Sauerstoff aus der Luft eine große Rolle spielt, ist ein Beweis dafür, daß die Zusammensetzung des Wassers eine ausschlaggebende Rolle spielen muß. Von größtem Einfluß sind die Dicke des Wassers, der Zustand des Wassers, d. h. ob es sich um frisches oder fauliges Abwasser handelt und der Salzgehalt des Wassers. Je dicker das Abwasser ist, um so größer ist sein Gehalt an organischen Stoffen und damit auch der pro Volumeneinheit benötigte Sauerstoff des Wassers. Da aber die Aufnahmegeschwindigkeit eines Wassers an Sauerstoff von der Zeit abhängig ist, so geht hieraus hervor, daß ein dickes Abwasser mehr Zeit zur Sauerstoffsättigung braucht als ein dünnes Abwasser. In einem dicken Abwasser sind dagegen die Abbauvorgänge stark gesteigert.

In einem bereits stark angefaulten Wasser haben sich anaerobe Vorgänge stark in den Vordergrund gedrängt. Diese müssen zunächst überwunden werden. Ein frisches Abwasser dagegen ist leichter der aeroben Zersetzung zugänglich. Ist es sogar zur Bildung von Schwefelwasserstoff gekommen, so wird ein Teil der eingeblasenen Luft zunächst zur Beseitigung des Schwefelwasserstoffs benötigt. Faulraumwasser hat nach SCHMIEDT einen Schwefelwasserstoffgehalt von 9,5—12 mg/Liter, liegt also in ähnlichen Grenzen wie ein stark in der Kanalisation angefaultes Abwasser. Bei beginnenden Regenfällen und bei Kanalisationsspülungen wurden bei den in den Kanalisationen abgelagerten Schlammmengen Schwefelwasserstoffgehalte des Abwassers bis zu 3,4 mg/Liter festgestellt. Schwefelwasserstoff stellt nach WAGNER für die aeroben Lebewesen ein starkes Gift dar. Die toxische Grenze ist für Belebtschlamm 0,3—0,5 mg/Liter Schwefelwasserstoff. Bei bereits vorgefaultem Abwasser empfiehlt es sich, durch eine gute Vorbelüftung den Schwefelwasserstoff zu entfernen. Dünne Abwässer haben den Vorteil, daß der aufgenommene Sauerstoff nicht so schnell verbraucht wird wie bei dicken Abwässern. In dem DRP. 500058 ist daher von SIERP und IMHOFF vorgeschlagen, dicke Wässer durch Zugabe von reinem, möglichst sauerstoffreichen Wasser in Form von Flußwasser, Abläufen von biologischen Anlagen, Regenwässern usw. zu verdünnen. Diese Verdünnung kann man in einfacher Weise durch Steigerung des Rücklaufwassers mit dem Rücklaufschlamm erreichen.

Wässer mit sehr hohem Salzgehalt nehmen Sauerstoff ebenfalls weniger gut auf und brauchen daher eine längere Aufenthaltszeit, zumal sich von gewissen Konzentrationen an die biologischen Verhältnisse langsamer abspielen. Schwankende Salzgehalte bis zur Konzentration der physiologischen Kochsalzlösung (0,7 g/Liter) haben keinen deutlich erkennbaren Einfluß, was bei dem oft höheren Chlorgehalt der häuslichen Abwässer von Wichtigkeit ist. Erst bei größeren Mengen von etwa 2000 mg/Liter an, fängt eine deutliche Beeinflussung bemerkbar zu werden an. Bei der Frage der Beeinflussung durch Salz spielt die Frage der Ionenwirkung eine große Rolle. So haben besonders in biologischer Beziehung Kalium- und Magnesiumsalze einen viel größeren Einfluß als Natriumsalze.

Aus den vorgenannten Ausführungen ergibt sich die wichtige Tatsache, daß man vor der Anlage einer Schlammbelebungsanlage die örtlichen Verhältnisse genau prüfen muß. Durch sehr genaue Vorprüfung muß man feststellen, ob

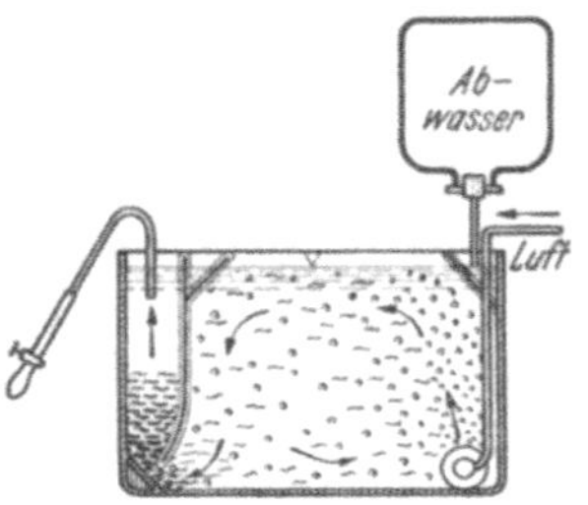

a

b

Abb. 167a u. b. Schnitt und Bild einer Laboratoriumsversuchsanlage für das Belebtschlammverfahren nach SIERP und FRÄNSEMEIER.

sich das zu behandelnde Abwasser überhaupt durch das Schlammbelebungsverfahren reinigen läßt. Ferner sollen durch die Vorprüfung die Unterlagen für die Art des anzuwendenden Verfahrens und auch schon für die Größe der Becken und soweit dies möglich ist für die zuzusetzende Luftmenge geschaffen werden.

Für die ersten laboratoriumsmäßig durchzuführenden Vorversuche hat sich die Laboratoriumsversuchsanlage nach SIERP und FRÄNSEMEIER[1], die auf dem Prinzip der HURDschen Belüftungsbecken beruht, bewährt, wie sie in Abb. 167a und b dargestellt ist. Haben die Versuche in einer derartigen Laboratoriumsversuchsanlage gezeigt, daß sich das Abwasser durch belebten Schlamm reinigen läßt, so soll man die Versuche zunächst in einer etwas größeren Versuchsanlage durch einen längeren Dauerbetrieb nachkontrollieren und in ihr dann die für den Bau der großen Anlage nötigen Unterlagen, wie Belüftungszeiten, Luftmenge usw. festzustellen versuchen. Nur auf diese Weise wird es möglich sein, sich vor unnötigen Ausgaben und vor allem vor dem Bau einer nicht gut arbeitenden Anlage zu bewahren.

l) Einfluß der Wasserstoffionenkonzentration.

Wie jeder biologische Vorgang, insbesondere die Selbstreinigung eines Vorfluters, durch Änderung des p_H-Wertes, z. B. durch Ablassen von Säure in den Vorfluter, gestört wird, so war auch anzunehmen, daß die Wirksamkeit der Schlammbelebung durch starke Erhöhung oder Erniedrigung des p_H-Wertes vermindert wird. Schon bei der Bildung des belebten Schlammes treten deutlich feststellbare Änderungen des p_H-Wertes auf, so z. B. beobachtet man, daß

[1] SIERP u. FRÄNSEMEIER: Gesundh.-Ing. 1926, 49, 46.

angefaulte Abwässer, die durch weitgehende Fäulnis einen niedrigen p_H-Wert (bis zu 5,5 p_H) haben, sehr schnell durch die Belüftung und die Einwirkung schon vorhandenen belebten Schlammes neutralisiert werden, indem der p_H-Wert auf eine normale Höhe gebracht wird.

Dies ist in erster Linie darauf zurückzuführen, daß die im angefaulten Abwasser die Absinkung des p_H-Wertes bedingende Kohlensäure ausgetrieben wird. In zweiter Linie aber hauptsächlich dadurch, daß die durch die ersten Fäulniserscheinungen einsetzende saure Gärung organische Säuren bildet, die sehr schnell durch Oxydation verbrannt und beseitigt werden. Durch den ständigen Abbau der Ammoniakverbindungen wird freie Salpetersäure gebildet, die den p_H-Wert so weit erniedrigt, daß allmählich Störungen auftreten können. CRAMER und WILSON geben an, daß die günstigste Wasserstoffionenkonzentration zwischen 7,2—7,4 liegt. Eingehendere Versuche haben SCHMIEDT, VIEHL und SIERP durchgeführt. VIEHL[1] hat genaue Untersuchungen in einer Laboratoriumsversuchsanlage nach SIERP-FRÄNSEMEIER über den Einfluß der p_H-Werte in Belebungsbecken im sauren Bereich von 4,5—6,8, im neutralen Bereich von 7,0—8,0 und im alkalischen Bereich von 8,0—9,5 durchgeführt. Die Wirkung der Änderung des p_H-Wertes äußert sich nach VIEHL sowohl in chemischer Beziehung, z. B. durch Änderung der Nitrifikationsvorgänge, als auch in biologischer Hinsicht. Bei alkalischer Reaktion des Zulaufs bis zu einem p_H-Wert von 11,0 arbeitete die Versuchsanlage ohne nennenswerte Verschlechterung. Dieses Ergebnis ist deshalb verwunderlich, weil schon viele an der Reinigung beteiligte Organismen bei p_H-Werten über 9,0 starken Schädigungen unterliegen. VIEHL geht aber von dem Gedanken aus, daß das Abwasser sich bei der biologischen Reinigung stets selbst neutralisiere, was in erster Linie auf die gebildete Kohlensäure, die die alkalische Wirkung neutralisiert, zurückzuführen sei. Wie schon früher angegeben, findet gleichzeitig eine Oxydation des Ammoniaks zu Salpetersäure statt, die ihrerseits wieder neutralisierend wirkt. Durch vorhandene Kalksalze werden etwa gebildete organische Säuren als Kalksalze gebunden.

Bei der sauren Reaktion muß man einen Unterschied machen zwischen der durch Mineralsäuren und der durch organische Säuren hervorgerufenen p_H-Wertsenkung. Mineralische Säuren sind viel stärker hydrolysiert und haben deswegen einen viel größeren Dissoziationsgrad als organische Säuren. Man kann daher schon mit verhältnismäßig kleinen Mengen eine tiefe Absenkung des p_H-Wertes erzeugen. Nach CAVEL wird schon durch geringe Mengen freier Mineralsäuren, die den p_H-Wert auf 5,0 herunterdrücken, die Wirkung der Schlammbelebung stark heruntergesetzt. Durch Absenkung des p_H-Wertes auf 5,9 tritt eine erhebliche Trübung des Ablaufs und eine geringere Reinigungswirkung, gemessen am Kaliumpermanganatverbrauch, ein. Nitrite und Nitrate werden bei dieser Reaktion fast gar nicht gebildet. Trotzdem erfolgt auch bei diesem p_H-Wert eine allmähliche Neutralisation. Mineralische Säuren unterliegen nicht dem biologischen Abbau.

Anders liegen die Verhältnisse, wenn die Acidität durch organische Säuren hervorgerufen wird. Organische Säuren beeinflussen wegen ihres geringen Dissoziationsgrades die Wasserstoffionenkonzentration des Abwassers relativ wenig. Daher sind auch die durch die Reaktion verursachten Auswirkungen auf die Schlammbelebung unbedeutend. Verdünnte organische Säuren bilden dagegen einen guten Nährboden für Bakterien und beleben auf diese Weise den belebten Schlamm, ähnlich wie es von den Kohlenhydraten vorher angegeben wurde.

Diese vorstehend geschilderten Vorgänge treffen zu für den Fall, daß die p_H-Wertänderungen langsam vor sich gehen. Anders ist es jedoch bei plötzlichen Änderungen des p_H-Wertes. In diesen Fällen treten sehr starke Beeinflussungen auf, so daß die Wirkung des Belebtschlammverfahrens erheblich zurückgeht. Man wird daher bei Belebtschlammanlagen dafür sorgen müssen, daß plötzliches Ablassen von Säuren in die Kanalisation nicht auftreten kann. In biologischer Hinsicht äußert sich die Änderung des p_H-Wertes in der Weise, daß durch Säurezusatz Sphaerotilus fast vollkommen zurückgeht. An seiner Stelle treten Fusarium auf, ebenso sind Amoeben und Arzellen zahlreicher, vor allen Dingen auch Rotatorien. Im alkalischen Bereich gehen dagegen Rotatorien, Nematoden, Arzellen zurück, während wieder Amoeben und Hypotrichen zunehmen.

m) Einfluß der Temperatur.

Die Ansichten über den Einfluß der Temperatur auf das Schlammbelebungsverfahren gehen zur Zeit noch auseinander. Während einige Forscher der Ansicht sind, daß die Temperatur gar keinen oder nur einen sehr geringen Einfluß auf das Schlammbelebungsverfahren habe, finden andere, daß die Temperatur für die Reinigungswirkung auch von ausschlaggebender Bedeutung sein kann.

[1] VIEHL: Zentralbl. Bakteriol. 1932, **86**, 34.

SIERP hat Versuche über den Einfluß der Temperatur auf die Schlammbelebung durchgeführt. In Abb. 168 ist die Wirkung der Temperatur, gemessen am Kaliumpermanganatverbrauch, an dem biochemischen Sauerstoffbedarf und an der Nitratbildung eingetragen. Hieraus ergibt sich, daß in den Grenzen von 5—20° eine gleichmäßige Abnahme des Kaliumpermanganats stattfindet. Unter 5° geht die Wirkung schnell zurück, ebenso wie sie auch über 20—23° abnimmt. Dagegen läuft der Abbau, gemessen am biochemischen Sauerstoffbedarf bei den höheren Temperaturen, sehr gleichmäßig. Ganz außergewöhnlich stark zeigt sich der Einfluß der Temperatur auf die Nitratbildung, die ihren Höhepunkt bei etwa 20° erreicht. HERB und ebenso CRAMER und WILSON halten die Temperatur von 25° für die günstigste. Während die biologische Oxydation bestimmter Stoffe (anorganischer Stickstoff, Phenol) nach der VAN'T HOFFschen Regel (R.G.T.-Regel) verläuft, übt dagegen nach VIEHL die Temperatur auf den Reinigungsvorgang von häuslichem Abwasser infolge der großen Menge verschiedenster Bestandteile einen viel geringeren Einfluß aus, so daß erst nahe dem Nullpunkt eine starke Verzögerung der Abbaugeschwindigkeit eintritt. Noch aus einem weiteren Grunde dürfte die Klärung der Frage des Einflusses der Temperatur bei Schlammbelebungsanlagen von größter Bedeutung sein, nämlich in den Fällen, wo es sich darum handelt, besonders dickes Abwasser zu reinigen. Die Ansicht von SCHMIDT[1], daß der Einfluß der Temperatur sich auf die Arbeit des belebten Schlammes in den verschiedenen Jahreszeiten so auswirke, daß in der Zeit von Dezember bis Mai keine nennenswerten Mengen Salpetersäure gebildet werden, kann wohl für nur ganz besondere Verhältnisse zutreffen und zwar für solche Fälle, wo das Abwasser sehr konzentriert ist und daher der Belebtschlamm außergewöhnlich große Mengen organischer Substanz verarbeiten muß, die die Bildung von Nitraten stören.

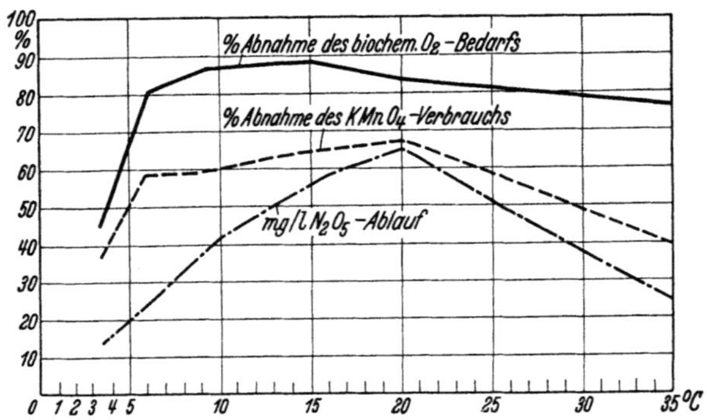

Abb. 168. Einfluß der Temperatur auf die Schlammbelebung nach SIERP.

Bei erhöhter Temperatur kann bei dicken Abwässern die Sauerstoffaufnahme, z. B. bei schlecht arbeitenden Oberflächenverfahren, so stark zurückgehen, daß die Fäulnis die Oberhand bekommt. In diesem Falle würde es sogar zur Schwefelwasserstoffbildung kommen können.

Noch schädlicher wirken sich höhere Temperaturen aus. Erwärmt man Abwasser 30 Minuten lang auf 60°, so werden nach CRAMER alle Protozoen abgetötet, während die meisten Bakterien bei dieser Temperatur noch leben bleiben. Nach einer längeren Behandlung bei dieser Temperatur zeigt der belebte Schlamm so lange eine sehr schlechte Reinigungswirkung, bis sich durch Impfung mit anderem Abwasser neue Protozoen gebildet haben.

n) Kraftbedarf.

Nach dem Kraftbedarf richten sich in erster Linie die bei dem Verfahren aufzuwendenden Betriebskosten. Es ist daher klar, daß die Vorarbeiten für eine Schlammbelebungsanlage in bezug auf die Kraftanlage besonders sorgfältig gemacht werden müssen. Für kleinere Anlagen ist unzweifelhaft elektrischer Antrieb vorzuziehen. Bei größeren Anlagen kann besonders auch dann, wenn elektrische Kraft nicht zu haben ist, was bei weit außerhalb der Stadt errichteten Anlagen der Fall sein kann, ein Dieselmotor sehr wirtschaftlich sein. In neuerer Zeit geht man immer mehr dazu über, den Überschußschlamm mit dem Frischschlamm der Vorreinigung ausfaulen zu lassen und das auf diese Weise gewonnene Gas als billige Kraftquelle zu benutzen. In den meisten Anlagen wird die in einem Explosionsmotor aus dem Faulgas gewonnene Kraft in elektrische Energie umgesetzt und zum Antrieb aller Maschinen benutzt. Wo elektrischer Kraftanschluß leicht zu haben ist, empfiehlt es sich, ihn

[1] SCHMIDT: Techn. Gemeindebl. 1937, 40, 127.

vorzusehen, um bei Betriebsstörungen gleich auf die vorhandenen Motoren umschalten zu können.

Für ganz große Anlagen empfiehlt FULLER[1] Dampfkraftanlagen, besonders in den Fällen, wo die Weiterbehandlung des Schlammes Hitze erfordere. Die beiden großen Anlagen von Milwaukee und Indianapolis haben Dampfkraftanlagen. In Milwaukee wird ein Teil der Abwärme zum Trocknen des Überschußschlammes verwandt.

Bei den meisten Anlagen beträgt der Kraftverbrauch im Mittel 1 PS je 1000 Einwohner. In bezug auf die Wassermenge gehen die Angaben über den Kraftverbrauch viel weiter auseinander. Durch den Zufluß gewerblicher Abwässer wird der Kraftverbrauch erheblich gesteigert. Bei den kombinierten Verfahren mit Rührwerk und Zusatzluft beträgt der Kraftverbrauch für das Rührwerk rund 40%, während für die Lufterzeugung 60% benutzt werden. WISELY und CLASSEN[2] empfehlen, den Kraftbedarf auf Kilogramm biochemischen Sauerstoffbedarf zu beziehen, der von 1 kWh aus dem Wasser entfernt wird, bzw. in kWh, die zur Entfernung von 1 kg biochemischen Sauerstoffbedarf benötigt werden.

o) Belebter Schlamm, Rücklaufschlamm, Überschußschlamm.

Durch die beim Einblasen von Luft oder bei der Umwälzung im Abwasser sich abspielenden physikalischen, chemischen und biologischen Vorgängen wird im Abwasser der belebte Schlamm gebildet, dem dann die Reinigungskraft innewohnt. Der belebte Schlamm ist außerordentlich wasserreich. Sein Wassergehalt schwankt zwischen 98—99,5%.

Er hat eine rotbraune bis gelbrote Farbe und ähnelt in seinem Aussehen und physikalischen Eigenschaften dem bei den Fällungen mit Eisenchlorid gewonnenen Schlamm. Im mikroskopischen Bild zeigt er ausgeflockte Kolloide, Protozoen und Bakterien. Er setzt sich nach einer Stunde vollständig ab. Grauer Schlamm ist durch Pilze (Cladothrix) verunreinigt und versagt bei ungenügender Belüftung. Schwarz gefärbter Schlamm, dessen Färbung auf die Gegenwart von Pilzen der Beggiatoagruppe oder auf von Kohlenschlamm durchsetzte Abwässer hindeutet, ist nicht mehr brauchbar.

Ein bestimmter Anteil des zur Reinigung benutzten Schlammes wird stets im Kreislauf verwandt. Die Menge des im Kreislauf verwandten Schlammes, des sog. Rücklaufschlammes, ist begrenzt. Die täglich erzeugte Mehrmenge muß daher als Überschußschlamm laufend beseitigt werden.

Die Einarbeitungszeit von Schlammbelebungsanlagen richtet sich nach den örtlichen Verhältnissen. Je frischer und je dünner das Abwasser ist, um so schneller bildet sich die für die Reinigung notwendige Menge an belebtem Schlamm. Die Einarbeitungszeit geschieht am besten in der Weise, daß man zunächst längere Zeit geringere Abwassermengen durch die Belüftungsbecken schickt, woraus sich zunächst viel längere Belüftungszeiten ergeben. Mit der steigenden Menge des belebten Schlammes wird allmählich die Durchflußmenge vergrößert bzw. die Durchflußzeit verringert. In den meisten Fällen hat sich eine Anlage innerhalb 8—10 Tagen eingearbeitet. Es sind viele Vorschläge zur Abkürzung der Einarbeitungszeit von Schlammbelebungsanlagen gemacht worden. Eines der bekanntesten Mittel ist wohl die Zugabe von Ferrisalzen in Form von Ferrichloridlösung ($FeCl_3$), die Eisenhydroxyd ausscheiden, das als Träger für die sich ausscheidenden Kolloide und die sich dann entwickelnden Bakterien und Protozoen gelten soll. Die Menge des zuzusetzenden Eisens soll 1 mg/Liter im Dauerbetrieb nicht überschreiten, da nach den Untersuchungen von O'SHAUGNESSY[3] bei einer Steigerung des Eisengehaltes auf 2 mg/Liter die Gefahr der Blähschlammbildung besteht.

Kommt es bei der Einarbeitung zu einer Absenkung des p_H-Wertes, so kann man diese durch Zugabe sehr geringer, vorsichtig zugesetzter Kalkmengen wieder ausgleichen (s. Einfluß der Wasserstoffionenkonzentration).

Die Menge des in den Belebungsbecken nötigen Schlammes und damit die Menge des zuzusetzenden Rücklaufschlammes wird von den verschiedenen Autoren verschieden angegeben. Während in der amerikanischen Literatur die Angaben über die Menge des Rücklaufschlammes sehr weit auseinandergehen (10—60%), findet man an anderen Stellen bedeutend geringere Schwankungen (10—25% für englische und deutsche Anlagen). Je dünner das Abwasser ist, um so mehr kann man die Menge des Rücklaufschlammes herabsetzen. Bei dünnem Abwasser genügen 8% belebter Schlamm oder 0,15% Trockensubstanz und 16% gepumpter Rücklaufschlamm. Bei dickem Abwasser geht man zweckmäßig mit der Menge des gepumpten, möglichst stark verdünnten Rücklaufschlammes viel höher. Man braucht sich dabei gar nicht zu scheuen, große Mengen Wasser mitzupumpen,

[1] FULLER: Solving sewage problems 1926, 457.
[2] WISELY u. CLASSEN: Engin. News-Rec. 1936, **117**, 368.
[3] O'SHAUGNESSY: The Surveyor, 1932, 82, 75.

denn Hubhöhe und Kosten sind meist sehr gering. Auch die Belebungsbecken braucht man nicht größer zu machen, denn der gepumpte Rücklaufschlamm besteht ja zu 99% aus völlig gereinigtem, sauerstoffhaltigen Wasser. Statt nach dem Volumen bemißt man in neuerer Zeit die Rücklaufschlammenge nach dem Trockensubstanzgehalt. Während man in Deutschland und in Amerika die Menge des belebten Schlammes in den Belebungsbecken mit etwa 0,2—0,25% Trockensubstanz angibt, schwanken die Angaben von englischen Anlagen zwischen 0,1—0,7% Trockensubstanz. Ausgehend von der Annahme, daß sich die zuzusetzende Schlammenge nach der Dicke des Wassers richten soll, hat DONALDSON[1] einen Schlammindex vorgeschlagen, der sich aus der folgenden Formel berechnet:

$$\text{Schlammindex} = \frac{\text{Gewichtsprozente der Schwebestoffe im Belebungsbecken} \times 100}{\text{Schlammvolumen im Belebungsbecken (30 Minuten Absetzzeit)}}.$$

Liegt der Schlammindex unter 1, so zeigt die Anlage meistens schlechte Beschaffenheit. Ein hoher Schlammindex zeigt gewöhnlich schweren Schlamm an, der schnell absetzt, während ein niedriger Schlammindex einen aufgeblasenen, schlecht absetzenden und daher auch schlecht wirkenden Schlamm anzeigt. Der im Lüftungsbecken vorhandene belebte Schlamm soll stets in guter Beschaffenheit gehalten werden. Dies kann durch richtige Bemessung der Zulaufmenge an Abwasser und durch die Einstellung richtiger Luftmengen erfolgen.

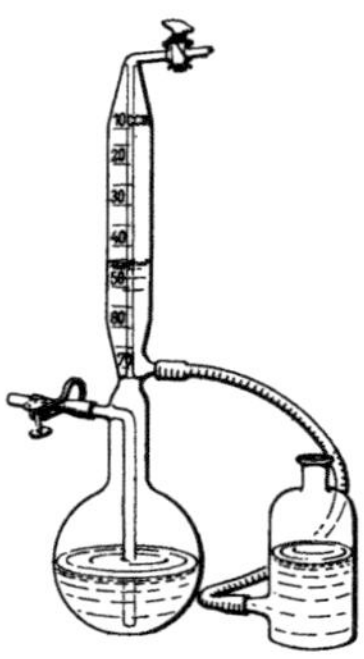

Abb. 169. Apparat zur direkten Bestimmung des biochemischen Sauerstoffbedarfs nach SIERP und FRÄNSEMEIER.

p) Untersuchung des Schlammes.

Zur Prüfung, ob der Schlamm in gutem Zustand ist, sind verschiedene Methoden vorgeschlagen worden:

1. Mikroskopische Methode. Es wird angestrebt, wie bei der Flußuntersuchung, gewisse Leitorganismen festzustellen, die angeben, ob ein Schlamm in gutem Zustand ist oder nicht. Es liegt eine Reihe von Untersuchungen von verschiedenen Forschern vor, die man wie folgt zusammenfassen kann:

1. Schlamm in guter Verfassung hat sehr wenig Flagellaten und Amöben, vorwiegend Ciliaten, z. B. Carchesium, Vortizellen, Aspidisca, Loxophyllen.

2. Schlamm in befriedigender Verfassung enthält wenig Flagellaten und Amöben. Vorwiegend sind Ciliaten, z. B. Carchesium, Vortizellen, Chilodon, Colpoda, Colpidium, einige Aspidisca und Loxophyllen, gelegentlich auch Chocnia vorhanden.

3. Wenig befriedigender Schlamm: Flagellaten und Amöben sind vorhanden neben anderen Rhizopoden, einige Ciliaten wie Stentor, Paramäcien, Chilodon, Carchesium, Vortizellen sind anwesend, Chocnia fehlt.

4. Schlechter belebter Schlamm. Flagellaten, Amöben und andere Rhizopoden herrschen vor, verhältnismäßig wenig Ciliaten, Carchesium, Chilodon und Chocnia fehlen.

KOLKWITZ[2] hat festgestellt, daß sich bei der Überlastung die Bakterien stark vermehren. Es treten bei Überlastung Spirillen und große bewegliche Stäbchen auf, die den Aktivierungsprozeß nachteilig beeinflussen können.

2. Biochemischer Sauerstoffbedarf des belebten Schlammes. Richtiger als die von verschiedenen Seiten vorgeschlagene Methylenblauprobe scheint die Bestimmung des biochemischen Sauerstoffbedarfs zu sein. Sie erfolgt am besten nach der direkten Methode von SIERP-FRÄNSEMEIER[3]. In einem Apparat (s. Abb. 169) wird belebter Schlamm mit Luft oder Sauerstoff in innige Berührung gebracht und die Sauerstoffaufnahme volumetrisch gemessen.

Ein in gutem Zustand befindlicher Schlamm hat eine stets gleichmäßige Sauerstoffaufnahme, die er zu seiner Atmung nötig hat. Die Angaben über die Menge des zur Atmung nötigen Sauerstoffs gehen zur Zeit auseinander. Richtiger als die Beziehung auf das Volumen ist die Berechnung auf die Trockensubstanz. Hier schwanken die Angaben zwischen 5 bis 10 mg/Liter Sauerstoff/1 g Trockensubstanz/Stunde. Für die Kläranlage Chikago North Side beträgt er 7 mg/1 g Trockensubstanz/Stunde. Diese Berechnung ist die richtigere, da sie ermöglicht, die Sauerstoffaufnahme in ein Verhältnis zur Zeit und zur wirklich angewandten

[1] DONALDSON: Sewage Works Journ. 1932, 4, 48.
[2] KOLKWITZ: Kleine Mitt. Wasser-, Boden-, Lufthygiene, Beiheft 3, April 1926.
[3] SIERP-FRÄNSEMEIER: Techn. Gemeindebl. 1931, 34, 233.

Schlammenge zu setzen. Der Sauerstoffverbrauch steigt proportional mit den organischen Stoffen im Schlamm.

Zur Bestimmung des biochemischen Sauerstoffbedarfs kann auch die Nitratmethode angewandt werden, da der belebte Schlamm imstande ist, den Sauerstoff in jeder ihm dargebotenen Form aufzunehmen und daher auch Nitrate zu seiner Atmung zu benutzen.

3. Als weiteres Mittel für die Beurteilung der Güte des belebten Schlammes gibt WELDERT[1] die *Drainierungsform* auf einem Filter und die Bestimmung des abgegebenen Wassers sowohl nach der Menge als nach der Zeit an. Schlecht drainierbarer Schlamm zeigt, daß er sein Wasser hartnäckig festhält und daher Blähschlammeigenschaft hat. Der bei einer Abwassertemperatur von + 12° C gewonnene Belebtschlamm gibt auf einem Filter sein Wasser 20mal rascher ab, als der bei + 4° C erhaltene Belebtschlamm.

q) Blähschlamm.

Belebter Schlamm zeigt besonders bei Überlastung und Unterbelüftung und bei plötzlichem Zufluß größerer Mengen stark organisch verschmutzter Abwässer, insbesondere industrieller Abwässer, die unangenehme Eigenschaft des Aufblähens, eine Erscheinung, die in kleinen Anlagen häufiger auftritt als in großen Anlagen. Das Volumen des Schlammes wächst plötzlich stark an, ohne daß die Trockensubstanz des Schlammes höher wird. Gleichzeitig geht die Reinigungswirkung des Schlammes erheblich zurück. Im Frühjahr und Herbst zeigen Belebtschlammanlagen für kurze Zeitperioden verminderte Leistungen. Über die Ursache ist bis jetzt nichts bekannt. Sie dürfte aber in Vegetationsänderungen der die Reinigung bewirkenden Organismen zu suchen sein, zumal mit diesen Veränderungen auch ein auffallender Wechsel der Farbe des belebten Schlammes einhergeht. Man findet in der Literatur eine große Anzahl zum Teil sich widersprechender Angaben über die Ursachen und Art des Auftretens von Blähschlamm. Es können sich am Boden durch feine Sandablagerungen, die bei Regengüssen usw. mitgerissen worden sind, im Belüftungsbecken Faulnester gebildet haben, die ihren schädlichen Einfluß auf den belebten Schlamm ausüben. Die Belüftungszeit kann zu kurz sein, um den Schlamm für alle Fälle in guter Verfassung zu halten. Bei zu langen Aufenthaltszeiten in den Nachklärbecken kann der Schlamm einen Teil seiner adsorptiven Eigenschaften einbüßen, besonders in den Fällen, wo er angefaultes Abwasser zu reinigen hat oder wenn das Abwasser, z. B. bei Regenfällen, noch große Mengen Schwebestoffe mitführt.

SCOTT[2] führt das Auftreten des Blähschlammes auf die Zuführung zu großer Mengen Kohlenhydrate, wie Stärke und Zucker und auch Phenol zurück. Nach seinen Angaben sollen stark organisch verschmutzte Abwässer von Stärkefabriken und Brauereien und auch noch Abwässer mit anderen kolloiden Stoffen die Ursache für das Auftreten von Blähschlamm sein. Diese Annahme kann besonders in den Fällen zutreffend sein, wo die Blähschlammbildung auf ein verstärktes Auftreten von Sphaerotilus zurückzuführen ist.

Für die Annahme, daß Unterbelüftung die Ursache der Blähschlammbildung sein kann, spricht die Tatsache, daß beim Auftreten von Schwefelwasserstoff in Abwässern, also z. B. bei angefaulten Abwässern, die Gefahr der Blähschlammbildung viel größer ist. Bei einer Konzentration von 1—2 mg/Liter Sauerstoff kann es bereits zur Bildung von Schwefelwasserstoff kommen, der dann die Entwicklung der Schwefelbakterien (Beggiatoa) begünstigt. BUSWELL, SHIVE und NEAVE[3] stellten fest, daß das Alter der Bakterien bei der Blähschlammbildung eine große Rolle spielt. Erst wenn die Bakterien Sporen bilden, tritt Blähschlamm auf, weil sich dann keine zusammenhängenden Flocken mehr bilden können.

Es ist eine ganze Reihe verschiedener Hilfsmittel zur Bekämpfung der Blähschlammbildung angegeben worden. In erster Linie wird empfohlen, den

---

[1] WELDERT: Kleine Mitt. Landesanst. Wasser-, Boden- u. Lufthygiene 1926, 2, 101.
[2] SCOTT: The Surveyor 1928, 345.
[3] BUSWELL, SHIVE u. NEAVE: Bull. 25 of the Division of the Illinois States Water Survey.

Blähschlamm durch stärkere Belüftung und geringere Belastung zu beseitigen. DONALDSON konnte die Blähschlammbildung durch Änderung des p_H-Wertes beseitigen. Auf der Kläranlage Tennefly hat er festgestellt, daß er, wenn er den p_H-Wert auf 8,6—8,8 steigerte und sich dieser p_H-Wert während der 4stündigen Belüftungszeit nicht veränderte, den Blähschlamm bekämpfen konnte.

Ferner ist empfohlen worden, durch Zugabe von Chlorkalk zum Abwasser oder von Chlor zu der eingeblasenen Luft in Mengen von 0,01—0,1% bzw. von 0,7—7,0 mg/Liter, bezogen auf Rücklaufschlamm, den Blähschlamm zu bekämpfen.

r) Chironomidenschäden.

Ein großer Feind des belebten Schlammes sind die Larven der Zuckmücke (Chironomus). In einzelnen Kläranlagen kommt es besonders in den wärmeren Jahreszeiten, und zwar in den Monaten August und September, sehr leicht zur Bildung von Chironomiden. Die Zuckmücken legen an der Wasserluftgrenze in 1—2 cm großen schleimigen Fäden ihre zahlreichen in Spiralen angeordneten Eier ab, die sich dann besonders in den Monaten August und September an ruhigen Stellen des Beckens weiter entwickeln können. Sie treten dann plötzlich oft in so großer Zahl auf, daß sie innerhalb kurzer Zeit die Hauptmenge des belebten Schlammes ausmachen. Sie kapseln sich in dem Schlamm ein und benutzen den Schlamm als Nahrungsstoffe. Ein derartiger Schlamm, der in der Hauptsache aus Chironomuslarven besteht, ist für die Reinigung wertlos, da er keinerlei adsorptive Eigenschaften mehr hat.

Zur Beseitigung der Chironomiden haben sich am besten Spülsiebe, die zwischen Rücklaufschlammpumpe und Zulauf zum Belebungsbecken geschaltet werden, bewährt. Das Sieb fängt aus dem Rücklaufschlamm die Chironomidenlarven heraus, die dann in dem Faulraum geleitet und mit dem Frischschlamm zusammen ausgefault werden. Neuerdings ist von BUCHMANN[1] empfohlen worden, durch Zugabe eines Insektizids, z. B. Insektenpulver, die Chironomiden zu bekämpfen. Hierzu verwendet er ein Pulver aus gemahlener trockener Blüte einer Pyrethrumart. Das Insektenpulver wird in bestimmten, abgewogenen Mengen auf die Wasseroberfläche gestreut und verteilt sich dann selbsttätig durch das Wasser. Bei Anwendung von 2,5 mg/Liter dieses Pulvers tritt innerhalb 4—6 Stunden eine so starke Lähmung der Chironomidenlarven ein, daß sie vollkommen lebensunfähig werden und absterben.

s) Nachklärbecken.

Ist die Belüftungszeit zu Ende, so muß der belebte Schlamm möglichst schnell und vollständig von dem gereinigten Wasser getrennt werden, damit er bald im Kreislauf dem neu ankommenden zu reinigenden Wasser zugeführt wird. Da es sich um einen ausgesprochenen Flockenschlamm handelt, ist die Klärwirkung weniger von der Oberfläche, als vielmehr von der Zeit abhängig. Tiefe Becken sind bei gleicher Oberfläche viel günstiger als flache. Bei dem leichten Flockenschlamm ist die aufwärts gerichtete Bewegung vorteilhaft, weil das Abwasser gewissermaßen durch das sich beim Niedersinken der Flocken bildende „schwebende Filter" filtriert wird, das auch die feinsten Flocken zurückhält. Die Geschwindigkeit der aufsteigenden Wasserbewegung kann dann größer sein (etwa 0,5—1 mm/Sek.), weil die Sinkstoffe sich zu größeren Flocken zusammenballen, die rascher absinken. Man rechnet bei Flockenschlamm mit einer Durchflußzeit von 1—$1^1/_2$ Stunde. (Die aufsteigende Wasserbewegung ist 0,4 bis 0,8 mm bei 4 cm Vertikalbewegung und die Oberflächenbelastung stündlich 2,5 cbm/qm.) Die nach diesem Prinzip gebauten Dortmundbrunnen haben sich sehr gut bewährt (s. Abb. 51).

In großen Anlagen wird der Bau von so zahlreichen, tiefen Trichtern oft zu umständlich. Man zieht dann Flachbecken mit Schlammkratzern vor. Im Gegensatz zu den tiefen Becken mit einer Stunde Durchflußzeit rechnet man in diesen Fällen mit 2—3 Stunden Durchflußzeit.

---

[1] BUCHMANN: Zeitschr. Gesundh.-Techn. u. Städtehygiene 1932, **31**.

In kleineren Anlagen ist der selbsttätige Schlammrücklauf eingeführt. Er ist zuerst im Jahre 1915 von LESLIE C. FRANK vorgeschlagen worden, der damals die Emscherbrunnen von Baltimore in eine Schlammbelebungsanlage umbauen wollte. Das Wesen des FRANKschen Verfahrens geht aus Abb. 152 auf S. 426 hervor.

In vielen Belebungsanlagen hat man durch den Einbau von Taschen, in denen die Bewegung des Wassers aufgehoben ist, ähnliche Verhältnisse wie bei dem FRANKschen Verfahren geschaffen. Auch in diesen Fällen rutscht der Schlamm durch einen Schlitz wieder selbständig in das Belebungsbecken zurück (s. Abb. 163 und 164, S. 433).

Der in den zuerst beschriebenen Nachklärbecken sich ansammelnde Schlamm wird durch Wasserdruck durch besondere Schlammablaßrohre zu einem Schacht geleitet, aus dem er dann durch besondere Pumpen wieder zum Zulauf befördert wird. Zum Rückpumpen des belebten Schlammes haben sich Kreiselpumpen mit geringen Umdrehungen sehr bewährt. Wendet man Pumpen mit hohen Umdrehungszahlen an, so besteht die Gefahr, daß der Schlamm kolloid zerschlagen wird, wodurch er in seiner Wirksamkeit sehr geschwächt werden kann. KESSENER wendet für die Beförderung des Rücklaufschlammes bei seinem Verfahren das bekannte holländische Schöpfrad an. Es kann durch Vergrößerung oder Verkleinerung des Segmentquerschnittes auf verschiedene Leistungen eingestellt werden. Er schaltet das Schöpfrad direkt an die Bürsten, die die Bewegung des Wassers zur Oberflächenbelüftung in den Belebungsbecken durchführen und hat hierdurch den großen Vorteil, daß er bei großer Leistung geringen Kraftbedarf benötigt.

t) Beseitigung des Überschußschlammes.

Während der Rücklaufschlamm ständig durch die Anlage kreist, vermehrt er sich durch die adsorbierten Schmutzstoffe, die Nahrungsaufnahme und das Wachstum der Lebewesen. Die Schlammenge, die z. B. morgens nach einstündiger Absetzzeit mit 12% gemessen wurde, beträgt abends vielleicht schon 15—18%. Dieser Schlammzuwachs muß regelmäßig als Überschußschlamm beseitigt werden. Die Menge des zu beseitigenden Überschußschlammes ist sehr groß und seine Beseitigung stellt eine der Hauptaufgaben des Belebtschlammverfahrens dar. CRAMER und WILSON geben an, daß sie ständig 10% des Rücklaufschlammes als Überschußschlamm beseitigen. IMHOFF rechnet mit einer Überschußschlammmenge von 2,5 Liter/Kopf/Tag, gemessen nach einstündiger Absetzzeit im Spitzglas. Die tägliche Überschußschlammenge beträgt etwa $^1/_3$—$^1/_4$ der gesamten, in der Anlage arbeitenden Schlammenge. Der belebte Schlamm wird also nur 3—4 Tage alt. ARDERN gibt für Pittington eine Überschußschlammenge von 24 cbm/1000 cbm Abwasser an. Der Überschußschlamm enthält in der Trockensubstanz etwa 33% mineralische Bestandteile und hat einen Stickstoffgehalt von 5—7% und einen Gehalt von 4% Phosphorsäure. Belebter Schlamm ist reich an Nukleoproteinen und ihren Abbaustoffen[1]. Der hohe Gehalt des Überschußschlammes an nitrifizierenden Bakterien wird auch seinen Düngewert erhöhen.

Für die Beseitigung des Überschußschlammes sind die verschiedensten Vorschläge gemacht worden. In England, wo große Flächen Land zur Verfügung stehen und wo auch der Frischschlamm auf diese Weise beseitigt wird, ist noch immer die Unterbringung auf Geländeflächen durch Verrieseln oder Beerdigen in Furchen üblich. Die Unterbringung des Überschußschlammes in großen Erdbecken bzw. Schlammteichen oder Schlammrinnen führt sehr leicht zu üblen Geruchsbelästigungen. Es können sich in diesen Becken auch sehr leicht Fliegen und Moskitos entwickeln, die dann zu großen Belästigungen in der Nachbarschaft Veranlassung geben. Für die in Bau befindliche Kläranlage in New York ist vorgesehen, einen Teil des Überschußschlammes zu Trockendünger zu verarbeiten und den größeren Teil durch Tankschiffe zu versenken.

DONALDSON[2] trocknet in Texas (New Jersey) den Überschußschlamm in glasüberdachten Trockenplätzen bzw. auf einem Sandgrund. Der so getrocknete Schlamm wird allgemein zur Geländeauffüllung und zu Dungzwecken benutzt. Die Errichtung derartiger glasüberdachter Trockenplätze dürfte für europäische Verhältnisse zu teuer sein.

Auf mehreren Kläranlagen wird der Schlamm auf Vakuumfiltern abgesaugt und der entstandene Kuchen in durch Abhitze beheizten Trockentrommeln getrocknet. Die Schlammkuchen werden in Trockentrommeln mit indirekter Beheizung, die 18 m lang sind und 2,1 m

---

[1] KEIM: Techn. Gemeindebl. 1924, **27**, 202.
[2] DONALDSON: Sewage Works Journ. 1929, **1**, 333.

Durchmesser haben, weiter getrocknet, wobei der Wassergehalt von 82% auf 3% heruntergeht. Aus sehr kaltem Abwasser (also im Winter) gewonnener Schlamm läßt sich durch Pressen schlecht entwässern. Dieser Schlamm besteht aus sehr feinen Teilchen, welche keinerlei Neigung haben, sich zu größeren Flocken zu vereinigen und daher die Preßtücher rasch verstopfen. Auch ein unterbelüfteter Schlamm läßt sich viel schlechter auf Vakuumfiltern entwässern als ein normaler, gut belüfteter Schlamm. Es handelt sich in beiden Fällen um sog. Blähschlamm.

Zur besseren Abscheidung des Wassers auf den Vakuumfiltern wird der Schlamm zunächst mit Chemikalien (Eisensulfat mit und ohne Chlor, Aluminiumsulfat, Chlorgas usw.) behandelt, wodurch die wasserbindenden Kolloide ausgeflockt bzw. zerstört werden. Auf der Kläranlage Milwaukee wird der gesamte anfallende Überschußschlamm nach dem Abfiltrieren auf Zellenfiltern in Heißlufttrommeln getrocknet und als Düngemittel unter der Bezeichnung „Milorganit" (Milwaukee organic Nitrogen) in den Handel gebracht. Er findet sehr guten Absatz, zumal er sich für Rasenplätze sehr gut bewährt hat. Bei dem Maclachanverfahren wird in den belebten Schlamm so lange heißes Schwefeldioxydgas eingeleitet, bis ein p_H-Wert von 3,8 erreicht ist. Die wasserbindenden Kolloide sind dann zerstört, so daß der Schlamm leicht entwässert.

Weiterhin sind Versuche gemacht worden, den belebten Schlamm durch Mischen mit Müll zu entwässern und dann zu kompostieren. Der durch Absieben gewonnene Feinmüll

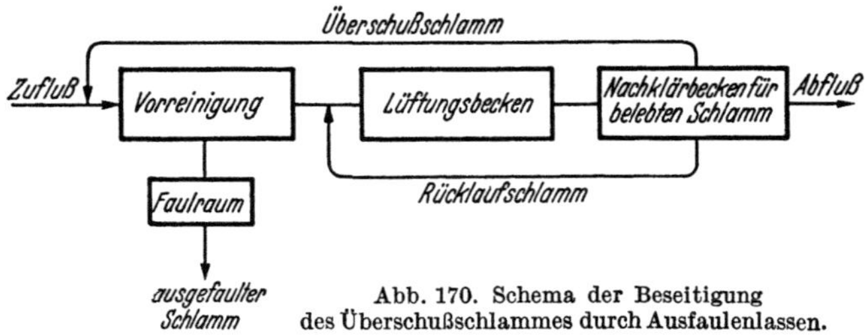

Abb. 170. Schema der Beseitigung des Überschußschlammes durch Ausfaulenlassen.

saugt begierig belebten Schlamm auf. Wenn er häufig umgegraben und mit geringen Mengen Kalk versetzt wird, kompostiert er recht schnell.

Die bisher geschilderten Verfahren sind wegen der hohen Anlagekosten und der hohen Betriebskosten für deutsche Verhältnisse nicht tragbar. Die von IMHOFF vorgeschlagene Ausfaulung des belebten Schlammes bricht sich immer mehr Bahn und hat auch auf großen amerikanischen Anlagen und in England bereits Eingang gefunden. Bei diesem Verfahren (s. Abb. 170) wird der Überschußschlamm ständig in den Zulauf zur mechanischen Reinigung gepumpt, wo er sich mit dem in der Vorreinigung abgeschiedenen Frischschlamm mischt und von dort in den Faulraum gelangt. Belebter Schlamm allein fault schlecht aus. Es müssen mindestens 15% Frischschlamm zugemischt werden.

Hinderlich ist dabei nur die Menge des Überschußschlammes. Sie beträgt etwa 5 Liter je Kopf und Tag mit etwa 99% Wasser oder 2,5 Liter mit 98% Wasser (nach einstündigem Stehen) und ist somit bedeutend größer als die Menge des Frischschlammes (0,9 Liter/Kopf und Tag mit 94% Wasser). Es kommt vor allem darauf an, den Wassergehalt und damit die Schlammenge zu verringern, ehe man den Schlamm in den Faulraum pumpt. Dies gelingt in einfachster Weise dadurch, daß man den Überschußschlamm vor den Vorklärbecken mit dem Abwasser mischt, so daß er sich dann gemeinsam mit dem Frischschlamm in der Vorklärung ausscheidet. Wenn die Vorklärbecken richtig arbeiten, ist der durch das Mischen erhaltene Schlamm bedeutend wasserärmer und an Menge geringer als der Überschußschlamm vorher gewesen ist, obwohl der Abwasserschlamm hinzugekommen ist. Als gemischter Schlamm wird nach den Erfahrungen auf der Kläranlage Essen-Rellinghausen nur noch 1,8 Liter/Kopf und Tag mit einem Wassergehalt von 94% anfallen. Dieser Schlamm kann ohne weiteres in Faulräumen ausgefault werden. Die Gasmenge des Faulraumes wird durch das Hinzukommen des belebten Überschußschlammes verdoppelt. Sie steigt von 12 Liter auf etwa 24 Liter/Kopf und Tag. Durch die Ausfaulung steigt der Wassergehalt des ausgefaulten Schlammes, der bei Frischschlamm allein bis auf 80—85% heruntergeht, auf 90—92%. Da nebenbei die Trockenmasse des gemischten Schlammes verdoppelt wird, steigt die Menge des ausgefaulten Schlammes von 0,2 auf 0,8 /Liter/Kopf/Tag, also auf das 4fache. Hieraus folgt, daß man auch die Schlammtrockenplätze gegenüber den Schlammtrockenplätzen mit nur mechanischer Vorreinigungsanlage 4mal so groß machen muß. Bei den Faulräumen genügt es jedoch, sie auf das 3fache zu vergrößern.

u) Wirkung des Belebtschlammverfahrens.

Der Hauptvorteil einer Schlammbelebungsanlage liegt in ihrem außergewöhnlich hohen Wirkungsgrad. Die Reinigung erstreckt sich nicht nur auf die von der Vorreinigung her noch vorhandenen ungelösten und kolloiden Stoffe, sondern auch auf die gelösten Stoffe. In erster Linie werden die von der Vorreinigung noch vorhandenen absetzbaren und auch die nicht absetzbaren Schwebestoffe und die die graue Trübung des Abwassers hervorrufenden kolloiden Stoffe in einem so hohen Grade aus dem Abwasser entfernt, daß der gereinigte Abfluß völlig klar ist und selbst nur noch Spuren von Schwebestoffen, das sind Reste von belebtem Schlamm, im Mittel etwa 5—20 mg/Liter, enthält. Mit den Kolloiden werden in den meisten Fällen auch alle grobdispersen, kolloiden Farbstoffe entfernt, so daß die von diesen hervorgerufenen Färbungen entfernt werden. Ist der Abfluß noch gefärbt, so sind diese Färbungen auf die Anwesenheit schwer oxydierbarer, hochdisperser Farbstoffe zurückzuführen, von denen die ersteren dann durch Adsorption an hochaktive Stoffe, wie gefälltes Eisenhydroxyd oder aktive Kohle, entfernt werden können. Die dem Wasser anhaftenden, üblen Gerüche werden teils unmittelbar oxydiert, teils absorbiert, so daß der Abfluß ziemlich geruchlos ist. Der Abfluß hat nur noch einen erdigen Geruch, wie ihn auch reines Bachwasser aufweist. Richtig betriebene Schlammbelebungsanlagen arbeiten vollständig geruchlos und sind auch vollständig frei von Fliegenbelästigungen.

Gleichzeitig mit der Ausfällung der ungelösten Stoffe geht auch die Oxydation der gelösten Stoffe vor sich. Diese gibt sich in einer starken Abnahme der Oxydierbarkeit und des biochemischen Sauerstoffbedarfs zu erkennen. Die Abnahme sollte in beiden Fällen mindestens 90% betragen.

Bei der weiteren Oxydation der Stickstoffverbindungen tritt Nitratbildung auf. Das gebildete Nitrat kann in Fällen geringer Luftzuführung dann als Sauerstoffquelle dienen. Dies führt dazu, daß die Nitrifikation und Nitratreduktion von der Belüftungsintensität abhängt. Nur bei genügender Belüftung tritt eine Überführung von Ammoniak in Nitrit und schließlich in Nitrat ein.

Während frisches Abwasser stark fäulnisfähig ist, zeigen alle gut arbeitenden Schlammbelebungsanlagen einen fäulnisunfähigen Abfluß. Infolge der starken Belüftung zeigt der Abfluß meist noch einen mehr oder weniger großen Sauerstoffgehalt. Der Sauerstoffgehalt im Ablauf schwankt bei einer normal betriebenen Anlage zwischen 5—9 mg/Liter, so daß man dieses Abwasser unbedenklich in jeden Vorfluter, auch in den kleinsten, ablassen kann. Versuche haben ergeben, daß man es in solchen Fällen unbedenklich zur Speisung von Fischteichen benutzen kann.

Sehr wichtig ist die Einwirkung des Verfahrens auf Bakterien, insbesondere Krankheitserreger. Über die Abnahme der Bakterien durch das Schlammbelebungsverfahren ist von verschiedenen Forschern (Gaub, Greer, Haller, Weldert, Courmond-Rochaix) gearbeitet worden. Gaub, Greer, Haller und Weldert fanden eine 90%ige, während Bruns und Sierp, Cramer, Wilson und andere Forscher sogar 98—99% Abnahme feststellten. Bruns und Sierp fanden bei Typhusbacillen bei 6stündiger Belüftung und einer Temperatur des Wassers von 15° eine Abnahme von 96—98%, bei Paratyphusbacillen eine Abnahme von 97—98% und bei Cholerabacillen ebenfalls eine Abnahme von 98%. Ein weiterer Versuch wurde mit Milzbrandbacillen gemacht, die infolge der Sporenbildung nur eine Abnahme von 55% zeigten.

Infolge der starken Abnahme der Keime braucht man bei dem hohen Reinigungsgrad den der Abfluß erreicht, in den Fällen, wo eine vollkommene Sterilisation verlangt wird, nur noch verhältnismäßig geringe Mengen Chlor zusetzen. An Stelle der sonst benötigten Mengen von 25—35 g/cbm für ungereinigtes Abwasser genügen jetzt meistens schon Mengen von 1—2 g/cbm.

v) Einfluß gewerblicher Abwässer.

In den Städten, in denen große industrielle Betriebe ihr Abwasser in die Kanalisation abgeben, müssen Art und Menge der gewerblichen Abwässer berücksichtigt werden. Die aus industriellen Betrieben stammenden Abwässer können ihren Einfluß äußern:

1. In physikalischer Beziehung durch Änderung der Temperatur, der Farbe, der Trübung, des Geruches und der suspendierten Stoffe.

2. In chemischer Beziehung durch Änderung der Acidität, der Alkalität, des Gehaltes an mineralischen und organischen Stoffen, an Fett, Öl, Benzin usw.

3. In biologischer Beziehung. Die Änderung der chemischen Zusammensetzung muß sich auch in vielen Fällen in biologischer Hinsicht auswirken, da ja die biologische Wirksamkeit des Verfahrens von der Konzentration des Abwassers abhängt. Enthalten die Abwässer Giftstoffe, so können diese desinfizierend und stimulierend wirken. Gegen bestimmte Bakteriengifte zeigt das Belebtschlammverfahren gute Anpassungsfähigkeit.

Da das Belebtschlammverfahren in erster Linie biologisch wirkt, so geht hieraus hervor, daß alle Wässer, die Nährstoffe für Bakterien und Protozoen enthalten in Mischung mit häuslichem Abwasser durch das Belebtschlammverfahren leicht gereinigt werden können. Wird bei diesen Abwässern jedoch die Grenze der Nährlösungen weit überschritten, so kann das Gegenteil eintreten und durch die Konzentrationen Hemmungserscheinungen auftreten. Konzentrierte Abwässer stellen oft eine zu einseitige Kost für die die Reinigung bewirkenden Organismen dar. Man muß daher dafür sorgen, daß an Stellen, wo industrielle Abwässer in die städtische Kanalisation gelangen, diese möglichst gleichmäßig über den Tagesabschnitt verteilt werden. Auf diese Weise wird verhindert, daß die Konzentration des häuslichen Abwassers zu starke Schwankungen aufweist. Starke Schwankungen in der Konzentration stellen an die Schlammbelebungsanlage in bezug auf die Luftmenge, Aufenthaltszeit usw. große Anforderungen.

In vielen Fällen hat man das Belebtschlammverfahren direkt oder in mehr oder weniger starker Mischung mit häuslichen Abwässern oder mit Rücklaufwasser zur Reinigung gewerblicher Abwässer benutzt. KESSENER hat es zur Reinigung von Schlachthof- und Molkereiabwasser mit gutem Erfolg angewandt. Auf der Kläranlage Sioux Falls[1] wird ein Abwasser, das 50% Schlachthofabwasser enthält, durch das Belebtschlammverfahren gereinigt, obwohl sich Blähschlamm und ein sehr hoher Nitritgehalt (360 mg/Liter) bildete. In Elmshorn wird Gerbereiabwasser, das mit der 1—2fachen Menge häuslichen Abwassers verdünnt wird, in einer Belebtschlammanlage gereinigt. Sehr bewährt hat es sich für phenolhaltige Abwässer aus Kokereien, Gasanstalten, Nebenproduktengewinnungsanlagen, in den Fällen, wo der Phenolgehalt durch Mischung mit häuslichem Abwasser auf etwa 100—150 mg/Liter heruntergedrückt werden konnte.

Stark saure, verschmutzte anorganische Abwässer, z. B. aus Beizereien, mit einem Gehalt an freier Säure oder an giftigen Salzen, wie Kupfer, Zink, Nickel, Chromsalze sowie stark alkalische Abwässer von Strohpappenfabriken, Neutralisationsanlagen und Kokereien können unter Umständen den Betrieb stillegen.

In Bradford hat REDDY neuerdings Versuche zur Reinigung von Wollwaschwässern gemacht. Wollwaschwasser ist stark albumin- und proteinhaltig und zeichnet sich durch einen außergewöhnlich hohen Fettgehalt (Lanolin) aus. Die Versuche ergaben eine Abnahme von 80—90% der vorhandenen Eiweißstoffe und nur eine Abnahme von 40—50% des vorhandenen Fettgehaltes. Auf der Kläranlage Kettwig sind von SIERP Versuche mit einer Stufenreinigung durchgeführt worden. Bei zweistufiger Schlammbelebungsanlage wurde die Hauptmenge des Fettes in der I. Stufe zurückgehalten, so daß die II. Stufe fähig war, eine endgültige Reinigung durchzuführen. Auf der Kläranlage Bradford besteht eine zweistufige Anlage aus Tropfkörpern, die ebenfalls einen guten Erfolg hatte.

In neuerer Zeit haben HEIDUSCHKA und GÖBEL[2] weitere Versuche über die Beeinflussung von belebtem Schlamm durch in industriellen Abwässern enthaltene Bestandteile durchgeführt. Sie kommen zu dem Ergebnis, daß der belebte Schlamm sich an bactericide Stoffe, sogar an Kupfersulfat, gewöhnen kann. Ein belebter Schlamm konnte nach längerer Betriebszeit die 3fache Menge des Anfangsgehaltes an Kupfersulfat verarbeiten. Die von den beiden Forschern durchgeführten Stoffe sind in einer Reihe nach ihrem schädigenden Einfluß aufgeführt, wobei sie die schädigende Wirkung des Phenols auf belebten Schlamm = 1 setzen. Es ergab sich folgendes Bild.

Phenol	1	Ätznatron	20,4
Kresol	2	Schwefelsäure	167
Schwefelnatrium	6,5	Kupfersulfat	218
Schweflige Säure	9,7	Chlor	430

[1] BRAGSTAD u. BRADNEY: Sewage Works Journ. 1937, **9**, 959.
[2] HEIDUSCHKA u. GÖBEL: Chem.-Ztg. 1932, **56**, 589.

L. Hauskläranlagen und Kleinkläranlagen.

Wenn man auch im allgemeinen an der zentralen Abschwemmung des häuslichen Schmutzwassers und der menschlichen Abfallstoffe durch Entwässerungsanlagen festhalten soll, weil sie diese Aufgabe sowohl technisch, wie auch hygienisch am vollkommensten lösen, gibt es auch heute noch eine Anzahl von Fällen, wo man Siedlungen, Einzelhäuser, wie Kasernen, Sanatorien, Erholungsheime, allein liegende Hotels, Villen, Landhäuser usw. durch eine Hauskläranlage oder Kleinkläranlage entwässern muß, um die anfallenden Abwässer unschädlich zu machen. In allen den Fällen, wo ein Anschluß an ein zentrales Entwässerungsnetz möglich ist, sollte darauf gedrungen werden, daß an dieses angeschlossen wird. In den meisten Fällen wird der Anschluß an das Netz noch viel wirtschaftlicher sein als der Ausbau vieler einzelner, oft schlecht bedienter und daher schlecht wirkender Einzelkläranlagen. Dies gilt ganz besonders für viele kleinere Städte, wo manche Stadtverwaltung die lästige Aufgabe der Abwasserreinigung ohne Rücksicht auf die hygienischen Belange einfach auf die Hausbesitzer abgewälzt hat. Auf diese Weise sind den Hausbesitzern oft doppelte Kosten entstanden, da die Stadt später doch gezwungen war, eine Kanalisation mit zentraler Kläranlage zu bauen. Auch die Ansicht mancher Stadtverwaltungen, daß man nach dem Ausbau der Kanalisation die Hauskläranlagen zum Zurückhalten der festen Stoffe beibehalten müsse, muß als überholt angesehen werden, da es nach dem heutigen Stande der Abwassertechnik richtiger ist, das Abwasser frisch in den zentralen Kläranlagen zu behandeln. An Kanalisationsnetze angeschlossene Klein- bzw. Hauskläranlagen bringen aber stets angefaultes Abwasser und verursachen deshalb in den zentralen Frischwasserkläranlagen oft sehr große Schwierigkeiten. Da die Bedingung der Frischerhaltung in Kleinkläranlagen nicht immer eingehalten werden kann, so kann man die Beseitigung auf anaerobem Wege vornehmen und die anfallenden Schmutzstoffe in genügend großen Faulgruben durch Ausfaulenlassen so weit zersetzen, daß sie nicht mehr schädlich wirken können.

In Gartenstädten und Wohnsiedlungen, die oft sehr weit vom eigentlichen Stadtgebiet entfernt liegen, können Kleinkläranlagen heute noch aus verschiedenen Gründen eine große Bedeutung haben. Wenn eben möglich, sollte man alle Siedlungen aus hygienischen Gründen mit den modernen Errungenschaften der Wohnkultur mit zentraler Wasserversorgung, dann aber auch mit Spülabort und Bad versehen. In derartigen Siedlungen ist aber oft sehr viel Land zur Verfügung, auf dem die mit den häuslichen Abwässern anfallenden Dungstoffe verwertet werden können. Diese Verwertung sollte, soweit dies möglich ist, im Interesse unserer Wirtschaft angestrebt werden, ganz besonders in ländlichen Gegenden und dort, wo besonders gute Bodenverhältnisse sind.

Die in Siedlungen usw. anfallende Wassermenge beträgt bei Wohnstätten ohne zentrale Wasserversorgung 20—30 Liter/Kopf und Tag und mit zentraler Wasserversorgung etwa 50—200 Liter/Kopf und Tag. Nach den Feststellungen von Weise sind von den bis jetzt gebauten Frischwasserhauskläranlagen

rund	60%	für Häuser	bis zu	3	Familien
„	20%	„ „	„ „	5	„
„	10%	„ „	„ „	10	„
„	10%	„ „	über	10	„

Die Tatsache, daß in vielen Städten die Hausbesitzer zur Anlage von Hauskläranlagen gezwungen wurden, hat eine eigene Industrie zur Schaffung von Kleinkläranlagen herangebildet. Da aber in sehr vielen Fällen beim Bau von Kleinkläranlagen Abwasserfachleute nicht zu Rate gezogen wurden, so ist allmählich auf dem Gebiete der Kleinkläranlagen ein großes Durcheinander geschaffen, zumal sehr oft die mit marktschreierischer Reklame angebotenen Kleinkläranlagen nicht das hielten, was die Hersteller und Händler von ihnen behaupteten. Schon bald haben die Behörden daher versucht, diese Nachteile zu beseitigen, indem sie Vorschriften erließen, die einmal das unnötige Errichten von Einzelkläranlagen eindämmen bzw. Verbesserungen beim Bau der Kleinkläranlagen durchführen sollten. Von diesen Richtlinien kommen folgende als die wichtigsten in Frage:

1. Runderlaß des Preuß. Min. f. Volkswohlfahrt und des Preuß. Min. f. Dom. u. Forsten vom 31. Dezember 1929. In den Richtlinien für die Beurteilung und Zulassung von Hausklärgruben und Grundstückskläranlagen, denen die Richtlinien der Landesanstalt für Wasser-, Boden-, Lufthygiene zugrunde gelegen haben, ist die Technik der Hauskläranlagen übersichtlich zusammengestellt.

2. Richtlinien der Landesstelle für Gewässerkunde, der biologischen Versuchsanstalt und des Hygienischen Instituts der Universität München vom Februar 1937 für die Beurteilung, Zulassung, Bemessung und Bedienung von Hauskläranlagen.

Beim Bau einer Klärkleinanlage sollten die Grundsätze der Abwasserreinigung dieselben sein wie für die Abwasserbehandlung in großen Kläranlagen. Bei der Übertragung auf die bedeutend kleineren Maßstäbe, müssen verschiedene Gesichtspunkte berücksichtigt werden, wenn die Anlagen ihren Zweck erfüllen sollen. So muß die Hauskläranlage in genügender Entfernung vom Haus angelegt werden. Schon aus ästhetischen und hygienischen Rücksichten sollte man

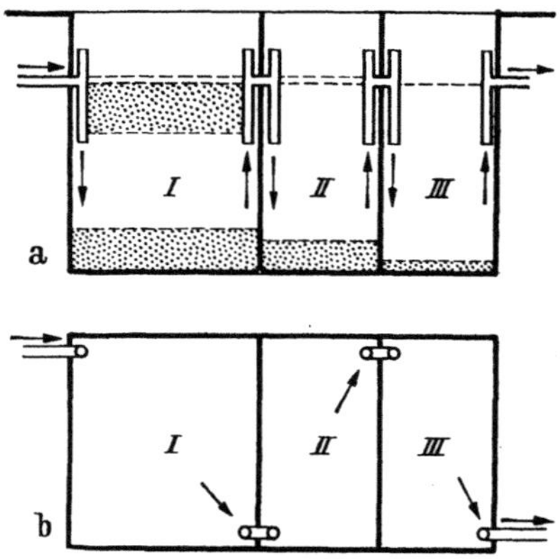

Abb. 171. Dreikammeriger Faulraum mit rechteckigem Grundriß.

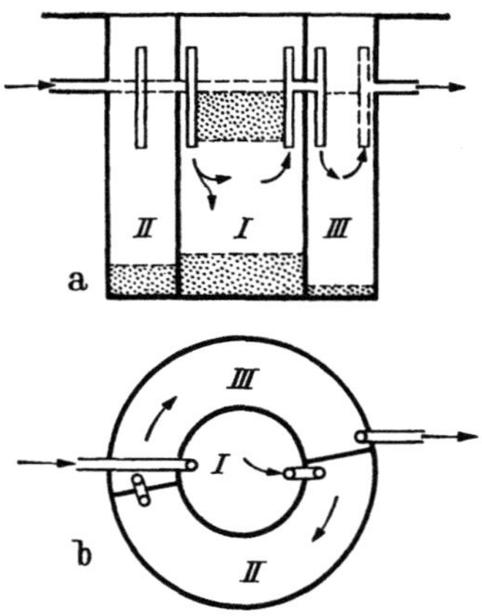

Abb. 172. Dreikammerige Faulgrube mit rundem Grundriß.

alle Klärgruben, die innerhalb des Hauses oder zu dicht am Hause, also auch im Kellergeschoß angebracht sind, verwerfen. Die Entfernung vom Hause soll mindestens 10—15 m betragen. Bei den in Frage kommenden Einzelhäusern, die dazu noch frei im Gelände liegen, braucht in der Regel der für die Kläranlage aufzuwendende Flächenraum nicht so knapp bemessen sein. Durch eine gute Abdeckung und eventuell dichte Umpflanzung der ganzen Anlage muß man die möglichen ästhetischen und hygienischen Sicherungen treffen. Die Anlage muß vollständig geruchlos und fliegenfrei sein. Auf Standsicherheit, Frostsicherheit und Wasserdichtigkeit ist zu achten. Die Anlage soll nur ein Minimum an Aufsicht und Bedienung beanspruchen, da in den seltensten Fällen eine sachgemäße Bedienung durch Hausbewohner in Frage kommt oder durch eine geeignete Arbeitskraft etwa in Nebenbeschäftigung ausgeführt werden kann. Sie soll gut zugänglich und leicht bedienbar sein. Dort, wo keine Möglichkeit besteht, das mechanisch gut entschlammte Abwasser in einen genügend großen Fluß, See oder Teich einzuleiten, muß außerdem eine biologische Nachreinigung angeschlossen werden. Der in der Kläranlage ausgefaulte Schlamm soll in längeren Zeitabschnitten aus dem Faulraum entfernt und dann möglichst auf dem eigenen Gelände als Dungstoff verwandt werden.

Die Zahl der verschiedenen Systeme von Hausklär- und Kleinkläranlagen ist außerordentlich groß. Je nachdem, ob hierbei das Prinzip der Frischerhaltung des Abwassers angestrebt wird oder nicht, sind die Anlagen als Frischwasserkläranlagen oder als Faulgruben anzusprechen. Die ältesten Anlagen schließen sich an die alten Faulkammern (Fosses Mouras) an. In diesen wird bei genügender Größe nicht nur der Schlamm, sondern auch das Wasser ausgefault. Diese durchflossenen Faulräume sind am verbreitetsten und bei Einzelgrundstücken jetzt noch vorherrschend. Aus den früher nur einkammerigen Faulgruben entwickelten sich allmählich die mehrkammerigen Faulgruben. In Abb. 171 ist eine dreikammerige Faulgrube mit rechteckigem Grundriß und in Abb. 172 eine solche mit rundem Grundriß und im Schnitt dargestellt. In der ersten Kammer sollen möglichst weitgehend alle absetzbaren Stoffe abgefangen und zersetzt werden. In den beiden anderen, aber kleineren Kammern sollen die Stoffe, die beim Auftreiben mitgerissen werden, abgefangen und das Abwasser selbst weiter ausgefault werden. Zum Übertritt des Abwassers aus der einen Kammer in die andere haben sich am besten die oben offenen H-förmigen Rohre bewährt, deren Öffnungen etwa in der Mitte der Wasserstandshöhe in den so verbundenen Kammern liegen, mindestens aber 30 cm in das Abwasser eintauchen. Die Anordnung der Tauchrohre ist im Grundriß diagonal zu wählen. Auf diese Weise wird erreicht, daß möglichst wenig Schwimmstoffe und auch Schlamm von der einen Kammer in die andere übergespült wird. In den meisten Fällen werden solche Faulgruben zu klein angelegt, so daß das durchfließende Abwasser die Grube noch in faulendem Zustand verläßt. Gruben, die nur eine 1—2tägige Aufenthaltszeit haben, ergeben einen Abfluß, der reich an Schwefelwasserstoff und giftigen Stoffwechselprodukten der Bakterien ist. Um das Wasser ordentlich ausfaulen zu lassen, sollte der Inhalt eine Mindestausfaulzeit von 12—15 Tagen haben, d. h. bei einem durchschnittlichen täglichen Wasserverbrauch von 20 Liter/Kopf muß mit einem Inhalt von 300 Litern für jeden an die Faulgrube angeschlossenen Einwohner gerechnet werden, erst dann kann man erwarten, daß man einen ausgefaulten, geruchlosen und unschädlichen Abfluß erhält. Diese Faulgruben müssen mindestens alle Jahre einmal entschlammt werden. Wenig verschmutzte Hauswässer und das Regenwasser werden am besten an der Kläranlage vorbeigeführt. Nötigenfalls leitet man es am besten in die letzte Kammer, in der es dann das Abwasser verdünnt. Bei Siedlungen mit zentraler Abwasserabführung liegt die Grenze für den Anwendungsbereich von Faulgruben bei einer Einwohnerzahl von 1000 Einwohnern. Darüber hinaus sollte eine Frischwasserkläranlage angewandt werden.

Der Gesamtnutzrauminhalt muß betragen bei einer Einwohnerzahl von:

1— 10 Personen	. . . .	450 Liter/Kopf
11— 25 ,,	. . . .	375 Liter/Kopf
26— 50 ,,	. . . .	300 Liter/Kopf
51— 75 ,,	. . . .	225 Liter/Kopf
76—100 ,,	und darüber . . .	150 Liter/Kopf

Danach ergibt sich für die kleinste Anlage für den ersten Raum ein Mindestinhalt von 3 cbm und für den zweiten und dritten ein solcher von je 1,5 cbm.

Einem ständigen Bewohner sind bei der rechnerischen Ermittlung des Abwasseranfalles gleichzustellen:

bei Schulen	10 Schüler
,, Gasthäusern	3 Gäste
,, Sommerwirtschaften	15 Gäste
,, Geschäftshäusern	3 Angestellte
,, Fabriken.	5 Arbeiter

In allen anderen Fällen, besonders bei gewerblichen Betrieben, wie Metzgereien, Molkereien usw. ist die wahrscheinliche Abwassermenge aus dem Wasserverbrauch zu ermitteln und für die höhere Konzentration ein entsprechender Zuschlag zu machen.

Um die Faulzeit abzukürzen, hat man besondere Faulgruben, in denen besondere Einrichtungen waren, oder Stoffe, wie z. B. Gärpatronen, eingesetzt werden (Klärgrube Westen) empfohlen. Ein einmaliger Einbau eines sich immer von neuem und von selbst regenerierenden Gärstoffes sollte die Stoffe in kurzer Zeit so weit abbauen, daß ein frischer, fäulnisfähiger Ablauf erhalten wird. Einer strengen Untersuchung haben diese Anpreisungen nicht standhalten können; solche Anlagen sind auch nicht anders wie jede andere Faulgrube zu bewerten.

Um von den großen Ausmaßen der Faulgruben freizukommen, hat man in der neueren Zeit das Prinzip der Frischwasserkläranlagen auch bei den Hausklärgruben angewandt. Bei dem in Abb. 173 dargestellten Kleinemscherbrunnen ist der große Emscherbrunnen weitestgehend nachgeahmt. Das Abwasser soll sich in diesen Anlagen auch nur kurze Zeit, mindestens aber 1 Stunde, aufhalten und hierbei seinen Anteil an absetzbaren Stoffen abgeben, der in den untenliegenden Faulräumen ausgefault wird. Da aber das Abwasser meistens stoßweise anfällt und kein Ausgleich vorhanden ist, wie in einer zentralen Kläranlage, so ist die richtige Bemessung sehr schwierig. Die Hamburger Vorschriften verlangen einen Mindestabsetzraum von 250 Litern und eine Faulraumgröße von 1 cbm Fassungsvermögen. R. KRANZ hat eine Untersuchung bzw. eine Gegenüberstellung der verschiedenen zum Teil mit großer Reklame auf den Markt gebrachten Kleinkläranlagen gebracht. Er kommt hierbei zu dem Ergebnis, daß der einfache, leicht kontrollierbare Kleinemscherbrunnen am besten wirkt, weil er bei der größtmöglichsten Sicherung der Trennung von Absetz- und Faulraum, auch eine weitgehende Abscheidung der absetzbaren Stoffe durchführt unter weitestmöglicher Frischerhaltung des Abwassers.

Bei dem HOFMANN-Klärbrunnen erfolgt durch eine eingebaute Trennschnecke eine Abscheidung der flüssigen Bestandteile von den festen Stoffen. Diese Anlagen arbeiten einwandfrei, wenn ihre Zuleitung gut angelegt ist und regelmäßige Entleerung erfolgt. An Stelle von dem sonst üblichen Beton verwendet man beim Bau der Hauskläranlage nach der „Deak"-Bauweise Formstücke aus Asbestzement, weil dieser widerstandsfähiger gegen die Angriffe durch häusliches Abwasser ist.

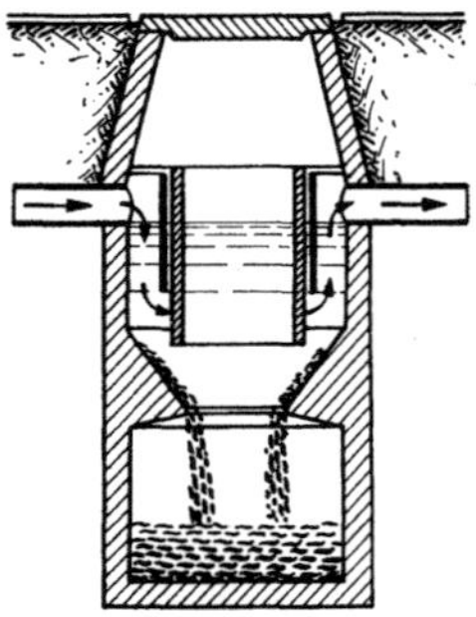
Abb. 173. Kleinemscherbrunnen.

Soll eine möglichst weitgehende Ausnutzung der Dungstoffe erfolgen, so haben sich unter anderen auch Trockenaborte bewährt. Nach einem Vorschlag von Stadtingenieur HEYD in Essen soll man, wie in Abb. 174 dargestellt ist, für jede Siedlung eine Sammelgrube für Trockenabort und eine für das Brauchwasser vorsehen. Die Abortgrube erhält die übliche Größe. Die Grube für das Abwasser soll so groß sein, daß sie wöchentlich nur einmal entleert werden braucht, also etwa 500—1000 Liter fassen. Der Inhalt beider Gruben wird zusammen mit dem Hauskehricht und den übrigen Abfallstoffen einem unbefestigten Komposthaufen übergeben.

Torffilteranlagen, die ihre Vorläufer in den Torftrockenklosetts hatten, sind in den verschiedensten Größen zur Reinigung von häuslichem Abwasser benutzt worden. Bei Kleintorffilteranlagen hinter der Faulkammer einer Hauskläranlage rechnet man für 1 cbm vorgeklärtes Abwasser mit 1 kg Torf, d. h. ein Einfamilienhaus mit 5 Köpfen und 200 Liter je Kopf Abwasseranfall kommt mit einem Filter von 1 qm Fläche aus, wobei der Torf zweimal im Jahr erneuert werden muß. Bei größeren Anlagen spielt die Menge und Art des Abwassers eine große Rolle. Je besser

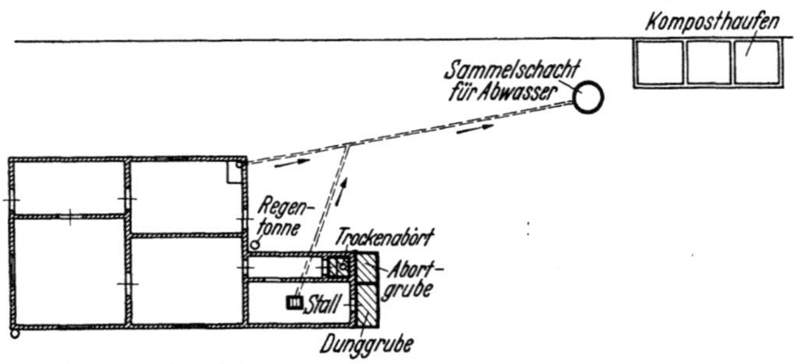

Abb. 174. Plan der Unterbringung des Abwassers auf der Siedlierstelle nach HEYD.

das Wasser vorgereinigt ist, um so wirtschaftlicher gestaltet sich die Reinigung durch Torf. Für die Abwassermenge von 600 Personen mit je 150 Liter/Kopf und Tag wird eine Filterfläche von rund 10 qm benötigt. Diese auf einer Schotterstützschicht ruhende Torfschicht muß aber häufiger erneuert werden. Das ausgeräumte Filtermaterial gibt mit dem Schlamm aus der Faulkammer gemischt, besonders nach dem Kompostieren ein Dungmittel, das, falls es nicht im eigenen Garten verwandt wird, als Fäkaltorf verkauft werden kann.

Wenn eben möglich sollte man die mechanische Reinigung auch noch durch eine biologische Reinigung vervollständigen. Dies gilt besonders für die Fälle, wo der Vorfluter zu klein oder die Ableitung zum nächsten Vorfluter zu weit und daher zu kostspielig sein würde. Wo genügendes Gefälle zur Verfügung steht, kann man hinter die dreikammerige Faulgrube einen Tropfkörper schalten, wie dies bei der in Abb. 175 dargestellten Kleinkläranlage geschieht. Als Tropfkörper haben sich Brockenkörper oder auch die Lattenkörper nach FRANK, die eine sehr gute Durchlüftung haben, bewährt. Die Beschickung erfolgt entweder durch eine DUNBARsche Deckschicht oder durch Kipprinnen. Die Höhe der Tropfkörper darf nicht unter 1,80 m betragen. Die Menge des Tropfkörpermaterials ist so zu bemessen, daß für 1 cbm Abwasser 2 cbm Material vorhanden ist. Die Korngröße des Materials soll etwa 30—50 mm betragen. Koks oder Schlacke haben sich wegen der rauhen Oberfläche bewährt. Nachklärbecken ist bei günstigen Vorflutern unnötig.

Ist das Gefälle nicht so groß und steht genügendes Gelände zur Verfügung, so kann man statt der Tropfkörper auch eine Oberflächenberieselung anschließen. Sehr bewährt hat sich auch in den Fällen, wo ein Gefälle nicht zur Verfügung steht und ein geeigneter Untergrund vorhanden ist, die Untergrundverrieselung. Die Anordnung einer dreikammerigen Faulgrube mit einer Untergrundverrieselung ist in Abb. 176 dargestellt. Für die Anwendung

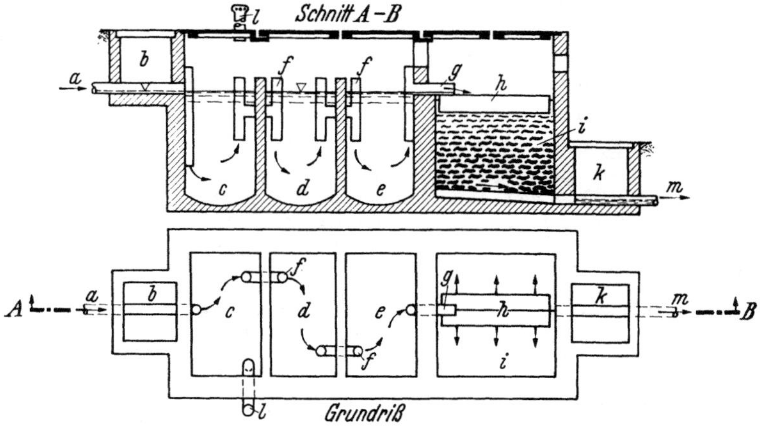

Abb. 175. Dreikammerige Faulgrube mit nachgeschalteter biologischer Reinigung durch Tropfkörper. *a* Zulauf, *b* Vorschacht, *c*, *e*, *e* Faulkammern, *f* Verbindungsrohre, *g* Ablauf nach der Tropfkörperkammer, *h* Ripprinne, *i* Tropfkörper, *k* Ablaufschacht, *l* Lüftungsrohr.

der Untergrundberieselung ist Grundbedingung, daß der Grundwasserstand nicht zu hoch ansteht, da sonst die Verlegung der Drainrohre in geeigneter Tiefe Schwierigkeiten macht. Weiter muß man darauf achten, daß das Abwasser nicht ungereinigt in das Grundwasser durchfallen kann. Trotzdem müssen aber die Drainrohre tief genug verlegt werden, damit das Abwasser die Pflanzenwurzeln nicht behindert. Das Abwasser darf auch nicht

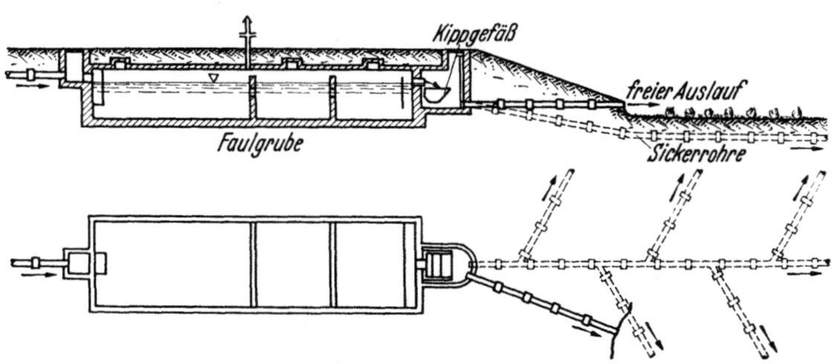

Abb. 176. Untergrundberieselung von ausgefaultem Abwasser mit Einrichtung zum vorübergehenden Verrieseln des Abwassers auf der Oberfläche.

die Möglichkeit haben, auf die Oberfläche des Bodens auszutreten. Unangenehme Ausdünstungen des Bodens sollen möglichst vermieden werden. Der höchstzulässige Grundwasserstand soll 150 cm unter der Bodenfläche sein, in diesem Falle kann man die Drainrohre etwa 60—100 cm tief im Boden verlegen. Man darf die Untergrundversickerung nicht mit der Untergrundbewässerung, die mit einer landwirtschaftlichen Ausnutzung des Abwassers verbunden ist, verwechseln. Die Drainrohre sollen je Kopf der angeschlossenen Personen eine Länge von 15 m haben bei einer gesamten Austrittsfläche von 10—20 qm je Kopf oder 1 qm auf 10—20 Liter anfallendes Abwasser.

Für die Untergrundverrieselung sind gut durchlässige, luftige Sandböden am geeignetsten. Nach den Feststellungen von FRIEDERSDORF, dem Pionier der Untergrundberieselung, kann man aber auch unter Umständen schwere Böden anwenden, wenn man die Drainrohre so einrichtet, daß sie zugleich die Lüftung übernehmen. Nach FRIEDERSDORF[1] nimmt die Versickerung mit

[1] FRIEDERSDORF: Techn. Gemeindebl. 1937, **40**, 30.

kleinerem Korn ab, wohingegen die Capillarität wächst. Das Gefälle ist der Capillarität anzupassen. In schwerem Boden sind die Drainrohre in 1,0—1,5 m Tiefe mit 1 m Abstand zu verlegen. Um auch bei schlechteren Böden eine gute Wasseraufnahme im Boden herbeizuführen, werden die 8—10 cm lichten Drainrohre mit einer mindestens 25 cm starken Umpackung von Kies oder Kleinschlag umgeben. Das durch die Drainrohre verrieselte Abwasser tritt an den Stoßflächen der Drainrohre aus und versickert nicht allein, sondern es gelangt auch durch die Capillarität zu den Pflanzen bzw. sogar bis zur Oberfläche, wo es dann verdunstet.

Die Größe der Fläche für die Untergrundberieselung muß so bemessen sein, daß sie das in den Faulkammern gut vorgereinigte und von den absetzbaren Stoffen weitestgehend befreite Abwasser gut aufnehmen kann, ohne hierbei überlastet zu werden. Wenn die Zufuhr des Abwassers mit dem Aufsaugvermögen des Untergrundes und dem Wasserverbrauch der Pflanzen und der Verdunstung des Wassers an der Oberfläche im Gleichgewicht bleibt, treten keine Überfeuchtungen und damit keine Versumpfung des Bodens auf. Um auch eine gute Belüftung durchzuführen, erfolgt die Zugabe des Abwassers in das Drainrohrnetz stoßweise durch ähnliche Einrichtungen, wie sie bei Tropfkörpern beschrieben sind. Am einfachsten hat sich die Kipprinne oder Kippmulde bewährt. Das Rohrleitungsnetz kann man bei Anwendung einer Kipprinne in zwei Hälften teilen, so daß jedesmal nur eine Hälfte abwechselnd in Betrieb ist. Eine sehr wirksame, das Rieseln auch in schweren Böden ermöglichende Belüftung erzielt Friedersdorff durch einen an den Sickerstrang angeschlossenen Lüftungsschacht.

Das Verfahren erfordert bei sachgemäßer Anlage verhältnismäßig wenig Bedienung. Es kann daher sehr gut auch bei kleineren Gartenstädten Verwendung finden. Die Untergrundberieselung scheidet aber mit Rücksicht auf die Tatsache, daß ein Teil des Abwassers in das Grundwasser gelangt, überall dort aus, wo eine Trinkwasserförderung in der Nähe liegt, so daß das Grundwasser als Trinkwasser benutzt wird oder benutzt werden könnte. Mom und Schaafsma haben den Einfluß der Fäkalbeseitigung, die in den Tropen durch Versickernlassen der Abortgruben und Faulgruben im Boden geschieht, untersucht und hierbei noch in 10 m Tiefe Fäkalmikroben festgestellt.

Wird auch das Bade- und Regenwasser an die Kläranlage angeschlossen, so besteht bei zu kleiner Berechnung der Anlage die große Gefahr, daß diese großen Wassermengen die Anlagen ausspülen, wobei dann die ausgespülten Schlammengen große Belästigungen hervorrufen können.

Anforderungen an den Betrieb und die Bedienung von Hauskläranlagen.

1. Mehrkammerige Faulgruben sind gründlich auszuräumen, sobald der Bodenschlamm in der ersten Kammer im Mittel ein Drittel der nutzbaren Tiefe erreicht hat; gleichzeitig sind etwa vorhandene Schwimmschichten zu entfernen.

2. Faulgruben mit verkürzter Durchströmung sind jährlich mindestens zweimal, und zwar zweckmäßig im Frühjahr und Herbst zu entschlammen.

3. Aus sog. Frischwasserkläranlagen ist der ausgefaulte Schlamm aus dem Faulraum in höchstens halbjährigen Fristen zu entfernen; zugleich ist der Schwimmschlamm an der Oberfläche des Faulraumes zu beseitigen. Der vor der Einlauftauchwand und auf dem Absetzraum sich bildende Schwimmschlamm ist dagegen in kurzen Zwischenräumen — 8—14 Tage jeweils — in den Faulraum überzuheben. Hierfür geeignete Gerätschaften sind zu beschaffen und dauernd bereitzuhalten.

4. Die Grundstückseigentümer haben die Überwachung der Hauskläranlagen und deren regelmäßige Bedienung und Räumung durch Beauftragte der Gemeinde und der Aufsichtsbehörde jederzeit zu dulden.

5. Hauskläranlagen aller Art sind zu beseitigen, indem man sie nach Desinfektion mit Chlorkalk mit Erde auffüllt, sobald die Möglichkeit eines Anschlusses an ein gemeindliches Entwässerungsnetz mit Sammelreinigungsanlage besteht.

Bei größeren Siedlungen mit zerstreuter Bauweise empfiehlt Bach die Einstellung eines gemeinschaftlichen Wärters für eine größere Anzahl von Einzelkläranlagen. Hierdurch verteilen sich die Kosten der Wartung auf die einzelnen Häuser zu kleinen Beträgen und die Hausbewohner sind der Sorge um ihre Kläranlage enthoben, zumal neben unsachgemäßem Einbau in den meisten Fällen die auftretenden Schwierigkeiten auf eine mangelnde Aufsicht zurückzuführen sind.

M. Desinfektion des Abwassers durch die Abwasserchlorung.

1. Allgemeines und geschichtliche Entwicklung.

Abwässer haben stets eine sehr große Menge Keime (5—10 Millionen). Wenn auch die größte Anzahl harmloserer Art ist, können sich doch unter ihnen sehr häufig die gefährlichen pathogenen Keime befinden, die besonders beim Ablassen der Abwässer in die Vorfluter sehr schädliche Auswirkungen haben können. Mit dem Fortschreiten der gleichzeitigen Benutzung von Oberflächenwässern zur Trinkwasserversorgung, als Volkserholungsstätte zum Baden, für den Wassersport u. dgl. und zum Abtransport der entstehenden Abwässer war daher die Grundbedingung dafür gegeben, durch eine hinreichende Sterilisation bzw. Desinfektion der Abwässer dafür zu sorgen, daß diese Keime nicht in das Trinkwasser gelangen können, um so die Bevölkerung vor schweren Schädigungen zu bewahren.

Wenn auch die Ansicht mancher Hygieniker richtig ist, daß die Desinfektion der Abgänge von Kranken mit ansteckungsfähigen Krankheiten (Typhus, Ruhr, Cholera) unbedingt schon am Krankenbett bzw. innerhalb des Krankenhauses erfolgen soll, um zu erreichen, daß die Krankheitsüberträger nicht in den Abwasserkanal gelangen, so ist dieses Verfahren doch nicht in jedem Falle, vor allen Dingen nicht bei Seuchen, einwandfrei durchführbar. Oft sind die Krankheitserreger bereits ausgeschieden, bevor noch der Krankheitsfall zur ärztlichen Kenntnis und Behandlung gelangt. Auch mit der Gleichgültigkeit und Rücksichtslosigkeit der Einwohner muß gerechnet werden. In vielen Fällen wird der Krankheitsfall gar nicht erkannt und daher nicht angemeldet. In Ortschaften, die erfahrungsgemäß oft von Seuchen heimgesucht werden, ist eine dauernde Abwasserdesinfektion wünschenswert. Nur auf diese Weise ist es möglich, die Abwässer von Bacillenträgern stets unschädlich zu machen. Außer bei Epidemien sollte auch in den Fällen, wo das Abwasser direkt oberhalb einer Badeanstalt oder eines Trinkwasserwerkes in den Fluß abgelassen wird, und keine Möglichkeit besteht, das Abwasser unterhalb der gefährdeten Stellen einzuleiten, das Abwasser zum Schutze der Bevölkerung desinfiziert werden. Abwasser von Krankenhäusern sollte, vor allen Dingen in den Fällen, wo belegte Isolierhallen an die allgemeine Abwasserleitung angeschlossen sind, dauernd gechlort werden.

Von den in der Trinkwassersterilisation benutzten Verfahren scheiden die meisten Verfahren aus, weil sie zu kostspielig, zu umständlich und oft auch wirkungslos sind. Die Verfahren der Bestrahlung mit ultraviolettem Licht, das Katadynverfahren, fallen wegen des hohen Gehaltes der Abwässer an Kolloiden, die die Wirkung dieser Verfahren aufheben, aus. Wegen des bedeutend höheren Gehaltes an Keimen sind bei der Zugabe von Desinfektionsmitteln die zuzusetzenden Mengen ganz bedeutend größer als bei Trink- oder Badewasser. Von den verschiedenen Desinfektionsmitteln in der Trink- und Badewassertechnik kommt nur Chlor und seine Präparate in Frage, das daher eine sehr mannigfache Anwendung gefunden hat. Außer zur Desinfektion findet das Chlor in der Abwassertechnik Anwendung zur Bekämpfung von Geruchsbelästigungen. Abwasser unterliegt leicht der fauligen Zersetzung und entwickelt hierbei übelriechenden Schwefelwasserstoff. Durch die Zugabe von Chlor wird der Schwefelwasserstoff zersetzt und hierdurch Geruchsbelästigungen in der Umgebung von Kläranlagen verhindert. Die Zugabe von Chlor bewirkt außer der Abtötung von Bakterien die Bildung von Stoffen, die durch ihre nachhaltige Wirkung die Fäulnisfähigkeit des Abwassers verringern.

Noch für verschiedene andere Zwecke ist die Anwendung von Chlor vorgeschlagen worden, so z. B. zur Unterstützung der mechanischen Reinigung, zur Entlastung biologischer Anlagen, zur Verhinderung von Schaumbildung in Faulräumen und zur Behandlung verschiedener gewerblicher Abwässer (Zuckerfabriken, Molkereien, Phenolanlagen, Zellstoffabwässer).

Bei Versuchen, die von verschiedenen Seiten durchgeführt worden sind, zeigte es sich, daß mit Chlor behandeltes Abwasser längere Zeit einer neuen Infektion widersteht. Leitet man derartig behandeltes Abwasser in einen Fluß, so wird es auch im Fluß längere Zeit seine Fäulnisunfähigkeit behalten. Die Zwischenzeit wird in vielen Fällen ausreichen, daß das Abwasser auf dem Wege durch den Vorfluter durch die verschiedenen Zuflüsse so weit verdünnt wird, daß es im Vorfluter dann nicht mehr schadet. Die Kosten für eine Chlorgasanlage sind gegenüber den Kosten für den Bau und Betrieb einer biologischen Anlage verhältnismäßig gering. Letztere Tatsache führte leider in der Nachkriegszeit dazu, die Chlorung des Abwassers als einen Ersatz für biologische Anlagen allgemein anzuwenden, wobei man sich nicht auf besondere, zulässige Verhältnisse beschränkte.

Die guten Erfolge, die mit der Chlorung des Trinkwassers seit der Einführung im Jahre 1908 gemacht worden sind, sind erst später auf die Abwasserdesinfektion übertragen worden. Erst nachdem im Jahre 1912 durch die von Ornstein entwickelte indirekte Chlorung eine geeignete Apparatur für die Zugabe des Chlors geschaffen war, war der Weg zur weiteren Einführung der Chlorung frei gemacht. Viele Jahre später, im Jahre 1920 wurde die erste Großanlage nach diesem System in Mülheim errichtet. Im Jahre 1921 folgte die Stadt Leipzig mit einer Großanlage für ihre gesamten Abwässer. Von diesem Zeitpunkte an hat die Chlorbehandlung von Abwasser eine sehr ausgedehnte Anwendung erfahren.

2. Eigenschaften und Wirkungsweise des Chlors.

Die Wirkung des Chlors, das in trockenem Zustande sehr wenig reaktionsfähig ist, beruht darauf, daß es im feuchten Zustand, also in wäßriger Lösung, eines der reaktionsfähigsten Elemente ist. Es greift die meisten Stoffe an und bildet mit ihnen Chlorverbindungen. Mit Gasen, wie Schwefelwasserstoff. Wasserstoff, vereinigt sich Chlor im feuchten Zustand mit einer Schnelligkeit, die sich unter Umständen (im direkten Sonnenlicht) zur Explosion steigern kann.

Jedes Wasser hat ein bestimmtes Chlorbindungsvermögen, worunter man die Menge Chlor versteht, die von dem betreffenden Wasser restlos unter Verschwinden des aktiven Chlors gebunden wird. Während nun Froboese das Chlorbindungsvermögen durch Bestimmung der „Chlorzahl“ feststellt, indem er einen starken Chlorüberschuß in der Wärme wirken läßt, bestimmt Bruns den „Chlorbedarf“ durch Zugabe eines schwachen Chlorüberschusses bei gewöhnlicher Temperatur. Es ist nun sehr naheliegend, daß man schon sehr bald nach Zusammenhängen dieses Chlorbindungsvermögens mit der allgemein in der Abwassertechnik zur Charakterisierung der Stärke des Abwassers angewandten Bestimmung der Oxydierbarkeit bzw. des Kaliumpermanganatverbrauchs gesucht hat. So haben Kaiser und Olszewski vergleichende Versuche angestellt, die unter anderem zeigten, daß man zur Untersuchung eines Wassers, das frei von Eiweißzerfallsprodukten ist, sowohl den Kaliumpermanganatverbrauch wie auch die Chlorzahl nach Froboese gleich gut anwenden kann.

3. Verschiedene Anwendungsarten des Chlors.

Zur Durchführung der Chlorung steht eine ganze Reihe verschiedener Mittel zur Verfügung:

Chlorkalk. Chlorkalk war in der ersten Zeit der Abwasserchlorung das einzige Mittel, das zur Desinfektion von Abwasser benutzt wurde. Heute wird es nur noch in besonderen Fällen, z. B. am Krankenbett, bei Hausklärgruben usw. angewandt.

Chlorkalk wird im großen durch Überleiten von Chlorgas über auf Hürden ausgebreitetes Calciumhydroxyd (gelöschter Kalk) hergestellt.

$$Ca(OH)_2 + 2\,Cl = Ca{}^{Cl}_{OCl} + H_2O.$$

Es ist ein weißgraues, leicht Feuchtigkeit anziehendes Pulver, das leicht Chlor abspaltet und daher stark nach Chlor riecht. Bei der Lagerung unterliegt Chlorkalk sehr stark der Zersetzung, so daß man nur in besonderen Fällen von ihm Anwendung macht. Die Abwasserbehandlung mit Chlorkalk verschiedener Konzentrationen ist sehr umständlich. Chlorkalk wird in Verteilergefäßen mit Rührwerken mit Wasser angerührt und diese Mischung dann in bestimmten Mengen dem Abwasser zugesetzt. Bei der Anwendung von Chlorkalk muß man in Rechnung setzen, daß Chlorkalk nur etwa 25—35% wirksames Chlor enthält. In neuerer Zeit wird in Amerika wieder mehr für die Anwendung von Chlorkalk Propaganda gemacht. Die Anwendung von Chlorkalk hat den großen Vorteil, daß das bei der Abspaltung sich bildende Calciumhydroxyd gleichzeitig fällend auf die im Abwasser enthaltenen Kolloide einwirkt, so daß mit der Anwendung von Chlorkalk gleichzeitig eine chemische Fällung verbunden ist.

Caporit. Im Gegensatz zu Chlorkalk besitzt Caporit, ein reines Calciumhypochlorit, einen viel größeren Wirkungsgrad. Caporit hat die Zusammensetzung $Ca\frac{OCl}{OCl}$ und enthält daher, wie schon die Formel zeigt, doppelt so viel aktives Chlor wie Chlorkalk bestenfalls enthalten kann. Außerdem zeichnet es sich durch viel größere Haltbarkeit und bessere Löslichkeit im Wasser aus.

Hypochloritlaugen. Hypochloritlaugen werden in verschiedener Weise hergestellt. Leitet man Chlor in kalte Laugen, z. B. Natronlauge, ein, so bildet sich Natriumhypochlorit neben Natriumchlorid nach der Gleichung:

$$2\,NaOH + 2\,Cl = NaOCl + NaCl + H_2O.$$

Auf diese Weise hergestellte Laugen sind unter der Bezeichnung „Bleichlauge“ mit einem Gehalt bis zu 15% wirksamem Chlor im Handel. Beachtenswerter ist schon die Herstellung von Hypochloritlaugen aus Kochsalzlösungen mit Hilfe des elektrischen Stromes, wie diese z. B. in den Elektrolyseuren der Fa. A. Stahl, Aue in Sa. oder nach dem DRP. Nr. 306193 der Deutschen Solvay-Werke hergestellt werden. Eine derartige Vorrichtung zur Herstellung von Hypochloritlauge der Fa. A. Stahl beschreibt GRAMANN[1] aus Salzlösungen, wobei er Industriesalzlösungen, chloridreiche Magnesium- und kalkarme Ablaugen des Kalibergbaues oder Meerwasser mit Hilfe von Gleichstrom zersetzt und die Anwendungsmöglichkeit der so hergestellten Hypochloritlaugen zur Behandlung von gewöhnlichen, organisch verschmutzten Abwässern, wie z. B. von Krankenhäusern, Schlachthöfen, Meiereien, Molkereien, Brauereien, angibt. Hypochloritlaugen werden dort angewandt, wo in kurzer Zeit bei kleineren Abwassermengen eine Desinfektion durchgeführt werden muß. In diesem Falle lassen sich die in Glasballons verschickten Laugen durch einen Heber mit einstellbarem Ablauf leicht zumischen. Für größere Abwassermengen kommen jedoch Hypochloritlaugen nicht in Frage, da ihre Anwendung zu teuer und zu umständlich ist. Eine Dosierungsvorrichtung ist S. 189 beschrieben und in Abb. 139 dargestellt.

Chloramine, die in der Trinkwasserbehandlung eine breitere Anwendung gefunden haben, haben sich in der Abwassertechnik nicht behauptet. Die Anwendung der Chloramine leidet auch unter den hohen Anschaffungskosten.

Gasförmiges und flüssiges Chlor. Wichtiger als alle bisher genannten Präparate ist die Anwendung des flüssigen oder gasförmigen Chlors. Diese Anwendung kann auf zweierlei Weise erfolgen: durch die direkte und durch die indirekte Zugabe. Bei der direkten Methode wird das Chlorgas nach DARNALL, nachdem es durch eine Meßvorrichtung gegangen ist, direkt dem Abwasser zugeführt. Bei der indirekten Chlorung wird das Chlor zunächst im Wasser gelöst und dann dem Abwasser als Chlorwasser zugesetzt.

Flüssiges Chlor (Siedepunkt — 33,6° C), erhalten durch starke Abkühlung und Kompression, wird in Stahlflaschen, die auf einen Mindestprobedruck von 30 Atm. geprüft sein müssen, unter einem Druck von 4—9 Atm. versandt. Nach den Vorschriften der Berufsgenossenschaft für die chemische Industrie müssen diese Flaschen in einem kühlen, der Einwirkung direkter Sonnenbestrahlung nicht ausgesetzten Raum aufbewahrt werden. Es ist streng verboten, gefüllte Chlorflaschen in der Nähe von Öfen, Dampfkesseln oder anderen Hitze ausstrahlenden Apparaten aufzustellen. Die Flaschen dürfen nicht geworfen werden und sind gegen Umfallen, Abrollen vom Stapel und ähnliche Erschütterungen zu schützen. Die Flaschen müssen alle 2 Jahre einer neuen Druckprobe unterworfen werden.

[1] GRAMANN: Desinfektion 1926, **11**, 43.

Zur Erkennung einer Undichtigkeit an einem Ventil einer Stopfbüchse, oder einer Verbindung einer Flasche mit einem Apparat hält man über die zu prüfende Stelle ein Schwämmchen oder Läppchen, das mit starkem Salmiakgeist getränkt ist. Bilden sich über der Stelle weiße Nebel von Chlorstickstoffverbindungen, so ist die Stelle undicht und muß gedichtet werden.

Beim Verbrauch größerer Chlormengen empfiehlt sich der Bezug des Chlors in mittels Wassergas überlappt geschweißten Transportbehältern. Es sind dies tonnenartige Behälter aus bestem Siemens-Martin-Flußeisen von mindestens 38 kg Festigkeit, von 1250 mm Länge und 700 mm Durchmesser mit 8 mm Wandstärke.

Bei sehr großen Verbrauchsmengen ist man dazu übergegangen, das Chlor gleich in geeigneten Kesselwagen zur Verbraucherstelle zu bringen. Die Kläranlage Leipzig benutzt zwei Chlorkesselwagen von je 5000 kg Chlor Fassungsvermögen, die abwechselnd entleert werden. In Amerika sind an verschiedenen Stellen 15-t-Kesselwagen in Gebrauch.

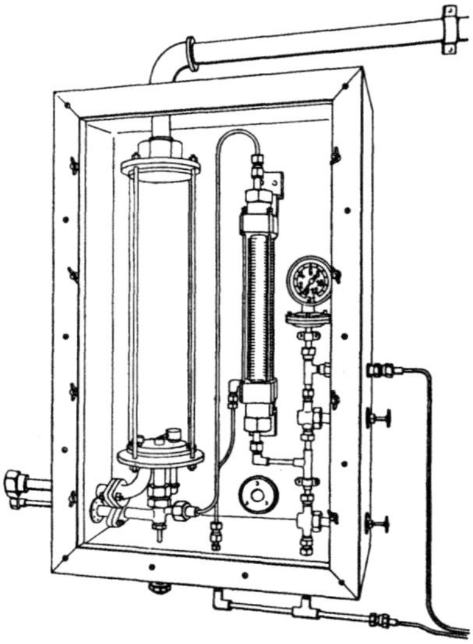

Abb. 177. Apparatur zur direkten Chlorung großer Abwassermengen, System Chlorator.

4. Apparate zur Chlorung des Abwassers.

Der direkten und indirekten Anwendung des Chlors stand zunächst die große Aggressivität des Chlors gegenüber allen in den Apparaten verwandten Stoffen entgegen. Durch Einführung von Hartgummi, Glas, Steinzeug, Silber und Kupfer für die verschiedenen Konstruktionsteile der Apparate war aber die Möglichkeit der Anwendung des Chlorgases in der Abwassertechnik gegeben. Den ersten Apparat zur direkten Chlorung baute um das Jahr 1910 Darnall, bei dem das abgemessene Chlorgas durch eine Spritzdüse unmittelbar in das zu chlorende Wasser eingeführt wurde. Bei dieser direkten Wasserchlorung traten jedoch verschiedene Unzuträglichkeiten, wie schlechte Verteilung des Chlors im Wasser und Bildung von Chlorhydrat bei nahe dem Gefrierpunkt liegenden Temperaturen, wodurch der Austritt des Chlorgases in das Wasser verstopft wurde, usw. auf.

Die in der Trinkwassersterilisation angewandten Chlorapparate, wie z.B. der Chlorator-Gesellschaft m. b. H. und der Bamag-Meguin, Berlin (s. Trinkwasser, S. 193f.), haben sich auch in der Abwassertechnik bei kleineren Abwassermengen sehr gut bewährt. In alten Apparaten der Chlorator-Gesellschaft erfolgte die Zugabe des Chlors in sog. Mischtürmen (3—5 m hoch) aus Chamottesteinen, die mit Raschig-Ringen oder Chamottesteinbrocken gefüllt waren (Kläranlage Leipzig). Das von oben zugeführte Wasser traf beim Herunterrieseln auf das im unteren Teile zugeführte Chlor, löste es auf und führte es dann dem Abwasser zu. Diese Lösungstürme beanspruchen viel Platz. Es traten sehr häufig Undichtigkeiten auf, die zu Schwierigkeiten in der Umgebung führten. Man hat daher von der weiteren Verwendung der Mischtürme Abstand genommen. Die in der Trinkwassersterilisation benutzten Apparaturen gestatten höchstens eine Dosierung von Chlormengen bis zu 5 kg Chlor/Stunde. Bei einer Anwendung von 25 g Chlor/cbm kann man demnach mit einer solchen Apparatur Mengen von 200 cbm/Std. chloren. Bei großen Abwassermengen bedingt diese Apparatur die Anschaffung einer großen Anzahl von Apparaten.

Chlorator-Chlorapparat für sehr große Chlormengen. Die Weiterentwicklung der Anwendung des Chlorgases in der Abwassertechnik auch bei großen Kläranlagen führte daher zur Konstruktion von Apparaten, die auch die Anwendung großer Mengen Chlorgas gestatten. In den neuen Apparaten wird flüssiges Chlor direkt in Wasser geleitet und auf diese Weise zunächst eine Chlorhydratmischung hergestellt, die dem Abwasser zugeführt wird. Das im Abwasser fein verteilte Chlorhydrat löst sich dann aber sehr schnell. Der in Abb. 177 wiedergegebene Apparat, durch DRP. 402149 geschützt, bringt das aus den Stahlflaschen oder noch größeren Behältern, wie z. B. Kesselwagen, zugeführte flüssige Chlor unmittelbar mit dem Adsorptionswasser zusammen. Die Messung der Chlormenge erfolgt in diesem Falle durch einen Rotamesser, wobei der Einstellkegel meistens aus Silber, das durch flüssiges Chlor nicht angegriffen wird, hergestellt ist. Dieser Apparat ist seit langem auf den Kläranlagen Leipzig und Duisburg mit gutem Erfolg in Betrieb.

In ähnlicher Weise wird auch bei den Apparaten der Fa. Bamag-Meguin, Berlin, das Chlor direkt dem Abwasser zugeführt. In Abb. 178 ist eine Hochleistungschloranlage zum Zusatz von max. 10 kg Chlor in der Stunde für die Entkeimung von 40000 cbm städtisches Abwasser im Tag, das in einer Siebanlage vorgereinigt wird, dargestellt.

Abb. 178. Hochleistungschloranlage der Bamag-Meguin, Berlin, zum Zusatz von max. 100 kg/Liter Chlor für die Entkeimung von durchschnittlich 40000 cbm/Tag städtischem Abwasser, das in einer Siebanlage gereinigt wird.

Auf den meisten Kläranlagen sind die Chloranlagen nicht ständig in Betrieb, sie werden vielmehr für besondere Fälle ständig vorrätig gehalten. Solche Anlagen, wie auch die als Reserveanlagen dienenden Chloranlagen werden leicht undicht, da vom Mischgefäß leicht Feuchtigkeit in die Anlage eindringt, die dann weitere Anfressungen verursacht. Um diese Mängel zu umgehen, empfiehlt es sich, die Geräte nach der Benutzung mit gasförmigem Stickstoff durchzublasen, um so alle Chlorreste zu entfernen. Der Stickstoff wird einer kleinen 5-Liter-Stahlflasche mit Druckminderer entnommen, welche entweder beim Abschalten der Anlage an Stelle der Chlorflasche angesetzt wird oder fest durch ein Absperrventil mit dem Gerät verbunden ist.

5. Kontrolle der Chlorung.

Bei der Behandlung von Abwasser mit freiem oder aktivem Chlor, sei es Chlorgas, Hypochlorit oder freie unterchlorige Säure, zur Entkeimung und Algenvernichtung hat es sich als wertvoll erwiesen, die zuzuführende Chlormenge so hoch zu bemessen, daß nach einer gewissen, für die verschiedenen Wässer verschiedenen Einwirkungszeit noch ein geringer leicht nachweisbarer Chlorüberschuß vorhanden ist. Aus der Tatsache, daß nach einer bestimmten Einwirkungszeit noch ein Chlorüberschuß vorhanden ist, kann man schließen, daß die beabsichtigte Wirkung, sei es die Entkeimung oder Entgeruchung, erreicht worden ist.

Die Prüfung des genügenden Chlorzuschusses durch Nachweis eines Chlorüberschusses kann in der gleichen Art und Weise mit Hilfe von 1. Jodzinkstärkelösung, 2. Benzidin nach Olszewski, 3. Orthotolidinlösung nach Ellens-Hausser, 4. Dimethylparaphenylendiamin nach Kolthoff, 5. α-Naphthoflavon geschehen, wie dies bei der Trinkwassersterilisation angegeben ist (s. S. 191).

6. Einrichtung eines Chlorhauses.

Bei ganz kleinen Kläranlagen kann die Chloranlage in einem vorhandenen Raum, geschützt durch einen guten Verschlag, untergebracht werden. Bei mittleren und größeren Anlagen muß man aber die Chloranlage in einem besonderen Chlorhaus unterbringen. Die aus Abb. 179 ersichtliche Einrichtung eines Chlorhauses zeigt zwei vollständig voneinander getrennte Räume, den Apparateraum und den Flaschenraum. Die Trennung hat den Zweck, zu verhindern, daß bei den häufig vorkommenden Undichtigkeiten an den Flaschenventilen Chlor an die Apparate kommt und diese unter dem Einfluß der äußeren Luftfeuchtigkeit angreift. Die Räume, vor allem aber der Flaschenbetriebsraum, müssen mit Heizvorrichtung versehen sein, um die bei dem Vergasen des Chlors auftretende starke Abkühlung der Chlorflaschen und die Bildung von Chlorhydratkrystallen zu verhindern (keine direkte oder stark strahlende Wärme).

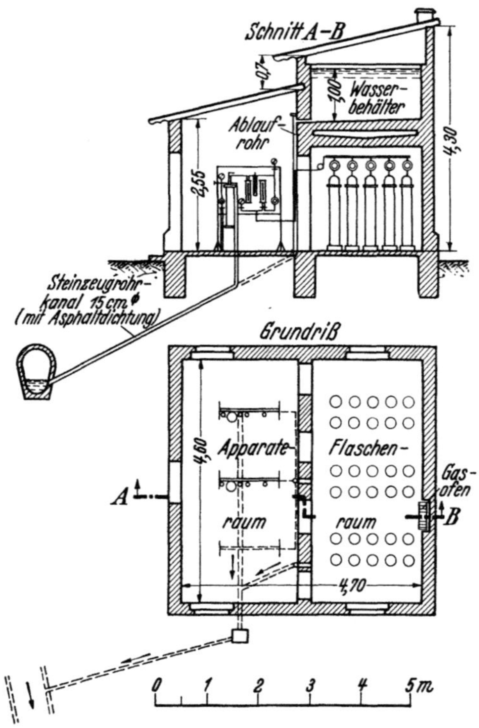

Abb. 179. Einrichtung eines Chlorhauses.

Für die Fälle, wo auf der Kläranlage kein Druckwasseranschluß vorhanden ist, ist im oberen Stockwerk ein Wasserbehälter eingebaut, in dem durch automatische Pumpwerke die Wassermenge stets auf einer bestimmten Höhe gehalten werden kann.

Beide Räume müssen durch genügend große Fenster, die von innen und außen zu öffnen sind, und die guten Zug geben, belüftet werden können.

Bei auftretenden Epidemien ist oft der plötzliche Einbau einer Chloranlage erwünscht. So sehr wertvoll eine ortsfeste Chloranlage auf jeder Kläranlage ist, hindert aber besonders bei sehr kleinen Anlagen oft der Anschaffungspreis den Einbau. Man kann sich in solchen Fällen durch eine fahrbare Chlorungsanlage, wie sie die Bamag-Meguin, Berlin, herstellt, sehr gut und schnell helfen, zumal man es durch sie völlig in der Hand hat, an welcher am meisten gefährdeten Stelle man die Chlorung ansetzen will. Die Einrichtung einer fahrbaren Chlorungsanlage ist aus Abb. 180 ersichtlich. Hinter dem Apparateraum ist ein gesonderter Raum für die Chlorflaschen.

7. Anwendungsgebiete des Chlors in der Abwassertechnik.

Chlormenge, Einwirkungszeit und Chlorüberschuß. Chlor findet in der Abwassertechnik zu den verschiedensten Zwecken Anwendung. Je nach den

Tabelle 25.

Chlorzugabe in mg/Liter für	BACH	TIEDEMANN	ENSLOW
Rohwasser	25—30	24	10—25
Abfluß von Absetzbecken	15—20	18	5—15
„ „ Tropfkörpern	10—15	12	2— 5
„ „ Sandfiltern	—	6	—
Entgeruchung	4— 6	—	3— 5
Schlammbelebung	—	—	1— 3,5

Verwendungszwecken richtet sich auch die dem Abwasser jeweils zuzusetzende Chlormenge und die Einwirkungszeit des Chlors. Die von BACH[1] und

[1] BACH: Wasser u. Gas 1923, **13**, 1109.

TIEDEMANN[1] gemachten allgemeinen Angaben über die zuzusetzende Chlormenge bei den verschiedenen behandelten Abwässern decken sich ungefähr mit den von ENSLOW angegebenen Zahlen, doch bedingt der verschiedene Chlorbedarf der verschiedenen Abwässer, daß innerhalb der einzelnen Abwässer die zuzusetzende Chlormenge verschieden ist.

Die Jahreszeit hat einen Einfluß auf die Chlormenge, in der Weise, daß man im Sommer gewöhnlich mehr Chlor braucht als im Winter. Dies ist auf

Abb. 180. Blick in eine fahrbare Chloranlage, System Bamag-Meguin, Berlin.

den Einfluß der Temperatur zurückzuführen, da diese die anaeroben Zersetzungsvorgänge stark fördert.

Um die Schwierigkeiten, die sich bei dem stark wechselnden Chlorbedarf des Abwassers ergeben, zu umgehen, hat man als sicheren Faktor die Einwirkungszeit herangezogen. Die an verschiedenen Stellen durchgeführten Versuche haben ergeben, daß eine Einwirkungszeit von etwa 15 Minuten ausreichend ist. In dieser Zeit sollen mindestens 99% der im Abwasser enthaltenen Keime abgetötet sein. Um nun sicher zu sein, daß dies wirklich der Fall ist, und um unabhängig von den verschiedenen, den Chlorbedarf beeinflussenden Faktoren zu sein, muß man verlangen, daß nach dieser Mindesteinwirkungszeit von 10—15 Minuten noch ein Chlorüberschuß von 0,3—0,5 mg/Liter vorhanden ist. Damit das Chlor in der Einwirkungszeit gut wirken kann, hat man Reaktionsbecken geschaffen (mit $^1/_4$—$^1/_2$ Stunde Aufenthaltszeit). Verlegt man nämlich die Einwirkungszeit in den Abflußkanal, so besteht die Gefahr, daß durch die Belüftung an Abstürzen ein Teil des Chlors nutzlos verloren geht, oder daß das Chlor beim Einlauf in den

[1] TIEDEMANN: Eng. News-Rec. 1927, **98**, 944.

Vorfluter noch nicht genügend gewirkt hat, ganz abgesehen davon, daß das feuchte, gasförmige Chlor auf das Kanalisationsmaterial selbst einen starken Einfluß ausüben kann.

Entgeruchung von Abwasser. Häusliches Abwasser hat normal einen faden, dumpfen Geruch. Es unterliegt sehr leicht und sehr schnell der fauligen Zersetzung, wobei die organischen schwefelhaltigen Verbindungen wie Eiweißstoffe und auch anorganische Schwefelverbindungen, z. B. Sulfide, angegriffen werden. Die Fäulnis des Abwassers macht sich in der Umgebung durch den widerlichen, intensiven Schwefelwasserstoffgeruch bemerkbar. Diese Geruchsbelästigungen lassen sich durch eine Chlorung des Abwassers beseitigen. Durch die Chlorung wird der Schwefelwasserstoff unter Abscheidung von Schwefel zersetzt im Sinne der Gleichung $H_2S + Cl_2 = 2\,HCl + S$.

Die zur Entgeruchung zuzusetzende Chlormenge richtet sich nach dem Gehalt an Schwefelwasserstoff. Schwefelwasserstoff kann in freier, d. i. gasförmiger, und in gebundener Form, d. h. an Basen, wie Ammoniak, Eisen als Eisensulfid usw. gebunden, vorhanden sein. Die Umsetzung des freien gasförmigen Schwefelwasserstoffs mit Chlor geht sofort vor allen anderen Reaktionen vor sich. Auch der aus seinen Salzen durch Hydrolyse leicht abspaltbare Schwefelwasserstoff setzt sich schnell mit Chlor um. VIEHL hat den Schwefelwasserstoffgehalt nach Zugabe verschiedener Chlormengen untersucht und folgendes festgestellt:

Zugesetzte Chlormenge mg/Liter	0	5	10	15	20	25	30	35
Schwefelwasserstoff mg/Liter . .	1,5	0,6	0,36	0,18	0,1	0,08	0,075	0,065

Mit dieser reinen Zersetzung des Schwefelwasserstoffs dürfte es aber nicht genug sein. Die Erfahrungen haben gelehrt, daß zur Entgeruchung selbst verhältnismäßig kleine Chlormengen benötigt werden, auch bei hohen Schwefelwasserstoffgehalten kommt man mit 3—6 mg/Liter aus. In besonders ungünstigen Fällen dürften aber 10 mg/Liter Chlor ausreichen. Es ist nun nicht nötig, die Chlorung dauernd während des ganzen Tages durchzuführen. Es genügt, in der Zeit des stärksten Ablaufes etwa von 8—20 Uhr zu chloren.

Einfluß des Chlors auf die mechanische Reinigung. In den zahlreichen, von MOHLMAN und seinen Mitarbeitern, ENSLOW, VIEHL, RUDOLFS, FAIR, WATTKINS durchgeführten Versuchen wird immer wieder darauf hingewiesen, daß es am richtigsten ist, zunächst durch eine Vorchlorung eine weitgehende Ausfällung der Kolloide hervorzurufen. Durch die Vorchlorung wird eine starke Abnahme des biochemischen Sauerstoffbedarfs erreicht. Die Angaben über die Größe der Abnahme des biochemischen Sauerstoffbedarfs gehen jedoch bei den einzelnen Autoren auseinander. Sie schwanken zwischen 10—40%.

Es ist nicht zweckmäßig, die gesamte dem Abwasser zuzusetzende Chlormenge bei der Vorchlorung dem rohen Abwasser an einer Stelle zuzugeben. Richtiger ist es, einen Teil in den Zulauf zur mechanischen Reinigung, nachdem das Abwasser die Rechen durchflossen hat, und den Rest kurz vor dem Ablauf zuzugeben. Die zur Vorchlorung zuzusetzende Menge soll möglichst niedrig gehalten werden und etwa 3—5 g/cbm betragen. Wie in allen Fällen muß man auch hier sehr stark darauf achten, daß sich das Abwasser mit der zugesetzten Chlorlösung gut vermischt. Kann die Zugabe nicht unter Druck erfolgen, so sollte die Zugabestelle ziemlich weit oberhalb in den Abwassersammler hinein verlegt werden.

Den Einfluß der Chlorung auf das Abwasser kann man durch folgende Untersuchungsmethoden feststellen: Farbe, Schwefelwasserstoff, Geruch, Durchsichtigkeit, Methylenblauprobe bzw. relative Haltbarkeit, Sauerstoffzehrung, Beeinflussung der Stickstoffverbindungen und vor allem auch durch die bakteriologischen Untersuchungen.

Der Haupteinfluß des Chlors auf das Abwasser liegt in der Abtötung der Keime, vor allem der dem Menschen schädlichen pathogenen Keime. In den meisten Fällen steigert man die Chlorzugabe bis zur Leistung von 99,9%.

Einfluß des Chlors auf die weitere Verarbeitung des bei der mechanischen Reinigung anfallenden Schlammes. Die Frage nach der Auswirkung der Chlorung auf die bei der mechanischen Reinigung erhaltenen Schlammstoffe ist sehr wichtig. Bei der Beantwortung dieser Frage spielt die Art der Schwebestoffe eine große Rolle.

Wird Chlor erst kurz vor der mechanischen Reinigung zugesetzt, so kann die Einwirkungszeit nur sehr kurz sein, da sich ja die Hauptmenge der Schwebestoffe sehr schnell absetzt und sich so der sterilisierenden Einwirkung entzieht. Außerdem erstreckt sich die Abtötung der Keime nur auf die äußeren Oberflächen der Schwebestoffe und dringt nicht in das Innere ein. Anders ist es aber in der Kanalisation, wo die Abwässer oft mit großen Chlormengen aus industriellen Abwässern (Bleichereien) vermischt werden und bei langen Wegen lange Einwirkungszeiten vorhanden sind. Auch der sich nur langsam ausscheidende feine Schlamm und die sich unter dem Einfluß der Chlorung ausscheidenden Kolloide sind der Wirkung stärker ausgesetzt. Scheidet man diese Kolloide, z. B. durch eine Vorchlorung, aus, so haben HEDGEPETH und OLSEN festgestellt, daß durch die Vorchlorung die Zersetzungsfähigkeit des in den Absetzbecken abgeschiedenen Schlammes gehemmt wird. Es ist aber anzunehmen, daß bei guter Verteilung des Chlors in dem Abwasserbehälter kein freies Chlor in die Fäulnisräume gelangt, so daß der Faulprozeß nicht gestört wird.

Faulräume von Emscherbrunnen zeigen oft in Fällen, wo die Menge des anfallenden Frischschlammes zu groß ist, im Verhältnis zu dem vorhandenen Faulschlamm die Neigung zu starkem Schäumen. Kalkzusatz hat nicht in allen Fällen befriedigende Ergebnisse gegeben. In solchen Fällen hilft oft recht gut eine Vorchlorung des Abwassers mit 3 bis 5 mg/Liter Chlor, die sich dann nur auf die Tagesstunden von 8—20 Uhr zu erstrecken braucht.

Außer zur Schaumbekämpfung kann man die Chlorung auch noch in den Fällen zur Geruchsbekämpfung anwenden, in denen die Geruchsbelästigungen nicht auf das ankommende faulende Wasser, sondern auf einen Schwefelwasserstoffgehalt des in den Faulräumen entwickelten Gases zurückzuführen sind. Zu dem Zwecke kann das Chloren des Schlammes kurz vor den Druckpumpen mit geringer Chlormenge erfolgen, wobei sich die Einwirkungszeit in den Druckrohren als genügend herausgestellt hat, oder das Gas wird direkt mit Chlor behandelt. Einfacher und betriebssicherer dürfte das Entschwefeln des Gases in einem Gasreiniger sein.

Chlor als Ersatz für biologische Anlagen und in Verbindung mit biologischen Anlagen. Bei den bisher bekannten biologischen Reinigungsverfahren werden durch die Tätigkeit der Mikroorganismen (Bakterien, Protozoen usw.) die im Abwasser enthaltenen Schmutzstoffe weitgehendst abgebaut. Hierbei werden die die Fäulnisfähigkeit des Abwassers bedingenden schwefelhaltigen Eiweißstoffe so weit zerstört, daß sie nicht mehr zur Bildung von Schwefelwasserstoff und zu Mißständen im Vorfluter Veranlassung geben. Das Wasser ist auf diese Weise fäulnisunfähig oder haltbar gemacht worden. Andererseits werden bei den biologischen Reinigungsverfahren die im Abwasser enthaltenen pathogenen Keime weitgehend dadurch aus dem Abwasser entfernt, daß sie adsorbiert werden und den die Reinigung bewirkenden höheren Mikroorganismen als Nahrung dienen.

Durch die Zugabe von Chlor hat man nun die Möglichkeit, die letztgenannte Wirkung in viel kürzerer und intensiverer Weise durchzuführen. Genügend große Chlorgaben töten die im Abwasser enthaltenen Keime weitgehendst ab, so daß man mit einer Chlorgabe in hygienischer Beziehung einen viel größeren und sicheren Effekt als mit einer biologischen Anlage erreichen kann.

Anders ist es aber mit der Fäulnisfähigkeit des Abwassers. Es werden bei dem Ersatz biologischer Anlagen durch die Chlorung des Abwassers die im Vorfluter sich abspielenden Zersetzungsvorgänge auf den späteren Verlauf des Vorfluters verschoben. Die Frage, ob es bei den gegebenen Abwasserverhältnissen, z. B. nach mechanischer Reinigung, unbedingt zu Fäulniserscheinungen in dem Vorfluter kommen muß, richtet sich nach den örtlichen Verhältnissen.

Man kann an Stellen, wo eine große Abwassermenge in einen kleinen Vorfluter abgelassen wird, der aber schon nach sehr kurzem Lauf in einen großen Vorfluter endet, daran denken, die Chlorung an Stelle einer biologischen Reinigung anzuwenden, wenn das Wasser auf der Zwischenstrecke nicht benutzt wird. Diese Lösung sollte aber nur als Zwischenlösung in Frage kommen, da der Vorfluter für alle Zwecke, vor allem auch für die Fischerei, besonders für die Fischwanderung, ausfällt (s. S. 238). In allen anderen Fällen ist jedoch die biologische Reinigung, eventuell in Verbindung mit der Chlorung, erforderlich. Eine ausgedehnte Anwendung der Chlorung als Ersatz für eine biologische Reinigung wird auf der Kläranlage Leipzig angewandt. Hier werden die gesamten Abwässer, nachdem sie die mechanischen Absetzbecken durchflossen haben, mit Chlormengen, die zwischen 20—30 mg/Liter schwanken, gechlort. In letzter Zeit ist ein Teil der Chlorung durch Rieselfelder, die die Abwässer landwirtschaftlich ausnutzen, ersetzt.

In Verbindung mit biologischen Reinigungsanlagen hat die Chlorung die mannigfachsten Anwendungen erfahren.

a) Tropfkörper und Chlorung. Bei den Tropfkörpern ist die Chlorung für verschiedene Zwecke vorgeschlagen worden:

1. zur Geruchsbekämpfung,
2. zur Fliegenbekämpfung,
3. zur Desinfektion der endgültigen Abläufe.

Die Mengen des zur Geruchsbekämpfung zuzusetzenden Chlors richten sich nach dem Fäulnisgrad und nach der Dicke des ankommenden Abwassers. Im allgemeinen dürften Chlormengen von 3—6 mg/Liter genügen.

Werden Tropfkörper zu stark oder mit schlecht entschlammtem Abwasser belastet, so wächst der biologische Rasen, der zu große Mengen kolloider Stoffe zurückhalten muß, zu. Das Wasser kann nicht mehr gleichmäßig durchlaufen und steht in Tümpeln auf den Tropfkörpern, die ihrerseits wieder die Ursache von Geruchsbelästigungen sein können. Man kann nun die Beseitigung dieser Tümpel mit der Geruchsbekämpfung verbinden, indem man nach SMITH[1] am besten mit 6—11 mg/Liter Chlor in den Nachtstunden chlort. Durch die Chlorbehandlung kann man auch das so sehr unangenehme Zuwachsen der Streudüsen einschränken.

b) Schlammbelebung und Chlorung. Es sind an verschiedenen Stellen Versuche durchgeführt worden, die Wirkung von Schlammbelebungsanlagen durch eine Vorchlorung zu unterstützen. Dies geschah in ähnlicher Weise wie bei Tropfkörperanlagen, besonders in den Fällen, wo bereits angefaultes Abwasser zur Kläranlage kam. Angefaultes Abwasser gibt durch seinen mehr oder weniger hohen Gehalt an Schwefelwasserstoff leicht Veranlassung zur Bildung des Blähschlammes. Durch eine schwache Vorchlorung kann dies verhindert werden.

8. Einfluß der Chlorung auf den Vorfluter und die Fischerei.

Die meisten Vorschriften zur Anwendung des Chlores zur Behandlung von Abwässern sehen eine so große Chlormenge vor, daß nach einer bestimmten Einwirkungszeit, die sich meistens mit der Zeit bis zum Einlauf in den Vorfluter deckt, noch eine Chlormenge von rund 0,1—0,3 mg/Liter Chlor enthalten sein soll. Bei Unvorsichtigkeiten und unregelmäßigem Betrieb der Chlorapparate, bei stark schwankenden Abwassermengen kann es auch einmal vorkommen, daß größere Chlormengen in den Vorfluter gelangen. Es ist ohne weiteres einleuchtend, daß diese großen Mengen im Vorfluter starke Wirkungen in bezug auf die Pflanzen- und Tierwelt äußern müssen.

Das in den Vorfluter abgelassene freie Chlor wird sich nun wie das Abwasser mit dem in der Vorflut enthaltenen Wasser mischen, wodurch je nach dem Verdünnungsverhältnis eine weitere Herabsetzung des freien Chlorgehaltes eintritt. Weiterhin werden die im Wasser enthaltenen Salze, wie Calcium-, Magnesiumbicarbonate, sehr bald dafür sorgen, daß die Wirkung des freien Chlors weiter abgeschwächt wird. Es wird sich also nur um den Ablauf herum eine verhältnismäßig kleine Zone geringen Chlorgehaltes einstellen. Viel schädlicher als das freie Chlor dürften aber in vielen Fällen die Umsetzungsprodukte, die das Chlor

[1] SMITH: Sewage Works Journ. 1930, 2, 387.

mit den im Abwasser enthaltenen Eiweißstoffen, Amino- und ähnlichen Verbindungen gebildet hat, sein. VIEHL[1] hat den Einfluß des gechlorten Abwassers auf verschiedene tierische Organismen und auf das Plankton im Vorfluter, so besonders auf Sphaerotilus, untersucht. Ausführliche Versuche über den Nachweis der Schädlichkeit von freiem, aktivem Chlor im Wasser und seine Wirkung auf Fische sind in neuester Zeit von EBELING und SCHRÄDER[2] durchgeführt worden. Während EBELING hauptsächlich Chlorkonzentationen über 1 mg/Liter untersucht hat, betreffen die Untersuchungen von SCHRÄDER hauptsächlich Konzentrationen unter 1 mg/Liter. Bei Konzentrationen über 1 mg/Liter trat bei Karpfen und den meisten anderen Fischen, z. B. Hechten und Plötzen, schon der Tod ein, während Krebse diese Konzentration noch sehr gut vertrugen. Bei den beschädigten Fischen waren am stärksten immer die Kiemen angegriffen. Es traten sehr intensive Ätzungen des Kiemenepithels auf. EBELING schließt aus seinen Untersuchungen, daß es sich bei der Chlorvergiftung nicht um eine primäre Schädigung des Nervensystems handelt, sondern daß die Giftwirkung sich in einer direkten, lokalen Ätzung zeige.

N. Abwassergenossenschaften und Flußwasseruntersuchungsämter.

I. Abwassergenossenschaften.

In dicht besiedelten Gebieten, wie sie in Deutschland die einzelnen Industriezentren darstellen, kann es bei dem oft sehr schnellen Ausbau der verschiedenen Städte und den Widerständen gegen den Ausbau der Kläranlage leicht dazu kommen, daß die Abwasserfrage mehr oder weniger vernachlässigt wird. Die Folge ist dann, daß sich oft unglaubliche Verhältnisse in den Vorflutern entwickeln, weil sich jeder einzelne so gut wie eben möglich dadurch zu helfen sucht, daß er für sich eine ihm zusagende und daher in den meisten Fällen ungenügende Kläranlage baut. Daß diese Kläranlagen, die dazu oft noch von unsachverständiger Seite gebaut wurden, ihre Aufgaben gar nicht oder nur schlecht erfüllen, beweisen deutlich die zum Teil sehr stark verschmutzten Flüsse der meisten Industriegebiete. Durch ihre starke Verschmutzung fallen sehr viele unserer heimischen Flüsse für Brauch- und Nutzzwecke vollständig aus. Auch als Volkserholungsstätten sind sie nicht mehr brauchbar. Jeder einzelne wirft seinem oberhalb liegenden Nachbarn die gleichen Sünden vor, die er selbst seinem Unterlieger gegenüber ohne jede weiteren Bedenken oft in viel größerem Maßstabe begeht. Langwierige Prozesse über Abwasserstreitigkeiten sind in solchen Fällen oft die unausbleiblichen Folgen. In früheren Jahren waren die Städte als Ortspolizei bzw. Wasserpolizei den Verschmutzern gegenüber oft sehr schwach, da beim Stellen zu großer Forderungen stets mit der Verlegung des Werkes gedroht wurde. Um den guten Steuerzahler nicht los zu werden, gab die Stadt dann nach. Die Folge davon waren in den meisten Fällen oft unglaubliche Zustände an unseren Vorflutern, die dringende Maßnahmen im Interesse der Wasserhaltung und der Reinhaltung der Wasserläufe erforderten.

Das Preußische Privatflußgesetz vom Jahre 1843[3] und das Preußische Wassergenossenschaftsgesetz vom 1. April 1879 gaben zwar die Möglichkeit zur Bildung von Genossenschaften für Be- und Entwässerungsanlagen, doch fehlte der Beitrittszwang. Ohne Beitrittszwang war es aber nicht möglich, hier etwas Grundlegendes zu schaffen. Wo in einem Flußgebiete sehr zahlreiche Verschmutzungsquellen vorhanden sind, wo vor allem eine stark entwickelte Industrie große Abwassermengen abstößt, und dort wo die Wasserhaltung sichergestellt werden muß, kann der Gesetzgeber nur durch Sondergesetze eingreifen und Genossenschaften mit besonderen Rechten und Pflichten schaffen.

Um den Wasservorrat im Ruhrgebiet sicherzustellen, wurde der erste Versuch im Jahre 1899 mit dem Ruhrtalsperrenverein gemacht, der zunächst als privatrechtlicher Verein gegründet wurde. Später wurde er durch Gesetz vom

[1] VIEHL: Vom Wasser 1929, **3**. [2] EBELING u. SCHRÄDER: Zeitschr. Fischerei 1929, **27**.
[3] STÖVE: Kleine Mitt. Landesanst. Wasser-, Boden- u. Lufthygiene 1934, **10**, 26.

5. Juni 1913 durch ein Sondergesetz mit Beitrittszwang verankert, um die früher mögliche Gefährdung des Mitgliederbestandes durch freiwilligen Austritt zu verhindern.

Um die Reinhaltung der Flüsse sicherzustellen, wurden durch Sondergesetze Abwassergenossenschaften gegründet, für die die bestehenden Wassergesetze, besonders auch das Wassergesetz vom 7. April 1913, für die großen Aufgaben dieser Genossenschaften erweitert wurden. In den meisten Fällen wird die Abwassergenossenschaft jedesmal für das Niederschlagsgebiet eines ganzen Flusses gegründet. Wieweit neben der Reinhaltung auch die Wasserwirtschaft Aufgabe der Genossenschaft sein soll, richtet sich nach den örtlichen Verhältnissen und den Sonderaufgaben.

Die Abwassergenossenschaft muß das Flußgebiet als Ganzes betrachten. Die vorher verworrenen und wegen der Gegensätze zum Teil oft unlösbar erscheinenden Aufgaben können in der Hand einer Abwassergenossenschaft sehr vereinfacht werden. Die Genossenschaft wird die verschiedenen Abwässer zusammenführen, mischen und in verschiedenen größeren Anlagen außerhalb der Wohngebiete reinigen. In sehr vielen Fällen können die meist schlecht oder gar nicht bedienten Fabrikkläranlagen verschwinden. Auch im Flusse selbst kann die Genossenschaft eingreifen, indem sie je nach den Verhältnissen z. B. in einem Abwasserfluß Staue beseitigt, um einen besseren Abfluß zu schaffen, oder in einem wenig verschmutzten Fluß sogar Seen anlegt, um die Selbstreinigungskraft zu heben. Während in den Städten meist nur einmal eine einzelne Kläranlage gebaut wird, werden hier die an den verschiedensten Stellen gemachten Erfahrungen zentral gesammelt, so daß diese dann jedem einzelnen Genossen zugute kommen. Im allgemeinen wird eine Genossenschaft die zusammengefaßten Anlagen billiger bauen und betreiben können als die einzelnen Genossen selbst. Durch den genossenschaftlichen Zusammenschluß wird vielen Rechtsstreiten der Boden entzogen, während andererseits die Genossenschaft ihre Mitglieder gegen zu hohe Anforderungen der Unterlieger schützen kann.

Um die verschiedenen Aufgaben der Abwassergenossenschaft richtig durchführen zu können, muß diese durch Gesetze mit besonderen Vollmachten ausgestattet sein. Um aber die mit solchen Ämtern verbundenen hohen Kosten nur dort auszugeben, wo sie wirtschaftliche Vorteile ergeben, wird man Abwassergenossenschaften in erster Linie dort errichten, wo eine gemeinsame Bearbeitung der Abwasserfragen Zweck hat. In erster Linie eignen sich für Abwassergenossenschaften die eigentlichen Industriegebiete, wo gewöhnlich viele kleine Gemeinden und Fabriken nahe beieinander liegen und wo die technischen Maßnahmen weit über das hinausgehen, was die einzelnen Mitglieder durch eine eigene Anlage im besten Falle leisten können.

Die rein wirtschaftlichen Vorteile der Genossenschaften, die durch Ersparnisse in der Behandlung der eigenen Abwasserfrage durch die technischen Maßnahmen erzielt werden, lassen sich leicht erfassen. Man muß hierzu auch die Werte rechnen, die durch die Reinigung des Flußwassers dadurch entstehen, daß der Fluß wieder zur Trink- und Brauchwasserversorgung von Stadt und Industrie brauchbar wird. Schwieriger wird es sein, die Vorteile der Abwassergenossenschaften auf ideellem Gebiete in Zahlen auszudrücken. Ausgehend von dem Gedanken, daß das Wasser Allgemeingut ist, sollten auch die Fragen der Erhaltung bzw. Wiedergewinnung eines Flusses für Wassersport, Volkserholungsstätten, Strandbäder, Fischerei und Naturschutz bei den Arbeiten der Abwassergenossenschaften weitestgehend berücksichtigt werden.

Der Aufbau der Genossenschaft richtet sich ganz nach den örtlichen Verhältnissen. Nur wenn alle Mitglieder der Genossenschaft, Ingenieure und Chemiker innig zusammenarbeiten, ist die Grundbedingung, daß etwas Gutes geschaffen wird, gegeben.

In der nachfolgenden Tabelle ist eine Aufstellung der bis jetzt gegründeten Abwassergenossenschaften enthalten. Als erste wurde die Emschergenossenschaft in Essen gegründet. Die Entwässerungsverhältnisse im Emschertal, wo sich um die Jahrhundertwende eine intensive Industrie entwickelte, waren von Anfang an äußerst ungünstig, da die Emscher

Tabelle 26.

	Gesetz vom	Einwohner	Größe des Gebietes in qkm
1. Emschergenossenschaft, Essen	14. 7. 04	2500000	784
2. Kanalisationsverband für das Laisebachgebiet, Waldenburg	12. 3. 07	80000	31
3. Linksniederrheinische Entwässerungsgenossenschaft in Moers	29. 4. 13	250000	965
4. Ruhrverband, Essen	5. 6. 13	1400000	4500
5. Lippeverband, Dortmund	19. 1. 26	500000	2800
6. Niersverband, Viersen	22. 7. 27	470000	1370
7. Schwarze Elsterverband, Bad Liebenwerda	28. 4. 28	300000	3650
8. Wupperverband, Wuppertal	8. 1. 30	680000	620
9. Muldengenossenschaft, Chemnitz	23. 12. 33	2000000	5500
10. Weiße Elsterverband, Leipzig	23. 7. 34	1960000	5100

ein flach eingeschnittenes Bett und geringes Gefälle hatte, das noch durch die vom Bergbau verursachten Bodensenkungen verschlechtert wurde. Die rasche Bevölkerungszunahme und die starke Entwicklung der Industrie steigerten fortwährend die Menge der anfallenden Abfallstoffe aller Art. Infolge der schlechten Abflußverhältnisse uferte die Emscher schon bei geringen Niederschlägen aus und überschwemmte weite Gebiete. Der vom Bach mitgeführte Schmutz bildete beim Zurückgehen des Wassers faulende und stinkende Tümpel, die die Luft verpesteten und häufig die Ursache von Massenerkrankungen waren. Um diese schädlichen Verhältnisse zu ändern, schuf die Staatsregierung nach langem Verhandeln auf Drängen aller Beteiligten durch ein Sondergesetz vom 14. Juli 1904 die Emschergenossenschaft zur Regelung der Vorflut nach Maßgabe eines einheitlichen Projektes für das ganze Niederschlagsgebiet der Emscher und zur Schaffung und Unterhaltung von Abwasserreinigungsnlagen im Emschergebiet. Der vorbildliche Aufbau und die großen Erfolge dieser Abwassergenossenschaft, die durch ihre Arbeiten die Behandlung der gesamten Abwasserfragen in die richtigen Bahnen lenkte, zeigte die Berechtigung der Bildung von Abwassergenossenschaften. Auch die in kurzen Abständen folgenden Abwassergenossenschaften, wie die linksniederrheinische Entwässerungsgenossenschaft in Moers, der Ruhrverband in Essen, der Lippeverband in Dortmund, der Niersverband in Viersen haben in gleicher Weise für das von ihnen betreute Gebiet Großes geschaffen und steht zu hoffen, daß die einst stark verschmutzten Flüsse bald wieder so rein gehalten werden, daß sie wieder der Allgemeinheit dienen können. Da der Ruhrfluß der Trink- und Brauchwasserspender des rheinisch-westfälischen Industriegebietes ist, so müssen an ihm die Ziele hinsichtlich der Reinigungsmaßnahmen besonders weitgehend gesteckt werden. Dies kommt unter anderem auch in der Bezeichnung der Genossenschaft als Verband zur Reinhaltung der Ruhr zum Ausdruck.

Bei dem heutigen Stande der Abwassertechnik sollte der Begriff einer Opferstrecke eines Flusses, den man zu einer Zeit prägte, als die Abwasserreinigung noch in den Kinderschuhen steckte, allmählich wieder verschwinden. Wenn erst jedes Werk für die Behandlung seiner Abwasserfragen die gleichen Beträge aufwenden muß, so daß einzelne Werke nicht mehr in dieser Beziehung bevorzugte Stellungen einnehmen und alle Werke bei ihren Preiskalkulationen gleich die für die Abwasserreinigung aufzubringenden Kosten entsprechend einsetzen, ist auch zu erwarten, daß im Laufe der Zeit auch die jezt noch als Abwasserflüsse bezeichneten Wasserläufe wieder zu brauchbarem Volksgut werden.

Die Abwasserfrage darf nicht erst dann behandelt werden, wenn das Werk schon betriebsfertig steht, sondern sie muß von vornherein, d. h. schon vor der Anlage des Werkes, eine ausschlaggebende Rolle spielen. Es ist ein Unding, ein großes Werk mit großen, schwer aufzuarbeitenden Abwassermengen an einen kleinen Fluß zu legen, der durch dieses einzelne Werk auf lange Strecken unbrauchbar wird. Schon bei der Planung hat die Aufgabe der Abwassergenossenschaft zu beginnen und durch weitgehende Beratung bei der Anlage und Ausarbeitung von Plänen für die Entwässerung und Weiterbehandlung der Industrie zu helfen. Stark abwassererzeugende Industrien dürfen auf keinen Fall an kleine Vorfluter gelegt werden.

II. Rieselgenossenschaften.

Mehr örtliche Aufgaben haben Rieselgenossenschaften, die eine landwirtschaftliche Nutzung der im städtischen Abwasser enthaltenen Dungstoffe vorsehen. Ihre Bildung erfolgt zum Teil auf Grund der Novelle zum Preußischen Wassergesetz vom 14. April 1924, durch welche die Möglichkeit geschaffen wurde, Wassergenossenschaften zur Verwertung städtischer Abwässer zu bilden. Weiteres über den Zwang zur landwirtschaftlichen Nutzung der Abwässer siehe unter Rieselfelder S. 380f.

1. Rieselgenossenschaft Delitzsch-Schenkenberg. Diese Rieselgenossenschaft wurde 1929 gebildet. Sie verwertet auf einer 100 ha großen Fläche rund 2500 cbm Abwasser von 16500 Einwohnern auf Rieselgelände und in Fischteichen. Die jährliche Belastung für Verzinsung und Betriebskosten beträgt pro Kopf jährlich RM 1.—. Der Genossenschaftsbeitrag beträgt RM 9,50 je Morgen und RM 50.— je Morgen Fischteich.

2. Die Delitzscher Wasserversorgungsgenossenschaft bezweckt die Verwertung der Leipziger Abwässer. Sie wurde 1933 von Bauern und Landwirten aus 33 Gemeinden gegründet. 60—80000 cbm werden täglich durch eine 11 km lange Leitung 38 m hoch auf das 20000 ha große Bewässerungsgelände gepumpt. An Genossenschaftsbeiträgen werden jährlich RM 48.—/ha erhoben.

3. Die Zeitzer Wasserverwertungsgenossenschaft wurde 1935 gegründet. Sie verarbeitet das Abwasser von 35000 Einwohnern der nach dem Mischsystem entwässernden Stadt Zeitz auf 296 ha Ackerland und 133 ha Grünland. Die Beiträge betragen RM 60.—/ha Grünland und RM 30.—/ha Ackerland.

4. Die Wassergenossenschaft für die landwirtschaftliche Verwertung der Abwässer der Stadt Nordhausen wurde 1935 von 511 Bauern gegründet. Auf einer Fläche von 451 ha Ackerland und 171 ha Grünland werden die Abwässer von 38000 Einwohnern gereinigt. Die jährlichen Beiträge der Genossen schwanken je nach Lage der Fläche zwischen RM 35.— bis RM 70.— und RM 23.— bis RM 26.—.

Außer diesen, von Sonntag[1] näher beschriebenen Anlagen sind eine ganze Reihe weiterer Anlagen und Rieselgenossenschaften in Vorbereitung, die alle das große Ziel haben, die im Abwasser steckenden Werte der Volkswirtschaft wieder zuzuführen.

III. Flußwasseruntersuchungsämter.

In Anlehnung an die Wassergenossenschaften, die die Reinhaltung der Flüsse selbst betreiben, indem sie die zur Reinhaltung erforderlichen Maßnahmen wie Bau von Kläranlagen usw. selbst durchführen, hat man in den Flußgebieten, die durch städtische und vor allem gewerbliche Abwässer besonders gefährdet sind, Flußwasseruntersuchungsämter bzw. -überwachungsämter errichtet. Diese sollen durch einen Zusammenschluß der an der Einleitung von Abwässern Beteiligten durch eine planmäßige Regelung und Überwachung der Abwassereinlässe diese Flußgebiete schützen.

Nach von Meyeren[2] sind die „Flußwasserüberwachungsämter staatliche, technisch-wissenschaftliche Untersuchungs- und Forschungsanstalten, die in bestimmten Flußgebieten die Ursachen, den Umfang und die Art der Verunreinigung der Gewässer zu erforschen haben“. Sie sollen die Polizeibehörden

[1] Sonntag: Deutsch. Wasserwirtsch. 1936, **31**, 153.
[2] von Meyeren: Kleine Mitt. Landesanst. Wasser-, Boden- u. Lufthygiene 1930, **6**, 105; 1934, **10**, 2.

und die Interessenten bei den Maßnahmen zur Reinhaltung der Wasserläufe beraten. Sie selbst besitzen, wie auch die Abwassergenossenschaften, keine Polizeigewalt. Die mit sachverständigen Chemikern besetzten Dienststellen überwachen das ihnen anvertraute Flußgebiet hinsichtlich der Reinhaltung der Gewässer, beraten die zur Einleitung von Abwässern zugelassenen Gewerbetreibenden, Bergbaubetriebe und Gemeinden und geben nötigenfalls der zuständigen Wasserpolizei von unzulässigen Verunreinigungen des Wassers Kenntnis. Dort, wo ihre Bemühungen zur Beseitigung der von ihnen festgestellten Mängel auf Ablehnung oder Widerstände stoßen, nehmen sie die Hilfe der zuständigen Polizei (Wasserpolizei) in Anspruch.

In wissenschaftlicher und technischer Hinsicht unterstehen die meisten der Aufsicht der Landesanstalt für Wasser-, Boden- und Lufthygiene in Berlin, während sie im übrigen der Dienstaufsicht des für den Sitz des Amtes zuständigen Regierungspräsidenten unterstellt sind. Den Vorstand bilden Vertreter der beteiligten Behörden, dem ein Beirat aus der Mitte der zur Abwasserableitung zugelassenen Interessenten zur Seite steht. Die Organisation und der Dienstbetrieb der einzelnen Ämter wird durch Satzungen und Dienstanweisungen geregelt, die von den zuständigen Zentralbehörden aufgestellt oder genehmigt worden sind.

Die Aufbringung der Kosten für die Unterhaltung der Ämter erfolgt durch Umlagen auf die beteiligten Gemeinden und Gewerbebetriebe. Die Verpflichtung zur Leistung der Beiträge ergibt sich für diejenigen, denen die Einleitung gewerbepolizeilich genehmigt ist oder die ihre Einleitungsbefugnis auf eine wasserrechtliche Verleihung begründen, aus § 56 des Wassergesetzes, wonach der Unternehmer verpflichtet werden kann, die Kosten zu tragen, die durch die Aufsicht über die verliehenen Rechte entstehen, oder aus § 16f. der Gewerbeordnung, wenn diese Bedingung nicht ausdrücklich in den Genehmigungs- und Verleihungsbedingungen schon enthalten ist. Bei nicht genehmigten und nicht verliehenen Abwassereinleitungen kann die Beitragszahlung aus § 23 des Wassergesetzes hergeleitet werden, nach dem eine von der Wasserpolizeibehörde für unbedenklich erklärte Abwassereinleitung von der Wasserpolizeibehörde nur so lange geduldet werden wird, als der Unternehmer sich der Überwachung unterstellt und daher für diese Überwachung zu den Kosten beiträgt.

Derzeit bestehen folgende Flußwasseruntersuchungsämter (1938):

1. Das Mainwasseruntersuchungsamt in Wiesbaden ist das älteste Flußwasseruntersuchungsamt. Es ist 1910 für die preußische Mainstrecke gegründet, hat sich aber auch im Regierungsbezirk Wiesbaden am Rhein und seinen anderen Zuflüssen beteiligt.

2. Das Untersuchungsamt Hildesheim wurde 1912 für die Wasserläufe in den Regierungsbezirken Hildesheim, Hannover und Lüneburg errichtet.

3. Das Flußwasseruntersuchungsamt Gerstungen wurde 1913 für die Kaliabwässer an der Werra und Fulda errichtet.

4. Das 1913 gegründete Untersuchungsamt in Sondershausen wurde gemäß Vereinbarung zwischen dem Preußischen Handelsministerium und den thüringischen Ministerien 1927 mit dem 1925 neu gegründeten Flußwasseruntersuchungsamt in Magdeburg vereinigt, das für das Flußgebiet der Elbe und Saale in der Provinz Sachsen, in den Regierungsbezirken Magdeburg, Merseburg und Erfurt und in Anhalt und für die ganze Kaliindustrie auch im Saalegebiete zuständig ist.

5. Flußwasseruntersuchungsamt in Breslau, gegründet 1930, überwacht die Provinzen Ober- und Niederschlesien.

6. Flußwasseruntersuchungsstelle in Berlin-Dahlem, 1932 für die Provinzen Brandenburg, Pommern und die beiden Mecklenburger Freistaaten, die Grenzmark, Posen und Westpreußen gegründet.

7. Flußüberwachungsstelle in Weimar, 1931 für das Land Thüringen und Elbegebiet gegründet.

8. Im Freistaat Braunschweig ist die Flußwasserüberwachung durch das Braunschweigische Gesetz (Nr. 310) vom 29. November 1923 der staatlichen Lebensmitteluntersuchungsanstalt an der Technischen Hochschule in Braunschweig übertragen.

Die Flußwasseruntersuchungsämter haben sich als sachverständige Beratungsstellen für die Polizeibehörden und für die Abwassereinleiter sehr bewährt. Durch intensive Forschungstätigkeit haben diese Ämter manche sehr wertvolle Bereicherung der Kenntnisse und Verfahren der Abwasserreinigung durch die Arbeiten von NOLTE, PRÜTZ, MEYER, FROMKE usw. geliefert.

Buch-Literatur.

1. DUNBAR: Leitfaden für die Abwasserreinigungsfragen. München-Berlin: R. Oldenbourg 1907. — 2. KÖNIG: Die Verunreinigung der Gewässer, Bd. 1/2. Berlin: Julius Springer 1899. — 3. J. TILLMANS: Wasserreinigung und Abwasserbeseitigung. Halle a. S.: Wilhelm Knapp 1912. — 4. BRIX, IMHOFF u. WELDERT: Die Stadtentwässerung in Deutschland, Bd. 2. Jena: Gustav Fischer 1934. — 5. IMHOFF: Fortschritte der Abwasserreinigung. Berlin: Carl Heymann 1926. — 6. IMHOFF: Taschenbuch der Stadtentwässerung, 7. Aufl. Berlin-München: R. Oldenbourg 1936. — 7. BACH: Die Abwasserreinigung, 2. Aufl. Berlin-München: R. Oldenbourg 1934. — 8. BACH: Die Grundlagen und Verfahren der neuzeitlichen Abwasserreinigung. In LE BLANC: Ergebnisse der angewandten physikalischen Chemie. Leipzig: Akademische Verlagsgesellschaft 1936. — 9. REICH: Reinigung und Beseitigung städtischer und gewerblicher Abwässer. Leipzig: Jänecke 1907. — 10. FULLER u. MCCLINTOCK: Solving Sewage Problems. New-York: McGraw-Hill Book Company 1926. — 11. Vom Wasser. Jahrbücher der Fachgruppe für Wasserchemie im Verein Deutscher Chemiker. Berlin: Verlag Chemie. Verschiedene Jahrgänge. — 12. Kleine Mitteilungen des Vereins für Wasser-, Boden- und Lufthygiene in Berlin-Dahlem. Verschiedene Jahrgänge. — 13. GURSCHNER-BENZEL: Der städtische Tiefbau, Bd. 3: Stadtentwässerung. In Teubners H. T. L.-Bücherei. Leipzig: B. G. Teubner 1931. — 14. Wasser und Abwasser. Referatezeitschrift von GROSS, SCHULZE-FORSTER und WELDERT, Berlin-Dahlem. Berlin: Carl Heymann. Verschiedene Jahrgänge. — 15. Verschiedene Jahrgänge der Zeitschrift „Der Gesundheitsingenieur". München-Berlin: R. Oldenbourg. — 16. Verschiedene Jahrgänge der Zeitschrift „Das Technische Gemeindeblatt". Berlin: Carl Heymann. — 17. BUSWELL: The chemistry of water and sewage treatment. New York 1928.

Gewerbliche und industrielle Abwässer.

Von

DR. F. SIERP-Essen.

Mit 74 Abbildungen.

A. Allgemeines.

Während die Wasserversorgung von den Industrie- und Gewerbebetrieben stets als eine unbedingt zum Betriebe gehörende werbende Anlage angesehen wird, wurde bisher die Schaffung von Reinigungsanlagen für die im Betriebe entstehenden Abwässer als lästige Aufgabe zur Erfüllung gesetzlicher Bestimmungen oder polizeilicher Vorschriften angesehen, die man nur ungern und auf besonderen Zwang erfüllte. Im Gegensatz zu den Städten, bei denen sich die Kosten für die Reinigung der häuslichen Abwässer auf die Gesamtheit der Einwohner verteilen, so daß die Belastung des einzelnen in erträglichen Grenzen bleibt, ist das industrielle Werk in den meisten Fällen gezwungen, seine Abwässer selbst zu reinigen, d.h. es muß die zur Reinigung notwendigen Anlagen aus eigenen Betriebsmitteln errichten und laufend betreiben. Die hierfür aufzuwendenden Kosten stellen daher eine dauernde Belastung der Produktion dar. Wenn auch die Industrie die Bedeutung der Reinhaltung der Gewässer durchaus nicht verkennt, da sie in sehr vielen Fällen selbst darauf angewiesen ist, ihr Brauchwasser aus einem Flußlauf zu entnehmen, so ließen sich die Werke doch oft außerordentlich zur Errichtung der notwendigsten Anlagen drängen. Nur in den seltensten Fällen wurden die fertigen Anlagen dauernd sachgemäß betrieben und unterhalten. Durch Wassergesetze wurde etwas Wandel geschaffen, weil diese der Reinhaltung der Gewässer dadurch einen größeren Schutz gewährten, daß sie bei auftretenden Verschmutzungen die Erfassung und Bestrafung des Verschmutzers erleichterten. Das Interesse an der Reinigung der Abwässer wurde aber meistens erst dann größer, wenn mehrere Werke an einem Vorfluter lagen, und der Unterlieger unter dem Abwasser des Oberliegers zu leiden hatte. Gegenseitige Störungen gaben Veranlassung zu sehr unerfreulichen Prozessen. In anderen Fällen gingen die Fischereiberechtigten gegen die verschmutzenden industriellen Werke vor. Die Werke kauften oder pachteten die gefährdeten Strecken, um von den Klagen abzukommen. Da aber jeder Fluß fischereilich ausgenutzt werden soll, hat die Fischereiaufsichtsbehörde den Kauf oder die Verpachtung an die Abwasser abstoßenden Werke in solchen Fällen verboten. An Flüssen und Bächen, die zur Brauchwasserversorgung oder zur Wasserkraftausnutzung gebraucht werden, ist ein gewisser Reinheitsgrad des Wassers Vorbedingung. Säurehaltige oder sonst dem Metall schädliche Abwässer können Turbinen und andere Wasser kraftanlagen stark gefährden. Die früher häufig vorgebrachten Einwände, daß es für das eine oder andere industrielle Abwasser noch keine geeigneten Reinigungsmaßnahmen bzw. Klärvorrichtungen gebe, sind nach den großen Fortschritten, die die Abwassertechnik in den letzten Jahren gemacht hat, nicht mehr stichhaltig. In Notfällen muß man die Abwasser durch Eindampfen beseitigen oder das Werk an einen anderen größeren Vorfluter verlegen.

B. Industrielles Abwasser und städtische Kanalisation.

Liegt der industrielle Betrieb in einer kanalisierten Stadt, so wird es abgesehen von wenigen Sonderfällen richtig sein, die entstehenden Abwässer nach einer sich nach der Art des Abwassers richtenden, mehr oder weniger weitgehenden Vorreinigung bzw. Vorbehandlung in das städtische Kanalnetz aufzunehmen. Die meisten Städte nehmen gewerbliches Abwasser gegen Zahlung einer Gebühr, deren Höhe sich nach der Menge und dem Verschmutzungsgrad des Abwassers richtet, in ihre Kanalisation auf. Grundbedingung ist aber hierbei, daß das Abwasser keine die Kanäle schädigende Eigenschaften hat, daß es keine Giftstoffe enthält und es die Reinigung der übrigen häuslichen Abwässer nicht erheblich erschwert. Es gibt infolgedessen schon sehr viele größere Industriestädte, deren Abwässer ganz erhebliche Beimengungen gewerblicher Abwässer enthalten, wodurch der Charakter des häuslichen Abwassers völlig geändert wird. Wenn auch die Beimischung gewerblicher Abwässer den Betrieb der Kanalisation und der Abwasserreinigungsanlagen verteuern wird, so ist doch das Bestreben, auch die gewerblichen Abwässer, soweit dies eben zulässig ist, der Kanalisation zuzuführen, in den meisten Fällen das richtige, da auf diese Weise die größte Gewähr für eine weitere Reinigung der Abwässer und damit für die Reinhaltung der Vorfluter gegeben ist.

Bei der Einleitung gewerblicher Abwässer in das städtische Kanalnetz müssen eine Reihe von Vorsichtsmaßregeln beachtet werden, die sich auf die Beschaffenheit des Rohrnetzes beziehen, dann aber auch die Weiterbehandlung des Abwassers durch Reinigungsverfahren, denen das städtische Abwasser unterzogen werden muß, berücksichtigen.

1. Gewerbliche Abwässer und Rohrnetz.

Gewerbliche Abwässer sind für Kanalisationen nicht immer schädlich. Abwässer mit schädlichen Stoffen liegen bei Betonkanälen immer vor, wenn es sich um Abwasser aus Gerbereien, Papierstoff- und Zellstoffabriken, Zuckerfabriken, Molkereien und Sauerkrautfabriken handelt. Das Abwasser aus Bleichereien kann Chlorkalk und Schweflige Säure enthalten. Die Abwässer der Montanfabriken sind wegen ihres Gehaltes an freier Säure besonders gefährlich. In allen diesen Fällen wird es eine wichtige Aufgabe des Abwasserchemikers sein, die Unschädlichmachung dieser Abwässer, soweit dies möglich ist, herbeizuführen und das zweckmäßige Material für die Abwasserableitung zu wählen. Kokereien haben in ihren Abwässern die schädlichen Ammonsalze und Phenole, Metallbeizereien freie Mineralsäure und giftige (Cu-, Zn-,) Salze, Drahtziehereien ebenfalls freie Säure und Eisensalze. Gleichfalls schädliche Abwässer weisen Acetylenanlagen, Braunkohlengruben, Kaliwerke, Dynamitfabriken, Sodafabriken, Galvanisierungswerke sowie Gaswerke und Schwelereien auf.

In jedem Einzelfalle muß man prüfen, welche schädlichen Stoffe vorliegen, wenn möglich auch den Zustand der Rohre vor der Verwendung feststellen. In der nachfolgenden Tabelle 1 ist eine Aufstellung über die Angriffsmöglichkeit bestimmter Chemikalien auf Portlandzement gegeben.

Tabelle 1.

Einwirkung	Einwirkende Mittel	Ursache der Einwirkung
Unschädlich	Übliche Leitungswässer, Natrium-, Kalium-, Calciumnitrat und -chlorid, Kali-, Natronlauge, Mineralöle	
Lösend (zermürbend)	salzarmes Wasser (Moorwasser)	Lösung von Kalkhydrat
	Ammonium-, Magnesium-, Eisenchlorid	Bildung von löslichem Calciumchlorid
	Ammoniumnitrat	Calciumnitrat
	Kohlensäure	Calciumbicarbonat
	Schwefelwasserstoff	Calciumsulfhydrat
	Milchsäure	Calciumlactat
	Zucker	Calciumsaccharat
	Salz-, Salpeter-, Schwefelsäure	Auflösung der Zementbestandteile
Treibend	schwefelsaure Salze, schwefligsaure Salze, Sulfide, Schwefelsäure, Schweflige Säure, Schwefelwasserstoff	Bildung von Gips und Calciumsulfoaluminat („Zementbacillus")
Erweichend und treibend	Fette, Öle	Bildung von Kalkseifen
	Milchsäure	Calciumlactat

Aus der Aufstellung geht hervor, in welchen Fällen man statt der allgemein angewandten Betonrohre Steinzeugrohre bzw. Tonrohre anwenden muß. Da in sehr vielen Fällen die Frage zu prüfen ist, ob eine Beeinträchtigung der eingebauten Kanalrohre vorliegt, ist in Tabelle 2 eine Aufstellung der Zusammensetzung der verschiedenen Zemente gebracht.

Tabelle 2[1].

Bestandteile	Portlandzemente	Eisenportlandzemente	Hochofenzemente	Tonerdezemente	Erzzemente
SiO_2	18 —27	20 —26	25 —30	0—17	24,6
$Al_2O_3 + Fe_2O_3$ . . .	6 —16	9 —19	11 —20	32—65	1,3 + 7,7
CaO	58 —67	54 —60	48 —58	33—53	61,9
MgO	0,5— 5	0,5— 5	0,5— 5	0	0,8

In den meisten Städten sind polizeiliche Vorschriften erlassen, die das Ablassen gewerblicher Abwässer in das städtische Kanalnetz betreffen. In diesen Vorschriften ist das Ablassen von Öl und Fett, festen Stoffen, die zu einer Versandung, Verschlammung oder gar Verstopfung führen können, von giftigen und explosionsfähigen Stoffen, die das Leben der Arbeiter in den Kanälen und den Bestand der Kanäle selbst gefährden, ferner das Ablassen von saurem und giftigem Abwasser verboten.

Fett-, öl- und teerhaltige Abwässer setzen sich an den Wandungen der Kanäle fest, verringern dadurch den Durchflußquerschnitt und führen so allmählich zu schlecht zu beseitigenden Verstopfungen. Öl- und fetthaltige Abwässer stören sehr stark die mechanische und biologische Weiterbehandlung des städtischen Abwassers, z. B. auf Rieselfeldern, Tropfkörpern und bei der Schlammbelebung. Da es sich meist um mineralische Fette oder Öle handelt, sind sie sehr schwer zersetzlich und verhindern den notwendigen freien Zutritt des Sauerstoffs zum Abwasser. Bei den Rieselfeldern setzen sie sich auf der Oberfläche fest und beeinträchtigen die Filterfähigkeit. Solche Stoffe sind schon vorher in den Betrieben durch Fett- und Ölfänger bzw. Kondensatentöler zurückzuhalten und möglichst nach Reinigung im Betriebe wieder zu verwenden. Die Wiedergewinnung von Fett und Öl sollte schon aus wirtschaftlichen Gründen auf dem Werke selbst erfolgen, da in den meisten Fällen

[1] KRÜGER: Gesundh.-Ing. **1933**, **56**, 521.

das bei der Wiedergewinnung erhaltene Fett oder Öl einen erheblichen Teil der für die Abscheidung aufgewandten Kosten zu decken vermag.

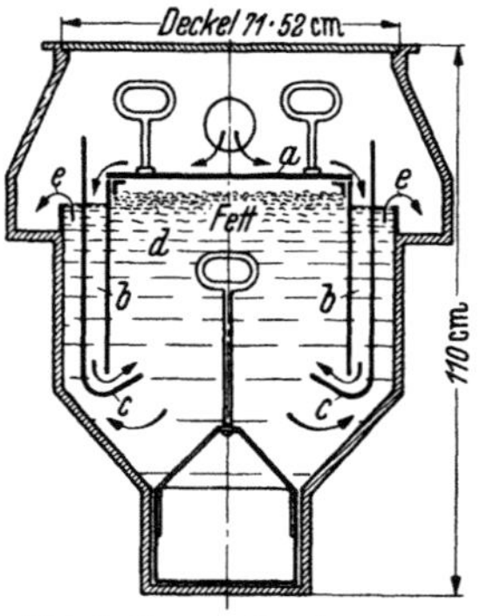

Abb. 1. Kremer-Fettfänger zur Rückgewinnung von Fetten aus Wurstfabriken, Schlächtereien, Großküchen usw. (Fettraum 60 Liter).

Diese fett- und ölhaltigen Abwässer fallen an den verschiedensten Stellen im Betriebe, besonders aber in den Maschinenbetrieben usw. an. Es ist eine ganze Reihe teils guter, teils weniger brauchbarer Fettfänger im Handel. Fast alle beruhen auf dem Vorgang, daß sich bei Verringerung der Fließgeschwindigkeit das leichtere Öl bzw. Fett auf der Oberfläche des spezifisch schwereren Wassers abscheiden soll, von der es dann leicht abgeschöpft werden bzw. in einen Sammelbehälter abfließen kann, um in einer Reinigungsanlage gereinigt zu werden. Zu den ältesten Fettfängern gehören die Kremer-Fett- und Ölfänger, wie sie in Abb. 1 und 2 dargestellt sind. Abb. 1 zeigt einen Öl- und Fettfänger zur Rückgewinnung von Fetten aus Wurstfabriken, Schlächtereien, Großküchen, wie er an sehr vielen Stellen eingebaut worden ist. Die Wirkungsweise ist folgende: Das seitlich durch das Zulaufrohr oder den gelochten Deckel eintretende, fetthaltige Wasser wird von dem Einsatzdeckel *a* in die Seitenkanäle *b* nach unten geleitet und von hier durch die beiden Vorstöße *c* nach oben in den Fettraum *d*, wo die Ausscheidung des Fettes stattfindet. Das entfettete Wasser umfließt dann die Vorstöße *c* und wird durch die Überläufe *e*, der sich über die ganze Breite des Apparates erstreckt, abgenommen. Einen auch gleich zur Abscheidung von Benzin usw. geeigneten Fettfänger ähnlicher Konstruktion, wie er viel für Garagen angewandt worden ist, zeigt Abb. 2. Das ölhaltige Abwasser läuft durch das Einlaufrohr in die aufklappbare Verteilungsrinne *a*. Durch die Löcher in den beiden, die Rinne bildenden Seitenwänden gelangt das Wasser gleichmäßig über die Abkühlungsflächen und dann in gleicher Weise wie bei Abb. 1 in den Ölfänger.

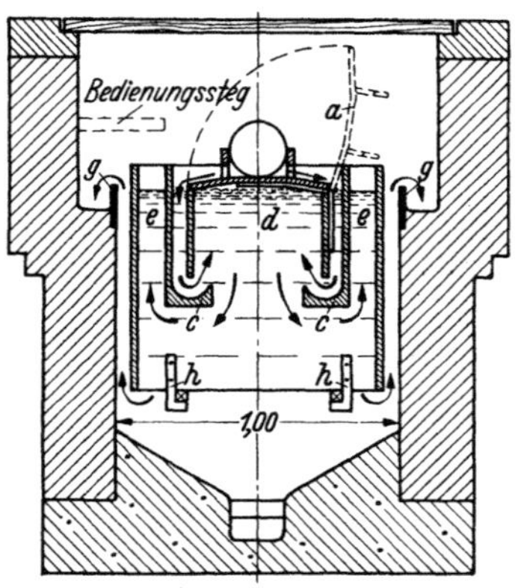

Abb. 2. Kremer-Öl- und Fettfänger zur Rückgewinnung von Öl, Fett, Benzin usw.

Grundbedingung für die Wiederverwendung des Fettes ist, daß es in möglichst reiner Form zurückgewonnen wird und vor Zersetzung bewahrt bleibt. Bei vielen organisch verschmutzten Abwässern können bei der Fettabscheidung leicht die Schwimm- und Sinkstoffe stören. Diese gehen bald in gasige Zersetzung über und können dann beim Auftreiben im abgeschiedenen Fett festgehalten werden, wenn sich der Absetzraum des Schlammes unmittelbar unter dem Fettsammelraum befindet. Bei dem in Abb. 3 dargestellten Fettfänger System Passavant ist daher der Schlammsammelraum neben den eigentlichen Fettfangraum gelegt.

Da aber bei dieser Bauweise durch das strömende Wasser auftreibende Sinkstoffe immer noch mit in das abzufangende Fett gelangen können, werden in dem Fettfänger der folgenden Konstruktionen diese Fehler zu vermeiden gesucht.

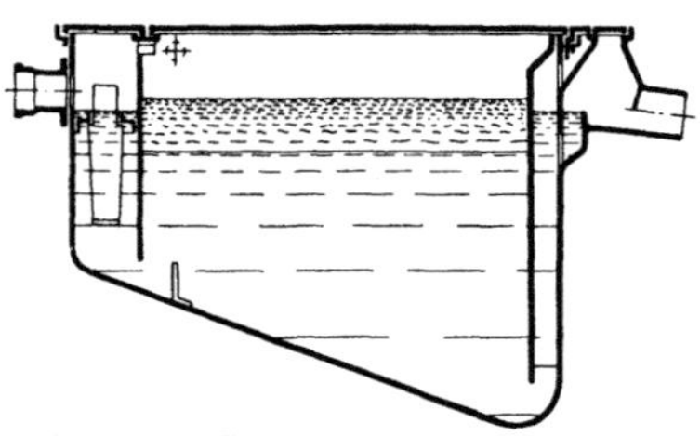

Abb. 3. Großfettabscheider, System Passavant, Modell Alpha, nach DIN 4040, der Passavant-Werke G. m. b. H. Michelbacher Hütte, Michelbach (Nassau).

Abb. 4 zeigt einen Großfettabscheider System Best-Passavant. Der Zulauf der Flüssigkeit ist zwischen Schlamm- und Fettraum angeordnet. Das Wasser muß stetig seine Richtung ändern. Dadurch wird vermieden, daß bei reichlichem Zufluß eine starke Strömung im Apparat entsteht, die eine wirksame Fettabscheidung unmöglich macht. Die Form der Trennwand in Verbindung mit der geneigten Bodenfläche der Fettzelle fördert den Auftrieb der spezifisch leichten Stoffe.

ZUNKER[1] hat versucht, auf Grund der Gesetze der Strömungslehre eine Theorie der Wasserbewegung im Fettabscheider zu entwickeln. Ausgehend von dem STOKESschen Gesetz, das für die Steiggeschwindigkeit der Fett-und Ölteilchen im Wasser gilt, kommt er zu dem Ergebnis, daß die Grundfläche des Abscheide-

[1] ZUNKER: Gesundh.-Ing. 1938, **61**, 454.

raums gleich der sekundlichen Abwassermenge geteilt durch die Steigegeschwindigkeit derjenigen kleinsten Fetteilchen ist, die noch zur Abscheidung kommen sollen. Die Grundfläche des Abscheideraums ist demnach um so größer zu bemessen, je verschiedener die Strömungsgeschwindigkeit nach der Breite der Stromröhre hin ist. Auf Grund seiner in einem Glasmodell durchgeführten Untersuchungen hat er einen Fettabscheider konstruiert, wie er an der Abb. 5c dargestellt ist. Der Fettabscheider hat die Form eines lang gestreckten, sich allmählich erweiternden Strömungsgerinnes. Die Oberfläche der Strömung ist durch die Unterkanten von Haupt- und Zwischentauchwänden gegen den Hauptsammelraum abgegrenzt. In den einzelnen Fettsammelstellen finden sich Tauchwände, die unerwünschte Strömungen verhindern.

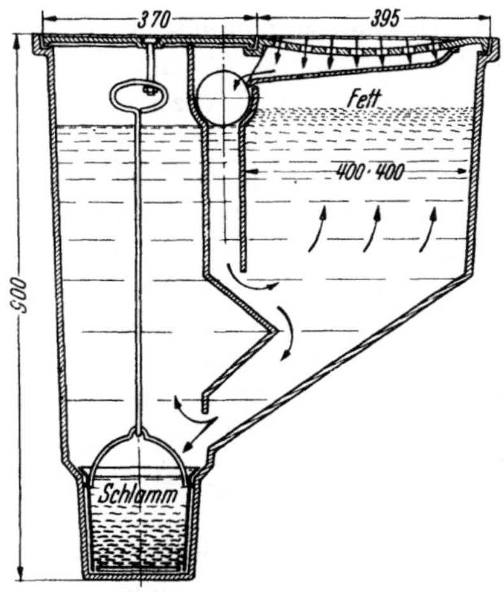

Abb. 4. Fettfänger System Best-Passavant mit nachgeschaltetem Schlammeimer der Passavant-Werke G. m. b. H. Michelbacher Hütte, Michelbach (Nassau).

Um bei einer Temperatur von $14{,}5^0$ eine Abscheidewirkung von mindestens 95% zu erzielen, ist es erforderlich, daß der Fettabscheider der vorgenannten Bauart eine Grundfläche des Abscheideraumes von rund 0,20 qm/Liter/Sek. Zufluß hat. Da jedoch die abgelassenen Wässer in den meisten Fällen eine höhere Temperatur haben, empfiehlt er, diese Grundfläche des Abscheideraumes auf 0,25 qm/Liter/Sek. Zufluß zu erhöhen.

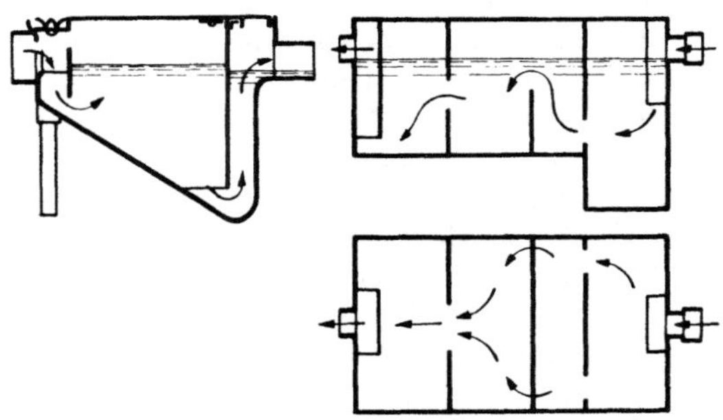

5 a. System Schilling. 5 b. System Penschuck-Schilling.

Abb. 5 a und b. Fettfänger der Rheinschill A. G. in Köln-Lindenthal.

Vorbildlich sind für die Wiedergewinnung von Fett die Vorarbeiten, die verschiedene Fettgewinnungsgesellschaften geleistet haben; so hat z. B. in ganz besonderem Maße die Rheinschill A.-G. in Köln-Lindenthal für die Fettgewinnung aus fetthaltigen Spülwässern der Schlachthäuser, Großküchen usw. in der Rheinprovinz einen gut geregelten Sammeldienst durchgeführt. Das in Fettfängern besonderer Konstruktion (s. Abb. 5a und b) gesammelte Rohfett wird an zentralen Stellen gesammelt und zunächst durch Ausschmelzen in emaillierten Kesseln, dann durch Extraktion der Rückstände gewonnen. Die auf diese Weise in Deutschland zu gewinnenden Mengen von Abfallfett werden auf 50000 t im Jahr geschätzt, eine Menge, die etwa 20% der für die Seifenherstellung früher eingeführten Fettmengen entspricht.

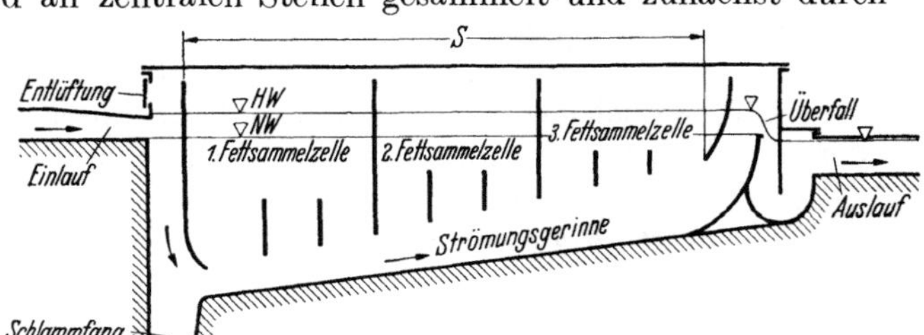

Abb. 5 c. Fettabscheider von Prof. ZUNKER, Breslau.

Alle sperrigen Stoffe wie Wolle, Lumpen, Holzabfälle, Drahtabfälle (z. B. Drahtbürstenteile von Flaschenspülmaschinen der Brauereien, Mineralwasserfabriken), Cellulosefasern (Papierfabriken leiten oft mehrere Zentimeter starke Zellstoffschichten, die bei stärkerem Anwachsen zu Verstopfungen führen, ab) sind schon in der Fabrik durch Siebvorrichtungen oder Absetzbecken aus dem Abwasser zu entfernen. Gelangen diese Stoffe in die Kanalisation, so ist die Entfernung aus den Kanälen oft mit den größten Schwierigkeiten verbunden. Alle leicht absetzbaen Stoffe, wie Sand und Kohle, z. B. aus Kohle- und Erzaufbereitungsanlagen, oder feiner Schleifsand aus Glasschleifereien, ferner Kaolin, verursachen Ablagerungen in den Kanälen, die immer mehr anwachsen und dadurch die Kanäle verstopfen; außerdem scheuern sie die schützende Sielhaut und später auch die Kanalwandungen durch. Sie müssen daher vorher durch Sandfänge oder Sandschöpfwerke aus dem Abwasser entfernt werden.

Giftige und zerknallfähige Stoffe, wie Acetylen, Benzol, Benzin, Methan, Chlor, Schwefelwasserstoff, nitrose Gase, Äther, Carbid dürfen nicht in die Kanäle abgelassen werden, da sie die Arbeiter und den Bestand der Kanäle gefährden. Alkoholhaltige Abwässer sollten nur nachts abgelassen werden, um eine Belästigung der am Tage die Kanäle reinigenden Arbeiter zu vermeiden. Beim Ablassen von an sich ungiftigen Stoffen muß auf die Tatsache, daß sie mit anderen in Abwässern enthaltenen Stoffen giftige Stoffe erzeugen können, Rücksicht genommen werden. (Gerberei- und Beizereiabwässer z. B. bilden beim gegenseitigen Aufeinandereinwirken giftigen Schwefelwasserstoff).

Saure Abwässer zerfressen die Kanalwandungen und müssen daher vorher neutralisiert werden. Aus dem im Kanalnetz abgelagerten, faulenden Schlamm oder aus sulfidhaltigen Abwässern können sie schädliche, schwefelwasserstoffhaltige Gase, aus cyanhaltigen Abwässern Blausäure freimachen. Bei sehr geringen Abwassermengen kann zur Neutralisation das Säurebindungsvermögen der häuslichen Abwässer weitgehend ausgenutzt werden. Unter Umständen kann man die in den sauren Abwässern, z. B. den Beizereiabwässern enthaltenen Eisensalze so weit wie möglich zu einer chemischen Fällung der Abwässer ausnutzen. Auf den durch solche Abwässer gefährdeten Strecken muß man den Kanal so lange in Steinzeug- oder Tonrohren ausführen, bis man sicher ist, daß die Neutralisation vollständig durchgeführt ist.

Temperatureinfluß. Die Abwässer sollen nicht mit zu hoher Temperatur (nicht über 35° C) in die Kanäle gelassen werden. In den meisten Vorschriften wird die Temperatur noch niedriger eingesetzt. Bei heißen Abwässern besteht die Gefahr, daß die in den meisten Fällen mit Teer gedichteten Muffen oder Stoßenden erweichen und dann ausfließen, wodurch leicht Undichtigkeiten auftreten. Durch zu warmes Abwasser werden fernerhin die im Kanal sich abspielenden Zersetzungsvorgänge in den organisch verschmutzten häuslichen Abwässern zu stark gefördert und damit die Gefahr, daß die in möglichst frischem Zustande in den Kanal abgelassenen Abwässer im Kanal faul werden, vergrößert.

Abkühlung solcher heißer Abwässer kann durch vorgeschaltete Kühlteiche oder Ausgleichsbecken, in denen eine Vermischung mit anderen, aber kälteren Wässern erfolgt, geschehen. Abzulassendes Kondenswasser muß nicht nur gekühlt, sondern vor dem Ablassen in die Kanalisation oder in den Vorfluter auch entölt werden.

2. Einfluß der gewerblichen Abwässer auf die häuslichen Abwässer.

Man kann die gewerblichen Abwässer nach ihrer Zusammensetzung und den dadurch bedingten Einfluß auf die Kanalisationsabwässer wie folgt einteilen:

Klasse 1 enthält solche Abwässer, die ohne Behandlung dem häuslichen Abwasser beigefügt werden können, d. h. solche Abwässer, die sich in ihrer Zusammensetzung nur wenig von häuslichem Abwasser unterscheiden.

Klasse 2 enthält solche Abwässer, die nach Abflußregelung dem häuslichen Abwasser zugefügt werden können. Das sind Abwässer mit organischer Verschmutzung, die bei stoßweisem Ablassen infolge ihrer hohen Konzentration das häusliche Abwasser zu stark beeinflussen würden. Eine stoßweise Belastung kann aber durch Zwischenschaltung eines Ausgleichsbeckens und Verteilung auf einen längeren Zeitraum vermieden werden.

Klasse 3 enthält solche Abwässer, die erst nach Vorbehandlung abgelassen werden können, z. B. nach Abfangen von sperrigen und absetzbaren Schwebestoffen, von Fett und Öl. Saure Abwässer müssen vor dem Ablassen neutralisiert werden.

Klasse 4 enthält solche Abwässer, die überhaupt nicht abgelassen werden sollten, wie heiße Flüssigkeiten, benzin- und ölhaltende und übelriechende Abwässer, die durch die Lüftungsschächte oft sehr unangenehme Gerüche in den Straßen verbreiten können. Hier kommen unter anderen Kokereiabwässer (Naphthalin- bzw. Phenolgerüche), Gerbereiabwässer (faulige Gerüche) und andere in Frage.

Zur Klasse 1 oder 2, d. h. zu den den häuslichen Abwässern sehr nahe stehenden Abwässern gehören vorwiegend organisch verschmutzte Abwässer von Schlachthäusern, Abdeckereien, Lederfabriken und Krankenhäusern. Sie sind aber viel konzentrierter als häusliches Abwasser und unterliegen, besonders in Vermischung mit häuslichem Abwasser, viel stärker der fauligen Zersetzung. Die Abläufe von Molkereien, Käsereien, Zucker- und Stärkefabriken, Brennereien, Brauereien, Sauerkraut- und Preßhefefabriken gehen nach kurzer Zeit in saure Gärung über, wobei als Endprodukt organische Säuren, in der Hauptsache Milch- und Buttersäure auftreten. Zur 3. und 4. Klasse gehören alle die fäulnisunfähigen Abwasserarten, wie sie in den verschiedenen Betrieben des Kohle-, Erz- und Salzbergbaues, der chemischen und der Metallindustrie, der Gaswerke, der Kokereien, der Kunstseide- und Sulfitzellstoffabriken anfallen.

Die Zuflüsse gewerblicher Abwässer sollten möglichst schon bei der Aufstellung des Planes für die Kanalisation, auf alle Fälle aber beim Entwurf der Kläranlage weitestgehend berücksichtigt werden. Abwässer mit hohem Gehalt an mineralischem Schlamm, z. B. hohem Gehalt an feinem Sand oder Lehm, beeinträchtigen sehr stark die Konsistenz und Fließfähigkeit des häuslichen Schlammes. Abwässer aus Kohlen- und Erzwäschen enthalten viel Kohlen- und mineralischen Schlamm, der die Absetzbecken schnell füllt und dadurch den Klärraum und die Klärwirkung beeinträchtigt. In den Faulräumen verursacht derartiger Schlamm leicht Trichterbildungen mit all den unangenehmen Begleiterscheinungen, wie Verstopfungen der Ablaßrohre, Verminderung des Faulraumes usw. Auch bei der Weiterbehandlung des Schlammes macht sich der hohe Gehalt an mineralischen Stoffen bemerkbar. Der Schlamm läßt sich schlecht pumpen, er fault viel schlechter, und die Mineralstoffe behindern die Weiterverwendung des Schlammes.

Saure Abwässer von Beizereien mit hohem Eisengehalt ergeben mit häuslichem Abwasser starke Ausscheidungen von kolloiden Stoffen. Diese bedingen nun eine sehr starke Vermehrung der Gesamtmenge des Schlammes, haben aber auch gleichzeitig, wenn sie in bestimmten Grenzen bleiben, in den meisten Fällen eine erwünschte stärkere Reinigung des häuslichen Abwassers zur Folge. Während normales häusliches Abwasser etwa 3—5 ccm/Liter absetzbare Stoffe hat, kann diese Schlammenge durch die Aufnahme gewerblicher Abwässer auf 20 bis 30 ccm/Liter z. B. bei Faserstoffen, oft sogar z. B. beim Zufluß von eisensalzhaltigen Abwässern, noch höher (250 ccm) gesteigert werden. Dieser stark erhöhte Mehranfall ist neben der Ausscheidung von kolloiden Stoffen und Eisenhydroxydschlamm in der Hauptsache auf eine starke Erhöhung des Wassergehaltes des Schlammes zurückzuführen. Frischschlamm hat etwa 95% Wasser, während ein durch Eisen ausgeschiedener Schlamm 98 bis 99% Wasser aufweist. Beizereiabwässer aus Kupfer, Nickel oder Chrom verarbeitenden Werken sind von bestimmten Mengen an für die Weiterbehandlung des Schlammes sehr schädlich, da sie unter Umständen durch Vergiftung die ganze Zersetzung stillegen können. Dasselbe gilt auch von mineralölhaltigen Abwässern.

Bei der gemeinsamen Behandlung des gewerblichen Abwassers zusammen mit dem häuslichen Abwasser in mechanischen und auch biologischen Anlagen ist demnach zu beachten, daß die vermehrte Wassermenge und die stärkere Konzentration des Abwassers auch eine größere Bemessung der Kläranlagen bedingt. Mit Rücksicht auf die gewerblichen Abwässer muß man sehr oft unter Berücksichtigung des Vorfluters noch über die gewöhnliche, d. h. über die für häusliche Abwässer übliche Bemessung hinausgehen, d. h. man muß größere Aufenthaltszeiten als sie bei häuslichem Abwasser nötig sind, anwenden. Manche gewerbliche Abwässer mit großem Gehalt an sehr fein verteilten Schwebestoffen verlangen viel längere Absetzzeiten als häusliches Abwasser, für das durchschnittlich eine Absetzzeit von 1—2 Stunden genügt. Auch die gegenseitigen chemischen Einwirkungen, wie sie z. B. beim Zusammentreffen säurehaltiger Abwässer mit häuslichem Abwasser vorkommen, bedingen unter Umständen längere Aufenthaltszeiten in den Becken, da sich in den Absetzbecken zwei Vorgänge abspielen müssen, das Ausfällen der verschiedenen gelösten Stoffe und das Absetzen der Flocken. Solche stärkeren zusätzlichen Belastungen bedingen dann auch höhere Kosten, die von den gewerblichen Betrieben übernommen werden müssen.

Von sehr starkem Einfluß können gewerbliche Abwässer auf die biologische Weiterbehandlung der häuslichen Abwässer sein. Alle öl- und fetthaltigen Abwässer begünstigen auf den Rieselfeldern sehr stark die Bildung der schädlichen Ortsteinschichtbildung; faserstoffhaltige Abwässer, z. B. aus der Papier- oder Textilindustrie, erschweren sehr die biologische Reinigung auf Rieselfeldern oder Tropfkörpern, da sie bei ungenügender mechanischer Vorreinigung leicht die Oberflächen verfilzen und so die biologische Reinigung stillegen. Durch stark organisch verschmutzte Abwässer wird die Belastungsgrenze stark herabgesetzt.

Die gemeinsame oder auch gesonderte biologische Reinigung läßt sich ohne weiteres durchführen, wenn das gewerbliche Abwasser nur solche Stoffe in solchen Konzentrationen enthält, daß sie als Nahrung für Bakterien, Protozoen usw. in Frage kommen. Hierfür kommen nach genügender Verdünnung in erster Linie die stark organisch verschmutzten Abwässer aus Schlachthöfen, Abdeckereien, Gerbereien, Molkereien, Käsereien in Betracht. Die ebenfalls stark organisch verschmutzten Abwässer aus Brauereien, Brennereien, Sulfitcellulosefabriken stellen eine zu einseitige Kost für die Mikroorganismen dar, so daß man sie für sich allein nicht biologisch behandeln kann. Um günstigere Voraussetzungen bei diesen Abwässern für die biologische Reinigung zu schaffen, muß ein möglichst großes Anteilsverhältnis von häuslichem Abwasser, unter Umständen durch verstärkten Ausbau des städtischen Entwässerungsnetzes, angestrebt werden. Auch an und für sich giftige Stoffe, wie Kokereiabwässer, Gaswaschwässer schaden nicht, wenn für eine hinreichende Verdünnung auf das 5—10fache durch häusliches Abwasser gesorgt ist. Beim Sulfitabwasser muß das Mischungsverhältnis mindestens 1 : 10 sein, während man bei Gerbereiabwasser schon mit einem Verhältnis 1 : 2 auskommt. Am schädlichsten wirken alle stark sauren und stark alkalischen, sowie alle Giftstoffe enthaltenden Abwässer. Diese töten alle, den biologischen Abbau der häuslichen Abwässer durchführenden Organismen ab und heben die Wirkung der biologischen Verfahren auf. Besonders schädlich sind kupfer- und nickelsalzhaltige Abwässer aus Metallwarenfabriken, Kupfer- und Drahtwerken, Kunstseidenfabriken, Nickelwerken usw. Diese Giftstoffe sind oft auch bei sehr kleinen Gehalten schädlich, da sie sich im biologischen Schlamm des Belebtschlammes oder in dem biologischen Rasen der Tropfkörper anreichern und nach Erreichung bestimmter Konzentrationen schädlich wirken können. Enthält das Abwasser außerdem auch viel Eisen, so kann es bei Tropfkörpern sehr leicht zu einer erheblichen Verschlammung durch Bildung von Eisenoxydschlamm kommen, der dann alle Ecken und Poren verstopft und bewirkt, daß die Körper öfter entschlammt werden müssen.

Besonders störend ist für den Betrieb einer mechanischen und vor allem einer biologischen Anlage das stoßweise Ablassen gewerblicher Abwässer, was leider meistens der Fall ist. Durch die konzentrierten Abwasserwellen kommt es zu plötzlichen Überlastungen, die oft die Wirkung der Kläranlage ganz stillegen oder mindestens auf längere Zeit die Reinigungswirkung der Kläranlage stark beeinträchtigen können. Diese plötzlichen Abwasserstöße müssen durch Zwischenschaltung von Ausgleichbecken im Betrieb selbst ausgeglichen werden. In diesen Becken muß die gesamte, stoßweise anfallende Abwassermenge abgefangen werden können. Durch eine genau einzustellende Abflußöffnung wird dann diese Wassermenge im gleichmäßigen Strome auf den ganzen Tagesdurchschnitt verteilt und so die Wirkung der stoßweise in konzentrierter Form anfallenden Abwässer gemildert. Grundsätzlich muß daher bei der Berechnung der biologischen Anlagen das meist viel dickere Gesamtabwasser nach seiner chemischen Analyse in Beziehung zu einer entsprechend großen Menge rein häuslichen Abwassers gesetzt werden, wenn man die für den Entwurf üblichen Zahlenwerte benutzen will.

In gleicher Weise wie auf die biologische Reinigung ist oft die Wirkung gewerblicher Abwässer auf die Weiterbehandlung des in den Kläranlagen anfallenden Schlammes. Die Folge ist daher sehr häufig der stark vergrößerte Ausbau der Faulräume. Während für häusliches Abwasser pro Kopf 30 Liter Faulraum genügen, kann dieser durch gewerbliches Abwasser auf das Doppelte ansteigen.

C. Einfluß industrieller und gewerblicher Abwässer auf den Vorfluter.

1. Einfluß in hygienischer und ästhetischer Beziehung.

Stark organisch verschmutzte Abwässer, z. B. die Abwässer aus Schlachthäusern, Molkereien, Gerbereien, Lederfabriken, Leimsiedereien, Margarinefabriken, Brauereien, Brennereien, Hefe-, Stärke- und Zuckerfabriken stellen oft einen vorzüglichen Nährboden für alle im häuslichen Abwasser vorkommenden Keime und damit auch für die pathogenen Keime dar, so daß sie direkt oder indirekt in gesundheitlicher Beziehung für Menschen und Tiere schädlich wirken können. Am schädlichsten wirken die Abwässer aus Gerbereien, Abdeckereien, Felltrocknereien, Lederfabriken, Lederfärbereien und Leimfabriken durch den möglichen Gehalt an Milzbrandsporen, insbesondere dann, wenn in den genannten Betrieben ausländische Häute (Rußland, Südamerika, Indien) verarbeitet werden. Die Milzbrandsporen sind außerordentlich widerstandsfähig. Sie gelangen bei Überschwemmungen auf die Grasflächen am Ufer und im Überschwemmungsgebiet auf die Wiesen. Vieh, das auf solchen Flächen weidet oder mit Futter, das auf solchen Wiesen gewachsen ist, gefüttert wird, erkrankt sehr häufig an Milzbrand.

Schiffer, die oft längere Zeit nicht von ihrem Schiff, Kahn oder Floß herunterkommen, benutzen das Flußwasser nicht nur zu Haushaltszwecken, sondern entgegen den gesetzlichen Bestimmungen aus alter Gewohnheit und Bequemlichkeit auch vielfach als Trinkwasser. Infektionskrankheiten sind die häufige Folge dieses Leichtsinns.

Daß gewerbliche Abwässer, die in größere Vorfluter fließen, die zentralen Wasserversorgungsanlagen stark beeinträchtigen können, zeigen die Schwierigkeiten, welche die an der Weser und Elbe (salzhaltige Abwässer) und an der Ruhr liegenden Wasserwerke haben. Die Ruhr muß mit den gewerblichen Abwässern große Mengen Kokereiabwasser aufnehmen, die zu bestimmten Zeiten dem Trinkwasser einen sehr üblen Geschmack verleihen (Jodoform- oder „Apothekengschmack“ beim Chloren des Trinkwassers, s. S. 73).

Das Baden in den öffentlichen Gewässern zur Sommerzeit kann durch gewerbliche Abwässer sehr stark beeinträchtigt werden. In erster Linie kommen hier die sehr unästhetisch wirkenden öl-, fett- und teerhaltigen Abwässer in Frage. Diese sich in feiner Schicht auf der Oberfläche ausbreitenden Verunreinigungen fangen allen auf der Oberfläche niederfallenden Staub, Ruß, Flugasche usw. ab und bilden damit sehr häßliche, ekelerregende und die Badenden stark belästigende Schäume. Auch die von einzelnen Industrien abgestoßenen Schäume, z. B. diejenigen von Sulfitzellstoffabriken und Gerbereien wirken sehr nachteilig zumal sie infolge ihrer Beständigkeit auf lange Strecken wirken. Sie rufen nicht nur Ekel hervor, sondern können auch die Ursache von Krankheiten sein, da das Eindringen von Wasser in Nase und Mund nie ganz zu vermeiden ist. Die feinen Öl- und Fetthäute schließen die Oberfläche des Flusses von der notwendigen Sauerstoffzufuhr ab und beeinträchtigen so das Selbstreinigungsvermögen des Flusses.

Obige Übelstände bei stark verschmutzten Gewässern können an Wassermühlen stärker in die Erscheinung treten. Beim Betrieb der Wasserräder wird das Wasser nicht nur aufgerührt, sondern auch zerstäubt. Der durch gewerbliche Beeinträchtigung erzeugte ekelhafte Geruch (Fäulnis, stark riechende Abwässer, z. B. Phenol, Naphthalin usw.) verbreitet sich in der ganzen Mühle und gefährdet hierdurch nicht nur die Bewohner und Arbeiter im Hause und in der Nachbarschaft, sondern beeinflußt auch die Güte des Mahlgutes.

Abb. 6. Starke Ölverschmutzung eines zur Trink- und Brauchwasserförderung benutzten Flusses durch ein industrielles Werk.

Sehr bedauerlich ist es vom ästhetischen Standpunkt aus, daß sich mit dem Vordringen der Industrie in die sonst der Erholung der Bevölkerung dienenden Gebirgsgegenden eine stärkere Verschmutzung der Gewässer dieser Gegenden bemerkbar macht. Ein durch häusliche oder industrielle Abwässer verschmutzter Waldbach, dessen Wasser schmutzig trüb ist und dessen Steine mit einer dicken Schlammschicht oder sogar schleimigen Schicht von Abwasserpilzen überzogen sind, können in den Bergtälern wegen des Aussehens und Geruchs oft die Ursache sein, daß solche Täler von den Erholungsuchenden gänzlich gemieden werden. Wo zwei oder mehr Schädigungen eines Vorfluters in Frage kommen, muß in erster Linie die Beseitigung etwaiger, für Mensch und Tier gesundheitsschädlicher Zustände gefordert werden.

2. Einfluß auf Landwirtschaft und Viehhaltung.

Die Landwirtschaft benutzt die öffentlichen Gewässer stellenweise zu Viehtränken und zum Berieseln der Wiesen. Stark versalztes Wasser, z. B. mit Salzgehalten von 3—4 g Kochsalz im Liter, wird vom Vieh zwar noch vertragen, doch sollte man darauf Rücksicht nehmen, daß es in manchen Fällen, besonders für trächtiges Vieh schädlich ist, weil das salzreiche Wasser bei gleichzeitigem Vorhandensein von Magnesiumsalzen leicht Durchfall und Abortus bewirken kann. Salzhaltige Abwässer dürfen den Salzgehalt nicht über 1 g/Liter Kochsalz erhöhen, da dieser Salzgehalt nicht nur für Viehtränken, sondern auch für Süßwasserfische die zulässige Höchstgrenze bedeutet. Wird das Wasser zum Wiesenflößen benutzt, so wirken saure Abwässer und salzhaltige Wässer schon bei Gehalten von 1 g/Liter Kochsalz auf die Bodennährstoffe auflösend und führen dieselben mit hinweg. Faulige Abwässer wirken für das Vieh schädlich, können dagegen bei der Berieselung gute Dienste leisten. Faserige Ablagerungen aus Holz-, Cellulose-, Textilfabriken, aus Steinkohlenbergwerken, Eisenschlamm und ähnliche Stoffe geben dagegen zu Belästigungen Anlaß. Desgleichen wirken alle gifthaltigen Abwässer, z. B. aus Blei- und Zinkerzgruben, schädlich. Sie können sich beim Berieseln der Wiesen auf den als Futterstoffe dienenden Gräsern anreichern und dann zu Koliken, oft sogar zum Tode führen (Bleiflüsse).

3. Einfluß auf die Brauchwässer der am Vorfluter liegenden Industrien.

Die an einem Vorfluter liegenden Industrien können in den Fällen, wo sie ihren Wasserbedarf aus dem Vorfluter direkt decken, oft sehr stark unter den

Abb. 7. Starke Sphärotilusbildungen in einem Vorfluter, hervorgerufen durch die Abwässer einer Zellstoffabrik.

Abwässern der oberhalb liegenden industriellen Werke leiden. Unter dem Einfluß gewerblicher, stark organisch verschmutzter Abwässer, wie besonders Brennerei- und Sulfitcelluloseabwässer, kann es, wie Abb. 7 zeigt, oft in sehr starkem Maße im Vorfluter zur Entwicklung von Abwasserpilzen kommen. Diese reißen sich von Zeit zu Zeit los und verstopfen die Rechen der Kraftwerke, von denen sie dann in kürzeren Zeitabständen entfernt werden müssen. Solche Pilzflocken erhöhen den Schlammgehalt im Kesselspeisewasser und können in den Betrieben oft zu sehr unangenehmen Belästigungen führen, z. B. zu Fleckenbildungen und Geruchsschäden in den Fertigwaren der Papier- und Textilfabriken. In gleicher Weise schaden säurehaltige Abwässer den Wasserkraftanlagen durch verstärkte Anfressungen und auch bei Verwendung als Kesselspeisewasser. Durch Umwandlung der Carbonathärte in Mineralhärte wird oft die Enthärtung des Kesselspeisewassers oder des Waschwassers der Wäschereien usw. stark erschwert und daher auch die Kesselsteinbildung stark erhöht. Eine Vermehrung des Kesselsteins bringt aber abgesehen von den Gefahren der Kesselexplosionen auch einen erhöhten Brennstoffbedarf im Betriebe mit sich. Die durch gewerbliche Abwässer bedingten Verunreinigungen heben oft die guten Eigenschaften, die ein Oberflächenwasser für den Betrieb, z. B. zur Kesselspeisung besonders geeignet machen, vollständig auf.

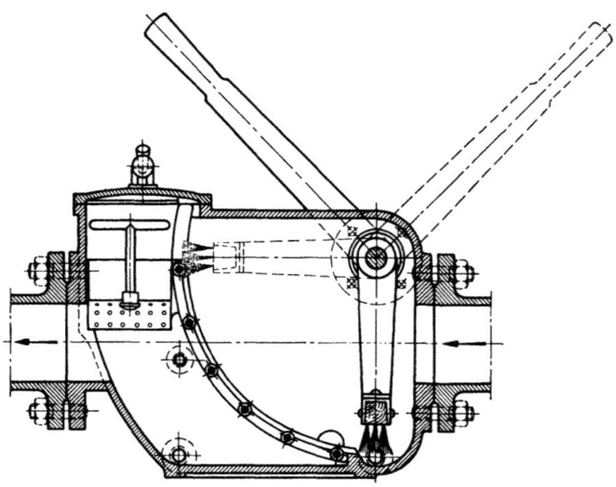

Abb. 8. Schmutzfänger für Saugleitungen, Bauart Spaller-Geiger, zum Schutze von Pumpen und Rohrleitungen. Für Rohrleitungen von 40—600 mm lichte Weite.

Verheerend wirken Fette und Zucker im Kesselspeisewasser, von denen oft schon sehr geringe Mengen genügen, um gefährliche Überhitzungen der Bleche herbeizuführen. In solchen Fällen bleibt nichts anderes übrig, wie das Oberflächenwasser durch eine sorgfältige Aufbereitungsanlage, wie Filter, Enthärtungs und Entsäuerungsanlage, vor dem Gebrauch so weit zu reinigen, daß es nicht mehr schädlich wirken kann.

In einfacheren Fällen, in denen die Verschmutzung durch ungelöste Stoffe hervorgerufen wird, kann man sich durch Einbau eines Schmutzfängers der Bauart Spaller-Geiger, wie er in Abb. 8 dargestellt ist, helfen. In diesen Schmutzfängern, die in die Saugleitung eingebaut werden, befindet sich ein Sieb, das während des Betriebes von außen bequem durch eine im Mittelpunkt des Siebkreisbogens auf einer Welle drehbar gelagerten Metallbürste gereinigt werden kann. Die in das Gehäuse des Schmutzfängers eintretende Flüssigkeit muß durch das kreisbogenförmig gewölbte Sieb hindurchtreten, von dem die mitgeführten Stoffe zurückgehalten werden. Wenn das Sieb mit Schmutzstoffen stark belegt ist, was am Vakuummeter durch Ansteigen des Unterdruckes ersichtlich ist, wird die Abstreifbürste aus ihrer gewöhnlichen Stellung am Fuß des Siebes durch Drehen des Hebels langsam nach oben bewegt. Bei der Aufwärtsbewegung der Bürste greifen die Bronzedrahtborsten der Abstreifbürste in die Siebschlitze ein und schieben die Schmutzstoffe vor sich her, wobei sich die Borsten leicht nach unten umbiegen. Sobald die Bürste über den oberen Rand des Siebes tritt, schnellen die Borsten nach oben und werfen die abgebürsteten Schmutzstoffe in das Schmutzsammelgefäß, in welchem sie von dem auf den gelochten Boden einwirkenden Unterdruck festgehalten werden. Nach erfolgter Reinigung des Siebes wird die Abstreifbürste wieder in ihre Ruhestellung am Fuße des Siebes zurückgedreht. Ist der Eimer mit Schmutzstoffen gefüllt, so wird er nach Abnehmen des Deckels herausgenommen und entleert.

Auch durch die gegenseitige Beeinflussung gewerblicher Abwässer können starke Schädigungen auftreten. Gerbereiabwässer und Sulfitcelluloseabwässer ergeben beim Zusammentreffen mit eisensalzhaltigen Abwässern starke Tintenfärbung und meistens auch einen hohen Sauerstoffschwund. Da die eisenhaltigen Beizereiabwässer meistens noch freie Säure haben, machen sie aus sulfidhaltigen Abwässern Schwefelwasserstoff frei, der zu Geruchsbelästigungen und starkem Sauerstoffschwund führt. Berücksichtigt man die im Absatz „Brauchwasser" angegebenen Bedingungen, die an die bestimmten gewerblichen Brauchwässer zu stellen sind, so ist es bei vorkommenden Schädigungen meist nicht schwer, die Frage, ob ein oberhalb liegendes Werk der Wassergewinnung eines Werkes schadet oder nicht, zu beantworten.

4. Einfluß auf die Selbstreinigungskraft der Gewässer.

Bei der Einleitung ungereinigter oder nicht weitgehend genug gereinigter gewerblicher Abwässer in die öffentlichen Gewässer kann der Gehalt der Abwässer an Schwebestoffen zu Verschlammungen führen, die um so mehr in die Erscheinung treten, je geringer die Strömungsgeschwindigkeiten in dem Gewässer sind und je mehr durch künstliche Aufstauungen zum Zwecke der Ausnutzung der Wasserkraft Gelegenheit zum Absetzen gegeben ist. Sind diese Stoffe lediglich mineralischer Natur, wie z. B. Erde, Sand, Kohle, Kaolin, so unterliegen sie keiner weiteren Zersetzung, bewirken aber oft sehr unangenehme Versandungen und Verschlickungen, die oft den Stauraum sehr stark beeinträchtigen und die im oder am Flußbett liegenden, auf Uferfiltration angewiesenen Wasserversorgungsanlagen vollständig zum Erliegen bringen können. Auf die für die Selbstreinigung des Gewässers in Frage kommende Tier- und Pflanzenwelt wirken sie in mehr oder weniger starkem Grade schädigend, da sie diese Organismen beim Absetzen zu Boden reißen und so ihren Aufgaben entziehen. In solchen oft mit Giftstoffen durchsetzten Böden kann sich durch das vollständige Zudecken dann keine weitere Bodenfauna entwickeln.

Sind die zur Ablagerung kommenden Schlammstoffe organischer Natur, so unterliegen sie einer allmählichen Zersetzung. Es entwickeln sich Gase, Schlammfladen steigen an die Wasseroberfläche, treiben mit dem fließenden Wasser ab und rufen dann manchmal weit unterhalb der eigentlichen Einleitungsstelle der Abwässer von neuem Mißstände aller Art hervor. Durch die Fäulnisgase und durch die im Abwasser enthaltenen zersetzlichen organischen Stoffe wird der ursprünglich für die Erhaltung des Lebens der höheren und niederen Tierwelt notwendige Sauerstoffgehalt stark verbraucht. Bei Zuleitung größerer Abwassermengen und dadurch bedingter stärkerer Verschmutzung des Gewässers können diese Reduktionsvorgänge bis zur völligen Sauerstofffreiheit des Wassers führen, wodurch dann eine vollständige Abtötung fast aller in ihm enthaltenen Lebewesen, vor allem auch der Fische, mit Ausnahme der besonderen, anaeroben Abwasserorganismen bewirkt wird. In gleicher Weise können alle Abwässer, die den für die Selbstreinigungskraft des Wassers günstigen p_H-Wert stark beeinträchtigen, sich schädlich auswirken. Solche Änderungen beeinflussen auch den für die Selbstreinigungsvorgänge wichtigen Bakteriophagengehalt. In alkalisch reagierenden gewerblichen Abwässern konnten stets Bakteriophagen für verschiedene pathogene Bakterienarten nachgewiesen werden. In einem Wasser mit dem p_H-Wert 5,2 fand MARGINESU[1] die Lysine gegen Bact. coli und Staphylokokken, nicht aber diejenigen gegen Typhus- und Ruhrbacillen. Im Wasser mit dem p_H-Wert 3,5 dagegen fehlten alle Lysine, ein Zeichen, daß die Bakteriophagen im sauren Wasser verschwinden. Bei Beizereiabwässern kann diese Schädigung oft bis zur Sterilisation des Flußwassers führen. Dies hat zur Folge, daß sich die auf einer längeren Strecke zugeführten Schmutzstoffe summieren und daß nach erfolgter Neutralisation und Neuimpfung durch Zufluß anderer Wässer oft plötzlich eine verstärkte Sauerstoffzehrung mit den üblen Nebenerscheinungen, wie Sauerstoffschwund usw. eintritt. In gleicher Weise wirken sich, wie schon erwähnt, gifthaltige Abwässer, wie kupfer-, nickel-, cyan- und rhodanhaltige Abwässer aus. Auch gelöste Eisenoxydulsalze, wie sie mit den Beizereiabwässern abgestoßen werden, beeinflussen den Sauerstoffgehalt sehr stark. Sie benutzen den Sauerstoff des Vorfluters zur Oxydation des ausgeschiedenen Eisenoxyduls zu Eisenoxyd.

Die durch chemische oder biologische Oxydation im Fluß abbaubaren, organisch verschmutzten gewerblichen Abwässer haben einen bestimmten Sauerstoffverbrauch, den man in gleicher Weise wie beim häuslichen Abwasser als den biochemischen Sauerstoffbedarf bezeichnet. Aus diesen Tatsachen ergibt sich, daß zur Aufnahme einer gegebenen Abwassermenge ein bestimmtes Mindestmischungsverhältnis mit dem Vorflutwasser erforderlich ist. Wird dieses Mischungsverhältnis unterschritten, so kann es unterhalb der Einleitungsstelle im Vorfluter zum Sauerstoffschwund kommen. Die Wiederaufnahme des verbrauchten Sauerstoffs hängt unter anderem von der Oberfläche des Wassers, dem Bewegungszustand des Wassers, der Temperatur, dem Sauerstoffdefizit, den klimatischen und biologischen Verhältnissen ab, so daß es nicht

[1] MARGINESU: Igiene mod. 1929, 22, 201.

immer leicht ist, das richtige Verdünnungsverhältnis anzugeben. Die Selbstreinigung des Flusses erfordert auch eine bestimmte Zeit. Aus allem geht hervor, daß die Größe des Vorfluters, sein Selbstreinigungszustand, sein Sauerstoffaufnahmevermögen mitbestimmend sein werden: einerseits für die Menge des gewerblichen Abwassers, das er ohne Schädigung aufnehmen kann und andererseits für die Anforderungen, die man an die Reinigungsanlagen des gewerblichen Abwassers vor dem Ablassen in den Vorfluter stellen muß. Bei einem Vorfluter mit großen Wassermengen und einer starken Strömungsgeschwindigkeit braucht die Reinigung unter sonst gleichen Verhältnissen nicht so weit getrieben zu werden wie bei einem kleineren Vorfluter mit wenig Wasser und trägem Lauf. Im gegebenen Falle muß man den Nutzungszweck des das Abwasser aufnehmenden Vorfluters mit in Betracht ziehen. Auch die Art der Einleitung ist von ausschlaggebender Bedeutung. Je inniger die Vermischung ist, desto besser kann die Selbstreinigung eingeleitet werden. Am besten ist die Einleitung durch ein unter Wasser, in der Mitte des Stromstrichs einmündendes Rohr.

Zur Beurteilung des Einflusses gewerblicher Abwässer auf einen Vorfluter hat man daher ähnlich, wie dies bei häuslichem Abwasser geschieht, den biochemischen Sauerstoffbedarf herangezogen. Durch Vergleich der anfallenden Wassermengen und des biochemischen Sauerstoffbedarfs hat man in USA. den Einwohnergleichwert (Population equivalent) geschaffen. Darnach werden z. B. für die Abwässer der Zellstoff- und Papierfabriken für eine Tagesproduktion von 1000 kg bzw. für eine Molkerei für je 1000 kg verarbeitete Milch auf Grund des fünftägigen biochemischen Sauerstoffbedarfs folgende Einwohnergleichwerte angegeben:

Betrieb	Einheit	Einwohnergleichwert
Papierfabriken	1000 kg Papier	60
Sulfitzellstoffabriken	1000 kg Zellstoff	3000
Holzschleifereien	1000 kg Holzschliff	75
Für eine Molkerei (s. auch S. 219 und 527) ergeben sich folgende Werte:		
Trockenmilchanlage	1000 kg Milch	17
Käserei	1000 kg ,,	60
Kannenraum	1000 kg ,,	10
Flaschenfüllraum	1000 kg ,,	17

Bei der Berechnung des Einwohnergleichwertes geht man davon aus, daß man für rohes ungereinigtes, mittleres städtisches Abwasser für deutsche Verhältnisse einen fünftägigen biochemischen Sauerstoffbedarf von 55 g je Kopf und Tag zugrunde legt. Für gewerbliches Abwasser kann jetzt aus dieser Zahl der Einwohnergleichwert aus der Abwassermenge und dem gesamten biochemischen Sauerstoffbedarf (5 Tage) berechnet werden.

Drückt man für einen gegebenen Vorfluter dessen Belastbarkeit auf den einzelnen Flußstrecken während der verschiedenen Monate eines Jahres in Einwohnergleichwerten aus, so erhält man einen recht anschaulichen und übersichtlichen Maßstab für den Zustand des Vorfluters. Man ist hierdurch in der Lage, das für das gewerbliche Abwasser erforderliche Abwasserreinigungsverfahren besser auf die Aufnahmefähigkeit des Vorfluters abzustimmen.

Die in einem Vorfluter bei dem biologischen Abbau der zugeführten Stoffe sich abspielenden Vorgänge hängen sehr stark mit der Aufnahmefähigkeit des Vorfluters an Sauerstoff aus der Luft zusammen. Außer von dem Sauerstoffdefizit hängt die Aufnahme von der Temperatur und von der Oberfläche ab. Eine bewegte Oberfläche, bei welcher der Oberflächenfilm, der die Sauerstoffaufnahme bewirkt, stets erneuert wird, nimmt mehr Sauerstoff auf als ein völlig ruhendes Wasser mit stillstehender Oberfläche. Diese starke Abhängigkeit der Selbstreinigungskraft von der Wiederaufnahmefähigkeit des Wassers an Sauerstoff bedingt, daß alle öl- und fetthaltigen Abwässer, welche die Oberfläche des Vorfluters von der so sehr notwendigen Sauerstoffzufuhr absperren, sich sehr schädlich auswirken müssen.

Gewerbliche Abwässer können auch durch ihre einseitige Zusammensetzung die Selbstreinigungskraft im Vorfluter stören, wenn ihnen die für die Erhaltung der Selbstreinigungskraft notwendigen Dungstoffe fehlen.

5. Einfluß auf die Fischerei.

Man hat immer wieder versucht, den Wert der Fischerei eines Vorfluters in ein Verhältnis zu der die Fischerei durch ihre Abwässer schädigenden Industrie zu setzen. Schon allein der große Anteil, den die Binnenfischerei an der Sicherstellung der Volksernährung hat, sollte diese Berechnungen unterbinden. Die Fischerei stellt gerade für die Minderbemittelten neben einem Nahrungszuschuß die beliebteste Art der Erholung dar. Verständnisvolle gegenseitige Rücksichtsnahme ist hier sehr am Platze, zumal auch die älteren Rechte auf Seiten der Fischerei liegen. Über die an ein Fischgewässer zu stellenden Anforderungen ist bereits im Abschnitt „Trink- und Brauchwasser“ s. S. 67 hingewiesen worden. Aus diesen Ausführungen kann man gleichzeitig entnehmen, welche Stoffe für die Fischerei schädlich sind.

Beim Ablassen von gewerblichen Abwässern können für den Fischbestand folgende nachteilige Abwasserwirkungen auftreten:

1. Direkt tötende (also Gift-) Wirkungen. Die akuten Fischvergiftungen, die infolge ihrer sichtbaren Wirkungen von Außenstehenden meist viel schwerer beurteilt werden als vom Fischpraktiker und Fachmann, sind weniger bedeutungsvoll als die periodischen und chronischen Vergiftungen, weil diese jede Neubesetzung illusorisch machen und ein Fischgewässer unter Umständen vollständig entwerten.

Genaue zahlenmäßige Angaben über die für Fische tödlichen Mengen der verschiedenen Fischgifte lassen sich schwer machen, da diese oft von ganz verschiedenen Verhältnissen und Bedingungen abhängig sind (s. Abschnitt I „Trink- und Brauchwasser“ S. 68). Oft kann auch kombinierte Wirkung in Frage kommen; zwei Abwässer, von denen jedes für sich unbedenklich ist, können ein großes Fischsterben verursachen, wenn sie im Vorfluter zusammentreffen.

2. Vertreibende Wirkung ist heute wohl die häufigste Folge des dauernden Ablassens gewerblicher Abwässer. Sie erfolgt oft sogar für den Fischer unmerklich. Solche die Fische vertreibenden Abwässer stellen in den meisten Fällen an den Sauerstoffvorrat zu starke Anforderungen. Der Sauerstoffvorrat liegt dann zu nahe an der Grenze der Menge, die die Fische für ihr Leben notwendig haben. Hierdurch werden ihre Lebensbedingungen beeinträchtigt und die Fische wandern ab.

3. Krankheitserregende Wirkungen liegen häufig bei periodischen Abwassereinleitungen vor, wenn geschwächte Fische den häufigen Einwirkungen allmählich erliegen. In diesen Fällen kann es allmählich zu einer 100%igen Schädigung des Fischbestandes kommen.

4. Eine Schädigung der Fortpflanzung kann dadurch erfolgen, daß entweder die Laichablage in einem Revier überhaupt unterbleibt, oder daß der abgelegte Laich in seiner Entwicklung gestört oder sogar ganz vernichtet wird (Einfluß von Fett, Teer, stark säure- und laugenhaltige Abwässer, Uferausbauten bzw. -befestigungen). Zahlenmäßige Feststellungen sind in diesem Falle nicht möglich.

5. Eine die Ernährung verschlechternde Wirkung haben fast alle giftstoffhaltigen Abwässer und solche Abwässer, bei denen durch den Abbau Giftstoffe entstehen. Bei einseitiger Überproduktion von scheinbaren Futtermitteln und bei deren mangelhaften Verwertbarkeit kann ein Massensterben unter den Nährtieren eintreten, wodurch wieder infolge Verwesung und Abbau organischer Substanz Giftstoffe sich bilden können, die vertreibend oder sogar tödlich wirken.

6. Zu den wertmindernden Einflüssen gehören die Beeinträchtigungen der Fische durch Aufnahme von Gerüchen aus dem umgebenden Medium (z. B. phenolhaltige Abwässer).

7. Eine Erschwerung des Fischfanges kann durch einen Gehalt des Abwassers an flockigen, faserigen Stoffen oder durch die unter dem Einfluß des Abwassers entstandenen Pilzflocken (Sulfitablaugen, Zuckerfabrikabwässer) eintreten. Auch die Netze selbst leiden unter diesen Stoffen durch das verstärkte Waschen und starke Reiben und durch die Erschwerung der Trocknung.

Zur Vermeidung von Schädigungen werden von den fischereilich interessierten Kreisen daher stets an den Reinheitsgrad der Abwässer große Anforderungen gestellt, welche Wundsch wie folgt festlegt: „Das Wasser darf nicht in einer Weise verändert werden, daß die von Natur darin befindliche Fischwelt dauernd oder zeitweise verhindert wird, zu leben, sich ausreichend zu ernähren und sich fortzupflanzen oder daß der technische Betrieb der Fischereiwirtschaft gestört wird.“

Nicht jedes in einem Vorfluter auftretende Fischsterben ist auf den Einfluß schädlicher gewerblicher Abwässer zurückzuführen. Man muß daher einen grundsätzlichen Unterschied machen zwischen

1. Fischsterben durch Abwasser und
2. Fischsterben durch Krankheiten.

Der Verdacht, daß ein Fischsterben durch Abwasser verursacht ist, besteht dann, wenn

a) alle Fischarten oder nur alle Grundfische oder alle Oberflächenfische sterben,

b) das Sterben bei allen Fischen ziemlich gleich rasch erfolgt,

c) bei dem Fischsterben die gegen Wasserverschlechterung empfindlicheren Fischarten (z. B. Salmoniden, Zander) vor den unempfindlicheren Fischarten (Plötzen, Karpfen, Karauschen, Schleien, Aale) eingehen,

d) die Fische ohne Unterschied des Alters und Geschlechts eingehen.

Demgegenüber liegt bei einem Fischsterben der Verdacht der Krankheit vor, wenn

a) nur wenige, unter Umständen nahe verwandte Arten oder nur eine Fischart stirbt,

b) die Fische allmählich absterben, meist unter Auftreten äußerer Kennzeichen (Geschwüre usw.),

c) die Fische unabhängig von ihrer Empfindlichkeit gegen Wasserverschlechterung absterben,

d) meist nur eine Altersklasse eingeht.

Auch der das Fischsterben hervorrufende Sauerstoffschwund kann oft noch andere Ursachen als das Ablassen gewerblicher Abwässer haben, wie z. B. zu starke Entwicklung der grünen Pflanzen, übermäßiges Algenwachstum, ferner die Entwicklung giftiger Gase (Schwefelwasserstoff) aus dem am Boden liegenden Schlamm.

Ist ein Fischsterben aufgetreten, so kommt für die Feststellung, ob eine Vergiftung mit schädlichen Abwässern vorliegt, in erster Linie die biologische Untersuchung des Vorfluters in Frage. Bei dieser Untersuchung stellt der Biologe die Wirkung eines Abwassers auf die niedere Tier- und Pflanzenwelt des Vorfluters fest, indem er die im Plankton des Flusses und vor allem an den Ufern und Böschungen des Flusses vorkommenden Mikroorganismen oberhalb und unterhalb der Stelle, wo der Beginn des Fischsterbens festgestellt worden ist, vergleicht. Auf Grund des von Kolkwitz und Marsson festgelegten Saprobiensystems kann man die Einwirkungsstelle und auch den Einwirkungsgrad feststellen. Die Polysaprobier sind Organismen, die in stark verschmutzten Abwässern vorkommen. Die Mesosaprobier leben in mittelmäßig verschmutzten Gewässern. Je nachdem sich diese Zone mehr zur reinen oder zur schmutzigen Seite neigt, unterscheidet man α- und β-Mesosaprobier. Oligosaprobier können nur in Reinwasser leben. Die genaue Kenntnis all dieser verschiedenen Tier- und Pflanzenformen ist Grundbedingung für die Durchführung der biologischen Untersuchung. Neben der Formenkenntnis ist von größter Wichtigkeit, den Grad der Empfindlichkeit dieser Tierarten gegen die verschiedenen im Abwasser vorkommenden Stoffe, z. B. gegen Säuren, zu kennen, um aus dem gefundenen Leichenfeld Schlüsse auf die Konzentration und den Wirkungsgrad der abgelassenen Abwässer zu ziehen. Man kennt heute Tierformen, deren Reaktionsvermögen gegen Verunreinigungen weit feiner ausgebildet ist als die chemische Analyse. Unter Umständen ist man imstande, aus dem Wachstumsstand der vorgefundenen Organismen Schlüsse darüber zu ziehen, wann die schädigende Abwasserwelle den Vorfluter heruntergewandert ist. Bei Fischsterben, wie sie häufig nach dem Ablassen von Säuren infolge zu starker Erniedrigung des p_H-Wertes beobachtet werden, findet man an den Stellen, die von der Säurewelle erfaßt wurden, im Vergleich mit dem oberhalb liegenden normalen Zustand meist die gesamte Tierwelt vernichtet.

Während bei den Landtieren die Vergiftungen in der Hauptsache durch den Verdauungskanal stattfinden und daher bei der Untersuchung solcher Tiere die Reste der Giftstoffe meist im Magen festzustellen sind, nehmen im Gegensatz hierzu die Fische die Giftstoffe nie durch das Maul, vielmehr in der Regel durch die Kiemen oder die Haut auf. Aus diesem Grunde ist die Auffindung der Giftstoffe bzw. die Feststellung der Vergiftungsart in den meisten Fällen stark erschwert.

Nach BANDT[1] liegt im alkalischen Bereich der tödliche Wert für Forellen und Barsche bei 9,2, für Plötzen bei 10,4, für Hechte bei 10,7, und für Karpfen und Schleien bei 10,8, für Krebse bei etwa 10,2. Für größere Fische kann man diese Werte um etwa 0,2 höher nehmen. Die Schädigung durch hohe p_H-Werte, die durch Fabrikwässer oder aber auch auf natürlichem Wege als Folge von Kohlensäureentzug bei der Assimilation der Wasserpflanzen hervorgerufen werden kann, ist in gleicher Weise wie die durch niedere p_H-Werte (zwischen 4,5—5, in Gegenwart größerer Eisenmengen etwa 5,5) keine eigentliche Giftwirkung, sondern eine Überschußwirkung der OH- bzw. H-Ionen, deren Angriffspunkte die Oberhaut und besonders die Kiemen der Fische (Verätzungen mit nachfolgender Erstickung) sind. Bei manchen Abwässern, z. B. den stark organisch verschmutzten, können die eigentlichen Schädigungen auf den Fischbestand oft viele Kilometer unterhalb der Einlaufstelle auftreten[2].

D. Entwurf und Vorarbeiten für Kläranlagen für gewerbliche Abwässer.

Für jeden Abwasserfachmann, der eine Kläranlage für einen gewerblichen Betrieb entwerfen soll, ist eine genaue Kenntnis des Betriebes Grundbedingung. Jeder Abwasserchemiker und -techniker sollte allein aus diesem Grunde ein guter Technologe sein. Nur wer die im Betrieb angewandten Herstellungsverfahren kennt, kann sich ein richtiges Bild über die Art und Menge der in einem Betriebe anfallenden Abwässer machen. Je offener eine Betriebsleitung dem Bearbeiter der Abwasserfrage seinen Betrieb zeigt und erklärt, um so besser wird dieser alle Abwasserquellen erfassen und nach geeigneten Vorversuchen eine brauchbare Kläranlage vorschlagen können. In sehr vielen Fällen lassen sich hierdurch auch Verbesserungen im Betriebe erzielen, die auf eine bessere Wirtschaftlichkeit des Betriebes hinauskommen und oft die Art und Menge der anfallenden Abwässer beeinflussen. Vor allem wird man vor der endgültigen Aufstellung des Entwurfs folgende drei grundlegende Fragen beantworten:

1. Können aus dem Abwasser noch irgendwelche Stoffe zurückgewonnen und dem Betriebe wieder zugeführt oder sonst nutzbringend verwertet werden?
2. Wie weit kann das von geringeren Verunreinigungen befreite Abwasser wieder in den Kreislauf des Betriebes als Reinwasser zurückgeführt werden?
3. Besteht die Möglichkeit, das von den gröberen Verunreinigungen befreite Wasser in demselben oder in einem anderen Nebenbetriebe öfter zu benutzen, oder muß mit Rücksicht auf die Art der Produktion von vornherein auf die Möglichkeit einer Wiederverwendung verzichtet werden? Verzichtet der Betrieb auf Rückgewinnung von Stoffen und auf die Wiederverwendung des gereinigten Abwassers, so muß eine weitgehende Reinigung der Abwässer in einer Kläranlage durchgeführt werden.

1. Wiedergewinnung von Stoffen aus den Abwässern.

Es gibt eine Reihe von Abwässern, die wertvolle Stoffe enthalten, die im Interesse der Wirtschaft wiedergewonnen werden sollten. Zu dem Zwecke ist es in den meisten Betrieben zweckmäßig, bestimmte Abwasserarten eines Betriebes für sich abzuleiten und für sich zu behandeln. Grundbedingung für die Gewinnung ist, daß die aus dem Abwasser zurückzugewinnenden Stoffe

[1] BANDT: Zeitschr. Fischerei 1936, **34**, 359.
[2] SCHIEMENZ: Fischerei-Ztg. 1936, **39**, 377.

in einer solchen Menge vorhanden sind und die Möglichkeit der Wiedergewinnung so ist, daß die Wirtschaftlichkeit des Rückgewinnungsverfahrens, soweit dies eben möglich ist, gewährleistet ist. In manchen Fällen kann eine derartige Rückgewinnungsanlage sogar zu einer werbenden Anlage des Betriebes werden. Bei der Beurteilung der Wirtschaftlichkeit einer Rückgewinnungsanlage muß man unter Umständen sich vor Augen halten, daß der Zustand vieler öffentlicher Gewässer eine bessere Abwasserreinigung als bisher unbedingt erfordert und daß hierfür gewisse Opfer von der Industrie verlangt werden müssen. Berücksichtigt man weiterhin, daß derartige Rückgewinnungsanlagen unangenehme Prozesse und Beiträge zu Reinigungsgenossenschaften vermeiden, so kann hierdurch bei sonst nicht erbrachter Rentabilität sogar auch die Wirtschaftlichkeit gegeben sein.

In allen Zeiten, wo die Industrie unter Rohstoffmangel zu leiden hat, werden viele Industrien versuchen, die bisher nicht beachteten und mit den Abwässern abgestoßenen Abfallprodukte wiederzugewinnen und im Betriebe zu verwerten bzw. die Abfälle wieder aufzuarbeiten. Jeder Betrieb ist schon im Interesse der Volkswirtschaft gezwungen, viel schärfer als früher die Rentabilität zu überwachen und darauf zu achten, daß nicht wertvolle Stoffe mit den Abwässern verloren gehen. Eine Wiedergewinnung von Stoffen aus den Abwässern kommt z. B. in Frage bei Nickel und Kupfer aus Beizereiabwässern, bei Kupfer aus den Abwässern der Kunstseidefabrikation, bei Chrom aus Abläufen galvanischer Bäder und aus Gerbereiabwässern, bei Zinn aus den Waschwässern der Seidenbeschwerung, bei Zink aus den verbrauchten zinkchloridhaltigen Tauchbädern der Vulkanfiberfabriken, bei Fett aus häuslichen und Nahrungsmittelbetrieben, das dann für Seifenfabriken verwandt wird, für Kondensatoröle, für Faserstoffe in Papier- und Textilfabriken, für Wollfett aus den Wollwaschwässern, für Eisensalze und Schwefelsäure aus den Beizereiabwässern der Eisenindustrie, für Phenol aus den Kokereinebenproduktenabwässern und für die verschiedenartigen Verwendungen von Sulfitablaugen als Staubbindemittel auf Straßen, als Ersatz für Gerbextrakte, zur Brikettierung usw.

Durch weitere Aufarbeitung, durch Eindampfen, Verbrennen usw. kann man oft aus den Abwässern noch sehr wertvolle Stoffe herstellen. Abwässer aus der Nahrungsmittelindustrie können oft in gute Futtermittel übergeführt und dann in der Landwirtschaft verwandt werden, z. B. Molkereiabwässer und Brennereischlempe zu Futterzwecken oder zur Gewinnung von Pottasche. Eingedampfte Sulfitablauge hat einen hohen Heizwert.

2. Wiederverwendung von Abwasser im Kreislauf.

Große Mengen des im Betriebe gebrauchten Wassers werden im Fabrikationsgang gar nicht oder nur teilweise durch ungelöste mineralische Stoffe, die sich leicht durch Absetzbecken oder Filter abscheiden lassen, verschmutzt. Es bestehen in solchen Fällen keine Bedenken, das Wasser zur Entlastung der Wasserförderung in den Betrieb zurückzunehmen und direkt wieder zu verwenden. Dies trifft vor allen Dingen für die oft großen Mengen Kühlwasser zu, die lediglich einer Kühlung in Plattenapparaten oder in Kühlteichen bedürfen. Die hierbei durch Verdunstung auftretenden Verluste sorgen dafür, daß stets eine allmähliche Erneuerung durch die zuzusetzende Frischwassermenge eintritt.

Eine Wiederverwendung nach Reinigung in Absetzbecken oder Teichen wird angewandt bei den Erzaufbereitungsanlagen, bei der Kohlenwäsche, bei den Papierfabrikabwässern, bei denen neben dem Abwasser selbst auch noch die abgefangenen Faserstoffe und das Kaolin zur Herstellung minderwertiger Papiersorten weiter verwandt werden können, bei den Holzschleifereien usw. Große Wassermengen werden in Zuckerfabriken durch das Rücknahmeverfahren gespart, seitdem man gelernt hat, durch eine genügend starke Chlorung die organisch verschmutzten Abwässer längere Zeit frisch zu erhalten. Durch derartige Wiederverwendung werden nicht nur die Mengen und damit die Kosten für das zu fördernde oder aus dem Leitungsnetz zu entnehmende Gebrauchswasser geringer, es werden auch die später für das gesamte Werk anfallenden Abwassermengen ganz bedeutend kleiner und ihre Reinigung viel leichter. Jedes Werk sollte daher bei der Errichtung einer Kläranlage gleichzeitig die Frage prüfen, ob es nicht möglich ist, durch Änderungen im Betrieb oder durch Abschaltung nicht verschmutzter Wässer oder durch Wiederverwendung weniger verschmutzter Wässer die Gesamtabwassermenge zu verkleinern, oder welche Stoffe noch mit wirtschaftlichen Mitteln aus den Abwässern wiedergewonnen werden können.

E. Verschiedene Abwasserarten.

Die Abwässer der Fabriken lassen sich in drei Gruppen unterteilen: 1. Abort-, Küchen-, Wasch- und Badewässer, — 2. Kondens-, Kühl- und Waschwässer der Betriebe, — 3. die eigentlichen Fabrikationsabwässer.

Die Abwässer der ersten Gruppe haben gleiche Zusammensetzung wie die üblichen häuslichen Abwässer und können daher auch wie andere häusliche Abwässer behandelt oder am einfachsten der Kanalisation zugeführt und dann mit den städtischen Abwässern behandelt werden.

Die unter 2 genannten Abwasserarten sind meistens wenig verschmutzt. Es empfiehlt sich, dieselben nach einer ihrem Verschmutzungsgrad entsprechenden Reinigung so weit wie möglich im Betriebe wieder zu verwenden. Falls die Wiederverwendung nicht möglich ist, sollte man sie für sich ableiten und nicht mit den eigentlichen Fabrikabwässern der dritten Gruppe vermischen, da sonst die Menge der meist viel stärker verschmutzten Fabrikabwässer unnötig vergrößert wird, so daß deren Reinigung viel größere Schwierigkeiten macht. Dies trifft besonders dann zu, wenn die Wässer der zweiten Gruppe an Menge die der dritten Gruppe bei weitem überwiegen. Die Spül- und Kondenswässer sind vielfach so rein, daß sie in den meisten Fällen nach einer genügenden Entölung und Reinigung in einem Absetzbecken, dem man unter Umständen zum Abfangen des Öles ein Feinkoksfilter oder a-Kohlefilter anschließt, dem Vorfluter übergeben werden können.

Die unter 3 aufgeführten Fabrikationsabwässer verlangen eine den einzelnen Betrieben entsprechende Weiterbehandlung. Es ist in jedem Falle vorher zu prüfen, ob man die in den einzelnen Betrieben anfallenden verschiedenen Abwasserarten mischen und dann gemeinsam aufarbeiten kann oder ob man die einzelnen Abwasserarten für sich gesondert behandeln muß. In sehr vielen Fällen wird man auch bei den gewerblichen Abwässern die bei häuslichen Abwässern angewandten Verfahren benutzen können.

I. Abwässer mit vorwiegend organischer Verschmutzung.

1. Abwässer aus Schlachthäusern und verwandten Betrieben, z. B. Wurstfabriken, Konservenfabriken.

a) Art der Abwässer.

Man muß unterscheiden zwischen den kleineren Anlagen einzelner Besitzer, wie sie in Dörfern und kleineren Städten ohne Schlachthäuser vorkommen und den größeren Anlagen, den Schlachthäusern der Städte und größeren Gemeinden. Beim Antransport des Schlachtviehes müssen bei Umladebahnhöfen und auch bei größeren Schlachthäusern die zum Viehtransport benutzten Wagen, somit auch die Seefischwagen, sofort nach der Entladung gereinigt werden. Dies geschieht in den Wagenwäschen. Der in den Wagen enthaltene Dünger und alle Strohteile werden auf einen Düngerwagen geladen und nach Kompostieren landwirtschaftlich verwertet. Dann werden die Wagen gründlich mit etwa 60^0 heißem Wasser ausgespritzt. Nach dem gründlichen Auswaschen werden die Wagen mit Sodawasser ausgespritzt und schließlich durch Versprühen einer Mischung von 1% Kresol, 2% Schwefelsäure und 97% Wasser desinfiziert. Die zur Reinigung für einen Transportwagen benutzte Wassermenge beträgt rund 1 cbm.

In den privaten Einzelschlachthäusern beschränkt sich der Betrieb zumeist auf 1—2 Wochentage. In diesen Einzelbetrieben wird das abgelassene Blut in den meisten Fällen sofort gewerblich verwertet. Der Magen- und Darminhalt, der in der Kuttelei entfernt wird, wird in die Düngergrube oder noch besser in einen dichten Tonnenwagen entleert, der dann nach Beendigung der Schlachtung aufs Feld gefahren wird, wo er unter Zugabe von Kalk kompostiert wird. Es fallen außerdem in der Hauptsache als Abwasser die Spülwässer vom Reinigen der gesamten Räume und der Geräte nach der Schachtung an. In diesen Spülwässern sind Reste von Blut, Fett, Fleischstücke, Harn, Kot und Futter, sowie Reste von Wurstbrühen usw. enthalten, wodurch sie ein vorzügliches Nährmittel für alle möglichen Keime und Mikroorganismen darstellen. Die Menge der entstehenden Abwässer schwankt je nach der Art des geschlachteten Viehes und der Art des Betriebes zwischen 300—2000 Litern für jede Schlachtung. Im Mittel wird man mit einer Wassermenge von 1 cbm zu rechnen haben.

Die Abwässer sind infolge ihres hohen Gehaltes an gelösten und ungelösten organischen Stoffen sehr leicht zersetzungs- und daher fäulnisfähig und können in der Umgebung der Betriebe manche hygienische Übelstände wie starke Geruchsbelästigungen und Fliegenplagen hervorrufen. Besonders in kleinen Vorflutern rufen die Abwässer arge Übelstände, wie Geruchsbelästigungen, Sauerstoffschwund sowie Pilz- und Schlammbildung hervor. Da sich diese Übelstände bei Einzelbetrieben in den meist eng bebauten kleineren Städten stärker fühlbar machen als auf dem freien Lande, so gingen schon frühzeitig viele Städte dazu über, gemeinschaftliche Schlachthäuser mit Anschlußzwang für alle der Gemeinde angehörigen Schlächter zu erbauen. Durch die Anlage eines Schlachthauses, das meistens außerhalb der Stadt errichtet wird, werden die Abgänge zwar aus der Stadt herausgelegt. Es findet hierdurch nur eine Verlegung, aber keine Beseitigung des Übels statt. Denn die an sich sehr leicht zur Zersetzung und Fäulnis neigenden Abfälle fallen darum in derselben Menge an und fallen damit den örtlichen Wasserläufen und den unterhalb liegenden Ortschaften zur Last, wenn nicht für eine Unschädlichmachung Sorge getragen wird. Wenn auch der Schlächter gezwungen ist, in dem gemeinsamen Schlachthaus zu schlachten, so geschieht die weitere Verarbeitung, das Zerteilen des Fleisches, vor allem die Wurstherstellung und das Räuchern im eigenen Betrieb. Die Hauptmenge an Abwasser wird zwar im Schlachthaus anfallen, doch bringt die Weiterverarbeitung in den Eigenbetrieben große Mengen Abwasser, so die Spülwässer, die mit Wurstbrühen, Fett und Fleischteilen belastet sind. Sie sind der Menge nach zwar geringer, zählen aber ebenfalls zu den bedenklichen Abwässern. Die in den Wurstfabriken anfallenden Abwässer sind den Schlachthausabwässern gleichzusetzen.

Die in Schlächtereien anfallenden Abwässer können durch ihren hohen Gehalt an Fettstoffen in den Kanalisationen leicht zu Verstopfungen führen, eine Gefahr, die durch mitabgelassene Gedärme, Sehnen usw. noch erhöht wird. Beim Ablassen in eine Kanalisation sollten daher diese Abwässer erst durch einen Rechen vorgereinigt und dann durch einen Fettfänger, der häufiger zu reinigen ist, vom Fett befreit werden. Bei der Entscheidung der Frage, ob eine Stadt zuerst eine Kanalisation mit Kläranlage oder zuerst ein Schlachthaus errichten soll, halte ich aus hygienischen Gründen die Kanalisation und die Kläranlage für das zunächst wichtigere Bauwerk.

In modernen, gemeinschaftlichen Schlachthäusern ist peinliche Sauberkeit eine Grundbedingung; das hat zur Folge, daß sehr große Wassermengen benutzt werden. Man rechnet im Durchschnitt auf jede Schlachtung 300 bis 2000 Liter Wasser.

Die Abgänge aus Schlachthäusern enthalten viel Fett und Fleischteilchen. Sie sind rotbraun gefärbt und bestehen vorwiegend aus dem Inhalt der Eingeweide und dem Blut, welches mit Ausnahme des Schweineblutes nur in beschränktem Maße als Nahrungsmittel verwandt wird. Die Menge der Schlachtabgänge beträgt je nach den Tieren und dem Mästungszustand in Prozenten des Körpergewichtes:

Inhalt von Magen und Darm	5,0—18,0%
Blut	3,2— 7,3%
Haut und Hörner	6,0— 8,4%
Beine bis zu den Sprunggelenken	1,6— 1,9%
Wollschmutz	3,2— 4,8%
Sonstige kleine Abfälle	0,4— 1,0%

Als weitere Abfälle der Schlachthöfe kommen in Frage die Abgänge aus der Kuttelei, Hallenkehricht, Darmschleim, Klärschlamm, sowie der Inhalt von Pansen, Magen und Darm der Schlachttiere. Solche Schlachthofabwässer sind wegen ihrer Blutfarbe, durch den Gehalt an Fett- und Fleischresten und wegen des Eiweißgerinnsels und Geruchs ekelerregend. Durch den Gehalt an Blut, Fett,

Fleischresten, Kotteilen, Darminhalt, Haaren, Harn, Futterresten und die übrigen Schlachthofabfälle sind sie sehr konzentriert und stark fäulnisfähig und wirken daher in den Vorflutern sehr schädlich. Die Zusammensetzung der Schlachthausabwässer ist großen Schwankungen unterworfen. Dies hängt einmal damit zusammen, daß die Abgänge bald mehr bald weniger Magen- und Darminhalt, Blut oder Harn einschließen, und andererseits von der wechselnden Menge der zum Spülen angewandten Wassermengen abhängig sind.

Läßt man Schlachthofabfälle nur kurze Zeit lagern, so werden besonders in der wärmeren Jahreszeit Schwärme von Mikroorganismen, Insekten, Ratten usw. angelockt. Diese Lagerstätten wimmeln nach kürzester Zeit von Ungeziefer. Die gesundheitlichen Bedenken, solche Stoffe in der Nähe menschlicher Siedlungen lagern zu lassen, sind sehr groß. Die Abwässer sind stark bakterienhaltig und können unter Umständen auch pathogene Keime enthalten, wenn mit Infektionskrankheiten behaftete Tiere zur Schlachtung gelangen.

Während Haut und Knochen, Fett, Hörner gute Verwendung finden, bietet die Beseitigung der flüssigen und breiigen Bestandteile große Schwierigkeiten. Die leicht zur Zersetzung und Fäulnis neigenden Abwässer stellen große Anforderungen an die Vorfluter und können in den öffentlichen Wasserläufen und vor allem den unterhalb liegenden Ortschaften sehr lästig fallen.

b) Abfallverwertung.

Fett. Wie bei allen anderen Abwässern, sollte besonders bei den Schlachthausabwässern die Abfallverwertung vor der Abwasservernichtung versucht werden. In erster Linie kommt für eine Abfallverwertung die Gewinnung des in den Schlachthausabwässern enthaltenen Fettes in Frage. Diese kann, wie bereits S. 474 angegeben ist, in Fettfängern erfolgen.

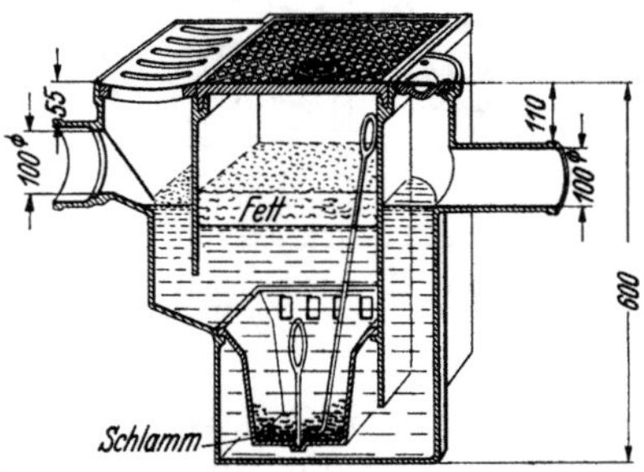

Abb. 9. Fettabscheider, System Linnemann, der Essener Eisenwerke in Essen-Altenessen für Schlachthöfe, Metzgereien, Wurstfabriken usw.

In Abb. 9 ist ein Fettabscheider, System Linnemann, der Essener Eisenwerke in Essen-Altenessen abgebildet, wie er sich in großer Anzahl für Schlachthöfe, Metzgereien, Wurstfabriken, aber auch für Hotels, Restaurants, Garnisons- und Anstaltsküchen und für Krankenhäuser bewährt hat. Das Fett setzt sich in einem besonderen Klärraum, in dem das Abwasser bei konstanter Höhe eine Beruhigung erfährt, leicht ab und kann leicht entfernt bzw. wiedergewonnen werden. Hebt man den Deckel vom Fettraum ab, so kann das angesammelte Fett herausgeholt bzw. herausgeschöpft werden. Es wird dann an Seifenfabriken und solche Fabriken abgegeben, die technische Fette (Schmierfette) herstellen. Etwa mit dem Abwasser abgeführter und im Klärraum abgeschiedener Schlamm wird durch den leicht herausnehmbaren Schlammkasten entfernt. Durch den Verkauf des Fettes an Seifenfabriken, Schuhcremefabriken u. dgl. macht sich der Einbau eines Fettfängers schnell bezahlt.

Schon heute sind die meisten Schlachthäuser und Metzgereien mit solchen, früher nur zum Schutz der Kanalisation eingebauten Fettfängern ausgerüstet. Da man durch die Fettfänger aber nur einen Teil des in den Schlachthofabfällen enthaltenen Fettes herausholt, kann man die Fettausbeute noch dadurch erhöhen, daß man die Rückstände in einem Digestor mit gespannten Dämpfen 6 Stunden lang kocht. Hierbei scheidet sich das Fett auf der sich bildenden Brühe ab. Die Knochen und Gewebe zerfallen bei dieser intensiven Behandlung, so daß auch das in ihnen enthaltene Fett frei wird. Das Fett läßt sich leicht abschöpfen. In gleicher Weise wird auch das Fett in einzelnen Schlachthäusern aus an verdächtigen Krankheiten verendetem Vieh gewonnen. Die nebenbei entstehende übelriechende Brühe ist sehr konzentriert und stark fäulnisfähig. Sie kann eingedampft oder direkt als Düngemittel verwandt werden. Besser ist es aber, man vermischt sie mit saurem Kalkphosphat und Schwefelsäure und dampft die entstehende Masse zur Trockne ein. Sie stellt dann einen geruchlosen, gut streufähigen Dünger dar.

Man kann auch das in den Abfällen enthaltene Fett durch Benzinextraktion gewinnen. Hierbei entstehen als Abwässer in der Hauptsache Kühlwässer. Die sonst noch entstehenden Abwässer sind unbedenklicherer Art. Das auf vorstehende Art gewonnene Fett findet in gleicher Weise in vielen Betrieben, vorwiegend in Seifenfabriken, gute Verwendung.

Blutverwertung. In Schlachthäusern anfallendes Blut wird nur in der geringsten Menge zur menschlichen Ernährung (meistens nur das Schweineblut) direkt verwandt. Die größte Blutmenge wird schon in mittleren Schlachthäusern[1] auf Albumin, Trockenblut oder Blutmehl, letzteres oft in Verbindung mit der Fleischmehlherstellung, auf Fibrin oder auf Blutserum verarbeitet. Zur Herstellung von Blutmehl, das als Düngemittel gute Verwendung findet, wird das Blut in besonderen Verdampfern eingedampft. Die anderweitig angewandten Verfahren zur Trocknung, wie Walzentrockner und Heißlufttrockner kommen nur bei ganz großen Schlachthäusern in Frage, sind aber in den meisten Fällen wegen zu hoher Kosten oder schlechter Beschaffenheit der Erzeugnisse wieder verlassen worden.

VAN DER LEEDEN[2] beschreibt einen in der Praxis erprobten Kleinvakuumbluttrockner zur Gewinnung von Blutmehl, der aus einem dampfbeheizten Kessel mit besonders gestaltetem Rührwerk besteht. In ihm wird das Blut einer Temperatur von 65° ausgesetzt (Abb. 10). Das Blut wird gesammelt und in einer Zisterne vorrätig gehalten, aus der es dann unter vermindertem Druck in den Kessel eingesaugt wird. Die Verdampfung geht selbsttätig vor sich, sobald das Rührwerk und die Heizung angestellt ist. Man muß darauf achten, daß die Temperatur im Kessel nicht über 65° steigt. Bei 80° verändert sich die Eiweißsubstanz, die besonders dann, wenn sie mit heißem Eisen längere Zeit in Berührung kommt, leicht leimig wird. Durch einen Verdauungsversuch kann man leicht feststellen, ob Blutmehl überhitzt ist oder nicht. Ein überhitztes Blutmehl zeigt beim Verdauungsversuch einen üblen leimigen Geruch, während ein vorsichtig unter Vakuum eingedampftes Blutmehl einen angenehmen, frischen Geruch hat. In einem Kleinvakuumtrockner vorbeschriebener Art können täglich 1000—1500 Liter Blut verarbeitet werden. Gegenüber dem bisher aus dem Ausland (Argentinien) bezogenen Trockenblut zeigt das auf diese Weise gewonnene Erzeugnis viel hellere Farbe. VAN DER LEEDEN schätzt die Menge der im ganzen Reich zu gewinnenden tierischen Eiweißmenge aus Abfallblut auf 9—10000 t im Jahr.

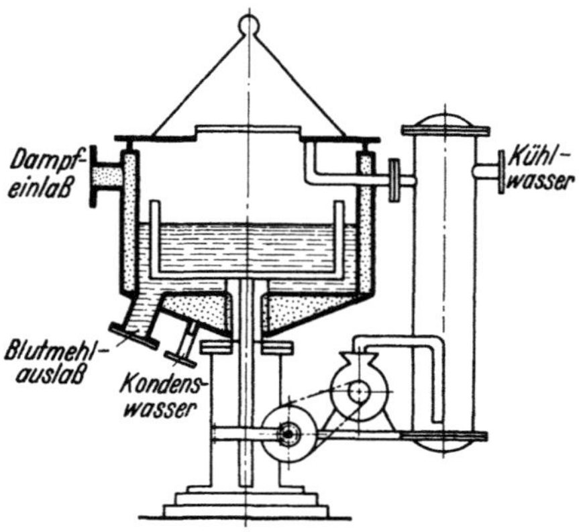

Abb. 10. Kleinvakuumbluttrockner. (Nach VAN DER LEEDEN: Vom Wasser 1935, **9**, 87.)

Zur Verwendung des Abfallblutes als Futtermittel kann man es zusammen mit Kleie oder Melasse eintrocknen. Derartige Futtermittel sind bei einem Proteingehalt von über 30% unter verschiedenen Namen als Blutmelasse, Pferdekraftfutter usw. im Handel.

Bei den großen Schlachthäusern in England werden die Abfälle, wie Blut, Eingeweide, Fett zur Schweinemast benutzt; der feste Dünger, wie Hallenkehricht, Inhalt von Pansen, Magen und Darm und der Klärschlamm wird aufs Feld gefahren und untergepflügt und das Spülwasser verrieselt.

Komposterzeugung aus Schlachthausabwässern. BÖHM empfiehlt, die Schlachthausabwässer mit dem im Ort anfallenden Straßenkehricht zu mischen und zu kompostieren. In einem kleinen Landstädtchen wurde der Straßenkehricht durch einen Unternehmer auf einen Haufen geschüttet und das gesamte Abwasser aus dem Schlachthof darüber geleitet. Der Müll saugt das Abwasser schwammartig auf und wird so mit Dungstoffen angereichert. Es entsteht allmählich ein stichfester Kompost, welcher als hochwertiger Dünger aufs Feld gebracht wird. Durch die große Aufsaugfähigkeit des porösen Kehrichts treten Übelstände durch Jaucheanhäufung und die hiermit verbundenen Übelstände wie Geruchsbelästigung oder Fliegen nicht auf. Trotzdem muß die Kompostierung in genügender Entfernung vom Schlachthaus erfolgen. An Stelle des Straßenkehrichts hat man an anderen Stellen die mit Kalk versetzten Abwässer in Torfmull aufgesaugt und dann kompostiert und hierdurch mit billigen Mitteln ein geruchloses, schnell trocknendes Gemisch erhalten. Wichtig ist bei der

[1] TURK: Schlachtblut- und Abfallstoffverwertung. Allg. Industr. Verlag Berlin SW. 11, 1937. [2] VAN DER LEEDEN: Vom Wasser 1935, **9**, 92.

Aufarbeitung als Kompost, daß die Abwässer vorher gut vom Fett befreit worden sind.

Entwässerungsverfahren nach Frank. Bei diesem Verfahren[1] werden die gesamten Schlachthausabfälle, bestehend aus den Abgängen der Kuttelei, dem Hallenkehricht, Darmschleim und Klärschlamm, Pansen-, Magen- und Darminhalt mit gebranntem Kalk versetzt, der die freie Feuchtigkeit bindet und durch Strukturzerstörung auch das capillar und adsorptiv gebundene Wasser frei macht und entweder chemisch bindet oder verdampft. Bei der Ablöschung des Kalkes entsteht eine sehr hohe Temperatur — 1 kg Kalk entwickelt 1550 kcal —, die zur Verdampfung des in den Abfallstoffen enthaltenen Wassers benutzt wird.

In der Trocknungsanlage werden die Abfälle mit 12—15% gebranntem Kalk innigst gemischt und dann sofort einer Trockentrommel, durch die man warme Rauchgase leitet, zugeführt. Die mit einer Temperatur von 100—140° C abziehenden Rauchgase enthalten das verdampfte Wasser. In der Trockentrommel werden die Abfälle in ein streufähiges Pulver mit 20—40% CaO, das als Dünger verwandt werden kann, verwandelt. Das Verfahren hat sich auf dem Schlachthof der Stadt Hagen sehr gut bewährt. Das aus dem Wunsche, den Schlachthöfen zu helfen, entstandene Verfahren führte zur Erzeugung eines guten Trockendüngers, dessen Verkauf zugleich die Rentabilität der Aufwendungen sichert. Ein großer Schlachthof benötigt eine Anlage mit einem stündlichen Durchsatz von 800 kg Naßgut, einschließlich des vorher zugegebenen Kalkes. Die Selbstkosten des Trockengutes werden sich auf etwa 7 RM. pro Tonne belaufen. Das gewonnene Trockengut hat etwa folgende Zusammensetzung:

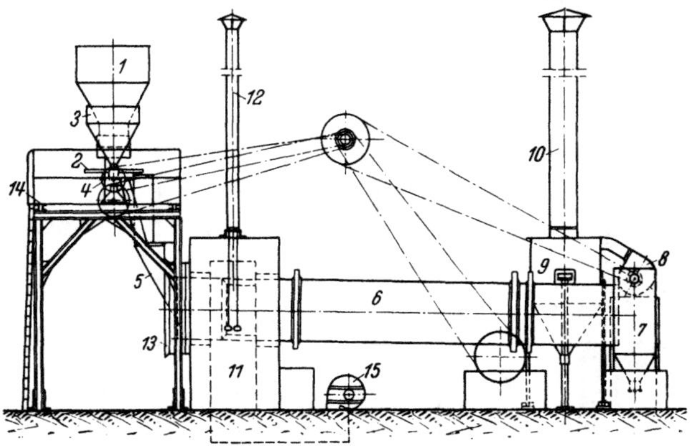

Abb. 11. Schema einer Anlage zur Beseitigung von Schlachthofabfällen nach dem Dehydratationsverfahren von Frank (Gesundh.-Ing. 1934, 57, 262). *1* Aufgabebunker für Abfälle, *2* Aufgabeteller für Abfälle, *3* Aufgabebunker für Kalk, *4* Aufgabeteller für Kalk, *5* Einlaufschurre, *6* Trommelrohr, *7* Auslaufkopf, *8* Exhaustor, *9* Zyklon, *10* Brüdenkamin, *11* Feuerung, *12* Notschornstein, *13* Einlaufkopf, *14* Bühne, *15* Unterwindgebläse.

a)	Wassergehalt: Feuchtigkeit	23%	b)	Stickstoffgehalt	1% N_2
	Hydratwasser	12%		Phosphorsäuregehalt	0,2% P_2O_5
	organische Stoffe	14%		Kalk (Gesamt)	42% CaO, zumeist als Kalkhydrat
	Asche	48%			
c)	Schüttgewicht	760—875 g/Liter			

c) Reinigung von Schlachthausabwasser.

Dort, wo die Möglichkeit besteht, sollte man die in einer Stadt anfallenden Schlachthausabwässer nach möglichst weitgehender Entfettung und nach Absieben der in der Kanalisation störenden Darm-, Fleisch-, Sehnenteile und Hautfetzen in das städtische Kanalnetz geben und zusammen mit den häuslichen Abwässern reinigen. Knechtges und seine Mitarbeiter[2] haben untersucht, in welchem Verhältnis Schlachthofabwasser unbeschadet häuslichem Abwasser zugemischt werden kann. Ausgehend von dem bei beiden Abwassern anfallenden Schlamm stellten sie fest, daß selbst bei einem Mischungsverhältnis von 50% Schlachthausabwasserschlamm zu 50% häuslichem Schlamm die Ausfaulung nicht gestört wurde, es trat nur eine geringe Verlängerung der sauren Phase ein. Die im Schlachthausschlamm enthaltenen Fettstoffe faulen vollständiger aus als die anderen Schwebestoffe, weil sie abbaufähige Glyceride

[1] Frank: Gesundh.-Ing. 1934, 57, 262.
[2] Knechtges, Dawson u. Niehols: Sewage Works J. 1935, 7, 3.

sind, eine Tatsache, die durch die Arbeiten von SIERP[1] bestätigt worden ist. Heiße Abwässer sind vor dem Ablassen in die Kanalisation weitgehend abzukühlen, da sie die faulige Zersetzung zu stark fördern.

α) Mechanische und chemische Behandlung. Vor jede mechanische Reinigungsanlage zur Behandlung von Schlachthofabwasser sollte ein Fettfänger eingeschaltet werden, der das in den Schlachthöfen abgestoßene Fett nicht nur abfängt, sondern auch gestattet, es der Wirtschaft zur Wiederverwendung zuzuführen. Für die mechanische Reinigung hat man in Paderborn und Swinemünde den automatisch arbeitenden Martenskessel angewandt. Da aber bei der mechanischen Reinigung allein nur eine sehr geringe Reinigung zu erzielen ist, so wird sie in den meisten Fällen durch eine chemische Fällung unterstützt.

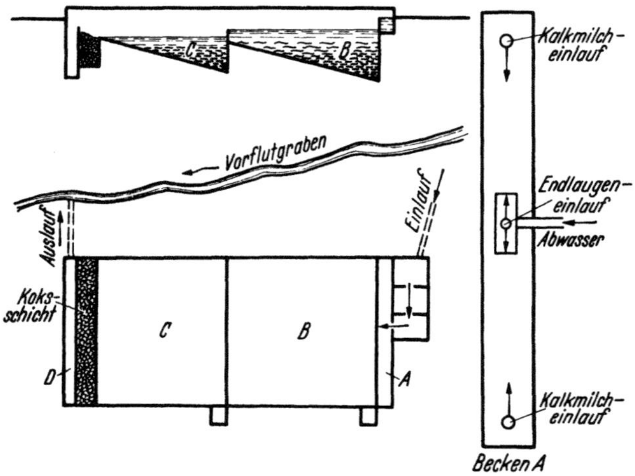

Abb. 12. Kläranlage der Westf. Fleischwarenfabrik Wiltmann in Peckeloh, Kreis Halle in Westfalen, unter Benutzung von Kali-Endlaugen nach dem Verfahren von BETTELS.

Da ein Fettfang und mehrere Schlammfänge in der Abwasserbehandlung des städtischen Schlachthofes in Duisburg keine Besserung erbrachten, baute SEEGERT[2] nach dem Vorbild des Dresdener Schlachthofes eine RIENSCH-WURLsche Scheibe ein. Durch ihre Neigung und die rotierende Bewegung hebt dieses Sieb alle weichen Abfälle aus dem Abwasser heraus. Die vom Sieb zurückgehaltenen Stoffe üben dann sogar noch eine Filterwirkung aus und fischen Fett und feinere Schwebestoffe ab. Bei einer Abwassermenge von 50—70 Liter in der Sekunde hat die Separatorscheibe einen Durchmesser von 2,5 m, eine Neigung von 15°, während die Schlitze eine Größe von 1,5 × 3 mm haben.

G. HEPPE setzt zu den bluthaltigen Schlachthausabwässern zunächst Aluminiumsulfat für sich allein und dann Kalkmilch zu. Er erreicht hierdurch eine vollständige Fällung des Bluteiweißes und erhält eine klar erscheinende Flüssigkeit, die dann in größere Vorfluter direkt eingeleitet werden kann. Bei kleineren Vorflutern empfiehlt es sich, eine Berieselung oder biologische Behandlung auf Tropfkörpern anzuschließen. Der anfallende Schlamm muß dann ausgefault oder kompostiert werden und kann als Düngemittel benutzt werden.

An Stelle von Aluminiumsulfat kann auch Ferrosulfat und Kalk benutzt werden. So schlägt BOHN die Zugabe von 1 kg Kalk auf 1 cbm Abwasser und Eisenvitriol oder Aluminiumsulfat vor. Das in einem Absetzbecken gereinigte Abwasser wird zum Schluß noch durch ein Koksfilter geleitet. Dieses Filter wird, wenn es verschlammt ist, herausgeworfen, getrocknet und dann unter dem Kessel verbrannt. Als Kalk kann der in den Gaswerken in den Abtreibekolonnen anfallende Kalkschlamm benutzt werden. Durch vorherige Zugabe von Chlor, das die Fäulnisvorgänge hemmt, kann man die Ausflockung beschleunigen oder vervollständigen und zugleich eine Desinfektion erreichen, wodurch ein stärkeres Anfaulen in den Absetzbecken verhindert wird. KÖNIG und seine Mitarbeiter fanden bei der chemischen Fällung mit Ferrosulfat und Kalk in gleicher Weise wie bei dem elektrischen Verfahren nach WEBSTER im günstigsten Falle einen Reinigungserfolg von 33% der Gesamtschmutzstoffe. PROSKAUER hat deshalb bei einer Gabe von 0,4—0,5 g/Liter Ferrosulfat noch je 1 g Kohle als Kohlebrei zugefügt und konnte dadurch etwas bessere Erfolge erzielen.

BETTELS[3] verwendet zur chemischen Fällung der Abwässer aus Großschlächtereien die Kali-Endlaugen. Er fällt mit einem Zusatz von 1,5 Tln. Kali-Endlauge und 3 Tln.

[1] SIERP: Vom Wasser 1936, **11**, 9. [2] SEEGERT: Gesundh.-Ing. 1932, **55**, Heft 14 u. 15.
[3] BETTELS: Kleine Mitt. Landesanst. Wasser-, Boden- u. Lufthygiene 1931, **7**, 44.

Kalkmilch auf 1000 Tle. Abwasser. Eine Anlage nach diesem Verfahren ist bei der westfälischen Fleischwarenfabrik Wiltmann in Peckeloh, Kreis Halle, errichtet worden. Das Schema der Kläranlage ist aus Abb. 12 ersichtlich. In der Rinne *A* wird zunächst die Endlauge zu dem möglichst entfetteten Wasser und dann die Kalkmilch zugegeben. Die sich bildenden Flocken von Magnesiumhydroxyd reißen im Becken *B* alle kolloiden Verschmutzungen als Schlamm zu Boden. Becken *C* dient zur Nachklärung. Die sich in Becken *B* und *C* zu Boden setzenden Schlammassen werden durch Schlammschächte abgezogen und aufs Feld gebracht. Bei einem Gehalt von 10% Stickstoff und reichlichen Kalk- und Magnesiasalzen stellt der Schlamm besonders nach der Kompostierung ein wertvolles Düngemittel dar. Die am Ende des Beckens *C* angebrachte Koksschicht soll noch mitgerissene feine Flocken zurückhalten. Der Wirkungsgrad der Anlage beträgt nach Bettels auf Gesamtstickstoff bezogen 94,5—94,6%, auf Permanganatverbrauch bezogen 93,7—96,6%. Dieser Wirkungsgrad erscheint mit Rücksicht auf die Tatsache, daß bei der chemischen Fällung nur Kolloide erfaßt werden, reichlich hoch angegeben zu sein.

β) Biologische Verfahren. *Kleinbetriebe.* Bei Einzelbetrieben beschränkt sich die Unschädlichmachung des Abwassers auf die Aufsammlung in einer dicht am Schlachthaus angelegten Jauchegrube, in welche das Spülwasser von dem mit Gefälle versehenen Schlachthausfußboden durch einen als Geruchsverschluß dienenden Fettfänger in die Abflußleitung gelangt. Der Fettfänger soll alle Fettbestandteile abfangen, damit sie die weitere biologische Weiterbehandlung nicht stören.

Die Jauchegrube soll für jedes am Tage geschlachtete Stück Großvieh 1 cbm Inhalt haben und zweckmäßig mit einer Jauchepumpe zur bequemeren Entleerung versehen sein. Boden und Wände der Grube müssen wasserdicht gemauert sein, damit eine Verseuchung des Untergrundes vermieden wird. Oben muß die Grube durch einen dichten, mit Nut und Feder ineinandergreifenden, Bohlenbelag mit übergreifendem Rande abgedeckt sein, um Belästigungen durch Fliegen und Geruch zu vermeiden. Durch eine eingebaute Jauchepumpe ist der Inhalt nach Bedarf, spätestens allwöchentlich, bei warmem Wetter möglichst nach jeder Schlachtung, in ein geeignetes, dicht schließendes Transportgefäß (Jauchetonne) zu entleeren und aufs Feld zu fahren. Schließt sich an den Schlachthof ein Garten oder Feld an, was auf dem Lande meist der Fall ist, so wird man das Überlaufwasser der Grube durch eine geschlossene Tonrohrleitung einfach durch Rieseln, und zwar am besten durch eine Untergrundberieselung beseitigen. Die in der Grube sich ansammelnden Schlammstoffe werden von Zeit zu Zeit als Düngemittel weggefahren.

Größere Betriebe. Bei den gemeinschaftlichen Schlachthäusern kleinerer Städte, in denen noch keine Kanalisation vorhanden ist, wird das gesamte Abwasser nach vorheriger Entfettung und mechanischer Klärung in Emscherbrunnen oder getrennten Absetzbecken mit oder ohne chemische Fällung den von der Reinigung häuslicher Abwässer bekannten biologischen Verfahren unterworfen. Ist genügendes Gefälle vorhanden, so kann man getrennte Absetzbecken mit Tropfkörpern anwenden. In den Absetzbecken wird das Abwasser gesammelt und von absetzbaren Stoffen und vor allem durch Tauchwände von den restlichen Fettstoffen befreit. Das mechanisch und möglichst auch chemisch gereinigte Abwasser wird dann auf Tropfkörper geleitet. Diese dürfen aber bei den stark verschmutzten Abwässern nur gering belastet werden. In diesem Falle können sie, wie Nichols und Maekin[1] berichten, eine 90%ige Reinigung erzielen. Derartige Anlagen, die den Vorteil der einfacheren Bedienung haben, können aber wegen der möglichen Geruchs- und Fliegenplagen nur in genügender Entfernung von den Schlachthäusern errichtet werden. Wegen der starken Konzentration der Abwässer empfiehlt es sich, die mechanisch gereinigten Abwässer durch andere Wässer oder durch den Ablauf der Tropfkörper so weit zu verdünnen, daß

[1] Nichols u. Maekin: Sewage Works Journ. 1930, 2, 435.

sie in ihrer Konzentration etwa häuslichem Abwasser entsprechen. Zur Vermeidung der Geruchs- und Fliegenplage werden besser die geschlossenen und mit Druckluft von oben belüfteten Hochleistungstropfkörper angewandt.

Steht in der Nähe des Schlachthauses für Rieselzwecke geeignetes Garten- oder Ackerland in genügender Größe und mit geeigneten Bodenverhältnissen zur Verfügung, so kann man bei kleineren Mengen das mechanisch gut vorgereinigte Abwasser durch Rieseln beseitigen und seine Dungwerte ausnutzen. Auf eine am Schlachttage anfallende Wassermenge von je 3 cbm rechnet man bei gutem Sandboden 1 ha Land.

In größeren Städten entstehen am Schlachttage große Abwassermengen. In den meisten Fällen werden aber auch zentrale Entwässerungsanlagen und eine Kläranlage vorhanden ein, in denen das entfettete und eventuell vorgereinigte Abwasser mit dem häuslichen Abwasser zusammen weiter gereinigt werden kann. Sind Rieselfelder oder andere biologische Anlagen vorhanden, so werden diese durch die Konzentrierung des Abwassers eine entsprechende Vergrößerung erfahren müssen. Besteht nicht die Möglichkeit des Einlassens in die Kanalisation, so kann man die beste Reinigung entweder wie oben angegeben mit geschlossenen Tropfkörpern oder mit Hilfe des Belebtschlammverfahrens erreichen.

KESSENER[1] hat das Belebtschlammverfahren bei verschiedenen Schlachthäusern mit gutem Erfolg angewandt. Von den verschiedenen Arten des Belebtschlammverfahrens benutzt er das von ihm erfundene Verfahren der Oberflächenbelüftung mit rotierenden Bürsten. Die an einem Schlachttage anfallenden Abwässer werden in einem Absetzbecken von absetzbaren Stoffen befreit. Nach Verdünnung mit dem gereinigten Ablauf wird das meist angefaulte Abwasser in den Belebungsbecken belüftet. Für ein Schlachthaus, in dem an 5 Tagen der Woche im ganzen etwa 150 Schweine, 50 Kühe und 25 Stück Kleinvieh geschlachtet werden, fallen 250 cbm Abwasser an. Das ankommende Abwasser durchfließt zunächst ein Absetzbecken (Dortmundbrunnen), dem ein einfaches Faulbecken angeschlossen ist, oder einen Emscherbrunnen und dann ein KESSENERsches Belüftungsbecken und schließlich ein Nachklärbecken (Dortmundbrunnen). Die Aufenthaltszeit des Abwassers beträgt bei 40 cbm pro Tag Zufluß im

Vorklärbecken	10	Stunden
Faulbecken	30	,,
Belüftungsbecken	54	,,
Nachklärbecken	8	,,

Der Überschußschlamm wird über Speicherbecken in die Emscherbrunnen oder in die besonderen Faulräume der Vorreinigung gebracht und mit dem Schlamm aus der Vorreinigung alle 14 Tage einem getrennten Faulraum von 20 cbm zugeführt. Die Rückführung des Rücklaufschlammes erfolgt durch ein holländisches Schöpfrad, das durch Kettenübertragung mit der KESSENER-Bürste verbunden ist und durch einen gemeinsamen Motor angetrieben wird. Die Bürsten machen 70 Umdrehungen in der Minute und tauchen bei einem Durchmesser von 60 cm nur etwa 4 mm in das Wasser ein. Das Schöpfrad für den Rücklaufschlamm hat 1,50 m Durchmesser, macht 4 Umdrehungen in der Minute und besteht aus 6 einzelnen Segmenten hintereinander angeordneter Hohlräume. Die Förderhöhe ist mit 50 cm sehr gering. Das Schöpfrad befördert mit dem Rücklaufschlamm eine verhältnismäßig große Wassermenge in das Belüftungsbecken zurück, so daß schätzungsweise eine 3—4fache Verdünnung des neu ankommenden Abwassers mit gereinigtem Abwasser erfolgt. Die Vorteile der Anlage sind geringe Baukosten und sehr geringer Kraftbedarf; außerdem braucht sie nur sehr wenig Bedienung.

Auch an anderen Stellen hat sich das Belebtschlammverfahren für Schlachthofabwasser bei Anwendung anderer Belüftungsarten, besonders in Amerika sehr gut bewährt. Die Reinigungswirkung ist trotz der hohen Konzentration sehr gut. Das die Anlage verlassende Wasser ist fäulnisunfähig, riecht schwach erdig und hat als kleinen Schönheitsfehler eine schwach gelbe Farbe, die man aber in besonderen Fällen durch eine chemische Fällung entfernen konnte. Der große Vorteil des Verfahrens gegenüber offenen Tropfkörpern und Rieselfeldern ist der, daß selbst das aus den Absetzbecken mehr oder weniger stark angefaulte, zum Belebungsbecken kommende Abwasser völlig geruchlos verarbeitet wird und daß jegliche Fliegenplage fehlt. Der anfallende Überschußschlamm kann entweder

[1] KESSENER: Commissie Inzake Watervoroutreinigung en Rijksinstituut vor Zuivering van Abvalwater. s'Gravenhage: Allgemeene Landsdrukkerij 1936. — Sewage Works Journ. 1933, 5, 346.

ausgefault oder direkt als Düngemittel aufs Land gefahren werden. Er stellt ein hochwertiges Düngemittel dar. Tauchkörper haben sich nach den Untersuchungen von RAASCH[1] nicht bewährt, da sie sich zu schnell mit Fett überziehen und dann unwirksam werden.

d) Trocknen und Einsalzen ungegerbter Tierfelle.

Die bei den Schlachtungen anfallenden Tierhäute müssen für die Weiterbehandlung, für den Transport oder für die Lagerung vorbereitet werden. Zu dem Zwecke sind bei den Schlachthäusern Räume zum Trocknen und Einsalzen ungegerbter Tierfelle vorhanden, in denen die Häute behandelt werden. Diese Räume sind im Deutschen Reich nach § 16 der Gewerbeordnung genehmigungspflichtig. Die „technische Anleitung“ sagt hierüber:

„Die Räume zum Trocknen der Häute müssen hoch gelegen und möglichst luftig sein. Der Fußboden ist wasserdicht herzustellen. Abgeflossene Blutteile, das Reinigungswasser und andere Abgänge sind wie die Abwässer der Schlächtereien zu beseitigen.“

Gesalzen werden die Tierhäute, indem man sie auf der Fleischseite mit Salz bestreut und nach kurzem Lagern aufrollt und aufeinanderstapelt. Hierbei fließt eine bluthaltige Salzlake ab, die in gleicher Weise wie das Schlachthausabwasser zu behandeln ist. Für die Aufbewahrung und Beseitigung der Abwässer und übrigen Abfallstoffe der Felltrocknereien gelten insbesondere mit Rücksicht auf die Milzbrandgefahr die bei den Gerbereiabwässern (s. S. 504) gemachten Ausführungen in entsprechender Weise.

2. Abwässer von Abdeckereien, Kadaververwertungsanlagen und Leimfabriken.

a) Abdeckereien.

Früher wurden die ganzen Kadaver der an Krankheiten eingegangenen Tiere bzw. alle Tierabfälle in Öfen verbrannt. In seuchenhygienischer Beziehung war dies die radikalste und beste Art der Beseitigung infektionsverdächtiger Stoffe. In wirtschaftlicher Beziehung war diese Art jedoch sehr nachteilig, denn es fand hierbei keinerlei Verwertung statt. Man hat deshalb zur Erfassung dieser Werte Apparate geschaffen, in denen unter besonderer Berücksichtigung hygienischer Belange der Aufschluß der Stoffe auf thermo-chemischem Wege oder durch Hochdruckwasserdampf erfolgt.

Bei den thermo-chemischen Verfahren werden die Kadaver bzw. Abfallstoffe mit Schwefelsäure so lange erhitzt, bis alles zu einem gleichmäßigen, ziemlich dickflüssigen Brei zerfallen ist. Das bei längerem Stehen auf dem Brei schwimmende Fett wird abgeschöpft und kann in Seifenfabriken und als Schmiermittel Verwendung finden. Der untenstehende Brei wird mit einer entsprechenden Menge unentleimten, gedämpften Knochenmehles versetzt und gut gemischt. Nach einiger Zeit läßt sich diese Masse durch Darren gut trocknen und kann dann als streufähiger Dünger verwandt werden.

Bei den anderen, mit gespanntem Dampf arbeitenden Verfahren werden die Kadaver in besonderen Trommeln mit Dampf von mindestens 10 atü ausgedämpft. Bei dieser Ausdämpfung bildet sich eine aus Fett und Fleischwasser bestehende Flüssigkeit. Das Fett wird vom Leimwasser getrennt und das Leimwasser eingedampft. Der hierbei entstehende Dampf wird zur weiteren Einwirkung auf die Kadaver benutzt. Nach 5—6stündiger Einwirkung des Dampfes auf den Kadaver ist dieser vollständig zerfallen. Die Masse wird getrocknet, wobei als Abwasser leimhaltige Kondenswässer auftreten. Es hinterbleibt ein Tierkörper- oder Fleischmehl, das mit oder ohne Zusatz von Leimbrühe oder auch Melasse zur Fütterung von Fischen und Schweinen benutzt werden kann. Abdeckereien werden wegen der starken Geruchsbelästigungen und der entstehenden Abwässer fern von menschlichen Wohnungen und vom Verkehr, am besten auf Ödländereien angelegt.

Die in den Betrieben anfallenden Abwässer ähneln sehr in der Zusammensetzung und Menge den in Schlachthäusern anfallenden Abwässern, die sie häufig in der Konzentration übertreffen. Die direkte Ableitung in einen Vorfluter ist

[1] RAASCH: Zentralbl. Bauverwaltung 1935, 55, 140.

wegen der Gefahr der Verbreitung ansteckender Krankheiten unstatthaft, denn es werden alle an Krankheiten, unter anderem auch an Milzbrand verendeten Tiere verarbeitet. Aus letzterem Grunde ist bei der Weiterbehandlung der Abwässer und Abfallstoffe besondere Vorsicht geboten.

Die „technische Anleitung" zu § 16 G.O. sagt bezüglich der Abdeckereien:

„Im allgemeinen finden hier die für die Schlächtereien gegebenen Vorschriften sinngemäße Anwendung. Außerdem ist noch zu bemerken, daß die nicht zur Verwertung gelangenden Abfälle innerhalb 24 Stunden (mit Ausnahme bei Frostwetter) mindestens 1 m tief, jedoch nicht bis ins Grundwasser hinein, mit Kalk bedeckt, vergraben werden müssen." Bei den Kadaververwertungs- und -vernichtungsanlagen entstehen außer den Schlachtraumspülwässern auch Kondenswässer der beim Trocknen der extrahierten Fleischteile und bei der Weiterverarbeitung der Leimbrühe entstehenden Dämpfe. Diese Abwässer sind infolge ihres hohen Gehaltes an gelösten, fäulnisfähigen Stoffen als sehr konzentriert zu bezeichnen. Sie besitzen einen äußerst unangenehmen, penetranten Geruch. Zur Verhinderung der Entstehung dieser Abwässer verarbeiten neuere Apparate, wie die von Podewils, die konzentrierten Abwässer wie Leimbrühen und Schlachtraumspülwässer mit im Betriebe, so daß nur die Kondensate durch chemische oder biologische Methoden zu reinigen sind.

Die Abwässer aus Abdeckereien, Kadaververwertungs- und -vernichtungsanlagen werden zweckmäßig nach genügender Chlorung durch Verdunsten und Versickerung auf nahegelegenenen Ödländereien bzw. durch Verrieselung auf genügend großen Landflächen beseitigt. Bei dieser Beseitigungsart muß auf in der Nähe liegende Brunnen weitgehendst Rücksicht genommen werden.

b) Leimfabriken.

Leim wird entweder aus den Hautabfällen und Sehnen, die in Gerbereien, Schlachthäusern und Abdeckereien anfallen, hergestellt (Lederleim), oder aus Knochen gewonnen (Knochenleim). Es werden auch Haarleime bereitet.

α) Abwasser aus Lederleimfabriken. In den Lederleimfabriken wird das Rohmaterial zunächst mit Kalkmilch behandelt, um die Fleisch- und Blutteile von dem Leimgut zu trennen, und sodann in Kesseln gekocht. Die hierbei anfallenden Abwässer sowie die Waschwässer der Spülkessel enthalten außer reichlich Kalk und Blut, Abfälle von tierischen Häuten, Haaren, Leder und Fleischteilchen, sowie bei den Zersetzungsprozessen gebildetes buttersaures, baldriansaures und propionsaures Calcium. Das Macerationswasser nimmt ferner eine Menge tierischer Stoffe aller Art auf, die bis zu 1,5% ausmachen. Diese hoch konzentrierten Abwässer sind stark fäulnisfähig und rufen durch ihren hohen Gehalt an organischen Stoffen im Vorfluter meist sehr üble Zustände hervor. Die Abwässer erzeugen starke Ablagerungen von kalkhaltigem Schlamm, der mit den Resten vieler tierischer Gewebe durchsetzt ist. Durch die im Betrieb anfallenden großen Mengen Waschwasser, die aber meist harmloser Natur sind, wird die Gesamtabwassermenge stark vermehrt. Erfolgt die Reinigung des im Betrieb anfallenden Fettes durch Schwefelsäure, so fallen außerdem noch säurehaltige Abwässer an, die aber an Menge meist gering sind und daher durch die stark kalkhaltigen Abwässer leicht neutralisiert werden können.

Durch zweckmäßig vor den Absetzbecken angeordnete Rechen und Siebe lassen sich die mitgeführten Haut- und Haarteile in befriedigender Weise zurückhalten. Solche Siebe und Rechen sollten auch bei den kleinsten, an großen Vorflutern liegenden Betrieben, von denen eine biologische Reinigung bisher nicht verlangt wurde, schon aus ästhetischen Gründen gefordert werden.

Die Abwässer werden dann zur Abscheidung der ungelösten Stoffe durch genügend große Klärbecken geleitet. Um den Absetzvorgang wirksam genug zu gestalten, wird man die viel dünneren Waschwässer getrennt von den konzentrierten Abwässern behandeln. Zur besseren Abscheidung und Neutralisation der zum Aufschluß benutzten Kalkmilch leitet man vor der Einleitung in die Absetzbecken Kohlensäure enthaltende Abfallgase, wie z. B. Rauchgase, in das Abwasser ein. Das sich bildende Calciumcarbonat unterstützt die Reinigung des Abwassers. Man kann die Reinigungswirkung durch Zugabe von Chemikalien, wie Eisensulfat mit und ohne Belüftung, Aluminiumsulfat usw. unterstützen. Der in den Becken abgefangene Schlamm kann dann sehr gut nach geeigneter Kompostierung als Düngemittel verwandt werden. Nach guter, mechanischer Reinigung werden die konzentrierten und dünnen Abwässer gemischt. Dann läßt man sie zur besseren Entfernung der organischen Stoffe und des Kalkes durch ein System von Schlängelgräben laufen. Diese Schlängelgräben müssen mit geeigneten Pflanzen, am besten mit Weiden besetzt werden. Richtig angelegte Weidenkulturen mit diesem Abwasser gedüngt, ergeben recht gute Erträge, aus denen die ganze Anlage rentabel gestaltet werden kann.

Stehen genügend große Rieselflächen zur Verfügung, die einen häufigeren Wechsel gestatten, so kann die Reinigung auch durch Verrieselung erfolgen. Ein häufiger Wechsel der Flächen ist aber notwendig, um ein Verkrusten des Bodens durch die kalkhaltigen Abwässer zu verhindern.

β) Knochenleimfabriken. In den Knochenleimfabriken richtet sich die Art der anfallenden Abwässer nach dem zur Herstellung benutzten Verfahren.

1. Zunächst werden die Knochen entfettet. Je nachdem die Knochen mit Wasser oder durch Extraktion mit Lösungsmitteln entfettet werden, entstehen bereits organisch verschmutzte Abwässer oder die bei der Destillation der Lösungsmittel anfallenden Kühlwässer.

2. Bei der Reinigung des gewonnenen Fettes mit Schwefelsäure fallen schwefelsäurehaltige Abwässer an.

3. Der entfettete und polierte Knochenschrot wird mit schwefligsäurehaltigem Wasser gewaschen. Die hierbei anfallenden Abwässer enthalten stets schweflige Säure.

4. In den Betrieben, in denen die so vorbehandelten Knochen zur Lösung des phosphorsauren Kalkes und zur Isolierung des Knochenknorpels vor der Verkochung auf Leim mit Säuren aufgeschlossen werden, fallen je nach der Art der angewandten Säure schwefelsäure- oder salzsäurehaltige Schmutzwässer an.

5. Unter Umständen können noch bei den Siede- und Trockenvorgängen organisch verschmutzte Kondenswässer anfallen.

Die Abwässer sind demnach je nach der Art des Betriebes sehr verschieden. Die Menge der anfallenden Abwässer wird zu 40 cbm je 100 Zentner in 24 Stunden verarbeiteter Knochen angegeben. Die Abwässer aus Knochenleimfabriken sind reich an fäulnisfähigen, organischen Stoffen. Sie enthalten neben geringen Mengen freier noch hauptsächlich gebundene Schweflige Säure. Im Gegensatz zu den durch ihren Gehalt an freien Mineralsäuren stark sauren Abwässern, von der Fettwäsche weisen die mehr organisch verschmutzten, sehr viel Stickstoffverbindungen, freies und gebundenes Ammoniak führenden Abwässer oft alkalische Reaktion auf. Bei einem hohen Gehalt an Mineralsäure kann die Reaktion selbst nach guter Vermischung mit den alkalischen Abwässern trotzdem noch sauer sein. Die Art des Abwassers ist demnach je nach der Art des Betriebes und der jeweiligen Betriebsweise verschieden. Dies hat auch zur Folge, daß der Einfluß auf den Vorfluter je nach dem Überwiegen des einen oder anderen Bestandteiles verschieden ist.

In gleicher Weise muß sich auch die Behandlung der Wässer ganz nach dem Gehalt an den einzelnen Stoffen richten. Durch eine gegenseitige intensive Vermischung der stark alkalischen Abwässer mit den säurehaltigen Abwässern sucht man eine gute Neutralisation zu erzielen, die gegebenenfalls noch durch Zugabe von Kalkmilch bis zur vollständigen Neutralisation unterstützt werden muß. Hierbei tritt oft schon durch eine chemische Ausfällung eine Ausflockung verschiedener Stoffe ein, die unter Umständen noch durch Zugabe weiterer chemischer Fällungsmittel erhöht werden kann. Die so vorbereiteten Abwässer werden zunächst in genügend großen Absetzbecken von den ausgeschiedenen Stoffen befreit und dann zur Entfernung der gelösten organischen und Stickstoffverbindungen auf Rieselfeldern oder durch intermittierende Bodenfiltration biologisch weiter gereinigt.

Gegen eine Aufnahme der gut neutralisierten und mechanisch gut vorgereinigten Abwässer in eine städtische Kanalisation mit genügender Wasserführung bestehen keine Bedenken.

e) Beseitigung von Fischabfällen.

Fischabfälle werden in der Hauptsache in Fischmehlfabriken zu einem leicht verdaulichen Futtermittel aufgearbeitet. Wenn auch die meisten Fischmehlfabriken im Zusammenhang mit der Seefischerei am Unterlauf oder nahe der Mündung der deutschen Flüsse errichtet werden, haben sich doch beim Ablassen der konzentrierten Abwässer in die Vorfluter an verschiedenen Stellen größere Schwierigkeiten ergeben.

Bei der Verarbeitung von Fischen auf Fischmehl fallen nach JORDAN[1] verschiedene Arten von Abwasser an:

α) **Leichenwässer.** Die in Bunkern gestapelten Fische scheiden ein Sickerwasser ab, das noch durch die Spülwässer bei der Reinigung der Räume vermehrt wird. Dieses Abwasser ist stark fetthaltig, hat hohen Gehalt an Schwebestoffen, hohen Abdampfrückstand und hohen Chlorid- und Stickstoffgehalt. Der Kaliumpermanganatverbrauch schwankt zwischen 3—40000 mg/Liter. Die Leichenwässer sind ihrer äußeren Beschaffenheit nach dickflüssige, schleimige Abwässer von rötlicher bis braungelbgrauer Farbe und verbreiten in der Nachbarschaft einen sehr unangenehmen fischig-jauchigen Geruch. Sie befinden sich meistens in lebhafter Zersetzung und entwickeln stark Schwefelwasserstoff.

β) **Kondenswässer.** Bei der Aufschließung des Rohmaterials fallen Kondenswässer an, die ebenfalls üblen Geruch besitzen. Der Geruch dieser Brüden ist so unangenehm, daß er bei empfindlichen Personen ekelerregend wirkt und zu vielfachen Beschwerden und Klagen der Nachbarschaft führt. Bei modernen Anlagen werden daher grundsätzlich geschlossene Trommeln bei der Beseitigung der Brüden angewandt. Die Brüden werden in diesem Falle einer Kondensationsvorrichtung zugeführt, wobei eine Verbrennung der Brüdengase stattfindet. Hierbei ist es wichtig, die Brüdengase im Verbrennungsofen durch und nicht über die glühende Brennstoffschicht zu leiten.

γ) **Preßwässer.** Bei der Enttranung des Materials fallen Preßwässer an, die infolge der hohen Temperatur das in flüssiger Form vorliegende Tranfett enthalten. Sie enthalten nach Abscheidung des Fettes noch eine große Menge wertvollster Nährstoffe und sollten daher eingedampft und verwertet werden. Die Menge der Preßwässer beträgt bei einer Fabrik mit einem Höchsttagessatz von 25 t bei vollem Betrieb 0,65 cbm Preßwasser in der Stunde, entsprechend einem täglichen Anfall von 15,6 cbm.

Da die in den Fischmehlfabriken anfallenden Abwässer den normalen Abwasserreinigungsverfahren sehr schwer zugänglich sind, empfiehlt es sich, diese gesamten Abwässer in einer Vakuumeindickanlage einzudampfen, wodurch erreicht wird, daß nicht nur die Leichenwässer, sondern auch die Preßwässer restlos in Fortfall kommen. Die dann noch entstehenden Abwässer entsprechen den Kondenswässern; diese müssen wegen ihres Fettgehaltes zunächst durch einen guten wirkenden Fettabscheider von den Fettmengen nach Möglichkeit befreit werden. Das Schema einer nach dem Preßverfahren mit Eindickung der Preßwässer arbeitenden Fabrik ist in Abb. 13 dargestellt.

Nachdem die Wässer dann noch durch eine gute mechanische Kläranlage von den Schwebestoffen befreit worden sind, können sie wegen der verhältnismäßig geringen Menge und der entsprechend verringerten Konzentration in gleichmäßigem Strome dem Vorfluter übergeben werden.

Über die Beseitigung der Fischabfälle in Fleetwood berichtet PILKINGTON[2]. Die Fischabfälle werden auf dem Markte in Holzkästen gesammelt und zur Aufbereitungsanlage gefahren. Die Holzkästen werden nach der Entleerung

[1] G. JORDAN: Kleine Mitt. Landesanst. Wasser-, Boden- u. Lufthygiene 1937, **13**, 308.
[2] PILKINGTON: The Surveyor 1931, **79**, 595. Ref. Wasser u. Abwasser 1931, **29**, 158.

und nach sorgfältiger mechanischer Reinigung mit verdünnter Natronlauge behandelt. Die Abfälle selbst werden auf Fischmehl verarbeitet.

Die Abfälle passieren zuerst eine Zerkleinerungsmaschine, gelangen dann in einen mit Dampf geheizten Sterilisierraum, wo sie 15—20 Minuten bei 105° C gehalten werden. Transportschnecken sorgen dabei für gründliches Umschichten und Weiterbeförderung in eine ebenfalls mit Dampf auf 60° C geheizte Trockenkammer, in welcher der Abfallmasse Heißluft entgegenströmt. Nach erfolgter Abkühlung in einer dritten Kammer wird das Material einem 2—3 Stunden dauernden Mahlprozeß unterworfen. Aufsteigende, übelriechende Dämpfe

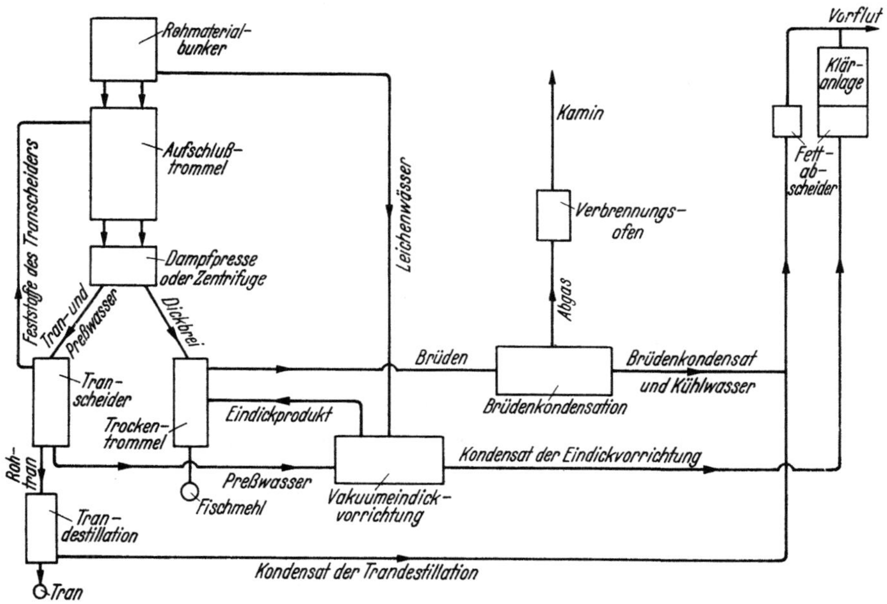

Abb. 13. Schema einer Verwertungsanlage für Fischereiabfälle nach dem Preßverfahren mit Eindickung der Preßwässer.

werden durch Exhaustoren abgesaugt und in Rieseltürmen mit Wasser niedergeschlagen. Für die geruchlose Beseitigung der Abfälle ist es wichtig, daß diese in frischem Zustande in die Aufbereitungsanlage kommen. Auch die Güte des gewonnenen Fischmehls hängt davon ab.

3. Abwässer aus Gerbereien, Lederfabriken und -färbereien.

a) Lohgerbereien. Die auf Leder zu verarbeitenden Häute werden in der Wasserwerkstatt für den eigentlichen Gerbprozeß vorbereitet und dann in der Gerbwerkstatt dem eigentlichen Gerbprozeß unterworfen.

In der Wasserwerkstatt sind die Arbeiten bei fast allen Gerbereien die gleichen. Die stark gesalzenen Felle werden zunächst aufgeweicht und gewässert. Es fallen hierbei die stark salzhaltigen Wässer vom Einweichen und Entsalzen der grünen oder gesalzenen Rohhäute an. Die Weichwässer sind reich an Blutserum und an organisch zersetzbaren Substanzen, Kochsalz und Phosphaten. An Mikroorganismen enthalten diese meist blutig braunrot gefärbten Wässer echte Fäulnisbakterien (Proteusarten), gasbildende Bakterien und Bact. liquefaciens. Die beim Einweichen der trockenen Häute entstehenden Weichwässer enthalten Peptone und Bakterien, die dieses Nährsubstrat bevorzugen, wie Bact. subtilis, Bact. gasoformans, Bact. liodermes. Ferner fallen beim Enthaaren der Häute die stark alkalischen Äscherwässer und die Waschwässer vom Entkalken, Entfleischen, Flößen und Streichen der Häute an. Die Äscherwässer enthalten neben Calciumhydroxyd und Calciumcarbonat unverbrauchtes Natriumsulfid, das zur Verstärkung der Kalkbrühen zugegeben wurde, ferner die in der alkalischen Sulfidlösung gelösten Haarsubstanzen. Durch Zersetzung des Natriumsulfids an der Luft bildet sich Schwefelwasserstoff. Bei Oberledergerbereien fallen ferner verschiedene Abwässer an, die beim Entkalken und Schwellen der Häute durch die sog. Beizen, Säurebäder, Kleiebäder, die schwach sauren Kotbäder und Ersatzbäder (das aus der Bauchspeicheldrüse gewonnene Oropon oder Erodin, eine Bakterienreinkultur mit geeigneten Nährböden) entstehen. Die in der Wasserwerkstatt anfallenden gesamten Abwässer enthalten neben einem sehr hohen Gehalt an Kochsalz, unverbrauchtem Natriumsulfid und Kalkverbindungen, die in Lösung gegangenen Haarteile, ferner stark fäulnisfähige organische Stoffe, wie die auf der Enthaarungsmaschine anfallenden Fleischreste, Eiweißgerinnsel usw. Bei Luftabschluß, z. B. bei Lagerung in schlecht gelüfteten Klär- oder Faulgruben gehen diese Wässer sehr schnell in stinkende Fäulnis über.

In der Gerbwerkstatt wird der eigentliche Gerbprozeß durchgeführt. Man unterscheidet in der Hauptsache die vegetabilische und die mineralische Gerberei. Bei der vegetabilischen Gerbung wird die entfleischte und enthaarte Haut mit Lohe oder Gerbbrühen behandelt. Zu den ersteren gehören Lohen aus Eichen- oder Fichtenrinde, als Ersatzstoffe und zur Schnellgerbung werden auch ausländische Gerbstoffextrakte (Quebracho, Sumach u. a.), ferner aus Sulfitablauge hergestellte Gerbextrakte verwendet. Bei der Lohgerbung fallen als Abwässer die verbrauchten, dunkelbraun gefärbten lederartig riechenden Lohen bzw. Gerbbrühen von Eichenrinde, Gerbextrakten, Quebrachoholz usw. an. Sie enthalten Gerbstoffe, Gallussäure, organische Säuren und peptonisierte Hautbestandteile. An Mikroorganismen kommen Spalt- und Sproßpilze sowie Bakterien verschiedener Art vor.

b) In den **Mineralgerbereien** wird die in der Wasserwerkstatt vorbereitete Haut der Einwirkung verschiedener Chemikalien unterworfen. Je nach der Art der Gerbung enthalten dann die Abwässer Eisen- und Chromsalze, Arsenverbindungen, Soda, Alaun, Kochsalz, Pottasche. Wasserlösliche Chromsalze (Chromalaun) oder Chromsäure können in stärkerer Konzentration im Vorfluter Gifterscheinungen auslösen, vermögen aber andererseits auch fäulnishemmend oder fäulnisverhütend auf organische Substanzen (z. B. die Abwässer der Wasserwerkstatt) zu wirken. Dasselbe gilt für Arsen, das nur noch selten in den Gerbereien in Form von Schwefelarsen an Stelle von Schwefelnatrium oder auch mit diesem zusammen zur Enthaarung der Häute benutzt wird, z. B. bei der Weißgerberei. Hierbei werden die Häute nach der Einweichung und Reinigung geschrödelt oder geschwedelt, wobei die Häute auf der Fleischseite mit Kalkbrei, dem auf 30 kg Kalk 2 kg Schwefelarsen beigemischt sind, bestrichen werden.

c) Lederfärbereien. In den Betrieben, in denen die Leder nach der Fertigstellung noch gefärbt werden, gelangen auch Farbstoffreste, meist in geringen Mengen, da die Farben mit der Bürste aufgetragen werden, in das Abwasser. Diese Abwässer können durch eine Filtration durch unverbrauchte Lohe entfärbt werden.

d) Waschwasser. Bei allen Betrieben kommen große Mengen von Waschwässern aus den einzelnen Räumen zum Ablauf, die zwischen den einzelnen Behandlungsweisen zum Reinigen der Räume, der Maschinen, der Fässer und Gruben, der Geräte usw. benutzt werden.

Bei der Sämischgerberei werden die als Gerbmittel überschüssig auf die Häute gestrichenen Fette, z. B. Tran, mit lauwarmer Pottaschelösung abgewaschen. Aus den Abfällen, die man mit Dégras bezeichnet, wird das Fett (Tran) wiedergewonnen. Man erhält ein milchig trübes, nach Tran riechendes Abwasser, das reich an leicht faulenden organischen Stoffen ist.

e) Die **Menge des anfallenden Abwassers** ist nach Art des Betriebes und dem angewandten Arbeitsverfahren verschieden. Während man bei kleineren Betrieben für Lohgerberei und Farbleder für jede größere Haut 0,8—1,4 cbm Wasser, im Mittel also rund 1—1,2 cbm, und beim Sohl- und Vacheleder 1,4 cbm Wasser je Haut gebraucht, schwankt nach neueren Feststellungen in Großbetrieben der Wasserverbrauch je Haut zwischen 2,0—3,0 cbm. In einer Gerberei, die täglich 100 Häute verarbeitete, fielen an:

1. In der Wasserwerkstatt	
a) Einweichwasser	60 cbm
b) Enthaarungswasser	100 cbm
c) Spülwasser der Entfleischungsmaschinen	4 cbm
d) Beizbrühe (Oropon)	33 cbm
	197 cbm
2. Abgänge aus der Farbwerkstatt	16 cbm
3. Abgänge aus der Lohpresse	2 cbm
	215 cbm

Als weitere Abfallstoffe fallen in den Gerbereien die von den Häuten entfernten Haare und unter Umständen die verbrauchten Lohen an. Die Haare sollen zur weiteren Verwendung nach genügender Reinigung an Bürsten- und Pinselfabriken abgegeben werden.

Die verbrauchte Lohe kann nach Neutralisation mit Kalk, Mischung mit Stalldung und nach Zugabe der bei Behandlung der frischen Häute mit Kalk gewonnenen tierischen Abfälle durch 2—3 Monate langes Stehen in Haufen kompostiert und dann als Dünger verwandt werden.

Hautabfälle werden auf Leim und Gelatine verarbeitet, wobei Fette und Dünger als Nebenprodukte anfallen. Durch Säureaufschluß der Rückstände können Eiweißpräparate[1] hergestellt werden.

Gerbereiabwässer gehören mit zu den am stärksten verschmutzten, daher den Vorflutern sehr schädlichen und am schwierigsten zu reinigenden gewerblichen Abwässern. Infolge längeren Aufenthalts in den Bädern oder Gruben befinden sie sich meistens schon in starker Fäulnis oder gehen leicht darin über.

In Städten, wie Backnang, Mülheim a. d. Ruhr, Elmshorn und Neumünster, wo viele Gerbereien vorhanden sind, bestimmt das Gerbereiabwasser den gesamten Charakter des in der Kanalisation vorhandenen Abwassers. So berichtet WIMMER[2] von der Gerberstadt Backnang, daß bei 11000 Einwohnern mit 8000 cbm Abwasser durch den Gehalt an Gerbereiabwasser das Abwasser etwa 60000 Einwohnern entspricht. Der in IMHOFF-Gläsern bestimmte Schlammanfall, der in häuslichem Abwasser 5,7 ccm/Liter ausmacht, beträgt in diesem Falle 85—90 ccm/Liter, er kann bis auf 200 ccm/Liter ansteigen. In der Trockensubstanz sind 55% organischer und 45% mineralischer Anteil. Nach den Untersuchungen von WARRICK und BEATTY[3] kann man derartigen Gerbereischlamm, wenn er zu 40% dem häuslichen Schlamm zugemischt wird, gut ausfaulen. Über die bei Untersuchung von Gerbereiabwasser zu beachtenden Sonderheiten berichtet FURKERT[4].

Beim direkten Ablassen selbst in große Vorfluter können die Gerbereiabwässer durch ihren hohen Gehalt an fäulnisfähigen und auch giftig wirkenden Stoffen (Ätzkalk, Chrom- oder Arsenverbindungen, Schwefelnatrium) und durch die Entwicklung von Schwefelwasserstoff verheerend wirken und das Wasser für die meisten Nutzzwecke unbrauchbar machen. Gerbereiabwässer stellen an den Sauerstoffvorrat und damit an die Selbstreinigungskraft der Vorfluter außergewöhnlich große Anforderungen. Es kommt in kleinen Vorflutern durch völligen Sauerstoffschwund oder unter dem Einfluß der giftigen Salze oder durch die zu starke Beeinflussung des p_H-Wertes leicht zu Fischsterben. Infolge der p_H-Wertverschiebung treten Fäulniserscheinungen im Vorfluter oft erst weit unterhalb auf. Durch die gegenseitige Beeinflussung der Abwässer tritt starke Schlammbildung im Vorfluter auf. Die Abwässer der Gerbereiwerkstatt geben wegen des hohen Gehaltes an kolloiden Stoffen zu starken Schaumentwicklungen (die berüchtigten „Schwäne") und Geruchsbelästigungen an

[1] REMY: Gesundh.-Ing. 1926, **49**, 289. [2] WIMMER: Die Städtereinigung 1936, **28**, 494.
[3] WARRICK and BEATTY: Sewage Works Journ. 1936, 8, 122.
[4] FURKERT: Die Städtereinigung 1937, **29**, 58.

Abstürzen, Wehren usw. Veranlassung. Deshalb wird das Abwasser am besten durch eine unter Wasser ausmündende Rohrleitung dem Vorfluter zugeführt. Ferner verursachen sie durch die Umsetzung der in ihnen enthaltenen Gerbsäure mit den eisenhaltigen Verbindungen des Vorfluters durch Bildung tintenähnlicher Stoffe starke Schwarzfärbung. Auch Schwefelnatrium der Äscherwässer gibt mit dem eisenhaltigen Vorflutwasser durch Bildung von Schwefeleisen Schwarzfärbung. Diese Schwarzfäbungen sind besonders bei solchen Vorflutern zu beobachten, die aus oberhalb liegenden Industrien stark eisenhaltige Abwässer, z. B. Beizereiabwässer, aufnehmen mußten. Um den nachteiligen Einfluß chromhaltiger Gerbereiabwässer auf den Vorfluter auszuschalten, hält STRELL eine Mindestverdünnung von 1 : 25000 erforderlich.

f) Milzbrandgefahr. Wenn in der Gerberei ausländische Häute verarbeitet werden, besonders aus Ländern, in denen eine geregelte Seuchenbekämpfung nicht durchgeführt wird, muß damit gerechnet werden, daß das Rohmaterial äußerst widerstandsfähige Milzbrandkeime und Sporen enthält. Milzbrand ist für Mensch und Tier gleich gefährlich. Beim Aufweichen und weiteren Verarbeiten der Häute gelangen diese Keime in das Abwasser bzw. in den abgesetzten Schlamm. Nach R. KOCH[1] sind außer den an der Körperoberfläche vermittelten Infektionen die Milzbrandfälle auf eine Infektion durch Wasser zurückzuführen. Die Milzbrandsporen gelangen auf zahlreichen Pflanzen zur Entwicklung und zur erneuten Sporenbildung; so können den Winter überstehende Keime sich am Rande der Sümpfe und Flüsse bzw. in deren Schlamm ablagern. Bei höheren Wasserständen, z. B. bei Hochwasser und stärkerer Strömung des Wassers werden dieselben mit den Schlammassen fortgespült und weiter unterhalb an den überfluteten Weideplätzen auf den Futterstoffen abgesetzt. Sie werden hier beim Tränken des Viehes und mit dem Futter von dem Weidevieh aufgenommen. Auch bei der Ausbringung des mit Milzbrandsporen durchsetzten Abwasserschlammes auf den Feldern als Dünger kann sich das Vieh wegen der langen Haltbarkeit der Sporen noch lange hinterher infizieren. Wenn auch durch entsprechende Maßnahmen zum Abfangen und Vernichten der Sporen, sowie durch eine verschärfte Kontrolle der verdächtigen in- und ausländischen Sendungen, z. B. durch das Ascoliverfahren oder durch Anwendung des Ara-Äscherverfahrens der Firma Röhm & Haas oder durch das Natronlaugeverfahren die Milzbranderkrankungen zurückgegangen sind, sind sie immer noch nicht genug vermindert und stellen nach wie vor eine nicht zu unterschätzende Gefahr dar.

Im Runderlaß des Preußischen Landwirtschaftsministeriums vom 1. Dezember 1934 (III. Pr. 7 177) ist eine viehseuchenpolizeiliche Anordnung zur Verhütung der Einschleppung des Milzbrandes durch eingeführte, getrocknete Rinderhäute erlassen. Dieser Erlaß schreibt das Ascoliverfahren vor, nach dem alle Proben im Staatlichen Veterinäruntersuchungsamt in Potsdam zu untersuchen sind. Versuche zur Desinfektion der Felle sind mehrfach gemacht worden. Die völlige Abtötung der pathogenen und vor allem der Milzbrandkeime ist aber mit den größten Schwierigkeiten verknüpft, weil einmal die Keime eine sehr lange Lebensdauer und -zähigkeit besitzen, denn Milzbrandbacillen sind Sporenbildner, und sie andererseits häufig in kleineren oder größeren Ballen oder Klumpen eingeschlossen sind, in die die Desinfektionsmittel nicht genügend einzudringen vermögen. Behandlung mit überhitztem Wasserdampf, Ameisensäure, Eisenchlorid u. dgl. haben nicht zum Ziele geführt. Auch andere Desinfektionsmittel, wie Formalin, Carbolsäure, Kresole, Kresolseifenlösungen, brachten keine völlige Abtötung der Keime bzw. Sporen.

In der USA.-Literatur sind nach SMYTH und PIKE[2] bisher 4 Verfahren üblich, um Felle und Häute milzbrandfrei zu machen.

1. 12stündiges Einweichen der Felle in ungefähr 2%igen Lösungen von Ätzkalk hat nach den Untersuchungen der vorgenannten Verfasser nicht zur sicheren Abtötung der Milzbrandsporen genügt. (Sie konnten noch nach 10—17tägiger Einwirkung von 5%igen Lösungen Milzbrand züchten.)

2. Ein 24stündiges Verweilen der Felle in $^1/_{1000}$ Sublimat, wie es durch das Bureau of Animal Industry vorgeschlagen ist, ist ebenfalls fast unwirksam, weil sich das Sublimat mit den Eiweißkörpern der Häute bindet, ehe es seine Desinfektionskraft ausüben kann.

[1] R. KOCH: Mitt. kaiserl. Gesundh.-Amt 1881, **1**, 49.

[2] SMYTH and PIKE: Amer. Journ. Hygiene **3**, Heft 3, 224. Ref. Gesundh.-Ing. 1924, 13.

3. Desinfektion nach der SCHATTENFROH-Methode. Ein 24stündiges Einlegen in eine Lösung von 3% Salzsäure und 10% Kochsalz, die auch auf Milzbrandsporen wirkt, wird von vielen Gerbereien verschmäht, weil die Methode zu teuer ist und die Häute angreift.

4. 24stündiges Einweichen in verdünnter Ameisensäure und $^1/_{1000}$ Sublimat (SEYMOUR-JONES) hat sich praktisch nicht durchgesetzt.

SMITH und PIKE suchten ein Desinfektionsmittel, welches allen Eigenschaften (sichere Abtötung der Keime, Unschädlichkeit für die zu gerbenden Felle, mechanische Durchführbarkeit, Billigkeit) genügte. Sie versuchten die Wirksamkeit von Chlor, Brom, Jod, Salzsäure, Schwefeldioxyd, Ammoniak, Trichloräthylen und Tetrachlorkohlenstoff. In dem Jod fanden sie ein überlegenes Desinfektionsmittel für milzbrandverseuchte Felle und Häute, welches für den praktischen Gerbereibetrieb brauchbar ist. Es wird in Form von Jodwasserdämpfen oder mittels einer wäßrigen oder leicht flüchtigen Lösung von Jod in Tetrachlorkohlenstoff angewandt.

Bei der Desinfektion der Abwässer kommt ferner Chlorkalk in Betracht. Dieser soll bei einer Menge von 8 g auf 1 Liter Abgänge die Bakterien in 7 Stunden töten. Nach VINCENT muß der Sicherheit halber aber die doppelte Menge, also 16 g/Liter Chlorkalk zugesetzt werden. Für 1 cbm Abwasser sind demnach 16 kg oder für 100 cbm 32 Zentner Chlorkalk erforderlich. Das sind aber so große Mengen, daß es unmöglich ist, sie den Abwässern und mit diesen den Vorflutern zuzuführen, denn nach WEIGELT tötet bereits 5 g/cbm Chlor Schleien und 0,8 g/cbm Chlor Forellen.

Wegen der großen Zähigkeit und Widerstandsfähigkeit der Keime kommt daher einfache Chlorkalk- oder Chlorgasbehandlung der Gerbereiabwasser und das gewöhnliche Ausfaulen des Lederfabrikabwasserschlammes nicht in Frage. PRITZKOW empfiehlt daher, den in den Absetzanlagen anfallenden Schlamm bei dem Verdacht der Verarbeitung milzbrandverdächtigen Rohmaterials vor seiner landwirtschaftlichen Verwendung unter reichlichem Zusatz von Ätzkalk (mindestens 10—20%) in Komposthaufen etwa 5—6 Monate zu lagern, um eine Abtötung der Milzbrandsporen zu bewirken. BÜRGER und NEHRING[1] halten dagegen zwecks Abtötung der Milzbrandsporen des aus den Absetzbecken gewonnenen Schlammes im Falle seiner Verwendung als Dünger bei Zusatz von 10% Ätzkalk eine Kompostierung von etwa 8 Wochen und bei 5% Ätzkalk von 5—6 Monaten für ausreichend.

g) Reinigung der Gerbereiabwässer. *α) Mechanische Reinigung.* Die Reinigung der Gerbereiabwässer muß sich zunächst auf die Entfernung der gröberen suspendierten organischen Stoffe, wie abgelöste Haut- und Fleischreste, verfilzte Haarreste u. a. erstrecken. Dies erfolgt am besten durch Siebe oder Rechen, wie sie in den Spülsieben nach DORR oder HURD oder in den RIENSCH-WURLschen Separatorscheiben oder in den GEIGERschen bzw. Bamag-Rechen oder Sieben sehr viel in der Abwassertechnik angewandt werden. Die Siebe und Rechen haben Schlitzweiten von 1—2 mm und fangen etwa 40—60% aller gröberen ungelösten Stoffe ab. Die abgefangenen Stoffe werden nach Vermischen mit Kalk kompostiert und dann als Düngemittel verwandt.

Außer dieser nur die groben Stoffe erfassenden Reinigungsmaßnahme sollte eine mechanische Behandlung, welche die absetzbaren Stoffe erfaßt, in allen Fällen gefordert werden. Mit Rücksicht auf die Schwierigkeiten, die durch Gerbereien hervorgerufen werden können, hat z. B. bereits ein Preußischer Ministerialerlaß vom 15. Mai 1895 die Gerbereien und die Fellzurichtereien genehmigungspflichtig gemacht. Bezüglich der Abwässer heißt es in dem Erlaß:

Da Gerbereien meist an fließenden Gewässern angelegt werden, so ist etwaige Verunreinigung des Wassers durch die flüssigen Abgänge der Gerbereien besonders zu beachten. Im allgemeinen wird nicht nur das Spülen der Felle in den Flußläufen, sondern auch das Ablassen der nicht gereinigten Spül- und Weichwässer in diese nicht gestattet werden dürfen. Für die Reinigung der Weich- und Spülwässer wird meist eine Filtration durch eine etwa $^3/_4$ m dicke, öfters zu erneuernde Loheschicht genügen. Das Versickernlassen der Abwässer im Erdboden ist wegen der davon zu befürchtenden Verseuchung des Bodens und des Wassers unzulässig.

Die Werkstättenräume müssen so eingerichtet sein, daß reger Luftwechsel in ihnen stattfinden kann. Ihre Wände müssen in Zement verputzt und bis zur Höhe von $1^1/_2$ m mit Ölfarbe gestrichen sein. Der Fußboden ist wasserdicht und mit Gefälle zum wasserdichten Kanal einzurichten. Alle Gruben sind wasserdicht und die im Freien befindlichen (mit Ausnahme der Spülgruben) dicht abdeckbar herzustellen.

[1] BÜRGER u. NEHRING: Veröff. Med.verw. 1925, **19**, 557.

Das Leimleder ist in mit Kalkmilch versetzten, bedeckten Gruben aufzubewahren.

Die festen Abfälle sind ebenfalls in wasserdichten, bedeckten, mit Kalk versetzten Gruben aufzusammeln.

Die Entleerung dieser Gruben, sowie der Weich- und Beizgruben muß in der Nacht erfolgen.

Die Anwendung von Arsenikalien ist nur zu gestatten, wenn diese arsenikhaltigen Abwässer nicht in Flußläufe gelangen können.

Bei etwaiger Verwendung stinkender Beizen (Hundekot) sind Vorrichtungen vorzuschreiben, die eine Belästigung der Umgegend auszuschließen geeignet sind, wie beispielsweise Aufbewahrung der Beizen in bedeckten Gruben, nicht zu langes Lagernlassen der Beizen, das Arbeiten mit diesen Beizen in bedeckten Bottichen, derart daß die Dämpfe entweder in einen hohen Schornstein abgesaugt oder durch eine Feuerung geleitet werden u. a. m.

Bei etwaiger Verwendung von Gaskalk ist darauf aufmerksam zu machen, daß dieser wegen der massenhaften Entwicklung von Schwefelwasserstoff nicht mit sauren Lohbrühen in Berührung kommen darf.

Im Genehmigungsgesuch ist zur Beurteilung der Größe des Betriebes die Zahl, die Größe und die Art der Gruben anzugeben.

Wenn auch der Erlaß für heutige Verhältnisse in vielen Fällen nicht mehr zutrifft, zeigt er doch die Schwierigkeit der Behandlung der Gerbereiabwässer.

Steht in der Nähe der Gerberei ein genügend großes für andere Zwecke nicht geeignetes Gelände zur Verfügung, so kann man die Gerbereiabwässer nach dem sog. „Wormser Verfahren" des Stadtbauinspektors SCHUMANN behandeln. Bei diesem Verfahren werden die gesamten Abwässer in großen Erdbecken zusammengeleitet. Die ungelösten Stoffe setzen sich als Schlamm ab. Ist ein Becken ganz gefüllt, so wird ein neues Erdbecken in Betrieb genommen. Das gefüllte Erdbecken wird mit Erde überdeckt und so der Schlamm beseitigt. Da bei diesem Verfahren starke Geruchsentwicklungen auftreten, so läßt sich dieses Verfahren nur dort anwenden, wo diese Geruchsbelästigungen nicht stören. Will man auch noch die feineren Schwebestoffe entfernen, so ist empfohlen worden, die von der mechanischen Reinigung kommenden Abwässer noch über Koksfilter zu leiten.

Nach den Mitteilungen von MASNER[1] werden die bei den Bata-Werken in einer Menge von wöchentlich 35000 cbm anfallenden Abwässer in einer Anlage gereinigt, die aus 10 Teichen von etwa 100×20 m Fläche und 1,50 m Tiefe bestehen. Die Teiche werden abwechselnd gefüllt und nach dreistündiger Absetzzeit in den Vorfluter abgelassen. Wenn die Schlammschicht in den Teichen eine Stärke von 1 m erreicht hat, werden die Teiche abgestellt. Nach einigen Wochen ist der Schlamm trocken und wird dann ausgefahren. Der Ablauf aus den Becken enthält noch 0,4% Schlamm, eine Menge, die auch für größere Vorfluter noch eine sehr erhebliche Belastung darstellen wird.

Soll das Abwasser auch noch biologisch weiterbehandelt werden, so muß man vorher alle dem biologischen Leben schädlichen Stoffe wie Ätzalkalien, Mineralsäuren und alle Giftstoffe wie Arsenverbindungen, lösliche Chromsalze oder Alkali- und Erdalkalisulfide aus dem Abwasser entfernen oder unschädlich machen.

Um die schädliche Wirkung der stark alkalischen Abwässer aus der Wasserwerkstatt einerseits und der sauren Abwässer aus den Beizbädern in der Gerbwerkstatt andererseits zu mildern, werden die beiden Abwasserarten durch zweckmäßiges Zusammenleiten und gutes Durchmischen in Mischrinnen oder Mischbehältern neutralisiert. Zu dem Zwecke werden die Abwasserarten in abgestimmter Menge in gleichmäßigem Strome entweder aus den Gruben, oder falls dieses nicht möglich ist, aus einem Ausgleichsbecken abgelassen. Die bei der Vermischung stattfindende Neutralisation hat eine starke Ausfällung der in den Abwässern enthaltenen organischen Stoffe zur Folge. Diese ausgeschiedenen Stoffe werden dann in den Absetzbecken bekannter Bauart, wie Emscherbrunnen, Neustädter oder Leipziger Becken, DORR-Klärbecken usw., abgefangen. Steht in

[1] MASNER: Der Gerber 1938, **48**. Ref. in Ledertechn. Rundschau 1938, **30**, 44.

den Äscherwässern nicht genug Kalk zur Verfügung, so kann man zur besseren Neutralisation und Ausfällung noch Kalkmilch zusetzen. Die möglichst häufige und schnelle Entfernung, Wegschaffung und Trocknung des in den Absetzbecken abgefangenen Schlammes durch moderne Schlammbeseitigungsanlagen, wie Trockenbeete, Vakuumfiltration usw. ist dringend geboten, damit die Abwässer auf diese Weise möglichst frisch zur Ableitung kommen. VAN DER LEEDEN[1] empfiehlt den bei der mechanischen Reinigung anfallenden Schlamm mit Rücksicht auf die Milzbrandgefahr zu verbrennen. Zu dem Zwecke wird der Schlamm auf einem SCHMITZschen Laufbandfilter DRP. 582430 (s. Abb. 14) entwässert und dann verbrannt.

Das endlose Filterband läuft als 1 m breite Fläche mit einer Geschwindigkeit von 2 m/Minute. Der noch flüssige Brei wird in einer Menge von 5 Litern je Quadratmeter Filterfläche in einer Schichthöhe von 5 mm fortlaufend aufgebracht. Das über Rollen laufende Band überträgt das durch dasselbe hindurchlaufende Wasser auf ein zweites, endloses Band, das aus dickem Filz besteht. Dieser vollgesogene Filzstreifen wird durch besondere Rollen ständig abgequetscht, wobei das abgequetschte Wasser durch besondere Rohrleitungen fortgeleitet wird. Der stichfeste Schlamm mit 75—80% Trockensubstanz wird auf eine Walze abgeklatscht oder mittels Schaber abgenommen. Die Paste wird in einer Strangpresse zu Briketts geformt, die durch Stehen an der Luft so weit getrocknet werden, daß sie verbrannt werden können.

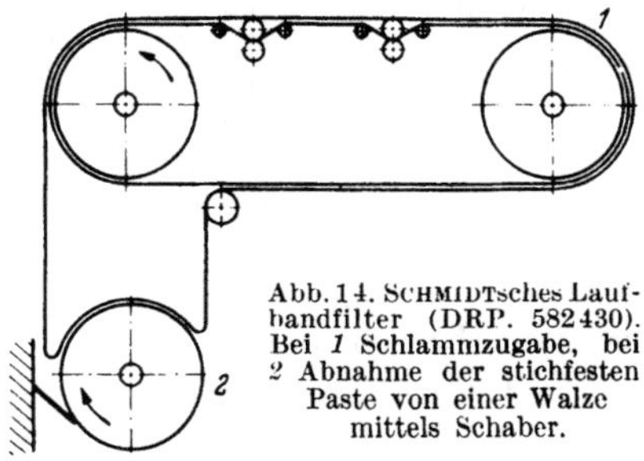

Abb. 14. SCHMIDTsches Laufbandfilter (DRP. 582430). Bei *1* Schlammzugabe, bei *2* Abnahme der stichfesten Paste von einer Walze mittels Schaber.

In den Fällen, wo eine weitere Behandlung des mechanisch gut vorgereinigten Abwassers nicht erforderlich ist und der Vorfluter groß genug ist, daß er die so weit gereinigten Abwässer verdauen kann, können die Abwässer durch ein unter Wasser mündendes Rohr abgelassen werden. Besser läßt man sie zur weiteren Behandlung in die Kanalisation abfließen. Hierbei sind verschiedene Vorsichtsmaßregeln zu beachten. Beim Ablassen sulfidhaltiger Gerbereiabwässer in die Kanalisation besteht beim Zusammentreffen mit anderen sauren Abwässern, z. B. Beizerei- oder Brauereiabwässern, die große Gefahr einer starken Entwicklung von Schwefelwasserstoff, der schon öfter die Ursache von Unglücksfällen bei der Reinigung der Kanalisation gewesen ist (Nürnberg und Olpe).

Das im Abwasser in Mengen von 5—6 g/Liter enthaltene Chrom wird bei der vorstehenden Behandlung zum größten Teil mit abgeschieden. Mit Rücksicht auf unsere Chromvorräte in Deutschland und auf die Preise der Chromsalze dürfte aber bei größeren Chromgerbereien ein Eindampfen der Lösungen oder eine Fällung der Chromsalze durch besondere chemische Zuschläge zwecks Wiedergewinnung des Chroms angebracht und in vielen Fällen auch lohnend sein.

β) Chemische Reinigung. Da die in den Gerbereiabwässern enthaltenen Schmutzstoffe vorwiegend kolloider Natur sind, so ist von verschiedenen Seiten die Anwendung chemischer Fällungsmittel mit Erfolg empfohlen worden. Als chemische Fällungsmittel sind Eisen- und Tonerdesalze in Gebrauch. Eisensalze werden vornehmlich für arsen- und schwefelnatriumhaltige Abwässer angewandt. Die Ausscheidung des Schwefels und die Adsorption der kolloiden Stoffe an das ausgeschiedene Eisen kann man durch eine Belüftung der wenn nötig verdünnten Abwässer nach Zugabe des Eisensalzes sehr stark unterstützen. Das Eisenhydroxydul und das Schwefeleisen werden hierbei unter Abscheidung des Schwefels in Eisenhydroxyd übergeführt, das sowohl für Schwefel als auch für organische Kolloide eine viel stärkere Adsorptionskraft hat.

Aus den Äscherwässern läßt sich der freie Ätzkalk durch Einblasen von Kohlensäure aus Rauchgasen aus den Fabrikschornsteinen als Calciumcarbonat entfernen.

Da die Gerbereiabwässer meistens genügend freien Kalk enthalten, werden sie an einzelnen Stellen unter Zugabe von Aluminiumsulfat gefällt und dann nach 5—6stündigem Absetzen-

[1] VAN DER LEEDEN: Vom Wasser 1935, **11**, 87.

lassen noch durch gebrauchte Lohe filtriert. Letztere wird auch viel an Stelle der Rechen- und Siebanlagen zum Zurückhalten grober Stoffe und auch der Farbstoffe benutzt. Sie hat den Vorteil, daß sie nach dem Zusetzen einfach verbrannt werden kann. Besonders in den Fällen, wo an die Lederfabrik eine Lederfärberei angeschlossen ist, hat sich nach der mechanischen Behandlung und der chemischen Fällung, welche die Farbstoffe schon durch Adsorption weitgehend beseitigt, die Filtration durch verbrauchte und getrocknete Lohe bewährt. An Stelle von Lohe kann man auch Torfmullfilter anwenden, die von unten nach oben durchflossen werden und in einem Verhältnis von 15 Litern zu 2 kg Torfmull angewandt werden.

Zur Abstumpfung überschüssigen Kalkes ist die Zugabe von Schwefelsäure bis zur Neutralisation mit und ohne Zusatz von Eisen- und Aluminiumsalzen empfohlen worden. Nach dem Absetzenlassen erfolgt Filtration durch ein Filter von Sägemehl, Kies und Koks.

Zur Reinigung der gut durchgemischten Abwässer empfiehlt Bettels die Zugabe von 1,5 Tln. Endlauge und 3 Tln. Kalkmilch zu 1000 Tln. Abwasser. Er erreichte auf diese Weise eine Abnahme von 68—70% der Stickstoffverbindungen und 74—77% der organischen Stoffe, gemessen am Kaliumpermanganatverbrauch. Bei diesem Verfahren fällt ein Schlamm mit etwa 7% Stickstoff an, der nach der Kompostierung als Dünger verwandt werden kann. Falls das gereinigte Gerbereiabwasser dann noch den charakteristischen Lohegeruch nicht ganz verloren hatte, beseitigte er ihn durch Zugabe von Chlorkalk oder Bleichlaugen, oder durch eine Chlorung nach dem Chloratorverfahren oder dem Verfahren der Bamag-Meguin A.-G. mit gasförmigem Chlor.

Bei arsenhaltigen Abwässern tritt bei Zugabe von Kalk und Magnesia keine vollständige Fällung des Arsens ein, da das Arsen durch das von der Fäulnis gebildete Ammoniak immer wieder gelöst wird. Restlos wird das Arsen durch Eisenchlorid und Kalk ausgefällt und durch 24stündiges Stehen in Absetzbecken abgeschieden.

γ) *Wiedergewinnung von Schwefel aus den Abwässern.* Zahlreich sind auch die Versuche, die in den Abwässern enthaltenen Stoffe wiederzugewinnen und wieder in den Betrieb zurückzuführen. Auf der Kläranlage Olpe wurden die Abwässer einer Gerberei vor der Vermischung mit dem häuslichen Abwasser entschwefelt. Die zur Nachtzeit abgelassenen, Natriumsulfid enthaltenden Äscherwässer wurden in einem geschlossenen Behälter gesammelt und mit Säure versetzt. Der in Freiheit gesetzte Schwefelwasserstoff wurde zusammen mit im Kreislauf benutzter, sauerstofffreier Luft in Natronlauge geleitet, die dann nach Absättigung mit Schwefelwasserstoff in den Betrieb zurückwandern konnte. Das Abfangen des Schwefelwasserstoffs kann aber auch in bekannter Weise durch ein Raseneisenerzfilter u. dgl. geschehen. Die auf vorstehende Weise entschwefelten Äscherbrühen wurden dann durch die kalkhaltigen Abwässer neutralisiert und mit den übrigen Gerbereiabwässern und den häuslichen Abwässern gemischt und nach zweistündigem Absetzenlassen auf Wiesen verrieselt.

Nach dem DRP. 358105 der Lederfabrik in Lingolsheim erfolgt die Behandlung der Abwässer in einzelnen Beschickungen von etwa 20 cbm, die etwa 180 kg Natriumsulfid enthalten. Aus diesen werden durch Zusatz von 554 kg Natriumbisulfat (650 kg) in bekannter Weise etwa 98 kg Schwefelwasserstoff freigemacht:

$$Na_2S + 2\,NaHSO_4 = H_2S + 2\,Na_2SO_4.$$

Die Ausbeute an Schwefelwasserstoff ist um 5% geringer, da ein Teil im Abwasser gelöst bleibt bzw. als elementarer Schwefel verloren geht. Der gewonnene Schwefelwasserstoff wird teils durch Kalkmilch geleitet und so in Calciumhydrosulfid übergeführt, teils zu Schwefeldioxyd verbrannt, das in einem Rieselturm mit Wasser aufgefangen wird. Mit dieser wäßrigen schwefligen Säure wird der im Abwasser verbliebene Rest von Schwefelwasserstoff zersetzt und so das Abwasser von schlechtem Geruch befreit. Gleichzeitig fördert die schweflige Säure schon in geringer Menge das Ausfällen gelöster bzw. emulgierter Hautsubstanzen in flockiger Form, so daß sich das Wasser nach kurzer Zeit völlig klärt. Die nicht zu Zersetzungszwecken benutzte Sulfitlösung kann zu Bleichzwecken im Betrieb Verwendung finden.

Das Verfahren der Courtaulds Limited, London (Patentanmeldung 85 c 2 C 9.30 vom 4. März 1932), unterstützt die Abscheidung des Schwefels, indem es zu der neutralen oder schwach sauren Lösung das zur völligen Umsetzung nötige Schwefeldioxyd und dann nach dem Ansäuern Mangan- oder Zinkverbindungen zusetzt.

δ) *Biologische Reinigung.* Für die biologische Reinigung des mechanisch gut vorgereinigten Gerbereiabwassers kommt bei Vorhandensein geeigneter Bodenverhältnisse die intermittierende Boden- oder Sandfiltration, oder auch die Bodenberieselung in Betracht. Mit Rücksicht auf die große Konzentration der Abwässer ist eine gute Vorreinigung Vorbedingung, außerdem werden sehr große Flächen[1] gebraucht. Wegen der Gefahr der Anwesenheit ansteckender Keime muß man auf eine landwirtschaftliche Nutzung der berieselten Flächen verzichten. Mit Rücksicht auf die Milzbrandkeime empfehlen BÜRGER und NEHRING sogar bei den Rieselfeldern, das durch die Verrieselung weitgehendst gereinigte Drainwasser der Rieselfelder nochmals einer weiteren Verrieselung in unterhalb, d. h. auf tiefer gelegenem Gelände durchzuführen. Sie denken dabei unter anderem an lang gestreckte, flache Infiltrationsteiche, deren geringster Abstand vom Fluß eine Mindestsicherheitsfilterlänge von 30 m haben muß und deren Wasserspiegel mindestens $1^1/_2$ m über dem Flußspiegel liegen muß, damit sie zwecks Reinigung ausgeschaltet und trockengelegt werden können. Die Belastung gewöhnlicher Rieselfelder kann bei gut vorgereinigtem Abwasser 10 cbm je Hektar Abwasser betragen. Intermittierende Bodenfilter (Staufilter) können mit 100 cbm auf 1 ha bei guter Bodenkorngröße belastet werden.

Das DRP. 601489 sieht ein Verfahren zur Vorbereitung gerbstoffhaltiger Abwässer für die biologische Reinigung vor, dadurch gekennzeichnet, daß die Abwässer mit zerkleinerten Abfällen mineralgegerbter Häute bzw. Leder unter Bewegung behandelt werden.

KONDRATJEV behandelt die Gerbereiabwässer nach guter Ausflockung durch Ferrosulfat, durch längeres Belüften in Aerotanks, in denen sie dann unter Bildung biologischen Schlammes gereinigt werden.

Versuche, gut vorgereinigte Gerbereiabwässer auch durch das Belebtschlammverfahren zu reinigen, sind schon seit längerer Zeit in USA. und später auch in Deutschland und zwar zuerst auf der Kläranlage in Elmshorn[2] mit besten Erfolgen durchgeführt worden. Die Versuche ergaben, daß sich Gerbereiabwässer nach Vermischung mit häuslichem Abwasser im Verhältnis 1 Tl. Gerbereiabwasser zu 2 Tln. häuslichen Abwassers, nach den neuesten Berichten aus Elmshorn sogar bei 1 : 1, gut biologisch reinigen lassen. Die vorher infolge der hohen Konzentration fäulnisunfähigen Abwässer werden durch die Vermischung mit häuslichem Abwasser fäulnisfähig und daher der biologischen Zersetzung zugänglich. WARRICK und BEATTY lassen das Gerbereiabwasser aus dem als Absetzbecken dienenden Ausgleichsbehälter über 24 Stunden verteilt in das häusliche Abwasser in gleichmäßigem Strome abfließen. Die biologische Reinigung des häuslichen Abwassers wurde nicht gestört, wenn der Gehalt an Gerbereiabwasser 40% nicht überstieg. Um bessere Wirkungen zu erzielen, empfiehlt ELDRIDGE, die kalkhaltigen Abwässer zunächst für sich zu behandeln, indem man sie ausflockt und durch Absetzenlassen vorreinigt, ehe man sie mit den übrigen Abwässern mischt. Das Mischungsverhältnis ist in erster Linie davon abhängig, ob durch die Zugabe der häuslichen Abwässer der meist im Übermaße vorhandene Ätzkalk ausgeglichen wird.

MOHLMAN[3] stellte fest, daß es unmöglich ist, einen geeigneten Belebtschlamm oder ein reifes Filter, z. B. bei Rieselfeldern, Tropfkörpern usw. zu erzielen, wenn nicht die von den Bakterien erzeugte Kohlensäure allein ausreicht, den überschüssigen Ätzkalk zu neutralisieren. Bei der hohen Konzentration sind lange Belüftungszeiten von mindestens 12 Stunden erforderlich. Um die Bildung besonderer, das Gerbereiabwasser abbauender Organismen zu fördern, empfiehlt KAMMANN (Deutsche Patentanmeldung K. 107683, IV b/85 c 1 vom 25. Januar 1928) die Zugabe von Kupfersalzen zum Rücklaufschlamm während der Einarbeitungsperiode. Als wasserstoffübertragende Katalysatoren sollen Nickelsalze zugesetzt

[1] SCHLECHTE: Städtereinigung 1936, 28, 14.
[2] PANSCHARDT u. FURKERT: Städtereinigung 1936, 28, 411.
[3] MOHLMAN: Ind. Engin. chem. 1926, 18, 1076.

werden. Durch das Belebtschlammverfahren wird bereits eine sehr weitgehende Reinigung von Milzbrandkeimen erzielt. Da mit den Milzbrandkeimen aber nicht die Sporen beseitigt werden, hat man auf der Kläranlage Elmshorn zum Schutze der Vorfluter den Ablauf des Nachklärbeckens noch über Feinsandfilter geleitet, in denen alle Milzbrandkeime und -sporen zurückgehalten werden. Der in der Anlage anfallende Klärschlamm ist jedoch noch sehr stark mit Milzbrandkeimen durchsetzt, so daß bei seiner Weiterverarbeitung Vorsicht geboten ist. Die von Furkert[1] in Elmshorn durchgeführten Versuche bestätigen die gute Ausfaulbarkeit des in der Belebtschlammanlage anfallenden Schlammes aus Gerbereiabwässern. Beim Pumpen des Überschußschlammes in die Vorreinigung mußte aber die Absetzzeit stark verlängert werden. Offene Tropfkörper haben sich bei den in Elmshorn durchgeführten Versuchen nicht bewährt.

4. Abwässer aus Darmsaitenfabriken und Darmzubereitungsanstalten.

Während die großkalibrigen Därme hauptsächlich für Würste verwendet werden, werden die kleinkalibrigen Därme (Schaf-, Hunde-, Katzendärme) zur Herstellung von Darmsaiten benutzt. Die feinsten Därme werden auf Catgut verarbeitet. Die getrockneten, steifen, 1,2 mm dicken Darmstränge werden in verdünnten Ätzalkalien, Soda- oder Pottaschelösungen 24 Stunden geweicht. Beim „Schleimen" werden die durch das Weichen gelockerten, äußeren Gewebe von der Muskelschicht abgestreift. Dies geschieht auf einer Reihe von Walzen. Dann werden die Därme gesponnen und mit Schwefeldioxyddämpfen entkeimt und gebleicht. Durch Behandeln mit Bimsstein und Öl werden sie dann geglättet. Bei der Herstellung von Catgut werden die Därme noch zwischendurch in einer Desinfektionslösung behandelt.

Die bei der Herstellung der Därme entstehenden Abwässer ähneln stark den Schlachthausabwässern, können aber unter Umständen wie Gerbereiabwässer seuchenverdächtig sein. Es sind daher die beim Gerbereiabwasser angegebenen Vorsichtsmaßregeln zu beachten. Die Technischen Anlagen zum § 16 GO. empfehlen daher, dem Unternehmer zur Bedingung zu machen, nur frisches (d. h. inländisches) Material zu verarbeiten.

Die in einer Darmzubereitungsanstalt bzw. in einer Darmsaitenfabrik anfallenden Abwässer sind an Menge meist gering und können nach mechanischer Reinigung in die städtische Kanalisation abgelassen werden. Wo dies nicht möglich ist, werden sie am besten in der gleichen Weise wie Schlachthausabwässer behandelt und nach mechanischer Reinigung verrieselt.

5. Abwässer aus Zubereitungsanstalten für Tierhaare.

Man unterscheidet gewerblich

A. Borsten, das sind die dicken und steifen Haare des Haus- und Wildschweines;

B. Roßhaar, das sind die Schweif- und Mähnenhaare der Pferde;

C. die in den Gerbereien beim Zurichten der Felle anfallenden Haare;

D. die feinen bei der Hasenhaarschneiderei gewonnenen Haare.

Die Haare werden gewaschen, gekocht und unter Umständen gefärbt. Die bei der Reinigung anfallenden Abwässer können nach Entfernung der feinen Haarreste durch Feinsiebe und Vorreinigung durch Absetzenlassen mit oder ohne chemische Fällung in die Kanalisation abgelassen werden oder, wo dies nicht möglich ist, in ähnlicher Weise wie die Abwässer von Leimfabriken oder von Gerbereien biologisch weiterbehandelt werden.

6. Abwässer von Malzfabriken und Brauereien.

a) Malzfabrikation.

Die Rohstoffe für die Bierherstellung sind neben einem geeigneten Brauchwasser und Hefe, Malz und Hopfen. Für die Malzbereitung kommt haupt-

[1] Furkert: Technisches Gemeindeblatt 1937, 40, 36.

sächlich die Gerste in Betracht. Nur für Spezialbiere verwendet man Weizen (obergärige Biere), doch tritt der Weizenverbrauch weit hinter der Gerste zurück. Zur Herstellung des Malzes wird die im Windsichter vom Staub und Schmutz befreite Gerste eingeweicht, wobei sie ihren Wassergehalt von 13—15% auf 45% erhöht.

Bei dem Einweichen der Gerste entstehen als Abwässer die Wasch-, Einweich- und Quellwässer, die neben Gummi und Zucker stickstoffhaltige Substanzen in Form von löslichem Legumin und Pflanzenfibrin und von den anorganischen Stoffen vorwiegend Kali-, Kalk- und Magnesia-Salze, gebunden an Kieselsäure, Schwefelsäure und Phosphorsäure, enthalten. Bei der weiteren Bearbeitung der Gerste, dem Darren und Keimen, treten keine Abwässer auf, so daß man in einer Mälzerei außer mit dem vorbeschriebenen Wasch- und Einweichwasser nur noch mit dem zur Anfeuchtung der Luft benutzten Wasser und dem Spülwasser der Weichen und der Betriebsräume zu rechnen hat. Je Zentner verarbeiteter Gerste fallen nach RUF[1] 280 Liter Abwasser mit einem durchschnittlichen 5tägigen biochemischen Sauerstoffbedarf von 390 mg/Liter an.

Die anfallenden Abwässer werden durch Siebe vorgereinigt. Da Maschensiebe sehr oft gereinigt werden müssen, wendet man besser zum Absieben rotierende Siebe mit maschineller Reinigung durch Spritzwasser an. Für die weitere Reinigung haben sich Tropfkörper von 2,4 m Höhe und 2,7 m Durchmesser, gefüllt mit groben Kalksteinen von 1—2″ Durchmesser, die durch Drehsprenger beschickt werden, bewährt. Bei einer Belastung der Tropfkörper mit 3 cbm Abwasser auf 2 cbm Körpermaterial in 24 Stunden wurde eine 90%ige Abnahme der organischen Stoffe festgestellt. Der p_H-Wert stieg dabei von 6,7 auf 7,7—7,9 im Abfluß. Die Tropfkörper arbeiteten auch im Winter bei Frost sehr gut, da sich das Wasser nur wenig abkühlt.

Während das Malz in der Mälzerei hergestellt wird, erfolgt die Gewinnung des Bieres in der Brauerei. Nur die größeren Brauereien haben eine eigene Mälzerei, die meistens mit der Brauerei verbunden ist. Die kleineren Brauereien verarbeiten vorwiegend das von Mälzereien bezogene Malz. Auf diese Tatsache muß man bei der Bearbeitung der Abwasserfrage einer Brauerei besondere Rücksicht nehmen.

b) Abwasser der Bierbereitung.

Bei der eigentlichen Bierbereitung treten die ersten Abfallstoffe in den beim Maischprozeß ungelöst bleibenden Bestandteilen der Gerste (Treber) auf, die aber als Viehfutter wertvolle Verwendung finden. Können die Treber nicht frisch verfüttert werden, so müssen sie durch eine Trocknung haltbar gemacht werden, wobei dann als Abwasser die schwach verschmutzten Kondenswässer anfallen. Beim Abkühlen der mit Hopfen gekochten Würze in den Kühlpfannen bzw. im Kühlschiff scheiden sich weitere Schmutzstoffe aus. Eine fertig gekochte Würze soll nach Beendigung des Siedens die Erscheinung des Bruches zeigen: auf der Oberfläche leuchtet zwischen den Hopfenblättern und den in Flocken koagulierten Eiweißteilchen die Würze feurig und blank durch. Außer den in der kochenden Würze enthaltenen Hopfenblättern und Stielen werden beim Filtrieren der Würze vor der Vergärung im Hopfenseiher auch geronnene Eiweißstoffe, die sich während des Abkühlens in Form des Trubes abscheiden, abgefangen. Im Trub werden auch erhebliche Mengen an Bitterstoffen (bis zu 30%) und Eiweiß-Gerbstoffverbindungen ausgeschieden. Nach den in den meisten Brauereien üblichen Verfahren werden diese im Hopfenseiher abgefangenen und in konzentrierter Form vorliegenden Schmutzstoffe durch Spritzwasser in das Abwasser abgeführt, anstatt sie direkt ihrer besseren Verwendung als Düngemittel zuzuführen. In das städtische Abwasser übergeführt, müssen sie später das Absetzverfahren unnötig belasten. Nach Beendigung des Gärprozesses wird das Bier auf die Lagerfässer abgelassen, dabei bleibt am Boden die sich in verschiedenen Schichten absetzende

[1] RUF: Sewage Works Journ. 1935, 7, 564.

Hefe zurück. Die unterste Schicht besteht aus toten Hefezellen und Trubbestandteilen, die sich schon vor der Gärung abgesetzt hatten. Die mittlere größte Schicht bildet die Kernhefe: gesunde kräftige Hefezellen, die zur weiteren Biererzeugung in den Betrieb zurückwandern. Die oberste Schicht, die Oberhefe, besteht aus leichteren Zellen, vermischt mit wilden Hefen, Hopfenharzen und Eiweißstoffen. Aus der oberen und unteren Hefeschicht wird in Filterpressen das in ihnen befindliche Bier gewonnen. Die Preßrückstände gehen noch in vielen Brauereien mit dem Reinigungswasser der Pressen mit dem Abwasser ab, anstatt sie als Futtermittel oder zum mindesten als Düngemittel zu verwenden. Die nicht in den Betrieb zurückwandernde Kernhefe wird in Filterpressen zunächst vom Biere getrennt und dann gewaschen. Hierbei entstehen in gleicher Weise bier- und hefehaltige Abwässer

Bei der Aufarbeitung der überschüssigen Kernhefe zu Hefetrockenpräparaten, zu Suppenwürzen und Hefeextrakt entstehen schwach verunreinigte Kondenswässer.

Außer diesen bei der Bereitung des Bieres sich ergebenden Abwässern fällt eine sehr große Menge Spül- und Schwankwässer beim Reinigen der Gärbottiche Kühlpfannen, Sudpfannen, Lagerfässer, besonders aber in der Flaschenspülerei und beim Reinigen der Bierfässer und in den Abziehräumen an. Diese Abwässer enthalten feste Treber und Hopfenteile, Papier und Stärke der Flaschenetiketten, sowie andere gelöste organische Stoffe und Bierreste. STECHER fand in den Kanälen Münchens unterhalb der Einläufe größerer Brauereien größere Schlammablagerungen, die mit Drahtabfällen von den Bürsten der Flaschenspülmaschinen stark durchsetzt waren.

Nach ihrer Zusammensetzung zählen die Mälzereiabwässer, sowie die Abläufe der Treber- und Hopfenrückstände, das Abspülwasser der Filterpressen aus der Läuterei zu den konzentriertesten Abwässern. Infolge ihres Gehaltes an Restwürzen, an gelösten Stickstoffverbindungen, an Hefezellen und Fäulnispilzen aller Art gehen sie sehr schnell in Fäulnis bzw. in saure Gärung über und neigen sehr zur Bildung organischer Säuren (Milch-, Butter- und Essigsäure). Nur die Tatsache, daß die Menge der vorstehenden stark verschmutzten Abwässer gegenüber den übrigen in der Brauerei anfallenden Abwässern gering ist und daß sie durch die zwar unreinen, aber schwächer verschmutzten Spül- und Schwankwässern und durch eine weit größere Menge reinen Wassers verdünnt werden, bewirkt, daß diese an und für sich sehr schlechten Abwässer nur dort zu Beschwerden Anlaß geben, wo sie in einen kleinen Vorfluter abgelassen werden, dessen Wasserführung in einem schlechten Verhältnis zu den Brauereiabwässern steht.

Zu den bisher beschriebenen Abwässern kommen in den meisten Brauereien noch aus den Maschinen- und Apparateräumen und aus der Eisfabrik größere Mengen der meist durch Öl verschmutzten Kühl- und Kondenswässer. Diese an und für sich reinen Abwässer können nach Beseitigung der Ölverschmutzung durch Beruhigungsbecken oder Ölabscheider mit nachgeschaltetem Aktiv-Kohlefilter wieder im Betrieb verwandt (s. Brauchwasser für Eisfabriken, S. 56) oder direkt in den Vorfluter abgelassen werden. Es empfiehlt sich aber, sie zur Verdünnung der übrigen Schmutzwässer zur besseren Aufbereitung bzw. Reinigung zu benutzen.

Muß das Brauchwasser wegen seiner Härte aufgearbeitet werden, so fallen je nach der Art der benutzten Enthärtungsanlage z. B. bei einer Enthärtungsanlage nach dem Kalk-Soda-Verfahren, von Zeit zu Zeit die kalkschlammhaltigen Abwässer der Enthärtungsanlage an, die beim richtigen, gleichmäßigen Ablassen gut zum Neutralisieren der an sich sauren Abwässer dienen können.

c) Menge der Abwässer.

Die Menge der anfallenden Abwässer ist sehr starken Schwankungen unterworfen. Sie richtet sich im allgemeinen darnach, ob die Brauerei ihr Wasser aus eigenen Brunnen oder aus der städtischen Wasserleitung bezieht. Im

Allgemeinen schwanken die Angaben über den Anfall an Abwasser zwischen der 5—8fachen Menge des zum Ausstoß gelangenden Bieres.

Bei einer Brauerei mit einer Jahresproduktion von 100000 hl Bier, entsprechend rund 333 hl/Tag, werden im Jahre 240000 cbm Wasser = 800 cbm je Tag gebraucht. Von dieser Wassermenge verbleiben im Betrieb zur Würzbereitung 40 cbm und zur Eisherstellung 20 cbm, während 30 cbm durch Verdampfung verloren gehen. Von der übrigen Wassermenge verläßt die Hauptmenge, wie vor allen Dingen das zur Kühlung benutzte Wasser in reinem Zustand die Fabrik, und zwar kann man rechnen, daß etwa im Kühlschiff 12 cbm, im Bierkühler 100 cbm und für die Eismaschinen 412 cbm, insgesamt also 524 cbm Wasser = 65,25% der Gesamtwassermenge als reines Wasser direkt in den Vorfluter abgelassen werden können. Als wirkliche Abwässer fallen an:

1. Im Sudhaus:	
Reinigungswasser für Maischbottiche, Maischpfannen, Läuterbottiche, Hopfenpfannen, Hopfenseiher, Treberpresse	16 cbm
2. Im Gärkeller:	
Bottichreinigung	4 „
Hefe waschen	1 „
3. Im Lagerkeller:	
Faß-, Tankreinigung usw.	30 „
Filtertücherreinigung	5 „
4. In der Schwankhalle:	
Faßwäsche	80 „
Flaschenreinigung	40 „
5. Im Abfüllkeller:	
Filterspülung	10 „
Zusammen . . .	186 cbm

= 23,5%. Dies entspricht einem Verhältnis von 1 : 5,65.

d) Schädlichkeit der Abwässer.

Die Schädlichkeit der Abwässer richtet sich einmal nach der Konzentration d. h. ob eine Mälzerei angeschlossen ist oder nicht, und ganz besonders nach der Größe des Vorfluters. In einem einigermaßen wasserreichen Vorfluter mit einem großen Verdünnungsverhältnis für das Brauereiabwasser kann es kaum zu Mißständen kommen, wenn durch geeignete Absiebapparate oder Absetzbecken vorher die schlammbildenden organischen Schwebestoffe entfernt und eine gute Vermischung und Verdünnung mit den vom Öl befreiten Kondens- und Kühlwässern erfolgt ist.

Bei kleineren wasserarmen Vorflutern und vor allem dann, wenn die im Sudhause in den Filterpressen schon in konzentrierter Form anfallenden und in diesem Zustande viel leichter zu entfernenden Schmutzstoffe wieder nach Verdünnung mit dem übrigen Spülwasser in das Abwasser abgelassen werden, sind jedoch an vielen Stellen starke Belästigungen für die Anlieger und Unterlieger beobachtet worden. Die an sich sauren Abwässer verbreiten in der Umgebung einen im frischen Zustande nicht direkt unangenehmen, schwach säuerlichen Geruch. Diese Wässer gehen aber sehr schnell in Fäulnis über und können dann einen sehr unangenehmen Geruch in der Umgebung des Vorfluters verbreiten und das Wohnen in der Nähe besonders an warmen Sommertagen und wenn durch Abstürze, z. B. von Mühlen, die Geruchsbelästigungen vermehrt werden, unmöglich machen. Im Bachbett kommt es durch die mitgerissenen Schwebestoffe, wie Treber, Hopfen, Hefen, Eiweißprodukte zu schnell in Fäulnis übergehenden Schlammablagerungen, die zusammen mit dem faulenden Abwasser zu großen Unzuträglichkeiten besonders in Stauweihern führen können. Der hohe Gehalt an organischen Stoffen bedingt im Vorfluter ein intensives Wachstum von den Abwasserpilzen Sphaerotilus bzw. Leptomitus.

e) Reinigung und Beseitigung der Brauereiabwässer.

Wie andere, vorwiegend organisch verschmutzte Abwässer lassen sich auch Brauereiabwässer, wenn sie in Mengen von 3—5% dem häuslichen Abwasser in der Kanalisation beigemengt werden, mit diesen zusammen gut reinigen, ohne den Betrieb der biologischen Kläranlage zu stören. Eine Grundbedingung für die Aufnahme der Brauereiabwässer in die städtische Kanalisation ist aber, daß sie möglichst frisch sind. Auch dürfen sie noch nicht zu stark in saure Gärung übergegangen sein. In diesem Falle besteht die Gefahr, daß sie in der Kanalisation und auch in der Kläranlage den Kalk aus dem Mörtel bzw. aus dem Zement herauslösen und durch die starken Verschiebungen des p_H-Wertes auch die biologischen Abwasserreinigungsverfahren stören.

Zur Vorsicht wird man daher die schon an und für sich sauren Brauereiabwässer, nachdem man sie vorher durch Absiebvorrichtungen oder durch Absetzbecken von den gröberen Stoffen befreit hat, durch eine schwache Kalkung neutralisieren. Nach den Untersuchungen von MUHIDIN kann gut neutralisiertes Brauereiabwasser in jedem Mischungsverhältnis mit häuslichem Abwasser zusammen biologisch durch das Belebtschlammverfahren gereinigt werden. Ein Beispiel für die Möglichkeit der gemeinsamen Reinigung der Brauereiabwässer mit den städtischen Abwässern ist die Stadt München. Hier machen die Brauereiabwässer einen erheblichen Teil der gesamten Abwässer aus. Die Abwässer der Stadt München werden nach guter mechanischer Reinigung in zweistöckigen Absetzbecken biologisch in Fischteichen mit gutem Erfolg und reichen Erträgen an Fischfleisch (Karpfen, Schleien und Forellen) gereinigt.

Wenn die Abwässer solcher Brauereien nicht zusammen mit den städtischen Abwässern gereinigt werden können, muß man bestrebt sein, schon unmittelbar an der Entstehungsstelle im Betriebe möglichst viele der verwertbaren Nebenprodukte vom Abwasser fernzuhalten. Die Treber und Hopfenrückstände, die Hefen, der eiweißhaltige Trub sowie überhaupt alle festen Bestandteile müssen von vornherein soweit als nur irgend möglich bereits an ihren Anfallstellen zurückgehalten werden, um sie für Futter- und Düngungszwecke nutzbar zu machen und damit zugleich die Beschaffenheit des Abwassers zu verbessern.

BODE empfiehlt, das Brauereiabwasser vor dem Ablassen in die Kanalisation oder vor der Weiterbehandlung durch biologische Verfahren durch den MERTENschen Kessel zu entschlammen. Die Beseitigung der Schwebestoffe kann man durch eine zusätzliche chemische Fällung mit Ferrosulfat und Kalk unterstützen. Diese chemische Fällung ist auch dann von Vorteil, wenn die zur Verrieselung zur Verfügung stehende Fläche sehr klein ist. Für eine durchgreifende Reinigung der Brauereiabwässer, die auch die gelösten Stoffe soweit beeinflußt, daß eine Nachfaulung der gereinigten Abwässer nicht mehr eintritt, kommt dann noch in erster Linie eine Verrieselung auf geeigneten Landflächen oder eine Behandlung auf biologischen Körpern in Frage. In beiden Fällen ist, wie schon für das Belebtschlammverfahren angegeben, eine weitgehende Vorreinigung von ihren suspendierten Stoffen zu empfehlen. Weiterhin ist auch hierbei Grundbedingung, daß die Abwässer genügend frisch und nicht durch Gärung zu stark milch- und buttersauer geworden sind, denn nur in frischem Zustande fördern sie den Graswuchs auf drainierten Rieselwiesen erheblich, ohne daß rasche Übersättigung des Bodens eintritt. Ist schon eine starke Säuerung eingetreten, so muß diese durch eine sorgfältige Kalkung des Abwassers vor der Rieselung und vor den übrigen biologischen Verfahren beseitigt werden. An Stelle besonderer chemischer Zuschläge kann auch eine Beimischung häuslichen Abwassers für die Erhaltung einer alkalischen Reaktion von Vorteil sein. Vor der Aufstellung einer größeren biologischen Anlage empfiehlt es sich, die Frage der Verrieselung zu prüfen und erst, wenn diese verneint wird, durch eine gute Versuchsanlage die Reinigungsmöglichkeit der Abwässer durch das anzuwendende künstliche Verfahren zu prüfen.

Wo irgendwie geeignetes Rieselland für die Behandlung der Brauereiabwässer vorhanden ist, sollte dieses Verfahren vor jedem anderen Reinigungsverfahren gewählt werden. Der Betrieb gestaltet sich einfacher als bei den künstlichen biologischen Verfahren. Die mit den Abwässern in zweckentsprechender und sachgemäßer Weise berieselten Landflächen werfen bei dem verhältnismäßig hohen Gehalt der Brauereiabwässer an für die Pflanzen leicht aufnehmbaren Nährstoffen recht gute Erträge ab.

7. Abwässer aus Brennereien und Hefefabriken.

Die wirtschaftliche Bedeutung der Spiritusbrennereien liegt nicht nur in der Herstellung des Sprits, sondern auch in der Gewinnung der Hefe und, im Rahmen des landwirtschaftlichen Brennereigewerbes, vornehmlich in der Gewinnung des als Abfallstoff anfallenden billigen und wertvollen Futters, der Schlempe.

Bei der Gärung werden nur die Kohlehydrate der verwandten Rohstoffe ausgenutzt; die übrigen Bestandteile gelangen in die Schlempe, die einem Kraftfutter von gutem Nährwert entspricht. Die Schlempefütterung ermöglicht ausgedehnte Viehhaltung und reichliche Düngererzeugung, die wieder dem Boden zugute kommt. Aus diesem Grunde ist die in Verbindung mit einem landwirtschaftlichen Betrieb arbeitende Brennerei von hohem Werte für die Hebung der Bodenkultur, weil sie die Rohstoffe am Erzeugungsort verwertet. Ein weiterer Vorteil ist der, daß in der Brennerei auch minderwertige, selbst teilweise verdorbene Rohstoffe noch eine lohnende, oft sogar die einzige Verwertungsmöglichkeit finden. Gerade von der Kartoffelernte, von der etwa 5% für Brennereizwecke verwandt werden, wird der Brennerei vorzugsweise das Material zugeführt, das man in anderer Weise nicht verwerten kann. Auf Grund des Gesetzes über das Branntweinmonopol vom 8. April 1922 werden die Brennereien eingeteilt in Monopolbrennereien und Eigenbrennereien. Zu den Monopolbrennereien gehören:

1. Die Brennereien, welche von der Monopolverwaltung betrieben werden.

2. Die Brennereien, welche Branntwein aus Zellstoffablaugen, einschließlich des Branntweins aus Zellstoffen, aus Calciumcarbid oder aus anderen Stoffen herstellen, aus denen Branntwein im Monopolgebiet vor dem 1. Oktober 1914 gewerblich nicht gewonnen worden ist.

Außer 32 Monopolbrennereien (1936) gibt es 38975 Eigenbrennereien, wovon 11234 landwirtschaftliche Brennereien, 25312 Obstbrennereien und 2429 gewerbliche Brennereien sind.

Von der im Betriebsjahre 1936 erzeugten Gesamtproduktion an Sprit von 3,69 Millionen Hektoliter werden in den landwirtschaftlichen Betrieben allein 2,26 Millionen Hektoliter aus Kartoffeln von 2,45 Millionen Hektoliter gesamt hergestellt.

Als Rohstoffe für die Spirituserzeugung werden benutzt:

1. Stärkehaltige Rohstoffe und zwar

a) Kartoffeln in den Kartoffelbrennereien;

b) Getreide, wie Mais, Gerste, Roggen, Weizen, Hirse u. dgl. in den Getreidebrennereien;

2. zuckerhaltige Rohstoffe, wie Zuckerrüben, Zuckerrohr, süße Früchte (Obst, Beeren) und deren Abfälle; ferner die Melassen der Rüben- und Rohrzuckerfabriken und Holzzucker;

3. Wein und Abfälle der Weinbereitung;

4. Ablaugen der Sulfitzellstoffabriken (s. dort).

a) Kartoffelbrennereien.

Die Kartoffelbrennereien sind in den seltensten Fällen industrielle Betriebe, sondern meist als Nebenbetriebe den landwirtschaftlichen Betrieben angeschlossen oder sie werden als Genossenschaftsbrennereien betrieben. Die landwirtschaftlichen Brennereien, die in vielen Fällen Jahreszeitenbetriebe sind, überwiegen bei weitem die industriellen Großbetriebe. Bei einer Durchschnittskartoffelernte werden rund 5% zu Brennzwecken verwendet, das sind bei 100% Ausnützung des Brennrechts = 2,15 Millionen Hektoliter.

Die Kartoffeln werden durch eine sorgfältige Reinigung in einer Kartoffelwaschmaschine oder im Schwemmkanal vom anhaftenden Schmutz und der Erde befreit. Die dabei entstehenden Waschwässer enthalten außer den von der Oberfläche abgewaschenen erdigen Bestandteilen abgerissene Kartoffelteile, kleine Kartoffeln, ausgewachsene Keimsprossen und geringe Mengen organischer Stoffe, die schon auf eine Auslaugung der Kartoffeln zurückzuführen sind. Die

Kartoffeln werden dann nach dem Hochdruckdämpfverfahren im HENZE-Dämpfer durch Dämpfen unter hohem Druck zur Verkleisterung der Stärke aufgeschlossen. Hierbei entstehen als Abwasser die sog. Frucht- oder Kochwässer. Sie enthalten die aus den Kartoffeln beim Aufschließen aufgenommenen Stoffe, wie Dextrine, Gummi, Zucker, Stärkemehl und auch das giftige Solanin der Kartoffelschale. Das Fruchtwasser ist ein sehr konzentriertes Abwasser (etwa 7500 mg/Liter Abdampfrückstand) und hat einen unangenehmen kratzenden Geschmack. Durch seinen hohen Gehalt an organischen, zersetzbaren Stoffen geht es leicht in Fäulnis über. Im Vorfluter wirkt es durch seinen großen Sauerstoffverbrauch und durch die pilzbildenden Stoffe sehr unangenehm.

Die durch Dämpfen aufgeschlossene, teilweise verflüssigte Stärke wird im Maischprozeß in vergärbaren Zucker übergeführt. Hierzu wird in den kleineren Betrieben bezogenes Malz verwandt. Nur größere Betriebe haben eigene Mälzereien, in denen dann auch die Weich- und Quellwässer der Gerste (s. Brauereiabwässer) anfallen. Die verzuckerte Maische wird dann vergoren. Nach der Vergärung der Maische wird der gebildete Alkohol abdestilliert, wobei außer Wasch- und Spülwässern der Gärbottiche, der Destillierblasen und der Räume auch größere Mengen Kühlwasser anfallen. Der Destillationsrückstand ist ein wertvolles Futtermittel, das als Schlempe ausgedehnte Anwendung in der Landwirtschaft findet. Die Schlempe wandert möglichst restlos in den Viehstall der Brennereigüter oder wird an die Genossen zur Verfütterung abgegeben.

Es fallen demnach in Kartoffelbrennereien folgende Abwässer an:

1. Reinigungswässer der Kartoffeln;
2. die beim Dämpfen der Kartoffeln erhaltenen Frucht- oder Kochwässer;
3. kleine Mengen aus der Herstellung bzw. Einweichung des Grünmalzes;
4. reine Kühlwässer.

Die Beseitigung der in Kartoffelbrennereien anfallenden Abwässer macht bei den Brennereien, die landwirtschaftlichen Betrieben angeschlossen sind, keine Schwierigkeiten. Durch Siebanlagen werden die festen organischen Stoffe, wie Kartoffelreste usw., abgefangen. Sie können mit der Schlempe verfüttert werden. Die von der Kartoffelwäsche kommenden, an erdigen Bestandteilen, wie Sand und Lehm, mehr oder weniger reichen Abwässer werden in genügend großen Erdbecken von den durch Siebe nicht zurückgehaltenen Stoffen befreit. Steht ein sehr großer Vorfluter zur Verfügung, so kann man bei kleinen Brennereien die Kartoffelwaschwässer nach dieser Reinigung direkt ablassen. Bei kleineren Vorflutern und größeren Brennereien wird man sie nach der Vorreinigung mit den übrigen Abwässern, den Frucht- und den Spülwässern, mischen und bei geeigneten Bodenverhältnissen durch Verrieselung reinigen. Bei den oft geringen Abwassermengen sind meist kleine Flächen (1—2 ha) ausreichend. Unter Umständen kann man sogar eine Untergrundberieselung durchführen.

Steht Rieselland nicht in genügendem Ausmaße zur Verfügung, so reinigt man das Abwasser nach genügender mechanischer Reinigung durch intermittierende Bodenfiltration, Verdunstung oder Versickerung in ausgehobenen Gräben oder Erdbecken, die aber wegen der Geruchs- und Fliegenbelästigungen in genügender Entfernung von bewohnten Häusern angelegt werden müssen.

b) Kornbranntweinbrennereien.

In den Kornbranntweinbrennereien wird als Rohstoff Roggen, Gerste, Weizen und Mais verwandt. Diese Rohmaterialien werden gewaschen. Die hierbei entstehenden Waschwässer enthalten neben erdigen Bestandteilen kleine Mengen organischer Bestandteile in Form losgelöster Schalenreste und

Kornteilchen. Sie können meist nach Durchgang durch eine Sieb- oder Rechenanlage und Absetzenlassen in Absetzbecken zusammen mit den Kühl- und Kondenswässern ohne Schaden zu verursachen in die öffentlichen Gewässer abgelassen werden. Das fein geschrotene Korn wird dann eingeweicht und zur Verzuckerung wie bei den Kartoffelbrennereien mit Malz versetzt. Die weitere Verarbeitung gleicht der der Kartoffelbrennereien.

Nach der Destillation des Alkohols aus der vergorenen Maische bleibt eine Schlempe zurück, die infolge ihres hohen Gehaltes an organischen Stoffen im Vorfluter schwere Schädigungen durch Bildung von Abwasserpilzen, durch Ablagerungen fäulnisfähiger Schlammassen, durch Geruchsbelästigungen, und vor allem völligen Sauerstoffschwund hervorrufen kann. Letzterer ist schon in sehr vielen Fällen die Ursache größerer Fischsterben unterhalb von Brennereien gewesen. Die konzentrierte Schlempe geht sehr leicht in saure Gärung über und ist stark fäulnisfähig. Über die weitere Behandlung dieser Abwässer siehe unter Melassebrennereien.

c) Melassebrennereien und Hefefabriken.

In den Melassebrennereien wird die in den Zuckerfabriken als Restprodukt anfallende Melasse, die etwa 50% Zucker enthält, verwandt. In der Melasse finden sich die bei der Zuckergewinnung aus Rüben, Zuckerrohr usw. nicht ausfällbaren Eiweißstoffe und sonstigen organischen Nichtzuckerstoffe, die Salze und die „Humin"-Verbindungen, die der Melasse die dunkle Farbe verleihen, angereichert vor. Die Verarbeitung der Melasse geschieht durchweg in industriellen Betrieben, da man oft größeren Wert auf die Hefeherstellung legt (Hefefabriken. Während die Spiritusbrennereien mit verhältnismäßig hohen Würzekonzentrationen arbeiten (18—24% Extrakt), benutzen die Hefefabriken sehr dünne Würzelösungen mit Konzentrationen von 3—4%. Die Melasse wird je nach dem Fabrikationsziel (Sprit oder Hefe) mit der 3—25fachen Menge Wasser verdünnt und geklärt. Die sterilisierte Maische wird unter Zugabe von Ammonsalzen und Phosphaten vergoren. Bei dem alten Verfahren (Wiener Abschöpfverfahren) wird mit konzentrierten Maischen gearbeitet, um die übrigbleibende Schlempe zur Viehfütterung verwenden zu können. Bei dem neuen Lufthefeverfahren, bei dem größere Hefeausbeuten erzielt werden und der Sprit Nebenerzeugnis ist, arbeitet man mit stark verdünnten Maischen. Ist die Hefebildung zu Ende, wird die Hefe zum Absetzen gebracht, darauf die überstehende vergorene Maische abgehebert und zur Gewinnung des Alkohols abdestilliert. Die Hefe wird in Filterpressen abgetrennt, dann mit Wasser gewaschen und in den Formpressen verpackt. Statt der Filterpressen wendet man vielfach Zentrifugen (Separatoren) an. Der Hefebrei wird mit reichlich Wasser verdünnt und wiederholt ausgeschleudert. Es fallen erhebliche Mengen eines sehr dünnen Abwassers an.

Außer den im Betrieb anfallenden reichlichen Wasch- und Spülwässern fallen als Abwasser an:

1. die abgebrannte Würze = Schlempe, welche unverbrauchte Stoffe der Melasse und Reste der zugesetzten Nährsalze, meist auch etwas Hefe enthält und stets mehr oder weniger sauer ist. Charakteristisch für die Würze ist ihr hoher Gehalt an aus den Eiweißstoffen stammenden Schwefelverbindungen, die in erster Linie die Ursache der starken Geruchsbelästigungen bei der Fäulnis sind;

2. die Hefewaschwässer, welche ebenso wie die übrigen Waschwässer Anteile von Würze und Hefereste enthalten.

Menge des Abwassers. Die Menge der anfallenden Würze beträgt je nach der Arbeitsweise bis zum etwa 30fachen Betrage der verarbeiteten Melasse. Durch die Wasch-, Scheuer- und Hefewaschwässer wird diese Menge noch erheblich vermehrt. Die Fallwässer stellen verhältnismäßig reine Kondensate dar, die nach Abkühlung im Betrieb wieder verwandt werden können. Je nach der Wiederverwendung derselben im Betriebe schwankt die Gesamtabwassermenge sehr stark.

Eigenschaften des Abwassers. Die vom Alkohol befreite (abgebrannte) Würze (Schlempe) fällt zunächst steril an. Es findet jedoch sehr bald eine Infektion durch Bakterien statt, sobald sich die Flüssigkeit im Abschwemmkanal abgekühlt und mit anderem Abwasser oder Flußwasser vermischt hat. Die Schlempe ist durch ihren Gehalt an organischen Säuren verhältnismäßig stark sauer, von mehr oder weniger brauner Farbe, durch feinst verteilte, kolloide Stoffe schwach getrübt und enthält stets auch eine geringe Menge absetzbarer Schwebestoffe. Der größte Teil der Stoffe befindet sich in echter Lösung, so daß auf mechanischem Wege (durch Filtration oder Absetzbecken mit oder ohne chemische Fällung) die Schmutzstoffe nicht entfernt werden können. Die Schlempe hat einen hohen Gehalt an organischen Stoffen, die nach einer gewissen Verdünnung leicht in Fäulnis übergehen. Sie enthält Dextrine, Melanoidine, Zucker und zuckerähnliche Stoffe, Harze, Gummi, Stärke, organische Säuren, ferner Amino-, Milch-, Butter- und Essigsäure. Gegenüber häuslichem Abwasser zeigen die Hefefabrikabwässer, gemessen am Kaliumpermanganatverbrauch, eine 30—50fach höhere Konzentration. Ihr Schwefelgehalt kann sogar 100fach größer als in häuslichem Abwasser sein. Die Konzentration derartiger Wässer kann wie folgt schwanken:

Gesamtabdampfrückstand	10000—40000 mg/Liter
Gelöste Stoffe	9850—39500 mg/Liter
Gelöste organische Stoffe	8500—33000 mg/Liter
Säuregehalt	1000— 5000 mg/Liter
Kaliumpermanganatverbrauch . .	6000—16000 mg/Liter
Biochemischer Sauerstoffbedarf .	5000—10000 mg/Liter

1 cbm Preßhefefabrikwasser hat demnach einen Einwohnergleichwert von 100—200.

d) Reinigung der Brennerei- und Preßhefefabrikabwässer.

Werden die in einer Brennerei oder Hefefabrik anfallenden Abwässer in einen Vorfluter abgelassen, so können sie zu den größten Unannehmlichkeiten Veranlassung geben. Schon auf dem Wege zum Vorfluter verbreiten diese sehr leicht in stinkende Fäulnis übergehenden Abwässer in offenen Gräben arge Geruchsbelästigungen. Im Vorfluter rufen sie durch ihren sehr großen biochemischen Sauerstoffbedarf sehr schnell Sauerstoffschwund hervor und sind dann sehr häufig die Ursache großer Fischsterben. Ferner begünstigen sie durch ihren sehr hohen Gehalt an organischen Stoffen sehr stark das Wachstum der Abwasserpilze Sphaerotilus und Leptomitus, die dann ihrerseits wieder stark belästigend auf die Unterlieger wirken (Zusetzen der Rechen vor Turbinen, Schlammablagerungen). Bei kleinen Vorflutern setzen sich die Geruchsbelästigungen noch auf sehr weite Strecken fort.

Durch den hohen Gehalt an leicht zersetzlichen organischen Stoffen gehen die aus dem Maischbottich oder der Destillierblase kommenden Abfälle und die Hefewaschwässer zunächst sehr schnell in saure Gärung über. Hat diese saure Gärung einen bestimmten Grad überschritten, so erschwert sie die weitere aerobe biologische Reinigung. Bei kleineren auf dem Lande liegenden Brennereien hat man die bei dem alten (Wiener) Verfahren anfallenden Abwässer, in der Hauptsache die Schlempe, nach guter mechanischer Reinigung allein oder in Mischung mit anderen Futterstoffen, wie Kleie, Häcksel an das Vieh verfüttert. In der Zeit erschwerten Absatzes der Schlempe wurden diese Abwässer auch in Trocknungsanlagen eingedampft und hierauf auf Futtermittel verarbeitet. Als an die Stelle des alten Abschöpfverfahrens das neue Lufthefeverfahren, bei dem außer den üblichen Abwässern stark verdünnte Schlempen anfallen, trat, wurden nur noch die anfallenden Treber (bei Verarbeitung von Getreide) für Futterzwecke verwendet. Die abgebrannte und entgeistete Schlempe ist zu stark verdünnt, so daß sie weder verfüttert noch eingedampft werden kann. Für die Reinigung kommen in erster Linie biologische Verfahren in Frage, und zwar die natürlichen wie auch die künstlichen Verfahren.

α) Natürliche biologische Verfahren. *Rieselverfahren.* Wegen des Gehalts der Abwässer an Dungstoffen hat man besonders in den Fällen, wo die Brennereien einem landwirtschaftlichen Betrieb angeschlossen sind, dem genügend große Flächen mit geeigneten Bodenverhältnissen zur Verfügung stehen, gern das Rieselverfahren angewandt. Die vor der Verrieselung durch Kühl- und Spülwasser weitgehend verdünnten und durch Kalk oder ein gleichwertiges Neutralisationsmittel neutralisierten Abwässer ergeben auf den Rieselfeldern und Rieselwiesen eine gute Steigerung der Ernteerträge. Leider ist infolge der Konzentration der Abwässer der Bedarf an geeigneten Flächen sehr groß. Hinzu kommt als weiterer Nachteil, daß die gärenden und faulenden Abwässer in der Nachbarschaft starke Geruchsbelästigungen verursachen. Steht genügend geeignetes Rieselland zur Verfügung, so wird man am zweckmäßigsten, zumal in weniger bebauten Gegenden, das Spritzverfahren oder die Verregnung anwenden. Dies ist besonders dann zu empfehlen, wenn das Wasser ohnehin gepumpt werden muß. Bei beschränkteren Flächen dagegen kann man bei gutem Sandboden die intermittierende Bodenfiltration benutzen. Staufilter leiden sehr unter zu schneller Verstopfung, wodurch ihre Wirksamkeit sehr bald nachläßt. Auch drainierte Staubecken verstopfen sich sehr schnell.

ACKLIN[1] und seine Mitarbeiter haben Versuche mit den Abwässern einer Obstsaftbrennerei gemacht. Eine vorhandene Klärgrube wurde in eine Mischkammer für die Kalkung der gesamten sauren Abwässer umgebaut und das Abwasser auf einem intermittierend betriebenen Staufilter behandelt. Die Zugabe der Kalklösung in die Mischkammer erfolgte durch einen Niederdruckwasserschieber, der die notwendige Feineinstellung zur Regulierung des Zuflusses der Kalklösung sicherte. Die drainierte Staufilteranlage hatte 4 Kammern, die aus einem 30 cm starken Kies- und Sandfilter bestanden. Jede Staukammer war mit einem Sickerschacht mit Kiesfüllung ausgerüstet. War eine weitere Vorbehandlung des mechanisch vorgeklärten Abwassers erforderlich, so wurde ein Torffilter vorgeschaltet.

Für die Hefefabrikabwässer empfiehlt STRELL[2] die Trennung der schwefelsauren Abwässer von den übrigen Abwässern, die durch Oberflächenberieselung oder Bodenfilter nach guter mechanischer Vorklärung in einer Frischwasserkläranlage gereinigt werden sollen. STRELL zählt hierbei außer den Brennereien und Melassespritfabriken zu den in Frage kommenden Betrieben auch die Malz-, Malzextrakt- und Sulfitspritfabriken, ferner die Obst- und Weinkellereien und -keltereien. Die gut vorgereinigten Abwässer dieser Betriebe sollen durch Verrieselung auf Äckern, Wiesen und Gärten, auf Feldern oder durch Untergrundberieselung gereinigt werden. Bei Sulfitspritabwässern hat jedoch die Verrieselung in Königsberg nur einen Teilerfolg gehabt.

Die Anwendung künstlicher biologischer Verfahren ist schon von KÖNIG und PRITZKOW empfohlen worden. Zu den bisher angewandten natürlichen Verfahren treten dann noch die künstlichen Verfahren, wie z. B. das Emscherfilter von BACH, das Belebtschlammverfahren, das Ausfaulverfahren, wie es die „Dänische Gärungsindustrie" und auch BUSWELL und seine Mitarbeiter anwenden. Bei der Anwendung der biologischen Verfahren muß man Rücksicht auf die in den Betrieben oft verwandten Desinfektionsmittel (Bekämpfung der Entwicklung schädlicher wilder Hefen) nehmen. In manchen Fällen wird das Versagen des einen oder anderen Verfahrens zur biologischen Reinigung auf den Zufluß dieser starken Desinfektionsmittel zurückzuführen sein. Außer Soda und Kalkmilch als Reinigungsmittel werden hauptsächlich Montanin (Kieselfluorwasserstoffsäure), Fluorammonium, Antiformin oder Antifermentin (alkalische Hypochloritlösung) als Desinfektionsmittel angewandt.

β) Künstliche biologische Verfahren. *Tropfkörper.* SANDER[3] hat umfangreiche Vergleichsversuche über die Möglichkeit der Anwendung von Tropfkörpern, Emscherfiltern, Belebtschlammverfahren und belüfteten Tropfkörpern gemacht. Bei seinen Versuchen wandte SANDER einen 4,5 cbm großen Lattentropfkörper an, weil dieser die beste Luftzufuhr gewährleistete.

Die abgebrannte noch warme Schlempe wurde zunächst zur Abkühlung auf ein Gradierwerk gegeben. Dies hatte den großen Vorteil, daß sich das Abwasser beim Versprühen reich mit Sauerstoff sättigen konnte, so daß eine längere Frischhaltung gewährleistet wurde. Die gekühlte Schlempe war sauer und mußte vor der Weiterbehandlung neutralisiert werden. Ein Versuch, diese Entsäuerung durch ein mit haselnußgroßen Marmorstücken beschicktes Filter durchzuführen, führte nicht zum Ziel, weil die mit kolloiden Stoffen beladenen Würzen die Oberfläche der Marmorstückchen bald mit einem feinen Häutchen überzogen. Besser bewährte sich die direkte Zugabe von Kalk. Auf 1 cbm Würze wurden 650 g gesiebter, gelöschter Kalk zugegeben. Nach Zugabe des Kalkes wurde 15 Minuten lang gut durch-

[1] ACKLIN, BRÄM u. ZURCKER: Technische Hygiene 1933, **33**, 38.
[2] STRELL: Gesundh.-Ing. 1934, **57**, 664.
[3] SANDER: Kleine Mitt. Landesanst. Wasser-, Boden- u. Lufthygiene 1933, **9**, 56.

gerührt. Nach einstündigem Absetzen wurde die Flüssigkeit, die jetzt einen p_H-Wert von 7,9 hatte, abgezogen.

Der Tropfkörper wurde zunächst mit häuslichem Abwasser eingearbeitet, ein Verfahren, das wegen des Fehlens genügender Mengen häuslichen Abwassers leider nicht in allen Fällen anwendbar sein wird. Nach der Einarbeitung wurde er mit Schlempe, die mit 3 Tln. Leitungswasser verdünnt war, beschickt. Der Tropfkörper konnte mit 200 Liter je Kubikmeter Tropfkörpermaterial in 24 Stunden belastet werden. Bei stärkerer Belastung zeigte der Tropfkörper zwar noch einen fäulnisunfähigen Abfluß, es trat aber eine starke Verschleimung des Tropfkörpers ein und außerdem verbreitete er einen sehr unangenehmen Geruch. Weil die die Reinigung bewirkenden Bakterienschleime allmählich zerfallen, mußten sie laufend ausgespült und in Nachklärbecken herausgefangen werden.

Die günstigsten Wirkungen wurden bei einem p_H-Wert von 7,5—7,7 und bei einer Belastung von 200 Liter Schlempe, die mit 660 Tln. Leitungswasser oder Rücklaufwasser verdünnt worden waren, auf 1 cbm Tropfkörpermaterial in 24 Stunden erzielt. Tropfkörper verursachen demnach bei dieser geringen Belastungsmöglichkeit große Baukosten; außerdem können sie wegen der starken Geruchsbelästigungen und wegen der Fliegenplagen nicht in der Nähe menschlicher Siedlungen errichtet werden. Überalkalisierungen müssen peinlichst vermieden werden, da sonst die Bakterienhäute abgetötet werden. HOOVER und BURR versuchten, durch eine vorgeschaltete chemische Fällung die Tropfkörper zu entlasten. Sie hatten hiermit aber keine befriedigenden Ergebnisse. Wenn sie aber das Abwasser einer Obstbrennerei so weit verdünnten, daß dieses keinen höheren Kaliumpermanganatverbrauch hatte als 2000 mg-Liter, dann konnten sie dieses Abwasser auf 3 m hohen Tropfkörpern bei einer Belastung von 1 cbm Abwasser auf 3,3 cbm Tropfkörpermaterial in 24 Stunden zu 90% abbauen. Bei einer Belastung von 1 cbm Abwasser auf 16,75 cbm Tropfkörpermaterial stieg der Reinigungsgrad auf 98%.

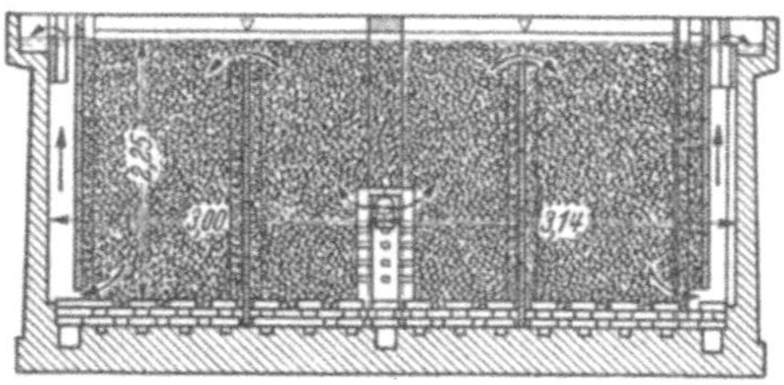

Abb. 15. Emscherfilter nach BACH zur Reinigung von Brennereiabwasser.

Bei den von PRÜSS und BLUNK eingeführten geschlossenen und belüfteten Tropfkörpern können die üblen Gerüche und die durch die Fliegenplage bedingten Belästigungen weitgehendst vermieden werden. Wieweit sie eine stärkere Belastung der Tropfkörper zulassen, wird in jedem Falle von der Konzentration der Abwässer abhängen und muß örtlich nachgeprüft werden.

Emscherfilter. Das von BACH zum Zwecke der Behandlung von Brennerei- und Kokereiabwasser eingeführte Emscherfilter ist ein belüfteter Tauch- oder Füllkörper (s. Abb. 15). Es ist von BACH an verschiedenen Stellen zur Reinigung von Brennereiabwasser angewandt worden. Das von SANDER bei seinen Vergleichsversuchen mit dem Tropfkörper angewandte Emscherfilter war mit Kesselschlacke von 3—5 cm Korngröße gefüllt. Bei 3,5 cbm Inhalt waren 950 Liter Porenvolumen vorhanden. Die je Kubikmeter Abwasser am Gebläse angesaugte Luftmenge, die durch ein Pendelrohr zugeführt wurde, betrug 15—17 cbm. Im Emscherfilter konnte die Belastung je Kubikmeter Körpermaterial auf 1,7 cbm Würze gesteigert werden; dabei mußte die Schlempe zunächst mit 4 Teilen, später mit 1 Teil Leitungswasser verdünnt werden. Die Aufenthaltszeit der verdünnten Schlempe im Emscherfilter betrug rund 2 Stunden.

Der Vorteil des Emscherfilters gegenüber den Tropfkörpern liegt darin, daß keine Neutralisation der sauren Wässer notwendig ist, da diese im Emscherfilter erfolgt, so daß Überalkalisierungen unmöglich sind. Schon nach dem ersten Drittel, also nach kurzem Aufenthalt im Filter hatte das vorher saure Abwasser alkalische Reaktion. Der mit dem Ablauf abgehende Abbauschlamm muß in einem Nachklärbecken abgefangen werden. Der Ablauf stellt eine klare, erdig riechende, schwach gelbliche Flüssigkeit dar. Die Abnahme der Schmutzstoffe, gemessen an der Oxydierbarkeit, schwankte zwischen 65—75%. Da die Konzentration ausschlaggebend ist, sollte die Verdünnung so eingestellt werden, daß der Kaliumpermanganatverbrauch der verdünnten, ungereinigten Abwässer 3000 mg/Liter nicht überschreitet.

Belebtschlammverfahren. Die Anwendung des Belebtschlammverfahrens für die abgebrannten Schlempen der Brennereien stößt auf Schwierigkeiten, da diese Abwässer mit ihrem sehr hohen Gehalt an organischen Stoffen, vor allem aus der Gruppe der Kohlenhydrate bei ungenügender Verdünnung leicht Blähschlammbildung hervorrufen. Selbst bei Verdünnungen von 1 Teil Schlempe mit 3 Teilen Leitungswasser ist es schwer, einen geeigneten Flockenschlamm zu erhalten. Bei diesen Verdünnungen sind außerdem Belüftungszeiten von 24 Stunden erforderlich. Selbst nach Alkalisierung der Würzen mit Kalk sind reichlichere Verdünnungen (1:10) am besten mit häuslichem Abwasser, notwendig. Weiterhin ist wichtig, möglichst frische Schlempen anzuwenden. Bei genügender Verdünnung durch häusliches Abwasser kann die Gefahr der Blähschlammbildung durch Zugabe kleiner Mengen von Eisensalzen vermindert werden. Sollte es im Belebungsbecken zu Pilzbildungen kommen, so können diese durch zwischengeschaltete Spülsiebe beseitigt werden. Diese Anordnung ist besonders einfach beim HAWORTH-Verfahren anzubringen.

Nachdem Versuche mit Emscherfiltern zur Reinigung von Brennereiabwasser versagt hatten, führte FURKERT[1] seine Versuche mit einer Schlammbelebungsanlage durch. Diese Versuche verliefen günstig, wenn er dafür sorgte, daß der p_H-Wert zwischen 7,5 und 8,1 blieb. Bei einer Verdünnung des Abwassers bis auf einen Kaliumpermanganatverbrauch von rund 2000 mg/Liter wurde ein Abbau bis auf 680 mg/Liter erreicht.

Aerobe Behandlung in Teichen. BODE[2] berichtet über Versuche, bei denen er die ziemlich stark konzentrierten Abwässer einer Melassespiritusfabrik zwecks „oxydativ biologischen Abbaus" in drei nebeneinanderliegende Becken von je 7 m Breite und 50 m Länge leitete. Der Wasserstand betrug 0,50 m. Zwischen dem ersten und zweiten Becken war ein Überfall angebracht, über den das Abwasser 25 cm tief in dünnem Schleier herabfiel. In einem vierten, nachgeschalteten kleineren Becken sollten die mitgerissenen Schlamm- und Schwimmstoffe zurückgehalten werden. Infolge der großen Oberfläche und geringen Wassertiefe konnte der Luftsauerstoff gut in die Flüssigkeit eindringen. Verstärkt wurde die Sauerstoffzufuhr noch durch den freien Fall des Abwassers von Becken zu Becken. Das Abwasser wurde durch Pumpe und Druckleitung durch ein sich über die ganze Breite erstreckendes gelochtes Verteilungsrohr am Kopfende des ersten Beckens 25 cm über der Oberfläche in feinem Strahl zwecks guter Belüftung zugeführt. Die mit 70° steril ankommenden Abwässer kühlten sich nur langsam ab, so daß in der Mitte des ersten Beckens noch eine Temperatur von 30° herrschte. Die Anlage zeigte wohl einen etwas säuerlichen, an Melasse erinnernden Geruch, aber keinen Schwefelwasserstoff oder sonstige Fäulniserscheinungen, so daß die vorsorglich eingebaute Chlorgasanlage gar nicht in Tätigkeit zu treten brauchte. Die Anlage ist in Abb. 16 dargestellt.

Die Wirkung der Anlage zeigte sich nach den Angaben von BODE in einer Abnahme

des Glühverlustes	um 41—63%
des Stickstoffs	„ 13—40%
des Permanganatverbrauchs . . .	„ 27—72%

Anaerobe Zersetzung der Brennereiabwässer. Steigt die Säurebildung in den Abwässern über 2000 mg/Liter, berechnet auf Essigsäure, so hört die Möglichkeit, solche Abwässer ohne eine genaue Neutralisation durch aerobe oder anaerobe Verfahren biologisch abzubauen, auf.

[1] FURKERT: Vom Wasser 1936, 11, 167. [2] BODE: Vom Wasser 1933, 7, 259.

Bei seinen Versuchen der anaeroben Zersetzung von Brennereiabwasser benutzt BUSWELL[1] zur Neutralisation der sauren Abwässer bereits ausgefaulte Abwässer, die einen genügend hohen p_H-Wert haben, um die ankommende Würze zu neutralisieren. Er führt diese Ausfaulung in zwei getrennten, gleich großen Behältern, die mit Heizrohren in der Mitte des Bodens ausgerüstet sind, durch. Der Auslauf des zweiten Behälters hat die für eine ausreichende Neutralisation des ankommenden Abwassers genügend Alkalität. Bei richtiger Neutralisation können die Faulräume zur Ausfaulung von Brennereiabwasser mit 4,4—14,1 kg organischen Stoffen je Kubikmeter Faulrauminhalt täglich an Stelle der bei häuslichem Abwasser üblichen Belastung von 0,8—1,3 kg organischer Substanz je Kubikmeter Faulraum belastet werden. Bei diesen hohen Belastungen werden je Kubikmeter Faulrauminhalt 3 cbm Gas am Tag erzielt. Der Reinigungserfolg beträgt 75—90%, d. h. ein Abwasser mit einem biochemischen Sauerstoffbedarf von 15000—30000 mg/Liter hatte im Ablauf noch 1000—3000 mg/Liter. Bei einem Gehalt der Abwässer unter 1% an organischen Stoffen ist der anaerobe Abbau unwirtschaftlich. Ist der Gehalt an organischen Stoffen höher als 2%, so muß er auf diese Konzentration verdünnt werden. Eine derartige Ausfaulanlage besteht aus einem Ausgleichsbehälter, der den gesamten Tagesanfall an Abwasser aufnehmen kann, zwei gleich großen Faulräumen, die auf einer Temperatur von 54° C gehalten werden, und deren Inhalt insgesamt dem 10fachen Tagesanfall

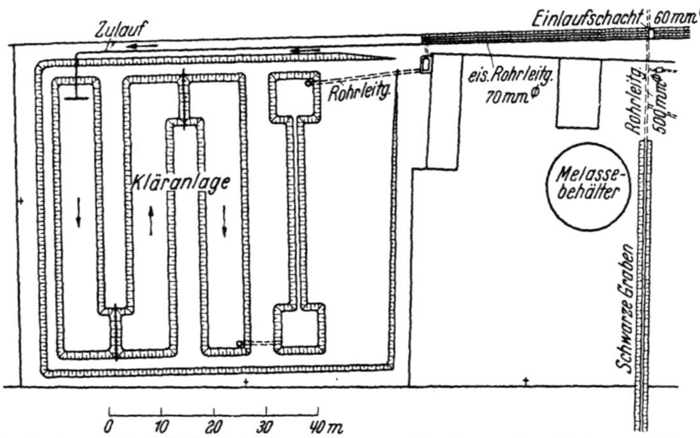

Abb. 16. Kläranlage zum oxydativ biologischen Abbau von Abwässern einer Melassespritfabrik nach BODE.

entspricht. Bei genügender Ausfaulung kann der Ablauf entweder bei großen Vorflutern direkt abgelassen oder noch auf Tropfkörpern weiterbehandelt werden. Das Schema einer Anlage nach BUSWELL ist in Abb. 17 dargestellt.

Verfahren der „Dänischen Gärungsindustrie“. In ähnlicher Weise wie BUSWELL behandelt die „Dänische Gärungsindustrie“ das Abwasser in 3 Abteilungen. In der ersten Abteilung wird das Abwasser mittels geeigneter Bakterien anaerob zersetzt, in der 2. Abteilung wird das Abwasser beim Durchfließen durch offene Becken in Berührung mit der Luft gebracht und so auf den aeroben Zustand umgestellt, um in der 3. Abteilung auf Tropfkörpern vollständig aerob abgebaut zu werden.

Die Zufuhr zu der Abteilung 1, in der die Abwässer anaerob abgebaut werden, muß gleichmäßig erfolgen, da sonst die bakterielle Zersetzung gestört wird. Es wird daher ein Ausgleichsbecken vorgeschaltet, aus dem der Zufluß gleichmäßig erfolgt. Die Abteilung 1 besteht aus entsprechend vielen Einzelkammern, die luftdicht verschlossen sind und durch Überläufe miteinander in Verbindung stehen. Der Flüssigkeitsstrom wird durch Leitwände geregelt. Wichtig ist die Innehaltung der für die zersetzenden Bakterien günstigsten Temperatur. Je besser es gelingt, die für die Bakterien günstigste Temperatur einzuhalten, um so besser geht die Zersetzung vor sich, und um so größer ist die Gasmenge, die gebildet wird. Bei 350 cbm Abwasser können täglich 1000—1500 cbm Gas mit etwa 30—40% Kohlensäure erzeugt werden. Die Gassammelleitung wird mit Manometer, Sicherheitsventil und Wasserabscheider versehen. Die entwickelte Gasmenge ergibt eine sehr gute Kontrolle der Arbeit der zersetzenden Bakterien. Bei Weiterverwendung des Gases muß der darin reichlich enthaltene Schwefelwasserstoff durch einen Gasreiniger entfernt werden. Um die zu starke

[1] BUSWELL: Water Works and Sewerage 1935, 82, 135.

Schwefelwasserstoffentwicklung zu verhindern, ist empfohlen worden, an Stelle der schwefelsauren Nährsalze salzsaure Nährsalze im Betrieb zu verwenden.

In der Abteilung 2 wird nach genügend langer Ausfaulung in einer Reihe von offenen Becken die Umwandlung der anaeroben in eine aerobe Zersetzung eingeleitet. In diesen Becken setzt sich der aus Abteilung 1 mitgerissene Schlamm ab.

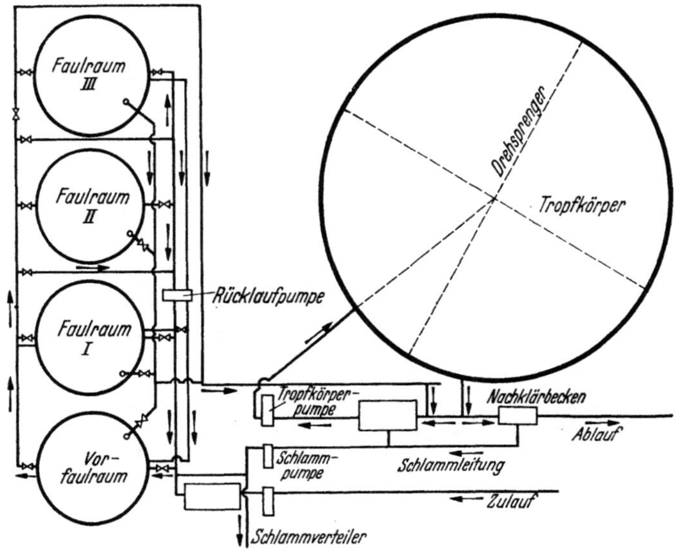

Abb. 17. Schema einer Kläranlage für Brennereiabwasser nach BUSWELL durch anaerobe Vorbehandlung und aerobe Nachbehandlung.

In der Abteilung 3 wird die Reinigung durch eine aerobe Behandlung auf Rieselfeldern oder Tropfkörpern abgeschlossen. Der Gesamtplatzbedarf für eine Fabrikanlage mit einer täglichen Verarbeitungsmenge von 20000 kg Melasse und rund 350 cbm Abwasser erfordert eine Grundfläche von 7000—9000 qm.

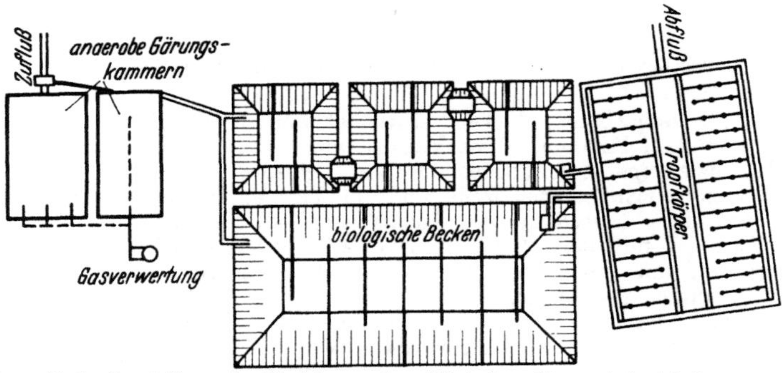

Abb. 18. Schematische Darstellung des Verfahrens der „Dänischen Gärungsindustrie" zur anaerob-aeroben Behandlung von Melassespritabwässern.

Die Wirkung der Anlage beträgt, auf den Kaliumpermanganatverbrauch berechnet, 84%, auf die Abnahme des biochemischen Sauerstoffbedarfs bezogen sogar 96%, wodurch eine sehr große Entlastung der Vorfluter erreicht wird.

Verdampfen von Brennereiabwasser. Das gründlichste Verfahren der Reinigung ist die Beseitigung durch Verdampfung und Veraschung der Brennereiabwässer und die Verarbeitung der gewonnenen Schlempekohle auf Pottasche, wie es eine große Preßhefefabrik in Westfalen mit über 1000 cbm Abwasser täglich durchführt. Zur Verdampfung werden in erster Linie Stufenverdampfer, sog. Mehrfacheffektverdampfer, wie sie in großer Anzahl und guter Vollendung für die chemische Industrie in großem Maßstab im Betrieb sind, angewandt. Gute Ausnutzung der zugeführten Wärme, z. B. die Anwärmung des einzudampfenden Gutes durch die Kondenswässer und gute Wärmeisolierung der Anlage, sind Grundbedingungen. Durch Benutzung von Abdampf können weitere Ersparnisse gemacht werden.

Die Firma Kühnle, Kopp & Kausch in Frankenthal (Pfalz) hat für die vorgenannnte Preßhefefabrik mit rund 1000 cbm Abwasser im Tag einen Hocheffekt-Schnellstromverdampfer mit Brüdendampfkondensation nach den Patenten von Vogelbusch eingerichtet. Nach den neuesten Verbesserungen kann man die Destillierkolonnen mit den Verdampfern kuppeln. Die Verdampfung verursacht dann bedeutend geringere Betriebskosten. Über diese verbesserten Verfahren gibt Bode für eine Spiritusfabrik an Hand einer schematischen Zeichnung folgende Angaben: „Es ist vorausgesetzt, daß in der Spiritusfabrik 100000 kg

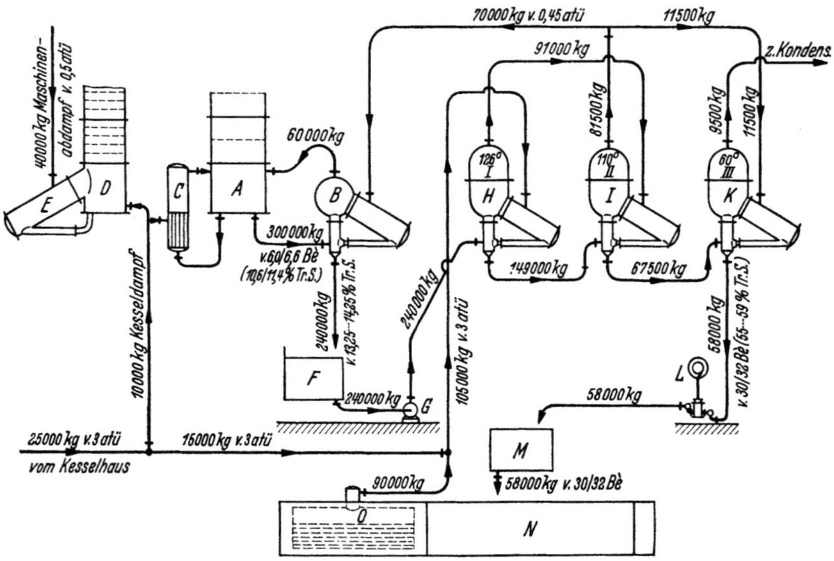

Abb. 19. Schematische Darstellung einer Schlempeeindampfanlage für eine Melassespritfabrik, System Vogelbusch der Fa. Kühnle, Kopp & Kausch in Frankenthal (Pfalz).

Melasse mit 50% vergärbarem Zucker verarbeitet werden; dabei entstehen 300000 Liter Maische mit 10 Vol.-% Alkohol. Diese Maische wird auf einem kontinuierlich arbeitenden Destillier-Rektifizierapparat entgeistet und auf Feinsprit verarbeitet. Die hierbei verbleibende Schlempe wird eingedampft und im Verbrennungsofen verascht. Die nach spezieller Schaltung — Entnahme von Anzapfdampf aus der zweiten Stufe — arbeitende Verdampfanlage ist mit der Destillieranlage wärmewirtschaftlich gekuppelt und wird unter Zusatz von von außen kommendem Dampf in der Hauptsache mit dem aus der Schlempeverbrennung gewonnenen Dampf geheizt. Von den 300000 Litern Maische, die entgeistet werden, verlassen 240000 kg mit rund 14% Trockensubstanz die Destillier-Rektifizieranlage. Sie gelangen in die Verdampfkörper und aus letzterem fallen 58000 kg Dickschlempe mit 55—59% Trockensubstanz an. Diese Dickschlempe ist direkt brennbar und liefert 90000 kg Dampf.

Die Wärmeverteilung ist aus Abb. 19 ersichtlich. Der Gesamtwärmeverbrauch beträgt 225000 kg Dampf, von denen die Verdampfstation aus dem zweiten Körper 70000 kg abgibt, so daß noch 155000 kg zuzuführen sind. Von diesen 155000 kg liefert der Abhitzekessel 90000 kg; als Maschinenabdampf stehen 40000 kg zur Verfügung, so daß noch 25000 kg Dampf aus mit Kohlen geheizten Kesseln der Apparatur zugeführt werden müssen. Diesem Kohleverbrauch steht der Erlös aus der Schlempekohle gegenüber.

Als Rückstand der Verbrennung verbleibt die Schlempekohle. Diese enthält als wertvollsten Bestandteil Kaliumcarbonat. Aus 100 kg ursprünglich angewandter Melasse werden rund 4,3 kg Pottasche erhalten.

In der eingedickten Schlempe finden sich, auf 100 kg verarbeitete Melasse berechnet, 1,7 kg Stickstoff, die bei der Verbrennung verloren gehen. Um die

Stickstoffverbindungen zusammen mit den Kaliumverbindungen für Düngezwecke nutzbar zu machen, wird die eingedickte Schlempe heute vielfach nicht mehr verbrannt, sondern unter Zusatz der fehlenden Phosphate auf einen streufähigen Dünger verarbeitet.

Da Spiritusfabrikabwässer viel konzentrierter sind als Preßhefefabrikabwässer — Maische für Spiritusfabrikation hat 15—16% Extrakt, Maische für Hefefabrikation nur 3—4% Extrakt — kommt BODE zu dem Endergebnis, daß so lohnend die Eindampfung für Spritbrennereiabwässer ist, so unkaufmännisch sei es, dieses Verfahren für Preßhefefabrikabwässer anzuwenden.

Sind die besonders stark verschmutzten Schlempen beseitigt, so macht die Reinigung der übrigen Abwässer, z. B. durch Verrieselung, keine Schwierigkeiten mehr.

e) Abwässer der Holzzucker verarbeitenden Betriebe.

Zu den verschiedenen Verfahren zur Herstellung von Alkoholen und Hefen ist neuerdings noch das Verfahren der Holzverzuckerung gekommen. Bei diesen Verfahren wird die Cellulose des Holzes in Zucker übergeführt. Dies geschieht entweder nach dem Verfahren von BERGIUS durch Hydrolyse von Fichtenholz (50% Cellulose) in Form von Sägespänen bei gewöhnlicher Temperatur mit konzentrierter Salzsäure oder nach dem SCHOLLER-Verfahren, das in Tornesch (Holstein) ausgeführt wird. Bei diesem Verfahren werden Holzabfälle jeglicher Art in geraspelter Form auch in ungetrocknetem Zustande verzuckert, indem man das Holz mit verdünnter etwa 0,5% Schwefelsäure bei höherer Temperatur (160—190°) und unter Druck behandelt. Um den gebildeten Zucker der zersetzenden Wirkung der heißen Säure möglichst rasch zu entziehen, wird die Hydrolisierflüssigkeit durch das in einem hohen Turme aufgeschichtete Holzmaterial hindurchgedrückt. Die austretende Flüssigkeit hat 5% Zucker. Wenn sie nicht zur Zuckergewinnung verwandt wird, so kann sie nach der Neutralisation zur Gewinnung von Alkohol (etwa 24 Liter auf 100 kg trockenes Holz) und von Futterhefe usw. vergoren werden. Das bei der Verzuckerung übrigbleibende Lignin wird zu Feuerungszwecken benutzt. Neben der Gewinnung von Alkoholen dienen die verzuckerten Flüssigkeiten auch noch zur Heranzucht von schnellwüchsigen Torulahefen zur Herstellung von Futtereiweiß. In beiden Fällen wird die Hefe durch Zentrifugieren aus der Zuckerlösung entfernt.

Während bei der Herstellung von reinem Holzzucker beim Verdampfen der Lösungen nur reine Kondenswässer anfallen, erhält man bei der Vergärung der Holzzuckerlösung den Brennereiabwässern ähnliche aber weitgehender verdünntere Abwässer. Sie enthalten nach BODE[1] nur wenig Nährsalze und wenig organische Stoffe, so daß sie sich für eine landwirtschaftliche Verwertung weniger eignen.

Da bei dem BERGIUS-Verfahren die Salzsäure abgetrieben und wiedergewonnen wird, ist es abwassertechnisch günstiger als das SCHOLLER-Verfahren, bei dem außerdem mehr Holzauslaugeprodukte in das Abwasser übergehen. Bei einer Jahresleistung von 10000 t Futterhefe fallen täglich 2—3000 cbm Abwasser an, mit einem biochemischen Sauerstoffbedarf von 6000 mg/Liter (Einwohnergleichwert je cbm = 120).

Eine Verwertung der in den Abwässern der Holzverzuckerung enthaltenen gelösten Stoffe ist bis jetzt nicht möglich; BODE[1] empfiehlt deshalb das Abwasser in ähnlicher Weise wie Brennereiabwasser durch Organismen, die durch natürliche Zuchtwahl erhalten wurden, in Flachbecken oxydativ abzubauen

[1] BODE: Chem.-Ztg. 1937, 61, 633.

(s. S. 521). Wichtig ist hierbei eine sehr gute Sauerstoffzuführung. Da nicht alle Stoffe abgebaut werden, so soll der letzte Rest durch die Bakterien des Vorfluters abgebaut werden. In besonders schwierigen Fällen kann man das Abwasser wie bei den Abwässern von Melassespritfabriken angegeben durch Eindampfen und Verbrennen beseitigen.

8. Abwässer von Molkereien, Käsereien und Margarinefabriken.

Etwa 8000 Molkereien finden sich über ganz Deutschland verteilt, teils als Einzelbetriebe auf größeren Gütern, teils als Sammelmolkereien einzelner Unternehmer oder landwirtschaftlicher Genossenschaften. Die Größe und Leistungsfähigkeit dieser Molkereien schwankt zwischen 500—20000 Liter täglich; in Großmolkereien werden bis zu 100000 Liter Milch täglich verarbeitet. In den Großstädten sind zur einheitlichen Zusammenfassung der Milchversorgung Milchhöfe bzw. Milchzentralen geschaffen, von denen aus die Verteilung der von auswärts angelieferten Milch an die Bevölkerung erfolgt. Die in diesen Milchhöfen anfallenden Abwässer ähneln den Abwässern der übrigen Molkereien.

a) Art und Menge der anfallenden Abwässer.

In den Molkereien wird die Milch auf Butter, Rahm (Sahne) und Käse, in vielen Fällen nur auf Butter verarbeitet; die bei der Entrahmung (Buttermolkereien) erhaltene Magermilch geht meistens an die Milchlieferanten zurück. In den Frischmilchmolkereien wird die Milch zur Verteilung vorbereitet (Entschmutzung, Erhitzung, Kühlung, Abfüllung), ohne sonstige Änderungen an der Milch vorzunehmen. Da sich der Betrieb in den Molkereien hauptsächlich in den Vormittagsstunden abspielt, fallen auch die wesentlichen Abwässer in einer verhältnismäßig kurzen Zeit des Tages, dafür aber täglich, d. h. auch Sonntags, an. Die anfallenden Abwässer bestehen in der Hauptsache aus den Spül- und Waschwässern der Betriebsräume, der Milchkannen, der Flaschen und der verschiedenen Geräte. Die Molkereiabwässer enthalten die sämtlichen Bestandteile der Milch in wechselnden Mengen. Zu diesen eigentlichen Molkereiabwässern kommt noch eine größere Menge Kühl- nnd Kondenswässer, die aber meistens weniger verunreinigt sind und daher auch dem Vorfluter direkt zugeleitet werden können, nachdem sie gegebenenfalls vorher entölt worden sind. Durch eine gleichmäßige Ableitung der in 4—5 Stunden anfallenden Abwässer während 24 Stunden läßt sich bei kleineren Molkereien oft eine wesentliche Verbesserung der Abwasserfrage erreichen.

Bei dem Durchseihen der Milch bleiben auf dem Seihtuche gröbere Schmutzstoffe zurück. Der feinere Schmutz wird in Schmutzzentrifugen, den sog. Schlammseparatoren, abgesondert. Beim Waschen und Spülen der Seihtücher und der Zentrifugen gelangt dieser aus Milchschleim, Staub, Stallschmutz, Sand und dgl. bestehende Schlamm in das Abwasser.

Bei der Herstellung der Butter fallen die Spülwässer der Butterfässer und vor allem das Butterwaschwasser an. Wird die Butter gesalzen, so sind die anfallenden Abwässer kochsalzhaltig. Die bei der Butterbereitung anfallende Buttermilch wird zum Teil als Nahrungsmittel verzehrt, zum großen Teil zur Aufzucht von Haustieren, insbesondere von Schweinen benutzt.

Die in der Käserei anfallende Molke kann auf Milchzucker und Molkeneiweiß verarbeitet oder als Beifutter für die Mast von Schweinen benutzt werden. Oftmals, besonders bei kleineren Käsereien, geht sie, wenn der genügende Absatz fehlt oder die Rücklieferung erschwert ist, mit dem Abwasser ab. 1 cbm Molke enthält noch rund 10 kg Eiweißstoffe und rund 50 kg Milchzucker; der Milchzuckergehalt schwankt je nach der Säuerung der Molke erheblich.

Die in den Molkereien anfallenden Abwässer setzen sich demnach zusammen aus den Abflüssen

a) des Milchablieferungsraumes, — b) des Separatorenraumes, — c) der Butterei, — d) der Käserei, — e) gegebenenfalls der Nebenbetriebe, Kondensmilchfabrikation, Molkenverwertung, Milchzuckerfabrikation und ähnlichem.

Nach Beendigung des Betriebes werden alle Räume und Apparate mit reichlichen Wassermengen gereinigt. Die gesamten Abwässer enthalten neben erdigen Schmutzteilen Milchreste, Fett, Salze, Eiweiß und Milchzucker. Sie werden durch Kühl- und Kondenswässer weiter stark verdünnt. Gelangen diese Abwässer in einen kleinen Vorfluter, so können sie große Belästigungen hervorrufen. Infolge ihres Gehaltes an Milchzucker und Eiweiß gehen sie sehr schnell in saure Gärung und dann in Fäulnis über und können zu argen Geruchsbelästigungen, zu Pilzbildungen, Schlammablagerungen und vor allem zu Sauerstoffschwund im Vorfluter führen, dessen Folgen schon in vielen Fällen größere Fischsterben und die Ursache größerer Schadenersatzprozesse gewesen sind. Nach KIMBERLEY kann unter gewissen Bedingungen von einer weitergehenden Reinigung der Molkereiabwässer abgesehen werden, wenn die Wasserführung des Vorfluters mindestens 30mal größer ist als die Menge des gesamten, abzulassenden Molkereiabwassers. Dieses wird aber nur in ganz besonderen Fällen zutreffen können, und zwar nur dann, wenn es sich um sehr dünne Abwässer handelt und der Vorfluter vorher noch nicht durch andere Abwässer beeinträchtigt ist und für die Reinigung eine genügend lange Strecke mit einer besonders guten Sauerstoffaufnahme und Selbstreinigungskraft zur Verfügung steht. Aus dem Abwasser müssen vorher im Betriebe möglichst alle verwertbaren Stoffe wie Eiweiß und Milchzucker entfernt sein. Im allgemeinen wird man ein Verdünnungsverhältnis von 1 : 150—200 fordern müssen, wenn man den Vorfluter vor Schaden schützen will. Das abzulassende Abwasser muß frisch sein und darf noch nicht in Fäulnis übergegangen sein. Die Schwierigkeiten durch Fäulnis und Gärung sind im Sommer gewöhnlich größer als in den kälteren Wintermonaten. Eine mechanische Reinigung, welche die Fett- und Eiweißbröckchen zurückhält, sollte in jeder Molkerei beim Ablassen in jeden Vorfluter vorgeschaltet werden. Die Menge der anfallenden Abwässer schwankt sehr stark und richtet sich nach der Eigenheit des Betriebes. Nach RUF und WARRIK[1] fallen für je 1000 Liter Milch folgende Abwassermengen an:

in der Annahme	1417,5 Liter mit einem Einwohnergleichwert von	6,2
„ „ Flaschenspülerei . . .	2084,5 „ „ „ „ „	10,3
„ „ Käserei	1417,5 „ „ „ „ „	35,4
„ „ Eindampfanlage (Herstellung von Kondensmilch) . . .	1167 „ „ „ „ „	10,5

Nach PRITZKOW fällt an Abwässern die $1^1/_2$—2fache Menge der verarbeiteten Milch an. Das Abwasser von 45 cbm Milch entspricht nach PARKER[2] dem Abwasser von 1000 Einwohnern (s. auch S. 484).

Die Zusammensetzung des Molkereiabwassers ist starken Schwankungen unterworfen. So schwankt nach WALKER

der Gesamtabdampfrückstand	zwischen	4000—50000 mg/Liter
„ Rückstand an organischen Stoffen .	„	3000—33000 mg/Liter
„ Rückstand an mineralischen Stoffen	„	1200—28000 mg/Liter

Durch die bei der sauren Gärung in den Molkereiabwässern gebildete Milchsäure können beim Ablassen der Molkereiabwässer in die städtischen Kanäle in der Kanalisation und bei der biologischen Reinigung der häuslichen Abwässer Schwierigkeiten entstehen. Während ELDRIDGE und ZIMMER[3] angeben, daß ein durch Absetzbecken gut vorgereinigtes Molkereiabwasser im Verhältnis 1:1 mit häuslichem Abwasser ohne Schaden für die biologische Weiterbehandlung gemischt werden könne, kommt HAASE[4] zu dem Ergebnis, daß der Anteil des Molkereiabwassers bei der Vermischung mit häuslichem Abwasser nicht mehr als 10—15% betragen solle. Um eine Säuerung zu verhindern, schlägt er eine zusätzliche, im Betrieb selbst vorzunehmende Kalkung der Molkereiabwässer vor.

---

[1] RUF and WARRIK: Sewage Works Journ. 1934, **6**, 580.
[2] PARKER: Eng. News-Rec. 1936, **116**, 125.
[3] ELDRIDGE and ZIMMER: Sewage Works Journ. 1931, **3**, 199.
[4] HAASE: Kleine Mitt. Landesanst. Wasser-, Boden- u. Lufthygiene 1935, **11**, 37.

b) Verwertung der Molkereiabwässer.

Die in den Molkereibetrieben anfallende Magermilch und auch die Molke sollten weitestgehend aufgearbeitet und der menschlichen Ernährung zugeführt werden. Als Verwendung für die Magermilch kommt nach Eberlein[1] in Frage die Herstellung von Magermilchpulver, Mischgetränken mit Magermilch, wie sie sich besonders im Sommer für Schulen, Sportplätze, Arbeitslager, Jugendherbergen, z. B. als Trinkkakao, bewährt haben.

1000 Liter Molke enthalten rund 10 kg Eiweiß und 50 kg Zucker. Außer zu Fütterungszwecken kann die Molke zur Gewinnung von Milchzucker, Milchsäure und Molkeneiweiß und neuerdings auch zur Herstellung von Kraftfutter benutzt werden. Durch Aufkochen der Molke unter Kalkzusatz werden die Eiweißverbindungen, das sog. Molkeneiweiß ausgefällt. Es wird abfiltriert und diente im Kriege und in der ersten Nachkriegszeit der menschlichen Ernährung. Neuerdings wird es nur noch zur Schweinemästung benutzt. Bewährt hat sich das unter dem Namen „Molkenveredelungsverfahren" der chemischen Werke Albert in Wiesbaden-Biebrich eingeführte Verfahren, bei dem die Eiweißstoffe der Molke durch ein Fällungsmittel ausgefällt werden. Auf 1000 Liter Molke werden 17 kg Trockensubstanz erhalten.

Wegen des hohen Gehaltes der Molke an Milchzucker (rund 4,5—6,0 %) wird die Molke vorzugsweise in der Schweiz und im Allgäu auf Milchzucker verarbeitet. Aus 100 Liter

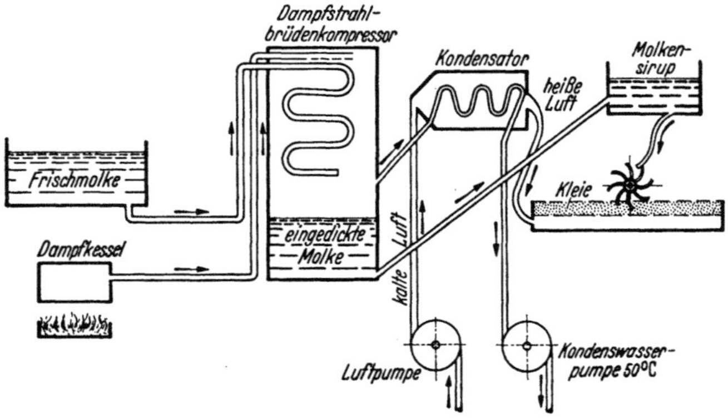

Abb. 20. Schema einer Molkenverwertungsanlage zur Herstellung von eingedickter Molke als Grundlage für Molkenkleie und ähnliche Futterstoffe.

Milch werden nach vorheriger Abscheidung des Albumins 3,5 kg Milchzucker gewonnen. Aus vergorener Molke läßt sich nach verschiedenen Verfahren auch Milchsäure gewinnen.

Da bei der Ausfällung der Molken nur die Hälfte der Gesamtstoffe entfernt werden, hat sich vom wirtschaftlichen Standpunkte aus die Eindampfung der Molken bis auf einen Syrup von $^1/_7$ der Molkenmenge, Vermischen mit Kleie und Verfütterung dieser Molkenkleie als sehr vorteilhaft erwiesen. Das erste Verfahren von Apotheker Wurm in Oldenburg führte die Eindampfung auf einem Schaufelrad durch. Besser und wirtschaftlicher scheint aber das vom Molkereidirektor Witte in Börry, Kreis Hameln, angewandte Verfahren der Apparatebaugesellschaft Wilh. Wiegand in Merseburg und die mit den Körtingschen Strahlapparaten versehene Vakuumeindampfanlage, die die Molke bei etwa 65° C restlos zur Trockne verdampft, zu sein. Aus 1000 kg Molke werden 80—90 kg Trockensubstanz erhalten, die 10 % Eiweiß, 55 % Milchzucker und 10 % Salze enthalten.

Bei dem Witte-Verfahren fließt die Molke aus einem Sammelbehälter zu dem unter Unterdruck befindlichen Raum des Dampfstrahlbrüdenkondensators, wo sie zuerst durch einige durch Dampf erhitzte Rohrwindungen fließt. Die Menge des ständig zugelassenen Dampfes ist so berechnet, daß im Vakuum die Molke bis zur gewünschten Dicke schonend eingedampft wird. Wenn eine genügende Menge Molke eingedampft ist, wird die eingedickte Molke in einer Trockenanlage mit Kleie vermischt. An Stelle von Kleie können auch Kartoffeln und Kartoffelflocken verwandt werden. Die Molkenkleie wird unter sinnreicher Ausnutzung der vorhandenen Wärme weiter getrocknet und dann in Säcke verpackt. Aus 13000 Liter Milch werden 9—10 Zentner Molkenkleie hergestellt. Um 1000 Liter Molke auf 110—120 Liter Syrup einzudampfen, sind 85—90 kg Steinkohle nötig. Bei einem Preis von RM 9.— für den Zentner Molkenkleie verbleibt nach Abzug der Betriebskosten und Tilgung noch ein Reingewinn von $^3/_4$ Pf. je Liter Molke. Die Kleie nimmt durch die Aufnahme der Molkenbestandteile um $^1/_4$—$^1/_2$ ihres Gewichtes zu. Der Futterwert der Molkenkleie ist ein sehr hoher. Die Molkenkleie hat sich gut eingeführt; sie wird nicht nur von

[1] Eberlein: Chem.-Ztg. 1936, **60**, 825.

Schweinen, sondern auch von Rindern, Schafen und sogar von Pferden gern genommen. Wo derartige Eindampfanlagen vorhanden sind, kann man auch Magermilch in ähnlicher Weise eindampfen und auf Kraftfutter bzw. Kükenfutter verarbeiten.

Molkereiabwässer können nach mechanischer Reinigung auch in Fischteiche eingeleitet werden, wenn diese so groß sind, daß sie die aufgenommenen Abwässer aerob abbauen können. Als Besatzfische kommen Karpfen in Frage, die in den bisher angewandten Fällen gut angewachsen sind.

Wo keine der vorgeschilderten Verwertungsanlagen möglich sind, können die vorher gut entfetteten Abwässer zur Ausnutzung der in ihnen enthaltenen Dungstoffe auf Rieselfelder aufgebracht werden. Hierbei sind gute Erträge an Gras und Klee zu erzielen.

c) Reinigung von Molkereiabwässern.

Genügt mit Rücksicht auf die Größe des Vorfluters eine mechanische Reinigung, so erfolgt diese am besten in einer Frischwasserkläranlage der bekannten Systeme mit 2- bis höchstens 4stündiger Aufenthaltszeit. In dieser sollen die groberen Sinkstoffe und vor allem auch durch Tauchbretter die Fettstoffe zurückgehalten werden. Der Schlamm kann dann ausgefault werden. Das im ersten Becken sich bei der beginnenden Säuerung schnell an der Oberfläche abscheidende Fett muß recht oft abgeschöpft werden und kann dann als Rohfett in Seifenfabriken verwandt werden. Will man die Zersetzungserscheinungen in der mechanischen Kläranlage verhindern, oder wenigstens verzögern, so kann dies durch Zugabe von Chlorkalk, Caporit oder Hypochloritlauge geschehen. In diesem Falle ist aber die durch die Säuerung der Milch geförderte Abscheidung der Fett- und Eiweißstoffe geringer.

Verlangt der Vorfluter eine weitergehendere Reinigung, so kann diese durch die Zugabe von Fällungsmitteln, wie Kalk, Eisen- und Aluminiumsalze, durchgeführt werden. Zur Zugabe dieser Stoffe müssen geeignete Mischvorrichtungen, wie Mischrinnen, oder mit Rührwerk ausgerüstete Behälter vorgesehen werden. Dienert fällt durch Zugabe von 100—1000 g/cbm Kalk, je nach dem Grad der Säuerung, und von 50—200 g/cbm Eisen- oder Aluminiumsulfat. Warrik gibt 390 mg/Liter Ferrosulfat ($FeSO_4 . 7 H_2O$) und 900 mg/Liter Kalk zu und erreicht dadurch eine Abnahme von 50—70% des biochemischen Sauerstoffbedarfs. Burrough flockt die im Abwasser enthaltenen Milcheiweißstoffe durch Zugabe von Schwefelsäure bis zum p_H-Wert 4,5—4,9 aus. Das abgesetzte Eiweiß wird getrocknet und verbrannt oder im Boden vergraben oder auch an Schweine verfüttert.

Die weitere biologische Reinigung der vom Fett befreiten und mit oder ohne chemische Fällung mechanisch vorgereinigten Abwässer kann geschehen durch intermittierende Sandfiltration, Bodenberieselung, Tropfkörper und das Belebtschlammverfahren.

Für die möglichst fettfreien und nicht sauren Molkereiabwässer — eventuell Zugabe von Kalk — braucht man bei einfacher intermittierender Sand- oder Bodenfiltration für je 25 Liter 1 qm Filterfläche bei 1,2 m Tiefe. Vorbedingung ist ein gut durchlässiger Sandboden in natürlicher Lagerung oder sonst künstlicher Schüttung, wobei die unteren Lagen aus Kies bestehen können.

Mehrere ungefähr quadratische Flächen oder lange rechteckige Gruben werden gut eingeebnet, mit Dämmen umgeben und etwa 30 cm mit Abwasser überstaut, welches dann versickert und verdunstet. Ist der Boden nicht durchlässig genug, so müssen die Flächen auch drainiert werden. Nachdem die einzelnen Filterflächen eine Zeitlang betrieben worden sind, werden sie zum Austrocknen und Ausdunsten außer Betrieb gesetzt. Der sich auf der Oberfläche absetzende Schlamm wird, sobald er stichfest ist, herausgestochen und wegen seines hohen Düngewertes auf anderen Ackerflächen verwandt. Nach dieser Reinigung ist das Filter wieder zur Aufnahme neuer Abwassermengen bereit.

Stehen große Flächen geeigneten Bodens zur Verfügung, so kann man die Abwässer durch eine Bodenberieselung unschädlich machen. Dieses Verfahren wird hauptsächlich bei kleinen, auf dem Lande liegenden Molkereien in Frage kommen. Die durch eine chemische Fällung mit Ferrosulfat und Kalk gut vorgereinigten Abwässer werden, wie bei häuslichem Abwasser üblich, auf Weiden und Wiesen verrieselt.

MINOTTO[1] beschreibt eine Molkerei, in der 30000 Liter Milch auf pasteurisierte Milch, Rahm, Butter, Buttermilch, Käse, kondensierte Milch und Eiscreme verarbeitet werden. Es fallen täglich 270 cbm Abwasser an, die mit Chlorgas behandelt und dann auf 40000 qm große Felder gepumpt werden. Der Boden ist sehr gleichmäßig und hat eine Grundwassertiefe von 9 m. Die Abflüsse der Rieselfelder werden zur Vorsicht nochmals gechlort.

Von den aeroben biologischen Verfahren kommt außer dem Fischteichverfahren, das eine Ausnutzung der Abwässer unter Erzeugung von Fischfleisch vorsieht, noch das Tropfkörperverfahren und das Belebtschlammverfahren in Frage. Wichtig ist bei Anwendung dieser biologischen Verfahren die Vorbehandlung des Abwassers. Außer der chemisch-mechanischen Behandlung hat man noch eine anaerobe Vorbehandlung durch Ausfaulen vorgeschlagen. Durch die Ausfaulung soll die Menge der abzubauenden Eiweißstoffe verringert und vor allem das Fett entfernt werden. Fette lassen sich durch Oxydation auf den Tropfkörpern nur sehr langsam zersetzen, sie verstopfen daher leicht die Filter. Seifen sind dagegen auf den Tropfkörpern leichter zersetzbar.

LEVINE[2] lehnt die an verschiedenen Stellen mit Erfolg angewandte anaerobe Vorbehandlung ab, weil hierbei der Milchzucker in Milchsäure übergeführt wird und diese dann aus dem Abwasser die Eiweißstoffe fällt. Der Quark steigt als Schaum an die Oberfläche. Bei zu hohem Säuregehalt werden auch die eiweißspaltenden Bakterien abgetötet. Das hat zur Folge, daß der Quark in solchen sauren Wässern 6—9 Monate liegen bleibt, ohne sich zu zersetzen.

Für die Anwendung von Tropfkörpern sollten die gut entfetteten Molkereiabwässer in möglichst frischem Zustand den Tropfkörpern zugeführt werden.

RUF und WARRICK sammeln das Abwasser in einem Vorratsbehälter, dessen Fassungsvermögen einem Tagesanfall an Abwässern entspricht. Die in 8—10 Stunden anfallenden Abwässer werden dann im Laufe des Tages gleichmäßig auf die Tropfkörper gebracht. Diese bestehen aus Steinbrocken von 25—30 mm Korngröße und haben eine Höhe von 1,8—2,4 m. Die Menge und Konzentration der Abwässer ist sehr verschieden, sowohl bei gleichartigen, als auch bei verschiedenartigen Molkereibetrieben. Die Belastung richtet sich nach der Konzentration der Abwässer. Als Maßstab wird der Kaliumpermanganatverbrauch und der 5tägige biochemische Sauerstoffbedarf empfohlen. In den meisten Fällen muß das auf die Tropfkörper zu gebende Abwasser mit reinem Wasser oder mit Ablauf verdünnt werden und zwar je nach der Konzentration bis zu einem Verhältnis 1 : 7. In diesem Falle spielt dann auch eine schwache Säuerung des Wassers keine große Rolle. Um die Tropfkörper möglichst gleichmäßig zu belasten, empfiehlt ROBERTS[3], die Absetzbecken als Ausgleichsbecken zu benutzen. Der Zufluß zu den Tropfkörpern soll frisch sein. Er wird mit gereinigtem Ablauf soweit verdünnt, bis der biochemische Sauerstoffbedarf 1000 bis 1200 mg/Liter beträgt. Zur Verteilung des Abwassers auf den Tropfkörpern benutzen sie Drehsprenger. Bei einer biologischen Untersuchung fanden sie auf dem Tropfkörper dieselben Organismen wie bei einem mit häuslichem Abwasser betriebenen Tropfkörper. Von anderen Forschern wurden 18 verschiedene aerobe Bakterienarten festgestellt, von denen die einen Milchsäure erzeugen und die anderen die erzeugte Milchsäure oxydieren. Versuche, Molkereiabwässer durch Hefe zu entzuckern, wobei Alkohol und eiweißhaltige Hefe gewonnen wird, hat ROBERTS[3] angestellt.

ELDRIDGE hat verschiedenes Körpermaterial für Tropfkörper untersucht. An der Abnahme des Kaliumpermanganatverbrauchs gemessen fand er bei

Lattentropfkörpern.	75 %	Abnahme
Schlackentropfkörpern	85,7%	„
Kiesfiltertropfkörpern	88,4%	„
Spiralringtropfkörpern	72,5%	„

Wenn auch Schlackentropfkörper eine sehr gute Wirkung hatten, so verstopften sie sich zu bald. Am besten waren Tropfkörper aus Kies oder Steinschlag, weil sie wegen der glatten

[1] MINOTTO: Municipal Sanitation 1930, 406.
[2] LEVINE: Sewage Works Journ. 1932, 4, 322.
[3] ROBERTS: Sewage Works Journ. 1936, 8, 489.

Oberfläche keinen Sand zurückhielten und deshalb nicht so leicht verschlammten. Nach WISELY[1] können Tropfkörper mit 1 kg/Tag Milchstoffe je 3,7 cbm Körpermaterial belastet werden.

DAMM und BOCK lehnen mit Recht die offenen Tropfkörper in der Nähe der Molkerei wegen der Fliegenplagen und Geruchsbeslästigungen im Sommer ab. Sie haben daher Versuche mit einem geschlossenen Tropfkörper mit zusätzlicher Belüftung von oben her durchgeführt. Der in der Mitte der Decke eingebaute Siemens-Betz-Hochleistungsbelüfter drückt bei einer Stundenleistung von 1500 cbm die Luft mit einem Druck von 15 mm Wassersäule in den Tropfkörper. Die Verteilung des Abwassers erfolgt ebenfalls durch den Belüfter selbst. Wie aus Abb. 21 ersichtlich, wird das Abwasser auf die unter dem Belüfter angebrachten Verteilerscheiben geleitet. Diese schleudern das Wasser bei der schnellen Umdrehung der Scheibe (2900 Umdrehungen in der Minute) nach außen und verteilen es schleierartig über die ganze Oberfläche des Tropfkörpers.

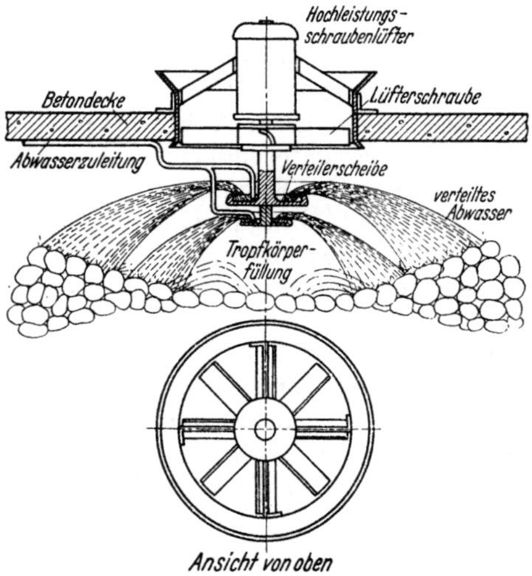

Abb. 21. Schematische Lüfter- und Verteileranordnung für Molkereiabwasser auf geschlossenen, belüfteten Tropfkörpern nach DAMM und BOCK.

Voraussetzung für die gute Reinigung der Abwässer durch das Tropfkörperverfahren ist nach PLOCK und BOCK[2], daß die in einem Ausgleichsbecken gesammelten, stoßweise anfallenden Abwässer wechselnder Konzentration durch Zusatz von Frischwasser von den Kühlern oder den Kältemaschinen mindestens bis zu einem Kaliumpermanganatverbrauch von 1000 mg/Liter verdünnt werden. Bei dem Betriebe sind folgende Punkte genauestens zu beachten:

1. Das Abwasser aus dem Ausgleichsbecken darf erst dann dem Tropfkörper zugeführt werden, wenn es durch Frischwasser weitgehendst verdünnt worden ist. Am besten wird der Tropfkörper erst nach Schluß der Hauptarbeitszeit mit dem zunächst entfetteten und dann verdünnten und gut durchgemischten Abwasser beschickt.

2. Die anfallenden und verdünnten Abwässer sollen in 13—14 Stunden in gleichmäßigem Strome dem Tropfkörper zugeschickt werden.

3. Konzentriertere Abwässer, wie Molke und das erste Butterwaschwasser, dürfen der Kläranlage nicht zugeführt werden, da diese die Klärwirkung auf längere Zeit stillegen. (In diesem Falle dürfte die Konzentration und der Säuregehalt, der durch eine genaue Neutralisation mittels Kalk leicht zu beseitigen ist, die größere Rolle spielen. D. Verf.).

4. Die auf der Oberfläche des Vorklärbeckens sich bildende Schaumschicht muß täglich entfernt werden, da auch sie den Betrieb des Tropfkörpers stört.

5. Die auf der Oberfläche des Tropfkörpers sich bildende gallertartige Schicht muß alle 2—3 Wochen entfernt werden, da sie den freien Durchtritt von Luft und Wasser stört.

Das Belebtschlammverfahren ist von KESSENER[3] bei verschiedenen Molkereien mit bestem Erfolg angewandt worden, so unter anderem bei der Kläranlage der Nestle-Werke in Hamoir in Belgien.

Der Betrieb verarbeitet in 8 Stunden 25000 Liter Milch und stellt kondensierte Milch, Butter und Käse her. Die Kläranlage besteht aus einem Mischbecken, einem

[1] WISELY: Sewage Works Journ. 1936, 8, 489.
[2] PLOCK u. BOCK: Molkerei-Ztg. 1936, Nr. 16.
[3] KESSENER and RUDOLFS: Sewage Works Journ. 1934, 6, 318.

Absetzbecken, Lüftungsbecken nach dem KESSENER-Verfahren der Oberflächenbelüftung mit Bürstenwalzen, einem Nachklärbecken und getrennten Schlammfaulbehältern. Im Mischbecken werden im Sommer täglich 18 kg gelöschter Kalk zugesetzt, im Winter erfolgt kein Kalkzusatz. Nach der mechanischen Reinigung im Absetzbecken erfolgt Belüftung im KESSENERschen Belüftungsbecken. Die Bürste ist 18,5 m lang und hat einen Durchmesser von 66 cm. Bei 1,5 cm Eintauchtiefe macht die Bürste in der Minute 65—70 Umdrehungen. Der Kraftbedarf wird durch einen 4,5-PS-Motor gedeckt. Die Menge des Rücklaufschlammes wird durch ein teleskopartiges Ventil automatisch reguliert. Der Überschußschlamm geht mit dem Schlamm der Vorreinigung in die getrennten Faulräume, die mit Rührwerk versehen sind. Das Rührwerk zerstört die stark fetthaltige Schwimmdecke und impft auch den ankommenden Schlamm.

d) Abwässer aus Margarinefabriken.

Bei der mit Schwefelsäure durchgeführten Spaltung der Fette fallen meist stark schwefelsäurehaltige Abwässer an, die schon sehr häufig in städtischen Kanalisationen durch Anfressen der Zementrohre und der Zementfugen große Schäden angerichtet haben. Diese Abwässer müssen daher vor dem Ablassen in die städtischen Kanäle unbedingt neutralisiert werden, was am besten durch Kalk geschieht. Bei der Härtung der flüssigen Pflanzenfette durch Wasserstoffanlagerung fallen sehr heiße Waschwässer an, welche die mit den sauren Wässern in Zementkanälen auftretenden, auf Calciumsulfaluminatbildung zurückzuführenden Schädigungen begünstigen. Die warme Temperatur fördert stark die im Kanal stattfindenden Faulungsvorgänge, die Reduktion der Sulfate zu Sulfiden und verursacht hierdurch das lästige Auftreten von Schwefelwasserstoff. Für die in der Fettspaltung, Fetthärtung und Fettreinigung auftretenden Abwässer empfiehlt GLASER[1] folgende Maßnahmen:

1. Verhinderung des Einfließens von Säure durch ausreichende Abstumpfung mit Kalk.
2. Abkühlung der heißen Wässer zur Verhinderung der Bildung von Schwefelwasserstoff.
3. Schnellste Entfernung von Dämpfen und Gasen durch ausreichende Lüftung.

Weitere Abwässer entstehen bei der Abkühlung, dem Abschrecken, der Emulsion mit kaltem Wasser. Das Abschreckwasser kann nach vorheriger Klärung in der Ölraffinerie längere Zeit im Kreislauf verwandt werden, bevor es endgültig abgelassen wird. In der Milchsammelstelle entstehen die Schwenk- und Spülwässer der Kannen und Apparate.

Die in einer Margarinefabrik anfallenden Abwässer ähneln in ihrer Zusammensetzung den Abwässern aus einer Molkerei. DELKESKAMP[2] gibt die Menge der in einer Margarinefabrik mit einer Tagesproduktion von 1200—1500 Zentnern Margarine anfallenden Abwässer zu 120 cbm je Stunde als Trockenwetterabfluß an, das ist 2—3 cbm je Zentner. Für eine Fabrik dieser Größe werden zur Neutralisation der sauren Abwässer in einer 14kammerigen Absetzanlage täglich 6—7 Zentner Kalk zugesetzt. Der auf freie Fettsäuren oder auf minderwertige Rohfette zurückzuführende schlechte Geruch des Abwassers wird durch eine Kalkung nicht beseitigt. Der Gehalt des Abwassers an Fett schwankt zwischen 300—350 mg/Liter.

Die Beseitigung des oft in großen Mengen im Abwasser vorhandenen Fettes ist eine Vorbedingung für die weitere Reinigung. Die Anwendung der gewöhnlich benutzten Fettfänger zum Abfangen des Fettes führt in den meisten Fällen wegen der sehr feinen Verteilung des Fettes nicht zum Ziele. DELKESKAMP benutzt daher einen belüfteten Fettfänger, bei dem das Fett mittels Preßluft in Form eines Schaumes an die Oberfläche gebracht und dann in besondere Seitenkammern geleitet wird (s. S. 282). Zur Abscheidung der letzten

[1] GLASER: Gesundh.-Ing. 1935, 58, 254.
[2] DELKESKAMP: Städtereinigung 1934, 26 361.

Fettreste sollen sich nach PRITZKOW Holzwollfilter bewährt haben, durch die das Abwasser von unten nach oben hindurchgeleitet wird. Da in vielen Fällen die Entfettung und mechanische Reinigung nicht ausreichen wird, sollte man besonders in den Fällen, wo man gezwungen ist, nachträglich noch künstliche biologische Verfahren anzuwenden, die Entfettung und mechanische Reinigung durch chemische Fällungsmittel unterstützen.

Für die weitere Behandlung der gut neutralisierten und entfetteten Abwässer, die beim Stehen leicht in stinkende Fäulnis übergehen, sind verschiedene Verfahren, wie Berieselung, Tropfkörperbehandlung, Verwendung belüfteter Tauchkörper und das Belebtschlammverfahren angewandt worden. Wo in der Nähe der Fabrik sehr große Flächen zur Verfügung stehen, ist Verrieselung der entfetteten und neutralisierten Abwässer auf gutem sandigen Boden am einfachsten. Die Belastung sollte aber nicht stärker als 20—25 cbm je Hektar Rieselfläche sein. Es wird in den meisten Fällen bei der Größe der Margarinefabriken schwer fallen, die genügenden Flächen zur Verfügung zu stellen. Über die Anwendung des Magdeburger P-Verfahrens siehe S. 433, Abb. 164.

DELKESKAMP reinigt die durch belüftete Fettfänger und Absetzbecken vorgereinigten Abwässer in belüfteten Tauchkörpern, in denen das Abwasser eine Stunde lang belüftet wird. Nach der biologischen Reinigung wird das Abwasser gechlort (2 mg Cl/Liter) und durch einen Nachklärteich zur Sicherstellung der Einwirkung des Chlors geleitet. Diese Chlorung hat aber nur dann Zweck, wenn das gereinigte Abwasser bald einen größeren Vorfluter erreicht.

Die in der mechanischen Vorklärung anfallende Schlammenge, die bei Zugabe von Fällungsmitteln wie Ferro- oder Aluminiumsulfat und Kalk zur Entlastung der biologischen Reinigung vermehrt wird, wird am besten in getrennten Schlammfaulräumen weiterbehandelt. Da der fetthaltige Schlamm stets an die Oberfläche kommt und Schwimmdecken bildet, ist eine gute Vermischung erwünscht. Das bei der Ausfaulung des Fettes anfallende Gas kann im Betrieb verwandt werden.

e) Abwässer der Speisefett- und Ölgewinnung.

Die durch Ausschmelzen, Auspressen, Schlagen oder Extraktion gewonnenen rohen Öle und Fette enthalten stets mehr oder weniger Verunreinigungen, wie Schleimstoffe, eiweißartige Körper usw. Um diese Stoffe zu entfernen, setzt man unter tüchtigem Mischen $^1/_2$—1% konzentrierte Schwefelsäure zu. Nach 24 Stunden wird bis auf 75° C erwärmtes Wasser in einer Menge, die etwa $^2/_3$ der Fettmenge entspricht, zugegeben. Das Ganze wird eine Zeitlang tüchtig durchgemischt. Dann läßt man die Mischung an einem etwa 30° warmen Orte so lange stehen, bis sich das Fett (Öl) vom Wasser, das jetzt alle Verunreinigungen und die Schwefelsäure aufgenommen hat, getrennt hat.

Abgesehen von dem Säuregehalt enthalten diese Abwässer erhebliche Mengen stickstoffhaltiger, organischer, nach der Neutralisation der Säure leicht fäulnisfähiger Stoffe. Die Abwässer aus Fabriken der Speisefettgewinnung können daher den Vorfluter in gleicher Weise schädlich beeinflussen wie die Abwässer der Molkereien oder Margarinefabriken. Für ihre Reinigung kommen ähnliche Verfahren wie sie für Molkereien angewandt werden, in Frage. In der Hauptsache muß auf eine restlose Neutralisation und gute Entfettung Wert gelegt werden. Die in der Entfettung anfallenden, wertvollen fetthaltigen Stoffe sollen in der Seifenfabrikation ausgenutzt werden. Die an anderen Stellen geschilderten Fettfänger können, wenn sie genügend groß hergestellt werden, sinngemäß verwandt werden.

Wird die Raffination des Öles durch Chlorzink bewirkt, so sollte zunächst eine Wiedergewinnung des Zinks erfolgen, ehe die Abwässer nach Beseitigung der übrigen fäulnisfähigen Stoffe in den Vorfluter abgelassen werden.

Beim Ausschmelzen von Talg entstehen in den Talgschmelzen Abwässer nur in geringer Menge und zwar hauptsächlich beim Reinigen der Gefäße. Da das Fett sehr schnell erstarrt, so ist die Wiedergewinnung des Abfallfettes, das den Seifenfabriken zugeführt werden kann, sehr leicht. Die Reinigung der dann noch anfallenden Abwässer kann, wenn ein Ablassen in die städtische Kanalisation nicht möglich ist, in gleicher Weise wie die Reinigung der Schlachthofabwässer erfolgen.

9. Abwässer der Stärkeindustrie.

Je nach dem Ausgangsstoff unterscheidet man Kartoffel-, Weizen-, Reis- oder Maisstärke. Die meisten Kartoffelstärkefabriken in Deutschland sind landwirtschaftliche Betriebe (etwa 90%) und befinden sich zu 80% im Osten des Reiches. Es gibt Fabriken für Trockenstärke und solche für Naßstärke. Dazu kommen die Glucosefabriken (Stärkezucker) und die Fabriken für Dextrin, lösliche Stärke und Stärkegummi. Dem steht in Deutschland eine viel kleinere Zahl von Mais-, Reis- und Weizenstärkefabriken gegenüber, die Maisstärkepulver (Puddingpulver), Reisstärke (Wäschestärke) und Weizenstärke herstellen.

a) Kartoffelstärkefabriken.

Die Kartoffel liefert nur etwa $^1/_5$ ihres Gewichtes an Stärke. Für 100 dz Kartoffeln sind 95—100 cbm reines eisenfreies Wasser erforderlich, d. h. für 1 t Rohmaterial wird die 10fache Menge Brauchwasser benötigt. Auf dem Schwemmtransport vom Lager zur Fabrik, der besonders bei Kartoffeln, die aus schwerem Boden stammen, nötig ist, werden die Kartoffeln schon weitgehend gewaschen. Die Wäsche wird dann noch durch Kartoffelharken und Abspritzen in der Fabrik zu Ende geführt. Die beim Waschen der Kartoffeln entstehenden Waschwässer enthalten neben den ursprünglich den Kartoffeln in einer Menge von etwa 5—6%, höchstens bis etwa 20% des Kartoffelgewichtes anhaftenden erdigen Bestandteilen, nicht selten Strohreste aus den Kartoffelmieten, daneben auch noch kleine Kartoffeln, Kartoffelstückchen, losgelöste Keimsprossen und Wurzelfasern, die beim Transport abgeschlagen werden. Da diese Abwässer in der Hauptsache durch leicht abscheidbare Schwebestoffe verschmutzt sind, sollten sie unter möglichster Frischerhaltung mechanisch gereinigt und dann möglichst lange im Kreislauf gehalten werden. Bei diesem Kreislauf und vor allem vor dem Ablauf in den Vorfluter sind sie schwach zu chloren, um Zersetzungserscheinungen zu verhindern.

Nach der Wäsche werden die Kartoffeln auf Reibemaschinen, den sog. Sägeblattreiben zu Brei zerrieben. Aus einer im Gehäuse der Reibe befindlichen Brause wird eine große Wassermenge, etwa 50—60 cbm auf 100 Zentner Kartoffeln, auf das Reibsel gespritzt und in die Reibselgrube übergeführt. Der aus Stärkekörnern, Fasern, Schalen, aus nicht zerrissenen Kartoffelzellen und dem Fruchtwasser bestehende Brei wird auf Schüttelsieben, Siebapparaten, Plansieben, rotierenden Siebtrommeln bzw. Bürstenbottichen ausgewaschen. Die anfallenden verdünnten Fruchtwässer gehören infolge ihres hohen Gehaltes an fäulnisfähigen Stoffen, die neben einigen mineralischen Bestandteilen aus den Kartoffeln herausgelöst werden, zu den für Vorfluter gefährlichen Abwässern. Nach dem Bericht der holländischen Kommission zur Reinigung von Kartoffelmehlfabrikabwasser hat das Fruchtwasser etwa folgende Zusammensetzung:

	ungelöst	gelöst	gesamt
Abdampfrückstand	1290 mg/Liter	7055 mg/Liter	8345 mg/Liter
davon anorganisch	185 mg/Liter	1910 mg/Liter	2095 mg/Liter
davon organisch	1105 mg/Liter	5145 mg/Liter	6250 mg/Liter

Kaliumpermanganatverbrauch	9449 mg/Liter	Kali (K_2O)	1114 mg/Liter
freies Ammoniak	36,5 mg/Liter	Phosphorsäure (P_2O_5)	322,0 mg/Liter
Stickstoff als NH_3	30,0 mg/Liter	Kalk (CaO)	96,0 mg/Liter
organischer Stickstoff	528,5 mg/Liter		
Gesamtstickstoff	558,5 mg/Liter		

Nach O. SAARE enthält 1 cbm Fruchtwasser 2,37 kg Zucker, 0,256 kg Stickstoff, 0,88 kg Eiweiß mit 2% Schwefel, aus denen bei der Gärung 1,15 kg Kohlensäure, 0,25 kg Ammoniak und 0,009 kg Schwefelwasserstoff entstehen. Infolge des hohen Gehaltes an Kohlehydraten gehen die Abwässer leicht in saure Gärung unter Bildung von Milch- und Buttersäure über. Später nach Abschluß der Gärung treten unter Zersetzung der eiweißartigen Stoffe Fäulniserscheinungen auf, bei denen Schwefelwasserstoff entwickelt wird.

Der erhebliche Dungwert des Fruchtwassers sollte unbedingt auf gut drainiertem Rieselgelände — das ja in der Nähe der Kartoffelstärkefabriken in den meisten Fällen zur Verfügung steht — ausgenutzt werden, zumal die Verrieselung das billigste und ein in der Praxis bewährtes Reinigungsverfahren ist. Man kann für Wiesen mit Stauberieselung auf terrassenförmig angelegten Flächen nach ELSÄSSER auf 1 ha Land in 100 Tagen 15000 cbm des gut mechanisch vorgeklärten Abwassers aufbringen. Eine kleine landwirtschaftliche Stärkefabrik (Naßstärke) mit 300—600 Zentnern Verarbeitung würde demnach eine Rieselfläche von 2—4 ha Rieselland, eine Trockenstärkefabrik mit gleicher Verarbeitung etwa die doppelte Landfläche benötigen. König hält diese Belastung von 150 cbm/ha und Tag für reichlich hoch und gibt bei 365 Rieseltagen eine Belastung von 20 cbm/ha und Tag an. Als Anbaufrüchte, welche die mit Kali und Phosphorsäure reichlich durchsetzten Abwässer auf den Rieselflächen gut ausnutzen können, gibt er außer Kartoffeln, Gras auf Wiesen und Weiden an. Nach neueren Vorschlägen (Beck, Altdamm) soll man das Fruchtwasser nach vorherigem Eindicken an Kartoffeln antrocknen, um so ein an zusätzlichem Eiweiß und an anderen Nährstoffen reicheres Futtermittel herzustellen.

Die auf den Sieben als Pülpe zurückbleibende Kartoffelfaser wird entweder in Erdbassins gelagert, wobei das in ihnen noch enthaltene Pülpewasser abfließt. In allen anderen Fällen wird die Pülpe in besonderen Pülpepressen abgepreßt. Das ablaufende Pülpewasser gelangt in einer Menge von 2—3 cbm je 100 Ztr. Kartoffeln mit den übrigen Abwässern zum Abfluß. Das Abpressen kann in den auch in Zuckerfabriken angewandten Pülpefängern geschehen (s. Abb. 22).

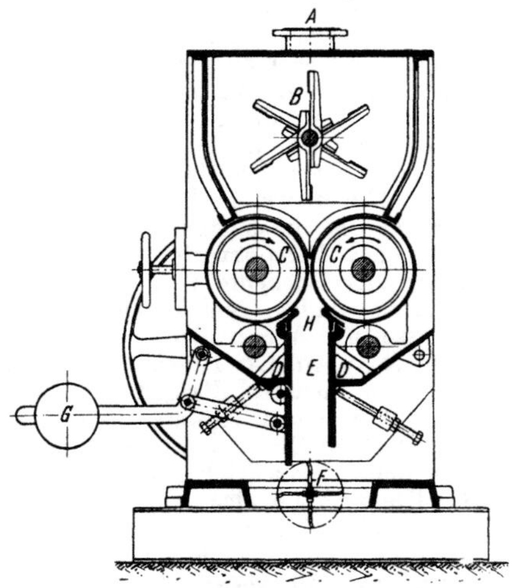

Abb. 22. Büttner-Walzenpülpepresse für die Zucker- und Stärkeindustrie (Büttner-Werke, A.G. Ürdingen am Niederrhein).

Die Pülpe gelangt mit 90—95% Wasser von einem Sammelgefäß unter Druck durch den Einlaufstutzen *A* in den Füllschacht *B*, von wo sie unter ständigem Umdrehen den Preßwalzen *C* zuläuft. Bei langsamer Umdrehung wird die Pülpe langsam entwässert. Das Preßwasser läuft durch die Wasserfänger *D* ab. Die entwässerte Pülpe wird durch die Preßwalzen in den Preßschacht 2 gedrückt. Die mit 93,3% Wassergehalt anfallende Frischpülpe wird hierbei bis auf einen Wassergehalt von 68,5% abgepreßt.

Das Abfallprodukt, die Pülpe, enthält die Korkrinde und Cellulose der Kartoffeln neben geringen Mengen noch anhaftender Stärke. Sie wird naß oder getrocknet als Viehfutter benutzt. Die Pülpeausbeute beträgt für je 100 kg verarbeitete Kartoffeln:

nasse Pülpe (90% Wasser)	50 kg
gepreßte Pülpe (ungefähr 80% Wasser). . . .	25 kg
trockene Pülpe (ungefähr 10% Wasser). . . .	5 kg

Man muß bestrebt sein, alle Verluste an futterfähigem Reibsel und Stärkeabfällen möglichst zu vermindern und Sorge tragen, daß sie nicht in Fäulnis übergehen. Die allgemeine Verwendung von geeigneten Konservierungsmitteln, wie Chlor oder schweflige Säure (0,4%ige Lösung), dürfte auch bei den Kartoffelstärkefabriken vermehrte Ausbeute und besseres Abwasser bringen.

Aus der Stärkemilch von 1,0—1,5° Bé wird die Rohstärke auf mechanischem Wege abgetrennt, wozu man sich entweder der Absetzgefäße bzw. Staufluten bedient oder neuerdings Trennschleudern gebraucht, die eine rasche und ununterbrochene Abtrennung ermöglichen. Die in den Absetzbecken abgesetzte Rohstärke, eine gelbliche Masse, wird zur Reinigung in die Waschbottiche übergeführt (Quirlbottiche). Sie muß dann so lange gewaschen werden, bis alle Nebenstoffe entfernt sind. Die hierbei entstehenden Stärkewaschwässer können als verdünnte Fruchtwässer angesehen werden. Ihre Menge beträgt 5—15 cbm je 100 Zentner Kartoffeln. Die gereinigte Stärke verläßt entweder als sog. Feuchtstärke (Naßstärke) mit ungefähr 50% Wasser die Fabrik oder sie wird nach vorherigem Ausschleudern auf Horden in Kanaltrocknern oder in Vakuumtrockenapparaten getrocknet. Sie gelangt mit einem Wassergehalt von 20% entweder als Brocken-, oder als Krümelstärke oder als Kartoffelmehl in den Handel.

Bei der Veredelung der Stärke zu Pudding- oder Speisestärke oder bei der Weiterverarbeitung zu löslicher Stärke u. ähnl. können je nach dem angewandten Verfahren schwach chlorhaltige, schwach saure oder schwach alkalische Abwässer anfallen. Als Säuren kommen hauptsächlich organische Säuren, wie Essigsäure, Oxalsäure, Weinsäure und auch Borsäure in Frage. Als Oxydationsmittel bei der Herstellung der löslichen Stärke werden neben Chlor und Chloramin, Perborate, Persulfate, Wasserstoffperoxyd und Permanganat angewandt.

b) Reis- und Getreidestärkefabriken.

In den Getreidestärkefabriken wird als Rohstoff Reis oder Weizen gebraucht. Die Fabrikation dieser Stärkesorten unterscheidet sich grundsätzlich von der der Kartoffelstärke. Beim Weizen muß eine möglichst vollständige Trennung der Stärke von dem Kleber erfolgen, in der Weise, daß von dem wertvollen Kleber nichts verloren geht. Nach den früher allgemein angewandten Verfahren wurde der Weizen geschrotet, eingeweicht, zerquetscht und die zerquetschte Masse unter Zugabe von Wasser der Gärung überlassen (im Sommer 10—12, im Winter bis zu 20 Tagen). Bei der Gärung wird der im Weizenmehl in Mengen von 10—14% enthaltene Kleber durch Essig- und Milchsäure in lösliche Form übergeführt; er kann dann leichter ausgewaschen werden. Die Abwässer von der Stärkewäsche nach dem Gärverfahren haben stark fauligen Geruch und sind dabei stark sauer. Das Gärverfahren liefert zwei Produkte, die reine Stärke und die saure Kleberstärke oder Schlichte und als Abfall den sauren Kleber. Bei dieser Art der Stärkefabrikation fallen beim Auskneten der in Gärung versetzten Rohstoffe sehr übelriechende Abwässer an. Wegen der üblen Gerüche dürfen solche Abwässer nicht in offenen Kanälen, Chausseegräben oder Rinnsteinen, sondern nur in geschlossenen Röhren abgeleitet werden. Nach dem neueren Elsässer- oder deutschen Süßverfahren wäscht man zur Vermeidung der übelriechenden Abwässer die Weizenstärke aus den geschroteten, eingeweichten und zerquetschten Körnern direkt durch Druckwasser aus. Hierbei gewinnt man fast quantitativ den frischen Kleber in gummöser Form. Dieser wird in dünner Schicht getrocknet. Der Kleber kann aber auch noch weiter gewaschen werden. Wenn er Nahrungszwecken dienen soll, wird er in besonderen Kleberraffinierapparaten gereinigt. Unter Zusatz von Persalzen wird er auch nach verschiedenen Verfahren löslich gemacht und dann in der Appreturtechnik verwandt.

Je nach der Gewinnungsart fallen daher bei den Süßverfahren nur wenig verschmutzte Abwässer, während bei den Gärverfahren stark riechende, saure Abwässer anfallen, die vor ihrer weiteren Reinigung erst gut neutralisiert werden müssen.

Zur Herstellung der Reisstärke werden Bruchreis, der in den Reisschälereien anfällt, geringere Reissorten, oder auch havarierter Reis angewandt. Um die Stärke, die im Reiskorn sehr innig verkittet ist, zu gewinnen, muß der Reis mit chemischen Mitteln behandelt werden. Man weicht den Reis mehrmals hintereinander mit schwacher $^1/_4$—$^1/_2$%iger Natronlauge etwa 18 Stunden in Behältern mit Siebboden unter öfterem Umrühren ein. Dann wird der Reis gewaschen und in Doppelreismühlen zerquetscht, wobei beim Mahlen dauernd eine Lauge gleicher Konzentration zugeführt wird. Auf 100 kg Reis werden 200 Liter Lauge mit einem Gehalt von 3—5 g Natriumhydroxyd im Liter verwandt. Das Reibsel kommt in Quirlbottiche, in denen das Gemisch 6 Stunden gerührt wird. Dann wird es mit Wasser verdünnt und zum Absetzen gebracht. In der Ruhe setzt sich der Kleber mit etwas Stärke und Geweberesten ab, während die Stärkemilch durch feine Zylindersiebe in Setzkästen abfließt. Die bei der Reisfabrikation anfallenden Abfälle werden zweckmäßig verfüttert. Man kann aber auch nach E. Pott durch Vermischen getrockneter Reisschlempe und Reiskleber mit Kleie ein Futtermittel herstellen.

In gleicher Weise wie beim Reis muß bei der Herstellung der Maisstärke der Aufschluß durch Säure oder Alkalien erfolgen. Man läßt die geputzten Körner 1—2 Tage in verdünnter schwefliger Säure oder in Natronlauge einweichen. Bei der aus neuzeitlichen, amerikanischen Maisstärkefabriken übernommenen Arbeitsweise werden Zersetzungen des Rohmaterials während des Fabrikationsganges, die bei einem bakteriell leicht angreifbaren Rohmaterial, wie es die gequollenen Maiskörner sind, leicht eintreten würden, durch das Einweichen in 0,4%ige Lösung von schwefliger Säure hintangehalten.

Die Abwässer, mit denen früher noch 2,5—3% des gemahlenen Maiskornes in gelöster, kolloider oder allerfeinst suspendierter Form verloren gingen, werden jetzt nach entsprechender Zwischenreinigung zu 87% in den Kreislauf geführt. Heutzutage betragen daher die Verluste an Maisstärke — bezogen auf das gereinigte, gemahlene Korn — weniger als 0,5%. Bei dem Kreislauf reichern sich allmählich die Stoffe in dem Abwasser an. Ein Teil der besonders gehaltreichen Abwässer wird laufend eingedickt und kann in dieser Form, gemischt mit anderen Abfällen, noch als Futter nutzbar gemacht werden. Durch diese Verwendung im Kreislauf und die Eindampfung der Abwässer hat man die Flußverunreinigungen durch die Abwässer von Maismehlfabriken, um mehr als 90% gegenüber dem früheren Zustand verringern können.

c) Einfluß der Abwässer auf den Vorfluter und Kanalisation.

Der Einfluß der Stärkefabrikabwässer auf den Vorfluter richtet sich ganz nach der Menge der Abwässer und der Größe der Vorfluter. Große Vorfluter werden mit kleineren Mengen Abwasser, wenn sie frisch abgelassen werden und noch keine Gärungs- und Fäulniserscheinungen zeigen, ohne besondere Schwierigkeiten fertig. Anders ist es aber mit größeren Abwassermengen und besonders mit kleinen Vorflutern. Hier kann ein träger Wasserlauf schon durch die ungelösten Stoffe stark verschlammen. Die gelösten Stoffe wirken besonders schädlich, wenn bereits Zersetzung eingetreten ist, da sie sofort eine stark vermehrte Sauerstoffzehrung hervorrufen. Bei Zuführung größerer Mengen Stärkeabwässer mit hohem Gehalt an organischen Stoffen tritt nach kurzer Zeit starke Pilzbildung ein. Die Pilze sterben nach der Kampagne infolge Nährstoffmangels ab. Sie gehen in stinkende Fäulnis mit starker Schwefelwasserstoffentwicklung über und verwandeln den Flußlauf oft auf eine lange Strecke in eine schwarze Brühe, in der kein organisches Leben bestehen kann.

Auf einer Kläranlage wurde durch den Zufluß von Stärkefabrikabwasser der Verschmutzungsgrad so stark erhöht, daß das häusliche Abwasser von 60000 Einwohnern einer Abwassermenge von 300000 Einwohnern entsprach. Bei dem starken Zufluß von warmem Kondenswasser faulte das Abwasser sehr stark an und gab durch seinen üblen Geruch zu ernsten Belästigungen in der Kanalisation und auch auf der Kläranlage Veranlassung. Der bei der Faulung entstehende Schwefelwasserstoff mußte abgesaugt und verbrannt werden. Zur Entlastung der Tropfkörper wurde eine Schlammbelebungsanlage vorgeschaltet.

d) Reinigung der Stärkefabrikabwässer.

Für die Behandlung der Abwässer aus Kartoffelstärkefabriken empfiehlt sich zunächst weitgehende mechanische Vorbehandlung durch Drahtgitter, Gazesiebe und ähnliche Apparate, wie sie unter anderem in Zuckerfabriken zum Abfangen der Rübenschwänze in Gebrauch sind (s. dort). Zum Abfangen der erdigen Bestandteile läßt man die Wässer in Schlammteichen absetzen. Die Entfernung der gelösten Bestandteile geschieht am besten und am zweckmäßigsten durch das Berieselungsverfahren, da hierdurch die dem Ackerboden entzogenen wertvollen Dungstoffe dem Boden wieder zugeführt werden. NOLTE[1] hat die Abwässer einer sehr großen Kartoffelstärkefabrik durch Verregnung auf einer größeren landwirtschaftlich genutzten Fläche verwertet. Hierbei werden die Fruchtwässer in einer Menge von 120 cbm/Stunde aus Sammelbecken in eine unterirdische Rohrleitung gepumpt, die durch zahlreiche Hydranten Verbindung zu oberirdisch liegenden Leitungen erhält. Die aus 6 m langen Rohren zusammengesetzten Leitungen können durch Schnellkuppelungen jederzeit schnell verlegt werden. An diese Oberleitungen sind Weitstrahlregner angeschlossen, die unter kreisenden Bewegungen das Abwasser im hohen Bogen auf das Gelände verspritzen. Beim Aufschlagen des Abwassers auf den Boden wird durch Ausflocken des Eiweißes ein weißer Schaum

[1] NOLTE: Fischerei-Ztg. 1935, **38**, 342.

erzeugt, der mechanisch zurückgehalten wird. Das Dränwasser ist praktisch frei von organischen Bestandteilen.

Die Anlagekosten für eine Verregnungsanlage für eine Fabrik obiger Größe gibt NOLTE mit RM 63000 an. Den Düngewert der mit 300000 cbm für die Betriebszeit angegebenen Abwassermenge setzt er mit RM 39000 ein, während er die Betriebskosten zu RM 15000 berechnet. Bei Zugrundelegung von $^2/_3$ des Dungwertes würden für die Verzinsung und Amortisation noch RM 11000 zur Verfügung stehen.

Steht nicht genügendes Ackerland für die Verrieselung oder Verregnung zur Verfügung, so können auch die bekannten künstlichen biologischen Verfahren angewandt werden. Die Abwässer müssen in möglichst frischem, jedenfalls nicht in angegorenem Zustande der biologischen Reinigung zugeführt werden. Die bei den Getreidestärkefabriken anfallenden sauren oder alkalischen Abwässer müssen vor ihrer Weiterbehandlung durch Zusammenleiten der sauren Abwässer und der alkalischen Abwässer vom Aufschließen der Rohstoffe mit Natronlauge, eventuell unter weiterer Zugabe von Kalk bzw. Kohlensäure, neutralisiert werden.

Um die biologischen Anlagen nicht zu groß bauen zu müssen, empfiehlt es sich, durch stufenweise Behandlung der Abwässer durch Zugabe von chemischen Fällungsmitteln vorzubehandeln. Hierzu eignet sich Kalk in Verbindung mit Wasserglas oder Ferro- und Aluminiumsulfat. Die sofortige Zugabe von Kalk allein hat sich nicht bewährt, da er einen Teil der ausgefällten Stoffe wieder löslich macht; es ist daher besser, erst die Schwebestoffe absetzen zu lassen und dann Kalk zuzugeben. Die besten Ergebnisse erzielt man, wenn man die Kalkfällung bei Temperaturen von 55° bis höchstens 70° durchführt.

Mit dem von anderer Seite durchgeführten HOYERMANN-WELLENSIEKschen Verfahren soll es gelingen, 75% der organischen Stoffe aus dem Stärkefabrikabwasser abzuscheiden.

C. ZAHN hat eingehende Versuche über die Reinigungsmöglichkeiten von Stärkefabrikabwässern durch biologische Verfahren durchgeführt. Er stellte hierbei fest, daß es keinen Zweck hat, statt des Absetzverfahrens das Faulverfahren als Vorreinigung anzuwenden. Die für die biologische Reinigung erforderliche Neutralisation erreichte er dadurch, daß er die sauren Abwässer mit alkalisch reagierendem, ausgefaultem Wasser mischte oder durch Einlegen von Marmor in die Tropfkörper. Für den Aufbau der Tropfkörper empfiehlt es sich, eisenfreies Material zu verwenden. Trotz eines Abbaues von 80%, gemessen an der Oxydierbarkeit, fault das Abwasser auch nach der biologischen Reinigung. Dies ist darauf zurückzuführen, daß die Reinigung nur scheinbar 80% beträgt, denn bei der Bestimmung der Oxydierbarkeit wird die im Abwasser enthaltene, auf den Tropfkörpern nicht abgebaute Buttersäure usw. nicht miterfaßt.

HUSMANN[1] wendet zur Vorreinigung der Stärkefabrikabwässer das elektrische Fällungsverfahren mit Eisenelektroden an. Für 1 cbm Abwasser werden bei 0,14 qm Elektrodenfläche, die aus Eisenblech von 4,5 mm Wandstärke bestehen, 222 Watt gebraucht; dadurch werden 65% der Schmutzstoffe entfernt. Für 180 cbm Abwasser wird ein Elektrolyseur von 1 cbm Inhalt mit 25 qm Elektrodenfläche = 840 kg Eisen und 40 kWh im Tag benötigt. Hinter die elektrische Reinigung schaltet er einen belüfteten Tropfkörper mit Nachklärbecken.

Bei einer Belastung des unbelüfteten Tropfkörpers, ohne elektrische Vorreinigung, mit 1 cbm Abwasser auf 5 cbm Tropfkörpermaterial wird das Abwasser so weit gereinigt, daß der Ablauf nicht mehr nachfault. Der p_H-Wert steigt bis auf 8,0 an. Für 180 cbm Abwasser sind demnach 900 cbm Tropfkörper (RM 41000 Baukosten) erforderlich. Bei Umhüllung des Tropfkörpers und Intensivierung durch Lufteinblasen stieg die Wirkung so stark an, daß der Tropfkörper für 180 cbm nur noch 360 cbm groß sein mußte, wodurch das Verhältnis schon auf 1 : 2 herabsank. Der Exhaustor zum Lufteinblasen besaß eine Leistung von 14 cbm/Minute = 20000 cbm/Tag. Bei der elektrischen Vorreinigung der Abwässer wurde die Belastungsmöglichkeit des belüfteten Tropfkörpers noch gesteigert, so daß auf 2 cbm Abwasser nur 1 cbm Tropfkörpermaterial gebraucht wurde (also 1 : 0,5). Die Bau- und Betriebskosten gibt HUSMANN wie folgt an (für eine Abwassermenge von 180 cbm):

	Baukosten	Betriebskosten
a) belüfteter Tropfkörper	16000.—	2040.— RM
b) elektrische Vorreinigung und belüfteter Tropfkörper	7500.—	2500.— RM

[1] HUSMANN: Gesundh.-Ing. 1933, **56**, 332.

10. Abwässer aus Stärkezucker- und Stärkesyrupfabriken.

In vielen Fällen wird die in den Stärkefabriken gewonnene Stärke direkt auf Stärkesyrup bzw. Stärkezucker weiter verarbeitet. Die Stärke wird dabei durch Inversion mit verdünnter Schwefelsäure im wesentlichen in Dextrine und in Stärkezucker (Glucose, Dextrose) umgewandelt. Die zur Inversion benutzte Schwefelsäure wird durch Kreide neutralisiert. Der sich hierbei bildende Gips wird in Filterpressen abgefangen. Bei der Inversion treten Dunkelfärbungen durch Einwirken der Schwefelsäure auf die in der Stärke enthaltenen Fremdstoffe auf. Um diese zu beseitigen, wird der Stärkesyrup mit Holz-, Knochen- oder neuerdings mit a-Kohle behandelt. Die zur Reinigung benutzten Knochen- oder a-Kohlen werden abfiltriert und gewaschen, zwecks Regenerierung mit Salzsäure und Soda behandelt und dann geglüht.

Bei der Reinigung der Kohle fallen durch mitgerissene, feine Kohleteilchen schwarz gefärbte saure Wässer mit einem geringen Gehalt an Stärkezucker an. Das Abwasser wird mit dem übrigen Abwasser gemischt und in Absetzbecken und Sandfiltern von den feinen Kohleteilchen befreit, die, nachdem sie geglüht wurden, wieder im Betrieb verwandt werden können. Die Abwässer werden durch Kalk oder Soda neutralisiert und dann durch Behandlung auf Bodenfiltern, durch Verregnen oder durch andere biologische Verfahren, wie sie bei den Stärke- oder Zuckerfabriken angewandt werden, gereinigt. Durch die Einführung der aktiven Kohlen konnte die Menge der anzuwendenden Entfärbungskohle so niedrig gehalten werden, daß sich eine Regenerierung der a-Kohle unter Umständen nicht mehr lohnt. Sie wird nach der Benutzung in Filterpressen mit oder ohne den Gips abgefangen und eventuell unter den Dampfkesseln zu Feuerungszwecken benutzt oder auch zur Regenierung im Umtausch zurückgegeben.

11. Abwässer aus Kartoffelflockenfabriken.

In Deutschland werden größere Mengen von Kartoffeln als Kartoffelflocken oder Kartoffelwalzmehl haltbar gemacht. In den Kartoffelflockenfabriken werden die Kartoffeln in gleicher Weise wie bei der Gewinnung von Kartoffelstärke gewaschen, wobei die gleichen Waschwässer anfallen. Die Reinigung dieser Abwässer kann sich bei sehr großen Vorflutern, falls wenig oder gar kein Rieselland zur Verfügung steht, auf das Absieben der im Abwasser enthaltenen, ungelösten Kartoffelteilchen und auf das Absetzenlassen der von der Oberfläche der Kartoffeln abgewaschenen, erdigen Bestandteile in Absetzbecken oder Teichen beschränken. Bei der Weiterverarbeitung werden die Kartoffeln unter Druck in einem Dampffaß gekocht und der erhaltene Brei auf bzw. zwischen erhitzten Walzen zu Fladen gewalzt und getrocknet. Hierbei entstehen außer wenig verschmutzten Kondenswässern noch die Spülwässer vom Reinigen der Dampfkocher. Diese sind aber der Menge nach verhältnismäßig gering, so daß sie am besten mit den Waschwässern durch Verrieseln gereinigt werden oder, falls dies nicht möglich ist, nach dem Abkühlen in die städtische Kanalisation abgelassen werden.

12. Abwässer aus Sauerkrautfabriken.

In den Sauerkrautfabriken wird der von schlechten Blättern und Stellen befreite und mit Wasser gereinigte Kohl fein geschnitten und in großen, mit Platten ausgelegten Bassins eingestampft, wobei lagenweise Salz eingestreut wird. Bei der bald einsetzenden Milchsäuregärung scheidet sich das Fruchtwasser ab, das von Zeit zu Zeit, besonders aber vor dem Verpacken des Sauerkrauts in die Versandfässer, abgelassen wird. Die anfallenden Abwässer enthalten neben freier Milchsäure und Kochsalz große Mengen fäulnisfähiger Stoffe, wie Kohlehydrate und vor allem Eiweißverbindungen, die durch ihren Schwefelgehalt zur Bildung von Schwefelwasserstoff und anderen flüchtigen Schwefelverbindungen (z. B. organischen Sulfiden) Veranlassung geben.

Die direkte Einleitung dieser milchsauren und sehr schnell faulenden Abwässer in die Kanalisation kann nicht nur durch die Verbreitung von sehr üblen Gerüchen, sondern auch durch die Anfressungen der Zementrohre und Fugen bedenklich sein. Durch ihre hohe Konzentration und ihren hohen Säuregehalt können sie auch später auf der Kläranlage die gute Reinigung der häuslichen Abwässer beeinträchtigen. Sind offene Tropfkörper vorhanden, so werden die schon bestehenden Geruchsbelästigungen oft so stark gesteigert, daß sie unerträglich werden können, besonders dann, wenn der Weg von der Fabrik bis zur Kläranlage weit ist und das Wasser Zeit hat, stark anzufaulen.

Liegt die Sauerkrautfabrik auf dem Lande und steht genügend Rieselfeldgelände zur Verfügung, so empfiehlt es sich, die Abwässer durch eine genügende, aber sorgfältige Kalkung zu neutralisieren und dann entweder durch tiefe Versickerungsgruben zu reinigen oder, wenn noch eine Verdünnung mit Bachwasser oder anderem häuslichen Abwasser möglich ist, zu verrieseln.

Kann das Sauerkrautfabrikabwasser mit häuslichem Abwasser oder anderem reinen Wasser, eventuell mit Kläranlagenablauf verdünnt werden — in einem Verhältnis von 1 : 5—10, so kann die Reinigung der neutralisierten Abwässer auch in belüfteten Emscherfiltern durchgeführt werden. Zur Unterstützung der Neutralisation kann man in diese Tauchkörper lagenweise Kalksteine oder wenigstens in das obere Drittel des Tauchkörpers Kalksteinbrocken einbauen.

Werden Sauerkrautfabrikabwässer in die städtische Kläranlage, auf der die biologische Reinigung auf Tropfkörpern erfolgt, eingeleitet, so empfiehlt es sich, in gleicher Weise wie bei Emscherfiltern, die Tropfkörper mit einer sich nach dem Verdünnungsverhältnis richtenden Schicht Kalksteinsplitt abzudecken, um Schädigungen durch die Milchsäure zu verhindern.

Als Vorbehandlung vor der biologischen Reinigung kann auch eine gute Ausfaulung des neutralisierten Abwassers mit Aufenthaltszeiten von 10—15 Tagen im Faulbecken angewandt werden. Das so vorbehandelte Wasser ist dann ziemlich geruchlos und kann für Rieselzwecke oder jedes andere biologische Verfahren verwendet werden. Steht kein Rieselgelände zur Verfügung, so kann je nach dem zur Verfügung stehenden Vorfluter an Stelle der Rieselung eine chemische Fällung des ausgefaulten Abwassers mit Aluminiumsulfat und Kalk oder eine Filterung auf Sandfiltern angewandt werden. Treten Geruchsbelästigungen auf, so können diese durch eine Chlorung des Ablaufs bekämpft werden.

Bei großen Vorflutern ist die direkte Einleitung des Abwassers nach mechanischer Absiebung mitgerissener Sauerkrautteile in dünnem, gleichmäßigen Strahl durch ein unter Wasser mündendes Rohr mit Erfolg ohne Schaden für den Vorfluter angewandt worden, wenn die abgelassene Menge so gering war, daß das Säurebindungsvermögen des Vorfluters nicht überschritten und das Selbstreinigungsvermögen des Vorfluters nicht zu stark in Anspruch genommen wurde.

13. Abwässer aus Gemüse- und Obstkonservenfakriken.

So mannigfaltig wie die Stoffe, die konserviert werden, so verschieden sind auch die in den einzelnen Konservenfabriken anfallenden Abwässer. Die in den Fleischkonservenfabriken anfallenden Abwässer entsprechen im allgemeinen den in Schlachthäusern und Wurstfabriken anfallenden Abwässern und können auch wie diese gereinigt werden.

In Obstkonservenfabriken müssen das Abfallobst und sonstigen Abfallstoffe recht bald aus dem Betrieb entfernt werden, da sie durch die auf dem Obst sitzenden Mikroorganismen sehr schnell in faulige Zersetzung übergehen. Sie werden am besten in Wagen gesammelt und auf Äckern als Dung verwandt. Man kann sie aber auch allein oder mit Torf gemischt unter Zugabe von Kalk kompostieren und dann als Dungstoff verwerten.

In den Gemüsekonservenfabriken fallen als feste Abfallstoffe die verschiedenen, für die Konservierung unbrauchbaren Teile, wie z. B. die Schoten der Hülsenfrüchte, Obstschalen u. dgl. an. Im frischen Zustande können sie oft noch zur Viehfütterung verwandt werden. In anderen Fällen werden diese festen Abfallstoffe u. a. kompostiert und als Dungstoffe verwandt.

RADERMACHER[1] beschreibt eine Abwasserreinigungsanlage mit Schlammbelebung für ein großes Werk, das neben Suppenwürze auch Gemüsekonserven in großem Umfange herstellt. Die Hauptkampagne zur Herstellung der Gemüsekonserven ist im Herbst. Die Abwassermenge, die zu gewöhnlicher Zeit durchschnittlich 1200 cbm/Tag beträgt, steigt in der Kampagne bis auf 2700 cbm. Diese Abwässer enthalten sehr viel Kohlehydrate und Eiweißstoffe, doch ist die Zusammensetzung der Abwässer, sowohl der Konzentration

[1] RADERMACHER: Städtereinigung 1936, Heft 11, 357.

als auch der Art der Schmutzstoffe im Laufe des Tages sehr starken Schwankungen unterworfen. Die Temperatur der Abwässer schwankt zwischen 14—40° C. Solche Abwässer rufen besonders in kleinen Vorflutern starke Sauerstoffzehrung und Sphaerotiluspilzbildungen hervor. Die Abwasserreinigungsanlage besteht aus einem kleinen Sandfang mit Rechen, zwei zweistöckigen Frischwasserklärbrunnen und einer Schlammbelebungsanlage mit Nachklärbecken. In der zentral beschickten Frischwasserkläranlage wird auch das aus Kondenswässern stammende Öl zurückgehalten, doch dürfte es vorteilhafter sein, die Kondenswässer für sich zu entölen. Der in den Faulräumen anfallende Schlamm fault sehr gut aus und wird als Dünger verwertet.

Die Belüftung des mechanisch gut vorgereinigten Abwassers in den Schlammbelebungsbecken dauert 4 Stunden. Die Farbe des Belebtschlammes wechselt stark mit der Farbe des ankommenden Abwassers. So ist der Belebtschlamm, der in Anlagen mit häuslichem Abwasser goldig-braun sein soll, in der Gemüsekampagne hellbraun bis dunkelbraun, bei grünlich gefärbtem Abwasser aber grün gefärbt. In der kälteren Jahreszeit geht die dunkelbraune Farbe oft in schwarz über. Die Luftverteilung erfolgt durch Filterplatten. Die Beseitigung des Überschußschlammes erfolgt im allgemeinen in den Nachtstunden. Die Reinigung wird als sehr gut bezeichnet. Vor allem sollen die bisher so lästigen Sphaerotiluspilze aus dem an sich kleinen Vorfluter verschwunden sein.

Die Abwässer von Erbsenkonservenfabriken, die in der Hauptsache kolloide Verunreinigungen enthalten, können durch eine chemische Fällung mit Ferrosulfat oder Ferrisulfatchlorid und Kalk zu 75% von ihren Schmutzstoffen befreit werden. Der anfallende Schlamm wird in Absetzbecken abgefangen und möglichst bald auf Trockenbeeten getrocknet.

Im Winter 1935/36 wurde durch eine besondere Kommission die Frage der Klärung von Konservenfabrikationsabwasser in den Vereinigten Staaten[1] sorgfältig geprüft. Man stellte hierbei fest, daß an großen Flüssen gelegene Betriebe bei einer Reinigung durch Siebe und chemische Ausfällung gute Ergebnisse erzielten. In anderen Fällen filtrierte man die durch einfaches oder von chemischer Ausfällung unterstütztes Absetzenlassen vorgereinigten Abwässer, doch waren die Anlagekosten für die vielfach nur während einiger Monate in Betrieb befindlichen Fabriken zu hoch. Aus diesem Grunde wurde mit geldlicher Unterstützung der Indiana Canners Association eine aus zwei kreisförmigen Absetzbecken von je 11,4 cbm, zwei Rieselfiltern von 3,05 m Durchmesser und einem Nachklärbecken von 18,9 cbm bestehende Versuchsanlage errichtet. Zunächst pumpte man das mit Rechen von den groben Sinkstoffen befreite Abwasser in einer Menge von 76 Liter/Minute in die Absetzbecken, in denen es $2^1/_2$ Stunden Aufenthaltszeit hatte, worauf das in einem Sumpf sich ansammelnde, bereits gereinigte Überlaufwasser mit dem aus dem letzten Absetzbecken kommenden Abwasser vermischt und das Ganze nach dem Durchgang durch die Filter etwa 2 Stunden in dem Nachklärbecken belassen wurde. Dieses Verfahren war unbefriedigend. Man setzte daher später dem rohen Abwasser auf 3785 Liter 2,27 kg Kalk und auch kleine Mengen (340 g) Ferrosulfat zu. Beobachtungen ergaben, daß Tomatenabwasser ohne Chemikalien nicht richtig geklärt werden kann. Kleine Zusätze von Chemikalien verbesserten dagegen wesentlich den Wirkungsgrad der Absetzbecken. Das mit Steinen von 6,3—10,2 cm gefüllte Filter erwies sich als untauglich, dagegen konnte das aus Steinen von 2,5—6,3 cm bestehende Filter ohne Unterbrechung betrieben werden. Die Behandlung erwies sich jedenfalls als aussichtsreich. Die Kosten der Chemikalien betrugen — Kalk zu 0,90 Cts. und Eisenvitriol zu 2,04 $ je 45,4 kg gerechnet — je 3785 Liter Abwasser 5—6 Cts., würden aber bei losem Bezug eine Verringerung erfahren. Allerdings ist mit den Chemikalien bei Verpackung in Papier oder Stoffsäcken viel leichter umzugehen.

Bei der Konservierung von roten Rüben fallen Abwässer beim Waschen, Schälen und Blanchieren an. Durch Zugabe von 1,68 kg Kalk und 0,54 kg Ferrosulfat je Kubikmeter wurde eine 96%ige Reinigung erzielt. Bei Mohrrüben wurden mit 0,78 kg Kalk und 0,39 kg Ferrosulfat je Kubikmeter sogar 98% der Schmutzstoffe entfernt. Die bernsteingelb gefärbten Abläufe wurden zur Entfernung der verbleibenden Farbstoffe einer oxydierenden Nachbehandlung durch Chlorgas oder Chlorkalk unterzogen.

Auch für andere Konservenfabrikabwässer hat sich die chemische Fällung der vorher mittels Drehscheiben (nach RIENSCH-WURL) von gröberen Stoffen befreiten Abwässer und Behandlung des anfallenden Schlammes auf Trockenbeeten bzw. dränierten Schlammtrockenplätzen bewährt. Dies Verfahren ist mit Rücksicht auf eigene und fremde in der Nähe liegende Wassergewinnungsanlagen besser als das von einzelnen Seiten empfohlene Ablassen in Erdmulden oder Kiesgruben. Am besten werden die vorgereinigten Abwässer durch die biologische Reinigung (Tropfkörper, Schlammbelebung) beseitigt.

[1] MIELER: Canner 1936, **83**, 7. Ref. Gesundh.-Ing. 1937, **60**, 519.

14. Abwässer von Zuckerfabriken.

a) Abwasserarten und -mengen.

Die Zuckerindustrie ist ein bedeutender Industriezweig Deutschlands. Die kleineren deutschen Zuckerfabriken verarbeiten zwischen 4200—6000 Zentner, die größeren bis zu 30000—50000 Zentner Rüben täglich. Zumeist haben die Fabriken eine Leistungsfähigkeit von 10000 bis zu 30000 Zentner täglich. Die Abwasserfrage ist eine der wichtigsten Fragen, da die meisten Zuckerfabriken auf dem flachen Lande inmitten der Rübenanbaugebiete oft an sehr kleinen Vorflutern liegen. Hinzu kommt, daß der Wasserverbrauch sehr groß und daher die Menge der in einer Zuckerfabrik anfallenden Abwässer ganz bedeutend ist. Auf 1 t Rüben rechnet man 10—20 cbm größtenteils stark verschmutztes Abwasser. Die Folge davon ist, daß die Fragen der Wasserversorgung und auch der Abwasserbeseitigung in vielen Fällen oft ganz besonders schwierig sind. Es gibt Fälle, wo das in der Fabrik während der Kampagne benutzte Betriebswasser während der übrigen Zeit des Jahres durch besondere Teichsysteme aufgespeichert werden muß und während der Kampagne nur durch Regenwasser ergänzt wird.

Die Reinigung und Unschädlichmachung der Zuckerfabrikabwässer hat von jeher große Schwierigkeiten bereitet, die mit der Erweiterung der Betriebe ständig gewachsen sind. Vergleicht man die Abwassermengen einer größeren Zuckerfabrik mit dem häuslichen Abwasser einer Stadt, so ergibt sich folgendes Bild: Eine Zuckerfabrik mit einer täglichen Rübenverarbeitung von 30000 Zentner erzeugt täglich im Durchschnitt 25000 cbm Abwasser. Handelt es sich dagegen um eine mittlere Stadt mit einer täglichen Abwassermenge von 100 Liter/Kopf der Bevölkerung, so entspricht die Wassermenge der Zuckerfabrik bereits einer Bevölkerung von 250000 Einwohnern. Die Verhältnisse werden aber für das Zuckerfabrikabwasser noch ungünstiger, wenn man auch den Verschmutzungsgrad der beiden Abwässer heranzieht. Um städtisches Abwasser durch das Rieselfeldverfahren zu reinigen, werden auf 100 Personen 1 ha Rieselfelder benötigt. Für eine Zuckerfabrik obigen Ausmaßes wären demnach mindestens 2500 ha erforderlich. Wenn schon aus diesen Zahlen die Schwierigkeiten der Reinigung der Zuckerfabrikabwässer durch bekannte Reinigungsverfahren hervorgeht, so kommt noch erschwerend hinzu, daß die Zuckerkampagne in die kältere Jahreszeit, nämlich in die Monate Oktober bis Dezember fällt. In diesen Monaten ist aber die Wirksamkeit der Rieselfelder durch das Aufhören des Pflanzenwuchses, durch die geringere Adsorptionskraft des Bodens, durch die bei den niedrigeren Temperaturen geringere Verdunstungsmöglichkeit, durch die bei den niederen Temperaturen stark herabgesetzte biologische Tätigkeit der Bodenorganismen und wegen der erhöhten Niederschläge außerdem noch stark vermindert.

In den Zuckerfabriken fallen Abwässer verschiedener Art und Menge an, und zwar die Rübenschlemm- und -waschwässer, Diffusionsablauf- und Schnitzelpreßwässer, Fall- und Kondenswässer, Tücherwaschwässer, Scheuer- und andere Waschwässer. Ohne Benutzung der Abwässer im Kreislauf fallen auf 1000 Zentner Rüben an:

Wasch- und Schlemmwasser	500—600 cbm
Diffusions- und Schnitzelpreßwasser	95—100 cbm
Fall- und Kondenswasser	150 cbm
übrige Abwässer	150 cbm

Die Rübenschwemmwässer fallen beim Transport der Rüben vom Lager in die Wäsche an. Diese sonst von Hand betätigte Arbeit wird zur Zeit in vielen Fabriken durch Druckwasserstrahl bewirkt. Die Menge des auf den Rüben sitzenden Schmutzes richtet sich nach der Art des Bodens, in denen die Rüben gewachsen sind, und nach der Witterung bei der Ernte. Leichte sandige Böden und trockenes Erntewetter im Herbst ergeben wenig Schmutz, etwa bis zu 10% des Rübengewichtes. Schwere, lehmige Böden oder schwarze Mergelerde, durchnäßter Ackerboden und nasses Erntewetter ergeben etwa doppelt so viel Schmutz bis etwa 45%, in Ausnahmefällen bis zu 75% des Rübengewichtes. In den Schwemmrinnen werden die Rüben durch den starken Wasserstrom vorwärts getrieben, wobei gleichzeitig bereits ein großer Teil des Schmutzes abgewaschen wird.

Aus der Schwemmrinne werden die Rüben in die Wäsche gehoben, was zur Schonung der Rüben meistens mit dem Rübenhubrad geschieht. Die Wäsche besteht aus einem muldenförmigen, mit Wasser gefüllten Trog, in dessen Achse eine mit Armen besetzte Welle gelagert ist. Die Rüben werden durch die Arme allmählich von einem Ende der Wäsche zum anderen vorgetrieben und hierbei sauber gewaschen. Zugleich werden hier die Wurzelenden der Rüben, die sog. Rübenschwänze, abgeschlagen, die zugleich mit dem abgelösten Schmutz in dem Schwemm- und Waschwasser verbleiben.

Die Rübenschwemm- und -waschwässer enthalten große Mengen ungelöster Bestandteile in Form von erdigen Schlammteilen, Ton und Sand neben losgelösten Rübenblättern, Rübenschwänzen, Rübenstückchen und Unkraut. Je nach der Dauer der Wäsche enthalten die Abwässer an gelösten Stoffen 30—500 mg/Liter Zucker, ferner Saponine, die dem Rübenwaschwasser starke Schaumkraft verleihen. Das zur Schaumbekämpfung benutzte Antispumin ist im Betriebe sehr teuer. Die Größe des Zuckergehaltes in den Waschwässern hängt von den Verletzungen ab. Frostrüben geben an warmes Wasser in den Schwemmen bis zu 0,5% Zucker ab. Die Auslaugungsvorgänge werden bei Verwendung wärmeren Wassers, z. B. von Fallwasser, gefördert.

Vor der Ableitung dieser Abwässer in die Klärteiche müssen sie weitgehend von den gröberen ungelösten organischen Stoffen, wie Rübenblätter, Rübenschwänze und Rübenstückchen durch Schwanzfänger, Rechen oder Siebe befreit werden. Die abgefangenen Stoffe können unbedenklich zu Fütterungszwecken benutzt werden.

Um eine stärkere Zersetzung des Wassers zu verhindern, kann man dem Wasser am Zulauf zu den großen Absetzteichen eine kleine Menge Chlor zufügen. Bei dem großen Wasserbedarf der Zuckerfabriken und dem häufig herrschenden Mangel an Frischwasser ist eine Wiederverwendung dieses Wassers im Kreislauf erforderlich. Zu diesem Zweck werden die Schwemm- und Waschwässer bei den verschiedenen im Nachstehenden geschilderten Rücknahmeverfahren, nachdem sie die Schwebestoffe in den Teichen abgesetzt haben, zum größten Teil in den Betrieben wiederbenutzt. Da stets ein Teil Frischwasser zugesetzt wird, gelangt nur der Überschuß direkt in den Vorfluter.

b) Rücknahmeverfahren.

Für die Wiederverwendung im Kreislauf gibt es mehrere Rücknahmeverfahren:

1. Anwendung von kaltem Wasser zum Schwemmen und Waschen, wobei man in möglichst kurzem Teichdurchlauf das Abwasser reinigt und dann wieder in Betrieb nimmt;

2. durch die Zugabe von Kalk zu den Rübenschwemm- und Waschwässern vor dem Absetzbecken in solchen Mengen, daß eine bakterientötende Alkalität vorhanden ist, wird die Zersetzung des im Kreislauf befindlichen Wassers verhindert;

3. das modernste Verfahren ist das Magdeburger Verfahren mit intermittierender Chlorung. Die Chlorzugabe erfolgt nach NOLTE[1] in der Rinne hinter dem Kraut- und Rübenschwanzfänger, durch welche die schlammhaltigen Schwemmwässer in die Klärteiche abgelassen werden. Die Chlorung des Abwassers kann durch Zugabe von Chlorgas mit Hilfe einer Chlorator- oder Bamag-Apparatur oder von Chlorsodalauge nach dem Solvay-Verfahren erfolgen.

Über die Anwendung des letzteren Verfahrens berichtet ebenfalls NOLTE bezüglich einer Zuckerfabrik, die wegen Wassermangels die Rücknahme des Schwemm- und Waschwassers vornehmen mußte und bisher unter so unerträglichen Schwefelwasserstoffbelästigungen gelitten hatte, daß Erkrankungen unter den Arbeitern auftraten. Die Apparatur zur Herstellung der Chlorsodalauge nach dem DRP. 306193 besteht aus einem Steinzeugturm mit einer Füllung aus besonderen Füllkörpern der von oben mit einer 1,87%igen Sodalösung berieselt wird. Das aus einem Behälter entnommene Chlor wird von unten her in den Turm geleitet. Die Chlorsodalauge enthält neben Kochsalz unterchlorige Säure. Während der Betriebszeit wurden täglich 3600 cbm, während 80 Tagen also 288000 cbm Wasser durch den Betrieb geschickt und hierbei 2000 kg Chlor zugegeben, was einer durchschnittlichen

---

[1] NOLTE: Zeitschr. Ver. Deutsch. Zuckerind. 1929, **79**, 463; 1931, **81**, 595.

Chlorzugabe von 6,9 g/cbm entspricht. Im ersten Drittel der Kampagne wurde weniger Chlor angewandt (4—6 g/cbm), im zweiten Drittel 7—8 g/cbm und im letzten Drittel 16 g/cbm. Diese Steigerung erfolgte mit Rücksicht auf die Anreicherung des Wassers an fäulnisfähigen Stoffen. Aus der Tatsache, daß der Chlorgehalt im Wasser nur sehr wenig steigt — er hätte rein rechnerisch auf über 1000 mg/Liter ansteigen müssen —, muß man schließen, daß das zugesetzte Chlor verbraucht, d. h. an organische Stoffe gebunden wird. Während der Zuckergehalt allmählich im Kreislaufwasser verschwindet, findet eine Anreicherung an buttersaurem Kalk bis zu einer Gesamtmenge von 4—5 g/Liter statt. Bei anderen Fabriken, wo nicht ein so großer Wassermangel besteht, kann die durchschnittlich zuzusetzende Chlormenge auf 5 g/cbm beschränkt werden.

Der Abwasserkreislauf mit Benutzung von Chlorsodalauge nach dem Verfahren der Deutschen Solvay-Werke in Bernburg ist aus Abb. 23 ersichtlich. Das Betriebswasser wird zunächst einem Hauptsammelbrunnen zugeleitet, von dem es durch Pumpen auf die Hochbehälter gehoben wird. Von da aus verteilt es sich auf die einzelnen Stationen des Betriebes, wie Wäsche, Batterie und Kondensation. Die Abwässer der Wäsche, der Batterie und der Pressen gehen zum Klärteich. Das geklärte Schwemmwasser nimmt später noch

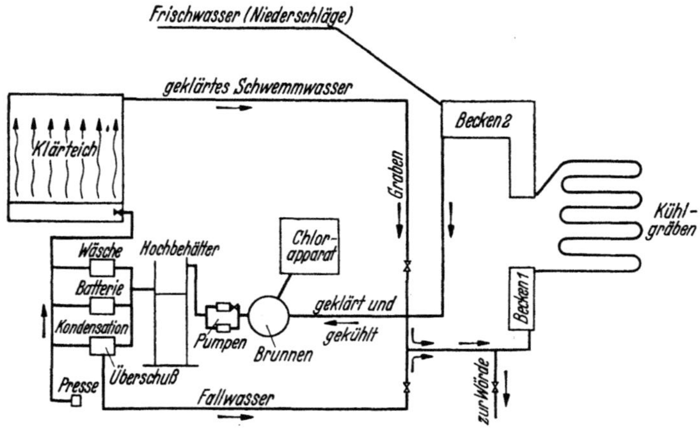

Abb. 23. Abwasserkreislauf iner Zuckerfabrik nach dem Rücknahmeverfahren mit Hilfe von Chlorsodalauge nach dem Verfahren der deutschen Solvay-Werke in Bernburg.

das Fallwasser auf und wird dann im Bassin 1, im Kühlgraben und im Bassin 2, dem auch das zur Verfügung stehende Frischwasser zugeführt wird, abgekühlt. Das geklärte und abgekühlte Wasser wird in Sammelbrunnen gechlort. Die Zuführung der Chlorsodalauge zum Betriebswasser erfolgt durch eine Steinzeugleitung in den Hauptsammelbrunnen.

Eine Abart des Magdeburger Rücknahmeverfahrens ist das Wieschauer Verfahren, das mit Kalk und Chlor arbeitet und auch die Pressewässer mit in den Umlauf einbezieht. Je nach dem angewandten Verfahren erhält man Abwässer von verschiedener Zusammensetzung. Bei dem kalten Rücknahmeverfahren beobachtet man eine allmähliche, bakteriell bedingte Umwandlung des Zuckers in organische Säuren, wobei viel Essig- und wenig Buttersäure gebildet wird. Dieses Wasser enthält nur Spuren freier Säure, weil der Kalkgehalt der Rübenerde die entstandene Säure dauernd neutralisiert. Die mit Kalk und Chlor arbeitenden Verfahren hemmen außerdem die Bakterientätigkeit, so daß besonders bei ununterbrochener Kalkung, kaum freie Säure auftritt. In diesen so behandelten Wässern findet man daher oft reichliche Mengen von unzersetztem Zucker. Alle beim Rücknahmeverfahren entstehenden Wässer reichern sich je nach der Größe der angewandten Wassermengen bis zum Ende der Kampagne an. In vielen Fällen verwendet man aber auch das zurückgenommene Schwemmwasser als Einspritzwasser für die Kondensation und erhält dadurch ein Fallwasser von Schwemmwasserbeschaffenheit. Man kann aber auch umgekehrt das als Fallwasser anfallende Abwasser zum Schwemmen und Waschen der Rüben benutzen. Die am Ende der Kampagne übrig bleibenden und die beim Rücknahmeverfahren anfallenden Abwässer werden versickert oder im Laufe des Jahres in den Vorfluter abgelassen.

Trotz der großen Schwierigkeiten, die einzelne Fabriken mit ihren Abwässern hatten, mußte die Einführung des Rücknahmeverfahrens bei einzelnen Werken durch die Aufsichtsbehörde erzwungen werden. Die Widerstände der Fabriken waren wohl in erster Linie durch mancherlei Unzuträglichkeiten bedingt, die bei der ersten Anwendung des Verfahrens auftraten.

Da die Hauptmenge des in Zuckerfabriken gebrauchten Wassers aus Wasch- und Schwemmwasser (60%) besteht, wendet BELANI[1] an Stelle des Rücknahmeverfahrens zur Ersparnis an Wasser eine Trockenreinigung der Rüben zur Entfernung der Hauptschmutzmenge an. Dieses Verfahren besteht in folgenden Operationen:

1. Köpfen und Abschwänzen der Rüben mittels Rübenmesser auf dem Felde.
2. Feststellen der Schmutzprozente.
3. Abtrocknen der anhaftenden Erde und des Sandes in Trockenrohren mit gleichzeitiger Absiebung und pneumatischer Abbeförderung von Erde und Sand. In den Trockenrohren erfolgt nur ein Abtrocknen von Erde und Sand, nicht aber ein Austrocknen der Rübe selbst.

Die sich langsam drehenden Trockenrohre erhalten einen Drall aus gelochten Wellblechen und eine so starke Neigung, daß die abzutrocknenden Rüben eine umwälzende Bewegung im Heißluftgegenstrom und dadurch eine Vorreinigung bei gleichzeitiger Absiebung des Grobschmutzes erfahren. Auftretender Staub wird vom abziehenden Warmluftstrom mit fortgenommen und in Staubkammern abgefangen.

4. Abmahlen der vorgereinigten Rüben in Abmahltrommeln durch gegenseitiges Abscheuern des Schmutzes. Diese Abmahltrommeln besitzen Holzlattengitter auf ihrem ganzen Umfang und eine schwache Neigung. Die Rüben werden über eine Schnurre eingeführt und mahlen bei langsamer Drehung der Trommeln ($n = 12$) gegenseitig sich die noch anhaftenden trockenen Schmutzteile ab, welche durch die Holzlattengitter in eine Förderrinne fallen und abgeführt werden, um einer Klassiertrommel zuzugehen.
5. Das Bürsten der Rüben. Die gereinigten Rüben verlassen die Abmahltrommeln am tiefsten Punkte und werden auf einem Förderbande einer Rübenbürstmaschine zugebracht.

Diese besteht aus einer Aufeinanderfolge von Trommeln schräger Lage aus grob gelochten Blechen, auf welchen Leisten mit Borsten aus Piassava oder ähnlichem Material angebracht sind. In den sich rasch drehenden Trommeln werden die gereinigten Rüben von letzten Schmutzresten befreit und rein gebürstet. Schmutz und Sand fallen durch die Löcher in ein Förderelement, während der feine Staub abgesaugt wird.

Die reingebürsteten Rüben verlassen die Trommeln der Bürstmaschine, um über ein Förderband der Schmitzelwaage zugeleitet zu werden. Die einzelnen Reiniger sind so aufeinander einzuspielen und zu bemessen, daß keinerlei Stauung oder Stockung im ununterbrochenen Betriebe eintreten kann.

Aus der Wäsche gelangen die Rüben in die Schnitzelmaschinen, aus denen die Schnitzel durch Transportbänder den Diffuseuren zugeführt werden. In den Diffuseuren werden die Schnitzel durch langsam durchgedrücktes etwa 60° warmes Wasser ausgelaugt. Ist der Auslaugeprozeß beendigt, wird der Diffuseur aus der Batterie ausgeschaltet und sein Inhalt, bestehend aus den ausgelaugten Schnitzeln und dem letzten Druckwasser, abgelassen.

Das Druckwasser bildet nach Entfernung der Schnitzel das Diffusionswasser. Es hat neben geringen Pülperesten einen hohen Gehalt an gelösten und feinverteilten organischen, zersetzungs-, gärungs- und fäulnisfähigen Stoffen. Unter ihnen spielen die Kohlehydrate [im wesentlichen Saccharose (0,15—0,3% Zucker, d. i. 1,5—3,0 kg/cbm) und ihre Spaltungsprodukte] die Hauptrolle, während die eiweißartigen und andere stickstoffhaltige Stoffe mehr in den Hintergrund treten. Die Anwesenheit dieser Stoffe bedingt eine andere Art der Zersetzung, wie bei den städtischen bzw. häuslichen Abwässern. Während häusliche Abwässer ohne weiteres bei alkalischer Reaktion der fauligen Zersetzung unter Bildung von Methan, Kohlensäure und unter Umständen auch Schwefelwasserstoff anheimfallen, gehen diese Zuckerfabrikabwässer zunächst in saure Gärung unter Bildung von Milch- und Buttersäure über. Erst nach allmählichem Abbau der gärungsfähigen Stoffe vor allem der Kohlenhydrate, beginnt auch bei diesen Abwässern die faulige Zersetzung unter Bildung von Schwefelwasserstoff.

Die nassen Rübenschnitzel werden zunächst in entsprechend konstruierten Pressen entwässert, wobei ihr Gehalt von 5% auf 10% Trockensubstanz ansteigt.

[1] BELANI: Die Städtereinigung 1938, **30**, 186.

Das ablaufende Preßwasser, etwa 50 kg je 100 kg verarbeitete Rüben, enthält ungefähr 0,3% Zucker. Die abgepreßten Schnitzel können in frischem und angesäuertem Zustand verfüttert werden.

Wo genügender Absatz für die frischen Schnitzel fehlt, werden sie getrocknet. Um dabei an Brennmaterial zu sparen, werden sie zunächst noch weiter abgepreßt wobei eine getrübte Flüssigkeit, das Schnitzelpreßwasser, anfällt, das die Menge des unangenehmen Preßwassers noch vermehrt. Dieses Abwasser wurde bisher im Kreislauf nicht mitverwandt. Da die Schnitzelpreßwässer bzw. Diffusionsablaufwässer (rund 120 kg mit 0,1% Zucker und das Preßwasser rund 50 kg mit 0,3% Zucker, für je 100 kg verarbeitete Rüben) durch ihren Gehalt an Zucker und den sonst noch in ihnen enthaltenen Nichtzuckerstoffen, die hauptsächliche Verunreinigung der aus der Fabrik ablaufenden Abwässer ausmachten und ihre Reinigung sehr große Schwierigkeiten verursachte, hat man immer wieder nach einer Verwendungsmöglichkeit gesucht. Die beste Lösung ist wohl, sie ebenfalls durch das Rücknahmeverfahren möglichst bald wieder in den Betrieb zurückzuführen.

Vorbedingung[1] für die Anwendung des Rücknahmeverfahrens bei den Diffusionsablauf- und Schnitzelpreßwässern auf die Batterien ist eine möglichst sorgfältige Herstellung der auszulaugenden Schnitzel, eine weitestgehende Zurückhaltung der Pülpe und eine möglichst schnelle Zurückführung der Wässer. Die Temperatur der Wässer muß auf 60—80° C gehalten werden, um das Auftreten von sauren Gärungen zu vermeiden. Um Schaumbildungen zu verhindern, erfolgt die Einführung der Rohrleitungen stets unter dem Flüssigkeitsspiegel (Einbau der LEHNERschen Taschen). Besonders bewährt haben sich zum Abfangen der Pülpe die Pülpefänger von der Maschinenbau- und Metalltuchfabrik AG., vorm. Gottl. Heerbrandt, Raguhn 2b, Dessau. Bei dem Pülpefänger „Roll-Fof" (s. Abb. 24) fließt das Pülpewasser durch ein bis in die Mitte des rollenden Zylinders reichendes Einströmrohr in den mit Gewebe ausgekleideten Zylinder. Während die Pülpe zurückgehalten wird, geht das Wasser durch das Gewebe des Zylindermantels in den Zylinderkasten und verläßt gereinigt durch eine Bodenöffnung den Apparat. Infolge der Schräglage des Zylinders wandert die Pülpe nach der einen Stirnseite und wird hier ausgeworfen.

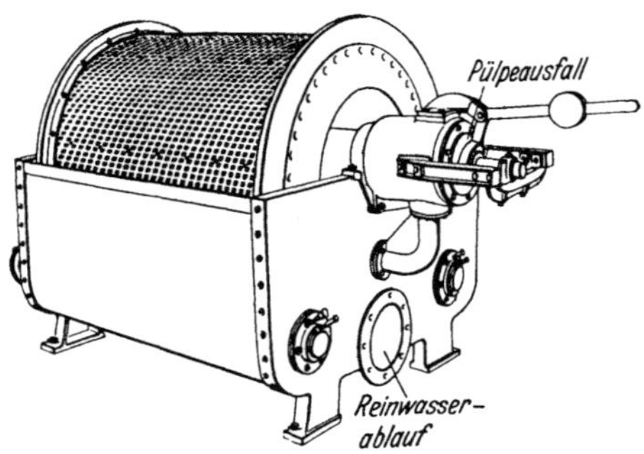

Abb. 24. Pülpefänger „Roll-Fof" der Maschinenbau- und Metalltuchfabrik A.G. vormals Gottl. Heerbrandt, Raguhn.

Bei dem Heerbrandt-Hochleistungspülpefänger fließt das Pülpewasser in gleicher Weise zunächst durch ein gelochtes Einströmrohr in das Innere einer rollenden Trommel, deren gelochter Blechmantel mit Gewebe ausgekleidet ist. Während das Wasser durch die großen Flächen der Trommel nach außen abfließt, wird die Pülpe von Schöpfblechen, die über die ganze Fläche reichen, erfaßt und in eine über dem Einströmrohr liegende Transportmulde geworfen. Diese besteht aus gelochtem Blech und ist im Innern mit dünnem feingeschlitztem Blech ausgekleidet, so daß die Pülpe hier nochmals abtropfen kann. In der Mulde befindet sich eine Transportschnecke, die die Pülpe einer angebauten Pülpepresse zuführt. Mit der Reguliermuffe der Pülpepresse kann der Trockensubstanzgehalt der ausfallenden Pülpe eingestellt werden.

Bei diesem Rücknahmeverfahren fallen während der Wochentage keine Diffusionsablaug- und Schnitzelpreßwässer an. Da sich die Wässer aber allmählich mit Stoffen anreichern, so werden sie kurz vor der Sonntagspause abgelassen, da gewöhnlich allwöchentlich aus Zweckmäßigkeitsgründen eine völlige Erneuerung des Betriebswassers stattzufinden pflegt. Man muß vermeiden, diese am Wochenende anfallenden Abwässer direkt in den Vorfluter zu leiten, da sie dort zu großen Schwierigkeiten führen müssen. Auch dürfen sie nicht in die Absetzteiche für die Rübenwasch- und Schwemmwässer abgelassen werden. Für ihre Reinigung empfiehlt sich eine gesonderte Behandlung auf

[1] SPENGLER: Deutsch. Zuckerind. 1937, 62, 775. — DEHN: Zeitschr. Wirtschaftsgruppe Zuckerind. 1937, 87, 547.

Rieselland oder eine Aufspeicherung in größeren Teichen, in denen sie langsam ausgären können, um dann später, d. h. nach Beendigung der Betriebszeit der Zuckerfabrik, möglichst bei stärkster Wasserführung des Vorfluters mit abgelassen zu werden.

c) Verminderung der Abwassermengen durch Einführung des Brühverfahrens.

In anderen Zuckerfabriken hat man, um die Wirkung der schädlichen Bestandteile der Diffusions- und Preßwässer zu umgehen, nach den Vorschlägen von PRITZKOW das Diffusionsverfahren ganz verlassen und ist zum sog. Brühverfahren übergegangen. Genannt seien hier das STEFFENsche Brühverfahren, das HYROS-RACK-Verfahren und das Rapidverfahren, das nach mehrfacher Anwendung im Auslande erst in letzter Zeit seinen Eingang auch in deutsche Fabriken gefunden hat. Die Einführung dieser Brühverfahren bedingt eine sehr wesentliche und mit recht hohem einmaligen Kostenaufwand verknüpfte Umstellung der Einrichtungen. Hinzu kommt noch, daß nach SPRUCK[1] die Wirtschaftlichkeit dieser Brühverfahren schlechter ist als die des Diffusionsverfahrens. Bei dem Brühverfahren fällt bedeutend weniger Zucker für die Fertigstellung an, dafür bleibt aber mehr Zucker in den Schnitzeln, die, wenn sie als Viehfutter Verwendung finden, zwar wertvoller werden, dafür aber einen verhältnismäßig geringeren Erlös liefern. Trotz dieser wirtschaftlichen Nachteile ist das Brühverfahren in einer ganzen Reihe von Zuckerfabriken in den letzten Jahren eingeführt worden.

Bei dem STEFFENschen Verfahren werden die zerkleinerten Rüben mit fast kochendem Saft in einem Brühtrog ausgelaugt und dann in Schnitzelpressen scharf abgepreßt. Bei dem HYROS-RACK-Verfahren werden die Schnitzel während des Auslaugungsvorganges durch besondere Transporteinrichtungen von einem Diffuseur in den nächstfolgenden unter jedesmaliger Abpressung befördert. Das Wesen des Rapidverfahrens besteht darin, daß die Saftgewinnung in einem einzigen Gerät, das in eine größere Anzahl Auslaugekammern geteilt ist, vorgenommen wird. Die Schnitzel, die durch Brüden oder Rückdampf auf 85—90° erwärmt werden, gelangen in den unteren Teil des Apparates, in die erste Auslaugekammer, und werden von hier durch mechanische Transportvorrichtungen nach und nach dem Saftstrom entgegen in den oberen Teil des Apparates befördert. Die im oberen Teil des Apparates ausgestoßenen Schnitzel werden gesondert abgepreßt und getrocknet. Das Schnitzelpreßwasser wird durch Pülpefänger gereinigt und noch heiß sofort wieder dem Gerät zur Vermischung mit dem Frischwasser zugeführt.

Bei diesem neuen Saftgewinnungsverfahren fallen Diffusionsabwässer überhaupt nicht an und die Schnitzelpreßwässer gehen restlos in den Betrieb zurück. Der allgemeinen Einführung dieser Verfahren stehen häufig noch wirtschaftliche Bedenken entgegen, bei denen unter anderem die Preisverhältnisse zwischen Zucker und Zuckerschnitzeln und die Absatzmöglichkeiten für Trockenschnitzel eine nicht unwesentliche Rolle spielen. Die Verfahren sind eingehend in den Berichten über die Arbeiten der Staatlichen Preußischen Kommission zur Prüfung der Reinigungsverfahren von Zuckerfabrikabwässern[2] und in der Zeitschrift des Vereins der Deutschen Zuckerindustrie[3] beschrieben.

Der von den Diffuseuren kommende Rohsaft mit etwa 12% Zucker ist eine trübe, nach Rüben riechende, dunkelgraue bis braunschwarze Flüssigkeit, die sich schlecht filtrieren läßt. Durch Erhitzen auf 75—80° und Zugabe von Kalk bis zu 2% der verarbeiteten Rüben werden die Eiweißstoffe ausgeschieden und die Säuren des Rohsaftes gebunden. Der Saft wird hierdurch hell und leicht filtrierbar. Bei diesem unter dem Namen „Scheidung" bekannten Vorgang werden die Amide und ähnliche Stoffe zersetzt, die Phosphorsäure und die Fettsäuren als Kalkseifen gefällt. Der Zucker bleibt als Calciumsaccharat in Lösung. Der dabei anfallende hochwertige Scheideschlamm wird zur Acker-

[1] SPRUCK: Städtereinigung 1936, 28, 609.
[2] Mitteilungen aus der Landesanstalt für Wasserhygiene, Heft 18. Berlin: Günther und Herzfeld 1914.
[3] Herausgegeben vom Vereinsdirektorium, Berlin W 62; 1909, S. 191 und 1910, S. 217, 108, 222, 225.

düngung verwandt. Bei der nachfolgenden „Saturation“ der filtrierten Lösung wird der zugesetzte Kalk durch Kohlensäure vom Zucker getrennt und als Calciumcarbonat ausgeschieden. Der nach der vollständigen Reinigung anfallende Dünnsaft (120—125 kg je 100 kg verarbeitete Rüben) wird eingedampft, wobei rund 110 kg Wasser zu verdampfen sind.

Hierbei fallen die Fallwässer, sowie die Kondenswässer an, die verhältnismäßig harmlos sind. Sie enthalten geringe Mengen der durch Dampf mitgerissenen Zucker- und Stickstoffverbindungen. Dabei ist angenommen, daß für die Fallwässererzeugung nur reines Wasser Verwendung findet. Nimmt man dagegen für die Kondensation unter Umständen bereits gebrauchte Wässer, etwa Schwemmwässer, so hat das Fallwasser eine diesen Abwässern entsprechende Zusammensetzung. In den meisten Fällen, in denen die Fallwässer keine Schwemmwässer enthalten, können diese Abwässer bei einigermaßen großen Vorflutern abgelassen werden, nachdem sie genügend abgekühlt wurden.

Aus dem Dicksaft wird der Zucker als Rohzucker durch Zentrifugen abgeschieden. Der Rohzucker wird noch in den Zuckerraffinerien gereinigt (Weißzucker, Verbrauchszucker). Nach dem Abscheiden des Rohzuckers bleibt die Melasse übrig, die noch weiter auf Zucker, Rübenkraut und Futtermittel verarbeitet wird oder als Rohstoff in die Melassebrennereien und andere Gärungsbetriebe geht.

Die übrigen Abwässer von der Tücherwäsche, vom Reinigen der Räume und Geräte sind mehr oder weniger verunreinigt und enthalten neben organischen Stoffen die bei der Reinigung benutzten Chemikalien, wie Salzsäure, Soda. Diese, sowie die sonntäglichen Reinigungswässer, die nur periodisch und in geringen Mengen anfallen, werden am besten einer besonderen Teichanlage zugeführt, in der sie verdunsten und versickern können. Bei ihrer Zuführung zu anderen gärungsfähigen Abwässern können sie durch ihren Gehalt an Chemikalien erhebliche Störungen der Gärungsvorgänge erzeugen.

d) Schädlichkeit der Zuckerfabrikabwässer.

Die Schädlichkeit der Zuckerfabrikabwässer für die Vorfluter ist bedingt durch ihren hohen Gehalt an gelösten, organischen Verbindungen. Diese leicht der sauren Gärung unterliegenden Abwässer wirken im allgemeinen durch den starken Sauerstoffentzug, die Säuerung und Verpilzung des Vorfluters mit all den üblen Nebenerscheinungen schädlich. Neben den grobsinnlich wahrnehmbaren Einflüssen der Abwässer auf den Vorfluter gehen fast immer noch stoffliche Änderungen der Wasserbeschaffenheit des Vorfluters einher, die sich im Vergleich zu städtischen Abwässern erst in längeren Zeiträumen auswirken, weil die in den Abwässern enthaltenen Stoffe längere Flußstrecken zum Abbau benötigen. Diese länger dauernde Beeinflussung wirkt sich nach PRITZKOW[1] vor allem auf den Sauerstoffhaushalt in der Weise aus, daß zunächst der im Wasser enthaltene gelöste Luftsauerstoff zum Abbau der organischen Stoffe aufgebraucht wird. Ist der im Wasser und in Nitraten und Nitriten vorhandene Sauerstoff aufgebraucht, so treten an Stelle der Oxydationsvorgänge Reduktionsvorgänge unter Änderung der Mikrofauna auf. Bei diesen Vorgängen werden die mitgeführten eiweißhaltigen Stoffe und auch sauerstoffhaltige anorganische Verbindungen, z. B. Sulfate, bis zu Schwefelwasserstoff abgebaut. Hierdurch entsteht für die niedere Tierwelt und für Fische, wenn eine rechtzeitige Abwanderung in reineres Wasser nicht möglich ist, die größte Gefahr. Die verschiedenen in Betracht kommenden Abwasserpilze (Sphaerotilus, Leptomitus, Beggiatoa) entwickeln sich meistens sehr schnell im Vorfluter. Schon bald, nachdem die Kampagne begonnen hat, sieht bei ungenügender Reinigung der Abwässer das Bett des Vorfluters mit wie Schafpelzen ausgekleidet aus. Das üppigste Wachstum ist in der sauerstoffreichen Zone des Vorfluters zu beobachten. Die unteren Pilzschichten werden von oben her durch ständig

[1] PRITZKOW: Kleine Mitt. Landesanst. Wasser-, Boden- u. Lufthygiene 1936, **12**, 295.

frisch gebildete Pilze überdeckt. Sie sterben allmählich ab, lösen sich von ihrer Unterlage und treiben als häßliche Pilzflocken den Vorfluter abwärts. An ruhigen Stellen, z. B. vor Wehren und innerhalb der Buhnenfelder sammeln sich die abgerissenen Flocken an und bilden Schlammbänke, die allmählich in Fäulnis übergehen. Hierbei entstehen die Faulgase und bei saurer Gärung auch Schwefelwasserstoff. Bei normaler Wasserführung werden die Gase zunächst im Schlamm festgehalten. Überschreitet die gebildete Gasmenge eine bestimmte Grenze, was bei Luftdruckschwankungen der Fall ist, so steigen sie an die Oberfläche. Hierbei reißen sie eine Menge Schlamm mit hoch, der schnellen Sauerstoffschwund im Wasser und unter Umständen bei höherem Schwefelwasserstoffgehalt auch Fischsterben hervorruft. Bei schnell absinkendem Luftdruck zerfallen die Pilzpolster besonders rasch; dadurch werden die üblen Nachfolgen gesteigert.

Die Wirkung der einzelnen Abwasserarten ist verschieden. Direkt giftig auf Fische wirken die Rübenzuckerfabrikabwasser durch ihren Gehalt an Saponinen, die auch das starke Schäumen der Abwässer hervorrufen. Durch die Saponine werden die empfindliche Oberhaut der Fische und besonders die Kiemenepithelien, angegriffen, so daß sie sich allmählich in Fetzen loslösen. Die Schädlichkeitsgrenze liegt bei 5 mg Saponin je Liter. Bei dieser Konzentration werden auch die sonst sehr widerstandsfähigen Aale getötet. Bei 2 mg/Liter dagegen tritt nach den Untersuchungen von EBELING[1] bei sonst ungünstigen Verhältnissen keine Schädigung der gegen Saponin empfindlichen Aale ein. Bei einer 5—6fachen Verdünnung der saponinhaltigen Abwässer, z. B. der Diffusionsablauf- und Schnitzelpreßwässer, hört die giftige Wirkung der Saponine bereits auf. Bei dem saponinarmen Wasch- und Schwemmwasser genügt zwar schon eine geringere Verdünnung, um die Saponine unschädlich zu machen, dafür tritt dann aber meist der Sauerstoffschwund mit seiner verheerenden Wirkung ein. Im oben beschriebenen Falle ließen sich noch 20 km unterhalb der Einleitungsstelle Saponine nachweisen. Durch die biologischen Reinigungsverfahren werden die Saponine mit abgebaut, wodurch die Rübenfabrikabwässer ihre unmittelbare Giftigkeit verlieren.

e) Die Reinigungsverfahren.

Bei der Verschiedenheit der Abwässer ergibt es sich, daß auch die Reinigungsverfahren verschieden sein müssen. Die Verschiedenheiten der Betriebsweisen und örtlichen Verhältnisse bei den Zuckerfabriken machen es erklärlich, daß es ein für alle Zuckerfabriken geeignetes Verfahren zur Reinigung und Beseitigung ihrer Abwässer nicht gibt. Jeder Fall muß für sich einzeln behandelt und den örtlichen Verhältnissen angepaßt werden. In fast allen Fällen wird man eine Trennung und gesonderte Behandlung der Abwässer aus den verschiedenen Abteilungen und vor allem die Rücknahmeverfahren zur Entlastung der Abwasserbeseitigung soweit wie möglich durchführen. Auf alle Fälle müssen alle ungelösten Stoffe, die geeignet sind, im Vorfluter Schlammbänke zu bilden, vor dem Ablassen in den Vorfluter aus dem Abwasser entfernt werden. Wieweit die weitere Reinigung gehen muß, richtet sich ganz nach der Größe und dem Zustand des zur Verfügung stehenden Vorfluters. Da schon viele Fabriken aus Mangel an Frischwasser gezwungen sind, das ganze oder einen großen Teil der in der Rübenwäsche anfallenden Abwässer in den Betrieb zurückzunehmen, so sind die Verfahren zur Reinigung dieser Wässer sehr weitgehend durchgearbeitet.

Aus den Schwemm- und Waschwässern sind zu entfernen:

1. Kraut- und Rübenblätter. Ihre Menge schätzt BÖHM auf etwa $^1/_2$% des Rübengewichtes. Zum Abfangen dient ein in die Schwemme eingebauter Kraut- und Strohfänger, wie er z. B. von der Maschinenbau-Anstalt Köllmann & Gruhn, Barmen, gebaut wird. In Abb. 25 ist ein in die Ablaufrinne des Rübenwaschwassers leicht einzubauender Kraut- und Strohfänger, System Schmitz DRP. 209180, dargestellt. Es sind ständig 3—5 Zinkenreihen im Schwemmstrom, um die Rübenblätter, Strohteilchen usw. aus dem Abwasser zu entfernen. Die herausgefangenen Rübenblätter können verfüttert oder falls hierzu keine Möglichkeit besteht, nach Kompostierung als Dungstoffe verwandt werden.

[1] EBELING: Zeitschr. Fischerei 1931, **29**, 53.

2. Die Rübenschwänze. Die Menge der abgefangenen Rübenschwänze schwankt je nach Beschaffenheit der Rüben und der Konstruktion der Wäsche zwischen 1—3% des verarbeiteten Rübengewichtes. Schlanke, gerade Rüben ohne viel Nebenwurzeln ergeben wenig Schwänze. Bei der Wäsche spielt die Drehzahl und die Länge der Wäsche eine Rolle. Die in der Wäsche abgeschlagenen Rübenschwänze werden in Rübenschwanzfängern abgefangen, die nach Art der sich drehenden Sortiermaschinen gebaut sind. Diese Apparate haben Siebe verschiedener Schlitzweite, und zwar von 10, 7 und 3 mm. Je nach den Anforderungen, die an die Reinheit des Wassers gestellt werden, werden zwei oder sogar drei solcher Fänger mit verschiedenen Schlitzweiten hintereinander geschaltet.

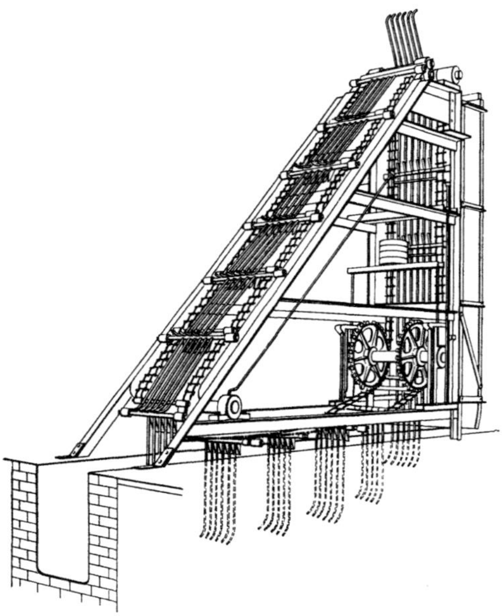

Abb. 25. Kraut- und Strohfänger für die Schwemmrinne, System Schmitz nach dem DRP. 209180 der Fa. Köllmann & Gruhn in Wuppertal-Barmen.

Bei dem in Abb. 26 dargestellten Rübenschwanzfänger, System Wurl DRP. 212048, der Fa. Köllmann & Gruhn, Wuppertal-Barmen, werden die ungelösten Stoffe auf einem muldenförmig ausgebildeten Sieb abgefangen. Durch langsam rotierende Schaufeln, die durch Federn an das Siebblech gedrückt werden, werden die Rübenschwänze hochgehoben und ausgeworfen. Die abgefangenen Rübenschwänze werden als Viehfutter, seltener nach Kompostierung als Dungstoffe verwertet. Zur vollkommenen Verwertung der Rübenschwänze hat man diese in verschiedenen Fabriken in einer besonderen Wäsche nochmals tüchtig gewaschen und dann zerkleinert. Sie können nach dieser Vorbereitung mit den Schnitzeln in den Diffusionsbatterien vollständig entzuckert werden.

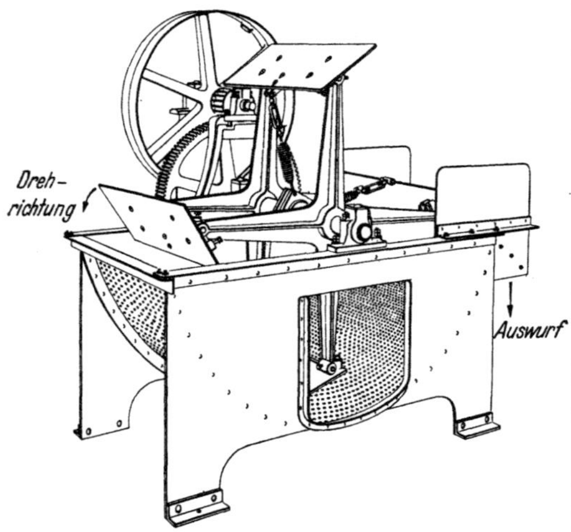

Abb. 26. Rübenschwänzefänger, System Wurl nach dem DRP. 212048 der Fa. Köllmann & Gruhn in Wuppertal-Barmen.

3. Die erdigen Bestandteile. In den meisten Fällen werden die erdigen Bestandteile in großen Schlammteichen, welche die ganze, während einer Kampagne anfallenden Schlammmassen aufzunehmen vermögen, abgefangen. Der Ablauf der Schlammteiche geht in den meisten Fällen in den Betrieb zurück. Um eine Gärung oder Fäulnis des Wassers in den Teichen zu verhindern, wird das Wasser am Einlauf gechlort. Gelegentlich entstehen trotzdem durch Gärung der mitgeführten Zuckerstoffe Säuren, die aus der tonigen Rübenerde Eisenverbindungen herauslösen, so daß unter dem Einfluß des gleichzeitig gebildeten Schwefelwasserstoffs sich Eisensulfid bilden kann, das dann das ganze Becken schwarz färbt. Dieser Zustand verschwindet aber meist ebenso schnell wieder wie er aufzutreten pflegt. Nach der Kampagne wird der Schlamm, der in den meisten Fällen guter Mutterboden ist, nach genügendem

Abtrocknen zu Geländeaufschüttungen von Ödländereien oder in aufgelassene Sand-, Ziegel- oder Kiesgruben gefahren.

Da bei den langen Aufenthaltszeiten in den außergewöhnlich großen Absetzteichen Zersetzungen nicht immer zu verhindern sind, baut man die Absetzanlagen heute nur so groß, daß wohl ein genügender Klärerfolg erzielt wird, daß aber eine Zersetzung des Wassers auf alle Fälle vermieden wird. Derartige Anlagen baut man vor oder an Stelle der vorhandenen Absetzteiche, die selbst dann nur noch als Sand- bzw. Schlammteiche Verwendung finden. Der Vorteil dieser Absetzbecken ist auch der, daß das Abwasser, falls es in den Vorfluter abgestoßen werden kann, stets frisch in den Vorfluter gelangt.

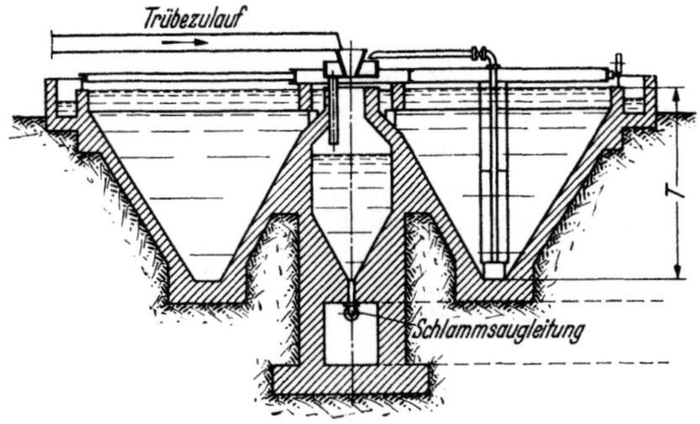

Abb. 27. Kreisrundes Absetzbecken mit Schlammausräumung unter Wasser mit Hilfe von Mammutbaggern, System Borsig.

In neuerer Zeit waschen viele Fabriken in einer Sandwäsche den Sand aus, wodurch die gesamte Schlammmasse um ein Drittel verringert wird. Der gut ausgewaschene Sand kann zu Bauzwecken benutzt werden, während die übrig bleibende Schlammasse eine gute Ackererde ergibt.

Besser als die Absetzteiche eignen sich zum Abfangen der nach Beseitigung des Sandes im Wasser verbleibenden feinen erdigen Bestandteile die in der Abwassertechnik bekannten Absetzbecken mit der Schlammausräumung unter Wasser. In Zuckerfabriken werden oft die Eindicker von Borsig und Hirschfelder angewandt. Diese Verfahren haben den Vorteil gegenüber den bisher benutzten Absetzteichen, daß der am Boden der trichterförmigen Becken sich ansammelnde Dickschlamm mit Hilfe von Saug- und Druckluft durch geschlossene Rohrleitungen auf weitere Entfernung befördert werden kann. In Abb. 27 ist der Mammut-Eindicker der Fa. Borsig, Berlin-Tegel, schematisch dargestellt.

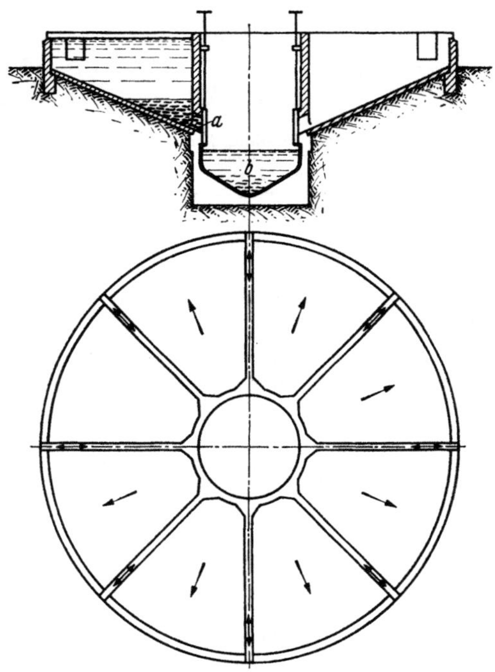

Abb. 28. Schema eines kreisrunden Absetzbeckens, das durch radiale Zwischenwände in mehrere Einzelbecken unterteilt ist.

Diese Absetzbecken sind sowohl als längliche Becken mit Zu- und Ablauf an den beiden Stirnseiten wie auch als kreisrunde Absetzbecken gebaut worden. Bei letzteren wird das zu klärende Abwasser zentral aufgegeben und das Becken radial durchströmt. Hierbei nimmt die Durchflußgeschwindigkeit vom Einlauf zum Ablauf stetig ab. Das Abwasser paßt sich also den günstigsten Absetzbedingungen der festen Stoffe automatisch an. Das Rundbecken ist durch radial gezogene Wände in verschiedene Abschnitte unterteilt, die es gestatten, die einzelnen Teilbecken von Zeit zu Zeit zu entleeren. Aus Abb. 28 ist der Betrieb einer solchen Anlage erkennbar. Bei dem in Abb. 29 dargestellten Becken erfolgt die Schlammentnahme durch einen Mammutbagger während des Betriebes laufend unter Wasser. Durch die Schwankungen in dem Schmutzgehalt der Rüben hat der geförderte Schlamm bald höheren bald niederen Wassergehalt.

Außer den vorgeschilderten, in verschiedenen Zuckerfabriken angewandten Absetzbecken kommen auch viereckige, langgestreckte Becken in Frage, wie sie z. B. in der Bauart der Aquapura A.G. Berlin und im Leipziger Becken (s. S. 302 und 303) vielfach in der Abwassertechnik angewandt werden. Hier wird der am Boden des länglichen Beckens sich absetzende Schlamm durch Kratzer zu dem am Einlauf liegenden Pumpensumpf befördert, aus dem er dann durch Pumpen zu den Schlammteichen befördert wird.

Zur Förderung des Absetzvorganges hat man verschiedene chemische Fällungsmittel vorgeschlagen, doch verursachen solche bei den großen Abwassermengen zu hohe Kosten. Als einziges Fällungsmittel findet man noch hier und da die Anwendung von Kalk.

Der in den Schlammteichen abgesetzte und nach längerem Stehen getrocknete Schlamm wird in vielen Zuckerfabriken von den Landwirten im Frühjahr wieder geholt und zur Verbesserung ihrer Felder benutzt. Da diese Abfuhr des Schlammes meist in die Zeit der Frühjahrsbestellung fällt und daher gelegentlich unterbleibt, haben viele genossenschaftlich betriebene Zuckerfabriken den Rüben anliefernden Landwirten die Abnahme des Schlammes zur Bedingung gemacht.

Abb. 29. **Borsig-Mammut-Eindicker** zum Klären der mechanisch verschmutzten Abwässer in einer Zuckerfabrik. Die Schwimmstoffe werden durch Auflegen hölzerner Balken abgefangen. (Werkphoto der Rheinmetall-Borsig-A.G. Berlin-Tegel.)

4. Rieselfeldverfahren. Während bei der Behandlung der Schwemm- und Waschwässer das Hauptgewicht auf die Entfernung der ungelösten, mineralischen Stoffe gelegt wird, spielen bei der Reinigung der Diffusions- und Pressewässer auch der Abbau und die Entfernung der gelösten und kolloid verteilten zersetzlichen organischen Bestandteile die Hauptrolle. Da alle diese Bestandteile wertvolle Pflanzennährstoffe darstellen, wäre ihre landwirtschaftliche Ausnutzung das beste Reinigungsverfahren. Bei dem Rieselverfahren findet eine weitgehende Ausnutzung der Dungstoffe statt, doch ist ein Reinigungserfolg wegen der zur vollen Reinigung benötigten großen Flächen nicht immer gewährleistet.

In den zumeist warmen Zuckerfabrikabwässern geht der Zucker bald in organische Säuren (Milchsäure, Buttersäure, Essigsäure, Propionsäure) über. Werden solche sauren Wässer ohne vorherige Neutralisation den Rieselfeldern zugeführt, so wird der im Boden vorhandene Kalk gelöst. Besonders bei flachen, drainierten Rieselfeldern muß man mit einem Kalkentzug aus dem Boden rechnen. Bei Oberflächenberieselung und bei einer Rieselung auf mindestens 1,50 m tiefen drainierten Flächen ist die Gefahr nicht so groß, da die Bodenbakterien die Kalksalze der genannten Säuren bald wieder in Calciumcarbonat umwandeln. Bei den mit Kalk und Chlor behandelten Abwässern ist die Gefahr zu hohen Säuregehaltes nicht vorhanden.

Folgende Richtlinien sollten für die Vorbehandlung der Abwässer, die zur Verrieselung gelangen sollen, beobachtet werden:

1. Es muß durch möglichst häufige Verwendung der Abwässer im Kreislauf danach gestrebt werden, die Abwässer in einer möglichst konzentrierten Form zu erhalten, um mit einem Minimum von Rieselflächen auszukommen;

2. es muß vermieden werden, die Abwässer in stark saurer Beschaffenheit auf die Rieselfelder zu schicken, weil sonst der Reinigungserfolg gering ist und eine Säuerung und Kalkentzug des Bodens eintreten kann;

3. es soll entweder auf tief drainierten Flächen gerieselt oder Oberflächenberieselung, wenn möglich in mehreren Stufen hintereinander, angewandt werden;

4. stehen nicht genügend große Flächen zur Verfügung, so muß auf Grund der örtlichen Verhältnisse geprüft werden, welches künstliche Reinigungsverfahren als Vorreinigung in Frage kommt;

5. es sollen möglichst nur gut vorbehandelte Abwässer verrieselt werden. Eine direkte Verrieselung der Preßwässer ist als schädlich anzusehen.

Für die Größe der anzuwendenden Fläche ist die Konzentration des Abwassers ausschlaggebend. Die Preußische Landesanstalt für Wasser-, Boden- und Lufthygiene hält zur Erreichung eines günstigen Erfolges für etwa 40—90 cbm, im Mittel für je 65 cbm Abwasser je Tag, eine Rieselfläche von 1 ha für erforderlich. Dies ergibt aber bereits bei den sehr reichlichen Wassermengen so außergewöhnlich große Flächen, daß das Verfahren nur in ganz außergewöhnlichen Fällen, wo die Zuckerfabrik über eigene, große Landflächen verfügt oder ein genossenschaftlicher Zusammenschluß der Landwirte möglich ist, zur Anwendung kommen dürfte. Die Hauptwiderstände für die Verwendung der im Zuckerfabrikabwasser vorhandenen Dungstoffe kommen gewöhnlich aus den Landwirtschaftskreisen. Hinzu kommen noch die großen Kosten für die Herrichtung des Geländes, die mit rund 1000 RM je Hektar zu veranschlagen sind. Als Nachreinigung hinter anderen Verfahren, die vorher die größere Menge der vorhandenen Schmutzstoffe abbauen, hat das Rieselverfahren bessere Aussichten.

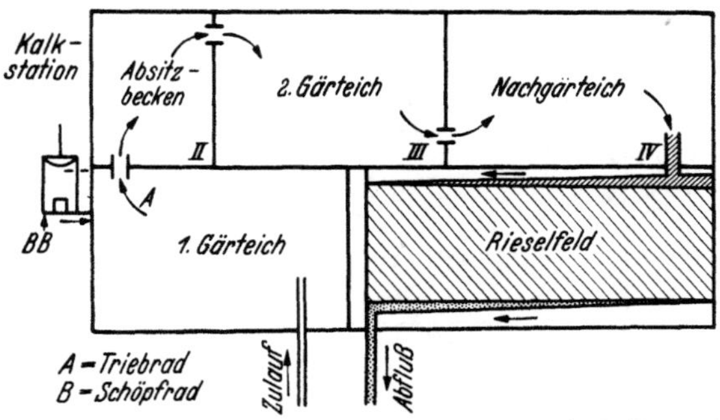

Abb. 30. Schema des Doppelgärverfahrens nach PRÜTZ und NOLTE (Hildesheimer Verfahren).

5. Verregnung der Abwässer. Die Verregnung der Abwässer ist auf Vorschlag der Emschergenossenschaft in Essen während der Kampagne 1929/30 durch die Zuckerfabrik Soest versucht worden. Die von Schwebestoffen gut vorgereinigten Abwässer werden in ein Rohrsystem gedrückt und durch Düsen versprüht. Hierzu dienen die bekannten Weitstrahlregner (s. S. 391 und 392). Beim Versprühen wird das Wasser mit Sauerstoff angereichert und so für die weitere Reinigung auf dem Acker oder Grünland günstig beeinflußt.

Die Kosten des Verfahrens sind von der Größe und Lage des Geländes, der Höhe der Wasserentnahmestelle, sowie der Entfernung von der Fabrik und den Kosten des elektrischen Stromes abhängig. Sie belaufen sich nach Angaben von MÜLLER auf etwa RM 400 je Hektar. Der Vorzug der Beregnungsanlagen besteht darin, daß die Rohrleitungen unter Gelände verlegt werden können und somit die landwirtschaftliche Nutzung des benutzten Geländes nicht beeinträchtigen. Die Beregnung ist auch bei unebenen Flächen anwendbar, so daß Kosten für die Einebnung des Geländes fortfallen. NOLTE hatte mit der Verregnung von Zuckerfabrikabwasser sehr gute Erfolge.

6. Das Doppelgärverfahren. Das von PRÜTZ und NOLTE eingeführte, in Abb. 30 im Schema dargestellte Verfahren, nach dem Hildesheimer Flußuntersuchungsamt auch Hildesheimer Doppelgärverfahren genannt, benutzt die Eigenschaft der zuckerhaltigen Abwässer, bei geeigneten Temperaturen leicht in Gärung und Fäulnis überzugehen, um durch rasch aufeinanderfolgende Gärungen den Abbau der Stoffe durchzuführen.

Die gut entpülpten Diffusions- und Preßwässer werden unter möglichster Erhaltung ihrer warmen Temperatur von 40—50° C dem ersten Gärteich zugeführt. Hier tritt alsbald Milchsäuregärung ein. Auf dem Wasser bildet sich eine starke Schaum- und Schwimmdecke, welche die Abkühlung des Wassers verhindert. Da bei zu starkem Ansteigen der

Säuerung die Milchsäuregärung von einem bestimmten Zeitpunkte an aufhören würde, wird am Auslauf des ersten Gärteiches Kalk in Form von Kalkmilch in Mengen von 50 kg je 50 t Rüben zugegeben, wobei höchstens der Neutralpunkt ($p_H = 7,0$) erreicht werden soll. Durch diese Kalkzugabe wird die bisher gebildete Säure abgestumpft und es setzt eine zweite, ebenso starke Gärung ein, bei der wieder reichliche Mengen von Milch- oder Buttersäure — je nach Innehaltung einer höheren, 40—45° C oder einer etwas niederen, 35—40° C betragenden Temperatur — gebildet werden. Gleichzeitig tritt eine Ausflockung stickstoffhaltiger Stoffe ein, die in dem folgenden, als Absetzbecken wirkenden zweiten Teich abgefangen werden. In dem zweiten Gärteich wird die zweite Gärung zu Ende geführt. Der vierte Teich dient als Nachgärteich und zum Absetzen der bei der zweiten Gärung ausgeschiedenen Stoffe. Von hier aus wird das ausgegorene Abwasser auf ein gut drainiertes Rieselfeld geleitet. Die Gärteiche sollen möglichst lang und tief, dagegen weniger breit sein, damit die Luft keinen zu großen Einfluß auf die Temperatur des Abwassers hat. Ein Wärmeverlust von 2—3° C tritt hauptsächlich an den Überläufen ein. Die Teiche sollen mindestens so groß bemessen sein, daß sie die an einem Tage anfallenden Abwässer aufnehmen können. Um die Bewegung in den Teichen gleichmäßig zu gestalten und eine gute Kalkzugabe zu gewährleisten, ist bei *A* ein Triebrad für die bei *B* befindliche Kalkstation angebracht.

7. Das Gärfaulverfahren (Salzwedeler Verfahren). Die Wirkung des Doppelgärverfahrens wurde durch die Einführung des Gärfaulverfahrens wesentlich verbessert. Durch eine verstärkte Kalkzugabe bis zur alkalischen Reaktion (p_H-Wert 7,6—8,0) werden die beim Doppelgärverfahren auftretenden Schwierigkeiten beseitigt. Das Doppelgärverfahren schickt ein noch reichlich saures Abwasser (p_H-Wert 4—5), das stark nach Schwefelwasserstoff riecht, auf die Rieselfelder und wirkt dort durch seinen Säuregehalt stark kalklösend. Das abgelassene Abwasser ist wegen ungenügenden Abbaus der Eiweißstoffe noch fäulnisfähig, da es noch etwa 8—10 mg/Liter Gesamtstickstoff enthält. Infolge des hohen Gehaltes an freier Säure scheint das Wasser zwar zunächst fäulnisunfähig zu sein. In Wirklichkeit tritt aber nach erfolgter Neutralisation der Säure und Neuimpfung sofort wieder Fäulnis ein. NOLTE[1] und SCHUDT haben als Verbesserung das Gärfaulverfahren eingeführt, das den Zweck hat, die bisher im Vorfluter sich abspielenden Faulvorgänge nach Beendigung der sauren Gärung in die Kläranlage zu verlegen. In einer nach dem in Abb. 31 wiedergegebenen Schema arbeitenden Anlage werden die Preß- und Diffusionsabwässer im Gärteich I bei Temperaturen zwischen 35—40° vergoren. Es tritt vorwiegend Buttersäuregärung ein, welche die Faulvorgänge und die Methangärung erleichtert. Das sauer gewordene Abwasser, das durchschnittlich 1500—2000 mg/Liter Milchsäure enthält, wird am Überlauf durch eine genügende Kalkzugabe nicht nur neutralisiert, sondern sogar schwach alkalisiert. Die Kalkzugabe geht nicht wie beim Doppelgärverfahren bis zum Neutralpunkt (p_H-Wert 7,0), sondern darüber hinaus bis etwa p_H-Wert 9,0. Schon im Absetzteich (II), in dem sich der Kalkschlamm und die ausgeflockten Eiweißstoffe absetzen, stärker aber noch in Teich III, tritt starke Fäulnis, verbunden mit Methan- und Wasserstoffgärung ein. Hierbei werden die bei der Gärung übrig gebliebenen Eiweißstoffe und die Kalksalze der bei der ersten Gärung gebildeten Säure zersetzt. Auf allen Teichen bildet sich eine für die Erhaltung der Temperatur wichtige

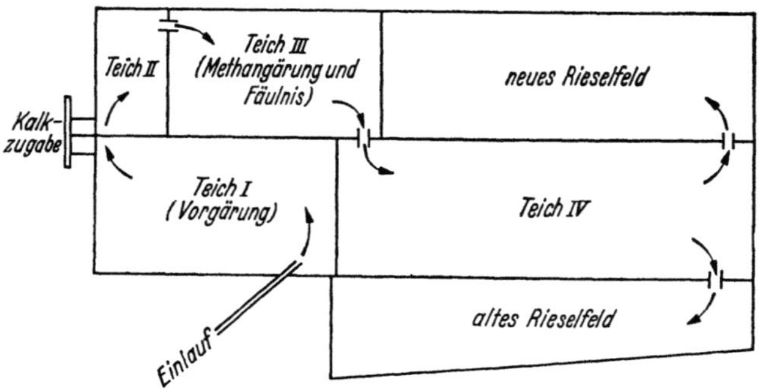

Abb. 31. Schema des Gärfaulverfahrens nach NOLTE (Salzwedeler Verfahren).

[1] E. NOLTE: Vom Wasser 1928, 2, 272.

Schaumdecke. Das aus dem Teich IV abfließende Wasser ist neutral und kann daher auf den beiden nachgeschalteten Rieselfeldern gut weiterbehandelt werden.

Der Platzbedarf ist nach NOLTE sehr gering. Auf einer Fläche von 60×100 m = 6000 qm werden in Salzwedel täglich 3000 cbm Diffusions- und Preßwässer durch Fäulnis und Methangärung gereinigt. Die angeschlossenen Rieselfelder haben eine Größe von 2,7 ha. Die Reinigungswirkung ist als sehr gut zu bezeichnen. Das aus den Teichen abfließende Wasser läßt sich auch durch eine einfache Nachbehandlung durch chemische Fällungsmittel, Belüftung in flachen Stauteichen und Sandfiltration so weit reinigen, daß es unbedenklich in jeden Vorfluter abgelassen werden kann. Bei einer Verdünnung von 1 : 10 der nach dem Gärfaulverfahren gereinigten Abwässer tritt keine Sauerstoffzehrung mehr ein. Pilzbildungen treten im Vorfluter nicht mehr auf. Bei dem Gärfaulverfahren auftretende Mißerfolge beruhen nach den Beobachtungen der Preußischen Landesanstalt für Wasser-, Boden- und Lufthygiene[1] fast stets auf einer ungenügenden chemischen Überwachung, besonders hinsichtlich des Kalkzusatzes, der auf jeden Fall maschinell zu erfolgen hat.

8. Reinigung auf Tropfkörpern. Die von NORMANN[2] durchgeführte Reinigung von Zuckerfabrikabwässern auf Tropfkörpern verlangt eine weitgehende Verdünnung des Abwassers. Das Diffusions- und Preßwasser muß bis auf einen Zuckergehalt unter 0,1% verdünnt werden. Auch müssen die Abwässer möglichst frisch, d. h. es darf noch keine saure Gärung eingetreten sein, behandelt werden. Die aus Schlacke oder Kies von 1—2,5 cm Korngröße bestehenden Tropfkörper haben eine Höhe von 1,8 m und können mit 600 Liter des verdünnten Abwassers je Kubikmeter Tropfkörpermaterial beschickt werden. Bei einer derartig geringen Beschickungsmenge und den großen Mengen anfallenden Abwassers hat das Verfahren wenig Aussicht, obwohl der Reinigungserfolg gut ist. Es ist zu erwarten, daß die mit Dauerbeschickung und zusätzlicher Belüftung arbeitenden Hochleistungstropfkörper bessere Wirkungen haben werden, besonders dann, wenn man die biologischen Vorgänge durch Zugabe von Phosphaten unterstützt.

9. Reinigung durch das Belebtschlammverfahren. 1922 hat KESSENER in Holland Versuche zur Anwendung künstlicher biologischer Verfahren durchgeführt. Die gut vorgereinigten Presse- und Diffusionsabwässer werden in einem KESSENER-Becken mit Oberflächenbelüftung durch Bürstenwalzen 15 Stunden belüftet. Durch Zugabe von Kalk kann die Belüftungszeit auf 13 bis 14 Stunden verkürzt werden.

Eine bedeutend verstärkte Wirkung des Belebtschlammverfahrens für Zuckerfabrikabwässer erzielten NOLTE, MEYER und FROMKE[3], wenn sie den zur Reinigung benutzten belebten Schlamm nach dem Magdeburger P.-Verfahren durch Zugabe von Stickstoffverbindungen und Phosphaten, z. B. von Ammonphosphat, einarbeiteten und dem zu reinigenden Wasser laufend kleine Mengen Ammonphosphat als Nährsalz zugaben. Die bei früheren Versuchen ohne Nährsalzzugabe auftretenden Blähschlammbildungen hörten sofort auf. Bei der Prüfung der Frage, ob Zucker oder Buttersäure leichter durch das Belebtschlammverfahren abgebaut werde, wodurch gleichzeitig die Frage geklärt werden sollte, ob ein Zuckerfabrikabwasser vor oder nach der Gärung dem Belebtschlammverfahren unterworfen werden muß, zeigte es sich, daß der in buttersäurehaltigen, mit Phosphaten und Ammonsalzen versetzten Abwässern gebildete Schlamm nicht ohne weiteres imstande ist, Zucker abzubauen; die Buttersäure verschwand restlos, nicht aber der Zucker. Dies hing wohl damit zusammen, daß Zucker wohl leicht der Gärung, nicht so leicht aber dem biologischen Abbau durch Belebtschlamm unterliegt wie Buttersäure.

10. Sonstige Verfahren. Auch bei einer weitgehenden Rücknahme der Abwässer ergibt sich, wie alle Erfahrungen gezeigt haben, hin und wieder die

[1] PRITZKOW: Kleine Mitt. Landesanst. Wasser-, Boden- u. Lufthygiene 1936, **12**, 308.
[2] NORMANN: Food Manufacture London 1934, **9**, 237.
[3] NOLTE, MEYER, FROMKE: Vom Wasser 1934, **8**, 126.

Notwendigkeit, auf kurze Zeit die Rücknahme einzuschränken und Frischwasser in den Betrieb einzuführen. Hierbei ist es dann unvermeidlich, daß Abwassermengen abgelassen werden, die stoßweise den Vorfluter belasten. Um derartige Belastungen vom Vorfluter fernzuhalten, ist unter allen Umständen bei jedem Rücknahmeverfahren die Errichtung eines für die ganze Betriebszeit der Fabriken ausreichenden, gegen den Vorfluter gut abgesperrten Aufenthaltsbeckens erforderlich. Hierzu können die durch die Einführung des Rücknahmeverfahrens frei gewordenen Teichanlagen in zweckmäßiger Weise Verwendung finden.

Ein allgemeiner Rücknahmezwang besteht bis jetzt nicht. Doch scheint es für alle diejenigen Betriebe, die mit Unzuträglichkeiten im Vorfluter durch die Ableitung ihrer Abwässer zu kämpfen haben, angebracht, ehe sie an einen weiteren Ausbau ihrer Reinigungsanlagen herangehen, eine Wiederverwendung ihrer Abwässer durch Einführung des Rücknahmeverfahrens ins Auge zu fassen. Je vollständiger die Rücknahme erfolgt, um so mehr wird der Vorfluter, unter Umständen auch die Kläranlage, die dann besser arbeiten kann, entlastet.

Einige Fabriken haben die Entlastung ihrer Vorfluter durch Fernhalten der Abwässer dadurch erreicht, daß sie nach ganz oder teilweiser Einführung des Rücknahmeverfahrens die anfallenden Restabwässer in großen Teichanlagen und ausgedehnten Wiesenflächen aufspeicherten. Das Ablassen der durch Versickerung und Verdunstung allmählich an Menge verringerten Abwässer erfolgt nach der Kampagne allmählich, nachdem der größte Teil der zersetzungsfähigen organischen Stoffe durch biologische Fäulnis- und Oxydationsvorgänge abgebaut worden ist.

f) Untersuchung von Kläranlagen der Zuckerfabriken.

Bei der Untersuchung von Kläranlagen für Zuckerfabrikabwasser kommt außer der Feststellung der Zucker- und Eiweißstoffe vor allem die Bestimmung der bei den Zersetzungen gebildeten organischen Säuren in Frage. Die sonst in der Abwasseruntersuchungstechnik angewandte Bestimmung des Kaliumpermanganatverbrauchs gibt keine eindeutigen Resultate. NOLTE gibt folgende Werte für die verschiedenen Wasser an:

Tabelle 3.

	Fallwasser mg/Liter	Schwemmwasser mg/Liter	Pressewasser, roh mg/Liter
Permanganatverbrauch . .	50—250	90—2000	15000—25000
Gesamtstickstoff . . .	5—10	10— 50	30—100
Ammoniakstickstoff . . .	2—9	5— 30 und mehr	5—10
Organischer Stickstoff . .	2—5	5— 30 und mehr	25—90
Organische Säure	—	100—2000	—
Zucker			bis 4 g/Liter

In neuerer Zeit wendet man daher zur Beurteilung besser die Bestimmung des biochemischen Sauerstoffbedarfs an. Das Abwasser wird zunächst durch Ammoniumbicarbonat neutralisiert und dann nach Zusatz kleiner Mengen von Phosphaten und nach Impfung mit häuslichem Abwasser der zum biologischen Abbau notwendige Sauerstoff bestimmt. Wird der Kaliumpermanganatverbrauch als ein Maßstab für den Gehalt an Zucker benutzt, so ist nach SCHMIDT 1 mg/Liter Zucker = 2,65 mg/Liter Permanganatverbrauch.

15. Abwässer der Rübenkrautfabriken.

Ein Nebenzweig der Zuckerrübenverarbeitung ist die Herstellung von „Rübenkraut“. Die Rüben werden in der gleichen Weise wie in den Zuckerfabriken gewaschen, wobei stark mit Erde, Rübenblättern, Rübenstückchen durchsetzte

Abwässer anfallen, die infolge ihres Saponingehaltes eine hohe Schaumkraft besitzen.

Die gewaschenen Rüben werden in Druckautoklaven 2 Stunden mit Dampf von 2—4 atü gekocht. Hierbei zerfallen sie zu einem dunkelbraunen Brei, der in Pressen abgepreßt wird. Das auf den Filtertüchern zurückbleibende, wie Pappe aussehende Preßgut wird zur Viehfütterung benutzt. Der abfließende Saft wird zur Entfernung etwaiger, beim Pressen durchgegangener fester Stoffe filtriert und dann im Vakuum zur Syrupdicke eingedampft.

Die Abwässer der Rübenkrautfabriken zeigen die bei den Zuckerfabrikabwässern beschriebenen unangenehmen Eigenschaften der Rübenschwemm- und -waschwässer (s. unter Zuckerfabrikabwasser).

Die Reinigung kann in ähnlicher Weise wie für Zuckerfabrikabwässer angegeben geschehen. Hierbei ist zu berücksichtigen, daß die Leistungen der Rübenkrautfabriken und damit auch die Abwassermengen meistens ganz bedeutend kleiner sind als die der Zuckerfabriken. Hinzu kommt, daß diese Fabriken in den meisten Fällen auf dem flachen Lande liegen, wo für die düngenden Abwässer günstigere Abnahmeverhältnisse vorliegen. Die einfachste Beseitigungsart ist daher, die Abwässer während der Kampagne auf ein genügend großes Feld, das durch Umpflügen mit einem etwa 30 cm hohen Deich umgeben ist und dem das Abwasser, zwecks besserer Verteilung der erdigen Bestandteile an mehreren, abwechselnd betriebenen Zuläufen zugeleitet wird, zu pumpen. Hier kann das Abwasser im Laufe des Winters versickern. Die erdigen und übrigen ungelösten Bestandteile setzen sich hierbei ab. Der Boden hält die in den Abwässern enthaltenen Dungstoffe durch Adsorption und durch Basenaustausch fest, so daß der Boden bei genügend gleichmäßiger Beschickung eine ausreichende Düngung erfährt.

Die Reinigung der Abwässer großer Rübenkrautfabriken erfolgt nach denselben Grundsätzen wie für die Abwässer der Zuckerfabrikation.

16. Abwässer der Seifenfabriken.

Bei der Seifenherstellung werden pflanzliche oder tierische Fette und Öle oder künstliche und natürliche Fettsäuren mit Lauge gekocht. In einer Seifenfabrik fallen an:

1. verschiedene Abwässer von der Reinigung der Rohfette;
2. glycerinhaltige Abwässer der Fettspaltung bzw. die Kondenswässer der Glycerinraffination;
3. Unterlaugen vom Verseifungsvorgang;
4. Waschwässer;
5. ferner Kondens-, Spül- und Kühlwasser.

Als Rohfette werden hauptsächlich solche Fette verwandt, die zum menschlichen Genuß nicht geeignet sind, wie z. B. Pferdefett, Knochenfett, Hammeltalg, die geringeren Sorten von Rindertalg, Abfallfette, Abwasserfette, hydrierte Trane. Außerdem werden aber für die Herstellung der Kernseifen und feineren Toiletteseifen pflanzliche Fette, wie Olivenöl, Sesamöl, Maisöl und Sojaöl u. a. benutzt. Bei der Herstellung der Seifen werden die angewandten Rohfette zumeist zunächst einer sehr eingehenden Reinigung unterzogen. Zur Entfärbung und Desodorierung der Fette werden die Fette mit adsorbierenden Stoffen, wie Holz-, Knochenkohle, aktiver Kohle, Kieselgur, Bleicherde, Walkerde, Silikagel bei Temperaturen von 70—90^0 behandelt. Nach genügender Einwirkung läßt man absetzen, filtriert oder wäscht aus, wobei mit dem jeweiligen Entfärbungsmittel versetzte, schwach alkalische Abwässer anfallen, aus denen man in Absetzbecken das angewandte Entfärbungsmittel leicht entfernen und unter Umständen sogar wiedergewinnen kann.

Erfolgt das Bleichen durch Natriumperoxyd, Percarbonate, Hypochlorite, Natriumbichromat, Kaliumpermanganat und Schwefelsäure und andere sauerstoffabgebende Stoffe, so fallen mit diesen Stoffen bzw. ihren Umwandlungsstoffen beladene Abwässer an.

Die vorgereinigten Fette werden in Fettsäuren und Glycerin gespalten. Die technisch angewandten Verfahren sind die Autoklavenspaltung, die Spaltung mit Schwefelsäure, das Twitchell-Verfahren, die fermentative Spaltung und das Kalkverfahren.

Bei der Autoklavenfettspaltung werden die Fette mit dem als Katalysatoren dienenden Zink-, Calcium- oder Magnesiumoxyd versetzt und in geschlossenen Gefäßen auf hohe Temperaturen erwärmt. Auf 2500 kg Öl werden z. B. 15 kg Zinkoxyd, dem etwa 7 kg Zinkstaub zugesetzt sind, in Wasser angerührt zugegeben. Es bilden sich Zinkseifen, die sich auf dem Glycerinwasser abscheiden. Das Glycerinwasser wird abgetrennt, durch Adsorptionsmittel, wie aktive Kohle, gereinigt und dann in Destillierapparaten auf Glycerin verarbeitet. Hierbei fallen glycerinhaltige Abwasser an, die aber durch Kondenswasser stark verdünnt werden können. In vielen Fällen haftet ihnen, besonders bei der Spaltung minderwertiger Fette, der mehr oder weniger üble Geruch der Rohfette an.

Die Zinkseifen werden bei 80° C mit 30% Schwefelsäure gründlich durchgemischt und dabei zersetzt. Es bildet sich Zinksulfat und freie Fettsäure. Nach vollendeter Spaltung wird das Säurewasser, das neben geringen Mengen Öl etwa 30% Schwefelsäure und das Zinksulfat enthält, als Abwasser abgelassen. Wegen der hohen Preise für Zinksalze sollten diese aus den konzentrierten Abwässern wiedergewonnen werden. Große Wassermengen, die schwankende Gehalte an vorstehenden Stoffen haben, fallen beim weiteren Auswaschen der Fettsäuren an. Ein von mir untersuchtes Waschwasser aus einer Fettspaltung hatte einen Sulfatgehalt von 49,2 g/Liter mit 6,3 g/Liter freier Schwefelsäure und einen Zinkgehalt von 28,4 g/Liter. Der Gesamtabdampfrückstand betrug 199,8 g/Liter. Der Kaliumpermanganatverbrauch betrug 125000 mg/Liter. 1 cbm dieses Säureabwassers entsprach im Vergleich mit einem häuslichen Abwasser mit etwa 300—400 mg/Liter Kaliumpermanganatverbrauch einem Einwohnergleichwert von 300.

Bei der Fettspaltung mit Schwefelsäure wird durch Erhitzen auf 115° getrocknetes Öl oder Fett mit konzentrierter Schwefelsäure gespalten. Neben freien Fettsäuren bildet sich das schwefelsäurehaltige Glycerinwasser, das auf Glycerin weiterverarbeitet wird. In manchen Fällen wird bei schlechten Glycerinpreisen dieses Abwasser mit den weiteren Waschwässern abgestoßen.

Bei dem TWITCHEL-Verfahren erfolgt die Fettspaltung mit 1—2% Schwefelsäure unter Zugabe eines besonderen Katalysators. Das Glycerinwasser wird in besonderen Pfannen auf Rohglycerin verarbeitet. Als Abwasser fallen die Waschwässer mit einem mehr oder weniger großen Glycerin- und Säuregehalt an.

Bei der enzymatischen Fettspaltung benutzt man die aus den Ricinussamen gewonnene Lipase bzw. das Enzym des Pankreas.

Zur Glyceringewinnung eignen sich nur die zuerst anfallenden konzentrierteren Wässer. Das bei der Autoklavenspaltung gewonnene Glycerinwasser zeigt 6—7° Bé und ist ziemlich rein, wenn die Fette rein und gut waren. Es wird in Vakuumapparaten bis auf eine Konzentration von 28° Bé eingedampft. Die anfallenden glycerinhaltigen Kondenswässer gehen als Abwässer ab. Die Glycerinwässer aus der Spaltung mit Schwefelsäure und der TWITCHELL-Spaltung sind stark sauer, stark verunreinigt und riechen schlecht. Das bei der enzymatischen Spaltung anfallende Glycerinwasser enthält Mangansulfat, Schwefelsäure, Fettsäuren und Eiweißstoffe, die mit Kalkmilch in der Siedehitze gefällt werden. Der Überschuß des Kalkes und der gebildete Gips wird durch Zusatz von Barythydrat und Oxalsäure beseitigt.

Noch stärker verschmutzt als die Säurewaschwässer der Fettspaltung sind die beim eigentlichen Verseifungsvorgang in etwa gleicher Menge anfallenden Unterlaugen, die beim Aussalzen des durch Verseifen der Fettsäuren mit Alkali anfallenden Seifenleims entstehen und eine stark braun gefärbte, nach Seife riechende Flüssigkeit darstellen. Diese Abwässer sind stark alkalisch, haben einen hohen Kochsalzgehalt (12—15%) und infolge ihres hohen Gehaltes an organischen Stoffen auch eine hohe Oxydierbarkeit. Beim Abkühlen der meist mit einer Temperatur von 90—100° anfallenden Abwässer scheiden diese Abwässer größere Mengen plattenförmiger Seifen und leimiger Bestandteile aus. Durch Abkühlen der Abwässer und Abfangen dieser Stoffe lassen sich etwa 10—12 g/Liter abscheiden. Hierdurch sinkt die Oxydierbarkeit dieser Wässer auf die Hälfte. Wurden neben Fettsäuren auch Neutralfette verarbeitet, so enthalten die Unterlaugen auch neben den Verunreinigungen der Rohmaterialien noch das sonst bei der Fettspaltung entstehende Glycerin. Der Glyceringehalt ist um so größer je mehr Neutralfett verarbeitet wurde. Nur die ersten Unterlaugen werden, wenn der Glycerinpreis die Weiterbehandlung als lohnend erscheinen läßt, auf Glycerin weiterverarbeitet.

Weiterhin fallen in den Seifenfabriken beim Reinigen der Transportkübel, Apparate, Fabrikräume Putz- und Spülwässer und sehr große Mengen Kondens- und Kühlwässer an.

Bei Fabriken, die ihre Abwässer in die Kanalisation ablassen können, müssen die Abwässer zunächst unter 30° C abgekühlt werden. Die sich hierbei auf den Unterlaugen abscheidende Leimschicht kann durch Abschöpfen oder Abseihen durch automatisch arbeitende Feinsiebe entfernt werden. Bei der Fettspaltung anfallende Abwässer können durch ihren hohen Säuregehalt den städtischen Kanälen sehr schädlich werden; sie müssen aus diesem Grunde vorher neutralisiert werden. Hierzu können zum Teil die bei der Verseifung von Fettsäuren anfallenden Unterlaugen benutzt werden; doch reicht zumeist die gesamte anfallende Menge an Unterlauge zur Neutralisation nicht aus. Durch gegenseitiges Vermischen gleicher Mengen Säurewaschwasser und Unterlaugen aus Ausgleichsbecken, die gleich als Kühlbecken dienen, wird etwa $^1/_4$—$^1/_3$ der vorhandenen Säure abgebunden. Der Rest muß dann noch durch Kalk entfernt werden. Die Abkühlung der Seifenabwässer ist auch nötig, weil sie einen, je nach Art des angewandten Fettes mehr oder weniger intensiven Geruch haben. Ferner empfiehlt es sich, in der Nähe des Zulaufs aus der Fabrik dicht schließende Kanaldeckel, sog. Hochwasserdeckel, zu verwenden. Erst wenn durch Vermischung mit anderem Abwasser der städtischen Kanalisation erreicht ist, daß keine Geruchsbelästigungen mehr auftreten, können Kanaldeckel mit Lüftungsöffnungen verwandt werden. Vor dem Ablassen in die städtische Kanalisation müssen mit Rücksicht auf biologische Anlagen und die biologischen Vorgänge im Vorfluter die Zinksalze aus den Säurewaschwässern entfernt und im Interesse der Wirtschaft wiedergewonnen werden. Nur bei sehr starker Verdünnung mit häuslichem Abwasser ist eine Gefährdung nicht zu erwarten. Ein günstiger Umstand für die Seifenfabriken ist, daß die anfallenden Abwassermengen nicht sehr groß sind und daß sich ihre Hauptverschmutzungsstoffe, die aus Glycerin und Eiweißstoffen bestehen, leicht abbauen lassen. Das sonst noch im Wasser enthaltene Kochsalz ist bei größeren Vorflutern weniger schädlich.

Die in großen Mengen anfallenden Kondens- und Kühlwässer werden von den anderen Abwässern getrennt und können, wenn sie durch einen mit Koks- oder a-Kohlefilter versehenen Fettfänger vom Öl und Fett befreit worden sind, direkt in die Vorfluter abgelassen werden.

17. Abwässer von Fabriken zur Herstellung künstlicher Fettsäuren.

Die Herstellung künstlicher Fettsäuren erfolgt nach dem Verfahren von IMHAUSEN[1] aus den bei den Benzinsynthesen anfallenden Nebenprodukten, vorwiegend den höheren Kohlenwasserstoffen oder nach dem Verfahren von PETROW aus Mineralölen[2]. Diese Stoffe werden durch Oxydation in Carbonsäuren übergeführt. Daneben entsteht eine Reihe verschiedener Verbindungen, so unter anderen die wasserlöslichen niederen Fettsäuren, wie Essigsäure, Buttersäure usw., die in das Abwasser gelangen. Durch einen Gehalt an diesen Stoffen und an Schwefelsäure, die im Fabrikationsprozeß zur Reinigung benutzt wird, sind daher diese Abwässer mehr oder weniger sauer und müssen, ehe sie in die Kanalisation abgelassen werden sollen, gut neutralisiert werden. Bei den großen Abwassermengen und der hohen Konzentration der Abwässer an diesen Säuren hat man zunächst versucht, diese Stoffe wiederzugewinnen. Dies kann auf dem Wege der Veresterung geschehen, was aber zur Folge hat, daß dann in den Abwässern wohl weniger organische Säuren, dann aber die zur Veresterung benutzte Schwefelsäure enthalten ist. Nach einer ausreichenden Neutralisation durch Kalk und Abscheidung des Gipses in Absetzbecken mit einstündiger Absetzzeit können diese Abwässer in genügend großen Städten in den weitaus

[1] IMHAUSEN: Kolloid-Zeitschrift 1938, 85, 234. [2] Chem.-Ztg. 1936, **60**, 115.

meisten Fällen in die Kanalisation abgelassen und mit den übrigen Abwässern gereinigt werden.

Nach einer guten Neutralisation der vorwiegend organisch verschmutzten Abwässer, die unter Umständen auch in belüfteten Kalkstein- oder Marmorfiltern erfolgen kann, lassen sich diese Abwässer nach genügender Verdünnung, besonders in Mischung mit häuslichem Abwasser, durch die bekannten biologischen Verfahren, wie Hochleistungs-Tropfkörper, Schlammbelebung, Magdeburger P.-Verfahren reinigen. Wegen der sehr großen Wassermengen kommt eine Reinigung auf Rieselfeldern wohl nicht in Frage.

In manchen Fällen enthalten die Abwasser aus dem Herstellungsvorgang stammendes Benzin, das mit Rücksicht auf Explosionsgefahr in den Kanälen am besten direkt auf dem Werk durch genügend große, gut wirkende Benzinabscheider abgefangen werden muß. Besonderer Wert muß auch auf das Abfangen der aus dem Ausgangsmaterial stammenden Gatschmengen gelegt werden.

18. Abwässer der Erdölindustrie, Crackanlagen und Benzindestillationen.

Den Rohölvorkommen sind meistens Salzwässer vergesellschaftet, die vor oder mit der Ölförderung aus den Bohrlöchern ausbrechen oder ausgepumpt werden müssen. Der Salzgehalt dieser Solen ist stark schwankend. Der Schaden, der durch die Abwässer der Ölindustrie in den Vorflutern auftritt, kann demnach durch den hohen Salzgehalt und durch Ölreste hervorgerufen werden.

Durch die Versalzung wird das Wasser infolge Zunahme der Härte für die meisten industriellen Zwecke unbrauchbar. Auch für landwirtschaftliche Zwecke ist derartiges Wasser, besonders wenn es sich um konzentrierte Wässer handelt, ungeeignet. In Flüssen, die für die Trinkwasserversorgung in Frage kommen, wirken schon 250 mg/Liter Chloride ungünstig auf den Geschmack. Auch geringste Mengen Öl machen sich im Trinkwasser durch üblen Geschmack sogleich bemerkbar.

Ganz anderer Art sind die Schäden, die durch die Rohöle im Vorfluter selbst verursacht werden. Sie überziehen die Oberfläche des Vorfluters mit einer dichten Ölschicht und schließen ihn so von der ungehinderten Sauerstoffzufuhr der Luft ab. Diese Sauerstoffzufuhr ist aber mit Rücksicht auf die in den Gewässern sich abspielenden biologischen Vorgänge und für die in den Flüssen lebenden Fische und die Pflanzen unbedingt notwendig. Die Fischerei wird dadurch meist völlig zerstört, denn nicht nur die Fische, sondern auch der Fischlaich werden vernichtet. Wassergeflügel ist ebenfalls stark bedroht, da es mit veröltem Gefieder nicht mehr fliegen kann. Am schädlichsten sind die Phenole sowie Teer- und Schwefelverbindungen, die schon in sehr kleinen Mengen dem Wasser einen äußerst unangenehmen Geschmack und Geruch verleihen. Veröltes Wasser scheidet für die meisten industriellen Zwecke, auch als Kühl- und Speisewasser aus. Es muß vorher einer oft schwierigen und kostspieligen Entölung unterzogen werden.

Vorbeugungsmaßnahmen gegen die Einschwemmung der schädlichen Flüssigkeiten in die zu schonenden Wasserläufe sind daher dringend erforderlich. Was zunächst die Bohrfelder anbelangt, so sollte man, wo nicht das Einpumpen in aufnahmefähige Sande möglich ist, versuchen, die salzigen und mit Rohöl beladenen Abwässer zu entölen und in besonderen Kanälen so weit abzuleiten bis ein Vorfluter erreicht wird, dessen Wasserführung eine ausreichend starke Verdünnung der Salze gewährleistet[1].

In solche Abflußkanäle sollten auch soweit als möglich die Regenwässer des Ölfeldes aufgenommen werden, weil mit den Niederschlägen unter Umständen beträchtliche Mengen verstreuter Rohöle in die Flüsse gespült werden können. Je nach den Geländeverhältnissen sind ferner entweder am Anfang oder im Zuge des Abflußkanals Staubecken anzuordnen, in denen die Fließgeschwindigkeit des Wassers auf etwa 6—8 mm/Sekunde herabgesetzt wird. Hierdurch wird eine Scheidung von Öl und Wasser stattfinden und es wird möglich sein, mittels geeigneter Einrichtungen den größten Teil des Öls abzufangen. Der sich im Becken absetzende, verölte Schlamm wird in gewissen Zeitabständen mechanisch ausgeräumt und geeignet gelagert. In dem so entschlammten und grob entölten Abwasser werden noch Ölreste und gelöste Stoffe enthalten sein, deren Beseitigung durch eine geeignete Filterung

---

[1] Bach: Bohrtechniker-Ztg. 1936, **18**, Heft 3.

durch adsorbierende Stoffe, besonders a-Kohle, Koks aus Stein- oder Braunkohlen, Torf, Sägemehl, u. dgl. erfolgen kann. Bei günstigen Bodenarten kann auch die sog. „intermittierende Bodenfilterung" in Betracht kommen. Die Filter sind den Staubecken nachzuschalten und in betriebsfähigem Zustand zu erhalten. Der ausgenommene verölte Koks wird meist verheizt werden können. Eine gewisse Filterreserve ist erforderlich, damit Erneuerung des Füllmaterials keine Betriebsunterbrechung verursacht.

Die Einleitung der so vorbehandelten Abwässer in einen Vorfluter geschieht durch ein bis in die Mitte des Flußquerschnittes verlegtes Rohr, damit eine rasche Vermischung des Abwassers mit dem Flußwasser erfolgt.

Während auf den Bohrfeldern selbst sehr große Abwassermengen zu beseitigen sind, fallen in den Ölraffinerien ähnliche Abwässer, aber in viel geringerer Menge, an. Bei der Raffination werden dem Öl die unerwünschten Bestandteile durch Waschen mit sauren (Entfernung der Basen) oder alkalischen (Entfernung der Säuren) Flüssigkeiten entzogen. Die ausgewaschenen Verunreinigungen reichern sich in den Waschflüssigkeiten solange an, bis diese nicht mehr verwendbar sind und als Abwasser abgestoßen werden müssen. Es liegt auf der Hand, daß je sorgfältiger die Raffination durchgeführt wird, desto mehr schädliche Stoffe ins Abwasser übergehen.

Bei den Waschflüssigkeiten handelt es sich meist um Schwefelsäure und Natronlauge, jedoch wird die erstere meist überwiegen, so daß nach Vermischung der in einem Raffinationsgang anfallenden Waschflüssigkeiten das Gemisch in der Regel noch stark sauer sein wird.

Die Abwässerbehandlung einer Raffinerie[1] beginnt in einem größeren Sammelbecken, das so groß sein muß, daß es zumindest die in 24 Stunden des Vollbetriebes anfallende Abwassermenge aufzunehmen vermag. Wegen des hohen Gehaltes an freier Säure dürfen die Becken auf keinen Fall aus Zement errichtet werden. Steinzeugrohre für die Kanäle und säurefeste, mit Chamottemörtel verbundene Klinker sind für die Sammelbecken die geeigneten Baustoffe. In den Sammelbecken (Ausgleichsbecken) wird auf der Oberfläche des Wassers eine Abscheidung der unvermeidlich mitgerissenen Öle (auch die besten im Betriebe verwendeten Ölscheider weisen keine 100%ige Wirkung auf) stattfinden, während am Boden sich Schlamm niederschlagen wird. Das Öl wird soweit als möglich abgeschöpft, der Schlamm ausgeräumt (mechanische Einrichtungen für beiderlei Vorgänge). Die — stets hinter einem Tauchbrett abzuziehende — ausgeglichene Flüssigkeit gelangt nun in ein zweites Becken, dessen Ausmaße eine 6—8stündige Aufenthaltszeit des Abwassers gestatten. Im Einlauf zu diesem Becken wird nun dem Abwasser Kalkmilch bis zur vollständigen Neutralisation der freien Säure zugegeben. Überkalkung ist, da sie die Schlammenge vermehrt, zu vermeiden. Ein Teil der abgestumpften Schwefelsäure wird als Gips in den Schlamm niedergeschlagen, daneben wird auch ein Teil der anwesenden organischen Verunreinigungen sowie der Restöle mit den Gips- und Calciumhydroxydflocken nach unten gerissen, wodurch eine weitere Entlastung der Kläranlage und Klärung des Abwassers stattfindet, jedoch ist mit völliger Entölung des letzteren als Folge der Kalkmilchbehandlung nicht zu rechnen. Eine leider nicht zu umgehende Unbequemlichkeit dieses Verfahrens bildet die Beseitigung des voluminösen Kalkschlammes, der nach der Entfernung aus dem Becken so gelagert werden muß, daß die Masse durch Niederschläge nicht überschwemmt wird und dadurch Öl abgeschwemmt werden kann.

In vielen Fällen wird der auf der Abfallsäure beim Stehenlassen abgesetzte Goudron oben abgeschöpft, entweder mit Sägespänen vermischt und verbrannt oder auf Asphalt verarbeitet. Die verdünnte, schmutzige Säure kann an Düngemittelfabriken abgegeben werden.

Auch beim Zusammenleiten der Säure- und Laugewaschwässer scheiden sich Harze aus, die noch verwertet werden können. Zur Zersetzung der Petrolseifen wird die noch deutlich saure Mischung gekocht. Nach dem Abschöpfen des Öles wird die untere wäßrige Flüssigkeit nach vollständiger Neutralisation wie vorher angegeben in Absetzbecken weiterbehandelt.

Bei Ölwerken, die gebrauchte Öle reinigen, fallen oft stark ölhaltige Emulsionen an, die sich erst später im Vorfluter trennen und dann zu landwirtschaftlichen Schäden führen können. PRÜTZ[2] versetzte solches Abwasser mit saurer Chlorcalciumlösung, ließ es über einen Ölabscheider gehen und dann über Kalksteinbrocken rieseln. Er erzielt auf diese Weise einen klaren Abfluß.

Um die von den Abwässern einer deutschen Rohöl verarbeitenden Erdölraffineries stammenden, die Umgegend auf mehrere Kilometer durch den widerlichen Geruch

[1] BACH: Bohrtechniker-Ztg. 1936, 18, Heft 3.

[2] PRÜTZ: Kleine Mitt. Landesanst. Wasser-, Boden- u. Lufthygiene 1934, 10, 47.

belästigenden Dämpfe zu beseitigen, hat PRÜTZ[1], nachdem alle im Schrifttum angegebenen Mittel zur Bindung der riechenden Stoffe völlig versagt hatten, diese Stoffe abgetrieben und durch Einblasen in eine Flamme zerstört.

Muß mit Rücksicht auf die Größe des Vorfluters oder weil der Vorfluter zur Trinkwasserversorgung dient, eine Feinreinigung durchgeführt werden, so kommen außer Filtern mit adsorbierenden Stoffen eine Behandlung mit chemischen Fällungsmitteln in Frage. Als adsorbierende Stoffe kommen außer den schon öfters erwähnten Stoffen Crack, Koks und in ganz besonderen Fällen aktive Kohle in Anwendung. Die in diesen Betrieben sonst noch anfallenden Niederschlagwasser, sowie die Fallwässer können in den meisten Fällen nach Entölung ohne weitgehende Behandlung in die Kanalisation abgelassen werden.

Die bei der Benzindestillation anfallenden Kondenswässer enthalten bis etwa 1,8 kg Benzin/cbm. Diese Abwässer werden am besten in Wasserscheidern zunächst von der Hauptmenge der ungelösten Stoffe befreit. Zum restlosen Abfangen dieser für die Kanalisation und den Vorfluter sehr schädlichen Stoffe haben sich Filter mit aktiver Kohle bewährt. Enthält das Abwasser keine der aktiven Kohle schädlichen Stoffe, so kann die in den Filtern erschöpfte Kohle durch Ausdämpfen regeneriert werden. Die Aufnahme der a-Kohle ist verhältnismäßig groß. Für den vorgenannten Zweck sind besondere Spezialkohlen entwickelt worden, die in den meisten Fällen so arbeiten, daß das von Benzin, Benzol oder Leichtöl befreite Wasser wieder im Betrieb verwandt werden kann.

Bei der Benzinsynthese, die nach dem Hochdruckhydrierungsverfahren der I. G. arbeitet, entsteht neben großen Mengen eines an sich wenig verschmutzten Abwassers eine geringe Menge von sehr stark verunreinigtem Abwasser mit einem hohen Gehalt an Schwefelammon und Phenol. Nach Untersuchungen von HUSMANN schwankt die Zusammensetzung dieser konzentrierten Abwässer sehr stark. Eine 24stündige Untersuchung ergab die in der Tabelle 4 angegebene Zusammensetzung.

Tabelle 4.

Zeit der Entnahme	13^{30}—17^{30}	17^{30}—21^{30}	21^{30}—1^{30}	1^{30}—5^{30}	5^{30}—9^{30}	9^{30}—13^{30}	im Mittel
Temperatur Luft . . . . °C	9,3	6,6	6,1	5,6	8,2	10,1	7,6
Temperatur Wasser . . . °C	34,4	35,2	44,1	45,5	37,0	42,7	39,8
Aussehen	grünlich gefärbt, mit feinen Schlamm-teilchen	grünlich gefärbt, mit feinen Schlamm-teilchen	schwach grünlich trübe	schwach grünlich trübe, mit feinen Schlamm-teilchen	fast klar, mit wenig Schlamm-teilchen	grünlich gefärbt, mit feinen Schlamm-teilchen	grünlich gefärbt, mit feinen Schlamm-teilchen
Geruch	nach Schwefelammon						
Reaktion	alkalisch	alkalisch	alkalisch	alkalisch	alkalisch	alkalisch	alkalisch
Gelöste Stoffe:							
Insgesamt. . . . . mg/Liter	665	560	730	1045	365	470	639
Mineralisch . . . . mg/Liter	505	175	140	160	95	90	194
Organisch . . . . . mg/Liter	160	385	590	885	270	380	445
Gebundenes Chlor . mg/Liter	156	68	132	120	80	116	112
Bezogen auf Kochsalz mg/Liter	258	112	228	198	132	191	186
Stickstoff:							
Insgesamt. . . . . mg/Liter	5740	13020	14810	13650	5880	3990	9515
Ammoniakstickstoff mg/Liter	5628	12950	14490	13440	5628	3500	9237
Organischer Stickstoff mg/Liter	112	70	0	210	252	490	189
Nitrit-Nitratstickstoff mg/Liter	0	0	0	0	0	0	0
Schwefel:							
In Sulfaten (SO_3) . mg/Liter	63	32	27	6	9	43	30
In Sulfiden . . . . mg/Liter	3902	10200	4620	2480	1361	917	3913
Permanganatverbrauch mg/Liter	10405	24800	47088	37555	24485	24171	29751
Phenole. . . . . . mg/Liter	1330	2058	3607	2665	1788	1788	2606
Absetzbare Stoffe nach 2 Stunden . . . . . . ccm/Liter	0,7	0,1	Spur	0,25	0,1	Spur	0,19

[1] Siehe Fußnote 2 S. 561.

Zur Behandlung und Reinigung dieser Wässer schlägt HUSMANN [1] folgende Verfahren vor:

1. Gewinnung der wertvollen Stoffe des Abwassers, wie Phenol (s. Kokereiabwasser), Schwefel (s. Gerbereiabwasser) und Ammoniak nach den bekannten Verfahren, wodurch die Konzentration und Schädlichkeit der Abwässer beträchtlich vermindert wird. Diese Behandlung muß auf dem Industriewerk selbst vorgenommen werden und kann in manchen Fällen für die Ableitung der Abwässer ausreichend sein, z. B. dann, wenn im Vorfluter genügend sauberes und wenig verschmutztes Verdünnungswasser zur Verfügung steht und wenn der Vorfluter genügend gesund ist, d. h. in seiner Selbstreinigungskraft noch nicht geschwächt ist, so daß er für den weiteren Abbau dieses industriellen Abwassers sorgen kann.

2. Eine andere Reinigungsart besteht in der Vernichtung der Phenole und Ammoniak- und Schwefelverbindungen durch chemisch-biologische Verfahren.

3. Noch richtiger wird es sein, in einer Vorstufe die wertvollen Stoffe des Abwassers aus ihm zu entfernen und die dann noch im Abwasser verbleibenden Reste durch eine anschließende chemisch-biologische Behandlung des Wassers in einer 2. Stufe zu zerstören.

Nach den Untersuchungen von HUSMANN läßt sich das auf den Hydrierwerken anfallende Abwasser nach hinreichender Verdünnung mit häuslichem Abwasser auf einem Hochleistungstropfkörper sehr gut abbauen. Bei den in einem Versuchskörper von 3,1 cbm Schlackeninhalt durchgeführten Versuchen wurde das Abwasser mit häuslichem Abwasser im Verhältnis 1 : 20 verdünnt, wobei das Belastungsverhältnis von Mischwasser zu Tropfkörpermaterial 1,4 : 1 war. Die Reinigungswirkung geht aus der Tabelle 5 hervor.

Tabelle 5.

Probeentnahmestelle		Zulauf zum Tropfkörper	Ablauf des Tropfkörpers
Aussehen		schwarz-grau getrübt mit geringem schwarzen Bodensatz	schwach gelblich getrübt mit bräunlichen Flocken
Geruch		nach Schwefelammon	geruchlos
Reaktion		alkalisch	neutral bis schwach alkalisch
Durchsichtigkeit: ungefiltert	cm	1,7	8,5
Durchsichtigkeit: gefiltert	cm	7,5	30,0
Stickstoff: Insgesamt	mg/Liter	292	150
Stickstoff: Ammoniakstickstoff	mg/Liter	266	136
Stickstoff: Organischer Stickstoff	mg/Liter	26	6
Stickstoff: Nitrit-Nitratstickstoff	mg/Liter	0	8
Schwefel: Insgesamt	mg/Liter	170	133
Schwefel: in Sulfiden	mg/Liter	49	0,56
Schwefel: freigelöster Schwefelwasserstoff	mg/Liter	52	0,60
Kaliumpermanganatverbrauch	mg/Liter	1146	85
Phenole	mg/Liter	50	0,1
Sauerstoffgehalt	mg/Liter	0	4,27
Sauerstoffsättigung in %		0	49,9

Soll das Abwasser einer Benzinfabrik in eine städtische Kanalisation aufgenommen werden, so entscheidet auf Grund der vorstehenden Versuche das Mischungsverhältnis, in dem dieses Abwasser zum häuslichen Abwasser steht, vorausgesetzt, daß nicht andere schädliche Fabriken da sind, die bereits dieses

[1] HUSMANN: Gesundh.-Ing. **1938**, **61**, 148.

Mischungsverhältnis stark beeinträchtigen. Daß das in die Kanalisation aufzunehmende Abwasser frei von zerknallfähigen Gasen und Flüssigkeiten sein muß, ist selbstverständlich.

19. Abwässer der Papierindustrie.

Die Papierindustrie gliedert sich in die Halbstoffindustrien, nämlich die Zellstoff- und Holzschliffindustrie, und die eigentliche Papierherstellung aus diesen Halbstoffen. Überall fallen bei der Herstellung Abfallstoffe an, denen man früher wenig Beachtung schenkte und die man bisher mit den Abwässern in den Vorfluter laufen ließ. Mit der Zeit hat man jedoch gelernt, sie ausauszunutzen.

In der Papierindustrie fallen in der Hauptsache folgende, in ihrer Zusammensetzung sehr verschiedenen Abwasserarten an:

a) Abwässer der Weißschleiferei, die in der Hauptsache suspendierte Faserstoffe und wenig organische Auslaugstoffe enthalten;

b) Abwässer, die bei der Herstellung von Braunschliff entstehen; bei diesen gehen bereits mehr organische Auslaugstoffe in das Abwasser;

c) Abwässer der Sulfitzellstoffabriken; sie gehören zu den am stärksten verschmutzten und für die Vorfluter schädlichsten Abwässern;

d) Abwässer der Natronzellstoffabriken; die stark verschmutzten Ablaugen werden in den meisten Betrieben aufgearbeitet. Zu behandeln sind die Waschwässer, die durch gelöste organische Stoffe verschmutzt sind;

e) Abwässer aus der Lumpenkocherei; sie enthalten die beim Kochprozeß gelösten Schmutzbestandteile;

f) Abwässer der eigentlichen Papiererzeugung.

a) Abwässer von Holzverarbeitungs-, Holzstoffabriken, Holzschleifereien.

Bei den durch die Wasserkraftanlage direkt am Vorfluter liegenden Sägemühlen, sowie auf den Holzhöfen, auf Zimmererplätzen u. dgl. fällt fein zerkleinertes Holz in Form von Spänen oder Sägemehl an. Es wird, wenn kein Absatz da ist, aus Bequemlichkeitsgründen in den Vorfluter abgelassen. Die Stoffe bilden Schwimmschlämme, die durch das Wasser ausgelaugt werden und dann den Sauerstoff des Vorfluters zur Oxydation verbrauchen, wodurch sie sogar Fäulnisvorgänge im Vorfluter hervorrufen können. Auch auf die Fischzucht haben diese Faserstoffe einen weitgehenden Einfluß. Sie hemmen das als Fischnahrung dienende Plankton in seiner Entwicklung und können auch den Fischlaich verschlammen und so seine Weiterentwicklung stören. Schädigungen der Kiemen der Fische durch Faserstoffe sind hauptsächlich bei den durch Sauerstoffschwund geschwächten bzw. erkrankten Fischen beobachtet worden (s. S. 569). Bei diesen Fabriken kann in vielen Fällen Abhilfe nur durch scharfe polizeiliche Maßnahmen, die das Ablassen von Sägemehl u. dgl. verbieten, geschaffen werden.

Bei den Holzschleifereien wird das entrindete Holz in besonderen Maschinen unter Aufwendung großer Spülwassermengen auf groben Steinen fein geschliffen. Der feine Holzschliff wird auf den Papiermaschinen ähnlichen Filtern abgefangen und zur Herstellung von Zellstoffaser oder als Füllmaterial bei der Herstellung minderwertiger Papiere benutzt. Da die Filter nicht dicht genug sind, gehen mit dem Abwasser große Mengen feinster, wertvoller Faserstoffe ab, die den Vorfluter in derselben Weise beeinflussen, wie es oben von den Holzmehlen angegeben wurde. Das Bett des Vorfluters ist unterhalb derartiger Fabriken durch Faserstoffe weiß gefärbt. Im Bachbett schwindet die für die Fischerei wichtige Ufernahrung. Es empfiehlt sich, die Faserstoffe in Absetzbecken (s. später) herauszufangen und wieder zu verwerten (s. S. 566). Nach Entfernung aller mechanischen Verunreinigungen (Fasern) kann das Abwasser als wertvolles Rieselwasser Verwendung finden.

b) Abwasser von Braunschliff.

Zum Weißschliff wird ein weißes, harzarmes Holz, z. B. Fichte, ohne weitere Vorbereitung verwendet, so daß man einen weißen Faserstoff gewinnt. Zum Braunschliff, zu dem auch Kiefernholz verwandt werden kann, werden die Holzrollen in Dampffässern unter 4—5 atü gedämpft. Hierbei werden die Harzstoffe größtenteils ausgelaugt. Das Material nimmt eine braune Farbe an, dafür ist aber die gewonnene Faser länger. Der Braunschliff wird vorwiegend zu Packpapier und Pappe verwandt.

Die beim Braunschliff entstehenden Abwässer enthalten unter anderem Huminstoffe, Vanillin, Methylalkohol, Essigsäure, Ameisensäure. Für ihre Behandlung kommen nach PRITZKOW die für Natronzellstoffabwässer angewandten Verfahren in Frage, doch können auch für die Reinigung und Beseitigung die für Zellstoffabriken angewandten Verfahren benützt werden.

c) Sulfitzellstoffabriken.

In Deutschland werden zur Zeit jährlich über 1,4 Millionen Tonnen Zellstoff erzeugt. Das Fichten- und Tannenholz besteht etwa zu 50% aus „Fasern" und zu 50% aus inkrustierenden Stoffen. Mit den Ablaugen gehen demnach rund 1,4 Millionen Tonnen organischer Stoffe ab. Von diesen Stoffen werden 80—90% für den Fall, daß eine gute Verwendungsmöglichkeit gefunden würde, leicht erfaßbar sein.

Zwecks Herstellung des Sulfitzellstoffs wird Holzschliff oder in großen Maschinen zerspantes Holz in großen eisernen Kesseln längere Zeit unter Druck mit einer Lösung von Calciumbisulfit ausgelaugt. Diese Sulfitlauge wird auf den Werken in großen Türmen, die mit Kalkstein gefüllt sind, hergestellt, indem man den unten eingeleiteten, durch Verbrennen von Schwefelkiesen gewonnenen Schwefeldioxyddämpfen Wasser entgegenrieseln läßt. Die gebildete Calciumsulfitlauge wird in bleiausgeschlagenen Gefäßen aufgefangen. Das überschüssige gelöste Schwefeldioxyd wird in den Turm zurückgeleitet oder in einen Zwischenbehälter, aus dem das Rieselwasser entnommen wird, geleitet. Bei richtiger Anwendung entstehen bei der Herstellung der Sulfitlauge keine Abwässer. Bei den nach dem MITSCHERLICHschen Verfahren arbeitenden Fabriken fallen die Turmwaschwässer an, die etwas freie Schweflige Säure und Calciumsulfit enthalten und am besten im Betriebe mitverwandt werden.

Auf 200 kg Holzspäne werden 1000 Liter Sulfitlauge gebraucht. Bei dem mehrere Stunden dauernden Kochprozeß löst die Sulfitlauge rund 50% der Holzbestandteile, hauptsächlich inkrustierte Saccharide und Ligninverbindungen aus dem Holz heraus, so daß rund 100 kg Zellstoff entstehen. Nach beendigtem Kochprozeß werden die verbrauchten Laugen abgelassen, dies geschieht in den meisten Fällen in der Weise, daß man im Kessel die verbrauchte Lauge durch die ersten Waschwässer aus dem Zellstoff ausdrückt. Rund 700, im günstigsten Falle bis 900 Liter der zugesetzten Lauge lassen sich auf diese Weise abziehen. Der Rest von 100—300 Litern verbleibt in der Faser und muß durch einen gründlichen Waschprozeß ausgewaschen werden. Die Menge des Waschwassers beträgt oft das 30—40fache der eigentlichen Kocherlaugen.

Die zunächst abfließende Kocherlauge (die sog. „Urlauge") enthält 10—12% Trockensubstanz. Hiervon sind etwa 2% Saccharide, wie Pentosen, Hexosen, ferner Furfurol. Die restlichen 10% werden als „ligninsulfosaurer Kalk" bezeichnet. Die Lignine sind in ihrem chemischen Aufbau noch nicht endgültig aufgeklärt. Außerdem enthält die Lauge noch Aldehyde, organische Säure, wie Ameisensäure, Essigsäure, ferner mehr oder weniger große Mengen Schwefliger Säure, entweder noch als überschüssiges Calciumbisulfit oder in freier Form. Eine Zellstoffabrik hat demnach in ihren Abwässern ebensoviel Abfallstoffe wie ihre Produktion an dem Fertigfabrikat Zellstoff beträgt. Eine Zellstofffabrik, die täglich 10 t Zellstoff herstellt, liefert rund 100 cbm Abfallauge mit etwa 120 g/Liter Trockensubstanz. Diese Abfallaugenmenge mit rund 12 t Trockensubstanz enthält 10 t organische Stoffe, weil die Trockensubstanz zu etwa 90% aus organischen und zu etwa 10% aus mineralischen Stoffen besteht.

Um mit den Vorräten an Fichtenholz zu sparen, wird neuerdings in vielen Zellstoffabriken statt des Fichtenholzes Buchenholz verwandt. Die in den Buchenholzzellstoffabriken anfallenden Abwässer sind viel konzentrierter als die in den alten, Fichtenholz verarbeitenden Fabriken anfallenden Abwässer. Buchenholzablauge hat gegenüber Fichtenholzablauge etwa 18% Trockensubstanz. Während in der Fichtenholzablauge die leicht vergärbaren Hexosen vorherrschend sind, findet man in den Buchenholzlaugen mehr Pentosen, so daß eine Vergärung der Buchenholzablaugen zur Gewinnung von Alkohol nicht in Frage kommt. Abgesehen von den durch Kohlenhydrate bedingten Veränderungen macht auch die weitere Aufarbeitung der Buchenholzabwässer viel größere Schwierigkeiten, so daß zu wünschen ist, daß baldigst ein Verfahren zur Behandlung dieser Abwässer ausgearbeitet würde. Zur Zeit kommt nur weitestgehende Eindampfung der Urlauge und möglichst vieler Waschwässer in Mehrstufenverdampfern in Frage.

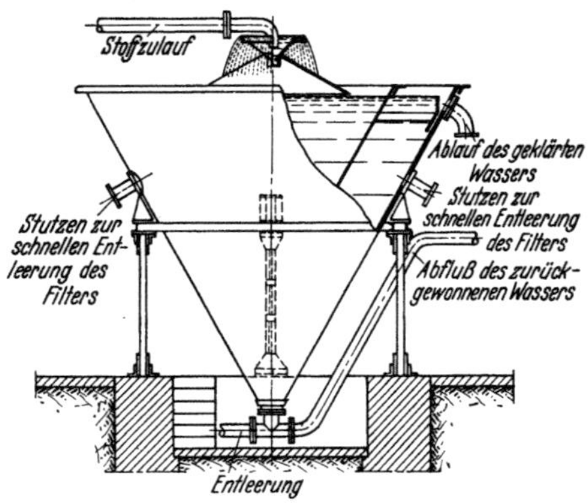

Abb. 32. Trichterstoffänger für faserstoffhaltige Abwässer der Papier-, Pappen-, Karton-, Stroh- und Zellstoffabriken, Holzschleifereien nach den Patenten Kropp der Claros G. m. b. H. in Dresden.

Beim Waschen des Zellstoffs fallen etwa die 30—40fachen Mengen der Kocherlaugen an Waschwässern an. Diese stellen ihrer Entstehung nach eine mehr oder weniger stark verdünnte Kocherlauge dar und enthalten dieselben Stoffe, nur in entsprechender Verdünnung. Der gut gewaschene Zellstoff wird auf Sieb- oder Entwässerungsmaschinen abgefangen und in den Papierfabriken weiter verarbeitet.

1. Wiedergewinnung der Faserstoffe. Die in den Abwässern enthaltenen Cellulosefasern müssen, da sie beim Ablassen in den Vorfluter einen erheblichen Verlust für den Betrieb darstellen und im Vorfluter sehr starke Schäden hervorrufen, möglichst restlos wiedergewonnen und dem Betriebe wieder zugeführt werden. Das Abfangen der Fasern geschieht in besonderen Stoffängern, Filtern oder Absetzbecken. Für das Abfangen der Faserstoffe ist es sehr nachteilig, daß die Zellstoffaser dasselbe spezifische Gewicht wie Wasser hat und mit Luftbläschen behaftet, schwimmfähig bleibt, so daß sie sich nur schwer zu Boden setzt. Zum Abfangen der groberen Faserstoffe filtriert man daher das Abwasser durch feinmaschige Siebe, Filterstoffe oder Holzwolle, von denen die Fasern laufend selbsttätig abgenommen werden müssen, damit die Filter ständig wirksam sind. Bekannt sind auch die feinen Spülsiebe, System Geiger, das Dorrspülsieb, das Füllnerfilter mit Filzband und Filzwäsche, die Trommelfilter von Imperial und Oliverfilter. Auch die in Zuckerfabriken zum Abfangen der Pülpe angewandten Trommelsiebe haben sich nach entsprechender Bespannung mit feineren Sieben sehr bewährt (s. S. 546). Für die feineren Faserstoffe sind Trichterstoffänger mit nach unten gerichteter Spitze gebräuchlich. Bei den meisten tritt das faserstoffhaltige Abwasser von oben ein, bewegt sich im Innern des Trichters zunächst nach unten, wobei die Fasern infolge stärkerer Sinkgeschwindigkeit in die Spitze absinken, während das Wasser nach kurzer Zeit seine Bewegungsrichtung umkehrt und am oberen Ende getrennt durch Zwischenwände wieder abfließt. Um die Fasern besser zum Absinken zu bringen, hat man die Abwässer zwecks Befreiung der Fasern von den Luftbläschen zunächst eine gewisse Höhe frei herab auf eine konische Fläche fallen lassen. Die nach vorstehendem Verfahren arbeitenden Kropp-Stoffänger der Claros G.m.b.H., Dresden A 24, auch kurzweg Clarosapparate genannt, sind in Abb. 32 dargestellt.

Sie haben sich nach HAUPT in sehr vielen Fällen bewährt, da mit ihnen 99% der sonst verloren gehenden Faserstoffe wiedergewonnen werden können. Der in der Trichterspitze angesammelte Faserstoff wird dauernd abgezogen und entweder für sich zu Abfallpappe verarbeitet oder in den meisten Fällen direkt in den Fabrikationsgang zurückgegeben. Im Gegensatz zu den Kroppfiltern, die die Entlüftung über Wasser durchführen, erfolgt bei den sehr viel angewandten Füllnertrichtern die Zuführung der zu entgasenden Stoffe in einer unter Wasser liegenden Haube. Wie aus der Abb. 33 hervorgeht, wird die Hauptmenge der Fasern schon unter der Haube nach unten abgeschieden. Der Rest setzt sich beim langsamen Aufsteigen des Wassers ab, da die Haube als Prallfläche wirkt, an der sich die Luftblasen von der Faser trennen.

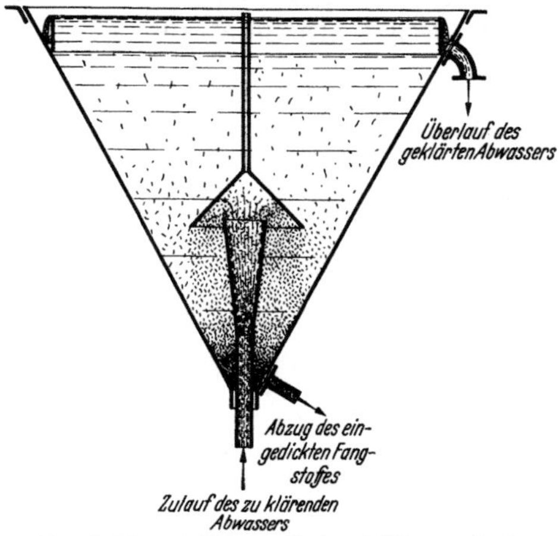

Abb. 33. Faserstoffänger, System Füllnerwerk, der sog. Füllnertrichter der Linke-Hofmann-Busch-Werke, Abt. Füllnerwerk Bad Warmbrunn (Schlesien).

Bei den in Abb. 34 dargestellten Füllnertrichtern findet schon vorher eine Entlüftung der Fasern in einem besonderen Entschäumungskasten statt. Der in der Spitze des Trichters abgefangene Fangstoff wird über den Fangstoffkasten in den Holländer zurückgeleitet.

Bei anderen Verfahren (z. B. Arledter Trichter) setzt man den Inhalt des Trichters zur Abscheidung der Luftbläschen in eine langsame, kreisende Bewegung, indem man die Abwässer nicht oben, sondern in der Mitte der Schrägflächen an der Peripherie des Trichters zuführt. Die Wirkung ist im übrigen die gleiche. Versuche, die Faserstoffe durch Lufteinblasen so stark mit Luft anzureichern, daß sie wie beim Flotationsprozeß oben schwimmen, um dann dort abgeschöpft zu werden, haben erst in letzter Zeit zu einem Ergebnis geführt.

Die Flotationsstoffänger haben seit kurzem durch die Einführung des Adka-Stoffängers und des Wolf-Schwimmstoffängers auch bei uns Eingang gefunden.

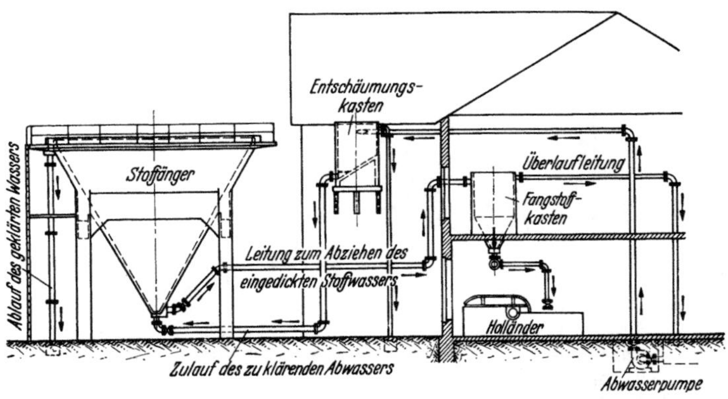

Abb. 34. Schematische Anordnung der gesamten Faserrückgewinnungsanlage nach dem System der Linke-Hofmann-Busch-Werke, Abt. Füllnerwerk in Bad Warmbrunn (Schlesien).

Bei diesen erfolgt die Faserstoffrückgewinnung im Gegensatz zu den bisher beschriebenen Verfahren nach der Auftriebmethode. Die Abwässer werden mit Stoffen versetzt, die die Oberflächenspannung des Wassers soweit verändern, daß die im Wasser enthaltenen Faserstoffe jetzt besser Luftblasen festhalten können. Zum besseren Festhalten der Luft auf den Faserstoffen gab man zunächst Terpentinöl zu. Bei den Adka-Stoffängern gibt man an dessen Stelle Türkischrot zu. In Finnland nimmt man seit einiger Zeit den Swen-Leim, weil er besser wirkt als Türkischrot. Auf 100 kg Papier benötigt man 1 kg Leim.

Der Doppelzentner Leim kostet etwa 80 RM. Die Kosten für den Leimverbrauch sind geringer als die Ersparnisse an Harz und Kaolin.

Eine norwegische Patentanmeldung von A. M. KARLSTRÖM vom 8. Februar 1937 beschreibt ein Verfahren zur Behandlung von faserstoffhaltigen Abwässern, dadurch gekennzeichnet, daß eine oder mehrere sulfonierte, vegetabilische, animalische oder mineralische Öle, deren Salze oder Derivate, sulfonierte Petroleumsäuren oder Naphthensäuren oder deren Salze mit dem Zwecke dem Abwasser zugefügt werden, um mit anwesenden oder beigefügten Al-Verbindungen oder anderen Metallverbindungen die suspendierten Partikeln auszuflocken und dadurch ihre Gewinnung zu erleichtern. Die weiteren Patentansprüche sehen die Verwendung von Türkischrotöl an Stelle der vorgenannten Verbindungen und das Einblasen von Luft oder Gas vor, wobei die zugegebenen Stoffe helfen sollen, die eingeblasene Luft an die suspendierten Partikel zu binden.

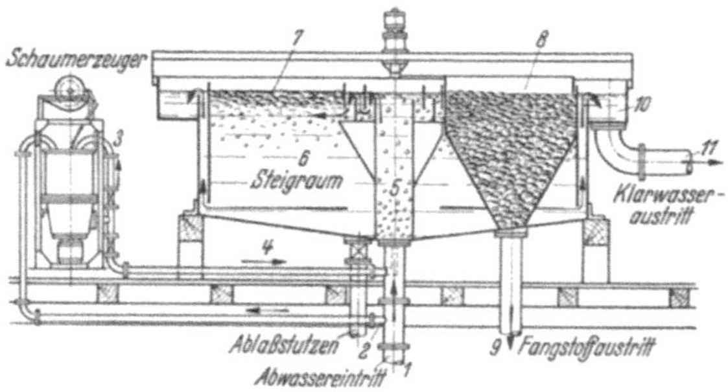

Abb. 35. Schnitt durch einen Wolf-Schwimmstoffänger zur Wiedergewinnung von Faserstoffen.

Das Schema eines Wolf-Schwimmstoffängers ist in Abb. 35 dargestellt. Das Abwasser wird durch das Rohr *1* dem Apparat zugeführt. Ein kleiner Teil dieses Wassers wird durch das Rohr *2* abgezweigt und in dem Schaumerzeuger *3* nach Zugabe der Chemikalien, die in einer besonderen Dosieranlage zugeteilt werden, in Schaum verwandelt. Durch die Leitung *4* wird der Schaum dem Abwasser wieder zugeführt und mischt sich im Mischraum *5* mit dem zufließenden Abwasser. Aus dem Mischraum fließt das Abwasser in den Steigraum *6*. Bei der verringerten Fließgeschwindigkeit erfolgt hier der Auftrieb des gesamten Faserstoffes. Die im Schaum mit Luftblasen beladenen Schwimmstoffe steigen an die Oberfläche, wo sie sich in dicker Schicht sammeln. Die sich bei *7* sammelnde Schicht der Faserstoffe wird von einem Abstreicher in die Faserstoffrinne *8* und von dort aus bei *9* aus dem Apparat befördert (s. Abb. 36). Das geklärte Abwasser verläßt von unten her durch den Überlauf *10* den Apparat bei *11*. Durch die Zugabe der Chemikalien ist der Auftrieb sehr groß, so daß die Stoffänger viel kleiner als früher sein können (etwa $^1/_{10}$ so groß). Das abfließende Abwasser besitzt noch etwa 15—20 mg/Liter Faserstoffe. (Siehe DRP. 642618 vom 19. Januar 1935 der Maschinenfabrik Wolf A.-G. in Magdeburg: Vorrichtung zur Schaumerzeugung für Einrichtungen zur Klärung von Abwässern nach dem Schaumschwimmverfahren.)

Abb. 36. Der an die Oberfläche gebrachte Faserstoff wird durch einen Schaber in den Fangstoffauffangschacht befördert.

Bei den Adka-Stoffängern erfolgt die Luftzuführung durch ein Vakuum. Dies ist insofern nachteiliger, weil es nicht immer leicht ist, die abschließende Betondecke gasdicht zu bekommen.

2. Einfluß der Abwässer auf den Vorfluter. Schädlicher als die Faserstoffe sind die in der Sulfitablauge und die in deren Waschwässern enthaltenen gelösten Stoffe. Der ungewöhnlich hohe Gehalt der Ablaugen an organischen Stoffen, wie Pentosen, Hexosen, Ameisensäure, Furfurol, die als fischgefährdend anzusehen sind, erzeugt im Vorfluter sehr starke Pilzbildungen (Sphaerotilus, Leptomitus, Fusarium).

Die Pilzmassen reißen sich von Zeit zu Zeit los und verursachen dann im Vorfluter das sehr unangenehme Pilztreiben. An ruhigen Stellen, in Buhnenfeldern, lagern sie sich ab und verursachen mit den gleichfalls abgeführten Faserstoffen größere Schlammablagerungen mit all ihren üblen Nebenerscheinungen, wie Zersetzungen, Fladenbildungen usw. An Rechen und Sieben rufen diese schleimigen Stoffe sehr unerwünschte Verstopfungen hervor. Bei der Benutzung des Vorflutwassers als Kesselspeise- und Kühlwasser stören sie sehr. Klagen über Verpilzung von Vorflutern haben schon mancher Zellstoffabrik erhebliche Kosten verursacht[1]. Der hohe Gehalt des Abwassers an organischen Stoffen verursacht im Vorfluter einen starken Sauerstoffschwund, der bei der Menge der Abwässer meistens so groß ist, daß selbst bei größeren Vorflutern alles tierische und pflanzliche Leben zerstört wird. Schon allein mit Rücksicht auf die durch die Abwässer bedingten Schwierigkeiten sollten Zellstoffabriken nur an sehr wasserreiche Vorfluter gelegt werden. Nur $^1/_3$ der mit den Ablaugen abgeführten organischen Stoffe wird im Fluß durch die bei der Selbstreinigung sich abspielenden Vorgänge schnell abgebaut. Der Rest belastet sehr lange den Vorfluter. Aber auch bei großen Vorflutern können sie durch das unangenehme Pilztreiben sehr schädlich wirken (Elbe, Rhein). Über das zur Bekämpfung der Sphaerotilusbildung angewandte Chlorkupferungsverfahren s. S. 202. In dem Vorfluter wirkt die freie Schweflige Säure durch Erniedrigung des p_H-Wertes und durch plötzlichen Sauerstoffentzug stark schädlich. Sie sollte daher vorher durch Abstumpfen mit frisch gelöschtem Kalk abgebunden und durch Lufteinblasen oxydiert werden. Im Vorfluter treten beim Abbau, wenn der Sauerstoff verbraucht ist, Reduktionserscheinungen auf, die zur Bildung von Schwefeleisen führen sowie zur Bildung von schädlichem Schwefelwasserstoff, der besonders für den Fischbestand verhängnisvoll ist. Als Beispiel eines durch Sulfitablauge geschädigten stehenden Gewässers ist die Bleilochtalsperre aus den Arbeiten von SCHEURING und LIEBMANN bekannt. Völliger Sauerstoffschwund und starke Schwefelwasserstoffbildung sind hier die Folge.

Hohe Konzentrationen, wie sie in unmittelbarer Nähe der Einlaufstellen vorkommen, wirken tödlich auf Fische. Bei stärkeren Verdünnungen hängt die Schädlichkeit in erster Linie vom Sauerstoffschwund ab. Während COLE[2] nur bei Verdünnungen unter 1 : 200 auf Fische toxische Wirkungen feststellen konnte, hält VALLIN[3] noch Verdünnungen von 1 : 2000 für schädlich, schon allein aus dem Grunde, weil die Fischnahrung vernichtet wird. Die Frage, ob Holzfasern für die Fischkiemen schädlich sind, verneint COLE. Solange der Fisch gesund und der Faserstoffgehalt im Vorfluter nicht zu groß ist, hält der Fisch seine Kiemen von selbst sauber. Erst wenn der Faserstoffgehalt im Wasser sehr groß ist, oder der Fisch krank wird, ist er nicht mehr imstande, die Kiemen sauber zu halten. Es kann zu Entzündungen und stärkeren Schädigungen kommen. Nach EBELING[4] sind die aus dem Holz stammenden Harzsäuren für Fische sehr schädlich. Zellstoffabwässer wirken aber durch die Geschmacksbeeinträchtigungen des Fischfleisches für die Fischerei stets nachteilig. Nach EMDE[5] und DANEEL[6] gehen die im Holz enthaltenen Harzsäuren nicht in die Ablaugen über, dafür finden sich aliphatische Fettsäuren in der Lauge.

3. Reinigung der Sulfitablaugen. Ein befriedigendes Verfahren zur Reinigung der Sulfitablaugen ist bis jetzt noch nicht vorhanden, so daß die Ablaugen in den Fabriken, wo das Ablassen besonders schädlich ist, durch restloses Eindampfen beseitigt werden müssen. Die Reinigung der Sulfitablaugen erstreckt sich daher zur Zeit im wesentlichen auf die mechanische und chemische Behandlung zwecks Zurückhaltung der Faserstoffe, auf die Neutralisation der überschüssigen Schwefligen Säure, auf die Abkühlung sowie auf die teilweise Wiedergewinnung der Schwefligen Säure und der in Lösung befindlichen

---

[1] Fischerei-Ztg. 1933, **36**, 522. [2] COLE: Sewage Works Journ. 1935, **7**, 280.
[3] VALLIN: Engineering News-Record 1936, **116**, 125.
[4] EBELING: Zeitschr. Fischerei 1932, **30**, 342. [5] EMDE: Angew. Chem. 1935, **48**, 129.
[6] DANEEL: Arch. exp. Pathol. Pharmakol. 1935, **177**, 248.

organischen Stoffe. Eine Verrieselung der konzentrierten Sulfitablaugen kommt nicht in Frage, da diese auf die Dauer eine Sterilisation des Bodens herbeiführen werden. Auch bei sehr starker Verdünnung durch andere Abwässer ist mit Rücksicht auf den hohen Gehalt an Schwefliger Säure und mit Rücksicht auf den sich aus der Ligninsulfosäure bildenden Schwefelwasserstoff, der bekanntlich ein Wurzelgift ist, Vorsicht am Platze. Nur dort, wo eine sehr reichliche Verdünnung mit fäulnisfähigem Abwasser z. B. mit etwa der zehnfachen Menge städtischen Abwassers möglich ist, scheint die Verrieselung Erfolg zu haben. Ob das Magdeburger P.-Verfahren, das ist die biologische Reinigung nach dem Schlammbelebungsverfahren unter Zusatz von Stickstoff- und Phosphatverbindungen, für die Reinigung der Sulfitablaugen in Frage kommen wird, muß nach MEINCK[1] nach den günstig verlaufenen Kleinversuchen erst noch durch Großversuche geklärt werden. Die hierbei notwendigen starken Verdünnungen werden den Bau großer umfangreicher Kläranlagen bedingen, wobei man berücksichtigen muß, daß durch aerobe Verfahren nur 35—40% der organischen Stoffe biologisch abbaubar sind.

4. Verwertung der Sulfitablaugen. Die unverdünnte Sulfitablauge ist eine dunkelbraune bis schwarze Flüssigkeit mit schwach säuerlichem Geruch und wechselnder Zusammensetzung. Das spezifische Gewicht schwankt bei einem Trockensubstanzgehalt von 10—12% zwischen 1,045—1,06. Bei der großen Menge und der Konzentration der anfallenden Abwässer — in Deutschland gehen bei der augenblicklichen Zellstoffproduktion rund 1,4 Million Tonnen organischer Substanz in die Ablaugen und damit größtenteils in die Vorfluter über — ist es klar, daß man immer wieder versucht hat, die Abfallstoffe irgendwie zu verwerten, zumal es bis jetzt noch nicht gelungen ist, die organischen Stoffe restlos mit wirtschaftlichen Mitteln aus dem Abwasser zu entfernen. Außergewöhnlich groß ist die Patentliteratur, die die Gewinnung wertvoller Stoffe bzw. die Aufarbeitung der Sulfitablaugen betrifft (weit über 2000 Patente).

5. Alkohol- und Hefegewinnung aus Sulfitablaugen. Die Sulfitablaugen aus Fichtenholz enthalten etwa 2% gärungsfähigen Zucker, der größtenteils aus dem Mannan und Galactan des Holzes stammt. Während in Schweden durch die Arbeiten von ECKSTRÖM und HÄGGLUND die Alkoholgewinnung schon früher bei allen Zellstoffabriken angewandt wurde, fand sie in Deutschland erst während des letzten Krieges Anwendung und weitere Verbreitung.

Die mit Kalkschlamm vorsichtig neutralisierten, heißen Abwässer werden filtriert und auf ein Gradierwerk zur Abkühlung geleitet. Dann werden sie als Maischen in gleicher Weise, wie dies in den Brennereien geschieht, vergoren und aus den vergorenen Maischen der Alkohol durch Destillation in Kolonnenapparaten abgetrieben. Bei rationeller Leitung des Kochprozesses und der Vergärungsvorgänge können aus 1 cbm Ablauge 9 Liter Alkohol gewonnen werden. Durch die Vergärung des Zuckers in den Sulfitablaugen stellt die deutsche Sulfitzellstoffindustrie jährlich etwa 540000 hl Spiritus zur Verfügung. Da nur etwa 80% der Sulfitzellstoffabriken eine Spiritusfabrik angegliedert haben, ist eine Steigerung der Spiritusherstellung aus Sulfitablaugen noch möglich. Der Dampfverbrauch zum Abtreiben des Alkohols ist erheblich und beträgt für den Kubikmeter etwa 150—180 kg Dampf. Der gewonnene Spiritus ist durch Methylalkohol, Aceton usw. verunreinigt und daher für Genußzwecke nicht geeignet. Er wird in der Hauptsache als Streckungsmittel für Motorenbetriebsstoffe benutzt. In neuerer Zeit wird empfohlen, auf die Hefeherstellung zur Verwendung als Futterhefe bei der Sulfitablaugenvergärung mehr Wert zu legen. Sulfitspiritusanlagen bauen unter anderen die Firmen Gebr. Avenarius, Berlin-Charlottenburg; Maschinenbau A.-G., Golzern-Grimma; Metallwerke, vorm. I. Aders A.-G., Magdeburg-Neustadt. Bei der Spiritusgewinnung werden nur die rund 2% ausmachenden Kohlenhydrate der Sulfitablauge abgebaut. Da die zurückbleibende Schlempe noch etwa 8% organische Stoffe enthält, stellt diese Vorbehandlung der Abwässer nur eine schwache Entlastung für den Vorfluter dar. Eine endgültige Lösung ist demnach durch die Alkoholgewinnung noch nicht gegeben. Die vergorenen Sulfitablaugen müssen daher weiter aufgearbeitet werden. LIEDTKE[2] gibt als Durchschnittszahlen einer ganzen Reihe untersuchter Sulfitschlempen an:

---

[1] MEINCK: Papierfabrikant 1935, **33**, 416. [2] LIEDTKE: Dissertation Königsberg 1936.

Farbe	rötlichbraun	Gesamt-SO_2	2,11 g/Liter
Spez. Gewicht (15° C)	1,044	Gebundene SO_2	1,92 g/Liter
p_H-Zahl	4,5	Freie SO_2	0,19 g/Liter
Abdampfrückstand	8,56%	Biochemischer O_2-Bedarf	8000,0 mg/Liter
Glührückstand	1,36%	$KMnO_4$-Verbrauch	250000,0 mg/Liter
Ca-Gehalt	0,395%	Gesamtschwefel	5,5 g/Liter

6. Verwertung der Sulfitablaugen durch Eindicken für verschiedene Zwecke und als Brennstoff. PARTANSKY und HENRY[1] haben aus See- und Flußschlamm 5 verschiedene Bakterienarten isoliert, die Sulfitablaugen unter Bildung von Buttersäure, Essigsäure und größeren Mengen brennbaren Gases vergären. Bei diesem anaeroben Abbau wird nur $^1/_5$ des gesamten biochemischen Sauerstoffbedarfs, also auch nur die Kohlenhydrate abgebaut. Die radikalste Beseitigung der Sulfitablaugen ist die Eindampfung und Verwendung des Rückstandes als Brennstoff. Außerdem findet die Lauge nach der Eindickung als Zellpech, Gerbstoffersatz, Bindemittel für Brikette, zur fälscherischen Streckung von Badeextrakten und Ähnlichem Verwendung. Die Dünnlauge wird zunächst auf Dicklauge verarbeitet, die bei 26° Bé etwa 40%, bei 46° Bé etwa 85% Trockensubstanz hat. Die Eindickung der Sulfitlaugen ist eine der schwierigsten Fragen der Konzentrationstechnik. Drei Eigenschaften der Lauge gestalten die Eindickung sehr schwierig, und zwar

1. die heftige Schaumbildung,
2. das Entweichen flüchtiger Bestandteile, die sich auf den Verdichtungsflächen abscheiden,
3. das Bestreben der Lauge, an den Verdampferflächen rasch störende Ansätze zu bilden.

Durch ein Rücknahmeverfahren oder Diffuseurbetrieb muß erreicht werden, daß man möglichst auch die Waschwässer mit eindampft. Die dünneren Abwässer können zum Ansetzen der neuen Sulfitlauge benutzt werden.

Früher hat man das Eindampfen in Flammenöfen vorgenommen. Neuerdings gibt man Verdampferapparaten, und zwar drei- oder vierstufigen Mehrfachverdampfern, den Vorzug. Solche Verdampferapparate liefern die Firmen: Metallwerke, vorm. I. Aders A.-G., Magdeburg-Neustadt; Sudenburger Maschinenfabrik und Eisengießerei, Magdeburg-Sudenburg; Escher-Wyss in Ravensburg; LURGI, Metallbank und Metallurgische Gesellschaft, Frankfurt a. M.; Kühnle, Kopp & Kausch, Frankenthal; Maschinenfabrik von Wilh. Wiegand, Merseburg.

KABE benutzt zur Eindickung eine Unterwasserverbrennung. Unter den Spiegel der Abfallauge wird eine Gasflamme eingeführt, wodurch eine Wärmeausnutzung von 90% erreicht wird. Das DRP. 361741 von SCHWARZMAUER benutzt ebenfalls eine Tauchflamme, wie sie zur Erzeugung von Stickoxyden benutzt wird.

Die Verwertung der Ablauge zu Brennzwecken ist von vielen Seiten, am ersten von DORENFELDT, empfohlen worden; sie scheiterte bisher an dem hohen Wassergehalt von 88%. Der Heizwert der Trockensubstanz beträgt etwa rund 4500 W.E., der aber in der Verdünnung auf etwa 500 W.E. je Kubikmeter sinkt. Die Lauge muß daher vorher, meist unter Anwendung großer Wärmemengen, eingedickt werden. KREBS dickt die Lauge zunächst auf 37° Bé (60% Trockensubstanzgehalt) und dann auf Walzentrocknern zu Zellpech ein. Das Zellpech wird unter Anwendung von Wirbelbrennern verbrannt, um ein möglichst schnelles Verbrennen zu erreichen.

LADISCH sprüht die Dicklauge von 23—30° Bé (36—47% Trockensubstanz) mit Hilfe einer Zerstäubungsdüse in die Feuerung ein. In jede Feuerung wurden 4 Düsen eingebaut, die je nach der Laugenkonzentration 300—720 kg Lauge verarbeiteten. 100 kg Dicklauge von 29,5° Bé entsprechen rund 25 kg Kohle. Ein Nachteil der Verbrennung der flüssigen Dicklauge ist, daß oft eine nicht vollkommene Verbrennung eintritt und daher ein Gemisch von Flugstaub und halbverbranntem zähflüssigen Material in Blasenform entsteht, das leicht zu unliebsamen Verstopfungen der Feuerkanäle und zu unangenehmen Belästigungen in der Nachbarschaft führen kann.

STREHLENERT stellt durch Einpressen von Luft in die erhitzte Lauge (200° C und 20 atü) durch Zersetzung der Ablauge und Abscheidung des Lignins eine als Brennstoff verwendbare hellbraune Masse dar.

[1] PARTANSKY u. HENRY: Journ. Bacteriol. 1936, **30**, 559. — BENSON u. PARTANSKY: Ind. Engin. chem. 1936, **28**, 738.

SCHWALBE hat verschiedene Arten der Naßverkohlung durchgeführt, um die in den Ablaugen vorhandenen Heizwerte dem Werke wieder zuzuführen. Er verkohlte die Sulfitablauge unter Druck mit Schwefelsäure und verwendete die erhaltene Kohle zu Feuerungszwecken. Nach einem anderen Verfahren stellte er aus dem Holz- oder Rindenabfall der Zellstoffabrik durch Behandeln mit Salzlösung und Säure eine Adsorptionskohle her, die imstande ist, die Dicklauge bei einem Druck von 10 atü vollständig aufzunehmen. Durch die Einführung des THORNE-Entschalers ist aber in moderneren Betrieben der Anfall von Rinden und Holzabfall von 15 auf 3% gesunken, so daß nicht mehr genügend Abfall zur Verfügung steht.

Neuerdings ist man bestrebt, die Sulfitablaugen durch Verschwelen und Hydrieren zu verwerten. Bei der Verschwelung werden die Ablaugen zuerst eingedickt, dann brikettiert und im Schwelschacht vergast. Die aus dem Schwelvorgang nach Abtrennung der Öle, Aceton usw. abgehenden Ablaugekokse werden unter dem Dampfkessel verbrannt[1].

SIERP und FRÄNSEMEIER[2] scheiden die in den Sulfitablaugen enthaltenen organischen Stoffe vor oder nach der Vergärung aus den mit Ätzkalk neutralisierten Sulfitablaugen durch Versetzen mit dem durch Vergärung der Laugen gewonnenen Alkohol aus (s. Abb. 37). Bei einem Mischungsverhältnis von 1 Tl. Alkohol auf 1 Tl. alkalisierte Sulfitlauge werden bereits bis zu 95% aller organischen Stoffe in Form eines feinen Schlammes abgeschieden,

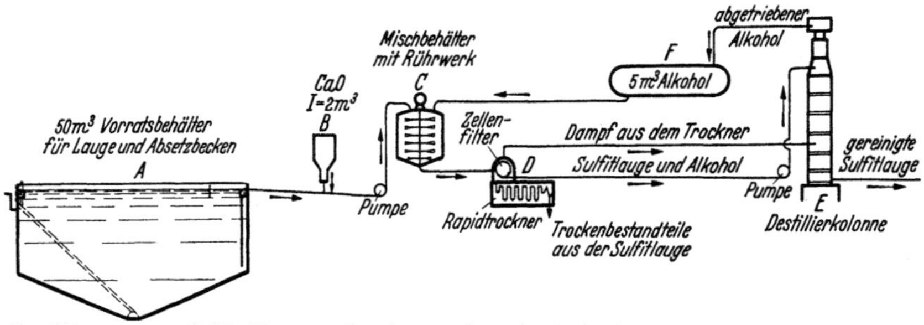

Abb. 37. Schema einer Sulfitablaugenaufbereitungsanlage durch Ausfällung mit Alkohol der alkalisierten Laugen nach dem Verfahren von SIERP und FRÄNSEMEIER.

der auf Nutschen, Filtertrommeln usw. abgefangen, und entweder direkt oder nach Wiedergewinnung der noch in ihm enthaltenen Spritreste getrocknet wird. Er stellt ein braunes Pulver entsprechend den nach anderen Verfahren hergestellten Trockenmassen dar. Der Vorteil des Verfahrens liegt darin, daß nur geringe im Betrieb gewonnene Alkoholmengen gebraucht werden und daß die Abdestillation des Alkohols viel weniger Brennstoffe erfordert als die Eindickung. Als Brennstoff kann unter Umständen die eingedickte Lauge selbst benutzt werden. Erfolgt die Ausscheidung in der vorher vergorenen Lauge, so läßt sich das Verfahren mit der Spiritusgewinnung verbinden. Der Rückstand enthält nur noch 5% der ursprünglichen organischen Substanz, so daß die Vorfluter stark entlastet werden. Die Rückstände können biologisch weiter abgebaut werden.

CHATZET[3] dickt die Sulfitablauge durch Ausfrierenlassen und teilweises Auftauen und Abscheiden der gebildeten Eiskrystalle ein. Dadurch wird Sulfitlauge von 10% auf 50% eingedickt.

Es gibt eine ganze Reihe verschiedener Verfahren zur Herstellung von aktiven Kohlen aus Zellstoffablauge. Da diese Kohlen eine immer stärkere Anwendung in der Wasserreinigung finden, ist zu hoffen, daß dadurch auch ein weiterer Teil der Sulfitablauge verarbeitet wird.

7. Verwertung der Sulfitablauge als Gerbstoffersatz. Zur Verwendung der Sulfitablauge als Gerbstoffersatz muß die Ablauge kalk- und eisenfrei gemacht werden, da Kalk das Leder brüchig macht und Eisen in Verbindung mit Gerbstoffen das Leder schwarz färbt. In den Eindampfapparaten darf daher die Lauge nicht mit Eisen in Berührung kommen. Bei der Reinigung der Sulfitablaugen mit Schwefelsäure bereitet die Beseitigung des gebildeten Gipses Schwierigkeiten. Besser ist daher die alkalische Aufbereitung[4] im heißen oder kalten Zustand. Eine so vorgereinigte Ablauge kann zu etwa 50% echten

[1] v. LASSBERG: Chem.-Ztg. 1937, **61**, 73.
[2] SIERP u. FRÄNSEMEIER: Patentanmeldung S 113697 IVb/85c.
[3] CHATZET: Chem. Zentralbl. 1930, **2**, 3495. — Zeitschr. Lederind. u. Handel 1929, 448.
[4] MASNER: Angew. Chem. 1935, **48**, 668.

Gerbstoffextrakten zur Streckung beigemischt werden. Da der Weltverbrauch an Gerbextrakt nur etwa 100000 t beträgt, kann, da nur eine Beimischung von höchstens 50% in Frage kommt, von der großen Menge anfallender Sulfitablauge nur ein verhältnismäßig kleiner Teil abgesetzt werden. Als der für Gerbzwecke wirksame Bestandteil ist die „Ligninsulfosäure" anzusehen. Diese wird von den basischen Gruppen der Haut salzartig, jedoch nicht auswaschbar gebunden. Besonders bei der Chromgerbung können die Sulfitzellstoffextrakte gut angewandt werden.

Zur quantitativen Bestimmung der „Ligninsulfosäure" in Gerbstoffextrakten kann die Cinchoninmethode angewandt werden, da sie gegen p_H-Wertschwankungen und Konzentrationseinflüsse am unempfindlichsten ist[1]. VAN DER HOEVEN[2] legt zum Nachweis des Gehaltes von „Ligninsulfosäuren" in Gerbstoffextrakten die Methoxylgruppe frei und weist dann colorimetrisch den Methylalkohol nach.

Das DRP. 389470 behandelt die Sulfitablaugen mit Chlorat und Schwefelsäure, oder mit gasförmigem Chlor und benutzt die erhaltenen Produkte als Gerbstoffe.

8. Sulfitablauge als Düngemittel. Eine unmittelbare Verwertung der Sulfitablauge als Düngemittel kommt nach STUTZER nicht in Frage. Die zunächst auftretende Ertragssteigerung macht bald einer Vernichtung der Ernte Platz, weil der Boden mit nicht oxydierbaren Stoffen überlastet und verklebt wird. Auch die Herstellung streufähiger Dünger, z. B. durch Behandeln mit Kalk bis p_H-Wert 9,6, Filtration des ausgeschiedenen Gipses und Behandeln mit Ammoniak unter Druck in Autoklaven und Eindampfung, wodurch man eine stark stickstoffhaltige organische Masse erhält, hat nicht zum Ziele geführt. Verschiedene Patente der Zellstoffabrik Waldhof handeln von streufähigen Düngern, die unter Zugabe von Kalk und Magnesia zur eingedickten Lauge und Torfmull hergestellt werden können. Diese Verfahren haben aber auch keine Lösung der Frage gebracht (s. S. 570).

Bessere Ergebnisse scheint der biologische Abbau nach Vermischung mit häuslichem Abwasser zu liefern. In Mengen von 10—15% dem häuslichen Abwasser zugesetzt, kann Sulfitablauge auf Rieselfeldern oder mit künstlichen biologischen Verfahren, wie Tropfkörpern, Belebtschlammanlagen, behandelt werden. Bei der großen Menge der anfallenden Abwässer wird nur in den seltensten Fällen dieses günstige Mischungsverhältnis erreicht werden. Bei den biologischen Verfahren werden von den vorhandenen organischen Stoffen nur etwa 35—40% abgebaut, doch genügt dieser Abbau, um die in Vorfluter sonst auftretenden starken Pilzwucherungen zu bekämpfen.

PRINGSHEIM schlägt dagegen einen anaeroben Abbau in 5%iger Lösung bei 32° C unter Zugabe von Mist und Lauberde vor. Hierbei bildet sich ein aus Methan, Wasserstoff und Kohlensäure bestehendes verwertbares Gasgemisch. In gleicher Weise haben PARTANSKY und BENSON[3] versucht, die organischen Bestandteile der Sulfitablauge anaerob zu vergasen. Mit Ausnahme der „Ligninsulfosäure" ließen sich die organischen Stoffe in 30%iger Verdünnung bei 36° C vergasen. Da das Lignin die Vergasung der übrigen Bestandteile verzögert, muß es zweckmäßigerweise vorher entfernt werden.

9. Verschiedene Verfahren. Das bei der Einwirkung von Ätzkali auf Sulfitablauge u. a. entstehende Vanillin hängt mengenmäßig von der Zusammensetzung der Lauge ab, die ihrerseits von der Beschaffenheit des Holzes und der Art der Führung des Kochprozesses beeinflußt wird; ferner ist die Menge des Alkalis, die Temperatur während des Kochprozesses und der Druck maßgebend. Bei günstigen Verhältnissen sollen auf 1 Liter Abfallauge rund 100 g Ätznatron bei 160—170° und 5—6 atü bei 3stündiger Einwirkungszeit zugegeben werden. Es werden dann etwa 1—2,5 g/Liter Vanillin gewonnen.

Die Sulfitablauge wird nach entsprechender Reinigung als Klebemittel verwandt, nachdem durch Behandeln mit Säuren, Sulfiten u. dgl. die dunkle Farbe und der unangenehme Geruch, ferner der dabei gebildete Gips beseitigt

[1] KÜNTZEL: Angew. Chem. 1935, 48, 668.

[2] VAN DER HOEVEN: Angew. Chem. 1935, 48, 670.

[3] PARTANSKY u. BENSON: Proceed. Acad. Sci. USA. 1936, **22**, 153. Ref. Chem. Techn. Übers. d. Chem.-Ztg. 1936, 152.

sind und die Lauge auf 32° Bé eingedampft ist. Umfangreich ist die Anwendung als Bindemittel, so z. B. als Staubbindemittel auf den Straßen, als Formsandbindemittel in den Gießereien, als Bindemittel zur Brikettierung der Abfall- und Staubkohlen und des Gichtstaubes, als Bindemittel zur Verpressung von Putzpulver, zu Putzsteinen oder zur Herstellung von Silicasteinen, als Bestandteil von Schädlingsbekämpfungsmitteln und von Schlauchdichtungsmitteln u. a.

Nach DRP. 370972 und 393551 wird durch Behandeln mit nitrosen Gasen bei Anwesenheit von Katalysatoren in verdünnter Salpetersäure Oxalsäure hergestellt.

Bei Buchenholzablaugen mit hohem Gehalt an Pentosanen kommt unter Umständen eine Gewinnung von Furfurol in Verbindung mit den Eindampfanlagen in Frage.

Zur Verwendung der Sulfitablaugen in der Seifenindustrie werden die Sulfitablaugen durch Chlor gebleicht und zu 10—15% den sog. Industrieseifen zugesetzt. Durch Zumischung von 60% vorbehandelter Sulfitablauge zur Schmierseife können angeblich bis zu 50% Fettersparnis erzielt werden[1].

Die bis jetzt ausgearbeiteten und angewendeten Verfahren können nur einen kleinen Teil der anfallenden Laugen unterbringen. Die meisten Verfahren zur Ausnutzung der in den Sulfitablaugen enthaltenen Brennstoffe sind über das Versuchsstadium nicht hinausgekommen. Mit Rücksicht auf die starke Belästigung unserer Vorfluter wäre es wünschenswert, wenn bald ein Verfahren gefunden würde, das eine Verwertung oder aber eine Vernichtung mit wirtschaftlichen Mitteln gestattet.

10. Sulfitablaugen und Haffkrankheit. Die auf das Ablassen der Abwässer der Königsberger Zellstoffabriken in das Frische Haff zurückgeführte Erkrankung verschiedener Fischer trat zum ersten Male im Jahre 1924 und zum zweiten Male 1932 auf. Die Haffkrankheit zeigt nach Stoelzner[2] ein typisch pathologisch-anatomisches Bild. Die auffallenden Symptome der Haffkrankheit sind hochgradige Muskelschmerzen in Beinen, Armen, Rücken und Nacken, Auftreten von Muskelfarbstoff Myochrom im Harn (der Harn ist rötlich bis schwarzbraun gefärbt), die Atmung ist schmerzhaft, Heißhungergefühl und Erbrechen. Die Temperatur ist nicht oder nur wenig erhöht (bis 37,8° C). Stoelzner nimmt an, daß sich das Gift im Körper und zwar in der Leber bildet. Die Therapie beschränkt sich auf völlige Bettruhe und Schonung — der Kranke vermeidet wegen der Muskelschmerzen schon von selbst jede Bewegung —, auf Herbeiführung eines Schweißausbruchs, Einhaltung einer geeigneten Diät zur Entlastung der Niere und auf Linderung der Schmerzen.

Eine Haffkrankheit der Tiere, besonders der Katzen und des Wassergeflügels lehnt Emde[3] im Gegensatz zu Bürgers[4] ab. Stoelzner dagegen konnte zeigen, daß Katzen, die Fische verzehrten, die mit Harzsäuren gefüttert waren, dieselben Krankheitssymptome zeigten.

Beim ersten Auftreten der Haffkrankheit entstand die „Gastheorie", die sie auf den Pregelgestank[5] zurückführte. Nachdem Juckenak und Brüning arsenhaltige Gase erhalten zu haben glaubten, entstand die „Arsentheorie", nach der Arsine die Ursache der Haffkrankheit sein sollten. Es wurde darauf verlangt, daß die abzulassenden Sulfitablaugen nicht mehr als 2 mg/Liter Arsen enthielten. Diese Theorie wurde aber durch die Arbeiten von Lockemann widerlegt, der die Fäulnisgase arsenfrei fand. Weiterhin wurden von Stoelzner und Ebeling die im Fichtenholz enthaltenen Harzsäuren für das Auftreten

[1] Chem.-Ztg. 1937, **61**, 206. [2] Stoelzner: Deutsch. med. Wochenschr. 1934, **60**, 75.
[3] Emde: Vom Wasser 1935, **10**, 37.
[4] Bürgers: Schriften der Königsberger gelehrten Gesellschaft 1934, **11**, Heft 2.
[5] Flury: Klin. Wochenschr. 1935, **14**, 1273.

der Haffkrankheit verantwortlich gemacht. Auch diese Theorie war nicht haltbar, nachdem EMDE nachweisen konnte, daß die Harzsäuren gar nicht in die Sulfitablaugen übergehen und damit gar nicht in das Abwasser gelangen. Diese Streitfrage, um deren Lösung sich sehr viele Wissenschaftler und Praktiker bemüht haben, ist zur Zeit noch offen, wenn man auch annimmt, daß es bestimmte bakterielle Infektionen sind, die sich unter dem Einfluß der abgelassenen Zellstoffabwässer im Haff entwickeln können. Man weiß zur Zeit mit Bestimmtheit, daß die Haffkrankheit durch Fischgenuß und zwar entweder durch langandauernden täglichen Fisch- bzw. Aalgenuß oder durch einmaligen Genuß größerer Mengen ausgelöst wird, denn noch niemals ist bei dem Ausbruch der Haffkrankheit unter den Fischern am Frischen Haff das Auftreten in der Bevölkerung von Königsberg, welche in der Woche höchstens ein- bis zweimal Fische ißt, Haffkrankheit beobachtet worden. Es kann sich aber auch um eine allmählich erworbene Überempfindlichkeit gegen Schlammstoffe handeln, die durch reichlichen Genuß von rohen Fischen verursacht wird.

d) Natron- oder Sulfatzellstoffabriken.

In Mitteleuropa hat die Sulfatzellstoffindustrie weniger Bedeutung. Größere Bedeutung hat sie in Skandinavien, Finnland, Rußland, USA. und Kanada. Der Aufschluß des Holzes erfolgt bei diesen Fabriken mit Hilfe von Ätznatron, dem man etwas Natriumsulfit zugesetzt hat. Die stark alkalischen Kochlaugen und ersten Waschwässer werden von den übrigen, stark verdünnten Abwässern getrennt. Die konzentrierteren Ablaugen werden zur Wiedergewinnung der Chemikalien eingedampft, indem man sie zuerst im Mehrstufenverdampfer, dann im Scheibenverdampfer eindickt und schließlich im Drehofen verascht.

Die Wiedergewinnung des Alkali kann in der Weise geschehen, daß man die Ablaugen unter Zusatz organischer Stoffe, wie Sägemehl oder Torf zu einem Teig anrührt und dann in Retorten calciniert. Die dabei entweichenden Gase können zur Beleuchtung oder Feuerung dienen. Der Rückstand wird in üblicher Weise auf Alkali verarbeitet.

WAGNER[1] leitet die eingedickten Ablaugen in einen zylindrischen, vorgewärmten Gebläseofen, der mit einer alkali- und feuerbeständigen Auskleidung und wassergekühlter Bedachung versehen ist, von oben her durch Düsen besonderer Konstruktion in Form eines feinen Sprühregens ein. In den oberen Zonen des Ofens wird die Lauge weiter entwässert und in den unteren Zonen verbrannt. Durch Luftzuführung an verschiedenen Stellen wird die vollständige Verbrennung der flüchtigen Bestandteile erzielt. Die abziehenden, mit Salzstaub beladenen Gase werden nach Ausnutzung ihrer Wärme in einem Wäscher gereinigt. Die konzentrierte Waschflüssigkeit dient zum Lösen der calcinierten Laugenrückstände, aus denen dann durch Behandeln mit Ätzkalk erneut Natronlauge hergestellt wird. Dieses Auswaschen der Rauchgase ist in vielen Fällen erforderlich, da bei der Aufarbeitung der Sulfatablaugen sehr unangenehme Geruchsbelästigungen entstehen, die die Sulfatfabriken in dicht besiedelten Gegenden oft unmöglich machen. Diese Geruchsbelästigungen sind der Hauptgrund für die verhältnismäßig geringe Anwendung des Natronzellstoffverfahrens in Deutschland. Die Ursache der Geruchsbelästigungen sind Alkylsulfide und Mercaptane, die beim Abblasen der Kocher und beim Regenerieren der Schwarzlaugen entstehen. Diese Stoffe sind in den Abgasen in so geringen Mengen enthalten, daß eine unmittelbare gesundheitsschädliche Wirkung vollkommen ausgeschlossen ist. In den Abgasen einer schwedischen Fabrik wurden im Kubikmeter Abgas 13 mg Mercaptan gefunden neben 4 mg Schwefelwasserstoff. Obwohl in den Abgasen einer deutschen Fabrik von TESCHNER nur 0,4 mg/cbm Mercaptan und 0,3 mg/cbm Schwefelwasserstoff gefunden wurden, waren die Geruchsbelästigungen unerträglich. Da die Grenze der Wahrnehmbarkeit für Mercaptan bei 1 : 640 Millionen liegt, machen sich diese Gehalte auf weite Strecken hin bemerkbar. Es sind eine ganze Reihe von Vorschlägen zur Beseitigung der Geruchsbelästigungen gemacht worden, die alle in der Hauptsache auf eine Oxydation oder eine Adsorption der Geruchsstoffe hinausgehen. Da es aber schwer ist, die großen Gasmengen (in der Sekunde etwa 30 cbm) zu behandeln, so haben diese

[1] WAGNER: Ind. Engin. Chem. 1930, **22**, 122.

Verfahren bis jetzt nicht zum Ziele führen können. Bei der Waschung der Gase zur Entfernung der Geruchsstoffe, zu der große Wassermengen benötigt werden, fallen stark korrodierende Abwasser an, so daß man dieses Verfahren auch wieder verlassen mußte.

LOGAU dickt die Rückstände ein und verbrennt sie; die erzeugte Wärme wird zum Eindampfen weiterer Laugenmengen benutzt. Aus der Asche wird das Alkali als Soda wiedergewonnen.

RIMMAN sättigt die durch Zusatz löslicher Salze auf eine bestimmte Dichte gebrachten Laugen mit Kohlensäure, wobei ein Teil der organischen Stoffe ausfällt.

Die nach der Aufarbeitung der eigentlichen Kocherlaugen, denen man wegen der Konzentration auch die ersten Waschwässer zufügt, noch übrig bleibenden verdünnteren Waschwässer sind dunkelbraun gefärbt, stark alkalisch und enthalten neben einer großen Menge Faserstoffe stets einen hohen Gehalt an gelösten organischen Stoffen.

Durch den hohen Gehalt an organischen Stoffen gehen diese Abwässer leicht in Fäulnis über und können beim Einleiten in den Vorfluter durch ihren Gehalt an Faserstoffen, durch die starke Verfärbung des Wassers, durch Auftreten von Schaumbildungen, vor allem aber durch die starke Pilzbildung und die starke Inanspruchnahme des Sauerstoffs zu starken Mißständen im Vorfluter führen. Sulfatlaugen haben eine viel größere Giftigkeit auf Fische als Sulfitlaugen. Verdünnungen von 1:2000 wirkten bei den von VALLIN durchgeführten Versuchen noch tödlich auf Fische. Die in den Laugen enthaltenen Harzseifen und flüssiges Harz wirkten bereits in Konzentrationen von 2 mg/Liter. Durch Zugabe von Schwefelsäure in Verdünnungen von 1:1000 konnte die Giftwirkung der Harzsäuren aufgehoben werden. Am empfindlichsten waren die Lachse und Bachsaiblinge, dann folgten dem Grade der Empfindlichkeit nach Äsche, Barsch, Plötze und in großem Abstand die Karausche. Auch die Fischnahrung, wie Daphnien, zeigte große Empfindlichkeit gegen diese Harzsäuren.

Zum Abfangen der Faserstoffe können die bei den Sulfitzellstoffabriken beschriebenen Faserstoffänger benutzt werden. Obwohl die Konzentration der Abwässer an organischen Stoffen durch die Wiedergewinnung der Kocherlaugen nicht so groß ist wie bei den Sulfitablaugen, so bereitet ihre Weiterbehandlung doch große Schwierigkeiten. Stehen genügend große Flächen geeigneten Landes zur Verfügung, so kann die Beseitigung ohne weitere Vorbehandlung durch Berieselung erfolgen. Sehr vorteilhaft wirkt sich hierbei eine vorsichtig durchgeführte Neutralisation der stark alkalischen Abwässer bis zur neutralen Reaktion aus. Ein ständiger Wechsel der berieselten Flächen ist notwendig.

Wo nicht genügend Flächen zu Verfügung stehen, müssen die Abwässer vor der Verrieselung durch eine chemische Fällung von dem größeren Teil der organischen Stoffe befreit werden. Als Fällungsmittel kommen in erster Linie Aluminiumsalze mit und ohne Kalkzusatz in Frage. Eisensalze bewirken ebenfalls eine weitgehende Fällung der organischen Substanzen, doch besteht bei ihrer Anwendung die Gefahr, daß die in der Lauge enthaltenen Gerbstoffe starke Schwarzfärbungen im Vorfluter hervorrufen. Statt der Bodenberieselung kann auch die weitere Reinigung der chemisch vorgereinigten Abwässer auf intermittierend betriebenen Sandfiltern erfolgen.

Werden die Kocherlaugen durch Kalk regeneriert, so werden die Kalkrückstände, falls sie nicht durch sofortigen Verkauf als Dünger oder durch Unterbringung auf eigenen Ländereien der Fabrik beseitigt werden können, am besten auf drainierten Trockenbeeten abgefangen. Das Drainwasser wird dann in den Zulauf der Reinigungsanlage zurückgeführt. Der Kalk selbst wird bei der Kompostierung von Torf, bzw. anderen organischen Stoffen, wie Laub, Stroh usw. verwandt, wobei dann auch die mit ausgefällten organischen Stoffe beseitigt werden.

Vor der Versickerung der Abwässer in den Untergrund muß besonders in den Fällen, wo die Fabrik oder andere in näherer oder weiterer Umgebung liegende Werke ihr Wasser aus dem Untergrund entnehmen, dringendst gewarnt werden.

Die in den Strohpapierfabriken beim Aufschluß des Strohes mit Natronlauge entstehenden Abwässer sind in gleicher Weise wie die Ablaugen in den Natron- oder Sulfatzellstoffabriken zu behandeln.

Gegen eine Aufnahme der Abwässer aus den Natronzellstoffabriken und den Strohpapierfabriken in die Kanalisation ist nach Absonderung der eigentlichen Kocherlaugen dann nichts einzuwenden, wenn das Mischungsverhältnis so günstig ist, daß der p_H-Wert der Mischung nicht über 8,5 ansteigt.

e) Abwasser der Lumpenkocherei.

In den Lumpen- oder Hadernkochereien werden alte Abfälle von Lumpen, Stoffresten usw. mehrmalig einem starken Kochprozeß mit soda-, natronlauge- oder ätzkalkhaltigen Wässern mit nachfolgender Wäsche unterworfen. Die Abwässer enthalten außer seifigen Bestandteilen die aus den Lumpen herausgelösten Schmutzstoffe. Durch eine chemische Fällung läßt sich nur ein verhältnismäßig kleiner Teil der Schmutzstoffe aus dem Abwasser entfernen. Können diese Abwässer nicht in eine Kanalisation abgelassen werden, so sollten sie nach geeigneter Verdünnung und Neutralisation auf genügend großen Flächen verrieselt werden. Stehen diese nicht in genügender Größe zur Verfügung, so können die Abwässer auch ausgefault und dann mit chemischen Fällungsmitteln behandelt werden. Wenn auch in besonderen Fällen die Eindampfung der konzentrierten Ablaugen und Wiedergewinnung des Alkalis die radikalste Beseitigungsart der Laugen darstellt, so scheitert sie meistens daran, daß die Abwässer aus der Hadernkocherei in den Papierfabriken nur einen kleinen Teil der gesamten Abwässer ausmachen und daß sie oftmals stark wechselnd anfallen. In einigen Fällen hilft man sich dadurch, daß man sie zusammen mit den Ablaugen aus Natronzellstoff- oder Strohpapierfabriken eindampft und calciniert. Die Neutralisation kann auch durch Feuerungsgase geschehen, wobei sich bei ätzkalkhaltigen Laugen Calciumcarbonat abscheidet, das die kolloidverteilten Stoffe mit ausscheidet.

Für diese sehr stark verschmutzten Abwässer kommt neuerdings ein amerikanisches Verfahren[1] in Frage. Bei diesem Verfahren werden die Laugen zunächst in Absorptionstürmen durch entgegenströmende Abgase aus der Kraftanlage carbonisiert und dann mit Chlorcalciumlauge versetzt, wobei unter Bildung von Calciumcarbonat und Kochsalz die kolloidal gelösten Bestandteile ausgeflockt werden, die dann durch den sich bildenden Kalkniederschlag zu Boden gerissen werden. Durch dieses Verfahren können rund 80% der schädlichen organischen Stoffe entfernt werden. Hierbei ist eine Versalzung des Vorfluters wegen der geringen Abwassermengen bei gleichmäßiger Verteilung nicht zu fürchten.

f) Abwasser der Papierfabriken.

Je nachdem die Papierfabriken die im Betriebe nötigen Rohstoffe, wie Zellstoff, ganz oder teilweise selbst herstellen, oder Halbfabrikate beziehen und weiter verarbeiten, ist auch das in den Fabriken anfallende Abwasser verschieden. Außer Zellstoff, Holzschliff, Lumpen oder Hadern werden in den Papierfabriken als weitere Rohstoffe Füll-, Leim- oder Farbstoffe (Kaolin, Glanzweiß, Harzseifen, Stärke, Anilinfarben usw.) verwandt. Ferner wird zum Bleichen der Papiere Chlor oder Chlorkalk angewandt.

Die Menge der in Papierfabriken anfallenden Abwässer ist sehr groß. Man versucht daher, sie soviel wie möglich in den Betrieb nach vorheriger Klärung zurückzunehmen. In mittleren Fabriken werden für 1 kg fertiges Papier verbraucht:

Schrenzpapier	350—400	Liter Wasser
Druckpapier	500	„ „
Feinpapier	900—1000	„ „
Zeitungspapier	200	„ „
Packpapier	125	„ „

[1] Chem. metallurg. Engin. 1929, **37**, 167.

Innerhalb des Betriebes fallen die Abwässer an folgenden Stellen an:
1. an den Holländern,
2. am Knotenfänger der Papiermaschine,
3. an den Sieb- und Saugvorrichtungen der Papiermaschine,
4. an den Druck-(Gautsch)Walzen in kleineren Mengen.

Die Abwässer enthalten neben Faserstoffen auch die Füllstoffe, sowie Harzseifen und Stärke, gelöste mineralische und organische Substanzen, und vom Bleichprozeß her freies Chlor und Mineralsäure. Bei der Herstellung farbiger Papiere können auch noch Farbreste in ihnen enthalten sein.

Die Reinigung der Abwässer erstreckt sich in erster Linie auf die Zurückhaltung der Faserstoffe. Die für diesen Zweck zur Verfügung stehenden Hilfsmittel, wie Absetzbecken, Rundfilter, Kastenfilter, Absetztrichter sind allmählich so gut durchgebildet worden, daß es nicht mehr vorkommen dürfte, daß öffentliche Gewässer durch Faserstoffe aus Papierfabriken belastet werden. Schon im Interesse des Werkes muß man die Einrichtungen von Stoffanganlagen verlangen. Über Wiedergewinnung von Faserstoffen s. auch S. 566.

1. Absetzbecken. Als Absetzbecken können alle in der Behandlung häuslicher Abwässer benutzten Flachbecken mit Schlammausräumung unter Wasser, wie Bamag-Becken, Dorrbecken, Leipziger Becken, Neustädter Becken usw. benutzt werden. Bei größeren Wassermengen werden stets mehrere derartiger Becken hinter- oder nebeneinander geschaltet. Die in Holz oder besser in Mauerwerk oder Beton errichteten Becken haben eine Tiefe zwischen 2—3 m. Ihre Länge schwankt nach der Wassermenge. Je nach dem Kaolingehalt im Abwasser kann man am Zufluß noch etwas Aluminiumsulfatlösung mit und ohne Kalkmilchzusatz zur besseren Fällung hinzugeben. Das Abwasser tritt an einem Ende des Beckens über eine genau waagrechte, glatte oder gekerbte Rinne in langsamem, ruhigem Strome ein. Der Boden der Becken ist entweder geneigt oder trichterförmig aufgeteilt, so daß die abgesetzten Faserstoffe an den tiefsten Stellen dauernd durch Absaugen entnommen werden können, ohne daß die darüber stehende Wassermasse bewegt wird. Der Ablauf erfolgt dann am entgegengesetzten Ende in gleicher Weise über einer glatten oder gekerbten Rinne. Für je 1 Liter in der Minute zufließendes Abwasser rechnet man mit 9—11 cbm Klärraum. Bei stark kaolinhaltigen Abwässern und bei Zugabe gut dosierter Aluminiumsulfatmengen, sowie bei zementierten Absetzbecken kann der Klärraum etwas kleiner sein.

Geiger benutzt für intermittierend betriebene Becken zur Entnahme des geklärten Abwassers am anderen Ende des Beckens ein Schwenkrohr mit Schwimmer. Der Ablauf wird mittels eines hinter dem Schwenkrohr eingebauten Schiebers geregelt.

Das gereinigte Abwasser kann wieder als Brauchwasser in den Betrieb zurückgehen. Um zu verhindern, daß bei einem dauernden Kreislauf allmählich eine zu starke Anreicherung an gelösten Stoffen eintritt, wird dauernd ein geringer Anteil des gut gereinigten Abwassers, etwa 15—20%, abgelassen und durch Frischwasser ersetzt. Die abgefangenen Faserstoffe und das gereinigte Abwasser werden in den Fabrikationsprozeß zurückgenommen und im Betriebe mitverwandt.

2. Rundsiebfilter. Für das Abfangen der Faserstoffe können die anderweitig für ähnliche Zwecke benutzten Filtersiebe verwandt werden. Das gebräuchlichste Rundsiebfilter ist das Füllner-Filter. Die Faserstoffe werden beim Durchgang durch den auf das Sieb aufgelegten Filterfilz abgefangen, durch eine Walze entwässert und in den Betrieb zurückgegeben.

Das in Abb. 38 schematisch dargestellte Füllner-Filter besteht aus einem an beiden Seiten offenen Trog, dem das Abwasser durch einen über die ganze Breite des Troges gehenden Kanal am Boden zugeführt wird und in dem sich die Filtertrommel dreht. Der Trog ist der Filtertrommel angepaßt, damit am Boden keine Stoffe liegen bleiben können. Um die Filtertrommel läuft ein endloses Filtertuch oder ein Naßfilz, der über Walzen weitergeführt und dabei abgepreßt und abgeschabt wird. Bei schmierigen Stoffen und stark harzhaltigem Abwasser ist noch eine Kastenfilzwäsche zur fortwährenden Reinigung des Filzes im Filter angeschlossen. Der Filz wird durch den Kasten geführt, der mit angewärmtem Wasser unter Beimengung eines Waschmittels (Soda, Persil usw.) gefüllt ist. Durch einen im Kasten eingebauten Schlager wird die Wäsche befördert. Durch eine nachfolgende Reinigung des Filzes durch Spritzrohr und Schlager wird der Filz wieder vollständig durchlässig und aufnahmefähig.

Die Wirksamkeit des Filters leidet darunter, daß der Filz allmählich undurchlässiger wird. Um zu vermeiden, daß die Leistungsfähigkeit des Füllner-Filters in qualitativer und quantitativer Hinsicht abnimmt, muß das Filter oft ausgewechselt und intensiv gewaschen werden. Die Leistungsfähigkeit der Füllner-Filter beträgt in der Papierfabrikation bei einem Trommeldurchmesser von 160 cm bis 2500 Liter/Minute, in der Cellulosefabrikation, wo keine Verschmierung mit Kaolin in Frage kommt, steigt die Leistung auf das Doppelte bis Dreifache.

Auch die von den Firmen Maschinenbau A.-G., vorm Starke und Hoffmann, Hirschberg, nach dem Patent Fuchs, Maschinenfabrik Imperial, Meißen, Maschinenfabrik Gröppel, Bochum, hergestellten Saugzellenfilter haben sich für den Zweck bewährt.

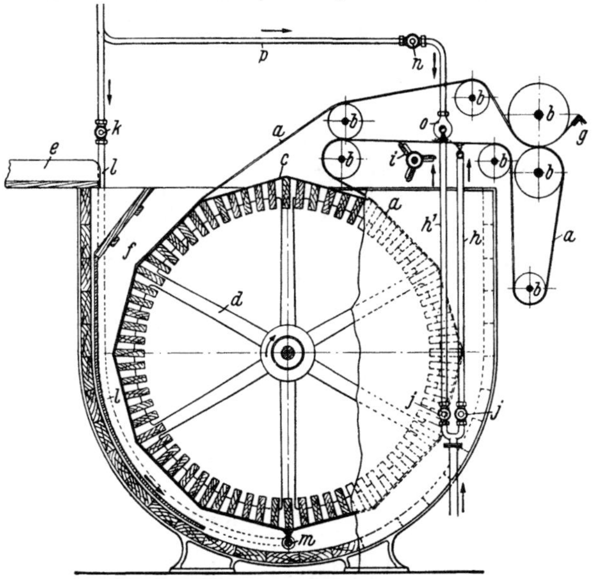

Abb. 38. Füllner-Filter mit Filzwäsche, Bauart Tittel der Linke-Hofmann-Busch-Werke in Bad Warmbrunn (Schlesien).

3. Kastenfilter. Nach demselben Prinzip wie die Zellenfilter arbeiten unter Anwendung des hydrostatischen Druckes die verschiedenen Kastenfilter, die mehr für kleinere Betriebe in Frage kommen. Die Böden der Filterkästen sind mit Löchern versehen und werden mit feinmaschigen Sieben oder Filterfilz oder Filterstoffen ausgelegt. Das Abwasser wird in die Kästen gelassen und dringt allmählich ansteigend durch das Filter hindurch, wobei die sich im Anfang bildende Schicht als Filter wirkt. Bei einem Wasseranfall von 180 cbm/Stunde und einer Filtergeschwindigkeit von 50—60 cbm/Stunde wird eine Siebfläche von 150—200 qm benötigt.

4. Absetztrichter. Zum Abfangen der Faserstoffe sind eine Reihe verschiedener Absetztrichter konstruiert worden. Es können die gleichen Absetztrichter, wie sie S. 567 zum Abfangen der Faserstoffe beim Holzaufschluß angegeben sind, angewandt werden, nur wird man die Fließgeschwindigkeit je nach der Art des Stoffes ändern müssen. Im Vergleich zu den Rundsieben oder Kastenfiltern holen sie 98—99% des Fangstoffes heraus.

5. Die V.J.B.-Apparatebau-Gesellschaft in Frankfurt a. M. bringt in allerletzter Zeit „Rotor-Abwsaser-Kreislaufanlagen in den Handel, die die direkte Wiederverwendung des ungeklärten Abwassers bei den Holzstoffentwässerungsmaschinen, den Langsiebmaschinen usw. gestatten und auch zu Schaumzerstörungen benutzt werden. Das Ansetzen von Stoffteilchen in den Spritzdüsen und Zuleitungen wird durch besondere V.J.B.-Rotor-Krümmer verhindert.

6. Weitere Behandlung der Papierfabrikabwässer. Die aus den Papierfabriken kommenden Abwässer neigen durch ihren Gehalt an Leim sehr zum Schäumen. Aus diesem Grunde sollten sie nicht durch Abstürze, sondern durch unter Wasser liegende Einläufe in die Vorfluter abgelassen werden.

Je nach der Art der Reinigung und der verhältnismäßigen Menge des Frischwassers zum Rücklaufwasser können die Abwässer durch einen mehr oder weniger höheren Gehalt an organischen Stoffen verschmutzt sein und ähnliche Übelstände, wie sie bei der Herstellung der Halbfabrikate entstehen, hervorrufen. Schlammansammlungen durch abgelassene Faserstoffe oder Kaolin dürfen bei dem heutigen Stande der Abwassertechnik unterhalb einer Papierfabrik nicht mehr vorkommen.

Zur Bekämpfung der starken Verpilzung ist für die Abwässer der Sulfitcellulose wie der Papierfabrikabwässer das Chlorkupferungsverfahren (s. S. 203) vorgeschlagen worden. Nur wenn das Verhältnis dieser Abwässer zum Vorflutwasser sehr günstig ist, hat sich die Chlorkupferung bewährt. Dies ist besonders der Fall, wenn der den Ablauf aufnehmende Vorfluter bald in einen so großen Vorfluter einmündet, daß die große Verdünnung ausreicht, die Pilzschäden aufzuheben. In allen anderen Fällen tritt nur eine Verlegung der Schäden auf eine weiter unterhalb liegende Strecke ein.

Nach HAUPT hat eine fortschrittlich eingerichtete Fabrik die mechanische Reinigung der Abwässer soweit zu treiben, daß nur noch 25 g/cbm an Schwebestoffen im Abwasser enthalten sind. Die in den Trichterabläufen enthaltenen Reste an Aluminiumsulfat hat er noch für die Reinigung des Betriebsrohwassers ausgenutzt. Er erzielte durch die Vermischung der Abläufe mit dem Rohwasser eine genügende Ausflockung, da der Alaunrest der Trichterabläufe mit den Carbonaten des Flußwassers reagierte. Das so behandelte Betriebsrohwasser wurde durch einen Absetzteich geleitet, in dem es sich völlig klärte, so daß es im Betriebe wieder verwandt werden konnte. Um die in den restlichen Papierfabrikabwässern enthaltenen kolloiden Stoffe, vor allem aber die Farbstoffe zu entfernen, gibt man vor dem Trichter zum Abfangen der Faserstoffe geeignete Fällungsmittel wie Aluminiumsulfat oder Alaun zu, damit man diese Stoffe im Betriebe wieder verwenden kann. In allen anderen Fällen führt man die Entfärbung des farbstoffhaltigen Abwassers durch Behandlung mit Chlor, durch Filterung über Braunkohlenschlacke oder auch durch chemische Fällung mit Eisen- oder Aluminiumsalzen mit oder ohne Zusatz von Kalk durch.

g) Abwasser aus Pappenfabriken.

In den Pappenfabriken wird als Rohmaterial Altpapier, alte Pappe und Pappdeckel, Stroh und Lumpen benutzt. Das Stroh wird zum Aufschluß mit Kalkmilch gekocht. Als Zusätze zu dem Stoffbrei dienen Tonerde, Aluminiumsulfat und in geringer Menge Harz zur Leimung. Die gesamten anfallenden Abwässer bestehen demnach aus den schwach alkalischen Abläufen der Kollergänge, des Holländers und der Papiermaschine. Durch den Gehalt an organischen Stoffen gehen sie schon bei mäßiger Verdünnung im Abflußgraben oder im kleinen Vorfluter in stinkende Fäulnis über. Die mit Kalk aufgeschlossene schwefelhaltige Substanz des Strohes bildet unter dem Einfluß anaerober Bakterien Schwefelwasserstoff. 1 t Weizenstroh enthält 2,5 kg Schwefel, von dem wenigstens 1,5 kg in das Abwasser übergehen. Um die durch den Schwefel bedingten Schwierigkeiten in dem Abwasser zu verhindern, schlägt BACH[1] vor, dem Stroh vor seiner Verarbeitung durch eine alkalische Gärung einen erheblichen Teil seines Schwefels zu entziehen. Man erhält hierbei ein äußerlich unverändertes, für die Pappenherstellung brauchbares Stroh, wohingegen die Schädlichkeit der Abwässer für die Vorflut stark herabgesetzt wird.

In Strohpappenfabriken fällt eine große Menge gelbbraun gefärbten Abwassers mit vielen feinen Strohpartikelchen und freiem Kalk an. KESSENER gibt für 1 t fertigen Pappkarton 30 cbm Abwasser an. Infolge seines Kalküberschusses und hohen Gehaltes an organischen Stoffen von 3,5—12 g/Liter, wovon $^1/_4$ ungelöst und $^3/_4$ gelöst ist, hat es auf den Vorfluter sehr nachteilige Wirkungen. Die Reinigung bereitet oft große Schwierigkeiten.

Das Abwasser kann durch Absetzenlassen in Absetzbecken oder in Sickerbecken mit mindestens einstündiger Aufenthaltszeit von der Hauptmenge der absetzbaren Schwebestoffe (98—99%) befreit werden. Der Gehalt an Schwebestoffen macht aber nur einen kleinen

[1] BACH: Chem.-Ztg. 1932, **56**, 701.

Teil der Gesamtverschmutzung (etwa 25%) aus, so daß durch das Absetzverfahren allein die durch die Abwässer hervorgerufenen Schwierigkeiten nicht beseitigt werden können. Der Reinigungseffekt der Absetzbecken kann durch Zugabe von chemischen Fällungsmitteln noch etwas erhöht werden. Bei Anwendung von Ferrosulfat mit und ohne Belüftung kann man von den nach der mechanischen Reinigung noch im Abwasser verbleibenden Schmutzstoffen, gemessen am Kaliumpermanganatverbrauch, noch etwa 50% entfernen. Es fließt ein gelblich opalescierendes Abwasser ab, das nur ungern in den Betrieb zurückgenommen wird. An Stelle von Ferrosulfat hat SJOLLEMA als Fällungsmittel Superphosphat empfohlen. Das Monocalciumphosphat des Superphosphats bildet mit dem überschüssig zugesetzten Kalk Tricalciumphosphat, das sehr leicht ausfällt und einen großen Teil der kolloiden Stoffe adsorbiert. Der Niederschlag kann nach TILLMANS nach der Trocknung als Düngemittel verwandt werden. Die je Kubikmeter Abwasser zuzusetzende Menge Phosphat beträgt nach KESSENER 4,5 kg. Bei diesen Mengen und den großen Abwassermengen werden die aufzuwendenden Kosten aber so hoch, daß sie in keinem wirtschaftlichen Verhältnis zu dem erzielten Reinigungserfolg von $^1/_3$ Abnahme der gesamten organischen Substanz stehen. Um die Kosten herabzudrücken, hat man vorgeschlagen, aus dem Niederschlag das Phosphat durch Behandeln mit Schwefelsäure wiederzugewinnen. Die Kosten lassen sich dadurch auf etwa die Hälfte vermindern.

Als weiteres Fällungsmittel empfiehlt BETTELS die Zugabe von Endlaugen und Kalkmilch, die in Mengen von rund 1 Zentner Kalk in einer Lösung von 5° Bé und 350 bis 400 kg Endlauge für die bei einer Produktion von 8000 kg Stroh- oder Schrenzpappe anfallende Abwassermenge gebraucht werden. Die Betriebskosten betragen je 100 kg Erzeugnis rund 8 Pf. Durch eine Wiederverwendung der Fällungsmittel im Kreislauf lassen sich diese Kosten noch etwas herabdrücken. Eine Anlage nach dem Verfahren der chemischen Fällung mit Endlauge ist in Abb. 39 dargestellt.

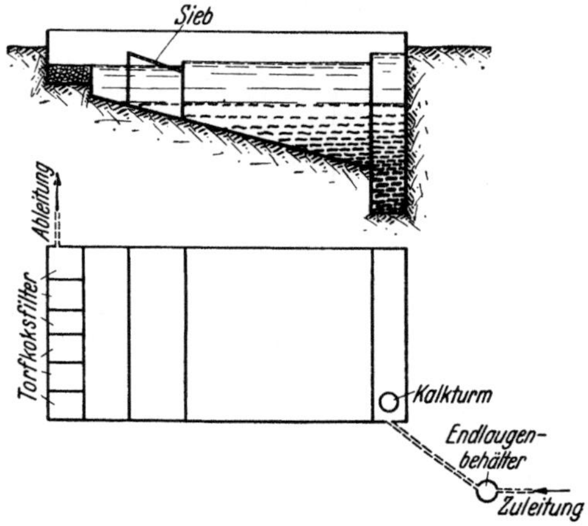

Abb. 39. Kläranlage einer Strohpappenfabrik mit Verwendung von Kaliendlaugen und Kalk nach BETTELS (Papierfabrik I. H. Woge G. m. b. H. in Elze in Hannover).

Die in den Abwässern von Strohpappenfabriken enthaltenen organischen Stoffe wirken bei der chemischen Fällung zum Teil als Schutzkolloide. Um sie aus dem Abwasser entfernen zu können, müssen sie vorher zerstört werden. Die Anwendung von Oxydationsmitteln, wie Chlor oder Permanganat, ist bei den großen Abwassermengen zu teuer. Auch bei der aeroben biologischen Zersetzung sind die Abfallstoffe sehr widerstandsfähig. Besser hat sich nach KESSENER[1] dagegen die anaerobe Zersetzung bewährt. Die durch Zugabe von Verdünnungswasser oder Einleiten von Kohlensäure bzw. sehr vorsichtige Zugabe von Schwefelsäure sorgfältig neutralisierten Abwässer werden in einfachen Erdbecken oder noch besser in geschlossenen Faulkammern der anaeroben Zersetzung unterworfen. Die etwa 1,50—3 m tiefen Erdbecken haben verschiedene Unterteilungen. Ihr Gesamtinhalt entspricht etwa der 2—5fachen Menge des täglich anfallenden Abwassers. Durch die Unterteilungen soll erreicht werden, daß der Inhalt gut ausgenutzt wird. Dies geschieht in der Weise, daß abwechselnd einmal das Oberwasser und im nächsten Becken das Bodenwasser in das nächste Becken gelangt. Zur Unterstützung der Fäulnis werden die Faulkammern mit Umwälz- und Heizvorrichtungen versehen. Über den Einfluß der Temperatur auf die Größe der Faulräume macht KESSENER[1] für ein normales Rohwasser mit $7^1/_2$ g/Liter organische Stoffe folgende Angaben:

	unterhalb 20°	muß	der Faulraum	die	14fache	Tagesmenge	fassen
bei Temperaturen	von 20—25°	,,	,,	,,	13 ,,	,,	,,
,, ,,	,, 25—30°	,,	,,	,,	12 ,,	,,	,,
,, ,,	oberhalb 30°	,,	,,	,,	11 ,,	,,	,,

Für jedes Gramm organische Substanz je Liter mehr oder weniger muß der Inhalt des Faulraumes so viel größer oder kleiner sein als die Tagesanfallmenge ausmacht, d. h. bei 8,5 g/Liter organische Substanz muß bei 20° der Tank die 15fache Menge und bei 6,5 g/Liter nur die 13fache Tagesmenge fassen. Bei so großen Becken kann mit einer Abnahme der organischen Stoffe bis zu 80% gerechnet werden. Bei der Zersetzung wird hauptsächlich

[1] KESSENER: Rapport der Commissie voor de Reiniging van Stroocartonfabriken. s'Gravenhage 1912.

ein aus Methan bestehendes Gas entwickelt, das, falls keine andere Abfallwärme oder heiße Wässer zum Erwärmen des Faulraumes zur Verfügung stehen, als Heizquelle benutzt werden kann. Zur Einarbeitung werden die in die Becken abgelassenen Abwässer in der ersten Zeit mit Fäkalien und in guter Zersetzung befindlichem Kanalschlamm gemischt. Die Einarbeitung erfolgt am besten im Sommer, da dann die wärmere Außentemperatur die Zersetzung unterstützt. In besonders schwierigen Fällen kann man durch Zugabe von Calciumacetatlösungen die Einarbeitung unterstützen, da Methanbakterien hierbei besonders schnell zur Entwicklung kommen. Je nach der Konzentration sind die Abwässer nach 4—10 Tagen so weit ausgefault, daß in ihnen die als Schutzkolloide wirkenden Stoffe zerstört sind. Führt man jetzt die chemische Fällung durch, so werden rund 95% der gesamten Schutzstoffe entfernt. Der in den Faulräumen anfallende Schlamm kann auf Trockenbeeten getrocknet oder als Dünger aufs Feld gefahren werden. Verlangt der Vorfluter eine weitere Reinigung, so kann an die Ausfaulung außer der chemischen Fällung auch noch das Berieselungsverfahren oder das Tropfkörperverfahren angeschlossen werden. An Stelle der anaeroben Vorbehandlung sind auch Versuche zur aeroben Vorbehandlung vor der chemischen Fällung durchgeführt worden. Wegen der einseitigen Zusammensetzung der Abwässer sind die bisherigen Versuche fehlgeschlagen. Nach neueren Mitteilungen soll sich aber hierzu das Magdeburger P.-Verfahren, bei dem das Abwasser vor der aeroben Behandlung in Schlammbelebungsbecken mit Ammonphosphatsalzen versetzt wird, besonders eignen. Wieweit hierbei die in den Abwässern enthaltenen Kalksalze, die auch eine Behandlung der Abwässer auf Tropfkörpern erschweren, stören, ist bis jetzt in der Literatur nicht behandelt.

20. Abwässer der Textilindustrie.

Die Textilindustrie ist wohl wie kaum ein anderer Industriezweig auf sehr große Wassermengen von guter Beschaffenheit angewiesen. Im Zuge der Herstellung der Textilien werden als wichtigste Rohstoffe gebraucht:

1. Hanf und Flachs; 2. Rohwolle, wie sie vom Schafe kommt; 3. Baumwolle, wie sie aus dem Handel bezogen wird; 4. Rohseide (Bast); 5. Ausgangsstoffe der Kunstseiden.

Bei der Verarbeitung dieser Rohstoffe auf Textilien können Abwässer anfallen:

1. Bei der Reinigung und Vorbereitung der Rohstoffe, z. B. zu Halbfabrikaten (Flachsrösten, Wollwäschereien, Seidenkochereien, Baumwollbleichereien);

2. bei den eigentlichen Herstellungs- und Verarbeitungsverfahren, in den Spinnereien, Webereien, Färbereien, Wäschereien, Appreturanstalten, Bleichereien, Druckereien usw.

An die Abwasserreinigungsanlagen von Textilfabriken, die in einen kleinen Vorfluter entwässern, sind nach Merkel[1] folgende Anforderungen zu stellen:

1. Von mechanisch ausscheidbaren Stoffen sollen wenigstens 70% (besser 90%) zurückgehalten werden;

2. es darf nur frisches, nicht angefaultes Abwasser zum Abfluß gelangen;

3. das Abwasser muß sorgfältig neutralisiert werden, d. h. es darf weder sauer noch alkalisch sein;

4. das geklärte Wasser darf keine giftigen Gase, z. B. Schwefelwasserstoff, enthalten.

Die Entfärbung der meist farbstoffhaltigen Abwässer hält er nur dort erforderlich, wo ästhetische Rücksichten auf den Charakter des Vorfluters dazu zwingen.

a) Flachsrösten.

Während in früheren Zeiten Deutschland seinen Bedarf an Webstoffen, so besonders an Flachs, durch eigene Erzeugung nicht nur deckte, sondern noch aus manchen Gegenden, wie Schlesien, erhebliche Mengen ausführte, war durch die Einführung der Baumwolle die Erzeugung stark zurückgegangen. Erst in neuerer Zeit ist man in Deutschland wieder darangegangen, zu versuchen, den eigenen Bedarf aus eigener Herstellung zu decken. In den Jahren 1872 bis 1913 war die Anbaufläche für Flachs von 215000 ha auf 17000 ha gesunken. In den Nachkriegsjahren ist die Anbaufläche vorübergehend wieder

[1] Merkel: Städtereinigung 1935, 235.

auf 100000 ha angestiegen. In neuester Zeit wird der Flachsanbau wieder stark gefördert.

Der geerntete Flachs wird vom Samen befreit, entknotet und danach „geröstet". Die Lein- und Hanffaser enthält neben viel Eiweißstoffen auch noch harzige und schleimige Stoffe (Kitte), die bei der „Röste" der Gespinstfasern durch einen Gärungs- und Fäulnisvorgang entfernt werden müssen, um die Fasern freizulegen. Bei diesem Vorgang werden die Stoffe zersetzt und schwinden unter Bildung von Buttersäure, Propion- und Essigsäure und sehr übelriechender Gase. Zum Freilegen der Faser bedient man sich der Tau-, Fluß-, Teich- oder Kastenrotte. Bei der Taurotte treten nachteilige Stoffe nicht in Erscheinung, weil die Leinpflanze durch die Ausbreitung auf den Feldern eine langsame Zersetzung erleidet und die Zersetzungsprodukte durch die Luft mehr oder weniger rasch fortgeführt bzw. vom Boden aufgesaugt werden. Bei der Teichrotte wird die Leinpflanze in Bündeln gebunden und unter dem Wasserspiegel festgehalten. Nach einigen Tagen tritt der Fäulnisvorgang ein. Durch technische Veränderungen und Verbesserungen haben sich im Laufe der letzten Jahre aus den früheren, einfacheren Verfahren der Land- oder Tauröste und der Wasserröste die für den Großbetrieb besser geeigneten neueren Verfahren, die Bassin- oder stehende Warmwasserröste und die Kanal- oder fliegende Kaltwasserröste entwickelt, die dazu noch das ganze Jahr über betrieben werden können. Der Wasserverbrauch beträgt bei der ersteren Art bis zu 10 cbm für 1 Zentner verarbeiteten Strohflachses. Bei einer normalen Kanalröste, die täglich etwa 35 Zentner Strohflachs verarbeitet, beläuft sich der stündliche Wasserdurchfluß auf etwa 6—10 cbm. Bei der Kastenrotte erfolgt das Rotten in Bottichen und in Räumen bei einer Temperatur von 30—35°. Man setzt dem Wasser zur Beschleunigung der Fäulnis faulende Stoffe zu. Hierzu verwendet man aufgeschlämmte Bierhefe, Blutserum oder zur Erzielung eines weißen Flachses Buttermilch, Magermilch oder Quark. In Großbetrieben wird immer mehr zur Warmwasserröste übergegangen, weil man dabei eine schnellere Abwicklung und bessere Kontrolle des Röstvorganges erreicht. Sie ermöglicht die Röstreife schon in 3—4 Tagen, während die anderen Verfahren 12—15 Tage benötigen. Hierbei rechnet man auf 1 Zentner Strohflachs 1 cbm Wasser. In den ersten 10 Stunden werden die Flachsstengel ausgelaugt. Sie geben ihre leicht löslichen Stoffe ab. Diese wirken auf die typischen Rösterreger hemmend ein und werden daher beseitigt. Die nicht auslaugbaren Bestandteile sind im wesentlichen Pektine. Sie nehmen schnell und viel Wasser auf und bewirken dadurch ein Schwellen der Zellen. In diesem Zustande bilden sie den geeigneten Nährboden für die spezifischen Rösterreger. Während früher die Ansicht vertreten wurde, daß die Pektinzerstörung unter Luftabschluß erfolgen solle, daß also die obligativ oder fakultativ anaeroben Bakterien die besten Röstorganismen seien, hat man in neuester Zeit erkannt, daß die aerobe Pektingärung manche Vorteile bietet und daß bei einer Röste mit Luftzufuhr durch aerobe Bakterien die gleiche Röstleistung erzielt werden kann. Die aerobe Röste ist auf die Zusammensetzung des Röstwassers von besonderem Einfluß.

Zu den eigentlichen Röstwässern treten dann noch zeitweise Spülwässer vom Reinigen der Räume und Röstbehälter. Die Abwässer sind hellgelb bis dunkelbraun gefärbt und führen im allgemeinen nur wenig Schwebestoffe, vornehmlich solche organischer Natur, desto mehr aber gelöste und kolloidverteilte Stoffe mit sich. Sie riechen meist typisch säuerlich und enthalten oft, besonders bei Bassinröstung, Schwefelwasserstoff. Für das Abwasser einer modernen Flachsröste gibt Haupt 1919 folgende Zahlenwerte:

Gesamtschwebestoffe	340 mg/Liter
Abdampfrückstand	3160 mg/Liter
Kaliumpermanganatverbrauch	1568 mg/Liter
Chlor	234 mg/Liter
Salpetersäure	16,6 mg/Liter
Ammoniak	20 mg/Liter
Acidität	12 ccm n/NaOH je Liter

Nach Stooff schwanken die Werte für Flachsröstabwasser sehr stark:

Gesamtschwebestoffe	7— 159 mg/Liter
Abdampfrückstand	1050—6571 mg/Liter
Glühverlust	551—3465 mg/Liter
Gesamtstickstoff	7— 109 mg/Liter
Ammoniak	3— 19 mg/Liter
Phosphorsäure (P_2O_5)	5— 235 mg/Liter
Kali (K_2O)	101— 918 mg/Liter
Kaliumpermanganatverbrauch	1122—6045 mg/Liter

Über den Einfluß dieser Abwässer auf den Vorfluter und die Fischerei liegen ausgedehnte Untersuchungen von LEHMANN und KISKER[1] vor. Nach ihrer Zusammensetzung können Flachsröstabwässer, wenn sie in kleine Bäche oder Flüsse abgelassen werden, für die Fischzucht und andere Nutzungszwecke ebenso wirken wie andere faulige Abwässer. Besonders in kleineren Vorflutern wirken sie durch starken Sauerstoffentzug und lebhafte Pilzbildung sehr schädlich. Nach den Untersuchungen von E. REICHARDT, KISKER und C. LEHMANN sind die unterhalb von Flachsrösten auftretenden Fischsterben durch den völligen Sauerstoffschwund hervorgerufen. Dagegen ist eine unmittelbare Giftwirkung nicht beobachtet worden.

Die Reinigung der Abwässer darf sich im allgemeinen nicht auf die rein mechanische Behandlung beschränken, sondern sie muß auch die gelösten Stoffe weitgehend erfassen. In erster Linie kommt hierfür wegen des hohen Gehaltes an Pflanzennährstoffen, und zwar an Kali- und phosphorsauren Salzen, die Behandlung auf drainierten Rieselwiesen oder Rieselfeldern von genügend großen Flächenausdehnungen oder die intermittierende Bodenfiltration in Frage. Ein stärkerer Säuregehalt der Abwässer ist bei der Anwendung dieser Verfahren durch Beigabe von Kalk oder, wo die Verhältnisse es gestatten, durch Beimischung von häuslichem Abwasser zu beheben. Sind die zur Verfügung stehenden Flächen nicht groß genug, so kann eine Entlastung durch eine Vorbehandlung durch chemische Fällung mit Ferrosulfat und Kalk Abhilfe schaffen. Auch können künstliche biologische Verfahren (Behandlung auf Tropfkörpern, Schlammbelebung) nach den bisher gemachten Erfahrungen für die Reinigung der Röstabwässer mit befriedigendem Erfolg benutzt werden. Bei der Anwendung dieser Verfahren müssen die Abwässer vorher sehr gut neutralisiert, mit der zwei- bis dreifachen Menge reinen Wassers verdünnt oder durch eine chemische Fällung vorgereinigt werden. Stehen genügende Mengen häuslicher Abwässer zur Verfügung, so kann durch ihre Beimischung unter Umständen zugleich die erforderliche Neutralisation erreicht werden.

Man wendet auch wohl zum Rotten verdünnte Schwefelsäure ($^1/_4$%) oder Kochen in Laugen mit oder ohne Zusatz von Seife an. Diese Arten von Abwässern lassen sich auf die gleiche Weise reinigen, wenn man das säurehaltige Rottewasser mit Kalk gut neutralisiert. Die laugenhaltigen Wässer können zum Begießen von Komposthaufen benutzt und die Seifen auf ähnliche Weise wie dies bei Wollwaschwässern angegeben ist, unschädlich gemacht werden.

HEITZ[2] schlägt vor, die mit etwa 0,5 kg CaO je 1 cbm Abwasser versetzten Flachsröstabwässer unter Umständen nach Vermischung mit bereits vorgereinigtem Wasser zu verregnen (s. S. 390 f.). Die Regenhöhe kann bis 15 mm betragen. Ein Zusatz von $^1/_3$ sauerstoffreichem Frischwasser zu $^2/_3$ Abwasser soll die noch übrig bleibende, sauerstoffzehrende Wirkung des verregneten Abwassers völlig beheben. Auf 1 ha Fläche können jährlich etwa 1000—1500 cbm Flachsröstwasser verregnet werden. Die Anlagekosten einer derartigen Beregnungsanlage werden zu etwa RM 20000 geschätzt, während die Betriebskosten mit 11,2 Pf./cbm angegeben werden. Als Anbaufrüchte für berieselte und beregnete Flächen kommen in Frage Hanf, Gras, Pferdebohnen, Rüben, Roggen, Gerste, Senf und Hafer. Unter Berücksichtigung der Ersparung der Düngerkosten und einer Erntesteigerung rechnet HEITZ den wirtschaftlichen Nutzen mit 17,1 Pf./cbm Röstwasser aus. Das auf biologischem Wege gereinigte Wasser sollte im Vorfluter mindestens die 4—5fache Menge sauerstoffreichen Reinwassers vorfinden. Wo das nicht der Fall sein kann, muß der Ablauf zur weiteren Aufbereitung noch durch größere Teiche fließen, die bei etwa 3facher Verdünnung als Fischteiche betrieben werden können.

b) Wollwäschereien.

Die in die Tuchfabriken eingelieferte Wolle ist meist mehr oder weniger stark verschmutzt. Nach SCHULZE und MÄRKER wurden in der Schafwolle gefunden:

Wasser	10,83—23,48%
Wollfett	7,17—14,66%
Schmutz	2,93—23,44%
Wollschweiß	20,50—22,98%
Reine Wollfaser	20,83—50,08%

[1] C. LEHMANN u. KISKER: Zeitschr. Fischerei 1926, **24**, 97. — LEHMANN: Zeitschr. Fischerei 1929, **27**, 139. [2] HEITZ: Der Kulturtechniker 1928, 191.

Um die der Wolle anhaftenden Schmutzstoffe, wie vor allem Wollschweiß, Wollfett und andere Schmutzbestandteile, wie Staub, Kot, zu beseitigen, erfolgt eine oberflächliche Reinigung der Wolle meist schon auf dem Rücken der Tiere vor der Schur. Da es aber nicht möglich ist, bei dieser Wäsche allen Schmutz zu entfernen, erfolgt eine gründliche Reinigung der Wolle in der Fabrik.

Hierbei werden zunächst die in kaltem Wasser löslichen Bestandteile des Wollschweißes, bestehend aus Kaliseifen der Öl- und Stearinsäure und etwas Essig- und Baldriansäure, ferner Salze, wie Sulfate, Phosphate, Chloride und Ammonsalze mit den Abwässern entfernt. Dann wird die Wolle einer Waschung mit heißen alkalischen Lösungen, wie Seifenlaugen, Soda oder Ammoniak in besonderen Waschmaschinen unterzogen. Allgemein üblich ist bei den Wollwaschverfahren die Anwendung von 4 Waschbottichen, von denen der erste als Einweichgefäß, der nächste als eigentliches Waschgefäß unter Zusatz von Soda usw. und die übrigen als Spülbottiche dienen. Diese Trennung ermöglicht unter Umständen eine getrennte Behandlung der anfallenden Abwässer. Bei dieser Bearbeitung entstehen hochkonzentrierte Abwässer, in die je nach der Herkunft der Rohwolle und nach dem Grad der Wäsche der Schafe vor der Schur usw. 25—60%, unter Umständen auch noch mehr, vom Wollrohgewicht an Nichtwolle, wie Wollfett, Schweiß, organischer und mineralischer Schmutz, in ungelöster, kolloider und emulgierter Form in die Wasch- und Spülwässer gelangen. Hinzu kommen noch die Zusätze an Waschmitteln, wie Soda, Seife, mitunter auch die Öle, die zur Geschmeidigmachung der Wolle zugegeben und die am Ende der Wäsche wieder abgespült werden.

Die in den Wollwäschereien anfallenden Abwässer sind durch organische und anorganische Stoffe stark verschmutzt. In einem schwachen Vorfluter können sie Mißstände hervorrufen. Sie verleihen dem Wasser eine sehr starke Schaumkraft, die dann an Abstürzen, Wehren und Mühlenrädern immer erneut auftritt. Durch ihren Gehalt an Soda und fetthaltenden Stoffen können sie der Fischerei bzw. der Fischzucht durch Einfluß auf die Befruchtung der Eier schädlich werden. Nachdem sie den Sauerstoff im Vorfluter verbraucht haben, gehen sie bei zu geringer Verdünnung in stinkende Fäulnis über und verleihen dann besonders kleineren Vorflutern durch eine grauschwarze Färbung und stinkenden Geruch das häßliche Bild eines Abwassersammlers, in dem infolge Sauerstoffmangels jedes Leben erstickt ist.

Die als Abwässer in Wollwäschereien anfallenden, graugelblich gefärbten, stark trüben Abwässer enthalten als wertvolle, verwertbare Stoffe das Wollfett, das in gereinigtem Zustand in den Handel kommt und als Salbengrundlage weitgehend verbreitet ist, und das Kaliumcarbonat. Die Rückgewinnung des Wollfettes ist eine Preisfrage, doch dürfte die Gewinnung des Wollfettes in Deutschland stets lohnend sein.

Die Verarbeitung der fetthaltigen Laugen auf Kaliumcarbonat bedingt das Eindampfen der Lauge. So sehr diese weitgehende Reinigungsart im Interesse der Reinhaltung unserer Flüsse erwünscht ist, ist sie doch nur in seltenen Fällen lohnend. Da sich diese Rückgewinnungsmöglichkeit auch nur auf die ersten Konzentrate erstreckt, während die Spülwässer wegen der stärkeren Verdünnung nicht in Frage kommen, wird sie nur noch selten durchgeführt. Eine direkte Verwendung der in den Abwässern durch die Kali- und Phosphorsalze enthaltenen Dungwerte durch Verrieseln der Abwässer ist wegen des hohen Gehaltes der Abwässer an schwer abbaubarem Fett, das den Boden undurchlässig machen würde, nicht möglich.

Die aus der Wollwäscherei kommenden Abwässer müssen zunächst durch Absetzbecken von Staub und anderen ungelösten Stoffen und durch Feinsiebe von mitgerissenen Wollfasern befreit werden. Zur Unterstützung des Absetzvorganges wird je Kubikmeter etwa 1 kg Kalk zugegeben.

1. Reinigung mit chemischen Fällungsmitteln. *a) Schwefelsäure.* In vielen Wollkämmereien erfolgt die Zersetzung der stark alkalischen Abwässer mit Schwefelsäure. Das im Abwasser enthaltene Fett scheidet sich nach der Zugabe von Schwefelsäure beim Stehenlassen bei rund 50° C in großen hölzernen Bottichen als Fettschicht auf der unteren säurehaltigen Abwasserschicht aus. Der wäßrige Anteil wird durch Stufenhähne abgelassen und kann nach Neutralisation mit Kalk und Durchgang durch weitere Absetzbecken, in denen die Schwefelsäure als Gips wieder abgeschieden wird, in den Vorfluter bzw. auf Rieselfelder abgelassen werden. Die obere Fettschlammschicht wird in hydraulischen Pressen möglichst vom Wasser befreit. Die Masse wird dann bei 180—200° ausgeschmolzen und nochmals abgepreßt. Der in den Pressen zurückbleibende schmierige Rückstand wird mit Benzin extrahiert. Der Rückstand aus der Benzinextraktion wird als Düngemittel verwertet. Das gewonnene Rohfett wird auf reines Wollfett verarbeitet.

Nach dem vorbeschriebenen Schwefelsäurecrackverfahren behandelt auch die Stadt Bradford in England das städtische Abwasser, das zum größten Teil aus Wollwaschwasser besteht. Das gesamte städtische Abwasser wird mit Schwefelsäure versetzt, bis es gegen Methylorange sauer reagiert. Das angesäuerte Wasser wird in Becken mit Rührwerken eine Zeitlang langsam gemischt. Hierbei scheidet sich das Fett allmählich auf der Oberfläche ab und kann leicht abgeschöpft werden. Das entfettete Abwasser wird mit Ferrosulfat als Flockungsmittel ausgefällt, in Absetzbecken geklärt und schließlich auf Tropfkörpern oder durch Belebtschlamm gereinigt. Der bei der Behandlung mit Schwefelsäure gewonnene Schlamm wird in großen Kesseln erwärmt und dann in Pressen ausgepreßt, dabei trennt sich in den Auffanggefäßen das Wasser selbsttätig vom Fett. Zur biologischen Nachreinigung dienen aus Steinkohle aufgebaute Tropfkörper von 1,8 m Höhe, 1,50 m Breite und 19 m Länge. Die Verteilung des Wassers erfolgt durch Wandersprenger.

b) Kalkmilch. Da bei der Abscheidung des Wollfettes stark saure Abwässer anfallen die durch Zusatz von Kalk neutralisiert werden müssen, hat man die

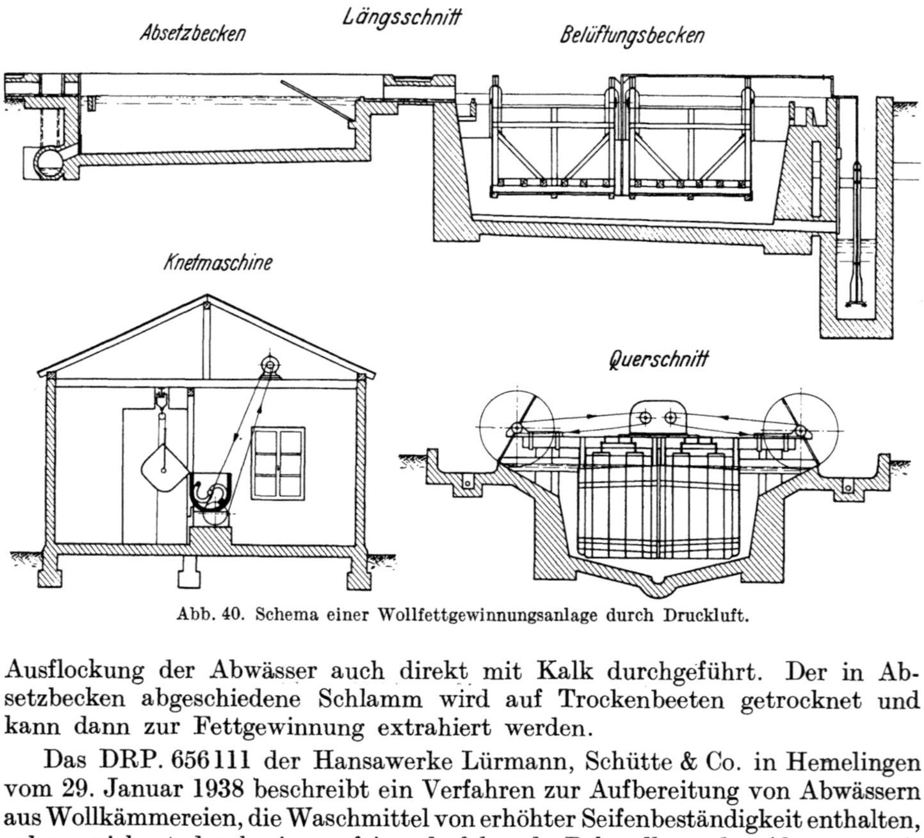

Abb. 40. Schema einer Wollfettgewinnungsanlage durch Druckluft.

Ausflockung der Abwässer auch direkt mit Kalk durchgeführt. Der in Absetzbecken abgeschiedene Schlamm wird auf Trockenbeeten getrocknet und kann dann zur Fettgewinnung extrahiert werden.

Das DRP. 656111 der Hansawerke Lürmann, Schütte & Co. in Hemelingen vom 29. Januar 1938 beschreibt ein Verfahren zur Aufbereitung von Abwässern aus Wollkämmereien, die Waschmittel von erhöhter Seifenbeständigkeit enthalten, gekennzeichnet durch eine aufeinanderfolgende Behandlung der Abwässer mit Schwefelsäure und alkalischen Stoffen, wobei zuerst die Behandlung mit Schwefelsäure vorzunehmen ist. Für die alkalische Behandlung wird Kalk verwandt.

2. Reinigung durch Zentrifugen. Für die Gewinnung des wertvollen Wollfettes aus dem durch Separatoranlagen vorher von Staub, Erde, Fasern und anderen Schwebestoffen befreiten Abwasser wendet man hochtourige Zentrifugen an. Das auf 60—70° erwärmte Abwasser wird durch Zentrifugen, die bis zu 30000 Umdrehungen haben, geschickt. Hierbei fließt ein verhältnismäßig reines Wollfett ab. In Anwendung sind die Charples- und Adams-Zentrifugen. Nachteilig ist der hohe Kraftbedarf und die verhältnismäßig geringe Leistungsfähigkeit der einzelnen Zentrifugen. Bei größeren Fabriken sind stets Reihen von Zentrifugen nötig, was bei dem hohen Preis und dem Verschleiß so hochtouriger Zentrifugen erhebliche Kosten erfordert.

3. Reinigung durch Druckluft. Die Ausscheidung des im Abwasser emulgierten Fettes läßt sich auch durch Preßluft in sehr feiner Verteilung in ähnlicher Weise wie in den belüfteten Ölfängern durchführen. Das von ungelösten Stoffen, wie Staub, Haare und Erde, durch Absetzbecken und Siebe befreite Abwasser wird in belüftete, mit Koks gefüllte Tauchkörper geleitet. Die Luftzufuhr erfolgt durch am Boden liegende, feste Rohre oder besser durch Pendelrohre, da diese eine wirtschaftlichere Ausnutzung der zugeführten Luft gestatten.

Ähnlich wie bei den Flotationsverfahren wird das im Wasser enthaltene Fett in Form eines dichten Schaumes an die Oberfläche befördert, von der es durch das Umwälzgefälle an den Rand des Tauchkörpers getrieben wird. Hier streifen dann Paddel- oder Schaufelräder

Abb. 41. Wollfettgewinnungsanlage mit Hilfe belüfteter Tauchkörper (Kläranlage Kettwig des Ruhrverbandes).

(s. Abb. 40) den Schaum in eine Rinne ab, die den Schaumschlamm zur Aufbereitungsanlage befördert.

In der Aufbereitungsanlage wird der schaumige Schlamm, der etwa 80% Wasser enthält, in einer Knetmaschine unter Zugabe geringer Mengen Schwefelsäure verdichtet. Das hierbei gewonnene Rohfett hat noch 20—30% Wasser. Es ist bereits sehr rein und kann leicht auf reines Wollfett verarbeitet werden. Abb. 41 zeigt die Wollfettgewinnungsanlage auf der Kläranlage Kettwig, wo das Verfahren mit gutem Erfolg angewandt wird. Der Vorteil gegenüber den bisher geschilderten Verfahren liegt in einer größeren Reinheit des gewonnenen Rohfettes, vor allem gegenüber dem beim Crackverfahren mit Schwefelsäure direkt aus dem Abwasser gewonnenen Fett.

4. Extraktion durch Lösungsmittel. Bei Anwendung von Lösungsmitteln wird die Wolle vor der eigentlichen Wäsche mit Schwefelkohlenstoff, Benzin oder Petroläther extrahiert und aus den Auszügen das Wollfett gewonnen. Die dann noch bei der Wollwäsche entstehenden, fast wollfettfreien Abwässer lassen sich durch Verrieseln oder in Mischung mit häuslichem Abwasser durch die bekannten biologischen Reinigungsverfahren behandeln.

Die Reinigung des Wollfettes erfolgt nach verschiedenen patentierten Verfahren, deren Prinzip meist in einer Ausscheidung der verseifbaren Fette und einer oxydativen Zerstörung der Geruchs- und Farbstoffe besteht, wobei aber besondere Abwässer nicht anfallen.

5. Wiederverwendung der Abwässer im Betrieb. Um die oft teure Reinigung der Wollwässer zu umgehen, hat Kinz Versuche durchgeführt, die große reinigende Wirkung des Wollschweißes durch Waschen mit fettfreier Wollschweißflüssigkeit ohne Zusatz eines anderen Reinigungsmittels auszunutzen. Man wird künftig eine wirksamere Reinigung der gebrauchten Wollwaschwässer durchführen können, wobei das Crackverfahren mit Schwefelsäure ausscheidet, da hierdurch die reinigende Wirkung des Wollschweißwassers zerstört wird. Die vom Fett und Schmutz befreiten Abwässer werden im Kreislauf zum heißen Einweichen benutzt werden.

Die bei der weiteren Verarbeitung der Wolle anfallenden Abwässer können stark verunreinigt sein. Insbesondere enthalten die sog. Walkwässer der Tuchfabriken reichlich Seifen, Soda, Öle („Schmälzöle“) nebst Wollfasern. Hinzu kommen die abgelassenen Farbbrühen. Die Behandlung derartig verschieden zusammengesetzter Abwässer ist schwierig und muß oft in jedem Falle durch besondere Versuche festgestellt werden.

Nach BACH[1] wird das Abwasser einer großen Wolldeckenfabrik (täglich etwa 1800 cbm), in dem außer erschöpften Farbbrühen viel Seife, gelöste organische Stoffe, Wollfasern und Öl enthalten sind und das hochgradig verschmutzt, verfärbt und trübe ist, wie folgt behandelt: die Wollfasern werden zunächst mit einem mechanischen Feinsieb abgefangen und finden nach Spülung und Trocknung als Matratzenfüllstoff oder zur Schallabdichtung Verwendung. Das entfaserte alkalische Abwasser wird mit soviel Schwefelsäure versetzt, daß der p_H-Wert auf 6,0 zurückgeht und hierauf Aluminiumsulfat als Flockungsmittel hinzugefügt. Nach Vermischung mit diesem wird das Abwasser in Absetzbecken von etwa 2500 cbm nutzbarem Inhalt geleitet, in welchen die Abscheidung eines großen Teiles der Verunreinigungen als Schlamm unter teilweiser Entfärbung des Wassers stattfindet. Die so geklärte Flüssigkeit, die jedoch noch reichlich gelöste und kolloide besonders aber sauerstoffzehrende Stoffe enthält, wird nunmehr zur Beseitigung der Fäulnisfähigkeit auf einem biologischen, intermittierend beschickten Sandfilter behandelt. Die Gesamtfläche der Sandfilteranlage beträgt etwa 1,6 ha. Der in den Klärbecken anfallende Schlamm wird auf drainierten Beeten von etwa 2000 qm Gesamtoberfläche entwässert.

c) Rohbaumwolle.

Die Rohbaumwolle enthält etwa 5% natürliche Inhaltstoffe, wie Baumwollwachs, Fettsäuren, Pektine, Eiweiß und stickstoffhaltige Farbstoffe, die alle entfernt werden müssen, weil sie die Beschaffenheit der Fertigwaren beeinträchtigen. Während die Rohwolle noch vor dem Verspinnen von den Verunreinigungen befreit wird, pflegt man allgemein die Rohbaumwolle zunächst zu Garnen zu verspinnen und diese gegebenenfalls zu verweben, unter Umständen sogar noch mit gewissen Zusätzen zu versehen, um dann erst die unerwünschten und bei der endgültigen Ausrüstung, insbesondere bei der Färbung, störenden Stoffe, aus den Garnen oder Geweben zu entfernen. Diese unter der Sammelbezeichnung „Bleicherei“ bekannte Behandlung der Baumwollgarne und -stücke umfaßt eine Reihe von „Bädern“, in denen die Ware nacheinander mit (möglichst weichem) Wasser, Kalkmilch, verdünnten Säuren, Soda, Seife, Hypochloriten, abermals mit Säuren behandelt und schließlich mit reinem Wasser klargespült wird.

Bei jeder dieser Behandlungsstufen fallen Abwässer an, die gemäß den in den Bädern verwendeten Chemikalien teils sauer, teils alkalisch sind. Bei Zusammenführung der Abfallflüssigkeiten aus den einzelnen Betrieben in ein gemeinsames ausreichend großes Becken wird zweierlei erreicht: gegenseitige Abstumpfung der Säuren und Alkalien, so daß ein meist nur geringer Überschuß an Alkali verbleibt, und als Folge dieser Aufeinanderwirkung die Ausflockung eines mehr oder minder großen Anteiles der anwesenden organischen Kolloide, also Abscheidung von Verunreinigungen als Schlamm. Die Zusammenführung der Abwässer der einzelnen Betriebe in einem Ausgleichs- und Klärbecken, das mit den erforderlichen Einrichtungen zum Ausbringen des anfallenden Schlammes ausgerüstet sein muß, wird in jedem Falle die erste Behandlungsstufe für Abwasser einer Großbleicherei bilden. Die weitere Behandlung des ausgeglichenen und entschlammten Abwassers hängt dann von dem Gehalt an noch anwesenden mineralischen und organischen Stoffen und den örtlichen, insbesondere den Vorfluterverhältnissen ab. Es kommt je nach Lage des Falles in Betracht: kräftige Durchlüftung, Beseitigung des freien Chlors mit Thiosulfat

[1] BACH: Melliands Textilber. Heidelberg 1936, Nr. 2.

oder einem anderen Entchlorungsmittel, Verrieselung auf sandigen Böden, Filterung durch adsorbierende Stoffe, wie Koks, Torf u. a. m., schließlich, bei noch hohem Gehalt an organischen Stoffen, künstliche biologische Reinigung auf Tropfkörpern oder biologischen Staufiltern. Nur auf Grund genauer Untersuchung der Abwasserzusammensetzung und der örtlich gegebenen Möglichkeiten lassen sich Vorschläge für eine angemessene Behandlung des Abwassers machen. Besonderes Augenmerk ist bei Anlage des Entwässerungsnetzes der Bleicherei dem Kanalmaterial zu widmen. Die abzuführenden Abwässer sind meist aggressiv und können Betonrohre und mit Zementmörtel gefügtes Ziegelmauerwerk in kurzer Zeit zerstören. Am zweckmäßigsten sind Steinzeugrohre, bei denen jedoch für geeignete Dichtung der Stoßfugen zu sorgen ist, da häufig auch heiße Abwässer zum Abfluß gelangen.

Ist mit der Bleicherei eine Garn- oder Stückfärberei verbunden, so wird es sich meist empfehlen, auch die erschöpften Farbbrühen und Beizbäder dem gemeinsamen Klärbecken zuzuleiten. Ein Teil der Farbstoffe wird hierbei mit dem fallenden Schlamm niedergerissen und der Rest durch Wasserzugabe so weit verdünnt, daß, wenn nötig, eine weitere Behandlung bis zur völligen Entfärbung jedenfalls erleichtert wird (weiteres s. Färbereien und Zeugdruckereien S. 594).

d) Rohseide.

Die Rohseide wird durch Kochen mit Seifenlösungen von dem sog. „Serezin“ und den gummösen Stoffen, welche die Rohfaser umgeben, befreit und dann in lauwarmem Wasser, mit Soda leicht alkalisch gemacht, gespült, um ein Niederschlagen von Kalkseifen auf den Fasern zu verhindern. Schließlich wird in kaltem Wasser nachgewaschen. Diese weniger verschmutzten Waschwässer werden zur Wasserersparnis zum Ansetzen der ersten Seifenbäder benutzt.

Das Gesamtabwasser der Seidenkocherei, das neben den schon genannten organischen eiweißhaltigen Stoffen auch den natürlichen Farbstoff der Rohseide, mitunter auch Reste des Kokoninhaltes und abgetötete Raupen enthält, bildet eine in der Regel sehr konzentrierte braune seifige Flüssigkeit, die schon im frischen Zustand übel riecht und in kurzer Zeit in stinkende Fäulnis (Geruch ähnlich faulendem Schweinemist) verfällt. Für je 100 kg gewonnener Reinseide pflegen etwa 1,5—2 cbm einer solchen dicken Brühe anzufallen, in der neben den organischen Verunreinigungen 25—30 kg und mehr Seife enthalten sein können.

Die Behandlung der Seidenkochereiabwässer geschah früher meist durch Fällung mit Aluminiumsulfat oder Ferrosulfat, wodurch der Hauptteil der Verunreinigungen als Schlamm soweit ausgeschieden werden konnte, daß das resultierende, noch immer stark fäulnisfähige „Klarwasser“ auf Land verrieselt oder auf künstlichen biologischen Körpern gereinigt werden konnte. Diese Behandlungsweise ist indes aus zweierlei Gründen unvorteilhaft: zunächst ist hierbei der Verbrauch an Fällungschemikalien sehr groß und, was vielleicht noch mehr ins Gewicht fällt, der anfallende Schlamm bildet einen zähen, schwierig austrocknenden Brei, dessen mechanische Entwässerung sich nur durch sehr dünnes Ausbreiten auf sandigen Flächen ermöglichen läßt. Richtiger wird es sein, die Kochbrühe unmittelbar einem Ausfaulprozeß zu unterwerfen, der nach Zersetzung der organischen Stoffe die weitere Behandlung jedenfalls erleichtern wird. Einschlägige Versuche sind indes meines Wissens noch nicht ausgeführt worden.

Auch bei der Weiterverarbeitung der Seide fallen erhebliche Mengen, wenn auch dünnerer Abwässer an, welche die bei der Zurichtung der Seidengarne und -stücke verwendeten Stoffe, wie Öle, Seifen, Chemikalien verschiedener Art, Farbstoffe, aber auch unter Umständen beträchtliche Mengen Seidenfasern enthalten. In einem amerikanischen Werke, das 3200 Angestellte und Arbeiter beschäftigt, war man in langjährigen, vielfach von Mißerfolgen begleiteten Versuchen bestrebt, das zweckmäßigste Verfahren zur Reinigung des Abwassers zu ermitteln. Täglich fallen dort im Durchschnitt etwa 6700 cbm Abwasser an, in welcher Menge allerdings auch die Abläufe einer angeschlossenen Papierfabrik mitenthalten sind. Das Abwasser wurde nach BACH[1] zunächst in Absetzbecken von zusammen etwa 20000 cbm nutzbarem Inhalt geklärt und dann durch Feinsiebe geschickt, welche die noch verbliebenen Fasern usw. weitgehend abfingen. Das so von mechanisch abscheidbaren Verunreinigungen so gut wie möglich befreite Abwasser wurde dann biologisch auf einem Tropfkörper zu Ende gereinigt. Zur Zeit ist diese Reinigungsstufe erst für einen Teil des Abwassers ausgebaut, um weitere Erfahrungen zu sammeln. Der in den Klärbecken anfallende Schlamm wird auf drainierten Beeten bis zu einem Wassergehalt von etwa 85% herunter entwässert, worauf die Masse ausgestochen und abgefahren werden kann.

Die ausgenutzten Seifenbäder der Seidenfabriken kann man noch heiß mit Ferrosulfatlösungen fällen. Man sammelt dann das an der Oberfläche der Flüssigkeit sich abscheidende Gemenge von Eisenseife, Fettsäuren und aus der Seide stammenden Stoffen

[1] BACH: Melliands Textilber. Heidelberg 1936, Nr. 2.

und erhitzt dasselbe mit Schwefelsäure von 15° Bé. Die so erhaltenen Fettsäuren werden zur Herstellung von Seifen verwandt, die erhaltene Sulfatlösung dagegen zur Fällung neuer Mengen Seidenabwasser benutzt. Nach Turpin[1] werden zur Fällung von Seidenabwasser 200 mg/Liter Ferrosulfat und 240 mg/Liter Kalk verbraucht. Bei der Prüfung der Frage, welche Menge Seidenfabrikationsabwasser mit häuslichem Abwasser ohne Schädigung der biologischen Anlagen gemischt und in die städtische Kanalisation aufgenommen werden kann, zeigte es sich, daß die Menge der Abkochlauge nicht mehr als 6% der gesamten übrigen Abwässer übersteigen darf. Eine derartige Mischung enthält noch 150 mg/Liter Fett.

Foster[2] empfiehlt für die Abwässer eines Betriebes, der Seide und seidengemischte Produkte färbt und die aus konzentrierten Fabrikabwässern, säurehaltigen Abwässern, Kocherabwässern, kaustischen Abwässern und verdünnten Färbereiabwässern bestehen, folgende Behandlung. Die Abwässer werden in einem als Ausgleichsbecken dienenden Absetzbecken mit zweistündiger Aufenthaltszeit gesammelt. Nach der mechanischen Reinigung gehen sie zu einem Behandlungsbecken, wo sie mit 0,8 kg aktiver Kohle/cbm etwa 5 Minuten lang gemischt werden. Die Kohle wird abfiltriert und das Filtrat geht direkt in den Fluß. Die Kohle wird mehrere Male verwendet, ehe sie regeneriert wird. Durch die häufigere Wiederverwendung verringern sich die Kosten für das Verfahren erheblich. Durch die Behandlung mit aktiver Kohle wird der Sauerstoffverbrauch der Abwässer nur ganz unwesentlich verringert, so daß dieses Verfahren für den Vorfluter keine Entlastung darstellt. In erster Linie wird eine Entfärbung der Abwässer durch Adsorption der Farbstoffe an die aktive Kohle erreicht.

Zur Wiedergewinnung des Zinns aus der Seidenbeschwerung werden die Abwässer mit Kalk gefällt und der ausgeschiedene Schlamm in Absetzbecken bekannter Konstruktion gesammelt. Aus dem eingedickten Schlamm kann dann die Wiedergewinnung des Zinns erfolgen. Man kann aber auch das hydrolytisch gespaltene Zinnchlorid durch Rieseln über Kalkstein neutralisieren und als Zinnhydroxyd abscheiden.

e) Kunstseide- und Zellwollefabriken.

Der Rohstoff der Kunstseidefabriken ist Sulfitzellstoff, der nach verschiedenen Verfahren auf Kunstseide verarbeitet wird. In den deutschen Fabriken wird überwiegend nach dem **Viscoseverfahren** gearbeitet, bei dem der Sulfitzellstoff durch Behandeln mit Alkali und Schwefelkohlenstoff in sulfidierte Alkalicellulose, Xanthogenat, übergeführt wird. Daraus wird durch Lösen in verdünnter Natronlauge eine dunkelbraune, syrupartige Flüssigkeit, die sog. Viscose, gewonnen, die als Spinnflüssigkeit Verwendung findet. Zur Erzeugung des Fadens wird diese Flüssigkeit durch feine Düsenöffnungen in ein aus verdünnter Schwefelsäure bestehendes Fällbad gespritzt. Der hierbei entstehende Faden wird gewaschen und auf Spulen aufgewickelt oder in Strangform gebracht und dann weiteren Reinigungs-, Bleich-, Seif- und Waschprozessen unterworfen, bis schließlich nach dem Färben, Sortieren und Trocknen das fertige Produkt entsteht.

Die bei der Kunstseideherstellung anfallenden, mengenmäßig bedeutenden Abwässer, die in den größeren Betrieben mehrere tausend Kubikmeter täglich umfassen, setzen sich aus den Waschwässern mit mehr oder minder großen Mengen an Chemikalienresten, Viscosebestandteilen und Faserstoffen, sowie den Reinigungswässern der verschiedenen Räume, Apparate und Geräte zusammen. Die Abwässer können bald saure, bald alkalische Reaktion aufweisen. Im allgemeinen haftet ihnen ein schwacher Geruch nach Schwefelwasserstoff und Schwefelkohlenstoff an. Wird die Kunstseide gefärbt, so kommen noch die verschiedenfarbigen Waschwässer der Färbereiabteilung dazu.

Die Abwässer können Sulfide, Sulfate, Säuren, Hypochlorite, Seifen, Glucose, Cellulose, Viscosebestandteile u. a. m. in gelöster, kolloider und ungelöster Form und daneben Faserreste enthalten. Schädlich sind die an den Spinnmaschinen durch Abspritzen von Celluloseschleim entstehenden Abwässer. Sie enthalten etwa 0,2—0,7 g/Liter Schwefelsäure. Weiter sind sehr unangenehm die bei den verschiedenen Waschvorgängen anfallenden natriumsulfidhaltigen Abwässer, die bei den vielen im Betrieb anfallenden sauren Abwässern leicht Geruchsbelästigungen ergeben. Im weiteren Gang wird mit Seife, mit verdünnter Salz- oder Schwefelsäure und mit Wasser gewaschen. Die Gesamtmenge der Abwässer beträgt für 1000 kg Kunstseide 50—100 cbm täglich.

[1] Turpin: Engin. News-Rec. 1932, **109**, 780.

[2] Foster: Ind. Engin chem. 1935, **27**, 825.

Es gibt bis heute noch keine unbedingt bewährten, zuverlässig arbeitenden und wirtschaftlich tragbaren Verfahren zur Reinigung großer Mengen Kunstseidenabwässer. Was bis jetzt in dieser Hinsicht vorgeschlagen oder praktisch ausgeführt wurde, hat teils den Erwartungen nicht entsprochen, teils handelt es sich um Versuche, deren Brauchbarkeit erst nach längerer Zeit übersehen werden kann. Zweifellos ist es technisch möglich, die faserigen Stoffe in Feinsieben abzufangen, die sonst noch aufgeschwemmte Substanz durch alleinige Absetzwirkung oder mit Flockungsmitteln als Schlamm abzuscheiden und das so erzielte Klärprodukt schließlich biologisch zu oxydieren, so daß es im Vorfluter keine Sauerstoffzehrung sowie keine Mißstände infolge Reduktionserscheinungen mehr auslösen kann. Jedoch erfordert gerade in letzterer Beziehung der meist hohe Gehalt der betreffenden Abwässer an Schwefelverbindungen einen bedeutenden Aufwand an Oxydationsenergie, die sich in entsprechender Größe der Bauwerke und der Betriebskosten auswirken muß, so daß die wirtschaftliche Tragbarkeit solcher Anlagen von Fall zu Fall unter Berücksichtigung aller örtlichen Verhältnisse sorgfältig zu prüfen ist.

Pritzkow empfiehlt für die Reinigung der Abwässer die Anlage mehrerer großer, nicht zu tiefer (1—1,5 m) Absetzbecken, in denen zweckmäßig unter Vorschaltung eines Mischgerinnes zwecks besserer Mischung der Abwässer aus den verschiedenen Abteilungen eine Neutralisation der verschiedenen Abwässer und eine Zurückhaltung der von ihnen mitgeführten Schwebestoffe erfolgen soll. Als vorteilhaft hat sich ein mehrstündiges ruhiges Stehenlassen der Abwässer in den Becken erwiesen, da dann bei sachgemäß und groß genug angelegten Becken nicht nur die Faserstoffe, sondern oft auch Farbstoffe mit abgesetzt werden. Zur Entfernung des Schwefelwasserstoffs hat man die Abwässer in einen mit Koks gefüllten Turm gepumpt, in dem durch eine Belüftung eine Oxydation des vorhandenen Schwefelwasserstoffs stattfindet.

Außer nach dem Viscoseverfahren wird Kunstseide im wesentlichen nach dem **Kupferoxydammoniakverfahren** hergestellt. Sulfitcellulose wird in einer Lösung von Kupferhydroxyd in 22%igem Ammoniak gelöst. Unter Zusatz von Natronlauge wird die Cellulose in Rührkesseln gelöst (10% Cellulosegehalt) und die erhaltene Lösung durch Filterpressen filtriert. Die filtrierte Flüssigkeit wird durch Nickeldüsen in Fallbädern mit verdünnter Schwefelsäure, Salzsäure oder Essigsäure ausgeschieden. Sollen dickere Fäden erhalten werden, z. B. bei der Herstellung künstlichen Roßhaares, so wird nicht mit Säure, sondern mit Lauge ausgefällt. Der hierdurch kupferhaltige Faden wird mit 2% Schwefelsäure zur Entfernung des Kupfers gewaschen.

Die Fallbäder werden gemischt und je nach dem p_H-Wert mit Schwefelsäure oder Lauge bis zur schwach sauren Reaktion versetzt. Aus den kupfersalzhaltigen Fallbädern wird das Kupfer in Zementierungsanlagen wiedergewonnen (s. S. 647 f.). Zur Reinhaltung der Oberfläche der eisernen Platten, Drähte oder Späne werden die Zementierungsanlagen am besten mit einer Druckbelüftung durch Filterplatten oder mit schnelldrehenden Rührwerken versehen. Die entstehende Ferrosulfatlösung wird zur Ausfällung der übrigen Abwässer unter Zugabe von Kalk benutzt. Nach dem DRP. 547559 erfolgt die Wiedergewinnung von Kupfer aus den schwach kupferhaltigen Abwässern, die beim Kupferseide-Streckspinnverfahren anfallen, durch Ausfällen des Kupfers mit Aluminiumsulfat oder Ferrisulfat und Kalk. Das Kupfer wird dann aus dem Schlamm durch fraktioniertes Lösen von dem Fällungsmittel getrennt.

Die Abwässer aus der **Zellwolle**-Fabrikation sind im wesentlichen wie die Abwässer der Kunstseidefabriken zu bewerten.

f) Bleichereien.

Die Adsorptionsbleiche kommt für Textilien kaum in Frage. Da bei der Reduktionsbleiche ein Vergilben der Textilien nicht sicher vermieden werden kann, beschränkt sich ihre Anwendung auf wenige Sondergebiete. Sie wird insbesondere für Wolle, Seide und Haare angewandt und verwendet freie Schweflige Säure und ihre Salze, die Sulfite, Bisulfite und Hydrosulfite. Bei der Anwendung der Schwefligen Säure, die man in Gaskammern auf das zu bleichende Gut einwirken läßt, fallen nur wenig Abwässer an.

Eine größere Bedeutung kommt nach STRAUSS[1] der Oxydationsbleiche zu. Die Oxydationsmittel, Chlor und die bleichenden Chlorverbindungen sowie die Peroxydverbindungen zerstören die Farben, so daß ihre Rückbildung nicht oder kaum möglich ist. Es besteht aber die Gefahr, daß diese Oxydationsmittel auf die Faser, z. B. bei der Cellulose unter Bildung von Oxycellulose, einwirken und unter Verlust an Substanz die Faser schädigen. Man unterscheidet bei der Oxydationsbleiche die Chlorbleiche und die Sauerstoffbleiche.

Bei der Chlorbleiche werden zum Bleichen der Leinen- und Baumwollfasern, der Garne und Gewebe unterchlorigsaure Salze, wie Chlorkalk oder Natriumhypochlorit, verwendet. Die Stoffe werden zuerst mit Soda oder Natronlauge oder einem Gemisch beider gekocht, um sie für den Bleichprozeß aufnahmefähig zu machen. Dann werden sie mit einer verdünnten Chlorkalk- bzw. Hypochloritlösung behandelt. Der Chlorkalk oder das Hypochlorit wird in einem Säurebad durch Schwefel- oder Salzsäure zersetzt, wobei unter Bildung von freiem Chlor der eigentliche Bleichprozeß einsetzt. Zum Schluß müssen die Stoffe einem kräftigen Waschprozeß zur Entfernung aller zugesetzten Chemikalien unterworfen werden, wobei zur Entfernung der letzten Säurereste den Waschwässern Soda oder Ätznatron und zur Entfernung der letzten Chlorreste Antichlor zugesetzt werden muß.

In den Bleichereien fallen demnach an:

1. alkalische Kocherlaugen, die beim Kochprozeß sehr viel organische Stoffe, wie leim- und gummiartige Stoffe, ferner Fette, Schmutz usw. aufnehmen. Es sind hochkonzentrierte Laugen von tiefbrauner Farbe und aromatischem laugenhaften Geruch. Auf je 100 kg Leingarn rechnet man 4—5 cbm konzentrierte Kocherlaugen;

2. die ausgenutzten Chlorbäder; sie sind milchig weiß, reagieren alkalisch und enthalten reichliche Mengen suspendierter und gelöster Bestandteile neben einem höheren Gehalt an freiem, nicht ausgenutztem Chlor;

3. die Säurebäder; sie sind trüb und weißlich und reagieren stark sauer;

4. die Spül- oder Waschwässer; sie wechseln in ihrer Zusammensetzung je nach der Art der zu verarbeitenden Faser und auch nach der Art des angewandten Prozesses. Man rechnet auf 100 kg Garn ungefähr 100 cbm Spülwasser.

In öffentliche Gewässer abgelassen, fallen die Kocherlaugen durch ihre tiefbraune Farbe stark auf. Durch ihren hohen Gehalt an organischen Stoffen rufen sie leicht Pilzwachstum und Sauerstoffschwund hervor wodurch, wie auch bei einem Gehalt an freiem Chlor, Fischsterben hervorgerufen wird. Die Chlorbäder müssen sorgfältig vom freien Chlor durch Belüftung oder Zugabe von Antichlor befreit werden. Die weitere Behandlung kann in der gleichen Weise, wie für die in der Bleicherei der Rohbaumwolle anfallenden Abwässer angegeben ist, erfolgen (s. S. 588).

Während bei der Zellstoffbleiche mit ihrem ungewöhnlich großen Bedarf an Bleichmitteln die Chlorbleiche als unersetzlich angesehen wird, wird in der Textilbleiche schon an vielen Stellen die Sauerstoffbleiche angewandt. Bei den mit Chlor allein gebleichten Waren besteht die Möglichkeit, daß sie beim Lagern oder wenn sie längere Zeit dem Licht ausgesetzt werden, vergilben. Da ferner die Gefahr der Faserschädigung eine sehr sorgfältige Überwachung des Bleichprozesses verlangt und die Nacharbeiten (Absäuern, Behandlung mit Antichlor, wiederholtes Spülen) viel Zeit, Arbeit und Aufwand an Chemikalien erfordern, wurde der Sauerstoffbleiche der Weg geebnet. Sie wird bei Temperaturen nahe dem Siedepunkt durchgeführt. Die Nacharbeit besteht in einfachem Spülen. Bei der Sauerstoffbleiche wird mit einer 1,2—1,5%igen Wasserstoffperoxydlösung gebleicht. Vorher werden der Flotte Stabilisatoren, wie Wasserglas-Natriumbiphosphat, Natriumpyrophosphat, Borax-, Magnesiumsilicat und außerdem Metaphosphate zugesetzt. Mitunter benutzt man auch Natriumperoxyd,

[1] STRAUSS: Chem.-Ztg. 1937, **61**, 53.

bei dessen Lösung im Wasser Wasserstoffperoxyd und freies Ätznatron entsteht. Das letztere muß in den meisten Fällen neutralisiert werden.

Da die Sauerstoffbleiche nicht in allen Fällen zum gewünschten Ziele führt — sie ist bei den Bastfasern besonders bei Leinen kaum durchführbar —, hat man die Kombinationsbleiche ausgebildet. Bei dieser wird die Chlorbleiche neben der Sauerstoffbleiche, unter Umständen für besondere Fälle mit Zwischenschaltung reduzierender Flotten, angewandt.

Für die Abwässer der Sauerstoffbleiche eignen sich als Reinigungsverfahren nach genügender Neutralisation alle biologischen Verfahren. Die von BROCHTER[1] für eine Kombinationsbleicherei beschriebene Kläranlage besteht aus:

1. Mischeinrichtung mit kleinem Rückhaltebecken,
2. Vorklärung nach dem Frischwassersystem durch Absetzbecken,
3. biologischer Reinigung auf Tropfkörpern.

Im Abwasser sind an organischen Produkten vorwiegend abgebaute Stärke (Schlichte) und Eiweißstoffe, an anorganischen Stoffen neben verdünnten Säuren (verdünnte Schwefelsäure), Alkalien (verdünnte Natronlauge, verdünnte Wasserglaslösungen), verdünnte Chlorlaugen und verdünnte Wasserstoffperoxydlösungen enthalten. Durch eine Mischvorrichtung soll eine gegenseitige Neutralisation und zum Teil auch eine Ausscheidung durch Flockenbildung erreicht werden.

g) Tuchfabriken.

In den Tuchfabriken können je nach der Art des Arbeitsprozesses ganz verschiedene Abwasserarten anfallen. Die Abwässer enthalten im wesentlichen Fette, Seifen-, Sodalaugen, Säuren, Beizstoffe, Farbstoffe und vor allem Faserreste. Die Faserstoffe werden beim Waschen, Färben und Spülen von den Stückwaren oder dem Rohmaterial, wie Wolle, Baumwolle oder Lumpen, abgerieben und abgespült.

Bei der Abführung faserhaltiger Abwässer durch die Kanalisation in die Vorfluter setzen sich die Fasern an den Rändern der Kanäle, Gräben und Flüsse ab und bilden hier Filzschichten und Wülste. Je nach der Jahreszeit gehen diese früher oder später in Fäulnis über. Hierbei bilden sich meist sehr üble Gerüche, die zu berechtigten Beschwerden der Anlieger führen. Auch bei der Einleitung der Abwässer in die Kanalisationen sollten die Fasern vorher mit Rücksicht auf mögliche Verstopfungen aus dem Abwasser entfernt werden.

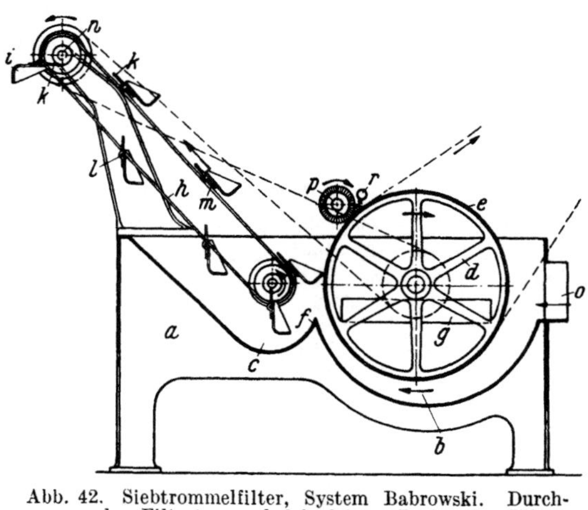

Abb. 42. Siebtrommelfilter, System Babrowski. Durchmesser der Filtertrommel 0,6—2,0 m, Breite der Filtertrommel 0,3—1,5 m, lichte Siebmaschenweite 0,5—0,08 mm. Leistungsvermögen 20—60 cbm/Stunde.

Die zum Abfangen der Faserstoffe vielfach benutzten großen Absetzbecken mit eingebauten Faschinenvorlagen haben sich nicht immer bewährt, da es sehr häufig vorkam, daß sich das Abwasser an einzelnen Stellen Wasserwege bildete, durch die die Faserstoffe abgeschwemmt wurden. Besser haben sich außer den in der Papierfabrikation (s. dort) angewandten Filtern die von REICHLE und ZAHN beschriebenen Trommelfilter bewährt. Der Apparat besteht aus einer beweglichen Trommel, die mit Messingdrahtnetz von 1 mm Maschenweite bespannt ist. Das Abwasser strömt durch die Trommel und läßt die Fasern im Innern zurück. Bei einer Firma wurden in $^3/_4$ Jahren 22000 kg Wollabfälle wiedergewonnen.

Sehr gute Wirkungen erzielt man nach BÖHM auch mit dem Siebtrommelfilter, System Babrowski-Grünberg. Die im Wasser enthaltenen Faserstoffe werden beim Durchströmen des Trommelmantelsiebes auf der Oberfläche des Filters festgehalten und bilden hier für die nachfolgenden Wässer eine Filterschicht, die während der ganzen Tauchzeit die Filterfläche

[1] BROCHTER: Gesundh.-Ing. 1925, 48, 658.

bedeckt, so daß auch feinere Stoffe zurückgehalten werden (s. Abb. 42). Der Höhenunterschied zwischen dem Flüssigkeitsspiegel im Innern und Äußeren der Trommel ist sehr gering. Die Filterfläche wird deshalb von der Flüssigkeit fast drucklos durchströmt und die feinen Stoffe können nicht durch die Filterfläche gedrückt werden. Durch einen zurückflutenden Spülwasserstrom, der an der Stelle auftrifft, wo sich die Trommel aus der Flüssigkeit herausdreht, erfolgt eine automatische Selbstreinigung der feinen Siebflächen. Durch im Innern angebrachte Schöpfleisten werden dauernd kleine Mengen der gesiebten Flüssigkeit hochgehoben, die dann die auf der Oberfläche angesetzten Stoffe abspülen. Die abgespülten Faserstoffe fallen in ein Becherwerk, das die Stoffe aus dem Apparat heraushebt. Das gesiebte Wasser läuft im Innern ab und kann weiter im Kreislauf verwandt werden. Die zurückgewonnenen Fasern ergeben ein spinnfähiges Material, das die Beschaffung des Apparates oft in kurzer Zeit bezahlt macht. Die Leistung beträgt bei einem Durchmesser der Filtertrommel von 0,6—2 m bei einer Breite von 0,3—1,5 m 20—60 cbm/Stunde. Die Siebmaschenweite beträgt 0,08—0,5 mm.

Auch das GEIGERsche Siebschaufelrad mit entsprechender Bespannung hat sich für den gleichen Zweck sowohl in den Fabrikbetrieben wie auch zum Entfernen von Textilfasern aus städtischen Reinigungsanlagen (z. B. Forst i. L.) bewährt.

h) Färbereien und Zeugdruckereien.

1. Einfluß der Abwässer auf den Vorfluter. Die große Mannigfaltigkeit der Fabrikationsmethoden und die Verschiedenheit der einzelnen Farbstoffarten und Farbstoffe bedingt in diesen Betrieben das Anfallen sehr verschiedener Abwassersorten, die selbst in dem gleichen Betriebe großen Schwankungen unterworfen sind. So gelangen von den Färbereien und Zeugdruckereien die ausgenutzten und unbrauchbar gewordenen Farbreste, ferner die zur Vorbereitung der Fasern beim Färben erforderlichen Metallsalze, Beizen, Gerbstoffe, Seifen, Fette usw., und endlich die großen Mengen Wasch- und Spülwässer in das Abwasser, das dann sauer, alkalisch oder neutral sein kann. Da die Farbbäder meist weitgehend ausgenutzt werden, ist der Gehalt an Farbstoffen im allgemeinen gering. Ihre Wirkung auf den Vorfluter macht sich aber trotzdem in einer starken Verfärbung des Flußwassers bemerkbar, das hierdurch für andere häusliche und viele industrielle Zwecke unbrauchbar wird.

Ein schädigender Einfluß auf die Fischerei kann in der Hauptsache durch saure und basische Farbstoffe, die eine starke Änderung des p_H-Wertes bringen, und durch giftige Farbstoffe hervorgerufen werden. Schon manches Fischsterben unterhalb einer Färberei mußte auf eine zu starke Säuerung des Vorflutwassers zurückgeführt werden. Auch durch die Verfärbung kann das Abwasser für Fische unerträglich sein; es ergeben sich durch die Änderungen der Belichtungsverhältnisse oft stärkere Schädigungen. Rotgefärbte Abwässer haben auf das Plankton ganz andere Wirkungen als blaue Abwässer. Nach den Untersuchungen von THIENEMANN wirken außerdem viele Farbstoffe, wie sie nicht nur in Färbereien, sondern auch bei der Papierfabrikation benutzt werden, obwohl sie für den Menschen ganz ungiftig sind, auf die verschiedenen Wasserbewohner schon in großen Verdünnungen stark giftig. Besonders Viktoriablau, Methylviolett, Kohlschwarz und Diamantgrün erwiesen sich auch in sehr starker Verdünnung für die Süßwasserorganismen noch tödlich. Da die Farbstoffe entsprechend der Mode stark wechseln, sollten die von THIENEMANN durchgeführten Versuche auf alle neu in die Betriebe einzuführenden Farbstoffe ausgedehnt werden. Auch die beim Färben zum Fixieren der Farben auf den Faserstoffen angewandten Beizen (Aluminium-, Ferri- und Zinnsalze) können sich schädlich für den Vorfluter auswirken.

An den Sauerstoffvorrat stellen die Farbwässer meist keine zu großen Anforderungen, wie auch faulige Zersetzungen durch Farbstoffe nicht hervorgerufen oder begünstigt werden. Nur bei Schwefelfarbstoffen kann sich Schwefelwasserstoff durch das benutzte Schwefelnatrium entwickeln.

2. Reinigung der Abwässer aus Färbereien usw. Die Behandlung der Färbereiabwässer ist durch den Umstand sehr erschwert, daß es sich meist nicht um die Beseitigung eines bestimmten Farbstoffes oder einer Farbstoffgruppe handelt, sondern daß vielmehr die Farbstoffe einem dauernden Wechsel unterliegen. Es ist daher oft sehr schwer, ein bestimmtes Verfahren und eine bestimmte Anlage in einer bestimmten Richtung einzuarbeiten bzw. man muß längere Zeit Erfahrungen sammeln.

Die Entfärbung der Farbbrühen, die synthetische Farbstoffe, insbesondere Anilinfarbstoffe enthalten, ist meist leichter als die Entfärbung der früher verwendeten natürlichen, aus Pflanzen gewonnenen und daher als echt bezeichneten Farbstoffe. Die Entfärbung kann oftmals durch Reduktion erfolgen, wobei der Farbstoff zur farblosen Leukobase reduziert wird. Die Reduktion ist aber ein sehr unsicheres Verfahren und daher nicht zu empfehlen. Durch den Luftgehalt des Wassers oxydieren sich die Leukobasen im Wasser sehr bald wieder zu den gefärbten Verbindungen, wobei sie den zur Oxydation erforderlichen Sauerstoff aus dem Vorfluter entnehmen. Auf diese Weise erscheinen die Farben nicht nur im Flusse wieder, sondern der sonst nicht auftretende Sauerstoffentzug aus dem Flußwasser kann eine viel stärkere und erheblichere Schädigung als vorher ohne Reduktion erzeugen.

Die Entfärbung kann mit Hilfe von Ausflockungsmitteln besonders dann erfolgen, wenn durch die Flockungsmittel außer dem Farbstoff auch noch andere Verunreinigungen beseitigt werden können. Als Flockungsmittel kommen hauptsächlich Kalk, Aluminiumsulfat und Ferrosulfat in Betracht. Die Wirkung ist bei konzentrierten Lösungen besser als bei sehr verdünnten Abwässern, weil sich in letzterem Falle sehr leicht zerfallende, nur schwer absetzende, feinflockige Niederschläge bilden. Vielfach kann auch eine Vermischung mit anderen Abwasserarten, z. B. aus der Wäscherei, Bleicherei und anderen Betrieben, die Ausfällung wesentlich erleichtern, so daß man nach Ausfällung in genügend großen Absetzbecken hinterher eine weitere Landbehandlung oder Filtration durch Sand- oder Schlackenfilter anwenden kann. Wichtig ist bei der Anwendung von Flockungsmitteln, daß der anfallende Schlamm laufend und rasch beseitigt wird, so daß eine Rücklösung des Farbstoffes aus dem Schlamm und damit eine Wiederverfärbung des Wassers vermieden wird. An Stelle der chemischen Fällungsmittel kann man auch das Kohlensäure-Eisenverfahren von Jung benutzen. Die Abwässer werden hierbei unter Zugabe von Kohlensäure aus Feuerungsgasen durch ein mit Eisenabfällen gefülltes Filter geleitet. Das Wasser nimmt hier Ferrobicarbonat auf, das in die nächsten Becken durch starkes Belüften unter Abspaltung von Kohlensäure in Eisenhydroxyd übergeführt wird. Dieses schlägt dann auf seiner Oberfläche die Farbstoffe nieder. Das DRP. 380891 von Frank reinigt die Färbereiabwässer mit Hilfe des elektrischen Stromes, ein elektrochemisches Verfahren, das in seinen Grundsätzen auf einer Fällung durch elektrolytisch gebildetes Eisenhydroxyd beruht. In manchen Fällen hat man eine hinreichende Entfärbung der Abwässer aus Tuch- und Filzfabriken, die unter Zusatz von Seifenlösung gewalkt wurden, durch Zusatz von Kieserit erzielt. Das Magnesiumsulfat des Kieserits setzt sich mit den gelösten Seifen zu einer unlöslichen Magnesiaseife um, die sich in Flocken abscheidet und dabei den suspendierten Farbstoff mit niederreißt. Ein Zusatz von Kochsalz und Tonerde wirken auf die Ausscheidung der Farbstoffe und der Seife günstig. Die Entfärbung beruht in diesem Falle nicht nur auf dem mechanischen Niederreißen des Farbstoffs mit der ausfallenden Seife, sondern auch auf dem Aussalzen von Seife und Farbstoff und der Bildung und Ausscheidung der Farbstoffverbindungen mit den Aluminiumsalzen als Farblacke.

Bei der Reinigung durch Adsorption werden die Abwässer durch stark adsorbierende Stoffe, wie aufgebrauchte Gerberlohe, Torf, Torfmull, Torfschlacke, Torfkohle, Grudekoks und vor allem a-Kohle geleitet. Das DRP. 457467 mit Zusatzpatent 438268 sieht die Verwendung tierischer Abfälle wie Haare, Lederabfälle usw. vor. Foster[1] mischt alle im Betrieb vorkommenden Abwässer, um eine möglichst weitgehende Neutralisation zu erreichen, läßt 1—2 Stunden absetzen, gibt dann 0,8 kg/cbm aktive Kohle zu und mischt dann 5 Minuten lang innig mit dem Abwasser. Für Abwässer von Färbereien mit vorwiegendem Gehalt an Anilinfarben hat sich in USA. folgendes Verfahren bewährt[2]: Die Abwässer werden mit Ferrosulfat versetzt. Das sich bildende Natriumferrocyanid wird in Absetzbecken abgefangen und wiedergewonnen. Am Ablauf wird Eisenalaun zugegeben, der in zwei Ausgleichsbecken, die abwechselnd betrieben werden, durch Zugabe von Kalk ausgefällt und dann durch Absetzbecken wieder abgefangen wird. Hierauf fließt das Abwasser durch Becken, in denen es belüftet wird, um auf Tropfkörpern mit nachgeschaltetem Nachklärbecken endgültig gereinigt zu werden. Der in den einzelnen Stufen anfallende Schlamm wird in Filterpressen behandelt.

Den sichersten Weg zur Entfärbung bildet die Zerstörung der Farbstoffe, die auf chemischem Wege durch die Zugabe von stark wirkenden Oxydationsmitteln, wie Chlor, Ozon oder Kaliumpermanganat oder auf biologischem Wege geschehen kann, wobei freilich die Anpassung des Verfahrens an die Art des Farbstoffs, an die Gesamtbeschaffenheit des Abwassers, sowie an die örtlichen Verhältnisse erforderlich ist.

Von den in Deutschland angewendeten biologischen Verfahren zur Reinigung von Färbereiabwässern ist insbesondere die Anlage der Firma Preibisch in Reichenau unter der Bezeichnung „Preibischfilter" bekannt geworden. Sie besteht aus

[1] Foster: Ind. Engin. Chem. 1935, **27**, 825. [2] Public Works 1936, **67**, 16.

dreistufigen Füllkörpern, die mit Braunkohlenschlacke von 2 mm gefüllt sind. Letztere aus sächsischen bzw. böhmischen Braunkohlen im eigenen Feuerungsbetrieb gewonnenen Schlacken haben eine viel bessere Wirkung als alle ähnlichen Materialien, wie Steinkohlenkoks, Grude- und Steinkohlenschlacke. Die Abwässer werden zunächst in Absetzbecken, denen Siebe zum Abfangen der Faserstoffe vorgeschaltet sind, mechanisch gereinigt und gelangen dann auf die mit Braunkohlenschlacke gefüllten Filterbeete, die in einem besonderen Falle bei einer Gesamtabwassermenge von 400—500 cbm aus der Halbwollstückfärberei und Appreturanstalt und von 100—120 cbm aus der Baumwollgarnstrangfärberei und Appretur eine Größe von etwa 60×60 m $= 3600$ qm haben, so daß für 1 cbm Abwasser 6 qm zur Verfügung stehen. Die Reinigungswirkung am Kaliumpermanganatverbrauch gemessen geht von 854 mg/Liter auf 61 mg/Liter herunter = 92,8% Abnahme. Die Anlagekosten sind gering, da die Braunkohlenschlacke im Betrieb anfällt. Die Betriebskosten betragen nach JONSCHER etwa 1 Pf./cbm.

Sind die Farbwässer besonders stark verschmutzt, so daß die Braunkohlenschlackenfilter zu groß werden würden, so empfiehlt es sich, vorher durch chemische Fällung Entlastung zu schaffen.

Wie bei den Preibischfiltern beruht auch die von FRIESE und BELL empfohlene Anwendung von Tropfkörpern für anilinfarbenhaltige Abwässer teils auf einer adsorptiven Wirkung, teils auf einem biologischen Abbau der organischen Stoffe. Hüttenkoksasche mit einer Korngröße von 3—5 mm ist gewöhnlichem Koks überlegen. Mit Ausnahme der Farbstoffe der Phthaleingruppe wie Eosin, Phloxin, Rose bengale u. ä., und Croceinscharlach und Carmin ergibt das Verfahren ein völlig farbloses Filtrat. Wesentlich hierbei ist, daß die ungünstigen Farben, die meist nur in sehr geringen Mengen gebraucht werden, die Filter in ihrer Adsorptionskraft für die übrigen Farben nicht stören. Die Ausnutzung der Filterstoffe ist um so größer, je geringer der Alkoholgehalt des Wassers ist. Durch Zwischenlagerung von waagerechten Schichten von staubfreier Asche als Verteilerschicht gelingt es, die Bildung von Wasserbahnen zu verhindern und hierdurch den Wirkungsgrad um 50% zu erhöhen.

Können die in einem Textilbetriebe anfallenden Färbereiabwässer in eine Kanalisation abgelassen werden, deren Abwasser nachher in einer Belebtschlammanlage oder auf Tropfkörpern gereinigt wird, so kann dies unbedenklich hinsichtlich der Reinigung der häuslichen Abwässer geschehen, sofern die Menge der Farbstoffabwasser nicht mehr als 7% der häuslichen Abwässer ausmacht.

i) Abwasser von Waschanstalten, Wäschereien, Federreinigungsanstalten.

In den großen Waschanstalten der Kasernen, Krankenhäuser, Hotels, Landheime, Erziehungsanstalten, Strafanstalten u. dgl. und den gewerblichen Anstalten wird die Wäsche im allgemeinen wie im Haushalt behandelt; vorherrschend ist die Anwendung von Waschmaschinen, Zentrifugen, Wringmaschinen und anderen Hilfsmaschinen.

Die in den Waschanstalten anfallenden Abwässer enthalten neben den aus der Wäsche entfernten Schmutz- und Fettbestandteilen auch noch Reste unverbrauchter Waschmittel sowie Kalk- bzw. Magnesiaseifen. Sie ähneln in ihrer Zusammensetzung den Abwässern, wie sie in den Reinigungsbädern, in den Waschkauen der Fabriken und in den Haushaltungen anfallen. Die an Schwebestoffen, Alkalisalzen der Fettsäuren (100—200 mg/Liter) und an organischen Stoffen reichen Abwasser neigen stark zur Fäulnis. Zum Spülen der Wäsche wird eine große Menge Frischwasser benutzt, das eine sehr willkommene Verdünnung der eigentlichen konzentrierten Waschlaugen ergibt. In dieser Verdünnung können in den meisten Fällen, die Abwässer direkt in den genügend großen Vorfluter abgelassen werden. Da es infolge des oft hohen Seifengehaltes des Abwassers beim Vermischen mit hartem Flußwasser zu weiteren Ausflockungen von fettsauren Salzen kommt, sollte die Ableitung nur unter der

Wasseroberfläche, möglichst in der Mitte des Vorfluters im Stromstrich erfolgen, damit für eine baldige, gute Vermischung mit dem Vorflutwasser Sorge getragen ist. Besser ist es aber, die Abwässer in die städtische Kanalisation zu geben, um sie mit den häuslichen Abwässern vor dem Ablassen in den Vorfluter einer Reinigung zu unterziehen.

Früher hat man zum Ersatz der Rasenbleiche oder bei besonders stark vergilbter Wäsche das Waschwasser gechlort. Zu dem Zweck wurde dem Waschwasser Chlorkalk oder Hypochloritlauge oder Chlorgas zugesetzt. Solche Abwässer enthielten dann stets einen mehr oder minder hohen Gehalt an freiem Chlor, der bei größeren Wassermengen besonders an kleinen Vorflutern sich sehr schädlich auswirken konnte. Auch störte der Gehalt an freiem Chlor die Selbstreinigung des Wäschereiabwassers im Vorfluter. Durch den Widerstand der Hausfrauen, hervorgerufen durch die schnellere Zerstörung der Wäsche ist die Anwendung von Chlorpräparaten ganz oder fast ganz aufgegeben worden. Aus den gleichen Gründen ist auch der Verbrauch an Chlor und seinen Präparaten in den Anstaltswaschanstalten immer mehr und mehr zurückgedrängt worden. In der Klein- und Großwäscherei werden nunmehr Waschmittel mit sauerstoffabspaltenden Peroxyden, Perboraten usw. viel gebraucht.

Die Abwässer können unbedenklich einer Kanalisation zugeführt werden, wenn dafür gesorgt wird, daß durch Mischung mit kaltem Spülwasser die heißen Kochlaugen auf mindestens 30° abgekühlt werden und daß, wenn mit freiem Chlor oder Chlorpräparaten gearbeitet wurde, das Chlor vorher zerstört wird. Besteht die Möglichkeit des Ablassens in einen genügend großen Vorfluter oder in eine Kanalisation nicht, so ist die Verwendung der mit Spülwässern verdünnten Kocherlaugen zur Bodenberieselung die beste Reinigungsart, wobei gleichzeitig die in diesen Abwässern vorhandenen Dungwerte weitgehend ausgenutzt werden. Ist auch diese Beseitigungsart nicht möglich und eine Reinigung erforderlich, so erhält man die besten Werte durch eine chemische Fällung, die man zur Entlastung auch besser der Bodenberieselung vorschaltet. Nach BOYER[1] sollte vor Zugabe der Fällungsmittel der für das jeweilige Fällungsmittel geeignete p_H-Wert eingestellt werden, da man hierdurch sehr viel Fällungsmittel sparen kann. BOYER[1] gibt folgende Mengen an:

Tabelle 6.

	Ferrisulfat $Fe_2(SO_4)_3$ mg/Liter	Ferrichlorid $FeCl_3$ mg/Liter	Aluminiumsulfat $Al_2(SO_4)_3$ mg/Liter	Ferrosulfat $FeSO_4 \cdot 7\,H_2O$ mg/Liter
p_H-Wert nicht eingestellt . .	400	400	520	1000
p_H-Wert eingestellt	240	160	200	400

VON POHL[2] erreichte durch Zugabe von 250—270 mg/Liter Kalk bei Anwendung von Absetzbecken die beste Klärwirkung.

Die ausgeflockten Schmutzstoffe werden in Absetzbecken abgefangen und können direkt oder nach Kompostierung mit Erde oder Torf als Düngemittel verwandt werden.

In den Federreinigungsanstalten werden die Federn und Daunen von dem ihnen anhaftenden Schmutz befreit. Zu dem Zweck werden die Federn zunächst mehrere Stunden lang in Wasser aufgeweicht und in einem mit Rührwerk versehenen Waschzylinder unter dauerndem Durchfluß von reinem Wasser gereinigt. Der Waschprozeß wird so lange fortgesetzt, bis das abfließende Wasser völlig klar ist, was gewöhnlich nach $^3/_4$ bis 1 Stunde erreicht ist. Die Waschlauge vom Einweichen der Federn, sowie die eigentlichen Spülwässer enthalten an Schwebestoffen neben staubigen und sandigen Bestandteilen Reste von Federn, Dung- und Strohteilchen, die leicht durch eine einfache Filtration zu beseitigen sind. Die Waschlauge und die ersten Waschwässer sind stark braungelb gefärbt. Infolge ihres Gehaltes an organischen und eiweißhaltigen Stoffen gehen sie bei

[1] BOYER: Sewage Works Journ. 1934, 6, 1197.
[2] VON POHL: Gesundh.-Ing. 1937, 60, 422.

Luftabschluß bald in faulige Zersetzung über. Das Abwasser selbst nimmt dabei einen sehr unangenehmen, an Vogeldung erinnernden Geruch an. Die einfachste Reinigungsart unter Ausnutzung der stickstoffhaltigen Dungstoffe ist auch hier, wie bei den Wäschereiabwässern, die Anwendung der Bodenberieselung.

Chemische Waschanstalten (Putzereien) weichen in ihrem Betriebe sehr weitgehend von den bisher geschilderten Wäschereien ab. Chemische Vorgänge oder besondere chemische Mittel, die den Namen rechtfertigen könnten, werden in diesen Betrieben nicht angewandt. Die Reinigung von Anzügen, Stoffen, Teppichen, Wäschen u. dgl. geschieht in diesen Betrieben in großen geschlossenen Trommeln mit Benzin, Benzol oder ähnlichen Fettlösungsmitteln. Diese lösen die Schmutzstoffe, vor allem aber alle Fettstoffe, die die übrigen Schmutzstoffe festhalten und daher die hauptsächlichen Fleckenbildner sind, aus den zu reinigenden Stoffen heraus. Das aus den Trommeln abgelassene Lösungsmittel wird als wertvoller Betriebsstoff in einer besonderen Anlage abdestilliert und wiedergewonnen. Der im Kessel als dunkle schmierige Masse zurückbleibende Schmutz kann gesammelt und zur Aufarbeitung auf Rohfett an Seifenfabriken abgegeben werden. Es fallen demnach in diesen Waschanstalten nur Kühlwässer an, die aber, weil sie gar nicht verschmutzt sind, direkt in den Vorfluter abgelassen oder besser nach Abkühlung wieder verwandt werden können. In den meisten Fällen sind Wäschereien mit chemischen Waschanstalten zu einem Betriebe verbunden, so daß die in den letzteren Betrieben anfallenden Kühlwässer noch zum Verdünnen der in den Waschanstalten anfallenden Schmutzwässer oder selbst als Spülwässer benutzt werden können.

Mit den chemischen Waschanstalten (Putzereien) sind vielfach Färbereien verbunden, in denen Färbereiabwässer anfallen, wie sie bereits S. 594 geschildert worden sind.

Die in den Färbereibetrieben anfallenden Abwässer sollten, wenn sie nicht mit den übrigen Abwässern in eine Kanalisation abgelassen werden können, zunächst auf die bei den übrigen Färbereiabwässern angegebenen Arten gereinigt werden, ehe sie mit den übrigen im Betriebe anfallenden Waschwässern gemischt werden. Nach BÖHM ist das auf S. 595 angegebene Verfahren der Reinigung der Färbereiabwässer unter Zusatz von Kieserit in einer Waschanstalt in Breslau mit bestem Erfolg angewandt worden. Da die in diesem Falle von der Kläranlage abfließenden Gesamtabwässer sehr sauerstoffarm waren, wurden sie vor dem Einlassen in den Vorfluter belüftet, um eine Schädigung der Fischerei zu vermeiden.

II. Abwässer mit vorwiegend anorganischer Verschmutzung.

21. Abwässer der Stein-, Braun- und Holzkohlenindustrie.

a) Steinkohlenindustrie.

Im Steinkohlenbergbau fallen folgende Abwasserarten an:

1. Eigentliche Grubenwässer; 2. Abwässer vom Spülversatz; 3. Zechenabwässer und zwar die Kohlenwaschwässer, sowie die Brausewässer für Nuß- und Feinkohlen; 4. Auswasch- und Auslaufwasser der Schutthalden; 5. Waschkauenwasser; 6. menschliche Abfallstoffe; 7. Abwässer, die bei der Aufbereitung bzw. Verkokung der Kohle anfallen (Kokereiabwässer).

1. Grubenwässer. In den Stollen der Bergwerke sammeln sich von unterirdischen Zuflüssen gespeiste Wassermengen, die zur Aufrechterhaltung des Bergwerksbetriebes aus der Grube durch Wasserhaltungsmaschinen herausgeholt werden müssen. Im Emschergebiet muß nach PRÜSS[1] bei einer größten

[1] PRÜSS: Gesundh.-Ing. 1934, 57, 672.

jährlichen Kohlenförderung von rund 89 Millionen Tonnen ein ständiger Grundwasserstrom von über 2 cbm/Sekunde aus 600—800 m tiefen Stollen gehoben und abgeleitet werden.

Die Grubenwässer sind selten so rein, daß sie direkt in den Vorfluter abgelassen werden können. In den meisten Fällen enthalten sie mehr oder weniger große Mengen Erde- und Kohlenteilchen, die durch Absetzenlassen in Absetzbecken, Absetzteichen, Auflandungsbecken entfernt werden müssen. Die Entschlammung vollzieht sich meist sehr leicht, wenn das Wasser zur Ruhe kommt. Nur selten bedarf es des Zusatzes von Kalk- oder Aluminiumverbindungen, um eine ausreichende Ausfällung der Schwebestoffe zu erzielen.

Lästiger als die Schwebestoffe sind die im Grubenwasser enthaltenen gelösten Stoffe. Je nach den Bodenschichten, durch welche die in den Gruben sich sammelnden Sickerwässer vorher gelaufen sind, ist die Art und Menge der gelösten Stoffe verschieden. Grubenwässer weisen oft einen hohen Gehalt an Kochsalz, an Calcium- und Magnesiumchlorid oder an Ferrosulfat bzw. freier Säure auf.

Viele Flöze, die Pyrite usw. führen, liefern saure Abwässer. In diesen Fällen enthält das Wasser meist auch noch Metallsalze wie Ferri- und Ferrosulfat, oft auch in geringen Mengen Nickel- und Mangansulfat. Solche Wässer scheiden beim Stehen an der Luft infolge Hydrolyse und Sauerstoffaufnahme rotbraune Flocken von Ferrihydroxyd ab; sie können durch ihren Säuregehalt, aber auch durch ihren Eisengehalt beim Ablassen in den Vorfluter, vor allem der Fischerei sehr schädlich werden. Sie müssen daher vorher durch Zugabe von Kalk neutralisiert werden, wobei gleichzeitig das Eisen ausgeflockt wird. Das als Ferrohydroxyd ausgeschiedene Eisen muß durch eine Belüftung in Ferrihydroxyd übergeführt werden, da es sonst den Sauerstoffvorrat des Flusses zu stark in Anspruch nehmen würde. Zur Oxydation läßt man die Wässer am einfachsten nach der Neutralisation über ein Gradierwerk gehen und fängt dann in einem Absetzbecken die ausgeflockten Stoffe ab.

Der Chlor- bzw. Kochsalzgehalt ist ebenfalls großen Schwankungen unterworfen. Im rheinisch-westfälischen Kohlenbecken enthält das Grubenwasser oft 10—20 g/Liter Chloride des Natriums, Calciums und Magnesiums. Vereinzelt steigt der Gehalt bis auf 50 g/Liter an. Eine Gewinnung von Kochsalz, wie es bei den Salinen geschieht, kommt wegen der zu geringen Konzentration in den meisten Fällen nicht in Frage. In manchen Fällen wird die Grubensole zu Badezwecken benutzt. Nach WIEGMANN[1] bestehen im rheinisch-westfälischen Kohlenbezirk ein Freiluftsolbad und 5 Anstaltssolbäder mit Grubensole. Sie werden stark besucht. Wenn man dadurch das aufgepumpte Grubenwasser auch vorübergehend nutzbar macht, so hat man es aber noch nicht für den Vorfluter unschädlich gemacht. Da eine andere Beseitigungsmöglichkeit für die salzhaltigen Abwässer nicht besteht, so müssen sie in die Vorfluter abgelassen werden. Ein Ablassen stark versalzener Grubenwässer in einen Vorfluter ist aber nur dann ohne Schädigung durch starke Versalzung der Vorfluter möglich, wenn eine genügende Verdünnung vollzogen ist.

Salzhaltige Wässer eignen sich nicht für Rieselzwecke, weil durch die Ansammlung von Chloriden und durch Auswaschen wichtiger Kali- und Kalksalze die Wachstumsvorgänge im Boden gestört werden. Die schädlichen Wirkungen des Chlornatriums beruhen unter anderem auch darauf, daß Salzlösungen, welche in tonigen Massen keine chemischen Veränderungen erleiden, zu capillaren Bewegungserscheinungen Veranlassung geben, deren Ergebnis bei dem Wiederausspülen des Salzes ein Zusammenschlämmen (Dichtschlämmen) des Tones ist. Dadurch wird der Boden schwer durchlässig und schwerer zu bearbeiten. Wasser mit 0,5—1,0 g/Liter Kochsalz wirkt für Rasenflächen schon schädlich, wenn es in Mengen, die einer taglichen Regenhöhe von 3—4 mm entsprechen, zufließt. Der Kochsalzgehalt wirkt um so schädlicher, je weniger meteorische Niederschläge niedergehen und je mehr Wasser während des Flößens verdunstet. Bei der Verwendung des Vorflutwassers zu gewerblichen Zwecken sind solche kochsalzhaltigen Wässer im Vorfluter unerwünscht, weil sie die Verwendung des Wassers für Kesselspeisewasserzwecke verhindern und es für manche andere Zwecke, wie für Wäschereien, für Zuckerrübenfabriken u. a., unbrauchbar machen. Fische können verhältnismäßig große Mengen Kochsalz vertragen, so daß Gefahren nur bei ungewöhnlich hohen Gehalten vorhanden sind. Bei Ansteigen des Kochsalzgehaltes im Vorfluter tritt eine Änderung der Mikrofauna ein, die sich in einer Störung der Ernährung bemerkbar macht.

Bei Vorflutern, die zur Trinkwasserversorgung dienen, kann ein zu hoher Salzgehalt zu Geschmacksbeeinträchtigungen Veranlassung geben (s. weiter bei Abwässern vom Kalibergbau).

---

[1] WIEGMANN: Vom Wasser 1935, 9, 70.

2. Abwässer vom Spülversatz. In vielen Gruben erfolgt die Sicherung der ausgebauten Flöze durch Ausfüllung mit Bergeversatz nach dem Spülversatzverfahren. In den allerseltensten Fällen verfügen die mit Spülversatz arbeitenden Gruben über reinen Spülsand. Als Bergeversatz werden meistens Abfallstoffe aus den Gruben, ferner alte Haldenbestände benutzt. Bei Anwendung dieser Stoffe nach dem Spülversatzverfahren entsteht in der Grube ein Abwasser, das viele mineralische Verunreinigungen enthält. Das aus den Versatzstellen abfließende Wasser enthält eine große Menge Schmutzstoffe, welche die Sümpfe verschlämmen und hierdurch einen hohen Pumpendruck und eine stärkere Abnutzung der Pumpen verursachen. Dies hat aber weiter zur Folge, daß ein Teil des mühselig herabbeförderten eingespülten Gutes wieder nutzlos an die Tagesoberfläche befördert wird, um bestenfalls im Kreislauf wieder eingespült oder mit dem Vorfluter weitergefördert zu werden.

Abb. 43. Querschnitt durch ein in eine Grube eingebautes Neustädter Becken zur Reinigung von Abwässern beim Spülversatzverfahren.

Um die beim Spülversatz mit dem abfließenden Abwasser abgehenden Stoffe wiederzugewinnen, hat man für diese Ablaufwasser unter Tage Kläranlagen errichtet. In diesen meist als einfache Absetzbecken gebauten Kläranlagen setzen sich die Schmutzstoffe schnell

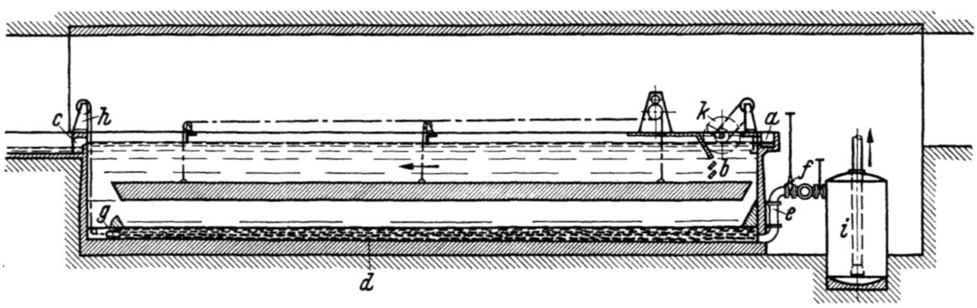

Abb. 44. Längsschnitt durch ein Neustädter Becken während der Klärung.

zu Boden, von wo sie dann erneut zum Bergeversatz benutzt werden. Eine von der Wasser- und Abwasserreinigungs-G.m.b.H., Neustadt a. d. Weinstraße nach dem System der Neustädter Becken auf der 300 m Sohle der Ferdinandgrube in Kattowitz für eine Leistung

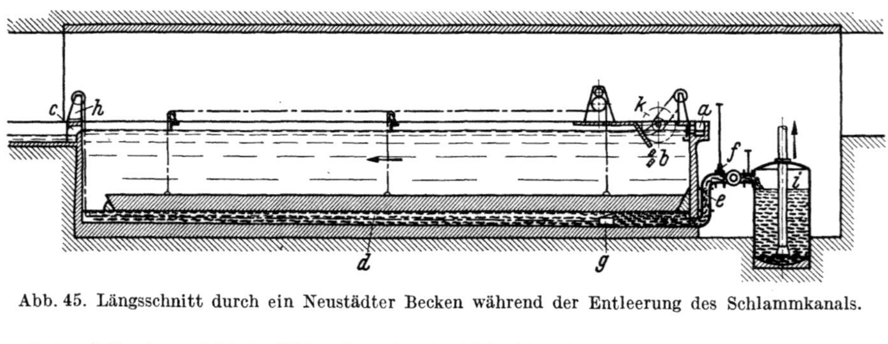

Abb. 45. Längsschnitt durch ein Neustädter Becken während der Entleerung des Schlammkanals.

von 4 cbm/Minute errichtete Kläranlage ist in Abb. 43, 44 und 45 dargestellt. Sie besteht aus 2 parallel geschalteten Neustädter Becken von 20 m Länge und je 3 m Breite. An Versatzgut werden im Tag rund 2000 cbm eingespült, und zwar etwa 1400 cbm Letten und Sand, 400 cbm gebrochene Berge und Schiefer und 200 cbm Kesselasche und Schlacke. Die Kläranlage hat die zur Wasserhaltung zurückgehenden Spülwässer von allen zur Schlammbildung geeigneten und von allen den Pumpen schädlichen Beimengungen zu befreien. Die Becken sind am Boden mit Schlammrinnen versehen, die durch einen Balken verschlossen werden können. Durch die so gebildeten Schlammkanäle (s. Abb. 45) wird der am Boden abgesetzte Schlamm in einen Druckkessel befördert, der ihn dann in einen entfernteren oder höhergelegenen Versatzraum befördert. Der Platzbedarf, die Betriebs- und Anlagekosten werden als gering angegeben.

3. Zechenabwässer (Kohlenwaschwässer). *Art der Abwässer und Einfluß auf den Vorfluter.* Zum Waschen der Kohlen wird auf den Zechen in den meisten Fällen das aus der Grube hochgepumpte Grubenwasser benutzt. Nur in den Fällen, wo das Grubenwasser zu stark salzhaltig ist, pflegt man Leitungswasser oder sonst billig zu beschaffendes Flußwasser zu nehmen. Diese Waschwässer werden möglichst lange im Kreislauf verwandt. Bei den Wäschen gewöhnlicher Ausführung setzt sich der Kohlenschlamm langsam ab. Er verstopft leicht die Abläufe und verschmutzt die Kanäle. Reichert sich der Kohlenschlamm bei dem Kreislauf zu stark an, so behindert er das Waschen und Spülen und erfordert umständliche Spitzkästen, Reiniger, Schlagsiebe und feine Filtertücher, die aber trotzdem noch ein unklares, nur schwer verwertbares Wasser durchlassen.

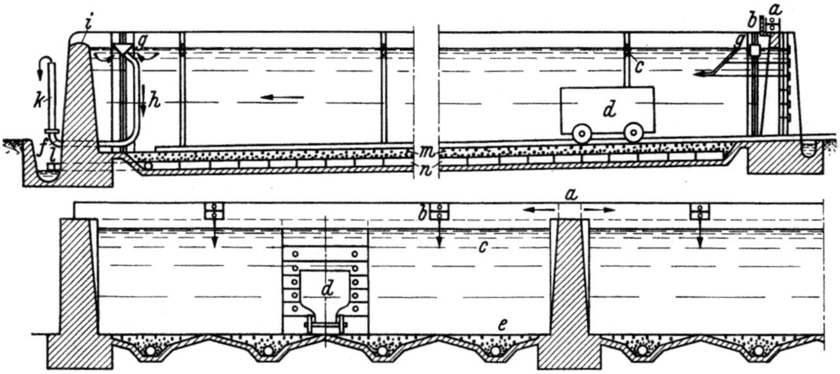

Abb. 46. Längen- und Querschnitt durch eine Kohlenkläranlage nach IMHOFF-LAGEMANN.

Die Kohlenwaschwässer reichern sich bei dem öfteren Umlauf allmählich an verschiedenen, nur langsam absetzenden Stoffen an. Es muß daher dauernd ein Teil des Abwassers durch Frischwasser ersetzt werden. Die abgehenden Kohlenwaschwässer haben ein trübes, fast schwarzes Aussehen. Sie enthalten je nach der Art der Wäsche sehr viele ungelöste Stoffe in feinster Verteilung, wie Kohlenschlamm, Letten u. dgl. Die aus Kohlenteilchen und tonigen Bestandteilen bestehenden Schwebestoffe wirken im Vorfluter sehr unästhetisch und erzeugen eine starke Verschlammung der Ufer. Sie schädigen die Selbstreinigungskraft des Vorfluters und machen das Wasser für jeden anderen Verwendungszweck, besonders aber für Badezwecke unbrauchbar. Für die Fischerei wirken sie dadurch schädlich, daß der am Ufer und auf dem Boden sich niederschlagende Schlamm das Aufkommen jeglicher Ufer- und Bodennahrung verhindert und so die Fische wegen Nahrungsmangel zur Abwanderung zwingt. An gelösten Stoffen enthalten die Abwässer neben Salzen auch organische, nicht fäulnisfähige Bestandteile.

Reinigung der Kohlenwaschwässer. Die Reinigung sollte schon aus wirtschaftlichen Gründen mit einer Wiedergewinnung und Weiterverwertung der Kohlenteilchen verbunden sein. Aus diesem Grunde erfolgt die Reinigung am besten auf den Zechen selbst, weil eine Vermischung mit häuslichem Abwasser die Weiterverwendung der abgefangenen Kohle aus hygienischen Gründen unmöglich macht und auch der Absetzvorgang durch die Vermischung ganz erheblich erschwert wird.

Die einfachste Art der Reinigung besteht darin, daß man die Abwässer in einfache, durch Erdaushub hergestellte Erdteiche mit möglichst langer Durchflußzeit leitet. Diese Teiche können dort angewandt werden, wo genügend große Flächen zur Verfügung stehen, so daß mehrere Teiche nebeneinander angelegt werden können. Am Ablauf der Teiche wird ein mit Feinkoks gefülltes Filter eingebaut, damit dieses etwa abtreibende gröbere Teilchen oder Schaumschlamm zurückhält. Wenn auch die Teiche eine sehr große Entlastung für den Vorfluter bedeuten, so geht doch eine Menge im Wasser kolloid verteilter

Trübstoffe hindurch. Der in den Teichen abgesetzte Kohlenschlamm kann nach dem Austrocknen im Betrieb als Feuerungsmaterial oder zu Brikettierungszwecken benutzt werden.

Besser als die Erdteiche sind die Absetzbecken nach IMHOFF-LAGEMANN mit verschließbarer Sohlensickerung (s. Abb. 46). Diese nach dem Prinzip der Schlammtrockenbeete aber mit einer Stauhöhe bis zu 2 m gebauten, meist langgestreckten Absetzbecken mit Klärzeiten von 4—6 Stunden werden solange wie möglich mit geschlossener Sohlensickerung betrieben. Läßt die Reinigung infolge Verringerung des Stauraumes nach, so öffnet man die Sohlensickerung und das Wasser wird bei geschlossenem Beckenabfluß gezwungen, durch den am Boden bereits abgelagerten Schlamm zu filtrieren, wobei auch die feinsten Schwebeteilchen zurückgehalten werden. Ist das Becken bei unvermindertem Zufluß nach einiger Zeit mit Kohlenschlamm gefüllt, so wird der Zulauf abgestellt und das im Schlamm sitzende Wasser durch die Sohlensickerung abgelassen.

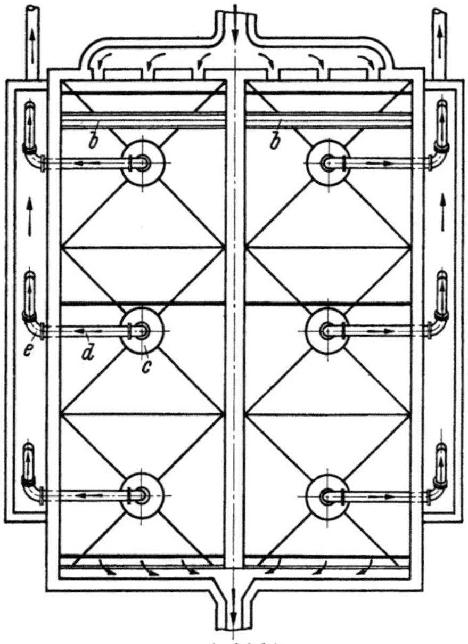

a Aufsicht.

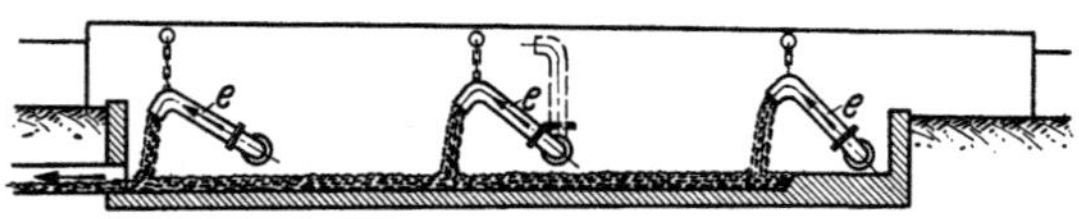

b Längsschnitt, Schlammkanal.

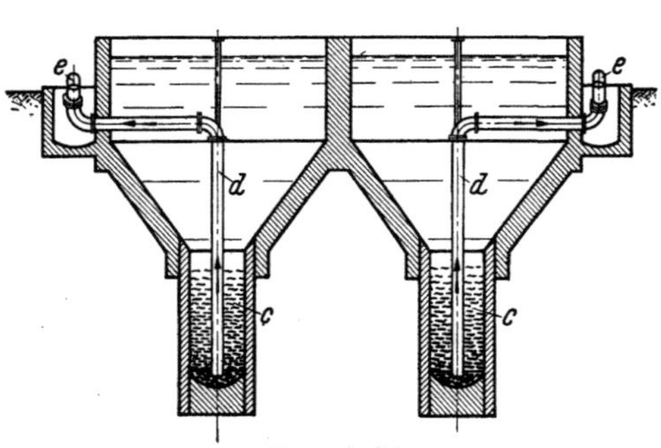

c Querschnitt.

Abb. 47 a—c. Zweiteilige Kremer-Kläranlage mit kontinuierlichem selbsttätigem Schlammabzug für eine Stundenleistung von 300 cbm.

Während bei den vorstehend beschriebenen Becken sich der abgesetzte Schlamm anreichert, wird bei anderen Absetzverfahren der an der Sohle sich absetzende Kohlenschlamm dauernd aus dem Becken entfernt und dann auf Trockenbeeten nach IMHOFF-LAGEMANN mit Stautiefen von höchstens 70 cm getrocknet. Becken, die sich durch geringen Platzbedarf auszeichnen, sind die Kremer-Kläranlagen mit kontinuierlichem Schlammabzug. Beim Ruhrverband wird unter anderem auf einer Zeche ein Rundbecken mit Kratzer am Boden, das Dorrbecken, mit nachfolgenden Trockenbeeten angewandt. In Abb. 47a—c ist eine zweiteilige Kremer-Absetzanlage mit kontinuierlichem Schlammabzug dargestellt. Das an der Stirnseite durch geeignete Verteilungsvorrichtungen über den ganzen Querschnitt verteilte Abwasser durchfließt langsam den Klärraum *a* und setzt hierbei seine Sinkstoffe auf der trichterförmig unterteilten Sohle des Klärbeckens ab. Tauchwände halten die auf der Oberfläche sich ansammelnden Schwimmstoffe ab, die dann durch die Abzugsrinne *b* beseitigt werden können. Der in den Schlammzylindern sich absetzende Kohlenschlamm wird nach genügender Eindickung durch das Schlammabzugsrohr *d* mit Hilfe des eigenen Wasserüberdrucks laufend abgelassen und auf Trockenbeeten, Filtertrommeln usw. in bekannter Weise abgefangen, getrocknet und zur Verwendung als Brenn-, Verkokungs- und Vergasungsmaterial benutzt. In Abb. 48 ist eine zentral durchflossene Kläranlage für Kohlenwaschwasser der Bamag-Meguin, Berlin dargestellt. Aus dem unteren kreisförmigen Klärbecken erfolgt der Austrag des Naßschlammes durch kreisende Schaber. Er wird dann in ein daneben liegendes Trockenbecken gepumpt. Der lufttrockene Schlamm wird durch eine kreisende Greiferbrücke nach Auflockerung durch Zumischung von anderen körnigen Brennstoffen aus dem Becken befördert und im benachbarten Kesselhaus verbrannt.

Zum Trocknen des in den Absetzbecken abgefangenen und konzentrierten Schlammes kann man auch die viel gebrauchten verschiedenen Arten von Saugzellenfilter mit Vorteil anwenden. Aus den Absetzbecken gelangt der eingedickte Schlamm in den Aufgabekasten des Filters. Die aufgegebene Schlammenge wird durch einen Zugabeapparat automatisch geregelt. Das auf dem Filtertuch abgesaugte Gut wird entweder durch Schaber abgehoben oder durch besondere Abnahmeschnüre entfernt. Als Lieferfirmen für solche Saugzellenfilter kommen die nachfolgenden Firmen in Frage:

1. Maschinenbau A.-G., vormals Starke & Hoffmann, Hirschberg in Schlesien;
2. Imperial-Maschinenfabrik Meißen i. Sa.;
3. Westfalia-Dinnendahl-Gröppel A.-G., Bochum.

Unterstützung der Kohlenabscheidung durch chemische Fällungsmittel. Da das abfließende Abwasser immer noch durch eine große Menge feinst verteilter

Abb. 48. Kläranlage für Kohlenwaschwasser, System Bamag-Meguin. Austrag des nassen Schlammes durch kreisende Schaber. Aus dem hinteren Becken wird der lufttrockene Schlamm durch eine kreisende Greiferbrücke entfernt.

Schmutzstoffe verunreinigt ist, hat man immer wieder versucht, die Abscheidung durch chemische Fällungsmittel zu unterstützen. PETERSEN hat eine große Anzahl der sonst bei den Fällungsverfahren angewandten Chemikalien auf ihre ausflockende Wirkung für Kohlenwaschwässer untersucht. An anorganischen Stoffen benutzte er Kalkmilch, Natronlauge, Soda, Dinatriumphosphat, Ferrichlorid und Aluminiumsulfat. Sie alle bewirkten keine wesentliche Beschleunigung der Klärung. Besser wirkten organische Fällungsmittel. Von diesen benutzte er verschiedene pflanzliche Kolloide, wie gefrorene und in Natronlauge gequollene Stärke (Verfahren von HENRY angegeben), ferner Leim, Carragen, Eiweiß, Gelatine und Ölemulsionen. Am besten wirkte Kartoffelstärke. Ein Zusatz von Elektrolyten neben den Fällungskolloiden hatte in diesem Falle auf die Absetzgeschwindigkeit keinen Einfluß, wie auch eine besonders gesteigerte Zugabe an Flockungsmitteln, eher einen ungünstigen Einfluß auf die Klärung ausübte.

Nach dem HENRY-Verfahren wird dem Kohlenwaschwasser, das mit Natronlauge oder Soda auf einen p_H-Wert von 11,0 gebracht wird, eine bei 90° C bereitete 2%ige Lösung von gefrorener Stärke zugefügt. Die für 100 g/Liter Feststoffe erforderliche Stärkemenge beträgt 6,5—30 g/cbm. Das durch das DRP. 591266 geschützte Verfahren arbeitet wie folgt (s. Abb. 49). Der durch Rohr *A* einer bestehenden Kohlenwäsche entnommene und mit Kohlenschlamm angereicherte Teilstrom des Umlaufwassers trifft mit einem Kalkwasserstrom zusammen, der in der Maschine *B* hergestellt wird. Den gut durchgemischten Flüssigkeiten wird eine im Apparat *C* hergestellte Stärkelösung als sog. Gerinnlösung zugesetzt. Das Gesamtgemisch wird in der Schleuderpumpe *D* gut durcheinandergewirbelt und in den Behälter *E* gehoben. Während des Hochpumpens erfolgt bereits die Ausscheidung, so daß sich die Ausfällung des Niederschlages fast augenblicklich in dem Behälter *E* vollzieht. Der dort abgesetzte Schlamm wird durch ein Rührwerk zum Ablauf *F* befördert, während das geklärte Wasser bei *G* in den Kreislauf zurückkehrt. Der Absetzschlamm gelangt dann in die mechanischen Filter *H*. Die Filterkuchen fallen bei *I* auf ein Förderband oder direkt in den Transportwagen. Da das geklärte Wasser restlos in den Betrieb zurückgeht, braucht an Frischwasser nur das durch Verdunstung oder sonst wie verloren gehende Wasser ersetzt werden. In der von R. A. HENRY geleiteten Kohlengrube Hasard in Micheroux (Belgien) wird das zur Kohlenwäsche benutzte Wasser dauernd im Kreislauf verwandt. Die Abscheidung der ausgeflockten Kohlenteilchen erfolgt in einem Spitztrichter mit zweistündiger Aufenthaltszeit.

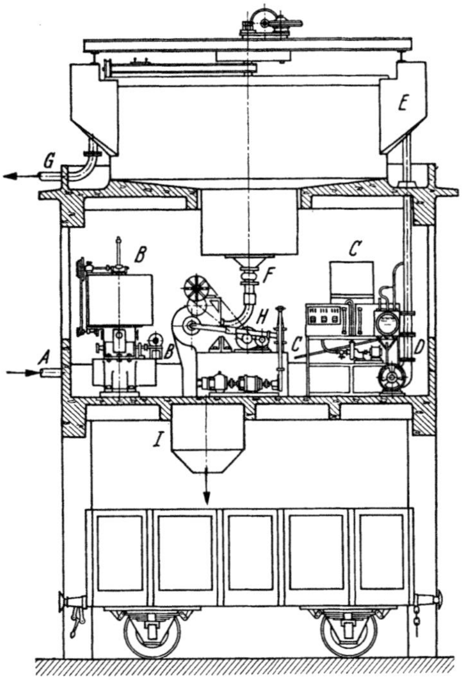

Abb. 49.
Anordnung einer Kohlenschlammabscheideanlage nach dem Verfahren von R. A. HENRY.

PETERSEN[1], der das Verfahren eingehend nachgeprüft hat, fand unter anderem, daß eine mehrere Tage in eisernen Gefäßen gestandene Stärkelösung die Letten eines Schlammes besser ausflockt als eine ebenso alte in einem Glasgefäß aufbewahrte Lösung. Er hält das vorherige Gefrierenlassen der Stärke nicht für erforderlich.

Aufarbeitung durch Flotation: Um die in den Kohlenwaschwässern enthaltenen hochwertigen Kohlenanteile von den wertloseren Letten zu trennen, flottiert man heute die von der Kohlenwäsche kommenden Abwässer unter Zugabe von Alaun oder einem anderen geeigneten Flotationsmittel. Die mit dem Schaum abgehende Kohle wird an der Oberfläche abgefangen und auf Saug- oder Zellenfiltern vom Wasser befreit und wandert dann als gutes Heizmaterial unter die Feuerungen oder in die Brikettfabriken, um mit der im übrigen Betriebe anfallenden Feinkohle zusammen brikettiert zu werden. Bei der Anwendung der Flotation fallen die lettehaltigen Flotationsabwässer an, die oft sehr schwierig zu klären sind und möglichst lange im Kreislauf verwandt werden sollen. Der auf dränierten Trockenplätzen zurückgehaltene Schlamm ist sehr wasserhaltig und wegen des hohen Lettengehaltes schlecht unterzubringen. In diesem Falle müssen alle Unkosten, auch die der Beseitigung des Restschlammes, von der zurückgewonnenen veredelten Schlammkohle getragen werden.

Nach einer Patentanmeldung der Guten Hoffnungshütte vom 2. Dezember 1931 sollen die mit Kalk oder anderen entsprechend wirkenden Stoffen versetzten schlammhaltigen Abwässer mittels Harzemulsionen dadurch gereinigt werden, daß Öl-in-Wasser-Emulsionen solcher öl- oder harzartiger Kohlenwasserstoffe angewendet werden, die Säureharze bzw. harzartige und harzhaltige Destillationsrückstände enthalten und bei der Steinkohlen-, Braunkohlen-, Holz- und Erdölverarbeitung anfallen.

Zur Beschleunigung des Absetzvorganges ist das auch bei anderen Abwässern benutzte elektrische Fällungsverfahren anzuwenden; obwohl Versuche, die unter anderem auf verschiedenen Zechen des rheinisch-westfälischen Kohlenreviers und auch von der Firma Bamag-Meguin durchgeführt wurden, gute Erfolge zeigten, ist von einer Anwendung in größerem Maßstabe noch nichts bekannt geworden.

[1] PETERSEN: Glückauf 1934, **70**, 125. — Das HENRY-Verfahren. Engineering 1934. Ref. Gesundh.-Ing. 1935, **58**, 235.

Der auf die eine oder andere Weise gewonnene Kohlenschlamm wird nach dem Trocknen auf Trockenbeeten oder nach Behandeln in Schlammfiltern oder Filterpressen als Brennmaterial zur Verfeuerung unter den Kesseln des eigenen Betriebes benutzt. Gelegentlich hat man auch den Kohlenschlamm in Trockentrommeln getrocknet, um ihn in Kohlenstaubfeuerungen zu verbrennen.

Man kann bereits in der Kohlenwäsche durch eine Nachbehandlung, z. B. durch Abspritzen mit Wasser, den Schlamm weiter aufarbeiten. Die dabei gewonnene gute Kohle wird der Kokskohle zugesetzt, während nur die übrigbleibenden stark bergehaltigen Schlämme in die Kläranlage geleitet werden. Der hier abgefangene Restschlamm muß auf Halde gebracht oder kann als Bergeversatz in der Grube benutzt werden.

Welche Art der Gewinnung und Aufbereitung des Schlammes für eine Steinkohlenzeche richtig ist, läßt sich nur nach genauer Prüfung aller örtlichen Verhältnisse entscheiden. Ausschlaggebend ist hierbei auch die gesamte wirtschaftliche Anordnung des Zechenbetriebes, die sich aus der Art der geförderten Kohle und deren Weiterverwendung und Verarbeitungsmöglichkeit ergibt. Die einzelnen Verfahren zur Wiedergewinnung der Feinkohle und der Reinigung der Abwässer sind aber jetzt schon soweit ausgebildet, daß es nicht mehr vorkommen sollte, daß Kohlenschlamm weiter unsere Flüsse verschmutzt.

4. Auslauf- und Auswaschwasser der Schutthalden. Die Auslauf- und Auswaschwasser der Schutthalden entstehen durch die Niederschläge, wie Regen, Schnee-, Tau- und Wasserdampfkondensationen. Enthält der Abraum Schwefelkiese, so bildet sich durch Oxydation dieser Schwefelkiese Eisen- und Aluminiumsulfat und freie Schwefelsäure bzw. Schweflige Säure. Die Folge davon ist, daß die ablaufenden Abwässer je nach dem Gehalt der Wässer an diesen Stoffen mehr oder weniger sauer sind und beim Ablassen in bestehende Kanalisationen oder in mit Betonplatten ausgebaute Bachläufe Anfressungen und Ausflockungen hervorrufen. Der hohe Gehalt der Schutthalden an Schwefelkies bedingt, daß diese Wässer oft einen hohen Gehalt an Schwefelwasserstoff haben, der nicht nur durch seine starken Geruchsbelästigungen, sondern auch durch seine aggressiven Eigenschaften an vielen Abläufen Schaden verursacht hat.

Die Unschädlichmachung und Reinigung dieser Abwässer hat in ähnlicher Weise wie bei den Grubenwässern durch eine Neutralisation, am billigsten mit Kalkmilch, zu erfolgen. Das sich hierbei ausscheidende Ferrohydroxyd wird durch eine Belüftung, die gleichzeitig den vorhandenen Schwefelwasserstoff zerstört, in leicht absetzendes Ferrihydroxyd übergeführt, das dann zusammen mit den übrigen Stoffen, wie Gips und Aluminiumhydroxyd, in Absetzbecken abgefangen wird. Nachteilig wirken hierbei die oft stark schwankenden Wassermengen, die eine genaue Dosierung und eine geordnete Zugabe der Neutralisationsmittel erheblich erschweren.

5. Die menschlichen Abfallstoffe und Waschkauenwässer im Bergbaubetrieb. Die menschlichen Abfallstoffe müssen aus hygienischen Gründen und mit Rücksicht auf eine Übertragung der Wurmkrankheit in der Grube in besonderen Kübeln gesammelt werden, die täglich über Tage befördert und entleert werden müssen. Die Entleerung erfolgt am einfachsten in die örtliche Kanalisation, in die dann auch die zum Reinigen der Kübel benutzten Spülwässer entleert werden können. Gegen die Aufnahme in die Kanalisation dürften, solange die Kübelleerung oft genug und damit im frischen Zustande erfolgt und keine Fäulniserscheinungen bemerkbar sind, keine Bedenken bestehen. Ist keine Möglichkeit gegeben, die Abwässer in die Kanalisation abzulassen, so können die Kübelinhalte und die Spülwässer in Mischung mit Torf unter Zugabe von Kalk kompostiert oder in geeigneten Faulräumen, wie man sie zum Ausfaulen häuslichen Abwasserschlammes benutzt, gesammelt und ausgefault werden. Eine Hauptbedingung ist hierbei, daß die Faulräume genügend groß und nicht zu kalt sind, damit sich eine gute alkalische Gärung entwickeln kann. Unter Umständen muß beim Einsetzen saurer Gärung durch Zugabe von Kalk, Impfen mit gutem Schlamm und Mischen zu Beginn der Fäulnis nachgeholfen werden. Der kompostierte oder ausgefaulte Schlamm stellt allein oder in Mischung mit Müll oder Torf ein vorzügliches Düngemittel dar, für das überall an Gärtner, Kleingärtner, Gartenanlagen u. dgl. genügend Absatz vorhanden sein dürfte.

Die Waschkauenwässer fallen beim Schichtwechsel an. Sie enthalten außer Seifenemulsionen feine Kohleteilchen und die übrigen beim Waschen der aus der Grube kommenden Bergleute anfallenden Schmutzstoffe. Die pro Kopf anfallende Menge schwankt zwischen 30—100 Litern. Sie werden am besten in die Kanalisation abgelassen. Falls dies nicht möglich ist, müssen sie wenigstens mechanisch gereinigt werden und, wenn sie mit Fäkalien in Berührung gekommen sind, wie häusliche Abwässer behandelt werden.

6. Abwässer aus Brikettfabriken (auch Braunkohlenbrikettfabriken). In den Brikettfabriken wird Pulverkohle oder feine Abfallkohle oder vorgetrocknete Braunkohle in Formpressen unter starkem Druck zu Briketts gepreßt. Bei der Mahlung und Pressung fallen große Staubmengen an, deren Beseitigung von jeher wegen der erheblichen Belästigung der Nachbarschaft und des Betriebes gefordert wurde. Die Entstaubung kann auf trockenem und auf nassem Wege erfolgen. Bei der nassen Entstaubung, die für sich allein nur noch selten angewandt wird, und in der kombinierten, trocken-nassen Entstaubung fallen kohlenstaubhaltige Abwässer an. Die Reinigung dieser feinen kohlenschlammhaltigen Abwässer erfolgt am einfachsten mit den bei der Kohlenwäsche anfallenden Abwässern oder sie kann aber auch über Saugzellenfilter erfolgen, wobei das Wasser ständig im Kreislauf verwandt wird und das abgefangene Gut in die Brikettherstellung gegeben werden kann.

Entstaubungsanlagen bei Braunkohlenbrikettfabriken. Man unterscheidet die Innenentstaubung und die Schlotentstaubung. Die Innenentstaubung erfaßt die Transportschnecken, Elevatoren, Sammelräume, Kohlenzuführungsapparate, Pressenkanäle u. a. Bei der Schlot- (Wrasen- oder Brüden-)Entstaubung werden die aus den Dampftrockenapparaten mit den Wrasen (Brüden) entweichenden Kohlenteilchen, deren Menge bis 5% der getrockneten Braunkohlenmenge ausmachen kann, zurückgehalten. Beide Arten der Entstaubungen können sowohl trocken (durch Kammern, Exhaustoren, Ventilatoren, Windsichter, Zentrifugalabscheider, mechanische und Elektrofilter), wobei also Abwasser nicht entsteht, oder naß (durch Brausen, Streudüsen, Windsichter und Wasserspülung) oder kombiniert trocken-naß (durch Verbundentstaubungen) ausgeführt werden. Bei den Entstaubungsanlagen wird auf die Wiedergewinnung und -verwertung des abgeschiedenen Staubes, sei es für Brikettierungs- oder für Feuerungszwecke, größter Wert gelegt. Für die Schlotentstaubung hat sich das trockene elektrische Niederschlagsverfahren sehr gut bewährt, während bei der Innenentstaubung nach dem elektrischen Verfahren noch nicht alle Schwierigkeiten (Explosionsgefahr) überwunden sind. Man wendet daher für die Innenentstaubung noch gerne das nasse oder kombinierte trocken-nasse Verfahren an. Bei der oft einsamen Lage der Braunkohlenfabriken zwingt der Mangel an gutem Betriebswasser, besonders an Kühlwasser dazu, die im Betrieb anfallenden Abwässer möglichst weit zu reinigen, um sie im Betrieb, z. B. während der trockenen, heißen Jahreszeit, wieder verwenden zu können.

b) Braunkohlenindustrie.

1. Die anfallenden Abwasserarten. Die Gewinnung der Rohbraunkohle erfolgt vorwiegend im Tagebau. Die hierbei anfallenden Abwässer sind ein Gemisch von Niederschlags- und Grubenwasser, Preßwasser der hydraulischen Maschinen, ferner Kühl- und Spülversatzwasser. Sie enthalten neben Braunkohlenteilchen meistens tonige und sandige Beimengungen, die sich verschieden schnell absetzen. An gelösten Stoffen enthalten die Abwässer Humine, Kochsalz, Kalk- und Magnesiasalze (Härtebildner), mitunter Ferrosulfat, das durch Hydrolyse und Sauerstoffaufnahme in Ferrihydroxyd übergeht und dem Wasser durch Bildung freier Säure saure Reaktion verleiht. Das Abwasser aus Braunkohlengruben ähnelt dem Wasser aus Mooren. Es ist mehr oder weniger stark braun gefärbt. Mit häuslichem oder anderem stark organisch verschmutzten Abwasser, z. B. mit Brauerei- und Brennereiabwasser, vermischt, entstehen unter Umständen flockige Niederschläge, die zu starken Verschlammungen von Bächen und Teichen führen können. Die Menge der anfallenden Abwässer entspricht bei Tagebauten etwa der Niederschlagsmenge des Gebietes.

Kohlenwaschwässer, wie sie bei der Steinkohlenaufbereitung eine große Rolle spielen, kommen in der Braunkohlenindustrie nur vereinzelt dort vor, wo man durch Sand, Kies, Ton u. a. diluviale Einlagerungen verunreinigte, aber noch abbauwürdige Kohle gewinnen kann.

2. Schädlichkeit für den Vorfluter. Gelangen die Abwässer der Braunkohlenindustrie und zwar die Gruben- und die Brikettfabrikabwässer in den Vorfluter, der in den meisten Fällen sehr klein ist (Wasserläufe zweiter und dritter Ordnung), so können sie hier große Schäden hervorrufen. Durch starke Schlammablagerungen können sie den Abfluß hindern, das Pflanzen- und Tierleben (einschließlich der Fischerei) stören und den Gemeingebrauch des Wassers (Baden, Waschen, Viehtränken, Feuerlöschen, Benutzung als Brauchwasser in industriellen Betrieben u. a.) stark beeinträchtigen. Die mit Abwässern aus Braunkohlenbetrieben gespeisten Fischwässer pflegen bei einer Neuanlage nicht sofort Schäden zu zeigen. Mit fortschreitendem Abbau der Braunkohle werden sie aber mit Eisensalzen und Säure so stark angereichert, daß diese zunächst schwach- dann starksauer werden, so daß sie dann Fischsterben hervorrufen. Gerade alte, schon abgebaute Braunkohlengruben sind in dieser Hinsicht sehr gefährlich. Beim Einlassen in Fischwasser ist dauernde Kontrolle des p_H-Wertes erforderlich[1].

3. Mechanische Reinigung. Die Braunkohlenabwässer müssen daher vor dem Ablassen in den Vorfluter einer sorgfältigen mechanischen Reinigung unterzogen werden. Die einfachste Art der Reinigung ist die Klärung in natürlichen Erdbecken, wie sie oft in verlassenen Tagebauten, Bruchfeldern, Senkungssümpfen, verschilften Teichen u. dgl. zur Verfügung stehen. Der Raum muß genügend groß sein, so daß eine genügende Aufenthaltszeit und ein guter gleichmäßiger Durchfluß gewährleistet ist. Diese einfachen und meist sehr billigen Becken haben oft den Vorteil, daß sie nicht geräumt zu werden brauchen, dagegen den Nachteil, daß sie nach Austrocknung des Schlammes zu Staubbelästigungen und zu Brandgefahr Veranlassung geben können.

Die Reinigung kann aber auch in künstlichen Klärbecken, wie sie zur mechanischen Reinigung der Abwässer der Steinkohlenwäsche und auch sonst in der Abwassertechnik benutzt werden, erfolgen. Wegen der viel geringeren Klärfähigkeit müssen die Abwässer aber viel längere Aufenthaltszeiten, und zwar mindestens von 6—10 Stunden, besser aber noch von 1—2 Tagen haben. Als Absetzbecken kommen bis zu 1 m tiefe Sickerbecken für Schlammtrocknung nach der Betriebsunterbrechung nach Bauart IMHOFF-LAGEMANN in Frage. Bewährt haben sich aber auch die mit maschineller Naßentschlammung für durchgehenden Betrieb eingerichteten Lang- oder Rundbecken (mit Bagger, Dickstoffpumpen, drehbarer Kratzer, Sauger, Längskratzer). Bei Platzmangel werden auch Klärtürme, -schächte oder -kessel (mit mechanischer Entschlammung und Schlammbeförderung, z. B. nach Bauart VOGT-Borna) verwendet.

Der in den Absetzbecken usw. anfallende Schlamm hat einen hohen Wassergehalt (80%), der eine unmittelbare Verwendung im Betrieb verhindert. Seit längerer Zeit werden in der Braunkohlenindustrie mit bestem Erfolg die mit Filtertüchern und Preß- und Saugluft arbeitenden Schlammfilter und Saugzellenfilter sowie Filterpressen angewandt. Die Reinigungswirkung dieser Filter ist gut (die ablaufenden Abwässer haben unter 50 mg/Liter Ungelöstes). Nachteilig ist meistens der hohe Anschaffungspreis. Das filtrierte Wasser wird im Kreislauf verwandt, während der gewonnene Schlamm entweder unter den Kesseln verbrannt, der zum Trocknen vorbereiteten Rohkohle zugesetzt, zu Briketts verpreßt und in Ausnahmefällen auch zur Herstellung poröser Steine benutzt wird.

---

[1] Fischerei-Ztg. 1937, **40**, 264.

4. Chemische Reinigung der Braunkohlenabwässer. Die Braunkohlenabwässer enthalten sehr viele kolloide Stoffe, die unr zum Teil, und zwar in den meisten Fällen in großer Verdünnung als Schutzkolloide wirken und in der städtischen Kläranlage dann die mechanische Reinigung erheblich erschweren. Es lag daher nahe, die Ausscheidung der kolloiden Feinstoffe in den konzentrierteren Abwässern vorzunehmen und durch Zugabe chemischer Fällungsmittel (Eisen-, Aluminiumsalze, Kalk, Chlormagnesiumlauge, Kalkwasser u. a.) zu beschleunigen. Der Preis für die Chemikalien, deren Verbrauch bei den oft großen Wassermengen (1—10 cbm-Minute) sehr groß ist, die bedeutend vergrößerte Schlammenge und die schlechtere Verwendbarkeit des abgefangenen Schlammes stehen der Anwendung der chemischen Fällungsmittel entgegen. Die chemische Fällung wird aber bei sauren, eisenhaltigen Grubenwässern notwendig, die in kleine Vorfluter abgelassen werden müssen. Die Enteisenung und Neutralisation, die mit Rücksicht auf die Pflanzen- und Tierwelt (Fischerei) erforderlich werden kann, richtet sich nach den örtlichen Verhältnissen,

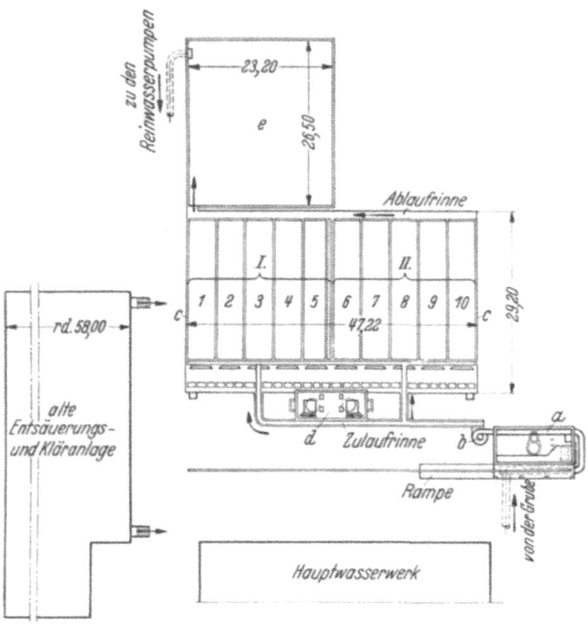

Abb. 50. Schema einer Kläranlage für Tagebauabwässer beim Braunkohlen- und Großkraftwerk Böhlen bei Leipzig nach Dr. E. STEUER.

Abb. 51. Kläranlage für Braunkohlenabwässer, errichtet von der Wasser- und Abwasserreinigung Dr. E. STEUER in Neustadt an der Weinstraße.

d. h. nach dem Säuregehalt (p_H-Wert), dem Säurebindungsvermögen und nach dem Eisengehalt der umliegenden Gewässer, die bisweilen — auch ohne die Zuleitung von Grubenwässern — in solchen Braunkohlengegenden eisenhaltig, sauer und daher von sich aus organismenarm sind.

Als Neutralisations- bzw. Fällungsmittel kommen Kalkmilch oder Abfallstoffe mit alkalischer Reaktion (Asche, Kesselrückstände, Waschbergematerial u. ä.) in Betracht. Nach der Zugabe muß durch eine intensive Belüftung die Ausscheidung vervollständigt und die ausgeschiedenen Stoffe durch eine mehrstündige Nachklärung oder eine Filtration abgeschieden werden. Ob und wieweit der getrocknete Eisenschlamm weiter verwandt werden kann, richtet sich nach den örtlichen Verhältnissen. PETERSEN[1] hat eine Reihe von Fällungsversuchen von Braunkohlenschlamm enthaltenden Abwässern mit verschiedenen Elektrolyten (Salzen) und verschiedenen Nichtelektrolyten (Dextrin, Leim, Gelatine) durchgeführt. Die Versuche ergaben, daß die Klärung besonders durch Alkalien und sauer reagierende Salze (z. B. des dreiwertigen Eisens und des Aluminiums) sowie durch Ölemulsionen stark gefördert werden kann. Als besonders wirksam erwies sich eine Kombination von Natronlauge und Eisenchlorid. Bei der Fällung kommt es darauf an, daß die peptisierende Wirkung der Huminsäure auf die Braunkohlenteilchen unschädlich gemacht wird. STEUER[2] beschreibt eine Reinigungsanlage für das Grubenwasser eines Tagebaues, das als Betriebswasser benutzt werden muß. Das Rohwasser hat 2500 mg-Liter Schwebestoffe, 2 bis 3 mg/Liter Eisen, 15 bis 30 mg/Liter aggressive Kohlensäure. Durch Zugabe von 8—12 g/cbm Tonerde und 160 g/cbm Kalk erfolgt die Ausfällung. Die Entschlammung, bei der täglich 20—30 cbm Schlamm anfallen, erfolgt in Neustädter Becken. Die Kosten für die Reinigung betragen 0,55 Pf./cbm Wasser. Die in Abb. 50 schematisch und in Abb. 51 im Bild dargestellte Kläranlage für Tagebauabwässer des Braunkohlen- und Großkraftwerkes Böhlen bei Leipzig zeigt das Gebäude für die Zugabe der Chemikalien. Hier befinden sich die Behälter für die Herstellung von Tonerdelösung und Kalkmilch. Diese Fällungsmittel fließen in den von der Druckleitung gesteuerten Mengen ständig zu und werden in der Mischschnecke *b* durch die in ihr unter Ausnutzung einer kleinen Gefällstufe erzeugten Wirbelströme (s. Abb. 52) innigst mit dem Abwasser vermischt. In zehn, in zwei Gruppen von je fünf nebeneinandergeschalteten Neustadter Becken (s. Abb. 50) mit einem nutzbaren Klärraum von 2500 cbm wird der sich unter dem Einfluß der chemischen Fällung bald abscheidende Schlamm vom Wasser getrennt. Der anfallende Schlamm wird in ein Erdbecken gedrückt. Das geklärte Abwasser fließt in einen Sammelbehälter und geht von dort als Betriebswasser in den Betrieb zurück.

Abb. 52. Mischschnecke zum Zumischen von Chemikalien nach Dr. E. STEUER.

[1] PETERSEN: Braunkohle 1932, **31**, 851.
[2] STEUER: Braunkohle 1932, **32**, 213.

c) Abwässer von Kokereien, Gasanstalten, Nebenproduktengewinnungsanlagen, Schwelereien, Holzverkohlungindustrien.

1. Kokslöschwasser. Der aus den Koksöfen herausgedrückte Kokskuchen muß sofort mit Wasser abgelöscht werden. Nur dort, wo das Grubenwasser salzarm ist, verwendet man das in genügender Menge zur Verfügung stehende Grubenwasser. Bei höheren Salzgehalten verleiht das Grubenwasser dem Koks ein blindes Aussehen. Er verliert dadurch an Verkaufswert, so daß man in diesen Fällen trotz der höheren Kosten lieber Leitungswasser verwendet. Beim Kokslöschen entsteht trotz der erheblichen, bis zu 30—40% betragenden Verdampfung ein Abwasser, das gelöste Gase und Koksteilchen enthält sowie einen dumpfigen Geruch aufweist. Die Menge des anfallenden Abwassers wird mit 0,3—1 cbm, im Mittel etwa 0,5 cbm, je Tonne verkokte Kohle angegeben. Wenn

Abb. 53. Kläranlage für das Kokslöschwasser einer Kokerei System Bamag-Meguin. Schlammaustrag unter Wasser mittels eines drehbaren Schabers. Trocknung der Kokslösche in einem hochstehenden Eindickbehälter.

es auch zur Erzielung eines silberglänzenden Aussehens des Kokses zweckmäßig ist, das Ablöschen mit reinem, frischem Wasser durchzuführen, ist es doch mit Rücksicht auf den Vorfluter wünschenswert, das beim Kokslöschen anfallende Abwasser so zu reinigen, daß es zu demselben Zweck wieder verwandt werden kann. Ist eine Wiederverwendung ausgeschlossen, so kann das entstehende Abwasser gemeinsam mit den Kohlenwaschwässern gereinigt und mit diesen im Kreislauf verwandt werden.

Die Reinigung des Kokslöschwassers kann sich auf die bekannten mechanischen Verfahren beschränken. Es kommen in erster Linie die bei Abwässern mit vorwiegendem Gehalt an mineralischem Schlamm benutzten Absetzbecken in Betracht, wie sie unter anderem beim Entsanden von Zuckerfabrikabwasser, zum Reinigen des Kohlenwaschwassers usw. verwendet werden. WINKELHÖFER[1] beschreibt eine von der Firma Bamag-Meguin beim Hörder Verein erbaute Kläranlage für Kokslöschwasser. Das Abwasser wird einem kreisrunden, trichterförmigen Klärbrunnen von 10 m oberem Durchmesser und 3,5 m Tiefe in der Mitte durch einen Wasserverteilungszylinder zugeleitet. Die absinkenden festen Teilchen sammeln sich als Schlamm in zwei auf der Sohle des Brunnens konzentrisch angeordneten Schlammrinnen von dreieckigem Querschnitt, aus denen sie mit drehbar angeordneten Schabern zu dem unter den Schlammrinnen liegenden Sumpf geschoben werden. Das von der Mitte nach dem Brunnenrande fließende Wasser durchströmt vor dem Ablauf in die Abflußrinne noch in der Richtung von unten nach oben ein auf gelochten Blechen lagerndes Koksfilter, in dem die restlichen Schwebestoffe zurückgehalten werden. Das geklärte Wasser geht in den Betrieb zurück. Bei dem kontinuierlichen Betrieb wird nur das durch Verdampfung verlorengehende Wasser ersetzt. In Abb. 53 ist eine Kläranlage für das Kokslöschwasser einer Kokerei System Bamag-Meguin dargestellt.

Die Entstehung des Kokslöschwassers kann durch Trockenkühlverfahren, bei denen der Kokskuchen in einen mit einem indifferenten Gas, z. B. Stickstoff,

[1] WINKELHÖFER: Glückauf 1929, 65, 1462.

begasten Tunnel geschoben und dort langsam abkühlt wird, vermieden werden. Obwohl bei diesen Trockenkühlverfahren eine große Wärmemenge verwertet werden kann, ist es nur an sehr wenigen Stellen eingeführt worden.

Bei einigen Kokereien des Ruhrgebietes werden die Abwässer auf eine Halde gepumpt. Beim Durchrieseln der Halde tritt eine intensive Belüftung und gleichzeitig ein Abbau des beim Kokslöschen aufgenommenen Schwefelwasserstoffs, des Phenols u. a. ein. Das am Fuße der Halde abgefangene Sickerwasser kann in Abfanggräben gefaßt und dann in den meisten Fällen in den Vorfluter abgelassen oder besser im Kreislauf verwandt werden.

2. Gaswasser. *Menge und Zusammensetzung der Gaswässer.* Nachdem das bei der trockenen Destillation entstehende Gas durch eine Teervorlage von der Hauptmenge des Teers und des Naphthalins befreit ist, wird es in Kühlern auf 15° abgekühlt, wobei sich weitere Mengen Teer und Naphthalin und das Gaswasser bilden. Das in einem Naphthalinwäscher vom letzten Rest Naphthalin befreite Gas wird mit Wasser im Gegenstrom gewaschen. Das Wasser nimmt hierbei das im Gas enthaltene Ammoniak und die Ammoniumsalze, ferner lösliche Bestandteile, wie Phenole usw., auf. Die verdünnte Lösung bildet das „zweite" Gaswasser, das mit dem ersten zur Ammoniakgewinnung vereinigt wird. Es enthält neben Chloriden (1—2%), freies und gebundenes Ammoniak (1—5%), verschiedene Schwefelverbindungen als Sulfide, Thiocyanate, Thiosulfate, Sulfate (auf S berechnet etwa 0,5—1,5%), Cyanverbindungen, Amine, Phenole (0,1—0,9%), Pyridinbasen. Der Gehalt des Gaswassers an diesen Stoffen ist von verschiedenen Umständen abhängig, von der Zusammensetzung und dem Wassergehalt der Kohle selbst, von der bei der Verkokung angewandten Temperatur und den Garungszeiten. Auch die Menge des anfallenden Gaswassers ist verschieden. Sie schwankt je nach der angewandten Kohle und den Arbeitsmethoden, wie die Zusammenstellung von WIEGMANN zeigt:

Tabelle 7.

Zusammensetzung der Kohle				Auf 1 Tonne Koks entfallen:				
Nr.	Wasser %	Asche %	Flüchtige Bestandteile %	Teer kg	Leichtöl kg	Gaswasser cbm	Ammoniak kg	Phenol kg
1	12,25	6,67	22,57	35	14,8	0,52	4,4	0,85
2	11,86	7,09	24,16	39	14,8	0,40	3,0	0,67
3	12,36	6,43	24,68	44	14,7	0,65	4,8	1,03
4	12,32	7,37	28,41	49	15,7	0,66	7,2	2,27

Nach THUMM ergeben 100 kg gute Gaskohlen etwa 8 kg Gaswasser; diese Menge kommt aber nur für Gasanstalten in Frage. Das in Betrieben mit Horizontalretorten anfallende Ammoniakrohwasser ist ärmer an Phenolen und sonstigen organischen Verbindungen als das Abwasser aus Betrieben mit Vertikalretorten, hat aber dafür einen höheren Ammoniakgehalt. Die im Wasser enthaltenen Stoffe haben unbeschadet ihres Kaliumpermanganatverbrauches ein verschieden starkes Reduktionsvermögen. Nach der Reduktionsstärke geordnet ergibt sich folgende Reihenfolge: Phenole, höhere Homologe des Phenols, Thiosulfate, Thiocyanate. Bei gleichem Kaliumpermanganatverbrauch würde demnach ein Wasser mit höherem Rhodangehalt schwieriger zu behandeln sein als ein an Phenolen reiches Abwasser, das schon an der Luft gierig Sauerstoff aufnimmt. Bei Vertikalretorten fällt mengenmäßig mehr Ammoniakrohwasser an (290 Liter/t Kohle) als bei den Horizontalretorten (170 Liter/t Kohle). NÜBLING[1] rechnet mit einer Abwassermenge, die 2% der erzeugten Gasmenge entspricht. Das Gaswasser wird zu den Abtreibeapparaten geleitet und nach Zusatz von Kalk der Ammoniak abdestilliert. Die Zusammensetzung eines solchen, durch Absetzbecken von dem Kalkschlamm befreiten Abwassers von der halbdirekten Kokereinebenproduktengewinnungsanlage der Gewerkschaft Helene-Amalie gibt BACH wie folgt an:

[1] NÜBLING: Gas- u. Wasserfach 1930, **73**, 909.

Phenole (bezogen auf C_6H_5OH)	1300— 2700 mg/Liter
Rhodanide (bezogen auf CNS)	90— 260 mg/Liter
Gesamtstickstoff (ohne CN) als NH_3 und organischer Stickstoff	160— 350 mg/Liter
Gesamtschwefel (als Sulfat- und Sulfidschwefel, organischer Schwefel)	260— 1400 mg/Liter
Freier Kalk	400— 900 mg/Liter
Kaliumpermanganatverbrauch	10000—40000 mg/Liter

Die Farbe kann nicht als Maßstab der Schädlichkeit dieser Abwässer benutzt werden, da gerade die färbenden Bestandteile (höhere Phenole) bei der Reinigung am wenigsten stören. Daß in dicht besiedelten Industriegebieten, wie z. B. dem rheinisch-westfälischen Kohlenrevier, große Phenolmengen anfallen, ergibt sich aus den von PRÜSS[1] für die Emscher angegebenen Zahlen. Mit der Emscher wurden bisher jährlich 10000 t Phenol in den Rhein geschickt.

Schädlichkeit der Abwässer. Je nach dem Verdünnungsverhältnis, das diese Abwässer im Vorfluter erfahren, kann das Vorflutwasser für häusliche und landwirtschaftliche sowie für gewerbliche Zwecke ganz oder teilweise unbrauchbar werden. Infolge seiner sehr hohen Oxydierbarkeit, die etwa 30—150fach größer als für normales häusliches Abwasser ist, stellt es sehr hohe Anforderungen an den Sauerstoffvorrat des Vorflutwassers. Die in ihm enthaltenen ungelösten Teerverbindungen bilden auf der Oberfläche feine Häute und wirken durch Abschluß der Oberfläche, ähnlich wie andere Öl- und Fettverunreinigungen, ungünstig.

Das biologische Gleichgewicht des Vorfluters kann durch das Einleiten phenolhaltiger Abwässer empfindlich gestört werden. Bei schlechten Verdünnungsverhältnissen wirken die Phenole, Rhodanverbindungen, der freie Kalk und die Pyridinbasen als Giftstoffe. Sehr starke Sauerstoffverbraucher und Giftstoffe für Fische sind auch die im Abwasser enthaltenen Schwefelverbindungen, vor allem die Sulfide. Phenol scheint auch katalytische Eigenschaften für den Sauerstoffabbau anderer Stoffe zu haben. Über die Giftigkeit der phenolhaltigen Abwässer berichten unter anderem die Arbeiten von HOLZINGER[2], HÄRDTL[3] und STEINMANN[4]. Die Belange der Fischerei können durch phenolhaltige Abwässer stark beeinträchtigt werden. Bei stärkeren Konzentrationen sind die unterhalb der Einleitungsstellen auftretenden Fischsterben direkt auf eine Giftwirkung zurückzuführen. Bei geringeren Konzentrationen kann der durch den biologischen Abbau bedingte Sauerstoffschwund die Ursache sein. Tierische Planktonorganismen (Krustaceen und andere) können durch mäßige Phenolmengen (45 mg/Liter) stärker geschädigt werden als pflanzliche. Auf Forellen, Hechte, Karpfen wirken Mengen von 5—10 mg/Liter Phenol schädlich bzw. tödlich. Bei Laboratoriumsversuchen über den Einfluß von Phenolen zeigen sich nach den Untersuchungen von KALABINA[5] Fische in Aquarien mit reinen Phenollösungen bis zu 4—15 mg/Liter Phenol widerstandsfähig, wohingegen in freien Gewässern schon bei Gehalten von 0,2 mg/Liter Fischsterben beobachtet werden. Diese Wirkung liegt offensichtlich nicht am Phenol allein, sondern auch wesentlich an den anderen im Abwasser enthaltenen Stoffen, wie Naphthalin, Cyanide, Rhodanide usw. Nach genügender Verdünnung unterliegt das Phenol im Vorfluter sehr stark dem biologischen Abbau. Die strittige Frage, ob es sich bei der stattfindenden Abnahme des Phenols um einen biologischen oder chemischen Vorgang handelt, ist wohl endgültig dahin entschieden worden, daß es sich in erster Linie um einen biologischen Vorgang handelt. Der 5tägige biochemische Sauerstoffbedarf beträgt nach SIERP und FRÄNSEMEIER[6] 1,85 g und nach MÜLLER[7] 1,65 g für 1 g Phenol.

Wird der Vorfluter zu Trinkwasserzwecken benutzt, so können sich, wie die Verhältnisse an der Ruhr und manchen anderen Flüssen gezeigt haben, katastrophale Verhältnisse entwickeln. Muß das Trinkwasser mit Rücksicht auf seinen Keimgehalt mit Chlor behandelt werden, so genügen schon sehr kleine Phenolmengen, um dem Trinkwasser nach der Chlorung einen widerlichen Geschmack, den sog. Jodoform- oder Apothekengeschmack, zu verleihen.

---

[1] PRÜSS: Gas- u. Wasserfach 1929, **72**, 791.
[2] HOLZINGER: Zeitschr. Fischerei **25**, Heft 1.
[3] HÄRDTL: Zeitschr. Fischerei 1934, **32**, 459.
[4] STEINMANN: Zeitschr. Hydrologie 1920, **1**.
[5] KALABINA: Zeitschr. Fischerei 1935, **33**, 295.
[6] SIERP-FRÄNSEMEIER: Vom Wasser 1934, 8, 85.
[7] MÜLLER: Technisches Gemeindeblatt 1932, **35**, 148.

Dieser Geschmack ist auf die Bildung von Chlorphenolen zurückzuführen. Die Grenze für die Geschmacksempfindlichkeit ist sehr weit. Während sie bei unempfindlichen Personen bei Verdünnungen von 1:10 Millionen liegt, nehmen empfindliche Personen den Geschmack noch in Verdünnungen von 1:750 Millionen wahr. Aus dem gleichen Grunde muß man auch mit dem Ablassen phenolhaltiger Abwässer in Seen, die zur Trinkwasserversorgung dienen, sehr vorsichtig sein. Bei Windänderungen kann das phenolhaltige Wasser bis zu den Entnahmestellen getrieben werden (Chicago) (s. Geschmacksbeseitigung im Trinkwasser, S. 73f.).

Gelangt der kalkhaltige, mit Teer und Naphthalin durchsetzte Schlamm von den Abtreibern in den Vorfluter, so lagert er sich unterhalb der Einleitungsstelle ab. Bei stärkeren Strömungen, wie an Wehren, Schleusen, bei Hochwässern und Spülungen wird er aufgewirbelt und kann er dann stets von neuem die Ursache des Fischsterbens werden. Bei längerem Aufenthalt in phenolhaltigem Wasser nehmen Fische einen eigentümlichen Carbolgeruch an, wodurch sie für den menschlichen Genuß unbrauchbar werden. Zum Hervorbringen dieses widerwärtigen Geruchs und Geschmacks des Fischfleisches genügt schon ein sehr geringer Gehalt an Phenolen. Die Fische nehmen diese Stoffe entweder mit dem Plankton oder durch die Haut auf. Auch eine längere Haltung der Fische in reinem Wasser ist nicht imstande, den Phenolgeschmack durch Wässern zu beseitigen. Das im Abwasser enthaltene Cyan wirkt schon in kleinen Mengen auf Lachse und Seeforellen tödlich. Nach den Untersuchungen von TUPHOLME werden Forellen schon in weniger als einer Stunde in einem Wasser, das bei $+ 5^0$ C 0,14 mg/Liter Cyankalium enthält, getötet. Eine wesentliche Verminderung des Cyangehaltes erreichte er durch eine Zerstäubung der Abflüsse bei 58^0 C, wodurch sich die Giftigkeit auf $^1/_{16}$ ihres ursprünglichen Wertes verringerte. Auch durch Zugabe von Formalin läßt sich die Giftigkeit stark herabsetzen.

Reinigung der phenolhaltigen Abwässer. Die meisten Reinigungsverfahren laufen auf eine Entfernung des Phenols als den schädlichsten Stoff der Abwässer hinaus. Das gewonnene Phenol findet vielseitige Verwendung, neuerdings in großem Umfange in Preßstoffabriken zur Herstellung von Kunstharzen. Die Reinigungsverfahren bezwecken:

1. eine Extraktion der Phenole mit dem Ziele ihrer Wiedergewinnung;
2. eine Zerstörung der Phenole.

Durch Vergasung möglichst trockener Kohlen läßt sich die Menge des Gaswassers verringern. Die Phenolmenge im Abwasser kann durch Vergasung möglichst sauerstoffarmer Kohle und durch Waschen des Gases mit Teer bei Temperaturen, die über dem Taupunkt liegen, hinaus vermindert werden. Der Gehalt an höheren Homologen des Phenols läßt sich in ähnlicher Weise herabsetzen. Den Thiocyanat- und Thiosulfatgehalt kann man durch möglichst baldige Verarbeitung des Ammoniakwassers verringern, da Thiosulfat und Thiocyanat durch Einwirkung des Luftsauerstoffs auf das cyanid-, sulfid- und schwefelkohlenstoffhaltige Wasser zum Teil erst nachträglich beim Speichern entstehen.

Gewinnung der Phenole durch Extraktion. Mit Benzol, Toluol und ähnlichen Lösungsmitteln. Würde man das Phenol aus den Abwässern der Abtreibekolonnen, in denen es an Kalk gebunden als Calciumphenolat vorliegt, durch Extraktion mit Benzol, Benzin, Toluol u. dgl. gewinnen wollen, so müßte man das Calciumphenolat vorher durch Ansäuern zerlegen. Das Ammoniumphenolat dagegen ist in Benzol und ähnlichem leicht löslich. Man führt daher die Extraktion des Phenols aus ammoniakhaltigem Rohwasser nach den Patenten von POTT und HILGENSTOCH vor den Abtreibekolonnen, also vor der Zugabe des Kalkes durch. Es sind verschiedene Verfahren zur Extraktion der phenolhaltigen Abwässer ausgearbeitet worden. Für die Frage, ob und welches Extraktionsverfahren angewandt werden kann, sind außer den Vorflutverhältnissen auch die örtlichen Verhältnisse im Werk und die Konzentration des Abwassers selbst ausschlaggebend.

Die Größe und die weiteren Aufgaben des Vorfluters spielen eine große Rolle. Steht ein großer Vorfluter mit gutem Selbstreinigungsvermögen zur Verfügung, und wird das Wasser nicht unterhalb des Vorfluters zu Trinkwasserzwecken benutzt, so kann ein Verfahren angewandt werden, bei dem der Reinigungsgrad nicht sehr weitgehend ist. Ist aber der Vorfluter klein und wird das Wasser unterhalb für Trinkwasser- oder Fischereizwecke benutzt, so sollte das Verfahren angewandt werden, das am stärksten wirkt. In besonders schwierigen Fällen kann man hinter die Extraktionsanlage noch eine biologische Anlage schalten, welche dann die bei der Extraktion im Abwasser verbleibenden Phenolreste zerstört. Von entscheidendem Einfluß sind aber die Abwasserverhältnisse im Werk selbst. Je nach dem in der Kokerei angewandten Verfahren ist auch der Phenolgehalt ein sehr verschiedener. Mit diesem Phenolgehalt hängt aber auch die Wirtschaftlichkeit des Verfahrens eng zusammen, die außerdem durch die schwankenden Preise für Phenole stark beeinflußt wird. BACH beurteilt die Wirtschaftlichkeit bei sachgemäßer Konstruktion und sorgfältigem Betriebe der Entphenolungsanlage durch Extraktion ohne Rücksicht auf die weitere Verwendung des dabei gewonnenen Phenols wie folgt:

Tabelle 8.

Phenolgehalt g/cbm	Wirtschaftlichkeit
über 4 g	gewinnbringend
3—4 g	meist gewinnbringend, auf jeden Fall ohne Verlust durchführbar
2—3 g	kleiner oder nur sehr bescheidener Gewinn, jedoch Verfahren meist ohne Verlust durchführbar
1—2 g	in der Regel meist nur mit Verlust durchführbar
unter 1 g	kommt wegen der Mißverhältnisse der Anlage- und Betriebskosten zur möglichen Phenolausbeute nicht in Betracht

Von Bedeutung ist weiter der Auswaschungsgrad der einzelnen Verfahren. Während man bei Anwendung von flüssigen Lösungsmitteln bis zu etwa 150 mg/Liter Restphenol kommt, kann die Auswaschung bei den mit a-Kohle arbeitenden Verfahren sogar bis auf durchschnittlich 50 mg/Liter hinuntergedrückt werden. Sehr schwierig ist oft auch die Einpassung des Entphenolungsverfahrens in die bestehenden Betriebsverhältnisse.

Eine große Anzahl der Verfahren der Auswaschung ist durch Patente geschützt. Nach WIEGMANN[1] kommen hauptsächlich folgende Patente in Frage: DRP. 387375, 370151, 397466, 375309, 399676, 418623, 436522. Nach diesen Patenten wird das Ammoniakrohwasser bei einer Temperatur von 40—60° mit Benzol, Toluol oder einer anderen geeigneten Waschflüssigkeit, wie Leichtöl, besonders Leichtteer, gewaschen und das mit Phenol angereicherte Waschmittel abgetrieben. Als Rückstand wird Rohphenol gewonnen, während das Waschmittel, z. B. Benzol, in den Waschkreislauf zurückkehrt. Statt das Benzol abzutreiben (s. Abb. 54), kann man das Lösungsmittel auch mit Natronlauge auswaschen. Während bei dem ersteren Verfahren Rohphenolöl gewonnen wird, erhält man im zweiten Falle eine Natriumphenolatlauge, die auf Rohphenolöl durch Zerlegen mittels Kohlensäure verarbeitet wird.

In Abb. 55 ist das Schema einer Anlage zum Auswaschen der Phenole aus dem Gaswasser und zur Gewinnung der Phenole unter Bindung an Natronlauge dargestellt. Das Gaswasser wird zunächst mit Benzol oder einem ähnlichen Lösungsmittel gewaschen. Das mit Rohphenol angereicherte Benzol wird in einen zweiten Wäscher geleitet, in dem sich Natronlauge befindet. In diesem werden die Phenole an die Natronlauge gebunden, während das entphenolte Benzol in den ersten Wäscher zur weiteren Extraktion zurückwandert. Die mit Phenol gesättigte Natronlauge wird als verkaufsfähige Phenolnatronlauge abgezogen. Da die im Gasrohwasser enthaltenen öligen und teerigen Bestandteile die Phenolnatronlauge unnötig belasten würden, so empfiehlt es sich, diese Stoffe vor der Anlage durch eine Entteerungsanlage zu entfernen. Außerdem ist es wichtig, daß das von dem Phenolwaschturm ablaufende Benzol-Phenolgemisch gut vom Wasser befreit ist, da sonst eine sehr unerwünschte Verdünnung der Phenolnatronlauge eintritt und Stoffe in die Lauge gelangen, die ihre Wirksamkeit beeinträchtigen. Das Umlaufbenzol muß von Zeit zu Zeit erneuert oder regeneriert werden.

Für den Entwurf und Bau derartiger Phenolgewinnungsanlagen kommen folgende Firmen in Frage: Walter Feld & Co., Essen; Heinrich Koppers, Essen; Carl Still, Recklinghausen; Dr. C. Otto, Bochum; Bamag-Meguin, Berlin.

Das Verfahren kommt in erster Linie für Kokereinebenproduktenanlagen der Steinkohlenzechen, sowie für solche Gaswerke in Betracht, die ihre Nebenproduktion auch auf die Gewinnung von Benzol erstrecken. Wichtig ist, daß

[1] WIEGMANN: Glückauf 1928, Nr. 13 u. 14, 64, 397, 435.

die in den Kreislauf nicht zurückgehenden, zwar geringen, jedoch sich immerhin summierenden Benzolanteile letzten Endes in der Benzolstation abgefangen werden können. Nach DRP. 567895 (Koppers A.-G., Essen) werden die bei

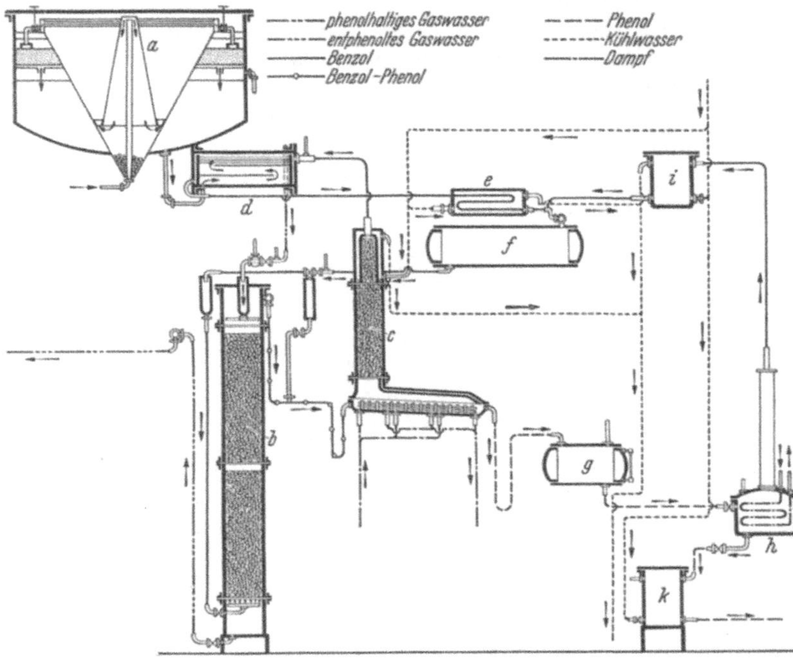

Abb. 54. Gewinnung der Phenole aus dem Gaswaschwasser durch Extraktion mit Lösungsmitteln und Abdestillation des zur Lösung benutzten Lösungsmittels.

der Entfernung der Phenole aus dem Gaswasser mittels einer Benzolwäsche noch in dem entphenolten Wasser verbleibenden Benzolreste durch Nachwaschen mittels einer hochsiedenden Ölfraktion entfernt, solange das Wasser noch warm

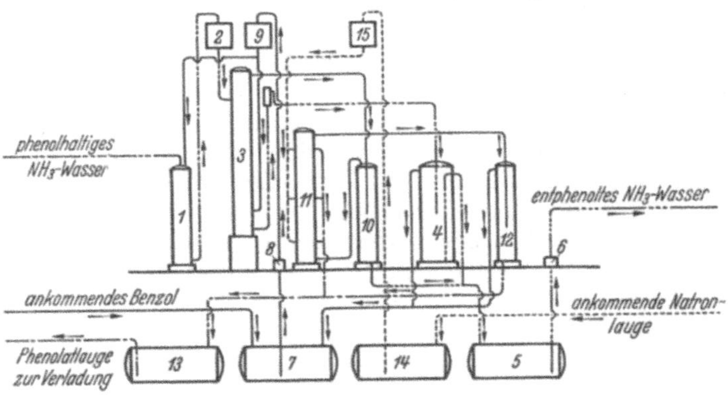

Abb. 55. Schema einer Anlage zum Auswaschen der Phenole und Gewinnung der Phenole durch Bindung an Natronlauge.

ist. In DRP. 590476, einem Zusatzpatent zu DRP. 431244, schlägt die Firma Dr. C. Otto, Bochum, vor, die Entphenolung während der Abtreibung des freien Ammoniaks oder vor der Abtreibung des fixen Ammoniaks mit Benzol oder Gemischen von Benzol mit anderen Lösungsmitteln, wie Trichloräthylen usw., durchzuführen. An Stelle von Benzol, Xylol und ähnlichen Lösungsmitteln sind als Ersatz in zahlreichen Patenten andere Waschmittel, wie z. B. eine Pyridin-Chinolin-Mischung, ferner die vom Benzolabtreiber abfließenden heißen Waschöle, sowie Leichtöle usw., vorgeschlagen. In DRP. 545413 sucht RASCHIG den Übergang der Phenole in die Gaswässer zur Erzielung phenolfreier Abwässer in Kokereien, Gasanstalten, Schwelwerken und ähnlichen Anlagen dadurch zu verhindern, daß das Phenol mit an sich bekannten Lösungsmitteln bereits aus den Destillationsgasen bei oberhalb des Taupunktes des Gasgemisches liegenden Temperaturen ausgewaschen wird.

Die Emschergenossenschaft in Essen hat durch umsichtigen Ausbau des Phenolextraktionsverfahrens mit Benzol zuerst die Phenolbeseitigung auf eine

Abb. 56. Entphenolungsanlage mit stehenden Wäschern für eine Leistung von 800 cbm Ammoniakwasser in 24 Stunden. Die Anlage bezweckt, mit Benzol als Waschmittel, die Gewinnung von Natrium-Phenolat.

wirtschaftliche Grundlage gestellt und bereits eine größere Anzahl Kokereien mit Entphenolungsanlagen ausgerüstet.

Trikresylphosphatverfahren. Bei den Anlagen, die selbst kein Benzol zur Verfügung haben und das Benzol selbst kaufen müssen, treten die Nachteile der Verwendung des Benzols, wie Löslichkeit im Wasser und die Unmöglichkeit der völligen Wiedergewinnung der im Kreislauf abhanden kommenden Benzolanteile auf, so daß meistens von einer Rentabilität der mit Benzol betriebenen Entphenolungsanlagen besonders bei niederen Phenolgehalten kaum noch gesprochen werden kann. Dies kann besonders der Fall bei Braunkohlenschwelwässern sein. Nach SCHÖNBURG[1] kann in solchen Fällen als Ersatz für Benzol und ähnliche Lösungsmittel das Trikresylphosphat oder Triaryl- oder Trialkylphosphat, in Frage kommen (DRP. 633895). Die Absorptionsfähigkeit des Trikresylphosphates gegenüber Phenolen ist etwa 10—20fach größer als bei Benzol. Für die Extraktion von 100 Teilen Gaswasser mit einer Phenolkonzentration von 3 g/Liter werden rechnerisch etwa 4—5 Teile Trikresylphosphat gebraucht.

---

[1] SCHÖNBURG: Brennstoffchemie 1931, **12**, 19. — GÖSMEIER-KRESS: Brennstoffchemie 1936, **17**, 466.

Ein weiterer sehr wesentlicher Unterschied zwischen dem Trikresylphosphatverfahren, auch kurz „Triverfahren“ genannt, und dem Benzolverfahren besteht in der Isolierung der in das Trikresylphosphat aufgenommenen Phenole. Infolge des hohen Siedepunktes des Trikresylphosphates (280—285°/10 mm) werden die Phenole durch Erhitzen, am besten durch Destillation mit Wasserdampf im Vakuum ausgetrieben. Das phenolfreie Trikresylphosphat wandert dann in den Waschprozeß zurück. Bei einem Gaswasser mit 3 g/Liter Phenol kann das Trikresylphosphat mit 6—8% Phenolen beladen werden. Zur Austreibung der Phenole aus dem Trikresylphosphat sind erfahrungsgemäß 5—6 Tle. Dampf auf 1 Tl. Phosphat erforderlich. Im gereinigten Gaswasser bleiben noch etwa 50 mg/Liter Trikresylphosphat gelöst, die mit dem Abwasser verlorengehen. Nachteilig ist für das Verfahren der verhältnismäßig hohe Preis für das Waschmittel. Durch dieses Verfahren werden die sonst lästigen Emulsionsbildungen vermieden.

Auswaschen durch einen heißen Gasstrom nach dem Verfahren der Koppers Co. in Amerika. Eine große Gasmenge von 2000 Raumteilen auf 1 Raumteil Gaswasser wird im Gegenstrom zum Gaswasser bewegt, wobei die Phenole zu 95% ausgetrieben werden, d. h. sie verdunsten und gehen vom Gaswasser auf den Gasstrom über. Dieses Auswaschen muß bei 102°C geschehen. Der mit den Phenoldämpfen beladene Gasstrom wird dann durch eine 10%ige Natronlauge geschickt, wobei die Phenole als Phenolnatrium gebunden werden, während der vom Phenol befreite Gasstrom im Kreislauf zum weiteren Auswaschen von Gaswasser benutzt werden kann. Als Waschgas kann sowohl Luft als auch Koksofengas benutzt werden. Die in verhältnismäßig dünner Lösung anfallende Phenolnatronlauge wird bei dem hauptsächlich in USA. angewandten Verfahren meist auf den Kokereien selbst auf Phenolöl verarbeitet. In Abb. 57 ist eine solche Anlage dargestellt.

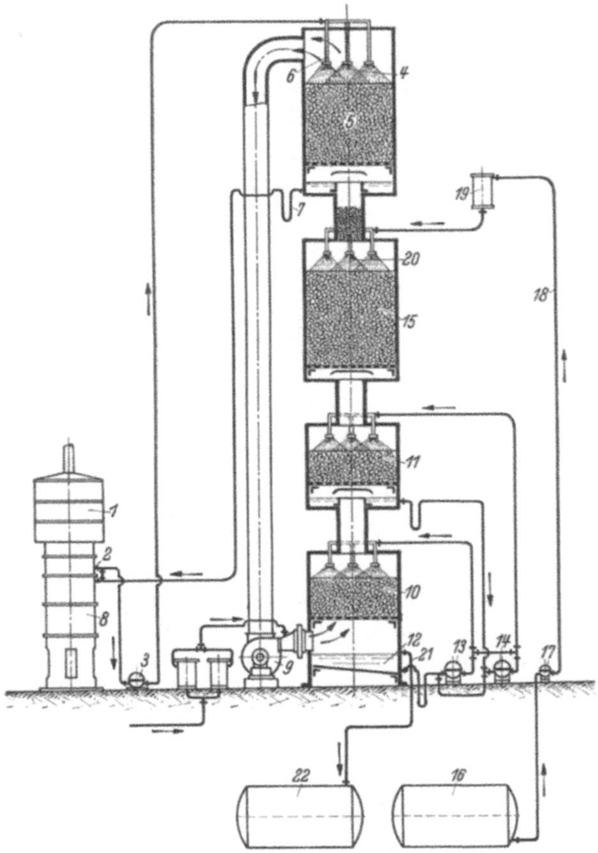

Abb. 57. Schema einer Entphenolungsanlage nach dem Koppers-Verfahren zum Auswaschen der Phenole aus dem Gaswasser durch einen heißen Gasstrom.

Nachdem das Gasrohwasser in dem Apparat 1 von freiem Ammoniak befreit ist, wird es bei 2 abgezogen und durch die Pumpe 3 auf den Turm 4 gehoben. Die oberste Kammer 5 des Entphenolungsturms ist mit Raschigringen oder ähnlichem Material aus Porzellan gefüllt. Auf dieses Material wird das Gaswasser durch die Düsen 6 verspritzt. Beim Durchrieseln bewegt sich das Gaswasser im Gegenstrom zu dem von unten kommenden Gasstrom und fließt, vom Phenol befreit, durch die Leitung 7 in den unteren Teil der Abtreiberkolonne zurück, wo unter Zugabe von Kalk in bekannter Weise das gebundene Ammoniak freigemacht und ausgetrieben wird. Der mit dem Phenol beladene Gasstrom wird im unteren Teil durch die entgegenrieselnde Natronlauge entphenolt, wobei die Natronlauge durch die Pumpen 13 und 14 längere Zeit im Kreislauf gehalten wird. Die mit Natronlauge beschickten Rieseler sind mit Eisendrehspänen gefüllt. In demselben Maße, in dem frische Natronlauge durch 19 aus dem Behälter 16 zufließt, fließt mit Phenol angereicherte Phenolnatronlauge durch den Überlauf 21 in den Vorratsbehälter 22. Um Wärmeverluste zu vermeiden, muß die ganze Anlage sehr gut isoliert werden.

Der Wirkungsgrad ist sehr gut. Bei einem Anfangsphenolgehalt von 1500 mg/Liter betrug der Endgehalt des entphenolten Abwassers noch 75 mg/Liter, was einer 95%igen Auswaschung entspricht. Leider sind die Baukosten bei dem hohen Auswaschturm (bei 135 cbm Abwasser etwa 25 m) und den notwendigen sehr guten Isolierungen sehr hoch.

Adsorption an aktive Kohle. Die Anwendung von Adsorptionsmitteln zur Entfernung der Phenole aus den Gewässern ist verschiedentlich empfohlen worden. J. KÖNIG empfiehlt Zusatz von Calciumbisulfit und etwas Kalkmilch mit nachfolgender Filtration über Knochenkohle. ROSENTHAL reinigt durch Luftoxydation, Ansäuern mit Schwefelsäure und Filtrieren über Grudekoks. SEIDENSCHNUR und FRANK[1] (DRP. 401457) empfehlen Kalkzusatz, Belüftung, Einleiten von Kohlensäure, Entfärbungsmittel bzw. Generatorwäsche. HELLTHALER und BORCHERS wenden ebenfalls Luftoxydation in der ursprünglich ammoniakalischen und in der mit Rauchgasen sauer gemachten Flüssigkeit mit jedesmal zwischengeschalteter Grudekoksfiltration an. WITT und SCHUSTER[2] wenden Vorfilter (Schwelkoks) zur Entfernung von Schwefelwasserstoff, Rauchgasbehandlung (bis zur schwach sauren Reaktion) und Reinfilter (Filtergeschwindigkeit von ungefähr 1 g Wasser/g Schwelkoks/St.) an. Die Adsorption der Phenole durch Braunkohlenkoks, der ein der Holzkohle ähnliches Capillargefüge und nach Vorbehandlung, z. B. mit Wasserdämpfen, gutes Adsorptionsvermögen ähnlich wie a-Kohle hat, kann zur Beseitigung der Phenole benutzt werden. WEINDEL wendet in dem DRP. 375309 als adsorbierenden Stoff Calcium-, Magnesium- oder Bariumcarbonat, Aluminiumhydroxyd, Kieselsäure, Holzmehl, Kohle oder feinkörnigen Koks an. Durch Extraktion der Stoffe nach der Beladung konnte er 75% der Phenole gewinnen. FEIGE schlägt im DRP. 523785 vor, die aus Schwelereien oder ähnlichen Betrieben stammenden Abwässer mit Eisensulfat und Kalk auszufällen, wobei dann das Phenol an das ausgeflockte Eisen geht. Das von der LURGI-Gesellschaft für Wärmetechnik, Frankfurt, ausgearbeitete Verfahren benutzt als Adsorptionsmittel aktive Kohle. Es wurde in Deutschland zum ersten Male vom Ruhrverband auf der Zeche Bruchstraße in Langendreer angewandt.

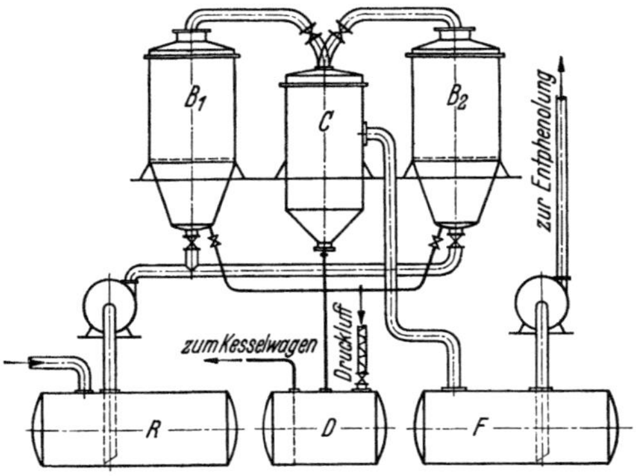

Abb. 58. Entteerungsanlage für Ammoniakrohwässer nach KÖNIG.

Die Gaswässer werden wegen ihres mehr oder weniger hohen Gehaltes an suspendiertem Teer zunächst über eine Entteerungsanlage geleitet. Der Teer muß vor der Anwendung des Aktivkohleverfahrens aus dem Gaswasser entfernt werden, da er sonst zu stark die Oberfläche der aktiven Kohle beansprucht. Bewährt haben sich die KÖNIGschen Teerabscheider, wie sie im Schema in Abb. 58 dargestellt sind.

Der Teerabscheider besteht aus den beiden eigentlichen Teerwäschern B_1 und B_2 und einer Nachreinigung C. Der untere Teil der Teerwäscher ist mit Teer gefüllt. Der flüssige Teer löst den in Tröpfchenform vorhandenen Teer aus dem Abwasser heraus. Der etwa

[1] SEIDENSCHNUR u. FRANK: Braunkohle 1922, **21**, 398.
[2] WITT u. SCHUSTER: Gas- u. Wasserfach 1928, **71**, 241.

2 g/Liter betragende Teergehalt sinkt durch die Teerwäsche bereits auf etwa 0,7 g/Liter herunter. Der übrige Teil der Entleerungsanlage stellt ein Filter dar, das mit Eisendrehspänen gefüllt ist. Beim Durchgang durch diese Filter sinkt der Teergehalt weiter bis auf 0,05 bis 0,1 g/Liter. Der auf der Oberfläche der Eisendrehspäne sich ansetzende Teer nimmt allmählich Tropfenform an. Er gleitet dann allmählich dem Wasserstrom entgegen in die Teerschicht ab. Das im Behälter *C* untergebrachte Filter ist mit feinen Koksstückchen gefüllt, die durch ihre große Adsorptionskraft den Teer bis auf einen Restgehalt von 20 bis 30 mg/Liter herausholen. Mit dem Teer werden auch wechselnde Mengen Harze und ähnliche Stoffe abgefangen, die von Zeit zu Zeit durch heißen Dampf von der Oberfläche der Drehspäne und des Kokses entfernt werden müssen. Nach einer solchen Dampfbehandlung haben die Teerreiniger ihre frühere Wirksamkeit.

Da sich diese Teerfänger sehr gut bewährt haben, sollten sie auf allen Anlagen, die irgendwie Teer in den Vorfluter ablassen könnten, im Interesse der Reinhaltung der Vorfluter von den übel aussehenden Teerhäuten, die den Luftzutritt zum Wasser verhindern, eingebaut werden. Der Betrieb und die Wartung sind sehr einfach. Da die Bau- und Betriebskosten sehr gering sind, amortisieren sie sich bald aus dem Verkauf des Teeres. Auch vor

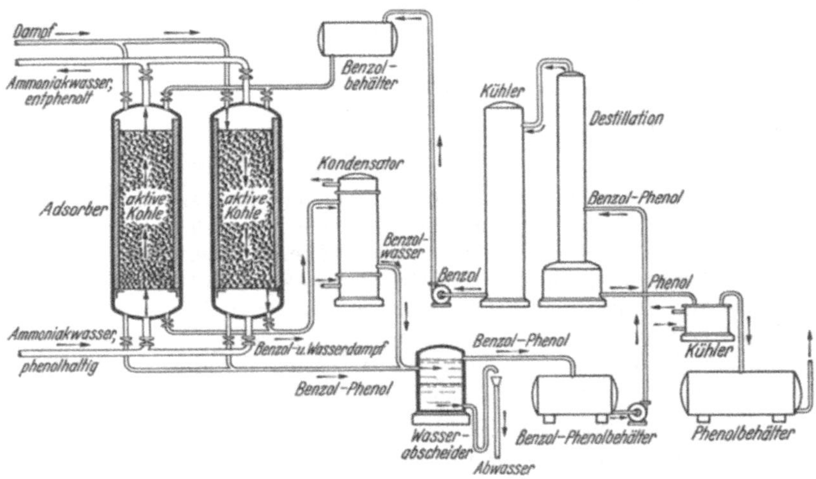

Abb. 59. Schema einer Entphenolungsanlage nach dem Aktivkohleverfahren.

den mit Extraktionsmitteln arbeitenden Entphenolungsanlagen haben sie sich zur Entlastung gut bewährt.

Das Entphenolungsverfahren mit a-Kohle besteht darin, daß man die im Gaswasser enthaltenen Phenole zunächst bei Temperaturen von 60—70° auf der Oberfläche der a-Kohle adsorbiert. Die adsorbierten Phenole werden dann durch heiße Gase oder Dämpfe abgetrieben oder besser durch wasserunlösliche oder schwer lösliche Lösungsmittel, z. B. Benzol, Xylol usw. abgewaschen. Die auf der Kohle verbleibenden geringen Reste des Lösungsmittels werden durch Wasserdampf ausgetrieben. Die aktive Kohle ist dann wieder für eine neue Adsorption brauchbar. In Abb. 59 ist das Verfahren dargestellt. Die Anlage besteht aus 1. mindestens 2, bei größeren Wassermengen aus 3 Adsorbern, die mit a-Kohle gefüllt sind, 2. dem Kondensator, 3. dem Wasserabscheider. 4. dem Benzol-Phenolbehälter, 5. der Benzoldestillationsanlage, 6. dem Vorratsbehälter für gewonnenes Rohphenolöl, 7. dem Benzolvorratsbehälter.

Die Adsorber sind runde Eisenkessel, die zum Schutze gegen Korrosionen mit Steinen ausgelegt sind. Die Adsorber sind mit a-Kohle gefüllt, die zur Verhinderung des Abspülens und Zerreibens durch V 2 A-Siebe fest gelagert ist. Von den verschiedenen Metallen haben sich Siebe aus Nickel- und Chromnickelstählen am widerstandsfähigsten gegen Korrosionen durch Ammoniakwasser bzw. gegen flüssige und gasförmige Phenole und Teere gezeigt. Blei wird nicht angegriffen, Kupfer unterliegt jedoch sehr stark dem Angriff[1]. Jeder Adsorber faßt rund 2000 kg a-Kohle, mit einer Korngröße von 1,5—2 mm. Als Füllkohle wird die von der Carbo-Norit-Union in Frankfurt a. M. gelieferte Spezialkohle mit einem hohen Adsorptionsvermögen für Phenole, Sorte A.K.T. II, benutzt.

Der Wascheffekt hängt ganz von der Kohlenmenge und der Betriebsweise ab. Bei genügender Kohlenmenge konnte die Auswaschung bis zur restlosen Entphenolung getrieben

[1] RHODES: Ind. Engin Chem. 1934, **26**, 533.

werden. In der Praxis begnügt man sich aber mit einem Auswaschungsgrad bis auf einen mittleren Phenolgehalt von 50 mg/Liter. Die Kohle nimmt in einer vierstündigen Beladungszeit etwa 5% ihres Gewichtes an Phenolen auf und ergibt dann einen Wascheffekt von über 99%. Hierbei beträgt der Kohlenverbrauch rund 15—20 kg a-Kohle auf 1 Tonne erzeugtes Rohphenolöl. Zusammen mit den Teeren werden auch die durch den Teerabscheider hindurchgehenden und daher im Gaswasser verbleibenden Reste von Teeren, Harz- und Farbstoffen abgefangen. Diese setzen sich auf der a-Kohle fest, so daß sie von Zeit zu Zeit ersetzt werden muß.

Das von den Adsorbern abfließende Wasser ist klar und hellgelb gefärbt. Es läßt sich in den Ammoniakabtreibern viel besser als das phenol- und teerhaltige Gaswasser behandeln und ergibt auch ein reineres Ammoniumsalz.

Der Vorteil des Verfahrens gegenüber den Extraktionsverfahren liegt außer dem sehr hohen Wascheffekt auch darin, daß bedeutend geringere Benzolmengen gebraucht werden und daher abdestilliert werden müssen (etwa 10 cbm Benzol auf 80 cbm Abwasser).

Das in der Anlage gewonnene Rohphenolöl hatte etwa folgende Zusammensetzung:

Wasser	0,5%	Pech	12,5%
Heizöl	22,5%	Phenole	32,5%
Benzol, bis 100° absiedend	9,5%	Kresole	32,5%
Pyridin	6,0%	Saure Öle	65,0%

Das Verfahren mit a-Kohle kommt besonders in den Fällen in Frage, wo Wert auf eine möglichst weitgehende Entphenolung gelegt werden muß, z. B. dann, wenn der Vorfluter zu Trinkwasserzwecken benutzt wird. Es kann aber auch als Stufenreinigung hinter eine Benzolextraktionsanlage geschaltet werden, um die bei der Benzolextraktion noch im Wasser verbleibenden Phenol- und Benzolreste aus dem Abwasser zu entfernen. Eine solche Stufenreinigung sieht das DRP. 573103 der Firma Dr. C. Otto, Bochum, vor. Die phenolhaltigen Abwässer werden zunächst mit flüssigen Phenollösungsmitteln und dann mit festen Adsorptionsmitteln, vorwiegend a-Kohle, behandelt.

An Stelle der der LURGI-Gesellschaft durch DRP. 534204 geschützten Anwendung der a-Kohle benutzt DRP. 472519 von Seidenschnur als Entfärbungsmittel für Abwasser der Urteergewinnungsanlagen gemäß DRP. 401467 Kieselsäure und eisenhaltige Rückstände von Generatoraschen oder Aschen aus anderen Öfen.

Zerstörung der Phenole. Eine Zerstörung der Phenole kommt in allen den Fällen in Frage, wo sich wegen zu geringen Phenolgehaltes oder zu kleiner Abwassermengen eine Gewinnung des Phenols nicht lohnt, z. B. bei den phenolhaltigen Abwässern der Ammoniakfabriken und dort, wo der Vorfluter eine restlose Beseitigung des Phenols verlangt.

a) Verwendung als Kokslöschwasser. Das einfachste und billigste Verfahren zur Beseitigung der schädlichen Phenolabwässer ist die Verwendung als Kokslöschwasser. Während dies Verfahren in USA. für ein Drittel des gesamten Kokereinebenprodukten-Abwassers angewandt wird, hat es sich in Deutschland nicht einführen lassen, weil der Koks durch das Löschen mit dem Gaswasser ein blindes Aussehen erhält, dann aber hauptsächlich wegen der starken Geruchsbelästigungen für die Arbeiter. Aus letzterem Grunde wurde das Verfahren in Deutschland als gesundheitsschädlich aufgegeben. In Hüttenkokszechen jedoch, die den gewonnenen Koks im eigenen Betrieb verwenden, und wo sich die Geruchsbelästigungen durch moderne Abspritz- und Gasabfangvorrichtungen vermeiden lassen, kann das Verfahren angewandt werden. Das Verfahren läßt sich in kürzester Zeit einrichten; man braucht nur ein Sammelbecken für das phenolhaltige Abwasser, aus dem es durch eine Pumpe in ständigem Kreislauf zum Kokslöschen entnommen wird.

b) Verwendung zu Düngezwecken. Ausgehend von dem Gedanken, das in den Gaswässern enthaltene Ammoniak unter Ausnutzung des biologischen Abbaues der Phenole im Boden zu Düngezwecken zu benutzen, haben WELDERT, KOLKWITZ, ZIEHE und NEHM Versuche über die Verrieselung von Gaswasser mit städtischem Abwasser durchgeführt. Die Versuche ergaben, daß man im Winter etwa 1%, im Sommer bis höchstens 3% dem häuslichen Abwasser zusetzen darf.

Tabelle 9.

	Bei 1% Zusatz		Bei 3% Zusatz	
	Phenolgehalt mg/Liter	$KMnO_4$-Verbrauch mg/Liter	Phenolgehalt mg/Liter	$KMnO_4$-Verbrauch mg/Liter
Abwasser ohne Zusatz . .	10	219	9	259
Abwasser mit Gaswasser .	47	588	160	1760
Drainwasser ohne Zusatz .	3,4	72	4	109
Drainwasser mit Zusatz . .	5,4	136	20	548

Das Drainwasser war selbst bei Phenolrestgehalten von 2—5 mg/Liter für Fische unschädlich. Die Fische und die auf den Feldern geernteten Früchte zeigten auch keine Geschmacksverschlechterungen. Gemüsepflanzen gediehen bei 3% Gaswassergehalt am besten, wenn sie in Beetanlagen erstellt wurden, so daß das Abwasser von den Beetfurchen aus an die Wurzeln der Pflanzen gelangte. Auf den Rieselfeldern in Berlin und Tegel wird seit 1908 das Abwasser der städtischen Gasanstalten im Verhältnis 1 : 10 mit häuslichem Abwasser gemischt und ohne jegliche Schädigung auf Rieselfeldern gereinigt.

c) Künstliche biologische Verfahren: Tropfkörper, Tauchkörper, Emscherfilter. Schon 1904 wies der englische Abwasserchemiker FOWLER nach, daß die Rhodanide sowohl wie die Phenole auch ohne Zumischung häuslicher Abwässer in Tropfkörpern und Füllkörpern biologisch abgebaut werden können. 1910 isolierten FOWLER, ARDERN und LOCKETT aus Gaswässern ein Bacterium, das Phenol oxydierte. Es ist ein dem Bacterium helveolum ähnlicher Spaltpilz. HAPPOLD und KEY fanden 1932 einen gramnegativen Vibrio, der Phenol spaltete. Bei einer Nachprüfung der FOWLERschen Versuche durch die Emschergenossenschaft zeigte es sich aber, daß es doch notwendig ist, die Abwässer vorher durch häusliches Abwasser oder gereinigte Abläufe zu verdünnen. Bei dem biologischen Abbau der Phenole macht das Phenol selbst die geringsten Schwierigkeiten. Die in den Gaswaschwässern enthaltenen Rhodanverbindungen werden zunächst erst nach einer Woche abgebaut, bis sich besondere Organismen entwickelt haben. KEY[1] und GARNER und WISHART[2] geben als günstigste Verdünnung für Phenolabwasser mit häuslichem Abwasser 0,5—1,0% an. Nach den an verschiedenen Stellen durchgeführten Versuchen dürfte aber eine Verdünnung von 1 Teil phenolhaltigem Abwasser (je nach dem Phenolgehalt) mit 10—20 Teilen häuslichem Abwasser genügen. Bei diesen Verdünnungen wird man bei Tropfkörpern mit der für das häusliche Abwasser üblichen Belastung von 1 Teil Abwasser auf 1—2 Teile Tropfkörpermaterial auskommen. Andere Forscher geben sogar Konzentrationen von 30% Gaswasser an. Doch dürfte hierbei die Konzentration des angewandten Gaswassers ausschlaggebend sein oder die Belastungsmöglichkeit der Tropfkörper sinkt entsprechend dem Phenolgehalt auf eine viel kleinere Wassermenge herunter. Gaswasser verhindert Geruchs- und Fliegenbelästigungen. GARNER empfiehlt, die phenolhaltigen Abwässer in einem genügend großen Absetzbecken (450 cbm) zu sammeln und dann in langsamem Strome gleichmäßig im häuslichen

[1] KEY: The Surveyor 1935, 88, 629.
[2] GARNER u. WISHART: The Surveyor 1936, 88, 287.

Abwasser zu verteilen. Am Ablauf des Beckens schaltet er ein Holzwollfilter von 75 cm ∅ und 105 cm Höhe ein, um den Teer zu entfernen.

Das Tauchkörperverfahren hat der Ruhrverband lange Jahre auf der Kläranlage Hattingen angewandt. Durch häusliche Abwässer wurde die Phenolkonzentration bis auf etwa 100 mg/Liter heruntergedrückt. Schon nach verhältnismäßig kurzer Einwirkungszeit war das Phenol restlos abgebaut. Wegen des hohen Luftverbrauchs in den Tauchkörpern

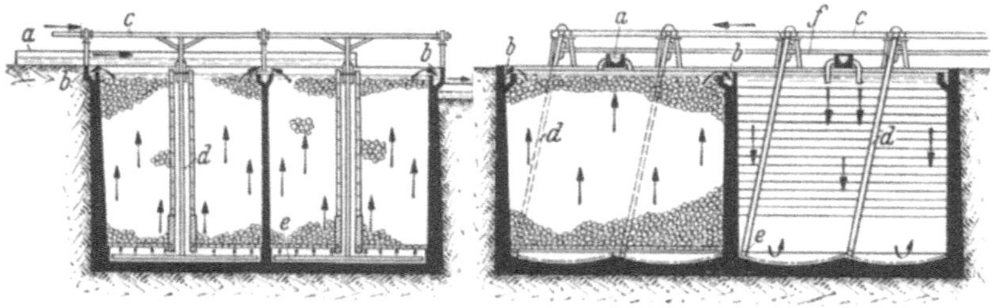

Abb. 60. Längen- und Querschnitt durch eine Entphenolungsanlage durch ein BACHsches Emscherfilter.

ist diese Anlage später in eine Belebtschlammanlage umgebaut worden, in der Phenolmengen bis zu 150 mg/Liter ohne Beeinträchtigung der Belebungsanlage gut mit abgebaut werden.

BACH benutzt zum biologischen Abbau der verdünnten Gaswässer das Emscherfilter, einen künstlich belüfteten biologischen Tauchkörper. Während FOWLER auf einen Tagesanfall von 1 cbm unverdünnten Abwassers 18 cbm Tropfkörpermaterial benutzte, erzielte BACH denselben Reinigungseffekt bei einer Verdünnung des Abwassers 1 : 4 mit nur 2 cbm

Abb. 61. Emscherfilter zur Zerstörung von Phenolen im Kokereiabwasser nach BACH.

Tauchkörpermaterial für 1 cbm unverdünntes Abwasser. Die Aufenthaltszeit beträgt etwa 2 Stunden. Die belüfteten Tauchkörper sind mit kleingeschlagener Kesselschlacke oder ähnlichem Füllmaterial angefüllt. Durch eingebaute Tauchwände wird das Wasser so durch den Tauchkörper geleitet, daß es mit möglichst viel Brockenmaterial in Berührung kommt. Von dem gereinigten Ablauf werden $^4/_5$ zurückgepumpt und das frisch ankommende Abwasser im Verhältnis 1 : 4 verdünnt. Zur Belüftung dienen feststehende gelochte Rohre, die in Abständen von 30 cm am Boden eingebaut werden oder gelochte Pendelrohre. Die eingeblasene Luft hat die Aufgabe, den sich auf der Oberfläche des Schlackenmaterials bildenden Bakterien den zu ihren Lebensbedingungen nötigen Sauerstoff zuzuführen. Nebenbei muß sie aber auch die bei diesen Lebensvorgängen sich bildende Kohlensäure und die übrigen Abbauprodukte dauernd ausspülen, um so dauernd für günstige Lebensbedingungen der Bakterien zu sorgen. Hierbei wird auch der sich bildende Schlamm mit ausgespült und so eine Verschlammung der Körper verhindert. Vor Inbetriebnahme muß das Filter mit häuslichem Abwasser oder einem ähnlichen Abwasser, das genügend leicht abbaufähige organische Substanz und die für die biologische Reinigung nötigen Bakterien enthält, eingearbeitet werden. Für den Betrieb der Emscherfilter ist nach PRÜSS[1] weiter von Bedeutung,

1. daß die wirksamen Bakterienstämme ständig durch geringe Zufuhr von häuslichem Abwasser erhalten werden;
2. daß die gesamte Verdünnung des zu behandelnden Wassers möglichst gleichmäßig eingehalten wird;
3. daß das zu behandelnde Wasser möglichst die gleiche alkalische Reaktion hat und daß vor allem plötzliche starke Schwankungen im p_H-Wert vermieden werden;
4. daß die Temperatur nicht mehr als zwischen 20—25° C schwankt, d. h. daß besonders im Sommer das heiß aus der Ammoniakfabrik kommende Abwasser vorgekühlt werden muß;
5. daß reichlich Luft zugeführt wird. Nach den auf der Versuchsanlage der Zeche Helene gemachten Erfahrungen werden etwa 60 cbm Luft auf 1 cbm zu behandelndes Abwasser benötigt. Diese große Luftmenge verursacht den Hauptanteil der Betriebskosten.

Der Reinigungserfolg der Emscherfilter ist unter vorstehenden Voraussetzungen als sehr gut zu bezeichnen. Der Kaliumpermanganatverbrauch des Zulaufs von 10000 bis 40000 mg/Liter geht auf 600—800 mg/Liter herunter. Der absolute Gehalt an Phenolen, Rhodaniden und anderen Schwefelverbindungen im gereinigten Ablauf ist so gering, daß er gleich 0 zu setzen ist. Wegen der hohen Betriebskosten für die Belüftung hat das an und für sich gute Verfahren keine größere Verbreitung in der Reinigungstechnik gefunden. Die auf der Oberfläche der Emscherfilter (s. Abb. 61) sich bildenden starken Schaumentwicklungen lassen sich durch Auflegen von Drahtnetzen bekämpfen.

Abb. 62. Zweistufige Anlage für mit häuslichem Abwasser gemischte Phenolabwässer auf Zeche Mansfeld. Vorstufe belüftete Tauchkörper, Hauptstufe Schlammbelebung.

d) Das Belebtschlammverfahren kann in gleicher Weise wie die vorstehend beschriebenen künstlichen biologischen Verfahren zur Reinigung phenolhaltiger Abwässer benutzt werden. Es kommt aber wohl nur dort in Frage, wo städtisches Abwasser an sich nach diesem Verfahren gereinigt werden soll. Das Mischungsverhältnis des phenolhaltigen Abwassers zum häuslichen Abwasser sollte je nach der Konzentration nicht unter 1:10 bis 1:15 liegen. Bis zu diesen Verdünnungen kann das Belebtschlammverfahren mit den normalen Luftmengen und Aufenthaltszeiten das Phenol mit abbauen. Steigt der Anteil an phenolhaltigem Abwasser, so steigen auch entsprechend der Luftverbrauch und die Aufenthaltszeit. Bei 20% Phenolwasser dürfte die Grenze des Mischungsverhältnisses für eine wirtschaftlich mögliche Behandlung ohne Schädigung des belebten Schlammes liegen.

SCOTT[2] hat Versuche mit Oberflächenbelüftung durchgeführt. Ohne Zugabe von Gaswasser betrug der Kraftverbrauch 20 PS für 1 Million Gallonen Abwasser. Nach Zugabe von Gaswasser konnte die Anlage nur noch mit 600000 Gallonen Abwasser betrieben werden, wobei außerdem der Kraftverbrauch auf 31 PS/Millionen Gallonen stieg.

Eine Stufenreinigung mit Emscherfilter in der ersten Stufe und Belebtschlammverfahren in der zweiten Stufe ist durch den Ruhrverband längere Zeit auf der Kläranlage Werne für die Abwässer der Zeche Mansfeld mit bestem Erfolg betrieben worden (s. Abb. 62).

Bei dem biologischen Abbau von Phenolen im Vorfluter und auch bei den biologischen Reinigungsmethoden treten nach den Untersuchungen von SIERP und FRÄNSEMEIER[3], BACH[4], KALABINA und ROGOWSKAJA[5] bald Ermüdungserscheinungen auf, die nach den

[1] PRÜSS: Gas- u. Wasserfach 1929, **72**, 785. [2] SCOTT: The Surveyor 1934, **85**, 327.

[3] SIERP u. FRÄNSEMEIER: Vom Wasser 1934, 8, 85.

[4] BACH: Gesundh.-Ing. 1929, **52**, 796.

[5] KALABINA u. ROGOWSKAJA: Zeitschr. Fischerei 1934, **32**, 153. — KALABINA: Zeitschr. Fischerei 1935, **33**, 295.

Untersuchungen von SIERP und FRÄNSEMEIER auf den Mangel an Ammon- bzw. Phosphatsalzen zurückzuführen sind. Um die beim Schlammbelebungsverfahren auftretenden Ermüdungserscheinungen und Überlastungen zu beseitigen, haben daraufhin NOLTE und seine Mitarbeiter[1] das Magdeburger P.-Verfahren ausgearbeitet. Durch Zugabe von Ammonphosphat, schon bei der Einarbeitung des Schlammes, werden dem Belebtschlamm von Anfang an diese fehlenden Stoffe zugesetzt. Die Folge ist, daß sich in ihm gerade die für den Phenolabbau wichtigen Organismen besser entwickeln können und er dadurch eine größere Leistungsfähigkeit hat. Im übrigen arbeitet das Verfahren ähnlich wie das Belebtschlammverfahren.

e) Entphenolung durch Druckluft nach SEIDENSCHNUR DRP. 401467 und SCHULZE-FORSTER und HAASE[2]. Bei Phenolkonzentrationen unter 2,5 g/Liter soll die Beseitigung der Phenole aus Gaswässern auch durch Intensivbelüftung mittels Druckluft (durch gelochte Rohre, Pralltellér, Spritzdüsen) erfolgen. Zu dem Zwecke werden die auf 70—80° erwärmten Gaswässer auf einen p_H-Wert von 8—10 gebracht. Man könnte also das Abwasser von den Abtreibekolonnen verwerten, wenn keine Verdünnung eingetreten ist. Günstig wirkt ein gewisser Gehalt von ungelösten Stoffen, wie Ruß und Kohlenteilchen. Die Dauer der Belüftung beträgt im allgemeinen 1 bis 2 Stunden. Bei höheren Phenolkonzentrationen als 2,5 g/Liter Phenol wird das Verfahren unwirtschaftlich. Das Verfahren soll auf einer Oxydation, die auch bei niederer Temperatur verläuft, und auf einer Polymerisation (Verharzung), die sich rascher bei höherer Temperatur abspielt, beruhen. Die durch die Belüftung schwer oder unlöslich gewordenen Phenole sollen in Koksfiltern von Haselnuß- bis Walnußgröße oder in Holzwollfiltern (zweckmäßig als aushebbare Filterkammern gebaut oder bei gröberem Material in längs durchflossenen flachen Filterkammern) zurückgehalten werden. Der Reinigungsgrad wird mit 80% Abnahme der Phenole angegeben.

Bei den in Buxton durch OLIVER[3] durchgeführten Versuchen wurden Phenol, Ammoniak und Schwefelwasserstoff durch Einleiten von Wasserdampf aus den Gaswässern ausgetrieben und die abgehenden Abgase der Frischluft eines Müllverbrennungsofens zugeführt.

Von verschiedenen Seiten sind zur Reinigung chemische Fällungsmittel vorgeschlagen worden. Nach dem britischen Patent 405155 werden für 10 Liter Gaswasser mit 12 g freiem Ammoniak und 11 g Schwefelwasserstoff 102 g Ferrosulfat, das in Form verbrauchter Eisenbeizereiabwässer zugegeben wird, angewandt.

CHULKOW[4] gibt zu einem Abwasser, das 10 g/Liter Phenol enthält 40 g Natronlauge oder eine entsprechende Menge Kalk und leitet dann 30 g Chlor ein. Es scheiden sich 7 g/Liter Harze ab. Das überschüssig zugesetzte Chlor wird durch Einblasen von Luft und der letzte Rest durch eine Filterung über a-Kohle beseitigt. Durch das Verfahren sollen auch Schwefelwasserstoff, Ammoniak, Sulfite, Rhodanide und Cyanide zerstört werden.

3. Braunkohlenschwelwässer. Beim Schwelen (Entgasen) und Vergasen von Braunkohlen entstehen neben Gasen, Teer und Wasserdampf aus der Kokerei, die beim Abkühlen mit Gasen und Teerstoffen angereicherten, den Gaswässern der Steinkohlendestillation entsprechenden Abwässer. Infolge des höheren Wassergehaltes der Braunkohle (50—60%) ist ihre Menge viel höher als bei der Steinkohle. 100 kg Schwelkohle liefern etwa 50—70 kg Abwasser. Durch Vortrocknung oder Brikettierung der Braunkohle kann die Menge des anfallenden Abwassers stark vermindert werden. Das ursprünglich bei den Anfallstemperaturen von 80° klare und gelblich gefärbte teerartig manchmal auch nach Schwefelwasserstoff riechende und zugleich schwach basische Schwelwasser trübt sich beim Abkühlen und Stehen an der Luft durch Teer- und Schwefelausscheidungen und nimmt allmählich eine braunrote bis dunkelbraune Farbe an. Der Gehalt an freiem oder gebundenem Ammoniak schwankt zwischen 0,03—0,1%. Ihm und einem geringen Gehalt an Pyridinbasen verdankt das

[1] NOLTE, MEYER u. FROMKE: Vom Wasser 1934, 8, 126.
[2] SCHULZE-FORSTER u. HAASE: Gesundh.-Ing. 1933, 56, 608.
[3] OLIVER: The Surveyor 1934, 85, 55.
[4] CHULKOW: Journ. chem. Ind. 1934, 48.

Schwelwasser seine alkalische Reaktion. Der Schwefelgehalt der Braunkohle geht hauptsächlich in das Gas, den Teer und in den Koks, weniger in das Schwelwasser über. An sauerstoffhaltigen Kohlenstoffverbindungen finden sich außer Alkoholen, Aldehyden und Ketonen (insgesamt unter 0,01%) in größerer Menge Phenole. Letztere sind im Gegensatz zum Gaswasser der Steinkohle zum geringsten Teil reines Phenol (Carbolsäure), sondern vorwiegend Kresole, sowie zwei- und mehrwertige Phenole. Man bezeichnet sie daher in diesem Falle besser unter der Bezeichnung Kreosote (das sind alkalilösliche saure Bestandteile). Man trennt sie durch Wasserdampf in flüchtige (Phenol, Kresole, Thymol, Brenzkatechin) und nicht flüchtige Körper (neben Resten von Brenzkatechin, Hydrochinon, Resorcin, Pyrogallol, Phloroglucin, Naphtole u. a.). Der Kaliumpermanganatverbrauch liegt bei 10000—30000 mg/Liter.

Diese Abwässer sind in gleicher Weise wie die Gaswässer im Vorfluter sehr schädlich. Im Bodenschlamm können diese bei der Abkühlung sich ausscheidenden und mit den Schwebestoffen des Flußwassers niedergerissenen Stoffe ohne zersetzt zu werden, längere Zeit gespeichert werden und dann beim Aufrühren des Schlammes oder bei Strömungsänderungen wieder an das Wasser abgegeben werden (s. Schädlichkeit der Gaswässer S. 612). Eine Gewinnung der Phenole aus diesen Schwelwässern lohnt sich wegen der geringen Menge meistens nicht (0,05—0,1%). Für Kesselspeisezwecke sind diese Abwässer wegen des Gehaltes an Schwefel, Ammoniak und organischen Verbindungen ungeeignet. Sie können wie Gaswasser in gut geklärtem (teerfreiem) Zustand zum Kokslöschen und zum Rieseln auf Wiesen und Ackergelände (vor der Saat) benutzt werden.

In den neueren Schwelöfen, in denen getrocknete Braunkohle bzw. Briketts verarbeitet werden, fallen geringere Wassermengen (auf 1 t Braunkohle = 0,1—0,15 cbm Abwasser) mit höheren Konzentrationen an. Diese Wässer haben etwa 0,1—0,2% Stickstoff, 0,4 bis 0,8% ein- und mehrwertige Phenole, 50000—70000 mg/Liter Kaliumpermanganatverbrauch.

In den den Schwelereien oft angeschlossenen Mineralölfabriken, die hauptsächlich Schwel- und Schwelgeneratorteer zu Leichtöl (Benzin u. a.), Solar-, Putz-, Treib-, Schmier-, Heizöl, Paraffine und Teerkoks aufarbeiten, fallen bei der chemischen Reinigung der Destillate (mit Schwefelsäure und Natronlauge) mehr saure, weniger alkalische, mit organischen Verbindungen (u. a. auch Phenolen) beladene Waschwässer an, die in Aufhaltebecken durch richtige Mischung gegenseitig soweit als möglich und falls die Mischung nicht ausreicht durch Zugabe von Kalk neutralisiert und gegebenenfalls noch durch Beimischung reiner Kühlwässer vor der Ableitung in den Vorfluter verdünnt werden müssen. Die Entstehung dieser Abwässer wird bei dem neueren Alkoholwaschverfahren (sog. Spritwäsche der Riebeckschen Montanwerke) größtenteils vermieden.

Die bei der Braunkohlenschwelung oder -vergasung oder bei der Teeraufbereitung anfallenden Abwässer können entweder restlos vernichtet oder von den in ihnen enthaltenen störenden Bestandteilen, unter denen die Phenole und ihre Homologen zweifellos die Hauptrolle spielen, weitgehend befreit werden. Eine restlose Vernichtung kann, wenn genügend billige Abfallwärme zur Verfügung steht, durch Verdampfen erfolgen. Doch führt dies Verfahren meistens zu starken Geruchsbelästigungen und Vegetationsstörungen in der Umgebung. Reinhardt benutzt zum Verdampfen die Fuchsgase der Schwelöfen in den mit besonderen Berieselungskörpern besetzten Rauchgaskanälen. Die Deutsche Erdöl A.-G. spritzt die Abwässer in die Gasfeuerungen ein. DRP. 455307 verdunstet das Wasser durch Belüftung unter Mitverwendung von heißen Feuerungsabgasen, nachdem vorher ein dem Phenolgehalt entsprechender Natronlaugegehalt zugesetzt worden ist.

Eine Versickerung der Abwässer ist mit Rücksicht auf den Bergbau und die Grundwasserverhältnisse (Trinkwasserversorgung) nur in ganz besonderen Fällen möglich. Auf alle Fälle sollten die Abwässer vorher einer chemischen oder Aschenbehandlung unterzogen werden.

Die für die Gaswäscher benutzten Verfahren der Phenolextraktion zur Gewinnung der Phenole können bei den Braunkohlenschwelwässern dann mit Aussicht auf wirtschaftlichen Erfolg angewandt werden, wenn der Phenolgehalt über 2 g/Liter liegt. Einer

Aufnahme dieser Abwässer in die Kanalisation steht nichts im Wege, wenn die Menge dieser Abwässer nicht mehr als 5—10% der häuslichen Abwässer ausmacht. Die faulige Zersetzung häuslicher Abwässer und damit ihre biologische Weiterbehandlung wird nach STOOFF[1] erst durch Zusatz von 25% Schwelwasser (aus Rolleöfen) aufgehoben. Das für die biologische Zersetzung der Gaswässer Gesagte gilt bei entsprechendem Verhältnis des Phenolgehaltes auch für die Braunkohlenschwelwässer.

Ein Verfahren der Kohlenveredlungs- und Schwelwerke A.-G. Berlin, setzt zur Gewinnung harzartiger Produkte zu 1000 ccm Braunkohlenschwelabwasser neutraler Reaktion 4 ccm 20%iges Formalin und läßt die Mischung 24 Stunden stehen, worauf man die ausgeschiedenen Reaktionsprodukte entfernt. Zur Unterstützung des Vorganges kann man das Schwelwasser vor der Zugabe des Formalins ansäuern, indem man z. B. Rauchgase einleitet.

4. Gasgeneratorenabwässer. In vielen industriellen Betrieben (Walz-, Stahl-, Emaillier-, Kalkwerke, keramische Fabriken, Glashütten, Eisenbetriebswerkstätten usw.) wird in Generatoren durch abwechselndes Überleiten von Wasserdampf und Luft über zum Glühen gebrachten Koks bzw. Kohlen, Anthrazit, Braunkohlen oder Holz das billige Wassergas zum Heizen der Muffel- oder Glühöfen, zum Betriebe der Sauggasmotore usw. erzeugt. Je nach der Art der Generatoren, des angewandten Brennstoffs und der Gaswäsche fallen mehr oder weniger stark verschmutzte Abwässer in wechselnden Mengen an. Außer Teer und Ruß, die sich in den Gaswäschern leicht entfernen lassen, können diese Abwässer durch geringen Gehalt an Phenolen, besonders aber durch sehr hohen Gehalt an Schwefelwasserstoff sehr schädlich werden. Schwefelwasserstoff kann besonders in Betrieben, die messing- und kupferhaltige Metalle verarbeiten, dadurch schaden, daß schwefelwasserstoffhaltige Dämpfe in die Werkstätten, Vorratslager und Verpackungsräume dringen und dann sehr unangenehme Fleckenbildungen auf den Roh- und Fertigwaren erzeugen. Gelangt ein solches Abwasser in einen Vorfluter mit geringem Gefälle und deshalb geringer Belüftung, so kann sich der Schwefelwasserstoffgehalt über eine längere Strecke erhalten und auch noch weiter unterhalb liegende Werke, besonders auch Mühlen (Geschmacksverschlechterung des Mehls) gefährden.

Mit Rücksicht auf die Schwierigkeiten und auf den hohen Gehalt an Schwefelwasserstoff sollte man versuchen, den in den Abwässern enthaltenen Schwefel zu gewinnen, um ihn zu verwerten. Dies kann auf folgende Weise geschehen: Die im Abwasser enthaltenen Teerteilchen und der Ruß werden durch Absetzbecken oder Koksfilter beseitigt. Dann wird das Abwasser mit ausgefälltem Eisenhydroxyd versetzt, das den Schwefelwasserstoff sofort als Schwefeleisen bindet. Das sich hierbei nach der Formel:

$$2\,Fe(OH)_3 + 3\,H_2S = 2\,FeS + S + 6\,H_2O$$

bildende Schwefeleisen und der Schwefel scheiden sich ab und können in Absetzbecken abgefangen werden. Um aber an Eisensalz zu sparen, verfährt man wie folgt. Die Mischung wird stark belüftet. Hierbei setzt sich das Schwefeleisen unter Bildung von Ferrihydroxyd gemäß der Formel

$$2\,FeS + 3\,H_2O + O_2 = 2\,Fe(OH)_3 + 2\,S$$

um, während der Schwefel sich allmählich im sich leicht absetzenden Eisenhydroxyd anreichert. Der abgesetzte Schlamm von dem mit Schwefel sich immer mehr anreichernden Eisenhydroxyd geht in den Kreislauf zurück und wird zur Entschwefelung weiterer Gasmengen benutzt. Durch Nebenreaktionen bildet sich auch etwas freie Schwefelsäure. Deshalb muß durch Zugabe von etwas Soda oder Ammoniumbicarbonat stets für eine gute alkalische Reaktion der Mischung gesorgt werden. Hat sich genügend Schwefel im Ferrihydroxyd angereichert (etwa 50%), wird der Niederschlag mit Salzsäure aufbereitet. Das Eisen wird herausgelöst und zur Herstellung neuen Ferrihydroxyds benutzt. Der Schwefel wird als solcher verwertet. Der Schwefel kann auch durch Schwefelkohlenstoff extrahiert werden.

Bei Braunkohlengeneratoren treten oft Abwässer mit höherem Gehalt an Phenolen auf (über 1000 mg/Liter). Zur Beseitigung dieser Abwässer können die für phenolhaltige Abwässer S. 614 angegebenen Verfahren angewandt werden. Auch das Magdeburger P.-Verfahren (s. dort) hat sich zur biologischen Reinigung bewährt.

[1] STOOFF: Veröff. Med.verw. **30**, Heft 9, 131.

Die bei der trockenen Destillation von Torf entstehenden Torfgase werden in gleicher Weise zum Betriebe von Sauggasmotoren, zur Heizung von industriellen Anlagen, die in der Nähe sind, z. B. Teerschwelereien, Glashütten usw. benutzt. Die hierbei anfallenden Abwässer enthalten neben reichlich Ammoniumacetat, Essigsäure und Methylalkohol, und zwar in größeren Mengen als in Braunkohlenschwelwässern. Die Abwässer werden daher auf Essigsäure und Methylalkohol verarbeitet. Die übrig bleibenden Abwässer können nach guter Entteerung zu Dungzwecken benutzt werden.

5. Abwässer der Holzverkohlungsindustrie. Bei der trockenen Destillation des Holzes erhält man das kohlensäurereiche Holzgas, Holzkohle und als flüssige Bestandteile den Holzteer und den Holzessig. Früher war die Holzkohle die Hauptsache. Heute spielen die Nebenprodukte eine wichtigere Rolle als die Holzkohle selbst. Der Holzessig enthält unter anderem Methylalkohol und Essigsäure. Durch Ausscheiden mit Calciumchlorid oder durch fraktionierte Destillation wird der Methylalkohol gewonnen. Der Rückstand wird auf Essigsäure verarbeitet oder er kommt in kleineren Mengen als roher Holzessig, der neben 5—13% Essigsäure und anderen Säuren teerige und phenolartige Stoffe enthält, in den Handel.

Bei der Reindarstellung der Essigsäure fallen teerhaltige Abwässer an, deren Beseitigung fast in allen Fällen wegen der starken Belästigungen im Vorfluter dringend erforderlich ist. Vielfach wird die Essigsäure an Kalk gebunden und aus dem gewonnenen Calciumacetat durch Glühen Aceton hergestellt. Der dabei anfallende Acetonkalk, ein stark verschmutztes Calciumcarbonat, wird auf Halden gekippt oder in Glühöfen in Ätzkalk übergeführt. Der Teer der aus der Holzverkohlung stammenden Abwässer ist viel wasserlöslicher als Steinkohlenteer. Gelangt er in einen Vorfluter, so setzt er sich am Boden fest und kann längere Zeit hindurch die Quelle schwerer Belästigungen sein.

Zur Reinigung der bei der Holzverkohlung anfallenden Abwässer sind viele Versuche gemacht worden. Die besten Erfolge versprechen die vom Ruhrverband durchgeführten Versuche mit einer stufenweisen Behandlung der Abwässer. In der ersten Stufe werden den Abwässern in ähnlicher Weise wie bei den Entphenolungsanlagen, durch eine Benzolwaschung die teerigen und phenolhaltigen Stoffe entzogen. Die dann noch im Wasser verbleibenden Reste dieser Stoffe und das in das Wasser übergehende Benzol werden durch eine Filterung über a-Kohle entfernt.

6. Abwasser der Ammoniakfabriken. In den Ammoniakfabriken wird das aus den Gasanstalten und Kokereien kommende Gaswasser (Ammoniakrohwasser) durch Destillieren unter Kalkzusatz in Kolonnenapparaten auf Ammoniak verarbeitet. Das Ammoniak, dessen Gehalt zwischen 1—2% schwankt, ist als freies und daher leicht abtreibbares und als gebundenes Ammoniak, das erst durch Behandlung mit Kalk frei gemacht werden muß, im Rohwasser enthalten. Je nach dem herzustellenden Produkt, Ammoniumsulfat, Salmiak oder Salmiakgeist, erfolgt daher der Zusatz des Kalkes zeitlich verschieden und bemißt sich der Gehalt des Abwasser an den einzelnen Stoffen, insbesondere an Kalk in gelöster oder suspendierter Form. Entsprechend dem Zulauf des Gaswassers zu den Kolonnenapparaten läuft aus dem unteren Teil ständig das erschöpfte Gaswasser als Abwasser ab. Krebs berechnet den Abwasseranfall und damit den Kalkbedarf für einen Kohlendurchsatz von 2400 t in 24 Stunden (11% Feuchtigkeit und 4% Konstitutionswasser): $2400 \times 0{,}15 = 360$ cbm Abwasser. Wird das Ammoniak durch Wasser aus dem Gas ausgewaschen, so werden 880 kg Kalk gebraucht. Man verwendet allgemein eine Kalkmilch mit einem Kalkgehalt von 46 kg/cbm. Da bei einem zu großen Zusatz von Kalk die Gefahr der Abtreiberverschlammung besteht, so hat ein Kalküberschuß mehr Nachteile als Vorteile.

Die Art des anfallenden Abwassers richtet sich danach, ob das zur Ammoniakfabrik kommende Gaswasser durch eine Entphenolungsanlage von den sehr übel wirkenden teer- und phenolartigen Verbindungen vorher befreit ist oder nicht. Das Abwasser eines phenolfreien Gaswassers kann in den allermeisten Fällen den Kanalisationen bzw. dem Vorfluter, wenn er nicht zu klein ist, nach Durchgang durch ein Absetzbecken, in dem der suspendierte

40*

Kalk restlos abgesetzt ist, abgelassen werden. Bei zu starker alkalischer Reaktion muß vor dem Absetzbecken durch Einleiten von Rauchgasen eine weitgehende Neutralisation der Abwässer durchgeführt werden.

Im anderen Falle stellt das Abwasser eine rötlich-braune, stark milchig trübe Flüssigkeit dar, die außer Ammoniak in kleineren Mengen noch alle im Gaswasser enthaltenen Stoffe, dazu noch Kalk in gelöstem und ungelöstem Zustande enthält. Die Zusammensetzung des in Ammoniakfabriken anfallenden Abwassers richtet sich in der Menge und Konzentration ganz nach dem in der Fabrik angewandten Verfahren. Auf den Vorfluter wirkt dieses Abwasser in gleicher Weise wie dies für die Gaswässer angegeben ist, sehr schädlich. Eine Gewinnung der teer- und phenolartigen Stoffe aus diesen Abwässern ist durch die in der Zwischenzeit eingetretene Verdünnung meistens sehr schwierig. Das von den Abtreibern kommende Abwasser wird in Absetzbecken, die meistens mehrere Kammern haben oder in Klärteichen vom suspendierten Kalk befreit. KREBS gibt für die Abwassermenge von 100 t Trockenkohlendurchsatz in 24 Stunden eine reichlich klein bemessene Klärteichoberfläche von 10 qm an. In diesem Absetzbecken kann sich auch das Abwasser abkühlen, wenn es mit Rücksicht auf den Vorfluter noch weiter gereinigt werden muß.

Um den Absetzvorgang zu fördern, hat RADCLIFF[1] ein Verfahren ausgearbeitet, das sich in St. Albans in England nach dem Urteil verschiedener Abwasserfachleute bewährt haben soll. In Absetzbecken wird zunächst der suspendierte Kalk entfernt, dann wird das Abwasser auf einen Fraktionierapparat gepumpt, rieselt über Platten herab, während von unten ein Gemisch von heißeren, kohlensäurehaltigen Abgasen und Luft eingeblasen wird. Dadurch wird der gelöste Kalk ausgefällt und die Phenole zerstört. Der Kalk setzt sich ab und die Flüssigkeit wird auf einen anderen Fraktionierapparat, der als Untersatz für den ersten dient, gedrückt. Ein starker Luftstrom soll hier die Phenole und anderen Stoffe entfernen. Durch Eintropfen von Schwefelsäure lassen sich auch die Rhodanverbindungen zerstören. Nach dem Durchgang durch ein zweites Absetzbecken und Filtration über Koks ist das Wasser klar.

Der gewonnene Gaskalk darf nach KÖNIG nicht frisch, sondern erst nach längerem Kompostieren zu Dungzwecken benutzt werden, z. B. nach Durchsetzen mit Erde, Stroh oder anderen organischen Abfällen (Oxydation der in ihnen enthaltenen Teer-, Schwefel- und Rhodanverbindungen). Nach einem anderen Vorschlag von KÖNIG soll das Abwasser in dichte, bedeckte und gut ventilierte Gruben geleitet und dort eingetrocknet werden. Weiter empfiehlt er, das Abwasser in Torf, Sägespäne, verbrauchte Lohe und ähnliches aufzusaugen, die Mischung zu trocknen, zu pressen und schließlich zu verfeuern. Dieses Verfahren kann in Notzeiten von kleineren städtischen Gaswerken in Sommerzeiten angewandt werden, wenn der Vorfluter infolge zu geringer Wasserführung die Zuführung selbst der kleinsten Abwassermengen verbietet. Für größere Abwassermengen ist dies Verfahren schlecht anwendbar. In den meisten Fällen bleiben daher zur Reinigung bzw. Beseitigung nur die mit einer Zerstörung der schädlichen Stoffe arbeitenden Verfahren übrig. Als solche kommen die für Kokereiabwässer angegebenen Verfahren nach entsprechender Vorbereitung in Frage, Verwendung als Kokslöschwasser nach Entfernung des Kalkes in Absetzbecken und entsprechender Verdünnung, Behandeln mit häuslichem Abwasser zusammen auf Tropfkörpern, Rieselfeldern als Düngemittel, Aufarbeitung in Verdampferanlagen, Emscherfilter usw.

22. Abwasser der Eisen- und Metallgewinnung und -bearbeitung.

a) Hochofenwerke.

Bei Hochofenwerken fallen Abwässer verschiedener Art an. Ist eine Erzwäsche vorhanden, so fallen stark schlammhaltige Abwässer an, die in gleicher Weise wie bei der Kohlenwäsche durch Filter oder Absetzbecken gereinigt werden können. Eine Untersuchung des Schlammes muß die Frage seiner Weiterverwendung klären. Die Hauptabwässer sind die Kondensations- und Waschwässer der Hochofengase und die Abwässer der Schlackengranulation.

1. Waschwässer der Hochofengasreinigung.

Zur Reinigung der Gichtgase der Hochofenwerke hat sich das Naßreinigungsverfahren bewährt. Die hierbei anfallenden Abwässer enthalten außer geringen Mengen an Cyan, Schwefel, Phenolen und seinen Homologen, Naphthalin, einen

[1] Siehe TILLMANS: Wasserreinigung und Abwasserbeseitigung, S. 117.

feinen, dichten, nur schwer absetzbaren Staub aus Asche, Schlacke- und Erzteilchen. Zur Rückgewinnung des Waschwassers und Wiederverwendung im Kreislauf werden diese festen Stoffe durch Absetzenlassen in Absetzbecken abgefangen. Um eine zu starke Anreicherung mit den übrigen, besonders den gelösten Stoffen zu verhindern, wird stets ein Teil des Abwassers durch Frischwasser ersetzt. Da der feine Staub nur sehr langsam niedersinkt, empfiehlt es sich, das Absetzenlassen durch Fällungsmittel zu fördern. Das einfachste Mittel ist die schon 1909 von PETERSEN[1] empfohlene Kalkzugabe. Man kann aber auch die übrigen, in der Fällungstechnik bekannten chemischen Fällungsmittel anwenden. Durch die Zugabe der Fällungsmittel werden nicht nur die Baukosten niedriger, sondern es wird auch durch eine erhebliche Steigerung der Klärwirkung eine Verminderung der Betriebskosten herbeigeführt.

Zum Abfangen des feinen Gichtschlammes können alle in der Abwassertechnik angewandten Absetzbecken benutzt werden und zwar sowohl langgestreckte Becken (Leipziger Becken, Neustädter Becken, LINK-BELT-Becken usw.) als auch runde Becken (Bamagbecken, DORR-Eindicker und ähnliche mit zentraler Wasserführung betriebene Rundbecken). In verschiedenen Betrieben im rheinisch-westfälischen Industriegebiet und in anderen deutschen und ausländischen Hüttenbetrieben hat sich, wie in der Literatur angegeben ist, unter anderen das Neustädter Becken bewährt. In diesen Becken hat das Abwasser 2 Stunden Aufenthaltszeit. Das gereinigte Abwasser wird ohne besondere Kühlung im Kreislauf verwandt. Auf 1 cbm stündlicher Leistung werden etwa 0,8 qm Grundfläche benötigt. Durch Zusatz von Kalkmilch oder anderen Fällungsmitteln kann die Abscheidung stark gefördert werden. Dem Vorteil kleinerer Becken und geringeren Platzbedarfs steht der Nachteil einer entsprechend vermehrten Schlammabscheidung, der aber in Neustädter Becken durch etwas häufigere Schlammausstoßung oder in den übrigen Absetzbecken durch eine kontinuierliche Schlammentfernung begegnet werden kann, entgegen. Der abgefangene Schlamm wird auf Trockenplätzen getrocknet.

Tritt eine zu starke Anreicherung des Abwassers an Cyan ein, so kann man dieses nach TILLMANS wie folgt ausscheiden: In das in Gruben gesammelte Abwasser werden Säcke mit Ferrosulfat gehängt, das von dem heißen Abwasser gelöst wird. Dann wird Natronlauge zugegeben; später wird mit Schwefelsäure schwach angesäuert und durch starkes Lufteinblasen kräftig durchgemischt. Der Zusatz von Natronlauge und Schwefelsäure erfolgt nach den analytischen Ergebnissen bei der Prüfung des Grubeninhaltes in berechneten Mengen. Der Grubeninhalt wird durch Filterpressen gedrückt. Läuft das Abwasser nicht klar von den Pressen ab oder ergibt die qualitative Reaktion (Berlinerblaureaktion) noch die Anwesenheit von Cyan, so geht es noch einmal in die Reinigungsgrube und von dort auf die Presse zurück. Der Blauschlamm, der mit 70% Wasser anfällt, wird in Pfannen getrocknet und enthält dann etwa 45% Ferrocyankalium.

2. Abwasser von der Hochofenschlackengranulation.

Die früher als wertloser Abfall auf Halden gestürzte Schlacke findet seit längerer Zeit als Baumaterial wertvolle Verwendung. Die durch Zerschlagen der ausgegossenen und erkalteten Schlackenblöcke gewonnene Stückschlacke kann als Bettung für Straßen oder an Stelle von Kies oder Kleinschlag als Betonmaterial verwandt werden. Zur Verwendung als Steinmaterial für biologische Tropfkörper hat sie sich nicht bewährt, da sie dem dauernden Angriff des Wassers bzw. der bei den biologischen Prozessen sich bildenden Kohlensäure nicht standhält und allmählich zerfällt.

Der Schlackensand, der an Stelle von Feinsand zu baulichen Zwecken Verwendung findet und in frischem Zustand den Grundstoff für den Hochofenzement bildet, wird in der Weise hergestellt, daß man die aus dem Hochofen kommende glühend heiße und daher noch flüssige Schlacke in rasch fließendes Wasser leitet. Bei der plötzlichen Abkühlung erstarrt sie unter starker Wasserdampfentwicklung und zerfällt sofort zu kleinen unregelmäßig geformten blasigen Körnern, die von dem stark erwärmten Wasser mit fortgeführt werden. Das Gemenge von Granulationsschlacke und Wasser wird in Fanggruben in Form einfacher viereckiger Becken geleitet. Die Hauptmenge des Schlackensandes setzt sich infolge seines größeren spez. Gewichtes rasch ab und wird durch Greifbagger dauernd aus den Becken entfernt, gleich verladen und nach Zementfabriken befördert. Ein Teil der Schlacke wird aber durch die bei der Granulation eingeschlossene oder durch anhaftende Luft- oder

[1] PETERSEN: Stahl u. Eisen 1909, 868; 1911, 270.

Gasbläschen mehr oder weniger lang in der Schwebe gehalten, steigt allmählich an die Oberfläche und bildet dann auf den Absetzbecken eine Schwimmschicht. Damit diese nicht in den Ablauf gelangen und im Vorfluter schädlich wirken kann, muß sie entweder durch besondere Vorrichtungen zum Absinken gebracht oder durch Feinsiebe am Ablauf abgefangen werden.

Wird der schwimmende Schlackensand mit fortgespült, so stört er bei der Wiederverwendung des Wassers, da er wegen seiner scharfen Außenhaut die Pumpen und Rohrleitungen sehr stark angreift. Beim Ablassen in den Vorfluter setzt er sich unmittelbar unterhalb der Einleitungsstellen ab und bedeckt dann oft weite Strecken, das Ufer oder

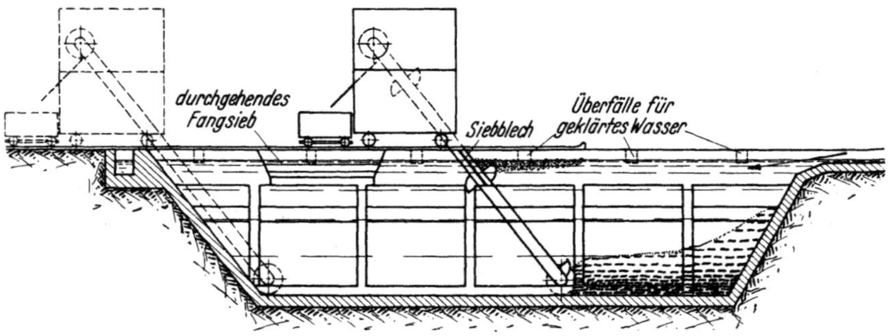

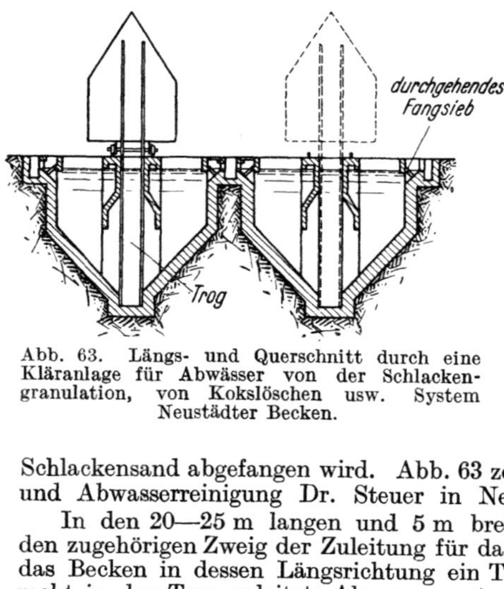

Abb. 63. Längs- und Querschnitt durch eine Kläranlage für Abwässer von der Schlackengranulation, von Kokslöschen usw. System Neustädter Becken.

den Boden im Vorfluter, die dadurch „steril" werden und für die Fischzucht und die biologische Selbstreinigung ausfallen. Noch aus einem anderen Grunde ist der Schlackensand für die Fischerei sehr unerwünscht. Gelangt der sehr feinkörnige, aber auch sehr scharfkantige Schlackensand in die Kiemen der Fische, so erzeugt er hier besonders bei den durch schlechte Wasserverhältnisse geschwächten Fischen Entzündungen, die leicht zu stärkeren Schäden führen.

In manchen Fällen hat man auch das Wasser-Schlackensandgemenge unmittelbar in die Waggons geleitet. Das abfließende Wasser muß ebenso wie das Überlaufwasser der Fanggruben in besondere Klärbecken geleitet werden, in denen nicht nur der schwebende, sondern auch der schwimmende Schlackensand abgefangen wird. Abb. 63 zeigt den Schnitt durch eine von der Fa. Wasser- und Abwasserreinigung Dr. Steuer in Neustadt an der Weinstraße errichtete Anlage.

In den 20—25 m langen und 5 m breiten Becken zieht sich oben, im Anschluß an den zugehörigen Zweig der Zuleitung für das schlackensandhaltige Abwasser, mitten durch das Becken in dessen Längsrichtung ein Trog ohne Boden. Er soll das anfangs waagerecht in den Trog geleitete Abwasser unter allmählicher Beruhigung nach unten führen. Die Umkehrung nach oben und der Übertritt in den den Trog umgebenden Nachklärraum erfolgt nur langsam, weil die Überläufe für geklärtes Wasser auf den ganzen Beckenumfang verteilt sind. Das Trogende ist durch die hintere Beckenwand geschlossen. In dem gebrauchten Trog beruhigt sich das Wasser soweit, daß die schwimmfähigen Stoffe nach oben kommen und sich hier mit den bereits schwimmenden Stoffen in der Ruhezone ansammeln. Zugleich sinken alle nicht von Gasblasen oder Lufteinschlüssen getragenen groberen Körner nach unten. In der fast vollkommenen Ruhe im Klärraum um den Trog setzt sich dann noch fein zerriebener Schlackensand ab. An den Abläufen sind schräg gestellte, verzinkte feine Drahtgewebe, welche die schwebenden, mit der kaum merklichen Strömung abtreibenden Sandkörnchen abfangen. Wenn überhaupt notwendig, werden die Siebe zur Reinigung von Zeit zu Zeit mit einem Wasserstrahl abgespritzt.

Die Schwimmschlacke gibt in den meisten Fällen die sie in Schwebe haltende Gasmenge oder Luftblasen ab, wodurch sie selbst zur Sinkschlacke wird und sich absetzt. Sink- und Schwimmsand werden dann gleichzeitig durch ein Becherwerk aus dem Klärbecken entfernt. Die aufwärtsgehenden und zweckentsprechenden Eimer des allmählich vom Trogende zum Einlauf vorrückenden Becherwerkes nehmen gleichzeitig von der Sohle Sinkschlacke und von der Oberfläche einen Teil des Schwimmsandes mit. Der ausgehobene Schlackensand wird in Kippwagen geworfen, die als Anhänger des Baggers mitfahren.

Das bei der Schlackengranulation abfließende Abwasser kann geringe Mengen Schwefelcalcium und andere Sulfide enthalten.

b) Walzwerke.

Bei der Kühlung der Walzen und Walzenstraßen fallen Abwässer an, die neben Walzensinter, feine Staubteilchen und, je nach der Art der Schmierung, Öl bzw. Fett enthalten. Der Walzensinter und der feine Staub werden in einfachen, flachen Absetzbecken abgefangen. Der Schlamm kann nach dem Trocknen und Vorbehandlung in einer Agglomerieranlage in den Hochofen zurückgegeben und aufgearbeitet werden. Die Räumung der Becken kann bei Doppelbecken nach der Ausschaltung und Trockenlegung durch Hand,

Abb. 64. Kläranlage für ölhaltige Abwässer von Walzwerken, Kokereien usw. System Neustädter Becken.

Bagger usw., bei Einzelbecken durch Bagger, Becherwerk oder Greifer unter Wasser erfolgen.

Noch wichtiger als die Entfernung des Walzensinters ist für die Kanäle und Vorfluter die Entfernung des Öles bzw. Fettes. Diese erfolgt in großen Flachbecken, in denen man dem Wasser durch Beruhigung Zeit und Gelegenheit zum Abscheiden des Öles an der Oberfläche gibt. In der in Abb. 64 dargestellten Kläranlage für ölhaltige Abwässer von Walzwerken und Kokereien von der Fa. Wasser- und Abwasserreinigung Dr. Steuer in Neustadt an der Weinstraße (Neustädter Becken) wird das Abwasser, dem man auch das Kondenswasser zufügen kann, von der quergelagerten Einlaufrinne durch das langgestreckte Becken geleitet, von wo es unter Abgabe des Öles an die Oberfläche langsam nach dem an der anderen Seite gelegenen Ablauf geleitet wird. Die im Wasser enthaltenen feinen Flocken ballen sich hierbei zusammen und fallen als feiner Schlamm zu Boden. Die noch im Wasser vorhandenen Öltröpfchen scheiden sich an der Oberfläche ab und werden in dem an der Abflußseite gelegenen Ölfänger abgefangen.

Die an der Zu- und Ablaufseite angebrachten Ölfänger bestehen aus einer schräg eintauchenden Wand, die am Zulauf zugleich Stirnwand des Beckens ist, mit mehreren senkrechten Zwischenwänden, zwischen denen sich die Flüssigkeit beruhigt. Das sich in den

Ölfängern absetzende Fett wird von Zeit zu Zeit mit einfachen kratzerartigen Handgeräten, die den Zwischenraum zwischen zwei dieser Wände ausfüllen, in die vorgelagerte Abflußrinne übergeführt. Bei der in Abb. 65 dargestellten Kläranlage des gleichen Verfahrens wird die sich an der Oberfläche ansammelnde Ölschicht durch mit Tauchblechen versehene, durch Motor angetriebene Paddel in regelmäßigen Zeitabständen in die Rinne abgestreift. Diese Rinnen endigen in kleinen Sammelbehältern, die unten mit dem großen Absetzbecken in Verbindung stehen. In diesen Sammelbehältern scheidet sich unten etwa mitgerissenes Wasser ab, das dann in das Becken zurückfließen kann. Da man mit dem Abziehen des Öles warten kann bis eine genügend dicke Schicht sich gebildet hat, brauchen die Becken keine geregelte Bedienung und können daher nebenher bedient werden. Das abgefangene Öl und Fett wird gereinigt und dann wieder verwendet.

Abb. 65. Abstreifvorrichtungen für das an der Oberfläche einer Entölungsanlage gesammelte Öl und Fett.

Zur Entfernung des am Boden sich absetzenden Schlammes müssen die Becken von Zeit zu Zeit durch das Umlegen des Gelenkrohres entleert werden. Das abfließende Wasser wird am besten durch eine Pumpe in die Zulaufrinne zu den übrigen Becken gepumpt. Der dickflüssige, durch Ölreste verklebte, schmierige Schlamm wird mit dem Bodenkratzer zum Auslauf befördert und abgepumpt. Nach Trocknen auf Trockenbeeten kann er wieder mit verhüttet werden.

c) Beizereien, Drahtziehereien, Röhrenwerke, Emaillierwerke, Verzinkereien, Weißblechwerke.

1. Allgemeines über Beizereiabwässer.

Die aus den Walzwerken kommenden Eisenteile, wie Drähte, Bänder, Bleche, haben auf ihrer Oberfläche eine Oxydschicht, die bei der Weiterverarbeitung stark stört; sie muß daher beseitigt werden. Nur eine metallisch blanke Oberfläche ist für eine Weiterbearbeitung zum Aufbrennen von Emaille (Emaillegeschirr) oder zum Eintauchen in Zink- oder Zinnbäder (Herstellung von verzinkten Rohren, Formeisen, Drahtgeflecht, Weißblech, Maschinenteile) geeignet. Zu dieser Reinigung werden außer mechanischen Mitteln, z. B. Stahlbürsten, Schleif-, Polier-, Scheuermittel und Sandstrahl- und Stahlkiesbehandlung, Reinigungsstoffe verwendet, und zwar solche, die nur die Verunreinigung (Schmutz, Staub, Öl, Fett usw.) entfernen, wie die organischen Lösungsmittel (Benzin, Benzol, Petroleum und Trichloräthylen), oder alkalische, emulgierend wirkende Mittel (Ätznatron, Soda und andere Natriumsalze) oder solche, die neben der Auflösung der Oxydschicht auch den Werkstoff angreifen, nämlich Säuren und saure Salze. Letztere nennt man allgemein Beizen.

Diese Beizen werden in fast allen Eisenwerken (Draht-, Stab-, Profil-, Bandeisen und Rohre), Grob- und Feinblechwalzwerken, Verzinkereien, Verzinnereien (Weißblechherstellung), Hammer-, Stanz-, Emaillierwerken, Blechwarenfabriken gebraucht. Die Entfernung der Oxydschicht geschieht durch Beizen der Gegenstände in Bädern mit verdünnter Schwefelsäure oder Salzsäure, Salpetersäure allein oder in Gemischen dieser Säuren, manchmal werden auch Flußsäure oder saure Salze angewandt. Durch den Beizprozeß wird die Schicht von Glühspan, Hammerschlag, Sinter, Walzensinter und Zunder beseitigt, wobei unter Wasserstoffentwicklung Eisensalze in Lösung gehen. In den meisten Fällen wird zum Ansetzen der Beizen Schwefelsäure angewandt, besonders in den Fällen, wo Exportware nach Übersee erzeugt wird. Bei salzsäurehaltigen Beizen ist infolge der Hygroskopizität der salzsauren Salze die Möglichkeit der Fleckenbildung viel größer als bei schwefelsauren Beizen. Die Konzentration der angewandten Beizen ist je nach der Art der angewandten Säure und des zu beizenden Beizgutes verschieden. In den meisten Fällen wird mit einer

Anfangskonzentration von 15—20% der möglichst arsen-, salpeter- und nitrosefreien Schwefelsäure angefangen und diese Säure dann bis auf einen Rest von 2—7% ausgenutzt. Während nun bei Blechen und zwar besonders bei Feinblechen die verbrauchten Beizen als Abfallbeize abgestoßen werden, werden beim Beizen von Bändern oder Drahteisen die verbrauchten Beizbäder durch Zugabe neuer Säuremengen nochmals angeschärft. Diese verschiedene Arbeitsweise bedingt auch die verschiedenen Konzentrationen der anfallenden Beizereiabwässer. In Blech- und Feinblechfabriken fallen Abfallbeizen mit hohem Gehalt an freier Restsäure und niederem Eisengehalt an, dagegen findet man bei Bandeisen- und Drahtziehereien geringere Säuregehalte und viel höhere Eisensalzmengen. Bei den mit den Abfallbeizen auftretenden großen Verlusten geht das Bestreben der Beiztechnik, wie später geschildert wird, dahin, in Beizbädern eine gleichmäßigere Konzentration zu halten und die bisher in die Vorfluter abgelassenen Säurereste und Eisensalze wiederzugewinnen. Die gerade in der letzten Zeit durchgeführten Versuche haben gezeigt, daß man in allen Beizfällen ohne Rücksicht auf das Beizgut und unbeschadet der Beizzeit bei Temperaturen bis 55^0 C eine Anreicherung der Beizen bis auf 650 g/Liter Eisensulfat $FeSO_4 \cdot 7\,H_2O$ durchführen kann. Diese Anreicherung erleichtert erheblich die Wiedergewinnung und ergibt eine große Säureersparnis. Diese Wiedergewinnung der Stoffe ist besonders dann wichtig, wenn hochwertige Stähle, Edelstähle, Chromnickelstahl usw. gebeizt werden. In diesen Fällen enthalten die Beizbäder bzw. Spülwässer neben Eisen die in dem Beizgut enthaltenen edleren Metalle, wie Nickel, Chrom usw. Selbst wenn nur 75% der anfallenden Beizen aufgearbeitet werden, können in Deutschland rund 5 Millionen RM an devisengebundener Schwefelsäure und 5% der Erzeinfuhr gespart werden. Zum Schutze der zu beizenden Bleche, Drähte, Bänder wird in sehr vielen Fällen Sparbeize hinzugegeben, welche die Auflösung der Oxydschicht nicht stört, den Angriff auf das Metall aber verringert.

Wegen des aggressiven Charakters der abfließenden Beizen dürfen zur Ableitung keine Zementrohre benutzt werden. Am besten sind Steinzeugrohre mit Muffendichtungen aus geteerten Juteschnüren, Vermauerungen mit Letten, festem oder geteertem Lehm und eingegossenem Asphalt oder Kanäle aus säurefesten Klinkern mit Bleizementverfugungen.

Die fertig gebeizten Gegenstände müssen in besonderen Spülbehältern durch einen kräftigen Spülstrom gewaschen werden. Das bedingt, daß in den Beizbetrieben zwei verschieden konzentrierte Abfälle entstehen:

1. stark verdünnte Spülwässer,
2. stark konzentrierte Abfallbeizen.

2. Behandlung der Spülwässer.

Die stark verdünnten Spülwässer fallen laufend in gleichmäßiger Menge und Konzentration an. Ihre Menge und Konzentration richtet sich ganz nach der Art des Betriebes und ist stark davon abhängig, ob die verbrauchten Beizwässer aufgearbeitet werden oder nicht. Die Menge der Spülwässer schwankt zwischen der 10—20fachen Menge der verbrauchten Säure. Bei Feinblechen kann diese Spülwassermenge noch erheblich ansteigen (bis zum hundertfachen der angewandten Säuremenge). Nach STOOFF[1] entfielen in einem Weißblechwerk auf 200 t Eisenblech täglich etwa 20 cbm verbrauchte Salzsäure (10 Gew.-% HCl) und etwa 2000 cbm Spülwasser und in einer mittelgroßen Verzinkerei mit einem Säureverbrauch von 0,6—1 t Salzsäure täglich 7 cbm Spülwasser. Je nach der Fabrikation, d. h. nach der Art des zu beizenden Materials, schwankt der Schwefelsäureverbrauch zwischen 30—50 kg je Tonne Material. Beim Einbau von Wiedergewinnungsanlagen kann diese Menge auf 10—15 kg Schwefelsäure je Tonne zu beizendes Eisen gesenkt werden. Für ein Walzwerk gibt TAUNIG[2] für 200 t Walzdraht einen Schwefelsäureverbrauch von 4,57 t, entsprechend 20 cbm Anfangs- und 20,75 cbm Schlußbeize an. Der durch die Spülwässer entstehende Verlust an Säure hängt ebenfalls ganz von der Betriebsweise, in erster Linie auch vom Vorhandensein einer Aufbereitungsanlage ab, und von der Art des Beizgutes ab und schwankt zwischen 15—40% der angewandten Säuremenge.

Beim Ablassen dieser Spülwässer in städtische Kanalisationen werden nicht säurefeste Baustoffe (Beton) angegriffen. Es müssen daher zur Ableitung Tonrohre oder Steinzeugrohre

[1] STOOFF: Gesundh.-Ing. 1934, **57**, 698. [2] Siehe STOOFF: Gesundh.-Ing. 1934, **57**, 698.

verwandt werden. Beim Zusammentreffen mit häuslichem oder anderem gewerblichen Abwasser werden Gasbildungen, Ausflockungen und damit Schlammablagerungen hervorgerufen. Bei kleinen Vorflutern können die in den Spülwässern und Abfallbeizen enthaltenen Säuremengen eine sehr starke Erniedrigung des p_H-Wertes hervorrufen. Schon bei p_H-Werten unter 5 sind die biologischen Störungen bei der Weiterbehandlung der häuslichen Abwässer besonders im Vorfluter sehr groß, da dann die Fischnährtiere verschwinden und die Fische selbst abwandern oder sogar eingehen. Die Auseinandersetzungen über die unterhalb der Einleitungen von Beizereiabwässern aufgetretenen Fischsterben haben schon manchen Beizereibetrieben große Kosten auferlegt. Der Einfluß der Beizereiabwässer im Vorfluter kann so groß werden, daß selbst im Fluß stehende Bauwerke (Brücken, Wehre usw.) durch freie Säuren und Sulfate geschädigt werden. Bei Überschwemmungen oder bei Bewässerungen von Wiesen und Weiden kann der Ernteertrag durch die freie Säure oder durch die Eisenverbindungen stark geschmälert werden, weil die Säuren die Kalkverbindungen aus dem Boden lösen und hierdurch langanhaltende und schwer zu beseitigende Wirkungen äußern.

Bei großen Vorflutern kann bei kleinen Werken die durch kohlensaure Salze des Calciums, Magnesiums usw. bedingte Alkalinität (Säurebindungsvermögen) des Vorfluters ausreichen, die mit den Spülwässern herangeführte Säure zu neutralisieren. Entscheidend ist hierbei aber die abgelassene Menge Säure und eine gute Durchmischung des Abwassers mit dem Vorflutwasser. Dies geschieht am besten durch Einleiten des Abwassers in die Mitte des Vorfluters mit Hilfe eines geeigneten Verteilerbauwerks, am besten an einer gebogenen Flußstrecke, weil man dann durch Wirbelbildungen bessere Vermischungen erzielt. Durch die Ausnutzung des Säurebindungsvermögens wird die Carbonathärte in Mineralhärte verwandelt, was sich besonders in den Fällen, wo das Flußwasser unterhalb der Einleitungsstelle als Brauchwasser, z. B. in Wäschereien, Textilfabriken, als Kesselspeisewasser usw. benutzt wird, sehr unangenehm bemerkbar machen kann. WEIGELT hat das Säurebindungsvermögen verschiedener Flüsse untersucht. Er gibt folgende Zahlen an:

Bober	19 mg/Liter SO_3	Regnitz . . .	80 mg/Liter SO_3
Oder	30—40 ,, ,,	Neckar . . .	120 ,, ,,
Spree	60 ,, ,,	Rhein . . .	240 ,, ,,

Das Säurebindungsvermögen schwankt bei kleineren Flüssen viel stärker als bei großen, was bei der Berechnung der abzulassenden Abwassermengen berücksichtigt werden muß.

Die mit den Spülwässern und auch den konzentrierten Abfallbeizen dem Flusse zugeführten Ferrosalze (Ferrosulfat, Ferrochlorid) haben einen starken Einfluß auf den Sauerstoffgehalt des Vorfluters. Unter dem Einfluß der im Wasser enthaltenen Carbonate und des im Wasser enthaltenen Sauerstoffs gehen die Ferrosalze allmählich in Ferrisalze über. Die durch Hydrolyse freiwerdende Säure wird an das im Wasser enthaltene Calciumbicarbonat gebunden, so daß das Ferrihydroxyd ausfallen kann. Nach der Gleichung

$$2\,FeSO_4 + 2\,Ca(CO_3H)_2 + H_2O + {}^1/_2\,O_2 = 2\,Fe\,(OH)_3 + 2\,CaSO_4 + 4\,CO_2$$

werden für 278 g in Lösung befindliches Eisensulfat ($FeSO_4 \cdot 7\,H_2O$) 8 g Sauerstoff zur Oxydation gebraucht. Bei einem Spülwasser z. B., das 0,3% freie Säure und 1,5% Ferrosulfat ($FeSO_4$) = 2,5% $FeSO_4 \cdot 7\,H_2O$ enthält, wird bei einem Säurebindungsvermögen von 80 mg/Liter SO_3, das nur zu etwa 10% ausgenutzt werden soll, die mindestens 400fache Menge Verdünnungswasser für die Säurebindung benötigt. Zur gleichen Zeit verlangt aber der Eisengehalt des Ablaufs mit Rücksicht auf den nur zu 10% auszunutzenden Sauerstoffgehalt auf Grund folgender Berechnung die 1000fache Verdünnung:

$$278\text{ g } FeSO_4 \cdot 7\,H_2O = 8\text{ g Sauerstoff},$$
$$25\text{ g } FeSO_4 \cdot 7\,H_2O = \text{rund } 720\text{ mg Sauerstoff},$$
$$\text{bei } 10\%\text{ Ausnutzung} = 7200\text{ mg/Liter } O_2.$$

7200 mg Sauerstoff sind in rund 1 cbm Wasser enthalten, so daß 1 Liter eines derartigen Abwassers mit 1 cbm Vorfluter verdünnt werden muß, wenn es im Vorfluter keinen direkten Schaden erzeugen soll. Bei nur 100facher Verdünnung besteht bei zu schwacher Wiederbelüftung die Gefahr des völligen Sauerstoffschwundes.

Das durch Hydrolyse ausgeschiedene Ferrihydroxyd nimmt aus dem Wasser außer dem gebildeten Gips eine Menge anderer Stoffe teils organischer (Plankton-Mikroorganismen) teils mineralischer (kolloider) Natur durch Adsorption auf. Bei zu starker Adsorption der Mikroorganismen, wie Bakterien und Fischnährtiere, kann die auf der Tätigkeit dieser Lebewesen beruhende Selbstreinigungskraft und die Fischerei des Vorfluters stark gestört, in vielen Fällen sogar völlig lahm gelegt werden. Die aus den abgestoßenen Beizwässern entstandenen Schlammengen, die sich leicht in unterhalb liegenden Stauweihern, Seen, Talsperren, Buhnenfeldern, absetzen und so den Stauraum verringern, lassen sich leicht berechnen. Bei einem Schlamm, der bei der Analyse in der Trockensubstanz einen Eisengehalt von 40% $Fe(OH_3)$ aufweist, ergibt sich auf Grund der vorstehend angegebenen Umsetzung, daß 1 Mol angewandte Schwefelsäure demnach 1 Mol Ferrihydroxyd entspricht. Bei 75% Ausnutzung der Schwefelsäure ergibt sich für 1 t Schwefelsäure 66° Bé folgende Berechnung: $\frac{0,75 \cdot 98 \cdot 1\,t}{100} = 735$ kg in Eisensulfat überführte Schwefelsäure. Diese 735 kg verbrauchte Schwefelsäure erzeugen rund 2000 kg Trockensubstanz eines Schlammes mit 40% $Fe(OH)_3$. Da der anfallende Schlamm aber rund 98% Wasser enthält, so entstehen aus 1 t Schwefelsäure rund 100 cbm Schlamm von 98% Wasser und 40% Ferrihydroxyd in der Trockensubstanz. Beim Lagern zersetzt sich der Schlamm und gibt durch biologische Zersetzung einen Teil seiner organischen Substanz und seines Wassergehaltes ab, so daß er nach einiger Zeit nur noch etwa 80% Wasser hat, d. h. sein Volumen ist auf 20 cbm zurückgegangen. Bei kleinen Flüssen, wie z. B. der Lenne im westfälischen Industriegebiet, wo die an ihr liegenden Werke zur Zeit im Jahr rund 25000 t Schwefelsäure verarbeiten, führen diese Schlammengen zu außergewöhnlich großen Belästigungen. Bei der Zersetzung des Schlammes bildet sich Schwefelwasserstoff, der den anfänglich rotbraunen Schlamm infolge Bildung von Schwefeleisen schwarz färbt. Der feine, rotbraune Schlamm, der langsam den Fluß hinunterwandert, macht sich bonders in den Fällen, wo der Fluß für Trink- und Brauchwasserwerke benutzt wird, sehr unangenehm bemerkbar. In den Anreicherungsbecken legt er sich auf dem Filter nieder und verstopft diese bald. Die Folge davon ist, daß die Filter viel häufiger als sonst gereinigt werden müssen. Ein weiterer Nachteil des Einflusses von Beizereiabwasser auf Trinkwasserwerke zeigte sich auch in der Erhöhung des Eisengehaltes des Vorflutwassers und damit des Trinkwassers selbst. Schon in Mengen von 1 mg/Liter verleiht Eisen dem Wasser einen unangenehmen, tintenartigen Geschmack (s. Enteisenung S. 128).

3. Konzentrierte Abfallbeizen.

Im Gegensatz zu den im gleichmäßigen Strom anfallenden Spülwässern fallen die verbrauchten Abfallbeizen stoßweise an, nämlich immer dann, wenn die Beizbäder nach völliger Erschöpfung abgelassen werden. Die Menge beträgt je nach der Betriebsweise die 3—5fache Menge der angewandten Säure. Werden solche Beizabwässer in die Kanalisation abgelassen, so besteht die große Gefahr der Anfressung und damit der Zerstörung der Kanalisationen. So erwünscht kleine gleichmäßig zugegebene Mengen Eisensalze in häuslichem Abwasser wegen der damit verbundenen Ausflockungen sein können, so schädlich sind die großen Mengen konzentrierter Beizereiabwässer im Vorfluter, in den Kanalisationen, auf den Kläranlagen und besonders bei der biologischen Weiterbehandlung häuslicher und industrieller Abwässer. Beim Ablassen in die Kanalisation wird die auf der Kläranlage anfallende Schlammenge erheblich vergrößert, so daß für das Abfangen und die Weiterbehandlung des Schlammes erheblich größere Kosten aufgewandt werden müssen. Wird der Eisengehalt im Schlamm zu hoch, so wird auch die Wiederverwendung des häuslichen Schlammes als Dungmittel verhindert, wodurch der Landwirtschaft wertvolle Humusstoffe entzogen werden.

Die durch den Vorfluter abfließenden konzentrierten Beizereiabwässer zerstören durch p_H-Wert-Erniedrigung und Sauerstoffschwund auf ihrem Wege bis zur nächsten ausreichenden Verdünnung und Neutralisation alles biologische Leben und entvölkern so den ganzen Vorfluter. Die für die Spülwässer angegebenen Schwierigkeiten, wie Erniedrigung des p_H-Wertes, starker Sauerstoffentzug und Schlammbildung müssen hier in einem entsprechend stark vergrößertem Maßstabe auftreten.

Die mit Beizereiabwässern durchsetzten Vorfluter erleiden auch bezüglich ihrer Verwendung für landwirtschaftliche Zwecke eine starke Beeinträchtigung. Unterhalb bestimmter p_H-Werte und schon von geringen Eisengehalten (5 mg/Liter) an können diese Wässer zu Tränkzwecken nicht mehr gebraucht werden. Schädlich ist auch der Einfluß, den diese Wässer beim Flößen auf den Boden ausüben. Die Säure löst aus dem Boden die für die Ernährung der Pflanzen wichtigen Dungstoffe, wie Kalk- und Magnesiumverbindungen, heraus und beeinträchtigt so die Ertragsfähigkeit des Bodens. Enthalten die Beizen außer Eisen noch Kupfer-, Nickel- oder Zinksalze oder gar Bleiverbindungen, so reichern sich diese Stoffe auf den Futterpflanzen an und können dann zu schweren Schädigungen des Weideviehes führen. Nach den Untersuchungen von Haselhoff genügt bereits ein Gehalt von 2,5 mg/Liter Kupfer, um Pflanzen zum Absterben zu bringen.

In volkswirtschaftlicher Beziehung stellt das Ablassen der Beizereiabwässer eine große Verschwendung dar. Bei den neueren Aufbereitungsverfahren werden die bisher mit den Spülwässern und Abfallbeizen abgestoßenen Eisensalz- und Säuremengen wiedergewonnen und der Wirtschaft wieder zugeführt.

4. Beseitigung bzw. Aufarbeitung der in Beizbetrieben anfallenden Abwässer.

a) Verminderung der mit den Spülwässern fortgeführten Säure- und Eisenmengen.

Durch das laufende Ablassen der Spülwässer gehen große Mengen Säure und Ferrosulfat verloren. Diese Verluste können bei unvorsichtigem Arbeiten 50% und darüber der angewandten Säure betragen. Durch Zwischenschaltung eines oder mehrerer besonderer Waschbehälter zwischen der eigentlichen Beize und der Hauptspülwassermenge kann diese Menge jedoch auf einen sehr geringen Bruchteil (2—4%) eingeschränkt werden. Diese Zwischenbehälter, aus denen die Ergänzung des Wasservorrats in den Beizbehälter erfolgt, fangen die Beizen auf und verhindern so eine übermäßig große Abspülung von Beizen. Die in den Zwischenbehälter abgefangenen Spülwässer werden wegen der in ihnen enthaltenen Säuremengen zum Ansetzen der neuen Beizbäder benutzt. Nachdem auf diese Weise rund 95% der Säure- und Eisenmengen dem Vorfluter ferngehalten werden, kann man, besonders bei größeren Vorflutern, oft die restlichen Spülwässer in den Vorfluter ablassen, da diese mit dessen Säurebindungsvermögen auskommen. In allen anderen Fällen müssen die abgestoßenen Spülwässer durch eine gute Neutralisationsanlage unschädlich gemacht werden.

b) Aufbereitung der eigentlichen Beizabwässer.

Zur Aufarbeitung von Beizen sind verschiedene Vorschläge gemacht worden. Man muß zwischen den Verfahren, die eine Vernichtung der Beizen vorsehen und den Verfahren, die eine Wiedergewinnung der in den Restbeizen enthaltenen Säuren und Eisensalze beabsichtigen, unterscheiden.

1. Versickerung im Gelände. Fabriken, die weit außerhalb von Städten oder größeren Ortschaften liegen, haben sich in früheren Jahren mit Vorliebe ihrer sauren Abwässer dadurch entledigt, daß sie dieselben einfach im Boden versickern ließen. Man leitete sie in natürliche, in der Nähe liegende Senkungen im Gelände oder stellte, wenn solche nicht vorhanden waren, künstliche Senkschächte oder Mulden zur Aufnahme des Abwassers her. Diese Beseitigungsart ist nur in einem an Calciumcarbonat oder an ähnlichen carbonathaltigen Gesteinen reichen Boden zulässig, da in diesem Falle die abgelassene Säure abgestumpft wird, so daß sie nicht weiter schaden kann. In allen anderen Fällen kann nicht genug vor der Anwendung dieses Verfahrens gewarnt werden. Früher oder später gelangen die Abwässer in das Grundwasser und sind dann die Ursache dafür, daß die in der Nähe und auch die entfernter liegenden, aus dem Grundwasser gespeisten Wasserversorgungsanlagen verdorben werden. Nach § 202, Abs. 1 des Preußischen Wassergesetzes ist die Einleitung von Flüssigkeiten in den Erdboden, sobald dadurch das unterirdische Wasser, ein Wasserlauf oder See zum Nachteil anderer verunreinigt wird, verboten. Da nicht nur die Säure selbst, sondern auch hohe Sulfatgehalte für in Grundwasser stehende Betonbauten gefährlich sein können, und auch der Eisengehalt durch die Vereisenung stört, reicht eine einfache Neutralisation der Abwässer vor der Versickerung oft nicht aus.

2. Neutralisation der Beizereiabwässer. Die ältesten Verfahren der Beseitigung der Beizereiabwässer bestanden darin, die gesamten Beizereiabwässer zu neutralisieren und das ausgeschiedene Eisenhydroxyd absetzen zu lassen. Die überstehende Flüssigkeit übergab man dem Vorfluter. Dieses Verfahren ist sehr teuer und bereitet große Schwierigkeiten, weil die Konzentration sehr stark schwankt. Um diese Schwankungen auszuschalten, müssen vor die Neutralisationsbecken Ausgleichsbehälter für die konzentrierten Abfallbeizen geschaltet werden, aus denen sie den dünnen Spülwässern in gleichmäßigem Strome zugemischt werden, damit eine möglichst gleichbleibende Konzentration erreicht wird. Ein weiterer Nachteil sind die anfallenden, außergewöhnlich großen Schlammengen. Für diese ist bei Sulfatbeizen keine geeignete Verwendungsmöglichkeit vorhanden, da die entstehende Eisenhydroxyd- und Gipsmischung sich nur schwer verhüten läßt.

Zur Neutralisation können alle Laugen oder Carbonate verwendet werden. In Frage kommen die vielfach in der Industrie anfallenden Ablaugen, wie Kalilauge, Natronlauge, Seifenlauge, Pottaschelauge u. dgl. Auch Seifenabwässer können unter Umständen, wenn sie in genügender Menge zur Verfügung stehen, zur Neutralisation benutzt werden. Das in der Kaliindustrie anfallende Magnesiumoxyd und -hydroxyd und die bei der Eisengewinnung entstehende basische Eisenschlacke stellen ein geeignetes Neutralisationsmittel dar. Am meisten wird jedoch Ätzkalk in Form der Kalkmilch oder Calciumcarbonat in Form von Kalkstein oder Marmorabfällen benutzt. Der in den mit den Fabriken oft verbundenen Schweißereianlagen anfallende Carbidschlamm ist ein sehr geeignetes Neutralisationsmittel. Bei schwefelsauren Beizen darf Calciumcarbonat und auch der gelöschte Kalk nicht in Brocken zugegeben werden, da der sich ausscheidende Gips die Brocken mit einer dichten Gipshaut umschließt und so ihre restlose Ausnutzung zur Neutralisation verhindert. Bei Anwendung von Marmorstücken muß bei Sulfatbeizen die Mischung längere Zeit gut durchgeführt werden. Je nach der Lage der betrieblichen und örtlichen Verhältnisse kann unterbrochener oder durchlaufender Klärbetrieb vorteilhafter sein. Im ersteren Falle gehören zu jeder Periode etwa folgende Betriebsmaßnahmen: Herstellung von Kalkmilch, Einlassen der Kalkmilch in einen Klärbehälter, dann Einlassen der durch die Spülwässer verdünnten, verbrauchten Beizen bis zur Füllung des Behälters bzw. einer der zugegebenen Kalkmilch entsprechenden Menge, gutes Durchmischen, Absetzenlassen, Abziehen des dicken Schlammes in Klärteiche, Abziehen des klaren Wassers bis auf einen Rest von dünnem Schlamm, dann wieder Einlassen von Kalkmilch usw.

Die Anlagen für durchgehenden Betrieb bestehen aus Kalklöser, Mischgerinne, Mischschnecke oder Mischbehälter und Klärbecken mit Einrichtung zum regelmäßigen Ausschleusen von eingedicktem Schlamm während des Klärbetriebs. Hierzu haben sich Flachbecken, mit und ohne maschinelle Ausräumung, wie Dorrbecken, Neustädter Becken, Bamagbecken bewährt. Für das Abfangen des leichten Flockenschlammes eignen sich auch die tiefen Becken mit zentraler Beschickung und Aufwärtsbewegung, in denen der niedersinkende Flockenschlamm ein Schleierfilter für das aufsteigende Wasser besonders gut bildet. Gleichzeitig kann man in diese Becken Heizschlangen einbauen. Schon bei geringer Anwärmung gehen die Neutralisation und das Absetzen viel schneller vor sich als in der Kälte. Die weitere Behandlung des abgefangenen Schlammes auf Trockenbeeten ist schwierig und wegen der großen Menge auch kostspielig. Dort, wo es an Platz fehlt, wendet man heute große Zellenfilter mit Kuchenabnahme durch Walzen oder Schnüre (Imperialfilter) an.

Ätzkalk wird am besten in Form einer 5—10%igen Kalkmilch zugegeben. An Stelle der Kalkmilch verwendet man besonders in den Werken, wo aus Carbidanlagen keine billige Kalkmilch zur Verfügung steht, gerne Kalkmehl, das aus Trockendosierungsmaschinen zugesetzt wird. Bei schwefelsauren Beizen scheidet sich dann ein Gemisch von Eisenhydroxyd und Gips ab, das als 98—99% wasserhaltiger Schlamm anfällt und in langen Absetzbecken mit mindestens 3—4stündiger Aufenthaltszeit abgefangen wird. Die Zugabe der Kalkmilch erfolgt mit Hilfe automatischer Kalkdosierungsmaschinen, von denen mehrere im Handel sind. Bewährt hat sich unter anderen die Kalklöse- und Dosiermaschine der Maschinenfabrik Sangerhausen. Die innige Vermischung der Kalkmilch mit den Abfallbeizen erfolgt entweder in Becken, die mit Rührwerken oder Druckluft versehen sind, oder in Mischrinnen. Die Mischbecken mit Druckluft haben den Vorteil, daß sich das gebildete schwarze Ferrohydroxyd sehr schnell zu braunem Ferrihydroxyd oxydiert, das sich viel besser und leichter absetzt als jenes. Bei salpetersäurehaltigen Beizen, z. B. von Edelstählen oder nichtrostenden Stählen, hat die Druckluft ferner den Vorteil, daß sie die schädlichen Stickoxyde aus den Abwässern entfernt.

Es hat keinen Zweck, durch eine Teilneutralisation nur die freie Säure aus den Abwässern zu entfernen, da das in den Vorfluter gelangende Ferrosulfat infolge hydrolytischer Zersetzung ebenfalls sehr großen Schaden im Vorfluter anrichtet. Die Menge der zuzusetzenden Kalkmilch richtet sich nach der

Konzentration der anfallenden Abwässer. Auf 1 Teil im Betrieb verbrauchte Schwefelsäure 66° Bé rechnet man mindestens 0,75, besser 1—1,2 Teile Ätzkalk (als Calciumhydroxyd) bzw. auf 1 Teil 38% Salzsäure (Spez. Gewicht 1,19) 0,40 Teile Ätzkalk. Es darf nicht zu wenig, aber auch nicht zu viel Ätzkalk zugesetzt werden. Gibt man zu viel Ätzkalk zu, so treten nachträglich im Vorfluter durch Ausfällung der Bicarbonate und Bindung der Kohlensäure sehr unerwünschte weiße Kalkausscheidungen auf. Gibt man zu wenig zu, so treten nachträgliche Ausflockungen von Eisenhydroxyd auf. Die Kontrolle, ob genügend Kalkmilch zugegeben ist, erfolgt in den meisten Betrieben durch Prüfung mit Lakmuspapier oder Phenolphthalein. Besser dürfte aber mit Rücksicht auf Überdosierungen die Anwendung von Universalindicatoren sein, wie sie in verschiedener Form im Handel sind. Diese zeigen gleichzeitig ein Überschreiten der zulässigen Grenze des p_H-Wertes von 8,0 an. In den Fällen, wo eine sehr genaue Kontrolle erforderlich ist, empfiehlt es sich, in den Ablauf einer derartigen Neutralisationsanlage eine selbstregistrierende p_H-Wert-Meßapparatur

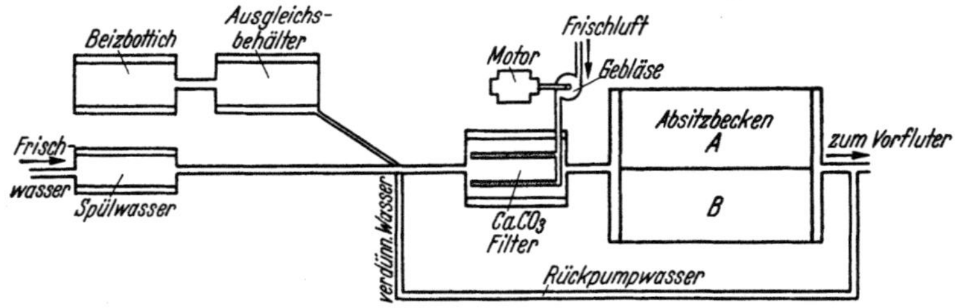

Abb. 66. Schema einer Neutralisationsanlage für verbrauchte salzsaure Beizbäder mit Hilfe belüfteter Kalksteinfilter nach Sierp und Imhoff.

einzubauen, die auch den Zufluß der Neutralisationsflüssigkeit regeln kann. Bewährt haben sich die Apparate der Firma Lautenschläger, München, und P. Altmann, Berlin, Luisenstr. Durch den Einbau derartiger Kontrollapparate kann man sich sehr oft gegen unberechtigte Entschädigungsansprüche schützen.

Einfacher gestaltet sich die Neutralisation durch Ätzkalk oder Calciumcarbonat bei salzsäurehaltigen Beizen. Da das entstehende Calciumchlorid leicht löslich ist, entsteht nur Eisenhydroxyd als Niederschlag. Es kann also nicht zur Bildung einer abschließenden Kalkhaut kommen. König hat daher empfohlen, in die Abflußrinnen der salzsauren Beizanlagen, die zwischen Teichen oder Flachbehältern angeordnet sind, Kalksteine einzubauen. Da für die nötige Sauerstoffaufnahme große Flächen benötigt werden, so empfehlen Sierp und Imhoff in dem DRP. 492810 die Anwendung von belüfteten Kalksteinfiltern. In den Kalksteinfiltern wird die gebildete Kohlensäure entfernt und das gebildete Ferrohydroxyd schnell in Eisenhydroxyd übergeführt. Man kann die Wirkung der belüfteten Kalksteinfilter noch dadurch ganz erheblich steigern, daß man

1. das Abwasser durch Leitungswasser, Flußwasser oder Rücklauf so weit verdünnt, daß es viel leichter Sauerstoff aufnimmt und das gelöste Eisenchlorid stärker hydrolysiert;

2. durch stufenweise Behandlung dafür sorgt, daß stets ein großer Teil des gebildeten Eisenhydroxyds entfernt wird, so daß sich das Gleichgewichtsverhältnis immer mehr zugunsten der hydrolytischen Zersetzung der Eisensalze und der Oxydation der Ferrosalze zu Ferrisalzen verschiebt. Das Schema einer derartigen Anlage ist in Abb. 66 dargestellt.

Der in solchen Neutralisationsanlagen aus salzsauren Beizen gewonnene Eisenschlamm kann sehr gut zur Herstellung von Rostschutz- und Malerfarben, Gasreinigungsmasse, Polierrot usw. benutzt werden.

In ähnlicher Weise hat man aus Kalksteinen, Marmorabfällen aufgebaute Tropfkörper angewandt, auf denen die verbrauchten Eisenbeizen verspritzt werden. Nach DRP. 599986 der Ohio Sanitary Engineering Corporation in Columbus sollen schwefelsäurehaltige Abfallbeizen mit Kalkmergelpulver und Luft unter Umrühren bei 90—100° (gegebenenfalls bei 2—4 Atü Überdruck) in 2 Stufen behandelt und durch Absetzen oder Filtrieren von dem eisenhydroxydhaltigen Gipsschlamm abgetrennt werden.

Um ein besseres Absetzen des ausgeflockten Eisenhydroxyds zu bewirken, hat DELKESKAMP empfohlen, die schwach schwefelsauren Abwässer mit kohlensaurem Baryt (Witherit) zu behandeln. Es wird Bariumsulfat gebildet, das im Wasser erheblich schwerer löslich als Gips ist und wegen seines hohen spezifischen Gewichtes viel schneller absetzt. Bei salzsauren Abwässern und bei solchen, die neben Schwefelsäure noch Salzsäure, Salpetersäure oder eine andere Säure enthalten, darf Witherit nicht angewandt werden, da sich in diesen Fällen lösliche Bariumsalze bilden, die für Mensch und Tier ein starkes Gift darstellen.

3. Neutralisation mit Gewinnung von Ferrosulfat. Um aus den Abfallbeizen Ferrosulfat zu gewinnen, werden die Abwässer in mit Blei ausgeschlagene und mit Heizschlangen versehene Behälter, die mit Eisenabfällen, wie Drahtspänen, Schrot, Stanzblechen usw., gefüllt sind, gepumpt. Das Eisen bindet die Restsäure als Ferrosulfat, das dann auskrystallisiert werden muß. In den Fällen, wo die Beizereien an größeren Vorflutern liegen oder die Spülverluste weitgehend durch das Zwischenschalten eines Spülbehälters eingeschränkt sind, wird man diese Behandlung auf konzentriertere Endbeizen beschränken. Im anderen Fall aber muß man die Spülwässer mit eindampfen. Deshalb muß man die Neutralisation schon in den Ausgleichsbehältern vornehmen. Da mit abnehmender Konzentration die Einwirkung der Säure auf das Eisen nachläßt, muß zum Schluß stark angewärmt werden. Nach beendigter Neutralisation und wenn nötig nach genügender Eindampfung läßt man die Lösung in flachen mit Blei ausgeschlagenen Behältern auskrystallisieren. Die verbleibende Mutterlauge muß in Eindampfapparaten zur restlichen Krystallisation weiter eingedampft werden. Das Verfahren ist sehr unwirtschaftlich; nur dort, wo genügend Abfallwärme zur Verfügung steht, läßt sich dieses Verfahren durchführen, wobei als Nachteil der Verlust der Restsäure bestehen bleibt.

4. Neutralisation mit Ammoniak und Gewinnung von Ammonsalzen und Eisenrot. In Zeiten, in denen Mangel an Säuren herrschte, hat man empfohlen, zur Neutralisation und Ausscheidung der verbrauchten Eisenbeizen Ammoniak aus den Abtreiberkolonnen der Gasanstalten, Kokereien usw. bzw. synthetisch hergestelltes Ammoniak zu verwenden. Man will hierbei Ammonsulfat bzw. Ammonchlorid und Ferrihydroxyd dadurch gewinnen, daß man die durch die Spülwässer verdünnten Abfallbeizen in einer Ammoniak-Sauerstoffatmosphäre verrieselt, das gebildete Ferrihydroxyd abfiltriert und die erhaltene Lösung eindampft und auskrystallisiert.

Da der beim Fällen von Abfallaugen mit Ammoniak aus Ferrohydroxyd bestehende Schlamm sich sehr schlecht filtrieren läßt, schlagen HILGENSTOCK und JUNG[1] vor, die heißen Abfallbeizen mit Ammoniakrohgas zu begasen. Man erhält hierbei einen aus Ferrohydroxyd und Ferrosulfid bestehenden Schlamm, der sich besser abfiltrieren läßt. Hat die Schlammenge eine bestimmte Größe erreicht, so wird sie abfiltriert. Durch öftere Wiederverwendung wird allmählich alles Eisen ausgefällt und alle Schwefelsäure in Ammonsulfat übergeführt. Die Ammonsulfat haltende Lösung wird dann in die Sättiger gegeben, in denen selbsttätig das Wasser mitverdampft und das Ammonsulfat gewonnen wird. Der Eisensulfidschlamm kann in Schwefelsäurefabriken abgeröstet und auf Schwefelsäure und Eisenoxyd verarbeitet werden.

In gleicher Weise ist vorgeschlagen worden, durch Zugabe von Natronlauge bzw. Soda neben Eisenrot Natriumsulfat herzustellen.

5. Aufbereitungsanlagen mit Gewinnung der Restsäure für schwefelsäurehaltige Beizen. Besser als die bisher geschilderten Verfahren der Neutralisation dürften die Verfahren sein, die eine Aufarbeitung der Beizen und damit eine

[1] SIERP: Stahl u. Eisen 1938, 58, 491.

Wiedergewinnung der noch in den Beizbädern enthaltenen freien Säuren und des in den Beizen enthaltenen Eisensalzes vorsehen. Mit befriedigendem Erfolg sind diese Anlagen bisher für schwefelsaure Beizen so weit ausgearbeitet worden, daß sie in allen Fällen angewandt werden sollten.

a) Verfahren der doppelten Krystallisation. Nach dem ältesten Verfahren dieser Art, das sich besonders bei kleinen Beizereibetrieben mit hoch konzentrierten Beizen, wie sie z. B. in Drahtziehereien anfallen, eignet, werden die verbrauchten Beizen einer doppelten Krystallisation unterworfen. Die mit einer Temperatur von 60—70° C aus den Beizbottichen kommenden Beizen werden in einem mit Blei ausgeschlagenen Holz- oder Havegbehälter abgekühlt. Hierbei scheidet sich eine große Menge des in Lösung befindlichen Ferrosulfats ab. Hierauf wird unter Umständen nach Überpumpen in einen zweiten Behälter die zur Auffrischung des neuen Beizbades benötigte Schwefelsäuremenge zugegeben und die bei der Vermischung auftretende Wärme durch einen zweiten Kühlvorgang beseitigt. Es scheidet sich eine weitere Menge Ferrosulfat ab. Die verbleibende Flüssigkeit enthält je nach dem Säuregehalt noch kleine Mengen an Ferrosulfat; sie wird nach dem Abscheiden des Salzes mit Wasser aufgefüllt und geht als gute Beize in den Betrieb zurück.

Während im Sommer in beiden Behältern die Beize stark gekühlt werden muß, geht im Winter die Krystallisation von selbst vor sich. Das unter anderem bei den Stanley-Werken in Velbert angewandte Verfahren hat sich sehr gut bewährt, da es nicht nur eine große Säureersparnis, sondern auch einen stark gesteigerten Anfall von Ferrosulfat ergibt. Es eignet sich in erster Linie für höher konzentrierte Beizen, da bei den verdünnten Beizen eine zu geringe Ausscheidung stattfindet.

Verfahren von CHARPY. Bei dem in oberschlesischen Drahtbeizereien eingeführten Verfahren von G. CHARPY[1] wird als Beizflüssigkeit eine 15%ige in der Kälte mit Ferrosulfat gesättigte Schwefelsäure bei 80° verwendet, bis unter entsprechender Anreicherung an Eisensulfat der Säuregehalt auf 10% gesunken ist. Hierauf erfolgt die Ausscheidung und Wiederverwendung der aufgearbeiteten Beizen in gleicher Weise wie vorher angegeben, so daß konzentrierte Abfallbeizen theoretisch nicht mehr abgestoßen zu werden brauchen.

b) Verfahren von AGDE. Die bei der doppelten Krystallisation auftretenden Schwierigkeiten des großen Kühlwasserbedarfs umgeht ADGE dadurch, daß er die zur Anschärfung nötige Säure sofort in die noch unbehandelte, direkt aus dem Beizbottich kommende Beize gibt. Er erreicht hierdurch, daß man nur einen Abkühlungs- und Krystallisationsvorgang hat. Die Wirkung des Verfahrens hängt von der Art der Kühlung ab. Durch Einbau einer Tiefkühlanlage ist man imstande, die vorhandenen Beizen weitgehend zu enteisenen. Die erste Anlage in betriebsmäßigem Stil für eine Tagesleistung von etwa 5 t Schwefelsäure ist bei den Mannesmannröhren-Werken in Witten errichtet worden und hat den an sie gestellten Forderungen vollkommen entsprochen. Es sind jetzt mehrere Anlagen im Betrieb, die sehr gut arbeiten und vor allem ein sehr gut verkäufliches reines, feinkrystallines Ferrosulfat liefern. Das Verfahren eignet sich wie das der doppelten Krystallisation am besten für hochkonzentrierte Abfallbeizen, z. B. in Drahtbeizereien.

c) Verfahren von SIERP *und* FRÄNSEMEIER. Nach dem DRP. 561514 stellen SIERP-FRÄNSEMEIER durch Eintragen der verbrauchten Beizflüssigkeit in überschüssige Schwefelsäure unter ständigem Umrühren ein wasserarmes Ferrosulfat ($FeSO_4 \cdot H_2O$, Mol.-Gewicht 170) her, während aus der Mutterlauge, ehe sie in den Betrieb zurückwandert, das wasserhaltige Ferrosulfat ($FeSO_4 \cdot 7\,H_2O$, Mol.-Gewicht 278) auskrystallisiert. Durch Erwärmen während der Zugabe kann man die Menge des ausgeschiedenen Ferrosulfates ($FeSO_4 \cdot H_2O$) vermehren. Das wasserarme Eisensalz verträgt infolge des geringeren Wassergehaltes weitere Transporte und läßt sich leichter aufarbeiten.

[1] G. CHARPY: Stahl u. Eisen 1909, **29**, 1079.

d) Vakuumtiefkühlung. Das Verfahren mit Vakuumtiefkühlern der LURGI-Gesellschaft für Wärmetechnik, Frankfurt a. M., kann auch schon bei dünneren Abfallbeizen angewandt werden, wie diese z. B. beim Beizen von Feinblechen anfallen. Bei diesem Verfahren wird in den durch Dampfstrahlejektoren betriebenen Vakuumentgasern die Konzentration der Beizen stark erhöht und durch die hierbei erzielte Tiefkühlung von 50° bis auf 2° C gleichzeitig eine Ausscheidung des in Lösung befindlichen Ferrosulfats bewirkt. Geringen Baukosten stehen bei dem großen Dampf- und Kühlwasserverbrauch hohe Betriebskosten entgegen. In den Vakuumtiefkühlapparaturen der Firma W. Wiegand, Merseburg, wird durch die Verbindung mit dem Agde-Verfahren die Ausscheidung des Eisensulfates noch verstärkt.

e) Elektrolytische Abscheidung. DRP. 559451 der Siemens & Halske A.G. beschreibt ein Verfahren zur elektrolytischen Aufarbeitung von Sulfatablaugen, bei dem die Behandlung der Sulfatablaugen in den Kathodenräumen eines durch Diaphragma unterteilten Elektrolyseurs erfolgt. Der Anodenraum wird mit Sulfatlösungen solcher Metalle beschickt, deren Sulfate mit Schwefelsäure Bisulfate bilden.

f) Aufbereitungsanlagen mit kontinuierlichem Beizbetrieb. Die bisher geschilderten Verfahren arbeiten intermittierend. Die im Beizbottich befindliche Säure wird von einer Anfangskonzentration von 20% bis zu einer Endkonzentration von 2—5% aufgebraucht und dann aufgearbeitet. Der Nachteil dieser Beizverfahren ist, daß stets mit wechselnden Konzentrationen und verschieden langen Beizzeiten gearbeitet wird. Um diesen Nachteil auszuschalten, wird bei den Verfahren von Sulfrian und von Sierp-Fränsemeier mit gleichbleibenden Konzentrationen gearbeitet.

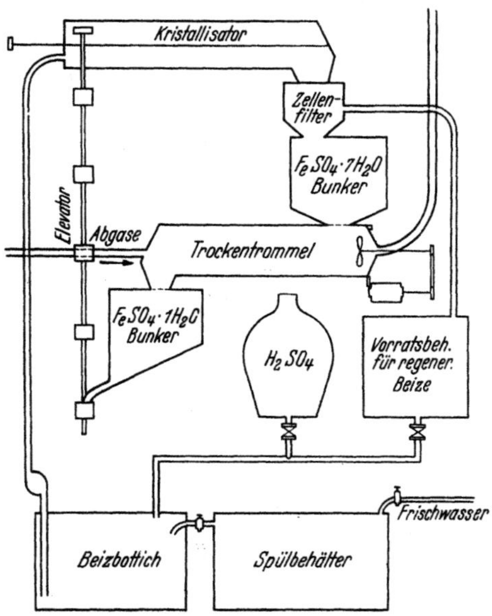

Abb. 67. Schema einer Aufbereitungsanlage für schwefelsaure Beizereiabwässer mit Hilfe von entwässertem Ferrosulfat nach Sierp und Fränsemeier.

1. Verfahren von Sulfrian, Aachen. Die im Beizbottich durch den Beizvorgang laufend verbrauchte Säure wird in gleichmäßigem Strome dauernd dem Beizbottich neu zugesetzt. Hierdurch reichert sich die Beize laufend an Ferrosulfat an. Um dieses Sulfat aus den Beizen zu entfernen, wird am Auslauf dauernd ein Teil der Beize entnommen und unter Abkühlung der 60—70° heißen Beize auf 10—12° zur Krystallisation gebracht. Das ausgeschiedene Eisensulfat wird in einer Zentrifuge abgeschieden. Die regenerierte Beize gelangt auf dem Umwege über einen Zwischenbehälter in gleichmäßigem Strome in den Zulauf zum Beizbottich, wo sie sich mit der laufend zugesetzten Anschärfungssäure mischt und durch Wasser aus einem Zwischenbehälter auf die richtigen Konzentrationen aufgefüllt wird. Dieses Verfahren ist zum ersten Male bei der Firma Capito & Klein in Düsseldorf-Benrath und daraufhin auch bei verschiedenen Anlagen des Ruhrverbandes mit bestem Erfolg angewandt worden.

2. Verfahren von Sierp und Fränsemeier mit Verwendung von Abfallwärme. Bei diesem Verfahren, das in Abb. 67 im Schema dargestellt ist, wird die bei den bisher beschriebenen Verfahren benutzte Abkühlung mit Rücksicht auf den Umstand unterlassen, daß Abfallkälte auf keinem Eisenwerk zur Verfügung steht, wohl aber Abfallwärme, z. B. aus Glühöfen oder in Form von Gichtgasen, Abfalldampf. Das Verfahren arbeitet in gleicher Weise wie das vorbeschriebene Sulfrian-Verfahren kontinuierlich. Die in dauerndem, gleichmäßigen Strome aus dem Beizbottich, in dem die Säurekonzentration möglichst auf gleicher Höhe gehalten wird, entnommene angereicherte Beize mit einem Säuregehalt von etwa 16% wird, nachdem sie in einem Absetzbehälter oder durch ein Filter von mitgerissenem Zunder

oder Feinkohle befreit ist, in einem Mischbehälter mit teilweise entwässertem Ferrosulfat ($FeSO_4 \cdot H_2O$) gemischt. Diese Mischung wird dann in einem Krystallisator oder einer Krystallisierwiege unter Abkühlung der anfänglich 50° warmen Beizen auf 15° um- und auskrystallisiert. Das wasserarme Ferrosulfat nimmt begierig Wasser auf und geht bei den kühleren Temperaturen in wasserhaltiges Eisensulfat ($FeSO_4 \cdot 7\,H_2O$) über.

Durch diesen Vorgang wird dem Beizbad Wasser entnommen und es wird eine starke Konzentrierung bewirkt. Durch Zugabe verschiedener Mengen von wasserarmem Ferrosulfat hat man die Konzentration und den Ausscheidungsgrad des in Lösung befindlichen Sulfats in der Hand. Die Auskrystallisation ist bei Abkühlung auf 15° nach kurzer Zeit, spätestens in $^1/_2$ Stunde, beendet. In einer Zentrifuge oder auf einem Zellenfilter wird das auskrystallisierte Sulfat abgeschieden. Die regenerierte Beize geht dann wie bei den vorher geschilderten Verfahren nach Auffüllung mit Anschärfungssäure und Ergänzung des durch das wasserarme Sulfat aufgenommenen Wassers in den Beizbottich zurück. Ein Teil des gewonnenen wasserhaltigen Ferrosulfats ($FeSO_4 \cdot 7\,H_2O$) wird in Trockentrommeln mit Hilfe von Abgasen entwässert und in wasserarmes Eisensulfat ($FeSO_4 \cdot H_2O$) übergeführt. Das früher viel angewandte Eindampfen von sauren Eisensulfatlösungen erforderte große Oberflächen und durch starke Bleiverkleidungen gut gesicherte Eindampfapparate. Das krystallisierte Sulfat bietet bei der Verdampfung eine sehr große Oberfläche, so daß man unter Umständen mit verhältnismäßig niederen Abgastemperaturen arbeiten kann. Die Trocknung des Sulfates kann in einfachen Blechtrommeln erfolgen, wodurch die teuren Verbleiungen gespart werden. Das entwässerte Sulfat wird durch den als Dosierungsapparat benutzten Elevator im gleichmäßigen Strome aus einem Zwischenbunker in der berechneten Menge der aufzubereitenden Beize zugesetzt. Als Kühlwasser für die Auskrystallisation genügt das im Betriebe verwandte Spülwasser. Sollte dieses wider Erwarten, z. B. im Sommer, nicht ausreichen, so hat man es durch Erhöhung der Zusatzmenge an wasserarmen Sulfat in der Hand, trotzdem eine gute Ausscheidung zu erzielen. Ein weiterer sehr wichtiger Vorteil des Verfahrens ist der, daß es für alle Konzentrationen angewendet werden kann. Bei Anreicherung der Beizen mit schädlichen Stoffen, z. B. mit Kieselsäure oder Mangansalzen, ist es möglich, von Zeit zu Zeit die gesamte, im Betrieb befindliche Beize durch verstärkte Zugabe von wasserarmem Sulfat aufzuarbeiten, so daß bei richtiger Anwendung dieses Verfahrens keinerlei Beizen mehr in den Vorfluter abgestoßen werden brauchen.

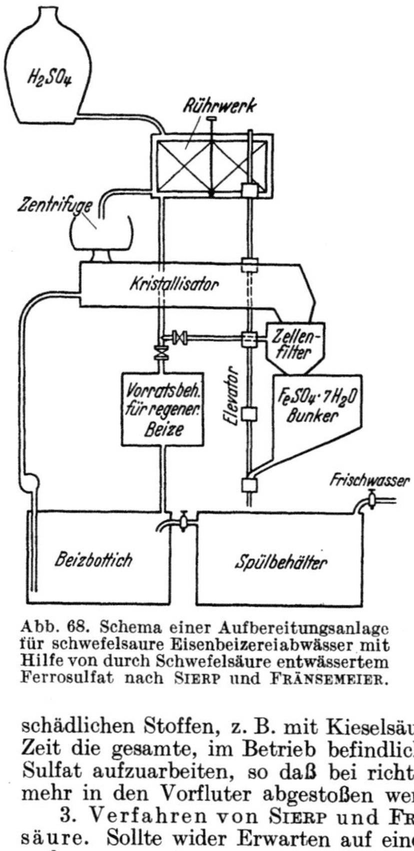

Abb. 68. Schema einer Aufbereitungsanlage für schwefelsaure Eisenbeizereiabwässer mit Hilfe von durch Schwefelsäure entwässertem Ferrosulfat nach Sierp und Fränsemeier.

3. Verfahren von Sierp und Fränsemeier mit Benützung der Anfrischungssäure. Sollte wider Erwarten auf einem Werk keine Abfallwärme zur Verfügung stehen, so kann man sich das zur Auskrystallisation benötigte wasserarme Ferrosulfat durch Behandeln des wasserhaltigen Sulfats durch Eintragen in die konzentrierte Schwefelsäure darstellen (s. S. 640). Bei Unterstützung des Entwässerungsvorganges durch Erwärmen hat man es in der Hand, welche Mengen Eisensulfat man entwässern will. Eine Anlage nach diesem Verfahren ist in Abb. 68 schematisch dargestellt. Bei den unter 2 und 3 beschriebenen Verfahren kann man unter Umständen das gesamte Sulfat als wasserarmes Sulfat gewinnen.

g) Verwendung des gewonnenen Eisensulfates. Das Hauptabsatzgebiet für Ferrosulfat ist zur Zeit die Landwirtschaft, die es zur Unkrautbekämpfung (z. B. Hederich) benutzt und die chemische Industrie, die aus dem Sulfat Eisenrot, Polierrot, Rostschutzfarbe usw. herstellt. Das Sulfat wird ferner in der Gerberei, in der Färberei (z. B. Schwarzfärben der Wolle, als Reduktionsmittel für Küpenfarbstoffe), in der Berlinerblaufabrikation, zur Jauche- und Holzkonservierung, als Fällungsmittel in der Wasser- und Abwasserreinigung, zur Herstellung von Mineral- und Stempelfarben und zur Tintenherstellung gebraucht. Der Bedarf der Landwirtschaft ist, da hier der Verbrauch im Frühjahr und im Herbst eintritt, schwankend. Auch ist die Aufnahmefähigkeit der Landwirtschaft beschränkt, da nach systematischer Bekämpfung der Unkrautplage der Bedarf an Ferrosulfat zurückgeht.

Bei einem zur Reinhaltung der Flüsse und zur Säureersparnis erforderlichen stärkeren Ausbau der Beizereiabwasseraufbereitungsanlagen wird eine sehr große Menge Ferrosulfat anfallen. Am besten wird es sein, dieses Sulfat in Anlehnung an eine Schwefelsäurefabrik auf Eisenoxyd (Eisenrot) zu verarbeiten, um es im Hochofen weiter aufzubereiten. Die von verschiedenen Stellen durchgeführten Versuche zeigen, daß es möglich ist, das entwässerte Sulfat bei einem richtigen Mischungsverhältnis etwa 10% wasserarmes Eisensulfat zum Erz zusammen mit Schwefelerz hochofenmäßig aufzuarbeiten.

Die älteren Versuche, Eisensulfat unter Zugabe von Reduktionskohle auf Schwefelsäure und Eisenoxyd abzurösten, scheiterten an der Tatsache, daß Eisensulfat beim Erhitzen in seinem eigenen Krystallwasser schmilzt, wodurch die weitere Zersetzung stark behindert wird. Man muß daher das Eisensulfat vor dem Abrösten bis auf einen Wassergehalt, der noch drei Molekülen Wasser im Molekül Eisensulfat entspricht, das ist etwa 26%, entwässern, wie dies bei dem Verfahren der Chemikal Construction Corporation und dem Verfahren der I. G. der Fall ist. Solches Eisensulfat schmilzt nicht mehr und läßt sich nach Zumischung von Kohle (3—4%) restlos auf SO_2 und agglomeriertes Eisenoxyd, das direkt in den Hochofen gehen kann, abrösten. Die Abröstung erfolgt am besten in einem Drehofen bei Temperaturen bis zu 1200° C. Die abziehenden SO_2-haltigen Gase werden in eine bestehende Schwefelsäurefabrik geleitet.

Das nach einem der vorgeschilderten Verfahren gewonnene wasserarme Eisensulfat, das bis auf einen Wassergehalt von 26—28% entwässert wurde, kann man im Gegensatz zum wasserhaltigen Eisensulfat ($FeSO_4 \cdot 7\,H_2O$), das hierbei schmierige Pasten bildet, direkt durch Begasen mit Ammoniak und Luft leicht in Ammonsulfat und Eisenoxyd überführen. Aus letzterem wird dann das Ammonsulfat durch Extraktion mit einer heißen Ammonsulfatlösung gewonnen. Das als Nebenprodukt gewonnene Eisenoxyd kann als Gasreinigungsmasse, Malerfarbe, Rostschutzmittel u. dgl. Verwendung finden (Verfahren des Ruhrverbandes).

Ein großer Teil Ferrosulfat kann bei der Aufarbeitung manganhaltiger Eisenerze Verwendung finden. Es gibt mehrere stark manganhaltige Eisenerze, die sich nicht ohne weiteres im Hochofen verhütten lassen. Um den Eisengehalt zu erhöhen und den Mangangehalt zu erniedrigen, werden die Erze mit Lösungen von Ferrosulfat behandelt. Es tritt dabei ein gegenseitiger Austausch ein; Eisen wandert in das Erz, und es entsteht dafür eine Lösung von Manganosulfat, aus der das Manganosulfat gewonnen werden kann.

6. Aufbereitungsanlagen für salzsäurehaltige Beizen. Es gibt eine große Anzahl von Beizbetrieben, die in größeren Mengen Salzsäure verarbeiten. Diese Beizen lassen sich dort, wo Schwefelsäure und Salzsäure in einem geeigneten Verhältnis gleichzeitig verarbeitet werden, zusammen mit den schwefelsauren Beizen in einer Schwefelsäureaufbereitungsanlage behandeln. Dies geschieht in der Weise, daß man nach dem DRP. 535257 von Sierp und Fränsemeier die verbrauchten Salzsäurebeizen in gleichmäßigem Strom in konzentrierte Schwefelsäure einleitet. Die Mischung erhitzt sich sehr stark, so daß das gebildete Salzsäuregas abdestilliert. Diese Salzsäure wird in bekannter Weise z. B. in mit Wasser berieselten Türmen aufgefangen und kann als Beizsäure wieder weiter verwandt werden. Man kann aber auch die Salzsäure direkt in das im Betrieb befindliche Beizbad zur Nachschärfung einleiten. Zum Schluß wird aus dem Gemisch durch Erwärmen der letzte Rest an Salzsäure ausgetrieben und die erhaltene Lösung in einer Aufbereitungsanlage für Eisensulfatbeizen aufgearbeitet. Bei diesem Verfahren wird das in Lösung befindliche Ferrochlorid in wasserarmes Ferrosulfat umgewandelt, das sich sogleich in Form eines feinen, leicht abfiltrierbaren Niederschlages aus der Säure entfernen läßt und in gleicher Weise, wie es bei den Aufbereitungsanlagen für Schwefelsäure angegeben ist, aufarbeiten läßt. Es hinterbleibt eine Schwefelsäure von etwa 60° Bé, die in einem Beizbetrieb mit Schwefelsäureverbrauch verwandt werden kann. In vielen Fällen hilft man sich so, daß man die salzsaure Beize mit Schwefelsäure nachschärft und aus der bis 600 g/Liter mit Eisensulfat ($FeSO_4 \cdot 7\,H_2O$) angereicherten Beize das Eisensulfat auskrystallisiert und die übrigbleibende salzsaure Beize wieder verwendet. Dort, wo keine Beizereiaufbereitungsanlage für Schwefelsäure vorhanden ist, müssen die salzsauren Beizen für sich gesondert aufgearbeitet werden.

Es sind mehrere Vorschläge zur Aufarbeitung dieser Beizen gemacht worden:

a) Das Verfahren von BRANDENBURGER röstet die aus den Beizbetrieben kommenden Abwässer in einem Röstofen ab, indem es die verbrauchte Beize auf eine stark erhitzte Platte tropfen läßt. Die Salzsäure wird ausgetrieben und es hinterbleibt als Rückstand Eisenoxyd, das wegen seines mehr oder weniger großen Chlorgehaltes minderwertig ist und deshalb keinen sicheren Absatz hat. Die nach diesem Verfahren gebaute Anlage führte durch Konstruktionsmängel zu starker Schädigung der umliegenden Fabrikgebäude und wurde daher wieder stillgelegt. Nach den neueren Verfahren von BRANDENBURGER wird deshalb durch Verdampfen der Beize das Eisenchlorid in einer Drehtrommel getrocknet und dann durch Wasserdampf unter Luftzutritt zur Bildung von Salzsäure und Eisenoxyd zersetzt. Die vorher abgetriebene Restsäure und die neugebildete Salzsäure wird in besonderen Kühltürmen aufgefangen und kann gleich im Betriebe wiederverwandt werden.

b) Durch Eindampfen (bei Luftabschluß) oder noch besser in Vakuumapparaten nach AGDE erhält man nach dem Auskrystallisieren ein wasserhaltiges Ferrochlorid (hauptsächlich $FeCl_2 . 2—4\ H_2O$), das an der Luft sehr leicht Wasser aufnimmt und dabei zerfließt. Unter Aufnahme von Sauerstoff geht es leicht in basische Ferrisalze über. Ferrochlorid findet in beschränktem Maße Verwendung, läßt sich aber leicht zur Herstellung von Eisenfarben verwenden.

c) Ein Verfahren zur Rückgewinnung von Salzsäure aus salzsäurehaltigen Beizen durch Eindampfen und Zersetzen mittels überhitztem Wasserdampf hat sich, wie eine im Weltkrieg errichtete Anlage gezeigt hat, nicht als wirtschaftlich erwiesen.

d) Nach dem DRP. 367766 von H. FISCHER sollen salzsäurehaltige Abfallbeizen durch Oxydation und Einengung in Rieseltürmen (mit Gegenstromheizung), sowie Zusatz von Stoffen, die erst bei höherer Temperatur Wasser zur Zersetzung des entstandenen Eisenchlorids abgeben, aufgearbeitet werden können.

e) HADAMOWSKY will größere Mengen von Salzsäureabfallbeizen nach Oxydation mit Chlor auf festes, geschmolzenes Ferrichlorid aufarbeiten.

f) AGDE gibt zu den verbrauchten salzsauren Beizen Salpetersäure. Er scheidet hierdurch $^1/_3$ des Eisens als Eisenrot ab, während $^2/_3$ als Ferrichlorid in Lösung bleiben, das wie Salzsäure eine beizende Wirkung hat, so daß die Lösung wieder in den Beizprozeß wandern kann; es wird nur die restliche Säure ersetzt. Die aus der Salpetersäure sich entwickelnden Stickoxyde werden im Kreislauf verwandt.

g) Die Neutralisation salzsaurer Abfallbeizen und ihrer Spülwässer kann durch Kalkstein (Muschelkalk) und andere Carbonatgesteine erfolgen. Unter Umständen kann Abfallkalk aus Acetylen- bzw. Ammoniaksulfatfabriken benutzt werden. Ätzalkalien kommen nur in Form der Abfallaugen (z. B. aus Mercerisieranstalten, Natronzellstofffabriken) in Frage. Carbonatgesteine werden zweckmäßig als vollständig untergetauchte Reaktionskörper mit Durchfluß von oben nach unten oder als Rieselkörper hergerichtet. Hierbei sind zur schnellen Abscheidung der Eisenverbindungen künstliche Belüftungen, Erwärmen (durch Abdampf), Rührwerke zu empfehlen (s. S. 638).

c) Das HEIMBERGER-*Verfahren.*

Um den Anfall der lästigen Spülwässer zu verhindern, hat HEIMBERGER folgendes neues Beizverfahren ausgearbeitet, das sich besonders für Bleche aller Art eignet. Die zu beizenden Gegenstände werden in einer normalen Schwefelsäurebeize zur Entfernung der Glühhaut, des Zunders usw. vorgebeizt. Diese Beize wird durch Nachschärfen und Anwärmen solange mit Eisensalzen angereichert, bis aus ihr durch einfaches Abkühlenlassen in einer der früher geschilderten Aufbereitungsanlagen das Ferrosulfat ausgeschieden werden kann. Die dabei anfallende Restbeize geht in den Betrieb zurück und wird durch Zufügen neuer Schwefelsäure wieder gebrauchsfähig, so daß bei dieser ersten Beize Abwässer nicht anfallen. Das vorgebeizte Gut kommt ohne Abspülung in ein zweites Beizbad, das 0,5% Salpetersäure enthält. In dieser 70° warmen Beize bleiben die Gegenstände $^1/_2$—2 Minuten. Aus diesem Beizbad gelangen die sehr blank gebeizten Gegenstände, nachdem der durch die Beize losgelöste Zunder durch Bürsten entfernt worden ist, sofort in das Kalkbad oder zur Verzinnung usw. Der Zusatz von Salpetersäure hat den Zweck, das aus dem ersten Beizbad mitgerissene Ferrosulfat durch Oxydation in Ferrihydroxyd überzuführen, das sich in Form eines feinen Schlammes absetzt. Das ausgeschiedene Ferrihydroxyd wird in Absetzbecken abgefangen und dient zur Herstellung von Eisenrot. Der Anfall an Abwässern ist sehr stark eingeschränkt. Das zweite Beizbad braucht nur von Zeit zu Zeit, wenn es sich an besonderen, in den Beizen schädlichen Stoffen, z. B. Kieselsäure, Mangansalze, angereichert hat, durch Versetzen mit Kalk oder Soda unschädlich gemacht zu werden. Die hierbei zu behandelnde Beizbadmenge ist nur ein geringer Bruchteil der sonst anfallenden Spülwässer.

d) Kupfer- und nickelhaltige Beizen.

1. Art und Menge der Beizen.

Kupfer selbst wird nach dem Gießen der Rohblöcke (Barren) bei der weiteren Verarbeitung auf Bleche, Bänder, Streifen, Scheiben, Stangen, Profile, Drähte, Rohre usw. zwecks Entfernung der Glühhaut (Kupferoxyd) meistens mit verdünnter Schwefelsäure gebeizt und dann mit Wasser gründlich abgespritzt oder abgespült. In den Metallwarenfabriken, Armaturenfabriken, Galvanisierungsanstalten u. dgl. werden aus Kupfer und seinen Legierungen (Messing, Bronze, Rotguß, Neusilber usw.) alle möglichen Gegenstände als Massenartikel hergestellt (Abzeichen, Beschläge, Schalterteile, Glühbirnenfassungen und -sockel, Schnallen, Schrauben, Schmuckwaren, Plaketten, Taschenlampenteile, Uhrenteile usw.). Nach der mechanischen Formgebung (Stanzen oder Pressen) werden die Teile zur Erzielung einer blanken Oberfläche gerollt und gebeizt oder gelb gebrannt.

Beim Rollen werden die Teile in ein liegendes, um seine Längsachse drehbares Holzfaß, das sog. Rollfaß, das flüssigen oder trockenen Rollzusatz erhält, gefüllt. Durch das Rollen werden die Metallteile vom anhaftenden Fett und Schmutz und von etwa anhaftenden Gratsplittern befreit. Die beim Stanzen entstandenen scharfen Kanten werden abgerundet. Beim Naßrollen verwendet man Lösungen verschiedener Stoffe, z. B. werden auf 100 Liter Wasser unter anderem etwa $^1/_4$ kg Seife oder 1 kg Rollzusatz (sodahaltige Gemenge bzw. Bisulfate) oder 1 Liter Schwefelsäure zugesetzt. Die Dauer des Rollens ist verschieden. Sie schwankt zwischen einer Stunde und 10 Tagen, je nach den Ansprüchen, die gestellt werden. Manche Gegenstände werden mit einem Zusatz von Sägemehl oder Lederabfällen naß oder trocken gerollt. Danach wird das Rollgut in warmem Wasser sauber gespült und in warmem Holzmehl getrocknet oder in Zentrifugen trocken geschleudert. Nach Beendigung des Rollens fallen daraus Lösungen als Abwasser an und müssen mit den an anderen Stellen anfallenden Beizwässern aufgearbeitet werden.

Nachdem die Metallteile auf diese Weise vorbereitet sind, erhalten sie durch Beizen oder Gelbbrennen eine glänzende Oberfläche. Zur Anwendung kommen hier Schwefel-, Salz- oder Salpetersäure allein oder im Gemisch, ferner Gelbbrenngemenge (Säuremischungen mit Kochsalz, Zinksulfat, Natriumbichromat, Kienruß und andere Zusätze). Je nach der Legierung und der Beizgeschwindigkeit werden die säurehaltigen Bäder mit Konzentrationen zwischen 5 und 30% und bei Temperaturen zwischen 18 und 70^0 benutzt; häufig findet man Konzentrationen von 10% und Temperaturen von 40—50^0. Die Bäder werden in ähnlicher Weise wie die bei Eisenbeizen nach einiger Zeit aufgefrischt (nachgeschärft) und reichern sich ebenfalls mit Metallsalzen (Kupfer-, Zink- Nickelsalze u. a.) an. Beim Gelbbrennen werden nach MÖHLE[1] zwei Bäder benutzt. In dem ersten Bade, das eine Mischung von 4 Tln. Salpeter- und 1 Tl. Salzsäure ist, werden die Gegenstände vorgebrannt. Nach dem Abtropfen der Säure und Abspülen im Wasser erhalten sie im zweiten Bade, das aus 2 Tln. Schwefelsäure und 1 Tl. Salpetersäure unter Zusatz von etwas Salzsäure besteht, ihre eigentliche mattglänzende Farbe. Bei Verwendung von Salpetersäure müssen die durch das Brennen gebildeten nitrosen Gase abgesaugt, in einen Rieselturm geleitet und durch alkalisches Tropfwasser unschädlich gemacht werden.

Vor dem Galvanisieren werden die so vorbereiteten und gebeizten Gegenstände häufig noch geschliffen und poliert. Beim Entfernen der hierbei angenommenen Fettschicht tritt eine leichte Oxydschicht auf, die durch Decapieren, d. h. kurzes Bewegen in stark verdünnten Säuren oder Kaliumcyanidlösungen, beseitigt werden muß. Im Anschluß hieran werden die Stücke dann sofort gründlich mit Wasser gespült und unverzüglich in den galvanischen Bädern vernickelt, verchromt, verkupfert, versilbert oder vergoldet. Kupfer selbst wird häufig durch Wisch- oder Tauchverzinnung verzinnt.

Nickel wird in 20% Schwefelsäure bei 60—80^0 gebeizt. Nickel-Kupferlegierungen werden in 10% Schwefelsäure (mit und ohne Zusätze von Bichromaten, Nitraten, Kochsalz),

[1] MÖHLE: Techn. Gemeindeblatt 1931, **34**, Heft 13.

die säurebeständigen Chrom-Nickellegierungen in Mischungen von verdünnter Salpeter- und Flußsäure, bei höherem Eisengehalt (nichtrostende Stähle, Edelstähle) auch zunächst in verdünnter Salzsäure mit oder ohne Zusatz von Salpetersäure gebeizt. Nach dem Beizen werden sie in heißem Wasser abgespült.

In Metallwarenfabriken (Nichteisenverarbeitende Werke) fallen folgende Abwässer an:

1. Bei der eigentlichen Formgebung entsteht außer dem Waschkauenwasser der Belegschaft kein Abwasser.

2. Beim Rollen werden in der säurehaltigen Flüssigkeit durch das Aneinanderscheuern kleine Metallteilchen abgerieben, wodurch das Abwasser eine schmutzige Farbe, die auch durch den verwendeten Zusatz — Seife, Rollsalz oder Säure — stark beeinflußt wird, erhalten. Bei Zusatz von Seife oder Soda schäumt das Wasser meistens stark. Oft schwemmt das Rollereiabwasser auch größere Mengen Holzmehl oder Lederspäne oder sonstige Rollzusätze ab.

3. Beim Beizen und Gelbbrennen fallen außer den meist stark verdünnten Spülwässern sehr unangenehme, stark konzentrierte und mit Metallsalzen angereicherte, verbrauchte Beizbäder an.

Der Einfluß dieser Abwässer auf Kanalisation, Vorfluter, Tierwelt usw. ist viel stärker und nachhaltiger als jener der verbrauchten Eisenbeizen, da zu den allgemeinen Säurewirkungen noch die stark giftigen Eigenschaften dieser Metallsalze kommen, die sich besonders stark auswirken, wenn die Abfallbeizen als geschlossene Wellen abgelassen werden.

Nach den Untersuchungen von SIERP und FRÄNSEMEIER[1] wirken Kupfersalze bei der Reinigung städtischer Abwässer schon in geringer Konzentration hemmend auf die Abbauvorgänge beim Schlammfaulvorgang und bei der biologischen Reinigung. Über die Schädlichkeit dieser Abwässer in landwirtschaftlicher, gewerblicher und gesundheitlicher Hinsicht kann kein Zweifel mehr sein. In Lüdenscheid wurden durch Versickernlassen 40 Brunnen verdorben. Im Boden werden Kupfer- wie Zink- und Eisensalze durch Basenaustausch festgehalten. Wertvolle Basen, vorwiegend Kalk, Magnesia und Kali, werden ausgewaschen. Bei längerem Rieseln reichern sich nicht unwesentliche Mengen Kupfer im Boden an. Zu einer Ertragsverminderung infolge Nährstoffentzugs kommt aber noch die direkt schädliche Wirkung der Kupfersalze, wenn solche im gelösten Zustand den Pflanzen dargeboten werden. Nach den Versuchen von HASELHOFF traten bei Gehalten von 10 mg/Liter CuO in Form von Kupfersulfat starke Schädigungen auf. Nach Versuchen von OTTO stören schon 7 mg/Liter Kupfer (CuO) dadurch, daß sich bei den Wurzeln abnorme Entwicklungen zeigen. Bei den mit kupfersalzhaltigem Wasser berieselten Böden erfolgt in den Pflanzen eine Anreicherung von Kupfer. Nach Untersuchungen von EBELING und CZENSNY stellen Kupfersalze ein stärkeres Fischgift dar wie die entsprechenden Eisensalze. Kupferhaltige Wässer wirken besonders dadurch schädlich, daß sie von untergetauchten Wasserpflanzen gespeichert werden. Metallisches Kupfer ist für die Fischerei harmlos. Außer als Nahrungsgift wirken Kupfersalze nach den Versuchen von WEIGELT[2] auch sehr ungünstig auf die Befruchtung der Fischeier ein. Schon bei einem Gehalt von 0,1% wurden nur rund 9% der Eier befruchtet, während im Kontrollversuch mit reinem Wasser 51,5% befruchtet wurden. 0,1 mg/Liter Kupfersulfat wirkt auf Forellen bereits tödlich. Die am wenigsten empfindlichen Weißfische gehen aber auch nach einem Aufenthalt in einem Wasser mit 5 mg/Liter Kupfersulfat nach 2 Tagen zugrunde. Schon bei bedeutend kleineren Gehalten sterben die Fischnährtiere ab, wodurch den Fischen die Nahrungsbedingungen entzogen werden. Bei einem Fischsterben durch Kupfersalze läßt sich das Kupfer weder chemisch noch anatomisch im Fischfleisch nachweisen, da sich das Kupfer im Fischfleisch nicht anreichert. Man muß in diesen Fällen die Pflanzen in den betreffenden Gewässern auf ihren Kupfergehalt untersuchen; hierzu eignet sich nach CZENSNY[3] das Spacuverfahren, das in der Asche der Wasserpflanzen das Kupfer unter Bildung eines Kupfer-Pyridin-Rhodanid-Komplexes nachweist.

4. In den Galvanisierungsanlagen (s. später) fällt meistens wenig Abwasser an, weil die Werke bei dem hohen Wert der Lösungen jeden Verlust vermeiden. Lediglich als Tropf- und Spülwasser gelangen geringe Mengen in das Abwasser. Die

[1] SIERP u. FRÄNSEMEIER: Vom Wasser 1933, 7, 239.
[2] KÖNIG: Verunreinigung der Gewässer, Bd. 2, S. 470.
[3] CZENSNY: Vom Wasser 1934, 8, 163.

mit diesem Tropf-Spülwasser in das Abwasser kommenden Cyanverbindungen sind bereits in geringsten Mengen Gifte für Fische oder höhere Lebewesen. Der in den Galvanisierungsanlagen anfallende Schlamm sollte im Interesse der Metallbewirtschaftung aufgearbeitet werden.

2. Reinigung des Abwassers.

a) Reinigung durch Auskrystallisation oder Elektrolyse.

Eine Aufarbeitung der angereicherten Abfallbeizen der Kupfer-, Messing- und sonstigen Nichteisenmetallindustrie erfolgt bei größeren Werken vorwiegend durch Eindickung und Auskrystallisation von Kupfervitriol ($CuSO_4 \cdot 5\,H_2O$), nachdem vorher die freie Säure durch Auflösen von Kupferabfällen oder Kupferhammerschlag beseitigt ist. Das gewonnene Kupfersulfat hat vielfache Verwendung: Als Ausgangsstoffe für viele Kupferverbindungen, zur galvanischen Verkupferung, zur Herstellung von Kupferkalk- (Bordelaiser-) Brühe, Saatgutbeize, Schweinfurter Grün, zur Holzkonservierung, zur Nachbehandlung von Färbungen, zu

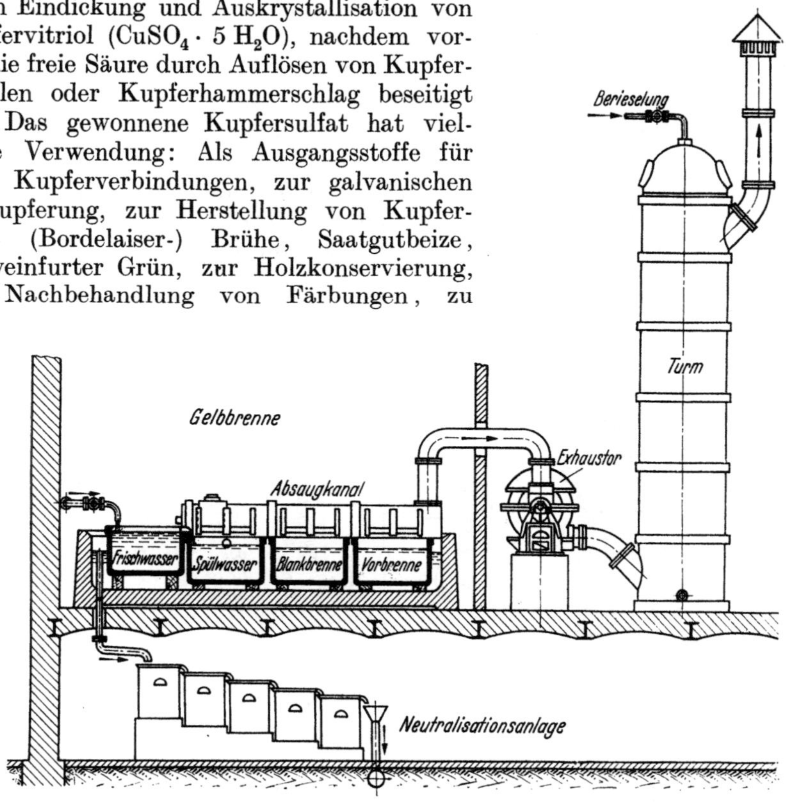

Abb. 69. Schema einer Metallbeizerei.

Gewebeimprägnierungen, zur Schwefelwasserstoffentfernung aus Gasen, zur Metall- und Kunststeinfärbung u. a. Die Aufarbeitung der mit Kupfersalz stark angereicherten Bäder kann in den Betriebspausen (z. B. Sonntags) durch Elektrolyse geschehen; das Bad kann dann weiter benutzt werden.

b) Reinigung durch Zementierungsverfahren.

In den meisten Fällen erfolgt die Reinigung und Aufarbeitung der verdünnten Abwässer durch eine Zementierungsanlage, bei der das in saurer Lösung befindliche Kupfersulfat durch Berührung (Filter) und Austausch mit einem elektronegativen (unedleren) Metall als Metall ausgefällt wird. Als billigstes Material hierfür kommt Eisen in Frage, das in Form von Abfällen, Drehspänen, Stanzblechen, Abfalldrähten in großen Mengen meist auf den

Werken zur Verfügung steht. An Stelle des ausgeschiedenen metallischen Kupfers geht die entsprechende Menge Eisen in Lösung. Eine möglichst große und saubere Oberfläche des Austauschmetalles (z. B. feine oder grobere Drahtspiralen, Blechschnitzel, Drehspäne, Eisenstifte usw.) und möglichst lange Aufenthaltszeiten (mindestens 20—24 Stunden) sowie Berücksichtigung des nach Aufzehrung des Eisens vom Kupferschlamm eingenommenen Raumes sind erforderlich. Die in den Beizen enthaltenen Restsäuren werden durch das Eisen größtenteils verbraucht, so daß diese Zementierungsanlagen gleichzeitig als Neutralisationsanlagen dienen. In Abb. 69 ist eine Gelbbrennerei mit Absaugvorrichtung für die nitrosen Gase, Rieselturm für die Gase und einer Zementierungsanlage als Neutralisationsanlage bezeichnet schematisch dargestellt.

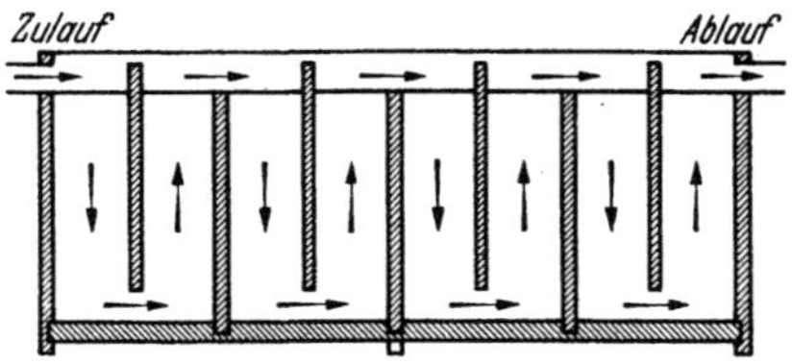

Abb. 70. Schematische Darstellung einer Entkupferungsanlage nach Würz.

Für Zementierungsanlagen sind verschiedene Anordnungen geschaffen worden. Ältere Anlagen dieser Art stammen von Wolfsholz (unterteilte, säurefeste Becken oder Tonnen mit Lattenrost und Schlammraum), neuere Anlagen von Würz (unterteilte Holzkästen mit abwechselnden Tauch- und Überlaufwänden, s. Abb. 70).

Die einzelnen Kammern sind mit Eisenabfällen gefüllt. Dabei scheidet sich das Kupfer als Zementkupfer auf der Oberfläche der Eisenteile ab und fällt, wenn es eine genügende Schwere erreicht hat, von selbst als Schlamm zu Boden, aus dem es dann wiedergewonnen werden kann.

Abb. 71. Göpfert-Anlage zur Entkupferung von Metallbeizen.

Am bekanntesten sind die Göpfert-Anlagen (s. Abb. 71), die aus terrassenförmig aufgestellten, untereinander durch Überlaufrohre verbundenen Steinzeugtöpfen bestehen, die mit Eisenabfällen gefüllt sind, und in denen das Abwasser von oben nach unten und dann durch ein an der äußeren Wandung angebrachtes Abflußrohr zum nächsten Topf geleitet wird. Von den serienmäßig hergestellten, und deshalb sehr billigen Töpfen werden eine größere Anzahl (meist 6 Stück) zu einer Einheit hintereinandergeschaltet, bis eine genügende Aufenthaltszeit erreicht ist.

Die Langbein-Pfannhauser-Werke A.-G. in Leipzig empfehlen Abstumpfungsgräben aus Pitchpineholz, Mauerwerk oder säurefesten Steinen, bei denen die beiden ersten Kammern mit schmiedeeisernen Drehspänen, die beiden letzten Kammern mit ungelöschtem Graukalk in Körben gefüllt sind.

Der Nachteil dieser Zementierungsanlagen besteht darin, daß sich das gebildete Zementkupfer auf die Oberfläche des Eisens legt und so den weiteren Austausch des Eisens gegen Kupfer verhindert. Die anfänglich gute Wirkung sinkt sehr schnell auf 50% und mehr. Es wird daher den Werken beim Einbau solcher Anlagen empfohlen, durch häufigeres Klopfen oder Stoßen der Eisenteile ein Abfallen des zementierten Kupfers zu bewirken oder durch Einleiten von Luft von der Sohle aus eine bessere Säuberung der Oberfläche des Eisens zu erzielen. Bei größeren Kupfergehalten versagt dieses Verfahren, da die Oberfläche nicht genügend gereinigt wird und sich durch eine Reoxydation stets neues Kupfersulfat bildet. Um letzteres zu verhindern, setzt das DRP. 458605 vor der Druckluftzufuhr reduzierende Stoffe, wie Schweflige Säure, zu.

c) Schnellzementierungsanlagen.

Um die durch Oxydationen auftretenden Schwierigkeiten zu vermeiden, will das DRP. 435323 von Ramén die Behandlung der verbrauchten Kupferbeizen

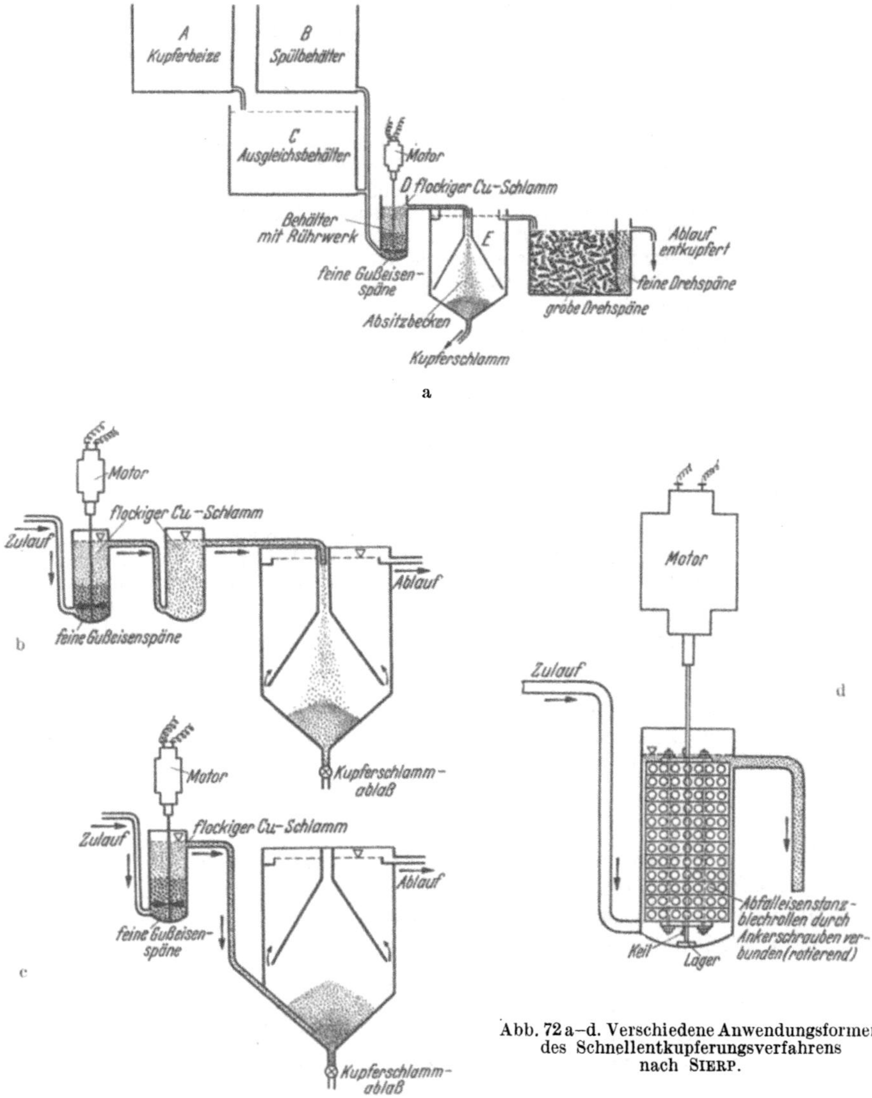

Abb. 72a–d. Verschiedene Anwendungsformen des Schnellentkupferungsverfahrens nach Sierp.

mit Eisenschrot in einem um seine geneigte Längsachse kreisenden oder schwingenden Behälter, dessen beide Hälse als Drehzapfen ausgebildet sind, vornehmen. Das in den Rollfässern liegende Eisen wird hierbei umgewälzt und gibt das auf der Oberfläche ansetzende Kupfer schnell ab. Das gleiche sucht neuerdings die sehr gut arbeitende Anlage von Sierp in kürzerer Zeit und mit kleineren

Rauminhalten zu erreichen. In Abb. 72 sind verschiedene Anwendungsformen dieses Verfahrens dargestellt.

Die von den Beizen kommenden Abwässer gelangen zunächst in ein kleines Gefäß, in dem sich gußeiserne oder schmiedeeiserne Drehspäne befinden, die durch einen kleinen, mit Motor betriebenen Propeller stark umgewirbelt werden. Durch die starke Bewegung wird die Oberfläche des Eisens in stetige Berührung mit dem Abwasser gebracht und auch blank von Kupfer gehalten. Nach einer Aufenthaltszeit von nur einer Minute sind die Abwässer (mit einem Kupfergehalt von 250—2000 mg/Liter) zu über 95% entkupfert. Die spezifisch schwereren Drehspäne bleiben bei der großen Durchflußgeschwindigkeit im unteren Teil des Mischbehälters, die leichten Kupferflocken werden mit dem Wasserstrom forgetragen und in einem mit Absetzgerinne versehenen Absetzbecken abgeschieden. (Aufenthaltszeit 15—20 Minuten). Um die letzten Kupferreste zu entfernen, kann man das Abwasser noch durch die etwa vorhandenen Göpfert- oder Würz-Anlagen leiten, wobei man ebenfalls mit bedeutend kürzeren Aufenthaltszeiten (15—20 Minuten) gut auskommt. Ein Teil der Entkupferungsgefäße und zwar der größere, der zuerst durchflossen wird, ist mit groben Drehspänen oder Stanzblechen, der dann durchflossene kleinere Teil mit feinen Drehspänen gefüllt (s. Abb. 72a). Auf diese Weise kann man auch die letzten Kupferreste entfernen. Da bei dauerndem Austausch die Eisenspäne immer feiner werden, werden sie schließlich mit dem ausgefällten Kupfer mitgerissen, so daß das gewonnene Zementkupfer einen wechselnden Eisengehalt aufweist. Um diesen möglichst gering zu halten, leitet man das Abwasser durch einen Zwischenbehälter, in dem sich der Kupferschlamm als Filter absetzt (s. Abb. 72b u. c). Durch die noch in den Beizbädern enthaltene Säure wird das Eisen allmählich gelöst und so die Flüssigkeit neutralisiert. An Stelle von Drehspänen kann man auch Stanzbänder verwenden, wenn man diese, wie in Abb. 72d dargestellt ist, auf der Welle des Motors durch Kupferdraht befestigt.

d) *Sonstige Verfahren.*

Die von der Firma Siemens & Halske A.G. errichteten Anlagen scheiden auf elektrolytischem Wege das Kupfer aus den gut vorgereinigten Abfallbeizen ab.

Außer der Abscheidung und Wiedergewinnung des Kupfers aus den Abfallbeizen, die in allen Anlagen geschehen sollte, kann auch noch eine Neutralisation der freien Mineralsäuren, eine Ausfällung der gelösten Metallsalze und unter Umständen auch eine Unschädlichmachung der giftigen Cyanverbindungen erforderlich sein. Die Neutralisation kann in gleicher Weise wie bei den Eisenbeizen erfolgen. Belüftung, Erwärmung, Bewegung und andere Hilfsmittel unterstützen die Neutralisation und Abscheidung. Der anfallende Schlamm kann je nach seinem Gehalt an Kupfer und anderen verwertbaren Nichteisenmetallen aufgearbeitet oder zu Geländeauffüllungen benutzt werden. Nach DRP. 562274 von Laue soll das Entkupfern von Kupferionen enthaltenden Wässern dadurch erfolgen, daß man diese Wässer mit einer dosierten Menge Alkali- oder Erdalkalisulfidlösung versetzt, mit Kupferoxyd mischt und dann filtriert.

3. Galvanisierungsanlagen.

Die aus den Galvanisierungsanlagen kommenden Gegenstände werden abgespült, wobei cyanidhaltige Abwässer entstehen. Bei Plattierungsanstalten enthalten solche Abwässer zwischen 100—300 mg/Liter Kaliumcyanid. Derzeit sind zwei Verfahren der Beseitigung dieser Abwässer in Gebrauch:

1. Verdünnung und Behandlung in Teichen. Die Verdünnung ist nur dann zulässig, wenn der Vorfluter so groß ist, daß er genügend Wasser führt, um den Cyanidgehalt auf den für das Leben der Organismen im Wasser noch zulässigen Wert zu vermindern. Beim Auffangen in Teichen und bei der Versickerung im Boden besteht die Gefahr einer Verunreinigung von Wasserversorgungsanlagen.

2. Überführung der Cyanide durch Oxydationsmittel in harmlosere Verbindungen (Cyanate). Die toxische Schwelle schwankt zwischen Gehalten von 0,25—1 mg/Liter. Chlorzugabe vermindert die toxische Wirkung der Abwässer sehr wenig. Ausfällungen mit Ferro- und Ferrisalzen können den Cyanidgehalt im allgemeinen nicht unter 50 mg/Liter vermindern. Kaliumpermanganat

oxydiert zu Cyanat. Am einfachsten behandelt man die Abwässer durch Belüftung nach Zugabe von Säure. Bei dieser Behandlung wurde bei einer Lösung, die 500 mg/Liter Kaliumcyanid enthielt und die mit überschüssiger Säure behandelt war, das Cyanid in 16 Stunden vollkommen, in 6 Stunden zu 90% verarbeitet.

3. Über die Einwirkung geringer Chromatmengen aus einer Verchromungsanstalt auf einen Flußlauf in bezug auf das Fischleben berichtet LIEB[1]. Die chromathaltigen Abwässer einer Verchromungsanstalt werden in dem Kanal mit dem Abwasser von etwa 10000 Einwohnern gemischt und dann in einen Fluß eingeleitet. Vor der Einleitung in die Kanalisation wird das Chromatwasser auf dem Fabrikgelände durch ein Ausgleichsbecken geleitet, in dem sich alle unlöslichen Verunreinigungen absetzen. Das Abwasser enthält beim Einlassen in den städtischen Kanal 160—350 mg/Liter Kaliumchromat. Bei der Einmündung des Kanals in den Fluß konnte mit den üblichen analytischen Methoden (Fällung mit Silbernitrat, Bleiacetat und Bariumchlorid) kein Chromat nachgewiesen werden. Auch an den Fischen ließen sich im Fluß keine Störungen beobachten. Bei der Prüfung der Frage des reduzierenden Einflusses von Faulwasser und Faulschlamm zeigte es sich, daß der dem Sinkkasten eines Kanals entstammende Faulschlamm chromatreduzierende und -adsorbierende Wirkung hat. Nach einer Stunde Kontaktzeit ist alles Chromat in den Schlamm der Kanalisation übergegangen. Wird dieser gut vor der Einleitung in den Fluß abgefangen, so treten im Fluß keine Schädigungen auf.

Zur Ausscheidung des Chroms aus chromathaltigen Abwässern der Galvanotechnik empfehlen WITTMANN und WOHLFAHRT[2] die Reduktion der Chromatsalze mit Natriumbisulfit und alkalische Fällung mit Sodalösung unter gleichzeitigem Erwärmen.

Die elektrolytische Regeneration der Chromlaugen ist nach verschiedenen elektrolytischen Verfahren möglich. Bei der Regeneration einer täglichen Menge von 200 kg Bichromat braucht man z. B. bei 500 Amp. Stromdurchgang 13 Bäder von etwa 1 m Höhe, 1,2 m Länge und 0,4 m Breite. Das M.-L.-B.-Verfahren ist diesem überlegen; bei einem Stromdurchgang von 500 Amp. müssen die Anodenplatten, die Diaphragmen und Kathoden je 1,7 qm Fläche haben. Bei 3,5 Volt Spannung beträgt der Stromverbrauch bei 80% Ausbeute auf 100 kg CrO_3 350 kWh (Berechnungen nach POHL). Man kann entsprechend dem Bichromatverbrauch die Bäderanzahl und die Bädergröße so einrichten, daß dieselben ohne Unterbrechungen und regelmäßig laufen. Die Anlage kostet nur dann Strom, wenn sie arbeitet. Die Wirtschaftlichkeit ist allerdings in großem Maße — abgesehen von den erstmaligen Einrichtungskosten — von den Stromkosten abhängig[3].

e) Abwasser von Schwefelkiesgruben bzw. Schwefelkieswäschereien, Schutthalden und Berlinerblau-Fabriken mit einem Gehalt an freier Schwefelsäure und Ferrosulfat.

1. Art und Menge der Abwässer.

Die in Schwefelkiesgruben auftretenden Grubenwässer sind in den meisten Fällen auf Niederschläge zurückzuführende Sickerwässer. Diese bilden aus dem Schwefelkies bei Zutritt von Sauerstoff nach der Gleichung $2\,FeS_2 + 7\,O_2 + 2\,H_2O = 2\,H_2SO_4 + 2\,FeSO_4$ freie Schwefelsäure und Ferrosulfat. Die freie Schwefelsäure löst weiteres Sulfid, so daß die abfließenden Grubenwässer je nach den Niederschlagsmengen oft bis zu 1000 mg/Liter freie Säure und 5000 mg/Liter Ferrosulfat neben geringen Mengen von Schwefelwasserstoff enthalten können. Wenn in dem Schwefelkies gleichzeitig Zinkblende vorkommt, so enthalten die Abwässer auch Zinksulfat. An der Luft nehmen die Wässer

[1] LIEB: Arch. Hygiene 1937, **118**, 126.
[2] WITTMANN u. WOHLFAHRT: Chem.-Ztg. 1937, **61**, 496.
[3] Chem.-Ztg. 1936, **60**, 239.

weitere Mengen Sauerstoff auf und scheiden dann bald rotbraunen Eisenschlamm ab. Diese Abscheidung wird durch Zusatz von Kalkmilch und im Vorfluter durch die im Wasser enthaltenen Carbonate des Calciums und des Magnesiums stark gefördert.

Auch Sickerwasser aus Steinkohlenschutthalden, Halden von Steinkohlenaschen kann unter Umständen namhafte Mengen Eisen- und Aluminiumsulfate enthalten. Die Bildung der Salze und freien Säure ist hier darauf zurückzuführen, daß der Schutt der Kohlenzechen oft viel Schwefelkies und Schwefel enthält, aus dem bei der Verwitterung Schwefelsäure und Ferrosulfat entstehen. Die durch Regenwasser aufgenommene Schwefelsäure löst aus der Alaunerde des Schuttes die Aluminiumsalze heraus.

In den Schwefelsäurefabriken sind es die auf Halden gestürzten Kiesabbrände, die etwa gleiche Abwässer wie die durch Regenwasser bewirkten Auslaugungen von Kesselaschen liefern. Beim Lagern an der Luft werden auch hier durch Oxydation und Auslaugung Ferrosulfat neben freier Schwefelsäure gebildet, welche die Abbrände weiter auslaugt.

2. Schädlichkeit der Abwässer.

Die Schädlichkeit dieser Abwässer ist die gleiche wie die der verdünnten Abfallbeizen und Spülwässer der schwefelsäureverarbeitenden Beizbetriebe.

Im Vorfluter binden die Erdalkalicarbonate die freie Säure und fördern hierdurch die Hydrolyse der Ferrosalze und die Oxydation des ausgeschiedenen Ferrohydroxyds. Der aus Gips und ausgeflocktem Ferrihydroxyd bestehende gelbrote Schlamm legt sich auf den Boden oder an den Ufern der Gewässer nieder, reißt hierbei die Fischnährtiere und die die Selbstreinigung bewirkenden Mikroorganismen zu Boden. Diese Wirkungen werden durch die Beeinflussung des p_H-Wertes durch die freie Säure noch weiter nachteilig verstärkt. Auf die Fischerei wirken solche Abwässer außerdem sehr nachteilig, da sie schon in kleinen Mengen die Befruchtung stark stören. Der Einfluß dieser Abwässer auf den Vorfluter ist rein äußerlich in den meisten Fällen durch eine rotbraune Färbung und durch die weithin auffallenden, sich absetzenden Schlammengen erkennbar.

Wird ein solches Wasser zur Berieselung benutzt, so schlägt sich das im Wasser enthaltene Ferrioxyd nieder. Das im Wasser gelöste Ferrosulfat wird bei der Filtration durch den Boden festgehalten. Der Luftsauerstoff oxydiert dann das Ferrosulfat wiederum zu Ferrihydroxyd und freier Schwefelsäure, die zusammen mit der in den Wässern schon enthaltenen freien Schwefelsäure aus dem Boden wichtige Dungsalze, wie Kalk und Magnesiumsalze, löst und mit dem Rieselwasser fortführt. Enthält ein Schwefelkiesgrubenwasser gleichzeitig Zinksulfat, so setzt sich dieses mit Silicaten unter Abscheidung und Absorption von Eisenoxyd ab, während dafür in gleicher Weise wertvolle Düngesalze in Lösung gehen und fortgeführt werden. Mit solchen Wässern berieselte Böden zeigen erheblich höhere Gehalte an Ferro- und Ferrioxyd, Zinkoxyd und Sulfaten. Der feine Eisenoxydschlamm verstopft bald die feinen Poren des Bodens und behindert so die Wasser- und Luftzirkulation. Die freie Säure versäuert zunehmend den Boden, so daß viele Nutzpflanzen auf ihm nicht mehr gedeihen. Durch die Umwandlung des Calciumbicarbonats in Calciumsulfat wird die Kalkaufnahme für die Pflanzen erschwert und die weitere Neutralisation im Boden, z. B. von Salpetersäure, fällt aus. Die auf den mit solchen Wässern berieselten Wiesen gewachsenen Nährpflanzen gehen nicht nur an Menge zurück, sondern erleiden auch infolge geringerer Stickstoffernährung erhebliche Einbuße an Nährwert.

Besonders nachteilig ist es, daß sich diese Wirkungen meist erst nach längerer Zeit zeigen. Am Anfang scheint es oft, als ob die Berieselung sogar eine günstige Wirkung äußern könne. Die gute Wirkung von Ferrosulfat, wie sie bei der Bekämpfung des Hederichs und bei der Zumischung kleiner Mengen Ferrosulfat zu Düngemitteln erreicht wird, kommt nur bei einmaligen Gaben in kleinen Mengen zur Geltung und nicht bei den durch Berieselung dauernd zugeführten Mengen.

3. Reinigung der Abwässer.

Die Reinigung derartiger Abwässer muß demnach erfassen:

a) Neutralisation der freien Säure und die Ausscheidung der Eisensalze;

b) Oxydation der Ferrosalze zu Ferrisalzen;

c) Abtrennung der ausgeschiedenen Stoffe, vor allem des Ferrihydroxyds.

Die Zugabe von Neutralisationsmitteln soll nicht nur die freie Säure beseitigen, sondern auch die Eisensalze ausfällen. Mit Rücksicht auf die meist großen Abwassermengen, die Tag und Nacht fließen, und ihre schädlichen Wirkungen ist eine dauernde Neutralisation von sehr großer Bedeutung. In den Fällen, wo man hinreichend weit von dem Vorfluter entfernt ist, wo ein genügendes Gefälle und eine genügend lange Wegstrecke zur Verfügung steht, hat man empfohlen, die Abwässer durch ein mit genügend weichen, leicht angreifbaren Kalksteinen ausgemauertes Gerinne abzuleiten, diese Gerinne mehrmals durch flache, ebenfalls mit denselben Kalksteinen ausgemauerten Behältern oder Teichen zu unterbrechen, um in ihnen ausgeschiedenes Ferrioxyd abzufangen. Die Verbindung zwischen den Teichen soll zur besseren Luftaufnahme stufenartig ausgebaut werden. So zweckmäßig dieses, von jeder Dosierung, besonders bei schwankenden Wassermengen und veränderlichen Konzentrationen unabhängige Verfahren auf den ersten Blick erscheint, weil nicht nur die freie Schwefelsäure gebunden, sondern auch die Bildung des Ferrihydroxyds begünstigt wird, läßt die Wirkung der Kalksteine in den meisten Fällen durch die sich bildende Gipshaut und die deckende Schlammschicht von Ferrihydroxyd bald stark nach. Das Gerinne und die Verbindungstreppen zwischen den Absetzteichen müssen daher öfter (mehrmals am Tage) gesäubert werden, damit die Kalksteine überhaupt wirken können. Auch müssen diese von Zeit zu Zeit erneuert werden. In den Teichen setzt sich ein aus Ferrihydroxyd, Gips und etwas Kalkstein bestehender, rotbrauner Schlamm ab. Dieser kann getrocknet, in Glühöfen gebrannt und nach dem Vermahlen zu verschiedenen Zwecken Verwendung finden, z. B. als Malerfarbe, Polierrot, Rostschutzmittel usw. Bekannt ist das aus den Abwässern der Meggener Schwefelkiesgruben gewonnene Meggenerrot.

Da die Reinhaltung der Kalksteine Schwierigkeiten macht, hat man stets wieder von neuem versucht, als Neutralisations- und Fällungsmittel die billige Kalkmilch zu verwenden. Dies Verfahren, bei denen die Zugabe der Kalkmilch durch selbsttätige Dosierungsmaschinen erfolgt, wie sie unter anderen von der Firma Bamag-Meguin, Berlin, Maschinenfabrik Sangerhausen, Fa. F. Gröppel in Bochum u. a. gebaut werden, kranken daran, daß die anfallenden Abwässer in ihrer Menge und Zusammensetzung stark schwanken. Da aber durch Kalkmilch eine sehr gute und völlige Reinigung der Abwässer erzielt werden kann, sollte man nur solche Dosierungsmaschinen anwenden, die durch Wassermenge und Leitfähigkeit gesteuert werden. Die durch Kalkmilch neutralisierten und ausgefällten Abwässer werden entweder auf Treppen oder durch künstliche Belüftung, die dann gleichzeitig für gute Vermischung sorgt, oxydiert; das gebildete Ferrihydroxyd wird in flachen Absetzteichen zum Absetzen gebracht.

Ebenso wie die eigentlichen Schwefelkiesgrubenwässer können auch die Kiesabbrände zu Verunreinigungen der Vorfluter führen, da ihre Sickerwässer in gleicher Weise durch Säure und Eisensulfat, und, wenn sie zinkblendehaltig sind, auch durch Zinksulfat verunreinigt sind. FISCHER[1] berichtet über verschiedene Fälle, z. B. in Lehrte, Hagen, Nienburg, wo durch Verwendung von zinkhaltigen Abbränden zu Wegebauaufschüttungen benachbarte Brunnen stark verschmutzt wurden. Das Wasser in diesen Brunnen enthielt bis zu 100 mg/Liter Zinksulfat.

Die Schlackenhalden der Eisenwerke sind wegen ihrer löslichen Schwefelverbindungen besonders bedenklich. So fand J. KÖNIG in einem Regensickerwasser der Hörder Eisenwerke mit 6594 mg/Liter Gesamtrückstand und 276 mg/Liter Schwefelsäure bei stark alkalischer Reaktion 2028 mg/Liter Schwefel in Form löslicher Schwefelmetalle (Schwefelcalcium, Schwefelkalium und andere Hydrosulfide). Solche Wässer können, wenn sie abfließen oder in das Grundwasser gelangen, für in der Nähe befindliche Betonbauwerke, Grundpfeiler, für die Vegetation und vor allen Dingen für die Kanalisationen zu den größten Schäden bzw. Zerstörungen führen. Bei der großen Giftigkeit der Schwefelwasserstoff abspaltenden löslichen Sulfide müssen solche Abwässer, wenn sie in den Vorfluter abgelassen werden, zu den schwersten Schädigungen führen. Um die Gefahren zu beseitigen, kann man diese Abwässer nach der Neutralisation durch Kalk durch eine chemische Fällung mit Ferrosulfat von den Sulfiden befreien.

f) Abwässer aus Erzbergwerken, Zinkhütten, Bleibergwerken.

In den Abwässern aus Erzgruben der Zinkverhüttung tritt oft in recht beträchtlichen Mengen Zinksulfat auf, das durch Ausfällen mit Kalk mit oder ohne Zugabe von Ferrosulfat ausgeschieden werden kann.

[1] FISCHER: Das Wasser 1914, 226.

Die bei der Gewinnung von Schwermetallerzen anfallenden Abwässer werden in den meisten Fällen durch eine Zugabe von Kalk von ihren schädlichen Stoffen, wie freier Säure und Schwermetallsalzen, befreit. Auf diese Weise gelangen bei den meist großen Wassermengen größere Mengen von Kalksalzen (Gips, Calciumchlorid) in den Vorfluter und erhöhen so die bleibende bzw. Mineralhärte, was sich oft für unterhalb liegende Betriebe unangenehm bemerkbar macht.

Bei der Kupfergewinnung auf nassem Wege gelangt namentlich aus den Schutthalden mit erschöpften Erzen Kupfersulfat in die Vorfluter. Durch vorheriges Überleiten über Zementierungsanlagen wird aber in den meisten Fällen das Kupfer wiedergewonnen (s. Behandlung von Kupferbeizen). Bei dem chlorierenden Kupferröstverfahren werden stark salzhaltige Abwässer abgestoßen. Diese enthalten außer Ferrosulfat größere Mengen von Kochsalz, Calciumchlorid und Magnesiumsulfat, und können besonders in kleinen Vorflutern durch eine starke Erhöhung des Salzgehaltes schädlich werden.

Die Abwässer von Blei-Zinkbergwerken haben ähnliche Abwässer wie die Zinkgruben. Doch führen sie meistens noch geringe Mengen bleihaltigen Lehmes mit sich. Die Frage, ob und wie stark die Abwässer aus Blei-Zinkbergwerken höhere und niedere Lebewesen schädigen, ist zur Zeit noch nicht restlos geklärt. Aus den von SCHMIDT[1] durchgeführten Versuchen geht hervor, daß die schädigende Wirkung auf Fische in erster Linie eine mittelbare ist; die Fischnährtiere werden verschlammt und verkrustet, an den Fischen selbst tritt durch Verkrustung der Kiemen Erstickungstod ein. Bei der Berieselung landwirtschaftlich genutzter Flächen mit Abwässern von Bleigruben kann es in den Nährpflanzen zu einer Anreicherung schädlicher Blei-, Cadmium-, Zink- und auch Arsenverbindungen kommen, die sich bei der Fütterung des Nutzviehs und beim Weidegang schädlich auswirken können.

Bekannt sind die durch Bleivergiftungen auftretenden Tiersterben auf den Weiden an den sog. Bleiflüssen wie z. B. der Innerste. Nach PRÜTZ[2] betreffen die Weideschäden fast nur Pferde. Das Hochwasser rührt das aus den Pechkiesen der Bleihütten stammende in Nestern abgelagerte Blei auf und schleppt den Bleiglanz über die Weiden. Das Pferd beißt das Futter bis auf die Grasnarbe ab. Dabei wird Bleiglanz mitgefaßt. Das Rind dagegen umfaßt das Futter gewissermaßen mit der Zunge und reißt es ab. Das auf der Narbe liegende Blei kommt dabei nicht in das Maul. Aus diesem Grunde ist es möglich, daß auf derselben Weide Pferde eingehen, während Rinder nicht geschädigt werden. Gänse und Enten sterben auf solchen Weiden in den meisten Fällen nur nach Hochwässern, weil diese den tiefer liegenden Bleiglanz für kurze Zeit an die Oberfläche spülen. Durch Absinken des schweren Minerals in das Innere der Sandbänke werden diese nach kurzer Regenzeit wieder bleifrei und dadurch für Gänse und Enten unschädlich.

g) Abwasser von Kryolithwerken.

Kryolithwerke verarbeiten Flußspat zu Kryolith und Natriumfluorid. Als Nebenerzeugnisse werden noch Aluminium- und Magnesiumsulfat hergestellt, so daß die Abwässer dieser Werke reich an Schwefel-, Fluorwasserstoff- und Kieselfluorwasserstoffsäure und deren Salze sind. Sie enthalten ferner oft Arsen und Blei, so daß sie unbedingt einer weitgehenden Reinigung unterworfen werden müssen. ANZIFEROWA[3] verwendete Weißton, Tonerde, Marmor, alkalische Abfälle der Schwefelsäureherstellung, Kalkmilch und Trockenkalk, wobei beide letzteren Reinigungsmittel die besten Ergebnisse (Fluorgehalt des gereinigten Wassers unter 1%) lieferten. Der Kalkverbrauch war bei Verwendung von Kalkmilch geringer wie bei Trockenkalk, dafür wurden aber mit Kalkmilch weitaus voluminösere Niederschläge erhalten, die sich ziemlich schwer absetzten,

[1] SCHMIDT: Zeitschr. Fischerei 1930, **38**, 105.
[2] PRÜTZ: Kleine Mitt. Landesanst. Wasser-, Boden- u. Lufthygiene 1934, **10**, 47.
[3] ANZIFEROWA: Sanitarnaja Technika 1934, Heft 9, 38. Ref. Gesundh. Ing. 1936, **59**, 299.

so daß die Reinigungsdauer von 2 auf 4 Stunden erhöht werden mußte. Vor- und Nachteile dieser beiden Reinigungsmittel hielten sich ziemlich die Waage. Der Reinigungsvorgang selbst ist sehr einfach; er besteht in einer möglichst innigen Durchmischung des Abwassers mit dem Reinigungsmittel. Es ist zweckmäßig, durch vorheriges Klären den mitgeführten Kryolith zu entfernen, wodurch eine nicht unwesentliche Kalkersparnis erzielt wird.

h) Abwasser von Acetylenanlagen.

Die Herstellung des Acetylens erfolgt in den meisten Fällen durch Einwirkung von Wasser auf Calciumcarbid. Bei dieser Reaktion, die im Sinne der folgenden Gleichung verläuft

$$CaC_2 + 2\,H_2O = Ca(OH)_2 + C_2H_2,$$

wird Calciumoxyd gebildet, während das Acetylen als Gas entweicht. Die bei der Herstellung von Acetylen anfallenden Abwässer stellen demnach in der Hauptsache eine konzentrierte Kalkmilch dar, die außerdem noch die im Carbid je nach seiner Herstellungsart enthaltenen Schmutzstoffe enthält. Die Behandlung dieser Abwässer erfolgt am besten durch eine Stufenreinigung. In der 1. Stufe wird in mechanischen Absetzbecken, wie sie für ungelöste, mineralische Stoffe an den verschiedensten Stellen angewandt werden (s. unter anderem auch bei Kohlenkläranlagen Abb. 43—48), der ungelöste Kalk in Form eines weißen Schlammes abgeschieden. Nach etwa einstündiger Absetzzeit fließt ein stark alkalisches Abwasser, das ein gesättigtes Kalkwasser darstellt, ab. Im Vorfluter führt dieses Abwasser durch Bindung an die Bicarbonate leicht zu Ausflockungen von Calciumcarbonat, das dann im Vorfluter sehr häßlichen weißen Schlamm hervorruft. Um diese Schlammbildungen zu vermeiden, muß die Kalkmilch neutralisiert werden. Dies kann ohne Bildung von Niederschlägen durch Salzsäure geschehen. Bei dieser Behandlung wird aber die Mineralhärte im Vorfluter nicht unwesentlich erhöht. Wo kohlensäurehaltige Rauchgase in genügender Menge zur Verfügung stehen, leitet man diese nach Verteilung durch Filterplatten durch das Kalkwasser, wobei man darauf achten muß, daß es nur zur Bildung von Calciumcarbonat kommt und sich kein Calciumbicarbonat bildet.

Das auf diese Weise gebildete Calciumcarbonat muß dann in einer 2. Stufe in Absetzbecken mit mindestens vier- bis achtstündiger Aufenthaltszeit abgeschieden werden. In diesem Falle genügen einfache Erdbecken zum Abfangen des Kalkes.

Der in diesen Anlagen, sowohl in der 1. wie auch in der 2. Stufe anfallende Schlamm kann in der Industrie die mannigfachste Verwendung finden. Vor allen Dingen kann er als Baukalk und auch als Düngekalk sehr gut verwandt werden. In vielen Fällen wird er zu Neutralisationszwecken in der chemischen Industrie verwandt.

Auf den Werken, die neben einer Schweißanlage auch noch eine Beizereianlage haben, können die in der Acetylenfabrik anfallenden Abwässer zur Neutralisation der in der Beizerei anfallenden Spülwässer benutzt werden. Weiteres siehe unter Neutralisation der Beizereiabwässer.

23. Abwasser von Mineralfarbenfabriken.

a) Eisenrotfabriken.

Eisenrot wird aus den eisensalzhaltigen Abwässern der Schwefelkiesgruben und der Beizereien, sowie den Abwässern der Anilinfabrikation gewonnen. Dem Ausgangsmaterial und der Behandlung entsprechend fallen calciumsulfat- oder calciumchloridhaltige Abwässer an, die wohl die Härte des Vorflutwassers erhöhen, sonst aber unbedenklich sind. Bei Mineralfarbenfabriken, die mit Natronlauge oder Soda fällen, fallen natriumsulfat- oder natriumchloridhaltige Abwässer an. Je nach der Konzentration dieser Abwässer und der Größe der zur Aufnahme zur Verfügung stehenden Vorfluter muß vor dem Ablassen ein Ausgleichsbehälter, der zugleich als Absetzbecken dienen kann, zwischengeschaltet werden. Bei schlecht klärenden Abwässern, z. B. mit kolloid verteilten Farbstoffen, unterstützt man die Abscheidung der feinen Schwebestoffe durch Zugabe von Fällungsmitteln, wie Ferrosulfat und Kalk, Aluminiumsulfat usw. Sind die Abwässer sauer, so werden sie durch Zugabe von Kalk vor den Absetzbecken neutralisiert. Die Zugabe von Fällungsmitteln bzw. Neutralisationskalk erfolgt in den meisten Fällen in einer Mischrinne mit zungenartigen Einbauten vor den Absetzbecken. Durch gute Verteilung in den Absetzbecken sorgt man für eine weitgehende Ausnutzung des Absetzraumes. Der Zulauf aus dem Mischgerinne erfolgt durch einen Überlauf über die ganze Beckenbreite, wodurch eine gleichmäßige Verteilung über den Beckenquerschnitt gegeben ist. Der Ablauf wird durch einen Überlauf mit oder ohne Einkerbungen entnommen. Entsprechend angebrachte Tauch- oder Gitterwände am Ein- und Auslauf können die gleichmäßige Durchströmung des Beckeninhaltes unterstützen und besonders an der Auslaufseite das Mitreißen von Schwebestoffen verhindern. Die Sohle des Beckens ist nach der Mitte geneigt anzulegen und hier mit einer tieferen Schlammrinne auszustatten, in welche bei der notwendig werdenden Reinigung der Becken der Schlamm zusammengeschoben werden kann, um ihn von hier aus besser abpumpen zu können.

b) Bleiweißfabriken.

In modernen Bleiweißfabriken wird Blei in Kügelchen gegossen und durch geeignete Behandlung mit Essigsäure und Kohlensäure in basisch kohlensaures Blei übergeführt. Schon aus wirtschaftlichen Gründen müssen die Waschwässer möglichst lange im Betrieb im Kreislauf gehalten werden, um alle Bleiverluste zu verhindern. Außer den allmählich abzustoßenden Waschwässern fallen auch noch die aus den wasserhaltigen Bleiweißpasten stammenden Abwässer an, wenn diese zu Bleifarbe weiterverarbeitet werden. Über die Schädlichkeit dieser Abwässer siehe die Abwässer von Bleibergwerken S. 653. Zur Reinigung der aus der Bleiweißfabrik kommenden Abwässer werden diese zunächst mit einer Sodalösung versetzt, um etwa mitgeführtes Bleiacetat und Bleibicarbonat auszufällen. Der sich bildende Schlamm wird in etwa 1 m tiefen Absetzbecken, wie vorher beschrieben, abgefangen. Da der Ablauf meistens noch kolloid feine Trübungen aufweist, so wird dem alkalischen Ablauf des ersten Absetzbeckens in einer Mischrinne oder Mischschnecke eine Ferrosulfatlösung zugesetzt. In die Mischung wird zur Bildung leicht absetzbarer Eisenhydroxydflocken durch Filterplatten fein verteilte Luft eingeblasen. Der sich bildende Niederschlag reißt die letzten Reste Bleifarbe mit zu Boden, so daß das Wasser nach dem Durchgang durch ein zweites Absetzbecken völlig bleifrei abfließt. (Probe mit Kaliumchromat- bzw. Natriumsulfidlösung.) Man kann die bleihaltigen Abwässer auch durch ein schwebendes Gipsfilter, das man längere Zeit im Kreislauf halten kann, reinigen. Der abgefangene Schlamm wird sorgfältig gesammelt und auf Blei verarbeitet.

24. Abwasser von Pulver- und Sprengstoff-Fabriken.

a) Pulverfabriken (rauchloses Pulver, Schießbaumwolle).

Für die Herstellung des rauchlosen Schießpulvers kommt in erster Linie Nitrocellulose (Schießbaumwolle, Collodiumwolle) in Frage. Gereinigte Baumwolle bzw. Baumwollabfälle oder gereinigter Zellstoff werden mit der vielfachen Menge eines Gemisches von

Salpetersäure, Schwefelsäure nitriert. Von der Nitrocellulose wird die Nitriersäure abgetrennt; sie wird durch Zusatz von rauchender Salpetersäure und konzentrierter Schwefelsäure wieder nitrierfähig gemacht. Die noch mit Säure getränkte Nitrocellulose wird sofort in eine Schwemmleitung mit kaltem fließenden Wasser eingetragen und durch diese in das Waschhaus befördert. Hier wird sie mit Wasser ausgewaschen, darauf in sog. Holländern zerschnitten, bzw. fein gemahlen, nochmals gewaschen und zur Stabilisierung (Haltbarmachung) häufig unter Zusatz basischer Mittel, z. B. Kalk, ausgekocht.

Bei den verschiedenen Waschvorgängen fallen mehr oder weniger stark saure Waschwässer an. Diese führen auch etwas Nitrocellulose und gelöste organische Stoffe (Ester der Oxycellulose u. a.) mit sich. Von der beim Nitrieren entstehenden „Abfallsäure“, die eine Zusammensetzung von etwa 70% H_2SO_4, 20% HNO_3 und 10% Wasser hat, gehen auf 1 t Nitrocellulose etwa $^2/_3$ t in das Waschwasser über.

Da es sich in der Hauptsache um saure Abwässer handelt, gilt für ihre Schädlichkeit auf den Vorfluter das gleiche, was für die Abfallbeizen der Metallindustrie gesagt wurde, zumal auch hier durch die in den Abwässern mitgeführten organischen Stoffe neben dem Säurebindungsvermögen der Sauerstoffgehalt des Vorfluters stark in Anspruch genommen wird.

Die Reinigung der Abwässer muß neben einer Zurückhaltung der ungelösten Stoffe in erster Linie eine Wiederverwertung der wertvollen konzentrierten Abfallsäuren vorsehen.

Das Entsäuerungswasser wird zweckmäßig für sich aufgefangen und zur Aufarbeitung geleitet, während das Schwemmwasser, nachdem es das Schwemmgut nach der Waschanlage befördert hat und eine Zeitlang im Kreislauf benutzt worden ist, fortfließt.

Die durch verschiedene Maßnahmen, z. B. Anreicherung durch mehrmaligen Gebrauch, konzentrierten Abwässer lassen sich verschiedentlich aufarbeiten. Hierbei ist die Wirtschaftlichkeit unter Berücksichtigung der örtlichen Verhältnisse ausschlaggebend. Da Salpetersäure mit 32% Wassergehalt bei 120° C unter Atmosphärendruck, Schwefelsäure dagegen erst bei 338° C unzersetzt siedet, so kann man aus besonders konzentrierten Abwässern beide Säuren durch fraktionierte Destillation wiedergewinnen. Man verrieselt auch wie bei Denitrierungsanlagen das Abwasser und führt ihm einen heißen Luftstrom entgegen, der die nitrosen Gase aufnimmt; sie werden zu Salpetersäure oxydiert. Die Behandlung der dünnen sauren Abwässer erfolgt in gleicher Weise wie bei den Abwässern von Sprengstoffabriken (s. unten). Auf alle Fälle muß man sich vor der früher viel angewandten Versickerung und Untergrundverrieselung hüten. Im Grundwasser macht sich das Ablassen zunächst durch eine steigende Zunahme der bleibenden Härte (Sulfate und Nitrate) bemerkbar, bis schließlich die gesamte natürliche Carbonathärte aufgebraucht ist.

b) Sprengstoffabriken.

Das zur Herstellung von Dynamit verwendete Nitroglycerin wird in der Weise gewonnen, daß man Glycerin in ein abgekühltes Gemisch von Schwefelsäure und Salpetersäure tropfen läßt. Hierbei setzt sich das Nitroglycerin als ölige Flüssigkeit ab. Um die Säure zu entfernen, läßt man das Gemisch in die 10—20fache Menge Wasser fließen. Das erste säurereiche Abwasser kann zu anderen gewerblichen Zwecken z. B. in Düngemittelfabriken zum Aufschließen von Phosphaten verwendet werden, während die säureärmeren Abwässer für sich behandelt werden müssen. Außer Nitroglycerin werden noch andere Nitroverbindungen als Sprengstoffe hergestellt, wie Trinitrotoluol und Pikrinsäure (Trinitrophenol).

Die Abwässer der Sprengstoffabriken, die bei der Herstellung (Waschwässer), sowie bei der Mischung und Einfüllung der Sprengladungen (Spül- und Reinigungswässer) anfallen, führen außer den genannten anorganischen Säuren (in einem ähnlichen Mischungsverhältnis wie die Nitriersäure der Nitrocellulose-Fabriken) meistens noch Anteile der gewaschenen Stoffe mit. In gelöstem Zustand werden diese Stoffe in den Abwässern im allgemeinen weniger enthalten sein. Trinitrotoluol ist in kaltem Wasser sehr schwer löslich (1:5000), während die niedriger nitrierten Toluole und Nitrobenzol leichter löslich sind. Pikrinsäure ist bei gewöhnlicher Temperatur etwa im Verhältnis 1:100, Nitroglycerin 1:500 wasserlöslich. Letzteres wird als Salpetersäureester des Glycerins durch Alkalien bzw. Kalk unter Bildung von Nitraten gespalten (verseift); es schmeckt brennend und süßlich zugleich und ist stark giftig. Trinitrotoluol wird als weniger giftig bezeichnet. Pikrinsäure greift Metalle, wie Eisen, Zink, Kupfer an und ist wie auch ihre Salze giftig; wegen ihres bitteren Geschmacks und ihrer intensiven Farbkraft (gelb) ist sie sehr leicht zu erkennen. Im Vorfluter können sich diese Stoffe wegen ihrer Giftwirkung sehr schädlich auswirken.

Die Menge der Abwässer aus Sprengstoffabriken ist im allgemeinen viel geringer wie bei den Pulverfabriken, weil die Herstellung bzw. Verarbeitung von Sprengstoffen wegen der damit verbundenen Gefahren nicht in größeren Fabriken vorgenommen wird. Vor einer Versickerung der Abwässer in den Untergrund muß auch hier eindringlichst gewarnt werden. Namentlich Pikrinsäure hat sich beispielsweise in einer Fabrik sehr unangenehm bemerkbar gemacht. Durch Versickerung pikrinsäurehaltiger Wasch- und Badewässer, sowie Spülwässer der Fabrikräume, wozu bei Regen noch die Abflüsse von Dachflächen, Straßen usw. kamen, wurde das in 20—25 m Tiefe durch Brunnen entnommene Grundwasser allmählich derartig verunreinigt, daß es stark gelb gefärbt und bitter schmeckend aus den Zapfhähnen lief. Bei längerer Berührung rief es Hautjucken hervor. Als Trink- und Brauchwasser war das Grundwasser bald völlig unbrauchbar. In Dampfkesseln rief es starke Anfressungen hervor und bedingte eine ständige Explosionsgefahr. Der Gehalt an Pikrinsäure betrug 4—5 mg/Liter freie und 9—10 mg/Liter gebundene Pikrinsäure. Daß derartige Abwässer ohne genügende Verdünnung durch ihre Giftigkeit, Säuregehalt, Sauerstoffbeeinflussung auf einen Vorfluter stark schädlich wirken müssen, ist selbstverständlich.

c) Reinigung der Abwässer.

Für die Behandlung der sauren Abwässer aus Pulver- und Sprengstoffabriken sind Neutralisationen mit Kalk, Soda oder Natriumbicarbonat und Abscheidung der ungelösten Stoffe in flachen Absetzbecken mit nachgeschalteten mehrstufigen Koks- oder Schlackenfiltern mit mehr oder weniger großem Erfolg in Anwendung gekommen. Die Absetzanlagen oder noch besser Absetzteiche müssen genügend große Abmessungen haben, so daß das neutralisierte Abwasser eine mindestens 4stündige Aufenthaltszeit hat. Die Kläranlagen müssen sehr sorgfältig betrieben werden. An Stelle der Absetzteiche sind vereinzelt auch mit Schlammzylindern ausgestattete Klärtürme mit senkrecht von oben nach unten gerichteter Wasserbewegung in Anwendung oder die bekannten Dortmundbrunnen, bei denen die anfänglich abwärts gerichtete Wasserbewegung nach aufwärts geändert wird.

25. Abwasser von Fabriken zur Herstellung photographischer Papiere und von Filmfabriken.

In den Betrieben der Foto- und Filmindustrie fallen neben konzentrierten Abwässern, die Emulsionsreste und verbrauchte Bäder mit den verschiedensten Chemikalien (Säuren, Laugen usw.) und je nach der Art des Betriebes in wechselnder Menge enthalten, auch noch große Mengen Waschwässer an. Sind in dem Abwasser keine direkten Giftstoffe enthalten, so kann man die dünnen Abwässer nach dem Vorschlag von Pritzkow in die Kanalisation einleiten. Besser ist es, die konzentrierten Abwässer zur Wiedergewinnung wertvoller in ihnen enthaltenen Stoffe aufzuarbeiten. Die stark konzentrierten Abwässer von Färbmaschinen und von der Rückständeaufbereitung werden durch eine einzeln auszuprobierende Behandlung von Säuren, Laugen und schädlichen Salzen befreit. Für einige, z. B. die thiosulfathaltigen Wässer, lohnt sich wahrscheinlich eine Wiedergewinnung der wertvollen Stoffe. Die nach dieser Vorbehandlung erhaltenen Abwässer, aus denen die wertvollen Stoffe zurückgewonnen sind und diejenigen konzentrierten Abwässer, bei denen eine derartige Behandlung nicht möglich ist, werden nach Durchgang durch eine Mischrinne, Mischschnecke usw. in ein Sammelbecken geleitet, damit die einzelnen Wasserarten sich möglichst innigst mischen. Hierbei sollen sie sich gegenseitig soweit wie möglich neutralisieren und dann ausflocken. Nach der Vermischung werden die ausgeschiedenen Stoffe in einem Absetzbecken abgefangen, wobei man zur Unterstützung der Abscheidung kolloider Schwefel- oder Silberverbindungen mit chemischer Fällung nachhilft. Der Ablauf der Absetzbecken wird mit den in einem besonderen Absetzbecken von den suspendierten Schwebestoffen befreiten Waschwässern gemischt und dann in die Kanalisation oder in den Vorfluter abgelassen. Ob und wieweit man den in den Absetzbecken anfallenden Schlamm weiter auf wertvolle Stoffe aufarbeitet, hängt ganz von den besonderen Verhältnissen ab und muß durch eine besondere Untersuchung festgestellt werden.

In Filmfabriken fallen gelatinehaltige Abwässer an, die leicht in Fäulnis übergehen. KAMMANN[1] hat die verschiedenen Reinigungsmöglichkeiten untersucht und gefunden, daß sich derartige Abwässer besser durch intermittierend beschickte Bodenfilter als durch Tropfkörper reinigen lassen. Bei einer genügenden Verdünnung, unter Umständen durch gereinigten Ablauf, lassen sich aber auch auf Tropfkörpern gute Reinigungserfolge erzielen, besonders dann, wenn die Möglichkeit der Zumischung häuslichen Abwassers aus Siedlungen, Gemeinschaftsküchen u. dgl. gegeben ist.

26. Abwässer der chemischen Industrie (anorganische Erzeugnisse).

Die in chemischen Fabriken anfallenden Abwässer enthalten in den meisten Fällen Verschmutzungen, die hauptsächlich anorganischer Natur sind. Die Abwasserarten der Kaliindustrie, Salinen und Sodafabriken unterscheiden sich je nach der Art des Betriebes wesentlich voneinander. Die Salinenabwässer fallen im allgemeinen nur alle 3—4 Wochen an, wenn die Pfannen ausgeräumt werden, so daß dann eine Abwasserwelle den Vorfluter herunterwandert. Die Kaliindustrieabwässer entstehen fortlaufend Tag und Nacht. Die Abwässer der Sodafabriken fallen ebenfalls täglich an. Die Aufspeicherung dieser Abwässer ist praktisch undurchführbar. Ihre Reinigung ist äußerst schwierig, meistens ist nur eine Beeinflussung mit anderen chemischen Mitteln möglich. In vielen Fällen, wo die Abwässer nur schwer ausscheidbare Salze enthalten, wie z. B. in der Kaliindustrie, den Salinen, Ammoniaksodafabriken und allen chemischen Fabriken, die hauptsächlich Kochsalz oder andere anorganische Salze abführen, hilft keines der bekannten Sedimentationsverfahren, keine chemische Fällung, kein biologisches oder ähnliches Verfahren. Versickerung kommt wegen der meist großen Mengen und der Beeinflussung des Grundwasserstroms auch nicht in Frage. Es bleibt daher nur eine Unschädlichmachung durch Verdünnen im Vorfluter übrig, wobei in den meisten Fällen der geeignete Verdünnungsgrad unter genau angegebenen Sicherheitsmaßnahmen von der Behörde vorgeschrieben werden muß.

a) Schädlichkeit der salzigen Abwässer.

SCHNITZLER[2] bezeichnet diejenigen als salzige Abwässer, die keine anderen Salze enthalten als solche, die in unseren Wässern von Natur aus vorhanden sind. Das Verhalten der salzigen Abwässer im Vorfluter ist vor allen Dingen dadurch gekennzeichnet, daß die Stoffe, die sie mitbringen, im Fluß auf seinem geringen weiteren Laufe erhalten bleiben.

[1] KAMMANN: Techn. Gemeindeblatt 1923, **26**, 27.
[2] SCHNITZLER: Gesundh.-Ing. 1934, **57**, 448.

In normalen Grenzen in den Vorfluter abgelassen beeinträchtigen sie die Selbstreinigungsvorgänge nicht. Nach SCHIEMENZ[1] liegt die Versalzungsgrenze von Fischgewässern ungefähr bei dem Salzgehalt der Ostsee bei Rügen, also bei ungefähr 4000 mg/Liter. Bei einer Versalzung von 2600 mg/ Liter gebundenem Chlor, entsprechend 0,42% Salzgehalt, trat kein Fischsterben auf. Die in stehenden Gewässern (Seen, Teiche) durch Einleiten von Kaliabwasser aufgetretenen Fischsterben sind nicht nur durch den Salzgehalt, sondern auch durch Sauerstoffschwund verursacht. Mit der Zunahme des Salzgehaltes nimmt die Sauerstoffaufnahmefähigkeit ab. Letztere Tatsache, die in fließenden Gewässern meistens bedeutungslos ist, da hier der Sauerstoffgehalt nie unter die für Fischsterben nötige Grenze kommt, kann sich aber bei stehenden Gewässern stark auswirken. Beim Düngen der Seen mit Kalisalzen trat in der Tiefe eine so starke Abnahme des Sauerstoffgehaltes ein, daß die Düngung eingestellt werden mußte. Beim Ablassen derartiger salzhaltiger Abwässer muß man daher einen Unterschied zwischen stehenden und fließenden Gewässern machen; weiter muß man annehmen, daß Fischsterben durch salzhaltige Abwässer nur bei anormalen Zuflüssen großer Mengen stark konzentrierter Abwässer vorkommen kann.

Nach den Untersuchungen von EBELING[2] ist für Fische und Fischnährtiere der Chloridgehalt nicht allein ausschlaggebend; es ist in erster Linie das Mischungsverhältnis der einzelnen Kationen zueinander wichtig. Eine schädigende Wirkung verursachen in erster Linie Kalisalze, und zwar handelt es sich um direkte Giftwirkung und nicht um osmotische Vorgänge, wie sie sonst durch starke Salzlösungen hervorgerufen werden. Dagegen haben Natrium- und Magnesiumsalze eine viel geringere Schädlichkeit. Für Gammariden scheint die Schädlichkeitsgrenze bei 200 mg/Liter $K^{\cdot}$ zu liegen (entsprechend etwa n/200 KCl). Im Gegensatz zu Gammariden zeigten Chironomiden eine viel geringere Empfindlichkeit. Durch Zugabe von Calciumsalzen kann man die giftige Wirkung der Kaliumionen stark herunterdrücken. Die Kaliabwässer sind in den meisten Fällen sehr reich an Calciumverbindungen. Aus diesem Grunde haben sie nicht den Schädlichkeitsgrad als wenn sie nur aus Kalium- und Magnesiumsalzen gleicher Konzentration beständen. Der Einfluß der verschiedenen Abwasserarten auf den Vorfluter ist aus der nebenstehenden Aufstellung ersichtlich (Tabelle 10).

Tabelle 10.

Flußwasser enthält	Es enthalten die Abwässer von		
	Salinen	Sodafabriken	Kaliwerken
$Na^{\cdot}$	$Na^{\cdot}$	$Na^{\cdot}$	$Na^{\cdot}$
$Mg^{\cdot\cdot}$	$Mg^{\cdot\cdot}$	—	$Mg^{\cdot\cdot}$
$Ca^{\cdot\cdot}$	$Ca^{\cdot\cdot}$	$Ca^{\cdot\cdot}$	—
Cl'	Cl'	Cl'	Cl'
SO_4''	SO_4''	—	SO_4''

Die Wirkung salzhaltiger Abwässer auf Pflanzen und Böden ist an verschiedenen Stellen geprüft worden. Nach KÖNIG ergaben diese Versuche, daß Chlormagnesium und Chlorcalcium in Abwässern wie Chlornatrium zwar bodenauswaschende, aber auch aufschließende und dann indirekt düngende Wirkungen haben. Nach den Versuchen von HINDORF können Lösungen von Chlorkalium und Chlormagnesium bis zu 0,2% die Keimfähigkeit der Samen fördern. Die Höchstgrenze für die Beeinträchtigung liegt bei $^1/_2$% = 5 g/Liter. Ferner hat es sich gezeigt, daß man einen Unterschied zwischen einem einmaligen Aufbringen der festen Salze und einer Dauerzuführung durch Berieseln mit salzhaltigen Abwässern machen muß. Auf die Dauer sind Abwässer mit einem Salzgehalt von 1 g/Liter an Chloriden für die Berieselung zu verwerfen, wenn auch im Anfang der Rieselung eine günstige Wirkung auftreten sollte. Daß versalzenes Wasser in der Landwirtschaft als Viehtränke nicht gebraucht werden kann, braucht nicht näher erörtert zu werden (s. Brauchwasser für landwirtschaftliche Zwecke).

Die Schädlichkeit der salzigen Abwässer in gewerblicher Beziehung ist darin zu suchen, daß diese Abwässer dem Vorflutwasser eine größere bleibende Härte verleihen, so daß die Anwendbarkeit des Wassers für Waschzwecke und für Kesselspeisezwecke sowie als industrielles Brauchwasser stark beeinträchtigt unter Umständen sogar unbrauchbar wird. Besonders Chlormagnesium wirkt sich im Kesselspeisewasser wegen der Zersetzlichkeit bei schon verhältnismäßig niederen Temperaturen sehr nachteilig aus (s. SPLITTGERBER[3]). Zuckerfabriken können ein versalzenes Bachwasser für Diffusionszwecke nicht mehr verwenden, da die Salze melassebildend wirken und das Krystallisationsvermögen des Zuckers beeinträchtigen.

[1] SCHIEMENZ: Zeitschr. Fischerei 1932, **30**, 99.
[2] EBELING: Vom Wasser 1933, **7**, 272.
[1] SPLITTGERBER: Das Kesselspeisewasser und seine Pflege. Handbuch der Lebensmittelchemie, Bd. VIII.

In gesundheitlicher Beziehung ist eine gewisse Schädlichkeit für den Menschen anzunehmen, wenn der versalzte Vorfluter noch zu Trink- und Brauchwasserzwecken benutzt wird. Wie in Abschnitt I, S. 48, angegeben ist, wird ein Salzgehalt von bestimmten Grenzen an unangenehm empfunden. Wenn auch die Grenze der geschmacklichen Feststellung bei den verschiedenen Menschen verschieden ist, muß man auf die geschmacksempfindlichen Personen Rücksicht nehmen. Wegen des eigentümlichen Nachgeschmacks des Chlorcalciums und wegen des bitteren Geschmacks und der abführenden Wirkungen des Magnesiumsulfats wirken diese schon in geringeren Mengen nachteiliger als Chlornatrium.

Um zu verhüten, daß durch wahlloses Ablassen von salzigen Abwässern in den Vorfluter zu arge Übelstände entstehen, hat die Staatliche Kaliabwasserkommission, deren Anordnungen die Unternehmer unterworfen sind, für Preußen besondere Richtlinien erlassen. Die Aufsichtsbehörde setzt für jedes Werk eine bestimmte Menge Abwasser fest, die nicht überschritten werden darf. Durch diese Festsetzung werden Versalzungsgrenzzahlen geschaffen, die unter Einhaltung der für die einzelnen Vorfluter jeweils bestehenden Höchstzahl von der Kaliabwasserkommission auf der Grundlage der Beteiligungsziffer am Kaliabsatz festgestellt wird. Diese Festsetzung von Grenzmengen ist auch schon aus dem Grunde erforderlich, weil eine Vermischung der spezifisch schweren Endlaugen oft erst nach einer sehr langen Fließstrecke erfolgt. Die Durchmischung wird durch Mischrinnen, Abstürze, Wehre u. dgl. stark gefördert. Die für die Kaliindustrie zur Verfügung stehenden Vorfluter des deutschen Kaligebietes besitzen auch nicht das für die schnelle Vermischung erforderliche größere Gefälle, noch felsigen Untergrund. Auf Vorschlag des Reichsgesundheitsamtes sind folgende Grenzwerte der Erhöhung der DH^0 und des Chlorgehaltes für die abzuleitenden Abwassermengen festgelegt worden:

	Härte in DH^0	Chlorgehalt mg/Liter
Schunter, Oker	30—35	350—400
Aller unterhalb der Einmündung der Oker bei Minden	30—35	350—400
Wipper und Unstrut	50	300

Mit Rücksicht auf die Verwendung des Weserwassers als Trinkwasser für die Stadt Bremen hat das Reichsgesundheitsamt als Höchstgrenze für Gesamthärte und Chlorgehalt des Weserwassers bei Bremen 20 DH^0 und 250 mg/Liter Chlor vorgeschlagen. Da diese Zahlen von den an der Werra gelegenen Werken als zu niedrig bezeichnet wurden, sind nach Wolf[1] für die Werra folgende zulässigen Grenzwerte angegeben:

bei Gerstungen	1781 mg/Liter Chlor
unterhalb der Hörselmündung . . .	1329 mg/Liter Chlor
bei Mihla	1455 mg/Liter Chlor
bei Hannoversch-Münden	1052 mg/Liter Chlor

Um sich von diesen Schwierigkeiten frei zu machen, bezieht jetzt die Stadt Bremen ihr Trinkwasser durch eine 250 km lange Leitung aus der Sösetalsperre im Harz.

Klapp, Stählin und Zapfe[2] haben über 7 Jahre sich erstreckende Untersuchungen, und zwar botanischer, chemischer und physikalischer Art, und Feststellungen der Ernteerträge von Dauerwiesen, die ständig unter dem Einfluß kaliabwässerführender Überschwemmungen zu leiden hatten, durchgeführt. Eine Beeinflussung der Wiesenflächen und der Heuerträge wurde nicht festgestellt. Da auch das geerntete Heu bei der chemischen Untersuchung nirgends eine außergewöhnliche Zusammensetzung aufwies, fassen die Forscher das Ergebnis ihrer Untersuchungen dahin zusammen, daß selbst bei starker Abwasserführung des Flusses Überschwemmungswässer keine erkennbaren Folgen einer dem Wiesenwuchs schädlichen Salzwirkung hinterließen.

b) Ableitung in die Vorfluter.

Um eine Überschreitung der Grenzwerte nach Möglichkeit zu verhüten, hat man verschiedene Vorschläge für die Ableitung, wie Aufenthaltsbecken,

[1] Wolf: Wasserkraft und Wasserwirtschaft 1932, **34**.
[2] Klapp, Stählin u. Zapfe: Landw. Vers.-Stationen 1935, **123**.

Verteilervorrichtungen mit dauernder Kontrolle über die zulässigen Endlaugenmengen (Anbringung selbstregistrierender Apparate) durch Meßwehre u. dgl. gemacht.

Zur Erreichung einer gleichmäßigen, der Wasserführung des Flusses angepaßten Abwassermenge sind Sammelbehälter mit undurchlässigen Boden und Wänden anzulegen, die genügend großes Fassungsvermögen haben müssen, um als Ausgleichsbehälter dienen zu können. Diese dürfen nicht im Überschwemmungsgebiet des Vorfluters liegen. Für eine Tagesverarbeitung von je 1000 Doppelzentner abwasserbringender Rohsalze werden Sammelbecken bis zu 4000 cbm Fassungsvermögen als ausreichend angesehen, doch richtet sich die Größe der Sammelbecken auch nach der Art der zur Verarbeitung kommenden Rohsalze. Die Sammelbecken sollen alle Abwässer, Endlaugen (von der Carnallitverarbeitung, Sulfat- und Bromgewinnung), Kieseritwaschwässer, Abwässer von Nebenbetrieben, Haldenwässer und auch die regelmäßigen Schachtwässer aufnehmen. Wegen der Gefahr des Auskrystallisierens können getrennte Abteilungen geschaffen werden.

Beim Ablassen der Abwässer aus dem Sammelbecken sollen sie geklärt, gekühlt, frei von Öl und neutral sein. Sie dürfen kein freies Chlor oder Brom enthalten. Im Werragebiet soll das spez. Gewicht der Abwässer bei der Ableitung 1,2 nicht übersteigen, sonst müssen sie vorher verdünnt werden. Um dies zu kontrollieren, sind unter amtlichen Verschluß gehaltene Einrichtungen, welche die Menge und das spez. Gewicht der Abwässer selbsttätig aufzeichnen, anzubringen.

Die Ableitung der Abwässer aus dem Sammelbecken hat sich der Wasserführung des Flusses anzupassen; das geschieht am besten durch von der Wassermenge des Flusses gesteuerte Meßrohre. Die Einleitung der salzigen Abwässer in den Fluß hat so zu erfolgen, daß eine schnelle und gleichmäßige Vermischung der Abwässer mit dem Flußwasser gewährleistet ist. Die beste Verteilung, wenn die örtlichen Verhältnisse es gestatten, erzielt man dort, wo man die Abwässer durch ein über die Wasseroberfläche sich erstreckendes gelochtes Rohr auf den ganzen Querschnitt des Vorfluters verteilen kann.

Die Kontrolle der abgelassenen Salzmenge geschieht durch selbstregistrierende Leitfähigkeitsapparate, während die ständige Kontrolle des Chloridgehaltes und der Härte durch die Flußuntersuchungsstellen bei den Flußüberwachungsämtern, z. B. in Magdeburg, Hildesheim, Gerstungen, Sondershausen und Weimar erfolgt.

c) Abwässer der Kaliindustrie.

Die Kalilagerstätten enthalten die Kalirohsalze in verschiedener Zusammensetzung. Die bekanntesten Rohsalzarten sind: Carnallit, Hartsalz, Kieserit und Sylvinit. Die Kaliabwässer entstehen bei der Verarbeitung der Kalirohsalze auf höher prozentige Kalisalze. Die weitaus größte Menge der Kalisalze wird von der Landwirtschaft zu Düngezwecken verbraucht. In der Landwirtschaft werden vorzugsweise 40%ige Düngesalze angewandt, während mit Rücksicht auf Transportkosten für das Ausland hochprozentige (80%ige) Düngesalze hergestellt werden.

Die in den Bergwerken gewonnenen Rohsalze kommen als solche in den Handel, oder sie werden in besonderen chemischen Fabriken, den Kalifabriken, zu Chlorkalium, Kalidüngesalz, Kieserit, Kaliummagnesiumsulfat, Chlormagnesium, Bromide und Brom weiterverabreitet. Als Kaliabwässer kommen in Frage:

1. die Endlaugen; 2. die Kieseritwaschwässer und gelegentlich 3. die Schachtwässer.

In den Chlorkaliumfabriken erfolgt die Herstellung hauptsächlich aus Carnallit und Hartsalz. Sie bezweckt die Rohsalze mit einer heißen Löselauge so zu zerlegen, damit möglichst alles Chlorkalium in Form des Doppelsalzes Chlorkalium-Chlormagnesium in Lösung geht, die anderen Salze aber als Rückstand (Steinsalz und Kieserit) zurückbleiben. Aus dem Löserückstand wird durch Auswaschen das Steinsalz entfernt, so daß Kieserit zurückbleibt. Bei diesem Auswaschen entstehen die kochsalzhaltigen „Kieserit-Waschwässer". Aus der zuerst erhaltenen heißen Salzlösung wird durch Auskrystallisieren das Chlorkalium gewonnen. Es fallen hierbei als Abwässer die chlormagnesiumhaltigen Lösungen, die sog. „Endlaugen" an. Als weitere Abwässer fallen unter Umständen die unregelmäßig zur Ableitung kommenden, durch eindringende Grundwässer bedingten „Schachtwässer" an, die abgepumpt werden müssen und deren Zusammensetzung je nach den örtlichen Verhältnissen verschieden ist. Bei der Verarbeitung auf Brom können saure Abwässer mit freiem Chlor auftreten.

Während die Endlaugen durch ihren Chlormagnesiumgehalt neben der Versalzung auch eine „Verhärtung" der Flußläufe hervorrufen, verursachen die Kieseritwaschwässer lediglich eine Versalzung.

Bei einer Verarbeitung von 1000 Doppelzentnern Carnallit fallen etwa 50 cbm Endlauge mit einem spez. Gewicht von 1,3—1,335 an. 1 cbm der Endlauge enthält etwa 4 Doppelzentner Salze, hauptsächlich Chlormagnesium, kleinere Mengen Magnesiumsulfat, Chlorkalium und Kochsalz. Die Mengen der Kieseritwaschwässer unterliegen beträchtlichen Schwankungen. Man rechnet für 1000 Doppelzentner Rohcarnallit ebenfalls mit etwa 50 cbm Kieseritwaschwasser.

Bei der Verarbeitung von Hartsalz mit einem höheren Gehalt an Kieserit fallen weniger Abwässer an, so daß die Verarbeitung von 4000 Doppelzentnern Hartsalz mit anschliessender Sulfatherstellung der Verarbeitung von 1000 Doppelzentnern Carnallit entspricht.

Hartsalz, das neuerdings viel mehr als Carnallit verarbeitet wird, enthält 15—25% KCl, 30—50% Kieserit und 30—60% Kochsalz. Das gemahlene Rohsalz wird mit chlormagnesiumhaltiger Lauge ausgekocht, aus der dann durch Krystallisation das Chlorkalium gewonnen wird. Dadurch, daß die Löselaugen dauernd im Kreislauf benutzt werden, fallen keine Chlormagnesium enthaltenden Endlaugen an. Der kieserithaltige Rückstand wird entweder auf Halden geschüttet, als Bergeversatz benutzt oder zur Kieseritgewinnung gewaschen. Es entstehen dann wie bei der Carnallitverarbeitung je nach der Menge des angewandten Waschwassers die sog. Kieseritwaschwässer mit einem spez. Gewicht von 1,10—1,15. Dünne Kieseritwaschwässer enthalten im Liter 9—11 g KCl, 2—3 g $MgSO_4$, 70 g NaCl, 4—5 g $MgCl_2$, 1—2 g Unlösliches, bestehend aus Tonschlamm. Konzentrierte Waschwässer enthalten im Liter 9—11 g KCl, 5—10 g $MgSO_4$, 180 g NaCl, 4—5 g $MgCl_2$, 1—2 g Unlösliches. Bei kalten Waschwässern, z. B. in den Wintermonaten, beträgt der Gehalt der Kieseritwaschwässer etwa 4—5 g $MgSO_4$; bei wärmeren Waschwässern und im Sommer bis 12 g/Liter.

Der bei der Kieseritwäsche anfallende tonhaltige Kieseritschlamm wird vor dem Abstoßen der Abwässer in den Vorfluter in besonderen Absetzbecken abgefangen oder man läßt ihn in den als Ausgleichsbecken dienenden großen Sammelbehältern sich langsam absetzen.

Bei der Kaliumsulfatfabrikation wird aus Chlorkalium und Kieserit Kaliumsulfat hergestellt. Dabei fallen Sulfatendlaugen mit etwa folgender Zusammensetzung an: 80 g/Liter KCl, 70 g/Liter $MgSO_4$, 100 g/Liter NaCl, 130 g/Liter $MgCl_2$. Diese Abwässer werden soweit wie eben möglich in den Kalifabriken als Löselaugen für den Chlorkaliumbetrieb verwandt, ehe sie mit anderen Abwässern, z. B. den Kieseritwaschwässern, in die Vorflut abgelassen werden.

Bei der Glaubersalzfabrikation wird Natriumsulfat aus Chlornatrium und Magnesiumsulfat hergestellt. Hierbei entstehen Endlaugen mit etwa folgender Zusammensetzung: 160 g/Liter NaCl, 100 g/Liter $MgCl_2$, 86 g/Liter $MgSO_4$ und einem spez. Gewicht von etwa 1,24. Auf 1000 Doppelzentner calciniertes Glaubersalz oder 2280 Doppelzentner krystallisiertes Glaubersalz entfallen rund 1000 cbm Abwasser. Die Endlaugen werden wie bei der Kaliumsulfatfabrikation geklärt und dann in gleicher Weise wie die übrigen Abwässer unter Einhaltung bestimmter Verdünnungsgrenzen dem Vorfluter übergeben.

In Gegenden, wo die Belastung der Flüsse mit Kaliabwässern sehr hoch ist, hat man mit Erfolg versucht, die spezifisch schweren Glaubersalzendlaugen in unterirdische Bodenschichten zu versenken, so z. B. im Werragebiete in dem sehr zerklüfteten Plattendolomit des Zechsteingebirges. Dies ist aber nur dort möglich, wo keine Wasserversorgungen aus diesem Grundwasser gespeist werden.

Alle festen Rückstände der Fabrikation müssen entweder in die Grube zurückgebracht oder auf Halden geschüttet werden. Diese müssen so angelegt werden, daß eine Schädigung der Nachbarschaft oder eine Beeinträchtigung der Grundwasserverhältnisse vermieden wird. Die Halden sollen möglichst nicht im Überschwemmungsgebiet der Vorfluter errichtet werden.

Gewinnung und Verwendung der Magnesiumsalze aus Endlaugen. Anstatt die Endlaugen in den Vorfluter abzustoßen, sollte man ihnen vorher noch alle in ihnen enthaltenen Werte entziehen. Dies kann geschehen durch Herstellung von festem Chlormagnesium, ferner durch Überführen des Chlormagnesiums in andere Magnesiumverbindungen, wie z. B. in MgO, $Mg(OH_2)$, $MgCO_3$ und metallisches Magnesium, und durch Gewinnung der bei der Magnesiasalzherstellung anfallenden Nebenprodukte, wie Chlor und Salzsäure. Es ist zu wünschen, daß die Herstellung von metallischem Magnesium, das in den Leichtmetallegierungen größere Verwendung finden wird, eine stärkere Entlastung unserer Vorfluter bringen wird.

Die magnesiumchloridhaltige Endlauge kann in Form des Magnesia- oder Sorell- oder Holzzementes zur Herstellung von Fußböden und Wandplatten aus Steinholz sowie von Magnesiaziegeln (Preßsteinen) direkt verwandt werden. Das feste Magnesiumchlorid wird als Schlichte- und Appreturmittel für Baumwollwebereien gebraucht. Für die Wirtschaftlichkeit der verschiedenen Aufbereitungsverfahren ist die Absatzmöglichkeit der gewonnenen Produkte von ausschlaggebender Bedeutung. Ein Bezug von Magnesiumoxyd aus dem Auslande sollte bei dem großen Vorrat an Magnesiumsalzen nicht mehr vorkommen, zumal eine Berechnung für Magnesiumoxyd ergeben hat, daß bei einem Preise von 10.— RM/kg für aus dem Auslande bezogene Magnesia noch ein ansehnlicher Gewinn zu erzielen ist.

Bettels[1] empfiehlt, die chlormagnesiumhaltigen Endlaugen unter Zugabe von Kalk zur Reinigung der schwierig und unangenehm zu behandelnden Abwässer aus Großschlächtereien, Gerbereien, Lederfabriken und Strohpappenfabriken auszunutzen. Auch zur Reinigung soda- und seifenhaltiger Abwässer z. B. aus Lumpenkochereien, Teppichgarnwebereien, hat sich calcium- und magnesiumchloridhaltige Endlauge gut bewährt. In vielen Fällen verwendet man die Endlauge zur Staubbindung auf den Straßen. Durch ihren Gehalt an Chlormagnesium und Chlorcalcium — beides sehr hygroskopische Salze — halten die Abwässer die Straßen feucht und binden auf diese Weise den Staub. Solche Sprengungen haben sich im Winter bei trockenem Frost vorzüglich bewährt; an derartigen Tagen wäre das Sprengen mit Wasser nicht möglich, da die Straßen vereisen würden. Ein Nachteil ist der, daß jeder Regen die Wirkung aufhebt und eine neue Sprengung erforderlich macht.

Die nach DRP. 224 076 und 231 100 von E. v. Alten vorgesehene Verwendung der mit Kalk vermischten Endlaugen als Dünger hat sich nicht durchsetzen können, da das hierfür erforderliche Eindampfen in den meisten Fällen zu teuer war. Nach DRP. 377 199 von Kiermayer wird eine zur Umsetzung des Magnesiumchlorids nicht ganz ausreichende Menge Kalkhydrat zugesetzt und die Mischung bei 250° getrocknet.

DRP. 382 042 von Brinkhoff stellt durch Versetzen der Endlaugen mit Schlamm aus kohlensaurem Kalk und Ammonsalzen und Einleiten von Kohlensäure unter Druck Magnesit her.

d) Abwässer aus Salinen.

Im Salinenbetrieb wird möglichst reines Steinsalz in Wasser gelöst und aus den eingedampften Lösungen das Chlornatrium als Siedesalz in gewünschter Kornfeinheit zur Krystallisation gebracht. Dabei bleiben die Nebensalze des Ausgangsmaterials in der Mutterlauge, die wieder zum Lösen weiterer Steinsalzmengen im Kreislauf verwandt wird, zurück. Die Verwendung der Löselauge im Kreislauf kann solange geschehen, bis ihr Gehalt an Nebensalzen eine gewisse Konzentration erreicht hat, so daß dann die Gefahr besteht, daß andere Salze mit auskrystallisieren. Sie müssen daher von Zeit zu Zeit abgelassen und durch neues Lösungswasser ersetzt werden. Die abgelassenen Löselaugen haben

[1] Bettels: Kleine Mitt. Landesanst. Wasser-, Boden- u. Lufthygiene 1931, 7.

meistens einen hohen Sulfatgehalt. Ihr Ablassen gelegentlich der Ausräumung der Salinenpfannen ist noch weit unterhalb im Vorfluter in einer starken Steigerung des Sulfatgehaltes festzustellen. Ähnliche Verhältnisse gelten für die Salinen, die mit natürlicher Sole arbeiten. In manchen Fällen werden die Solen zu Badezwecken benutzt, ohne dadurch die Art und das stoßweise Anfallen der Abwässer oder an ihrem Einfluß auf den Vorfluter etwas zu ändern.

e) Abwässer aus Sodafabriken.

Die größten Salzmengen werden nach SCHNITZLER[1] heute durch die Sodafabriken dem Vorfluter zugeführt. Die Sodagewinnung nach dem Solvay- oder Ammoniaksodaprozeß erfolgt in der Weise, daß eine erwärmte ammoniakalische Kochsalzlösung in einem mit durchlöcherten Querwänden versehenen Turm mit Kohlensäure behandelt wird. Hierbei bildet sich Natriumbicarbonat nach der Gleichung

$$NaCl + NH_4HCO_3 = NH_4Cl + NaHCO_3.$$

Es scheidet sich an den Querwänden aus und wird beim Erhitzen in Natriumcarbonat (Soda) übergeführt, wobei Kohlendioxyd entsteht, das in den Prozeß zurückgeleitet wird

$$2\,NaHCO_3 = Na_2CO_3 + CO_2 + H_2O.$$

Aus der nach der Ausscheidung der Soda erhaltenen Mutterlauge gewinnt man durch Erhitzen mit Kalk das Ammoniak zurück, das in den Betrieb zurückgeleitet wird. Die für den Prozeß nötige Kohlensäure wird im Kalkofen hergestellt. Der hierbei gewonnene Kalk wird zum Zersetzen der Mutterlauge benutzt.

Bei der Rückgewinnung des Ammoniaks fällt die Endlauge der Sodafabrikation an. Sie enthält neben Kalk große Mengen Kochsalz und vorwiegend Calciumchlorid. Sie unterscheidet sich hierdurch grundsätzlich von den bei der Carnallitverarbeitung anfallenden Ablaugen. Für 1000 Doppelzentner calcinierte Soda entstehen rund 1500 cbm Abwasser, die je Kubikmeter etwa 1,3 Doppelzentner Salze vorwiegend Chlorcalcium, enthalten. Wenn sie auch nicht so konzentriert sind wie die Abwässer der Carnallitverarbeitung, ist die Menge der bei der Sodafabrikation anfallenden Abwässer viel größer. Die bei der Herstellung von 1000 Doppelzentner Soda anfallenden Abwässer entsprechen bei der Ableitung in den Vorfluter den bei einer Verarbeitung von rund 5000 Doppelzentner Rohcarnallit anfallenden Abwässern. Da an der Saale große Sodafabriken liegen, so ist das Elbewasser durch den Gehalt an Chlorcalcium gekennzeichnet, während im Weserwasser der Gehalt an Chlormagnesium vorherrschend ist.

Die Reinigung der anfallenden Abwässer hat sich auf eine gute Zurückhaltung des Kalkschlammes und damit auch der sonstigen Schwebestoffe zu erstrecken. Dies geschieht in den meisten Fällen in großen Teichen oder bei kleineren Fabriken in Absetzbecken. Die Verteilung der salzhaltigen Lösungen auf den Vorfluter erfolgt in gleicher Weise wie bei den Abwässern der Kalifabriken. Die in der letzten Zeit immer mehr durchgeführte Versenkung der Kaliabwässer und die stärkere Verarbeitung von Hartsalz und Sylvinit an Stelle von Carnallit hat es mit sich gebracht, daß heute durch die Sodaerzeugung mehr Salze der Vorflut zugeführt werden als durch die Kalirohsalzverarbeitung.

Bei den nach dem LE BLANC-Verfahren arbeitenden Sodafabriken wird Natriumsulfat durch Reduktion mit Kohle in Natriumsulfid verwandelt, das mit Calciumcarbonat in Calciumsulfid und Natriumcarbonat übergeführt wird. Auf 1 t Alkali fallen bei diesem Verfahren 1,5 t trockene Rückstände an, die außer Schwefelcalcium und Calciumoxyd auch Schwefeleisen, Tonerde, Sand und Kohle enthalten. Diese Rückstände wurden früher auf Halden aufgeschüttet, was zu großen Unzuträglichkeiten in der Umgebung und im Vorfluter führte. Das war besonders dann der Fall, wenn diese Haufen infolge ihres Gehaltes

[1] SCHNITZLER: Gesundh.-Ing. 1934, 57, 450.

an Schwefelverbindungen, z. B. Schwefeleisen in Brand gerieten und wenn sich schweflige Säure bzw. Schwefelwasserstoff bildete. Zu den schädlichen Bestandteilen kann unter Umständen noch Arsen kommen, wenn zur Herstellung des Natriumsulfats arsenhaltige Schwefelsäure verwandt wurde.

Die beim Auslaugen der Rückstände durch Regenwasser entstehenden Abwässer schaden im Vorfluter und bei Verrieselungs- oder Düngungszwecken durch den hohen Gehalt an freiem Kalk, an Schwefelwasserstoff, Arsen, gelegentlich auch durch schweflige Säure. Es sind verschiedene Verfahren zur Reinigung dieser Abgänge ausgearbeitet worden, die alle mehr oder weniger den Zweck haben, die in den Abgängen steckenden Werte wiederzugewinnen. Sie beruhen in den meisten Fällen auf einer Oxydation der Rückstände durch Luft und Darstellung löslicher Polysulfide, Sulfite des Calciums und Natriums und ähnlichen. Als letztes Endprodukt fällt ein chlorcalciumhaltiges Abwasser an, das in den Vorfluter abgelassen werden muß. Nach genügend langer Verwitterung sind die Rückstände auch zu Düngezwecken benutzt worden. Besser eignen sich hierzu aber die Rückstände von der Pottaschefabrikation, wenn diese analog dem LE BLANC-Sodaprozeß aus Chlorkalium hergestellt wird. Die Rückstände sind fast die gleichen, nur enthalten sie die entsprechenden Kaliumverbindungen.

27. Abwässer der Goldschwefelfabriken.

Goldschwefel (Antimonsulfide wechselnder Zusammensetzung) findet in der Feuerwerkerei, in der Heilkunde und vor allem zur Vulkanisierung des Kautschuks Verwendung. Die Herstellung erfolgt in den meisten Fällen auf dem Umwege über das SCHLIPPEsche Salz (Na_3SbS_4), das aus Antimonerz und Schwefelalkalien hergestellt wird. Der bei der Zerlegung des SCHLIPPEschen Salzes sich bildende Schwefelwasserstoff wird in dicht geschlossenem Umsetzgefäß restlos abgesaugt und in Kalkmilch aufgefangen. Die dadurch entstehende Calciumhydrosulfidlösung wird im Betrieb restlos wieder verwandt.

Bei der Herstellung von 1 t Goldschwefel fallen rund 180—200 cbm Abwasser an. Das Abwasser enthält 4—5 g/Liter Chlornatrium und 1—1,5 g/Liter Chlorcalcium. Hinsichtlich seiner Zusammensetzung steht das Abwasser dem bei der Sodaherstellung nach dem SOLVAY-Verfahren anfallenden Abwasser am nächsten. Da die Abwässer außerdem noch geringe Mengen Goldschwefel und Schwefel enthalten, müssen sie vor ihrer Ableitung durch ein Absetzbecken mit mindestens 5stündiger Aufenthaltszeit davon befreit werden. Die dann abfließenden Wässer sind klar und können bei genügend großen Vorflutern, bei denen eine Versalzung oder „Verhärtung" nicht zu befürchten ist, in gleichmäßigem Strome aus dem als Ausgleichsbecken dienenden Absetzbecken in den Vorfluter abgelassen werden.

28. Abwässer von Schwerspatgruben.

Bei der Aufarbeitung von Baryt aus einem mit 8% Kalkspat durchsetzten metasomatischen Vorkommen wurde nach SCHNITZLER[1] der mechanisch vom Schwerspat nicht abtrennbare Kalkspat mit Salzsäure herausgelöst. Hierbei fallen calciumchloridhaltige Abwässer an. Da zum völligen Aufschluß ein Überschuß an Salzsäure erforderlich ist, so werden die zunächst entstehenden Abwässer durch Eintragen von feingemahlenem Kalkspat neutralisiert und dann in ein Sammelbecken geleitet, in dem sich alle ungelösten Stoffe absetzen können. Die im gleichmäßigen Strome aus dem Sammelbecken abgelassenen Abwässer ergeben in dem Vorfluter je nach der Wasserführung eine Erhöhung der Härte und des Chloridgehaltes.

29. Abwässer aus Arsenikwerken.

Bei der in früheren Zeiten primitiveren Verhüttung der Erze ging deren Gehalt an Arsenverbindungen als arsenige Säure (Hüttenrauch, Giftmehl) in

[1] SCHNITZLER: Gesundh.-Ing. 1935, 58, 152.

die Luft, arsenhaltige Berge und Schlackenhalden wurden um die Hütte gelagert und gingen durch Verwitterung und Auslaugung dauernd in das Oberflächenwasser und damit in die Vorfluter über. In den neuzeitlich arbeitenden Hütten fallen nur noch wenig Abwässer mit arseniger Säure an. Der aus den Schornsteinen niedergehende Hüttenrauch enthält aber doch noch arsenige Säure, die in näherer oder weiterer Entfernung niederfällt und zur Vergiftung der Tagewässer beiträgt. Sie teilt sich dem Untergrund und dem Grundwasser oft in weiter Entfernung von der Fabrik und deren Abläufen mit, wodurch die Brunnen für den menschlichen Haushalt und für die Viehtränke unbrauchbar werden. Böhm beschreibt ein Werk in Schlesien, das aus dem Bergwerk, der Erzaufbereitung, der Arsenikhütte, der Entgoldungsanlage, einem Bleiarseniatwerk und einer Farbenfabrik besteht.

In der Hütte werden die bergmännisch gewonnenen und aufbereiteten Arsenikerze (Arseneisen) mit wenig Schwefeleisen und Magnetkies in Drehöfen (schrägliegende Zylinderöfen) zum Teil auch noch in einem Fortschaufelungsofen geröstet (abgebrannt). Die abziehende arsenige Säure wird in einem ausgedehnten Kammersystem niedergeschlagen. Ein kleiner Anteil geht mit den Rauchgasen durch die Schornsteine ab. Die arsenige Säure wird erforderlichenfalls nochmals umsublimiert oder als „Pulverarsen" oder „Arsenglas" oder, nach Zusammenschmelzen mit Schwefel, als Realgar bzw. Auripigment in den Handel gebracht. Ein anderer Teil der arsenigen Säure wird zu metallischem Arsen reduziert, der größte Teil aber wird in den Schärfewerken zu Arsensäure oxydiert und auf Arseniate weiter verarbeitet, die zur Vertilgung von Ungeziefer dienen.

Die in der Umgebung des Werkes aufgetretenen Gesundheitsschädigungen und Massenerkrankungen sind schon seit längerer Zeit bekannt. Die preußische Landesanstalt für Wasser-, Boden- und Lufthygiene hat in Gemeinschaft mit der preußischen Geologischen Landesanstalt aus Anlaß des Auftretens höheren Arsengehaltes in mehreren Brunnen dieser Gegend die Verhältnisse im Jahre 1923 genauer untersucht und ein Gutachten erstattet, aus dem hier folgende Angaben interessieren dürften:

„Aus der Literatur ist bereits bekannt, daß durch die Arsen führenden Gebirgsschichten, durch ihre Verwitterungs- und Abschwemmprodukte, durch den seit langem bestehenden Bergbau und durch die Anlagen zur Gewinnung des Arsen bewirkt wurde, daß das Vorkommen von Arsen in den Böden von Reichenstein und seiner Umgebung, sowie in den Wasserläufen und in dem Grundwasser allgemein verbreitet ist (Gruner[1]). Auch die Arsenvergiftungen in Reichenstein sind früher schon eingehend untersucht worden. Spuren von Arsenverbindungen sind in fast allen Nahrungsmitteln enthalten. Etwa 0,05 bis 0,1 mg/Liter As im Trinkwasser können nach K. B. Lehmann[2] nicht beanstandet werden, dagegen genügt eine längere Zufuhr von täglich 1—3 mg As_2O_3 (0,76—2,27 mg As), um eine schwere Arsenvergiftung hervorzurufen. Wässer mit einem Gehalt von 0,7 mg/Liter As an zählen bereits zu den Mineralwässern (Arsenwässer) und dürften jedenfalls nicht zu täglichem Genuß verwendet werden. Auf Grund der bisher vorliegenden Erfahrungen kann man Mengen bis zu 0,1—0,15 mg/Liter As (0,2 mg As_2O_3) im Trinkwasser bei täglichem Gebrauch als gesundheitlich unbedenklich ansehen.

Nach den Untersuchungsergebnissen der entnommenen Proben besaß der sog. Giftbach in seinem oberen Teil im Schlackental einen Arsengehalt von 6 mg/Liter As. Durch die Abflüsse der Entgoldung und aus den Teichanlagen der Arsenikwerke steigerte sich, trotz Rücknahme des Hauptteils der Abwässer in den Betrieb, der Arsengehalt im Giftbachwasser ganz erheblich, so daß im Wasser des Mühlgrabens in Ober-Plottnitz 24 mg/Liter As festgestellt wurden. Diese beträchtliche Zunahme ist eine Folge der in den letzten Jahren eingetretenen erheblichen Vergrößerung der Werke. Ausgestochener Schlamm, der am linken Ufer des Mühlgrabens in Ober-Plottnitz lagerte, wies in der Trockensubstanz einen Arsengehalt von 1,3% As auf. Von den 9 Brunnen dieser Ortschaft liefert nur noch einer gesundheitlich einwandfreies Trinkwasser."

Außer für Menschen und Tiere ist aber arsenige Säure auch für Pflanzen ein sehr starkes Gift. Schon in Mengen von 1 mg/Liter verursacht es in Rieselwasser starke Wachstumsstörungen. Arsen tritt nur in geringen Mengen in die Pflanze selbst über. Die Wirkung des Arsens fängt an den Wurzeln an. Die Wurzel stirbt schließlich ohne Zuwachs ab. Die oberirdischen Organe erfahren die Wirkung des Arsens zunächst durch schnelles, von Erholungsperioden unterbrochenes Welken, dem das völlige Absterben folgt. Wegen der Giftigkeit der arsenigen Säure müssen daher alle Abwässer mit einem Gehalt an arseniger Säure für Rieselzwecke ausscheiden.

---

[1] Gruner: Die arsenhaltigen Böden von Reichenstein. Schl. Landw. Jahrb. 1911, **40**, 517.
[2] K. B. Lehmann: Die Methoden der praktischen Hygiene 1901, 621.

Dis bisher zur Reinigung derartiger arsenhaltiger Abwässer angewandten Verfahren haben nicht befriedigen können.

Um Arsen aus gewerblichen Abwässern zu entfernen, sind daher verschiedene Vorschläge gemacht. Stooff[1] schlägt die Fällung des Arsens mit Eisen als Ferriarseniat in alkalischer Lösung und Oxydation durch Feinzerstäubung oder Filtration über Magnomasse vor. Meyer[1] konnte ein Abwasser mit 20 mg/Liter Arsengehalt durch Oxydation mit Chlor und Filterung über Magnomasse nur bis auf 10 mg/Liter entarsenen. Bessere Werte erhielt er, wenn er mit Chlor oxydierte und dann das Arsen mit Eisen und Kalk ausfällte. In diesem Falle betrug der Restgehalt an Arsen nur noch 4 mg/Liter Arsen. Eine sehr weitgehende Verdünnung beim Ablassen ist deshalb nach wie vor dringend notwendig.

30. Abwasser aus Krystallschleifereien und Glasätzereien.

Bei der Herstellung des Glases fallen keine Abwässer an, wohl aber bei seiner weiteren Verarbeitung. Die in der Glashütte geblasenen Gläser werden mit stählernen Schleifscheiben unter Zugabe von Wasser und Schleifsand, der beim Polieren der Gläser oft eisenoxydhaltig ist, geschliffen. Diese Mischung von Wasser und Schleifsand wird möglichst lange im Kreislauf behalten. Der allmählich „tot geschliffene“ Sand ist aber so fein, daß er mit dem Abwasser abgeht. Er wird in Absetzbecken abgefangen. Das von den Absetzbecken abfließende Wasser enthält keine Verunreinigung, so daß es ohne weiteres in den Betrieb zurückgehen oder dem Vorfluter übergeben werden kann. Um den in den Abwässern der Spiegelglasschleifereien, Polierwerkstätten, Potéewerken enthaltenen, aus Schleifsand, abgeriebenem Glas, rotem Eisenoxyd, Fluorcalcium usw. bestehenden Schlamm aus dem Abwasser zu entfernen, haben sich trichterförmige Absetzbecken wie sie in Abb. 73 dargestellt sind, bewährt. Der Schlamm führt im Vorfluter zu einer völligen Überlagerung des Bodens und damit zur Vernichtung aller Tiere und Pflanzen[2]. Bei Fischen verursachen potéehaltige Abwässer Unruhe und starke Schleimabsonderungen und veranlassen sie zur Abwanderung. Der Schlamm setzt sich in der Spitze des Trichters ab, von wo der eingedickte Schlamm durch den Wasserüberdruck auf Trockenbeete oder Halden abgelassen wird. Wenn der im Wasser enthaltene Eisenoxydschlamm sich schlecht absetzt, gibt man zur besseren Ausflockung etwas Kalkmilch zu.

Zur Herstellung von Hochglanz werden die geschliffenen Gläser zu wiederholten Malen in ein Gemisch von 2 Tln. Schwefelsäure und 1 Tl. Flußsäure eingetaucht. Die noch anhängende Säure wird in Waschbottichen abgespült. Außerdem wird Flußsäure zum Mattätzen von Gebrauchsglas benutzt. Während die zum Ätzen benutzte Flußsäure nicht beseitigt, sondern von Zeit zu Zeit aufgefrischt wird, müssen die Tauch- und Waschwässer dauernd abgelassen werden. Da diese noch flußsäurehaltig sind, dürfen sie nicht ohne weiteres in den Vorfluter abgelassen werden. Flußsäure und ihre Salze ist für Pflanzen, Tiere und Menschen sehr schädlich. Die Abwässer müssen daher durch Zugabe von Kalk neutralisiert werden. Dabei bildet sich Calciumfluorid, das in Absetzbecken möglichst restlos und wenn nötig noch in Filtern abgefangen werden muß. Der in diesen Absetzbecken gewonnene, aus schwefelsaurem Kalk, Calciumfluorid und Calciumsilicofluorid bestehende Schlamm kann zu Geländeauffüllungen verwandt werden.

Auch die beim Gebrauch der Flußsäure entstehenden säurehaltigen Dämpfe müssen aus dem Arbeitsraum durch Absaugen schnell entfernt werden. Da sie den Baum- und Pflanzenwuchs in weitem Umkreis zu schädigen vermögen, müssen diese Säuredämpfe durch Auswaschen niedergeschlagen werden und die Waschwässer in gleicher Weise wie die vorstehend beschriebenen Tauch- und Waschwässer behandelt werden.

Die Klärgruben für die Abwässer müssen wasserdicht hergestellt werden, um eine Versickerung der Waschwässer und eine Verunreinigung des Untergrundes und der Brunnen zu verhindern. Zu dem Zweck werden Fußböden und Wände mit einer 20 cm starken

---

[1] Stooff u. Meyer: Chemiker-Verslg 1937 in Frankfurt, Fachgruppe Wasserchemie.
[2] Scheuring u. Liebmann: Die Städtereinigung 1938, **30**, 156.

Schicht von Asphalt oder Goudron belegt. Das Hauptaugenmerk ist auch auf eine gute Dosierungsanlage zu richten, die dafür sorgt, daß die Säure stets restlos neutralisiert wird.

Für die Errichtung einer Glasschleiferei mit Ätzerei schlägt BÖHM[1] folgende polizeilich zu stellende Bedingungen vor:

1. Für die Ätzflüssigkeit und den ersten Spülkasten sind Behälter aus Holz zu verwenden, deren Böden und Wände mit einem gegen Schwefel- und Flußsäure widerstandsfähigen Material, also mit antimonfreiem Weichblei oder Hartparaffin oder Guttapercha oder Ceresin vollständig dicht bekleidet sind. Um eine etwaige Undichtigkeit der Behälter rechtzeitig wahrzunehmen und die aus ihnen entweichende Flüssigkeit aufzufangen, muß jeder Flüssigkeitsbehälter in einem zweiten größeren dichten Behälter eingestellt und der äußere Behälter mindestens 50 cm über dem Fußboden aufgestellt werden. Die Behälter sind von Zeit zu Zeit auf Dichtheit zu prüfen. Die Aufstellung hat so zu geschehen, daß beim Eintauchen und Herausnehmen der Glasgegenstände nichts von der Ätzflüssigkeit oder von den Spülwässern auf den Fußboden abtropfen kann. Die Spülbehälter sind daher dicht neben den Ätzbehältern aufzustellen oder durch eine säurefeste, ausgekleidete Rinne brückenartig mit den Ätzbehältern zu verbinden.

Abb. 73. Spitzklärturm für das Abwasser einer Spiegelglasschleiferei. Austrag des eingedickten Schlammes aus der Turmspitze durch den Wasserüberdruck. System Bamag-Meguin, Berlin.

2. Die Räume, in denen die Gläser geätzt werden, müssen mit dichtem Zementbeton oder hart gebrannten Klinkern, deren Fugen mit Zementmörtel ausgegossen werden, ausgekleidet sein und der Stützboden muß mit antimonfreiem Weichblei dicht belegt werden. Der Bleibelag ist des öfteren zu prüfen und rechtzeitig auszubessern, wenn er beschädigt sein sollte.

3. Die Abwässer der Ätzereien sind in Behältern, die 50 cm über dem Boden stehen, zu sammeln; ihr Inhalt ist sofort mit Kalkmilch unter Verwendung mechanischer Rührwerke zu neutralisieren. Die neutralisierten Abwässer sind abzufahren und derart in den Flußlauf einzuleiten, daß sich die Ableitung von 10 cbm auf mindestens 10 Stunden verteilt.

4. Die zur Verwendung kommende Fluß- und Schwefelsäure dürfen nur in geschlossenen Räumen aufbewahrt werden. Sie sind aus den Flaschen mittels Ballonkippers und aus den Fässern mittels Hebers abzuzapfen. Die Arbeiter sind anzuhalten, nichts von den schädlichen Flüssigkeiten zu verschütten oder auf den Fußboden abtropfen zu lassen.

5. Die Abdämpfe sind mittels Wassers, das durch Düsen fein verteilt wird, niederzuschlagen. Die auf diese Weise entstehenden Abwässer sind ebenso wie die übrigen Abwässer zu behandeln.

Am wirksamsten wird das Eindringen von Fluorwasserstoff in den Erdboden durch die Vorschrift verhütet, daß die Ätzerei weder in Keller, noch in Erdgeschosse, sondern unter Vermeidung aller Abflußleitungen ins Obergeschoß verlegt wird.

[1] BÖHM: Gewerbliche Abwässer. Berlin 1928.

Buch-Literatur.

BACH: Die Grundlagen und Verfahren der neuzeitlichen Abwässerreinigung. Erg. angew. physik. Chemie. Leipzig: Akademische Verlagsgesellschaft m. b. H. 1936. — Die Abwasserbeseitigung in der Textilindustrie. Melliands Textilber., Nr. 2. Heidelberg 1936. — BÖHM, B.: Gewerbliche Abwässer, ihre Reinigung, Beseitigung und nutzbare Verwertung. Berlin: Otto Elsner Verlagsgesellschaft m. b. H. 1928. — BRIX, IMHOFF, WELDERT: Die Stadtentwässerung in Deutschland. Abschnitt „Gewerbliche Abwässer" von H. MÖHLE. Jena: Gustav Fischer 1933. — BUNTE, H.: Das Wasser. Braunschweig: Friedrich Vieweg & Sohn 1918. — DELKESKAMP: Abwässer der Industrie und Gewerbebetriebe. Das Wasser. Leipzig, Querstraße 17. — Fachgruppe für Wasserchemie: Verschiedene Bände des Buches „Vom Wasser". Berlin W.: Verlag Chemie. — FISCHER, F.: Das Wasser, Vorkommen, Beschaffenheit usw. Leipzig: Otto Spamer 1914. — GRAFE: Handbuch der organischen Warenkunde. Verschiedene Bände. Stuttgart: C. E. Poeschel 1927. — GROSS: Wasser und Abwasser. Sammelblatt der Wasserversorgung und Abwasserbeseitigung. Verschiedene Jahrgänge. Berlin W: Carl Heymann. — HAUPT: Die Abfallverwertung in der Zucker-, Stärke-, Zellstoff-, Papier- und Textilindustrie, sowie im Brauereigewerbe. Vom Wasser, Bd. IX, S. 57. 1935. Berlin W 35: Chemie G. m. b. H. — KÖNIG: Die Verunreinigung der Gewässer, Bd. I u. II. Berlin: Julius Springer 1899. — Neuere Erfahrungen über die Behandlung und Beseitigung der gewerblichen Abwässer. Dtsch. Viertelj.schr. öffentl. Gesundh.pflege 1910, **42**, 113. — PRITZKOW: Die gewerblichen Abwässer und ihre Reinigung HERZOG: Chemische Technologie der organischen Verbindungen. Heidelberg: Carl Winter 1927. — REICH, A.: Reinigung und Beseitigung städtischer und gewerblicher Abwässer. Leipzig: Dr. M. Jänike 1907. — STOOFF: Über die Beschaffenheit und Beseitigung der Abwässer aus der Braunkohlenindustrie. Veröff. Med.verw. **30**, Heft 9. — Sewage Works Journal, verschiedene Jahrgänge. Chicago: Editor F. W. Mohlmann. — TILLMANS, J.: Wasserreinigung und Abwässerbeseitigung. Halle a. S.: Wilhelm Knapp 1912.

Kesselspeisewasser und seine Pflege[1].

Von

Dr. A. Splittgerber-Berlin.

Mit 12 Abbildungen.

A. Eigenschaften der für den Dampfkesselbetrieb in Betracht kommenden Wässer.

In schon bestehenden Dampferzeugungsanlagen sind vielfach die technischen und wirtschaftlichen Gesichtspunkte für zweckmäßige Auswahl des zur Wasserversorgung bestimmten Rohwassers nicht berücksichtigt worden. Für die Planung neuer Anlagen hat sich aber schon eine vorsorgliche Beachtung der notwendigen Voraussetzungen eingeführt.

Für alle Fragen der Wasserversorgung und Wasseraufbereitung ist der Chemiker unentbehrlicher Mitarbeiter des planenden und des betriebsleitenden Ingenieurs, wobei der Chemiker versuchen muß, sich in die fachtechnisch abweichende Ausdrucksweise des Ingenieurs ebenso hineinzudenken, wie es umgekehrt notwendig wird. Die neueren im Schrifttum bekannten Werke[2] bemühen sich ganz allgemein, die fachtechnisch verschiedene Sprache der beiden Berufe

---

[1] Zu den Abbildungen hat die „Vereinigung der Großkesselbesitzer, e. V., Berlin" fast sämtliche Druckvorlagen (außer Abb. 4) freundlichst zur Verfügung gestellt, wofür ihr auch an dieser Stelle der Dank ausgesprochen wird.

[2] a) A. Splittgerber: Kesselspeisewasserpflege, 74 S. mit 54 Abb. Leipzig: Akademische Verlagsgesellschaft m. b. H. 1936. Unveränderter Nachdruck 1937. (Sonderdruck aus den Ergebnissen der Angewandten Physikalischen Chemie, Bd. IV, Teil 2, S. 102–182. Herausgeg. von Le Blanc.)

b) Vereinigung der Großkesselbesitzer (VGB.): Speisewasserpflege. IV° Din. Berlin-Charlottenburg: Selbstverlag 1926 (vergriffen).

c) Vereinigung der Großkesselbesitzer (VGB.): Kesselbetrieb, Sammlung von Betriebserfahrungen, 2. Aufl. Berlin: Julius Springer 1931.

d) VGB.: Zur Sicherheit des Dampfkesselbetriebes. Gr. 4° Din. Berlin: Julius Springer 1927.

e) Richtlinien für Bauart, Abnahme und Betrieb von Wasseraufbereitungsanlagen, vereinbart zwischen dem Wasserreinigerverband, verdampferbauenden Firmen und der VGB. e. V., Ausg. Oktober 1930. Berlin: Beuth-Verlag.

f) Gesamtbericht. Zweite Weltkraftkonferenz. Bd. 7: A. Splittgerber: Erfolge und Betriebskosten der Speisewasseraufbereitung, S. 38—53. Berlin: VDI-Verlag 1930.

g) C. Blacher: Das Wasser in der Dampf- und Wärmetechnik. (Monographien zur Feuerungstechnik, Bd. 7.) Leipzig: Otto Spamer 1925.

h) Allan A. Pollitt: Die Ursachen und die Bekämpfung der Korrosion. Übersetzt von W. H. Creutzfeldt. Braunschweig: Fr. Vieweg & Sohn 1926.

i) R. Stumper: Die Chemie der Bau- und Betriebsstoffe des Dampfkesselwesens. Berlin: Julius Springer 1928.

k) R. Stumper: Speisewasser und Speisewasserpflege im neuzeitlichen Dampfkraftbetrieb. Berlin: Julius Springer 1931.

l) R. Stumper: Die physikalische Chemie der Kesselsteinbildung und ihrer Verhütung, 2. Aufl. Stuttgart: Ferdinand Enke 1933.

m) O. H. Hartmann: Hochdruckdampf, 183 S. Berlin: VDI-Verlag 1925.

n) Jaeger: Bestimmung über Anlegung und Betrieb der Dampfkessel, 4. Aufl., 612 S. Berlin: C. Heymann 1920.

auf eine Einheit zu bringen; der Chemiker, der sich häufiger mit diesen Fragen beschäftigen muß, wird auf diese Werke und die regelmäßig erscheinenden Fachzeitschriften[1] verwiesen.

I. Rohwasser.

Die von F. SIERP in dem Abschnitt „Trink- und Brauchwasser“ in diesem Bande gebrachten Einzelheiten genügen vollständig zur Unterrichtung über die für den Dampfkesselbetrieb in Betracht kommenden Wässer. Die von altersher übliche Beurteilung der zur Kesselspeisung bestimmten Wässer nur nach ihrer Härte ist jedoch heute nicht mehr angebracht, sondern muß durch die Berücksichtigung anderer noch im Wasser vorhandener Bestandteile jeder Art ergänzt werden.

Selbst verhältnismäßig geringe, nach der Wasseraufbereitung noch verbleibende Resthärtemengen können, namentlich in Hochleistungskesseln, bei höherer Beanspruchung der Heizflächen Ausbeulungen von Flamm- und Siederohren, Trommelblechen und Feuerbüchsen zur Folge haben; gelöste Gase (Sauerstoff und Kohlensäure) oder organische Stoffe, die erfahrungsgemäß bei höheren Kesseldrucken unter dem Einfluß der dabei entstehenden höheren Temperaturen sich zum Teil in flüchtige Säuren bis zur Kohlensäure umwandeln, greifen alle aus Eisen oder Eisenlegierungen oder Nichteisenmetallen bestehenden Werkstoffe an; zu den flüchtigen Säuren gehört in diesem Sinne auch

o) G. FRANTZ: Dampfkesselschäden, deren Ursachen und möglichste Verhütung, 179 S. Kattowitz: Gebr. Böhm 1915.

p) E. PFLEIDERER: Dampfkesselschäden, ihre Ursachen, Verhütung und Nutzung für die weitere Entwicklung, 259 S. Berlin: Julius Springer 1934.

q) FR. NUBER: Wärmetechnische Berechnung der Feuerungs- und Dampfkesselanlagen, 5. Aufl., 118 S. München-Berlin: R. Oldenbourg 1929.

r) A. THUM: Die Werkstoffe des Maschinenbaues, 2 Bände, Sammlung Goeschen 476 und 936. Berlin-Leipzig: de Gruyter & Co. 1926.

s) E. KIRSCHBAUM: Die Wärmeaustauschapparate unter besonderer Berücksichtigung der Verdampfapparate, Sammlung Goeschen 1076. Berlin-Leipzig: de Gruyter & Co. 1933.

t) H. NETZ: Dampfkessel, 108 S. Berlin-Leipzig: B. G. Teubner 1934.

u) H. NETZ: Wärmewirtschaft, 94 S. Leipzig-Berlin: B. G. Teubner 1935.

v) E. PRAETORIUS: Billige Kessel — billiger Dampf, 155 S. Berlin: Verkehrswissenschaftliche Lehrmittelgesellschaft m. b. H. der deutschen Reichsbahn in Verbindung mit dem VDI-Verlag 1932.

w) HOLZHAUER: Beitrag zur Kenntnis der Ermüdungsfestigkeit von Kesselbaustoffen und ihre Beeinflussung durch chemische Einwirkungen. Heft 3 der Mitteilungen der Materialprüfungsanstalt der T. H. Darmstadt. Berlin 1933. Besprechung von SPLITTGERBER im Jahrb. Vom Wasser 1934, 8, 2. Teil, S. 231.

x) K. HOEFER: Die Kondensation bei Dampfkraftmaschinen einschließlich Korrosion der Kondensatorrohre, Rückkühlung des Kühlwassers, Entölung und Abwärmeverwertung, 442 S. 1925.

y) Bewag-Richtlinien für die Konservierung, Wartung und Wiederinbetriebnahme stillgesetzter Kraftwerksanlagen mit Nachtrag vom Januar 1934. Ausgabe November 1932, Berlin,

z) G. ECKERMANN: Berichte über Geheimmittel, welche zur Verhütung und Beseitigung von Kesselstein dienen sollen, 168 S. Hamburg: Boysen & Maasch 1905.

[1] a) Mitteilungen der VGB.-Berlin (vertraulich, nur für die Mitglieder).

b) Tagungsberichte des Allgemeinen Verbandes der deutschen Dampfkesselüberwachungsvereine. Berlin: VDI-Verlag.

c) Jahrbücher „Vom Wasser“, herausgeg. von der Fachgruppe für Wasserchemie des Vereines deutscher Chemiker. Berlin: Verlag Chemie. Bisher erschienen 12 Bände von 1927 an.

d) Angewandte Chemie. — e) Archiv für Wärmewirtschaft. — f) Die chemische Fabrik. — g) Das Gas- und Wasserfach. — h) Der Gesundheitsingenieur. — i) Der Maschinenschaden, Monatsblätter zur Pflege und Erhaltung des Maschinenkapitals, herausgeg. von der Versicherungsgesellschaft Allianz. — k) Wasser und Abwasser. — l) Die Wärme. — m) Zeitschrift des Bayerischen Revisionsvereins. — n) Zeitschrift des Vereines deutscher Ingenieure.

die sog. zugehörige und die halbgebundene Kohlensäure (vgl. Beitrag SIERP), die in fast allen natürlichen Wässern vorhanden ist, bei der Aufbereitung unter Umständen nicht vollständig beseitigt wird und sich daher bei Erwärmung abspaltet. Selbst vor dem Abbau bis zu flüchtigen Säuren wirken wassergelöste organische Säuren, die sich besonders in moorigen Grund- und Flußwässern und in Grubenwässern finden, in den Aufbereitungsanlagen dadurch störend, daß sie den Enthärtungsgrad verschlechtern und ein noch zu härtereiches organisch verunreinigtes Wasser in den Kessel übertreten lassen; die unzersetzten organischen Stoffe begünstigen endlich das Schäumen und Spucken des Kesselinhaltes, namentlich dann, wenn unter dem Einfluß der höheren Kesseltemperatur die ursprünglich gelöst gebliebene Resthärte nunmehr im Kesselinneren ausgeschieden wird.

II. Kondensat und Destillat.

Das im Kesselbetrieb als salzfreies Wasser durch Abkühlung von Dampf zurückgewonnene Kondensat aus Dampfmaschinen und Dampfturbinen, Heizanlagen und Kochern eignet sich, nötigenfalls nach zweckmäßiger Vorbehandlung, sehr gut zur Kesselspeisung. Eine Vorbehandlung kann im allgemeinen nur bei Turbinenkondensat unterbleiben; die meisten anderen Kondensate sind durch Öl aus dem Dampf von Kolbendampfmaschinen oder von Brikettfabriken, oder durch Chemikalien verschiedenster Art bei der Rückgewinnung von Fabrikationsdampf verunreinigt und müssen je nach dem Grade und der Art dieser Verunreinigung aufbereitet werden.

Kondenswasser wird zur Vermeidung von Gasaufnahme durch Berührung mit der atmosphärischen Luft in geschlossene, mit einem Dampfpolster und Schwadenabzugsrohr versehene Sammelbehälter so eingeführt, daß die Ausmündungen der Zulaufrohre unter dem Wasserspiegel liegen. Fehlen solche Einrichtungen, so müssen schädliche, d. h. korrosionsverursachende Mengen von Sauerstoff und Kohlensäure durch thermische oder chemische Entgasung vor der Verwendung als Kesselspeisewasser beseitigt werden. Anwesenheit von Ätzalkali verringert zwar die angreifende Wirkung der gelösten Gase, hebt sie aber nicht auf.

Alkalizusatz hat neben dieser schon erwähnten Minderung der Gefährlichkeit angreifender Gase auch noch den Vorteil, die etwa durch Kondensatorundichtigkeiten in das Kondensat eindringenden Härtebildner in Schlammform auszuscheiden. Einzelheiten finden sich später auf S. 677 und 695.

Während Kondensat in den meisten Kesselanlagen als erwünschter Abfall wieder benutzt werden kann, muß unter bestimmten Voraussetzungen Destillat in besonderen Verdampferanlagen neu gewonnen werden. Solche Verdampferanlagen müssen ein salzarmes Destillat mit einer höchsten Härte von 0,1° d (D.H.) und einem höchsten Gesamtsalzgehalt (Abdampfrückstand) von 12 mg/l (bei 180° C getrocknet) liefern, wenn es noch den „Richtlinien für Bauart, Abnahme und Betrieb von Wasseraufbereitungsanlagen“[1] entsprechen soll. Für besondere Kesselbauarten wird sogar ein Destillat mit höchstens 3 mg/l Abdampfrückstand verlangt, das in besonderen „Doppelverdampfern“ erhalten werden kann. Eine noch weitergehende Herabsetzung des Salzgehaltes ist zur Zeit noch nicht möglich.

Die Destillaterzeugung erfolgt in Ein- oder Mehrkörperverdampfern durch Verdampfung des in einer chemischen Aufbereitungsanlage vorzubehandelnden Rohwassers mittels Anzapfdampf oder Abdampf. Die bei der Verdampfung

[1] Siehe Fußnote 2e auf S. 671.

entstehenden „Brüden" oder „Wrasen" werden in der Regel in mit Kondensat gekühlten Einspritzkondensatoren niedergeschlagen. Derartige „Mischvorwärmer" dienen häufig gleichzeitig als Entgaser.

Bei Mehrkörperverdampfern heizen die Brüden des ersten Körpers den zweiten, die Brüden des zweiten den dritten usw. Verdampfer mit mehr als drei Körpern werden nur selten ausgeführt, da die vierte und die folgenden Stufen wegen des nur noch vorhandenen geringen Druckes sehr groß bemessen werden müssen; geschieht dies nicht, so wird der Salzgehalt des erzeugten Destillats zu hoch.

Druckverdampfer lassen sich bei geringsten Abmessungen bauen, haben jedoch den Nachteil einer stärkeren Versteinung der Verdampferrohre bei

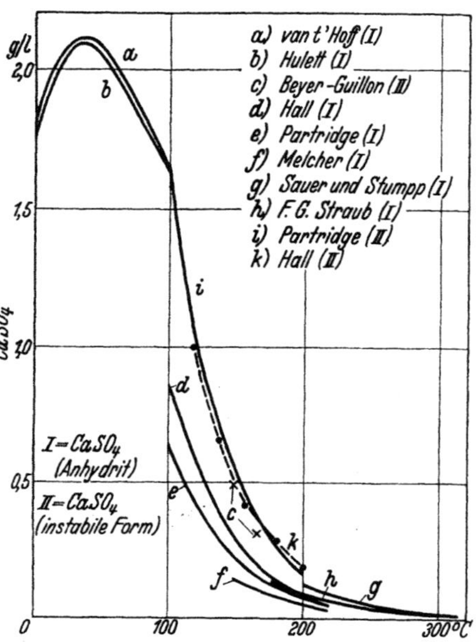

Abb. 1. Löslichkeit von Calciumsulfat in Wasser von 0—309° (0—100 atü). (Nach Angaben des Schrifttums und nach neueren Versuchen von SAUER und STUMPP-Stuttgart.)

Tabelle 1. Löslichkeit von Gips ($CaSO_4 \cdot 2\,H_2O$) in Wasser bei verschiedenen Temperaturen (HULETT, PARTRIDGE, SAUER, STUMPP).

°C	$CaSO_4 \cdot 2\,H_2O$ g/l	entsprechende Härte °d
0	1,759	57,3
10	1,926	62,7
18	2,016	65,7
25	2,080	67,7
30	2,091	68,1
35	2,096	68,3
40	2,097	68,3
45	2,084	67,9
55	2,010	65,5
60	2,000	65,1
65	1,932	62,9
75	1,848	60,2
90	1,800	58,6
100	1,620	52,8

gipshaltigem nicht ausreichend enthärtetem Wasser und der höheren Ablaugemenge, da die Löslichkeit der Sulfathärtebildner mit zunehmender Temperatur entsprechend Tabelle 1 und Abb. 1 sehr rasch abnimmt. Dieser Nachteil hat besondere Bedeutung bei Seewasserverdampfern, weil bei einem Gesamtabdampfrückstand von rund 35000 mg/l im Meerwasser 4—5% dieses Abdampfrückstandes (1400—1800 mg/l) aus Gips bestehen und weil man Seewasser mit seinen etwa 300° Härte (zum größten Teil Magnesiahärte) vor der Verdampfung nicht enthärten kann. Schließlich spaltet sich bei Temperaturen über 106° C aus dem $MgCl_2$ des Seewassers Salzsäure ab.

Allerdings wird die Löslichkeit von Gips durch gleichzeitige Gegenwart von Chloriden oder, ganz allgemein gesprochen, von Säureresten anderer Art wieder etwas erhöht, andererseits durch Säurereste gleicher Art (Glaubersalz) wieder verringert.

Wenn wenig Heizdampf vorhanden ist und wenn das als Speisewasser in Aussicht genommene Wasser mit Rücksicht auf einen vorhandenen Speisewasservorwärmer nicht so hoch erwärmt werden soll, können Mehrstufenverdampfer eingebaut werden; Einstufenapparate sind in der Regel dort geeignet, wo reichliche Heizdampfmengen zur Verfügung stehen und eine hohe Speisewassertemperatur erwünscht ist.

Sind mehr als 10% des gesamten Speisewassers verloren gegangen, so ist ein Ersatz dieser Wassermengen durch Destillat bei Beachtung wirtschaftlicher Gesichtspunkte nicht mehr möglich, da in Kraftwerken zum Niederschlagen des Dampfes das Kondensat der Hauptmaschinen verwendet wird, das dadurch gleichzeitig vorgewärmt wird, und da nur bis zu der Grenze von 10% die Flüssigkeitswärme, welche das eingespritzte Kondensat aufnehmen kann, nicht größer ist als die beim Niederschlagen des Dampfes freiwerdende Verdampfungswärme.

Für die Niederschlagung von mehr als 10% Destillatdampf würden besondere Kühlwassermengen erforderlich, die nicht mehr in den Speisewasserkreislauf nutzbringend einbezogen werden können, und unbenutzt ablaufen müßten.

Vor Aufstellung einer Verdampferanlage muß daher zur Erzielung eines billigen Betriebes geprüft werden, wieviel Flüssigkeitswärme vom anfallenden Kondensat aufgenommen werden kann, namentlich dann, wenn dieses Kondensat durch Rauchgase oder Anzapfdampf auch noch vorgewärmt worden ist.

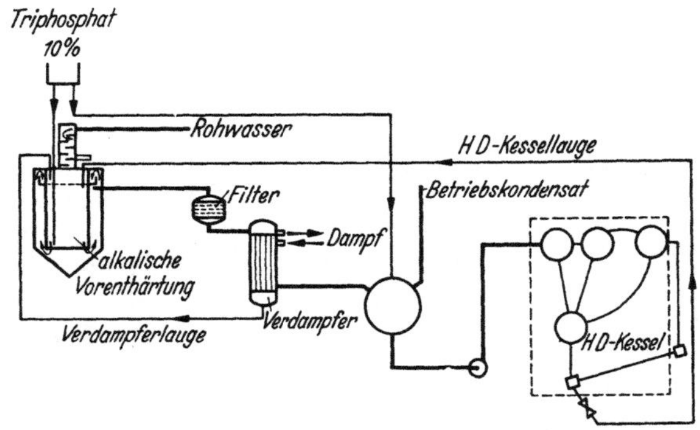

Abb. 2. **Aufbereitung von Speisewasser mit Rückführung von Verdampferlauge und von Kesselwasser.** (Aus Le Blanc-Splittgerber.)

Verdampfer neigen bei starker Eindickung des Verdampferspeisewassers ebenso wie Dampfkessel zum Wassermitreißen, Schäumen und Spucken. Die zulässige Salzanreicherung (Salzeindickung) ist dabei für jede Bauart verschieden und muß durch Betriebsversuche ermittelt werden. Abschlämmmenge bzw. Rückschlämmenge (Abb. 2) muß daher für jede einzelne Anlage besonders eingestellt werden. Manche verdampferbauende Firmen rüsten ihre Anlage von vornherein mit besonderen Abschlämmpumpen aus.

Vielfach greift man bei mehr als 10% Dampfverlust und bei Verzicht auf chemische Aufbereitung des Zusatzwassers zur Aufstellung von Dampfumformern[1]. Aufbereitung des Zusatzwassers in Dampfumformern hat zwar den Vorteil, daß man bei Speisung eines dadurch erhaltenen Destillats leicht eine möglichst niedrige Kesselwasserkonzentration einhalten kann und dadurch das Überreißen von Wassertropfen und von Salzen so weit wie möglich vermeidet, jedoch werden die Heizflächen eines solchen Dampfumformers sehr groß, wenn man den Gefälleverlust und damit den Ausbeuteverlust an elektrischer Energie auf ein wirtschaftlich tragbares Maß beschränken will. Trotzdem beträgt der Verlust an Stromausbeute wegen der Erhöhung des Gegendruckes an der Turbine vielfach 10% und mehr. Dieser Verlust kann durch keine Erhöhung des Anfangsdruckes ausgeglichen werden, ist in den meisten Fällen unerträglich und dem Gedanken der Stromerzeugung aus Gegendruckdampf widersprechend. Dampfumformer im Niederdruckgebiet sind grundsätzlich mit erheblichen Arbeitsverlusten verbunden und gestalten den Betrieb sehr verwickelt. Der in Dampfumformern erzeugte Dampf ist gesättigt und muß, falls Heißdampf gewünscht wird, noch besonders überhitzt werden.

[1] Eignung von Speisewasseraufbereitungsanlagen im Dampfkesselbetrieb, herausgeg. von der Arbeitsgemeinschaft deutscher Kraft- und Wärmeingenieure (ADK.) des VDI. DIN A 5. S. 30—40. Berlin: VDI-Verlag G. m. b. H. 1937.

Beim Betriebe von Dampfumformern führt man einen Teil des Anzapfdampfes einer Hochdruckturbine, etwa mit 10 atü, dem ersten Umformer zu, entnimmt dann dem zweiten und gegebenenfalls dritten oder vierten Umformer Sattdampf beliebiger Spannung (selbstverständlich unter 10 atü) und eine beliebig große Destillatmenge. Der Sekundärdampf wird als Heizdampf in Kochereien, Papiermaschinen, Brikettrockenöfen usw. ausgenutzt und zu Kondensat verdichtet[1].

Auch das Speisewasser von Verdampfern und Dampfumformern bedarf, wie schon vorher betont worden ist, in fast allen Fällen einer besonderen Vorbehandlung.

Wässer mit reichlichem Gehalt an Schwebestoffen müssen vor der Einführung in die Verdampfer filtriert werden (Sierp in diesem Band), da sonst durch mitgerissene Schwebestoffe Überschäumen des Wassers auftritt.

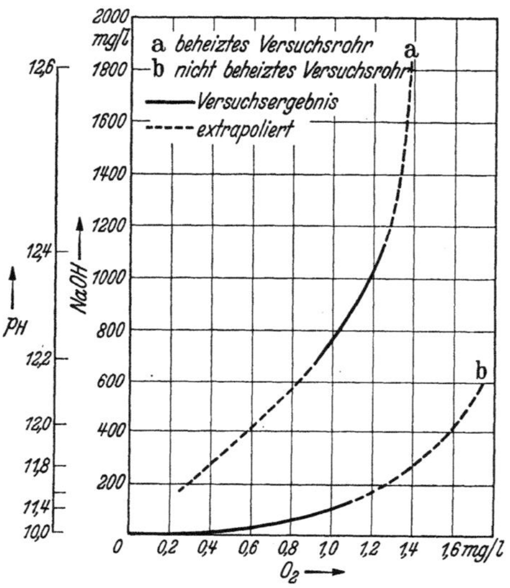

Abb. 3. Zusammenhang zwischen Sauerstoffgehalt und Mindestschutzalkalität eines Wassers (p_H bei 23° C) (nach Versuchen von Einsler und Tietz). (Aus Le Blanc-Splittgerber.)

Eine vielfach gebräuchliche Behandlung des zu destillierenden Wassers ist die sog. „Säureimpfung", d.h. die Zersetzung der Carbonathärte durch Zusatz von Salzsäure, Schwefelsäure, Phosphorsäure oder Mischungen dieser Säuren[2]. Dabei wird sich das entstandene Calciumchlorid auch bei starkem Eindampfen nicht als Stein auf den Verdampferrohren ansetzen. Calciumsulfat würde sich bei Erreichung des Löslichkeitsproduktes entsprechend Tabelle 1 und Abb. 1 allerdings ausscheiden, so daß bei Impfung mit Schwefelsäure nicht bis zur Erreichung des Löslichkeitsproduktes eingedickt werden darf.

Zur Verhütung von Korrosionen ist dauernde Überwachung der Restcarbonathärte notwendig. Genügende Sicherheit bietet dabei nur die Einhaltung einer Restcarbonathärte von 2°, da schon auch bei praktisch unverändert bleibendem Grundwasser natürliche Schwankungen in der Carbonathärte bis etwa 1,5° auftreten können.

Übersäuerung ruft stets das gleiche Bild hervor (Spongiose), wenn das übersäuerte Wasser mit Gußeisen in Berührung kommt. Unter Umständen bleibt unter mehr oder weniger völliger Auflösung des Eisens ein aus Graphit bestehendes Gerüst übrig, das mit dem Messer zerschnitten werden kann. Carbonatarmes Verdampferspeisewasser kann selbstverständlich nicht geimpft werden, sondern muß durch andersartige chemische oder physikalische Aufbereitung geeignet gemacht werden.

In allen Fällen empfiehlt sich eine Entgasung, entweder thermisch oder chemisch, vor der Verwendung von Destillat oder Kondensat als Kesselspeisewasser; Vorhandensein von freiem Ätzalkali verringert zwar etwas die angreifende Wirkung von gelösten Gasen, insbesondere Sauerstoff gemäß Abb. 3, hebt sie aber nicht auf. Da aber eine solche Entgasung auch für andersartiges Speisewasser, z. B. chemisch aufbereitetes oder permutiertes Wasser erforderlich

[1] Siehe Fußnote auf S. 675.

[2] Wienhaus: Dingl. Polytechn. Journ. 1865, **176**, 476. — F. Fischer: Über Kesselsteinbildung und deren Verhütung. Dingl. Polytechn. Journ. 1876, **220**, 361.

ist, wird auf die zusammenhängende Behandlung der Entgasung in einem späteren Abschnitt (S. 683) verwiesen.

Wenn auch die neueren Turbinenkondensatoren im allgemeinen sehr wenig unter Kondensatorundichtigkeiten zu leiden haben, so finden sich bei alten Kondensatoren solche Undichtheiten in um so größerem Maße. Mit Rücksicht auf die dann gegebene Möglichkeit des Einsaugens von nichtaufbereitetem sauerstoffhaltigem Kühlwasser (S. 684) sowie von Luft durch undichte Kondensatpumpen empfiehlt sich laufend täglich mehrmalige Untersuchung des Kondensats auf Härte- oder Salzzunahme oder Sauerstoffgehalt. Alkalizusatz mindert hier nicht nur die angreifende Wirkung eindringenden Sauerstoffes, sondern scheidet auch noch die in das Kondensat aus dem Kühlwasser übergetretenen Härtebildner in Schlammform ab.

Da die Wirtschaftlichkeit einer Kondensationsanlage zu einem großen Teile von der Reinhaltung der Kühlflächen der Kondensatoren abhängt, wird man in vielen Fällen auch das Kühlwasser enthärten müssen. Dann wird mit eingesaugtem Kühlwasser wenig Härte, aber viel Salz und Sauerstoff in das Kondensat gelangen können. (Über die Aufbereitung von Kühlwasser s. S. 695).

III. Aufbereitetes Wasser.

Ein aufbereitetes Wasser soll möglichst wenig Schlammablagerungen in den Rohrleitungen und im Kessel durch Nachreaktionen verursachen und keine angreifenden Gase oder Salze enthalten. Maßgebend für die Wirkung einer Aufbereitung wird für den Kesselbesitzer stets das Aussehen des Kesselinnern und die Beschaffenheit des erzeugten Dampfes sein; hiernach richtet sich auch die Festlegung sog. Grenzwerte für Mindest- und Höchstgehalte des Kesselwassers an Einzelbestandteilen.

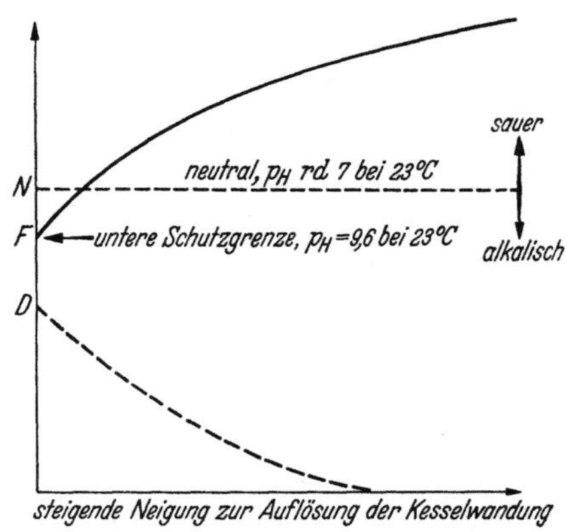

Abb. 4. Zusammenhang zwischen Eisenkorrosion und Wasseralkalität. (Aus LE BLANC-SPLITTGERBER.)

Regelmäßige chemische Überwachung läßt in kürzester Zeit ohne Unterbrechung des Betriebes unter Berücksichtigung der Grenzwerte ein Urteil darüber zu, ob Bedenken gegen die augenblickliche Betriebsweise zu erheben sind. Die Grenzwerte selbst sind veränderlich je nach Art der Kesselbetriebsbedingungen.

Die Beseitigung der Härte soll grundsätzlich stets außerhalb des Kessels soweit wie möglich durchgeführt werden, um die an und für sich unvermeidliche Nachreaktion im Kesselinnern mit ihrer Ausscheidung von Schlammbestandteilen oder gar von Stein möglichst gering zu halten[1].

Gleichzeitige Gegenwart von gelösten organischen Stoffen setzt unter Umständen die Enthärtungswirkung außerordentlich herab. Während man in organisch nicht verunreinigtem Wasser die Resthärte bis beinahe auf 0° (genau etwa 0,05°) herunterdrücken kann, kann in organisch verunreinigtem Wasser bei sonst gleichen Verhältnissen eine Resthärte von 0,5° kaum erreicht werden. Solche Rohwässer erfordern daher eine besondere Vorreinigung mit Flockungsmitteln (s. später S. 682).

[1] F. FISCHER: Über Kesselsteinbildung und deren Verhütung. Dingl. Polytechn. Journ. 1876, 220, 377.

Eine chemische Enthärtung verlangt für genügende Wirksamkeit einen Chemikalienüberschuß von 50—100 mg/l Soda, 30 mg/l Ätznatron oder 1 bis 5 mg/l P_2O_5 (Phosphatast) im aufbereiteten, noch nicht mit Kondensat vermischten Wasser (S. 686), sowie Einhaltung einer Enthärtungstemperatur von mindestens 80°. Die alte Faustregel, daß eine Temperaturerhöhung um je 10° eine Verdoppelung oder Verdreifachung der Umsetzungsgeschwindigkeit ergibt, gilt auch hier.

Temperaturerhöhung ist nicht erforderlich, ja nicht einmal erwünscht bei Aufbereitung mit Hilfe von Basenaustauschern.

Nicht alkalisches Wasser besitzt stets Neigung zur Auflösung von Eisen (vgl. S. 685) aus Rohrleitungen und sonstigen Eisengefäßen. Dies wird durch Aufrechterhaltung einer alkalischen Reaktion (Natronzahl) vermieden (Abb. 4) (vgl. auch S. 685).

IV. Kesselwasser (Kesselinhalt).

1. Natronzahl.

Als Maßstab für die Schutzalkalität wird die „Natronzahl“[1] folgendermaßen bestimmt:

Natronzahl (mg/l) =

$$NaOH + \frac{Na_2CO_3}{4,5} + \frac{Na_2SO_3}{4,5} + \frac{Na_3PO_4\,.\,(\text{krystallisiert})\,^2}{1,5}$$

oder

$$NaOH + 0,22\,(Na_2CO_3 + Na_2SO_3) + 3,3\,P_2O_5\,^2.$$

Salzarme reine Wässer verlangen als Bestwert des Alkalitätsschutzes etwa 200 mg/l NaOH bzw. Natronzahl, chloridhaltige Kesselwässer erfordern den doppelten Wert. Eigenartigerweise hat das Natriumphosphat, dessen günstiger Einfluß auf die Kesselwasserbehandlung noch besonders behandelt wird (S. 688—689) selbst bei Gegenwart von Chloriden eine schützende Wirkung, so daß die Natronzahl bei Gegenwart von Phosphaten auf 100 herabgesetzt werden kann, während sonst Natronzahlen bis zu 500 oder gar 1000 gehalten werden sollen, sofern der Kesseldruck etwa 20 atü nicht übersteigt.

Für höhere Kesseldrucke verläßt man in neuester Zeit die Natronzahl und ersetzt sie durch eine „Alkalitätszahl“, die nur mit dem p-Wert (Phenolphthaleintitration) rechnet und diesen p-Wert auf NaOH allein umrechnet. Die Begründung dafür gibt die

2. Sodaspaltung.

Aus den im einzelnen vorhandenen alkalisch reagierenden Verbindungen wird entsprechend den vorhergehenden Ausführungen die Natronzahl ermittelt. Mit steigendem Kesseldruck bzw. steigender Kesselwassertemperatur verschiebt

[1] Die theoretische wissenschaftliche Begründung für die „Natronzahl“ gibt MÜLLER-Wien in dem Vortrag „Die Grundlagen der Theorie der Metallkorrosion“. Korrosion V, S. 6—8. Berlin: VDI-Verlag 1936. (Die Natronzahl wird von MÜLLER zit. S. 8, „SPLITTGERBER-Zahl“ genannt.)

[2] A. SPLITTGERBER: Speisewasserbehandlung für neuzeitliche Dampfkessel. Zeitschr. VDI. 1935, **79**, H. 11, 339, Fußnote 4. — Nach MENGELE (Die Herstellung von Trinatriumphosphat. Jahrb. Vom Wasser, Bd. 6, S. 224. Berlin 1932) hat das krystallisierte Trinatriumphosphat theoretisch zwar die Zusammensetzung $Na_3PO_4 \,.\, 12\,H_2O$ und enthält daher nahezu 57% Wasser; von den phosphatherstellenden Firmen wird jedoch dieses 12er Hydrat durch geeignete Trockenvorrichtung auf einen Wassergehalt von rund 50% entsprechend annähernd der Formel $Na_3PO_4 \,.\, 10\,H_2O$ herabgetrocknet und in dieser Form als krystallisiertes Phosphat mit rund 20% P_2O_5 in den Handel gebracht.

sich das Prozentverhältnis zwischen Ätznatron und Soda in der Natronzahl infolge Sodaspaltung immer mehr zugunsten des Ätznatrons. Aus der Soda entsteht Ätznatron, während die Kohlensäure entweicht. Als Annäherungswerte der Spaltung können folgende gelten:

Tabelle 2.

	3 atü	12 atü	15 atü	20 atü	30 atü	50 atü
Entsprechend °C.	143	191	200	214	234	264
Spaltungsbeginn.		50%	65%	78%	85%	95%

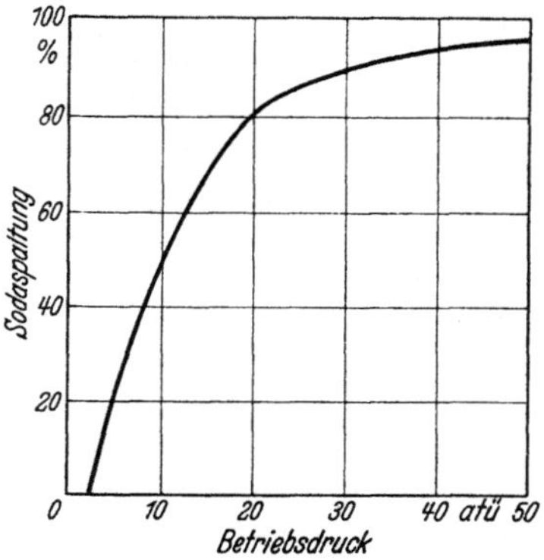

Abb. 5. Sodaspaltung im Kesselwasser in Abhängigkeit vom Betriebsdruck. (Aus LE BLANC-SPLITTGERBER.)

Diese Sodaspaltung erschwert bei Kesseln mit Betriebsdrucken über 15 atü die Einhaltung des zur Kesselsteinverhütung erforderlichen Carbonat-Sulfatverhältnisses

$$CO_3 \geqq k \cdot SO_4.$$

In dieser Formel bedeuten CO_3 und SO_4 die mg/l und k für einen bestimmten Betriebsdruck eine Konstante. Bei Erreichung dieses Verhältnisses kann sich im Kesselinnern aus den im Kesselwasser gelösten Sulfaten und der unvermeidlichen Resthärte kein Gipskesselstein bilden, der für den Kesselbetrieb durch Erzeugung von Wärmestau, Beulen und Rohrreißern sehr unangenehm wirken kann.

3. Phosphatwirkung.

Da infolge Sodaspaltung flüchtige Kohlensäure im Kesselinnern entsteht und mit dem Dampf ausgetrieben wird, mußte bei Kesseln über 15 atü Betriebsdruck nach einem Mittel gesucht werden, das gleichfalls imstande war, Gipskesselstein zu vermeiden. Dieses Mittel fand sich im Phosphat, wenn dabei für die Einhaltung eines Sulfat-Phosphatverhältnisses gesorgt wird

$$PO_4 \geqq K \cdot SO_4^{\frac{3}{2}} \cdot D^{\frac{1}{2}} (SO_4).$$

Hier ist K wiederum für einen bestimmten Betriebsdruck eine Konstante; D ist als Verhältnis der SO_4 zum Gesamtsulfatgehalt im Kesselwasser eine Funktion des Betriebsdruckes und der SO_4-Konzentration; das eingeklammerte SO_4 ist ein Index ohne Zahlenwert; PO_4 und SO_4 bedeuten wieder mg/l (Abb. 6). Im praktischen Betrieb soll der Phosphatüberschuß etwa 10—50 mg/l P_2O_5 oder 15—70 mg/l PO_4 erreichen, ohne daß aber auch ein erheblich höherer Phosphatüberschuß schaden würde.

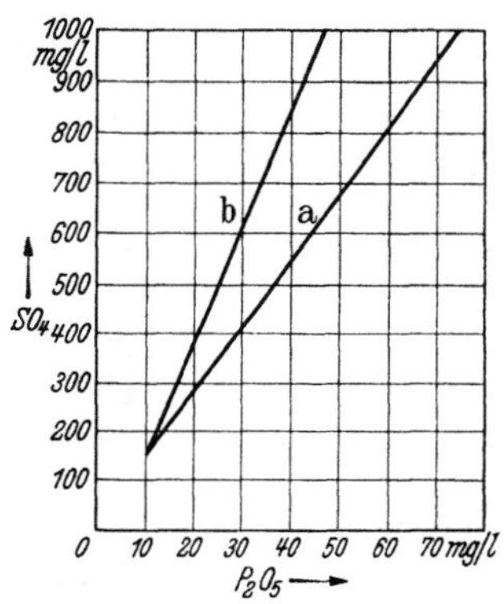

Abb. 6. Erforderliche P_2O_5-Konzentration in Abhängigkeit vom Gehalt an SO_4 im Kesselwasser bei einer Speisewasserhärte von a 0,3—0,1° d, b kleiner als 0,1° d. (Aus LE BLANC - SPLITTGERBER.)

Selbst bei Abwesenheit von Sulfaten wird die steinverhütende Wirkung des Phosphats sich äußern, wie ja aus der Gleichung hervorgeht.

Früher geäußerte Ansichten, daß Phosphat selbst in alkalischer Lösung Kesselwandungen korrodiere, konnten bei eingehender Nachprüfung als irrtümlich bezeichnet werden. Alle dem Phosphat zugeschriebenen Anfressungen haben sich bisher einwandfrei durch die auf S. 681 behandelte „Dampfspaltung“ erklären lassen.

4. Laugenbrüchigkeit.

Früher häufig beobachtete Korrosionen, die regellos auch durch die Korngrenzen hindurch verliefen (interkrystalline Korrosion), verursachten ein Brüchigwerden des Werkstoffes und werden als Laugenbrüchigkeit bezeichnet. Solche Laugenbrüchigkeit kann jedoch erst dann eintreten, wenn der Kesselwerkstoff über die Streckgrenze hinaus beansprucht war und wenn sich die Natronlauge auf mehr als 35% angereichert hat, was im normalen Kesselbetrieb niemals vorkommt. Dagegen ist solche Anreicherung möglich in Nietnähten, die nach außen undicht sind, in denen sich also unter Verdampfung des Wassers nach außen hin der Gesamtsalzgehalt des Kesselwassers und damit auch der Ätznatrongehalt stark anreichern kann. Laugenbrüchigkeit soll verhütet werden durch Einhaltung eines bestimmten Alkali-Sulfatverhältnisses: Berechnet man die gesamte Alkalität (m-Bestimmung, d. h. Titration mit Methylorange) auf Soda (Na_2CO_3) und den gesamten im Wasser vorhandenen Sulfatgehalt auf Natriumsulfat (Na_2SO_4), so gilt

für Kessel bis 10,5 atü Betriebsdruck: $Na_2CO_3 : Na_2SO_4 = 1 : 1$,
für Kessel bis 17,5 atü Betriebsdruck: $Na_2CO_3 : Na_2SO_4 = 1 : 2$,
für Kessel über 17,5 atü Betriebsdruck: $Na_2CO_3 : Na_2SO_4 = 1 : 3$.

Der Wert dieses sog. „amerikanischen Verhältnisses" ist aber in Deutschland und auch in Amerika selbst schon seit langer Zeit wieder sehr umstritten.

Auf ganz andere Ursachen (eisenangreifende Lösungen) sind „Korrosionsdauerbrüche" zurückzuführen. Sie sind fast immer eine Folge zu hoher Spannungen und verbunden mit einer allgemeinen Korrosion im Kerbgrund, wobei sich Spannung und Korrosion wechselseitig verstärken.

5. Salzanreicherung.

Die duldbaren Höchstmengen an Gesamtsalzen oder an bestimmten Einzelverbindungen im Kesselwasser, ohne daß der Betrieb durch das vielfach beklagte Schäumen und Spucken erschwert wird, werden beeinflußt von der Kesselbauart, von der Kesselwassertemperatur und von der Kesselbeanspruchung. Soweit Bestandteile des Speise- und Kesselwassers hier mitwirken können, sind es in der Hauptsache wasserunlösliche Schwebestoffe und organische Bestandteile einschließlich Öl, unterstützt durch Überschreitung eines bestimmten höchsten Alkali- oder Phosphatgehaltes. Maßgebend hierbei sind weniger die Dichte oder der Salzgehalt, die Oberflächenspannung oder die Viscosität des Wassers, sondern hauptsächlich die Anwesenheit feinstverteilter Bestandteile, deren Durchmesser 0,1 μ nicht überschreitet (dem bloßen Auge erkennbar durch schleierartige Trübung des Wassers).

Nun haben insbesondere Hydroxylionen in ätznatron-, soda- und phosphatalkalischen Kesselwässern die Eigenschaft, im Kesselwasser vorhandene Teilchen längere Zeit im Gebiete der für das Schäumen günstigsten Größe von 0,1 μ verweilen zu lassen, während andere Ionen wiederum die Wachstumsgeschwindigkeit der sich bildenden Teile vergrößern und daher dieses Gebiet rascher durchlaufen lassen.

6. Kieselsäurefrage.

Da leider eine genügend weitgehende Entfernung der Kieselsäure durch besondere Wasserbehandlung zur Zeit noch nicht möglich ist, so hat sich bei Höchstdruckkesseln mit Betriebsdrucken über 60 atü bei Speisung mit chemisch aufbereitetem Wasser die Erscheinung gezeigt, daß nachgeschaltete Turbinen auch ohne merkliches Schäumen und Spucken der Kessel in den Hochdruckstufen versalzen und in den Niederdruckstufen verkieseln. Der Salzniederschlag besteht in der Hauptsache aus wasserlöslichen Bestandteilen von Chloriden, Ätznatron, Soda und Wasserglas; der Verkieselungsüberzug enthält 80% und mehr SiO_2 in wasserunlöslicher Form. Während der Salzniederschlag durch Auswaschen mit Kondensat bzw. Naßdampf leicht entfernbar ist, muß man die SiO_2-Ansätze in den Niederdruckstufen durch mehrstündiges Auskochen mit 20%iger Natronlauge mühsam beseitigen. Im Hochdruckkraftwerk der I. G.-Farbenindustrie Höchst wird die Kieselsäure aus dem Wasser bis auf 1 mg/l SiO_2-Restgehalt beseitigt, indem das Wasser bei hoher Temperatur mit einem besonders feinflockigen Magnesiumhydrat, dessen Schüttgewicht besonders niedrig ist, behandelt wird.

Allgemein eingeführt ist dieses Verfahren noch nicht.

Andere Werke vermeiden Kieselsäureansätze durch geringes Eindicken des aufbereiteten Speisewassers im Kessel. Nach bisherigen Erfahrungen werden nämlich die Niederdruckstufen der Turbine nicht verkieselt, wenn der SiO_2-Gehalt des Kesselwassers 30 mg/l nicht überschreitet.

Eine andere Eigenschaft der Kieselsäure, mit steigendem Kesseldruck und hoher Kesselleistung bei Gegenwart auch nur geringer Härtemengen sehr gefährliche wärmestauende Rohransätze zu bilden, hat in der Praxis keine Bedeutung mehr, seitdem man allgemein Phosphat zur Verhütung der Versteinung anwendet (vgl. S. 679). Das entstehende Kalkphosphat durchsetzt nämlich die etwa sich bildenden Kalksilicate und hindert die Steinbildung dadurch, daß Kalkphosphat selbst nur amorph, nicht in krystallisiertem Zustande ausfällt.

7. Dampfspaltung.

Im Innern von Hochleistungskesseln und in Überhitzerschlangen findet man häufig Korrosionen, die nur durch Umsetzung zwischen Eisen und Wasserdampf zu erklären sind. Sie finden sich nur an bestimmten Stellen der Siederohre an den dampfbeheizten Heizflächen, in Überhitzern dagegen in den am stärksten beheizten Rohren auf dem ganzen Umfange. Durch Änderung des Wasserumlaufs im Kessel bzw. der Dampfgeschwindigkeit und Dampfverteilung im Überhitzer können die Ursachen dieser Schäden beseitigt werden. Mit Speisewasserfragen haben sie nichts zu tun.

Voraussetzung für das Auftreten dieser Dampfspaltung sind folgende Bedingungen:

1. Die absolute Geschwindigkeit der Dampfblasen muß etwa 0 sein. Dies kann eintreten, wenn die Voreilgeschwindigkeit der Dampfblasen gleich oder kleiner ist als die Fallgeschwindigkeit des Wassers in einem beheizten Fallrohr.

2. Die Wassertemperatur muß genügend nahe an der Sattdampftemperatur liegen und die Beheizungsstärke muß so groß sein, daß im Fallrohr Dampf erzeugt wird.

3. Die erreichte Rohrwandtemperatur muß 350^0 C übersteigen.

4. Die Dampferzeugung im Fallrohr muß größer sein als diejenige Speicherfähigkeit des abwärtsfließenden Umlaufwassers, die der hydrostatischen Druckzunahme entspricht.

Bei richtiger Kesselkonstruktion sind die soeben erwähnten Wasserumlaufschwierigkeiten, die schon manchen Schaden angerichtet haben, nicht zu befürchten. Bei Überhitzerrohren werden sie vermieden, wenn die Dampfgeschwindigkeit größer ist als 12 m/Sek.

Diese Eisenumwandlung nach der Gleichung

$$3\,Fe + 4\,H_2O = Fe_3O_4 + 4\,H_2$$

beginnt unter bestimmten Voraussetzungen bei etwa 320° C und setzt sich beschleunigt fort bei Temperaturen bis zu 570° C. Sauerstoffgehalt des Wasserdampfes erhöht den Angriff auf Eisen sehr stark, setzt also, mit anderen Worten, den Beginn der Zersetzung schon auf Temperaturen von 250° C herab. Genügende Alkalität des Kesselwassers (Natronzahl) bremst die Wirkung des Sauerstoffes (vgl. S. 673 und 676), scheint aber gegenüber dieser Dampfspaltung unmittelbar keine hemmende Wirkung auszuüben.

Bei vollständig sauerstofffreiem Wasserdampf kann bei Überhitzerrohrtemperaturen bis 510° C die Dampfspaltung noch vernachlässigt werden, wenn die Dampfgeschwindigkeit genügend groß ist.

In den bei Temperaturen über 570° C entstandenen Umsetzungsprodukten einer Dampfspaltung kann neben Fe_3O_4 auch noch FeO entstehen nach der Gleichung

$$3\,Fe + 3\,H_2O = 3\,FeO + 3\,H_2.$$

B. Das Wasser im Betriebe von ortsfesten Dampfkesselanlagen.

I. Aufbereitung des Wassers.

1. Beseitigung der Trübung.

Oberflächenwasser muß grundsätzlich, Grundwasser unter Umständen vor der Einführung in den Betrieb von etwa vorhandenen Trübstoffen befreit werden. Diese Beseitigung der Schwebestoffe erfolgt zweckmäßig in Kiesschnellfiltern. Wegen der Einzelheiten wird verwiesen auf den von Sierp bearbeiteten Beitrag „Trink- und Brauchwasser" in diesem Bande.

2. Beseitigung der organischen Stoffe.

Die im Rohwasser in feinster Verteilung bis zur kolloiden Lösung vorhandenen organischen Stoffe, insbesondere Humusverbindungen, verursachen bei der späteren Wasserenthärtung Störungen verschiedenster Art.

Bei chemischer Enthärtung verringern sie die Wirkung (S. 677), bei basenaustauschenden Massen (vgl. S. 690) überziehen sie das austauschende Filterkorn, in Verdampfern oder in Dampfkesseln bringen sie das siedende Wasser zum Schäumen und Überreißen. Seit etwa 10 Jahren ist man daher auch in der Kesselspeisewasseraufbereitung (ähnlich wie dies in der Trinkwasseraufbereitung schon lange bekannt war) zu einer Vorflockung des Wassers mittels Aluminium- oder Eisensalzen übergegangen. Hinsichtlich der Einzelheiten dieser Behandlungsart wird verwiesen auf den Sierpschen Beitrag.

3. Entölung.

Ursache der Verölung eines Speisewassers ist fast ausschließlich das aus Dampfmaschinen zurückgewonnene Betriebskondensat. Selbstverständlich wird man bei starker Verölung zunächst in besonderen Abdampfentölern mit nachgeschalteten Ölabscheidern oder Absitzbecken eine Vorentölung vornehmen. Das auf diese Weise nicht beseitigte Öl muß dann in einer nachgeschalteten chemischen oder elektrolytischen oder mechanisch absorbierenden Feinentölungsanlage herausgenommen werden.

Ausführliche Beschreibungen der chemischen und elektrolytischen Entölung bringt der Beitrag von Sierp.

Für Kondensate liegt in der durch Verwendung von Eisen- oder Aluminiumsalzen bewirkten Salzanreicherung ein gewisser Nachteil. Eine Verbesserung bedeutet in dieser Hinsicht schon die gleichzeitige Verwendung von Natriumaluminat mit Aluminiumsulfaten oder -chloriden, wenn die angewendeten Lösungen bezüglich des Aluminiumgehaltes äquivalent sind. Dann wird nämlich nur halb so viel Natriumsulfat gebildet wie bei Verwendung von Aluminiumsulfat und Natronlauge oder Soda.

Schließlich kann man auch Aluminiumsalze in Kondensaten zwecks Entölung ohne Zuhilfenahme von Alkali oder Aluminat ausflocken, wenn man Kohlensäure, etwa aus Fabrikations- oder Rauchgasen, einleitet und dabei einen p_H-Wert zwischen 6,4—7,6 einhält.

Eine Adsorptionsentölung ist die Behandlung des ölhaltigen Wassers mit aktiver Kohle (Hydraffin K 87 spezial). Hier ist eine Vorentölung, so weit wie nur irgend möglich, erforderlich, weil die einmal mit Öl getränkte Kohle nicht regeneriert werden kann. 1 kg Hydraffin nimmt im Durchschnitt 20% seines Eigengewichtes an Öl auf und kostet etwa 0,50 RM. Wirtschaftliches Arbeiten ist nur möglich, wenn in der Vorentölung alles Öl über 10 mg/l herausgenommen wird.

Ein besonderer Vorteil der Aktivkohle liegt in der leichteren Beherrschung der Entölung unter Druck, insbesondere bei Braunkohlentrocknerkondensat.

Über die Eigenschaften der Aktivkohle als solcher vgl. die Ausführungen in Beitrag Sierp dieses Bandes.

4. Enteisenung.

Im Speisewasseraufbereitungsbetriebe ist eine Enteisenung nur in dem Sonderfalle der Enthärtung auf dem Wege des Basenaustausches nötig, da sonst das Eisen aus eisenhaltigem Wasser auf der Basenaustauschmasse sich als flockiger Überzug abscheiden und die Austauschwirkung verhindern würde (vgl. S. 690). Über Einzelheiten unterrichtet Sierp in diesem Bande.

5. Entsäuerung, Entgasung, Gasschutz.

Manche deutsche Wässer, insbesondere solche aus Bergbaugegenden, weisen nach der Zutageförderung nicht nur hohe Gehalte an freier Kohlensäure, sondern auch an freier Schwefelsäure auf und müssen daher vor der Verwendung zur Kesselspeisung neutralisiert werden. In den meisten Fällen genügen hierzu die später zu beschreibenden chemischen Wasseraufbereitungsverfahren.

Die Beseitigung der freien angreifenden Kohlensäure, die insbesondere im Kühlwasserbetriebe nachteilig wirken würde, findet sich ausführlich beschrieben in Sierps Beitrag.

Der Kesselbetrieb dagegen muß vielmehr bedacht sein auf Beseitigung und dauernde Fernhaltung des vom Wasser gelösten Sauerstoffes.

Tabelle 3. Löslichkeit von Luftsauerstoff in Wasser.

°C	mg/l O_2	°C	mg/l O_2	°C	mg/l O_2
0	14,56	50	5,50	91	1,45
5	12,73	55	5,10	92	1,31
10	11,25	60	4,69	93	1,16
15	10,06	65	4,26	94	1,01
20	9,09	70	3,81	95	0,86
25	8,26	75	3,32	96	0,69
30	7,49	80	2,81	97	0,52
35	6,91	85	2,24	98	0,36
40	6,41	90	1,59	99	0,18
45	5,94			100	0

Sauerstoff ist in jeder Menge korrosionsgefährlich, und zwar um so mehr, je höher der Sauerstoffgehalt und je höher die Kesseltemperatur (Kesseldruck) sowie endlich, je reiner die Heizflächen wasserseitig sind. Auch bei

Temperaturen, die nicht wesentlich unter Siedetemperatur liegen, ist die Sauerstofflöslichkeit noch verhältnismäßig hoch.

In älteren Abhandlungen findet man noch Angaben des Sauerstoffgehaltes in ccm/l anstatt mg/l. In nachstehender Abb. 7 ist die Löslichkeit von Luftsauerstoff in beiden Maßeinheiten kurvenmäßig dargestellt.

Bei zu hohem Sauerstoffgehalt im Kesselwasser zeigen sich durch Sauerstoff verursachte Anfressungen selbst dann, wenn eine sonst genügende Alkalität und eine genügende Anreicherung an Schutzstoffen entsprechend Abb. 3 (S. 676) im Kesselwasser vorhanden ist.

Kesselanlagen mit Betriebsdrucken über 40—50 atü verlangen ein Speisewasser mit weniger als 0,1, möglichst sogar 0,05 mg/l Sauerstoff.

Eine so weitgehende Entgasung läßt sich schon durch die mechanisch wirkenden Anlagen dauernd gewährleisten. Thermische Entgasung arbeitet im allgemeinen mit Anwärmung des Wassers durch Abdampf oder Anzapfdampf. Temperaturregler sind zweckmäßig. Man vergleiche hierzu auch SIERP in diesem Band.

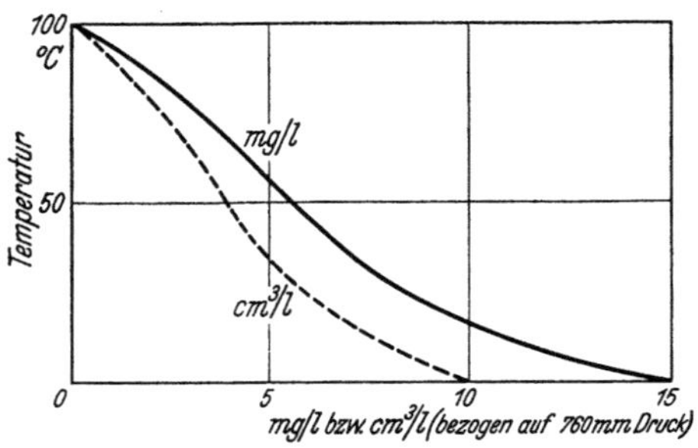

Abb. 7.
Löslichkeit von Luftsauerstoff in Wasser bei verschiedenen Temperaturen nach L. W. WINKLER. (Aus LE BLANC-SPLITTGERBER.)

Bei thermischer Vakuumentgasung wird die Luftleere durch Pumpen oder durch Strahlabsauger erzeugt. Feinste Verteilung des Wassers beim Eintritt in den Entgaser durch Berieselung breiter Flächen oder durch Verteilung auf besonderen Einbauten (RASCHIG-Ringe usw.) erzielt in sehr kurzer Zeit beinahe vollkommene Entgasung. Durch bloßes Aufkochen des Wassers mit eingeblasenem Dampf läßt sie sich dagegen nicht erreichen. Von allen thermischen Verfahren am wirksamsten arbeiten die sog. Entspannungsentgaser. Im übrigen ist es gleichgültig, ob die Entgasung im luftverdünnten Raum oder bei Überdruck arbeitet, wenn nur der Siedezustand erreicht wird.

Noch weitergehende Forderungen erfüllt die chemische Entgasung mit Hilfe von schwefliger Säure oder von schwefligsaurem Natrium. Die Umsetzung zwischen Sulfit und dem im Wasser noch gelösten Sauerstoff ist um so rascher beendet, je reiner das Wasser, je höher seine Temperatur und je größer sein Sulfitüberschuß ist. Solche chemische Entgasung vermag auch in Vorwärmerrohren, in denen die Alkalität noch nicht bis zur Erreichung der Natronzahl getrieben werden kann, in einfacher Weise Korrosionen zu verhüten. Bei p_H-Werten oberhalb 9,5, entsprechend 1 mg/l NaOH, vermindert erhöhte Wassergeschwindigkeit Sauerstoffkorrosionen in Wasser von gewöhnlicher (Zimmer-) Temperatur, in wärmerem Wasser vermehrt sich die Gefahr des Sauerstoffangriffes (Abb. 3, S. 676).

Die Erwartung, daß Turbinenkondensatoren ein genügend gasfreies Kondensat liefern müssen, wird nur erfüllt bei Kondensatoren neuer Bauart (vgl. S. 677).

Schon bei kurzzeitiger Berührung mit der Außenluft nimmt jedes entgaste Wasser Luftsauerstoff so rasch wieder auf, daß dadurch die vorhergegangene Entgasung zunichte gemacht werden könnte. Luftdichte Abdichtung von Speisewasserbehältern, Saugleitungen und Stopfbüchsen ist notwendig. In besonderen Zwischenbehältern zur Speicherung entgasten Wassers verhütet man den Lufteintritt durch ein Dampfpolster mit einem solchen Überdruck, daß dauernd Dampf aus dem Steigrohr abbläst. Die früher angebotenen „Oxydationsfilter" haben sich nicht bewährt.

Die früher vielfach angezweifelte Feststellung[1], daß selbst völlig gasfreies destilliertes Wasser Eisen angreife, ist unterdessen allgemein als richtig anerkannt worden. Ein Eisen nicht angreifendes, nicht alkalisches Wasser gibt es nicht (vgl. S. 678).

Wenn eine bestimmte, für jedes Wasser je nach seinem ursprünglichen p_H-Wert verschiedene Konzentration der Flüssigkeit an gelöstem Eisen eingetreten ist, hört nach Erreichen dieser Konzentration mit stets gleichbleibendem End-p_H-Wert jede weitere Eisenlösung auf. Ein solcher Fall tritt bei Destillatspeisung ein, wenn wochen- oder gar monatelang kein Wasser aus dem Kessel abgeblasen wird. Die Abb. 4, S. 677 zeigt graphisch eine Darstellung aller damit zusammenhängenden Vorgänge nach HALL. Eine sofortige Erreichung des gegen Eisenlösung schützenden p_H-Wertes wird natürlich durch Alkalisierung des Wassers (Natronzahl) erreicht.

Weitere Mitteilungen über Sulfitentgasung finden sich noch bei SIERP in diesem Band.

In vielen Fällen, namentlich in Hochdruckanlagen, wird man durch eine thermische Entgasungsanlage zunächst die Hauptmenge des Sauerstoffes fortnehmen und den geringen Rest an Sulfit binden.

6. Enthärtung.

a) Thermische Enthärtung.

Bei Temperaturen, die meist in den heiß arbeitenden Enthärtungsanlagen üblich sind (80—90° C), spaltet sich die Carbonathärte zu 30—40% unter Ausscheidung von kohlensaurem Kalk und Austreibung der entsprechenden Kohlensäure; eine erheblich weitergehende, aber immer noch unvollständige Carbonatzersetzung wird erst bei Siedetemperatur in gut gebauten Kaskadenvorwärmern (Stufenvorwärmern) und in den sog. BALCKEschen Plattenkochern erreicht. In den geschlossenen Plattenkochern scheiden sich die Härtebildner aus dem durch Einblasen von Dampf auf 101—105° C gebrachten Wasser teils in Schlamm-, teils in Steinform auf der Sohle des Kochers, auf den Einblaserohren und an den zur Richtungsänderung eingebauten Platten ab. Letztere werden, entsprechend ihrem Verschmutzungsgrad, herausgenommen und gereinigt.

Bei der gegebenen Temperatur kann eine solche thermische Wasserbehandlung auch als thermische Entgasung (vgl. S. 674 und 684) dienen.

Magnesiasalze und Nichtcarbonathärte werden bei der thermischen Enthärtung nur zu einem geringen Teile, in der Hauptsache durch Absorption mit niedergerissen. Eine weitergehende Ausfällung dieser letzterwähnten Härtebestandteile gelingt in den mit Chemikalien arbeitenden Enthärtungsanlagen.

b) Kalk-Sodaenthärtung.

Bei diesem Verfahren wird mit Hilfe von Ätzkalk (bei Großanlagen in Form von Kalkmilch, bei Kleinanlagen als gesättigtes Kalkwasser) die freie angreifende Kohlensäure und die zugehörige Kohlensäure (vgl. S. 673), mit Hilfe von Soda die Nichtcarbonathärte sowie etwa überschüssig zugesetzter Ätzkalk ausgefällt. Alle Kalksalze des Rohwassers setzen sich als unlösliches $CaCO_3$, sämtliche Magnesiasalze als $Mg(OH)_2$ ab; die Carbonathärte verschwindet bis auf 1°

---

[1] A. SPLITTGERBER: Über den derzeitigen Stand der Kesselspeisewasserpflege, mit besonderer Berücksichtigung der Speisung von Höchstdruckkesseln. Sonderdruck S. 7. Jahrb. Vom Wasser Bd. 2. Berlin: Verlag Chemie m. b. H. 1928.

Resthärte und darunter aus dem Wasser, ohne daß lösliche Alkalisalze an ihre Stelle treten, während die ausgeschiedenen Nichtcarbonathärtebildner durch die entsprechenden Natriumsalze ersetzt werden.

Das Massenwirkungsgesetz verlangt einen genügenden Alkaliüberschuß. Beste Enthärtung wird erreicht bei einem Sodaüberschuß von 100 mg/l und einem Ätznatronüberschuß von 30 mg/l (S. 678). Bei zweistündiger Einwirkungsdauer ergibt sich unter Einhaltung dieser Überschüsse eine Endhärte von

2 °d (D.H.)	bei 70° C,	0,5° d	bei 90° C,
0,8° d	bei 80° C,	0,3° d	bei 100° C.

Zur Herstellung gesättigten Kalkwassers wird in den auf der Spitze stehenden kegelförmigen Kalksättiger zweckmäßig ein vorher nicht angewärmtes Rohwasser als Lösemittel eingeführt, da mit steigender Temperatur die Kalkwassersättigung merklich abnimmt. Der Kalkgehalt bzw. die Alkalität des gesättigten Kalkwassers beträgt bei einer Wassertemperatur im Kalksättiger von

°C	10	15	20	25	30	35	40	45
°d	135	132	129	125	120	116	108	98

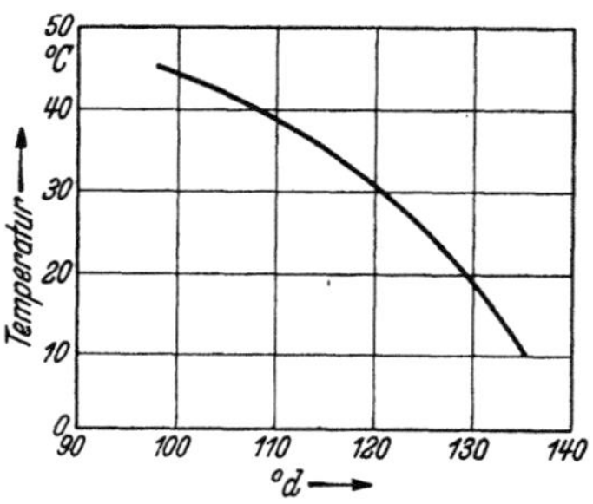

Abb. 8. Härtegrade des gesättigten Kalkwassers bei verschiedenen Temperaturen. (Aus LE BLANC-SPLITTGERBER.)

Die zur Enthärtung dienende Soda wird üblicherweise als Lösung von 5—20% Gehalt zugesetzt. Die übliche Bauart des Enthärtungsraumes entspricht dem „Reaktor I" in Abb. 10 (S. 689).

Das aus dem Enthärter austretende noch mehr oder weniger trübe Wasser wird in Filtern bestimmter Abmessungen, die mit Quarz- oder Marmorkies (vgl. S. 682) gefüllt sind, geklärt. Durch Einschaltung von Kontaktstoffen, bestehend aus groben Brocken von Kalkstein, vor den eigentlichen Enthärtungsbehältern, erreicht man eine Abkürzung der Umsetzung von 2 Stunden auf eine halbe Stunde, sogar ohne Anwärmung; höhere Temperatur und starke Durchwirbelung oder sehr hohe Durchflußgeschwindigkeit setzt die Umsetzungszeit noch weiter herab (vgl. S. 677).

Die zur Erreichung genügender Umsetzung und ausreichender Klärwirkung erforderlichen Abmessungen von Wasseraufbereitungsanlagen können in den „Richtlinien für Bauart, Abnahme und Betrieb von Wasseraufbereitungsanlagen" (s. Fußnote 1e auf S. 671) nachgelesen werden. Einzelheiten über Filterspülung u. dgl. findet man bei SIERP in diesem Band.

Beim Kalk-Sodaverfahren wie überhaupt bei jedem chemischen Verfahren muß man die Menge der Enthärtungszusätze stets der Wasserbeschaffenheit angleichen. Größeren plötzlichen Schwankungen in der Rohwasserhärte können die chemischen Enthärtungsverfahren selbst bei laufender Prüfung der Anlage nicht rasch folgen. Unterschiede im Resthärtegehalt oder im Alkaliüberschuß des gereinigten Wassers können die Folge sein.

c) Ätznatron-Sodaenthärtung.

Die Wechselwirkung zwischen Ätznatron und Carbonathärte fällt nicht nur wasserunlöslichen kohlensauren Kalk aus, sondern erzeugt auch Soda, die ihrerseits als Ausfällmittel zur Beseitigung der Nichtcarbonathärte dienen kann, so daß bei entsprechend hoher Carbonathärte zusätzliche Soda gar nicht mehr zugegeben werden braucht. Gegenüber der Kalk-Sodaenthärtung wird hier der Gehalt des Reinwassers an gelösten Salzen wieder höher.

d) Kalk-Ätznatronenthärtung.

Wird in Umänderung des Ätznatron-Sodaverfahrens ein Teil des Ätznatrons durch Ätzkalk ersetzt, so muß bei dieser Enthärtung unbedingt so viel Ätznatron übrig bleiben, daß die für die Ausfällung der Nichtcarbonathärte nötige Soda entstehen kann. Innerhalb der so sich ergebenden Mindestmenge an Ätznatron und Höchstmenge an Ätzkalk kann der Kalkzusatz beliebig vermindert oder der Ätznatronzusatz beliebig erhöht werden, wobei stets 1 Gewichtsteil fortgenommener Kalk durch 1,43 Gewichtsteile Ätznatron ersetzt bzw. 1 Gewichtsteil vermehrtes Ätznatron durch Fortnahme von 0,7 Gewichtsteilen Kalk ausgeglichen werden muß. Der in jedem Falle erforderliche Überschuß von 30 mg/l Ätzalkali (S. 678 und 686) darf niemals durch Kalk, sondern nur durch Ätznatron erreicht werden. Dieses Verfahren eignet sich nur für Wässer mit hoher Carbonathärte und geringer Nichtcarbonathärte.

e) Sodaenthärtung.

Wird einem Wasser als Enthärtungsmittel nur Soda zugegeben, so kann hierbei infolge des Fehlens von Ätzalkali nur das immer noch in erheblichem Grade lösliche Magnesiumcarbonat gebildet werden ($MgCO_3$ bleibt bis zu 1000 mg/l entsprechend 140^0 Magnesiahärte in Lösung). Daher würde auch die ganze Magnesia in Lösung mit dem Speisewasser in den Kessel gebracht und erst dort infolge der Umsetzung des Natriumbicarbonats zu Soda (vgl. S. 690, Abb. 12) und daraufhin infolge Sodaspaltung (S. 679, Abb. 5) unter Verbrauch des entstandenen Ätznatrons als Magnesiumhydrat ausgefällt.

Man trifft daher dieses Verfahren im allgemeinen nur in Verbindung mit der sog. Kesselwasserrückführung in die Vorenthärtung, fälschlich Schlammrückführung genannt, seltener in Verbindung mit Rückführung aus Kessel und Verdampfer (Abb. 2, S. 675). Durch diese Rückführung wird ein Teil des alkalischen Kesselwassers im Reiniger mit seinem Alkaligehalt auf die Härtebildner einwirken können (Regenerativverfahren, Neckar-Verfahren).

Die Kesselwasserrückführung zur Ersparnis an gesondert zuzusetzenden Chemikalien und an Wärme hat sich im Laufe der letzten Jahre bei der Wasserenthärtung als recht gut erwiesen. Jedoch darf sie nicht so gehandhabt werden, wie die ursprüngliche Betriebsanweisung für das Neckar-Verfahren vorschrieb oder wie sie das vor etwa 20 Jahren aufgekommene, aber bald wieder aufgegebene Harko-Verfahren vorgesehen hatte. Hierbei wurde nämlich das rückgeführte Kesselwasser in unzweckmäßiger Weise erst hinter der eigentlichen chemischen Enthärtung in einem nachgeschalteten Behälter, jedoch noch vor dem Filter, mit dem aufbereiteten Wasser vermischt im Hinblick auf den an sich richtigen Gedanken, durch die Einführung des schwebestoffhaltigen Kesselwassers eine katalytische Beschleunigung der Nachreaktion zu erreichen.

Die verhältnismäßig engen Rückführungsleitungen haben sich bei nicht sorgfältiger Aufsicht leicht verstopft, so daß dann der Salzgehalt des Kesselwassers unzulässig hoch anstieg.

Das Maß der Rückführung hängt in der Hauptsache vom Kesseldruck und der dadurch jeweils bedingten Höhe an Ätznatronbildung ab. Bei verhältnismäßig niedrigem Kesseldruck ist die durch Sodaspaltung (S. 679, Abb. 5) entstehende Bildung von Natronlauge so gering, daß unter dieser Voraussetzung das reine Sodarückführverfahren überhaupt nicht anwendbar ist, sondern durch das Kalk-Soda- oder Ätznatron-Sodarückführungsverfahren ersetzt werden muß.

Die Kesselwasserrückführung kann niemals das zusätzliche notwendige Abschlämmen des Kessels zwecks Entschlammung und Entsalzung ersetzen; neben der Rückführung muß daher stets noch eine Abführung von Kesselwasser ins Freie vorgesehen werden, falls nicht am Enthärter eine entsprechend größere Menge salzärmeren Speisewassers abgeschlämmt wird oder falls nicht an undichten Stellen ständige Wasserverluste eintreten.

f) Phosphatenthärtung.

Der naheliegende Gedanke, nach Erkennung der Brauchbarkeit des Phosphats zur Kesselspeisewasserenthärtung[1] (vgl. S. 679) auch das Phosphat anzuwenden, ist im Laufe der letzten 5 Jahre wohl ganz allgemein in die Wirklichkeit umgesetzt worden. Die einem vorenthärteten Wasser zur Erreichung des Mindestwertes an Resthärte zuzugebende Phosphatmenge ist von der Alkalität des vorbehandelten Wassers abhängig (Abb. 9). Bei geringer Alkalität ($p = 0{,}5$, $m = 0{,}9$) beträgt sie etwa rund 17 mg P_2O_5 je Liter und Härtegrad, mit steigender Alkalität fällt sie, um schließlich bei $p = 1{,}8$ und $m = 3{,}0$ Null zu werden; bei ausschließlicher Phosphatenthärtung werden 17 mgP_2O_5 gebraucht.

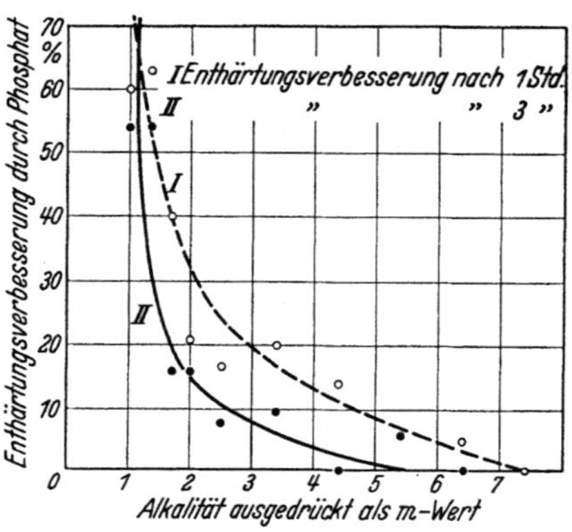

Abb. 9. Verminderung der Resthärte nach Phosphatzusatz in Abhängigkeit von der Alkalität. (Aus LE BLANC-SPLITTGERBER.)

Härtebildner und Phosphat binden sich im Verhältnis 3,3 CaO : 1 P_2O_5 aneinander; das über dieses Verhältnis hinaus zugesetzte Phosphat findet sich unverändert in der Lösung als Überschuß.

Bei einer Enthärtungstemperatur von etwa 90° C und einer Einwirkungsdauer des Phosphats auf die Härtebildner von $^1/_2$ Stunde lassen bei einem P_2O_5-Überschuß im aufbereiteten Wasser von 3—4 mg/l Resthärten bis 0,15° herab erreichen.

In einem Werk der chemischen Großindustrie hat man die Phosphatenthärtung bei 140° C vorgenommen und erreicht hierbei (vgl. S. 678) in Übereinstimmung mit der alten Faustregel Resthärtewerte weit unter 0,1°.

Einen Ersatz aller anderen Chemikalien durch das Phosphat unter Anwendung der Kesselwasserrückführung hatte die Chemische Fabrik Budenheim als Patent angemeldet. Im Jahre 1935 ist die Erteilung dieses Patentes in letzter Instanz endgültig abgelehnt worden. Das dadurch patentfreie Verfahren wird von allen Firmen, die Wasserreiniger bauen, weitgehend benutzt.

Bei diesem Verfahren wird die Aufbereitung des Wassers in 2 oder 3 Stufen durchgeführt. Die erste Stufe, die gegebenenfalls fortfallen kann, entfernt im Rieselvorwärmer durch rein thermische Wirkung einen Teil (höchstens 40% gemäß S. 685) der Carbonathärte, sowie die überschüssige im Wasser vorhandene freie Kohlensäure. Die nächste Stufe bringt durch Ausnutzung des alkalischen rückgeführten Kesselwassers die Ausscheidung der Hauptmenge an Härtebildnern. Die dritte Stufe verringert durch Umsetzung der noch verbliebenen Resthärte mit Phosphat die Resthärte auf das geringst mögliche Maß.

Eine schematische Darstellung dieser Wasseraufbereitung findet sich in Abb. 10, während Abb. 11 eine in gleicher Weise arbeitende Röhrenenthärtungsanlage der Chemischen Fabrik Budenheim zeigt[2], bei welcher die ganze

[1] F. FISCHER: Über Kesselsteinbildung und deren Verhütung. Dingl. Polytechn. Journ. 1876, **220**, 267.

[2] A. SPLITTGERBER: Prüfung der Röhrenenthärtungsanlagen der Chemischen Fabrik Budenheim in Mainz, DRP. 625184, 629729 und 620500. Jahrb. Vom Wasser, Bd. 12, S. 341—365. Berlin: Verlag Chemie m. b. H. 1937. Ferner A. SPITTGERBER: Betriebsergebnisse einer Röhrenenthärtungsanlage. Arch. Wärmewirtsch. 1937, **18**, H. 11, 301—304.

Enthärtung in höchstens 1 Minute beendet ist. Bei diesem letzteren Verfahren, das infolge seines geringen Werkstoffbedarfes nur wenig Anlagekosten erfordert, wird der hier fehlende günstige Einfluß der Zeit ersetzt durch außerordentlich hohe Durchflußgeschwindigkeit (für 1 m je 2 Sekunden)[1].

Für die Ermittlung des Phosphatbedarfes hat HAENDELER[2] folgende Berechnungsformel aufgestellt:

$38\,N + \frac{19 \cdot 2}{3}\,K =$ g/cbm Trinatriumphosphat des Handels.

In dieser Formel bedeuten N die „Nichtcarbonat-“ und K die Carbonathärte. Als Trinatriumphosphat des Handels ist das krystallisierte Phosphat mit 50% Feuchtigkeit bzw. 20% P_2O_5 einzusetzen (s. Fußnote 2 auf S. 678).

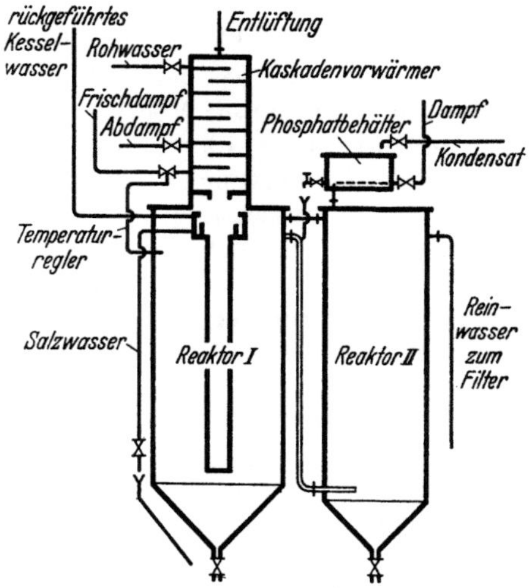

Abb. 10. Wasseraufbereitung durch Kesselwasserrückführung und Phosphatzusatz. (Aus LE BLANC-SPLITTGERBER.)

Der entsprechend vorstehender Formel mit der Höhe der Carbonathärte sich verringernde Phosphatbedarf, bezogen auf die Gesamthärte eines Wassers, gegenüber dem sich vergrößernden Bedarf bei überwiegend vorhandener Nichtcarbonathärte, ist durch die zweimalige Enthärtungswirkung des Phosphats zunächst auf die Carbonathärte und dann nach dieser Umsetzung zu Soda noch auf die Nichtcarbonathärte zu erklären.

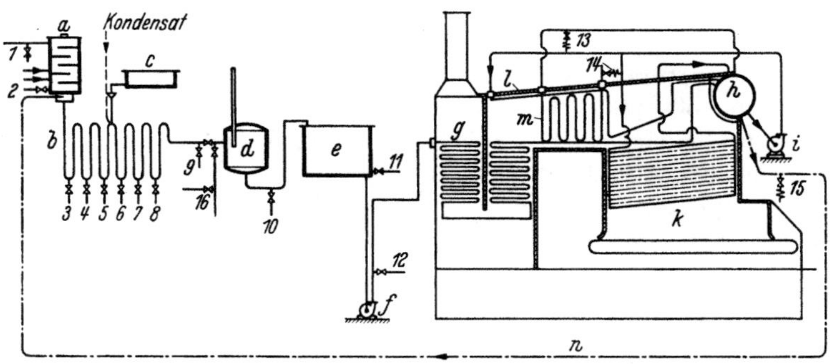

Abb. 11. Röhrenenthärtungsanlage der Chemischen Fabrik Budenheim A.G. in Mainz. (Jahrb. „Vom Wasser“ 1937, 12.) *a* Kaskade (Stufenvorwärmer); *b* Röhrenenthärter, *c* Phosphatbehälter; *d* Kiesfilter; *e* Speisewasserbehälter; *f* Speisepumpe; *g* Vorwärmer; *h* Trommel; *i* Umwälzpumpe; *k* LA MONT-Wand; *l* LA MONT-Decke; *m* Überhitzer; *n* Kesselwasserrückführung. Probeentnahmestellen: *1* Rohwasser; *2* therm. Stufe; *3*, *4*, *5* Hahn 1, 2, 3 alkalische Vorenthärtungsstufe; *6*, *7*, *8* Hahn 4, 5, 6 Trinatriumphosphatstufe; *9* vor Kiesfilter; *10* Reinwasser; *11* Speisewasserbehälter; *12* Speisepumpedruckseite; *13* Sattdampf mit Kühler; *14* Heißdampf mit Kühler; *15* Kesselwasser mit Kühler; *16* Spülwasserablauf.

g) Barytenthärtung.

Die Enthärtung mit Hilfe von Bariumsalzen in Form von Chlorid, Carbonat, Hydrat und Aluminat hat sich aus betrieblichen und wirtschaftlichen Gründen nicht recht einführen können. Für sehr sulfatreiche Wässer hat dieses Enthärtungsverfahren den, allerdings wegen Laugenbrüchigkeit

---

[1] Siehe Fußnote 2 auf S. 688.

[2] Über die Umsetzung von Trinatriumphosphat mit Härtebildnern in wäßriger Lösung. Jahrb. Vom Wasser, Bd. 8, Teil 2, S. 67—76. Berlin: Verlag Chemie m. b. H. 1934.

nicht immer als solchen anzusprechenden Vorzug, die gesamten Sulfate als unlösliches Bariumsulfat niederzuschlagen.

h) Enthärtung durch Basenaustauscher.

Während man bei der Enthärtung mit Hilfe von chemischen Zuschlägen nur unter bestimmten Voraussetzungen (vgl. S. 688), d. h. bei Aufbereitungstemperaturen über 100° C, Resthärten unter 0,1° noch erreichen kann, wird dies bei der Enthärtung mit Hilfe von Basenaustauschern in jedem Falle erreicht, unter der Voraussetzung, daß freie Säuren sowie organische und eisenhaltige Stoffe vorher entfernt worden sind (vgl. S. 682—683).

Basenaustauscheranlagen werden im allgemeinen mit Wasser von gewöhnlicher Temperatur (vgl. S. 678), in Ausnahmefällen mit mäßig angewärmtem Wasser, betrieben. Die bisher meist eingebauten Basenaustauscher vertragen

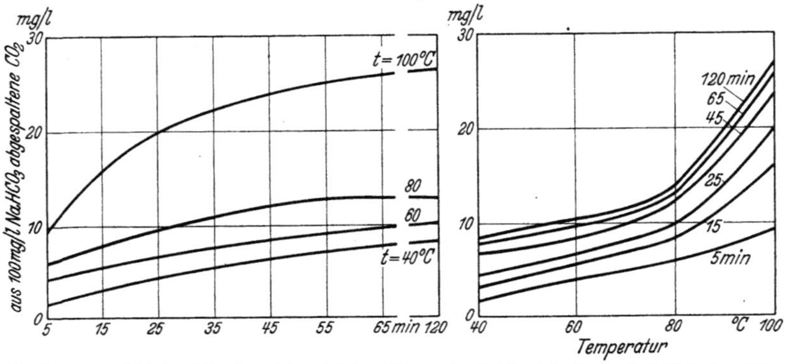

Abb. 12. Spaltung von Natriumbicarbonat in wäßriger Lösung in Abhängigkeit von Zeit (links) und Temperatur (rechts). (Aus LE BLANC-SPLITTGERBER.)

nur Höchsttemperaturen bis zu 35° C; erst die neuen S-Permutite dürfen auch mit Wasser von 50—60° C beschickt werden.

Die Notwendigkeit, solche Anlagen kalt zu betreiben, ist vom wärmewirtschaftlichen Standpunkt aus manchmal sogar vorteilhaft, da dann gespannter Abdampf, Anzapfdampf oder Gegendruckdampf unmittelbar einstufig zur Aufwärmung des Speisewassers bis auf Vorwärmereintrittstemperatur ausgenutzt werden kann.

Durch den Basenaustausch entstehen aus den Nichtcarbonathärtebildern neutral reagierende Natriumsalze, während die Carbonathärtebildner in Natriumbicarbonat umgewandelt werden, aus dem sich (vgl. auch S. 687) beim Anwärmen unter Kohlensäureabspaltung entsprechend Abb. 12 alkalisch reagierende Soda bildet. Je größer daher die Carbonathärte eines Wassers ist, desto höher muß bei einer Permutierung der Sodagehalt und damit auch die Natronzahl im Kesselwasser steigen. Bei vollständiger Umwandlung würde aus zwei Mol Natriumbicarbonat je 1 Mol Na_2CO_3, CO_2 und H_2O entstehen (vgl. SIERP in diesem Band). Will man die Natronzahl nach oben begrenzen, so kann man das zu permutierende Wasser vorher „entcarbonisieren“ entweder durch Impfung oder durch Ausscheidung der Carbonathärte mit Hilfe von Ätzkalk (S. 697) oder Natronlauge. Derartige kombinierte Verfahren sind in der Praxis vielfach üblich.

Die Härtebildner Calcium und Magnesium werden also durch das Natrium des Basenaustauschstoffes ersetzt (permutiert).

Nach Austausch des in der Permutitmasse vorhandenen Natriums würde das Calcium beim Weiterbetriebe der Anlage mit Rohwasser das vorher vom

Permutit schon mit aufgenommene Magnesium wieder austreiben, so daß sich jetzt im enthärteten Wasser mehr Magnesium finden könnte, als im ursprünglichen Wasser vorhanden war. Das Permutit im Filter ist dann erschöpft und wird regeneriert.

Diese Wiederbrauchbarmachung geschieht durch Übergießen des Filters mit einer höchstens 35° C warmen Natriumsalzlösung, meist Kochsalz. In umgekehrtem Austausch läuft dann Calcium- bzw. Magnesiumchlorid in Lösung ab, während sich das Natrium wieder in das Permutitkorn einlagert. Durch Nachspülen mit härtefreiem Wasser wird dann der Rest des Calcium- und Magnesiumchlorids aus dem Filter entfernt.

Besonders geeignet ist der Basenaustausch für Rohwässer mit stark schwankender Härte, da jederzeit Sicherheit für weitgehende Enthärtung besteht. Die Permutitfüllung eines Apparates nimmt gleichmäßig immer die gleiche Gewichtsmenge Härtebildner aus dem Wasser heraus, ohne Rücksicht auf die jeweilige Härte des Wassers; bei schwankender Härte wird also nicht die Menge des Austauschmaterials geändert, sondern nur die Menge des zu behandelnden Rohwassers.

Ferner ist die Permutierung geeignet für weiche Wässer, bei denen eine Behandlung mit chemischen Enthärtungsmitteln manchmal erfolglos bleiben muß.

Der Salzanreicherung des Kesselinhalts muß besondere Beachtung geschenkt werden. Zweckmäßigerweise führt man einen Teil des Kesselinhalts ununterbrochen ab, um so gleichbleibende Salzgehalte zu erzielen.

Die basenaustauschenden Stoffe müssen grundsätzlich nach ihrer Herstellungsweise und dem benutzten Rohstoff beurteilt werden. Dabei ergibt sich eine Gruppierung in solche basenaustauschende Stoffe, die auf rein synthetischem Wege gewonnen werden, und solche, die auf der Grundlage natürlicher Rohstoffe mit schon vorhandenen, mehr oder weniger großen basenaustauschenden Eigenschaften erhalten werden.

Die größte Bedeutung hatten die aus Amerika eingeführten Grünsande Glaukonite) gewonnen. Die in der Braunschweiger Gegend im Braunkohlengebiet gefundenen deutschen Grünsande sind für die Herstellung von Basenaustauschstoffen ohne kostspielige Sonderbehandlung[1] leider nicht brauchbar.

Die im Laufe der letzten Jahre sich immer mehr bemerkbar machende Devisenknappheit, die zur Zeit bis zur völligen Sperrung der Einfuhr von Glaukoniten geführt hat, war der Anlaß, inländische Rohstoffe zur Herstellung von Basenaustauschern heranzuziehen. So entstanden das „Invertit“ der Firma Klinkhard & Paascher in Düsseldorf (aus Eifeltraß gewonnen) und das sog. „Säurepermutit“ (S-Permutit) der Permutit-A.-G., Berlin, dessen Grundlage Braunkohle bzw. Steinkohle ist und das auch unter dem Namen „Orzelit“ in den Handel kommt.

Das Austauschvermögen des Invertits kommt etwa demjenigen des nicht mehr hergestellten Neo-Permutits gleich, jedoch scheinen die unvermeidlichen Verluste beim Spülen wegen der Feinkörnigkeit unverhältnismäßig groß zu sein.

Die S-Permutite sind temperaturbeständig bis 60—65° C und werden regeneriert entweder durch Natriumsalze in der bisher für alle Basenaustauscher üblichen Weise oder auch durch Wasserstoffverbindungen, also durch Säuren. Im ersten Falle entstehen durch den Basenaustausch wie gewöhnlich die Natriumverbindungen, im zweiten Falle tauschen sich die Härtebildner gegen Wasserstoffionen aus, so daß dann ein sauer gewordenes Wasser ablaufen würde. Gegen die Wirkungen der Säure schützt die Gummierung der Behälter und Rohr-

[1] Patentanmeldung I 52553, Kl. 1 b 1 für I. G. Farbenindustrie A.-G., Frankfurt a. M. Verfahren zur Gewinnung von Glaukonit.

leitungen. Aus dem nach der zweiten Art gewonnenen Filtrat könnte man zunächst durch Entgasung die aus der Carbonathärte entstehende Kohlensäure entfernen und die aus der Nichtcarbonathärte entstandene Säure, z. B. bei Gipshärte die Schwefelsäure, durch Ätznatronzusatz neutralisieren.

Eine Wiederbrauchbarmachung des Wasserstoffpermutits durch eine Mischung von Kochsalz und Salzsäurelösung, die in jedem gewünschten Verhältnis hergestellt werden kann, ist auch durchführbar, z. B. so, daß die größte Menge der Carbonathärte in freie Kohlensäure umgewandelt wird, die sich nachträglich entgasen läßt, während die Nichtcarbonathärte und ein der jeweils gewünschten Natronzahl des Kesselwassers entsprechender Teil der Carbonathärte als Natronsalze auftreten.

Der Verbrauch an Natriumchlorid bei der Regenerierung des Wasserstoffpermutits erfordert in völliger Übereinstimmung mit der Regenerierung der anderen Basenaustauscher die 3,1—3,3fache Menge des theoretischen Bedarfes (theoretischer Bedarf 20,9 g je Grad Härte und Kubikmeter, praktischer Bedarf 65—70 g NaCl); die Regenerierung mit Salzsäure verlangt dagegen eine nur kaum den theoretischen Bedarf übersteigende Menge (theoretischer Bedarf 13,0 g je Grad Härte und Kubikmeter, praktischer Bedarf 15 g HCl entsprechend theoretisch 17 g bzw. praktisch 30 g Schwefelsäure, beide Male auf 100%ige Säuren bezogen).

Diese neuen Permutite haben sich unterdessen im Großbetriebe sehr gut bewährt.

Endlich weisen manche Kunstharze ausgesprochene Basenaustauscheigenschaften auf (Sierp in diesem Band). Sie sind in der Lage, aus harten Wässern die Härtebildner ebenso zu entfernen wie etwa eine gleiche Gewichtsmenge der handelsüblichen mineralischen Basenaustauscher. Dabei sollen Phenol- und Gerbstoffharze die Fähigkeit besitzen, die Basen auszutauschen, und Anilinharze imstande sein, Säurereste zu entfernen.

Durch aufeinander folgende Anwendung soll es bisher möglich gewesen sein, den Gesamtsalzgehalt eines Wassers bis auf 10 mg/l herabzudrücken. Durch mehrfach wiederholte Anwendung des Verfahrens soll auch schon Seewasser vom größten Teil seines Salzgehaltes befreit worden sein. Praktische Erfahrungen mit solchen organischen Basenaustauschern fehlen in Deutschland noch vollständig.

7. Wasserbehandlung mit elektrischem Strom.

Die Einführung des elektrischen Stromes in die Kesselwandungen zwecks Verhinderung der Steinbildung hat sich bisher als nicht zufriedenstellend erwiesen, ganz gleich, nach welchen Verfahren im einzelnen man die Zuleitungen gewählt hat. Vielfach ist es nicht möglich, die Gründe für den Erfolg bzw. für den Mißerfolg zu erkennen. An und für sich wissen wir, daß die Krystalle Gebilde sind, in denen elektrisch geladene Bausteine zum Krystallgitter zusammengeschlossen sind, weiter, daß die Anordnung der Krystalle auch durch elektrische Kräfte beeinflußbar ist, so daß ein Absetzen von Krystallen an Wänden durch elektrische Eigenschaften der Wand bedingt sein kann. Ebenso sind die Restströme, die, von der Wand eintretend, die Flüssigkeit durchsetzen, als Störungsursache der Krystallisation aufzufassen.

Aus der Erforschung der drei genannten Punkte kann bisher aber nur abgeleitet werden, daß ein Erfolg mit Wahrscheinlichkeit dort erwartet werden kann, wo von der Wasserhärte mehr als 50% auf Carbonathärte entfällt, wobei aber auch noch betont werden muß, daß ein stark carbonathaltiger Kesselstein ohnehin weniger gefährlich ist als ein carbonatarmer und dafür an Silicaten und Sulfaten reicherer Kesselstein.

Die überhaupt bekannten elektrischen Schutzverfahren lassen sich etwa in folgende Gruppen einteilen:

Cumberland-Verfahren: Kessel als Kathode, isolierte Hilfselektrode aus Eisen oder Kohle im Kesselwasser als Anode; verhältnismäßig beträchtliche Ströme.

Aussig-Verfahren (Patent Schnetzer): Fortlassung der Hilfselektrode, Anlegen einer dauernd fließenden Gleichspannung an dem Kessel selbst, schwache Ströme, teilweise auch Einbau von Thermoelementen zur Erzielung der gleichen Wirkung.

Griesheimer Verfahren (Agfil-Verfahren, Stromlos-Verfahren, Hauptvogel-Verfahren): Benutzung pulsierenden anstatt ununterbrochenen Gleichstromes.

Wechselstromverfahren (WERTHsches Verfahren): Die Überlagerung von Wechselstrom über Gleichstrom oder die Anwendung rein elektrischen Stromes führt nicht zu wesentlichen Änderungen des Griesheimer Verfahrens.

Nach R. ASHTON-München haben sich kapazitiv kuppelnde Einrichtungen, wie z. B. auch die Patentanmeldung von FRITZ SIEBEL-Düsseldorf[1], deshalb als praktisch unwirksam erwiesen, weil sie der ausschlaggebenden Voraussetzung für die beabsichtigte Wirkung der Hochfrequenz nicht entsprechen, die in der elektrolytischen Querwirkung durch den Kessel hindurch besteht. ASHTON erzeugt daher diese Querwirkung durch einen antennenartig offenen Schwingungskreis gemäß nachstehender Anmeldung zum Gebrauchsmusterschutz: „Hochfrequenzeinrichtung zur Verhinderung und Beseitigung von Kesselstein".

Eine Anlehnung an das Cumberland-Verfahren bildet das DRP. 595897 für A. SCHIRMER-Wien. Hierbei soll der bisherige Nachteil der Korrosion der als Kathode dienenden Behälterwand durch die Anwendung der gleich stark zu haltenden Polarisation und Depolarisation erfindungsgemäß vermieden werden.

Mit selbsttätiger, entsprechend der Temperatur des Kessels sich verändernder Wechselstromspannung bei dauernd gleichbleibendem Wechselstrom arbeitet ein DRP. 629479 für PLINIO SERGIO DAVIDE MAZZA und MARIE BOYER LA VEYSSIERE, Paris. Dieser Erfindung liegt die Tatsache zugrunde, daß die Metalle den elektrischen Widerstand mit der Temperatur verändern.

JOHANNA GERBER geb. RITTER will sich durch vorläufige Patentanmeldung[2] eine „Vorrichtung zum Verhindern der Kesselsteinbildung in Dampfkesseln, Kondensatoren u. dgl. mittels Anschlusses an ein Wechselstromnetz" schützen lassen, wobei die Atome in ihrem Neutralzustande durch elektrostatische Beeinflussung dadurch erhalten werden sollen, daß die Zahl der Außenelektronen aufrecht erhalten wird; denn chemisch wirken kann nur dann ein Atom, wenn seine Außenelektronenzahl von der Kernladungszahl abweicht. Die dadurch ausgelösten elektrostatischen Kräfte sind es, die zu einer Vereinigung entgegengesetzt geladener Atome und damit zur Molekülbildung führen, deren Gefüge erst die chemisch-physikalischen Eigenschaften der verschiedenen Stoffe (auch Kesselstein!) bedingt. Das Verfahren nennt sich Neutralisatorverfahren.

Eines Spitzwellenstromes endlich bedient sich die Fabrik elektrischer Apparate Fr. Sauter A.-G., Basel, bei ihrer neuen Patentanmeldung „Verfahren und Vorrichtung zum Verhindern und Beseitigen von Kesselsteinbildung an elektrisch leitenden Flächen, insbesondere an Kesselwandungen"[3].

---

[1] Patentanmeldung E 42612, Kl. 13 b 18 für FRITZ SIEBEL, Düsseldorf. Elektrische Einrichtung zum Verhindern und Beseitigen des Kesselsteinansatzes in Dampfkesseln, Flüssigkeitsbehältern u. dgl. Angemeldet 26. März 1932; ausgelegt 16. Mai 1935; jugoslavische Priorität 31. Dezember 1931.

[2] Patentanmeldung G 86561, Kl. 13 b 18, angemeldet 6. März 1933, ausgelegt 28. November 1935.

[3] Patentanmeldung F 77816, Kl. 13 b 18, angemeldet 11. Juli 1934, ausgelegt 28. Mai 1936.

Einen dauernd fließenden Gleichstrom niederer Spannung (8—10 Volt), wie er auch beim Aussig-Verfahren eingeführt war, benutzt ein in Dänemark entwickeltes und in Deutschland unter DRP. 634380 für ALFR. GULDADER-Kopenhagen geschütztes Verfahren. Das Elektroschutzverfahren (E.S.-Verfahren) der Permutit-A.-G. fußt auf ähnlichen Grundlagen. Diese letztere bisher nur für Warmwasseranlagen verwendete Einrichtung besteht in der Hauptsache aus einer in den Warmwasserkessel eingebauten Aluminiumelektrode (Anode), während die Kathode durch die Kesselwandung gebildet wird. Durch die Einwirkung des elektrischen Stromes findet eine nur ganz geringe Auflösung der für etwa ein Jahr ausreichenden Aluminiumelektrode statt. Dadurch wird die Abscheidung des Kalkes in Steinform verhindert. Gleichzeitig entsteht durch die elektrische Behandlung des warmen Wassers Wasserstoff, welcher mit dem Strom zur Kathode (Boiler- und Rohrwandung) wandert und verhindert, daß der durch die Erwärmung des Wassers freigewordene Luftsauerstoff, der im kalten Wasser gelöst war, die Boilerwandungen und Rohre zerstört. Es tritt also Korrosionsschutz ein. Die nach dem Verfahren zugeführte Elektrizitätsmenge wirkt sich nur in einer kleinen Verminderung der Carbonathärte (z. B. von 14^0 auf 10^0) und in einer geringen Steigerung des Gehaltes an freier Kohlensäure aus.

Hier wäre auch die Elektroosmose (vgl. SIERP, in diesem Band) zu nennen, die jedoch für die Kesselspeisewasseraufbereitung noch nicht die geringste Bedeutung gewinnen konnte.

8. Wasserbehandlung mit Kolloiden (Kesselsteingegenmitteln).

Kesselsteingegenmittel bestehen im allgemeinen aus organischen Substanzen, Gerbsäureverbindungen, Kartoffelstärke, Leinsamenabkochungen, Algenabkochungen, eingedickter Zellstoffablauge, Harzen, Graphit usw., zum Teil mit Zusatz von Soda oder Ätznatron oder sonstigen anorganischen Chemikalien. Sie werden hauptsächlich zur Behandlung ungereinigten Wassers an Stelle eines Aufbereitungsverfahrens angeboten und zeigen den grundsätzlichen Nachteil, Ausscheidungen der Härtebildner, falls sie überhaupt erfolgen, im Kessel selbst ausflocken zu lassen. Diese Verunreinigungen des Kesselinhaltes können zu Kesselschäden führen (wie Ausbeulungen oder Ausglühen von Kesselteilen, Undichtwerden von Rohren, Verstopfen der Wasserstände, Schäumen und Spucken des Kesselinhaltes), außerdem auch bei stark magnesiumchloridhaltigen, nicht alkalischen Wässern zu Korrosionen an den Werkstoffen.

Zu der Verunreinigung des Kesselwassers durch die Härtebildner kommt noch eine mögliche Verunreinigung des Dampfes hinzu. Wird der Dampf zu Fabrikationszwecken benutzt, so kann leicht eine Schädigung des Fabrikationsgutes durch die im Kessel entstehenden gasförmigen Umsetzungsprodukte entstehen.

Endlich werden durch die geschilderten Zusätze die im Wasser gelösten korrosiven Gase nicht entfernt.

Bei mangelhaft arbeitenden Enthärtungsanlagen kann das eine oder andere Mittel unter Berücksichtigung seiner Zusammensetzung vielleicht zur Ergänzung Anwendung finden, um Steinbildung zu verhindern, wobei natürlich auf etwaiges Schäumen und Spucken des Kesselinhaltes besonders zu achten ist.

C. Das Wasser im Lokomotiv-Betriebe.

Die bei allen, selbst bei den neuesten Lokomotiven noch nicht überwundene Speisung mit Hilfe von Injektoren, die im Betriebe ortsfester Kesselanlagen sonst nur noch in ganz kleinen Kesselhäusern als zweite Speiseeinrichtung üblich ist, nötigt zur Verwendung eines kalten oder höchstens bis auf 40° C angewärmten Wassers; außerdem ist einwandfreies Arbeiten nur mit ganz trockenem Dampf möglich. Endlich müßten Injektoren wegen Verstopfung mit Kesselsteinbildnern häufig gereinigt werden, falls kein einwandfrei aufbereitetes Speisewasser vorliegt. Ein solches fehlt aber bei den meisten Lokomotiven, da die Aufstellung einer in der Kälte arbeitenden Enthärtungsvorrichtung auf dem Tender kaum möglich sein wird; auch der verschiedentlich schon versuchte Einbau einer Kesselwasserrückführanlage (vgl. S. 687) hat sich nicht bewährt.

Will man also Lokomotiven mit aufbereitetem Wasser versorgen, so bleibt nur eine kalte Entcarbonisierung (vgl. S. 697, ferner s. Beitrag SIERP) oder eine Permutierung (vgl. S. 690) oder eine Ausflockung der Härtebildner mittels Aluminat und Soda (vgl. S. 682) übrig.

Selbstverständlich kann man auch heiß arbeitende Enthärtungsanlagen heranziehen, wenn die Leitungen bis zur Wasserentnahmestelle für die Lokomotive mehrere Kilometer lang und nicht wärmegeschützt sind, wie dies z. B. im Abraumbetrieb des Braunkohlenbergbaues der Fall ist; in solchen Leitungen wird das Wasser bis auf die für Lokomotiven noch erträgliche Temperatur abgekühlt.

In allen anderen Fällen scheint die kalte Permutierung, die z. B. in den Vereinigten Staaten von Amerika im Eisenbahnbetrieb weitgehend eingeführt ist, am günstigsten, wenn auch bei ursprünglich hoher Carbonathärte hier ein Schäumen und Spucken rascher bemerkbar wird, als bei carbonatarmen Wässern.

Die mehrfach verwandten Kesselsteingegenmittel (vgl. S. 694) sind bei den Lokomotivkesseln mit einem im allgemeinen 12 atü noch nicht übersteigenden Kesseldruck zwar ohne Nachteil, aber auch ohne Vorteil.

Schließlich wird in gewissen industriellen Werken auch für die Lokomotivspeisung salzärmstes Kondensat herangezogen. Dabei muß selbstverständlich mit der Wahrscheinlichkeit gerechnet werden, daß gerade dieses Kondensat, das im Tender bei Temperaturen bis höchstens 40° C aufbereitet wird, Sauerstoff bis zur völligen Sättigung aufnimmt (vgl. S. 683, Tabelle 3, S. 684, Abb. 7). Mehrfach wird zur Sauerstoffminderung ein Zusatz von Natriumsulfit gegeben (vgl. S. 684), wodurch wenigstens für einige Stunden das Speisewasser gasfrei gehalten werden kann.

Im übrigen wird die Gefahr der Sauerstoffkorrosion im Lokomotivbetriebe verschieden eingeschätzt werden müssen: Bei Lokomotiven, die dauernd Tag und Nacht der Wagenbeförderung dienen, werden sich, auch bei nicht so hoher Schutzalkalität (vgl. S. 678, 685 und 676, Abb. 3) Sauerstoffblasen als die gefährlichste Form des Sauerstoffes nicht ansetzen können, bei Lokomotiven mit unterbrochener Arbeitszeit dagegen, bei denen schichtweise Arbeit und Stillstand miteinander abwechseln, wird der Sauerstoff während des Stillstandes nicht mehr ausgetrieben und kann sich daher mit dem Eisen stetig umsetzen. Dann müßte zur Verhütung von Sauerstoffkorrosionen soviel Alkali im Kesselwasser vorhanden sein, wie der Abb. 3 (S. 676) entspricht.

D. Das Wasser als Mittel zur Kondensatorkühlung.

Daß in vielen Fällen auch das Kondensatorkühlwasser enthärtet werden muß, wenn die Wirtschaftlichkeit einer Kondensationsanlage nicht durch Kühlflächenverschmutzung leiden soll, wurde schon früher angedeutet (vgl. S. 677). Die bei Temperaturunterschieden von jeweils etwa 2° C zwischen

Kondensattemperatur und Kühlwasseraustrittstemperatur auftretende Vakuumverschlechterung von etwa 1% im Kondensator entspricht rund 1,5% Dampfverbrauchssteigerung.

Kondensatorstein (Wasserstein) bildet sich fast ausschließlich durch Erwärmung des Kondensatorkühlwassers auf 40—50° C infolge Erwärmung durch Ausscheidung eines Teiles (niemals mehr als 30% gemäß S. 685) der gelösten Carbonathärte, während der die Nichtcarbonathärte im wesentlichen bedingende Gips bei den hier in Frage kommenden Anwärmungen und Salzkonzentrationen praktisch noch fast vollständig in Lösung bleibt (vgl. S. 674, Tabelle 1).

Allerdings darf bei etwaiger Rückkühlung des Kühlwassers auf Kühltürmen, die stets notwendig wird, wenn es nicht in unbeschränkten Mengen zur Verfügung steht, die Salzanreicherung im kreisenden Kühlwasser nicht über den Sättigungspunkt von Gips ansteigen (vgl. S. 674 und 676). Bei Überschreitung von etwa 80° Gipshärte im eingedickten Kühlwasser muß sich daher auch bei vorhergegangener Herausnahme der Carbonathärte (vgl. später) ein Kondensatorstein (Gipsstein) ansetzen. Nur wenn gleichzeitig noch gewisse Mindestmengen von Chlorionen mit im Wasser vorhanden sind und sich bei der Rückkühlung auf dem Kühlturm gleichfalls mit anreichern, wird die Gipslöslichkeit sogar in schwach alkalischer Lösung in nicht unwesentlichem Maße erhöht, während umgekehrt bei überschüssigen SO_4-Ionen, etwa aus Na_2SO_4, entsprechend den Forderungen des Massenwirkungsgesetzes die Gipslöslichkeit wieder vermindert wird.

Man muß daher in Anlagen, die mit Kühltürmen ausgerüstet werden müssen, durch regelmäßig sich wiederholende oder noch besser durch ununterbrochene Abführung eines bestimmten Prozentsatzes an eingedicktem Kühlturmwasser (Entsalzung) die Überschreitung einer Höchstgrenze an Sulfathärte vermeiden und die abgeführten Wassermengen wieder durch frisches, gegebenenfalls aufbereitetes Kühlturmzusatzwasser ersetzen.

Aus Betriebsbeobachtungen haben sich etwa die nachstehenden Erfahrungszahlen ableiten lassen:

Während man auf der einen Seite zur Erzeugung von 1 kWh elektrischer Energie in neueren Kondensationsturbinen etwa 4—5 kg Dampf benötigt (Gegendruckmaschinen erfordern etwa das Doppelte), muß man auf der anderen Seite für 1 kWh 4 Liter eingedicktes Kühlturmwasser aus dem Kühlturmkreislauf entfernen und durch frisches Wasser ersetzen (1 kWh = 860 kcal; 1 kW = 1,359 PS; 1 PS = 0,736 kW).

Zum Schluß sei noch ein wichtiger Hinweis auf die Betonkühltürme gegeben, die vielfach im Laufe der letzten Jahre an Stelle von hölzernen Kühltürmen aufgerichtet zu werden pflegen, nämlich auf die Möglichkeit der Entstehung des mit 30 Molen H_2O krystallisierenden Kalktonerdesulfats, auch „Zementbazillus“ genannt. Diese neue Verbindung besitzt ein unvergleichlich größeres Volumen als der ursprüngliche Beton, so daß letzterer auseinandergetrieben wird. Dieser Fall kann aber nur eintreten, wenn gleichzeitig folgende vier Bestandteile vorhanden sind: Wasser, Tonerde, überschüssiger Ätzkalk und Sulfat. Bei Betonkühltürmen ist Gegenwart von Wasser und von Tonerde immer gegeben. Überschüssigen Ätzkalk bringt die Verwendung von Portlandzement in das Bauwerk hinein, während andere Zemente demgegenüber kalkarm sind. Die Sulfate endlich schließen durch Sulfatanreicherungen im Kühlwasser den Kreis der schädigenden Bestandteile.

Doch kehren wir zur Betrachtung des nicht eingedickten Kondensatorkühlwassers zurück:

Da man einmal entstandenen Kondensatorstein in zeitraubender, umständlicher Klopf- oder Bohrarbeit oder in manchmal nicht ungefährlicher

Arbeitsweise unter Zuhilfenahme von Säuren, gegebenenfalls mit Schutzchemikalien (Schutzkolloiden) (vgl. AMMER[1] und WEISS[2]) beseitigen muß, ist ein grundsätzlich richtigerer Weg die Ausscheidung der störenden Härtebildner, insbesondere der Carbonathärte aus dem Kühlwasser vor der Benutzung. Das ist natürlich nur auf kaltem Wege möglich und zwar entweder durch Säureimpfung oder durch Kalkung (Entcarbonisierung) oder endlich durch Basenaustausch.

I. Impfung.

Die Impfung (vgl. S. 676) hat in vielen Fällen schon nachteilige Folgen gezeigt und wird zweckmäßig nur als Notbehelf angesehen. Sie darf nur dort angewendet werden, wo wirklich Gewähr für einwandfreie dauernde Überwachung gegeben ist.

Bei einer sehr zweckmäßigen Abänderung des Impfverfahrens wird zunächst in dem im Kreislauf befindlichen Wasser durch Zusatz von Säure die Carbonathärte bis auf etwa 5° herabgesetzt. Sodann wird aus dem hinzukommenden Zusatzwasser nahezu die gesamte Carbonathärte laufend fortgenommen, bevor das Frischwasser dem eigentlichen Kreislaufwasser zugemischt wird. Wenn bei diesem Verfahren nun bei der Wegnahme der Carbonathärte aus dem Frischwasser versehentlich einmal eine geringe unbeabsichtigte Übersäuerung vorkommt, so wird diese dann in dem Puffer von 5° Carbonathärte im Kreislaufwasser abgestumpft und wirkt nicht mehr durch Säuregehalt angreifend. Die kurze Strecke, die das Frischwasser nach dem Zusatz der Säure bis zur Vermischung mit dem Kreislaufwasser noch zurücklegen muß, wird selbstverständlich aus säurebeständigem Werkstoff hergestellt.

Nicht ganz von der Hand zu weisen ist ferner die Befürchtung, daß bei Salzsäureimpfung durch die Chloranreicherung eine elektrolytische Zerstörung der Rohre begünstigt wird, wenn auch eine Legierung, bei welcher mehr als 50 Atomprozent auf den edleren Bestandteil entfallen, wie dies bei der Kondensatorlegierung (α-Messing) der Fall ist, grundsätzlich wesentlich langsamer angegriffen wird.

II. Entcarbonisierung.

Die Entcarbonisierung (kalte Kalkung), die schon bei der Besprechung des Lokomotivspeisewassers erwähnt worden ist (S. 695), erreicht durch Zugabe von gesättigtem Kalkwasser (vgl. S. 686 und Abb. 8) eine Verminderung der Carbonathärte auf 2° Resthärte und darunter. Durch Ausnutzung von Kontaktwirkung, z. B. bei Einbau grobkörniger Kontaktstoffe noch vor den eigentlichen Ausflockungsraum oder durch Rückführung eines Teiles des schlammhaltigen ausgeflockten Wassers vor der Filterung wird gleichzeitig auch bei kalter Aufbereitung eine Abkürzung der zur chemischen Umsetzung erforderlichen Zeit von 3—4 Stunden auf 1 Stunde bei gleich guter Härteerniedrigung erreicht (DRP. 572956 für JÖRGEN KRÜGER, Kopenhagen, von der Firma Steinmüller für Deutschland übernommen).

Die Nichtcarbonathärte wird nicht beeinflußt.

Für den praktischen Betrieb genügt es, aus dem Kühlwasser nur diejenige Härte zu entfernen, die bei der Anwärmung in wasserunlöslicher Form sich ausscheiden kann, mit anderen Worten, die Kalkcarbonathärte, während die Magnesiumcarbonathärte unberücksichtigt bleiben kann.

---

[1] G. AMMER: Chemische Kessel- und Wassersteinbeseitigung, ihre Mittel und Verfahren. Jahrb. Vom Wasser, Bd. 8, Teil 2, S. 77—92. 1934.

[2] K. WEISS: Das Reinigen von Kondensatorrohren. Wärme 1935, 58, H. 1, 9—11.

III. Basenaustausch.

Der Basenaustausch erreicht bei der Kühlwasseraufbereitung nicht nur die Entcarbonisierung, sondern darüber hinaus auch die gesamte Enthärtung. Diese Behandlung hat sich besonders in Großanlagen eingeführt, bei denen gleichzeitig besondere Sicherung gegen Kondensatorverhärtung durch Eindringen harten Kühlwassers in das Kondensat bei vorkommenden Kondensatorundichtigkeiten erreicht werden soll (vgl. S. 673, 677 und 695).

Durch die im Kondensat eintretende Anwärmung des Kühlwassers bis auf etwa 50° C wird eine merkliche Umwandlung der durch Basenaustausch aus der Carbonathärte zunächst entstehenden Natriumbicarbonate in Soda noch nicht hervorgerufen (vgl. Abb. 12, S. 690).

Endlich ist der Basenaustausch dann noch vorteilhaft, wenn das Kühlwasser von vornherein einen beträchtlichen Gipsgehalt aufweist, der die Eindickungsgrenze des Kühlwassers auf dem Kühlturm (vgl. S. 696) herabsetzen würde.

E. Laufende Wasseruntersuchungen.

Hier kann nicht der Ort sein für eine ausführliche Beschreibung der Untersuchungsverfahren. Vielmehr müssen Hinweise auf die entsprechenden Stellen des Schrifttums im allgemeinen genügen[1].

[1] a) Einheitsverfahren der physikalischen und chemischen Wasseruntersuchungen, herausgeg. von der Fachgruppe für Wasserchemie des Vereins deutscher Chemiker. Berlin: Verlag Chemie 1936.

b) Vgl. Anmerkung 2c auf S. 671: Anhang II.

c) Berl-Lunge: Chemisch-technische Untersuchungsmethoden, Bd. 2, Teil 1: Physikalische und chemische Untersuchung für die Kesselspeisewasserpflege von A. Splittgerber, S. 143—232. Berlin: Julius Springer 1932.

d) Abderhalden: Handbuch der biologischen Arbeitsmethoden, Abt. 4, Teil 15, Lief. 350, 352 und 358: Splittgerber-Nolte: Untersuchung des Wassers, 589 S. Berlin-Wien: Urban & Schwarzenberg 1931.

e) A. Eucken u. M. Jakob: Der Chemie-Ingenieur, Bd. 2, Teil 4: P. Gmelin, H. Gruess, H. Sauer und I. Krönert: Physikalisch-chemische Analyse im Betrieb, S. 355f. Leipzig: Akademische Verlagsgesellschaft m. b. H. 1933.

f) J. König: Chemie der menschlichen Nahrungs- und Genußmittel, Bd. 3, Teil 3: Untersuchung von Wasser, Luft usw., 4. Aufl., S. 478—550. Berlin: Julius Springer 1918.

g) H. Klut: Untersuchung des Wassers an Ort und Stelle, 3. Aufl., 185 S. Berlin: Julius Springer 1916.

h) Vgl. Anmerkung 1c auf S. 672.

Deutsche Gesetzgebung über Wasser.

(Nach dem Stande vom 30. November 1938.)

Von

Dr. jur. Hugo Holthöfer-Berlin,
Oberlandesgerichtspräsident i. R.

Abkürzungen.

Ges.	Gesetz.
GesS.	Preußische Gesetzsammlung, Jahr und Seite.
Holtz-Kreutz	Das Preußische Wassergesetz von Holtz und Kreutz, neu bearbeitet von P. Schlegelberger; 2 Bde, Berlin, Carl Heymanns Verlag — Bd. I, 3. und 4. Aufl. 1927; Bd. II, 4. Aufl. 1931.
LWiMinBl. . .	Ministerialblatt des Preuß. Landwirtschaftsministeriums (seit 1937 aufgegangen in das „ReichsminBl. der landwirtsch. Verwaltung"), Jahr und Seitenzahl.
MinBliV. . . .	Ministerialblatt des Reichs- und Preußischen Ministeriums des Innern (früher: Ministerialblatt für die Preuß. innere Verwaltung), Jahr und Seiten- bzw. Spaltenzahl.
Pr..	Preußisch.
RErnMin. . .	Reichsminister für Ernährung und Landwirtschaft.
RGBl. I . . .	Reichsgesetzblatt Teil I, Jahr und Seitenzahl.
RGZ.	Entscheidungen des Reichsgerichts in Zivilsachen (Amtliche Sammlung), Band- und Seitenzahl.
Tönnesmann .	P. A. Tönnesmann, Wasserverband-VO., erläutert; C. H. Becksche Verlagsbuchhandlung 1938.
VO.	Verordnung.
WG.	Preuß. Wassergesetz von 1913.
Z.	Zeitschrift.

I. Geltendes Reichsrecht.

A. Vorschriften aus Reichsgesetzen, die neben Wasser auch sonstige Gegenstände betreffen.

a) Für Wasser als Lebensmittel gelten die allgemeinen Vorschriften des **Lebensmittelgesetzes.** Nicht nur als Trinkwasser fällt es unter dieses Gesetz. Wasser ist als stofflicher Bestandteil wohl in allen Lebensmitteln enthalten, die aus der Natur gewonnen werden. Darüber hinaus kommt Wasser in der mannigfaltigsten Weise — als Reinigungs-, Herstellungs- oder Zubereitungsmittel — mit den Lebensmitteln auf ihrem Wege von der Gewinnung bis zum Genuß in Verbindung. Auch als billigstes Verfälschungsmittel spielt es im Lebensmittelverkehr eine weniger erfreuliche Rolle.

In allen diesen Erscheinungs- und Anwendungsformen kommt das Wasser in den Herrschaftsbereich der §§ 3 und 4 des Lebensmittelgesetzes. Gegen die dort enthaltenen Verbote und die dazu gehörigen Strafvorschriften der §§ 11 und 12 LMG. verstößt z. B., wer für die Trinkwasserversorgung einer Gemeinschaft verantwortlich ist und ihr zu Genußzwecken Oberflächenwasser liefert, das gesundheitlich bedenklich oder nach Ort oder Art seiner Gewinnung oder Behandlung ekelerregend (das ist „verdorben" i. S. des § 4 LMG.) ist. Vergleiche hierzu Reichsgericht 20. September 1933 — 1 D 517/33 — in „Juristischer Wochenschrift" 1933, S. 2594 nebst meiner Anmerkung daselbst.

Auch für gesundheitlich einwandfreie Zuleitung des Trinkwassers haben die Verantwortlichen einzustehen. Ihre zivilrechtliche Schadensersatzpflicht behandelt ein Urteil des II. Zivilsenats des Reichsgerichts vom 26. Juni 1936 (22/36), dessen Inhalt in der Monatsbeilage „Das Recht“ zu der „Deutschen Justiz“ 1936, Heft 10, S. 731, wie folgt, mitgeteilt wird:

„Der Betrieb der Wasserleitung verpflichtet die Gemeinde zur Lieferung gesundheitlich einwandfreien Wassers. Sie muß deshalb das Wasser in angemessenen Zwischenräumen untersuchen lassen und haftet bei Verletzung dieser Pflicht dem Verbraucher für den Schaden durch Genuß bleihaltigen Wassers.“

Daß Wasser, soweit es zur Herstellung von Lebensmitteln verwendet wird, den Anforderungen an Trinkwasser genügen muß, ist eigentlich im Hinblick auf § 3 LMG. und auf die in § 4 Nr. 2 LMG. in Ansehung verdorbener Lebensmittel ausgesprochenen Verbote selbstverständlich. In einzelnen Reichsverordnungen über bestimmte Lebensmittel wird dies durch ausdrückliche Vorschriften — ähnlich denjenigen in § 8 Nr. 1 der Tafelwässer-VO. — in Erinnerung gebracht. Vgl. z. B. Artikel 15 Nr. 2 und Artikel 16 Nr. 3 der Ausführungs-VO. zum Weingesetz, wo bei der Herstellung von Weinbrand und Weinbrandverschnitt „reines“ (d. h. den Anforderungen an Trinkwasser genügendes) Wasser verlangt wird. In § 4 Nr. 2 der Speiseeis-VO. vom 15. Juli 1933 (RGBl. I S. 510) wird die Verwendung anderen Wassers als Trinkwassers verboten.

Nur ein engbegrenztes Teilgebiet des zum Trinken benutzten Wassers hat bisher durch die gemäß § 5 LMG. erlassene VO. über Tafelwässer vom 12. November 1934 eine reichsrechtliche Sonderregelung erfahren.

Sie erstreckt sich grundsätzlich nicht auf die sog. Heilwässer. Näheres in dieser Beziehung ist in der allgemeinen amtlichen Begründung zur Tafelwässer-VO. und bei § 6 Anm. 1 und 2 daselbst nachzulesen.

Die Tafelwässer-VO. wird im 2. Halbband (VIII/2) des vorliegenden Bandes des Handbuches gesondert behandelt.

b) Dem Schutz des Wassers und der mit ihm zusammenhängenden Einrichtungen vor Eingriffen, die Gefahren für Leib, Leben und Habe der Allgemeinheit mit sich bringen, dienen die §§ 321, 324, 325, 326 des **Reichsstrafgesetzbuchs.** Sie lauten in ihrer jetzt geltenden Fassung:

§ 321. Wer vorsätzlich Wasserleitungen, Schleusen, Wehre, Deiche, Dämme oder andere Wasserbauten, oder Brücken, Fähren, Wege oder Schutzwehre, oder dem Bergwerksbetriebe dienende Vorrichtungen zur Wasserhaltung, zur Wetterführung oder zum Ein- und Ausfahren der Arbeiter zerstört oder beschädigt und durch eine dieser Handlungen Gefahr für das Leben oder die Gesundheit anderer herbeiführt, wird mit Gefängnis nicht unter drei Monaten bestraft.

Ist durch eine dieser Handlungen eine schwere Körperverletzung verursacht worden, so tritt Zuchthausstrafe bis zu fünf Jahren und, wenn der Tod eines Menschen verursacht worden ist, Zuchthausstrafe nicht unter fünf Jahren ein.

§ 324. Wer vorsätzlich Brunnen- oder Wasserbehälter, welche zum Gebrauche anderer dienen, oder Gegenstände, welche zum öffentlichen Verkaufe oder Verbrauche bestimmt sind, vergiftet oder denselben Stoffe beimischt, von denen ihm bekannt ist, daß sie die menschliche Gesundheit zu zerstören geeignet sind, ingleichen wer solche vergiftete oder mit gefährlichen Stoffen vermischte Sachen wissentlich und mit Verschweigung dieser Eigenschaft verkauft, feilhält oder sonst in Verkehr bringt, wird mit Zuchthaus bis zu zehn Jahren und, wenn durch die Handlung der Tod eines Menschen verursacht worden ist, mit Zuchthaus nicht unter zehn Jahren oder mit lebenslänglichem Zuchthaus bestraft.

§ 325. Neben der nach den Vorschriften des §§ 321—324 erkannten Zuchthausstrafe kann auf Zulässigkeit von Polizeiaufsicht erkannt werden.

§ 326. Ist eine der in den §§ 321—324 bezeichneten Handlungen aus Fahrlässigkeit begangen worden, so ist, wenn durch die Handlung ein Schaden verursacht worden ist, auf Gefängnis bis zu einem Jahre, und, wenn der Tod eines Menschen verursacht worden ist, auf Gefängnis von einem Monat bis zu drei Jahren zu erkennen.

c) Das **Reichsgesetz, betr. die Bekämpfung gemeingefährlicher Krankheiten,** das sog. **Reichsseuchengesetz,** vom 30. Juni 1900 (RGBl. S. 306), ermöglicht in seinem **§ 17** polizeiliche Maßnahmen, die der Übertragung von Seuchen durch Wasser in seinen verschiedenen Benutzungsarten vorbeugen sollen; Zuwiderhandlungen gegen solche polizeilichen Anordnungen sind in § 46 Nr. 3 daselbst mit Übertretungsstrafe bedroht.

§ 35 des Gesetzes fordert darüber hinaus, auch in seuchenfreien Zeiten, eine fortlaufende Überwachung der dem allgemeinen Gebrauch dienenden Einrichtungen für Versorgung mit Trink- oder Wirtschaftswasser und für Fortschaffung der Abfallstoffe.

Die §§ 17 und 35 lauten:

§ 17. In Ortschaften, welche von Cholera, Fleckfieber, Pest oder Pocken befallen oder bedroht sind, sowie in deren Umgegend kann die Benutzung von Brunnen, Teichen, Seen, Wasserläufen, Wasserleitungen, sowie der dem öffentlichen Gebrauche dienenden Bade-, Schwimm-, Wasch- und Bedürfnisanstalten verboten oder beschränkt werden.

§ 35. Die dem allgemeinen Gebrauche dienenden Einrichtungen für Versorgung mit Trink- oder Wirtschaftswasser und für Fortschaffung der Abfallstoffe sind fortlaufend durch staatliche Beamte zu überwachen.

Die Gemeinden sind verpflichtet, für die Beseitigung der vorgefundenen gesundheitsgefährlichen Mißstände Sorge zu tragen. Sie können nach Maßgabe ihrer Leistungsfähigkeit zur Herstellung von Einrichtungen der im Abs. 1 bezeichneten Art, sofern dieselben zum Schutze gegen übertragbare Krankheiten erforderlich sind, jederzeit angehalten werden.

Das Verfahren, in welchem über die hiernach gegen die Gemeinden zulässigen Anordnungen zu entscheiden ist, richtet sich nach Landesrecht.

Das preußische Gesetz zur Bekämpfung übertragbarer Krankheiten vom 28. August 1905 (GesS. S. 373) erklärt (§ 8 Nr. 7 und 10) die Vorschriften des § 17 des vorstehenden Reichsgesetzes für anwendbar auch bei übertragbarer Ruhr und bei Unterleibstyphus. Die auf Grund des § 5 Abs. 2 des Reichsseuchenges. und anderer Gesetze erlassene VO. des RMindInn. zur Bekämpfung übertragbarer Krankheiten vom 1. Dez. 1938 (RGBl. I S. 1721) sieht (§ 19) für einen erweiterten Kreis übertragbarer Krankheiten (§ 1) polizeiliche Maßnahmen der in § 17 des Reichsges. aufgeführten Art vor.

Zur Sicherung der Durchführung des § 35 des Reichsseuchengesetzes hat der Bundesrat unterm 16. Juni 1906 den Landesregierungen eine vom Reichsgesundheitsrat aufgestellte „Anleitung für die Einrichtung, den Betrieb und die Überwachung öffentlicher Wasserversorgungsanlagen" (MiBliV. 1907 S. 157) empfohlen, zu der Preußen unter dem 23. April 1907 noch eine Ausführungsanweisung (MiBliV. 1907 S. 182) herausgegeben hat.

Jene Anleitung behandelt ausführlich unter A I. die Wahl des Wassers; II. die Bildung eines Schutzbezirks, um einerseits Abgraben, schädigende Entnahmen oder Ableitungen zu verhindern und andererseits Infektionen und Verunreinigungen des Wassers zu verhüten; III. die Einrichtung der Anlage, die derart beschaffen sein soll, daß sie gesundheitlich einwandfreies Wasser nicht verschlechtert und, soweit nur gesundheitlich bedenkliches oder sonst nicht einwandfreies Wasser zur Verfügung steht, dieses in ein unschädliches und billigen Ansprüchen genügendes Wasser verwandelt; IV. die Pläne, Bauausführung und Abnahme, bei denen die Mitwirkung hygienischer Sachverständiger gefordert wird. Unter B wird der Betrieb der Anlagen behandelt. Der Abschnitt C ist der Überwachung des Betriebs, namentlich durch hygienische Sachverständige gewidmet, die gegebenenfalls weitere Sachverständige (Geologen, Chemiker, Bakteriologen) zuzuziehen haben.

Im Jahre 1932 hat der Preußische Landesgesundheitsrat die in der Landesanstalt für Wasser-, Boden- und Lufthygiene ausgearbeiteten „Hygienischen Leitsätze für die Trinkwasserversorgung" veröffentlicht. Ihnen sind Anlagen beigefügt, die Richtlinien enthalten für die Reinigung von Oberflächenwasser durch Langsamfiltration, eine Brunnenordnung und eine Anleitung zur Ausführung der bakteriologischen Wasseruntersuchung. Diese Hygienischen Leitsätze finden sich in den Veröffentlichungen der Med. Verw. — jetzt Veröffentlichungen aus dem Gebiete des Volksgesundheitsdienstes — 1932, 38, Heft 1, 1. — Verlag R. Schoetz, Berlin 1932.

d) Das **Reichsgesetz über die Vereinheitlichung des Gesundheitswesens** vom 3. Juli 1934 (RGBl. I S. 531) ermöglicht jetzt im ganzen Reichsgebiet eine nachdrückliche, nach einheitlichen Grundsätzen ausgerichtete Vertretung der gesundheitlichen Belange auch bei der Trink- und Gebrauchswasserversorgung und der Behandlung der Abwässer. Die Dritte Durchführungs-VO. (Dienstordnung für die Gesundheitsämter — Besonderer Teil)vom 30. März 1935 (Reichsministerialbl. S. 237) enthält nach dieser Richtung hin in ihrem Abschnitt VIII unter der Überschrift „Wasserversorgung, Beseitigung der flüssigen und festen Abfallstoffe, öffentliche Wasserläufe“ folgende Vorschriften:

§ 28. Wasserversorgung. (1) Auf die Beschaffung ausreichenden und hygienisch einwandfreien Trink- und Gebrauchswassers hat das Gesundheitsamt hinzuwirken und insbesondere anzustreben, daß mangelhafte und nicht genügend gegen Verunreinigung geschützte Trinkwasseranlagen beseitigt und an ihrer Stelle zweckmäßige Einzel- oder Zentralanlagen errichtet werden.

(2) Die bestehenden Trinkwasserversorgungsanlagen hat das Gesundheitsamt durch regelmäßig wiederkehrende, bei besonderen Vorkommnissen auch durch außerordentliche Prüfungen zu überwachen. Die regelmäßigen Prüfungen finden bei größeren Anlagen je nach den Verhältnissen und dem letztmalig erhobenen Befund innerhalb eines ein- bis zweijährigen Zwischenraums, bei anderen Anlagen mindestens alle drei Jahre statt. Sie sind tunlichst in die Zeiten zu verlegen, die sich für gewöhnlich als besonders gefahrvoll erwiesen haben, z. B. bei Wasserknappheit, Wasserfülle. Aber auch sonst soll das Gesundheitsamt geeignete Gelegenheiten wahrnehmen, um sich über die Beschaffenheit der Trinkwasserversorgungsanlagen zu unterrichten. Dabei wird der beamtete Arzt neben dem Ergebnis der chemischen und bakteriologischen Untersuchung von Wasserproben den Schwerpunkt auf die örtliche Besichtigung zu legen und dahin zu streben haben, laufend ein Bild von den Trinkwasserverhältnissen in den einzelnen Ortschaften zu erhalten, um gegebenenfalls die zur Beseitigung von gesundheitswidrigen Verhältnissen geeigneten Maßnahmen vorschlagen zu können.

(3) Über alle Pläne zu zentralen Wasserleitungen hat sich der Amtsarzt gutachtlich zu äußern und hierbei die Beschaffenheit und Menge des Wassers, die Entnahmestellen insbesondere im Hinblick auf die Möglichkeit einer Verseuchung oder unzureichenden Zuführung, die Einrichtung der Wasserbehälter usw. zu berücksichtigen. Besondere Aufmerksamkeit hat er auf die Errichtung von Einzelwasserversorgungsanlagen im Bereiche zentraler Wasserleitungen zu richten.

(4) Auf § 24 Abs. 3 dieser Dienstordnung wird hierbei besonders hingewiesen.

(5) Gegenüber Anträgen von Gemeinden oder Wasserwerksverwaltungen auf Übernahme der Tätigkeit als hygienischer Beirat soll der Amtsarzt sich entgegenkommend verhalten.

§ 29. Beseitigung der flüssigen und festen Abfallstoffe. (1) Das Gesundheitsamt hat auf den Verbleib der flüssigen und festen Abgänge in den Ortschaften, auf die Beschaffenheit der Abzugskanäle, Aborte, Düngerstätten zu achten und, sofern in dieser Beziehung Mißstände bestehen, auf die Einführung planmäßiger Beseitigung der Schmutzstoffe aller Art im Wege einer geregelten Abfuhr oder Kanalisation hinzuwirken. Hierbei ist besonders auf die Abwässer von Schlachthäusern, Abdeckereien, gewerblichen Anlagen und Krankenhäusern zu achten.

(2) Über jeden Kanalisationsplan hat der Amtsarzt vor Weitergabe an die höhere Behörde sich gutachtlich zu äußern.

§ 30. Reinhaltung der Gewässer. (1) Bei der Überwachung der Gewässer hat das Gesundheitsamt zwecks Verhütung einer Verunreinigung durch Zuführung schmutziger oder giftiger Abwässer aus gewerblichen Anlagen, aus städtischen Kanalisationseinrichtungen usw. nach Kräften mitzuwirken, und zwar nicht nur bei Gelegenheit einer amtlichen Beteiligung, sondern auch aus eigenem Antriebe, sobald Mißstände zu seiner Kenntnis gelangen. Insbesondere hat es den Betrieb der öffentlichen Kläranlagen zu überwachen und ihre Wirkung auch hinsichtlich der Verwendung der Gewässer zu Badezwecken (vgl. § 69 dieser Dienstordnung) fortgesetzt zu beobachten.

(2) Auf § 24 Abs. 3 wird auch in diesem Zusammenhang hingewiesen.

§ 24 Abs. 3 betrifft die Prüfung von Wohnungen und zum dauernden Aufenthalt von Menschen bestimmten Räumen in gesundheitlicher Hinsicht.

Weiterhin sei hier auf § 24 Abs. 6 der 3. Durchführungs-VO. verwiesen. Er lautet:

„Als Beratungsstelle kann die **Anstalt für Wasser-, Boden- und Lufthygiene** in Berlin-Dahlem in allen schwierigen Fragen auf diesem Gebiet zugezogen werden.“

e) Diese Anstalt ist im Jahre 1901 als „Preußische Versuchs- und Prüfungsanstalt für Wasserversorgung und Abwässerbeseitigung“ errichtet worden. Ein halbes Jahr später wurder der „Verein für Wasserversorgung und Abwässerbeseitigung“ gegründet mit dem Zweck, bei den Aufgaben und Arbeiten der Anstalt mitzuwirken und deren Durchführung mit Geldmitteln zu fördern. Der Verein besteht noch heute unter dem Namen „Verein für Wasser-, Boden- und Lufthygiene E. V.“. In den „Kleinen Mitteilungen“[1], die in der Landesanstalt für die Mitglieder dieses Vereins herausgegeben werden, ist in Jahrgang **12**, 1936, Nr. 1/4 die Geschichte und das Aufgabengebiet der Landesanstalt und des genannten Vereins dargestellt. Es heißt dort unter anderem: „Obwohl die Anstalt eine preußische Anstalt war und zur Zeit noch ist, erstreckte sich ihre Tätigkeit doch immer schon mehr oder weniger auf das gesamte Reichsgebiet. Da es im Auslande eine in gleicher Richtung und Art arbeitende Anstalt nicht gibt, hatte die Anstalt auch einschlägige Aufgaben für das Ausland, z. B. in Schweden, Holland, Portugal, Spanien und in der Tschechoslowakei, zu bearbeiten.“ Kennzeichnend für ihre Bedeutung im Aufbau des Gesundheitswesens des Reiches ist die Tatsache, daß der Präsident des Reichsgesundheitsamtes neuerdings auch mit der Wahrnehmung der Geschäfte des Präsidenten der Anstalt betraut worden ist. Über das Arbeitsgebiet der Anstalt sagt der vorerwähnte Aufsatz (Jahrgang **12**, 1936, Nr. 1/4):

„Sie soll nicht lediglich ein wissenschaftliches Forschungsinstitut und auch nicht nur dazu bestimmt sein, die Wasserversorgung und Abwasserbeseitigung und überhaupt die Reinhaltung von Wasser, Boden und Luft vom hygienischen Standpunkt aus zu prüfen, sondern sie soll darüber hinaus die sie um Rat Angehenden — gleichgültig, ob es sich hierbei um Behörden, Kommunalverwaltungen, Industrielle und Gewerbetreibende oder Privatpersonen handelt — auf Grund der von ihr gesammelten Erfahrungen praktisch beraten, neben den hygienischen Rücksichten also auch die technischen und wirtschaftlichen Gesichtspunkte zur Geltung bringen. Im Vordergrund der Anstaltstätigkeit steht also die praktische Arbeit mit dem Ziele des Nutzens für das öffentliche Leben und die Volkswirtschaft. Daß hierfür auch wissenschaftlich-theoretische Forschungsarbeit unentbehrlich ist, ist eine Selbstverständlichkeit. Sie ist also auf ihren Arbeitsgebieten ein Institut für angewandte Hygiene, wobei bei der Eigenart der Anstalt die Hygiene als Grenzwissenschaft aufzufassen ist, die sich in ihrer praktischen Nutzanwendung anderer Wissenschaften bedienen muß, um erfolgreich arbeiten zu können. Deshalb vereinigt sie neben Medizinern Chemiker, Botaniker, Biologen, Zoologen, Hydrologen und Techniker in gemeinsamer Arbeit unter einheitlicher Führung eines Fachhygienikers, der die Zusammenarbeit der einzelnen an der Anstalt vorhandenen Fachgebiete sicherstellt.“

f) Noch immer haben Bedeutung auf dem Gebiete der Reinhaltung der Gewässer, auch neben den später erlassenen Wassergesetzen der Länder, die reichsrechtlichen Vorschriften der **§§ 16ff. der Reichsgewerbeordnung.** Sie fordern behördliche Genehmigung für bestimmte im Gesetz ursprünglich aufgeführte und durch die Reichsregierung später in § 16 weiter eingefügte gewerbliche Anlagen, welche „durch die örtliche Lage oder die Beschaffenheit der Betriebsstätte für die Besitzer oder Bewohner benachbarter Grundstücke erhebliche Nachteile, Gefahren oder Belästigungen herbeiführen können“. Dabei ist freilich in erster Linie an üble Gerüche, schädliche Gase, Ausdünstungen, Anlocken von Ungeziefer gedacht worden. Aber auch schädliche Abwässer sind in der Praxis von jeher dazu gerechnet worden. Die Genehmigung kann auch unter bestimmten sich als nötig ergebenden Bedingungen erteilt werden; es kann also auch die Unschädlichmachung von Abwässern zur Bedingung gemacht werden. Gegenüber einer gewerbepolizeilich genehmigten Anlage können diejenigen, die durch die etwa zugelassene Einleitung der Abwässer in einen Wasserlauf oder See geschädigt werden, niemals auf Einstellung des Gewerbebetriebs, sondern nur auf schadenverhütende Einrichtungen oder, wo solche untunlich

---

[1] In Nr. 1/4 des Jahrgangs 10 (1934) veröffentlicht Ministerialdirektor i. R. G. von Meyeren „Wasserrechtliche Erörterungen über die Reinhaltung der Wasserläufe, insbesondere über die Flußwasser-Untersuchungsämter und andere Maßnahmen zur planmäßigen Reinhaltung“.

sind, auf Schadloshaltung — und zwar im gewöhnlichen Rechtsweg — klagen (§ 26 der Gewerbeordnung).

Die Mitwirkung der Gesundheitsämter in dem Verfahren zur Genehmigung gewerblicher Anlagen nach §§16ff. der Gewerbeordnung ist in § 44 der vorerwähnten Dritten Durchführungs-VO. zum Gesetz über die Vereinheitlichung des Gesundheitswesens geregelt.

Der preußische Ministererlaß vom 1. Oktober 1930 (MinBliV. S. 1116) über „Reinhaltung der Gewässer" sorgt unter A II für ein geordnetes Ineinandergreifen des gewerbepolizeilichen Genehmigungsverfahrens und gleichzeitig schwebender wasserrechtlicher „Verleihungsverfahren" (vgl. unten bei III A b 6).

g) Als reichsrechtliche Vorschrift ist im vorliegenden Zusammenhang auch erwähnenswert § 18 der **Deutschen Gemeindeordnung** vom 30. Januar 1935 (RGBl. I S. 49), der den Gemeinden das Recht gibt, unter bestimmten Voraussetzungen Anschlußzwang an Wasserleitungen, Kanalisation und ähnliche der Volksgesundheit dienende Einrichtungen sowie Benutzungszwang derselben für die Grundstücke ihres Bezirks vorzuschreiben.

Für Berlin ist (§ 122) die etwas abweichende Regelung des § 14 des preußischen Gemeindeverfassungsgesetzes vom 15. Dezember 1933 (GesS. S. 430) in Geltung geblieben.

B. Das Reichsgesetz und die Erste Verordnung des Reichs über Wasser- und Bodenverbände (1937).

Ein sehr bedeutungsvoller Vorläufer des in Vorbereitung befindlichen umfassenden Reichswasserrechts ist ein am 10. Februar 1937 vom **Reich** erlassenes Rahmengesetz (RGBl. I S. 188) **„über Wasser- und Bodenverbände"**. Es ermächtigt den RErnMin. im Einvernehmen mit den beteiligten Reichsministern, „das Recht der Wasser- und Bodenverände, insbesondere ihre Selbstverwaltung, ihre Ordnungs- und Polizeigewalt, die Aufsicht und Polizei über sie, das Spruchverfahren und die Umgestaltung bestehender und die Gründung neuer Verbände, durch Verordnung nach den Grundsätzen des nationalsozialistischen Staates neu zu gestalten". Das Gesetz ist nach seinen Eingangsworten erlassen, „um die Wasser- und Bodenverhältnisse als eine Grundlage der Selbstversorgung des deutschen Volkes zu verbessern und um Wasser- und Abwasserschaden von ihm abzuwenden".

Auf Grund der durch dieses Gesetz erteilten Ermächtigung hat der RErnMin. unter dem 3. September 1937 die im RGBl. I S. 933 verkündete, ab 1. Januar 1938 in Kraft befindliche **„Erste Verordnung über Wasser- und Bodenverbände (Erste Wasserverband-VO.)"** erlassen.

Die VO. regelt in 192 Paragraphen — nach den Worten ihres Vorspruchs — „das Leben fast aller bestehenden Wasser- und Bodenverbände nach den Grundsätzen des neuen Staates und erleichtert das Bilden neuer Verbände. Sie erhält die Selbstverwaltung der Verbände und ermöglicht eine straffe Führung, gleicht aber die Gegensätzlichkeit der wirtschaftlichen Interessen durch die Mitwirkung der Beteiligten aus. Die Aufsicht über die Verbände führt der Staat."

Diese VO. macht einen wichtigen Ausschnitt aus den bisher auch hinsichtlich der Wassergenossenschaften mehr oder weniger auseinandergehenden Wasserrechten der deutschen Länder zu einheitlichem Reichsrecht. Denn mit dem Inkrafttreten der VO. treten nach ihrem § 191 „die entgegenstehenden Vorschriften des Reiches, die Vorschriften der Länder, das Gewohnheitsrecht und das Herkommen außer Kraft".

Von der rechtlichen und wirtschaftlichen Tragweite der Ersten Wasserverband-VO. mögen folgende Sätze aus der amtlichen Begründung zu dem

Wasserverbandgesetz vom 10. Februar 1937 eine Vorstellung vermitteln. Ihr vollständiger Wortlaut findet sich in der Z. für Agrar- und Wasserrecht 23, 269; sie ist auch bei TÖNNESMANN S. 5 abgedruckt. Es heißt dort, nachdem Wasserregelung und Bodenkultur als Mittel zur Vermehrung der einheimischen Bodenerzeugung erörtert sind:

„Der Vierjahresplan führt ferner mittelbar zu einer Verstärkung der Wasserwirtschaft. Er fordert die vermehrte Schaffung industrieller Werte. Diese Produktionssteigerung bringt eine Vermehrung des Abwassers mit sich. Das Unschädlichmachen des Abwassers und das Reinhalten der Gewässer muß daher zu einer gesteigerten Sorge werden.

In den letzten Jahrzehnten hat sich immer mehr gezeigt, daß das gemeinschaftliche Handeln der Beteiligten bei der Regelung der Wasserverhältnisse und bei der Verbesserung des Bodens die beste Form der Trägerschaft ist. Die Wasser- und Bodenverbände sind daher ihre wichtigsten Träger geworden.

Wasser- und Bodenverbände gibt es von sehr verschiedener Art und Größe, von den kleinen, rein landwirtschaftlichen Verbänden mehrerer Bauern und Landwirte, die nur einen Graben gemeinsam unterhalten, bis zu den großen Wasser- und Abwasserverbänden in den Industriegebieten, die große Flüsse in Ordnung halten und das Abwasser von Industrie und Städten unschädlich machen.

Die große Masse der Wasser- und Bodenverbände ist landwirtschaftlich und hat die Hebung der landwirtschaftlichen Erzeugung zur Aufgabe. Es gibt aber auch zahlreiche Verbände mit gewerblichen Aufgaben (Abwasser, Triebwerke), mit städtischen Aufgaben (Gewässerunterhaltung) und mit der allgemeinen Aufgabe des Schutzes von Leben, Hab und Gut im Hochwassergebiet (Deichverbände). Die Zahl der in Deutschland bestehenden Verbände wird auf etwa 15000 geschätzt.

Das Recht dieser Verbände ist in Landesrechte zersplittert. Eine einheitliche Rechtsquelle fehlt. Dazu kommt, daß die Gesetze einzelner Länder unübersichtlich sind. Für einzelne große Wasserverbände sind besondere Reichs- und Landesgesetze ergangen.

Die Neuordnung soll das gesamte Recht der Verbände umfassen . . . .

Von dem Wasserverbandgesetz werden zwei Arten von Wasser- und Bodenveränden getroffen, nämlich die große Masse der öffentlichrechtlichen Verbände und wenige privatrechtliche Körperschaften . . . . Diese privatrechtlichen Verbände müssen, soweit es nötig ist, in öffentlichrechtliche Verbände umgewandelt werden können. Außerdem muß die VO. die Überleitung der öffentlichrechtlichen Verbände in das neue Verbandrecht ordnen."

Die im letztangeführten Satz der amtlichen Begründung genannten Aufgaben löst die Erste Wasserverband-VO. in ihrem zweiten Teile (§§ 143—183), der die Überschrift trägt „Verfahren zur Umgestaltung, Gründung, Auflösung von Wasser- und Bodenverbänden". Demgegenüber bringt der erste Teil der VO. (§§ 1—142) das innere Verbandsrecht, d. h. die Vorschriften, nach denen in Zukunft alle derartigen Verbände zu leben und wirken haben, mögen sie nach der VO. neu gegründet werden, oder schon vor ihrem Inkrafttreten als öffentlichrechtliche Körperschaften bestanden haben (sog. alte Verbände) oder später durch Umwandlung einer privatrechtlichen Körperschaft zum öffentlichrechtlichen Verband geworden sein.

Denn nach § 1 der Ersten Wasserverband-VO., wo diese drei Gruppen unterschieden werden, sind „Wasser- und Bodenverbände die öffentlichrechtlichen Körperschaften, die Aufgaben nach § 2 haben".

§ 2 lautet:

„Aufgaben des Wasser- und Bodenverbandes können sein:

1. Gewässer und ihre Ufer herzustellen, zu ändern, in ordnungsmäßigem Zustande zu halten, den Wasserabfluß zu regeln und Gewässer zu beseitigen,
2. Schiffahrt- und Flößereianlagen, Stauanlagen, Schleusen, Siele u. dgl., Wasserkraftanlagen und Wassersammelbecken herzustellen, zu ändern, in ordnungsmäßigem Zustande zu halten, zu betreiben, auszunutzen und zu beseitigen,
3. Grundstücke zu entwässern, zu bewässern und vor Hochwasser und Sturmflut zu schützen,
4. Abwasser abzuführen, zu verwerten, zu reinigen und unschädlich zu machen,
5. Trink- und Brauchwasser zu beschaffen,
6. Den Boden im landwirtschaftlichen Kulturzustande zu verbessern und zu erhalten und die Kulturflächen zu bewirtschaften und zu nutzen,
7. das Grundwasser zu bewirtschaften,

8. Land aus Wasserflächen zu gewinnen,

9. Raseneisenerz abzubauen, abbauen zu lassen und zu verwerten und die Grundstücke nach dem Abbau wiederherzustellen,

10. Beiträge zu wasserwirtschaftlichen und zu wasserbaulichen, zu Bodenverbesserungs- und zu Abwassermaßnahmen aufzubringen,

11. die vorstehenden Aufgaben zu fördern und zu überwachen,

12. andere Aufgaben, wenn der Reichsminister für Ernährung und Landwirtschaft sie im Einvernehmen mit den anderen Fachministern zuläßt.“

Für fünf große Verbände, nämlich die Emschergenossenschaft, den Ruhrtalsperrenverein, den Ruhrverband zur Reinhaltung der Ruhr, den Lippeverband und die linksniederrheinische Industriegebiet-Entwässerungsgenossenschaft, hat § 191 der Ersten Wasserverband-VO. die für jeden von ihnen durch ein besonderes preußisches Gesetz getroffene Sonderregelung bestehen lassen. Doch ist wohl auch mit einer Umgestaltung dieser Verbände zu rechnen. Ferner enthält § 142 einen Vorbehalt für den Erlaß besonderer Vorschriften für Spruchstellen der Verbände, die nicht überwiegend landwirtschaftliche Aufgaben haben. Hieraus erklärt sich, daß die bisher erlassene VO., obwohl sie im übrigen den einschlägigen Rechtsstoff vollständig regelt, als Erste VO. bezeichnet wird.

II. Werdendes Wasserrecht des Reiches.

Abgesehen von dem Recht der Wasserverbände ist das Wasserrecht, soweit Vorschriften über Unterhaltung, Ausbau, Benutzung der Gewässer, über das Eigentum und sonstige Rechte an den Gewässern, über Wasserbehörden, Wasserpolizei, Wasserbücher usw. in Frage kommen, im Raume des deutschen Reichs von den einzelnen Ländern für ihre Gebiete zur Zeit noch recht unterschiedlich geregelt. Überall freilich sind das Eigentum oder sonstige Benutzungsrechte, wer auch immer ihr Träger sein mag, mehr oder weniger beschränkt oder beschränkbar unter den Gesichtspunkten des öffentlichen Wohles, des Gemeingebrauchs, des besonderen Bedarfs der Anlieger und gewerblicher Unternehmungen. Die Vorarbeiten für ein einheitliches Wasserrecht des Reiches sind bereits soweit gediehen, daß die vielgestaltigen Wasserrechte der Länder aller Voraussicht nach nur noch kurze Zeit in Geltung bleiben werden. Deshalb und mit Rücksicht auf den für Rechtsfragen in einem Werke wie dem vorliegenden naturgemäß beschränkten Raum wird von einer Darstellung des Wasserrechts der außerpreußischen Länder abgesehen, lediglich die Fundstellen der grundlegenden Wassergesetze der Länder werden nachstehend (S. 719) mitgeteilt. Wenn der wesentliche Inhalt des Wassergesetzes Preußens als des größten deutschen Landes in einem kurzen Abriß mitgeteilt wird, so wird damit einem dreifachen Zweck gedient; erstlich wird dadurch ein Eindruck von dem Rechtsstoff vermittelt, der überhaupt Gegenstand der deutschen Wasserrechte ist; sodann können an diesem Beispiel die wichtigsten wasserrechtlichen Begriffe erläutert werden; schließlich wird durch die Darstellung eines bestehenden Wassergesetzes eine Vergleichsgrundlage gegeben, von der aus die wichtigsten Neuerungen des kommenden Wasserrechts des Reiches besser gewürdigt werden können.

Für manches, was in dem kommenden Reichswasserrecht der Regelung durch Rechtssatz bedarf, muß freilich noch die dem erstrebten Zweck gemäßeste rechtliche Ausgestaltung gefunden werden. Indessen treten die Ziele des werdenden, nationalsozialistisches Gedankengut verwirklichenden Reichsrechts aus den Verlautbarungen berufener Stellen[1] bereits hinreichend deutlich hervor. Es sind die folgenden:

[1] Hingewiesen sei auf die Mitteilungen der Tagespresse aus Ansprachen des Reichsministers Darré bei Eröffnung der Ruhrtalsperre und auf der Reichswasserwirtschaftstagung im Juni 1938, ferner auf die Aufsätze der damaligen Vorsitzenden des Ausschusses für Wasserrecht der Akademie für Deutsches Recht in der „Zeitschrift der Akademie für Deutsches Recht“ 1935, Heft 6: „Über die Rechtsverhältnisse und die Benutzung natürlicher Wasserläufe“ von P. Schlegelberger und 1937, Heft 17: „Drei Fragen zum künftigen Wasserrecht“ von P. Giesecke.“

Dem letzterwähnten Aufsatz ist ein Verzeichnis einschlägiger Zeitschriftenaufsätze beigegeben.

Der gesamte deutsche Wasserschatz bildet eine untrennbare Einheit. Weil Leben, Gesundheit und wirtschaftliches Gedeihen des Volkes von der pfleglichen Behandlung und richtigen Verteilung des vorhandenen Wasserschatzes in starkem Maße abhängen, so muß auch seine Benutzung im einzelnen durch die Rücksicht auf den gemeinen Nutzen und das Interesse der Gesamtheit bestimmt sein. Als Volksgut müssen sowohl die natürlichen Wasserläufe als auch das Grundwasser, unter Beseitigung von Privateigentum und privatrechtlichen Nutzungsbefugnissen, der Bestimmung und Beaufsichtigung des Reiches unterstellt werden. Eine Frage zweiter Ordnung ist die, inwieweit ein Privateigentum am Flußbett zuzugestehen ist. Der Unterausschuß des Ausschusses für Wasserrecht der Akademie für Deutsches Recht hat sich in bejahendem Sinne ausgesprochen und für seinen Standpunkt die bestehende Grundbuchverfassung und praktische Gründe ins Treffen geführt. So denkt man daran, das Eigentum am Flußbett demjenigen zuzusprechen, dem die Unterhaltung des Wasserlaufs obliegt. Die Frage nach dem Träger der Unterhaltung hat man dabei zunächst offen gelassen.

Für die Benutzung der natürlichen Wasserläufe und mehr oder weniger auch des sonstigen Wasservorkommens sind in Aussicht genommen gewisse Benutzungsarten mit rechtssatzmäßig festgelegtem Inhalt, die unter gewissen Gegebenheiten jedem ohne weiteres offenstehen, vorbehaltlich freilich ihrer Untersagung, Beschränkung oder widerstreitende Interessen ausgleichenden Regelung durch die Wasserbehörden im Einzelfall. Als solche sozusagen gesetzliche Benutzungsart ist neben dem Gemeingebrauch, für dessen Gestaltung in den überkommenen Wasserrechten Vorbilder vorhanden sind, ein neues Rechtsgebilde, „die landwirtschaftliche Benutzung", Gegenstand von Erörterungen.

Darüber hinaus sollen durch obrigkeitlichen Akt im Falle des Bedarfs Befugnisse zur besonderen Benutzung erteilt werden können. Jedoch wird das Reichswasserrecht nach seiner grundsätzlichen Ausrichtung nicht beim Vorhandensein gewisser Voraussetzungen einen öffentlichrechtlichen Anspruch auf die Zusprechung gewisser besonderer Benutzungsrechte gewähren. Das Reich wird vielmehr die Freiheit behalten, je nach den Bedürfnissen der Volksgemeinschaft, besondere Benutzungsbefugnisse zu versagen oder zu erteilen und sie auch nachträglich zu entziehen oder zu beschränken. Inwieweit in den letztgedachten Fällen eine Schadloshaltung vorzusehen ist, ist noch zu klären. Hierbei muß man daran denken, daß die Ausnutzung obrigkeitlich gewährter Nutzungsrechte vielfach die Aufwendung bedeutender wirtschaftlicher Werte mit sich bringt und nicht selten im allgemein wirtschaftlichen Interesse liegt. Die entschädigungslose Entziehung einmal gewährter besonderer Nutzungsrechte kann also unter Umständen eine schwer zumutbare Härte für den Betroffenen bedeuten.

Welche Rechtsformen das künftige Reichsrecht für die verschiedenen Möglichkeiten obrigkeitlicher Gewährung besonderer Wasserbenutzungsbefugnisse zur Verfügung stellen wird und wie etwa verschiedene Rechtformen abgestuft und unterschiedlich ausgestaltet sein werden, bleibt abzuwarten. Jedenfalls aber werden die hier in Betracht kommenden neuen Rechtsgebilde sich nach Voraussetzungen und Wirkungen wesentlich unterscheiden von den zwar durch öffentlichrechtlichen Akt begründeten oder festgestellten, sonst aber auf privatrechtlicher Grundlage ausgestalteten „Verleihungen" und „Zwangsrechten" des derzeitigen preußischen Wassergesetzes.

Um die Bahn für das andersgeartete neue Recht freizuhalten und die Überleitung des bestehenden Rechtszustandes in das neue Recht jedenfalls nicht durch

Neubegründung, Sicherstellung oder Verlängerung von Sonderbenutzungsrechten der bisherigen Art zu erschweren, hat Preußen unter dem 19. März 1935 (GesS. S. 43) das Gesetz zur Einschränkung der Rechte am Wasser erlassen, auf das weiter unten (III A c) noch etwas näher eingegangen wird. Die dort auszugsweise mitabgedruckte amtliche Begründung zu diesem Gesetz führt in Einzeldarlegungen über die in Frage kommenden Benutzungsarten die praktische Tragweite der Wesensverschiedenheiten des geltenden Rechts und des werdenden Reichsrechts vor Augen.

III. Überblick über die derzeit noch geltenden Landeswassergesetze.

A. Das Preußische Wassergesetz

vom 7. April 1913 (GesS. S. 53).

Es ist seit seinem Inkrafttreten mehrfach geändert worden. Insbesondere sind aufgehoben sein 8. Abschnitt über Wasserbeiräte durch Art. 48 des Gesetzes vom 25. Juli 1933 (GesS. S. 274), sein 9. Abschnitt über das Landeswasseramt durch die VO. über die Eingliederung des Landeswasseramts in das Oberverwaltungsgericht vom 12. März 1924 (GesS. S. 130), sein § 391 durch § 133 Abs. 2 Nr. 14 des Fischereiges. vom 11. Mai 1916 (GesS. S. 55). Ferner sind geändert § 368 Abs. 3 durch § 35 des Ges. vom 27. April 1920 (GesS. S. 123), §§ 80/86 durch Art. 3 des Ges. vom 25. Juli 1923 (GesS. S. 341), § 380 durch VO. vom 16. Februar 1924 (GesS. S. 112), §§ 206, 238, 248, 250, 274, 370 durch Ges. vom 14. März 1924 (GesS. S. 137).

Zahlreiche Änderungen bringt das Ges. zur Änderung von Gesetzen über Wasser- und Bodenkulturangelegenheiten vom 25. Juli 1933. Dieses Gesetz muß man neben dem ursprünglichen Wassergesetz zur Hand nehmen, wenn man sicher gehen will, ob ein bestimmter Paragraph des ursprünglichen Ges. noch unverändert gilt.

Weiter ist zu beachten, daß durch das Ges. vom 15. Dezember 1933 „über die Anpassung der Landesverwaltung an die Grundsätze des nationalsozialistischen Staates" auch das Wassergesetz betroffen wird; insbesondere insofern, als dadurch der Bezirksausschuß als Beschlußbehörde beseitigt und insoweit der Regierungspräsident an seine Stelle getreten ist.

Das Außerkrafttreten der durch die Erste Wasserverband-VO. ersetzten Vorschriften des Dritten Abschnitts über Wassergenossenschaften (§§ 206—283) und des Fünften Titels des Vierten Abschnitts über Deichverbände (§§ 294—318) ist bereits oben unter I B erwähnt.

a) Inhaltsübersicht.

Das preußische Wassergesetz behandelt in 401 Paragraphen folgenden **Rechtsstoff** unter folgenden Überschriften:

Erster Abschnitt. Wasserläufe.

Erster Titel. Begriff und Arten der Wasserläufe.	§§ 1— 6
Zweiter Titel. Eigentumsverhältnisse bei den Wasserläufen.	§§ 7— 18
Dritter Titel. Benutzung der Wasserläufe.	
I. Allgemeine Vorschriften.	§§ 19— 24
II. Gemeingebrauch.	§§ 25— 39
III. Benutzung durch den Eigentümer.	§§ 40— 45
IV. Verleihung.	§§ 46— 86
V. Ausgleichung.	§§ 87— 90
VI. Stauanlagen.	
1. Allgemeine Vorschriften.	§§ 91—105
2. Talsperren.	§§ 106—112
Vierter Titel. Unterhaltung der Wasserläufe und ihrer Ufer.	§§ 113—151
Fünfter Titel. Ausbau der Wasserläufe und ihrer Ufer.	§§ 152—175
Sechster Titel. Beteiligung des Staates und der Provinzen an dem Ausbau der Wasserläufe 2. Ordnung.	§§ 176—181
Siebenter Titel. Wasserbücher.	§§ 182—195

Als Anlage ist dem Wassergesetz beigegeben ein Verzeichnis der Wasserläufe erster Ordnung.

b) Begriffe und wichtigere Einzelvorschriften aus dem preußischen Wassergesetz.

1. Das preußische Wassergesetz (im folgenden abgekürzt als „WG.“) teilt die Gewässer ein in „Wasserläufe“ und in „nicht zu den Wasserläufen gehörende Gewässer“. Das wesentliche Begriffsmerkmal der Wasserläufe ist, daß sie in natürlichen oder künstlichen Betten dauernd oder zeitweilig oberirdisch abfließen. Zu den Wasserläufen gehören auch ihre oberirdischen Quellen, Seen, aus denen sie abfließen, und schließlich gewisse Gräben, insbesondere solche, die der Vorflut der Grundstücke verschiedener Eigentümer dienen (§ 1).

Nicht zu den Wasserläufen gehören das oberirdisch wild ablaufende Wasser, das Grundwasser und Seen und Gräben ohne Wasserlaufeigenschaft. Die Wasserläufe unterstellt das WG., obgleich es auch ihre Rechtsverhältnisse von der Rechtsgrundlage des Privateigentums am Wasserlauf aus ordnet — im Gegensatz z. B. zu dem württembergischen, dem thüringischen und dem sächsischen Wassergesetz —, in erheblich stärkerem Maße der öffentlichrechtlichen Gewalt als die sonstigen Gewässer, deren Recht noch mehr die Merkmale des Privatrechts bewahrt hat.

Die Wasserläufe werden, je nach ihrer Bestimmung und Bedeutung, in drei Ordnungen eingeteilt. Da das WG. seine rechtlichen Regelungen in mannigfacher Beziehung von der Zugehörigkeit eines Wasserlaufs zu der einen oder der anderen Ordnung abhängig macht, muß volle Klarheit darüber herrschen, zu welcher Ordnung ein bestimmter Wasserlauf gehört. Die Eigenschaft eines Wasserlaufs als Wasserlauf erster Ordnung wird dadurch begründet, daß er in dem dem WG. beigegebenen, gesetzlich festgestellten und nur durch Gesetz änderbaren „Verzeichnis der Wasserläufe erster Ordnung“ eingetragen steht.

Wasserläufe zweiter Ordnung erhalten diese Eigenschaft durch Eintragung in provinzweise durch die Oberpräsidenten aufgestellte Verzeichnisse.

Wasserläufe, soweit sie in keinem der beiden Verzeichnisse stehen, sind Wasserläufe dritter Ordnung.

Grundsätzlich befinden sich in dem gesetzlichen Verzeichnis der Wasserläufe erster Ordnung diejenigen, die zum öffentlichen Verkehr bestimmt sind (§ 26), also namentlich die schiffbaren Flüsse und die Schiffahrtskanäle. In das Verzeichnis der Wasserläufe zweiter Ordnung gehören (§ 4) die nicht in die erste Ordnung eingereihten Strecken natürlicher und künstlicher Wasserläufe, die für die Wasserwirtschaft von größerer Bedeutung sind.

2. Das **Eigentum** privatrechtlicher Art, freilich gegenüber gewöhnlichem Eigentum weitgehend durch Vorschriften des Wassergesetzes beschränkt (siehe nachstehend bei 5.) und unter bestimmten Voraussetzungen durch wasserpolizeiliche Eingriffe weiter beschränkbar, steht nach dem WG. grundsätzlich zu an den Wasserläufen zweiter und dritter Ordnung den Eigentümern der Ufergrundstücke (gegebenenfalls als anteiliges Anliegereigentum — § 8), an Wasserläufen erster Ordnung dem Staat. Das Eigentum an den meisten Wasserläufen erster Ordnung hat der Preußische Staat durch Staatsvertrag (vgl. das Preuß. Gesetz vom 26. September 1921 — GesS. S. 519) auf das Reich übertragen, damit der Forderung des Art. 97 der (Weimarer) Reichsverfassung gerecht werdend.

3. Im Rahmen des vorliegenden Werkes sind von Wichtigkeit die der **Reinhaltung der Wasserläufe** dienenden „Allgemeinen Vorschriften" des Dritten Titels des Ersten Abschnitts des WG., die auch für den Eigentümer gelten. So verbietet § 19, Erde, Sand, Schlacken, Steine, Holz, feste und schlammige Stoffe sowie tote Tiere in einen Wasserlauf einzubringen oder so an ihm zu lagern, daß sie hineingeschwemmt werden können. Ausnahmen kann die Wasserpolizeibehörde zulassen, wenn daraus nach ihrem Urteil eine für andere nachteilige Veränderung der Vorflut oder eine schädliche Verunreinigung des Wassers nicht zu erwarten ist.

Die Einbringung von Wasser oder anderen flüssigen Stoffen in Wasserläufe ist nicht grundsätzlich verboten. Nur wer dies über den Gemeingebrauch hinaus tun will, hat es nach § 23 vorher der Wasserpolizeibehörde anzuzeigen, die alsdann, je nach gewissen Gegebenheiten, die Einleitung untersagen oder von gewissen Vorkehrungen abhängig machen kann; andernfalls hat sie dem Anzeigenden mitzuteilen, daß von Polizei wegen keine Bedenken gegen die Einleitung zu erheben seien.

Nach den Vorschriften über den Gemeingebrauch ist unter anderem (§ 25) jedem gestattet, in die natürlichen Wasserläufe erster Ordnung Wasser sowie die in der Haushaltung und Wirtschaft entstehenden Abwässer einzuleiten, wenn dadurch andere nicht benachteiligt werden. Doch fällt hierunter nicht die Einleitung von Abwässern mittels gemeinsamer Anlagen. Als Wirtschaft i. S. dieser Vorschrift gelten nach § 25 Abs. 4 „der landwirtschaftliche Haus- und Hofbetrieb, mit Ausschluß der landwirtschaftlichen Nebenbetriebe, und kleingewerbliche Betriebe von geringem Umfange". Industriewerke dürfen also nicht auf Grund der Vorschriften über den Gemeingebrauch ihre Abwässer in Wasserläufe einleiten, auch die Einleitung der Abwässer mehrerer Werkwohnungen oder einer Siedlung mittels einer gemeinsamen Anlage würde über den Gemeingebrauch hinausgehen. Was unter Wasser und Abwasser i. S. der hier zur Erörterung stehenden Vorschriften (§§ 23—25) zu verstehen ist, wird in dem sehr ausführlichen Runderlaß preußischer Minister betr. Reinhaltung der Gewässer vom 1. Oktober 1930 (MiBliV. S. 1116—1132) folgendermaßen klargestellt:

„Das Gesetz unterscheidet zwischen Wasser und Abwasser. Dieser Unterschied hat eine erhebliche praktische Bedeutung, da die Einleitung von Wasser in einen Wasserlauf unbeschränkt zulässig ist, solange andere dadurch nicht benachteiligt werden, die Einleitung von Abwässern aber nur, soweit sie in der eigenen Haushaltung oder Wirtschaft entstehen. Unter Wasser wird außer dem noch in seiner natürlichen Beschaffenheit befindlichen Wasser, wohin namentlich Dränwasser gehört, auch solches Wasser zu verstehen sein, das zwar schon zu irgendwelchen Zwecken gebraucht ist, aber noch mindestens denselben Reinheitsgrad aufweist wie vor dem Gebrauche, z. B. Kühlwasser für Dampfturbinen und Kondenswasser.

Dagegen gehört zum Begriff der Abwässer, daß sie Zusätze aus dem Haushaltungs-, Wirtschafts- oder Gewerbebetriebe enthalten, durch welche die natürliche Beschaffenheit des Wassers eine Veränderung erfahren hat, insbesondere dieses mehr oder weniger verunreinigt ist. Hierher gehören deshalb auch abgeleitete Regenwässer innerhalb bebauter Ortschaften."

Der erwähnte Runderlaß behandelt weiterhin unter anderem die Befugnisse zur Einleitung von Abwässern in Wasserläufe überhaupt, die Unbedenklichkeitserklärung i. S. des § 23 WG., die Abwässeruntersuchung, den Gemeingebrauch, den Begriff „gemeinübliches Maß", Kanalisationsabwässer, Grubenwässer, die Benutzung eines Wasserlaufs auf Grund einer gewerbepolizeilichen Genehmigung, die Überwachung der Einleitung von Abwässern in Wasserläufe (insbesondere die Untersuchung von Wasserproben) und die Möglichkeiten polizeilichen Einschreitens.

Der Runderlaß gibt ferner Anregungen zur Verhinderung der Verunreinigung von Wasserläufen und Gewässern. Er geht auch auf die einschlägigen **Strafvorschriften** (§ 375 WG.) ein.

Dort nämlich wird bedroht mit Geldstrafe oder mit Gefängnis bis zu einem Jahre, wer vorsätzlich den Vorschriften des § 23 zuwider Wasser oder andere flüssige Stoffe, durch deren Einleitung das Wasser verunreinigt werden kann, in ein Gewässer einleitet oder wer gewissen anderen gesetzlichen oder behördlichen Bestimmungen zur Reinhaltung der Gewässer zuwiderhandelt. Im Falle fahrlässiger Begehung ist Übertretungsstrafe verwirkt.

Aus den „allgemeinen Vorschriften" der §§ 19—24 sei schließlich noch das Verbot (§ 20) hervorgehoben, Flachs und Hanf in einem Wasserlauf zu röten. Unter Umständen gesetzlich festgelegter Art können Ausnahmen von diesem Verbot bewilligt werden.

Die Frage des Ersatzes für Schaden infolge Verunreinigung eines Wasserlaufes ist in § 24 WG. behandelt; polizeiliche Nichtbeanstandung der Einleitung über den Gemeingebrauch hinaus, auf die hiervon gemäß § 23 WG. erstattete Anzeige hin, schließt die Pflicht zum Schadenersatz nicht aus.

Hingewiesen sei im vorliegenden Zusammenhang auf den preußischen Ministererlaß vom 31. Dezember 1929 (abgedruckt bei Holtz-Kreutz, Bd. II, S. 844) über Hauskläranlagen, dessen rechtlicher Ausgangspunkt der § 23 WG. ist.

4. Der **Gemeingebrauch** an Wasserläufen ist in den §§ 25—39 näher geregelt, mit den Generalklauseln. daß durch den Gemeingebrauch anderen der Gemeingebrauch nicht unmöglich gemacht oder erheblich erschwert werden darf (§ 37) und daß die Wasserpolizeibehörde den Gemeingebrauch durch mit Gründen versehene Verfügungen regeln, beschränken oder verbieten kann (§ 39).

Der rechtlichen Konstruktion (vgl. Holtz-Kreutz, § 25 Vorbem. C — Bd. I, S. 204 — und die dort angef. Rechtspr.) stellt sich der Gemeingebrauch an Wasserläufen nach preußischem Recht dar als eine dem öffentlichen Recht angehörende Widmung derselben zum allgemeinen Gebrauch und die damit verbundene Verpflichtung ihrer zivilrechtlichen Eigentümer oder derjenigen, denen sonst Rechte zur Benutzung zustehen, den Gemeingebrauch zu dulden (§ 36). Von der Ausübung eines „subjektiven Rechts" durch denjenigen, der die ihm durch den Gemeingebrauch eröffneten Freiheiten betätigt, kann man nicht wohl reden.

Nach § 25 WG. darf jedermann, wenn dadurch der Gemeingebrauch für andere nicht unmöglich gemacht oder erheblich erschwert wird (§§ 37, 25 Abs. 5), die natürlichen Wasserläufe zum Baden, Waschen, Schöpfen mit Handgefäßen, Viehtränken, Schwemmen, sowie zur Entnahme von Wasser für die eigene Haushaltung und Wirtschaft benutzen, Wasserläufe erster Ordnung auch zum Kahnfahren, Eislaufen, zur Entnahme von Eis für die eigene Haushaltung und

Wirtschaft und ferner (§ 26) für den öffentlichen Verkehr, namentlich zur Schiffahrt und zur Flößerei mit verbundenen Hölzern. Inwieweit sich die letzterwähnten an den Wasserläufen erster Ordnung zugestandenen Freiheiten des Gemeingebrauchs unter gewissen Gegebenheiten auch auf andere Wasserläufe erstrecken, ist im Gesetz näher geregelt. Der Gemeingebrauch eröffnet ferner jedem die Möglichkeit, in den vorstehend (unter Nr. 3 im Zusammenhang mit § 23) erörterten Grenzen Wasser und Abwässer in Wasserläufe erster Ordnung einzuleiten.

Grundsätzlich gibt der Gemeingebrauch an Wasserläufen nicht die Befugnis, fremde Ufergrundstücke zu betreten, zu benutzen oder Anlagen im Wasserlauf zu errichten (§ 38). Für gewisse Fälle indessen gesteht das Gesetz auch derartige Freiheiten zu (Leinpfad, Landen, Befestigen von Schiffen und Flößen usw.).

5. Unter den **Rechten auf die Benutzung der Wasserläufe** behandelt das WG. an erster Stelle die dem Eigentümer des Wasserlaufs als solchem zustehenden Rechte. Wegen der Bedeutung der Wasserläufe für die Allgemeinheit ist das Eigentum an Wasserläufen, verglichen mit den Herrschaftsbefugnissen, welche das BGB. im allgemeinen dem Eigentümer verleiht, mannigfachen Beschränkungen unterworfen. Außer den Beschränkungen, welche der Gemeingebrauch und die Reinhaltungsvorschriften der §§ 19—23 für den Eigentümer mit sich bringen, werden die Benutzungsrechte des Eigentümers durch die besonderen Vorschriften der §§ 40—45 nach weiteren Richtungen hin beschränkt. So darf insbesondere durch seine Benutzung zum Nachteil anderer weder die Vorflut verändert noch das Wasser verunreinigt werden; der Wasserstand darf nicht derart verändert werden, daß er andere in der Ausübung ihrer Rechte am Wasserlauf beeinträchtigt oder fremde Grundstücke beschädigt; die einem anderen obliegende Unterhaltung von Wasserläufen oder ihrer Ufer darf nicht erschwert werden. Unter besonderen Umständen sieht § 45 eine der Billigkeit entsprechende Entschädigung für die dem Eigentümer in fremdem Interesse entzogene oder beeinträchtigte Möglichkeit gewisser Benutzungsarten des ihm gehörigen Wasserlaufs vor.

Weniger weitgehende, aber immerhin nicht unerhebliche Einschränkungen seiner privatrechtlichen Eigentümerbefugnisse muß auch der Eigentümer der nicht zu den Wasserläufen gehörenden Gewässer nach dem WG. hinnehmen.

So darf er den Ablauf des auf seinem Grundstück wild ablaufenden Wassers nicht künstlich so verändern, daß die tiefer liegenden Grundstücke belästigt werden (§ 197). Beim Ablassen oder der Senkung des Wasserspiegels seines Sees muß er vermeiden, daß dadurch der Grundwasserstand zum Nachteil anderer verändert wird (§ 199). Er darf zwar das unterirdische Wasser zutage fördern, soweit er es für seine eigene Haushaltung und Wirtschaft (d. h. auch für seinen landwirtschaftlichen oder Kleingewerbebetrieb) braucht, darüber hinaus aber (also auch für landwirtschaftliche Nebenbetriebe) nur mit der Maßgabe (§ 200), daß dadurch nicht 1. der Wassergewinnungsanlage oder der benutzten Quelle eines anderen das Wasser entzogen oder wesentlich geschmälert oder 2. die bisherige Benutzung des Grundstücks eines anderen erheblich beeinträchtigt oder 3. der Wasserstand eines Wasserlaufs oder eines Sees derart verändert wird, daß andere in der Ausübung ihrer Rechte daran beeinträchtigt werden. Ein Anspruch auf Unterlassung steht den Geschädigten dann nicht zu, wenn der aus der Zutageförderung zu erwartende Nutzen den ihnen erwachsenden Schaden erheblich übersteigt, oder wenn das Unternehmen, für welches die Zutageförderung erfolgt, dem öffentlichen Wohle dient. Alsdann sind die Geschädigten nur berechtigt, schadenverhütende Einrichtungen oder, falls diese mit dem Unternehmen nicht vereinbar oder wirtschaftlich nicht gerechtfertigt sind, eine der Billigkeit entsprechende Entschädigung — im gewöhnlichen Rechtsweg — zu fordern (§ 200).

In den Bereich der Vorschriften des § 200 fallen auch die Quellen zur Gewinnung von Tafelwässern. Das nach § 394 des WG. neben dem Wassergesetz weitergeltende preußische Quellenschutzgesetz vom 14. Mai 1908 (GesS. S. 105) bezieht sich nach seinen §§ 1 und 2 auf „natürliche oder künstlich erschlossene Mineral- und Thermalquellen, deren Erhaltung ihrer Heilwirkung wegen aus überwiegenden Gründen des öffentlichen Wohles notwendig erscheint" und deren „Gemeinnützigkeit" (in diesem Sinne) von den zuständigen Ministern ausdrücklich festgestellt ist. Ihren Schutz sucht das Quellenschutzgesetz vornehmlich dadurch zu erreichen, daß es die Feststellung von Quellenschutzbezirken ermöglicht, innerhalb deren Bohrungen, Ausgrabungen und andere auf den gewachsenen Boden einwirkende Arbeiten sowie auch alle sonstigen Arbeiten, welche die Ergiebigkeit oder die Zusammensetzung der Quelle beeinflussen können, nur mit behördlicher Genehmigung vorgenommen werden dürfen.

Dem gleichen Zweck wie das pr. Quellenschutzgesetz dient die nach § 394 WG. gleichfalls von den Vorschriften des WG. unberührt bleibende Nassauische VO. betr. den Schutz der Mineralquellen vom 7. Juli 1860 (Nass. VO.-Blatt S. 137).

Von den weiteren Beschränkungen, denen das WG. den Eigentümer von nicht zu den Wasserläufen gehörenden Gewässern unterwirft, sei noch hervorgehoben die Vorschrift des § 204 WG. Danach bedarf polizeilicher Genehmigung, wer unterirdisches Wasser zum Gebrauch oder Verbrauch über die Grenzen seines örtlich oder wirtschaftlich zusammenhängenden Grundbesitzes hinaus fortleiten will. Zu denken ist hierbei in erster Linie an Trinkwasserleitungen für einen größeren Verbraucherbezirk und an Wasserversorgungsanlagen für größere Gewerbeunternehmungen. Im übrigen besteht eine allgemeine Vorschrift, wie sie §§ 21, 40, für die Wasserläufe enthalten, für die nicht zu den Wasserläufen gehörenden Gewässer nicht.

§ 21 bestimmt: „Die Wasserpolizeibehörde ist befugt, die Benutzung eines Wasserlaufs zu beschränken oder zu untersagen, soweit ein Recht zu der Benutzung besteht oder die Benutzung nach den Vorschriften über den Gemeingebrauch gestattet ist.

Wenn über Wasserbenutzungsrechte an Gewässern gestritten wird, die nicht zu den Wasserläufen gehören, ist also nicht die Wasserpolizeibehörde zu Eingriffen der in § 21 bezeichneten Art berufen; die Entscheidung ist vielmehr auch insoweit Sache der ordentlichen Gerichte.

6. Durch den öffentlichrechtlichen Akt behördlicher **Verleihung** (§ 64) kann einem Unternehmen, dem ein bestimmter Plan zugrunde liegt (§ 48), ein besonderes — im Rechtswege verfolgbares (§ 81), also in seinen Wirkungen privatrechtlich ausgestaltetes — Recht zur Benutzung eines Wasserlaufs in einer der in § 46 des WG. bezeichneten Arten begründet werden. Auch die einem Grundstückseigentümer nach den §§ 199—200 nicht zustehenden Rechte an Gewässern, die nicht zu den Wasserläufen gehören, können (§ 203) von ihm und mit seiner Zustimmung auch von einem andern durch Verleihung erworben werden. Soweit ein Recht durch Verleihung erworben ist, ist der Beliehene gegen Eingriffe dritter und in gewissen Grenzen auch gegen behördliche Eingriffe geschützt.

§ 46 Abs. 1 bestimmt: „Durch Verleihung können an Wasserläufen folgende Rechte erworben werden: 1. den Wasserlauf in bestimmten Beziehungen zu benutzen; 2. Häfen und Stichkanäle anzulegen, letztere, soweit sie nicht selbständige Wasserstraßen bilden; 3. Anlegestellen mit baulichen Vorrichtungen von größerer Bedeutung herzustellen; 4. kommunale oder gemeinnützige Badeanstalten anzulegen.

Die Verleihung darf nur aus den im WG. bezeichneten Gründen versagt (§ 47) oder zurückgenommen werden. Im letztgedachten Fall ist unter im Gesetz (§ 84) bestimmten Voraussetzungen Entschädigung vorgesehen. Die Verleihung kann von der Bedingung abhängig gemacht werden, daß schadenverhütende Einrichtungen betroffen werden oder die Geschädigten schadlos gehalten werden (§§ 50 und 51).

7. An Stelle der Verleihung tritt unter Umständen die **Sicherstellung** eines Rechts durch Beschluß der Verleihungsbehörde. Sie kommt (§ 86) in Frage, wenn das Recht, einen Wasserlauf in einer der in § 46 Abs. 1 bezeichneten Arten zu benutzen, dem Eigentümer als solchem zusteht; dies ist kraft Gesetzes der Fall, wenn der Eigentümer sich bei Benutzung seines Wasserlaufs in den gesetzlichen Grenzen der §§ 41—44 hält; er kann sich dann durch die Sicherstellung dieses seines Rechts vor Eingriffen der Wasserpolizeibehörde im Rahmen der den Wasserpolizeibehörden nach §§ 22, 23 zustehenden Befugnisse sichern. Weiterhin können nach § 86 Rechte sichergestellt werden, die beim Inkrafttreten des Wassergesetzes jemanden zugestanden haben und nach den Überleitungsvorschriften der §§ 379—381 aufrechterhalten geblieben sind.

Sicherstellung kann auch im Rahmen des § 203 in Ansehung von Rechten verlangt werden, die an nicht zu den Wasserläufen gehörenden Gewässern beim Inkrafttreten des Wassergesetzes bestanden haben und nach der Überleitungsvorschrift des § 379 aufrecht erhalten geblieben sind.

Die praktische Tragweite der Vorschriften des WG. über Verleihung und Sicherstellung wird beleuchtet durch die nachstehend (III A c) zum Teil abgedruckte amtliche Begründung zu dem pr.Gesetz über die Einschränkung der Rechte am Wasser vom 19. März 1935, aus der auch sonst wesentliche Unterschiede des kommenden Reichsrechts von dem bisherigen preußischen Recht ersichtlich sind.

8. Durch die Einschränkungen des genannten preußischen Gesetzes wird auch die Feststellung oder Verlängerung von **Zwangsrechten** getroffen. Die wasserrechtlichen Zwangsrechte, geregelt in §§ 330—341 WG., richten sich gegen bestimmte an und für sich zu Benutzungen bestimmter Art an Wasserläufen und sonstigen Gewässern Berechtigte. Diese können unter bestimmten im Gesetz festgelegten Voraussetzungen gezwungen werden, bestimmte Arten von Eingriffen in ihre Rechte zugunsten eines anderen zu dulden. Durch die behördliche Feststellung, daß diesem anderen nach dem WG. ein entsprechendes Benutzungsrecht gegenüber dem Duldungspflichtigen zusteht, entsteht das (Zwangs-) Benutzungsrecht (§ 340 Abs. 7). Seine privatrechtliche Wesensart ergibt sich durch die Verweisung auf die betreffenden Vorschriften der „Verleihung“. Die für die Feststellung von Zwangsrechten praktisch bedeutsamen Benutzungsrechte und Duldungspflichten sind in § 3 des nachstehend (III A c) abgedruckten Gesetzes vom 19. März 1935 aufgezählt.

9. Ein **Grundbuch**blatt erhalten Wasserläufe nur auf Antrag des Eigentümers oder eines Berechtigten (§ 3 Abs. 2a der Grundbuchordnung in der Fassung vom 5. August 1937 — RGBl. I S. 1073). Inwieweit Verleihungen, festgestellte Zwangsrechte usw. als Rechte am Grundstück außer in das Wasserbuch auch ins Grundbuch gehören, ergibt sich aus § 185 WG. Gewässer, die nicht zu den Wasserläufen gehören, werden von dem Eigentum an dem Grundstück, auf oder unter dem sie sich befinden, umfaßt (§ 196 WG.); sie genießen grundbuchrechtlich keine Sonderstellung.

Wasserbücher, geführt bei den Regierungen, sind nach preußischem Recht anzulegen (§ 182f.) ohne weiteres für die Wasserläufe erster und zweiter Ordnung; für Wasserläufe der dritten Ordnung nur, wenn in Ansehung ihrer eine Eintragung vorzunehmen ist. Einzutragen sind in den Wasserbüchern

Rechte, die eine der in § 46 bezeichneten Arten der Benutzung betreffen, ferner Zwangsrechte sowie Unterhaltspflichten, die von den Bestimmungen der §§ 115, 117 des WG. abweichen. Inwieweit die Eintragung älterer Rechte der in § 46 WG. bezeichneten Art zur Erhaltung dieser Rechte erforderlich war, ist aus der amtlichen Begründung zu § 1 des preußischen Gesetzes zur Einschränkung der Rechte am Wasser (abgedruckt unter III A c) ersichtlich. Im übrigen ist die Eintragung der verliehenen und der Zwangsrechte zwar nicht rechtliche Voraussetzung zur Entstehung dieser Rechte; sie hat aber die Bedeutung, daß die Eintragung im Wasserbuch „bis zum Beweise des Gegenteils als richtig gilt". Sie hat also nicht die weittragende Wirkung, die zugunsten der Erwerber von Rechten an Grundstücken der Eintragung dieser Rechte im Grundbuche nach § 892 BGB. beigelegt ist, hebt aber doch die Bedeutung des Wasserbuchs über die eines bloßen Vermerkbuchs hinaus.

10. Die Möglichkeit der **Ausgleichung** in einem besonders geregelten Verfahren, in dem die Verleihungsbehörde entscheidet, sieht das WG. (§§ 87—90) für mehrere ihrer Art nach verleihungsfähige Rechte an Wasserläufen vor, die in vollem Umfang nebeneinander nicht ausgeübt werden können. Sie nach Art, Maß, Zeit der Benutzung aufeinander abzustimmen, ist der Zweck des Ausgleichsverfahrens.

11. Die **Unterhaltung** der Wasserläufe und ihrer Ufer behandelt das WG. (§ 113f.) als öffentlichrechtliche Verbindlichkeit. Wegen ihrer Regelung im einzelnen muß auf das Gesetz verwiesen werden. Die Unterhaltung von Wasser läufen und ihrer Ufer stellt ein wichtiges Betätigungsgebiet der Wasserverbände dar (vgl. oben I B).

12. Das gleiche gilt für Stauanlagen (§§ 91—112), unter denen die **Talsperren** (§§ 106—112) zur Regelung der Hochwasserverhältnisse, zur Beeinflussung der Grundwasserstände, zur Gewinnung elektrischer Kraft, zur Regelung schiffbarer Wasserstraßen und auch als Mittelpunkt von Erholungsgelegenheiten für die großstädtische Bevölkerung eine stets wachsende Bedeutung gewonnen haben. Als Talsperren bezeichnet das WG. (§ 106) „Stauanlagen, bei denen die Höhe des Stauwerks von der Sohle des Wasserlaufs bis zur Krone mehr als 5 m beträgt und das Sammelbecken, bis zur Krone des Stauwerks gefüllt, mehr als 100000 cbm umfaßt".

13. Wasserpolizeibehörde ist für Wasserläufe erster Ordnung und für Talsperren der Regierungspräsident, für Wasserläufe dritter Ordnung die Ortspolizeibehörde, für Wasserläufe zweiter Ordnung und für die nicht zu den Wasserläufen gehörenden Gewässer der Landrat, in Stadtkreisen die Ortspolizeibehörde (§ 342). Die Befugnisse, welche das WG. der Wasserpolizeibehörde zuweist, gehen — wie die vorstehende Darstellung verschiedentlich erkennen läßt — in mannigfacher Art über die Befugnisse hinaus, die § 14 des Polizeiverwaltungsgesetzes vom 1. Juni 1931 (Ges.S S. 77) im allgemeinen den Polizeibehörden zuweist.

Zur Behebung von Zweifeln über die Zuständigkeitsgrenzen der Wasserpolizei in ihrem Verhältnis zu anderen Polizeizweigen und über den Aufgabenkreis der Wasserpolizei ist unter dem 13. Juli 1930 der Runderlaß der beteiligten preußischen Minister betreffend Zuständigkeit der Wasserpolizei ergangen (MiBliV. S. 783).

c) Das preußische Gesetz zur Einschränkung der Rechte am Wasser vom 19. März 1935 (GesS. S. 43) bestimmt folgendes:

§ 1. **Sicherstellung.** (1) Rechte, einen Wasserlauf in einer der im § 46 Abs. 1 des Wassergesetzes vom 7. April 1913 (G. S. 53) bezeichneten Arten zu benutzen, werden nicht mehr sichergestellt (§ 86 des Wassergesetzes). Dasselbe gilt für Rechte, über das Wasser eines Sees und über das unterirdische Wasser zu verfügen (§ 203 Abs. 3 des Wassergesetzes).

(2) Die vor dem 1. Mai 1929 gestellten, durch die Vorschriften des Abs. 1 Satz 1 erledigten Anträge auf Sicherstellung der im § 380 des Wassergesetzes bezeichneten Rechte, einen

Wasserlauf zu benutzen, gelten als Anträge auf Eintragung in das Wasserbuch (§ 186 des Wassergesetzes), soweit ein Eintragungsantrag nicht vor dem 1. Mai 1929 gestellt ist.

§ 2. **Verleihung.** Das Verfahren zur Verleihung oder Verlängerung von Rechten, einen Wasserlauf erster Ordnung in einer der im § 46 Abs. 1 des Wassergesetzes bezeichneten Arten zu benutzen, darf nur, wenn die Fachminister zustimmen, eingeleitet werden (§ 46, § 47 Abs. 4 des Wassergesetzes).

§ 3. **Zwangrechte.** Das Verfahren zur Feststellung oder Verlängerung von Zwangrechten an Wasserläufen erster Ordnung darf in folgenden Fällen nur, wenn die Fachminister zustimmen, eingeleitet werden:

a) für das Recht auf Duldung der Änderung des Wasserlaufs zur Entwässerung von Grundstücken, zur Beseitigung von Abwasser oder zur besseren Ausnutzung einer Triebwerkanlage (§ 331 des Wassergesetzes);

b) für das Recht auf Durchleitung von Wasser durch ein Wasserlaufgrundstück zur Entwässerung, Bewässerung, Wasserbeschaffung oder Abwasserbeseitigung und für das Recht auf Unterhaltung der Leitung (§ 332 des Wassergesetzes);

c) für das Recht auf Duldung von Treppen, Brücken, Boothäusern, Wascheinrichtungen, Haltepfählen und ähnlichen Anlagen, von Badeanstalten und Anlegestellen am Wasser (§ 333 des Wassergesetzes);

d) für das Recht auf Mitbenutzung eines Wasserlaufs als einer Anlage zur Entwässerung oder Bewässerung von Grundstücken oder zur Beseitigung von Abwasser (§ 339 des Wassergesetzes).

§ 4. **Polizeiliche Entscheidung.** Die Maßnahmen (Benutzungen) der §§ 2 und 3 an Wasserläufen erster Ordnung bedürfen der Genehmigung der Wasserpolizeibehörde, soweit sie nicht in einem gesetzlich geordneten Verfahren zugelassen werden. Die Vorschriften der §§ 22 und 23 des Wassergesetzes bleiben jedoch unberührt."

Die §§ 5 und 6 enthalten Übergangs- und Kostenvorschriften und bestimmen als Tag des Inkrafttretens des Gesetzes den 31. März 1935.

„§ 7. **Keine Entschädigung.** Die Rechtsänderungen, die durch dieses Gesetz und die Vorschriften zu seiner Ausführung und Ergänzung bewirkt werden, begründen keinen Anspruch auf Entschädigung.

§ 8. **Ausführung.** Der Minister für Ernährung und Landwirtschaft führt das Gesetz im Einvernehmen mit den anderen Fachministern aus, nötigenfalls durch ergänzende Vorschriften.

Aus der amtlichen Begründung des Entwurfes eines Gesetzes zur Einschränkung der Rechte am Wasser (LWiMinBl. Spalte 195).

In das Privateigentum muß das Wassergesetz sehr bedeutsame Eingriffe zulassen, weil die Wasserläufe als ein Volksgut in gewissen Umfange allen Volksgenossen zum Gebrauche zugänglich sein müssen. Neben dem Gemeingebrauche (§§ 25f.) gibt es die Rechtsgebilde der Verleihung von Benutzrechten (§§ 46f.) und der Feststellung von Zwangrechten (§§ 330f.) zugunsten beliebiger Unternehmer, die nicht Eigentümer des Gewässers sind (Sondergebrauch). Verleihbare Benutzrechte sind insbesondere die Entnahme von Wasser, die Einleitung von Wasser und Abwasser, das Anstauen des Wasserlaufes, das Haben von Anlegestellen, von Häfen, Stichkanälen und Badeanstalten (§ 46 des Wassergesetzes). In der Art ähnlich sind die Zwangrechte, soweit sie auf Gewässer gerichtet sind (das Wassergesetz zählt zu den Zwangrechten auch auf andere Grundstücke gerichtete Rechte). Zu nennen sind hier das Recht auf Änderung eines Wasserlaufes für gewisse Wasserunternehmen (§ 331), das Recht auf Durchleitung von Wasser durch ein Wasserlaufgrundstück (§ 332), das Recht auf gewisse einfache Uferanlagen (§ 333) und das Recht auf Mitbenutzung von Entwässerungs- und Abwasserbeseitigungsanlagen (§ 339). Sowohl durch die Verleihung wie durch die Zwangrechtfeststellung werden im Rechtswege verfolgbare Rechte begründet. Sowohl die Verleihung wie die Zwangrechtfeststellung müssen auf Antrag erfolgen, wenn nicht bestimmte im Gesetze vorgesehene Umstände vorliegen. Für den Eingriff in das Gewässereigentum durch Verleihung oder Zwangrechtfeststellung darf kein Entgelt, sondern nur eine Entschädigung für Nachteile (§§ 51, 54, 331, 332, 333, 339, 340) gewährt werden.

Dieses privatrechtliche System des Wassergesetzes ermöglicht eine Fülle von Rechten am Wasser, die mit dem Wesen der Wasserläufe, dieser Vorfluter und Wasserbringer des gesamten deutschen Bodens, schlecht zu vereinen ist. Es schafft auch eine rechtlich zu stark ausgebaute Sonderstellung einzelner Personen zum Nachteil der Allgemeinheit, die mit den heutigen Rechtsanschauungen nicht in Einklang zu bringen ist. Die Rechte an großen Wasserläufen sind insbesondere für den Staat bei der Erfüllung der ihm daran im allgemeinen Interesse obliegenden Aufgaben baulicher und polizeilicher Art, nämlich ihrer Unterhaltung und Verbesserung und der Aufsicht über ihren Gebrauch, hinderlich.

Die Hindernisse können auch nicht durch Bedingungen verhütet werden, die der Staat gemäß §§ 49 Abs. 4, 340 des Wassergesetzes bei der Rechtsverleihung stellen kann. Denn die wirtschaftliche Entwicklung, der der Sondergebrauch der Gewässer fortlaufend angepaßt werden muß, läßt sich nicht so voraussehen, daß das Gebrauchs*recht* von vornherein auf sie zugeschnitten werden könnte. Allerdings sind allgemeine Bedingungen üblich geworden, die eine Anpassung der Rechte an die Entwicklung ermöglichen; aber der Rechtscharakter und die große Anzahl der Rechte erschweren die Anpassung.

Aus diesen Gründen ist zu erwarten, daß das in Arbeit befindliche Reichswassergesetz die Rechtsverhältnisse an den Wasserläufen wesentlich anders, nämlich auf öffentlich-rechtlicher Grundlage regeln wird, daß es namentlich einen Anspruch jedes beliebigen Unternehmers auf Verleihung eines Sonder*rechtes* am Wasser nicht zugestehen, sondern die Verleihung von Rechten in das Ermessen der Behörde stellen und dem Sondergebrauch der Gewässer für gewöhnliche Fälle den Charakter des Sonder*rechtes* versagen wird. Es ist ungewiß, wann das Reichswassergesetz in Kraft treten wird. Wahrscheinlich werden viele Privatunternehmer, die einen Sondergebrauch bereits ausüben, die bis dahin verlaufende Zeit ausnutzen, um sich ein Recht auf die Benutzung zu verschaffen. Ein Verband von Wasserbenutzern hat seine Mitglieder auf diese Lage schon hingewiesen. Daher müssen schon jetzt Vorschriften gegeben werden, die die Begründung von Wasserbenutz*rechten* einschränken. Die §§ 2 und 3 des Gesetzentwurfes verfolgen dies Ziel.

In der gleichen Richtung geht die im § 1 vorgeschlagene Änderung des Wassergesetzes hinsichtlich der Sicherstellung von Rechten am Wasser. Die Vorschriften über die Sicherstellung geben insbesondere dem Inhaber eines älteren Wasserbenutzrechtes den Anspruch gegen die Behörde auf Auffrischung des Rechtes durch verstärkten Rechtschutz, insbesondere durch eine behördliche Urkunde. Der Berechtigte soll durch die Sicherstellung seine Rechtslage sowohl gegenüber den Behörden als auch gegenüber den Privatpersonen so klären können, daß er dem Inhaber eines neu verliehenen Rechtes gleichsteht. Auch diese ungewöhnliche Einrichtung verträgt sich nach heutiger Auffassung nicht mit dem Erfordernisse des Gemeinwohls, daß Sonderrechte am nationalen Gute des Wassers möglichst zu vermeiden sind.

Das Gesetz zur Einschränkung der Rechte am Wasser soll kein endgültiges Recht setzen, sondern nur für die Zeit bis zum Inkrafttreten des Reichswassergesetzes gelten. Den Beratungen zu diesem letzteren Gesetze bleibt die Überprüfung des Inhaltes des vorliegenden Entwurfes vorbehalten.

Zu § 1, Absatz 1. Durch den § 1 des Gesetzentwurfs soll die Sicherstellung sowohl von Rechten auf Benutzung eines Wasserlaufes (§ 86 des Wassergesetzes), als auch von Rechten auf Verfügung über das Wasser eines Sees und über unterirdisches Wasser (§ 203 Absatz 3), sowohl von *wassergesetzlichen* Rechten des Grundeigentümers als auch von älteren durch das Wassergesetz aufrechterhaltenen Rechten beseitigt werden. Nicht nur die Wasserstraßen, sondern alle Wasserläufe erster, zweiter und dritter Ordnung sollen mit Sicherstellungen nicht mehr belastet werden. Die Lage der Rechtsinhaber wird durch diese Vorschrift nicht geändert; ihre bestehenden Rechte bleiben unberührt. Dem Reichswassergesetze bleiben die näheren Bestimmungen über die auf dem früheren und heutigen Rechtszustande beruhenden Rechte am Wasser und über ihre Einfügung in den künftigen Rechtszustand überlassen.

Zu § 1 Absatz 2. Nach § 380 des Wassergesetzes und der Änderungsverordnung vom 16. Februar 1924 (Gesetzsamml. S. 112) sind am Ende des 30. April 1929 die älteren Rechte, einen Wasserlauf in einer der im § 46 Absatz 1 bezeichneten Arten zu benutzen, erloschen, wenn nicht vorher die Eintragung in das Wasserbuch beantragt ist. Nach der Rechtsprechung ist dem Eintragungsantrage der Antrag auf Sicherstellung des Rechtes gleichzustellen. Es empfiehlt sich, dies im neuen Gesetze klarzustellen. Nach dem § 5 des Entwurfes sollen in den Fällen, in denen nicht der Eintragungsantrag, sondern nur der Sicherstellungsantrag rechtzeitig gestellt ist, die Verfahren nicht eingestellt, sondern als Eintragungsverfahren fortgeführt werden.

Zu § 2. Die Verleihung, d. h. die Neugründung von Wasserbenutzrechten kann aus folgenden Gründen nicht so vollständig wie die Sicherstellung bestehender Rechte unterbunden werden.

Durch die Verleihung wird nicht nur das Benutzrecht begründet, sondern zugleich werden die der Wasserbenutzung entgegenstehenden öffentlichen und privaten Interessen, insbesondere die Rechte ausgeräumt oder geschützt. Zu den entgegenstehenden Privatinteressen gehört fast immer das Eigentum am Wassergrundstück. Da das vorgeschlagene Gesetz die wirtschaftliche Entwicklung, insbesondere neuen Sondergebrauch des Wassers nicht erschweren darf, vielmehr nur den Rechtscharakter dieses Gebrauches nach Möglichkeit vermeiden will, müßte, soweit das Verleihungsverfahren ausgeschlossen sein soll, ein anderer Weg offenstehen, um die besagten entgegenstehenden Interessen zu berücksichtigen.

Für die öffentlichen Interessen ist dieser Weg durch den § 4 des Entwurfes gewiesen, der die Wasserbenutzung von polizeilicher Genehmigung abhängig machen soll. Mit dieser wird aber das Privateigentum am Wassergrundstücke nicht ausgeräumt, und es ist nicht zu erwarten, daß die Unternehmer einer Wasserbenutzung es in vielen Fällen selbst, ohne behördlichen Zwang, ausräumen können; das ist bei den im Anliegereigentum stehenden Wasserläufen zweiter und dritter Ordnung schon wegen der Anzahl der Eigentümer nicht möglich. Ohne Verleihungsverfahren ist ein gangbarer Weg zu der für den Sondergebrauch des Wassers nötigen Einschränkung des Eigentums nur in den Fällen gegeben, in denen ein freiwilliges Zurücktreten des Eigentümers gesichert ist. Das ist allgemein nur für die Wasserläufe erster Ordnung zu erwarten, da sie im Eigentume des Landes oder des Reiches stehen. So ergibt sich, daß im § 2 die Verleihung von Benutzrechten nur an Wasserläufen erster Ordnung eingeschränkt werden lann.

Aber auch in diesen Grenzen ist das Verleihungsverfahren nicht immer vermeidbar. Durch manche Wasserbenutzung werden andere Privatinteressen als das Grundeigentum am Wasser so nachteilig betroffen, daß dies von der Behörde beachtet werden muß und nicht durch polizeiliche Genehmigung übergangen werden darf. In solchen Fällen muß auch künftig ein erschöpfendes Verfahren gegeben sein, wie es im wasserrechtlichen Verleihungsverfahren ausgebildet ist. Es gibt ferner Unternehmen am Wasser, deren Durchführung ohne ein Recht am Wasser dem Unternehmer füglich nicht zugemutet werden darf, z. B. wegen hoher Kosten der Wasseranlage. In solchen Fällen muß auch künftig die Begründung eines Rechtes möglich sein. Die Bestimmung, ob das Verleihungsverfahren eröffnet werden darf, soll den Fachministern zugewiesen werden. Fachminister sind der Reichsverkehrsminister, der Preußische Landwirtschaftsminister, der Preußische Minister für Wirtschaft und Arbeit, der Preußische Minister des Innern, je nach Art des Wasserlaufes und der Benutzung.

Wenn die Fachminister einem Verleihungsverfahren zustimmen, werden für dieses die Regeln des Wassergesetzes gelten. Daher werden die Minister, soweit ihnen nach § 49 Absatz 4 dieses Gesetzes maßgeblicher Einfluß auf das Verfahren zusteht, auch in dem Verfahren noch die Verleihung des begehrten Rechtes verhindern können; im allgemeinen führt diese Befugnis aber nur zu Auflagen für den Unternehmer und zu Einschränkungen des verliehenen Rechtes.

Die Verleihung von Rechten an Gewässern, die nicht zu den Wasserläufen gehören, (§ 203, Absatz 1 des Wassergesetzes) muß ebenso wie die Verleihung von Rechten an Wasserläufen zweiter und dritter Ordnung wie bisher zulässig bleiben.

Zu § 3. Die vorstehenden Erläuterungen zu § 2 gelten entsprechend für den § 3.

Zu § 4. Die im § 4 des Entwurfs vorgesehene wasserpolizeiliche Entscheidung ist von derselben Art, wie die im § 22 des Wassergesetzes für Anlagen in Wasserläufen schon jetzt gegebene Regelung. Vorschriften für das polizeiliche Verfahren, sowohl für seine Form als auch für den Inhalt der Entscheidungen, sollen nicht gegeben werden. Es ist nicht nötig, in dieser Hinsicht die Regeln des künftigen Reichswassergesetzes vorwegzunehmen, da das allgemeine Polizeirecht für die Übergangszeit genügt. Für Fälle, in denen Zweifel entstehen sollten, kann nachträglich das Verleihungsverfahren nach den §§ 2 und 3 zugelassen werden.

Zu den im § 4 genannten gesetzlich geordneten Verfahren gehört das Verleihungsverfahren. Wenn es zugelassen wird, entfällt die Notwendigkeit der polizeilichen Entscheidung.

(Zu §§ 5 und 6 ....)

Zu § 7. Da der Gesetzentwurf Aussichten abschneidet, die die Sonderbenutzer von Gewässern nach dem bisherigen Rechte haben, werden Versuche, von dem Gesetzgeber Entschädigung zu erlangen, nicht ausgeschlossen sein. Dem soll der § 7 vorbeugen.

d) Die wichtigsten preußischen **Ministerialerlasse** zum Wassergesetz sind in den vorstehenden Darlegungen bei der Erörterung des einschlägigen Rechtsstoffs berücksichtigt.

Diese und sonstige Ministerialerlasse aus der Zeit von 1914 bis zum 1. Oktober 1930, die Fragen des Wasserrechts betreffen, sind in Bd. II, S. 829—857 bei HOLTZ-KREUTZ abgedruckt. Desgleichen finden sich dort (S. 744—828) Ausführungsanweisungen zum Wassergesetz, darunter eine Anleitung für den Bau und Betrieb von Talsperren und Vorschriften über die Einrichtung von Wasserbüchern.

B. Außerpreußische Wassergesetze.

Als wichtigste neuere Wassergesetze, die außerhalb Preußens jetzt noch innerhalb des Reichsgebiets gelten, kommen in Betracht:

für Württemberg das Ges. vom 1. Dezember 1900 (RegBl. S. 921),
,, Bayern ,, ,, ,, 23. März 1907 (Ges. u. VOBl. S. 157),
,, Sachsen ,, ,, ,, 12. März 1909 (Ges. u. VOBl. S. 227),
,, Baden ,, ,, ,, 12. April 1913 (Ges. u. VOBl. S. 259),
,, Braunschweig ,, ,, ,, 29. November 1923 (Ges. u. VOBl. S. 412),
,, Anhalt ,, ,, ,, 4. April 1928 (Ges. Sammlung S. 61),
,, Mecklenburg-Schwerin ,, ,, ,, 9. Juli 1928 (RegBl. S. 339).
,, Thüringen ,, ,, ,, 21. Dezember 1932 (Ges. Sammlung S. 199).

Aus den Erläuterungsschrifttum zu dem außerpreußischen Wasserrecht der Länder seien genannt:

K. v. BAYER-EHRENBURG: Das badische Wasserrecht in seinen Grundzügen gemeinverständlich dargestellt. In „Mitteil. des Deutschen Wasserwirtschafts- und Wasserkraft-Verbandes E. V.“ Nr. 16. Berlin 1926.

HTOFACKER: Das württembergische Wasserrecht in seinen Grundzügen gemeinverständlich dargestellt. In den vorgenannten Mitteilungen Nr. 19. Berlin 1927.

BRENNER u. FERG: Das Bayerische Wassergesetz, 2. Aufl. München 1928.

Bis zum 31. Oktober 1934 war das Wasserrecht innerhalb des Landes Österreich stark zersplittert. Es ist durch das Bundesgesetz vom 19. Oktober 1934 betreffend das Wasserrecht (Bundesgesetzblatt II Nr. 316) für das ganze Land Österreich einheitlich geregelt worden.

Eingearbeitet in das Gesetz sind (§ 33) Vorschriften zum Schutz der Heilquellen, die Verwandtschaft mit den Bestimmungen des preußischen Quellenschutzgesetzes zeigen (vgl. oben A b 5). Auch ein Anschlußzwang an öffentliche Wasserversorgungsanlagen ist in § 32 des Gesetzes vorgesehen (vgl. oben I A g).

„Von dem Schutz, der Abwehr und der Pflege der Gewässer“ handeln die §§ 31—46. Das österreichische Wassergesetz unterscheidet zwischen „öffentlichen Gewässern“, die einen Teil des „öffentlichen Guts“ i. S. des § 287 des Allgemeinen Bürgerlichen Gesetzbuchs darstellen, und „Privatgewässern“ (§ 1). Die letzteren gehören grundsätzlich, wenn nicht von anderen erworbene Rechte vorliegen, dem Grundeigentümer. Zu den privaten Gewässern zählt (§ 3 a) namentlich „das in einem Grundstück enthaltene unterirdische Wasser (Grundwasser) und das aus einem Grundstück zutage quellende Wasser.“

Wie im Recht der übrigen deutschen Länder, sind die Nutzungsrechte des Eigentümers und die sonst erwerbbaren Benutzungsrechte zugunsten der Allgemeinheit mannigfachen gesetzlichen Beschränkungen und Eingriffsmöglichkeiten der Wasserrechtsbehörde unterworfen.

Im einzelnen muß auf das Gesetz verwiesen werden.

Das österreichische Wassergesetz ist kurz und allgemeinverständlich unter Benutzung amtlicher Quellen nach dem Stande vom 31. März 1935 erläutert in dem im Verlag der Österreichischen Staatsdruckerei in Wien 1935 erschienenen Büchlein: „Das österreichische Wasserrecht mit Durchführungsvorschriften, erläuternden Anmerkungen und einer Übersicht über die Spruchpraxis des Verwaltungsgerichtshofes“ von Ministerialrat Dr. DEUTSCHMANN und Sektionsrat HARTIG.

Ein kurzer Abriß des österreichischen Wasserrechts von Professor Dr. HANS v. FRISCH in Wien findet sich im „Reichsverwaltungsblatt“ (Carl Heymanns Verlag, Berlin) 1938, **59**, Heft 26, S. 543 bis 546.

Über das in den sudetendeutschen Gebieten geltende Wasserrecht konnten bis zum Druck des vorliegenden Bandes zuverlässige Unterlagen nicht mehr beschafft werden.

Sachverzeichnis.

GPSR Compliance

The European Union's (EU) General Product Safety Regulation (GPSR) is a set of rules that requires consumer products to be safe and our obligations to ensure this.

If you have any concerns about our products, you can contact us on ProductSafety@springernature.com

In case Publisher is established outside the EU, the EU authorized representative is:

Springer Nature Customer Service Center GmbH
Europaplatz 3
69115 Heidelberg, Germany

Batch number: 10683525

Printed by Printforce, the Netherlands